A Energiestoffwechsel · 17

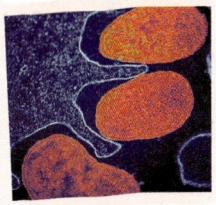

B Zellbiologie · 337

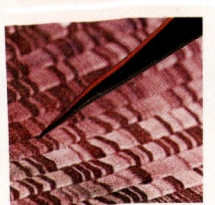

C Zellzyklus und molekulare Genetik · 417

D Zelluläre Kommunikation · 551

E Infektionen, Verletzungen und Vergiftungen · 671

F Blut, Leber und Niere · 747

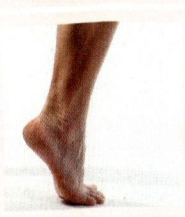

G Muskulatur und Nervensystem · 785

H Ausblick · 841

I Antwortkommentare klinische Fälle · 851

Duale Reihe
Biochemie

Joachim Rassow, Karin Hauser, Roland Netzker, Rainer Deutzmann

4. Auflage

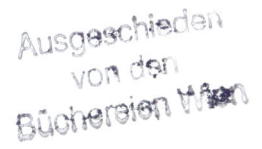

855 Abbildungen

Thieme

Bibliografische Information der Deutschen Nationalbibliothek
Die Deutsche Nationalbibliothek verzeichnet diese Publikation in der Deutschen Nationalbibliografie;
detaillierte bibliografische Daten sind im Internet über http://dnb.d-nb.de abrufbar.

Ihre Meinung ist uns wichtig! Bitte schreiben Sie uns unter
www.thieme.de/service/feedback.html

Wichtiger Hinweis:

Wie jede Wissenschaft ist die Medizin ständigen Entwicklungen unterworfen. Forschung und klinische Erfahrung erweitern unsere Erkenntnisse, insbesondere was Behandlung und medikamentöse Therapie anbelangt. Soweit in diesem Werk eine Dosierung oder eine Applikation erwähnt wird, darf der Leser zwar darauf vertrauen, dass Autoren, Herausgeber und Verlag große Sorgfalt darauf verwandt haben, dass diese Angabe **dem Wissensstand bei Fertigstellung des Werkes** entspricht.
Für Angaben über Dosierungsanweisungen und Applikationsformen kann vom Verlag jedoch keine Gewähr übernommen werden. **Jeder Benutzer ist angehalten**, durch sorgfältige Prüfung der Beipackzettel der verwendeten Präparate und gegebenenfalls nach Konsultation eines Spezialisten festzustellen, ob die dort gegebene Empfehlung für Dosierungen oder die Beachtung von Kontraindikationen gegenüber der Angabe in diesem Buch abweicht. Eine solche Prüfung ist besonders wichtig bei selten verwendeten Präparaten oder solchen, die neu auf den Markt gebracht worden sind. **Jede Dosierung oder Applikation erfolgt auf eigene Gefahr des Benutzers.** Autoren und Verlag appellieren an jeden Benutzer, ihm etwa auffallende Ungenauigkeiten dem Verlag mitzuteilen.

Geschützte Warennamen (Warenzeichen ®) werden nicht immer besonders kenntlich gemacht. Aus dem Fehlen eines solchen Hinweises kann also nicht geschlossen werden, dass es sich um einen freien Warennamen handelt.
Das Werk, einschließlich aller seiner Teile, ist urheberrechtlich geschützt. Jede Verwendung außerhalb der engen Grenzen des Urheberrechtsgesetzes ist ohne Zustimmung des Verlages unzulässig und strafbar. Das gilt insbesondere für Vervielfältigungen, Übersetzungen, Mikroverfilmungen oder die Einspeicherung und Verarbeitung in elektronischen Systemen.

© 2006, 2016 Georg Thieme Verlag KG
Rüdigerstr. 14
70469 Stuttgart
Deutschland
www.thieme.de

Printed in Germany

Zeichnungen: BITmap, Mannheim; Fa. willscript Dr. Wilhelm Kuhn, Tübingen
Stoffwechselweg-Animationen online: TERRA NOVA PanoramaVision Stuttgart
Umschlaggestaltung: Thieme Verlagsgruppe
Umschlagfoto: PROFESSORS P.M. MOTTA, S. MAKABE und T. NAGURO/ SPL / Agentur Focus
Satz: L42 Media Solutions, Berlin
Druck: Aprinta Druck GmbH, Wemding

ISBN 978-3-13-125354-5   1 2 3 4 5 6

Auch erhältlich als E-Book:
eISBN (PDF) 978-3-13-152104-0

Vorwort

Wir freuen uns, erneut eine umfassend überarbeitete neue Auflage der Dualen Reihe Biochemie vorlegen zu können. Das Ziel der Dualen Reihe bestand von Anfang an darin, ein modernes Lehrbuch der Biochemie zu entwickeln, welches den aktuellen Stand der Forschung berücksichtigt, gleichzeitig sollte das Buch aber auch möglichst klar und verständlich sein. In diesem Sinne haben wir nun sämtliche Kapitel erneut durchgesehen. Nicht zuletzt haben wir dabei auch die neuesten Fragen des IMPP im Blick gehabt. Durch die freundliche Unterstützung des Thieme Verlages war es möglich, die thematischen Schwerpunkte der Prüfungsfragen des IMPP umfassend zu integrieren und den Text auf die relevanten Sachverhalte zu fokussieren.

Einige Kapitel des Buches wurden angesichts der Fortschritte der Forschung in weiten Teilen ganz neu geschrieben. Das betraf zunächst das Kapitel zur Biochemie des Nervensystems. Viele Jahrzehnte lang war über die Strukturen der Ionenkanäle und der Rezeptoren für die verschiedenen Neurotransmitter kaum etwas bekannt. In dieser Hinsicht haben die vergangenen Jahre geradezu eine Revolution mit sich gebracht. Viele Funktionen des Nervensystems sind erst jetzt für biochemische Fragestellungen zugänglich geworden. Weitgehend neu geschrieben wurde auch das Kapitel zur Immunologie. Hier waren u. a. die neuesten überaus interessanten Ergebnisse der Tumorimmunologie zu integrieren. Die Fortschritte der Onkologie haben uns auch veranlasst, ein gänzlich neues Kapitel zum Stoffwechsel der Tumorzellen zu schreiben. Unerwartet hat in jüngster Zeit auch die Infektiologie wieder an Bedeutung gewonnen. Die rasante Ausbreitung multiresistenter Erreger stellt die Medizin weltweit vor große Herausforderungen. In der neuen Auflage haben wir deshalb die Kapitel zu den Antibiotika entsprechend aktualisiert. Erheblich erweitert wurden die Abschnitte zur Biochemie der Entzündung und zur Funktion der Inflammasomen. Ganz neu wurde eine Einführung in die Biochemie der humanpathogenen Viren integriert. Nicht zuletzt wurden unter Berücksichtigung des aktuellen Forschungsstandes auch die Erläuterungen zu den molekularen Mechanismen der HIV-Infektion neu geschrieben. Überaus hilfreich waren uns in der Vorbereitung der neuen Auflage erneut die zahlreichen Hinweise, die wir von Studierenden und von Mitgliedern der verschiedenen Hochschulen erhalten haben. Für alle Zusendungen möchten wir uns herzlich bedanken.

Bedanken möchten wir uns auch für die exzellente Arbeit des Verlages, insbesondere bei Frau Eva Wacker und bei Herrn Dr. Jochen Neuberger was die aufwendige Revision der Texte betrifft, bei Herrn Dr. Wilhelm Kuhn, was die professionelle Gestaltung der vielen neuen Abbildungen betrifft sowie bei Herrn Michael Zepf für die perfekte Organisation des Herstellungsprozesses.

So hoffen wir, dass die Duale Reihe auch in Zukunft eine solide und gut lesbare Grundlage für die Vorbereitung auf die vorklinischen Prüfungen bieten wird. Zum anderen würden wir uns freuen, wenn das Lehrbuch auch längerfristig und über die Prüfungen hinaus ein Verständnis für die molekularen Mechanismen physiologischer und pathologischer Prozesse vermitteln könnte. Das Buch wurde speziell für die Studierenden der Medizin geschrieben. Wir hoffen, dass dieses beim Durchblättern sowie beim Lesen der Kapitel spürbar sein wird.

Stuttgart, im Dezember 2015

Joachim Rassow
Karin Hauser
Roland Netzker
Rainer Deutzmann

Anschriften

Prof. Dr. rer. nat. Joachim **Rassow**,
Ruhr-Universität Bochum
Institut für Biochemie und Pathobiochemie
Abteilung Zellbiochemie
Gebäude MA3/143
Universitätsstraße 150
44780 Bochum

Dr. rer. nat. Karin **Hauser**
Kaindlstraße 13
70569 Stuttgart

Dr. rer. nat. Roland **Netzker**
Friedrich-Alexander-Universität Erlangen-Nürnberg
Institut für Biochemie
Emil-Fischer-Zentrum
Fahrstraße 17
91054 Erlangen

Prof. Dr. rer. nat. Rainer **Deutzmann**
Universität Regensburg
Institut für Biochemie, Genetik und Mikrobiologie
Lehrstuhl für Biochemie I
Universitätsstraße 31
93053 Regensburg

Inhaltsverzeichnis

Teil A Energiestoffwechsel

1 Der Energiestoffwechsel im Überblick. 19
J. Rassow

1.1	Worum geht es in diesem Kapitel?	19
1.2	Woher stammt die Energie für Lebensprozesse?	19
1.2.1	Die Bedeutung der energetischen Kopplung	19
1.2.2	Die Bedeutung des ATP als Energieträger	20
1.3	Wie entsteht ATP?	22
1.4	Woher stammt die Energie für die ATP-Synthese?	23
1.4.1	Ein Protonenfluss als Energiequelle der ATP-Synthase	24
1.4.2	Die Atmungskette als Protonenpumpe	24
1.4.3	Die Herkunft der Elektronen der Atmungskette	25

2 Triebkraft und Geschwindigkeit biochemischer Reaktionen 27
J. Rassow

2.1	Die Triebkraft biochemischer Reaktionen	27
2.1.1	Die Bedeutung der Freien Energie	28
2.1.2	Die Bedeutung des chemischen Gleichgewichts	28
2.1.3	Was geschieht bei Annäherung an das chemische Gleichgewicht mit der Freien Energie?	31
2.1.4	Die Bedeutung der Entropie	31
2.2	Die Geschwindigkeit biochemischer Reaktionen	32
2.2.1	Prinzipien der chemischen Reaktionskinetik	32
2.2.2	Enzyme als Katalysatoren biochemischer Reaktionen	33
2.2.3	Enzymkinetik	35

3 Die molekulare Struktur der wichtigsten Nahrungsstoffe: Kohlenhydrate, Triacylglycerine und Aminosäuren 45
J. Rassow

3.1	Kurzübersicht	45
3.2	Kohlenhydrate	45
3.2.1	Chemie der Kohlenhydrate	45
3.2.2	Funktion der Kohlenhydrate im Energiestoffwechsel	56
3.3	Triacylglycerine (TAG)	57
3.3.1	Lipide	57
3.3.2	Gesättigte und ungesättigte Fettsäuren	58
3.3.3	Funktion der TAG im Energiestoffwechsel	63
3.4	Aminosäuren	63
3.4.1	Grundstruktur und Eigenschaften	63
3.4.2	Die proteinogenen Aminosäuren	66
3.4.3	Der Sonderfall Selenocystein	72

4 Die wichtigsten biochemischen Funktionsträger: Proteine 74
J. Rassow

4.1	Grundlagen	74
4.1.1	Funktionen	74
4.2	Die Peptidbindung	74
4.3	Proteinstrukturen	75
4.3.1	Primärstruktur	76
4.3.2	Sekundärstruktur	76
4.3.3	Tertiär- und Quartärstruktur	79

5 Abbau der Kohlenhydrate zu Pyruvat bzw. Lactat 82
J. Rassow

5.1	Kurze Einführung	82
5.2	Die Glykolyse	82
5.2.1	Ein erster Überblick	82
5.2.2	Die einzelnen Reaktionsschritte der Glykolyse	83
5.2.3	Die Regulation der Glykolyse	92
5.3	Reduktion und Oxidation von Pyruvat	98
5.3.1	Reduktion von Pyruvat zu Lactat (Lactatgärung)	98
5.3.2	Oxidativer Abbau von Pyruvat	100
5.4	Abbau von Glykogen	100
5.4.1	Einführung	100
5.4.2	Der Glykogenabbau	100
5.4.3	Die Regulation des Glykogenabbaus	103
5.5	Abbau der Stärke	104
5.6	Abbau der Fructose	104
5.6.1	Die Reaktionsschritte des Fructoseabbaus	105
5.6.2	Energiebilanz	106
5.7	Abbau der Galaktose	106

6 Oxidativer Abbau von Pyruvat: Die Reaktionen der Pyruvat-Dehydrogenase und des Citratzyklus 109
J. Rassow

6.1	Einführung	109
6.2	Die Pyruvat-Dehydrogenase (PDH)	110
6.2.1	Grundlagen	110
6.2.2	Der Aufbau der Pyruvat-Dehydrogenase	110
6.2.3	Die einzelnen Reaktionsschritte	111
6.2.4	Die Regulation der Pyruvat-Dehydrogenase	114
6.3	Der Citratzyklus	115
6.3.1	Grundlagen	115
6.3.2	Die einzelnen Reaktionsschritte	118
6.3.3	Energieausbeute des Citratzyklus	125

6.3.4	Regulation des Citratzyklus	125
6.3.5	Auffüllung des Citratzyklus: Anaplerotische Reaktionen	126

7 Abbau von Triacylglycerinen und Ketonkörpern ... 127
J. Rassow

7.1	Grundlagen	127
7.2	Physiologische Bedeutung	127
7.2.1	Triacylglycerine (TAG)	127
7.2.2	Ketonkörper	129
7.3	Hydrolyse von Triacylglycerinen durch Lipasen	129
7.4	Was wird aus den Hydrolyseprodukten Glycerin und Fettsäuren?	132
7.4.1	Abbau von Glycerin	132
7.4.2	Abbau der Fettsäuren (β-Oxidation)	133
7.5	Abbau von Ketonkörpern	141

8 Abbau von Proteinen und Aminosäuren ... 147
J. Rassow

8.1	Grundlagen	147
8.2	Transport von Stickstoff im Blut: Alanin, Glutamin und Harnstoff	147
8.2.1	Alanin	148
8.2.2	Glutamin	149
8.2.3	Harnstoff	150
8.3	Der Harnstoffzyklus	150
8.3.1	Grundlagen	150
8.3.2	Die einzelnen Reaktionsschritte	151
8.3.3	Energiebilanz	153
8.3.4	Was wird aus dem Fumarat?	153
8.3.5	Regulation des Harnstoffzyklus	154
8.4	Ammoniak im Stoffwechsel	154
8.4.1	Bildung von Ammoniak	154
8.4.2	Entgiftung von Ammoniak	155
8.5	Abspaltung von Aminogruppen durch Transaminierung und Desaminierung	158
8.5.1	Transaminierung	158
8.5.2	Desaminierung	160
8.6	Wege des Kohlenstoffs im Abbau der Aminosäuren	161
8.6.1	Grundlagen: glucogene und ketogene Aminosäuren	161
8.6.2	Abbau der einzelnen Aminosäuren	163
8.7	Wichtige Produkte des Aminosäureabbaus	168
8.7.1	Aminosäure-Abbauprodukte mit Mediatorfunktion: Biogene Amine	168
8.7.2	Stickstoffmonoxid (NO) als Abbauprodukt des Arginins	169
8.7.3	S-Adenosylmethionin als Überträger von Methylgruppen	169
8.7.4	Stoffwechsel des Cysteins	171
8.7.5	Aminosäuren als Vorstufen weiterer Synthesen	173

9 ATP-Synthese durch oxidative Phosphorylierung ... 174
J. Rassow

9.1	Einführung: Mechanismen der ATP-Synthese im Stoffwechsel	174
9.2	Die ATP-Synthase	174
9.2.1	Aufbau	174
9.2.2	Funktionsweise	176
9.2.3	Triebkraft der ATP-Synthase	176
9.3	Die Atmungskette	176
9.3.1	Einführung	176
9.3.2	Die Komponenten der Atmungskette	179
9.3.3	Die Redoxpotenziale der Atmungskette	186
9.3.4	Regulation der Aktivität der Atmungskette	187
9.4	Import und Export von Metaboliten über die Mitochondrienmembran	187
9.5	Transport von Reduktionsäquivalenten über die mitochondriale Innenmembran	188
9.5.1	Glycerin-3-phosphat-Shuttle	188
9.5.2	Malat-Aspartat-Shuttle	188
9.5.3	Vergleich beider Shuttle-Systeme	189
9.6	Entkoppler des OXPHOS-Systems	190
9.6.1	Der physiologische Entkoppler Thermogenin	190
9.6.2	Toxische Entkoppler	190
9.7	Angeborene Defekte des OXPHOS-Systems	191
9.8	Bakterielle Atmungsketten	191

10 Ernährung und Verdauung ... 192
J. Rassow

10.1	Einführung	192
10.2	Ernährung	192
10.2.1	Zusammensetzung der Nahrung	192
10.2.2	Parenterale Ernährung	197
10.2.3	Energiegehalt der Nahrung	197
10.3	Verdauung	198
10.3.1	Überblick	198
10.3.2	Die Verdauungssekrete	198
10.3.3	Verdauung der Nahrungsbestandteile	208

11 Speicherung und Bereitstellung von Kohlenhydraten ... 210
J. Rassow

11.1	Aufnahme der Kohlenhydrate aus der Nahrung	210
11.1.1	Wichtige Kohlenhydrate in der Nahrung	210
11.1.2	Verdauung der Kohlenhydrate	210
11.1.3	Resorption der Kohlenhydrate im Darm	212
11.1.4	Transport in Hepatozyten	213
11.1.5	Transport der Glucose in die Zellen extrahepatischer Gewebe	213
11.2	Glykogensynthese	215
11.2.1	Mechanismus der Glykogensynthese	215
11.2.2	Regulation der Glykogensynthese	219
11.3	Gluconeogenese	221

11.3.1	Funktion der Gluconeogenese im Stoffwechsel	221
11.3.2	Ort der Gluconeogenese	222
11.3.3	Mechanismus der Gluconeogenese	222
11.3.4	Ausgangsstoffe der Gluconeogenese	227
11.3.5	Regulation der Gluconeogenese	228

12 Die Bereitstellung von Fettsäuren, Triacylglycerinen und Ketonkörpern .. 230
J. Rassow

12.1	**Überblick**	230
12.2	**Aufnahme der Lipide aus der Nahrung**	230
12.2.1	Verdauung der Lipide	230
12.2.2	Resorption der Lipid-Hydrolyseprodukte	232
12.3	**Fettsäuresynthese**	234
12.3.1	Bereitstellung von Acetyl-CoA	235
12.3.2	Mechanismus der Fettsäuresynthese	235
12.3.3	Regulation der Fettsäuresynthese	240
12.3.4	Bildung ungesättigter Fettsäuren	242
12.4	**Woher stammt das NADPH für die Fettsäuresynthese?**	242
12.4.1	Das Malat-Enzym als Quelle von NADPH für die Fettsäuresynthese	243
12.4.2	Der Pentosephosphatweg	243
12.5	**Lipogenese: Biosynthese der Triacylglycerine (TAG)**	248
12.5.1	Reaktionsschritte der TAG-Synthese	248
12.5.2	Regulation der TAG-Synthese	249
12.6	**Ketonkörpersynthese (Ketogenese)**	250
12.6.1	Grundlagen	250
12.6.2	Die Reaktionen der Ketonkörpersynthese	251
12.7	**Lipoproteine: Transport von Lipiden im Blut**	251
12.7.1	Aufbau und Einteilung	251
12.7.2	Der Stoffwechsel der Lipoproteine	253

13 Proteine als Nahrungsmittel 259
J. Rassow

13.1	**Verdauung der Proteine**	259
13.1.1	Hydrolyse der Proteine durch Proteasen	259
13.1.2	Resorption der Hydrolyseprodukte	260
13.2	**Proteasen und ihre Reaktionsmechanismen**	262
13.2.1	Vorkommen und Aufgaben der Proteasen	262
13.2.2	Reaktionsmechanismen	262
13.2.3	Proteaseinhibitoren	264

14 Regulation des Energiestoffwechsels .. 266
J. Rassow

14.1	**Einführung**	266
14.2	**Regulation bei kurzfristig erhöhtem Energiebedarf**	266
14.3	**Regulation bei Ausdauerleistungen**	268
14.4	**Regulation bei Nahrungsmangel**	270
14.5	**Regulation im Anschluss an eine Mahlzeit**	273
14.6	**Schlüsselenzyme des Energiestoffwechsels**	275
14.7	**Zentrale Kontrollpunkte in der Regulation des Energiestoffwechsels**	277
14.7.1	Die Koordination des Energiestoffwechsels in den peripheren Organen	277
14.7.2	Die Regulation des Hungergefühls	278

15 Stoffwechsel in Tumorzellen............ 281
J. Rassow

15.1	**Einführung**	281
15.2	**Kanzerogenese**	281
15.3	**Tumorwachstum bei Sauerstoffmangel**	282
15.3.1	Der Warburg-Effekt	282
15.3.2	Bausteine der Nukleotid-Synthese	284
15.3.3	Glutamin	284
15.4	**Hydroxyglutarat als Onkometabolit**	286
15.4.1	Synthese von 2-Hydroxyglutarat durch veränderte Isocitrat-Dehydrogenasen	286
15.4.2	2-Hydroxyglutarat als Inhibitor α-Ketoglutarat-abhängiger Dioxygenasen	287
15.5	**Resümee**	288

16 Vitamine 290
K. Hauser

16.1	**Grundlagen**	290
16.1.1	Vitaminbedarf	290
16.1.2	Vitaminosen	290
16.1.3	Einteilung der Vitamine	292
16.2	**Fettlösliche Vitamine**	292
16.2.1	Retinol – Vitamin A	292
16.2.2	Calciferole – Vitamin D	295
16.2.3	Tocopherol – Vitamin E	296
16.2.4	Vitaminosen	298
16.2.5	Phyllochinon – Vitamin K	298
16.3	**Wasserlösliche Vitamine**	300
16.3.1	Thiamin – Vitamin B_1	300
16.3.2	Riboflavin – Vitamin B_2	302
16.3.3	Niacin	304
16.3.4	Pyridoxin – Vitamin B_6	306
16.3.5	Pantothensäure	308
16.3.6	Folsäure	309
16.3.7	Cobalamin – Vitamin B_{12}	314
16.3.8	Biotin	317
16.3.9	Ascorbinsäure – Vitamin C	318

17 Spurenelemente 322
K. Hauser

17.1	**Grundlagen**	322
17.1.1	Einteilung der Spurenelemente	322
17.1.2	Bedarf an Spurenelementen	323
17.2	**Die einzelnen Spurenelemente**	323
17.2.1	Eisen	323
17.2.2	Magnesium	327
17.2.3	Kupfer	328

17.2.4	Zink	329	17.2.9	Iod	333
17.2.5	Mangan	331	17.2.10	Selen	333
17.2.6	Cobalt	331	17.2.11	Molybdän	334
17.2.7	Schwefel	332	17.2.12	Chrom	334
17.2.8	Fluorid	332	17.2.13	Cadmium, Blei, Quecksilber	334

Teil B Zellbiologie

1 Einführung 339
J. Rassow

1.1 Einführung 339

2 Aufbau der Zelle 341
K. Hauser

2.1 Überblick 341
2.2 Aufbau der Prokaryontenzelle 341
2.3 Aufbau der Eukaryontenzelle 342
2.3.1 Besonderheiten in mehrzelligen Organismen ... 343
2.3.2 Vorteile der Kompartimentierung 343
2.4 Fraktionierung von Zellen 343

3 Aufbau und Synthese biologischer Membranen 345
K. Hauser

3.1 Überblick 345
3.2 Membranlipide 345
3.2.1 Das Grundprinzip: Die Lipiddoppelschicht ... 345
3.2.2 Struktur und Verteilung 346
3.2.3 Biosynthese 350
3.2.4 Abbau 356
3.2.5 Biosynthese von Membranen 357
3.2.6 Membranfluidität 357
3.3 Membranproteine 358
3.3.1 Aufbau 358
3.3.2 Funktion 359
3.4 Kohlenhydrate 359
3.4.1 Struktur 359
3.4.2 Funktion 361

4 Funktion biologischer Membranen 363
K. Hauser

4.1 Vielfalt der Membranfunktion 363
4.2 Transport 363
4.2.1 Passiver und aktiver Transport 363
4.2.2 Transportproteine in Membranen 365
4.2.3 Transport mithilfe von Membranvesikeln 367
4.3 Signalvermittlung 371
4.4 Vermittlung von Zell-Zell-Kontakten 371
4.4.1 Tight Junctions 371
4.4.2 Adhäsionsverbindungen 371
4.4.3 Desmosomen 372
4.4.4 Hemidesmosomen 372
4.4.5 Fokaladhäsionen 373
4.4.6 Gap Junctions 373

5 Zellorganellen 375
K. Hauser

5.1 Einführung 375
5.2 Zytosol und Zytoplasma 375
5.3 Zellkern 375
5.3.1 Aufbau 376
5.3.2 Funktion 378
5.4 Mitochondrien 379
5.4.1 Aufbau 379
5.4.2 Funktion 380
5.4.3 Proteintransport ins Mitochondrium 382
5.5 Endoplasmatisches Retikulum 382
5.5.1 Aufbau 382
5.5.2 Funktion 383
5.6 Golgi-Apparat 384
5.6.1 Aufbau 384
5.6.2 Funktion 385
5.7 Lysosomen 387
5.7.1 Aufbau 387
5.7.2 Funktion 387
5.7.3 Biogenese 388
5.8 Peroxisomen 389
5.8.1 Aufbau 389
5.8.2 Funktion 389
5.8.3 Biogenese 389
5.9 Proteasom 390
5.9.1 Aufbau 390
5.9.2 Funktion 390
5.9.3 Das Ubiquitinsystem 391

6 Zytoskelett 393
K. Hauser

6.1 Überblick 393
6.2 Mikrofilamente 393
6.2.1 Aufbau 393
6.2.2 Funktion 395
6.3 Mikrotubuli 396
6.3.1 Aufbau 396
6.3.2 Funktion 396

6.3.3	Komplexe Mikrotubulistrukturen	398		7.2.1	Kollagen	404
6.4	**Intermediärfilamente**	**400**		7.2.2	Elastin	408
6.4.1	Aufbau	400		7.2.3	Glykosaminoglykane	409
6.4.2	Funktion	401		7.2.4	Proteoglykane	411
				7.2.5	Nicht kollagene Glykoproteine	413
				7.3	**Abbau der extrazellulären Matrix**	**414**
7	**Extrazelluläre Matrix**	**403**		**7.4**	**Extrazelluläre Matrix des Knochens**	**415**
	K. Hauser			7.4.1	Anorganische Matrix	415
				7.4.2	Organische Matrix	415
7.1	**Überblick**	**403**		**7.5**	**Extrazelluläre Matrix des Knorpels**	**415**
7.2	**Komponenten der extrazellulären Matrix**	**403**				

Teil C Zellzyklus und molekulare Genetik
R. Netzker

1	**Nukleotide**	**419**		4.2.6	Replikation eukaryontischer Chromosomen-Enden	449
1.1	**Einführung**	**419**		**4.3**	**Hemmstoffe der Replikation**	**450**
1.2	**Aufbau der Nukleotide**	**419**				
1.3	**Funktionen der Nukleotide**	**421**				
1.3.1	Energieträger	421		**5**	**Genexpression**	**451**
1.3.2	Synthesevorstufen	422		**5.1**	**Überblick**	**451**
1.3.3	Bestandteil von Coenzymen	423		**5.2**	**Transkription**	**452**
1.3.4	Signalmoleküle	423		5.2.1	Die Transkriptionsprodukte: die verschiedenen RNA-Typen	452
1.3.5	Allosterische Effektoren	423		5.2.2	Die Transkriptionsenzyme: RNA-Polymerasen	456
1.4	**Stoffwechsel der Nukleotide**	**425**		5.2.3	Ablauf der Transkription	457
1.4.1	Stoffwechsel der Purinnukleotide	425		5.2.4	Regulation der Transkription	461
1.4.2	Stoffwechsel der Pyrimidinnukleotide	430		5.2.5	Hemmstoffe der Transkription	467
1.4.3	Synthese von Desoxyribonukleotiden aus Ribonukleotiden	433		**5.3**	**Entstehung und Nachbearbeitung der mRNA**	**468**
				5.3.1	Prozessierung der hnRNA	468
				5.3.2	RNA-Editing	471
2	**Nukleinsäuren (Polynukleotide)**	**436**		**5.4**	**Translation**	**473**
2.1	**Grundlagen**	**436**		5.4.1	Der genetische Code	473
2.2	**DNA**	**437**		5.4.2	Beladung der tRNAs mit Aminosäuren	474
2.2.1	Die DNA-Doppelhelix	437		5.4.3	Ablauf der Translation	475
2.2.2	Die Verpackung der DNA	439		5.4.4	Regulation der Translation	480
2.3	**RNA**	**440**		5.4.5	Hemmstoffe der Translation	480
2.3.1	Struktur	440		5.4.6	Posttranskriptionelle und translationale Regulation durch kleine RNA	483
2.3.2	Typen der RNA	440		**5.5**	**Proteinfaltung**	**484**
2.4	**Das humane Genom und Transkriptom**	**441**		5.5.1	Motor und Ablauf der Proteinfaltung	484
				5.5.2	An der Proteinfaltung beteiligte Proteine	485
3	**Einführung in die Molekularbiologie**	**442**		**5.6**	**Cotranslationaler Proteintransport in das endoplasmatische Retikulum**	**488**
3.1	**Grundbegriffe**	**442**		**5.7**	**Co- und posttranslationale Modifikation von Proteinen**	**488**
3.2	**Zentrales Dogma der Molekularbiologie**	**442**				
4	**Replikation der DNA**	**444**		**6**	**Viren**	**491**
4.1	**Einführung**	**444**		**6.1**	**Virusaufbau**	**491**
4.2	**Ablauf der Replikation**	**444**		6.1.1	Virale Nukleinsäuren	491
4.2.1	Überblick	444		6.1.2	Virale Proteine	491
4.2.2	Erkennung der Replikationsstartstelle(n) und Strangtrennung	445		**6.2**	**Infektionszyklus**	**492**
4.2.3	Synthese des Primers	446		**6.3**	**Systematik der Viren**	**493**
4.2.4	DNA-Synthese	446		6.3.1	RNA-Viren	494
4.2.5	Ligation der Okazaki-Fragmente	448		6.3.2	DNA-Viren	499

7	**Gentechnik und Nachweis bzw. Analyse von Nukleinsäuren**	**501**		**9**	**Der Zellzyklus**	**528**

7 Gentechnik und Nachweis bzw. Analyse von Nukleinsäuren ... 501

- 7.1 Einführung ... 501
- 7.2 Die Werkzeuge ... 502
  - 7.2.1 Plasmide ... 502
  - 7.2.2 Restriktionsendonukleasen ... 504
  - 7.2.3 Reverse Transkriptase ... 505
  - 7.2.4 Weitere Enzyme ... 505
- 7.3 Methodik der Gentechnik: Klonierung ... 505
  - 7.3.1 Werkzeuge ... 505
  - 7.3.2 DNA-Transfermethoden ... 507
  - 7.3.3 Ablauf einer Klonierung ... 508
  - 7.3.4 Einsatzgebiete ... 509
- 7.4 Nachweis und Analyse von Nukleinsäuren ... 510
  - 7.4.1 Polymerasekettenreaktion (PCR) ... 510
  - 7.4.2 Reverse Transkriptions-Polymerasekettenreaktion (RT-PCR) ... 511
  - 7.4.3 Agarose- und Polyacrylamid-Gelelektrophorese ... 511
  - 7.4.4 Blot-Hybridisierung ... 512
  - 7.4.5 Restriktions-Fragment-Längen-Polymorphismus (RFLP) ... 513
  - 7.4.6 DNA-Profilanalyse (Genetischer Fingerabdruck) ... 514
  - 7.4.7 DNA-Sequenzierung ... 515
  - 7.4.8 Knock-out-Tiere und transgene Tiere ... 517

8 Mutationen und DNA-Reparatur ... 519

- 8.1 Mutationen ... 519
  - 8.1.1 Mutationsformen ... 519
  - 8.1.2 Entstehung von Mutationen ... 521
- 8.2 Reparatur der DNA-Schäden ... 523
  - 8.2.1 Direkte Reparatur ... 523
  - 8.2.2 Basen-Exzisionsreparatur ... 523
  - 8.2.3 Nukleotid-Exzisionsreparatur ... 524
- 8.3 Kontrolle der Replikationsgenauigkeit und Fehlpaarungsreparatur (Mismatch-Reparatur) ... 526
- 8.4 Reparatur von Doppelstrangbrüchen ... 526

9 Der Zellzyklus ... 528

- 9.1 Ablauf ... 528
- 9.2 Regulation ... 529
  - 9.2.1 Kontrollpunkte im Zellzyklus ... 529
  - 9.2.2 Komponenten des Zellzyklus-Kontrollsystems ... 530
  - 9.2.3 Steuerung der Phasenübergänge bzw. der S-Phase ... 531

10 Die Apoptose ... 533

- 10.1 Einführung ... 533
- 10.2 Bedeutung der Apoptose ... 533
- 10.3 Komponenten des Apoptose-Apparates ... 534
  - 10.3.1 Caspasen ... 534
  - 10.3.2 Proteine der Bcl-2-Familie ... 534
  - 10.3.3 Inhibitors of Apoptosis Proteins (IAPs) ... 535
- 10.4 Auslösung der Apoptose ... 535
  - 10.4.1 Extrinsischer Signalweg ... 535
  - 10.4.2 Intrinsischer Signalweg ... 536
  - 10.4.3 Granzym/Perforin-Weg ... 536
- 10.5 Wirkung der Effektor-Caspasen ... 537
- 10.6 Fehlregulationen der Apoptose ... 537

11 Molekulare Onkologie ... 538

- 11.1 Einführung ... 538
- 11.2 Tumorentstehung (Kanzerogenese) ... 538
  - 11.2.1 Somatische Mutationen als Auslöser der Transformation ... 539
  - 11.2.2 Die Bedeutung regulatorischer RNA für die Tumorentstehung ... 544
  - 11.2.3 Tumorviren als Auslöser der Transformation ... 545
  - 11.2.4 Bakterien als biologisches Karzinogen ... 546
- 11.3 Tumorentwicklung: Die Bildung von Tumorgefäßen und Tochterkolonien ... 547
  - 11.3.1 Angiogenese ... 547
  - 11.3.2 Metastasierung ... 547
- 11.4 Tumortherapie ... 548
  - 11.4.1 Zytostatika ... 548
  - 11.4.2 Neuere Entwicklungen in der Tumortherapie ... 549

Teil D Zelluläre Kommunikation
R. Deutzmann

1 Grundlagen ... 553

- 1.1 Einführung ... 553
- 1.2 Prinzipien der Signalübertragung zwischen Zellen ... 553
  - 1.2.1 Gap Junctions ... 554
  - 1.2.2 Zell-Zell- und Zell-Matrix-Interaktion ... 554
  - 1.2.3 Extrazelluläre Signalübertragung ... 554
- 1.3 Hormone und Zytokine ... 555
  - 1.3.1 Einteilung der Hormone ... 555
  - 1.3.2 Eigenschaften und Wirkprinzip von Hormonen ... 555
  - 1.3.3 Hormonelle Regelkreise ... 557
  - 1.3.4 Zytokine ... 558
- 1.4 Nachweismethoden ... 558
  - 1.4.1 Radioimmunoassay (RIA) ... 558
  - 1.4.2 Enzyme-linked immunosorbent Assay (ELISA) ... 559

2 Mechanismen der Signaltransduktion ... 560

- 2.1 Einführung ... 560
- 2.2 Rezeptoren in der Zellmembran ... 561
  - 2.2.1 G-Protein-gekoppelte Rezeptoren ... 561
  - 2.2.2 Ligandenaktivierte Ionenkanäle ... 571
  - 2.2.3 Enzymgekoppelte Rezeptoren ... 572
- 2.3 Intrazelluläre Rezeptoren (Kernrezeptoren) ... 579
  - 2.3.1 Steroidhormonrezeptoren ... 580
  - 2.3.2 Rezeptoren für Schilddrüsenhormone, Vitamin D und Retinsäure ... 580
  - 2.3.3 Kernrezeptor-Superfamilie – Rezeptoren der PPAR-Familie ... 581

3 Hormone 582

- **3.1 Pankreashormone** 582
  - 3.1.1 Insulin 582
  - 3.1.2 Glukagon 591
- **3.2 Die Katecholamine Adrenalin und Noradrenalin** .. 595
  - 3.2.1 Biosynthese und Sekretion 595
  - 3.2.2 Abbau 597
  - 3.2.3 Molekulare Mechanismen 597
  - 3.2.4 Zelluläre Wirkungen 598
- **3.3 Hormone des hypothalamisch-hypophysären Systems** 601
  - 3.3.1 Hypothalamus 602
  - 3.3.2 Hypophyse 603
  - 3.3.3 Rückkopplungsmechanismen 605
- **3.4 Schilddrüsenhormone (Thyroxin und Triiodthyronin)** 606
  - 3.4.1 Biosynthese, Speicherung, Transport und Abbau . 606
  - 3.4.2 Wirkungen 608
- **3.5 Hormone der Nebennierenrinde** 613
  - 3.5.1 Überblick 613
  - 3.5.2 Glucocorticoide 616
  - 3.5.3 Androgene 620
- **3.6 Hormone der Gonaden** 622
  - 3.6.1 Androgene 623
  - 3.6.2 Östrogene und Gestagene 624
- **3.7 Wachstumshormon** 629
  - 3.7.1 Regulation der Biosynthese 630
  - 3.7.2 Molekulare und zelluläre Wirkungen 630
- **3.8 Prolaktin** 632
  - 3.8.1 Molekulare und zelluläre Wirkungen 633
- **3.9 Gastrointestinale Hormone** 633
  - 3.9.1 Gastrin 634
  - 3.9.2 Sekretin 636
  - 3.9.3 Cholecystokinin (CCK) 636
- **3.10 Hormone mit Wirkung auf den Wasser- und Elektrolythaushalt** 636
  - 3.10.1 Regulation des Wasserhaushalts: Antidiuretisches Hormon 637
  - 3.10.2 Hormonelle Regulation des Natriumhaushalts ... 638
  - 3.10.3 Hormonelle Regulation des Kaliumhaushalts 643
  - 3.10.4 Hormone mit Wirkung auf den Calcium- und Phosphathaushalt 644

4 Gewebshormone (parakrin wirkende Hormone) 649

- **4.1 Eikosanoide** 649
  - 4.1.1 Biosynthese 649
  - 4.1.2 Wirkungen 651
- **4.2 Entzündungshemmende und entzündungsauflösende Lipidmediatoren** 655
- **4.3 Stickstoffmonoxid (NO)** 656
  - 4.3.1 Biosynthese und Inaktivierung 656
  - 4.3.2 Wirkungen 657
- **4.4 Kinine** 658
  - 4.4.1 Biosynthese und Inaktivierung 658
  - 4.4.2 Wirkungen 659
- **4.5 Histamin** 660
  - 4.5.1 Biosynthese, Speicherung und Inaktivierung 660
  - 4.5.2 Wirkungen 660
- **4.6 Serotonin (5-Hydroxytryptamin)** 662
  - 4.6.1 Biosynthese, Speicherung und Inaktivierung 662
  - 4.6.2 Wirkungen 662

5 Zytokine 666

- **5.1 Grundlagen** 666
- **5.2 Wachstumsfaktoren** 666
- **5.3 Zytokine mit Wirkung auf die Hämatopoese** .. 669
- **5.4 Zytokine des Immunsystems** 670

Teil E Infektionen, Verletzungen und Vergiftungen
J. Rassow

1 Molekulare Immunologie 673

- **1.1 Einführung** 673
- **1.2 Das angeborene (unspezifische) Immunsystem** .. 674
  - 1.2.1 Abwehr von Mikroorganismen an Oberflächen .. 674
  - 1.2.2 Erkennung von Mikroorganismen durch das angeborene Immunsystem 677
- **1.3 Das adaptive Immunsystem** 685
  - 1.3.1 Einführung 685
  - 1.3.2 Antikörper 686
  - 1.3.3 Zelluläre und molekulare Grundlagen adaptiver Immunantworten 693
  - 1.3.4 Das erworbene Immunschwächesyndrom (AIDS) . 702
  - 1.3.5 Allergie 704
- **1.4 Entzündung** 708
  - 1.4.1 Grundlagen 708
  - 1.4.2 Die Aktivierung der Leukozyten 708
  - 1.4.3 Die Leukozyten im Entzündungsherd 709
- **1.5 Tumorimmunologie** 712
  - 1.5.1 Tumor-spezifische und Tumor-assoziierte Antigene 712
  - 1.5.2 Immune surveillance und Cancer Immunoediting 713
- **1.6 Mediatoren des Immunsystems** 715
  - 1.6.1 Interferone (IFN) 716
  - 1.6.2 Interleukine 716
  - 1.6.3 TNFα 717
  - 1.6.4 TGF-β 717
  - 1.6.5 Weitere Mediatoren 717
- **1.7 Immunologie der Blutgruppenantigene** 717
  - 1.7.1 Das AB0-System 717
  - 1.7.2 Das Rhesus-System 718

2 Blutstillung und Blutgerinnung 721
- 2.1 Einführung 721
- 2.2 Blutstillung: Aktivierung und Aggregation von Thrombozyten 721
  - 2.2.1 Thrombozytenadhäsion 721
  - 2.2.2 Thrombozytenaggregation 722
  - 2.2.3 Freisetzung von Inhaltsstoffen aus aktivierten Thrombozyten 724
  - 2.2.4 Hemmung der Thrombozytenaggregation am intakten Endothel 725
- 2.3 Blutgerinnung 726
  - 2.3.1 Das Prinzip 726
  - 2.3.2 Die Blutgerinnung im Detail 727
- 2.4 Fibrinolyse 732
- 2.5 Hemmung der Blutgerinnung 733
  - 2.5.1 Mechanismen in vitro 733
  - 2.5.2 Mechanismen in vivo 733
- 2.6 Thrombusbildung und Ischämie 735

3 Entgiftung 739
- 3.1 Entgiftung organischer Fremdstoffe: Biotransformation 739
  - 3.1.1 Phase-I-Reaktionen 740
  - 3.1.2 Phase-II-Reaktionen 743
- 3.2 Entgiftung anorganischer Fremdstoffe: Stoffwechsel der Schwermetalle 744

Teil F Blut, Leber und Niere
J. Rassow

1 Biochemie des Blutes 749
- 1.1 Einführung 749
- 1.2 Transport von O_2 und CO_2 im Blut 749
  - 1.2.1 O_2-Transport durch Hämoglobin 749
  - 1.2.2 Transport von CO_2 755
  - 1.2.3 Die verschiedenen Hämoglobine des Menschen .. 756
  - 1.2.4 Schutz des Hämoglobins vor Oxidation 757
- 1.3 Erythropoese und Porphyrinstoffwechsel 760
  - 1.3.1 Erythropoese 760
  - 1.3.2 Hämbiosynthese 760
  - 1.3.3 Häm-Abbau 762
- 1.4 Die Proteine des Blutserums 766

2 Biochemie der Leber 767
- 2.1 Einführung 767
- 2.2 Stoffwechselfunktionen der Leber 768
  - 2.2.1 Konstanthaltung des Blutzuckerspiegels ... 768
  - 2.2.2 Synthese von Ketonkörpern, Triacylglycerinen und Cholesterin 769
  - 2.2.3 Aufgaben der Leber im Aminosäurestoffwechsel .. 769
- 2.3 Produktion von Serumproteinen 770
- 2.4 Hormon- und Vitaminstoffwechsel in der Leber .. 770
  - 2.4.1 Hormone 770
  - 2.4.2 Vitamine 770
- 2.5 Ausscheidungsfunktion der Leber 771
  - 2.5.1 Bestandteile der Galle 771
  - 2.5.2 Gallesekretion 772

3 Biochemie der Niere 773
- 3.1 Einführung 773
- 3.2 Ultrafiltration im Nierenkörperchen 774
- 3.3 Funktionen des proximalen Tubulus 775
  - 3.3.1 Gluconeogenese 775
  - 3.3.2 Resorption und Sekretion 776
- 3.4 Funktionen der Henle-Schleife 778
- 3.5 Funktion des distalen Tubulus und des Sammelrohrs 779
- 3.6 Regulation der Nierenfunktionen 780
  - 3.6.1 Das antidiuretische Hormon ADH (Vasopressin) . 780
  - 3.6.2 Aldosteron 780
  - 3.6.3 Funktionen des juxtaglomerulären Apparates .. 780
  - 3.6.4 Das atriale natriuretische Peptid und andere Peptidhormone 781
- 3.7 Aufgaben der Niere im Säure- Basen- und Stickstoffhaushalt 781

Teil G Muskulatur und Nervensystem
J. Rassow

1 Biochemie der Muskulatur 787
- 1.1 Übersicht 787
- 1.2 Muskelgewebe 787
  - 1.2.1 Einteilung und Aufbau 787
- 1.3 Molekulare Mechanismen der Muskelkontraktion . 791
  - 1.3.1 Querbrückenzyklus 791
  - 1.3.2 Kontrolle der Aktin-Myosin-Bindung 792
  - 1.3.3 Elektromechanische Kopplung 793
- 1.4 Muskelkrankheiten (Myopathien) 797
  - 1.4.1 Myasthenia gravis 797
  - 1.4.2 Muskeldystrophien 797
  - 1.4.3 Metabolische Muskelkrankheiten 797
  - 1.4.4 Dilatative Kardiomyopathie 798

2	Neurochemie	800
2.1	Einführung	800
2.2	Energiestoffwechsel des Nervensystems	800
2.3	Gliazellen und Myelin	801
2.3.1	Gliazellen	801
2.3.2	Myelin	801
2.4	Schrankensysteme des ZNS	802
2.4.1	Blut-Hirn-Schranke	802
2.4.2	Blut-Liquor-Schranke	803
2.5	Ruhemembranpotenzial und Aktionspotenzial	804
2.5.1	Ruhemembranpotenzial	804
2.5.2	Aktionspotenzial	808
2.6	Neurotransmitter und ihre Rezeptoren	812
2.6.1	Glutamat	812
2.6.2	Acetylcholin (Ach)	814
2.6.3	Serotonin	819
2.6.4	γ-Aminobutyrat, GABA	820
2.6.5	Glycin	822
2.6.6	Katecholamine	823
2.6.7	Neuropeptide	825
2.6.8	Endocannabinoide	826
2.6.9	Purine	826
2.7	Erkrankungen des ZNS	828
2.7.1	Multiple Sklerose (MS)	828
2.7.2	Alzheimer-Krankheit	829
2.7.3	Parkinson-Krankheit	831
2.7.4	Chorea Huntington	833
2.8	Sinnesorgane und Sinneszellen	834
2.8.1	Riechsinneszellen	834
2.8.2	Geschmackssinneszellen	835
2.8.3	Das Ohr: Hören und Gleichgewicht	835
2.8.4	Das Auge	836

Teil H Ausblick
J. Rassow

1	Biochemie des langen Lebens	843
1.1	Hat sich der Einzug der Wissenschaften in die Medizin gelohnt?	843
1.2	Gibt es Unsterblichkeit?	844
1.3	Was setzt dem Leben der Zellen höherer Eukaryonten ein Ende?	845
1.4	Was schädigt die Zellen?	845
1.5	Geht die Zellalterung von den Mitochondrien aus?	847
1.6	Überlebensstrategien	847
1.7	Überlebensmutanten	848
1.8	Was kann man tun?	850

Teil I Antwortkommentare klinische Fälle

1	Antwortkommentare klinische Fälle	853
1.1	Myokardinfart	853
1.2	Schlaganfall	854
1.3	Ösophagusvarizenblutung bei Leberzirrhose	854
1.4	Diabetes mellitus	855
1.5	Hyperthyreose bei Struma	855
1.6	Morbus Cushing	856
1.7	Metastasierendes Karzinoid	856
1.8	Infektexazerbierte COPD	857
1.9	Lungenembolie	857
1.10	Akutes prärenales Nierenversagen	858
1.11	Muskeldystrophie Typ Duchenne	858
1.12	Morbus Parkinson-Syndrom	859

Sachverzeichnis ... 860

A

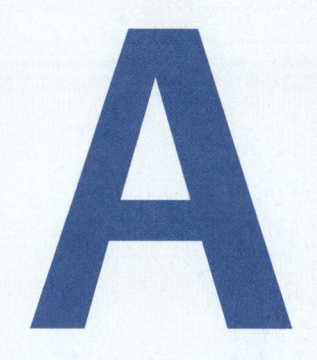

Energiestoffwechsel

Energiestoffwechsel

1 **Der Energiestoffwechsel im Überblick** 19

2 **Triebkraft und Geschwindigkeit biochemischer Reaktionen** 27

3 **Die molekulare Struktur der wichtigsten Nahrungsstoffe: Kohlenhydrate, Triacylglycerine und Aminosäuren** 45

4 **Die wichtigsten biochemischen Funktionsträger: Proteine** 74

5 **Abbau der Kohlenhydrate zu Pyruvat bzw. Lactat** 82

6 **Oxidativer Abbau von Pyruvat: Die Reaktionen der Pyruvat-Dehydrogenase und des Citratzyklus** 109

7 **Abbau von Triacylglycerinen und Ketonkörpern** 127

8 **Abbau von Proteinen und Aminosäuren** 147

9 **ATP-Synthese durch oxidative Phosphorylierung** 174

10 **Ernährung und Verdauung** 192

11 **Speicherung und Bereitstellung von Kohlenhydraten** 210

12 **Die Bereitstellung von Fettsäuren, Triacylglycerinen und Ketonkörpern** 230

13 **Proteine als Nahrungsmittel** 259

14 **Regulation des Energiestoffwechsels** 266

15 **Stoffwechsel in Tumorzellen** 281

16 **Vitamine** 290

17 **Spurenelemente** 322

1 Der Energiestoffwechsel im Überblick

1.1	Worum geht es in diesem Kapitel?	19
1.2	Woher stammt die Energie für Lebensprozesse?	19
1.3	Wie entsteht ATP?	22
1.4	Woher stammt die Energie für die ATP-Synthese?	23

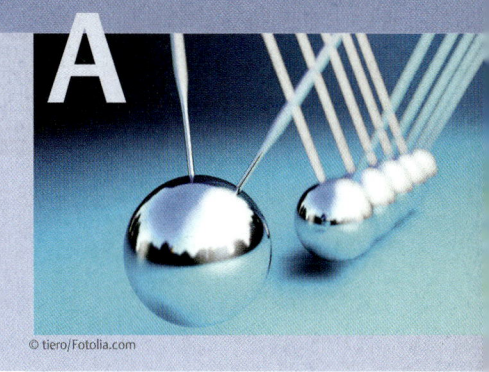

J. Rassow

1.1 Worum geht es in diesem Kapitel?

Biochemie ist die Wissenschaft von den molekularen Strukturen und Prozessen, die sich in den verschiedenen Organismen nachweisen lassen. Es ist offensichtlich, dass es für einen Menschen niemals möglich sein wird, alle diese Strukturen und Prozesse zu kennen. Wenn man nur wenig weiß, kann man aber mitunter dennoch sehr viel verstehen.

Die Biochemie kann nicht die Frage beantworten, was die Welt im Innersten zusammenhält, aber sie erlaubt durchaus die Frage, was eigentlich die zentralen molekularen Mechanismen sind, die es ermöglichen, dass es überhaupt einen lebendigen Menschen gibt. Es bietet sich an, zur Beantwortung dieser Frage von der Beobachtung auszugehen, dass es Tätigkeiten gibt, die für das Überleben eines Menschen uneingeschränkt essenziell sind. Dazu gehört etwa, dass Menschen Nahrung zu sich nehmen und dass sie atmen. Warum ist das so?

Da Essen und Atmen lebensnotwendig sind, handelt es sich offenbar um Voraussetzungen dafür, dass der Organismus überhaupt existiert und die Zellen des Organismus korrekt arbeiten. Die Fähigkeit, Arbeit zu leisten, ist aber im Rahmen der Naturwissenschaften Energie. **So soll es in diesem einführenden Kapitel um die Frage gehen, wie im Organismus Energie für Lebensprozesse bereitgestellt wird, und damit letztlich um die Frage, wie Leben überhaupt möglich ist. Damit führt dieses Thema direkt in die Mitte der gesamten Biochemie und ermöglicht einen ersten Eindruck von den zentralen Zusammenhängen des gesamten Stoffwechsels.**

Dieses Kapitel gibt zunächst also nur einen Überblick. Wer Details wissen möchte, wird in den weiteren Kapiteln dieses Buches zu vielen Fragen eine Antwort finden.

1.2 Woher stammt die Energie für Lebensprozesse?

Zu den Eigentümlichkeiten von Lebensprozessen gehört, dass ständig etwas passiert, was auf den ersten Blick den einfachsten Naturgesetzen zu widersprechen scheint, z. B.:

- Eisbären können einen ganzen Winter in der Arktis verbringen und erhalten doch immer eine Körpertemperatur aufrecht, die wesentlich höher ist als die ihrer Umgebung. Jedes anorganische Objekt nimmt hingegen sehr schnell die jeweilige Umgebungstemperatur an.
- Vögel können sich jederzeit in die Luft erheben, während z. B. ein Stein nur fallen oder liegen bleiben kann.

Das Geheimnisvolle des Lebens scheint darin zu bestehen, dass es aus einer Aneinanderreihung von Unwahrscheinlichkeiten besteht. Wie kann man diese Beobachtung mit den Gesetzen der Physik in Einklang bringen? Eine Antwort lässt sich mit dem Begriff der **energetischen Kopplung** geben.

1.2.1 Die Bedeutung der energetischen Kopplung

▶ **Defintion.** Unter energetischer Kopplung versteht man eine Verbindung zweier Prozesse, bei der ein Prozess die Energie liefert, die den anderen Prozess ermöglicht.

A 1 Der Energiestoffwechsel im Überblick

⊙ A-1.1 Energetische Kopplung

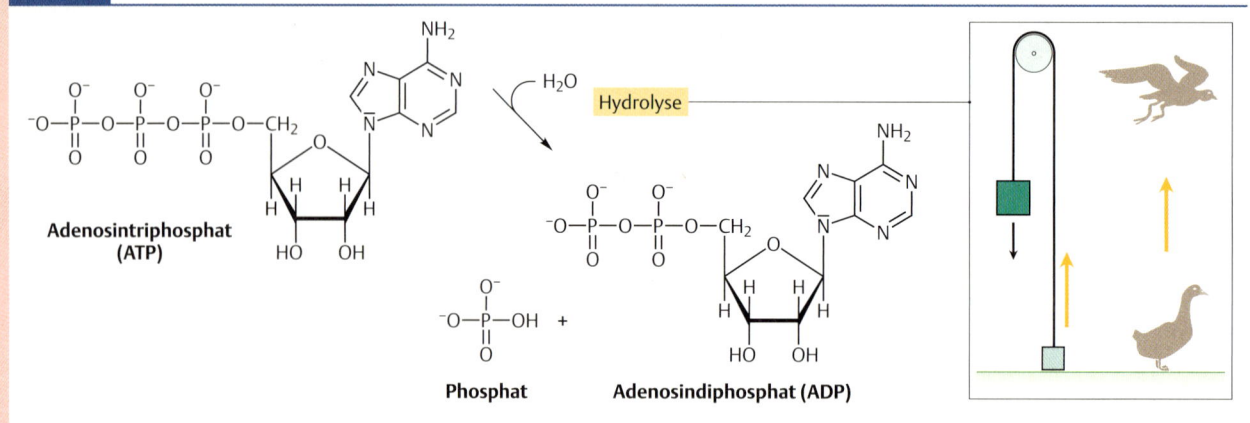

Der Vogel muss Energie aufbringen, um sich gegen die Schwerkraft zu bewegen. Diese Energie liefern Prozesse, die mit dem Fliegen energetisch gekoppelt sind.
Typ: Abbildung

Das Prinzip ist in Abbildung Abb. **A-1.1** erläutert. Ein Objekt kann sich nicht von alleine gegen die Schwerkraft nach oben bewegen. Dieser Prozess wird erst möglich, indem er mit einem anderen Vorgang gekoppelt wird, der spontan abläuft.

Viele Lebensprozesse sind mit solchen Vorgängen verbunden, die das Unmögliche möglich machen. Dabei handelt es sich oft um komplizierte Reaktionsketten, in denen der eine Prozess den nächsten anstößt.

▶ **Merke.** Letztlich ist es **bei fast allen Lebensvorgängen** nur **eine ganz bestimmte chemische Reaktion**, welche die nötige Energie liefert, und das ist die **Hydrolyse von Adenosintriphosphat** (ATP).

1.2.2 Die Bedeutung des ATP als Energieträger

Um die Funktion des ATP exakt beschreiben zu können, müssen Lebensprozesse auf molekularem Niveau betrachtet werden, also in biochemischer Perspektive.

Ein besonders einfaches Beispiel für die energetische Kopplung biochemischer Prozesse an die Hydrolyse von ATP ist die Reaktion von Glucose mit Phosphat. Glucose (=Traubenzucker) ist ein wichtiger Nahrungsstoff für die Zellen des Körpers. Sie wird vom Blut an die Zellen herangeführt und dann von den Zellen aufgenommen. Der erste Schritt der Einbeziehung von Glucose in den Zellstoffwechsel ist ihre Verbindung mit Phosphat: Die Glucose wird phosphoryliert (Abb. **A-1.2**).

Da Phosphat-Ionen in jeder Zelle vorhanden sind, könnte man erwarten, dass Glucose und Phosphat-Ionen spontan eine Verbindung eingehen. Eine derartige Reaktion wird aber weder in lebenden Zellen noch bei Mischung der Reaktionspartner in einem Reagenzglas beobachtet. Die Reaktion ist genauso unmöglich, wie es unmöglich ist, dass sich ein Gegenstand ohne äußere Einwirkung von alleine von der Erdoberfläche in die Luft erhebt. Der Grund hierfür ist, dass der Energiegehalt von Glucose-6-phosphat höher ist als der der Ausgangssubstanzen Glucose und Phosphat-Ionen. Damit die Phosphorylierung stattfinden kann, muss den Ausgangssubstanzen Energie zugeführt werden. Diese Energie stammt aus der Hydrolyse des ATP.

▶ **Merke.** ATP ist der zentrale und entscheidende Energieträger aller Organismen.

⊙ A-1.2 Die Phosphorylierung von Glucose

A 1.2 Woher stammt die Energie für Lebensprozesse?

Aufgrund der zentralen Bedeutung des Energieträgers ATP dreht sich die gesamte Biochemie letztlich um zwei prinzipielle Fragen:
1. **Wie wird ATP produziert**, d. h. wie wird Leben ermöglicht?
2. **Wie wird ATP** von den Zellen des Körpers **genutzt**?

Die erste Frage wird in Teil A dieses Lehrbuchs beantwortet, die zweite in den Teilen B bis G.

Die Bedeutung des ATP für die Funktionen des gesamten Organismus lässt sich mit einer einfachen Zahl illustrieren: **Ein erwachsener Mensch produziert und hydrolysiert jeden Tag etwa 100 kg ATP**. Im Stoffwechsel eines Teilnehmers der Tour de France können an einem Tag sogar bis zu 300 kg ATP synthetisiert werden. Dabei bleibt die Konzentration des ATP in den Zellen relativ konstant bei ca. 3 – 4 mM (mM = mmol/l), was einer Gesamtmenge im Körper von nur ca. 50 g entspricht. Die große Menge an ATP, die pro Tag umgesetzt wird, ergibt sich nur durch die Geschwindigkeit, mit der das ATP ständig hydrolysiert und neu synthetisiert wird. Die genannten 50 g ATP werden durchschnittlich in jeder Minute einmal vollständig regeneriert, also mehr als 1000-mal am Tag.

Wo im ATP steckt die Energie?

ATP besteht aus zwei Teilen, dem Adenosin und dem Triphosphat (Abb. **A-1.3**).

Für die Funktion des ATP im Energiestoffwechsel ist allein die **Triphosphatgruppe** entscheidend. Bei der Hydrolyse dieser Gruppe wird die Energie freigesetzt, die in energetischer Kopplung anderen Reaktionen zur Verfügung gestellt werden kann. Der Adenosin-Teil des Moleküls ist hingegen so etwas wie ein „molekularer Handgriff", durch den der Triphosphatrest für die Zelle handhabbar wird. Viele Proteine der Zelle enthalten Strukturen, die den Adenosin-Teil spezifisch binden und dadurch dann auch die Triphosphatgruppe genau dorthin bringen, wo deren Energie gerade benötigt wird.

Die Triphosphatgruppe ist mit dem Adenosin über eine Esterbindung verbunden, die drei Phosphoratome sind untereinander durch **Anhydridbindungen** verbunden (Abb. **A-1.4**). Durch Hydrolyse kann in zwei Schritten jeweils eine Phosphatgruppe freigesetzt werden. Dadurch entsteht aus dem Adenosintriphosphat (ATP) Adenosindiphosphat (ADP) bzw. Adenosinmonophosphat (AMP) (Abb. **A-1.4**). Alternativ kann eine Diphosphatgruppe (= Pyrophosphat, Abb. **A-1.5**) abgespalten werden, sodass aus ATP AMP entsteht.

⊙ **A-1.3** Adenosintriphosphat (ATP)

⊙ **A-1.4** Hydrolyse von ATP

A-1.5 Pyrophosphat

$$\begin{array}{c} \text{O}^- \quad\quad \text{O}^- \\ | \quad\quad\quad | \\ {}^-\text{O}-\text{P}-\text{O}-\text{P}-\text{O}^- \\ \| \quad\quad\quad \| \\ \text{O} \quad\quad \text{O} \end{array}$$

Die Spaltung der Esterbindung zwischen der Triphosphatgruppe und dem Adenosin spielt im Energiestoffwechsel keine Rolle. Die Energie der Anhydridbindungen ist hingegen für den gesamten Stoffwechsel von fundamentaler Bedeutung:

▶ **Merke.** Bei der Hydrolyse einer Anhydridbindung der Triphosphatgruppe des ATP wird unter Standardbedingungen eine Energie von – 30,5 kJ/Mol freigesetzt, unter physiologischen Bedingungen sogar eine Energie von ca. – 50 kJ/Mol.

Warum wird bei der Hydrolyse von ATP Energie freigesetzt?

Für die Hydrolyse-Energie des ATP werden mehrere Faktoren verantwortlich gemacht, u. a.
1. die **bessere Mesomeriestabilisierung der freien Phosphat-Ionen:** Die Elektronen können sich in den Phosphat-Ionen gleichmäßig und damit energetisch günstiger verteilen als in der Triphosphatgruppe.
2. die bei der Abspaltung von Phosphatresten stattfindende **Umwandlung von Abstoßungskräften in freie Energie:** Die Triphosphatgruppe trägt vier **negative Ladungen**, die sich über die Sauerstoffatome des Moleküls verteilen. Diese Ladungen stoßen sich gegenseitig ab. Mit jeder abgespaltenen Phosphatgruppe entfällt ein Teil dieser Abstoßungskräfte und eine entsprechende Energie wird frei – wie wenn sich eine Metallfeder entspannt, die zuvor zusammengepresst war.

Wie viel jeder dieser Faktoren zur Hydrolyse-Energie beiträgt, ist nicht genau bekannt.

1.3 Wie entsteht ATP?

Die 100 kg ATP, die ein erwachsener Mensch jeden Tag produziert, werden zu mehr als 90 % von den **Mitochondrien** der Zellen (Abb. **A-1.6**) bereitgestellt. Diese Zellorganellen nehmen das **ADP** und das **Phosphat** auf, das bei der Hydrolyse von ATP anfällt, und **regenerieren daraus ATP**, das wieder in das Zytosol zurücktransportiert wird.

Innerhalb der Mitochondrien (Aufbau s. Abb. **A-1.7 a**) findet die ATP-Synthese an der **ATP-Synthase** statt. Dieser Proteinkomplex sieht im elektronenmikroskopischen Bild aus wie ein großer Laubbaum, an den seitlich eine Leiter angestellt ist. Die Wurzeln (= F_0-Teil der ATP-Synthase) sind **in der mitochondrialen Innenmembran verankert**, Stamm (= Stiel der ATP-Synthase), Baumkrone (= F_1-Teil) und Leiter (sog. Stator) **ragen in die Matrix**, also den Innenraum der Mitochondrien hinein (Abb. **A-1.7 b** und Abb. **A-9.1**).

Der Funktion nach erinnert die mitochondriale ATP-Synthase allerdings weniger an einen Laubbaum, als vielmehr an ein technisches Gerät: **Das ATP wird in drei Reaktionskammern im F_1-Teil der ATP-Synthase synthetisiert,** also in der Struktur, die in den mitochondrialen Innenraum (Matrix) hineinragt. Die Reaktionskammern öffnen sich, nehmen ADP und Phosphat auf, und schließen sich wieder. Innen entsteht dann ausgehend von ADP und Phosphat das ATP. Indem sich die Reaktionskammern erneut öffnen, wird das ATP freigesetzt. In einem neuen Reaktionszyklus kann dann neues ADP und Phosphat aufgenommen werden. Das Öffnen und Schließen der drei Reaktionskammern wird durch ständige Bewegungen innerhalb der ATP-Synthase vermittelt. Die Bewegungen werden ihrerseits von Protonen ausgelöst, die aus dem Intermembranraum durch den F_0-Teil der ATP-Synthase hindurch in die Matrix einströmen. **Der F_0-Teil arbeitet ähnlich einer Turbine, indem er von den einströmenden Protonen in Rotation versetzt wird.** Tatsächlich besteht der F_0-Teil weitgehend aus einem molekularen Rotor. Die Rotation des Rotors im F_0-Teil bewirkt die Bewegung im F_1-Teil. Der genaue Mechanismus wird im Kapitel 9 näher erläutert (S. 174).

ATP-Synthasen finden sich in der mitochondrialen Innenmembran in großer Zahl. Zumindest in einigen Bereichen der Membran stehen sie dicht beieinander, ähnlich wie Bäume in einem Wald.

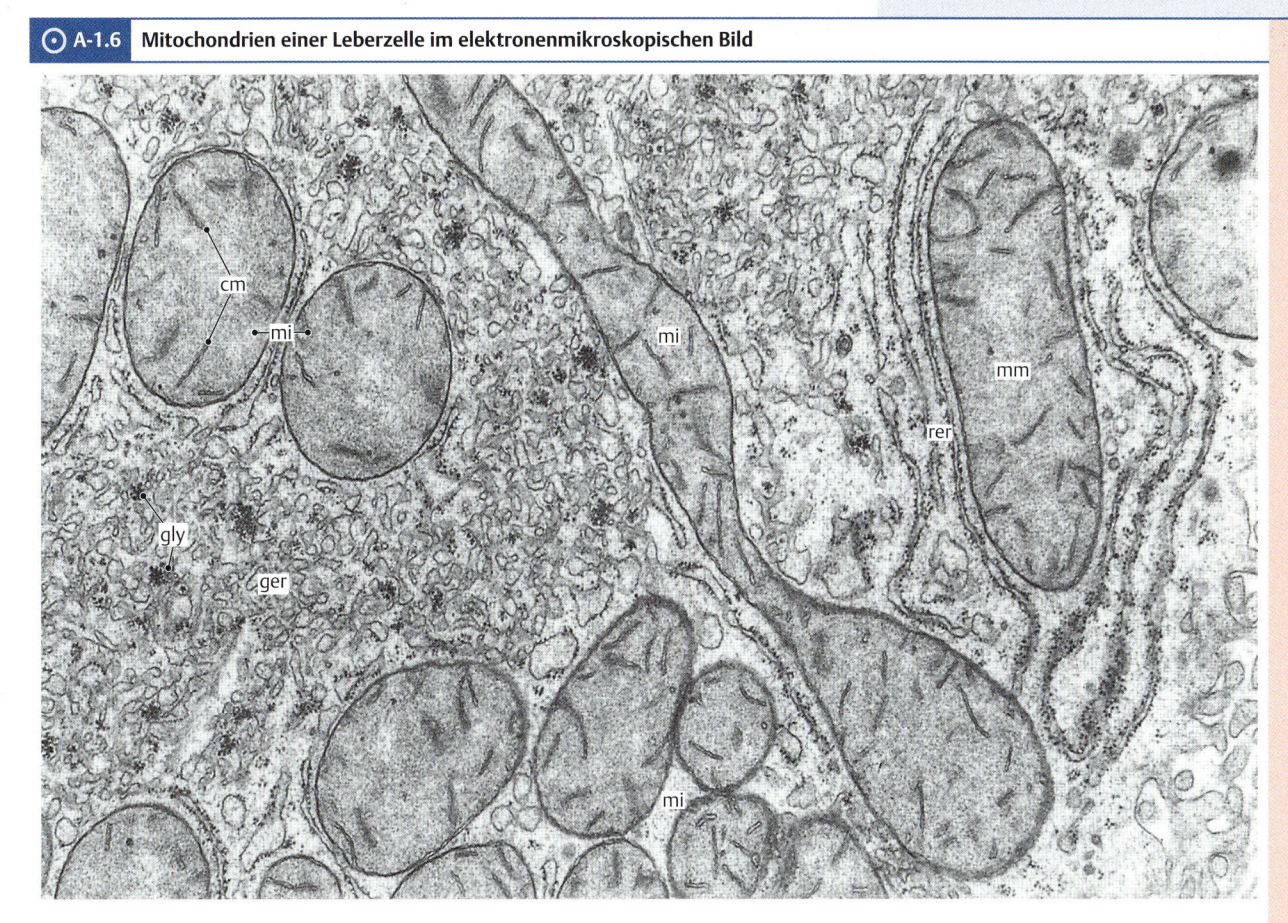

A-1.6 Mitochondrien einer Leberzelle im elektronenmikroskopischen Bild

Im Zytosol der Leberzelle ist Glykogen, die Speicherform der Glucose, in Form von Glykogenrosetten gespeichert (23 000-fache Vergrößerung).
mi = Mitochondrien, cm = cristae mitochondriales, gly = Glykogen, ger/er = glattes und raues Endoplasmatisches Retikulum, mm = mitochondriale Matrix
(aus Plattner, Hentschel; Zellbiologie, Thieme, 2002)

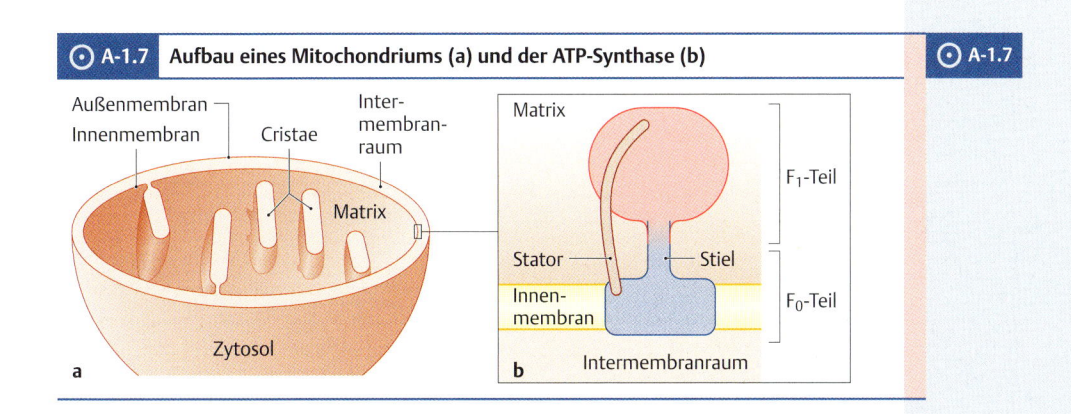

A-1.7 Aufbau eines Mitochondriums (a) und der ATP-Synthase (b)

1.4 Woher stammt die Energie für die ATP-Synthese?

Da ATP eine Energie von nahezu 50 kJ/Mol enthält, stellt sich die Frage, woher die ATP-Synthase diese Energie bezieht. Die entscheidende Antwort auf diese Frage gab der englische Biochemiker Peter Mitchell im Jahr 1961: Die ATP-Synthase bezieht ihre Energie aus dem Einstrom von Protonen in die mitochondriale Matrix.

1.4.1 Ein Protonenfluss als Energiequelle der ATP-Synthase

Durch den F_0-Teil der ATP-Synthase **strömen Protonen in die mitochondriale Matrix** (Abb. **A-1.8**). Die Energie, die letztlich im ATP gespeichert wird, stammt aus diesem Protonenfluss.
Die Energie, mit der die Protonen den Rotor der ATP-Synthase in Bewegung setzen, stammt aus zwei Quellen:
1. Die Protonen folgen beim Einstrom in die mitochondriale Matrix einem **Konzentrationsgefälle**.
2. Die **Matrix** ist relativ zum Intermembranraum (dem Raum jenseits der Innenmembran) **elektrisch negativ geladen**, sodass die positiv geladenen Protonen von ihr angezogen werden.

1.4.2 Die Atmungskette als Protonenpumpe

Der Protonengradient wird von den Mitochondrien aktiv aufgebaut: Eine Gruppe von Proteinkomplexen in der Innenmembran, die Atmungskette, pumpt Protonen gegen den Protonengradienten aus der Matrix in den Intermembranraum. Woher stammt die Energie für den Pumpvorgang?
Sie wird dem Fluss von Elektronen durch die Komponenten der Atmungskette entnommen: Der größte Teil der Elektronen wird von **NADH** (Nicotinamidadenindinukleotid) an den ersten Proteinkomplex der Atmungskette abgegeben und fließt in festgelegter Reihenfolge durch die anderen Komponenten. Einige Elektronen werden von reduziertem Flavinadenindinukleotid, $FADH_2$, auf den zweiten Proteinkomplex der Atmungskette übertragen. Sie sind gleichsam Quereinsteiger in die Atmungskette. Vom letzten Komplex der Atmungskette werden die Elektronen auf **molekularen Sauerstoff (O_2)** übertragen (Abb. **A-1.8**). Bei der Aufnahme von Elektronen zerfällt das in Wasser gelöste O_2-Molekül sehr schnell, wobei es aus dem Wasser der Umgebung sofort mehrere Protonen aufnimmt, sodass sich aus dem einen O_2-Molekül zwei H_2O-Moleküle bilden. Auf diese Weise entstehen in den Mitochondrien des Menschen täglich mehrere 100 ml Wasser.
Die Elektronen folgen auf ihrem Weg durch die Atmungskette einer elektrischen **Spannungsdifferenz ΔE zwischen** dem **NADH und** dem **Sauerstoff**. Auch zwischen $FADH_2$ und Sauerstoff besteht eine Spannungsdifferenz, sie ist aber geringer, da der Weg der Elektronen von Komplex II der Atmungskette zum Sauerstoff kürzer ist. Die Spannungsdifferenz ergibt sich daraus, dass NADH (bzw. $FADH_2$) ein Stoff ist, der sehr leicht Elektronen abgibt (NADH bzw. $FADH_2$ ist ein gutes Reduktionsmittel), während Sauerstoff sehr leicht Elektronen aufnimmt (Sauerstoff ist ein gutes Oxidationsmittel). Die Spannungsdifferenz zwischen NADH und Sauerstoff beträgt unter physiologischen Bedingungen **ca. 1,1 V**. Die **Atmungskette** wird folglich **mit elektrischer Energie betrieben**.

▶ **Merke.** Die Atmungskette ist eine elektrisch betriebene Protonenpumpe.

Die Protonen, die die Atmungskette aus der Matrix in den Intermembranraum pumpt, fließen anschließend durch den F_0-Teil der ATP-Synthase in die Matrix zurück (Abb. **A-1.8**).

⊙ **A-1.8 Die Atmungskette als Protonenpumpe**

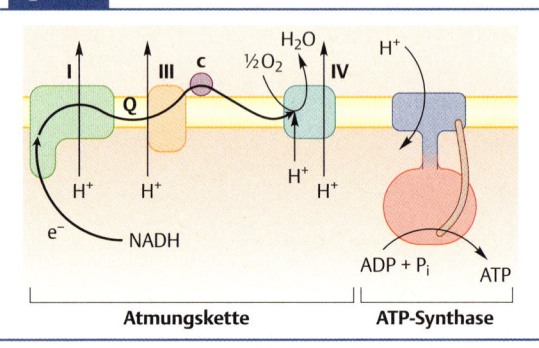

Die Atmungskette pumpt Protonen aus der mitochondrialen Matrix heraus und hält so den mitochondrialen Protonengradienten aufrecht. Der Fluss der Protonen zurück in die Matrix treibt die ATP-Synthase an.

1.4.3 Die Herkunft der Elektronen der Atmungskette

Es bleibt nur noch zu klären, woher die Mitochondrien den Sauerstoff und die Elektronen beziehen.

Herkunft des Sauerstoffs

Der Sauerstoff, der von der Atmungskette verbraucht wird, ist der Sauerstoff, der mit der **Atemluft** aufgenommen wird. Das erklärt, wie die Atmungskette zu ihrem Namen gekommen ist, und warum Menschen überhaupt atmen müssen. Zwar gibt es im Organismus noch weitere Funktionen, für die molekularer Sauerstoff benötigt wird, diese können aber im Hinblick auf die hierfür benötigte Sauerstoffmenge vernachlässigt werden. Der **Mensch muss** also **Sauerstoff einatmen, damit dieser die Elektronen der Atmungskette aufnehmen kann**. Nur solange in den Mitochondrien genügend Sauerstoff vorhanden ist, können Elektronen durch die Atmungskette fließen und dabei die Energie bereitstellen, die zum Aufbau des Protonengradienten und zum Antrieb der ATP-Synthese benötigt wird. Letztlich steht die Atmung ganz im Dienst der ATP-Synthese.

> ▶ **Merke.** Der eingeatmete Sauerstoff wird nicht zur Bildung des ausgeatmeten CO_2, sondern in den Mitochondrien zur Bildung von Wasser verwendet.

Herkunft der Elektronen

Die Elektronen zum Betrieb der Atmungskette und damit zur Synthese von ATP **stammen aus der Nahrung**. Aus der Perspektive des Energiestoffwechsels stellen die Elektronen den einzigen relevanten Bestandteil der Nahrung dar. Andere Nahrungsbestandteile sind für ihn zwar ebenfalls von Bedeutung, insbesondere die Vitamine als Cofaktoren des Energiestoffwechsels (S. 290), kommen aber nicht als Quelle von Elektronen infrage. Welche Nahrungsstoffe die Elektronen liefern (z. B. eine Bratwurst oder ein Müsli mit Honig), ist letztlich vollkommen unerheblich, weil nur Elektronen zur mitochondrialen Atmungskette gelangen.

Gleichwohl bleibt zu untersuchen, wie die Elektronen im Organismus jeweils aus den verschiedenen Nahrungsmitteln herausgelöst und der Atmungskette zugeführt werden. Dies ist das Thema der Kap. „Oxidativer Abbau von Pyruvat" (S. 109) bis Kap. „Abbau von Proteinen und Aminosäuren" (S. 147).

Als **Quelle der Elektronen** dienen im Wesentlichen drei Gruppen von Nahrungsstoffen, nämlich **Kohlenhydrate, Fette und Proteine (Eiweiße)**. Sie werden im Energiestoffwechsel durch den Entzug von Elektronen zu wertlosen Reststoffen abgebaut und dabei letztlich nahezu vollständig **zu CO_2 oxidiert** (Abb. **A-1.9**). Dieses ist dann auch das CO_2, das über die Lunge beim Ausatmen abgegeben wird.

Um von den Zufällen der Nahrungsaufnahme unabhängig zu sein, legt der Organismus **Energiespeicher** an. Als kurzfristig verfügbarer Energiespeicher dient primär das Kohlenhydrat **Glykogen**, das in der Leber und in der Muskulatur ausgehend von Glucose synthetisiert wird. Als Energiespeicher für längere Hunger- oder Fastenzeiten dienen die **Fette (Triacylglycerine)**, die in den Fettgeweben deponiert werden. In geringerem Umfang dienen auch Proteine als Energiespeicher.

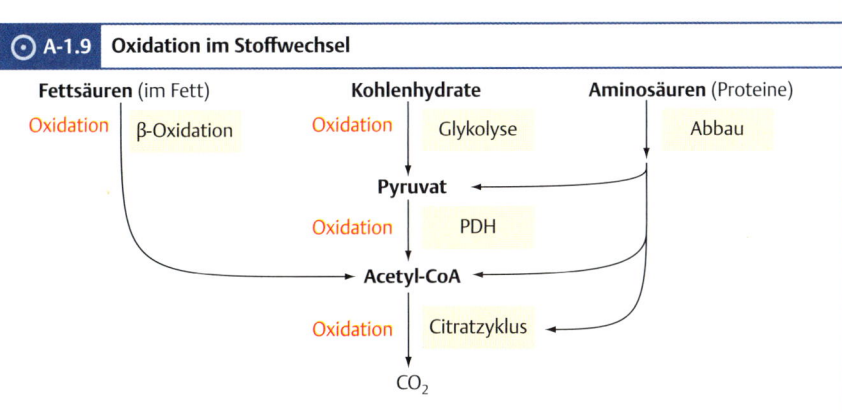

⊙ A-1.9 Oxidation im Stoffwechsel

Fettsäuren (im Fett)	Kohlenhydrate	Aminosäuren (Proteine)
Oxidation: β-Oxidation	Oxidation: Glykolyse	Abbau

→ Pyruvat ←
Oxidation: PDH
→ Acetyl-CoA ←
Oxidation: Citratzyklus
→ CO_2

Die Bestandteile der Nahrung werden im Stoffwechsel zum großen Teil oxidiert. Die dabei anfallenden Elektronen werden überwiegend dem Energiestoffwechsel zur Verfügung gestellt.

Im Prinzip entsprechen die nun folgenden Kapitel A-2 – A-17 lediglich einer ausführlicheren Erläuterung der bereits in dieser Einleitung beschriebenen physiologischen Zusammenhänge: Die Kapitel A-2 – A-4 bieten zunächst einen Überblick über **die molekularen Strukturen der Nahrungsstoffe und Energiespeicher**, und sie dienen einer Einführung in die Begriffe, die ein tieferes Verständnis der **Energetik biochemischer Prozesse** ermöglichen. Die Kapitel A-5 – A-8 haben die **Entleerung der Energiespeicher** zum Gegenstand. Sie führen zum zentralen Kapitel A-9, dessen Thema die **mitochondriale ATP-Synthese** ist. Die **Auffüllung der Energiespeicher** wird in den folgenden Kapiteln A-10 – A-13 beschrieben. Im Rückblick auf diese Prozesse werden in den abschließenden Kapiteln A-14 – A-17 nochmals die regulatorischen Mechanismen sowie die Funktionen einer Reihe essenzieller Cofaktoren zur Sprache kommen.

2 Triebkraft und Geschwindigkeit biochemischer Reaktionen

2.1 Die Triebkraft biochemischer Reaktionen 27
2.2 Die Geschwindigkeit biochemischer Reaktionen 32

J. Rassow

2.1 Die Triebkraft biochemischer Reaktionen

Was veranlasst zwei Substanzen, miteinander zu reagieren, und wie läuft diese Reaktion ab? Befassen wir uns zunächst mit dem ersten Teil der Frage.
Betrachten wir als Beispiel die Reaktion von Glucose mit Phosphat zu Glucose-6-phosphat. Die Glucose (= Traubenzucker) gehört zu den wichtigsten Energielieferanten des Stoffwechsels. Um im Energiestoffwechsel Verwendung finden zu können, muss sie in den Zellen phosphoryliert werden. Dabei entsteht Glucose-6-phosphat (Abb. **A-1.2**).
Da Phosphat-Ionen in jeder Zelle vorhanden sind, könnte man erwarten, dass Glucose und Phosphat-Ionen spontan eine Verbindung eingehen. Eine derartige Reaktion wird aber weder in lebenden Zellen noch bei Mischung der Reaktionspartner in einem Reagenzglas beobachtet. Die Reaktion ist unmöglich, weil der Energiegehalt von Glucose-6-phosphat höher ist als der der Ausgangssubstanzen Glucose und Phosphat (Abb. **A-2.1**).

▶ **Definition.** Die Differenz zwischen dem Energieinhalt der Ausgangssubstanzen (Edukte) und dem Energieinhalt des Reaktionsprodukts ist im Rahmen der Physikalischen Chemie als **Freie Enthalpie ΔG** definiert worden. In der Biochemie wird stattdessen meist der Ausdruck „**Freie Energie**" verwendet, womit aber das gleiche ΔG gemeint ist. Die Freie Energie wird international mit dem Symbol G bezeichnet, weil sie im 19. Jahrhundert von dem Amerikaner Edward Gibbs eingeführt wurde. Der griechische Buchstabe Δ weist darauf hin, dass es sich sich um eine Differenz, in diesem Fall zwischen zwei Energieniveaus, handelt.

Ist die Freie Energie der Reaktionsprodukte größer als die der Edukte, wie bei der Phosphorylierung der Glucose, so bekommt ΔG ein positives Vorzeichen. Bei der umgekehrten Reaktion, der Abspaltung des Phosphatrests von Glucose-6-phosphat, ist die Freie Energie des Edukts Glucose-6-phosphat größer als die der Reaktionsprodukte (Abb. **A-2.1**). Hier bekommt ΔG ein negatives Vorzeichen.

⊙ A-2.1 Energiediagramm der Substanzen Glucose, Phosphat und Glucose-6-phosphat

Glucose-6-phosphat

ΔG = 13,8 kJ/Mol

Glucose + Phosphat

Freie Energie

Reaktionskoordinate
(= Richtung der betrachteten Reaktion)

Die Energie der Substanzen kann an der y-Achse abgelesen werden. Die Energiedifferenz zwischen den Ausgangssubstanzen und dem Produkt der Reaktion wird mit ΔG bezeichnet.

2.1 Die Triebkraft biochemischer Reaktionen

Beispiel: Phosphorylierung von Glucose zu Glucose-6-phosphat (Abb. A-1.2).

Glucose und Phosphat-Ionen reagieren nicht spontan miteinander, weil der Energiegehalt von Glucose-6-phosphat höher ist als der der Ausgangssubstanzen ().

▶ **Definition.**

Ist die Freie Energie der Reaktionsprodukte größer als die der Edukte, ist das Vorzeichen des ΔG positiv, im umgekehrten Fall negativ.

⊙ A-2.1

A 2 Triebkraft und Geschwindigkeit biochemischer Reaktionen

2.1.1 Die Bedeutung der Freien Energie

▶ **Merke.** Eine Reaktion kann nur ablaufen, wenn die Freie Energie der Reaktionsprodukte niedriger ist als die der Edukte, wenn also ΔG negativ ist.

▶ **Definition.** **Reaktionen mit einem negativen ΔG** können von alleine (spontan) ablaufen und werden als **exergon** bezeichnet. **Reaktionen mit einem positiven ΔG** können nur ablaufen, wenn sie mit einer Aufnahme von Energie verbunden sind (durch energetische Kopplung). Sie werden als **endergon** bezeichnet.

Die Phosphorylierung von Glucose, der erste Schritt der Glykolyse (S. 82), ist unter Standardbedingungen (s. Exkurs) endergon: Ihr ΔG beträgt 13,8 kJ/Mol (s. auch Abb. **A-1.2** und Abb. **A-2.1**).

▶ **Exkurs.** **Biochemische Standardbedingungen und physiologische Bedingungen**
Die **biochemischen Standardbedingungen** wurden definiert, um die Versuchsergebnisse verschiedener biochemischer Labors miteinander vergleichen zu können:
1. Alle Reaktionspartner, sowohl die Edukte als auch die Produkte, sind in Wasser gelöst, und jeder Reaktionspartner hat eine Konzentration von 1 Mol/Liter.
2. Die Lösung hat einen pH-Wert von genau 7,0.
3. Die Reaktion findet bei 25 °C statt.

Die **physiologischen Bedingungen** sind die Bedingungen, unter denen biochemische Reaktionen im Organismus ablaufen. Hier sind die Konzentrationen der Reaktionspartner weitaus geringer als 1 Mol/Liter und die Reaktionstemperatur liegt bei 37 °C. Unter Umständen weicht der pH der Lösung, in der die Reaktion stattfindet, deutlich von 7,0 ab.

Die Phosphorylierung der Glucose ist in der Zelle nur durch energetische Kopplung mit der Hydrolyse von ATP möglich. Bei der Hydrolyse des ATP wird mehr Freie Energie freigesetzt als für die endergone Reaktion aufgewendet werden muss. Das ΔG der gekoppelten Reaktion ist negativ.

Der anschließende Schritt der Glykolyse, die Umwandlung von Glucose-6-phosphat in Fructose-6-phosphat, ist unter Standardbedingungen ebenfalls endergon, sie läuft jedoch in der Zelle ohne energetische Kopplung ab. Wie ist dies möglich? Die Antwort gibt die Theorie des chemischen Gleichgewichts.

2.1.2 Die Bedeutung des chemischen Gleichgewichts

Bei der Umwandlung von Glucose-6-phosphat in Fructose-6-phosphat werden die Atome innerhalb des Moleküls Glucose-6-phosphat neu angeordnet (Isomerisierung). Das Produkt Fructose-6-phosphat kann auch wieder zu Glucose-6-phosphat umgesetzt werden, die Isomerisierung läuft also in beiden Richtungen ab (Abb. **A-2.2**). Lässt man die Reaktion im Reagenzglas ablaufen und variiert man die Ausgangssubstanz (Glucose-6-phosphat oder Fructose-6-phosphat) oder ihre Konzentration, stellt sich nach einer hinreichenden Reaktionszeit in jedem Fall ein Konzentrationsverhältnis von 67 % Glucose-6-phosphat zu 33 % Fructose-6-phosphat ein.

▶ **Merke.** Alle chemischen und somit auch alle biochemischen Reaktionen sind Gleichgewichtsreaktionen, d. h. sie streben unter konstanten Reaktionsbedingungen einem definierten Konzentrationsverhältnis der Reaktionspartner entgegen, dem **chemischen Gleichgewicht**.

⊙ **A-2.2** Isomerisierung von Glucose-6-phosphat zu Fructose-6-phosphat

Glucose-6-phosphat ⇌ Fructose-6-phosphat

Die Reaktion ist reversibel.

A 2.1 Die Triebkraft biochemischer Reaktionen

Das für die jeweilige Reaktion charakteristische Konzentrationsverhältnis beschreibt das Massenwirkungsgesetz, das 1867 die norwegischen Chemiker Guldberg und Waage definierten. (Damals verwendete man anstelle des Begriffs „Konzentration" den Ausdruck „wirksame Masse".)

Die Konzentrationsverhältnisse des chemischen Gleichgewichts beschreibt das Massenwirkungsgesetz:

▶ **Definition.** Nach dem **Massenwirkungsgesetz** streben alle chemischen Reaktionen der Art A + B ⇌ C + D dem Gleichgewicht K entgegen:

$$K = \frac{[C] \cdot [D]}{[A] \cdot [B]}$$

▶ **Definition.**

Dabei steht das Ziel der betrachteten Reaktion konventionsgemäß im Zähler des Quotienten.

Im Fall der Isomerisierung von Glucose-6-phosphat zu Fructose-6-phosphat lautet der Quotient:

$$K = \frac{[\text{Fructose} - 6 - \text{phosphat}]}{[\text{Glucose} - 6 - \text{phosphat}]} = \frac{0,33}{0,67} \approx 0,5$$

Das chemische Gleichgewicht der Isomerisierungsreaktion:

$$K = \frac{[\text{Fructose}-6-\text{phosphat}]}{[\text{Glucose}-6-\text{phosphat}]} = \frac{0,33}{0,67} \approx 0,5$$

Wenn die beiden Zucker in einer Lösung bereits in diesem Konzentrationsverhältnis K = 0,5 enthalten sind, wird sich das Konzentrationsverhältnis nicht mehr ändern.
In den Zellen des Organismus liegen jedoch beide Zucker normalerweise in Konzentrationsverhältnissen vor, die von K abweichen. Diese jeweils aktuell gegebenen Konzentrationsverhältnisse kann man mit dem Symbol Q bezeichnen. Nun kann man sich vorstellen, dass dem Unterschied zwischen den Konzentrationsverhältnissen Q und K eine Triebkraft entspricht. Diese sorgt dafür, dass sich die Reaktionspartner so lange ineinander umwandeln, bis K erreicht ist.

Im Organismus weichen die Konzentrationsverhältnisse von K ab.

▶ **Merke.** Die Triebkraft einer Reaktion ist umso größer, je weiter die gegebenen Edukt- und Produktkonzentrationen vom Konzentrationsverhältnis K des angestrebten chemischen Gleichgewichts entfernt sind.

▶ **Merke.**

Die hier als Triebkraft chemischer Reaktionen bezeichnete Größe ist die Freie Energie ΔG. Das ΔG macht eine Aussage darüber, wie weit die gegebenen Konzentrationsverhältnisse vom chemischen Gleichgewicht entfernt sind: Ein großes ΔG zeigt an, dass die Konzentrationsverhältnisse vom chemischen Gleichgewicht weit entfernt sind, ein kleines ΔG weist darauf hin, dass sich die gegebenen Konzentrationsverhältnisse nur geringfügig vom chemischen Gleichgewicht unterscheiden. Das Vorzeichen des ΔG gibt Auskunft darüber, ob die Konzentration der Produkte bei Annäherung an das chemische Gleichgewicht zunehmen (negatives Vorzeichen) oder abnehmen (positives Vorzeichen) wird. Ist das chemische Gleichgewicht erreicht, ist Q = K und damit ist die Differenz ΔG = 0.

Die hier als Triebkraft chemischer Reaktionen bezeichnete Größe ist die Freie Energie ΔG. Im ΔG kommt zum Ausdruck, wie weit die gegebenen Konzentrationsverhältnisse vom chemischen Gleichgewicht entfernt sind. Im chemischen Gleichgewicht ist Q = K und damit ΔG = 0.

Um zu klären, warum die Isomerisierung von Glucose-6-phosphat zu Fructose-6-phosphat unter physiologischen Bedingungen stattfindet, obwohl diese Reaktion unter Standardbedingungen endergon ist, muss man die Konzentrationsverhältnisse Q und K und das Maß für ihren momentanen Abstand, ΔG, betrachten.
Für sie gilt aufgrund allgemeiner Gesetzmäßigkeiten der Thermodynamik:

Will man klären, warum die unter Standardbedingungen endergone Isomerisierungsreaktion abläuft, muss man ihr Q, K und ΔG betrachten.

$$\Delta G = R \cdot T \cdot \ln Q - R \cdot T \cdot \ln K$$

ΔG entspricht der Freien Energie, die freigesetzt wird bzw. aufgewendet werden muss, wenn die Isomerisierungsreaktion ausgehend von dem Konzentrationsverhältnis Q bis zur Einstellung des chemischen Gleichgewichts (K) reagiert. R ist die Gaskonstante, die den Wert 8,3145 J/K × Mol hat, T die absolute Temperatur, die in diesem Zusammenhang in Kelvin angegeben wird. Die Temperatur bei Standardbedingungen, 25 °C, entspricht 298,15 K. Also ist

$$R \cdot T = 298,15 \text{ K} \cdot 8,3145 \text{ J/K} \cdot \text{Mol}$$

$$= 2479 \text{ J/Mol}$$

$$= \text{ca. } 2,5 \text{ J/Mol}$$

Unter **Standardbedingungen** ist Q = 1 (alle Stoffe liegen in einer Konzentration von 1 Mol/Liter vor). Da ln 1 = 0 ist, ergibt sich für das ΔG unter Standardbedingungen (= $\Delta G°'$):

$$\Delta G°' = R \cdot T \cdot 0 - R \cdot T \cdot \ln K$$

$$= -R \cdot T \cdot \ln K$$

$$= -2,5 \text{ kJ/Mol} \cdot \ln K$$

Im chemischen Gleichgewicht liegen Glucose-6-phosphat und Fructose-6-phosphat im Konzentrationsverhältnis K = 0,5 vor. Für $\Delta G°'$ ergibt sich daher

$$\Delta G°' = -2,5 \text{ kJ/Mol} \cdot \ln 0,5$$

$$= -2,5 \text{ kJ/Mol} \cdot (-0,69) = -(-1,7 \text{ kJ/Mol}) + 1,7 \text{ kJ/Mol}$$

Unter Standardbedingungen hat die Freie Energie dieser Isomerisierung demnach einen positiven Wert, d. h. die Reaktion kann nicht von alleine ablaufen. Es müsste von außen eine Energie von 1,7 kJ aufgewendet werden, um 1 Mol Glucose-6-phosphat (6×10^{23} Moleküle) zu Fructose-6-phosphat zu isomerisieren.

Wie sieht die Situation unter **physiologischen Bedingungen** aus? Für Skelettmuskelzellen hat man die folgenden Konzentrationen der Reaktionspartner ermittelt:
Glucose-6-phosphat 3,9 mM
Fructose-6-phosphat 1,5 mM
Ihr Konzentrationsverhältnis Q beträgt also

$$Q = \frac{1,5}{3,9} = 0,385$$

(Da in diesem Beispiel Fructose-6-phosphat das Reaktionsprodukt ist, muss seine Konzentration im Zähler stehen.)

Das ΔG für die Reaktion unter physiologischen Bedingungen lässt sich mithilfe der oben genannten Formeln errechnen:
Aus

$$\Delta G = 2,5 \text{ kJ/Mol} \cdot \ln Q - 2,5 \text{ kJ/Mol} \cdot \ln K$$

und

$$\Delta G°' = -2,5 \text{kJ/Mol} \cdot \ln K$$

ergibt sich

$$\Delta G = 2,5 \text{kJ/Mol} \cdot \ln Q + \Delta G°' \text{ (oder } \Delta G = \Delta G°' + 2,5 \text{kJ/Mol} \cdot \ln Q.$$

Da das $\Delta G°'$ der Reaktion 1,7 kJ/Mol beträgt, ergibt sich:

$$\Delta G = 1,7 \text{kJ/Mol} 2,5 \text{kJ/Mol} \cdot \ln 0,385$$

$$= 1,7 \text{ kJ/Mol} 2,5 \text{ kJ/Mol} \cdot (-0,955)$$

$$= 1,7 \text{kJ/Mol} (-2,4 \text{ kJ/Mol})^- - 0,7 \text{ kJ/Mol}$$

Unter **physiologischen Bedingungen** ist ΔG der Isomerisierungsreaktion negativ, d. h. die Reaktion läuft von alleine ab. Dies ist nur deshalb möglich, weil das jeweils gebildete Fructose-6-phosphat in der Glykolyse recht schnell weiteren Reaktionsschritten zugeführt wird. Dadurch bleibt die Konzentration an Fructose-6-phosphat ständig niedriger, als dem chemischen Gleichgewicht entspricht, und die Isomerisierungen der beiden Zucker laufen bevorzugt in Richtung des Fructose-6-phosphats ab.

Unter **Standardbedingungen** ist ΔG positiv, d. h. die Isomerisierungsreaktion läuft nicht spontan ab.

Unter **physiologischen Bedingungen** ist ΔG negativ, d. h. die Reaktion läuft spontan ab. Ermöglicht wird dies durch die schnelle Entfernung des Fructose-6-phosphats in einer nachgeschalteten Reaktion.

▶ Merke.

▶ **Merke.** Bei vielen Stoffwechselwegen ist das ΔG unter Standardbedingungen zwar positiv, unter physiologischen Bedingungen kann die Reaktion aber dennoch ablaufen (ΔG negativ), weil das Produkt durch eine nachgeschaltete Reaktion schnell entfernt wird.

A 2.1 Die Triebkraft biochemischer Reaktionen

Die Zellen der Organismen sind insofern **offene Systeme**, als sie mit ihrer Umgebung sowohl Materie als auch Energie austauschen. Indem Zellen den Austausch streng kontrollieren, ist es ihnen gleichwohl möglich, die Konzentrationen ihrer Stoffwechselprodukte im Rahmen eines dynamischen Gleichgewichts konstant zu halten. Die Stoffwechselprodukte liegen dabei nicht in einem chemischen Gleichgewicht vor, sondern in einem **Fließgleichgewicht (steady state)**.

Alle, also auch in einem offenen System ablaufende biochemische Reaktionen, streben das chemische Gleichgewicht an. Diesem Streben entspricht die Triebkraft der Reaktion. Aufgrund des Zuflusses von Edukten und des Abflusses von Produkten ist sichergestellt, dass die biochemischen Reaktionen im Körper das chemische Gleichgewicht nie erreichen und der Antrieb für die Reaktion somit erhalten bleibt.

2.1.3 Was geschieht bei Annäherung an das chemische Gleichgewicht mit der Freien Energie?

Bei Annäherung an das chemische Gleichgewicht nimmt die Freie Energie ΔG ab. Nach dem Energieerhaltungssatz der Physik geht Energie jedoch nicht verloren. Vielmehr liegt die Energie des ΔG nach Ablauf der Reaktion in anderer Form vor. Ein Beispiel ist mit der Synthese von ATP gegeben (S. 24): Die beim Einstrom der Protonen in die mitochondriale Matrix frei werdende Energie – das ΔG des Protonengradienten – wird in die Arbeit der ATP-Synthase umgewandelt und letztlich zu einem erheblichen Teil in ATP gespeichert.

Ein Teil des ΔG einer Reaktion wird oft in Form von **Wärme** freigesetzt. Biochemische Reaktionen erfolgen in der Regel bei konstantem Druck.

▶ **Definition.** Eine Reaktionswärme, die bei konstantem Druck anfällt, wird als **Enthalpie ΔH** bezeichnet.

Die gesamte Enthalpie eines Stoffes umfasst allerdings nicht nur seine thermische Energie, sondern auch seine chemische Energie, die in seinen chemischen Bindungen enthalten ist. In vielen Fällen entspricht das ΔH einer Reaktion weitgehend dem ΔG. Es gibt jedoch auch Reaktionen, die von alleine ablaufen und also offensichtlich mit einem negativen ΔG verbunden sind, bei denen der Anteil von ΔH am ΔG nur gering ist. Die Differenz zwischen ΔH und ΔG äußert sich dann lediglich in einer **Zunahme von Unordnung**.

▶ **Definition.** Die **Entropie S** ist ein Maß für die Unordnung in einem System.

Der 2. Hauptsatz der Thermodynamik besagt, dass bei jedem Prozess, der in der Natur abläuft, die Entropie innerhalb oder außerhalb des Systems zunimmt. Wenn man etwa einen großen Behälter mit allerlei Metallen, Kunststoffen und Gummi füllen und kräftig schütteln würde, wäre es sicherlich unwahrscheinlich, dass anschließend zufällig ein Golf GTI im Behälter stünde. Bei Naturprozessen bilden sich normalerweise spontan keine geordneten Strukturen, vielmehr nimmt erfahrungsgemäß die Unordnung zu. Dem entspricht z. B. die allgemeine Tendenz der Materie, sich im Raum gleichmäßig zu verteilen.

2.1.4 Die Bedeutung der Entropie

▶ **Merke.** Jeder Prozess in der Natur ist mit einer Zunahme der Entropie verbunden. Die Tendenz zur Zunahme der Entropie trägt zur Triebkraft chemischer Reaktionen bei.

Die Entropie muss während einer Reaktion nicht unbedingt innerhalb des betrachteten Systems zunehmen. Lässt man etwa eine Kochsalzlösung in einem offenen Gefäß stehen, bilden sich nach einiger Zeit am Boden kleine Kochsalzkristalle. Hier nimmt die Ordnung der Strukturen offensichtlich zu, die Entropie nimmt ab. Parallel ist aber sehr viel Wasser verdunstet, die Wassermoleküle haben sich weit im Raum verteilt, und die Entropie des Universums hat somit gleichwohl zugenommen. Jede Zunahme von Ordnung kann nur mit einer Zunahme von Unordnung an einer anderen Stelle erkauft werden. In seinem berühmten Buch „Was ist Leben?" hat der Physiker Erwin Schrödinger 1944 darauf hingewiesen, dass diese Prinzipien auch für die Bildung biologischer Strukturen gelten.

Zellen sind insofern **offene Systeme**, als sie mit ihrer Umgebung sowohl Materie als auch Energie austauschen. Da dies kontrolliert erfolgt, bleiben die Konzentrationen ihrer Metabolite konstant: Es besteht ein **Fließgleichgewicht (steady state)**.

Im Körper streben biochemische Reaktionen das chemische Gleichgewicht an, erreichen es aber nie. So bleibt ihre Triebkraft erhalten.

2.1.3 Was geschieht bei Annäherung an das chemische Gleichgewicht mit der Freien Energie?

Bei der Annäherung an das chemische Gleichgewicht wird die Energie ΔG in andere Energieformen umgewandelt.

Der Rest des ΔG wird in der Regel als **Wärme** freigesetzt.

▶ **Definition.**

Bei manchen Reaktionen ist der Anteil von ΔH am ΔG nur gering. Die Differenz zwischen ΔH und ΔG äußert sich dann lediglich in einer **Zunahme von Unordnung**.

▶ **Definition.**

Jeder Prozess, der in der Natur abläuft, ist mit einer Zunahme der Entropie verbunden.

2.1.4 Die Bedeutung der Entropie

▶ **Merke.**

Während einer chemischen Reaktion nimmt die Entropie innerhalb oder außerhalb des Systems zu.

A 2 Triebkraft und Geschwindigkeit biochemischer Reaktionen

Für die Veränderung von Entropie (ΔS) und Freier Energie (ΔG) gilt:

$$\Delta G = \Delta H - \Delta S \cdot T$$

ΔH steht für konstruktive (z. B. Synthese-)Prozesse zur Verfügung, ΔS dagegen nicht.

Um die Zunahme der Entropie (ΔS) mit der Abnahme der Freien Energie (ΔG) quantitativ vergleichen zu können, muss die Entropie mit der absoluten Temperatur T multipliziert werden:

$$\Delta G = \Delta H - \Delta S \cdot T$$

ΔH ist der Anteil der Freien Energie, der für konstruktive Prozesse, z. B. die Synthese einer neuen Verbindung, genutzt werden kann. ΔS steht für konstruktive Prozesse jeder Art grundsätzlich nicht zur Verfügung. Sie kann aber zur Erwärmung beitragen, denn Wärme ist ebenfalls eine Form von Unordnung.

2.2 Die Geschwindigkeit biochemischer Reaktionen

2.2.1 Prinzipien der chemischen Reaktionskinetik

Im Rahmen der **Thermodynamik** werden im Wesentlichen nur zwei **Zustände** miteinander verglichen, nämlich der Zustand vor einer Reaktion mit dem Zustand nach der Reaktion. Der **Prozess**, der vom ersten zum zweiten Zustand führt, bleibt dabei vollkommen unberücksichtigt. Um auch diesen Prozess betrachten zu können, ist deshalb ein weiteres Kapitel der Physikalischen Chemie zu berücksichtigen, die **Reaktionskinetik**.

Das zentrale Anliegen der Reaktionskinetik ist die Untersuchung der **Geschwindigkeiten**, mit denen chemische Reaktionen ablaufen. Die Geschwindigkeit einer chemischen Reaktion lässt sich analog zur Geschwindigkeit etwa einer Fahrt mit dem Auto beschreiben. Während Geschwindigkeiten von Fahrzeugen in km pro Stunde angegeben werden, ist die Reaktionsgeschwindigkeit als Stoffumsatz pro Sekunde definiert:

▶ **Definition.** Die **Reaktionsgeschwindigkeit** ist definiert als Änderung einer Konzentration pro Zeiteinheit. Ihre Einheit ist Mol pro Liter pro Sekunde.

Nimmt z. B. die Konzentration eines Stoffes A in einer Sekunde um 2 mmol/l ab, beträgt die Reaktionsgeschwindigkeit

$$v = \frac{\Delta [A]}{\Delta t} = \frac{-2\,\text{mmol/l}}{1\,\text{s}} = \frac{-2 \cdot 10^{-3}\,\text{Mol/l}}{1\,\text{s}}$$

Das negative Vorzeichen zeigt das Absinken der Konzentration an.

Die Reaktionsgeschwindigkeit **hängt ab von**

1. der Temperatur und
2. der **Anfangskonzentration des Edukts bzw. der Edukte**: Je höher seine/ihre Anfangskonzentration, desto größer ist die Reaktionsgeschwindigkeit.

▶ **Definition.**

- Eine Reaktion, deren Geschwindigkeit direkt proportional zur Konzentration eines einzigen Edukts ist, die also nach dem Schema A → B abläuft, ist eine **Reaktion erster Ordnung**. Hier gilt:

$$v = k \cdot [A]$$

- Eine Reaktion, deren Geschwindigkeit direkt proportional zur Konzentration zweier Edukte ist, die also nach dem Schema A + B → C abläuft, ist eine **Reaktion zweiter Ordnung**. Hier gilt:

$$v = k \cdot [A] \cdot [B]$$

- Unter einer **Reaktion pseudo-erster Ordnung** versteht man eine Reaktion, an der ebenfalls zwei Edukte, A und B, beteiligt sind, von denen aber ein Edukt stets in der gleichen Konzentration vorliegt. Die Reaktionsgeschwindigkeit wird dann scheinbar ausschließlich von der Konzentration nur eines der beiden Reaktionspartner bestimmt. Eine derartige Situation ist in der Biochemie oft gegeben, wenn Wasser ein Reaktionspartner ist, etwa bei der Hydrolyse einer Esterbindung. Reines Wasser besteht stets aus 55 Mol H_2O-Molekülen pro Liter.

k wird als **Geschwindigkeitskonstante** bezeichnet. Bei Reaktionen erster Ordnung gibt die Geschwindigkeitskonstante an, welcher Prozentsatz des Edukts A pro Zeiteinheit in Produkt B umgesetzt wird. Die Geschwindigkeitskonstante ist wie die Reaktionsgeschwindigkeit temperaturabhängig. Fehlen weitere Angaben, bezieht sie sich auf 25 °C.

A 2.2 Die Geschwindigkeit biochemischer Reaktionen

Pro Zeiteinheit wird nur ein bestimmter Prozentsatz der Ausgangssubstanz(en) zum Produkt umgesetzt, weil Moleküle nur unter bestimmten Bedingungen miteinander reagieren. So reagieren Moleküle in einer Lösung nur dann miteinander, wenn sie in einer bestimmten Orientierung und mit hinreichender Kraft zusammenstoßen.

Pro Zeiteinheit wird nur der Teil des Edukts zu Produkt umgesetzt, der die Bedingungen für eine Reaktion erfüllt.

▶ **Definition.**

- Die Konfiguration, in der Moleküle miteinander reagieren, um eine neue chemische Verbindung zu bilden, bezeichnet man als **Übergangszustand**. Dieser Zustand ist energiereicher als der Ausgangszustand der Eduktmoleküle (Abb. **A-2.3**).
- Die Energiedifferenz zwischen Ausgangs- und Übergangszustand der Eduktmoleküle heißt **Aktivierungsenergie**. Sie **muss der Ausgangssubstanz zugeführt werden**, damit diese in den Übergangszustand eintreten und die Reaktion ablaufen kann. Ohne Aufwendung der Aktivierungsenergie kann die Reaktion nicht ablaufen, auch wenn das ΔG der Gesamtreaktion negativ ist (wie in Abb. **A-2.3**).

▶ **Definition.**

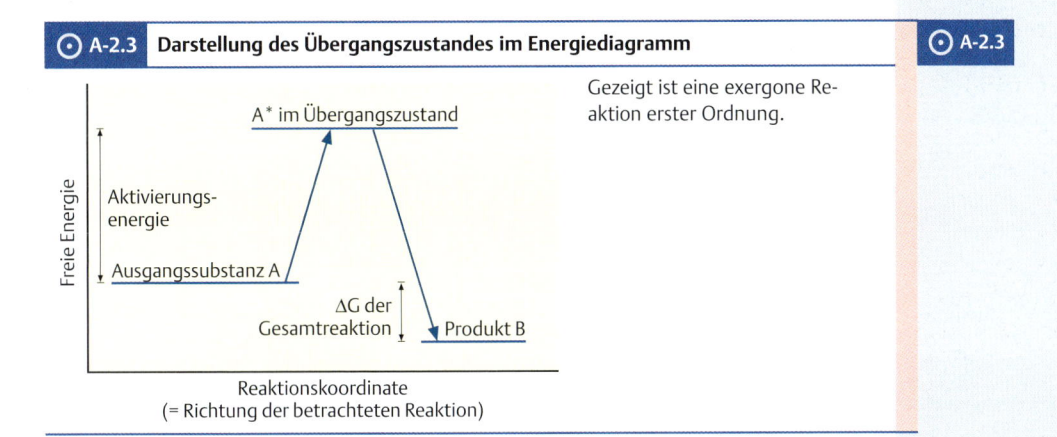

⊙ A-2.3 Darstellung des Übergangszustandes im Energiediagramm

Gezeigt ist eine exergone Reaktion erster Ordnung.

⊙ A-2.3

Eine Reaktion läuft umso schneller ab, je mehr Moleküle einer Ausgangssubstanz pro Zeiteinheit den Übergangszustand durchlaufen, je niedriger also die Aktivierungsenergie ist.

Je geringer die Aktivierungsenergie, desto größer ist die Reaktionsgeschwindigkeit.

▶ **Merke.** Mitunter kann die Bildung eines Übergangszustandes durch die Wechselwirkung mit einem weiteren Stoff erleichtert werden. Derartige Stoffe bewirken damit eine Beschleunigung der Reaktion. Sie werden allgemein als Katalysatoren bezeichnet.

▶ **Merke.**

2.2.2 Enzyme als Katalysatoren biochemischer Reaktionen

2.2.2 Enzyme als Katalysatoren biochemischer Reaktionen

Auf dieser Basis lässt sich die Funktion der Enzyme gleichermaßen einfach wie präzise angeben:

▶ **Definition.** **Enzyme** sind biochemische Makromoleküle mit katalytischen Eigenschaften.

▶ **Definition.**

Als man sich im 19. Jahrhundert erstmals mit katalytisch wirksamen Stoffen aus biologischem Material beschäftigte, arbeitete man oft mit Extrakten der Bäckerhefe. Das Wort „Enzym" wurde aus den griechischen Worten „en" für in und „zyme" für (gärenden) Sauerteig gebildet. Die chemische Struktur der Enzyme wurde erst später aufgeklärt. Tatsächlich handelt es sich bei den Enzymen fast immer um Proteine. In einigen wenigen Fällen bestehen Enzyme aus RNA. So wird die Bildung der Peptidbindungen (S. 478) in den Ribosomen von der ribosomalen 28 S rRNA katalysiert. Derartige katalytisch aktive RNA-Moleküle werden auch als **Ribozyme** bezeichnet. Sidney Altman und Thomas R. Cech, die 1989 den Nobelpreis für die Entdeckung der Ribozyme erhielten, schlugen damals vor, auch die katalytisch aktiven RNA-Moleküle uneingeschränkt als Enzyme zu bezeichnen. Bislang wird der Begriff „Enzym" jedoch nicht einheitlich verwendet und von manchen Autoren nur auf Proteine bezogen.

Meist handelt es sich bei Enzymen um Proteine. Einige Enzyme bestehen aus RNA. Katalytisch aktive RNA-Moleküle werden auch als **Ribozyme** bezeichnet.

A 2 Triebkraft und Geschwindigkeit biochemischer Reaktionen

Die Funktion der Enzyme

Für Enzyme, wie für alle anderen Katalysatoren, gilt grundsätzlich, dass sie Prozesse nur beschleunigen können. Sie können unmögliche Prozesse nicht möglich machen. Allenfalls können sie eine energetische Kopplung herstellen, d. h. einen Prozess, der isoliert unmöglich ablaufen könnte, mit einem anderen Prozess koppeln, um dann beide Prozesse gemeinsam ablaufen zu lassen.

▶ **Merke.** Enzyme erleichtern Molekülen den Eintritt in den Übergangszustand und senken auf diese Weise die Aktivierungsenergie (Abb. **A-2.4**). Dadurch erhöhen sie die Geschwindigkeit biochemischer Reaktionen.

Die Reduktion der Aktivierungsenergie durch Enzyme beeinflusst die Lage des chemischen Gleichgewichts zwischen den Edukten und den Produkten der Reaktion *nicht*. Sie verkürzt nur die zur Annäherung an das chemische Gleichgewicht erforderliche Zeit. Das ΔG der Gesamtreaktion bleibt unverändert.

▶ **Merke.** Enzyme beschleunigen die Gleichgewichtseinstellung. Sie haben aber weder Einfluss auf die Lage des chemischen Gleichgewichts noch auf die Freie Energie der Edukte und Produkte einer Reaktion.

⊙ **A-2.4** Energiediagramm einer exergonen Reaktion ohne bzw. mit Zusatz eines spezifischen Katalysators (Enzyms)

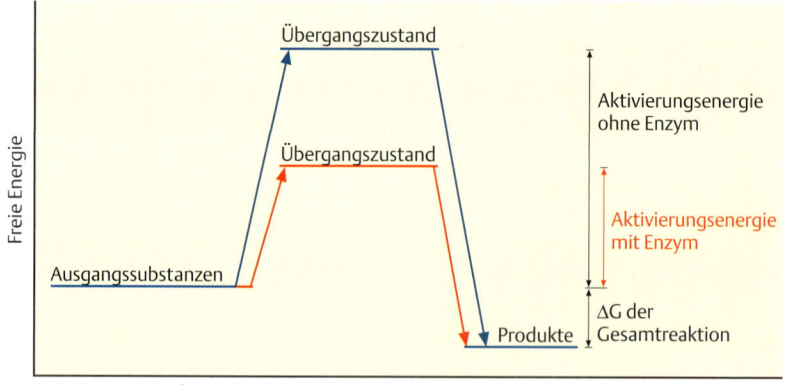

Die Bedeutung der katalytischen Zentren

▶ **Definition.** Die Stellen, an denen Enzyme ihre Substrate binden und an denen die vom Enzym katalysierte Reaktion stattfindet, heißen **katalytische (aktive) Zentren**

Aufgrund der Struktur der katalytischen Zentren zeigen Enzyme eine hohe Spezifität zu ihren Substraten. Die katalytischen Zentren sind so angeordnet, dass die gebundenen Moleküle in die für die Reaktion günstigste Anordnung zueinander gebracht werden. So wird ihnen der **Eintritt in den Übergangszustand erleichtert**. Abb. **A-2.5** zeigt dies am Beispiel der Malat-Dehydrogenase, eines mitochondrialen Enzyms, das die Übertragung zweier Elektronen und eines Protons von Malat auf NAD+ beschleunigt (S. 123). Die Reaktionsprodukte lösen sich dann sehr schnell ab und geben den Weg für einen neuen Reaktionszyklus frei. In vielen Fällen ist die Struktur der katalytischen Zentren sehr genau aufgeklärt worden, und die chemischen Reaktionen, die dort ablaufen, lassen sich detailliert beschreiben.

Für die Medizin sind die katalytischen Zentren und ihre Struktur von fundamentaler Bedeutung, weil sehr viele Medikamente katalytische Zentren von Enzymen und damit auch die Aktivität dieser Enzyme blockieren. In der pharmazeutischen Industrie arbeitet man mit großem Aufwand daran, chemische Substanzen zu entwickeln, die sich spezifisch in die katalytischen Zentren bestimmter Enzyme einlagern. Jede Verbindung, die eine derartige Spezifität zeigt, wird darauf geprüft, ob sie als Medikament infrage kommt.

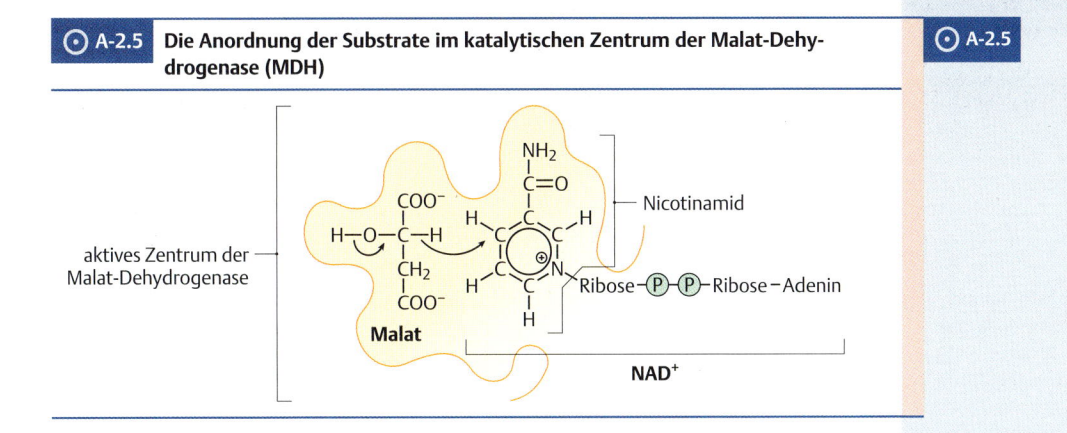

⊙ **A-2.5** Die Anordnung der Substrate im katalytischen Zentrum der Malat-Dehydrogenase (MDH)

Klassifizierung von Enzymen

Da die biochemischen Reaktionen in den Geweben von Tausenden unterschiedlicher Enzyme katalysiert werden, scheint die Vielfalt der Enzyme unabsehbar zu sein. Umso bemerkenswerter ist es, dass sich alle Enzyme letztlich einem System von nur sechs Enzymklassen zuordnen lassen. Eine systematische Nomenklatur für Enzyme wurde ab 1964 von einer Kommission der International Union of Biochemistry entwickelt. Die Enzyme werden in diesem System nach ihrem Reaktionstyp klassifiziert (Tab. **A-2.1**):

≡ **A-2.1** Die sechs Hauptenzymklassen

Klasse	Reaktionstyp	Beispiel
1. Oxidoreduktasen	Oxidation/Reduktion	Malat-Dehydrogenase
2. Transferasen	Gruppenübertragung	Homocystein-Methyl-Transferase
3. Hydrolasen	Hydrolysen	Trypsin
4. Lyasen	nichthydrolytische Abspaltung von Gruppen	Aldolase
5. Isomerasen	Isomerisierungen	Triosephosphat-Isomerase
6. Ligasen	Ligation zweier Substrate unter ATP-Verbrauch	Aminoacyl-tRNA-Synthetase

Innerhalb dieser sechs Gruppen sind weitere Untergliederungen definiert. Über einen Zahlenkode kann jedes Enzym einer dieser Gruppen eindeutig zugeordnet werden. Die Alkohol-Dehydrogenase (ADH) hat z. B. den offiziellen Zahlenkode EC 1.1.1.1. Dabei steht **EC** für „**Enzyme Commission Number**". Streng genommen werden durch dieses System nicht Enzyme, sondern enzymkatalysierte Reaktionen klassifiziert. So findet auch die Aminosäuresequenz oder die räumliche Struktur der Enzyme in der EC-Nomenklatur keine Berücksichtigung. Im biochemischen Alltag werden zur Bezeichnung der Enzyme normalerweise die traditionellen Trivialnamen und ihre Abkürzungen verwendet.

2.2.3 Enzymkinetik

Dieser Abschnitt befasst sich mit der Frage, wie man die Geschwindigkeit und die Effizienz beschreiben kann, mit der Enzyme biochemische Reaktionen katalysieren. Die mathematischen Verfahren, die zur Beschreibung der Funktion der Enzyme entwickelt wurden, haben sich aber auch in der Analyse anderer Prozesse bewährt. So können sie auch zur Beschreibung der Funktion von Rezeptoren und Transportproteinen benutzt werden, die ihre Liganden binden, um sie unverändert wieder freizusetzen.

Grundlegend für die Enzymkinetik sind die Begriffe der Maximalgeschwindigkeit einer Reaktion (v_{max}) sowie der Michaelis-Menten-Konstante (K_m).

A 2 Triebkraft und Geschwindigkeit biochemischer Reaktionen

Die maximale Reaktionsgeschwindigkeit v_{max}

Die Geschwindigkeiten enzymkatalysierter Reaktionen wurden erstmals Anfang des 20. Jahrhunderts in einem Labor des Städtischen Krankenhauses Am Urban in Berlin erforscht. Der Arzt und Biochemiker Leonor Michaelis (1875 – 1949) arbeitete hier gemeinsam mit der kanadischen Gastwissenschaftlerin Maud Leonore Menten (1879 – 1960). Die allgemeine Theorie der Enzymkinetik, die sie 1913 veröffentlichten, ist als **Michaelis-Menten-Kinetik** bis heute die Grundlage aller enzymkinetischen Untersuchungen.

Im **einfachsten Fall** einer Michaelis-Menten-Kinetik katalysiert ein Enzym E die **Umwandlung eines Substrats S in das Produkt P**. Dabei bildet sich zunächst ein **Enzym-Substrat-Komplex ES**. Diese Assoziation kann zwei unterschiedliche Folgen haben:

1. In vielen Fällen **zerfällt der Enzym-Substrat-Komplex wieder**, ohne dass es zu einer Reaktion gekommen wäre. Deshalb stellt sich ein Gleichgewicht zwischen E + S und ES ein.
2. Mit einer gewissen Wahrscheinlichkeit **durchläuft** das **Substrat** allerdings am Enzym den **Übergangszustand**, reagiert unter **Bildung des Produkts P** und verlässt das Enzym. Im einfachsten Fall – wenn das Produkt P zum Enzym nur eine geringe Affinität hat oder wenn die Konzentration des Produkts sehr gering ist – kann die Rückreaktion von P zu S zunächst vernachlässigt werden.

Hieraus ergibt sich folgendes Reaktionsschema:

$$E + S \underset{k_{-1}}{\overset{k_1}{\rightleftharpoons}} ES \overset{k_2}{\longrightarrow} E + P$$

Der geschwindigkeitsbestimmende Schritt unter diesen Voraussetzungen ist die Reaktion ES → E + P. Die Geschwindigkeit, mit der sich P bildet, ist also nur von der Geschwindigkeitskonstante k_2 und der Konzentration des Enzym-Substrat-Komplexes ES abhängig:

$$v = \frac{\Delta[P]}{\Delta t} = k_2 \cdot [ES]$$

Die Geschwindigkeitskonstante k_2 gibt dabei den Prozentsatz an ES an, der innerhalb einer Sekunde in E und P zerfällt.

▶ **Merke.** Die Reaktionsgeschwindigkeit einer enzymkatalysierten Reaktion hängt unter den Bedingungen einer Michaelis-Menten-Kinetik von der Konzentration des Enzym-Substrat-Komplexes ab.

Die Reaktionsgeschwindigkeit lässt sich durch Erhöhung der Substratkonzentration steigern, allerdings nur bis zu einem Maximalwert, nämlich bis zu der Konzentration, bei der sämtliche Enzymmoleküle als Enzym-Substrat-Komplexe vorliegen, bei der das **Enzym** also **gesättigt** ist. Bei dieser Substratkonzentration läuft die Reaktion mit der **maximalen Geschwindigkeit v_{max}** ab. Stellt man die Reaktionsgeschwindigkeit in Abhängigkeit von der Substratkonzentration grafisch dar **(Michaelis-Menten-Diagramm**, ergibt sich eine **Hyperbel**, die der maximalen Geschwindigkeit v_{max} entgegenstrebt (Abb. **A-2.6**).

▶ **Merke.** Die Maximalgeschwindigkeit v_{max} einer enzymkatalysierten Reaktion hängt von der Enzymkonzentration ab.

⊙ **A-2.6** Michaelis-Menten-Diagramm

Reaktionsgeschwindigkeit (in % der Maximalgeschwindigkeit) vs. Substratkonzentration

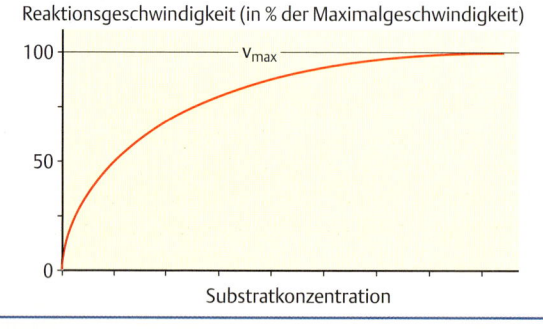

> ▶ Klinik. Manche Medikamente bewirken eine irreversible Inaktivierung bestimmter Enzyme. So inaktiviert **Acetylsalicylsäure** (z. B. Aspirin) das Enzym Zyklooxygenase, das bei der Synthese von Prostaglandinen aus Arachidonsäure eine zentrale Rolle spielt. Durch die Inaktivierung sinkt die Konzentration der funktionsfähigen Enzymmoleküle und damit die maximal erreichbare Konzentration des Enzym-Substrat-Komplexes ES. Entsprechend verringert sich dann auch v_{max}.

Die Michaelis-Menten-Konstante K_m

> ▶ Definition. Die **Michaelis-Menten-Konstante** (Michaelis-Konstante) K_m ist diejenige Substratkonzentration, bei der die Hälfte der Enzymmoleküle mit Substrat beladen ist. Bei dieser Substratkonzentration beträgt die Reaktionsgeschwindigkeit $v_{max}/2$. Da es sich bei der Michaelis-Menten-Konstante um eine bestimmte Substratkonzentration handelt, hat sie die Einheit Mol/Liter.

Die Bedeutung dieser Konstante lässt sich anhand eines Michaelis-Menten-Diagramms zweier Enzyme mit gleichem Substrat und gleicher maximaler Reaktionsgeschwindigkeit erläutern (Abb. **A-2.7**). Das Enzym mit dem niedrigeren K_m-Wert (K_m1 in Abb. **A-2.7**) ist bereits bei niedrigen Substratkonzentrationen zur Hälfte mit Substraten beladen. Es zeigt also eine große Bereitschaft, seine Substrate zu binden: Das Enzym zeigt zu seinen Substraten eine hohe Affinität.

Das Enzym mit dem höheren K_m-Wert (K_m2 in Abb. **A-2.7**) ist erst bei deutlich höheren Substratkonzentrationen zur Hälfte beladen, hat also eine geringere Affinität zu seinen Substraten. Dieses Enzym setzt also bei niedrigen Substratkonzentrationen weniger Substrat um als das Enzym mit hoher Affinität.

⊙ **A-2.7** **Michaelis-Menten-Diagramm zweier Enzyme gleicher Substratspezifität, aber mit unterschiedlichem Km-Wert**

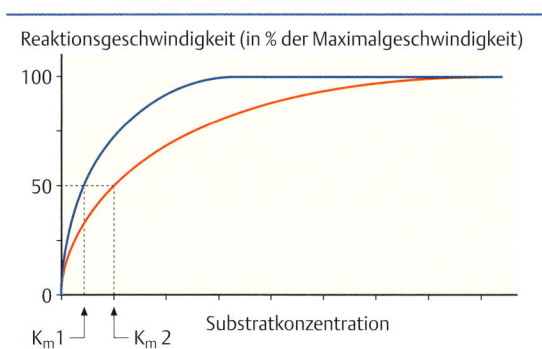

> ▶ Merke. Die Michaelis-Menten-Konstante (der K_m-Wert) ist ein Maß für die Affinität eines Enzyms zu seinen Substraten: Je kleiner K_m, desto höher die Affinität.

An zahlreichen Stoffwechselwegen sind Enzyme oder Transporter mit gleichem Substrat, aber unterschiedlichen K_m-Werten beteiligt. Ein Beispiel sind die Glucosetransporter (GLUT), die in den Plasmamembranen aller Zellen die Aufnahme der Glucose aus der Umgebung vermitteln. Da die verschiedenen Gewebe im Stoffwechsel der Kohlenhydrate unterschiedliche Funktionen haben, zeigen ihre Glucosetransporter (S. 365) erhebliche Unterschiede in ihren Transporteigenschaften.

> ▶ Definition. Sofern zwei Enzyme die gleiche chemische Reaktion katalysieren, sich aber in ihrer Aminosäuresequenz und in ihren enzymkinetischen Eigenschaften unterscheiden, spricht man von **Isoenzymen**.

Einige Isoenzyme, wie etwa die Lactat-Dehydrogenase (LDH), sind in der klinischen Chemie von Bedeutung (S. 99). In der Frühzeit der Biochemie wurden Isoenzyme oft über ihre unterschiedlichen K_m- oder v_{max}-Werte identifiziert. Inzwischen lassen sich Isoenzyme eindeutig über einen Vergleich ihrer Aminosäuresequenzen definieren.

A 2 Triebkraft und Geschwindigkeit biochemischer Reaktionen

Die Affinität ist umso höher, je größer im chemischen Gleichgewicht der Anteil von ES ist, d. h. je schneller sich ES aus E und S bildet und je langsamer ES in E + S bzw. in E + P zerfällt. Der K_m-Wert ergibt sich daher aus dem Verhältnis der beteiligten Geschwindigkeitskonstanten:

$$k_m = \frac{k_{-1}+k_2}{k_1}$$

Wovon hängt die Affinität eines Enzyms zu seinen Substraten ab? Geht man davon aus, dass die Reaktionspartner im zugrunde liegenden Reaktionsschema

$$E + S \underset{k_{-1}}{\overset{k_1}{\rightleftharpoons}} ES \xrightarrow{k_2} E + P$$

im chemischen Gleichgewicht sind, ist die Affinität umso höher, je mehr Enzym-Substrat-Komplexe ES vorliegen. Die Zahl der ES ist umso größer, je schneller sich ES aus E und S bildet und je langsamer ES in E + S bzw. in E + P zerfällt. Es lässt sich zeigen, dass der K_m-Wert unmittelbar aus dem Verhältnis der zugehörigen Geschwindigkeitskonstante berechnet werden kann:

$$k_m = \frac{k_{-1}+k_2}{k_1}$$

Sinkt die Enzymkonzentration (z. B. durch irreversible Enzymhemmung), ändert sich die Affinität des Enzyms zum Substrat nicht.

Wie ändert sich der K_m-Wert, wenn die Enzymkonzentration und mit ihr der v_{max}-Wert reduziert wird, z. B. bei der Zyklooxygenase durch die Reaktion mit Acetylsalicylsäure? Da die relevanten Geschwindigkeitskonstanten k_{-1}, k_2 und k_1 dabei unverändert bleiben, ändert sich die Affinität der übrig gebliebenen Enzymmoleküle zu ihren Substraten nicht. Der K_m-Wert bleibt trotz Reduktion des v_{max}-Wertes unverändert.

▶ Merke.

▶ Merke. Die Michaelis-Menten-Konstante ist von der Enzymmenge unabhängig.

Die Michaelis-Menten-Gleichung

Diese Gleichung beschreibt die Hyperbel des Michaelis-Menten-Diagramms:

$$v = \frac{v_{max} \cdot [S]}{K_m + [S]}$$

Die Michaelis-Menten-Gleichung

Sind die maximale Umsatzgeschwindigkeit (v_{max}) und der K_m-Wert eines Enzyms bekannt, kann man für jede Substratkonzentration [S] die entsprechende Reaktionsgeschwindigkeit v berechnen. Hierzu setzt man diese Werte in die Michaelis-Menten-Gleichung ein, die die Hyperbel des Michaelis-Menten-Diagramms beschreibt:

$$v = \frac{v_{max} \cdot [S]}{K_m + [S]}$$

Man kann diese Gleichung als die Grundgleichung der gesamten Enzymkinetik bezeichnen.

Mit ihrer Hilfe kann man sich einige **Charakteristika enzymkatalysierter Reaktionen** leicht vor Augen führen. Dazu ist es sinnvoll, die Gleichung etwas anders darzustellen:

Stellt man sie etwas anders dar, kann man sich einige **Charakteristika enzymkatalysierter Reaktionen** ableiten:

$$v = v_{max} \cdot \frac{[S]}{K_m + [S]}$$

- Bei $[S] \gg K_m$ ist $v = v_{max}$.
- Bei $[S] = K_m$ ist $v = v_{max}/2$.
- Bei **sehr niedrigen Substratkonzentrationen** steigt die Reaktionsgeschwindigkeit zunächst nahezu linear, und die **Zunahme der Reaktionsgeschwindigkeit** ist **nahezu proportional zur Substratkonzentration**. Damit liegt eine **Reaktion erster Ordnung vor**. Bei höheren Substratkonzentrationen sind diese Voraussetzungen nicht mehr erfüllt.

$$v = v_{max} \cdot \frac{[S]}{K_m + [S]}$$

- Welche Reaktionsgeschwindigkeit ergibt sich z. B. bei einer **Substratkonzentration [S]**, die **wesentlich höher** ist **als der K_m-Wert**? Unter dieser Voraussetzung kann der Faktor K_m in der Gleichung vernachlässigt werden. Es bleibt der Quotient [S]/[S] übrig. Dieser kürzt sich heraus, und, wie zu erwarten, ist **$v = v_{max}$**.
- Welche Reaktionsgeschwindigkeit erhält man, wenn die **Substratkonzentration [S] dem K_m-Wert entspricht**? Man erhält den Quotienten $K_m/K_m + K_m = ½$, und tatsächlich bestätigt die Gleichung, dass man bei einer Substratkonzentration des K_m-Wertes die **halbmaximale Reaktionsgeschwindigkeit** erhält.
- Eine interessante Konsequenz ergibt sich für **sehr geringe Substratkonzentrationen**. Es sei z. B. $K_m = 1\,\mu M$ und $[S] = 0{,}01\,\mu M$. Unter dieser Voraussetzung kann man den Wert von [S] im Nenner des Quotienten vernachlässigen (der Unterschied zwischen 1,00 μM und 1,01 μM ist vernachlässigbar). Die Substratkonzentration im Zähler kann man hingegen nicht vernachlässigen. Vielmehr wird – bei sehr niedrigen Substratkonzentrationen – eine Verdoppelung der Substratkonzentration auch eine Verdoppelung der Umsatzgeschwindigkeit nach sich ziehen. Bei sehr niedrigen Substratkonzentrationen steigt nämlich die Reaktionsgeschwindigkeit zunächst (nahezu) linear. Die **Zunahme der Reaktionsgeschwindigkeit** ist also (nahezu) **proportional zur Substratkonzentration**, und damit liegt eine **Reaktion erster Ordnung** vor. Bei höheren Substratkonzentrationen sind diese Voraussetzungen hingegen nicht erfüllt! Eine Verdoppelung der Substratkonzentration über den K_m-Wert hinaus führt nur noch zu einem vergleichsweise geringen Anstieg der Reaktionsgeschwindigkeit und die Maximalgeschwindigkeit v_{max} ist auch durch Einsatz noch so hoher Substratkonzentrationen nicht zu überschreiten.

Das Lineweaver-Burk-Diagramm

In der Auswertung enzymkinetischer Daten ist es von besonderem Interesse, die maximale Umsatzgeschwindigkeit v_{max} möglichst genau zu bestimmen. Darüber hinaus muss v_{max} bekannt sein, um die Michaelis-Menten-Konstante K_m bestimmen zu können, denn diese Konstante ist über die halb-maximale Umsatzgeschwindigkeit definiert. Leider ist es sehr schwierig, v_{max} aus einem Michaelis-Menten-Diagramm abzulesen, da man hierfür Messwerte zu sehr hohen Substratkonzentrationen benötigt, die in vielen Fällen nicht ohne weiteres zu erhalten sind. In jedem Fall ist es fragwürdig, aus dem asymptotischen Verlauf der Hyperbel im Michaelis-Menten-Diagramm auf die Maximalgeschwindigkeit zu schließen. Eine Lösung bietet das Lineweaver-Burk-Diagramm.

Im Lineweaver-Burk-Diagramm wird der **Kehrwert der Umsatzgeschwindigkeit**, also $1/v$, **gegen den Kehrwert der Substratkonzentration**, $1/[S]$, aufgetragen (Abb. **A-2.8**). In dieser reziproken Darstellung erhält man anstelle einer Hyperbel eine **Gerade**. Der Schnittpunkt dieser Geraden mit der Abszisse entspricht $-1/K_m$, der Schnittpunkt mit der Ordinate entspricht $1/v_{max}$. Beide Werte lassen sich grafisch sehr präzise bestimmen. Die Werte für K_m und v_{max} kann man dann leicht berechnen.

Das Lineweaver-Burk-Diagramm

Aus dem asymptotischen Verlauf der Hyperbel im Michaelis-Menten-Diagramm kann man die Maximalgeschwindigkeit nicht sicher bestimmen, wohl aber anhand des Lineweaver-Burk-Diagramms.

Im Lineweaver-Burk-Diagramm wird **1/v gegen 1/[S] aufgetragen** (Abb. **A-2.8**). Dabei erhält man eine **Gerade**. Der Schnittpunkt dieser Geraden mit der Abszisse entspricht $-1/K_m$, der Schnittpunkt mit der Ordinate entspricht $1/v_{max}$.

⊙ **A-2.8** Lineweaver-Burk-Diagramm

Steigung = K_m/v_{max}
$1/v_{max}$
$-1/K_m$

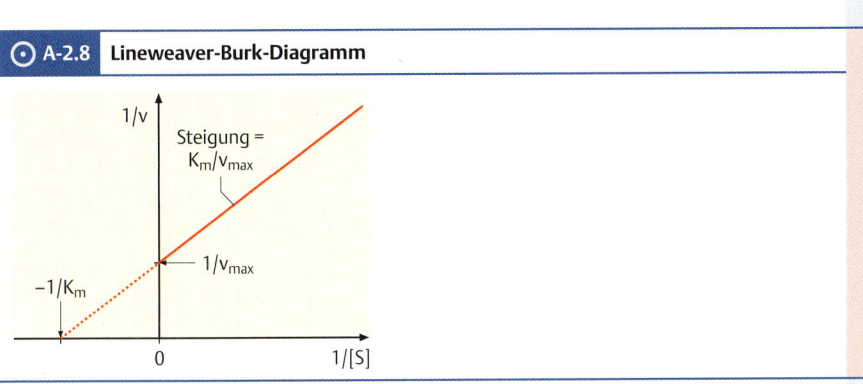

⊙ **A-2.8**

Die katalytische Aktivität

▶ Definition. Die **katalytische Aktivität** ist ein Maß für die reaktionsbeschleunigende Wirkung eines Enzyms. Ihre Einheit ist offiziell das Katal, definiert als 1 kat = 1 Mol Substratumsatz pro Sekunde. Die Einheit Katal wird allerdings in der Praxis kaum verwendet. Oft bezieht man sich auf andere, mitunter willkürlich definierte Einheiten.

Es ist zu beachten, dass man weder allein aus der Kenntnis eines v_{max}-Wertes noch allein aus der Kenntnis eines K_m-Wertes auf die katalytische Aktivität eines Enzyms schließen kann. Nur auf der Basis beider Werte zusammen lässt sich der Verlauf der Kurve im Michaelis-Menten-Diagramm rekonstruieren und die katalytische Aktivität eines Enzyms angeben. Zudem müssen natürlich auch die Reaktionsbedingungen und die Enzymkonzentration hinreichend definiert sein, auf die sich der v_{max}- und der K_m-Wert beziehen.

Die katalytische Aktivität

▶ Definition.

Die katalytische Aktivität eines Enzyms lässt sich nur berechnen, wenn sowohl der v_{max}- als auch der K_m-Wert bekannt sind.

Die Wechselzahl

▶ Definition. Unter der **Wechselzahl** versteht man die Anzahl der pro Mol Enzym in einer Zeiteinheit umgesetzten Mole Substrat. Diese Zahl ist identisch mit der pro Enzymmolekül in einer Zeiteinheit umgesetzten Substratmoleküle.

Um die Wechselzahl zu bestimmen, ermittelt man v_{max} für eine definierte Menge an Enzym. Das Verfahren sei hier anhand der Carboanhydrase erläutert, die in den Erythrozyten die Hydratisierung von CO_2 zu HCO_3^- (= Hydrogencarbonat = Bicarbonat) katalysiert. Die Carboanhydrase weist eine außerordentlich hohe Wechselzahl auf. Setzt man in einem Experiment 10^{-6} Mol Carboanhydrase ein, erhält man bei maximaler Reaktionsgeschwindigkeit pro Sekunde 0,6 Mol HCO_3^-. Ein Mol Carboanhydrase könnte demnach die Bildung von $10^6 \times 0{,}6$ Mol HCO_3^- = 600 000 Mol HCO_3^- pro Sekunde katalysieren. Die Wechselzahl der Carboanhydrase, bezogen auf eine Sekunde, hat also den Wert 600 000.

Die Wechselzahl

▶ Definition.

Um die Wechselzahl zu bestimmen, ermittelt man v_{max} für eine definierte Menge an Enzym. Im Fall des Enzyms Carboanhydrase ist die Wechselzahl sehr hoch (600 000/s).

A 2 Triebkraft und Geschwindigkeit biochemischer Reaktionen

Unter Berücksichtigung von

$$E + S \underset{k_{-1}}{\overset{k_1}{\rightleftharpoons}} ES \xrightarrow{k_2} E + P \quad \text{und} \quad v = \frac{\Delta[P]}{\Delta t} = k_2 \cdot [ES]$$

ergibt sich in diesem Fall für v_{max} und für 1 Mol Enzym

$$v = \frac{\Delta[P]}{\Delta t} = \frac{600\,000\ \text{Mol}}{\text{Sekunde}} = k_2 \cdot [ES]$$

Da bei maximaler Reaktionsgeschwindigkeit sämtliche Enzymmoleküle Substrat gebunden haben, kann man unter den gegebenen Voraussetzungen für [ES] 1 Mol Enzym-Substrat-Komplex einsetzen und dann die Gleichung durch [ES] teilen. Es zeigt sich:

$$\frac{v_{max}}{[ES]} = \frac{600\,000\ \text{Mol}}{\text{Sekunde} \cdot 1\ \text{Mol}} = \frac{600\,000}{\text{Sekunde}} = k_2$$

Bei einfachen Reaktionen ist die Wechselzahl also identisch mit der Geschwindigkeitskonstante k_2! Allgemein zeigt k_2 den Anteil von ES an, der innerhalb einer Sekunde zu E + P reagiert. Bei der Carboanhydrase ist $k_2 = 600\,000/s$, d. h. der ES-Komplex muss in jeder Sekunde 600 000-mal neu gebildet werden!

Andere Enzyme zeigen wesentlich niedrigere Wechselzahlen, die Werte liegen meist zwischen 1 und 10 000 pro Sekunde.

Schließlich muss betont werden, dass an enzymkatalysierten Reaktionen oft mehrere Substrate und mehrere aktive Zentren beteiligt sind. In derartigen Fällen kann die Wechselzahl nicht mehr ohne weiteres mit der Geschwindigkeitskonstante k_2 gleichgesetzt werden. Man kann dann allerdings versuchen, den komplizierten Reaktionsweg in einzelne Schritte aufzulösen, die sich dann ihrerseits wieder mit einfachen Begriffen der Michaelis-Menten-Kinetik beschreiben lassen.

Bei einfachen Reaktionen, z. B. der Carboanhydrase-Reaktion, ist die Wechselzahl gleich der Geschwindigkeitskonstante k_2.

Die Wechselzahl anderer Enzyme ist weit geringer.

Hat ein Enzym mehrere Substrate und mehrere aktive Zentren, kann die Wechselzahl nicht mit k_2 gleichgesetzt werden.

Enzymhemmung

Viele Medikamente enthalten Wirkstoffe, die ihre Aktivität über eine gezielte Hemmung bestimmter Enzyme entfalten. Die Mechanismen der Enzymhemmung sind deshalb für die gesamte Pharmakologie von elementarer Bedeutung.

Um die molekularen Mechanismen der Enzymhemmung präzise zu beschreiben, ist es üblich, bestimmte Typen der Hemmung zu unterscheiden:

- **irreversible Hemmung** (Inaktivierung)
- **reversible Hemmung**:
  - kompetitiv
  - nicht kompetitiv
  - unkompetitiv

Enzymhemmung

Die Wirkstoffe der Medikamente können Enzyme auf unterschiedliche Weise hemmen. Zunächst unterscheidet man zwischen
- **irreversibler Hemmung** und
- **reversibler Hemmung**.

Letztere lässt sich weiter unterteilen in kompetitive, nicht kompetitive und unkompetitive Hemmung.

Irreversible Hemmung

▶ **Merke.** Eine irreversible Hemmung ergibt sich in der Regel, wenn ein Enzym durch einen Wirkstoff kovalent modifiziert wird und das Enzym dabei seine Aktivität verliert. Je mehr Enzymmoleküle inaktiviert werden, desto geringer ist die übrig bleibende maximale Umsatzgeschwindigkeit v_{max}.

Ein berühmtes Beispiel ist Penicillin (S. 503), das kovalent mit bakteriellen Transpeptidasen reagiert. Penicillin ist nicht nur ein Hemmstoff (Inhibitor), sondern auch ein Inaktivator der Transpeptidase. Ein weiteres Beispiel für eine irreversible Hemmung ist die Acetylsalicylsäure (der Wirkstoff z. B. des Aspirins). Sie überträgt ihre Acetyl-Gruppe auf das Serin in Position 530 der Zyklooxygenase (S. 654). Untersucht man den Effekt nach Michaelis und Menten, dann zeigt sich, dass durch Zugabe steigender Mengen an Acetylsalicylsäure ein entsprechend größerer Anteil der Zyklooxygenase eines gegebenen Reaktionsansatzes (bzw. eines Gewebes) inaktiviert wird. Dabei sinkt die maximale Umsatzgeschwindigkeit v_{max}. Da sich die Acetyl-Gruppen nicht mehr vom Enzym ablösen lassen, ist der Effekt irreversibel. Die übrig gebliebenen Enzymmoleküle behalten aber ihre Eigenschaften, einschließlich ihrer Affinität für das Substrat (die Arachidonsäure). Somit bleibt der K_m-Wert – auch bei sinkendem v_{max} – unverändert (Abb. **A-2.9**)!

Irreversible Hemmung

▶ **Merke.**

Wenn die Zahl der aktiven Enzymmoleküle in einem Reaktionsansatz durch Zugabe eines Inaktivators verringert wird, sinkt damit v_{max}. Die übrig gebliebenen, noch aktiven Enzymmoleküle zeigen weiterhin ihre ursprünglichen Eigenschaften, somit bleibt der K_m-Wert unverändert.

A 2.2 Die Geschwindigkeit biochemischer Reaktionen

A-2.9 Beispiel einer irreversiblen Hemmung: Inaktivierung eines Teils der Zyklooxygenase in einem Gewebe durch Acetylsalicylsäure (ASS)

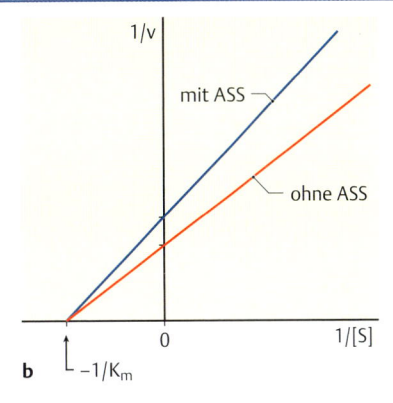

a Darstellung im Michaelis-Menten-Diagramm. b Darstellung im Lineweaver-Burk-Diagramm.

Reversible Hemmung

Viele Hemmstoffe können sich nach der Anlagerung an das Enzym auch wieder ablösen, sie bilden keine kovalenten Bindungen zum Enzym, die Bindung ist reversibel. Dabei sind **drei Typen der Hemmung** zu unterscheiden: Sofern eine **kompetitive Hemmung** gegeben ist, bindet der Hemmstoff am Enzym an die gleiche Stelle wie das Substrat. Sofern der Hemmstoff außerhalb der Substratbindestelle bindet, kann eine **nicht kompetitive** oder – in seltenen Fällen – eine **unkompetitive Hemmung** gegeben sein.

Reversible Hemmung

Typen reversibler Hemmung:
- kompetitiv
- nicht kompetitiv
- unkompetitiv

Kompetitive Hemmung:

▶ **Merke.** Bei dieser häufigsten Form der reversiblen Enzymhemmung konkurriert der Inhibitor mit dem natürlichen Substrat um die Bindung an das Enzym.

Dadurch wird die katalytische Aktivität des Enzyms herabgesetzt. Sie kann jedoch durch Zugabe größerer Mengen des natürlichen Substrats wieder gesteigert werden. In Gegenwart einer hinreichend großen Konzentration des Substrats kann sogar der ursprüngliche v_{max}-Wert erreicht werden.
Der K_m-Wert wird durch Zugabe des Inhibitors hingegen erhöht. Denn der K_m-Wert gibt an, welche Substratkonzentration erforderlich ist, damit die Hälfte der Substratbindestellen der Enzymmoleküle mit Substrat besetzt sind. In Gegenwart eines kompetitiven Inhibitors ist aber eine erhöhte Substratkonzentration erforderlich, um die Hälfte der Bindestellen der Enzymmoleküle besetzen zu können.

Kompetitive Hemmung:

▶ **Merke.**

Die Abnahme der katalytischen Aktivität des Enzyms kann durch Erhöhung der Substratkonzentration rückgängig gemacht werden.

Deshalb ist v_{max} unverändert, K_m ist aber erhöht.

▶ **Merke.** Ein kompetitiver Inhibitor erhöht den K_m-Wert, lässt aber v_{max} unverändert. Eine kompetitive Enzymhemmung kann also durch Erhöhung der Substratkonzentration aufgehoben werden.

▶ **Merke.**

▶ **Klinik.** Ein Beispiel hierfür ist **Methotrexat**, das u. a. in der Krebstherapie eingesetzt wird. Es hemmt die Dihydrofolat-Reduktase kompetitiv. Dieses Enzym reduziert Dihydrofolat zu Tetrahydrofolat, das eine wichtige Rolle im Stoffwechsel der Nukleotide – und damit bei der DNA-Synthese (S. 435) – spielt. Da Methotrexat mit Dihydrofolat um die Bindung an der Reduktase konkurriert, ist der K_m-Wert des Enzyms in Gegenwart von Methotrexat erhöht (Abb. **A-2.10**). Die Tumorzellen bilden daraufhin weniger Tetrahydrofolat und ihr Wachstum wird gehemmt.

▶ **Klinik.**

In ihrer chemischen Struktur sind sich die kompetitiv wirkenden Inhibitoren und die natürlichen Liganden der jeweiligen Enzyme oft sehr ähnlich. Kompetitive Inhibitoren werden in der pharmazeutischen Industrie oft durch chemische Modifizierung der natürlichen Liganden entwickelt. Der chemisch modifizierte Ligand bindet dann zwar an das Enzym und kann den natürlichen Liganden aus der Bindestelle verdrängen, er ist aber nicht in der Lage, die normalerweise katalysierte Reaktion einzugehen.

A-2.10 Beispiel einer kompetitiven Hemmung: Effekt des kompetitiven Inhibitors Methotrexat (MTX) auf die Dihydrofolat-Reduktase (DHFR)

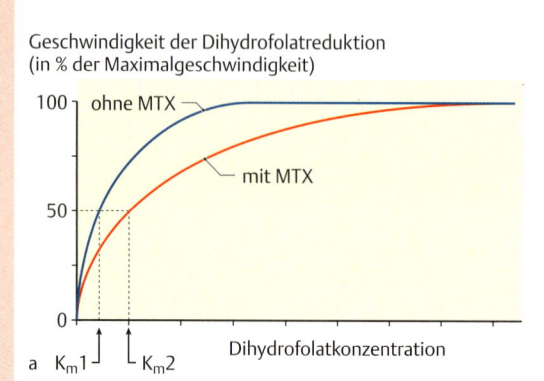

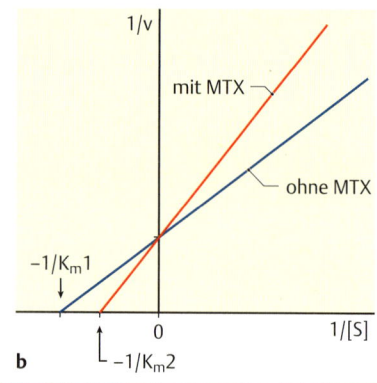

MTX ist ein Derivat des natürlichen Substrates, der Dihydrofolsäure.
a Darstellung im Michaelis-Menten-Diagramm. **b** Darstellung im Lineweaver-Burk-Diagramm.

Nicht kompetitive Hemmung und unkompetitive Hemmung

Bei einer nicht kompetitiven Hemmung ist Bindungsstelle des Hemmstoffs eine andere als die des Substrats. Durch Erhöhung der Substratkonzentration kann die Hemmung nicht aufgehoben werden ($v_{max}\downarrow$).

Eine reversible Enzymhemmung, die nicht kompetitiv ist, kann **„nicht kompetitiv"** oder **„unkompetitiv"** sein.

Nicht kompetitive Hemmung und unkompetitive Hemmung:

Die kompetitive Hemmung ist vergleichsweise klar definiert. Wegen ihrer großen Bedeutung in der Pharmakologie zählt sie zu den häufigsten Prüfungsthemen der Biochemie. Es gibt aber auch Inhibitoren, die nicht mit dem Substrat um die Bindung an die Substratbindestelle konkurrieren. Vielmehr unterdrücken sie die Aktivität des Enzyms, indem sie an eine **Bindungsstelle außerhalb der Substratbindungsstelle** binden. Die Hemmung kann dann durch höhere Substratkonzentrationen nicht mehr rückgängig gemacht werden, v_{max} ist erniedrigt, die Hemmung ist nicht kompetitiv.

Leider ist die Terminologie für diese Situation in der Literatur nicht einheitlich. Mitunter wird jede Hemmung, die keine kompetitive Hemmung ist, pauschal als „nicht kompetitiv" bezeichnet. Streng genommen gilt aber, dass eine reversible Enzymhemmung, die nicht kompetitiv ist, entweder „nicht kompetitiv" oder „unkompetitiv" sein kann:

- **Nicht kompetitive Inhibitoren** binden reversibel an eine Bindestelle außerhalb der Substratbindestelle. Sie können sowohl an das freie Enzym binden, als auch an einen bereits bestehenden Enzym-Substrat-Komplex.
- **Unkompetitive Inhibitoren** binden ebenfalls an eine Bindestelle außerhalb der Substratbindestelle. Die können sich aber nur an einen Enzym-Substrat-Komplex anlagern, nicht an ein freies Enzym.

Eine unkompetitive Enzymhemmung ist sehr selten.

Eine unkompetitive Enzymhemmung ist sehr selten. Sofern keine kompetitive Hemmung gegeben ist, liegt in der Regel eine nicht kompetitive Hemmung vor.

▶ Merke.

▶ **Merke.** Eine nicht kompetitive Hemmung liegt vor, wenn der Inhibitor reversibel außerhalb der Substratbindestelle an das Enzym bindet. K_m ist dabei unverändert, v_{max} ist aber reduziert.

Klassisches Beispiel einer nicht kompetitiven Hemmung ist die Inaktivierung von Enzymen durch Schwermetallionen.

Traditionell gilt als klassisches **Beispiel einer nicht kompetitiven Hemmung** die **Inaktivierung von Enzymen durch Schwermetallionen**, z. B. durch Blei- oder Quecksilberionen. Die Schwermetallionen binden dabei an SH-Gruppen (Sulfhydryl-Gruppen) der Enzyme. Die Toxizität der Schwermetalle (S. 744) beruht wesentlich auf diesem Effekt. Auch bei einer nicht kompetitiven Hemmung ist v_{max} **erniedrigt,** während K_m **unverändert** ist. Es ist offensichtlich, dass die Schwermetalle im Gegensatz zu den typischen kompetitiven Hemmstoffen keinerlei Ähnlichkeit zu den natürlichen Enzymsubstraten haben. Es ist aber auch offensichtlich, dass die Hemmung durch Schwermetalle eine große Ähnlichkeit zu einer irreversiblen Hemmung hat. Im Gegensatz zu Inhibitoren wie dem Penicillin oder den Acetyl-Gruppen der Acetylsalicylsäure können sich Blei- und Quecksilberionen zwar nachträglich wieder von den Enzymen ablösen, die Affinität der Schwermetalle für die SH-Gruppen ist aber sehr hoch, und der Unterschied zwischen der irreversiblen Hemmung und der reversiblen nicht kompetitiven Hemmung ist somit – in diesem Fall – nur gering.

Bei der unkompetitiven Enzymhemmung bindet der Inhibitor spezifisch nur an den Enzym-Substrat-Komplex, so dass K_m und v_{max} sind um den gleichen Betrag vermindert werden.

Ein Hinweis auf eine unkompetitive Hemmung ergibt sich aus der Analyse der Enzymkinetik: Im typischen Fall sind K_m und v_{max} um den gleichen Betrag vermindert. Im Lineweaver-Burk-Diagramm ergeben sich für unterschiedliche Hemmstoffkonzentrationen parallel verlaufende Graden. Bei der unkompetitiven Enzymhemmung bindet der Inhibitor spezifisch nur an den Enzym-Substrat-Komplex, nicht an das freie Enzym. K_m und v_{max} sind um den gleichen Betrag vermindert.

Allosterische Effekte

▶ **Definition.** **Allosterische Effekte** äußern sich in einem Protein an einer anderen Stelle als an der Stelle, an der sie ausgelöst werden

Allosterische Effekte beruhen auf strukturellen Veränderungen eines Proteinmoleküls, die sich innerhalb des Moleküls über eine größere Distanz fortpflanzen. Derartige Effekte sind eine wichtige Voraussetzung für die Möglichkeit, die Eigenschaften von Proteinen zu modulieren. Insbesondere liegen sie wichtigen Mechanismen der Enzymregulation zugrunde.

Außerhalb des katalytischen Zentrums enthalten viele Enzyme eine Bindestelle für einen Metaboliten, der die Aktivität des Enzyms als **Aktivator** stimuliert bzw. als **Inhibitor** hemmt. Dabei manifestiert sich die Wirkung des Effektors nicht dort, wo sie ausgelöst wurde (an der Bindestelle), sondern an einer anderen Stelle des Enzymmoleküls. Die Bindung eines Aktivators kann z. B. eine Erhöhung der maximalen Reaktionsgeschwindigkeit vermitteln (Abb. **A-2.11 a**).

Allosterische Effekte können aber auch bei Proteinen auftreten, die keine Enzyme sind, und sie können unabhängig von zusätzlichen Effektoren auch vom Substrat selbst ausgelöst werden. Das berühmteste Beispiel für ein derartiges Protein ist das **Hämoglobin**, das in Erythrozyten in außerordentlich hoher Konzentration vorliegt und dem Sauerstofftransport im Blut dient. Bei niedrigen Sauerstoffkonzentrationen ist die Affinität des Hämoglobins zum O_2 sehr gering. Bei höheren O_2-Konzentrationen wird nicht nur mehr O_2 gebunden, sondern es erhöht sich auch die Affinität, mit der das Hämoglobin das O_2 bindet. Die Menge an gebundenem O_2 steigt deshalb bei steigender O_2-Konzentration nicht linear, sondern exponenziell, um schließlich zur Sättigung der Bindestellen zu führen. Es ergibt sich somit eine S-förmige Kurve (Abb. **A-2.11 b**). Der **sigmoide Verlauf der O_2-Bindungskurve** lässt sich damit erklären, dass jedes Hämoglobinmolekül aus vier Untereinheiten besteht. Hämoglobin ist somit ein **oligomeres Protein**. Die Bindung eines O_2 an *eine* der Untereinheiten erhöht über allosterische Effekte die O_2-Affinität der übrigen drei Bindestellen, die Untereinheiten des Hämoglobins zeigen **Kooperativität**. Das O_2-bindende Protein Myoglobin hingegen, das in Skelett- und Herzmuskelzellen als O_2-Reservespeicher bei ungenügendem O_2-Angebot dient, liegt in den Zellen nur monomer, also in Form einzelner Untereinheiten vor. Deshalb zeigt es bei steigenden O_2-Konzentrationen keine Kooperativität, sondern lediglich eine einfache Zunahme der Sauerstoffbindung.

Oft wird die Aktivität oligomerer Enzyme über natürliche Aktivatoren oder Inhibitoren an die aktuellen Bedürfnisse des Stoffwechsels angepasst. In der Abb. **A-2.11 c** ist gezeigt, wie sich dabei die Aktivität eines Enzyms oder Bindeproteins auch bei konstantem v_{max} verschieben kann. Da sich in diesem Fall der K_m-Wert ändert, spricht man mitunter von einer **allosterischen Regulation vom K-Typ**. In Abb. **A-2.11 a** ist eine Erhöhung von v_{max} und damit eine **allosterische Regulation vom V-Typ** gezeigt.

Allosterische Effekte

▶ **Definition.**

Allosterische Effekte beruhen auf strukturellen Veränderungen eines Proteinmoleküls, die sich innerhalb des Moleküls über eine größere Distanz fortpflanzen.

Allosterische Effektoren (**Aktivatoren** bzw. **Inhibitoren**) von Enzymen binden außerhalb des katalytischen Zentrums. Ihre Wirkung, z. B. ein Anstieg von v_{max} (Abb. **A-2.11 a**), manifestiert sich anderswo am Enzym.

Allosterische Effekte können auch bei Nicht-Enzym-Proteinen auftreten und vom Substrat selbst ausgelöst werden, z. B. bei **Hämoglobin**, das dem Sauerstofftransport im Blut dient. Die O_2-Bindungskurve des Hämoglobins zeigt einen **sigmoiden Verlauf** (Abb. **A-2.11 b**). Er beruht darauf, dass Hämoglobin ein **oligomeres Protein** (aus vier Untereinheiten) ist. Die Bindung eines O_2 an *eine* der Untereinheiten erhöht über allosterische Effekte die O_2-Affinität der übrigen Bindestellen, die Untereinheiten des Hämoglobins zeigen **Kooperativität**. Das O_2-bindende monomere Protein Myoglobin dagegen zeigt eine einfache Zunahme der Sauerstoffbindung.

Verändert der Effektor den K_m-Wert, nicht aber v_{max} (Abb. **A-2.11 c**), spricht man von **allosterischer Regulation vom K-Typ**, im umgekehrten Fall von **allosterischer Regulation vom V-Typ** (Abb. **A-2.11 a**).

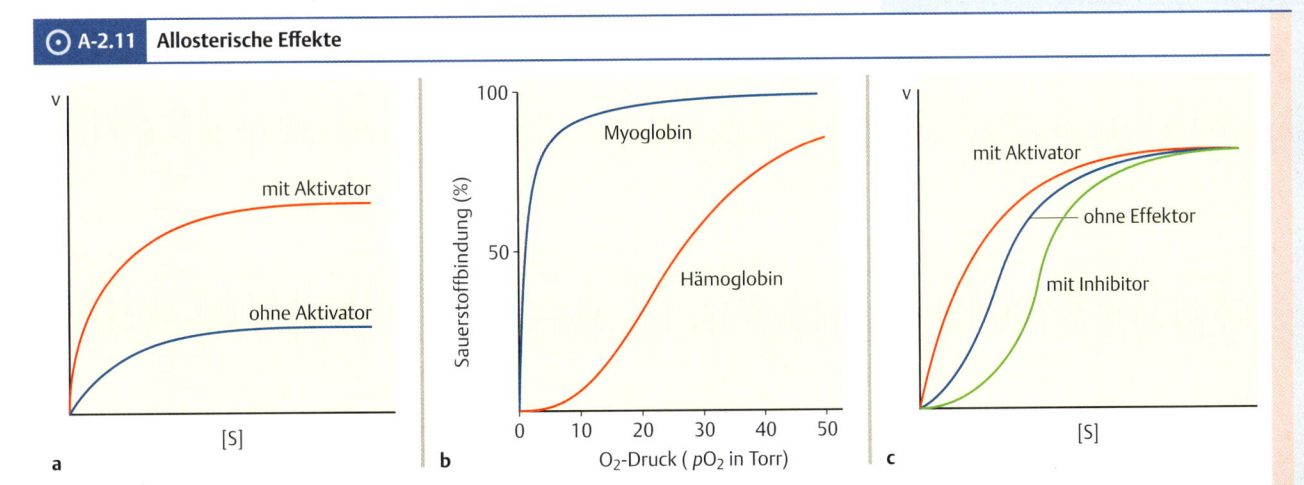

⊙ **A-2.11** Allosterische Effekte

Steigerung der maximalen Reaktionsgeschwindigkeit durch einen allosterischen Aktivator (allosterische Regulation vom V-Typ). **a** O_2-Bindungskurven von Hämoglobin und Myoglobin: Anders als bei Myoglobin wirkt O_2 bei Hämoglobin als allosterischer Aktivator. Die Bindung von O_2 an eine Hämoglobin-Untereinheit steigert die O_2-Affinität der übrigen Untereinheiten. **b** Beeinflussung der Enzymaffinität durch allosterische Effektoren (allosterische Regulation vom K-Typ).

Gegenbegriff zur Allosterie ist **Isosterie**: Enzymhemmung durch Bindung an das katalytische Zentrum = **isosterische Hemmung**. **Isosterische Enzyme** sind von Effektoren gänzlich unabhängig.

Als Gegenbegriff zur Allosterie hat man eine **Isosterie** definiert. Hemmt ein Reaktionsprodukt ein Enzym durch Bindung an das katalytische Zentrum, bezeichnet man dies als **isosterische Hemmung**. Andererseits kann man Enzyme, deren Aktivität von Effektoren gänzlich unabhängig ist, als **isosterische Enzyme** bezeichnen. Beide Begriffe werden aber nur selten verwendet.

3 Die molekulare Struktur der wichtigsten Nahrungsstoffe: Kohlenhydrate, Triacylglycerine und Aminosäuren

3.1 Kurzübersicht 45
3.2 Kohlenhydrate 45
3.3 Triacylglycerine (TAG) 57
3.4 Aminosäuren 63

J. Rassow

3.1 Kurzübersicht

Die Energie des ATP (S. 174), das von der mitochondrialen ATP-Synthase synthetisiert wird, stammt letztlich von den Elektronen, die in die Atmungskette eingespeist und dann auf Sauerstoff übertragen werden. Als Quelle der Elektronen dienen im Wesentlichen drei Gruppen von Nahrungsstoffen:
- Kohlenhydrate
- Lipide, genauer: Triacylglycerine (Fette)
- Proteine bzw. ihre Bausteine, die Aminosäuren

3.1 Kurzübersicht

Kohlenhydrate, **Triacylglycerine** und die in **Proteinen** enthaltenen Aminosäuren sind die Nahrungsbestandteile, aus denen die meisten Elektronen für den Betrieb der Atmungskette und damit für die ATP-Synthese gewonnen werden.

3.2 Kohlenhydrate

3.2.1 Chemie der Kohlenhydrate

▶ **Definition.** Kohlenhydrate (Saccharide) sind definiert als **organische Verbindungen**, die **folgende Bedingungen** erfüllen (Abb. **A-3.1**):
1. Sie bestehen aus einer **Kette von mindestens drei Kohlenstoffatomen**. Je nach der Zahl der Kohlenstoffatome bezeichnet man das Kohlenhydrat als Triose, Tetrose, Pentose, Hexose oder Heptose.
2. Das Molekül enthält eine **Carbonylgruppe** (C=O), sodass sich eine **Aldehyd- oder** eine **Ketogruppe** ergibt. Entsprechend unterteilt man die Kohlenhydrate in Aldosen und Ketosen.
3. **Alle übrigen Kohlenstoffatome** sind mit einer OH-Gruppe sowie mit einem Wasserstoffatom verbunden, sodass sich eine **H-C-OH-Gruppe** ergibt. Zufällig entsprechen dabei die beiden mit dem C-Atom verbundenen H-Atome zusammen mit dem O-Atom einem Wassermolekül, H_2O, woraus sich der Name „Kohlenhydrate" erklärt.

3.2 Kohlenhydrate

3.2.1 Chemie der Kohlenhydrate

▶ **Definition.**

⊙ **A-3.1** Grundstruktur der Kohlenhydrate am Beispiel von (D-)Glycerinaldehyd und Dihydroxyaceton

D-Glycerinaldehyd | Dihydroxyaceton

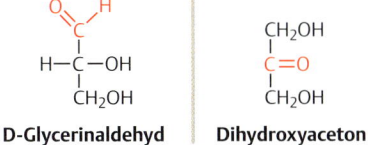

⊙ **A-3.1**

Monosaccharide

▶ **Definition.** Monosaccharide sind die einfachsten Kohlenhydrate. Im Gegensatz zu den Oligo- und Polysacchariden (S. 50) können sie durch Hydrolyse in Gegenwart von Säuren nicht in kleinere Kohlenhydrate gespalten werden.

Struktur und Eigenschaften

Die beiden **einfachsten Monosaccharide** sind **D-Glycerinaldehyd** und **Dihydroxyaceton** (Abb. **A-3.1**). Beide leiten sich vom Glycerin ab. Da Glycerin keine Carbonylgruppe enthält, zählt es nicht zu den Kohlenhydraten, sondern zu den Alkoholen.
Im Glycerinaldehyd ist das zentrale Kohlenstoffatom von vier unterschiedlichen Substituenten umgeben. Das zentrale Kohlenstoffatom ist somit „**asymmetrisch**" und bildet ein „**chirales Zentrum**. Wie alle chiralen Moleküle ist auch Glycerinaldehyd **optisch aktiv**: Wenn eine Lösung von Glycerinaldehyd mit linear polarisiertem Licht durchstrahlt wird, dreht das Glycerinaldehyd die Schwingungsebene des Lichts.
Die **vier Bindungen eines Kohlenstoffatoms** liegen nicht in einer Ebene, sondern befinden sich im dreidimensionalen Raum in größtmöglichem Abstand zueinander, sie bilden eine **tetraedrische Struktur**. Hält man ein räumliches Modell des Glycerinaldehydmoleküls in der Hand, kann man es so drehen, dass die nach oben gehaltene Aldehydgruppe und die am unteren Ende liegende CH$_2$OH-Gruppe schräg nach hinten zeigen. Dabei werden das Wasserstoffatom und die OH-Gruppe des asymmetrischen Kohlenstoffatoms schräg nach vorne zeigen. Offenbar gibt es jetzt zwei Möglichkeiten: Die OH-Gruppe des asymmetrischen Kohlenstoffatoms kann nach links zeigen (**L-Glycerinaldehyd**; laevus, lat. links) oder nach rechts (**D-Glycerinaldehyd**; dexter, lat. rechts) (Abb. **A-3.2**). Beide Formen unterscheiden sich wie die linke und die rechte Hand, weshalb man derartige Phänomene in der Chemie als **Chiralität** bezeichnet (von gr. cheir, Hand, vgl. Chirurgie ≙ Handarbeit).

⊙ **A-3.2** D- und L-Glycerinaldehyd

D-Glycerinaldehyd | L-Glycerinaldehyd

▶ **Merke.** Ein Molekül ist chiral, wenn es nicht mit seinem Spiegelbild zur Deckung gebracht werden kann. Es besitzt weder ein Symmetriezentrum noch eine Spiegelebene.

Die Definition von **D- und L-Konfigurationen** geht auf den Chemiker Emil Fischer (1852–1919) zurück (S. 50). In Bezug auf Zucker und Aminosäuren wird in der Biochemie auch heute noch weitgehend mit seinen Begriffen gearbeitet. In der Organischen Chemie wird generell ein neueres System verwendet, die **R/S-Nomenklatur** nach Cahn-Ingold-Prelog. Die entsprechenden Nomenklaturregeln wurden 1956 veröffentlicht.
Eine Reihe weiterer Begriffe ist wichtig, um die räumliche Struktur insbesondere der Zucker und Aminosäuren präzise beschreiben zu können:

▶ Definition. **Isomere** sind Verbindungen mit gleicher Summenformel, aber unterschiedlicher Struktur. Man unterscheidet Konstitutionsisomere und Stereoisomere:
- **Konstitutionsisomere** enthalten dieselben Atome, unterscheiden sich jedoch in deren Verknüpfung. Sie enthalten also unterschiedliche chemische Gruppen. Dadurch sind auch die chemischen und physikalischen Eigenschaften der Konstitutionsisomere unterschiedlich. Beispiele sind Glycerinaldehyd und Dihydroxyaceton (Abb. **A-3.1**) sowie Ethanol (C_2H_5OH) und Dimethylether ($H_3C-O-CH_3$)
- **Stereoisomere** enthalten die gleichen chemischen Gruppen und zeigen dementsprechend auch weitgehend die gleichen chemischen Eigenschaften. Sie unterscheiden sich aber in der Anordnung der chemischen Gruppen im Raum. Bei den Kohlenhydraten ist die Zahl der möglichen Stereoisomere umso größer, je mehr Kohlenstoffatome sie enthalten. Bei Kohlenhydraten, die mehr als drei Kohlenstoffatome enthalten, bezieht sich die D/L-Nomenklatur ausschließlich auf das asymmetrische Kohlenstoffatom, das von der Carbonylgruppe am weitesten entfernt ist: Zeigt die OH-Gruppe an diesem C-Atom nach rechts, liegt die D-Konfiguration, zeigt sie nach links, liegt die L-Konfiguration vor.

Allgemein bezeichnet man ein Kohlenstoffatom als asymmetrisch substituiert, wenn es von vier unterschiedlichen Atomen oder Atomgruppen umgeben ist.

Unter den Stereoisomeren kann man verschiedene Typen unterscheiden:
- **Enantiomere** sind Stereoisomere, deren räumliche Anordnung sich wie Bild und Spiegelbild unterscheidet (Abb. **A-3.2**). Die Spiegelbildlichkeit betrifft das gesamte Molekül, ggf. *sämtliche* asymmetrischen Kohlenstoffatome. (Ein Beispiel ist mit der Aminosäure Alanin gegeben, die im Prinzip in Form zweier unterschiedlicher Enantiomere vorliegen kann, nämlich als L-Alanin oder als D-Alanin. In der Natur kommt aber nahezu ausschließlich die L-Form vor. Das Alanin der Proteine ist immer L-Alanin.). Ein **Racemat** ist eine 1:1-Mischung von Enantiomeren. In vielen Bakterien gibt es eine Racemase, die L-Alanin in D-Alanin umwandelt. Dabei entsteht ein Racemat. Das D-Alanin wird dann zur Zellwandsynthese (zur Bildung des Mureins), das L-Alanin bei der Synthese der Proteine verwendet.
- **Diastereomere** sind Stereoisomere, die *mehrere* asymmetrische Kohlenstoffatome enthalten, sich aber nur in der räumlichen Anordnung der Bindungspartner *eines oder einiger* der asymmetrischen Kohlenstoffatome unterscheiden. Ein klassisches Beispiel ist mit den Zuckern Glucose und Galaktose gegeben. **Epimere** sind Diastereomere, die sich in der räumlichen Anordnung der Bindungspartner *eines* asymmetrischen Kohlenstoffatoms unterscheiden, z. B. Glucose und Galaktose. Der Begriff wird heute nur noch in der Chemie der Zucker verwendet.
- **Konformere** unterscheiden sich lediglich in ihrer *Konformation*, also in der Orientierung von Molekülteilen zueinander, die sich durch Drehung um eine Einfachbindung ergibt. (Wenn eine Polypeptidkette eine α-Helix (S. 77) bildet, nimmt sie damit eine definierte Konformation ein. Wenn die Polypeptidkette ihre α-helikale Struktur verliert, ändert sich damit ihre Konformation. Die Konfiguration der einzelnen Aminosäuren – ihre L-Konfiguration – bleibt dabei normalerweise erhalten.)

▶ Definition.

In Abb. **A-3.3** sind die beiden **wichtigsten Hexosen** gezeigt, **Glucose** und **Fructose**. Das von der Carbonylgruppe am weitesten entfernte asymmetrische Kohlenstoffatom dieser Kohlenhydrate ist das C-Atom Nummer 5. Da seine Hydroxylgruppe in der gezeigten Projektion analog zum D-Glycerinaldehyd nach rechts zeigt, handelt es sich in beiden Fällen um die D-Form. Der entsprechende Zuckeralkohol, das Sorbit (engl. sorbitol), ist in manchen Früchten enthalten.

Abb. **A-3.3** zeigt die **wichtigsten Hexosen: Glucose und Fructose**.
Fructose wird im Stoffwechsel gebildet, indem zunächst **Glucose** zu **Sorbit** reduziert und dieses anschließend zu **Fructose** oxidiert wird.

▶ Exkurs.

▶ **Exkurs. Polyolweg**
Die Carbonylgruppen in Position 1 der Glucose bzw. in Position 2 der Fructose können im Stoffwechsel mit Hilfe bestimmter Enzyme reduziert werden (Abb. **A-3.3**). Das dabei entstehende **Sorbit** (engl. Sorbitol) ist kein Zucker mehr, sondern ein **Zuckeralkohol**. Sorbit ist in manchen Früchten enthalten, z. B. in der Vogelbeere (Eberesche) *Sorbus aucuparia*, sowie als Süßstoff im Kaugummi. Da Sorbit **keine Carbonylgruppe**, aber **viele OH-Gruppen** enthält, wird es zu den **Polyolen** gezählt, und der in Abb. **A-3.3** gezeigte Stoffwechselweg wird als Polyolweg bezeichnet. Wichtig ist der Polyolweg u. a. in der **Bläschendrüse** (Glandula vesiculosa) des Mannes, in der auf diese Weise die **Fructose synthetisiert** wird, die in der Samenflüssigkeit enthalten ist. Die Fructose trägt wesentlich zur Energieversorgung der Spermien bei (ca. 200 mg Fructose/100 ml; vergl. Glucose im Blut: ca. 90 mg/100 ml).

Lange Zeit wurde dem Polyolweg eine entscheidende Rolle bei der Entwicklung der **Spätfolgen des Diabetes mellitus** zugesprochen (Katarakt/Linsentrübung/Grauer Star, periphere Neuropathie, Nephropathie, periphere Durchblutungsstörungen). Wenn Zellen aufgrund eines Diabetes mellitus vermehrt Glucose aufnehmen, wird in vielen Zellen über den Polyolweg auch vermehrt Sorbit und teilweise auch Fructose gebildet. Chronisch überhöhte Konzentrationen dieser Reaktionsprodukte sind für die Zellen schädlich. In jüngster Zeit werden allerdings auch andere Mechanismen für die Spätschäden verantwortlich gemacht, die Relevanz des Polyolweges ist nicht befriedigend geklärt.

⊙ **A-3.3** D-Glucose, D-Fructose und Sorbit im Polyolweg

D-Glucose (eine Aldose) ⇌ [Aldose-reduktase, NADPH + H⁺ / NADP⁺] ⇌ Sorbit (ein Zuckeralkohol) ⇌ [Sorbitol-dehydrogenase, NADP⁺ / NADPH + H⁺] ⇌ D-Fructose (eine Ketose)

▶ Merke.

▶ **Merke.** Fast alle biochemisch relevanten Kohlenhydrate zeigen die D-Konfiguration.

Glucose und Fructose liegen **in wässriger Lösung kaum in Form offener Ketten** vor, da die jeweilige Carbonylgruppe sehr leicht mit der OH-Gruppe des vorletzten Kohlenstoffatoms reagiert.

Sowohl Glucose als auch Fructose liegen **in wässriger Lösung** nur zu einem **sehr geringen Teil in Form offener Ketten** vor. Die jeweilige Carbonylgruppe reagiert nämlich sehr leicht mit der OH-Gruppe des vorletzten Kohlenstoffatoms (also mit der OH-Gruppe, die für die D/L-Nomenklatur ausschlaggebend ist). Im Falle einer Aldose (z. B. Glucose) entsteht dabei ein intramolekulares Halbacetal, im Falle einer Ketose (z. B. Fructose) ein intramolekulares Halbketal.

▶ Definition.

▶ **Definition.** Bei der Reaktion einer Aldehydgruppe mit einem Alkohol entsteht ein **Halbacetal**, bei der Reaktion einer Ketogruppe mit einem Alkohol ein **Halbketal**. Auf diese Weise können ringförmige Moleküle entstehen, in denen zwei Kohlenstoffatome durch ein Sauerstoffatom überbrückt sind (Abb. **A-3.4**). Man unterscheidet folgende Formen:
- **Pyranose = Sechsring** (wie bei Glucose)
- **Furanose = Fünfring** (wie bei Fructose)

Das C-Atom 1 der Glucose und das C-Atom 2 der Fructose werden durch den Ringschluss asymmetrisch.

Das Kohlenstoffatom 1 der Glucose und das Kohlenstoffatom 2 der Fructose gehören in der offenkettigen Molekülform zur Aldehyd- bzw. Ketogruppe und bilden somit *kein* chirales Zentrum. Das ändert sich aber beim Ringschluss, denn dadurch werden beide asymmetrisch.

▶ Definition.

▶ **Definition.** Zeigt die OH-Gruppe, die sich beim Ringschluss am asymmetrischen Kohlenstoffatom 1 der Pyranose bzw. Kohlenstoffatom 2 der Furanose bildet (sog. halbacetalische OH-Gruppe), in der Haworth-Projektion (Darstellung der Kohlenhydrate in Form geschlossener Ringe, Abb. **A-3.4**) nach unten, liegt die **α-Konfiguration** vor, zeigt die OH-Gruppe nach oben, handelt es sich um die **β-Konfiguration** (Abb. **A-3.5**). Die beiden Konfigurationstypen heißen **Anomere**, das asymmetrische Kohlenstoffatom **anomeres C-Atom**. In wässriger Lösung findet ein ständiger Wechsel zwischen beiden Anomeren statt, der als **Mutarotation** bezeichnet wird.

A 3.2 Kohlenhydrate

A-3.4 Der Ringschluss bei Glucose (a) und bei Fructose (b)

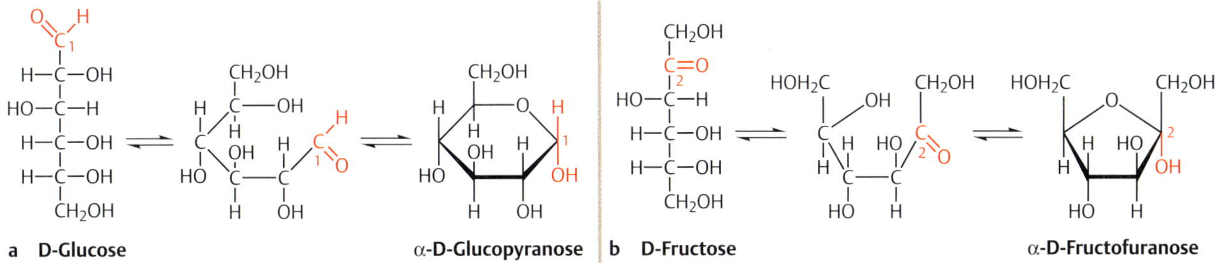

a D-Glucose → α-D-Glucopyranose | b D-Fructose → α-D-Fructofuranose

A-3.5 α- und β-Konfiguration der Glucose (links) und der Fructose (rechts)

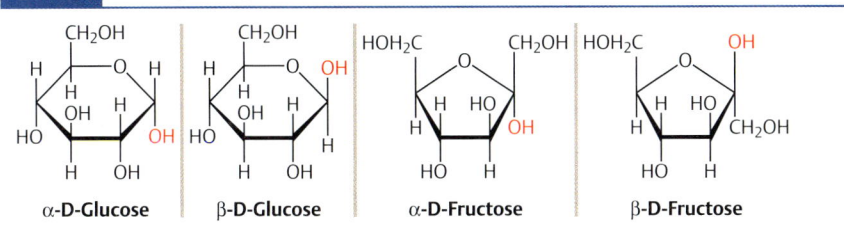

α-D-Glucose | β-D-Glucose | α-D-Fructose | β-D-Fructose

Die OH-Gruppe am anomeren C-Atom ist rot hervorgehoben.

Wird Glucose in Wasser gelöst, bleibt die D-Konfiguration zwar stabil, die α- und β-Konfigurationen gehen aber ineinander über, und es stellt sich ein **Gleichgewicht von 36 % α- zu 64 % β-D-Glucose** ein. Der Anteil der Moleküle, die sich gerade im **offenkettigen Zustand** befinden und somit auch die in Abb. A-3.3 gezeigte Aldehydgruppe zeigen, liegt dabei **unter 0,1 %**.

Die Anomere α-D-Glucose und β-D-Glucose sind zwei Diastereomere, die sich nur deshalb so leicht ineinander umwandeln, weil sich der Ring am anomeren C-Atom kurzzeitig öffnen und beim erneuten Ringschluss sich die Konfiguration der OH-Gruppe ändern kann. In allen anderen Positionen ist der Ring hingegen stabil, und damit auch die Stellung der OH-Gruppen fixiert.

▶ **Definition.** Hexosen, die sich lediglich in der Stellung *einer* OH-Gruppe der asymmetrischen C-Atome unterscheiden, sind Diastereomere, die als **Epimere** bezeichnet werden. So sind z. B. Galaktose, Glucose und Mannose Epimere (Abb. **A-3.6**). Auch anomere Verbindungen wie α- und β-D-Glucose sind Epimere.

In wässriger Lösung liegen **Glucose**moleküle nach Einstellung des Gleichgewichts zu > **99,9 % in Ringform** vor, davon 36 % in **α-D-**, 64 % in **β-D-Konfiguration**.

Die Mutarotation der Diastereomere α- und β-D-Glucose ist durch kurzzeitige Ringöffnung am anomeren C-Atom bedingt. Der restliche Ring ist stabil.

▶ **Definition.**

A-3.6 Die Epimere D-Galaktose, D-Glucose und D-Mannose

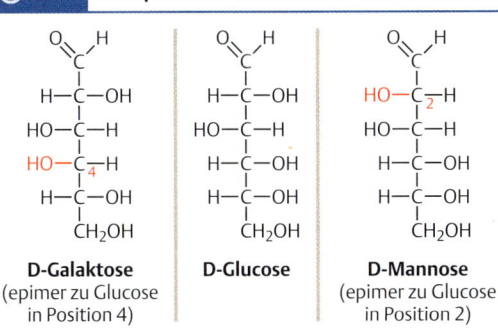

D-Galaktose (epimer zu Glucose in Position 4) | D-Glucose | D-Mannose (epimer zu Glucose in Position 2)

Die OH-Gruppen der Hexosen, deren Stellung im Raum sich unterscheidet, sind farbig hervorgehoben.

Während es sich beim asymmetrischen C-Atom, der Chiralität, den Diastereomeren und den Epimeren um Begriffe der allgemeinen organischen Chemie handelt, spricht man von Anomeren speziell in der Chemie der Kohlenhydrate.

In Ringform vorliegende Glucosemoleküle nehmen überwiegend die sog. **Sesselform** ein (Abb. **A-3.7**), denn hier sind die Abstoßungskräfte zwischen den verschiedenen chemischen Gruppen der Glucosemoleküle vergleichsweise gering. Zudem ist zu bedenken, dass die vier Bindungen der Kohlenstoffatome aufgrund ihrer tetraedrischen Anordnung nicht beliebige Winkel bilden können. Die Sesselform erlaubt den Bindungen und den OH-Gruppen, sich im Raum energetisch optimal zu gruppieren. Auch für viele andere Kohlenhydrate ist die Sesselform energetisch am günstigsten.

In Ringform nimmt Glucose (wie auch viele andere Kohlenhydrate) vorwiegend die **Sesselform** (Abb. **A-3.7**) ein, da die Bindungen und OH-Gruppen sich hier im Raum energetisch optimal gruppieren.

A-3.7 Sesselform der β-D-Glucose und der α-D-Glucose

β-D-Glucose
äquatoriale Stellung der OH-Gruppe in Pos. 1

α-D-Glucose
axiale Stellung der OH-Gruppe in Pos. 1

Die OH-Gruppe des anomeren C-Atoms ist jeweils farbig hervorgehoben.

In der Sesselform zeigen die OH-Gruppen nach Möglichkeit seitlich nach außen, um Wechselwirkungen innerhalb des Moleküls zu vermeiden. Diese Stellung der OH-Gruppen wird als **äquatorial** bezeichnet (Abb. **A-3.7** links). In der α-D-Glucose kann nur die OH-Gruppe des anomeren C-Atoms (mit der Nummer 1) keine äquatoriale Stellung einnehmen, seine Stellung ist **axial**, d. h. senkrecht zur Ringebene (Abb. **A-3.7** rechts). In der β-D-Glucose können hingegen sämtliche OH-Gruppen eine äquatoriale Position einnehmen. Dieser Zustand ist energetisch am günstigsten, weshalb die β-Form im chemischen Gleichgewicht der Glucose überwiegt.

Fischer-Projektion und Haworth-Projektion

Die Darstellung der Kohlenhydratmoleküle in der **gestreckten Form** entspricht der **Fischer-Projektion**. Sie geht auf den deutschen Chemiker Emil Hermann Fischer (1852 – 1919) zurück. Er beschäftigte sich nicht nur mit Kohlenhydraten, sondern auch mit Aminosäuren und Proteinen und erkannte dabei die große Bedeutung der Stereochemie für die Struktur der Biomoleküle (Nobelpreis 1902). In der Fischer-Projektion wird die Hauptkette des jeweiligen Moleküls vertikal gezeichnet, das höher oxidierte Ende zeigt nach oben. Die Kohlenstoffatome werden dann von oben nach unten durchnummeriert (Abb. **A-3.3**).

Die Darstellung der Kohlenhydrate in der **Form geschlossener Ringe** (Abb. **A-3.4**) ist die **Haworth-Projektion**, entwickelt von dem englischen Chemiker Sir Walter Norman Haworth (1883 – 1950, Nobelpreis 1937; das a in seinem Namen wird wie das a im Deutschen ausgesprochen.)

Di-, Oligo- und Polysaccharide

▶ **Definition.** Ein **Disaccharid** entsteht durch kovalente Verknüpfung zweier Monosaccharide. In einem Trisaccharid sind drei, in **Oligosacchariden** 4 – 10, in **Polysacchariden** mehr als 10 Monosaccharide kovalent miteinander verbunden.

Ein Disaccharid ist z. B. der gewöhnliche Rohrzucker (Saccharose), der in allen Süßigkeiten enthalten ist. Seine Monomere sind Glucose und Fructose. Die bekanntesten Polysaccharide sind Stärke und Glykogen. Bei der Verdauung werden sie zunächst zu Oligosacchariden und schließlich zu Monosacchariden abgebaut. Die Monosaccharidbausteine (Monomere) der Di-, Tri-, Oligo- und Polysaccharide sind durch glykosidische Bindungen miteinander verknüpft.

Die glykosidische Bindung

▶ **Definition.** Unter einer **glykosidischen Bindung** versteht man die Bindung eines Kohlenhydrats, die dieses über sein anomeres C-Atom zu einer weiteren chemischen Gruppe ausbildet

Im Glykogen z. B. bildet der Sauerstoff (O) des asymmetrischen C-Atoms eines Glucosemonomers eine Brücke zum benachbarten Glucosemonomer. Damit liegt eine **O-glykosidische Bindung** vor (Abb. **A-3.8**).

Im ATP-Molekül dagegen ist das anomere C-Atom der Ribose mit einem Stickstoffatom (N) des Adenins verbunden. Hier liegt somit eine **N-glykosidische Bindung** vor. Bei einer N-glykosidischen Bindung ist die OH-Gruppe des anomeren C-Atoms durch den Stickstoff der hinzugekommenen chemischen Gruppe ersetzt worden (Abb. **A-3.8**).

A 3.2 Kohlenhydrate

A-3.8 O- und N-glykosidische Bindung am Beispiel von Glykogen und ATP

O-glykosidische Bindungen

Glykogen

ATP ← N-glykosidische Bindung

Reduzierende und nicht reduzierende Zucker

Glucose liegt in wässriger Lösung immer in einem Gleichgewicht zwischen einer geschlossenen und einer offenkettigen Form vor (Abb. **A-3.9**). Die **offenkettige Form** exponiert eine **Aldehydgruppe**, die mit Hilfe eines geeigneten Oxidationsmittels leicht zu einer Carboxylgruppe (-COO⁻) oxidiert werden kann. (Das Reaktionsprodukt ist die Gluconsäure.) Bei der Oxidation des Kohlenstoffatom C_1 der Glucose wird das Oxidationsmittel reduziert. Die Glucose hat somit – in ihrer offenkettigen Form – **reduzierende Eigenschaften**.

Bei der Verdauung der Stärke und des Glykogens der Nahrung entsteht u. a. das **Disaccharid Maltose**. Es besteht aus zwei α1→4-glykosidisch verbundenen Glucose-Einheiten. Das an der glykosidischen Bindung beteiligte C_1-Atom kann keine Aldehydgruppe bilden, und eine Ringöffnung ist deshalb an dieser Stelle nicht mehr möglich. Das **C_1-Atom der zweiten Glucose-Einheit** (in Abb. **A-3.9** rechts) ist hingegen weiterhin an einem Gleichgewicht von Ringöffnung und Ringschluss beteiligt. Auch Maltose hat deshalb **reduzierende Eigenschaften**. Das an der Ringöffnung beteiligte C_1-Atom bezeichnet das reduzierende Ende des Maltose-Moleküls.

Lactose (S. 106) sog. Milchzucker ist ein Disaccharid, in dem Galaktose und Glucose β1→4-glykosidisch miteinander verbunden sind (Abb. **A-5.23**). Auch in der Lactose kann sich das Ringsystem der Glucose am C_1-**Atom** unter Bildung einer **Aldehydgruppe** öffnen, auch Lactose ist ein **reduzierender Zucker**.

In der Saccharose sind Glucose und Fructose gleichsam Kopf an Kopf α1→β2-glykosidisch miteinander verbunden (Abb. **A-3.9**). In diesem Fall ist eine **Ringöffnung** sowohl in der Glucose als auch in der Fructose **durch die glykosidische Bindung blo-**

Reduzierende und nicht reduzierende Zucker

Die offenkettige Form der **Glucose** exponiert eine **Aldehydgruppe**, die zu einer Carboxylgruppe oxidiert werden kann. Bei der Oxidation wird das Oxidationsmittel reduziert: Glucose hat **reduzierende Eigenschaften**.

Das **Disaccharid Maltose** besteht aus zwei α1→4-glykosidisch verbundenen Glucose-Einheiten. Bei Ringöffnung der zweiten Glucose-Einheit wird eine **Aldehydgruppe** exponiert, sie markiert das **reduzierende Ende** der Maltose.

Lactose ist ebenfalls ein **reduzierendes Disaccharid**.

In der **Saccharose** ist eine Ringöffnung nicht möglich: **keine reduzierenden Eigenschaften**.

A-3.9 Das reduzierende Ende der Saccharide

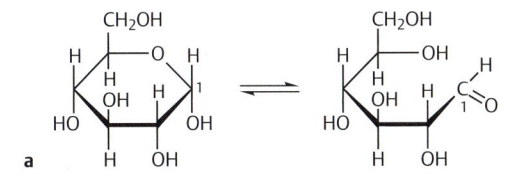

a Ringöffnung am C_1 der **Glucose**, Bildung einer Aldehydgruppe → reduzierende Eigenschaften

b Ringöffnung und Bildung einer Aldehydgruppe am reduzierenden Ende der **Maltose**

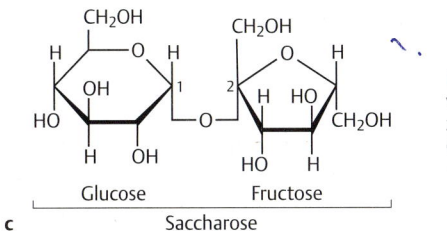

c In der **Saccharose** ist eine Ringöffnung, wegen der O-glykosidischen Bindung zwischen dem C_1 der Glucose und dem C_2 der Fructose, nicht möglich → **keine reduzierenden Eigenschaften**

Glucose — Fructose
Saccharose

A-3.9

A 3 Die molekulare Struktur der wichtigsten Nahrungsstoffe

ckiert. Eine Aldehydgruppe kann sich nicht bilden, Saccharose hat keine reduzierenden Eigenschaften.

▶ Exkurs. Die Fehlingprobe

Der Chemiker Hermann Fehling (1811–1885) veröffentlichte 1848 ein Verfahren, das zum Nachweis von Glucose im Harn geeignet war. Die nach ihrem Entdecker benannte Fehling-Probe wurde zeitweise zur Diagnose von Diabetes mellitus herangezogen, heute wird sie nur noch im schulischen und universitären Unterricht durchgeführt.

Bei der Fehling-Probe werden Zucker in einer alkalischen Lösung in Gegenwart von **Cu^{2+}-Ionen** erhitzt. Sofern es sich um einen reduzierenden Zucker handelt, werden die Aldehydgruppen des Zuckers unter diesen Bedingungen von den Cu^{2+}-Ionen zu Carboxylgruppen oxidiert. Die Cu^{2+}-Ionen werden dabei zu **Cu^{1+}-Ionen reduziert** und es bildet sich ein **rotbrauner Niederschlag von Kupfer(I)-oxid (Cu_2O)**.

Dieser rotbrauner Niederschlag bildet sich in Gegenwart von Sacchariden wie Glucose und Maltose, nicht aber in Gegenwart von Saccharose. Zunächst überraschend ist die Beobachtung, dass auch (freie) **Fructose** die Bildung des charakteristischen Niederschlages auslösen kann. Das Ringsystem der Fructose kann sich öffnen, dabei entsteht aber **keine Aldehydgruppe**, sondern lediglich eine **Ketogruppe** (Abb. **A-3.4**). Diese vermittelt aber **keine reduzierenden Eigenschaften**, sie lässt sich nicht zu einer Carboxylgruppe oxidieren. Unter den experimentellen Bedingungen der Fehling-Probe kommt es jedoch in der Fructose zu einer Umlagerung. Die Umlagerung ist in der Organischen Chemie unter dem Namen der beiden niederländischen Entdecker als Lobry de Bruyn – van Ekenstein-Umlagerung bekannt. Es handelt sich um eine **Keto-Enol-Tautomerie**, die letztlich dazu führt, dass sich ausgehend von Fructose über das Zwischenprodukt eines Endiols letztlich Glucose bildet (Abb. **A-3.10**). Das Zwischenprodukt und die Glucose sind reduzierend und damit die Ursache der Bildung des Niederschlages und also einer positiven Fehling-Probe. Unter physiologischen Bedingungen kann die Umlagerung kaum ablaufen, in den Zellen und Geweben des Menschen ist sie bedeutungslos.

⊙ **A-3.10** Lobry de Bryn – van Ekenstein-Umlagerung von Fruktose zu Glucose

Glykogen

▶ Exkurs.

Glykogen, die Speicherform der Glucose im Körper, bildet baumartige Strukturen aus **bis zu 50 000 Glucosemonomeren**. Diese sind vor allem **α1→4-glykosidisch verknüpft**.

Die α1→4-glykosidische Bindung entsteht, indem die OH-Gruppe des C 1 eines Glucosemonomers mit der OH-Gruppe von C 4 des benachbarten Monomers unter Abspaltung von H_2O reagiert (Abb. **A-3.8** links).

Etwa jedes 10. Monomer trägt über eine **α1→6-glykosidische Bindung** (Abb. **A-3.11**) einen **Seitenzweig**.

In der Kette eines Polysaccharids wird das Ende, das ein **anomeres C-Atom exponiert**, als das **reduzierende Ende** bezeichnet.

Glykogen kann an den reduzierenden Enden nicht abgebaut werden. Durch die enorme Zahl der Zweige gibt es aber viele **nicht reduzierende Enden**, an denen **Monomere abgespalten werden** können.

Glykogen

Glykogen ist als Speicherform der Glucose das wichtigste Polysaccharid des Körpers. Es bildet baumartige Strukturen, die so groß werden können, dass sie elektronenmikroskopisch als kleine Körnchen im Zytosol nachzuweisen sind (Abb. **A-1.6**). Sie enthalten dann **bis zu 50 000 Glucosemonomere**. Im Wesentlichen sind die Glucoseeinheiten im Glykogen **α1 → 4-glykosidisch miteinander verbunden**.

Im Glykogen entsteht die α1 → 4-glykosidische Bindung formal dadurch, dass die halbacetalische OH-Gruppe (des anomeren C-Atoms in Position 1) unter Abspaltung von Wasser mit der OH-Gruppe des benachbarten Glucosemonomers in Position 4 reagiert. In der üblichen Haworth-Projektion zeigt das Sauerstoffatom der glykosidischen Bindung nach unten. Diese Orientierung entspricht der Stellung der entsprechenden OH-Gruppe am anomeren C-Atom in der α-D-Glucose (Abb. **A-3.8**).

Im Abstand von jeweils ca. 10 Glucosemonomeren zeigt das Glykogen **Seitenzweige**. Diese sind über eine glykosidische Bindung mit der OH-Gruppe eines C-Atoms der Position 6 verbunden. Die **Verzweigungsstellen** des Glykogenmoleküls zeigen somit eine α1 → 6-glykosidische Bindung (Abb. **A-3.11**).

Ringförmig vorliegende Aldosen, deren anomeres C-Atom nicht durch glykosidische Bindungen fixiert ist, zeigen in den kurzen Zeiten, in denen am anomeren C-Atom der Ring geöffnet und eine Aldehydgruppe exponiert ist, reduzierende Eigenschaften. In der Kette eines Polysaccharids wird das Ende, das ein **anomeres C-Atom exponiert**, deshalb als das **reduzierende Ende** bezeichnet.

Da sämtliche Zweige eines Glykogenmoleküls über das anomere C-Atom ihres jeweils ersten Glucosemonomers an den jeweiligen „Ast" des Glykogenbäumchens anknüpfen, stehen diese Enden der Glucoseketten für eine Abspaltung von Glucosemonomeren nicht zur Verfügung. Durch die enorme Vielzahl der Seitenketten exponiert jedes Glykogenmolekül aber eine entsprechend große Zahl an **nicht reduzierenden Enden**, an denen **Glucosemonomere abgespalten werden** können.

A-3.11 Ausschnitt aus einem Glykogenmolekül mit Verzweigungsstelle

α-1,6-Bindung
α-1,4-Bindung

Stärke

Stärke ist ein Polysaccharid, das dem Glykogen chemisch sehr ähnlich ist. Es besteht im Wesentlichen aus α1 → 4-glykosidisch verbundenen **Glucosemonomeren**. Stärke wird allerdings nicht von Menschen und Tieren gebildet, sondern von Pflanzen. Es ist der wichtigste Bestandteil der Getreidekörner, der Kartoffelknollen und vieler Früchte und somit auch das **wichtigste Kohlenhydrat der Nahrung**.
Stärke besteht aus zwei Komponenten:
1. **Amylose** stellt ca. 25 % der Stärke. Sie besteht aus **unverzweigten** helikalen Ketten von etwa 250 **α1→4-glykosidisch** miteinander verbundenen Glucosemonomeren.
2. **Amylopektin** stellt ca. 75 % der Stärke. Es enthält **Verzweigungen**. An den Verzweigungsstellen finden sich wie im Glykogen α1→6-glykosidische Bindungen. Allerdings findet man Verzweigungen in Stärke nur im Abstand von etwa 25 Glucoseeinheiten. Die pflanzliche Stärke ist also weniger verzweigt als das tierische Glykogen.

Cellulose

Cellulose ist der Hauptbestandteil der **Zellwand pflanzlicher Zellen** und des **Holzes**. Nach manchen Abschätzungen liegt etwa die Hälfe des gesamten organisch gebundenen Kohlenstoffs auf der Erde als Cellulose vor.
Cellulose ist wie Glykogen und Stärke ein **Polymer der Glucose**. Jedoch sind die Glucosemonomere in der Cellulose nicht durch α1→4-, sondern durch **β1→4-glykosidische Bindungen** verknüpft. Ca. 10 000 Glucosemonomere bilden jeweils eine lange **unverzweigte** Kette. Indem sich etwa 150 derartige Polymere parallel aneinander lagern, entstehen die Cellulose-Mikrofibrillen, aus denen das Holz aufgebaut ist.
Da die Verdauungsenzyme des Menschen β1→4-glykosidisch verknüpfte Glucose nicht spalten können, ist Cellulose für den Menschen nur ein **Ballaststoff**. Rinder u. a. Wiederkäuer können Cellulose teilweise verdauen, da sie in ihrem Pansen Bakterien enthalten, die Cellulasen produzieren. Holzfressende Insekten, wie z. B. Bockkäferlarven und Termiten, enthalten in ihrem Verdauungstrakt Cellulasen, die sie z. T. selber produzieren, z. T. aber ebenfalls von bakteriellen Symbionten gestellt bekommen.

Oligofructose

In den Geweben des Menschen werden Kohlenhydrate in größerem Umfang ausschließlich in Form von Glykogen gespeichert, also in Form eines Glucose-Polymers. Pflanzen haben hingegen zwei Möglichkeiten, Kohlenhydrate für ihren Energiestoffwechsel zu speichern:
- Pflanzen speichern **Polymere der Glucose** in Form von (unlöslichen) **Stärkekörnern** in spezialisierten Zellorganellen aus der Gruppe der **Plastiden**. Zu den Plastiden zählen auch die Chloroplasten, sie sind in der Frühzeit der Evolution wahrscheinlich aus Verwandten der Cyanobakterien entstanden.
- Pflanzen speichern unverzweigte **Polymere der Fructose** in Form von löslicher **Oligofructose (Polyfructosen, Fructane)** in ihren **Vakuolen**. Die Vakuolen der Pflanzen entsprechen in vielerlei Hinsicht den Lysosomen der Tiere und des Menschen. Pflanzenzellen enthalten oft eine große zentrale Vakuole, die mehr als 90 % des gesamten Zellvolumens in Anspruch nimmt. Große Mengen an Oligofructose sind z. B. in den Vakuolen der Zwiebeln enthalten.

Stärke

Stärke besteht wie Glykogen aus **Glucosemonomeren**, wird aber von Pflanzen gebildet und ist das **wichtigste Kohlenhydrat der Nahrung**.

Stärke besteht aus
1. der linear aufgebauten Amylose und
2. dem **verzweigten Amylopektin**. Die Zahl der Verzweigungen ist geringer als im Glykogen.

Cellulose

Cellulose ist der Hauptbestandteil der **Zellwand pflanzlicher Zellen** und des **Holzes**.

Im Gegensatz zu Glykogen und Stärke sind in diesem **Glucosepolymer** die Monomere durch **β1→4-glykosidische Bindungen** verknüpft und das Polymer ist **unverzweigt**.

Da die Verdauungsenzyme des Menschen β1→4-glykosidisch verknüpfte Glucose nicht spalten können, ist Cellulose für den Menschen nur ein **Ballaststoff**.

Oligofructose

Pflanzen speichern
- polymere Glucose in Form von **Stärkekörnern** in Plastiden und
- polymere Fructose in Form von löslicher **Oligofructose** in ihren Vakuolen.

A 3 Die molekulare Struktur der wichtigsten Nahrungsstoffe

Oligofructose ist ein löslicher **Ballaststoff**, der im **Darm von Bakterien** zur Energiegewinnung genutzt wird. Dabei entstehen **kurzkettige Fettsäuren**, die von der Darmschleimhaut zur Energiegewinnung genutzt werden.

Ähnlich der Cellulose kann auch die **Oligofructose** der pflanzlichen Nahrung im Darm des Menschen nicht verdaut werden, sie ist ebenfalls ein **Ballaststoff**. Als gut lösliches Kohlenhydrat wird die Oligofructose allerdings weitgehend von **Darmbakterien** verwertet. Die Bakterien geben daraufhin erhebliche Mengen an **kurzkettigen Fettsäuren** ab (überwiegend Acetat, aber auch Propionat und Butyrat), die dann von den Enterozyten aufgenommen und in den eigenen Energiestoffwechsel einbezogen werden.

▶ **Klinik.**

▶ **Klinik.** Eine pflanzliche Oligofructose ist auch das **Inulin**, das in der Klinik mitunter zur Bestimmung der **glomerulären Filtrationsrate (GFR)** eingesetzt wird (Inulin-Clearance). Es wird in der Niere nicht rückresorbiert, sondern vollständig filtriert. Zur Bestimmung der GFR wird den Patienten eine bestimmte Menge an Inulin i. v. injiziert. Über nachfolgende Blutproben wird dann bestimmt, mit welcher Geschwindigkeit das Inulin ausgeschieden wird. Da Oligofructosen in den Geweben des Menschen enzymatisch nicht abgebaut werden können, geben die Daten einen unmittelbaren Hinweis auf die Filtrationsleistung der Niere. Im klinischen Alltag ist allerdings in der Regel eine Bestimmung der GFR über die Kreatinin-Clearance (S. 783) hinreichend, die wesentlich einfacher durchgeführt werden kann (Abb. **A-14.1**).

▶ **Exkurs.**

▶ **Exkurs.** Homoglykane und Heteroglykane
Als **Homoglykane** bezeichnet man Polysaccharide wie Glykogen, Stärke und Cellulose, die einheitlich aus **gleichartigen Zuckereinheiten** aufgebaut sind, z. B. ausschließlich aus Glucose. Inulin besteht zwar weitgehend aus Fructose, es enthält aber immer auch einen kleinen Anteil an Glucose. Man wird es deshalb eher den **Heteroglykanen** zuordnen, die aus mehr als nur einer Art an Zuckereinheiten bestehen. Weitere wichtige Heteroglykane werden im Folgenden kurz vorgestellt. Es wird sich dabei zeigen, dass es sich bei vielen Heteroglykanen im Grunde genommen um **polymere Disaccharide** handelt. Ein klassisches Beispiel ist das Heparin.

Heparin

Heparin

Heparin besteht aus repetitiven Disaccharideinheiten aus Schwefelsäureestern der Glucuronsäure oder Iduronsäure und Glucosamin-N-Schwefelsäure (Abb. **A-3.13 c**). Heparin hemmt die Blutgerinnung.

Das Polysaccharid Heparin besteht wie die Kohlenhydratanteile der Proteoglykane aus sich wiederholenden Disaccharideinheiten. Diese setzen sich jeweils zusammen aus einem Derivat der Glucuronsäure oder Iduronsäure (mit einer Carboxylgruppe in Position 6) und einem Derivat des Glucosamins (mit einem Stickstoffatom in Position 2). Iduronsäure ist in Position 5 epimer zur (häufigeren) Glucuronsäure. In unregelmäßigen Abständen befinden sich in verschiedenen Positionen Sulfatgruppen (Abb. **A-3.13 c**). Heparin ist als Hemmstoff der Blutgerinnung von Bedeutung: Es bindet an das Protein Antithrombin, das daraufhin an entscheidende Komponenten der Blutgerinnungskaskade bindet und diese inaktiviert (S. 733).

Verbindungen von Kohlenhydraten mit Peptiden und Proteinen

Verbindungen von Kohlenhydraten mit Peptiden und Proteinen

Hierunter fallen das bakterielle Peptidoglykan Murein, die Glykoproteine und die Proteoglykane.

▶ **Definition.**

▶ **Definition.**
- **Glykoproteine** sind Proteine mit einem Kohlenhydratanteil, der *kleiner* ist als der Proteinanteil.
- **Proteoglykane** sind Proteine mit einem Kohlenhydratanteil, der *größer* ist als der Proteinanteil. „Glykan" ist ein alternatives, aber nur selten verwendetes Wort für „Polysaccharid".
- **Glykosylierung** ist die Verknüpfung eines Proteins mit einem Kohlenhydratanteil.

Das Peptidoglykan Murein

Das Peptidoglykan Murein

Murein, der wichtigste Baustoff der Bakterienzellwand, besteht aus langen **Kohlenhydratketten**, in denen sich **N-Acetylglucosamin** und **N-Acetylmuraminsäure** abwechseln. Diese sind über die N-Acetylmuraminsäure durch **Peptide** quervernetzt, die das Dipeptid **D-Ala–D-Ala** enthalten (Abb. **A-3.12**).

Murein ist der wichtigste Baustoff der Bakterienzellwand. Der den Großteil des Mureinmoleküls stellende **Kohlenhydratanteil** besteht aus langen Ketten, in denen sich **N-Acetylglucosamin und N-Acetylmuraminsäure** abwechseln. N-Acetylmuraminsäure ist ein Ether des N-Acetylglucosamins mit Milchsäure. Über die Muraminsäure sind die Kohlenhydratketten mit **Peptiden** verbunden, welche die Kohlenhydratketten untereinander quervernetzen. Die quervernetzenden Peptide enthalten u. a. mehrere **Aminosäuren in D-Konfiguration**, insbesondere ein für die Quervernetzung wichtiges Dipeptid **D-Ala–D-Ala** (Abb. **A-3.12**). Das für die Quervernetzung zuständige Enzym, die Transpeptidase, spaltet das endständige D-Alanin ab.

A-3.12 Die Bausteine des Peptidoglykans (Mureins) gramnegativer Bakterien (z. B. Escherichia coli)

N-Acetylmuraminsäure — N-Acetylglucosamin

L-Alanin
D-Glutaminsäure
Meso-Diaminopimelinsäure — reagiert mit der D-Alanin-D-Alanin-Gruppe des gegenüber liegenden Peptidoglykanstranges
D-Alanin
D-Alanin

▶ **Klinik.** Die **β-Lactam-Antibiotika** (**Penicilline**, **Cephalosporine** und **Carapeneme**) sind in ihren molekularen Strukturen dem D-Ala-D-Ala-Dipeptid sehr ähnlich. Sie blockieren bakterielle Transpeptidasen, indem sie sich in deren katalytische Zentren einlagern. Durch Ausbildung einer kovalenten Bindung zwischen Antibiotikum und Enzym kommt es dabei zu einer irreversiblen Hemmung. Auch **Vancomycin**, ein wichtiges Reserveantibiotikum, hemmt die Quervernetzung im Murein. Es bildet einen Komplex mit dem D-Ala-D-Ala-Dipeptid und verhindert damit die Zugänglichkeit für die Transpeptidase. Die Peptide und Proteine des Menschen enthalten keine D-Alanine, sodass man die Synthese der bakteriellen Zellwand sehr effizient hemmen kann, ohne den menschlichen Stoffwechsel zu beeinträchtigen.

Glykoproteine und Proteoglykane

Allgemein sind Proteine, die innerhalb der Zellen ihre Funktion ausüben, nur in seltenen Ausnahmefällen mit Kohlenhydratseitenketten verbunden. Proteine hingegen, die **an die Zelloberfläche transportiert** oder von der Zelle **an die Umgebung abgegeben** werden, sind fast immer **glykosyliert**.
Zu den **Glykoproteinen** zählen z. B.
- die **Antikörper**, die von den B-Lymphozyten an die Umgebung abgegeben werden,
- die **Mucine**, die den entscheidenden Bestandteil des z. B. vom Respirationstrakt sezernierten Schleims bilden. Beim Schnupfen synthetisieren und sezernieren die Becher-Zellen der Nase übermäßig viele Mucine, sodass sich eine große Menge sehr dünnflüssigen Schleims bildet. Auch die Becher-Zellen der Schleimhäute des Verdauungstrakts sezernieren Mucine.

Proteoglykane findet man in großer Menge in der extrazellulären Matrix, z. B. im Knorpel und in den Basalmembranen.

▶ **Merke.** Die Kohlenhydratanteile (Glykane) der Proteoglykane bestehen aus sich wiederholenden Disaccharideinheiten, die in ihrer Struktur überaus variabel sind. Die OH-Gruppe in Position 2 ist oft durch eine N-Acetylgruppe ersetzt. Die entsprechenden Hexosen sind somit „Hexosamine" (Abb. **A-3.13**). Deshalb werden die **Kohlenhydratanteile der Proteoglykane** ebenso wie die **Kohlenhydratkette des Heparins und ähnlich aufgebauter Polysaccharide** auch als **Glykosaminoglykane** bezeichnet.

Das Kohlenstoffatom Nr. 6 ist in den Proteoglykanen oft zur Carboxylgruppe oxidiert. Aus Glucosemonomeren entstehen dadurch Glucuronsäuremonomere („Uronsäuren", Abb. **A-3.13 a**). Alternativ können die OH-Gruppen in Position 6 auch Ester mit Sulfat, SO_4^{2-}, bilden (Abb. **A-3.13 b**). Die Proteoglykane sind daher meist sauer. In der Histologie werden sie als saure Mukopolysaccharide bezeichnet. Aufgrund ihrer zahlreichen negativen Ladungen binden sie Wasser und Kationen. Beispiele für

A-3.13 Glykosaminoglykane

a α-D-Glucuronsäure; β-D-Glucosamin
b Hyaluronsäure
c Chondroitin-6-sulfat (N-Acetyl-Galactosamin-6-sulfat, Glucuronsäure); Heparin (in vereinfachter Schreibweise) (Schwefelsäureester der Glucuronsäure, Glucosamin-N-Schwefelsäure)

a Beispiele für die Bausteine der Glykosaminoglykane. **b** Hyaluronsäure. **c** Chondroitin-6-sulfat und Heparin.

Proteoglykane sind die Chondroitinsulfate (z. B. Chondroitin-6-sulfat) und die Hyaluronsäure des Bindegewebes (Bausteine der Glykosaminoglykane Abb. **A-3.13 b**).

Der Proteinanteil der Glykoproteine und Proteoglykane wird von zytosolischen Ribosomen synthetisiert, die sich an die Membranen des endoplasmatischen Retikulums (ER) anlagern (S. 488). Er gelangt bereits während der Synthese in das **Lumen des ER**, wo er teilweise auch sofort glykosyliert wird. Auf ihrem **sekretorischen Weg** an die Zelloberfläche durchlaufen Glykoproteine und Proteoglykane in der Regel den **Golgi-Apparat**, wo die bereits gebundenen Kohlenhydrate modifiziert und weitere Kohlenhydrate übertragen werden.

Der Proteinanteil wird an den Ribosomen des endoplasmatischen Retikulums (ER) synthetisiert. Die Glykosylierung erfolgt teils im **Lumen des ER**, teils im **Golgi-Apparat (sekretorischer Weg)**.

3.2.2 Funktion der Kohlenhydrate im Energiestoffwechsel

Aus der Perspektive des Energiestoffwechsels sind die Kohlenhydrate neben den Triacylglycerinen (S. 57) die wichtigste Komponente der Nahrung:
In der Phase nach einer Mahlzeit, der **Resorptionsphase**, nimmt der Organismus große Mengen an Nahrungsstoffen aus dem Darm auf. In Resorptionsphasen ist der **wichtigste Nahrungsstoff** der Zellen die **Glucose**. Das Blut wird mit Glucose überschwemmt: Die Konzentration beträgt ca. 7 mM (ca. 120 mg/100 ml; in der Klinik ist es üblich, Glucosekonzentrationen in mg/100 ml = mg/dl anzugeben).
Bereits 1–2 Stunden nach einer Mahlzeit sind die Kohlenhydrate allerdings weitgehend aus dem Darm resorbiert, und es beginnt eine **Postresorptionsphase**. Die Konzentration der Glucose sinkt dabei im Blut auf Werte von 3,3–5,5 mM (60–100 mg/100 ml). In den Postresorptionsphasen kommt es innerhalb einiger Stunden zu einer wesentlichen Verschiebung im Zellstoffwechsel. Zum **entscheidenden Nahrungsstoff** werden nun **für viele Zellen** die **Fettsäuren**, und der Organismus beginnt deshalb, seine Fettreserven abzubauen. Es gibt aber auch **Gewebe**, die sich nicht oder nur zum Teil auf den Fettstoffwechsel umstellen können und die deshalb auch **in Postresorptionsphasen auf Glucose angewiesen** sind:

- Das **zentrale Nervensystem (ZNS)** ist in allen Stoffwechsellagen auf Glucose angewiesen. Sinkt die Glucosekonzentration unter 2,8 mM (50 mg/100 ml), spricht man von einer leichten Hypoglykämie. Bei einer Konzentration unter 1,7 mM (30 mg/100 ml) ist mit einer deutlichen Bewusstseinstrübung oder mit einem Bewusstseinsverlust zu rechnen. Bis zu einem gewissen Grad kann sich das ZNS zwar bei längerem Fasten auf die Verwertung sog. Ketonkörper (S. 250) umstellen, die aus dem Fettstoffwechsel stammen, das ZNS kann aber auch nach einer derartigen Umstellung nicht ganz auf Glucose verzichten. Im Fasten sorgt der Stoffwechsel deshalb dafür, dass die Konzentration der Glucose im Blut nicht unter 3,5 mM

3.2.2 Funktion der Kohlenhydrate im Energiestoffwechsel

Kohlenhydrate sind neben Triacylglycerinen die wichtigste Nahrungskomponente:
In **Resorptionsphasen** ist der **wichtigste Nahrungsstoff** der Zellen die **Glucose**. Ihre Konzentration im Blut ist hoch (ca. 7 mM).

In **Postresorptionsphasen** sinkt die Blutglucosekonzentration, für viele Zellen sind nun **Fettsäuren** wichtigster Nahrungsstoff. **Einige Gewebe** sind jedoch **auch jetzt auf Glucose angewiesen**:

- Das **ZNS** ist in allen Stoffwechsellagen auf Glucose angewiesen. Sinkt die Glucosekonzentration unter 2,8 mM (50 mg/100 ml), spricht man von einer leichten Hypoglykämie. Bei einer Konzentration unter 1,7 mM (30 mg/100 ml) ist mit einer deutlichen Bewusstseinstrübung oder Bewusstseinsverlust zu rechnen.

sinkt. Zu diesem Zweck wird Glucose vollkommen neu synthetisiert in der sogenannten Gluconeogenese (S. 221).
- **Erythrozyten** enthalten weder Zellkerne noch Mitochondrien. Die Abwesenheit von Mitochondrien bringt es mit sich, dass Erythrozyten auf die ATP-Synthese durch oxidative Phosphorylierung und auf die Energiegewinnung durch Abbau von Fettsäuren oder von Ketonkörpern verzichten müssen. Zur ATP-Synthese bleibt ihnen nur der Abbau von Glucose durch Glykolyse.
- Das **Nierenmark**, das von Abschnitten der Henle-Schleife und von den Sammelrohren durchzogen ist, enthält kaum Mitochondrien und ist deshalb ebenfalls auf eine ständige Glucosezufuhr angewiesen.

In Form des Glucosepolymers **Glykogen** dient Glucose als **Energiespeicher**, aus dem durch Abspaltung von Glucosemonomeren kurzfristig Energiereserven mobilisiert werden können.

Glucose exponiert viele polare Gruppen und kann deshalb nicht unmittelbar durch eine hydrophobe Plasmamembran diffundieren. Der **Transport** der Glucose aus dem Blut **in die Zellen** wird deshalb von einer Familie von Membranproteinen vermittelt, den **GLUT**-Proteinen (**Glu**cose-**T**ransporter). So vermittelt GLUT 2 den Export der Glucose aus den Enterozyten der Darmschleimhaut ins Blut, GLUT 4 (S. 366) dann die Aufnahme der Glucose aus dem Blut in die Zellen der Muskulatur.

3.3 Triacylglycerine (TAG)

▶ Synonym. Triglyceride, Triacylglycerole, Fette.

3.3.1 Lipide

Auch TAG tragen wesentlich zum Energiestoffwechsel bei. Die TAG zählen zur großen Gruppe der Lipide, die hier kurz vorgestellt werden soll.

▶ Definition. **Lipide** sind biochemische Verbindungen, die in der Regel in Wasser schlecht löslich oder unlöslich sind, die sich aber leicht in organischen Lösungsmitteln wie Methanol oder Aceton lösen lassen. Alle Lipide werden im Stoffwechsel ausgehend von Acetyl-CoA synthetisiert. Das gilt auch für die Fettsäuren, die ebenfalls zu den Lipiden gezählt werden.

Die verschiedene Lipide lassen sich im Hinblick auf ihre Funktion drei Gruppen zuordnen:
- Energiespeicher.
- Membranbestandteile
- Hormone und andere Signalstoffe

Energiespeicher sind die umgangssprachlich als Fette bezeichneten **TAG**. Intrazellulär werden die TAG in Form kleiner Tröpfchen deponiert. TAG entstehen, indem ein Molekül Glycerin mit drei Fettsäuren Esterbindungen eingeht Abb. **A-3.14**. **Glycerin** ist eine hydrophile Verbindung, die drei Kohlenstoffatome enthält, von denen jedes eine OH-Gruppe trägt. Glycerin ist somit ein dreiwertiger Alkohol. Die Esterbindungen entstehen durch Reaktion der OH-Gruppen des Glycerins mit den Carboxylgruppen der Fettsäuren. Freie **Fettsäuren** sind unverzweigte Carbonsäuren, die bis zu 20 Kohlenstoffatome enthalten. In den TAG liegen die Fettsäuren aufgrund der Esterbindungen in Form von **Acylgruppen** (R-CO-) vor.

⊙ A-3.14 **Bildung eines Triacylglycerins**

$$H_2C-OH$$
$$HC-OH$$
$$H_2C-OH$$

$$+ \; 3 \; \underset{HO}{\overset{O}{\underset{\|}{C}}}-(CH_2)_n-CH_3 \xrightarrow{-3H_2O}$$

$$H_2C-O-\overset{O}{\underset{\|}{C}}-(CH_2)_n-CH_3$$
$$HC-O-\overset{O}{\underset{\|}{C}}-(CH_2)_n-CH_3$$
$$H_2C-O-\overset{O}{\underset{\|}{C}}-(CH_2)_n-CH_3$$

Glycerin + **3 Fettsäuren** bilden **ein Triacylglycerin**

Membranlipide bilden die Grundsubstanz aller biologischen Membranen. Die Membranlipide enthalten zwar ebenfalls Fettsäuren, sie dienen aber *nicht* als Energiespeicher. Alle biologischen Membranen bestehen aus zwei aufeinander liegenden Schichten von Membranlipiden (Bilayer). Dabei liegt die hydrophobe CH_2-Kette der Fettsäuren stets innen. Die übrigen Teile der Membranlipide exponieren hydrophile Gruppen, die mit dem umgebenden Wassermolekülen in Wechselwirkung treten. Zu den Membranlipiden gehört auch das Cholesterin. Auch Cholesterin wird ausgehend von Acetyl-CoA synthetisiert.

Lipide, die als **Hormone** oder als andere **Signalstoffe** agieren, entstehen in der Regel ausgehend von Membranlipiden. Das gilt etwa für das Prostaglandin PGE_2, welches im Gehirn an der Auslösung von Fieber beteiligt ist, und für die verschiedenen Steroidhormone, bei denen es sich ausnahmslos um Derivate des Cholesterins handelt – vergl. die Kapitel zur Zellulären Kommunikation (S. 553).

3.3.2 Gesättigte und ungesättigte Fettsäuren

Um die in den TAG enthaltene Energie nutzen zu können, werden diese bei Bedarf durch Lipasen hydrolysiert. Sowohl die dabei anfallenden freien Fettsäuren, als auch das Glycerin können dann zur Energiegewinnung verwendet werden. Beide Komponenten werden dabei oxidiert, letztlich bis zum CO_2.

Nicht nur Butter und Margarine, sondern auch Olivenöl und Sonnenblumenöl bestehen weitgehend aus einer Mischung verschiedener TAG. Die unterschiedlichen Eigenschaften der TAG beruhen auf dem Gehalt an unterschiedlichen (mit Glycerin veresterten) Fettsäuren. Diese sollen nun in ihren molekularen Strukturen näher erläutert werden.

Die natürlich vorkommenden Fettsäuren enthalten in der Regel eine gerade Anzahl an C-Atomen. Die langen CH_2-Ketten werden in Strukturformeln oft durch Zickzacklinien symbolisiert. Die weitaus häufigsten Fettsäuren der TAG sind die gesättigten Fettsäuren **Palmitinsäure**, die 16 C-Atome enthält, und **Stearinsäure**, die 18 C-Atome enthält (Abb. **A-3.15**). In unterschiedlichen Anteilen enthalten TAG auch **ungesättigte Fettsäuren**, insbesondere Ölsäure und Linolsäure.

▶ **Definition.**

- **Gesättigte Fettsäuren** enthalten ausschließlich durch Einfachbindungen verknüpfte CH_2-Gruppen.
- **Ungesättigte Fettsäuren** weisen eine oder mehrere Doppelbindungen auf. Bei einer Doppelbindung wird die Fettsäure als **einfach ungesättigt**, bei mehreren als **mehrfach ungesättigt** bezeichnet.

⊙ **A-3.15** Die wichtigsten gesättigten und ungesättigten Fettsäuren

Fettsäure	Struktur	Beschreibung
Palmitinsäure 16 : 0		wichtigstes Reaktionsprodukt der Fettsäure-Synthase
Stearinsäure 18 : 0		Synthese: teilweise durch die Fettsäure-Synthase; überwiegend durch Elongation von Palmitinsäure in Mitochondrien bzw. im endoplasmatischen Retikulum
Ölsäure 18 : 1		Reaktionsprodukt der Stearoyl-Desaturase im endoplasmatischen Retikulum
Linolsäure 18 : 2		**essenzielle Fettsäuren** Die Desaturasen des Menschen können Doppelbindungen nur zwischen den C-Atomen 1 – 10 einfügen.
Linolensäure 18 : 3		
Arachidonsäure 20 : 4		Arachidonsäure kann im endoplasmatischen Retikulum aus Linolsäure gebildet werden. Erforderlich ist dazu u. a. eine Elongation am COOH-Ende.

A 3.3 Triacylglycerine (TAG)

Nomenklaturregeln: In der **Beschreibung der Doppelbindungen** ungesättigter Fettsäuren folgt man bestimmten Nomenklaturregeln:
- Zahlen-Code zur Angabe der **Anzahl** der C-Atome und der Doppelbindungen
- Zusatz im Zahlen-Code zur Angabe der **Lage** der Doppelbindungen
- Angaben zur **cis/trans-Stellung**
- Alternativ wird ein griechischer Buchstaben-Code zur Angabe der Lage von Doppelbindungen verwendet.

Angabe der Anzahl der C-Atome und Doppelbindungen durch Zahlen: In Angaben der Art „18:1" bezieht sich die **erste Zahl** auf die Zahl der **C-Atome**, die **zweite Zahl** auf die Zahl der **Doppelbindungen** einer ungesättigten Fettsäure (Abb. **A-3.15**).
Ölsäure, Linolsäure und Linolensäure sind u. a. wichtige Komponenten der Lipide, welche die Membranen der Zellen bilden.
Arachidonsäure (Abb. **A-3.15**) ist die Ausgangsverbindung einer großen Zahl an außerordentlich wichtigen Hormonen und Signalstoffen, z. B. Thromboxane, Prostaglandine (S. 650) und Leukotriene.

Nomenklaturregeln: in der **Beschreibung der Doppelbindungen** ungesättigter Fettsäuren:

Angabe der Anzahl der C-Atome und Doppelbindungen durch Zahlen: In Angaben der Art „18:1" bezieht sich die **erste Zahl** auf die Zahl der **C-Atome**, die **zweite Zahl** auf die Zahl der **Doppelbindungen** einer Fettsäure (Abb. **A-3.15**).

▶ **Exkurs.** **Die endogenen Liganden der Cannabinoidrezeptoren**

Aus der Hanfpflanze (Abb. **A-3.16**) werden verschiedene Extrakte gewonnen, die als **Haschisch** oder **Marihuana** bekannt sind.

▶ **Exkurs.**

⊙ **A-3.16** Hanf (Cannabis sativa)

©yellowj/Fotolia.com

Der Hauptwirkstoff dieser Extrakte ist ein psychoaktives Alkaloid, das **Tetrahydrocannabinol (THC)**. Das THC bindet im Körper an zwei Rezeptorproteine, die Cannabinoidrezeptoren CB1 und CB2. Die Rezeptoren vom Typ CB1 befinden sich in bestimmten Synapsen des Nervensystems und scheinen für die psychogenen Wirkungen des THC verantwortlich zu sein. Die Rezeptoren vom Typ CB2 wurden in den Membranen verschiedener anderer Zellen nachgewiesen, u. a. im Immunsystem. Ihre Funktion ist noch ungeklärt. Inzwischen sind mehrere Endocannabinoide identifiziert worden, also natürliche, **endogene Liganden**, die normalerweise mit diesen Rezeptoren in Wechselwirkung treten. Interessanterweise handelt es sich dabei um Lipide, und zwar im Wesentlichen um **Verbindungen der Arachidonsäure**, z. B. **N-Arachidonylethanolamid** (entstanden durch Reaktion von Arachidonsäure mit Ethanolamin) und **2-Arachidonylglycerin** (2-AG, engl. 2-Arachidonylglycerol; ein Ester aus Arachidonsäure und Glycerin) (Abb. **A-3.17**):

⊙ **A-3.17** Endocannabinoide

N-Arachidonylethanolamid   2-Arachidonylglycerin

In Synapsen des Gehirns wird 2-Arachidonylglycerin von postsynaptischen Membranen freigesetzt und hemmt dann an der präsynaptischen Membran über eine Bindung an CB1-Rezeptoren eine weitere Freisetzung von Neurotransmittern. 2-Arachidonylglycerin wird deshalb als „Retrograde Messenger" bezeichnet. Verschiedene chemische Verbindungen wurden getestet, die als spezifische Aktivatoren jeweils eines der Cannabinoidrezeptoren pharmakologisch von Interesse sein könnten. Die meisten Stoffe erwiesen sich bereits in ersten Versuchen als ungeeignet, da sie Gedächtnisverlust und kognitive Dysfunktion verursachten.

Angabe der Lage der Doppelbindungen durch Zusatzzahlen: Hierbei werden die C-Atome von dem der Carboxylgruppe (= Nr. 1) aus durchnummeriert.

Angabe der Lage der Doppelbindungen durch Zusatzzahlen: Sind in der Beschreibung einer ungesättigten Fettsäure drei oder mehr Zahlen angegeben, beziehen sich die dritte und alle folgenden Zahl(en) auf die Lage der Doppelbindung. Das **C-Atom der Carboxylgruppe** erhält in jedem Fall die **Nummer 1**, alle weiteren C-Atome werden von der Carboxylgruppe ausgehend durchnummeriert.

▶ Merke.

▶ **Merke.** Die meisten ungesättigten Fettsäuren enthalten eine Doppelbindung, die die C-Atome 9 und 10 verbindet.

Linolsäure z. B. hat die Kennziffer *18:2; 9,12* = *18:2 $\Delta^{9,12}$*.

Die Ölsäure bekommt damit z. B. die Kennziffer *18:1; 9*, die Linolsäure *18:2; 9,12*. Oft schreibt man auch *18:1 Δ^9* bzw. *18:2 $\Delta^{9,12}$*.

▶ Merke.

▶ **Merke.** Doppelbindungen treten in Fettsäuren stets im Abstand von 3 C-Atomen auf. Sie folgen also nie unmittelbar aufeinander.

Die π-Elektronen, welche wesentlich an der Ausbildung der Doppelbindungen beteiligt sind, können deshalb nicht miteinander in Wechselwirkung treten.
Aus der Lage einer Doppelbindung ergibt sich auch, ob die entsprechende Fettsäure im Stoffwechsel des Menschen gebildet werden kann oder mit der Nahrung aufgenommen werden muss.

▶ Definition.

▶ **Definition.** Eine Substanz, die im Stoffwechsel des Menschen nicht synthetisiert werden kann und deshalb mit der Nahrung zugeführt werden muss, wird als **essenziell** bezeichnet.

Desaturasen können Doppelbindungen nur zwischen den ersten 10 C-Atomen der Fettsäuren einfügen.

Die **Desaturasen**, die Doppelbindungen in Fettsäuren einführen, können dies nämlich nur zwischen den ersten 10 C-Atomen der Fettsäuren tun. So kann im Stoffwechsel des Menschen Ölsäure (*18:1; 9*) synthetisiert werden, nicht aber Linolsäure (*18:2; 9,12*), da die Enzyme fehlen, um die Doppelbindung zwischen den C-Atomen 12 und 13 einzufügen.

Arachidonsäure (*20:4; 5,8,11,14*) kann ausgehend von Linolsäure (*18:2; 9,12*) gebildet werden, und zwar durch Einfügen weiterer Doppelbindungen und begrenzte Kettenverlängerung.

Arachidonsäure (*20:4; 5,8,11,14*) kann allerdings ausgehend von Linolsäure (*18:2; 9,12*) gebildet werden. Dazu wird zunächst in Position 6 eine Doppelbindung eingefügt, sodass γ-Linolensäure (*18:3; 6,9,12*) entsteht. Diese wird dann von Enzymen des endoplasmatischen Retikulums (ER) am C-Atom 1 (also am Carbonyl-Ende) um eine C 2-Gruppe verlängert. Schließlich wird zwischen den C-Atomen der Position 5 und 6 der verlängerten Fettsäure eine weitere Doppelbindung eingefügt. Der Stoffwechsel des Menschen ist also nicht nur in der Lage, im oberen Teil einer Fettsäure Doppelbindungen einzufügen, sondern auch eine begrenzte Kettenverlängerung durchzuführen.

▶ Merke.

▶ **Merke.** **Linolsäure** (*18:2; 9,12*) und α-Linolensäure, kurz **Linolensäure** (*18:3; 9,12,15*) genannt, sind **unbedingt** (in jeder Stoffwechselsituation) **essenziell**. Arachidonsäure ist nur bei Mangel an Linolsäure essenziell, d. h. **bedingt essenziell**.

▶ Definition.

▶ **Definition.** **cis/trans-Isomerie:**
- **cis-Stellung:** Die chemischen Gruppen an den beiden Enden einer Doppelbindung zeigen zur gleichen Seite.
- **trans-Stellung:** Die chemischen Gruppen an den beiden Enden einer Doppelbindung zeigen in entgegengesetzte Richtungen (Abb. **A-3.18**).

⊙ A-3.18

⊙ **A-3.18** cis/trans-Isomerie am Beispiel von Buten

$$H_3CCH_3 H_3CH$$
$$C=C C=C$$
$$HH HCH_3$$

cis-2-Buten *trans*-2-Buten

> **Merke.** Natürlich vorkommende ungesättigte Fettsäuren zeigen fast immer *cis*-Doppelbindungen.

CH=CH-Gruppen haben durch ihre Doppelbindung keine freie Drehbarkeit und sind deshalb vergleichsweise sperrig. Zudem weist die räumliche Struktur der Fettsäure aufgrund der *cis*-Stellung der CH-Gruppen an jeder Doppelbindung einen Knick auf.

> **Merke.** Da ungesättigte Fettsäuren die räumliche Struktur eines Lipids erheblich beeinflussen und dessen Schmelzpunkt herabsetzen, sind Lipide mit einem hohen Anteil an ungesättigten Fettsäuren flüssig bzw. ölartig. Lipide, die sehr viele gesättigte Fettsäuren enthalten, sind hingegen fest.

Aus flüssigen Pflanzenölen wird die festere Margarine hergestellt, indem die Doppelbindungen der Fettsäuren größtenteils in Einfachbindungen überführt werden. Angemerkt sei, dass die cis/trans-Nomenklatur in der Biochemie zwar noch vielfach in Gebrauch ist, dass aber offiziell – zumindest in der Organischen Chemie – bevorzugt die neuere **E/Z-Nomenklatur** verwendet werden sollte. Diese Nomenklatur legt bestimmte Kriterien der „Priorität" zugrunde, die von den Chemikern Cahn, Ingold und Prelog definiert wurden. Demnach hat ein Atom mit höherer Ordnungszahl eine höhere Priorität. Wenn zwei relevante Atome die gleiche Ordnungszahl haben, wird die Priorität der nächsten mit diesem Atom verbundenen Atome ebenfalls berücksichtigt. Es gilt dann, dass dasjenige Isomere, bei dem die beiden Substituenten höherer Priorität auf der gleichen Seite der Doppelbindung liegen, als Z-Isomeres zu bezeichnen ist **(„Z" von „zusammen")**, das andere als E-Isomeres **(„E" von „entgegengesetzt")**.

Angabe der Lage der Doppelbindungen durch griechische Buchstaben: α und ω sind der erste und der letzte Buchstabe des griechischen Alphabets (darauf bezieht sich auch die Redewendung vom A und O einer Sache). Entsprechend wird dem **ersten C-Atom nach der Carboxylgruppe** der Buchstabe α zugewiesen, dem nächsten C-Atom der Buchstabe β. Das β-C-Atom spielt im Abbau der Fettsäuren eine besondere Rolle, weshalb der Abbau der Fettsäuren auch als β-Oxidation bezeichnet wird. Das **letzte C-Atom** der Fettsäuren wird mit ω (Omega) bezeichnet. Das **vorletzte** C-Atom ist in dieser Nomenklatur das C-Atom ω2. „Doppelbindung ω3" bezeichnet eine Doppelbindung zwischen dem drittletzten (ω3) und dem viertletzten (ω4) C-Atom. Unter den mehrfach ungesättigten Fettsäuren herrschen die ω6-Fettsäuren vor. Auch die Arachidonsäure ist eine ω6-Fettsäure. Häufig wird anstelle des Ausdrucks ω6 bzw. ω3 auch die Bezeichnung n-6 bzw. n-3 verwendet.

Wie die tierischen Fette bestehen auch die pflanzlichen Öle, wie **Rapsöl**, **Sonnenblumenöl** oder **Olivenöl**, weitgehend aus **Triacylglycerinen** (TAG). Der Gehalt an freien Fettsäuren liegt in diesen Ölen unter 2 %. Epidemiologische Studien haben wiederholt bestätigt, dass die Verwendung pflanzlicher Öle das Risiko vermindert, eine koronare Herzkrankheit zu entwickeln. Für diesen Effekt werden generell **die mehrfach ungesättigten Fettsäuren** der pflanzlichen TAG verantwortlich gemacht, die molekularen Mechanismen sind aber nicht bekannt. In den TAG des Olivenöls ist das Glycerin überwiegend verestert mit

- der einfach ungesättigten Ölsäure (durchschnittlich 72 %),
- der gesättigten Palmitinsäure (11 %) und
- der essenziellen, zweifach ungesättigten Linolsäure (8 %).

Der Anteil der einfach ungesättigten Ölsäure ist im Olivenöl also wesentlich größer als der Anteil der mehrfach ungesättigten Fettsäuren. ω3-Fettsäuren sind in pflanzlichen Ölen kaum vorhanden. Möglicherweise sind auch nicht die Fettsäuren für die positiven Effekte des Olivenöls verantwortlich, sondern andere Inhaltsstoffe.

Randnotizen:

> **Merke.** Durch die *cis*-Stellung weisen ungesättigte Fettsäuren an jeder Doppelbindung einen Knick auf.

> **Merke.**

In der **E/Z-Nomenklatur** unterscheidet man Z-Isomere („zusammen") und E-Isomere („entgegengesetzt").

Angabe der Lage der Doppelbindungen durch griechische Buchstaben: Das **erste C-Atom nach der Carboxylgruppe** wird mit α, das nächste als β, das **letzte** C-Atom als ω, das **vorletzte** als ω2 bezeichnet.
Die Doppelbindung ω3 ist die Doppelbindung zwischen dem drittletzten (ω3) und dem viertletzten (ω4) C-Atom.

Wie die tierischen Fette bestehen auch die pflanzlichen Öle, wie Rapsöl, Sonnenblumenöl oder Olivenöl, weitgehend aus Triacylglycerinen.

▶ Exkurs. ω3-Fettsäuren

Unter **Atherosklerose** (Arteriosklerose) versteht man eine Verdickung der Arterienwand, die durch Einlagerung von Lipiden in die Intima eingeleitet wird. Es kommt durch lokale Entzündungsprozesse zur Bildung atherosklerotischer Plaques (Abb. **A-3.19**) und schließlich zur Einengung des Gefäßes und zum Verlust der Wandelastizität. Brechen die atherosklerotischen Plaques auf, können sich am verletzten Endothel Thromben bilden und das Gefäß kann verlegt werden. In einer Koronararterie führt dies zu einem **Herzinfarkt**, in einer Hirnarterie zu einem **Schlaganfall**.

⊙ **A-3.19** **Atherosklerotische Plaques in der Aorta a** Normale Aorta. **b** Atherosklerotische Plaque. Ursache der gelblichen Verfärbung ist eine Einlagerung verschiedener Lipide.

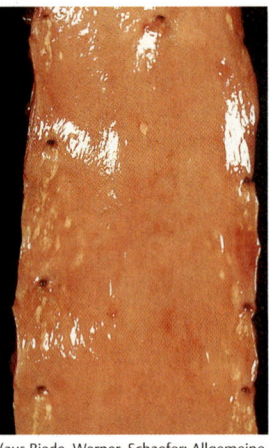

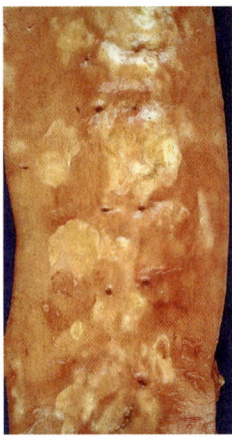

(aus Riede, Werner, Schaefer; Allgemeine und spezielle Pathologie, Thieme, 2004)

Viele Untersuchungen sind zu dem Ergebnis gekommen, dass generell ein hoher Anteil an ungesättigten Fettsäuren in der Nahrung der Arteriosklerose und dem Herzinfarkt vorbeugen kann. Andere Studien zeigen, dass ein hoher Anteil an Meeresfischen in der Nahrung den gleichen Effekt hat. Dies wurde auf die **ω3-Fettsäuren** zurückgeführt, die in den Meeresfischen in erheblichen Mengen enthalten sind. Dabei handelt es sich um **mehrfach ungesättigte Fettsäuren** mit einer Doppelbindung in der ω3-Position. Die bekannteste ω3-Fettsäure ist wahrscheinlich die α-Linolensäure, eine essenzielle Fettsäure mit 18 C-Atomen. Fische enthalten außerdem die längerkettigen ω3-Fettsäuren Eicosapentaensäure (EPA, 20 C-Atome, Abb. **A-3.20**) und Docosahexaensäure (DHA, 22 C-Atome).

⊙ **A-3.20** Eicosapentaensäure

Die ω3-Fettsäuren scheinen die Menge an TAG- und cholesterinhaltigen Lipid-Aggregaten, sog. VLDL (S. 253), zu reduzieren, die von der Leber ins Blut abgegeben werden und deren Lipidbestandteile in die Arterienwand eingelagert werden können. Je niedriger der VLDL-Anteil im Blut ist, desto geringer ist das Herzinfarktrisiko. Die Fettsäuren der Nahrung könnten zudem einen Einfluss auf die Synthese mehrerer Wirkstoffe haben (Thromboxane, Prostaglandine, Leukotriene), die im Stoffwechsel ausgehend von ungesättigten Fettsäuren synthetisiert werden und an der Regulation von Entzündungsprozessen beteiligt sind. Entzündungsmediatoren spielen in der Entwicklung der Atherosklerose eine wichtige Rolle.

In umfangreichen Untersuchungen hat sich in den vergangenen Jahren wiederholt bestätigt, dass ein erhöhter Anteil der langkettigen Fettsäuren Eicosapentaensäure und Docosahexaensäure in der Nahrung tatsächlich mit einer verringerten Zahl kardiovaskulärer Erkrankungen verbunden war. Überraschend ließ sich dieser Effekt aber für die α-Linolensäure nicht bestätigen. Offenbar wird die α-Linolensäure – als Bestandteil pflanzlicher Nahrung – bereits bei normaler Ernährung in hinreichenden Mengen aufgenommen.

Hat eine regelmäßige Zugabe von langkettigen ω3-Fettsäuren zur Nahrung also einen positiven Effekt? In Japan haben sich insgesamt 18 645 Patienten, die aufgrund erhöhter Cholesterinwerte mit Statinen (S. 255) behandelt wurden, an einer 5 Jahre dauernden Studie beteiligt. Eine Hälfte der Patienten erhielt zusätzlich jeden Tag 1,8 g Eicosapentaensäure. Bei diesen Patienten war die Zahl der schwerwiegenden Koronarerkrankungen (z. B. Herzinfarkt) gegenüber der anderen Gruppe in diesen Jahren um 19 % erniedrigt (Japan EPA Lipid Intervention Study, JELIS, 2007).

Daraufhin wurde in Frankreich eine Studie mit 2501 Patienten durchgeführt, bei denen bereits eine koronare Herzkrankheit vorlag. Die Hälfte der Patienten erhielt 5 Jahre lang täglich 600 mg langkettiger ω3-Fettsäuren (EPA und DHA im Verhältnis 2:1), die anderen Patienten erhielten ein Placebo-Präparat. In der Gruppe der Patienten, die ω3-Fettsäuren erhalten hatten, gab es in diesem Zeitraum 81 sog. Major vascular Events (Herzinfarkt oder Schlaganfall) und 58 Todesfälle. In der Kontrollgruppe, die nur Placebo-Präparate erhalten hatte, gab es 76 Major vascular Events und 59 Todesfälle. Die ω3-Fettsäuren hatten offenbar keinen Effekt (SU.FOL.OM3-Studie, 2010).

Fazit: Der medizinische Nutzen der ω3-Fettsäuren ist somit weiterhin ungeklärt.

3.3.3 Funktion der TAG im Energiestoffwechsel

Aus der Perspektive des Energiestoffwechsels sind die TAG **neben den Kohlenhydraten die wichtigsten Komponenten der Nahrung**. Sie werden parallel zu den Kohlenhydraten oxidiert, und die dabei anfallenden Elektronen werden in den Mitochondrien dazu verwendet, die Atmungskette anzutreiben. Die Atmungskette nutzt die Energie der Elektronen, um den Protonengradienten aufrecht zu erhalten, der dann der mitochondrialen ATP-Synthase als Energiequelle dient.

TAG stellen darüber hinaus in Form von Speicherfett einen sehr wichtigen **Energiespeicher** dar. Es dauert jedoch länger, TAG aus Speicherfett zu mobilisieren, als Glucose aus Glykogen zu gewinnen.

Es ist zu betonen, dass TAG *nicht* zu den Bestandteilen der Membranen gehören.

3.4 Aminosäuren

3.4.1 Grundstruktur und Eigenschaften

Das Wort "Aminosäure" bezieht sich in der Regel auf Carbonsäuren, deren zweites Kohlenstoffatom, das sogen. α-Kohlenstoffatom, eine Aminogruppe trägt. Aus derartigen Aminosäuren sind alle Proteine der Zellen und Gewebe aufgebaut. Proteine (veraltete Bezeichnung: Eiweiße) sind lange unverzweigte Ketten aus Aminosäuren. Kürzere Aminosäureketten nennt man Peptide. Die Grenze zwischen Peptid und Protein ist nicht genau definiert, sie liegt bei etwa 50 Aminosäuren. Alle Proteine und alle Peptide werden in den Zellen des Menschen ausgehend von nur 21 unterschiedlichen Aminosäuren synthetisiert. Diese Aminosäuren werden als proteinogen bezeichnet.

Im Hinblick auf die Strukturen der Aminosäuren ist zu berücksichtigen, dass einzelne Aminosäuren in fast allen Proteinen nachträglich auf unterschiedliche Weise kovalent modifiziert werden. So tragen fast alle Proteine des Blutplasmas kleinere oder größere Kohlenhydratseitenketten, die jeweils an bestimmten Stellen der Proteine verankert sind. Derartige Glykosylierungen können bereits während der Translation stattfinden oder zu einem späteren Zeitpunkt. Sie sind Beispiele für Co- und posttranslationale Modifikationen (S. 488).

Aminosäuren werden im Stoffwechsel allerdings nicht nur als Bausteine der Proteinbiosynthese benötigt (S. 147):

- **Energiegewinnung**: Aminosäuren können wie Fette (S. 127) oder Kohlenhydrate oxidiert (S. 147) werden, die dabei anfallenden Elektronen können einen Betrag zum Energiestoffwechsel leisten.
- **Synthese zahlreicher N-haltiger kleiner Moleküle** u. a.:
  – sämtliche Basen der Nucleinsäuren
  – fast alle Neurotransmitter
  – das Häm des Hämoglobins

Nicht proteinogene Aminosäuren: Es gibt Aminosäuren, die zum **Einbau in Proteine nicht geeignet** sind, die im Stoffwechsel aber wichtige Funktionen haben. Dazu zählt z. B. das **L-DOPA**, aus dem im Gehirn der Neurotransmitter Dopamin (S. 823) synthetisiert wird (Abb. D-3.6). Die beiden nicht proteinogenen Aminosäuren **Ornithin** und **Citrullin** sind als **Zwischenprodukte des Harnstoffzyklus** (S. 150) berühmt. Mitunter wird der Ausdruck "Aminosäure" auch in einem sehr weiten Sinne verwendet. So kann auch das **Taurin** als Aminosäure bezeichnet werden, das in manchen **Gallensäuren** enthalten ist (Abb. **A-10.9**). Taurin ist keine Carbonsäure, sondern eine **Sulfonsäure**, die eine Aminogruppe enthält ($H_2N-CH_2-CH_2-SO_3H$).

Struktur der proteinogenen Aminosäuren: Die Grundstruktur der proteinogenen Aminosäuren zeigt die Abbildung (Abb. **A-3.21**). Das zentrale α-Kohlenstoffatom ist umgeben von:

- einer Carboxylgruppe (-COOH bzw. -COO-),
- einer Aminogruppe (-NH$_2$ bzw. -NH$_3^+$),
- einem Wasserstoffatom (-H),
- und einem Rest (R), der für die jeweilige Aminosäure charakteristisch ist.

Der Aminosäurerest R wird auch als Seitengruppe der Aminosäure bezeichnet. Manche Aminosäuren enthalten in ihrer Seitengruppe eine weitere Carboxylgruppe oder eine weitere Aminogruppe. Um Verwechslungen auszuschließen werden die unmittelbar mit dem α-C-Atom verbundenen Gruppen dann als α-Carboxylgruppe und als α-Aminogruppe bezeichnet.

A-3.21 Grundstruktur der Aminosäuren

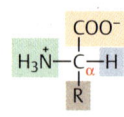

$$H_3\overset{+}{N}-\underset{R}{\overset{COO^-}{\underset{|}{C_\alpha}}}-H$$

Aminosäuren sind nicht nur als Bausteine von Proteinen, sondern auch für den Stickstoffhaushalt des Organismus von Bedeutung.

Durch ihre **Aminogruppe** enthalten alle Aminosäuren ein Stickstoffatom. Einige Aminosäuren enthalten zudem stickstoffhaltige Reste. Deshalb sind Aminosäuren nicht nur als Proteinbausteine, sondern auch für den Stickstoffhaushalt des Organismus von Bedeutung. Wenn eine beliebige, noch so komplizierte biochemische Strukturformel ein Stickstoffatom aufweist, kann man davon ausgehen, dass Aminosäuren an der Bildung dieser Struktur beteiligt sind.

Die Aminogruppe exponiert ein **freies Elektronenpaar**, welches leicht ein Proton aufnehmen kann.

Die Aminogruppe exponiert ein **freies Elektronenpaar**, das in Strukturformeln mitunter als seitlicher Strich am Stickstoffatom symbolisiert wird. Dieses Elektronenpaar kann leicht ein Proton, H^+, aufnehmen. Die Aminogruppe erhält dadurch eine positive Ladung und wird zur NH_3^+-Gruppe.

Die **Carboxylgruppe** gibt den Aminosäuren ihren sauren Charakter.

Die **Carboxylgruppe** ist für den sauren Charakter der Aminosäuren verantwortlich. Wie alle Carboxylgruppen gibt sie leicht ein Proton ab, wobei an der Carboxylgruppe ein überzähliges Elektron und damit eine negative Ladung zurückbleibt.

Grundsätzlich sind Aminosäuren somit in der Lage, Protonen sowohl aufzunehmen als auch abzugeben.

Die **Affinität** der Amino- und Carboxylgruppen von Aminosäuren **zu Protonen zeigt sich in Titrationskurven** (Abb. **A-3.22**).

Die unterschiedliche **Affinität**, mit der die verschiedenen Amino- und Carboxylgruppen der Aminosäuren **Protonen binden**, kann experimentell **durch Titrationskurven demonstriert** werden. Dazu wird eine Lösung der betreffenden Aminosäure vorgelegt, langsam eine Säure oder eine Lauge zugegeben und der pH-Wert der Lösung gemessen. Aminosäuren sind bei niedrigem pH positiv geladen, weil die Amino- und die Carboxylgruppe protoniert sind. Bei steigendem pH-Wert werden die Protonen schrittweise abgegeben (Abb. **A-3.22**).

▶ **Definition.**

▶ **Definition.** Amino- und Carboxylgruppen sind bei einem bestimmten, für die jeweilige Gruppe charakteristischen pH-Wert genau zur Hälfte protoniert, d. h. die Hälfte der Moleküle der Lösung weist bei diesem pH-Wert eine protonierte Gruppe auf, die andere Hälfte der Moleküle hat das Proton abgegeben. Diesen pH-Wert bezeichnet man als den **pK_s-Wert** der chemischen Gruppe.

A-3.22 Titrationskurve von Lysin

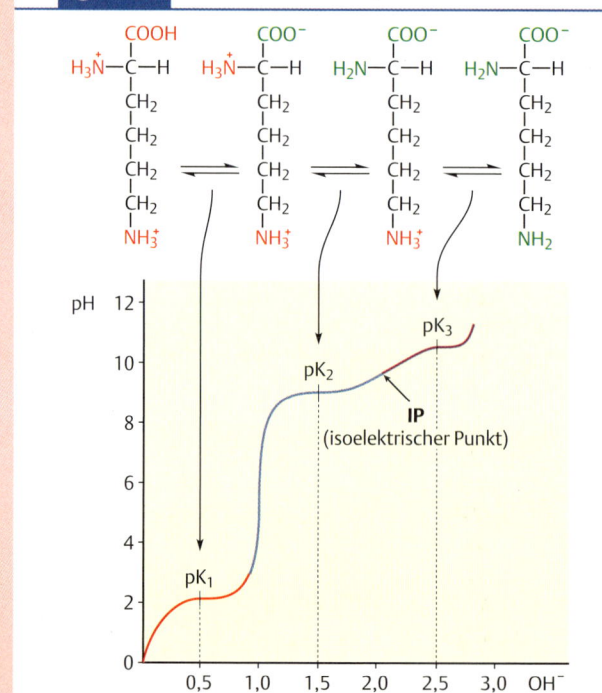

$$H_3\overset{+}{N}-\underset{\underset{\underset{\underset{NH_3^+}{|}}{CH_2}}{\underset{\underset{CH_2}{|}}{\underset{CH_2}{|}}}}{\overset{COOH}{\underset{|}{C}}}-H \rightleftharpoons H_3\overset{+}{N}-\underset{\underset{\underset{\underset{NH_3^+}{|}}{CH_2}}{\underset{\underset{CH_2}{|}}{\underset{CH_2}{|}}}}{\overset{COO^-}{\underset{|}{C}}}-H \rightleftharpoons H_2N-\underset{\underset{\underset{\underset{NH_3^+}{|}}{CH_2}}{\underset{\underset{CH_2}{|}}{\underset{CH_2}{|}}}}{\overset{COO^-}{\underset{|}{C}}}-H \rightleftharpoons H_2N-\underset{\underset{\underset{\underset{NH_2}{|}}{CH_2}}{\underset{\underset{CH_2}{|}}{\underset{CH_2}{|}}}}{\overset{COO^-}{\underset{|}{C}}}-H$$

Titrationskurve mit pH (y-Achse, 0–12) gegen Volumeneinheiten OH⁻ (x-Achse, 0,5–3,0); pK_1 bei ca. pH 2, pK_2 bei ca. pH 9, **IP** (isoelektrischer Punkt), pK_3 bei ca. pH 11.

A 3.4 Aminosäuren

Durch die Affinität der Aminosäuren zu Protonen ändert sich bei einer Titration der pH-Wert in der Nähe des pK$_S$-Werts nur sehr verzögert (Abb. **A-3.22**). Steigt z. B. durch Zugabe einer Säure die Zahl der Protonen im Probengefäß, werden diese in der Nähe der pK$_S$-Werte bevorzugt an die Aminosäure binden, sodass sich die Konzentration der Protonen in freier Lösung kaum ändert. Trotz Zugabe der Säure bleibt der pH-Wert dadurch nahezu konstant.

In der Nähe eines pK$_S$-Werts ändert sich der pH-Wert der Lösung bei Zugabe von Säure oder Lauge kaum (Abb. **A-3.22**).

▶ **Merke.** Lösungen von Aminosäuren haben in der Nähe ihrer pK$_S$-Werte eine optimale Pufferkapazität. In größerer Entfernung der jeweiligen pK$_S$-Werte puffern Lösungen von Aminosäuren hingegen nicht.

▶ **Merke.**

Aminosäuren (S. 71) mit mehreren Amino- oder Carboxylgruppen (z. B. Glutaminsäure, Histidin, Lysin) haben mehr als zwei pK-Werte (Histidin z. B. 3). Beispiele für pK$_S$-Werte zeigt Tab. **A-3.1**.

Beispiele für pK$_S$-Werte zeigt Tab. **A-3.1**.

≡ A-3.1 pK$_S$-Werte wichtiger chemischer Gruppen von Aminosäuren

chemische Gruppe	pK$_S$-Wert
α-Carboxylgruppe	2 – 2,5
γ-Carboxylgruppe der Glutaminsäure (unten in Abb. **A-3.30**)	4
Imidazolgruppe (= Imidazolring) des Histidins (Abb. **A-3.30**)	6,5
α-Aminogruppe	9 – 10
ε-Aminogruppe des Lysins (Abb. **A-3.30**)	10,5
phenolische OH-Gruppe des Tyrosins (unten in Abb. **A-3.25**)	10,5

Isoelektrischer Punkt: Bei physiologischen pH-Werten im neutralen Bereich nimmt die α-Aminogruppe einer freien Aminosäure immer ein Proton auf, die α-Carboxylgruppe gibt immer ein Proton ab. Die Aminosäuren sind deshalb gleichzeitig positiv und negativ geladen, sie liegen als **Zwitterionen** vor.

Aus der Zahl der positiven und negativen Ladungen eines Moleküls ergibt sich eine Nettoladung, die entscheidend vom pH-Wert der jeweiligen Lösung abhängt. Der **pH-Wert**, bei dem die Nettoladung bei null liegt, wird als isoelektrischer Punkt (**IP**, **pI** oder **IEP**) bezeichnet. Am IP gleichen sich die positiven und die negativen Ladungen aus. Ein IP lässt sich nicht nur für Aminosäuren bestimmen, sondern z. B. auch für Proteine. Diese exponieren oft eine große Zahl an geladenen Aminosäureresten. Bei einem bestimmten pH-Wert ist die Zahl der positiven Ladungen aber gleich der Zahl der negativen Ladungen, der pH-Wert entspricht dann dem IP des jeweiligen Proteins. Wenn Proteine unter diesen Bedingungen in ein elektrisches Feld gebracht werden, wirkt auf die Proteine keine Kraft. Außerhalb des IP werden Proteine von der Anode bzw. von der Kathode angezogen.

Der IP einer Aminosäure, die in ihrer Seitenkette keine Ladung trägt, liegt genau in der Mitte zwischen den pK$_S$ der α-Carboxylgruppe und der α-Aminogruppe. So ergibt sich für die Aminosäure Glycin:
Carboxylgruppe des Glycins: pK$_{S1}$ = 2,3
Aminogruppe des Glycins: pK$_{S2}$ = 9,8

$$IP_{Gylcin} = \frac{pK_{S1} + pK_{S2}}{2} = \frac{2,3 + 9,8}{2} = \frac{12,1}{2} = 6,05$$

Isoelektrischer Punkt: Freie Aminosäuren sind gleichzeitig positiv und negativ geladen; sie sind **Zwitterionen.**

Der pH-Wert, bei dem die Nettoladung bei null liegt, wird als **isoelektrischer Punkt** (IP) bezeichnet. Am IP gleichen sich die positiven und die negativen Ladungen aus.
Der IP lässt sich nicht nur für Aminosäuren bestimmen, sondern z. B. auch für Proteine.

Der IP einer Aminosäure, die in ihrer Seitenkette keine Ladung trägt, liegt genau in der Mitte zwischen den pK$_S$ der α-Carboxylgruppe und der α-Aminogruppe:

$$IP_{Gylcin} = \frac{pK_{S1} + pK_{S2}}{2} = \frac{2,3 + 9,8}{2} = \frac{12,1}{2} = 6,05$$

Geringfügige Unterschiede in den Angaben der Literatur zu den genauen Werten der pK$_S$ sind dadurch begründet, dass die Messergebnisse von der Konzentration der Aminosäuren und von der Temperatur abhängig sind.

▶ **Merke.** Bei basischen Aminosäuren liegt der IP genau zwischen den pK$_S$-Werten ihrer beiden basischen Gruppen, bei sauren Aminosäuren genau zwischen den pK$_S$-Werten der beiden Carboxylgruppen.

▶ **Merke.**

Beispiel zur Berechnung des IP:
Lysin:
$pK_{S1} = 2{,}2$; $pK_{S2} = 9{,}0$; $pK_{S3} = 10{,}5$

$$\frac{9{,}0 + 10{,}5}{2} = \frac{19{,}5}{2} = 9{,}75$$

Aspartat:
$pK_{S1} = 1{,}9$; $pK_{S2} = 3{,}6$; $pK_{S3} = 9{,}6$

$$\frac{(1{,}9 + 3{,}6)}{2} = \frac{5{,}5}{2} = 2{,}75$$

Fischer-Projektion: Die Struktur der Aminosäuren wird mithilfe der **Fischer-Projektion** dargestellt.

Die vier Bindungen des α-C-Atoms bilden eine tetraedrische Struktur. Das α-C-Atom aller Aminosäuren außer Glycin hat vier verschiedene Substituenten, sodass die Aminogruppe im Tetraeder zwei unterschiedliche Positionen einnehmen kann. Aminosäuren sind folglich **chiral**: Sie können als **L- oder D-Isomer** vorliegen (Abb. **A-3.23**).

⊙ A-3.23

▶ Merke.

Eine Ausnahme sind die Peptide im Murein.

3.4.2 Die proteinogenen Aminosäuren

▶ Definition.

Die proteinogene Aminosäure Selenocystein ist nur in etwa einem von 1000 Proteinen enthalten.

A 3 Die molekulare Struktur der wichtigsten Nahrungsstoffe

Im Beispiel der in Abb. **A-3.22** gezeigten basischen Aminosäure Lysin wären zunächst die drei pK_S-Werte zu betrachten:
$pK_{S1} = 2{,}2$; $pK_{S2} = 9{,}0$; $pK_{S3} = 10{,}5$
Relevant sind hier lediglich die beiden pK_S-Werte im basischen Bereich, 9.0 und 10.5. Der IP des Lysins sollte genau in der Mitte zwischen diesen beiden Werten liegen. So ergibt sich für den IP:

$$\frac{9{,}0 + 10{,}5}{2} = \frac{19{,}5}{2} = 9{,}75$$

Im Fall der sauren Aminosäure Asparaginsäure (Aspartat) wäre von den folgenden pK_S-Werten auszugehen:
$pK_{S1} = 1{,}9$; $pK_{S2} = 3{,}6$; $pK_{S3} = 9{,}6$
In diesem Fall sind nur die beiden pK_S-Werte im sauren Bereich zu berücksichtigen. Der IP der Asparaginsäure liegt bei:

$$\frac{(1{,}9 + 3{,}6)}{2} = \frac{5{,}5}{2} = 2{,}75$$

Fischer-Projektion: Zur Darstellung der **Strukturen der Aminosäuren** greift man nach Möglichkeit auf die Prinzipien der Fischer-Projektion (S. 50) zurück. Die Kette der Kohlenstoffatome wird also vertikal gezeichnet, das am höchsten oxidierte C-Atom liegt oben, im Fall der Aminosäuren ist dieses mit der Carboxyl-Gruppe gegeben (Abb. **A-3.22**). Das auf die Carboxyl-Gruppe folgende C-Atom ist dann als das α-C-Atom definiert, das nächste C-Atom wäre dann das β-C-Atom.

Nun ist zu berücksichtigen, dass die vier Bindungen des α-C-Atoms eine tetraedrische Struktur bilden, sie befinden sich im dreidimensionalen Raum in größtmöglichem Abstand zueinander. Da das α-C-Atom der Aminosäuren in der Regel von vier unterschiedlichen chemischen Gruppen umgeben ist (Ausnahme: Glycin, hier ist R = H) können sich diese auf zwei unterschiedliche Weisen im Raum anordnen: Wird das Molekül so vor dem Betrachter auf eine Ebene gelegt, dass sowohl die Carboxylgruppe als auch der Rest R hinten liegen, zeigen die Aminogruppe und das Wasserstoffatom in jedem Fall zum Betrachter. Allerdings kann die Aminogruppe dabei entweder links oder rechts liegen (Abb. **A-3.23**). Beide Formen der Aminosäu-

⊙ **A-3.23** L- und D-Isomer einer Aminosäure

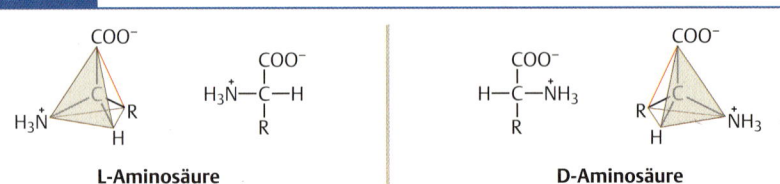

| L-Aminosäure | D-Aminosäure |

re unterscheiden sich wie die rechte und die linke Hand, sie sind also **chiral** (S. 46). Folglich unterscheidet man bei den Aminosäuren (Ausnahme: Glycin) **L- und D-Isomere**.

▶ **Merke.** Natürlich vorkommende Aminosäuren sind in der Regel L-Aminosäuren.

Eine Ausnahme sind die Peptide im Murein der bakteriellen Zellwand: Sie enthalten regelmäßig D-Aminosäuren.

3.4.2 Die proteinogenen Aminosäuren

▶ **Definition.** Als **proteinogene Aminosäuren** werden die 21 Aminosäuren bezeichnet, die bei der Proteinbiosynthese, d. h. der Translation (S. 473), als Proteinbausteine zum Einsatz kommen.

Tatsächlich werden fast alle Proteine ausgehend von nur 20 proteinogenen Aminosäuren synthetisiert. Lediglich ca. 25 Proteine des Menschen enthalten als 21. proteinogene Aminosäure zudem ein Selenocystein. Diese Aminosäure ist also nur in etwa jedem tausendsten Protein enthalten. Selenocystein entsteht auf eigentümliche Weise durch Modifikation von tRNA-gebundenem Serin. Der Mechanismus ist im Kap. „Der Sonderfall Selenocystein" (S. 72) näher erläutert.

A 3.4 Aminosäuren

Die charakteristischen Aminosäurereste und ihre biochemische Relevanz

Die proteinogenen Aminosäuren sind in den Abbildungen Abb. **A-3.24** bis Abb. **A-3.30** und Abb. **A-3.32** gezeigt. Nach einer internationalen Nomenklatur kann man die Aminosäuren zur Abkürzung mit drei oder auch mit einem Buchstaben bezeichnen. Die spezifischen Eigenschaften jeder Aminosäure werden vom jeweiligen Aminosäurerest bestimmt, der mit dem α-C-Atom verbunden ist. Häufig wird der Aminosäurerest auch als die Seitenkette der Aminosäure bezeichnet. Aufgrund charakteristischer Ähnlichkeiten der Aminosäurereste lassen sich die proteinogenen Aminosäuren zu bestimmten Gruppen zusammenstellen, die im Folgenden vorgestellt werden.

▶ **Tipp.** Die Strukturen der Aminosäuren sind für die gesamte Biochemie von grundlegender Bedeutung. Spätestens zum schriftlichen 1. Staatsexamen sollten Sie allen Formeln die entsprechenden Namen der Aminosäure zuordnen können. Im mündlichen 1. Staatsexamen werden einige der Prüfer erwarten, dass Sie sich auch die Strukturformeln gemerkt haben.

Ungeladene (neutrale) Aminosäuren

Die meisten proteinogenen Aminosäuren sind ungeladen. Innerhalb dieser Gruppe lassen sich unpolare und polare Aminosäuren unterscheiden.

Aliphatische Aminosäuren: Die Reste der fünf aliphatischen Aminosäuren Glycin, Alanin, Valin, Leucin und Isoleucin weisen keine polaren und vor allem keinerlei reaktive Strukturen auf (Abb. **A-3.24**). Sobald diese Aminosäuren in ein Protein eingebaut worden sind, werden sie deshalb normalerweise auch keine chemischen Reaktionen mehr eingehen.

- **Glycin** ist die kleinste und die einzige nicht chirale Aminosäure. Ihr Rest besteht nur aus einem Wasserstoffatom.
- **Alanin** ist eine besonders häufige Aminosäure. Der Aminosäurerest besteht lediglich aus einer Methylgruppe.
- Die **verzweigtkettigen Aminosäuren Valin**, **Leucin** und **Isoleucin** sind ausgesprochen hydrophobe Aminosäuren. Zusammen mit den ebenfalls hydrophoben Aminosäuren Phenylalanin und Tryptophan findet man sie insbesondere an Stellen von Proteinen, die vom Wasser abgeschirmt sind bzw. vom Wasser abgeschirmt sein sollen. Dabei handelt es sich zum einen um die inneren Bereiche vieler löslicher Proteine, zum anderen aber auch um sämtliche Segmente der Proteine, die in biologische Membranen eingebettet sind.

⊙ **A-3.24** Die Strukturformeln der aliphatischen proteinogenen Aminosäuren

Glycin		Alanin		Valin		Leucin		Isoleucin	
Gly	G	Ala	A	Val	V	Leu	L	Ile	I

Aromatische Aminosäuren: Die Aminosäuren Tyrosin, Phenylalanin und Tryptophan (Abb. **A-3.25**) enthalten jeweils ein aromatisches Ringsystem, also ein ebenes Ringsystem mit delokalisierten π-Elektronen. Streng genommen gilt das auch für den Imidazolring der Aminosäure Histidin (Abb. **A-3.30**). Traditionell wird das Histidin in der Biochemie aber gleichwohl nicht der Gruppe der aromatischen Aminosäuren zugeordnet, sondern zu den hydrophilen oder den basischen Aminosäuren gestellt.
Tyrosin kann im Stoffwechsel aus Phenylalanin gebildet werden. Es ist polar, aber ungeladen, da die Hydroxylgruppe bei physiologischem pH (ca. 7,4) nicht ionisiert. Die Hydroxylgruppe kann reversibel eine Phosphatgruppe aufnehmen.

Die charakteristischen Aminosäurereste und ihre biochemische Relevanz
Nach der international üblichen Nomenklatur kann man die Aminosäuren zur Abkürzung mit drei oder auch mit einem Buchstaben bezeichnen.
Die spezifischen Eigenschaften jeder Aminosäure werden vom jeweiligen Aminosäurerest bestimmt.

▶ **Tipp.**

Ungeladene (neutrale) Aminosäuren

Aliphatische Aminosäuren: sind unpolar und reaktionsträge, weil ihre Reste keine reaktiven Strukturen aufweisen (Abb. **A-3.24**).

- **Glycin** ist die einzige nicht chirale Aminosäure, denn R = H.
- **Alanin:** R = CH$_3$
- Die **verzweigtkettigen Aminosäuren Valin**, **Leucin** und **Isoleucin** sind ausgesprochen hydrophob. Sie sind Bestandteil wasserabweisender (z. B. membrandurchspannender) Proteinsegmente.

⊙ **A-3.24**

Aromatische Aminosäuren: Abb. **A-3.25**.

Tyrosin ist polar, aber ungeladen.

A-3.25 Die Strukturformeln der aromatischen proteinogenen Aminosäuren

Phenylalanin	Tyrosin	Tryptophan
Phe F	Tyr Y	Trp W

(Strukturformeln: Phenylalanin mit Phenylrest, Tyrosin mit p-Hydroxyphenylrest, Tryptophan mit Indolring)

▶ **Merke.** Die Aktivität vieler Proteine wird reguliert, indem bestimmte Tyrosine phosphoryliert werden.

▶ **Klinik.** Diese Art der Regulation ist für die Steuerung zellulärer Prozesse von fundamentaler Bedeutung. Dies zeigt auf besonders eindrucksvolle Weise das Medikament **Glivec**, das seit 2001 mit beachtlichem Erfolg gegen **chronische myeloische Leukämie** eingesetzt wird: Sein Wirkungsmechanismus beruht ausschließlich darauf, dass eine übermäßige Phosphorylierung bestimmter tyrosinhaltiger Proteine in den Leukämiezellen rückgängig gemacht wird (S. 549).

Aus Tyrosin werden die **Schilddrüsenhormone** und **Katecholamine** gebildet. Viele wichtige Pharmaka sind Derivate des Tyrosins.

Tyrosin ist **Ausgangssubstanz für** die Synthese der **Schilddrüsenhormone** und der **Katecholamine**, einer Gruppe von Neurotransmittern und Hormonen, zu denen z. B. das Adrenalin gehört. Von den Katecholaminen leitet sich zudem eine große Gruppe von Pharmaka ab, zu denen z. B. die Wirkstoffe des Schnupfensprays gehören, aber auch das L-DOPA, das wichtigste Medikament gegen die Symptome der Parkinson-Krankheit.

Phenylalanin und **Tryptophan** sind unpolar.

Phenylalanin und **Tryptophan** enthalten im Gegensatz zu Tyrosin unpolare Aminosäurereste.

Amide: Asparagin und Glutamin (Abb. **A-3.26**) sind Amide der geladenen Aminosäuren Asparaginsäure und Glutaminsäure. Die Amide sind zwar polar, tragen an ihren Resten aber keine Ladung.

Amide: Asparagin und Glutamin sind die Amide der beiden geladenen Aminosäuren Asparaginsäure und Glutaminsäure, d. h. die COOH-Gruppen der Aminosäurereste sind gegen $CONH_2$-Gruppen ausgetauscht. In den Amiden steht das freie Elektronenpaar des Stickstoffs am γ-C-Atom (unten in Abb. **A-3.26**) unter dem Einfluss des benachbarten Sauerstoffatoms, welches die Elektronen zu sich herüberzieht, sodass das freie Elektronenpaar zur Bindung eines Protons nicht mehr zur Verfügung steht. Asparagin und Glutamin sind somit zwar polare Aminosäuren, aber sie tragen keine Ladung.

- **Glutamin** ist im Stoffwechsel aller Organismen die wichtigste **Transportform von Stickstoff**.

- **Glutamin** ist im Stoffwechsel aller Organismen die wichtigste **Transportform von Stickstoff**. Am Bestimmungsort angekommen, wird Glutamin in Glutaminsäure umgewandelt und dabei der Stickstoff der Amidgruppe freigesetzt. Auf diese Weise gelangt z. B. ein großer Teil des Stickstoffs zur Leber, wo er über die Bildung von Arginin zu Harnstoff (S. 153) umgesetzt wird.

- **Asparagin** dient in vielen Proteinen als Verbindungsstelle zu Kohlenhydratseitenketten.

- **Asparagin** ist in vielen Proteinen als Verbindungsstelle zu Kohlenhydratseitenketten von Bedeutung. Derartige Kohlenhydratseitenketten tragen fast alle Proteine, die an der äußeren Oberfläche der Zellen sowie im Blutserum vorhanden sind.

A-3.26 Die Strukturformeln der Amide

Asparagin	Glutamin
Asn N	Gln Q

(Strukturformeln von Asparagin und Glutamin mit $CONH_2$-Seitengruppen)

Hydroxylierte Aminosäuren: Hierzu gehören **Serin** und **Threonin** sowie die aromatische Aminosäure **Tyrosin**.

Nicht nur die Amidgruppe von Asparagin, sondern auch die OH-Gruppe von **Serin und Threonin** (Abb. **A-3.27**) kann **Kohlenhydrate binden**. Tyrosin trägt zwar ebenfalls eine OH-Gruppe, dient aber normalerweise nicht als Verbindungsstelle zu Kohlenhydraten. Wie bei Tyrosin kann die OH-Gruppe von Serin und Threonin **reversibel phosphoryliert** werden. Viele regulatorisch wichtige Proteine werden durch Phosphorylierung bestimmter Serine oder Threonine an- oder abgeschaltet.

Hydroxylierte Aminosäuren: Serin, Threonin und **Tyrosin** (s. o.).

Die OH-Gruppe von **Serin** und **Threonin** (Abb. **A-3.27**) kann Kohlenhydrate oder Phosphat binden.

⊙ A-3.27 | Die Strukturformeln von Serin und Threonin

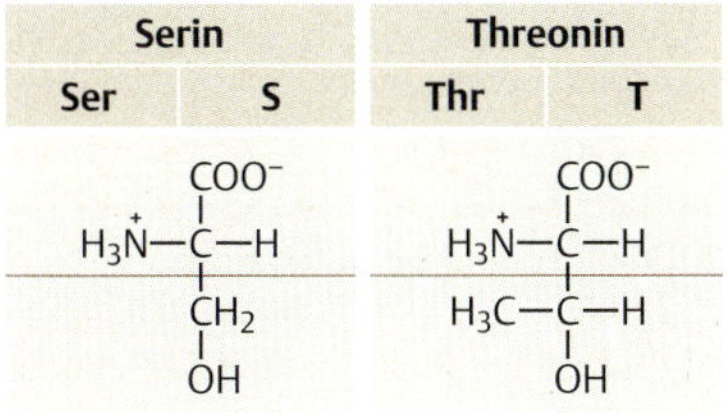

⊙ A-3.27

Schwefelhaltige Aminosäuren: **Cystein** und **Methionin** enthalten ein Schwefelatom (Abb. **A-3.28**). Über dieses Schwefelatom sind beide Aminosäuren in der Lage, sich innerhalb von Proteinen an der **Bindung von Metallionen** zu beteiligen. Das **Cystein** trägt zudem mit seiner SH-Gruppe (= Sulfhydryl-Gruppe) wesentlich zur Stabilität einer Reihe von extrazellulären Proteinen bei. Unter oxidierenden Bedingungen können sich zwei Cysteine unter Ausbildung einer **Disulfidbrücke** zusammenlagern. So bestehen die Antikörper des Blutserums aus mehreren Aminosäureketten, die nur durch Disulfidbrücken zusammengehalten werden. Unter reduzierenden Bedingungen entstehen wieder SH-Gruppen, und die Antikörpermoleküle fallen auseinander.

Schwefelhaltige Aminosäuren: Cystein und **Methionin** (Abb. **A-3.28**) können sich an der **Bindung von Metallionen** beteiligen. **Cystein** kann unter oxidierenden Bedingungen mit einem weiteren Cystein eine **Disulfidbrücke** bilden.

⊙ A-3.28 | Die Strukturformeln der schwefelhaltigen proteinogenen Aminosäuren

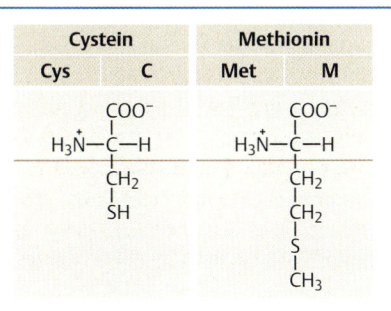

⊙ A-3.28

Die Iminosäure Prolin: Eine besonders eigentümliche Aminosäure ist das Prolin, denn der Stickstoff ist in ein Ringsystem eingebunden, sodass gar keine freie Aminogruppe mehr vorliegt (Abb. **A-3.29**). Nach der chemischen Nomenklatur ist Prolin deshalb eine Iminosäure. Innerhalb von Proteinen befinden sich Proline oft an Stellen, an denen die Aminosäurekette einen Knick bildet (S. 77).

Die Iminosäure Prolin: Da der Stickstoff in ein Ringsystem eingebunden ist (Abb. **A-3.29**), liegt eine Iminosäure vor.

⊙ A-3.29 | Die Strukturformel der Iminosäure Prolin

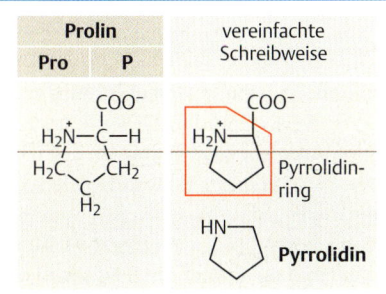

⊙ A-3.29

Geladene Aminosäuren

Hierzu zählen die drei basischen Aminosäuren Lysin, Arginin und Histidin sowie die beiden sauren Aminosäuren Asparaginsäure und Glutaminsäure (Abb. **A-3.30**).

A-3.30 Die Strukturformeln der geladenen proteinogenen Aminosäuren

Aspartat	Glutamat	Histidin	Lysin	Arginin
Asp D	Glu E	His H	Lys K	Arg R

saure Aminosäuren — basische Aminosäuren

(Histidin: Imidazolring; Lysin: ε-Aminogruppe)

Basische Aminosäuren: Lysin, **Arginin** und **Histidin** enthalten in ihren Seitenketten Stickstoffatome, die ein freies Elektronenpaar exponieren. Deshalb können diese Aminosäuren leicht ein Proton binden und damit eine positive Ladung aufnehmen, d. h. sie haben einen basischen Charakter.

▶ **Merke.** Lysin und Arginin sind bei physiologischen pH-Werten positiv geladen.

- **Lysin** exponiert mit seiner Seitenkette eine primäre Aminogruppe. Diese ist mit dem ε-C-Atom des Lysins verbunden und wird deshalb als ε-Aminogruppe bezeichnet, um sie von der Aminogruppe zu unterscheiden, die mit dem α-C-Atom verbunden ist. Der Buchstabe ε ergibt sich, indem die auf das am höchsten oxidierte C-Atom (der Carboxyl-Gruppe) folgenden C-Atome mit den Buchstaben des griechischen Alphabets bezeichnet werden: α, β, γ, δ, ε.
- **Arginin** ist aus zwei Gründen bereits als freie Aminosäure von besonderem biochemischen Interesse:
  - Durch hydrolytische Abspaltung der stickstoffhaltigen Gruppe (der Guanidino-Gruppe) wird in der Leber aus Arginin der Harnstoff (S. 153) gebildet.
  - Zum anderen ist Arginin in den Endothelien der Blutgefäße Ausgangsstoff für die **Synthese von Stickstoffmonoxid (NO)**. Dieses relaxiert die benachbarten glatten Gefäßmuskelzellen und löst so eine Weitstellung des Gefäßes aus. Dadurch spielt NO eine bedeutende Rolle in der Regulation des Blutdrucks.
- **Histidin** ist bei physiologischen pH-Werten nur teilweise protoniert. Histidin kann also nur mit Vorbehalt zu den geladenen Aminosäuren gezählt werden. Der Imidazolring kann ein Proton sehr leicht aufnehmen, aber ebenso leicht wieder abgeben. Entsprechend findet sich ein Histidin in Enzymen oft an Stellen, an denen die gezielte **Übertragung eines Protons** erforderlich ist. Der Imidazolring des Histidins ist zudem in vielen Proteinen an der spezifischen **Bindung von Metallionen** beteiligt. Dieses betrifft insbesondere die Bindung von Kupfer-, Zink- und Eisenionen. Schließlich ist daran zu erinnern, dass der Imidazolring sechs delokalisierte π-Elektronen enthält (dazu werden von einem der N-Atome zwei Elektronen beigesteuert) und somit ein aromatisches Ringsystem ist. Im Gegensatz zu den anderen aromatischen Aminosäuren ist Histidin aber ausgesprochen hydrophil. In Lehrbüchern wird es unterschiedlich klassifiziert.

Saure Aminosäuren: Asparaginsäure und **Glutaminsäure** reagieren sauer, denn ihr Rest enthält eine Carboxylgruppe, deren Proton leicht abdissoziiert. Dabei entsteht das negativ geladene Anion **Aspartat** bzw. **Glutamat**. Je mehr Aspartate und Glutamate ein Protein enthält, umso stärker ist es negativ geladen. Bei den weitaus meisten Proteinen überwiegen die negativ geladenen Aminosäuren gegenüber den positiv geladenen Aminosäuren, sodass sich eine negative Nettoladung ergibt. Bindet ein Protein spezifisch Calciumionen, erfolgt die Bindung in der Regel unter Vermittlung mehrerer Aspartate und Glutamate, die das positiv geladene Calciumion von mehreren Seiten mit ihren negativ geladenen Carboxylgruppen umgreifen.

Nicht essenzielle und essenzielle proteinogene Aminosäuren

▶ **Definition.** **Nicht essenzielle Aminosäuren** können im Stoffwechsel des Menschen synthetisiert werden. Ihre Aufnahme mit der Nahrung ist deshalb nicht essenziell.

Einige der nicht essenziellen proteinogenen Aminosäuren, z. B. Alanin, entstehen in einer vergleichsweise einfachen Reaktion aus einem Metaboliten, indem eine Ketogruppe gegen eine Aminogruppe ausgetauscht wird. Dieser Austausch geschieht durch **Transaminierung**, eine Reaktion, in der die benötigte Aminogruppe von einer Aminosäure beigesteuert wird, die dadurch ihrerseits eine Ketogruppe erhält (Abb. **A-3.31**). Gruppen bestimmter Aminosäuren und α-Ketosäuren können also ihre Aminogruppen untereinander austauschen.

⊙ **A-3.31** Transaminierung

α-Ketoglutarat + Alanin → Glutamat + Pyruvat (Transaminierung)

Andere proteinogene Aminosäuren werden im Metabolismus des Menschen in z. T. recht komplizierten Stoffwechselwegen gebildet, z. B. Prolin.

▶ **Definition.** **Essenzielle Aminosäuren** können im Stoffwechsel des Menschen unter keinen Umständen synthetisiert werden. Sie müssen deshalb unbedingt in hinreichender Menge mit der Nahrung aufgenommen werden.

Leider ist die Definition der essenziellen Aminosäuren nicht ganz eindeutig (Tab. **A-3.2**).

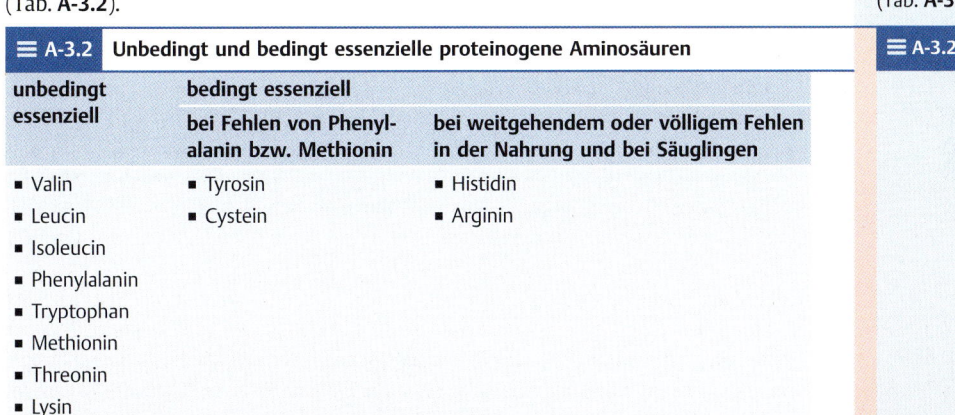

≡ **A-3.2** Unbedingt und bedingt essenzielle proteinogene Aminosäuren

unbedingt essenziell	bedingt essenziell	
	bei Fehlen von Phenylalanin bzw. Methionin	bei weitgehendem oder völligem Fehlen in der Nahrung und bei Säuglingen
• Valin	• Tyrosin	• Histidin
• Leucin	• Cystein	• Arginin
• Isoleucin		
• Phenylalanin		
• Tryptophan		
• Methionin		
• Threonin		
• Lysin		

▶ **Merke.** **Unbedingt** (in allen Stoffwechselsituationen) **essenziell** sind
- alle verzweigtkettigen Aminosäuren,
- die aromatischen Aminosäuren Phenylalanin und Tryptophan,
- Threonin, Lysin und Methionin.

Folgende Aminosäuren sind unter besonderen Bedingungen, d. h. **bedingt (halb) essenziell**:
- **Tyrosin** kann im Stoffwechsel des Menschen durch Hydroxylierung aus Phenylalanin entstehen. Ist Phenylalanin vorhanden, ist Tyrosin also nicht essenziell. Bei Mangel an Phenylalanin wird es jedoch zu einer essenziellen Aminosäure.
- Entsprechend kann **Cystein** nur gebildet werden, sofern Methionin in ausreichenden Mengen zur Verfügung steht.
- **Histidin** und **Arginin** sind definitionsgemäß nicht essenziell, denn sie können im Stoffwechsel auf definierten Wegen bereitgestellt werden. Erfahrungsgemäß können sie aber nicht in ausreichender Menge synthetisiert werden, wenn sie in der Nahrung vollständig oder weitgehend fehlen. Sie sind für Säuglinge essenziell.

3.4.3 Der Sonderfall Selenocystein

Das Genom des Menschen kodiert etwa 25 Proteine, die neben den oben beschriebenen 20 Aminosäuren auch die sehr seltene Aminosäure Selenocystein enthalten. Zu diesen Proteinen gehört z. B. die Glutathion-Peroxidase, die die Erythrozytenmembran vor Schäden durch toxische Oxidanzien (z. B. Wasserstoffperoxid) schützt. Selenocystein enthält im Unterschied zu Cystein statt eines Schwefelatoms ein Selen-Atom. Es wird aus der Aminosäure Serin gebildet, indem der Sauerstoff der OH-Gruppe gegen Selen ausgetauscht wird (Abb. **A-3.32**).

▶ **Merke.** Selenocystein entsteht durch Modifikation von Serin, nicht von Cystein!

Der Umbau des Serins findet während der Translation (S. 473) statt, und zwar während Serin an seine tRNA gebunden ist. Die mRNA des Proteins, in das Selenocystein eingebaut werden soll (z. B. die mRNA der Glutathion-Peroxidase), faltet sich in einer bestimmten Weise. Hierdurch erkennt die nun mit Selenocystein beladene tRNA das Basentriplett UGA, das normalerweise als Stoppsignal fungiert, als Basentriplett für Selenocystein und bindet daran. Selenocystein wird in das Protein eingebaut.

Proteine können ein phosphoryliertes Serin enthalten, das – ähnlich wie das Selenocystein – ebenfalls über eine chemische Modifikation von Serin gebildet wird. Warum gilt das phosphorylierte Serin nur als „kovalent modifizierte" Aminosäure, nicht aber als „proteinogene" Aminosäure? Hier ist zu beachten, dass die Phosphorylierung eines Serins stets *nach* der Translation erfolgt, nämlich durch Phosphorylierung der entsprechenden Seitenkette in einem bereits vorhandenen Protein, während das Selenocystein bereits *vor* der Translation gebildet wird. Das phosphorylierte Serin ist ein Beispiel für eine posttranslationale Modifikation, Selenocystein ist eine proteinogene Aminosäure.

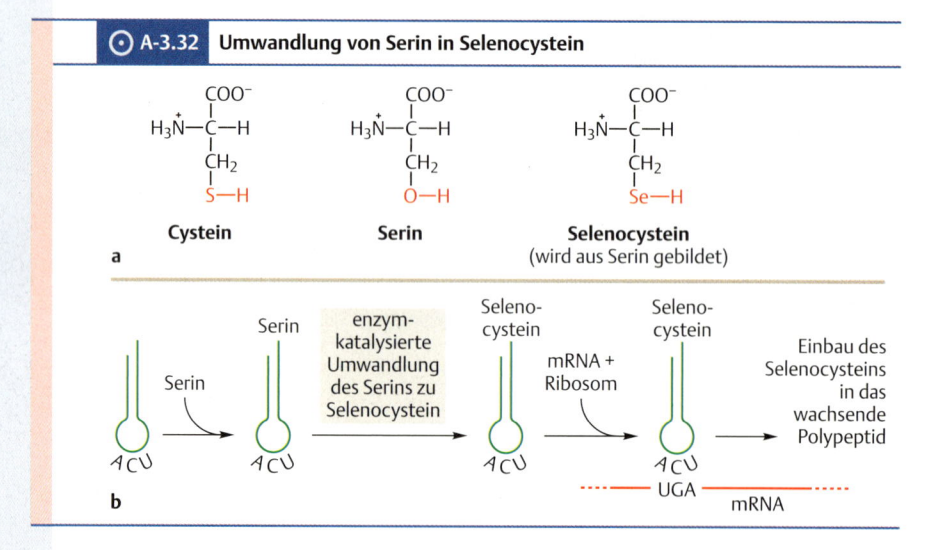

⊙ **A-3.32 Umwandlung von Serin in Selenocystein**

Klinischer Fall: Plötzliche Schmerzen „auf der Brust"

13:20
Nach dem Mittagessen in der Kantine bekommt Peter Oberhuber, 54 Jahre, auf dem Weg zum Zigarettenautomaten plötzlich sehr starke Schmerzen „auf der Brust". Seine Kollegen alarmieren sofort den Notarzt.

13:30
P.O.: Beim Treppensteigen bekomme ich oft schlecht Luft und es wird auch ab und an mal eng in der Brust. Aber so wie vorhin, dieser starke Schmerz ist neu, das hatt' ich noch nie! Ich hab gedacht, es geht zu Ende...
Der Notarzt verabreicht Herrn O. Sauerstoff und ein Schmerzmittel. Außerdem verabreicht er bei der Verdachtsdiagnose „Myokardinfarkt" 500 mg ASS i.v., einen Thrombozytenaggregationshemmer (Ticagrelor) und einen Betablocker.

13:50 Anamnese in der Notaufnahme
Herr O. schildert mir erneut seine Beschwerden. Auf mein Nachfragen beteuert der Patient, Blutdruck und Cholesterin seien immer OK gewesen, ein Diabetes liege nicht vor. Jedoch rauche er seit seinem 18. Lebensjahr etwa eine Schachtel am Tag. Sein Vater sei mit 49 Jahren an einem Herzinfarkt plötzlich gestorben.

14:05 12-Kanal-EKG
Ich veranlasse sofort ein EKG, auf dem ich eine absolute Arrhythmie (Vorhofflimmern) erkenne. Außerdem sind ST-Hebungen in den Hinterwandableitungen II, III und aVF vorhanden. Dieser Befund passt zu einem Hinterwandinfarkt.

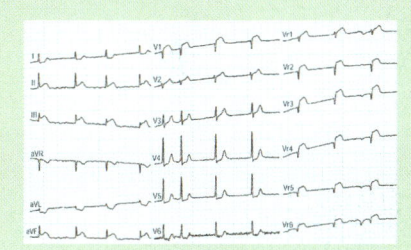

14:15 Blutabnahme und Benachrichtigung des Oberarztes
Ich nehme sofort Blut ab zur Bestimmung der „Herzenzyme". Ich benachrichtige den Oberarzt der Kardiologie, dass ich einen Patienten mit dringendem Verdacht auf „Myokardinfarkt" habe.

14:30 Transthorakale Echokardiografie (TTE)
Hypo- bis Akinesie (eingeschränkte/aufgehobene Beweglichkeit) des Herzmuskels inferior, mittelgradig eingeschränkte linksventrikuläre Funktion, keine Vitien (Herzklappenfehler) nachweisbar.

14:35 Laborbefund trifft ein
(Normwerte in Klammern)
- Kardiales Troponin T 0,02 µg/l (< 0,03 µg/l)
- CK-MB-Aktivität 21 U/l (< 24 U/l)
- LDH (Lactatdehydrogenase) 123 U/l (< 247 U/l)
- CK (Creatinphosphokinase) 314 U/l (< 170 U/l)

Die „Herzenzyme" Troponin T und CK-MB sind erwartungsgemäß noch negativ: sie steigen frühestens 3 Stunden nach Beginn der Beschwerden an. Die Diagnose Herzinfarkt ist aber durch Symptomatik, EKG-Befund und Echokardiografie gesichert.

14:40 Oberarzt trifft ein
Ich berichte dem Oberarzt der Kardiologie alle Befunde und wir entscheiden uns für eine notfallmäßige Koronarangiografie. Herr O. ist mit der Untersuchung einverstanden.

15:15 Koronarangiografie
Über die Leiste wird unter Röntgenkontrolle ein Katheter bis in die Herzkranzgefäße vorgeschoben. Als Ursache für den Infarkt finden wir einen Verschluss der A. coronaria dextra. Dieser wird aufgedehnt (Ballondilatation) und mit einem Stent versorgt. Im Anschluss zeigt sich ein vollständig aufgeweitetes Gefäß. Der Patient wird nach der Koronarangiografie auf die Überwachungsstation verlegt.

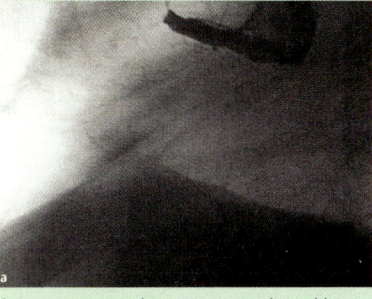

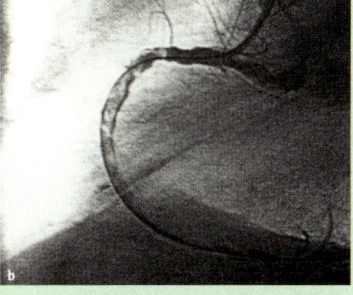

EKG-Befund bei Hinterwandinfarkt (aus Hamm, C.W., Willems, S.: Checkliste EKG. 2. Aufl., Thieme, 2001)

a) Die A. coronaria dextra ist proximal verschlossen (Kontrastmittelabbruch). b) Nach Ballondilatation ist das Gefäß wieder durchflossen. (aus Krakau, I., Lapp, H.: Das Herzkatheterbuch. 2. Aufl., Thieme, 2002)

16:15 Aufenthalt auf der IMC (intermediate care)
Die Kollegen auf der IMC überwachen Herrn O., da in den ersten 48 Stunden nach Infarkt die meisten Komplikationen (wie Rhythmusstörungen, Linksherzinsuffizienz) auftreten. Nach 3 Tagen ohne Komplikationen kann Herr O. auf die Normalstation verlegt werden.

Nach 3 Tagen Aufenthalt auf der Normalstation
Die Kollegen erklären Herrn O., dass er zwei wichtige Risikofaktoren für Arteriosklerose hat: das Rauchen und erhöhte Blutfettwerte. Wegen des Stents benötigt er zukünftig Thrombozytenaggregationshemmer: ASS lebenslang und einen weiteren (Ticagrelor oder Clopidogrel) für 12 Monate. Das Vorhofflimmern wird mit einem Betablocker behandelt.

Nach 8 Tagen
wird Herr O. in eine Rehabilitationsklinik zur Anschlussheilbehandlung verlegt. Dort bekommt er Anregungen für eine gesündere Lebensweise. Er ist nun fest entschlossen, das Rauchen aufzugeben.

Fragen mit biochemischem Schwerpunkt

1. Welche Marker können im Labor zur Diagnose eines Herzinfarktes herangezogen werden?
2. Welche Isoenzyme der Creatin(phospho)kinase (CK) gibt es? Welche Rolle spielen diese bei der Herzinfarktdiagnose?
3. Was unterscheidet die kardialen Troponine (Troponin T, Troponin I) von anderen biochemischen Markern, die zur Herzinfarktdiagnostik herangezogen werden?
4. Anhand der Markerkonstellation lässt sich das ungefähre Alter eines Infarktes abschätzen. Was könnte dem zu Grunde liegen?

Antwortkommentare im Anhang

4 Die wichtigsten biochemischen Funktionsträger: Proteine

4.1	Grundlagen 74
4.2	Die Peptidbindung............................ 74
4.3	Proteinstrukturen 75

J. Rassow

4.1 Grundlagen

4.1 Grundlagen

▶ Definition.

▶ Definition.
- **Proteine** sind lange unverzweigte Ketten aus Aminosäuren. Die meisten Proteine bestehen aus Ketten von ca. 200 – 600 Aminosäuren und haben somit molekulare Massen von ca. 20 – 60 kDa (kilo-Dalton).
- Ohne scharfe Abgrenzung werden Ketten einer Länge von weniger als ca. 50 Aminosäuren als **Peptide** bezeichnet. Sind nur zwei Aminosäuren miteinander verbunden, liegt ein Dipeptid vor.
- Aminosäureketten intermediärer Länge (ca. 50 – 150 Aminosäuren) werden mitunter als **Polypeptide** bezeichnet. Oft wird das Wort auch zur Bezeichnung einer nicht näher definierten linearen Aminosäurekette verwendet.

4.1.1 Funktionen

Proteine
- sind am Aufbau fast aller Strukturen der Zellen und Gewebe beteiligt,
- bilden die Poren und Translokatoren der Membranen und
- stellen fast alle Enzyme und Rezeptoren und alle Transkriptionsfaktoren der Zelle.

Oft bilden sie Proteinkomplexe.

4.1.1 Funktionen

Proteine sind in den Geweben des Organismus die wichtigsten biochemischen Funktionsträger:
- Sie sind am Aufbau nahezu sämtlicher Strukturen der Zellen und Gewebe beteiligt.
- Sie bilden sämtliche spezifischen Poren und Translokatoren der Membranen.
- Sie stellen nahezu sämtliche Enzyme und Rezeptoren und in den Zellkernen sämtliche Transkriptionsfaktoren.

Um eine Funktion ausüben zu können, müssen Proteine auf vielfältige Weise miteinander kooperieren. Oft bilden die Kooperationspartner sogar einen gemeinsamen Proteinkomplex. Derzeit ist die Charakterisierung von Proteinkomplexen deshalb in der biochemischen Forschung von außerordentlicher Bedeutung.

4.2 Die Peptidbindung

4.2 Die Peptidbindung

Das Bindeglied der Aminosäuren ist die Peptidbindung. Hierbei verbindet sich die Carboxylgruppe einer Aminosäure mit der Aminogruppe einer anderen Aminosäure unter Abspaltung von H_2O (Abb. **A-4.1**).

In der Regel werden Aminosäuren immer auf die gleiche Weise miteinander verbunden, nämlich durch eine Peptidbindung. Peptidbindungen werden in den Zellen normalerweise unter Vermittlung von Ribosomen (S. 478) gebildet. Im Endergebnis entspricht eine Peptidbindung einer Verbindung zwischen der Carboxylgruppe einer Aminosäure und der Aminogruppe einer anderen Aminosäure unter Abspaltung von Wasser (Abb. **A-4.1**).

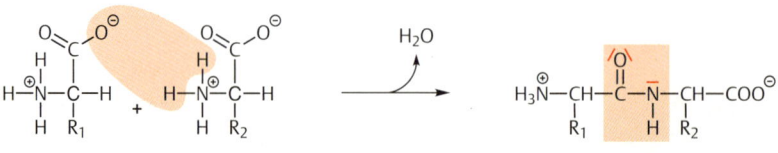

⊙ A-4.1

⊙ A-4.1 Peptidbindung

Aminosäure 1   Aminosäure 2

Die roten Striche symbolisieren in dieser Abbildung die freien Elektronenpaare der Peptidbindung. Der Mechanismus, durch den die Peptidbindungen in den Ribosomen gebildet werden ist im Kap. „Translation" (S. 478) erläutert.

Auf den ersten Blick ist in der Peptidbindung eine C=O-Gruppe mit einer N-H-Gruppe nur durch eine Einfachbindung verbunden. Allerdings ist zu beachten, dass das Stickstoffatom ein freies Elektronenpaar trägt, welches hier unter dem elektronenziehenden Einfluss des Sauerstoffatoms steht (hohe Elektronegativität des Sauerstoffs!). Der Sauerstoff zieht also das freie Elektronenpaar zu einem gewissen Teil in die Bindung zwischen dem Stickstoff- und dem Kohlenstoffatom hinein, sodass die Peptidbindung einen **partiellen Doppelbindungscharakter** hat (Abb. **A-4.2**). Dieser partielle Doppelbindungscharakter hat unmittelbar eine wichtige Konsequenz, er führt nämlich dazu, dass die freie Drehbarkeit der C=O-Gruppe und der N-H-Gruppe gegeneinander aufgehoben ist.

Das freie Elektronenpaar des Stickstoffs wird in die Bindung zwischen N- und C-Atom hineingezogen (**partieller Doppelbindungscharakter**, Abb. **A-4.2**), wodurch die C=O- und die N-H-Gruppe ihre freie Drehbarkeit gegeneinander verlieren.

⊙ A-4.2 Der partielle Doppelbindungscharakter der Peptidbindung

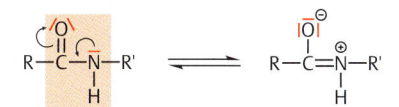

⊙ A-4.2

▶ **Merke.** Peptidbindungen sind starre, ebene Strukturelemente. Dadurch haben alle Peptide und Proteine auch nur begrenzte Möglichkeiten, sich im Raum zu definierten Strukturen anzuordnen.

▶ **Merke.**

Dem **Sauerstoff-** und dem **Wasserstoffatom der Peptidbindungen** kommt im Zusammenhang der Strukturbildung aller Peptide und Proteine eine entscheidende Rolle zu. Zwei Aminosäureketten können sich nämlich so aneinander lagern, dass sich sämtliche Peptidbindungen der beiden Aminosäureketten direkt gegenüberliegen. Dabei sind die Wasserstoffatome der Peptidbindungen im Vergleich zu den Sauerstoffatomen der nun direkt gegenüberliegenden Peptidbindungen vergleichsweise positiv polarisiert und **bilden** sog. **Wasserstoffbrücken**, durch die beide Aminosäureketten miteinander verbunden werden (Abb. **A-4.4** und Abb. **A-4.5**).

Das **Sauerstoff-** und das **Wasserstoffatom der Peptidbindungen** sind an der **Bildung von Wasserstoffbrücken** beteiligt, die gegenüberliegende Peptidbindungen verbinden und zur Bildung definierter Proteinstrukturen führen können (Abb. **A-4.4** und Abb. **A-4.5**).

▶ **Merke.** Wasserstoffbrücken tragen wesentlich zur Bildung von Proteinstrukturen bei.

▶ **Merke.**

Die Wasserstoffbrücken der Aminosäureketten haben allerdings nur eine geringe Stabilität. Bereits durch eine kräftige Erwärmung lassen sie sich destabilisieren. Das geschieht z. B. beim Kochen mit den Proteinen der Nahrung.

Wasserstoffbrücken zwischen Aminosäuren sind wenig stabil.

4.3 Proteinstrukturen

4.3 Proteinstrukturen

▶ **Definition.**

▶ **Definition.**

- Unter der **nativen Struktur** eines Proteins versteht man die definierte dreidimensionale Struktur, in der das Protein seine physiologische Funktion ausübt. Die Aminosäuren kleiner Peptide können untereinander nur wenige Wechselwirkungen eingehen. Im Gegensatz zu den Proteinen bilden sie deshalb in der Regel keine stabilen Strukturen aus.
- Als **Proteindomäne** bezeichnet man einen größeren Teil einer Aminosäurekette, der unabhängig von den anderen Proteinanteilen eine eigene dreidimensionale Struktur ausbildet. In der Regel sind derartige Proteindomänen auch funktionelle Einheiten des Proteins.
- Solange ein Protein seine native Struktur noch nicht erreicht hat, liegt es in einer **nicht nativen Struktur** vor.
- Wenn ein Protein seine native Struktur nachträglich wieder verliert, wird es in diesem Moment **denaturiert**.
- Denaturierte Proteine können in den Zellen nur teilweise wieder in den nativen Zustand zurückversetzt werden. Oft ist eine Denaturierung irreversibel. Die denaturierten Proteine werden dann von Proteasen hydrolysiert, und aus den freigesetzten Aminosäuren werden neue Polypeptide synthetisiert.

▶ **Klinik.** Wenn bei einer **Verbrennung** oder **Verbrühung** Gewebe absterben, ist u. a. eine massive Denaturierung der zellulären Proteine die Ursache.

▶ **Klinik.**

A 4 Proteine

In der Beschreibung der Proteinstruktur unterscheidet man Primär-, Sekundär-, Tertiär- und Quartärstrukturen.

4.3.1 Primärstruktur

▶ **Definition.** Unter der Primärstruktur eines Proteins versteht man seine Aminosäuresequenz.

Wird ein Protein denaturiert, geht zwar seine native Struktur verloren, seine Primärstruktur aber bleibt erhalten.

▶ **Merke.** Die Primärstruktur alleine reicht also nicht für die Erhaltung der Proteinfunktion aus! Hierfür ist die native Struktur erforderlich, die durch die Sekundär-, Tertiär- und Quartärstruktur bestimmt wird.

Da die Sequenz der Aminosäuren letztlich durch die Sequenz der Nukleotide der kodierenden Gene bestimmt wird, ist es problemlos möglich, z. B. mithilfe eines Computers ausgehend von der Gensequenz die Primärstruktur eines Proteins zu ermitteln. Auf der Basis der Sequenzen des menschlichen Genoms sind heute zumindest im Prinzip die Primärstrukturen sämtlicher Proteine des Menschen bekannt.

Mithilfe geeigneter Computerprogramme können auch Sekundärstrukturvorhersagen berechnet werden. Sofern die räumliche Struktur eines ähnlichen Proteins bereits bekannt ist, lassen sich sogar Vorhersagen zur Tertiär- bzw. Quartärstruktur ermitteln. Oft ist es aber schwierig oder sogar unmöglich, verlässliche Vorhersagen zur räumlichen Struktur eines Proteins zu erhalten. Die genaue räumliche Struktur eines Proteins wird dann experimentell in oft sehr aufwendigen Verfahren über eine Röntgenkristallstruktur oder – bei kleinen, gut löslichen Proteinen – mithilfe der Kernspinresonanz (NMR, nuclear magnetic resonance) bestimmt.

Zur Abbildung einer Aminosäuresequenz stellt man die freie Aminogruppe der ersten Aminosäure konventionsgemäß links, die freie Carboxylgruppe der letzten Aminosäure rechts dar (Abb. **A-4.3**). Entsprechend unterscheidet man ein N-terminales und ein C-terminales Ende. Mit der N-terminalen Aminosäure beginnt am Ribosom die Proteinbiosynthese.

⊙ **A-4.3** Primärstruktur des Peptidhormons Vasopressin (Adiuretin, ADH)

$$H_2N-Cys-Tyr-Phe-Gln-Asn-Cys-Pro-Arg-Gly-C\begin{smallmatrix}O\\NH_2\end{smallmatrix}$$

(mit S—S Disulfidbrücke zwischen den beiden Cys)

Vasopressin ist ein Nonapeptid, das im Hypophysenhinterlappen gespeichert und an das Blut abgegeben wird (S. 605). Zwei Cysteine sind durch eine Disulfidbrücke miteinander verbunden, am C-Terminus befindet sich eine Amidgruppe.

4.3.2 Sekundärstruktur

Grundlagen

▶ **Definition.** Als **Sekundärstruktur** bezeichnet man die regelmäßigen Strukturen innerhalb von Polypeptiden, die sich aufgrund von Wasserstoffbrücken zwischen Peptidbindungen ausbilden. Die verschiedenen Abschnitte einer Aminosäuresequenz zeigen in der Regel unterschiedliche Sekundärstrukturen.

▶ **Merke.** Die Aminosäurereste der verschiedenen Aminosäuren eines Proteins können die Ausbildung einer bestimmten Sekundärstruktur zwar wesentlich begünstigen, an der Ausbildung der entscheidenden Wasserstoffbrücken der Sekundärstrukturen sind sie aber nicht beteiligt.

Einteilung: Jedes Protein enthält mehrere **Sekundärstrukturelemente**. Diese lassen sich einteilen in
- α-Helix,
- β-Faltblatt (engl. β-sheet) und
- U-förmige Verbindungsstücke (engl. loop bzw. turn), im Deutschen meist als Schleife bezeichnet.

α-Helix

α-Helices sind in charakteristischer Weise schraubig gewundene Abschnitte einer Aminosäurekette. Sie finden sich in den verschiedenen Proteinen in unterschiedlichen Anteilen. α-Helices werden in einfachen Darstellungen von Proteinstrukturen mitunter als runde Stäbe abgebildet. Tatsächlich bildet die Aminosäurekette eine **rechtsgängige Schraube**, bei der jeweils **3,6 Aminosäuren eine Windung** beisteuern. Sieht man von einem Ende in die Helix hinein wie in eine Röhre, und weist dabei das C-terminale Ende vom Betrachter weg, verlaufen die Windungen im Uhrzeigersinn nach rechts. Jede Windung hat eine **Ganghöhe von 0,54 nm**. Sämtliche Seitenketten der beteiligten Aminosäuren weisen nach außen.

Die α-Helix wird ausschließlich durch die Wasserstoffbrücken stabilisiert, die sich zwischen den Peptidbindungen der einzelnen Windungen ausbilden (Abb. **A-4.4**). Die **Wasserstoffbrücken** bilden sich also bei einer α-Helix **innerhalb einer Aminosäurekette** aus. Die Aminosäurereste stehen hingegen für Wechselwirkungen mit anderen Aminosäureketten zur Verfügung.

α-Helix

Hierbei handelt es sich um eine **rechtsgängige Schraube**, bei der jeweils **3,6 Aminosäuren eine Windung** beisteuern. Jede Windung hat eine **Ganghöhe von 0,54 nm**.

Eine α-Helix wird ausschließlich durch **intramolekulare Wasserstoffbrücken** stabilisiert (Abb. **A-4.4**).

A-4.4 α-Helix

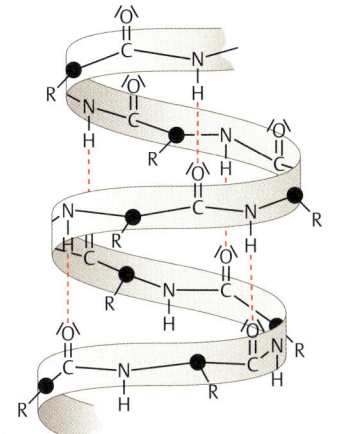

Die intramolekularen Wasserstoffbrücken sind durch rote Striche gekennzeichnet.
(nach Mortimer, Müller; Chemie, Thieme, 2015)

▶ **Merke.** Prolin ist die einzige Aminosäure, deren Peptidbindung kein Wasserstoffatom aufweist und die sich deshalb auch nicht an der Bildung einer Wasserstoffbrücke beteiligen kann. Aus diesem Grund kann bereits ein einzelnes Prolin eine α-Helix unterbrechen: Es ist ein „Helixbrecher".

Weitgehend aus α-Helices bestehende Proteine sind z. B. das Myoglobin (Abb. **A-4.7 a**) und das Hämoglobin.

Typische α-helikale Proteine sind Myo- und Hämoglobin.

▶ **Exkurs.** **Der Sonderfall der Kollagen-Helix**
Kollagen besteht zu einem großen Teil aus Prolin und Glycin und ist ein häufiges Protein des Bindegewebes. Die Aminosäuren bilden hier die sog. Kollagen-Helix. Diese ist **linksgängig** und zudem im Vergleich zur α-Helix gleichsam in die Länge gezogen. Die **Ganghöhe** beträgt nicht 0,54, sondern **0,96 nm**. Unter diesen Bedingungen können sich zwischen den Windungen der Helix, also **intramolekular, keine Wasserstoffbrücken** bilden. Die Kollagen-Helix wird nur dadurch stabilisiert, dass sich jeweils drei einzelne Helices zu einer **Tripelhelix** zusammenlagern, indem sich zwischen den Helices Wasserstoffbrücken ausbilden

β-Faltblatt

Wenn sich Aminosäureketten in weitgehend gestreckter Konformation nebeneinander zusammenlagern, kann sich ein β-Faltblatt ausbilden. Die einzelnen daran beteiligten Abschnitte der Polypeptidketten werden als β-**Faltblattstränge** bezeichnet. In schematischen Darstellungen werden β-Faltblattstränge durch breite Pfeile symbolisiert, die jeweils zum C-Terminus der Aminosäurekette zeigen. Man kann sich ein β-Faltblatt wie einen ziehharmonikaartig gefalteten Papierstreifen vorstellen, bei dem jede Fläche des Papierstreifens einen β-Faltblattstrang repräsentiert. Die α-C-Atome liegen dabei direkt auf dem Knick, während die ebenen und in sich nicht drehbaren Peptidbindungen in der Fläche liegen. Die Aminosäurereste ragen dann abwech-

β-Faltblatt

Lagern sich Aminosäureketten in weitgehend gestreckter Konformation nebeneinander, kann sich ein β-Faltblatt ausbilden. Die daran beteiligten Kettenabschnitte werden als β-**Faltblattstränge** bezeichnet. β-Faltblattstrukturen werden durch **Wasserstoffbrücken** stabilisiert, die sich **zwischen zwei parallel oder auch antiparallel liegenden Aminosäureketten** ausbilden (Abb. **A-4.5**).

Diese Sekundärstruktur findet sich z. B. bei Antikörpern.

▶ Exkurs.

A-4.5 β-Faltblatt

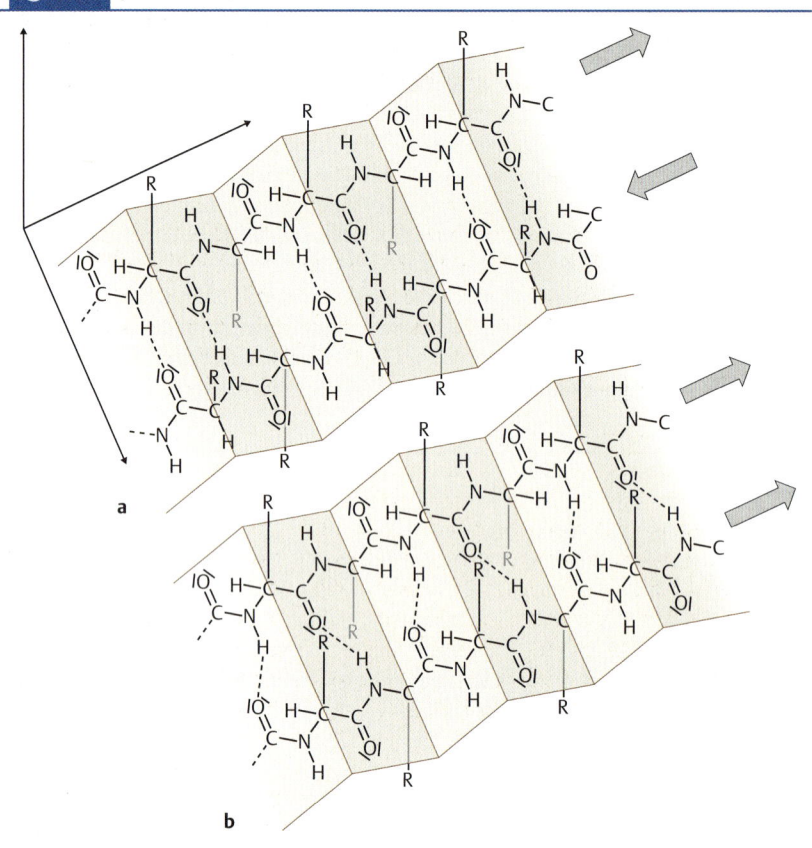

Die Wasserstoffbrücken zwischen den Aminosäureketten sind durch gestrichelte Linien gekennzeichnet. **a** β-Faltblatt aus antiparallel verlaufenden Aminosäureketten. **b** β-Faltblatt aus parallel verlaufenden Aminosäureketten.
(aus Doenecke et al., Karlsons Biochemie und Pathobiochemie, Thieme, 2005)

selnd nach oben und nach unten (Abb. **A-4.5**). β-Faltblattstrukturen werden durch **Wasserstoffbrücken** stabilisiert, die sich **zwischen zwei parallel oder auch antiparallel liegenden Aminosäureketten** ausbilden.

Die bekanntesten Proteine, die nahezu ausschließlich aus β-Faltblattstrukturen bestehen, sind die Antikörper.

▶ Exkurs. β-Barrel-Proteine

β-Faltblattstränge bilden bei Proteinen der Außenmembran gramnegativer Bakterien, manchen porenbildenden bakteriellen Toxinen und bestimmten Proteinen der mitochondrialen Außenmembran eine korbartige Struktur, die entfernt an ein Fass erinnert, das oben und unten offen ist (Abb. **A-4.6**). Deshalb wird diese Struktur als **β-barrel** („barrel" ist das englische Wort für „Fass") bezeichnet. Die porenbildenden Proteine in der Außenmembran gramnegativer Bakterien („Porine") und die Proteine in der Außenmembran der Mitochondrien sind sich in ihrer β-Barrel-Struktur sehr ähnlich. Nach der Endosymbiontentheorie haben sich die Mitochondrien in der Evolution aus endosymbiontischen Bakterien entwickelt! Umso erstaunlicher ist es, dass sie in ihrer Primärstruktur sehr unterschiedlich sind. An der Bildung der β-Barrel sind sowohl hydrophobe als auch hydrophile Aminosäuren beteiligt.

A-4.6 β-Barrel

bakterielle Plasmamembran

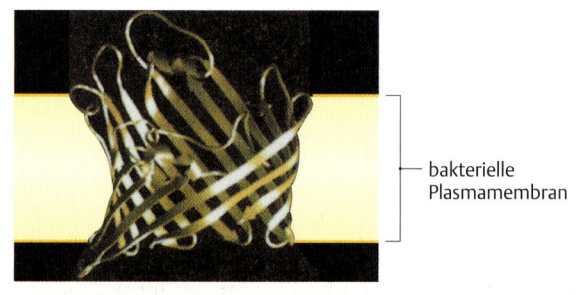

(aus Lengeler, Drews, Schlegel; Biology of the Procaryotes, Thieme, 1998)

A 4.3 Proteinstrukturen

▶ **Klinik.** Einige **humanpathogene Bakterien** setzen sich gegen Makrophagen und neutrophile Granulozyten zur Wehr, indem sie **porenbildende β-Barrel-Proteine** abgeben. Diese wirken toxisch, indem sie sich in die Plasmamembran der Zielzellen einlagern und diese lysieren. Ein berühmtes Beispiel ist das α-Toxin von *Staphylococcus aureus*.

Schleife

Die einzelnen α-Helices und β-Faltblattstränge sind in einem Protein durch kürzere oder längere U-förmige Abschnitt der Aminosäurekette miteinander verbunden. Im Englischen werden derartige Bereiche als Loops oder Turns bezeichnet, im Deutschen ist der Ausdruck „Schleife" üblich. Im einfachsten Fall, der sog. β-Schleife (engl. β-turn), besteht eine Schleife aus vier Aminosäuren, wobei die erste und die vierte Aminosäure durch eine Wasserstoffbrücke verbunden sind.

▶ Klinik.

Schleife

Schleifen sind U-förmige Abschnitte der Aminosäurekette, die die α-Helices und β-Faltblattstrukturen eines Proteins miteinander verbinden.

4.3.3 Tertiär- und Quartärstruktur

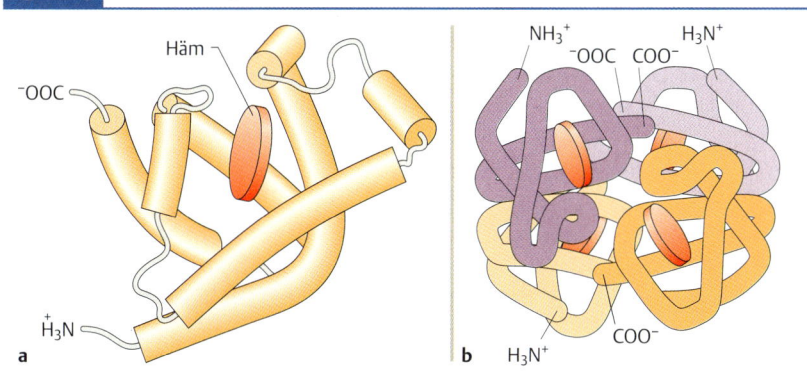

▶ **Definition.**
- Die **Tertiärstruktur** beschreibt die räumliche Struktur einer kompletten Aminosäurekette, einschließlich der Anordnung sämtlicher Aminosäurereste (Abb. **A-4.7 a**).
- Die **Quartärstruktur** beschreibt die Zahl und die Anordnung der verschiedenen Aminosäureketten in einem **Proteinkomplex** (Abb. **A-4.7 b**). Eine Quartärstruktur ist also nur gegeben, wenn sich mehrere Aminosäureketten zu einem Komplex zusammenlagern. Das Wort Quartärstruktur wird allerdings nur selten verwendet. Üblich ist es, den Vorgang der Zusammenlagerung von Aminosäureketten als **Oligomerisierung**, die einzelnen Aminosäureketten als die **Untereinheiten** des Proteinkomplexes zu bezeichnen.

4.3.3 Tertiär- und Quartärstruktur

▶ Definition.

⊙ A-4.7 Tertiär- und Quartärstruktur

⊙ A-4.7

a Tertiärstruktur des Myoglobins. Acht α-Helices sind durch Schleifen verbunden. **b** Quartärstruktur des Hämoglobins: Komplex aus zwei α- und zwei β-Untereinheiten.
(nach Boeck, G.; Kurzlehrbuch Chemie, Thieme, Stuttgart, 2008)

Stabilisierung der Tertiärstruktur

▶ **Merke.** Sekundärstrukturen werden ausschließlich durch die Wasserstoffbrücken der Peptidbindungen stabilisiert. Die Tertiärstruktur eines Proteins dagegen wird durch Wechselwirkungen der Aminosäurereste stabilisiert.

Die Kräfte, die bei der Stabilisierung der Tertiärstruktur wirken, sind so vielfältig wie die funktionellen Gruppen der verschiedenen Aminosäuren. In unterschiedlichem Ausmaß können folgende Effekte beteiligt sein (Abb. **A-4.8**):
- hydrophobe Wechselwirkungen
- Disulfidbrücken
- ionische Wechselwirkungen
- van der Waals-Kräfte

Aufgrund der Vielfalt der beteiligten Wechselwirkungen ist es bislang leider nicht möglich, die Tertiärstruktur eines Proteins ausgehend von seiner Primärstruktur zu berechnen.

Stabilisierung der Tertiärstruktur

▶ Merke.

Infrage kommen (Abb. **A-4.8**):
- hydrophobe Wechselwirkungen
- Disulfidbrücken
- ionische Wechselwirkungen
- van der Waals-Kräfte

A-4.8 Kovalente und nicht kovalente Bindungen zwischen Aminosäureresten

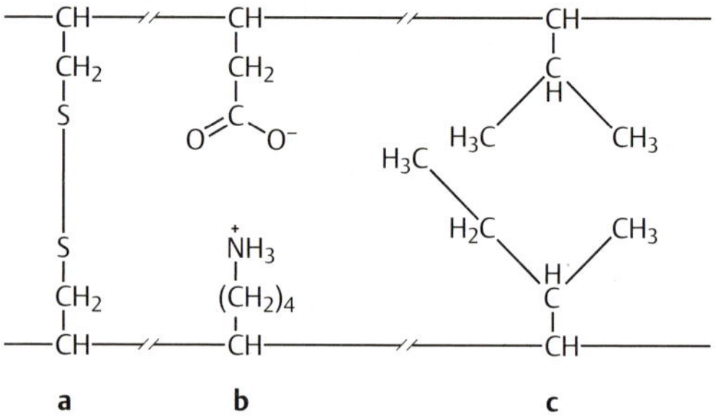

a Disulfidbrücke. **b** Ionische Wechselwirkungen zwischen einem Aspartat- und einem Lysinrest.

(nach Königshoff, M., Brandenburger, T.; Kurzlehrbuch Biochemie. Thieme, Stuttgart 2012)

Hydrophobe Wechselwirkungen

Hydrophobe Wechselwirkungen sind verantwortlich für die Zusammenlagerung hydrophober Moleküle oder hydrophober Teile von Molekülen in einer wässrigen Umgebung.

▶ **Merke.** In vielen Fällen liefern die hydrophoben Wechselwirkungen den größten Beitrag zur Stabilität von Proteinen.

In der Regel lagern sich die hydrophoben Aminosäurereste einer Polypeptidkette im Inneren des gefalteten Proteins zusammen, während die polaren und geladenen Aminosäurereste nach außen zeigen und für Wechselwirkungen nicht nur untereinander, sondern auch mit den umgebenden Wassermolekülen zur Verfügung stehen. Eine derartige Anordnung ist offenbar für ein Protein energetisch am günstigsten.

Entscheidend für die hydrophoben Wechselwirkungen sind weniger die Interaktionen der hydrophoben Aminosäurereste als vielmehr die der Wassermoleküle miteinander. Sofern hydrophobe Seitenketten nämlich an der Außenseite der Proteine exponiert werden, können an diesen Stellen die polaren Wassermoleküle nicht mehr mit dem Protein, sondern nur noch miteinander interagieren. Die Wassermoleküle bilden dann gleichsam ein Netz polarer Wechselwirkungen, welches sich um die hydrophoben Gruppen des Proteins zusammenzieht. Um diesem Netz zu entgehen, ziehen sich die hydrophoben Aminosäuren in das Innere des Proteins zurück. Stattdessen verlagern sich die polaren Anteile des Proteins nach außen, gehen dort Wechselwirkungen mit den Wassermolekülen ein und werden dadurch an der Außenseite festgehalten.

Hydrophobe Wechselwirkungen

In der Regel zeigen die hydrophoben Aminosäurereste ins Innere des Proteins, die polaren oder geladenen Aminosäurereste nach außen.

Der Grund für diese Anordnung der Aminosäurereste sind Wechselwirkungen mit den umgebenden Wassermolekülen.

▶ **Exkurs.** **Bedeutung hydrophober Wechselwirkungen für die Proteinstruktur am Beispiel der Membranproteine**

Membranproteine weisen in der Regel ein bestimmtes **charakteristisches Strukturelement** auf, durch das sie **in der Membran verankert** sind. Dabei handelt es sich um eine **α-Helix aus ca. 20 hydrophoben Aminosäuren**, die von hydrophilen Aminosäuren umgeben ist. Die Aminosäuren der α-Helix müssen hydrophob sein, damit sie in der hydrophoben Umgebung der biologischen Membranen festgehalten werden können. Es sind ca. 20 Aminosäuren nötig, damit eine α-Helix den hydrophoben Teil einer Membran durchspannen kann. Die benachbarten hydrophilen Aminosäuren erleichtern die Wechselwirkungen mit der hydrophilen Oberfläche der jeweiligen Membran sowie mit der wässrigen Umgebung. Für die Einbettung in die Membran ist nicht ein bestimmtes Sequenzmotiv entscheidend, sondern ausschließlich die Hydrophobizität der beteiligten Aminosäuren. Manche Membranproteine zeigen nur einen einzigen Membrananker, andere sind über mehrere α-Helices in ihre Membran eingebettet.

Aufgrund der charakteristischen Struktur des Membranankers ist es möglich, bereits auf der Basis der Primärstruktur eine begründete Hypothese zu entwickeln, welche Abschnitte eines Proteins in eine Membran eingebettet sein könnten. Hierzu werden Hydrophobizitäts-Plots erstellt, in denen jeder Aminosäure der Aminosäuresequenz ihre Hydrophobizität zugeordnet ist (Abb. **A-4.9**).

A-4.9 Hydrophobizitäts-Plot

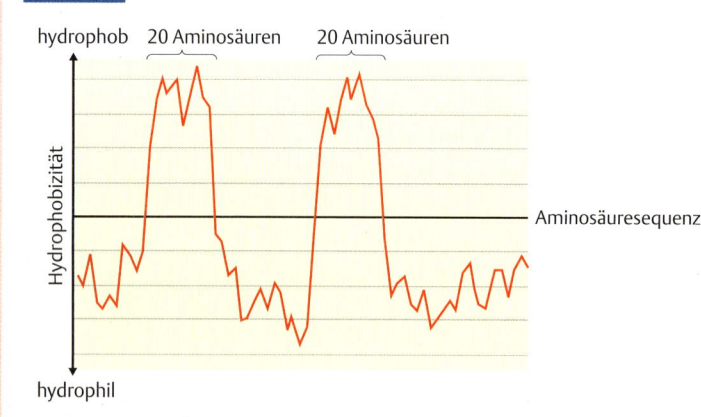

Disulfidbrücke und ionische Wechselwirkungen

Zwei Cysteine können eine **Disulfidbrücke** und damit eine kovalente Bindung bilden. Disulfidbrücken halten in vielen aus mehreren Aminosäureketten bestehenden extrazellulären Proteinen die Aminosäureketten zusammen. So bilden zwei Disulfidbrücken das Bindeglied zwischen der A- und der B-Kette des Insulins (S. 582). Auch die Aminosäureketten der Antikörper werden durch Disulfidbrücken zusammengehalten.

Zwischen zwei gegensätzlich geladenen Aminosäuren können starke **ionische Wechselwirkungen** auftreten, die wesentlich zur Stabilität eines Proteins beitragen. Während Disulfidbrücken auf bestimmte Proteine beschränkt sind, können ionische Wechselwirkungen in nahezu allen Proteinen nachgewiesen werden.

Van-der-Waals-Kräfte

Die Van-der-Waals-Kräfte sind vergleichsweise schwach und sie haben nur eine extrem geringe Reichweite. In den Proteinen spielen sie nur in der unmittelbaren Umgebung einzelner Atome eine Rolle. Nachdem sich die hydrophoben Anteile innerhalb eines Proteinmoleküls durch hydrophobe Wechselwirkungen zusammen gelagert haben, tragen sie dazu bei, die genaue räumliche Anordnung der Atomgruppen festzulegen.

Van-der-Waals-Kräfte werden durch minimale Ladungsinhomogenitäten innerhalb der Atome hervorgerufen. Sie sind allgemein bei der Assoziation hydrophober Molekülgruppen von Bedeutung. Benannt sind sie nach dem niederländischen Physiker Johannes Diderik van der Waals (1837 – 1923, Nobelpreis für Physik 1910).

Disulfidbrücke und ionische Wechselwirkungen
Disulfidbrücken zwischen zwei Cysteinen verbinden oft die Aminosäureketten extrazellulärer Proteine, z. B. im Insulin und in Antikörpern.

Ionische Wechselwirkungen aufgrund gegensätzlicher Ladung treten bei nahezu allen Proteinen auf.

Van-der-Waals-Kräfte
Van-der-Waals-Kräfte sind nur schwach, erleichtern aber die Assoziation hydrophober Molekülgruppen.

5 Abbau der Kohlenhydrate zu Pyruvat bzw. Lactat

5.1	Kurze Einführung	82
5.2	Die Glykolyse	82
5.3	Reduktion und Oxidation von Pyruvat	98
5.4	Abbau von Glykogen	100
5.5	Abbau der Stärke	104
5.6	Abbau der Fructose	104
5.7	Abbau der Galaktose	106

J. Rassow

5.1 Kurze Einführung

Alle zum Betrieb der Atmungskette benötigten Elektronen stammen letztlich aus der Nahrung. Dieses Kapitel zeigt, wie die Elektronen den Kohlenhydraten der Nahrung entzogen werden und was dabei mit den Kohlenhydraten geschieht.

Im Kap. „Der Energiestoffwechsel im Überblick" (S. 19) wurde erläutert, inwiefern Adenosintriphosphat (ATP) im Stoffwechsel eine zentrale Bedeutung zukommt. Das weitaus meiste ATP wird durch oxidative Phosphorylierung in einer Kooperation von Atmungskette und ATP-Synthase in den Mitochondrien bereitgestellt. Damit die Atmungskette den von der ATP-Synthase benötigten Protonengradienten aufbauen kann, müssen der Atmungskette ständig Elektronen zugeführt werden. Diese stammen letztlich aus der Nahrung. Die Mechanismen, durch die sich Elektronen speziell aus den Kohlenhydraten der Nahrung herauslösen lassen, sind Gegenstand dieses Kapitels.

5.2 Die Glykolyse

5.2.1 Ein erster Überblick

▶ **Definition.**

▶ **Definition.** Der Begriff **Glykolyse** bezeichnet den **Abbau von Glucose zu Pyruvat**. Er wurde aus den griechischen Worten „glykýs" (süß) und „lysis" (Auflösung) gebildet. Der süße Geschmack der Glucose geht nämlich beim Abbau der Glucose verloren.

Animation zur Glykolyse online abrufbar mit dem vorn im Buch platzierten Code.

Die Glykolyse ist einer der wichtigsten Stoffwechselwege der gesamten Biochemie. Die Abbauwege sämtlicher Kohlenhydrate münden an verschiedenen Stellen in die Glykolyse ein.
Einen ersten Überblick zeigt Abb. **A-5.1**. Für die weitere Diskussion ist es hilfreich, wenn man sich frühzeitig die Namen der Metabolite einprägt. Die Namen der beteiligten Enzyme sind demgegenüber zunächst von untergeordneter Bedeutung. Die Grafik enthält bereits Hinweise auf die wichtigsten funktionellen Aspekte, die in diesem Kapitel zur Sprache kommen werden. Erst im funktionellen Zusammenhang sind dann auch die Namen der Enzyme von Interesse.

Für die weitere Diskussion ist es hilfreich, wenn man sich frühzeitig die Namen der Metabolite der Glykolyse einprägt.

Die Glykolyse lässt sich in zwei Abschnitte unterteilen:

Die Glykolyse lässt sich in zwei Abschnitte unterteilen:
Abschnitt 1:
Wichtig sind hier die Mechanismen der Regulation der beiden ATP-abhängigen Schritte.
Abschnitt 2:
Hier wird Glycerin**aldehyd**-3-phosphat mit Hilfe von NAD⁺ zu einer **Carbonsäure** oxidiert. Die anfallende Oxidationsenergie ermöglicht die Bildung von ATP.

- Im **Abschnitt 1** geschieht im Grunde nichts, wovon die Zellen einen unmittelbaren Nutzen hätten. Die Zellen wenden vielmehr ATP auf, um die Glucose so zu modifizieren, dass Glycerinaldehyd-3-phosphat (= Glyceral-3-phosphat) entsteht, das für den zweiten und entscheidenden Abschnitt der Glykolyse geeignet ist. Funktionell ist von Bedeutung, dass die beiden ATP-abhängigen Schritte dieses ersten Abschnittes - und damit der Eintritt in die Glykolyse - sehr genau reguliert werden.
- Im **Abschnitt 2** wird das Glycerinaldehyd-3-phosphat in mehreren Schritten zu Pyruvat abgebaut. Dabei wird ATP gewonnen, und zwar doppelt so viel wie im ersten Abschnitt verbraucht worden ist. Das entstandene ATP enthält einen erheblichen Teil der Oxidationsenergie, die anfällt, indem in diesem Abschnitt das Glycerin**aldehyd**-3-phosphat mit Hilfe von NAD⁺ zu einer **Carbonsäure** oxidiert wird. Das NAD⁺ wird dabei zu NADH reduziert. Die durch Oxidation ermöglichte ATP-Synthese ist das zentrale Ereignis der Glykolyse. Nach drei weiteren Schritten ist Pyruvat das Endprodukt der Glykolyse.

Sämtliche Enzyme der Glykolyse sind zytosolische Enzyme.

A 5.2 Die Glykolyse

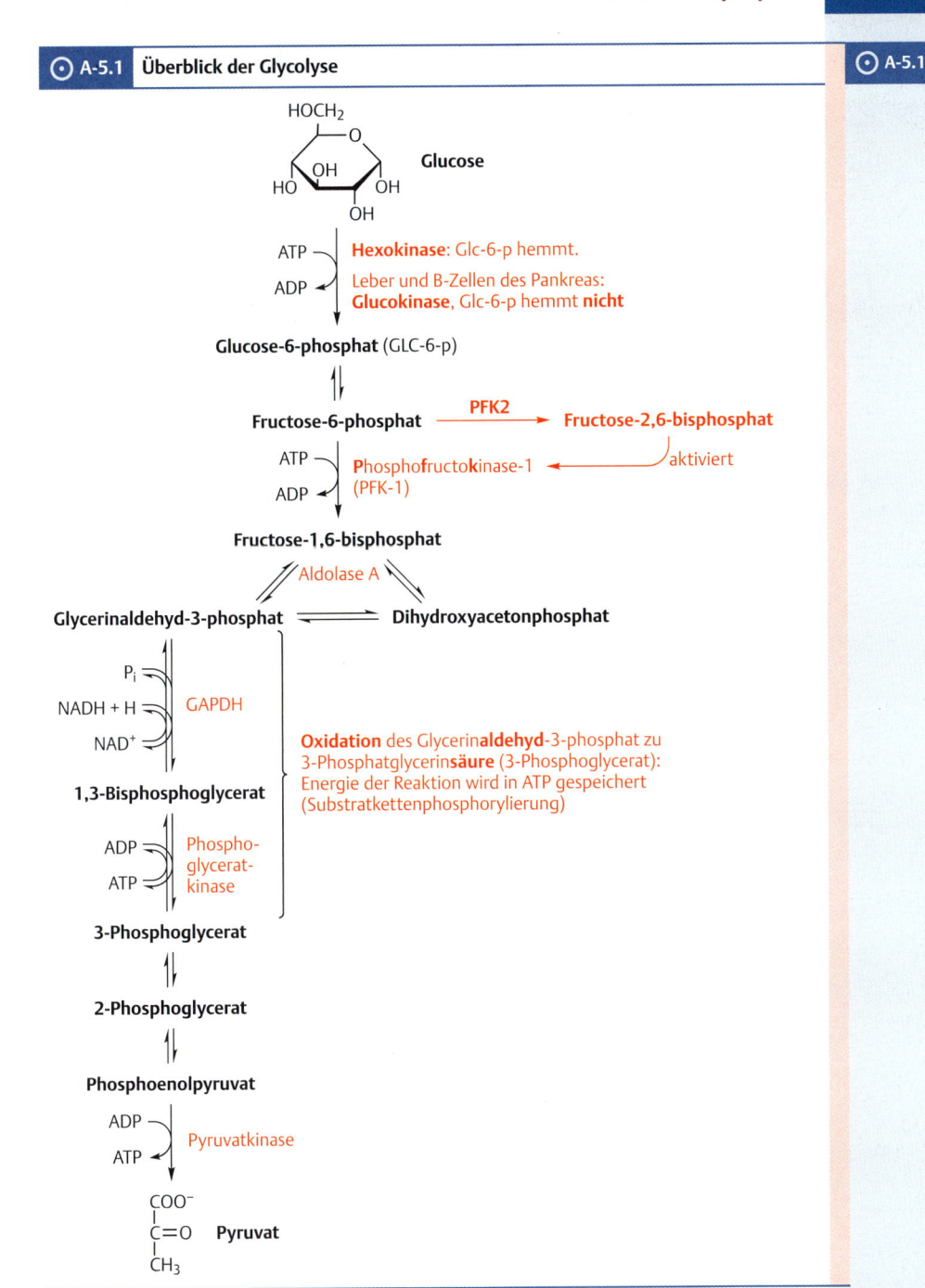

A-5.1 Überblick der Glykolyse

```
                    Glucose
          ATP ─┐  Hexokinase: Glc-6-p hemmt.
          ADP ─┘  Leber und B-Zellen des Pankreas:
                  Glucokinase, Glc-6-p hemmt nicht

    Glucose-6-phosphat (GLC-6-p)
              ⇅
    Fructose-6-phosphat  ──PFK2──▶  Fructose-2,6-bisphosphat
          ATP ─┐  Phosphofructokinase-1  ◀── aktiviert
          ADP ─┘  (PFK-1)

    Fructose-1,6-bisphosphat
              ⇅ Aldolase A
Glycerinaldehyd-3-phosphat ⇌ Dihydroxyacetonphosphat

          Pi ─┐
        NADH + H ─┤ GAPDH
          NAD⁺ ─┘     Oxidation des Glycerinaldehyd-3-phosphat zu
    1,3-Bisphosphoglycerat   3-Phosphatglycerinsäure (3-Phosphoglycerat):
                             Energie der Reaktion wird in ATP gespeichert
          ADP ─┐ Phospho-   (Substratkettenphosphorylierung)
          ATP ─┘ glycerat-
                 kinase
    3-Phosphoglycerat
              ⇅
    2-Phosphoglycerat
              ⇅
    Phosphoenolpyruvat
          ADP ─┐ Pyruvatkinase
          ATP ─┘
                COO⁻
                 |
                C=O   Pyruvat
                 |
                CH₃
```

5.2.2 Die einzelnen Reaktionsschritte der Glykolyse

Abschnitt 1

Im ersten Abschnitt der Glykolyse entsteht aus Glucose zunächst in drei Schritten Fructose-1,6-bisphosphat. Dazu sind zwei ATP-abhängige Phosphorylierungen und eine Isomerisierung erforderlich. Fructose-1,6-bisphosphat zerfällt dann unter Einwirkung der Aldolase A in Dihydroxyacetonphosphat und Glycerinaldehyd-3-phosphat.

Schritt 1: Glucose → Glucose-6-phosphat

Wenn **Glucose** unter Vermittlung eines GLUT-Proteins – eines Glucose transportierenden Membranproteins – in eine Zelle gelangt ist, muss als Erstes dafür gesorgt werden, dass sie **in der Zelle bleibt**. Zu diesem Zweck wird die Glucose zu Glucose-6-phosphat phosphoryliert (Abb. **A-5.2**). Das hierfür benötigte Phosphat stammt von ATP. Die Reaktion wird in den meisten Zellen des Körpers von dem Enzym Hexokinase katalysiert.

5.2.2 Die einzelnen Reaktionsschritte der Glykolyse

Abschnitt 1

Im ersten Abschnitt der Glykolyse wird Glucose zu Glycerinaldehyd-3-phosphat abgebaut.

Schritt 1: Glucose → Glucose-6-phosphat

Sinn dieser Reaktion (Abb. **A-5.2**) ist das Festhalten der aufgenommenen Glucose in der Zelle.
Enzym: Hexokinase (in den meisten Zellen des Körpers)

A 5 Abbau der Kohlenhydrate zu Pyruvat bzw. Lactat

A-5.2 Phosphorylierung von Glucose zu Glucose-6-phosphat

Glucose → (ATP → ADP + H⁺) → Glucose-6-phosphat

⊙ A-5.2

Durch die Phosphorylierung ist die Glucosekonzentration intrazellulär geringer als extrazellulär, sodass weitere Glucose in die Zelle einströmt.

In den Hepatozyten und in den B-Zellen des Pankreas wird Glucose mithilfe des Enzyms **Glucokinase** (= Hexokinase IV) phosphoryliert.

Das **ΔG der Phosphorylierung der Glucose** ist **positiv**. Die Phosphorylierung ist deshalb **nur durch energetische Kopplung** mit der Umsetzung von ATP zu ADP **möglich**.

▶ Exkurs.

GLUT-Proteine erlauben eine Diffusion der Glucose sowohl in die Zellen hinein als auch aus den Zellen heraus. Die Glucose folgt dabei ausschließlich ihrem Konzentrationsgefälle. Indem Glucose intrazellulär schnell phosphoryliert wird, wird sie hier dem Gleichgewicht entzogen, d. h. die Zelle sorgt dafür, dass die **Konzentration an Glucose intrazellulär stets geringer ist als extrazellulär**, mit der Konsequenz, dass weitere Glucose dem Konzentrationsgefälle folgend in die Zelle einströmen wird.

Die Hexokinase hat zur Glucose eine hohe Affinität (also einen niedrigen K_m-Wert). Interessanterweise wird die Glucose in den Hepatozyten und in den B-Zellen des Pankreas von einem Isoenzym der Hexokinase katalysiert, der **Glucokinase** (= Hexokinase IV), die **eine rund 50-fach niedrigere Affinität zur Glucose** hat (der K_m-Wert der Glucokinase ist also sehr hoch). Der physiologische Sinn dieser Eigentümlichkeit ist offensichtlich: Die **Leberzellen** sollen vor allem die Glucose aufnehmen, die nach einer Nahrungsaufnahme im Überschuss vorhanden ist, und sie in Form von Glykogen speichern. Sofern keine überschüssige Glucose vorhanden ist, soll in der Leber auch keine weitere Glucose gespeichert werden. Die **B-Zellen des Pankreas** haben mithilfe der Glucokinase ebenfalls die Möglichkeit, auf außerordentlich hohe Glucosekonzentrationen zu reagieren, sie sezernieren daraufhin das Hormon Insulin (S. 582).

Der Energiegehalt von Glucose-6-phosphat ist höher als der von Glucose, d. h. das **ΔG der Phosphorylierung der Glucose** ist **positiv** (Abb. A-2.1), und die Reaktion kann auch in Gegenwart eines geeigneten Enzyms wie der Hexokinase oder der Glucokinase nicht von alleine ablaufen. Es liegt damit ein klassischer Fall vor, in dem eine biochemische Reaktion **nur durch energetische Kopplung möglich** ist. Es ist also kein Zufall, dass das Phosphat in dieser Reaktion von ATP bezogen wird. Erst durch die Kopplung mit der Spaltung einer Anhydridbindung – einer energiereichen Bindung (s. Exkurs) – im Triphosphat des ATP ist das ΔG der Gesamtreaktion negativ und die gekoppelte Reaktion damit thermodynamisch möglich.

▶ **Exkurs.** **Energiereiche Bindungen**
Definition: Von einer energiereichen Bindung spricht man, wenn bei ihrer Spaltung mehr als 30 kJ/Mol (1 Mol = 6,023 × 10²³ Teilchen) freigesetzt werden. In Strukturformeln symbolisiert man energiereiche Bindungen oft durch das Zeichen ~.
Beispiele:
- **Anhydridbindung im Triphosphat des ATP** (S. 21): Bei ihrer Hydrolyse werden unter Standardbedingungen 30,5 kJ/Mol Energie frei, d. h. $\Delta G^{\circ\prime} = -30{,}5$ kJ/Mol.
- **Anhydridbindung des Pyrophosphats:** $\Delta G^{\circ\prime} = -33{,}5$ kJ/Mol
- **Hydrolyse der Phosphoguanidinogruppe des Kreatinphosphats** (S. 266): $\Delta G^{\circ\prime} = -43{,}1$ kJ/Mol
- **Esterbindung des Phosphoenolpyruvats:** $\Delta G^{\circ\prime} = -61{,}9$ kJ/Mol
- **Thioesterbindung des Acetyl-CoA:** $\Delta G^{\circ\prime} = -31{,}5$ kJ/Mol

Energiereiche Bindungen werden auch als **Bindungen mit hohem Gruppenübertragungspotenzial** bezeichnet. Damit ist gemeint, dass bei der Spaltung einer solchen Bindung so viel Energie freigesetzt wird, dass bei einer energetisch gekoppelten Reaktion ausreichend Energie zur Verfügung steht, um die abgespaltene Gruppe sofort auf ein anderes Molekül zu übertragen.

Die Enzyme, die die Übertragung einer Phosphatgruppe von ATP auf ein Substratmolekül katalysieren, werden als **Kinasen** bezeichnet; den oben beschriebenen Schritt 1 der Glykolyse katalysiert z. B. die Hexokinase.

Das unter Katalyse der Hexokinase gebildete Glucose-6-phosphat z. B. hat *kein* hohes Gruppenübertragungspotenzial. Es enthält zwar eine Phosphatgruppe, aber bei deren Abspaltung würde nicht sehr viel Energie frei ($\Delta G^{\circ\prime} = -13{,}8$ kJ/Mol). Es stünde daher auch nicht hinreichend Energie zur Verfügung, um die Phosphatgruppe anschließend z. B. auf ein anderes Kohlenhydrat zu übertragen.

Schritt 2: Glucose-6-phosphat → Fructose-6-phosphat

Im Rahmen der Glykolyse wird Glucose-6-phosphat zu Fructose-6-phosphat isomerisiert, d.h. die Atome des Moleküls werden umgelagert (Abb. **A-5.3**). Die Reaktion wird durch die **Glucose-6-phosphat-Isomerase** katalysiert. Das Gleichgewicht der Reaktion liegt unter Standardbedingungen auf der Seite des Glucose-6-phosphats. In den Zellen wird das Fructose-6-phosphat jedoch schnell weiterverwertet, sodass die Isomerisierung gleichwohl in Richtung des Fructose-6-phosphats (S. 28) ablaufen kann.

Alternativ kann Glucose-6-phosphat aus der Glykolyse abgezweigt und in verschiedenen anderen Stoffwechselwegen Verwendung finden, etwa in der Glykogensynthese (S. 215) oder im Pentosephosphatweg (S. 243).

Schritt 2: Glucose-6-phosphat → Fructose-6-phosphat

Glucose-6-phosphat → Fructose-6-phosphat (Abb. **A-5.3**).
Enzym: Glucose-6-phosphat-Isomerase

A-5.3 Isomerisierung von Glucose-6-phosphat zu Fructose-6-phosphat

Schritt 3: Fructose-6-phosphat → Fructose-1,6-bisphosphat

Fructose-6-phosphat wird zu Fructose-1,6-bisphosphat phosphoryliert (Abb. **A-5.4**). Auch in dieser Phosphorylierungsreaktion wird das hohe Gruppenübertragungspotenzial des ATP genutzt, d.h. ein **ATP aufgewendet**. Von einem *Bis*phosphat spricht man, wenn ein Molekül zwei Phosphatgruppen trägt, die mit unterschiedlichen Kohlenstoffatomen verbunden sind. Das in der Reaktion vom ATP übrig bleibende Adenosindiphosphat trägt hingegen keine separaten Phosphatgruppen, sondern eine gemeinsame *Di*phosphatgruppe.

Die Phosphorylierung des Fructose-6-phosphats wird durch die **Phosphofructokinase-1 (PFK-1)** katalysiert. Die katalytische Aktivität dieses Enzyms kann sehr unterschiedlich sein und hängt von bestimmten Gegebenheiten des Stoffwechsels ab. Die PFK-1 bestimmt durch ihre Aktivität, mit welcher Geschwindigkeit Glucose in der Glykolyse abgebaut wird.

Schritt 3: Fructose-6-phosphat → Fructose-1,6-bisphosphat

In dieser Reaktion (Abb. **A-5.4**) wird ein **ATP aufgewendet**.
Enzym: Phosphofructokinase-1 (PFK-1)

▶ **Merke.** Die **Phosphofructokinase-1** ist das **Schlüsselenzym der Glykolyse**, weil sie den geschwindigkeitsbestimmenden Schritt der Glykolyse katalysiert.

▶ **Merke.**

A-5.4 Phosphorylierung von Fructose-6-phosphat zu Fructose-1,6-bisphosphat

Schritt 4: Fructose-1,6-bisphosphat → Glycerinaldehyd-3-phosphat + Dihydroxyacetonphosphat

In diesem Reaktionsschritt wird die **Hexose** Fructose-1,6-bisphosphat **in zwei Triosen gespalten** (Abb. **A-5.5**):

- Glycerinaldehyd-3-phosphat (= Glyceral-3-phosphat),
- Dihydroxyacetonphosphat (= Glyceron-3-phosphat).

Die Reaktion ist eine Aldolspaltung und wird von dem Enzym **Aldolase A** katalysiert.

A-5.5 Spaltung von Fructose-1,6-bisphosphat in Glycerinaldehyd-3-phosphat und Dihydroxyacetonphosphat

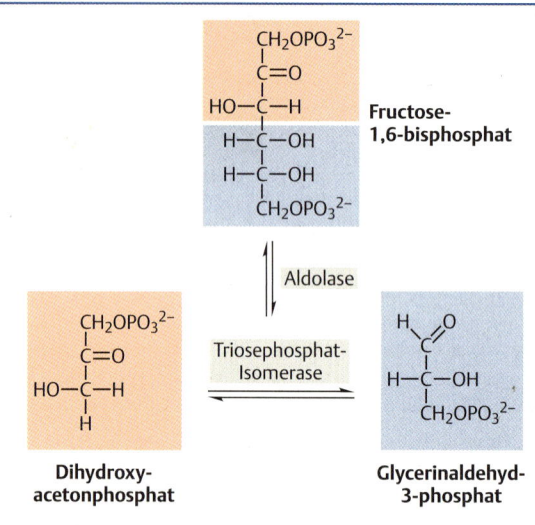

Die Reaktionsprodukte können sich ineinander umwandeln. Als Katalysator wirkt die Triosephosphat-Isomerase.

Schritt 5: Dihydroxyacetonphosphat → Glycerinaldehyd-3-phosphat

Die beiden Triosen können sich ineinander umwandeln (Abb. **A-5.5**). Diese Reaktion wird durch die **Triosephosphat-Isomerase** katalysiert. Da nur Glycerinaldehyd-3-phosphat in den 2. Abschnitt der Glykolyse eingespeist und seine Konzentration in der Zelle dadurch niedrig gehalten wird, läuft die Isomerisierung in Richtung Glycerinaldehyd-3-phosphat ab.

Abschnitt 2

In den Reaktionsschritten des zweiten Abschnitts der Glykolyse wird Glycerinaldehyd-3-phosphat zu 3-Phosphoglycerat oxidiert und dann zu Pyruvat abgebaut. Die bei der Oxidation freigesetzte Energie wird zur Bildung von ATP und NADH genutzt.

Schritt 6: Glycerinaldehyd-3-phosphat → 1,3-Bisphosphoglycerat

Bei dieser Reaktion bindet das Glycerinaldehyd-3-phosphat kovalent an das Enzym **Glycerinaldehyd-3-phosphat-Dehydrogenase** (GAPDH) und es laufen nacheinander **zwei Prozesse** ab:
1. Oxidation des Glycerinaldehyd-3-phosphats
2. phosphorolytische Freisetzung des Reaktionsprodukts (d. h. Freisetzung unter Aufnahme von anorganischem Phosphat)

Der **Reaktionsmechanismus** der Schritte ist näher zu erläutern:

A 5.2 Die Glykolyse

Oxidation von Glycerinaldehyd-3-phosphat:

- Die Glycerinaldehyd-3-phosphat-Dehydrogenase bindet Glycerinaldehyd-3-phosphat und NAD$^+$ und bringt sie so in unmittelbare Nachbarschaft zueinander. Der Carbonylkohlenstoff des Glycerinaldehyd-3-phosphats wird **kovalent** auf das Schwefelatom einer SH-Gruppe des Enzyms übertragen. Dabei entsteht aus der Carbonylgruppe eine H-C-OH-Gruppe (Abb. **A-5.6**).
- Die Reaktion der Aldehydgruppe des Glycerinaldehyd-3-phosphats mit der SH-Gruppe erinnert an die Ringbildung der Kohlenhydrate: In der Glucose reagiert die Aldehydgruppe des Kohlenstoffatoms Nr. 1 mit der OH-Gruppe des Kohlenstoffatoms Nr. 5, sodass ein Halbacetal entsteht (S. 46). SH-Gruppen ähneln in ihren chemischen Eigenschaften den OH-Gruppen, denn der Schwefel steht im Periodensystem der Elemente direkt unter dem Sauerstoff. Entsprechend bezeichnet man das Zwischenprodukt im Reaktionsmechanismus der Glyerinaldehyd-3-phosphat-Dehydrogenase in Analogie zum Halbacetal der Kohlenhydrate als **Thiohalbacetal** (die Silbe Thio bezeichnet den Schwefel). Aber Achtung: Weder bei der Bildung der Halbacetale noch bei der Bildung der Thiohalbacetale findet eine Oxidation oder eine Reduktion statt! Eine Redoxreaktion läuft erst im folgenden Schritt bei der Reaktion mit NAD$^+$ ab.
- Das **NAD$^+$ nimmt** von der H-C-OH-Gruppe ein **Hydrid-Ion (H$^-$)** auf (das Wasserstoffatom mitsamt seinen beiden Bindungselektronen, *nicht* das Proton der OH-Gruppe!).
- Die vier Bindungen des Substrat-Kohlenstoffatoms werden wiederhergestellt, indem die OH-Gruppe ein Proton abgibt und der Sauerstoff eine zusätzliche Bindung zum Kohlenstoff ausbildet. Aus der H-C-OH-Gruppe wird dadurch wieder eine **Carbonylgruppe**. Das NADH sowie das von der OH-Gruppe abgelöste Proton lösen sich vom Enzym ab. Beides zusammen, **NADH + H$^+$**, wird in manchen Lehrbüchern auch als NADH$_2$ bezeichnet. Dabei sollte angemerkt werden, dass das Proton (H$^+$) zwar zur gleichen Zeit gebildet wird wie das NADH, dass aber beide nie chemisch miteinander verbunden sind.
- Als Ergebnis dieser Reaktion liegt nun kein Thiohalbacetal mehr vor, sondern ein **Thioester**. Ester entstehen in einer Reaktion einer Carbonsäure mit der OH-Gruppe eines Alkohols unter Abspaltung von Wasser. Analog kann man sich die Bildung eines Thioesters als Ergebnis einer Reaktion einer Carbonsäure mit einer SH-Gruppe vorstellen. Die Aldehydgruppe des Glycerinaldehyd-3-phosphats ist somit unbemerkt durch die Reaktion mit NAD$^+$ zu einer Carboxylgruppe oxidiert worden.

Oxidation von Glycerinaldehyd-3-phosphat:

- Die Aldehydgruppe des Glycerinaldehyd-3-phosphats reagiert mit der SH-Gruppe des Enzyms (**kovalente** Bindung, Abb. **A-5.6**).
- Dabei entsteht ein **Thiohalbacetal**.

- Das **NAD$^+$ nimmt** von der H-C-OH-Gruppe ein **Hydrid-Ion (H$^-$) auf**.
- Anschließend gibt die OH-Gruppe ein Proton ab und es entsteht dabei wieder eine **Carbonylgruppe**. Das NADH und das Proton – **NADH + H$^+$**, manchmal als NADH$_2$ bezeichnet – lösen sich vom Enzym ab.

- Als Ergebnis dieser Reaktion liegt nun kein Thiohalbacetal mehr vor, sondern ein **Thioester**.

⊙ **A-5.6** Mechanismus der Glycerinaldehyd-3-phosphat-Dehydrogenase (GAPDH)-Reaktion

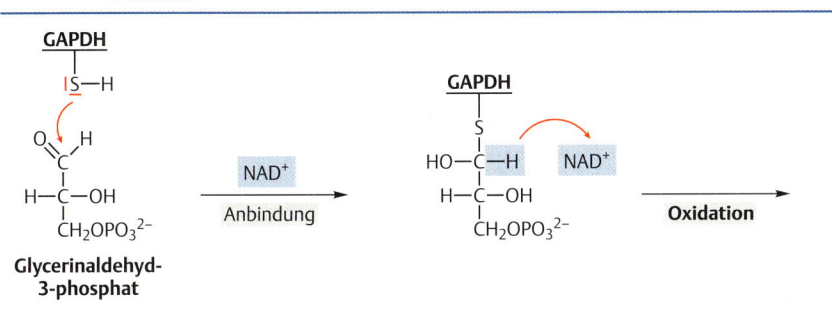

⊙ **A-5.6**

▶ Exkurs.

▶ Exkurs. **Der Reaktionsmechanismus der NAD⁺-vermittelten Oxidation**

Die positive Ladung des NAD⁺ weist darauf hin, dass NAD⁺ einen Mangel an Elektronen hat. Das ist ein wesentlicher Grund dafür, dass NAD⁺ nicht nur ein Wasserstoffatom aufnehmen kann, sondern sogar ein Hydrid-Ion (H⁻). Am Komplex I der Atmungskette findet genau die umgekehrte Reaktion statt. Dort gibt NADH ein Hydrid-Ion ab, es bildet sich wieder NAD⁺, und die beiden Elektronen des Hydrid-Ions durchlaufen die weiteren Komplexe der Atmungskette.

NAD⁺ ist die Abkürzung für *Nicotinamidadenindinukleotid*. Ein großer Teil des NAD⁺-Moleküls ist identisch aufgebaut wie ADP (Abb. **A-5.7 a**). Der Teil des NAD⁺, der ein Hydrid-Ion aufnehmen kann, ist die **Nicotinamidgruppe**. Nicotinamid hat im Stoffwechsel nichts mit dem Nikotin des Zigarettenrauchs zu tun, der Name beruht aber tatsächlich auf einer strukturellen Verwandtschaft (Abb. **A-5.7 b**). Nikotin ist nach dem französischen Diplomaten Jean Nicot benannt, der den amerikanischen Tabak im 16. Jahrhundert als angebliche Heilpflanze nach Europa brachte. Nikotin ist ein Inhaltsstoff des Tabaks, der ähnlich dem Nicotinamid des NAD⁺ einen **Pyridinring** aufweist.

Die Elektronen sind im Pyridinring des NAD⁺ delokalisiert, denn Pyridin ist eine aromatische Verbindung, ähnlich dem Benzol. Jedes Kohlenstoffatom ist im Pyridinring mit *einem* Wasserstoffatom verbunden, das man in Strukturformeln oft nicht einzeichnet, da dieser Sachverhalt als bekannt vorausgesetzt wird.

An der in Abb. **A-5.7 c** bezeichneten Stelle, am Kohlenstoffatom der Position 4, kann der Pyridinring des NAD⁺ ein Hydrid-Ion aufnehmen. Das Kohlenstoffatom trägt daraufhin *zwei* Wasserstoffatome. Gleichzeitig kommt es im Nicotinamid zu dramatischen Verschiebungen der Elektronen, mit dem Ergebnis, dass das aromatische System des Pyridinrings zusammenbricht (Abb. **A-5.7 c**).

Das Ringsystem kann seinen energetisch günstigen aromatischen Charakter dadurch wiederherstellen, dass es das Hydrid-Ion wieder abgibt. Dies geschieht deshalb sehr leicht, womit auch erklärt ist, warum NADH ein sehr gutes Reduktionsmittel ist und das Redoxpaar NAD⁺/ NADH ein sehr negatives Redoxpotenzial (S. 186) aufweist (E°' = – 320 mV).

⊙ **A-5.7** **Nicotinamidadenindinukleotid (NADH) a** Struktur des NAD⁺. **b** Verwandtschaftsbeziehungen: Pyridin und verschiedene Pyridinderivate. **c** Reduktion des NAD⁺ zu NADH durch Aufnahme eines Hydrid-Ions.

Phosphorolytische Freisetzung des Reaktionsprodukts: Aus der wässrigen Umgebung wird anorganisches Phosphat aufgenommen. Dabei entsteht 1,3-Bisphosphoglycerat, ein **gemischtes Phosphorsäure-Carbonsäure-Anhydrid**. Das **hohe Gruppenübertragungspotenzial** dieser Verbindung **ermöglicht** anschließend die **Synthese von ATP**.

Phosphorolytische Freisetzung des Reaktionsprodukts: Aus der wässrigen Umgebung wird anorganisches Phosphat aufgenommen und es entsteht 1,3-Bisphosphoglycerat. In diesem Molekül ist die Phosphatgruppe mit dem Kohlenstoffatom Nr. 3 unverändert über eine Esterbindung verbunden, die Phosphatgruppe des Kohlenstoffatoms 1 weist hingegen eine Anhydridbindung auf. Wie bereits erwähnt, handelt es sich beim 1,3-Bisphosphoglycerat um das Derivat einer Carbonsäure (Glycerate sind die Anionen der Glycerinsäure). Bei einer Verbindung zwischen einer Carbonsäure und Phosphorsäure entsteht unter Abspaltung von Wasser ein **gemischtes Phosphorsäure-Carbonsäure-Anhydrid**. Das **hohe Gruppenübertragungspotenzial** dieser Verbindung **ermöglicht** anschließend (Schritt 7) die **Synthese von ATP**.

A 5.2 Die Glykolyse

▶ **Merke.** Zusammenfassend lässt sich sagen, dass bei der NAD⁺-vermittelten Oxidation der Aldehydgruppe des Glycerinaldehyd-3-phosphats Energie frei wird, die in der energiereichen Bindung zum aufgenommenen Phosphat gespeichert bleibt. Die Phosphatgruppe am Kohlenstoffatom 1 (Abb. **A-5.8**) hat somit ein hohes Gruppenübertragungspotenzial.

Schritt 7: 1,3-Bisphosphoglycerat → 3-Phosphoglycerat

Das hohe Gruppenübertragungspotenzial des 1,3-Bisphosphoglycerats wird in der nun folgenden sog. **Substratkettenphosphorylierung** genutzt, um die Phosphatgruppe der Position 1 auf ADP zu übertragen. Dadurch wird **ATP gebildet**, übrig bleibt 3-Phosphoglycerat (Abb. **A-5.8**). Die Reaktion wird von der **(3-)Phosphoglycerat-Kinase** katalysiert.

Aus Abb. **A-5.8** wird deutlich, dass in einer komplizierten Sequenz von Reaktionen letztlich nur ein Aldehyd zu einer Carbonsäure oxidiert wurde: Ausgehend von Glycer*aldehyd*-3-phosphat entstand 3-Phosphoglycerat, das Anion der 3-Phosphoglycerin*säure*. Die angefallene Oxidationsenergie wurde in ATP und NADH gespeichert.

Schritt 7: 1,3-Bisphosphoglycerat → 3-Phosphoglycerat
Bei dieser Reaktion (Abb. **A-5.8**) entsteht ATP (**Substratkettenphosphorylierung**).
Enzym: (3-)Phosphoglycerat-Kinase.

Abb. **A-5.8** zeigt, dass letztlich nur ein Aldehyd zu einer Carbonsäure oxidiert und die Oxidationsenergie in ADP und NADH gespeichert wurde.

⊙ **A-5.8** Der Umbau von Glycerinaldehyd-3-phosphat über 1,3-Bisphosphoglycerat zu 3-Phosphoglycerat

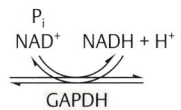

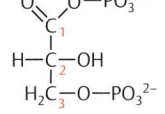

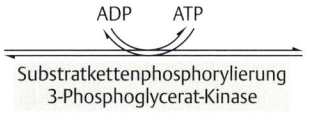

Glycerinaldehyd-3-phosphat (GAP) — [NAD⁺ / NADH + H⁺, P_i, GAPDH] → 1,3-Bisphosphoglycerat — [ADP / ATP, Substratkettenphosphorylierung, 3-Phosphoglycerat-Kinase] → 3-Phosphoglycerat

GAPDH: Glycerinaldehyd-3-phosphat-Dehydrogenase

▶ **Merke.** Die Reaktion der Phosphoglycerat-Kinase ist die entscheidende energieliefernde Reaktion der Glykolyse.

▶ **Exkurs.** **Substratkettenphosphorylierung und oxidative Phosphorylierung**
Die Energie, die bei der Oxidation des Glycerinaldehyd-3-phosphats zu 3-Phosphoglycerat anfällt (Schritt 6 und 7 der Glykolyse), trägt auf zwei unterschiedliche Weisen zur Synthese von ATP bei:
1. Sie ermöglicht der Phosphoglycerat-Kinase eine ATP-Synthese durch **Substratkettenphosphorylierung** (s. o.). Eine Substratkettenphosphorylierung findet übrigens auch im Citratzyklus (S. 122) statt.
2. Ein anderer Teil der Energie wird zunächst zur Reduktion von NAD⁺ zu **NADH** genutzt. Sofern die Zelle Mitochondrien enthält, kann das NADH dann seine aufgenommenen Elektronen anschließend der **Atmungskette** und damit der ATP-Synthese durch **oxidative Phosphorylierung** zur Verfügung stellen.

▶ **Merke.** Eine Neusynthese von ATP unter Aufnahme von anorganischem Phosphat ist im gesamten Stoffwechsel nur in drei Reaktionen möglich:
1. In der Reaktion der **Phosphoglycerat-Kinase**
2. Im **Citratzyklus**
3. Durch die mitochondriale **ATP-Synthase**

Schritt 8: 3-Phosphoglycerat → 2-Phosphoglycerat

3-Phosphoglycerat isomerisiert zu 2-Phosphoglycerat (Abb. **A-5.9**). Das Enzym, das diese Verschiebung der Phosphatgruppe katalysiert, gehört zur Gruppe der Isomerasen und wird als **Phosphoglycerat-Mutase** bezeichnet.

Schritt 8: 3-Phosphoglycerat → 2-Phosphoglycerat
Abb. **A-5.9**.
Enzym: Phosphoglycerat-Mutase

Schritt 9: 2-Phosphoglycerat → Phosphoenolpyruvat

Die anschließende Abspaltung von H_2O, katalysiert von der **Enolase**, führt zur Bildung von Phosphoenolpyruvat und geht einher mit einer Umverteilung der Energie innerhalb des Moleküls. In diesem Zusammenhang erhält nun die Phosphatgruppe der Position 2 ein **hohes Gruppenübertragungspotenzial** (Abb. **A-5.9**).

Schritt 9: 2-Phosphoglycerat → Phosphoenolpyruvat
Phosphoenolpyruvat enthält eine energiereiche Bindung (Abb. **A-5.9**).
Enzym: Enolase

A-5.9 Die Reaktionsschritte der Glykolyse

Glucose → Glucose-6-phosphat (Hexokinase, ATP → ADP) → Fructose-6-phosphat (Glc-6-P-Isomerase) → Fructose-1,6-bisphosphat (Phosphofructo-Kinase-1, ATP → ADP) → (Aldolase A) → Dihydroxyacetonphosphat ⇌ Glycerinaldehyd-3-phosphat (Triosephosphat-Isomerase) → [Zwischenprodukt mit GAPDH] (NADH + H⁺ / NAD⁺) → 1,3-Bisphosphoglycerat (+ HPO₄²⁻, − GAPDH) → 3-Phosphoglycerat (Phosphoglycerat-Kinase, ADP → ATP) → 2-Phosphoglycerat (Phosphoglycerat-Mutase) → Phosphoenolpyruvat (Enolase, − H₂O) → Pyruvat (Pyruvat-Kinase, ADP → ATP)

Glc-6-P: Glucose-6-phosphat, GAPDH: Glycerinaldehyd-3-phosphat-Dehydrogenase

Animation zur Glykolyse online abrufbar mit dem vorn im Buch platzierten Code.

Schritt 10: Phosphoenolpyruvat → Pyruvat

Hier entsteht durch **Substratkettenphosphorylierung** ein weiteres ATP.
Enzym: Pyruvat-Kinase

Schritt 10: Phosphoenolpyruvat → Pyruvat

In diesem letzten Schritt der Glykolyse wird die Phosphatgruppe des Phosphoenolpyruvats auf ADP übertragen. Dadurch entstehen Pyruvat und **ATP**. Pyruvat ist das Anion der Brenztraubensäure. Die Phosphatgruppe des Phosphoenolpyruvats ist ursprünglich allerdings nicht als anorganisches Phosphat gebunden worden, sondern sie wurde unter Verbrauch von ATP im ersten Abschnitt der Glykolyse aufgenommen. Streng genommen wird hier also nur das ATP regeneriert, das im ersten Abschnitt der Glykolyse verbraucht wurde. Insofern kann man in Bezug auf diese Reaktion auch nur in einem eingeschränkten Sinn von **Substratkettenphosphorylierung** sprechen. Das Enzym, das die Reaktion katalysiert, ist die **Pyruvat-Kinase**. Es ist nach der Rückreaktion benannt, die es im Prinzip ebenfalls katalysieren kann.

Energiebilanz

▶ Merke.

Energiebilanz

▶ **Merke.** Da ausgehend von einem Molekül Glucose zwei Moleküle Glycerinaldehyd-3-phosphat abgebaut werden, ergibt die Glykolyse netto 2 ATP (4 ATP werden zwar gewonnen, aber 2 ATP müssen aufgewendet werden!) und 2 NADH.

Reversible und irreversible Schritte

Abb. **A-5.10** zeigt, dass in den Reaktionen der Hexokinase, der Phosphofructokinase-1 und der Pyruvat-Kinase sehr viel Energie freigesetzt wird.

Reversible und irreversible Schritte

Die Abb. **A-5.10** zeigt ein Energieprofil der Glykolyse. Die ΔG-Werte der einzelnen Reaktionen wurden unter Berücksichtigung der Metabolitkonzentrationen berechnet, die in Erythrozyten gemessen wurden. In den Reaktionen der Hexokinase und der Phosphofructokinase-1 (Schritte 1 und 3 der Glykolyse) wird sehr viel Energie freigesetzt, da sie mit der Spaltung einer Anhydridbindung in ATP verbunden sind (Verlust an Freier Energie, ΔG ist negativ). Erstaunlicherweise wird auch in der letzten Reaktion der Glykolyse, katalysiert von der Pyruvat-Kinase, sehr viel Energie frei, obwohl in diesem Schritt ATP gewonnen wird. Tatsächlich liegt der Grund des ausgeprägt negativen ΔG der Reaktion in dem hohen Energiegehalt der Enolesterbindung im Phosphoenolpyruvat (ΔG°' = − 61,9 kJ/Mol). Diese Energie wird bei der

A-5.10 Energieprofil der Glykolyse

Glc-6-P-Isomerase: Glucose-6-phosphat-Isomerase
PFK-1: Phosphofructokinase-1
Triose-P-Isomerase: Triosephosphat-Isomerase
GAPDH: Glycerinaldehyd-3-phosphat-Dehydrogenase

(nach Koolmann, Röhm; Taschenatlas der Biochemie, Thieme, 2003)

Ablösung des Phosphates frei und nur zum Teil im neu entstehenden ATP gespeichert. Die Differenz kommt im ΔG zum Ausdruck.
Reaktionen mit stark negativem ΔG sind irreversibel. Deshalb gilt:

▶ **Merke.** Die Hexokinase, die Phosphofructokinase-1 und die Pyruvat-Kinase katalysieren die drei irreversiblen Schritte der Glykolyse. Eine Umkehr dieser Reaktionen ist unter physiologischen Bedingungen nicht möglich.

Die irreversiblen Schritte sind in der Regulation der Glykolyse von entscheidender Bedeutung. Alle anderen Schritte sind frei reversibel. Dies gilt auch für den Schritt, in dem durch Substratkettenphosphorylierung ATP gewonnen wird. Auf den Unterschied zwischen reversiblen und irreversiblen Schritten wird im Zusammenhang der Gluconeogenese (S. 222) noch einmal zurückzukommen sein.

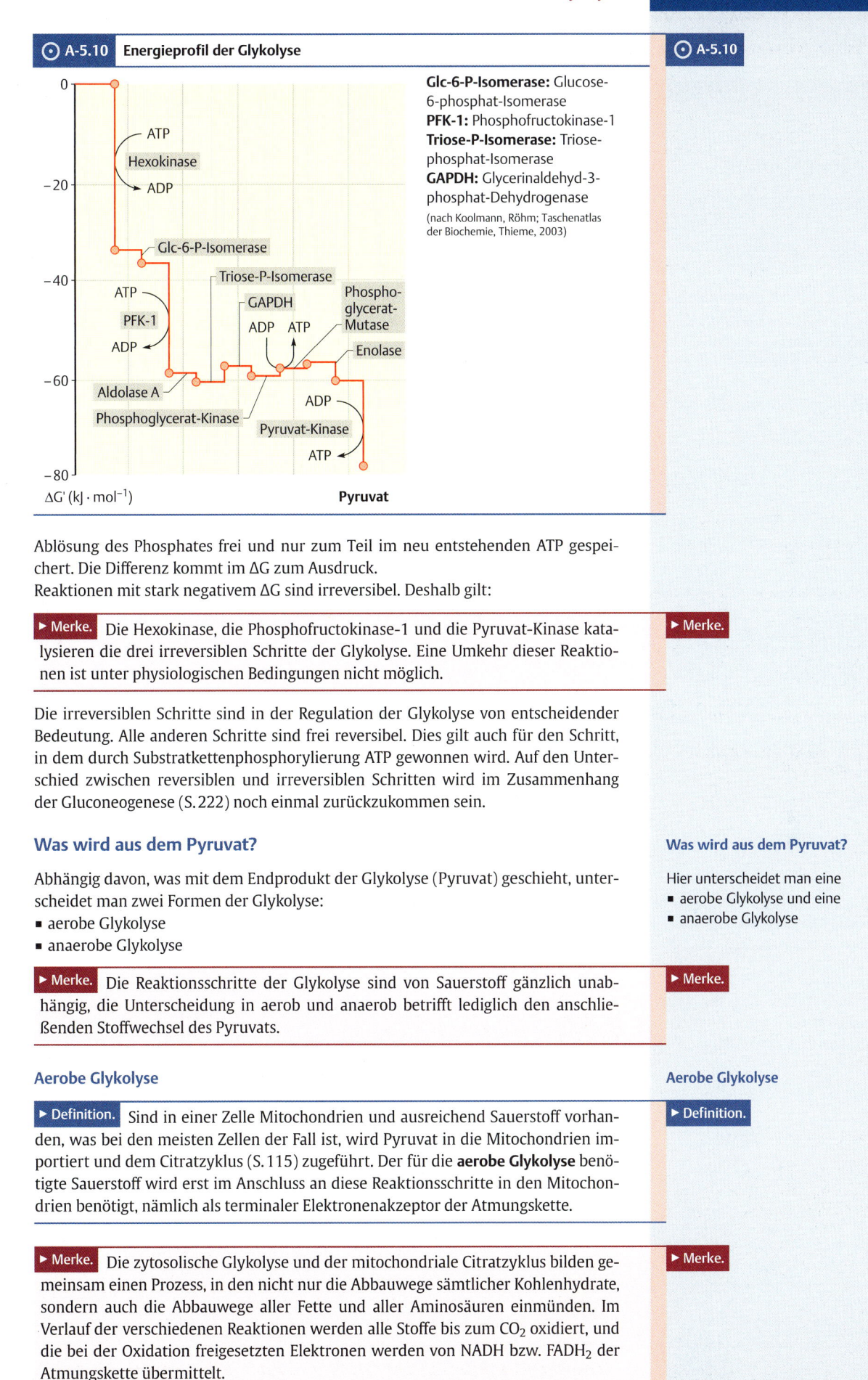

Was wird aus dem Pyruvat?

Abhängig davon, was mit dem Endprodukt der Glykolyse (Pyruvat) geschieht, unterscheidet man zwei Formen der Glykolyse:
- aerobe Glykolyse
- anaerobe Glykolyse

▶ **Merke.** Die Reaktionsschritte der Glykolyse sind von Sauerstoff gänzlich unabhängig, die Unterscheidung in aerob und anaerob betrifft lediglich den anschließenden Stoffwechsel des Pyruvats.

Aerobe Glykolyse

▶ **Definition.** Sind in einer Zelle Mitochondrien und ausreichend Sauerstoff vorhanden, was bei den meisten Zellen der Fall ist, wird Pyruvat in die Mitochondrien importiert und dem Citratzyklus (S. 115) zugeführt. Der für die **aerobe Glykolyse** benötigte Sauerstoff wird erst im Anschluss an diese Reaktionsschritte in den Mitochondrien benötigt, nämlich als terminaler Elektronenakzeptor der Atmungskette.

▶ **Merke.** Die zytosolische Glykolyse und der mitochondriale Citratzyklus bilden gemeinsam einen Prozess, in den nicht nur die Abbauwege sämtlicher Kohlenhydrate, sondern auch die Abbauwege aller Fette und aller Aminosäuren einmünden. Im Verlauf der verschiedenen Reaktionen werden alle Stoffe bis zum CO_2 oxidiert, und die bei der Oxidation freigesetzten Elektronen werden von NADH bzw. $FADH_2$ der Atmungskette übermittelt.

A 5 Abbau der Kohlenhydrate zu Pyruvat bzw. Lactat

Anaerobe Glykolyse

▶ **Definition.** In Zellen, die keine Mitochondrien besitzen oder nicht über hinreichend Sauerstoff verfügen, wird Pyruvat zu Lactat (dem Anion der Milchsäure) abgebaut

Beispiele der anaeroben Glykolyse:
- Lactatbildung durch Erythrozyten (S. 57),
- Lactatbildung bei Sauerstoffmangel in der Skelettmuskulatur (S. 268).

5.2.3 Die Regulation der Glykolyse

Schlüsselenzyme

Die Mengen an Glucose, die durch Glykolyse abgebaut werden müssen, sind in den verschiedenen Zellen des Organismus sehr unterschiedlich. Die Anforderungen des Stoffwechsels hängen zudem sehr von der Tageszeit ab. Die Aktivität der Glykolyse muss deshalb sehr genau kontrolliert und den jeweiligen Bedingungen angepasst werden.

▶ **Exkurs.** **Eigenschaften von Schlüsselenzymen**
Die Intensität, mit der die biochemischen Reaktionen der verschiedenen Stoffwechselwege ablaufen, hängt primär von drei Faktoren ab: Der Stoffumsatz ist in der Regel umso größer, je höher die Konzentration der Edukte ist, je höher die Aktivität der beteiligten Enzyme ist und je schneller die Produkte abgeführt werden. In der Koordination der Stoffwechselwege sind deren **Schlüsselenzyme** von besonderer Bedeutung:
- Sie **katalysieren** den **geschwindigkeitsbestimmenden Schritt**: Der Gesamtprozess kann maximal so schnell ablaufen wie der langsamste Schritt.
- Sie **katalysieren** normalerweise **irreversible Reaktionen**: Dabei handelt es sich um exergone Reaktionen, in denen besonders viel Energie freigesetzt wird (stark negatives ΔG). Schlüsselenzyme sind deshalb oft Kinasen oder Dehydrogenasen, nicht aber Isomerasen.
- Sie kontrollieren **enzymbegrenzte Reaktionen**: Eine Veränderung der enzymatischen Aktivität muss an dieser Stelle des Stoffwechsels unmittelbar einen entsprechend veränderten Substratfluss nach sich ziehen.
- Sie kontrollieren einen **möglichst frühen Schritt** innerhalb eines Stoffwechselweges, damit nach Abschalten des Stoffwechselweges möglichst wenige Reaktionsschritte unnötig ablaufen.
- Sie kontrollieren die **Verzweigungsstellen** des Stoffwechsels: Stoffwechselwege weisen oft Verzweigungen auf, an denen Zwischenprodukte auch für andere Stoffwechselwege benötigt werden. In derartigen Fällen kann es nötig sein, einen Teil des Stoffwechselweges ablaufen zu lassen, während andere Reaktionsschritte nicht benötigt werden.
- Sie sind **allosterisch regulierbar** (S. 43), d. h. ihre Aktivität hängt von der Konzentration bestimmter Metabolite ab, die dem Enzym anzeigen, ob eine erhöhte oder eine erniedrigte Aktivität benötigt wird.

Welche Enzyme kommen nach den im Exkurs genannten Regeln als Schlüsselenzyme der Glykolyse infrage? Offenbar kommen zunächst alle Kinasen sowie die Glycerinaldehyd-3-phosphat-Dehydrogenase in Betracht. Interessanterweise arbeiten aber diejenigen Enzyme, die im zweiten Abschnitt der Glykolyse an der Oxidation des Glycerinaldehyd-3-phosphats und der daran gekoppelten Substratkettenphosphorylierung beteiligt sind, nahe dem chemischen Gleichgewicht. Die Triebkraft der beteiligten Reaktionen ist deshalb sehr gering und die Reaktionen sind sogar reversibel: Die Glykolyse kann in wesentlichen Teilen unter Verwendung der gleichen Enzyme auch rückwärts ablaufen. Im Rahmen der Gluconeogenese (S. 221) wird diese Möglichkeit auch genutzt.

Für die Stoffwechselregulation bedeutet dies aber, dass die Glycerinaldehyd-3-phosphat-Dehydrogenase und die Phosphoglycerat-Kinase für die Stoffwechselregulation kaum geeignet sind. Damit kommen nur die **Hexokinase**, die **Phosphofructokinase-1** und die **Pyruvat-Kinase** als Schlüsselenzyme der Glykolyse in Betracht: Sie katalysieren irreversible Reaktionen. Und in der Tat werden genau diese Enzyme reguliert. Ist die Konzentration der Glucose im Blut sehr hoch, stimuliert das Hormon Insulin die Synthese dieser drei Enzyme, um so den Entzug von Glucose aus dem Blut zu beschleunigen.

Anaerobe Glykolyse

▶ Definition.

Beispiele der anaeroben Glykolyse:
- Erythrozyten,
- Sauerstoffmangel in der Skelettmuskulatur.

5.2.3 Die Regulation der Glykolyse

Schlüsselenzyme

Die Aktivität der Glykolyse wird in den Geweben sehr genau kontrolliert.

▶ Exkurs.

Schlüsselenzyme der Glykolyse sind die
- Hexokinase,
- Phosphofructokinase-1 und
- Pyruvat-Kinase.

Ist die Konzentration der Glucose im Blut sehr hoch, wird Insulin ausgeschüttet, welches die Synthese dieser drei Enzyme stimuliert.

▶ Klinik. Beim **Fasten** ist es sinnvoll, dass die Energiespeicher des Körpers möglichst langsam abgebaut werden. Mit diesem Ziel wird das Hungerhormon Cortisol ausgeschüttet. Es greift in die Genregulation der Zellen ein und bewirkt u.a., dass die Synthese der Schlüsselenzyme der Glykolyse reduziert wird.

Bedeutung und Regulation von Hexokinase und Glucokinase

Die **Hexokinase** erfüllt die Kriterien eines Schlüsselenzyms, denn
- sie steht direkt am Anfang des Stoffwechselwegs,
- sie katalysiert eine Reaktion, die mit einem erheblichen negativen ΔG verbunden ist,
- das Reaktionsprodukt, Glucose-6-phosphat, wird auch zur Synthese von Glykogen sowie für den Pentosephosphatweg benötigt. Die Hexokinase ist also an einer wichtigen Verzweigungsstelle des Stoffwechsels positioniert. Dies macht die große Bedeutung dieses Enzyms und seiner Regulation aus und ist gleichzeitig der Grund dafür, dass man die Hexokinase nicht als das Schlüsselenzym *nur* der Glykolyse ansehen kann.

▶ Merke. Die Hexokinase kommt in allen Zellen des Körpers vor. Ihr Substrat ist primär Glucose.

Alle Zellen des Körpers nehmen in größerem oder geringerem Umfang Glucose auf. Die meisten von ihnen phosphorylieren diese dann in Gegenwart von ATP mithilfe der Hexokinase zu Glucose-6-phosphat. Mit deutlich geringerer Affinität kann die Hexokinase aber auch andere Hexosen phosphorylieren.

▶ Merke. Der K_m-Wert (Michaelis-Menten-Konstante) der Hexokinase ist **sehr niedrig**, er liegt bei **ca. 0,1 mM**. Die Hexokinase zeigt also zu ihrem Substrat eine besonders **hohe Affinität**.

Was bedeutet das? Der K_m-Wert (S.37) ist als die Substratkonzentration definiert, bei der das jeweilige Enzym seine halbmaximale Umsatzgeschwindigkeit erreicht ($v = v_{max}/2$). Bei einer Konzentration von 0,1 mM Glucose in der Zelle arbeitet die Hexokinase also bereits mit halbmaximaler Geschwindigkeit. Nun liegt die Konzentration der Glucose im Blut in der Resorptionsphase bei ca. 7 mM, in der Postresorptionsphase (S.56) bei 3,3 – 5,5 mM und selbst im Fasten bei ca. 3,5 mM, und Glucose diffundiert ihrem Konzentrationsgradienten folgend dank der GLUT-Proteine (S.366) in der Plasmamembran in die Zellen. Der K_m-Wert der Hexokinase liegt also weit unter den Substratkonzentrationen, und die Hexokinase aller Zellen arbeitet nahezu mit maximaler Umsatzgeschwindigkeit. Wenn die Menge an Hexokinase in Antwort auf eine Ausschüttung von Insulin gesteigert wird, erhöht sich damit in gleichem Umfang auch der Substratumsatz.

Wie wird verhindert, dass in einer Zelle übermäßig viel Glucose-6-phosphat akkumuliert?

▶ Merke. Die Hexokinase wird von Glucose-6-phosphat, also durch das Reaktionsprodukt der von ihr katalysierten Reaktion, gehemmt. Der Effekt ist ein klassisches Beispiel für **Produkthemmung**.

Gleich der erste Schritt der Glykolyse läuft nur solange ab, bis hinreichend viel Glucose-6-phosphat in der Zelle akkumuliert ist. Bei höheren Konzentrationen wird die Hexokinase ausgeschaltet. Auf diese Weise wird z. B. in Skelettmuskelzellen eine durchschnittliche Konzentration von 4 mM Glucose-6-phosphat aufrechterhalten.
In den Kapiteln A-12 und A-15 wird noch näher erläutert werden, dass viele Zellen zudem den Einstrom von Glucose kontrollieren. Die **GLUT 4**-Proteine, die in diesen Zellen den Einstrom der Glucose vermitteln, werden nämlich in intrazellulären Membranvesikeln vorrätig gehalten. In der **Resorptionsphase** wird das Hormon **Insulin** ausgeschüttet, welches in den Zellen eine Fusion der GLUT 4-Vesikel mit der Plasmamembran auslöst. Durch diesen Einbau der GLUT 4-Proteine in die Plasmamembran wird die **Kapazität des Glucosetransports** innerhalb kurzer Zeit erheblich **erhöht**. In der Postresorptionsphase werden viele der GLUT 4-Proteine wieder in intrazelluläre Vesikel zurückverlagert.

▶ Klinik.

Bedeutung und Regulation von Hexokinase und Glucokinase

Die **Hexokinase** ist an einer wichtigen Verzweigungsstelle des Stoffwechsels positioniert.

▶ Merke.

Die Phosphorylierung von Glucose zu Glucose-6-phosphat wird in den meisten Zellen von der Hexokinase katalysiert.

▶ Merke.

Der K_m-Wert liegt weit unter der Substratkonzentration in der Zelle, d. h. die Hexokinase arbeitet nahezu mit maximaler Umsatzgeschwindigkeit. Steigt die Menge an Hexokinase als Reaktion auf Insulinausschüttung, steigt somit auch der Substratumsatz.

▶ Merke.

Durch höhere Glucose-6-phosphat-Konzentrationen wird die Hexokinase gehemmt.

In vielen Zellen werden Glucosetransporter vom Typ **GLUT 4** in Vesikeln vorrätig gehalten. In der **Resorptionsphase** löst **Insulin** die Fusion der GLUT 4-Vesikel mit der Plasmamembran aus. Der Einbau der GLUT 4-Proteine in die Membran **steigert** die **Kapazität des Glucosetransports** innerhalb kurzer Zeit erheblich.

A 5 Abbau der Kohlenhydrate zu Pyruvat bzw. Lactat

Was passiert, wenn in einer Resorptionsphase mehr Glucose im Blut vorhanden ist, als von den Geweben im Organismus benötigt wird? In derartigen Situationen hat die **Leber** (Hepatozyten) die besondere Aufgabe, die **überschüssige Glucose aufzunehmen** und in Form von **Glykogen** zu **speichern**. In Postresorptionsphasen kann bei Bedarf Glykogen abgebaut und Glucose an das Blut abgegeben werden. Der Speicherfunktion entsprechend phosphorylieren Hepatozyten die Glucose zu Glucose-6-phosphat und verwenden dieses größtenteils zur **Glykogensynthese**, nur in geringem Maß zur Glykolyse.

Überschüssige Glucose wird von der **Leber** aufgenommen, phosphoryliert und in Form von **Glykogen** gespeichert.

▶ Merke.

▶ **Merke.** Die Phosphorylierung der Glucose übernimmt in der **Leber** die **Glucokinase**, ein Isoenzym der Hexokinase. Dieses Enzym katalysiert die gleiche Reaktion wie die Hexokinase, hat aber eine wesentlich **niedrigere Affinität** zu seinem Substrat und damit einen wesentlich **höheren K_m-Wert** (ca. 5 mM). Deshalb kann die enzymatische Aktivität der Glucokinase in einer Resorptionsphase erheblich zunehmen. Hinzu kommt: Die Glucokinase wird **durch Glucose-6-phosphat nicht gehemmt**.

Die Plasmamembran der Hepatozyten enthält permanent (= insulinunabhängig) **GLUT 2-Proteine**. Die Leber kann deshalb jederzeit große Glucosemengen sehr schnell aufnehmen.

Die Aktivität der Glucokinase ist in ihrer Aktivität also nicht am eigenen Bedarf der Leber orientiert, sondern ganz darauf eingestellt, überschüssige Glucose aus dem Blut zu verarbeiten. Diese Funktion der Leber wird auch dadurch ermöglicht, dass die Glucoseaufnahme in die Hepatozyten nicht durch GLUT 4-Proteine, sondern durch **GLUT 2-Proteine** erfolgt. Diese sind unabhängig von Insulin ständig in der Plasmamembran lokalisiert.

GLUT 1-vermittelt wird Glucose von den **B-Zellen des Pankreas** aufgenommen, die Phosphorylierung erfolgt mit Hilfe der Glucokinase.

Eine ähnliche Situation ist in den **B-Zellen der Bauchspeicheldrüse** gegeben: Diese Zellen haben die Aufgabe, auf hohe Konzentrationen an Glucose mit einer Ausschüttung von Insulin zu reagieren. Anders als die Hepatozyten nehmen sie Glucose nicht über GLUT 2, sondern unter Vermittlung von GLUT 1 auf. Die Phosphorylierung erfolgt mit Hilfe der Glucokinase. Das bei hohen Glucosekonzentrationen in großen Mengen gebildete Glucose-6-phosphat löst dann die Prozesse aus, die letztlich die Ausschüttung des Insulins (S. 582) zur Folge haben.

Bedeutung und Regulation der Phosphofructokinase-1

▶ Merke.

▶ **Merke.** Die Phosphofructokinase-1 ist das Schrittmacherenzym und damit *das* Schlüsselenzym der Glykolyse. Durch Regulation ihrer Aktivität wird die Glykolyse den jeweiligen Bedürfnissen des Stoffwechsels angepasst.

Die Phosphofructokinase-1 ist das erste der Glykolyseenzyme, das eine glykolysespezifische Reaktion katalysiert.

Die Phosphofructokinase-1 ist das erste der Enzyme der Glykolyse, das eine für die Glykolyse spezifische Reaktion katalysiert. Wird die Phosphofructokinase-1 abgeschaltet, wird die Glykolyse gedrosselt. Der erste Schritt der Glykolyse kann aber weiterhin ablaufen, sodass bei Bedarf weiterhin Glucose-6-phosphat für andere Stoffwechselwege bereitgestellt werden kann.

Regulation durch Adeninnukleotide und Citrat

▶ Merke.

▶ **Merke.** Die Phosphofructokinase-1 wird
- gehemmt durch ATP und Citrat,
- stimuliert durch ADP, AMP und Fructose-2,6-bisphosphat (Abb. **A-5.11**).

Adeninnukleotide: Die Phosphofrucotkinase-1 wird von ADP und AMP aktiviert.

Adeninnukleotide: Eine der wichtigsten Aufgaben der Glykolyse besteht in der Synthese von **ATP**. Deshalb wird die Aktivität der Glykolyse reduziert, wenn hinreichend ATP im Zytosol der Zelle vorhanden ist. Wenn im Zytosol **ADP** oder **AMP** akkumulieren, ist dies hingegen ein Signal für die Glykolyse, aus diesen vergleichsweise nutzlosen Stoffen wieder energiereiches ATP zu regenerieren. Deshalb wirken ADP und AMP stimulierend.

Die ATP-Konzentration ändert sich in den Zellen nur geringfügig: Sowohl in arbeitenden als auch in ruhenden Muskelzellen z. B. beträgt sie ca. 8 mM. Die Konzentrationen an ADP und AMP sind wesentlich geringer, sie liegen unter 1 mM. Wenn nun die ATP-Konzentration in einer Zelle z. B. um 10 % sinkt, ist der unmittelbare regulatorische Effekt des ATP zwar nur gering. Die Konzentrationen des ADP und des AMP erhöhen sich dabei aber erheblich. Ihre erhöhte Konzentration ist dann das entscheidende stimulierende Signal an die Phosphofructokinase-1.

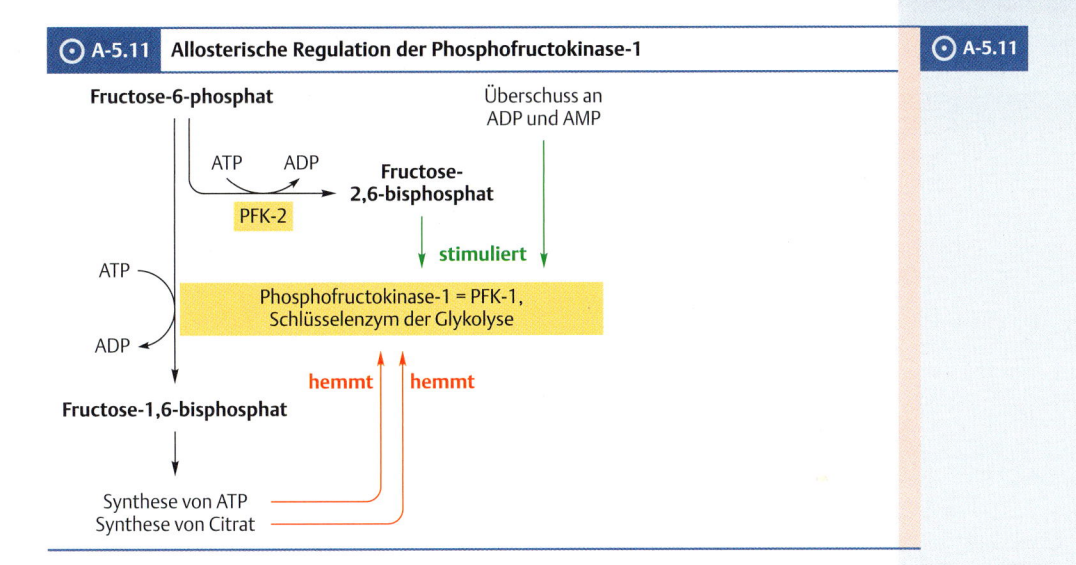

A-5.11 Allosterische Regulation der Phosphofructokinase-1

Citrat: entsteht ausgehend von Pyruvat im Citratzyklus, einem Stoffwechselweg, der sich an die Glykolyse anschließt. Wenn der Stoffwechsel in der Lage ist, größere Mengen an Citrat zu synthetisieren, kann die Zufuhr an Pyruvat gedrosselt werden. Somit ist nachvollziehbar, warum Citrat als Hemmstoff der Phosphofructokinase-1 wirkt.

Citrat: entsteht im Anschluss an die Glykolyse im Citratzyklus. Ist genügend Citrat in der Zelle vorhanden, wird die Glykolyse gedrosselt.

Regulation durch Fructose-2,6-bisphosphat

▶ **Merke.** Fructose-2,6-bisphosphat ist ein starker allosterischer Aktivator der Phosphofructokinase-1. In der Leber ist es der wichtigste Regulator der Glykolyse.

Fructose-2,6-bisphosphat entsteht im Zytosol in einer Abzweigung von der Glykolyse durch ATP-abhängige Phosphorylierung von Fructose-6-phosphat (es entsteht also *nicht* aus Fructose-1,6-bisphosphat!). Die Konzentration von Fructose-2,6-bisphosphat steigt an, wenn Fructose-6-phosphat, das Substrat der Phosphofructokinase-1, in hoher Konzentration vorliegt.

Fructose-2,6-bisphosphat entsteht durch ATP-abhängige Phosphorylierung von Fructose-6-phosphat.

▶ **Definition.**

- Wird die Aktivität eines Enzyms von seinem *Produkt* gehemmt, liegt eine **Produkthemmung (Feedback Inhibition)** vor.
- Wird die Aktivität eines Enzyms durch ein steigendes Angebot an Substraten erhöht, wirkt das Substrat offenbar als Aktivator des Enzyms und es vermittelt eine **Feedforward-Regulation**.

Im Falle der Phosphofructokinase-1 erfolgt die Feedforward-Regulation nicht unmittelbar durch das Substrat Fructose-6-phosphat, sondern durch dessen Derivat Fructose-2,6-bisphosphat.

▶ **Merke.** Bildung und Abbau des Fructose-2,6-bisphosphats werden von einem **bifunktionellen Enzym** katalysiert, dessen Aktivität hormonell kontrolliert wird.

Dieses bifunktionelle Enzym besteht aus drei Domänen, d. h. aus drei Teilen (Abb. **A-5.12**):
1. einer kleinen **regulatorischen Domäne** am Aminoterminus. Sie enthält ein Serin, welches phosphoryliert und wieder dephosphoryliert werden kann. Die Phosphorylierung des Serins hat die Funktion eines An/Aus-Schalters.
2. einer **Domäne mit Kinaseaktivität**, die für die Phosphorylierung von Fructose-6-phosphat zu Fructose-2,6-bisphosphat zuständig ist und als **Phosphofructokinase-2 (PFK-2)** bezeichnet wird.
3. einer **Domäne** mit spezifischer **Phosphataseaktivität**: Sie überführt Fructose-2,6-bisphosphat in Fructose-6-phosphat und wird deshalb als **Fructose-Bisphosphatase-2 (FBP-2)** bezeichnet.

Das bifunktionelle Enzym besteht aus (Abb. **A-5.12**)
1. einer regulatorischen Domäne,
2. einer Domäne mit **Kinaseaktivität** (= **Phosphofructokinase-2,** PFK-2) und
3. einer Domäne mit spezifischer **Phosphataseaktivität** (= **Fructose-Bisphosphatase-2,** FBP-2).

A-5.12 Das bifunktionelle Enzym mit den Domänen der PFK-2 (einer Kinase) und der FBP-2 (einer Phosphatase).

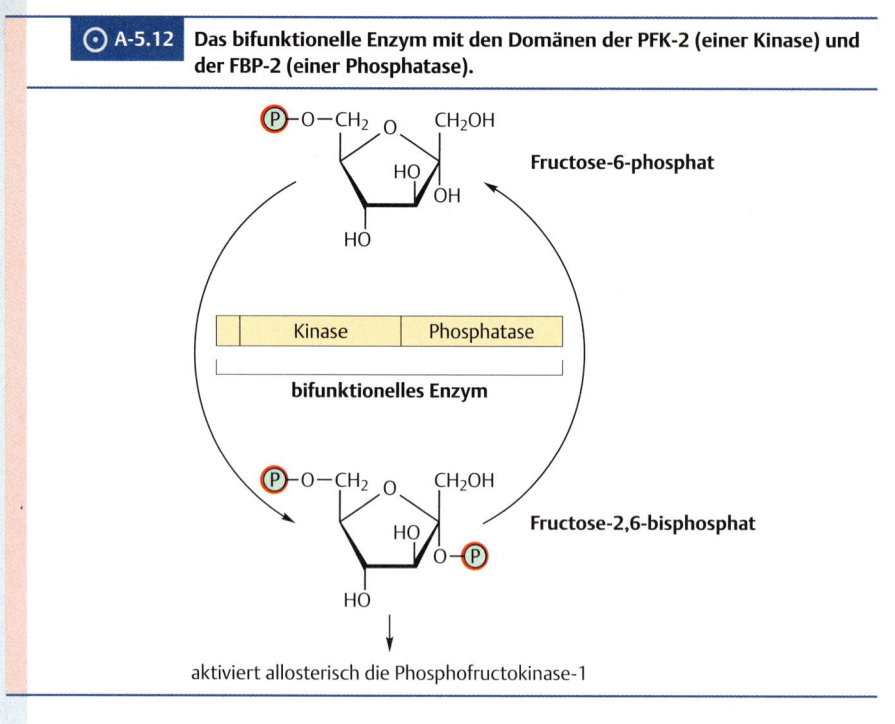

Fructose-6-phosphat

bifunktionelles Enzym | Kinase | Phosphatase |

Fructose-2,6-bisphosphat

aktiviert allosterisch die Phosphofructokinase-1

A-5.13 Hormonelle Regulation des bifunktionellen Enzyms in Hepatozyten

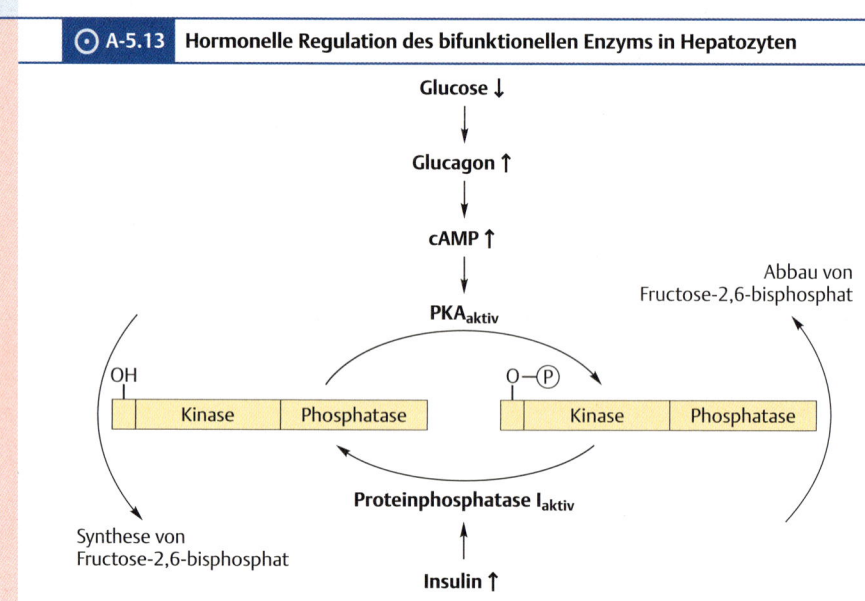

Glucose ↓ → Glukagon ↑ → cAMP ↑ → PKA$_{aktiv}$

Synthese von Fructose-2,6-bisphosphat ← Kinase | Phosphatase (OH)

Abbau von Fructose-2,6-bisphosphat ← Kinase | Phosphatase (O–P)

Proteinphosphatase I$_{aktiv}$ ← Insulin ↑

Zur **hormonellen Regulation** s. a. Abb. **A-5.13**:

- Bei **Absinken** der **Blutglucosekonzentration** steigert **Glukagon** die **cAMP**-Konzentration in den Hepatozyten. Dies aktiviert die **Proteinkinase A**, die das Serin der **regulatorischen Domäne** des bifunktionellen Enzyms **phosphoryliert**. Dies **inaktiviert** die **PFK-2-Domäne** und **aktiviert** die **FBP-2-Domäne**.

Die **hormonelle Regulation** des bifunktionellen Enzyms ist am eingehendsten an Hepatozyten untersucht (Abb. **A-5.13**):

- Bei **Absinken der Blutglucosekonzentration** schüttet das Pankreas **Glukagon** aus. Dieses stimuliert die Adenylatzyklase der Hepatozyten, ein Enzym, das zyklisches Adenosinmonophosphat **(cAMP)** synthetisiert. cAMP ist ein wichtiger intrazellulärer Botenstoff, der in vielen Fällen als Hungersignal dient (S. 269). cAMP **aktiviert die Proteinkinase A** (PKA), die das **Serin der regulatorischen Domäne** des bifunktionellen Enzyms **phosphoryliert**. Hierdurch wird die **Kinase(PFK-2)-Domäne inaktiviert**, es wird also kein Fructose-2,6-bisphosphat mehr synthetisiert. Die **Phosphatase(FBP-2)-Domäne** dagegen wird durch die Phosphorylierung des Serins **aktiviert**, sodass alles in der Zelle noch vorhandene Fructose-2,6-bisphosphat abgebaut wird. Dadurch aber geht der Phosphofructokinase-1 der Hepatozyten der wichtigste Aktivator verloren und die Aktivität der Glykolyse in der Leber wird reduziert. Parallel dazu erleichtert Glukagon in der Leber die Gluconeogenese, also die Neusynthese von Glucose. Die Ausschüttung von Glukagon führt also zu einer Erhöhung der Glucosekonzentration.

A 5.2 Die Glykolyse

> ▶ **Merke.** Bei Absinken der Blutglucosekonzentration fördert **Glukagon** durch Stimulation der Adenylatzyklase und der Proteinkinase A die Phosphorylierung des bifunktionellen Enzyms der Hepatozyten. Dadurch sinkt die Konzentration von Fructose-2,6-bisphosphat und die Glykolyse in der Leber wird gedrosselt.

- Bei **Zunahme der Blutglucosekonzentration** schüttet das Pankreas **Insulin** aus. Dieses aktiviert die Proteinphosphatase I, die das Serin der regulatorischen Domäne des bifunktionellen Enzyms dephosphoryliert. Dadurch wird die PFK-2-Domäne aktiviert, die FBP-2-Domäne hingegen inaktiviert. Es wird also **Fructose-2,6-bisphosphat gebildet** und die Phosphofructokinase-1 der Hepatozyten dadurch wieder aktiviert.

▶ **Merke.**
- Steigt die **Blutglucosekonzentration**, bewirkt **Insulin** durch **Dephosphorylierung** der regulatorischen Domäne die **Aktivierung** der PFK-2- und die **Inaktivierung** der FBP-2-Domäne.

> ▶ **Merke.** Bei Zunahme der Blutglucosekonzentration fördert **Insulin** durch Stimulation der Proteinphosphatase I die Dephosphorylierung des bifunktionellen Enzyms der Hepatozyten. Dadurch steigt die Konzentration von Fructose-2,6-bisphosphat und die Glykolyse in der Leber wird stimuliert.

▶ **Merke.**

Auf diese Weise sorgt die Leber dafür, dass die Blutglucosekonzentration niemals unter 3,5 mM sinkt.
Im Gegensatz zur Leber steht der Kohlenhydratstoffwechsel der meisten anderen Gewebe allein im Dienst des eigenen Zellstoffwechsels. Nicht hepatische Zellen enthalten Isoenzyme, die sich vom hepatischen bifunktionellen Enzym wesentlich unterscheiden. 5 verschiedene Isoenzyme sind bereits identifiziert worden. Diese **nicht hepatischen Isoenzyme des bifunktionellen Enzyms** werden bei einem **Anstieg der cAMP-Konzentration** (z. B. unter dem Einfluss von Glukagon) **an einem anderen Serinrest phosphoryliert**, sodass die Synthese von Fructose-2,6-bisphosphat gesteigert wird. Die Folge ist eine **Stimulation der Glykolyse**.

Fructose-1,6-phosphat stimuliert, ATP hemmt die Pyruvat-Kinase.

Nicht hepatische Zellen enthalten **Isoenzyme** des hepatischen bifunktionellen Enzyms. Diese werden bei **Anstieg der cAMP-Konzentration an einem anderen Serinrest phosphoryliert**, sodass vermehrt Fructose-2,6-bisphosphat gebildet und die **Glykolyse stimuliert** wird.

Regulation der Pyruvat-Kinase

Die Regulation der Pyruvat-Kinase ist von vergleichsweise untergeordneter Bedeutung. Gleichwohl ist eine Vielzahl an Faktoren identifiziert worden, die auf die Aktivität der Pyruvat-Kinase Einfluss haben. U.a. wird die Aktivität der Pyruvat-Kinase von Fructose-1,6-bisphosphat stimuliert und von ATP gehemmt.
Zudem wird das Enzym in der Leber unter dem Einfluss von **Glukagon** von der Proteinkinase A phosphoryliert (wie das bifunktionelle Enzym). Dies reduziert seine enzymatische Aktivität. Auch hierdurch reduziert Glukagon den Glucoseverbrauch in der Leber.

Regulation der Pyruvat-Kinase

Glukagon hemmt die Pyruvat-Kinase durch Phosphorylierung.

> ▶ **Exkurs.** **Möglichkeiten der Stoffwechselregulation**
> Im Rückblick auf die Regulation der Glykolyse wird deutlich, dass an der Regulation des Stoffwechsels ganz unterschiedliche Mechanismen beteiligt sind:
> - Schrittmacherenzyme enthalten nicht nur Bindestellen für ihre Substrate, sondern auch für regulatorisch wirkende Metabolite. Hemmende oder stimulierende Metabolite binden außerhalb des aktiven Zentrums und verändern dabei über einen allosterischen Effekt (S. 43) die Aktivität des Enzyms.
> - Schrittmacherenzyme können durch kovalente Modifikationen an- und ausgeschaltet werden. Dieses Phänomen bezeichnet man als **Interkonvertierung (Interkonversion)**. Fast immer erfolgt eine Interkonvertierung durch reversible Phosphorylierung.
> - Enzyme werden nach Möglichkeit nur in der Menge synthetisiert, in der sie benötigt werden. Entsprechend wird die **Transkription** der Gene, die für die verschiedenen Enzyme kodieren, genau **kontrolliert**. Derartige Mechanismen werden im Organismus vielfach durch **Hormone** koordiniert.
> - Regulatorisch wichtige Enzyme werden mitunter gezielt **proteolytisch abgebaut**.
> - Die Aktivität einiger Enzyme wird durch einen **gezielten Transport innerhalb der Zelle** – z. B. an die Plasmamembran oder in den Zellkern – reguliert. Derartige Mechanismen sind z. B. in der Regulation des Zellzyklus von zentraler Bedeutung.

▶ **Exkurs.**

5.3 Reduktion und Oxidation von Pyruvat

Wie im Kap. „Aerobe Glykolyse" (S. 91) beschrieben, wird Pyruvat
- nach Möglichkeit in **Mitochondrien** importiert und dort in Gegenwart von Sauerstoff **zu CO_2 oxidiert** oder
- bei Mangel an Sauerstoff und bei Fehlen von Mitochondrien **im Zytosol zu Lactat reduziert**, das dann von der Zelle abgegeben wird.

5.3.1 Reduktion von Pyruvat zu Lactat (Lactatgärung)

Ist die Glykolyse unmittelbar mit der Bildung von Lactat verbunden, liegt eine Gärung vor. Während in manchen Bakterien viele verschiedene Typen von Gärungen ablaufen können, gibt es im Stoffwechsel des Menschen nur die Lactatgärung.

A-5.14 NADH-abhängige Reduktion von Pyruvat zu Lactat

$$\text{Pyruvat} \begin{pmatrix} COO^- \\ | \\ C=O \\ | \\ CH_3 \end{pmatrix} + NADH + H^+ \xrightleftharpoons{LDH} \begin{pmatrix} COO^- \\ | \\ HO-C-H \\ | \\ CH_3 \end{pmatrix} \text{Lactat} + NAD^+$$

LDH: Lactat-Dehydrogenase

Funktion

Die wesentliche Aufgabe der Lactatgärung besteht darin, aus dem in der Glykolyse anfallenden NADH durch NADH-abhängige Reduktion des Pyruvats zu Lactat wieder **NAD^+ zu regenerieren** (Abb. **A-5.14**), denn dieses wird von der Glycerinaldehyd-3-phosphat-Dehydrogenase im zweiten Abschnitt der Glykolyse benötigt. Das **Reaktionsprodukt** der Gärung (= Lactat), nicht etwa das Substrat (= Pyruvat), wird von der Zelle **an die Umgebung abgegeben**.

Das bekannteste Beispiel für eine Gärung bei Mikroorganismen ist die **alkoholische Gärung der Hefen**. In diesem Fall ist die Glykolyse nicht mit einer Bildung von Lactat verbunden, sondern mit einer Freisetzung von Ethanol, welches ausgehend von Pyruvat synthetisiert (Abb. **A-5.15**) und dann an die Umgebung abgegeben wird. Auch die Bildung des Ethanols dient der Regeneration des NAD^+, das von der GAPDH benötigt wird.

A-5.15 Alkoholische Gärung in Hefezellen (Bäckerhefe, Saccharomyces cerevisiae)

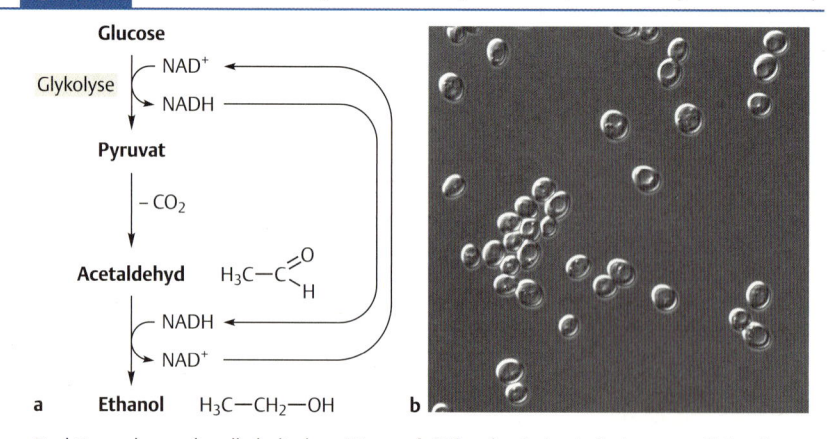

Glucose
↓ Glykolyse (NAD⁺ → NADH)
Pyruvat
↓ $-CO_2$
Acetaldehyd (H_3C-CHO)
↓ (NADH → NAD⁺)
Ethanol (H_3C-CH_2-OH)

a Reaktionsschema der alkoholischen Gärung. **b** Mikroskopische Aufnahme von Hefezellen (mit freundlicher Genehmigung von Frau Dr. K. Hauser).

A 5.3 Reduktion und Oxidation von Pyruvat

▶ **Klinik.** In der Vagina leben Bakterien, die eine Lactatgärung durchführen und deshalb als Milchsäurebakterien bezeichnet werden. Sie sind traditionell unter dem Namen **„Döderlein-Stäbchen"** bekannt (Abb. **A-5.16**). Sie tragen wesentlich zur Entstehung eines sauren Scheidenmilieus bei und hemmen dadurch das Wachstum anderer Bakterien, einschließlich verschiedener Krankheitserreger.

⊙ **A-5.16** Döderlein-Stäbchen (Milchsäurebakterien) der Vagina

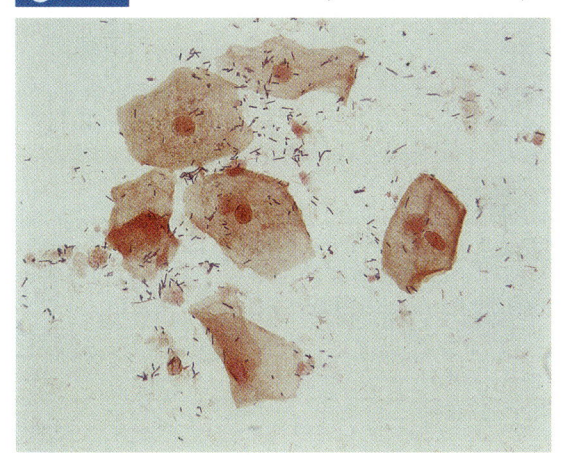

(aus Hof, Dörries; Duale Reihe Medizinische Mikrobiologie, Thieme, 2009)

▶ **Merke.** Die Reduktion von Pyruvat zu Lactat wird von der **Lactat-Dehydrogenase (LDH)** katalysiert.

Die Lactat-Dehydrogenase (LDH)

Isoenzyme: Von der LDH sind **fünf Isoenzyme** bekannt (LDH 1 – 5), die jeweils für bestimmte Organe spezifisch sind.
Alle Isoenzyme der LDH sind **Tetramere**, d. h. sie bestehen aus jeweils vier Untereinheiten (Monomeren). Die **Monomere** kommen in zwei Formen vor, dem Typ H (*H*erzmuskulatur) und dem Typ M (Skelett*m*uskel). Die fünf Isoenzyme entstehen durch jeweils unterschiedliche Kombinationen von Typ-H- und Typ-M-Monomeren. *Beispiele:* In der LDH-1 gehören alle zum **Typ H**, in der LDH-5 gehören alle zum **Typ M** (Tab. **A-5.1**).

▶ **Klinik.**

Die Lactat-Dehydrogenase (LDH)

Isoenzyme: Man kennt **fünf Isoenzyme** der Lactat-Dehydrogenase (LDH).

Die Isoenzyme bestehen jeweils aus 4 Untereinheiten **(Monomeren)**. Das LDH-Isoenzym ist also jeweils ein **Tetramer** (Tab. **A-5.1**).

≡ **A-5.1** Die LDH-Isoenzyme

LDH-Isoenzym	monomere (Untereinheiten)	Vorkommen
LDH 1	H H H H	Herzmuskulatur, Erythrozyten, Niere
LDH 2	M H H H	Erythrozyten, Niere, Herzmuskulatur, Lunge
LDH 3	M M H H	Lunge, Thrombozyten, lymphatisches System
LDH 4	M M M H	verschiedene Organe
LDH 5	M M M M	Skelettmuskulatur, Leber

▶ **Klinik.** Wenn in einem Organ Zellen absterben, gelangt dabei u. a. das für das Organ charakteristische LDH-Isoenzym ins Blut. Ist die Konzentration der (Gesamt-) LDH im Blut erhöht, kann man durch **Bestimmung der Isoenzyme** Rückschlüsse auf die Schädigung dieser Organe ziehen. So steigt die Konzentration der LDH-1 nach einem Herzinfarkt und bei Zerstörung von Erythrozyten (Hämolyse) an. In der **Herzinfarktdiagnostik** ist auch der Nachweis von gewebespezifischen Isoenzymen der Kreatinkinase (S. 266) von Bedeutung.

A 5 Abbau der Kohlenhydrate zu Pyruvat bzw. Lactat

Funktion: Die LDH kann sowohl die Reduktion von Pyruvat in Lactat als auch die Rückreaktion, also die Oxidation von Lactat zu Pyruvat, katalysieren. Der Reaktionsmechanismus ähnelt dem Mechanismus der Glycerinaldehyd-3-phosphat-Dehydrogenase (GAPDH): Zur Oxidation des Lactats zu Pyruvat wird von der LDH sowohl Lactat als auch NAD$^+$ gebunden. Anschließend wird ein Wasserstoffatom mitsamt seiner beiden Bindungselektronen, also als **Hydrid-Ion (H$^-$)**, auf den **Nicotinamidring des NAD$^+$** übertragen.

Der weitere Abbau des Lactats

Lactat wird an das Blut abgegeben und zur Leber und zum Herzen transportiert. In der **Leber** wird Lactat u. a. zur Gluconeogenese, also zur Synthese von Glucose eingesetzt. Die Glucose wird dann an das Blut abgegeben und kann in den verschiedenen Zellen des Körpers z. B. wieder zur Glykolyse verwendet werden. Es ergibt sich dadurch ein Kreislauf, der als **Cori-Zyklus** (Abb. **A-5.17**) bekannt ist.
Im Herzmuskel wird Lactat hingegen *nicht* zur Gluconeogenese verwendet, sondern mithilfe der LDH-1 zu Pyruvat oxidiert und dann in Mitochondrien importiert. Hier wird es dem Energiestoffwechsel zur Verfügung gestellt und zu CO$_2$ oxidiert.

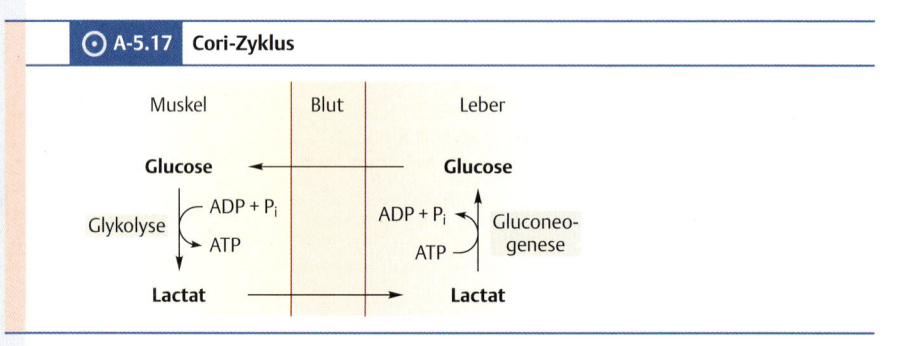

⊙ **A-5.17** Cori-Zyklus

Muskel	Blut	Leber
Glucose ←		← Glucose
Glykolyse ↓ (ADP + P$_i$ → ATP)		(ADP + P$_i$ → ATP) ↑ Gluconeogenese
Lactat →		→ Lactat

5.3.2 Oxidativer Abbau von Pyruvat

(s. Kap. A-7)

5.4 Abbau von Glykogen

Zur Glykogensynthese (S. 215).

5.4.1 Einführung

Das Glucoseangebot aus der Verdauung der Nahrung entspricht nur selten dem aktuellen Glucosebedarf des Stoffwechsels. In diesem Zusammenhang spielt **Glykogen** als **Speicherform der Glucose** im Organismus eine entscheidende Rolle. Überschüssige Glucose wird zu Glykogen polymerisiert. In diesem verzweigten Molekül sind die Glucosemonomere α1→4-glykosidisch verknüpft, lediglich an den Verzweigungsstellen (im Abstand von je ca. 10 Glucosemonomeren) finden sich α1→6-glykosidische Bindungen (S. 50). Bei Bedarf werden aus dem Glykogen Glucosemonomere freigesetzt. In größerem Umfang wird Glykogen nur in zwei Organen gespeichert:
- **ca. 150 g in der Leber** (bis zu 10 % des Lebergewebes können aus Glykogen bestehen),
- **ca. 300 g in der Skelettmuskulatur** (bis zu 1 % der Skelettmuskulatur kann aus Glykogen bestehen).

Zwischen beiden Glykogenspeichern besteht insofern ein wesentlicher Unterschied, als das Glykogen der **Leber** für die Aufrechterhaltung einer hinreichenden **Glucosekonzentration im Blut** genutzt wird, während die **Muskelzellen** Glykogen ausschließlich **für den eigenen Bedarf** speichern.

5.4.2 Der Glykogenabbau

Aus Glykogen wird **Glucose phosphorolytisch freigesetzt**: Katalysiert von der **Glykogen-Phosphorylase** wird unter Verbrauch von anorganischem Phosphat Glucose-1-phosphat gebildet. Glucose-1-phosphat isomerisiert dann zu Glucose-6-phosphat (S. 83), welches in die Glykolyse eingespeist werden kann. In Hepatozyten kann die

Phosphatgruppe entfernt werden, sodass Glucose ohne die Phosphatgruppe an das Blut abgegeben wird.

▶ **Merke.** Im Gegensatz zur Situation in der Glykolyse braucht beim Abbau des Glykogens zu Glucose-6-phosphat kein ATP aufgewendet zu werden. Die ATP-abhängige Phosphorylierung der Glucose (der erste Schritt der Glykolyse) entfällt beim Abbau von Glykogen. Die Synthese des Glykogens (S. 215) dagegen ist energieaufwendig.

Abbau an freien Glykogen-Enden

Die Glykogen-Phosphorylase setzt an den freien (nicht reduzierenden) Enden der Glucoseketten an, also an den Enden mit freier OH-Gruppe eines C-Atoms in Position 4 (S. 52). Dort katalysiert sie die schrittweise Übertragung einzelner Glucosemonomere auf anorganisches Phosphat. Dabei entsteht Glucose-1-phosphat. Dieses wird zu Glucose-6-phosphat umgesetzt, das in Hepatozyten dephosphoryliert und in Form von Glucose dem Stoffwechsel zur Verfügung gestellt, in Muskelzellen dagegen der Glykolyse zugeführt wird.

▶ **Merke.** Die Glykogen-Phosphorylase kann nur α1→4-glykosidische Bindungen lösen, nicht aber die α1→6-glykosidischen Bindungen an Verzweigungsstellen. Beim **Abbau eines Glykogenzweiges beendet** die Glykogen-Phosphorylase **ihre Arbeit vier Glucosemonomere vor der Verzweigungsstelle** (Abb. **A-5.18**).

⊙ **A-5.18** Glykogenabbau an nicht reduzierenden Enden

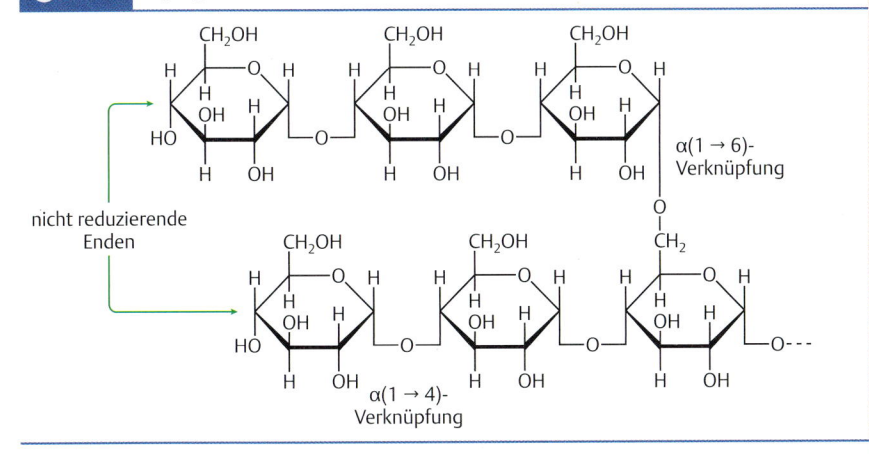

Leber und Skelettmuskulatur enthalten unterschiedliche Isoenzyme der Glykogen-Phosphorylase, die auch unterschiedlich reguliert werden (S. 104).

▶ **Klinik.** Erkrankungen, die durch Defekte von Enzymen des Glykogenstoffwechsels bedingt sind, werden als **Glykogenspeicherkrankheiten** oder **Glykogenosen** bezeichnet. Bislang sind 12 derartige Krankheitsbilder (S. 102) bekannt, sie sind alle extrem selten. Bei der **McArdle-Krankheit** (= Glykogenose Typ V) besteht ein **Defekt der Glykogen-Phosphorylase der Skelettmuskulatur.** Der Defekt äußert sich in einer Akkumulation von Glykogen in den Muskelzellen, verbunden mit schmerzhaften Muskelkrämpfen bei körperlicher Anstrengung.
Bei einem **Defekt der Leber-Phosphorylase** (**Hers-Krankheit** = Glykogenose Typ VI) führt die Ansammlung von Glykogen in den Hepatozyten zur Lebervergrößerung (Hepatomegalie). Die Prognose ist vergleichsweise günstig.

Abbau an Verzweigungsstellen

▶ **Merke.** An Verzweigungsstellen werden übrig gebliebene Tetrasaccharide vor der α(1→6)-Bindung mithilfe des **Debranching Enzyms** abgebaut.

A-5.19 Glykogenabbau an Verzweigungsstellen

Verzweigungsstelle

Transferaseaktivität des Debranching Enzyms

H_2O → Glucosidaseaktivität des Debranching Enzyms
Glucose

+ P_i — Abbau des Glykogens an den nicht reduzierenden Enden durch die Glykogen-Phosphorylase

---

Das Debranching Enzyme enthält zwei Proteindomänen mit unterschiedlichen Aufgaben:

- **Transferaseaktivität**: Damit trennt das Debranching Enzyme drei der vier Glucosemonomere als Trisaccharid ab und überträgt sie auf ein benachbartes freies Ketten-Ende (Abb. **A-5.19**).
- **Glucosidaseaktivität**: Das vierte, α1→6-angebundene Glucosemonomer wird mithilfe der Glucosidaseaktivität abgelöst (Abb. **A-5.19**).

Das Debranching Enzyme ist ein bifunktionelles Enzym, denn es enthält zwei unterschiedliche Proteindomänen mit unterschiedlichen Aufgaben:

- **Transferaseaktivität**: Damit trennt das Debranching Enzyme drei der vier übrig gebliebenen Glucosemonomere als **Trisaccharid** ab und überträgt sie auf ein benachbartes freies Glucoseketten-Ende (Abb. **A-5.19**). Dabei wird eine α1→4-glykosidische Bindung gelöst und eine neue α1→4-glykosidische Bindung gebildet. Die Glykogen-Phosphorylase kann dann am benachbarten freien Ketten-Ende ihre Arbeit fortsetzen.
- **Glucosidaseaktivität**: Vom ursprünglichen Seitenzweig ist nun **nur noch ein Glucosemonomer übrig**, das über eine α1→6-glykosidische Bindung mit einer Glucosekette verbunden ist. Dieses Monomer wird vom Debranching Enzyme mithilfe seiner Glucosidaseaktivität abgelöst (Abb. **A-5.19**).

▶ **Merke.**

▶ **Merke.** Das letzte Glucosemonomer des Seitenzweiges wird nicht phosphorolytisch, sondern **hydrolytisch freigesetzt**, d. h. in diesem Fall wird nicht Glucose-1-phosphat, sondern Glucose gebildet.

▶ **Klinik.**

▶ **Klinik.** Zwei der 12 **Glykogenspeicherkrankheiten** (Glykogenosen) sind durch fehlende Glucosidaseaktivität bedingt:

- Bei der **Cori- oder Forbes-Krankheit** (Glykogenose Typ III) besteht ein **Mangel an Debranching Enzyme**. Charakteristische Symptome sind u. a. eine vergrößerte Leber (Hepatomegalie) und eine langsam fortschreitende Muskelschwäche.
- Die **Pompe-Krankheit** (Glykogenose Typ II) ist die schwerste bekannte Glykogenspeicherkrankheit. Ursache ist nicht ein Defekt im normalen Abbauweg des Glykogens im Zytosol, sondern ein Defekt im Abbauweg von Kohlenhydraten in den Lysosomen (S. 387). Der Defekt betrifft die **lysosomale α-1,4-Glucosidase** und damit den Abbau von Glykogen, Glykoproteinen sowie in geringerem Umfang auch von Maltose (= Disaccharid aus α-1,4-verbundener Glucose). Der Enzymdefekt betrifft in unterschiedlichem Ausmaß nahezu sämtliche Zellen des Körpers. In zahlreichen Organen und Geweben, v. a. in Leber, Lunge, Gehirn, Skelett- und Herzmuskel, akkumulieren in den Lysosomen große Mengen an Glykogen. Es kommt zu Hepatomegalie, Muskelschwäche (betroffene Säuglinge bewegen sich kaum und trinken schlecht) und Verdickung des Herzmuskels (hypertrophe Kardiomyopathie). Letztere hat eine Herzinsuffizienz zur Folge, die oft bereits während des ersten Lebensjahres zum Tod führt. Der Metabolit, der letztlich für die letalen Konsequenzen der Krankheit verantwortlich ist, ließ sich noch nicht eindeutig bestimmen.

5.4.3 Die Regulation des Glykogenabbaus

> **Merke.** Schrittmacherenzym des Glykogenabbaus ist die **Glykogen-Phosphorylase**.

Das Enzym besteht aus zwei identischen Untereinheiten, deren Aktivität jeweils **durch Phosphorylierung** am Serin der Position 14 **eingeschaltet** wird. Die durch Phosphorylierung aktivierte Glykogen-Phosphorylase wird auch als **Phosphorylase a** bezeichnet. Durch **Dephosphorylierung**, also durch Abspaltung des Phosphats, wird die aktive Phosphorylase a in die **inaktive Phosphorylase b** überführt.
Die Phosphorylierung der Glykogen-Phosphorylase wird von einem regulatorischen Enzym katalysiert, der **Phosphorylase-Kinase**.
Die Aktivität der Phosphorylase-Kinase wird ihrerseits cAMP-abhängig von der **Proteinkinase A (PKA)** kontrolliert. Die PKA reguliert auch das bifunktionelle Enzym, das die Fructose-2,6-bisphosphat-Konzentration und damit die Phosphofructokinase-1 der Glykolyse reguliert (S. 95). Der Regulationsmechanismus ist ähnlich:

- Sinkt die **Blutglucosekonzentration**, werden die Hormone Adrenalin und Glukagon ausgeschüttet. **Glukagon**, freigesetzt aus dem Pankreas, ist insbesondere für die Regulation des Leberstoffwechsels wichtig. **Adrenalin** wird vom Nebennierenmark ausgeschüttet. Beide Hormone steigern in den Zellen des Körpers die cAMP-Konzentration und **aktivieren** so die **PKA**. Diese phosphoryliert die **Phosphorylase-Kinase** und **aktiviert** sie dadurch.
Parallel wird die **Glykogensynthese blockiert** (S. 219), indem die PKA die Glykogen-Synthase phosphoryliert und dadurch inaktiviert. Die PKA kontrolliert also sowohl den Abbau als auch die Synthese des Glykogens. Dabei übt sie die Kontrolle der Glykogen-Synthase direkt, die Kontrolle über die Glykogen-Phosphorylase indirekt (via Phosphorylase-Kinase) aus.
- Bei **Zunahme der Blutglucosekonzentration** schüttet das Pankreas **Insulin** aus. Dieses reduziert die Aktivität der PKA, sodass die Phosphorylierung der Phosphorylase-Kinase unterbleibt, und aktiviert die Proteinphosphatase 1, die die Phosphorylase-Kinase dephosphoryliert und dadurch inaktiviert (Abb. **A-5.20**).

> **Merke.**
> Die beiden identischen Untereinheiten des Enzyms werden durch **Phosphorylierung aktiviert** („Phosphorylase a"), durch **Dephosphorylierung deaktiviert** („Phosphorylase b").
>
> Die Aktivierung der Phosphorylase wird von der **Phosphorylase-Kinase** vermittelt.
>
> Die Aktivität der Phosphorylase-Kinase wird cAMP-abhängig von der **Proteinkinase A (PKA)** kontrolliert:
>
> - Bei **Abnahme des Blutglucosespiegels** werden **Glukagon** und **Adrenalin** ausgeschüttet. Sie steigern die cAMP-Konzentration und aktivieren so die PKA, die die **Phosphorylase-Kinase aktiviert**. Parallel wird die **Synthese neuen Glykogens blockiert**, indem die PKA die Glykogen-Synthase phosphoryliert und dadurch inaktiviert.
>
> - Bei **Zunahme der Blutglucosekonzentration** inaktiviert **Insulin** die Phosphorylase-Kinase (Abb. **A-5.20**).

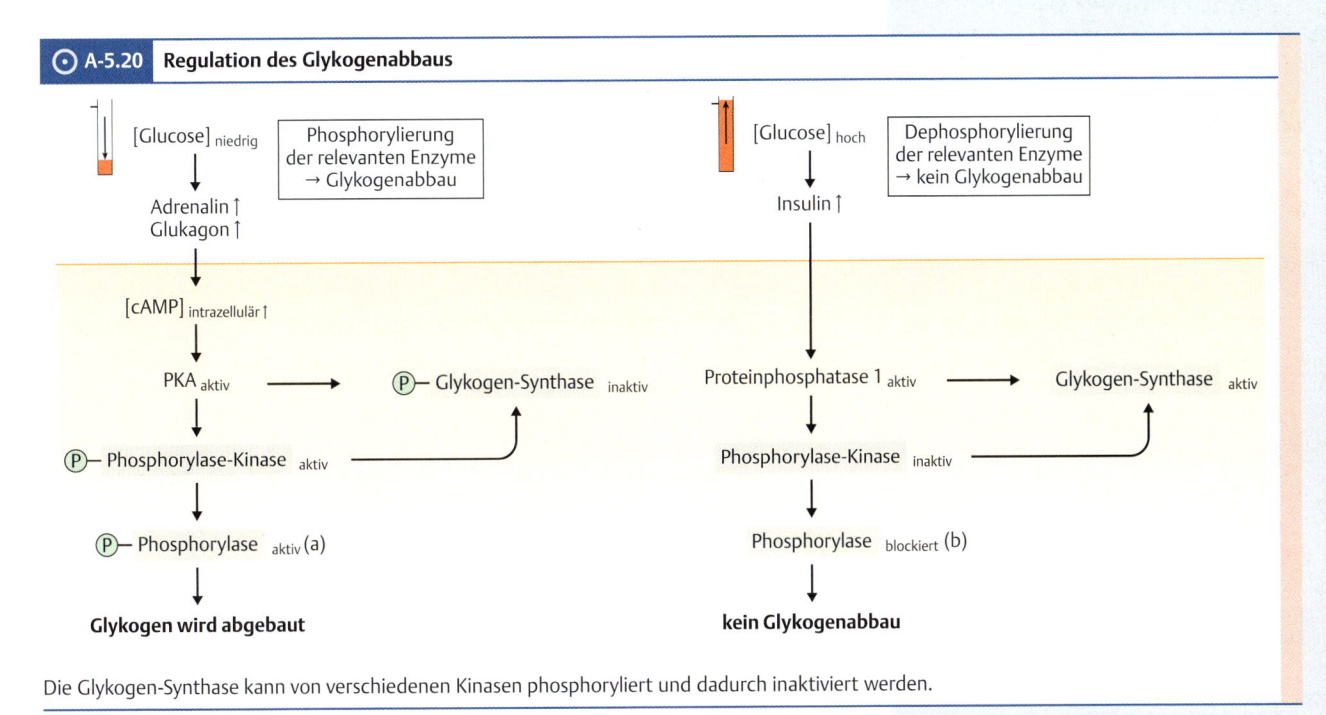

A-5.20 Regulation des Glykogenabbaus

[Glucose] niedrig → Adrenalin ↑, Glukagon ↑ → [cAMP] intrazellulär ↑ → PKA aktiv → ⓟ Phosphorylase-Kinase aktiv → ⓟ Phosphorylase aktiv (a) → **Glykogen wird abgebaut**
PKA aktiv → ⓟ Glykogen-Synthase inaktiv
Phosphorylierung der relevanten Enzyme → Glykogenabbau

[Glucose] hoch → Insulin ↑ → Proteinphosphatase 1 aktiv → Phosphorylase-Kinase inaktiv → Phosphorylase blockiert (b) → **kein Glykogenabbau**
Proteinphosphatase 1 aktiv → Glykogen-Synthase aktiv
Dephosphorylierung der relevanten Enzyme → kein Glykogenabbau

Die Glykogen-Synthase kann von verschiedenen Kinasen phosphoryliert und dadurch inaktiviert werden.

▶ **Merke.** Die **Glykogen-Phosphorylase** von **Leber** und **Skelettmuskulatur** wird **hormonell reguliert**:
- Bei **Absinken der Glucosekonzentration im Blut** wird **Adrenalin** ausgeschüttet. Dieses aktivert die Adenylatzyklase und damit die **Synthese des Hungersignals cAMP**. Vermittelt von **PKA abhängige Phosphorylierung** kommt es dann zu einem gesteigeren Glykogenabbau durch die Glykogenphosphorylase. Parallel wird die Glykogen-Synthase durch PKA-abhängige Phosphorylierung blockiert.
- In der **Leber** wirkt **Adrenalin** dabei synergistisch mit **Glukagon.**
- Bei **Zunahme der Glucosekonzentration im Blut** wird **Insulin** ausgeschüttet und die relevanten Schrittmacherenzyme werden dephosphoryliert. Die Glykogensynthese wird dadurch stimuliert, der Glykogenabbau wird gehemmt.

Der **Glykogenabbau der Skelettmuskulatur** orientiert sich zudem am aktuellen **Bedarf der Myozyten**:
- Die **Muskelkontraktion** wird über eine massive Erhöhung der zytosolischen Ca^{2+}-Konzentration ausgelöst. Die Ca^{2+}-Ionen werden dabei über Ryanodin-Rezeptoren aus dem sarkoplasmatischen Retikulum freigesetzt (Abb. **G-1.5**). Ca^{2+}-Ionen binden daraufhin auch an das Protein **Calmodulin**, das mit der **Phosphorylase-Kinase** assoziiert ist. Diese wird dadurch aktiviert und der **Glykogenabbau stimuliert**.
- Die **Glykogen-Phosphorylase** der Skelettmuskulatur wird **allosterisch über die Konzentrationen an ATP und AMP reguliert**: ATP hemmt, AMP stimuliert. Die Phosphorylase ist damit ein Sensor für die Energieladung der Myozyten.

Der Glykogenabbau kann auf diese Weise auch extrem kurzfristig auf eine geänderte Beanspruchung der Muskulatur reagieren.

5.5 Abbau der Stärke

Eine ähnliche Struktur wie das Glykogen hat die Stärke der Pflanzen. Der Abbau der Stärke wird im Kap. „Verdauung" (S. 198) erläutert.

5.6 Abbau der Fructose

Fructose ist in Früchten und Fruchtsäften enthalten, wird in den Industrieländern aber überwiegend in Form von **Saccharose** (= Rohrzucker) konsumiert. Saccharose ist ein Disaccharid, bestehend aus **Glucose und Fructose** (Abb. **A-5.21**). Das Sauerstoffatom am C-Atom 1, dem anomeren C-Atom der Glucose, ist mit dem C-Atom 2 der Fructose verbunden. Dabei befindet sich das verbindende Sauerstoffatom im Kontext der Glucose in α-Stellung. Im Kontext der Fructose befindet sich das gleiche Sauerstoffatom hingegen in β-Stellung. Die glykosidische Bindung zwischen Glucose und Fructose kann vergleichsweise leicht gespalten werden. Das Spaltungsgemisch von Glucose und Fructose wird Invertzucker genannt. Dieser ist neben Saccharose der Hauptbestandteil des Honigs.

⊙ **A-5.21** Saccharose

Glucose — Fructose

Saccharose wird beim Verdauungsprozess im Darm von einer Saccharase gespalten. Anschließend werden Glucose und Fructose unabhängig voneinander resorbiert.

A 5.6 Abbau der Fructose

▶ **Klinik.** An der **Entstehung von Karies** sind Bakterien der Art *Streptococcus mutans* wesentlich beteiligt. Sie spalten die Saccharose der Nahrung in Glucose und Fructose. Die Glucose wird an der Außenseite der Bakterien zu einem großen Teil über die Bildung α1→6-glykosidischer Bindungen zu sog. Dextranen polymerisiert, die den schleimigen Zahnbelag bilden. Die übrige Glucose wird in den Bakterien zusammen mit der Fructose zur Glykolyse und letztlich zu einer Lactatgärung verwendet. Die dabei freigesetzte Milchsäure zerstört den Zahnschmelz.

▶ **Klinik.**

5.6.1 Die Reaktionsschritte des Fructoseabbaus

Fructose wird z. T. bereits in der Darmschleimhaut, z. T. erst in der Leber **in die Glykolyse eingespeist**. Dies erfolgt in wenigen Schritten im Zytosol (Abb. **A-5.22**):

- Fructose wird zunächst ATP-abhängig phosphoryliert. Dabei entsteht **Fructose-1-phosphat**. Das katalysierende Enzym wird meist **Fructokinase** genannt.
- Im nächsten Schritt wird Fructose-1-phosphat in **Glycerinaldehyd** und **Dihydroxyacetonphosphat** gespalten. Diese Reaktion wird von der **Aldolase B** katalysiert und ähnelt weitgehend der Spaltung von Fructose-1,6-bisphosphat in Glycerinaldehyd-3-phosphat und Dihydroxyacetonphosphat in der Glykolyse (katalysiert von der Aldolase A).

5.6.1 Die Reaktionsschritte des Fructoseabbaus

Fructose wird in die Glykolyse eingespeist:
- Fructose → **Fructose-1-phosphat** (Enzym: Fructokinase),
- Fructose-1-phosphat → **Glycerinaldehyd + Dihydroxyacetonphosphat** (Enzym: Aldolase B).

▶ **Merke.** Aldolase A (Glykolyse) und Aldolase B (Fructoseabbau) sind nicht identisch. Beim Fructoseabbau entsteht unphosphoryliertes Glycerinaldehyd.

▶ **Merke.**

- Dihydroxyacetonphosphat und Glycerinaldehyd werden zu **Glycerinaldehyd-3-phosphat** umgesetzt:
  - **Dihydroxyacetonphosphat**, das bereits ein Metabolit der Glykolyse ist, wird von der **Triosephosphat-Isomerase** zu Glycerinaldehyd-3-phosphat isomerisiert.
  - **Glycerinaldehyd** wird durch eine **Glycerinaldehyd-Kinase** (= „Triose-Kinase" = „Triokinase") unter Verbrauch von ATP zu Glycerinaldehyd-3-phosphat phosphoryliert, womit der Anschluss an die Glykolyse erreicht ist.

- Dihydroxyacetonphosphat bzw. Glycerinaldehyd → **Glycerinaldehyd-3-phosphat**. Enzyme: Triosephosphat-Isomerase und Glycerinaldehyd-Kinase

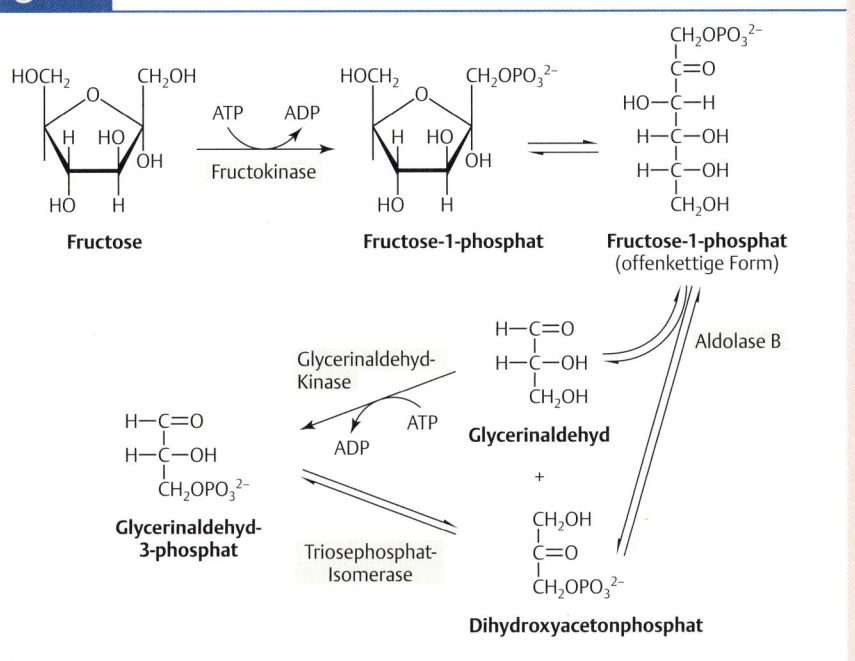

⊙ **A-5.22** Abbau von Fructose im Dünndarm und in der Leber

⊙ **A-5.22**

5.6.2 Energiebilanz

▶ **Merke.** Ausgehend von einem Molekül Fructose werden wie bei der Glykolyse zwei Moleküle Glycerinaldehyd-3-phosphat abgebaut, sodass netto 2 ATP entstehen (2 ATP werden verbraucht, 4 gewonnen).

▶ **Klinik.** Die **hereditäre (erbliche) Fructose-Intoleranz** hat eine Häufigkeit von ca. 1:20 000. Ursache ist eine erheblich **verminderte Aktivität der Aldolase B**. Nach Aufnahme fructose- oder saccharosehaltiger Nahrung (Obst, Fruchtsäfte, Gemüse) kommt es zu einer Akkumulation von Fructose-1-phosphat. Dieses hemmt u. a. die Fructose-1,6-bisphosphatase und damit die Gluconeogenese, sodass eine Hypoglykämie die Folge sein kann. Symptome sind Unruhe, Zittern, Schweißausbruch, Erbrechen oder Krämpfe. Sie zeigen sich in der Regel bereits im Kleinkindalter. Wird die Erkrankung nicht entdeckt, kann die Leber geschädigt werden. Die Betroffenen entwickeln eine ungewöhnliche Abneigung gegen Süßigkeiten und haben entsprechend selten Karies. Sofern eine fructose- und saccharosearme Diät eingehalten wird, können alle Krankheitssymptome vermieden werden. **Fructose- oder sorbithaltige Infusionslösungen** sind **kontraindiziert**, da sie zu Leberversagen und zum Tode des Patienten führen können. (Sorbit kann im Stoffwechsel in Fructose umgewandelt werden).

5.7 Abbau der Galaktose

Galaktose ist **Bestandteil des Milchzuckers**, der **Lactose**. Auch Lactose ist ein Disaccharid. Es besteht aus **Galaktose** und **Glucose**, die β1→4-glykosidisch miteinander verbunden sind (Abb. **A-5.23**). Galaktose ist nahezu identisch mit Glucose, lediglich in der Position 4 ist die OH-Gruppe anders angeordnet. Galaktose ist somit in Position 4 epimer zur Glucose.

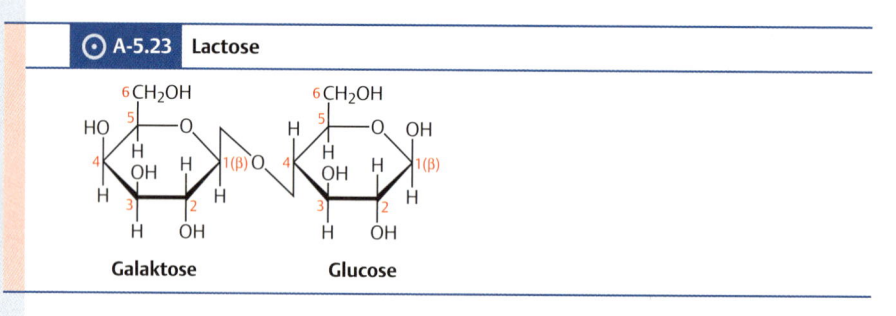

⊙ **A-5.23** Lactose

In der laktierenden Brustdrüsen wird Laktose in einer Reaktion von UDP-Galaktose mit Glucose synthetisiert. Die Reaktion wird von der **Lactose-Synthase** katalysiert.
UDP-Galaktose + Glucose → UDP + Lactose

Lactose ist in der Muttermilch in einer Konzentration von 7 % enthalten (d. h. 7 g/100 ml), in Kuhmilch sind 4,5 % Lactose gelöst. Lactose wird im Darm von einer Lactase in die Monomere gespalten. Nach der Resorption gelangt die **Galaktose** mit dem Blut über die Pfortader zur **Leber**, wo sie **in Glucose umgewandelt** wird:

- In den Hepatozyten wird Galaktose zunächst zu **Galaktose-1-phosphat** phosphoryliert. Die Reaktion wird von der **Galaktokinase** katalysiert.
- Anschließend wird **Uridindiphosphat-Galaktose (UDP-Galaktose)** gebildet. Dazu reagiert Galaktose-1-phosphat mit **UDP-Glucose**. Diese gibt **Glucose-1-phosphat** ab und nimmt stattdessen **Galaktose-1-phosphat** auf (Abb. **A-5.24**). Die Zuckerphosphate werden also nur gegeneinander ausgetauscht. Der Austausch wird von der **Galaktose-1-phosphat-Uridyltransferase** katalysiert.
- Anschließend wird aus UDP-Galaktose durch Epimerisierung **UDP-Glucose** gebildet. Die Reaktion wird von der **UDP-Galaktose-4-Epimerase** katalysiert. UDP-Glucose kann entweder unmittelbar zur Synthese von Glykogen eingesetzt werden, oder es kann mit Galaktose-1-phosphat reagieren, sodass sich ein Reaktionszyklus ergibt, in dem Galaktose-1-phosphat aufgenommen und Glucose-1-phosphat freigesetzt wird (Abb. **A-5.24**).

A-5.24 Umwandlung von Galaktose in Glucose

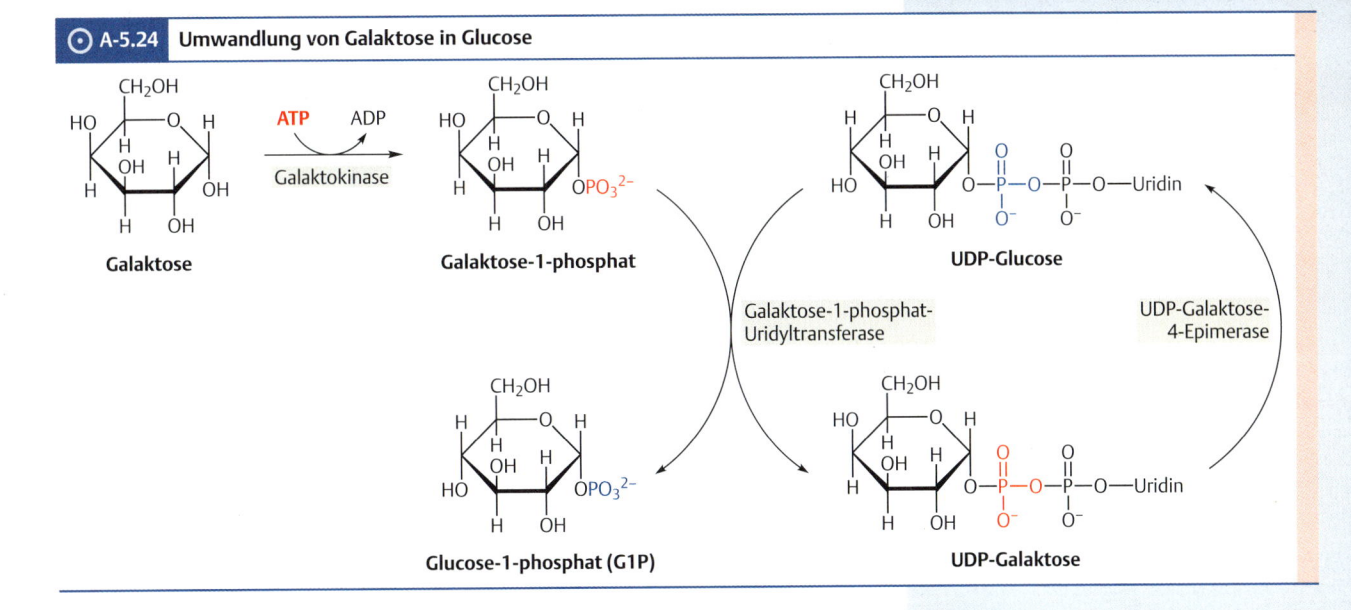

▶ **Klinik.** Ein Defekt der Galaktose-1-phosphat-Uridyltransferase ist die Ursache der **klassischen Galaktosämie** (Abb. **A-5.25**). Sie wird mit einer Häufigkeit von 1:40 000 vererbt. Aufgrund des Enzymmangels akkumuliert Galaktose-1-phosphat. Wird die Erkrankung nicht frühzeitig erkannt, kommt es sehr schnell zu einer Leberzirrhose, zu Trübung der Augenlinse und geistiger Retardierung. In schweren Fällen kommt es frühzeitig zu akutem Leberversagen. Deshalb werden in Europa alle Neugeborenen am 5. Lebenstag auf Galaktosämie untersucht. Die Therapie besteht in lactosefreier Diät. Galaktose-1-phosphat kann jedoch auch aus Stoffwechselprodukten gebildet werden. Aus diesem Grund können auch bei konsequenter Einhaltung der Diät neurologische Schäden, die sich z. B. als verzögerte Sprachentwicklung oder Störungen der Feinmotorik äußern, kaum vermieden werden. Die Galaktosämie zeigt, dass die falsche Stellung einer einzigen OH-Gruppe im Stoffwechsel lebensgefährlich sein kann.

▶ **Klinik.**

A-5.25 4 Tage altes Neugeborenes mit klassischer Galaktosämie
Typisch ist die ausgeprägte Vergrößerung von Leber und Milz

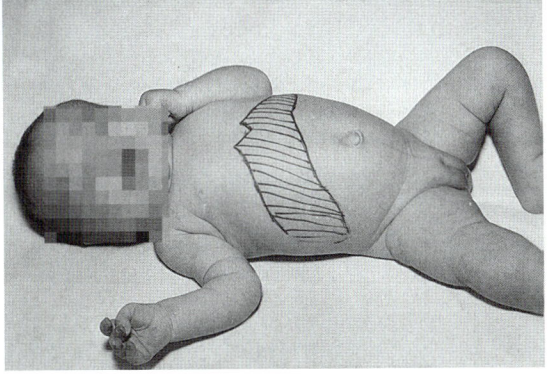

(aus Sitzmann, Duale Reihe Pädiatrie. Thieme, 2012)

Klinischer Fall: Akut aufgetretene Lähmung und Sprachstörung

09:34
Rosemarie Wehmeier findet ihren allein lebenden Bruder hilflos in seinem Badezimmer am Boden liegend. Sie ruft sofort den Notarzt.

09:42
Manfred Wehmeier kann sich dem Notarzt gegenüber nicht klar äußern; er gibt lediglich unverständliche Laute von sich. Den rechten Arm kann er auf Aufforderung nicht anheben. Außerdem bemerkt der Notarzt beim Patienten einen hängenden Mundwinkel rechts (Zeichen einer Fazialisparese).

09:44 Fremdanamnese Notarzt
R.W.: Also, gestern haben wir noch telefoniert, da war alles noch ok. Hat ganz normal gesprochen, der Manni. Auf Nachfrage berichtet Frau Wehmeier, dass ihr Bruder seit Jahren zuckerkrank sei. Er habe Bluthochdruck und mit 16 angefangen zu rauchen.
Der Notarzt vermutet einen Hirninfarkt und veranlasst den sofortigen Transport in eine Klinik mit Schlaganfallstation („stroke unit").

10:10 Körperliche Untersuchung Notaufnahme
Ich stelle eine fehlende Kraft im rechten Arm und rechten Bein fest. Die linke Körperhälfte hingegen ist normal kräftig. Der rechte Mundwinkel hängt. Als ich mit dem Stiel des Reflexhammers den Rand der rechten Fußsohle bestreiche, bewegt sich die große Zehe nach dorsal, was ich als positives Babinski-Phänomen erkenne.

Vitalparameter (Normwerte in Klammern):
- Blutdruck 170/90 mmHg (normal < 130/85 mmHg).
- Puls 112/min (50–100). Deutliches Pulsdefizit: die am Handgelenk getastete Pulsfrequenz ist niedriger als die über dem Herz auskultierte.

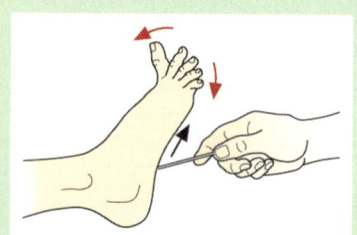

Positives Babinski-Phänomen

10:18 Anruf in der Radiologie
Ich bitte die Kollegen der Radiologie um eine Computertomografie des Schädels, um eine intrakranielle Blutung auszuschließen.

10:20 Blutabnahme und EKG
Die Wartezeit bis zur Computertomografie nutzen wir für eine Blutabnahme. Eine Venenverweilkanüle lege ich an den nicht gelähmten Arm. Dann wird noch ein EKG geschrieben. Hier zeigt sich ein Vorhofflimmern mit einer Kammerfrequenz von etwa 115/min.

10:33 CT Schädel
Mittels Computertomografie des Schädels kann eine intrakranielle Blutung ausgeschlossen werden. Als Ursache für die Symptome des Patienten zeigt sich jedoch ein Infarkt im Versorgungsgebiet der Arteria cerebri media links.

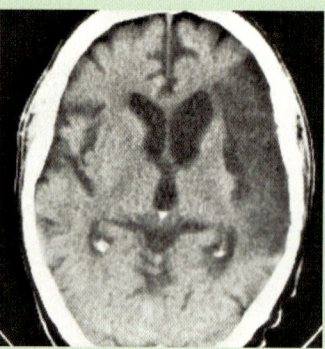

Infarkt im Versorgungsgebiet der A. cerebri media links (dunkler Bereich am rechten Bildrand).

11:00 Die Blutwerte sind da
(Normwerte in Klammern)
- Blutzucker 270 mg/dl (60–99 mg/dl)
- HbA_{1c} 9,3 % (4–6 %)

Der schlecht eingestellte Diabetes ist ein Risikofaktor für einen Schlaganfall. Die übrigen Blutwerte sind im Normbereich.

11:05 Therapiebeginn
Nachdem nun eine intrakranielle Blutung ausgeschlossen ist, gebe ich dem Patienten 300 mg Acetylsalicysäure (ASS) i.v. Der erhöhte Blutzucker wird gesenkt. Den Blutdruck darf ich zunächst nicht oder nur sehr moderat senken, da er häufig aufgrund der mangelnden Hirndurchblutung reaktiv erhöht ist.

12:00 Verlegung auf die Überwachungsstation
Die Kollegen auf der Überwachungsstation kontrollieren die Vitalparameter (Atmung, Kreislauf, Wasser-/Elektrolythaushalt, Hirndruck). Die Behandlung mit ASS wird fortgesetzt. Eine intensive Physiotherapie und Logopädie wird begonnen.

Nach 4 Tagen Verlegung auf die Normalstation
Der Zustand von Herrn W. war auf der Überwachungsstation durchgehend stabil. Unter ASS und Physio-/Logopädie sind die Symptome bereits etwas rückläufig. Der Diabetes, seine erhöhten Blutfettwerte und sein Bluthochdruck werden medikamentös eingestellt.

Nach weiteren 10 Tagen Verlegung in die Reha-Klinik
Als Herr W. in die neurologische Rehabilitationsklinik verlegt wird, bestehen noch eine deutliche Schwäche der rechten Körperhälfte und Wortfindungsstörungen.

Fragen mit biochemischem Schwerpunkt

1. Warum kommt es nach einem Schlaganfall zum sog. fokalen Hirnödem (Schwellung in der Umgebung des betroffenen Gewebebezirks)?
2. Welche Besonderheiten weist die Versorgung des Gehirns mit Nährstoffen auf?
3. Rekapitulieren Sie die Rolle ungesättigter Fettsäuren bei der Atherosklerose.

Antwortkommentare im Anhang

6 Oxidativer Abbau von Pyruvat: Die Reaktionen der Pyruvat-Dehydrogenase und des Citratzyklus

6.1 Einführung 109
6.2 Die Pyruvat-Dehydrogenase (PDH) 110
6.3 Der Citratzyklus 115

J. Rassow

6.1 Einführung

Die Abbauwege aller Kohlenhydrate vereinigen sich letztlich in der Glykolyse und führen zu deren Endprodukt, dem Pyruvat. Im Rahmen des Energiestoffwechsels kann Pyruvat anschließend entweder reduziert oder oxidiert werden:
- **Reduktion zu Lactat** im Zytosol unter Regeneration von NAD^+: bei Mangel an Sauerstoff oder Fehlen von Mitochondrien.
- **Oxidation zu CO_2** in den Mitochondrien, wenn in einer Zelle hinreichende Mengen an Sauerstoff vorhanden sind. Dabei wird Pyruvat zunächst von der **Pyruvat-Dehydrogenase (PDH)** zu **Acetyl-CoA** umgesetzt. Dieses wird anschließend im **Citratzyklus** unter Energiegewinn zu CO_2 abgebaut. Die Details dieses Abbauweges werden hier beschrieben.

6.1 Einführung

Pyruvat entsteht im Zytosol aller Zellen des Körpers als Endprodukt der Glykolyse. Dieses Kapitel beschreibt, wie es in Gegenwart von Sauerstoff in den Mitochondrien von der **Pyruvat-Dehydrogenase** zu **Acetyl-CoA** und dann im **Citratzyklus** unter Energiegewinn zu CO_2 oxidiert wird.

▶ **Merke.** Die Reaktionen der PDH und des Citratzyklus nehmen eine zentrale Stellung im Stoffwechsel ein, denn
- **Pyruvat** ist nicht nur das Endprodukt der Glykolyse, sondern auch des Abbaus aller kleinen Aminosäuren (Glycin [R = H], Alanin [R = CH_3], Serin [R = CH_2-OH] und Cystein [R = CH_2-SH]).
- **Acetyl-CoA** entsteht nicht nur in den Reaktionen der PDH, sondern auch beim Abbau der Aminosäuren Lysin, Leucin und Isoleucin sowie der aromatischen Aminosäuren. Acetyl-CoA ist darüber hinaus *der* zentrale Metabolit des gesamten Lipidstoffwechsels: Es ist das *Endprodukt* des Abbaus aller Fettsäuren und die *Ausgangssubstanz* für die Synthese aller Fettsäuren und aller Steroide (Cholesterin, Gallensäuren und Steroidhormone).
- Beim Abbau der anderen, oben nicht aufgeführten Aminosäuren entstehen **Zwischenprodukte des Citratzyklus**.

Der Weg von der Glykolyse über die PDH bis zum Citratzyklus (Abb. **A-6.1**) stellt somit den zentralen Abbauweg des gesamten Stoffwechsels dar.

▶ **Merke.**

▶ **Exkurs.** Der Energieträger Acetyl-CoA

Für die vielfältigen Funktionen des Acetyl-CoA ist es von entscheidender Bedeutung, dass die **Thioesterbindung**, über die die Acetylgruppe an das Coenzym A gebunden ist (Abb. **A-6.1**), zu den **energiereichen Bindungen** gehört. Unter Standardbedingungen wird bei der Hydrolyse von Acetyl-CoA genauso viel Energie frei wie bei der Hydrolyse von ATP (!), nämlich ca. 35 kJ/Mol. Dieser Energiegehalt des Acetyl-CoA kommt auch in dem inzwischen nur noch selten verwendeten Synonym „aktivierte Essigsäure" zum Ausdruck.

Viele grundlegende Untersuchungen zur Biochemie des Acetyl-CoA wurden in den beiden Jahrzehnten nach dem 2. Weltkrieg im Labor von **Feodor Lynen** durchgeführt, dem bedeutendsten deutschen Biochemiker seiner Zeit (Abb. **A-6.2**). Geboren 1911 in München, leitete er ab 1954 in seiner Heimatstadt das neu gegründete Max-Planck-Institut für Zellchemie, aus dem später das Max-Planck-Institut für Biochemie hervorging. 1964 erhielt er für seine Arbeiten zum Acetyl-CoA und zur Biochemie der Lipide den Nobelpreis für Physiologie/Medizin. Feodor Lynen starb im Jahr seiner Emeritierung, am 6. August 1979 in München.

▶ **Exkurs.**

A 6 Oxidativer Abbau von Pyruvat

A-6.1 Die Stellung der PDH zwischen Glykolyse und Citratzyklus

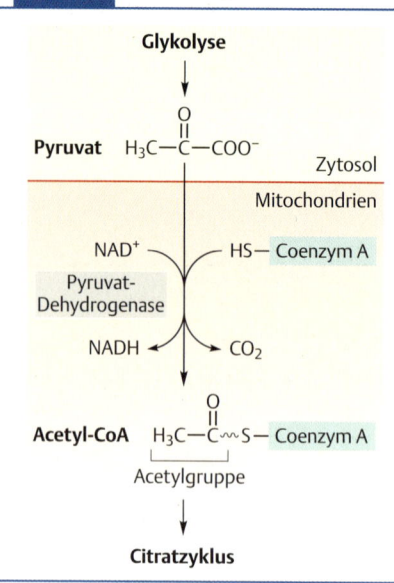

A-6.2 Feodor Lynen (1911 – 1979)

Für seine Arbeiten zum Acetyl-CoA und zur Biochemie der Lipide erhielt Feodor Lynen 1964 den Nobelpreis für Physiologie/Medizin

6.2 Die Pyruvat-Dehydrogenase (PDH)

6.2.1 Grundlagen

Funktion: Die PDH
- setzt **Pyruvat** unter Freisetzung von CO_2 zu **Acetyl-CoA** um.
- Dabei wird ein **NAD^+ zu NADH** reduziert.

▶ **Merke.** Die Reaktion der PDH ist **irreversibel.** Acetyl-CoA kann also nicht in Pyruvat bzw. Glucose umgesetzt werden. Kohlenhydrate können zwar zu Acetyl-CoA abgebaut, und ausgehend von diesem können Fettsäuren synthetisiert werden, aber aus Fettsäuren können keine Kohlenhydrate gebildet werden.

6.2.2 Der Aufbau der Pyruvat-Dehydrogenase

▶ **Merke.** Die PDH ist ein Multienzymkomplex aus drei unterschiedlichen Enzymen und im Mitochondrium lokalisiert. Zur Katalyse ihrer Reaktionen benötigt die PDH insgesamt fünf Coenzyme (Tab. **A-6.1**).

A 6.2 Die Pyruvat-Dehydrogenase (PDH)

A-6.1 Die Enzymkomponenten der Pyruvat-Dehydrogenase und ihre Coenzyme

Enzymkomponente	Coenzym	Beschaffenheit des Coenzyms (enzymgebunden/löslich)
Pyruvat-Dehydrogenase (E1)	Thiaminpyrophosphat (TPP) = aktiviertes Thiamin (Thiamin = Vitamin B_1)	enzymgebunden (feste, aber nicht kovalente Bindung)
Dihydroliponamid-Acetyltransferase (E2)	Liponsäure (Liponamid)	enzymgebunden (kovalent: Amidbindung an einen Lysinrest von E2, daher „Liponamid")
	Coenzym A	löslich
Dihydroliponamid-Dehydrogenase (E3):	FAD	enzymgebunden (feste, aber nicht kovalente Bindung)
	NAD^+	löslich

Die drei Enzymkomponenten (E1, E2, E3) sind:
- **E1 = Pyruvat-Dehydrogenase** im engeren Sinne des Wortes: Sie bindet Pyruvat und katalysiert mithilfe des Coenzyms Thiaminpyrophosphat (TPP) die Decarboxylierung von Pyruvat. Dabei entsteht CO_2.
- **E2 = Dihydroliponamid-Acetyltransferase** Sie katalysiert den Transfer des vom Pyruvat übrig gebliebenen Acetylrests auf Coenzym A (CoA). Hierbei werden zwei Schwefelatome ihres Coenzyms Liponsäure (Liponamid) zu SH-Gruppen reduziert.
- **E3 = Dihydroliponamid-Dehydrogenase:** Sie übernimmt mithilfe ihres Coenzyms FAD die Elektronen der beiden SH-Gruppen des Liponamids und überträgt sie auf NAD^+. Auf diese Weise wird das Liponamid regeneriert.

Neben diesen drei Enzym-Untereinheiten enthält die PDH zwei regulatorische Untereinheiten, die die PDH je nach Bedarf an- bzw. abschalten (S. 114).

Die meisten Untereinheiten der PDH sind in einem PDH-Multienzymkomplex in mehreren (bis zu 60) Kopien enthalten. Die Komplexe sind dadurch größer als ein Ribosom (Abb. **A-6.3**).

Die PDH ist ein **Multienzymkomplex** aus 3 Enzymen (E1 – 3) und 5 Coenzymen; Tab. **A-6.1**):
- **E1 = Pyruvat-Dehydrogenase** im engeren Sinne: enthält TPP, decarboxyliert Pyruvat.
- **E2 = Acetyltransferase:** enthält Liponsäure (Liponamid), überträgt den Acetylrest auf CoA.
- **E3 = Dihydroliponamid-Dehydrogenase:** enthält FAD, übernimmt Elektronen vom reduzierten Liponamid des E2 und überträgt sie auf NAD^+.

Außerdem enthält die PDH zwei regulatorische Untereinheiten.

Der PDH-Multienzymkomplex ist größer als ein Ribosom (Abb. **A-6.3**).

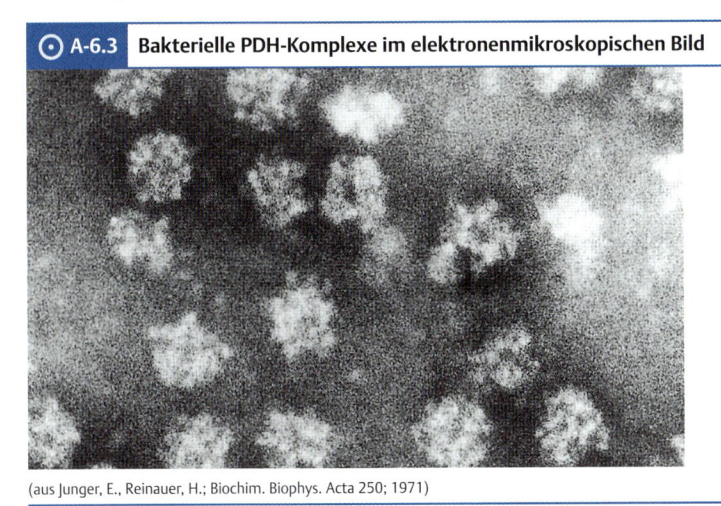

A-6.3 Bakterielle PDH-Komplexe im elektronenmikroskopischen Bild

A-6.3

(aus Junger, E., Reinauer, H.; Biochim. Biophys. Acta 250; 1971)

6.2.3 Die einzelnen Reaktionsschritte

▶ **Überblick.** Die PDH-Reaktion läuft in folgenden Schritten ab:
1. Pyruvat wird unter Abspaltung von CO_2 auf Thiaminpyrophosphat (Coenzym von E1) übertragen. Dabei entsteht ein Hydroxyethylrest = **aktivierter Acetaldehyd**.
2. Dieser wird von Thiaminpyrophosphat (E1) auf Liponamid (Coenzym von E2) übertragen und zu einer **Acetylgruppe** oxidiert.
3. Liponamid überträgt die Acetylgruppe auf Coenzym A, wodurch **Acetyl-CoA** entsteht. Dabei wird die Disulfidgruppe des Liponamids in zwei SH-Gruppen umgewandelt.
4. Die Disulfidgruppe des Liponamids wird regeneriert, indem das Elektron jeder SH-Gruppe unter Vermittlung von E3-gebundenem FAD an NAD^+ abgegeben wird. Dabei wird **NADH gebildet**.

Da die PDH sowohl die Decarboxylierung des Pyruvats als auch die Oxidation des aktivierten Acetaldehyds katalysiert, bezeichnet man die Gesamtreaktion als **oxidative Decarboxylierung von Pyruvat**.

6.2.3 Die einzelnen Reaktionsschritte

▶ **Überblick.**

Schritt 1

Der **Thiazolring des Thiaminpyrophosphats** (TPP) gibt leicht ein Proton ab, wodurch ein **Carbanion** entsteht (Abb. **A-6.4**).

Schritt 1

Thiaminpyrophosphat (TPP), das Coenzym der Pyruvat-Dehydrogenase (E1), weist zwei heterozyklische Ringe auf. Für die Coenzym-Funktion ist der **Thiazolring** entscheidend. Das C-Atom, das in diesem Thiazolring zwischen dem Stickstoff- und dem Schwefelatom liegt, gibt leicht ein Proton ab, sodass ein negativ geladenes und sehr reaktives **Carbanion** entsteht (Abb. **A-6.4**).

A-6.4 Das Carbanion des Thiaminpyrophosphats

Thiaminpyrophosphat (TPP)

Thiazolring des TPP als Carbanion
(nach Ablösung eines H⁺)

Dieses lagert sich an den Carbonylkohlenstoff von Pyruvat an und **übt auf dessen Elektronen**, insbesondere die der COOH-Gruppe, einen kräftigen **Elektronenzug aus**. Dabei **löst sich CO₂ ab**.

Weiteres Reaktionsprodukt ist **Hydroxyethyl-TPP** (Abb. **A-6.5**), dessen **Hydroxyethylgruppe** als „aktivierter Acetaldehyd" bezeichnet wird.

Dieses Carbanion leitet die PDH-Reaktion ein, indem es sich an den Carbonylkohlenstoff von Pyruvat anlagert und anschließend **auf die Elektronen des Pyruvats** einen kräftigen **Elektronenzug ausübt**. Dieser Elektronenzug wirkt sich insbesondere auf die negative Ladung der Carboxylgruppe aus, was zur Folge hat, dass sich die Carboxylgruppe in Form von CO_2 **ablöst**. Dabei bleiben zwei Elektronen der Carboxylgruppe am TPP zurück.

Parallel lagert sich ein Proton an den Sauerstoff der Carbonylgruppe an, und es bildet sich eine Doppelbindung zu TPP aus. Dadurch entsteht **Hydroxyethyl-TPP** (Abb. **A-6.5**). Der **Hydroxyethylrest** wird traditionell „**aktivierter Acetaldehyd**" genannt, denn die Oxidationsstufe des Carbonylkohlenstoffs in Hydroxyethyl-TPP entspricht der Oxidationsstufe des entsprechenden C-Atoms im Acetaldehyd.

A-6.5 Bildung von Hydroxyethyl-Thiaminpyrophosphat (an Enzymkomponente E1)

Pyruvat → PDH → Hydroxyethyl-TPP, „aktivierter Acetaldehyd"

Schritt 2

Der **aktivierte Acetaldehyd** wird **auf Liponamid** – prosthetische Gruppe der Dihydroliponamid-Acetyltransferase (E2) – **übertragen** und **zur Acetylgruppe oxidiert** (Abb. **A-6.6**).

Schritt 2

Der **aktivierte Acetaldehyd** wird von TPP **auf Liponamid**, die fest gebundene prosthetische Gruppe der Dihydroliponamid-Acetyltransferase (E2), **übertragen**:
- Die Disulfidgruppe des Liponamids, die vor dem Transfer im oxidierten Zustand vorliegt, öffnet sich.
- An eines der beiden Schwefelatome lagert sich der Acetaldehyd an. Das andere Schwefelatom nimmt zusammen mit einem Proton die beiden überzähligen Elektronen auf, die bei der Abspaltung des CO_2 am TPP zurück geblieben waren.

Der **Acetaldehyd** wird in diesem Moment zu einer **Acetylgruppe oxidiert** (Abb. **A-6.6**). In der Acetylgruppe entspricht die Oxidationsstufe des Carbonylkohlenstoffs der Oxidationsstufe des entsprechenden C-Atoms in Acetat (d. h. in Essigsäure). Somit kann man sagen, dass in diesem Reaktionsschritt ein Acetaldehyd zu Acetat oxidiert wird. Das Acetat liegt allerdings nicht frei, sondern in Form eines Thioesters vor.

A-6.6 | Übertragung des Hydroxyethylrests auf Liponamid und Oxidation zu einem Acetylrest

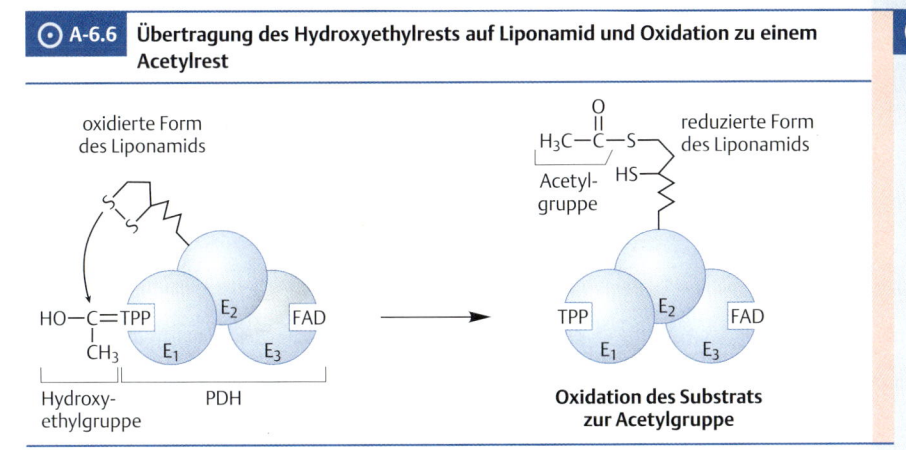

Schritt 3

Liponamid ist ein lang gestrecktes Molekül, das man sich wie einen langen Arm vorstellen kann. Dieser lange Arm **überträgt** die **Acetylgruppe auf Coenzym A (CoA)**. Acetyl-CoA (= aktivierte Essigsäure) entsteht also an der Dihydroliponamid-Acetyltransferase (E2). Das Liponamid enthält daraufhin anstelle der ursprünglichen Disulfidgruppe zwei SH-Gruppen (Abb. **A-6.7**).

Schritt 3

Liponamid, das Coenzym des E2, überträgt die Acetylgruppe auf Coenzym A (CoA) (Abb. **A-6.7**) und wird dadurch reduziert.

A-6.7 | Übertragung der Acetylgruppe auf Coenzym A

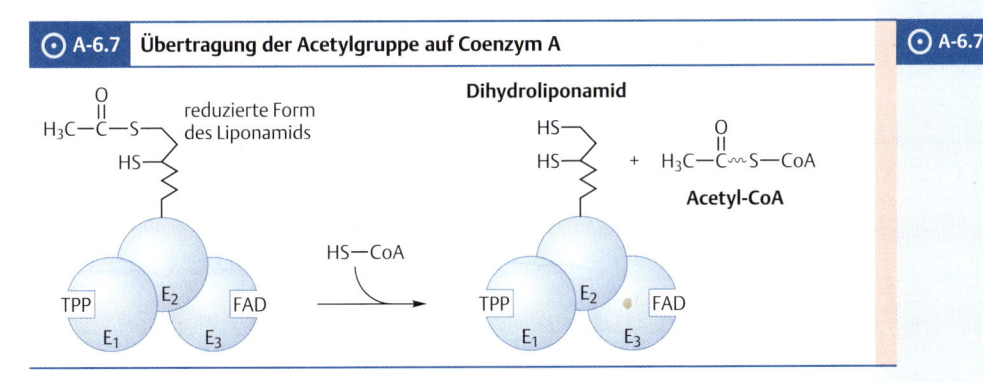

Schritt 4

Um seine beiden SH-Gruppen zu oxidieren und die Disulfidbindung zu regenerieren, schwenkt der Liponamid-Arm zur **Dihydroliponamid-Dehydrogenase (E3)**. Hier werden die beiden **SH-Gruppen durch Reaktion mit** der prosthetischen Gruppe **FAD oxidiert**. Dabei entsteht FADH$_2$, das die beiden **übertragenen Elektronen an NAD$^+$ weitergibt** (Abb. **A-6.8**). Das Reaktionsprodukt **NADH** enthält nun die beiden überzähligen Elektronen, die ursprünglich bei der Abspaltung des CO$_2$ am TPP zurück geblieben waren. Liponamid steht nun für einen neuen Reaktionszyklus zur Verfügung.

Schritt 4

Das reduzierte **Liponamid** des E2 wird **von E3** durch **Reaktion mit** der prosthetischen Gruppe **FAD oxidiert** und so regeneriert. FADH$_2$ überträgt die 2 Elektronen auf NAD$^+$, sodass **NADH** entsteht (Abb. **A-6.8**).

A-6.8 | Regeneration der Disulfidbindung im Liponamid und Bildung von NADH

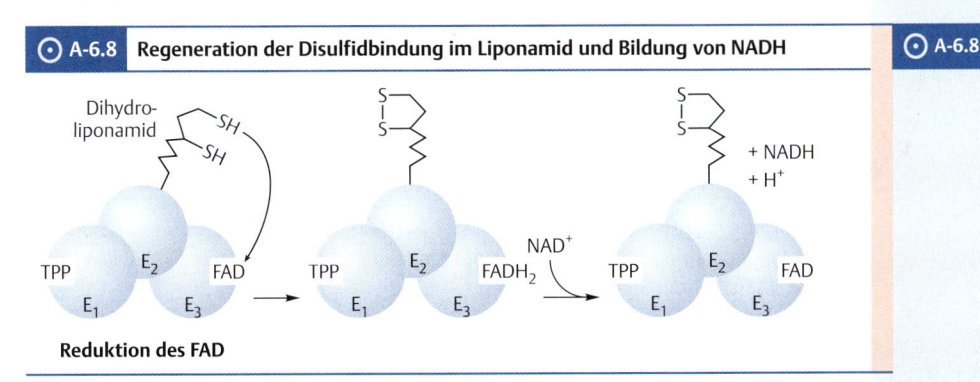

Bilanz

> **Merke.** In einem Reaktionszyklus der PDH entstehen ein CO_2, ein Acetyl-CoA und ein NADH.

> **Exkurs.** **Enzyme mit PDH-ähnlichen Reaktionsmechanismen**
> Im Stoffwechsel gibt es mehrere Enzyme, deren Reaktionsmechanismus dem der PDH sehr ähnlich ist und die auch die gleichen Coenzyme benötigen. Zu den Enzymen dieses Reaktionstyps gehört
> - die verzweigtkettige α-Ketosäure-Dehydrogenase, ein Enzym, das am Abbau verzweigtkettiger Aminosäuren beteiligt ist und
> - die α-Ketoglutarat-Dehydrogenase (2-Oxoglutarat-Dehydrogenase), die eine Reaktion des Citratzyklus katalysiert (S. 120).

6.2.4 Die Regulation der Pyruvat-Dehydrogenase

Da sich die PDH in der Matrix, d. h. im Innenraum der Mitochondrien befindet, kann sie nicht in der gleichen Weise reguliert werden wie Enzyme des Zytosols. So sind die Membranen der Mitochondrien nicht für cAMP permeabel, das viele Stoffwechselprozesse des Zytosols reguliert. Auch sind Phosphorylierungen in den Mitochondrien generell von geringerer Bedeutung als im Zytosol. Dennoch gilt:

> **Merke.** Die Aktivität der PDH wird durch **reversible Phosphorylierung** (die häufigste Form der Interkonvertierung) gesteuert (Abb. **A-6.9**): Die PDH wird **durch Phosphorylierung abgeschaltet**, sobald hinreichende Mengen an **Acetyl-CoA** und **NADH** im Mitochondrium vorhanden sind. Hohe **Pyruvat**konzentrationen **unterbinden** die **Phosphorylierung**, sodass die PDH im aktiven Zustand bleibt und das aufgestaute Pyruvat verarbeiten kann.

A-6.9 Regulation der Pyruvat-Dehydrogenase durch Produkthemmung und Interkonvertierung

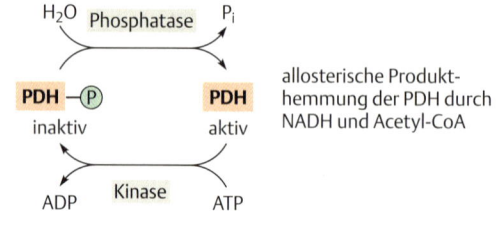

```
         H₂O   Phosphatase   Pᵢ
              ↘           ↗
    PDH —P                    PDH        allosterische Produkt-
    inaktiv                   aktiv      hemmung der PDH durch
              ↗           ↘              NADH und Acetyl-CoA
         ADP     Kinase      ATP
```

Aktivierung der PDH-Kinase in Gegenwart von NADH und Acetyl-CoA (→ Interkonvertierung)

Die Hemmung kommt dadurch zustande, dass eine **Kinase**, die **Bestandteil der PDH** ist (!), durch Acetyl-CoA und NADH stimuliert wird und daraufhin die **E1-Untereinheiten** des Enzyms an einem bestimmten **Serinrest phosphoryliert**. Hohe Konzentrationen an Pyruvat unterdrücken die Aktivität der Kinase.

Wenn das Enzym wieder aktiviert werden soll, wird die inaktivierende Phosphatgruppe am Serinrest der E1-Untereinheiten von einer **Phosphatase** abgespalten, die **ebenfalls Bestandteil der PDH** ist. Die Phosphatase ist abhängig von Calcium-Ionen, und man vermutet, dass die mitochondriale Calciumkonzentration Einfluss auf die Aktivität der PDH hat.

Außerdem vermitteln Acetyl-CoA und NADH an der PDH eine klassische **Produkthemmung**. Wenn sie in ausreichenden Mengen in den Mitochondrien akkumulieren, blockieren sie an den Untereinheiten der PDH die Bindestellen für Coenzym A und NAD^+.

6.3 Der Citratzyklus

6.3.1 Grundlagen

▶ **Definition.** Der **Citratzyklus** ist ein zyklischer Stoffwechselweg der mitochondrialen Matrix, in dem pro Reaktionszyklus ein Acetylrest unter Energiegewinn zu zwei Molekülen CO_2 oxidiert wird. Zu Beginn des Reaktionszyklus wird der Acetylrest auf Oxalacetat übertragen, wobei Citrat entsteht (daher der Name „Citratzyklus"). Die pro Zyklus **frei werdende Energie wird gespeichert in**
- **3 NADH und 1 FADH$_2$**, deren Elektronen an die Atmungskette abgegeben werden, sowie abhängig vom jeweiligen Isoenzym der Zelle in
- **1 GTP**, das zur Bildung eines ATP verwendet werden kann oder direkt in **1 ATP.**

Animation zum Citratzyklus online abrufbar mit dem vorn im Buch platzierten Code.

Funktionen des Citratzyklus

▶ **Merke.** Der Citratzyklus liegt im Zentrum zahlreicher Stoffwechselwege („Drehscheibe des Stoffwechsels"). Seine wichtigste Aufgabe besteht darin, Acetylreste zu oxidieren, um Elektronen für die Atmungskette zu gewinnen.

Dazu wird der Acetylrest von Acetyl-CoA auf **Oxalacetat** übertragen, wodurch **Citrat** (= das Anion der Zitronensäure) entsteht, das 6 C-Atome enthält. Im Citratzyklus werden zwei dieser 6 C-Atome in Form von CO_2 abgespalten, sodass schließlich eine Verbindung von 4 C-Atomen entsteht: Oxalacetat. Dieses kann in einem neuen Reaktionszyklus wieder einen Acetylrest aufnehmen. Ein einfaches Schema des Citratzyklus zeigt Abb. **A-6.10**. Die bei der Oxidation anfallenden Elektronen werden in Form von **NADH** und **FADH$_2$** gesammelt und an die Atmungskette abgegeben. Da diese den Protonengradienten aufbaut, der die mitochondriale ATP-Synthase antreibt, trägt der Citratzyklus damit *indirekt* zur ATP-Synthese bei.

Der Acetylrest von Acetyl-CoA wird auf **Oxalacetat** übertragen, wodurch **Citrat** entsteht. Dieses wird unter Abspaltung von 2 CO_2 in **Oxalacetat** umgesetzt. Die anfallenden Elektronen werden in Form von **NADH** und **FADH$_2$** gesammelt und an die Atmungskette abgegeben.

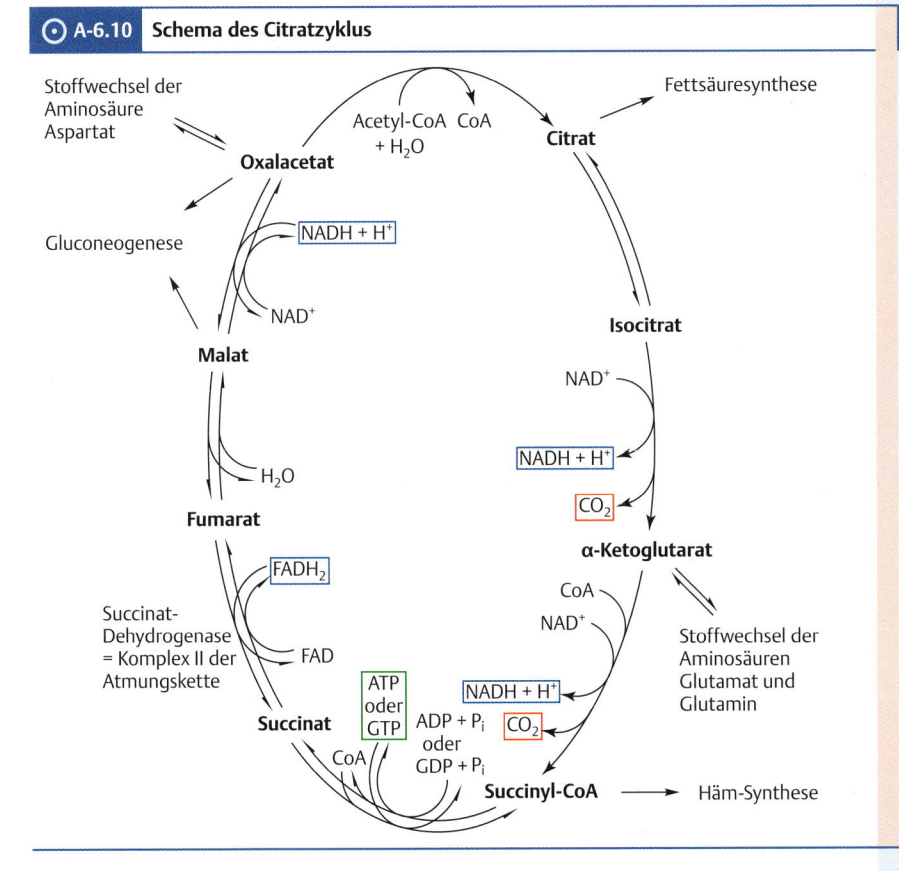

⊙ **A-6.10** Schema des Citratzyklus

A 6 Oxidativer Abbau von Pyruvat

Weitere Funktionen des Citratzyklus:

- Er stellt für alle **Aminosäuren**, die nicht zu Pyruvat oder zu Acetyl-CoA abgebaut werden, die Endstrecke ihres Abbaus dar (S. 161).
- Er liefert die **Ausgangssubstanzen** für die **Synthese einiger Aminosäuren**. So entsteht aus Oxalacetat Aspartat, aus α-Ketoglutarat Glutamat, und ausgehend von Glutamat können Glutamin, Prolin und Arginin synthetisiert werden (S. 126).
- Sein Reaktionsprodukt **Citrat** kann abgezweigt und zur **Synthese von Fettsäuren** (S. 234) verwendet werden.
- Ist die Glucosekonzentration im Blut zu niedrig, kann **Oxalacetat** abgezweigt und zur **Synthese von Glucose** (S. 221) verwendet werden.
- Ein Reaktionsprodukt des Citratzyklus, **Succinyl-CoA**, kann mit der Aminosäure Glycin zu δ-Aminolävulinsäure, dem Ausgangsstoff der Hämsynthese (S. 760) reagieren. Häm besteht aus einem **Porphyrinring** mit einem zentral gebundenen Eisen-Ion. Die Biosynthese dieses Porphyrinringes beginnt also ebenfalls im Citratzyklus.

▶ **Exkurs.** **Der Entdecker des Citratzyklus: Hans Krebs**
Hans Krebs (Abb. **A-6.11**) war einer der bedeutendsten Biochemiker aller Zeiten. Geboren und aufgewachsen in Hildesheim, studierte er zunächst Medizin und arbeitete dann von 1926 bis 1930 im Labor des Biochemikers Otto Warburg, des Entdeckers des Komplex IV der Atmungskette (S. 185). Als Assistent in der Inneren Medizin der Universität Freiburg entdeckte Hans Krebs 1932 zusammen mit dem Medizinstudenten Kurt Henseleit den Harnstoffzyklus. 1933 sah sich Hans Krebs als Jude gezwungen, Deutschland zu verlassen. Er ging nach England und setzte zunächst in Cambridge, später in Oxford seine Forschungsarbeiten fort. 1937 entdeckte er den Citratzyklus, der in den angelsächsischen Ländern bis heute als „Krebs cycle" bezeichnet wird. Nach 1945 blieb Hans Krebs in England. 1953 erhielt er den Nobelpreis für Medizin.

⊙ **A-6.11   Hans Krebs (1900 – 1981)** Hans Krebs ist der Entdecker des Harnstoffzyklus und des Citratzyklus

Die Substratspezifität der Dehydrogenasen: ein Schlüssel zum Verständnis des Citratzyklus

Die Reaktionen des Citratzyklus sind auf den ersten Blick recht unübersichtlich. Allerdings folgen sie durchaus einer biochemischen Logik, die sich zeigt, wenn man berücksichtigt, worin das Ziel des Citratzyklus besteht und welche Reaktionsmechanismen dem Stoffwechsel zur Verfügung stehen, um dieses Ziel zu erreichen. **Das primäre Ziel des Citratzyklus ist die Oxidation des Citrats.** Für Oxidationen stehen dem Stoffwechsel grundsätzlich verschiedene **Dehydrogenasen** zur Verfügung. Dabei handelt es sich um Enzyme, die von ihren Substraten – bei einer Oxidation – Elektronen ablösen und diese auf NAD$^+$ oder auf FAD übertragen. Es gibt im Wesentlichen drei verschiedene Reaktionsmechanismen, die von den Dehydrogenasen katalysiert werden können. Diese bestimmen auch die einzelnen Schritte des Citratzyklus:

A 6.3 Der Citratzyklus

- Der Reaktionsmechanismus einer Dehydrogenase ist anhand der **Pyruvat-Dehydrogenase (PDH)** im vorangegangenen Abschnitt sehr genau beschrieben worden. Die PDH erkennt eine α-Ketosäure, nämlich das Pyruvat, als Substrat und katalysiert dann eine vergleichsweise komplizierte Reaktionssequenz. Dabei wird das Substrat oxidiert, die Elektronen werden letztlich auf **NAD$^+$** übertragen, die Carboxylgruppe wird in Form von **CO_2** abgelöst und durch **Coenzym A** ersetzt. Die PDH katalysiert eine oxidative Decarboxylierung. Ein derartiger Reaktionsmechanismus ist im Stoffwechsel nur für wenige Enzyme nachgewiesen.
- Die meisten **NAD$^+$-abhängigen Dehydrogenasen** katalysieren wesentlich einfachere Reaktionen. In jedem Fall vermitteln sie die Übertragung eines Hydrid-Ions (H$^-$ = ein Proton und zwei Elektronen) von ihrem Substrat auf den Nicotinamidring des NAD$^+$ (Abb. **A-6.12**). Dieser Transfer findet aber in der Regel nur statt, **wenn das Substrat eine HO-C-H-Gruppe enthält**. Das Hydrid-Ion entsteht aus dem H-Atom und den beiden Bindungselektronen der C-H-Gruppe, es geht also nicht aus der OH-Gruppe hervor. Bei der Ablösung des Hydrid-Ions verliert das C-Atom somit eine seiner vier Bindungen. Als Ersatz für die verlorene Bindung zieht das C-Atom eines der Elektronenpaare der OH-Gruppe zu sich herüber, mit der Folge, dass sich hier ein Proton (H$^+$) ablöst. Von der HO-C-H-Gruppe bleibt dann eine Carbonylgruppe (C=O) übrig.

  Es sind auch Fälle bekannt, in denen eine NAD$^+$-abhängige Dehydrogenase mit einer Aldehydgruppe reagiert (z. B. bei der Oxidation des Glycerinaldehyd-3-phosphates, Abb. **A-5.8**). Bezeichnenderweise bildet sich dabei aber in einem entscheidenden Zwischenschritt eine HO-C-H-Gruppe (vgl. Abb. **A-5.6**).
- **FAD-abhängige Dehydrogenasen** katalysieren die Übertragung von
  – *zwei* Elektronen und *zwei* Protonen
- oder
  – *einem* Elektron und *einem* Proton
- auf FAD. Je nach Anzahl der übertragenen Elektronen und Protonen unterscheidet man beim FAD, wie beim Ubichinon der Atmungskette (S. 180), ein oxidiertes Chinon, ein teilweise reduziertes Semichinon und ein vollständig reduziertes Hydrochinon, welches dem FADH$_2$ entspricht (Abb. **A-6.13**).
- FAD-abhängige Dehydrogenasen reagieren bevorzugt mit **Substraten**, die chemische Gruppen **vom Typ -CH$_2$-CH$_2$-** enthalten. Indem sie diesen Gruppen zwei Protonen und zwei Elektronen entreißen, entsteht eine Doppelbindung -CH=CH-. Substrate, die HO-C-H-Gruppen enthalten, sind für FAD-abhängige Dehydrogenasen ungeeignet.

- Bestimmte NAD$^+$-abhängige Dehydrogenasen, wie z. B. die **PDH**, katalysieren die oxidative Decarboxylierung einer α-Ketosäure.

- Die meisten **NAD$^+$-abhängigen Dehydrogenasen** können nur Substrate oxidieren, die eine HO-C-H-Gruppe enthalten.

FAD-abhängige Dehydrogenasen katalysieren die Übertragung von 2 e$^-$ + 2 H$^+$ (Abb. **A-6.13**) oder e$^-$ + H$^+$ auf FAD.

Sie reagieren bevorzugt mit **Substraten**, die chemische Gruppen **vom Typ -CH$_2$-CH$_2$-** enthalten. Werden 2 e$^-$ + 2 H$^+$ übertragen, entsteht eine Doppelbindung -CH=CH-.

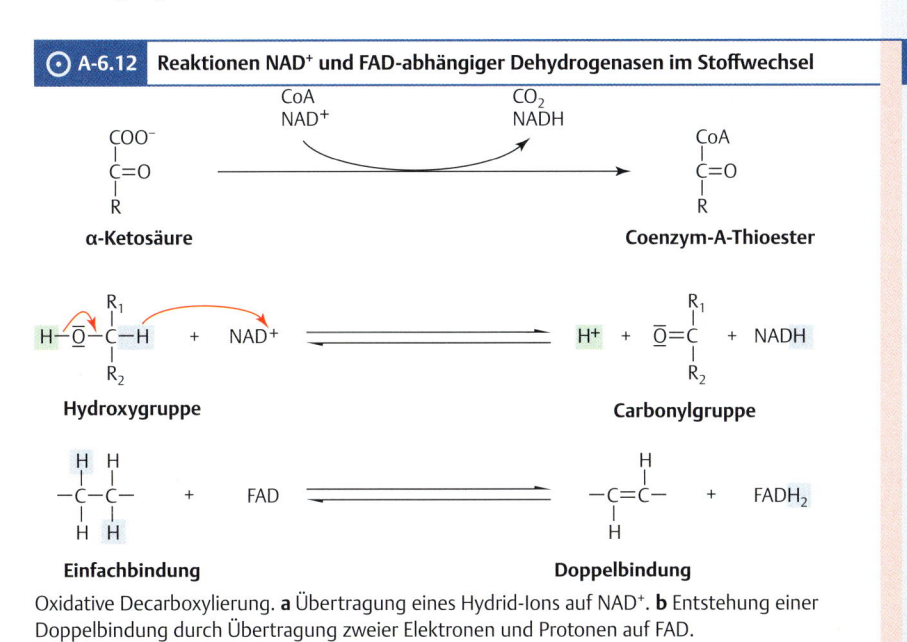

⊙ **A-6.12** Reaktionen NAD$^+$ und FAD-abhängiger Dehydrogenasen im Stoffwechsel

Oxidative Decarboxylierung. **a** Übertragung eines Hydrid-Ions auf NAD$^+$. **b** Entstehung einer Doppelbindung durch Übertragung zweier Elektronen und Protonen auf FAD.

A-6.13 Riboflavin (a), FAD (b) und Redoxreaktionen des FAD bzw. FADH₂ (c)

a Riboflavin (Vitamin B₂)

b Flavin-Adenin-Dinukleotid (FAD)

c
- FAD (oxidierte bzw. Chinon-Form)
- FADH (Radikal- bzw. Semichinon-Form)
- FADH₂ (reduzierte- bzw. Hydrochinon-Form)

▶ **Merke.** Bei der Oxidation von Pyruvat, Citrat und Fettsäuren in den Mitochondrien gibt es nur drei Reaktionmechanismen:
- NAD^+-abhängige Oxidation von α-Ketosäuren
- NAD^+-abhängige Oxidation von HO-C-H-Gruppen
- FAD-abhängige Oxidation von -CH_2-CH_2-Gruppen

6.3.2 Die einzelnen Reaktionsschritte

Berücksichtigt man nur die wichtigsten stabilen Zwischenprodukte, ergeben sich acht Reaktionsschritte.

6.3.2 Die einzelnen Reaktionsschritte

Die Zahl der Reaktionsschritte, die man im Citratzyklus unterscheidet, hängt davon ab, in welchem Umfang man auch die Bildung instabiler Zwischenprodukte berücksichtigen möchte. Beschränkt man sich auf die Bildung der wichtigsten stabilen Zwischenprodukte, ergeben sich acht Reaktionsschritte. Einen ersten Eindruck vermittelt die Abb. **A-6.22**.

Schritt 1: Acetyl-CoA + Oxalacetat → Citrat

Für diese Reaktion (Abb. **A-6.14**) muss ein Proton von der Methylgruppe des Acetyl-CoA abgelöst werden. Die Energie hierfür (Methylgruppen sind sehr reaktionsträge) liefert die **Hydrolyse der energiereichen Thioesterbindung des Acetyl-CoA**.
Enzym: Citrat-Synthase.

Schritt 1: Acetyl-CoA + Oxalacetat → Citrat

Wie wird das Citrat des Citratzyklus synthetisiert? Bei dieser Reaktion (Abb. **A-6.14**) wird der Carbonylkohlenstoff des Oxalacetats von der Methylgruppe des Acetyl-CoA angegriffen. Die Methylgruppe muss ein Proton abgeben, damit sich eine neue C-C-Bindung bilden kann. Diese Reaktion ist außergewöhnlich, da Methylgruppen an sich ausgesprochen reaktionsträge sind. Sie ist endergon und nur möglich, weil anschließend die **energiereiche Thioesterbindung des Acetyl-CoA hydrolysiert** wird. Die Ablösung des Coenzyms A durch Hydrolyse der Thioesterbindung liefert letztlich die Triebkraft für die Bildung des Citrats. Katalysiert wird die Reaktion von dem Enzym **Citrat-Synthase**.

A-6.14 Reaktion von Acetyl-CoA und Oxalacetat zu Citrat

Die Triebkraft der Reaktion stammt aus der Hydrolyse der Thioesterbindung im Citryl-CoA. Die beiden Carboxylgruppen, die anschließend im Verlauf eines Reaktionszyklus als CO_2 freigesetzt werden, sind farbig hervorgehoben.

Das Citrat, welches in diesem Schritt gebildet wird, ist das **Anion der Zitronensäure**, der Säure, die in einer Konzentration von 5–7 % im Zitronensaft enthalten ist. Citrat ist ein symmetrisch aufgebautes Molekül, das **sechs C-Atome** enthält. Es trägt eine OH-Gruppe und drei Carboxylgruppen (Abb. **A-6.14**) und ist optisch inaktiv, da das zentrale C-Atom mit zwei gleichen CH_2-COO^--Gruppen verbunden ist. Berücksichtigt man die tetraedrische Struktur der vier Kohlenstoffbindungen, haben die OH-Gruppe und die COO^--Gruppen des zentralen C-Atoms allerdings zwei verschiedene Möglichkeiten, sich im Raum anzuordnen. Deshalb hat das Citratmolekül gleichsam eine Ober- und eine Unterseite, die die Enzyme des Citratzyklus durchaus unterscheiden. Da die Enzyme ihre Substrate jeweils nur in einer ganz bestimmten Konfiguration binden, ist damit festgelegt, welche der drei Carboxylgruppen des Citrats in den nachfolgenden Schritten des Zyklus in Form von CO_2 freigesetzt werden (Abb. **A-6.14**). Man hat nachgewiesen, dass die zwei CO_2-Moleküle, die in einem Zyklus gebildet werden, beide ursprünglich aus dem Oxalacetat stammen, nicht aus der neu aufgenommenen Acetylgruppe.

Citrat ist ein symmetrisch aufgebautes Molekül, das sechs C-Atome enthält. Es trägt eine OH-Gruppe und drei Carboxylgruppen (Abb. **A-6.14**).

Schritt 2: Citrat → Isocitrat

Citrat soll im Citratzyklus oxidiert werden. Da es aber weder eine HO-C-H- noch eine -CH_2-CH_2-Gruppe besitzt, ist es weder ein Substrat für NAD+- noch für FAD-abhängige Dehydrogenasen (!). Deshalb muss Citrat als Erstes in ein für Dehydrogenasen geeignetes Substrat umgewandelt werden. Dies geschieht, indem die **OH-Gruppe verschoben** wird. Das Reaktionsprodukt Isocitrat enthält eine HO-C-H-Gruppe (Abb. **A-6.15**) und ist somit ein geeignetes Substrat für eine NAD^+-abhängige Dehydrogenase.
Die Isomerisierung des Citrats erfordert zwei Schritte (Abb. **A-6.15**):
1. Die OH-Gruppe wird zusammen mit einem Proton als **Wasser abgespalten**. Dadurch bildet sich eine **Doppelbindung** und aus Citrat entsteht Aconitat. Dieses Zwischenprodukt wird in manchen Pflanzen in größeren Mengen gebildet, u. a. im Eisenhut (*Aconitum napellus*). Die Carboxylgruppen, die im Aconitat durch die -C=C-Gruppe verbunden sind, zeigen eine *cis*-Stellung, d. h. sie sind beide zur gleichen Seite hin orientiert. Entsprechend handelt es sich um **cis-Aconitat**.
2. Im nächsten Schritt wird wieder **Wasser angelagert**, nun aber **in anderer Orientierung**, sodass **Isocitrat** entsteht.

Beide Schritte werden vom gleichen Enzym, der **Aconitase** (= Aconitat-Hydratase) katalysiert.

Schritt 2: Citrat → Isocitrat

Citrat muss in ein für Dehydrogenasen geeignetes Substrat umgewandelt werden. Dies geschieht, indem die **OH-Gruppe verschoben** wird. Es entsteht Isocitrat (Abb. **A-6.15**).

Die Isomerisierung des Citrats erfordert zwei Schritte (Abb. **A-6.15**):
1. **Abspaltung** der OH-Gruppe mit einem Proton als **Wasser**. Dadurch bildet sich eine Doppelbindung. Es entsteht **(cis-)Aconitat**.
2. Anlagerung von Wasser in anderer Orientierung. Hierdurch entsteht Isocitrat.

Enzym: Aconitase

A-6.15 Isomerisierung von Citrat zu Isocitrat

Schritt 3: Isocitrat → α-Ketoglutarat

Durch NAD⁺-abhängige Oxidation von Isocitrat entsteht **Oxalsuccinat**. Dieses ist instabil: Durch **spontane Decarboxylierung** entsteht aus dem Oxalsuccinat das stabile **α-Ketoglutarat (= 2-Oxoglutarat)** (Abb. **A-6.16**). Enzym: Isocitrat-Dehydrogenase.

Diese Reaktionsfolge liefert zum ersten Mal im Citratzyklus **NADH** und **CO_2**. Außerdem entsteht α-Ketoglutarat, das reversibel zu **Glutamat** umgesetzt werden kann. Diese Reaktion stellt eine Verbindung zum Aminosäurestoffwechsel her.

Schritt 3: Isocitrat → α-Ketoglutarat

Die NAD⁺-abhängige Oxidation der HO-C-H-Gruppe des Isocitrats wird von der **Isocitrat-Dehydrogenase** katalysiert. Das Enzym katalysiert die Übertragung eines Hydrid-Ions auf den Nicotinamidring von NAD⁺. Parallel löst sich von der OH-Gruppe des Isocitrats ein Proton ab, und es entsteht eine Carbonylgruppe. Das Reaktionsprodukt, **Oxalsuccinat**, ist eine instabile Verbindung, von der sich **spontan** die mittlere der drei Carboxylgruppen als **CO_2 ablöst**. Übrig bleibt **α-Ketoglutarat** (Abb. **A-6.16**), in einer neueren Nomenklatur auch 2-Oxoglutarat genannt.

Die Isocitrat-Dehydrogenase katalysiert unmittelbar also nur die Oxidation einer OH-Gruppe. Die nachfolgende Decarboxylierung ergibt sich zufällig aus der Instabilität des entstandenen Oxalsuccinats.

Diese Reaktionsfolge verdient aus mehreren Gründen Beachtung:
- Die Isocitrat-Dehydrogenase katalysiert die erste Oxidationsreaktion des Citratzyklus. Hier wird **NADH** gebildet, und damit werden Elektronen für den Transport zur Atmungskette bereitgestellt.
- Die Oxidationsreaktion hat die erste Decarboxylierung des Citratzyklus zur Folge. Hier entsteht also **CO_2** (wie schon im Reaktionszyklus der PDH).
- Das Reaktionsprodukt α-Ketoglutarat kann in einem einzigen Schritt durch Aufnahme einer Aminogruppe in die Aminosäure **Glutamat** umgewandelt werden. Die Reaktion ist reversibel und stellt eine wichtige Beziehung zwischen dem Citratzyklus und dem Aminosäurestoffwechsel dar.

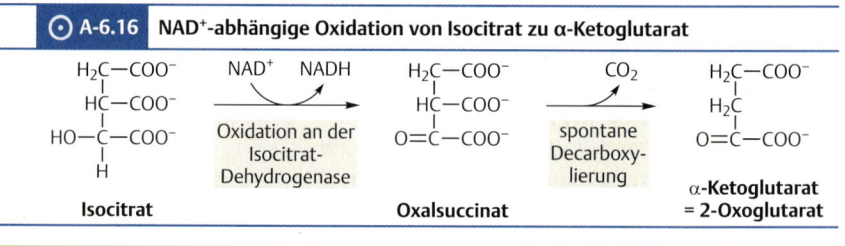

A-6.16 NAD⁺-abhängige Oxidation von Isocitrat zu α-Ketoglutarat

Isocitrat	→ Oxidation an der Isocitrat-Dehydrogenase (NAD⁺ → NADH) →	Oxalsuccinat	→ spontane Decarboxylierung (−CO_2) →	α-Ketoglutarat = 2-Oxoglutarat
H_2C-COO^- $HC-COO^-$ $HO-C-COO^-$ $\quad H$		H_2C-COO^- $HC-COO^-$ $O=C-COO^-$		H_2C-COO^- H_2C $O=C-COO^-$

▶ **Klinik.** Es gibt drei Isoenzyme der Citrat-Dehydrogenase: IDH1, IDH2 und IDH3. Normalerweise wird die Reaktion des Citratzyklus von der IDH3 katalysiert. Die IDH2 wurde kürzlich als außerordentlich interessante Zielstruktur für die Therapie bestimmter Tumorerkrankungen identifiziert (S. 286).

Schritt 4: α-Ketoglutarat → Succinyl-CoA

α-Ketoglutarat hat große **Ähnlichkeit mit Pyruvat**. Beides sind **α-Ketosäuren** (= 2-Oxosäuren).

Die Enzyme **α-Ketoglutarat-Dehydrogenase** und PDH sind sich sehr ähnlich.

Schritt 4: α-Ketoglutarat → Succinyl-CoA

α-Ketoglutarat hat große **Ähnlichkeit mit Pyruvat**. Beides sind **α-Ketosäuren** – nach neuerer Nomenklatur 2-Oxosäuren –, d. h. Carbonsäuren, in denen unmittelbar auf eine Carboxylgruppe eine Carbonylgruppe folgt. Das C-Atom dieser Carbonylgruppe steht relativ zum C-Atom der Carboxylgruppe in Position α bzw. 2.

So überrascht es nicht, dass sich auch die Enzyme, die mit α-Ketoglutarat bzw. Pyruvat reagieren, sehr ähnlich sind. Tatsächlich katalysiert die **α-Ketoglutarat-Dehydrogenase** eine oxidative Decarboxylierung des α-Ketoglutarats, wobei der Reaktionsmechanismus weitgehend dem Reaktionsmechanismus der Pyruvat-Dehydrogenase (PDH) entspricht:

▶ **Merke.** Wie die Umsetzung von Pyruvat zu Acetyl-CoA durch die PDH ist auch die Umsetzung von α-Ketoglutarat zu Succinyl-CoA eine **oxidative Decarboxylierung** mit den **Cofaktoren** (Abb. **A-6.17**)
- Thiaminpyrophosphat (TPP),
- Liponamid,
- Coenzym A (CoA),
- FAD und
- NAD⁺.

α-Ketoglutarat-Dehydrogenase und Pyruvat-Dehydrogenase enthalten die gleichen Cofaktoren. Bei der Reaktion der α-Ketoglutarat-Dehydrogenase entstehen **CO_2, Succinyl-CoA** und NADH.

Die oxidative Decarboxylierung von α-Ketoglutarat läuft in folgenden Schritten ab:
1. α-Ketoglutarat wird unter Abspaltung von **CO_2** auf TPP übertragen.
2. Das Reaktionsprodukt wird von TPP auf Liponamid übertragen.
3. Durch Übertragung des Reaktionsprodukts auf Coenzym A entsteht **Succinyl-CoA**.
4. Die beiden in diesen Schritten anfallenden Elektronen werden zunächst vom Liponamid aufgenommen und anschließend unter Vermittlung von FAD an NAD⁺ abgegeben. Dabei wird **NADH** gebildet.

A-6.17 Oxidative Decarboxylierung von α-Ketoglutarat

α-Ketoglutarat = 2-Oxoglutarat → Succinyl-CoA
(α-Ketoglutarat-Dehydrogenase-Komplex: E1, E2, E3 mit TPP, FAD; CoA, NAD⁺ → NADH, CO_2)

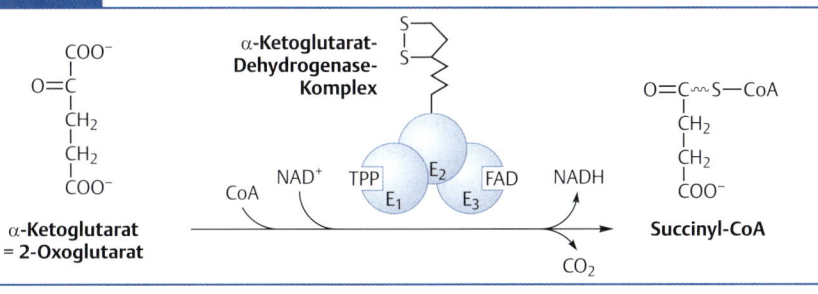

▶ **Merke.** CO_2 und NADH entstehen im Citratzyklus in den Reaktionen der
- Isocitrat-Dehydrogenase und
- α-Ketoglutarat-Dehydrogenase (= 2-Oxoglutarat-Dehydrogenase).

CO_2 und NADH entstehen darüber hinaus in den Reaktionen der PDH (ebenfalls in den Mitochondrien!). Das in diesen drei Reaktionen gebildete CO_2 stellt den Großteil des CO_2 in der ausgeatmeten Luft.

Succinyl-CoA ist ähnlich dem Acetyl-CoA eine **energiereiche Verbindung**. Während die Energie des Acetyl-CoA genutzt wurde, um die Synthese des Citrats zu ermöglichen, wird die Energie der Thioesterbindung des Succinyl-CoA im nächsten Schritt genutzt, um GTP oder ATP zu synthetisieren.

Allerdings wird das anfallende Succinyl-CoA nicht nur der nächsten Reaktion des Citratzyklus zur Verfügung gestellt. **Succinyl-CoA** kann in den Mitochondrien auch mit der Aminosäure **Glycin** reagieren, wobei sich **δ-Aminolävulinsäure** (5-Aminolävulinat) bildet, der erste Metabolit der **Hämsynthese**. Häm (S. 116) ist die prosthetische Gruppe des Hämoglobins und der Cytochrome der Atmungskette (S. 185). Ähnlich dem α-Ketoglutarat stellt somit auch das Succinyl-CoA eine wichtige Verzweigungsstelle des Stoffwechsels dar.

Succinyl-CoA ist wie Acetyl-CoA eine **energiereiche Verbindung**.

Succinyl-CoA kann mit **Glycin** reagieren, dabei entsteht δ-**Aminolävulinsäure** (5-Aminolävulinat), der erste Metabolit der Hämsynthese.

▶ **Klinik.** **Thiamin (Vitamin B₁)** spielt in Form des Coenzyms Thiaminpyrophosphat (TPP) der PDH und der α-Ketoglutarat-Dehydrogenase eine wichtige Rolle. Vermutlich sind diese Zusammenhänge von Bedeutung, wenn bei lang anhaltendem Thiaminmangel Neuronen des ZNS absterben, insbesondere im Bereich der Corpora mamillaria, des vorderen Thalamus und um den 3. und 4. Ventrikel. Die Folge ist die sog. **Wernicke-Enzephalopathie** (Abb. **A-6.18**). Sie tritt vor allem bei Alkoholikern (Mangelernährung!) auf und äußert sich durch plötzlich auftretende Gleichgewichtsstörung (Ataxie), Augenmuskellähmung und Verwirrtheit. Um irreversible Schäden zu vermeiden, sollte therapeutisch sofort Thiamin zugeführt werden, zunächst intravenös und später in Form von Tabletten. In schweren Fällen kann sich ein **Korsakow-Syndrom** entwickeln, das durch einen massiven Verlust des Kurzzeitgedächtnisses charakterisiert ist.

A-6.18 Wernicke-Enzephalopathie

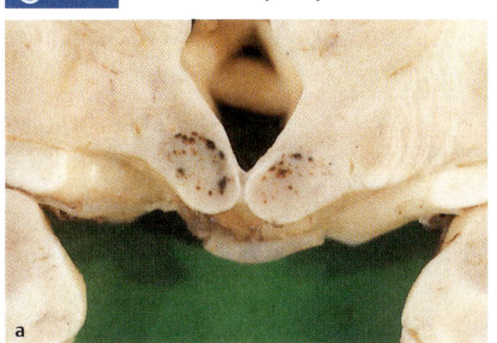

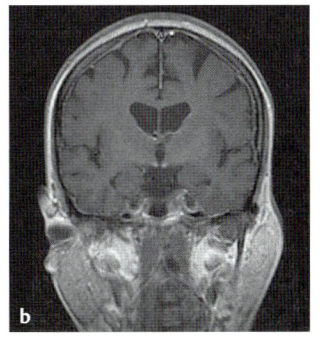

(aus Masuhr, Neumann; Duale Reihe Neurologie, Thieme, 2005)

a Gehirn-Befund einer 61-jährigen alkoholkranken Frau mit Fettleberhepatitis, gestorben im Coma hepaticum. Aufsicht von hinten, stirnparallele Schnittführung. Feingesprenkelte rote bis rostbraune Blutungen in den Corpora mamillaria. **b** Magnetresonanztomogramm einer 43-jährigen Frau mit chronischem Alkoholabusus und Mangelernährung, bei der eine beidseitige Abduzenslähmung, Nystagmus, Stand- und Gangataxie und eine schwere Gedächtnisstörung aufgetreten waren. Das Bild zeigt eine Kontrastmittelanreicherung in den Corpora mamillaria am Boden des 3. Ventrikels. Die Hirnwindungen sind atrophiert, die Seitenventrikel erweitert.

Schritt 5: Succinyl-CoA → Succinat + CoA + GTP

In diesem Reaktionsschritt wird die energiereiche **Thioesterbindung des Succinyl-CoA gespalten**; Succinyl-CoA zerfällt dabei zu **Succinat** und freiem **Coenzym A** (Abb. A-6.19). Die bei der Spaltung der Bindung anfallende Energie wird dieser Stelle des Citratzyklus für eine **Substratkettenphosphorylierung** genutzt. Anorganisches Phosphat wird aufgenommen und ein Nukleosiddiphosphat wird zu einem Nukleosidtriphosphat umgesetzt. Die Reaktionssequenz wird von der **Succinyl-CoA-Synthetase** katalysiert.

A-6.19 Substratkettenphosphorylierung im Citratzyklus

$$O=C\sim S-CoA\ (Succinyl\text{-}CoA) \xrightarrow[\text{Succinyl-CoA-Synthetase}]{ADP+P_i\ bzw.\ GDP+P_i \quad\to\quad ATP\ bzw.\ GTP} Succinat + Coenzym\ A$$

Die Reaktion ist im Prinzip reversibel, das Enzym wurde nach der Rückreaktion benannt. Man findet in der Literatur auch die Namen Succinyl-CoA-Ligase und Succinat-Thiokinase. Der Ausdruck "Synthetase" anstelle von "Synthase" weist darauf hin, dass an der Reaktion ein energiereiches Nukleosidtriphosphat beteiligt ist.
Traditionell wurde lange Zeit davon ausgegangen, dass durch Substratkettenphosphorylierung im Citratzyklus in jedem Fall GTP synthetisiert wird. Tatsächlich haben aber neuere Untersuchungen bereits vor einigen Jahren gezeigt, dass die Gewebe des Menschen **zwei unterschiedliche Isoenzyme der Succinyl-CoA-Synthetase** enthalten. Eines der Isoenzyme katalysiert tatsächlich eine Synthese von **GTP**, das andere Isoenzym katalysiert aber unmittelbar eine Synthese von **ATP**. Im Citratzyklus der Leber wird überwiegend GTP synthetisiert, im Citratzyklus des Gehirns entsteht aber nahezu ausschließlich ATP. In anderen Geweben sind auch beide Isoenzyme nebeneinander vertreten.
Die Energie des GTP kann in einer anschließenden Reaktion genutzt werden, um die endständige γ-Phosphatgruppe des GTP auf ADP zu übertragen und auf diese Weise **ATP** zu synthetisieren: GTP + ADP → GDP + ATP. Die Kinase, die diese Reaktion katalysiert, zählt aber nicht mehr zu den Enzymen des Citratzyklus. Die Kinase katalysiert auch keine Substratkettenphosphorylierung, denn sie nimmt bei der Synthese des ATP kein anorganisches Phosphat auf, vielmehr ist sie in ihrer Aktivität von einem bereits vorhandenen Nukleosidtriphosphat abhängig.

▶ **Merke.** Im Stoffwechsel des Menschen gibt es mehrere Enzyme, die eine Bildung von ATP katalysieren. Eine wirkliche Neusynthese, also eine Synthese unter Aufnahme von anorganischem Phosphat, ist aber lediglich in drei Reaktionen möglich:
1. Substratkettenphosphorylierung durch die Succinyl-CoA-Synthetase des Citratzyklus,
2. Substratkettenphosphorylierung katalysiert von der Phosphoglycerat-Kinase der Glykolyse,
3. oxidative Phosphorylierung, katalysiert von der mitochondrialen ATP-Synthase.

Durch Substratkettenphosphorylierung entsteht in den Zellen meist nur ein vergleichsweise geringer Anteil des ATP. Der überwiegende Anteil des ATP wird von der mitochondrialen ATP-Synthase, also durch „oxidative Phosphorylierung" gebildet.

Reaktionsmechanismus: Die Succinyl-CoA-Synthetase nimmt Succinyl-CoA auf und tauscht das CoA gegen anorganisches Phosphat aus, das aus der Umgebung aufgenommen wird. Aus dem Succinyl-CoA entsteht dadurch zunächst **Succinyl-Phosphat**. Das Succinyl-CoA wird also nicht hydrolytisch, sondern phosphorolytisch gespalten. Die Phosphat-Gruppe wird dann erst auf ein Histidin des Enzyms und von dort auf GDP bzw. ADP übertragen..

Schritt 6: Succinat → Fumarat + FADH$_2$

Mit dem Succinat ist eine sehr einfache Verbindung entstanden: eine Dicarbonsäure, in der zwei Carboxylgruppen durch zwei CH$_2$-Gruppen verbunden sind (Abb. **A-6.19**). Succinat ist das Anion der Bernsteinsäure, die tatsächlich in kleinen Mengen in Bernstein (latein. succinum) enthalten ist.

Da Succinat eine -CH$_2$-CH$_2$-Gruppe besitzt, ist es ein geeignetes Substrat für die FAD-abhängige **Succinat-Dehydrogenase**. Bei der Oxidation entsteht **FADH$_2$**, und im Succinat bildet sich eine Doppelbindung. Das Reaktionsprodukt ist **Fumarat**, das Anion der Fumarsäure (Abb. **A-6.20**).

Schritt 6: Succinat → Fumarat + FADH$_2$

Succinat, das Anion der Bernsteinsäure, ist eine einfache Dicarbonsäure mit zwei CH$_2$-Gruppen (Abb. **A-6.19**).

Es wird durch die FAD-abhängige **Succinat-Dehydrogenase** zu **Fumarat** oxidiert (Abb. **A-6.20**).

A-6.20 FAD-abhängige Oxidation von Succinat zu Fumarat

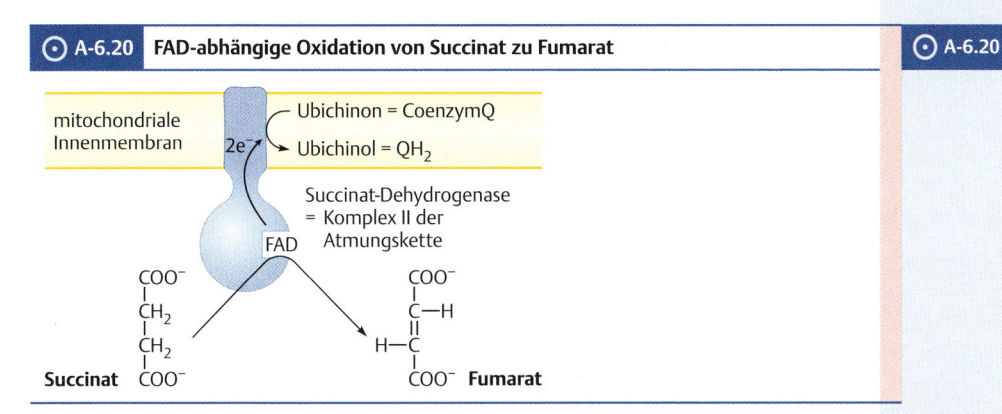

▶ Merke.

- FAD bzw. FADH$_2$ ist als **prosthetische Gruppe** kovalent mit der Succinat-Dehydrogenase verbunden; das Enzym gehört somit zu den Flavoproteinen.
- Im Unterschied zu den anderen Enzymen des Citratzyklus, die sich frei in der mitochondrialen Matrix bewegen, ist die **Succinat-Dehydrogenase in der mitochondrialen Innenmembran verankert**. Deshalb kann sie ihre FADH$_2$-gebundenen Elektronen direkt in die Atmungskette einspeisen. Aus diesem Grund wird sie auch als **Komplex II der Atmungskette** (oder als Teil dieses Komplexes) bezeichnet (S. 181).

Schritt 7: Fumarat + Wasser → Malat

Fumarat ist als Substrat für eine Dehydrogenase ungeeignet. Durch **Anlagerung von Wasser** (Abb. **A-6.21**) entsteht aber ein Substrat, das **Malat**, das für eine NAD$^+$-abhängige Dehydrogenase geeignet ist. Malat ist das Anion der Äpfelsäure (malum ist nicht nur das lateinische Wort für das Übel, sondern auch für den Apfel). Die Reaktion des Fumarats mit Wasser wird von der **Fumarat-Hydratase** katalysiert.

Die Reaktion erinnert an die Bildung des Isocitrats aus Aconitat. Auch Isocitrat entsteht durch Anlagerung von Wasser an eine Doppelbindung. In beiden Fällen entsteht eine Verbindung, die eine HO-C-H-Gruppe enthält und sich somit als Substrat für eine NAD$^+$-abhängige Dehydrogenase eignet.

Schritt 7: Fumarat + Wasser → Malat

Die **Anlagerung von Wasser** an Fumarat (Abb. **A-6.21**) wird von der **Fumarat-Hydratase** katalysiert.

Malat eignet sich aufgrund seiner HO-C-H-Gruppe als Substrat für eine NAD$^+$-abhängige Dehydrogenase.

Schritt 8: Malat → Oxalacetat

Die HO-C-H-Gruppe des Malats wird **NAD$^+$-abhängig** von der **Malat-Dehydrogenase** zu einer **Carbonylgruppe** oxidiert (Abb. **A-6.21**). Das Reaktionsprodukt ist **Oxalacetat**, welches durch Reaktion mit Acetyl-CoA eine neue Runde des Citratzyklus eröffnen kann.

Schritt 8: Malat → Oxalacetat

Malat wird von der **NAD$^+$-abhängigen Malat-Dehydrogenase** zu Oxalacetat oxidiert (Abb. **A-6.21**).

A-6.21 Reaktionssequenz von Fumarat über Malat zu Oxalacetat

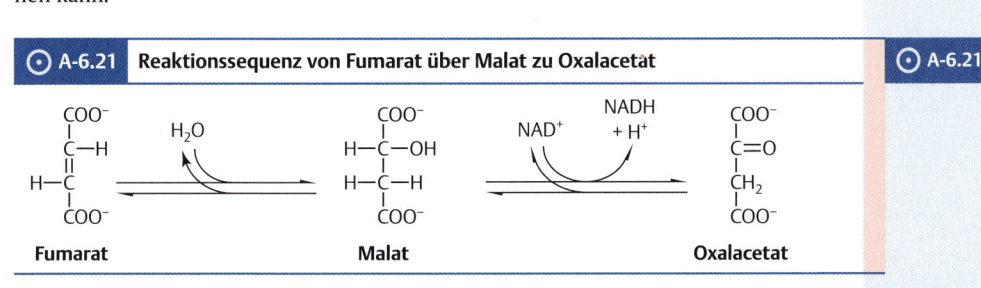

A 6 Oxidativer Abbau von Pyruvat

Diese Oxidation ist ein eindrucksvolles Beispiel für eine biochemische Reaktion, bei der ΔG unter *Standardbedingungen* positiv ist. Die Reaktion läuft nur deshalb in nennenswertem Umfang ab, weil Oxalacetat schnell mit Acetyl-CoA reagiert (→ ΔG unter *physiologischen Bedingungen* negativ).

Die Oxidation des Malats zu Oxalacetat ist ein eindrucksvolles Beispiel für eine biochemische Reaktion, bei der das chemische Gleichgewicht unter Standardbedingungen ganz auf der Seite der Edukte (!) liegt, d. h. unter *Standardbedingungen* ist das ΔG der Reaktion positiv. Die Reaktion läuft nur deshalb in nennenswertem Umfang ab, weil das gebildete Oxalacetat in den Mitochondrien schnell mit Acetyl-CoA reagiert und damit dem Gleichgewicht entzogen wird. Dadurch ist ΔG unter *physiologischen Bedingungen* negativ – wie bei der Isomerisierung von Glucose-6-phosphat zu Fructose-6-phosphat im Rahmen der Glykolyse (S. 85). Die Triebkraft der Reaktion kommt also wesentlich durch das Konzentrationsverhältnis der Reaktionspartner zustande.

Malat und **Oxalacetat** sind Ausgangsstoffe für die **Gluconeogenese**.

Malat und Oxalacetat sind nicht nur Metabolite des Citratzyklus, sondern auch **Ausgangsstoffe für die Gluconeogenese** (S. 222), also den Stoffwechselweg, auf dem in der Leber bei Bedarf Glucose synthetisiert wird. Dazu wird Oxalacetat in erheblichem Umfang teils in Malat, teils in die Aminosäure Aspartat umgewandelt, Malat und Aspartat werden dann aus den Mitochondrien ins Zytosol exportiert. Im Rahmen der Gluconeogenese läuft dieser Schritt des Citratzyklus also in umgekehrter Richtung ab. Für die Gluconeogenese ist es durchaus von Vorteil, dass das Gleichgewicht der Reaktion auf der Seite des Malats liegt.

▶ Zusammenfassung.

Reversibel sind im Citratzyklus die Isomerisierung des Citrats zu Isocitrat sowie die vier Schritte vom Succinyl-CoA zum Oxalacetat. Die übrigen Reaktionen sind irreversibel.

▶ Zusammenfassung. Eine Gesamtübersicht über den Citratzyklus gibt Abb. **A-6.22**.

Wie aus der Überblicksdarstellung der Abb. **A-6.22** hervorgeht, sind mehrere Reaktionen des Citratzyklus **reversibel**. Das gilt bereits für die **Isomerisierung des Citrats zu Isocitrat** (katalysiert von der Aconitase), dann aber insbesondere für die vier letzten Schritte **vom Succinyl-CoA zum Oxalacetat**. In diesem Abschnitt des Citratzyklus ist die Reversibilität der Reaktion der Malat-Dehydrogenase eine wichtige Voraussetzung der Gluconeogenese.

⊙ A-6.22

Animation zum Citratzyklus online abrufbar mit dem vorn im Buch platzierten Code.

⊙ A-6.22 Die Reaktionsschritte des Citratzyklus

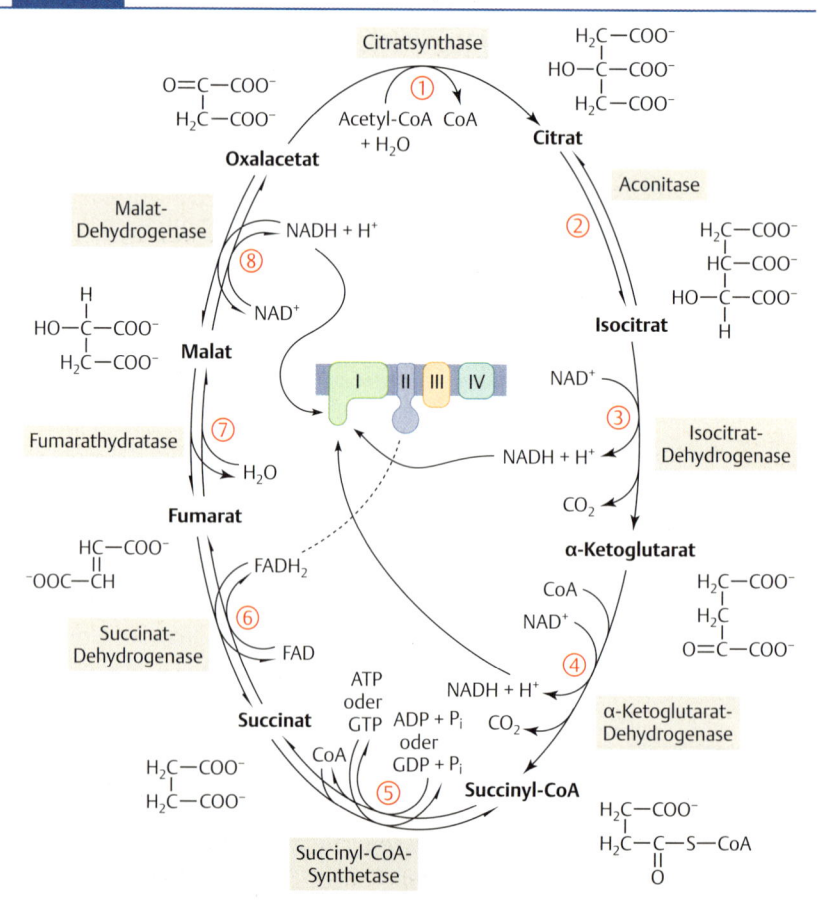

NADH diffundiert frei in der Matrix der Mitochondrien und transportiert Elektronen zum Komplex I der Atmungskette. Die Succinat-Dehydrogenase ist mit dem Komplex II der Atmungskette identisch, FADH$_2$ entsteht aus FAD in diesem Komplex und bleibt dabei fest gebunden.

6.3.3 Energieausbeute des Citratzyklus

Die wichtigste Funktion des Citratzyklus besteht in der Oxidation von Acetylgruppen, um Elektronen für die Atmungskette zu gewinnen. Der Citratzyklus trägt damit indirekt wesentlich zur ATP-Synthese der Zellen bei. Wie viel ATP kann synthetisiert werden, wenn im Citratzyklus eine Acetylgruppe oxidiert wird?

Unmittelbar bilden sich im Citratzyklus 2 CO_2, 3 NADH, 1 $FADH_2$ und ein Nukleosidtriphosphat (GTP oder ATP) (Abb. **A-6.22**). CO_2 ist in diesem Zusammenhang nur ein wertloses Abfallprodukt. Das eine Nukleosidtriphosphat, das durch Substratkettenphosphorylierung gebildet wird, stellt einen eindeutigen, aber vergleichsweise geringfügigen Beitrag zum zellulären Energiestoffwechsel dar. Entscheidend ist hingegen die Frage, wie viel ATP synthetisiert werden kann, wenn die in einer Runde des Citratzyklus entstandenen NADH und $FADH_2$ ihre Elektronen an die Atmungskette abgeben.

Unter Berücksichtigung der aktuellen Daten zur Funktion der Atmungskette und der ATP-Synthase lässt sich berechnen:

- Die Energie der beiden Elektronen, die von **1 NADH** an den Komplex I der Atmungskette abgegeben werden, ermöglichen die letztendlich die Synthesen von **ca. 2,5 ATP**.
- Die Energie der beiden Elektronen, die von **1 $FADH_2$** an den Komplex II der Atmungskette abgegeben werden, ermöglichen letztendlich die Synthese von **ca. 1.5 ATP**.

Damit ergibt sich, dass ausgehend von 3 NADH, 1 $FADH_2$ und 1 Nukleosidtriphosphat **etwa 10 ATP** synthetisiert werden können.

▶ **Merke.** Im Anschluss an eine Runde des Citratzyklus können **ca. 10 Moleküle ATP** synthetisiert werden (Tab. **A-6.2**).

≡ A-6.2 Die Energiebilanz des Citratzyklus

Energiequelle	Anzahl der pro Runde des Citratzyklus synthetisierten ATP-Moleküle	
	laut älterer Literatur	nach neueren Untersuchungen
3 NADH	9	ca. 7,5
1 $FADH_2$	2	ca. 1,5
1 NTP	1 GTP	1 GTP oder ATP
Summe	12	ca. 10

6.3.4 Regulation des Citratzyklus

Der Citratzyklus ist an vielen unterschiedlichen Stoffwechselwegen beteiligt, aber seine Rolle im Energiestoffwechsel der Zelle ist offensichtlich entscheidend, denn:

▶ **Merke.** Die Aktivität des Citratzyklus wird vornehmlich über die Konzentrationen an ADP, ATP, NAD^+ und NADH reguliert.

Studien an den isolierten Enzymen haben ergeben, dass **mehrere Enzyme des Citratzyklus allosterisch reguliert** werden können, nämlich die Citrat-Synthase, die Isocitrat-Dehydrogenase, die α-Ketoglutarat-Dehydrogenase und die Succinat-Dehydrogenase. Lediglich die Aktivität der Malat-Dehydrogenase, des letzten Enzyms des Zyklus, wird nicht reguliert.

Einige dieser Enzyme werden durch **ADP stimuliert**. Wenn in einer Zelle vermehrt ATP zu ADP hydrolysiert wird, ist das akkumulierende ADP also ein Signal an den Citratzyklus, seine Aktivität zu steigern, damit das ADP wieder zu ATP phosphoryliert werden kann. Andererseits werden **mehrere der genannten Enzyme durch ATP und durch NADH gehemmt**. Wenn beide Coenzyme in hinreichenden Mengen vorhanden sind, kann die Aktivität des Citratzyklus reduziert werden. Mehrere der Enzyme werden auch durch ihr jeweiliges **Produkt** gehemmt. So wird die Citratsynthase von Citrat gehemmt.

In der Literatur finden sich unterschiedliche Angaben zur relativen Bedeutung der verschiedenen regulatorischen Effekte.

▶ **Merke.** Für die Steuerung der Aktivität des Citratzyklus scheint neben der Pyruvat-Dehydrogenase (S. 114) die Isocitrat-Dehydrogenase die größte Bedeutung zu haben. Auf die Isocitrat-Dehydrogenase wirken
- NAD^+ und ADP stimulierend,
- NADH und ATP hemmend.

6.3.5 Auffüllung des Citratzyklus: Anaplerotische Reaktionen

Wie bei den Reaktionsschritten des Citratzyklus (S. 118) beschrieben, gehen dem Citratzyklus bestimmte Metabolite durch Nebenreaktionen verloren:
- **Citrat** wird zur Fettsäuresynthese abgezweigt.
- **α-Ketoglutarat** wird in Glutamat umgewandelt. Ausgehend von Glutamat werden weitere Aminosäuren gebildet.
- **Succinyl-CoA** reagiert mit Glycin zu δ-Aminolävulinsäure, dem Ausgangsprodukt der Häm-, d. h. Porphyrinsynthese.
- **Malat und Oxalacetat** gehen dem Citratzyklus bei der Gluconeogenese verloren. Dabei wird Oxalacetat teilweise zu Malat, teilweise aber auch zu Aspartat umgesetzt.

Angesichts dieser beachtlichen Liste stellt sich die Frage, was mit dem Citratzyklus geschieht, wenn derart viele Metabolite abgezweigt werden. Das Problem wird in den Mitochondrien durch **anaplerotische Reaktionen** gelöst. Darunter versteht man alle Reaktionen, die dem Citratzyklus von außen neue Metabolite zuführen (giech. anaplero, auffüllen). Auf diese Weise wird verhindert, dass der Citratzyklus durch den Verlust seiner Zwischenprodukte zum Erliegen kommt.

Die **wichtigste** der anaplerotischen Reaktionen ist die **Carboxylierung von Pyruvat zu Oxalacetat** im Rahmen der Gluconeogenese. Wichtiger **Cofaktor** dieser Reaktion ist das **Biotin** (Abb. **A-6.23**). Katalysiert wird die Reaktion von der **Pyruvat-Carboxylase**.

⊙ **A-6.23** Biotinabhängige Carboxylierung von Pyruvat zu Oxalacetat

Pyruvat und Carboxybiotin tauschen untereinander ein CO_2 gegen ein Proton aus. Die Carboxylierung des Biotins ist ATP-abhängig.

Unabhängig davon, wie viele Zwischenprodukte dem Citratzyklus verloren gehen, kann durch die Carboxylierung von Pyruvat zu Oxalacetat immer so viel Startmaterial synthetisiert werden, wie benötigt wird: Der erste Schritt des Citratzyklus, die Synthese des Citrats, erfolgt durch die Reaktion von Oxalacetat mit Acetyl-CoA. Beide Stoffe können in den Mitochondrien aus Pyruvat synthetisiert werden. Oxalacetat entsteht durch Carboxylierung von Pyruvat, Acetyl-CoA entsteht durch Decarboxylierung von Pyruvat.

Weitere anaplerotische Reaktionen ergeben sich beim **Abbau der Aminosäuren**, denn diese werden entweder zu Pyruvat oder Acetyl-CoA oder zu Zwischenprodukten des Citratzyklus abgebaut. Die wichtigste dieser Reaktionen ist die Umwandlung von Glutamat in α-Ketoglutarat.

▶ Merke.

6.3.5 Auffüllung des Citratzyklus: Anaplerotische Reaktionen

Bestimmte Metabolite gehen dem Citratzyklus durch Nebenreaktionen verloren:
- Citrat (→ Fettsäuren)
- α-Ketoglutarat (→ Glutamat)
- Succinyl-CoA (→ Häm)
- Malat und Oxalacetat (→ Gluconeogenese)

Anaplerotische Reaktionen führen dem Citratzyklus von außen neue Metabolite zu und verhindern so, dass er durch den Verlust seiner Zwischenprodukte zum Erliegen kommt.

Die **wichtigste** anaplerotische Reaktion ist die **Carboxylierung von Pyruvat zu Oxalacetat** im Rahmen der Gluconeogenese. **Cofaktor** dieser Reaktion ist das **Biotin** (Abb. **A-6.23**). Enzym: Pyruvat-Carboxylase.

Weitere anaplerotische Reaktionen ergeben sich beim **Abbau der Aminosäuren**. Am wichtigsten ist die Umwandlung von Glutamat in α-Ketoglutarat.

7 Abbau von Triacylglycerinen und Ketonkörpern

7.1 Grundlagen 127
7.2 Physiologische Bedeutung 127
7.3 Hydrolyse von Triacylglycerinen durch Lipasen 129
7.4 Was wird aus den Hydrolyseprodukten Glycerin und Fettsäuren? ... 132
7.5 Abbau von Ketonkörpern 141

J. Rassow

7.1 Grundlagen

▶ **Definition.**
- **Triacylglycerine (Triglyceride, Fette)** sind Ester aus einem Molekül Glycerin und drei Fettsäuren (Abb. **A-7.1**). Sie zählen zu den Lipiden (S. 57).
- Als **Ketonkörper** bezeichnet man die Verbindungen Acetoacetat, 3-Hydroxybutyrat und Aceton, die im Stoffwechsel bei länger anhaltendem Nahrungsmangel ausgehend von Fettsäuren gebildet werden (Abb. **A-7.2**).

A-7.1 Grundstruktur eines Triacylglycerins

Häufigste Fettsäure in Position 1 und 3:
Palmitinsäure (16 C-Atome) und
Stearinsäure (18 C-Atome)

In Position 2 ist häufig eine ungesättigte Fettsäure verestert, z. B.:
Ölsäure (18 C-Atome, 1 Doppelbindung)
Linolsäure (18 C-Atome, 2 Doppelbindungen)
Linolensäure (18 C-Atome, 3 Doppelbindungen)

Glycerin (engl. Glycerol), ein dreiwertiger Alkohol

Triacylglycerin (=Triglycerid)

A-7.2 Ketonkörper

Acetoacetat   3-Hydroxybutyrat   Aceton

Beachten Sie, dass 3-Hydroxybutyrat im Gegensatz zu Acetoacetat und Aceton kein Keton ist!

7.2 Physiologische Bedeutung

7.2.1 Triacylglycerine (TAG)

Mit TAG kann der Organismus **umfangreiche Energiespeicher** anlegen, sodass er einen **längeren Zeitraum ohne Nahrungsaufnahme überleben kann**. Die individuellen Unterschiede im Umfang der angelegten Fettreserven sind erheblich. Der Anteil der TAG an der Körpermasse liegt bei manchen Menschen unter 4 %, bei anderen über 40 %. Die durchschnittlichen Fettreserven eines normal ernährten Erwachsenen (10 – 14 kg) reichen im Prinzip aus, um ohne Nahrungsaufnahme 2 – 3 Monate überleben zu können.

7.2.1 Triacylglycerine (TAG)

TAG erlauben es dem Organismus, **umfangreiche, langfristig nutzbare Energiespeicher** anzulegen. Die durchschnittlichen Fettreserven eines normal ernährten Erwachsenen reichen aus, um ohne Nahrungsaufnahme 2 – 3 Monate überleben zu können.

A 7 Abbau von Triacylglycerinen und Ketonkörpern

Speicherorte der TAG

Der weitaus größte Teil der TAG ist in spezialisierten Zellen, den **Adipozyten** (Fettzellen) gelagert. Hier bilden die TAG im Zytosol große tröpfchenartige Aggregate, die in kleinen Mengen auch Cholesterinester enthalten. In jüngster Zeit hat sich zunehmend abgezeichnet, dass man diesen **Lipidtröpfchen** („lipid droplets", LD) im Grunde einen ähnlichen Status wie den Zellorganellen zuschreiben sollte. Anders als Mitochondrien oder Peroxisomen sind sie allerdings nicht von einer Lipiddoppelschicht (einem „lipid bilayer") umgeben, sondern lediglich von einer **einfachen Phospholipidschicht** (einem „lipid monolayer"). In diese Lipidschicht ist **eine große Zahl an unterschiedlichen Proteinen** eingelagert, u. a. Lipasen, die für den Abbau der TAG verantwortlich sind. Die meisten Proteine der Lipidtröpfchen sind bislang kaum charakterisiert. In einer Analyse der Proteine, die mit den Lipidtröpfchen der Taufliege *Drosophila* assoziiert sind, wurden 248 unterschiedliche Proteine detektiert.

Kleinere Lipidtröpfchen lassen sich in fast allen Zellen des Körpers nachweisen. Sie entstehen vermutlich ausgehend von Lipidaggregaten im oder am endoplasmatischen Retikulum. U. a. sind in den Membranen der Lipidtröpfchen auch **SNARE-Proteine** nachgewiesen worden. Größere Lipidtröpfchen können unter bestimmten Bedingungen in sehr kleine Tröpfchen zerfallen, unter anderen Bedingungen aber auch fusionieren. Wahrscheinlich sind die SNARE-Proteine an diesen Prozessen beteiligt. Prominent sind die Lipidtröpfchen vor allem im weißen und braunen Fettgewebe sowie in der Leber:

- Die Adipozyten, welche TAG in großen Mengen als Energiespeicher akkumulieren, bilden das **„weiße Fettgewebe"**. Ihr Zytosol ist oft von einem einzelnen großen Fett-Tropfen ganz an den Rand gedrückt (univakuoläre Fettzellen, Abb. **A-7.3 a**). Das weiße Fettgewebe dient teilweise auch als Wärmeisolator und als Druckpolster.
- Es ist zu unterscheiden vom **„braunen Fettgewebe"**, das in der Regel mehrere kleine Fett-Tröpfchen enthält (plurivakuoläre Fettzellen, Abb. **A-7.3 b**) und eine ganz andere physiologische Funktion hat. Es kommt in größerem Umfang nur bei Säuglingen vor und dient der Erzeugung von Wärme durch eine hoch-aktive Atmungskette in entkoppelten Mitochondrien (S. 190). Die bräunliche Farbe kommt durch die Häm-Gruppen der Cytochrome zustande, die in den vielen Mitochondrien der Zellen enthalten sind.

A-7.3 Triacylglycerine (TAG) im histologischen Bild

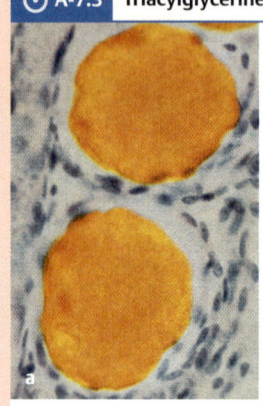

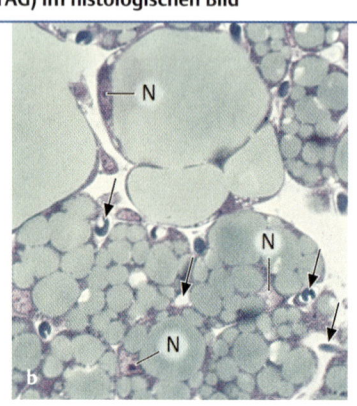

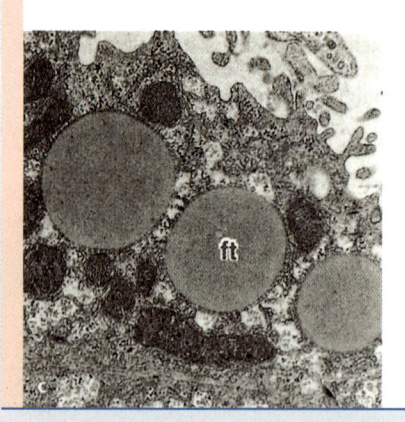

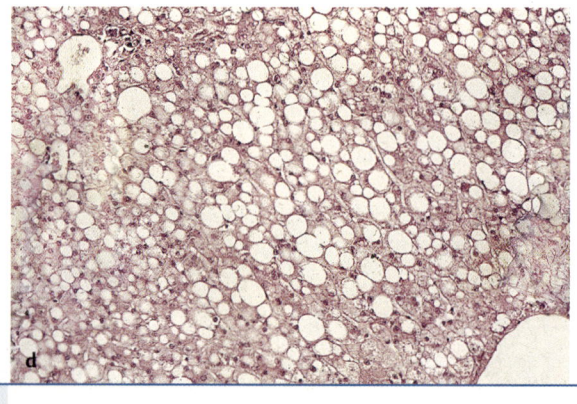

a Zwei univakuoläre Fettzellen, deren Lipide mittels des lipophilen Farbstoffs Sudan III dargestellt sind. Kernfärbung mit Hämatoxylin. Vergr. 340-fach (aus Bargmann, Histologie und Mikroskopische Anatomie des Menschen, Thieme, 1977). **b** Plurivakuoläre Fettzellen (Semidünnschnitt, Toluidinblau). N: Zellkern. Beachte die vielen Kapillaranschnitte (Pfeile) zwischen den Fettzellen. Vergr. 480-fach (aus Lüllmann-Rauch, Histologie, Thieme, 2009). **c** Triacylglycerintröpfchen (Fetttröpfchen, ft) in einer Leberzelle beim Gesunden (aus Plattner, Hentschel; Zellbiologie, Thieme, 2011). **d** Große Triacylglycerintropfen in Leberzellen bei Fettleber (Hämatoxylinfärbung). Vergr. 100-fach (aus Riede, Werner, Schaefer; Allgemeine und spezielle Pathologie, Thieme, 2004).

A 7.3 Hydrolyse von Triacylglycerinen durch Lipasen

- **Vorübergehend** werden TAG auch in der **Leber** gespeichert (Abb. **A-7.3 c**). Normalerweise werden sie überwiegend in Form kleiner Protein-Lipid-Aggregate (S. 253), der sog. VLDL (very low density lipoproteins) an das Blut abgegeben und dann u. a. von den Fettgeweben aufgenommen.

▶ **Klinik.** Bei **chronischem Alkoholabusus** ist die Bildung von TAG in der Leber gesteigert, die Bildung von VLDL aber erschwert, sodass die Leber verfettet (Abb. **A-7.3 d**).

TAG im Vergleich mit Glykogen

Triacylglycerine (TAG) sind wesentlich **leichter** und nehmen **wesentlich weniger Raum ein** als Kohlenhydrate (Glykogen). Bezogen auf die gleiche Masse ist der Energiegehalt der TAG mehr als doppelt so hoch wie der Energiegehalt der Kohlenhydrate und Proteine: Er beträgt 37,6 kJ/g für TAG und 16,8 kJ/g für Kohlenhydrate bzw. 16,7 kJ/g für Proteine. Der Unterschied der Volumina ist noch ausgeprägter: 14 kg TAG nehmen ein Volumen von ca. 16 l ein. Um die gleiche Energiemenge zu speichern, müssten 32 kg Glykogen eingesetzt werden, die dann ein Volumen von ca. 85 l einnehmen würden, also etwa das 6-fache des Volumens der TAG.

Dagegen ist **Glykogen** (S. 100) wesentlich **schneller verfügbar**. Sein Nachteil besteht darin, dass es schnell erschöpft ist: In der Skelettmuskulatur werden maximal ca. 300 g, in der Leber maximal ca. 150 g Glykogen gespeichert. Diese Menge entspricht theoretisch dem Energiebedarf von 1 – 2 Tagen. Tatsächlich setzt eine intensive Nutzung der Fettreserven aber bereits wesentlich früher ein. Verzichtet man etwa morgens auf das Frühstück, sind die Glykogenvorräte bereits nicht mehr ausreichend. Etwa die Hälfte der im Blut zirkulierenden Glucose stammt dann bereits aus der Gluconeogenese, und der Stoffwechsel stellt sich auf eine zunehmende Verwertung der Fettreserven um. Bei körperlicher Anstrengung, etwa bei einer Fahrradtour, setzt die erhöhte Nutzung der Fettreserven bereits nach 1 Stunde ein.

7.2.2 Ketonkörper

Ketonkörper werden im Stoffwechsel nur bei länger anhaltendem Nahrungsmangel (S. 270) gebildet. Sie werden ausgehend von Fettsäuren synthetisiert und u. a. **von den Zellen des ZNS** aufgenommen und **zur Energiegewinnung herangezogen**. Das Gehirn stellt sich innerhalb von 1 – 2 Tagen nach Beginn des Nahrungsmangels auf eine Nutzung von Ketonkörpern ein.

▶ **Merke.** Während das Gehirn bei normaler Ernährung pro Tag ca. 150 g Glucose verbraucht, ist der Verbrauch beim Fasten auf ca. 50 g (= ca. $^1/_3$) reduziert. Die Differenz wird ausschließlich durch die Aufnahme und den Abbau von Ketonkörpern kompensiert.

Die Ketonkörper werden im Gehirn zu Acetyl-CoA abgebaut, welches dem Citratzyklus (S. 118) zugeführt wird.

▶ **Merke.** Auch in vielen anderen extrahepatischen Geweben sind Ketonkörper in Hungerzeiten wichtige Energielieferanten, u. a. in der Herz- und Skelettmuskulatur.

7.3 Hydrolyse von Triacylglycerinen durch Lipasen

Lipasen: Lipasen katalysieren den Abbau der TAG durch Hydrolyse der Esterbindungen. Lipasen sind in unterschiedlichen physiologischen Zusammenhängen von Bedeutung:
- Die **Pankreaslipase** (S. 204) dient der Verdauung der TAG im Dünndarm.
- Die **Lipoproteinlipase** (S. 254) auf der Oberfläche der Endothelzellen der Blutkapillaren katalysiert die Hydrolyse der TAG, die in den Lipoproteinen enthalten sind. Ihr wird eine zentrale Funktion im Abbau der VLDL zugeschrieben.
- Am **Abbau der TAG der Fettgewebe** (Lipolyse) sind nach neueren Daten **mehrere Lipasen** beteiligt. Unter diesen ist die **hormonsensitive Lipase** am bekanntesten.

A 7 Abbau von Triacylglycerinen und Ketonkörpern

Hydrolyseprodukte: sind **Glycerin** und freie **Fettsäuren**.

An der **Lipolyse der Triacylglycerine im Fettgewebe** sind mindestens drei verschiedene Enzyme beteiligt (Abb. **A-7.4**):
- Die **Adipose Triglyceride Lipase (ATGL)** katalysiert die Ablösung der **Fettsäure in Position 1**, sodass ein **Diacylglycerin** (= Diglycerid) entsteht.
- Die **hormonsensitive Lipase (HSL)** katalysiert die **Ablösung der Fettsäure der Position 3**, sodass ein **Monoacylglycerin** entsteht.
- Die **Monoacylglycerin-Lipase (MGL)** katalysiert die **Hydrolyse der Esterbindung in Position 2**, sodass **Glycerin** entsteht.

Hydrolyseprodukte: Letztlich entstehen **Glycerin** und freie **Fettsäuren**.

Lipolyse der Triacylglycerine im Fettgewebe: Die hormonsensitive Lipase war bereits in den 60er-Jahren identifiziert worden. Mehrere Jahrzehnte lang galt sie als das entscheidende Enzym, das als Antwort auf eine Ausschüttung von Adrenalin den Abbau der TAG katalysiert. Erst 2004 zeigten neue Studien, dass an der Lipolyse im Fettgewebe tatsächlich mindestens drei verschiedene Enzyme beteiligt sind (Abb. **A-7.4**):
- Im ersten Schritt der Lipolyse wird von den TAG zunächst spezifisch die **Fettsäure der Position 1** abgelöst. Die Reaktion wird von der neu entdeckten **Adipose Triglyceride Lipase (ATGL)** katalysiert. Die Triacylglycerine (= Triglyceride) werden so zu **Diacylglycerinen** (= Diglyceriden) abgebaut.
- Erst im zweiten Schritt greift nun die **hormonsensitive Lipase (HSL)** ein. Sie ist wesentlich für die **Ablösung der Fettsäure der Position 3** verantwortlich. Sie katalysiert im Fettgewebe primär den Abbau von Diacylglycerinen zu **Monoacylglycerinen**. Ihre Spezifität ist vergleichsweise gering, und sie ist auch am Abbau verschiedener anderer Lipide beteiligt, etwa am intrazellulären Abbau von Cholesterinestern.
- Der letzte Schritt der Lipolyse wird von der **Monoacylglycerin-Lipase (MGL)** katalysiert. Sie vermittelt die Hydrolyse der Esterbindung in Position 2. Erst in dieser Reaktion entsteht Glycerin.

⊙ **A-7.4** Lipolyse der Triacylglycerine im Fettgewebe

Hormonelle Regulation der Lipolyse im Fettgewebe: Adrenalin löst in den Fettzellen eine Erhöhung der cAMP-Konzentration aus. cAMP aktiviert die Proteinkinase A (PKA), dieses phosphoryliert und aktiviert die hormonsensitive Lipase. Details (S. 588), s. a. Abb. **A-7.5**.

Hormonelle Regulation der Lipolyse im Fettgewebe: Die Lipolyse (S. 588) der Adipozyten ist in die Regulation des Energiestoffwechsels eingebunden (Abb. **A-7.5**):
- Wenn der Energiebedarf im Organismus steigt, wird das Katecholamin **Adrenalin** ausgeschüttet. An der Außenseite der Adipozyten bindet es an Adrenalinrezeptoren vom Typ β$_2$ und löst dadurch eine Aktivierung der Adenylatzyklase und eine **erhöhte cAMP-Konzentration** aus. cAMP, zyklisches Adenosinmonophosphat, wird ausgehend von ATP synthetisiert, es dient als intrazelluläres Hungersignal. In den Adipozyten bewirkt es eine **Steigerung der Lipolyse**.
- Wenn das Angebot an Energieträgern im Blut steigt, z. B. im Anschluss an eine Mahlzeit, wird im Pankreas **Insulin** ausgeschüttet. Zu den vielfältigen Wirkungen des Insulins zählt u. a. die Aktivierung einer Phosphodiesterase, die den **Abbau des cAMP** katalysiert. Entsprechend wird die **Lipolyse in den Adipozyten gehemmt**.

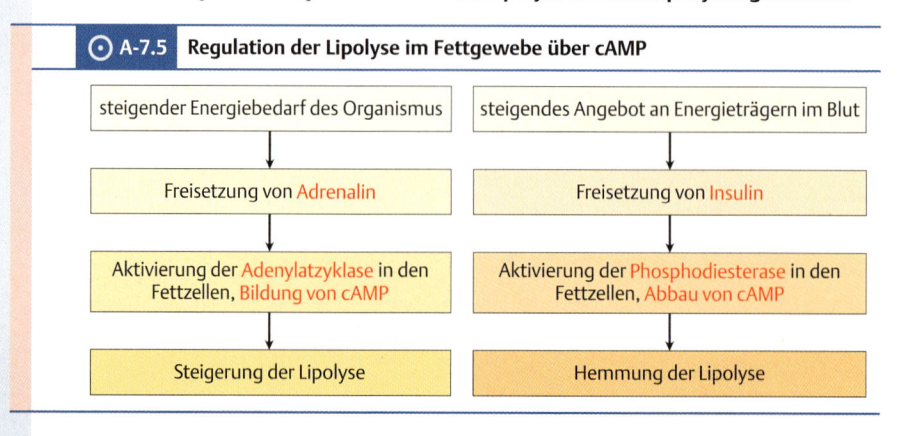

⊙ **A-7.5** Regulation der Lipolyse im Fettgewebe über cAMP

A 7.3 Hydrolyse von Triacylglycerinen durch Lipasen

Eine Schlüsselfunktion kommt in diesem Regelkreis offenbar dem **cAMP** als dem entscheidenden Second Messenger zu. Wenn die cAMP-Konzentration steigt, aktiviert dieses die **Proteinkinase A (PKA)**. Die PKA phosphoryliert und aktiviert dann die hormonsensitive Lipase. Zumindest indirekt ist die PKA auch an der Aktivierung der Adipose Triglyceride Lipase (ATGL) beteiligt. Für die Monoacylglycerin-Lipase hat sich hingegen noch kein regulatorischer Mechanismus nachweisen lassen.

In jüngster Zeit ist zunehmend deutlich geworden, dass an der Regulation der Lipolyse nicht nur das Adrenalin und das cAMP/PKA-System beteiligt ist:

- Parallel zum Adrenalin hat auch das **Atriale Natriuretische Peptid (ANP)** eine bedeutende Funktion in der Auslösung einer verstärkten Lipolyse. Dabei handelt es sich um ein kleines Peptidhormon, das aus 28 Aminosäuren besteht, sein Rezeptor wird als A-Rezeptor bezeichnet. Der intrazelluläre *Second Messenger* des ANP ist nicht cAMP, sondern **cGMP**. Dieses aktiviert die Kinase **PKG**, die ähnlich der PKA an der Phosphorylierung der hormonsensitiven Lipase beteiligt ist. Das ANP ist vor allem bei intensiver körperlicher Aktivität für die verstärkte Lipolyse verantwortlich.
- In den Adipozyten gibt es zudem eine Kinase, die nicht von cAMP, sondern von **AMP** (Adenosin-5'-monophosphat) aktiviert wird. Diese **AMP-abhängige Kinase** (AMPK) ist ebenfalls an der Regulation der Lipolyse beteiligt.

In der aktuellen Forschung konzentriert man sich zunehmend auf die Frage, welche Rolle beim Abbau der TAG die vielen Proteine spielen, die mit den Lipidtröpfchen assoziiert sind.

- Am bekanntesten ist das Protein **Perilipin**, das von der PKA und der PKG phosphoryliert wird und an der Regulation der hormonsensitiven Lipase beteiligt ist. Die genaue Funktion des Perilipins ist aber noch nicht befriedigend geklärt. Das Perilipin gehört zu einer Familie ähnlicher Proteine, die ebenfalls mit den Lipidtröpfchen assoziiert sind.
- Eine bedeutende regulatorische Rolle spielt auch das membranassoziierte Protein **CGI-58**. Der Name entstand als Abkürzung von „co-activator comparative gene identification 58". Es ist ein sehr potenter **Aktivator der ATGL**.

Sowohl die hormonsensitive Lipase als auch die ATGL sind teilweise mit den Lipidtröpfchen assoziiert, teilweise sind sie aber auch im Zytosol verteilt. Eine verstärkte Lipolyse ist immer auch mit einer Verlagerung dieser Lipasen an die Oberfläche der Lipidtröpfchen verbunden. Die Proteine Perilipin und CGI-58 regulieren nicht nur die Aktivität, sondern auch die **Lokalisation** der Lipasen in der Zelle.

An der Regulation der Lipolyse sind mehrere Signalwege beteiligt.

Bei intensiver körperlicher Aktivität wird die Lipolyse in erheblichem Umfang vom **Atrialen Natriuretischen Peptid (ANP)** stimuliert. Second Messenger des ANP ist nicht cAMP sondern **cGMP**.

Das Protein **Perilipin** ist mit den Lipidtröpfchen assoziiert. Es wird u. a. von den Proteinkinasen PKA und PKG phosphoryliert und ist an der Regulation der Lipolyse beteiligt. Das Protein **CGI-58** ist ein potenter **Aktivator der ATGL**.

▶ **Exkurs.** **Adipokine und die Entwicklung von Atherosklerose, Typ-II-Diabetes und Krebserkrankungen**

Die Lipolyse im Fettgewebe wird im Wesentlichen durch Hormone gesteuert, die außerhalb des Fettgewebes sezerniert werden. Andererseits wird aber auch eine Vielzahl von Mediatoren im Fettgewebe synthetisiert und ans Blut abgegeben: das Fettgewebe ist also selbst ein endokrines Organ (Abb. **A-7.6**). Die vom Fettgewebe produzierten Hormone sowie die immunologisch aktiven Proteine (sog. Zytokine) werden mitunter pauschal als **Adipokine** bezeichnet. Daneben wird diskutiert, den Begriff „Adipokine" auf die immunologisch aktiven Proteine zu beschränken.

⊙ **A-7.6** Das Fettgewebe im System der hormonellen Regulation

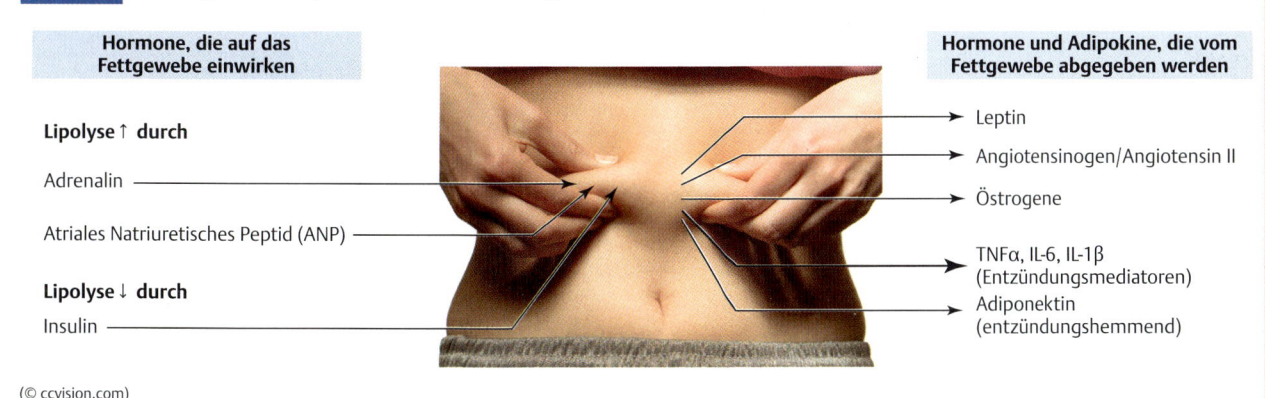

Hormone, die auf das Fettgewebe einwirken

Lipolyse ↑ durch
- Adrenalin
- Atriales Natriuretisches Peptid (ANP)

Lipolyse ↓ durch
- Insulin

Hormone und Adipokine, die vom Fettgewebe abgegeben werden

- Leptin
- Angiotensinogen/Angiotensin II
- Östrogene
- TNFα, IL-6, IL-1β (Entzündungsmediatoren)
- Adiponektin (entzündungshemmend)

(© ccvision.com)

Wichtige, vom Fettgewebe produzierte Mediatoren

- Von **Adipozyten** wird **Leptin** synthetisiert, ein vergleichsweise großes Peptidhormon von 18,6 kDa, das aus 167 Aminosäuren besteht. Es signalisiert dem Gehirn, dass die Energiespeicher des Körpers hinreichend aufgefüllt sind (S. 278). Je mehr TAG im Fettgewebe gespeichert sind, desto mehr Leptin wird an das Blut abgegeben.
- Nicht nur von der Leber, sondern – in geringerem Umfang – auch von Adipozyten wird das Protein **Angiotensinogen** gebildet und an das Blut abgegeben. Teilweise bereits im Fettgewebe entsteht als Abbauprodukt des Angiotensinogens das 8-Aminosäuren-Peptid **Angiotensin II**. Dieses bewirkt zunächst eine generelle Blutdrucksteigerung. Im Fettgewebe scheint es zudem die Wirkung von Entzündungsmediatoren zu verstärken:
- Im Fettgewebe werden die Proteine **TNFα** (S. 717), **Interleukin 6** (IL-6) und **Interleukin 1β** (IL-1β) freigesetzt. Dabei handelt es sich um die drei wichtigsten Entzündungsmediatoren (S. 711) des Immunsystems, die eine systemische (auf den gesamten Körper bezogene) Wirkung haben. TNFα, IL-1β und IL-6 werden überwiegend von den **Makrophagen des Fettgewebes** sezerniert, teilweise aber auch von den Adipozyten. Bei Adipositas nimmt die Zahl der Makrophagen im Fettgewebe erheblich zu.
- Schließlich produzieren Adipozyten auch bestimmte Steroidhormone, nämlich **Östrogene**. Bei Frauen ist das Fettgewebe nach der Menopause der wichtigste Syntheseort für Östrogene. Bei Männern werden generell etwa 90 % der Östrogene außerhalb der Gonaden synthetisiert, dabei ist das Fettgewebe eine wichtige Quelle für diese Hormone. Die Adipozyten nehmen Vorstufen (Androgene, etwa aus der Nebenniere) aus dem Blut auf und wandeln diese mithilfe des Enzyms **Aromatase** (S. 615) in Östrogene um (Abb. **D-3.25**).

Adipositas und die sog. Zivilisationskrankheiten

- **Adipositas und Atherosklerose:** Aus epidemiologischen Studien ist seit langer Zeit bekannt, dass Adipositas (Fettleibigkeit, engl. obesity) mit einem erhöhten Risiko von Atherosklerose (Arteriosklerose) verbunden ist (S. 62). Lange Zeit war aber ungeklärt, wie Fettgewebe einen Einfluss auf Prozesse haben kann, die – weit entfernt – in den Herzkranzgefäßen oder in den Gefäßen des Gehirns ablaufen. Inzwischen zeichnet sich ab, dass hier die vom Fettgewebe produzierten Mediatoren eine wichtige Rolle spielen:
  - Oft entwickelt sich eine Atherosklerose ausgehend von kleinen Schädigungen der Gefäßwände, die sich bei einem Bluthochdruck ergeben. Vermutlich wird der Bluthochdruck bei Adipositas durch das **Angiotensinogen** verstärkt, das im Fettgewebe produziert und zu **Angiotensin II** umgesetzt wird.
  - In jedem Fall handelt es sich bei der Entwicklung einer Atherosklerose um einen **entzündlichen Prozess** in der Intima der betroffenen Gefäße. Bei Adipositas wird der Körper durch die gesteiger-
  - te Ausschüttung der Entzündungsmediatoren **TNFα, IL-6 und IL-1β** im Fettgewebe in den Zustand einer ständigen leichten Entzündung versetzt (engl. low grade inflammation), durch den auch Entzündungsprozesse in der Intima der Gefäße verstärkt werden.
  - In den Adipozyten des Fettgewebes wird **Adiponektin** sezerniert, ein Peptidhormon von 24,5 kDa, das *entzündungshemmend* wirkt und die Entwicklung einer Atherosklerose *verlangsamt*. Allerdings wird das Adiponektin in signifikanten Mengen nur vom Fettgewebe schlanker Menschen ausgeschüttet. Bei Adipositas wird Adiponektin leider nur in wesentlich vermindertem Umfang produziert.
- **Adipositas und Typ-2-Diabetes:** Auffällig häufig entwickelt sich bei älteren Menschen mit Adipositas ein Diabetes vom Typ 2. Bei dieser weit verbreiteten Form des Diabetes wird in der Bauchspeicheldrüse zwar weiterhin Insulin an das Blut abgegeben, dieses hat in den Zielgeweben aber keine ausreichende Wirkung mehr, es liegt eine **Insulinresistenz** vor. Generell wird Insulin ausgeschüttet, wenn im Blut die Konzentration der Glucose zunimmt. Im Fettgewebe hat das Insulin dann normalerweise die Aufgabe, die Insertion von **Glu**cose-Transportproteinen vom Typ GLUT 4 in die Plasmamembran der Adipozyten zu stimulieren. GLUT 4 ermöglicht es dann den Adipozyten, Glucose aus dem Blut aufzunehmen. Bereits seit mehreren Jahren ist bekannt, dass die Entzündungsmediatoren **TNFα, IL-6 und IL-1β** die Fähigkeit des Fettgewebes herabsetzen, auf Insulin mit einer verstärkten Aufnahme von Glucose zu reagieren. Neuere Daten weisen darauf hin, dass Entzündungsmediatoren in Adipozyten die Signalwirkung des Insulins stören können. Zudem können die gleichen Mediatoren in Adipozyten auch die Synthese des GLUT 4 unterdrücken. Die Adipozyten haben dann die Fähigkeit verloren, auf das Insulin mit einer Aufnahme von Glucose zu reagieren. Derzeit wird in klinischen Studien untersucht, ob sich die Insulinresistenz bei Typ-2-Diabetes durch entzündungshemmende Wirkstoffe vermindern lässt.
- **Adipositas und Krebserkrankungen:** Seltsamerweise ist Adipositas auch mit einer Zunahme von Krebserkrankungen verbunden. Dieser Zusammenhang ist insbesondere für den Brustkrebs gegeben. Auch in diesem Fall scheinen die Mediatoren und Hormone des Fettgewebes eine entscheidende Rolle zu spielen. Es wurde nachgewiesen, dass Leptin und Östrogene die Entwicklung und das Wachstum von Brustkrebszellen fördern, während Adiponektin eher eine hemmende Wirkung hat.

▶ **Merke.**
Die drei wichtigsten Ursachen vermeidbarer Erkrankungen und Todesfälle in den Industrieländern sind: 1. Rauchen, 2. Alkoholismus und 3. Adipositas.

7.4 Was wird aus den Hydrolyseprodukten Glycerin und Fettsäuren?

▶ **Merke.** 95 % der in TAG gespeicherten Energie werden beim Abbau der Fettsäuren frei, nur 5 % beim Abbau des Glycerins.

7.4.1 Abbau von Glycerin

In der Leber (Hepatozyten): wird das aufgenommene Glycerin in Dihydroxyacetonphosphat umgewandelt und in die **Glykolyse** (S. 82) eingespeist. Bei Nahrungsmangel wird es der Neusynthese von Glucose, der sog. **Gluconeogenese** (S. 221) zugeführt.

Die Überführung des Glycerins in Dihydroxyacetonphosphat erfolgt in zwei Schritten (Abb. **A-7.7**):

1. Die Glycerin-Kinase katalysiert eine Phosphorylierung des Glycerins zu **Glycerin-3-phosphat**.
2. Anschließend katalysiert eine NAD⁺-abhängige Glycerin-3-phosphat-Dehydrogenase die Oxidation zu **Dihydroxyacetonphosphat**.

A 7.4 Was wird aus den Hydrolyseprodukten Glycerin und Fettsäuren?

A-7.7 Abbau des Glycerins zu Dihydroxyacetonphosphat

Glycerin →(Glycerin-Kinase, ATP → ADP)→ Glycerin-3-phosphat →(Glycerin-3-phosphat-Dehydrogenase, NAD⁺ → NADH + H⁺)→ Dihydroxyacetonphosphat

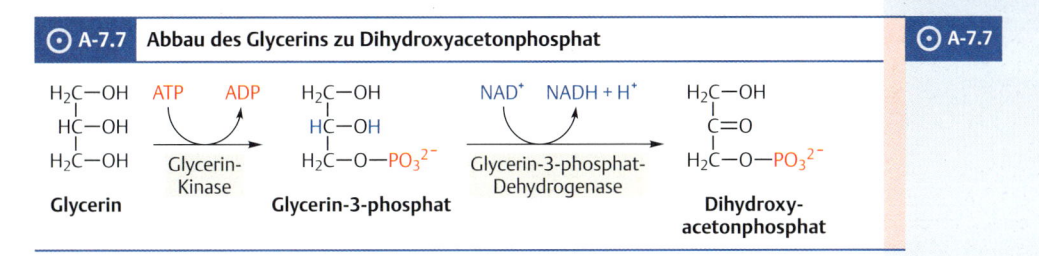

Adipozyten: enthalten **keine Glycerin-Kinase**. Sie geben das gesamte Glycerin, das bei der Hydrolyse von TAG (= Lipolyse) entsteht, an das Blut ab und stellen es so dem Stoffwechsel des gesamten Organismus zur Verfügung.

7.4.2 Abbau der Fettsäuren (β-Oxidation)

Grundlagen

Fettsäuren sind in wässriger Umgebung nur schlecht löslich. Im Blut können sie nur transportiert werden, weil sie dort an bestimmte Proteine, die Albumine, gebunden sind. Fettsäuren werden von verschiedenen Geweben aufgenommen, u. a. von der Skelettmuskulatur und dem Herzmuskel.

Prinzip der β-Oxidation: Fettsäuren werden in einem zyklischen Stoffwechselweg der mitochondrialen Matrix im Wesentlichen durch Oxidation abgebaut, d. h. durch Entzug von Elektronen. Diese werden anschließend von der Atmungskette zum Aufbau des mitochondrialen Protonengradienten verwendet. Während der β-Oxidation sind die Fettsäuren ausnahmslos mit Coenzym A verbunden (Abb. **A-7.8**):

- Das β-C-Atom eines Acyl-CoA (= einer an Coenzym A gebundenen Fettsäure) wird zu einer Carbonylgruppe oxidiert (= „β-Oxidation") und anschließend von der SH-Gruppe eines freien Coenzym A angegriffen.
- Das β-C-Atom löst sich mitsamt des hydrophoben Rests der Fettsäure unter Bildung eines um zwei C-Atome verkürzten Acyl-CoA ab.
- Vom ursprünglichen Acyl-CoA bleibt dabei das Coenzym A zusammen mit den ersten beiden C-Atomen übrig, also ein Acetyl-CoA.

▶ **Merke.** Pro Reaktionszyklus wird von der abzubauenden Fettsäure ein Acetyl-CoA (= 2 C-Atome) abgespalten (Abb. **A-7.8**). Zum Abbau der Palmitinsäure (16 C-Atome) sind demnach 7 Reaktionszyklen erforderlich. Endprodukt des Fettsäureabbaus ist Acetyl-CoA. Zusätzlich entstehen NADH und FADH₂.

A-7.8 Prinzip der β-Oxidation

H₃C—(CH₂)ₙ—CH₂—CH₂—C(=O)—S—CoA = Acyl–CoA

Position: 3 = β, 2 = α, 1

Oxidation des β-C-Atoms in drei Schritten:
- FAD-abhängige Oxidation
- Anlagerung von H₂O
- NAD⁺-abhängige Oxidation

H₃C—(CH₂)ₙ—C(=O)—CH₂—C(=O)—S—CoA

↓ CoA—SH; Thioklastische Spaltung durch Reaktion mit freiem Coenzym A

H₃C—C(=O)—S—CoA = Acetyl–CoA

+

H₃C—(CH₂)ₙ—C(=O)—S—CoA = verkürztes Acyl–CoA → neuer Reaktionszyklus

Beteiligte Enzyme: Wie im Citratzyklus (S. 115) sind beim Abbau der Fettsäuren **Dehydrogenasen** die entscheidenden Enzyme. Auch hier kommen nur zwei Typen von Oxidationen infrage:
- NAD⁺-abhängige Oxidation von HO-C-H-Gruppen und
- FAD-abhängige Oxidation von -CH₂-CH₂-Gruppen.

Adipozyten: enthalten **keine Glycerin-Kinase**. Sie geben Glycerin an das Blut ab.

7.4.2 Abbau der Fettsäuren (β-Oxidation)

Grundlagen

Fettsäuren werden u. a. von der Skelettmuskulatur und dem Herzmuskel aufgenommen.

Prinzip der β-Oxidation: Das β-C-Atom eines Acyl-CoA wird oxidiert und von der SH-Gruppe eines freien Coenzym A angegriffen. Dabei entstehen ein verkürztes Acyl-CoA, Acetyl-CoA, NADH und FADH₂ (Abb. **A-7.8**).

▶ **Merke.**

Beteiligte Enzyme: Die entscheidenden Enzyme sind **Dehydrogenasen**. Sie oxidieren HO-C-H-Gruppen (NAD⁺-abhängig) oder -CH₂-CH₂-Gruppen (FAD-abhängig).

Bedeutung: Die β-Oxidation stellt in Form von NADH und FADH$_2$ Elektronen bereit, die zur Atmungskette transportiert werden.

▶ **Exkurs.**

Bedeutung: Der Sinn der β-Oxidation besteht v. a. in der Bereitstellung der Elektronen, die in Form von NADH und FADH$_2$ zur Atmungskette transportiert werden können; Details siehe Exkurs (S. 88).

▶ **Exkurs.** **Der Entdecker der β-Oxidation: Franz Knoop**
Die Entdeckung, dass Fettsäuren grundsätzlich in Einheiten von jeweils zwei C-Atomen abgebaut werden, machte bereits 1904 der Tübinger Biochemiker Franz Knoop (Abb. **A-7.9**). Er fütterte Hunde mit Fettsäuren, die an ihrem ω-Ende (dem von der Carboxylgruppe aus gesehen letzten C-Atom) mit einer Phenylgruppe markiert waren, und analysierte die Abbauprodukte. Von Fettsäuren mit einer geraden Zahl an C-Atomen blieb als Abbauprodukt stets Phenylacetat, von Fettsäuren mit einer ungeraden Zahl an C-Atomen Benzoesäure übrig. Knoop schloss hieraus, dass der Abbau der Fettsäuren über eine Oxidation der β-C-Atome abläuft. Er war mit diesen Versuchen der Erste, der eine künstliche Markierung einsetzte, um die Stoffwechselprodukte eines Metaboliten identifizieren und analysieren zu können. Später entdeckte er u. a. wichtige Schritte des Citratzyklus.

⊙ **A-7.9** Franz Knoop (1875 – 1946)

Import der Fettsäuren in die Mitochondrien

▶ **Merke.** Fettsäuren werden in der mitochondrialen Matrix abgebaut. Kurzkettige Fettsäuren (Länge < 10 C-Atome) diffundieren vermutlich frei in die Mitochondrien, **längere Fettsäuren** können erst nach **Bindung an Carnitin** durch die mitochondrialen Membranen transportiert werden.

Fettsäuren einer Länge ≥ 10 C-Atome gelangen in folgenden Schritten in die Mitochondrien (Abb. **A-7.10**):

1. **Aktivierung der Fettsäure** im **Zytosol** durch **Reaktion mit ATP**: Dabei entstehen Acyl-AMP und Pyrophosphat.

2. **Bildung von Acyl-CoA**, das eine energiereiche Thioesterbindung aufweist.

3. **Übertragung der Acylgruppe auf Carnitin** an der äußeren Oberfläche der Mitochondrien durch die **Carnitin-Acyltransferase 1**. Dabei entsteht Acylcarnitin.

Der Import von Fettsäuren einer Länge ≥ 10 C-Atome in die Mitochondrien erfordert daher mehrere Schritte (Abb. **A-7.10**). Die ersten beiden Schritte werden von einer Gruppe von Acyl-CoA-Synthetasen katalysiert, die sich lediglich in ihrer Spezifität für Fettsäuren bestimmter Länge unterscheiden:

1. **Aktivierung der Fettsäure:** Fettsäuren sind sehr reaktionsträge. Um eine Reaktion eingehen zu können, müssen sie aktiviert, d. h. es muss ihnen Energie zugeführt werden. Dies geschieht im **Zytosol** bei der **Reaktion der Fettsäure mit ATP**. Dabei wird eine energiereiche Anhydridbindung des ATP gespalten, es entstehen **Acyl-AMP** (= „Acyl-Adenylat" [Acyl-Adenosinmonophosphat]) und anorganisches **Pyrophosphat** (= Diphosphat). Im Acyl-AMP ist die Acylgruppe (= eine CH$_2$-Kette mit einer Carbonylgruppe am Ende) mit der Phosphatgruppe des AMP verbunden.

2. **Bildung von Acyl-CoA:** Die Acylgruppe des Acyl-AMP wird dann – katalysiert von den gleichen Enzymen – auf Coenzym A übertragen. Dabei entsteht Acyl-CoA, und **AMP** bleibt übrig. Parallel wird das Pyrophosphat in einfaches **Phosphat** gespalten. Die Energie, die ursprünglich in der Triphosphatgruppe des ATP enthalten war, ist nun weitgehend in der **energiereichen Thioesterbindung** des Acyl-CoA gespeichert.
Die Acyl-CoA-Synthetasen katalysieren also sowohl die Bildung des Acyl-AMP, als auch die sich anschließende Bildung des Acyl-CoA.

3. **Übertragung der Acylgruppe auf Carnitin:** Die Acylgruppe wird an der äußeren Oberfläche der Mitochondrien auf die OH-Gruppe des Carnitins übertragen, katalysiert von der **Carnitin-Acyltransferase 1**. Durch Knüpfung einer Esterbindung entsteht **Acylcarnitin**.

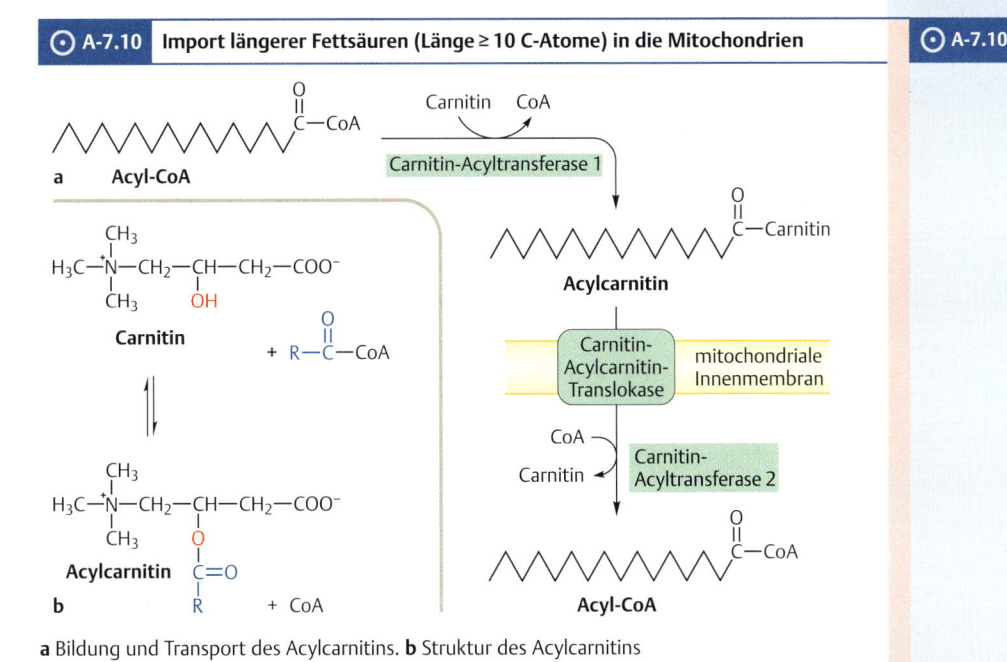

A 7.4 Was wird aus den Hydrolyseprodukten Glycerin und Fettsäuren?

A-7.10 Import längerer Fettsäuren (Länge ≥ 10 C-Atome) in die Mitochondrien

a Bildung und Transport des Acylcarnitins. b Struktur des Acylcarnitins

4. **Import von Acylcarnitin in die Mitochondrien:** Acylcarnitin gelangt zunächst auf nicht genau bekannten Wegen durch die äußere Mitochondrienmembran in den Intermembranraum. Der Transport durch die mitochondriale Innenmembran wird von der **Carnitin-Acylcarnitin-Translokase** vermittelt. Dieses Protein gehört zur Familie der mitochondrialen Metabolit-Translokatoren (Transportproteine, engl. carrier) und ist somit u. a. mit dem ADP/ATP-Translokator (S. 187) verwandt.
5. **Übertragung der Acylgruppe auf Coenzym A:** In der Matrix, dem mitochondrialen Innenraum, wird die Acylgruppe durch die **Carnitin-Acyltransferase 2** vom Carnitin abgelöst und wieder auf Coenzym A übertragen. Während das Carnitin zurück in das Zytosol exportiert wird, steht das **Acyl-CoA** nun für die β-Oxidation zur Verfügung.

▶ **Klinik.** Bei einem **Defekt der Carnitin-Acyltransferase 1 oder 2**, bei **Defekt der Carnitin-Acylcarnitin-Translokase** oder bei **Carnitinmangel** können längere Fettsäuren nicht in die Mitochondrien importiert werden. Da der Fettsäureabbau insbesondere für die Skelettmuskulatur und den Herzmuskel eine wichtige Energiequelle darstellt, betrifft der Defekt bzw. Mangel vorrangig diese Gewebe: Charakteristisch ist eine generalisierte, fortschreitende **Muskelschwäche**. Betroffene Kinder lernen verspätet Laufen, Erwachsene haben z. B. Schwierigkeiten beim Treppensteigen. Mitunter entwickelt sich auch eine Verdickung des Herzmuskels (hypertrophe **Kardiomyopathie**) mit herabgesetzter körperlicher Belastbarkeit.

β-Oxidation gesättigter, geradzahliger Fettsäuren

▶ **Überblick.** Die Oxidation des β-C-Atoms einer gesättigten, geradzahligen, an Coenzym A gebundenen Fettsäure läuft in den folgenden vier Schritten ab (Abb. **A-7.11**):
1. Einfügen einer Doppelbindung zwischen α- und β-C-Atom
2. Anlagerung von Wasser zur Bildung einer OH-Gruppe
3. NAD^+-abhängige Oxidation des β-C-Atoms zur Carbonylgruppe
4. Reaktion des oxidierten β-C-Atoms mit Coenzym A

Das nun um zwei C-Atome verkürzte Acyl-CoA durchläuft diesen Zyklus so oft, bis die gesamte Acylgruppe zu Acetyl-CoA abgebaut ist.
Der Abbau ungesättigter und ungeradzahliger Fettsäuren folgt dem gleichen Schema, erfordert aber eine Beteiligung zusätzlicher Enzyme.

A-7.11 Die Reaktionsschritte der β-Oxidation

$$H_3C-(CH_2)_n-\underset{\underset{H}{|}}{\overset{\overset{H}{|}}{C}}_\beta-\underset{\underset{H}{|}}{\overset{\overset{H}{|}}{C}}_\alpha-\overset{\overset{O}{\|}}{C}-S-CoA \quad \textbf{Acyl-CoA} \text{ (Fettsäure, über Thioesterbindung an Coenzym A gebunden)}$$

↓ enzymgebundenes FAD → FADH$_2$ **Acyl-CoA-Dehydrogenase**

$$H_3C-(CH_2)_n-\underset{\underset{H}{|}}{\overset{H}{C}}_\beta=\overset{}{C}_\alpha-\overset{\overset{O}{\|}}{C}-S-CoA \quad \textbf{trans-}\Delta^2\textbf{-Enoyl-CoA}$$

↓ H$_2$O **Enoyl-CoA-Hydratase**

$$H_3C-(CH_2)_n-\underset{\underset{H}{|}}{\overset{\overset{OH}{|}}{C}}_\beta-\overset{}{CH_2}_\alpha-\overset{\overset{O}{\|}}{C}-S-CoA \quad \textbf{3-Hydroxyacyl-CoA}$$

↓ freies NAD$^+$ → NADH **3-Hydroxyacyl-CoA-Dehydrogenase**

$$H_3C-(CH_2)_n-\overset{\overset{O}{\|}}{C}_\beta-\overset{}{CH_2}_\alpha-\overset{\overset{O}{\|}}{C}-S-CoA \quad \textbf{3-Ketoacyl-CoA}$$

↓ CoA−SH **3-Keto-Thiolase** (= β-Ketoacyl-CoA-Thiolase)

$$H_3C-(CH_2)_n-\overset{\overset{O}{\|}}{C}-S-CoA \quad + \quad H_3C-\overset{\overset{O}{\|}}{C}-S-CoA$$

Acyl-CoA um 2 C-Atome verkürzt   **Acetyl-CoA**

Schritt 1: Einfügen einer Doppelbindung zwischen α- und β-C-Atom

Um die Abspaltung der C-Atome 1 und 2 der Fettsäure als Acetyl-CoA vorzubereiten, wird an der zukünftigen Spaltstelle eine Doppelbindung eingefügt.
Enzym: Acyl-CoA-Dehydrogenase

Schritt 1: Einfügen einer Doppelbindung zwischen α- und β-C-Atom

Die Acylgruppe des Acyl-CoA zeigt zunächst nur eine Kette von -CH$_2$-CH$_2$-Einheiten. Damit ist die Acylgruppe offensichtlich am ehesten für eine FAD-abhängige Oxidation geeignet. Tatsächlich katalysiert eine FAD-abhängige Dehydrogenase die **Bildung einer Doppelbindung zwischen den C-Atomen der Positionen** α **und** β. Wie auch sonst üblich, wird die Dehydrogenase nach ihrem Substrat benannt, es ist also die **Acyl-CoA-Dehydrogenase**. Die bei der Oxidation anfallenden Elektronen werden in Form von FADH$_2$ aufgefangen.

▶ **Merke.**

▶ **Merke.** **Die Doppelbindung wird an der Stelle eingeführt**, **an der sich später** die endständigen C-Atome der Positionen 1 und 2 in Form von **Acetyl-CoA abspalten** sollen. Diese Stelle ist die Bindung **zwischen den C-Atomen 2 und 3**. Die alternative Nomenklatur der griechischen Buchstaben definiert als α-C-Atom das erste C-Atom *neben* der endständigen Carboxyl- bzw. *neben* der Carbonylgruppe. Damit entspricht die Bindung zwischen den C-Atomen 2 und 3 der Bindung zwischen den C-Atomen α und β.

Das Reaktionsprodukt heißt **trans-Enoyl-CoA**.

Die der Doppelbindung benachbarten chemischen Gruppen zeigen nicht, wie es für ungesättigte Fettsäuren charakteristisch ist (S. 57), zur gleichen Seite, sondern in entgegengesetzte Richtung. Sie stehen also in *trans*-Stellung. Das Reaktionsprodukt enthält eine -HC=CH-Gruppe mit benachbarter Carbonylgruppe, d. h. eine Enoylgruppe, und wird deshalb als **trans-Enoyl-CoA** bezeichnet.

Schritt 2: Anlagerung von Wasser zur Bildung einer OH-Gruppe

Schritt 2: Anlagerung von Wasser zur Bildung einer OH-Gruppe

Mit der Doppelbindung der *trans*-Enoyl-CoA passiert nun das Gleiche wie mit den Doppelbindungen im Aconitat und im Fumarat des Citratzyklus: Es wird H$_2$O angelagert, sodass sich eine OH-Gruppe (Hydroxygruppe) bildet, die dann im nächsten Schritt zum Substrat einer NAD$^+$-abhängigen Dehydrogenase werden kann.

A 7.4 Was wird aus den Hydrolyseprodukten Glycerin und Fettsäuren?

Die Anlagerung des Wassers wird von der **Enoyl-CoA-Hydratase** katalysiert. Das Reaktionsprodukt trägt eine **OH-Gruppe am C-Atom 3 (β-C-Atom)** und wird **3-Hydroxyacyl-CoA** genannt.

Schritt 3: NAD⁺-abhängige Oxidation des β-C-Atoms

3-Hydroxyacyl-CoA ist das Substrat der NAD⁺-abhängigen **3-Hydroxyacyl-CoA-Dehydrogenase**. Das β-C-Atom wird vom NAD⁺ zu einer **Carbonylgruppe** oxidiert, und es entsteht **NADH**. Das Reaktionsprodukt wird **3-Ketoacyl-CoA** genannt.

Schritt 4: Reaktion des oxidierten β-C-Atoms mit Coenzym A

Das zur Carbonylgruppe oxidierte β-C-Atom wird mit der SH-Gruppe des Pantetheins von Coenzym A verbunden. Die Reaktion wird von der **3-Keto-Thiolase** katalysiert. Es entstehen Acetyl-CoA und ein nun um zwei C-Atome verkürztes Acyl-CoA.

▶ **Merke.** Da das **Schwefel-Atom** des Coenzym A im Mechanismus der Spaltung der Fettsäure die entscheidende Rolle spielt, sagt man, dass die **Thiolase** eine **thioklastische Spaltung** katalysiere.

▶ **Exkurs.** Der Weg der von NADH und FADH₂ transportierten Elektronen von der β-Oxidation zur Atmungskette

In Bezug auf die **NAD⁺**-abhängige 3-Hydroxyacyl-CoA-Dehydrogenase ist dieser Weg leicht anzugeben, denn NADH ist löslich und kann seine beiden Elektronen deshalb unmittelbar an den Komplex I der Atmungskette abgeben.

Bei der **FAD**-abhängigen Acyl-CoA-Dehydrogenase ist der Weg komplizierter: Das FAD nimmt vom Acyl-CoA zwei Elektronen zusammen mit zwei Protonen auf, ist jedoch fest mit der Dehydrogenase verbunden. Die Elektronen und Protonen des FADH₂ werden dann auf das FAD des **Elektronen-transferierenden Flavoproteins (ETF)**, eines löslichen Proteins der mitochondrialen Matrix, übertragen. Das ETF transportiert die Elektronen und Protonen zur Innenmembran. Hier werden sie von einem Membranprotein aufgenommen, das ebenfalls ein fest gebundenes FAD enthält und das die Elektronen und Protonen an das Ubichinon (= Coenzym Q) der Atmungskette abgibt. Aufgrund seiner Funktion als Vermittler zwischen dem ETF und Ubichinon wird das Membranprotein **ETF-Ubichinon-Oxidoreduktase** genannt.

Die Elektronen, die zu Beginn der β-Oxidation bei der Bildung der Doppelbindung zwischen den C-Atomen 2 und 3 anfallen, werden also unter Beteiligung einer Kette von drei verschiedenen Flavoproteinen in die Atmungskette eingespeist (Abb. **A-7.12**):
- Acyl-CoA-Dehydrogenase
- Elektronen-transferierendes Flavoprotein (ETF)
- ETF-Ubichinon-Oxidoreduktase

Das ETF und die ETF-Ubichinon-Oxidoreduktase vermitteln übrigens auch den Elektronentransport von mehreren anderen FAD-abhängigen Reduktasen zur Atmungskette.

⊙ **A-7.12** Wege der Elektronen (e–) von der Acyl-CoA-Dehydrogenase zum Ubichinon der Atmungskette

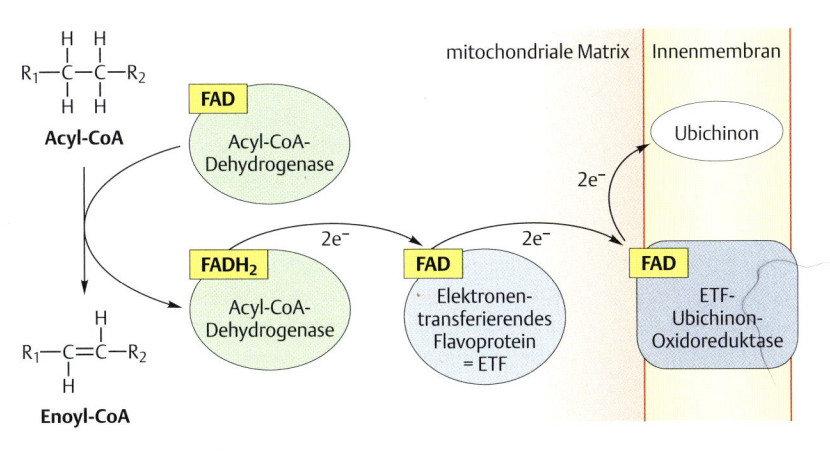

β-Oxidation ungesättigter Fettsäuren

Die meisten Fettsäuren, die durch Hydrolyse von TAG freigesetzt werden, enthalten eine oder mehrere Doppelbindungen, sind also ungesättigt.

A 7 Abbau von Triacylglycerinen und Ketonkörpern

▶ **Merke.**

▶ **Merke.** Die Doppelbindungen ungesättigter Fettsäuren weisen fast immer eine **cis-Konfiguration** auf. Die Enoyl-CoA-Hydratase der β-Oxidation kann jedoch nur Substrate in *trans*-Konfiguration erkennen.

Δ^3-*cis*-Doppelbindungen werden von einer Isomerase in Δ^2-*trans* überführt.

Δ^3-*cis*. Befindet sich die *cis*-Doppelbindung zwischen den C-Atomen 3 und 4, wird sie von einer spezifischen Isomerase um ein C-Atom nach vorne verschoben und dabei in *trans*-Konfiguration gebracht (Abb. **A-7.13**a). Es ergibt sich damit eine Isomerisierung von Δ^3-*cis* nach Δ^2-*trans*.

Δ^2-*cis*-Doppelbindungen werden zunächst hydratisiert. Die entstandene OH-Gruppe wird dann von einer Epimerase auf die andere Seite des C-Atoms gebracht.

Δ^2-*cis*. Ein anderer Weg wird beschritten, wenn es sich um eine Δ^2-*cis*-Doppelbindung handelt (in Position α,β). In diesem Fall wird die Doppelbindung hydratisiert und es entsteht D-β-Hydroxyacyl-CoA. Dieses trägt eine OH-Gruppe am β-C-Atom, ist aber gleichwohl für die Enzyme der β-Oxidation nicht geeignet, da sich die OH-Gruppe in der D-Konfiguration befindet. Das D-β-Hydroxyacyl-CoA wird deshalb mit Hilfe einer Epimerase zu L-β-Hydroxyacyl-CoA isomerisiert (Abb. **A-7.13**b). Dieses kann dann unmittelbar von der 3-Hydroxyacyl-CoA-Dehydrogenase oxidiert werden (Abb. **A-7.11**).

Unmittelbar benachbarte Doppelbindungen der Struktur -CH=CH-CH=CH- werden von einer spezifischen **Reduktase** in die Struktur -CH$_2$-CH=CH-CH$_2$- überführt.

Eine weitere Schwierigkeit ergibt sich, wenn im Verlauf der β-Oxidation ungesättigter Fettsäuren zwei **unmittelbar benachbarte Doppelbindungen** (-CH=CH-CH=CH-) entstehen: Die Enzyme der β-Oxidation sind darauf eingestellt, dass Doppelbindungen in Fettsäuren stets durch eine -CH$_2$-Gruppe voneinander getrennt sind. Unmittelbar benachbarte Doppelbindungen werden deshalb teilweise reduziert, sodass nur noch eine Doppelbindung übrig bleibt, die in der Mitte der ursprünglichen Struktur liegt (-CH$_2$-CH=CH-CH$_2$-). Die Reaktion wird von einer spezifischen **Reduktase** (der Dienoyl-CoA-Reduktase) katalysiert

⊙ **A-7.13** β-Oxidation ungesättigter Fettsäuren

a β,γ-*cis*-Enoyl-CoA Δ^3-*cis* → (Isomerase) → α,β-*trans*-Enoyl-CoA Δ^2-*trans* → β-Oxidation

b α,β-*cis*-Enoyl-CoA Δ^2-*cis* → (Hydratase, H$_2$O) → D-β-Hydroxyacyl-CoA → (Epimerase) → L-β-Hydroxyacyl-CoA

a Überführung von Δ^3-*cis* in Δ^2-*trans*.
b Hydratisierung einer Δ^2-*cis*-Doppelbindung.

β-Oxidation ungeradzahliger Fettsäuren

Hier bleibt in der **letzten Runde** nicht Acetyl-CoA, sondern **Propionyl-CoA** übrig.

β-Oxidation ungeradzahliger Fettsäuren

Gelegentlich werden in der β-Oxidation auch ungeradzahlige Fettsäuren abgebaut. Zunächst wird dem allgemeinen Schema folgend in mehreren Runden Acetyl-CoA gebildet. In der **letzten Runde** bleibt dann aber nicht Acetyl-CoA übrig, sondern **Propionyl-CoA**, d. h. eine Acylgruppe mit drei C-Atomen.

Propionyl-CoA wird **in Succinyl-CoA**, einen Metaboliten des Citratzyklus, **umgewandelt** (Abb. **A-7.14**):
1. Propionyl-CoA wird am mittleren C-Atom **biotinabhängig** zu Methylmalonyl-CoA **carboxyliert**.
2. Methylmalonyl-CoA wird dann unter Beteiligung von **Cobalamin (Vitamin B$_{12}$)** zu Succinyl-CoA **umgelagert**.

Propionyl-CoA wird um eine -CH$_2$-Einheit verlängert und somit **in Succinyl-CoA umgewandelt**, also in einen Metaboliten des Citratzyklus (S. 115). Die Bildung des Succinyl-CoA erfolgt in zwei Schritten (Abb. **A-7.14**):
1. Propionyl-CoA wird am mittleren C-Atom carboxyliert. Das Reaktionsprodukt ist Methylmalonyl-CoA, das katalysierende Enzym ist die Propionyl-CoA-Carboxylase. Dieses Enzym enthält – wie einige weitere Carboxylasen – als Cofaktor Biotin (S. 317), sog. Vitamin H. In allen biotinabhängigen Carboxylasen nimmt das Biotin CO$_2$ auf und überträgt es auf das jeweilige Substrat. Die Beladung des Biotins mit CO$_2$ ist ATP-abhängig.
2. Das Methylmalonyl-CoA wird dann unter Beteiligung von zwei weiteren Enzymen **zu Succinyl-CoA umgelagert**. An der Umlagerung ist der Cofaktor **Cobalamin (Coenzym B$_{12}$, Vitamin B$_{12}$)** beteiligt.

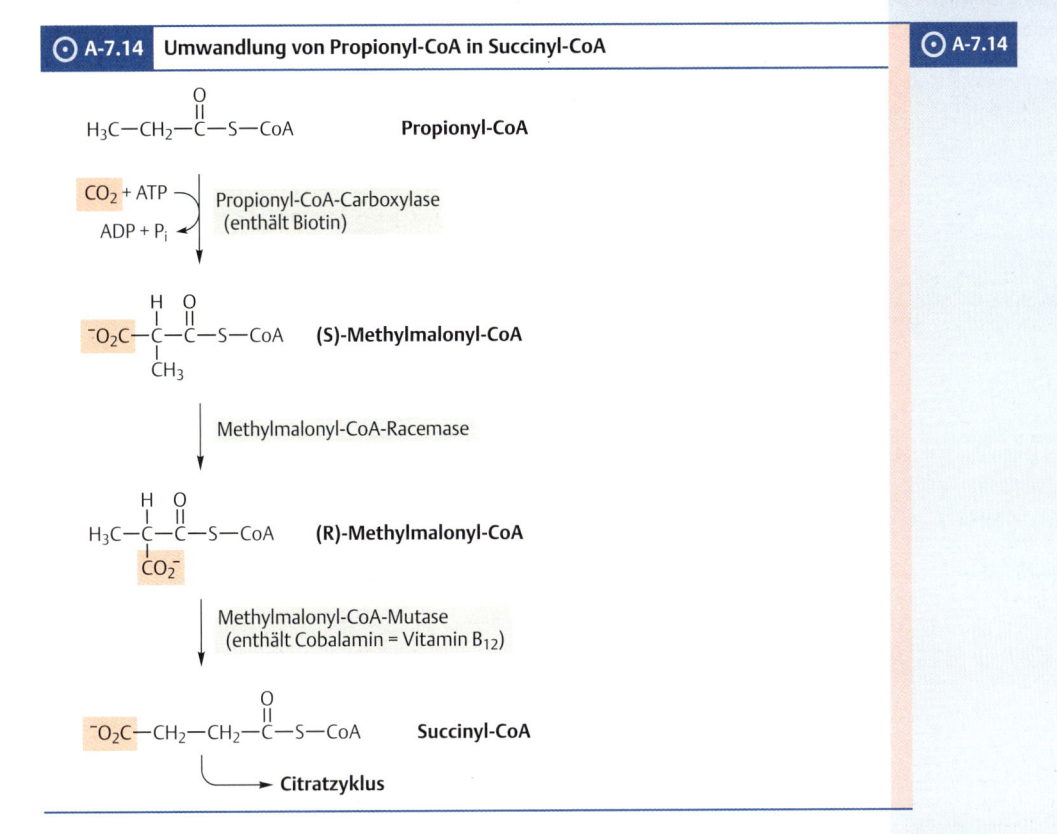

A 7.4 Was wird aus den Hydrolyseprodukten Glycerin und Fettsäuren?

A-7.14 Umwandlung von Propionyl-CoA in Succinyl-CoA

$H_3C-CH_2-\overset{\overset{O}{\|}}{C}-S-CoA$ **Propionyl-CoA**

CO_2 + ATP ↘
ADP + P_i ↗ Propionyl-CoA-Carboxylase (enthält Biotin)

$^-O_2C-\overset{\overset{H}{|}}{\underset{\underset{CH_3}{|}}{C}}-\overset{\overset{O}{\|}}{C}-S-CoA$ **(S)-Methylmalonyl-CoA**

↓ Methylmalonyl-CoA-Racemase

$H_3C-\overset{\overset{H}{|}}{\underset{\underset{CO_2^-}{|}}{C}}-\overset{\overset{O}{\|}}{C}-S-CoA$ **(R)-Methylmalonyl-CoA**

↓ Methylmalonyl-CoA-Mutase (enthält Cobalamin = Vitamin B_{12})

$^-O_2C-CH_2-CH_2-\overset{\overset{O}{\|}}{C}-S-CoA$ **Succinyl-CoA**

→ **Citratzyklus**

▶ **Klinik.** Das Enzym Methylmalonyl-CoA-Mutase enthält Cobalamin (Coenzym B_{12}) als prosthetische Gruppe. Dieses Coenzym ist auch unter dem Namen **Vitamin B_{12}** bekannt. Es befindet sich als prosthetische Gruppe auch in der **Methionin-Synthase**, welche die Methylierung von Homocystein zu Methionin katalysiert.
Wenn bei der Verdauung zu wenig Vitamin B_{12} aufgenommen wird, ist eine bestimmte Form der megaloblastischen Anämie, die **perniziöse Anämie,** die Folge (Inzidenz: 9 Fälle/100 000 Einwohner/Jahr). Erste Kennzeichen sind eine verminderte Zahl an Erythrozyten und ein erniedrigter Hämoglobingehalt im Blut. Ursache einer perniziösen Anämie ist in der Regel ein **Mangel an Intrinsic Factor**, einem Glykoprotein, das von den Parietalzellen der Magenschleimhaut gebildet wird. Der Intrinsic Factor bindet im Lumen des Verdauungstrakts das Vitamin B_{12} der Nahrung und wird dann als Protein-Vitamin-Komplex resorbiert. Die perniziöse Anämie (S. 171) ergibt sich primär aus einer Funktion des Vitamin B_{12} (S. 315) im Stoffwechsel der Folsäure.

Energiebilanz der mitochondrialen β-Oxidation

Die Energiebilanz lässt sich gut am Beispiel der **Palmitinsäure** (16:0), einer der häufigsten gesättigten Fettsäuren in TAG, darstellen: Beim Abbau eines Moleküls Palmitinsäure (in 7 Zyklen) entstehen 8 Acetyl-CoA, 7 $FADH_2$ und 7 NADH. Die 8 Acetyl-CoA werden in der Regel in den Citratzyklus eingespeist, in dem daraufhin 24 NADH, 8 $FADH_2$ und 8 GTP gebildet werden.

▶ **Merke.** 1 NADH ermöglicht die Synthese von ca. 2,5 ATP, 1 $FADH_2$ die Synthese von ca. 1,5 ATP.

Hieraus ergibt sich, dass auf der Basis der vollständigen Oxidation eines Moleküls Palmitinsäure 108 ATP gebildet werden können. Die Aktivierung der Palmitinsäure im Zytosol erforderte jedoch ein ATP, welches unter Verlust von 2 energiereichen Bindungen zu AMP abgebaut wurde. Somit werden pro Mol Palmitinsäure 106 Mol ATP gebildet.

Energiebilanz der mitochondrialen β-Oxidation

Beim Abbau der **Palmitinsäure** (16:0) z. B. entstehen (in 7 Zyklen) 8 Acetyl-CoA, 7 $FADH_2$ und 7 NADH. Die 8 Acetyl-CoA liefern im Citratzyklus 24 NADH, 8 $FADH_2$ und 8 GTP.

Die vollständige Oxidation einer Palmitinsäure liefert also 108 Mol ATP minus 2 Mol ATP, die bei der Aktivierung der Palmitinsäure verbraucht wurden.

Vergleicht man diesen Zahlenwert mit dem Energiegehalt der Palmitinsäure, wie er als physikalischer Brennwert durch Messung der Verbrennungswärme im chemischen Labor bestimmt werden kann, ergibt sich eine Effizienz des Energiestoffwechsels von etwa 60 %. Der Rest der Energie wird in Form von Wärme frei.

Die Fettsäuren der TAG sind auch die wichtigste Energiequelle für alle Tiere, die ohne Nahrungsaufnahme einen Winterschlaf durchzustehen haben. Ihr Abbau liefert dabei nicht nur Energie, sondern auch Wasser. Während der Mensch beim Fasten täglich erhebliche Mengen an Wasser trinken muss, können viele Tiere im Winterschlaf sogar ohne Wasserzufuhr auskommen. Kanadische Grizzlybären können im Winter bis zu 7 Monate ununterbrochen schlafen. In dieser Zeit beziehen sie ihr Wasser im Wesentlichen aus der Aktivität der Atmungskette, nämlich aus der Reduktion des Sauerstoffs zu Wasser an der Cytochrom-Oxidase, dem Komplex IV (S. 185). Die Gesamtgleichung für die vollständige Oxidation von Palmitoyl-CoA zu Kohlendioxid und Wasser ergibt nämlich:

$$\text{Palmitoyl} - \text{CoA} + 23\ O_2 + 108\ P_i + 108\ ADP \rightarrow \text{CoA} + 108\ ATP + 16\ CO_2 + 23\ H_2O$$

Wenn Kamele in ihrem Höcker große Mengen an TAG speichern, dienen diese bei langen Wanderungen durch die Wüste nicht nur als Energiespeicher, sondern auch als Voraussetzung für die Nutzung der in dieser Gleichung angegebenen 23 H_2O.

▶ **Merke.** In den Mitochondrien des Menschen werden durch Reduktion von Sauerstoff pro Tag etwa 300 – 400 ml Wasser gebildet.

Regulation der β-Oxidation

Bei der β-Oxidation wird wie bei vielen Stoffwechselwegen einer der ersten Reaktionsschritte reguliert. Bereits der Transport der Fettsäuren in die Mitochondrien wird reguliert.

▶ **Merke.** Schlüsselenzym der β-Oxidation ist die **Carnitin-Acyltransferase 1**. Sie katalysiert den geschwindigkeitsbestimmenden Schritt dieses Stoffwechselweges: die Übertragung der Fettsäure auf Carnitin an der Außenseite der Mitochondrien. Sie wird **gehemmt von Malonyl-CoA**, einem Zwischenprodukt der Fettsäuresynthese (S. 236), das bei gesteigerter Fettsäuresynthese im Zytosol akkumuliert. So wird verhindert, dass Fettsäuren innerhalb einer Zelle gleichzeitig synthetisiert und abgebaut werden.

β-Oxidation in Peroxisomen

Zu einem geringen Anteil werden Fettsäuren auch in Peroxisomen abgebaut. Der Stoffwechselweg entspricht weitgehend der mitochondrialen β-Oxidation. Ein wichtiger Unterschied betrifft den ersten Schritt. Dieser wird in den Mitochondrien von einer Acyl-CoA-Dehydrogenase katalysiert. In den Peroxisomen wird die gleiche Reaktion hingegen von einer Acyl-CoA-Oxidase katalysiert. Die weiteren Unterschiede ergeben sich daraus, dass die Peroxisomen weder über eine Atmungskette verfügen, welche die Elektronen des gebildeten $FADH_2$ und NADH aufnehmen könnten, noch über einen Citratzyklus, der das entstehende Acetyl-CoA verwerten könnte. Deshalb müssen die Peroxisomen diese Produkte anders verwerten:

- Das von der Acyl-CoA-Oxidase gebildete **$FADH_2$** wird zu FAD regeneriert, indem die Elektronen – in Ermangelung einer Atmungskette – direkt auf Sauerstoff übertragen werden. Dabei entsteht H_2O_2 (Wasserstoffperoxid, daher der Name „Peroxisom"!). H_2O_2 ist ein sehr aggressives und deshalb potenziell schädliches Oxidationsmittel, das in den Peroxisomen unter Vermittlung der **Katalase** sofort **zu H_2O und O_2** umgesetzt wird. Da in den Peroxisomen sehr viel H_2O_2 gebildet wird, enthalten diese Zellorganellen Katalase in großen Mengen. Katalase ist in den Peroxisomen (S. 389) das häufigste Protein.
- Das von der 3-Hydroxy-Acyl-CoA-Dehydrogenase gebildete **NADH** wird von den Peroxisomen in das Zytosol **exportiert**.
- Auch das **Acetyl-CoA** wird von den Peroxisomen in das Zytosol **exportiert**.

A 7.5 Abbau von Ketonkörpern

Die **physiologische Funktion der peroxisomalen β-Oxidation** ist nicht befriedigend geklärt. Eine ATP-Synthese findet in Peroxisomen *nicht* statt. Allerdings fällt auf, dass sich besonders viele Peroxisomen in den Hepatozyten befinden. Die Leber zeigt generell einen intensiven Fettstoffwechsel, in dem Acetyl-CoA eine zentrale Rolle spielt. Möglicherweise dient die peroxisomale β-Oxidation u. a. der Bereitstellung von Acetyl-CoA für verschiedene Synthesen. Auffällig ist schließlich, dass in Peroxisomen insbesondere auch **die sehr langkettigen Fettsäuren** (mit 20 – 26 C-Atomen) oxidiert werden. Diese werden nicht zu Acetyl-CoA, sondern **zu kurzkettigen Fettsäuren abgebaut**, in Form von Acyl-CoA an das Zytosol abgegeben und dann von den Mitochondrien aufgenommen. Peroxisomen nehmen langkettige Fettsäuren in Form von Acyl-CoA mithilfe eines Transportproteins auf, das den Namen **ABCD 1** erhalten hat. Angeborene Defekte dieses Proteins sind die Ursache der X-chromosomal vererbten Adrenoleukodystrophie.

In Peroxisomen werden insbesondere die außerordentlich langkettigen Fettsäuren oxidiert. Eine ATP-Synthese findet in Peroxisomen *nicht* statt.

α-Oxidation in Peroxisomen

Als α-Oxidation, bezeichnet man den Stoffwechselweg, durch den – ausschließlich in Peroxisomen – **verzweigtkettige Fettsäuren** abgebaut werden. In diesem Fall wird nicht das zweite C-Atom (in β-Position), sondern das erste C-Atom (in α-Position) nach der Carboxylgruppe der Fettsäuren oxidiert. Als wichtigste Funktion der peroxisomalen α-Oxidation gilt der Abbau der **Phytansäure**. Diese entsteht aus der Phytol-Seitenkette, mit der das Mg^{2+}-haltige Porphyrin-Ringsystem des Chlorophylls in den Proteinen der Chloroplasten verankert ist. Im Phytol, wie auch in der Phytansäure, ist das C-Atom der β-Oxidation mit einer Methyl-Gruppe verbunden, weshalb ein Abbau durch β-Oxidatrion nicht möglich ist. Ein seltener angeborener Defekt der α-Oxidation ist Ursache einer neurologischen Erkrankung, die unter dem Namen **Refsum-Syndrom** bekannt ist.

α-Oxidation in Peroxisomen

Durch α-Oxidation werden in den Peroxisomen **verzweigtkettige Fettsäuren** abgebaut.

▶ Klinik. Beim **Zellweger-Syndrom** ist die Bildung der Peroxisomen gestört, d. h. sämtliche peroxisomalen Stoffwechselwege fallen aus. Die betroffenen Kinder fallen frühzeitig durch eine generalisierte Muskelschwäche auf (Abb. **A-7.15**). Außerdem liegen Hirnfehlbildungen und multiple Nierenzysten vor, und die Kinder entwickeln eine Leberzirrhose. Sie sterben meist noch im ersten Lebensjahr.

▶ Klinik.

⊙ **A-7.15** Generalisierte Muskelschwäche bei einem 12 Tage alten Kind mit Zellweger-Syndrom

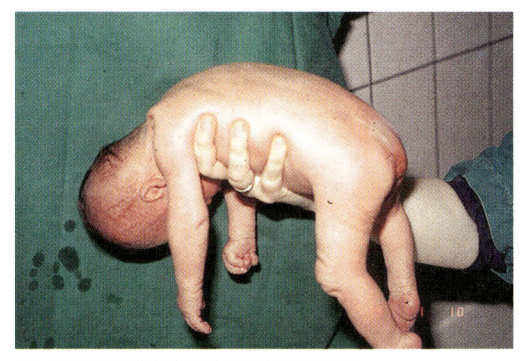

(aus Sitzmann, Duale Reihe Pädiatrie, Thieme, 2012)

7.5 Abbau von Ketonkörpern

Ketonkörper, also Acetoacetat, 3-Hydroxybutyrat (das Anion der β-Hydroxy-Buttersäure) und Aceton (Abb. **A-7.2**), werden bei längerem Nahrungsmangel in der Leber ausgehend von Acetyl-CoA gebildet (S. 250).
- **Aceton** entsteht aus Acetoacetat durch Abspaltung von CO_2. Es ist für den Stoffwechsel wertlos und wird z. T. mit dem Urin ausgeschieden, z. T. abgeatmet.
- Die für den Energiestoffwechsel entscheidenden Ketonkörper sind **Acetoacetat** und **3-Hydroxybutyrat**: Sie werden von der Leber an das Blut abgegeben und dienen extrahepatischen Geweben als Energielieferanten, insbesondere der Skelettmuskulatur, dem Herzmuskel, dem Kortex der Niere und dem Gehirn.

7.5 Abbau von Ketonkörpern

Ketonkörper werden bei längerem Nahrungsmangel in der Leber gebildet.

- **Aceton**, das aus Acetoacetat entsteht, ist für den Stoffwechsel wertlos.
- **Acetoacetat** und **3-Hydroxybutyrat** dagegen sind Energielieferanten für extrahepatische Gewebe.

▶ Merke. Fettsäuren können keinen Beitrag zum Energiestoffwechsel des Gehirns leisten, da sie die Blut-Hirn-Schranke nicht überwinden können. Die Ketonkörper Acetoacetat und 3-Hydroxybutyrat werden hingegen vom Gehirn aufgenommen. Bei längerem Fasten sind sie im Gehirn die wichtigste Energiequelle.

Der Transport der Ketonkörper wird von den **Monocarboxylat-Transportern** MCT 1, MCT 2 und MCT 4 vermittelt, die sich in den Plasmamembranen der Endothelzellen, der Astrozyten und der Neuronen des Gehirns nachweisen lassen. Die Monocarboxylat-Transporter vermitteln auch die Aufnahme von Lactat. Die verschiedenen Substrate werden jeweils zusammen mit einem Proton aufgenommen.

Der **Abbau** der Ketonkörper entspricht dem letzten Schritt der β-Oxidation, der **thioklastischen Spaltung** (Abb. **A-7.16**):

- **3-Hydroxybutyrat** wird **zu Acetoacetat oxidiert**. Die Reaktion wird von der NAD$^+$-abhängigen **3-Hydroxybutyrat-Dehydrogenase** katalysiert.
- Acetoacetat reagiert mit **Coenzym A**, das **von Succinyl-CoA** stammt, zu **Acetoacetyl-CoA**. Die Reaktion wird von einer **Transferase** katalysiert.
- Acetoacetyl-CoA weist die Carbonylgruppe in β-Stellung auf, die von der **3-Keto-Thiolase** zur Katalyse einer **thioklastischen Spaltung** benötigt wird. Diese Carbonylgruppe reagiert mit der SH-Gruppe von **freiem Coenzym A**. Dadurch entstehen aus dem Acetoacetyl-CoA **zwei Acetyl-CoA**, die dem Citratzyklus zugeführt werden können.

Bei den Ketonkörpern handelt es sich also letztlich um eine Transportform von Acetylgruppen, die von der Leber gebildet und in der Peripherie in den Citratzyklus eingespeist werden.

⊙ **A-7.16** Abbau von 3-Hydroxybutyrat und Acetoacetat

A 7.5 Abbau von Ketonkörpern

▶ Exkurs. **Der Abbau von Ethanol**
Ethanol ist ein Nahrungsstoff, der wie Fettsäuren und Ketonkörper zu **Acetyl-CoA** abgebaut wird. Der wichtigste Abbauort des Ethanols ist die Leber. Die Bildung des Acetyl-CoA erfolgt in drei Schritten (Abb. **A-7.17**):
1. Oxidation des Ethanols zu **Acetaldehyd**,
2. Oxidation des Acetaldehyds zu **Acetat**,
3. Verbindung des Acetats mit **Coenzym A** durch eine Thiokinase (Acetat-CoA-Ligase) unter ATP-Verbrauch.

Die Oxidation des Ethanols wird parallel von drei unterschiedlichen Systemen katalysiert (Tab. **A-7.1**):
1. Der weitaus größte Anteil des Ethanols wird im **Zytosol** der **Hepatozyten** von **Alkohol-Dehydrogenasen (ADH)** zu Acetaldehyd oxidiert. Den wichtigsten Beitrag leisten die Alkohol-Dehydrogenasen der Klasse I. Dabei handelt es sich um dimere Enzyme, die in unterschiedlichen Kombinationen die Untereinheiten α-, β- oder γ- enthalten können (kodiert von den Genen ADH1A, ADH1B und ADH1C). Jede Untereinheit enthält zwei Zinkionen (Zn^{2+}). **Polymorphismen**, also kleine Unterschiede in den Aminosäuresequenzen der Untereinheiten, können eine Ursache für **individuelle Unterschiede** in der **Alkoholverträglichkeit** sein. Die Expression der ADH-Gene ist vom Umfang des Ethanolkonsums unabhängig. Es wurden vier weitere Alkohol-Dehydrogenasen identifiziert, (ADH II bis V, kodiert von den Genen ADH4-ADH7), diese sind im Ethanolstoffwechsel jedoch von untergeordneter Bedeutung.
2. Bei **Alkoholikern**, die Ethanol in großen Mengen konsumieren, findet man im **endoplasmatischen Retikulum** der **Hepatozyten** vermehrt die induzierbare "mikrosomale" **Alkohol-Oxidase** aus der großen Familie der Cytochrom-P-450-Enzyme (S. 740). Bis zu 30 % des Ethanols können von diesem Enzym zu Acetaldehyd oxidiert werden.
3. Nur ein geringer Anteil des Ethanols wird in **Peroxisomen** oxidiert. Das entscheidende Enzym ist dabei die **peroxisomale Katalase** (engl. Catalase). Die Katalase hat primär die Aufgabe, schädliches **Wasserstoffperoxid (H_2O_2)** zu H_2O und O_2 abzubauen und damit zu inaktivieren. Die gleiche Katalase kann H_2O_2 aber auch nutzen, um verschiedene organische Verbindungen zu oxidieren: das H_2O_2 wird dabei zu H_2O reduziert, aus Ethanol entsteht Acetaldehyd.

Acetaldehyd ist eine toxische Verbindung, die an den schädlichen Wirkungen des Alkoholkonsums einen erheblichen Anteil hat. Bei Alkoholismus kann der in der Leber entstehende Acetaldehyd zur Bildung einer **Leberzirrhose** beitragen. Ethanol wird teilweise aber auch im Stoffwechsel des Gehirns abgebaut. Der dabei anfallende Acetaldehyd ist wesentlich für den "Kater" verantwortlich, den ein übermäßiger Alkoholkonsum nach sich zieht. Acetaldehyd ist auch mutagen und vermutlich die Ursache der Leber- und Ösophaguskarzinome, die bei Alkoholikern gehäuft auftreten.

Acetaldehyd wird langsam von mehreren **Aldehyd-Dehydrogenasen (ALDH) zu Acetat** oxidiert und damit entgiftet. 19 verschiedene Aldehyd-Dehydrogenasen sind bekannt, von diesen ist die **ALDH2** von entscheidender Bedeutung. Das Enzym befindet sich in der **Matrix der Mitochondrien**. In manchen Regionen Ostasiens ist die ALDH2 bei etwa der Hälfte der Bevölkerung inaktiv, da in Position 487 ein Glutamat gegen Lysin ausgetauscht ist (Glu487Lys). Ethanol wird von den betroffenen Menschen extrem schlecht vertragen.

Der **Beitrag des Ethanols zum Energiestoffwechsel** ist nicht unerheblich. Im Durchschnitt konsumiert jeder Einwohner der Bundesrepublik pro Monat 1 l Ethanol. Dies entspricht einem Anteil von ca. 5 % aller Energieträger der Nahrung. Bei manchen Alkoholikern liegt der Anteil über 50 %. Der physiologische Brennwert des Ethanols liegt bei 30 kJ/g (zum Vergleich: Kohlenhydrate und Proteine ca. 17 kJ/g, Fette ca. 39 kJ/g).

Alkoholkonsum und seine Folgen
Epidemiologische Studien haben wiederholt gezeigt, dass ein regelmäßiger, aber geringer Alkoholkonsum (ca. ½ Liter Bier pro Tag bzw. eine entsprechende Menge Wein) in der Regel unbedenklich ist. Die Gefahren eines **übermäßigen Alkoholkonsums** werden hingegen oft unterschätzt. Der Abbau des Ethanols führt **in der Leber** zu einem **Überangebot an NADH und Acetyl-CoA**. Das NADH hemmt in den Mitochondrien den Citratzyklus (S. 115). Deshalb wird das Acetyl-CoA überwiegend zur **Synthese von Fettsäuren** und zur Bildung von TAG verwendet. Gleichzeitig ist die Bildung der VLDL (S. 253) erschwert. Beides hat eine zunächst reversible Akkumulation von TAG in der Leber, d. h. eine **Fettleber (Steatose)** zur Folge (Abb. **A-7.3 d**). Der Fettgehalt der Leber liegt normalerweise unter 5 %, er kann in einer Fettleber auf über 30 % steigen. Im Verlauf mehrerer Jahre können in einer Fettleber Entzündungsreaktionen ausgelöst werden, es bildet sich eine Fettleberhepatitis, und diese kann schließlich die Bildung einer **Leberzirrhose** verursachen.

In der Bundesrepublik sind 30 – 50 % aller Lebererkrankungen auf übermäßigen Alkoholkonsum zurückzuführen. Hinzu kommen ein erhöhtes Krebsrisiko in Leber und Speiseröhre sowie Schädigungen des Nervensystems. In Deutschland gibt es etwa 2 – 3 Millionen alkoholkranke Menschen, jedes Jahr sind etwa **30 000 Todesfälle** auf Spätfolgen des Alkoholismus zurückzuführen. Zum Vergleich: Die Zahl der Opfer von Heroin und anderen illegalen Drogen lag in den vergangenen Jahren zwischen 1000 und 2000.

⊙ **A-7.17** Abbau von Ethanol

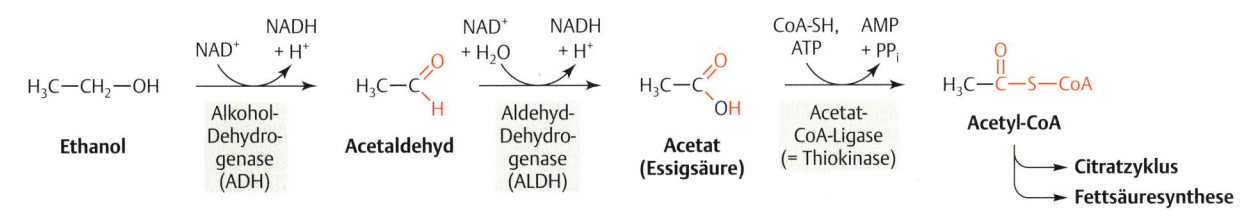

H_3C-CH_2-OH (Ethanol) —[Alkohol-Dehydrogenase (ADH); NAD⁺ → NADH + H⁺]→ H_3C-CHO (Acetaldehyd) —[Aldehyd-Dehydrogenase (ALDH); NAD⁺ + H₂O → NADH + H⁺]→ $H_3C-COOH$ (Acetat, Essigsäure) —[Acetat-CoA-Ligase (= Thiokinase); CoA-SH, ATP → AMP + PPᵢ]→ $H_3C-CO-S-CoA$ (Acetyl-CoA) → Citratzyklus / Fettsäuresynthese

≡ **A-7.1** Oxidation von Ethanol in verschiedenen Kompartimenten der Zelle

Kompartiment	Oxidationsmittel	Enzyme
Zytosol	NAD⁺	Alkohol-Dehydrogenasen (ADH)
Peroxisomen	H_2O_2	Katalase
Endoplasmatisches Retikulum	O_2	Cytochrom-P-450-Enzyme (CYP2E1)
Mitochondrien	NAD⁺	Aldehyd-Dehydrogenasen (ALDH2)

▶ Klinik. Das Lebergewebe kann sich normalerweise in großem Umfang regenerieren. So können große Teile der Leber vollständig nachwachsen, nachdem sie chirurgisch entfernt wurden. Bei generalisierten Schädigungen der Leberzellen, etwa bei chronischem Alkoholismus, ist die Regeneration allerdings erschwert. Im Lebergewebe bilden sich dann narbenartige Bindegewebssepten, die das gesamte Organ durchziehen. Die Leber bekommt ein knotiges Aussehen, die Leberfunktionen sind zunehmend eingeschränkt, es hat sich eine **Leberzirrhose** gebildet (Abb. **A-7.18**). Neben dem Alkoholismus sind Infektionen, insbesondere durch das Hepatitis-B-Virus (HBV) und durch das Hepatitis-C-Virus (HCV) die zweithäufigste Ursache einer Leberzirrhose. (Infektionen durch Hepatitis-A-Viren sind vergleichsweise harmlos.)

⊙ **A-7.18** Leberzirrhose

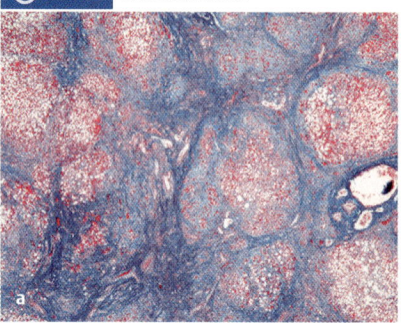

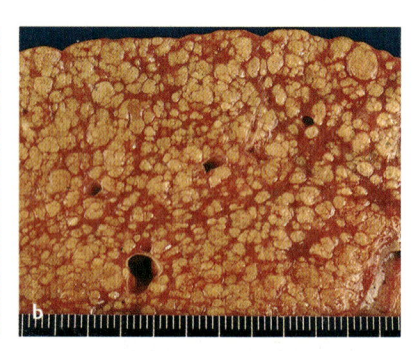

a Leberzirrhose in Azan-Färbung. Das Gewebe der Leber ist von Bindegewebe (blau) durchzogen (aus Krams et al., Kurzlehrbuch Pathologie, Thieme, 2010). **b** Mikronoduläre Leberzirrhose (aus Riede, Werner, Schaefer; Allgemeine und spezielle Pathologie, Thieme, 2004).

Die **klinischen Symptome einer eingeschränkten Leberfunktion (Leberinsuffizienz)** ergeben sich weitgehend aus den biochemischen Funktionen der Leber:
- Indem das Bilirubin nicht mehr schnell genug ausgeschieden wird, kommt es zu einer Gelbsucht, dem sog. **Ikterus** (S. 765).
- In der Leber werden wichtige Proteine des Blutserums synthetisiert, u. a. das Albumin. Das Albumin trägt wesentlich zum onkotischen (= kolloidosmotischen) Druckunterschied Δπ bei, der dafür verantwortlich ist, dass nicht übermäßig viel Wasser aus den Blutgefäßen in die Gewebe entweicht. Bei sinkenden Albuminkonzentrationen ist diese Funktion gestört, es sammelt sich Flüssigkeit, insbesondere im Bauchraum an (= **Aszites**). Dieser Prozess wird durch den bei einer Leberzirrhose erhöhten Blutdruck in den Venen des Bauchraums verstärkt.
- Auch die Proteine, die für die Blutgerinnung verantwortlich sind (S. 770), werden in der Leber synthetisiert. Eine gestörte Leberfunktion ist deshalb mit einer erhöhten Blutungsneigung verbunden, die **Blutgerinnung** ist **verzögert**, der Quick-Wert ist erniedrigt (S. 732).
- Die Leber ist am **Stoffwechsel der Steroidhormone** beteiligt. U.a. erfolgt die Inaktivierung der Steroidhormone (S. 616) in der Leber. Bei Frauen kommt es bei einer Leberinsuffizienz zu Menstruationsstörungen. Bei Männern ist eine Leberinsuffizienz mit einem Östrogenüberschuss verbunden, charakteristisch sind ein Verlust der männlichen Sekundärbehaarung und Potenzstörungen.
- Die Leber hat nicht zuletzt eine Entgiftungsfunktion. Wenn diese eingeschränkt ist, steigt im Blut die Konzentration an **Ammoniak** und anderen toxischen Verbindungen. Diese gelangen vermehrt ins Gehirn und sind dann für **neurologische Störungen** verantwortlich, vgl. hepatische Enzephalopathie (S. 156).
- Ein klassisches Kennzeichen der Leberzirrhose ist auch der **Pfortaderhochdruck**: Indem das Blut nicht mehr schnell genug durch die Leber hindurchfließen kann, kommt es zu einem Blutstau in der Portalvene (**„portale Hypertension"**). Das Blut sucht sich – an der Leber vorbei – andere Wege zum Herzen, u. a. am Magen und an der Speiseröhre entlang, wobei es zu einer starken Erweiterung dieser Gefäße kommt. Im Endstadium kann mitunter nahezu die Hälfte des Blutes durch diese Umgehungskreisläufe (**Kollateralkreisläufe**) fließen. Charakteristisch ist der Weg über die V. gastrica dextra und V. gastrica sinistra (diese bilden gemeinsam die sog. V. coronaria ventriculi) am Magen entlang zur Speiseröhre. Hier gelangt das Blut über die Ösophagusvenen und die V. azygos zur V. cava superior (Abb. **A-7.19**).

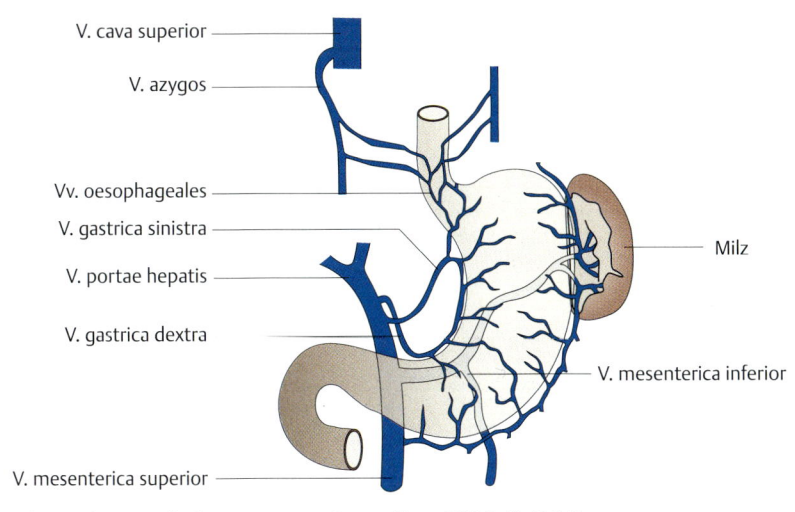

A-7.19 Kollaterale

V. cava superior
V. azygos
Vv. oesophageales
V. gastrica sinistra
V. portae hepatis
V. gastrica dextra
Milz
V. mesenterica inferior
V. mesenterica superior

(nach Prometheus, LernAtlas der Anatomie, Innere Organe, Thieme, 2015, Grafik: M. Voll)

- Die Venen der Speiseröhre können dann Krampfadern **(Ösophagusvarizen)** bilden, mit dem Risiko, dass diese Gefäße platzen und lebensgefährliche Blutungen verursachen (sog. **Varizenblutungen**, bei etwa $1/3$ der Patienten mit Leberzirrhose).
- Der Pfortaderhochdruck kann auch dazu führen, dass sich **Hämorrhoiden** bilden.
- Oft ist bei Pfortaderhochdruck eine Erweiterung von Venen bereits oberflächlich am Bauch sichtbar. Mitunter bilden die Venen dann schlangenartige Verdickungen **(Caput Medusae)**.

Klinischer Fall: Kaffeesatzerbrechen

16:15
Frau Gerber ruft den Notarzt. Ihr Mann, Herr Hans Gerber, 56 Jahre, ist im Badezimmer zusammengebrochen. Er konnte sich aus eigener Kraft kaum wieder aufrichten.

16:30
H.G.: Puuh. Plötzlich wurde mir so übel und schwindelig. Da bin ich ins Bad und musste mich übergeben. Bin kaum wieder hochgekommen danach...

16:35 Fremdanamnese
Frau Gerber: Zuerst dachte ich, es ist nur, weil er wieder mal einen „über den Durst" getrunken hat. Aber als ich dann das Erbrochene gesehen hab, ist mir schon mulmig geworden. Schauen Sie mal, das ist ganz schwarz... Der Notarzt vermutet eine Blutung des oberen Gastrointestinaltrakts und weist Herrn G. sofort in die Klinik ein.

Typischer Aspekt bei „Kaffeesatz-Erbrechen" (aus Füeßl, F.S., Middeke, M.: Duale Reihe Anamnese und Klinische Untersuchung. 5. Aufl., Thieme, 2014)

17:10 Medikamentenanamnese
H.G.: Tabletten? Nö, nicht dass ich wüsste...

17:00 Anamnese
Herr Gerber, Ihre Frau sagte, seit Sie Ihre Arbeit verloren haben, trinken Sie recht viel Alkohol. Wie viel ist es denn in etwa?
H.G.: Naja, stimmt schon. Vor 7 Jahren ist das mit der Arbeit passiert, seither, also, eine Flasche Wein ist's schon am Tag. Kann aber auch mal mehr werden...

18:40 Überwachung und Stabilisierung
Herr G. wird überwacht und erhält wegen der stattgehabten Blutung 2 Erythrozytenkonzentrate und 2 Einheiten Frischplasma.

Verlegung auf Normalstation
Nachdem sich sein Zustand stabilisiert hat, wird Herr G. am nächsten Tag verlegt.

17:11 Körperliche Untersuchung
Der systolische Blutdruck beträgt 80 mmHg (normal 90–130 mmHg). Puls der Arteria radialis schwach tastbar, Frequenz 112/min (normal 50–100/min). Um den Bauchnabel herum sind einige dicke, geschlängelte Krampfadern zu sehen, auf der Brust mehrere kleine rötliche „Gefäßsternchen" (Spider-Nävi).

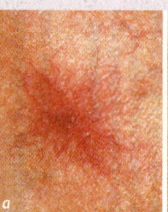

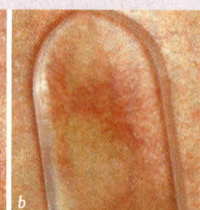

18:15 Laborbefund trifft ein (Normwerte in Klammern)
- Hämoglobin 10,3 g/dl (14–18 g/dl)
- GOT 178 U/l (< 35 U/l), GPT 123 U/l (< 45 U/l)
- γ-GT 459 U/l (< 55 U/l)
- spontane Thromboplastinzeit nach Quick 33 % (70–130 %)
- Albumin 3,2 g/dl (3,5–5,3 g/dl)
- Bilirubin 2,8 mg/dl (< 1,1 mg/dl bzw. 47,9 μmol/l)
- AST (Aspartat-Aminotransferase) 178 U/l (< 35 U/l) bzw. 2,97 μkat/l
- ALT (Alanin-Aminotransferase) 123 U/l (< 45 U/l) bzw. 2,05 μkat/l

Die Befunde mit erhöhten Leberwerten (GOT, GPT, γ-GT) und verminderter Syntheseleistung (Albumin und Quick) sprechen für eine deutliche Leberschädigung. Ursache der Anämie (Hämoglobin erniedrigt) sind wahrscheinlich rezidivierende Blutungen.

10:00 Sonografie des Abdomens
Reichlich Aszites nachweisbar. Leber inhomogen (Zeichen eines zirrhotischen Umbaus), Pfortader erweitert (Zeichen einer portalen Hypertension). Splenomegalie (Vergrößerung der Milz).

Spider-Nävus (a). Bei Druck mit dem Glasspatel lässt sich das zentrale Gefäß ausdrücken (b). Bei nachlassendem Druck füllt es sich wieder. (aus Füeßl, F.S., Middeke, M.: Duale Reihe Anamnese und Klinische Untersuchung. 5. Aufl., Thieme, 2014)

17:40 Ligatur der Ösophagusvarizenblutung
In der Speiseröhre erkennen die Kollegen mehrere rundliche Vorwölbungen, aus denen es blutet. Sie stellen die Diagnose „akute Ösophagusvarizenblutung" und können die Blutung mit Hilfe von Gummibändern (Ligaturen) stoppen. Herr G. wird zur Überwachung auf die Intensivstation verlegt.

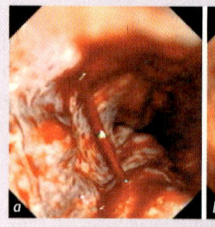

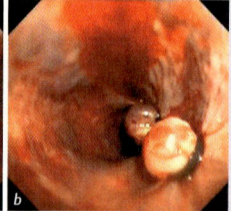

Weiterer stationärer Aufenthalt
Im weiteren Verlauf kontrollieren wir den Hb und bestimmen das Ausmaß der Leberschädigung. Leider können wir Herrn G. nicht von der Notwendigkeit einer Alkoholabstinenz überzeugen.

17:30 Blutabnahme und notfallmäßige Magenspiegelung
Am Ende der Blutabnahme erbricht Herr G. frisches Blut. Ich verständige sofort den Oberarzt und wir entschließen uns zur notfallmäßigen Magenspiegelung (Ösophagogastroduodenoskopie).

7 Monate später
Herr G. erleidet eine akute Ösophagusvarizenblutung und stirbt noch vor Eintreffen des Notarztes zu Hause.

Endoskopischer Befund einer akuten Varizenblutung (a). Nach Gummibandligatur (b). (aus Block, B., Schachschal, G., Schmidt, H.: Der Gastroskopie-Trainer. 2. Aufl., Thieme, 2005)

Fragen mit biochemischem Schwerpunkt

1 — Im Rahmen der weiteren Abklärung wurde u. a. eine Serumelektrophorese durchgeführt, die eine breitbasige Vermehrung der Gamma-Globulin-Fraktion zeigte (polyklonale Gammopathie). Wie ist dieser Befund zu erklären bzw. gibt es einen Zusammenhang mit der bei Herrn Gerber vorliegenden Leberschädigung?

2 — Warum wurden für Herrn Gerber in der Akutsituation nicht nur Erythrozytenkonzentrate, sondern auch gefrorenes Frischplasma im Zentrallabor bestellt?

3 — Welche anderen Laborwerte von Herrn Gerber weisen auf seine Lebererkrankung hin?

! Antwortkommentare im Anhang

8 Abbau von Proteinen und Aminosäuren

8.1 Grundlagen 147
8.2 Transport von Stickstoff im Blut: Alanin, Glutamin und Harnstoff 147
8.3 Der Harnstoffzyklus 150
8.4 Ammoniak im Stoffwechsel 154
8.5 Abspaltung von Aminogruppen durch Transaminierung und Desaminierung 158
8.6 Wege des Kohlenstoffs im Abbau der Aminosäuren 161
8.7 Wichtige Produkte des Aminosäureabbaus 168

J. Rassow

8.1 Grundlagen

Die Gewebe eines erwachsenen Menschen enthalten etwa 6 – 12 kg Protein. Von 10 kg Protein werden in den Zellen pro Tag ca. 300 g unter Beteiligung verschiedener Proteasen zu Aminosäuren abgebaut. Die angefallenen Aminosäuren dienen mehreren unterschiedlichen Zwecken:

- Der weitaus größte Teil der freien Aminosäuren wird im Organismus umgehend zur **Synthese neuer Proteine** verwendet. In allen Zellen werden Proteinmoleküle permanent durch verschiedene Prozesse chemisch modifiziert und/oder denaturiert. Die dadurch inaktivierten Proteine werden in der Regel sehr schnell abgebaut und durch Neusynthese ersetzt (Turnover der Proteine). Viele Zellen bilden auch Proteine, die sezerniert werden. Dies gilt nicht nur für viele Drüsenzellen, sondern z. B. auch für die Hepatozyten, die für die Synthese der meisten im Blut enthaltenen Proteine zuständig sind.
- Nur ein vergleichsweise geringer Anteil der Aminosäuren wird für **verschiedene andere Synthesen** benötigt, z. B. als Lieferant von Stickstoff in der Synthese der Nukleotide. Stickstoff wird auch in der Niere benötigt, um über die Bildung von Ammoniak in den pH-Wert des Urins regulierend eingreifen zu können. Pro Tag werden für derartige Zwecke **ca. 30 g** Aminosäuren eingesetzt. Deshalb sollten täglich mit der Nahrung mindestens 30 g Protein aufgenommen werden. Diesen 30 g Protein entsprechen die Mengen an Stickstoff, die den Organismus mit dem Urin verlassen, überwiegend in Form von Harnstoff.
- Die in den Industrieländern übliche Nahrung enthält wesentlich mehr Protein als eigentlich notwendig wäre, im Durchschnitt ca. 100 g/Tag. Der Überschuss wird dem **Energiestoffwechsel** zugeführt. Dadurch steigt dann auch die Menge an Harnstoff im Urin. Der **physiologische Brennwert** der Proteine beträgt ca. **17 kJ/g** und ist damit nahezu identisch mit dem physiologischen Brennwert der Kohlenhydrate. Proteine leisten generell einen kleinen, aber nicht unerheblichen Beitrag zum Energiestoffwechsel. Bei anhaltendem Nahrungsmangel kann maximal die Hälfte der Proteine abgebaut werden. Der Abbau betrifft dabei primär die Skelettmuskulatur. Im Fasten reduziert sich die Proteinmasse des Körpers anfangs um etwa 100 g/Tag, bald verringert sich dieser Wert aber auf ca. 25 g/Tag. Die Proteinmasse des Körpers ist deshalb auch für sehr lange Fastenzeiten ausreichend.

8.2 Transport von Stickstoff im Blut: Alanin, Glutamin und Harnstoff

Die beim Abbau der Proteine freigesetzten Aminosäuren werden zunächst in den Stoffwechsel der jeweiligen Zellen eingespeist. Sofern die Aminosäuren nicht unmittelbar zur Neusynthese von Proteinen verwendet werden, kommt es in den Zellen der peripheren Gewebe zu folgenden Prozessen:

8.1 Grundlagen

Pro Tag bauen die Zellen eines Erwachsenen ca. 300 g Protein ab. Die angefallenen Aminosäuren dienen folgenden Zwecken:
- Der größte Teil wird umgehend zur **Synthese neuer Proteine** verwendet.
- Nur ein vergleichsweise geringer Anteil (ca. **30 g**/Tag) wird für **verschiedene andere Synthesen** benötigt, z. B. als Lieferant von Stickstoff für die Nukleotidsynthese oder für die Ammoniaksynthese in der Niere.
- Ein geringer Anteil wird dem **Energiestoffwechsel** zugeführt. Der **physiologische Brennwert** der Proteine beträgt ca. **17 kJ/g** und entspricht damit fast dem der Kohlenhydrate. Bei anhaltendem Nahrungsmangel kann maximal die Hälfte der Proteine abgebaut werden. Anfangs werden ca. 100 g Proteine pro Tag abgebaut (v. a. in der Skelettmuskulatur), bald aber nur noch ca. 25 g pro Tag.

8.2 Transport von Stickstoff im Blut: Alanin, Glutamin und Harnstoff

Aminosäuren werden in folgenden Schritten abgebaut:

A 8 Abbau von Proteinen und Aminosäuren

- Zunächst wird die **Aminogruppe abgelöst**.
- Die verbliebenen **Kohlenstoffverbindungen** werden **zu Pyruvat, Acetyl-CoA** oder **Metaboliten des Citratzyklus abgebaut**.
- Die Aminogruppen dienen der **Synthese stickstoffhaltiger Verbindungen**.
- **Überschüssiger Stickstoff** wird v. a. zur **Synthese von Alanin und Glutamin** verwendet, die **an das Blut abgegeben,** überwiegend **von der Leber aufgenommen** und dort zur **Harnstoffsynthese** verwendet werden.

- Vielfach wird von den Aminosäuren zunächst die **Aminogruppe abgelöst**.
- Die dabei von den Aminosäuren übrig bleibenden **Kohlenstoffverbindungen** werden in den Zellen auf verschiedenen Wegen entweder **zu Pyruvat** oder zu **Acetyl-CoA** oder zu **Metaboliten des Citratzyklus abgebaut**. In jedem Fall ist damit ein Anschluss an den Energiestoffwechsel gegeben.
- Die **abgelösten Aminogruppen** können innerhalb der Zellen für verschiedene **Synthesen stickstoffhaltiger Verbindungen** eingesetzt werden.
- **Überschüssiger Stickstoff** wird in den Zellen bevorzugt zur **Synthese der Aminosäuren Alanin und Glutamin** verwendet. Beide Aminosäuren werden **an das Blut abgegeben** und dann überwiegend **von der Leber aufgenommen**. In der Leber wird überschüssiger Stickstoff zur **Synthese von Harnstoff** verwendet. Harnstoff ist das Endprodukt des Aminosäurestoffwechsels.

Für das Verständnis der physiologischen Zusammenhänge ist es hilfreich, zunächst die Wege des Alanins, Glutamins und des Harnstoffs näher zu betrachten, mit denen Stickstoff im Blut transportiert wird.

8.2.1 Alanin

8.2.1 Alanin

Aus dem Muskelgewebe wird Stickstoff bevorzugt in Form von Alanin freigesetzt. Mit dem Blut gelangt das Alanin zur Leber. Hier wird der Stickstoff vom Alanin abgelöst und zur Harnstoffsynthese verwendet. Übrig bleibt **Pyruvat** (Abb. **A-8.1** und Abb. **A-8.2**), das in die Mitochondrien der Hepatozyten transportiert wird. **Bei Nahrungsmangel** wird es dort mithilfe der Pyruvat-Carboxylase **zu Oxalacetat carboxyliert** und zur **Gluconeogenese** verwendet.

Eine der wichtigsten Aminosäuren, die von den Zellen der Skelettmuskulatur und anderen Geweben der Peripherie freigesetzt werden, ist das Alanin. Interessanterweise beträgt der Gehalt der Muskelproteine an Alanin nur 6%. Unter den Aminosäuren, die von der Muskulatur an das Blut abgegeben werden, beträgt der Anteil des Alanins aber 30%. Alanin wird dann überwiegend von der Leber aufgenommen. In der Leber wird der Stickstoff vom Alanin abgelöst, z. B. unter Beteiligung der Alanin-Aminotransferase (S. 159), und dann überwiegend zur Bildung von Harnstoff verwendet, der letztlich mit dem Urin ausgeschieden wird. Nach Ablösung der Aminogruppe bleibt von Alanin **Pyruvat** übrig (Abb. **A-8.1** und Abb. **A-8.2**). Dieses wird in die Mitochondrien der Hepatozyten transportiert, wo es aber nicht unbedingt zu CO_2 oxidiert wird. **Bei Nahrungsmangel** wird Pyruvat in erheblichem Umfang mithilfe der mitochondrialen Pyruvat-Carboxylase unter Beteiligung von Biotin **zu Oxalacetat carboxyliert**. Oxalacetat ist ein Metabolit des Citratzyklus (S. 115), zugleich ist es aber auch die entscheidende Ausgangssubstanz der Neusynthese von Glucose, der sog. **Gluconeogenese** (S. 221). Das von der Muskulatur abgegebene Alanin erleichtert also in der Leber die Bildung von Glucose.

Die Glucose wird von der Leber an das Blut abgegeben und dann u. a. von der Muskulatur aufgenommen: **Alaninzyklus** (Abb. **A-8.1**).

Die Glucose wird von der Leber an das Blut abgegeben und kann von der Muskulatur aufgenommen und durch Glykolyse zu Pyruvat abgebaut werden. Das Pyruvat kann dann die in der Muskulatur beim Abbau der verschiedenen Aminosäuren freigesetzten Aminogruppen aufnehmen. Dabei entsteht wieder Alanin, sodass der **Alaninzyklus** (Abb. **A-8.1**) geschlossen ist.

▶ Merke.

▶ Merke. Alanin ist für den Aminosäurestoffwechsel von besonderer Bedeutung:
- Im Blut wird Stickstoff überwiegend in Form von Alanin zur Leber transportiert.
- Bei Nahrungsmangel wird Alanin in der Leber zur Gluconeogenese verwendet. Dies wird dadurch erleichtert, dass Alanin und Pyruvat leicht ineinander umzuwandeln sind (Abb. **A-8.2**).

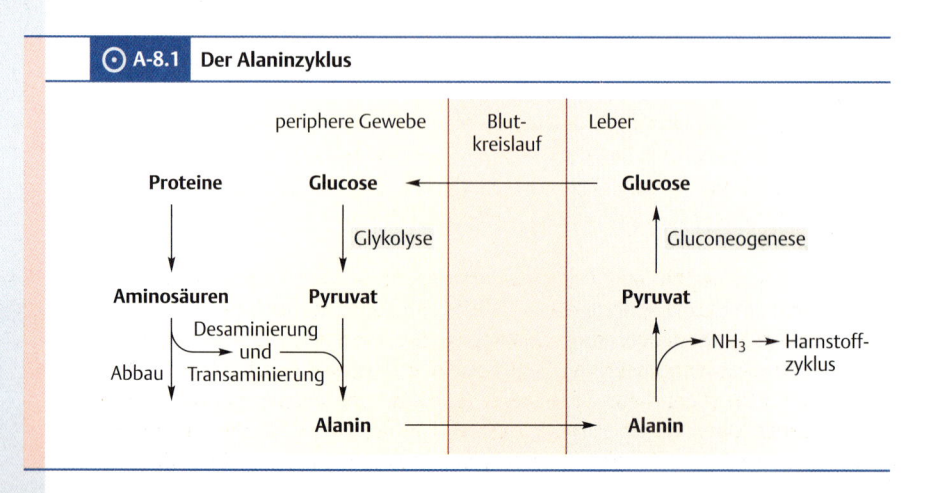

⊙ A-8.1

⊙ A-8.1 Der Alaninzyklus

	periphere Gewebe	Blutkreislauf	Leber
Proteine ↓ Aminosäuren	Glucose ↓ Glykolyse Pyruvat ↓ Desaminierung und Transaminierung Alanin	← →	Glucose ↑ Gluconeogenese Pyruvat → NH_3 → Harnstoffzyklus Alanin

A-8.2 Alanin, Glutamat und Glutamin

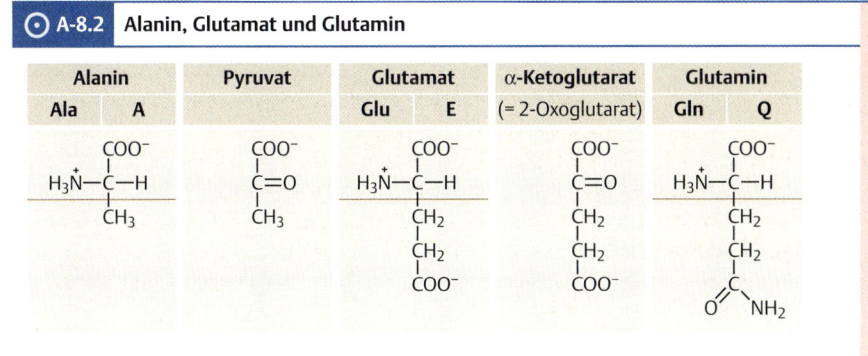

Alanin	Pyruvat	Glutamat	α-Ketoglutarat	Glutamin
Ala A		Glu E	(= 2-Oxoglutarat)	Gln Q

Alanin und Pyruvat lassen sich im Stoffwechsel leicht ineinander umwandeln, ebenso Glutamin und Glutamat sowie Glutamat und α-Ketoglutarat.

8.2.2 Glutamin

Die Aminosäure, die im Blutplasma die höchste Konzentration zeigt, ist allerdings nicht Alanin, sondern Glutamin (Plasmakonzentration 0,6 mM). Glutamin ist zum einen am **Transport von Stickstoff von der Peripherie zur Leber** beteiligt, zum anderen am **Transport von Stickstoff zur Niere** (Abb. **A-8.3**) und zu den **Geweben der Darmwand**. Vermutlich ist Glutamin die wichtigste Quelle von Stickstoff im ganzen Stoffwechsel: In sämtlichen Geweben des Körpers wird Glutamin bei der Biosynthese der Purine und Pyrimidine verwendet. Auch Aminozucker erhalten ihre Aminogruppen von Glutamin. In der Niere und in der Darmwand wird ausgehend von Glutamin Ammoniak gebildet. Dieses wird in der Niere überwiegend an den Harn abgegeben, in der Darmwand an das Blut, das über die V. mesenterica superior und die V. mesenterica inferior der Leber zugeleitet wird.

Glutamin transportiert Stickstoff von der Peripherie **zur Leber** und **zur Niere** und zu den **Geweben der Darmwand**.
Glutamin ist vermutlich die wichtigste Quelle von Stickstoff im ganzen Stoffwechsel.

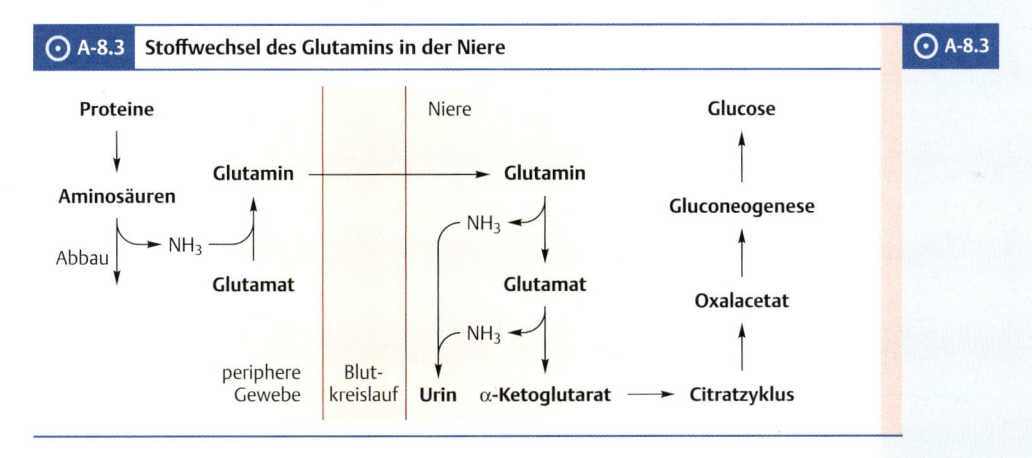

A-8.3 Stoffwechsel des Glutamins in der Niere

In der Niere: wird Glutamin abgebaut, um **Ammoniak** zu **bilden**. Dieses dient vor allem zur **Neutralisation von Säuren im Urin:** NH₃ wird an das Lumen des proximalen Tubulus abgegeben und bindet hier unter Bildung von NH₄⁺ freie Protonen.
In den Zellen des proximalen Tubulus wird aus **Glutamin** zunächst **Glutamat** gebildet. Nach Ablösung der zweiten Aminogruppe bleibt vom Glutamat α-**Ketoglutarat** (= 2-Oxoglutarat, Abb. **A-8.2**) übrig, also ein Metabolit des Citratzyklus. Die Einspeisung von α-Ketoglutarat in den Citratzyklus ist ein wichtiges Beispiel für eine anaplerotische Reaktion. Sie ermöglicht dem Stoffwechsel, in entsprechendem Umfang Oxalacetat aus dem Citratzyklus abzuzweigen und bei Bedarf zur **Gluconeogenese** zu verwenden.
Ein Abbau von Glutamin und eine daran gekoppelte Gluconeogenese läuft in der Niere ständig ab. Insofern besteht ein Unterschied zur Gluconeogenese der Leber, die nur bei Nahrungsmangel von Bedeutung ist. Bei Nahrungsmangel wird die Produktivität der Gluconeogenese allerdings auch in der Niere erheblich erhöht. Im Fasten kann der Beitrag der Niere zur Gluconeogenese nahezu so groß sein wie der Beitrag der Leber. Unter diesen Bedingungen wird in der Niere vor allem Lactat zur Gluconeogenese verwendet, aber auch der Abbau des Glutamins wird intensiviert.

In der Niere: wird Glutamin abgebaut, um **Ammoniak** zur **Neutralisation von Säuren im Urin** zu bilden.

Dabei wird **Glutamin** über **Glutamat** zu α-**Ketoglutarat** (Abb. **A-8.2**) abgebaut. Da α-Ketoglutarat dem Citratzyklus zugeführt wird, kann Oxalacetat entnommen und bei Bedarf zur **Gluconeogenese** verwendet werden.

Im Fasten wird die Gluconeogenese in der Niere erheblich gesteigert.

8.2.3 Harnstoff

Harnstoff ist neben Glutamin die wichtigste Transportform des Stickstoffs auf dem Weg von der Leber zur Niere. Harnstoff ist gut wasserlöslich und erlaubt einen problemlosen Transport des überschüssigen Stickstoffs mit dem Blut. Ammoniak wäre als Transportform von Stickstoff im Blut ungeeignet, da es in höheren Konzentrationen giftig ist.

In der Leber werden pro Tag normalerweise etwa 30 g Harnstoff produziert (ca. 500 mmol). Bei extrem proteinreicher Nahrung kann sich der Wert verdreifachen. Unter den stickstoffhaltigen Verbindungen, die mit dem Urin ausgeschieden werden, stellt Harnstoff stets den größten Anteil (Tab. **A-8.1**).

A-8.1 Art und Menge der stickstoffhaltigen Verbindungen in 24-h-Urin

Verbindung	Menge	Funktion im Stoffwechsel
Harnstoff	300 – 1500 mmol (20 – 90 g)	Endprodukt des Aminosäurestoffwechsels
Ammoniak	30 – 50 mmol	neutralisiert Säuren im Urin
Harnsäure	1 – 14 mmol	Abbauprodukt der Purinbasen
Kreatinin	8 – 17 mmol	entsteht aus Kreatinphosphat
Aminosäuren	10 – 20 mmol	Proteinbausteine, Ausgangsstoffe verschiedener Synthesen, Energielieferanten

In geringem Umfang wird Harnstoff auch in verschiedenen anderen Organen, insbesondere **in der Niere** gebildet. Wie in der Leber, entsteht der Harnstoff hier durch Hydrolyse der Aminosäure Arginin, katalysiert von einer **Arginase**. Die Niere kann allerdings nur wenig Harnstoff bilden, da ihr die meisten Enzyme des Harnstoffzyklus fehlen. Einen Harnstoffzyklus gibt es nur in der Leber.

8.3 Der Harnstoffzyklus

8.3.1 Grundlagen

Physiologische Funktion: Der Harnstoffzyklus ist ein leberspezifischer zyklischer Stoffwechselweg, in dem Harnstoff, das Diamid der Kohlensäure (Abb. **A-8.4**), gebildet wird. Der Harnstoffzyklus ist im menschlichen Organismus eine wichtige Voraussetzung für die Ausscheidung überschüssigen Stickstoffs.

A-8.4 Harnstoff

$$O=C\begin{array}{c}NH_2\\|\\NH_2\end{array}$$

Harnstoff
(engl. Urea)

Erste Synthese: Friedrich Wöhler (1828)

Entdeckung des Harnstoffzyklus: Hans Krebs (1932)

Historisches: Verschiedene biochemisch interessante Naturstoffe wurden zwar bereits im 18. Jahrhundert in chemisch reiner Form isoliert, aber erst im 19. Jahrhundert wurde es zunehmend möglich, derartige Stoffe auch künstlich (in vitro, wörtlich „im Glas", vgl. „Vitrine"; Gegenbegriff: in vivo = im lebenden Organismus) mit den Mitteln der organischen Chemie zu synthetisieren. In dieser Hinsicht gilt die **Synthese von Harnstoff 1828** durch **Friedrich Wöhler** (1800 – 1882) als ein Meilenstein in der Geschichte der Naturwissenschaften. Friedrich Wöhler stammte ursprünglich aus Eschersheim bei Frankfurt am Main. Er studierte Medizin und wurde auch Dr. med., interessierte sich dann aber zunehmend für die Chemie. 1825 bis 1831 arbeitete er in Berlin, dann zunächst in Kassel, um schließlich 1836 nach Göttingen zu wechseln, wo er bis zu seinem Tod geblieben ist.

A 8.3 Der Harnstoffzyklus

Der **Harnstoffzyklus** war dann der erste zyklische Stoffwechselweg, der in der Geschichte der Biochemie beschrieben wurde. Der Harnstoffzyklus wurde 1932 an der Universitätsklinik Freiburg von **Hans Krebs** (S. 116) gemeinsam mit dem Medizinstudenten **Kurt Henseleit** entdeckt.

▶ **Merke.** Der Harnstoffzyklus läuft nur in der Leber ab. Der Harnstoff entsteht durch Hydrolyse der Aminosäure Arginin. In der Reaktion bleibt vom Arginin zunächst die nicht proteinogene Aminosäure Ornithin übrig. Der Harnstoffzyklus dient dazu, ausgehend von Ornithin wieder Arginin zu synthetisieren (Abb. **A-8.6**).

⊙ A-8.5 Die Quellen des freien Ammoniaks in den Mitochondrien

Glutamin (Gln) → (hydrolytische Desaminierung, Glutaminase) → Glutamat (Glu) + NH_3 → (oxidative Desaminierung, Glutamat-Dehydrogenase) → α-Ketoglutarat + NH_3

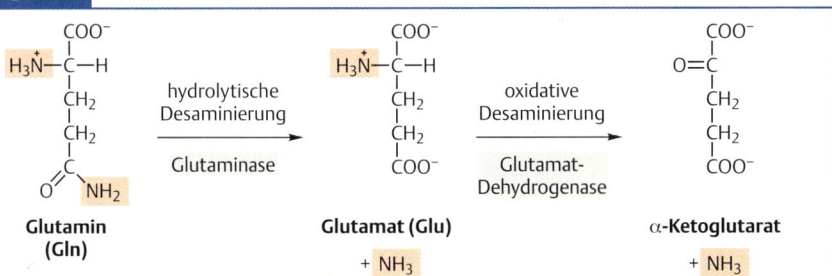

Siehe Näheres zu den Reaktionsmechanismen der hydrolytischen bzw. oxidativen Desaminierung (S. 160).

8.3.2 Die einzelnen Reaktionsschritte

▶ **Überblick.** Die Harnstoffsynthese erfordert fünf Schritte (Abb. **A-8.6**, Abb. **A-8.7**):
1. Bildung von **Carbamoylphosphat** aus NH_4^+ und HCO_3^- in der mitochondrialen Matrix
2. Reaktion von Carbamoylphosphat mit Ornithin unter Bildung von **Citrullin** (ebenfalls in der mitochondrialen Matrix; Citrullin wird ins Zytosol exportiert)
3. Reaktion des Citrullins mit Aspartat unter Bildung von **Argininosuccinat** im Zytosol
4. Spaltung von Argininosuccinat in **Arginin** und **Fumarat** im Zytosol
5. Hydrolyse des Arginins unter Bildung von **Harnstoff** und **Ornithin** im Zytosol

Im Rahmen des Harnstoffzyklus wird das Carbamoylphosphat in den Mitochondrien synthetisiert, und damit im gleichen Organell, in dem – ausgehend von Glutamin und Glutamat – auch freies NH_3 gebildet wird. Wahrscheinlich ist es von Vorteil, dass das toxische NH_3 in einem abgeschirmten Kompartiment gebildet und dort auch sofort zur Synthese von Harnstoff verwendet wird.

⊙ A-8.6 Der Harnstoffzyklus

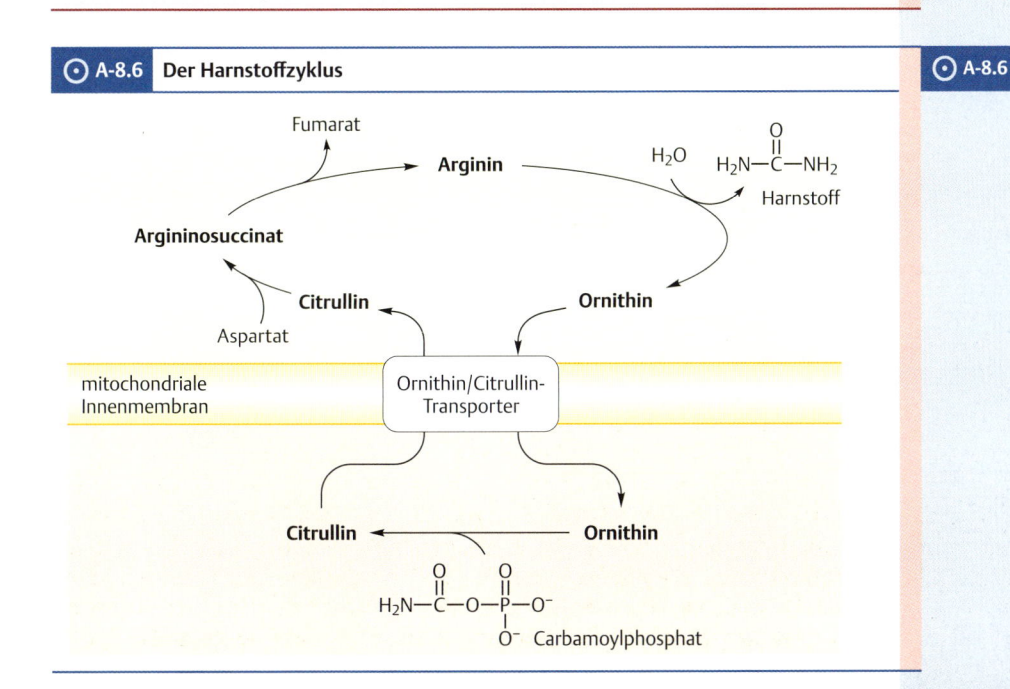

A-8.7 Die Reaktionsschritte des Harnstoffzyklus

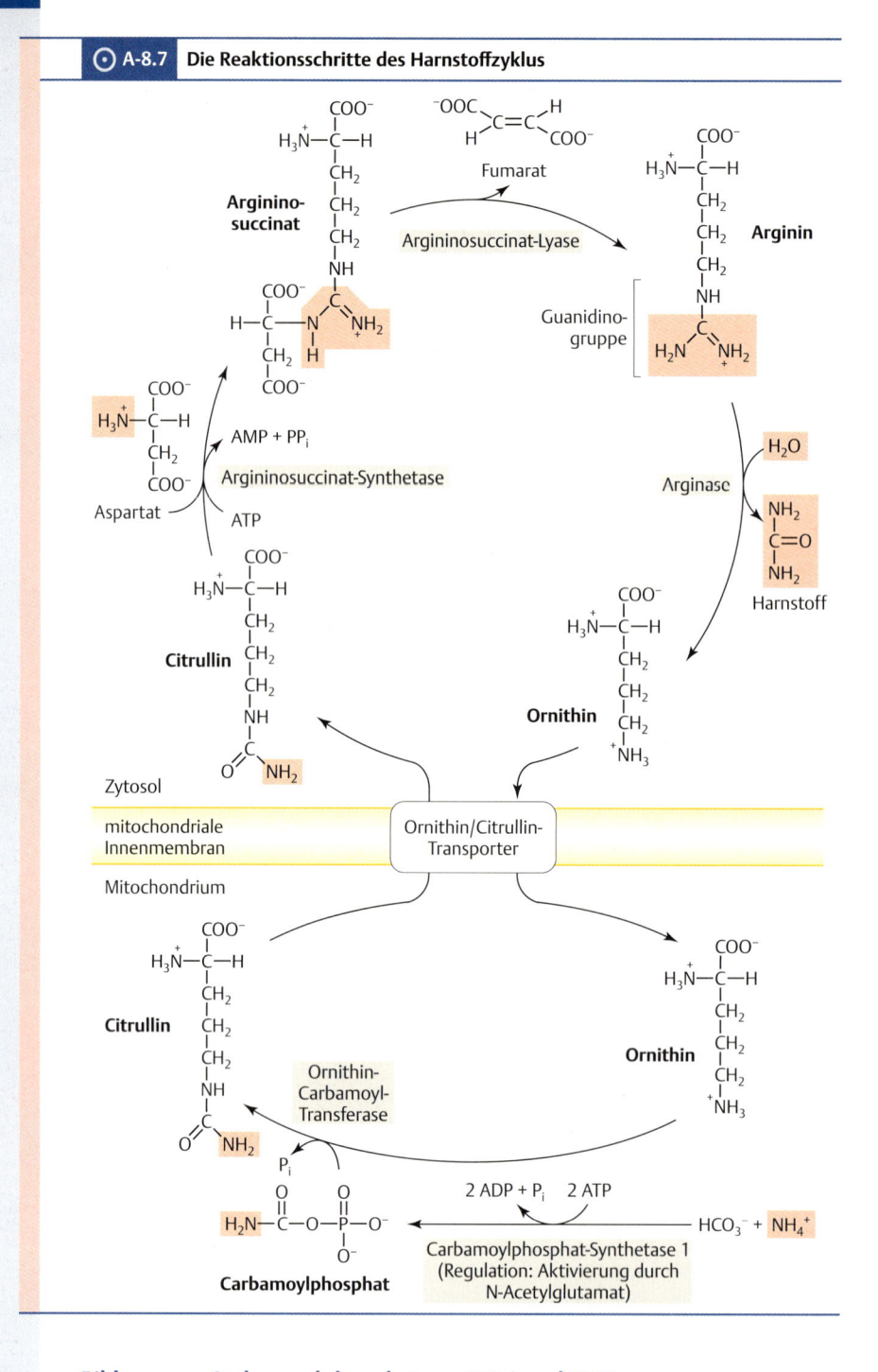

Bildung von Carbamoylphosphat aus NH_4^+ und HCO_3^-

Bei der Synthese von Carbamoylphosphat werden **zwei energiereiche Bindungen gespalten**.
Das katalysierende Enzym ist die mitochondriale **Carbamoylphosphat-Synthetase 1**.

Bildung von Carbamoylphosphat aus NH_4^+ und HCO_3^-

Die Synthese von Carbamoylphosphat aus NH_4^+ und HCO_3^- (Hydrogencarbonat, Bicarbonat) ist **die Schrittmacherreaktion des Harnstoffzyklus**. Für die Reaktion sind **2 ATP** erforderlich, von denen unter Bildung von ADP jeweils eine Phosphatgruppe abgelöst wird: Die Phosphatgruppe des ersten ATP wird letztlich zu einem Teil des Carbamoylphosphats, die Phosphatgruppe des zweiten ATP wird freigesetzt.

Für die Bildung des Carbamoylphosphates werden also zwei energiereiche Bindungen gespalten. Das katalysierende Enzym ist die mitochondriale **Carbamoylphosphat-Synthetase 1**. Es ist nicht zu verwechseln mit der Carbamoylphosphat-Synthetase 2, die im Zytosol den ersten Schritt der Pyrimidinbiosynthese (S. 430) katalysiert.

Bildung von Citrullin aus Carbamoylphosphat und Ornithin

In diesem Reaktionsschritt wird die Phosphatgruppe des Carbamoylphosphats gegen Ornithin ausgetauscht. Ornithin ist eine nicht proteinogene Aminosäure, d. h. sie wird nie in Proteine eingebaut. Der Austausch wird von der **Ornithin-Carbamoyl-Transferase** (Ornithin-Transcarbamylase) katalysiert. Carbamoylphosphat reagiert dabei mit der Aminogruppe der Seitenkette des Ornithins. Unter Abspaltung der Phosphatgruppe bildet sich Citrullin, ebenfalls eine nicht proteinogene Aminosäure. Citrullin wird dann unter Vermittlung eines Transportproteins (Translokators) in das Zytosol exportiert. Der Translokator befindet sich in der mitochondrialen Innenmembran. Der Export des Citrullins erfolgt im Austausch gegen Ornithin, das aus dem Zytosol aufgenommen wird (Antiport). Der Translokator ist verwandt mit dem mitochondrialen ADP/ATP-Translokator (S. 187).

Bildung von Argininosuccinat aus Citrullin und Aspartat

Die Synthese von Argininosuccinat aus Citrullin und Aspartat erfordert die **Spaltung zweier energiereicher Bindungen**. Die Reaktion wird von der **Argininosuccinat-Synthetase** katalysiert, die ATP zu AMP und Pyrophosphat umsetzt, das in der Zelle schnell zu 2 Phosphat hydrolysiert wird.

Spaltung von Argininosuccinat zu Arginin und Fumarat

Durch die Spaltung von Argininosuccinat, katalysiert von der **Argininosuccinat-Lyase**, liefert der Harnstoffzyklus mit Fumarat einen Metaboliten des Citratzyklus. Dieser entsteht allerdings nicht in den Mitochondrien, sondern im Zytosol. Das zweite Reaktionsprodukt, Arginin, ist eine proteinogene Aminosäure. Aus ihr entsteht im nächsten Schritt Harnstoff.

Hydrolyse von Arginin zu Harnstoff und Ornithin

Durch Hydrolyse von Arginin, katalysiert von der **Arginase**, entstehen Harnstoff und die nicht proteinogene Aminosäure Ornithin. Harnstoff gelangt unter Vermittlung spezifischer Transportproteine (Urea transporters, UT) aus dem Zytosol ins Blut. Ornithin wird durch das Transportprotein, das Citrullin aus den Mitochondrien exportiert, in die Mitochondrien importiert, um dort für einen weiteren Reaktionszyklus zur Verfügung zu stehen.

▶ **Merke.** Der Harnstoffzyklus dient dazu, ausgehend von Ornithin wieder Arginin zu synthetisieren. Dabei wird das erste N-Atom in den Mitochondrien von Carbamoylphosphat beigesteuert. Das zweite N-Atom wird im Zytosol von Aspartat geliefert. Aspartat wird im Harnstoffzyklus zu Fumarat umgesetzt.

8.3.3 Energiebilanz

Im Harnstoffzyklus gibt es nur **zwei ATP-abhängige Schritte**, nämlich die Reaktion der Carbamoylphosphat-Synthetase in den Mitochondrien und die Reaktion der Argininosuccinat-Synthetase im Cytosol. Dabei ist aber zu beachten, dass in einem Zyklus gleichwohl **drei ATP verbraucht** werden, denn die Carbamoylphosphat-Synthetase benötigt zur Synthese eines Carbamoylphosphates 2 ATP.
In der Energiebilanz ist zudem zu berücksichtigen, dass ATP in der Reaktion der Argininosuccinat-Synthetase nicht zu ADP + P_i, sondern zu AMP + Pyrophosphat umgesetzt wird. Das Pyrophosphat wird in der Zelle schnell zu zwei Phosphat-Ionen hydrolysiert. So ergibt sich für die Energiebilanz, dass im Harnstoffzyklus letztlich **vier energiereiche Bindungen gespalten** werden.

8.3.4 Was wird aus dem Fumarat?

Aus Fumarat bildet sich im Zytosol durch Anlagerung von H_2O **Malat**. Es läuft also im Zytosol die gleiche Reaktion ab wie im Citratzyklus (S. 115). Malat wird anschließend (in parallelen Stoffwechselwegen z. T. im Zytosol, z. T. in den Mitochondrien) zur Synthese von **Oxalacetat** verwendet. Vermittelt durch die Aspartat-Aminotrans-

ferase, sog. ASAT (S. 159), kann aus Oxalacetat dann wieder **Aspartat** gebildet werden, das im Harnstoffzyklus zur Bildung des Argininosuccinats benötigt wird.
Da das Aspartat seine Aminogruppe in der ASAT-Reaktion von Glutamat empfängt, stammen letztlich beide Stickstoffatome des Harnstoffs aus dem Glutamat/Glutamin-System.

8.3.5 Regulation des Harnstoffzyklus

Schrittmacherenzym und damit das für die Regulation des Harnstoffzyklus entscheidende Enzym ist die **Carbamoylphosphat-Synthetase 1**, die den ersten Schritt des Harnstoffzyklus katalysiert. Sie wird **allosterisch** durch **N-Acetylglutamat** aktiviert. In den Mitochondrien ist die Konzentration an N-Acetylglutamat umso höher, je mehr Glutamat und Acetyl-CoA vorhanden ist. Über die Konzentration des N-Acetylglutamats wird zum einen signalisiert, dass vermehrt Substrat (Glutamat) umgesetzt werden kann, zum anderen, dass ausreichend Energie zur Verfügung steht, da viel Acetyl-CoA in den Citratzyklus eingespeist wird.

▶ **Klinik.** Bei einer mangelnden Entgiftungskapazität der Leber, bei angeborenen Defekten der Enzyme des Harnstoffzyklus oder Störungen der am Harnstoffzyklus beteiligten Transportproteine kommt es zu einer **Hyperammonämie**. Typische Folgen sind neurologische Symptome (Konzentrationsschwäche, Stimmungsschwankungen, Schlafstörungen, Zittern der Hände). In extremen Fällen kommt es zum Koma.

8.4 Ammoniak im Stoffwechsel

8.4.1 Bildung von Ammoniak

Ammoniak (NH₃) wird im Körper vor allem im Darm, in der Niere und in der Muskulatur freigesetzt. Bei physiologischen pH-Werten nimmt Ammoniak in wässriger Umgebung über sein freies Elektronenpaar sehr schnell ein Proton auf und liegt dann zu etwa 98 % in Form von **Ammoniumionen** vor, also als NH_4^+. Bei einer Alkalose verschiebt sich das Gleichgewicht zugunsten des NH_3. Als geladenes Teilchen kann NH_4^+ nur schwer durch Lipidmembranen diffundieren, für NH_3 zeigen Lipidmembranen hingegen eine hohe Permeabilität. Unter physiologischen Bedingungen ist NH_4^+ im Blutplasma immer in geringen Konzentrationen enthalten (etwa 20–40 µM).

Darm: Die Gewebe der Darmwand nehmen ständig **Glutamin** aus dem Blut auf und bauen dieses mithilfe der Glutaminase zu NH_3 und Glutamat ab (Abb. **A-8.5**). Während sie das Glutamat in ihren eigenen Stoffwechsel einbeziehen, diffundiert das NH_3 ins venöse Blut und gelangt über die V. portae zur Leber. Eine etwa gleich große Menge an NH_3 entsteht im Darmlumen durch den Stoffwechsel der dort in hoher Dichte vorhandenen **Bakterien** und gelangt ebenfalls ins Blut der Portalvene (Abb. **A-8.8**). Eine der wichtigen Funktionen der Leber besteht darin, dieses NH_3 aufzunehmen und mithilfe des Harnstoffzyklus zu entgiften.

Niere: Auch die Niere nimmt Glutamin aus dem Blut auf und bildet unter Beteiligung der Glutaminase NH_3 (Abb. **A-8.8**). Dieses wird dann überwiegend an den **Harn** abgegeben. Das NH_3 hat dabei eine wichtige Funktion in der Regulation des Säure-Basen-Haushalts. Teilweise gelangt NH_3 aber auch ins Blut.

Muskulatur: In der Muskulatur entsteht NH_3 vor allem bei hohem Energieumsatz. Unter diesen Bedingungen wird ausgehend von ATP zunehmend nicht nur ADP, sondern auch **AMP (Adenosinmonophosphat)** gebildet. Die chemischen Gleichgewichte zwischen ATP, ADP und AMP verschieben sich damit zuungunsten des ATP. Um die Leistungskraft der Muskulatur aufrecht zu erhalten, wird das AMP dann zunehmend von einer **AMP-Desaminase** zu **IMP (Inosinmonophosphat)** abgebaut und damit dem Gleichgewicht entzogen (Abb. **A-8.9**). Das bei der Desaminierung anfallende NH_3 wird ans Blut abgegeben. Die NH_4^+-Konzentration kann sich dabei im peripheren Blutkreislauf verdoppeln. Ausgehend vom IMP wird im Muskelgewebe nachträglich in einer Ruhephase wieder ATP gebildet.

A-8.8 Ammoniak im Stoffwechsel

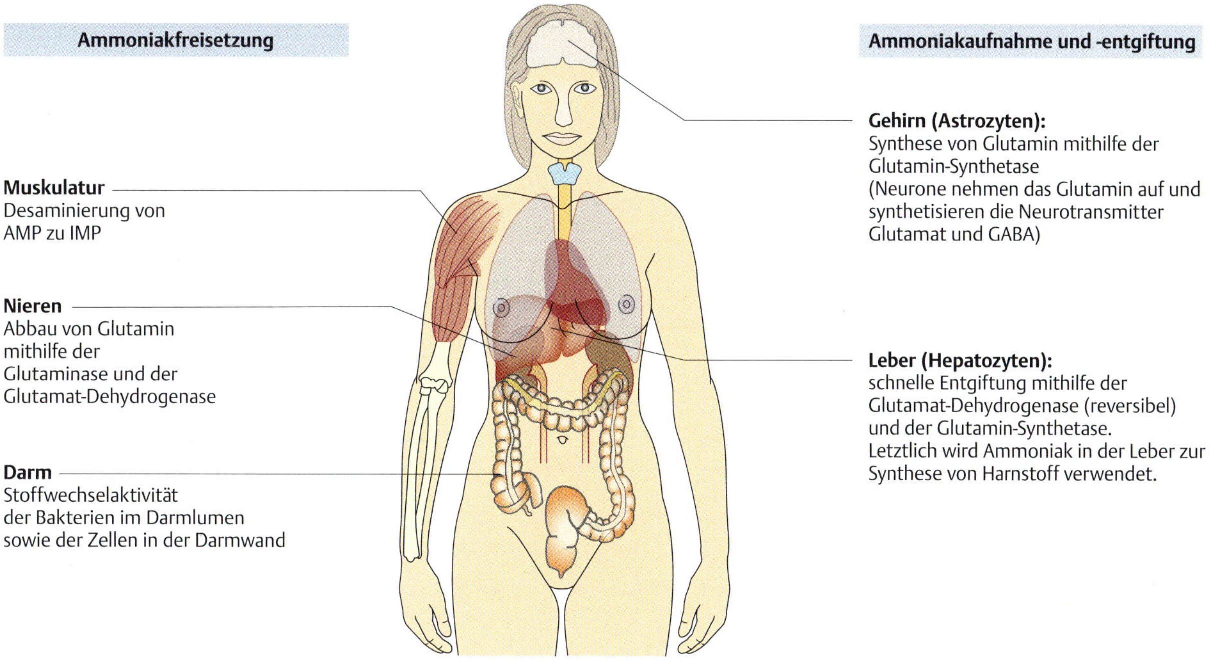

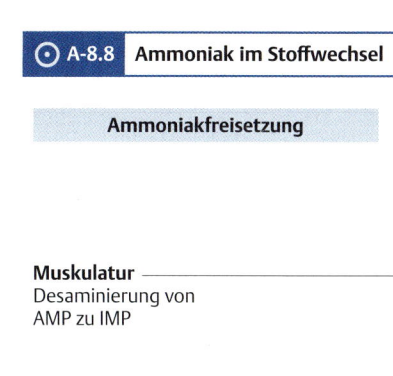

Ammoniakfreisetzung

Muskulatur
Desaminierung von AMP zu IMP

Nieren
Abbau von Glutamin mithilfe der Glutaminase und der Glutamat-Dehydrogenase

Darm
Stoffwechselaktivität der Bakterien im Darmlumen sowie der Zellen in der Darmwand

Ammoniakaufnahme und -entgiftung

Gehirn (Astrozyten):
Synthese von Glutamin mithilfe der Glutamin-Synthetase
(Neurone nehmen das Glutamin auf und synthetisieren die Neurotransmitter Glutamat und GABA)

Leber (Hepatozyten):
schnelle Entgiftung mithilfe der Glutamat-Dehydrogenase (reversibel) und der Glutamin-Synthetase. Letztlich wird Ammoniak in der Leber zur Synthese von Harnstoff verwendet.

Die Reaktion der Glutamat-Dehydrogenase in der Leber ist reversibel: das gleiche Enzym kann sowohl die Entgiftung, als auch die Bereitstellung von Ammoniak katalysieren.

A-8.9 NH₃-Bildung in der Muskulatur

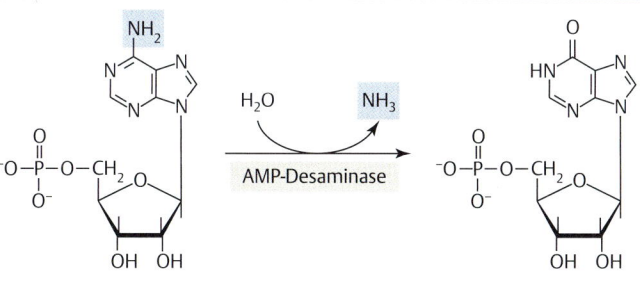

Adenosin-5'-monophosphat (AMP) → Inosin-5'-monophosphat (IMP)
(AMP-Desaminase, H_2O, NH_3)

Insbesondere bei hohem Energieumsatz desaminiert die AMP-Desaminase im Muskel AMP zu IMP. Dabei entsteht Ammoniak.

8.4.2 Entgiftung von Ammoniak

NH_3 wird vor allem von der **Leber** aus dem Blut aufgenommen und entgiftet. Das NH_3 wird dabei in zwei Reaktionen gebunden:
- Die Reaktion der **Glutamat-Dehydrogenase** ist reversibel (Abb. **A-8.10**). Zur schnellen Aufnahme größerer Mengen an NH_4^+ kann das Enzym die Bildung von Glutamat katalysieren. Wenn die Konzentration an NH_4^+ sinkt, kann das gleiche Enzym auch die Rückreaktion katalysieren und NH_4^+ für die Synthese von Carbamoylphosphat und damit für den Harnstoffzyklus bereitstellen.
- Die Reaktion der **Glutamin-Synthetase** ist ATP-abhängig und irreversibel (Abb. **A-8.11**). Aus dem Glutamin kann aber mithilfe der Glutaminase wieder NH_3 freigesetzt und dem Harnstoffzyklus zugeführt werden.

Ein intensiver Glutamin-Stoffwechsel lässt sich auch in den **Astrozyten des Gehirns** nachweisen. NH_4^+ wird in den Astrozyten mithilfe der Glutamin-Synthetase zur **Synthese von Glutamin** verwendet. Das Glutamin wird dann an die benachbarten Neurone abgegeben, die ausgehend von Glutamin zwei der wichtigsten Neurotransmitter synthetisieren, nämlich Glutamat und GABA (γ-Aminobutyrat).

8.4.2 Entgiftung von Ammoniak

NH_3 wird von der **Leber** aus dem Blut aufgenommen und mithilfe zweier Enzyme entgiftet:
- Glutamat-Dehydrogenase (Abb. **A-8.10**)
- Glutamin-Synthetase (Abb. **A-8.11**)

In den **Astrozyten** wird NH_3 mithilfe der Glutamin-Synthetase zur Bildung von Glutamin verwendet.

A-8.10 Die Reaktion der Glutamat-Dehydrogenase

$$NH_4^+ + \underset{\alpha\text{-Ketoglutarat}}{\begin{array}{c} COO^- \\ | \\ O=C \\ | \\ CH_2 \\ | \\ CH_2 \\ | \\ COO^- \end{array}} \xrightleftharpoons[\text{Glutamat-Dehydrogenase}]{NAD(P)H \quad NAD(P)^+ + H^+} \underset{\text{Glutamat}}{\begin{array}{c} COO^- \\ | \\ H_3\overset{+}{N}-C-H \\ | \\ CH_2 \\ | \\ CH_2 \\ | \\ COO^- \end{array}} + H_2O$$

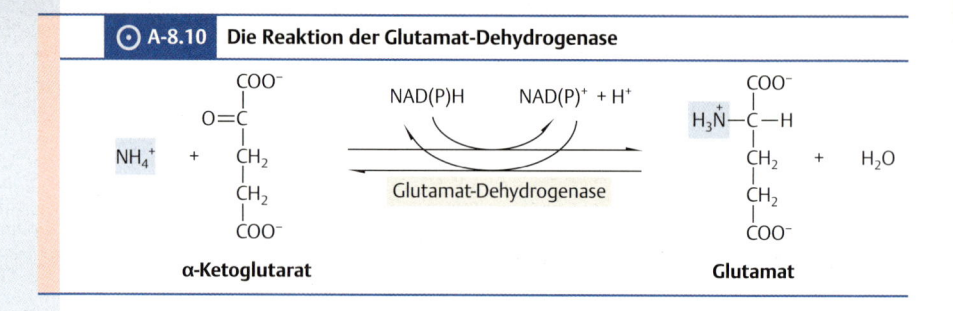

A-8.11 Die Reaktion der Glutamin-Synthetase

$$\underset{\substack{\text{Glutamat} \\ \text{(Glu)}}}{\begin{array}{c} COO^- \\ | \\ H_3\overset{+}{N}-C-H \\ | \\ CH_2 \\ | \\ CH_2 \\ | \\ COO^- \end{array}} \text{]}\gamma\text{-Carboxyl-gruppe} \xrightarrow[\text{Glutamin-Synthetase}]{NH_3 \quad ATP \quad ADP + P_i} \underset{\substack{\text{Glutamin} \\ \text{(Gln)}}}{\begin{array}{c} COO^- \\ | \\ H_3\overset{+}{N}-C-H \\ | \\ CH_2 \\ | \\ CH_2 \\ | \\ O=C-NH_2 \end{array}} \text{]}\text{Amid-gruppe}$$

▶ **Klinik.** Eine gestörte Leberfunktion, etwa bei einer Leberzirrhose, ist oft mit neurologischen Komplikationen verbunden. Man spricht dann von einer **hepatischen Enzephalopathie**. Charakteristisch sind Stimmungsschwankungen und Händezittern, mitunter eine verwaschene Sprache sowie in fortgeschrittenen Stadien eine ausgeprägte Schläfrigkeit und zunehmende Apathie. Die hepatische Enzephalopathie wird traditionell vor allem auf die chronische Hyperammonämie zurückgeführt, die mit der Leberinsuffizienz und mit der Bildung von Kollateralkreisläufen verbunden ist. Bei einer Leberzirrhose steigt die NH_4^+-Konzentration im Blut auf 40 – 60 µM, bei akutem Leberversagen sogar auf > 150 µM. Wenn die Astrozyten vermehrt NH_3 aufnehmen, entsteht sehr viel **Glutamin**, das ein **Anschwellen der Astrozyten** verursacht. In schweren Fällen kann sich ein **Hirnödem** bilden. Durch die Störung des Glutaminstoffwechsels einerseits und durch das Schwellen der Astrozyten andererseits werden vielfältige Effekte ausgelöst. Indirekt ist dann auch die Funktion der Neuronen und der Stoffwechsel der Neurotransmitter beeinträchtigt.

Als erste therapeutische Maßnahme ist eine **proteinarme Diät** sinnvoll, da auf diese Weise weniger Stickstoff in den Stoffwechsel gelangt und entsprechend weniger Ammoniak gebildet wird. Über die Kollateralkreisläufe können allerdings neben dem Ammoniak auch andere toxische Verbindungen in den peripheren Blutkreislauf gelangen. Vermutlich tragen diese ebenfalls zur Entwicklung der hepatischen Enzephalopathie bei.

Zur **Therapie einer Hyperammonämie** kann **Natrium-Phenylbutyrat** oder **Natriumbenzoat** (das Natriumsalz der Benzoesäure) eingesetzt werden. Phenylbutyrat reagiert im Blut mit freiem Glutamin, das Benzoat mit Glycin, die Reaktionsprodukte werden in der Niere nicht rückresorbiert, und gelangen so in den Urin.

Schneewittchen

„Und das ist Schneewittchen", erklärt mir Mats, der erfahrene Notaufnahmeinternist, und streichelte zärtlich über das alte, beigefarbene Sonogerät mit Röhrenmonitor. Ich schätze, es würde weniger auf dem Flohmarkt einbringen als die Kaffeemaschine, die mir als allerwichtigstes Gerät im ganzen Krankenhaus vorgestellt wurde.

Aber zum Kaffeetrinken ist keine Zeit: Die Notaufnahme platzt fast vor lauter Menschen. Selbst auf dem Flur stehen einige Tragen mit Patienten, die darauf warten, dass auf Station ein Zimmer frei wird. Immer wieder zwängt sich eine Pflegekraft an uns vorbei und ruft Mats etwas zu, das ich nur zur Hälfte verstehe. Hier ist wirklich etwas los, und ich hoffe, bei dieser Famulatur endlich mal was zu lernen.

„An deinem ersten Tag kommst du einfach mit mir mit. Schau dir alles an, damit du dann möglichst bald Patienten aufnehmen und Braunülen legen kannst. Und guck dir jedes EKG an, dass hier herumfliegt."

Bevor ich antworten kann, winkt uns von der anderen Seite des Flurs ein Pfleger heran: „Hey Mats, wir haben eine Neuaufnahme. Vorhin vom Rettungsdienst gebracht. Ein alter Bekannter … das Blut ist schon im Labor, Vitalzeichen und Blutzucker sind in Ordnung."

Mats lächelt mich an: „Los geht's – Attacke!"

Vor uns auf der Trage liegt ein schlafender Herr, geschätzte fünfzig Jahre alt, mit senfgelber Haut und einem Bauch, als wäre er mit Zwillingen schwanger.

„Ich glaub, wir brauchen Schneewittchen", murmelte Mats. Im Gehen sagt er zu mir: „Das ist der Karl-Heinz Köhler, vierzig Jahre jung. Den hab ich auf den ersten Blick gar nicht erkannt. Er ist ziemlich häufiger Gast bei uns … dem Alkohol sei Dank. Normalerweise schläft er bei uns seinen Rausch aus und wir müssen nur aufpassen, dass er nicht auf den Flur pinkelt oder das Desinfektionsmittel trinkt. Zuletzt war er bei den Unfallchirurgen – mit Subduralhämatom, was bei Alkoholkranken schnell passieren kann. Er war aber schon länger nicht mehr bei uns.

„Seine Haut … ist das ein Ikterus", frage ich flüsternd, während ich den gelbgefärbten Patienten anschaue. Mats nickt und nimmt die Decke beiseite, darunter tritt ein kugelrund gewölbter Bauch hervor mit deutlich sichtbarem Venengeflecht. „Und das scheint ein Aszitesbauch zu sein. Hallo, Herr Köhler, aufwachen!" Der Patient schläft einfach weiter.

„Hier! Viel Flüssigkeit, und das ist die Leber." Ich sehe nur Schneegestöber auf dem kleinen Monitor und weiß nun, warum das Sonogerät seinen Namen trägt.

Mats Telefon klingelt, am anderen Ende höre ich die Stimme der Labor-MTA: „Ich gebe gerade die ersten Laborwerte von Herrn Köhler frei. Erstaunlich: Alkohol ist negativ, aber dafür deutlich erhöhte Leberwerte."

„Ich würde gern noch Ammoniak nachmelden", antwortet Mats und dreht sich zu mir um. „Sieht nicht danach aus, dass er heute seinen Rausch ausschläft. Es riecht eher nach hepatischer Enzephalopathie."

„Warum denn das Ammoniak?", frage ich spontan. Mats guckt mich an: „Das wollte ich gerade dich fragen, dein Biochemiekurs liegt noch nicht so lange zurück als meiner. Der Harnstoffzyklus sagt dir doch noch was, oder?"

Foto: Carsten Bachmeyer/Fotolia

8.5 Abspaltung von Aminogruppen durch Transaminierung und Desaminierung

In den vorangegangenen Abschnitten wurde in einem ersten Überblick erläutert, wie stickstoffhaltige Verbindungen im Organismus verteilt und ausgeschieden werden. In den nun folgenden Abschnitten des Kapitels werden zunächst die Mechanismen beschrieben, die eine Ablösung der α-Aminogruppe von den Aminosäuren (S. 158) ermöglichen. Die Abbauwege der dabei übrig bleibenden Kohlenstoffverbindungen sind Gegenstand des Kap. „Wege des Kohlenstoffs im Abbau der Aminosäuren" (S. 161).

Der Abbau einer Aminosäure wird oft durch die Abspaltung der α-Aminogruppe eingeleitet. Die Abspaltung kann auf zweierlei Art erfolgen:

- **Transaminierung** (am häufigsten): Aminogruppen werden auf α-Ketosäuren übertragen. Dabei entsteht aus der α-Ketosäure eine Aminosäure und aus der Aminosäure eine α-Ketosäure.
- **Desaminierung:** Aminogruppen können in Form von Ammoniak (NH_3) freigesetzt werden.

8.5.1 Transaminierung

Die Enzyme, die Transaminierungen katalysieren, heißen **Aminotransferasen**. In einer älteren Nomenklatur wurden die Enzyme als Transaminasen bezeichnet. Vielfach ist die alte Nomenklatur auch heute noch gebräuchlich, insbesondere in der klinischen Chemie.

▶ Merke. Alle Aminotransferasen verwenden als Cofaktor Pyridoxalphosphat (PALP, Abb. **A-8.12**), ein Derivat des Vitamins B_6 (= Pyridoxin). PALP ist deshalb für den gesamten Aminosäurestoffwechsel von fundamentaler Bedeutung.

⊙ **A-8.12** Pyridoxalphosphat (PALP)

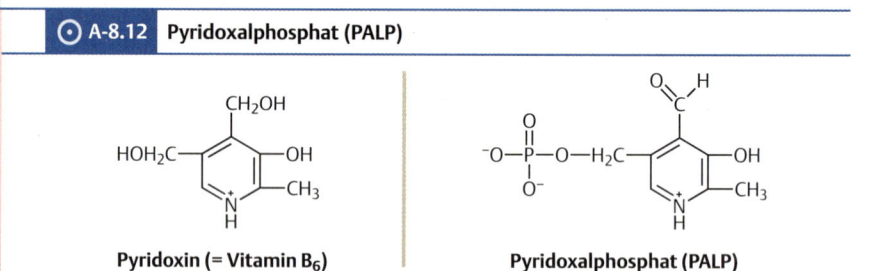

Pyridoxin (= Vitamin B_6) | Pyridoxalphosphat (PALP)

Eine Transaminierung vollzieht sich in folgenden Schritten:
- PALP exponiert an einem Pyridinring eine Aldehydgruppe. Diese reagiert unter Abspaltung von Wasser mit der Aminogruppe einer Aminosäure. Dabei bildet sich eine **Schiff-Base** (Abb. **A-8.13 a**).

▶ Definition. Eine **Schiff-Base** ist das Produkt, das bei einer Reaktion eines Aldehyds mit einem primären Amin – einer Verbindung der Art R-NH_2 – entsteht.

- Durch die Bildung der Schiff-Base wird die Struktur der Aminosäure labilisiert. Vom α-C-Atom der Aminosäure wandert das Wasserstoffatom in die verbindende -CH=N-Gruppe zwischen der Aminosäure und PALP. Dadurch verschiebt sich die Doppelbindung und aus dem **Aldimin** entsteht ein **Ketimin** (Abb. **A-8.13 b**).
- An die Doppelbindung lagert sich Wasser an und anstelle der Aminosäure **löst sich** nun eine **α-Ketosäure ab**, wobei **Pyridoxaminphosphat (PAMP)** zurück bleibt (Abb. **A-8.13 b**).
- PAMP kann dann **mit einer anderen α-Ketosäure** reagieren.
- Die **Rückreaktion** erfolgt im Transaminierungszyklus: Erneut bildet sich ein Ketimin, aus dem ein Aldimin entsteht. Indem sich Wasser anlagert, löst sich nun eine Aminosäure ab und PALP ist regeneriert.

In ruhenden Transaminasen ist PALP über seine Aldehydgruppe mit der ε-Aminogruppe eines Lysinrestes aus der Aminosäurekette des Enzyms verbunden.

A-8.13 Pyridoxalphosphat-abhängige Transaminierung

a Pyridoxalphosphat als prosthetische Gruppe einer Transaminase → Schiff-Base aus Pyridoxalphosphat und Aminosäure-Substrat

b Aldimin ⇌ Ketimin ⇌ Pyridoxaminphosphat (α-Ketosäure wird abgelöst)

a Anbindung einer Aminosäure an Pyridoxalphosphat.
b Ablösung einer α-Ketosäure.

Jede Aminotransferase reagiert also in einem Reaktionszyklus mit zwei unterschiedlichen Substraten. Ein Substrat *spendet* eine Aminogruppe, das andere Substrat *erhält* eine Aminogruppe. Die Reaktionen können in beide Richtungen ablaufen, sie sind reversibel. In jedem Fall kann aber das zweite Substrat erst binden, nachdem das erste Substrat das Enzym verlassen hat. Ein derartiger Reaktionsmechanismus wird allgemein als **Ping-Pong-Mechanismus** bezeichnet.

Jede Aminotransferase reagiert in einem Reaktionszyklus mit zwei unterschiedlichen Substraten in einem **Ping-Pong-Mechanismus**. Die Reaktionen sind reversibel.

▶ **Merke.** Der Aminosäurestoffwechsel wird von den Aktivitäten eines ganzen **Netzwerkes an unterschiedlichen Aminotransferasen** bestimmt, die teilweise recht spezifisch sind, teilweise aber auch mit mehreren Aminosäuren reagieren können. Innerhalb dieses Netzwerks sind **zwei Aminotransferasen von zentraler Bedeutung**, da sie den Austausch von Aminogruppen zwischen den wichtigsten Metaboliten des gesamten Aminosäurestoffwechsels vermitteln:
- die **Alanin-Aminotransferase** (ALAT = ALT),
- die **Aspartat-Aminotransferase** (ASAT = AST).

Beide Enzyme katalysieren die Einstellung eines chemischen Gleichgewichts, an dem das Paar α-Ketoglutarat/Glutamat beteiligt ist.

▶ **Merke.**

Alanin-Aminotransferase (ALAT = ALT): ALAT wurde früher Glutamat-Pyruvat-Transaminase (GPT) genannt: Sie katalysiert die Reaktion
Alanin + α-Ketoglutarat ⇌ Pyruvat + Glutamat.

Aspartat-Aminotransferase (ASAT = AST): ASAT wurde Glutamat-Oxalacetat-Transaminase (GOT) genannt: Sie katalysiert die Reaktion
Aspartat + α-Ketoglutarat ⇌ Oxalacetat + Glutamat.

Alanin-Aminotransferase (ALAT = ALT): Dieses Enzym katalysiert die Reaktion
Alanin + α-Ketoglutarat ⇌ Pyruvat + Glutamat

Aspartat-Aminotransferase (ASAT = AST):
ASAT katalysiert die Reaktion
Aspartat + α-Ketoglutarat ⇌ Oxalacetat + Glutamat.

▶ **Klinik.** Die ALAT findet sich vorwiegend in Hepatozyten, die ASAT auch in Herz- und Skelettmuskelzellen. Sterben derartige Zellen ab, gelangen diese Enzyme ins Blut und können dort relativ einfach nachgewiesen werden. Steigende Aktivitäten dieser Enzyme im Blut haben ihre Ursache meist in einer **Schädigung der Leber**. Ein Anstieg der ASAT-Aktivität im Blut ohne signifikanten Anstieg der ALAT-Aktivität deutet auf einen Herzinfarkt hin. Die ASAT zählt wie die Kreatinkinase (CK) zu den „Herzenzymen", die in der **Frühdiagnostik des Herzinfarkts** eine wichtige Rolle spielen.

▶ **Klinik.**

8.5.2 Desaminierung

▶ **Definition.** Als **Desaminierung** bezeichnet man eine Reaktion, in der die α-Aminogruppe einer Aminosäure nicht auf eine andere Kohlenstoffverbindung übertragen, sondern in Form von Ammoniak (NH_3) freigesetzt wird.

Oxidative Desaminierung von Glutamat

Glutamat kann auf verschiedenen Wegen in α-Ketoglutarat umgewandelt werden. Zwei Wege sind bereits vorgestellt worden, nämlich die Reaktionen der Alanin-Aminotransferase und der Aspartat-Aminotransferase. Ein dritter Weg ist von Transferasen gänzlich unabhängig und besteht in einer oxidativen Desaminierung. Sinn dieser Reaktion ist die Bildung von Ammoniak (NH_3), das in der Leber zur Harnstoffsynthese, in der Niere zur Sekretion in den Urin benötigt wird. Die reversible Reaktion wird von der **Glutamat-Dehydrogenase**, einem Enzym der mitochondrialen Matrix, katalysiert.

Coenzym der Glutamat-Dehydrogenase ist **NAD^+** oder **$NADP^+$**. Im $NADP^+$ ist die OH-Gruppe am C-Atom 2 der Ribose des Adenosins phosphoryliert (S. 304). Enzyme sind in der Regel spezifisch für eines dieser beiden Coenzyme. Dabei steht NAD^+/NADH normalerweise im Zusammenhang mit der Belieferung der Atmungskette mit Elektronen. $NADP^+$/NADPH hingegen hat zur Atmungskette keinerlei Bezug. Es vermittelt lediglich bestimmte Redoxreaktionen, die in den Synthesewegen verschiedener Stoffwechselprodukte von Bedeutung sind.

▶ **Merke.** Faustregel für die Funktion von NAD^+/NADH bzw. $NADP^+$/NADPH:
- NAD^+/NADH: Atmungskette/Energiestoffwechsel
- $NADP^+$/NADPH: Synthesen

Die Glutamat-Dehydrogenase kann mit beiden Coenzymen reagieren und ist somit ein Sonderfall.

NAD^+ bzw. $NADP^+$ nimmt vom α-C-Atom des Glutamats das Wasserstoffatom zusammen mit beiden Elektronen der chemischen Bindung auf. Dabei bildet sich im Glutamat eine Doppelbindung zwischen dem α-C-Atom und dem Stickstoffatom. Aus der Aminosäure entsteht eine Iminosäure. Die Iminogruppe (HN=C) reagiert dann mit Wasser, und es entstehen α-Ketoglutarat (= 2-Oxoglutarat) und Ammoniak (Abb. **A-8.14**).

⊙ **A-8.14** Oxidative Desaminierung von Glutamat

▶ **Merke.** Die oxidative Desaminierung von Glutamat ist neben der hydrolytischen Desaminierung von Glutamin einer der wichtigsten Mechanismen des Stoffwechsels zur Bereitstellung von Ammoniak.

Hydrolytische Desaminierung von Glutamin und Asparagin

Ammoniak wird in der Leber und in der Niere auch durch die hydrolytische Desaminierung von **Glutamin** gewonnen. Die Reaktion wird von der **Glutaminase** katalysiert. Das Enzym katalysiert die Umsetzung der Amidgruppe der Seitenkette mit Wasser. Dabei entstehen Glutamat und Ammoniak (Abb. **A-8.15**). Im Gegensatz zur Reaktion der Glutamat-Dehydrogenase ist die hydrolytische Desaminierung **irreversibel**. Die Bildung von Glutamin aus Glutamat wird deshalb durch ein anderes Enzym, die Glutamin-Synthetase, katalysiert.

A 8.6 Wege des Kohlenstoffs im Abbau der Aminosäuren

A-8.15 Hydrolytische Desaminierung von Glutamin

Glutamin → Glutamat (+ NH_4^+, − H_2O)

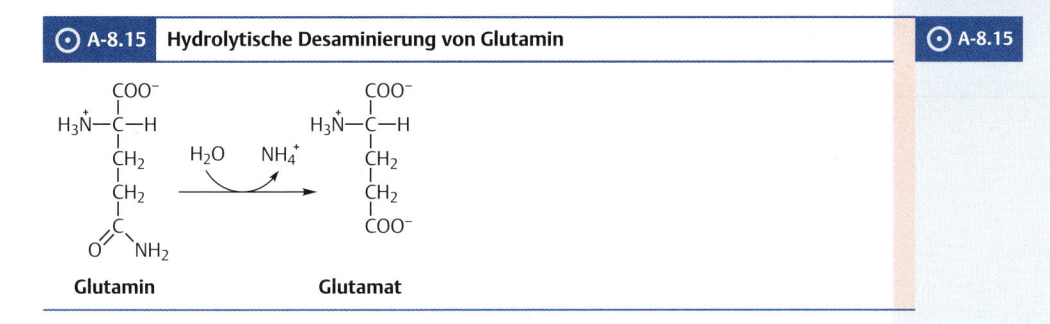

Auch die Amidgruppe des **Asparagins** kann durch hydrolytische Desaminierung in Form von Ammoniak abgespalten werden. Das katalysierende Enzym ist die **Asparaginase**, Reaktionsprodukt ist neben Ammoniak Aspartat. Quantitativ ist die Bildung von Ammoniak durch Desaminierung von Asparagin aber gegenüber dem Abbau von Glutamin von untergeordneter Bedeutung.

Eliminierende Desaminierung von Serin und Threonin

Die Desaminierung der Aminosäuren Serin und Threonin folgt einem weiteren Reaktionsmechanismus, der eliminierenden Desaminierung: Die OH-Gruppe dieser Aminosäuren wird unter Bildung einer Doppelbindung in Form von H_2O eliminiert, anschließend löst sich dann die Aminogruppe in Form von Ammoniak ab (Abb. **A-8.16**). Zu einem kleinen Teil wird auch Cystein über eine eliminierende Desaminierung abgebaut. Anstelle von H_2O wird dabei H_2S freigesetzt.

A-8.16 Mechanismus der eliminierenden Desaminierung von Serin

Cystein → (α,β-Eliminierung, enzymatisch katalysiert, − H_2S) → instabiles Zwischenprodukt → (Hydrolyse, + H_2O, − NH_3) → Pyruvat

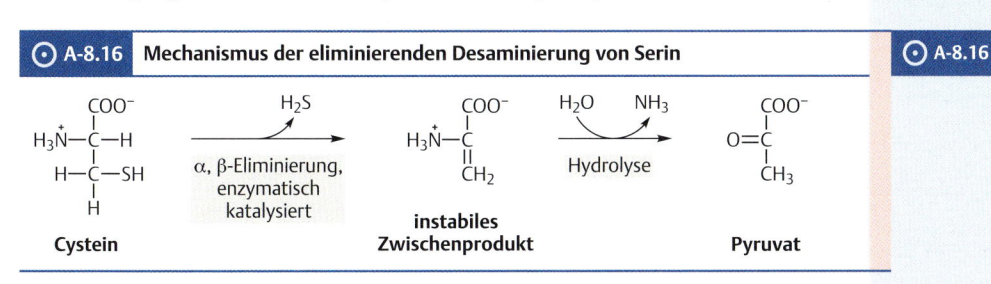

8.6 Wege des Kohlenstoffs im Abbau der Aminosäuren

8.6.1 Grundlagen: glucogene und ketogene Aminosäuren

Beim Abbau der Aminosäuren wird der Stickstoff der Aminogruppen letztlich dem Harnstoffzyklus zugeführt. Im Harnstoffzyklus wird sehr viel ATP verbraucht. Wenn der Abbau der Aminosäuren zum Energiestoffwechsel gleichwohl einen positiven Beitrag leistet, so ist dieses ausschließlich dem Abbau des Kohlenstoffskeletts der Aminosäuren zuzuschreiben. Die daran beteiligten Abbauwege kann man zwei Typen zuordnen:
- Abbau zu Pyruvat und zu Metaboliten des Citratzyklus
- Abbau zu Acetyl-CoA

Abbau zu Pyruvat und Metaboliten des Citratzyklus

Die meisten Aminosäuren werden zu **Pyruvat** oder zu **Metaboliten des Citratzyklus** abgebaut. Diesen Abbauprodukten stehen grundsätzlich zwei Wege offen:
- Sie können sofort über den **Citratzyklus** zu CO_2 oxidiert werden und dabei einen **Beitrag zum Energiestoffwechsel** leisten.
- Der Abbau im Citratzyklus kann aber auch auf der Stufe des Oxalacetats angehalten werden. Das **Oxalacetat** wird dann aus dem Citratzyklus abgezweigt und zur Bildung von Glucose **(Gluconeogenese)** verwendet. Wird z. B. durch Abbau von Glutamat konstant α-Ketoglutarat in den Citratzyklus eingespeist, kann auch konstant Oxalacetat abgezweigt werden.

A 8 Abbau von Proteinen und Aminosäuren

Abbau zu Acetyl-CoA

Einige Aminosäuren werden zu **Acetyl-CoA** abgebaut, dem drei Wege offenstehen:
- Die Acetylgruppe des Acetyl-CoA kann im **Citratzyklus** umgehend zu CO_2 oxidiert werden und damit einen unmittelbaren Beitrag zum Energiestoffwechsel leisten. Wenn dann Oxalacetat aus dem Citratzyklus abgezweigt würde, käme der Citratzyklus aber sofort zum Stillstand, denn allein durch Acetyl-CoA kann der Zyklus nicht aufgefüllt werden. (Ohne Oxalacetat kann es keine Citratsynthese geben!) Aminosäuren, die ausschließlich zu Acetyl-CoA abgebaut werden, sind deshalb nicht zur Gluconeogenese geeignet.
- Acetyl-CoA kann zur **Synthese von Ketonkörpern** verwendet werden, also zur Bildung von Acetoacetat und 3-Hydroxybutyrat. Dies ist insbesondere bei Nahrungsmangel von Interesse.
- Acetyl-CoA kann auch zur **Synthese von Fettsäuren, Cholesterin** oder anderen Lipiden verwendet werden.

▶ **Merke.** Alle Aminosäuren, die **bei Nahrungsmangel** (im Fasten) zur Gluconeogenese beitragen, werden als **glucogene Aminosäuren** bezeichnet. Dies sind alle Aminosäuren, die zu Pyruvat oder zu Metaboliten des Citratzyklus abgebaut werden. Als **ketogen** (zur Synthese der Ketonkörper beitragend) werden diejenigen Aminosäuren bezeichnet, die unter diesen Bedingungen zu Acetyl-CoA abgebaut werden. Sie können keinen Beitrag zur Gluconeogenese leisten, denn ausgehend von Acetyl-CoA ist eine Gluconeogenese nicht möglich.

▶ **Merke.**
- Nur zwei Aminosäuren werden ausschließlich zu Acetyl-CoA abgebaut, sind also **rein ketogen**: die beiden Aminosäuren mit dem **Anfangsbuchstaben L** – Lysin und Leucin.
- Vier weitere Aminosäuren sind **sowohl ketogen als auch glucogen**, da bei ihrem Abbau Acetyl-CoA und glucogene Abbauprodukte gebildet werden: **Isoleucin** und die **aromatischen Aminosäuren** Phenylalanin, Tyrosin und Tryptophan.
- **Alle übrigen** Aminosäuren sind **rein glucogen** (Tab. **A-8.2**).

≡ A-8.2 Übersicht über die Abbauwege der Aminosäuren

Aminosäure	Abbauprodukt	Art der Aminosäure	
		glucogen	ketogen
Glycin, Alanin, Serin, Cystein	Pyruvat	+ *	– *
Threonin	Pyruvat, Succinyl-CoA (via Propionyl-CoA)	+	–
Lysin	Acetyl-CoA	–	+
Leucin	Acetyl-CoA	–	+
Glutamat, Glutamin, Arginin, Histidin, Prolin	α-Ketoglutarat	+	–
Isoleucin	Succinyl-CoA (via Propionyl-CoA), Acetyl-CoA	+	+
Methionin, Valin	Succinyl-CoA (via Propionyl-CoA)	+	–
Phenylalanin, Tyrosin	Fumarat, Acetyl-CoA	+	+
Tryptophan	Pyruvat, Acetoacetat	+	+
Aspartat	Fumarat, Oxalacetat	+	–
Asparagin	Fumarat	+	–

* Die Definition der glucogenen und ketogenen Aminosäuren bezieht sich auf die Gegebenheiten bei Nahrungsmangel. Pyruvat kann zwar normalerweise mithilfe der Pyruvat-Dehydrogenase (PDH) zu Acetyl-CoA abgebaut werden. Bei Nahrungsmangel wird die PDH aber gehemmt, es wird also kein Acetyl-CoA mehr gebildet. Stattdessen wird Pyruvat mithilfe der Pyruvat-Carboxylase zu Oxalacetat umgesetzt. Das Oxalacetat dient dann der Gluconeogenese. Die zu Pyruvat abgebauten Aminosäuren werden deshalb als rein glucogen, nicht als gemischt glucogen/ketogen bezeichnet.

Die Abbauwege der einzelnen Aminosäuren sollen nun etwas näher betrachtet werden. Dabei braucht vielfach nur wiederholt zu werden, was in diesem Kapitel bereits erläutert wurde.

8.6.2 Abbau der einzelnen Aminosäuren

▶ **Tipp.** Im schriftlichen Physikum ist in den vergangenen Jahren nach den Besonderheiten im Abbau einzelner Aminosäuren kaum gefragt worden. Klassische Themen sind allerdings weiterhin die zentrale Rolle der Transaminasen im Abbau der Aminosäuren, das System aus Glutamin, Glutamat und α-Ketoglutarat, die Ahornsirupkrankheit, die Phenylketonurie, sowie der Methioninzyklus (mit der Beteiligung von N-Methyltetrahydrofolat und Vitamin B_{12}).

Abbau der kleinen Aminosäuren zu Pyruvat

Zu den kleinen Aminosäuren gehören Glycin, Alanin, Serin, Cystein und Threonin. Sie werden alle zu Pyruvat abgebaut.
- **Alanin** kann besonders leicht in Pyruvat umgewandelt werden: Die Alanin-Aminotransferase (ALAT) katalysiert eine Reaktion mit α-Ketoglutarat, in der Pyruvat und Glutamat entstehen (S. 159).
- **Serin** und teilweise auch **Cystein** werden durch eliminierende Desaminierung zu Pyruvat abgebaut (S. 161).
- **Glycin** kann in Serin umgewandelt werden. Die Reaktion benötigt Tetrahydrofolsäure als Cofaktor. Eine eliminierende Desaminierung zu Pyruvat kann sich anschließen.
- **Threonin** wird auf mehreren parallelen Wegen abgebaut. Überwiegend entsteht dabei Succinyl-CoA, teilweise aber auch Pyruvat.

Abbau von Lysin und Leucin zu Acetyl-CoA

Lysin und Leucin sind die einzigen rein ketogenen Aminosäuren. Bei ihrem Abbau entsteht Acetyl-CoA (Abb. **A-8.17**). Dieses kann zu Acetoacetat, einem Ketonkörper, umgesetzt und an das Blut abgegeben werden.

A-8.17 Abbau von Lysin und Leucin

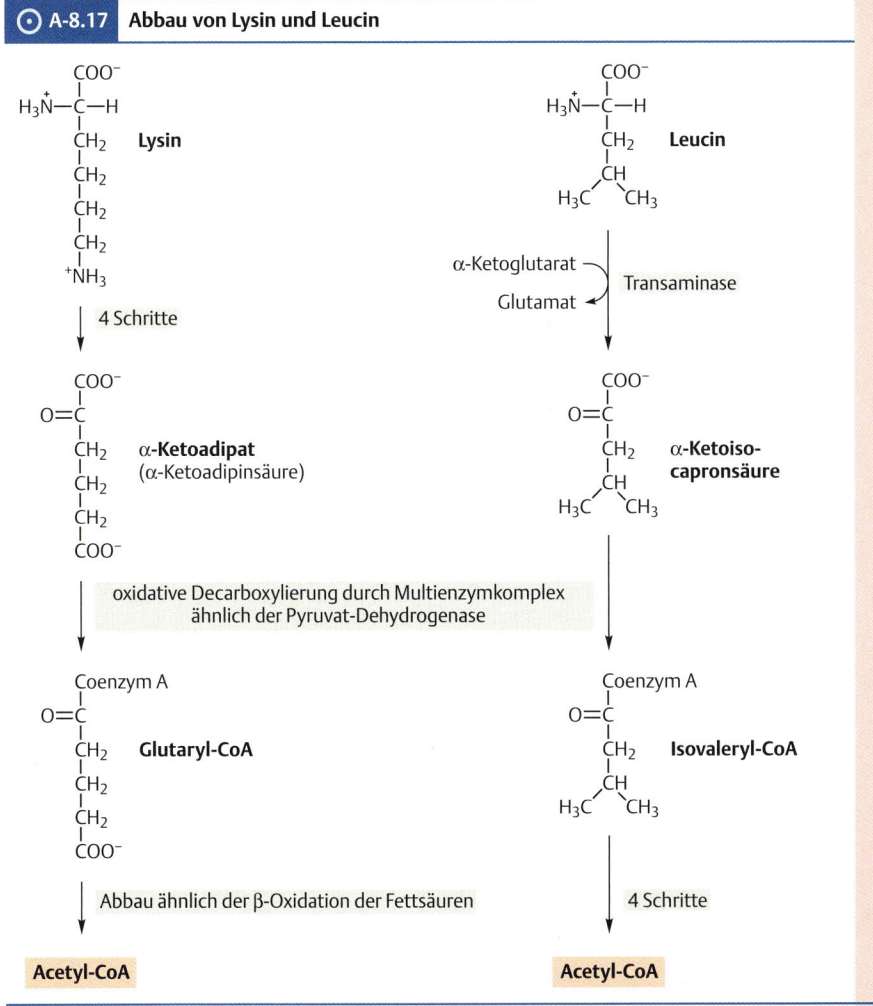

A 8 Abbau von Proteinen und Aminosäuren

Abbau von Glutamat zu α-Ketoglutarat

Glutamat ist innerhalb der Zelle die Aminosäure mit der höchsten Konzentration und lässt sich leicht in Glutamin umwandeln. Die Bildung von α-Ketoglutarat aus Glutamat ist eine der wichtigsten anaplerotischen Reaktionen des Citratzyklus. Glutamat kann durch drei verschiedene Reaktionen zu α-Ketoglutarat umgesetzt werden:
- **Reaktion der Alanin-Aminotransferase, sog. ALAT** (S. 159)**:** Bildung von α-Ketoglutarat und Alanin aus Glutamat und Pyruvat,
- **Reaktion der Aspartat-Aminotransferase, sog. ASAT** (S. 159)**:** Bildung von α-Ketoglutarat und Aspartat aus Glutamat und Oxalacetat,
- **oxidative Desaminierung** von Glutamat durch die Glutamat-Dehydrogenase (S. 160).

Abbau von Glutamin, Arginin, Histidin und Prolin zu Glutamat

Glutamin wird von der Glutaminase zu Glutamat hydrolysiert. Arginin wird zunächst unter Bildung von Harnstoff zu Ornithin umgesetzt, aus diesem entsteht dann ebenfalls Glutamat. Auch Histidin und Prolin ergeben bei ihrem Abbau zunächst Glutamat, aus dem Glutamat entsteht dann α-Ketoglutarat. Somit sind es insgesamt fünf Aminosäuren, die zu α-Ketoglutarat abgebaut werden (Abb. **A-8.18**):
- Glutamat in einem Schritt,
- Glutamin über Glutamat unter Vermittlung der Glutaminase,
- Arginin, Histidin und Prolin.

A-8.18 Abbau von Glutamin, Arginin, Histidin und Prolin

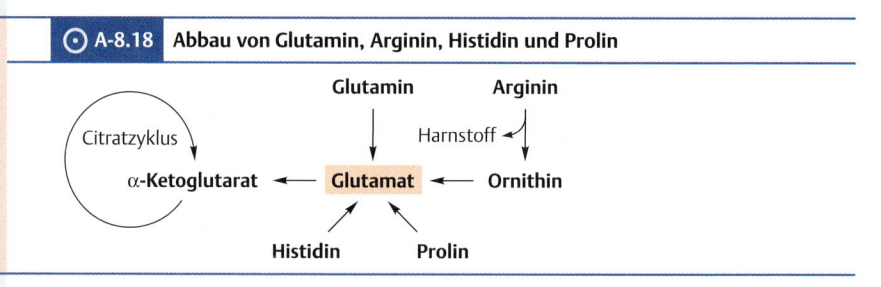

Abbau von Threonin, Isoleucin, Valin und Methionin zu Propionyl-CoA und weiter zu Succinyl-CoA

Threonin wird teilweise zu Acetaldehyd und Glycin umgewandelt, das über Serin zu Pyruvat abgebaut wird. Überwiegend wird es jedoch parallel zu Isoleucin, Valin und Methionin zu Propionyl-CoA abgebaut (Abb. **A-8.19**). Der Abbau der verzweigtkettigen Aminosäuren Isoleucin und Valin umfasst (wie der von Leucin, s. o.) die oxidative Decarboxylierung einer α-Ketosäure.

Propionyl-CoA wird Biotin- und ATP-abhängig zu Methylmalonyl-CoA carboxyliert, aus dem durch nachträgliche Verschiebung der Carboxylgruppe unter Beteiligung von Cobalamin (Vitamin B_{12}) Succinyl-CoA entsteht (Abb. **A-7.14**).

▶ **Klinik.** Bei der **Ahornsirup-Krankheit (Verzweigtkettenkrankheit)** besteht eine Störung der oxidativen Decarboxylierung der α-Ketosäuren, die im Abbau der verzweigtkettigen Aminosäuren Leucin, Isoleucin und Valin gebildet werden. Die Krankheit betrifft somit die Abbauwege einer rein ketogenen Aminosäure (Leucin), einer gemischt glucogen/ketogenen Aminosäure (Isoleucin) und einer rein glucogenen Aminosäure (Valin). Alle drei Aminosäuren benötigen in den ersten Schritten ihres Abbaus die gleiche **α-Ketosäure-Dehydrogenase**. Dieses Enzym **ähnelt in Struktur und Funktion der P**yruvat-Dehydrogenase (S. 110) **und der α-Ketoglutarat-Dehydrogenase** des Citratzyklus (S. 115). Ein Defekt der α-Ketosäure-Dehydrogenase führt unbehandelt innerhalb der ersten Lebenswochen zu Schädigungen des Nervensystems und zum Tod. Glücklicherweise ist die Krankheit sehr selten. Bei Einhaltung einer Diät, die arm, aber nicht frei von Leucin, Isoleucin und Valin (= essenzielle Aminosäuren!) ist, können Krankheitssymptome weitgehend vermieden werden. Der Name der Krankheit leitet sich vom Geruch des Harns nach amerikanischem Ahornsirup ab. Einen ähnlichen Geruch zeigt auch Maggi-Suppenwürze.

Abbau von Glutamat zu α-Ketoglutarat

Die Bildung von α-Ketoglutarat aus Glutamat ist eine der wichtigsten anaplerotischen Reaktionen des Citratzyklus. Glutamat kann zu α-Ketoglutarat umgesetzt werden durch
- **Transaminierung** mittels ALAT oder ASAT,
- **oxidative Desaminierung** durch die Glutamat-Dehydrogenase.

Abbau von Glutamin, Arginin, Histidin und Prolin zu Glutamat

Glutamin wird zu Glutamat hydrolysiert. Arginin wird unter Bildung von Harnstoff zu Ornithin umgesetzt, aus dem ebenfalls Glutamat entsteht. Auch Histidin und Prolin ergeben bei ihrem Abbau Glutamat (Abb. **A-8.18**). Dieses wird zu α-Ketoglutarat abgebaut (s. o.).

Abbau von Threonin, Isoleucin, Valin und Methionin zu Propionyl-CoA und weiter zu Succinyl-CoA

Threonin wird z. T. zu Pyruvat, v. a. aber wie Isoleucin, Methionin und Valin zu Propionyl-CoA abgebaut (Abb. **A-8.19**).

Propionyl-CoA wird zu Succinyl-CoA umgesetzt (S. 135).

▶ Klinik.

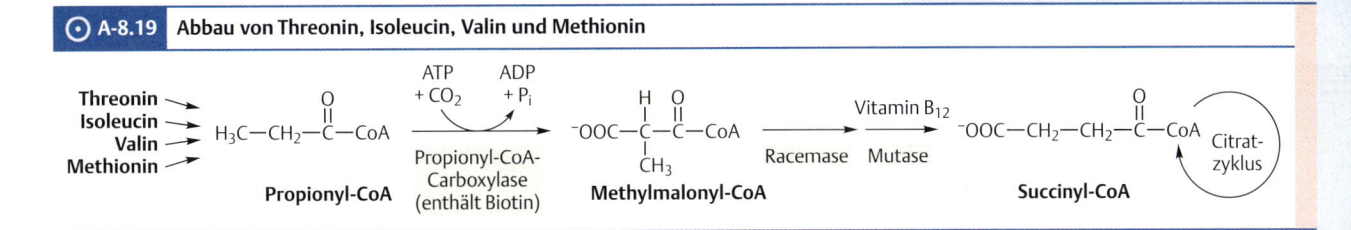

A-8.19 Abbau von Threonin, Isoleucin, Valin und Methionin

Threonin, Isoleucin, Valin, Methionin → **Propionyl-CoA** (H$_3$C–CH$_2$–C(=O)–CoA) —[ATP + CO$_2$ / ADP + P$_i$, Propionyl-CoA-Carboxylase (enthält Biotin)]→ **Methylmalonyl-CoA** ($^-$OOC–C(H)(CH$_3$)–C(=O)–CoA) —[Vitamin B$_{12}$, Racemase, Mutase]→ **Succinyl-CoA** ($^-$OOC–CH$_2$–CH$_2$–C(=O)–CoA) → Citratzyklus

Abbau von Aspartat, Phenylalanin und Tyrosin zu Fumarat und Acetoacetat

Im Harnstoffzyklus liefert Aspartat ein Stickstoffatom des Harnstoffs und wird über Argininosuccinat zu Fumarat umgesetzt (Abb. **A-8.6**).
Fumarat entsteht aber auch beim Abbau der gemischt glucogen/ketogenen Aminosäuren Phenylalanin und Tyrosin (Abb. **A-8.20**).

Abbau von Aspartat, Phenylalanin und Tyrosin zu Fumarat und Acetoacetat

Aspartat wird im Harnstoffzyklus zu Fumarat umgesetzt (Abb. **A-8.6**).

Phenylalanin und Tyrosin werden zu Fumarat abgebaut (Abb. **A-8.20**).

A-8.20 Abbau von Phenylalanin und Tyrosin

Phenylalanin —[Tetrahydrobiopterin + O$_2$, Phenylalanin-Hydroxylase, Dihydrobiopterin + H$_2$O]→ **Tyrosin** —[α-Ketoglutarat, Aminotransferase, Glutamat]→ **p-Hydroxyphenylpyruvat** —[Hydroxylierung, Decarboxylierung]→ **Homogentisat** —[Ringspaltung durch O$_2$]→ **Fumarat** + **Acetoacetat**

Der erste Schritt im Abbau des Phenylalanins besteht in einer Hydroxylierung zu Tyrosin, katalysiert von der **Phenylalanin-Hydroxylase**. Das Enzym zählt zu den Monooxygenasen (= „mischfunktionelle Oxygenasen"), d. h. es nimmt molekularen Sauerstoff (O$_2$) auf, spaltet diesen und überträgt *ein* O-Atom auf das Substrat, während das zweite O-Atom zur Bildung von H$_2$O verwendet wird. Als Reduktionsmittel dient dabei **Tetrahydrobiopterin**, das in der Reaktion zu Dihydrobiopterin oxidiert wird. Mithilfe von **NADPH** kann das Tetrahydrobiopterin regeneriert werden. Der Sauerstoff bindet während des Reaktionszyklus zunächst an ein Fe^{2+}-Ion des Enzyms. In der Reaktion mit dem Tetrahydrobiopterin bildet sich ein Fe^{2+}-Oxo-Komplex, der dann für die Hydroxolierung des Phenylalanins verantwortlich ist (Abb. **A-8.21**).

Phenylalanin wird zu Tyrosin hydroxyliert. Das katalysierende Enzym, die **Phenylalanin-Hydroxylase**, gehört zu den Monooxygenasen. Cofaktor ist **Tetrahydrobiopterin**, das in der Reaktion zu Dihydrobiopterin oxidiert und anschließend mittels NADPH regeneriert wird.

▶ **Merke.** Tetrahydrobiopterin und Folsäure (S. 309) sind im Stoffwechsel des Menschen die wichtigsten Pterine.

▶ **Merke.**

A-8.21 Phenylalanin-Hydroxylase

Tetrahydrobiopterin + $\overset{Fe^{2+}}{O=O}$ ⟶ Dihydrobiopterin + H_2O + $\overset{Fe^{4+}}{O=O}$

Phenylalanin → Tyrosin

→ Fe^{2+}

Im weiteren Abbauweg des Tyrosins ist **Homogentisat** der bekannteste Metabolit. Der aromatische Ring wird durch O_2 in Gegenwart der Homogentisat-Dioxygenase gespalten. Die Spaltung der aromatischen Ringe im Abbau der Aminosäuren ist einer der bekanntesten Prozesse, an denen Dioxygenasen beteiligt sind.

Auf der Stufe des **Homogentisats** spaltet eine Dioxygenase den aromatischen Ring.

▶ **Merke.** Im Gegensatz zu Monooxygenasen katalysieren Dioxygenasen Reaktionen mit O_2, in denen beide Sauerstoffatome auf das Substrat übertragen werden.

Letztlich entstehen **Fumarat** und **Acetoacetat**.

Nach zwei weiteren Abbauschritten entstehen beim Abbau des Tyrosins letztlich **Fumarat** und **Acetoacetat**.

Tyrosin ist Ausgangssubstanz der Synthese von Schilddrüsenhormonen, Katecholaminen (S. 595) und Melanin, vgl. noch Katecholamine (S. 823) als Neurotransmitter.

Tyrosin ist **Ausgangssubstanz für** die Synthese der **Schilddrüsenhormone** (S. 606), der **Katecholamine** (S. 595) und des dunklen Pigments **Melanin**, das in der Haut sowie in der Substantia nigra des Mittelhirns enthalten ist; vgl. noch Katecholamine (S. 823). Der Farbstoff der blonden und der rotblonden Haare ist das **Phäomelanin**. Es wird ausgehend von Tyrosin und Cystein synthetisiert.

▶ **Klinik.**

▶ **Klinik.** Bei einem **Defekt der Phenylalanin-Hydroxylase** kommt es zur **Phenylketonurie**. Der autosomal-rezessiv vererbte Enzymdefekt verhindert, dass Phenylalanin zu Tyrosin hydroxyliert werden kann. Da Tyrosin in der Nahrung in hinreichender Menge enthalten ist, kann es nicht zu einem Tyrosinmangel kommen, aber der Abbau des Phenylalanins ist blockiert, und zwar bereits im ersten Schritt. Deshalb ist die Phenylalaninkonzentration im Blut erhöht. Phenylalanin wird auf einem normalerweise unbedeutenden Nebenweg in großem Umfang zu **Phenylpyruvat** transaminiert, das mit dem Urin ausgeschieden wird. Phenylpyruvat enthält eine Ketogruppe und war für die Krankheit namengebend. Neben Phenylpyruvat werden allerdings noch einige andere ungewöhnliche Abbauprodukte gebildet. Symptome treten ab ca. dem 3. Lebensmonat auf (Erbrechen, eigentümlicher Hautgeruch, für den die Ausscheidung von Phenylpyruvat über die Haut verantwortlich gemacht wird, psychomotorische Entwicklungsverzögerung). Aufgrund der Störung der Melaninsynthese haben die Kinder blonde Haare.
Unbehandelt führt die Phenylketonurie zu geistiger Retardierung. Die molekularen Ursachen der neuronalen Schädigung sind bis heute ungeklärt. Bei konsequenter Einhaltung einer **phenylalaninarmen Diät** können sich die Patienten aber normal entwickeln. Oft ist die Phenylalanin-Hydroxylase der Patienten nicht gänzlich inaktiv und die Restaktivität des Enzyms lässt sich durch **Zusatz von Tetrahydrobiopterin zur Nahrung** erheblich steigern. In den vergangenen Jahren hat sich gezeigt, dass auf diese Weise etwa der Hälfte der Patienten substantiell geholfen werden kann.
Die Phenylketonurie war 1947 die erste angeborene Stoffwechselkrankheit, deren biochemische Ursache aufgeklärt werden konnte. Inzwischen sind weltweit viele unterschiedliche Mutationen im Gen der Phenylalanin-Hydroxylase identifiziert worden. Die Häufigkeit heterozygoter Merkmalsträger beträgt 1:50. Da Symptome nur bei Homozygoten auftreten, findet man die Phenylketonurie bei Neugeborenen aber nur mit einer Häufigkeit von etwa 1:10 000. In Europa wird bei allen Neugeborenen bereits innerhalb der ersten Lebenstage die Phenylalaninkonzentration im Blut bestimmt, um die Erkrankung rechtzeitig nachweisen zu können. Jährlich werden in Deutschland ca. 100 Fälle diagnostiziert.

A 8.6 Wege des Kohlenstoffs im Abbau der Aminosäuren

▶ **Exkurs.** **Monooxygenasen und Dioxygenasen**

An den Abbauwegen der verschiedenen Aminosäuren sind zahlreiche Monooxygenasen und Dioxygenasen beteiligt. So wird der Abbau des Phenylalanins von einer Monooxygenase eingeleitet, der Phenylalanin-Hydroxylase. An den weiteren Schritten sind die p-Hydroxyphenylpyruvat-Dioxygenase und die Homogentisat-Dioxygenase beteiligt. Mono- und Dioxygenasen sind grundsätzlich O_2-abhängige Enzyme. In vielen Fällen katalysieren sie die Übertragung eines Sauerstoffatoms auf Teile von Metaboliten, die unter physiologischen Bedingungen wenig reaktiv sind, z. B. auf Methylgruppen oder auf vergleichsweise stabile aromatische Ringe. Bakterielle Mono- und Dioxygenasen ermöglichen damit z. B. nach einer Tanker-Havarie den Abbau der vielfältigen Komponenten des ins Meerwasser freigesetzten Erdöls. Im Stoffwechsel des Menschen sind vor allem die folgenden Enzyme relevant:

Monooxygenasen katalysieren die Übertragung eines O-Atoms des O_2 auf das Substrat, das zweite O-Atom wird zu H_2O umgesetzt. Der Reaktionszyklus der Monooxygenasen erfordert Elektronen, die von NADPH geliefert werden. Beispiele:
- Phenylalanin-Hydroxylase; Tyrosin-Hydroxylase (Synthese von L-DOPA); Tryptophan-Hydroxylase (erster Schritt der Serotonin-Synthese s. Abb. **D-4.10**)
- NO-Synthasen zur Synthese von Stickoxid (S. 169)
- Unspezifische Cytochrom P450-Enzyme (S. 740) der Phase I der Biotransformation
- Spezifische Cytochrom P450-Enzyme im Stoffwechsel der Steroidhormone: Fast alle an der Biosynthese der Steriodhormone (S. 613) beteiligten Enzyme sind Monooxygenasen!

Dioxygenasen katalysieren die Übertragung beider O-Atome des O_2 auf das Substrat. In einigen Fällen wird das zweite O-Atom auch auf α-Ketoglutarat als Cosubstrat übertragen. Beispiele:
- 4-Hydroxyphenylpyruvat-Dioxygenase, Homogentisat-1,2-Dioxygenase; Tryptophan-2,3-Dioxygenase (erster Schritt im Abbau des Tryptophans)
- β-Carotin-15–15'-Oxygenase, katalysiert die Spaltung des β-Carotins (Provitamin A) in zwei Moleküle all-*trans*-Retinal, sog. Vitamin A (S. 292)
- Cyclooxygenasen COX-1 und COX-2, z. B. beim Stoffwechsel der Arachidonsäure (S. 649)
- α-Ketoglutarat-abhängige Dioxygenasen, darunter die Demethylasen, die für die Demethylierung der DNA und der Histone verantwortlich sind

Oxidasen katalysieren eine Übertragung von Elektronen auf O_2 unter Bildung von H_2O_2. Beispiele sind die Monoamin-Oxidasen, sog. MAO (S. 597), und die Xanthin-Oxidase (S. 742). Ein Sonderfall ist die Reaktion der Cytochrom *c*-Oxidase, (Komplex IV der Atmungskette), in der O_2 zu H_2O umgesetzt wird.

▶ **Exkurs.**

Abbau von Aspartat und Asparagin zu Oxalacetat

Aspartat wird teilweise zu Fumarat abgebaut (Abb. **A-8.22**). Der Bezug des Aspartats zum Oxalacetat wird von der Aspartat-Aminotransferase (ASAT) hergestellt (Abb. **A-8.22**). Die Beziehung zwischen Aspartat und Oxalacetat ist im Zusammenhang mit der Gluconeogenese (S. 221) von Bedeutung. Asparagin ist das Amid des Aspartats und wird ebenfalls zu Oxalacetat abgebaut.

Abbau von Aspartat und Asparagin zu Oxalacetat

Aspartat wird z. T. zu Fumarat, z. T. wie sein Amid Asparagin zu Oxalacetat abgebaut (Abb. **A-8.22**).

⊙ **A-8.22** **Abbau von Aspartat und Asparagin**

Asparagin → (Asparaginase, hydrolytische Desaminierung, H_2O, NH_4^+) → Aspartat ⇌ (Aspartat-Aminotransferase, α-Ketoglutarat, Glutamat) → Oxalacetat → Citratzyklus; Aspartat → Harnstoffzyklus → Fumarat

Abbau von Tryptophan

Tryptophan gehört zu den vier Aminosäuren, die sowohl glucogen als auch ketogen sind. Beim Abbau wird zunächst unter Beteiligung einer Dioxygenase der Fünferring gespalten und **Kynurenin** gebildet (Abb. **A-8.23**). Dieses wird in Position 3 hydroxyliert und anschließend gespalten. Dabei entstehen zwei Produkte, Alanin und 3-Hydroxyanthranilat:
- **Alanin** gehört zu den kleinen Aminosäuren, die zu **Pyruvat** abgebaut werden. Pyruvat kann zu Oxalacetat carboxyliert und somit in die Gluconeogenese eingespeist werden.
- **3-Hydroxyanthranilat** ist ein einfaches Derivat des Benzols, in dem unmittelbar nebeneinander eine Carboxyl-, eine Amino- und eine Hydroxygruppe liegen. Das 3-Hydroxyanthranilat wird in insgesamt 12 Schritten zu **Acetoacetat** abgebaut, aus dem dann Acetyl-CoA gebildet werden kann.

Abbau von Tryptophan

Tryptophan ist gemischt glucogen/ketogen: Beim Abbau via **Kynurenin** (Abb. **A-8.23**) entstehen zwei Produkte:
- **Alanin** wird zu **Pyruvat** abgebaut.
- **3-Hydroxyanthranilat** wird zu **Acetoacetat** abgebaut, aus dem Acetyl-CoA gebildet werden kann.

A-8.23 Abbau von Tryptophan

Tryptophan → (Dioxygenase, O_2) → N-Formylkynurenin → (H_2O, $HCOO^-$) → Kynurenin → 3-Hydroxyanthranilat (+ Alanin) → 12 Schritte → Acetoacetat

3-Hydroxyanthranilat kann zur Bildung des **Nicotinamid-Teils des NADH** verwendet werden. Zwischenprodukt ist Chinolinsäure. Bei der NADH-Synthese hat der Stoffwechsel die Alternative, den Nicotinamid-Teil des NADH aus **Vitaminen** der Nahrung zu bilden oder ihn ausgehend von **Tryptophan** selber zu synthetisieren.

▶ Klinik.

3-Hydroxyanthranilat kann im Stoffwechsel aber auch zur Bildung des **Nicotinamid-Teils des NADH** verwendet werden. Zwischenprodukt ist dabei die Chinolsäure (S. 304). Nicotinsäure (= „Niacin") und Nicotinamid (= „Niacinamid") werden als Vitamine mit der Nahrung aufgenommen. (Beide Stoffe wurden früher als Vitamin B_3 bezeichnet). Bei der Synthese des NADH hat der Stoffwechsel daher die Alternative, den Nicotinamid-Teil des NADH entweder aus diesen **Vitaminen** der Nahrung zu bilden, oder ihn ausgehend von **Tryptophan** selber zu synthetisieren. Bei normaler Ernährung ist in der Nahrung hinreichend Tryptophan enthalten, um einen Mangel an Nicotinamid zu verhindern.

▶ Klinik. Zu einem **Tryptophanmangel** kann es bei einseitiger Ernährung mit Mais kommen, da Mais nur wenig Tryptophan enthält. Die entsprechende Krankheit ist die **Pellagra** (S. 306). Um der Pellagra vorzubeugen, enthalten amerikanische Cornflakes Niacin als Zusatz.

Darüber hinaus werden ausgehend von Tryptophan zwei wichtige Mediatoren des Nervensystems synthetisiert:
- der Neurotransmitter **Serotonin** = 5-Hydroxytryptamin (S. 662),
- das Hormon **Melatonin**, das für den Schlaf-Wach-Rhythmus von zentraler Bedeutung ist.

Darüber hinaus werden ausgehend von Tryptophan zwei wichtige Mediatoren des Nervensystems synthetisiert:
- der Neurotransmitter **Serotonin** = 5-Hydroxytryptamin (S. 662),
- das Hormon **Melatonin**. Es wird in der Epiphyse (Glandula pinealis) und in der Retina synthetisiert. In der Synthese des Melatonins ist Serotonin ein wichtiges Zwischenprodukt. Die Synthese des Melatonins unterliegt einem ausgeprägten 24-Stunden-Rhythmus, und es ist in der Etablierung des Schlaf-Wach-Rhythmus von zentraler Bedeutung. Gegen Mitternacht ist die Melatoninproduktion am höchsten. Der Rhythmus der Melatoninsynthese wird über die Lichtwahrnehmung durch die Retina gesteuert.

8.7 Wichtige Produkte des Aminosäureabbaus

8.7.1 Aminosäure-Abbauprodukte mit Mediatorfunktion: Biogene Amine

▶ Definition.

▶ Definition. **Biogene Amine** entstehen generell durch Decarboxylierung von Aminosäuren. Die nähere Verwendung des Ausdrucks ist uneinheitlich. In einer engeren Definition zeichnen sich biogene Amine zudem notwendig dadurch aus, dass sie unmittelbar eine physiologische Wirkung zeigen, etwa als Neurotransmitter oder als Mediatoren. Mitunter werden allerdings auch Decarboxylierungsprodukte als biogene Amine bezeichnet, die lediglich als Bestandteile komplexerer Moleküle dienen.

Beim Abbau der meisten Aminosäuren besteht der erste Schritt in einer Transaminierung oder einer Desaminierung. Der Abbau einiger Aminosäuren kann aber auch durch eine Decarboxylierung eingeleitet werden.

▶ Merke.

▶ Merke. **Decarboxylierungen von Aminosäuren** werden grundsätzlich von Enzymen katalysiert, die **Pyridoxalphosphat** (PALP, Abb. A-8.12) enthalten, also den gleichen Cofaktor wie die Transaminasen.

A 8.7 Wichtige Produkte des Aminosäureabbaus

Wie bei den Transaminasen binden die Substrate an das PALP unter Bildung eines Aldimins (Abb. **A-8.13**). Anschließend löst sich die Carboxylgruppe in Form von CO_2 von der Aminosäure ab. Von der Aminosäure bleibt dabei ein biogenes Amin übrig, das vom PALP freigesetzt wird.

Mehrere biogene Amine spielen als Neurotransmitter und Mediatoren eine wichtige Rolle. Andere biogene Amine haben als Komponenten verschiedener Cofaktoren wichtige Funktionen (Tab. **A-8.3**).

A-8.3 Biogene Amine

biogenes Amin	zugrundeliegende Aminosäure	biologische Funktion
Serotonin	Tryptophan (nachdem dieses in Position 5 hydroxyliert wurde)	• Neurotransmitter • Beteiligung an der Regulation der Blutgerinnung • Komponente im Gift der Wespen
Histamin	Histidin	• Neurotransmitter • Mediator allergischer Reaktionen. • stimuliert die Bildung von Salzsäure durch die Belegzellen des Magens • Histamin ist im Gift von Bienen, Wespen und Hornissen enthalten und wesentlich für die Schmerzen an der Einstichstelle verantwortlich.
Dopamin	L-DOPA 3,4-Dihydroxyphenylalanin	Neurotransmitter
γ-Aminobuttersäure (γ-Aminobutyrat = GABA)	Glutamat	wichtigster inhibitorischer Neurotransmitter im ZNS
Cysteamin	Cystein	Bestandteil von Coenzym A; es trägt im Panthetein-Arm von Coenzym A die SH-Gruppe (S. 308)
β-Alanin	Aspartat	ebenfalls Bestandteil des Panthetein-Arms von Coenzym A
Aminopropanol	Threonin	Bestandteil des Vitamin B_{12}
Ethanolamin	Serin	Ethanolamin entsteht im Stoffwechsel der Lipide. (Ausgehend von freiem Serin kann es im Stoffwechsel des Menschen nicht gebildet werden.) Ethanolamin kann mithilfe von S-Adenosylmethionin zu Cholin methyliert werden. Dieses ist Bestandteil des Phosphatidylcholins (S. 347) und des Acetylcholins (S. 814).

8.7.2 Stickstoffmonoxid (NO) als Abbauprodukt des Arginins

Stickstoffmonoxid (Stickoxid, NO) ist ebenfalls ein bedeutender Mediator, der ausgehend von einer Aminosäure synthetisiert wird. NO wird **durch Oxidation der Guanidino-Gruppe des Arginins** mithilfe von NO-Synthasen gebildet. Dabei bleibt vom Arginin die nicht proteinogene Aminosäure **Citrullin** übrig.

NO-Synthasen sind Monooxygenasen und ähneln in ihrer Struktur der Phenylalanin-Hydroxylase und der Tyrosin-Hydroxylase. Für ihre Funktion benötigen sie molekularen Sauerstoff (O_2), den sie mithilfe eines **Häm-gebundenen Eisen-Ions** binden. Als Reduktionsmittel dient NADPH, als Überträger der Elektronen Tetrahydrobiopterin. NO-Synthasen katalysieren zwei O_2-abhängige Reaktionsschritte. Dabei wird jeweils ein Sauerstoffatom des O_2 auf das Substrat übertragen, das zweite Sauerstoffatom wird zu Wasser (H_2O) umgesetzt.

Das NO-Molekül weist ein ungepaartes Elektron auf und ist somit ein Radikal. Es ist sehr reaktiv und deshalb in den Geweben auch nur für wenige Sekunden stabil. Die physiologischen Funktionen des NO sind im Kap. „Entzündungshemmende und entzündungsauflösende Lipidmediatoren" (S. 655) erläutert.

8.7.3 S-Adenosylmethionin als Überträger von Methylgruppen

Im Abbauweg des Methionins ist der erste Schritt von besonderer Bedeutung. Dieser besteht in der Reaktion des Methionins mit ATP zu **S-Adenosylmethionin** (Abb. **A-8.24**). In dieser Reaktion verliert das ATP die gesamte Triphosphat-Gruppe, da Phosphat *und* Pyrophosphat freigesetzt und durch Methionin ersetzt werden. Die Reaktion läuft mit bemerkenswerter Effizienz ab, in der Leber ist die Konzentration an S-Adenosylmethionin etwa 3-mal so hoch wie die Konzentration an freiem Methionin.

A-8.24 S-Adenosylmethionin (SAM) im Methioninzyklus

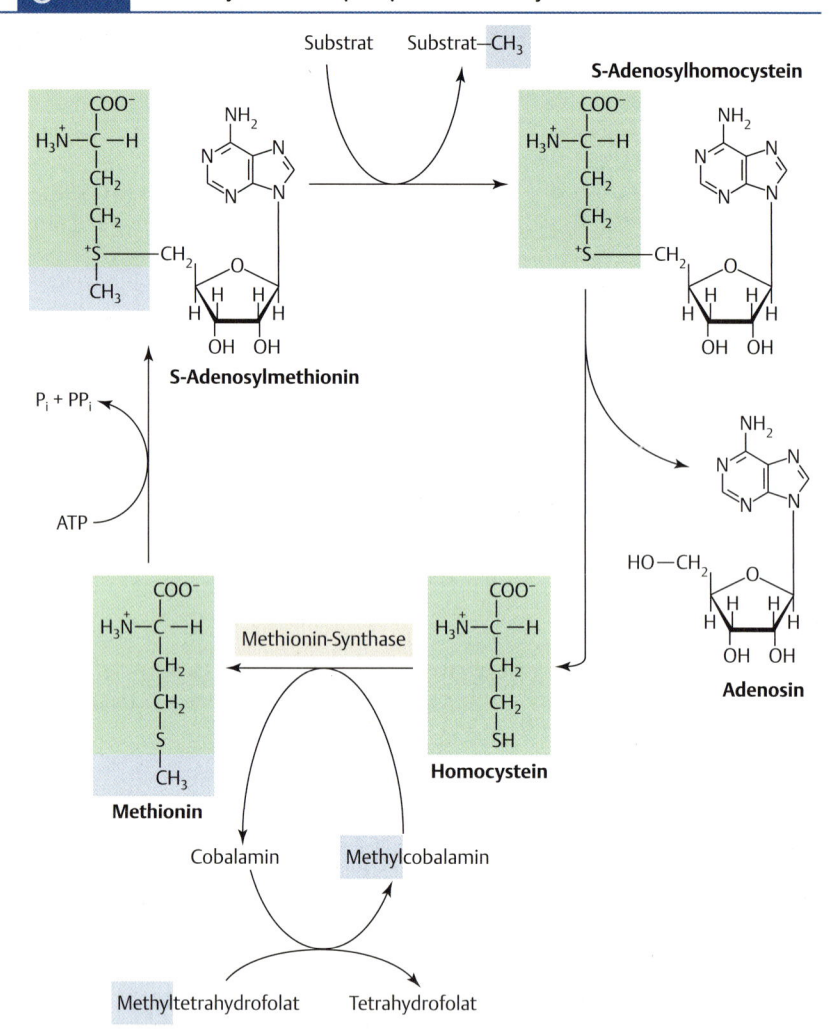

Nach Ablösung der Methylgruppe entsteht aus S-Adenosylmethionin zunächst **S-Adenosyl-Homocystein**, das weiter in Adenosin und Homocystein zerfällt. Das Homocystein wird dann an seinem S-Atom methyliert, sodass **Methionin** entsteht. In dieser Reaktion wird die Methylgruppe von **N^5-Methyl-Tetrahydrofolat** geliefert. Durch Übertragung der Methylgruppe entsteht daraus Tetrahydrofolat. Die Reaktion gehört zu den wichtigsten Reaktionen des gesamten Folsäurestoffwechsels. Unmittelbar an der Methylierung des Homocysteins ist zudem **Vitamin B_{12} (Methyl-Cobalamin)** beteiligt. Durch **Reaktion mit ATP** kann ausgehend vom neu gebildeten Methionin erneut **S-Adenosylmethionin** synthetisiert werden.

Vom S-Adenosylmethionin kann die schwefelgebundene Methylgruppe auf verschiedene Substrate übertragen werden **(Methyldonor)**. So entstehen z. B.
- methylierte Basen in der DNA,
- Kreatin,
- Adrenalin und
- Cholin.

Die schwefelgebundene Methylgruppe des S-Adenosylmethionins kann auf verschiedene Substrate übertragen werden. Als **Methyldonor** ist S-Adenosylmethionin u. a. an folgenden Reaktionen beteiligt:
- **Methylierung von Basen in der DNA:** Durch Methylierung von Cytidinen in Promotorregionen werden Gene im Zellkern gezielt inaktiviert.
- **Synthese von Kreatin:** Kreatinphosphat dient in der Muskulatur der kurzfristigen Regeneration von ATP aus ADP.
- **Synthese von Adrenalin** (durch Methylierung von Noradrenalin)
- **Inaktivierung von Adrenalin und anderen Katecholaminen** durch Reaktion mit der Catechol-O-Methyltransferase (COMT).
- **Synthese von Cholin**, das im Neurotransmitter Acetylcholin und im Membranlipid Phosphatidylcholin enthalten ist.

▶ **Merke.** S-Adenosylmethionin gehört zu den wichtigsten Verbindungen, die bei Synthesereaktionen im Stoffwechsel eine Methylgruppe liefern.

A 8.7 Wichtige Produkte des Aminosäureabbaus

Nach Ablösung der Methylgruppe bleibt vom S-Adenosylmethionin zunächst **S-Adenosyl-Homocystein** übrig, das dann in Adenosin und Homocystein zerfällt. In einem **Methioninzyklus** kann S-Adenosylmethionin regeneriert werden (Abb. **A-8.24**). Daran sind N^5-Methyl-Tetrahydrofolat und Vitamin B_{12} beteiligt.

▶ **Klinik.** Homocystein wird als Risikofaktor in der Entwicklung einer koronaren Herzkrankheit diskutiert. Mehrere ältere epidemiologische Studien ließen vermuten, dass Homocystein in erhöhten Konzentrationen eine erhebliche **Schädigung der Gefäßwände** verursachen kann. In neueren Studien wurden allerdings nur noch geringe Effekte nachgewiesen.
Die am Stoffwechsel des Homocysteins beteiligten Enzyme benötigen mehrere Cofaktoren, die ausgehend von Vitaminen bereitgestellt werden, etwa Vitamin B_{12} und Folsäure (auch als Vitamin B_9 bezeichnet) für die Cofaktoren der Methionin-Synthase und Vitamin B_6 zur Bereitstellung von Pyridoxalphosphat für Transaminasen. Durch eine gezielte Erhöhung der Mengen dieser Vitamine in der Nahrung lässt sich die Konzentration des Homocysteins im Blut um etwa 20 % erniedrigen. In der bereits erwähnten SU.FOL.OM3-Studie von 2010 (S.62) war die Zahl der schwerwiegenden kardiovaskulären Ereignisse wie Herzinfarkt oder Schlaganfall unter diesen Bedingungen geringfügig niedriger als in der Kontrollgruppe. Die Gesamtzahl der Todesfälle war in der Vitamin-behandelten Gruppe allerdings größer (72 vs. 45 Fälle).

▶ **Merke.** Im menschlichen Stoffwechsel gibt es drei Methylgruppen-Lieferanten:
- **Vitamin B_{12}:** Es ist nur an zwei Reaktionen beteiligt: (1.) Methylierung von Homocystein zu Methionin, (2.) Isomerisierung von Methylmalonyl-CoA zu Succinyl-CoA), eine Reaktion im Abbau ungeradzahliger Fettsäuren.
- **Derivate der Tetrahydrofolsäure:** Außer an der Methylierung von Homocystein sind sie vor allem an mehreren entscheidenden Reaktionen im Nukleotidstoffwechsel beteiligt.
- **S-Adenosylmethionin**: In allen anderen Methylierungreaktionen des Stoffwechsels stammt die Methylgruppe in der Regel von dieser Substanz.

Durch die Methylierung von Homocystein zu Methionin ist der Stoffwechsel der Folsäure unmittelbar mit dem des Vitamin B_{12} verbunden. Von den Zellen wird Folsäure überwiegend in Form von N^5-**Methyl-Tetrahydrofolat** aufgenommen. Die einzige Reaktion, in der N^5-Methyl-Tetrahydrofolat in nennenswertem Umfang in den Stoffwechsel der Zellen eingeführt werden kann, ist die Reaktion der Methionin-Synthase. Wenn dieser Schritt blockiert ist, fehlt der Zelle Tetrahydrofolat, das vor allem im Nukleotidstoffwechsel benötigt wird. Wenn die Nukeotide nicht mehr synthetisiert werden können, sind auch die DNA-Synthese und die Zellteilung blockiert. Im Knochenmark ist davon die Bildung neuer Blutzellen betroffen. Vorläuferzellen der Erythrozyten, die Proerythroblasten, können dann zwar noch wachsen, sie können sich aber nicht schnell genug teilen, weshalb die Erythropoese gestört ist. Es entwickelt sich eine **megaloblastische Anämie** (S.313) und Hypovitaminose (S.319).

▶ **Merke.** Sowohl ein Folsäuremangel als auch ein Vitamin-B_{12}-Mangel kann eine megaloblastische Anämie verursachen. Eine megaloblastische Anämie infolge eines Vitamin-B_{12}-Mangels wird auch als „perniziöse Anämie" bezeichnet.

8.7.4 Stoffwechsel des Cysteins

Cystein ist nur eine bedingt essentielle Aminosäure, denn Cystein kann **ausgehend von Serin neu synthetisiert** werden. Dabei übernimmt Serin die **SH-Gruppe von Homocystein**, welches aus dem Methioninzyklus bezogen werden kann (Abb. **A-8.25**). Als Nebenprodukt der Cysteinsynthese entsteht Propionyl-CoA, welches dann zu Succinyl-CoA abgebaut wird. Cystein kann also neu synthetisiert werden, sofern hinreichende Mengen an Methionin zur Verfügung stehen.
Außerhalb der Zellen können sich **zwei Cystein-Moleküle** leicht ohne Beteiligung von Enzymen unter Bildung einer **Disulfidbrücke** miteinander verbinden. Das Reaktionsprodukt ist das **Cystin**. Die Bildung der Disulfidbrücke entspricht einer Oxidation. Generell werden Thiole (organische Verbindungen mit SH-Gruppen/Sulfhydryl-

A-8.25 Stoffwechsel des Cysteins

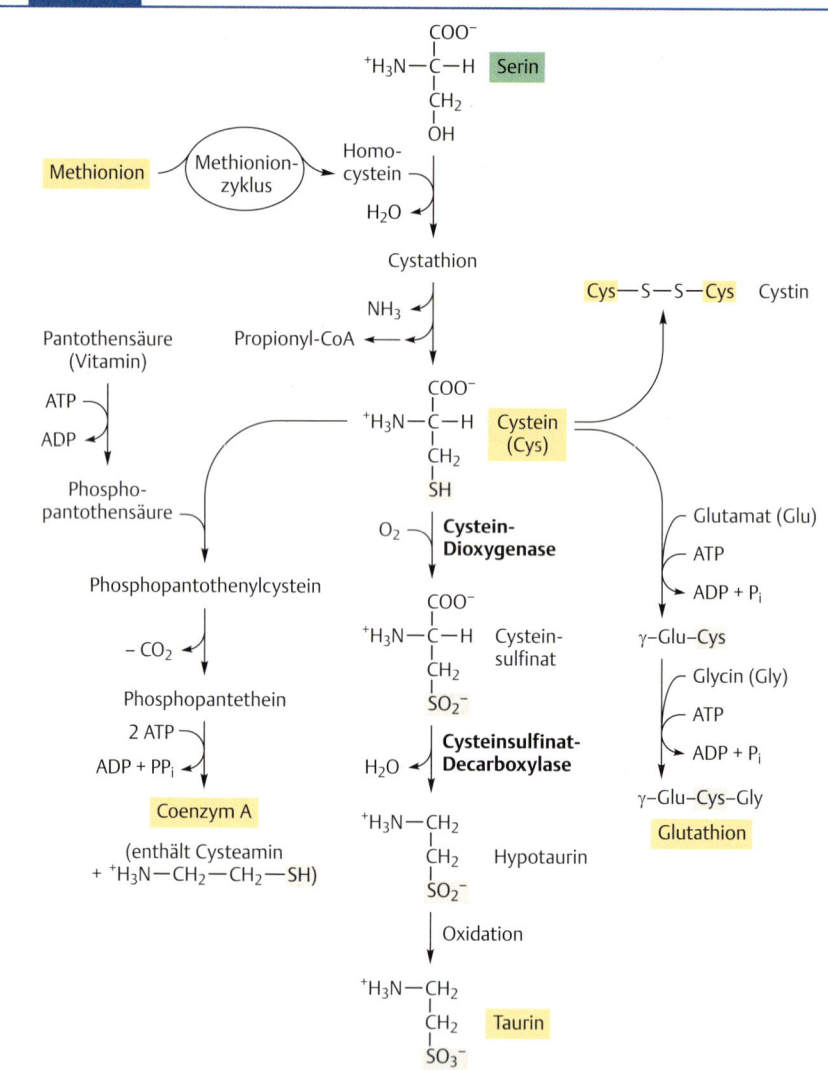

$$\text{Serin:}\quad {}^+H_3N-\underset{\underset{OH}{|}}{\underset{|}{\overset{COO^-}{\overset{|}{C}}-H}}\text{—CH}_2\text{—OH}$$

Methionin → Methionin-zyklus → Homocystein → (H$_2$O) → Cystathion → (NH$_3$, Propionyl-CoA) →

Cystein (Cys): ${}^+H_3N-\underset{\underset{SH}{|}}{\underset{|}{\overset{COO^-}{\overset{|}{C}}-H}}\text{—CH}_2\text{—SH}$

Cys—S—S—Cys Cystin

Pantothensäure (Vitamin) + ATP → ADP → Phosphopantothensäure → Phosphopantothenylcystein (− CO$_2$) → Phosphopantethein → (2 ATP, ADP + PP$_i$) → **Coenzym A** (enthält Cysteamin + ${}^+H_3N-CH_2-CH_2-SH$)

O$_2$ → **Cystein-Dioxygenase** →

Cysteinsulfinat: ${}^+H_3N-\underset{\underset{SO_2^-}{|}}{\underset{|}{\overset{COO^-}{\overset{|}{C}}-H}}\text{—CH}_2\text{—SO}_2^-$

H$_2$O → **Cysteinsulfinat-Decarboxylase** →

Hypotaurin: ${}^+H_3N-CH_2-CH_2-SO_2^-$

Oxidation →

Taurin: ${}^+H_3N-CH_2-CH_2-SO_3^-$

Glutamat (Glu) + ATP → ADP + P$_i$ → γ-Glu-Cys + Glycin (Gly) + ATP → ADP + P$_i$ → γ-Glu-Cys-Gly **Glutathion**

A-8.25

▶ **Merke.**

Glutathion (GSH) ist ein Tripeptid (γ-Glu-Cys-Gly). Im ersten Schritt der Synthese reagiert Cystein mit der γ-Carboxylgruppe (der Seitenkette) von Glutamat.

▶ **Merke.**

Glutathion ist in Konzentrationen von bis zu 5 mM in den Zellen vorhanden. Es gilt als das wichtigste Antioxidans des Körpers.

---

gruppen) außerhalb der Zellen leicht oxidiert. Innerhalb der Zellen überwiegen hingegen reduzierende Bedingungen, weshalb die SH-Gruppen stabil bleiben.

▶ **Merke.** Außerhalb der Zellen sind überwiegend oxidierende Bedingungen gegeben (aufgrund des O$_2$). Innerhalb der Zellen sind reduzierende Bedingungen vorherrschend (vermittelt u. a. von NADH und NADPH).

Einen wesentlichen Beitrag zur Aufrechterhaltung der reduzierenden Bedingungen leistet in den Zellen auch das Tripeptid **Glutathion** (GSH, γ-Glu-Cys-Gly), welches **ausgehend von Cystein synthetisiert** wird. Zunächst reagiert das Cystein über seine Aminogruppe mit Glutamat, allerdings nicht unter Bildung einer konventionellen Peptidbindung, sondern durch Reaktion mit der COO$^-$-Gruppe der Seitenkette des Glutamats, der sogen. γ-Carboxylgruppe. Das entstandene Dipeptid γ-Glu-Cys wird anschließend um ein Glycin verlängert.

▶ **Merke.** Glutathion wird unabhängig von Ribosomen (!) in zwei ATP-abhängigen Enzym-katalysierten Schritten synthetisiert.

Bei **oxidativem Stress**, etwa aufgrund einer lokalen Entzündung, werden in einem Gewebe zunächst bevorzugt die **SH-Gruppen des Glutathions oxidiert** und dadurch andere funktionell wichtige Moleküle vor einer Oxidation geschützt. Entstandenes **Glutathion-Disulfid** (GSSG) kann anschließend mit Hilfe von **NADPH** wieder **reduziert** und das intakte Glutathion (GSH) damit regeneriert werden (Abb. **F-1.11**). den Erythrozyten dient dieser Mechanismus dem Schutz vor einer Oxidation des Hämoglobins (S. 758). Glutathion ist in Konzentrationen von bis zu 5 mM in den Zellen vorhanden. Es gilt als das **wichtigste Antioxidans** des Körpers. Es ist aber auch an anderen Prozessen beteiligt, etwa am Fremdstoffwechsel der Leber (S. 743) und an der Biogenese der Leukotriene (S. 651).

In ähnlich hohen Konzentrationen wie Glutathion ist auch die **Sulfonsäure Taurin** in den Zellen enthalten. Auch Taurin wird **ausgehend von Cystein synthetisiert**. Im ersten Schritt wird die SH-Gruppe des Cysteins unter Verbrauch von O_2 mit Hilfe einer Dioxygenase oxidiert, das Reaktionsprodukt ist die Cysteinsulfinsäure ($R-SO_2H$) bzw. Cysteinsulfinat ($R-SO_2^-$). Durch Decarboxylierung entsteht daraus Hypotaurin. Im letzten Schritt wird die Sulfinsäure-Gruppe durch einen bislang unbekannten Mechanismus zu einer Sulfonsäure-Gruppe oxidiert. Da Taurin eine organische Säure ist, die eine Aminogruppe enthält, kann Taurin zu den **nicht proteinogenen Aminosäuren** gezählt werden. Unter dieser Voraussetzung ist Taurin im Menschen die **häufigste freie Aminosäure**. Die physiologische Funktion der großen Mengen an Taurin in den Geweben ist nicht befriedigend geklärt. Lediglich ein kleiner Teil des Taurins wird bei der **Biosynthese der Gallensäuren benötigt** (S. 205). Eine Verwendung von Taurin als Nahrungsergänzungsmittel lässt sich biochemisch also nicht begründen.

Die **Biogenese des Coenzym A** beginnt mit dem Vitamin Pantothensäure. Dieses wird im Stoffwechsel phosphoryliert und dann auf die Aminogruppe von **Cystein** übertragen. Das Cystein wird anschließend decarboxyliert und es entsteht **Phosphopantethein**. Dieses enthält somit Cysteamin (decarboxyliertes Cystein). Phosphopantethein (Abb. **A-12.7**) ist ein essentieller **Bestandteil der Fettsäure-Synthase** (S. 236). Ausgehend von Phosphopantethein wird durch Reaktion mit ATP aber auch das Coenzym A synthetisiert. Die SH-Gruppe des Coenzym A ist Teil des **Cysteamins**, welches vom Cystein übrig geblieben ist.

Der wichtigste **Abbauweg** des Cysteins wird durch eine **Oxidation zu Cysteinsulfinat** eingeleitet, die Aminogruppe wird mit Hilfe einer Transaminase abgelöst. Endprodukte sind **Sulfat** und **Pyruvat**.

8.7.5 Aminosäuren als Vorstufen weiterer Synthesen

Aminosäuren sind außerdem Vorstufen vieler weiterer Stoffe, die in anderen Kapiteln des Buches ausführlich behandelt werden:
- Am bedeutendsten ist sicherlich die Funktion der Aminosäuren als Bausteine der **Proteine**, s. Translation (S. 473).
- Ausgehend von einem bestimmten Protein, dem Thyreoglobulin, werden die **Schilddrüsenhormone** (S. 606) gebildet.
- Aminosäuren sind wesentlich an der Biosynthese der **Purine** (S. 425) und **Pyrimidine** beteiligt.
- Serin ist zur Synthese der **Sphingolipide** (S. 352) erforderlich.
- Serin liefert auch die meisten Kohlenstoffatome, die im Rahmen des **Folsäurestoffwechsels** (S. 309) übertragen werden.
- Die **Porphyrin-Ringsysteme der Häm-Gruppen** (S. 760) werden in einer Abzweigung des Citratzyklus ausgehend von Succinyl-CoA und Glycin synthetisiert.
- **Kreatinphosphat** ist ein wichtiger Energieträger der Muskulatur. Es wird im Muskelgewebe durch Phosphorylierung von Kreatin regeneriert, kann aber auch **ausgehend von Arginin und Glycin** neu synthetisiert werden. Dazu überträgt das Arginin seine Guanidino-Gruppe auf Glycin, sodass vom Arginin Ornithin übrig bleibt. Aus dem Glycin entsteht durch die Reaktion mit der Guanidino-Gruppe das Guanidinoacetat. Daraus entsteht durch S-Adenosylmethionin-abhängige Methylierung (S. 169) Kreatin.

Taurin ist eine Sulfonsäure ($H_2N-CH_2-CH_2-SO_3H$), die **ausgehend von Cystein synthetisiert** wird. Da Taurin eine organische Säure ist, die eine Aminogruppe enthält, kann Taurin zu den **nicht proteinogenen Aminosäuren** gezählt werden. Unter dieser Voraussetzung ist Taurin im Menschen die **häufigste freie Aminosäure**.

Coenzym A (CoA) wird ausgehend von dem Vitamin Pantothensäure synthetisiert. Benötigt werden außerdem ATP und Cystein. Das Cystein wird dabei zu Cysteamin decarboxyliert. Strukturformel: (Abb. **A-12.7**)

Cystein kann zu **Sulfat** und **Pyruvat** abgebaut werden

8.7.5 Aminosäuren als Vorstufen weiterer Synthesen

Ausgehend von Aminosäuren werden synthetisiert:
- Proteine
- Schilddrüsenhormone
- Purine und Pyrimidine
- Sphingolipide
- Metabolite im Stoffwechsel der Folsäure
- Porphyrin-Ringsystem der Häm-Gruppen
- Kreatin (ausgehend von Arginin und Glycin)

9 ATP-Synthese durch oxidative Phosphorylierung

9.1	Einführung: Mechanismen der ATP-Synthese im Stoffwechsel	174
9.2	Die ATP-Synthase	174
9.3	Die Atmungskette	176
9.4	Import und Export von Metaboliten über die Mitochondrienmembran	187
9.5	Transport von Reduktionsäquivalenten über die mitochondriale Innenmembran	188
9.6	Entkoppler des OXPHOS-Systems	190
9.7	Angeborene Defekte des OXPHOS-Systems	191
9.8	Bakterielle Atmungsketten	191

J. Rassow

9.1 Einführung: Mechanismen der ATP-Synthese im Stoffwechsel

Im Energiestoffwechsel wird ATP zum größten Teil durch die mitochondriale ATP-Synthase bereitgestellt. Die Gesamtheit der daran beteiligten Mechanismen wird als **oxidative Phosphorylierung** (OXPHOS) bezeichnet. Der Ausdruck bezieht sich zum einen auf die *Phosphorylierung* von Adenosindiphosphat (ADP) zu Adenosintriphosphat (ATP), zum anderen auf die Herkunft der dabei benötigten Energie aus der *Oxidation* der aufgenommenen Nahrung. Die Nahrung stellt nämlich die Elektronen zur Verfügung, die von der Atmungskette benötigt werden, um den mitochondrialen Protonengradienten aufbauen zu können, der wiederum die Energiequelle der ATP-Synthase ist (s. u.).

Gegenbegriff zur oxidativen Phosphorylierung ist die **Substratkettenphosphorylierung**. Das Prinzip der ATP-Synthese besteht in diesem Fall in der Bildung einer Verbindung mit außerordentlich hohem Gruppenübertragungspotenzial, deren Energie anschließend zur Phosphorylierung von ADP zu ATP oder auch zur Phosphorylierung von GDP zu GTP aufgewendet wird. Zu einer Substratkettenphosphorylierung kommt es

- im Rahmen der Glykolyse (S. 82) sowie
- in einer Reaktion des Citratzyklus, Schritt 5 (S. 122).

▶ **Merke.** Im Stoffwechsel gibt es zwar eine große Zahl an Reaktionen, in denen ATP oder andere energiereiche Nukleosidtriphosphate verbraucht werden, es gibt aber im gesamten Stoffwechsel lediglich drei Reaktionen, in denen energiereiche Nukleosidtriphosphate unter Aufnahme anorganischen Phosphats synthetisiert werden: Eine Reaktion in der Glykolyse, eine Reaktion im Citratzyklus und die Aktivität der mitochondrialen ATP-Synthase.

9.2 Die ATP-Synthase

9.2.1 Aufbau

Die ATP-Synthase ist ein Enzymkomplex aus mindestens 17 unterschiedlichen Untereinheiten (= Aminosäureketten). Der Enzymkomplex ist in der inneren Mitochondrienmembran verankert und ragt in die mitochondriale Matrix (den Innenraum der Mitochondrien) hinein. Im elektronenmikroskopischen Bild sieht er aus wie ein großer Laubbaum, an den seitlich eine Leiter angestellt ist (Abb. **A-9.1 a**). Es lassen sich **vier Komponenten** unterscheiden (Tab. **A-9.1** und Abb. **A-9.1 b**).

A 9.2 Die ATP-Synthase

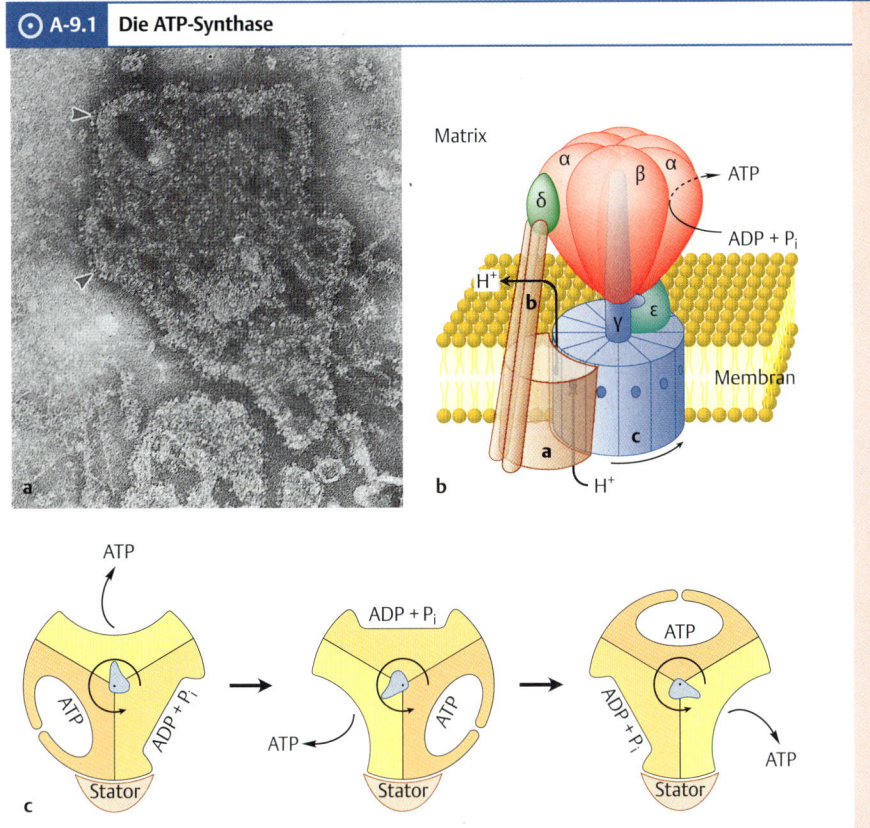

A-9.1 Die ATP-Synthase

a Elektronenmikroskopisches Bild (105 000-fache Vergrößerung) (aus Plattner, Hentschel; Zellbiologie, Thieme, 2011, Aufnahme: E. Junger, Düsseldorf). b Schematische Darstellung des Aufbaus. c Reaktionsschema. In der Mitte des F_1-Teils dreht sich die γ-Untereinheit.

A-9.1 Komponenten der ATP-Synthase

Komponente	Eigenschaften und Funktion
F_0-Teil	in die mitochondriale Innenmembran eingebettet, enthält u. a. den Rotor
Stiel	besteht im Wesentlichen aus zwei langen α-Helices, die zur γ-Untereinheit der ATP-Synthase gehören. Die γ-Untereinheit wird durch den Rotor in Drehung versetzt.
F_1-Teil	enthält drei gleichartig gebaute katalytische (= aktive) Zentren, die durch die Drehung der γ-Untereinheit die Möglichkeit erhalten, ADP und Phosphat zu ATP umzusetzen
Stator	= zweiter Stiel der ATP-Synthase, verhindert Drehung des F_1-Teils

Der F_0-Teil besteht aus zahlreichen Untereinheiten. Die **entscheidende Komponente** ist der **Rotor**, der vollständig in die mitochondriale Innenmembran eingebettet ist. Er setzt sich aus 8 kleinen c-Untereinheiten zusammen, die in einem Kreis angeordnet sind. In der Mitte des Rotors ist die γ-Untereinheit verankert. **Seitlich** von ihm befindet sich eine **a-Untereinheit**. Der F_0-Teil enthält mindestens fünf weitere Untereinheiten, deren Funktion und genaue Anordnung aber noch nicht bekannt ist.
F_1-Teil: Der in die Matrix ragende F_1-Teil besteht im Wesentlichen aus **drei α- und drei β-Untereinheiten**, die einen kompakten **Ring** bilden, in dessen **Mitte** sich **eine γ-Untereinheit** befindet. Je eine α- und eine β-Untereinheit bilden gemeinsam ein katalytisches Zentrum.
Der **Stiel** der ATP-Synthase besteht im Wesentlichen aus **zwei** langen α-**Helices**, die beide zur γ-**Untereinheit** der ATP-Synthase gehören.
Der **Stator** besteht im Wesentlichen aus einem **Dimer aus b-Untereinheiten** und ist im F_0-Teil verankert.

Beim F_0-Teil ist der **Rotor** die entscheidende Komponente. Er besteht aus 8 kreisförmig angeordneten c-Untereinheiten und einer **a-Untereinheit**.

Der F_1-Teil besteht aus 3 α- und 3 β-Untereinheiten, die einen Ring um die γ-Untereinheit bilden. Je 1 α- und 1 β-Untereinheit bilden ein katalytisches Zentrum.

Der **Stiel** besteht im Wesentlichen aus 2 α-**Helices**, die zur γ-**Untereinheit** gehören. Der **Stator** ist ein **Dimer aus b-Untereinheiten** und im F_0-Teil verankert.

9.2.2 Funktionsweise

Durch den F_0-Teil der ATP-Synthase – zwischen der a-Untereinheit und dem Rotor – strömen Protonen in die mitochondriale Matrix und versetzen den Rotor relativ zur a-Untereinheit in eine Drehung. Die Drehung überträgt sich auf die im Rotor verankerte γ-Untereinheit. Da der F_1-Teil durch den Stator relativ zum F_0-Teil fixiert wird, **dreht sich nur die γ-Untereinheit**, nicht der gesamte F_1-Teil! Von der Matrix aus beobachtet, dreht sich die γ-Untereinheit *gegen* den Uhrzeigersinn. Diese Drehung löst **in den α- und β-Untereinheiten** des F_1-Teils **Konformationsänderungen** aus. Diese sind dafür verantwortlich, dass die drei **katalytischen Zentren ATP synthetisieren**, indem sie abwechselnd

- ADP und Phosphat binden,
- sich schließen und ADP und Phosphat zu ATP umsetzen,
- sich wieder öffnen, um das ATP in die Matrix freizusetzen.

Untersuchungen zu den homologen ATP-Synthasen anderer Organismen (z. B. von *Escherichia coli*) lassen darauf schließen, dass jedes Proton, das den F_0-Teil durchfließt, die Bewegung jeweils *einer* c-Untereinheit auslöst. Die Zahl der Protonen, die erforderlich sind, um den Rotor einmal um 360° zu drehen, entspricht demnach der Zahl der c-Untereinheiten des Rotors. Bei einer Drehung des Rotors um 360° kann der F_1-Teil genau drei ATP synthetisieren. Folglich hängt von der Zahl der c-Untereinheiten die Effizienz ab, mit der die ATP-Synthasen die im mitochondrialen Protonengradienten gespeicherte Energie nutzen können. Die genaue Zahl der c-Untereinheiten in den ATP-Synthasen der Mitochondrien eines höheren Eukaryoten konnte erstmals 2010 bestimmt werden. In den ATP-Synthasen des Rindes wurden 8 c-Untereinheiten nachgewiesen. Vermutlich gilt diese Zahl für alle Wirbeltiere und also auch für den Menschen. Demnach sind für die Synthese von 3 ATP 8 Protonen erforderlich.

9.2.3 Triebkraft der ATP-Synthase

Die Energie, mit der die Protonen den Rotor der ATP-Synthase in Bewegung setzen, hängt nicht nur von der Zahl der Protonen ab, die durch den F_0-Teil in die Matrix fließen, sondern auch von der **Kraft, welche die Protonen auf den Rotor ausüben**. Diese Kraft wird als **protonenmotorische Kraft (proton motive force, PMF)** bezeichnet. Sie hat zwei Teilkomponenten:

- Indem die Atmungskette Protonen aus der Matrix in den Intermembranraum (den schmalen Zwischenraum zwischen der mitochondrialen Außenmembran und der Innenmembran) pumpt, gehen der Matrix positive Ladungen verloren. Dadurch lädt sich die Matrix relativ zum Intermembranraum elektrisch negativ auf, und es entsteht ein **Membranpotenzial ΔΨ von ca. 140 mV**, das unmittelbar zur PMF beiträgt.
- Zum anderen wird die Matrix durch den Verlust der Protonen schwach alkalisch und es stellt sich relativ zum Intermembranraum ein **Protonengradient Δ pH = ca. 1** ein. Die Protonen des Intermembranraums haben die Tendenz, diesen Unterschied in der Protonenkonzentration auszugleichen. Mithilfe der Nernst-Gleichung kann man ausrechnen, dass sich die protonenmotorische Kraft durch diese Tendenz um weitere **60 mV** auf ca. 200 mV erhöht.

Die PMF beträgt also ca. 200 mV, wobei der größte Anteil, nämlich ca. 140 mV, auf das mitochondriale Membranpotenzial zurückzuführen ist.

9.3 Die Atmungskette

9.3.1 Einführung

▶ **Merke.** Aufgabe der Atmungskette ist es, den mitochondrialen Protonengradienten aufzubauen und aufrecht zu erhalten. Die Aktivität der Atmungskette ist deshalb für die Funktion der ATP-Synthase unerlässlich. Sie ist aber nur indirekt – über den Protonengradienten – mit der Synthese von ATP verbunden. Die Atmungskette selber bildet kein ATP!

A 9.3 Die Atmungskette

Die Atmungskette wird im Wesentlichen von vier großen Proteinkomplexen gebildet, die in die mitochondriale Innenmembran eingebettet sind und als **Atmungskettenkomplexe** bezeichnet werden (Abb. **A-9.2**). Die einzelnen Komplexe werden mit den römischen Ziffern I bis IV bezeichnet. Zu den Komponenten der Atmungskette zählt außerdem das kleine Protein Cytochrom c, das an die Außenseite der Innenmembran angelagert ist. Eine wichtige Funktion hat in der Atmungskette schließlich auch Ubichinon, das sich ebenfalls in der Innenmembran befindet (Abb. **A-9.8**).

Zur Atmungskette gehören die **Atmungskettenkomplexe I bis IV** in der **mitochondrialen Innenmembran** (Abb. **A-9.2**). Eine weitere Komponente der Atmungskette ist das kleine Protein **Cytochrom c**, das der Innenmembran an der Außenseite angelagert ist. Wichtig ist auch Ubichinon (Abb. **A-9.8**).

A-9.2 Atmungskette, ATP-Synthase und Phosphat-Translokator

Animation zur Atmungskette online abrufbar mit dem vorn im Buch platzierten Code.

Die Komplexe I, III und IV lagern sich jeweils in definierter Anzahl zu **Respirasomen** zusammen. Die Respirasomen üben letztlich die entscheidende Funktion der Atmungskette aus, indem sie als **Protonenpumpen** arbeiten und damit unmittelbar zum Aufbau des Protonengradienten beitragen.
Diese Protonenpumpen beziehen ihre **Energie von den Elektronen**, die in festgelegter Reihenfolge durch die verschiedenen Komponenten I, III und IV der Atmungskette hindurchfließen. Alle Elektronen werden zuletzt **vom Komplex IV auf molekularen Sauerstoff (O_2) übertragen**. Dabei handelt es sich um den Sauerstoff, der mit der Atemluft aufgenommen wird. Parallel zu den Elektronen nimmt der Sauerstoff am Komplex IV auch Protonen auf, sodass **jedes O_2-Molekül zu zwei H_2O-Molekülen umgesetzt** wird.
Die meisten Elektronen werden von **NADH** zur Atmungskette transportiert (Abb. **A-9.3**). Die Elektronen, die vom NADH übertragen werden, stammen aus dem Abbau der Fette, Kohlenhydrate und Aminosäuren und somit letztlich aus der Nahrung. Ein NADH-Molekül gibt zwei Elektronen an den Komplex I ab. Diese zwei Elektronen ermöglichen dem Komplex I den Export von vier Protonen, anschließend dem Komplex III den Export weiterer vier Protonen und schließlich dem Komplex IV den Export von zwei Protonen.

Die Komplexe I, III und IV assoziieren zu **Respirasomen**. Sie sind als Protonenpumpen für den Aufbau des mitochondrialen Protonengradienten verantwortlich.

Die Atmungskette bezieht ihre **Energie von den Elektronen**, die durch die Komplexe der Atmungskette fließen. Die Elektronen werden **von Komplex IV auf O_2 übertragen**, wobei pro O_2 zwei H_2O gebildet werden.

Die meisten Elektronen werden unter Vermittlung von NADH zur Atmungskette transportiert (Abb. **A-9.3**).
Pro NADH exportiert
- Komplex I 4 H^+,
- Komplex III 4 H^+ und
- Komplex IV 2 H^+.

A-9.3 Reduktion von NAD+ zu NADH

Der Rest R ist in Abb. **A-5.7 a** gezeigt.

▶ **Merke.** Ein NADH gibt an die Atmungskette 2 Elektronen ab und ermöglicht damit den Export von 10 Protonen und die Synthese von 1 H_2O.

▶ **Merke.**

Der **Komplex II** vermittelt einen Quereinstieg von Elektronen in die Atmungskette, die nicht von NADH, sondern von **$FADH_2$** (Abb. **A-9.4**) beigesteuert werden. „Komplex II" ist nur ein anderer Name für die **Succinat-Dehydrogenase** des Citratzyklus (S. 115). Elektronen, die unter Vermittlung des Komplexes II in die Atmungskette eingespeist werden, können ihre Energie nur den Komplexen III und IV zum Export von Protonen zur Verfügung stellen. Obwohl auch $FADH_2$ zwei Elektronen abgibt, kann deren Energie deshalb nur zum Export von sechs Protonen verwendet werden:

Komplex II, die **Succinat-Dehydrogenase** des Citratzyklus, vermittelt Elektronen, die von $FADH_2$ (Abb. **A-9.4**) beigesteuert werden, einen Quereinstieg in die Atmungskette. $FADH_2$ gibt zwei Elektronen ab, die erst den Komplex III und dann den Komplex IV durchlaufen.

A-9.4 Reduktion von FAD zu FADH$_2$

oxidierte Form (FAD)

FAD

reduzierte Form (FADH$_2$)

> **Merke.** Ein FADH$_2$ gibt 2 Elektronen ab und ermöglicht den Export von 6 Protonen sowie die Synthese von 1 H$_2$O.

> **Merke.**

Kleine Moleküle, die nicht aus Aminosäuren bestehen, aber für die Funktion eines Enzyms essenziell sind, werden als **Coenzyme**, bezeichnet. Fest an ein Enzym gebundene Coenzyme, Metallionen oder Eisen-Schwefel-Zentren werden auch als **prosthetische Gruppen** bezeichnet (Tab. **A-9.2**).

Die Elektronen durchlaufen auf ihrem Weg durch die Atmungskette eine Reihe verschiedener Coenzyme bzw. prosthetische Gruppen (Tab. **A-9.2**). Allgemein werden kleine Moleküle, die nicht aus Aminosäuren bestehen, die aber für die Funktion eines Enzyms essenziell sind, als **Coenzyme** bezeichnet. Coenzyme können frei löslich sein, wie z. B. das NADH. In anderen Fällen ist das Coenzym fest an das Enzym gebunden, wie z. B. das FAD an den Komplex II. Durch kovalente oder nicht kovalente Bindungen fest an ein Enzym gebundene Coenzyme werden auch als **prosthetische Gruppen** bezeichnet. Dieser Begriff umfasst auch Metallionen oder Eisen-Schwefel-Zentren, die mit Proteinen verbunden und für deren katalytische Funktion wichtig sein können. Kohlenhydratseitenketten oder andere posttranslationale Modifikationen, die am katalytischen Mechanismus eines Proteins nicht beteiligt sind, werden nicht als prosthetische Gruppen bezeichnet.

A-9.2 Elektronentransportierende Coenzyme der Atmungskette

Atmungskettenkomplex	Coenzym/prosthetische Gruppe	Art der Bindung
Komplex I	Nicotinamidadenindinukleotid (NAD)	löslich
	Flavinmononukleotid (FMN)	nicht kovalent, aber fest gebunden
	8 Eisen-Schwefel-Zentren	kovalent gebunden
	Ubichinon (Coenzym Q)	löslich
Komplex II	Flavinadenindinukleotid (FAD)	kovalent gebunden
	3 Eisen-Schwefel-Zentren	kovalent gebunden
	1 Häm	nicht kovalent gebunden
	Ubichinon (Coenzym Q)	löslich
Komplex III	3 Häm (2 in Cytochrom b, 1 in Cytochrom c$_1$)	Cyt. b nicht kovalent, Cyt. c$_1$ kovalent gebunden
	1 Eisen-Schwefel-Zentrum im Rieske-Eisen-Schwefel-Protein	kovalent gebunden
Cytochrom c	1 Häm	kovalent gebunden
Komplex IV	Cu$_A$-Zentrum (zwei Kupferionen)	kovalent gebunden
	Häm a	nicht kovalent gebunden
	Häm a$_3$	nicht kovalent gebunden
	Cu$_B$-Zentrum (ein Kupferion)	kovalent gebunden

9.3.2 Die Komponenten der Atmungskette

Komplex I

▶ **Synonym.** NADH-Ubichinon-Oxidoreduktase.

▶ **Merke.** Der Komplex I nimmt Elektronen von NADH auf und überträgt sie auf Ubichinon (deshalb die Bezeichnung „NADH-Ubichinon-Oxidoreduktase").

Der Komplex I ist aus 45 Untereinheiten aufgebaut und somit ein außerordentlich großer Proteinkomplex. Er hat eine L-förmige Struktur (Abb. **A-9.5**). Der **größte Teil** des Komplexes I besteht aus hydrophoben Proteinen und ist in die mitochondriale **Innenmembran** eingebettet. Ein kleinerer **hydrophiler Teil** ragt in die **Matrix** hinein und dient der **Aufnahme der Elektronen**, die **von NADH** geliefert werden.

A-9.5 Die Struktur des Komplexes I

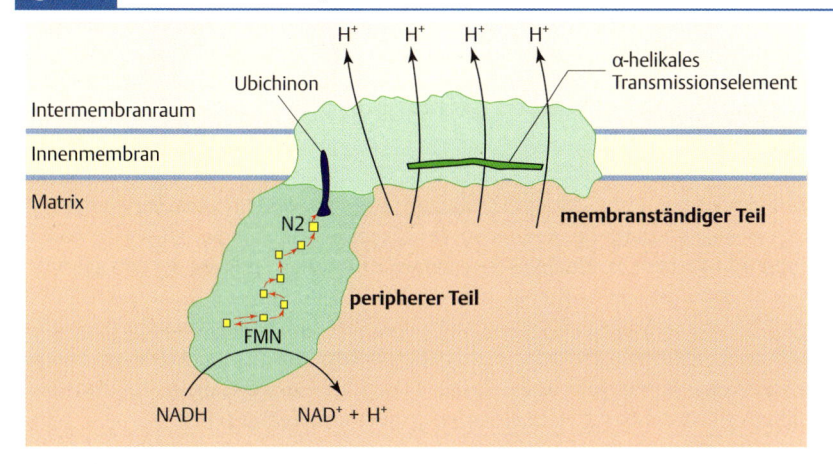

Der membranständige Teil enthält > 70 membranspannende α-Helices. Eine lange, quer liegende α-Helix überträgt Konformationsänderungen, die in der Ubichinon-Bindestelle (blau) ausgelöst werden. Der periphere Teil enthält ein FMN und 8 Fe/S-Zentren (gelb). Diese vermitteln die Übertragung der Elektronen von NADH auf das Ubichinon (1 NADH gibt 2 Elektronen ab, 1 Ubichinon nimmt 2 Elektronen auf). Der gesamte Komplex hat eine Masse von ca. 1000 kDa.

Die beiden von einem NADH-Molekül abgegebenen **Elektronen** werden zunächst auf **Flavinmononukleotid (FMN)** übertragen. Die Struktur des oxidierten FMN ist in Abb. **A-9.6** gezeigt. FMN ist **fest, aber nicht kovalent an den Komplex I gebunden**. Neben dem FMN enthält der hydrophile Teil des Komplexes I **acht Eisen-Schwefel-Zentren**. Auf ihrem Weg durch den Komplex I springen die Elektronen von einem Eisen-Schwefel-Zentrum zum nächsten, wobei die Eisenionen dieser Zentren abwechselnd ein Elektron aufnehmen und abgeben und dabei zwischen dem Fe^{2+}- und Fe^{3+}-Zustand wechseln. Vom letzten Eisen-Schwefel-Zentrum, dem N2-Zentrum, werden die Elektronen auf **Ubichinon** (**Q 10**; **Coenzym Q**, s. u.) übertragen, das in der mitochondrialen Innenmembran frei löslich ist.

A-9.6 Oxidiertes Flavinmononukleotid

A 9 ATP-Synthese durch oxidative Phosphorylierung

Die Eisen-Schwefel-Zentren lassen sich zwei unterschiedlichen Typen zuordnen, dem **2 Fe/2 S-Typ** und dem **4 Fe/4 S-Typ** (Abb. **A-9.7**). Die Eisenionen sind über **Cystein** mit den Untereinheiten des Komplexes I verbunden.

A-9.7 Die Struktur von Eisen-Schwefel-Zentren

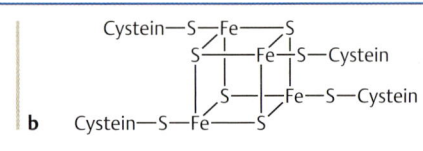

a Eisen-Schwefel-Zentrum vom 2 Fe/2 S-Typ. **b** Eisen-Schwefel-Zentrum vom 4 Fe/4 S-Typ.

Die genaue **Struktur des Komplexes I** wurde erst 2010 in zwei spektakulären Arbeiten von Arbeitsgruppen in Cambridge und in Frankfurt am Main weitgehend aufgeklärt: Der hydrophobe Teil des Komplexes ist über mehr als 70 α-Helices in die Innenmembran eingebettet. Interessanterweise haben drei der Untereinheiten dieses Teiles in ihrer Struktur Ähnlichkeiten zu Proteinen, die einen Na^+/H^+-Antiport vermitteln. Komplex I transportiert zwar keine Na^+-Ionen, die Vermutung ist aber nahe liegend, dass diese Untereinheiten für einen H^+-Transport verantwortlich sind. Die Zuordnung der vierten H^+-Transportstelle ist noch ungeklärt. An der **Kontaktstelle zwischen dem hydrophilen und dem hydrophoben Teil** befindet sich die (einzige) funktionell entscheidende **Bindestelle für Ubichinon**. Dieses bindet hier in der Nähe des letzten Eisen-Schwefel-Zentrums, des sog. N2-Zentrums, von dem es die Elektronen aufnimmt. Die Reduktion des Ubichinons löst im Komplex eine **Konformationsänderung** aus, die unter Beteiligung **einer langen α-Helix** auf den gesamten hydrophoben Teil übertragen wird. Die α-Helix liegt quer zu den zahlreichen übrigen α-Helices und agiert offenbar ähnlich dem Kolben der Dampfmaschine einer Lokomotive. Indem sich die Helices des hydrophoben Teiles in der Membran hin und her bewegen, werden jeweils 4 H^+ an der Matrix-Seite des Komplexes aufgenommen und anschließend an der Seite des Intermembranraums abgegeben.

▶ **Klinik.** Die **Leber-Optikusatrophie** (**LHON**, Leber hereditary optic neuropathy) ist eine seltene Erbkrankheit, bei der die **Untereinheit 4 des hydrophoben Teils des Komplexes I defekt** ist. Der Defekt beruht in den meisten Fällen auf einer **Punktmutation** in der Position 11 778 **des mitochondrialen Genoms**. Zwischen dem 20. und 30. Lebensjahr kommt es zu einer plötzlichen Degeneration der meisten Neurone des Nervus opticus und dadurch zur Erblindung. Offenbar ist der Nervus opticus gegenüber Defekten der mitochondrialen ATP-Synthese besonders empfindlich.

Der berühmteste **Inhibitor** des Komplexes I ist das **Rotenon**. Dabei handelt es sich um den Inhaltsstoff der Tubawurzel, einer giftigen Liane Südostasiens. Auf den Inseln vor Papua-Neuguinea benutzen Fischer Extrakte der Pflanze um damit Fische zu betäuben. Rotenon lagert sich in die hydrophobe Tasche ein, in die auch das Ubichinon bindet und blockiert die Übertragung der Elektronen.

Das Coenzym Ubichinon

▶ **Synonym.** Coenzym Q.

Ubichinon ist in der mitochondrialen Innenmembran frei löslich und fungiert dort als **zentrale Sammelstelle für Elektronen**. Es sammelt die Elektronen folgender Proteinkomplexe ein:
- Komplex I der Atmungskette,
- Komplex II der Atmungskette,
- ETF-Ubichinon-Oxidoreduktase,
- Glycerin-3-phosphat-Dehydrogenase.

Ubichinon enthält (Abb. **A-9.8**):
- eine hydrophobe Seitenkette aus 10 gleichen Isopren-Einheiten (deshalb wird für Ubichinon mitunter das Symbol Q_{10} verwendet), sowie
- eine Benzochinongruppe.

Die **hydrophobe Seitenkette** ist dafür verantwortlich, dass Ubichinon die hydrophobe Umgebung der mitochondrialen Innenmembran nicht verlassen kann.

A-9.8 Reduktion von Ubichinon zu Ubichinol

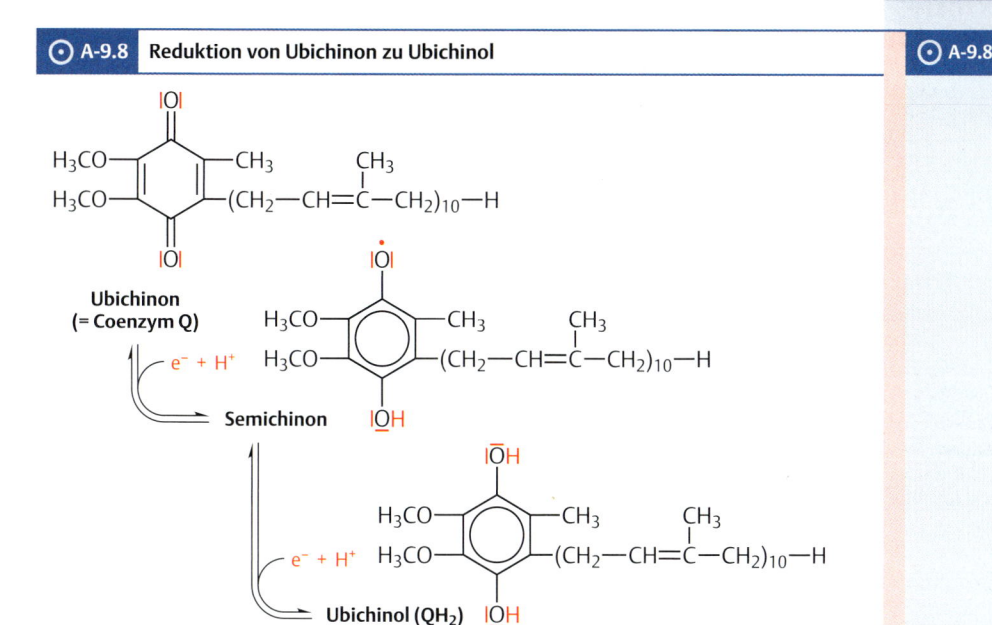

Die **Benzochinongruppe** ist für die Funktion entscheidend: Sie kann in einem ersten Schritt ein Elektron zusammen mit einem Proton aufnehmen, sodass sich ein **Semichinon** bildet. Durch Aufnahme eines weiteren Elektrons und eines weiteren Protons entsteht aus dem Semichinon das **Ubichinol (QH$_2$)** (Abb. **A-9.8**). Beide Schritte sind reversibel und bilden die Voraussetzung für zwei wesentliche Funktionen des Ubichinons: Es dient zum einen der **Übertragung von Elektronen auf den Komplex III** der Atmungskette, zum anderen ist es unmittelbar an der **Übertragung von Protonen aus der Matrix in den Intermembranraum** beteiligt. Von den 10 Protonen, die pro NADH in den Intermembranraum gepumpt werden, gelangen vier Protonen unter direkter Beteiligung des Ubichinons durch die Membran! Da an der Übertragung dieser vier Protonen auch der Komplex III der Atmungskette beteiligt ist, werden diese Protonen in der Regel mit einer gewissen Berechtigung dem Komplex III zugeschrieben.

Die **Benzochinongruppe** kann in einem ersten Schritt ein Elektron und ein Proton aufnehmen, sodass sich ein **Semichinon** bildet. Durch Aufnahme je eines weiteren Elektrons und Protons entsteht daraus **Ubichinol (QH$_2$)** (Abb. **A-9.8**). Ubichinon dient zum einen der **Übertragung von Elektronen auf Komplex III**, zum anderen der **Übertragung von Protonen** aus der Matrix **in den Intermembranraum**.

Komplex II

▶ **Synonym.** Succinat-Dehydrogenase, Succinat-Ubichinon-Oxidoreduktase

Dieser Komplex ist bereits als Quereinstieg für Elektronen in die Atmungskette (S. 123) vorgestellt worden. Er ist wesentlich kleiner als der Komplex I, besteht aber ebenfalls aus einem **membranständigen Teil** und einem **hydrophilen, in die Matrix hineinragenden Teil** (Abb. **A-9.9**). Im hydrophilen Teil werden die neu aufgenommenen Elektronen zunächst auf Flavinadenindinukleotid (FAD) übertragen. FAD ist kovalent mit dem Komplex verbunden. Es unterscheidet sich vom FMN durch eine zusätzliche Adenosindiphosphatgruppe (Abb. **A-9.4** und Abb. **A-9.6**). Als weitere **prosthetische Gruppen** enthält der hydrophile Teil des Komplexes II **drei Fe/S-Zentren**, der membranständige Teil enthält eine **Hämgruppe**.

Komplex II besteht wie Komplex I aus einem **membranständigen** und einem **hydrophilen** Teil (Abb. **A-9.9**) und enthält folgende **prosthetische Gruppen**:
- FAD
- 3 Fe/S-Zentren
- 1 Hämgruppe

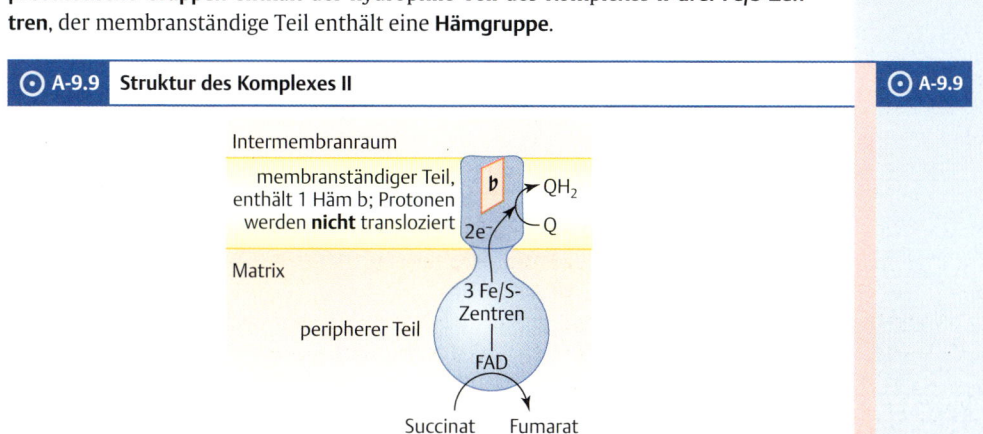

A-9.9 Struktur des Komplexes II

▶ **Merke.** Der Komplex II der Atmungskette ist die Succinat-Dehydrogenase des Citratzyklus. Er erhält seine Elektronen von Succinat, das dadurch zu Fumarat umgesetzt wird (S. 123). Der Komplex II überträgt wie Komplex I zwar Elektronen auf Ubichinon, ist aber **keine Protonenpumpe**. Ein **Inhibitor** des Komplexes II ist **Malonat**, welches das Succinat kompetitiv aus seiner Bindestelle verdrängen kann. Die Hemmung der Succinat-Dehydrogenase durch Malonat gilt als klassischer Fall einer kompetitiven Enzymhemmung (S. 41).

Die ETF-Ubichinon-Oxidoreduktase

Dieser Enzymkomplex wird traditionell nicht zu den Atmungskettenkomplexen gezählt und spielt deshalb in den meisten Lehrbüchern nur eine untergeordnete Rolle. Dabei sind seine Funktion und seine Bedeutung durchaus der des Komplexes II vergleichbar. Es handelt sich um einen **Enzymkomplex in der Innenmembran**, der ein fest gebundenes **FAD** enthält. Dieses **übernimmt Elektronen vom Elektronen transferierenden Flavoprotein (ETF)**, einem löslichen Protein der mitochondrialen Matrix, das in verschiedenen Reaktionen des mitochondrialen Stoffwechsels Elektronen einsammelt. Vom $FADH_2$ der ETF-Ubichinon-Oxidoreduktase werden die Elektronen auf Ubichinon übertragen (Abb. **A-9.10**).

▶ **Exkurs.** **Der Zusammenhang zwischen Elektronentransport und Protonenexport**
Die Anzahl der Protonen, die aus der Matrix exportiert werden können, hängt von der Energie ab, die der Transport zweier Elektronen durch die Atmungskette liefert. Diese Energie hängt davon ab, an welcher Stelle die Elektronen in die Atmungskette eingespeist werden.
NADH ist ein **lösliches Coenzym**, das Elektronen in der Regel in Reaktionen aufnimmt, in denen die OH-Gruppe eines Substrats in eine Carbonylgruppe umgewandelt wird. Die Elektronen werden dann auf **Komplex I** übertragen und ermöglichen somit den Export von letztlich 10 Protonen pro zwei Elektronen.
FAD ist überwiegend **an bestimmte Enzyme gebunden** und bleibt in seinen Reaktionszyklen auch stets fest mit diesen Enzymen verbunden. Es agiert also als **prosthetische Gruppe**. Alle Enzyme, die FAD oder FMN gebunden haben, werden als **Flavoproteine** bezeichnet. In den Mitochondrien führt der Weg der Elektronen von einer Reaktion des Stoffwechsels bis zur Atmungskette oft über eine **Kette dreier Flavoproteine**. So wird der erste Schritt des Fettsäureabbaus der β-Oxidation (S. 133) von einem Flavoprotein katalysiert (der Acyl-CoA-Dehydrogenase). Von ihm werden die Elektronen auf das ETF übertragen und von hier auf die ETF-Ubichinon-Oxidoreduktase. Die Energie dieser Elektronen ist wesentlich geringer als die Energie der Elektronen, die der Atmungskette vom NADH zur Verfügung gestellt werden (das Redoxpotenzial von $NADH/NAD^+$ liegt unter Standardbedingungen bei $-320\,mV$, das von $FADH_2/FAD$ unter den gleichen Bedingungen nur bei $-220\,mV$). Die **Energie** der von $FADH_2$ stammenden Elektronen **reicht nicht aus**, um den **Komplex I zu reduzieren**. Deshalb bleibt nur der Weg zum **Ubichinon**, mit der Folge, dass lediglich sechs Protonen pro zwei Elektronen exportiert werden können.

⊙ **A-9.10** Elektronentransport durch ETF-Ubichinon-Oxidoreduktase und Glycerin-3-phosphat-Dehydrogenase

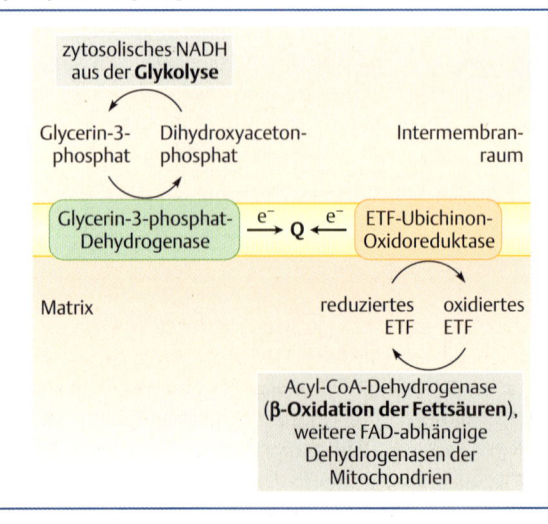

zytosolisches NADH aus der **Glykolyse**

Glycerin-3-phosphat → Dihydroxyacetonphosphat

Intermembranraum

Glycerin-3-phosphat-Dehydrogenase — e^- → Q ← e^- — ETF-Ubichinon-Oxidoreduktase

Matrix

reduziertes ETF ⇄ oxidiertes ETF

Acyl-CoA-Dehydrogenase (**β-Oxidation der Fettsäuren**), weitere FAD-abhängige Dehydrogenasen der Mitochondrien

Die Glycerin-3-phosphat-Dehydrogenase

Die meisten Elektronen gelangen aus Reaktionen des mitochondrialen Stoffwechsels zur Atmungskette. Nur in geringem Umfang stammen die Elektronen aus dem Zytosol. Hier fallen sie in der Glykolyse an und werden in NADH gespeichert (S. 86). Das NADH wird zunächst zur **Bildung von Glycerin-3-phosphat** genutzt. Die mitochondriale Innenmembran enthält eine **Glycerin-3-phosphat-Dehydrogenase**, die das Glycerin-3-phosphat zu Dihydroxyacetonphosphat oxidiert. Die dabei anfallenden Elektronen werden direkt an das Ubichinon der mitochondrialen Innenmembran weitergeleitet (Abb. **A-9.10**). Wie die ETF-Ubichinon-Oxidoreduktase ist auch die Glycerin-3-phosphat-Dehydrogenase ein **Flavoprotein**.

Komplex III und der Q-Zyklus

Der Komplex III erlaubt es Ubichinon, im sog. Q-Zyklus Protonen aus der Matrix in den Intermembranraum zu transportieren.

Komplex III

▶ **Synonym.** Cytochrom-bc$_1$-Komplex, Ubichinol-Cytochrom-c-Oxidoreduktase.

Die Struktur dieses Komplexes ist aufgrund von Röntgenstrukturanalysen sehr genau bekannt. Er enthält insgesamt 11 Untereinheiten. Zu diesen gehören
- **Cytochrom b**, das **zwei Hämgruppen** gebunden hat,
- **Cytochrom c$_1$**, das **eine** kovalent gebundene **Hämgruppe** enthält,
- das **Rieske-Eisen-Schwefel-Protein**, das ein **Eisen-Schwefel-Zentrum** vom 2Fe/2S-Typ enthält.

Der Komplex III nimmt Elektronen von Ubichinon auf und überträgt sie auf Cytochrom c (S. 184), ein hämhaltiges Protein, das an der Außenseite der Innenmembran frei beweglich ist.

Q-Zyklus

▶ **Definition.** Als **Q-Zyklus** wird der Reaktionsweg der Ubichinon-abhängigen Übertragung von Protonen aus der Matrix in den Intermembranraum bezeichnet (Abb. **A-9.11**).

⊙ **A-9.11** Q-Zyklus und Komplex III der Atmungskette

Wenn das Ubichinon am Komplex I der Atmungskette oder an einem anderen der genannten Innenmembrankomplexe (S. 179) zwei Elektronen aufnimmt, erhält es dabei gleichzeitig **zwei Protonen**. Diese beiden Protonen werden stets **aus dem Wasser der Matrix aufgenommen**, denn in allen Proteinkomplexen, die Elektronen auf Ubichinon übertragen, befindet sich die Bindestelle für das Ubichinon auf der Matrixseite. Das entstandene **Ubichinol** wandert dann zu einer **Bindestelle am Komplex III**, die nun aber **an der Außenseite der Innenmembran** liegt. Hier überträgt Ubichinol die beiden Elektronen auf den Komplex III, gleichzeitig werden die beiden Protonen an den Intermembranraum abgegeben

---

Die Glycerin-3-phosphat-Dehydrogenase

Im Zytosol läuft die **Glykolyse** ab, in der u. a. **NADH gebildet** wird. Das NADH wird zur **Synthese von Glycerin-3-phosphat** genutzt. In der mitochondrialen Innenmembran werden dann mithilfe der **Glycerin-3-phosphat-Dehydrogenase** Elektronen für das Ubichinon der Atmungskette gewonnen.

Komplex III und der Q-Zyklus

Transport von H$^+$ aus der Matrix in den Intermembranraum.

Komplex III

▶ **Synonym.**

Der Komplex III enthält u. a.
- **Cytochrom b** (2 Hämgruppen),
- **Cytochrom c$_1$** (1 Häm-gruppe) und
- das **Rieske-Eisen-Schwefel-Protein** (ein 2 Fe/2 S-Zentrum).

Komplex III nimmt Elektronen von Ubichinon auf und überträgt sie auf Cytochrom c.

Q-Zyklus

▶ **Definition.**

Die Reduktion des Ubichinons (Q) zu Ubichinol (QH$_2$) erfolgt an den Komplexen I und II der Atmungskette sowie an den in Abb. **A-9.10** gezeigten Komplexen.

Die **Bindestellen** für **Ubichinon** befinden sich **an der Innenseite**, die für **Ubichinol** an der **Außenseite der Innenmembran**. Dadurch kann Ubichinon zusammen mit zwei Elektronen (die es etwa von den Komplexen I oder II erhält) auch zwei Protonen aus der Matrix aufnehmen. Ubichinol überträgt die Elektronen auf Komplex III, die Protonen werden an den Intermembranraum abgegeben.

In dieser Form erlaubt der Q-Zyklus den Export von zwei Protonen pro zwei Elektronen. Die Effizienz des Zyklus wird verdoppelt, indem jedes zweite Elektron, das den Komplex III erreicht, innerhalb des Komplexes an eine **zweite Ubichinon-Bindestelle** fließt, die **an der Innenseite der Innenmembran** liegt. Hier nimmt **Ubichinon** zwei dieser abgezweigten Elektronen von Komplex III und zwei Protonen aus der Matrix auf. Das entstandene **Ubichinol** wandert wiederum zu seiner **Bindestelle an Komplex III an der Außenseite der Innenmembran** und gibt die Elektronen an Komplex III, die Protonen an den Intermembranraum ab.

▶ **Merke.** Ein erheblicher Teil der Elektronen, die auf den Komplex III übertragen werden, zirkuliert auf diese Weise mehrfach im Q-Zyklus und trägt dadurch auch mehrfach zum Transport von Protonen bei. Dadurch erlaubt der Q-Zyklus den Export von 4 Protonen pro 2 Elektronen.

Die Erforschung des Q-Zyklus wurde dadurch sehr erleichtert, dass es für beide **Bindestellen an Komplex III** spezifische **Hemmstoffe** gibt. **Myxothiazol** blockiert spezifisch die Ubichinol-Bindestelle an der Außenseite der Innenmembran, **Antimycin A** die Ubichinon-Bindestelle an der Innenseite der Innenmembran.
An die gleiche Stelle wie das Myxothiazol binden auch die **Strobilurine**, eine Gruppe wichtiger **Fungizide**, die weltweit in großem Umfang in der Landwirtschaft eingesetzt werden. Der Name bezieht sich auf den ersten Vertreter der Gruppe, den Naturstoff Strobilurin A, der seinerseits von einem Pilz produziert wird, dem Zapfenrübling *Strobilurus*, der auf den Zapfen von Fichten und Kiefern wächst. Die Strobilurine binden bevorzugt an den Komplex III der Pilze, die Toxizität für Pflanzen und Säugetiere ist gering.

Cytochrom c

Letztlich werden alle Elektronen vom Komplex III an Cytochrom c weitergeleitet, ein kleines Protein von nur 104 Aminosäuren bzw. 12,4 kDa, das **an der Außenseite der Innenmembran frei beweglich** ist. Cytochrom c enthält **eine Hämgruppe**, die über **Thioetherbindungen** mit zwei Cysteinen des Proteins kovalent verbunden ist (Abb. A-9.12). Cytochrom c und das Cytochrom c_1 des Komplexes III sind die einzigen Cytochrome der Atmungskette, in denen die Hämgruppe durch kovalente Bindungen mit dem umgebenden Polypeptid verbunden ist. Alle anderen Hämgruppen sind nicht kovalent gebunden. Das zentrale Eisenion der Hämgruppe ist im Cytochrom c von beiden Seiten vor Vergiftungen (z. B. durch Cyanid-Ionen) geschützt. An der einen Seite bindet das Methionin der Position 80, an der anderen Seite das Histidin der Position 18.

⊙ **A-9.12** Die Hämgruppe des Cytochroms c

Die Hämgruppe, die das Eisenion enthält, lässt das Cytochrom c farbig erscheinen (griech. chroma = Farbe). Der Porphyrinring ist durch Thioetherbindungen kovalent mit zwei Cysteinen der Aminosäurekette des Cytochroms c verbunden. **a** Schematische Darstellung. **b** Struktur der Hämgruppe.

Komplex IV

▶ **Synonym.** Cytochrom-c-Oxidase.

Der Komplex IV nimmt die Elektronen von Cytochrom c auf und überträgt sie auf **Sauerstoff (O_2)**. Der dadurch negativ aufgeladene Sauerstoff nimmt aus der Matrix Protonen auf und es **entsteht Wasser**. Indem zwei Elektronen übertragen werden, erhält der Komplex IV damit so viel Energie, dass er zwei Protonen exportieren kann. Am Komplex IV werden also H^+ bei der Bildung des Wassers verbraucht, parallel werden H^+ exportiert. Der Mechanismus des Protonenexports ist im Detail noch nicht ganz geklärt, es liegen aber Röntgenkristallstrukturen vor, die bereits wesentliche Einblicke in die Funktion des Komplexes IV erlauben.

Aufbau

Komplex IV enthält 13 Polypeptide sowie (Abb. **A-9.13**)
- ein **Cu_A-Zentrum**, das zwei Kupferionen enthält,
- eine **Häm-a-Gruppe (Cytochrom a)**,
- eine **Häm-a_3-Gruppe (Cytochrom a_3)**,
- ein **Cu_B-Zentrum**, das ein Kupferion enthält.

Komplex IV

▶ **Synonym.**

Der Komplex IV nimmt Elektronen von Cytochrom c auf und überträgt sie auf Sauerstoff, unter **Bildung von Wasser**.
Pro 2 übertragenen Elektronen werden 2 Protonen exportiert.

Aufbau

Komplex IV enthält **zwei Kupferzentren** (Cu_A, Cu_B) und **zwei Hämgruppen** (Häm a, Häm a_3) (Abb. **A-9.13**).

⊙ **A-9.13** Schematische Darstellung der Cytochrom-c-Oxidase (Komplex IV)

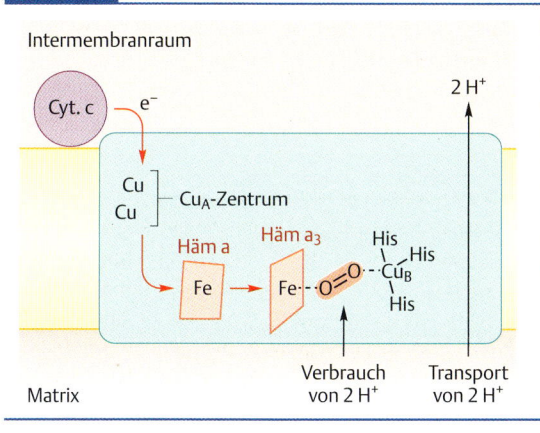

Damit ein gebundenes O_2 vollständig zu 2 H_2O umgesetzt werden kann, müssen vom Cytochrom c nacheinander insgesamt 4 e^- auf die Cytochrom-c-Oxidase übertragen werden. Es werden dann 4 H^+ verbraucht und parallel 4 H^+ in den Intermembranraum exportiert.

⊙ **A-9.13**

▶ **Merke.** Die **zentrale Struktur** des Komplexes IV besteht aus der **Häm-a_3-Gruppe** und dem gegenüberliegenden Kupferion **Cu_B**. Zwischen dem Häm a_3 und dem Cu_B bindet der Sauerstoff (O_2), der mit der Atemluft aufgenommen wurde und nun hier zu Wasser umgesetzt wird.

Das Kupferion Cu_B wird von den Imidazol-Gruppen dreier Histidine in seiner Lage fixiert. Das Eisenion des Häm a_3 wird an seiner Rückseite ebenfalls von einem Histidin gebunden.

▶ **Merke.**

Cu_B und Häm a_3 werden von Histidinen fixiert.

Funktionsweise

Die Reaktionsschritte, die zur Bildung des Wassers führen, sind nur teilweise bekannt: Von **Cytochrom c** wird jeweils ein Elektron auf ein Kupferion des **Cu_A-Zentrums** und von diesem über **Häm a** auf **Häm a_3** übertragen. Das Eisenion der Häm-a_3-Gruppe scheint mehrere Elektronen gleichzeitig an den gebundenen **Sauerstoff** abgeben zu können und dabei zeitweise in einen Fe^{4+}-Zustand überzugehen.
Die zur Bildung von 2 H_2O benötigten 4 Protonen werden aus der Matrix aufgenommen. Sie werden verbraucht, nicht exportiert! Tatsächlich können diese Protonen im Hinblick auf die Stöchiometrie des mitochondrialen Protonengradienten vollkommen vernachlässigt werden. Denn die Zahl der an Komplex IV verbrauchten Protonen entspricht genau der Zahl der an den Komplexen I und II der Atmungskette vom NADH bzw. $FADH_2$ freigesetzten Protonen.

Funktionsweise

Von **Cytochrom c** gelangt jeweils ein Elektron über das **Cu_A-Zentrum** und **Häm a** zur **Häm a_3**-Gruppe. Hier werden die Elektronen auf O_2 übertragen.

Die zur Bildung von 2 H_2O benötigten 4 Protonen werden aus der Matrix aufgenommen (nicht exportiert!).

▶ **Merke.** Indem die Elektronen durch den Komplex hindurch zur Sauerstoffbindestelle fließen, lösen sie Konformationsänderungen und Ladungsverschiebungen aus, die **außerhalb der Sauerstoffbindestelle** den **Export von Protonen** bewirken. Bei Eintreffen von 2 Elektronen kann 1 H_2O gebildet werden. Dabei werden 2 Protonen verbraucht, und parallel werden 2 Protonen exportiert.

Exportiert wird auch das H_2O, welches im Komplex IV entsteht. Es wird an den Intermembranraum abgegeben.

▶ **Klinik.** Die **Giftwirkung von Cyanid-Ionen (CN⁻)** findet ihre Erklärung in der hohen Affinität dieser Ionen für die Sauerstoff-Bindestelle des Komplex IV. Durch die Blockade der Sauerstoff-Bindestelle kommt die Zellatmung zum Erliegen. Geringe Mengen an Cyanid-Ionen werden innerhalb der Mitochondrien von dem Enzym **Rhodanase** zu Rhodanid (= Thiocyanat, SCN^-) umgesetzt und dadurch weitgehend inaktiviert. Bei Cyanidvergiftung kann man die Arbeit dieses Enzyms erleichtern, indem man dem Enzym möglichst viel Schwefel zur Verfügung stellt. Dazu verabreicht man i. v. eine Natriumthiosulfat-Lösung.

CN^- ist das Anion der Blausäure:

$$H - C \equiv N \rightarrow H^+ + CN^-$$

Mit Blausäure sind mehr Menschen ermordet worden als mit jedem anderen Gift. Das Zyklon B, welches in Auschwitz verwendet wurde, bestand aus Zellstoffscheiben, die mit Blausäure getränkt waren.

9.3.3 Die Redoxpotenziale der Atmungskette

Die Strukturen der Atmungskettenkomplexe sind erst seit wenigen Jahren bekannt. Deshalb ist es bemerkenswert, dass es bereits mehrere Jahrzehnte zuvor gelungen ist, die Reihenfolge zu bestimmen, in der die verschiedenen prosthetischen Gruppen der Atmungskettenkomplexe von den Elektronen durchlaufen werden. Entscheidend war dabei die Messung der **Redoxpotenziale** der prosthetischen Gruppen, also die Bestimmung ihrer jeweiligen **Neigung, Elektronen aufzunehmen bzw. abzugeben**.

Die Redoxpotenziale sind so definiert, dass die Elektronen stets vom Redoxsystem mit dem negativeren Potenzial zum Redoxsystem mit dem höheren Potenzial fließen. Willkürlich definierte man das Potenzial eines unter bestimmten Bedingungen von Wasserstoff umspülten Platindrahtes als Potenzial mit dem Wert 0. Relativ zu dieser Wasserstoffelektrode wurden dann die Redoxpotenziale möglichst genau gemessen.

NADH ist ein gutes Reduktionsmittel, d.h., es **gibt** seine **Elektronen sehr leicht ab**. Relativ zur Wasserstoffelektrode zeigt es unter den gewählten Standardbedingungen bei Oxidation zu NAD^+ ein Redoxpotenzial von $E^{0'} = -320\,mV$.

Sauerstoff ist ein effektives Oxidationsmittel, d.h., er **nimmt Elektronen sehr leicht auf**. Bei Umsetzung zu Wasser zeigt er ein Redoxpotenzial von $E^{0'} = +815\,mV$.

Unter Standardbedingungen ergibt sich aus diesen beiden Werten zwischen den beiden Enden der Atmungskette eine **elektrische Spannungsdifferenz** von **ca. 1,14 V**, unter physiologischen Bedingungen liegt der Wert bei ca. 1,1 V. Die elektrische Spannung der mitochondrialen Atmungskette ist also der Spannung einer gängigen Taschenlampenbatterie vergleichbar.

Alle **prosthetischen Gruppen** der Atmungskettenkomplexe lassen sich zwischen dem NADH und dem Sauerstoff in einer **elektrochemischen Reihe** anordnen (Tab. **A-9.3**).

≡ A-9.3 Redoxpotenziale einiger biochemisch relevanter Redoxpaare unter Standardbedingungen

Redoxpaar	Redoxpotenzial $E^{0'}$ (V)
$NAD^+/NADH + H^+$	– 0,32
Fumarat/Succinat	+ 0,03
Ubichinon/Ubichinol	+ 0,05
Cytochrom c (Fe^{3+}/Fe^{2+})	+ 0,24
O_2/H_2O	+ 0,82

Die Energie, welche die Elektronen mit sich führen, wenn sie einer Spannungsdifferenz von 1,14 V folgend durch die Atmungskette vom NADH zum Sauerstoff fließen, entspricht einem ΔG von 219 kJ/Mol. Dies ist die Energie, die der Atmungskette für den Aufbau des mitochondrialen Protonengradienten zur Verfügung steht.

9.3.4 Regulation der Aktivität der Atmungskette

Seit langem ist bekannt, dass **die Atmungskette nur in Gegenwart hinreichender Konzentrationen an ADP maximal aktiv** ist, d. h. einen maximalen Sauerstoffverbrauch zeigt. Sinkt die Konzentration an ADP erheblich, verringert sich auch der Sauerstoffverbrauch. Wie kann man diesen Effekt des ADP erklären? Man nimmt an, dass die Atmungskette nur dann ihre maximale Leistung entwickelt, solange das Membranpotenzial einen gewissen Wert nicht überschreitet. Ist das Membranpotenzial zu hoch, reicht die Kraft der Atmungskettenkomplexe nicht mehr aus, um gegen den bereits vorhandenen Protonengradienten weitere Protonen aus der Matrix zu pumpen. Man kann sich vorstellen, dass diese Situation eintritt, sobald die ATP-Synthase nicht mehr ausreichend ADP als Substrat zur Verfügung hat, deshalb stehen bleibt, und entsprechend auch keine Protonen mehr in die Matrix zurückströmen lässt. Erst wenn die ATP-Synthase wieder Protonen in die Matrix einströmen lässt, verringert sich das Membranpotenzial, und die Atmungskette nimmt wieder ihre Arbeit auf.

9.4 Import und Export von Metaboliten über die Mitochondrienmembran

Die mitochondriale ATP-Synthase setzt voraus, dass die mitochondriale Innenmembran Proteine enthält, die den **Export** des neu synthetisierten ATP erlauben und parallel den **Import** der benötigten Ausgangsstoffe – ADP und Phosphat – vermitteln. Die beteiligten Proteine sind sich in ihren Strukturen sehr ähnlich. Sie gehören zu einer Familie von etwa 40 verwandten Membranproteinen, die in großer Zahl in die Innenmembran eingelagert sind und jeweils den Transport bestimmter Metabolite ermöglichen (Translokatorproteine, engl. carrier). Einzelne Mitglieder dieser Familie sind spezifisch für den Transport von Citrat (wichtig für die Fettsäuresynthese), Malat (wichtig für die Gluconeogenese), den Austausch von Ornithin und Citrullin (im Harnstoffzyklus), oder für den Transport von Eisenionen (die u. a. bei der Häm-Synthese benötigt werden).

Der **ADP/ATP-Translokator** arbeitet als **Antiporter**, d. h. parallel zum Export eines ATP vermittelt er stets den Import eines ADP. Dem mitochondrialen Membranpotenzial gehen durch die Funktion des ADP/ATP-Translokators ständig Ladungen verloren, denn ATP trägt durch seine Triphosphatgruppe bei physiologischen pH-Werten 4 negative Ladungen (Abb. **A-1.4**), ADP aber nur 3. Wie bei einer Drehtür wird das stärker negativ geladene ATP vom Membranpotenzial (innen negativ!) aus der Matrix heraus gedrängt, dadurch aber indirekt auch der Import des ADP erleichtert. Ein berühmter **Inhibitor** des ADP/ATP-Translokators ist das **Atractylosid**, ein Glykosid, das von der mediterranen Distel *Atractylis gummifera* synthetisiert wird. Extrakte der Pflanze werden im Rahmen der Volksmedizin als angebliche Heilstoffe eingesetzt, weshalb es immer wieder zu Vergiftungen kommt, mitunter mit Todesfolge.

▶ **Merke.** Auch rein pflanzliche Stoffe können hoch giftig sein.

Der **Phosphat-Translokator** arbeitet ebenfalls als **Antiporter**. Im Austausch gegen jedes importierte Phosphat-Ion ($H_2PO_4^-$) wird ein Hydroxid-Ion (OH^-) exportiert. Elektrische Ladungen gehen hierbei zwar nicht verloren (!), aber der Export der Hydroxid-Ionen geht auf Kosten des Protonengradienten: Ein erheblicher Teil der von der Atmungskette exportierten Protonen wird von den Hydroxid-Ionen neutralisiert.

Die Aktivitäten der beiden Translokatoren zusammen genommen führen also bei der Synthese jedes ATP dazu, dass dem mitochondrialen Membranpotenzial eine Ladung, dem Protonengradienten ein Proton verloren geht. Wenn nun zur Synthese von 3 ATP genau 8 Protonen durch den F_0-Teil der ATP-Synthase fließen müssen, muss die Atmungskette für jedes ATP ein zusätzliches Proton exportieren, um mit seiner Ladung den Verlust einer Ladung beim Austausch von ATP gegen ADP zu kompensieren und mit seinem Beitrag zur Protonenkonzentration den Export der OH^--Ionen durch den Phosphat-Translokator zu kompensieren. Um die Synthese von 3 ATP zu ermöglichen, muss die Atmungskette also insgesamt 8 + 3 = 11 Protonen exportieren. Die Bereitstellung von 1 ATP erfordert also 11 : 3 = 3,7 Protonen. Wenn nun **ein NADH zwei Elektronen** an die Atmungskette abgibt und daraufhin **10 Protonen exportiert** werden, sind diese ausreichend für die **Synthese** und **zum Export von maximal 2,7 ATP**. Da dem Protonengradienten teilweise, auch durch andere Prozesse Protonen verloren gehen, mag ein Wert von ca. 2,5 ATP (pro NADH) realistisch sein. Der Wert 2,5 entspricht dem experimentell ermittelten P/O Quotienten. Wenn ein $FADH_2$ zwei Elektronen an die Atmungskette abgibt und 6 Protonen exportiert werden, können hingegen maximal nur 1,6, tatsächlich wohl nur 1,5 ATP bereitgestellt werden.

9.5 Transport von Reduktionsäquivalenten über die mitochondriale Innenmembran

▶ **Definition.** Unter einem **Reduktionsäquivalent** versteht man in der Biochemie ein Elektron, das von einem Coenzym gebunden ist und in einer Redoxreaktion auf ein anderes Molekül übertragen werden kann. Oft bezieht man den Ausdruck allerdings auch direkt auf das jeweilige Coenzym. So formuliert man etwa, in der Glykolyse würden von der Glycerinaldehyd-3-phosphat-Dehydrogenase „Reduktionsäquivalente in Form von NADH" bereitgestellt.

Da die Glykolyse im Zytosol abläuft, stellt sich die Frage, wie das in der Glykolyse anfallende NADH der Atmungskette der Mitochondrien zugeleitet werden kann.
Die mitochondriale Außenmembran enthält Poren, durch die NADH mühelos aufgenommen werden kann. Da sich der Komplex I der Atmungskette nur an der Matrix-Seite reduzieren lässt (Abb. A-9.5), NADH die mitochondriale Innenmembran aber nicht überqueren kann, bedarf es nun besonderer Mechanismen, durch die diese Reduktionsäquivalente der Atmungskette zur Verfügung gestellt werden können. Im Stoffwechsel gibt es hierzu zwei Möglichkeiten, nämlich den Glycerin-3-phosphat-Shuttle und den Malat-Aspartat-Shuttle.

9.5.1 Glycerin-3-phosphat-Shuttle

▶ **Merke.** Unter Verbrauch des in der Glykolyse gebildeten NADH wird Dihydroxyacetonphosphat im Zytosol zu Glycerin-3-phosphat reduziert. Glycerin-3-phosphat wird von den Mitochondrien aufgenommen und an der Außenseite der mitochondrialen Innenmembran durch die **mitochondriale Glycerin-3-phosphat-Dehydrogenase** zu Dihydroxyacetonphosphat oxidiert. Die dabei anfallenden Elektronen werden unter Vermittlung von $FADH_2$ auf Ubichinon übertragen. Das entstehende Ubichinol gibt die Elektronen dann an Komplex III der Atmungskette ab.

Das im Intermembranraum gebildete Dihydroxyacetonphosphat diffundiert in das Zytosol, wo es durch eine **zytosolische Glycerin-3-phosphat-Dehydrogenase** unter Verbrauch von NADH wieder zu Glycerin-3-phosphat reduziert wird. Es ergibt sich also ein Kreislauf, an dem zwei unterschiedliche Isoenzyme der Glycerin-3-phosphat-Dehydrogenase beteiligt sind.

9.5.2 Malat-Aspartat-Shuttle

▶ **Merke.** Der Malat-Aspartat-Shuttle ist insbesondere in Herz- und Leberzellen von Bedeutung. Im Rahmen dieses Transportsytems wird im **Zytosol Oxalacetat** unter Verbrauch von NADH zu **Malat** reduziert. Malat wird mithilfe eines **spezifischen Translokatorproteins** über die mitochondriale Innenmembran transportiert und in der **mitochondrialen Matrix** in den Citratzyklus eingespeist. Dort wird **Malat** unter Bildung von NADH zu **Oxalacetat** oxidiert. Das **NADH** wird zur Übertragung von Elektronen auf den Komplex I der Atmungskette verwendet.

A 9.5 Transport von Reduktionsäquivalenten über die mitochondriale Innenmembran

A-9.14 Der Malat-Aspartat-Shuttle

(nach Königshoff, Brandenburger, Kurzlehrbuch Biochemie, Thieme, 2007)

Der Malat-Aspartat-Shuttle erlaubt eine Übertragung von Reduktionsäquivalenten aus dem Zytosol in die mitochondriale Matrix. Der entscheidende Überträger der Elektronen ist dabei das Malat. MDH: Malat-Dehydrogenase, ASAT: Aspartat-Aminotransferase, c: zytosolisches Enzym, m: mitochondriales Enzym

Ein Kreislauf ergibt sich, wenn das Oxalacetat anschließend aus dem Citratzyklus abgezweigt und unter Beteiligung einer Aminotransferase zu Aspartat umgesetzt wird. Das Aspartat wird von den Mitochondrien exportiert und im Zytosol wieder zu Oxalacetat umgesetzt (Abb. **A-9.14**).

Erforderlich sind hier also zwei Enzyme, die jeweils sowohl im Zytosol als auch in der mitochondrialen Matrix vorhanden sein müssen. Es handelt sich um eine Aspartat-Aminotransferase und eine Malat-Dehydrogenase (Abb. **A-9.14**). Essenzielle Komponenten des Systems sind zudem die Translokatoren, die den Transport der jeweiligen Metabolite über die Innenmembran vermitteln. Der Import des Malats wird von einem Malat/α-Ketoglutarat (= Malat/2-Oxoglutarat)-Translokator vermittelt, der Export des Aspartats wird von einem Aspartat-Glutamat-Translokator ermöglicht. Beide Proteine sind mit dem ADP/ATP-Translokator verwandt und arbeiten als Antiporter.

Ein Kreislauf ergibt sich, wenn Oxalacetat zu Aspartat umgesetzt, dieses ins Zytosol exportiert und dort zu Oxalacetat umgesetzt wird (Abb. **A-9.14**).

Hierzu sind jeweils zwei Isoenzyme der Aspartat-Aminotransferase und der Malat-Dehydrogenase (Abb. **A-9.14**) sowie zwei Translokatoren erforderlich. Letztere sind mit dem ADP/ATP-Translokator verwandt und arbeiten als Antiporter.

9.5.3 Vergleich beider Shuttle-Systeme

Im Vergleich der beiden Shuttle-Systeme fällt zunächst auf, dass der Malat-Aspartat-Shuttle deutlich aufwendiger ist als der Glycerin-3-phosphat-Shuttle. Der Glycerin-3-phosphat-Shuttle erlaubt letztlich aber lediglich die Bildung von $FADH_2$, d. h. den Eintritt der Reduktionsäquivalente auf der Stufe des Komplexes III und somit einen Export von sechs Protonen durch die Atmungskette (Abb. **A-9.2**). Der Malat-Aspartat-Shuttle hingegen erlaubt in den Mitochondrien eine Bildung von NADH, somit einen Eintritt der Reduktionsäquivalente auf der Stufe des Komplexes I und einen Export von 10 Protonen durch die Atmungskette.

▶ **Merke.** Der Glycerin-3-phosphat-Shuttle ist in den Geweben weit verbreitet, arbeitet aber mit einem Verlust an Energie. Der Malat-Aspartat-Shuttle ist zwar aufwendig und vornehmlich auf Herz- und Leberzellen beschränkt, ermöglicht es aber, in der Matrix im gleichen Umfang NADH zu regenerieren, in dem NADH im Zytosol verbraucht wurde.

▶ **Merke.**

9.6 Entkoppler des OXPHOS-Systems

▶ **Definition.** Als **Entkoppler** werden Proteine und kleine organische Moleküle bezeichnet, welche die Aktivität der Atmungskette von der Aktivität der ATP-Synthase abkoppeln. Allen Entkopplern ist gemeinsam, dass sie die Funktion der Atmungskette intakt lassen (!), dass sie aber die protonenabhängige ATP-Synthese einschränken bzw. unterbinden, indem sie die Etablierung des Protonengradienten verhindern

9.6.1 Der physiologische Entkoppler Thermogenin

Thermogenin (engl. uncoupling protein 1, UCP1) ist ein Protein der mitochondrialen Innenmembran, das zur gleichen Familie mitochondrialer Metabolittranslokatoren gehört wie der ADP/ATP-Translokator und der Phosphat-Translokator. Es vermittelt einen **Transport von Protonen** aus dem Intermembranraum in die Matrix. Mitochondrien, die Thermogenin enthalten, können deshalb kein ATP synthetisieren, und die Energie des mitochondrialen Protonengradienten geht als **Wärme** verloren. Thermogenin findet sich nicht in allen Geweben, sondern spezifisch im **braunen Fettgewebe** der Neugeborenen und Säuglinge. Die braune Farbe des Gewebes beruht auf seinem hohen Gehalt an Mitochondrien. Offenbar hat das braune Fettgewebe die Funktion, einer Unterkühlung der Säuglinge entgegenzuwirken. Die Wärmeerzeugung wird im braunen Fettgewebe durch das sympathische Nervensystem unter Vermittlung adrenerger $β_3$-Rezeptoren stimuliert.

Die molekulare Funktion des Thermogenins ist erst vor wenigen Jahren aufgeklärt worden. Tatsächlich vermittelt Thermogenin einen Prozess, der einem **Symport langkettiger Fettsäuren mit Protonen** (Abb. **A-9.15**) ähnelt. Die langkettigen Fettsäuren bleiben mit dem Thermogenin allerdings über ihre hydrophoben CH_2-Ketten fest (obgleich nicht-kovalent) verbunden. Indem sich die Fettsäuren mit ihren Carboxylgruppen zwischen den beiden Seiten der Membran hin und her bewegen, können sie jeweils auf der Intermembranraum-Seite ein Proton aufnehmen und es anschließend auf der Matrix-Seite wieder abgeben.

In den Mitochondrien unterschiedlicher Gewebe wurden vier weitere entkoppelnde Proteine identifiziert, UCP2 - UCP5, die aber zur Thermogenese keinen signifikanten Beitrag leisten. Ihre physiologische Funktion ist nicht befriedigend geklärt.

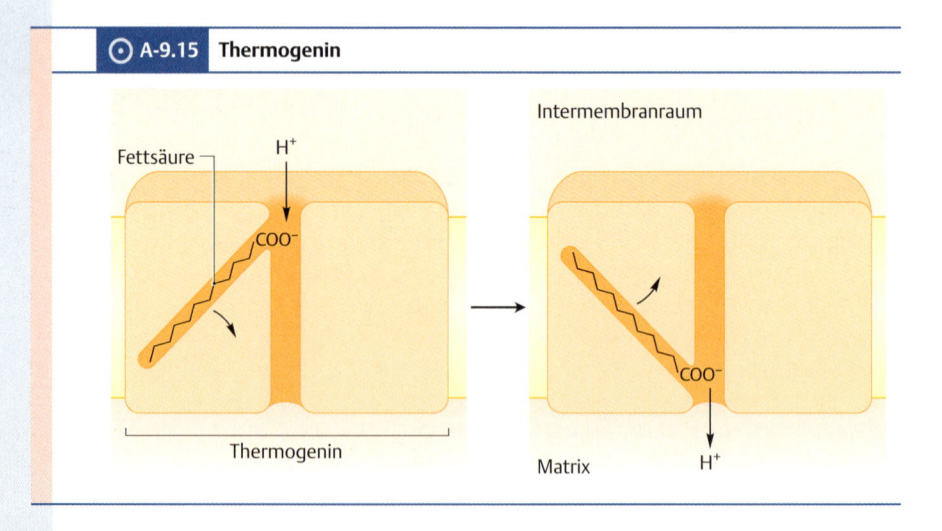

⊙ **A-9.15** Thermogenin

9.6.2 Toxische Entkoppler

Ein **klassisches Beispiel** für ein Gift, das als Entkoppler wirkt, ist das **2,4-Dinitrophenol**. Das Gift lagert sich u.a. in die mitochondriale Innenmembran ein, wo es aus dem Intermembranraum Protonen aufnimmt, um sie an der Matrix-Seite der Membran wieder abzugeben (Abb. **A-9.16**). Dadurch bricht der mitochondriale Protonengradient zusammen und die Bildung von ATP durch die ATP-Synthase kommt zum Erliegen.

A-9.16 Die Funktionsweise des Entkopplers 2,4-Dinitrophenol

2,4-Dinitrophenol lagert sich u. a. in die mitochondriale Innenmembran ein, wo es aus dem Intermembranraum Protonen aufnimmt, um sie an der Matrix-Seite der Membran wieder abzugeben.

9.7 Angeborene Defekte des OXPHOS-Systems

Die Fortschritte der Molekularbiologie haben es ermöglicht, eine Reihe seltener Erbkrankheiten auf Defekte des Systems der oxidativen Phosphorylierung zurückzuführen. Ein **Beispiel** wurde bereits genannt, nämlich die **Leber-Optikusatrophie**, **LHON** (S. 180). Neben diesem Syndrom sind einige weitere Krankheiten bekannt, die ebenfalls durch **Mutationen in der mitochondrialen DNA** verursacht werden. Die mitochondriale DNA kodiert acht verschiedene Proteine, bei denen es sich ausnahmslos um hydrophobe Untereinheiten der Atmungskette bzw. der ATP-Synthase handelt. Weitere Abschnitte des mitochondrialen Genoms kodieren für RNA-Moleküle, die als Komponenten der mitochondrialen Ribosomen bzw. als tRNAs für die Synthese der acht kodierten Proteine benötigt werden. Jeder Defekt der mitochondrialen DNA wirkt sich deshalb negativ auf die mitochondriale ATP-Synthese aus.

In vielen Fällen treten die Defekte der mitochondrialen DNA erst im Laufe einiger Jahre in Erscheinung. Solange ca. 10 % der DNA-Moleküle in den Mitochondrien einer Zelle intakt sind, können die Zellfunktionen weitgehend aufrechterhalten werden. Erst wenn der Anteil der geschädigten DNA zunimmt, kommt es zum Ausbruch der Krankheit. Die Ursachen der Akkumulation geschädigter DNA sind bislang unbekannt. Bei den Symptomen handelt es sich in der Regel um neurologische Störungen oder Muskelschwäche. Offenbar sind Nerven- und Muskelzellen in besonderer Weise auf eine ausreichende ATP-Synthese angewiesen. Warum bestimmte Mutationen der mitochondrialen DNA mit bestimmten, für die jeweilige Mutation charakteristischen Krankheitssymptomen korrelieren, ist bislang ebenfalls ungeklärt.

Alle Krankheiten der mitochondrialen DNA zeigen einen charakteristischen Erbgang: Die Mitochondrien, und so auch ihre DNA, werden nämlich ausschließlich von der Mutter **(maternal) vererbt**. Die Mitochondrien der Spermien werden in der Oozyte abgebaut.

9.8 Bakterielle Atmungsketten

Es ist eine gut begründete und deshalb auch allgemein anerkannte Vermutung, dass die Mitochondrien der heute lebenden Tiere und Pflanzen in der Evolution aus Bakterien hervorgegangen sind, die vor ca. 2 Milliarden Jahren als Endosymbionten in urtümliche Wirtszellen eingewandert sind. Das **mitochondriale Genom** ist demnach **vom Genom endosymbiontischer Bakterien übrig geblieben**. Entsprechend muss man davon ausgehen, dass auch das System der oxidativen Phosphorylierung bakteriellen Ursprungs ist. Tatsächlich enthalten die Membranen der meisten Bakterien Atmungskettenkomplexe, die denen der Mitochondrien sehr ähnlich sind.

Allerdings findet man bei den Bakterien der verschiedenen Lebensräume große Unterschiede in den Substraten, die der Atmungskette die benötigten Elektronen liefern bzw. die Elektronen am Komplex IV aufnehmen. So können die Darmbakterien der Art *Escherichia coli* (*E. coli*) in Abwesenheit von Sauerstoff als Alternative zu Sauerstoff auch Nitrat-Ionen als terminale Elektronenakzeptoren ihrer Atmungskette verwenden **(Nitrat-Atmung)**. Die Nitrat-Ionen werden dabei zu Nitrit reduziert. Da Nitrit giftig ist, sind vom Gesetzgeber Grenzwerte für den zulässigen Gehalt an Nitraten in Lebensmitteln und Getränken eingeführt worden.

Ähnlich den Verhältnissen im Darm ist auch in tiefen Schichten mancher Gewässer kaum noch Sauerstoff vorhanden, sodass die Bakterien dort ebenfalls auf alternative Elektronenakzeptoren angewiesen sind. Oft ist in den Gewässern hinreichend Sulfat gelöst, sodass die dort lebenden Bakterien eine **Sulfat-Atmung** betreiben können. Die Bakterien reduzieren das Sulfat bis zum Schwefelwasserstoff, H_2S, der sich in derartigen Gewässern sofort durch seinen unangenehmen Geruch bemerkbar macht.

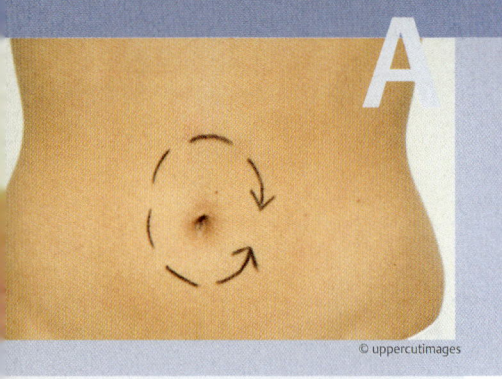

10 Ernährung und Verdauung

10.1 Einführung.................................. 192
10.2 Ernährung.................................. 192
10.3 Verdauung.................................. 198

J. Rassow

10.1 Einführung

Ziel des Energiestoffwechsels ist die Synthese von ATP, des zentralen Energieträgers des gesamten Organismus. Die Synthese des ATP benötigt Energie, und diese wird überwiegend aus dem Fluss von Elektronen bezogen, die aufgrund der elektrischen Spannung zwischen den Coenzymen NADH und $FADH_2$ auf der einen Seite und molekularem Sauerstoff (O_2) auf der anderen Seite durch die Atmungskette fließen. Diese Elektronen stammen aus der Nahrung. Der Weg der Elektronen von der Nahrung zur Atmungskette ist in den Kapiteln A-7 bis A-10 eingehend beschrieben worden.

Allerdings werden die Bestandteile der Nahrung in der Regel nicht unmittelbar zur Energiegewinnung herangezogen, sondern zunächst zum **Aufbau von Energiespeichern** verwendet. Diese bestehen bei einem normal ernährten Erwachsenen aus
- ca. 12 kg Triacylglycerinen,
- ca. 400 g Glykogen,
- einem Anteil von 50 % an den ca. 6 – 7 kg Protein des Körpers.

Die Stoffwechselprozesse, die dem Aufbau der Energiespeicher dienen, bezeichnet man als **anabol**.

Letztlich handelt es sich bei den Energiespeichern des Organismus um ein großes Zwischenlager für Elektronen, die bei Bedarf der Atmungskette zugeleitet werden können.

Im Folgenden wird beschrieben, wie die Energiespeicher angelegt und aufrechterhalten werden.

10.2 Ernährung

10.2.1 Zusammensetzung der Nahrung

Betrachtet man Kohlenhydrate, Triacylglycerine (TAG) und Proteine unter dem Aspekt der Gewinnung von Elektronen für die Atmungskette, sind diese Nahrungsbestandteile grundsätzlich gegeneinander austauschbar. Für die Atmungskette ist es irrelevant, von welchem Nahrungsstoff die Elektronen ursprünglich einmal gewonnen wurden. Zudem ist der Stoffwechsel des Menschen in der Lage, Kohlenhydrate aus Nichtkohlenhydraten zu synthetisieren (Gluconeogenese), und TAG können ausgehend von Kohlenhydraten synthetisiert werden.

Da die Nahrung aber nicht nur der Aufrechterhaltung des Energiestoffwechsels dient, sondern auch verschiedenen anderen Zwecken, ist die Zusammensetzung der Nahrung dennoch von Bedeutung:
- **Kohlenhydrate** sollten in Form von Stärke in der Nahrung des Menschen den größten Anteil stellen. In den Industrieländern werden Kohlenhydrate zu einem erheblichen Teil in Form von Zuckern aufgenommen. Zucker bringen für den Organismus zwar keine größeren stoffwechselphysiologischen Probleme mit sich, sind aber die wichtigste Ursache von Karies.
- **Fette** gelten zwar als grundsätzlich entbehrlich, erleichtern aber wesentlich die Resorption der fettlöslichen Vitamine E, D, K und A. Außerdem ist der Stoffwechsel auf die Zufuhr essenzieller Fettsäuren (Tab. **A-10.1**) angewiesen, insbesondere auf die Zufuhr von Linolsäure.

- **Proteine** werden primär für die Bildung zellulärer Strukturen, als Enzyme und für regulatorische Funktionen benötigt. Sie werden nur bei Bedarf in größerem Umfang in den Energiestoffwechsel mit einbezogen. Zu berücksichtigen ist aber, dass mit den Proteinen auch die acht unbedingt essenziellen Aminosäuren (Tab. **A-10.1**) in den Stoffwechsel gelangen. Aminosäuren werden nicht nur für die Proteinbiosynthese benötigt, sondern z. B. auch für die Bildung der Katecholamine, für die Häm-Synthese oder für die Synthese der Nukleotide. Aminosäuren sind die entscheidende Stickstoffquelle des Stoffwechsels. Pro Tag sollten ca. 0,5 – 1 g Protein/kg Körpermasse aufgenommen werden. Tatsächlich ist der Proteinanteil in der Nahrung in den westlichen Industrieländern unnötig hoch. In den ärmeren Regionen der Welt ist der Anteil der Proteine hingegen oft zu niedrig. Protein wird dort überwiegend aus pflanzlicher Nahrung bezogen.

A-10.1 Unbedingt (in jeder Stoffwechselsituation) essenzielle Fettsäuren und Aminosäuren

Fett- bzw. Aminosäure	Bemerkung
Fettsäuren	
Linolsäure Linolensäure	Die Desaturasen des Menschen können Doppelbindungen nur zwischen den ersten 10 C-Atomen der Fettsäuren einbauen.
Aminosäuren	
Valin Leucin Isoleucin	Der Stoffwechsel des Menschen kann keine verzweigtkettigen Aminosäuren synthetisieren.
Phenylalanin Tryptophan	Die aromatischen Gruppen der Aminosäuren können im Stoffwechsel des Menschen nicht synthetisiert werden. Tyrosin kann (nur) aus Phenylalanin gebildet werden.
Methionin Threonin Lysin	Auch diese drei Aminosäuren können im Stoffwechsel des Menschen nicht synthetisiert werden.

▶ **Merke.** In pflanzlicher Nahrung ist der Anteil an essenziellen Aminosäuren niedriger als in Fleisch. Deshalb ist die **biologische Wertigkeit pflanzlicher Proteine** um etwa die Hälfte **geringer als** die **tierischer Proteine**.

Der Energiebedarf eines Erwachsenen beträgt bei leichter körperlicher Arbeit ca. 10 000 kJ/Tag. Zur Deckung dieses Energiebedarfs gilt die in Tab. **A-10.2** aufgeführte Nahrungszusammensetzung als physiologisch sinnvoll. Im Vergleich der empfohlenen Werte mit den tatsächlichen Ernährungsgewohnheiten in den Industrieländern (Tab. **A-10.3**), fallen die überhöhten Anteile der Fette auf:

Empfehlungen für die Nahrungszusammensetzung zeigt Tab. **A-10.2**.

A-10.2 Empfohlene Nahrungszusammensetzung bei leichter körperlicher Arbeit

Nahrungsstoff	Bedarf (g/Tag)	physiologischer Brennwert (kJ/g)*	(kcal/g)*	freigesetzte Energie (kJ) pro Tag	Anteil am Energiebedarf (%)
Fette	65	39	9,3	2500	25
Proteine	70	17	4,1	1200	12
Kohlenhydrate	370	17	4,1	6 300	63
Summe				10 000	100

* 1 kcal = 4,185 kJ; 1 kJ = 0,239 kcal

A-10.3 Empfohlene und tatsächliche Nahrungszusammensetzung in den Industrieländern

Nahrungsstoff	empfohlener Anteil am Energiebedarf (%)	tatsächlicher Anteil am Energiebedarf (%)
Fette	25	40
Proteine	12	15
Kohlenhydrate	63	45
Summe	100	100

▶ Klinik.

▶ **Klinik.** Vor allem Kinder können sehr empfindlich auf einen **Mangel an essenziellen Aminosäuren** reagieren. Dieser kann sich einstellen, wenn im Rahmen einer allgemeinen Unterernährung längere Zeit ausschließlich pflanzliche Nahrung zur Verfügung steht. Das Krankheitsbild wird als **Kwashiorkor** bezeichnet: Wenn die Proteinsynthese behindert ist, sinkt u. a. die Plasmakonzentration des Albumins, das im Blut für den kolloidosmotischen Druck ausschlaggebend ist. Es kommt zu Flüssigkeitsansammlungen im Bauchraum (Aszites), der Bauchumfang nimmt deutlich zu (Abb. **A-10.1**). Wenn die Proteinanteile der Lipoproteine (VLDL) in der Leber nicht mehr im erforderlichen Umfang synthetisiert werden können, akkumulieren hier TAG, und die Leber verfettet. Eine essenzielle Aminosäure ist auch das Tryptophan. Konsequenz eines Tryptophanmangels in Verbindung mit einem Mangel an dem Vitamin Niacin ist die Pellagra (S. 306).

⊙ **A-10.1** Beinödeme (a) und Aszites (b) bei Kwashiorkor

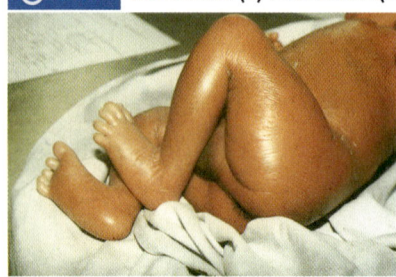

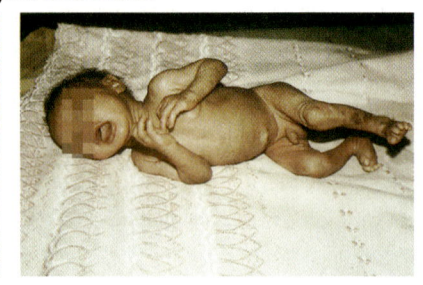

(aus Sitzmann, Dual Reihe Pädiatrie, Thieme, 2012, Foto: Dr. Cellou Balde, Conakry)

Als Kwashiorkor bezeichnet man eine Form des Eiweißmangels, die hauptsächlich bei Säuglingen und Kleinkindern in Hungerregionen auftritt. Oft kann das erste Kind nicht mehr gestillt werden, wenn das zweite Kind da ist. Das ältere Kind bekommt dann eine Nahrung, die nahezu ausschließlich Kohlenhydrate enthält. Die Bezeichnung der Krankheit bezieht sich auf einen ghanaischen Ausdruck für „erstens, zweitens"

Als **Ballaststoffe** bezeichnet man die schlecht verdaulichen Bestandteile der Nahrung. Der Begriff umfasst:
- **lösliche Stoffe**, z. B. Oligofructose, und
- **unlösliche Stoffe**, insbesondere Cellulose u. a. Bestandteile pflanzlicher Zellwände.

Fette, Kohlenhydrate und Proteine, gegebenenfalls auch Ethanol, sind die energiereichen Bestandteile der Nahrung. Ebenfalls essenziell sind die **Vitamine** (S. 290) sowie bestimmte **Mineralstoffe** und **Spurenelemente** (S. 322). Normale, aber keine essenziellen Bestandteile der Nahrung sind hingegen die **Ballaststoffe**. Diese sind nicht genau definiert, generell versteht man unter Ballaststoffen die schlecht verdaulichen Bestandteile der Nahrung. Der Begriff umfasst sowohl lösliche als auch unlösliche Stoffe:
- Zu den **löslichen Ballaststoffen** zählt insbesondere die Oligofructose (S. 53), eine polymere Form der Fructose, die von Pflanzen gespeichert wird. Oligofructose wird von den Verdauungsenzymen des Menschen nicht hydrolysiert. Allerdings wird sie im Dünndarm von Bakterien zur Energiegewinnung genutzt. Dabei geben die Bakterien kurzkettige Fettsäuren ab (überwiegend Acetat, aber auch Propionat und Butyrat), die dann von den Enterozyten der Darmschleimhaut aufgenommen und metabolisiert werden.
- Bei den **unlöslichen Ballaststoffen** handelt es sich im Wesentlichen um Cellulose u. a. Bestandteile pflanzlicher Zellwände, teilweise auch um kompakte Formen pflanzlicher Stärke. Die unlöslichen Ballaststoffe werden nur teilweise von bakteriellen Enzymen angegriffen. Die Hydrolyseprodukte werden überwiegend von Bakterien des Kolons verstoffwechselt. Dabei kommt es zur Bildung verschiedener Gase und zu entsprechender Flatulenz. Der größte Teil der unlöslichen Ballaststoffe verlässt den Darm als Teil der Faeces.

▶ Klinik.

▶ **Klinik.** **Ballaststoffe** (engl. dietary fiber) wurden viele Jahre lang als wichtige Komponenten der Nahrung angesehen. Auch heute noch werden Ballaststoffe mitunter als Mittel gegen Krebserkrankungen empfohlen. Diese Tradition geht zurück auf eine epidemiologische Studie aus dem Jahr 1971, in der beobachtet wurde, dass in Afrika das **Kolonkarzinom** wesentlich seltener auftritt als in Europa und Nordamerika (Burkitt et al., 1971). Diese Beobachtung wurde in Verbindung gebracht mit dem vergleichsweise hohen Anteil an Ballaststoffen in der Nahrung in den afrikanischen Ländern. Der postulierte Zusammenhang wurde seitdem in mehreren großen Studien überprüft. 1999 wurden die Ergebnisse einer Studie aus den USA veröffentlicht, in der 88 757 Krankenschwestern 16 Jahre lang ihre Ernährungsgewohnheiten protokolliert hatten. In der Auswertung dieser Studie zeigte sich, dass zwischen dem Anteil der Ballaststoffe und der Häufigkeit von Kolonkarzinomen kein Zusammenhang bestand (Fuchs et al., 1999). Dieses Ergebnis wurde inzwischen durch neuere Studien bestätigt. Ballaststoffe sind als Mittel gegen Krebserkrankungen leider wirkungslos.

Ein **Vitaminmangel** ist in den Industrieländern bei normaler Ernährung sehr selten. Ein Zusatz von Vitaminpräparaten zur Nahrung ist nur unter besonderen Voraussetzungen sinnvoll:
- Ein Mangel an mehreren Vitaminen kann aufgrund einseitiger Ernährung bei **alten Menschen** gegeben sein.
- Bei chronischem **Alkoholismus** kann insbesondere eine Behandlung mit **Vitamin B$_1$ (Thiamin)** sinnvoll sein.
- Bei streng **veganer Ernährung** (konsequenter Verzicht nicht nur auf Fleisch, sondern auch auf Eier und Milchprodukte) entwickelt sich langfristig ein Mangel an **Vitamin B$_{12}$**. Bei Schwangerschaft kann eine vegane Ernährung die Entwicklung des Fetus beeinträchtigen.
- Generell wird bei **Schwangerschaft** eine zusätzliche Aufnahme von **Folsäure** empfohlen. Dabei ist allerdings eine Überdosierung zu vermeiden.

Ein **Vitaminmangel** ist in den Indurstrieländern bei normaler Ernährung sehr selten. Bestimmte Vitaminpräparate können allenfalls sinnvoll sein:
- mitunter für alte Menschen
- für Alkoholiker
- bei veganer Ernährung
- bei Schwangerschaft

▶ **Klinik.** **Vitamin C (Ascorbinsäure)** gilt vielfach als wirkungsvolles Mittel gegen **Erkältungskrankheiten**. Da eine bedeutende Funktion des Vitamin C bei Infektionen biochemisch bislang nicht bekannt ist, stellt sich die Frage nach der Wirksamkeit des Vitamins. In einer Meta-Analyse von 2004 wurden die Ergebnisse von 29 exakt durchgeführten Studien ausgewertet, an denen insgesamt 11 350 Probanden teilgenommen hatten, um den Nutzen des Vitamins zu überprüfen (Douglas et al., 2004). Die Probanden hatten mehrere Monate lang zusätzlich zu ihrer normalen Nahrung täglich mindestens 200 mg Vitamin C zu sich genommen. Im Vergleich mit den Kontrollgruppen zeigte sich, dass die Aufnahme des Vitamin C die Häufigkeit der Erkältungen nicht reduzierte. In einigen Studien war allenfalls die Dauer der Erkältungszeiten geringfügig reduziert (um etwa 10 %). Sofern das Vitamin C erst bei Einsetzen der Erkältung genommen wurde, ließ sich ein Effekt bislang in keiner einzigen Studie nachweisen. Auch in Studien, in denen die Probanden während eines längeren Zeitraums jeden Tag 1 g Vitamin C zu sich nehmen mussten, war ein signifikanter Einfluss auf die Häufigkeit und auf den Verlauf der Erkältungskrankheiten nicht nachweisbar. Die einzigen Untersuchungen, in denen sich für das Vitamin C ein positiver Effekt belegen ließ, bezogen sich auf Marathonläufer oder auf Soldaten, die unter extremen Bedingungen leben mussten. Für Menschen unter normalen Lebens- und Arbeitsbedingungen ist ein Effekt von Vitamin C als Mittel gegen Erkältungen nie bestätigt worden.

▶ **Klinik.**

Als **sekundäre Pflanzenstoffe** bezeichnet man spezielle Produkte des pflanzlichen Stoffwechsels, die weder im Energiestoffwechsel, noch bei der Synthese der Bausteine der zellulären Strukturen der Pflanzen eine essenzielle Rolle spielen. Sekundäre Pflanzenstoffe sind jeweils charakteristisch für bestimmte Arten oder Verwandtschaftsgruppen der Pflanzen. Obwohl sie in der Regel nur in sehr geringen Konzentrationen in der Nahrung enthalten sind, können sie gleichwohl signifikante Effekte haben. Die meisten Pflanzen sind wegen ihres Gehalts an sekundären Pflanzenstoffen als Nahrungsmittel ungeeignet. Tatsächlich dienen die verschiedenen Inhaltsstoffe den Pflanzen oft als Fraßschutz. Bei den bislang etwa 17 000 bekannten Pflanzengiften handelt es sich weitgehend um Produkte des Sekundärstoffwechsels.
Terpenoide werden ausgehend von Acetyl-CoA synthetisiert. Zu dieser Gruppe gehört z. B. das **Menthol** der Pfefferminze *Melissa piperata*, das in Zahnpasta enthalten ist, und das **Cineol** des Eukalyptusbaums *Eukalyptus globosus*, das bei der Herstellung von Hustenbonbons Verwendung findet. Berühmte Terpenoide sind auch das **Taxol** der Pazifischen Eibe *Taxus brevifolia*, das als Cytostatikum eingesetzt wird, und die **Herzglykoside** aus dem Roten Fingerhut *Digitalis purpurea*.
Alkaloide sind stickstoffhaltige Produkte des Aminosäurestoffwechsels der Pflanzen. Rund 10 000 Alkaloide sind bislang identifiziert worden. Manche Alkaloide vermitteln lediglich einen bitteren Geschmack, andere sind hoch giftig. Viele Alkaloide sind von erheblicher medizinischer Bedeutung. Bekannte Alkaloide sind z. B. das **Atropin** der Tollkirsche *Atropa belladonna*, **Cocain** aus dem Kokastrauch *Erythroxylon coca*, **Chinin** der Chinarindenbäume der Gattung *Cinchona*, **Colchicin** aus der Herbstzeitlose *Colchicum autumnale*, **Nikotin** des Tabaks *Nicotiana tabacum*, sowie das **(+)-Tubocurarin** tropischer *Strychnos*-Arten, das lange Zeit als Muskelrelaxans verwendet wurde. „Rein pflanzliche" Produkte können mitunter als Medikamente eingesetzt werden, sie können aber auch lebensgefährliche Vergiftungen verursachen.

Zu den **sekundären Pflanzenstoffen** zählen **Terpenoide** (Bsp.: Menthol), **Alkaloide** (Bsp.: Atropin, Chinin, Colchicin) und **Phenole** (Bsp.: Cumarine sowie das Resveratrol). Viele Sekundäre Pflanzenstoffe sind giftig. Die meisten Pfanzen sind nicht zuletzt wegen ihres Gehalts an Sekundären Pflanzenstoffen als Nahrungsmittel ungeeignet.

▶ Exkurs.

Phenole werden im pflanzlichen Sekundärstoffwechsel ausgehend von Phenylalanin synthetisiert. Da die Stoffe in der Regel mehrere phenolische Gruppen enthalten, wird häufig der Ausdruck Polyphenole verwendet. Mehr als 8 000 Phenole sind bekannt. Zu dieser Gruppe gehören die meisten **Blütenfarbstoffe**, aber auch die **Cumarine**, die als gerinnungshemmende Vitamin K-Antagonisten eingesetzt werden. Cumarine sind u. a. im Klee enthalten. In größeren Mengen sind auch Cumarine hoch toxisch. Verschiedene Cumarine werden auch heute noch in großem Umfang als Rattengifte eingesetzt. Viele andere Phenole sind hingegen ungiftig oder sie scheinen sogar positive Effekte zu haben. Das gilt etwa für die Phenole, die **im Kaffee** enthalten sind. Eine Tasse Kaffee enthält etwa 100 mg Koffein (ein Alkaloid) und etwa 200 mg Phenole. Etwa halb so viele Phenole sind im Schwarzen und im Grünen Tee enthalten. In jüngerer Zeit ist schließlich das **Resveratrol** zum Gegenstand umfangreicher Untersuchungen geworden.

▶ **Exkurs. Resveratrol**
Resveratrol ist ein **Polyphenol im Traubensaft und im Rotwein** Abb. **A-10.2**. Epidemiologische Studien haben gezeigt, dass in Frankreich mehrere für westliche Industrieländer charakteristische Krankheiten wie etwa die koronare Herzkrankheit vergleichsweise selten sind, obwohl die Ernährungsgewohnheiten dort weitgehend die gleichen sind wie in anderen Ländern. Das Phänomen wird als „French paradox" diskutiert. Anfang der 90er Jahre wurde die Vermutung geäußert, dass in diesem Zusammenhang das Resveratrol des französischen Rotweins den entscheidenden positiven Effekt haben könnte.

⊙ **A-10.2** Resveratrol, ein Sekundärmetabolit der Weintrauben

a   b

(Fotografin: Renate Stockinger)

a Rote Weintraube.   **b** Struktur des Resveratrols.

Resveratrol ist ein Produkt des Sekundärstoffwechsels der Weintrauben. Rotwein enthält bis zu zehn Mal mehr Resveratrol als Weißwein.
Mehrere Studien zeigten, dass Mäuse deutlich länger und auch wesentlich gesünder leben, wenn ihre Nahrung große Mengen an Resveratol enthält. Lassen sich diese Beobachtungen auf den Menschen übertragen? Das Resveratrol war den Mäusen in sehr großen Mengen gegeben worden. Ein Erwachsener müsste täglich 50 Liter Rotwein trinken, um eine ähnliche Menge an Resveratrol zu erhalten. Das Resveratrol könnte in vergleichbarer Dosierung also allenfalls in reiner Form verwendet werden. Resveratrol wird im Darm effizient resorbiert, es wird dann allerdings im Fremdstoffwechsel der Leber sehr schnell inaktiviert. Damit es die Gewebe in nennenswerten Konzentrationen erreichen kann, müssen hinreichend große Mengen aufgenommen werden.
Inzwischen sind mehrere große Studien mit freiwilligen Probanden durchgeführt worden. Die Hoffnung auf eine einfache Droge des guten Lebens hat sich bislang leider nicht bestätigt. 2014 wurde in einer pharmakologischen Fachzeitschrift mit Blick auf die bisherigen Daten von einem „Resveratrol fiasco" gesprochen.

10.2.2 Parenterale Ernährung

▶ **Definition.** Unter **parenteraler Ernährung** versteht man eine Ernährung unter Umgehung des Magen-Darm-Trakts.

In der Regel wird eine parenterale Ernährung mithilfe eines Venenkatheters durchgeführt. Zugeführt werden Wasser, Glucose, Aminosäuren, Fette, Vitamine, Salze und Spurenelemente. Da der ernährungsphysiologische Bedarf des Menschen sehr genau bekannt ist, kann eine derartige Ernährung u. U. mehrere Jahre lang aufrechterhalten werden. Im klinischen Alltag sind bakterielle Besiedlungen des Katheters das größte Problem. Sie können mitunter gefährliche Infektionen zur Folge haben.

10.2.3 Energiegehalt der Nahrung

Der tägliche Energieumsatz

Der tägliche Energieumsatz ergibt sich aus der **Summe des Grundumsatzes und des Arbeitsumsatzes**:
- Der **Grundumsatz** ist die Energiemenge, die ein Gesunder morgens in nüchternem und entspanntem Zustand im Liegen bei angenehmer Umgebungstemperatur verbraucht. Der Grundumsatz eines **Erwachsenen** beträgt **ca. 80 W** (Watt = J/s), d. h. pro Sekunde werden 80 J umgesetzt, bzw. **ca. 7 000 kJ/Tag** (1 kJ = 0,239 kcal; 1 kcal = 4,185 kJ). Diese Energie wird nicht nur für die Aktivität der Herz- und Atemmuskulatur benötigt, sondern wesentlich auch für die Vielzahl molekularer Prozesse, die sich unbemerkt in den Zellen des Körpers abspielen. Da alle Prozesse nur mit begrenzter Effizienz ablaufen, wird der größte Anteil des Grundumsatzes in Form von Wärme freigesetzt.
- Der **Arbeitsumsatz** ist als die Energiemenge definiert, um die sich der Energieumsatz bei körperlichen Tätigkeiten über den Grundumsatz hinaus erhöht. Sofern der Arbeitsumsatz auf eine bestimmte Zeitspanne bezogen wird, spricht man auch vom Leistungsumsatz.

▶ **Merke.** Bei leichter Tätigkeit beträgt der gesamte Energieumsatz eines Erwachsenen ca. 7 000 kJ (Grundumsatz) + ca. 3 000 kJ (Leistungsumsatz) = ca. 10 000 kJ/Tag.

Bei schwerer körperlicher Arbeit können 15 000 kJ/Tag erreicht werden. Für die Teilnehmer der Tour der France wurde ein Umsatz von ca. 30 000 kJ/Tag ermittelt. Größere Leistungssteigerungen sind nur kurzzeitig möglich. Bei einem Marathonlauf können Leistungssportler ihren Energieumsatz 2 Stunden lang nahezu auf den 20-fachen Wert ihres Grundumsatzes steigern. Ein Dauerlauf ist mit einem Energieumsatz von 600 – 1200 W verbunden.

Bestimmung des Energiegehalts der Nahrung

Ein Maß für den Energiegehalt eines Nahrungsstoffes ist der Brennwert:

▶ **Definition.** Der **Brennwert** ist die Energiemenge, die bei der vollständigen Verbrennung eines Nahrungsstoffes frei wird. Dabei unterscheidet man zwischen
- **physikalischem Brennwert:** die Energiemenge, die bei vollständiger Verbrennung des Nahrungsstoffes im Kalorimeter frei wird,
- **physiologischem = biologischem Brennwert:** die Energiemenge, die bei Verbrennung des Nahrungsstoffes im Körper frei wird.

▶ **Merke.** Bei **TAG** und **Kohlenhydraten** ist der **physiologische Brennwert mit** dem **physikalischen identisch**, denn beide Nahrungsstoffe werden im Stoffwechsel wie im Kalorimeter vollständig zu H_2O und CO_2 oxidiert.

Allerdings ist dem Brennwert eines TAG oder Kohlenhydrates nicht unmittelbar zu entnehmen, wie viel ATP auf der Basis dieses Nahrungsstoffes synthetisiert wird, denn ein erheblicher Teil der bei der Oxidation im Stoffwechsel frei werdenden Energie trägt lediglich zur Erwärmung des Körpers bei.

▶ **Merke.**

- Der Brennwert der **Proteine** ist von deren Aminosäurezusammensetzung abhängig: Der Brennwert von Leucin z. B. beträgt 24,7 kJ/g, von Glycin 8,8 kJ/g.
- Der **physiologische Brennwert** der Proteine (17 kJ/g) ist generell **niedriger als** ihr **physikalischer Brennwert** (22 kJ/g), da der Kohlenstoff der Proteine nur z. T. bis zu CO_2 oxidiert wird. Ein erheblicher Teil des Kohlenstoffs wird in Form von Harnstoff ausgeschieden.
- Kohlenhydrate und Proteine haben denselben, TAG einen im Vergleich mehr als doppelt so hohen physiologischen Brennwert (Tab. **A-10.2**).

Der physiologische Brennwert des **Ethanols** liegt bei 30 kJ/g. Alkohol trägt in Deutschland durchschnittlich ca. 5 % zur Energie der Nahrung bei. Bei manchen Alkoholikern liegt der Anteil bei über 50 %.

Ein vergleichsweise einfaches **Verfahren zur Abschätzung des Energieumsatzes** eines Menschen besteht in der **Bestimmung seines Sauerstoffverbrauchs**. Weitgehend unabhängig von der Zusammensetzung der Nahrung wird im Stoffwechsel bei einem Verbrauch von 1 Liter Sauerstoff eine Energie von 20 kJ frei:

▶ **Definition.** Das **kalorische Äquivalent** bezeichnet die Energiemenge, die pro Liter des bei einer Verbrennung verbrauchten Sauerstoffs frei wird. Es beträgt sowohl für Fette als auch für Kohlenhydrate und Proteine ca. 20 kJ/Liter O_2.

10.3 Verdauung

10.3.1 Überblick

Kohlenhydrate, Fette und Proteine müssen in ihre Bausteine zerlegt werden, um resorbiert werden zu können. **Enzymkatalysierte Spaltung der Nahrungsstoffe** (= Verdauung im engeren Sinne des Wortes) und anschließende **Resorption** sind Aufgaben des Verdauungstrakts. Der **Zerlegung** der Nahrungsstoffe dienen die **Verdauungssekrete** (Abb. **A-10.3**). Die **Resorption** ist Aufgabe der **Epithelien des Verdauungstrakts**.

Eine entscheidende Voraussetzung einer effizienten Resorption ist die große **Oberfläche** dieser Epithelien. Abschätzungen ergeben Werte zwischen 100 m² und 200 m². Diese Oberfläche, die immerhin der Fläche einer geräumigen 4-Zimmer-Wohnung entspricht, bringt für den Organismus aber auch erhebliche Probleme mit sich, denn aufgrund seiner großen Fläche bietet sich der Verdauungstrakt vielen Krankheitserregern als ideale Eintrittspforte an. Während täglich große Mengen an Stoffen aus der Außenwelt aufgenommen werden, müssen die Epithelien als Grenze des Körpers gegenüber der Außenwelt intakt gehalten und vom Immunsystem überwacht werden. In den vielfältigen Funktionen, die sich hieraus ergeben, spielen die Schleimhäute und die Sekrete des Gastrointestinaltrakts eine wesentliche Rolle.

Während in den oberen Abschnitten des Verdauungstrakts große Mengen an Sekreten abgegeben werden, wird insbesondere im **Dickdarm** sehr viel **Wasser resorbiert**. Dennoch besteht der noch verbleibende und auszuscheidende Dickdarminhalt, die **Faeces** (bei einem Erwachsenen pro Tag ca. 100 g), zu 75 % aus Wasser. Die Trockensubstanz besteht je zu etwa einem Drittel aus

- Resten der Nahrung, z. B. Cellulose und anderen unlöslichen Ballaststoffen,
- Darmbakterien und
- Resten der Epithelzellen, die ständig von der Darmwand an das Lumen abgegeben werden, während neue Epithelzellen nachwachsen.

10.3.2 Die Verdauungssekrete

Insgesamt werden von den Drüsen des Verdauungstrakts **täglich 8 – 10 Liter Sekret gebildet**. Die meisten dieser Sekrete enthalten **Mucine**. Dabei handelt es sich um Glykoproteine, welche die Grundsubstanz des Schleims bilden (Abb. **A-10.4**). Bislang sind bereits 14 verschiedene Mucin-Gene identifiziert worden. Sie zeigen ein gewebespezifisches Expressionsmuster. Mucine werden an den Ribosomen des rauen endoplasmatischen Retikulums (ER) synthetisiert und dann auf dem Weg durch das Lumen des ER und durch den Golgi-Apparat glykosyliert (S. 359). Durch Exozytose

A-10.3 Überblick über den Verdauungstrakt

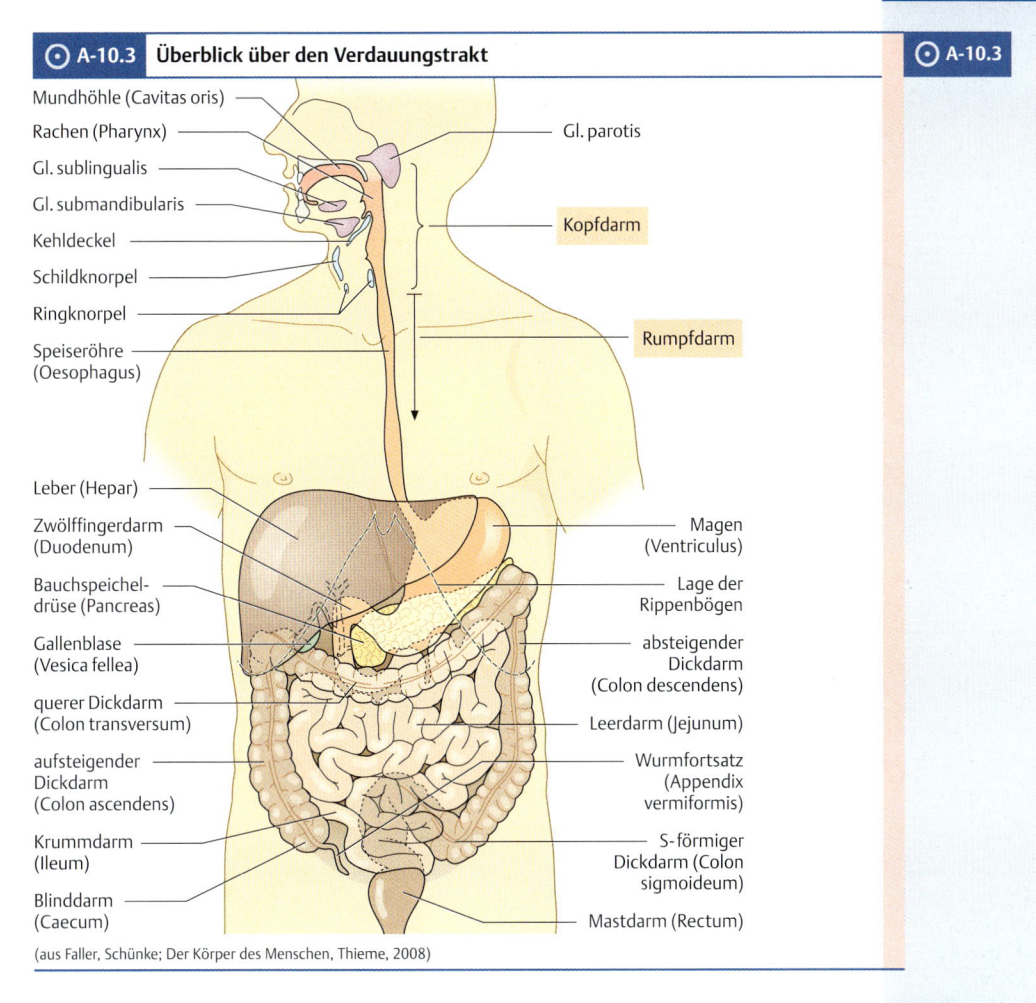

- Mundhöhle (Cavitas oris)
- Rachen (Pharynx)
- Gl. sublingualis
- Gl. submandibularis
- Kehldeckel
- Schildknorpel
- Ringknorpel
- Speiseröhre (Oesophagus)
- Gl. parotis
- Kopfdarm
- Rumpfdarm
- Leber (Hepar)
- Zwölffingerdarm (Duodenum)
- Bauchspeicheldrüse (Pancreas)
- Gallenblase (Vesica fellea)
- querer Dickdarm (Colon transversum)
- aufsteigender Dickdarm (Colon ascendens)
- Krummdarm (Ileum)
- Blinddarm (Caecum)
- Magen (Ventriculus)
- Lage der Rippenbögen
- absteigender Dickdarm (Colon descendens)
- Leerdarm (Jejunum)
- Wurmfortsatz (Appendix vermiformis)
- S-förmiger Dickdarm (Colon sigmoideum)
- Mastdarm (Rectum)

(aus Faller, Schünke; Der Körper des Menschen, Thieme, 2008)

A-10.4 Struktur des Mucins MUC 2

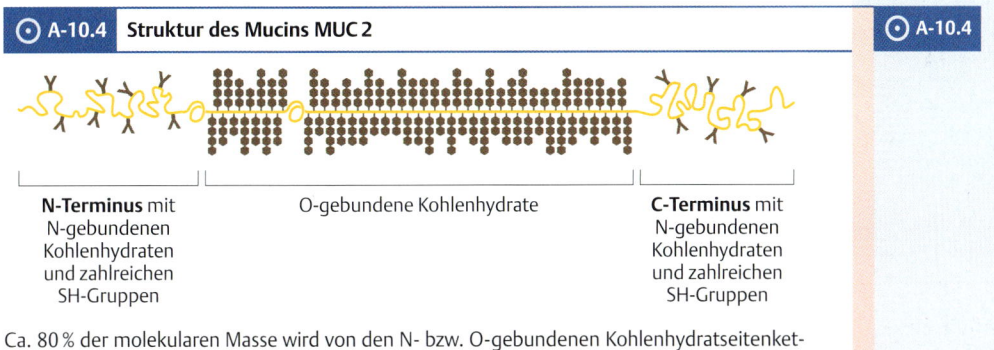

N-Terminus mit N-gebundenen Kohlenhydraten und zahlreichen SH-Gruppen

O-gebundene Kohlenhydrate

C-Terminus mit N-gebundenen Kohlenhydraten und zahlreichen SH-Gruppen

Ca. 80 % der molekularen Masse wird von den N- bzw. O-gebundenen Kohlenhydratseitenketten beigesteuert. Die Polypeptidkette des Glykoproteins umfasst über 5 000 Aminosäuren. Die zahlreichen Cysteine vermitteln über die Ausbildung intermolekularer Disulfidbrücken die Bildung großer netzartiger Strukturen. MUC 2 ist das wichtigste Mucin des Darms, wo es als Hauptbestandteil des Schleims von den Becher-Zellen produziert wird.

(aus Trends in Biochemical Sciences, Volume 27, Dekker et al., The MUC family: an obituary, Seiten 126-131, 2002, mit freundlicher Genehmigung von Elsevier, doi:10.1016/S0968-0004(01)02052-7)

gelangen sie an die Zelloberfläche, wo sie große Mengen von Wasser anlagern. Auf den Schleimhäuten bildet der Schleim eine dünne Schicht, auf der die Komponenten der Nahrung leicht entlanggleiten können. Gleichzeitig wird es Krankheitserregern erschwert, sich an den Epithelien festzusetzen. Neben den Mucinen enthalten die Sekrete eine **Vielzahl an weiteren wichtigen Komponenten** (Tab. **A-10.4**).

A 10 Ernährung und Verdauung

A-10.4 Inhaltsstoffe und Menge der Verdauungssekrete

Sekret	wichtige Inhaltsstoffe	Sekretmenge pro Tag (Liter)*
Speichel	- Mucine - Bicarbonat (HCO_3^-) - α-Amylase (= Ptyalin)	0,5 – 1,5
Magensaft	- Mucine - Salzsäure (HCl) - Intrinsic Factor - Pepsin (eine Protease)	2 – 3
Pankreassekret	- HCO_3^- - Proteasen - Peptidasen - α-Amylase - Lipasen - Cholesterin-Esterase - RNasen und DNasen	2
Galle	- Mucine - Gallensäuren - Cholesterin - Bilirubin (= Abbauprodukt von Hämgruppen)	0,5
Dünndarmsekret	- Mucine - HCO_3^-	1 – 2

* Die genauen Mengen der verschiedenen Sekrete werden von der Ernährung bestimmt und können erheblich schwanken.

Speichel

Inhaltsstoffe

Mucine: Diese Substanzen verleihen dem Speichel eine schleimige Konsistenz. Sie erleichtern die Passage der Nahrung durch den Ösophagus.

Verdauungsenzyme:
- **Ptyalin** ist eine α-Amylase, d. h. es katalysiert die Spaltung der α1→4-glykosidischen Bindungen der Stärke. Dabei wird Stärke allerdings nicht bis zu den Glucosemonomeren abgebaut, sondern nur bis zum Disaccharid, also bis zur Maltose (S. 210). Da Ptyalin im sauren Magensaft sehr schnell inaktiviert wird, ist sein Beitrag zur Verdauung gering. Man vermutet, dass Ptyalin primär die Aufgabe hat, Nahrungsreste an den Zähnen zu hydrolysieren. Für die Spaltung der Stärke im Darm ist hingegen die α-Amylase des Pankreassafts verantwortlich.
- Neben dem Ptyalin enthält der Speichel auch mehrere **Proteasen**, die ebenfalls primär an der Reinigung der Zähne beteiligt sein dürften.
- Die **Lipase**, die im Speichel enthalten ist, scheint hingegen zumindest beim Säugling einen effektiven Beitrag zur Verdauung der Lipide der Milch zu leisten.

Magensaft

Inhaltsstoffe

Salzsäure (HCl) wird von den **Belegzellen** (= Parietalzellen) der Magendrüsen sezerniert und hat einen pH von ca. 1 (Protonenkonzentration ca. 100 mM). Im Lumen des Magens durchmischt sich die Salzsäure mit dem Nahrungsbrei, und der pH steigt dabei auf Werte von 2 – 4. Die kräftige Ansäuerung des gesamten Mageninhalts erleichtert das Aufschließen und die Verdauung der Nahrung. Außerdem werden auf diese Weise fast alle pathogenen Mikroorganismen abgetötet, die sich in der Nahrung befinden können.

Intrinsic Factor: Das Glykoprotein wird ebenfalls von den **Belegzellen** des Magens sezerniert. Er vermittelt im Ileum die Resorption des Vitamins B12 (S. 315).

Speichel

Inhaltsstoffe

Mucine: Diese Substanzen erleichtern die Nahrungspassage durch den Ösophagus.

Verdauungsenzyme: (vermutlich primär zur enzymatischen Reinigung der Zähne):
- Ptyalin (α-Amylase; Bildung von Maltose durch Spaltung der α1→4-glykosidischen Bindungen der Stärke)
- Proteasen
- Lipase

Magensaft

Inhaltsstoffe

Salzsäure (HCl) wird von den **Belegzellen** (= Parietalzellen) produziert und dient der Ansäuerung des Mageninhalts, was die Verdauung der Nahrung erleichtert. Ihr pH beträgt ca. 1, die Protonenkonzentration ca. 100 mM.

Intrinsic Factor: Er wird von Belegzellen produziert und vermittelt im Ileum die Resorption des Vitamins B_{12}.

Pepsinogene: Diese Metaboliten sind enzymatisch inaktive Protease-Vorstufen (**Zymogene**), die von den **Hauptzellen** der Magendrüsen sezerniert werden. Da die Zymogene enzymatisch inaktiv sind, werden die Drüsenzellen nicht angegriffen. Das aktive Enzym Pepsin entsteht im Lumen des Magens, indem vom Pepsinogen ein aminoterminales Prosegment abgespalten wird. „Pepsin" ist der Name einer Gruppe von strukturell sehr ähnlichen Proteasen, die im Magen die **Spaltung der Nahrungsproteine in Polypeptidfragmente** einleiten. Enzyme, die Proteine in Polypeptide spalten, heißen Endopeptidasen. Das wichtigste Pepsin, Pepsin A, spaltet Proteine an der aminoterminalen Seite der Aminosäuren Phenylalanin und Tyrosin.

Von den 373 Aminosäuren des Pepsinogen A werden in zwei Schritten insgesamt 47 Aminosäuren abgespalten. Die Abspaltung der Peptide wird vom sauren Milieu des Magens ausgelöst: Bei niedrigem pH-Wert kann sich das Pepsinogen sein Prosegment z. T. intramolekular selber abspalten (= Autokatalyse), z. T. wird das Prosegment auch vom bereits aktivierten Pepsin abgespalten. Das pH-Optimum des Pepsins liegt bei pH 2.

Pepsinogene: Diese enzymatisch inaktiven Protease-Vorstufen (**Zymogene**) werden von den **Hauptzellen** sezerniert. Die aktiven Enzyme („Pepsin") sind Endopeptidasen. Sie leiten im Magen die **Spaltung der Nahrungsproteine in Polypeptidfragmente** ein. Die Aktivierung des Enzyms erfolgt durch Proteolyse im sauren Magenlumen.

Mucine: Diese Substanzen sind der Hauptbestandteil des ca. 0,5 mm dicken Schleimfilms der Magenschleimhaut. Dieser besteht aus zwei Schichten:
- einer zähflüssigen Schicht, produziert von den **mukösen Zellen** des Oberflächenepithels des Magens,
- einer darüber liegenden dünnflüssigeren Schicht, produziert von den **Nebenzellen** der Magendrüsen.

Die Schleimschicht hat die Aufgabe, die Magenwand **vor** dem **Pepsin** und der **Salzsäure zu schützen**. Innerhalb der Schleimschicht bildet sich ein steiler pH-Gradient aus. An der luminalen Seite liegt der pH bei 1, direkt an der Oberfläche der mukösen Zellen werden neutrale pH-Werte erreicht. Die Neutralisation der Salzsäure wird im Schleim durch eine **hohe Konzentration an Bicarbonat** erreicht.

Mucine: Sie sind der Hauptbestandteil des ca. 0,5 mm dicken, zweischichtigen Schleimfilms der Magenschleimhaut. Die untere, zähflüssige Schicht wird von den **mukösen Zellen** des Oberflächenepithels, die obere, dünnflüssige von den **Nebenzellen** produziert. Die Schleimschicht **schützt** die Magenwand **vor dem Pepsin** und der **Salzsäure**. Letztere wird durch eine **hohe Bicarbonatkonzentration** neutralisiert.

Die Produktion der Salzsäure

Belegzellen weisen eigentümliche Invaginationen der apikalen Membranen auf, die **Canaliculi**. In den Membranen der Canaliculi befindet sich die **K^+-H^+-ATPase**, die Protonen im Austausch gegen Kalium-Ionen in das Lumen der Magendrüsen exportiert. Woher stammen die Protonen? Unter der Einwirkung des Enzyms **Carboanhydrase bildet** sich im Zytosol der Belegzellen durch Reaktion von Kohlendioxid mit Wasser ständig **Kohlensäure**. Die Protonen entstehen dann bei der **Dissoziation** der Kohlensäure (H_2CO_3) **in Bicarbonat (HCO_3^-) und H^+**:

$$CO_2 + H_2O \rightleftharpoons H_2CO_3 \rightleftharpoons HCO_3^- + H^+$$

HCO_3^- verlässt die Belegzelle an der basolateralen Seite **im Austausch gegen Chlorid-Ionen**. Deren Konzentration steigt dadurch im Zytosol an. Ihrem Konzentrationsgefälle folgend verlassen die **Chlorid-Ionen** die Belegzelle **durch Chloridkanäle der Canaliculi** (Abb. A-10.5). Somit werden an der apikalen Seite sowohl Protonen als auch Chlorid-Ionen sezerniert.

Die Produktion der Salzsäure

In den **Canaliculi** der apikalen Membran der Belegzellen exportiert die **K^+-H^+-ATPase** H^+ im Austausch gegen K^+.

Unter Katalyse der **Carboanhydrase bildet** sich im Zytosol der Belegzelle ständig **Kohlensäure, die in Bicarbonat (HCO_3^-) und H^+ dissoziiert**.

HCO_3^- verlässt die Belegzelle an der basolateralen Seite **im Austausch gegen Chlorid-Ionen**. Diese verlassen die Zelle wieder durch **Chloridkanäle der Canaliculi** (Abb. A-10.5).

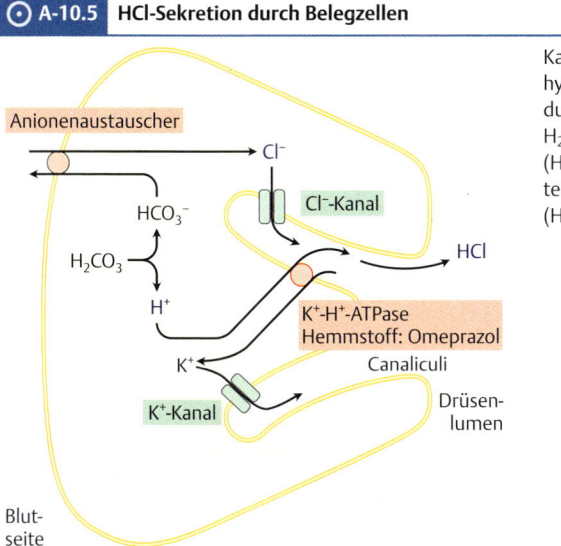

A-10.5 HCl-Sekretion durch Belegzellen

Katalysiert von der Carboanhydrase bildet sich im Zytosol durch Reaktion von CO_2 mit H_2O ständig Kohlensäure (H_2CO_3). Diese dissoziiert unter Bildung von Bicarbonat (HCO_3^-) und Protonen.

▶ Merke. H⁺ und Cl⁻ verlassen die Zelle im Bereich der Canaliculi. H⁺ wird von der K⁺-H⁺-ATPase im Austausch gegen K⁺ in das Magenlumen exportiert. Cl⁻ gelangt im Austausch gegen HCO_3^- (an der basolateralen Seite) in die Belegzelle und durch Chloridkanäle der Canaliculi in das Magenlumen.

Die Kalium-Ionen, die von der K⁺-H⁺-ATPase im Austausch gegen die Protonen in das Zellinnere gepumpt werden, können die Zelle durch separate Kaliumkanäle wieder verlassen.

Die gesamte HCl-Produktion der Belegzellen wird letztlich von der ATP-Hydrolyse der K⁺-H⁺-ATPase angetrieben. Der außerordentlich hohe ATP-Verbrauch der Belegzellen erklärt die Vielzahl der Mitochondrien, die in diesen Zellen etwa 40 % des Zellvolumens in Anspruch nehmen.

Die Regulation der Salzsäureproduktion

Die Regulation der HCl-Produktion erfolgt unter Vermittlung mehrerer Faktoren.

▶ Merke. Synergistisch **stimulierend** wirken Gastrin, Histamin und Acetylcholin (Abb. **A-10.6**).

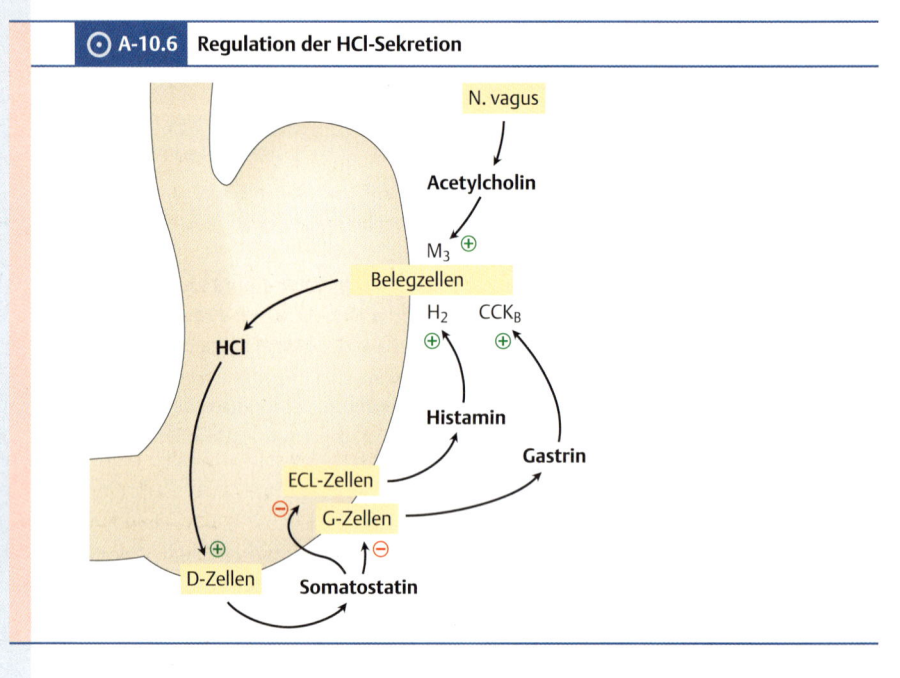

⊙ A-10.6 Regulation der HCl-Sekretion

Gastrin wird von den **G-Zellen** produziert, die sich in den Magendrüsen des Antrums (dem unteren Teil des Magens) und im proximalen Duodenum befinden. Gastrin ist ein Peptidhormon, das in zwei Formen, nämlich als Peptid von 17 bzw. 34 Aminosäuren sezerniert wird. Die G-Zellen des Antrums werden vom Nahrungsbrei zur Bildung von Gastrin-17 angeregt. Das Gastrin gelangt dann mit dem Blut zu den Belegzellen des Fundus und des Corpus (den weiter oben gelegenen Abschnitten des Magens) und signalisiert dort den Bedarf an einer erhöhten Salzsäureproduktion. Es bindet an den CCK$_B$-Rezeptor der Belegzellen. Die physiologische Relevanz des Gastrins zeigt sich bei Infektionen mit *Helicobacter pylori*.

▶ Klinik. Etwa die Hälfte der Menschheit ist mit **Helicobacter pylori** infiziert. Die helikal gewundenen Bakterien wachsen im Antrum, nahe dem Pylorus. Gegen die Magensäure schützen sie sich, indem sie sich in der Schleimschicht auf dem Epithel aufhalten. Dort reizen sie allerdings die G-Zellen, was über die Vermittlung von Gastrin zu einer erhöhten HCl-Produktion führt. Bei etwa 10 % der Infizierten kommt es früher oder später zu einer **Gastritis** (Entzündung des Magens), u. U. auch zur Bildung eines **Ulkus** (Geschwür, Abb. **A-10.7**). Oft bildet sich ein Ulkus auch im Duodenum. Die Therapie besteht in einer 2-wöchigen Gabe von Antibiotika in Verbindung mit dem **Protonenpumpenhemmer Omeprazol** (oder Pantoprazol). Diese Hemmstoffe dringen in die Belegzellen ein und binden dort kovalent an die K⁺-H⁺-ATPase, die dadurch irreversibel inaktiviert wird. Mit Omeprazol und Pantoprazol wird auf dem Weltmarkt jedes Jahr ein Umsatz von mehreren Milliarden Dollar erzielt. Auf dem deutschen Pharmamarkt waren Omeprazol und Pantoprazol in den letzten Jahren die Wirkstoffe der beiden umsatzstärksten Medikamente.

Histamin wird im Magen von **Enterochromaffin-ähnlichen** (Enterochromaffin-like, ECL-)**Zellen** sowie von **Mastzellen** der Schleimhaut gebildet. Histamin bindet an die **H₂-Histamin-Rezeptoren** der Belegzellen und stimuliert dadurch die HCl-Produktion.

Histamin, produziert von **ECL- und Mastzellen** im Magen, bindet an die **H₂-Histamin-Rezeptoren** der Belegzellen.

▶ **Klinik.** Die H₂-Rezeptoren können durch **Inhibitoren** wie **Cimetidin** und **Ranitidin** blockiert werden. Vor Einführung des Omeprazols nahmen Cimetidin und Ranitidin in der Rangliste der weltweit umsatzstärksten Medikamente zeitweise den ersten Platz ein. Auch heute werden beide Wirkstoffe noch häufig zur kurzzeitigen oder längerfristigen Senkung der Salzsäureproduktion eingesetzt.

▶ **Klinik.**

Cholinerge Neurone des **Nervus vagus** tragen ebenfalls zur Stimulation der HCl-Produktion bei. Das freigesetzte **Acetylcholin** bindet in der Plasmamembran der Belegzellen an muscarinartige Rezeptoren vom Typ M₃. Die Regulation über den Nervus vagus bietet eine Erklärung für die bekannten Einflüsse subjektiver Empfindungen auf die Säureproduktion, etwa bei psychischer Belastung oder beim Geruch von Speisen.

Der **Nervus vagus** stimuliert ebenfalls die HCl-Produktion. Das freigesetzte **Acetylcholin** bindet Rezeptoren vom Typ M₃.

▶ **Merke.** Physiologische Hemmstoffe der HCl-Produktion sind Somatostatin und Prostaglandin E₂.

▶ **Merke.**

Somatostatin ist ein gastrointestinales Peptidhormon aus 14 Aminosäuren. Es wird u. a. von den D-Zellen des Antrums produziert, sobald der pH-Wert im Magenlumen unter 3 sinkt. Somatostatin hemmt sowohl die G-Zellen als auch die ECL-Zellen und vermittelt so eine wichtige negative Rückkopplung.
Prostaglandin E₂, ein Produkt des Arachidonsäurestoffwechsels, hemmt nicht nur die HCl-Produktion, sondern stimuliert auch die Mucin- und Bicarbonatsekretion und steigert die Durchblutung der Magenschleimhaut. Dadurch leistet es einen wichtigen Beitrag zum Schutz der Magenschleimhaut.

Somatostatin wird u. a. von den D-Zellen des Antrums produziert. Es hemmt sowohl die G-Zellen als auch die ECL-Zellen.

Prostaglandin E₂ hemmt die HCl-Produktion, stimuliert die Mucin- und Bicarbonatsekretion und steigert die Durchblutung der Magenschleimhaut.

▶ **Klinik.** **Acetylsalicylsäure** (ASS, z. B. Aspirin) hemmt die Zyklooxygenase und damit ein Enzym, das in der Prostaglandinsynthese (auch der Synthese des Prostaglandin E₂) eine entscheidende Rolle spielt. Über eine Verminderung der Prostaglandin-E₂-Konzentration löst ASS deshalb in der Magenschleimhaut sehr leicht Schädigungen, z. B. Magenblutungen, aus. Etwa 20 % der **Magenulzera** (Abb. **A-10.7**) sind auf länger dauernde Einnahme von Zyklooxygenasehemmern wie Ibuprofen oder Diclofenac zur Entzündungshemmung (z. B. bei rheumatischen Erkrankungen) zurückzuführen.

▶ **Klinik.**

⊙ **A-10.7** Magenulkus

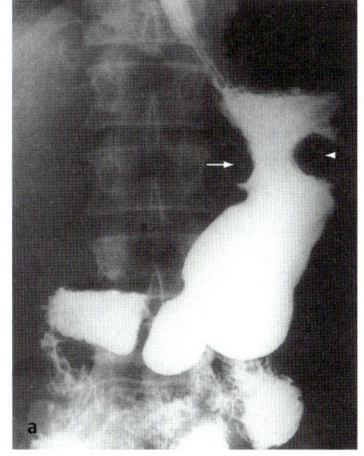

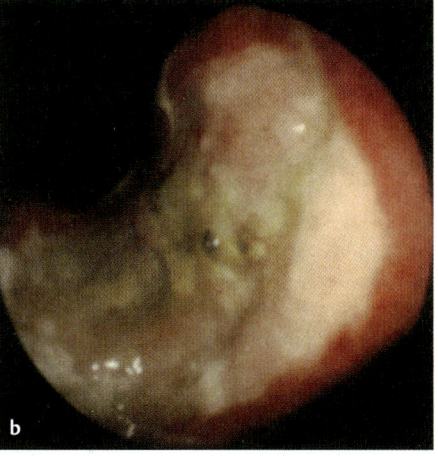

(aus Reiser, Kuhn, Debus; Duale Reihe Radiologie, Thieme, 2011)

a Radiologisches Bild eines Ulkus an der kleinen Kurvatur (Pfeil) mit Formverziehung der gegenüberliegenden Magenwand (Pfeilspitze). **b** Endoskopisches Bild eines Magenulkus.

Pankreassekret

Inhaltsstoffe

Das Pankreassekret enthält die meisten (über 20!) und wichtigsten Verdauungsenzyme. Zu diesen gehören u. a.:

Enzymatisch inaktive Protease-Vorstufen (Zymogene), aus denen im Darmlumen durch Abspaltung von Peptiden aktive Proteasen und Peptidasen (S. 259) entstehen:
- **Trypsinogen** wird an den Enterozyten des Duodenums von der **Enteropeptidase** der Bürstensaummembran zu Trypsin aktiviert. Das aktive Trypsin ist eine Endopeptidase. Es ist dadurch in der Lage, seinerseits Trypsinogen zu Trypsin zu aktivieren. Zudem aktiviert es weitere Zymogene nämlich die Vorstufen des Chymotrypsins und der Carboxypeptidasen:
- **Chymotrypsin** ist als Endopeptidase an der Verdauung beteiligt.
- **Carboxypeptidasen** sind Exopeptidasen. Sie spalten von ihren Substraten jeweils die carboxyterminale Aminosäure ab.

Aktive Enzyme:
- **Pankreaslipase** zur Hydrolyse von Triglyceriden im Darmlumen,
- **Phospholipase A_2** zur Hydrolyse von Phospholipiden (den Bestandteilen biologischer Membranen),
- **Cholesterin-Esterase**, eine vergleichsweise unspezifische Esterase, die nicht nur Ester aus Cholesterin und Fettsäuren spaltet, sondern auch verschiedene andere Ester hydrolysiert,
- **α-Amylase** zur Spaltung von Polysacchariden in Disaccharide,
- **Ribonuklease (= RNase)** und **Desoxyribonuklease (DNase)** zur Spaltung von Nukleinsäuren in Nukleotide.

Bicarbonat:
s. u. unter „Produktion".

▶ **Klinik.** Werden die Zymogene bereits im Pankreas zu Proteasen aktiviert, kann es zu einer gefährlichen Entzündung der Bauchspeicheldrüse kommen, der **akuten Pankreatitis** (Abb. A-10.8). Dabei scheint insbesondere die Protease Trypsin eine wesentliche Rolle zu spielen. Typische Ursachen sind Gallensteine im Ductus choledochus vor der Papille (sie behindern den Sekretabfluss und führen so zu einem Rückstau) und Alkoholabusus. Die Patienten klagen meist über gürtelförmige, starke Oberbauchschmerzen. Als Folge der Andauung von Zellen gelangen Verdauungsenzyme, z. B. **Lipase und α-Amylase, ins Blut**. Vor allem die pankreasspezifische Amylase dient als diagnostischer Marker.

⊙ **A-10.8** Computertomogramm bei akuter Pankreatitis

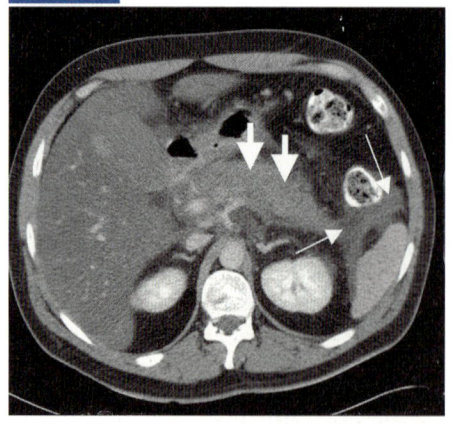

(aus Reiser, Kuhn, Debus; Duale Reihe Radiologie, Thieme, 2004)

Das CT nach Kontrastmittelgabe zeigt ein entzündliches Ödem des Pankreasschwanzes und Pankreaskorpus (große weiße Pfeile) und eine entzündlich bedingte Flüssigkeitsansammlung in der Bursa omentalis (kleine weiße Pfeile)

Produktion

Die Verdauungsenzyme werden von den **Azinuszellen** gebildet und zunächst intrazellulär in Vesikeln gespeichert, die als **Zymogengranula** bezeichnet werden. Durch **Exozytose** gelangen sie in die Ausführungsgänge. Im Bereich der Schaltstücke werden **große Mengen an HCO_3^-** und **Wasser in das Lumen des Ausführungsgangs sezerniert**. Von den Ausführungsgängen gelangt der Pankreassaft in den Ductus pancreaticus und mit diesem in das Duodenum bzw. (in 60 % aller Fälle) zunächst in den Ductus choledochus. Dank der hohen Bicarbonatkonzentration (> 100 mM) hat der Pankreassaft einen pH von 8 und trägt somit wesentlich zur **Neutralisation des sauren Mageninhalts** bei.

Galle

Die Hepatozyten bilden pro Tag ca. 600 – 700 ml sog. **Lebergalle**. Etwa die Hälfte davon wird in der Gallenblase konzentriert, das Volumen der Gallenflüssigkeit kann dabei um 90 % reduziert werden. Das Konzentrat wird als **Blasengalle** bezeichnet. Über den Ductus choledochus wird die Galle an den Dünndarm abgegeben.

Inhaltsstoffe

Gallensäuren sind der wichtigste Bestandteil der Gallenflüssigkeit. Ihre Konzentration in der Blasengalle beträgt ca. 80 mM, täglich werden ca. 24 g gebildet. Die Gallensäuren gehören chemisch zur Gruppe der Steroide, sie werden ausgehend von Cholesterin synthetisiert. Bei physiologischen pH-Werten liegen die Gallensäuren weitgehend als negativ geladene Ionen vor. In dieser Form werden sie auch als **Gallensalze** bezeichnet. (Der Ausdruck „Gallensalz" bezieht sich also nicht auf eine kristalline Substanz, sondern auf die Anionen der Gallensäuren.) Traditionell spricht man auch in Bezug auf die Anionen vereinfachend von „Gallensäuren". Bei der Verdauung der Lipide haben sie die Aufgabe, größere Lipid-Aggregate aufzulösen. Gallensäuren sind **Detergenzien**, d. h. sie lösen Lipide aus den Nahrungsbestandteilen heraus und emulgieren sie. Bei längerer Einwirkungszeit und höherer Konzentration der Gallensäuren werden die Lipidtröpfchen schließlich in winzige **Mizellen** aufgespalten. Durch den geringen Durchmesser der Mizellen sind die Lipide für die **Pankreaslipase** und andere Enzyme gut zugänglich. Die Triacylglycerine (TAG) werden von der Pankreaslipase überwiegend zu 2-Monoacylglycerin abgebaut.
Weitere Inhaltsstoffe der Galle sind:
- **Phospholipide:** Sie tragen teilweise ebenfalls zur Verdauung der Lipide bei.
- **Gallenfarbstoffe:** Bilirubin-Diglucuronid u. a. Abbauprodukte von Hämgruppen (S. 763), die überwiegend aus dem Abbau von Hämoglobin stammen.
- **Cholesterin** (s. u.).
- **Produkte des Fremdstoffmetabolismus**, z. B. aus dem Abbau von Medikamenten, sog. Biotransformation (S. 739).

Die Synthese der Gallensäuren

Die Gallensäuren der Galle sind überwiegend mit der kleinen nicht proteinogenen Aminosäure Taurin oder mit Glycin verbunden. In dieser Form werden sie als „konjugierte" Gallensäuren bezeichnet. Ihre Synthese beginnt in der Leber zunächst mit der Bildung der unkonjugierten Gallensäuren **ausgehend von Cholesterin**. Die Reaktionen werden von Enzymen katalysiert, die in den Membranen des glatten endoplasmatischen Retikulums verankert sind. **Cholesterin** ist ein lang gestrecktes, weitgehend hydrophobes Molekül, das **27 C-Atome** enthält. **Nur an einem Ende, am C-Atom 3, trägt Cholesterin eine OH-Gruppe.** Dadurch ist es schwach polar. Über die OH-Gruppe kann Cholesterin mit Wassermolekülen in Wechselwirkung treten.
Gallensäuren sind **Steroide** mit einer gegenüber dem Cholesterin verkürzten Seitenkette: die unkonjugierten Gallensäuren enthalten nur noch **24 C-Atome**. Die Seitenkette exponiert eine **Carboxylgruppe**. Außerdem tragen Gallensäuren **bis zu drei OH-Gruppen**. Im Cholesterin liegen alle Ringe des Steroidgerüsts in einer Ebene (*trans*-Stellung). In den Gallensäuren hingegen bildet der Ring A relativ zum übrigen Molekül einen 90°-Winkel, das Steroidgerüst hat also einen Knick bekommen (*cis*-Stellung). Es ist auffällig, dass dadurch alle Gallensäuren eine **hydrophobe Unterseite** und eine **hydrophile Oberseite** haben. Die Carboxylgruppe und alle OH-Gruppen lie-

A-10.9 Synthese der Gallensäuren in der Leber

Primäre Gallensäuren werden in der **Leber** gebildet. Die wichtigsten sind **Cholsäure** und **Chenodesoxycholsäure** (Abb. **A-10.9**).

▶ **Merke.**

Die **konjugierten Gallensäuren** entstehen in der Leber aus den unkonjugierten Gallensäuren durch **Aktivierung mit CoA** und **Reaktion mit**
- **Glycin** oder
- der nicht proteinogenen Aminosäure **Taurin** (Abb. **A-10.9**).

Mithilfe eines ATP-abhängigen Gallensäuretransporters gelangen die konjugierten Gallensäuren dann aus den Hepatozyten in die Gallenkanälchen und mit der Galle in den oberen Dünndarm.

Sekundäre Gallensäuren entstehen im **Darm** durch die Reaktion der Gallensäuren mit Enzymen, die von Darmbakterien freigesetzt werden. Diese Enzyme katalysieren die
- Abspaltung von Glycin und Taurin,
- Entfernung der OH-Gruppe der Position 7.

gen ausschließlich an der Oberseite. Die ausgeprägte **Polarität** zwischen Unter- und Oberseite ist die Voraussetzung für die Detergenzwirkung der Gallensäuren.

Die Gallensäuren, die in der **Leber** neu synthetisiert werden, bezeichnet man als **primäre Gallensäuren**. Die der Menge nach bedeutendsten Gallensäuren sind (Abb. **A-10.9**)
- **Cholsäure** (mit OH-Gruppen in Position 3, 7 und 12),
- **Chenodesoxycholsäure** (mit OH-Gruppen in Position 3 und 7).

▶ **Merke.** Der erste und **geschwindigkeitsbestimmende Schritt** in der Biosynthese der Gallensäuren ist die **Hydroxylierung von Cholesterin in Position 7**. Die Reaktion wird durch **Endprodukthemmung** reguliert, die Cholesterin-7α-Hydroxylase wird nämlich von Gallensäuren gehemmt.

Aus den unkonjugierten Gallensäuren entstehen in der Leber die **konjugierten Gallensäuren** durch **Aktivierung mit Coenzym A** und anschließende **Reaktion mit**
- der proteinogenen Aminosäure **Glycin** oder
- der nicht proteinogenen Aminosäure **Taurin**.

Cholsäure reagiert mit Glycin zu **Glycocholsäure**, mit Taurin zu **Taurocholsäure**. Es ist zu beachten, dass Taurin eine Sulfongruppe (-SO₃H) enthält. Taurocholsäure ist somit eine **Sulfonsäure**, Taurocholat ist ein **Sulfonat**. Die Aminosäuren reagieren jeweils unter Bildung einer Säureamidbindung mit der Carboxylgruppe der Cholsäure (Abb. **A-10.9**). Die konjugierten Gallensäuren gelangen mithilfe eines ATP-abhängigen Gallensäuretransporters aus den Hepatozyten in die Gallenkanälchen und mit der Galle in den oberen Dünndarm.

Sekundäre Gallensäuren entstehen im **Darm**, und zwar durch die Reaktion der Gallensäuren mit Enzymen, die von Darmbakterien freigesetzt werden. Im Wesentlichen katalysieren diese Enzyme die
- **Abspaltung von Glycin und Taurin** (durch Hydrolyse der Säureamidbindung), und die
- **Entfernung der OH-Gruppe der Position 7**.

Die sekundären Gallensäuren unterscheiden sich also von den ursprünglich in der Leber synthetisierten primären Gallensäuren dadurch, dass ihnen die im geschwindigkeitsbestimmenden Schritt eingebaute OH-Gruppe der Position 7 fehlt. Aus der Cholsäure entsteht dadurch die **Desoxycholsäure**.

Der enterohepatische Kreislauf der Gallensäuren

Die verschiedenen Gallensäuren werden **zu über 90 % im distalen Ileum resorbiert** und über die Pfortader erneut der **Leber** zugeführt. Sowohl in die Enterozyten als auch in die Hepatozyten gelangen die Gallensäuren **durch sekundär-aktiven Na$^+$-Symport**. (Der Konzentrationsgradient der Na$^+$-Ionen wird von der Na$^+$-K$^+$-ATPase aufrechterhalten). Am Transport in die Hepatozyten ist außerdem ein Na$^+$-unabhängiges Transportsytem beteiligt, das **„organic anion-transporting polypeptide" (OATP)**. In der Leber werden aus den sekundären Gallensäuren erneut primäre Gallensäuren gebildet, sodass sich ein enterohepatischer Kreislauf ergibt (Abb. **A-10.10**). Der Körper enthält insgesamt ca. 5 g Gallensäuren. Täglich werden nur ca. 0,5 g Gallensäuren neu synthetisiert. Für die Verdauung der Lipide werden aber täglich 15 – 30 g Gallensäuren benötigt. Folglich müssen die Gallensäuren **etwa 3- bis 6-mal am Tag zwischen Leber und Darm zirkulieren.** Die Neusynthese gleicht nur den Verlust an ca. 0,5 g Gallensäuren aus, die den Körper mit den Faeces verlassen.

Der enterohepatische Kreislauf der Gallensäuren

Die Gallensäuren werden zu > 90 % im Ileum resorbiert und erneut der Leber zugeführt. Der Körper enthält ca. 5 g Gallensäuren. Täglich werden nur ca. 0,5 g Gallensäuren neu synthetisiert. Für die Verdauung der Lipide werden täglich 15 – 30 g Gallensäuren benötigt. Die Gallensäuren zirkulieren deshalb zwischen Leber und Darm etwa 3- bis 6-mal am Tag (Abb. **A-10.10**).

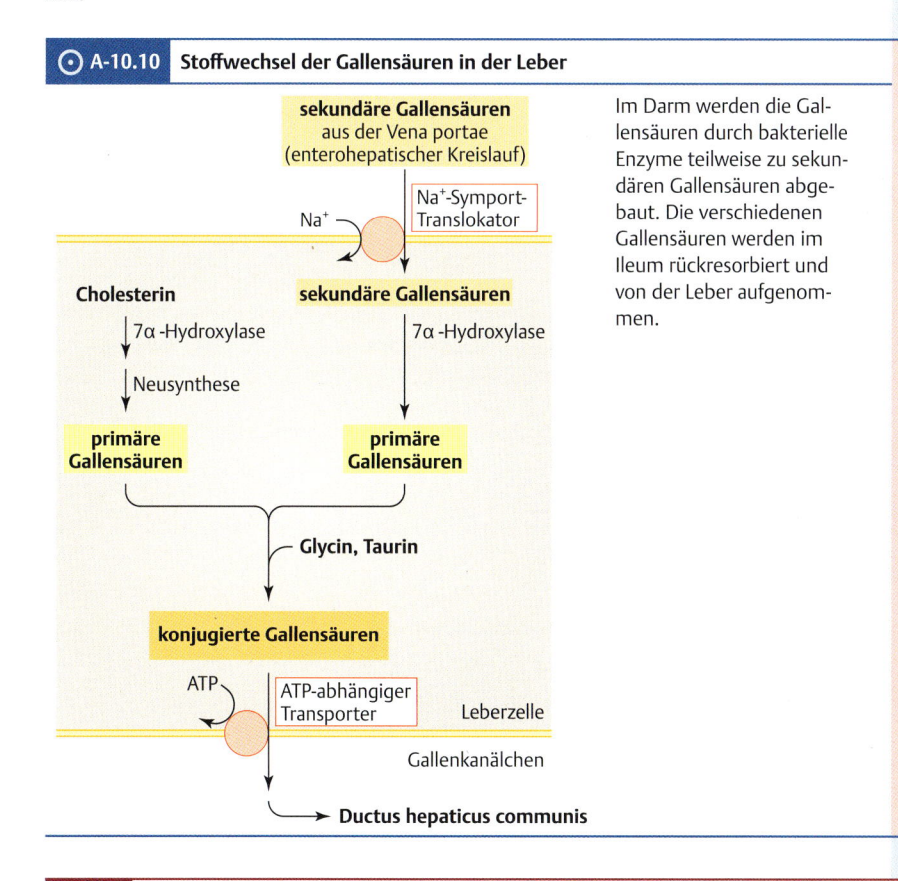

A-10.10 Stoffwechsel der Gallensäuren in der Leber

Im Darm werden die Gallensäuren durch bakterielle Enzyme teilweise zu sekundären Gallensäuren abgebaut. Die verschiedenen Gallensäuren werden im Ileum rückresorbiert und von der Leber aufgenommen.

▶ **Merke.** Auch **Cholesterin** zirkuliert im **enterohepatischen Kreislauf**. Es kann im Stoffwechsel des Menschen **nicht abgebaut** werden. Überschüssiges Cholesterin kann deshalb **nur mit der Galle ausgeschieden werden**, nämlich entweder in Form von Gallensäuren (Konzentration in der Blasengalle ca. 80 mM, s. o.) oder als freies Cholesterin (Konzentration in der Blasengalle ca. 10 mM). Da das Cholesterin in beiden Formen zum größten Teil im Ileum wieder resorbiert wird, ist es für den Organismus schwierig, Cholesterin zu eliminieren.

Cholesterin ist in Wasser kaum löslich. In der Galle wird es im Wesentlichen durch Assoziation mit den Gallensäuren in Lösung gehalten.

▶ **Merke.**

In der Galle wird Cholesterin durch Assoziation mit Gallensäuren in Lösung gehalten.

▶ Klinik. Bei ungünstigen Konzentrationsverhältnissen kann das Cholesterin in der Galle nicht mehr in Lösung gehalten werden und es bildet Präzipitate. Die Hälfte aller **Gallensteine** (Cholelithiasis, Abb. **A-10.11 b**) sind reine **Cholesterinsteine**, weitere 30 % enthalten zumindest einen hohen Anteil an Cholesterin. In den meisten Fällen bleiben die Gallensteine unbemerkt und sie verursachen keine Beschwerden. Gallensteine können aber auch eine **Gallenkolik** auslösen. Charakteristisch sind plötzlich einsetzende heftige rechtsseitige Oberbauchschmerzen. Häufig strahlen die Schmerzen in die rechte Schulter aus.

Die Beschwerden können durch eine fettreiche Mahlzeit ausgelöst werden. Die diagnostische Methode der Wahl ist die Sonografie (Abb. **A-10.11 a**). Sofern ein Gallenstein in den Ductus choledochus gelangt, entsteht leicht ein Ikterus (Gelbsucht). Steine im Ductus cysticus verursachen Koliken aber keinen Ikterus.

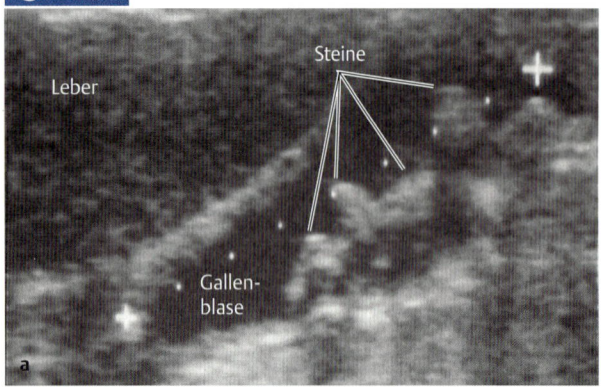

A-10.11 Cholelithiasis

a Sonogramm bei Cholelithiasis (Längsschnitt am rechten Rippenbogen) (aus Delorme, Debus; Duale Reihe Sonographie, Thieme, 2005).

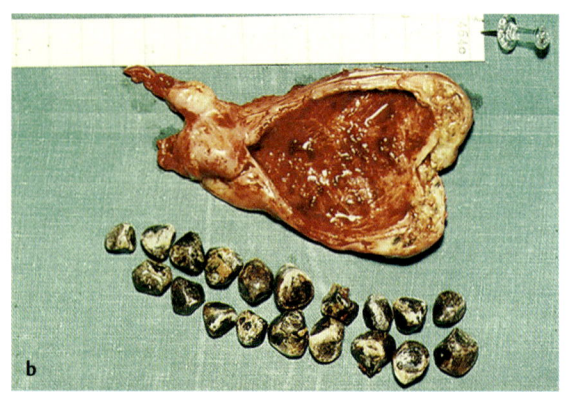

b Gallensteine, die zu einer chronischen Gallenblasenentzündung geführt haben (aus Schumpelick, Bleese, Mommsen; Kurzlehrbuch Chirurgie, Thieme, 2010).

Dünndarmsekret

Mucine und das **bicarbonatreiche Sekret** der **Brunner-Drüsen des Duodenums** schützen das Epithel des Dünndarms.

Die von der duodenalen Mukosa sezernierte **Enteropeptidase** wandelt das inaktive Trypsinogen in das aktive Trypsin um.

Dünndarmsekret

Das Sekret der Dünndarmschleimhaut dient vor allem dem Schutz der Epithelien. Ein wichtiger Sekretbestandteil sind **Mucine** (S. 198). Im **Duodenum** schützt das **bicarbonatreiche Sekret** der **Brunner-Drüsen** die Schleimhaut vor dem sauren Mageninhalt. Zudem enthält das Dünndarmsekret eine Vielzahl an Komponenten, die das Wachstum von Mikroorganismen im Darm regulieren, z. B. Antikörper vom Typ IgA. Ein wichtiger Bestandteil der apikalen Membranen der Enterozyten ist im oberen Dünndarm das Enzym **Enteropeptidase**. Es spaltet vom Trypsinogen des Pankreassafts die sechs aminoterminalen Aminosäuren ab und wandelt das inaktive Trypsinogen damit in das aktive Trypsin um (S. 259). Die Enteropeptidase wurde von dem berühmten russischen Physiologen Ivan Petrovic Pavlov (1849 – 1936, Nobelpreis 1904) entdeckt. Von ihm erhielt das Enzym zunächst den Namen Enterokinase. Eine Phosphorylierung wird aber nicht katalysiert. Die Enteropeptidase ist eine typische Serin-Protease (S. 259).

10.3.3 Verdauung der Nahrungsbestandteile

Weitere Details zur Verdauung der verschiedenen Nahrungsbestandteile werden in den folgenden Abschnitten erläutert:
- Verdauung und Resorption der Kohlenhydrate (S. 210)
- Aufnahme der Lipide aus der Nahrung (S. 230)
- Verdauung der Proteine (S. 259)

Was wird aus Oma

„Sie können unsere Oma doch nicht verhungern lassen." Als diese Worte fallen, sitze ich gerade in der Ecke des Arztzimmers. Es ist Freitagnachmittag, die erste Woche meiner Famulatur auf der internistischen Allgemeinstation ist geschafft, und eigentlich befinde ich mich gedanklich schon im Wochenende. Doch dieses Gespräch bringt mich schnell wieder zurück. Der Enkel von Frau Lenz hat um ein Gespräch mit dem Stationsarzt gebeten. Sie selbst ist nicht dabei – sie liegt auf Station und ist aufgrund ihrer schweren Demenz seit Jahren bettlägerig. Am Steiß macht ihr ein Druckgeschwür (ein sog. Dekubitus) immer wieder Probleme. Bis vor wenigen Tagen hat die 92-Jährige das angereichte Essen und Trinken noch zu sich genommen, doch jetzt nicht mehr. Mit Exsikkose (Flüssigkeitsmangel) und dadurch eingetrübtem Bewusstsein wurde sie bei uns aufgenommen. Die verabreichten Infusionen über die letzten drei Tage haben ihren Bewusstseinszustand aber nur geringfügig verbessert.

Der Stationsarzt hat dem Enkel all dies etwas ausführlicher mitgeteilt und dann noch hinzugefügt: „Ihre Großmutter hat Sie als Bevollmächtigten in ihrer Vorsorgevollmacht eingesetzt. Ich möchte die Gelegenheit nutzen und mit Ihnen über den mutmaßlichen Willen Ihrer Großmutter sprechen."

„Sie hat immer gesagt, dass sie nicht so leiden möchte wie der Opa. ‚Keine künstliche Ernährung', hat sie immer gesagt. Aber ..." Pause. Und dann diese Worte: „Sie können unsere Oma doch nicht verhungern lassen."

„Das machen wir auch nicht. Ihre Großmutter scheint für sich selbst entschieden zu haben, nichts mehr essen zu wollen. Ihr Nährstoffbedarf ist auch nicht mehr mit unserem vergleichbar. Im Gegenteil: Jede Nahrungsgabe kann zur Aspiration, – also zu einem Verschlucken in die Luftwege – führen. Darüber hinaus kann zusätzliche Flüssigkeit durch Infusionen den Stoffwechsel und den Kreislauf in ihrem jetzigen Zustand eher belasten als unterstützen. Vor allem nachdem ihre Leber und ihre Nieren deutlich eingeschränkter arbeiten, wie wir anhand der Laborwerte sehen. Aus medizinischer Sicht besteht keine Indikation für eine PEG (perkutane endoskopische Gastrostomie) – also eine Nahrungssonde über die Bauchdecke in den Magen. Davon würde Ihre Großmutter aufgrund ihrer schweren Demenz und langen Bettlägerigkeit nicht mehr profitieren. Sie hat in ihrer Patientenverfügung auch genau beschrieben, dass sie keine lebensverlängernden Maßnahmen wünscht."

„Aber Hunger und Durst ..."

„Ich verstehe Ihre Sorge. Am Lebensende verändern sich jedoch unsere Bedürfnisse. Wissenschaftler haben Menschen dabei begleitet, die in einen Hungerstreik getreten sind – mit der Zeit wird das Hungergefühl immer weniger, die Betroffenen immer schwächer und schließlich bewusstlos. Ebenso das Durstgefühl. Infusionen helfen dagegen nicht. Was wirkt, ist eine gute Mundpflege – Sie kennen das sicherlich von sich selbst: Wenn Ihr Mund trocken ist, lindern Sie den Durst schon, sobald sich Wasser im Mund verteilt."

„Können wir denn sonst gar nichts mehr für sie tun, Herr Doktor?"

„Die wunde Stelle am Steiß bereitet ihr Schmerzen und dagegen tun wir selbstverständlich etwas – neben einer guten lokalen Versorgung der Stelle spritzen wir regelmäßig Schmerzmittel. Vielleicht können wir aber noch über den Wunsch Ihrer Großmutter sprechen, dass sie in ihrem eigenen Zuhause – von Ihnen und dem Pflegedienst versorgt – verbleiben und versterben möchte. Sie hatten mir ja davon erzählt. Sicherlich finden wir einen Weg, ihr auch diesen Wunsch zu erfüllen.

11 Speicherung und Bereitstellung von Kohlenhydraten

11.1 Aufnahme der Kohlenhydrate aus der Nahrung.............. 210
11.2 Glykogensynthese.. 215
11.3 Gluconeogenese.. 221

J. Rassow

11.1 Aufnahme der Kohlenhydrate aus der Nahrung

11.1.1 Wichtige Kohlenhydrate in der Nahrung

Kohlenhydrate werden mit der Nahrung zum größten Teil in Form des Polysaccharids **Stärke** aufgenommen. Stärke (S. 53) besteht aus der **unverzweigten Amylose** (α1→4-glykosidisch verbundene Glucosemonomere) und dem **verzweigten Amylopektin** (α1→4-glykosidisch verbundene Glucosemonomere mit Verzweigungen in Form α1→6-glykosidischer Bindungen).

In den Industrieländern stellt die **Saccharose** (Rübenzucker und Rohrzucker) einen weiteren erheblichen Anteil an den Kohlenhydraten der Nahrung. Sie ist ein Disaccharid aus Glucose und Fructose.

Die Anteile anderer Kohlenhydrate, wie das Glykogen tierischer Gewebe oder monomere Glucose oder Fructose, sind demgegenüber gering. In der Muttermilch ist **Lactose**, ein Disaccharid aus Glucose und Galaktose, das wichtigste Kohlenhydrat.

11.1.2 Verdauung der Kohlenhydrate

α-Amylase in Speichel und Pankreassaft

▶ **Merke.** Die Verdauung der Polysaccharide beginnt mit der α-Amylase des Speichels (Ptyalin) und der α-Amylase des Pankreas. α-Amylasen sind Endohydrolasen, d. h. sie hydrolysieren spezifisch die α1→4-glykosidischen Bindungen *innerhalb* der Polysaccharidketten. Endständige Glucosemonomere werden hingegen *nicht* abgelöst.

Die Polysaccharide (Stärke und Glykogen) werden zunächst in Oligosaccharide aus 3–10 Glucoseeinheiten zerlegt, die sog. **Dextrine** (α-Grenzdextrine). **Bei längerer Einwirkungszeit** entsteht eine Mischung der folgenden Bestandteile (Abb. A-11.1):
- **Maltose**, α-Glucosyl-1,4-glucosid, ist das wichtigste Disaccharid, das beim Abbau der Polysaccharide im Darm entsteht. Charakteristisch für die Maltose ist die α1→4-glykosidische Bindung zwischen zwei Glucose-Einheiten, die auch die Strukturen der pflanzlichen Stärke und des tierischen Glykogens weitgehend bestimmt.
- **Maltotriose:** Trisaccharid aus α1→4-glykosidisch verbundener Glucose,
- **Isomaltose:** α-Glucosyl-1,6-glucosid = die Reste der Verzweigungsstellen.

Saccharose und Lactose werden von α-Amylase *nicht* hydrolysiert.

Enzyme im Bürstensaum der Enterozyten

▶ **Merke.** Oligosaccharide und Disaccharide werden erst am Bürstensaum der Enterozyten in monomere Zucker gespalten.

Die apikale Membran der Enterozyten bildet eine große Zahl an zottenförmigen Ausstülpungen (Mikrovilli). In die Membranen der Mikrovilli sind u. a. zwei Enzyme eingelagert, die in der Verdauung der Kohlenhydrate eine entscheidende Rolle spielen:

A 11.1 Aufnahme der Kohlenhydrate aus der Nahrung

⊙ A-11.1 Maltose, Maltotriose und Isomaltose

Die mit ~OH bezeichnete Hydroxygruppe kann in α- oder β-Stellung vorliegen.

- Die **Maltase-Glucoamylase (MAG)** spaltet von verschiedenen Poly- und Oligosacchariden **Glucose von den nicht reduzierenden Enden** der Glucoseketten ab. Glucose wird also von den Ketten-Enden abgelöst, die einen Glucosylrest mit freier OH-Gruppe am C-Atom 4 exponieren. Substrate der Maltase-Glucoamylase sind:
  – Amylose und Amylopektin,
  – Dextrine,
  – Maltotriose,
  – nur in geringerem Umfang auch Maltose.
- Die **Saccharase-Isomaltase** (**SI**, engl. sucrase-isomaltase; früher als Saccharase bezeichnet) hydrolysiert verschiedene **Disaccharide**:
  – etwa 80 % der im Darm anfallenden Maltose,
  – die gesamte Isomaltose,
  – die gesamte Saccharose.

Die Aminosäuresequenzen von MAG und SI sind sehr ähnlich. Sie sind offenbar während der Evolution durch Verdoppelung eines Gens entstanden und haben so einen gemeinsamen Ursprung. Beide Enzyme hydrolysieren nur α-glykosidische Bindungen.

▶ **Merke.** Stärke wird in zwei Schritten verdaut:
1. Spaltung in verschiedene **Oligosaccharide** durch **α-Amylase**.
2. Spaltung der Oligosaccharide in **Glucosemonomere** unter Beteiligung zweier verwandter Enzyme, der **Maltase-Glucoamylase** und der **Saccharase-Isomaltase**.

Ein weiteres Enzym ist **im Darm des Säuglings** für die **Spaltung von Lactose (= Milchzucker)** in Galaktose und Glucose erforderlich. In der Lactose ist die OH-Gruppe des C 1-Atoms der Galaktose nämlich β-glykosidisch mit dem C 4-Atom der Glucose verbunden (Abb. **A-11.2**), β-glykosidische Bindungen werden von der Saccharase aber nicht erkannt. Das Enzym **Lactase (= β -Galaktosidase)** wird bei den meisten Völkern der Erde nur in den ersten Lebensjahren exprimiert, bei den Europäern und einigen afrikanischen Völkern ist sie jedoch in der Regel auch noch im Erwachsenenalter aktiv.

▶ **Klinik.** Ein Mangel an Lactase äußert sich beim Konsum größerer Mengen an Milchprodukten in Verdauungsstörungen wie Durchfall und Blähungen. Das Phänomen wird als **Lactose-Intoleranz** bezeichnet. Eine Diät mit Vermeidung des unverträglichen Kohlenhydrats führt zur unmittelbaren Besserung der Beschwerden.

A-11.2 Lactose

Galaktose (epimer zu Glucose in Position 4) — Glucose

Die mit ~ OH bezeichnete Hydroxygruppe kann in α- oder β-Stellung vorliegen.

11.1.3 Resorption der Kohlenhydrate im Darm

Die Aufnahme der monomeren Kohlenhydrate in die Enterozyten wird an der **apikalen Zellmembran** von zwei Transportsystemen vermittelt (Abb. A-11.3):

- **GLUT 5** (GLUT = **Glu**cose-**T**ransporter) vermittelt die **Aufnahme von Fructose**. GLUT 5 (S. 366) ist Mitglied einer Familie von Membranproteinen (Tab. B-4.1). Alle diese Transporter sind über 12 membranspannende α-Helices (S. 80) in die jeweilige Membran eingebettet (Abb. A-11.4 a). Die GLUT-Familie umfasst 13 Mitglieder, deren Funktionen teilweise noch unbekannt sind. GLUT 5 ist ein spezifischer Fructose-Transporter, Glucose wird von GLUT 5 *nicht* transportiert. GLUT 5 **erleichtert die Diffusion** der Fructose. Die Aufnahme der Fructose in den Enterozyten ist also ausschließlich eine Folge des Konzentrationsgradienten zwischen dem Darmlumen und dem Zytosol.

▶ **Merke.** **GLUT-Proteine** ermöglichen ihren Substraten eine **erleichterte Diffusion**.

- **SGLT 1** (**S**odium **Gl**ucose **T**ransporter 1) vermittelt die **Na$^+$-gekoppelte Aufnahme von Glucose und Galaktose** *gegen* einen Konzentrationsgradienten. SGLT 1 ist über 14 membranspannende α-Helices in die Membran eingebettet, eine signifikante Ähnlichkeit zu den GLUT-Proteinen ist nicht gegeben. SGLT 1 ist ein **Symportcarrier**, er koppelt den passiven Na$^+$-Einstrom an die Aufnahme der Monosaccharide. *Ein* Kohlenhydratmolekül wird jeweils zusammen mit *zwei* Natrium-Ionen aufgenommen. Die Natrium-Ionen folgen dabei ihrem Konzentrationsgefälle und gleichzeitig dem Membranpotenzial. Sowohl der Konzentrationsgradient als auch das Membranpotenzial werden von der Na$^+$-K$^+$-ATPase der basolateralen Mem-

A-11.3 Resorption der Monosaccharide im Darm

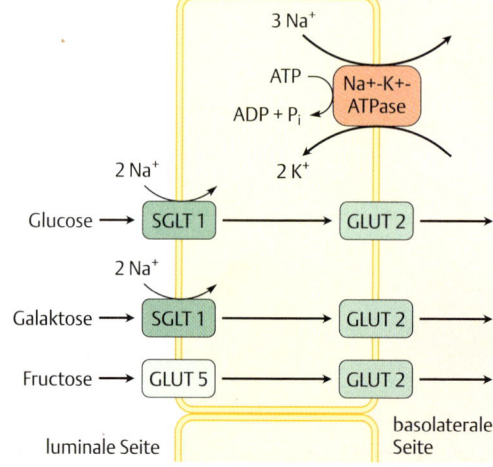

bran aufrechterhalten. Die Na⁺-K⁺-ATPase erzeugt eine natriummotorische Kraft (engl. sodium motive force). Der Transporter SGLT 1 arbeitet, da er indirekt von der ATP-Hydrolyse durch die Na⁺-K⁺-ATPase abhängt, **sekundär-aktiv**.

Alle genannten Zucker, also **Glucose**, **Galaktose** und **Fructose**, verlassen die Enterozyten an der **basolateralen Zellmembran** unter Vermittlung des Transporters **GLUT 2** und gelangen so **in den Blutkreislauf** (Abb. **A-11.3**). Triebkraft ist allein das Konzentrationsgefälle.

Glucose, **Galaktose** und **Fructose** gelangen an der basolateralen Zellmembran vermittelt von **GLUT 2 in den Blutkreislauf** (Abb. **A-11.3**).

▶ **Merke.** Weder die aktive Aufnahme der Monosaccharide in die Enterozyten noch ihre Abgabe an das Blut durch erleichterte Diffusion werden von Insulin kontrolliert: Die **Resorption** erfolgt **insulinunabhängig**.

▶ **Merke.**

11.1.4 Transport in Hepatozyten

Die Monosaccharide gelangen über die Pfortader zur Leber, wo sie unter Vermittlung von **GLUT 2**-Proteinen von den Hepatozyten aufgenommen werden.

11.1.4 Transport in Hepatozyten

Die Monosaccharide gelangen mithilfe von **GLUT 2**-Proteinen in die Hepatozyten.

▶ **Merke.** Die Aufnahme der Monosaccharide in die Leber erfolgt **insulinunabhängig**.

▶ **Merke.**

Der Stoffwechsel der verschiedenen Zucker ist im Kap. „Abbau der Kohlenhydrate zu Pyruvat bzw. Lactat" (S. 82) bereits erläutert worden. Da Galaktose und Fructose weitgehend in der Leber metabolisiert werden, sind sie im Blut der V. cava inferior und im peripheren Kreislauf kaum noch zu finden. Die Hepatozyten geben nur noch Glucose an das Blut ab.

11.1.5 Transport der Glucose in die Zellen extrahepatischer Gewebe

11.1.5 Transport der Glucose in die Zellen extrahepatischer Gewebe

Transport in Skelettmuskel- und Fettzellen

Transport in Skelettmuskel- und Fettzellen

▶ **Merke.** Der Transport der Glucose aus dem Blut in die Zellen der Skelettmuskulatur und des Fettgewebes wird von **GLUT 4**-Proteinen (Abb. **A-11.4**) vermittelt und ist **insulinabhängig**.

▶ **Merke.**

Wenn nur wenig Glucose in diese Gewebe gelangen soll, enthält die Plasmamembran der entsprechenden Zellen auch nur wenige GLUT 4. Ein großer Teil der GLUT 4 befindet sich stattdessen in den Membranen intrazellulärer Vesikel. Das Signal zu einer erhöhten Glucoseaufnahme erreicht die Zellen in Form von Insulin. Dieses bindet an ein bestimmtes Rezeptorprotein der Plasmamembran, den Insulinrezeptor, der daraufhin eine intrazelluläre Signalkaskade auslöst. Zu den Konsequenzen der Signalübertragung gehört eine **Fusion der GLUT 4-Vesikel mit der Plasmamembran** (Abb. **A-11.4 b**). Innerhalb kurzer Zeit steigt dadurch die Zahl der GLUT 4 in der Plasmamembran stark an und mit ihr die Transportkapazität für Glucose. Insulin kann auf diese Weise den GLUT 4-vermittelten Glucosetransport um das 10- bis 20-fache steigern.

Insulin bewirkt eine **Fusion intrazellulärer GLUT 4-Vesikel mit der Plasmamembran** (Abb. **A-11.4 b**). Dadurch steigt die Aufnahmekapazität der Zelle für Glucose.

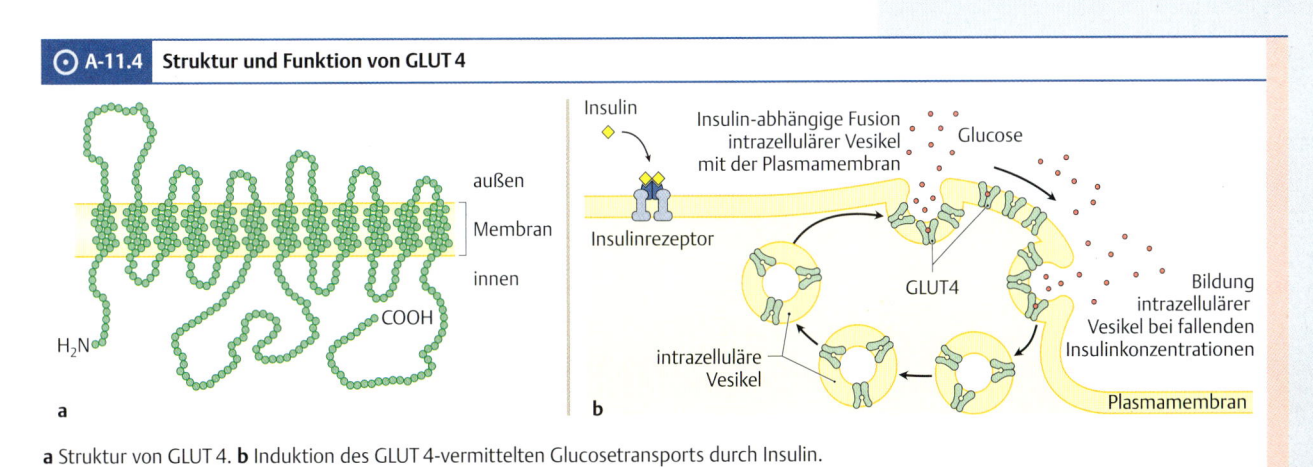

⊙ **A-11.4** Struktur und Funktion von GLUT 4

a Struktur von GLUT 4. **b** Induktion des GLUT 4-vermittelten Glucosetransports durch Insulin.

Transport in die Zellen des ZNS und in Erythrozyten

▶ **Merke.** Die Zellen des ZNS und die Erythrozyten sind unter allen Stoffwechselbedingungen auf Glucose als Energielieferant angewiesen. Das ZNS kann keine Fettsäuren aufnehmen, die Erythrozyten können Fettsäuren nicht abbauen. Die Aufnahme von Glucose in die Zellen des ZNS und in Erythrozyten erfolgt **insulinunabhängig**: in Erythrozyten, Endothelzellen und Astrozyten via **GLUT 1**, in Nervenzellen via **GLUT 3**.

Ein Maß für die Affinität der Glucosetransporter zu ihren jeweiligen Substraten ist die Michaelis-Menten-Konstante, Km (S. 37). Der K_m-Wert bezeichnet in diesem Fall die Glucosekonzentration des Blutes, bei der die Hälfte der Transportproteine in der Plasmamembran mit Glucose beladen ist. Unter diesen Bedingungen arbeiten die Transportproteine mit halbmaximaler Geschwindigkeit. Der K_m-Wert des GLUT 1 ist niedrig, er liegt bei 1,5 mM, die Affinität des GLUT 1 für Glucose ist also recht hoch. Da die Konzentration der Glucose im Blut stets über 3,5 mM liegt, arbeitet GLUT 1 ständig mit nahezu maximaler Geschwindigkeit v_{max}. Interessanterweise ist der K_m-Wert von GLUT 2 wesentlich höher, es wurden unter verschiedenen Bedingungen Werte zwischen 17 und 66 mM gemessen. Offenbar ist GLUT 1 auf einen konstanten Fluss von Glucose eingestellt, während die GLUT 2-Proteine des Darms und der Leber die Möglichkeit haben, auf ein erhöhtes Angebot an Glucose unmittelbar mit einer entsprechend gesteigerten Transportaktivität zu reagieren.

Rückresorption der Glucose in den Nierentubuluszellen

Der Glucose-Transport ist auch in der Niere von großer Bedeutung. Das Blutplasma des Menschen (Volumen ca. 3 l) wird in den Glomeruli der Niere täglich etwa 60-mal filtriert, woraus sich für den Primärharn ein Volumen von 180 l ergibt. Aus diesen 180 l wird die in einer Konzentration von durchschnittlich 5 mM gelöste Glucose nahezu vollständig rückresorbiert. Dies entspricht einer Menge von ca. 160 g Glucose pro Tag. In der Niere muss also jeden Tag immerhin etwa halb so viel Glucose resorbiert werden wie im Dünndarm.

Glucose wird **zu etwa 95 %** bereits **im ersten Abschnitt des proximalen Tubulus**, dem **S 1-Segment** (im Pars convoluta) rückresorbiert. Auch hier erfolgt die Resorption mithilfe eines **sekundär-aktiven Na⁺-Glucose-Symporters**. Der Symporter des proximalen Tubulus hat Ähnlichkeit mit dem SGLT 1 des Dünndarms (59 % der Aminosäuresequenzen stimmen überein), weshalb er den Namen **SGLT 2** erhalten hat. SGLT 2 transportiert jedoch nicht 2 Na⁺, sondern **1 Na⁺ zusammen mit 1 Glucosemolekül**. Die Reste an Glucose, die der Resorption durch den SGLT 2 entgehen, werden in den weiter distal gelegenen Tubulusanteilen, im S 3-Segment (im Pars recta des proximalen Tubulus), mithilfe von **SGLT 1** aus dem Primärharn aufgenommen. Die Energie für die Rückresorption der Glucose durch SGLT 2 und SGLT 1 stammt letztlich aus der Hydrolyse des ATP durch die Na⁺-K⁺-ATPasen in der basolateralen Membran der Tubuluszellen, die den Konzentrationsgradienten der Natriumionen aufrecht erhalten.

Das System der Glucoserückresorption der Nierentubuli arbeitet sehr effizient. Glucose erscheint erst im Urin, wenn die Glucoseplasmakonzentration etwa **10 mM (180 mg/100 ml)** überschreitet (Glucosurie durch **Überschreiten der Nierenschwelle**).

▶ **Klinik.** 2012 wurde mit **Dapagliflozin** der erste spezifische nicht toxische **SGLT 2-Hemmer** als neuer Wirkstoff **zur Behandlung des Diabetes mellitus** zugelassen. Eine entscheidende Ursache der Komplikationen des Diabetes besteht in überhöhten Konzentrationen der Glucose im Blut, die schwer zu kontrollieren sind. Durch Hemmung der SGLT 2 wird in den Nieren die **Rückresorption der Glucose blockiert**, die Glucose verlässt den Körper mit dem Urin, die Konzentration der Glucose im Blut nimmt ab. Patienten können nun vergleichsweise problemlos Kohlenhydrate aufnehmen und dabei dennoch ihr Gewicht reduzieren. Anders als in der Niere wird die Resorption der Glucose im Darm nicht behindert, da der SGLT 1 der Enterozyten nicht gehemmt wird.

11.2 Glykogensynthese

▶ **Definition.** **Glykogen** ist die Speicherform der Glucose in Pilzen, Tieren und im Menschen. (Pflanzen speichern stattdessen Stärke.)

Im Glykogen sind die Glucosemonomere meist α1→4-glykosidisch verknüpft, lediglich an den Verzweigungsstellen (im Abstand von je ca. 10 Glucosemonomeren) finden sich α1→6-glykosidische Bindungen (S. 50). Glykogen wird in nahezu allen Zellen des Körpers gebildet, aber nur in der Leber und der Skelettmuskulatur in größeren Mengen **gespeichert:**
- **ca. 150 g in der Leber** (bis zu 10 % des Lebergewebes können aus Glykogen bestehen). Das Leberglykogen dient der **Aufrechterhaltung** einer **ausreichenden Glucosekonzentration im Blut.**
- **ca. 300 g in der Skelettmuskulatur** (bis zu 1 % der Skelettmuskulatur kann aus Glykogen bestehen). Das Muskelglykogen dient als Glucosespeicher zur **Selbstversorgung.**

11.2.1 Mechanismus der Glykogensynthese

Die Glykogensynthese besteht in den meisten Fällen nicht in einer Neubildung, sondern lediglich in einer Vergrößerung bereits vorhandener Glykogenmoleküle. Alle Glykogenmoleküle enthalten in ihrem Kern ein Glykoprotein, das Glykogenin, das auch bei weitreichendem Abbau der Kohlenhydratseitenketten übrig bleibt (s. u.).

Einbau von Glucose in Glykogenmoleküle

▶ **Überblick.** Für den Einbau in ein Glykogenmolekül muss freie Glucose phosphoryliert und aktiviert werden, d. h. es muss ihr Energie zugeführt werden. Dieses erfordert drei Reaktionsschritte (Abb. **A-11.5 a**):
1. Phosphorylierung der Glucose zu Glucose-6-phosphat,
2. Isomerisierung zu Glucose-1-phosphat,
3. Reaktion von Glucose-1-phosphat mit UTP (Uridintriphosphat) unter Bildung von UDP-Glucose.

In der UDP-Glucose sind UDP und Glucose durch eine energiereiche Esterbindung miteinander verbunden. Die Spaltung dieser Esterbindung liefert die Energie für den letzten Reaktionsschritt, die Übertragung der Glucose auf das Glykogenmolekül unter Bildung einer α1→4-glykosidischen Bindung (Abb. **A-11.5 b**).

Glykogen wird in fast allen Körperzellen gebildet, in größeren Mengen **gespeichert** aber nur in der
- **Leber** (ca. 150 g) zur Aufrechterhaltung einer **hinreichenden Blutglucosekonzentration** und in der
- **Skelettmuskulatur** (ca. 300 g) zu deren **Selbstversorgung**

11.2.1 Mechanismus der Glykogensynthese

Bei einer Glykogensynthese handelt es sich in den meisten Fällen lediglich um eine Vergrößerung bereits vorhandener Glykogenmoleküle.

Einbau von Glucose in Glykogenmoleküle

▶ **Überblick.**

A-11.5 UDP-Glucose als Ausgangsverbindung der Glykogensynthese

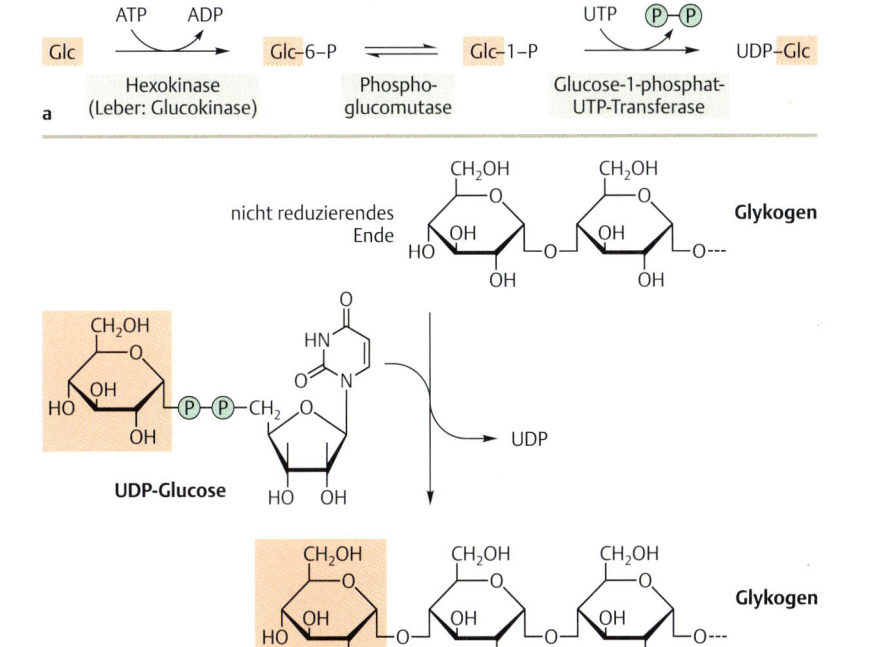

a Bildung von UDP-Glucose. **b** Einbau von Glucose in ein Glykogenmolekül.

Schritt 1: Glucose → Glucose-6-phosphat

▶ **Merke.** Glucose wird unter Aufwendung von ATP zu Glucose-6-phosphat phosphoryliert. Die Reaktion wird in den meisten Zellen des Körpers von dem Enzym **Hexokinase** katalysiert, in der **Leber** überwiegend von der **Glucokinase** (S. 94).

Schritt 2: Glucose-6-phosphat → Glucose-1-phosphat

Glucose-6-phosphat wird auch für die Glykolyse sowie für den Pentosephosphatweg benötigt. Sofern es der Glykogensynthese zugeführt werden soll, ist eine Isomerisierung zu Glucose-1-phosphat erforderlich. Diese wird von dem Enzym **Phosphoglucomutase** katalysiert.

Schritt 3: Glucose-1-phosphat → UDP-Glucose

Die Bildung von Glykogen ist energieaufwendig. Deshalb wird das Glucosemolekül aktiviert, indem Glucose-1-phosphat mit Uridintriphosphat (UTP) reagiert:
Glucose-1-phosphat + UTP → UDP-Glucose + Pyrophosphat
Die Reaktion wird von der **Glucose-1-phosphat-UTP-Transferase** katalysiert. Das chemische Gleichgewicht dieser Reaktion liegt unter Standardbedingungen bei einem Konzentrationsverhältnis von ungefähr 1:1, d. h., das ΔG der Reaktion liegt bei 0. Unter physiologischen Bedingungen liegt das Gleichgewicht der Reaktion gleichwohl ganz auf der Seite der UDP-Glucose, da das anfallende Pyrophosphat umgehend zu 2 Phosphaten hydrolysiert wird. Die Spaltung des Pyrophosphats wird von einer Pyrophosphatase katalysiert. In der UDP-Glucose stammt eines der beiden Phosphoratome aus dem Glucose-1-phosphat, das andere Phosphoratom stammt aus dem UTP.

Schritt 4: Übertragung der Glucose auf das Glykogenmolekül

Die Glucose wird vom UDP abgelöst und reagiert mit der 4'-OH-Gruppe einer Glucoseeinheit des Glykogens. Die Reaktion wird von der **Glykogen-Synthase** katalysiert. Die von der Glykogen-Synthase verlängerten 4'-OH-Enden werden auch als die **nicht reduzierenden Enden** (S. 52) der jeweiligen Glucoseeinheiten bezeichnet. Die bäumchenartige Struktur des Glykogens bringt es mit sich, dass für die Reaktion sehr viele nicht reduzierende Enden zur Verfügung stehen.
Die Bildung einer neuen α(1→4)-glykosidischen Bindung ist eine endergone Reaktion. Sie ist bei der Glykogensynthese nur möglich, weil die Esterbindung zwischen UDP und Glucose sehr viel Energie enthält, und diese Energie bei der Übertragung der Glucose freigesetzt wird.
Das freigesetzte UDP kann mithilfe von ATP zu UTP regeneriert werden:

$$UDP + ATP \rightarrow UTP + ADP$$

▶ **Klinik.** **Glykogenspeicherkrankheiten** (S. 226), d. h. **Glykogenosen**, sind seltene Erkrankungen, die durch angeborene Defekte einzelner Enzyme des Glykogenstoffwechsels verursacht werden (Tab. **A-11.1**). Bei der **Glykogenose Typ 0** ist die Aktivität der **Glykogen-Synthase** erheblich vermindert. Bis zum Jahr 2010 waren weltweit nur 22 Patienten bekannt, die von dieser Krankheit betroffen waren. Der Enzymdefekt äußert sich in einem reduzierten Glykogengehalt der Leber, in einer Hyperglykämie kurz nach den Mahlzeiten („postprandial") und einer Hypoglykämie im Hunger. In den meisten bislang bekannten Fällen war die Symptomatik nur schwach ausgeprägt.
Bislang sind **15 unterschiedliche Glykogenosen** beschrieben worden (Tab. **A-11.2**). Bei den meisten Glykogenosen ist ein Bezug zum Glykogenstoffwechsel nur indirekt gegeben. Die Häufigkeit aller Glykogenosen zusammen beträgt ca. 1:25 000.
Eine aktuelle Zusammenstellung aller bekannten angeborenen Stoffwechselkrankheiten ist im Internet zugänglich über http://omim.org.

A 11.2 Glykogensynthese

A-11.1 Die häufigsten Störungen des Kohlenhydratstoffwechsels bei Kindern und Jugendlichen

Stoffwechselkrankheit	Ursache bzw. betroffenes Enzym	Häufigkeit
erworbene Stoffwechselstörungen		
Diabetes mellitus Typ 1	Insulinmangel	1:350 (bis zum 18. Lebensjahr)
angeborene Stoffwechselstörungen		
Fructoseintoleranz	Aldolase B	1:20 000
Galaktosämie	Galaktose-1-phosphat-Uridyltransferase	1:40 000
Glykogenosen:		
Typ I (Gierke)	Glucose-6-phosphatase des ER	< 1:100 000
Typ II (Pompe)	α-Glucosidase der Lysosomen	< 1:100 000
Typ III (cori)	Glykogen-Debranching-Enzyme	< 1:100 000
Typ VI (Hers)	Glykogen-Phosphorylase der Leber	1:100 000

A-11.2 Glykogenosen (Glykogenspeicherkrankheiten)

Typ	Name	Enzymdefekt	Genlokus	Organbefall	Symptome	Häufigkeit unter den Glykogenosen
0		Defekt der Glykogen-Synthase	12p12.2	Leber	postprandiale Hyperglykämie, Hypoglykämie im Hunger	selten
I	von Gierke:					
I a		Glucose-6-Phosphatase	17q21	Leber	Hepatomegalie, Hyperlipidämie, Urikämie, Hypoglykämie	25 %
I b		Glucose-6-phosphat-Transporter	11q23	Leber	ähnlich wie bei Typ I a, außerdem Neutropenie	selten
II	Pompe	lysosomale 1,4-Glukosidase	17p25	generalisiert	Kardiomegalie, Herzinsuffizienz, Muskelschwäche, Hypotonie	15 %
III	Forbes Cori	Amylo-1,6-Glukosidase	1p21	Leber	mäßige Hepato- und Kardiomegalie, Epilepsie	20 %
IV	Andersen (Amylopektinose)	Amylo-1,4–1,6-Transglukosidase	3p12	Leber, Herz	Leberzirrhose	selten
V	McArdle	Muskelphosphorylase	11q13	Skelettmuskulatur	Muskelschwäche	selten
VI	Hers	Leberphosphorylase	14q21–22	Leber	Hepatomegalie	35 %
VII	Tarui	Phosphofructokinase	12q13.3	Skelettmuskulatur	schnelle Muskelerschöpfung Störung der Glykolyse	selten
VIII	wurde inzwischen umbenannt in Glykogenose Typ IX a					
IX	Defekte der Untereinheiten der Phosphorylase-Kinase:					
IX a		Untereinheit α	Xp22	Leber	Hepatomegalie	selten
IX b		Untereinheit β	16q12	Leber	Hepatomegalie	selten
IX c		Untereinheit γ	16q11	Leber	Hepatomegalie	selten
X		Defekt der Phosphoglycerat-Mutase (PGM)	7p13	Muskel, Leber	schnelle Muskelerschöpfung Myalgie, Hepatomegalie	selten
XI		Defekt der Lactat-Dehydrogenase (LDH-Isotyp M, LDH-A)	11p15	Muskel	schnelle Muskelerschöpfung	selten
XII		Defekt der Aldolase A	16p11	Muskel	schnelle Muskelerschöpfung chronische Hämolysen	selten
XIII		Defekt der β-Enolase (Enolase der Muskulatur)	17p13	Muskel	schnelle Muskelerschöpfung Myalgie	selten
XIV		Defekt der Phosphoglucomutase-1	1p31	Muskel	Muskelkrämpfe	selten
XV		Defekte des Glykogenins	3q24	generalisiert	Muskelschwäche, Herzrhythmusstörungen	selten

Neubildung von Glykogen

Für die Neubildung von Glykogen ist **Glykogenin** erforderlich, es bildet den Kern jedes Glykogenmoleküls. Glykogenin ist ein Glykoprotein von 37 kDa mit Glucosyltransferase-Aktivität. Es bildet Homo-Dimere, in denen sich die Untereinheiten gegenseitig glucosylieren. Wie die Glykogen-Synthase benötigt auch Glykogenin als Substrat **UDP-Glucose**. Das erste Glucosemonomer wird auf das Tyrosin der Position 194 übertragen. An dieses werden dann – katalysiert von Glykogenin – weitere Glucosemonomere angehängt, bis ein Oligosaccharid von 8 Glucoseeinheiten entstanden ist. Dieses Oligosaccharid bleibt mit dem Tyrosin des Glykogenins kovalent verbunden und dient nun als **Starter (Primer) für die Glykogen-Synthase** (Abb. **A-11.6 a**).

▶ **Merke.** Die **Verzweigungen** des Glykogenmoleküls entstehen unter Katalyse der **Amylo-1,4→1,6-Transglucosylase** (Glykogen-Verzweigungsenzym, engl. **Branching Enzyme**). Das Enzym bindet an lineare Ketten, die mindestens 11 Glucosemonomere umfassen, und löst ein endständiges Oligosaccharid von 7 Glucosemonomeren ab. Dieses Oligosaccharid überträgt es auf die C6-OH-Gruppe eines Glucoserests der gleichen oder einer anderen Glucosekette (Abb. **A-11.6 b**). Das Enzym arbeitet so, dass die Verzweigungspunkte innerhalb eines Glykogenmoleküls durch mindestens 4 Glucosemonomere voneinander getrennt sind.

Ausgehend von Glykogenin bilden sich im Zytosol vieler Zellen auf diese Weise **Glykogengranula**, die bis zu **50 000 Glucosemonomere** enthalten. Die Granula erreichen einen Durchmesser von 20 – 30 nm und damit die Größe von Ribosomen. Ähnlich den Ribosomen sind sie im Elektronenmikroskop nachweisbar, sie werden traditionell als **β-Granula** bezeichnet. Mit den Glykogengranula sind Enzyme assoziiert, die für die Synthese und für den Abbau des Glykogens benötigt werden (Abb. **A-11.7 b**). In **Hepatozyten** lagern sich die Glykogengranula überwiegend zu größeren rosettenförmigen Aggregaten zusammen, die als **α-Granula** bezeichnet werden, ihr Durchmesser beträgt ca. 150 nm (Abb. **A-11.7 a**).

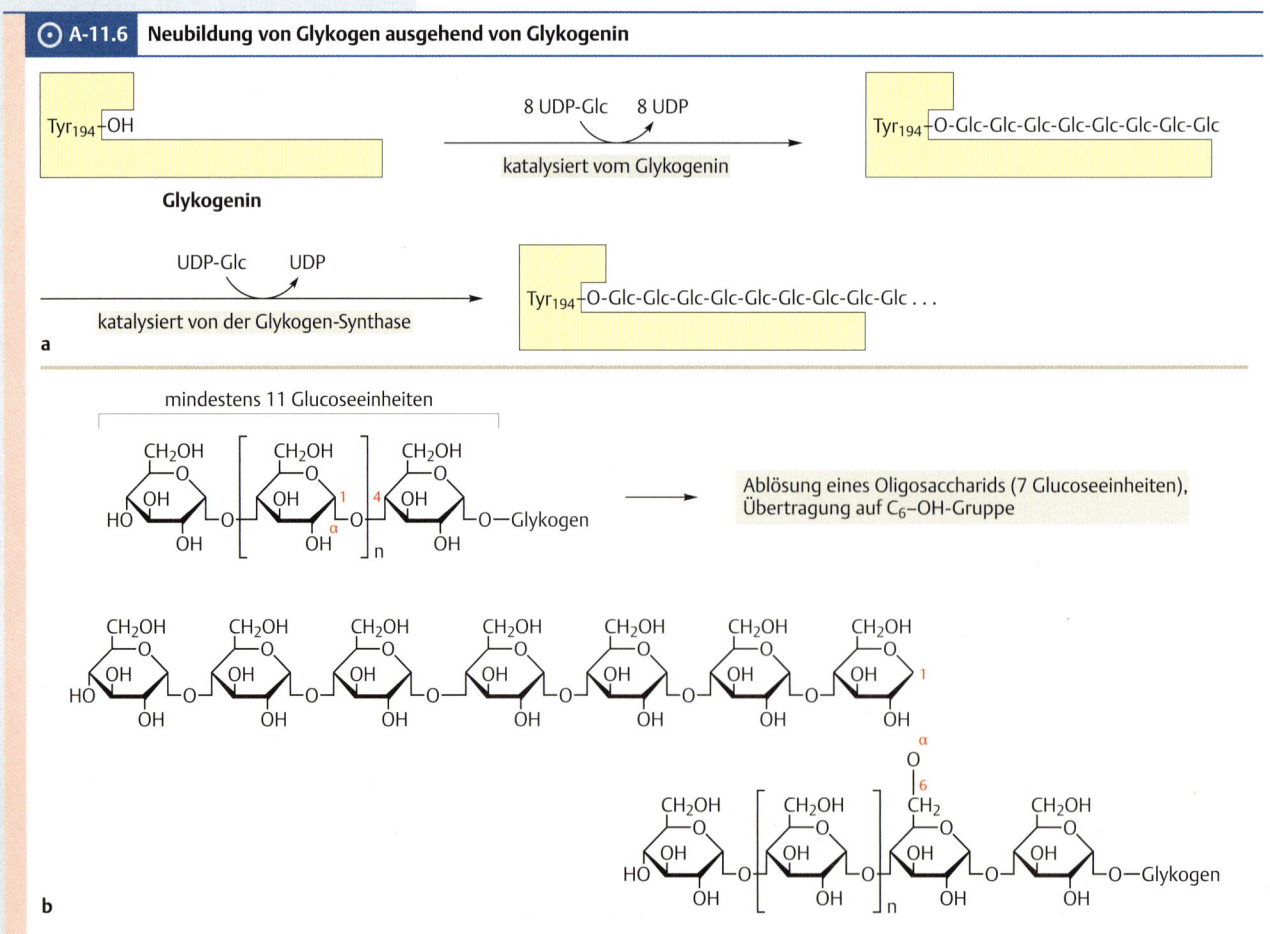

⊙ **A-11.6** Neubildung von Glykogen ausgehend von Glykogenin

a Glykogenin. **b** Funktion der Amylo-1,4→1,6-Transglucosylase (Branching Enzyme).

A-11.7 Glykogengranula

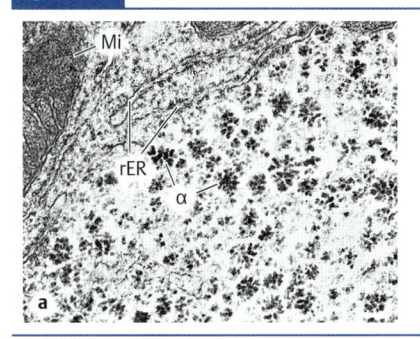

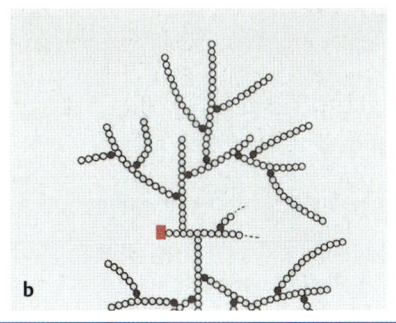

a Rosettenförmige Glykogengranula (α-Granula) in einem Hepatozyten (Ratte). Elektronenmikroskopische Darstellung. Mi: Mitochondrien, rER: raues endoplasmatisches Retikulum (aus Lüllmann-Rauch, Taschenlehrbuch Histologie, Thieme, 2009). **b** Schematische Darstellung der Struktur des Glykogens (nach Doenecke et al., Karlsons Biochemie und Pathobiochemie, Thieme, 2005).

11.2.2 Regulation der Glykogensynthese

▶ **Merke.** Das **Schlüsselenzym** der Glykogensynthese ist die **Glykogen-Synthase**. Sie steht unter dem Einfluss der Hormone Glukagon, Adrenalin und Insulin und wird durch Phosphorylierung bzw. Dephosphorylierung reguliert (Abb. **A-11.8**):
- **Glukagon** und **Adrenalin** induzieren die **Phosphorylierung = Inaktivierung** der Glykogen-Synthase.
- **Insulin** induziert die Dephosphorylierung = Aktivierung der Glykogen-Synthase.

Regulation bei steigendem Bedarf an Glucose

Adrenalin und **Glukagon** werden ausgeschüttet, wenn der Energieumsatz in den Zellen gesteigert werden soll. Beide Hormone lösen in ihren Zielzellen eine Aktivierung der Adenylatzyklase aus. Die Konzentration des intrazellulären Hungersignals cAMP nimmt zu. Das **cAMP aktiviert** die cAMP-abhängige **Proteinkinase A (PKA)** (Abb. **A-11.8**).
- Die PKA katalysiert die **Phosphorylierung der Glykogen-Synthase** an mehreren Serinresten. Das Enzym wird dadurch **inaktiviert**, die Glykogensynthese wird gestoppt.
- Die PKA **phosphoryliert** zudem die **Phosphorylase-Kinase**. Diese phosphoryliert und **aktiviert** dadurch die **Glykogen-Phosphorylase**, die den Glykogenabbau (S. 100) katalysiert.

A-11.8 Inaktivierung der Glykogen-Synthase und Aktivierung der Glykogen-Phosphorylase nach Ausschüttung von Adrenalin

Die entscheidenden Komponenten sind orange markiert.

Neben der PKA sind weitere Kinasen an der Inaktivierung der Glykogen-Synthase beteiligt, z. B. die Glykogen-Synthase-Kinase 3 (GSK-3) (Abb. **A-11.8**).

Regulation bei Überangebot an Glucose

Insulin bewirkt eine **Dephosphorylierung** und damit eine **Aktivierung der Glykogen-Synthase** durch (Abb. **A-11.9**)
- **Aktivierung der Phosphodiesterase** → PKA inaktiv
- **Aktivierung der Proteinkinase B** → GSK-3 inaktiv

⊙ A-11.9

▶ Merke.

Phosphoprotein-Phosphatase 1 (PP-1)
→ Glykogen-Synthase aktiv
→ Glykogen-Phosphorylase inaktiv

Die PP-1 hat eine katalytische und eine regulatorische Untereinheit. Mit der regulatorischen Untereinheit **G** bindet die PP-1 an die **G**lykogengranula.

Insulin erleichtert die Bindung der PP-1 an das Glykogen und damit auch die Wechselwirkung mit den anderen glykogengebundenen Enzymen.

A 11 Speicherung und Bereitstellung von Kohlenhydraten

Indem die Glykogensynthese blockiert und gleichzeitig der Glykogenabau gesteigert wird, steht daraufhin wieder mehr Glucose für die Energiegewinnung zur Verfügung.

Neben der PKA greifen auch andere Kinasen in die Regulation der Glykogensynthese ein. Von besonderer Bedeutung ist dabei die **Glykogen-Synthase-Kinase 3 (GSK-3)**, die sich parallel zur PKA an der **Phosphorylierung und Inaktivierung der Glykogen-Synthase** beteiligt (Abb. **A-11.8**).

Regulation bei Überangebot an Glucose

Insulin vermittelt in den Zielzellen eine **Dephosphorylierung** und damit eine **Aktivierung der Glykogen-Synthase** (Abb. **A-11.9**):
- Insulin bewirkt eine **erhöhte Aktivität der Phosphodiesterase**, die das cAMP in den Zellen hydrolysiert. Die Konzentration des intrazellulären Hungersignals cAMP nimmt ab, die **PKA wird inaktiv** und die Phosphorylierung der Glykogen-Synthase wird eingestellt.
- Insulin bewirkt eine Aktivierung der Proteinkinase B. Diese phosphoryliert und inaktiviert die GSK-3.

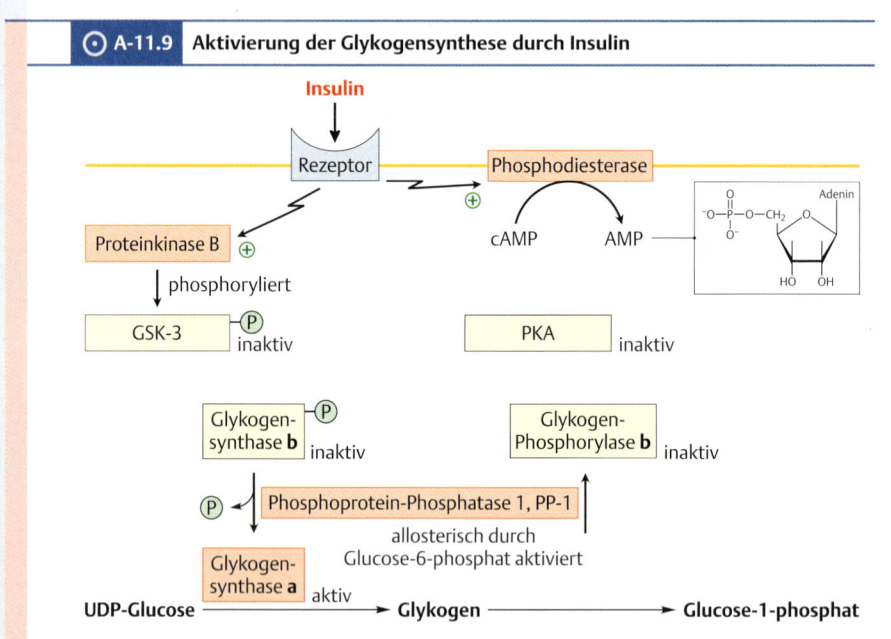

⊙ A-11.9 Aktivierung der Glykogensynthese durch Insulin

Die Phosphoprotein-Phosphatase 1 (PP-1) dephosphoryliert sowohl die Glykogen-Synthase als auch die Glykogen-Phosphorylase. Die entscheidenden Komponenten sind orange markiert.

▶ Merke. Die Steigerung der Glykogensynthese durch Insulin beruht im Wesentlichen auf einer Aktivierung der Proteinkinase B. Diese inaktiviert die GSK-3 und hebt damit die GSK-3-vermittelte Blockade der Glykogen-Synthase auf.

Die entscheidende Dephosphorylierung und damit die Aktivierung der Glykogen-Synthase wird letztlich von der **Phosphoprotein-Phosphatase 1 (PP-1)** katalysiert. Parallel dephosphoryliert die PP-1 auch die Glykogen-Phosphorylase und inaktiviert sie dadurch.

Die PP-1 ist ein dimeres Enzym, das aus einer regulatorischen Untereinheit G und einer katalytischen Untereinheit besteht. Die Untereinheit **G** vermittelt als Adapterprotein die Bindung an das **G**lykogen der Glykogengranula. Speziell im Muskelgewebe wird die Aktivität der PP-1 über die Bindung an das Glykogen reguliert.

Eine Ausschüttung von **Insulin** führt über Prozesse, die im Detail noch umstritten sind, zu einer **verstärkten Assoziation der PP-1 mit dem Glykogen** und damit auch zu einer erleichterten Wechselwirkung mit den glykogengebundenen Enzymen: Die Entfernung der Phosphatgruppen von der Glykogen-Synthase und von der Glykogen-Phosphorylase wird erleichtert (Abb. **A-11.10**).

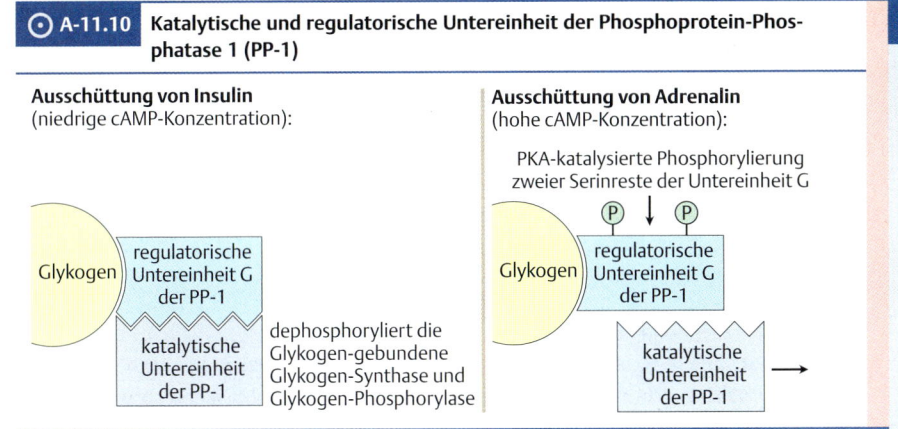

A-11.10 Katalytische und regulatorische Untereinheit der Phosphoprotein-Phosphatase 1 (PP-1)

Ausschüttung von Insulin (niedrige cAMP-Konzentration):

Ausschüttung von Adrenalin (hohe cAMP-Konzentration): PKA-katalysierte Phosphorylierung zweier Serinreste der Untereinheit G

Bei Ausschüttung von **Adrenalin** wird die Untereinheit G der PP-1 von der PKA an zwei Serinresten phosphoryliert. Die katalytische Untereinheit wird daraufhin abgelöst (Abb. **A-11.10**). Indem sie die Glykogengranula verlässt, verliert sie ihre Interaktionsmöglichkeiten mit den dort vorhandenen Enzymen. Diese behalten also ihre Phosphatgruppen. Da die Glykogen-Phosphorylase im phosphorylierten Zustand aktiv ist (Abb. **A-11.8**), kann sie den Abbau des Glykogens unter diesen Bedingungen uneingeschränkt fortführen.

Glucose-6-phosphat ist ein **allosterischer Aktivator der PP-1**. Wenn die Konzentration des Glucose-6-phosphats in der Zelle steigt, kommt es – indirekt vermittelt durch die verstärkte Aktivität der PP-1 – sowohl zu einer vermehrten Glykogensynthese, als auch zu einer Hemmung des Glykogenabbaus.

11.3 Gluconeogenese

▶ **Definition.** Als **Gluconeogenese** bezeichnet man die Bildung von Glucose aus Metaboliten, die keine Kohlenhydrate sind.

11.3.1 Funktion der Gluconeogenese im Stoffwechsel

Die Gluconeogenese ermöglicht die **Aufrechterhaltung einer Blutglucosekonzentration von ca. 3,5 mM (ca. 60 mg/100 ml)** auch während Hunger- und Fastenphasen, also unter Bedingungen, unter denen die Kohlenhydrate der letzten Mahlzeit bereits verdaut und resorbiert sind und die Glykogenvorräte der Skelettmuskulatur und der Leber bereits zur Neige gehen. Diese Blutglucosekonzentration darf nicht unterschritten werden, weil das ZNS und die Erythrozyten auf Glucose als Energielieferanten (S. 800) angewiesen sind. Während das ZNS, vor allem das Gehirn, bei normaler Ernährung pro Tag etwa 150 g Glucose verbraucht, ist der Verbrauch im Fasten durch partielle Umstellung des Stoffwechsels auf die Verwertung von Ketonkörpern auf ca. 50 g pro Tag reduziert. Die Erythrozyten sind unter allen Stoffwechselbedingungen auf einen Verbrauch von etwa 50 g pro Tag angewiesen. **Im Fasten** müssen somit **täglich ca. 100 g Glucose synthetisiert** werden.

Man kann die Gluconeogenese als anabolen oder als katabolen Stoffwechselweg bezeichnen. **Isoliert betrachtet** handelt es sich sicherlich um einen **anabolen** Stoffwechselweg, auf dem ein wertvoller Energieträger gebildet wird. **Im Kontext des gesamten Stoffwechsels** hingegen stellt die Gluconeogenese lediglich einen **Umweg beim Abbau von Energiespeichern** und in diesem Sinne einen **katabolen** Stoffwechselweg dar. Die stoffwechselphysiologische Funktion der Gluconeogenese besteht darin, in einer Zeit des Mangels den Abbau der Energiespeicher in einer Weise zu ermöglichen, die auch die besonderen Bedürfnisse des Gehirns und der Erythrozyten berücksichtigt.

Energie wird in der Gluconeogenese *nicht* gewonnen, vielmehr muss Energie aufgewendet werden (S. 226).

A 11 Speicherung und Bereitstellung von Kohlenhydraten

11.3.2 Ort der Gluconeogenese

Die Gluconeogenese findet **überwiegend** in der **Leber** statt. Neuere Untersuchungen haben allerdings gezeigt, dass der Beitrag der Niere zur Gluconeogenese wesentlich größer ist, als traditionell angenommen wurde. Im Fasten können 25–50 % der Glucose von der Niere beigesteuert werden. Die Gluconeogenese ist dabei auf den **proximalen Tubulus** beschränkt. Die Zellen des proximalen Tubulus sind zur Glykolyse nicht in der Lage; ihre entscheidende Energiequelle sind Fettsäuren und Ketonkörper. Innerhalb der Niere wird Glucose von den Zellen des distalen Tubulus verwertet sowie in größerem Umfang vom Nierenmark. Die Zellen des Nierenmarks enthalten kaum Mitochondrien, sodass die ATP-Synthese hier ähnlich wie in den Erythrozyten ausschließlich durch Substratkettenphosphorylierung in der Glykolyse erfolgt. So wird ein Teil der in den proximalen Tubuli produzierten Glucose bereits im Nierenmark wieder verbraucht. Umso bemerkenswerter ist es, dass gleichwohl bereits nach kurzem Fasten (z. B. über Nacht) ein erheblicher Teil der Glucose, die im systemischen Blutkreislauf nachweisbar ist, aus der Niere stammt.

11.3.3 Mechanismus der Gluconeogenese

Im **Prinzip** handelt es sich bei der Gluconeogenese um eine **rückwärts laufende Glykolyse**: Während in der Glykolyse Glucose zu Pyruvat abgebaut wird, entsteht in der Gluconeogenese aus Pyruvat Glucose. Allerdings sind **drei Reaktionen der Glykolyse irreversibel** (S. 90), d. h. sie haben ein stark negatives ΔG, müssen also **bei der Gluconeogenese umgangen** und von anderen Enzymen katalysiert werden:
(I) Phosphoenolpyruvat (PEP) → Pyruvat **(Pyruvat-Kinase-Reaktion)**.
Die Phosphatgruppe ist im PEP durch eine ausgesprochen energiereiche Esterbindung gebunden (ΔG°' = – 61,9 kJ/Mol). Um das energiereiche PEP ausgehend von Pyruvat zu synthetisieren, wird dieses in der Gluconeogenese zunächst in einer ATP-abhängigen Reaktion zu Oxalacetat carboxyliert. Über weitere Zwischenschritte wird dann GTP-abhängig das PEP erhalten (Abb. **A-11.11**).
(II) Fructose-6-phosphat → Fructose-1,6-bisphosphat **(Phosphofructokinase-Reaktion)**.
(III) Glucose → Glucose-6-phosphat **(Hexokinase-Reaktion)**.
Die Synthese von Glucose-6-phosphat und Fructose-1,6-bisphosphat ist in der Glykolyse mit einer Hydrolyse von ATP verbunden. Eine einfache Umkehr dieser Reaktionen würde somit eine Synthese von ATP erfordern, dazu fehlt den beteiligten Enzymen aber die Energie. In den entsprechenden Schritten der Gluconeogenese werden deshalb Enzyme verwendet, die von den Metaboliten einfach eine Phosphatgruppe abspalten (Abb. **A-11.11**).

Hinweis: Die Glycerinaldehyd-3-phosphat-Dehydrogenase (GAPDH) und die Phosphoglycerat-Kinase katalysieren in der Glykolyse die Bildung des NADH bzw. die Bildung von ATP durch Substratkettenphosphorylierung. Interessanterweise arbeiten diese beiden Enzyme in der Zelle nahe dem chemischen Gleichgewicht (!). Die Reaktionen sind also durchaus reversibel, sodass beide Enzyme auch in der Gluconeogenese verwendet werden können.

Reaktionsschritte

Schritte 1 und 2: Pyruvat → Oxalacetat → Phosphoenolpyruvat

Die Bildung von Phosphoenolpyruvat (PEP) aus Pyruvat ist der aufwendigste Teil der Gluconeogenese, denn
- Pyruvat wird in den **Mitochondrien** zu Oxalacetat carboxyliert,
- Oxalacetat wird in das **Zytosol** transportiert,
- im Zytosol wird Oxalacetat zu PEP decarboxyliert.

Schritt 1: Pyruvat → Oxalacetat. Dieser Schritt findet in den Mitochondrien statt, katalysiert von der **Pyruvat-Carboxylase**. Die Carboxylierung (S. 126) wird vom **Coenzym Biotin** (Vitamin H) vermittelt, das mit einem Lysinrest der Pyruvat-Carboxylase kovalent verbunden ist. Der Lysinrest ist mehrere C-Atome lang, sodass Biotin am Ende eines 1,4 nm langen beweglichen Arms sitzt. Es bindet in einer ATP-abhängigen Reaktionssequenz CO_2: Zunächst reagiert ATP mit Bicarbonat (HCO_3^-). Die end-

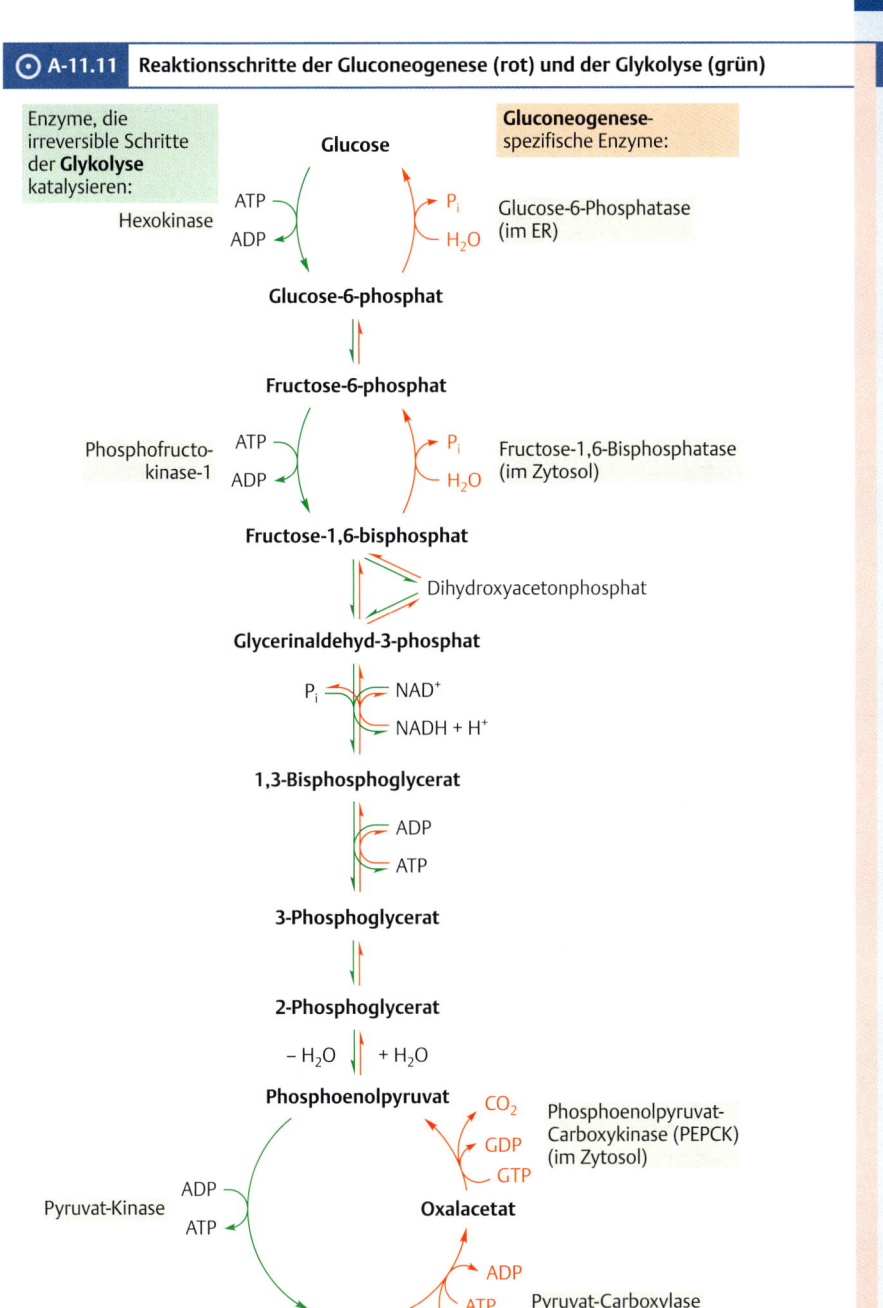

A 11.3 Gluconeogenese

A-11.11 Reaktionsschritte der Gluconeogenese (rot) und der Glykolyse (grün)

Enzyme, die irreversible Schritte der **Glykolyse** katalysieren:
- Hexokinase
- Phosphofructokinase-1
- Pyruvat-Kinase

Gluconeogenese-spezifische Enzyme:
- Glucose-6-Phosphatase (im ER)
- Fructose-1,6-Bisphosphatase (im Zytosol)
- Phosphoenolpyruvat-Carboxykinase (PEPCK) (im Zytosol)
- Pyruvat-Carboxylase (in Mitochondrien)

Glucose → Glucose-6-phosphat → Fructose-6-phosphat → Fructose-1,6-bisphosphat → Dihydroxyacetonphosphat / Glycerinaldehyd-3-phosphat → 1,3-Bisphosphoglycerat → 3-Phosphoglycerat → 2-Phosphoglycerat → Phosphoenolpyruvat → Oxalacetat → Pyruvat

ständige Phosphatgruppe löst sich als Carboxyphosphat ab und ADP bleibt zurück. Vom Carboxyphosphat wird dann ein CO_2-Molekül auf eines der Stickstoffatome des Biotins übertragen. Anschließend überträgt Biotin das CO_2-Molekül auf die Methylgruppe von Pyruvat (Abb. **A-11.12**).

Oxalacetat ist ein Metabolit des Citratzyklus. Man kann die Bereitstellung des Oxalacetats in der Gluconeogenese deshalb auch als Abzweigung des Citratzyklus ansehen. In dieser Perspektive handelt es sich bei der **Carboxylierung von Pyruvat zu Oxalacetat** um eine anaplerotische Reaktion (S. 126), durch die dem Citratzyklus das verloren gegangene Oxalacetat wieder zugeführt wird. Tatsächlich kann auch jede andere anaplerotische Reaktion zur Gluconeogenese beitragen. Diese Möglichkeit wird insbesondere in der Niere genutzt, indem Glutamin und Glutamat zu α-Ketoglutarat abgebaut werden (Abb. **A-8.5**).

Man kann die **Bereitstellung des Oxalacetats** in der Gluconeogenese als Abzweigung des Citratzyklus ansehen. Jede anaplerotische Reaktion kann zur Gluconeogenese beitragen.

A-11.12 Übertragung von CO$_2$ auf Pyruvat durch Biotin

Export des Oxalacetats aus den Mitochondrien in das Zytosol:

▶ **Merke.** Oxalacetat kann die mitochondriale Innenmembran nicht passieren, da die Membran kein Protein enthält, das den Transport vermitteln könnte. Deshalb muss Oxalacetat in einen anderen Metaboliten umgewandelt werden, für den ein Translokatorprotein existiert. Aus dem exportierten Metaboliten wird anschließend im Zytosol Oxalacetat regeneriert.

Oxalacetat kann in drei unterschiedliche membrangängige Metabolite umgewandelt werden (Abb. **A-11.13**):

1. **Oxalacetat → Malat:** Die Reduktion des Oxalacetats zu Malat wird von der Malat-Dehydrogenase des Citratzyklus katalysiert. Malat wird in das Zytosol exportiert. Dort katalysiert eine zytosolische Malat-Dehydrogenase die Oxidation des Malats zu Oxalacetat. In dieser Reaktion wird **NADH gewonnen**, welches von der Glycerinaldehyd-3-phosphat-Dehydrogenase (GAPDH) benötigt wird, um im Rahmen der Gluconeogenese die Bildung des Glycerinaldehyd-3-phosphats katalysieren zu können.

2. **Oxalacetat → Aspartat:** Die Reaktion wird von der mitochondrialen Aspartat-Aminotransferase (ASAT) katalysiert, indem die Aminogruppe von Glutamat auf Oxalacetat übertragen wird (S. 160). Nach dem Export in das Zytosol wird Aspartat von einer zytosolischen Aspartat-Aminotransferase wieder zur Bildung von Oxalacetat verwendet. In diesem Fall wird die Aminogruppe des Aspartats auf zytosolisches α-Ketoglutarat übertragen. Hierbei wird im Gegensatz zu Exportweg 1 **kein NADH produziert**. Der Aspartat-Aminotransferase-Weg setzt deshalb voraus, dass im Zytosol bereits hinreichend NADH für die Gluconeogenese zur Verfügung steht. Dies ist insbesondere dann der Fall, wenn **Lactat** als **Ausgangsstoff** für die Gluconeogenese dient, denn Lactat muss zu Pyruvat oxidiert werden, wobei NADH gebildet wird.

3. **Oxalacetat + Acetyl-CoA → Citrat:** Die Reaktion wird durch die Citrat-Synthase des Citratzyklus katalysiert. Citrat wird aus den Mitochondrien in das Zytosol exportiert. Dort wird die **Rückreaktion** von einer ATP-abhängigen **Citrat-Lyase** katalysiert. Hierbei wird neben Oxalacetat auch Acetyl-CoA gebildet, das im Zytosol u. a. zur Fettsäuresynthese verwendet werden kann (S. 235).

Schritt 2: Oxalacetat → Phosphoenolpyruvat (PEP): Die Bildung von Phosphoenolpyruvat aus Oxalacetat wird im Zytosol von der **Phosphoenolpyruvat-Carboxykinase (PEPCK)** katalysiert. In dieser Reaktion wird die Carboxylgruppe, die zuvor in den Mitochondrien unter Beteiligung der Pyruvat-Carboxylase eingefügt worden war, in Form von **CO$_2$ abgespalten**. Parallel wird das Molekül **phosphoryliert**, wobei die **Phosphatgruppe von GTP** geliefert wird. So entstehen neben dem Phosphoenolpyruvat 1 CO$_2$ und 1 GDP.

A-11.13 Bereitstellung von Oxalacetat in der Gluconeogenese

Die entscheidenden Metabolite sind grün markiert. Die Enzyme, die im Zytosol die Bildung von Oxalacetat katalysieren, sind rot markiert.

Schritte 3 bis 7: PEP → Fructose-1,6-bisphosphat

Die Schritte bis zum Fructose-1,6-bisphosphat entsprechen Reaktionen der Glykolyse, die nun in umgekehrter Richtung ablaufen. Dies gilt auch für den Schritt vom 3-Phosphoglycerat zum 1,3-Bisphosphoglycerat, der von der Phosphoglycerat-Kinase katalysiert wird. Während dieses Enzym in der Glykolyse die Bildung von ATP durch Substratkettenphosphorylierung katalysiert, wird vom gleichen Enzym nun ATP verbraucht, um die Reaktion in umgekehrter Richtung ablaufen zu lassen. Für die Synthese der Hexose Fructose-1,6-bisphosphat werden zwei Moleküle Glycerinaldehyd-3-phosphat benötigt. Dazu kann Dihydroxyacetonphosphat durch die Triosephosphat-Isomerase in Glycerinaldehyd-3-phosphat umgewandelt werden.

Schritt 8: Fructose-1,6-bisphosphat → Fructose-6-phosphat

Hier weicht die Gluconeogenese von der Glykolyse ab, da die Phosphofructokinase-Reaktion der Glykolyse nicht umkehrbar ist: Die Gluconeogenese-spezifische **Fructose-Bisphosphatase** spaltet die Phosphatgruppe am C-Atom 1 von Fructose-1,6-bisphosphat ab.

Schritt 9: Fructose-6-phosphat → Glucose-6-phosphat

Diesen Schritt katalysiert das Glykolyseenzym Glucose-6-phosphat-Isomerase.

Schritt 10: Glucose-6-phosphat → Glucose

Hier weicht die Gluconeogenese wiederum von der Glykolyse ab, weil die Hexokinase-Reaktion der Glykolyse irreversibel ist: Die Gluconeogenese-spezifische **Glucose-6-Phosphatase** katalysiert die Dephosphorylierung von Glucose-6-phosphat. In Hepatozyten und in den Zellen des proximalen Tubulus der Niere kommt das Enzym in großen Mengen vor. **In Skelettmuskelzellen** dagegen **fehlt** es, weshalb die Skelettmuskulatur trotz ihrer oft sehr umfangreichen Glykogenvorräte keinen Beitrag zur Aufrechterhaltung der Glucosekonzentration im Blut leisten kann.

Schritte 3 bis 7: PEP → Fructose-1,6-bisphosphat

Dies sind Schritte der Glykolyse, die in umgekehrter Richtung ablaufen. Bei der Reaktion 3-Phosphoglycerat → 1,3-Bisphosphoglycerat wird ATP verbraucht. Für die Synthese des Fructose-1,6-bisphosphats werden zwei Moleküle Glycerinaldehyd-3-phosphat benötigt.

Schritt 8: Fructose-1,6-bisphosphat → Fructose-6-phosphat

Diesen Schritt katalysiert die Gluconeogenese-spezifische **Fructose-Bisphosphatase**.

Schritt 9: Fructose-6-phosphat → Glucose-6-phosphat

Enzym: Glucose-6-phosphat-Isomerase (s. Glykolyse!).

Schritt 10: Glucose-6-phosphat → Glucose

Die Gluconeogenese-spezifische **Glucose-6-Phosphatase** katalysiert die Dephosphorylierung von Glucose-6-phosphat. Sie kommt in Hepatozyten und den Zellen des proximalen Tubulus, **nicht aber in Skelettmuskelzellen** vor.

Die Glucose-6-Phosphatase ist ein **Membranprotein des ER**. Glucose-6-phosphat wird in das **Lumen des ER** importiert und dort dephosphoryliert. Die entstandene Glucose wird dann zurück ins Zytosol transportiert.

Die Glucose-6-Phosphatase ist ein **integrales Protein der Membran des endoplasmatischen Retikulums (ER).** Bei der Gluconeogenese muss das gesamte Glucose-6-phosphat unter Beteiligung eines Translokatorproteins in das Lumen (in den Innenraum) des ER transportiert werden. Nur hier kann die Phosphatgruppe vom Glucose-6-phosphat abgelöst werden. Anschließend verlässt die entstandene Glucose mithilfe eines weiteren Translokators das ER, diffundiert durch das Zytosol und verlässt die Zelle schließlich mithilfe eines Glucosetransporters der GLUT-Familie, z. B. GLUT 2.

▶ Merke.

▶ **Merke.** An der Gluconeogenese sind Enzyme aus drei verschiedenen Zellkompartimenten beteiligt: Mitochondrien, Zytosol und ER.

▶ Klinik.

▶ **Klinik.** Bei der **Glykogenspeicherkrankheit (Glykogenose) Typ I (von Gierke)** ist im klassischen Fall die **Aktivität der Glucose-6-Phosphatase** reduziert (Typ Ia). Ursache kann aber auch ein Defekt im Gen des Glucose-6-phosphat-Transporters sein (Typ Ib). Bei beiden Krankheitsformen kann Glucose-6-phosphat in den Hepatozyten und in den Zellen des proximalen Tubulus nicht hinreichend effizient dephosphoryliert werden, sodass es akkumuliert. Die Folge ist eine übermäßige Glykogensynthese vor allem in der Leber, die schon in den ersten Lebensmonaten zu einer ausgeprägten Hepatomegalie führt (Abb. **A-11.14**). Oft sind auch die Nieren vergrößert, in denen bei dieser Krankheit ebenfalls Glykogen akkumuliert. Charakteristisch ist bei den Kindern das ausgeprägte Puppengesicht, das eine Folge der Stoffwechselstörung ist. Da in Leber und Nieren trotz hoher Konzentrationen an Glucose-6-phosphat keine Glucose synthetisiert werden kann, entwickeln sich zwischen den Mahlzeiten schwere Hypoglykämien, die Krampfanfälle auslösen können. Die Prognose ist gut, wenn Hypoglykämien durch häufige kohlenhydrathaltige Mahlzeiten vermieden werden. Die Glykogenose Typ I ist (nach Typ VI, Hers) die zweithäufigste Glykogenose. Sie wurde 1929 als erste Glykogenose von dem Pathologen Edgar von Gierke beschrieben.

⊙ **A-11.14** 6-jähriges Mädchen mit Glykogenose Typ I (von Gierke)

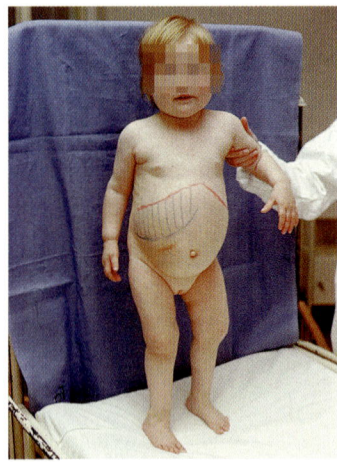

(aus Sitzmann, Duale Reihe Pädiatrie, Thieme, 2012)

Energiebilanz

Zur Synthese von 1 Mol Glucose muss in der Gluconeogenese eine Energie aufgewendet werden, die 6 Mol ATP entspricht.

Energiebilanz

Für die Synthese von 1 Mol Glucose werden in der Gluconeogenese 6 Mol energiereicher Verbindungen benötigt:
- Pyruvat-Carboxylase: 1 ATP → ADP + P_i
- Phosphoenolpyruvat-Carboxykinase (PEPCK) 1 GTP → GDP + P_i
- Phosphoglycerat-Kinase 1 ATP → ADP + P_i

Da zur Synthese von 1 Mol Glucose 2 Mol Pyruvat benötigt werden, muss insgesamt eine Energie aufgewendet werden, die der Hydrolyse von 6 Mol ATP entspricht.

A 11.3 Gluconeogenese

▶ **Merke.** Die Bildung von 1 Glucose aus 2 Pyruvat erfordert 6 ATP. Da in der Glykolyse ausgehend von 1 Mol Glucose nur 2 Mol ATP gewonnen werden können, lässt sich auch aus einer Kombination von Gluconeogenese und Glykolyse kein Perpetuum mobile zusammenstellen.

▶ **Merke.**

11.3.4 Ausgangsstoffe der Gluconeogenese

Zur Gluconeogenese werden zahlreiche Metabolite herangezogen. Ihre Anteile an der Gluconeogenese hängen von der jeweiligen Stoffwechsellage und vom Glucose synthetisierenden Gewebe ab. Die entscheidenden Ausgangsstoffe der Gluconeogenese sind:
- Lactat (über die Bildung von Pyruvat),
- Alanin (über die Bildung von Pyruvat),
- Glutamin und Glutamat,
- andere glucogene Aminosäuren,
- Glycerin.

Lactat entsteht
- in der **Skelettmuskulatur** bei anaerober Glykolyse, also bei Mangel an Sauerstoff, aus Pyruvat. Die Einstellung des Gleichgewichts zwischen Lactat und Pyruvat wird von der Lactat-Dehydrogenase = LDH (S. 99) katalysiert.
- ständig in **Erythrozyten**, da diese keine Mitochondrien enthalten und deshalb ausschließlich anaerobe Glykolyse betreiben.

Beide Zellarten geben Lactat an das Blut ab, mit dem es in die Leber gelangt. Dort wird es zu Pyruvat oxidiert, das zu Glucose umgesetzt wird. Die Glucose gelangt mit dem Blut zu den Muskelzellen und Erythrozyten. Der Kreislauf aus Lactatbildung in der Peripherie und Gluconeogenese in der Leber wird als **Cori-Zyklus** (S. 100) bezeichnet.

11.3.4 Ausgangsstoffe der Gluconeogenese

Lactat entsteht in der **Skelettmuskulatur** bei Sauerstoffmangel, außerdem ständig in **Erythrozyten**. Es gelangt mit dem Blut zur Leber, wo es zu Glucose umgesetzt wird, s. Cori-Zyklus (S. 100).

▶ **Merke.** Lactat ist in Leber und Niere der quantitativ wichtigste Ausgangsstoff der Gluconeogenese.

▶ **Merke.**

Alanin: In den Geweben des Körpers werden ständig Proteine abgebaut und wieder aufgebaut. In diesem Zusammenhang gibt insbesondere die Skelettmuskulatur erhebliche Mengen an Alanin an das Blut ab, das zur **Leber** transportiert wird. Dort wird es zu Pyruvat transaminiert, das der Gluconeogenese zugeführt wird. Glucose bildet zusammen mit Alanin den Alaninzyklus (S. 148). Alanin ist also ein lebertypisches Substrat der Gluconeogenese, sein Beitrag zur Gluconeogenese ist jedoch weit geringer als der des Lactats.

Alanin: Die Skelettmuskulatur gibt erhebliche Mengen an **Alanin** an das Blut ab. In der **Leber** wird Alanin durch Transaminierung in Pyruvat umgewandelt, das der Gluconeogenese zugeführt wird.

Glutamin und Glutamat: In der **Niere** wird weniger Alanin zur Gluconeogenese herangezogen, dafür aber umso mehr **Glutamin**. Es wird in den Zellen des proximalen Tubulus mithilfe der Glutaminase durch hydrolytische Desaminierung in **Glutamat** umgewandelt. Das dabei gewonnene Ammoniak (S. 783) dient zur Neutralisation der Säuren im Urin. Aus Glutamat entsteht durch Transaminierung oder oxidative Desaminierung α-Ketoglutarat (S. 120), ein Metabolit des Citratzyklus. In gleichem Umfang wie α-Ketoglutarat dem Citratzyklus zugeführt wird (anaplerotische Reaktion), kann Oxalacetat aus dem Citratzyklus abgezweigt und der Gluconeogenese zugeführt werden. Glutamin ist zwar ein nierentypisches Substrat der Gluconeogenese, aber auch in der Niere ist Lactat die quantitativ wichtigste Vorstufe der Gluconeogenese.

Glutamin und Glutamat: In der **Niere** wird **Glutamin** zur Gluconeogenese herangezogen. Es wird in **Glutamat** umgewandelt, aus dem α-Ketoglutarat, ein Metabolit des Citratzyklus, entsteht. Diese anaplerotische Reaktion ermöglicht im weiteren Verlauf des Citratzyklus die Abzweigung von Oxalacetat als Vorstufe der Gluconeogenese.

Grundsätzlich können alle Aminosäuren, die zu Pyruvat oder zu Metaboliten des Citratzyklus abgebaut werden, einen Beitrag zur Gluconeogenese leisten (sog. **glucogene Aminosäuren**). Dies sind alle proteinogenen Aminosäuren (S. 66) mit **Ausnahme** von **Lysin** und **Leucin**.

Außer Lysin und Leucin sind auch die anderen proteinogenen **Aminosäuren glucogen**.

Glycerin: entsteht in großen Mengen beim Abbau der Triacylglycerine. Das Fettgewebe gibt Glycerin an das Blut ab, mit dem es in die Leber gelangt. Im Zytosol der Hepatozyten katalysiert eine Glycerin-Kinase unter ATP-Verbrauch die Phosphorylierung des Glycerins zu Glycerin-3-phosphat. Dieses wird mithilfe von NAD^+ zu Dihydroxyacetonphosphat (= Glyceron-3-phosphat) oxidiert. Damit ist bereits ein Metabolit der Gluconeogenese entstanden. Sofern Glucose ausgehend von Glycerin gebildet wird, brauchen pro Mol Glucose also nur 2 Mol ATP aufgewendet zu werden.

Glycerin: entsteht in großen Mengen beim Abbau der Triacylglycerine. Es wird über Glycerin-3-phosphat und Dihydroxyacetonphosphat der Gluconeogenese zugeführt.

11.3.5 Regulation der Gluconeogenese

Die Gluconeogenese hat **vier Schlüsselenzyme**. Sie werden zur Umgehung der irreversiblen Glykolyseschritte benötigt:
- Pyruvat-Carboxylase,
- Phosphoenolpyruvat-Carboxykinase (PEPCK),
- Fructose-1,6-Bisphosphatase,
- Glucose-6-Phosphatase.

Die **Regulation** dieser Schlüsselenzyme erfolgt
- **Allosterisch:** Auf diese Weise sind kurzfristig Wirkungen zu erzielen.
- **Hormonell:** Hormone (Glukagon, Adrenalin, Glucocorticoide, Insulin) stimulieren oder hemmen die Transkription der Gene der Schlüsselenzyme. Hier ist die Latenz bis zum Wirkungseintritt, aber auch die Wirkungsdauer größer (längerfristige Wirkung).

Allosterische Regulation

▶ **Merke.** Wichtigster allosterischer Regulationsmechanismus ist die **Hemmung der Fructose-1,6-Bisphosphatase**, des zentralen Schlüsselenzyms der Gluconeogenese, **durch Fructose-2,6-bisphosphat**. Dieses ist gleichzeitig der wichtigste allosterische Aktivator der Phosphofructokinase-1 (PFK-1), des zentralen Schlüsselenzyms der Glykolyse. So ist sichergestellt, dass in einer Zelle entweder die Glykolyse oder die Gluconeogenese stimuliert wird, nie beide Prozesse gleichzeitig.

Die **Pyruvat-Carboxylase** wird durch **Acetyl-CoA** allosterisch **aktiviert**. Der Einstieg in die Gluconeogenese wird in den Mitochondrien also bei hohen Acetyl-CoA-Konzentrationen erleichtert. Diese Situation ist vor allem im Hunger und im Fasten gegeben, wenn der Abbau der Fettsäuren durch β-Oxidation in den Mitochondrien gesteigert wird. In der Leber wird das dabei anfallende Acetyl-CoA nicht nur in den Citratzyklus eingespeist sondern zunehmend auch zur Synthese von Ketonkörpern verwendet.

Hormonelle Regulation

Das Peptidhormon **Glukagon** wird von den A-Zellen des Pankreas ausgeschüttet, wenn die Konzentration der Glucose im Blut sehr niedrig ist. Glukagon entfaltet seine Wirkungen vor allem in der **Leber**. Hier stimuliert es die Gluconeogenese durch zwei Mechanismen:
1. Es induziert die Transkription aller vier Schlüsselenzyme der Gluconeogenese.
2. Es **senkt** die **intrazelluläre Fructose-2,6-bisphosphat-Konzentration**: Diese Wirkung wird durch cAMP vermittelt: cAMP stimuliert die cAMP-abhängige Proteinkinase A (PKA), und diese phosphoryliert das bifunktionelle Enzym der Hepatozyten (S. 95). Hierdurch wird die Fructose-2,6-Bisphosphatase-Aktivität des Enzyms stimuliert, die Domäne mit Kinaseaktivität (Phosphofructokinase-2 = PFK-2) aber gehemmt. Beide Effekte haben zur Folge, dass Fructose-2,6-bisphosphat abgebaut wird. Dadurch wird die Hemmung der Fructose-1,6-Bisphosphatase aufgehoben und die Phosphofructokinase-1 (PFK-1) nicht mehr aktiviert.

▶ **Merke.** Glukagon stimuliert in der Leber die Gluconeogenese und hemmt die Glykolyse. Der entscheidende Schalter ist dabei die Abnahme der Konzentration an Fructose-2,6-bisphosphat.

Adrenalin (S. 595), das wichtigste Hormon aus der Gruppe der Katecholamine, wird vom Nebennierenmark freigesetzt, um kurzfristig die Bereitstellung von ATP zu erleichtern. Es hat generell eine Erhöhung der intrazellulären cAMP-Konzentration zur Folge. In der **Leber** wirkt es dadurch **synergistisch mit Glukagon** Es stimuliert dort also die Gluconeogenese und hemmt die Glykolyse.

Wie wird verhindert, dass Adrenalin die Glykolyse auch in der **Skelettmuskulatur** hemmt? Im Skelettmuskel wird eine Isoform des bifunktionellen Enzyms exprimiert, der PKA-Phosphorylierungsstellen fehlen. Deshalb hat **Adrenalin** hier **keinen Effekt**. Bei der Isoform des bifunktionellen Enzyms im **Herzmuskel** stimuliert die Phosphorylierung die Domäne mit Kinaseaktivität, sodass verstärkt Fructose-2,6-bisphosphat gebildet und die **Glykolyse beschleunigt** wird.

Glucocorticoide: Auch **Glucocorticoide** steigern die **Transkription der** vier **Schlüsselenzyme der Gluconeogenese**. Der wichtigste Vertreter der Glucocorticoide, Cortisol, wird bei länger anhaltendem Nahrungsmangel von der Zona fasciculata der Nebennierenrinde freigesetzt und ist generell für die Koordination des Stoffwechsels in Hunger- und Fastenzeiten von zentraler Bedeutung. So induziert Cortisol auch einen vermehrten **Abbau von Muskelproteinen**. Die dabei freigesetzten Aminosäuren können dann zur Gluconeogenese verwendet werden. Unter dem Einfluss von Cortisol werden vermehrt Aminotransferasen gebildet, sodass die Einspeisung der Aminosäuren in die Gluconeogenese erleichtert wird. Cortisol verstärkt also in der Muskulatur den katabolen Stoffwechsel, während es in der Leber und in der Niere die Gluconeogenese stimuliert.

Glucocorticoide: Auch **Glucocorticoide** (wichtigster Vertreter: Cortisol) **induzieren** die **Schlüsselenzyme der Gluconeogenese**. Cortisol induziert außerdem den **Abbau von Muskelproteinen** und erleichtert die Verwertung der freigesetzten Aminosäuren in der Gluconeogenese.

Insulin: Diese Substanz wird von den B-Zellen des Pankreas ausgeschüttet, wenn ein Überangebot an Glucose vorhanden ist. Es signalisiert also das Ende einer Hungerphase, und wirkt dementsprechend auch antagonistisch zu Glukagon und zu Cortisol.

Insulin: Diese Substanz signalisiert das Ende einer Hungerphase. Somit wirkt es antagonistisch zu Glukagon und Cortisol.

▶ **Merke.** Insulin reprimiert (hemmt) die Transkription aller vier Schlüsselenzyme der Gluconeogenese. Gleichzeitig aktiviert es in der Leber die Glykogen-Synthase und induziert die Transkription mehrere Enzyme der Glykolyse.

▶ **Merke.**

CREB: Das **cAMP-responsive Element-binding Protein (CREB)** ist ein **Transkriptionsfaktor**, der bei der cAMP-induzierten Induktion der Transkription eine entscheidende Rolle spielt. Als **cAMP-responsive Element** wird der kurze Sequenzabschnitt der DNA in der **Promotorregion** der Gene bezeichnet, an die der Transkriptionsfaktor CREB bindet. CREB wird bei steigenden cAMP-Konzentrationen **von der PKA phosphoryliert und dadurch aktiviert**. CREB ist nicht nur an der Regulation der Gluconeogenese beteiligt, insgesamt werden ca. 100 Gene CREB-abhängig transkribiert.

CREB: Dieser **Transkriptionsfaktor** spielt bei der cAMP-induzierten Induktion der Transkription eine entscheidende Rolle. CREB wird von der **PKA phosphoryliert** und dadurch aktiviert.

▶ **Merke.** Die Proteinkinase A (PKA) wird von cAMP aktiviert und phosphoryliert daraufhin verschiedene Proteine. Auf diese Weise werden bestimmte Enzyme unmittelbar aktiviert bzw. inaktiviert (= Enzymregulation durch Interkonvertierung). Zum anderen greift die PKA aber auch in die Genexpression ein, z. B. durch Phosphorylierung des Transkriptionsfaktors CREB.

▶ **Merke.**

▶ **Klinik.** Die **Regulation der Gluconeogenese** ist klinisch von großer Relevanz bei **Diabetes mellitus Typ2**. Therapeutisch wird bereits seit 1957 in großem Umfang **Metformin** (N,N-Dimethylbiguanid) als oral wirkende blutzuckersenkende Verbindung eingesetzt. Metformin ist eine vergleichsweise einfache chemische Verbindung (Abb. **A-11.15**). Pharmakologisch hat Metformin vor allem den Effekt, dass die Gluconeogenese in den frühen Stunden des Tages deutlich reduziert wird. Metformin wird bei neu diagnostiziertem Typ 2-Diabetes auch heute noch oft zur „first line therapy" eingesetzt, solange eine Behandlung mit Insulin noch nicht erforderlich ist.

▶ **Klinik.**

⊙ **A-11.15** Metformin

Der molekulare Wirkmechanismus des Metformin war lange Zeit unbekannt. 2014 wurde in einer umfangreichen Studie gezeigt, dass Metformin in pharmakologischen Konzentrationen die Glycerin-3-phosphat-Dehydrogenase (S. 183) der mitochondrialen Innenmembran hemmt. Die Glycerin-3-phosphat-Dehydrogenase vermittelt einen Transport von Elektronen des Zytosols (letztlich vom NADH der Glykolyse) zum Ubichinon der Atmungskette. Das entstehende Ubichinol leitet die Elektronen dann weiter zum Komplex III der Atmungskette. In Gegenwart von Metformin wird dieser Prozess gehemmt und es kommt zu Verschiebungen im Redoxzustand des Zytosols: Im Zytosol akkumulieren reduzierte Verbindungen und die Oxidation von Glycerin und Laktat wird erschwert. Beide Verbindungen können nicht mehr so leicht zur Gluconeogenese beitragen, und der Blutzuckerspiegel sinkt.

12 Die Bereitstellung von Fettsäuren, Triacylglycerinen und Ketonkörpern

12.1	Überblick	230
12.2	Aufnahme der Lipide aus der Nahrung	230
12.3	Fettsäuresynthese	234
12.4	Woher stammt das NADPH für die Fettsäuresynthese?	242
12.5	Lipogenese: Biosynthese der Triacylglycerine (TAG)	248
12.6	Ketonkörpersynthese (Ketogenese)	250
12.7	Lipoproteine: Transport von Lipiden im Blut	251

J. Rassow

12.1 Überblick

Triacylglycerine (TAG, Triglyceride, TG) entstehen durch Veresterung von **Glycerin** mit drei **Fettsäuren**. Die TAG sind der Hauptbestandteil der tierischen und pflanzlichen Fette und spielen im Energiestoffwechsel eine wichtige Rolle als Energiespeicher (S. 127). Ausschlaggebend sind dabei die Fettsäuren, denn in ihnen sind ca. 95 % der beim Abbau der TAG frei werdenden Energie gespeichert.

Ketonkörper werden normalerweise nur bei länger anhaltendem Hunger und im Fasten gebildet. Sie stellen dann ebenfalls eine wichtige Energiequelle dar (S. 129).
Sowohl Fettsäuren als auch Ketonkörper werden **ausgehend von Acetyl-CoA synthetisiert**. Da Acetyl-CoA beim Abbau von Kohlenhydraten entsteht, können im Prinzip jederzeit Fettsäuren aus Kohlenhydraten gebildet werden. Bei der in den Industrieländern üblichen Ernährung spielt dieser Weg allerdings nur eine untergeordnete Rolle, da mit der Nahrung ohnehin übermäßig viele TAG aufgenommen werden. Infolgedessen handelt es sich bei den Fettsäuren und TAG der Energiespeicher nahezu ausschließlich um Stoffe, die aus den Fetten der Nahrung bezogen werden. Das zur Synthese der Ketonkörper benötigte Acetyl-CoA wird überwiegend durch den Abbau der Fettreserven (S. 135) bereitgestellt.

12.2 Aufnahme der Lipide aus der Nahrung

Ein Erwachsener in den Industrieländern nimmt täglich ca. 100 g Lipide mit der Nahrung auf. Etwa 90 % hiervon sind TAG, die übrigen 10 % entfallen im Wesentlichen auf Membranlipide sowie auf die fettlöslichen Vitamine E, D, K und A (Merkwort: EDeKA).

12.2.1 Verdauung der Lipide

Der **Speichel** enthält eine **Lipase** (sog. Zungengrundlipase), deren physiologische Bedeutung nicht hinreichend geklärt ist. Offenbar ist sie bei Säuglingen in größerem Umfang an der Verdauung der Lipide der Milch beteiligt, denn während der ersten Lebensmonate bilden Säuglinge nur wenig Pankreaslipase. Bei Erwachsenen ist sie für die Hydrolyse von ca. 10 % der Lipide verantwortlich. Da die Speichel-Lipase auch bei niedrigen pH-Werten aktiv ist, kann sie im Magen ihre Wirkung entfalten.
An der Verdauung der Lipide im **Magen** ist darüber hinaus eine **Magenlipase** (engl. gastric lipase) beteiligt, die von den **Hauptzellen der Magendrüsen** produziert wird, also von den gleichen Zellen, die auch Pepsinogen (S. 259) bilden.
Neuere Untersuchungen an freiwilligen Probanden haben gezeigt, dass Fette bereits im Magen weitgehend in eine **Emulsion** überführt werden. Unter einer Emulsion versteht man eine Mischung kleiner Fett- oder Öl-Tröpfchen in Wasser. Lange Zeit war man davon ausgegangen, dass die Emulgierung der Fette erst im Duodenum stattfindet.
Die Emulgierung der Lipide wird im **Dünndarm** vollendet. Dabei sind Gallenflüssigkeit und die Enzyme des Pankreassafts von entscheidender Bedeutung:

A 12.2 Aufnahme der Lipide aus der Nahrung

Die **Gallensäuren** der Gallenflüssigkeit wirken als Detergenzien, d. h. sie lösen alle Lipide effizient aus den Nahrungsbestandteilen heraus und emulgieren sie. Es bilden sich winzige Lipidaggregate, die im Wesentlichen aus Gallensäuren, TAG, Phospholipiden und Cholesterin bestehen, eingelagert sind fettlösliche Vitamine und andere hydrophobe Stoffe. Unter der Einwirkung der Pankreaslipase werden die TAG weitgehend zu **2-Monoacylglycerinen** abgebaut. Diese enthalten zum einen zwei hydrophile OH-Gruppen, zum anderen enthalten sie eine lange hydrophobe Acyl-Gruppe. Damit haben sie einen **amphipathischen** Charakter. Zusammen mit den Phospholipiden bilden sie kugelförmige Aggregate, sog. **Mizellen**, die nur noch den Durchmesser einer Lipidmembran haben (ca. 5 nm; Abb. **A-12.1a**). Wegen ihrer heterogenen Zusammensetzung werden die bei der Verdauung entstehenden Lipidaggregate oft als **gemischte Mizellen** bezeichnet. (Abb. **A-12.1a**).

Die **Pankreaslipase**, ein Enzym von etwa 50 kDa, ist im Pankreassaft enthalten und hydrolysiert die in den Lipidaggregaten enthaltenen TAG an der Grenzfläche zwischen der wässrigen und der Lipidphase. Da sie nicht in das Innere der Aggregate eindringen kann, wird der Zugang der Pankreaslipase zu ihren Substraten durch die Bildung kleinerer Lipidaggregate wesentlich erleichtert. Pankreaslipase wird zusammen mit einem kleinen Hilfsprotein von ca. 10 kDa sezerniert, das als **Colipase** bezeichnet wird. Beide Proteine bilden einen 1:1-Komplex. Die Bindung der Colipase hat in der Lipase eine erhebliche Konformationsänderung zur Folge, durch die das aktive Zentrum der Lipase für Substrate zugänglich wird. Zusammen mit Gallensäuren bildet sich ein ternärer (drei Komponenten enthaltender) Komplex. Die Pankreaslipase hydrolysiert bevorzugt die Esterbindungen der TAG in den Positionen 1 und 3. So werden TAG überwiegend zu **2-Monoacylglycerinen (= β-Monoacylglyceriden)** abgebaut. Als weitere Hydrolyseprodukte fallen **Glycerin** und **freie Fettsäuren** an.

In den **2-Monoacylglycerinen** ist jeweils eine einzelne Acylgruppe mit einem Glycerin, d. h. mit einem vergleichsweise großen hydrophilen Teil verbunden. Die 2-Monoacylglycerine sind dadurch **annähernd kegelförmige Moleküle**, die eine besondere Neigung zur Bildung kleiner kugeliger Aggregate zeigen. Sie erleichtern damit die Bildung der Mizellen (Abb. **A-12.1b**).

Ähnliche Mizellen werden in wässriger Lösung von allen Detergenzien (= Seifen und seifenähnlichen Stoffen) gebildet, sobald deren Konzentration einen für das jeweilige Detergens charakteristischen Schwellenwert, die kritische Mizellenkonzentration (CMC), überschreitet.

Neben der Pankreaslipase sind bei der Verdauung der Lipide im Dünndarm zwei weitere Enzyme des Pankreassafts von größerer Bedeutung:
- Phospholipase A_2
- Cholesterin-Esterase

Die **Gallensäuren** der Gallenflüssigkeit spalten die Lipidtröpfchen in winzige Lipidaggregate auf. Durch Einwirkung der Pankreaslipase werden die TAG zu **2-Monoacylglycerinen** abgebaut. Diese bilden zusammen mit anderen amphipathischen Stoffen **Mizellen** (Abb. **A-12.1a**).

Die **Pankreaslipase** hydrolysiert die TAG der Nahrung. Die Pankreaslipase bildet zusammen mit dem kleinen Hilfsprotein **Colipase** einen Komplex. Sie baut TAG überwiegend zu **2-Monoacylglycerinen (= β-Monoacylglyceriden)** ab. Als weitere Hydrolyseprodukte fallen **Glycerin** und **freie Fettsäuren** an.

2-Monoacylglycerine sind **annähernd kegelförmige Moleküle**, die leicht Mizellen bilden (Abb. **A-12.1 b**).

Auch die Pankreasenzyme Phospholipase A_2 und Cholesterin-Esterase spielen eine Rolle bei der Lipidverdauung.

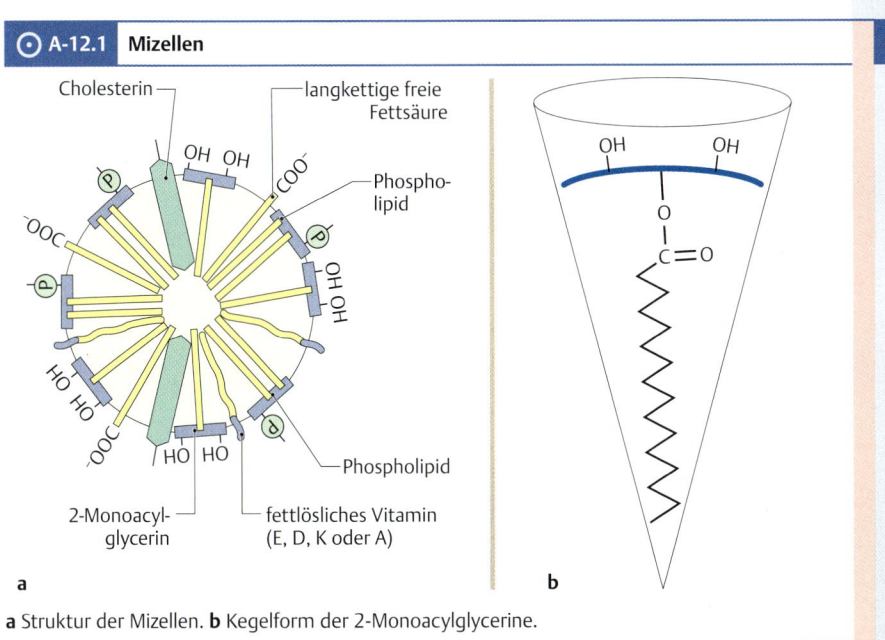

⊙ A-12.1 **Mizellen**

⊙ A-12.1

a Struktur der Mizellen. **b** Kegelform der 2-Monoacylglycerine.

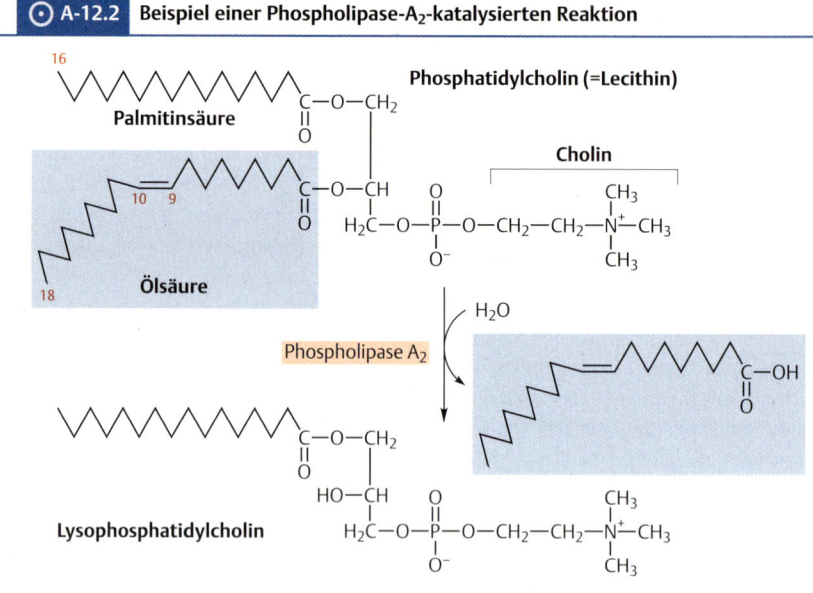

A-12.2 Beispiel einer Phospholipase-A$_2$-katalysierten Reaktion

Das Enzym katalysiert spezifisch die Hydrolyse der Esterbindung in Position 2 der Phosphoglyceride. Anstelle von Palmitinsäure und Ölsäure kann Phosphatidylcholin auch andere Fettsäuren enthalten.

Die **Phospholipase A$_2$** hydrolysiert spezifisch in Position 2 die Esterbindung glycerinhaltiger Phospholipide, z. B. von Phosphatidylcholin (Abb. **A-12.2**), dem Hauptbestandteil der biologischen Membranen.

Die **Phospholipase A$_2$** hydrolysiert spezifisch in Position 2 die Esterbindungen glycerinhaltiger Phospholipide (= Phosphoglyceride = Glycerophospholipide), z. B. in Phosphatidylcholin (= Lecithin, Abb. **A-12.2**). Dieses ist Hauptbestandteil der biologischen Membranen (S. 345) und auch in der Gallenflüssigkeit enthalten. Das entstehende Lysophosphatidylcholin wirkt seinerseits als Detergens (daher der Name!) und unterstützt als solches die Lipidverdauung.

▶ **Klinik.**

▶ **Klinik.** Die Giftdrüsen der Schlangen haben sich in der Evolution aus Speicheldrüsen entwickelt, die ursprünglich lediglich Enzyme für die Verdauung produzierten. So erklärt sich, dass viele **Schlangengifte** u. a. **Phospholipase A$_2$** enthalten. In der Bissstelle entsteht dadurch sehr viel Lysophosphatidylcholin, das als aggressives Detergens die Gewebe zerstört. Phospholipase A$_2$ ist auch eine der wichtigsten Komponenten der **Gifte der Bienen**, **Wespen** und **Hornissen**. In diesen Giften ist die Lipase zudem das wichtigste Allergen.

Die **Cholesterin-Esterase** ist eine unspezifische Lipase, die neben Cholesterinestern auch viele andere Lipidester hydrolysiert.

In den Lipiden der Nahrung befinden sich u. a. auch Ester, in denen Cholesterin über seine OH-Gruppe mit einer Fettsäure verbunden ist. Diese Verbindungen werden bei der Verdauung von der **Cholesterin-Esterase** hydrolysiert. Anders als ihr Name es vermuten lässt, ist sie ausgesprochen unspezifisch, d. h. auch viele andere Lipidester werden von ihr hydrolysiert. Darunter z. B. auch die 2-Monoacylglycerine, die von der Pankreaslipase übrig gelassen werden.

12.2.2 Resorption der Lipid-Hydrolyseprodukte

Langkettige Fettsäuren, 2-Monoacylglycerine und kleine Mengen anderer Lipide liegen im Darmlumen in Mizellen vor, Glycerin und kurzkettige Fettsäuren dagegen frei in Lösung (Abb. **A-12.3**). Sie alle werden durch die Enterozyten des **oberen Dünndarms** resorbiert.

Die Verdauung der Lipid-Aggregate führt zur Bildung von Mizellen, die neben langkettigen Fettsäuren und kleinen Mengen verschiedener anderer Lipide im Wesentlichen 2-Monoacylglycerine enthalten. Glycerin und kurzkettige Fettsäuren liegen frei in Lösung vor (Abb. **A-12.3**). Die Hydrolyseprodukte werden von den Enterozyten des **oberen Dünndarms** resorbiert. Vermutlich erfolgt die Resorption weder durch Pinozytose noch durch Endozytose vollständiger Mizellen, sondern ausschließlich durch Aufnahme einzelner Moleküle. Die Resorption findet überwiegend unter Beteiligung mehrerer Proteine der Zellmembran statt, teilweise aber auch über einen proteinunabhängigen Mechanismus:

Kurzkettige Fettsäuren lagern sich **spontan** in die Plasmamembran der Enterozyten ein. Dort werden sie von verschiedenen Enzymen aufgenommen und chemisch modifiziert.

Kurzkettige Fettsäuren lagern sich **spontan** in die äußere Schicht der Plasmamembran der Enterozyten ein. Sobald die Carboxylgruppe einer Fettsäure ein Proton bindet, liegt sie in ungeladenem Zustand vor und kann sich mühelos in die benachbarte innere Schicht der Enterozytenmembran bewegen („Flip-Flop"-Mechanismus). Dort

A 12.2 Aufnahme der Lipide aus der Nahrung

A-12.3 Aufnahme der Lipide aus der Nahrung

Speicheldrüsen (seröse Anteile) Zungengrundlipase

Magen Magenlipase der Hauptzellen

Pankreas Pankreaslipase + Colipase, Phospholipase A_2, Cholesterin-Esterase

Leber Gallensäuren

Triacylglycerine, Cholesterinester, Phospholipide fettlösliche Vitamine der Nahrung

→ 2-Monoacylglycerin, langkettige Fettsäuren, Cholesterin, fettlösliche Vitamine in **Mizellen**

kurzkettige Fettsäuren

Glycerin

Enterozyten: Resynthese von Triacylglycerinen und Cholesterinestern

Abgabe von **Chylomikronen** an die Lymphe (→ D. thoracicus)

Abgabe an das **Blut** (→ Pfortader, → Leber)

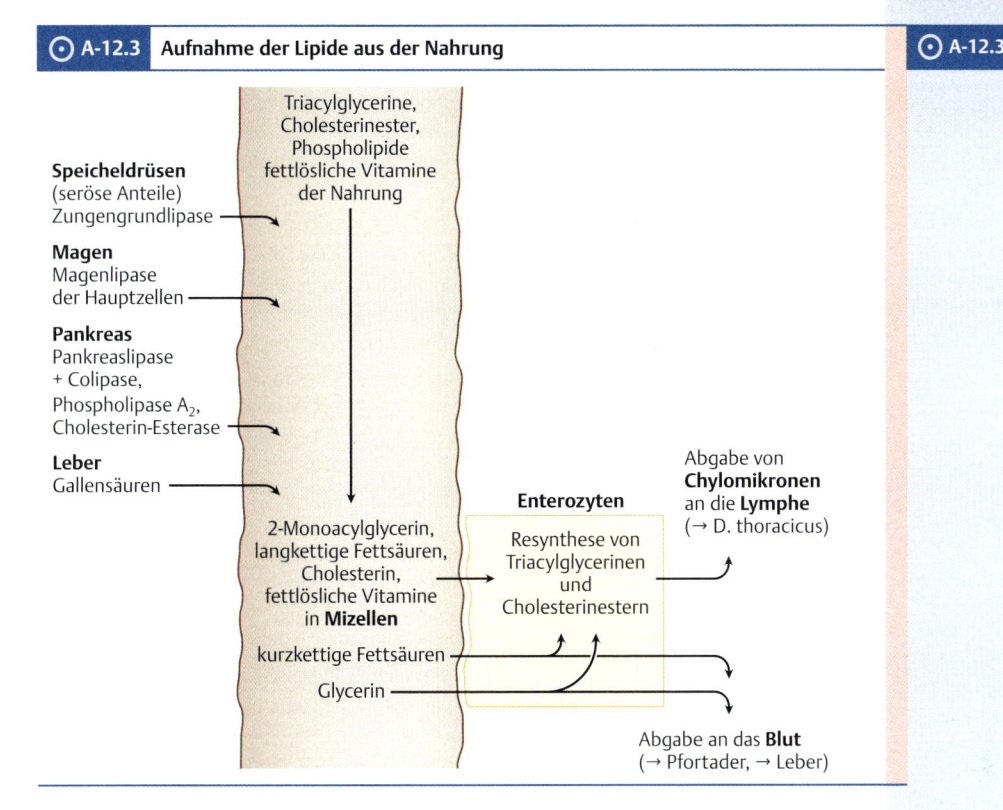

wird sie von verschiedenen Enzymen aufgenommen und auf Coenzym A übertragen oder auf andere Weise chemisch modifiziert. In jedem Fall wird sie dadurch im Enterozyt festgehalten und in den Stoffwechsel einbezogen.

Langkettige Fettsäuren gelangen überwiegend unter Vermittlung von Transportproteinen in die Enterozyten. Am bekanntesten ist das **Fettsäure-Transportprotein 1** (fatty acid transport protein 1, **FATP1**). Fünf homologe Proteine sind in anderen Geweben identifiziert worden, die ebenfalls den Transport von Fettsäuren vermitteln. Auch der Transport der langkettigen Fettsäuren ist an eine sofortige Übertragung auf Coenzym A oder andere chemische Modifizierungen gekoppelt. Offenbar wird dadurch verhindert, dass Fettsäuren, die im Rahmen eines Verteilungsgleichgewichts in die Enterozyten gelangen, zurück in das Darmlumen diffundieren.

Viele Transportproteine der Enterozyten sind erst in jüngerer Zeit identifiziert worden. So ließ sich nachweisen, dass in der apikalen Membran der Enterozyten das **Aquaporin AQP10** für die **Resorption von Glycerin** verantwortlich ist. Die Familie der Aquaporine wurde ursprünglich als Gruppe von Membranproteinen bekannt, die spezifisch die Diffusion von Wasser vermitteln. Inzwischen wurden 12 Mitglieder der Aquaporin-Familie charakterisiert (AQP1–AQP12). Mindestens vier dieser Proteine sind nicht nur für Wasser, sondern auch für Glycerin permeabel.

Als **Transporter für Cholesterin** wurde in der apikalen Membran das Protein **Niemann-Pick C 1 like 1 (NPC 1L 1)** nachgewiesen. Diese Entdeckung ist insofern von klinischem Interesse, als sich über eine Blockierung dieses Transporters der Cholesterinspiegel des Blutes senken lässt.

In den Enterozyten werden aus den Hydrolyseprodukten der Fette **erneut TAG synthetisiert** und diese zusammen mit anderen Lipiden zu Protein-Lipid-Komplexen zusammengelagert, den **Chylomikronen** (S. 253), die zur Gruppe der Lipoproteine gehören. Die Synthese der TAG findet am **endoplasmatischen Retikulum (ER)** statt. Sie wird dadurch erleichtert, dass die Fettsäuren bereits im Zusammenhang mit der Aufnahme in die Zelle durch Übertragung auf Coenzym A aktiviert werden. Am ER sind auch die Ribosomen gebunden, die das **Apolipoprotein B-48 (ApoB-48)** synthetisieren. Die Bindung der TAG an das neu synthetisierte ApoB-48 findet im Lumen des ER statt. In den Komplex werden sukzessive auch andere Lipide eingelagert, u. a. Phospholipide, Cholesterin und fettlösliche Vitamine. Der Protein-Lipid-Komplex wird dann in Vesikeln zum Golgi-Apparat und von dort zur basolateralen Seite der Enterozyten transportiert. Die Komplexe verlassen die Zellen als **Chylomikronen** von 75–500 nm Durchmesser.

Langkettige Fettsäuren gelangen überwiegend unter Vermittlung von Transportproteinen in die Enterozyten. Am bekanntesten ist das **Fettsäure-Transportprotein 1** (fatty acid transport protein 1, **FATP1**). In den Enterozyten werden Fettsäuren sofort chemisch modifiziert.

Die Resorption des **Glycerins** wird von **Aquaporin AQP10** vermittelt.

Transporter für Cholesterin ist das Protein Niemann-Pick C 1 like 1 (NPC 1L 1).

Im endoplasmatischen Retikulum (ER) der Enterozyten werden die Hydrolyseprodukte der Fette **wieder** zu **TAG zusammengesetzt**. Zusammen mit anderen Lipiden lagern sie sich an **Apolipoprotein B-48 (ApoB-48)** an. Die Protein-Lipid-Komplexe verlassen die Enterozyten in Form von **Chylomikronen** (= Untergruppe der Lipoproteine).

▶ Merke.

Die Chylomikronen gelangen über den **Ductus thoracicus** in den Blutkreislauf.

Resorbiertes, nicht zur TAG-Synthese verwendetes **Glycerin** und Fettsäuren geringer oder mittlerer Kettenlänge gelangen an der basolateralen Seite der Enterozyten unmittelbar in das Blut (Abb. **A-12.3**).

12.3 Fettsäuresynthese

Fettsäuren werden überwiegend in der **Leber** und im **Fettgewebe** synthetisiert und dort zu TAG umgesetzt. In der **Leber** akkumulieren **TAG** nur unter pathologischen Bedingungen (→ Fettleber bei Alkoholabusus, Abb. **A-12.4**). Normalerweise gelangen sie als Bestandteil der **VLDL (Very low Density Lipoproteins)** in das Blut und werden **im Fettgewebe gespeichert**.

▶ Merke.

▶ **Merke.** Chylomikronen werden nicht unmittelbar an das Blut abgegeben, sondern an die **Lymphflüssigkeit** (Abb. **A-12.3**).

Diese wird im **Ductus thoracicus** gesammelt, sodass die Chylomikronen den Blutkreislauf erst im linken Venenwinkel erreichen, wo sie mit der Lymphe in die linke V. subclavia gespült werden.

Das resorbierte **Glycerin**, das nicht zur Synthese von TAG verwendet wird, gelangt an der basolateralen Seite der Enterozyten unmittelbar in das Blut (Abb. **A-12.3**). Der Transport wird hier vermutlich vom Aquaporin AQP3 vermittelt. Zusammen mit den resorbierten Aminosäuren und Zuckern gelangt Glycerin durch die Portalvene zur Leber. Fettsäuren, die in den Enterozyten nicht zur Synthese von TAG Verwendung finden, gelangen ebenfalls zum großen Teil direkt in das Blut. Dies gilt insbesondere für Fettsäuren mittlerer oder geringerer Kettenlänge (Abb. **A-12.3**). Langkettige freie Fettsäuren werden überwiegend an die Lymphe abgegeben.

12.3 Fettsäuresynthese

Fettsäuren werden in verschiedenen Geweben, vor allem in der **Leber** und im **Fettgewebe** synthetisiert. Bei einem ausreichenden Angebot an TAG in der Nahrung wird die Fettsäuresynthese im Organismus weitgehend gehemmt. Sofern Fettsäuren nicht in anderen Stoffwechselwegen Verwendung finden, werden sie in den Zellen sehr schnell mit Glycerin zu TAG umgesetzt. **TAG** akkumulieren in der **Leber** nur unter pathologischen Bedingungen, etwa bei permanentem übermäßigem Alkoholkonsum, s. Exkurs (S. 143). Eine chronische Verfettung der Leber (Abb. **A-7.3 d**, Abb. **A-7.3** und Abb. **A-12.4**) kann langfristig zu einer Zerstörung des Lebergewebes führen (Leberzirrhose). Normalerweise werden neu gebildete TAG von der Leber in Form von **VLDL (Very low Density Lipoproteins)** an das Blut abgegeben und dann **im Fettgewebe gespeichert** (S. 253).

▶ **Merke.** **Ort der Fettsäuresynthese** in den Zellen ist das **Zytosol**. Somit finden Synthese und Abbau der Fettsäuren in unterschiedlichen Zellkompartimenten statt, denn der Abbau der Fettsäuren (S. 133), die β-Oxidation, ist ein Stoffwechselweg in der Matrix der Mitochondrien. **Ausgangssubstanz** der Fettsäuresynthese ist **Acetyl-CoA**. Fettsäuren werden also aus der gleichen Substanz aufgebaut, zu der sie bei der β-Oxidation abgebaut werden.

⊙ **A-12.4** Normale Leber (a) und Fettleber (b) im Ultraschall

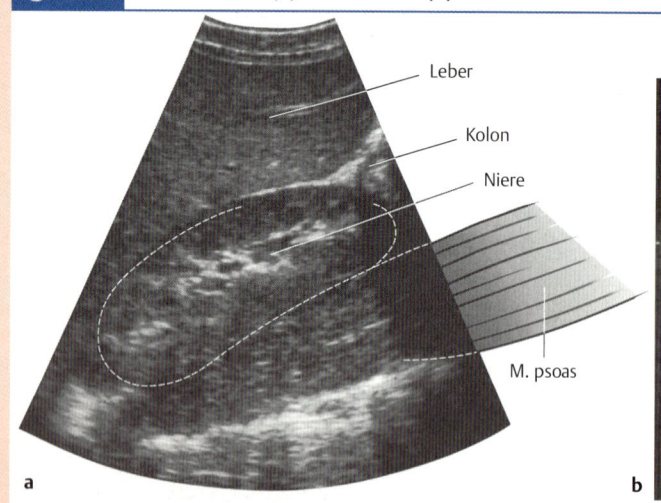

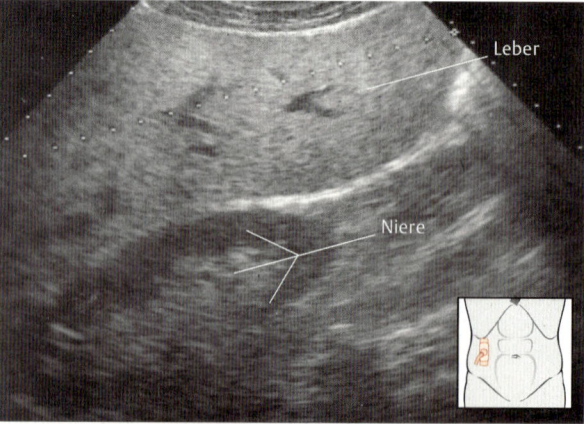

Eine verfettete Leber ist wesentlich schalldichter und zeichnet sich deshalb bei einer Sonografie wesentlich deutlicher ab als eine normale Leber.
(aus Delome, Debus; Duale Reihe Sonographie, Thieme 2005)

Daraus ergeben sich zwei Fragen:
1. Wie wird im Zytosol das Acetyl-CoA bereitgestellt, das für die Fettsäuresynthese benötigt wird?
2. Wie werden ausgehend von Acetyl-CoA die Fettsäuren synthetisiert?

Das Prinzip ist einfach: Fettsäuren werden dadurch gebildet, dass nach und nach mehrere Acetylgruppen aneinander gehängt werden. Die überzähligen Sauerstoffatome der Acetylgruppen werden jeweils durch gezielte Reduktion entfernt. Als Reduktionsmittel dient dabei NADPH.

12.3.1 Bereitstellung von Acetyl-CoA

Beim **Abbau der Kohlenhydrate** wird **Acetyl-CoA in den Mitochondrien gebildet**: Endprodukt der Glykolyse ist Pyruvat, das durch die Pyruvat-Dehydrogenase (PDH) unmittelbar zu Acetyl-CoA umgesetzt werden kann. Dieses Enzym gibt es aber nur in Mitochondrien. Pyruvat wird deshalb in die Mitochondrien transportiert und hier von der PDH zur Bildung von Acetyl-CoA verwendet (S. 109).

Doch wie gelangt das Acetyl-CoA aus den Mitochondrien zum Ort der Fettsäuresynthese, also in das Zytosol? CO_2 und O_2 können leicht durch die mitochondrialen Membranen diffundieren, alle anderen Moleküle aber benötigen dazu spezifische Transportsysteme.

▶ **Merke.** Die mitochondriale Außenmembran enthält porenbildende Proteine (Porin = VDAC), die kleine Moleküle wie Acetyl-CoA, NADH und ATP leicht passieren lassen, vgl. Exkurs zu β-Barrel-Proteinen (S. 78) und TOM-Komplex (S. 382). Die Innenmembran muss hingegen den mitochondrialen Protonengradienten aufrechterhalten, weshalb sie derartige Poren nicht enthalten kann.

Nahezu der gesamte Stofftransport über die Innenmembran ist nur durch die Vermittlung spezifischer Transportproteine möglich. Da die Innenmembran für Acetyl-CoA keinen Transporter enthält, wird in den Mitochondrien **ausgehend von Acetyl-CoA** zunächst **Citrat synthetisiert**, und zwar unter Ausnutzung des ersten Schrittes des Citratzyklus, katalysiert von der **Citrat-Synthase**. Das entstandene Citrat wird dann unter Vermittlung des Citrat-Translokators der mitochondrialen Innenmembran exportiert. **Im Zytosol** wird aus Citrat **erneut Acetyl-CoA gebildet**, das dann in der Fettsäuresynthese Verwendung findet. Die Bildung des Acetyl-CoA wird im Zytosol von der **Citrat-Lyase** katalysiert. Neben Acetyl-CoA entsteht dabei Oxalacetat. Damit der Citratzyklus durch den Verlust des Citrats nicht zum Erliegen kommt, ist eine den Citratzyklus auffüllende **anaplerotische Reaktion** nötig. Dabei handelt es sich in diesem Fall um die **Carboxylierung von Pyruvat zu Oxalacetat**. Die **Pyruvat-Carboxylase** überträgt das benötigte CO_2 unter Vermittlung des Coenzyms **Biotin**, das als prosthetische Gruppe kovalent mit dem Enzym verbunden ist. Als Energiequelle dient bei der Carboxylierung **ATP**. Da die gleiche Reaktion auch an der Gluconeogenese beteiligt ist (S. 222), ist die Carboxylierung von Pyruvat zu Oxalacetat eine besonders wichtige anaplerotische Reaktion.

12.3.2 Mechanismus der Fettsäuresynthese

Prinzip

Die Bildung einer C-C-Bindung ist ein endergoner Prozess und benötigt deshalb eine aktivierte Ausgangsverbindung. Die **aktivierte Ausgangsverbindung** der Fettsäuresynthese ist das **Malonyl-CoA**. Es entsteht durch **ATP-abhängige Carboxylierung von Acetyl-CoA**. Die Decarboxylierung des Malonyl-CoA ist eine exergone Reaktion. Sie liefert in der Fettsäuresynthese die Energie, die für die Bildung der C-C-Bindungen erforderlich ist.

In jedem Reaktionszyklus der Fettsäuresynthese wird ein Malonyl-CoA aufgenommen, decarboxyliert, und die dabei übrig bleibende -CH_2-CO-Gruppe wird zur Verlängerung der entstehenden Fettsäure verwendet. Indem der Reaktionszyklus wiederholt durchlaufen wird, werden in der Regel acht Acetylgruppen miteinander verbunden. Da jede Acetylgruppe zwei Kohlenstoffatome beisteuert, entsteht so eine **Fettsäure, die 16 Kohlenstoffatome** enthält, die **Palmitinsäure** bzw. das Palmitat.

Daraus ergeben sich 2 Fragen:
1. Wie wird im Zytosol das Acetyl-CoA bereitgestellt, das für die Fettsäuresynthese benötigt wird?
2. Wie werden ausgehend von Acetyl-CoA die Fettsäuren synthetisiert?

12.3.1 Bereitstellung von Acetyl-CoA

Beim **Abbau der Kohlenhydrate** wird **Acetyl-CoA in den Mitochondrien gebildet**.

▶ **Merke.**

Die mitochondrialen Membranen enthalten für Acetyl-CoA kein Transportsystem. Deshalb wird in den Mitochondrien **aus Acetyl-CoA** zunächst **Citrat synthetisiert** (Enzym: **Citrat-Synthase**). Das Citrat wird in das **Zytosol** exportiert und dort in **Acetyl-CoA** und Oxalacetat gespalten (Enzym: **Citrat-Lyase**).

Damit der Citratzyklus durch den Verlust des Citrats nicht zum Erliegen kommt, ist eine **anaplerotische Reaktion** nötig: die **Carboxylierung von Pyruvat zu Oxalacetat**.
Enzym: **Pyruvat-Carboxylase**.
Prosthetische Gruppe: **Biotin**.
Energiequelle: **ATP**.

12.3.2 Mechanismus der Fettsäuresynthese

Prinzip

Die Fettsäuresynthese erfordert die Bildung der **aktivierten Verbindung Malonyl-CoA**. Die Decarboxylierung des Malonyl-CoA liefert die Energie, die für die Bildung der C-C-Bindungen erforderlich ist.

In jedem Reaktionszyklus wird die Fettsäure um eine -CH_2-CO-Gruppe verlängert. Es werden mehrere Reaktionszyklen durchlaufen. In der Regel wird anschließend **Palmitinsäure** freigesetzt.

A 12 Die Bereitstellung von Fettsäuren, Triacylglycerinen und Ketonkörpern

▶ Merke.
- Die Fettsäure-Synthase liefert ausschließlich **gesättigte Fettsäuren**.
- Ihr bei Weitem **wichtigstes Produkt** ist **Palmitinsäure** (16 Kohlenstoffatome).
- Kürzere Fettsäuren werden von der Fettsäure-Synthase nur in **geringem Umfang** synthetisiert.
- **Stearinsäure**, eine Fettsäure, die 18 Kohlenstoffatome enthält, wird ebenfalls nur in **geringem Umfang** gebildet.
- **Längere Fettsäuren** werden von der Fettsäure-Synthase **nicht** gebildet.

Kettenverlängerung erfolgt in den Mitochondrien oder im ER. **Ungesättigte Fettsäuren** (S. 242) entstehen durch Einfügen von Doppelbindungen **im ER**.

Eine **Kettenverlängerung** (Elongation) ist unabhängig voneinander sowohl in den Mitochondrien als auch im ER möglich. Die Elongation betrifft stets das COOH-Ende der Fettsäure. **Ungesättigte Fettsäuren** (S. 242) entstehen durch nachträgliche Einführung von Doppelbindungen **im ER**.

Die Acetyl-CoA-Carboxylase als Schrittmacherenzym der Fettsäuresynthese

Erster Schritt zur Bildung der C-C-Bindung ist die Aktivierung des Acetyl-CoA durch **Carboxylierung zu Malonyl-CoA**, katalysiert durch die **Acetyl-CoA-Carboxylase** (Abb. **A-12.5**).

Die Acetyl-CoA-Carboxylase als Schrittmacherenzym der Fettsäuresynthese

Der Kohlenstoff der Carbonylgruppe (C=O) des Acetyl-CoA ist recht reaktionsfreudig. Die Methylgruppe hingegen ist sehr reaktionsträge und in dieser Form für die Fettsäuresynthese nicht geeignet. Deshalb besteht der erste Schritt der Fettsäuresynthese in einer **Aktivierung des Acetyl-CoA durch Carboxylierung der Methylgruppe** (Abb. **A-12.5**). Das Reaktionsprodukt wird als **Malonyl-CoA** bezeichnet. Die Reaktion wird von der **Acetyl-CoA-Carboxylase** katalysiert.

⊙ A-12.5 Aktivierung des Acetyl-CoA durch Bildung von Malonyl-CoA

a Reaktionsschema. b Bindung des CO_2 an die Biotingruppe der Acetyl-CoA-Carboxylase. Die Reaktion verläuft ähnlich wie die Carboxylierung von Pyruvat zu Oxalacetat (Abb. **A-11.12**). Die Übertragung des CO_2 auf das Biotin ist ATP-abhängig.

▶ Merke.

▶ Merke. Die **Acetyl-CoA-Carboxylase** ist das **Schrittmacherenzym** der Fettsäuresynthese. Ähnlich wie die mitochondriale Pyruvat-Carboxylase (S. 222) enthält auch die Acetyl-CoA-Carboxylase **Biotin** als prosthetische Gruppe und benötigt **ATP** als Energiequelle.

Der Sinn der Carboxylierung des Acetyl-CoA zu Malonyl-CoA zeigt sich im Rahmen des anschließenden Reaktionszyklus: Hier wird die Carboxylgruppe abgelöst und hinterlässt ein freies Elektronenpaar. Dieses stellt die Verbindung zum Carbonylkohlenstoff der zu verlängernden Fettsäure her.

Der Reaktionszyklus der Fettsäuresynthese

Enzym: Fettsäure-Synthase.

Der Aufbau der Fettsäure-Synthase

Die Fettsäure-Synthase besteht aus zwei identischen Untereinheiten, die einen **X-förmigen homodimeren Komplex** bilden (Abb. **A-12.6**). In jeder der beiden Untereinheiten sind alle für eine Fettsäuresynthese erforderlichen katalytischen Zentren in einem Halbkreis angeordnet.

Der Reaktionszyklus der Fettsäuresynthese

Die Reaktionen des Zyklus werden von der Fettsäure-Synthase katalysiert.

Der Aufbau der Fettsäure-Synthase

Die Fettsäure-Synthase des Menschen besteht aus zwei identischen Untereinheiten von jeweils 270 kDa, die sich zu einem **homodimeren Komplex** zusammengelagert haben. Die genaue Struktur des Komplexes war bis vor wenigen Jahren unbekannt. Erst 2008 gelang es einer Arbeitsgruppe an der ETH in Zürich, die Röntgenkristallstruktur der Fettsäure-Synthase aufzuklären. Der dimere Komplex ähnelt in seiner Struktur einem asymmetrischen Buchstaben X (Abb. **A-12.6**). Die beiden identischen Untereinheiten sind in sich U-förmig gebogen und gleichsam Rücken an Rücken miteinander assoziiert. An einer schmalen Stelle in der Mitte sind die beiden Polypeptidketten miteinander verhakt. In jeder der beiden Untereinheiten sind die für eine Fettsäuresynthese erforderlichen sieben aktiven Zentren in einem Halbkreis

A 12.3 Fettsäuresynthese

A-12.6 Struktur der Fettsäure-Synthase

NH₂
HS—**KS** β-Ketoacyl-Synthase (enthält die „periphere" SH-Gruppe)
MAT Malonyl-CoA-ACP-Transacylase (katalysiert die Aufnahme der Malonylgruppen)
DH Dehydratase (katalysiert die Abspaltung von H2O)
ER Enoyl-Reduktase (katalysiert die zweite NADPH-abhängige Reduktion)
HS **KR** β-Ketoacyl-Reduktase (katalysiert die erste NADPH-abhängige Reduktion)
ACP Acyl-Carrier-Protein (trägt den Phosphopanthethein-Arm)
TE Thioesterase (katalysiert die Freisetzung der Palmitinsäure)
COOH

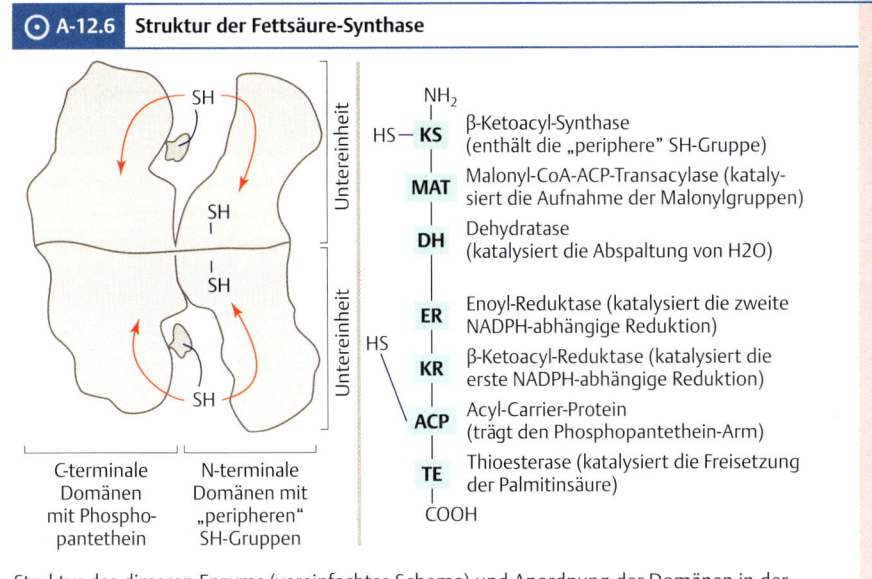

Struktur des dimeren Enzyms (vereinfachtes Schema) und Anordnung der Domänen in der Polypeptidkette einer Untereinheit.

angeordnet. Der Reaktionsmechanismus des Enzyms lässt sich nunmehr recht genau rekonstruieren.

Während der Fettsäuresynthese muss das Enzym gleichzeitig die zu verlängernde Fettsäure und die neu hinzutretende Malonylgruppe binden. Beide Reaktionspartner werden als **Thioester** gebunden. Die dazu benötigten Schwefelatome werden **von zwei SH-Gruppen** beigesteuert:

- Die **zentrale SH-Gruppe** ist Teil einer prosthetischen Gruppe, die als **Phosphopantethein** bezeichnet wird. Das Phosphopantethein ist ein organisches Molekül von 2 nm Länge, das über eine Phosphatgruppe mit dem Enzym verbunden ist und an seinem Ende die entscheidende SH-Gruppe trägt (Abb. **A-12.7**). Die Domäne des Enzyms, in der das Phosphopantethein verankert ist, wird in der englischsprachigen Literatur als **Acyl-Carrier-Protein (ACP)** bezeichnet. Das ACP ist also kein eigenständiges Protein, sondern eine Proteindomäne der Untereinheiten. Die Domäne liegt in der Mitte der U-förmig gebogenen Untereinheiten. Hier trägt das Phosphopantethein die Zwischenprodukte der Fettsäuresynthese (die Acylgruppen) ähnlich wie ein lang gestreckter Arm von einem Reaktionszentrum zum nächsten.
- Die **periphere SH-Gruppe** wird von einem **Cystein** des Enzyms exponiert. Sie ist also lediglich Teil eines Aminosäurerests. Die periphere SH-Gruppe befindet sich in der aminoterminalen Domäne jeder Untereinheit. Sie nimmt in der Sequenz der Reaktionsschritte kurzzeitig die zu verlängernde Fettsäure auf, während der Phosphopantethein-Arm mit einer neuen Malonylgruppe beladen wird (s. u.).

Die Substrate werden als **Thioester** gebunden. Die Schwefelatome werden von **zwei SH-Gruppen** beigesteuert:

- Die **zentrale SH-Gruppe** ist Teil einer prosthetischen Gruppe (**Phosphopantethein**, Abb. **A-12.7**). Die Enzymdomäne, in der das Phosphopantethein verankert ist, heißt Acyl-Carrier-Protein (ACP) und befindet sich jeweils in der Mitte der U-förmig gebundenen Untereinheiten. Hier trägt das Phosphopantethein die Zwischenprodukte der Fettsäuresynthese wie ein lang gestreckter Arm von einem Reaktionszentrum zum nächsten.

- Die **periphere SH-Gruppe** ist **Teil eines Cysteins** in der N-terminalen Domäne jeder Untereinheit. Sie nimmt kurzzeitig die zu verlängernde Fettsäure auf, während der Phosphopantethein-Arm mit einer neuen Malonylgruppe beladen wird.

A-12.7 Phosphopantetheingruppe des Acyl-Carrier-Proteins (ACP) und des Coenzyms A (CoA)

prosthetische Phosphopantetheingruppe des ACP

Phosphopantetheingruppe des CoA

Die Schritte des Reaktionszyklus

- Die Synthese einer neuen Fettsäure beginnt stets mit Acetyl-CoA (nicht mit Malonyl-CoA!). Die Acetylgruppe wird vom Coenzym A **zunächst auf die SH-Gruppe des Phosphopantethein-Arms** der Fettsäure-Synthase und von dort **gleich weiter auf die periphere SH-Gruppe** übertragen.

- Jetzt wird das erste **Malonyl-CoA** benötigt. Die **Malonylgruppe** wird **auf die SH-Gruppe des Phosphopantethein-Arms** übertragen.

- Der Phosphopantethein-Arm bewegt sich mit der Malonylgruppe zur Acetylgruppe an der peripheren SH-Gruppe. Die **Malonylgruppe** wird **decarboxyliert und das CO_2 durch die Acetylgruppe ersetzt**, die sich von der peripheren SH-Gruppe gelöst hat (Abb. **A-12.8**).

⊙ A-12.8

Die Schritte des Reaktionszyklus

- Die Synthese einer neuen Fettsäure **beginnt** stets **mit Acetyl-CoA**. Das ist insofern bemerkenswert, als alle weiteren C_2-Einheiten in einer aktivierten Form, nämlich als Malonyl-CoA eingeführt werden. Acetyl-CoA wird nur deshalb als erstes Substrat aufgenommen, weil seine Methylgruppe in allen weiteren Schritten, wie auch in der letztlich gebildeten Fettsäure, die endständige Methylgruppe bilden wird. Sie braucht also nie eine Reaktion einzugehen. Die **Acetylgruppe** wird vom Coenzym A **zunächst auf die SH-Gruppe des Phosphopantethein-Arms** der Fettsäure-Synthase und von dort **gleich weiter auf die periphere SH-Gruppe** der gegenüberliegenden Seite übertragen.

  Interessanterweise ist Phosphopantethein nicht nur eine prosthetische Gruppe der Fettsäure-Synthase, sondern auch ein wesentlicher Teil des Coenzym A (Abb. **A-12.7**). Wenn die Acetylgruppe vom Coenzym A auf die Fettsäure-Synthase übertragen wird, wechselt sie also lediglich den Phosphopantethein-Arm, an den sie gebunden ist.

- Erst jetzt wird das erste **Malonyl-CoA** benötigt. Die **Malonylgruppe** wird **auf die SH-Gruppe des Phosphopantethein-Arms** übertragen. Dazu muss der Phosphopantethein-Arm innerhalb des Enzyms zu einem aktiven Zentrum hinüberschwenken, das sich in einer gegenüberliegenden Proteindomäne befindet.

- Nachdem das Phosphopantethein die Malonylgruppe aufgenommen hat, bewegt es sich zur **Acetylgruppe** weiter, die in der Nähe an die periphere SH-Gruppe gebunden ist. Nun findet der entscheidende Schritt der Kettenverlängerung statt: Die **Malonylgruppe** wird **decarboxyliert**. Bei der Abspaltung des CO_2 bleibt von der COO^--Gruppe ein Elektronenpaar zurück. Dieses stellt nun eine Bindung zum Carbonylkohlenstoff der Acetylgruppe her. Daraufhin löst sich die **Acetylgruppe** vom Schwefelatom der peripheren SH-Gruppe ab und **ersetzt** das soeben am Phosphopantethein-Arm **abgespaltene CO_2** (Abb. **A-12.8**).

⊙ **A-12.8** Mechanismus der Kettenverlängerung in der Fettsäuresynthese

Im entscheidenden Schritt wird die Carboxylgruppe der neu aufgenommenen Malonylgruppe gegen die zu verlängernde Acylgruppe (die Acetylgruppe bzw. die zu verlängernde Fettsäure) ausgetauscht.

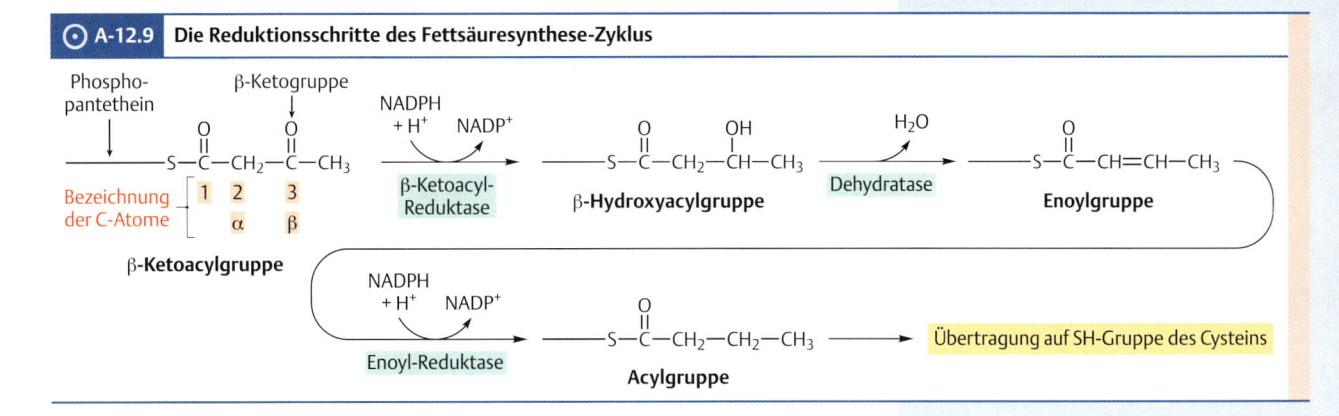

A-12.9 Die Reduktionsschritte des Fettsäuresynthese-Zyklus

β-Ketoacylgruppe → (NADPH + H⁺ → NADP⁺, β-Ketoacyl-Reduktase) → β-Hydroxyacylgruppe → (H₂O, Dehydratase) → Enoylgruppe → (NADPH + H⁺ → NADP⁺, Enoyl-Reduktase) → Acylgruppe → Übertragung auf SH-Gruppe des Cysteins

Bezeichnung der C-Atome: 1, 2 (α), 3 (β)

- Der Phosphopantethein-Arm schwenkt zurück, und das Substrat wird **mit NADPH reduziert**. Dadurch entsteht aus der **Carbonylgruppe in Position 3 (= am β-C-Atom)** des Substrates eine **CH_2-Gruppe**. Die Reduktion verläuft in drei Schritten (Abb. A-12.9) und unter Beteiligung von drei verschiedenen katalytischen Zentren:
  – Zunächst entsteht durch **Reduktion** mit NADPH eine **OH-Gruppe**.
  – Anschließend wird durch Abspaltung von H_2O **(Dehydratisierung)** eine **Doppelbindung** gebildet.
  – Schließlich wird nochmals mit NADPH **reduziert**, mit dem Ergebnis, dass an der Stelle der ursprünglichen Carbonylgruppe eine **CH_2-Gruppe** erscheint.
- Die **Acylgruppe** (-CO-CH_2-CH_2-CH_3) wird dann von der SH-Gruppe des Phosphopantethein-Arms **auf die periphere SH-Gruppe** der gegenüberliegenden Seite der Untereinheit **übertragen**.
- Auf die **SH-Gruppe des Phosphopantethein-Arms** wird die **Malonylgruppe** eines Malonyl-CoA **übertragen**, und der Reaktionszyklus beginnt von neuem.

- Der Phosphopantethein-Arm schwenkt zurück und das Substrat wird **mit NADPH reduziert**, sodass aus der **Carbonylgruppe in Position 3 (= am β-C-Atom)** des Substrates eine **CH_2-Gruppe** entsteht (Abb. A-12.9):
  – Reduktion → **OH-Gruppe**,
  – Dehydratisierung → **Doppelbindung**,
  – 2. Reduktion → **CH_2-Gruppe**.

- Die **Acylgruppe** wird auf die **periphere SH-Gruppe** übertragen.
- Auf die **zentrale SH-Gruppe** wird eine **Malonylgruppe** übertragen → neuer Zyklus.

Freisetzung der synthetisierten Fettsäure

Die Fettsäuresynthese endet mit der Freisetzung der synthetisierten Fettsäure – meist **Palmitat** (eine Fettsäure mit 16 C-Atomen; s. Abb. **A-3.15**) – durch Hydrolyse des Thioesters. Das entsprechende katalytische Zentrum liegt auf der Seite des ACP in der Nähe der Verankerung des Phosphopantetheins.

Die Fettsäuresynthese endet mit der Freisetzung der fertigen Fettsäure durch Hydrolyse des Thioesters.

▶ **Merke.** Die Fettsäure **reagiert** meist sehr schnell **mit Coenzym A** und steht dann in Form eines **Acyl-CoA** für verschiedene Synthesen zur Verfügung.

▶ **Merke.**

Energiebilanz

Zur Synthese von Palmitat wird der Reaktionszyklus insgesamt 7-mal durchlaufen. Dabei werden benötigt: 1 Acetyl-CoA, 7 Malonyl-CoA und 14 NADPH. Die Synthese der 7 Malonyl-CoA ist mit einer Hydrolyse von 7 ATP verbunden; außerdem werden durch Carboxylierung von Acetyl-CoA 7 CO_2 fixiert, die aber während der Zyklusdurchgänge wieder freigesetzt werden.

Zur Synthese von Palmitat wird der Reaktionszyklus 7-mal durchlaufen. Dabei werden 1 Acetyl-CoA, 7 Malonyl-CoA (→ 7 ATP) und 14 NADPH benötigt.

Physiologische Funktionen der Fettsäuren

Aus der **Perspektive des Energiestoffwechsels** stellen TAG und ihre Fettsäuren vor allem ein **Lager für Elektronen** dar. Die Elektronen werden bei der Fettsäuresynthese in den beiden Reduktionsschritten eingebracht, in denen mithilfe von **NADPH** das Sauerstoffatom vom C-Atom 3 der entstehenden Fettsäure entfernt wird. Aus der Perspektive des Energiestoffwechsels dienen diese Reduktionsschritte primär dazu, überschüssige Stoffwechselenergie in Form von Elektronen in einem Substrat zu speichern, aus dem diese Elektronen bei Energiemangel wieder herausgelöst werden können. Der Entzug von Elektronen findet im Zuge der β-Oxidation der Fettsäuren statt. Dabei laufen die oben beschriebenen Reaktionen am C-Atom 3 der Fettsäure in umgekehrter Richtung ab (S. 133), und zwar an der Phosphopantetheingruppe von Coenzym A. Im Unterschied zur Fettsäuresynthese, bei der in jedem Reaktionszyklus 2 NADPH verbraucht werden, werden bei der β-Oxidation allerdings je 1 NADH und 1 $FADH_2$ gebildet.

Aus der **Perspektive des Energiestoffwechsels** stellen Triglyceride und ihre Fettsäuren vor allem ein **Lager für Elektronen** dar. Die Elektronen werden bei der Synthese der Fettsäuren in den beiden Reduktionsschritten eingebracht, in denen mithilfe von **NADPH** das Sauerstoffatom vom C-Atom 3 der entstehenden Fettsäure entfernt wird.

12.3.3 Regulation der Fettsäuresynthese

Im Kontext des Energiestoffwechsels ist es sinnvoll, dass Fettsäuren nur bei einem erhöhten Angebot an Ausgangsverbindungen gebildet werden, also bei einem Überschuss energiereicher Substrate. Andererseits sollte die Fettsäuresynthese blockiert werden, sobald das Reaktionsprodukt, also das Palmitoyl-CoA, in der jeweiligen Zelle im Übermaß akkumuliert. Tatsächlich wird die Fettsäuresynthese über das **Schrittmacherenzym**, die **Acetyl-CoA-Carboxylase**, im Sinne dieser Anforderungen reguliert:

- Die Acetyl-CoA-Carboxylase wird **allosterisch von Citrat stimuliert**. Bei ausreichender Energieversorgung der Zelle steigt in den Mitochondrien die Konzentration des ATP. Dieses hemmt mehrere Enzyme des Citratzyklus, sodass die Oxidation des Citrats im Citratzyklus blockiert wird. Die Citratkonzentration steigt, und es wird vermehrt Citrat in das Zytosol exportiert. Hier wird das Citrat von der Citrat-Lyase zu Acetyl-CoA und Oxalacetat umgesetzt. Parallel erleichtert das Citrat über die Stimulierung der Acetyl-CoA-Carboxylase den weiteren Umsatz des Acetyl-CoA.
- Die Acetyl-CoA-Carboxylase wird **allosterisch von Palmitoyl-CoA** und anderen langkettigen Acyl-CoA-Verbindungen **gehemmt**.
- Die Aktivität der Acetyl-CoA-Carboxylase unterliegt zudem einer hormonellen Kontrolle. **Adrenalin** und **Glukagon** lösen eine **Phosphorylierung** und damit eine **Inaktivierung der Acetyl-CoA-Carboxylase** aus. **Insulin** löst über eine **Dephosphorylierung** eine **Aktivierung** der Acetyl-CoA-Carboxylase aus.

Im Gesamtzusammenhang der Stoffwechselregulation ist bemerkenswert, dass **Malonyl-CoA**, das Reaktionsprodukt der Acetyl-CoA-Carboxylase, **die Carnitin-Acyltransferase 1 (= Carnitin-Palmityltransferase 1) hemmt**, die in der Regulation der β-Oxidation der Fettsäuren von entscheidender Bedeutung ist. Der Carnitin-abhängige Eintritt der Fettsäuren in die Mitochondrien ist d**er geschwindigkeitsbestimmende Schritt der β-Oxidation** (S. 133). Synthese und Abbau der Fettsäuren werden damit koordiniert reguliert.

Insulin aktiviert die Fettsäuresynthese in der Leber und im Fettgewebe, indem es – indirekt – die **Synthese der Acetyl-CoA-Carboxylase und der Fettsäure-Synthase** induziert. Über eine Signalkaskade aktiviert Insulin in den Zielzellen zunächst die Transkription des Gens, das den **Transkriptionsfaktor SREBP-1c** kodiert. Dieser Transkriptionsfaktor wird als Vorstufe (engl. *precursor protein*) pSREBP-1c synthetisiert, die sich in die **Membran des endoplasmatischen Retikulums** (ER) einlagert. Durch vesikulären Transport gelangt pSREBP-1c zum **Golgi-Apparat**, wo mithilfe der beiden Proteasen S1P und S2P die N-terminale Domäne des Proteins als aktiver Transkriptionsfaktor SREBP-1c (Abb. **A-12.10**) abgespalten wird. Dieser gelangt dann durch Kernporen in den **Zellkern**, wo er an bestimmte Sequenzabschnitte in den Promotorregionen der Gene der Acetyl-CoA-Carboxylase und der Fettsäure-Synthase bindet und deren Transkription auslöst.

Die DNA-Sequenzen, an die SREBP-1c in den Promotorregionen bindet, werden als **Sterol regulatory Element** (SRE; Sterinregulationselement) bezeichnet. (Die Bezeichnung hat historische Gründe. Die ersten SRE wurden in den Promotorregionen von Genen gefunden, die für die Cholesterin-Biosynthese von Bedeutung sind.) **SREBP-1c** ist das **SRE-binding Protein 1c**. Bislang sind drei verschiedene SREBP bekannt, die in unterschiedlicher Weise an der Regulation des Lipidstoffwechsels beteiligt sind. Der entscheidende Transkriptionsfaktor des Cholesterin-Stoffwechsels ist SREBP2.

A-12.10 Der Transkriptionsfaktor SREBP-1c

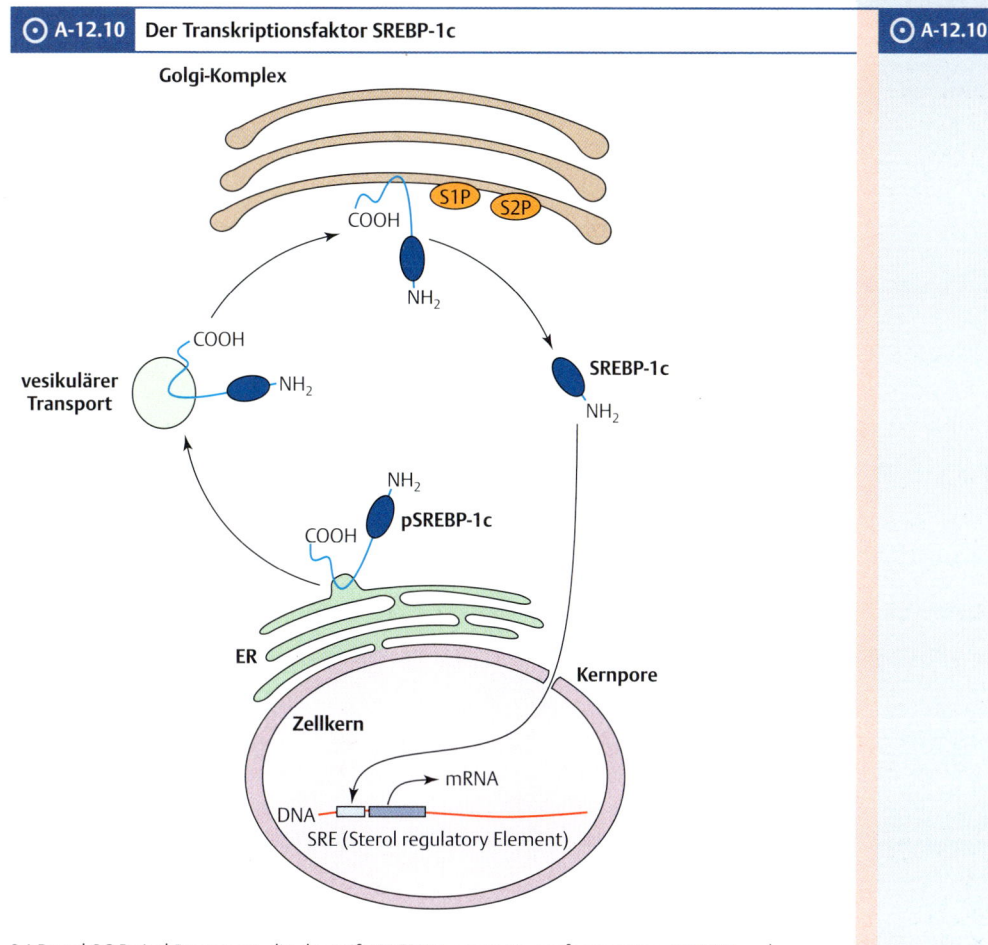

S 1 P und S 2 P sind Proteasen, die das reife SREBP-1 c vom Vorstufenprotein pSREBP-1 c abspalten. SREBP-1 c induziert die Transkription mehrerer Gene, u. a. der Acetyl-CoA-Carboxylase und der Fettsäure-Synthase.

▶ **Merke.** Insulin löst eine verstärkte Fettsäuresynthese aus, indem es die Synthese des Transkriptionsfaktors SREBP-1 c induziert. Glukagon, Gegenspieler des Insulins, hemmt die Synthese des SREBP-1c.

Neben dem Transkriptionsfaktor SREBP-1 c spielt in der Regulation der Fettsäuresynthese die **AMP-aktivierte Protein-Kinase (AMPK)** eine zentrale Rolle. Die AMPK ist eine heterotrimere Serin/Threonin-Kinase im Zytosol, die aus einer katalytisch aktiven α-Untereinheit und zwei regulatorischen Untereinheiten β und γ besteht. Wenn in einer Zelle die Konzentration an ATP abfällt und die Konzentration an AMP zunimmt, **bindet AMP an die γ-Untereinheit** und **aktiviert** damit die Kinaseaktivität der AMPK. Diese **phosphoryliert** dann u. a. die **Acetyl-CoA-Carboxylase (ACC),** die dadurch **inaktiviert** wird. AMP, als Signal für einen akuten Energiemangel, schaltet auf diese Weise die Fettsäuresynthese ab. Gleichzeitig wird – über die reduzierte Konzentration an Malonyl-CoA – die Aktivität der Carnitin-Acyltransferase gesteigert und die β-Oxidation der Fettsäuren entsprechend erleichtert (Abb. **A-12.11**).

Die AMPK wird nicht nur durch AMP stimuliert, sondern auch durch eine Phosphorylierung des Threonins der α-Untereinheit in Position 172. Die Kinase, die diese Phosphorylierung katalysiert, ist die LKB1. Bislang ist noch unklar, in welcher Weise die Phosphorylierung der AMPK zur Regulation der Fettsäuresynthese beiträgt.

In der Regulation der Fettsäuresynthese hat die **AMP-Kinase (AMPK)** eine zentrale Funktion. Bei Energiemangel steigt in der Zelle die Konzentration an AMP. Dieses aktiviert die AMPK. **Die AMPK phosphoryliert und inaktiviert die Acetyl-CoA-Carboxylase**. Dadurch wird indirekt die Fettsäuresynthese blockiert, die β-Oxidation der Fettsäuren erleichtert (Abb. **A-12.11**).

Die AMPK wird nicht nur durch AMP stimuliert, sondern auch durch Phosphorylierung. Die Rolle dieses Effekts in der Regulation der Fettsäuresynthese ist ungeklärt.

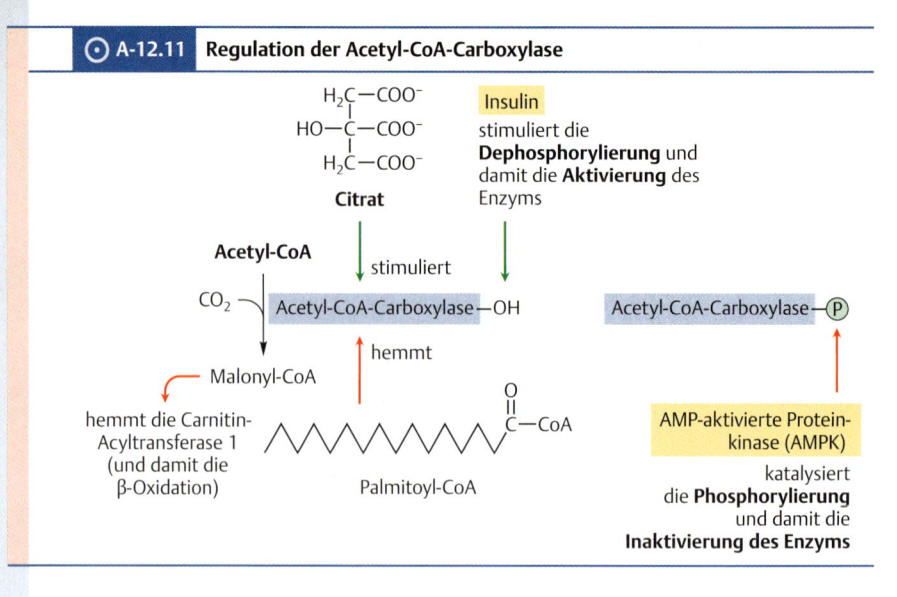

A-12.11 Regulation der Acetyl-CoA-Carboxylase

Insulin stimuliert die **Dephosphorylierung** und damit die **Aktivierung** des Enzyms

Citrat stimuliert Acetyl-CoA-Carboxylase–OH

Acetyl-CoA → (CO$_2$) → Malonyl-CoA

Malonyl-CoA hemmt die Carnitin-Acyltransferase 1 (und damit die β-Oxidation)

Palmitoyl-CoA hemmt Acetyl-CoA-Carboxylase

Acetyl-CoA-Carboxylase–(P)

AMP-aktivierte Proteinkinase (AMPK) katalysiert die **Phosphorylierung** und damit die **Inaktivierung des Enzyms**

12.3.4 Bildung ungesättigter Fettsäuren

Die Bildung ungesättigter Fettsäuren wird in Säugerzellen von **Desaturasen** des **ER** katalysiert. Der Reaktionsmechanismus der Desaturasen erinnert an die Monooxygenasen (S. 740). Beide Gruppen von Enzymen nehmen O_2 auf und übertragen dann eines der beiden Sauerstoffatome auf das Substrat, während das zweite Sauerstoffatom mit Protonen zu Wasser reagiert. Die dazu benötigten Elektronen werden von assoziierten Proteinen geliefert. Im Fall der Desaturasen stammen die Elektronen ursprünglich von **NADPH**. Die Übertragung der Elektronen auf die Desaturase wird von **Cytochrom b$_5$** vermittelt. Die Desaturasen binden den Sauerstoff in ihrem aktiven Zentrum mithilfe zweier Eisenionen, die von Histidinresten fixiert werden. Das auf die Fettsäure übertragene Sauerstoffatom löst sich unter Bildung von H_2O schnell wieder ab und hinterlässt dabei eine Doppelbindung.

▶ **Merke.** Desaturasen können Doppelbindungen nur zwischen den ersten 10 C-Atomen der Fettsäuren einführen. **Linolsäure und Linolensäure** müssen deshalb als **essenzielle Fettsäuren** mit der Nahrung aufgenommen werden.

Eine besonders wichtige Funktion hat die **Stearoyl-CoA-Desaturase**, ein integrales Membranprotein des ER. Das Enzym katalysiert die **Bildung von Ölsäure** (18:1) durch Einführung einer Doppelbindung in Stearinsäure (18:0). Ölsäure ist die häufigste Fettsäure in Position 2 der TAG.

12.4 Woher stammt das NADPH für die Fettsäuresynthese?

Bei der Fettsäuresynthese dient NADPH als Reduktionsmittel. NADPH ist ein Coenzym, das dem NADH in seiner Struktur sehr ähnlich ist. Der einzige Unterschied zwischen beiden Verbindungen besteht darin, dass im NADPH eine Phosphatgruppe mit der 2'-OH-Gruppe des Adenosins verbunden ist.

NADH und NADPH sind Reduktionsmittel in unterschiedlichen funktionellen Zusammenhängen:
- **NADH** transportiert Reduktionsäquivalente (Elektronen) von katabolen (abbauenden) Stoffwechselwegen, z. B. der Glykolyse, zur Atmungskette und dient damit dem **Energiestoffwechsel**.
- **NADPH** hingegen ist für die Atmungskette unbrauchbar. Es ist aber das wichtigste Reduktionsmittel bei **Biosynthesen**, also bei anabolen (aufbauenden) Stoffwechselwegen.

▶ **Merke.** NADPH stammt aus zwei Quellen:
1. aus der Reaktion des Malat-Enzyms und
2. aus dem Pentosephosphatweg.

A 12.4 Woher stammt das NADPH für die Fettsäuresynthese?

12.4.1 Das Malat-Enzym als Quelle von NADPH für die Fettsäuresynthese

Als Malat-Enzym bezeichnet man eine bestimmte **Malat-Dehydrogenase des Zytosols**. Das Malat-Enzym katalysiert im Zytosol die Umwandlung von **Malat** in **Pyruvat** und liefert dabei unmittelbar NADPH.

Malat entsteht **im Zuge der Bereitstellung von Acetyl-CoA** für die Fettsäuresynthese (Abb. **A-12.12**): Das aus den Mitochondrien exportierte **Citrat** wird im Zytosol in Acetyl-CoA und **Oxalacetat** gespalten. Letzteres wird mithilfe von NADH zu **Malat** reduziert. Das Malat wird anschließend unter Bildung von NADPH und **Pyruvat** am Malat-Enzym oxidiert und decarboxyliert (Abb. **A-12.12**). Das Pyruvat wird wieder von den Mitochondrien aufgenommen. Im Endeffekt wird also **1 NADH verbraucht** und **1 NADPH gebildet**. Das verbrauchte NADH entstammt überwiegend der Glykolyse, wodurch eine Abhängigkeit der Fettsäuresynthese vom Kohlenhydratstoffwechsel gegeben ist.

Das Malat-Enzym ist eine **Malat-Dehydrogenase des Zytosols**. Es katalysiert die Umwandlung von **Malat** in **Pyruvat** und liefert dabei unmittelbar NADPH.
Malat entsteht **im Zuge der Bereitstellung von Acetyl-CoA** für die Fettsäuresynthese (Abb. **A-12.12**). Durch Bildung und Oxidation des Malats wird **1 NADH verbraucht** und **1 NADPH gebildet**.

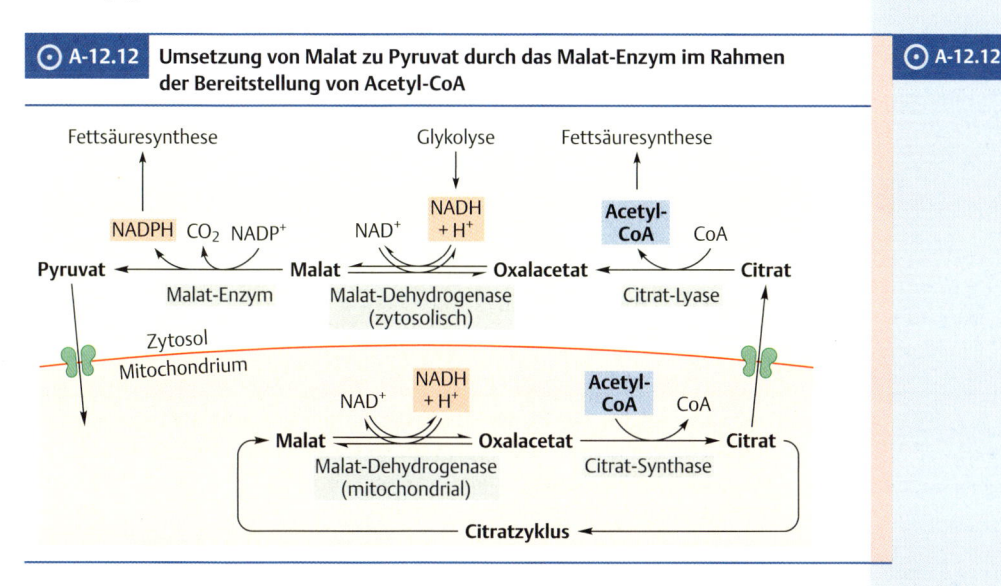

⊙ **A-12.12** Umsetzung von Malat zu Pyruvat durch das Malat-Enzym im Rahmen der Bereitstellung von Acetyl-CoA

⊙ **A-12.12**

12.4.2 Der Pentosephosphatweg

▶ **Synonym.** Hexosemonophosphatweg

▶ **Synonym.**

Grundlagen

Der Pentosephosphatweg ist ein von der Glykolyse abzweigender **alternativer Abbauweg der Glucose** im Zytosol. Der Pentosephosphatweg beginnt mit Glucose-6-phosphat, also gleich nach dem ersten Schritt der Glykolyse.

▶ **Merke.** Der Pentosephosphatweg hat zwei entscheidende Funktionen:
- Bereitstellung von **NADPH** für Reduktionsschritte in verschiedenen Biosynthesen
- Bereitstellung von **Ribosephosphaten** für Nukleotidsynthesen

Im Unterschied zur Glykolyse, die primär der Energiegewinnung dient (*kataboler* Stoffwechsel → Übertragung der anfallenden Elektronen durch NADH), ist der Pentosephosphatweg primär Teil des *anabolen* Stoffwechsels. Die bei den Oxidationen des Pentosephosphatweges anfallenden Elektronen werden in Form von NADPH gespeichert und können dann bei verschiedenen Biosynthesen genutzt werden.

Das im Pentosephosphatweg bereitgestellte **NADPH** wird insbesondere **für folgende Prozesse** benötigt:
- Eine entscheidende Rolle spielt der Pentosephosphatweg in Geweben, die in großem Umfang **Fettsäuren** synthetisieren. Dies gilt z. B. für die laktierende Brustdrüse, in der die TAG der Milch synthetisiert werden. Das dabei benötigte NADPH stammt überwiegend aus dem Pentosephosphatweg.
- Synthese von **Cholesterin**

Grundlagen

Der Pentosephosphatweg ist ein von der Glykolyse abzweigender **alternativer Abbauweg der Glucose** im Zytosol.

▶ **Merke.**

Die Glykolyse ist primär ein *kataboler*, der Pentosephosphatweg primär ein *anaboler* Stoffwechselweg. Deshalb werden die bei Letzterem anfallenden Elektronen in Form von NADPH gespeichert.

Das im Pentosephosphatweg bereitgestellte **NADPH** wird insbesondere **für folgende Prozesse** benötigt:
- Fettsäuresynthese,

- Cholesterinsynthese,

- Synthese der Steroidhormone

- Entgiftungsreaktionen unter Beteiligung von Cytochrom P-450,

- Regeneration von Glutathion.

- Der Pentosephosphatweg ist insbesondere in allen Zellen von Bedeutung, in denen **Steroidhormone** synthetisiert werden, z. B. in der Nebennierenrinde, da alle Steroidhormone ausgehend von Cholesterin gebildet werden. Fast alle Schritte im Stoffwechsel der Steroidhormone können nur in Gegenwart von NADPH ablaufen.
- Cytochrom P-450 (S. 740) ist ein Protein, das im Rahmen der **Entgiftung** vieler Stoffe eine wichtige Rolle spielt. Es katalysiert u. a. die Einführung von OH-Gruppen. Die dabei benötigten Elektronen stammen stets von NADPH.
- Alle Zellen enthalten ein System zur Aufrechterhaltung reduzierender Bedingungen. Eine wichtige Funktion kommt dabei dem **Glutathion** (S. 758) zu. Glutathion ist ein cysteinhaltiges Tripeptid. Es ist z. B. in den Erythrozyten in hoher Konzentration enthalten. Wenn Glutathion oxidiert wird, kann es anschließend mithilfe von NADPH wieder reduziert und somit regeneriert werden.

Quantitativ ist der Pentosephosphatweg allerdings in den meisten Zellen im Vergleich zur Glykolyse nur von untergeordneter Bedeutung.

Abschnitte des Pentosephosphatwegs

Abschnitte des Pentosephosphatwegs

Der Pentosephosphatweg gliedert sich in zwei Abschnitte:

- Im **oxidativen Abschnitt** wird die Hexose **Glucose-6-phosphat** zur Pentose **Ribose-5-phosphat** abgebaut und CO_2 freigesetzt (Abb. **A-12.13**). Dabei wird zweimal mithilfe von $NADP^+$ oxidiert, sodass **2 NADPH** entstehen.

- Der **oxidative Abschnitt** umfasst die ersten 4 Reaktionen des Pentosephosphatweges. Hier wird die Hexose **Glucose-6-phosphat** zur Pentose **Ribose-5-phosphat** abgebaut (daher die Bezeichnungen des Stoffwechselweges). Das dabei verloren gegangene Kohlenstoffatom wird in Form von CO_2 freigesetzt (Abb. **A-12.13**). Ribose-5-phosphat ist ein wichtiger Baustein in der Synthese der Nukleotide und damit auch bei der Synthese der Nukleinsäuren von Bedeutung. Zwei der vier Reaktionsschritte sind Oxidationen (daher der Ausdruck „oxidativer Abschnitt"). Das Oxidationsmittel ist $NADP^+$. Es entstehen also **2 NADPH**.

▶ Merke.

▶ Merke.
- **NADPH** entsteht **ausschließlich im oxidativen Abschnitt** des Pentosephosphatweges. Werden in einer Zelle NADPH und Ribose-5-phosphat in gleichem Umfang benötigt, beschränkt sich der Pentosephosphatweg auf den oxidativen Abschnitt und endet mit der Bildung des Ribose-5-phosphats.
- Der **oxidative Abschnitt** des Pentosephosphatweges ist **irreversibel**. Im Stoffwechsel des Menschen besteht also keine Möglichkeit, etwa über eine Aufnahme von CO_2 aus Pentosen Hexosen zu synthetisieren.

- Der **nicht oxidative Abschnitt** schließt sich an, wenn wesentlich mehr NADPH als Ribose-5-phosphat benötigt wird. Ribose-5-phosphat wird in Metabolite umgewandelt, die in die Glykolyse eingespeist werden können (Abb. **A-12.13**).

- Der **nicht oxidative Abschnitt** schließt sich an den oxidativen Abschnitt nur an, wenn wesentlich mehr NADPH als Ribosephosphat benötigt wird. Er dient dazu, das im oxidativen Abschnitt anfallende Ribose-5-phosphat in Metabolite umzuwandeln, die in die Glykolyse eingespeist werden können. Ribose-5-phosphat wird zu diesem Zweck teilweise zu Glycerinaldehyd-3-phosphat abgebaut, parallel aber auch über Fructose-6-phosphat zu Glucose-6-phosphat (Abb. **A-12.13**), also zu dem Metaboliten, mit dem der gesamte Stoffwechselweg begonnen hat.

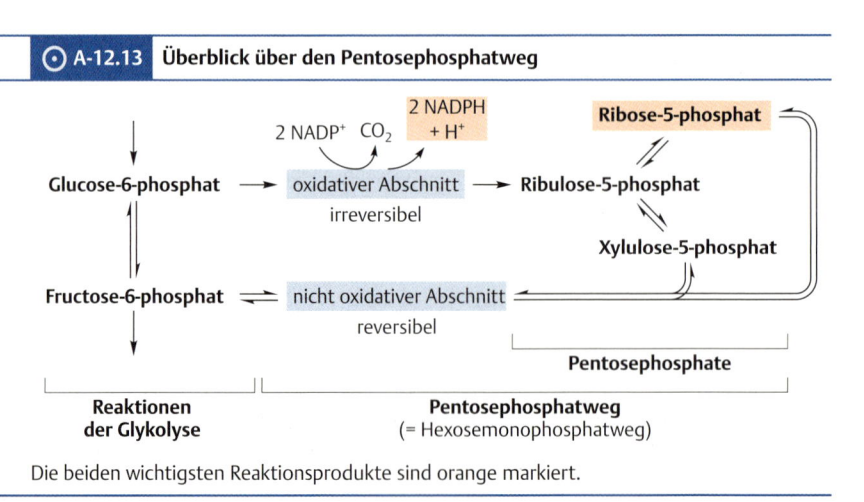

⊙ A-12.13

⊙ **A-12.13** Überblick über den Pentosephosphatweg

```
                    2 NADP⁺  CO₂    2 NADPH           Ribose-5-phosphat
                                    + H⁺
                         ↓    ↓      ↑
Glucose-6-phosphat  →  oxidativer Abschnitt  →  Ribulose-5-phosphat
       ↑↓                 irreversibel                    ↕
                                                   Xylulose-5-phosphat
Fructose-6-phosphat  ⇌  nicht oxidativer Abschnitt  ←
                              reversibel
                                                   Pentosephosphate
   Reaktionen              Pentosephosphatweg
   der Glykolyse           (= Hexosemonophosphatweg)
```

Die beiden wichtigsten Reaktionsprodukte sind orange markiert.

A 12.4 Woher stammt das NADPH für die Fettsäuresynthese?

▶ **Merke.** Der **nicht oxidative Abschnitt** des Pentosephosphatweges ist vollständig **reversibel**. Dies gibt dem Stoffwechsel die Möglichkeit, ausgehend von Glycerinaldehyd-3-phosphat und Fructose-6-phosphat bei Bedarf Ribosephosphate (aber kein NADPH) zu synthetisieren. Der nicht oxidative Abschnitt ist dabei vom oxidativen Abschnitt unabhängig.

▶ **Merke.**

Der nicht oxidative Abschnitt läuft in **umgekehrter Richtung** ab, wenn z. B. in einer Muskelzelle in außerordentlichem Umfang ATP gänzlich neu synthetisiert wird. Zur Synthese des ATP wird Ribose-5-phosphat benötigt, aber kein NADPH (S. 423). Deshalb werden Fructose-6-phosphat und Glycerinaldehyd-3-phosphat aus der Glykolyse abgezweigt und über den nicht oxidativen Abschnitt zu Ribose-5-phosphat umgesetzt.

Der nicht oxidative Abschnitt läuft in **umgekehrter Richtung** ab, wenn z. B. in einer Muskelzelle sehr viel ATP gänzlich neu synthetisiert wird.

Reaktionsschritte des Pentosephosphatwegs

Oxidativer Abschnitt

Siehe (Abb. **A-12.15**).
1. Schritt: Glucose-6-phosphat wird durch das Enzym Glucose-6-phosphat-Dehydrogenase oxidiert. Das Oxidationsmittel ist NADP$^+$. Oxidiert wird das anomere Kohlenstoffatom, also das C-Atom der Position 1, das in der üblichen Haworth-Projektion ganz rechts steht. Dabei entsteht ein Lacton, also ein innerer Ester. Entsprechend handelt es sich bei dem Reaktionsprodukt um 6-Phosphogluconolacton. Außerdem entsteht NADPH.

Reaktionsschritte des Pentosephosphatwegs
Oxidativer Abschnitt

1. Schritt:
Glucose-6-phosphat
↓ **Oxidation durch NADP$^+$**
6-Phosphogluconolacton + NADPH
Enzym: Glucose-6-phosphat-Dehydrogenase

▶ **Klinik.** Ein **Glucose-6-phosphat-Dehydrogenase-Mangel** ist in Europa vergleichsweise selten, in einigen Regionen Afrikas, Asiens und der Mittelmeerländer ist es aber die häufigste Erbkrankheit. Sie bietet einen geringfügigen, aber offenbar signifikanten Schutz gegen *Plasmodium*, den Erreger der Malaria. Der genetische Defekt wird **X-chromosomal vererbt**, sodass fast ausschließlich Männer erkranken. Der durch den Defekt bedingte Mangel an NADPH macht sich in der Regel erst bei einem erhöhten Bedarf an NADPH bemerkbar. Dann führt ein **Versagen des Glutathion-Systems der Erythrozyten** – oxidiertes Glutathion kann nicht mehr hinreichend reduziert werden – zu einer Lyse der Erythrozyten. So kommt es zu einer **hämolytischen Krise**, die mit Schmerzen und Schüttelfrost verbunden ist. In den geschädigten Erythrozyten ist aggregierendes Hämoglobin in Form sog. **Heinz-(Innen-)Körper** mikroskopisch nachweisbar (Abb. **A-12.14**). Als Auslöser einer hämolytischen Krise wirken meist Medikamente, z. B. Acetylsalicylsäure oder Sulfonamide, mitunter auch Infektionen. Ein weiterer bekannter Auslöser sind Inhaltsstoffe der sog. **Saubohne** (*Vicia faba*). Die durch Verzehr der Bohnen ausgelöste Symptomatik wird als **Favismus** bezeichnet.

▶ **Klinik.**

⊙ **A-12.14** Heinz-Körper in geschädigten Erythrozyten eines Patienten mit Glucose-6-phosphat-Dehydrogenase-Mangel

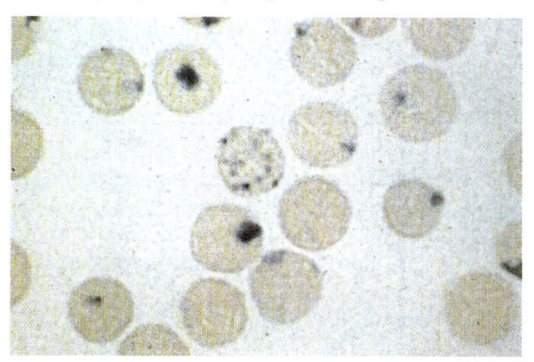

(aus Baenkler et al., Duale Reihe Innere Medizin, Thieme, 2009)

2. Schritt: Ähnlich wie die Ester können auch Lactone durch Hydrolyse gespalten werden. Die **Hydrolyse des 6-Phosphogluconolactons** wird durch eine spezifische **Lactonase** katalysiert. Dabei öffnet sich der Ring und es entsteht **6-Phosphogluconat**. Der Name bezeichnet das Anion der Zuckersäure 6-Phosphogluconsäure. In den ersten beiden Schritten des Pentosephosphatwegs wird also eine Aldose (Glucose-6-phosphat ist in der geöffneten Form ein Aldehyd) am C-Atom 1 zu einer Carbonsäure oxidiert.

2. Schritt:
6-Phosphogluconolacton
↓ Hydrolyse
6-Phosphogluconat
Enzym: Lactonase

3. Schritt:
6-Phosphogluconat
↓ Oxidation mit NADP⁺
Instabiles Zwischenprodukt
↓ – CO₂
Ribulose-5-phosphat
4. Schritt:
Isomerisierung zu **Ribose-5-phosphat**

3. Schritt: Das **Kohlenstoffatom an Position 3** des 6-Phosphogluconats wird **oxidiert**. Die Reaktion wird wiederum von einer **NADP⁺-abhängigen Dehydrogenase** katalysiert. Das **Reaktionsprodukt** enthält eine Carbonylgruppe. Es ist instabil und **zerfällt spontan in Ribulose-5-phosphat und CO₂**. Das freigesetzte CO₂ enthält das C-Atom der Position 1, das zu Beginn des Pentosephosphatwegs oxidiert wurde.

4. Schritt: Ribulose-5-phosphat ist eine **Ketose**. Die Isomerisierung zur entsprechenden **Aldose** wird von einer **Isomerase** katalysiert und führt zur Bildung von **Ribose-5-phosphat**, dem Endprodukt des oxidativen Abschnitts des Pentosephosphatwegs.

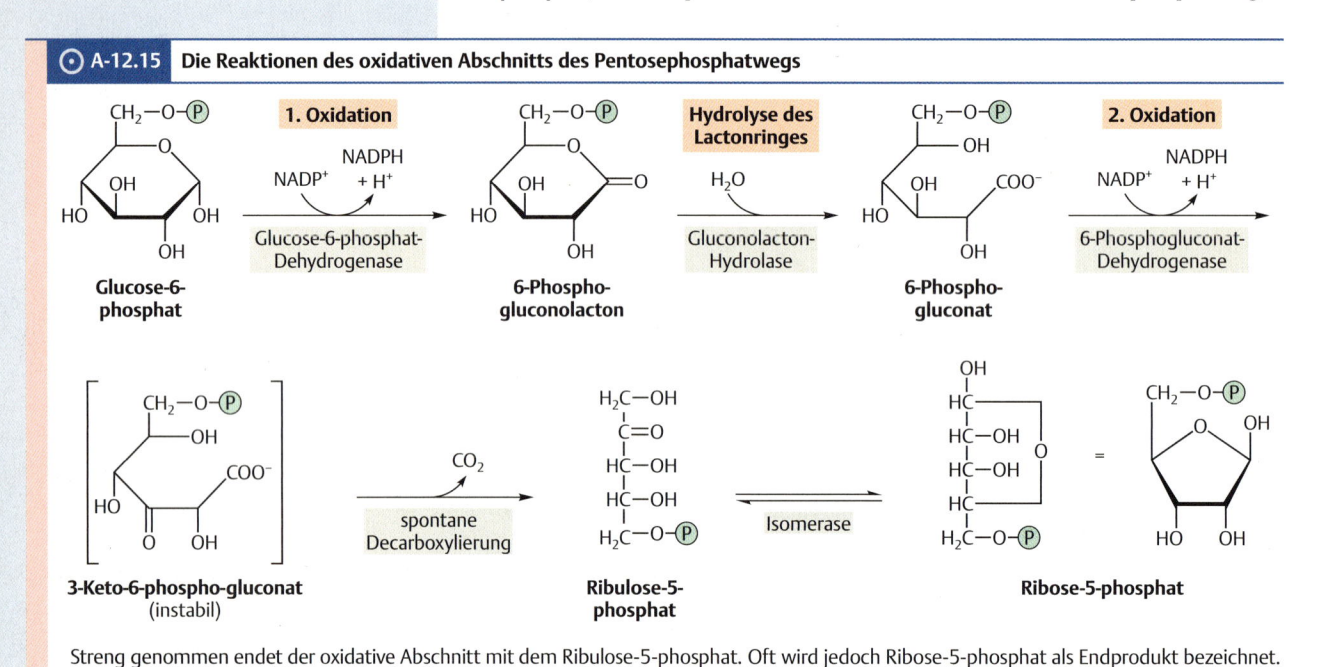

⊙ A-12.15 Die Reaktionen des oxidativen Abschnitts des Pentosephosphatwegs

Streng genommen endet der oxidative Abschnitt mit dem Ribulose-5-phosphat. Oft wird jedoch Ribose-5-phosphat als Endprodukt bezeichnet.

Die beiden mit der Bildung von NADPH verbundenen Reaktionsschritte werden von **Dehydrogenasen** katalysiert. Diese **oxidieren eine H-C-OH-Gruppe zu einer C=O-Gruppe**. **NADP⁺** nimmt von der **H-C-OH-Gruppe ein Hydrid-Ion (H⁻) auf**, anschließend löst sich das Proton von der OH-Gruppe (daher wird die Reaktion auch als **Dehydrierung** bezeichnet) und eine C=O-Gruppe bleibt übrig.

Die beiden Reaktionsschritte, die mit einer Bildung von NADPH verbunden sind, werden von **Dehydrogenasen** katalysiert. In beiden Fällen wird eine **H-C-OH-Gruppe zu einer C=O-Gruppe oxidiert**. Der Reaktionsmechanismus ist identisch mit dem der NAD+-abhängigen Dehydrogenasen (S.116): **NADP⁺** nimmt von der **H**-C-OH-Gruppe ein **Hydrid-Ion (H⁻)** auf, anschließend löst sich das Proton von der OH-Gruppe und eine C=O-Gruppe bleibt übrig. Da die Oxidation mit einem Verlust von Wasserstoffatomen verbunden ist, bezeichnen manche Autoren die Reaktion als **Dehydrierung** der Substrate. Da neben dem NADPH auch ein Proton freigesetzt wird, findet man mitunter auch die Schreibweise „NADPH₂". Dabei ist zu beachten, dass das Proton (H⁺) zwar zur gleichen Zeit gebildet wird wie das NADPH, dass aber beide nie chemisch miteinander verbunden sind. „NADPH₂" ist lediglich eine vereinfachende Schreibweise für „NADPH + H⁺".

Nicht oxidativer Abschnitt

Der nicht oxidative Abschnitt benötigt **nur zwei Schritte, um überschüssiges Ribose-5-phosphat in die Glykolyse einzuspeisen** (Abb. **A-12.16**). Dabei werden Teile von Zuckerphosphaten untereinander ausgetauscht:

1. Schritt: Ribose-5-phosphat → **Seduheptulose-7-phosphat** (durch **Übertragung einer C₂-Einheit**).
Enzym: Transketolase

Nicht oxidativer Abschnitt

Der nicht oxidative Abschnitt benötigt im Grunde genommen **nur zwei Schritte, um überschüssiges Ribose-5-phosphat in die Glykolyse einzuspeisen** (Abb. **A-12.16**). In einem ersten Schritt wird Ribose-5-phosphat zur Synthese von **Sedoheptulose-7-phosphat** verwendet. Dabei handelt es sich um ein Zuckerphosphat mit 7 Kohlenstoffatomen. In einem zweiten Schritt wird Sedoheptulose-7-phosphat verwendet, um **Fructose-6-phosphat** zu bilden. Fructose-6-phosphat ist bereits ein Metabolit der Glykolyse. Komplex sind lediglich die Details der beiden Reaktionen. In beiden Schritten werden Teile von Zuckerphosphaten untereinander ausgetauscht:

1. Schritt: Sedoheptulose-7-phosphat entsteht durch **Übertragung einer C₂-Einheit** von Xylulose-5-phosphat auf Ribose-5-phosphat. Die Übertragung wird von der **Transketolase** katalysiert. Vom Xylulose-5-phosphat bleibt in diesem Schritt Glycerinaldehyd-3-phosphat übrig. (Xylulose-5-phosphat entsteht parallel zu Ribose-5-phosphat durch Isomerisierung aus Ribulose-5-phosphat).

A 12.4 Woher stammt das NADPH für die Fettsäuresynthese?

⊙ A-12.16 Die wichtigsten Reaktionen des nicht oxidativen Abschnitts des Pentosephosphatwegs

```
                    Ribulose-5-phosphat
                         ↕ Epimerase
         Isomerase  Xylulose-5-  Glycerinaldehyd-    Glycerinaldehyd-  Erythrose-4-
                    phosphat     3-phosphat          3-phosphat        phosphat
         Ribose-5-              Sedoheptulose-7-                       Fructose-6-
         phosphat               phosphat                               phosphat
                    Transketolase                   Transaldolase
                    (Coenzym:
                    Thiaminpyrophosphat
                    =Thiamindiphosphat)
```

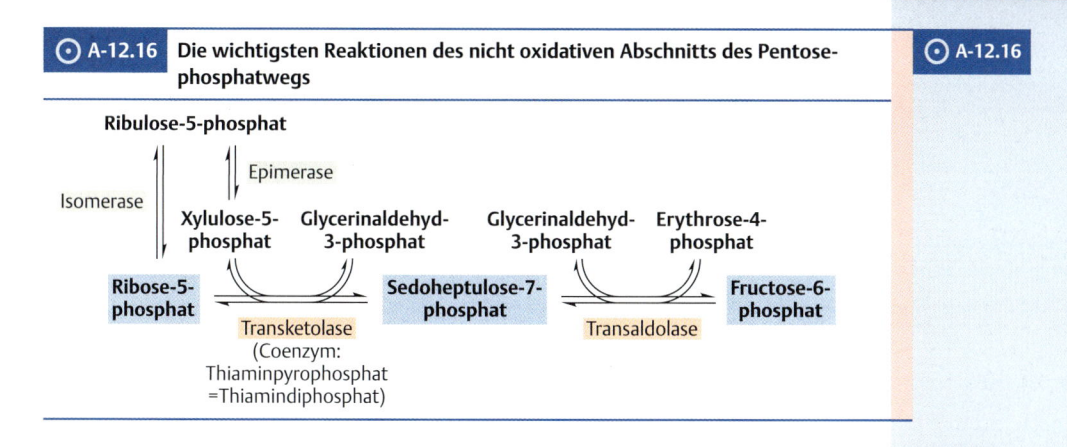

⊙ A-12.16

▶ **Merke.** **Coenzym** der Transketolase ist **Thiaminpyrophosphat** (Vitamin B_1). Thiaminpyrophosphat ist auch in der Pyruvat-Dehydrogenase und der α-Ketoglutarat-Dehydrogenase der Mitochondrien enthalten.

▶ **Merke.**

2. Schritt: Fructose-6-phosphat wird gebildet, indem eine C_3-Einheit von Sedoheptulose-7-phosphat abgelöst und **auf Glycerinaldehyd-3-phosphat übertragen** wird. Vom Sedoheptulose-7-phosphat bleibt dabei Erythrose-4-phosphat übrig. Die Reaktion wird vom Enzym **Transaldolase** katalysiert.

Wenn der Pentosephosphatweg dauerhaft mit diesem Schritt endete, ergäbe sich allerdings eine Anhäufung von Erythrose-4-phosphat. Um alle Endprodukte des Weges in die Glykolyse einspeisen zu können, ist deshalb noch ein weiterer Schritt notwendig (Abb. **A-12.17**):

3. Schritt: Erythrose-4-phosphat nimmt von Xylulose-5-phosphat eine C_2-Einheit auf. Die Reaktion wird von der gleichen **Transketolase** katalysiert wie die Bildung des Sedoheptulose-7-phosphats. Durch die Umsetzung wird nun auch das Erythrose-4-phosphat in **Fructose-6-phosphat** umgewandelt und kann in die Glykolyse eingespeist werden. Vom Xylulose-5-phosphat bleibt dabei Glycerinaldehyd-3-phosphat übrig.

2. Schritt: Sedoheptulose-7-phosphat → **Fructose-6-phosphat** (durch **Übertragung einer C_3-Einheit**).
Enzym: Transaldolase

Um alle Endprodukte in die Glykolyse einspeisen zu können, ist noch ein weiterer Schritt notwendig (Abb. **A-12.17**):

3. Schritt: Erythrose-4-phosphat → **Fructose-6-phosphat**.
Enzym: Transketolase

▶ **Merke.** Reaktionsprodukte des Pentosephosphatweges sind letztlich **Fructose-6-phosphat** und **Glycerinaldehyd-3-phosphat**. Beide Reaktionsprodukte sind Metabolite der Glykolyse.

▶ **Merke.**

⊙ A-12.17 Vollständiges Schema der Reaktionen des nicht oxidativen Abschnitts des Pentosephosphatwegs

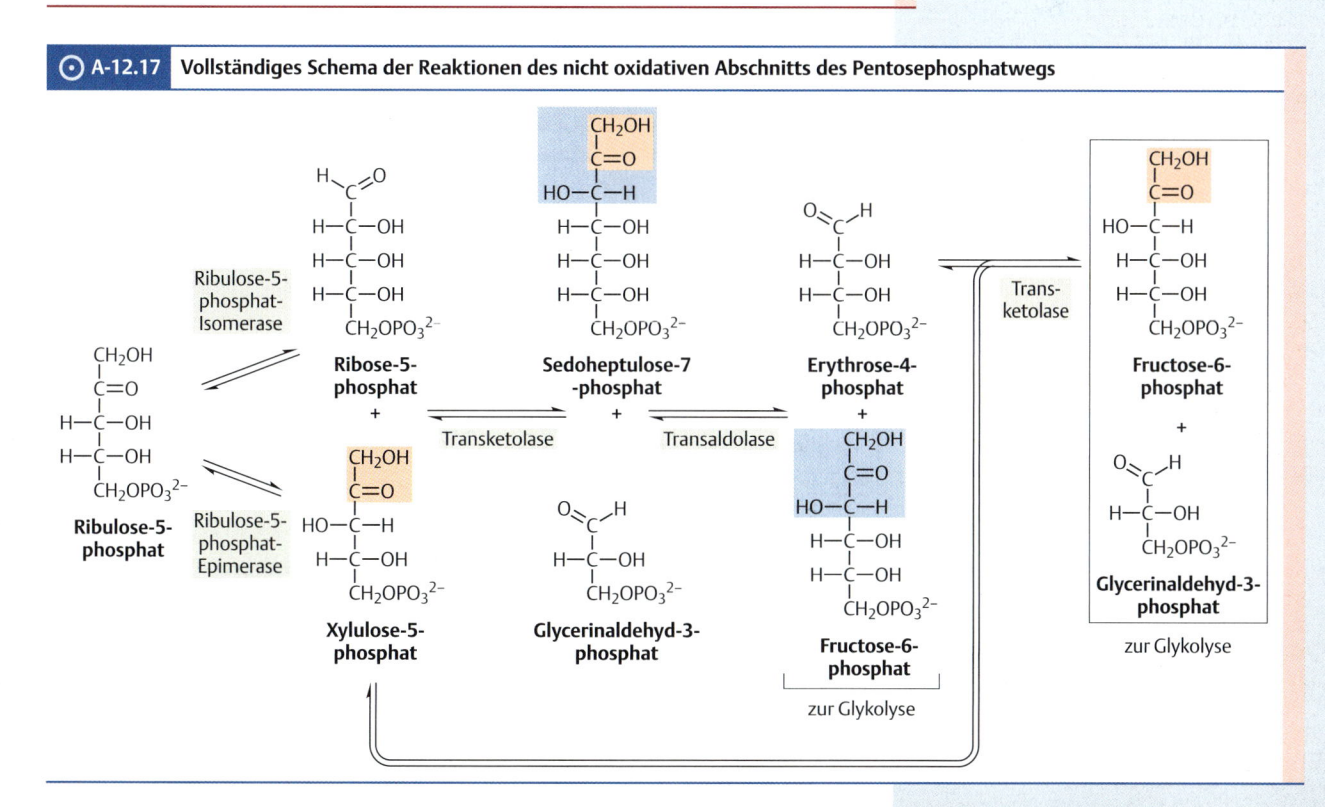

12.5 Lipogenese: Biosynthese der Triacylglycerine (TAG)

12.5.1 Reaktionsschritte der TAG-Synthese

TAG und Phospholipide haben grundsätzlich unterschiedliche Funktionen (Energiespeicher/Membranlipide). Gleichwohl sind die ersten Schritte ihrer Biosynthese identisch:
- Fettsäuren werden durch Bildung von Acyl-CoA aktiviert.
- Glycerin wird in der Regel durch Bildung von Glycerin-3-phosphat aktiviert.
- Übertragung von Fettsäuren auf Glycerin-3-phosphat. Dabei entsteht als Zwischenprodukt Phosphatidsäure (= Glycerin, verbunden mit zwei Fettsäuren sowie mit einer Phosphatgruppe).

Die **Bildung des Acyl-CoA** wird von mehreren Acyl-CoA-Synthetasen katalysiert, die sich in ihrer Spezifität für Fettsäuren unterscheiden. Die Synthetasen sind im ER und in der äußeren Membran der Mitochondrien lokalisiert. Im ersten Schritt reagieren die Fettsäuren mit ATP zu **Acyladenylat** (Abb. **A-12.18 a**). Dabei wird Pyrophosphat (PP_i) freigesetzt, das anschließend sofort zu zwei Phosphat-Ionen (P_i) hydrolysiert wird. Von Acyladenylat werden die **Fettsäuren auf Coenzym A übertragen**. Ein erheblicher Teil der Energie, die bei der Hydrolyse des ATP freigesetzt wurde, ist nun in der energiereichen Thioesterbindung des Acyl-CoA gespeichert.

Dem Acyl-CoA stehen grundsätzlich zwei Wege offen:
- In einer katabolen Stoffwechsellage reagiert das Acyl-CoA an der Außenseite der Mitochondrien mit der Carnitin-Acyltransferase 1. Damit wird die Fettsäure der β-Oxidation in der mitochondrialen Matrix zugeleitet.
- Im anabolen Stoffwechsel bleibt das Acyl-CoA hingegen im Zytosol, wo es zur Synthese von TAG verwendet wird. Zu diesem Zweck werden die Fettsäuren von Acyl-CoA schrittweise auf Glycerin-3-phosphat übertragen.

Zwei Wege führen zur **Bildung von Glycerin-3-phosphat** (Abb. **A-12.18 b**):
- Dihydroxyacetonphosphat (= Glyceron-3-phosphat, Zwischenprodukt der Glykolyse) kann von einer NADH-abhängigen Dehydrogenase zu Glycerin-3-phosphat reduziert werden.
- **Glycerin** kann mithilfe einer Glycerin-Kinase (= Glycerokinase) zu Glycerin-3-phosphat phosphoryliert werden.

▶ Merke. Der **geschwindigkeitsbestimmende Schritt** in der Synthese der TAG und der Phospholipide besteht in einer **Übertragung einer Fettsäure** von Acyl-CoA **auf die OH-Gruppe von Glycerin-3-phosphat in Position 1**. In der Regel wird dabei eine langkettige *gesättigte* Fettsäure übertragen.

Die Reaktion wird von Glycerin-3-phosphat-Acyltransferasen katalysiert, die sich wiederum sowohl im ER als auch in der mitochondrialen Außenmembran nachweisen lassen. Das Reaktionsprodukt wird als **Lysophosphatidsäure** bzw. als **Lysophosphatidat** bezeichnet (Abb. **A-12.19**).

Acyltransferasen mit einer Spezifität für Lysophosphatidsäure katalysieren anschließend die **Veresterung der OH-Gruppe in Position 2**. In diesem Schritt wird meist Ölsäure oder eine andere *ungesättigte* Fettsäure übertragen. Das Reaktionsprodukt ist die **Phosphatidsäure** bzw. das **Phosphatidat**, aus dem je nach Bedarf TAG oder auch Phospholipide gebildet werden können.

A 12.5 Lipogenese: Biosynthese der Triacylglycerine (TAG)

A-12.18 Bereitstellung von Acyl-CoA und Glycerin-3-phosphat, den Ausgangsverbindungen der TAG-Synthese

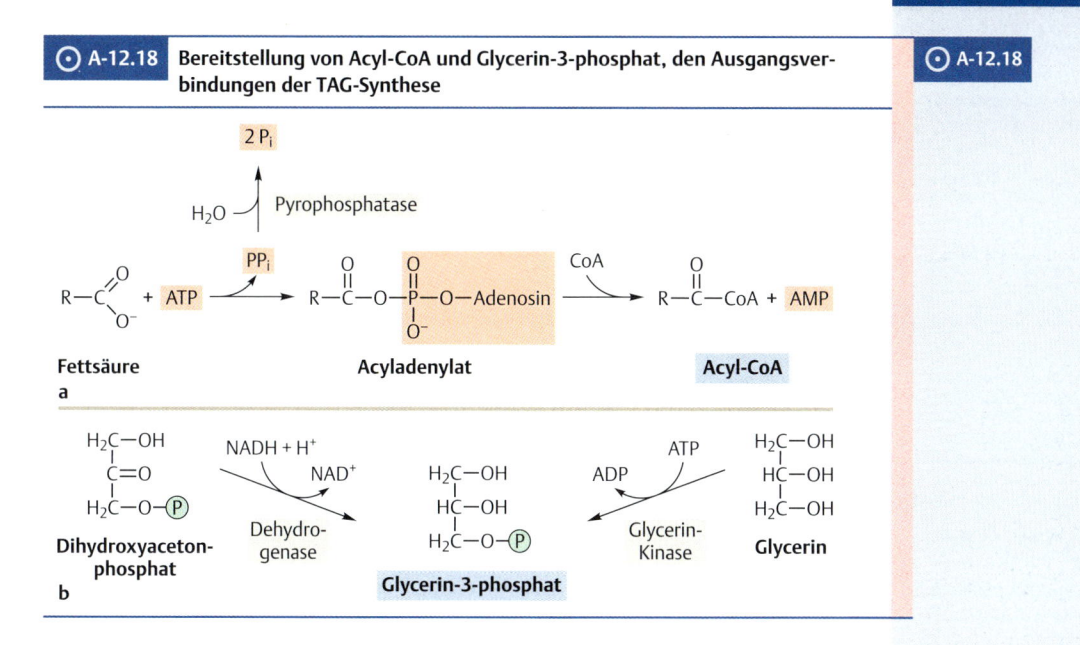

a) Fettsäure + ATP → (via Pyrophosphatase, Freisetzung von $2\,P_i$ aus PP_i) Acyladenylat → (CoA, Freisetzung von AMP) Acyl-CoA

b) Dihydroxyacetonphosphat → (Dehydrogenase, NADH + H$^+$ → NAD$^+$) Glycerin-3-phosphat ← (Glycerin-Kinase, ATP → ADP) Glycerin

A-12.19 Reaktionsschritte der TAG-Synthese

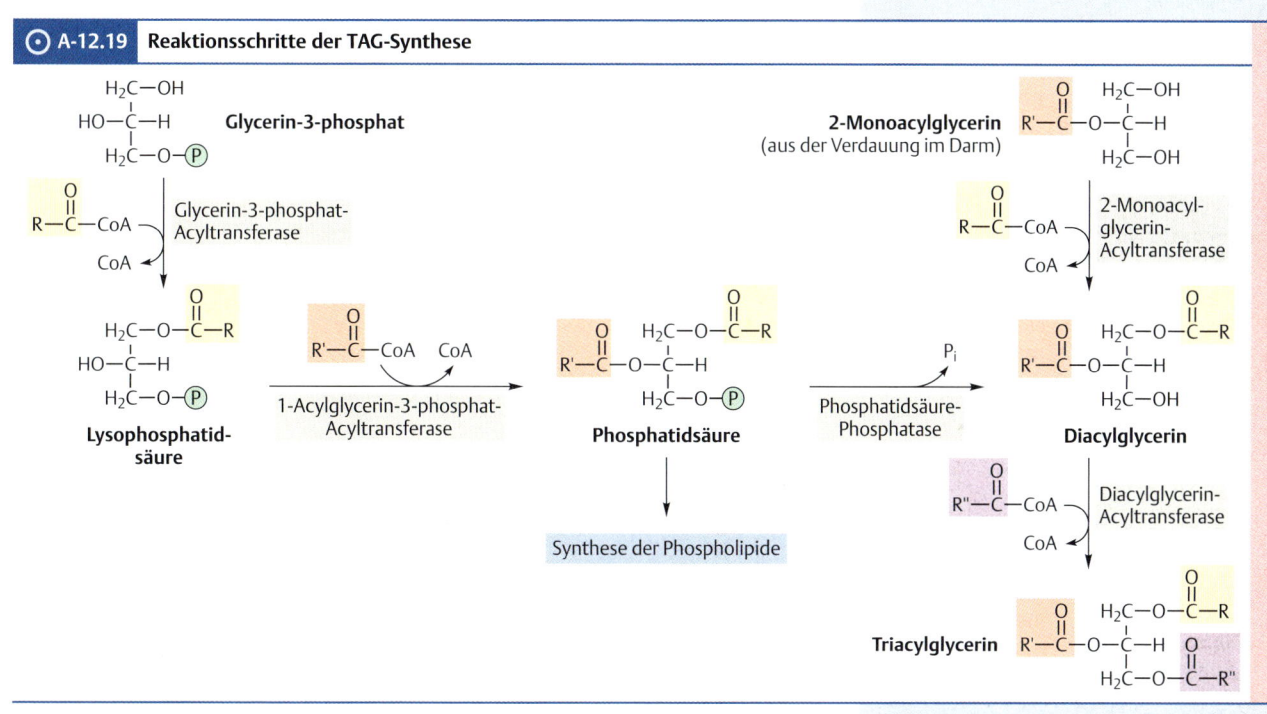

Glycerin-3-phosphat → (Glycerin-3-phosphat-Acyltransferase, R–CO–CoA → CoA) Lysophosphatidsäure → (1-Acylglycerin-3-phosphat-Acyltransferase, R'–CO–CoA → CoA) Phosphatidsäure → (Phosphatidsäure-Phosphatase, P_i) Diacylglycerin → (Diacylglycerin-Acyltransferase, R''–CO–CoA → CoA) Triacylglycerin

2-Monoacylglycerin (aus der Verdauung im Darm) → (2-Monoacylglycerin-Acyltransferase, R–CO–CoA → CoA) Diacylglycerin

Phosphatidsäure → Synthese der Phospholipide

Eine **Phosphatidat-Phosphatase** kann den Phosphatrest an Position 3 ablösen und damit die Bildung von **1,2-Diacylglycerinen** (engl. Diacylglycerol, DAG) katalysieren. Durch Übertragung einer weiteren Acylgruppe entstehen aus Diacylglycerinen die **Triacylglycerine** (TAG = Triglyceride, TG) (Abb. **A-12.19**).
In der Darmschleimhaut und in der Leber werden die TAG zum größten Teil im Lumen des ER auf Apolipoproteine übertragen (S. 253) und dann in Form von Lipoproteinen sezerniert. In Adipozyten werden die TAG in Form kleiner Fett-Tröpfchen im Zytosol gespeichert.

Der Phosphatrest wird abgelöst (→ **1,2-Diacylglycerin**) und durch eine Fettsäure ersetzt (→ **Triacylglycerin**) (Abb. **A-12.19**).

12.5.2 Regulation der TAG-Synthese

Die TAG-Synthese steht in den verschiedenen Organen in unterschiedlichen physiologischen Zusammenhängen und wird deshalb unterschiedlich reguliert:
- In der **Darmmukosa** werden aus den resorbierten 2-Monoacylglycerinen, aus freien Fettsäuren sowie teilweise auch aus freiem Glycerin abhängig vom Fettgehalt der Nahrung oft in großem Umfang TAG *resynthetisiert*. Das Ausmaß der TAG-Synthese wird hier im Wesentlichen vom **Substratangebot** bestimmt.

12.5.2 Regulation der TAG-Synthese

Die TAG-Synthese wird je nach Art der synthetisierenden Zelle unterschiedlich reguliert:
- In der **Darmmukosa** wird das Ausmaß der TAG-Resynthese im Wesentlichen vom **Substratangebot** bestimmt.

A 12 Die Bereitstellung von Fettsäuren, Triacylglycerinen und Ketonkörpern

- In **Adipozyten** wird die *Neusynthese* von TAG durch **Insulin** massiv stimuliert.

- Auch in **Adipozyten** findet eine *Resynthese* statt: In den Fettgeweben werden die Lipoproteine (Chylomikronen und VLDL) des Blutes von der Lipoproteinlipase zu Glycerin und freien Fettsäuren hydrolysiert. Die freien Fettsäuren werden von den Adipozyten resorbiert und zur Resynthese von TAG verwendet. Zudem kann in den Adipozyten aber auch eine erhebliche *Neusynthese* von TAG stattfinden. Diese wird bei Ausschüttung von **Insulin** massiv stimuliert. Insulin erleichtert über den Einbau von GLUT 4 in die Plasmamembran die Aufnahme von Glucose. Über den Abbau der Glucose wird im Zytosol das für die TAG-Synthese benötigte Glycerin-3-phosphat bereitgestellt. In den Mitochondrien wird mithilfe der Pyruvat-Dehydrogenase das zur Synthese der Fettsäuren erforderliche Acetyl-CoA synthetisiert.

- In der **Leber** hängt das Ausmaß der TAG-*Neusynthese* von den **stoffwechselphysiologischen Bedingungen** ab: Bei fettreicher Nahrung wird die Neusynthese weitgehend unterdrückt, bei fettarmer Nahrung hingegen stimuliert.

- Auch in der **Leber** hängt das Ausmaß der TAG-*Neusynthese* von den **stoffwechselphysiologischen Bedingungen** ab. Wenn der Organismus mit der Nahrung sehr viele Fettsäuren aufnimmt, wird eine TAG-Neusynthese in der Leber weitgehend unterdrückt. Wenn die Nahrung nur wenig Fett enthält, werden TAG in der Leber hingegen in erheblichem Umfang synthetisiert. Auch hier werden Glycerin und Acetyl-CoA zu diesem Zweck aus dem Kohlenhydratstoffwechsel bezogen.

Zumindest in der Leber scheint die **Stearoyl-CoA-Desaturase** eine wichtige Rolle in der Regulation zu spielen: Ist sie gehemmt, fehlt Ölsäure und die TAG-Synthese ist blockiert.

Über die Regulation der Enzyme, die unmittelbar an der Bildung der TAG beteiligt sind, ist bislang erst wenig bekannt. Neuere Untersuchungen lassen darauf schließen, dass zumindest in der Leber die **Stearoyl-CoA-Desaturase** eine wichtige Rolle spielt. Das Enzym katalysiert am ER die Bildung der einfach ungesättigten Ölsäure (18:1) aus Stearinsäure (18:0). Wenn die Desaturase gehemmt wird, fehlt daraufhin die wichtigste Fettsäure für die Acylierung der Position 2 der Lysophosphatidsäure und die TAG-Synthese ist blockiert.

12.6 Ketonkörpersynthese (Ketogenese)

12.6.1 Grundlagen

▶ **Definition.** Als **Ketonkörper** bezeichnet man die drei Metabolite Acetoacetat, β-Hydroxybutyrat und Aceton (Abb. **A-12.20**).

⊙ A-12.20 Ketonkörpersynthese

▶ **Merke.**
- Bildungsort der Ketonkörper sind die Mitochondrien der Hepatozyten.
- Ketonkörper werden synthetisiert, wenn die Konzentration an Acetyl-CoA im Hepatozyten erhöht ist. Dies ist bei länger anhaltendem Nahrungsmangel, aber auch bei Diabetes mellitus der Fall.

Acetoacetat und β-Hydroxybutyrat sind im Fasten/Hunger die entscheidende Energiequelle des Gehirns. Aceton wird unverändert ausgeschieden (v. a. abgeatmet).

Acetoacetat und β-Hydroxybutyrat sind bei Nahrungsmangel wichtige Energielieferanten, insbesondere in der Skelettmuskulatur und im Herzmuskel. Im Fasten sind sie außerdem als Energiequelle des Gehirns von entscheidender Bedeutung. **Aceton** hat im Stoffwechsel hingegen keine Funktion. Es wird mit dem Urin und mit der Atemluft unverändert ausgeschieden.

Nach einem halben Tag ohne Nahrungsaufnahme ist die Konzentration der Ketonkörper im Blutplasma noch gering. Im Fasten kann die Ketonkörperkonzentration innerhalb weniger Tage auf 8 mM steigen.

12.6.2 Die Reaktionen der Ketonkörpersynthese

▶ **Merke.** Primäres Reaktionsprodukt der Ketonkörpersynthese ist Acetoacetat. Aus ihm entsteht durch Reduktion β-Hydroxybutyrat, durch spontane Decarboxylierung Aceton (Abb. **A-12.20**).

Synthese von Acetoacetat:
- **2 Acetyl-CoA reagieren** unter Freisetzung von 1 CoA **zu Acetoacetyl-CoA**. Die Reaktion wird von dem Enzym **Thiolase** katalysiert und entspricht einer Umkehrung des letzten Schrittes der β-Oxidation. (Im letzten Schritt der β-Oxidation wird Acetoacetyl-CoA mithilfe von CoA in 2 Acetyl-CoA gespalten.)
- **Acetoacetyl-CoA** reagiert mit einem weiteren **Acetyl-CoA** zu **3-Hydroxy-3-methyl-glutaryl-CoA (β-Hydroxy-β-methylglutaryl-CoA = HMG-CoA)**. Dieser Schritt wird von der mitochondrialen HMG-CoA-Synthase katalysiert. HMG-CoA ist auch ein Zwischenprodukt der Cholesterinsynthese (S. 354). Zu beachten ist allerdings, dass HMG-CoA bei der Ketonkörpersynthese **in Mitochondrien** gebildet wird. Das HMG-CoA der Cholesterinsynthese hingegen wird im Zytosol synthetisiert.

▶ **Merke.** HMG-CoA ist ein Zwischenprodukt sowohl der Ketonkörpersynthese als auch der Cholesterinsynthese.

- Von **HMG-CoA** wird **Acetyl-CoA abgespalten**, dabei bleibt **Acetoacetat** übrig. Die Reaktion wird von einer HMG-CoA-Lyase katalysiert.

Synthese von β-Hydroxybutyrat: Ein großer Teil des Acetoacetats wird mit NADH durch die β-Hydroxybutyrat-Dehydrogenase **zu β-Hydroxybutyrat reduziert**. Sowohl β-Hydroxybutyrat als auch Acetoacetat wird an das Blut abgegeben. Im Blut ist β-Hydroxybutyrat der Ketonkörper mit der höchsten Konzentration.

▶ **Klinik.** Da es sich bei Acetoacetat und β-Hydroxybutyrat um Carbonsäuren handelt, ist die verstärkte Synthese der Ketonkörper sowohl im Fasten als auch bei Diabetes mellitus mit einer Ansäuerung des Blutes, also mit einer Azidose verbunden.

12.7 Lipoproteine: Transport von Lipiden im Blut

▶ **Definition.** Als **Lipoproteine** bezeichnet man bestimmte Aggregate aus Lipiden und Proteinen des Blutplasmas. Ihre entscheidende Funktion besteht im Transport der hydrophoben Lipide in der wässrigen Umgebung des Blutes.

12.7.1 Aufbau und Einteilung

Lipoproteine enthalten neben den **Lipiden**, die den hydrophoben Kern des Aggregats bilden, spezifische Proteine, die als **Apolipoproteine** bezeichnet werden. Diese weisen vielfach amphiphile α-Helices auf: An der den Lipiden zugewandten Seite exponieren sie überwiegend hydrophobe Aminosäuren, während die übrigen Aminosäuren hydrophil sind und so die Löslichkeit der Lipoproteine in der wässrigen Umgebung vermitteln. Apolipoproteine
- binden Lipide (ApoB-48 und ApoB-100),
- vermitteln die Bindung an Lipoprotein-Rezeptoren der Zielzellen (ApoB-100, ApoA-I und ApoE),
- aktivieren die Lipoprotein-abbauenden Enzyme (ApoA-I aktiviert die LCAT, ApoC-II aktiviert die Lipoproteinlipase) (Tab. **A-12.1**).

Lipoproteine unterscheiden sich in Zusammensetzung und Anteil ihrer Lipide und Apolipoproteine. Unterschiede im Lipid- bzw. Proteinanteil führen zu **Dichteunterschieden**, anhand derer sich fünf Lipoproteinklassen abgrenzen lassen (Tab. **A-12.1**).
In der klinischen Chemie werden Lipoproteine in der Regel durch **Elektrophorese-Verfahren** analysiert. Zu diesem Zweck werden nicht die sonst in der Biochemie üblichen SDS-Polyacrylamid-Gelelektrophoresen (SDS-PAGE) durchgeführt, sondern

vereinfachte Techniken unter Verwendung kommerziell erhältlicher Agarosegele oder Celluloseacetatfolien. Die Lipoproteine lassen sich dann bestimmten Fraktionen der Serumproteine zuordnen, die willkürlich mit griechischen Buchstaben bezeichnet wurden. So sind die LDL ein Bestandteil der β-Fraktion (Tab. **A-12.1**).

A-12.1 Übersicht über die Lipoproteine

Lipoproteinklasse	Funktion	wichtige Apolipoproteine	Durchmesser	TAG-Anteil	Dichte	Verhalten bei der Elektrophorese
Chylomikronen	Transport der Lipide (insbes. TAG) der Nahrung	**ApoB-48** (bindet die Lipide), **ApoC-II** (Cofaktor der Lipoproteinlipase → Hydrolyse der TAG) **ApoE** (vermittelt die Endozytose der Chylomikronen-Reste in der Leber)	75 – 500 nm	~90 %	< 0,95 g/ml	wandern nicht
VLDL (Very low Density Lipoproteins) (Abb. **A-12.21 a**)	Transport von in der Leber synthetisierten TAG und Cholesterin zu den extrahepatischen Geweben	**ApoB-100** (bindet die Lipide), **ApoC-II** (Funktion s. o.)	30 – 70 nm	55 %	ca. 0,95 g/ml	prä-β-Fraktion
IDL (Intermediate Density Lipoproteins)	entstehen beim Abbau von VLDL	**ApoB-100** (Funktion s. u.)	20 – 30 nm	20 %	1,01 – 1,02 g/ml	β-Fraktion
LDL (Low Density Lipoproteins) (Abb. **A-12.21 b**)	entstehen beim Abbau von IDL, enthalten hohen Cholesterinanteil (45 %) und verteilen Cholesterin im Körper	**ApoB-100** (bindet die Lipide und löst in den peripheren Geweben durch Bindung an den LDL-Rezeptor die Aufnahme des Cholesterins durch Endozytose aus)	20 nm	6 %	1,02 – 1,06 g/ml	β-Fraktion
HDL (High Density Lipoproteins) (Abb. **A-12.21 c**)	Aufnahme von Cholesterin in peripheren Geweben und Transport zur Leber	**ApoA-I** (aktiviert die Lecithin-Cholesterin-Acyltransferase, die das in Lipoproteinen enthaltene Cholesterin mit Fettsäuren verestert), **ApoE** (vermittelt die Übergabe von Cholesterinestern an die Leber)	< 10 nm	4 %	bis zu 1,2 g/ml	α-Fraktion

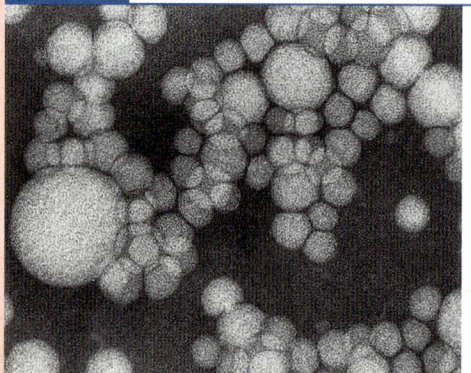

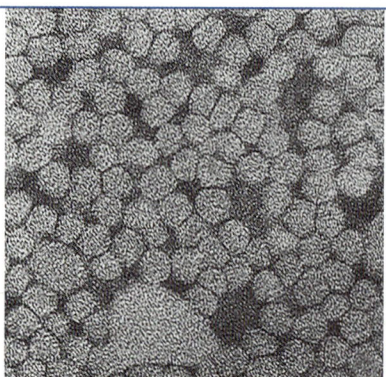

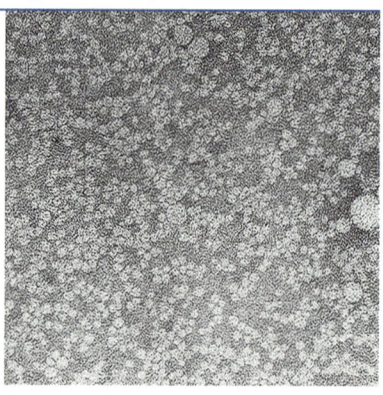

A-12.21 Humane Lipoproteine (elektronenmikroskopische Aufnahmen, Negativfärbung, Vergr. 1:270 000)

a VLDL. **b** LDL. **c** HDL.

(aus Riede, Werner, Schaefer; Allgemeine und spezielle Pathologie, Thieme, 2004)

12.7.2 Der Stoffwechsel der Lipoproteine

Chylomikronen

Chylomikronen bestehen zu **etwa 90 %** aus den **TAG**, die in der **Darmmukosa** im Zusammenhang mit der Verdauung der Nahrugslipide resynthetisiert wurden. Da TAG eine geringe Dichte haben („Fett schwimmt oben"), ist auch die **Dichte** der Chylomikronen **gering**. Sie entstehen in den Enterozyten im Lumen des ER durch Anlagerung von TAG und geringen Mengen weiterer Lipide an das **ApoB-48**.

Die Chylomikronen gelangen in die **Lymphe** und über den Ductus thoracicus in den **Blutkreislauf**. Im Anschluss an eine fettreiche Mahlzeit werden in kurzer Zeit sehr viele Chylomikronen in das Blut geschwemmt. Wenn in dieser Phase Blutplasma aus Blutproben gewonnen wird, zeigt dieses eine deutliche Trübung (Abb. **A-12.22**). Im Blutkreislauf **nehmen** die Chylomikronen von HDL **ApoC-II und ApoE auf**.

A-12.22 Blutseren mit verschiedenen Lipidkonzentrationen

Linkes Röhrchen: Gesamtcholesterin 173 mg/dl, Triglyceride 121 mg/dl.
Mittleres Röhrchen: Gesamtcholesterin 370 mg/dl, Triglyceride 897 mg/dl.
Rechtes Röhrchen: Gesamtcholesterin 1008 mg/dl, Triglyceride 9 294 mg/dl.

(mit freundlicher Genehmigungvon Prof. Dr. Füeßl, Haar)

▶ **Merke.** ApoC-II ist **Cofaktor der Lipoproteinlipase**. Dieses Enzym befindet sich auf der **Außenseite der Endothelzellmembran der Blutkapillaren**. Hier spaltet es die TAG der Chylomikronen in Glycerin und Fettsäuren. Während das Glycerin mit dem Blut zur Leber transportiert wird, werden die Fettsäuren von den Zielzellen resorbiert.

Entgegen früheren Vermutungen erfolgt die Aufnahme langkettiger Fettsäuren in den Zellmembranen der peripheren Gewebe nicht spontan, sondern unter Vermittlung mehrerer Transportproteine (FATP, FAT/CD 36 und FABPpm).

Durch den weitgehenden Verlust ihrer TAG werden die Chylomikronen zu **Chylomikronen-Resten** (Remnants) und weisen nun in der Zusammensetzung ihrer Lipide einen **erhöhten Cholesterinanteil** auf. Sie gelangen in die **Leber**, wo ApoE ihre **Aufnahme** in die Hepatozyten **durch Endozytose** vermittelt. ApoE bindet an zwei Rezeptorproteine, die unabhängig voneinander in der Plasmamembran der Hepatozyten verankert sind und die Endozytose der Remnants auslösen. Dies sind
- der LDL-Rezeptor (LDLR) und
- das LDL-Rezeptor-verwandte Protein 1 (LDLR-related Protein, LRP1).

Beide gehören zu derselben Proteinfamilie. Sie sind mit einer membranspannenden Domäne in der Plasmamembran verankert und exponieren an der Außenseite der Zelle eine große Domäne, die der Bindung der Liganden dient.

VLDL (Very low Density Lipoproteins)

VLDL werden in der **Leber** gebildet. Sie enthalten vor allem **TAG**, die in der Leber synthetisiert wurden. In ihrer Zusammensetzung ähneln sie somit den Chylomikronen. Da sie neben den TAG auch einen vergleichsweise hohen Cholesterinanteil (ca. 20 %) enthalten, ist ihre Dichte geringfügig höher. Vor dem Einbau in die VLDL wird das Cholesterin in den Hepatozyten unter Vermittlung der **Acyl-CoA-Cholesterin-Acyltransferase (ACAT)** weitgehend mit Fettsäuren verestert und liegt somit in Form von Cholesterinestern vor.

A 12 Die Bereitstellung von Fettsäuren, Triacylglycerinen und Ketonkörpern

Das Apolipoprotein, an das sich die Lipide während der Biogenese der VLDL anlagern, ist das **ApoB-100**. Dieses besteht aus 4 536 Aminosäuren und zählt mit einer Masse von 513 kDa zu den größten Proteinen, die vom Genom des Menschen kodiert werden. Es wird vom gleichen Gen kodiert wie ApoB-48 und von derselben mRNA translatiert. In den Enterozyten wird das Cytidin in Nukleotidposition 6 666 der mRNA desaminiert, wodurch das Codon CAA, das Glutamin kodiert, zum Stoppcodon UAA wird, sog. C-to-U-RNA-Editing (S. 472). Dadurch entsteht in Enterozyten die verkürzte Version ApoB-48. In Hepatozyten bleibt die mRNA unverändert und es wird das vollständige ApoB-100 synthetisiert (Abb. **A-12.23**).

Die Lipide lagern sich an **ApoB-100** an. ApoB-100 und das ApoB-48 der Enterozyten werden von derselben mRNA translatiert. In Enterozyten wird aufgrund von C-to-U-RNA-Editing nur ein Teil der mRNA, in Hepatozyten dagegen die komplette mRNA translatiert (Abb. **A-12.23**).

Wie die Chylomikronen **nehmen** auch **VLDL** während der Zirkulation **im Blut Apoproteine** von HDL **auf**, u. a. **ApoC-II**. Dieses vermittelt an den Endothelzellen der Kapillaren die Hydrolyse der in VLDL enthaltenen TAG durch die Lipoproteinlipase. Auf diese Weise werden VLDL rasch zu IDL und dann zu LDL abgebaut. Die durchschnittliche Überlebenszeit der VLDL im Blut beträgt nur ca. 20 Minuten. Da sie TAG schneller abgeben als Cholesterin, **steigt** dabei der relative **Anteil des Cholesterins**.

Wie Chylomikronen **nehmen VLDL im Blut ApoC-II** von HDL **auf** → Hydrolyse der gebundenen TAG durch die Lipoproteinlipase. So werden VLDL über IDL zu LDL abgebaut. Dabei **steigt** der relative **Anteil des Cholesterins**.

⊙ A-12.23

⊙ **A-12.23** VLDL und Chylomikronen und die bei ihrer Biogenese in der Leber bzw. im Darm entscheidenden Apolipoproteine

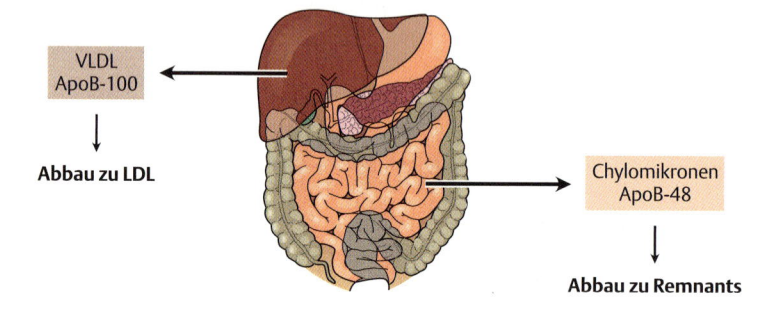

VLDL ApoB-100 → Abbau zu LDL

Chylomikronen ApoB-48 → Abbau zu Remnants

(aus Faller, Schünke; Der Körper des Menschen, Thieme, 2008)

LDL (Low Density Lipoproteins)

LDL haben bis auf **ApoB-100** alle Apolipoproteine verloren. Sie enthalten kaum noch TAG, dafür aber **Cholesterinester** in hoher Konzentration. Der Anteil der Cholesterinester an den Lipiden der LDL beträgt bis zu 50 %, und die wichtigste Funktion der LDL besteht in ihrem Beitrag zur Verteilung des Cholesterins im Körper. Während die TAG der VLDL nach und nach durch die Aktivität der Lipoproteinlipase abgegeben werden, ist für die Verteilung des Cholesterins der **LDL-Rezeptor** von entscheidender Bedeutung. Er **vermittelt** eine **Endozytose des kompletten LDL-Partikels**. TAG und Cholesterin(ester) werden in den Zielorganen also durch grundsätzlich unterschiedliche Mechanismen aufgenommen. Der LDL-Rezeptor wird in unterschiedlichem Ausmaß **von sämtlichen Zellen** des Körpers **gebildet**. Über die kontrollierte Expression des LDL-Rezeptors können die Zellen bestimmen, wie viele LDL und damit wie viel Cholesterin sie aufnehmen wollen. LDL, die von den Geweben der peripheren Organe nicht resorbiert werden, binden nach einiger Zeit an LDL-Rezeptoren der Leber und werden von den Hepatozyten aufgenommen. Der LDL-Rezeptor erkennt sowohl das ApoB der LDL als auch das ApoE der HDL.

LDL (Low Density Lipoproteins)

LDL haben bis auf ApoB-100 alle Apolipoproteine verloren. Ihr Anteil an **Cholesterinestern** beträgt bis zu 50 %. LDL verteilen Cholesterin im Körper. Für die Verteilung des Cholesterins ist der **LDL-Rezeptor** entscheidend. Er wird in unterschiedlichem Ausmaß **von sämtlichen Zellen** des Körpers **gebildet** und **vermittelt** die **Endozytose des kompletten LDL-Partikels**.

▶ **Merke.** Die Bindung der LDL an den LDL-Rezeptor wird durch ApoB-100 vermittelt.

Die **rezeptorvermittelte Endozytose** der LDL (Abb. **A-12.24**) ist an die Beteiligung von Clathrin gebunden. Clathrin ist ein Protein, das sich in Bereichen hoher Rezeptordichte an die zytosolische Seite der Zellmembran anlagert und dann die Bildung eines Vesikels auslöst, indem es eine korbartige Struktur bildet. Die auf diese Weise entstandenen Vesikel werden als Endosomen bezeichnet. Nach Fusion der Endosomen mit primären Lysosomen dissoziieren die LDL im sauren Milieu der Lysosomen, und ihre **Inhaltsstoffe** werden den **hydrolytischen Enzymen** der Lysosomen **ausgesetzt**. Eine lysosomale Lipase hydrolysiert die Cholesterinester. **Cholesterin** wird **freigesetzt** und aus den Lysosomen ausgeschleust.

▶ Merke.

Die **rezeptorvermittelte Endozytose** der LDL (Abb. **A-12.24**) verläuft mithilfe von Clathrin. Die **Inhaltsstoffe** der LDL werden in Lysosomen **hydrolysiert**. **Cholesterin** wird **freigesetzt** und aus den Lysosomen exportiert.

- Im **Zytosol hemmt** Cholesterin die **HMG-CoA-Reduktase**, das Schlüsselenzym der Cholesterinbiosynthese.
- Cholesterin wird in die **Membranen** der Zelle eingelagert oder
- durch die **Acyl-CoA-Cholesterin-Acyltransferase (ACAT) erneut** mit Fettsäuren **verestert**

- Im Zytosol **hemmt** Cholesterin die **HMG-CoA-Reduktase**, das **Schlüsselenzym der Cholesterinbiosynthese**. Je mehr Cholesterin eine Zelle von außen aufnimmt, desto weniger Cholesterin braucht sie selber zu synthetisieren.

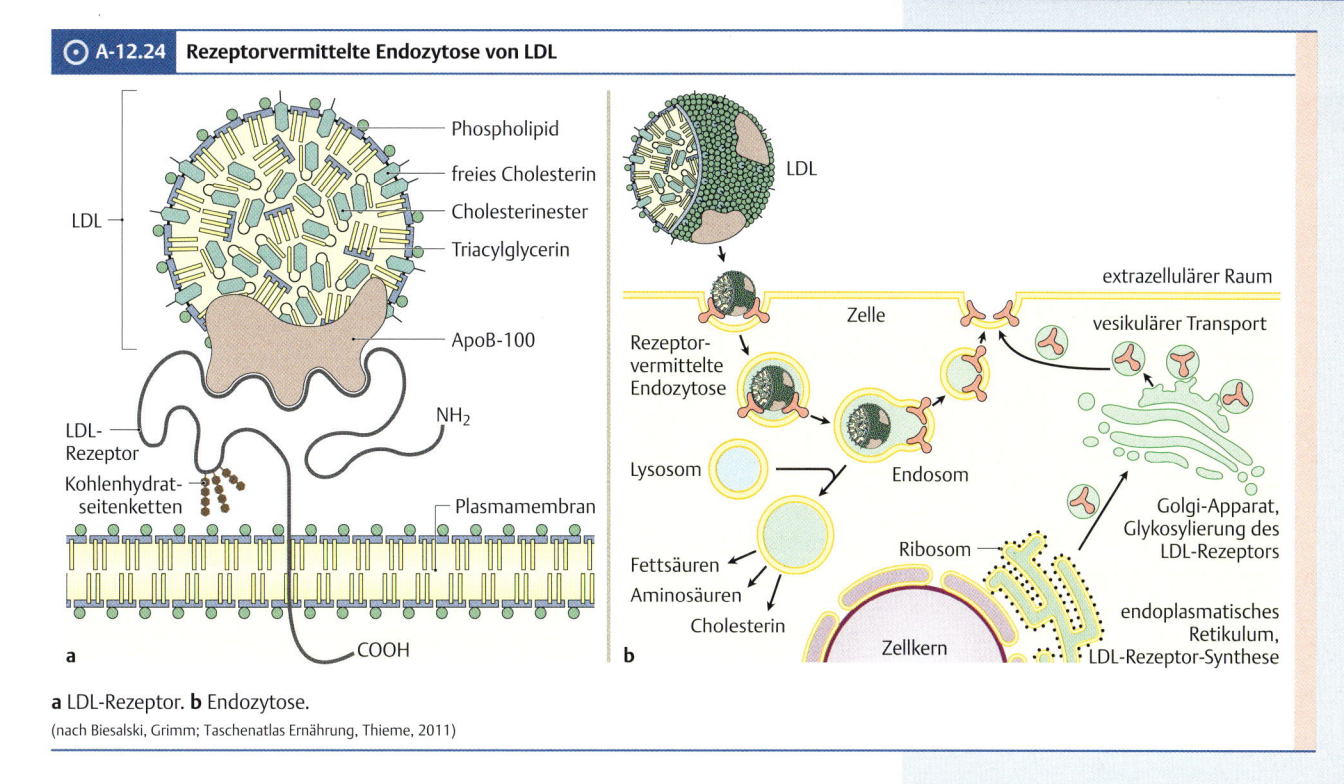

A-12.24 Rezeptorvermittelte Endozytose von LDL

a LDL-Rezeptor. b Endozytose.
(nach Biesalski, Grimm; Taschenatlas Ernährung, Thieme, 2011)

- Cholesterin wird in die **Membranen** der Zelle eingelagert oder
- durch die **Acyl-CoA-Cholesterin-Acyltransferase (ACAT) erneut** mit Fettsäuren (pro Cholesterinmolekül eine Fettsäure) **verestert** und in Lipidtröpfchen gespeichert. Die ACAT bezieht die Fettsäuren von Acyl-CoA, überwiegend von Palmitoyl-CoA. Die ACAT ist ein Enzym des Endoplasmatischen Retikulums.

Der **LDL-Rezeptor** ist gegen die hydrolytischen Enzyme der Lysosomen hinreichend resistent und wird mithilfe von Vesikeln **zurück zur Plasmamembran** transportiert. Der Weg eines LDL-Rezeptors von der Zelloberfläche zu einem Lysosom und zurück benötigt nur etwa 10 Minuten.

Der **LDL-Rezeptor** gelangt **zurück in** die **Plasmamembran**.

▶ Klinik. **HMG-CoA-Reduktasehemmer (Statine)** sind **kompetitive Inhibitoren der zytosolischen HMG-CoA-Reduktase**, des Schrittmacherenzyms der Cholesterinsynthese (S. 354). Sie bewirken eine erhebliche **Absenkung der intrazellulären Cholesterinkonzentration**. Diese Wirkung der Statine macht man sich bei erhöhtem Blutcholesterinspiegel (Hypercholesterinämie) zunutze (s. u.). Bei einer Therapie mit Statinen wird der Blutcholesterinspiegel zum einen gesenkt, weil weniger Cholesterin synthetisiert wird, aber zum anderen auch, weil **LDL aus dem Blut aufgenommen wird**. Die Ursache der vermehrten Aufnahme ist eine gesteigerte **Synthese des LDL-Rezeptors**: Das Gen des LDL-Rezeptors wird unter Beteiligung des Transkriptionsfaktors **SREBP2** reguliert. Ähnlich wie SREBP-1c entsteht auch SREBP2 durch proteolytische Abspaltung von einem Vorstufenprotein, das sich zunächst in der Membran des endoplasmatischen Retikulums (ER) befindet. Die Abspaltung des reifen SREBP2 wird in der ER-Membran bei hohen Cholesterin-Konzentrationen des Cholesterin-bindenden Membranproteins **SCAP** (= SREBP-cleavage-activating protein) verhindert. SCAP ist **der zentrale Cholesterin-Sensor** der Zellen. Wenn die Cholesterin-Konzentrationen sinken, z. B. bei einer Therapie mit Statinen, löst sich das Cholesterin von SCAP ab, SCAP ändert seine Konformation und das SREBP2-Vorstufenprotein wird freigegeben. Von diesem kann nun der reife Transkriptionsfaktor SREBP2 abgespalten werden, der dann in den Zellkern wandert und dort die Transkription des LDL-Rezeptors initiiert. Wegen ihrer Bedeutung in der Herzinfarktprophylaxe sind Statine derzeit die umsatzstärksten Medikamente des gesamten Weltpharmamarkts. Der HMG-Reduktase-Hemmer Atorvastatin (Lipitor) war bis 2011 mit einem Jahresumsatz von mehr als 10 Mrd. $ der umsatzstärkste Wirkstoff der Welt; Ende 2011 ist das Patent ausgelaufen.

▶ Klinik.

HDL (High Density Lipoproteins)

Die Biogenese der HDL ist nicht befriedigend geklärt. Vermutlich entstehen sie in folgenden Schritten:

- In Leber und Darm wird **ApoA-I** ins Blut abgegeben.
- ApoA-I nimmt aus Zellen peripherer Gewebe **Phospholipide** auf → scheibchenförmige **Prä-β-HDL**.
- In die Phospholipide lagert sich **Cholesterin** aus Zellen peripherer Gewebe ein.

Den Export von Phospholipiden und Cholesterin aus den Zellen peripherer Gewebe vermittelt das Protein **ABCA1**.

- **ApoA-I aktiviert** die **Lecithin-Cholesterin-Acyltransferase (LCAT)**, wodurch kugelförmige **reife α-HDL** entstehen.

Das Cholesterin der HDL wird größtenteils durch die **LCAT** des Blutplasmas in **Cholesterinester** überführt: Das Enzym überträgt eine Fettsäure auf die OH-Gruppe des Cholesterins.
Die Fettsäuren stammen vom Lecithin u. a. Phospholipiden der VLDL.

▶ Merke.

- Die HDL **nehmen** aus der Umgebung **ApoE auf**.

▶ Merke.

Zielzellen sind:
- Steroidhormon-produzierende Zellen
- Hepatozyten

HDL (High Density Lipoproteins)

HDL haben unter den Lipoproteinen die höchste Dichte. Anders als die VLDL und die Chylomikronen entstehen sie nicht intrazellulär, sondern sie bilden sich ausgehend von dem Apolipoprotein ApoA-I im Blut:

- In der Leber und in der Darmwand wird **ApoA-I** an das Blut abgegeben.
- ApoA-I zirkuliert mit dem Blut und nimmt von den Zellen der peripheren Gewebe **Phospholipide** auf. Die entstehenden Aggregate aus Phospholipiden und ApoA-I sind scheibchenförmig und werden als **Prä-β-HDL** bezeichnet.
- In die Phospholipide der Prä-β-HDL lagert sich **Cholesterin** aus den Zellen peripherer Gewebe ein.

Den Export von Phospholipiden und Cholesterin aus den Zellen peripherer Gewebe vermittelt das Protein **ABCA1** (ATP-binding cassette transporter A1), das in die Plasmamembran der Zellen eingelagert ist. ABCA1 ist von fundamentaler Bedeutung für die Fähigkeit extrahepatischer Gewebe, überschüssiges Cholesterin an die HDL des Blutes abgeben zu können.

- Das **ApoA-I aktiviert die Lecthin-Cholesterin-Acyltransferase (LCAT)** des umgebenden Blutplasmas, die das von den HDL aufgenommene Cholesterin mit Fettsäuren verestert. Die Cholesterinester akkumulieren im Inneren der Partikel. Aus den scheibchenförmigen Prä-β-HDL entstehen so die kugelförmigen **reifen α-HDL**.
- **LCAT** bindet reversibel an HDL und katalysiert die Übertragung von Fettsäuren des Lecithins (= Phosphatidylcholin, das häufigste Membranlipid) auf die OH-Gruppen des Cholesterins:
  - Cholesterin + Lecithin ⇌ Cholesterinester + Lysolecithin
  - Quelle der von der LCAT übertragenen Fettsäuren sind die Phospholipide, die sich in der äußeren Schicht der HDL befinden. In der Regel spaltet die LCAT die Fettsäure von der Position 2 ab. Dabei bleibt vom Lecithin Lysolecithin übrig.

▶ Merke. Die LCAT ist ein Enzym der Blutplasmas, die ACAT wirkt intrazellulär, als Enzym des endoplasmatischen Reticulums (ER).

Die HDL tauschen mit anderen Lipoproteinen sowohl Lipide als auch Apolipoproteine aus. U.a. **nehmen** die HDL dabei **ApoE auf**, das sie benötigen, um ihre Cholesterinester abgeben zu können.

▶ Merke. Im Gegensatz zu den Remnants und den LDL, die von ihren Zielzellen als vollständige Partikel aufgenommen werden, geben HDL meist lediglich ihre Cholesterinester ab. Dazu binden sie an der Oberfläche der Zielzellen an den **Scavenger Receptor Class B Type 1 (SR-B1)**. Eine SR-B1-vermittelte **Übergabe** von Cholesterinestern ist **nur möglich**, wenn die **HDL sowohl ApoA-I als auch ApoE enthalten**. Nach der Übergabe gelangt das ApoA-I zurück in den Blutkreislauf.

Zielzellen, die von den HDL Cholesterinester aufnehmen, sind:
- **Zellen, die Steroidhormone produzieren,**
- **Hepatozyten**, die überschüssiges Cholesterin an die Gallenflüssigkeit abgeben.

Bislang ist noch unklar, in welchem Umfang HDL auch als vollständige Partikel von den Hepatozyten aufgenommen werden.

A 12.7 Lipoproteine: Transport von Lipiden im Blut

▶ **Klinik.** In den Industrieländern wird mit der Nahrung übermäßig viel Cholesterin aufgenommen, das im Körper akkumuliert, weil es nicht abgebaut werden kann und wie die Gallensäuren einem enterohepatischen Kreislauf unterliegt (S. 207). Cholesterin trägt erheblich zum **Arteriosklerose-Risiko** bei. Eine besondere Rolle spielen dabei **Makrophagen**, die im Endothel der großen Arterien Cholesterin akkumulieren und dabei zu **„Schaumzellen"** werden. Die Makrophagen nehmen das Cholesterin dabei nicht mithilfe von LDL-Rezeptoren auf, sondern unter Beteiligung von besonderen **„Scavenger-Rezeptoren"**. Dabei handelt es sich *nicht* um SR-B1, sondern um Rezeptoren, die normalerweise bei Entzündungsprozessen eine Rolle spielen. Je effizienter überschüssiges Cholesterin von den HDL zur Leber transportiert wird, desto langsamer entwickeln sich die Makrophagen zu Schaumzellen. Deshalb ist eine hohe Konzentration an HDL im Blut prognostisch günstig. Eine hohe Konzentration an LDL hingegen ist prognostisch ungünstig. Patienten mit einem hohen Herzinfarktrisiko erhalten HMG-CoA-Reduktase-Hemmer (Statine, s. o.), um den Cholesterinspiegel des Blutes drastisch zu senken.

Die physiologische Relevanz der verschiedenen Komponenten des Systems aus Lipoproteinen und Lipoproteinrezeptoren wird durch eine Reihe von Erbkrankheiten demonstriert. Zwei Krankheiten haben in jüngerer Zeit besondere Aufmerksamkeit erfahren, obwohl sie extrem selten sind:

- Bei der **Hyperlipoproteinämie Typ II ▶ (familiäre Hypercholesterinämie)** ist der **LDL-Rezeptor defekt**. Unter 1 Million Menschen ist etwa 1 homozygoter Merkmalsträger. Folge des Defekts ist eine erheblich erhöhte Serumcholesterinkonzentration. Bei vollständigem Fehlen des LDL-Rezeptors entwickelt sich bereits im Kindesalter eine schwere Arteriosklerose.
- Als Ursache der **Tangier-Krankheit** wurde in den 90er-Jahren ein angeborener **Defekt des ABCA1-Proteins** nachgewiesen. Im Blut der Patienten ist die Beladung von ApoA-I mit Phospholipiden und Cholesterin gestört und damit die Biogenese der HDL gehemmt. Im Blut der Patienten sind kaum noch HDL nachweisbar. Die Konsequenz ist eine massive Akkumulation von Cholesterin in den peripheren Geweben. In der medizinischen Literatur sind bislang nur ca. 100 Krankheitsfälle beschrieben. Tangier ist der Name einer kleinen Insel vor der Küste Virginias/Nordamerikas, auf der die beiden 1961 erstmals beschriebenen Patienten beheimatet waren.

▶ **Überblick.** Abb. **A-12.25**.

A-12.25 Überblick über den Stoffwechsel der Lipoproteine

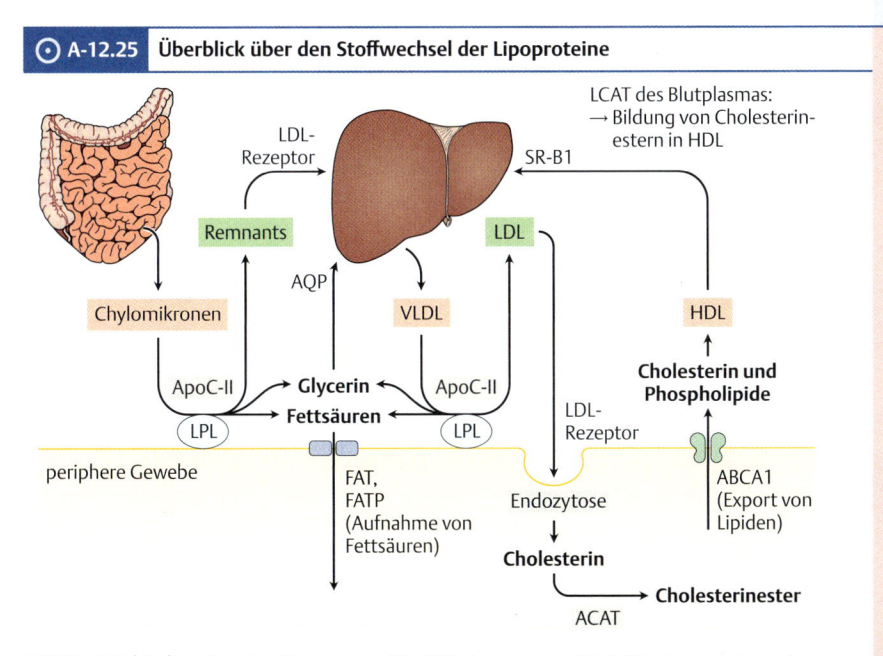

ABCA1: ATP-binding Cassette Transporter A1; AQP: Aquaporin; FAT, FATP: Transportproteine für Fettsäuren in der Plasmamembran; LPL: Lipoproteinlipase der Endothelzellen; SR-B1: Scavenger Receptor Class B Type 1; weitere Abkürzungen s. Text.

Klinischer Fall: Leistungsabfall und Polyurie

17:45
Herr Andreas Kerkhoff, ein 29-jähriger Sportreporter, sucht seine Hausärztin auf.
A.K.: Seit mehreren Wochen bin ich nur noch schlapp und müde. So kenn ich mich gar nicht! Ich kann mich auch nur noch schlecht konzentrieren, besonders bei der Arbeit fällt mir das auf.

18:00 Anamnese
Auf mein Nachfragen berichtet Herr K. außerdem über einen Gewichtsverlust von 4 kg im letzten halben Jahr. Fieber und Nachtschweiß werden verneint. Jedoch müsse er öfter als früher Wasser lassen und leide unter nahezu unstillbarem Durst.

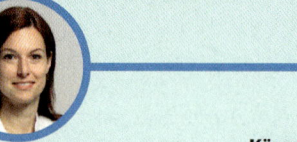

18:10 Körperliche Untersuchung
Auffällig ist ein etwas fruchtiger Geruch der Ausatemluft, ansonsten kann ich bei Herrn K. keine pathologischen Befunde feststellen. Für den nächsten Morgen bestelle ich Herrn K. zur Blutabnahme ein.

08:00 Blutabnahme und Urinuntersuchung
Außer dem normalen Blutbild lasse ich den Nüchtern-Blutzucker und den HbA_{1c} bestimmen. Auch Urin muss Herr K. abgeben.

2 Tage später
Die Laborergebnisse sind da
(Normwerte in Klammern)
- HbA_{1c} (glykosyliertes Hämoglobin): 7,9% (4,0–6,0%)
- Blutzucker 354 mg/dl (46–99 mg/dl)
- Glukose und Ketonkörper im Urin +++ (negativ)

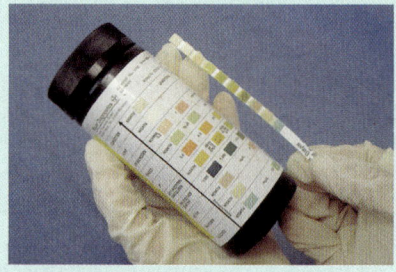

Einweisung in die Klinik
Ich diagnostiziere anhand der Symptome und Laborergebnisse einen Diabetes mellitus. Zur Einleitung einer Insulintherapie weise ich Herrn K. ins Krankenhaus ein.

Mit solchen Harnteststreifen werden unter anderem Glukose und Ketonkörper im Urin nachgewiesen.
(aus Köther, I.: Thiemes Altenpflege. Thieme, 2005)

3 Tage später
Beginn der Insulintherapie
Bei Herrn K. wird eine Insulintherapie nach dem Basis-Bolus-Konzept begonnen. Dabei spritzt sich Herr K. zusätzlich zum 24 h wirkenden Basalinsulin individuell zu jeder Mahlzeit ein kurz wirksames Insulin. Begleitend nimmt er an einer Diabetesberatung und -schulung teil. So lernt er anhand der Höhe des Blutzuckers und der aufgenommenen Nahrungsmenge, die notwendige Dosis des kurz wirksamen Insulins selbst zu bestimmen. Die Internisten erklären Herrn K. genau, welche Langzeitrisiken der Diabetes mellitus birgt und welche Kontrolluntersuchungen notwendig sind.

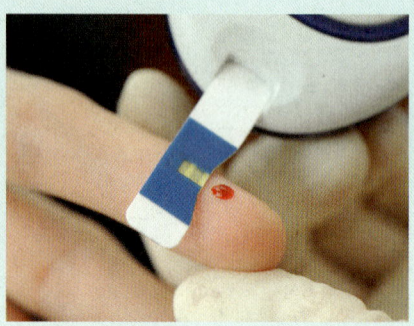

Solch Blutzuckermessgeräte werden vom Fachpersonal und vom Patienten selbst genutzt. (aus Hengesbach, S. et al.: Checkliste Medical Skills. Thieme, 2013)

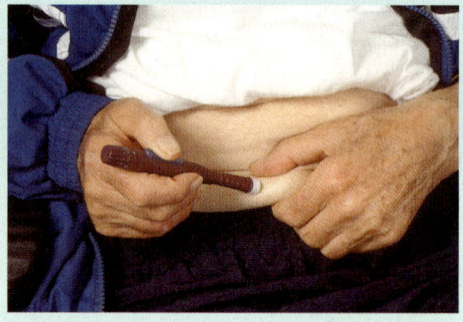

Die Pens zur Insulininjektion sind relativ leicht zu handhaben. So können auch ältere Patienten die Insulingaben selbst durchführen. (aus Rassow, J. et al.: Duale Reihe Biochemie. Thieme, 2006)

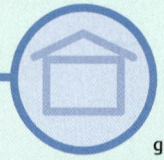

Nach 10 Tagen kann Herr K. gut informiert und in einem guten Allgemeinzustand nach Hause entlassen werden. Er ist motiviert, seinen Diabetes gut unter Kontrolle zu behalten.

Fragen mit biochemischem Schwerpunkt

1. Was ist der prinzipielle Unterschied zwischen einem Diabetes mellitus Typ 1 und 2 bei der Diagnosestellung (also im Anfangsstadium)?
2. Welche Substanzen werden unter dem Begriff "Ketonkörper" zusammengefasst?
3. Wie, wo und warum werden Ketonkörper gebildet?
4. Welchen Vorteil bietet in der Sequenz geringfügig verändertes sog. Analog-Insulin (Lispro) gegenüber Humaninsulin bei der subkutanen Verabreichung?
5. Bei Diabetikern kann – selbst während einer laufenden Insulintherapie – die körpereigene Rest-Insulinausschüttung gemessen werden. Wie ist dies möglich?

Antwortkommentare im Anhang

13 Proteine als Nahrungsmittel

13.1 Verdauung der Proteine.................................. 259
13.2 Proteasen und ihre Reaktionsmechanismen 262

J. Rassow

13.1 Verdauung der Proteine

Der Körper ist auf Proteine aus der Nahrung angewiesen:
- **Aminosäuren**, die Proteinbausteine, sind eine **essenzielle Quelle organischer Stickstoffverbindungen**. Diese werden zur Synthese von Proteinen, Aminoalkoholen (Bestandteile der Phospholipide) sowie Purinen und Pyrimidinen (Bestandteile von Nukleotiden) benötigt und liefern den Stickstoff, der in Form von Ammoniak zur pH-Neutralisation an den Harn abgegeben wird.
- **Proteine** sind die wichtigste **Quelle für die acht essenziellen Aminosäuren** Valin, Leucin, Isoleucin, Lysin, Phenylalanin, Tryptophan, Methionin und Threonin.

Deshalb wird empfohlen, täglich etwa 0,5 – 1 g Protein/kg Körpergewicht zu sich zu nehmen. In den Industrieländern liegt der Proteingehalt der Nahrung meist bei 100 g/Tag und damit deutlich über diesem Wert. Bei der Verdauung gelangen zudem in Form von Verdauungsenzymen sowie mit den ständig von der Darmschleimhaut abgegebenen Zellen weitere ca. 70 g Protein in das Darmlumen. Auch diese Proteine werden weitgehend in die Verdauung einbezogen. Täglich gehen dem Körper nur etwa 10 g Protein mit dem Stuhl verloren.

13.1.1 Hydrolyse der Proteine durch Proteasen

Im Magen werden die in der Nahrung enthaltenen Proteine der **Magensäure** ausgesetzt. Dabei **denaturieren** die meisten Proteine, d.h. sie verlieren ihre native Struktur (S. 75). Zu einer vollständigen Entfaltung der Polypeptidketten kommt es im Magen nicht. Manche Proteine zeigen im denaturierten Zustand eine wesentlich erhöhte Sensitivität gegenüber Proteasen. Die Hauptzellen des Magens geben eine Gruppe inaktiver Protease-Vorstufen (Zymogene) ab, die gemeinsam als **Pepsinogen** bezeichnet werden. Durch Abspaltung aminoterminaler Fragmente werden die Vorstufen im Magenlumen zu aktiven Endoproteasen aktiviert, dem **Pepsin**. Die Aktivierung erfolgt durch Autokatalyse und wird durch das saure Milieu des Magenlumens ausgelöst. Endopeptidasen hydrolysieren ihre Substrate innerhalb der Aminosäurekette, endständige Aminosäuren werden hingegen nicht hydrolysiert. **Pepsin A**, das wichtigste Pepsin, **hydrolysiert** bevorzugt **an der aminoterminalen Seite der Aminosäuren Phenylalanin und Tyrosin**.

Im Lumen des oberen Dünndarms werden die Polypeptide der Nahrung von den **Proteasen des Pankreas** hydrolysiert. Im Gegensatz zum Pepsin des Magens haben diese ein pH-Optimum ihrer Aktivität im alkalischen Bereich. Der Pankreassaft enthält > 100 mM HCO_3^-, der pH liegt zwischen 8,0 und 8,4. Alle Proteasen des Pankreas werden als Zymogene sezerniert. Es lassen sich zwei Gruppen von Proteasen unterscheiden: Serin-Proteasen und Carboxypeptidasen.

A. Serin-Proteasen: Bei ihnen spielt ein Serinrest im katalytischen Zentrum eine entscheidende Rolle. Zu den Serin-Proteasen des Pankreas zählen drei Endopeptidasen:
- **Trypsin** wird **von der Enteropeptidase der Bürstensaummembran** der Mukosazellen im Duodenum **aktiviert**. Die Enteropeptidase wirkt als sequenzspezifische Endopeptidase und entfernt spezifisch die aminoterminalen sechs Aminosäuren des Trypsinogens. Trypsin **spaltet** seine Substrate **an der carboxyterminalen Seite der positiv geladenen Aminosäuren Lysin und Arginin**.

13.1 Verdauung der Proteine

Aminosäuren sind eine **essenzielle Quelle organischer Stickstoffverbindungen**. **Proteine** sind die wichtigste **Quelle für die acht essenziellen Aminosäuren**.

Es wird empfohlen, täglich etwa 0,5 – 1 g Protein/kg Körpergewicht zu sich zu nehmen. In den Industrieländern ist der Proteingehalt der Nahrung der meisten Menschen deutlich höher.

13.1.1 Hydrolyse der Proteine durch Proteasen

Im Magen werden die Nahrungsproteine durch die **Magensäure denaturiert**. Die Hydrolyse wird eingeleitet durch **Pepsin**, eine Gruppe von **Endopeptidasen**, die im Magenlumen durch Abspaltung eines Peptids aus ihrer inaktiven Vorstufe Pepsinogen entstehen. **Pepsin A spaltet** Proteine **an der aminoterminalen Seite von Phenylalanin und Tyrosin**.

Im Lumen des oberen Dünndarms werden die Polypeptide der Nahrung von den **Proteasen des Pankreas** hydrolysiert. Es lassen sich zwei Gruppen unterscheiden:

A. Serin-Proteasen:

- **Trypsin** wird **von der Enteropeptidase** der Bürstensaummembran **aktiviert**. Es spaltet Proteine an der **C-terminalen Seite** von **Lysin** und **Arginin**.

► **Merke.** Trypsin aktiviert auch die Vorstufen des Chymotrypsins und der Carboxypeptidasen.

- **Chymotrypsin** spaltet bevorzugt an der carboxyterminalen Seite hydrophober Aminosäuren.
- **Elastase** hydrolysiert u. a. das Protein Elastin, das im Bindegewebe elastische Fasern bildet.

Trypsin, Chymotrypsin und Elastase sind homologe Proteine. In ihren Primärstrukturen zeigen sie ca. 40 % identische Aminosäuren.

B. Carboxypeptidasen: Die Carboxypeptidasen A und B sind Exopeptidasen. Sie spalten von ihren Substraten jeweils die carboxyterminale Aminosäure ab. Im Reaktionsmechanismus der Carboxypeptidasen spielt ein Zink-Ion eine entscheidende Rolle.

Hydrolyseprodukte der Serin-Proteasen und Carboxypeptidasen sind überwiegend **Oligopeptide**, teilweise aber auch bereits freie Aminosäuren.

Ähnlich wie bei der Verdauung der Kohlenhydrate erfolgen die letzten Hydrolyseschritte auch bei der Verdauung der Proteine erst an der Membran der Enterozyten. Der **Bürstensaum** enthält mehrere Peptidasen, bei denen es sich überwiegend um **Aminopeptidasen** und um **Dipeptidasen** handelt (Abb. **A-13.1**).

A-13.1 Verdauung der Proteine

Die Enteropeptidase der Bürstensaummembran im Duodenum katalysiert die Aktivierung von Trypsinogen zu Trypsin

Die Bürstensaummembran des oberen Dünndarms enthält Aminopeptidasen und Dipeptidasen

Hauptzellen sezernieren Pepsinogen

Pankreas sezerniert Vorstufen (Zymogene) der Zn^{2+}-abhängigen Carboxypeptidasen sowie der Serin-Proteasen Trypsin, Chymotrypsin und Elastase

13.1.2 Resorption der Hydrolyseprodukte

An der Resorption der Hydrolyseprodukte im Dünndarm sind mehrere unterschiedliche Systeme beteiligt:
- Die von den Proteasen und Peptidasen freigesetzten **Aminosäuren** werden wie die Monosaccharide **sekundär-aktiv** in einem **Symport mit Na⁺-Ionen** transportiert (Abb. **A-13.2**). Dabei folgen die Na⁺-Ionen ihrem Konzentrationsgradienten und dem Membranpotenzial. Indirekt ist der Prozess von der Na⁺-K⁺-ATPase der basolateralen Membran abhängig. Für Aminosäuren existieren **mehrere Transportproteine** (engl. carrier), die jeweils bestimmte **Gruppen von Aminosäuren** transportieren. So wurde ein Transportsystem identifiziert, das spezifisch den Transport der sauren Aminosäuren Aspartat und Glutamat vermittelt. Das Transportsystem für Tryptophan u. a. neutrale Aminosäuren wurde durch die Hartnup-Krankheit bekannt.

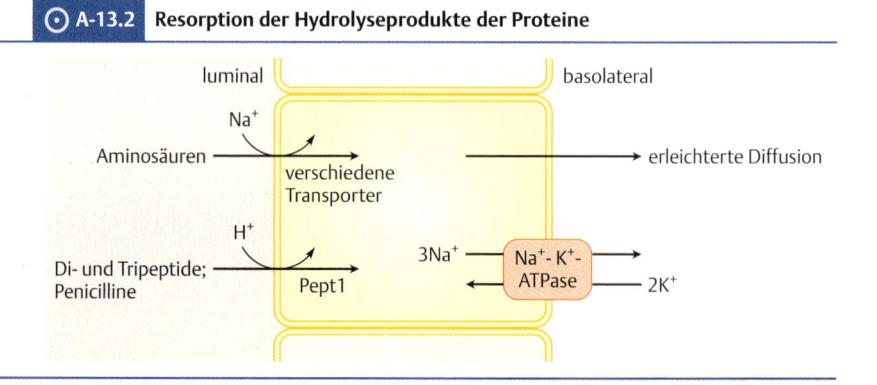

A-13.2 Resorption der Hydrolyseprodukte der Proteine

luminal / basolateral

Aminosäuren → Na⁺ → verschiedene Transporter → erleichterte Diffusion

Di- und Tripeptide; Penicilline → H⁺ → Pept1

3Na⁺ ← Na⁺-K⁺-ATPase → 2K⁺

▶ Klinik. Die **Hartnup-Krankheit** wurde 1956 nach einer englischen Familie benannt, in der mehrere Mitglieder von der Krankheit betroffen waren. Als Krankheitsursache wurde ein Defekt in der Resorption von Tryptophan u. a. neutralen Aminosäuren im Darm und im proximalen Tubulus der Niere nachgewiesen. Die Beobachtung weist darauf hin, dass im Darm und in der Niere weitgehend die gleichen Aminosäuretransporter exprimiert werden. Erst 2004 wurde das Gen SLC 6A19 identifiziert, das den betroffenen Aminosäuretransporter kodiert. Das Protein ist mit Transportern verwandt, die im Nervensystem die Aufnahme von Neurotransmittern (Aminosäurederivate wie Serotonin und Katecholamine) aus dem synaptischen Spalt vermitteln. Die Krankheit ist sehr selten, sie wird autosomal-rezessiv vererbt. Die Symptome sind klinisch meist inapparent.

▶ Klinik.

- Der **Oligopeptid-Translokator Pept1** vermittelt den H^+-Symport von Di- und Tripeptiden (Abb. **A-13.2**). Der Transporter akzeptiert Peptide unterschiedlicher Aminosäurezusammensetzung und arbeitet sehr effizient. So können bei Ausfall eines der Aminosäuretransporter, etwa bei der Hartnup-Krankheit, Fragmente der Nahrungsproteine unter Beteiligung des Pept1 zum größten Teil resorbiert werden. Die Menge der normalerweise in Form von Di- und Tripeptiden resorbierten Aminosäuren ist nicht bekannt. Es ist aber bemerkenswert, dass etwa 25 % aller resorbierten Aminosäuren in Form von Di- bzw. Tripeptiden an das Blut der Portalvene abgegeben werden. Interessanterweise vermittelt Pept1 im Darm auch die **Resorption von β-Lactam-Antibiotika**, also von Cephalosporinen und Penicillinen. β-Lactam-Antibiotika sind Derivate eines Cystein-Valin-Dipeptides. Offenbar sind sie den gewöhnlichen Dipeptiden hinreichend ähnlich, um von Pept1 akzeptiert zu werden.
- Nur in äußerst geringen Mengen werden auch vollständige **Proteine** aufgenommen. So befinden sich zwischen den Enterozyten der Darmschleimhaut **Dendritische Zellen**, die aus dem Darmlumen Proteine aufnehmen können. Dendritische Zellen spielen eine zentrale Rolle in der Auslösung von Immunreaktionen, aber auch in der Entwicklung einer Toleranz gegenüber bestimmten Antigenen. Die Vermutung liegt nahe, dass sie auch bei der Entwicklung von Nahrungsmittelallergien eine Rolle spielen. Im Ileum sind die Enterozyten in kleinen Bereichen von **M-Zellen** ersetzt, die Proteine aus dem Darmlumen aufnehmen und durch Transzytose an die Immunzellen von Lymphfollikeln weiterleiten können (Peyer-Plaques).

- Der **Oligopeptid-Translokator, Pept1**, vermittelt einen H^+-Symport von Di- und Tripeptiden (Abb. **A-13.2**). Der Transporter akzeptiert Peptide unterschiedlicher Aminosäurezusammensetzung und arbeitet sehr effizient.
Pept1 vermittelt auch die **Resorption von β-Lactam-Antibiotika**, also von Cephalosporinen und Penicillinen. (β-Lactam-Antibiotika sind Derivate eines Dipeptides aus Cystein und Valin.)

- Vollständige **Proteine** werden im Darm nur in extrem geringen Mengen aufgenommen. Die Aufnahme von Proteinen oder größeren Peptiden ist im Zusammenhang immunologischer Prozesse von Bedeutung.

▶ Klinik. Die **Zöliakie** (Glutensensitive Enteropathie, einheimische Sprue) ist mit einer Häufigkeit von > 1:1000 eine vergleichsweise häufige **Nahrungsmittelunverträglichkeit**, die sich gegen eine Gruppe bestimmter Proteine, das **Gluten** richtet. Gluten ist der Name mehrerer **Speicherproteine**, die im **Mehl** von Weizen, Gerste, Roggen und Hafer enthalten sind. Weizenmehl besteht zu mehr als 10 % aus Gluten. Es gibt dem Teig die klebrige Konsistenz, weshalb es auch als Klebereiweiß bezeichnet wird. Die Zöliakie tritt häufig bereits in der frühen Kindheit auf. Sie äußert sich in chronischen Durchfällen und allgemeinen Gedeihstörungen. Die Therapie besteht in einer lebenslangen glutenfreien Diät. Die Zöliakie ist nur in eingeschränktem Maße als Nahrungsmittelallergie zu bezeichnen. Die klinische Symptomatik ist primär von einer **Autoimmunreaktion** bestimmt, die sich gegen ein Enzym der Darmschleimhaut, die **Tissue-Transglutaminase** (**tTg;** = Transglutaminase 2, TG2) richtet. Gluten enthält ungewöhnlich viele Prolinreste, weshalb es schlecht verdaulich ist. Als Abbauprodukte des Glutens akkumulieren im Darmlumen Peptide verschiedener Länge. Vermittelt von der tTg werden Glutaminreste der Peptide deamidiert, d. h. in Glutamatreste umgewandelt. Die auf diese Weise kovalent modifizierten Peptide lösen dann vor allem im oberen Dünndarm eine Entzündung aus. Es bilden sich Antikörper sowohl gegen die körpereigene tTg, als auch gegen das Gluten. Langfristig kommt es zu einem ausgeprägten Verlust von Dünndarmzotten. Bislang ist ungeklärt, auf welche Weise Gluten die Bildung der Autoimmunreaktion gegen die tTg auslöst.

▶ Klinik.

13.2 Proteasen und ihre Reaktionsmechanismen

13.2.1 Vorkommen und Aufgaben der Proteasen

Im **Extrazellulärraum** sind Proteasen nicht nur an der Verdauung der Proteine im Magen und im Darmlumen beteiligt. Weitere wichtige Aufgaben sind
- die Auslösung der Blutgerinnung (S. 726),
- die Auflösung von Thromben, sog. Fibrinolyse (S. 732),
- die Abwehr von Krankheitserregern durch das unspezifische Immunsystem, das sog. Komplementsystem (S. 682), und
- die Bildung von Angiotensin I und II (S. 639) aus Angiotensinogen.

Im **Intrazellulärraum**
- sind Proteasen an der Bildung der Peptidhormone beteiligt, indem sie die **posttranslationale Prozessierung der Prohormone** (Hormonvorstufen) katalysieren (S. 273),
- **entfernen** Peptidasen im endoplasmatischen Retikulum, ER (S. 382), und in den Mitochondrien die aminoterminalen **Zielerkennungssignale** von den importierten Proteinen (S. 488),
- spielen **Caspasen** eine entscheidende Rolle in der Auslösung des programmierten Zelltods, der sog. **Apoptose** (S. 534),
- **bauen Cathepsine** u. a. Proteasen in den Lysosomen **zelleigene und Fremdproteine ab** (S. 387),
- **baut Elastase** in neutrophilen Granulozyten **toxische Proteine und pathogene Mikroorganismen ab**,
- **werden** im Zytosol aller Zellen des Körpers **Proteine durch Proteasomen (Komplexe aus Proteasen) abgebaut** (S. 390). Die Substrate der Proteasomen werden zuvor mit dem kleinen Protein Ubiquitin (S. 391) markiert. Das Ubiquitin-Proteasom-System ist u. a. dafür verantwortlich, dass antigene Proteine vom Immunsystem erkannt werden können. Eine entscheidende Funktion kommt den Proteasomen auch in der Regulation des Zellzyklus zu.
- In Mitochondrien **bauen Proteasen fehlgefaltete** (nicht native) **Proteine ab**.

Proteasen werden auch von manchen **Bakterien** sezerniert. Zu den häufigsten Virulenzfaktoren pathogener Bakterien gehören **IgA-Proteasen**, die spezifisch die Immunglobuline vom Typ IgA (S. 688) hydrolysieren, die von den Schleimhäuten in großen Mengen zur Abwehr von Mikroorganismen produziert werden. Proteasen spielen auch im Entwicklungszyklus vieler Viren (S. 490) eine entscheidende Rolle.

13.2.2 Reaktionsmechanismen

Trotz dieser Vielfalt an Proteasen gibt es nur wenige Typen von Reaktionsmechanismen. Am häufigsten wirken Proteasen als Serin-Proteasen oder als Metall-abhängige Proteasen.

Serin-Proteasen

Bei diesen Proteasen greift ein **Serin** im katalytischen Zentrum die zu hydrolysierende **Peptidbindung** (-NH-CO-) des Substrates an und hält das Substrat fest, während die Peptidbindung gespalten wird. An der Hydrolyse ist auch der Imidazolring eines **Histidins** im katalytischen Zentrum wesentlich beteiligt, wie das Beispiel des **Chymotrypsins** zeigt. In diesem Molekül hat das entscheidende Serin die Position 195, das entscheidende Histidin die Position 57. Die Hydrolyse der Peptidbindung läuft in folgenden **Reaktionsschritten** ab (Abb. A-13.3):
- Das Serin 195 gibt das Proton seiner OH-Gruppe an die Imidazolgruppe des benachbarten Histidins 57 ab. Von der OH-Gruppe bleibt ein sehr reaktives negativ geladenes Sauerstoffatom zurück, das die Peptidbindung nukleophil angreift.
- Der Sauerstoff des Serins 195 bindet kovalent an das C-Atom der zu hydrolysierenden Peptidbindung -NH-CO-.
- Dadurch wird die Peptidbindung gespalten. Der N-terminale Teil des Substrats bleibt über das C-Atom der gespaltenen Peptidbindung kovalent mit dem Enzym verbunden.

A-13.3 Der Reaktionsmechanismus der Serin-Proteasen am Beispiel des Chymotrypsins

- Im anderen Teil des Substrats nimnt der Stickstoff der gespaltenen Peptidbindung das Proton von der Imidazolgruppe des Histidins 57 auf. Anschließend löst sich dieser Teil des Substrats vom Enzym ab.
- Nun lagert sich ein Wassermolekül in das katalytische Zentrum ein. Das Histidin 57 löst ein Proton ab, und vom Wassermolekül bleibt ein reaktives OH^--Ion übrig. Dieses verdrängt nun das Enzym vom zurückgebliebenen Teil des Substrats, indem es an das C-Atom der gespaltenen Peptidbindung bindet. Dadurch wird die C=O-Gruppe zu einer COOH-Gruppe ergänzt und auch dieser Teil des Substrats löst sich vom Enzym ab.

In diesen Reaktionsschritten sind zwei Eigentümlichkeiten auffällig:
- Die Spaltung der Peptidbindung wird streng genommen nicht von H_2O oder von einem OH^--Ion ausgelöst, sondern erfolgt vielmehr durch die OH-Gruppe des Serins.
- Das H_2O, das zur Hydrolyse benötigt wird, dient hingegen der Ablösung eines Teils des Substrates vom Enzym.

Die katalytische Triade: In den Serinproteasen steht das Histidin des aktiven Zentrums über eine Wasserstoffbrückenbindung stets mit der Carboxylgruppe eines Aspartatrests in Kontakt. Charakteristisch für das aktive Zentrum ist somit die katalytische Triade aus den Aminosäuren Serin, Histidin und Aspartat. Der Aspartatrest ist an der Reaktion mit der Peptidbindung nicht direkt beteiligt, er ist jedoch für die Funktion der Imidazolgruppe des Histidins von Bedeutung.

Metallabhängige Proteasen

Im Reaktionsmechanismus dieser Proteasen spielt ein **zweiwertiges Metall-Ion** eine entscheidende Rolle. Bei den **Carboxypeptidasen**, z. B. Carboxypeptidase A, ist es ein **Zink-Ion (Zn^{2+})**. An dieses Zink-Ion lagert sich ein Wassermolekül an, das dadurch polarisiert wird und in ein Proton und ein **Zink-gebundenes OH^--Ion** zerfällt. Das OH^--Ion reagiert dann mit der zu hydrolysierenden Peptidbindung. Diese wird gespalten, indem die C=O-Gruppe zu einer COOH-Gruppe ergänzt wird (Abb. **A-13.4**).

- Das N-Atom der Peptidbindung nimmt ein Proton von Histidin 57 auf und der entsprechende Substratteil löst sich vom Enzym.
- Ein OH^--Ion hydrolysiert die Bindung zwischen Enzym und C-terminalem Substratteil, indem die C = O-Gruppe zu einer COOH-Gruppe ergänzt wird.

Serin-Proteasen spalten ihre Substrate also mithilfe der OH-Gruppe ihres Serins.

Die katalytische Triade: Diese drei Aminosäuren bilden das aktive Zentrum der Serinproteasen:
- Serin,
- Histidin,
- Aspartat

Metallabhängige Proteasen

In den Carboxypeptidasen lagert sich ein H_2O an ein **Zink-Ion (Zn^{2+})** an und zerfällt in H^+ und ein **Zink-gebundenes OH^--Ion**. Letzteres hydrolysiert die Peptidbindung (Abb. **A-13.4**).

A-13.4 Der Reaktionsmechanismus der Carboxypeptidase A

Das Zink-Ion wird in der Carboxypeptidase A von drei Aminosäureresten fixiert: zwei Histidinresten und einem Glutamatrest. Eine Carboxylgruppe eines weiteren Glutamats kooperiert mit dem Zink-Ion bei der Spaltung des Wassermoleküls.
Im Vergleich zu den Serin-Proteasen fällt auf:
- Die Peptidbindung wird unmittelbar von einem H_2O (bzw. einem OH^-) gespalten.
- Eine kovalente Bindung zwischen Enzym und Substrat ist am Reaktionsmechanismus nicht beteiligt.

Bei der Spaltung des H_2O kooperiert eine COOH-Gruppe eines Glutamats mit dem Zink-Ion.

13.2.3 Proteaseinhibitoren

α-Makroglobulin und α₁-Antitrypsin sind Proteaseinhibitoren, die im Blutplasma enthalten sind. **α₁-Antitrypsin** ist teilweise auch außerhalb der Blutgefäße von Bedeutung.

▶ Klinik.

Laborarbeiten mit Proteinen werden bei **niedrigen Temperaturen** durchgeführt, um proteolytische Aktivitäten zu reduzieren.
Zudem werden **Proteaseinhibitoren** zugesetzt:
- **PMSF** hemmt Serin-Proteasen.
- **EDTA** hemmt Metall-abhängige Proteasen.

13.2.3 Proteaseinhibitoren

In den Zellen und Geweben werden übermäßige Aktivitäten der Proteasen durch **natürliche Proteaseinhibitoren** verhindert. Zu diesen zählen das **α-Makroglobulin** und das **α₁-Antitrypsin** des Blutplasmas. In beiden Fällen handelt es sich um Proteine, die viele unterschiedliche Proteasen binden und dadurch deren Aktivität unterdrücken können. α₁-Antitrypsin blockiert u. a. die Elastase, die von neutrophilen Granulozyten in Entzündungsherden an die Umgebung abgegeben wird.

▶ **Klinik.** Bei manchen Menschen zeigt das α₁-Antitrypsin aufgrund einer angeborenen genetischen Variation eine reduzierte Aktivität, sodass die nicht hinreichend gehemmte Elastase Gewebeschädigungen verursacht. Charakteristisch für den angeborenen **α₁-Antitrypsin-Mangel** ist ein **Lungenemphysem** (eine irreversible Schädigung und unnatürliche Erweiterung der Wände der Alveolen, Abb. **A-13.5**). Schwere Formen des α₁-Antitrypsin-Mangels haben in der Bevölkerung eine Prävalenz von etwa 1:10 000.

⊙ **A-13.5** Lungenemphysem bei α₁-Antitrypsin-Mangel (Röntgenaufnahme nach Formalindampffixation des Lungengewebes)

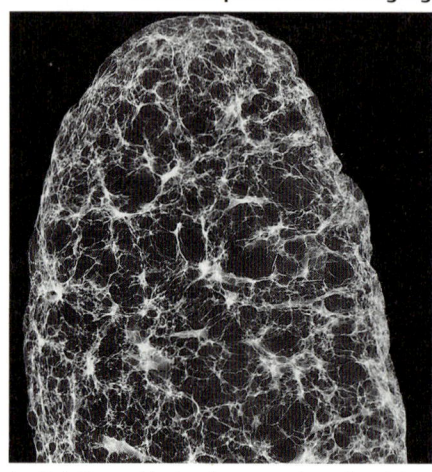

(aus Riede, Werner, Schaefer; Allgemeine und spezielle Pathologie, Thieme, 2004)

Charakteristisch ist die Bildung großer Kammern, die auf die Zerstörung von Alveolen durch die ungehemmte Aktivität verschiedener Proteasen zurückzuführen ist

Da Proteasen in allen Geweben weit verbreitet sind, werden sie bei einem Aufschluss **im biochemischen Labor** oft in beträchtlichen Mengen freigesetzt und die Proteine der Zellfraktionen können unkontrolliert abgebaut werden. Da chemische Reaktionen bei niedrigen Temperaturen verlangsamt ablaufen, ist es üblich, Laborarbeiten mit Proteinen in einem Kühlraum durchzuführen, oder zumindest die Proben gekühlt zu halten. Zudem werden **Inhibitoren zugesetzt**, die bestimmte Gruppen von Proteasen inaktivieren:
- Phenylmethylsulfonylfluorid, weltweit unter der Abkürzung **PMSF** bekannt, **reagiert kovalent mit** dem **Serin der Serin-Proteasen**. Oftmals ist es ausreichend, Proben zu Beginn der Arbeiten mit PMSF zu versetzen, um die meisten proteolytischen Aktivitäten zu unterbinden.
- Viele der übrigen Proteasen enthalten in ihrem aktiven Zentrum ein **Zink-Ion oder ein anderes zweiwertiges Metall-Ion**. Derartige Proteasen lassen sich in der Regel durch Zugabe von **EDTA** (N,N-Ethylendiamintetraessigsäure) inaktivieren, das mit den Metall-Ionen stabile Komplexe bildet. EDTA wirkt also als Chelat-Bildner.

▶ Klinik. Seit einigen Jahren werden zunehmend hoch spezifische Proteaseinhibitoren entwickelt, die zur **Bekämpfung viraler Infektionen** eingesetzt werden. Im Entwicklungszyklus vieler Viren werden zunächst große Polypeptide synthetisiert, die dann nachträglich mit Hilfe viraler Proteasen in kleinere Proteine zerlegt werden. Eine Inaktivierung der viralen Proteasen verhindert eine weitere Vermehrung der Viren. Berühmt wurden die Proteaseinhibitoren Saquinavir (zugelassen 1995), Indinavir und Ritonavir (zugelassen 1996) die in großem Umfang und mit beachtlichem Erfolg gegen die Vermehrung des **Humanen Immundefizienz-Virus (HIV)** eingesetzt wurden. Inzwischen wurden zahlreiche weitere Proteaseinhibitoren entwickelt. Sie sind ein integraler Bestandteil der üblichen Hochaktiven antiretroviralen Therapie (HAART).

Seit 2011 sind auch Proteaseinhibitoren auf dem Markt, die zur Therapie von **Hepatitis C-Virus (HCV)**-Infektionen eingesetzt werden können. Sie haben wesentlich dazu beigetragen, dass es nunmehr in > 90 % der Fälle möglich ist, die Infektion zu überwinden. Die HCV sind RNA-Viren, die lediglich ein einziges Polypeptid kodieren. Dieses wird nachträglich in mehrere kleine Proteine zerschnitten. Inhibitoren der beteiligten viralen Protease blockieren die Vermehrung der HCV. Zugelassen sind bislang (2015) Boceprevir, Telaprivir, Simeprevir und Paritaprevir. Derzeit sind in der Bundesrepublik nahezu eine halbe Million Menschen mit HCV infiziert, etwa fünfmal mehr als mit HIV.

▶ Klinik.

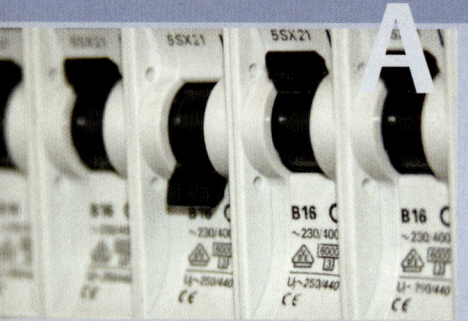

14 Regulation des Energiestoffwechsels

14.1	Einführung	266
14.2	Regulation bei kurzfristig erhöhtem Energiebedarf	266
14.3	Regulation bei Ausdauerleistungen	268
14.4	Regulation bei Nahrungsmangel	270
14.5	Regulation im Anschluss an eine Mahlzeit	273
14.6	Schlüsselenzyme des Energiestoffwechsels	275
14.7	Zentrale Kontrollpunkte in der Regulation des Energiestoffwechsels	277

J. Rassow

14.1 Einführung

Die vorangegangenen Kapitel haben gezeigt, wie im Stoffwechsel durch Zusammenspiel anaboler und kataboler Stoffwechselwege der zentrale Energieträger ATP bereitgestellt wird und wie die einzelnen Stoffwechselwege reguliert werden. Dieses Kapitel stellt die Regulation des Energiestoffwechsels im Zusammenhang dar, und zwar anhand von vier unterschiedlichen Stoffwechselsituationen:
1. kurzfristig erhöhter Energiebedarf (kurze körperliche Anstrengung),
2. längerfristig erhöhter Energiebedarf (Ausdauerleistungen),
3. Nahrungsmangel (Hunger oder Fasten) und
4. nach einer Mahlzeit.

14.2 Regulation bei kurzfristig erhöhtem Energiebedarf

Eine kurzfristige körperliche Anstrengung, z. B. ein 100-Meter-Lauf, bringt unmittelbar einen erhöhten **ATP-Verbrauch** mit sich. Bei intensiver Arbeit verbraucht die Skelettmuskulatur etwa 10-mal so viel ATP wie in Ruhe. Da die Vorräte an ATP sehr gering sind, entsprechen sie unter diesen Bedingungen nur dem Bedarf von etwa 2 Sekunden. In dieser kurzen Zeit kann die Synthese des ATP weder im Rahmen der Glykolyse noch in den Mitochondrien hinreichend gesteigert werden. Das vermehrt benötigte ATP wird deshalb zunächst unter **Hydrolyse von Kreatinphosphat** aus ADP gewonnen (Abb. **A-14.1**). Vom Kreatinphosphat bleibt dabei Kreatin übrig, das später unter Hydrolyse von ATP wieder zu Kreatinphosphat phosphoryliert werden kann. Die Reaktion ist also reversibel. Sie wird von dem Enzym Kreatin-Kinase katalysiert. In Skelettmuskelzellen ist wesentlich mehr Kreatinphosphat als ATP enthalten. Unter Ausnutzung dieser Energiequelle können Muskelzellen deshalb immerhin etwa 20 Sekunden lang arbeiten.

⊙ A-14.1 Synthese von ATP mithilfe von Kreatinphosphat

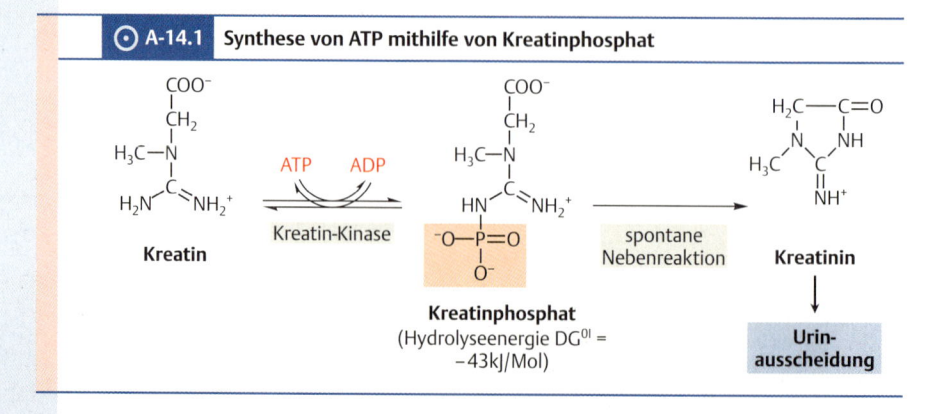

Kreatin → (ATP → ADP, Kreatin-Kinase) → Kreatinphosphat (Hydrolyseenergie $\Delta G^{0'}$ = −43 kJ/Mol) → spontane Nebenreaktion → Kreatinin → Urinausscheidung

A 14.2 Regulation bei kurzfristig erhöhtem Energiebedarf

▶ **Klinik.** In den Geweben des Menschen lassen sich 4 verschiedene Isoenzyme der Kreatin-Kinase (engl. Creatin kinase, CK) nachweisen. Bei einem **Herzinfarkt** wird aus Myokardzellen das **Isoenzym CK-MB** freigesetzt. Wenn die Menge oder die enzymatische Aktivität der CK-MB einige Stunden nach einem Infarkt im Serum quantifiziert wird, können die Daten dabei helfen, den Umfang der Schädigung des Herzmuskels abzuschätzen. CK-MB kann allerdings auch von Skelettmuskelzellen freigesetzt werden, das Isoenzym hat deshalb nur eine begrenzte Spezifität. Erhebliche Mengen an CK-MB werden auch bei einem intensiven Krafttraining oder bei einer längeren Fahrradtour an das Blut abgegeben.

Als **sicherste Marker** für einen Herzinfarkt gelten derzeit die **Troponine T und I** (TnT bzw. TnI), die im Herzmuskel in spezifischen Isoformen exprimiert (S. 792) sind und bei einem Infarkt ebenfalls freigesetzt werden.

▶ **Klinik.**

Energieladung: Für die Funktion der Zellen ist nicht nur die verfügbare Menge an ATP relevant, sondern auch das **quantitative Verhältnis der Nukleotide ATP, ADP und AMP** zueinander. In diesem Zusammenhang hat man die Energieladung definiert:

$$\text{Energieladung} = \frac{[(ATP) + 0{,}5\ (ADP)]}{[(ATP) + (ADP) + (AMP)]}$$

Wenn von den drei Nukleotiden **ausschließlich ATP** vorhanden ist, ergibt sich für die Zelle eine **maximale Energieladung von 1**, wenn ausschließlich AMP vorhanden ist ergibt sich der Wert 0.

Eine **hohe Energieladung** wird nicht nur durch die Synthese von ATP erreicht, sondern auch durch einen gezielten **Abbau des AMP**: Bei hohem Energieumsatz wird AMP in der Muskulatur mit Hilfe einer AMP-Desaminase zum IMP (Inosinmonophosphat) abgebaut (S. 154). Nachträglich kann in einer Ruhephase **ausgehend von IMP** dann erneut ATP synthetisiert werden (Abb. **A-8.9**).

In allen Geweben greifen zudem Adenylat-Kinasen in die Konzentrationsverhältnisse der Nukleotide ein:

$$2\ ADP \leftrightharpoons ATP + AMP$$

Abhängig von den jeweiligen Konzentrationen können die Adenylat-Kinasen die Reaktion in beide Richtungen katalysieren.

Wenn **AMP** in einer Zelle akkumuliert, wird die **AMP-aktivierte Kinase AMPK** (S. 277) aktiv und stimuliert die katabolen Stoffwechselwege, die für die Energiegewinnung erforderlich sind, während anabole Stoffwechselwege gehemmt werden.

Der für die Zellatmung benötigte Sauerstoff ist im Zytosol der **Myozyten** zu einem erheblichen Teil an das kleine Protein **Myoglobin** gebunden. Myoglobin ist ein Häm-haltiges Protein mit einer strukturellen Ähnlichkeit zum Hämoglobin des Blutes, es liegt aber monomer vor und enthält lediglich eine einzige Polypeptidkette. Myoglobin erleichtert in den Skelett- und in den Herzmuskelzellen den **intrazellulären O$_2$-Transport**. In verschiedenen anderen Zellen wurde vor einigen Jahren ein verwandtes Protein gefunden, das Cytoglobin. Es ist aber bislang ungeklärt, ob oder in welchem Umfang das Cytoglobin am intrazellulären O$_2$-Transport beteiligt ist.

Die Menge an O$_2$, die vom Myoglobin gespeichert werden kann, ist sehr gering. Wenn sich der Sauerstoffbedarf in der Muskulatur plötzlich vervielfacht, hat das Myoglobin den Sauerstoff bereits nach wenigen Sekunden weitgehend abgegeben. Es wird daraufhin die **Glykolyse intensiviert**, das dabei anfallende Pyruvat kann aber in den Mitochondrien nicht mehr oxidiert werden. So wird eine **anaerobe Glykolyse** durchgeführt, das **Pyruvat zu Lactat reduziert**, und dann von der Zelle exportiert. Normalerweise liegt die Konzentration des Lactats im Blut bei etwa 1 mM. Bei maximaler Muskelarbeit kann sie zeitweilig auf über 8 mM ansteigen.

Wie wird die Glykolyse intensiviert? Das entscheidende **Schrittmacherenzym der Glykolyse** ist die **Phosphofructokinase-1** (S. 94). Es katalysiert die Phosphorylierung von Fructose-6-phosphat zu Fructose-1,6-bisphosphat. Die durch die Muskelarbeit gesteigerte Hydrolyse von ATP löst zwei allosterische Regulationsmechanismen aus:

1. Die erhöhte ADP-Konzentration aktiviert die Phosphofructokinase-1.
2. Durch die sinkende ATP-Konzentration wird die Hemmung des Enzyms durch ATP aufgehoben.

Energieladung: Für die Funktion der Zellen ist nicht nur die Menge an ATP relevant, sondern auch das quantitative **Verhältnis der Nukleotide ATP, ADP und AMP** zueinander (Energieladung).

Bei **hohem Energieumsatz** wird **AMP** in der Muskulatur mit Hilfe einer AMP-Desaminase **zum IMP** abgebaut und die Energieladung damit erhöht.

Adenylat-Kinasen katalysieren die Reaktion:

$$2\ ADP \leftrightharpoons ATP + AMP$$

Bei einer **Anreicherung von AMP** werden über die **AMPK** katabole Stoffwechselwege stimuliert und anabole gehemmt.

Der für die Zellatmung benötigte Sauerstoff bindet im Zytosol der Myozyten an das kleine Protein Myoglobin.

Zur weiteren Energiegewinnung wird die **Glykolyse intensiviert**. Pyruvat wird zu Lactat reduziert **(anaerobe Glykolyse)**, da die Sauerstoffmenge in Skelettmuskelzellen bei intensiver Muskelarbeit zu gering für den oxidativen Abbau von Pyruvat ist. **Lactat** wird **exportiert**, weshalb die Lactatkonzentration im Blut ansteigt.

Das entscheidende **Schrittmacherenzym der Glykolyse**, die **Phosphofructokinase-1**, wird durch
- die **erhöhte ADP-Konzentration aktiviert**,
- die **sinkende ATP-Konzentration enthemmt**.

Die **Verwertung des Lactats** erfolgt im Wesentlichen
- innerhalb der Skelettmuskulatur,
- im Herzmuskel und
- in der Leber.

In der **Skelettmuskulatur** entsteht das Lactat überwiegend in den sog. weißen Muskelfasern. Teilweise wird das von ihnen freigesetzte Lactat in unmittelbarer Nachbarschaft von roten Muskelfasern aufgenommen. Ihre rötliche Farbe beruht auf ihrem wesentlich größeren Gehalt an Mitochondrien. Sobald im Zuge der körperlichen Anstrengung die Durchblutung der Skelettmuskulatur steigt und somit die Sauerstoffzufuhr verbessert wird, können die roten Muskelfasern vermehrt Lactat oxidieren. Es wird in Pyruvat umgewandelt und dieses in den Mitochondrien zu CO_2 oxidiert.

Im **Herzmuskel** wird Lactat ebenfalls in größeren Mengen aufgenommen und zu CO_2 oxidiert. Im Arbeitsmyokard wird mehr als $1/3$ des Zellvolumens von Mitochondrien eingenommen. Die Anteile der verschiedenen Substrate, die im Herzmuskel oxidiert werden, sind variabel. Normalerweise stellen die freien Fettsäuren etwa 50 %, Glucose 30 % und Lactat 20 %. Bei körperlicher Anstrengung kann der Anteil des Lactats auf über 50 % steigen.

In der **Leber** wird Lactat nur zu einem geringen Teil oxidiert. Überwiegend wird das aufgenommene Lactat zur Gluconeogenese verwendet. Indem die dabei gebildete Glucose an das Blut abgegeben und damit auch der Muskulatur zur Verfügung gestellt wird, ergibt sich ein Kreislauf, der als Cori-Zyklus (S. 100) bekannt ist.

Es fällt auf, dass alle Stoffwechselprozesse, die bei einer kurzfristig erhöhten körperlichen Aktivität als Erstes zur Deckung des Energiebedarfs herangezogen werden, ausnahmslos von Sauerstoff unabhängig sind.

▶ **Merke.** In den Zellen der Skelettmuskulatur kann die Leistung für eine halbe Minute extrem gesteigert werden, ohne dass dazu zusätzlicher Sauerstoff aufgenommen werden müsste.

Die entscheidenden Prozesse dabei sind
- die gesteigerte Hydrolyse von ATP,
- die Regeneration des verbrauchten ATP mithilfe von Kreatinphosphat und
- die Regeneration des verbrauchten ATP durch anaerobe Glykolyse.

Während eines 100-m-Laufs kann die zusätzlich benötigte Energie im Wesentlichen durch diese drei Prozesse bereitgestellt werden.

14.3 Regulation bei Ausdauerleistungen

Bei Ausdauerleistungen ist der **aerobe Energiestoffwechsel** von entscheidender Bedeutung. Beim Gehen ist der Energieverbrauch und mit ihm der **Sauerstoffverbrauch** gegenüber dem ruhigen Sitzen bereits verfünffacht, bei gemächlichem Laufen verzehnfacht. Die Durchblutung der Skelettmuskulatur und mit ihr die Sauerstoffzufuhr steigt, bei maximaler Muskelarbeit kann sie sogar um das 100-Fache gesteigert werden. Der zusätzliche Sauerstoff wird ausschließlich von der Atmungskette in den Mitochondrien benötigt und somit vollständig zu Wasser umgesetzt. Die für den Betrieb der Atmungskette notwendigen Elektronen stammen letztlich aus dem Abbau von Kohlenhydraten und Triacylglycerinen (TAG).

Abhängig von Dauer und Intensität der körperlichen Aktivität kommt es im Energiestoffwechsel zu erheblichen Verschiebungen.

Während der **ersten halben Stunde** intensiver Muskelarbeit
- wird in **Skelettmuskulatur und Leber** der **Abbau der Glykogenvorräte** gesteigert. Eine Schlüsselfunktion kommt dabei der Glykogen-Phosphorylase (S. 100) zu, die den Abbau des Glykogens zu Glucose-1-phosphat katalysiert.
- wird in den Zellen der **Skelettmuskulatur** der **Abbau der TAG** gesteigert und es werden **vermehrt freie Fettsäuren** aus dem Blutplasma **aufgenommen**.

A 14.3 Regulation bei Ausdauerleistungen

▶ **Merke.** Bei Ausdauerleistungen sind in der ersten Phase **Kohlenhydrate** die **wichtigste Energiequelle**. So wird bei einem Dauerlauf von einer halben Stunde ein erheblicher Teil der Glykogenspeicher abgebaut, die TAG im Fettgewebe aber werden nur in sehr geringem Umfang mobilisiert.

Die **Glykogen-Phosphorylase** wird durch Phosphorylierung **aktiviert** und dann als Phosphorylase a bezeichnet. Die Aktivierung wird von zwei Hormonen induziert:
- **Adrenalin**, das wichtigste Katecholamin, wird ausgehend von Tyrosin im Nebennierenmark synthetisiert. Es löst in nahezu allen Organen vielfältige Wirkungen aus, wobei die Wirkung davon abhängt, welchen Katecholaminrezeptor die Zielzelle exponiert. Die Signale zur Steigerung des katabolen Energiestoffwechsels werden generell von Rezeptoren des Typs β_2 vermittelt. In der Leber wirkt Adrenalin synergistisch mit Glukagon.
- **Glukagon** ist ein Peptidhormon aus 29 Aminosäuren, das in den A-Zellen des Pankreas synthetisiert wird. Glukagon wirkt wesentlich spezifischer als Adrenalin, und zwar vornehmlich in der Leber. Hier fördert es den Abbau des Glykogens und die Gluconeogenese, also die beiden Prozesse, durch die die Leber Glucose bereitstellt. Dem Glukagon kommt dadurch eine wichtige Funktion in der Regulation des Hungerstoffwechsels (S. 273) zu.

Beide Hormone lösen in ihren jeweiligen Zielzellen einen **Konzentrationsanstieg des Hungersignals cAMP** aus. Der Abbau des Glykogens wird dann in jedem Fall durch die folgende **Signalkaskade** aktiviert (Abb. **A-14.2**):
- cAMP aktiviert die **Proteinkinase A** (PKA).
- Die PKA katalysiert die Phosphorylierung der **Phosphorylase-Kinase**, die dadurch aktiviert wird.
- Die Phosphorylase-Kinase phosphoryliert und aktiviert die **Glykogen-Phosphorylase**.

Die PKA phosphoryliert parallel auch die Glykogen-Synthase. Diese wird durch die Phosphorylierung jedoch inaktiviert.

▶ **Merke.**

Die **Glykogen-Phosphorylase** wird durch Phosphorylierung **aktiviert**. Diese wird induziert durch
- das Katecholamin **Adrenalin**. Die Wirkung wird durch β_2-Rezeptoren vermittelt. In der Leber wirkt Adrenalin synergistisch mit Glukagon und
- das Peptidhormon **Glukagon**. Dieses wirkt vornehmlich in der Leber. Hier fördert es den Abbau des Glykogens und die Gluconeogenese.

Beide Hormone bewirken in den Zielzellen einen **Konzentrationsanstieg des Hungersignals cAMP**, das die **Proteinkinase A** aktiviert. Diese phosphoryliert und aktiviert die **Phosphorylase-Kinase** (Abb. **A-14.2**). Parallel wird die Glykogen-Synthase phosphoryliert und inaktiviert.

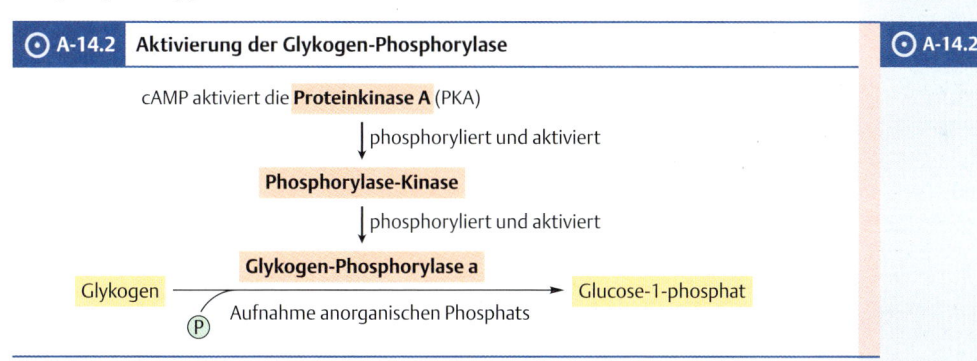

⊙ A-14.2 Aktivierung der Glykogen-Phosphorylase

cAMP aktiviert die **Proteinkinase A** (PKA)
↓ phosphoryliert und aktiviert
Phosphorylase-Kinase
↓ phosphoryliert und aktiviert
Glykogen-Phosphorylase a

Glykogen ──(P) Aufnahme anorganischen Phosphats──▶ Glucose-1-phosphat

Bei **körperlicher Aktivität** kann der gesteigerte **Abbau von Glykogen** in der Skelettmuskulatur außerordentlich schnell aktiviert werden: Die Kontraktion der Muskulatur wird durch eine erhöhte **Ca^{2+}-Konzentration** ausgelöst. Diese verursacht dann unter Vermittlung von **Calmodulin** umgehend die Aktivierung der **Phosphorylase-Kinase**. Diese aktiviert durch Phosphorylierung die **Glykogen-Phosphorylase**, welche dann den Abbau von Glykogen zu Glucose 1-Phosphat katalysiert. Der Abbau von Glykogen ist also **der erste Energiespeicher** der bei körperlicher Anstregung in Anspruch genommen wird.

Im Verlauf **mehrerer Stunden intensiver Muskelarbeit** gewinnt der **Abbau von TAG zunehmend** an Bedeutung. Die Steigerung der Lipolyse im Fettgewebe (S. 130) wird ebenfalls von **Adrenalin** vermittelt:
- Bindung des Adrenalins an β_2- und β_3-Rezeptoren der Fettzellen
- vermehrte **Bildung von cAMP** („Hungersignal")
- Aktivierung der PKA
- Die PKA katalysiert die **Phosphorylierung des Perilipins und der hormonsensitiven Lipase** und stimuliert dadurch die Lipolyse.

Bei Intensivierung der **körperlichen Aktivität** wird als erstes der **Abbau des Glykogens** der Muskulatur gesteigert (ausgelöst durch steigende Konzentration von Ca^{2+} umd AMP).

Im Verlauf **mehrerer Stunden intensiver Muskelarbeit** gewinnt der **Abbau von TAG zunehmend** an Bedeutung. Adrenalin bindet an β_2- und β_3-Rezeptoren der Fettzellen und aktiviert die **hormonsensitive Lipase des Fettgewebes** durch Phosphorylierung. Vermittler ist **cAMP**, das die PKA aktiviert.

A 14 Regulation des Energiestoffwechsels

▶ **Zusammenfassung.** Im Verlauf mehrerer Stunden intensiver Muskelarbeit greift der Stoffwechsel nacheinander auf die folgenden Energiequellen zurück (Abb. A-14.3):
- **erste halbe Minute:** anaerober Stoffwechsel
- **erste Stunde:** Abbau von **Glykogen**, Energiegewinnung durch aeroben Abbau von Kohlenhydraten. Langsam zunehmender Abbau von **TAG** im Fettgewebe **(Lipolyse)** u. a. durch Aktivierung der hormonsensitiven Lipase der Fettzellen.
- **zweite Stunde:** weitere Steigerung der **Lipolyse**. Die Produkte der Lipolyse, Glycerin und Fettsäuren, werden an das Blut abgegeben. Glycerin wird von der Leber aufgenommen und dient (neben anderen Stoffen) als Ausgangsstoff der Gluconeogenese. Die Fettsäuren werden im Blut an Albumin gebunden und zu den Zielorganen gebracht, die sie aufnehmen und oxidieren. Sobald die Glykogenreserven erschöpft sind, wird die **Gluconeogenese** gesteigert.

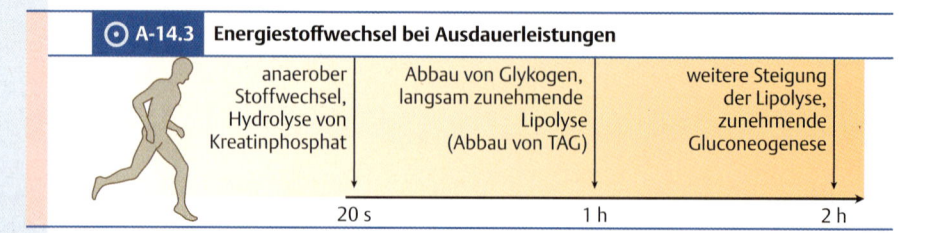

⊙ **A-14.3** Energiestoffwechsel bei Ausdauerleistungen

anaerober Stoffwechsel, Hydrolyse von Kreatinphosphat	Abbau von Glykogen, langsam zunehmende Lipolyse (Abbau von TAG)	weitere Steigung der Lipolyse, zunehmende Gluconeogenese
20 s	1 h	2 h

14.4 Regulation bei Nahrungsmangel

Wenn die Nahrungsaufnahme längere Zeit unterbleibt, stellt sich der Energiestoffwechsel innerhalb von ca. 3 Tagen radikal um: Im **Fasten** sind die Energiespeicher die einzige Energiequelle.

Normalerweise wird durch ein Zusammenspiel von Hungergefühl und Nahrungsaufnahme verhindert, dass der Stoffwechsel in größerem Umfang auf seine Energiespeicher zurückgreifen muss. Das Hungergefühl signalisiert vor allem, dass die Glykogenvorräte langsam zur Neige gehen und es Zeit wird, diese wiederaufzufüllen. Wenn die Nahrungsaufnahme dennoch längere Zeit ganz oder weitgehend unterbleibt, kommt es im Verlauf von etwa 3 – 4 Tagen zu einer radikalen Umstellung des Energiestoffwechsels. Das Hungergefühl verliert sich, der Mensch **fastet**. Basis des gesamten Energiestoffwechsels sind jetzt nur noch die Energiespeicher.

Ein Gesunder, normal Ernährter kann dank seiner Energiespeicher **ohne Nahrungsaufnahme 2-3 Monate überleben.**

Der Umfang der im Fettgewebe gespeicherten Triacylglycerine (TAG) ist überaus variabel. In jedem Fall sind es jedoch vor allem die TAG-Speicher, die ein längeres Fasten ermöglichen.

Die Energiespeicher eines gesunden und normal ernährten Menschen reichen aus, um **ohne Nahrungsaufnahme 2 – 3 Monate überleben** zu können, vorausgesetzt, dass ausreichend viel Wasser getrunken wird. Empfohlen werden 3 Liter Wasser pro Tag. Der Umfang der Energiespeicher ist überaus variabel, insbesondere der Umfang der Triacylglycerin(TAG)-Speicher des Fettgewebes (Triacylglycerine = TAG). Bei einem normal ernährten Menschen umfassen die Energiespeicher
- ca. 12 kg TAG (ca. 500 000 kJ),
- ca. 400 g Glykogen (ca. 7 000 kJ),
- ca. 50 % der 6 – 7 kg Protein im Körper (ca. 50 000 kJ).

Aus diesen Zahlen ist ersichtlich, dass allein der Energiegehalt der TAG ein längeres Fasten ermöglicht.

▶ **Merke.**
- Im Fasten sind die TAG der entscheidende Energieträger.
- Da Insulin alle Prozesse stimuliert, die einen Aufbau der Energiespeicher erleichtern, wird seine Ausschüttung im Fasten gehemmt. Nur so können die Energiespeicher in kontrollierter Weise abgebaut werden.

Da der **Organismus** normalerweise **auf ca. 180 g Glucose pro Tag angewiesen** ist, sind die Glykogenreserven selbst bei geringer körperlicher Aktivität schnell erschöpft. Unterbleibt die Aufnahme von Kohlenhydraten (trotz **Hungergefühls**), beginnt die **Gluconeogenese**. Erreicht sie größere Ausmaße, spricht man von **Hungerstoffwechsel**. Die für die Gluconeogenese nötige Energie liefert der **Abbau von TAG**. Er stellt außerdem freie Fettsäuren für diejenigen Gewebe zur Verfügung, die diese verwerten (β-oxidieren) können.

Da der **Organismus** normalerweise **auf ca. 180 g Glucose pro Tag angewiesen** ist, sind die Glykogenreserven selbst bei geringer körperlicher Aktivität schnell erschöpft. Der Organismus meldet oft schon wenige Stunden nach Beendigung einer Mahlzeit erneut ein **Hungergefühl**, um die inzwischen angegriffenen Glykogenreserven erneut aufzufüllen. Wenn eine baldige Aufnahme von Kohlenhydraten unterbleibt, beginnt nach einigen Stunden die Synthese von Glucose durch **Gluconeogenese**. Sie wird in dem Maße gesteigert, wie die Zufuhr von Glucose aus dem Abbau von Glykogen abnimmt. Sobald die Gluconeogenese einen größeren Umfang erreicht, spricht man von **Hungerstoffwechsel**. Es ist zu betonen, dass mit der Gluconeogenese kein unmittelbarer Energiegewinn verbunden ist. Vielmehr erfordert die Synthese von 1 Mol Glucose einen Aufwand von 6 Mol ATP (S.226). Die zur Gluconeogenese erforderliche Energie wird im Wesentlichen durch β-Oxidation der Fettsäuren, also durch den **Abbau von TAG** gewonnen.

Funktion der Gluconeogenese bei Nahrungsmangel: Durch die Gluconeogenese werden bei Nahrungsmangel die Zellen mit Glucose versorgt, die sich nicht oder nicht ganz auf die Verwertung von TAG umstellen können und deshalb **auf Glucose angewiesen** sind:
- Die **Nervenzellen im ZNS**, insbesondere im Gehirn, benötigen im Hungerstoffwechsel insgesamt 140 – 150 g Glucose pro Tag.
- Die **Erythrozyten** besitzen keine Mitochondrien und können deshalb keine oxidative Phosphorylierung betreiben und auch keine Fettsäuren verwerten. Sie benötigen unter allen Stoffwechselbedingungen ca. 40 g Glucose pro Tag.
- Die **Zellen des Nierenmarks** enthalten nur wenige Mitochondrien. Ähnlich wie die Erythrozyten sind sie deshalb ebenfalls auf eine permanente Zufuhr von Glucose angewiesen. Die dazu ggf. erforderliche Gluconeogenese findet in erheblichem Umfang in der Nierenrinde statt.

Durch Gluconeogenese können zeitweise bis zu 180 g Glucose pro Tag gebildet werden. Bei längerem Nahrungsmangel stellt sich der Stoffwechsel nochmals erheblich um, indem nun vermehrt Ketonkörper gebildet werden. Je mehr Ketonkörper gebildet werden, desto mehr kann dann die Gluconeogenese wieder reduziert werden. Bei längerem Fasten brauchen pro Tag nur noch etwa 80 g Glucose synthetisiert zu werden.

Ort und Ausgangsstoffe der Gluconeogenese: Die Gluconeogenese findet sowohl in der Leber als auch in der Niere statt (S. 222). Ausgangsstoffe der Gluconeogenese sind
- **Glycerin** aus dem Abbau der TAG,
- **Lactat** aus dem Abbau der Glucose in den Erythrozyten und
- **Aminosäuren** aus dem Abbau von Proteinen in der Skelettmuskulatur.

Stimulation der Gluconeogenese in der Leber: In der Leber wird die Gluconeogenese durch die beiden Hormone **Adrenalin** und **Glukagon** stimuliert, die bei Nahrungsmangel aus dem Nebennierenmark bzw. dem Pankreas freigesetzt werden. Sie **senken die Konzentration von Fructose-2,6-bisphosphat**, des wichtigsten allosterischen Regulators von Gluconeogenese und Glykolyse. Dies geschieht wie folgt:
- Adrenalin und Glukagon lösen in den Hepatozyten einen **Anstieg des Hungersignals cAMP** aus.
- **cAMP** aktiviert die **PKA**.
- Die PKA **phosphoryliert** das **bifunktionelle Enzym** der Hepatozyten.
- Dadurch wird die **Phosphataseaktivität** des bifunktionellen Enzyms **aktiviert**, und **Fructose-2,6-bisphosphat** wird zu Fructose-6-phosphat **abgebaut**.

Die Abnahme der Fructose-2,6-bisphosphat-Konzentration hat zwei **Konsequenzen** (Abb. A-14.4):
1. Fructose-2,6-bisphosphat ist der wirkungsvollste allosterische Aktivator der Phosphofructokinase-1 (des zentralen Schlüsselenzyms der Glykolyse) in Hepatozyten. Da dieser Aktivator nun entfällt, wird die Aktivität der Phosphofructokinase-1 und damit die **Aktivität der Glykolyse reduziert**.
2. Fructose-2,6-bisphosphat hemmt die Fructose-1,6-Bisphosphatase, das zentrale Schlüsselenzym der Gluconeogenese (S. 228). Da diese Hemmung entfällt, wird die **Gluconeogenese wesentlich erleichtert**.

Es ist in diesem Zusammenhang zu betonen, dass diese Regulationsmechanismen *nur in der Leber* angetroffen werden.

Eine Umstellung des Stoffwechsels auf konsequentes Fasten erfordert mehrere Tage. Entscheidend ist dabei die **Zunahme der Synthese von Ketonkörpern** (Acetoacetat und β-Hydroxybutyrat). Nach einem halben Tag ohne Nahrungsaufnahme liegt die Konzentration der Ketonkörper im Blutplasma nur bei etwa 0,1 mM, nach 3 Tagen bereits bei 3 mM. Nach dreiwöchigem Fasten kann die Ketonkörperkonzentration 8 mM erreichen. Bei übergewichtigen Probanden, die an einer längeren Fastenkur teilnahmen, wurde in einer Studie die Synthese von durchschnittlich **150 g Ketonkörper/Tag** nachgewiesen. Die Ketonkörper werden von verschiedenen Geweben verwertet, u. a. vom Herz und von der Skelettmuskulatur. Von besonderer Bedeutung ist die **Umstellung des Stoffwechsels im Gehirn** auf Verwertung der Ketonkörper, denn dadurch kann das Gehirn seinen **Bedarf an Glucose von täglich ca. 140 g auf 40 – 50 g reduzieren**.

Die Fettsäuren für die Ketonkörpersynthese liefert der **Abbau von ca. 200 g TAG pro Tag**. Bei längerem Fasten werden die Fettsäuren der TAG etwa zu gleichen Teilen zur β-Oxidation und zur Ketonkörperproduktion verwendet. Das freigesetzte Glycerin wird in Leber und Niere zur Gluconeogenese verwendet.

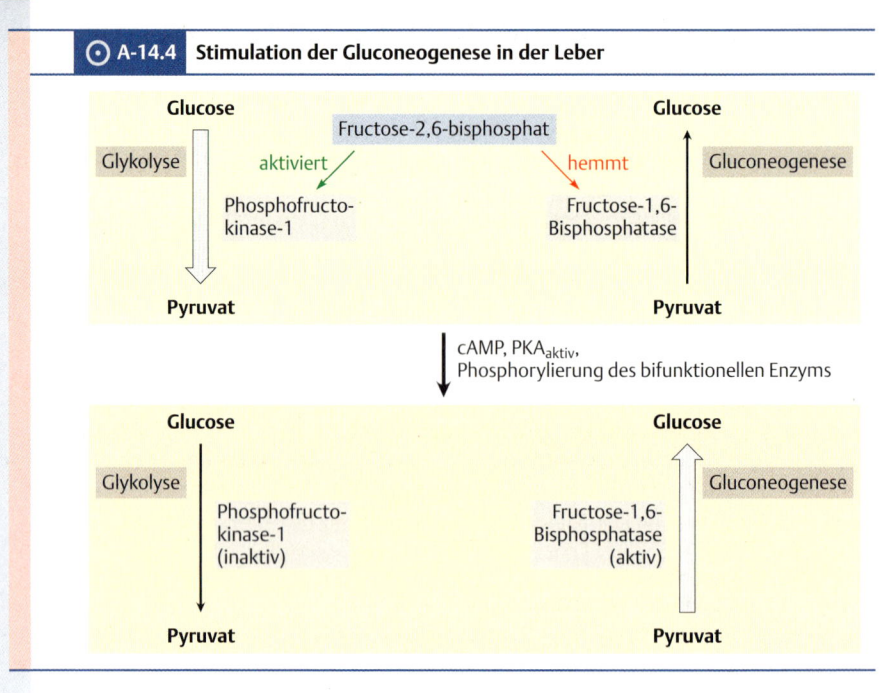

A-14.4 Stimulation der Gluconeogenese in der Leber

Glucose — Glykolyse — Fructose-2,6-bisphosphat aktiviert Phosphofructokinase-1 → **Pyruvat**

hemmt Fructose-1,6-Bisphosphatase — Gluconeogenese — **Glucose** ← Pyruvat

↓ cAMP, PKA$_{aktiv}$, Phosphorylierung des bifunktionellen Enzyms

Glucose — Glykolyse — Phosphofructokinase-1 (inaktiv) → **Pyruvat**

Fructose-1,6-Bisphosphatase (aktiv) — Gluconeogenese — **Glucose** ← Pyruvat

---

Bei längerem Fasten werden **ca. 20 g Protein pro Tag abgebaut** und die Aminosäuren zur Gluconeogenese, als Stickstoffquelle und zur Ammoniaksynthese eingesetzt.

Bei längerem Fasten werden außerdem **jeden Tag ca. 20 g Protein abgebaut**. Die freigesetzten Aminosäuren dienen
- als **Ausgangsstoffe der Gluconeogenese**,
- als **Stickstoffquelle** für verschiedene Synthesen und
- der **Bildung von Ammoniak** zur Neutralisation des Harns in der Niere.

▶ **Merke.**

▶ **Merke.** Die Einschränkung des Proteinabbaus auf ein Mindestmaß bringt es mit sich, dass die Proteinreserven des Menschen auch bei sehr langem Fasten ausreichend sind.

Bei längerem Fasten werden nicht nur Energiespeicher abgebaut, sondern auch Zellen und Gewebe. Dabei gehen u. a. auch entsprechende Mengen an Wasser verloren, sodass es zu einer **Gewichtsreduktion von ca. 350 g pro Tag** kommt.

Bei Adipositas ermöglicht das Fasten eine signifikante und berechenbare **Gewichtsreduktion**. In den ersten Tagen kann ein konsequentes Fasten („Nulldiät") recht unangenehm sein: Man fühlt sich schwach, unwohl und hat einen unangenehmen Geschmack im Mund. Spätestens nach etwa 5 Tagen legt sich das Hungergefühl, man ist aber weiterhin nur eingeschränkt leistungsfähig. Bei längerem Fasten werden nicht nur Energiespeicher abgebaut, sondern auch Zellen und Gewebe. Dabei gehen u. a. auch entsprechende Mengen an Wasser verloren, sodass es zu einer Gewichtsreduktion von ca. **350 g pro Tag** kommt.

▶ **Merke.**

▶ **Merke.** Bei der Umstellung des Stoffwechsels im Zuge längeren Fastens spielen die Hungerhormone Glukagon und Cortisol eine entscheidende Rolle.

Wirkungen des Glukagons:
- Lipolyse ↑
- Bereitstellung von Glucose ↑
- Bildung von Ketonkörpern ↑

Wirkungen des Glukagons:
- Im **Fettgewebe** stimuliert Glukagon die **Lipolyse**.
- In der **Leber** erhöht Glukagon die cAMP-Konzentration. Dadurch **stimuliert** es den **Glykogenabbau**, die **Gluconeogenese** sowie die **β-Oxidation der Fettsäuren**. Die vermehrte β-Oxidation führt zu einer gesteigerten Produktion von Acetyl-CoA und ermöglicht so die zunehmende **Bildung von Ketonkörpern**.

Wirkungen des Cortisols:

Cortisol stimuliert die Transkription der Gene von Enzymen kataboler Stoffwechselwege.

Die Wirkungen im Einzelnen sind:
- Gesteigerter Abbau von Proteinen **(Proteolyse)** und Hemmung der Proteinbiosynthese.

Wirkungen des Cortisols: Cortisol ist ein Steroidhormon, das in der Zona fasciculata, der mittleren Zone der Nebennierenrinde, gebildet wird.
Wie alle Steroidhormone bindet es an spezifische intrazelluläre Rezeptoren, die in den Zellkernen als Transkriptionsfaktoren wirken. Generell aktiviert Cortisol die Transkription von Genen, die Enzyme kodieren, die im Hunger und im Fasten in besonderem Maße benötigt werden.
Dabei werden dem Cortisol insbesondere die folgenden Wirkungen zugeschrieben:
- Gesteigerter Abbau von Proteinen **(Proteolyse)** und Hemmung der Proteinbiosynthese. Eine indirekte Konsequenz der gesteigerten Proteolyse ist ein deutliches Ansteigen der Konzentrationen der Aminosäuren Alanin und Glutamin im Blut. Dies bestätigt die Schlüsselfunktion dieser beiden Aminosäuren im Aminosäurestoffwechsel und im Austausch von Metaboliten zwischen den Organen (S. 147).

- **Gesteigerte Synthese der Aminotransferasen**, die benötigt werden, um die bei der Proteolyse anfallenden Aminosäuren der Gluconeogenese zuzuführen.
- **Gesteigerte Synthese der Gluconeogenese-Enzyme in der Leber** (Pyruvat-Carboxylase, Phosphoenolpyruvat-Carboxykinase [PEPCK], Fructose-1,6-Bisphosphatase und Glucose-6-Phosphatase). Cortisol und das nahe verwandte Cortison werden deshalb auch als Glucocorticoide bezeichnet.
- **Hemmung der Synthese der Glykolyse-Enzyme**.

14.5 Regulation im Anschluss an eine Mahlzeit

Nach einer Nahrungsaufnahme (postprandial) beginnt im Verdauungstrakt sehr schnell die Resorption der Nahrungsbestandteile und damit die **Resorptionsphase**. In dieser Phase besteht die Aufgabe des Stoffwechsels darin, die nun im Überschuss im Blut vorliegenden Energieträger möglichst schnell den Energiespeichern zuzuführen.

▶ **Merke.** Das in der postprandialen Resorptionsphase entscheidende Hormon ist **Insulin**. Es stimuliert alle Prozesse, die dem Aufbau der Energiespeicher dienen.

Insulin ist ein **Peptidhormon**, das aus einer A-Kette mit 21 Aminosäuren sowie einer B-Kette mit 30 Aminosäuren besteht. Die Ketten werden durch zwei Disulfidbrücken zusammengehalten. Insulin wird im Pankreas von den B-Zellen (β-Zellen) der Langerhans-Inseln gebildet. Beide Ketten des Insulins sind Abschnitte eines gemeinsamen Vorläuferproteins, des Proinsulins. Sie bleiben übrig, nachdem im Golgi-Komplex das C-Peptid (connective peptide) aus dem Proinsulin herausgeschnitten wird. Vor der Freisetzung wird das Insulin intrazellulär in sog. β-Granula in Form Zink-bindender Hexamere gespeichert. Nach der Freisetzung ins Blut zerfallen die Hexamere. Die **Freisetzung** beginnt, sobald die extrazelluläre Glucosekonzentration einen Wert von etwa 5 mM (90 mg/100 ml) überschreitet. Die Insulinfreisetzung wird außerdem von verzweigtkettigen Aminosäuren und von gastrointestinalen Hormonen wie z. B. dem GIP (gastric inhibitory peptide) stimuliert. An den Zielzellen bindet Insulin an einen **Insulinrezeptor** der Plasmamembran. Der Insulinrezeptor ist ein tetrameres Protein aus zwei α- und zwei β-Untereinheiten ($\alpha_2\beta_2$). Bei Bindung von Insulin werden die β-Untereinheiten zu aktiven Tyrosinkinasen, und es werden mehrere Signalkaskaden ausgelöst (S. 584).

In der Skelettmuskulatur und im Fettgewebe löst Insulin innerhalb kurzer Zeit eine **Translokation des Glucose-Transporters GLUT 4 in die Plasmamembran** aus. Außerdem stimuliert Insulin eine vermehrte Synthese von GLUT 4. Beide Effekte erleichtern den Geweben die Glucoseaufnahme. In der Skelettmuskulatur wird die Glucose überwiegend in Form von Glykogen gespeichert. Im Fettgewebe wird die Glucose zum größten Teil zur Synthese von Glycerin verwendet, das dann mit Fettsäuren zu TAG verestert wird.

Im Fettgewebe
- **hemmt** Insulin die Synthese der hormonsensitiven Lipase und damit die **Lipolyse**,
- **stimuliert** Insulin die **Synthese der Lipoproteinlipase der Endothelzellen**. Eine hormonabhängige Steigerung der Synthese eines Enzyms bezeichnet man als **Induktion**. Die Induktion der Lipoproteinlipase erleichtert die Hydrolyse der TAG, die von den Chylomikronen und VLDL zum Fettgewebe transportiert werden. Die Hydrolyseprodukte werden von den Fettzellen aufgenommen und zur **Resynthese von TAG** verwendet.

In der Leber hemmt Insulin die **β-Oxidation der Fettsäuren**. Diese ist die entscheidende Quelle des Acetyl-CoA, des Ausgangsstoffes der Ketonkörpersynthese. Somit hemmt Insulin auch die Bildung von Ketonkörpern. In der Leber akkumulierende Fettsäuren und TAG werden in Form von VLDL an das Blut abgegeben. In der Resorptionsphase ist es generell das Ziel des Fettstoffwechsels, überschüssige TAG als Energiespeicher im Fettgewebe zu deponieren.

Auf den **Kohlenhydratstoffwechsel der Leber** hat Insulin mehrere Wirkungen:
- Stimulation der Phosphorylierung von Glucose zu Glucose-6-phosphat durch **Induktion** des Enzyms **Hexokinase**. Dies steigert *indirekt* die **Aufnahme von Glucose in die Hepatozyten**: Die frei in die Hepatozyten diffundierende Glucose wird intrazellulär durch die Umsetzung zu Glucose-6-phosphat gleichsam aus dem Diffusionsgleichgewicht herausgenommen und akkumuliert in der Zelle. Auf den Glucose-Transporter in der Plasmamembran der Hepatozyten, GLUT 2, hat Insulin jedoch keinen Einfluss.

- **Induktion der Schlüsselenzyme der Glykolyse.** Die Stimulation der Glykolyse liefert Acetyl-CoA zur Fettsäuresynthese.
- **Stimulation der Glykogensynthese**
- **Hemmung der Gluconeogenese**

In der Skelettmuskulatur stimuliert Insulin die Aufnahme von Aminosäuren.

- **Induktion der Schlüsselenzyme der Glykolyse.** Mithilfe der gesteigerten Glykolyse und der mitochondrialen Pyruvat-Dehydrogenase kann überschüssige Glucose zu **Acetyl-CoA** abgebaut werden, das dann zur **Synthese von Fettsäuren** verwendet wird. So dient auch die Glykolyse in diesem Fall einem anabolen Stoffwechselweg und dem Aufbau der Energiespeicher.
- **Stimulation der Glykogensynthese**
- **Hemmung der Gluconeogenese**

In der Regulation des Kohlenhydratstoffwechsels der Leber ist Insulin der Gegenspieler des Glukagons.

In der Skelettmuskulatur stimuliert Insulin u. a. die Aufnahme von Aminosäuren.

▶ **Klinik.** Die zentrale Funktion des Insulins in der Koordination des anabolen Stoffwechsels wird durch die Symptome des **Diabetes mellitus** illustriert. Diabetes mellitus ist in den Industrieländern die wichtigste Stoffwechselkrankheit. Sie ist durch eine grundsätzliche **Störung des gesamten anabolen Stoffwechsels** gekennzeichnet. Auch im Anschluss an eine Mahlzeit, wenn alle Energieträger im Überschuss vorliegen, erinnert der Stoffwechsel der Diabetiker in mancher Hinsicht an den Hungerstoffwechsel.

Man unterscheidet zwei Typen der Erkrankung:
- **Typ-1-Diabetes:** Hier ist die **Insulinausschüttung im Pankreas vermindert**. Ursache ist eine Zerstörung der B-Zellen durch eine **Autoimmunkrankheit** (Abb. **A-14.5**). Betroffen sind im typischen Fall junge Patienten. Die Prävalenz liegt in Deutschland bei 0,6 %.
- **Typ-2-Diabetes:** Hier ist die **Insulinwirkung** in den Zielzellen **vermindert** („relativer Insulinmangel" aufgrund von „Insulinresistenz"). Ursache ist meistens starkes Übergewicht, d. h. Adipositas (S. 132). Typ-2-Diabetes tritt überwiegend bei älteren Menschen auf. Die Erkrankung ist dabei im typischen Fall mit Adipositas, Bluthochdruck, Arteriosklerose und Hypertriglyceridämie verbunden, die gemeinsam als **metabolisches Syndrom** bezeichnet werden. Nahezu 20 % der über 70-Jährigen in Mitteleuropa haben einen Typ-2-Diabetes.

Man geht davon aus, dass bei ca. 7 % der erwachsenen deutschen Bevölkerung ein Diabetes mellitus vorliegt. Etwa 95 % der Betroffenen sind Typ-2-Diabetiker. Da bei diesem Diabetestyp Symptome oft erst nach mehreren Jahren auftreten, wissen etwa 50 % der 55- bis 75-jährigen Typ-2-Diabetiker nicht, dass sie erkrankt sind.

Kohlenhydratstoffwechsel bei Diabetes. „Diabetes mellitus" bedeutet wörtlich übersetzt „honigsüßer Durchfluss". Dies bezieht sich auf die Beobachtung, dass der Harn der Diabetiker oft Glucose enthält. Ab einer Blutglucosekonzentration von 180 mg/100 ml (10 mM) wird Glucose in den Nierentubuli nicht mehr vollständig rückresorbiert (die „Nierenschwelle wird überschritten"). Die erhöhte Blutglucosekonzentration (Hyperglykämie) hat mehrere Gründe:
- Es wird weniger Glucose in die Zellen aufgenommen.
- Auch bei kohlenhydratreicher Ernährung wird in der Leber weder die Glykogenolyse noch die Gluconeogenese gehemmt.

Die mit dem Diabetes verbundene Hyperglykämie hat indirekt eine erhebliche **Störung des Wasser- und Elektrolythaushalts** zur Folge. Es wird ungewöhnlich viel Harn gebildet **(Polyurie)**, sodass es zu massiven Wasserverlusten kommt. Entsprechend spüren die Patienten heftigen Durst. Ihre Haut ist warm, aber trocken. Die Polyurie ist mit einem **Verlust von Kalium- und Natriumionen** verbunden. Die Störungen des Elektrolythaushalts können sich z. B. in nächtlichen Wadenkrämpfen bemerkbar machen.

Fettstoffwechsel. Bei Insulinmangel werden in der Leber kaum TAG gebildet, vielmehr werden sowohl TAG als auch Glucose zu **Acetyl-CoA** abgebaut, das in den Zellen akkumuliert. Auch im Fettgewebe werden vermehrt TAG abgebaut. Die Folge ist eine vermehrte **Bildung von Ketonkörpern** (Acetoacetat, β-Hydroxybutyrat und Aceton). Das Aceton verleiht dem Atem einen eigentümlich fruchtigen Geruch. (Dieser sollte nicht mit einem Geruch nach Alkohol verwechselt werden. Dieser diagnostische Fehler unterläuft gelegentlich bei der Ersten Hilfe oder bei der Polizei.) Mit der Abgabe der Ketonkörper an das Blut ist eine Ansäuerung verbunden, es kommt also zu einer **metabolischen Azidose**. Bei schwerem Insulinmangel kann dieses zu einem **ketoazidotischen Koma** führen.

Eiweißstoffwechsel. Bei Insulinmangel wird in der Muskulatur und in der Leber **vermehrt Protein abgebaut**. Während für den Typ-2-Diabetes Übergewicht charakteristisch ist, gehört die Magerkeit zu den Kennzeichen des Typ-1-Diabetes.

⊙ **A-14.5** Typ-1-Diabetes bei chronischem Krankheitsverlauf (immunhistochemischer Hormonnachweis)

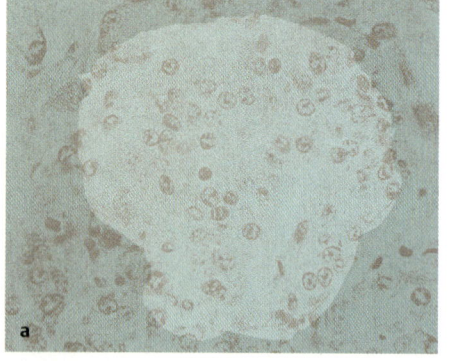

(aus Riede, Werner, Schaefer; Allgemeine und spezielle Pathologie, Thieme, 2004)

a Die insulinbildenden Zellen (rot) sind reduziert.

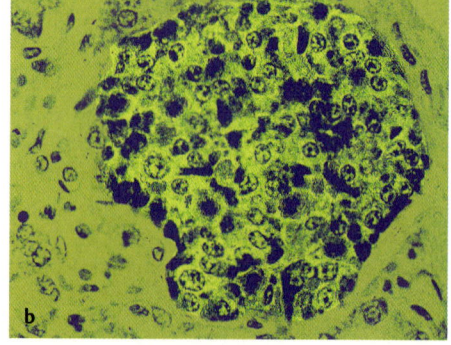

b Die glucagonbildenden Zellen (blau) sind in normaler Häufigkeit vorhanden.

14.6 Schlüsselenzyme des Energiestoffwechsels

In der Erforschung des Stoffwechsels hat sich das Konzept der Schlüsselenzyme und der geschwindigkeitsbestimmenden Schritte auch in der aktuellen Forschung weiterhin als sehr hilfreich erwiesen. Zwar wird auf der Ebene der Genexpression die Konzentration jedes einzelnen Enzyms sehr genau reguliert, viele Regulationsmechanismen beziehen sich aber lediglich auf bestimmte Schlüsselenzyme, die offenbar von zentraler Bedeutung sind. Das betrifft insbesondere die Regulation über allosterische Aktivierung bzw. Hemmung sowie die Interkonvertierung, also die Regulation über eine reversible Phosphorylierung. Die wichtigsten Transportprozesse und Schlüsselenzyme sollen hier kurz rekapituliert werden. Eine kompakte Übersicht bietet auch Tab. **A-14.1**.

Glucoseaufnahme: Die Glucose wird im Darm sekundär aktiv unter Vermittlung von SGLT 1 aufgenommen. In der Niere wird Glucose sekundär aktiv weitgehend unter Vermittlung von SGLT 2 rückresorbiert. Verschiedene Glucose-Transporter aus der GLUT-Familie vermitteln den Transport der Glucose in die Zellen der peripheren Gewebe. Limitierend für die Menge der aufgenommenen Glucose ist in bestimmten Zellen der **Glucose-Transporter GLUT 4**: Der GLUT 4-vermittelte Transport von Glucose in die Zellen der Skelettmuskulatur und des Fettgewebes ist insulinabhängig. Insulin steigert die Zahl der GLUT 4 in der Plasmamembran dieser Zellen.

Glykogensynthese: Glykogen wird ausgehend von UDP-Glucose synthetisiert. Limitierend ist die **Aktivität der Glykogen-Synthase**. Diese ist nur aktiv, wenn ein Überschuss an Glucose vorhanden ist. Unter diesen Bedingungen wird Insulin ausgeschüttet, und die Glykogen-Synthase wird von der Phosphoprotein-Phosphatase 1 (PP-1) durch Dephosphorylierung aktiviert. Bei erhöhtem Energiebedarf wird die Glykogen-Synthase insbesondere von zwei Kinasen durch Phosphorylierung inaktiviert:
- von der Glykogen-Synthase-Kinase 3 (GSK-3) sowie
- von der Proteinkinase A (PKA).

Der entscheidende Second Messenger, der die PKA aktiviert, ist cAMP, das als intrazelluläres Hungersignal verstanden werden kann.

Glykogenabbau: Bei Energiebedarf wird Glykogen mithilfe der **Glykogen-Phosphorylase** zu Glucose-1-phosphat abgebaut. Die Glykogen-Phosphorylase wird aktiviert, indem sie von der Phosphorylase-Kinase phosphoryliert wird. Die Phosphorylase-Kinase wird aktiviert, indem sie von der PKA phosphoryliert wird.

Glykolyse: Zwei bzw. drei Enzyme sind bei der Regulation der Glykolyse am wichtigsten:
- Die **Hexokinase** katalysiert den ersten Schritt, die Bildung des Glucose-6-phosphats. Hier liegt ein klassischer Fall von Produkthemmung vor. Glucose-6-phosphat hemmt die Hexokinase. Das gilt z. B. für die Verhältnisse in der Skelettmuskulatur. In der Leber wird der erste Schritt der Glykolyse von der **Glucokinase** katalysiert. Diese wird von Glucose-6-phosphat nicht gehemmt. Die Leber ist deshalb in der Lage, überschüssige Glucose in großem Umfang aus dem Blut aufzunehmen und in Form von Glykogen zu speichern.
- Die **Phosphofructokinase-1** (PFK-1) katalysiert die Bildung des Fructose-1,6-bisphosphats. Hier ist der klassische Fall einer Feed-forward-Regulation gegeben: Je mehr Ausgangsprodukte vorhanden sind, desto mehr Fructose-2,6-bisphosphat wird gebildet, dieses ist ein allosterischer Aktivator der Phosphofructokinase-1. Das Enzym wird von ATP und von Citrat gehemmt.

Die Regulation der Phosphofructokinase erfolgt unter Vermittlung verschiedener Isoenzyme des **bifunktionellen Enzyms**. Dieses enthält in einer Polypeptidkette sowohl die **Kinase**, die ausgehend von Fructose-6-phosphat die Bildung des Fructose-2,6-bisphosphats katalysiert, als auch die **Phosphatase**, die dieses wieder zu Fructose-6-phosphat abbaut. In der Leber und in der Skelettmuskulatur gibt es unterschiedliche Isoenzyme des bifunktionellen Enzyms, die konträr agieren: Bei gesteigertem Energiebedarf wird in den Zellen beider Organsysteme die PKA aktiviert, diese phosphoryliert das jeweilige Isoenzym. Das bifunktionelle Enzym der Skelettmuskulatur vermittelt daraufhin eine Steigerung der Glykolyse, das bifunktionelle Enzym der Leber vermittelt hingegen eine Hemmung der Glykolyse.

A 14 Regulation des Energiestoffwechsels

Pentosephosphatweg: Dieser Stoffwechselweg wird über das Enzym der ersten Reaktion reguliert, die **Glucose-6-phosphat-Dehydrogenase**. Diese wird von **NADP$^+$** aktiviert, von **NADPH** gehemmt.

Pyruvat-Dehydrogenase (PDH): Die PDH katalysiert in den Mitochondrien die Umsetzung von Pyruvat zu Acetyl-CoA unter Bildung von NADH. Die PDH enthält mehrere Untereinheiten, u. a. eine Kinase und eine Phosphatase, die für die Regulation des Enzyms verantwortlich sind: Wenn bereits hohe Konzentrationen an **Acetyl-CoA** und **NADH** vorhanden sind, wird die Kinase aktiviert und sie phosphoryliert die E1-Untereinheit der PDH. Die PDH wird **durch die Phosphorylierung gehemmt**. Unter Vermittlung der Phosphatase kann die PDH wieder aktiviert werden.

Citratzyklus: Er dient primär der Bereitstellung von NADH für die Atmungskette. Die Aktivität der Atmungskette ermöglicht der mitochondrialen ATP-Synthase die Synthese von ATP. Die Aktivität des Citratzyklus wird über das **quantitative Verhältnis von ADP zu ATP** und von **NAD$^+$ zu NADH** reguliert: ADP und NAD$^+$ stimulieren, ATP und NADH hemmen. Die Regulation betrifft vor allem die Isocitrat-Dehydrogenase.

Gluconeogenese: Sie wird vor allem über die Aktivität der Fructose-1,6-bisphosphatase reguliert. **Fructose-2,6-bisphosphat**, das die Glykolyse stimuliert, ist ein **Hemmstoff der Fructose-1,6-bisphosphatase**. Wenn der Körper Glucose benötigt, stimuliert Glukagon die Gluconeogenese in der Leber über zwei Mechanismen:
- Unter Vermittlung der PKA und des bifunktionellen Enzyms wird die Konzentration an Fructose-2,6-bisphosphat gesenkt.
- Unter Vermittlung der PKA wird der Transkriptionsfaktor CREB aktiviert und damit die Synthese der für die Gluconeogenese benötigten Enzyme induziert (CREB = cAMP-responsive element-binding protein).

Fettsäuresynthese: Sie dient primär der Synthese von Palmitat. Die Fettsäuresynthese wird über das Schlüsselenzym **Acetyl-CoA-Carboxylase** reguliert, welches ausgehend von Acetyl-CoA das benötigte Malonyl-CoA bereitstellt. Acetyl-CoA wird im Zytosol ausgehend von Citrat gebildet. Die Acetyl-CoA-Carboxylase wird **allosterisch von Citrat stimuliert, von Palmityl-CoA und anderen langkettigen Acyl-CoA-Molekülen gehemmt**. Wenn Citrat und Acetyl-CoA bei Energiemangel für den Citratzyklus benötigt werden, wird die Acetyl-CoA-Carboxylase durch Phosphorylierung gehemmt. Die Phosphorylierung wird von der **AMP-aktivierten Kinase (AMPK)** katalysiert. Bei Bedarf wird die Fettsäuresynthese über eine vermehrte Synthese der Acetyl-CoA-Carboxylase und der Fettsäure-Synthase gesteigert. Die Transkription der entsprechenden Gene wird von dem Transkriptionsfaktor **SREBP-1c** induziert. Insulin löst in den Zielzellen eine vermehrte Synthese dieses Transkriptionsfaktors aus.

β-Oxidation: Die β-Oxidation der **Fettsäuren** wird über den Transport der Fettsäuren in die Mitochondrien reguliert. Geschwindigkeitsbestimmend ist die Aktivität der **Carnitin-Acyltransferase 1** (= Carnitin-Palmityltransferase 1). Diese wird **durch Malonyl-CoA gehemmt**. Indirekt ist damit auch die Acetyl-CoA-Carboxylase (ACC) an der Regulation der β-Oxidation beteiligt. Wenn die ACC aktiv ist, wird viel Malonyl-CoA synthetisiert und damit die Fettsäuresynthese erleichtert, die β-Oxidation aber gehemmt.

Lipolyse: Die Lipolyse, also der **Abbau der Triacylglycerine** (TAG), wird von der Adipozyten-Triacylglycerinlipase (ATGL), der hormonsensitiven Lipase (HSL) und der Monoacylglycerin-Lipase (MGL) katalysiert. Von entscheidender Bedeutung sind die ATGL und die HSL. Die Aktivität dieser Enzyme wird nicht zuletzt über die **Zugänglichkeit zu den TAG** reguliert, die in den Zellen in Form von **Lipidtröpfchen** gespeichert sind. Die **PKA** stimuliert die Lipolyse zum einen durch Phosphorylierung der HSL, zum anderen aber auch durch Phosphorylierung des Perilipins, das zu den Lipidtröpfchen-assoziierten Proteinen gehört. Die ATGL wird möglicherweise unter Beteiligung der AMPK reguliert.

Harnstoffzyklus: Der Harnstoffzyklus ermöglicht beim Abbau von Proteinen die Elimination von überschüssigem Stickstoff in Form von Harnstoff. Der Harnstoffzyklus wird über die Aktivität der **Carbamoylphosphat-Synthetase 1** reguliert, ein Enzym der mitochondrialen Matrix. Die Carbamoylphosphat-Synthetase 1 wird allosterisch von **N-Acetylglutamat** aktiviert.

A 14.7 Zentrale Kontrollpunkte in der Regulation des Energiestoffwechsels

A-14.1 Wichtige Transportprozesse und Schlüsselenzyme des Energiestoffwechsels und deren Regulation

Prozess/Schlüsselenzym	Regulation
Glucoseaufnahme	**GLUT 4** vermittelt in Skelettmuskulatur und Fettgewebe den Insulin-abhängigen Glucose-Transport, entscheidend ist die Zahl der GLUT 4-Moleküle in der Plasmamembran
Glykogensynthase	Aktivierung durch Dephosphorylierung (**Phosphoprotein-Phosphatase 1**, PP-1) Inaktivierung durch Phosphorylierung (durch **GSK-3** und **PKA**)
Glykogenphosphorylase	Aktivierung durch Phosphorylierung (**PKA** aktiviert die Phosphorylase-Kinase)
Glykolyse	▪ **Hexokinase:** Hemmung durch Glucose-6-phosphat ▪ **Phosphofructokinase-1:** Aktivierung durch Fructose-2,6-phosphat, Hemmung durch ATP und Citrat
Pentosephosphatweg	**Glucose-6-phosphat-Dehydrogenase:** Aktivierung durch NADP$^+$, Hemmung durch NADPH
Pyruvat-Dehydrogenase (PDH)	Hemmung durch Phosphorylierung (die verantwortliche Kinase ist Teil der PDH und wird von Acetyl-CoA und NADH aktiviert)
Citratzyklus	Stimulation durch ADP und NAD$^+$, Hemmung durch ATP und NADH; wichtigster Regulator: **Isocitrat-Dehydrogenase**
Gluconeogenese	**Fructose-1,6-bisphosphatase:** Hemmung durch Fructose-2,6-bisphosphat **Glucagon** stimuliert die Gluconeogenese in der Leber über zwei Mechanismen: ▪ Senkung der Fructose-2,6-bisphosphat-Konzentration unter Vermittlung der PKA und des bifunktionellen Enzyms ▪ Induktion der Genexpression durch den Transkriptionsfaktor CREB
Fettsäuresynthese	**Acetyl-CoA-Carboxylase** (ACC): Stimulation durch Citrat, Hemmung durch langkettige Acyl-CoA Energiemangel blockiert die Fettsäuresynthese (Phosphorylierung der ACC durch die AMPK) ein hohes Energieangebot intensiviert die Fettsäuresynthese (Insulin induziert die SREBP-1c-Synthese)
β-Oxidation	Geschwindigkeitsbestimmend ist die Aktivität der **Carnitin-Acyltransferase 1**, die durch Malonyl-CoA gehemmt wird.
Lipolyse	Regulation über die Zugänglichkeit der Triacylglycerine in den Lipidtröpfchen: PKA phosphoryliert Perilipin; PKA phosphoryliert auch die hormonsensitive Lipase
Harnstoffzyklus	**Carbamoylphosphat-Synthetase-1** (Aktivierung durch N-Acetylglutamat)

14.7 Zentrale Kontrollpunkte in der Regulation des Energiestoffwechsels

14.7.1 Die Koordination des Energiestoffwechsels in den peripheren Organen

Regulatorisch wichtige Hormone wie Adrenalin, Glukagon und Insulin sind bereits seit vielen Jahrzehnten bekannt. Offensichtlich spielen sie in der Koordination des Energiestoffwechsels in den peripheren Organen eine bedeutende Rolle. Die Erforschung ihrer intrazellulären Effekte ist bis heute nicht zum Abschluss gekommen. Inzwischen zeichnet sich ein Netzwerk regulatorischer Prozesse ab, das kaum noch zu überblicken ist. Einige Komponenten dieses Netzwerks haben in der aktuellen Forschung besondere Beachtung gefunden:

Proteinkinase A (PKA): Diese ist das klassische Beispiel für eine Kinase, die an der Regulation mehrerer Stoffwechselwege beteiligt ist. Substrate der PKA sind u. a. Enzyme des Glykogenstoffwechsels, das bifunktionelle Enzym, das an der Regulation von Glykolyse und Gluconeogenese beteiligt ist sowie die hormonsensitive Lipase und das Perilipin. Über die Phosphorylierung des Transkriptionsfaktors CREB greift die PKA auch in die Regulation bestimmter Gene ein, etwa bei der Stimulation der Gluconeogenese. Bis vor wenigen Jahren wurde angenommen, dass auch die Acetyl-CoA-Carboxylase über die PKA reguliert wird. Inzwischen wurde nachgewiesen, dass die entscheidende Kinase in der Regulation dieses Enzyms die AMPK ist.

AMP-aktivierte Kinase (AMPK): Diese reguliert über die Phosphorylierung der Acetyl-CoA-Carboxylase sowohl die Fettsäuresynthese als auch die β-Oxidation der Fettsäuren. Interessanterweise phosphoryliert die AMPK auch CRTC 2, ein Partnerprotein des CREB. Die AMPK ist damit auch an der Regulation der Genexpression beteiligt. Neuere Daten lassen vermuten, dass die AMPK in der Regulation des Energiestoffwechsels eine größere Bedeutung haben könnte als die PKA.

Proteinkinase B (PKB = Akt): Diese wird in der Signalkaskade aktiviert, die von Insulin ausgelöst wird. Viele Effekte des Insulins lassen sich auf die Aktivität der PKB/Akt zurückführen. Eines der wichtigsten Substrate der PKB/Akt ist die Phosphodiesterase 3B, die in den Zellen cAMP abbaut. Über die Senkung der cAMP-Konzentration wird nicht zuletzt die Aktivität der PKA reduziert. Ein Substrat der PKB/Akt ist auch das Protein mTOR.

Mammalian Target of Rapamycin **(mTOR):** Dies ist eine **Kinase**, die eine Schlüsselfunktion in der Regulation der Proteinbiosynthese und des Zellwachstums hat. Ein Substrat des mTOR ist z. B. das eIF4E-bindende Protein (eIF4E-BP), das zusammen mit anderen Proteinen an die Cap-Struktur am 5'-Ende der mRNA bindet. Rapamycin ist ein Naturstoff, der von bestimmten Pilzen synthetisiert wird und durch Bindung an mTOR das Wachstum eukaryontischer Zellen hemmt. Die Stents, die in der Kardiologie zur Stabilisierung von Herzkranzgefäßen eingesetzt werden, sind heute oft mit Rapamycin (= Sirolimus) beschichtet um einen erneuten Verschluss der Gefäße zu verhindern. In geringen Dosen wird Rapamycin nach Organtransplantationen eingesetzt, um Abstoßungsreaktionen zu unterdrücken. Rapamycin wirkt bevorzugt auf bestimmte Zellen des Immunsystems.

Sirtuine: Diese Substanzen (silent information regulators) sind keine Kinasen, sondern **Deacetylasen** oder **ADP-Ribosyltransferasen**, die an der Regulation des Stoffwechsels beteiligt sind. Im Genom des Menschen wurden sieben Sirtuine identifiziert (SIRT 1–SIRT 7). Erst in jüngster Zeit ist entdeckt worden, dass die Aktivität überraschend vieler Enzyme und Transkriptionsfaktoren über eine **reversible Acetylierung** reguliert wird. Substrate der Sirtuine sind u. a. die Histone H3 und H4, die AMPK, die Acetyl-CoA-Synthetase, Isocitrat-Dehydrogenase, Carbamoylphosphat-Synthetase 1 sowie mehrere Transkriptionsfaktoren, z. B. SREBP-1 c und PPARγ. Die meisten Sirtuine werden vermehrt synthetisiert, wenn das Nahrungsangebot signifikant reduziert wird („caloric restriction"). Dieser Effekt wurde insbesondere für die Deacetylase Sirtuin 1 gezeigt. Die Sirtuine haben einen wesentlichen Anteil an der Umstellung des gesamten Stoffwechsels auf vermehrte Gluconeogenese, Lipolyse und Ketogenese. Eigenartigerweise ist eine **Aktivierung der Sirtuine** in ganz unterschiedlichen Organismen mit einer deutlichen Verlängerung der durchschnittlichen Lebenszeit verbunden (S. 849). Dieser Effekt wurde etwa für die Fruchtfliege *Drosophila melanogaster* und für den kleinen Wurm *Caenorhabditis elegans* nachgewiesen. Ein potenter Aktivator des Sirtuin 1 (S. 849) ist das pflanzliche Polyphenol **Resveratrol** (S. 196), das in Weintrauben und im Rotwein enthalten ist.

Transkriptionsfaktoren: Diese Substanzen sind oft an der Regulation mehrerer Gene beteiligt, die in einem funktionellen Zusammenhang stehen. Im Kontext des Energiestoffwechsels sind von besonderer Bedeutung:
- **CREB** (cAMP-responsive element-binding protein) wird von der PKA phosphoryliert und dadurch aktiviert. Ca. 100 Gene werden CREB-abhängig transkribiert.
- **SREBP-1c** (sterol regulatory element-binding protein 1c) ist ein Transkriptionsfaktor, dessen Synthese von Insulin induziert wird.
- **PPARγ** (peroxisome proliferator-activated receptor γ) ist ein Transkriptionsfaktor, der an der Aktivierung einer Vielzahl von Genen beteiligt ist, die für Fettzellen charakteristisch sind. Bei der Entstehung von Fettgewebe scheint PPARγ eine entscheidende Rolle zu spielen.

14.7.2 Die Regulation des Hungergefühls

Diabetes mellitus tritt in den meisten Fällen als Teil des **metabolischen Syndroms** auf. Das metabolische Syndrom (mitunter als „Wohlstandssyndrom" bezeichnet) ist durch das Quartett Adipositas, Typ-2-Diabetes, Bluthochdruck (mit Neigung zur Entwicklung einer Arteriosklerose) und Hypertriglycerinämie definiert. Charakteristisch ist die Insulinresistenz, die in der Regel von Anfang an mit dem metabolischen Syndrom verbunden ist.

Adipositas (Fettsucht) wird über den **Body Mass Index, BMI** (Körpermassenindex) definiert:

$$BMI = \frac{\text{Körpergewicht in kg}}{(\text{Körpergröße in m})^2}$$

A 14.7 Zentrale Kontrollpunkte in der Regulation des Energiestoffwechsels

Die Einheit des BMI ist also kg/m². BMI-Werte von 20–25 gelten als normal, Werte von 25–30 als Zeichen von **Übergewicht**. Bei einem BMI über 30 spricht man von **Adipositas**. Im Sinne dieser Definition sind in Deutschland derzeit 51 % der Erwachsenen übergewichtig, bei 16 % der Erwachsenen liegt Adipositas vor (in Schweden bei 9 %, in den USA bei > 30 %).

Leptin

Eine signifikante Gewichtsreduktion mit langfristigem Erfolg gelingt erstaunlich selten. Es wurde darauf hingewiesen, dass Programme zum Heroinentzug oft erfolgreicher sind als Programme zur Gewichtsreduktion. In der biochemischen Grundlagenforschung wird deshalb seit einiger Zeit mit großem Aufwand untersucht, wie das Hungergefühl und die Entwicklung der Fettgewebe auf molekularer Ebene reguliert werden. 1994 wurde das Peptidhormon **Leptin** entdeckt, das **vom Fettgewebe produziert und sezerniert** wird (Abb. **A-14.6**). Leptin ist ein Polypeptid aus 167 Aminosäuren, das vom ob-Gen kodiert wird (*ob*esity = engl. Fettleibigkeit). Je mehr TAG im Fettgewebe akkumulieren, desto mehr Leptin wird sezerniert. Leptin gelangt mit dem Blut zum **Hypothalamus**, wo es den Appetit und damit indirekt auch die Nahrungsaufnahme hemmt. Die Hoffnung, über eine einfache Leptintherapie das Körpergewicht reduzieren zu können, wurde allerdings bald enttäuscht. Bei Adipositas ist nicht die Leptinproduktion des Fettgewebes gestört, sondern die Signalverarbeitung im Hypothalamus. Adipositas ist also mit einer Leptinresistenz verbunden.

Die Einheit des BMI ist kg/m². Als normal gelten Werte von 20–25 kg/m². Bei einem BMI > 30 liegt eine Adipositas vor.

Leptin

Leptin ist ein Peptidhormon, das vom Fettgewebe produziert wird (Abb. **A-14.6**). Es besteht aus 167 Aminosäuren und wird vom ob-Gen kodiert. Leptin gelangt mit dem Blut zum **Hypothalamus**, wo es eine **appetithemmende Wirkung** hat.

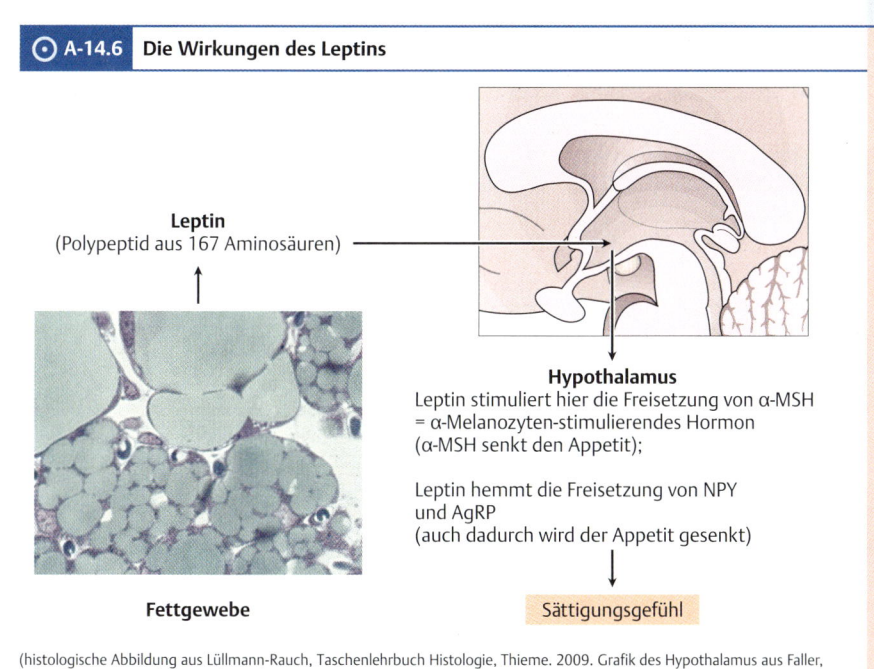

A-14.6 Die Wirkungen des Leptins

Leptin (Polypeptid aus 167 Aminosäuren)

Hypothalamus
Leptin stimuliert hier die Freisetzung von α-MSH
= α-Melanozyten-stimulierendes Hormon
(α-MSH senkt den Appetit);

Leptin hemmt die Freisetzung von NPY und AgRP
(auch dadurch wird der Appetit gesenkt)

Fettgewebe → Sättigungsgefühl

(histologische Abbildung aus Lüllmann-Rauch, Taschenlehrbuch Histologie, Thieme. 2009. Grafik des Hypothalamus aus Faller, Schünke; Der Körper des Menschen, Thieme, 2004)

A-14.6

Leptin bindet an einen **Leptinrezeptor**, der in der Plasmamembran bestimmter Neurone verankert ist. Der Leptinrezeptor exponiert eine große zytosolische Domäne, die eine Signaltransduktion (über den JAK/STAT-Weg) ermöglicht. Der Leptinrezeptor ist ein Tyrosinkinase-gekoppelter Rezeptor. Die Signaltransduktion greift letztlich in die Regulation der Synthese und der Freisetzung mehrerer Peptide ein, die im Hypothalamus als Neurotransmitter wirken. Innerhalb des Hypothalamus kommt dabei zwei Gruppen von Neuronen des **Nucleus arcuatus** eine entscheidende Funktion zu:

- Bestimmte Neurone des Nucleus arcuatus synthetisieren und sezernieren **Neuropeptid Y (NPY)**, ein Peptid aus 36 Aminosäuren, und **Agouti-related Peptide (AgRP)**, ein Peptid aus 132 Aminosäuren. Beide Polypeptide sind als Neurotransmitter an Regelkreisen beteiligt, die das Hungergefühl und den Appetit steigern. Der bekannteste Effekt des Leptins ist die Hemmung der Synthese und der Freisetzung dieser beiden Neuropeptide, also des NPY und des AgRP.

Leptin bindet an einen **Leptinrezeptor**, der in der Plasmamembran bestimmter Neurone des Hypothalamus verankert ist. Der Leptinrezeptor ist ein Tyrosinkinase-gekoppelter Rezeptor.
Leptin wirkt auf zwei Gruppen von Neuronen:

- Neuronen, die das Hungergefühl und den Appetit steigern: Leptin **hemmt** dort die **Freisetzung** des Neurotransmitter **NPY** und **AgRP**.

- Neuronen, die den Appetit hemmen: Leptin **stimuliert** die **Freisetzung** des Neurotransmitters **α-MSH**.

Die Synthese des NPY und des AgRP wird über mehrere Signale reguliert:
- **Bei Nahrungsmangel** wird (ähnlich wie in den peripheren Organen) in den Neuronen die AMPK aktiviert. Diese spielt eine entscheidende Rolle in der Aktivierung der NPY- und AgRP-Synthese. Die Ausschüttung von NPY und AgRP vermittelt über nachgeschaltete Neurone das **Hungergefühl**.

- **Bei hohem Energieangebot** wird die AMPK in den Neuronen des Nucleus arcuatus inaktiviert. Die Synthese und die Freisetzung von NPY und AgRP werden gehemmt und es stellt sich ein **Sättigungsgefühl** ein. Dieser Effekt wird durch Leptin verstärkt.

- Leptin wirkt im Nucleus arcuatus zudem auf eine Gruppe von Neuronen, in denen das Protein **Proopiomelanocortin (POMC)** synthetisiert wird. Die POMC-Synthese wird von Leptin gesteigert. Vom POMC wird in den Neuronen das Peptid α-MSH abgespalten und als Neurotransmitter freigesetzt. α-MSH vermittelt eine Hemmung des Appetits.

Im Hypothalamus wird die **Synthese der Neurotransmitter NPY und AgRP** nicht nur über das Leptin reguliert (Abb. **A-14.7**):
- **Bei Nahrungsmangel** werden in den Neuronen des Nucleus arcuatus mehrere Signale koordiniert, zu denen u. a. das Peptidhormon **Ghrelin** beiträgt. Ghrelin ist ein **appetitsteigerndes („orexigenes") Peptidhormon** aus 28 Aminosäuren, das in der Magenschleimhaut synthetisiert und an das Blut abgegeben wird. Im Nucleus arcuatus verstärkt Ghrelin Effekte, die durch den allgemeinen Energiemangel in den Neuronen hervorgerufen werden. Dieser führt – ähnlich wie in den Organen der Peripherie – auch in den Neuronen des Nucleus arcuatus zu einer **Aktivierung der AMPK**. Diese **vermittelt** daraufhin **eine gesteigerte Synthese der Neuropeptide NPY und AgRP**. Diese werden nun von den Neuronen vermehrt ausgeschüttet und wirken ihrerseits als orexigene Signale, d. h. sie lösen unter Vermittlung nachgeschalteter Neurone ein Gefühl von Hunger aus, das Bedürfnis nach Nahrungsaufnahme wird gesteigert.

- **Bei hohem Energieangebot** werden die **anorexigen wirkenden Hormone Leptin und Insulin** ausgeschüttet, die dazu beitragen, dass sich ein Sättigungsgefühl einstellt. Ohnehin kommt es bei einem hohen Angebot von Energieträgern in den Neuronen des Nucleus arcuatus zu einer **Inaktivierung des AMPK**. Dadurch werden die Synthese und die Freisetzung von NPY und AgRP blockiert. Dieser Effekt wird durch Leptin nachhaltig verstärkt.

A-14.7 Wirkungen des Leptins und des Ghrelins im Nucleus arcuatus

Der Nucleus arcuatus (lat. arcuatus, gebogen) wird auch als Nucleus infundibularis bezeichnet, da er am Boden des III. Ventrikels in unmittelbarer Nähe des Hypophysenstiels (lat. infundibulum, Trichter) liegt. Die Neurone des Nucleus arcuatus exponieren Rezeptoren für verschiedene Peptidhormone, u. a. auch den Insulinrezeptor. Insulin überwindet die Blut-Hirn-Schranke durch rezeptorvermittelte Transzytose und verstärkt die anorexigenen Signale des Leptins (griech. leptos, dünn, schlank). Das wichtigste orexigene Peptidhormon ist das Ghrelin (griech. Orexis, Appetit; vgl. griech. Kali Orexi, Guten Appetit!). Ungeklärt ist bislang, auf welchen Wegen Leptin und Ghrelin die Blut-Hirn-Schranke überwinden.

Verschiedene **Hormone** greifen in die Regulation ein: **Ghrelin** wirkt orexigen (= appetitanregend), **Leptin** und **Insulin** wirken anorexigen, sie verstärken das Sättigungsgefühl. Auch der **Nervus vagus** leitet dem Gehirn Signale zu, die das Hungergefühl beeinflussen.
Zentral im Hypothalamus wird der Energiestoffwechsel vermutlich in ähnlicher Weise koordiniert, wie in den Geweben der peripheren Organe. Hier wie dort scheint die **AMPK als Sensor für den aktuellen Energiebedarf** eine entscheidende Rolle zu spielen.

Letztlich werden im Gehirn bei der Regulation des Hungergefühls Signale aus **drei unterschiedlichen Systemen** koordiniert:
- Offensichtlich dienen die **Hormone Ghrelin, Leptin und Insulin** als Signalstoffe, die im Gehirn auf die Gefühle von Appetit und von Sättigung Einfluß nehmen.
- Parallel werden dem Gehirn über den **Nervus vagus** Signale zugeleitet, die vom Füllungszustand des Magens und vom Angebot an Nahrungsstoffen im Verdauungstrakt abhängig sind.
- Zudem nehmen die Neurone des Nucleus arcuatus **die aktuelle Lage ihres eigenen Energiestoffwechsels** als Indiz für den Zustand des Energiestoffwechsels auch aller übrigen Organe und Gewebe des Organismus. Zentral im Hypothalamus wird der Energiestoffwechsel vermutlich in ähnlicher Weise koordiniert, wie in den Zellen der peripheren Organe. Hier wie dort scheint **die AMPK als Sensor für den aktuellen Energiebedarf** eine entscheidende Rolle zu spielen. So gibt das weit verzweigte Netzwerk regulatorischer Prozesse bei aller Komplexität zuletzt doch wieder ein einheitliches Prinzip zu erkennen.

15 Stoffwechsel in Tumorzellen

15.1	Einführung	281
15.2	Kanzerogenese	281
15.3	Tumorwachstum bei Sauerstoffmangel	282
15.4	Hydroxyglutarat als Onkometabolit	286
15.5	Resümee	288

J. Rassow

15.1 Einführung

Ursprünglich bezeichnete der Begriff **Tumor** lediglich eine außerordentliche, aber nicht näher definierte Gewebevermehrung oder Schwellung, wobei als Ursache auch eine lokale Entzündung in Frage kam. Im engeren Sinne versteht man unter einem Tumor eine Gewebemasse, die sich autonom und unkontrolliert vermehrt. Synonym wird der Ausdruck „Neoplasie" verwendet. Man unterscheidet gutartige (benigne) und bösartige (maligne) Tumoren. Maligne epitheliale Tumoren werden Karzinome genannt, maligne mesenchymale Tumore werden als Sarkome bezeichnet. In diesem Kapitel soll es um den Stoffwechsel der malignen Tumoren gehen.

15.1 Einführung

Gegenstand dieses Kapitels ist der Stoffwechsel der malignen Tumoren.

15.2 Kanzerogenese

Die Kanzerogenese, die **Entstehung eines malignen Tumors**, hat mehrere Voraussetzungen:

- **Mutationen:** Ursache einer Krebserkrankung sind in jedem Fall Mutationen im Genom einzelner somatischer Zellen. Das Genom maligner entarteter Zellen unterscheidet sich vom Genom gesunder Zellen oft in mehreren 100 oder mehreren 1000 Positionen der Basensequenz. Durch die Mutationen (S. 519) kommt es nicht nur zu **Veränderungen in den Aminosäuresequenzen** zahlreicher Proteine, sondern auch zu erheblichen **Veränderungen in der Genregulation**. Diese sind die Ursache der gestörten Differenzierung, die für Tumorzellen (S. 538) charakteristisch ist. Generell ist die Malignität eines Tumors umso ausgeprägter, je geringer die Tumorzellen differenziert sind. Näheres zu Mutationen in Tumoren siehe Kap. „Molekulare Onkologie" (S. 538).
- **Verlust der Zellzykluskontrolle:** Eine unkontrollierte Vermehrung der Zellen setzt ein, wenn Mutationen in Genen entstehen, die an der Regulation des Zellzyklus (S. 528) beteiligt sind. Krebskrankheiten sind Krankheiten der Zellzyklusregulation.
- **Überwindung der Immunabwehr:** Mutationen im Genom können sich nur auswirken, wenn sie – direkt oder indirekt – Veränderungen im Proteom, also in den verschiedenen Proteinen, der Zelle zur Folge haben. Veränderungen im Proteom lösen aber oft eine Reaktion des Immunsystems aus. Tumorzellen können nur überleben, wenn es ihnen gelingt, die Immunabwehr zu umgehen (S. 713). So ist bei vielen Tumorzellen aufgrund der zahlreichen Mutationen u. a. die **Fähigkeit zum programmierten Zelltod, d. h. zur Apoptose** (S. 533), **verloren gegangen**. Damit ist der wichtigste Mechanismus des Immunsystems zur Abtötung irregulärer Zellen außer Kraft gesetzt. Zudem exponieren viele Tumorzellen an ihrer Oberfläche das Protein PD1, welches die Aktivierung der T-Zellen des Immunsystems blockiert (S. 714). Auch auf diese Weise entziehen sich Tumorzellen dem Zugriff des Immunsystems.
- **Expression von Multi-Drug-Resistance-Proteinen (MDR)**: Die genetische Flexibilität der Tumorzellen zeigt sich eindrucksvoll in der Reaktion von Tumorgewebe auf eine Therapie mit Zytostatika. Unter diesen Bedingungen sterben die meisten Tumorzellen ab. Einige Zellen steigern aber aufgrund entsprechender Mutationen die Synthese bestimmter ATP-abhängiger Transportproteine der Plasmamembran (sog. Multi-Drug-Resistance-Proteine, MDR), mit deren Hilfe sie Zytostatika sehr effizient aus der Zelle heraustransportieren können.

15.2 Kanzerogenese

Mehrere Prozesse sind für die Kanzerogenese charakteristisch:

- **Mutationen** können sowohl zu veränderten Aminosäuresequenzen als auch zu Änderungen der Genregulation führen.

- **Verlust der Zellzykluskontrolle** durch Mutationen in den dafür relevanten Genen.

- **Überwindung der Immunabwehr** z. B. durch den Verlust der Apoptosefähigkeit der Zellen.

- **Expression von Multi-Drug-Resistance-Proteinen (MDR)**

- **Umstellung des Stoffwechsels:** Bestimmte Metabolite werden nicht nur als Folge einer malignen Entartung synthetisiert, sie können sogar wesentlich zur Kanzerogenese beitragen.

- **Umstellung des Stoffwechsels:** Die Kanzerogenese ist mit erheblichen Anforderungen an den Energiestoffwechsel der Tumorzellen verbunden. Der Erforschung des Stoffwechsels der Tumorzellen hat sich erst in jüngster Zeit zu einem bedeutenden und derzeit hoch aktuellen Forschungsgebiet entwickelt. Ein allen Tumorgeweben gemeinsamer „Krebsstoffwechsel" ist nicht nachweisbar. Jedoch lassen sich in vielen Fällen charakteristische Muster der Stoffwechselregulation nachweisen, die im Folgenden näher erläutert werden. Dabei handelt es sich weitgehend um Mechanismen, die im physiologischen Stoffwechsel bereits angelegt sind, die aber von Tumorzellen in einem ungewöhnlichen Ausmaß genutzt werden. Bestimmte Stoffwechselprodukte können sogar wesentlich zur Kanzerogenese beitragen.

15.3 Tumorwachstum bei Sauerstoffmangel

15.3.1 Der Warburg-Effekt

Otto Warburg entdeckte in Tumorgewebe eine reduzierte Zellatmung sowie eine ausgeprägte **Glykolyse** („Warburg-Effekt").

Der Stoffwechsel von Tumorgewebe wurde erstmals in den Jahren der Weimarer Republik von dem Biochemiker **Otto Warburg** (Abb. A-15.1) untersucht (1883–1970, Nobelpreis für Medizin 1931). Er entdeckte in Tumorzellen eine überraschend geringe Zellatmung und stattdessen eine ausgeprägte Glykolyse (S. 82). Er vermutete, dass diese Konstellation eine Ursache der Krebsentstehung sein könnte. Nachdem sich in der zweiten Hälfte des 20. Jahrhunderts die genetischen Ursachen der Kanzerogenese abzeichneten, wurden diese Befunde zunächst nicht weiter verfolgt. Erst Anfang des 21. Jahrhunderts wurde der Stoffwechsel der Tumorzellen erneut untersucht und der „**Warburg-Effekt**" wurde in vielen Untersuchungen bestätigt.

⊙ A-15.1

⊙ A-15.1 Otto Heinrich Warburg

Otto Warburg war einer der bedeutendsten Biochemiker des 20. Jahrhunderts. Für seine Untersuchungen zur Atmungskette erhielt er 1931 den Nobelpreis für Medizin. Den größten Teil seines Lebens verbrachte er als Institutsleiter in Berlin-Dahlem. Einer seiner Schüler war Hans Krebs, der Entdecker des Harnstoffzyklus (S. 150) und des Citratzyklus (S. 115).

In schlecht durchblutetem Tumorgewebe ist die **Sauerstoffversorgung** ungenügend. Unter diesen Bedingungen gewinnen die Zellen ihre Energie durch einen intensiven Abbau von **Glucose** zu **Laktat**.

Tumorgewebe ist in vielen Fällen vergleichsweise schlecht durchblutet und die **Sauerstoffversorgung** ist entsprechend begrenzt. Unter diesen Bedingungen wird der Glucose-Verbrauch von den Zellen um mehr als das 10fache gesteigert. In der Regel wird die Glucose im Inneren des Tumorgewebes zu **Laktat** abgebaut und das Laktat wird an die Umgebung abgegeben. Viele Tumorzellen haben aufgrund ihrer Mutationen einen Defekt in den Enzymkomplexen der Zellatmung, oder sie entwickeln eine Überexpression des entkoppelnden Proteins UCP2, eines Verwandten des Thermogenins (S. 190). Die Energiegewinnung wird dann weitgehend auf eine **anaerobe Glykolyse** umgestellt und diese wird auch bei verbesserter Sauerstoffversorgung fortgeführt.

Das Laktat kann von benachbarten Tumorzellen zur Energiegewinnung genutzt werden, die hinreichend mit Sauerstoff versorgt sind.

Das dabei anfallende Laktat kann von benachbarten Tumorzellen aufgenommen und zur Energiegewinnung herangezogen werden, sofern dort eine bessere Sauerstoffversorgung eine effiziente oxidative Phosphorylierung erlaubt.

▶ Merke.

▶ Merke. Tumoren sind oft schlecht durchblutet, an den damit verbundenen Sauerstoffmangel (Hypoxie) passen sie sich durch eine **Umstellung des Stoffwechsels** auf anaerobe Glykolyse an.

Transkriptionsfaktor HIF-1

> **Merke.** Bei Sauerstoffmangel ist der **Transkriptionsfaktor HIF-1** für die Anpassung des Energiestoffwechsels von entscheidender Bedeutung.

HIF-1, der Hypoxie-induzierbare Faktor 1, ist ein Heterodimer, das aus den beiden konstitutiv (permanent) synthetisierten Untereinheiten HIF-1α und HIF-1β besteht (Abb. **A-15.2**). **HIF-1β** vermittelt die Bindung an eine charakteristische Basensequenz, die Bestandteil der Promotorregion vieler Gene ist.

A-15.2 Der Transkriptionsfaktor HIF-1

HIF-1 (HIF-1α + HIF-1β) Aktiv nur bei O_2-Mangel (Hypoxie)

Prolyl-Hydroxylase hydroxyliert HIF-1α in Gegenwart von O_2

Abbau des hydroxylierten HIF-1α durch Proteasomen

Die O_2-Abhängigkeit des HIF-1 wird über die **Stabilität des HIF-1α** reguliert: Die Zellen enthalten eine **Prolyl-Hydroxylase**, die O_2 binden kann und nur in Gegenwart von O_2 aktiv ist. Die Prolyl-Hydroxylase hydroxyliert einen bestimmten Prolinrest des HIF-1α. Dieses wird daraufhin ubiquitinyliert (S. 391) und von Proteasomen (S. 390) abgebaut. Die Halbwertszeit des HIF-1α liegt normalerweise unter 5 Minuten. Bei normalem Sauerstoffpartialdruck kann sich deshalb kein aktiver HIF-1-Komplex bilden.
Bei Sauerstoffmangel (Hypoxie) ist die Prolyl-Hydroxylase inaktiv. HIF-1α bleibt stabil und kann zusammen mit HIF-1β den aktiven Transkriptionsfaktor HIF-1 bilden. Unter physiologischen Bedingungen induziert HIF-1 bei Sauerstoffmangel z. B. in den peritubulären Zellen der Nierenrinde die Synthese des Erythropoetins (S. 760).
Tumorzellen zeigen oft eine gesteigerte Expression des HIF-1α, mitunter auch eine gesteigerte Expression der alternativen Untereinheit HIF-2α, die ebenfalls mit HIF-1β assoziieren kann.
In jedem Fall wird der Transkriptionsfaktor HIF-1 stabilisiert und aktiviert dann zahlreiche Gene:

- **Angiogenese**: HIF-1 induziert die Synthese des VEGF (S. 667), eines Wachstumsfaktors, der die Bildung neuer Kapillaren auslöst (VEGF = Vascular Endothelial Growth Factor). Für die Zellen im Kernbereich eines Tumors bleibt die Sauerstoffversorgung in der Regel dennoch unzureichend.
- **Glucoseversorgung:** HIF-1 induziert eine vermehrte Synthese der Glucosetransporter der GLUT-Familie (S. 366) und erleichtert damit eine Intensivierung der Glykolyse.
- **Glykolyse:** Verstärkt wird auch die Synthese der meisten Enzyme, die an der Glykolyse (S. 82) beteiligt sind. Der „Warburg-Effekt" lässt sich damit weitgehend auf die Aktivität des HIF-1 zurückführen.
- **Laktatbildung:** Auch die Synthese der Laktat-Dehydrogenase A, LDHA (S. 99), wird von HIF-1 verstärkt. Über die Reduktion des bei der Glykolyse anfallenden Pyruvats zu Laktat wird das NAD^+ regeneriert, das für die Glykolyse benötigt wird. Gleichzeitig wird über eine verstärkte Synthese des Monocarboxylat-Transporters MCT 4 der Export des Laktats aus den Zellen erleichtert.
- **Hemmung der Pyruvat-Dehydrogenase, PDH** (S. 110)**:** Die Bildung des Laktats wird auch über eine Hemmung der PDH erleichtert: HIF-1 verstärkt die Synthese der PDH-Kinase PDK1, die den PDH-Komplex phosphoryliert und dadurch inaktiviert. Damit fehlt dem Citratzyklus (S. 115) allerdings das Acetyl-CoA, welches zur Citratsynthese benötigt wird. Mitunter können Tumorzellen das Acetyl-CoA über eine gesteigerte β-Oxidation (S. 133) von Fettsäuren bereitstellen. Sofern der Stoffwechsel der Zelle weitgehend auf eine Verwertung von Glucose eingestellt ist, droht jedoch ein Mangel an Acetyl-CoA nicht nur für den Citratzyklus, sondern auch für die Synthese sämtlicher Lipide. Das Problem wird in Tumorzellen über einen Abbau von Glutamin (S. 164) gelöst.

15.3.2 Bausteine der Nukleotid-Synthese

Im Stoffwechsel sich häufig teilender Zellen ist es von großer Bedeutung, dass die für die DNA-Replikation benötigten Nukleotide in ausreichenden Mengen bereitgestellt werden. Mehrere wichtige Ausgangsstoffe der Nukleotid-Synthese werden ausgehend vom Glucose-Stoffwechsel bereitgestellt. Daran zeigt sich erneut die große Bedeutung des intensiven Glucose-Stoffwechsels für die Vermehrung der Tumorzellen.

Ribose-5-phosphat: Als Ausgangsstoff der Nukleotid-Synthese wird u. a. **Ribose-5-phosphat** benötigt. Dieses wird **ausgehend von Glucose-6-phosphat** über den Pentosephosphatweg synthetisiert.

Glycin und Folsäurederivate: Für die Synthese der Purin- und Pyrimidin-Ringsysteme (S. 425) werden in mehreren Schritten Bausteine benötigt, die ein einzelnes Kohlenstoffatom enthalten (z. B. Methyl-Gruppen). Deshalb wird der entsprechende Teil des Stoffwechsels als C_1-Stoffwechsel bezeichnet. Die C_1-Einheiten werden dabei von Derivaten der Folsäure übertragen. Ihren Ursprung haben die C_1-Einheiten wiederum im Stoffwechsel der Glucose. Um die benötigten Folsäurederivate zu erhalten, wird zunächst das 3-Phosphoglycerat der Glykolyse (S. 89) zu 3-Phosphohydroxypyruvat oxidiert. Eine Aminotransferase katalysiert dann die Übertragung einer Aminogruppe (von Glutamat), und das entstandene 3-Phosphoserin kann schließlich zu **Serin** dephosphoryliert werden. Die Aminosäure Serin kann in einer wichtigen Reaktion mit Tetrahydrofolat (einem Derivat der Folsäure) reagieren. Dabei entsteht die kleine Aminosäure **Glycin** sowie N^5,N^{10}-**Methylen-Tetrahydrofolat** (Abb. A-15.3). Dieses wird unmittelbar von der Thymidylat-Synthase benötigt. N^5,N^{10}-Methylen-Tetrahydrofolat ist aber auch die Ausgangsverbindung für die Synthese sämtlicher weiterer Folsäure-Derivate, die ebenfalls für die Nukleotid-Synthesen benötigt werden. Das entstandene Glycin ist ein essenzieller Baustein in einem der ersten Schritte der Purin-Synthese.

Die für den Nukleotid-Stoffwechsel benötigten Aminosäuren Glutamin und Glutamat verweisen bereits auf die besondere Relevanz des Aminosäure-Stoffwechsels für die Tumorzellen.

A-15.3 Bereitstellung von Glycin und N^5, N^{10}-Methylen-Tetrahydrofolat

15.3.3 Glutamin

Eine der größten Überraschungen in den neueren Studien zum Tumorstoffwechsel bestand in der Beobachtung, dass Tumorzellen oftmals nicht nur große Mengen Glucose aufnehmen, sondern auch außerordentlich große Mengen **Glutamin**. Im Vergleich zu den normalen Hepatozyten können Leberkrebszellen kontinuierlich das bis zu 10fache an Glutamin aufnehmen. Viele Tumorzellen zeigen in ihrem Wachstum eine ausgeprägte „Glutamin-Sucht" (eng. glutamine addiction). Das Glutamin leistet nicht nur einen Beitrag zum Stickstoffstoffwechsel der Tumorzellen, vielmehr liefert es **zusammen mit Glucose die Basis des gesamten Zellstoffwechsels**. Die prominente Rolle des Glutamins wird dadurch erleichtert, dass Glutamin unter den Aminosäuren des Blutplasmas generell die höchste Konzentration zeigt.

A 15.3 Tumorwachstum bei Sauerstoffmangel

▶ **Klinik.** In fortgeschrittenen Stadien sind Tumorerkrankungen oft mit einer erheblichen Abnahme des Körpergewichts verbunden (**Kachexie**). Die beim Abbau der Skelettmuskulatur freigesetzen Aminosäuren können den Tumorzellen das Wachstum zusätzlich erleichtern.

▶ **Klinik.**

Der Transkriptionsfaktor MYC: Die Umstellung des Stoffwechsels auf eine massive Verwertung von Glutamin wird insbesondere durch den **Transkriptionsfaktor MYC** (S. 541) begünstigt. Dieser hat vielen Tumorzellen eine außerordentlich hohe Aktivität und aktiviert die Gene vieler Enzyme, die für den **Glutamin-Stoffwechsel** notwendig sind. MYC, lange Zeit als c-Myc bezeichnet, aktiviert außerdem eine große Zahl von Genen, die an der **Regulation des Zellzyklus** beteiligt sind.

Der Transkriptionsfaktor MYC: Die massive Verwertung von Glutamin wird durch den **Transkriptionsfaktor MYC** erleichtert, der in vielen Tumorzellen eine außerordentlich hohe Aktivität zeigt.

Abbau von Glutamat: Tumorzellen bauen Glutamin überwiegend mit Hilfe der mitochondrialen Glutaminase zu **Glutamat** und NH_4^+ ab und anschließend unter Beteiligung der Glutamat-Dehydrogenase zu α-Ketoglutarat. Dieses wird im Sinne einer **anaplerotischen Reaktion** in den Citratzyklus (S. 115) eingespeist. Dieser Stoffwechselweg ist für das Wachstum der Tumorzellen von fundamentaler Bedeutung, da auf diese Weise Teile des Citratzyklus aufrechterhalten werden können, während die Zufuhr von Acetyl-CoA reduziert ist (bei Inaktivierung der PDH und einer nicht ausreichenden β-Oxidation von Fettsäuren).

Abbau von Glutamat: Glutamin wird in den Mitochondrien erst zu **Glutamat** und dann zu **α-Ketoglutarat** abgebaut. Letzteres wird in den Citratzyklus eingespeist.

Fettsäuresynthese ausgehend von α-Ketoglutarat: Darüber hinaus eröffnet das α-Ketoglutarat in den Tumorzellen einen ungewöhnlichen Stoffwechselweg zur Synthese von Fettsäuren. Ein vereinfachtes Schema zeigt Abb. **A-15.4**. α-Ketoglutarat entsteht im Citratzyklus normalerweise durch die NAD^+-abhängige Oxidation von Isocitrat in der Reaktion der Isocitrat-Dehydrogenase IDH3. Die Reaktion ist mit einer Freisetzung von CO_2 verbunden (oxidative Decarboxylierung) und irreversibel.

Fettsäuresynthese ausgehend von α-Ketoglutarat: α-Ketoglutarat ermöglicht Tumorzellen einen ungewöhnlichen Stoffwechselweg zur Synthese von Fettsäuren. Dazu wird die Syntheserichtung des Citratzyklus in zwei Reaktionen umgekehrt:

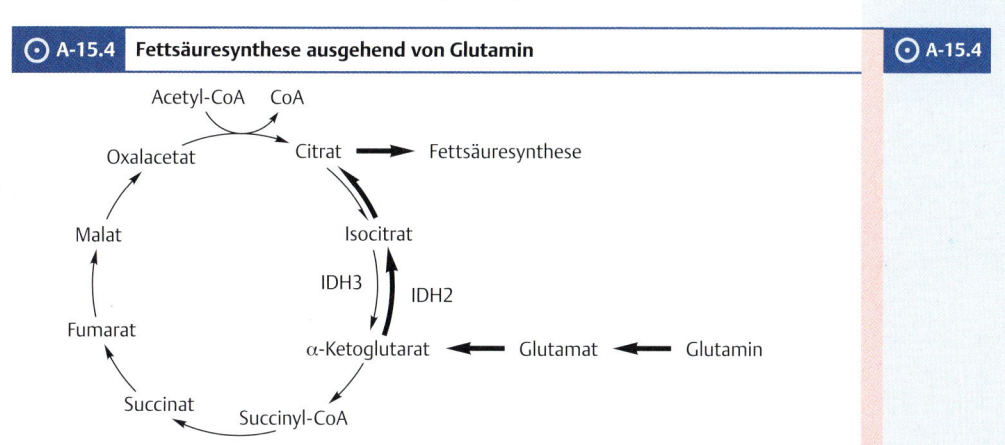

⊙ **A-15.4** Fettsäuresynthese ausgehend von Glutamin

⊙ **A-15.4**

In Tumorzellen wird jedoch oft ein **Isoenzym der Isocitrat-Dehydrogenase** zur Expression gebracht, die **IDH2**, welche die Rückreaktion und also eine **reduktive Carboxylierung** katalysiert. Als Reduktionsmittel dient dabei NADPH (Tab. **A-15.1**).

Ausgehend von α-Ketoglutarat wird in Tumorzellen mit Hilfe der **Isocitrat-Dehydrogenase 2 (IDH2)** Isocitrat synthetisiert.

≡ **A-15.1** Isocitrat-Dehydrogenasen IDH3 und IDH2

≡ **A-15.1**

IDH3	IDH2
▪ Im regulären Citratzyklus	▪ Charakteristisch für Tumorzellen
▪ Oxidative Decarboxylierung Isocitrat → α-Ketoglutarat	▪ Reduktive Carboxylierung α-Ketoglutarat → Isocitrat
▪ Bildung von NADH	▪ Verbrauch von NADPH

Die physiologische Funktion der IDH2 ist nicht geklärt. Ein weiteres Isoenzym der Isocitrat-Dehydrogenase ist im Zytosol lokalisiert (IDH1), wo es reversibel, sowohl die Decarboxylierung als auch die Carboxylierung katalysieren kann.
Da die Reaktion der Aconitase in den Mitochondrien ohnehin reversibel ist, kann das entstandene Isocitrat dann leicht zu **Citrat** isomerisiert werden. Das Citrat wird von den Mitochondrien exportiert und von der zytosolischen Citrat-Lyase in Oxalacetat und **Acetyl-CoA** umgesetzt (Abb. **A-12.12**). Damit ist nun im Zytosol eine Syn-

Das Isocitrat wird zu **Citrat** isomerisiert, dieses wird von den Mitochondrien exportiert und ermöglicht im Zytosol eine Synthese von Fettsäuren.

these von Fettsäuren und anderen Lipiden möglich, auch wenn in den Mitochondrien die Synthese von Acetyl-CoA blockiert ist.

▶ **Merke.** In vielen Tumorzellen ist die **Fettsäure-Synthese ausgehend von Glutamin** einer der wichtigsten Stoffwechselwege (Abb. **A-15.4**).

15.4 Hydroxyglutarat als Onkometabolit

15.4.1 Synthese von 2-Hydroxyglutarat durch veränderte Isocitrat-Dehydrogenasen

Die Mutationen, die für eine Kanzerogenese verantwortlich sind, können mitunter auch ganz neue enzymatische Aktivitäten zur Folge haben. Ein bemerkenswertes Beispiel betrifft die **Gene der Isocitrat-Dehydrogenasen IDH1 und IDH2**. Bei diesen Mutionen ist nicht deren Regulation verändern, sondern die Aminosäuresequenz der Enzyme. Die Konsequenz dieser **veränderten Primärstruktur** besteht darin, dass von den Enzymen in großen Mengen **2-Hydroxyglutarat** synthetisiert wird, und damit ein Metabolit, der in den Geweben normalerweise nur in sehr geringen Mengen vorkommt. 2-Hydroxyglutarat ist ein **Onkometabolit**, der charakteristisch für Tumorzellen ist.

▶ **Merke.** Wenn Gene bzw. die von den Genen kodierten Proteine aufgrund von Mutationen eine neue Funktion erhalten, spricht man von **„gain-of-function"-Mutationen.** Die Mutationen der Isocitrat-Dehydrogenasen IDH1 und IDH2 sind hierfür ein Beispiel.

Die veränderten Isocitrat-Dehydrogenasen haben ihre Affinität zu Isocitrat weitgehend verloren, sie binden aber sehr effizient α-Ketoglutarat und katalysieren eine **Reduktion des α-Ketoglutarats zu 2-Hydroxyglutarat** (Abb. **A-15.5**). Die Keto-Gruppe des α-Ketoglutarats wird dabei mit Hilfe von NADPH reduziert, das entstehende 2-Hydroxyglutarat liegt in D-Konfiguration vor, es handelt sich also um D-2-Hydroxyglutarat.

⊙ **A-15.5** Synthese des Onkometaboliten 2-Hydroxyglutarat

Die veränderte enzymatische Aktivität wird im Fall der **zytosolischen IDH1** stets durch einen Austausch des Arginins in Position 132 verursacht, im Fall der **mitochondrialen IDH2** von einem Austausch des Arginins in Position 140 oder in Position 172. Auffällig ist, dass die Mutationen immer nur in einem der beiden homologen Chromosomen (des diploiden Chromosomensatzes) gefunden werden. Offenbar ist es für den Stoffwechsel der Tumorgewebe essenziell, dass jeweils ein intaktes Enzym erhalten bleibt. Essenziell scheint für den Tumorstoffwechsel auch die IDH3 des Citratzyklus zu sein. Mutationen des IDH3-Gens sind bislang in Tumorzellen nicht gefunden worden.

▶ **Klinik.** Die Mutationen von IDH1 und IDH 2 wurden bei verschiedenen Tumorerkrankungen gefunden. Unter den Patienten mit **Akuter Myeloischer Leukämie** (AML) sind in einer Studie nahezu **20 % der Patienten** von derartigen **Mutationen** betroffen, bei Patienten mit **Gliomen** (Tumoren der Gliazellen des ZNS) wurden die Mutationen sogar in mehr als **80 % der Fälle** nachgewiesen.

15.4.2 2-Hydroxyglutarat als Inhibitor α-Ketoglutarat-abhängiger Dioxygenasen

Worin besteht die Relevanz des 2-Hydroxyglutarats in den Tumorzellen? Interessanterweise sind mehrere Enzyme identifiziert worden, die von 2-Hydroxyglutarat gehemmt werden können. Alle diese Enzyme sind Mitglieder einer Familie von mehr als 60 Dioxygenasen, deren Funktion von Fe^{2+}-Ionen, O_2 und α-Ketoglutarat abhängig ist. **2-Hydroxyglutarat** wirkt als **kompetitiver Inhibitor** dieser Enzyme, indem es sich anstelle des in seiner Struktur sehr ähnlichen α-Ketoglutarats in das aktive Zentrum der Enzyme einlagert.

α-Ketoglutarat-abhängige Dioxygenasen nehmen ein O_2-Molekül auf, indem dieses an das Fe^{2+}-Ion im aktiven Zentrum des Enzyms bindet (Abb. **A-15.6**). In der unmittelbaren Nähe des Eisenions und des O_2 bindet gleichzeitig das Substrat sowie α-Ketoglutarat, das als Cosubstrat dient. Das O_2 wird dann gespalten: Ein Sauerstoffatom wird auf den Carbonyl-Kohlenstoff des α-Ketoglutarats übertragen, das übrig bleibende zweite Sauerstoffatom wird auf das Substrat übertragen.

Im typischen Fall wird dabei **im Substrat eine Hydroxyl-Gruppe gebildet**, die α-Ketoglutarat-abhängigen Dioxygenasen sind in diesen Fällen Hydroxylasen. Indem das α-Ketoglutarat ein Sauerstoffatom aufnimmt, löst sich CO_2 ab, und aus dem α-Ketoglutarat entsteht **Succinat**.

Zu den α-Ketoglutarat-abhängigen Dioxygenasen gehören die meisten Demethylasen, die für die **Demethylierung der DNA und der Histone** verantwortlich sind. 2-Hydroxyglutarat greift auf fundamentale Weise in die Genregulation der Zellen ein, indem es diese Enzyme blockiert.

⊙ A-15.6 Reaktionsmechanismus der α-Ketoglutarat-abhängigen Dioxygenasen

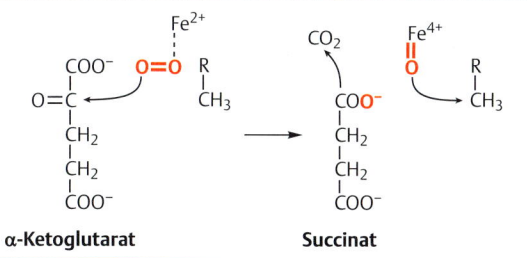

Genregulation unter Beteiligung α-Ketoglutarat-abhängiger Dioxygenasen

Die TET-Enzyme

Die Methylierung der DNA stellt einen der wichtigsten Mechanismen zur **Stilllegung von Genen** dar. Methyliert wird dabei stets das Kohlenstoffatom der Position 5 bestimmter Cytosine. Im typischen Fall werden **Cytosine im Promotorbereich** der Gene methyliert und damit die Wechselwirkungen mit aktivierenden Transkriptionsfaktoren verhindert.

Die Gene können durch eine **Enzym-vermittelte Demethylierung** wieder aktiviert werden. Diese wird durch drei α-Ketoglutarat-abhängige Dioxygenasen vermittelt, die als **TET-Enzyme** bezeichnet werden. (Sie wurden ursprünglich im Zusammenhang mit einer Chromosom 10/Chromosom11-Translokation entdeckt: **t**en-**e**leven **t**ranslocation).

Die TET-Enzyme katalysieren schrittweise eine **Hydroxylierung der Methylgruppen** sowie die Oxidation zu einer Formyl-Gruppe und zu einer Carboxyl-Gruppe. Die derart **modifizierten Cytosine** werden vom System der **Basenexzision** (S. 523), einem System der DNA-Reparatur, erkannt und **gegen nicht-methylierte Cytosine ausgetauscht**. Wenn die TET-Enzyme durch **2-Hydroxyglutarat gehemmt** werden, bleiben die Methylierungen der DNA erhalten. Aus Gründen, die nicht ganz verstanden sind, geschieht dies **bei Tumorsuppressor-Genen** (Gene die einer Entartung der Zellen entgegenwirken) **wesentlich häufiger als bei Onkogenen** (Gene, die die Tumorentstehung begünstigen). In jedem Fall wird durch die Hemmung der TET-Enzyme eines der wichtigsten Systeme der Genregulation und damit auch die gewebetypische **Zelldifferenzierung** nachhaltig gestört.

A 15 Stoffwechsel in Tumorzellen

Die DNA-Demethylierung kann in Tumorzellen auch unabhängig von 2-Hydroxyglutarat blockiert sein. So ist eines der TET-Gene bei vielen Leukämien durch Mutationen inaktiviert. Die Bedeutung der TET-Enzyme für die Kanzerogenese wird dadurch bestätigt.

Jumonji-C-Histon-Demethylasen

Durch eine **Methylierung der Histone** kann die Transkription der Gene erleichtert oder auch blockiert werden.

Parallel zur Methylierung der DNA werden auch die **Histone** (S. 467) **der Nukleosomen methyliert**. Während die Transkription der Gene durch eine Acetylierung der Histone (S. 467) stets erleichtert wird, kann die **Transkription** durch eine Methylierung der Histone **erschwert** werden (Methylierung der Lysine in Positionen 9 und 27 des Histon H3) oder erleichtert werden (Methylierung der Lysine in Position 4 oder 36 des Histon H3). Die primäre Aminogruppe der Lysinseitenketten kann dabei mono-, di- oder trimethyliert sein.

Die kontrollierte **Demethylierung der Histone** wird u. a. von mehreren α-Ketoglutarat-abhängigen Dioxygenasen katalysiert, den **Jumonji-C-Histon-Demethylasen**.

Die kontrollierte **Demethylierung der Histone** wird von mehreren unterschiedlichen Enzymen katalysiert. Unter diesen befinden sich wiederum mehrere α-Ketoglutarat-abhängige Dioxygenasen: die **Jumonji-C-Histon-Demethylasen**, kurz **JMJ-Histon-Demethylasen**. Im Fall der N-Methyl-Gruppen der Lysinseitenketten führt eine einfache **Hydroxylierung** bereits dazu, dass sich ein instabiles Reaktionsprodukt bildet, welches sich spontan vom Stickstoffatom ablöst. (Der Name Jumonji ist das japanische Wort für „kreuzförmig". Er entstand im Zusammenhang mit der Entdeckung der JMJ-Proteine bei der Charakterisierung der ersten Mausmutanten, die eine kreuzförmige Neuralgrube entwickelten.)

Auch diese Demethylasen werden durch 2-Hydroxyglutarat gehemmt.

Auch die JMJ-Histon-Demethylasen werden sehr effizient durch 2-Hydroxyglutarat gehemmt. 2-Hydroxyglutarat blockiert damit einen weiteren Mechanismus, der für die gesamte Genregulation in den Zellen von fundamentaler Bedeutung ist.

Prolyl-Hydroxylase

Zu den α-Ketoglutarat-abhängigen Dioxygenasen zählt auch die **Prolyl-Hydroxylase**, welche die α-Untereinheit des **HIF-1** hydroxyliert. Die Daten zu einer möglichen Hemmung durch 2-Hydroxyglutarat sind bislang widersprüchlich.

Bemerkenswerterweise zählt zu den α-Ketoglutarat-abhängigen Dioxygenasen auch die **Prolyl-Hydroxylase**, welche die **α-Untereinheit** des Hypoxie-induzierbaren Faktors **HIF-1 hydroxyliert** und damit für den **proteolytischen Abbau** markiert. Leider sind die Daten zu einer möglichen Hemmung der Prolyl-Hydroxylase durch 2-Hydroxyglutarat bislang noch widersprüchlich. Sofern die Hemmung durch 2-Hydroxyglutarat möglich sein sollte, könnte 2-Hydroxyglutarat damit zur Ursache für sämtliche Effekte werden, die von HIF-1 vermittelt werden.

▶ Klinik.

▶ Klinik. Der bislang spektakulärste Versuch zu einer Umsetzung der neuen Ergebnisse der Grundlagenforschung zum Tumorstoffwechsel in therapeutische Verfahren wurde im Frühjahr 2014 am Memorial Sloan Kettering Cancer Center in New York begonnen: Eine Gruppe von 45 Patienten mit AML (Akute Myeloische Leukämie) erhielt einen neu entwickelten **Hemmstoff AG-221** zur spezifischen Hemmung der tumortypisch veränderten **IDH2**. Bis zum Herbst des Jahres waren mehrere der Patienten trotz der neuartigen Therapie gestorben. Bei 10 Patienten war aber zumindest eine deutliche Besserung eingetreten, bei 15 Patienten hatte sich sogar eine vollständige Remission entwickelt. Im Frühjahr 2015 konnte für diese Patienten der anhaltende Erfolg der Therapie bestätigt werden.

15.5 Resümee

Es stellt sich die Frage, ob es womöglich weitere Stoffwechselprodukte gibt, die ähnlich dem 2-Hydroxyglutarat – oder auch ganz anders – als potente Onkometabolite wirken. Überraschend hat sich der Forschung ein ganz neues Feld eröffnet.

Die Erforschung des Stoffwechsels der Tumorgewebe hat sich erst in jüngster Zeit zu einem bedeutenden Forschungsgebiet entwickelt. Lange Zeit hatte sich die onkologische Forschung ganz auf die DNA-abhängigen Prozesse der Kanzerogenese konzentriert. Auch alle Veränderungen in der Signaltransduktion der Zellen konnten stets auf DNA-abhängige Prozesse zurückgeführt werden. Veränderungen im Stoffwechsel der Tumorgewebe wurden allenfalls als unwesentliche Konsequenzen wahrgenommen. Mit der Entdeckung des **Onkometaboliten 2-Hydroxyglutarat** hat die Forschung eine unerwartete Wendung genommen. Die Synthese des 2-Hydroxyglutarats ist nicht nur eine indirekte Konsequenz bestimmter Mutationen der DNA, vielmehr verursacht 2-Hydroxyglutarat eine radikale **Änderung der gesamten Genexpression**. Die betroffenen Zellen werden vollständig umprogrammiert. Dieser Prozess betrifft nicht die Basensequenzen der DNA, sondern die **Methylierung der DNA**

und der Histone und somit Mechanismen, die mit dem Ausdruck **Epigenetik** bezeichnet werden. Mutationen der DNA sind die entscheidenden Auslöser eine Kanzerogenese. Die weiteren Schritte der Kanzerogenese scheinen jedoch vor allem durch eine grundsätzliche Störung epigenetischer Mechanismen verursacht zu werden. Es stellt sich nun die Frage, ob es womöglich weitere Stoffwechselprodukte gibt, die ähnlich dem 2-Hydroxyglutarat – oder auch ganz anders – als potente Onkometaboliten wirken. Überraschend hat sich der Forschung ein ganz neues Feld eröffnet.

16 Vitamine

16.1 Grundlagen 290
16.2 Fettlösliche Vitamine 292
16.3 Wasserlösliche Vitamine 300

K. Hauser

16.1 Grundlagen

Vitamine sind Substanzen, die unser Körper für die Erhaltung seiner Lebensfunktionen benötigt. Mikroorganismen und Pflanzen können diese Verbindungen selbst synthetisieren. Den höheren Organismen sind im Laufe der Evolution die dazu benötigten Enzyme verloren gegangen. Vitamine sind für den Menschen also **essenziell** und müssen mit der Nahrung aufgenommen werden. Eine Ausnahme ist Vitamin D (Cholecalciferol), das aus Cholesterin synthetisiert wird (S. 646).
Vitamine werden nur in ganz geringen Mengen benötigt. Sie haben regulatorische und katalytische Funktion und wirken als
- Cofaktoren von Enzymen,
- Transkriptionsfaktoren,
- Antioxidanzien und als
- Bestandteile von Signaltransduktionsketten (Tab. **A-16.1**).

16.1.1 Vitaminbedarf

Der tägliche Bedarf an Vitaminen hängt von individuellen Gegebenheiten ab und kann in den meisten Fällen nicht genau angegeben werden. Die Deutsche Gesellschaft für Ernährung (DGE) hat deshalb Empfehlungen für die wünschenswerte tägliche Zufuhr an Vitaminen herausgegeben (Tab. **A-16.1**). Dabei sind
- individuelle Schwankungen,
- erhöhter Bedarf bei körperlicher Arbeit,
- Wachstum,
- Schwangerschaft und Stillzeit

berücksichtigt. Zusätzlich sind Verluste zu beachten, die durch industrielle Nahrungsprozessierung, Lagerung und Zubereitung (Erhitzen) entstehen.

16.1.2 Vitaminosen

▶ **Definition.** **Vitaminosen** sind Erkrankungen infolge einer Fehlversorgung mit Vitaminen. Man unterscheidet:
- **Hypovitaminose:** Erkrankung aufgrund einer leichten Vitamin-Unterversorgung
- **Avitaminose:** Erkrankung aufgrund des Fehlens eines Vitamins
- **Hypervitaminose:** Erkrankung aufgrund einer Vitamin-Überversorgung

Hypo- und Avitaminosen

Hypo- und Avitaminosen sind die häufigsten Formen der Vitaminose. Vitaminmangel hat verschiedene **Ursachen**:
Die primäre Ursache ist eine **unzureichende orale Zufuhr** des Vitamins. Man kann dies besonders in den Ländern der Dritten Welt beobachten. In den westlichen Industrienationen kommt diese Art der Unterversorgung nur sehr selten vor.
Kommt es trotz ausreichender Vitaminzufuhr zu Mangelerscheinungen, spielen sekundäre Ursachen eine Rolle. Dazu gehört z. B. eine **gestörte intestinale Resorption**. Dies betrifft besonders die fettlöslichen Vitamine, die mithilfe von Gallensalzen aus der Leber in Mizellen gelöst werden. Fehlen die Gallensalze (z. B. bei einem Gallengangverschluss), können die Vitamine nicht mehr gelöst und damit nicht mehr re-

A-16.1 Funktion, Vorkommen und empfohlene Tagesdosis von Vitaminen

Vitamin	aktive Form	Funktion(en)	Vorkommen	empfohlene Tagesdosis*
fettlöslich (lipophil)				
A – Retinol	Retinol, Retinal, Retinsäure	Sehvorgang (Retinal) Entwicklung (Retinsäure) Epithelschutz (Retinol)	Fisch, Provitamin (β-Carotin) in vielen Pflanzen	0,8 – 1,1 mg
D – Cholecalciferol	1,25-Dihydroxycholecalciferol (Calcitriol), 1,25-Dihydroxyergocalciferol	Hormon des Ca^{2+}-Stoffwechsels	Lebertran, Eier, Leber, Milch Synthese aus Cholesterin (S. 357)	2 – 4 µg bzw. 20 µg
E – Tocopherol	Tocopherol-Hydrochinon	Oxidationsschutz ungesättigter Fettsäuren	Getreidekeime, Pflanzenöle	12 – 15 mg
K – Phyllochinon	Difarnesylnaphtochinon	Coenzym von γ-Carboxylierungen	Gemüse, tierische Gewebe Synthese durch Darmbakterien	60 – 80 µg
wasserlöslich (hydrophil)				
(B_1 –) Thiamin	Thiaminpyrophosphat	dehydrierende Decarboxylierungen	Nüsse, Keime, Schweinefleisch	1,0 – 1,3 mg
(B_2 –) Riboflavin	FAD, FMN	Protonenübertragung, Elektronenübertragung	Aal, Hefe, Käse, Hühnerbrust, Milch	1,0 – 1,4 mg
(B_3 –) Niacin	NAD^+, $NADP^+$	Protonenübertragung, Elektronenübertragung	Nüsse, Fleisch, Fisch Synthese aus Tryptophan (Abb. A-16.18)	11 – 16 mg
B_6 – Pyridoxin	Pyridoxalphosphat	Transaminierungen, Decarboxylierungen	Leber, Fisch, Erbsen, Walnüsse, Bierhefe	1,2 – 1,5 mg
B_{12} – Cobalamin	5'-Desoxyadenosylcobalamin Methylcobalamin	Alkyl-Umlagerungen, C_1-Gruppen-Übertragungen	Fisch, Fleisch Synthese durch Darmbakterien	3 µg
(B_9 –) Folsäure	Tetrahydrofolsäure	C_1-Gruppen-Übertragungen	frisches, grünes Gemüse Synthese durch Darmflora	300 µg
(B_5 –) Pantothensäure	Phosphopantethein (in Coenzym A und im Acyl-Carrier-Protein der Fettsäure-Synthase)	Acylübertragungen	Eier, Fleisch, Erdnüsse	6 mg
(H –) Biotin	Biotinyllysin	Carboxylierungen	Synthese durch Darmbakterien	30 – 60 µg
C – Ascorbinsäure	Ascorbinsäure	Redoxsystem, Hydroxylierungen	Obst und Gemüse	110 mg

* Empfehlungen der Deutschen Gesellschaft für Ernährung für einen normalen gesunden Erwachsenen (DGE, Stand 2015)
** Vitamin D hat eine Sonderstellung, da es vom Körper selbst synthetisiert werden kann. Bei einem Gesunden reichen die mit der täglichen Nahrung zugeführten 2–4 µg pro Tag aus, fehlt jedoch die endogene Synthese, muss Vitamin D mit 20 µg pro Tag substituiert werden.
Die eingeklammerten Bezeichnungen werden heute von der DGE nicht mehr verwendet. Diese Vitamine sind nur noch unter ihren Trivialnamen bekannt.

sorbiert werden. Cobalamin (S. 314), syn. Vitamin B_{12}, ist bei der Resorption auf den Intrinsic Factor aus den Belegzellen des Magens angewiesen. Daher kann es bei chronisch atrophischer Gastritis (aufgrund einer Atrophie der Magendrüsen) oder nach einer Magenresektion zu einem resorptionsbedingten Cobalaminmangel kommen.
Eine weitere sekundäre Ursache für einen Vitaminmangel ist eine **fehlende oder unzureichende Umwandlung des Vitamins in seine aktive Form**. Zum Beispiel wird die Umwandlung von Thiamin in das aktive Thiaminpyrophosphat (TPP) durch Alkohol gestört, sodass ein Thiaminmangel bei Alkoholikern dadurch noch verstärkt werden kann.
Die **Symptome** von Hypovitaminosen sind in der Regel unspezifisch. Da Vitamine am Intermediärstoffwechsel beteiligt sind, sind oft Organe mit einer hohen Stoffwechselrate (z. B. Herz, Darm) betroffen. Auch Gewebe mit starker Zellproliferation (z. B. Knochenmark während der Blutbildung) sind anfällig für einen Vitaminmangel. Außerdem zeigt der Körper unter bestimmten Umständen einen erhöhten Vitaminbedarf.

▪ fehlende oder unzureichende Umwandlung des Vitamins in seine aktive Form

Die **Symptome** eines Vitaminmangels sind in der Regel unspezifisch, da Vitamine an vielen unterschiedlichen Stoffwechselwegen beteiligt sind.

▶ Klinik. Während einer **Schwangerschaft** besteht ein erhöhter Folsäurebedarf. Studien haben gezeigt, dass es einen Zusammenhang zwischen einem Folsäuremangel der Mutter und dem Auftreten von Neuralrohrdefekten (z. B. Spina bifida) beim Kind gibt. Deshalb wird vor und während einer Schwangerschaft eine Substitution mit Folsäure empfohlen.

Hypervitaminosen

Hypervitaminosen kommen selten vor. Sie werden in der Regel durch **fettlösliche Vitamine** hervorgerufen, da diese nicht so einfach aus dem Körper entfernt werden können. Wasserlösliche Vitamine werden auch bei hohem Überschuss mit dem Urin ausgeschieden.

16.1.3 Einteilung der Vitamine

▶ Merke. Die Vitamine werden in fettlösliche und wasserlösliche Vitamine eingeteilt. Zu den fettlöslichen Vitaminen gehören die Vitamine A, D, E und K („EDeKA"), zu den wasserlöslichen die Vitamine der B-Gruppe und das Vitamin C (Tab. **A-16.1**).

Diese Einteilung erfolgt lediglich aufgrund der chemischen Eigenschaften der Vitamine und hat nichts mit ihrer Funktion zu tun.

▶ Tipp. Heute werden in der Regel die Trivialnamen der Vitamine benutzt, nicht mehr die Buchstabenbezeichnung (z. B. Tocopherol statt Vitamin E). Es empfiehlt sich also, sich die Trivialnamen der Vitamine einzuprägen.

16.2 Fettlösliche Vitamine

16.2.1 Retinol – Vitamin A

Vitamin A wird hauptsächlich in Form seiner Vorstufe **β-Carotin** (Provitamin A) aufgenommen. Dieses kann nur von Pflanzen synthetisiert werden und kommt in hohen Konzentrationen in gelbem Obst und Gemüse vor (z. B. Pfirsiche oder Karotten). In tierischem Gewebe findet man außer in der Leber, in der es gespeichert wird, nur geringe Mengen an Vitamin A.

Vitamin A spielt eine wichtige Rolle beim **Sehvorgang** und bei der **Regulation von Wachstumsprozessen**.

Struktur und Stoffwechsel

Vitamin A existiert in verschiedenen Formen, die alle aus β-Carotin entstehen können (Abb. **A-16.1**):
- all-*trans*-Retinal
- all-*trans*-Retinol
- all-*trans*-Retinsäure

Retinol ist ein Alkohol, der aus vier Isopreneinheiten besteht. Er wird entweder direkt mit der Nahrung zugeführt oder aber in Form seiner Vorstufe β-Carotin (Provitamin A) aufgenommen.

Retinol bzw. seine Vorstufe β-Carotin werden im Rahmen der Fettresorption mithilfe von Gallensäuren in die Enterozyten des Darms aufgenommen. Dort wird **β-Carotin** durch eine Dioxygenase unter Verbrauch von molekularem Sauerstoff in zwei Moleküle des Aldehyds **all-*trans*-Retinal** gespalten und anschließend zu all-*trans*-Retinol reduziert. Das Retinol wird mit Fettsäuren verestert und die Retinylester (Retinol-Fettsäure-Ester) in Chylomikronen verpackt. Zusammen mit den Chylomikronen gelangen die Ester über die Lymphbahn und den peripheren Blutkreislauf zur Leber. Dort werden die Ester aufgenommen, in den Lysosomen der Hepatozyten zu Fettsäuren und Retinol hydrolysiert. Das Retinol wird dann an ein zelluläres Retinolbindungsprotein gebunden. In dieser Form kann es für kurze Zeit im Leberparenchym gespeichert werden. Bei Bedarf kann Vitamin A bzw. Retinol von einer Esterase freigesetzt und mithilfe von anderen Retinolbindungsproteinen zu den extrahepatischen Geweben transportiert werden.

A 16.2 Fettlösliche Vitamine

A-16.1 Die verschiedenen Formen des Vitamin A und seine Reaktionen

Aus β-Carotin entsteht durch Oxidation das all-*trans*-Retinal, das in all-*trans*-Retinol umgewandelt werden kann. Diese Reaktion ist reversibel. Die Reaktion von all-*trans*-Retinal zu all-*trans*-Retinsäure dagegen ist irreversibel.

Durch eine Isomerase wird **all-*trans*-Retinal** in **11-*cis*-Retinal** umgewandelt, das eine wichtige Rolle beim Sehvorgang (S. 836) spielt. All-*trans*-Retinal kann aber auch irreversibel zu **all-*trans*-Retinsäure** oxidiert werden. Diese hat zusammen mit **9-*cis*-Retinsäure**, die durch Isomerisierung entsteht, eine wichtige Funktion bei der Kontrolle von Wachstum und Entwicklung.

Speicherung

Zur Speicherung wird das Retinal in der Leber zu Retinol reduziert und dann mit Palmitat zu **Retinylpalmitat** verestert. In dieser Form wird es in den Ito-Zellen (neue Bezeichnung: hepatische Sternzellen) der Leber gespeichert. Die gespeicherte Vitamin-A-Menge in der Leber sichert den Bedarf an Vitamin A über mehrere Monate. Bei Bedarf wird das Retinol durch eine **Esterase** freigesetzt. Da Retinol nur schwer wasserlöslich ist, wird es im Blut mithilfe von **Retinolbindeproteinen** an seinen Bestimmungsort transportiert.

Speicherung

Vitamin A wird als **Retinylpalmitat** in den Ito-Zellen der Leber gespeichert. Bei Bedarf wird Retinol durch eine **Esterase** freigesetzt. Der Transport im Blut erfolgt mithilfe von **Retinolbindeproteinen**.

Funktion

▶ **Merke.** Vitamin A hat verschiedene Funktionen:
- **Retinal** ist das erste Glied in der Signalkette beim Sehvorgang.
- **Retinol** und
- **Retinsäure** beeinflussen die Genexpression und haben so Einfluss auf Entwicklung, Wachstum und viele andere Prozesse im Körper.

Funktion

▶ **Merke.**

Retinal und der Sehvorgang

In den Scheibchenmembranen der Stäbchen und Zapfen der Retina (daher hat das Retinal auch seinen Namen) bildet 11-*cis*-Retinal zusammen mit dem heptahelikalen Membranprotein Opsin das **Fotopigment** (das Rhodopsin der Stäbchen bzw. die drei Zapfenopsine, die sich in der Primärstruktur des Opsins unterscheiden). Die lichtinduzierte Umlagerung von 11-*cis*-Retinal zu all-*trans*-Retinal ist der erste Schritt in der Signaltransduktionskette des Sehvorgangs (S. 836).

Retinal und der Sehvorgang

11-*cis*-Retinal bildet zusammen mit dem Protein Opsin das **Fotopigment**. Die lichtinduzierte Umlagerung zu all-*trans*-Retinal ist der erste Schritt der Signaltransduktion des Sehvorgangs.

Retinol und Retinsäure

Die allgemeine Bedeutung von Retinol liegt wahrscheinlich in der Erhaltung der strukturellen **Integrität** und einer normalen **Permeabilität** von **Membranen**. Es ist unerlässlich zum Erhalt von Epithelzellen und man weiß auch, dass die innere Mitochondrienmembran unter Vitamin-A-Mangel instabil wird und die Atmungskette dadurch nicht mehr richtig funktioniert. Außerdem hat Retinol Einfluss auf das **Skelett** und das **Bindegewebe**, deren normale Entwicklung bei Vitamin-A-Mangel gestört ist.

Retinol und Retinsäure

Retinol erhält die strukturelle **Integrität** und normale **Permeabilität** von **Membranen**. Außerdem ist es wichtig für eine normale Entwicklung von **Skelett** und **Bindegewebe**.

Man vermutet, dass diese Wirkungen von Retinol darauf zurückzuführen sind, dass Retinol in Retinsäure umgewandelt wird. Retinsäure wirkt als Transkriptionsfaktor und hat somit Einfluss auf Gene, die über Retinsäure-Rezeptoren, kurz RAR/RXR (S. 580), reguliert werden. Dazu gehören u. a. Gene, die an der Knochenbildung und der Bildung von Epithelien beteiligt sind. Auch manche Gene für den Intermediärstoffwechsel und die Funktion der Mitochondrien werden so reguliert. Dadurch können die Effekte von Retinol auf die Mitochondrienmembran erklärt werden. Durch all-*trans*-Retinsäure und 9-*cis*-Retinsäure werden außerdem folgende Gene reguliert:
- Die Gene der **Zytokine**, die vor allem im Immunsystem das Wachstum von Zellen fördern.
- **Differenzierungsgene**, die vor allem in stark proliferierenden Geweben wie Epithelien exprimiert werden und diese so vor Tumoren schützen.
- Gene, die während der **Embryogenese** exprimiert werden und die Morphogenese verschiedener Organsysteme sowie die Ausbildung der Längsachse induzieren.

Retinsäure wirkt über einen intrazellulären Rezeptor (RAR für all-*trans*-Retinsäure, RXR für 9-*cis*-Retinsäure), der sich bereits an der DNA gebunden im Kern befindet. Die Retinsäure diffundiert durch das Zytosol in den Zellkern und bindet dort an den Rezeptor. Der Komplex aus Retinsäure und Rezeptor (S. 580) entfaltet als Heterodimer mit einem zweiten Rezeptor-Hormon-Komplex seine Aktivität als Transkriptionsfaktor.

Vitaminosen

Hypovitaminose

Das erste Symptom eines Vitamin-A-Mangels ist die **Nachtblindheit** (Hemeralopie). Sie ist auf eine ungenügende Regeneration des Rhodopsins (S. 839) zurückzuführen. Bei länger anhaltendem Vitamin-A-Mangel trocknen die Schleimhäute aufgrund des fehlenden Epithelschutzes aus und verhornen. Am Auge führt dies zur **Xerophthalmie** (Abb. **A-16.2**). Unterbleibt die Substitution von Vitamin A, kommt es schließlich durch Verhornung der Kornea zur Erblindung. Die Xerophthalmie aufgrund primären Vitamin-A-Mangels ist in den Ländern der Dritten Welt der häufigste Grund für die Erblindung von Kleinkindern. Neben der Schleimhautverhornung kommt es auch zur Atrophie der Speicheldrüsen und des Darmepithels. Bei Jugendlichen treten außerdem Wachstumsstörungen und Knochenbildungsstörungen auf.

In den westlichen Industrieländern ist ein primärer Vitamin-A-Mangel so gut wie unbekannt. Tritt hier eine Hypovitaminose A auf, handelt es sich in der Regel um einen sekundären Mangel, der durch Resorptionsstörungen, z. B. nach einer Darmresektion, oder durch ein Speicherdefizit der Leber, z. B. bei Leberzirrhose, entsteht.

⊙ A-16.2 Xerophthalmie

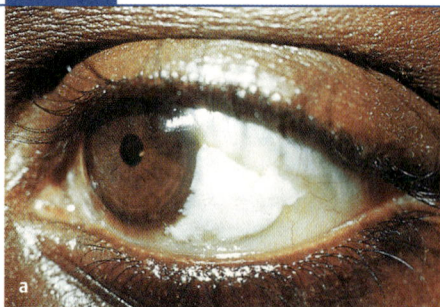

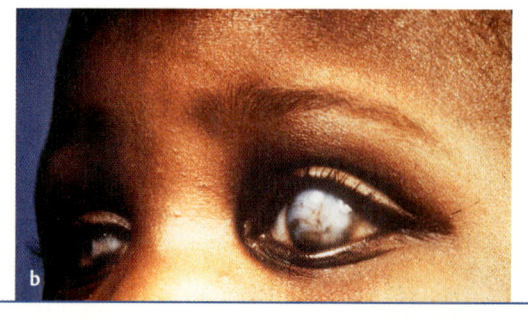

a Bitot-Fleck im temporalen Lidspaltenbereich bei Bindehautxerose infolge Vitamin-A-Mangels. Bitot-Flecken bestehen aus abgestorbenen Bindehaut-Epithelzellen, die durch den Lidschlag angehäuft werden (aus Sachsenweger, Duale Reihe Augenheilkunde, Thieme, 2003).
b Irreversible Keratinisierung der Hornhaut mit Ulzerationen bei ausgeprägtem, lang anhaltendem Vitamin-A-Mangel (aus Biesalski, Köhrle, Schümann; Vitamine, Spurenelemente und Mineralstoffe, Thieme, 2002).

Die Funktion von Retinol wird darauf zurückgeführt, dass es in Retinsäure umgewandelt wird und so als Transkriptionsfaktor wirkt. All-*trans*-Retinsäure und 9-*cis*-Retinsäure **induzieren** die **Transkription** z. B. von
- **Zytokingenen**,
- **Differenzierungsgenen** und
- **embryonalen Genen**, die die Morphogenese von Organen und Ausbildung der Längsachse induzieren.

Retinsäure bindet an einen intrazellulären Rezeptor. Der Retinsäure-Rezeptor-Komplex wirkt dann als Transkriptionsfaktor.

Vitaminosen

Hypovitaminose

Erstes Symptom ist die **Nachtblindheit** (Ursache: ungenügende Rhodopsinregeneration). Länger anhaltender Vitamin-A-Mangel führt aufgrund fehlenden Epithelschutzes zu Austrocknung und Verhornung von Schleimhäuten, z. B. am Auge. Die **Xerophthalmie** (Abb. **A-16.2**) ist in Entwicklungsländern die häufigste Ursache für die Erblindung von Kleinkindern.

In westlichen Industrieländern ist der (sehr seltene) Vitamin-A-Mangel auf eine sekundäre Ursache (Resorptionsstörungen, Leberzirrhose) zurückzuführen.

Hypervitaminose

Sehr hohe Vitamin-A-Dosen können vor allem bei Kindern und Jugendlichen zu Kopfschmerzen, Erbrechen und Schwindel führen. Weitere Symptome einer Vitamin-A-Hypervitaminose sind Haarausfall und Hautaustrocknung. Außerdem kann es zu überschüssiger Knochenbildung (Hyperostose) kommen.

Während der Schwangerschaft dürfen keine hochdosierten Vitamin-A-Präparate eingenommen werden, da Vitamin-A-Überschuss beim Embryo u. a. zu Fehlbildungen des Skeletts (Störung der Ausbildung der Längsachse!) führen kann.

16.2.2 Calciferole – Vitamin D

Calciferole wirken im Körper als Hormone.
Sie sind für die **Versorgung des Körpers mit Ca^{2+}** zuständig: Sie steigern die Ca^{2+}-Resorption aus dem Darm und fördern den Einbau von Ca^{2+} in den Knochen.
Die beiden wichtigsten Vertreter sind **Cholecalciferol** (Vitamin D$_3$), das in größeren Mengen in Lebertran vorkommt, und **Ergocalciferol** (Vitamin D$_2$), das in Pflanzen und Speisepilzen enthalten ist. Ihre biologisch aktive Form ist **1,25-Dihydroxycholecalciferol (Calcitriol)** bzw. **1,25-Dihydroxyergocalciferol**.

Struktur, Biosynthese und Funktion

Die Calciferole (S. 646) sind Steroide (Abb. **A-16.3**), bei denen der B-Ring des Sterangerüsts durch UV-Strahlung gespalten wurde. Über 50 % des Cholecalciferols synthetisiert der Mensch selbst aus Cholesterin über die Zwischenstufe 7-Dehydrocholesterin.

Hypervitaminose

Symptome sind Kopfschmerzen, Erbrechen, Schwindel, Haarausfall, Hautaustrocknung und Hyperostose.

Beim Embryo führt Vitamin-A-Überschuss u. a. zu Skelettfehlbildungen.

16.2.2 Calciferole – Vitamin D

Calciferole sind **Hormone**, die den **Körper mit Ca^{2+} versorgen**. Die wichtigsten sind
- Cholecalciferol (Vitamin D$_3$) mit der biologisch aktiven Form **1,25-Dihydroxycholecalciferol (Calcitriol)** und
- **Ergocalciferol** (Vitamin D$_2$) mit der biologisch aktiven Form **1,25-Dihydroxyergocalciferol**.

Struktur, Biosynthese und Funktion

Calciferole (S. 646) sind Steroide (Abb. **A-16.3**). Cholecalciferol kann im Körper synthetisiert werden.

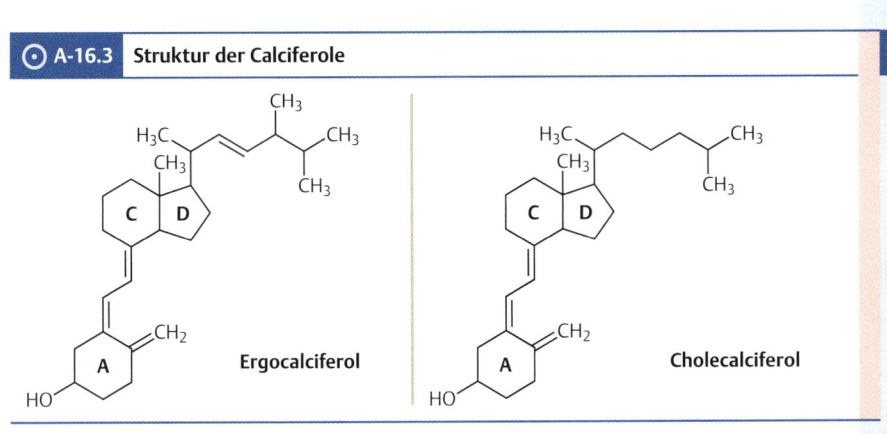

⊙ **A-16.3** Struktur der Calciferole

Ergocalciferol   Cholecalciferol

⊙ **A-16.3**

Vitaminosen

Hypovitaminose

Obwohl Vitamin D in Form von Cholecalciferol vom Körper selbst synthetisiert werden kann, kann es zu einer Unterversorgung mit Vitamin D kommen. Dies liegt daran, dass vor allem im Winter der Körper einer zu geringen UV-Strahlung ausgesetzt ist, sodass der erste Schritt der Biosynthese des Calciferols nicht mehr ausreichend schnell vollzogen werden kann.
Da Vitamin D bei der Knochenmineralisierung eine wichtige Rolle spielt, führt ein Mangel zu Mineralisierungsstörungen des Skeletts. Im Säuglings- und Kindesalter äußert sich dies im Krankheitsbild der **Rachitis**. Dabei kommt es zu einer Störung der enchondralen Ossifikation mit schweren Knochendeformationen, z. B. Auftreibungen an der Knorpel-Knochen-Grenze der Rippen (rachitischer Rosenkranz, Abb. **A-16.4 a**), X- oder O-Beinen (Abb. **A-16.4 b**). In besonders schweren Fällen können auch Tetanien und Krampfanfälle auftreten.
Nach Abschluss des Längenwachstums (Schluss der Epiphysenfugen) äußert sich der Vitamin-D-Mangel als **Osteoporose** oder **Osteomalazie**. Bei Ersterer führt die mangelhafte Mineralisierung der Knochengrundsubstanz zu Spontanfrakturen, bei Letzterer zusätzlich zu Deformationen.

Vitaminosen

Hypovitaminose

Zur Unterversorgung kommt es dann, wenn dem Körper zur Biosynthese des Cholecalciferols nicht genügend UV-Strahlung zur Verfügung steht.

Ein Mangel an Vitamin D führt bei Kindern zur **Rachitis** (Abb. **A-16.4**), bei Erwachsenen zur **Osteoporose** und **Osteomalazie**, da die Knochen nicht mehr genügend mineralisiert werden.

A-16.4 Rachitis

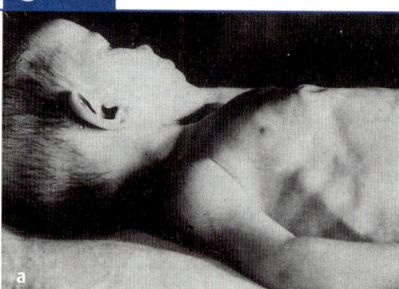

a Stark ausgeprägter rachitischer Rosenkranz (aus Sitzmann, Duale Reihe Pädiatrie, Thieme, 2012). **b** O-Beine bei einem Kleinkind mit Rachitis. Am Femur finden sich beidseits periostale Knochenappositionen (Pfeil) aus unverkalkter Knochengrundsubstanz (aus Thurn et al., Einführung in die radiologische Diagnostik, Thieme, 1998).

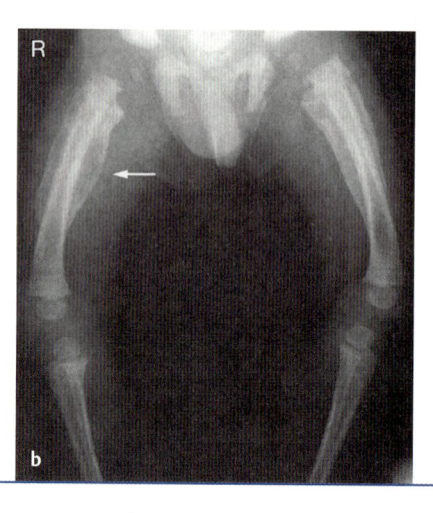

Hypervitaminose

Zu viel Vitamin D führt zur **Knochenentkalkung** und als Folge davon zur **Hyperkalzämie** und **Hyperkalzurie**.

Eine ernährungsbedingte Hypervitaminose D ist nicht bekannt. Durch zu hoch dosierte Gabe von Vitamin-D-Präparaten kommt es zu einer **Knochenentkalkung**, da Calciferole die Differenzierung der Osteoklasten fördern (S. 647). Die Folge davon ist eine **Hyperkalzämie**, die zu Kalkablagerungen in den Gefäßen führen kann. Da Ca^{2+} über die Nieren ausgeschieden wird, kommt es zur **Hyperkalzurie**. Fällt das Calcium aufgrund zu hoher Konzentrationen in den Tubuli aus, kann Nierenversagen resultieren.

16.2.3 Tocopherol – Vitamin E

Die wichtigste Form des Vitamin E ist **α-Tocopherol**. Es kommt in pflanzlichen Ölen vor.

Die wichtigste Form des Vitamin E ist das **α-Tocopherol**, das in Membranen als Radikalfänger fungiert. Es kommt ausschließlich in Pflanzen vor. Wichtige Vitamin-E-Quellen sind deshalb pflanzliche Öle wie Weizenkeim-, Sonnenblumen- oder Olivenöl.

Resorption und Speicherung

Vitamin E wird zusammen mit den Lipiden aus der Nahrung resorbiert und als **Radikalfänger** in die Membranen der Zielzellen eingebaut. Die Speicherung erfolgt im Fett- und Muskelgewebe.

Die Resorption des Vitamin E erfolgt zusammen mit den Lipiden aus der Nahrung im Dünndarm mithilfe von Gallensäuren.
Über Lipoproteine (S. 251) wird es dann im Körper verteilt und in die Membranen seiner Zielzellen eingebaut. Dort wirkt es als **Radikalfänger** (Abb. **A-16.7**). Gespeichert wird Vitamin E in Form von α-Tocopherol im Fettgewebe und in der Muskulatur.

Struktur

Tocopherole enthalten einen **Chromanring** mit einer isoprenoiden Seitenkette (Abb. **A-16.5**). Der Chromanring und seine Hydroxylgruppe sind wichtig für die Funktion des Vitamins.

Die Tocopherole sind eine größere Gruppe von Substanzen, deren gemeinsames Merkmal ein **Chromanring** (Benzodihydropyran) mit einer gesättigten isoprenoiden Seitenkette ist (Abb. **A-16.5**). Die einzelnen Tocopherole unterscheiden sich in der Stellung und der Anzahl der Methylgruppen am Chromanring. Für die Wirkung als Vitamin sind der Chromanring und die Hydroxylgruppe entscheidend (Abb. **A-16.6**).

A-16.5 Struktur von α-Tocopherol

Die für die Funktion wichtige Hydroxylgruppe am Chromanring ist farbig hervorgehoben.

Funktion

Vitamin E ist ein **Antioxidationsmittel**, das mehrfach ungesättigte Fettsäuren vor einer Schädigung durch Radikale schützt.

Hydroxylradikale können an einer Doppelbindung einer ungesättigten Fettsäure unter Bildung von H$_2$O ein Wasserstoffatom abziehen. Dabei entsteht ein Perhydroxylradikal (R-H•, Abb. **A-16.6**). Dieses Radikal reagiert mit molekularem Sauerstoff zum **Peroxylradikal** (R-OO•). Peroxylradikale sind sehr reaktiv und können unter Bildung eines Fettsäure-Hydroperoxids (R-OOH) einer anderen Fettsäure ein Wasserstoffatom entziehen. So kommt es zu einer Kettenraktion, an deren Ende die Doppelbindungen der Fettsäuren alle zu Fettsäure-Hydroperoxiden oxidiert sind. Diesen Kreislauf durchbricht das Tocopherol, indem es mit dem Fettsäure-Peroxylradikal reagiert, sodass dieses keine weitere Fettsäure mehr oxidieren kann. Man spricht dabei auch von einer nicht enzymatischen Unterbrechung der Lipidoxidationskette.

Funktion

Vitamin E wirkt als **Antioxidationsmittel**. Es schützt ungesättigte Fettsäuren vor einer Oxidation mit Hydroxylradikalen, indem es die Kettenreaktion stoppt, die durch die Radikalisierung der Fettsäuren (Abb. **A-16.6**) ausgelöst wird.

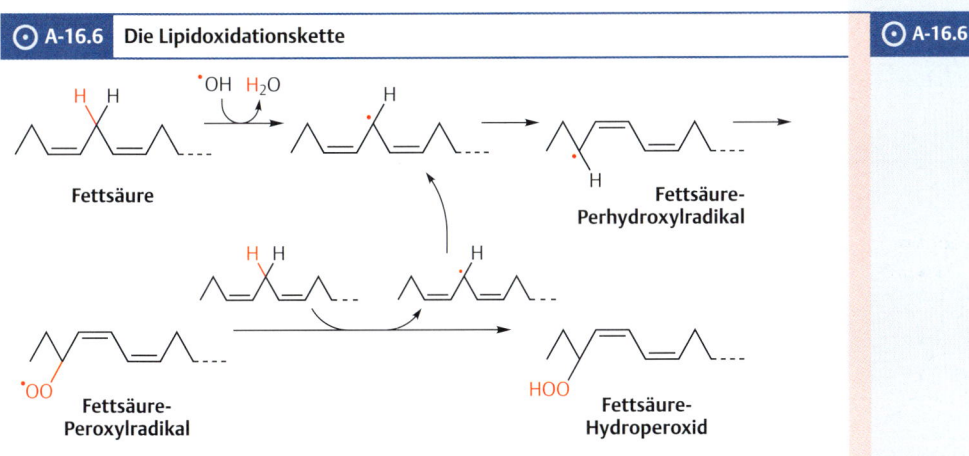

A-16.6 Die Lipidoxidationskette

An einer Doppelbindung einer ungesättigten Fettsäure entzieht ein Hydroxylradikal ein Wasserstoffatom. Dabei entsteht ein Perhydroxylradikal. Dieses Radikal reagiert mit molekularem Sauerstoff zum Peroxylradikal. Dieses reaktive Radikal entzieht wiederum einer anderen Fettsäure ein Wasserstoffatom und bildet ein Fettsäure-Hydroperoxid. Es kommt zu einer Kettenreaktion, während der die Doppelbindungen der Fettsäuren alle zu Fettsäure-Hydroperoxiden oxidiert werden.

Wirkungsmechanismus

Durch Wasseranlagerung wandelt sich α-Tocopherol in **α-Tocopherol-Hydrochinon** um (Abb. **A-16.7**). Dieses kann mit dem Fettsäure-Peroxylradikal (ROO•) reagieren, indem es selber zum Radikal wird:
ROO• + α-Tocopherol-Hydrochinon → α-Tocopheryl-Radikal + R-OOH
Damit ist das Fettsäure-Peroxylradikal unschädlich gemacht und kann keine weiteren Fettsäuren mehr oxidieren. Das α-Tocopheryl-Radikal wird dann entweder mithilfe von **Ascorbinsäure**, d. h. Vitamin C (S. 318), wieder zum α-Tocopherol-Hydrochinon reduziert oder es reagiert durch Abgabe eines Protons und eines Elektrons weiter zum **α-Tocochinon**.

Wirkungsmechanismus

α-Tocopherol wird durch Wasseranlagerung in **α-Tocopherol-Hydrochinon** überführt (Abb. **A-16.7**). Dieses kann mit einem Fettsäure-Peroxylradikal reagieren und es unschädlich machen. Das dabei entstehende **α-Tocopheryl-Radikal** wird durch Vitamin C zu α-Tocopherol-Hydrochinon reduziert oder es reagiert weiter zum **α-Tocochinon**.

▶ **Merke.** α-Tocopherol und Vitamin C wirken als Radikalfänger.

▶ **Merke.**

A-16.7 α-Tocopherol als Radikalfänger

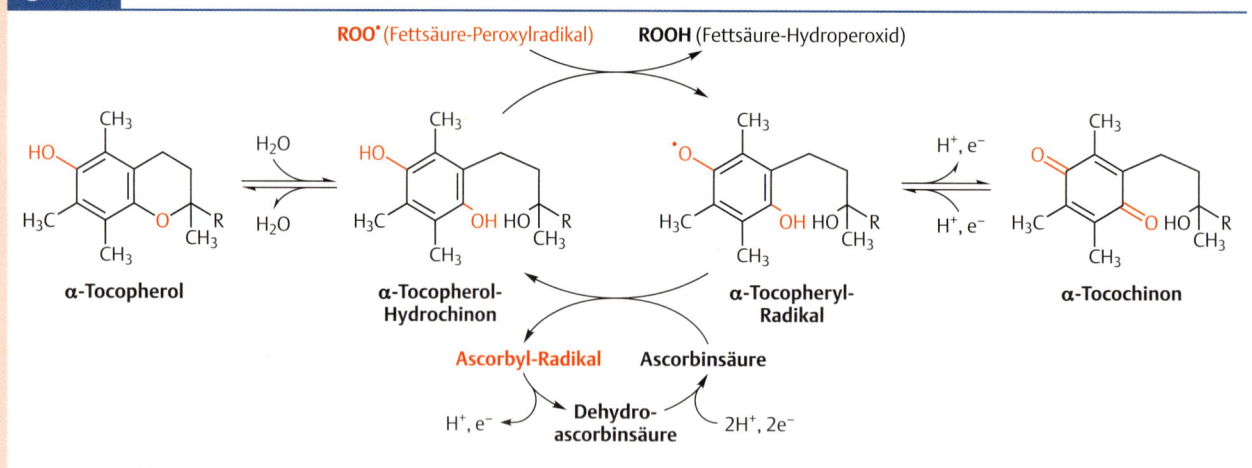

α-Tocopherol kann in Form des α-Tocopherol-Hydrochinons ein Fettsäure-Peroxylradikal zum Fettsäure-Hydroperoxid reduzieren. Dadurch unterbricht es auf nicht enzymatische Weise die Fettsäure-Oxidationskette. Dabei entsteht das α-Tocopheryl-Radikal, das entweder zum α-Tocochinon weiter oxidiert oder durch Vitamin C wieder zu α-Tocopherol-Hydrochinon reduziert wird.

16.2.4 Vitaminosen

Hypovitaminose

Zu einem Vitamin-E-Mangel kommt es äußerst selten, da im Fettgewebe so viel α-Tocopherol gespeichert ist, dass der Körper weit über 1 Jahr damit auskommt. Kommt es doch zu Mangelerscheinungen, äußern diese sich in der Regel durch **oxidativen Stress**. Es kann zu einer **hämolytischen Anämie** kommen, die wahrscheinlich auf eine Schädigung der Erythrozytenmembranen durch Radikale zurückzuführen ist.

Hypervitaminose

Hypervitaminosen sind bei Vitamin E nicht bekannt.

16.2.5 Phyllochinon – Vitamin K

Man unterscheidet bei den Phyllochinonen Vitamin K_1 und Vitamin K_2. Vitamin K_1, das **Phyllochinon**, kommt nur in Pflanzen vor. Dort ist es ein Teil der Elektronentransportkette der Fotosynthese (daher auch sein Name). Vitamin K_2, das **Menachinon** (auch **Difarnesylnaphtochinon** genannt), wird von den Bakterien der Darmflora synthetisiert.

Wie alle fettlöslichen Vitamine werden auch die Phyllochinone zusammen mit den Lipiden unter Zuhilfenahme der Gallensäuren im Dünndarm resorbiert. Die biologisch aktive Form ist das **Difarnesylnaphtochinon** (Vitamin K_2). Sein Difarnesylrest wird in der Leber angehängt, nachdem etwaige andere Seitenketten abgespalten wurden.

Struktur

Die Grundstruktur der Phyllochinone ist das **Menadion** (2-Methyl-1,4-naphtochinon, Abb. **A-16.8**), das in der Natur nicht vorkommt. Vitamin K_1 enthält einen Phytylrest als Seitenkette, Vitamin K_2 einen Difarnesylrest. Wichtig für die Funktion des Vitamin K ist die Methylgruppe am C 2-Atom des Naphtochinonrings (Abb. **A-16.8**).

A-16.8 Struktur der Phyllochinone

Menadion — Vitamin K_1 (Phyllochinon) — Vitamin K_2 (Menachinon)

Menadion ist das Grundgerüst der beiden K-Vitamine Phyllochinon und Menachinon. Die für die Funktion wichtige Methylgruppe am C 2-Atom des Naphtochinonrings ist farbig hervorgehoben.

Funktion

Vitamin K ist **Cofaktor bei der γ-Carboxylierung von Glutamatresten**. Die Proteine, deren Glutamatreste γ-carboxyliert werden, fasst man als Vitamin-K-abhängige Proteine (VKD[vitamin K-dependent]-Proteine) zusammen. Von besonderer Bedeutung ist die γ-Carboxylierung (S. 731) der **Gerinnungsfaktoren II**, **VII**, **IX** und **X**. Diese werden erst durch die Carboxylierung eines Glutamatrests aktiviert. Andere VKD-Proteine sind **Protein C** und **Protein S**, die beide an der Fibrinolyse beteiligt sind. Außerdem werden **Osteocalcin** und **Matrix-GLA-Protein**, die Teil der organischen Knochengrundsubstanz sind, Vitamin-K-abhängig γ-carboxyliert.

▶ **Merke.** Durch die Vitamin-K-abhängige γ-Carboxylierung eines Glutamatrests werden die Gerinnungsfaktoren II, VII, IX und X aktiviert.

Funktion

Vitamin K ist **Cofaktor bei der γ-Carboxylierung von Glutamatresten**. Wichtige Beispiele für γ-carboxylierte, also Vitamin-K-abhängige (VKD)-Proteine sind
- **Gerinnungsfaktoren II, VII, IX** und **X**,
- **Protein C** und **Protein S**,
- **Osteocalcin** und **Matrix-GLA-Protein**.

▶ **Merke.**

Wirkungsmechanismus

Durch eine NADPH-abhängige Chinon-Reduktase wird das Vitamin K_2 zum **Vitamin-K_2-Hydrochinon** reduziert ([1] in Abb. **A-16.9**). Durch O_2-Anlagerung entsteht aus dem Vitamin-K_2-Hydrochinon das Vitamin-K-Alkoxid, eine starke Base, die dem Glutamylrest eines VKD-Proteins ein Wasserstoffatom entziehen kann. Dadurch kann die entsprechende Carboxylase am γ-C-Atom des Glutamylrests CO_2 anlagern (2). Bei dieser Reaktion entsteht **Vitamin-K_2-Epoxid**, das durch die Epoxid-Reduktase wieder in Vitamin K_2 zurückverwandelt wird. Die Epoxid-Reduktase steuert bei dieser Redoxreaktion die Wasserstoffe zweier Sulfhydrylgruppen bei, die dabei zu einer Disulfidbrücke oxidiert werden (3).

Wirkungsmechanismus

Vitamin K_2 wird zum **Vitamin-K_2-Hydrochinon** reduziert. Über die Zwischenstufe Vitamin-K-Alkoxid, die die Anlagerung von CO_2 an das C-Atom des Glutamylrests des VKD-Proteins ermöglicht, entsteht **Vitamin-K_2-Epoxid**, aus dem eine Epoxid-Reduktase Vitamin K_2 regeneriert (Abb. **A-16.9**).

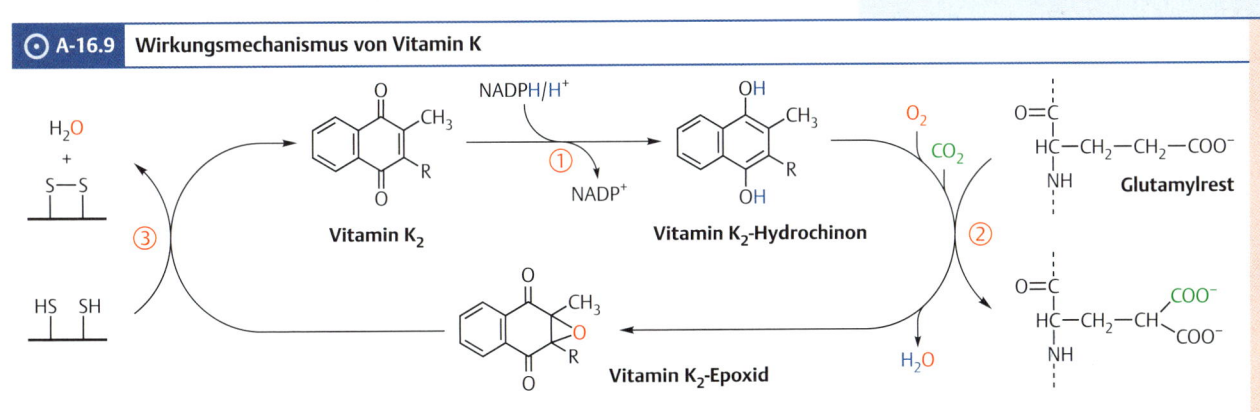

A-16.9 Wirkungsmechanismus von Vitamin K

Bei der γ-Carboxylierung von Glutamylresten durchläuft Vitamin K_2 einen Kreislauf, in dem es zuerst reduziert und dann wieder oxidiert wird. Einzelheiten siehe Text.

Vitamin-K-Antagonisten

Cumarinderivate wirken aufgrund ihrer strukturellen Ähnlichkeit mit Vitamin K als **kompetitive Inhibitoren der Chinon- und der Epoxid-Reduktase**. Dadurch wird der Vitamin-K-Kreislauf unterbrochen und die Blutgerinnungszeit verlängert sich. Deshalb werden Cumarinderivate als Vitamin-K-Antagonisten bezeichnet. Die heute verwendeten Cumarine sind Derivate des 4-Hydroxycumarins (Abb. **A-16.10**).

Vitamin-K-Antagonisten

Cumarinderivate (Abb. **A-16.10**) hemmen die **Chinon-** und die **Epoxid-Reduktase kompetitiv** und bewirken so eine Verlängerung der Blutgerinnungszeit.

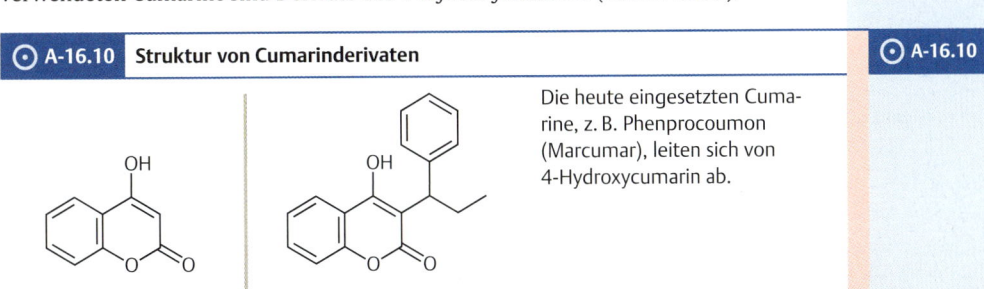

A-16.10 Struktur von Cumarinderivaten

Die heute eingesetzten Cumarine, z. B. Phenprocoumon (Marcumar), leiten sich von 4-Hydroxycumarin ab.

4-Hydroxycumarin — Marcumar

A-16.10

▶ **Klinik.** Cumarinderivate werden zur Thrombose- und Infarktprophylaxe eingesetzt. Es dauert einige Tage, bis sie ihren Maximaleffekt erreichen, da erst dann die Plasmakonzentration der carboxylierten Vitamin-K-abhängigen Gerinnungsfaktoren unter den kritischen Wert sinkt. Ist eine rasche Gerinnungshemmung nötig, wird deshalb überlappend Heparin eingesetzt. Bei **Überdosierung von Cumarinderivaten** kann es zu einer **erhöhten Blutungsneigung** kommen. Meist betrifft dies Hohlorgane (Magen-Darm-Trakt, ableitende Harnwege) und das Subkutangewebe.

Der Mangel an funktionsfähigen Vitamin-K-abhängigen Gerinnungsfaktoren kann durch hochdosierte Gabe von Vitamin K_1 behoben werden. Allerdings tritt die Wirkung von Vitamin K_1 wiederum erst nach einiger Zeit ein. Um den Mangel an gerinnungsaktiven Substanzen sofort zu beheben, muss man daher ein Gerinnungsfaktoren-Konzentrat verabreichen.

Protein C und die anderen Vitamin-K-abhängigen Gerinnungsfaktoren werden unterschiedlich schnell nachsynthetisiert. So kann es nach einer angestrebten Antagonisierung der Cumarinwirkung durch Vitamin K_1 zu einem Überschuss an gerinnungsfördernden Faktoren kommen. Dadurch kann eine vorübergehende Hyperkoagulabilität auftreten. Vor einem operativen Eingriff sollte deshalb kein Vitamin K gegeben, sondern das Abklingen der Cumarinwirkung abgewartet werden.

Vitaminosen

Hypovitaminose

Da Vitamin K ausreichend in der Nahrung vorhanden ist und außerdem durch die Darmflora synthetisiert wird, ist ein Vitamin-K-Mangel äußerst selten.
Er kommt lediglich vor
- bei einer länger dauernden oralen Antibiotikatherapie, weil die Darmflora zerstört wird,
- bei Gallen- oder Pankreaserkrankungen, Malabsorptionssyndrom oder nach Darmresektion, weil die Resorption gestört ist.

Bei Vitamin-K-Mangel sinkt als Erstes der Prothrombinspiegel im Blut. Die Blutgerinnungszeit verlängert sich und es kommt zu einer **Blutungsneigung der Haut**, der **Schleimhäute** und der **inneren Organe**. Frühsymptom eines Vitamin-K-Mangels ist **Zahnfleischbluten**.

Hypervitaminose

Eine Überversorgung ist selten und normalerweise nicht ernährungsbedingt. Sie kann auftreten, wenn Vitamin-K-Supplemente in hohen Dosen zur Therapie von Gallen- und Pankreaserkrankungen sowie Blutgerinnungsstörungen eingesetzt werden. Symptome sind **hämolytische Anämie**, **Erbrechen** und **Thrombose**.

16.3 Wasserlösliche Vitamine

16.3.1 Thiamin – Vitamin B_1

Thiamin ist weit verbreitet, kommt aber immer nur in geringen Mengen vor. In Pflanzen findet man es vor allem in den Randschichten von **Getreidekörnern**, also im Vollkornmehl. Tierische Quellen sind **Innereien** (Herz, Leber, Niere) und mageres **Schweinefleisch**. Als Thiaminpyrophosphat ist es an der Decarboxylierung von α-Ketosäuren beteiligt.

Struktur und Stoffwechsel

Thiamin besteht aus einem mehrfach substituierten **Thiazolring**, der über eine Methylgruppe mit einem **Pyrimidinring** verbunden ist (Abb. A-16.11). Wichtig für die Funktion des Vitamins ist der Thiazolring.

In den meisten Nahrungsmitteln liegt Vitamin B_1 in seiner aktiven Form **Thiaminpyrophosphat (TPP)** vor. Da es in dieser Form nicht resorbiert werden kann, wird der Pyrophosphatrest im Darm durch Pyrophosphatasen abgespalten. Als Thiamin wird es dann aktiv aufgenommen. In den Mitochondrien der Leber wird das Thiamin dann durch die **Thiamin-Kinase** wieder in TPP umgewandelt (Abb. A-16.12).

A-16.11 Struktur von Thiamin

Thiamin besteht aus einem **Thiazolring** (rot) und einem **Pyrimidinring**. Der für die Funktion wichtige Teil ist farbig hervorgehoben.

A-16.12 Die Umwandlung von Thiamin in Thiaminpyrophosphat

Vitamin B_1 kann nur in Form von Thiamin aufgenommen werden. In den Lebermitochondrien wird Thiamin dann durch die Thiamin-Kinase in die aktive Form Thiaminpyrophosphat umgewandelt.

Funktion

TPP ist Cofaktor der Pyruvat-Dehydrogenase, kurz PDH (S. 110), und der α-Ketoglutarat-Dehydrogenase (S. 120). Diese Enzyme katalysieren die **dehydrierende (oxidative) Decarboxylierung** von α-Ketosäuren. Außerdem sind an dieser Reaktion die Coenzyme Liponamid, Coenzym A, FAD und NAD^+ beteiligt.

Ein weiteres Enzym, das TPP als Cofaktor benötigt, ist die **Transketolase** aus dem Pentosephosphatweg (S. 243). Bei Thiaminmangel steigt die Konzentration von Pentosephosphaten im Gewebe an. Dies ist ein relativ frühes Symptom des Vitamin-B_1-Mangels und kann für diagnostische Zwecke benutzt werden, indem man die Pentosephosphatkonzentration in Erythrozyten misst.

Funktion

TPP wirkt als Cofaktor von Enzymen, die **dehydrierend (oxidativ) decarboxylieren:**
- Pyruvat-Dehydrogenase
- α-Ketoglutarat-Dehydrogenase

Außerdem ist es Cofaktor der **Transketolase** im Pentosephosphatweg.

▶ **Merke.** Vitamin B_1 (Thiamin) ist in seiner aktiven Form Thiaminpyrophosphat (TPP) Coenzym der
- Pyruvat-Dehydrogenase,
- α-Ketoglutarat-Dehydrogenase und
- Transketolase.

▶ **Merke.**

Vitaminosen

Hypovitaminose

In Ländern der Dritten Welt, in denen polierter Reis das Hauptnahrungsmittel ist, tritt die sog. **Beriberi-Krankheit** auf. Zur Unterversorgung mit Thiamin kommt es, weil polierter Reis keine thiaminhaltige Schale mehr enthält. Da bei einem Thiaminmangel die PDH und die α-Ketoglutarat-Dehydrogenase nicht mehr richtig arbeiten, sind vor allem Gewebe mit einem hohen Glucoseumsatz betroffen. Die Symptome sind relativ unspezifisch: Appetitmangel, Müdigkeit, Erbrechen, schwere Störungen der Muskel- und Nervenfunktion, Störungen der Herztätigkeit und manchmal Enzephalopathie.

In den westlichen Industrieländern ist ein ernährungsbedingter Thiaminmangel in dieser Form nicht zu finden. Bei nahezu 30 % der bundesdeutschen Bevölkerung wurde jedoch eine kritische Thiaminversorgung mit leichten Mangelerscheinungen nachgewiesen. Thiaminmangel ist häufig eine Folge von einseitiger Kohlenhydrat-Diät, körperlicher Überbelastung, stärkerem Alkoholgenuss oder Störungen des Darmtraktes.

Vitaminosen

Hypovitaminose

Dort, wo in der Dritten Welt polierter Reis das Hauptnahrungsmittel ist, tritt die **Beriberi-Krankheit** auf. Symptome sind Appetitmangel, Müdigkeit, Erbrechen sowie Störungen der Nerven-, Muskel- und Herzfunktion.

In den westlichen Ländern ist Thiaminmangel häufig eine Folge von einseitiger Kohlenhydrat-Diät, körperlicher Überbelastung, stärkerem Alkoholgenuss oder Störungen des Darmtrakts.

Hypervitaminose

Hypervitaminosen kommen bei Vitamin B_1 als wasserlöslichem Vitamin nicht vor.

Hypervitaminose

Unbekannt.

16.3.2 Riboflavin – Vitamin B_2

Riboflavin ist Bestandteil der sog. **Flavoproteine**. Diese sind Enzyme, die Elektronen aufnehmen und abgeben können. Sie spielen eine wichtige Rolle als wasserstoffübertragende und elektronentransferierende Proteine. Riboflavin ist in der Natur weit verbreitet. Es kommt vor allem in **Milch** und **Milchprodukten** und in **Innereien** wie Herz, Nieren und Leber vor.

Aufnahme

Riboflavin wird dem Körper vor allem in Form von Flavoproteinen zugeführt. Im Darm wird aus diesen das Riboflavin abgespalten und von den Mukosazellen aufgenommen. Dort wird es zu seiner aktiven Form **Riboflavinphosphat** (FMN, Flavinmononukleotid) phosphoryliert. Diese Phosphorylierung ist eine Voraussetzung für die Resorption des Riboflavins, da sie das Gleichgewicht in den Mukosazellen auf die Seite des Riboflavinphosphats verschiebt und so die Aufnahme des Riboflavins erleichtert. Das Riboflavin wird also aktiv unter Energieverbrauch aufgenommen. Im Blut wird Vitamin B_2 wieder als Riboflavin, gebunden an Albumin, transportiert.

Struktur

Das Riboflavin besteht aus einem **Isoalloxanring**, der am N^{10}-Atom mit einem **Ribitolrest** substituiert ist (Abb. **A-16.13**). Es wird vor allem in der Leber und in der Muskulatur in die aktiven Formen **Flavinmononukleotid** (FMN) und **Flavinadenindinukleotid** (FAD) umgebaut (Abb. **A-16.14**). Diese aktiven Formen sind Bestandteil und Cofaktor z. B. FMN des Komplexes I der Atmungskette (S. 179) bzw. FAD-abhängiger Dehydrogenasen wie der Acyl-CoA-Dehydrogenase der β-Oxidation (Abb. **A-7.12**). Alle drei Formen des Riboflavins (Riboflavin, FMN und FAD) werden als Vitamin B_2 bezeichnet.

A-16.13 Struktur von Riboflavin

Am Isoalloxanring des Riboflavins hängt ein Ribitolrest. Die für die Funktion wichtige Struktur ist farbig hervorgehoben.

A-16.14 Struktur der Flavinnukleotide FMN und FAD

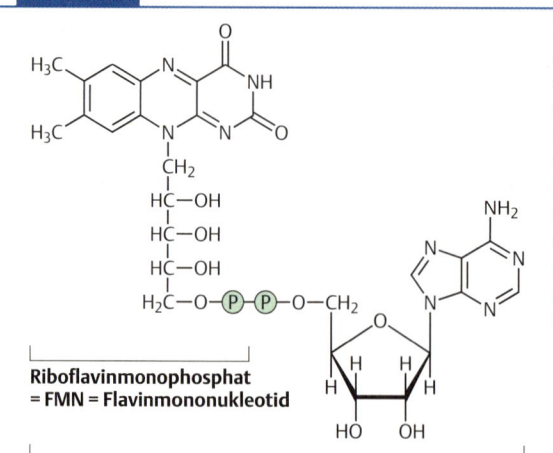

Das Flavinmononukleotid FMN entspricht dem Riboflavinphosphat, das Flavinadenindinukleotid FAD enthält zusätzlich noch ein Adenosinmonophosphat. Das FMN heißt Flavin*mono*nukleotid, weil es *eine* Phosphatgruppe enthält, das FAD heißt Flavinadenin*di*nukleotid, weil es *zwei* Phosphatgruppen enthält.

Funktion

▶ **Merke.** Flavoproteine katalysieren folgende Reaktionen:
- Dehydrierungen von $-CH_2-CH_2-$Einfachbindungen zu $-CH=CH-$Doppelbindungen, z. B. Acyl-CoA-Dehydrogenase, β-Oxidation (S. 136)
- oxidative Desaminierungen, z. B. von D- und L-Aminosäuren im Peroxisom (Aminosäureoxidasen)
- Oxidation von Aldehyden zu Säuren, z. B. Xanthin-Oxidase, Purinabbau (S. 428)
- Transhydrogenierungen, z. B. Dihydroliponamid-Dehydrogenase der PDH (S. 113)
- Außerdem ist FMN ein Bestandteil des Komplexes I der Atmungskette (S. 179) und des elektronentransferierenden Flavoproteins ETF (S. 182).

Mechanismus der Wasserstoffübertragung

Flavinnukleotide nehmen zwei **Protonen** und zwei **Elektronen** auf und werden dabei über ein intermediäres **Semichinon** zum Flavinnukleotid-H_2 reduziert (Abb. **A-16.15**). $FMNH_2$ und $FADH_2$ geben die beiden Wasserstoffatome dann wieder in Form von zwei Elektronen und zwei Protonen ab. Die beiden Elektronen gehen an die Elektronentransportkette der Atmungskette, die beiden Protonen werden dabei über die innere Mitochondrienmembran aus der Matrix in den Intermembranraum gepumpt. Die Flavinnukleotide werden dabei wieder zu FMN und FAD oxidiert.

Mechanismus der Wasserstoffübertragung

Flavinnukleotide durchlaufen einen Kreislauf, bei dem sie zwei **Protonen** und zwei **Elektronen** aufnehmen und wieder abgeben. Als Zwischenstufe entsteht dabei ein **Semichinon** (Abb. **A-16.15**).

⊙ **A-16.15** Reduktion von FMN zu $FMNH_2$

FMN nimmt je ein Elektron und ein Proton auf. Dabei wird es zum intermediären Semichinon reduziert. Durch die Aufnahme eines weiteren Elektrons und Protons wird es dann zu $FMNH_2$ reduziert.

Vitaminosen

Hypovitaminose

Ein Riboflavinmangel tritt selten isoliert auf, da Flavoproteine auch in den Stoffwechselwegen von Niacin, Folsäure und Pyridoxin eine Rolle spielen. Riboflavin kommt überall im Stoffwechsel vor. Deshalb sind auch die Mangelerscheinungen unspezifisch.
Ein **isolierter Riboflavinmangel** führt zu Wachstumsstörungen, Gewichtabnahme sowie Entzündungen von Haut und Schleimhäuten. Im Bereich des Magen-Darm-Traktes führen die Entzündungen zu Durchfällen, an den Mundwinkeln zu Rissen und auf der Haut zur Schuppenbildung. Bei einer Entzündung der Hornhaut kann es zu Sehstörungen kommen. Die Fingernägel werden brüchig und glanzlos. Auch die Nervenfunktion kann durch einen Riboflavinmangel beeinträchtigt sein. Ausgeprägte Mangelerscheinungen wie Hautentzündungen, Abbau des Nervengewebes und Blutarmut kommen bei einer gemischten Kost nur vereinzelt vor.

Hypervitaminose

Hypervitaminosen kommen bei Vitamin B_2 als wasserlöslichem Vitamin nicht vor.

Hypovitaminose

Riboflavinmangel tritt selten isoliert auf, da Flavoproteine auch am Stoffwechsel von Niacin, Folsäure und Pyridoxin beteiligt sind.

Symptome eines **isolierten Riboflavinmangels** sind:
- Wachstumsstörungen
- Gewichtabnahme
- Entzündungen
- gestörte Nervenfunktion

Hypervitaminose

Unbekannt.

16.3.3 Niacin

Zur Niacingruppe gehören **Nicotinsäure** und **Nicotinamid** (Abb. **A-16.16**). Sie kommen in tierischem Gewebe, Fisch, Hefe und Kaffee vor.
Nicotinamid ist Bestandteil von NADH und NADPH.

16.3.3 Niacin

Unter Niacin werden die beiden Substanzen **Nicotinsäure** und **Nicotinamid** (Synonym: Nicotinsäureamid) (Abb. **A-16.16**) zusammengefasst. Sie wurden früher auch als Vitamin B_3 bezeichnet. Niacin kommt vor allem in **tierischem Gewebe** und **Fisch** vor. Auch **Hefe** und gerösteter **Kaffee** enthalten beträchtliche Mengen an Niacin.
Das Nicotinamid hat als NADH oder NADPH eine außerordentlich große Bedeutung bei sehr vielen Redoxreaktionen im Körper.

A-16.16 Die Struktur von Nicotinsäure und Nicotinamid

Das für die Funktion wichtige Ringsystem ist farbig hervorgehoben.

Stoffwechsel und Biosynthese

Niacin wird passiv als Nicotinsäure aufgenommen. In den Zielgeweben wird es dann in NAD^+ und $NADP^+$ umgewandelt (Abb. **A-16.17**).
Nicotinamid und Nicotinsäure können auch aus Acroleyl-β-Aminofumarat, einem Metaboliten des Tryptophanstoffwechsels, rekrutiert werden (Abb. **A-16.18**).

Stoffwechsel und Biosynthese

In der Regel wird Niacin als Nicotinsäure passiv von den Darmzellen aufgenommen und über die Leber an alle Gewebe des Körpers verteilt. Diese bauen die Nicotinsäure in die Nicotinamidnukleotide NAD^+ und $NADP^+$ um (Abb. **A-16.17**). Dabei tritt **Nicotinsäuremononukleotid** als Zwischenprodukt auf. Dieses kann auch aus dem **Tryptophanabbau** rekrutiert werden. Dort entsteht bei der Abspaltung des Benzolrings das Acroleyl-β-Aminofumarat, das unter Abspaltung von Wasser spontan zu Chinolsäure zyklisieren kann. Die Chinolat-Phosphoribosyl-Transferase bildet daraus unter CO_2-

A-16.17 Die Bildung von NAD^+ und $NADP^+$

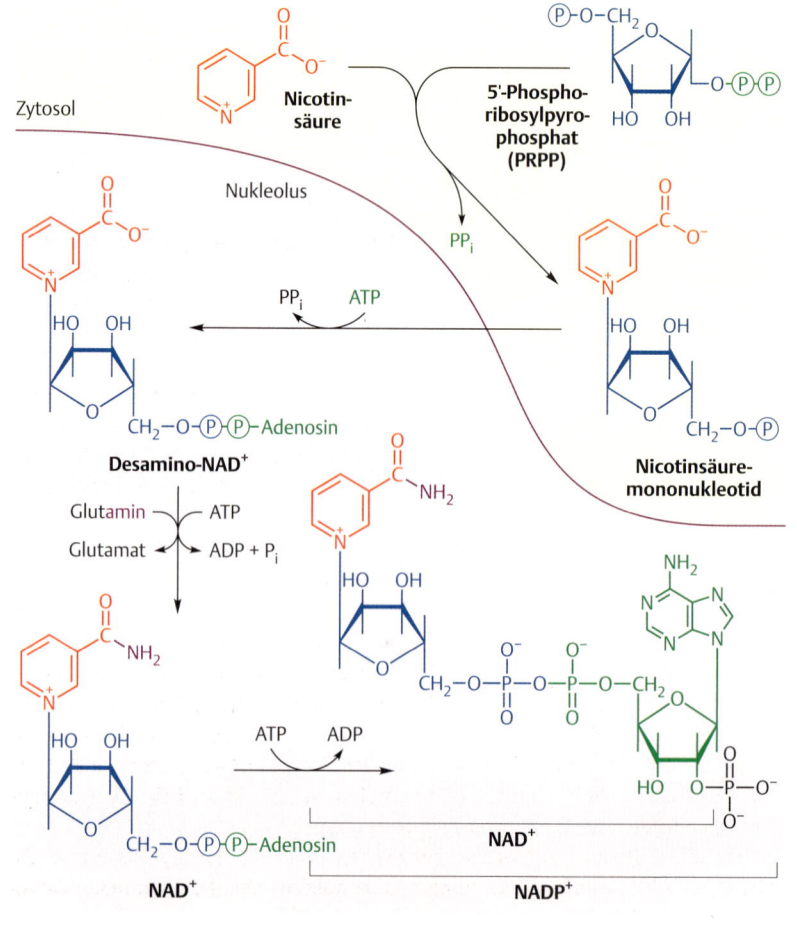

NAD^+ und $NADP^+$ entstehen in allen Geweben aus Nicotinsäure.

A-16.18 Die Rekrutierung von Nicotinsäuremononukleotid aus dem Tryptophanabbau

Acroleyl-β-Aminofumarat zyklisiert unter Wasserabspaltung spontan zu Chinolsäure. Aus dieser entsteht durch die Chinolat-Phosphoribosyl-Transferase Nicotinsäuremononukleotid. Dabei wird ein CO_2 abgespalten. PRPP = 5′-Phosphoribosylpyrophosphat.

Abspaltung Nicotinsäuremononukleotid (Abb. **A-16.18**; deshalb können Nicotinamid und Nicotinsäure auch durch Tryptophan ersetzt werden). Das Nicotinsäuremononukleotid wird in den Nukleolus transportiert und dort in NAD^+ umgewandelt (S. 378).

Funktion

NAD^+ und $NADP^+$ spielen eine wichtige Rolle bei wasserstoffübertragenden Reaktionen. Sie sind an zahlreichen Reaktionen in vielen Stoffwechselwegen beteiligt. Vergleiche dazu den Reaktionsmechanismus der Wasserstoff- bzw. Elektronenübertragung im Exkurs „Der Reaktionsmechanismus der NAD^+-vermittelten Oxidation" (S. 88).

▶ **Merke.** Niacin ist Bestandteil der häufigsten Reduktionsäquivalente NAD^+ und $NADP^+$ und in dieser Form an zahlreichen Redoxreaktionen des Stoffwechsels beteiligt.

Außer als Reduktionsäquivalent kann NAD^+ auch als Substrat für enzymatische Reaktionen dienen:

- Es kann durch ADP-Ribosylzyklasen zu **zyklo-ADP-Ribose** umgewandelt werden. Die zyklo-ADP-Ribose aktiviert den Ryanodinrezeptor im Herzmuskel und induziert so eine Erhöhung der zytosolischen Calciumkonzentration.
- Bei der **ADP-Ribosylierung** wird der ADP-Ribosylrest des NAD^+ durch eine ADP-Ribosyltransferase auf bestimmte Aminosäurereste in Proteinen übertragen. Die biologische Funktion dieser ADP-Ribosylierung in eukaryontischen Zellen ist nur teilweise bekannt und noch weitgehend unerforscht.
  Sie scheint u. a. eine wichtige Rolle als **Signal bei der DNA-Reparatur** im Zusammenhang mit Tumoren zu spielen. Sobald der DNA-Reparaturmechanismus (S. 523) infolge von Einzelstrangbrüchen aktiviert wurde, katalysieren Poly(ADP-Ribose)-Polymerasen (**PARPs**) die Poly-ADP-Ribosylierung wichtiger Chromatinkomponenten, unter anderem auch von **Histonen**. Dadurch wird das Chromatin entspannt und an die Orte der beschädigten DNA können **DNA-Reparaturfaktoren** rekrutiert werden, die dabei mit den poly-ADP-ribosylierten Chromatinproteinen interagieren. Die genauen molekularen Mechanismen, mit Hilfe derer PARPs die Chromatindynamik während der DNA-Reparatur regulieren, sind jedoch noch weitgehend unerforscht.
  Auch bei der Einleitung der **Apoptose** (S. 533) scheint die Poly-ADP-Ribosylierung eine Rolle zu spielen.

▶ **Klinik.** Das Toxin des *Corynebacterium diphtheriae* (**Diphtherietoxin**) ist eine ADP-Ribosyltransferase, die die α-Untereinheit des eukaryontischen (also auch humanen) **Elongationsfaktors eEF2** (ein G-Protein) ADP-ribosyliert. Dadurch wird die Fortbewegung des Ribosoms auf der mRNA, die Translokation (S. 458), **gehemmt.** Ein Molekül Diphtherietoxin reicht aus, um alle Elongationsfaktoren einer Zelle zu blockieren. Die Proteinbiosynthese fällt komplett aus, die Zelle stirbt. Deshalb wirken bereits sehr geringe Mengen dieses Toxins letal.
Auch das **Choleratoxin** (aus *Vibrio cholerae*) ist eine ADP-Ribosyltransferase. Sie überträgt ADP-Ribose auf die α-Untereinheit stimulatorischer **heterotrimerer G-Proteine** (S. 562) und führt über eine Daueraktivierung der Adenylatzyklase zu massiver Chloridsekretion in den Darm und somit zu schweren Durchfällen und Erbrechen.

Vitaminosen

Hypovitaminose

Eine Niacin-Hypovitaminose kommt besonders bei Bevölkerungsgruppen vor, die eine maisreiche Nahrung zu sich nehmen. Mais enthält wenig Tryptophan, sodass das Niacinsäuremononukleotid nicht selbst synthetisiert werden kann. Außerdem kann eine Unterversorgung bei Alkoholikern (als Folge einer Mangelernährung) auftreten.

Folgen eines leichten Niacinmangels sind Appetitlosigkeit, Wachstumsstillstand und Gewichtsverlust. Ein ausgeprägter Niacinmangel führt zu einer Entzündung der Schleimhäute des Verdauungstraktes und der Haut sowie zu psychischen Veränderungen, die sich in Diarrhö, Dermatitis (Hyperkeratose, Hyperpigmentierung und Schuppenbildung an sonnenlichtexponierten Stellen) und Demenz äußern. Dieses Krankheitsbild wird als **Pellagra** bezeichnet.

Hypervitaminose

Hypervitaminosen kommen bei Niacin als wasserlöslichem Vitamin nicht vor.

16.3.4 Pyridoxin – Vitamin B_6

Zur Gruppe der Pyridoxine gehören das **Pyridoxal** (Vitamin-B_6-Aldehyd), das **Pyridoxamin** (Vitamin-B_6-Amin) und das **Pyrodoxol** (Vitamin-B_6-Alkohol, Abb. **A-16.19**). Die aktive Form des Vitamin B_6 ist das **Pyridoxalphosphat** (PALP), ein wichtiges Coenzym im Aminosäurestoffwechsel.

Man findet Vitamin B_6 in hoher Konzentration in **Leber**, **Geflügel**, **Mais** und **Hefe**. In etwas geringeren Mengen kommt es auch in Eiern, Milch und grünem Gemüse vor.

A-16.19 Struktur der Pyridoxine

Zur Vitamin-B_6-Gruppe gehören Pyridoxal, Pyridoxamin und Pyridoxol.

Aufnahme und Stoffwechsel

Die Resorption vom Pyridoxal und Pyridoxol erfolgt passiv über den Dünndarm. Im Gewebe wird das Vitamin B_6 dann von der ATP-abhängigen **Pyridoxal-Kinase** zu Pyridoxalphosphat (PALP) phosphoryliert (Abb. **A-16.20**). Ausgeschieden wird PALP mit dem Urin. Dazu wird es vorher dephosphoryliert und in der Leber durch die Aldehyd-Oxidase zur **Pyridoxinsäure** oxidiert.

A-16.20 Synthese des Pyridoxalphosphats

Durch die ATP-abhängige Pyridoxal-Kinase wird Pyridoxal in Pyridoxalphosphat umgewandelt.

Funktion

> ► **Merke.** PALP ist das wichtigste Coenzym vieler Enzyme im Aminosäurestoffwechsel. Es katalysiert vor allem Transaminierungen und Decarboxylierungen.

- **Transaminierung** (S. 158): Übertragung einer Aminogruppe von einer Aminosäure auf eine α-Ketosäure.
- **Decarboxylierung** (S. 168): Bildung biogener Amine aus Aminosäuren durch Abspaltung von CO_2.

Weitere Enzyme, die PALP als Coenzym benötigen:
- **Glykogen-Phosphorylase** beim Glykogenabbau (S. 100)
- **δ-Aminolävulinsäure-Synthase** bei der Hämbiosynthese (S. 760)
- **Lysyl-Oxidase** bei der Kollagenbiosynthese (S. 405)
- **Chinolat-Phosphoribosyltransferase** bei der Niacinbiosynthese (S. 304)

Mechanismus der PALP-abhängigen Reaktionen

PALP bildet mit seiner Aldehydgruppe und der Aminogruppe der Aminosäure eine **Schiff-Base**. Die starke Elektronegativität des Stickstoffs im Pyridinring des PALP bewirkt **Elektronenverschiebungen** innerhalb des Enzym-Substrat-Komplexes. Dies wiederum führt zur Destabilisierung einzelner Bindungen am α-C-Atom der Aminosäure. Welche der Bindungen destabilisiert wird, hängt vom Enzym ab. Transaminasen schwächen die Bindung zur Aminogruppe, Decarboxylasen die Bindung zur Carboxylgruppe, sodass die jeweilige Gruppe leicht abgespalten werden kann (Abb. **A-16.21**).
Bei einer **Transaminierung** (unten in Abb. **A-16.21**) entsteht am Ende **Pyridoxaminphosphat (PAMP)**, das dann mit einer α-Ketosäure eine Schiff-Base bilden kann und durch eine Umkehrung der Reaktion seine Aminogruppe an die Ketosäure abgibt. PAMP wird dabei zu PALP regeneriert und aus der α-Ketosäure entsteht die dazugehörige Aminosäure.

Funktion

> ► **Merke.**

PALP katalysiert
- Transaminierungen und
- Decarboxylierungen.

Es ist außerdem Coenzym der
- Glykogen-Phosphorylase,
- δ-Aminolävulinsäure-Synthase,
- Lysyl-Oxidase und
- Chinolat-Phosphoribosyltransferase.

Mechanismus der PALP-abhängigen Reaktionen

PALP bildet mit der Aminosäure eine **Schiff-Base**. Die starke Elektronegativität des Stickstoffs im Pyridinring des PALP bewirkt **Elektronenverschiebungen**, die zur Abspaltung der Carboxylgruppe (Decarboxylierung) oder Aminogruppe (Transaminierung) führen (Abb. **A-16.21**).

Bei **Transaminierungen** entsteht **PAMP**, das durch die Umkehrung der Reaktion seine Aminogruppe an eine Ketosäure abgibt und wieder zu PALP regeneriert wird.

⊙ A-16.21 Der Reaktionsmechanismus PALP-abhängiger Reaktionen

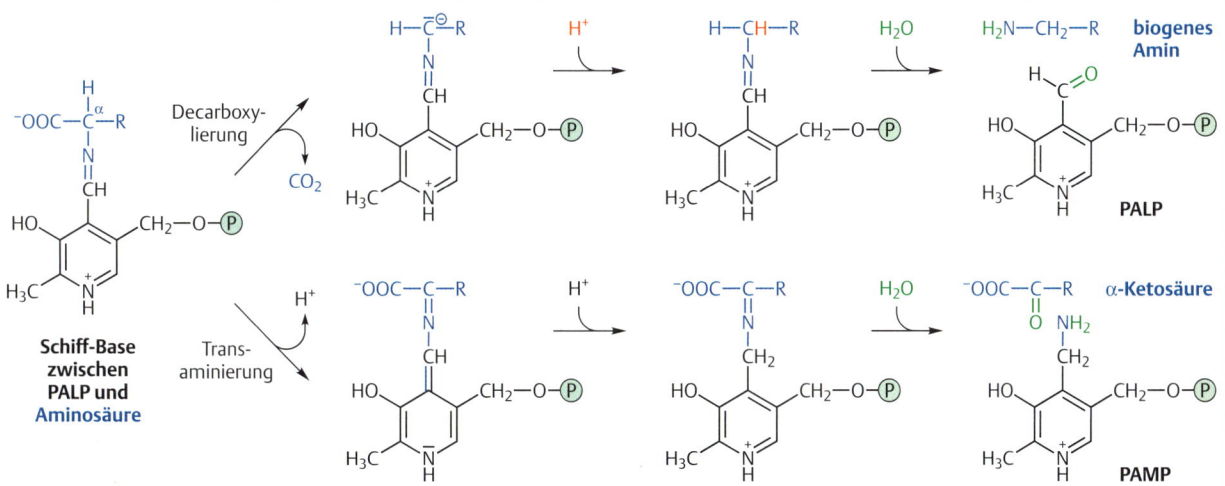

Die Aldehydgruppe des PALP bildet mit der α-Aminogruppe der Aminosäure eine Schiff-Base. Durch Elektronenverschiebungen kommt es zur Destabilisierung von Bindungen am α-C-Atom der Aminosäure. Je nach Enzym kommt es dann zur Abspaltung der Aminogruppe oder der Carboxylgruppe. Weitere Erklärung siehe Text.

Vitaminosen

Hypovitaminose

Vitamin-B_6-Hypovitaminosen sind selten, da dieses Vitamin in allen Grundnahrungsmitteln enthalten ist. Die Symptome eines Vitamin-B_6-Mangels sind unspezifisch, da PALP an vielen Reaktionen beteiligt ist: Wachstumsstörungen, Dermatitis, Glottitis und Infektanfälligkeit. Außerdem kann eine Anämie auftreten, da PALP an der Hämbiosynthese beteiligt ist. Auch der Glutamatstoffwechsel ist bei Vitamin-B_6-Mangel beeinträchtigt. Es kann kein GABA (Neurotransmitter) mehr gebildet werden und es kommt zu zentralnervösen Störungen.

Vitaminosen

Hypovitaminose

Vitamin-B_6-Mangel ist selten. Symptome sind:
- Wachstumsstörungen
- Dermatitis, Glottitis
- Infektanfälligkeit
- Anämie
- zentralnervöse Störungen

A 16 Vitamine

Hypervitaminose

Hypervitaminosen sind bei Vitamin B_6 als wasserlöslichem Vitamin nicht bekannt.

16.3.5 Pantothensäure

Pantothensäure gehört ebenfalls zur Gruppe der B-Vitamine. Sie ist Bestandteil des **Coenzym A** und des **Acyl-Carrier-Proteins** der Fettsäure-Synthase (S. 234). Pantothensäure kommt in fast allen tierischen und pflanzlichen Nahrungsmitteln vor. Besonders reich an Pantothensäure sind **Nieren**, **Leber**, **Eigelb** und **Hefe**. Außerdem wird Pantothensäure von Darmbakterien gebildet.

Struktur und Stoffwechsel

Pantothensäure besteht aus **β-Alanin** und 2,4-Dihydroxy-3,3-dimethylbutyrat (**Pantoinsäure**) (Abb. **A-16.22**). Die Aufnahme mit der Nahrung erfolgt entweder in Form von Coenzym A oder eingebaut in die Fettsäure-Synthase. Im Darm werden diese Moleküle zerlegt und die Pantothensäure von den Darmzellen aufgenommen. In der Zelle wird Pantothensäure in die aktive Form Coenzym A umgewandelt: Zuerst wird sie mit ATP zum Pantothensäurephosphat aktiviert und dann mit Cystein zum Pantetheinphosphat gekoppelt. Nach Abspaltung eines CO_2 und Kopplung mit einem zusätzlich 3'-phosphorylierten ATP entsteht Coenzym A (Abb. **A-16.23**).

A-16.22 Struktur der Pantothensäure

Pantothensäure besteht aus Pantoinsäure (2,4-Dihydroxy-3,3-dimethylbutyrat) und β-Alanin.

A-16.23 Struktur von Coenzym A

Coenzym A entsteht durch Kopplung von Pantothensäure mit Cystein und einem zusätzlich 3'-phosphorylierten ATP.

Funktion

▶ **Merke.** Funktion des Coenzym A ist die Aktivierung von Carbonsäuren (Abb. **A-16.24**). Die SH-Gruppe des Coenzym A, die ursprünglich aus dem Cystein stammt, bildet mit der Carboxylgruppe der Säure eine energiereiche Thioesterbindung, deren Energie etwa so groß ist wie die der Phosphorsäureanhydridbindung der γ-Phosphatgruppe des ATP.

Die wichtigsten Coenzym-A-aktivierten Substrate sind
- **Acetyl-CoA**, das wichtigste Substrat des Intermediärstoffwechsels. Bei ihm enden und beginnen zahlreiche Stoffwechselwege, sodass es als zentrales Molekül diese Stoffwechselwege miteinander verbindet.
- **Succinyl-CoA**, ein Intermediat des Citratzyklus (S. 120), das als Ausgangssubstrat der Hämbiosynthese (S. 760) dient.
- **Acyl-CoA**-aktivierte Fettsäuren dienen als Substrat bei der TAG-Synthese (S. 248).

A-16.24 Die Aktivierung von Carbonsäuren durch Coenzym A

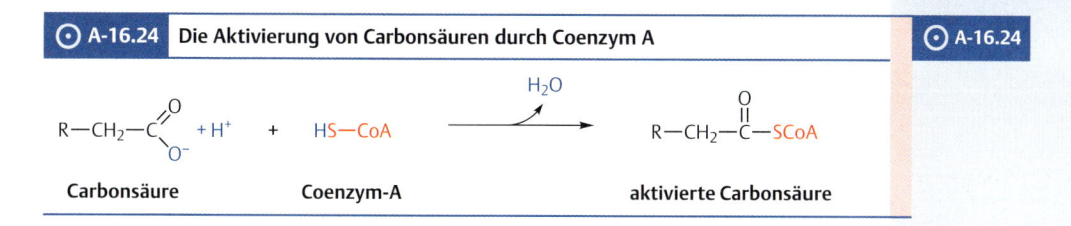

$$R-CH_2-COO^- + H^+ + HS-CoA \xrightarrow{-H_2O} R-CH_2-CO-SCoA$$

Carbonsäure + Coenzym-A → aktivierte Carbonsäure

Vitaminosen

Hypovitaminose

Ein Pantothensäuremangel ist sehr selten, da dieses Vitamin ubiquitär in der Nahrung vorkommt. Kommt es doch einmal zu einem Mangel, sind davon vor allem Fettstoffwechsel, Proteinbiosynthese und Nervensystem betroffen (Acetyl-CoA ist Ausgangsprodukt der Acetylcholinbiosynthese). Symptome sind u. a. Wachstumsstillstand und Polyneuropathie.

Hypervitaminose

Hypervitaminosen kommen bei Pantothensäure wie bei allen wasserlöslichen Vitaminen nicht vor.

16.3.6 Folsäure

Folsäure gehört ebenfalls zur Gruppe der B-Vitamine (manchmal als Vitamin B_9 bezeichnet). Sie kann nur von Mikroorganismen und Pflanzen synthetisiert werden. Besonders reiche Quellen sind deshalb auch Blattgemüse wie **Spinat** und **Salat** (daher kommt auch der Name, „folium" = das Blatt), **Spargel**, **Getreide** und **Hefe**. Fleisch, Fisch und Obst enthalten nur wenig Folsäure. Die Folsäure ist Coenzym für Reaktionen, bei denen C_1-**Gruppen** übertragen werden.

Struktur und Stoffwechsel

Folsäure besteht aus einem **Pteridinringsystem**, das über **p-Aminobenzoesäure** mit **Glutamat** verbunden ist (Abb. **A-16.25**). Die für die Funktion wichtige Struktur des Moleküls sind die beiden Stickstoffatome N^5 und N^{10}.

A-16.25 Struktur der Folsäure

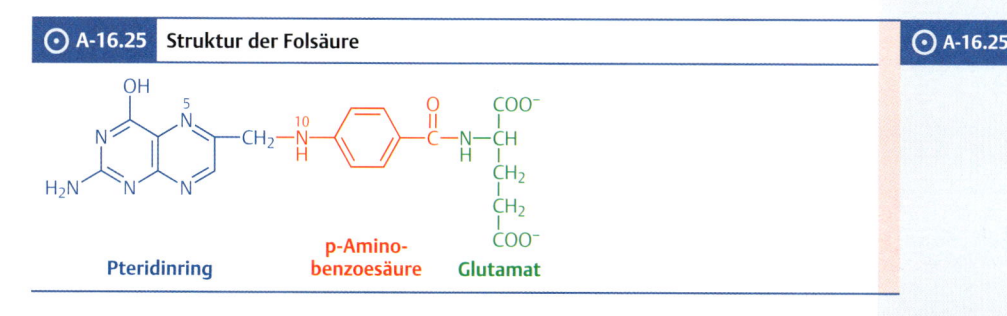

Pteridinring — p-Aminobenzoesäure — Glutamat

Vitaminosen

Hypovitaminose

Pantothensäuremangel ist sehr selten. Symptome sind:
- Wachstumsstillstand
- Polyneuropathie

Hypervitaminose

Unbekannt.

16.3.6 Folsäure

Folsäure wird nur von Pflanzen und Mikroorganismen synthetisiert. Sie kommt hauptsächlich in **Spinat** und **Salat**, **Spargel**, **Getreide** und **Hefe** vor. Sie ist Coenzym für C_1-**Gruppen-Übertragungen**.

Struktur und Stoffwechsel

Folsäure besteht aus einem **Pteridinringsystem**, **p-Aminobenzoesäure** und **Glutamat** (Abb. **A-16.25**).

Folsäure wird vor allem im oberen **Jejunum** spezifisch in die Enterozyten aufgenommen. Im Blut erfolgt der Transport an verschiedenen Proteinen. Die Aufnahme in der Peripherie wird durch einen **Rezeptor** vermittelt, der die Folsäure entlang ihres Konzentrationsgradienten in die Zelle schleust.
Die biologisch aktive Form der Folsäure ist die **Tetrahydrofolsäure (THF)**. Die Reduktion der Folsäure erfolgt unter NADPH-Verbrauch in zwei Schritten. Die beiden daran beteiligten Enzyme sind die Folsäure(Folat)-Reduktase, die Vitamin-C-abhängig ist, und die Dihydrofolsäure(Dihydrofolat)-Reduktase (Abb. **A-16.26**).
THF spielt eine wichtige Rolle bei der Übertragung von C_1-Gruppen. Diese werden am N^5- und N^{10}-Atom des Pteridinrings zwischengelagert und dann auf das Akzeptormolekül übertragen. Dabei gibt es verschiedene Zwischenstufen der Folsäure, abhängig von der C_1-Gruppe, die übertragen wird (Abb. **A-16.27**). Diese Zwischenstufen können ineinander umgewandelt werden. N^5,N^{10}-Methylen-THF spielt dabei eine zentrale Rolle. Sie entsteht durch die Übertragung einer Hydroxymethylgruppe aus Serin auf THF mit anschließender Wasserabspaltung (vgl. Abb. **A-16.29**).

Folsäure wird im **Jejunum** resorbiert, im Blut an Transportproteine gebunden und über einen **Rezeptor** in die Zielzellen aufgenommen.

Folsäure wird in zwei Schritten zu ihrer aktiven Form **Tetrahydrofolsäure (THF)** reduziert (Abb. **A-16.26**).

Bei der Übertragung der C_1-Gruppe wird diese am N^5- oder am N^{10}-Atom der THF zwischengelagert. Dabei entstehen verschiedene Formen der THF, die ineinander umgewandelt werden können (Abb. **A-16.27**). So entsteht N^5,N^{10}-Methylen-THF durch Übertragung einer CH_2OH-Gruppe von Serin auf THF (vgl. Abb. **A-16.29**).

A-16.26 Reduktion der Folsäure zu Tetrahydrofolsäure

Folsäure → (Folsäure-Reduktase (+Vitamin C), NADPH + H⁺ → NADP⁺) → **Dihydrofolsäure** → (Dihydrofolsäure-Reduktase, NADPH + H⁺ → NADP⁺) → **Tetrahydrofolsäure**

Die Reduktion der Folsäure erfolgt in zwei Schritten. Die Vitamin-C-abhängige Folsäure(Folat)-Reduktase reduziert Folsäure zu Dihydrofolsäure, die Dihydrofolsäure(Dihydrofolat)-Reduktase reduziert die Dihydrofolsäure weiter zur Tetrahydrofolsäure. Bei jeder Reduktion wird ein NADPH verbraucht.

Funktion

▶ **Merke.** Folsäure ist das Coenzym für die Übertragung von folgenden C_1-Gruppen:
- Methylgruppen ($-CH_3$)
- Formylgruppen ($-CHO$)
- Formiminogruppen ($-CH=NH$)
- Hydroxymethylgruppen ($-CH_2OH$)

Die Träger der C_1-Gruppen sind das N^5- und das N^{10}-Atom des Pteridinringsystems (Abb. **A-16.27**).
Die einzige C_1-Gruppe, die nicht von THF übertragen wird, ist die Carboxylgruppe (–COOH). Sie wird von Biotin (S. 317) übertragen.

Die einzelnen Reaktionen

Methylierung von Homocystein zu Methionin: Homocystein entsteht bei der Übertragung von Methylgruppen durch S-Adenosylmethionin (S. 169). Durch Aufnahme einer Methylgruppe kann es wieder in Methionin umgewandelt werden. Die Methylgruppe dazu liefert N^5-Methyl-THF (Abb. **A-16.28**). Cofaktor der Methionin-Synthase ist Vitamin B_{12}.

Umwandlung von Serin in Glycin bzw. von Glycin in Serin: Die Umwandlung der Aminosäuren erfolgt durch Übertragung und Akzeptanz von Hydroxymethylgruppen mithilfe der N^5-Hydroxymethyl-THF. Die N^5-Hydroxymethyl-THF entsteht durch Wasseranlagerung aus N^5,N^{10}-Methylen-THF (Abb. **A-16.29**).

Histidinstoffwechsel: Beim Abbau von Histidin entsteht Formiminoglutamat, das mithilfe von THF in Glutamat umgewandelt wird. Dabei entsteht N^5-Formimino-THF (Abb. **A-16.30**).

Purinsynthese (S. 425): Bei der Synthese von Adenin und Guanin werden die Kohlenstoffatome C^2 und C^8 des Purinrings über N^{10}-Formyl-THF eingeführt.

Pyrimidinsynthese (S. 430): Bei der Synthese von dTMP aus dUMP liefert N^5,N^{10}-Methylen-THF die Methylgruppe am Pyrimidinring (Abb. **A-16.31**).

Funktion

▶ Merke.

Die C_1-Gruppen stammen aus verschiedenen Reaktionen im Stoffwechsel.

Die einzelnen Reaktionen

Bei der **Methylierung** von **Homocystein** zu **Methionin** werden N^5-Methyl-THF und Vitamin B_{12} benötigt (Abb. **A-16.28**).

Bei der Umwandlung von **Serin** in **Glycin** bzw. umgekehrt entsteht N^5-Hydroxymethyl-THF als Zwischenstufe bei der Katalyse (Abb. **A-16.29**).

Im **Histidinstoffwechsel** wird aus THF N^5-Formimino-THF (Abb. **A-16.30**).

Bei der **Purinsynthese** dient N^{10}-Formyl-THF als C_1-Gruppen-Donor.

Bei der **Pyrimidinsynthese** dient N^5,N^{10}-Methylen-THF als C_1-Gruppen-Donor (Abb. **A-16.31**).

A-16.27 Die verschiedenen Folsäurederivate und ihre Umwandlung ineinander

A-16.28 Remethylierung von Homocystein zu Methionin

Die Methionin-Synthase überträgt eine Methylgruppe von N^5-Methyl-THF auf Homocystein. Als weiterer Cofaktor dient Methylcobalamin (Vitamin B_{12}).

A-16.29 Umwandlung von Serin in Glycin und umgekehrt

Das Serin überträgt seine Hydroxymethylgruppe auf THF und wird dabei zu Glycin. Die Reaktion ist reversibel, sodass die N^5-Hydroxymethyl-THF die Hydroxymethylgruppe wieder auf Glycin übertragen kann und dabei Serin entsteht.

A-16.30 Die Umwandlung von Formiminoglutamat in Glutamat

Formiminoglutamat entsteht beim Abbau von Histidin. Es überträgt seine Formiminogruppe auf THF und reagiert dabei zu Glutamat. Die THF wird zu N^5-Formimino-THF.

A-16.31 Reaktion von dUMP zu dTMP

Bei der Synthese von dTMP reagiert N^5,N^{10}-Methylen-THF zu Dihydrofolsäure, indem es eine Methylgruppe an dUMP abgibt. Dabei entsteht dTMP. Die Dihydrofolsäure wird durch die Dihydrofolsäure-Reduktase zu THF reduziert und dann mithilfe von Serin über N^5-Hydroxymethyl-THF wieder zu N^5,N^{10}-Methylen-THF regeneriert (vgl. auch Abb. **A-16.29**).

Bei Prokaryonten ist **N-Formylmethionin-tRNA** die Starter t-RNA bei der Translation. Die Formylgruppe stammt von N^{10}-Formyl-THF.

Im **Lipidstoffwechsel** entsteht bei der Synthese von Phosphatidylcholin Homocystein. Dieses wird mithilfe von N^5-Methyl-THF zu Methionin regeneriert.

Synthese von N-Formylmethionin-tRNA: Bei Prokaryonten startet die Proteinbiosynthese nicht wie bei Eukaryonten mit Methionin-tRNA als erster Aminosäure-tRNA, sondern mit N-Formylmethionin-tRNA. Die Formylgruppe zur Synthese des N-Formylmethionins aus Methionin stammt aus N^{10}-Formyl-THF.

Lipidstoffwechsel: Phosphatidylcholin kann durch dreifache Methylierung aus Ethanolamin entstehen – siehe dazu Biosynthese der Glycerophospholipide (S. 350) und Abb. **B-3.7**). Die Methylgruppen stammen von S-Adenosylmethionin (S. 169), das nach Abspaltung der Methylgruppe in Adenosin und Homocystein zerfällt. Homocystein kann mithilfe von N^5-Methyl-THF wieder zu Methionin regenerieren.

▶ **Klinik.** Da Bakterien Folsäure selbst synthetisieren, können Substanzen, die die Folsäuresynthese hemmen, zur antibiotischen Therapie eingesetzt werden. **Sulfonamide** (wie z. B. Sulfanilamid) sind p-Aminobenzoesäure-Analoga (Abb. **A-16.32**), die die Folsäuresynthese hemmen, indem sie anstelle von p-Aminobenzoesäure in Folsäure eingebaut werden. Das dabei entstehende Produkt ist nicht funktionell.

So genannte Folsäureantagonisten werden zur zytostatischen Therapie eingesetzt. Zu diesen gehören z. B. **Dihydrofolat-Reduktase-Hemmer** wie Amethopterin = Methotrexat (Abb. **A-16.32**). Sie hemmen die Dihydrofolat-Reduktase kompetitiv und blockieren so die Purin- und Pyrimidinsynthese. Die DNA kann nicht mehr repliziert werden, und die Zellteilung kommt zum Erliegen.

⊙ **A-16.32** Substanzen, die in den Folsäurestoffwechsel eingreifen

a **Sulfanilamid** ist ein Analoges der p-Aminobenzolsäure. b **4-Amino-N^{10}-methylfolsäure** ist ein Analoges der Folsäure.
Beide Substanzen hemmen den Folsäurestoffwechsel.

Vitaminosen

Hypovitaminose

Folsäure ist ein wichtiges Coenzym bei der Purin- und Pyrimidinsynthese. Es spielt also eine Rolle beim Zellwachstum. Bei einem Folsäuremangel sind demnach zuerst Gewebe mit einer hohen Mitoserate betroffen. Dazu gehören die Zellen des blutbildenden Systems im Knochenmark. Ein Mangel an Folsäure äußert sich in einer **megaloblastären Anämie**, d. h. die Erythrozyten-Vorstufen im Knochenmark und die Erythrozyten im peripheren Blut sind stark vergrößert (Abb. **A-16.33**). Bei länger andauerndem Folsäuremangel ist aber auch der Phospholipid- und der Aminosäurestoffwechsel beeinträchtigt.

Vitaminosen

Hypovitaminose

Folsäuremangel äußert sich in einer **megaloblastären Anämie**. Die Erythrozyten-Vorstufen im Knochenmark und die Erythrozyten im peripheren Blut sind stark vergrößert (Abb. **A-16.33**).

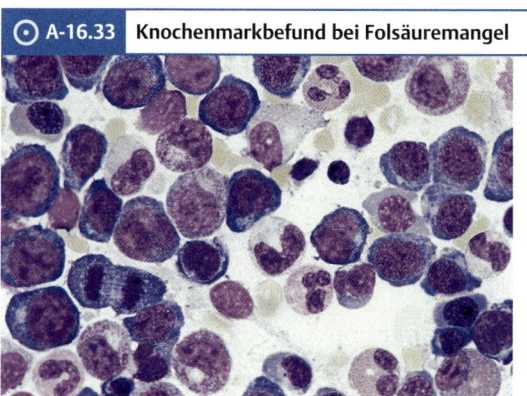

⊙ **A-16.33** Knochenmarkbefund bei Folsäuremangel

Zahlreiche vergrößerte Erythrozyten-Vorstufen mit großen, aufgrund des hohen RNA-Gehalts stark basophilen Zellkernen.

(aus THIEMEs Innere Medizin – TIM, Thieme, 1999)

▶ Klinik. Auch ein **Vitamin-B12-Mangel** (S. 316) äußert sich in einer megaloblastären Anämie. Dieser kann aber nur durch Gabe von Vitamin B$_{12}$ (Cobalamin) behoben werden, nicht durch Gabe von Folsäure. Deshalb muss bei einer megaloblastären Anämie immer sowohl der Folsäure- als auch der Cobalaminspiegel im Blut bestimmt werden. Einen reinen Folsäuremangel kann man durch den **Histidinbelastungstest** nachweisen. Dabei wird eine gesteigerte Formiminoglutamat-Ausscheidung im Urin gemessen, die eine direkte Folge des Folsäuremangels ist.

Hypervitaminose

Erkrankungen durch einen Folsäureüberschuss sind wie bei allen wasserlöslichen Vitaminen nicht bekannt.

16.3.7 Cobalamin – Vitamin B$_{12}$

Cobalamin kann weder von Pflanzen noch von Tieren synthetisiert werden. Nur Mikroorganismen sind in der Lage, dieses Vitamin zu bilden. Deshalb kommt Cobalamin auch nur in tierischen Nahrungsmitteln vor, da die Darmflora der Tiere das Cobalamin bilden kann. Besonders reich an Vitamin B$_{12}$ sind **Leber**, **Eier** und **Milchprodukte**. Cobalamin hat eine wichtige Funktion bei der **Remethylierung** von Homocystein zu Methionin und bei der **Umlagerung von Alkylresten**.

Struktur

Das Cobalamin ist die einzige natürlich vorkommende Substanz, in der Cobalt enthalten ist. Daher kommt auch sein Name. Das **Cobalt-Ion** sitzt im Zentrum eines **Tetrapyrrolringsystems**. Im Gegensatz zum Tetrapyrrolringsystem in der Hämgruppe (S. 750) sind beim Cobalamin zwei der vier Pyrrolringe direkt miteinander verbunden (Corrin, Abb. **A-16.34**). Das Cobalt-Ion hat sechs freie Valenzen. Vier davon binden die vier Stickstoffatome des Tetrapyrrolsystems, die fünfte trägt ein 5,6-Dimethylbenzimidazolribosid. Die letzte Bindungsstelle kann mit verschiedenen Liganden besetzt sein:
- **5'-Desoxyadenosylcobalamin** trägt ein 5-Desoxyadenosin als Liganden.
- **Methylcobalamin** hat eine Methylgruppe als Rest.
- **Cyanocobalamin** hat einen Cyanidrest gebunden (in dieser Form kommt Cobalamin in der Natur allerdings nicht vor).

⊙ A-16.34 Struktur des Cobalamins

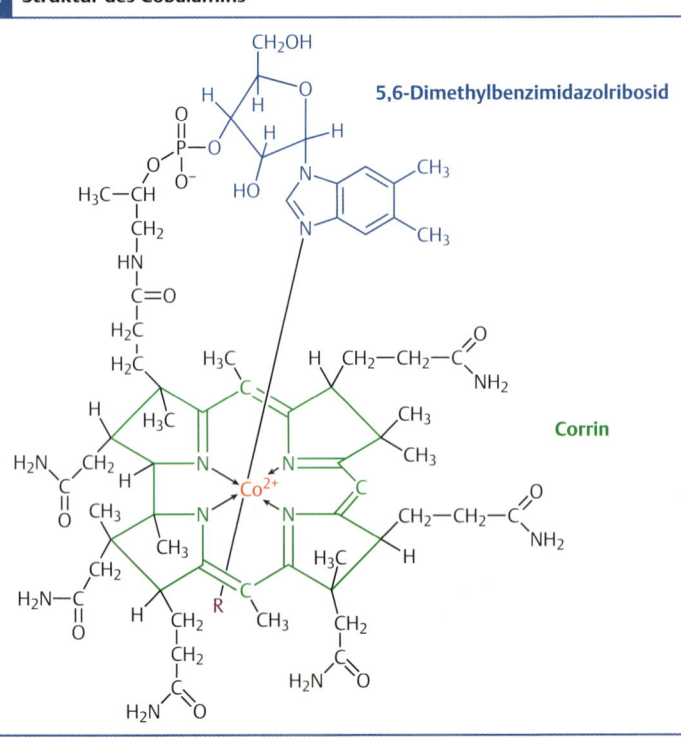

Aufnahme und Resorption

Cobalamin gelangt proteingebunden in den Körper. Im Magen und im Darm wird es vom Protein abgespalten. In dieser Form wird es auch als **Extrinsic Factor** bezeichnet. Um resorbiert werden zu können, muss es an den sog. **Intrinsic Factor**, ein kleines Glykoprotein, das von den Belegzellen des Magens gebildet wird, gebunden werden. Nur im Komplex mit dem Intrinsic Factor kann das Cobalamin resorbiert werden.

Die Resorption geschieht im **unteren Ileum**. Dort sitzt in der Zellmembran der Mukosazellen ein Rezeptor, über den der Komplex aus Cobalamin und Intrinsic Factor endozytotisch aufgenommen wird, vgl. rezeptorvermittelte Endozytose (S. 368). In den Lysosomen der Mukosazellen wird Cobalamin dann vom Intrinsic Factor getrennt. Das freie Cobalamin wird zum Transport im Blut an **Transcobalamin II** gebunden. Der Komplex aus Cobalamin und Transcobalamin II kann von allen Zellen im Körper über rezeptorvermittelte Endozytose aufgenommen werden.

Die Umwandlung des Cobalamins in **Methylcobalamin** erfolgt im Zytosol, da hier die Remethylierung des Homocysteins zu Methionin stattfindet.

5'-Desoxyadenosylcobalamin wird im Mitochondrium gebildet, denn dort wird es als Coenzym für die Umlagerung von Alkylresten benötigt.

▶ **Merke.** Cobalamin wird im unteren Ileum resorbiert. Die Resorption erfolgt im Komplex mit dem Intrinsic Factor über rezeptorvermittelte Endozytose.

Funktion

Nur die beiden Vitamin-B_{12}-Formen **5'-Desoxyadenosylcobalamin** und **Methylcobalamin** sind biologisch aktiv. Das **Cyanocobalamin** wird therapeutisch zur Vitamin-B_{12}-Supplementierung verabreicht. Allerdings ist dabei der Cyanidrest, der weder im Tier- noch im Pflanzenreich natürlicherweise vorkommt, toxikologisch bedenklich, denn der Organismus muss sich dieses Giftes entledigen.

▶ **Exkurs.** Cyanocobalamin hat im menschlichen Organismus keine physiologische Funktion und muss nach der Absorption erst in die biologisch aktive Form **Methylcobalamin** umgewandelt werden. Ein kleiner Teil des Cyanocobalamins wird in den Mucosazellen umgewandelt, ein großer Anteil wird ins Blut abgegeben und dort wie die anderen Formen des Cobalamins an Transcobalamin gebunden transportiert. In den Zielzellen wird das Cyanocobalamin dann in Methylcobalamin oder 5'-Desoxyadenosylcobalamin umgewandelt. Der dabei entstehende Cyanidrest kann von der **Rhodanase** zu Thiocyanat umgewandelt und so entgiftet werden. Nebenwirkungen aufgrund der toxischen Cyanidgruppe sind nicht bekannt. Die Menge an Cyanid, die bei einer Vitamin-B_{12}-Supplementation mit 1 mg Vitamin B_{12} aufgenommen wird, liegt unter 20 µg und wird als unbedenklich eingestuft (zum Vergleich: Die tödliche Dosis von Cyanid liegt bei 1 mg pro kg Körpergewicht, also bei ca. 70 mg).

Remethylierung

Die **Methionin-Synthase** wandelt Homocystein in Methionin um (Abb. **A-16.28**). Sie benötigt **Methylcobalamin** als Cofaktor. Die Methylgruppe für die Methylierung des Homocysteins wird von **N^5-Methyl-Tetrahydrofolsäure** geliefert (Abb. **A-8.24**). Diese wird dabei wieder zur biologisch aktiven Tetrahydrofolsäure regeneriert.

▶ **Merke.** Bei der Remethylierung von Homocystein arbeitet Cobalamin eng mit dem Vitamin Folsäure zusammen.

Alkylumlagerung

5'-Desoxyadenosylcobalamin ist Cofaktor bei Alkylumlagerungen, wie z. B. bei der β-Oxidation ungeradzahliger Fettsäuren. Dort wird L-Methylmalonyl-CoA durch die Methylmalonyl-CoA-Mutase cobalaminabhängig in Succinyl-CoA umgelagert (Abb. **A-16.35**). Der Mechanismus der Umlagerung läuft über eine –CH•-Radikalbildung, die durch die starke Elektronegativität des Cobaltatoms begünstigt wird.

A-16.35 Umlagerung von Methylmalonyl-CoA in Succinyl-CoA

a Schematische Darstellung der cobalaminabhängigen intramolekularen Alkylumlagerung. b Umlagerung von L-Methylmalonyl-CoA zu Succinyl-CoA durch die Methylmalonyl-CoA-Mutase. c Reaktion b in übersichtlicherer (gewohnter) Schreibweise.

Vitaminosen

Hypovitaminose

Vitamin-B$_{12}$-Mangel ist entweder **resorptionsbedingt** oder entsteht durch einen **erhöhten Cobalaminverbrauch**. Ein ernährungsbedingter Mangel ist sehr selten da dieses Vitamin in fast allen tierischen Nahrungsmitteln vorhanden ist. Außerdem kann die Leber eine erhebliche Menge Cobalamin speichern.
Cobalaminmangel führt zu
- **perniziöser Anämie** (Abb. **A-16.36**) und
- **funikulärer Myelose**.

Vitaminosen

Hypovitaminose

Vitamin-B$_{12}$-Mangel ist entweder **resorptionsbedingt** (fehlender Intrinsic Factor bei chronisch atrophischer Gastritis, Entzündung des Ileums) oder entsteht durch einen **erhöhten Cobalaminverbrauch**. Ein ernährungsbedingter Mangel ist selten, da dieses Vitamin in praktisch allen tierischen Nahrungsprodukten einschließlich Eiern und Milch vorkommt.
Ein Mangel an Vitamin B$_{12}$ aufgrund unzureichender Zufuhr tritt meist erst nach 1–2 Jahren auf, denn eine gesunde Leber ist in der Lage, etwa die tausendfache Menge des täglichen Bedarfs an Vitamin B$_{12}$ zu speichern.
Ein Vitamin-B$_{12}$-Mangel äußert sich in einer **megaloblastären Anämie**. Sie entsteht, weil bei Mangel an Methylcobalamin die Regeneration von Tetrahydrofolsäure gestört und dadurch die Synthese der Purine und Pyrimidine beeinträchtigt ist. Deshalb kommt es insbesondere bei schnell proliferierenden Zellen wie den Blutzellen zu verzögerter Reifung und dadurch zur Größenzunahme der Zellen. Die Reifungsstörung betrifft bei der Vitamin-B$_{12}$-Mangelanämie, der sog. **perniziösen Anämie**, nicht nur Erythrozyten, sondern auch Granulo- und Thrombozyten (Abb. **A-16.36**). Auch die Epithelzellen des Verdauungstraktes proliferieren schnell, weshalb atrophische Schleimhautveränderungen (Zungenbrennen bei der sog. **Hunter-Glossitis**) auftreten. Vitamin-B$_{12}$-Mangel kann zum Zerfall der Markscheiden von Hinter- und Seitensträngen des Rückenmarks führen. Dies äußert sich in Sensibilitätsstörungen der distalen Extremitätenabschnitte und Reflexabschwächung bei spastischer Lähmung der Beine. Die neurologischen Symptome des Vitamin-B$_{12}$-Mangels werden als **funikuläre Myelose** zusammengefasst.

A-16.36 Blutausstrich bei perniziöser Anämie (a) und zum Vergleich beim Gesunden (b)

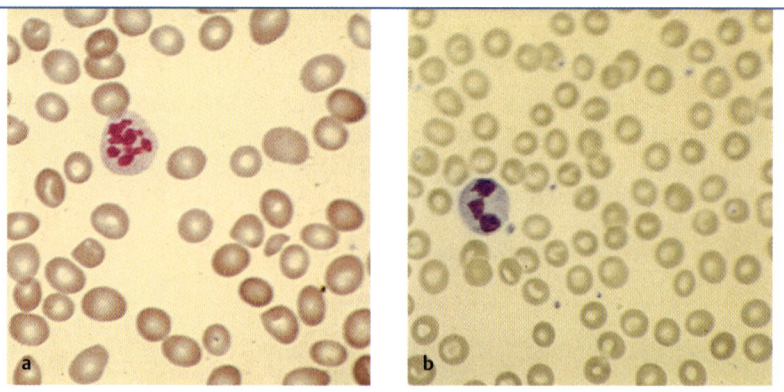

a Blutausstrich bei perniziöser Anämie: Typische große oväläre Erythrozyten und ein übersegmentierter neutrophiler Granulozyt. b Normales rotes Blutbild.
(aus Siegenthalers Differenzialdiagnose, Thieme, 2005)

Hypervitaminose

Unbekannt.

Hypervitaminose

Eine Vitamin-B$_{12}$-Hypervitaminose ist wie bei allen wasserlöslichen Vitaminen nicht bekannt.

16.3.8 Biotin

Biotin (früher Vitamin H) wird von der **Darmflora** des Menschen **produziert**. Es kommt außerdem in **Leber**, **Nüssen**, **Sojabohnen**, **Eigelb** und in **Schokolade** vor. Es ist das Coenzym bei **Carboxylierungsreaktionen**.

Struktur und Stoffwechsel

Biotin ist ein Derivat des Harnstoffs. Es ist als prosthetische Gruppe kovalent an sein Enzym gebunden. Die Bindung erfolgt dabei über die ε-Aminogruppe eines Lysinrests der Peptidkette (**Biotinyllysin**, Abb. **A-16.37**).

A-16.37 Struktur von Biotinyllysin

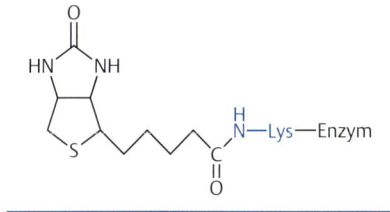

Funktion

▶ **Merke.** Biotin ist der Cofaktor für alle Carboxylierungsreaktionen, die nicht Vitamin-K-abhängig sind.

Unter ATP-Verbrauch nimmt Biotin an seinem N^1-Atom einen Carboxylrest auf und wird dabei zum **Carboxy-Biotin**. Das Carboxy-Biotin überträgt den Carboxylrest dann auf das jeweilige Substrat (Abb. **A-16.38**).
Die wichtigsten **biotinabhängigen Enzyme** im Intermediärstoffwechsel sind:
- **Acetyl-CoA-Carboxylase** (S. 236)**:** In der ersten Reaktion der Fettsäurebiosynthese wird Acetyl-CoA durch Carboxylierung zu Malonyl-CoA aktiviert.
- **Pyruvat-Carboxylase** (S. 222)**:** Im ersten Schritt der Gluconeogenese wird Pyruvat zu Oxalacetat carboxyliert. Diese Reaktion dient auch als anaplerotische Reaktion zur Auffüllung des Citratzyklus mit Oxalacetat.
- **Propionyl-CoA-Carboxylase** (S. 138)**:** Beim Abbau ungeradzahliger Fettsäuren bleibt Propionyl-CoA übrig, das zu Malonyl-CoA carboxyliert und dann in Succinyl-CoA umgewandelt und so in den Citratzyklus eingeschleust wird.

A-16.38 Funktion des Biotins

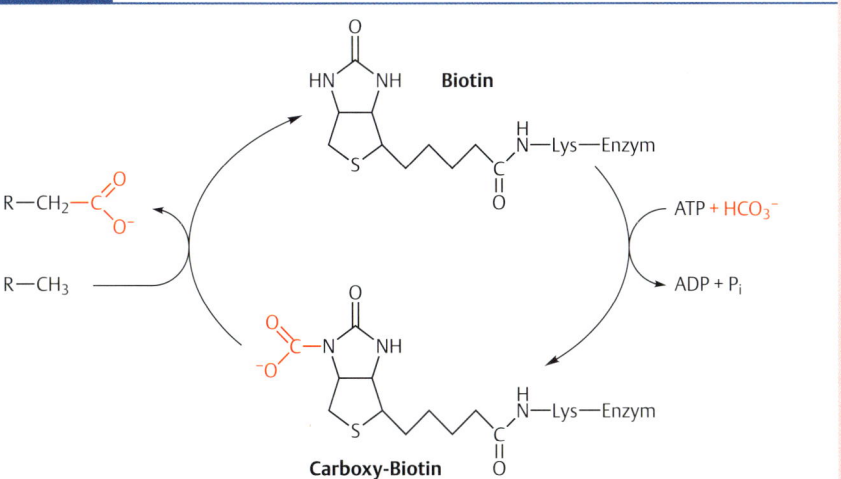

An seinem N^1-Atom nimmt Biotin unter ATP-Verbrauch einen Carboxylrest auf und überträgt diesen auf das Substrat seines Enzym.

16.3.8 Biotin

Für Biotin gibt es tierische und pflanzliche Quellen, zudem wird es von der **Darmflora produziert**. Es ist das Coenzym bei **Carboxylierungsreaktionen**.

Struktur und Stoffwechsel

Biotin ist ein Harnstoffderivat. Es ist über die ε-Aminogruppe eines Lysinrests kovalent an sein Enzym gebunden (**Biotinyllysin**, Abb. **A-16.37**).

Funktion

▶ **Merke.**

Biotin nimmt einen Carboxylrest auf (→ **Carboxy-Biotin**) und überträgt ihn auf das Substrat (Abb. **A-16.38**).

Die wichtigsten **biotinabhängigen Enzyme** im Intermediärstoffwechsel sind:
- Acetyl-CoA-Carboxylase
- Pyruvat-Carboxylase
- Propionyl-CoA-Carboxylase

Vitaminosen

Hypovitaminose

Da Biotin von der Darmflora synthetisiert wird, kommt es nur dann zu Mangelerscheinungen, wenn die Darmflora durch eine lang anhaltende Antibiotikatherapie zerstört wird. Auch beim Verzehr von übermäßig viel rohem Eiweiß kann es zu Biotinmangel kommen, da Eiweiß **Avidin** enthält, das Biotin bindet und somit an der Resorption hindert. Mangelerscheinungen können sich in schuppigen Hautveränderungen, Depressionen, Muskelschmerzen und Hyperästhesie äußern.

> ▶ **Klinik.** Beim Abbau der biotinhaltigen Carboxylasen bleibt als Endprodukt Biotinyllysin (Biocytin) übrig. Aus dem Biocytin wird das Biotin durch eine Biotinidase freigesetzt und so dem Körper zurückgewonnen, da es ansonsten über die Nieren ausgeschieden würde.
>
> Fehlt die Biotinidase, spricht man vom **Biotinidasemangel** (auch **spät einsetzender multipler Carboxylasemangel** genannt), einer seltenen Stoffwechselstörung, die autosomal-rezessiv vererbt wird. Dem Körper geht dabei so viel Biotin verloren, dass der Bedarf nicht mehr alleine durch die Aufnahme über die Nahrung ausgeglichen werden kann. Eine Therapie besteht in einer lebenslangen medikamentösen Biotinzufuhr von außen. In Deutschland ist der Test auf Biotinidasemangel standardmäßiger Bestandteil des Neugeborenen-Screenings.

Hypervitaminose

Eine Biotin-Hypervitaminose ist wie bei allen wasserlöslichen Vitaminen nicht bekannt.

16.3.9 Ascorbinsäure – Vitamin C

Vitamin C kommt in großen Mengen in **Zitrusfrüchten** vor sowie in **Paprika, Tomaten, Spinat** und **Rosenkohl**. Der Name Ascorbinsäure kommt daher, dass Vitamin C die Krankheit Skorbut (S. 319) verhindern kann.

Vitamin C kann von allen Lebewesen außer Primaten und Meerschweinchen selbst hergestellt werden. Primaten und Meerschweinchen fehlt das Enzym L-Gulonolacton-Oxidase, welches Gulonolacton zu α-Ketogluconolacton oxidiert, aus dem dann spontan die Ascorbinsäure entsteht. Durch Kochen und Oxidation wird Ascorbinsäure leicht zerstört. Deshalb sollten Obst und Gemüse möglichst frisch verzehrt werden.

Vitamin C hat eine wichtige Funktion als **Antioxidationsmittel** und ist Cofaktor verschiedener enzymatischer Reaktionen.

Struktur und Stoffwechsel

Chemisch gesehen handelt es sich bei Vitamin C um 2,3-Endiol-L-Gluconsäurelacton. Seine für die Funktion wichtige Struktur ist der **Lactonring** (Abb. **A-16.39**).

Die Aufnahme des Vitamin C erfolgt bereits im Mund, hauptsächlich aber im **Jejunum** und im **Ileum**, vermutlich über einen natriumabhängigen aktiven Transport. Im Blut wird es als **Dehydroascorbinsäure** vorwiegend in freier Form transportiert. Ein kleinerer Teil ist an Plasmaproteine gebunden. Im Gewebe wird die Dehydroascorbinsäure wieder zu Ascorbinsäure reduziert.

⊙ **A-16.39** Struktur von Vitamin C

Der für die Funktion wichtige Lactonring des Vitamin C ist farbig hervorgehoben.

Funktion

▶ **Merke.** Ascorbinsäure kann Elektronen abgeben und wirkt dadurch als **Antioxidationsmittel**. Sie wird dabei zur Dehydroascorbinsäure oxidiert. Als Zwischenstufe entsteht das Ascorbyl-Radikal (Abb. **A-16.40**).

Bei elektronenübertragenden Reaktionen oder Reaktionen, bei denen Radikale entstehen können, hat Ascorbinsäure **Schutzfunktion**, indem sie als Elektronenakzeptor bzw. -donor oder als Radikalfänger fungiert. Zum Beispiel kann Ascorbinsäure Methämoglobin (Fe^{3+}-haltiges Hämoglobin) zu Hämoglobin (Fe^{2+}-haltig) reduzieren.

A-16.40 Die Funktion der Ascorbinsäure

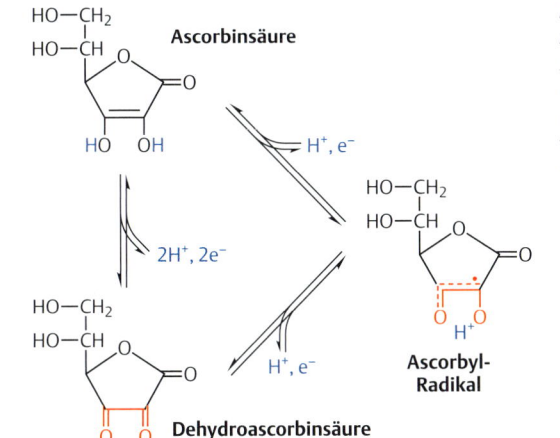

Ascorbinsäure kann durch zweimalige Elektronenabgabe zu Dehydroascorbinsäure oxidiert werden. Durch Elektronenaufnahme wird diese dann wieder zu Ascorbinsäure reduziert.

Als **Cofaktor von Hydroxylasen** ist Vitamin C beteiligt an:
- **Steroidhormonsynthese**, und zwar als Coenzym der 11,18,21-Hydroxylase (Abb. **D-3.20**). In der Nebennierenrinde herrscht die höchste Konzentration an Vitamin C im Körper.
- **Kollagenbiosynthese** (Prolyl- bzw. Lysyl-Hydroxylase): Hydroxylierung von Prolin- und Lysinresten im Kollagen (Abb. **B-7.2**).

Als **Cofaktor von Oxygenasen** ist es beteiligt an:
- **Carnitinbiosynthese** (Trimethyllysin-α-Ketoglutarat-Dioxygenase, γ-Butyrobetain-α-Ketoglutarat-Dioxygenase): Hydroxylierung von Trimethyllysin und γ-Butyrobetain (Deoxycarnitin) zu L-Carnitin
- **Noradrenalinsynthese** (Dopamin-β-Hydroxygenase): Hydroxylierung von Dopamin zu Noradrenalin

Als **Cofaktor anderer Reaktionen:**
- Regeneration des **Tocopheryl-Radikals** (Abb. **A-16.7**).
- Steigerung der **Eisenresorption** (S. 323) im Darm.
- Reduktion der Folsäure zur **Dihydrofolsäure** (Abb. **A-16.26**).

Vitaminosen

Hypovitaminose

Ein **lang anhaltender Vitamin-C-Mangel** führt zu **Skorbut**. Die ersten Symptome, die meist erst nach monatelanger Latenzzeit auftreten, sind Störungen des Bindegewebsstoffwechsels. Sie sind darauf zurückzuführen, dass Kollagen nicht mehr ausreichend hydroxyliert wird und dadurch seine Stabilität verliert. Infolgedessen verliert das Binde- bzw. Stützgewebe seine Festigkeit, es kommt zu Zahnfleischbluten, Haut- und Knochenveränderungen, Muskelschwäche und Gelenkschmerzen. Die lange Latenzzeit wird, da Vitamin C nur in geringen Mengen im Körper gespeichert wird, durch die lange Halbwertszeit des Kollagens erklärt.

Ein **leichter Vitamin C-Mangel** äußert sich in unspezifischen Symptomen wie Schwäche, Ermüdbarkeit, Zahnfleischschwellungen und verminderter Widerstandsfähigkeit gegen Infektionen.

A 16 Vitamine

Gefährdet sind mit Kuhmilch oder Sterilmilch ernährte Säuglinge. Bei ihnen kann durch Vitamin-C-Mangel die Knochenbildung gestört sein.

Hypervitaminose

Vitamin-C-Hypervitaminosen sind wie bei allen wasserlöslichen Vitaminen unbekannt.

Schiffbruch

Kapitänslogbuch der Sea Cow, vom 8. September 1704

„Wir haben den schrecklichen Sturm überstanden. Doch die Schäden sind groß. Bis unsere Takelage vollständig repariert ist, wird es Wochen dauern. Doch selbst wenn wir fahrtüchtig wären, ist unsere Navigation eingeschränkt. Wir sind mitten auf hoher See, kein Land in Sicht. Seit Wochen leben wir nur noch von Wasser und Zwieback. Wir sind alle erschöpft, unsere Kraft hat uns verlassen. Heute mussten wir fünf weitere tapfere Männer der See übergeben. Zu all unserem Unglück haben wir festgestellt, dass die schreckliche Krankheit unter uns ist. Unser Zahnfleisch will nicht aufhören zu bluten, überhaupt wollen unsere Wunden nicht heilen. Möge der Himmel uns beistehen ..."

Auszug aus einem privaten Brief des Arztes James Lind an einen persönlichen Freund, im Jahre 1753

„... wie ich dir schon vor einigen Wochen ausführlich berichten durfte, habe ich nun meine Arbeiten abschließen und in einem Bericht an die verehrte Admiralität unserer Flotte darlegen können. Gespannt bin ich auf Antwort. Eine Zusammenfassung habe ich diesem Schreiben beigelegt. Ich glaube nun durch meine Arbeiten der Heilung einer der größten Plagen der Seefahrt näher gekommen zu sein: Dem schrecklichen Skorbut. Ich habe mehrere Seeleute, die daran erkrankten, einteilen können in sechs Gruppen von je zwei Mann. Jeder Gruppe habe ich – wie du ausführlich lesen wirst – andere Mittel verabreicht. Nach nur wenigen Tagen erfolgte die Genesung zweier Männer, die zwei Orangen und eine Zitrone erhielten. Dies scheint eine geeignete Therapie. Vielleicht ist es die Säure, die etwas erreicht ..."

Auszug aus dem Tagebuch des Schiffsarztes der Prometheus vom 11. April 1814

„... und wenn ich daran denke, dass ich noch als junger Mann lernte, erst bei Symptomen des Skorbuts die Seeleute mit billiger Säure zu behandeln oder eben Früchte auszuteilen. Dass man nicht einfach schon vorsorglich etwas zu sich nimmt, bevor Probleme auftreten. Wie werden Ärzte in den kommenden Jahrhunderten den Krankheiten begegnen?"

Auszug aus dem Tagebuch eines Stabsarztes vom 8. Januar 1943, Stalingrad

„... es ist unvorstellbar. Eingeschlossen in dieser kalten Stadt. Hunger und Durst sind unsere Begleiter. Wunden wollen nicht heilen. Aus Mangel an Obst und Gemüse, ja überhaupt an allem Essen ist nun Skorbut – welche wir längst besiegt zu haben glaubten – auch noch ausgebrochen. Von Typhus ganz zu schweigen ..."

Auszug aus einem Buch medizinischer Sprichwörter heute

„An apple a day keeps the doctor away."

Foto: Nils Prause/Fotolia

17 Spurenelemente

17.1 Grundlagen 322
17.2 Die einzelnen Spurenelemente 323

K. Hauser

17.1 Grundlagen

17.1 Grundlagen

Spurenelemente sind fast alle **Metall-Ionen** und in der Regel Cofaktor von Enzymen.

Spurenelemente sind fast alle **Metall-Ionen**. Sie kommen in äußerst geringen Mengen im Körper vor und haben in der Regel eine Funktion als Cofaktor von Enzymen.

17.1.1 Einteilung der Spurenelemente

Es gibt
- **essenzielle** Spurenelemente,
- **möglicherweise essenzielle** Spurenelemente,
- **nicht essenzielle** (oder toxische) Spurenelemente
(Tab. **A-17.1**).

17.1.1 Einteilung der Spurenelemente

Man teilt die Spurenelemente entsprechend ihrer biologischen Notwendigkeit in drei Gruppen ein:
- **essenzielle** Spurenelemente,
- **möglicherweise essenzielle** Spurenelemente,
- **nicht essenzielle** (oder toxische) Spurenelemente.

Ob ein Spurenelement essenziell ist oder nicht, ist experimentell schwierig nachzuweisen, da sie nur in den geringsten Mengen vorhanden sein müssen, um einen normalen Stoffwechsel zu ermöglichen. Oft reichen schon die Mengen aus, die z. B. im Plastik der Versuchskäfige enthalten sind, in denen die Versuchstiere gehalten werden. Es ist extrem aufwendig, eine komplett spurenelementfreie Umgebung für solche Untersuchungen zu schaffen.

Zu den mit Sicherheit essenziellen Spurenelementen gehören **Chrom**, **Cobalt**, **Eisen**, **Fluorid**, **Iod**, **Kupfer**, **Mangan**, **Molybdän**, **Nickel**, **Selen**, **Vanadium**, **Zink** und **Zinn**. Sicherlich nicht essenziell sind Blei und Quecksilber (Tab. **A-17.1**).

In diesem Kapitel werden außerdem auch Magnesium und Schwefel besprochen, die nicht zu den Spurenelementen, sondern zu den Elektrolyten gerechnet werden. Zu den Elektrolyten gehören außerdem Kalium (S. 643), Calcium (S. 644), Natrium (S. 638) und Phosphor (als Phosphat (S. 644)).

≡ A-17.1

≡ A-17.1 Einteilung der Spurenelemente

essenziell	Tagesbedarf Erwachsener*	möglicherweise essenziell	nicht essenziell
Chrom	30 – 100 µg	Aluminium	Antimon
Cobalt	k.A.	Arsen	Blei
Eisen	10 – 15 mg	Barium	Quecksilber
Fluorid	3,1 – 3,8 mg	Brom	
Iod	150–200 µg	Cadmium	
Kupfer	1 – 1,5 mg	Silicium	
Magnesium	300 – 400 mg		
Mangan	2 – 5 mg	Strontium	
Molybdän	50 – 100 µg		
Nickel	k.A.		
Selen	60 – 70 µg		
Vanadium	k.A.		
Zink	7 – 10 mg		
Zinn	k.A.		

* Empfohlen von der Deutschen Gesellschaft für Ernährung (DGE), Stand 2015; k.A. = keine Angabe

17.1.2 Bedarf an Spurenelementen

Der tägliche Bedarf an Spurenelementen liegt im **µg- bis mg-Bereich**. Während der Schwangerschaft und Stillzeit kann sich der Bedarf an Spurenelementen verdoppeln. Für die meisten Spurenelemente gibt es Empfehlungen der DGE für die Menge, die dem Körper täglich zugeführt werden sollte (Tab. **A-17.1**).

Besonders bei älteren Menschen oder bei einer länger andauernden parenteralen Ernährung kann es aufgrund einer zu niedrigen Zufuhr zu **Mangelerscheinungen** kommen. Diese führen zu manchmal erheblichen Stoffwechselstörungen (Iodmangelstruma, Eisenmangelanämie). Auch eine gestörte Resorption oder eine vermehrte Ausscheidung kann zu Mangelzuständen führen.

17.2 Die einzelnen Spurenelemente

17.2.1 Eisen

Eisen ist das häufigste Übergangsmetall (d. h. es kann verschiedene stabile Oxidationsstufen bilden) auf der Erde und im menschlichen Körper. Der gesamte Pool an Eisen beträgt beim gesunden Menschen 45 – 60 mg/kg Körpergewicht. Davon sind etwa 65 % im **Hämoglobin** und 20 % als Depot **(Ferritin, Hämosiderin)** gebunden (Tab. **A-17.2**).
In der Nahrung kommt Eisen besonders in **Fleisch**, **Innereien**, **Getreide**, **Gemüse**, **Hülsenfrüchten**, **Nüssen** und **Eiern** vor.
Zur Deckung des Eisenbedarfs müssen täglich 10 mg Eisen oral aufgenommen werden.

≡ A-17.2 Verteilung von Eisen im Körper

Fraktion	Anteil in %
Hämoglobin-Eisen	65
Myoglobin-Eisen	4
Speicher-Eisen (Ferritin, Hämosiderin)	20
Nicht-Häm-Enzyme	10
Häm-Enzyme (Cytochrome, Katalasen, Peroxidasen)	< 1
Eisen-Schwefel-Cluster	< 1
Transport-Eisen (Transferrin)	< 1

Aufgaben

Eisen kann in verschiedenen Oxidationsstufen vorliegen (Fe^{2+}, Fe^{3+}) und stellt somit ein **Redoxsystem** dar. Es kommt in vielen Enzymen, die einen Elektronenübergang katalysieren, als Cofaktor vor. Seine wichtigste Aufgabe hat es als Fe^{2+} im **Hämoglobin** und **Myoglobin**. Dort dient es dem **Sauerstofftransport**.
Außerdem ist es **Cofaktor** folgender Enzyme:
- **Peroxidasen:** Entfernung von Sauerstoffradikalen (S. 389).
- **Katalasen:** Umwandlung von H_2O_2 in H_2O (S. 389).
- **Cytochrome:** Elektronentransport in der Atmungskette. (S. 184)
- **Prolyl-Hydroxylase:** Hydroxylierung von Prolinresten im Kollagen. (S. 405)
- **Monooxygenasen:** Biotransformation in der Leber – Cytochrom P450 (S. 740).
- **Dioxygenasen**: Aminosäurestoffwechsel (S. 166).
- **Xanthin-Oxidase**: Nukleotidstoffwechsel (Abb. **C-1.11**)

Resorption

In der Regel werden nur etwa 10 % des mit der Nahrung aufgenommenen Eisens resorbiert. Bei erhöhtem Bedarf, wie z. B. während einer Schwangerschaft (hierbei führt die Mutter dem Fetus über die Plazenta Eisen aus ihren eigenen Depots zu) oder bei Eisenmangel, kann dieser Wert bis auf 40 % steigen.
Eisen kann als hämgebundenes Eisen (Häm-Eisen) oder als nicht hämgebundenes Eisen (Nicht-Häm-Eisen) aufgenommen werden. Häm-Eisen, das v. a. in Fisch, Fleisch, Geflügel und Innereien vorliegt, kann sowohl als Häm-Fe^{2+}, als auch als Häm-Fe^{3+} resorbiert werden. Nicht-Häm-Eisen kann nur als Fe^{2+} aufgenommen werden. Deshalb muss Fe^{3+} im Magen-Darm-Trakt erst zu Fe^{2+} reduziert werden. Dies geschieht durch reduzierende Agenzien, wie z. B. **SH-Gruppen** enthaltende

In der Mukosazelle wird das Eisen über **Mobilferrin** auf die basolaterale Seite transportiert und dort an **Apotransferrin**, das Eisentransportprotein im Blut, abgegeben.

Cysteine in der Nahrung, **Vitamin C** und eine **Ferrireduktase**, die an der Membran der Mukosazellen sitzt. Gerbsäuren (im Tee), Phosphate (z. B. im Eigelb) und andere Substanzen wie z. B. Phytinsäure, Oxalsäure oder auch Calcium, hemmen die Eisenresorption.

Im sauren Milieu des Magens wird das Nicht-Häm-Eisen aus der Nahrung freigesetzt. Im oberen Dünndarm gelangt das nicht hämgebundene Fe^{2+} über den Transporter **DMT 1** (= DCT 1), der auch andere zweiwertige Metalle (Cobalt, Kupfer, Mangan, Cadmium, Blei, Zink) transportiert, im Cotransport mit H^+ in das Zytosol der Mukosazelle (Abb. **A-17.1**). Wichtig dafür ist ein niedriger pH-Wert des Chymus, da dieser den H^+-Gradienten erhöht, der das Fe^{2+} durch DMT 1 in die Zelle treibt. Hämgebundenes Eisen gelangt nach Spaltung vom Protein durch HCP1 (heme carrier protein 1) ins Zytosol der Mukosazelle. Häm-Fe^{3+} wird durch die Hämoxigenase zu Häm-Fe^{2+} reduziert, dann als Fe^{2+} aus dem Häm freigesetzt und schließlich an **Mobilferrin** gebunden. Mobilferrin transportiert das Eisen auf die basolaterale Seite der Mukosazelle. Dort sitzt ein weiterer Metalltransporter (IREG), der mit **Hephaestin** assoziiert ist. Hephaestin oxidiert das Fe^{2+} zu Fe^{3+} und das Transporter/Hephaestin-System übergibt das Fe^{3+} an **Apotransferrin**, das als Transportprotein des Eisens im Blut dient.

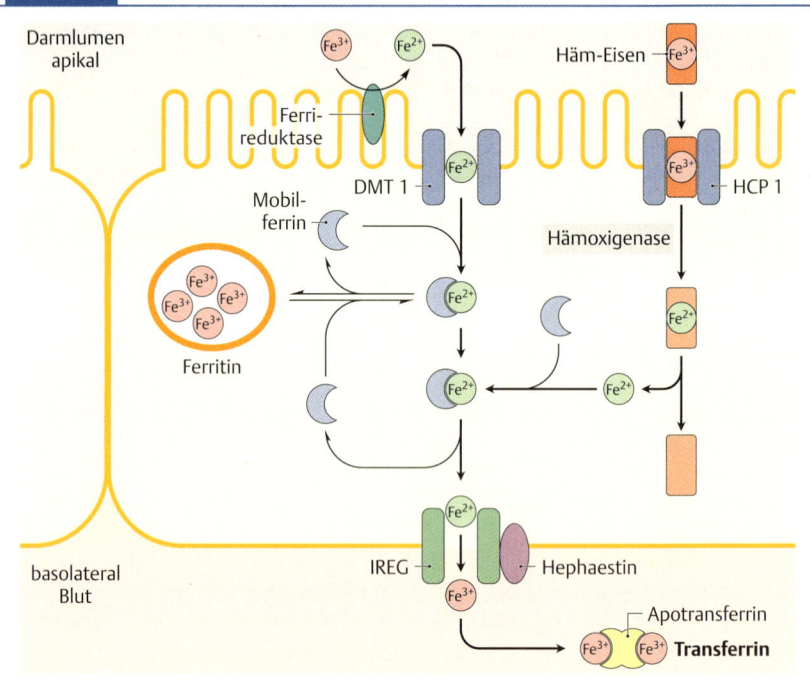

A-17.1 Eisenresorption

Fe^{3+} wird an der Membran von einer Ferrireduktase zu Fe^{2+} reduziert. Dieses gelangt über den Transporter DMT 1 in die Mukosazelle. Häm-Eisen kann sowohl als Häm-Fe^{2+} als auch als Häm-Fe^{3+} über HCP1 in die Zelle aufgenommen werden (hier wird der Einfachheit halber nur die Aufnahme von Häm-Fe^{3+} gezeigt). Das Fe^{3+} im Häm wird durch eine Hämoxigenase zu Fe^{2+} reduziert und dann freigesetzt. Fe^{2+} wird entweder an Mobilferrin gebunden oder in Ferritin gespeichert. Mobilferrin transportiert das Eisen auf die basolaterale Seite. Dort gelangt es über den Metalltransporter (IREG) ins Blut. Gleichzeitig wird es durch Hephaestin wieder zu Fe^{3+} oxidiert. Im Blut wird es als Transferrin transportiert.

Überschüssiges Eisen wird in den Mukosazellen an **Ferritin** gebunden und im Zytosol gespeichert (sog. **Mukosablock**).

Ist der Eisenbedarf des Körpers gedeckt, wird das überschüssige Eisen in den Mukosazellen an **Ferritin** gebunden und dort im Zytosol gespeichert (sog. **Mukosablock**). Wird dieses Eisen nicht benötigt, geht es nach 2–3 Tagen bei der physiologischen Desquamation der Darmepithelzellen verloren.

Transport im Blut

Im Blut wird Eisen als **Transferrin**, einem Komplex aus **Apotransferrin** und Fe^{3+}, transportiert (Abb. **A-17.2**).

Transport im Blut

Das Fe^{3+} wird von der Mukosazelle an das sog. **Apotransferrin** im Blut übergeben. Apotransferrin ist ein Plasmaprotein aus der β_1-Globulinfraktion, das an seinen beiden Untereinheiten je ein Fe^{3+} binden kann. Es nimmt dabei gleichzeitig jeweils ein Bicarbonat-Ion (HCO_3^-) auf. Das Apotransferrin mit dem gebundenen Eisen heißt **Transferrin** (Abb. **A-17.2**).

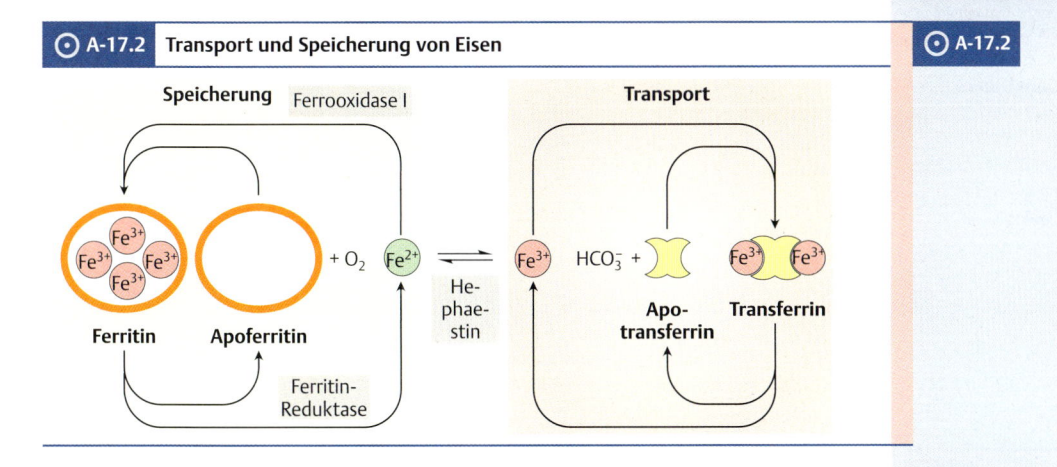

A-17.2 Transport und Speicherung von Eisen

Speicherung Ferrooxidase I   **Transport**

Ferritin — Apoferritin — + O_2 — Fe^{2+} ⇌ Fe^{3+} — HCO_3^- + Apotransferrin — Transferrin

Hephaestin

Ferritin-Reduktase

▶ **Definition.** In diesem Zusammenhang sind zwei Begriffe des klinischen Sprachgebrauchs von Bedeutung:
- **Totale Eisenbindungskapazität** (totale EBK) ist die Eisenbindungskapazität des gesamten Apotransferrins im Blut, also sowohl des Transferrins als auch des freien Apotransferrins. Transferrin macht etwa ein Drittel der totalen Eisenbindungskapazität aus.
- **Latente Eisenbindungskapazität** (latente EBK) ist die Eisenbindungskapazität des freien Apotransferrins (ca. zwei Drittel der totalen Eisenbindungskapazität).

Transferrin schützt Gewebe vor Oxidation durch freie Eisen-Ionen und verhindert, dass Eisen mit dem Urin ausgeschieden wird, indem es das freie Eisen aus dem Blut an sich bindet.

Aufnahme in die Zellen

Das Eisen wird vor allem von den Vorstufen der Erythrozyten im Knochenmark für die **Hämoglobinsynthese** benötigt (ca. 70–90 % des aufgenommenen Eisens), außerdem von proliferierenden Zellen für die **Synthese** eisenhaltiger **Enzyme** und **Cofaktoren**.
Das nicht benötigte Eisen wird gespeichert (s. u.).
Die Zellen, die Eisen aufnehmen müssen, besitzen in ihrer Membran den **Transferrinrezeptor (TfR)**. Er kann mit jeder seiner beiden Untereinheiten ein Transferrinmolekül binden. Durch rezeptorgekoppelte Endozytose gelangt der Komplex aus TfR und Transferrin in die Zelle. Das endozytotische Vesikel verschmilzt mit einem primären Lysosom. Im sauren Milieu der Lysosomen wird das Eisen freigesetzt. Es wird ins Zytosol entlassen und dort entweder in Ferritin gespeichert oder für Synthesen verwendet. Der Rezeptor und das Apotransferrin gelangen gemeinsam zurück an die Zelloberfläche und das Apotransferrin wird ins Blut abgegeben.

Speicherung

Eisen, das nicht benötigt wird, wird im Leberparenchym und in den retikuloendothelialen Zellen von Knochenmark, Leber und Milz gespeichert. Es wird in zwei verschiedenen Formen gespeichert:
- **gebunden an Apoferritin:** Apoferritin ist ein 440 kDa großes Protein mit 24 Untereinheiten, die bis zu 4 500 Eisenatome aufnehmen können. Es hat die Form einer Hohlkugel. Das Fe^{2+} wird im Zytosol durch **Ferrooxidase I** zu Fe^{3+} oxidiert. In dieser Form bindet es an Apoferritin. (Ferrooxidase I wird auch **Caeruloplasmin** genannt und ist ein Homologes zu Hephaestin (S. 324), welches das Fe^{2+} beim Verlassen der Darmmukosa ins Blut zu Fe^{3+} oxidiert). Der lösliche Komplex aus Apoferritin und Fe^{3+} heißt **Ferritin** (Abb. **A-17.2**). Der Gewichtsanteil des Eisens im Ferritin beträgt etwa 25 %. Durch eine FMN- und NAD^+-abhängige **Ferritin-Reduktase** wird das Fe^{3+} aus dem Ferritin freigesetzt. Es wird dabei zu Fe^{2+} reduziert.
- **Hämosiderin:** Hämosiderin ist die unlösliche Speicherform des Eisens. Es besteht wahrscheinlich aus abgebautem Ferritin, das mit Zellbestandteilen (Lipiden, Nukleotiden) assoziiert ist. Es enthält Eisen in Form von **Eisenhydroxid** ($Fe(OH)_3$). Der Eisenanteil kann bis zu 33 % erreichen. Er ist wesentlich schwerer zu mobilisieren als der des Ferritins.

Aufnahme in die Zellen

Eisen wird für die **Hämoglobinsynthese** und die **Synthese** eisenhaltiger **Enzyme** und **Cofaktoren** benötigt.
Das Transferrin wird durch rezeptorgekoppelte Endozytose über den **Transferrinrezeptor (TfR)** in die Zellen aufgenommen. Im sauren Milieu der Lysosomen wird das Eisen freigesetzt und der Rezeptor gelangt mit dem Apotransferrin wieder an die Zelloberfläche.

Speicherung

Im Leberparenchym und in den retikuloendothelialen Zellen von Knochenmark, Leber und Milz wird Eisen gespeichert als
- **Ferritin:** Fe^{2+} wird im Zytosol durch **Ferrooxidase I (Caeruloplasmin)** zu Fe^{3+} oxidiert und an **Apoferritin** gebunden. Diesen Komplex nennt man Ferritin (Abb. **A-17.2**). Durch eine **Ferritin-Reduktase** wird Fe^{3+} wieder aus dem Ferritin freigesetzt.
- **Hämosiderin:** Diese unlösliche Speicherform des Eisens besteht wahrscheinlich aus Abbauprodukten des Ferritins. Im Hämosiderin ist das Eisen als **Eisenhydroxid** gespeichert.

Ausscheidung

Eine Besonderheit des Eisenstoffwechsels ist, dass der Körper keine großen Mengen an Eisen ausscheiden kann. Pro Tag verliert er etwa 1–2 mg. Ein großer Teil davon geht mit der **Desquamation des Darm- und Hautepithels** verloren, eine geringere Menge verlässt den Körper mit **Urin**, **Galle** und **Schweiß**. Größere Eisenverluste treten nur bei **Blutungen** auf. Bei der **Menstruation** verliert eine Frau etwa 25–60 ml Blut, was 12–30 mg Eisen entspricht.

Nicht zu unterschätzen ist auch der Blutverlust während der **Geburt**. Auch während der anschließenden **Stillzeit** werden etwa 0,5 mg Eisen pro Tag zusätzlich ausgeschieden. Allerdings wird der Eisenverlust während Geburt und Stillzeit annähernd dadurch ausgeglichen, dass die Menstruation nach der Schwangerschaft einige Monate ausbleibt.

Regulation des Eisenstoffwechsels

Die Resorption, Speicherung und Verwertung des Eisens wird über die Expression des **TfR**, des **Apoferritins** und der **δ-Aminolävulinsäure**(δ-ALA)-**Synthase** (Schlüsselenzym der Hämbiosynthese (S. 760)) reguliert. Sensor für die intrazelluläre Eisenkonzentration ist dabei ein sog. **eisensensorisches Protein (ES-BP**, engl. IRE-BP, Iron Response Element-binding Protein), das die Translation dieser Proteine reguliert. Bei niedriger Eisenkonzentration bindet es an eine Region auf der mRNA der drei genannten Proteine, die als **Iron Response Element (IRE)** bezeichnet wird. Dadurch wird die Translation des TfR gesteigert, sodass mehr Eisen aufgenommen werden kann. Gleichzeitig wird aber auch die Translation des Apoferritins und der δ-ALA-Synthase sinnvollerweise gehemmt, da nicht genügend Eisen für die Synthese von Ferritin und Häm vorhanden ist. Steigt die Eisenkonzentration im Zytosol an, bindet das ES-BP Eisen in Form eines 4 Fe-4 S-Clusters und verliert dadurch seine mRNA-Bindeaktivität. Die Translation des TfR wird gebremst und die Synthese von Apoferritin und δ-ALA wird gesteigert. Das ES-BP mit dem gebundenen 4 Fe-4 S-Cluster entspricht interessanterweise der zytosolischen Isoform der **Aconitase**, die Citrat in Isocitrat umwandeln kann (Beachte: Die Aconitase des Citratzyklus befindet sich im Mitochondrium).

Störungen des Eisenstoffwechsels

Eisenüberdosierung

Eine Eisenüberdosierung kommt durch eine übermäßige Resorption zustande, da die Eisenausscheidung sowieso sehr gering ist. Bei einer vermehrten Eisenspeicherung ohne gleichzeitige Gewebeschäden spricht man von einer **Hämosiderose**. Wenn die Eisenablagerung einen Gewebeschaden verursacht, handelt es sich um eine **Hämochromatose**.

- **Hämosiderose:** Die vermehrten Eisenablagerungen treten vor allem im Leberparenchym auf. Sie kommen bei etwa $1/3$ aller **Leberzirrhosen** (besonders bei alkoholischen Zirrhosen) zustande. Auch häufige **Bluttransfusionen** können Ursache einer Hämosiderose sein, da mit 500 ml Erythrozytenkonzentrat dem Körper 250 mg Eisen zugeführt werden.
- **Hämochromatose:** Die Hämochromatose ist eine angeborene Krankheit. Durch eine Mutation im sog. HFE-Gen ist der Mukosablock gestört und der Körper nimmt während des ganzen Lebens kontinuierlich zu viel Eisen auf. Dabei kann die Gesamteisenmenge im Körper von 3–5 g auf bis zu 40 g erhöht sein. Das überschüssige Eisen wird vermehrt in Leber (Abb. **A-17.3**), Pankreas, Herzmuskel, Haut und Gelenken abgelagert. Es kommt zu Leberzirrhose, Diabetes mellitus, Kardiomyopathie und Gelenkbeschwerden. Behandelt werden diese Patienten durch Aderlässe.

A-17.3 Pigmentzirrhose bei Hämochromatos

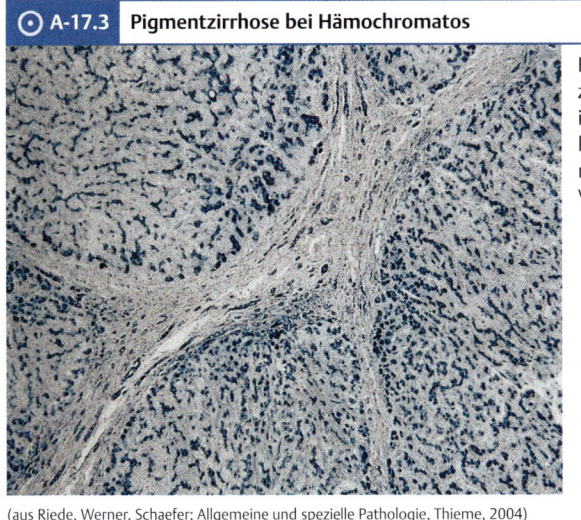

Eisenspeicherung in nahezu allen Hepatozyten und in den Gallengangsepithelien des Portalfeldes (Hämatoxylin-Eosin-Färbung, Vergr. 1:70)

(aus Riede, Werner, Schaefer; Allgemeine und spezielle Pathologie, Thieme, 2004)

Eisenmangelerscheinungen

Ein Eisenmangel verursacht eine **mikrozytäre, hypochrome Anämie**. Aufgrund niedriger Eisenreserven verringert sich die Hämoglobinsynthese und die Größe und der Hämoglobingehalt des Erythrozyten nehmen ab (Abb. **A-17.4**).
Der Eisenmangel ist die wahrscheinlich häufigste Mangelerscheinung der Erde, da er auch in den Industrieländern weit verbreitet ist. Er wird verursacht durch
- mangelnde Nahrungszufuhr,
- Resorptionsstörungen,
- Darmblutungen bei Darmkrebs, -entzündungen oder bei Hämorrhoiden und
- erhöhten Bedarf während der Schwangerschaft und Stillzeit und während Wachstumsperioden.

Eisenmangelerscheinungen

Eisenmangel verursacht eine **mikrozytäre, hypochrome Anämie** (Abb. **A-17.4**).
Eisenmangel entsteht durch
- mangelnde Nahrungszufuhr,
- Resorptionsstörungen,
- Darmblutungen und
- erhöhten Bedarf während der Schwangerschaft und Stillzeit und während Wachstumsperioden.

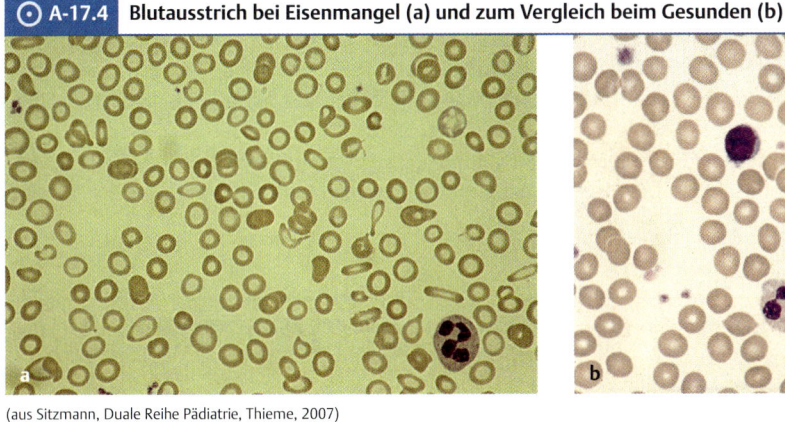

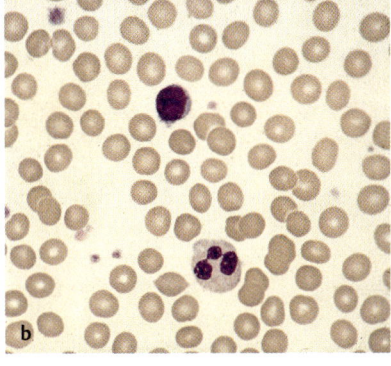

A-17.4 Blutausstrich bei Eisenmangel (a) und zum Vergleich beim Gesunden (b)

a Die Erythrozyten sind klein und weisen eine zentrale hämoglobinarme Zone auf (rechts unten ein Granulozyt).
b Die Erythrozyten sind normal groß (ca. $1/3$ kleiner als ein Lymphozyt, s. oben Mitte) und zeigen zentral nur eine geringe Aufhellung (unten ein Granulozyt).

(aus Sitzmann, Duale Reihe Pädiatrie, Thieme, 2007)

17.2.2 Magnesium

▶ **Definition.** **Magnesium** ist eigentlich kein Spurenelement. Es wird zu den Elektrolyten gerechnet und in den meisten Biochemiebüchern auch dort besprochen. Da in diesem Buch aber die Elektrolyte auf verschiedene Kapitel verteilt wurden (das Calcium findet sich z. B. im Hormonkapitel beim Calciumhaushalt (S. 644)), hat das Magnesium hier unter den Spurenelementen seinen Platz gefunden.

Magnesium ist ein typisches **intrazelluläres Ion**. Der Gesamtkörperbestand beträgt ca. 24 g, wovon nur etwa 1 % extrazellulär lokalisiert ist. Ca. 65 % finden sich im **Knochen**, teilweise als mobilisierbarer Speicher. Die DGE empfiehlt eine tägliche Zufuhr von 300 – 350 mg.
Magnesium kommt besonders vor in **Keimen**, Weizenkleie, **Nüssen**, **Sonnenblumenkernen**.

▶ **Definition.**

Magnesium kommt hauptsächlich **intrazellulär** vor. 65 % davon befinden sich im **Knochen**.
Besonders magnesiumreich sind v. a. **Keime**, **Nüsse** und **Sonnenblumenkerne**.

Aufgaben

Magnesium ist ein **Cofaktor** für über 300 Enzyme und somit an fast allen Stoffwechselwegen beteiligt. In vielen Reaktionen kommt Magnesium als **Mg^{2+}-ATP-Komplex** vor, der für die Übertragung der Phosphatgruppe vom ATP auf das Substrat nötig ist. Magnesium kann auch aufgrund seiner chemischen Ähnlichkeit mit Calcium als physiologischer **Calcium-Antagonist** wirken. So kann es z. B. den Ca^{2+}-Einstrom oder die intrazelluläre Ca^{2+}-Wirkung beeinflussen.

Resorption, Transport, Speicherung, Ausscheidung

Magnesium wird über den gesamten **Dünndarm** resorbiert. Über den Resorptionsvorgang selbst ist wenig bekannt. Er erfolgt u. a. über den Kationenkanal TRPM6. Im Blut wird Magnesium zu etwa 60 % als **freies Mg^{2+}** und ca. 10 % an kleine Moleküle (wie z. B. Citrat) gebunden transportiert. Gespeichert wird Magnesium hauptsächlich in den **Knochen**.

Die **Rückresorption** von Magnesium in der Niere ist sehr effektiv, da es im Blut hauptsächlich als kleines freies Ion vorkommt und deshalb gut durch Kanäle transportiert werden kann. Unter Magnesiummangel-Bedingungen geht die Ausscheidung im Urin deshalb gegen Null.

Störungen des Magnesiumstoffwechsels

Die klassische Magnesiummangel-Symptomatik besteht in **neuromuskulären Störungen** bis hin zur **Tetanie**. Sie kommt in westlichen Ländern praktisch nicht vor. Die primäre Ursache eines Magnesiummangels ist eine zu geringe Aufnahme, sekundäre Ursachen können verminderte Absorption im Darm oder eine zu intensive Ausscheidung über Nieren und Haut sein.

Prophylaktisch wird Magnesium z. B. zur **Kardioprotektion** oder gegen nächtliche **Wadenkrämpfe** eingesetzt.

17.2.3 Kupfer

Kupfer kommt in allen Geweben des menschlichen Körpers vor. Die höchste Konzentration findet sich in der Leber. Insgesamt enthält der Körper ca. 100 – 150 mg Kupfer. Die DGE empfiehlt eine tägliche Zufuhr von 1 – 1,5 mg.

Kupferreiche Lebensmittel sind **Innereien** (besonders Leber), **Fisch**, **Schalentiere**, **Nüsse**, **Kakao** und einige grüne Gemüsesorten.

Säurehaltige Speisen dürfen nicht in Kupfergeschirr aufbewahrt werden, da sich giftige Kupferverbindungen bilden können. Außerdem wird Vitamin C durch Kupferionen zerstört.

Aufgaben

Cu^{2+} ist ein starkes Oxidationsmittel und kommt deshalb in zahlreichen **Oxidoreduktasen** als **Cofaktor** vor:
- **Cytochrom-c-Oxidase**: Komplex IV der Atmungskette (S. 185).
- **Superoxid-Dismutase**: Entgiftung des Superoxidradikals (S. 759).
- **Lysyl-Oxidase**: Quervernetzung der Kollagenmoleküle im Bindegewebe (S. 405).
- **Tyrosinase**: Melaninbiosynthese
- **Dopamin-β-Hydroxylase, Monoaminoxidase, Diaminoxidase**: Die Dopamin-β-Hydroxylase ist an der Synthese der Katecholamine (S. 595) beteiligt, die Monoaminoxidase an ihrem Abbau (S. 597). Die Diaminoxidase wirkt bei der Inaktivierung von Histamin mit (S. 660).
- **Ferrooxidase I** (Caeruloplasmin): Oxidation von Fe^{2+} zu Fe^{3+} (Abb. **A-17.2**).

Resorption, Transport, Speicherung, Ausscheidung

Etwa 10 % des mit der Nahrung aufgenommenen Kupfers werden resorbiert. Die Resorption erfolgt im **Magen** und **Duodenum** über einen noch unbekannten Mechanismus.

Das resorbierte Kupfer wird im Blut an **Albumin** und **Transcuprein** gebunden transportiert. Es erreicht die Leber, wo es über eine membranständige ATP-abhängige **Cu^{2+}-ATPase** (CTR1) in die Zellen aufgenommen wird. Spezifische Enzyme bauen dann das Kupfer in Proteine ein. Ein Teil des Kupfers gelangt in den Golgi-Apparat und wird dort an **Apocaeruloplasmin** gebunden. Das entstehende **Caeruloplasmin** (= Ferrooxidase I – Abb. **A-17.2**) ist das intrazelluläre Kupferspeicherprotein. Es wird bei Bedarf ans Blut abgegeben. Bis zu 95 % des Plasmakupfers sind an Caeruloplasmin gebunden.

Überschüssiges Kupfer gelangt von der Leber in die Galle und wird über den Darm ausgeschieden.

Der Kupfertransport im Blut erfolgt über **Albumin** und **Transcuprein**. In der Zelle wird Kupfer an **Apocaeruloplasmin** gebunden. Es entsteht **Caeruloplasmin** als Kupferspeicherform. Dieses wird bei Bedarf ans Blut abgegeben.

Überschüssiges Kupfer wird mit der Galle ausgeschieden.

Störungen des Kupferstoffwechsels

Morbus Wilson

▶ Synonym. Hepatolentikuläre Degeneration.

Ursache des Morbus Wilson ist ein autosomal-rezessiv vererbter genetischer Defekt in einem Kupfertransportprotein. Die Folge davon ist, dass Kupfer nicht mehr richtig in Caeruloplasmin eingebaut wird und die **Ausscheidung** des Kupfers über die Galle **gestört** ist. Dies führt zu Ablagerung des Kupfers in Leber, Niere, Kornea und später im Gehirn. Die Ablagerungen in der Kornea bilden einen grünbraunen Ring am Rand der Kornea (Kayser-Fleischer-Kornealring, Abb. **A-17.5**). Es kommt zu Leberfunktionsstörungen (im Endstadium Zirrhose), Koordinationsstörungen und Demenz.

Als Therapie wird eine kupferarme Kost gegeben und versucht, die Kupferausscheidung medikamentös zu erhöhen (z. B. mit Chelatbildnern).

Störungen des Kupferstoffwechsels

Morbus Wilson

▶ Synonym.

Ursache ist ein autosomal-rezessiv vererbter genetischer Defekt in einem Kupfertransportprotein. Kupfer wird nicht mehr richtig in Caeruloplasmin eingebaut → **gestörte Ausscheidung** → Ablagerung in Leber, Niere, Kornea (Abb. **A-17.5**) und Gehirn.

⊙ A-17.5 Kayser-Fleischer-Kornealring (Pfeile) bei Morbus Wilson

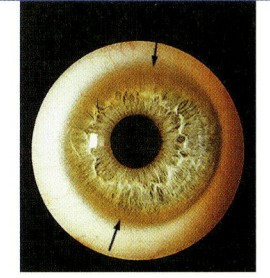

(aus Sachsenweger, Duale Reihe Augenheilkunde, Thieme, 2003)

⊙ A-17.5

Menkes-Krankheit

Die Menkes-Krankheit beruht auf einem X-chromosomal-rezessiv vererbten Defekt. Es handelt sich um eine **intrazelluläre Kupferverteilungsstörung**. Das Kupfer wird in den Darmmukosazellen, der Niere und dem Bindegewebe abgelagert, nicht aber in der Leber. Es kommt zu einem ungenügenden Einbau des Kupfers in Cu^{2+}-abhängige Enzyme.

Die Folge davon sind fortschreitende Nervendegeneration, Entwicklungsstillstand, Bindegewebsdefekte, Hypopigmentierung und ein früher Tod in der Kindheit.

Menkes-Krankheit

Bei dieser geschlechtsgebunden vererbten **intrazellulären Kupferverteilungsstörung** wird Kupfer in Darmmukosazellen, Niere und Bindegewebe abgelagert → Bindegewebsdefekte, Nervendegeneration, Entwicklungsstillstand, früher Tod.

17.2.4 Zink

Zink ist – nach Eisen – das zweithäufigste Spurenelement im Körper. Der Gesamtbestand im Körper beträgt ca. 2 – 3 g. Die DGE empfiehlt eine tägliche Zufuhr von 7 – 10 mg.

Besonders viel Zink ist in Austern enthalten (100 – 400 mg/100 g). **Tierische Nahrungsmittel** (Fleisch, Fisch, Milchprodukte) enthalten mehr Zink als pflanzliche (Roggen- und Weizenkeime, Weizenkleie, Haferflocken). Zudem ist die Bioverfügbarkeit des Zinks aus pflanzlichen Quellen weitaus geringer als die des Zinks aus tierischen Lebensmitteln.

17.2.4 Zink

Zink ist das zweithäufigste Spurenelement. Es kommt vor allem in **tierischer Nahrung** vor. Die Bioverfügbarkeit von Zink aus Pflanzen ist sehr schlecht.

A 17 Spurenelemente

Aufgaben

Zink hat im Körper vielfältige Funktionen:

- Es ist **Bestandteil von** ca. 80 Zink-**Metalloenzymen** und **Cofaktor** von ca. 200 körpereigenen **Enzymen**, die Zink für die Aufrechterhaltung ihrer Funktion benötigen. Dazu gehören z. B.
  - Dehydrogenasen: Alkohol-Dehydrogenase, Glutamat-Dehydrogenase, Malat-Dehydrogenase, Lactat-Dehydrogenase, Retinol-Dehydrogenase,
  - Carboanhydrase,
  - Superoxid-Dismutase,
  - alkalische Phosphatase,
  - Carboxypeptidasen und
  - Matrix-Metalloproteinasen.
- Es **stabilisiert biologische Membranen**.
- Es ist nötig für die Funktion von **Thymulin**, einem Nonapeptid, das die Aktivität von T-Lymphozyten fördert. Es unterstützt somit die **Immunabwehr**.
- Es ist am **Kollagenstoffwechsel** beteiligt.
- **Insulin** (S. 582) wird in Form eines Zn^{2+}-Insulin-Komplexes in den β-Zellen des Pankreas gespeichert.
- Zink ist an der Testosteronbiosynthese beteiligt.
- Zink ist Bestandteil der sog. **Zinkfingerproteine** (Abb. **A-17.6**). Dies sind Transkriptionsfaktoren, die die Genexpression regulieren. Die charakteristische Struktur dieser Zinkfingerproteine besteht aus drei oder vier Cysteinen bzw. Histidinen, die eine unterschiedliche Anzahl von Zinkatomen binden können. Ein Beispiel für solche Zinkfingerproteine sind die **Steroidrezeptoren** (S. 580).
- Zink ist außerdem ein Gegenspieler im Körper für Kupfer, Quecksilber (Amalgam), Cadmium und Blei. Es sorgt über das Protein **Metallothionein** für deren Ausscheidung.

A-17.6 Zinkfinger als DNA-Bindedomäne

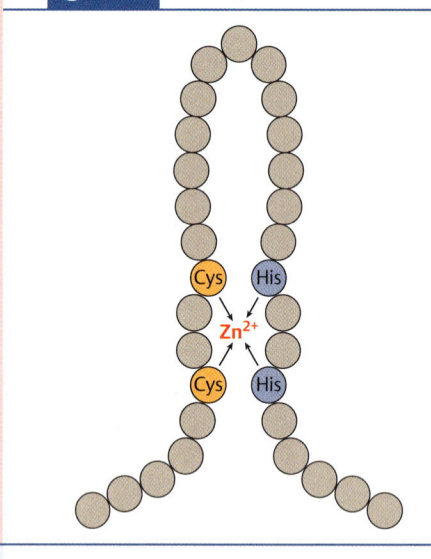

In diesem Beispiel ist das Zinkatom zwischen zwei Histidinen (His) und zwei Cysteinen (Cys) so gebunden, dass im Protein eine Schleife entsteht, die mit der DNA in Kontakt treten kann.

Resorption, Transport, Ausscheidung

Zink wird im **Jejunum** und **Ileum** resorbiert. Der Mechanismus dieser energieabhängigen Resorption ist noch unbekannt. Etwa 10–40 % des aufgenommenen Zinks werden resorbiert. Der Transport im Blut erfolgt an Plasmaproteine (vorwiegend **Albumin**) gebunden. Die Ausscheidung des Zinks erfolgt über die **Galle** und den **Pankreassaft** hauptsächlich mit dem Stuhl. Etwa 10 % werden über die **Niere** ausgeschieden.

Störungen des Zinkstoffwechsels

Zinküberdosierung

Zink ist nicht giftig, kann aber, sofern es in größeren Mengen im Organismus auftritt, zu Durchfall und Erbrechen führen.

Aufgaben

- Bestandteil von Metalloenzymen
- Cofaktor vieler Enzyme
- Stabilisierung biologischer Membranen
- Unterstützung der Immunabwehr
- Beteiligung am Kollagenstoffwechsel
- Speicherung des Insulins
- Testosteronbiosynthese
- Bestandteil von Zinkfingerproteinen (Abb. **A-17.6**)
- Ausscheidung von giftigen Schwermetallen (über Metallothionein)

Resorption, Transport, Ausscheidung

Die Resorption erfolgt im **Jejunum** und **Ileum**, der Transport im Blut über **Albumin**. Zink wird über die **Galle** und den **Pankreassaft** sowie zu etwa 10 % über die Niere ausgeschieden.

Störungen des Zinkstoffwechsels

Zinküberdosierung

Ist ungefährlich, führt zu Durchfall und Erbrechen.

Zinkmangelerscheinungen

Die Symptome eines Zinkmangels sind vielfältig, da dieses Spurenelement an sehr vielen Vorgängen im Körper beteiligt ist. Anzeichen für einen Zinkmangel sind Schwäche, Impotenz, Haarausfall, Blutbildungsstörungen, weiße Flecken auf den Fingernägeln, Geruchs- und Geschmacksstörungen, Störung der Anpassung an Dunkelheit, Störungen des Wachstums und der Wundheilung, vor allem aber Infektanfälligkeit durch Schwächung der Immunabwehr.

Eine seltene Erbkrankheit führt zu einem angeborenen Zinkmangel: Bei der **Acrodermatitis enteropathica** verhindert eine Mutation im Zinktransporter der Mukosazellen die Zinkaufnahme. Charakteristisch für diese Erkrankung sind Hauteffloreszenzen und gastrointestinale Symptome.

17.2.5 Mangan

Mangan kommt in **pflanzlichen Lebensmitteln** vor (Nüsse, Hülsenfrüchte, Vollkornprodukte).

Es ist unerlässlich für das **Knochenwachstum**. Es hat dort eine Funktion bei der Proteoglykansynthese.

Außerdem ist es **Bestandteil von Enzymen**, z. B. der
- Pyruvat-Carboxylase (S. 222)
- PEP-Carboxykinase (S. 224)
- Arginase (siehe Harnstoffzyklus, Abb. **A-8.7**) und
- Mn-Superoxid-Dismutase.

Mangan wird im **Darm** resorbiert, an **β$_1$-Globulin** gebunden im Blut transportiert und dann im Gewebe vor allem von den **Mitochondrien** aufgenommen.

Wie Zink bewirkt auch Mangan im Körper eine vermehrte Ausscheidung von Kupfer mit dem Urin.

Störungen im Manganstoffwechsel

Manganüberdosierung

Überhöhte Zufuhr mit der Nahrung ist nicht bekannt, da nur geringe Mengen resorbiert und Überschüsse ausgeschieden werden. Sehr hohe, künstlich zugeführte Mengen führen zu Magen-Darm-Störungen, Lungenentzündung und Nervenfunktionsstörungen.

Manganmangelerscheinungen

Bei Manganmangel ist der Cholesterinspiegel zu niedrig und die Skelettentwicklung gestört. Ein Mangel tritt unter normalen Ernährungsbedingungen jedoch nicht auf.

17.2.6 Cobalt

Die einzige bekannte Verbindung im menschlichen Körper, die Cobalt enthält, ist das **Cobalamin (Vitamin B$_{12}$)**. Cobalt wird in Form von Cobalamin über **tierische Nahrungsmittel** aufgenommen.

Der menschliche Körper enthält ca. 1,1 mg Cobalt. 70 – 100 % des Cobalts in der Nahrung werden resorbiert, aber anschließend schnell wieder mit dem Urin ausgeschieden.

Aufgaben

Cobalamin ist an der **Remethylierung von Homocystein** (Abb. **A-16.28**) und an der **Alkylumlagerungen** (S. 315) beteiligt.

Cobaltmangelerscheinungen

Die Symptome eines Cobaltmangels entsprechen denen eines Vitamin-B$_{12}$-Mangels (S. 316).

17.2.7 Schwefel

▶ **Definition.** Schwefel wird wie das Magnesium zu den Elektrolyten gerechnet und nicht zu den Spurenelementen. Trotzdem soll es hier besprochen werden, da es in diesem Buch kein eigenes Elektrolyt-Haushalt-Kapitel gibt.

Schwefel ist wesentlicher Bestandteil der Aminosäuren **Cystein** und **Methionin** und von manchen **Glykosaminoglykanen**. Da er in der Regel ausreichend über das Protein in der Nahrung aufgenommen wird, gibt es keine empfohlenen Mengen für den Tagesbedarf.

Schwefel ist vor allem in eiweißhaltigen Produkten wie **Eiern** und **Milch** enthalten. Etwas weniger Schwefel kommt in **Fleisch** und in **pflanzlichen** Lebensmitteln vor (Nüsse, Samen, Kartoffeln, Hülsenfrüchte).

Aufgaben

Schwefel ist essenzieller Bestandteil der Aminosäuren **Cystein** und **Methionin**.
Als Sulfat kann Schwefel zu 3'-Phosphoadenosin-5'-phosphosulfat (PAPS, Abb. **E-3.6**) aktiviert werden. PAPS spielt bei folgenden Reaktionen eine Rolle:
- **Biotransformation:** Konjugation von Gallensäuren mit Sulfat
- Biosynthese von **Heparin** in der Leber
- Sulfatierung von **Glykosaminoglykanen** (S. 409) im Bindegewebe

Resorption, Transport, Ausscheidung

Schwefel gelangt als Bestandteil der beiden Aminosäuren **Cystein** und **Methionin** in den Körper, die bei der Verdauung im Darm aus Proteinen freigesetzt und ins Blut aufgenommen werden. Beim Abbau von Cystein wird der Schwefel als **Schwefelwasserstoff** frei und zu anorganischem **Sulfat** oxidiert. In dieser Form kann er in der Niere rückresorbiert werden. Nicht rückresorbiertes Sulfat wird mit dem Urin ausgeschieden.

Störungen des Sulfatstoffwechsels

Schwefelüberdosierung

Reiner **Schwefel** ist für den Menschen **ungiftig** und wird unverändert über den Darm wieder ausgeschieden. Bei der Aufnahme größerer Mengen **Sulfit** kann es zu Unverträglichkeiten kommen.
Giftige Schwefelverbindungen sind v. a. **Schwefelwasserstoff**, **Schwefeldioxid**, **Schwefelsäure** und **Schwefelkohlenwasserstoff**. Sie führen beim Einatmen zu Reizungen, Husten, Übelkeit und Erbrechen. Bei hohen Dosen kommt es zu Atemlähmungen. Außerdem wird diesen Verbindungen eine **kanzerogene Wirkung** zugeschrieben.

Schwefelmangelerscheinungen

Es gibt keine bekannten Schwefelmangelerscheinungen.

17.2.8 Fluorid

Der Gesamtbestand an Fluorid im Körper beträgt 2 – 6 g. Es wird besonders in den **Zähnen** und **Knochen** angereichert. Nennenswerte Mengen an Fluorid findet man in **Ölsardinen**, **Hühnerfleisch** und **schwarzem Tee**.

Aufgaben

Fluorid ist zwar zum Überleben nicht notwendig, aber es trägt zur Festigkeit von Knochen und Zähnen bei und macht den Zahn widerstandsfähiger gegen **Karies**. Fluorid wird auch zur **Osteoporosebehandlung** eingesetzt, da es einen stimulierenden Einfluss auf die Osteoblasten hat und die **Bildung neuer Knochenmatrix** anregt.

Resorption, Speicherung, Ausscheidung

Fluorid wird im Darm zu 80 – 100 % resorbiert. Etwa 30 % des resorbierten Fluorids werden beim Erwachsenen in das Hydroxylapatit des **Skeletts** und des **Zahnschmelzes** eingebaut (durch Austausch eines Hydroxyl-Ions durch Fluorid) Dabei entsteht **Fluorapatit**. Der Rest wird mit dem Urin ausgeschieden. Der Zahnschmelz wird durch die Einlagerung von Fluorid widerstandsfähiger gegen Säuren, sodass die Zerstörung des Zahnschmelzes durch Säuren (= Karies) zurückgeht.

Ca. 95 % des im Körper enthaltenen Fluorids findet man im Skelett und in den Zähnen. Der Rest verteilt sich auf Haut, Haare, Fuß- und Fingernägel.

Störungen im Fluoridstoffwechsel

Fluoridmangelerscheinungen

Ein Mangel an Fluorid kann bei Kindern zu **Karies** und so zu schlechten Zähnen führen. Niedrige Fluoridgaben können gegen Karies vorbeugen. Deshalb wird in manchen Ländern dem Trinkwasser Fluorid zugesetzt. Allerdings nicht in Deutschland, hier bleibt nur die Prophylaxe durch fluoridhaltige Zahnpasta oder Fluoridtabletten.

Fluoridüberdosierung

Bei einer Fluoridüberdosierung während der Zahnbildung (im 8.– 10. Lebensjahr) tritt eine **Zahnschmelzfluorose** auf. Dabei bilden sich weißliche bis bräunliche Flecken im Schmelz der bleibenden Zähne.

17.2.9 Iod

Iod ist ein essenzielles Spurenelement. Im Körper sind etwa 10 – 20 mg enthalten. 75 % davon finden sich in der **Schilddrüse**. Gute Iodquellen sind **Meeresfrüchte** und **Seefische**.

Die DGE empfiehlt eine tägliche Iodzufuhr von 200 µg (in der Schwangerschaft und Stillzeit ist der Bedarf wesentlich höher). Die tatsächliche Zufuhr liegt in Deutschland zwischen 30 und 90 µg aus nicht iodierten Nahrungsmitteln. Eine Ergänzung mit iodiertem Speisesalz ist daher zu empfehlen.

Aufgaben

Iod ist ein essenzieller Bestandteil der **Schilddrüsenhormone** (S. 606). Dies ist die einzige bekannte Funktion, die Iod im menschlichen Körper wahrnimmt.

Störungen im Iodstoffwechsel

Iodmangelerscheinungen

Iodmangel ist in Deutschland weit verbreitet. Er führt zu einer **Hypothyreose** (S. 611).

Iodüberdosierung

Von einer Iodüberdosierung spricht man erst ab einer täglichen Iodaufnahme von 500 µg. Dann kann eine iodinduzierte Überfunktion der Schilddrüse auftreten. Aber selbst bei Verzehr von iodierten Nahrungsmitteln (z. B. iodiertes Speisesalz) wird dieser Wert nicht erreicht. Es besteht also keine Gefahr der Überdosierung.

17.2.10 Selen

Selen kommt als **Selenocystein** (S. 72) in der **Glutathion-Peroxidase**, der **Thioredoxin-Reduktase** (S. 433) und der **Deiodase** (S. 608) vor, die das Schilddrüsenhormon T 4 in das wesentlich aktivere T 3 umwandelt.

Selenocystein wird während der Translation aus Serin synthetisiert (Abb. **A-3.32**). Das Serin ist dabei bereits an seine tRNA gebunden. Die mRNA des Proteins (z. B. der Glutathion-Peroxidase) faltet sich in einer bestimmten Weise, wodurch die tRNA mit dem Selenocystein das Stoppcodon UGA als Basentriplett für Selenocystein erkennt und daran bindet.

A 17 Spurenelemente

Störungen im Selenstoffwechsel

Selenmangelerscheinungen

Bei Selenmangel kommt es zu einer **Unterfunktion der Schilddrüse**, da die Deiodase funktionsunfähig ist und deshalb T4 nicht mehr in das aktivere T3 umwandeln kann.

Selenüberdosierung

Die DGE empfiehlt eine tägliche Zufuhr an Selen von 60 – 70 µg. Ab einer etwa zehnfachen Tagesdosis treten **toxische** Wirkungen auf: Es kann zu gastrointestinalen Störungen, Kopfschmerzen, Haarausfall sowie zu peripherer Polyneuropathie kommen. Außerdem steht Selen in Verdacht, in größeren Mengen **krebserregend** zu sein.

17.2.11 Molybdän

Über den Molybdänstoffwechsel ist bisher wenig bekannt. Molybdän ist ein **Cofaktor** der flavin- und eisenhaltigen Enzyme Xanthinoxidase, Sulfitoxidase und Aldehydoxidase. Weiter ist es ein Cofaktor der NADH-Dehydrogenase, die an der Energiegewinnung beteiligt ist. Außerdem trägt es zur Speicherung von Fluoriden bei und kann daher möglicherweise auch Karies vorbeugen.

▶ **Klinik.** Xanthinoxidase ist wichtig für den Abbau von **Harnsäure**. Diese spielt eine wichtige Rolle als Antioxidans, weshalb ein guter Harnsäurespiegel von Vorteil ist. Es wurde nachgewiesen, dass der Harnsäurespiegel direkt mit dem Molybdänspiegel zusammenhängt.

17.2.12 Chrom

Über die Funktion des Chroms im Körper ist bisher wenig bekannt. Es scheint Einfluss auf die **Glucosetoleranz** und den Fettstoffwechsel zu haben. Auch die Aufnahme von Aminosäuren in den Muskel und die Zellteilung wird möglicherweise von Chrom beeinflusst.
Die DEG empfiehlt eine tägliche Mindestmenge von 30 – 100 µg Chrom. Gute Quellen für Chrom sind **Bierhefe**, **Fleisch** (Leber, Nieren und Muskelfleisch), **Käse** und **Vollkornprodukte**, aber auch **Austern**, Gewürze, darunter besonders **Pfeffer**, **Nüsse** und brauner Zucker **(Melasse)**. Arm an Chrom sind Obst und viele Gemüse.

Störungen im Chromstoffwechsel

Chrommangelerscheinungen

Ein Chrommangel hat Einfluss auf die **Glucosetoleranz**. Vermutlich spielt dabei der sog. Glucose-Toleranz-Faktor (GTF) eine Rolle. Dies ist ein Komplex aus Chrom, Niacin und Glutathion. GTF fördert die Bindung von Insulin an die Zellmembranen, wodurch Glucose besser in die Zelle aufgenommen werden kann. Beim Mangel an Chrom bzw. an GTF erhöht sich das im Körper zirkulierende Insulin, da es nicht mehr an die Zellmembranen gebunden wird. Dadurch verringert sich die Toleranz gegenüber Glucose (im Spätstadium kann es zu **Diabetes mellitus** kommen). Außerdem steigen die Werte von **Cholesterin** und **Triglyceriden**.

Chromüberdosierung

Erhöhte Dosen von 3-wertigem Chrom (bis zu 1 mg täglich) zeigen bei Einnahme über mehrere Monate keine Nebenwirkungen. Allerdings kennt man unerwünschte Wirkungen durch übermäßige Zufuhr von 6-wertigem Chrom, die meist berufsbedingt, z. B. bei der Produktion von Lederwaren und Edelstahl, auftritt. Dabei kommt es zum **Chromekzem** oder **Chromasthma**.

17.2.13 Cadmium, Blei, Quecksilber

Diese drei Spurenelemente werden vom Körper nicht benötigt. Da sie aber in der Umwelt vorhanden sind, werden sie vom Körper auch aufgenommen, gespeichert und nur in geringen Mengen wieder ausgeschieden. Bei Akkumulation wirken sie **toxisch**.

Cadmium

Cadmium wird im Gewebe an **Metallothionein** (S. 745) gebunden gespeichert. Metallothionein ist ein Protein, das vermehrt als Stressantwort produziert wird. Es dient wohl hauptsächlich zur Bindung von schädlichen Metall-Ionen wie Cadmium und Quecksilber und von überschüssigem Zink und Kupfer.

Cadmium ist ein **Akkumulationsgift**, das erst nach jahrzentelanger Anhäufung vor allem in der Niere zu Gewebeschäden führt.

Blei

Blei wird über die Nahrung und die Atemluft (Industrieabgase) aufgenommen. In toxischen Konzentrationen hemmt Blei insbesondere die **Porphyrinbiosynthese**. Bei einer **akuten Bleivergiftung** kommt es zur Anämie, Koliken und Enzephalopathie. Eine **chronische Bleivergiftung** äußert sich durch Kopfschmerzen, blasse Haut und Appetitmangel.

Quecksilber

Quecksilber gelangt durch Industrieabwässer in die Umwelt, wo es durch Mikroorganismen in das hochtoxische **Dimethylquecksilber** umgebaut wird. Dieses kann aufgrund seiner guten Lipidlöslichkeit die Blut-Hirn-Schranke passieren und das ZNS schädigen.

Eine Quecksilbervergiftung ist heutzutage selten, kann aber durch Einatmen oder Verschlucken von Quecksilber (z. B. aus Quecksilberdampflampen oder defekten Fieberthermometern) auftreten. Symptome einer **akuten Quecksilbervergiftung** sind eine schwere Gastroenteritis und Nierenversagen, bei einer **chronischen Quecksilbervergiftung** treten Persönlichkeitsveränderungen, Lähmungen und Zahnausfall auf. Die Behandlung erfolgt mit Quecksilber bindenden Medikamenten (Chelatbildner).

Cadmium

Cadmium wird im Gewebe an **Metallothionein** gebunden gespeichert und so unschädlich gemacht.
Es ein **Akkumulationsgift**, das v. a. in der Niere zu Gewebeschäden führt.

Blei

Blei hemmt besonders die **Porphyrinbiosynthese**. Es gibt **akute** und **chronische Bleivergiftungen**.

Quecksilber

Quecksilber wird von Mikroorganismen in **Dimethylquecksilber** umgebaut, das die Blut-Hirn-Schranke passieren kann.

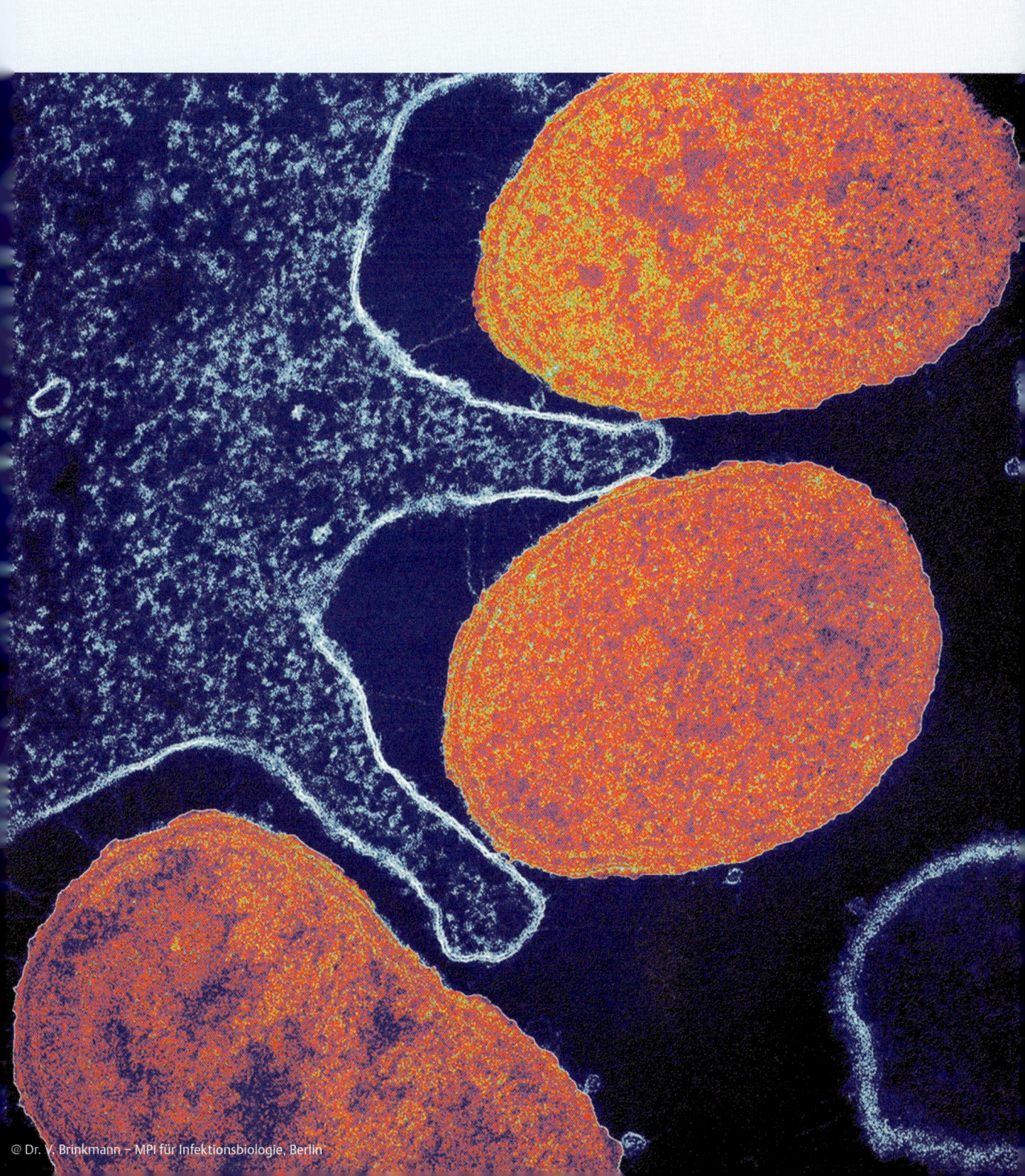

Zellbiologie

B

© Dr. V. Brinkmann – MPI für Infektionsbiologie, Berlin

Zellbiologie

1 **Einführung** 339

2 **Aufbau der Zelle** 341

3 **Aufbau und Synthese biologischer Membranen** 345

4 **Funktion biologischer Membranen** 363

5 **Zellorganellen** 375

6 **Zytoskelett** 393

7 **Extrazelluläre Matrix** 403

1 Einführung

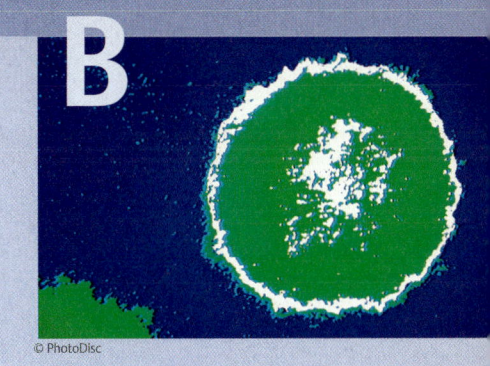

1.1 Einführung 339

J. Rassow

1.1 Einführung

In Teil A wurde erläutert, wie im Organismus Adenosintriphosphat (ATP) synthetisiert wird. Letztlich ging es dabei um die Frage, woher der Organismus seine Lebensenergie hat, also die Fähigkeit, im physikalischen Sinne Arbeit zu leisten. In den folgenden Kapiteln wird die nahe liegende Frage zu beantworten sein, wie der Organismus mit dieser Fähigkeit umgeht bzw. wozu das ATP im Organismus tatsächlich verwendet wird. Es wird nun also zu klären sein, wie der Organismus aufgebaut ist und welches die vielfältigen Funktionen der Organe und Gewebe sind, die von der Energie des ATP abhängig sind.

Die Molekulare Zellbiologie ist in jüngerer Zeit zum Inbegriff der Wissenschaft geworden, in der alle Biowissenschaften trotz aller Spezialisierung vereint sind. Der Botaniker Matthias Jacob Schleiden (Abb. **B-1.1 a**) und der Arzt und Physiologe Theodor Schwann (Abb. **B-1.1 b**) hatten zwar bereits 1839 gemeinsam postuliert, dass alle Organismen aus mehr oder weniger autonomen Zellen als den kleinsten Einheiten des Lebens aufgebaut sind. Aber erst im letzten Viertel des 20. Jahrhunderts wurde deutlich, welche Relevanz diesem Konzept zukommt. Erst jetzt wurde es möglich, auch die großen und komplexen Polymere der Organismen, also die Nukleinsäuren und die Proteine, genauso umfassend zu analysieren wie zuvor die einfachen Zucker, Aminosäuren und Lipide, die im ersten Teil dieses Lehrbuchs vorgestellt wurden. Bis zum Jahr 2005, als die erste Auflage dieses Lehrbuches vorbereitet wurde, waren bereits von ca. 30 000 Proteinen der verschiedensten Organismen die 3 D-Strukturen in atomarer Auflösung bestimmt worden, von ca. 300 Organismen waren die Sequenzen des gesamten Genoms bekannt. Bis zur dritten Auflage (2012) hatten sich diese Zahlen auf über 72 000 Proteinstrukturen und über 2000 Genomsequenzen erhöht. Im Jahr 2015 wurde die 100 000. Proteinstruktur veröffentlicht.

1.1 Einführung

⊙ B-1.1 Matthias Jacob Schleiden (1804 – 1881) (a) und Theodor Schwann (1810 – 1882) (b)

⊙ B-1.1

Schleiden und Schwann postulierten 1839, dass alle Organismen aus mehr oder weniger autonomen Zellen als den kleinsten Einheiten des Lebens aufgebaut sind (© Wellcome Library, London CC BY 4.0 www.creativecommons.org).

Diese Entdeckungen, zusammen mit der Entwicklung der molekularbiologischen Methoden und den enormen Fortschritten der elektronischen Datenverarbeitung, haben die gesamten Biowissenschaften revolutioniert. Eines der wichtigsten Ergebnisse dieser Revolution ist die Einsicht, dass sich sämtliche Organismen der Welt viel ähnlicher sind als man zuvor ahnen konnte. Im 19. Jahrhundert galt es noch als eine fragwürdige Entdeckung, dass Menschen mit Affen verwandt sein könnten. Inzwischen hat sich gezeigt, dass unsere Mitochondrien mit unseren eigenen Darmbakterien verwandt sind. Sogar die Kaliumkanäle unseres Gehirns sind verwandt mit Kaliumkanälen bakterieller Membranen.

Dieses ist auch der Grund dafür, dass sich weltweit ein gemeinsamer Kanon molekularbiologischer Arbeitstechniken etabliert hat, der zu einer *Lingua franca* sämtlicher Biowissenschaften geworden ist. Von der Öffentlichkeit kaum wahrgenommen, hat sich so die Molekulare Zellbiologie als neuer gemeinsamer Bezugsrahmen, auch für die wissenschaftlich fundierte Medizin, etabliert.

Grundsätzlich ist die Molekulare Zellbiologie nach allen Seiten hin offen. Scharfe Grenzen, etwa der Biochemie gegenüber, lassen sich kaum definieren.

Im Folgenden wird die Molekulare Zellbiologie und davon ausgehend dann auch die Biochemie der Organsysteme in einigen wesentlichen Kapiteln vorgestellt. Die fundamentale Bedeutung der Molekularen Zellbiologie für die gesamte Medizin soll dabei zumindest angedeutet werden.

Die aktuelle Zahl der bekannten Proteinstrukturen ist im Internet zugänglich über die Seite:

www.rcsb.org

Die aktuelle Zahl der sequenzierten Genome ist zugänglich über die Seite:

www.ebi.ac.uk/genomes/

Eine ständig aktualisierte **Zusammenstellung aller angeborenen Krankheiten**, deren genetische Ursachen aufgeklärt wurden, findet man über die Seite:

www.omim.org

2 Aufbau der Zelle

2.1 Überblick 341
2.2 Aufbau der Prokaryontenzelle 341
2.3 Aufbau der Eukaryontenzelle 342
2.4 Fraktionierung von Zellen 343

K. Hauser

2.1 Überblick

Die uns heute bekannten Organismen lassen sich in zwei große Gruppen unterteilen: die **Prokaryonten** und die **Eukaryonten**. Zu den Prokaryonten gehören die Eubakterien (Bakterien und Blaualgen = Cyanobakterien) und die Archaebakterien; zu den Eukaryonten gehören alle anderen Einzeller und die höheren, vielzelligen Lebewesen, also auch der Mensch.

Prokaryonten und Eukaryonten unterscheiden sich in der Größe ihrer Zellen: Eine typische Prokaryontenzelle ist etwa 0,1 – 1 µm groß, während eine Eukaryontenzelle 10 – 50 µm groß sein kann. Der entscheidende Unterschied aber besteht im Aufbau ihrer Zellen.

2.2 Aufbau der Prokaryontenzelle

Prokaryontische Zellen bestehen aus einem einzigen **zytoplasmatischen Raum**, der eine Vielzahl von Molekülen in wässriger Lösung enthält und von einer Membran (Zellmembran, Plasmamembran oder Zytoplasmamembran genannt) nach außen abgegrenzt wird (Abb. **B-2.1**). Oft sind sie zusätzlich von einer stabilisierenden **Polysaccharidschicht** (Mureinschicht) umgeben, die bei Bakterien zu deren Infektiosität beiträgt. Der Raum zwischen Polysaccharidschicht und Zellmembran wird **periplasmatischer Raum** genannt.

2.1 Überblick

Es gibt zwei Gruppen von Organismen: **Prokaryonten** und **Eukaryonten**.

Diese beiden Gruppen unterscheiden sich im Aufbau ihrer Zellen.

2.2 Aufbau der Prokaryontenzelle

Prokaryontenzellen bestehen aus einem **zytoplasmatischen Raum**, den eine Membran umgibt (Abb. **B-2.1**). Ist diese Zell- oder (Zyto)Plasmamembran von einer **Polysaccharidschicht** umgeben, entsteht ein **periplasmatischer Raum**.

B-2.1 Schematischer Aufbau einer Bakterienzelle

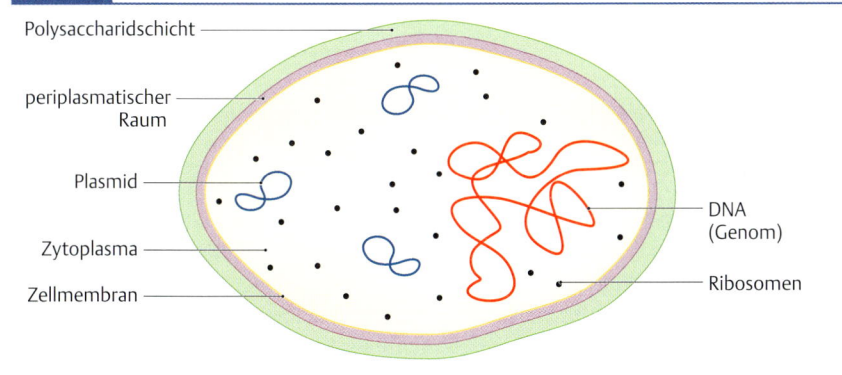

Hauptbestandteile einer Bakterienzelle sind die Zellmembran, das Zytoplasma, Ribosomen und ein ringförmiges DNA-Molekül, das Genom. Evtl. enthalten Bakterien weitere, kleinere ringförmige DNA-Moleküle, sog. Plasmide. Oft sind sie von einer stabilisierenden Polysaccharidschicht umgeben, wodurch zwischen Zellmembran und Polysaccharidschicht der periplasmatische Raum entsteht.

▶ **Merke.** Prokaryonten haben **keinen Zellkern**.

Ihr Genom besteht aus einem **ringförmigen DNA-Molekül**, das frei im Zytoplasma liegt. In manchen Fällen kann es auch an einer Stelle der Zellmembran befestigt sein. Neben dem Genom können auch kleinere ringförmige DNA-Moleküle, sog. **Plasmide**, vorhanden sein. Diese sind aber nicht essenziell. Auch Prokaryonten besitzen ein Zytoskelett. In ihrem Zytoplasma gibt es Proteine, die strukturell und funktionell den Aktin-, Myosin- und Intermediärfilamenten (S. 393) der Eukaryonten entsprechen.

▶ **Merke.**

Das **ringförmige DNA-Molekül** liegt im Zytoplasma. Evtl. sind weitere kleinere DNA-Ringe, sog. **Plasmide**, vorhanden.

2.3 Aufbau der Eukaryontenzelle

2.3 Aufbau der Eukaryontenzelle

Der Aufbau von Eukaryontenzellen ist komplexer. Sie enthalten neben **Ribosomen** membranumschlossene **Zellorganellen** (Abb. **B-2.2**).

Eukaryontenzellen zeigen einen komplexeren Aufbau als Prokaryontenzellen. Sie sind nach außen ebenfalls durch eine Plasmamembran abgegrenzt (Abb. **B-2.2**). Innerhalb dieser Membran befindet sich das Zytoplasma mit den Zellorganellen. Im Zytoplasma sind zahlreiche Moleküle in Wasser gelöst. Diese wässrige Lösung ohne die Zellorganellen bezeichnet man als Zytosol. **Zellorganellen** sind Kompartimente, die durch Membranen vom Zytosol abgetrennt sind und so in sich geschlossene Reaktionsräume bilden.

⊙ **B-2.2**

⊙ **B-2.2** Schematischer Aufbau einer Eukaryontenzelle

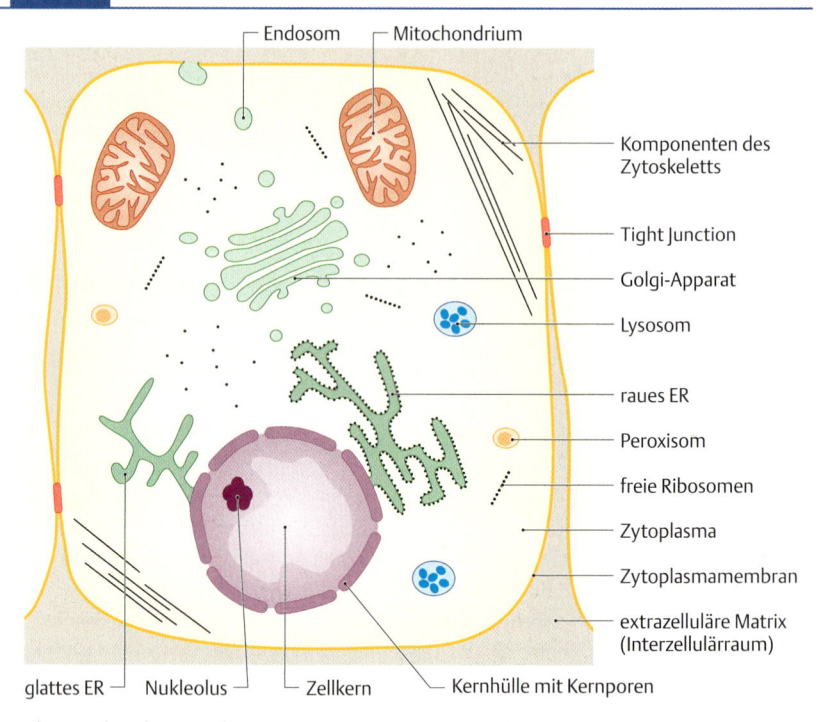

In dieser sehr schematischen Darstellung einer Eukaryontenzelle sind die wichtigsten Organellen dieser Zelle gezeigt. Anzahl, Größe und Anordnung der Organellen können von Zelltyp zu Zelltyp stark variieren.

▶ **Merke.**

▶ **Merke.** Das größte Zellorganell und gleichzeitig das charakteristische Merkmal der Eukaryontenzelle ist der **Zellkern**.

Der Zellkern enthält ein oder mehrere **Nukleoli**. Die porenhaltige **Kernhülle** geht in das **endoplasmatische Retikulum** über.

In ihm ist das Erbgut in Form von DNA gespeichert. Er ist im Lichtmikroskop leicht zu erkennen. Manchmal sind im Zellkern auch ein oder mehrere **Nukleoli** (Kernkörperchen) zu sehen. Die äußere Membran der porenhaltigen **Kernhülle** geht in das **endoplasmatische Retikulum** (ER) über, das als geschlossenes System aus Röhren und Höhlen das ganze Zytosol durchzieht. Ist die Membran des ER von Ribosomen besetzt, bezeichnet man es als raues ER, sonst als glattes ER.

Golgi-Apparat und **Endosomen** spielen beim intrazellulären Transport von Proteinen eine wichtige Rolle.

Ein weiteres in sich geschlossenes Membransystem ist der **Golgi-Apparat**. Er spielt eine wichtige Rolle bei der Reifung und beim Transport von Proteinen. Dabei wird er von kleinen Membranvesikeln **(Endosomen)** unterstützt, die den Transport von Proteinen zwischen den einzelnen Kompartimenten und der Zellmembran übernehmen.

Mitochondrien beherbergen die Atmungskette. In ihnen findet die ATP-Synthese statt.

Für den Stoffwechsel wichtige Organellen sind die **Mitochondrien**. Sie haben etwa Bakteriengröße und werden oft als die Kraftwerke der Zelle bezeichnet. In ihnen sind Atmungskette und ATP-Synthese lokalisiert. Manche Zellen enthalten 2000 oder mehr Mitochondrien.

Ebenfalls wichtig für den Stoffwechsel sind die Lysosomen und die Peroxisomen.

Lysosomen und **Peroxisomen** enthalten Enzyme, die es ihnen ermöglichen, den Zellabfall zu entsorgen.

- **Lysosomen** sind kleine Membranvesikel, die Hydrolasen, z. B. proteolytische Enzyme, enthalten. Mithilfe dieser Enzyme werden in Lysosomen Moleküle verdaut, die entweder von der Zelle aufgenommen wurden oder aus der Zelle selbst stammen.
- **Peroxisomen,** ebenfalls kleine Membranvesikel, enthalten als wichtigste Enzyme Peroxidasen und Katalase. Sie haben u. a. Entgiftungsfunktion.

Im Zytoplasma der Eukaryontenzelle befindet sich ein Gerüst aus Proteinen, das **Zytoskelett**. Es verleiht der Zelle Stabilität und Struktur und spielt bei intrazellulären Bewegungsabläufen (z. B. Organellentransport, Zellteilung) eine Rolle.

Das **Zytoskelett** stabilisiert die Zelle. Es ist wichtig für intrazelluläre Bewegungsabläufe.

2.3.1 Besonderheiten in mehrzelligen Organismen

In einem vielzelligen Organismus sind Zellen in Organen zusammengefasst. Um den Zusammenhalt und die Kommunikation zwischen den Zellen zu gewährleisten, stehen diese über unterschiedlichste Strukturen, z. B. Tight Junctions (S. 371) und die extrazelluläre Matrix (S. 403) miteinander in Verbindung.

Pflanzenzellen und viele Pilzzellen besitzen außerhalb der Plasmamembran eine Zellwand aus Proteinen und Polysacchariden, die diesen Organismen ihre äußere Struktur und Stabilität verleiht. Tierische Zellen haben grundsätzlich keine Zellwand. Ein tierischer Organismus erhält seine äußere Struktur z. B. durch ein Exoskelett (z. B. Chitinpanzer bei Insekten) oder durch ein Endoskelett (z. B. Skelett bei Wirbeltieren).

2.3.1 Besonderheiten in mehrzelligen Organismen
Im vielzelligen Organismus stehen die Zellen über spezielle Strukturen miteinander in Verbindung.

2.3.2 Vorteile der Kompartimentierung

Durch die Kompartimentierung wird die Eukaryontenzelle in einzelne, in sich geschlossene Reaktionsräume aufgeteilt. Dies ermöglicht

- die **Regulation des Zellstoffwechsels:** In verschiedenen Kompartimenten kann ein und dieselbe Substanz auf unterschiedliche Weise metabolisiert werden. Fettsäuren in den Mitochondrien werden z. B. schnell mittels β-Oxidation (S. 133) abgebaut, während Fettsäuren im Zytosol hauptsächlich verestert oder ausgeschleust werden.
- die **Schaffung unterschiedlicher Reaktionsbedingungen:** Manche Enzyme brauchen bestimmte Reaktionsbedingungen, um aktiv zu werden. So arbeiten saure Hydrolasen nur bei einem pH-Wert von 5,0. Sie sind deshalb in Lysosomen lokalisiert, deren Lumen diesen pH-Wert hat. Der pH-Wert des Zytosols entspricht dem physiologischen pH-Wert von ca. 7,2.
- die **Nutzung von Kompartimenten als Speicher:** Das Lumen von ER und Mitochondrien enthält hohe Konzentrationen an Ca^{2+}-Ionen. Diese Ca^{2+}-Ionen werden bei Bedarf schnell freigesetzt, z. B. bei der Muskelkontraktion (S. 791), und auch schnell wieder aufgenommen. So kann die Zelle eine sehr schnelle Signalübertragung gewährleisten.

2.3.2 Vorteile der Kompartimentierung
Die Aufteilung der Zelle in Kompartimente ermöglicht

- die Regulation des Zellstoffwechsels,

- die Schaffung unterschiedlicher Reaktionsbedingungen und

- die Nutzung von Kompartimenten (ER, Mitochondrien) als Speicher.

2.4 Fraktionierung von Zellen

Um die Struktur und die Funktionen der verschiedenen Zellbestandteile zu untersuchen, kann man Zellen in ihre Bestandteile zerlegen. Zunächst müssen die Zellen **aufgeschlossen** werden. Dafür gibt es verschiedene Methoden: Ultraschall, osmotischer Schock, Zermahlen in einem Mixer, Passagieren durch eine enge Öffnung oder Homogenisieren im Homogenisator. Geht man vorsichtig genug vor, bleiben die Organellen beim Zellaufschluss intakt und können anschließend voneinander getrennt werden.

Die Trennung der einzelnen Zellbestandteile (**Zellfraktionierung**) erfolgt durch **Zentrifugation**. Der Zellaufschluss wird in mehreren Schritten bei zunehmend höheren Geschwindigkeiten zentrifugiert (Abb. **B-2.3**). Dabei werden die Zellkomponenten nach ihrer Größe und Dichte getrennt. Große Partikel, wie Zellkerne, setzen sich bereits bei niedrigen Geschwindigkeiten am Boden des Zentrifugenröhrchens ab. Wird der Überstand dieser ersten Zentrifugation bei höherer Geschwindigkeit erneut zentrifugiert, sammeln sich Mitochondrien, Lysosomen und Peroxisomen im Niederschlag. Bei noch höheren Geschwindigkeiten gewinnt man schließlich kleine Vesikel, Ribosomen und andere Makromolekülkomplexe.

Durch Zugabe von löslichen Substanzen, wie z. B. KCl oder Saccharose, zu den einzelnen Fraktionen kann deren Dichte erhöht werden. Wählt man dann eine geeignete Zentrifugationsgeschwindigkeit, können die einzelnen Fraktionen noch weiter aufgetrennt werden.

Welche Zellorganellen in welcher Fraktion enthalten sind, wird mithilfe von Enzymtests bestimmt. Jedes Organell enthält ein charakteristisches **Leitenzym**, auf dessen Vorhandensein die Fraktionen untersucht werden. Enthält eine bestimmte Fraktion z. B. eine hohe Katalaseaktivität, ist in dieser Fraktion eine hohe Anzahl von Peroxisomen enthalten. Weitere Beispiele für Leitenzyme sind in Tab. **B-2.1** aufgeführt.

2.4 Fraktionierung von Zellen

Um Struktur und Funktion der einzelnen Zellbestandteile untersuchen zu können, bricht man Zellen mit verschiedenen Methoden auf (**Zellaufschluss**).

Zur Trennung der Komponenten (**Zellfraktionierung**) schließen sich mehrere **Zentrifugationsschritte** mit zunehmend höheren Geschwindigkeiten an (Abb. **B-2.3**).

B-2.3 Zellfraktionierung durch Zentrifugation

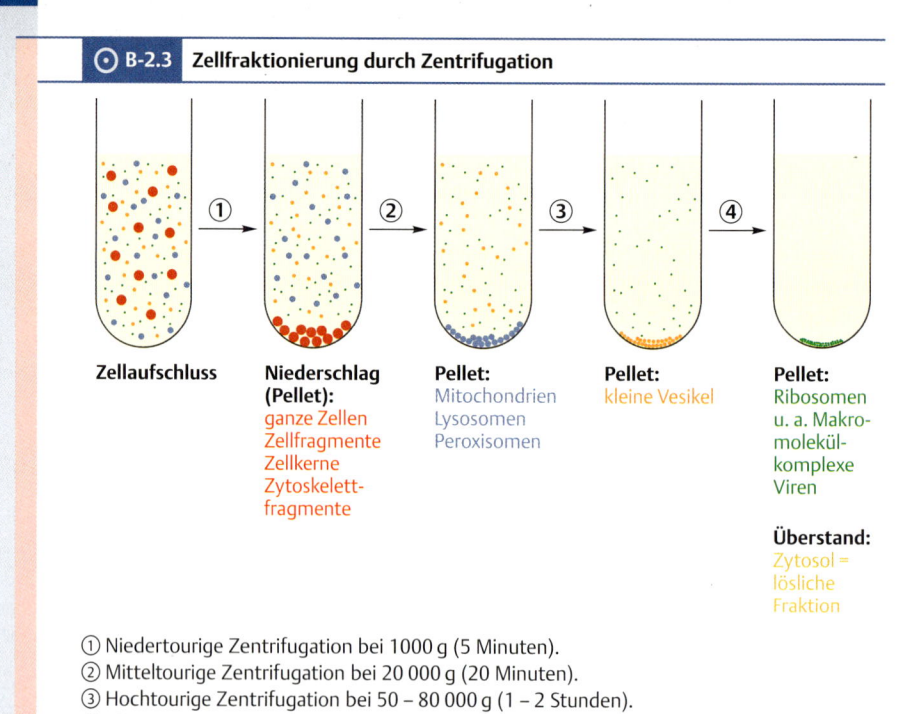

Zellaufschluss → ① **Niederschlag (Pellet):** ganze Zellen, Zellfragmente, Zellkerne, Zytoskelettfragmente → ② **Pellet:** Mitochondrien, Lysosomen, Peroxisomen → ③ **Pellet:** kleine Vesikel → ④ **Pellet:** Ribosomen u. a. Makromolekülkomplexe, Viren

Überstand: Zytosol = lösliche Fraktion

① Niedertourige Zentrifugation bei 1000 g (5 Minuten).
② Mitteltourige Zentrifugation bei 20 000 g (20 Minuten).
③ Hochtourige Zentrifugation bei 50 – 80 000 g (1 – 2 Stunden).
④ Ultrazentrifugation bei 150 000 g (2 – 3 Stunden).
Der Überstand nach der Ultrazentrifugation wird lösliche Zellfraktion genannt und entspricht dem Zytosol.

B-2.1 Leitenzyme verschiedener Zellorganellen

Zellorganell	Leitenzym
Zellkern	DNA-Polymerasen
endoplasmatisches Retikulum	Proteindisulfid-Isomerase (PDI)
Golgi-Apparat	spezifische Glykosyltransferasen
Peroxisomen	Katalase
Lysosomen	saure Phosphatase
Mitochondrien	Cytochrom-c-Oxidase

▶ **Klinik.** Leitenzyme spielen auch in der medizinischen Diagnostik eine wichtige Rolle. So kann das Vorhandensein bestimmter Enzyme im Blut Aufschluss über die **Schwere eines Leberschadens** geben. Bei einem leichten Leberschaden steigt im Serum zuerst die Aktivität der **γ-GT** (γ-Glutaryltransferase) und der **ALT** (Alanin-Aminotransferase), zweier Enzyme aus dem Zytosol der Hepatozyten. Bei schwereren Leberschäden steigt auch die Aktivität der **AST** (Aspartat-Aminotransferase) an, da diese sich sowohl im Zytosol als auch in den Mitochondrien befindet. Bei schwersten Leberschäden findet sich auch **GLDH** (Glutamat-Dehydrogenase) im Serum. Dieses Enzym ist rein mitochondrial und deutet deshalb auf stark zerstörte Hepatozyten hin.

3 Aufbau und Synthese biologischer Membranen

3.1	Überblick	345
3.2	Membranlipide	345
3.3	Membranproteine	358
3.4	Kohlenhydrate	359

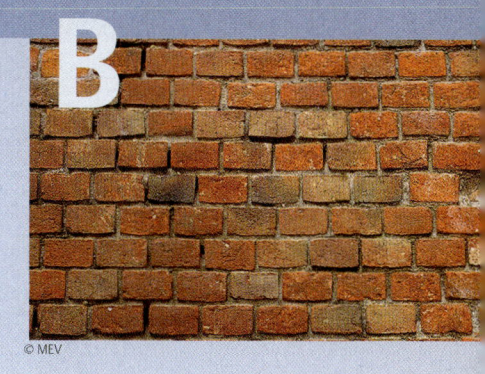

K. Hauser

3.1 Überblick

Alle Zellen und alle Zellorganellen sind von Membranen umgeben, deren Aufgabe darin besteht, eine **Barriere** zwischen außen und innen zu bilden und die Zelle oder das Organell als Einheit aufrechtzuerhalten. Gleichzeitig darf die Membran die Zelle oder das Organell aber nicht völlig abschotten, sondern muss einen kontrollierten **Stoffaustausch** und die **Kommunikation** mit der Außenwelt zulassen. Membranen sind deshalb grundsätzlich gleich aufgebaut: Sie bestehen aus einer **Lipiddoppelschicht**, die die eigentliche Membran bildet, und **Proteinen**, die für die Kommunikation und den Stoffaustausch zuständig sind (Abb. **B-3.1**). Sowohl die Lipide als auch die Proteine können glykosyliert sein, d. h. **Kohlenhydrate** enthalten. Die verschiedenen Membranen unterscheiden sich jedoch in der Zusammensetzung ihrer Komponenten. Die Zusammensetzung der Zellmembran einer Nervenzelle unterscheidet sich z. B. grundlegend von der Zusammensetzung der inneren Mitochondrienmembran.

3.1 Überblick

Membranen **trennen** einen Innenraum von einem Außenraum und ermöglichen kontrollierten **Stoffaustausch** und **Kommunikation** zwischen diesen Räumen. Sie bestehen aus **Lipiden** und **Proteinen**, die glykosyliert sind, d. h. **Kohlenhydrate** enthalten können (Abb. **B-3.1**).

B-3.1 Schematischer Aufbau biologischer Membranen (hier am Beipiel der Zellmembran)

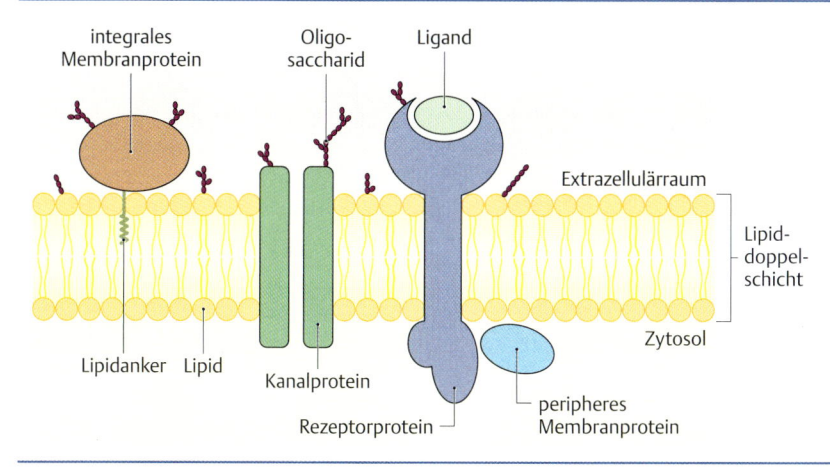

Biologische Membranen bestehen aus einer Lipiddoppelschicht. Die einzelnen Lipide zeigen mit ihren hydrophoben Schwänzen in das Innere der Schicht, während sich ihr hydrophiler Kopf nach außen wendet. Auf der Membran und in der Membran befinden sich Proteine, die verschiedene Funktionen ausüben. Hier sind nur einige dieser Funktionen beispielhaft aufgeführt: Kanalproteine sind für den Stoffaustausch über die Membran zuständig, Rezeptorproteine vermitteln Signale und weitere (integrale oder periphere) Membranproteine haben oft stabilisierende oder Erkennungsfunktion. Die Lipide und Proteine der Membran tragen auf der nicht zytosolischen Seite in der Regel kovalent gebundene Kohlenhydratreste.

3.2 Membranlipide

3.2.1 Das Grundprinzip: Die Lipiddoppelschicht

Der Lipidanteil aller biologischer Membranen besteht aus einer etwa 7 – 10 nm dicken Lipiddoppelschicht. Lipide haben einen polaren (hydrophilen) Kopf und einen unpolaren (hydrophoben) Schwanz. Diese Struktur macht sie zu **amphiphilen** („beides liebenden") **Molekülen**. In wässrigem Medium organisieren sie sich deshalb spontan zu charakteristischen Strukturen, indem sie ihren hydrophilen Kopf dem Wasser zuwenden und ihren hydrophoben Schwanz im Inneren der Struktur verbergen. Dabei entstehen entweder **Mizellen**, die aus einer einfachen Lipidschicht (Monoschicht = **Monolayer**) bestehen, oder eine **doppelte Lipidschicht (Bilayer)**, die auch spontan in **Vesikel** zerfallen kann (Abb. **B-3.2**). Vesikel sind kleine Membransäckchen mit einem wässrigen Innenraum, der nach außen von einer doppelten Lipidschicht begrenzt wird.

3.2 Membranlipide

3.2.1 Das Grundprinzip: Die Lipiddoppelschicht

Lipide sind **amphiphil** und ordnen sich daher im Wasser zu **Mizellen** (Monoschicht = **Monolayer**) oder zu einer 7 – 10 nm dicken **Doppelschicht (Bilayer)** an, die spontan in **Vesikel** zerfallen kann (Abb. **B-3.2**). Der polare Kopf eines Lipids ist stets dem Wasser zugewandt, der unpolare Schwanz befindet sich im Inneren der Lipidschicht.

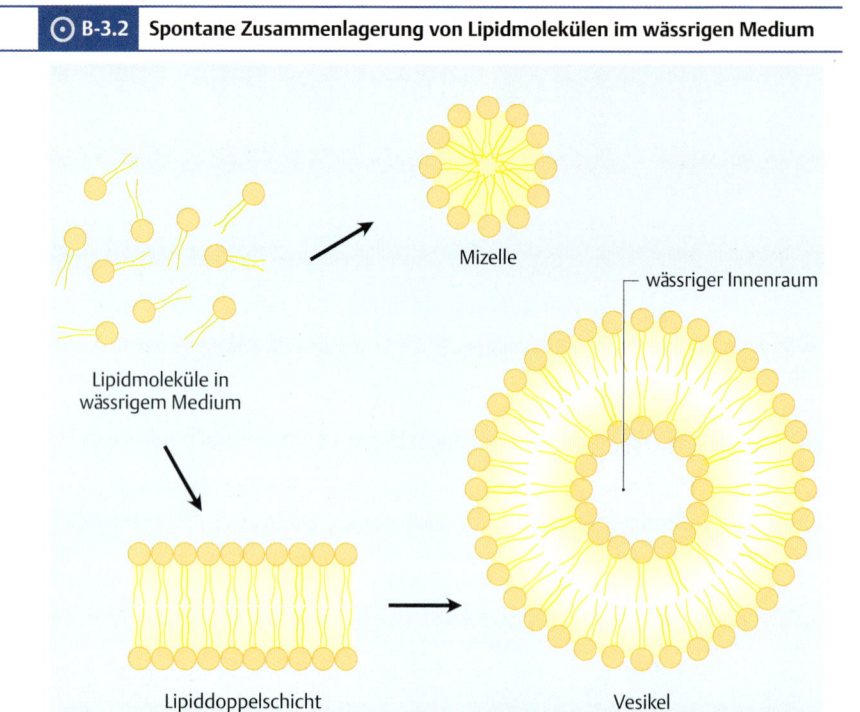

B-3.2 Spontane Zusammenlagerung von Lipidmolekülen im wässrigen Medium

Aufgrund ihrer amphiphilen Eigenschaften lagern sich Lipidmoleküle in wässrigem Medium spontan zu Mizellen (kugelförmigen Lipidmonoschichten) oder Lipiddoppelschichten zusammen. In diesen Strukturen lagern sich die hydrophoben Anteile der Lipidmoleküle zusammen (weg vom Wasser), wodurch der energetische Zustand der Struktur günstiger ist als der der einzelnen Lipidmoleküle. Aus einer Lipiddoppelschicht können spontan Vesikel entstehen, die ein wässriges Milieu enthalten.

3.2.2 Struktur und Verteilung

Biologische Membranen enthalten drei verschiedene Lipidbausteine: **Phospholipide**, **Glykolipide** und **Cholesterin**. Im Folgenden wird ihre Struktur vorgestellt. Die Synthese der Membranlipide (S. 350) wird weiter unten besprochen.

Phospholipide

▶ **Definition.** **Phospholipide** sind Lipide, die eine Phosphatgruppe enthalten.

Phospholipide sind die wichtigsten Membranlipide. Sie stellen mit Abstand die größte Fraktion der Lipide einer Membran. Deshalb werden biologische Membranen manchmal auch als Phospholipidmembranen bezeichnet. Phospholipide haben in ihrem polaren Kopf eine negativ geladene Phosphatgruppe. Ihr Schwanz besteht in der Regel aus zwei langkettigen Acylresten (Fettsäuren), die sehr beweglich sind.
Es lassen sich zwei Gruppen von Phospholipiden unterscheiden (Tab. B-3.1):
- **Glycerophospholipide**, in älteren Lehrbüchern auch als Phosphoglyceride oder Glycerophosphatide bezeichnet, und
- **Sphingophospholipide**.

Glycerophospholipide

▶ **Merke.** Der **Grundbaustein** von Glycerophospholipiden ist **Glycerin**. Das Glycerin ist
- an den OH-Gruppen der C-Atome 1 und 2 mit je einer langkettigen Fettsäure verestert und
- an der OH-Gruppe des C-Atoms 3 über eine Phosphatgruppe mit einem Alkohol verknüpft (der namensgebend ist), am häufigsten mit Cholin, Ethanolamin, Serin oder Inositol (Abb. B-3.3).

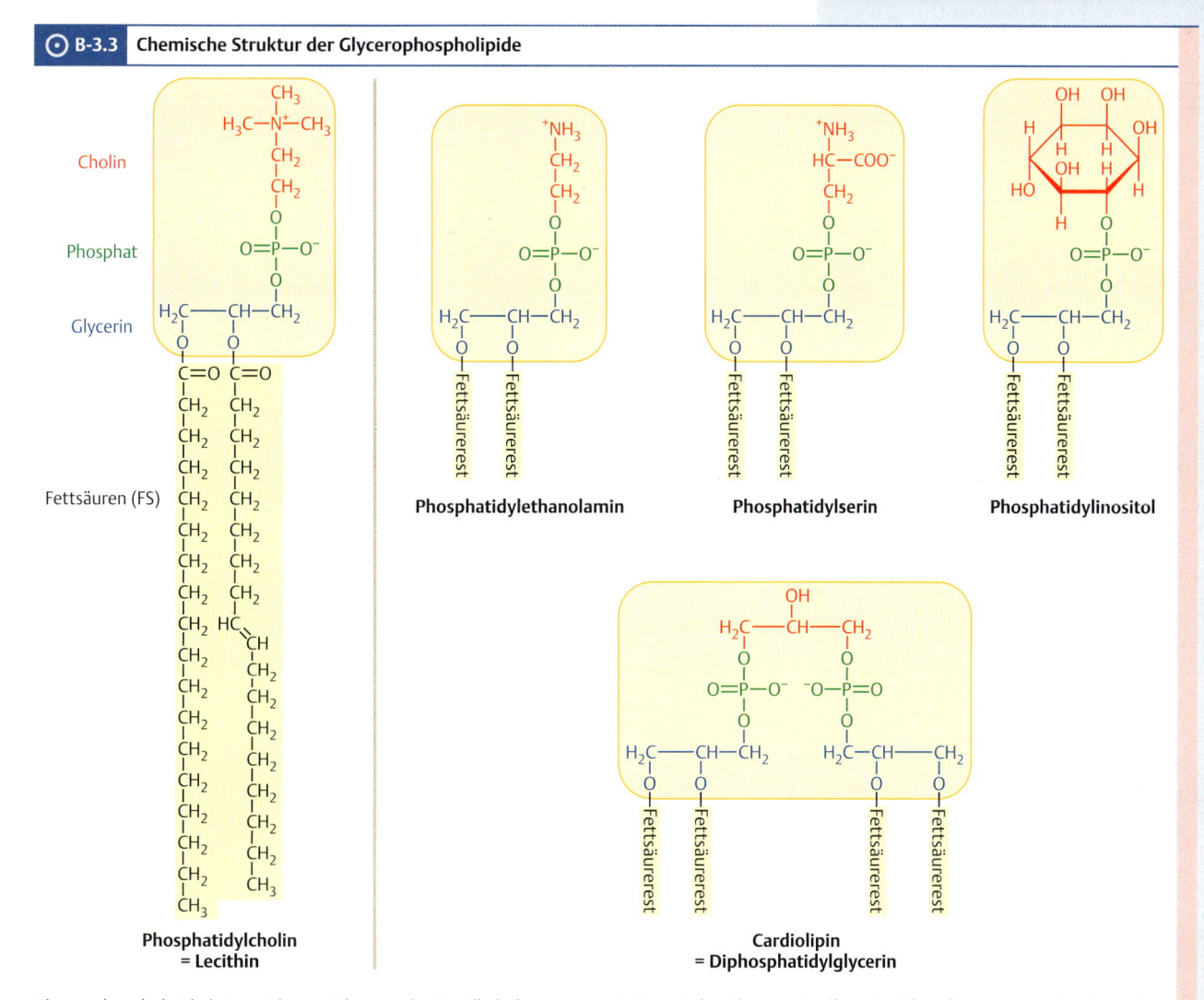

B-3.3 Chemische Struktur der Glycerophospholipide

Phosphatidylcholin = Lecithin

Phosphatidylethanolamin

Phosphatidylserin

Phosphatidylinositol

Cardiolipin = Diphosphatidylglycerin

Glycerophospholipide leiten sich vom Glycerin ab. Die Alkoholgruppe am C-Atom 3 des Glycerins ist über eine Phosphatgruppe entweder mit einem Aminoalkohol oder einem zyklischen Alkohol verknüpft. Die beiden anderen Alkoholgruppen des Glycerins sind mit jeweils einer langkettigen Fettsäure verestert.

Die häufigsten Glycerophospholipide sind demnach
- **Phosphatidylcholin** (Lecithin), **Phosphatidylethanolamin** und **Phosphatidylserin**, die zusammen den Hauptbestandteil biologischer Membranen ausmachen.
- **Phosphatidylinositol**, das in der Plasmamembran, vor allem im zytosolischen Monolayer, vorkommt. Es wird in Phosphatidylinositol-4,5-bisphosphat umgewandelt, aus dem der Second Messenger Inositoltrisphosphat, IP_3 (S. 567), abgespalten wird.

Das Glycerophospholipid **Cardiolipin** (Diphosphatidylglycerin) kommt nur in der inneren Mitochondrienmembran vor.

Phosphatidylcholin (Lecithin), **Phosphatidylethanolamin** und **Phosphatidylserin** sind die Hauptbestandteile biologischer Membranen. **Phosphatidylinositol** ist Ausgangssubstanz des Second Messengers Inositoltrisphosphat (IP_3).

Cardiolipin kommt nur in der inneren Mitochondrienmembran vor.

Sphingophospholipide

▶ **Merke.** **Grundbaustein** der Sphingophospholipide ist **Ceramid** = Sphingosin + langkettige Fettsäure. Das einzige Sphingophospholipid von Bedeutung ist **Sphingomyelin** (Abb. **B-3.4**), das in fast allen Membranen vorkommt.

Sphingophospholipide

▶ **Merke.**

⊙ B-3.4 Chemische Struktur des Sphingomyelins

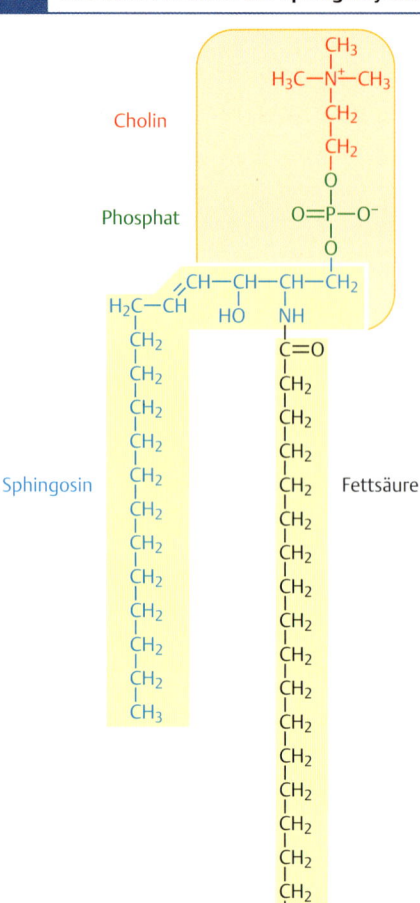

An die primäre Alkoholgruppe des Sphingosins ist über eine Phosphatgruppe ein Cholinrest gebunden. Die Fettsäure ist über eine Aminogruppe an das Sphingosin gebunden. Sphingosin und Fettsäure werden zusammen als Ceramid bezeichnet.

Glykolipide

▶ **Definition.** **Glykolipide** sind Lipide, die einen Kohlenhydratrest enthalten.

Sie leiten sich wie Sphingomyelin vom Sphingosin ab. Auch hier ist die Aminogruppe des Sphingosins mit einer langkettigen Fettsäure zum **Ceramid** verknüpft. Allerdings ist in den Glykolipiden die primäre Alkoholgruppe direkt mit einem **Kohlenhydratrest** verbunden, und die Phosphatgruppe fehlt (Abb. **B-3.5**).
Bei den Glykolipiden unterscheidet man **Cerebroside** und **Ganglioside**. Beide kommen hauptsächlich im ZNS vor und befinden sich dort auf der Außenseite der Plasmamembran. Mit ihren Kohlenhydratresten dienen sie der Zellerkennung.

Cerebroside

Cerebroside haben ein **Monosaccharid als Kohlenhydratrest**. Die wichtigsten Cerebroside sind Galaktosylcerebrosid und Glucosylcerebrosid (Abb. **B-3.5**). Cerebroside, die am Kohlenhydratrest mit Schwefel verestert sind, heißen Sulfatide.

Ganglioside

Ganglioside enthalten einen **komplexen Kohlenhydratrest** (Abb. **B-3.5**). Viele Ganglioside haben eine N-Acetylneuraminsäure oder ein Derivat davon als charakteristischen Bestandteil.

Glykolipide

▶ Definition.

Glykolipide bestehen aus **Ceramid** und einem **Kohlenhydratrest** (Abb. **B-3.5**).

Glykolipide werden eingeteilt in **Cerebroside** und **Ganglioside**.

Cerebroside

Cerebroside enthalten ein **Monosaccharid als Kohlenhydratrest** (Abb. **B-3.5**), das mit Schwefelsäure verestert sein kann.

Ganglioside

Ihr **Kohlenhydratrest** ist **komplex** (Abb. **B-3.5**) und enthält oft N-Acetylneuraminsäure.

B-3.5 Chemische Struktur der Glykolipide

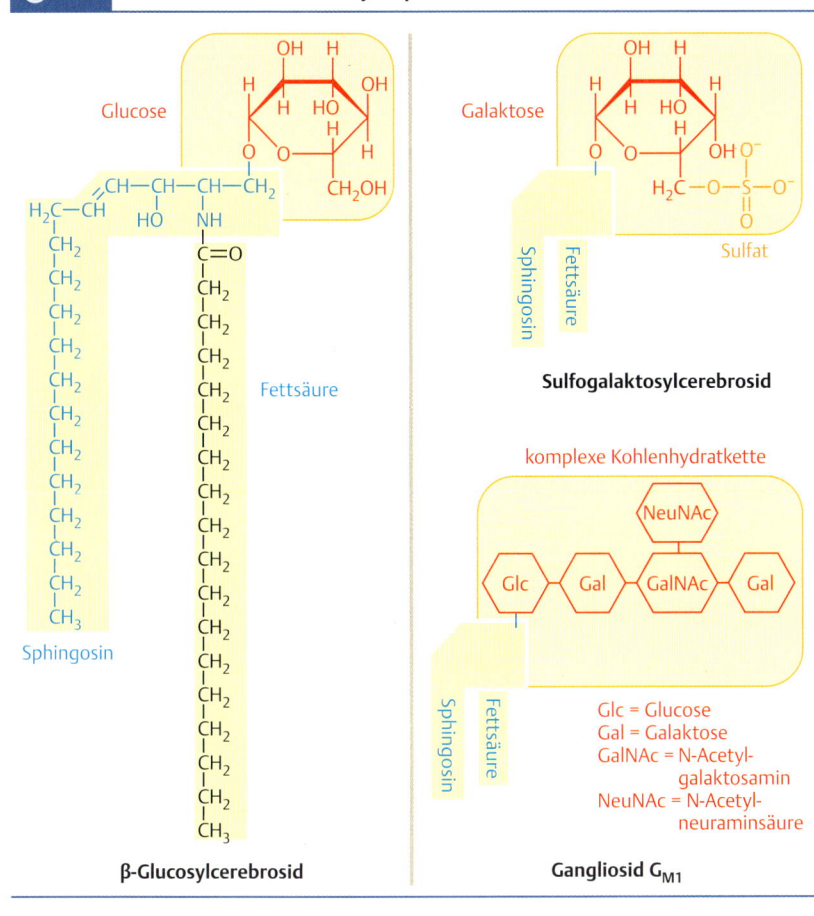

Grundbaustein der Glykolipide ist Ceramid (= Sphingosin + langkettige Fettsäure). Die primäre Alkoholgruppe des Sphingosins ist direkt mit einem Kohlenhydratrest verknüpft.

β-Glucosylcerebrosid

Sulfogalaktosylcerebrosid

Gangliosid G$_{M1}$

Glc = Glucose
Gal = Galaktose
GalNAc = N-Acetylgalaktosamin
NeuNAc = N-Acetylneuraminsäure

Cholesterin

▶ **Synonym.** Cholesterol.

Ein weiterer wichtiger Bestandteil der Lipiddoppelschicht ist das Steroid Cholesterin (Abb. **B-3.6**). Cholesterin hat eine Hydroxylgruppe als polare Kopfgruppe und ein starres unpolares Ringsystem mit einem kurzen beweglichen Kohlenwasserstoffschwanz. Im Vergleich zu Phospho- und Glykolipiden ist Cholesterin ein relativ kleines Molekül. Es lagert sich mit seiner flachen Ringstruktur zwischen die langkettigen Fettsäuren der anderen Lipide und trägt so wesentlich zu den Fluiditätseigenschaften der Lipidmembran bei (s. u.).

Cholesterin

▶ **Synonym.**

Das relativ kleine Molekül Cholesterin lagert sich mit seinen flachen Ringen (Abb. **B-3.6**) zwischen die Fettsäuren der Membranlipide.

B-3.6 Chemische Struktur des Cholesterins

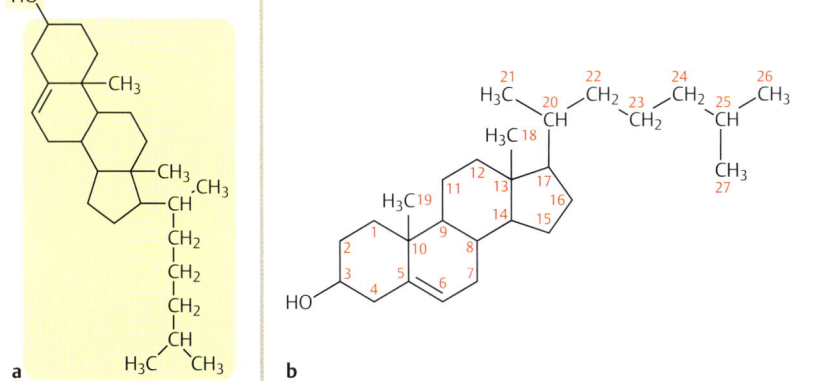

a Hydrophobe (gelb) und hydrophile (orange) Abschnitte des Cholesterins.
b Konventionelle Schreibweise der Formel von Cholesterin.

▶ Merke. Cholesterin kommt in allen biologischen Membranen vor, außer in der inneren Mitochondrienmembran. Dort wird es durch Cardiolipin ersetzt, das nur in der inneren Mitochondrienmembran vorkommt.

≡ B-3.1 Überblick über die wichtigsten Membranlipide

Membranlipid		Substituent	Vorkommen	
	Glycerophospholipide (Grundbausteine: Glycerin, 2 Fettsäuren, Phosphatgruppe)			
Glycerophospholipide	Phosphatidylcholin (Lecithin)	Cholin	überwiegend im äußeren Monolayer der Zellmembran	Phospholipide
	Phosphatidylethanolamin	Ethanolamin	überwiegend im inneren Monolayer der Zellmembran	
	Phosphatidylserin	Serin	überwiegend im inneren Monolayer der Zellmembran	
	Phosphatidylinositol	Inositol	innerer (zytosolischer) Monolayer der Zellmembran (Signaltransduktion)	
	Cardiolipin (= Diphosphatidylglycerin)	Glycerin	innere Mitochondrienmembran	
Sphingolipide	**Sphingophospholipide (Grundbausteine: Sphingosin, Fettsäure, Phosphatgruppe)**			
	Sphingomyelin	Cholin	überwiegend im äußeren Monolayer der Zellmembran	
	Glykolipide (Grundbausteine: Sphingosin, Fettsäure, keine Phosphatgruppe!)			
	Cerebroside	Monosaccharid	äußerer Monolayer der Zellmembranen des ZNS (Zellerkennung)	Glykolipide
	Ganglioside	komplexe Kohlenhydrate	äußerer Monolayer der Zellmembranen des ZNS (Zellerkennung)	
Cholesterin (Steroid)				
Cholesterin		-	beide Monolayer biologischer Membranen (Ausnahme nicht in der inneren Mitochondrienmembran)	

3.2.3 Biosynthese

▶ Tipp. Die Biosynthese der Phospholipide und Glykolipide lässt sich am besten erlernen, wenn man diese Lipide nicht nach ihrem Phosphat- bzw. Kohlenhydratrest, sondern nach ihrem Grundbaustein Glycerin bzw. Sphingosin in Glycerophospholipide und Sphingolipide einteilt.

Glycerophospholipide

Die Biosynthese der Glycerophospholipide geht vom **Glycerin-3-phosphat** aus (Abb. **B-3.7**). Glycerin-3-phosphat kann auf zwei Arten gebildet werden:
- Die Glycerin-3-phosphat-Dehydrogenase reduziert Dihydroxyacetonphosphat unter Verbrauch von NADH zu Glycerin-3-phosphat (1). Diese Reaktion findet in den meisten Geweben statt.
- In der Leber und in der Niere kann auch Glycerin, das im Fettgewebe beim Abbau der Triglyceride (S. 130) entsteht, durch die Glycerin-Kinase unter ATP-Verbrauch zu Glycerin-3-phosphat phosphoryliert werden (2).

Ausgehend von Glycerin-3-phosphat werden zwei verschiedene Synthesewege eingeschlagen (Abb. **B-3.7**):
- Zur **Synthese von Cardiolipin** wird aktiviertes, d. h. mit einem energiereichen Nukleotid gekoppeltes **Diacylglycerin auf Glycerin-3-phosphat übertragen** (s. u.).
- Zur **Synthese von Phosphatidylcholin, -ethanolamin, -serin und -inositol** wird **Glycerin-3-phosphat in Phosphatidat umgewandelt**. Dazu überträgt das Enzym Glycerin-3-phosphat-Acyltransferase eine aktivierte Fettsäure, d. h. ein Acyl-CoA (S. 134), auf das C-Atom 1 des Glycerin-3-phosphats. Es entsteht **Lysophosphatidat** (3). Die 1-Acylglycerin-3-phosphat-Acyltransferase überträgt ein weiteres Acyl-CoA auf das C-Atom 2, sodass **Phosphatidat** entsteht (4). Beide Acyltransferasen sind in der Membran des endoplasmatischen Retikulums (ER) lokalisiert, wobei ihr aktives Zentrum zur zytosolischen Seite gerichtet ist. Phosphatidat gliedert sich mit seinen hydrophoben Fettsäureschwänzen schon während der Synthese in die Lipiddoppelschicht der ER-Membran ein. In der weiteren Synthese wird das Phosphatidat dann mit dem jeweiligen Alkohol versehen (s. u.). Die fertig synthetisierten Phospholipide werden über den regulären Membranfluss (S. 370) innerhalb der Zelle auf die anderen Membranen verteilt.

B-3.7 Biosynthese der Glycerophospholipide

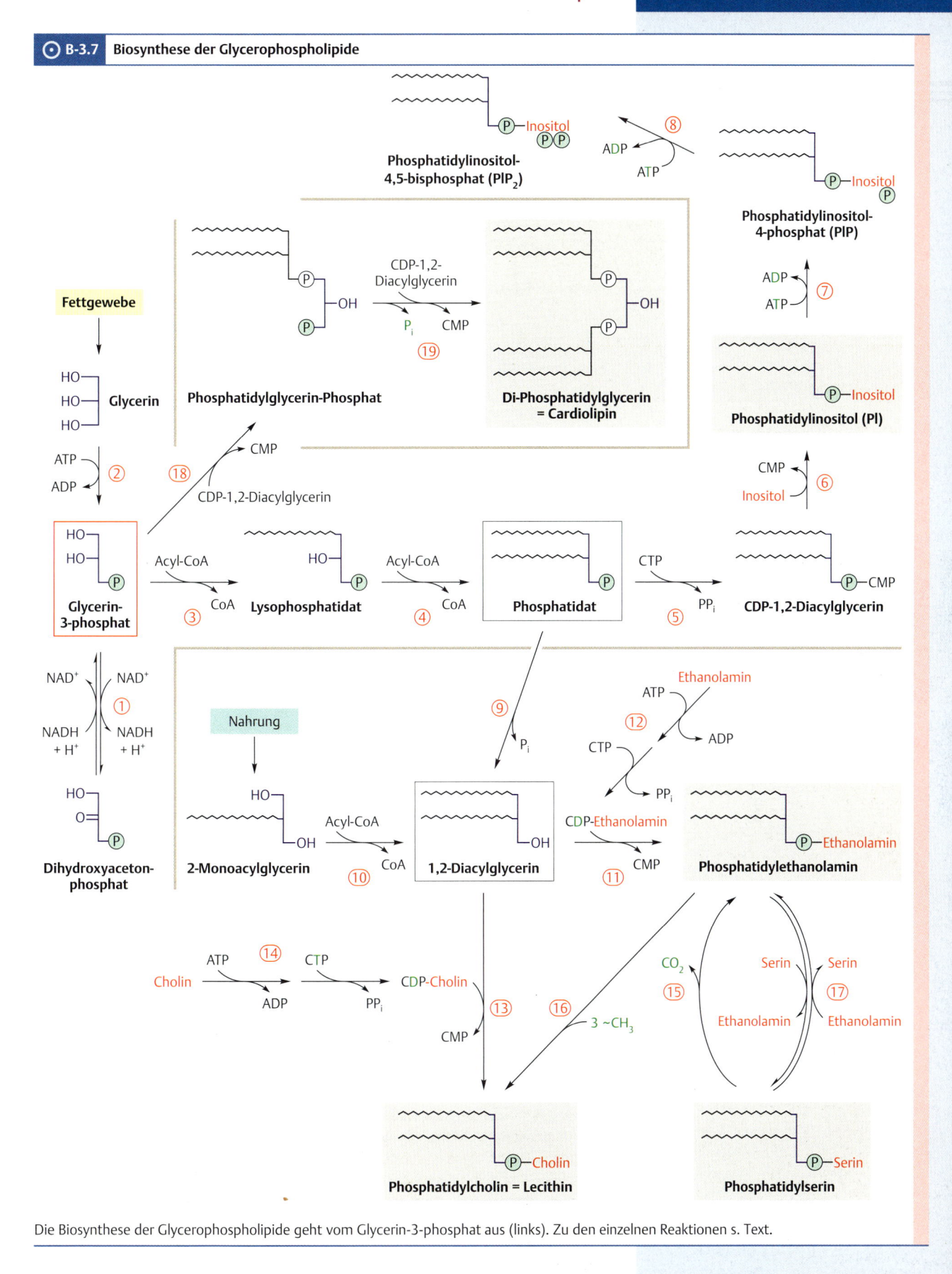

Phosphatidylinositol-4,5-bisphosphat (PIP$_2$)

Phosphatidylinositol-4-phosphat (PIP)

Phosphatidylglycerin-Phosphat

Di-Phosphatidylglycerin = Cardiolipin

Phosphatidylinositol (PI)

Fettgewebe → Glycerin

Glycerin-3-phosphat

Dihydroxyacetonphosphat

Nahrung → 2-Monoacylglycerin → 1,2-Diacylglycerin

Lysophosphatidat → Phosphatidat → CDP-1,2-Diacylglycerin

CDP-Ethanolamin → Phosphatidylethanolamin

Cholin → CDP-Cholin

Phosphatidylcholin = Lecithin

Phosphatidylserin

Reaktionen: ① NAD$^+$/NADH + H$^+$; ② ATP/ADP; ③ Acyl-CoA/CoA; ④ Acyl-CoA/CoA; ⑤ CTP/PP$_i$; ⑥ Inositol/CMP; ⑦ ATP/ADP; ⑧ ATP/ADP; ⑨ P$_i$; ⑩ Acyl-CoA/CoA; ⑪ CDP-Ethanolamin/CMP; ⑫ ATP, CTP/ADP, PP$_i$; ⑬ CMP; ⑭ ATP, CTP/ADP, PP$_i$; ⑮ CO$_2$; ⑯ 3 ~CH$_3$; ⑰ Serin/Ethanolamin; ⑱ CDP-1,2-Diacylglycerin/CMP; ⑲ CDP-1,2-Diacylglycerin/P$_i$, CMP.

Die Biosynthese der Glycerophospholipide geht vom Glycerin-3-phosphat aus (links). Zu den einzelnen Reaktionen s. Text.

Phosphatidylinositol

Die Phosphatidat-Cytidyltransferase aktiviert das Phosphatidat durch Übertragung eines CMP zum **CDP-1,2-Diacylglycerin** (5). Das CMP stammt dabei von einem CTP. Der **CMP-Rest** im CDP-1,2-Diacylglycerin wird dann **durch Inositol ersetzt** (Enzym: CDP-Diacylglycerin-Inositol-3-Phosphatidyltransferase, [6]). Es entsteht Phosphatidylinositol (PI). Dieses wird zweimal phosphoryliert (durch zwei verschiedene Kinasen), wodurch zunächst Phosphatidylinositol-4-phosphat (PIP, [7]), dann Phosphatidylinositol-4,5-bisphosphat (PIP_2, [8]) entsteht. PIP_2 ist die Vorstufe der Second Messenger 1,2-Diacylglycerin (DAG) und Inositol-1,4,5-trisphosphat (IP_3), vgl. Synthese der Second Messenger (S. 568).

Phosphatidylethanolamin und Phosphatidylcholin

Das Phosphatidat wird zum **1,2-Diacylglycerin** dephosphoryliert (Enzym: Phosphatidat-Phosphatase, [9]). Auf die freie OH-Gruppe wird entweder **CDP-Ethanolamin oder CDP-Cholin übertragen**. Dabei wird CMP freigesetzt. Es entsteht **Phosphatidylethanolamin bzw. Phosphatidylcholin**. Die katalysierenden Enzyme heißen 1,2-Diacylglycerin-Ethanolamin-Phosphotransferase (11) bzw. 1,2-Diacylglycerin-Cholin-Phosphotransferase (13). Die Aktivierung von Ethanolamin und Cholin zu CDP-Ethanolamin bzw. CDP-Cholin erfolgt jeweils in zwei Schritten: Zuerst wird die Verbindung durch eine Kinase unter ATP-Verbrauch phosphoryliert, dann wird durch eine Cytidyltransferase CMP angehängt. Dabei wird ein PP_i freigesetzt (12 bzw. 14).
Phosphatidylethanolamin kann auch durch Decarboxylierung aus **Phosphatidylserin** gebildet werden (Enzym: Phosphatidylserin-Decarboxylase, [15]).
Ebenso kann **Phosphatidylcholin** auf einem Alternativweg durch Methylierung mithilfe einer Methyltransferase und des Cofaktors S-Adenosylmethionin, sog. SAM (S. 169), aus **Phosphatidylethanolamin** entstehen (16).
Das 1,2-Diacylglycerin, das als Ausgangsverbindung für die Biosynthese des Phosphatidylethanolamins und Phosphatidylcholins dient, kann auch aus 2-Monoacylglycerin, das mit der Nahrung aufgenommen wird, synthetisiert werden. Dabei wird eine der freien OH-Gruppen des 2-Monoacylglycerins mit einem Acyl-CoA verestert (10).

Phosphatidylserin

Phosphatidylserin entsteht aus **Phosphatidylethanolamin**, indem das Ethanolamin gegen Serin ausgetauscht wird. Das katalysierende Enzym Phosphatidylserin-Synthase (17) ist in den Mikrosomen lokalisiert. Es kann die Reaktion in beide Richtungen katalysieren, sodass aus Phosphatidylserin auch Phosphatidylethanolamin entstehen kann.

Cardiolipin

Die Biosynthese von Cardiolipin geht nicht vom Phosphatidat aus. Es entsteht vielmehr direkt aus Glycerin-3-phosphat durch Übertragung von zwei Molekülen CDP-1,2-Diacylglycerin (18, 19). Dabei werden zwei CMP und ein P_i freigesetzt.

Sphingolipide

Sphingolipide enthalten als Grundbaustein **Ceramid**. Ceramid kann auf zwei Wegen entstehen (Abb. **B-3.8 a**). Beide Wege beginnen damit, dass Serin und Palmitoyl-CoA in einer PALP-abhängigen Reaktion zu 3-Dehydro-Sphinganin reagieren, welches anschließend unter Verbrauch von $NADPH + H^+$ zu Sphinganin reduziert wird. Hier trennen sich die Wege:
- Entweder wird Sphinganin unter Bildung eines $FADH_2$ zu Sphingosin oxidiert, auf dessen Aminogruppe dann eine langkettige Fettsäure übertragen wird. Dabei entsteht Ceramid.
- Oder das Sphinganin wird direkt mit einer langkettigen Fettsäure zum Dihydroceramid verknüpft und anschließend durch eine Saturase ebenfalls unter Bildung eines $FADH_2$ zu Ceramid oxidiert.

Die Biosynthese des Ceramids findet im ER statt. Von dort wandert es mittels Vesikeltransport (S. 370) zum Golgi-Apparat, wo die weiteren Sphingolipid-Syntheseschritte ablaufen.

B 3.2 Membranlipide

B-3.8 Biosynthese der Sphingolipide

a Biosynthese des Ceramids

b Biosynthese der Sphingolipide (Einzelheiten siehe Text)

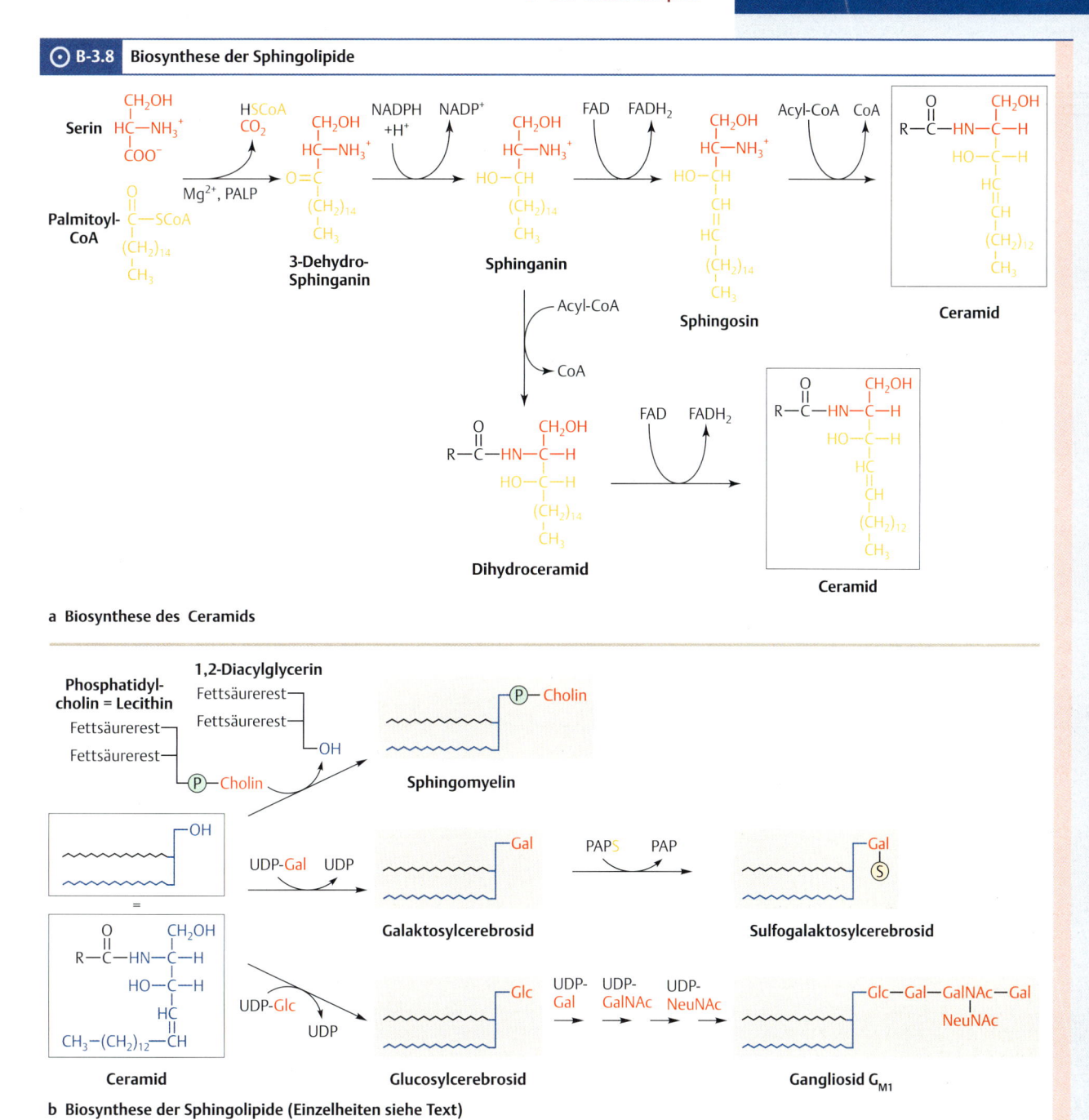

Sphingomyelin

Sphingomyelin entsteht durch **Übertragung von Phosphocholin auf Ceramid** (Abb. **B-3.8 b**). Dabei wird 1,2-Diacylglycerin frei. Diese Reaktion läuft im Golgi-Apparat der Hepatozyten und in den Plasmamembranen des Nervensystems ab.

Cerebroside

Zur Synthese von Gluco- bzw. Galaktocerebrosid wird UDP-Glucose bzw. UDP-Galaktose auf Ceramid übertragen (Abb. **B-3.8 b**). Das UDP wird dabei freigesetzt.

Ganglioside

Die Biosynthese der Ganglioside beginnt wie die der Cerebroside mit der Übertragung eines aktivierten Zuckerrestes (z. B. UDP-Glucose, Abb. **B-3.8 b**) auf Ceramid. Im Golgi-Apparat hängen dann dieselben Glykosyltransferasen, die auch für die Proteinglykosylierungen verantwortlich sind, weitere Zuckerreste (S. 359) an.

Sphingomyelin

Sphingomyelin entsteht aus **Ceramid** und **Phosphocholin** (Abb. **B-3.8 b**).

Cerebroside

Diese entstehen durch Übertragung eines UDP-Zuckers auf Ceramid (Abb. **B-3.8 b**).

Ganglioside

Diese werden wie Cerebroside synthetisiert. Im Golgi-Apparat hängen dann Glykosyltransferasen weitere Zuckerreste an.

Cholesterin

Cholesterin dient auch zur Biosynthese des Vitamins D, der Steroidhormone und der Gallensäuren.

Im Zytosol entsteht aus zwei Acetyl-CoA **Acetoacetyl-CoA**, das mit einem weiteren Acetyl-CoA zu **β-Hydroxy-β-Methylglutaryl-CoA (HMG-CoA)** verknüpft wird (Abb. B-3.9).

Cholesterin

Cholesterin ist nicht nur ein wichtiger Bestandteil von Membranen, sondern dient auch als Grundbaustein für die Biosynthese von Vitamin D (S. 295), den Steroidhormonen (S. 613) und der Gallensäuren (S. 205). Deshalb können viele Zellen Cholesterin synthetisieren. Der größte Teil des Cholesterins entsteht jedoch in der Leber.

Die ersten Schritte der Biosynthese finden im Zytosol statt (hauptsächlich in den Zellen der Leber, des Dünndarms, der Nebennierenrinde und der Gonaden). Dort verknüpft die **Thiolase** zwei Moleküle **Acetyl-CoA** zu **Acetoacetyl-CoA** (1), an das die **β-Hydroxy-β-Methyl-Glutaryl-CoA-Synthase** (HMG-CoA-Synthase) ein weiteres Acetyl-CoA anhängt. So entsteht **β-Hydroxy-β-Methylglutaryl-CoA** (**HMG-CoA**, Abb. **B-3.9**, [2]).

> ⊙ **B-3.9** Die Cholesterinbiosynthese bis zu Isopentenyldiphosphat

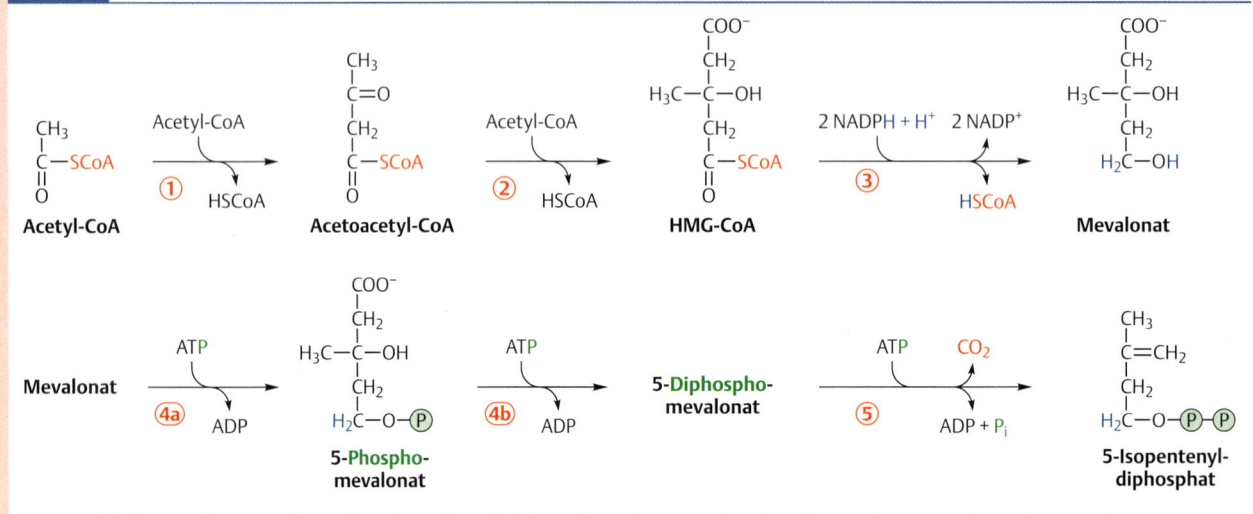

Drei Moleküle Acetyl-CoA werden zu β-Hydroxy-β-Methylglutaryl-CoA (HMG-CoA) verknüpft. Aus diesem wird in mehreren Schritten unter Abspaltung von CO_2 die aktive Isopreneinheit 5-Isopentenyldiphosphat, ein C_5-Körper, gebildet (Details s. Text). Diese Reaktionen finden im Zytosol statt.

▶ **Merke.**

Die **HMG-CoA-Reduktase**, Schlüsselenzym der Cholesterinbiosynthese, reduziert HMG-CoA zu **Mevalonat**.

▶ **Klinik.**

▶ **Merke.** HMG-CoA ist auch ein Zwischenprodukt der Ketonkörpersynthese (S. 251), die allerdings im *Mitochondrium* stattfindet.

HMG-CoA wird durch die **HMG-CoA-Reduktase** zu **Mevalonat** reduziert (3). Dieser Schritt ist irreversibel. Enzyme, die irreversible Reaktionen katalysieren, sind häufig Schlüsselenzyme eines Stoffwechselweges. Dies gilt auch für die HMG-CoA-Reduktase (s. u.). In der Reaktion werden 2 NADPH verbraucht und das CoA freigesetzt.

▶ **Klinik.** **Statine** (z. B. Simvastatin, Fluvastatin, Rosuvastatin) sind kompetitive Hemmstoffe der HMG-CoA-Reduktase und verhindern die Bildung von Mevalonat. Sie werden als Cholesterinsenker eingesetzt und gehören weltweit zu den umsatzstärksten Arzneistoffen. Obwohl Statine prinzipiell gut verträglich sind, müssen bei ihrer Anwendung mögliche gefährliche Nebenwirkungen und Wechselwirkungen mit anderen Arzneistoffen beachtet werden, insbesondere Muskelschäden. Die Wechselwirkungen entstehen u. a. mit Medikamenten, die die Elimination der Statine verhindern. Die so erhöhten Statinspiegel führen auch in der Muskulatur zu einem Mangel an Mevalonat. Da Mevalonat auch zur Synthese von Ubichinon benötigt wird, könnte durch diesen Mangel der Energiestoffwechsel in den Mitochondrien gestört sein und es kommt zur Myopathie.

Durch einen Einnahmefehler kam es 2001 im Zusammenhang mit dem Statin Cerivastatin (Handelsname Lipobay) zu mehreren Todesfällen in Deutschland, da es trotz entsprechender Warnhinweise im Beipackzettel zusammen mit einem anderen Lipidsenker eingenommen wurde. Cerivastatin wurde daraufhin vom Markt genommen.

Die weiteren Reaktionen der Cholesterinbiosynthese finden hauptsächlich in den Peroxisomen, aber auch im Zytosol statt. Mevalonat wird zu **5-Phosphomevalonat** (4a) und weiter zu **5-Diphosphomevalonat** (4b) phosphoryliert. Hierfür werden zwei ATP benötigt. Unter Verbrauch von einem weiteren ATP wird das 5-Diphosphomevalonat zum **5-Isopentenyldiphosphat** (= 5-Isopentenylpyrophosphat) decarboxyliert (5). Isopentenyldiphosphat ist die aktivierte Zwischenstufe der Cholesterinbiosynthese („aktive Isopreneinheit"). Es enthält 5 C-Atome.

Die Synthese der Ringstruktur des Cholesterins beginnt mit der Isomerisierung von Isopentenyldiphosphat zu **5-Dimethylallyldiphosphat** (Abb. **B-3.10**, [6]). 5-Dimethylallyldiphosphat kondensiert mit einem weiteren Isopentenyldiphosphat zu **Geranyldiphosphat** (C_{10}, [7]). Geranyldiphosphat reagiert mit einem weiteren Isopentenyldiphosphat zu **Farnesyldiphosphat** (C_{15}, [8]). Aus zwei Molekülen Farnesyldiphosphat entsteht in einer „Kopf-Kopf"-Kondensation **Squalen** (9). Dabei wird ein NADPH verbraucht. Squalen ist ein C_{30}-Körper, der aus sechs aktiven Isopreneinheiten aufgebaut wurde. Diese Kondensation findet, wie auch alle weiteren Reaktionen der Biosynthese von Cholesterin, im glatten endoplasmatischen Retikulum statt.

Vor allem in den Peroxisomen, aber auch im Zytosol wird Mevalonat zu **5-Diphosphomevalonat** phosphoryliert und zu **5-Isopentenyldiphosphat** (= 5-Isopentenylpyrophosphat), der sog. aktiven Isopreneinheit, decarboxyliert.

5-Isopentenyldiphosphat isomerisiert zu **5-Dimethylallyldiphosphat** (Abb. **B-3.10**). Dieses kondensiert mit 2 Isopentenyldiphosphat über **Geranyldiphosphat** (C_{10}) zu **Farnesyldiphosphat** (C_{15}). 2 Farnesyldiphosphat kondensieren zu **Squalen** (C_{30}).

⊙ **B-3.10** Die Reaktion der aktiven Isopreneinheiten zum Squalen und die Umwandlung zu Cholesterin

Aus sechs aktiven Isopreneinheiten (C_5) wird ein Cholesterinmolekül (C_{27}) gebildet. Dabei werden drei C-Atome als Methylgruppen abgespalten (Details s. Text). Die Reaktionen vom Farnesyldiphosphat bis zum Cholesterin finden im glatten endoplasmatischen Retikulum statt.

Squalen zyklisiert über das reaktive Zwischenprodukt Squalenepoxid zum **Lanosterin** (10). Die Reaktion zum Squalenepoxid benötigt molekularen Sauerstoff und NADPH. Eine Zyklase wandelt das Squalenepoxid in Lanosterin um.

Die Umwandlung von Lanosterin in **Cholesterin** erfolgt in 19 aufeinanderfolgenden Reaktionen. Dabei werden drei Methylgruppen abgespalten (→ C_{27}, [11]), eine Doppelbindung unter Verbrauch eines NADPH reduziert und eine weitere Doppelbindung verschoben.

Squalen wird unter Verbrauch von molekularem Sauerstoff zu **Lanosterin** zyklisiert.

Aus Lanosterin entsteht durch dreimaliges Abspalten einer Methylgruppe das **Cholesterin**.

▶ **Merke.** Biochemisch lässt sich die Biosynthese des Cholesterins somit in fünf Abschnitte einteilen:
- $3 \times C_2 \to C_6$: 3 Acetyl-CoA → HMG-CoA
- $C_6 - CO_2 \to C_5$: HMG-CoA → Isopentenyldiphosphat
- $6 \times C_5 \to C_{30}$: Isopentenyldiphosphat → Squalen
- $C_{30} \to C_{30}$: Squalen → Lanosterin
- $C_{30} - 3 \times C_1 \to C_{27}$: Lanosterin → Cholesterin

Betrachtet man die Lokalisation der Cholestrinbiosynthese innerhalb der Zelle, kann man drei Abschnitte ausmachen:
- **Zytosol:** AcetylCoA → Mevalonat
- **Peroxisomen** (und Zytosol): Mevalonat → Farnesyldiphosphat
- **glattes ER:** Farnesyldiphosphat → Cholesterin

▶ **Merke.**

Energiebilanz

Die Energiebilanz der Cholesterinbiosynthese zeigt, wie wichtig dieses Molekül für den Körper ist: Cholesterin wird aus sechs aktiven Isopreneinheiten aufgebaut, die wiederum aus je drei Molekülen Acetyl-CoA synthetisiert werden. Insgesamt werden also pro synthetisiertem Cholesterinmolekül 18 Moleküle Acetyl-CoA verbraucht. Diese 18 Moleküle Acetyl-CoA stehen dem Körper damit nicht mehr zur Energiegewinnung zur Verfügung: Über den Citratzyklus und die oxidative Phosphorylierung könnte er daraus bei vollständiger Verbrennung etwa 18×10 ATP = 180 ATP gewinnen.

Regulation

▶ **Merke.** Schlüsselenzym der Cholesterinbiosynthese ist die HMG-CoA-Reduktase.

Das Enzym wird durch Nahrungscholesterin und Gallensäuren über ein **negatives Feedback** gehemmt. Die Hemmung der HMG-CoA-Reduktase durch Cholesterin wird durch den Transkriptionsfaktor Sterol Response Element binding Protein (SREBP) vermittelt. SREBP (S. 240) ist bei hoher intrazellulärer Cholesterinkonzentration inaktiv (als Vorläufermolekül in die Membran des ER bzw. des Zellkerns eingelagert), sodass die Transkriptionsrate des HMG-CoA-Reduktase-Gens gering ist. Sinkt die Cholesterinkonzentration, wird das SREBP aus dem Vorläufer abgespalten. Es induziert dann innerhalb von 1–2 Stunden die Transkription der HMG-CoA-Reduktase.

Eine schnelle Anpassung an den momentanen Cholesterinbedarf ermöglicht die **Interkonvertierung** der HMG-CoA-Reduktase: Das Enzym wird durch Phosphorylierung inaktiviert, durch Dephosphorylierung aktiviert. Insulin und die Schilddrüsenhormone induzieren die Dephosphorylierung, d. h. Aktivierung der HMG-CoA-Reduktase, während Glukagon via cAMP die Phosphorylierung (Inaktivierung) induziert. Entsprechend nimmt die Aktivität der HMG-CoA-Reduktase im Hungerzustand und bei Diabetes mellitus ab. Der Cholesterinspiegel im Blut kann aber trotzdem ansteigen, da insgesamt der Umsatz an Cholesterin sinkt.

Außerdem wird die HMG-CoA-Reduktase bei hoher Cholesterinkonzentration über den Ubiquitin-abhängigen Abbauweg vom 26S-Proteasom (S. 391) abgebaut.

▶ **Merke.** Die HMG-CoA-Reduktase unterliegt einer Feedback-Hemmung durch Cholesterin und Gallensäuren. Ihre Aktivität wird aber auch durch Interkonvertierung beeinflusst: Phosphorylierung inaktiviert, Dephosphorylierung aktiviert das Enzym. Außerdem erfolgt ein Cholesterin-abhängiger Abbau der HMG-CoA-Reduktase im Proteasom.

3.2.4 Abbau

Glycerophospholipide

Der Abbau der Glycerophospholipide erfolgt über die **Phospholipasen A_1** und **A_2**, je nachdem, an welcher Position des Glycerins (C-Atom 1 oder 2) die Fettsäure abgespalten wird. Die dabei entstehenden **Lysophospholipide** werden weiter von **Lysophospholipasen** hydrolysiert.

▶ **Klinik.** Die Phospholipase A_2 spielt z. B. bei **Entzündungen** eine wichtige Rolle: Sie setzt **Arachidonsäure** aus Glycerophospholipiden frei, und Arachidonsäure wird zu **Prostaglandinen** (S. 651) und **Leukotrienen** metabolisiert.

Sphingolipide

Der Abbau des Sphingomyelins beginnt mit der Abspaltung der Kopfgruppe (als Cholin oder Phosphocholin) durch **Sphingomyelinasen**. Getriggert wird dieser Schritt z. B. durch TNF-R1 (Tumornekrosefaktor), Interferon-γ oder NGF, den sog. Nerven-Wachstumsfaktor (S. 667). Je nach Ort der Reaktion (im Lysosom oder an der Zellmembran) kann das entstehende Ceramid Signalkaskaden auslösen, die entweder zur **Apoptose** (im Lysosom) oder zu **Zellproliferation** bzw. **Entzündung** (an der Zellmembran) führen. Zum weiteren Abbau gehört auch die Deacylierung des Ceramids zum Sphingosin und dessen Aufspaltung. Viele Einzelheiten dazu sind bis heute noch nicht bekannt.

▶ **Klinik.** Bei **Morbus Niemann-Pick** Typ A und B ist das Gen für die saure Sphingomyelinase defekt. Es kommt zu Fehlfunktionen im Lipidstoffwechsel und zur Akkumulation von Fetten in verschiedensten Organen (Milz, Leber [Abb. **B-3.11**], Lunge, Knochenmark, Gehirn). Man zählt den Morbus Niemann-Pick daher auch zu den Fettspeicherkrankheiten (Lipidosen). Als Folge der exzessiven intrazellulären Lipidspeicherung wird die Zellfunktion so erheblich gestört, dass es zum Zelltod kommen kann. Je nach Auswirkungen auf die betroffenen Organe variieren Krankheitsbild und Krankheitsverlauf erheblich. Typ A manifestiert sich z. B. schon bald nach der Geburt. Die Kinder leiden unter einem raschen körperlichen und geistigen Verfall und sterben meistens innerhalb der ersten 2 Lebensjahre.

▶ **Klinik.**

⊙ **B-3.11** Morbus Niemann-Pick (Typ B)

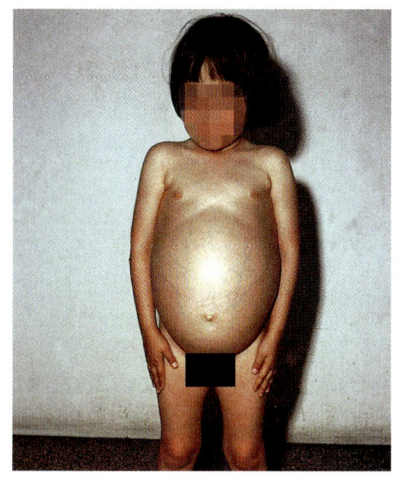

(aus Sitzmann, Duale Reihe Pädiatrie, Thieme, 2007)
4-jähriges Mädchen mit stark ausgeprägter Hepatosplenomegalie.

Cholesterin

Cholesterin kann im Körper nicht wieder in Acetyl-CoA abgebaut werden. Damit es dem Körper nicht verloren geht, wird es in der Leber in **Gallensäuren** umgewandelt und diese dann mit Aminosäuren konjugiert, damit sie wasserlöslich werden. Die konjugierten Gallensäuren werden mit geringen Mengen freien Cholesterins mit der Gallenflüssigkeit in den Darm ausgeschieden und im **enterohepatischen Kreislauf** (S. 207) wieder rückresorbiert. Freies Cholesterin, das nicht resorbiert werden kann, wird von der Darmflora zu **Koprosterin** reduziert und dann ausgeschieden.

Cholesterin

Cholesterin wird in der Leber in **Gallensäuren** umgewandelt. Diese werden durch die Konjugation mit Aminosäuren wasserlöslich gemacht und im **enterohepatischen Kreislauf** rückresorbiert. So bleibt Cholesterin dem Körper erhalten.

3.2.5 Biosynthese von Membranen

Alle Enzyme für die Phospholipidbiosynthese sind am **ER** lokalisiert. Da die aktiven Zentren dieser Enzyme auf der zytosolischen Seite liegen, werden alle neu synthetisierten Phospholipide nur in den zytosolischen Monolayer der Lipiddoppelschicht eingebaut. Damit keine Membranasymmetrie entsteht, katalysieren sog. **Flippasen** den Transport der Phospholipide durch die Membran hindurch auf die andere Seite der Lipiddoppelschicht.

Da die Phospholipide nur am ER synthetisiert werden, muss es Mechanismen geben, die die anderen Membranen innerhalb der Zelle mit Phospholipiden versorgen. Zwischen ER und mitochondrialen Membranen wird der Lipidtransport durch **Lipidtransferproteine** vermittelt. Der Austausch von Lipiden und Membranen zwischen ER, Golgi-Apparat und Zytoplasmamembran erfolgt über **Membranvesikel** (S. 370). Der Lipidaustausch zwischen Membranen erfolgt auch mittels Diffusion, allerdings kommt dies aufgrund der schlechten Lipidlöslichkeit im wässrigen Milieu eher selten vor.

3.2.5 Biosynthese von Membranen

Membranlipide werden auf der zytosolischen Seite des **ER** synthetisiert, in den zytosolischen Monolayer eingebaut und durch **Flippasen** in den anderen Monolayer transportiert.

Zwischen den einzelnen Membranen innerhalb der Zelle werden die Lipide über **Lipidtransferproteine** und **Membranvesikel** ausgetauscht.

3.2.6 Membranfluidität

Einzelne Lipidmoleküle sind innerhalb der Lipidschicht beweglich. Sie können frei in **lateraler Richtung**, d. h. innerhalb eines Monolayers, **diffundieren**. Ein Lipidmolekül legt dabei bis zu 2 µm/s zurück. Das entspricht etwa der Länge eines großen Bakteriums.

3.2.6 Membranfluidität

Lipide können sich innerhalb eines Monolayers **lateral bewegen**.

Der Wechsel eines Lipidmoleküls von einem Monolayer in den anderen innerhalb der Doppelschicht (der sog. **Flip-Flop**) kommt sehr selten vor. Seine Häufigkeit ist abhängig von der Art des Phospholipids.
Außerdem drehen sich die einzelnen Lipidmoleküle sehr schnell um ihre eigene Achse.

▶ **Definition.** Die Beweglichkeit der einzelnen Lipidmoleküle innerhalb der Membran macht die Membran zu einer zweidimensionalen Flüssigkeit. Diese Eigenschaft der Lipidmembran nennt man ihre **Fluidität**.

Die Fluidität der Membran hängt von ihrer **Zusammensetzung** ab. Je mehr **gesättigte Alkylreste** die Lipide einer Membran enthalten, desto „fester" ist die Membran, da die lang gestreckten gesättigten Alkylreste geordnet **(semikristallin)** gepackt werden können. Die Doppelbindungen der **ungesättigten Alkylreste** führen zu einem Knick in der langen Kohlenwasserstoffkette und stören so den semikristallinen Zustand. Die Membran „verflüssigt" sich.
Cholesterin hat eine starre Ringstruktur, die es relativ unbeweglich macht. Dadurch beeinflusst es die Fluidität einer Membran **je nach Zusammensetzung der Membran:** Es erhöht die Fluidität fest gepackter Membranen, indem es den semikristallinen Zustand stört. Membranen mit einem hohen Gehalt an ungesättigten Lipiden werden durch Cholesterin verfestigt, da Cholesterin mit seinem starren Ring den flexiblen ungesättigten Alkylresten eine geordnetere Struktur aufzwingt.
Einzeller, deren Temperatur von der Umgebung abhängt, reagieren auf Temperaturschwankungen, indem sie die Lipidzusammensetzung ihrer Membran ändern. Dadurch halten sie die Fluidität möglichst konstant. Sinkt z. B. die Temperatur, synthetisieren sie vermehrt ungesättigte Lipide, um eine Verminderung der Membranfluidität zu verhindern.

3.3 Membranproteine

Jede biologische Membran enthält ein bestimmtes Sortiment von Proteinen, das charakteristisch für ihre Struktur und ihre Funktion ist. Man unterscheidet dabei zwei Arten von Membranproteinen: **integrale** und **periphere Membranproteine**. Die peripheren Membranproteine werden auch membranassoziierte Proteine genannt.

3.3.1 Aufbau

Integrale Membranproteine

Integrale Membranproteine reichen durch die gesamte Lipiddoppelschicht hindurch und verbinden zwei zelluläre Kompartimente miteinander. Sie enthalten typischerweise eine oder mehrere membrandurchspannende α-Helices (sog. **Transmembranhelices**), deren ca. 20 hydrophobe Aminosäurereste mit den Lipiden der Membran in Wechselwirkung treten können. Sie können nur aus der Membran herausgelöst werden, indem man die Membran zerstört (z. B. durch Detergenzien).
Die integralen Membranproteine werden in verschiedene Gruppen eingeteilt (Abb. **B-3.12**):

- **Membranproteine vom Typ I und Typ II** enthalten eine einzelne Transmembranhelix (sog. Single-pass-Proteine). Der Unterschied zwischen ihnen besteht in der Orientierung: Typ I hat seinen N-Terminus auf der luminalen oder äußeren Seite der Membran, Typ II auf der zytosolischen Seite.
- **Typ-III-Membranproteine** enthalten mehrere Transmembranhelices (sog. Multipass-Proteine).
- **Typ-IV-Membranproteine** bestehen aus mehreren Proteinen vom Typ I und II.
- **Typ-V- und Typ-VI-Membranproteine** enthalten einen **Lipidanker**, der kovalent mit der Aminosäurekette verbunden ist und das Protein in der Membran verankert. Solche Lipidanker sind langkettige Fettsäuren (z. B. Palmitinsäure), Isoprenoide (z. B. Farnesylreste) oder Glykosyl-Phosphatidylinositol (GPI). Typ-VI-Proteine enthalten keine Transmembranhelix.
- **Typ-VI-Membranproteine** sind eigentlich keine „echten" integralen Membranproteine, da sie nicht ganz durch die Membran hindurchreichen. Sie können aber auch nur mit Detergenzien aus der Membran herausgelöst werden. Deshalb werden sie von manchen Autoren auch zu den peripheren Membranproteinen gerechnet (vgl. Abb. **B-3.1**).

B-3.12 Membranproteine

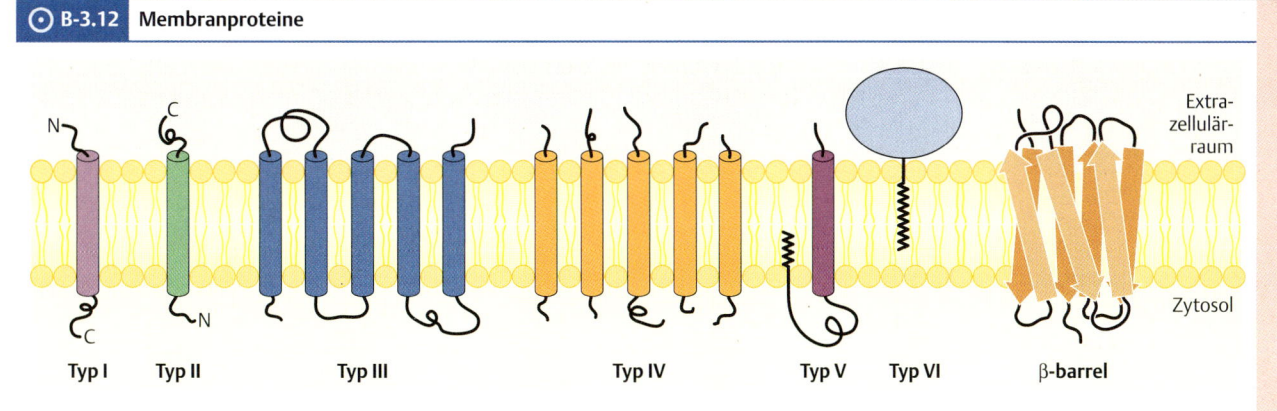

Typ I Typ II Typ III Typ IV Typ V Typ VI β-barrel

Membranproteine werden in verschiedene Klassen eingeteilt. Sie unterscheiden sich in ihrer Orientierung in der Membran, in ihrer Anzahl von α-helikalen Membrandurchgängen und in ihrer Art der Verankerung in der Membran.

Neben den Proteinen mit Transmembranhelices gibt es auch die sog. **β-barrel-Membranproteine** (barrel, engl. = Fass), die die Membran mit antiparallelen Faltblattstrukturen (S. 77) durchspannen. Sie kommen bei Eukaryonten nur in der äußeren Mitochondrienmembran (und der äußeren Chloroplastenmembran) vor. Sie haben dort die Funktion eines unspezifischen Transporters (S. 365).

Periphere Membranproteine

Periphere Membranproteine sind **membranassoziierte Proteine**, die mit der Membran keine hydrophoben Wechselwirkungen eingehen. Sie sind entweder über die polaren Kopfgruppen der Lipide oder über ein integrales Membranprotein an die Membran gebunden. Ein Beispiel für ein solches Protein ist das Cytochrom c (S. 184), das an der inneren Mitochondrienmembran lokalisiert ist.

3.3.2 Funktion

Membranproteine haben viele unterschiedliche Funktionen. Sie dienen u. a. als Transporter (S. 365), Rezeptoren (S. 561), zur Kommunikation zwischen den Zellen (S. 371) und zur Verankerung der Zellen und des Zytoskeletts (S. 393).

3.4 Kohlenhydrate

Als Bausteine von Membranen sind Kohlenhydrate immer kovalent an Lipide oder Proteine gebunden. Die Kohlenhydratreste werden im Lumen des ER und des Golgi-Apparats auf die Proteine bzw. Lipide (S. 353) übertragen. Diese werden dann in Vesikeln zu ihrem Bestimmungsort innerhalb der Zelle oder zur Zellmembran transportiert. Kohlenhydrate kommen deshalb nur auf der nichtzytosolischen Seite von Membranen vor. Auf der äußeren Seite der Zellmembran bilden sie die sog. **Glykokalix**.
Die Glykosylierung von Proteinen erfolgt cotranslational (S. 488). Die Zuckerreste werden entweder an einen Asparaginrest **(N-glykosidisch)** oder an einen Serin- oder Threoninrest **(O-glykosidisch)** gebunden.

3.4.1 Struktur

N-Glykosylierung

Die meisten Zuckerketten, die N-glykosidisch über Asparagin an ein Protein gebunden werden, sind vom **komplexen Typ** (Abb. **B-3.13 a**). Darin vorkommende Zuckerreste sind Mannose, Glucose, Galaktose, Fucose, N-Acetylglucosamin und N-Acetylneuraminsäure (Sialinsäure, NeuNAc oder NANA). Die N-Glykosylierung der Proteine erfolgt **cotranslational** im ER bzw. im Golgi-Apparat.

▶ **Merke.** Zunächst wird das Grundgerüst des Oligosaccharids, die Kernregion = Core Glycosid, synthetisiert. Dieses wird anschließend modifiziert und in einem Schritt auf das Protein übertragen. Diese Reaktionen finden im **ER** statt. Am Protein wird die Oligosaccharidseitenkette nochmals modifiziert (sog. **Trimmen**), und zwar sowohl im **ER** als auch im **Golgi-Apparat**.

Neben Proteinen mit Transmembranhelices gibt es sog. **β-barrel-Membranproteine**. Sie durchspannen die Membran mit antiparallelen Faltblattstrukturen.

Periphere Membranproteine

Diese gehen keine hydrophoben Wechselwirkungen mit der Lipddoppelschicht ein. Sie sind über den Kopf der Lipide oder über integrale Proteine **mit der Membran assoziiert**.

3.3.2 Funktion

Membranproteine haben u. a. Funktionen als Transporter, Rezeptoren und in der Kommunikation.

3.4 Kohlenhydrate

Kohlenhydrate sind immer kovalent an Membranproteine oder -lipide gebunden. Sie kommen nur auf der nichtzytoplasmatischen Seite von Membranen vor. Auf der Zellmembran bilden sie die **Glykokalix**.

Kohlenhydrate sind **O-** oder **N-glykosidisch** an Proteine gebunden.

3.4.1 Struktur

N-Glykosylierung

N-glykosidisch gebundene Kohlenhydrate sind vom **komplexen Typ** (Abb. **B-3.13 a**). Die N-Glykosylierung der Proteine erfolgt **cotranslational** in ER und Golgi-Apparat.

▶ **Merke.**

B-3.13 Strukturen N- und O-glykosidisch gebundener Kohlenhydratketten

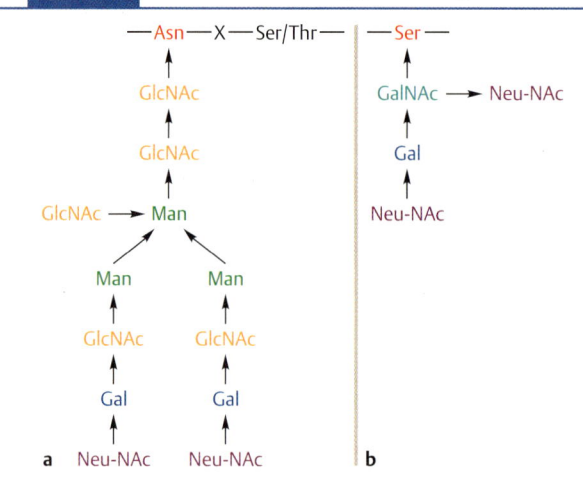

a N-gebundene Oligosaccharidkette vom Komplextyp, wie sie in vielen Glykoproteinen zu finden ist.
b O-glykosidisch gebundenes Oligosaccharid aus einem Sialoglykoprotein der Erythrozytenmembran.

Biosynthese des Core Glycosids

Das Core Glycosid wird auf der zytosolischen Seite der ER-Membran zusammengebaut (Abb. **B-3.14**). Als Träger dient **Dolicholphosphat**. Hat die Kette eine Länge von 7 Einheiten (2 GlcNAc und 5 Man) erreicht, orientiert sich das Dol-PP mit dem Oligosaccharid um, sodass die Zuckerreste ins ER-Lumen ragen. Dort werden sie verlängert bis zur Struktur (GlcNAc)$_2$-(Man)$_9$-(Glc)$_3$. Dieses Oligosaccharid wird als Ganzes vom Dol-PP auf eine bestimmte **Asn**-Seitenkette im wachsenden Polypeptid übertragen. Als Erkennung für dieses Asn dient die Aminosäuresequenz **Asn-X-Ser/Thr**.

Das Core Glycosid wird an der Membran des ER zusammengebaut (Abb. **B-3.14**). Als Träger für das entstehende Oligosaccharid dient **Dolicholphosphat** (Dol-P), ein Isoprenderivat, das in der ER-Membran verankert ist. Der Phosphatrest des Dol-P ragt dabei ins Zytosol. Auf ihn übertragen spezifische **Glykosyltransferasen** zuerst zwei aktivierte Moleküle N-Acetylglucosamin (2 UDP-GlcNAc) und dann fünf aktivierte Mannosylreste (5 GDP-Man). Das so entstandene Oligosaccharid durchläuft zusammen mit dem Dol-PP eine **Translokation**, bei der es innerhalb der ER-Membran seine Orientierung wechselt, sodass jetzt der Oligosaccharylrest in das Lumen des ER ragt. Dort werden dann weitere vier Mannosylreste und drei Glucosylreste auf das Oligosaccharid übertragen. Diese Monosaccharide werden zuerst auf der zytosolischen Seite des ER als aktivierte Zuckerreste (GDP-Man, UDP-Glc) an Dol-P gebunden (dabei wird GDP bzw. UDP frei, nicht gezeigt in Abb. **B-3.14**). Dann werden sie zusammen mit dem Dol-P ebenfalls durch einen (bisher noch unbekannten) Translokationsmechanismus auf die Innenseite der ER-Membran gebracht und von dort weiter auf das Core Glycosid übertragen. Die fertige Oligosaccharidkette wird dann in einem Schritt auf eine **Asparaginseitenkette** eines wachsenden Polypeptids übertragen. Diese Asparaginseitenkette ist **Teil des Aminosäuresequenzmotivs Asn-X-Ser/Thr**, das von dem Enzym, das den Transfer bewerkstelligt, erkannt wird. X steht dabei für jede beliebige Aminosäure außer Prolin.

Trimmen des Glykoproteins

Im ER und **Golgi-Apparat** werden einige Zuckerreste abgespalten und andere angehängt – v. a. **Galaktosyl-**, **N-Acetylglucosamin-** oder **Mannosylreste**, bis das Oligosaccharid die für das jeweilige Protein charakteristische Struktur erreicht hat.

Beim sog. Trimmen (Trimming) werden **noch im ER** von der Oligosaccharidseitenkette des noch unfertigen Glykoproteins wieder schrittweise Glucosyl- und Mannosylreste entfernt, bis nur noch ein (GlcNAc)$_2$-(Man)$_3$-Rest übrig ist. Dann wandert das Glykoprotein weiter in den **Golgi-Apparat**. In den medialen und trans-Golgi-Zisternen (S. 384) wird die (GlcNAc)$_2$-(Man)$_3$-Seitenkette durch spezifische Glykosyltransferasen wieder verlängert. Dabei werden vor allem **Galaktosyl-**, **N-Acetylglucosamin-** oder **Mannosylreste** angehängt (Abb. **B-3.14**). Die verschiedenen Glykoproteine erhalten so im Golgi-Apparat ihre charakteristischen Kohlenhydratseitenketten.

O-Glykosylierung

Die Struktur der O-gebundenen Oligosaccharide ist weniger komplex als die der N-gebundenen (Abb. **B-3.13 b**).

Die Struktur der O-gebundenen Kohlenhydratseitenketten ist weniger komplex als die der N-gebundenen (Abb. **B-3.13 b**). Ihre Bausteine sind hauptsächlich N-Acetylgalaktosamin, Galaktose, N-Acetylglucosamin und N-Acetylneuraminsäure (Sialinsäure, NeuNAc oder NANA).

B-3.14 Biosynthese der N-glykosidisch gebundenen Kohlenhydrate

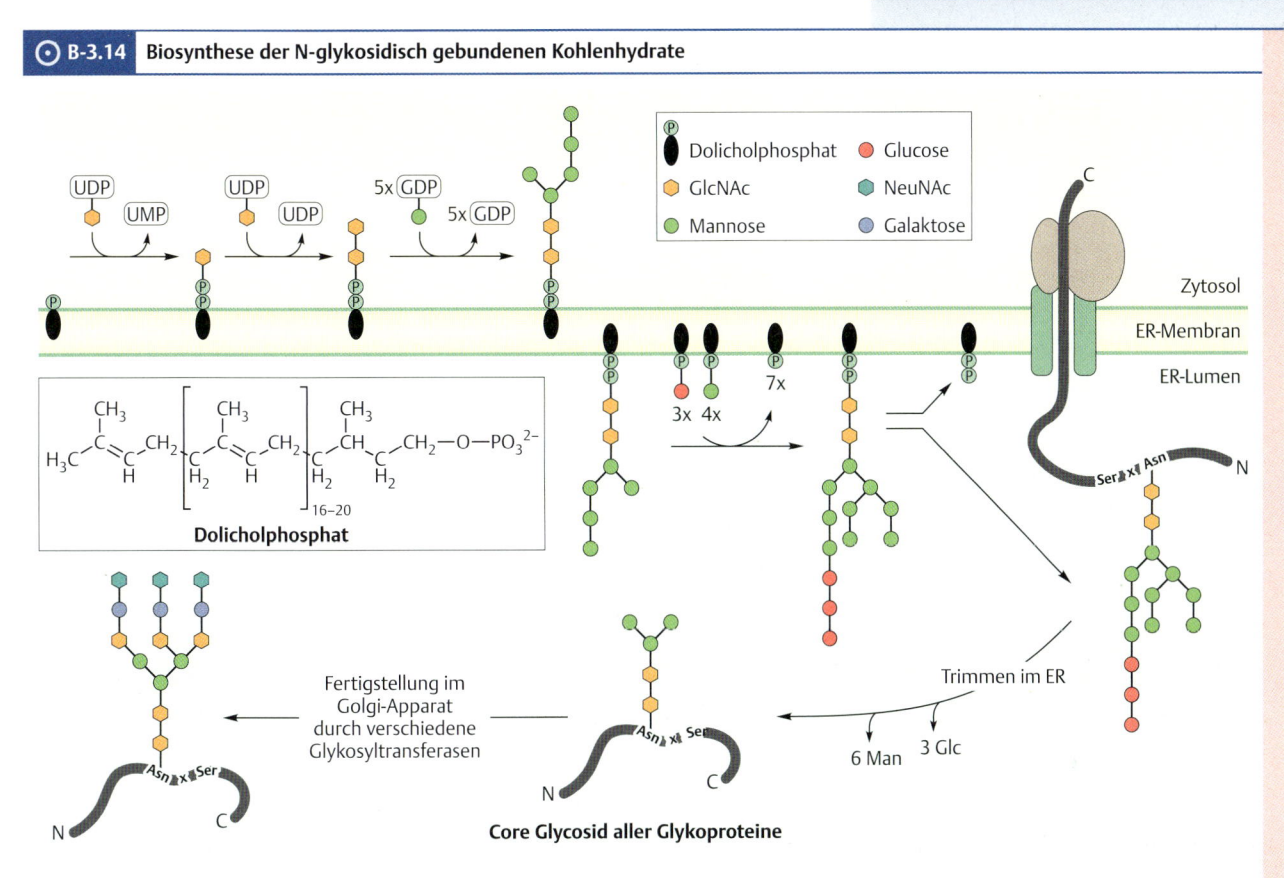

Die Biosynthese der N-glykosidisch gebundenen Kohlenhydrate beginnt auf der zytosolischen Seite der ER-Membran. Nachdem sich die wachsende Kohlenhydratkette nach innen umorientiert hat und im ER-Lumen vervollständigt wurde, wird sie in einem Schritt auf einen Asparaginrest der wachsenden Proteinkette übertragen. Im Anschluss daran werden die Kohlenhydratseitenketten im ER und im Golgi-Apparat getrimmt. Zu Details s. Text.

▶ **Merke.** Die O-Glykosylierung findet **posttranslational im Golgi-Apparat an Serin-** und **Threoninresten** des Proteins statt: Spezifische Glykosyltransferasen übertragen aktivierte Zuckerreste direkt auf das Protein. Ein Lipidcarrier wie das Dolicholphosphat bei der N-Glykosylierung wird hier nicht benötigt. Es findet auch kein nachträgliches Trimmen der Seitenkette statt.

3.4.2 Funktion

Über die Funktion der Kohlenhydrate auf Zellmembranen ist wenig bekannt. Unter anderem dienen sie zur **Zellerkennung**. So trägt jedes Blutgruppenantigen auf den Erythrozyten ein kurzes O-glykosidisch gebundenes Polysaccharid, das für die jeweilige Blutgruppe charakteristisch ist (S. 717).

Einige **Transportproteine** in der **Lysosomenmembran** sind auf der luminalen Seite (also im Inneren des Lysosoms) hoch glykosyliert. Diese **Glykosylierung** dient als **Schutz vor** den **Proteasen** im Lumen des Lysosoms (S. 387).

Bei vielen Plasmaproteinen ist die endständige Monosaccharid-Einheit eine **N-Acetylneuraminsäure** (Sialinsäure). Auf den Endothelzellen der Blutgefäße sitzen Neuraminidasen, die diese endständige Sialinsäure abspalten. Je länger ein Plasmaprotein im Blut zirkuliert, desto weniger endständige Sialinsäuren besitzt es. In der Leber werden diese Plasmaproteine vom sog. **Asialoglykoproteinrezeptor** erkannt und gebunden. Sie werden über rezeptorvermittelte Endozytose (S. 368) internalisiert und in der Zelle abgebaut. So wird erreicht, dass „alte" Proteine aus dem Blut entfernt werden.

Auch bei der **Zelladhäsion** spielen Kohlenhydrate eine wichtige Rolle. Ein gut untersuchtes Beispiel hierfür ist **N-CAM** (neurales Zelladhäsionsmolekül), das von den meisten Nervenzellen und vielen anderen Zellen auf der Zelloberfläche exprimiert wird. Es ist hoch glykosyliert und kann bis zu 30 % **N-Acetylneuraminsäure** enthal-

3.4.2 Funktion

Kohlenhydrate auf der Zellmembran dienen u. a. der **Zellerkennung**.

Einige **Transportproteine** der **Lysosomenmembran** sind zum **Schutz vor** lysosmalen **Proteasen** glykosyliert.

Alte Plasmaproteine, die keine **endständige N-Acetylneuraminsäure (Sialinsäure)** mehr besitzen, werden in der Leber von **Asialoglykoproteinrezeptoren** erkannt, gebunden, internalisiert und in der Zelle abgebaut.

N-Acetylneuraminsäure (NeuNAc, NANA) spielt eine Rolle bei der **Zelladhäsion: Je nach Länge der NeuNAc-Ketten auf Zelladhäsionsmolekülen wie N-CAM** wird die Zelladhäsion erhöht oder vermindert.

Selektine vemitteln über die Erkennung von lipid- oder proteingebundenen Zuckerstrukturen auf Leukozyten deren Bindung an Endothelien.

ten, die Ketten mit mehreren hundert Einheiten bildet. Diese langen Ketten sind negativ geladen und stoßen sich gegenseitig ab, was wiederum die Adhäsion von Zellen untereinander vermindert. Die hoch glykosylierten N-CAMs werden vor allem während der Embryonalzeit gebildet. Wenn der Embryo älter wird, werden die N-CAMs nicht mehr so stark glykosyliert und die Adhäsion der Zellen untereinander nimmt zu.

Ein anderes Beispiel sind die **Selektine**, die auf Endothelzellen exprimiert werden. Sie erkennen und binden charakteristische lipid- oder proteingebundene Zuckerstrukturen auf Lymphozyten und Leukozyten. Dadurch werden diese Zellen an die Endothelien gebunden, was z. B. eine wichtige Rolle bei Entzündungsreaktionen (S. 708) spielt.

4 Funktion biologischer Membranen

4.1	Vielfalt der Membranfunktion	363
4.2	Transport	363
4.3	Signalvermittlung	371
4.4	Vermittlung von Zell-Zell-Kontakten	371

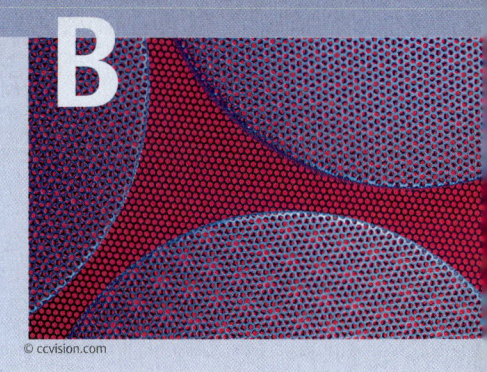

K. Hauser

4.1 Vielfalt der Membranfunktion

Die Funktion von Membranen ist sehr vielfältig. Membranen dienen der Zelle zur mechanischen Abgrenzung nach außen und zur Einteilung der Zelle in Kompartimente. Sie vermitteln alle Arten von Transport und Kommunikation innerhalb der Zelle, zwischen innen und außen und zwischen den Zellen. Sie erlauben die Weiterleitung von Signalen und beherbergen Enzyme, die zum Aufbau von Membranpotenzialen und chemischen Gradienten benötigt werden. Sie verankern das Zytoskelett innerhalb der Zelle und interagieren mit der extrazellulären Matrix.

4.2 Transport

Einer Zelle stehen verschiedene Möglichkeiten des Molekültransports zur Verfügung. Innerhalb eines Kompartiments im wässrigen Milieu findet der Transport durch Diffusion statt. Sobald aber eine Membran überwunden werden muss, sind **spezielle Transportmechanismen** notwendig, denn Membranen sind hydrophob und deshalb ein unüberwindliches Hindernis für die meisten Moleküle. Nur sehr wenige Moleküle können durch Membranen diffundieren, z. B. Wasser, manche Ionen und fettlösliche Vitamine oder Hormone.

4.2.1 Passiver und aktiver Transport

▶ **Definition.**
- Von **passivem Transport** spricht man, wenn Moleküle entlang ihres Konzentrations- oder elektrochemischen Gradienten, d. h. **ohne Energieverbrauch** durch eine Membran gelangen. Passiver Transport findet demnach nur so lange statt bis der Gradient ausgeglichen ist und ist deshalb gleichbedeutend mit **Diffusion**. Diffundieren die Moleküle unmittelbar durch die Membran, spricht man von **einfacher, freier oder passiver Diffusion**. Beschleunigt ein Transportprotein (engl. Carrier) den Diffusionsvorgang, spricht man von **erleichterter Diffusion** (Abb. B-4.1).
- **Aktiver Transport** liegt vor, wenn Moleküle gegen ihren Konzentrations- oder elektrochemischen Gradienten, d. h. **unter Energieverbrauch** (Hydrolyse von ATP) durch eine Membran gelangen. Wird direkt beim Transportvorgang ATP hydrolysiert, bezeichnet man dies als **primär-aktiven Transport**. Ist der Transportvorgang mit einem Prozess gekoppelt, bei dem ATP hydrolysiert wird, spricht man von **sekundär-aktivem Transport**. Aktiver Transport erfolgt immer über Transportproteine (Abb. B-4.1).

Passiver Transport

Der passive Transport verbraucht keine Energie und entspricht einer **Diffusion**. Entweder erfolgt die Diffusion als freie Diffusion direkt durch die Membran (z. B. kleine ungeladene Moleküle wie Wasser oder lipophile Substanzen wie Steroide) oder als sog. **erleichterte Diffusion** über ein Protein, welches die Diffusion beschleunigt (z. B. Ionen oder Monosaccharide). Dabei gibt es verschiedene Mechanismen für diesen Transport. Kanäle funktionieren z. B. über eine zentrale **Pore**, andere Proteine arbeiten nach dem Flip-Flop-Modell (Abb. B-4.2).

4.1 Vielfalt der Membranfunktion

Zu den Funktionen biologischer Membranen zählen Abgrenzung, Transport, Signaltransduktion, Zellkommunikation, Aufbau von Gradienten und Verankerung von Zytoskelett und Zelle.

4.2 Transport

Die meisten Moleküle können die hydrophoben Membranen nur mithilfe **spezieller Transportmechanismen** überwinden.

4.2.1 Passiver und aktiver Transport

▶ **Definition.**

Passiver Transport

Passiver Transport verbraucht keine Energie und erfolgt über Kanäle mit **Poren** oder über Transporter nach dem **Flip-Flop-Modell** (Abb. B-4.2).

B-4.1 Passiver und aktiver Transport

Molekül		Transporttyp	
O_2, CO_2, NO, H_2O, Steroide ↔ O_2, CO_2, NO, H_2O, Steroide	Lipiddoppelschicht	Diffusion	
Ionen ↔ Ionen	Kanal	erleichterte Diffusion	passiver Transport
Glucose, Aminosäuren ↔ Glucose, Aminosäuren	Carrier		
Ca^{2+}, H^+ ← (ATP → ADP + P_i)	Ca^{2+}-ATPase, H^+-ATPase	primär-aktiver Transport	aktiver Transport
Na^+ ← (ATP → ADP + P_i) → K^+	Na^+-K^+-ATPase		
Glucose, Na^+ → Glucose, Na^+	Carrier	sekundär-aktiver Transport	
Na^+, K^+ ← (ATP → ADP + P_i) → Na^+, K^+			

extrazellulärer Raum oder Lumen eines Organells — Membran — Zytosol

B-4.2 Passiver Transport

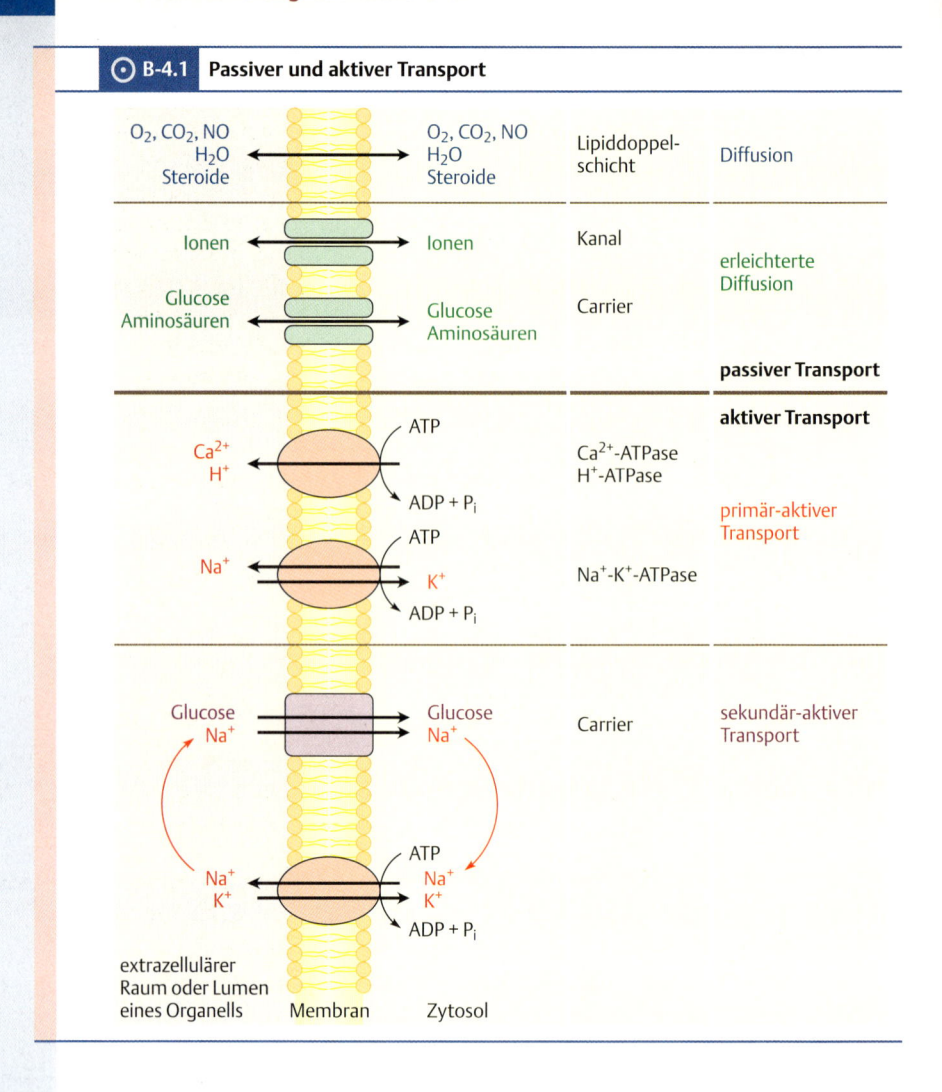

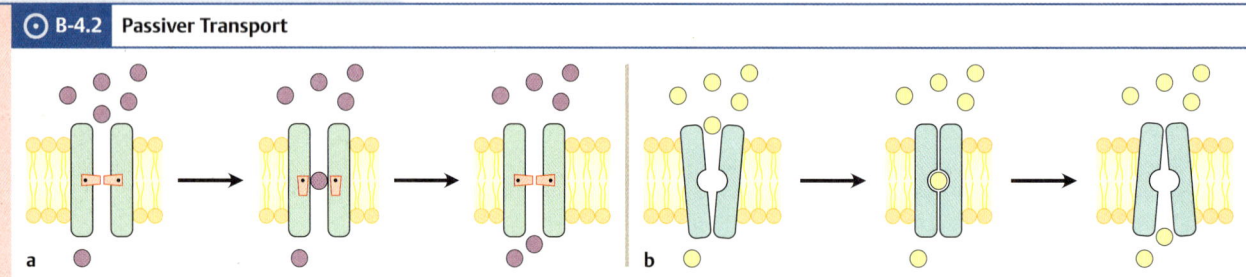

a Kanalproteine erkennen selektiv „ihr" Ion und lassen es in Richtung des Konzentrationsgradienten durch die zentrale Pore passieren. **b** Permeasen sind Transporter, die ihr Substrat binden und es über eine Konformationsänderung (Flip-Flop) ebenfalls in Richtung des Konzentrationsgradienten transportieren.

▶ **Merke.** Passiver Transport kann nur in die Richtung eines Gradienten erfolgen. Ist der Gradient ausgeglichen, kommt der Transport zum Stillstand.

Aktiver Transport

Es gibt primär-aktiven und sekundär-aktiven Transport.

Aktiver Transport

Der aktive Transport lässt sich in primär-aktiven und sekundär-aktiven Transport unterteilen.

Primär-aktiver Transport

Beim primär-aktiven Transport wird direkt ATP verbraucht. Die Transporter sind **ATPasen**. Diese pumpen Ionen unter ATP-Spaltung gegen einen Konzentrationsgradienten über eine Membran. Beispiele sind die Ca^{2+}-ATPase und die Na^+-K^+-ATPase. Die Ca^{2+}-ATPase pumpt nach einer Muskelkontraktion (S. 791) das ausgeschüttete Ca^{2+} wieder in das sarkoplasmatische Retikulum zurück. Hierbei handelt es sich um einen **Uniport**, denn es wird pro Transportvorgang nur ein Substrat in eine Richtung transportiert. Die Na^+-K^+-ATPase kommt in den Zytoplasmamembranen aller Zellen vor. In Nervenzellen z. B. stellt sie nach einem Aktionspotenzial die Ionenverteilung des Ruhepotenzials wieder her (S. 804). Sie transportiert gleichzeitig zwei verschiedene Ionen in entgegengesetzter Richtung. Dies bezeichnet man als **Antiport**.

Sekundär-aktiver Transport

Wird der beim primär-aktiven Transport aufgebaute Ionengradient genutzt, um daran einen zweiten Transport zu koppeln, spricht man vom sekundär-aktiven Transport. Ein Beispiel dafür ist die Aufnahme von Glucose in die Dünndarmepithelzellen. Hier wird durch die Na^+-K^+-ATPase die Na^+-Konzentration in der Zelle niedrig gehalten (s. u.), sodass über die Zellmembran ein Na^+-Gradient entsteht. Die Glucose wird in einem **Symport** zusammen mit einem Na^+-Ion unter Ausnutzung des Na^+-Gradienten in die Epithelzelle hineintransportiert (Abb. **B-4.1** unten).

▶ **Merke.** Aktiver Transport erfolgt immer gegen einen Gradienten und benötigt deshalb Energie.

4.2.2 Transportproteine in Membranen

Zentraler Bestandteil der erleichterten Diffusion und jeglichen aktiven Transports ist ein Membranprotein, welches die Transportfunktion übernimmt. Solche Proteine sind z. B. **Ionenkanäle**, **Porine** oder **Transporter**.

Ionenkanäle

Ionenkanäle erlauben den Durchtritt von Ionen durch eine biologische Membran entlang eines Konzentrationsgradienten. Sie haben eine **zentrale Pore**, die **selektiv** ein bestimmtes Ion passieren lässt. Der Transport erfolgt immer in Richtung des elektrochemischen Gradienten des transportierten Ions. Dieser Gradient setzt sich aus dem Membranpotenzial und dem Konzentrationsgradienten zusammen.
Die meisten Ionenkanäle sind streng kontrolliert. Ihr Öffnungszustand wird reguliert durch

- das Membranpotenzial (**spannungsgesteuerte Kanäle**): Beispiele sind die spannungsgesteuerten Na^+- bzw. K^+-Kanäle des Nervensystems (S. 809), oder
- einen spezifischen Liganden (**ligandengesteuerte Kanäle**), wie beim nicotinischen Acetylcholinrezeptor (S. 816).

Porine

Porine sind Kanäle in biologischen Membranen, die in der Regel **unspezifisch** Moleküle bis zu einer bestimmten Größe passieren lassen. Ein Beispiel sind die **Porine** in der **äußeren Mitochondrienmembran**, durch die z. B. Monosaccharide und Aminosäuren die Membran passieren. Ein weiteres Beispiel sind die – nur für H_2O spezifischen – **Aquaporine** in der Niere, die dort die Rückresorption von Wasser erleichtern. Das Aquaporin-1 des proximalen Tubulus der Henle-Schleife enthält acht membranspannende α-Helices, von denen zwei nur halb durch die Membran reichen. Diese beiden Helices sind kürzer als die anderen, da ein Prolin einen Helixbruch verursacht. Sie bilden eine enge hydrophile Pore (Abb. **B-4.3**), durch die nur kleine H_2O-Moleküle, aber keine hydratisierten Ionen gelangen können.

B-4.3 Struktur von Aquaporin-1

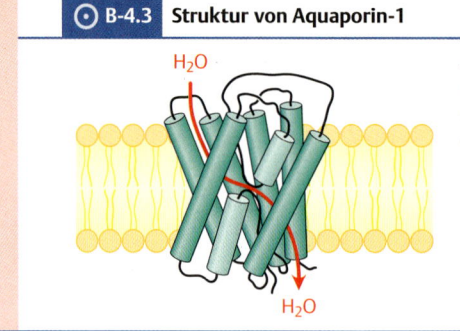

Zwei der acht Transmembranhelices des Aquaporin-1 sind verkürzt. Sie bilden eine enge hydrophile Pore, die nur Wassermoleküle hindurchlässt.

Transporter

Transporter sind Membranproteine, die **spezifisch** ihr Substrat erkennen, binden und durch die Membran schleusen.

Glucosetransporter

Die wichtigsten Glucosetransporter sind GLUT 1 bis GLUT 4 (Tab. **B-4.1**). GLUT 5 ist trotz seiner Bezeichnung ein spezifischer Fructosetransporter. Die Struktur der GLUT zeigt Abb. **B-4.4**.

Transporter

Transporter sind Proteine in biologischen Membranen, die **spezifisch** ihr Substrat erkennen, binden und durch die Membran schleusen. Zu den Transportern zählen z. B. die Glucosetransporter GLUT 1 bis GLUT 5 sowie Transport-ATPasen („Ionenpumpen") wie die Ca^{2+}-ATPase des sarkoplasmatischen Retikulums.

Glucosetransporter

Man kennt bis jetzt 13 Glucosetransporter. Die wichtigsten sind GLUT 1 bis GLUT 4 (Tab. **B-4.1**). GLUT 5 ist trotz seiner Bezeichnung kein Glucose-, sondern ein spezifischer Fructosetransporter. Alle GLUT bestehen aus einer langen Peptidkette mit 12 membranspannenden α-Helices. Auf beiden Seiten der Membran liegen Peptidschleifen, die das Substrat binden und den Transport durch die Membran unterstützen (Abb. **B-4.4**).

B-4.1 Vorkommen und Funktion der wichtigsten Glucosetransporter

Transporter	Vorkommen	Eigenschaften	Funktion
GLUT 1	fast alle Zellen, β-Zellen des Pankreas	• besonders niedriger K_m: ca. 1,5 mM → hohe Affinität → bei physiologischen Blutglucosekonzentrationen (>3,5 mM) nahezu gesättigt • insulinunabhängig	kontinuierliche Glucoseaufnahme in die Zelle → Sicherstellung der Energieversorgung (insbesondere der glucoseabhängigen Zellen = Erythrozyten und Nervenzellen des ZNS)
GLUT 2	Leber	• besonders hoher K_m: Messwerte zwischen 17 und 66 mM → niedrige Affinität • insulinunabhängig	Regulation der Blutglucosekonzentration, denn aufgrund seiner geringen Affinität nimmt dieser Transporter Glucose aus dem Blut in Abhängigkeit von der Blutglucosekonzentration auf
GLUT 3	ZNS, β-Zellen des Pankreas	• niedriger K_m: ca. 1,7 mM → hohe Affinität • insulinunabhängig	basale Glucoseversorgung des ZNS
GLUT 4	Skelettmuskulatur, Fettzellen	insulinabhängig: Insulin induziert den vermehrten Einbau von GLUT 4 in die Zellmembran. In arbeitenden Muskelzellen kann GLUT 4 insulinunabhängig eingebaut werden.	bedarfsorientierte Glucoseversorgung der Skelettmuskel- und Fettzellen
GLUT 5	Dünndarm, Niere, Spermatozoen	spezifisch für Fructose	Fructosetransport

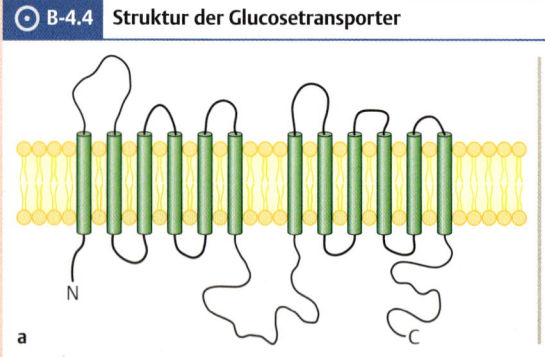

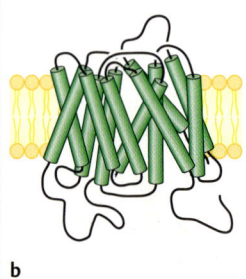

B-4.4 Struktur der Glucosetransporter

a Sekundärstruktur der Glucosetransporter: 12 membranspannende α-Helices sind über unterschiedlich lange Schleifen miteinander verbunden. **b** Schematische Darstellung der dreidimensionalen Struktur der Glucosetransporter in der Membran.

Transport-ATPasen

▶ Synonym. Ionenpumpen.

Transport-ATPasen transportieren Kationen unter ATP-Verbrauch gegen einen elektrochemischen Gradienten über eine biologische Membran. Es gibt **drei Typen** von ATPasen:
- **F-Typ-ATPasen** synthetisieren ATP unter Ausnutzung eines Protonengradienten, z. B. die ATP-Synthase (S. 174) der inneren Mitochondrienmembran.
- **V-Typ-ATPasen** transportieren Protonen in saure Kompartimente, z. B. die Protonenpumpe in der Lysosomenmembran (S. 387).
- Die meisten ATPasen gehören zu den **P-Typ-ATPasen**. Diese transportieren Kationen unter ATP-Spaltung und werden dabei vorübergehend phosphoryliert.

Ein Beispiel für eine ATPase vom P-Typ ist die **Na$^+$-K$^+$-ATPase**. Sie ist in Nervenzellen an der Wiederherstellung des Ruhepotenzials beteiligt. In den Enterozyten des Dünndarms und in den Zellen des proximalen Tubulus sorgt sie für den Aufbau des Na$^+$-Gradienten, der den Transport von Glucose und Aminosäuren in die Zelle ermöglicht.
Die Na$^+$-K$^+$-ATPase besteht aus vier Untereinheiten, von denen je zwei identisch sind (2α, 2β, Abb. **B-4.5 a**). Die α-Untereinheiten binden die zu transportierenden Ionen während des Transportzyklus. Die β-Untereinheiten scheinen nicht essenziell für die Funktion der ATPase zu sein. Die Ionenpumpe transportiert pro 3 Na$^+$-Ionen, die sie aus der Zelle hinaustransportiert, 2 K$^+$-Ionen in die Zelle hinein. Dabei spaltet sie ein ATP-Molekül und wird vorübergehend an der α-Untereinheit phosphoryliert. Abb. **B-4.5 b** zeigt, wie der Transportzyklus abläuft. Auf der **Innenseite** der Membran **binden drei Na$^+$-Ionen** an ihre Bindungsstellen an der ATPase. Dann wird die **ATPase** unter Verbrauch eines ATP-Moleküls **phosphoryliert**. Das hohe Übertragungspotenzial der Phosphatgruppe und die Bindung der Na$^+$-Ionen induzieren einen **Konformationswechsel** der ATPase, die dabei die **Na$^+$-Ionen in den extrazellulären Raum** entlässt. Anschließend **binden** auf der Außenseite der Membran **zwei K$^+$-Ionen** an die Bindungsstellen der ATPase, die **ATPase** wird **dephosphoryliert** und kehrt dadurch in ihre **Ausgangskonformation** zurück. Die **K$^+$-Ionen** werden **ins Zytosol** freigesetzt und ein neuer Transportzyklus kann beginnen.
Die Leistung der Na$^+$-K$^+$-ATPase ist enorm. Sie kann bis zu 10^4 Ionen pro Sekunde transportieren, das entspricht 2000 Transportzyklen in der Sekunde.

Transport-ATPasen

▶ Synonym.

Es gibt **drei Typen** von ATPasen:
- **F-Typ:** synthetisiert ATP unter Ausnutzung eines Protonengradienten
- **V-Typ:** pumpt Protonen in saure Kompartimente
- **P-Typ:** pumpt alle Arten von Kationen gegen einen elektrochemischen Gradienten und wird dabei phosphoryliert

Ein Beispiel für eine ATPase vom P-Typ ist die **Na$^+$-K$^+$-ATPase**.

Sie besteht aus zwei α- und zwei β-Untereinheiten. Die Bindungsstellen der Ionen befinden sich an den α-Untereinheiten (Abb. **B-4.5 a**). Die Na$^+$-K$^+$-ATPase pumpt 3 Na$^+$-Ionen aus der Zelle hinaus und 2 K$^+$-Ionen hinein (Abb. **B-4.5 b**). Dabei spaltet sie ein ATP, dessen Phosphatgruppe vorübergehend an die ATPase gebunden wird. Die Phosphatgruppe induziert mit ihrem hohen Übertragungspotenzial die Konformationsänderung, die den Transport bewerkstelligt.

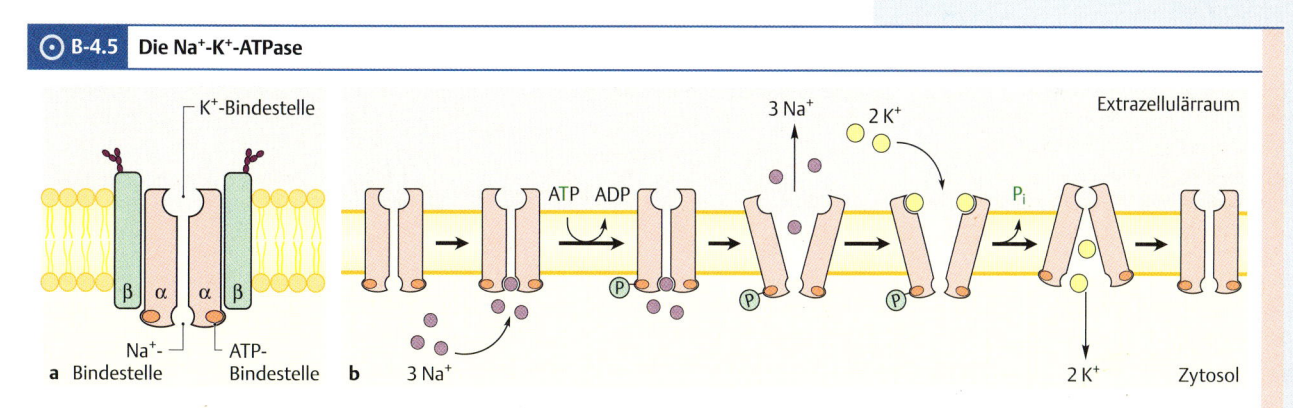

⊙ B-4.5 Die Na$^+$-K$^+$-ATPase

a Schematischer Aufbau der Na$^+$-K$^+$-ATPase. Sie besteht aus 2 α- und 2 β-Untereinheiten. An den α-Untereinheiten befinden sich die Bindungsstellen für Na$^+$ und K$^+$ und auch die Phosphorylierungsstelle. **b** Der Transportzyklus der Na$^+$-K$^+$-ATPase (Details s. Text). Pro Transportzyklus werden 3 Na$^+$-Ionen und 2 K$^+$-Ionen durch die Membran bewegt.

4.2.3 Transport mithilfe von Membranvesikeln

Neben Transportproteinen gibt es eine weitere Möglichkeit des Transports: die Bildung von Membranvesikeln mit selektivem Inhalt (z. B. durch Abschnürung am ER), die dann durch Fusion mit anderen Membranen (z. B. einer Golgi-Membran) ihren Inhalt in ein anderes Kompartiment abgeben.
Beim vesikelvermittelten Transport von Substanzen durch die Zellmembran unterscheidet man zwischen Endo-, Exo- und Transzytose. Auch beim Abbau von Zellorganellen (Autophagozytose) und beim Transport von Substanzen innerhalb der Zelle sind Membranvesikel beteiligt.

4.2.3 Transport mithilfe von Membranvesikeln

Substanzen können auch transportiert werden, indem sie in Membranvesikel eingeschlossen und durch deren Fusion mit einer anderen Membran wieder freigesetzt werden.

Endozytose

Bei der Endozytose nimmt die Zelle **Substanzen von außen** auf, indem sie diese in Vesikel einschließt, die sich von der Zellmembran nach innen abschnüren. Diese Vesikel werden als Endosomen bezeichnet. Es gibt verschiedene Formen der Endozytose:
- **Phagozytose:** Aufnahme größerer Partikel zwecks Inaktivierung
- **Pinozytose:** Aufnahme löslicher Substanzen

Beide Vorgänge können rezeptorabhängig und rezeptorunabhängig stattfinden. Bei einer rezeptorvermittelten Pinozytose spricht man auch von einer **rezeptorvermittelten Endozytose**.

Phagozytose

Bei der Phagozytose werden **größere Partikel** aufgenommen, die inaktiviert oder entsorgt werden müssen. Man findet diese Art der Aufnahme z. B. bei Makrophagen. Die Zelle umfließt das aufzunehmende Partikel (z. B. ein Bakterium oder ein Zellbruchstück) mit ihrer Zellmembran. Dabei bildet sich ein Vesikel, das sog. **Phagosom**, das dann nach innen abgeschnürt wird. Innerhalb der Zelle verschmilzt das Phagosom mit einem **primären Lysosom** (s. u.) und wird so zum **sekundären Lysosom** (Abb. **B-4.6**, [1]), in dem der Inhalt des ursprünglichen Phagosoms unschädlich gemacht wird (S. 388).

Pinozytose

Bei der Pinozytose werden **lösliche Substanzen** aufgenommen, indem unspezifisch Vesikel von der Zellmembran nach innen abgeschnürt werden (Abb. **B-4.6**, [2]). Der Inhalt dieser Vesikel ist eine mehr oder weniger zufällige Ansammlung extrazellulärer löslicher Moleküle. Zur Weiterverarbeitung dieses Inhalts verschmelzen diese sog. **frühen Endosomen** mit Transportvesikeln aus dem Golgi-Apparat, die lysosomale Enzyme (Hydrolasen) enthalten (sog. primäre Lysosomen) und werden dadurch zu **späten Endosomen**. Diese entwickeln sich zu **sekundären Lysosomen**, in denen der Vesikelinhalt abgebaut wird. Die Abbauprodukte werden ins Zytosol freigesetzt und weiterverwertet.

Rezeptorvermittelte Endozytose

▶ **Synonym.** Rezeptorvermittelte Pinozytose.

Hierbei werden gelöste Substanzen (z. B. LDL in Abb. **B-4.7**) an einen spezifischen Rezeptor auf der Zelloberfläche gebunden. Die beladenen Rezeptoren werden auf der zytosolischen Seite der Membran von sog. **Adaptinen** erkannt und gebunden. Die Adaptine wiederum werden von **Clathrin** gebunden, das mit seiner charakteristischen Struktur die Zellmembran zur Abschnürung zwingt. Dabei entstehen zuerst Einbuchtungen in der Membran (**Coated Pits**), dann Vesikel (**Coated Vesicles**), deren Membranen dicht mit Substrat-Rezeptor-Komplexen gepackt sind. Die Coated Vesicles schnüren sich von der Membran ab. Dabei legt sich das Protein **Dynamin** wie ein Ring um den Hals der Vesikel und destabilisiert dabei die Membranen, sodass sich die Vesikel von der Zellmembran lösen können. Sobald sich die Coated Vesicles von der Membran abgeschnürt haben, dissoziiert die Clathrinhülle ab und die Vesikel werden zu **frühen Endosomen**. Diese verschmelzen mit **primären Lysosomen** und werden so zu **späten Endosomen**. Im sauren Milieu der späten Endosomen diffundieren die Liganden vom Rezeptor ab. Die Rezeptoren werden als Vesikel abgeschnürt und kehren so zur Zelloberfläche zurück. Der Rest des Endosoms wird zum **sekundären Lysosom**, in dem die Liganden abgebaut werden.

Exozytose

Bei der Exozytose verschmelzen Vesikel, die in der Zelle mit **Substraten** beladen wurden, mit der Plasmamembran und geben ihren Inhalt **in den extrazellulären Raum** ab (Abb. **B-4.6**, [3]). Dies kann kontinuierlich geschehen, wie z. B. in Drüsenzellen (**konstitutive Exozytose**), oder aber auf ein Signal hin, wie z. B. bei der Freisetzung von Neurotransmittern (S. 811) sog. **getriggerte Exozytose**. Die sekretorischen Proteine werden im Golgi-Apparat verpackt (S. 382) und in Vesikeln über das Trans-Golgi-Netzwerk zur Zellmembran transportiert. Dort fusionieren die Vesikel mit der Zellmembran und geben ihren Inhalt frei.

B-4.6 Überblick über die verschiedenen Vesikeltransportmöglichkeiten

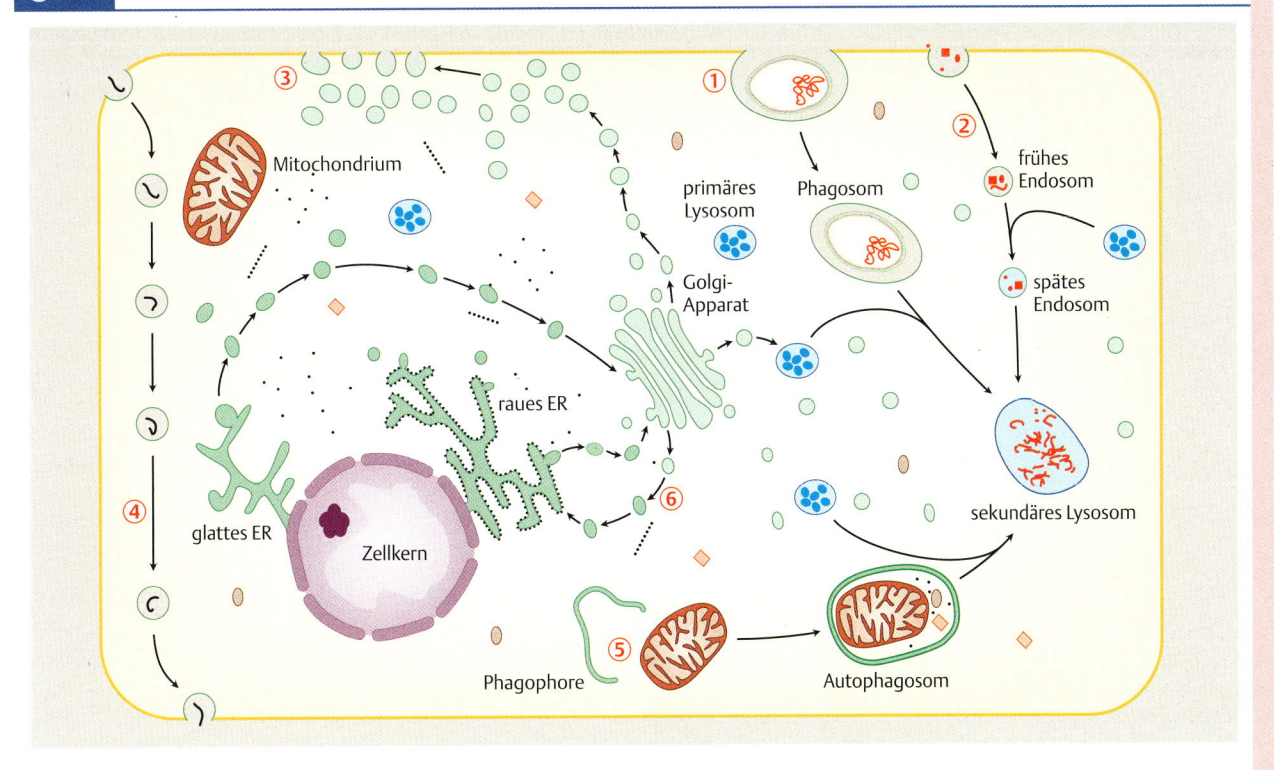

① **Phagozytose:** Die Zellmembran umfließt größere Partikel (z. B. Bakterien) und bildet ein Phagosom. Nach Fusion mit einem primären Lysosom (einem Vesikel, das Hydrolasen aus dem Golgi-Apparat enthält) entwickelt sich ein sekundäres Lysosom, in dem das Partikel abgebaut wird.
② **Pinozytose:** Die Zellmembran stülpt sich ein und bildet ein Vesikel, das gelöste Substanzen in zufälliger Zusammenstellung enthält. Dieses sog. frühe Endosom fusioniert mit einem primären Lysosom, einem Transportvesikel für Hydrolasen, zum späten Endosom und entwickelt sich zum sekundären Lysosom, in dem die gelösten Substanzen abgebaut werden. Diese Form der Aufnahme löslicher Substanzen erfolgt ohne Mitwirkung eines Rezeptors. Die rezeptorvermittelte Pinozytose (= rezeptorvermittelte Endozytose) ist in Abb. **B-4.7** dargestellt.
③ **Exozytose** (konstitutiv oder getriggert): Vesikel kommen vom Golgi-Apparat und entleeren ihren Inhalt in den Extrazellulärraum.
④ **Transzytose:** Ein endozytotisch gebildetes Vesikel durchwandert die Zelle und gibt seinen Inhalt auf der anderen Seite der Zelle wieder in den extrazellulären Raum ab.
⑤ **Autophagozytose:** Im Zytoplasma bilden sich Phagosomen, wahrscheinlich indem de novo gebildete Membranen (Phagophoren) Zytosol umschließen und dabei Zellorganellen und anderen „Abfall" mit einschließen.
⑥ **Retrograder Transport** vom Golgi-Apparat zum ER (s. Abb. **B-5.9**).

B-4.7 Rezeptorvermittelte Endozytose am Beispiel des LDL

Details s. Text.

Wichtige Proteine, die die Fusion der Vesikel mit der Zellmembran vermitteln, sind **v-SNARE**, **t-SNARE**, **Rab**, **SNAP** und **NSF** (Abb. **B-4.8**). Bei der Fusion wird Energie in Form von **GTP** verbraucht.

Die Fusion der Membranen wird durch eine Batterie verschiedener Proteine erreicht. Eine wichtige Rolle spielen die sog. **SNARE-Proteine**. Sie befinden sich sowohl in der Vesikelmembran (v-SNARE) als auch in der Zielmembran (target membrane, daher t-SNARE). v-SNARE und t-SNARE bilden einen Komplex, der zusammen mit dem kleinen G-Protein **Rab** und den Proteinen **SNAP** und **NSF** unter **GTP-Verbrauch** die Fusion der Membranen herbeiführt (Abb. **B-4.8**).

⊙ B-4.8

⊙ B-4.8 **Vereinfachte Darstellung der Membranfusion zwischen Vesikel und Zielmembran**

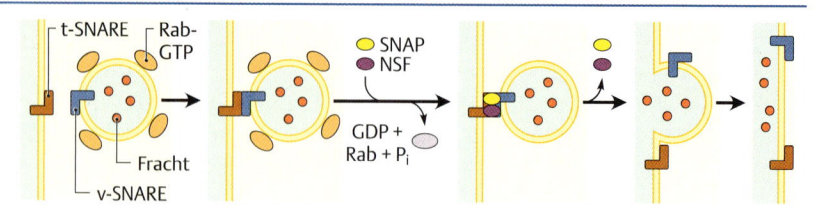

In der Vesikelmembran befindet sich das v-SNARE, das mit dem t-SNARE in der Zielmembran einen Komplex bildet. Das kleine G-Protein Rab hilft unter Spaltung von GTP, das Vesikel an die Membran zu docken. SNAP ist essenziell für die Fusion der beiden Membranen, während NSF (mit seiner ATPase-Aktivität) den Komplex aus den SNARE-Proteinen wieder trennt, damit die Vesikelmembran in die Zielmembran integriert werden kann. Das v-SNARE, das sich nun ebenfalls in der Zielmembran befindet, wird durch retrograden Transport (vgl. Abb. **B-5.9**) zurück in die Vesikel gebracht.

▶ Klinik.

▶ Klinik. In den motorischen Endplatten der Neurone vermitteln die SNARE-Proteine die Fusion der synaptischen Vesikel mit der präsynaptischen Membran, damit Acetylcholin in den synaptischen Spalt abgegeben werden kann. Das Acetylcholin löst in der postsynaptischen Membran eine Depolarisierung aus, die zu einem Aktionspotenzial und damit zur Muskelkontraktion führt. Beim Menschen rufen die Toxine des Bakteriums *Clostridium botulinum* schwere, oft tödlich verlaufende Erkrankungen hervor. Das **Botulinumtoxin A** ist eine sog. Zinkprotease, die das Protein Synaptobrevin (das v-SNARE in der Membran des synaptischen Vesikels) spezifisch spaltet und so inaktiviert. Dadurch wird die Transmitterfreisetzung blockiert und die Patienten sterben letzten Endes an einer Atemlähmung.

Transzytose

Bei der Transzytose werden Proteine in Vesikeln **unverändert durch die Zelle durchgeschleust** (Abb. **B-4.6**, [4]).

Transzytose

Bei der Transzytose werden Proteine in Vesikeln **unverändert durch die Zelle durchgeschleust** (Abb. **B-4.6**, [4]). Man findet die Transzytose z. B. in Epithelzellen der Darmwand, wo Substrate aus dem Darmlumen durch die Zelle hindurch von der apikalen zur basalen Seite transportiert und dort wieder in den extrazellulären Raum entlassen werden.

Autophagozytose

▶ Synonym.

Autophagozytose

▶ Synonym. Autophagie.

Hierbei werden Membranvesikel **de novo** gebildet, die überflüssige Zellbestandteile einschließen. Dieses **Autophagosom** entwickelt sich zu einem sekundären Lysosom (Abb. **B-4.6**, [5]).

Die Autophagozytose dient der Zelle dazu, überflüssige Zellbestandteile und alte Organellen zu beseitigen. Im Zytoplasma werden **de novo** Membranvesikel gebildet (sog. Phagophoren), die die zu beseitigenden Zellbestandteile einschließen. So entsteht ein **Autophagosom** (Abb. **B-4.6**, [5]). Dieses verschmilzt mit einem primären Lysosom zu einem sekundären Lysosom, in dem der Inhalt des Autophagosoms dann abgebaut wird.

Vesikelfluss innerhalb der Zelle

Die Membranen innerhalb der Zelle stehen untereinander und mit der Zellmembran über den sog. **Membranfluss** in ständigem **Lipid-** und **Proteinaustausch**. Ein Beispiel für Vesikelfluss innerhalb der Zelle zeigt Abb. **B-4.6** (6).

Vesikelfluss innerhalb der Zelle

Vesikel dienen auch innerhalb der Zelle zum Transport von **Proteinen** und **Lipiden**. Die Membranen des endoplasmatischen Retikulums, des Golgi-Apparates, der Lysosomen und die Zytoplasmamembran sind in ständigem Fluss und tauschen laufend Lipide und Proteine aus. Man spricht in diesem Zusammenhang auch von **Membranfluss**: Aus dem ER schnüren sich Vesikel ab, die zum Golgi-Apparat wandern und dort mit dessen Membranen verschmelzen und umgekehrt (Abb. **B-4.6**, [6]). Ebenso knospen aus dem Golgi-Apparat Vesikel ab, die weiter zur Zellmembran oder zu den Lysosomen wandern und sich dort durch Verschmelzung in die Zielmembran integrieren. Wie weiter oben bereits beschrieben, fusionieren auch die Lysosomen mit Membranvesikeln, die von der Zellmembran kommen (S. 388).

4.3 Signalvermittlung

Eine wichtige Funktion der biologischen Membranen, insbesondere der Zellmembran, ist die **Aufnahme** und **Weiterleitung** von Reizen und **Signalen**. Dazu sitzen in der Membran **Rezeptorproteine**, die Signalmoleküle (z. B. Hormone) erkennen und binden können und eine entsprechende Reaktion der Zelle auslösen. Welche Rezeptoren es gibt, wie sie aufgebaut sind und funktionieren und welche Reaktionen sie in der Zelle auslösen, wird im Kap. „Rezeptoren in der Zellmembran" (S. 561) besprochen.

4.3 Signalvermittlung

In der Membran sitzen **Rezeptorproteine**, die **Signale aufnehmen** und **weiterleiten**. Wie dies geschieht, wird im Kap. „Hormone" (S. 561) besprochen.

4.4 Vermittlung von Zell-Zell-Kontakten

Damit Zellen in einem Verband mechanisch zusammenhalten und miteinander kommunizieren können, stehen sie über ihre Zellmembranen miteinander in Kontakt. Diese Kontaktstellen werden von speziellen Proteinen gebildet und haben verschiedene Aufgaben. Einige dienen der Stabilisierung des Zellverbandes **(Tight Junctions, Adhäsionsverbindungen** und **Desmosomen),** andere lassen einen kontrollierten Durchtritt von kleinen Molekülen zu **(Gap Junctions)** und wieder andere verankern die Zellen an Proteinen der extrazellulären Matrix **(Hemidesmosomen, Fokaladhäsionen).**

4.4 Vermittlung von Zell-Zell-Kontakten

Zellen halten mechanisch über **Tight Junctions, Adhäsionsverbindungen** und **Desmosomen** zusammen. **Hemidesmosomen** und **Fokaladhäsionen** verankern die Zellen an der extrazellulären Matrix. **Gap Junctions** sind Kommunikationskontakte.

4.4.1 Tight Junctions

Tight Junctions dienen als **Diffusionsbarriere** zwischen Körperinnerem und Körperäußerem. Sie kommen in Epithelien und Endothelien vor. Gebildet werden sie von dicht aneinanderliegenden Transmembranproteinen, sog. **Occludinen** und **Claudinen**, die mit den korrespondierenden Proteinen der Nachbarzelle in so engen Kontakt treten, dass kein Interzellularspalt mehr vorhanden ist (Abb. **B-4.9** und Abb. **B-4.11**). Diese Kontaktzone läuft als sog. **Zonula occludens** wie eine Schweißnaht um die ganze Epithel- bzw. Endothelzelle herum, sodass ein unkontrollierter Stoffaustausch mittels Diffusion zwischen benachbarten Zellen unmöglich ist. Deshalb müssen alle Stoffe, die z. B. aus dem Darmlumen ins Blut aufgenommen werden sollen, die Membran der Epithelzellen passieren. Nur so kann die Aufnahme über spezifische Transportmoleküle kontrolliert werden.
Eine weitere Funktion der Tight Junctions besteht darin, dass sie Membranproteine auf bestimmte Bereiche der Plasmamembran beschränken. Proteine, die auf der apikalen Seite ihre Funktion erfüllen, können nicht über die Tight Junctions diffundieren und in die basale Membran gelangen und umgekehrt.

4.4.1 Tight Junctions

Tight Junctions dienen Epithel- und Endothelzellen als **Diffusionsbarriere** zwischen Körperinnerem und -äußerem. Transmembranproteine, sog. **Occludine** und **Claudine**, schaffen einen so engen Kontakt zwischen Nachbarzellen, dass kein Interzellularspalt mehr vorhanden ist (Abb. **B-4.9** und Abb. **B-4.11**). Diese Kontaktzone läuft als sog. **Zonula occludens** wie eine Schweißnaht um die ganze Zelle herum.

Tight Junctions halten durch die Diffusionsbarriere auch Membranmoleküle in „ihrem" Bereich der Membran.

4.4.2 Adhäsionsverbindungen

Adhäsionsverbindungen gibt es in unterschiedlichen Formen. In nicht epithelialen Zellen sind sie meist punktförmige Verbindungen, in epithelialen Zellen bilden sie oft einen umlaufenden Gürtel, der direkt unter den Tight Junctions liegt (Abb. **B-4.9**). Dieser Gürtel wird auch **Zonula adhaerens** genannt.
Adhäsionsverbindungen dienen der **Stabilisierung** der Zellen. Ein wesentlicher Bestandteil sind **Cadherine**. Dies sind Transmembranproteine, die innerhalb der Zelle über **Ankerproteine**, sog. Catenine, mit **Mikrofilamentbündeln** (S. 393) verbunden sind (Abb. **B-4.11**). Die Hauptdomäne der Cadherine liegt außerhalb der Plasmamembran. Mit dieser Domäne binden Cadherine einer Zelle an die Cadherine der gegenüberliegenden Zelle, sodass sich viele Cadherindimere bilden, die wie Reißverschlusszähne ineinander greifen.

4.4.2 Adhäsionsverbindungen

Adhäsionsverbindungen bilden oft einen umlaufenden Gürtel direkt unter den Tight Junctions (Abb. **B-4.9**). Dieser heißt auch **Zonula adhaerens**.

Adhäsionsverbindungen **stabilisieren** Zellen. Transmembranproteine, sog. **Cadherine** sind intrazellulär über **Ankerproteine** an **Mikrofilamentbündel** gekoppelt. Ihre extrazelluläre Domäne bindet Cadherine der Nachbarzelle (Abb. **B-4.11**).

4.4.3 Desmosomen

Desmosomen sind knopfartige Zell-Zell-Verbindungen (Abb. **B-4.9**). Sie verbinden die **Intermediärfilamente** der Zellen über **Cadherine** und **Ankerproteine** miteinander (Abb. **B-4.11**) und verleihen dem Zellverband so **mechanische Zugfestigkeit**.

Desmosomen sind knopfartige Verbindungen zwischen den Zellen (Abb. **B-4.9**), die die Zellmembranen wie Nieten zusammenhalten. Auch sie werden von Proteinen der **Cadherinfamilie** (Desmoglein, Desmocollin) gebildet. Hier sind die Cadherine über einen intrazellulären Komplex aus **Ankerproteinen** mit **Intermediärfilamenten**, z. B. Keratinfilamente (S. 401) in Epithelzellen, verbunden (Abb. **B-4.11**). Die Intermediärfilamente durchziehen die Zelle von Desmosom zu Desmosom und bilden dadurch ein großes Netz über viele Zellen, das dem Zellverband **mechanische Zugfestigkeit** verleiht.

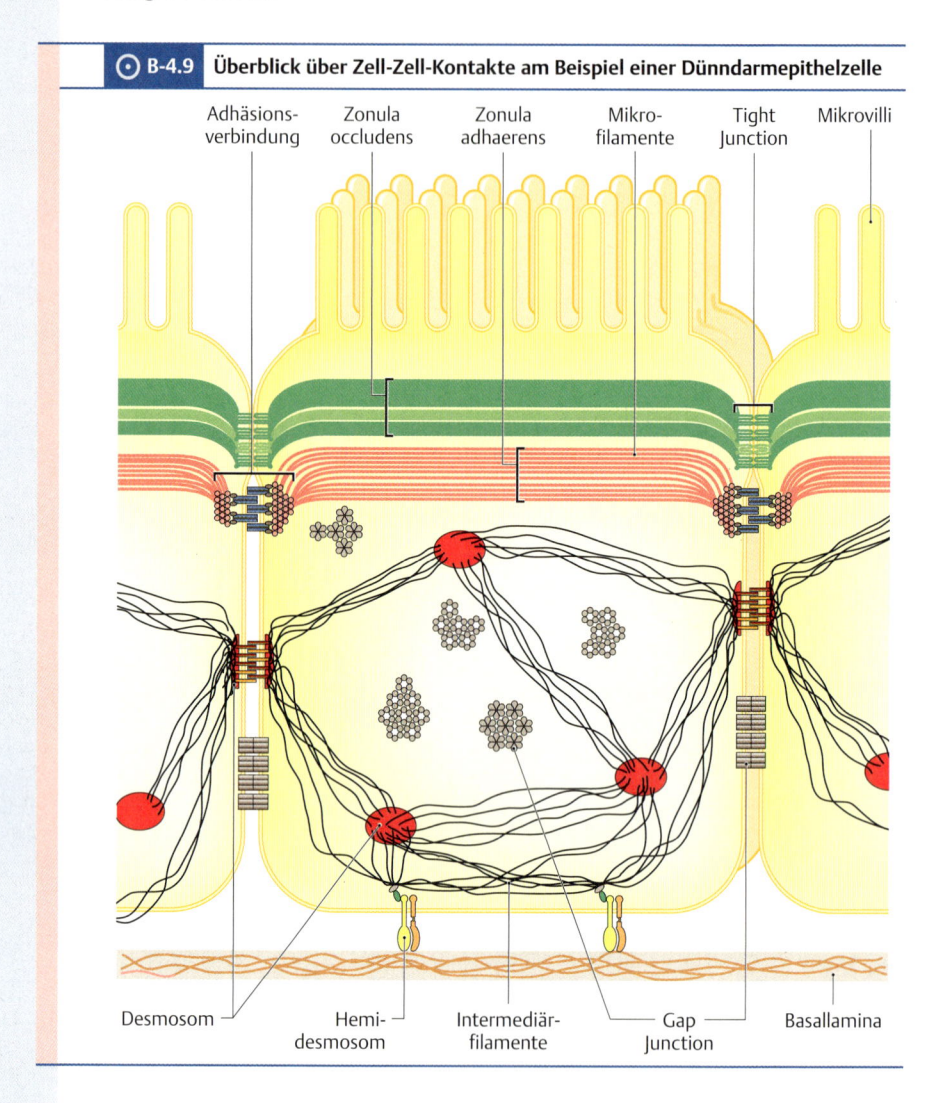

B-4.9 Überblick über Zell-Zell-Kontakte am Beispiel einer Dünndarmepithelzelle

4.4.4 Hemidesmosomen

Hemidesmosomen **befestigen** die **Zellen in der extrazellulären Matrix** (Abb. **B-4.9**). Sie sind über **Integrine** und **Ankerproteine** an das **Intermediärfilamentnetz** der Zelle angeschlossen (Abb. **B-4.11**).

Im Gegensatz zu Desmosomen, die Zellen untereinander verbinden, **verankern** Hemidesmosomen **Zellen in der extrazellulären Matrix** (Abb. **B-4.9**) und halten sie so in Position. Sie sind ähnlich aufgebaut wie die Desmosomen: Die Adhäsionsmoleküle der Hemidesmosomen sind **Integrine**. Die intrazelluläre Domäne dieser Transmembranproteine ist über einen **Ankerproteinkomplex** an das Zytoskelettnetz aus **Intermediärfilamenten** angeschlossen (Abb. **B-4.11**).

▶ **Klinik.** Beim **bullösen Pemphigoid** finden sich Autoantikörper gegen zwei Strukturproteine der Hemidesmosomen der Haut. Diese Proteine, BPAG1 und BPAG2 (= Kollagen Typ XVII), sind mit Intermediärfilamenten assoziiert. Die Antigen-Antikörper-Reaktion führt durch Komplementaktivierung zur Auflösung der Hemidesmosomen der Haut. Als Folge lösen sich die basalen Epidermiszellen von der Basalmembran ab, die sie vom angrenzenden Bindegewebe (Dermis) trennt, und es bilden sich pralle, subepidermal gelegene Blasen. Sie treten auf gesunder oder auf entzündlich geröteter Haut auf (Abb. **B-4.10**) und jucken stark. Meist sind Personen über 60 Jahre betroffen. Die Therapie besteht in der systemischen Gabe von Glucocorticoiden.

▶ **Klinik.**

B-4.10 Pralle Blasen unterschiedlicher Größe auf entzündlich geröteter Haut bei bullösem Pemphigoid

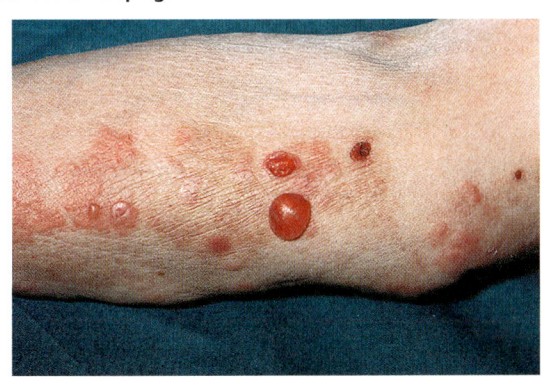

(aus Moll I., Duale Reihe Dermatologie, Thieme, 2010)

4.4.5 Fokaladhäsionen

Auch die Fokaladhäsionen sind punktförmige Kontaktstellen, die die Zellen mit der extrazellulären Matrix verbinden. In diesem Fall sind die **Integrine** über **Ankerproteine** aber nicht mit Intermediärfilamenten, sondern mit **Aktinfasern** (S. 393) verbunden (Abb. **B-4.11**). Aktinfasern können sich durch Polymerisation bzw. Depolymerisation verlängern bzw. verkürzen und damit die Zelle über eine Oberfläche **wandern** lassen. Fokaladhäsionen werden während der Fortbewegung der Zelle auf der Unterlage immer wieder gelöst und an anderer Stelle neu gebildet. Sie kommen hauptsächlich in Zellen vor, die sich aktiv fortbewegen müssen (z. B. Makrophagen), weniger in Epithelzellen.

4.4.5 Fokaladhäsionen

Dies sind (ähnlich wie Hemidesmosomen) Verbindungen zwischen Zelle und extrazellulärer Matrix. Ihre **Integrine** sind über **Ankerproteine** an **Aktinfasern** in der Zelle gekoppelt (Abb. **B-4.11**). Durch Polymerisation und Depolymerisation dieser Aktinfasern können die Zellen über eine Unterlage wandern.

4.4.6 Gap Junctions

Gap Junctions sind die einzigen Kontakte zwischen Zellen, die zur **Kommunikation** dienen. Sie werden durch Proteinkanäle, sog. **Connexone**, gebildet. Jedes Connexon besteht aus sechs **Connexin**-Untereinheiten, die eine zylindrische Pore bilden. Die Connexone zweier benachbarter Zellen lagern sich aneinander und verbinden so die beiden Zellen über einen durchgängigen Kanal (Abb. **B-4.11**). Jede Gap Junction kann Gruppen von einigen wenigen bis zu mehreren tausenden dieser Kanäle enthalten. Über Gap Junctions sind manche erregbaren Zellen **elektrisch gekoppelt**. Über sie kann sich ein Aktionspotenzial schnell ausbreiten. In anderen Zellen werden durch Gap Junctions eventuelle **Schwankungen** in Metabolit- oder Ionenkonzentrationen **ausgeglichen**. Während der Embryonalentwicklung synchronisieren die Gap Junctions die Gewebedifferenzierung. Die Durchlässigkeit der Gap Junctions kann über intrazelluläre Signale (z. B. Ionenkonzentrationen) und extrazelluläre Signale (z. B. Neurotransmitter) reguliert werden. Eine wichtige Funktion der Gap Junctions ist, durch Verschluss außer Kontrolle geratene Zellen vom Zellverband abzutrennen und so die Ausbreitung eines möglichen Schadens zu verhindern.

4.4.6 Gap Junctions

Gap Junctions sind die einzigen Kontakte zwischen Zellen, die zur **Kommunikation** dienen. Sie stellen einen Kanal (**Connexon**) dar, der aus sechs **Connexinen** gebildet wird (Abb. **B-4.11**).

Gap Junctions **koppeln** erregbare Zellen **elektrisch** oder **gleichen Konzentrationsschwankungen** zwischen den verschiedenen Zellen innerhalb eines Zellverbandes aus. In der Embryonalentwicklung synchronisieren sie die Gewebedifferenzierung. Ihr Öffnungszustand kann reguliert werden.

B 4 Funktion biologischer Membranen

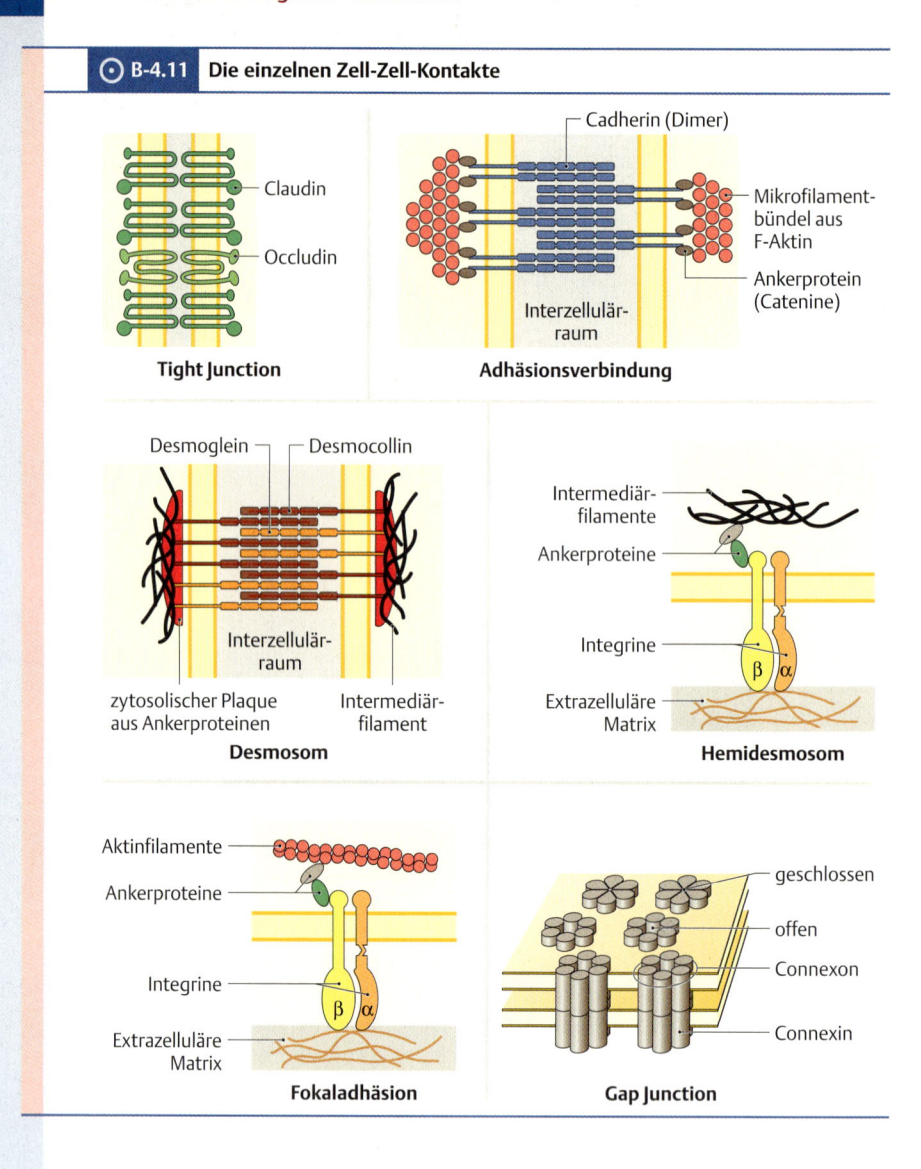

B-4.11 Die einzelnen Zell-Zell-Kontakte

Tight Junction
- Claudin
- Occludin

Adhäsionsverbindung
- Cadherin (Dimer)
- Mikrofilamentbündel aus F-Aktin
- Ankerprotein (Catenine)
- Interzellulärraum

Desmosom
- Desmoglein
- Desmocollin
- Interzellulärraum
- zytosolischer Plaque aus Ankerproteinen
- Intermediärfilament

Hemidesmosom
- Intermediärfilamente
- Ankerproteine
- Integrine
- Extrazelluläre Matrix

Fokaladhäsion
- Aktinfilamente
- Ankerproteine
- Integrine
- Extrazelluläre Matrix

Gap Junction
- geschlossen
- offen
- Connexon
- Connexin

5 Zellorganellen

5.1	Einführung	375
5.2	Zytosol und Zytoplasma	375
5.3	Zellkern	375
5.4	Mitochondrien	379
5.5	Endoplasmatisches Retikulum	382
5.6	Golgi-Apparat	384
5.7	Lysosomen	387
5.8	Peroxisomen	389
5.9	Proteasom	390

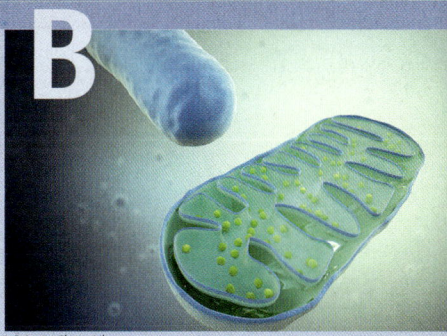

K. Hauser

5.1 Einführung

Wie im Kap. „Aufbau der Eukaryontenzelle" (S. 342) bereits beschrieben, sind Eukaryontenzellen nicht nur ein membranumhüllter Sack, sondern ein komplex organisiertes System, das verschiedene **Kompartimente** mit unterschiedlichen Funktionen besitzt. Die Grenze nach außen ist die Plasmamembran. Innerhalb dieser Membran befinden sich im **Zytoplasma** die **Zellorganellen**.

Die wichtigsten Zellorganellen der Eukaryontenzelle sind der Zellkern, die Mitochondrien, das endoplasmatische Retikulum (ER), der Golgi-Apparat, die Lysosomen und die Peroxisomen. Außerdem besitzen die Zellen ein Zytoskelett (S. 393), das ihnen Stabilität und Form verleiht und bei Bewegungsvorgängen eine wichtige Rolle spielt.

Je nach Funktion einer Zelle kann diese eine charakteristische Zusammenstellung von Organellen aufweisen. So enthalten Leberzellen viel endoplasmatisches Retikulum, da sie viele Proteine synthetisieren müssen und gleichzeitig auch die Biotransformation zu ihren Aufgaben gehört. Muskelzellen trainierter Sportler enthalten viele Mitochondrien, da sie viel Energie benötigen.

5.1 Einführung

Zellorganellen sind **Kompartimente** im **Zytoplasma** der Zelle, die bestimmte Funktionen ausüben.

Am wichtigsten sind Zellkern, Mitochondrien, endoplasmatisches Retikulum (ER), Golgi-Apparat, Lysosomen und Peroxisomen.

Je nach Funktion einer Zelle kann das Verhältnis der Zellorganellen zueinander variieren.

5.2 Zytosol und Zytoplasma

▶ **Definition.** Als **Zytoplasma** bezeichnet man das gesamte Volumen einer Zelle außerhalb des Zellkerns. Dazu gehören auch die Organellen und das Zytoskelett. Die konzentrierte wässrige Lösung, in der die Organellen liegen, bezeichnet man als **Zytosol**.

Das **Zytosol** ist ein mit Molekülen dicht gepacktes Kompartiment. Nur wenige Wassermoleküle trennen die einzelnen Makromoleküle voneinander. Durch die Brown'sche Molekularbewegung stoßen die verschiedenen Moleküle ständig zusammen und kommen so miteinander in Berührung. Viele Moleküle liegen im Zytosol in **echter Lösung** vor und können sich durch Diffusion rasch von einem Ort zum anderen bewegen; andere dagegen haben eine stärker festgelegte Anordnung. Diese **geordneten Strukturen** verleihen dem Zytosol eine innere Organisation, die ein Gerüst für den Auf- und Abbau großer Moleküle darstellt, und dirigieren viele chemische Reaktionen der Zelle in bestimmte Richtungen.

Mit etwa 50 % des Zellvolumens stellt das Zytosol den **zentralen Reaktionsraum** der Zelle dar und ist damit das größte Kompartiment. In ihm laufen die **Glykolyse**, der **Pentosephosphatweg**, die **Fettsäurebiosynthese** und ein großer Teil der **Gluconeogenese** ab. Auch die **Proteinbiosynthese**, d. h. die Translation (S. 473), findet an den Ribosomen im Zytoplasma statt.

5.2 Zytosol und Zytoplasma

▶ **Definition.**

Das **Zytosol** ist ein mit Molekülen dicht gepacktes Kompartiment. Die Moleküle liegen teils in **echter Lösung**, teils in **geordneten Strukturen** vor, die dem Zytosol eine innere Organisation verleihen.

Das Zytosol ist der **zentrale Reaktionsraum** der Zelle. Hier finden Glykolyse, Pentosephosphatweg, Fettsäuresynthese, Gluconeogenese (z. T.) und Translation statt.

5.3 Zellkern

Alle eukaryontischen Zellen besitzen mindestens einen Zellkern. Manche Zellen, z. B. die Hepatozyten, sind zweikernig. Andere, wie Muskelzellen, sind vielkernige Synzytien, d. h. durch Verschmelzung vieler Zellen entstanden. Erythrozyten allerdings haben keinen Zellkern. Aus diesen Zellen wurde der Kern während der Entwicklung vom Retikulozyten zum Erythrozyten ausgestoßen.

5.3 Zellkern

Jede eukaryontische Zelle besitzt im Laufe ihrer Entwicklung mindestens einen Zellkern.

5.3.1 Aufbau

Der Zellkern ist von einer **Kernhülle** umgeben, die das **Kernplasma** vom Zytoplasma trennt. Durch Poren in der Kernhülle, sog. **Kernporen**, findet ein streng kontrollierter Stoff- und Informationsaustausch zwischen diesen beiden Kompartimenten statt.

Die Kernhülle

Die Kernhülle besteht aus einer **äußeren** und einer **inneren Kernmembran** und dem dazwischenliegenden **perinukleären Raum**. Die äußere Kernmembran geht in das ER über und ist teilweise mit Ribosomen besetzt (Abb. **B-5.1**). Der Innenseite der inneren Kernmembran ist die **Kernlamina** aufgelagert. Sie besteht aus **Laminfilamenten** (S. 402), d. h. Intermediärfilamenten, die über Transmembranproteine an der inneren Kernmembran befestigt sind. Die Kernlamina verleiht der Kernhülle Form und Festigkeit und dient als Verankerung für das Chromatin.

B-5.1 Schematischer Aufbau des Zellkerns

Die Kernporen

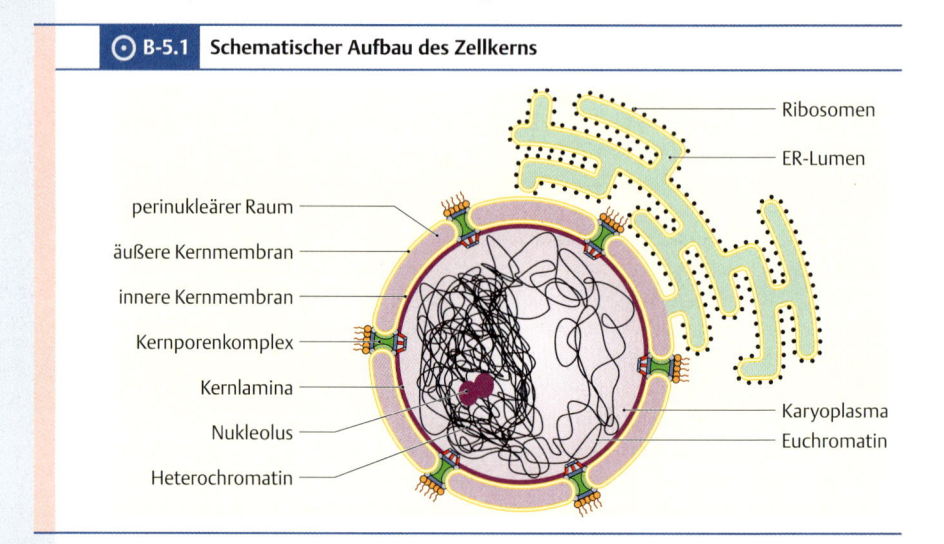

Die Kernporen sind sehr große Komplexe aus etwa 100 verschiedenen Proteinen. Diese sind in einem **inneren** und einem **äußeren Ring** angeordnet, die miteinander verbunden sind. Auf der zytosolischen (äußeren) Seite der Kernpore befinden sich **Fibrillen**, die ins Zytosol hineinragen. An der inneren Seite hängt der **Kernporenkorb**, der durch einen **distalen Ring** nach innen abgeschlossen wird (Abb. **B-5.2**).

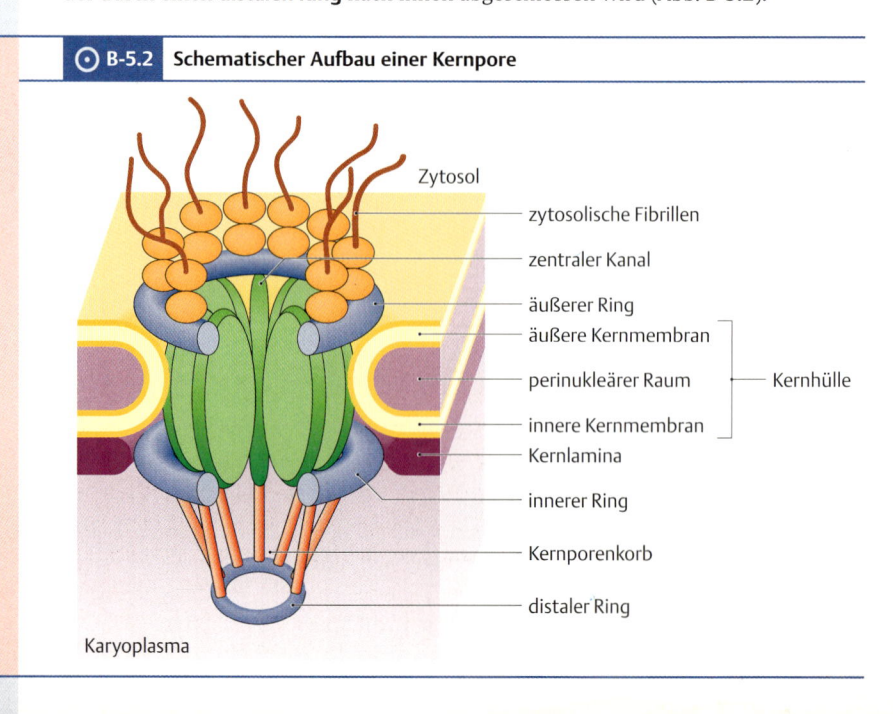

B-5.2 Schematischer Aufbau einer Kernpore

Über die Kernporen erfolgt die **Kommunikation** zwischen Kernplasma und Zytosol. Proteine und andere Moleküle bis zu einer Größe von ca. 40 kDa können ungehindert durch die Kernporen diffundieren. Für alle anderen Proteine, die in den Kern hinein- oder aus dem Kern hinaustransportiert werden müssen, stehen Import- und Exportmechanismen zur Verfügung.

Kernimport: Proteine, die ihre Aufgaben im Zellkern erfüllen (z. B. Histone, DNA-Polymerasen) und deshalb in den Kern hineintransportiert werden müssen, besitzen eine sog. **Kernlokalisierungssequenz** (**NLS**, engl. = nuclear localization sequence), eine kurze Aminosäuresequenz innerhalb des Polypeptids. Die NLS wird von einem **Kernimportrezeptor** (Importin) erkannt und gebunden und das Protein gelangt als Rezeptor-Protein-Komplex durch die Kernpore in den Zellkern.

Kernexport: Proteine, die aus dem Zellkern hinaustransportiert werden müssen, enthalten ein **Kernexportsignal** (**NES**, engl. = nuclear export sequence). Zu diesen Proteinen gehören z. B. die kleine und die große ribosomale Untereinheit, die im Nukleolus zusammengebaut werden (s. u.). Die NES wird, analog zur NLS, von einem **Kernexportrezeptor** erkannt und gebunden und der Rezeptor-Protein-Komplex wird durch die Kernpore ins Zytosol transportiert.

Es gibt auch sog. **Shuttleproteine**, die ständig zwischen Zytosol und Kernplasma hin- und herpendeln. Diese Proteine besitzen sowohl eine NLS als auch eine NES, denn ihr Transport muss in beide Richtungen funktionieren.

Mechanismus: Der Transport mithilfe der Import- und Exportrezeptoren benötigt **Energie** und wird von der kleinen **GTPase Ran** getrieben. Ran **zirkuliert** zwischen dem Kern und dem Zytosol. Wie jede GTPase ist es ein Schalter, der in zwei verschiedenen Konformationen vorliegt: aktiv, wenn es GTP gebunden hat, inaktiv, wenn es GDP gebunden hat (S. 576). Der Wechsel zwischen den beiden Konformationen wird im Zytosol vom Ran-GTPase aktivierenden Protein (**Ran-GAP**) kontrolliert, das Ran dazu aktiviert, GTP zu hydrolysieren, sodass Ran-GDP und P_i entstehen. Im Kern gibt es den Ran-Austauschfaktor (**Ran-GEF**), das GDP an Ran-GDP gegen GTP austauscht, sodass Ran-GTP entsteht.

Beim Import wandert ein beladener Importrezeptor mit seiner Fracht durch die Kernpore in den Kern. Dort bindet Ran-GTP an den Komplex und setzt dadurch die Fracht frei (Abb. **B-5.3**). Der leere Importrezeptor wandert mit dem gebundenen Ran-GTP wieder ins Zytosol. Dort hydrolysiert Ran-GAP das Ran-GTP zu Ran-GDP und P_i. Ran-GDP diffundiert vom Importrezeptor ab und dieser steht für eine weitere Transportrunde zur Verfügung. Das Ran-GDP wird in den Zellkern zurücktransportiert und dort durch Ran-GEF wieder in Ran-GTP überführt. Damit ist der Reaktionszyklus vollendet.

Der Export erfolgt auf die gleiche Weise. Allerdings binden hier im Kern sowohl die Fracht als auch Ran-GTP an den Exportrezeptor. Der Komplex aus allen drei Komponenten wandert ins Zytosol, wo das Ran-GTP hydrolysiert wird. Dadurch werden sowohl die Fracht als auch das entstandene Ran-GDP vom Exportrezeptor entlassen. Dieser kehrt ebenso wie das Ran-GDP wieder in den Zellkern zurück. Dort wird das Ran-GDP durch Ran-GEF wieder in Ran-GTP umgewandelt und der Zyklus ist beendet.

Bei jedem Zyklus, bei dem ein Protein transportiert wird, wird ein GTP in GDP + P_i gespalten. Diese GTP-Hydrolyse liefert die Energie für den Transport.

Der Nukleolus

▶ Synonym. Kernkörperchen.

Oft kann man im Mikroskop einen kleinen, besonders dunklen Bereich innerhalb des Zellkerns erkennen, den Nukleolus. Manche Kerne enthalten mehrere Nukleoli. Der Nukleolus enthält die DNA mit den **rRNA-Genen**. Insgesamt sind an seinem Aufbau 10 Chromosomen beteiligt. Diese bilden mit den Abschnitten, die die rRNA-Gene enthalten, die Grundstruktur des Nukleolus. Die rRNA-Gene werden ständig transkribiert. Deshalb ist der Nukleolus auch der Teil des Kerns mit der höchsten RNA-Dichte.

B-5.3 Kernimport und Kernexport

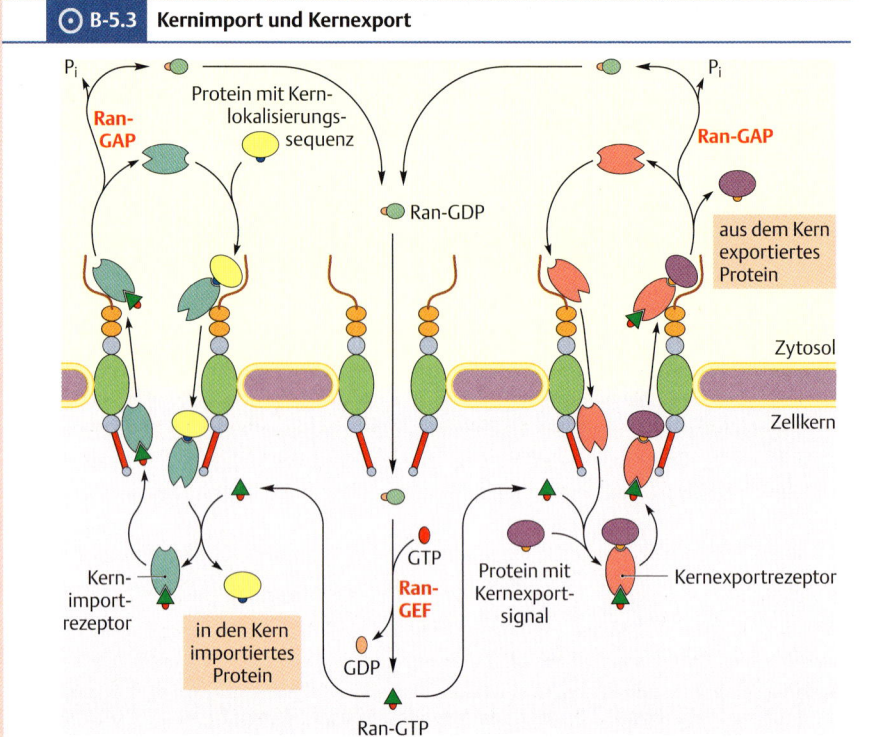

Links: Proteinimport in den Zellkern. Rechts: Proteinexport aus dem Zellkern. Mitte: Der Transport wird durch das kleine G-Protein Ran getrieben. Weitere Erklärungen siehe Text. Ran-GAP = Ran-GTPase activating Protein, Ran-GEF = Ran-GDP-Exchange Factor.

5.3.2 Funktion

Informationsspeicherung und DNA-Synthese

Der Zellkern enthält das Erbgut in Form von **DNA**, verteilt auf 46 **Chromosomen**. Bei der Zellteilung wird die DNA verdoppelt und gleichmäßig auf die Tochterzellen verteilt.

Das **Chromatin** (= die Gesamtheit aller Chromosomen mit den daran assoziierten Proteinen) lässt sich in **Hetero-** und **Euchromatin** einteilen.

RNA-Synthese

Im Zellkern findet die **RNA-Synthese (Transkription)** statt.

NAD$^+$-Synthese

Die NAD$^+$-Synthese findet im **Nukleolus** statt.

5.3.2 Funktion

Informationsspeicherung und DNA-Synthese

Der Zellkern enthält in Form von **DNA** praktisch das gesamte Erbgut. Nur einige wenige Gene sind in den Mitochondrien lokalisiert (S. 380). Die DNA im Zellkern ist auf 46 **Chromosomen** verteilt. Vor der Zellteilung wird das Erbgut im Kern verdoppelt (Replikation) und bei der Teilung zu gleichen Teilen auf die beiden Tochterzellen verteilt. So wird gewährleistet, dass alle Zellen des Körpers die gleiche Information enthalten.

Die DNA im Zellkern liegt als sog. **Chromatin** vor. Unter Chromatin versteht man die Gesamtheit der Chromosomen mit den daran assoziierten Proteinen. Man unterscheidet Heterochromatin und Euchromatin. Im **Heterochromatin**, das sich im Mikroskop dunkel anfärben lässt, ist die DNA dicht gepackt (Abb. **B-5.1**) und transkriptionell inaktiv. Auch der größte Teil des **Euchromatins**, das weniger gut anfärbbar ist, ist transkriptionell inaktiv. Allerdings sind hier die Gene – im Gegensatz zum Heterochromatin – leichter transkribierbar. Die Gene, die zu einem bestimmten Zeitpunkt transkribiert werden, befinden sich sehr wahrscheinlich im Euchromatin.

RNA-Synthese

Auch die **Transkription** (S. 452) findet im Zellkern statt. Dabei werden die **mRNAs** der aktiven Gene synthetisiert und dann durch die Kernporen zur Translation ins Zytosol zu den Ribosomen transportiert. Auch alle anderen Arten der RNA, z. B. die zur Proteinbiosynthese benötigte **tRNA**, **rRNA**, **snRNA** oder **scRNA**, werden im Kern gebildet, die rRNA im Besonderen im Nukleolus.

NAD$^+$-Synthese

Die direkte Vorstufe von Nicotinamidadenindinukleotid (NAD$^+$) ist das Nicotinsäuremononukleotid (NMN$^+$). Es wird im Zytosol synthetisiert und dann in den Nukleolus transportiert. Dort wird es in NAD$^+$ umgewandelt und anschließend wieder ins Zytosol befördert (S. 305).

Zusammenbau der ribosomalen Untereinheiten

Im **Nukleolus** wird nicht nur rRNA gebildet, sondern die rRNA wird auch mit ribosomalen Proteinen zu **ribosomalen Untereinheiten zusammengesetzt**. Die ribosomalen Proteine werden im Zytosol synthetisiert, in den Nukleolus transportiert und dort mit der rRNA zur großen bzw. kleinen ribosomalen Untereinheit zusammengefügt. Die beiden Untereinheiten werden getrennt voneinander wieder ins Zytosol gebracht, wo sie sich bei der Proteinbiosynthese an der mRNA zu einem funktionsfähigen Ribosom zusammenlagern.

5.4 Mitochondrien

Mitochondrien sind etwa 1–2 μm große Organellen, die in sehr variabler Zahl in fast allen eukaryontischen Zellen vorkommen. Sie sind der Hauptlieferant für ATP und werden deshalb auch als die Kraftwerke der Zelle bezeichnet. Eine typische Eukaryontenzelle enthält durchschnittlich ca. 2000 Mitochondrien, die zusammen etwa ein Viertel des Zellvolumens ausfüllen.

5.4.1 Aufbau

Mitochondrien sind, wie auch der Zellkern, von einer **doppelten Membran** umgeben. Die äußere Membran ist glatt, die innere stark gefaltet oder röhrenförmig eingestülpt (Abb. **B-5.4**). Die Falten und Röhren der inneren Membran werden als **Cristae** bzw. **Tubuli** bezeichnet. Sie vergrößern die Oberfläche der inneren Membran um ein Vielfaches. Der Raum zwischen den Membranen ist der **Intermembranraum**, den Innenraum des Mitochondriums nennt man **Matrix**.

B-5.4 Aufbau eines Mitochondriums

Querschnitt durch ein Mitochondrium. Die innere Membran zeigt die charakteristische Faltung in Cristae.

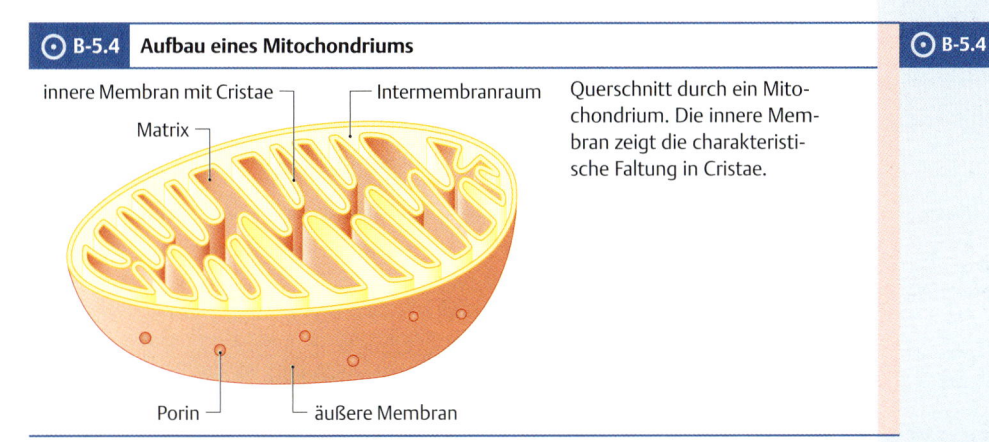

(Beschriftungen: innere Membran mit Cristae, Matrix, Intermembranraum, Porin, äußere Membran)

Die **äußere Membran** enthält viele **Porine** (S. 365), die einen ungehinderten Austausch von Molekülen bis zu einer Größe von ca. 10 kDa zwischen Zytosol und Intermembranraum erlauben. Die **innere Membran** hingegen ist auch für kleine Moleküle (außer CO_2, H_2O und O_2) undurchlässig. Sie enthält deshalb zahlreiche **Transportsysteme**, die den Stoffaustausch zwischen Matrix und Intermembranraum bzw. Zytosol kontrollieren (s. u.). Ein charakteristisches Merkmal der inneren Mitochondrienmembran ist der hohe Gehalt an **Cardiolipin** (S. 347), das nur hier vorkommt.
Die **Matrix** enthält die **mitochondriale DNA (mtDNA)** in Form eines kleinen zirkulären DNA-Moleküls. Auf dieser DNA sind einige Gene für mitochondriale Proteine lokalisiert (z. B. drei Untereinheiten der Cytochrom-c-Oxidase), außerdem einige Gene für rRNA und tRNA. Diese Gene werden durch eine eigene mitochondriale RNA-Polymerase transkribiert und an den **mitochondrialen Ribosomen** translatiert. Das Mitochondrium stellt also einen kleinen Teil seiner Proteinausstattung selbst her. Die DNA wird von der mitochondrieneigenen Replikationsmaschinerie repliziert und bei der Teilung zu gleichen Teilen an beide Tochtermitochondrien weitergegeben (s. u.).

▶ **Klinik.** Mutationen der mitochondrialen DNA führen zu Störungen der mitochondrialen ATP-Synthese. Diese treten in der Regel nach normaler frühkindlicher Entwicklung auf (S. 191) und äußern sich als neurologische Störungen oder Muskelschwäche. Die Krankheitsbilder werden als **mitochondriale Erkrankungen oder mitochondriale Enzephalo(myo)pathien** zusammengefasst.

Endosymbiontentheorie

Betrachtet man die Mitochondrien genauer, fällt auf, dass sie einige Eigenschaften besitzen, die eher auf Prokaryonten zutreffen als auf Eukaryonten. Dazu gehört z. B. das **Cardiolipin** der inneren Membran, das sonst nur noch bei Bakterien vorkommt. Außerdem enthalten Mitochondrien Ribosomen, die wesentlich kleiner als die der Eukaryonten (mit 28S- und 39S-Untereinheiten) und ähnlich sensitiv gegenüber Antibiotika sind wie die Ribosomen der Prokaryonten. Mitochondrien besitzen ihre **eigene DNA** (mtDNA) und vermehren sich durch **Teilung**, wobei die DNA und die Ribosomen zu gleichen Teilen auf die Tochtermitochondrien verteilt werden. Man geht deshalb davon aus, dass Mitochondrien (ebenso wie die Chloroplasten der Pflanzenzellen) durch sog. **Endosymbiose** entstanden sind. Dabei sind ein urtümlicher anaerob lebender Prokaryont und ein Eubakterium eine **Symbiose** eingegangen, indem der anaerobe Prokaryont das Eubakterium durch Endozytose aufgenommen hat. Das Eubakterium erhielt so eine zweite, äußere Membran, während die innere Membran seine eigene ist. Im Laufe der Evolution ging die Eigenständigkeit der beiden Partner verloren und sie entwickelten sich zum „modernen" Eukaryonten. Dabei wurde das Genom des eingewanderten Bakteriums immer kleiner. Heute enthält die mtDNA nur noch zwei rRNA-Gene, 22 tRNA-Gene und 13 Gene, die fast ausschließlich für Untereinheiten der Komplexe der Atmungskette kodieren. Alle anderen Proteine in den Mitochondrien werden von Genen im Zellkern kodiert und müssen nach ihrer Synthese im Zytoplasma in das Mitochondrium importiert werden. Heute geht man davon aus, dass es sich bei dem anaeroben Prokaryoten, der das Eubakterium phagozytiert hat, um ein Archäbakterium gehandelt hat. Dies steht im Einklang mit der schon länger bekannten Tatsache, dass die für das Vervielfältigen, Ablesen und Umsetzen der Erbinformation zuständigen Gene große Ähnlichkeit mit DNA-Sequenzen der Archaebakterien haben. Gene für den Stoffwechsel scheinen hingegen jüngeren bakteriellen Ursprungs zu sein.

5.4.2 Funktion

Innere Mitochondrienmembran

Eine der wichtigsten Aufgaben der Mitochondrien ist die Synthese und Bereitstellung von ATP durch die Atmungskette. Die **Komplexe der Atmungskette** sind in der inneren Mitochondrienmembran lokalisiert. Hier befinden sich auch die beiden Enzymkomplexe **ETF-Ubichinon-Oxidoreduktase** und **Glycerin-3-phosphat-Dehydrogenase**, die Elektronen über $FADH_2$ in die Atmungskette einspeisen, deren Funktion also mit der des Komplexes II (= Succinat-Dehydrogenase) vergleichbar ist (S. 181). Außerdem sitzt in der inneren Mitochondrienmembran der **Malat-Aspartat-Shuttle**, der die von NADH gebundenen Elektronen aus dem Zytosol ins Mitochondrium transportiert, damit sie dort in die Atmungskette eingespeist werden können.
Weitere Transporter der inneren Mitochondrienmembran sind (Abb. **B-5.5**):
- der **Malat-Citrat-Shuttle**, der aus Acetyl-CoA gebildetes Citrat aus der Matrix ins Zytosol transportiert. Dort wird Citrat wieder zu Acetyl-CoA umgesetzt, das zur Fettsäuresynthese (S. 234) eingesetzt wird. Im Austausch gegen Citrat wird Malat aus dem Zytosol in die Matrix transportiert und dort im Citratzyklus zu Oxalacetat umgesetzt (S. 123). Malat kann im Austausch gegen Phosphat die Matrix auch wieder verlassen (Abb. **B-5.5**).
- der **Pyruvat-Translokator** und der **Phosphat-Translokator**, die ihre Substrate beide im Austausch gegen OH^--Ionen in die mitochondriale Matrix transportieren.
- der **ADP/ATP-Translokator**, der ADP, das Substrat der ATP-Synthase, in die Matrix importiert und das Reaktionsprodukt ATP exportiert,
- die **Carnitin-Acylcarnitin-Translokase**, die aktivierte Fettsäuren in Form von Acylcarnitin aus dem Zytosol ins Mitochondrium schafft (S. 134),
- der **Ornithin/Citrullin-Translokator**, der Ornithin in das Mitochondrium hinein und Citrullin aus dem Mitochondrium hinaustransportiert (S. 153),
- **Calciumkanäle**, durch die Ca^{2+}-Ionen entlang des elektrochemischen Gradienten in die Matrix fließen. Die Transportrate ist von der Ca^{2+}-Konzentration im Zytosol abhängig. Bei Stimulation der Zelle (hohe Ca^{2+}-Konzentration im Zytosol) fließt durch diese Kanäle Ca^{2+} ins Mitochondrium.

B-5.5 Transportsysteme in der inneren Mitochondrienmembran

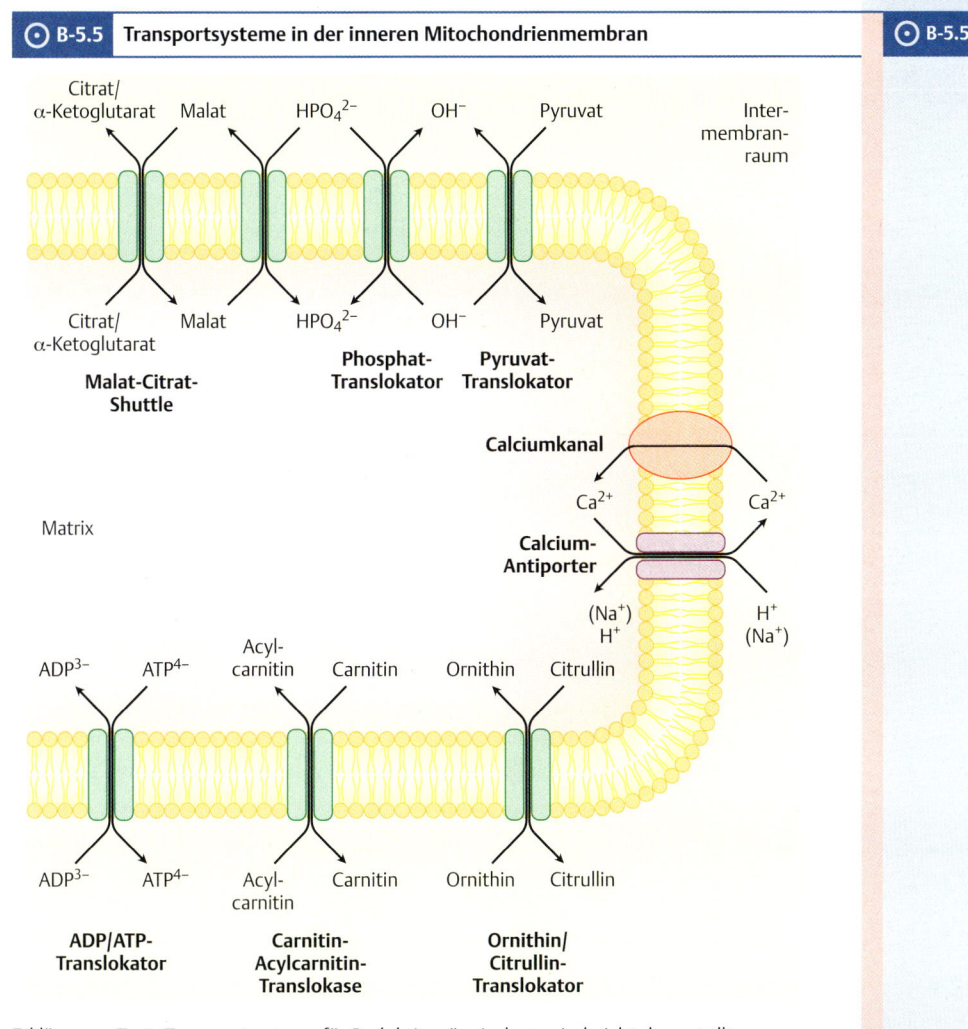

B-5.5

Erklärung s. Text. Transportsysteme für Reduktionsäquivalente sind nicht dargestellt.

- **Ca^{2+}-Na^+- oder H^+-Antiporter**, der mit konstanter Geschwindigkeit Ca^{2+} im Austausch gegen zwei Na^+ oder H^+ aus der Matrix ins Zytosol pumpt. Wenn die Ca^{2+}-Konzentration im Zytosol abfällt, trägt dieser Antiporter zur Wiederherstellung des Soll-Werts der zytosolischen Ca^{2+}-Konzentration bei.

Die Energie für die verschiedenen Transportvorgänge über die innere Mitochondrienmembran stammt aus dem **elektrochemischen Gradienten**, der über die Atmungskette aufrechterhalten wird. Dieser Gradient setzt sich aus einem Protonengradienten und dem Membranpotenzial über der inneren Mitochondrienmembran zusammen.

Die Energie für den Transport stammt aus dem **elektrochemischen Gradienten**, der durch die Atmungskette aufgebaut wird.

Mitochondriale Matrix

In der Matrix der Mitochondrien befinden sich der **Pyruvat-Dehydrogenase-Komplex**, die Enzyme des **Citratzyklus** und der **β-Oxidation** sowie die meisten Enzyme des **Harnstoffzyklus** und der **Hämbiosynthese**. Die Lokalisierung dieser Stoffwechselreaktionen in einem Kompartiment ist sinnvoll, da die dabei entstehenden Reduktionsäquivalente direkt in die Atmungskette an der inneren Mitochondrienmembran eingeschleust werden können. Die Succinatdehydrogenase, die $FADH_2$ synthetisiert, ist sogar Bestandteil des Komplexes II der Atmungskette.

Zudem ist die mitochondriale Matrix, ähnlich wie das Lumen des endoplasmatischen Retikulums, ein wichtiger **Calciumspeicher** der Zelle, der auf ein Signal schnell große Mengen Ca^{2+}-Ionen ins Zytosol abgeben kann (s. o.).

Mitochondriale Matrix

In der mitochondrialen Matrix laufen die Reaktionen der **Pyruvat-Dehydrogenase**, der **Citratzyklus**, die **β-Oxidation** sowie der Großteil des **Harnstoffzyklus** und der **Hämbiosynthese** ab.

Außerdem ist die mitochondriale Matrix ein **Calciumspeicher**.

5.4.3 Proteintransport ins Mitochondrium

Die meisten Proteine, die im Mitochondrium ihre Aufgabe erfüllen (z. B. die Enzyme des Citratzyklus), werden von Genen im Zellkern kodiert und im Zytosol synthetisiert. Da diese Proteine die beiden Membranen des Mitochondriums nicht einfach durchqueren können, gibt es für sie komplexe, aus mehreren Untereinheiten bestehende Transportsysteme. In der äußeren Membran sitzt **TOM** (Translocase of the outer Membrane), in der inneren Membran **TIM** (Translocase of the inner Membrane) (Abb. **B-5.6**). Die Proteine mit dem Bestimmungsort Mitochondrium erhalten bei der Proteinbiosynthese eine N-terminale Signalsequenz und werden von sog. **Chaperonen** (Hilfsproteinen) namens Hsp70 daran gehindert, sich zu falten. Die N-terminale Aminosäuresequenz faltet sich zu einer **amphiphilen Helix** (auch amphipathische Helix genannt). Diese amphiphile Helix wird von Rezeptorproteinen erkannt, die dann die Translokation über TOM und TIM einleiten. Die Translokation findet unter ATP-Verbrauch statt. Das negative Membranpotenzial über der inneren Mitochondrienmembran unterstützt zusammen mit den positiven Ladungen der Signalsequenz den Transport. Mitochondriale Chaperone (Hsp70) helfen dabei, das Protein in die Matrix zu transportieren. Anschließend spaltet eine Signalpeptidase die Signalsequenz ab, Hsp70 dissoziiert vom Protein ab und das Protein faltet sich zu seiner nativen Form (Abb. **B-5.6**).

B-5.6 Mitochondrialer Proteinimport

Mitochondriale Proteine, die aus dem Zytosol ins Mitochondrium gelangen müssen, werden mithilfe von **Chaperonen** (Hsp70) im entfalteten Zustand gehalten. Unter ATP-Verbrauch werden die Proteine dann über **TOM** (Translocase of the outer Membrane) und **TIM** (Translocase of the inner Membrane) in die mitochondriale Matrix geschleust. Mitochondriale Chaperone (Hsp70) helfen dabei, das Protein in die Matrix zu transportieren. Eine Signalpeptidase spaltet die Signalsequenz ab. Das Hsp70 dissoziiert vom Protein ab und dieses faltet sich in seinen nativen Zustand. Getrieben wird der Transport über die Potenzialdifferenz an der inneren Mitochondrienmembran.

5.5 Endoplasmatisches Retikulum

5.5.1 Aufbau

Das endoplasmatische Retikulum (ER) ist ein Membransystem, das wie ein Netzwerk aus Röhren und Zisternen die gesamte Zelle durchzieht. Es hat seine größte Dichte um den Zellkern herum. Dort steht es mit der Kernhülle (S. 376) in direkter Verbindung. Vom ER werden Vesikel abgeschnürt, die zum Golgi-Apparat wandern und mit dessen Zisternen fusionieren. Auf diese Weise stehen ER und Golgi-Apparat miteinander in Verbindung und bilden eine funktionelle Einheit, die den „Proteinverkehr" in der Zelle regelt (Abb. **B-5.7**): Proteine, die ihre Aufgabe nicht im Zytosol erfüllen, werden zu ihrer Synthese ins ER transloziert und modifiziert (s. u.). Anschließend gelangen sie in Vesikeln, die sich vom ER abschnüren, zum Golgi-Apparat, indem die Vesikel mit den Zisternen des *cis*-Golgi verschmelzen. Vom *cis*-Golgi

B 5.5 Endoplasmatisches Retikulum

B-5.7 Aufbau des ER und des Golgi-Apparats

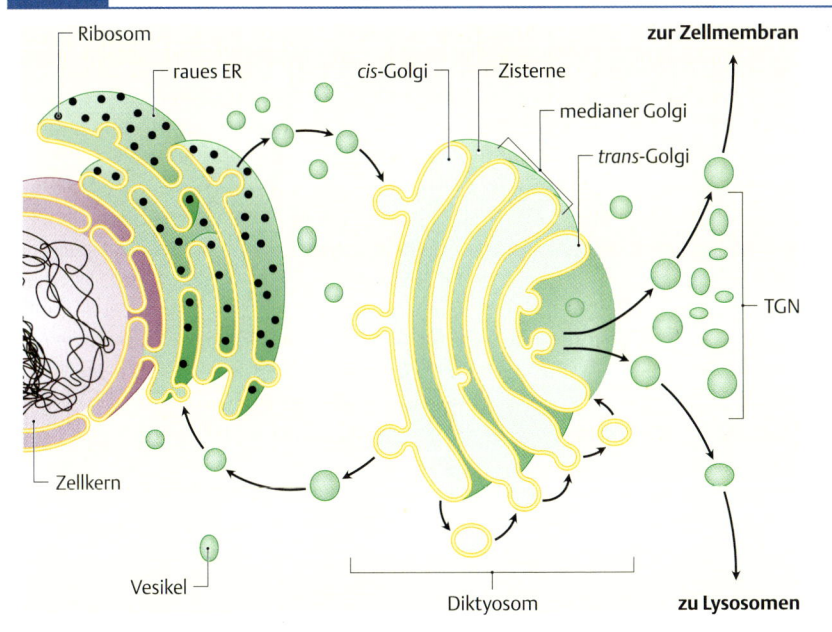

Proteine, die ihre Aufgabe nicht im Zytosol erfüllen, werden im ER synthetisiert und dort und im Golgi-Apparat modifiziert. Der Transport der Proteine zum Golgi-Apparat, zwischen den verschiedenen Bereichen des Golgi-Apparats und vom Golgi-Apparat zum Bestimmungsort erfolgt in Vesikeln. Den Transport von Vesikeln des Golgi-Apparats zurück zum ER nennt man retrograden Transport. TGN = Trans-Golgi-Netzwerk.

wandern die Proteine wiederum in Vesikeln zum *trans*-Golgi. Von dort gelangen sie dann über das Trans-Golgi-Netzwerk (TGN) an ihren endgültigen Bestimmungsort. Den Transport von Vesikeln des Golgi-Apparats zurück zum ER nennt man retrograden Transport (Abb. **B-5.9**).

Lagern sich an der zytoplasmatischen Seite des ER Ribosomen an, spricht man vom **rauen ER** (rER). Ribosomenfreies ER nennt man **glattes ER** (gER). Die beiden Formen des ER haben unterschiedliche Funktionen, lassen sich aber ineinander überführen.

Es gibt das **raue ER** (rER) und das **glatte ER** (gER). Sie haben unterschiedliche Funktionen.

5.5.2 Funktion

Raues ER

Am rauen ER werden die sog. **sekretorischen Proteine** synthetisiert. Sekretorische Proteine sind Proteine, die *nicht* für das Zytosol bestimmt sind. Sie durchlaufen den im Folgenden beschriebenen Weg, über den sie in die verschiedenen Kompartimente verteilt werden. Der Name „sekretorisch" kommt daher, dass die ersten beschriebenen Proteine dieser Art extrazellulär lokalisierte Proteine waren, also von der Zelle „sekretiert" wurden.

Sekretorische Proteine haben an ihrem N-Terminus eine Signalsequenz, die von einem Signal Recognition Particle, SRP (S. 488), erkannt und gebunden wird. Das SRP dirigiert dann den Komplex aus mRNA, Ribosom und naszierender Proteinkette zum ER, wo sich das Ribosom über den SRP-Rezeptor an das ER anlagert. Das ER wird dadurch zum rauen ER. Die naszierende Proteinkette wird über einen Proteinkomplex durch die ER-Membran hindurch in das Lumen des ER hineinsynthetisiert (S. 488). Dort wird die Signalsequenz abgespalten und das Protein noch während der Synthese mit einem Kohlenhydratgrundgerüst versehen (S. 359). Nach Beendigung der Synthese und nach korrekter Faltung wird das Protein in Vesikel verpackt, die sich vom ER abschnüren und zum Golgi-Apparat wandern. Die Abschnürung der Vesikel aus dem ER erfolgt mithilfe der kleinen G-Proteine **Sar1** und **Rab** und des **Coating Proteins II** (**COPII**, Abb. **B-5.8**), das wie das Clathrin der endozytotischen Vesikel (S. 368) eine Hülle um das Vesikel bildet. Kurz nach Abschnürung der Membran fällt das COPII wieder vom Vesikel ab.

5.5.2 Funktion

Raues ER

Das raue ER dient der Biosynthese **sekretorischer** (= nicht für das Zytosol bestimmter) **Proteine**. Sie werden **in das Lumen des ER** hineinsynthetisiert, dort glykosyliert und dann über Vesikel zum Golgi-Apparat weitertransportiert. Die Abschnürung der Vesikel aus dem ER erfolgt mithilfe der kleinen G-Proteine **Sar1** und **Rab** und des **Coating Proteins II** (**COPII**, Abb. **B-5.8**).

B-5.8 Bildung von COPII-Vesikeln am ER

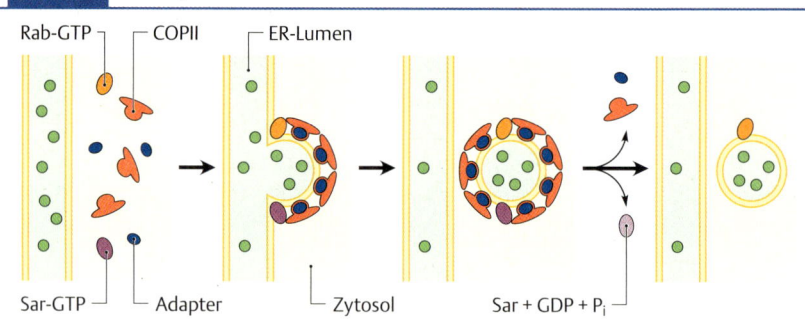

Rab-GTP — COPII — ER-Lumen

Sar-GTP — Adapter — Zytosol — Sar + GDP + P$_i$

Die Abschnürung der Vesikel von der ER-Membran erfolgt über COPII-Moleküle, die zusammen mit Adapterproteinen die Membran zur Ausstülpung zwingen. Als weiteres Protein ist daran das kleine G-Protein Sar beteiligt. Sobald sich das Vesikel abgeschnürt hat, fällt die COPII-Hülle wieder ab und das Vesikel wandert zum Golgi-Apparat, wo es mithilfe des kleinen G-Proteins Rab mit den Membranen der *cis*-Zisternen fusioniert. v-SNARE und t-SNARE (Abb. **B-4.8**) sind hier der Einfachheit halber nicht eingezeichnet.

Funktionsunfähige Proteine werden wieder aus dem ER ins Zytosol hinaustransportiert, **ubiquitiniert** und dann vom **Proteasom** abgebaut.

Die Proteinbiosynthese unterliegt einer strengen **Qualitätskontrolle**. Proteine, die nicht richtig gefaltet sind oder die ihre Funktion nicht erfüllen, werden wieder aus dem ER-Lumen ins Zytosol zurücktransportiert und mit dem kleinen Protein Ubiquitin konjugiert. Die so markierten Proteine werden dann zum **Proteasom** (S. 390) transportiert und dort abgebaut.

Glattes ER

Im glatten ER finden unterschiedliche **Reaktionen** statt:
- Phospholipidbiosynthese (Membranbiosynthese)
- Prostaglandinsynthese
- Cholesterinbiosynthese
- Steroidhormonbiosynthese
- Biotransformation
- Glucose-6-Phosphatase-Reaktion

Außerdem dient es als **Ca^{2+}-Speicher**.

Glattes ER

Das glatte ER unterscheidet sich vom rauen ER dadurch, dass an ihm keine Ribosomen angelagert sind. Es dient demzufolge auch nicht der Proteinbiosynthese. Das glatte ER hat folgende Funktionen:
- Auf der zytosolischen Seite des glatten ER findet die **Phospholipidbiosynthese** statt. Hier werden Membranen neu synthetisiert (S. 357) und über verschiedene Mechanismen zu ihren Zielmembranen transportiert (S. 367).
- Die **Synthese der Prostaglandine** aus Arachidonsäure findet ebenfalls auf der zytosolischen Seite der Membran des glatten ER statt.
- Einige Schritte der **Cholesterinbiosynthese** (S. 354) und die meisten Schritte der **Steroidhormonbiosynthese** laufen im Lumen des glatten ER ab.
- In der Leber findet im glatten ER auch die **Biotransformation** (S. 739) statt.
- Der letzte Schritt der Gluconeogenese, die **Glucose-6-Phosphatase-Reaktion**, findet ebenfalls im glatten ER statt.
- Das glatte ER dient als **Ca^{2+}-Speicher** der Zelle (wie auch die Mitochondrien, s. o.). In Muskelzellen wird das ER auch sarkoplasmatisches Retikulum (SR) genannt. Die Calciumspeicherung ist dort seine wichtigste Funktion.

5.6 Golgi-Apparat

Der Golgi-Apparat und das ER bilden eine funktionelle Einheit, die Proteine und Membranlipide synthetisiert und modifiziert.

5.6 Golgi-Apparat

Wie im vorangegangenen Abschnitt bereits erwähnt, bilden das ER und der Golgi-Apparat eine funktionelle Einheit: Im ER werden Proteine und Membranlipide synthetisiert und modifiziert, dann in Vesikeln zum Golgi-Apparat transportiert und dort weiter modifiziert. Vom Golgi-Apparat aus erreichen sie dann ihren endgültigen Bestimmungsort innerhalb oder außerhalb der Zelle.

5.6.1 Aufbau

Der Golgi-Apparat besteht aus **flachen**, übereinandergestapelten **Zisternen** und umgebenden **Membranvesikeln**.

5.6.1 Aufbau

Der Golgi-Apparat besteht aus Stapeln von **flachen Zisternen**, also membranumgebenen Scheibchen, die von zahlreichen kleinen **Membranvesikeln** umgeben sind (Abb. **B-5.7**). Eine solche Einheit aus Zisternenstapel und Vesikeln nennt man auch Diktyosom.

▶ **Definition.** Ein **Diktyosom** besteht aus einem Stapel von Golgi-Zisternen und den umgebenden Vesikeln. Der **Golgi-Apparat** einer Zelle dagegen ist die Gesamtheit aller in dieser Zelle enthaltenen Diktyosomen.

In den meisten Zellen schließt sich der Golgi-Apparat an das ER an. Seine dem ER zugewandte Seite wird als *cis*-Golgi bezeichnet. Dort kommen die Vesikel aus dem ER an und fusionieren mit den Zisternen. Die der Zellmembran zugewandte Seite ist der *trans*-Golgi. Auf dieser Seite werden die Proteine in Vesikel verpackt und über das **Trans-Golgi-Netzwerk** (TGN) an ihre Zielorte verschickt. Zwischen *cis*- und *trans*-Seite des Golgi-Apparats befindet sich der **mediane Golgi**. Der Golgi-Apparat besteht also aus drei verschiedenen Kompartimenten.

5.6.2 Funktion

Der Golgi-Apparat hat zwei wichtige Funktionen: Zum einen wird dort die **Glykosylierung der Proteine und Membranlipide** (S. 359) beendet, die im ER bereits begonnen hat. Zum anderen ist der Golgi-Apparat eine Art **Relaisstation**, die die verschiedenen **Proteine sortiert**, ihnen eine Adresse verpasst und sie dann an ihren Bestimmungsort schickt.

Glykosylierung von Proteinen und Membranlipiden

Im ER erhalten sekretorische Proteine bereits während ihrer Synthese an bestimmten Aminosäureresten eine Glykosylierung (S. 359). Erreichen diese glykosylierten Proteine über Membranvesikel den Golgi-Apparat, wandern sie vom *cis*-Golgi über den medianen Golgi zum *trans*-Golgi, wobei ihnen **Glykosyltransferasen** weitere Kohlenhydratreste übertragen. Jedes Kompartiment enthält Transferasen, die für bestimmte Zucker spezifisch sind. Auf der *cis*-Seite des Golgi-Apparats sind z. B. **N-Acetylglucosamintransferasen** lokalisiert. Im medianen Golgi sitzen **Galaktosyltransferasen** und im *trans*-Golgi sind es **Sialinsäuretransferasen**. Diese Enzyme sind gleichzeitig die Leitenzyme für die verschiedenen Golgi-Kompartimente. Da die einzelnen Zisternen des Golgi-Apparates nicht direkt miteinander in Verbindung stehen, wandern die Proteine in Vesikeln von Zisterne zu Zisterne.
Auch Membranlipide erhalten auf diese Weise ihre endgültige Glykosylierung.

Proteinsortierung

Alle Proteine, die ihre Aufgabe nicht im Zytosol erfüllen, erreichen während ihrer Synthese den Golgi-Apparat. Der Golgi-Apparat ist eine Art **Relaisstation** in der Zelle, der den **Proteinverkehr** (engl. protein trafficking) regelt. Im Golgi-Apparat werden Proteine an spezifischen Signalen erkannt oder mit spezifischen Signalen versehen, anhand derer sie entsprechend ihrer Bestimmung in der Zelle verteilt werden.

Sekretorische Proteine

Alle sekretorischen Proteine, die kein spezifisches Signal enthalten, werden in Vesikel verpackt, vom *trans*-Golgi abgeschnürt und über das TGN zur **Zellmembran** transportiert. Dabei helfen das kleine G-Protein **Arf** und **Clathrin**, die Vesikel zu bilden und abzuschnüren. Nach der Abschnürung fällt die Clathrinhülle wieder von den Vesikeln ab. Die Vesikel fusionieren mit der Zellmembran und geben ihren Inhalt nach außen ab. Viele Vesikel fusionieren nicht sofort mit der Zellmembran, wenn sie dort ankommen, sondern warten auf ein Signal von außen, das sie dann mit der Membran fusionieren und ihren Inhalt ausschütten lässt, sog. getriggerte Exozytose (S. 368). Zum Beispiel wird Insulin so ins Blut abgegeben.

Integrale Membranproteine

Integrale Membranproteine werden bereits bei der Synthese im ER in die Membran eingebaut und bleiben während ihrer gesamten Reifung im Golgi-Apparat und beim Transport zur Zielmembran in der jeweiligen Membran integriert. Bei der Fusion der Vesikel mit der Zielmembran werden die integralen Proteine in die Membran entlassen.

▶ **Definition.**

Der Golgi-Apparat hat drei Kompartimente: ***cis*-, medianer** und ***trans*-Golgi**. Die *cis*-Seite ist immer dem ER zugewandt. Zwischen *trans*-Golgi und Zellmembran befindet sich das **Trans-Golgi-Netzwerk**.

5.6.2 Funktion

Im Golgi-Apparat werden **Proteine und Membranlipide glykosyliert** und **Proteine sortiert**.

Glykosylierung von Proteinen und Membranlipiden

In den Golgi-Kompartimenten sitzen spezifische **Glykosyltransferasen**, die kovalent Monosaccharidreste auf die Kohlenhydratketten der Proteine und Membranlipide übertragen. Dazu gehören:
- N-Acetylglucosamintransferasen
- Galaktosyltransferasen
- Sialinsäuretransferasen

Proteinsortierung

Der Golgi-Apparat ist die **Relaisstation** in der Zelle, die den **Proteinverkehr** regelt.

Sekretorische Proteine

Sekretorische Proteine werden zur **Zellmembran** dirigiert. Dort werden sie durch Exozytose sezerniert.

Integrale Membranproteine

Diese werden cotranslational in die ER-Membran eingebaut und bleiben in der Vesikel- bzw. Golgi-Membran, bis sie ihre Zielmembran erreichen.

B 5 Zellorganellen

Lysosomale Proteine

Lysosomale Proteine (wie z. B. die saure Phosphatase, s. u.) erhalten im *trans*-Golgi einen spezifischen **Mannose-6-Phosphatrest**, der vom membrangebundenen **Mannose-6-Phosphat-Rezeptor** auf der luminalen Seite des *trans*-Golgi erkannt und gebunden wird. Gebunden an den Mannose-6-phosphat-Rezeptor werden die Proteine in Vesikeln vom *trans*-Golgi abgeschnürt (primäre Lysosomen) und fusionieren im Zytoplasma mit Endosomen zu sekundären Lysosomen (Abb. **B-5.11**).

ER-residente Proteine

Proteine, die ihre Funktion im ER ausüben, sog. **ER-residente Proteine**, gelangen ebenfalls in den Golgi-Apparat, da es keinen Mechanismus gibt, der sie im ER zurückhält. Allerdings enthalten diese Proteine an ihrem C-terminalen Ende die Aminosäuresequenz Lys-Asp-Glu-Leu (im Einbuchstaben-Code: KDEL). Diese Sequenz wird vom **KDEL-Rezeptor**, der in der Membran aller drei Golgi-Kompartimente sitzt, erkannt und gebunden. Die Rezeptoren schnüren sich mit ihrem gebundenen Substrat in Vesikeln ab, die zum ER wandern und dort mit der ER-Membran fusionieren (retrograder Transport). Die Rezeptoren entlassen ihre Fracht in das ER-Lumen und werden wiederum in Vesikeln zum Golgi-Apparat zurücktransportiert.

Im Gegensatz zu den Vesikeln, die vom ER abgeschnürt werden und COPII als Hülle tragen, wird die Bildung der Vesikel, die die ER-residenten Proteine aus dem Golgi-Apparat zum ER zurücktransportieren, von **Coating Protein I (COPI)** vermittelt (Abb. **B-5.9**). Der Mechanismus ist derselbe wie bei den COPII-Vesikeln. Die Energie für das Abschnüren der COPI-Vesikel und für ihre Fusion mit der Zielmembran wird durch die beiden kleinen G-Proteine **Sar1** und **Arf** zur Verfügung gestellt. Auch das COPI-Protein fällt kurz nach Abschnürung der Vesikel wieder von diesen ab. Tab. **B-5.1** gibt einen Überblick über die Proteine, die an der Bildung der verschiedenen Vesikel beteiligt sind.

Lysosomale Proteine (Randspalte)

Diese erhalten im Golgi-Apparat einen **Mannose-6-Phosphatrest**, der vom **Mannose-6-Phosphat-Rezeptor** gebunden wird. In Vesikeln gelangen sie dann zu Endosomen, mit denen sie fusionieren.

ER-residente Proteine (Randspalte)

ER-residente Proteine, die das ER verlassen haben, werden über den **KDEL-Rezeptor** vom Golgi-Apparat in Vesikeln zurück zum ER gebracht.

Der Mechanismus der Vesikelbildung ist in Abbildung Abb. **B-5.9** dargestellt. Tab. **B-5.1** zeigt die Proteine, die an der Vesikelbildung beteiligt sind.

B-5.9 Rückführung ER-residenter Proteine aus dem Golgi-Apparat

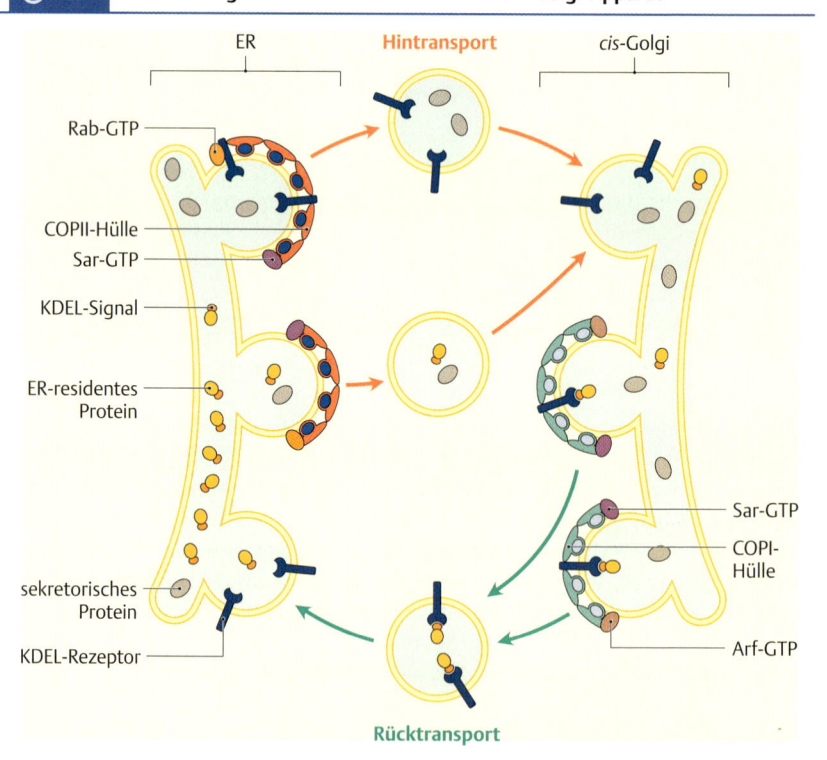

KDEL-Rezeptoren in den Membranen des Golgi-Apparates erkennen und binden die Aminosäuresequenz KDEL am C-Terminus ER-residenter Proteine. Die Rezeptoren werden zusammen mit ihrer Fracht und mithilfe von COPI vom Golgi-Apparat abgeschnürt und zum ER transportiert. Im Lumen des ER herrscht ein neutralerer pH-Wert als im Golgi-Apparat und die Proteine dissoziieren vom Rezeptor ab. Der Rezeptor gelangt über COPII-Vesikel wieder zurück zum Golgi-Apparat.

B-5.1 Überblick über die Cofaktoren bei der Vesikelbildung

Weg des Vesikels	Hilfsproteine	Coating-Protein
ER → Golgi-Apparat	Rab, Sar1	COPII
Golgi-Apparat → ER (= retrograder Transport)	Sar1, Arf	COPI
Golgi-Apparat → Zellmembran	Arf, Adaptine	Clathrin
Golgi-Apparat → Lysosom	Arf, Adaptine	Clathrin
Zellmembran → Endosom (= rezeptorvermittelte Endozytose)	Arf, Adaptine	Clathrin

▶ **Merke.** ER und Golgi-Apparat sind die beiden wichtigsten Stationen des Membranfluss-Systems in der Zelle. Jedes Protein, das nicht im Zytosol lokalisiert ist, durchläuft diese Stationen und wird von dort aus an seinen Bestimmungsort gebracht.

5.7 Lysosomen

Lysosomen sind die **Recycling-Stationen** der Zelle. In ihnen findet die Verdauung von Makromolekülen und Partikeln statt, die entweder aus der Zelle selbst stammen oder die durch Endozytose aufgenommen wurden.

5.7.1 Aufbau

Lysosomen sind kleine Vesikel, die von einer **einfachen Membran** umgeben sind. Ihre Größe ist variabel und liegt zwischen 0,1 und 1 μm. Sie besitzen in ihrer Membran eine **H$^+$-ATPase**, die unter ATP-Verbrauch Protonen in das Innere des Lysosoms pumpt. Dadurch erreicht das innere Milieu des Lysosoms einen **pH-Wert von 5**. Dieser niedrige pH-Wert ist nötig, da die im Lysosom lokalisierten Enzyme erst bei diesem pH-Wert optimal arbeiten.

Bei den lysosomalen Enzymen handelt es sich durchweg um **saure Hydrolasen**:
- Proteasen
- Glykosidasen
- DNAsen und RNAsen
- Lipasen
- Phosphatasen (die saure Phosphatase ist das Leitenzym des Lysosoms)
- Sulfatasen
- Lysozym

Diese Enzyme durchwandern während ihrer Synthese (wie alle nichtzytosolischen Proteine) das ER und den Golgi-Apparat. Im Golgi-Apparat erhalten sie einen Mannose-6-Phosphatrest, der für ihre Sortierung in die Lysosomen zuständig ist (S. 386).

5.7.2 Funktion

Die Lysosomen dienen dem **enzymatischen Abbau von Makromolekülen und anderer größerer Partikel**, die die Zelle entweder von außen über Endozytose aufgenommen (S. 368) hat oder den Lysosomen über Vesikel angeliefert hat. Mit den sauren Hydrolasen ist im Lysosom der Abbau aller Stoffgruppen möglich. Insbesondere das Lysozym erlaubt den Abbau des Peptidoglykans der Zellwand von Bakterien, die z. B. von Makrophagen aufgenommen worden sind. Die molekularen Abbauprodukte werden ins Zytosol abgegeben und dort weiterverwertet.

▶ Klinik.

▶ **Klinik.** Bei **lysosomalen Speicherkrankheiten** besteht aufgrund eines Gendefekts ein Mangel an lysosomalen Enzymen, sodass deren Substrate in den Lysosomen akkumulieren. Zu dieser Gruppe von Erkrankungen gehören u. a.

- **Sphingolipidosen** wie der **Morbus Tay-Sachs** oder der **Morbus Niemann-Pick** (S. 357). Beim Morbus Tay-Sachs kann das Gangliosid GM2, ein Bestandteil der Plasmamembran von Nervenzellen im ZNS, wegen Mangels an Hexosaminidase A nicht abgebaut werden. Die Akkumulation des Gangliosids führt zu Zelluntergang und Demyelinisierung, die sich in Muskelschwäche und Sehverlust infolge Optikusatrophie äußern. Häufig findet sich, wie auch bei Morbus Nieman-Pick, ein kirschroter Fleck der Makula (des Gebiets um die Fovea centralis).
- **Mukopolysaccharidosen**, also Störungen des Abbaus von Glykosaminoglykanen: Ein Beispiel ist der **Morbus Pfaundler-Hurler**. Hier führt der Mangel an lysosomaler α-L-Iduronidase zur Akkumulation von Heparan- und Dermatansulfat in Nervenzellen des ZNS und in Mesenchymzellen. Symptome sind Wachstums- und geistige Retardierung sowie Veränderungen des Gesichtsschädels und des Skeletts (Abb. **B-5.10**).
- **Glykogenosen** wie z. B. Morbus Pompe.

⊙ **B-5.10** 6-jähriges Kind mit typischen Merkmalen des Morbus Pfaundler-Hurler

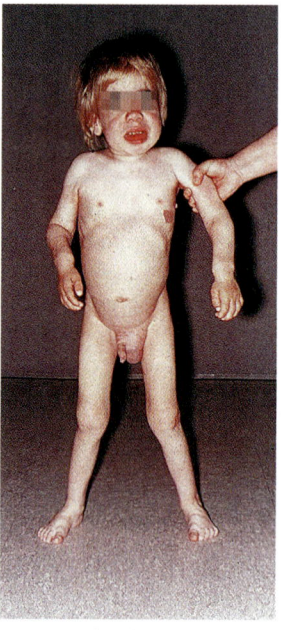

(aus Sitzmann, Duale Reihe Pädiatrie, Thieme, 2007)

Diese Merkmale sind Wachstumsretardierung, ein vergrößerter Gesichtsschädel (Makrozephalus) mit vergröberten Gesichtszügen und großer Zunge, Leistenhernie und X-Beine

In **Antigen präsentierenden Zellen** werden in späten Endosomen die **MHC-II-Antigen-Komplexe** gebildet und dann an die Zelloberfläche transportiert. Nicht präsentierte Antigenfragmente werden in Lysosomen abgebaut.

Späte Endosomen und Lysosomen spielen auch eine Rolle bei der **Präsentation von Antigenen** zusammen mit dem **MHC-II-Protein** (S. 701). Phagozytierte Antigene werden in späten Endosomen fragmentiert. Diese Fragmente bilden mit dem MHC-II-Protein in der Membran des Endosoms einen Komplex. Die Membran mit dem MHC-II-Antigen-Komplex wird vom Rest des Endosoms abgeschnürt und wandert zur Zelloberfläche, wo der MHC-II-Antigen-Komplex durch Fusion in die Zellmembran eingebaut wird. Die Antigenfragmente, die nicht zur Präsentation verwendet werden, werden in den Lysosomen weiter abgebaut und die einzelnen Aminosäuren ins Zytosol abgegeben.

5.7.3 Biogenese

Vom Golgi-Apparat werden **primäre Lysosomen** abgeschnürt, die mit einem **Endosom** verschmelzen (Abb. **B-5.11**). Sie werden dabei zum **reifen sekundären Lysosom**. Die Mannose-6-phosphat-Rezeptoren in der Membran des Lysosoms werden zum Golgi-Apparat zurückgeführt.

5.7.3 Biogenese

Lysosomen entstehen als **primäre Lysosomen**, die direkt vom Golgi-Apparat abgeschnürt werden (Abb. **B-5.11**). Sie enthalten lysosomale Enzyme, die am Mannose-6-phosphat-Rezeptor in der Membran des primären Lysosoms gebunden sind. Während der Reifung des primären Lysosoms fällt der pH-Wert im Lumen durch die Aktivität der H$^+$-ATPase in der Lysosomenmembran. Dadurch diffundieren die Enzyme vom Rezeptor ab. Das primäre Lysosom fusioniert mit einem **Endosom**, das z. B. aus

B-5.11 Biogenese von Lysosomen

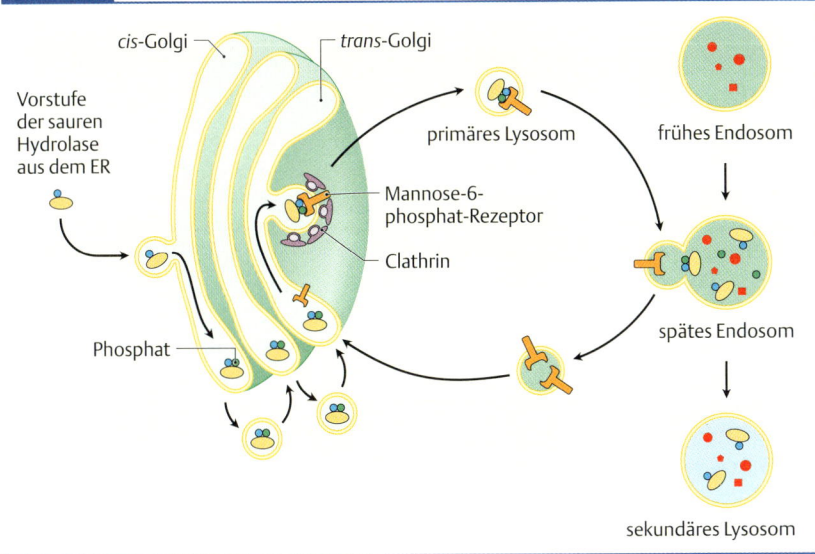

Der Mannose-6-Phosphat-Rezeptor in den Membranen des *trans*-Golgi erkennt und bindet Mannose-6-Phosphat, das lysosomale Enzyme (hier die saure Hydrolase) als Marker tragen. Vesikel mit diesen Rezeptoren und ihrer Fracht schnüren sich mithilfe von Clathrin ab (S. 368) und werden zum primären Lysosom. Das primäre Lysosom fusioniert mit einem frühen Endosom, das z. B. durch Endozytose entstanden ist (S. 368), zum späten Endosom. Im sauren Milieu des späten Endosoms dissoziiert die saure Hydrolase vom Mannose-6-Phosphat-Rezeptor ab und wird zur reifen Hydrolase prozessiert. Der Mannose-6-Phosphat-Rezeptor wandert in Vesikeln zum Golgi-Apparat zurück.

einem Endozytosevesikel entstanden ist. Die Mannose-6-phosphat-Rezeptoren werden durch Abknospung wieder dem Golgi-Apparat zugeführt. Im jetzt **reifen sekundären Lysosom** kann der Abbau stattfinden.

5.8 Peroxisomen

Peroxisomen sind die **Entgiftungsstationen** der Zelle. In ihnen finden **oxidative Vorgänge** statt, bei denen oft Wasserstoffperoxid (H_2O_2) entsteht.

5.8.1 Aufbau

Peroxisomen sind kleine Vesikel, die von einer **einfachen Membran** umgeben sind. Sie haben die gleiche Größe wie Lysosomen (ca. 0,1 – 1 μm). Sie enthalten **Oxidasen** und eine **Katalase**, beides Enzyme, die eine Hämgruppe enthalten. Diese beiden Enzyme sind auch Leitenzyme der Peroxisomen.

5.8.2 Funktion

Die peroxisomalen Oxidasen oxidieren verschiedene organische Reste nach folgendem Reaktionsschema:

$$R - H_2 + O_2 \rightarrow R + H_2O_2$$

H_2O_2 ist ein starkes Zellgift und wird deshalb sofort von der **Katalase** (einer Peroxidase) in Wasser umgewandelt:

$$2H_2O_2 \rightarrow 2H_2O + O_2$$

Außerdem enthalten Peroxisomen die Enzyme für die **β-Oxidation** der Fettsäuren. Deshalb findet der Fettsäureabbau zu einem geringen Teil auch in den Peroxisomen statt. Vor allem Fettsäuren, die mehr als 18 C-Atome enthalten, werden hier abgebaut.
Eine wichtige biosynthetische Funktion der Peroxisomen ist der erste Schritt bei der **Biosynthese der Plasmalogene**. Plasmalogene sind die häufigsten Phospholipide in den Myelinscheiden der Nervenzellen.

5.8.3 Biogenese

Die Vorstellung über die Biogenese der Peroxisomen hat sich in den letzten Jahren mehrmals geändert. Das zur Zeit anerkannte Modell besagt, dass Peroxisomen nicht de novo entstehen, sondern sich durch **Vergrößerung** und anschließende **Teilung** bilden. Die Vergrößerung geschieht durch **Einbau einzelner Lipide** in die Peroxisomenmembran, aber auch durch **Fusion mit Vesikeln**, die aus dem ER stammen und integrale Proteine für die Membran der Peroxisomen anliefern.

5.8 Peroxisomen

Peroxisomen sind die **Entgiftungsstationen** der Zelle.

5.8.1 Aufbau

Peroxisomen sind von einer **einfachen Membran** umgeben und enthalten **oxidative Enzyme**.

5.8.2 Funktion

Peroxisomen entgiften die Zelle durch **Oxidasen** und die **Katalasereaktion**. Außerdem findet in ihnen **die β-Oxidation** der **längerkettigen** Fettsäuren und der erste Schritt der **Plasmalogenbiosynthese** statt.

5.8.3 Biogenese

Peroxisomen wachsen durch **Einbau von** einzelnen **Lipidmolekülen** in ihre Membran und durch Fusion mit Vesikeln aus dem ER, die integrale Membranproteine für die Peroxisomenmembran anliefern. Sie gehen durch **Teilung** auseinander hervor.

Peroxisomale Proteine werden an freien Ribosomen im Zytosol synthetisiert und enthalten eine Aminosäuresequenz, die als Importsignal fungiert. Die Proteine werden aus dem Zytosol über spezifische Transportmechanismen direkt in die Peroxisomen aufgenommen. Auch die Hämgruppen für die Katalase und die Oxidasen werden aus dem Zytosol importiert. Die Enzyme werden erst im Peroxisom fertig gestellt.

▶ **Klinik.** Beim **Zellweger-Syndrom** ist die Bildung der Peroxisomen gestört, sodass sämtliche peroxisomalen Stoffwechselwege ausfallen. Die betroffenen Kinder fallen frühzeitig durch eine generalisierte Muskelschwäche auf.

5.9 Proteasom

Das Proteasom ist kein Zellorganell, sondern ein **Proteinkomplex**, der frei im Zytosol vorkommt. Er dient dem Abbau falsch gefalteter, nicht funktionsfähiger oder alter Proteine. Auch virale Proteine werden dort abgebaut und für die Präsentation mit MHC-I-Protein vorbereitet (S. 700).

Im Elektronenmikroskop ist das Proteasom als distinkte Einheit zu erkennen. Seine Größe wird, ähnlich wie bei den Ribosomen, in Svedberg-Einheiten (S, Sedimentationskonstante) angegeben.

5.9.1 Aufbau

Das Proteasom besteht aus **zwei regulatorischen 19S-Komplexen** und **einem katalytischen 20S-Komplex**. Zusammen bilden diese Komplexe das **26S-Proteasom**, das für Eukaryonten charakteristisch ist.

Der Aufbau des Proteasoms ist in Abb. **B-5.12** gezeigt. Die beiden 19S-Komplexe sitzen jeweils wie eine Kappe (Cap) auf den beiden Seiten des 20S-Kernkomplexes (Core). Der 20S-Kernkomplex ist eine hohlzylindrische Struktur, die sich aus 4 übereinander gelagerten Ringen mit jeweils 7 Untereinheiten aufbaut. Die äußeren Ringe bestehen aus 7 verschiedenen α-Untereinheiten, die inneren Ringe aus jeweils 7 verschiedenen β-Untereinheiten. Im Zentrum des Kanals, der die Längsachse des Komplexes durchspannt, liegen die proteolytisch aktiven Zentren.

⊙ **B-5.12 Aufbau des Proteasoms**

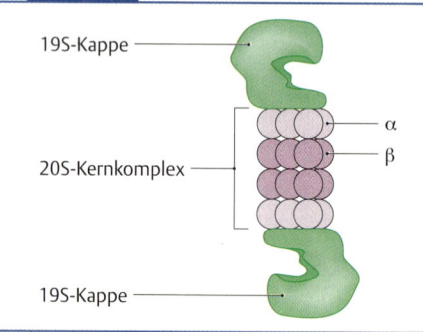

Das 26S-Proteasom ist ein Proteinkomplex, dessen katalytischer 20S-Kernkomplex einen Kanal aus 4 Ringen zu je 7 Untereinheiten darstellt. Die äußeren Ringe enthalten α-Untereinheiten, die inneren Ringe β-Untereinheiten. Auf jeder Seite des Kanals sitzt eine regulatorische Untereinheit, die 19S-Kappe.

5.9.2 Funktion

Das Proteasom kommt sowohl im Zytoplasma als auch im Kern vor. Es ist eine **ATP-abhängige Protease**. Diese baut Proteine ab, die in der Zelle nicht mehr gebraucht werden. Dazu gehören z. B. folgende Proteine:

- **Regulatorische Proteine**, die inaktiviert werden müssen: So werden die G_1- und S-Zykline am Ende der G_1- bzw. S-Phase des Zellzyklus (S.528) durch das Proteasom abgebaut und so aus dem Verkehr gezogen.
- **Falsch gefaltete Proteine**: Proteine, die sich während ihrer Synthese und cotranslationalen Modifikation im ER nicht in ihre richtige Konformation falten, werden von Chaperonen (Hilfsproteinen) gebunden, ins Zytosol transportiert und dort vom Proteasom abgebaut.
- **Nicht funktionsfähige Proteine:** Proteine können trotz richtiger Faltung funktionsunfähig sein. So kann eine Punktmutation im aktiven Zentrum eines Enzyms seine Funktion zunichte machen. Diese defekten Enzyme sammeln sich in der Zelle an und werden schließlich vom Proteasom abgebaut.

- Infolge einer Virusinfektion in der Zelle vorhandene **virale Proteine** werden vom Proteasom in kleinere Fragmente zerlegt. Diese werden dann ins ER transportiert, dort mit MHC-I-Komplexen (S. 694) verknüpft und zur Zelloberfläche transportiert. Dort werden sie präsentiert, damit die infizierte Zelle vom Immunsystem erkannt und eliminiert werden kann.

5.9.3 Das Ubiquitinsystem

Fast alle Proteine, die durch das Proteasom abgebaut werden, werden vorher entsprechend „markiert", damit sie vom Proteasom als Substrat erkannt werden. Diese Markierung erfolgt durch das Anhängen von **Polyubiquitinketten** an das Substrat. **Ubiquitin** ist ein kleines, in Eukaryontenzellen evolutionär hoch konserviertes Protein mit 76 Aminosäuren, das überall vorkommt (daher der Name).

Die Ubiquitinierung von Substratproteinen wird von einem komplexen Enzymsystem, dem **Ubiquitinsystem**, durchgeführt: Dieses besteht aus Ubiquitin aktivierenden Enzymen **(E1)**, Ubiquitin konjugierenden Enzymen **(E2)** und Substraterkennungsproteinen **(E3)**. Jede dieser drei Enzymklassen hat mehrere Vertreter, sodass unterschiedliche Kombinationen dieser Vetreter eine spezifische Substraterkennung gewährleisten.

Zuerst wird Ubiquitin durch das E1-Enzym unter ATP-Verbrauch aktiviert (Abb. **B-5.13**). Dabei wird das Ubiquitin über eine **Thioesterbindung** (ähnlich wie im Acetyl-CoA) kovalent an **E1** gebunden. Vom E1-Enzym wird das Ubiquitin auf eine SH-Gruppe an einem **E2**-Enzym übertragen. Dieses E2-Enzym bildet einen Komplex mit einem **E3**-Enzym, das für die **Erkennung** des abzubauenden Proteins (des Substrats) verantwortlich ist. Das Substrat bindet an E3 und dieses übernimmt das Ubiquitin von E2 und überträgt es auf das Substrat. Diese Reaktionen laufen mehrmals hintereinander ab. Dabei wird das nächste Ubiquitin auf das vorhergehende übertragen, sodass schließlich eine **Polyubiquitinkette** entsteht. Diese Polyubiquitinkette wird spezifisch von den regulatorischen 19S-Cap-Komplexen des 26S-Proteasoms erkannt und gebunden. Anschließend wird das Substrat entfaltet, zu den aktiven Zentren des 20S-Kernkomplexes transportiert und dort proteolytisch abgebaut.

5.9.3 Das Ubiquitinsystem

Fast alle vom Proteasom abzubauenden Proteine werden durch Anhängen von **Polyubiquitinketten** „markiert", damit sie vom Proteasom als Substrat erkannt werden.

Das **Ubiquitinsystem** ist ein System aus **drei Enzymklassen (E1 bis E3)**, die das kleine Protein **Ubiquitin** auf das Proteasomsubstrat übertragen.

Den Mechanismus der Ubiquitinierung zeigt Abb. **B-5.13**. Die resultierende Polyubiquitinkette wird von den 19S-Komplexen des 26S-Proteasoms gebunden. Anschließend wird das Substrat entfaltet, zu den aktiven Zentren des 20S-Kernkomplexes transportiert und proteolytisch abgebaut.

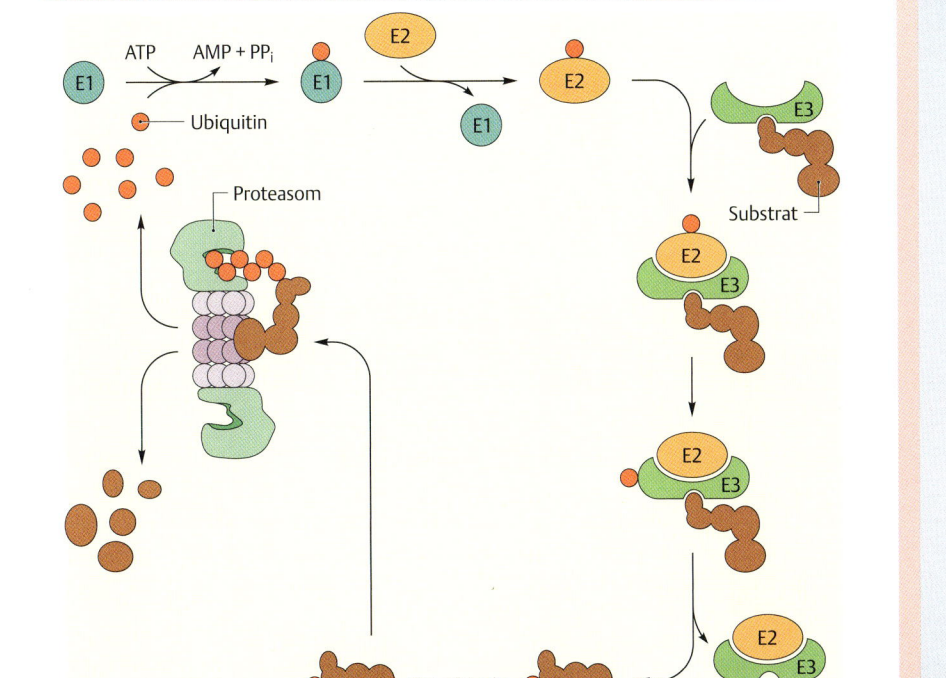

B-5.13 Das Ubiquitinsystem

Das Ubiquitinsystem dient zur Markierung von Proteinen, die in der Zelle nicht mehr benötigt werden und vom Proteasom abgebaut werden sollen. Erklärung s. Text.

Wenn Organellen versagen

> Husten, Schnupfen, Ohrenschmerzen. Impfen und U-Untersuchungen. Der Alltag in einer Kinderarztpraxis ist sehr abwechslungsreich und doch sehr überschaubar. Jedenfalls ist diese Famulatur bisher meine beste. Die vierte und letzte Woche ist auch schon angebrochen. Im Gegensatz zum Krankenhaus sind die Kinder in der Arztpraxis weniger ängstlich und zutraulicher, sodass ich hier viel mehr machen kann. Nirgends kann man besser Auskultieren lernen.

Nach einem lauten Dienstagvormittag liegt nun endlich die Mittagspause vor mir. Gerade will ich mein Stethoskop ablegen, als Friederike, die Kinderärztin, auf mich zukommt und sagt: „Wir haben noch eine Patientin."

Ich blicke zum Flur rüber: „Kommt noch jemand?"

„Nein, wir machen einen Hausbesuch."

Mein Bedauern über die verschobene Mittagspause weicht sofort der Freude auf einen Hausbesuch. Mein Allgemeinmedizinpraktikum ist erst im nächsten Quartal, deshalb bin ich neugierig, wie es ist, Medizin bei Patienten zu Hause zu betreiben, ohne Krankenhaus- bzw. Praxisapparat. Eigentlich ist es ziemlich ungewöhnlich, dass Kinderärzte Hausbesuche machen, weil Kinder leichter zur Praxis gebracht werden können als kranke Erwachsene.

„Es ist nicht weit – wir können zu Fuß hingehen", sagt Friederike und schultert die kleine Arzttasche.

Draußen ist es warm, ich kneife die Augen zusammen, da uns die Sonne ins Gesicht scheint. „Zu wem gehen wir denn?", frage ich sie.

„Zu Nala."

„Und warum machen wir einen Besuch bei ihr? Kann sie nicht in die Praxis kommen?"

„Es ist einfacher, wenn wir zu ihr gehen. Nala ist jetzt acht Jahre alt. Sie wurde mit einer Mitochondriopathie geboren."

„Mitochondrien? Die ‚Kraftwerke' in den Zellen – zur Herstellung von ATP?"

„Ja, die funktionieren bei ihr nicht richtig. Dadurch werden die besonders energieverbrauchenden Organe wie das Gehirn oder die Muskulatur beeinträchtigt. Die Folge sind ausgeprägte Entwicklungsverzögerungen, Funktionsstörungen der Organe, Krampfanfälle, Lähmungen und, und, und. Die biochemischen Hintergründe hast du vielleicht noch im Kopf. Aber die Auswirkungen sind sehr traurig ..."

Nalas Mutter öffnet uns die Tür, tiefe Augenringe zeugen von wenig Schlaf, sie wirkt müde und ausgezehrt. Sie führt uns ins Wohnzimmer, in dem ein Kinderbett steht, mehrere Decken liegen auf dem Boden und dann sehe ich Nala – im Rollstuhl mehr liegend als sitzend. Wüsste ich nicht, dass sie acht Jahre alt ist, hätte ich sie auf zwei Jahre geschätzt, mit dem Entwicklungsstand eines fünf Monate alten Babys. Sie wippt immerzu mit dem Kopf auf und ab, die Arme in federnder Bewegung, und gibt ein paar undeutliche Laute von sich. Ich meine, ein Lächeln auf ihrem Gesicht zu erkennen, als sie uns sieht.

„Wir sind gerade beim Essen. Wenn es Ihnen nichts ausmacht ..."

Wir setzen uns auf das nahestehende Sofa, während Nala von ihrer Mutter mit Brei gefüttert wird. Sie schmatzt dabei mit großer Zufriedenheit.

„Gab es erneute Krampfanfälle?"

„Nein, bisher noch nicht."

„Gut, dann können wir das Antiepileptikum – also das Medikament gegen die Anfälle – weiter ausschleichen. Wie läuft es sonst?"

„Ach, schwierig, Frau Doktor. Im Kindergarten müsste man für Nalas medizinische Betreuung extra eine Fachkraft einstellen, falls sie wieder einen Krampfanfall bekommt. Die anderen Mitarbeiter wären sogar bereit, sich schulen zu lassen. Aber das Amt stellt sich quer. Und so lange kann sie nicht mal für ein paar Stunden dorthin. Und die Reha hat die Krankenkasse auch abgelehnt. Es ist immer wieder das Gleiche. Mein Mann ist auch am Limit, aber immerhin läuft es bei der Großen in der Schule jetzt besser."

„Sagen Sie mir, was ich tun kann, vielleicht noch einen Bericht an die Krankenkasse wegen der Reha?"

Ich versuche, dem Gespräch zu folgen, bekomme davon aber kaum etwas mit. Immer wieder blicke ich zu Nala hinüber – zu der kleinen Achtjährigen, die wie ein Baby im Rollstuhl liegt, weil die winzig kleinen Mitochondrien nicht „einfach so" funktionieren.

Foto: Kirsten Oborny

6 Zytoskelett

6.1 Überblick 393
6.2 Mikrofilamente 393
6.3 Mikrotubuli 396
6.4 Intermediärfilamente 400

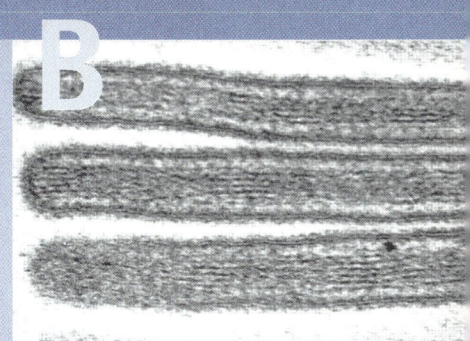

© aus Lüllman-Rauch, Taschenlehrbuch Histologie, Thieme, 2009

K. Hauser

6.1 Überblick

Das Zytoplasma einer Eukaryontenzelle ist von einem **Gerüst aus verschiedenen Proteinen** durchzogen, das der Zelle ihre mechanische Stabilität verleiht und ihr ihre Form gibt. Außerdem ist es auch für Zellbewegung, Kontraktion und Transport größerer Partikel (wie Vesikel oder Organellen) innerhalb der Zelle zuständig. Die Gesamtheit dieser Proteine bezeichnet man als Zytoskelett. Im Zytoskelett kommen drei verschiedene Proteinpolymere vor, die in der Zelle unterschiedliche Aufgaben wahrnehmen:

- **Mikrofilamente** bestehen aus globulären Aktinmonomeren und sind hauptsächlich für die Stabilität der Zelle verantwortlich. In Muskelzellen dienen sie auch zur Kontraktion (S. 791).
- **Mikrotubuli** sind lange Röhren, die aus dem globulären Protein Tubulin bestehen. Sie spielen eine wichtige Rolle bei der Zellbewegung und beim Transport von Vesikeln und Organellen.
- **Intermediärfilamente** sind aus langen Faserproteinen unterschiedlicher Monomere aufgebaut, die verschiedene Aufgaben haben. So dienen die Lamine der Kernlamina im Zellkern (S. 376) der Verankerung der Chromosomen, während die Keratinfasern in Epithelzellen (S. 401) u. a. für die Verhornung der obersten Epidermisschicht zuständig sind. Die Hauptaufgabe aller Intermediärfilamente ist die Verankerung des Zytoskeletts.

6.2 Mikrofilamente

▶ Synonym. Aktinfilamente.

6.2.1 Aufbau

Mikrofilamente bestehen aus **Aktin**. Aktin ist ein kleines Molekül mit einem Molekulargewicht von 42 kDa. Es ist das häufigste Protein in eukaryontischen Zellen und kommt in zwei Formen vor:
- als globuläres **monomeres G-Aktin**, das ein Molekül ATP gebunden hat, und
- als **filamentöses F-Aktin** (Polymer aus G-Aktin).

Unter normalen Bedingungen herrscht im Zytosol ein dynamisches Gleichgewicht zwischen G- und F-Aktin. Monomeres G-Aktin polymerisiert dabei zu einem helikalen zweisträngigen Polymer aus F-Aktin (Abb. **B-6.1 a**). Sobald sich ein Monomer an das Ende des F-Aktins angelagert hat, wird das ATP zu ADP hydrolysiert. Dadurch vermindert sich die Bindungsaffinität des Aktinmonomers zu seinem Nachbarmolekül und kann von diesem abdiffundieren. Da G-Aktin ein asymmetrisches Protein ist, weist das polymere F-Aktin eine **Polarität** auf. Am **Plus-Ende** überwiegt die Polymerisation, am **Minus-Ende** die Depolymerisation (Abb. **B-6.1 b**). Diesen ständigen Auf- und Abbau des Aktinfilaments durch Polymerisation und Depolymerisation nennt man auch **Tretmühlenmechanismus**. Dank dieses Mechanismus kann die Zelle ihre Form schnell ändern.

6.1 Überblick

Die Eukaryontenzelle durchzieht ein **Gerüst verschiedener Proteine**, das Zytoskelett. Es verleiht der Zelle ihre Stabilität und ist auch für Zellbewegungen zuständig. Folgende drei Filamente bilden das Zytoskelett:
- **Mikrofilamente** bilden das mechanische Gerüst.
- **Mikrotubuli** sind für Bewegungen innerhalb der Zelle verantwortlich.
- **Intermediärfilamente** dienen hauptsächlich der Verankerung der anderen beiden Filamente.

6.2 Mikrofilamente

▶ Synonym.

6.2.1 Aufbau

Mikrofilamente bestehen aus **G-Aktin-Monomeren**, die sich zum **filamentösen F-Aktin** zusammenlagern (Abb. **B-6.1 a**). Durch die Asymmetrie der Monomere erhält das F-Aktin eine **Polarität**: Am **Plus-Ende** polymerisiert das Filament, am **Minus-Ende** zerfällt es in seine Monomere (Abb. **B-6.1 b**). Durch diesen dynamischen Auf- und Abbau der Mikrofilamente kann die Zelle ihre Form schnell ändern.

B-6.1 Der Aufbau und die Dynamik des Aktins

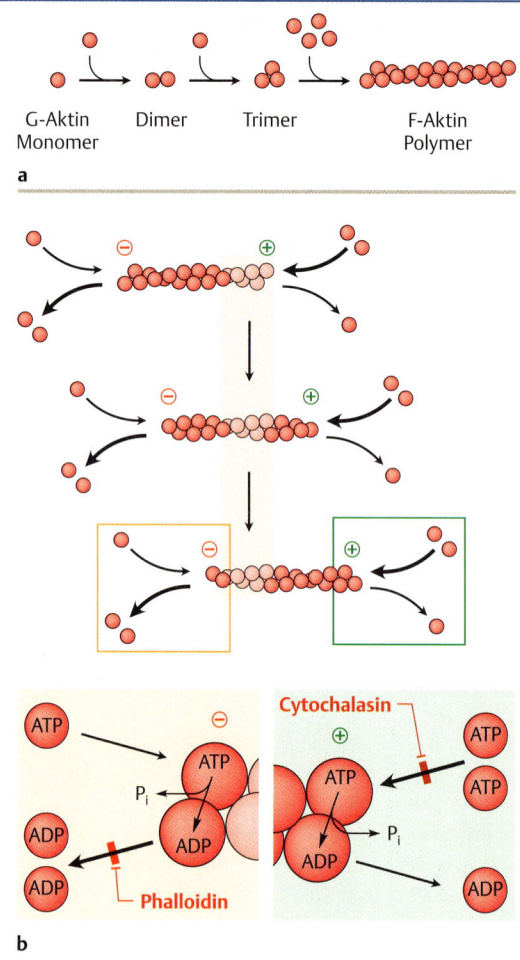

a Polymerisation von G-Aktin zu F-Aktin. **b** Tretmühlenmechanismus: Am Plus-Ende des F-Aktins überwiegt die Polymerisation, am Minus-Ende die Depolymerisation. Dadurch verlängert sich das F-Aktin-Filament am Plus-Ende und verkürzt sich am Minus-Ende. Die vergrößerten Ausschnitte zeigen die Hydrolyse von ATP, die für die Abdissoziation der G-Aktin-Monomere vom F-Aktin verantwortlich ist. Die beiden Zellgifte Phalloidin und Cytochalasin hemmen die Depolymerisation bzw. die Polymerisation des Aktins und bringen damit z. B. Zellwanderungen zum Erliegen. Die hell eingefärbten G-Aktin-Monomere sollen verdeutlichen, wie dieser Aktinfilamentbereich in die Richtung des Minus-Endes „wandert".

▶ **Klinik.** **Phalloidin**, ein Gift des Knollenblätterpilzes, hemmt die Depolymerisation der Mikrofilamente. Die **Cytochalasine** aus Schimmelpilzen hemmen die Polymerisation. Durch diese Gifte wird das Zytoskelett zerstört bzw. stabilisiert, sodass viele Bewegungsvorgänge nicht mehr stattfinden können. Dadurch wird Apoptose induziert und die Zelle stirbt ab.
Bei einer Knollenblätterpilzvergiftung ist allerdings nicht das Phalloidin die Ursache des (letzendlich tödlichen) Leberversagens, da es vom Darm nicht resorbiert wird. Es wirkt nur, wenn es injiziert wird. Tödlich ist vielmehr das **α-Amanitin**, das ebenfalls im Knollenblätterpilz vorkommt und ein RNA-Polymerasehemmer ist.

F-Aktin hat einen Durchmesser von 5–10 nm. Seine größte Dichte besitzt es am Zellkortex.

Es gibt drei verschiedene Aktine:
- **α-Aktin** in Muskelzellen,
- **β- und γ-Aktin** in Nicht-Muskelzellen.

Das zweisträngige F-Aktin hat einen Durchmesser von 5–10 nm und bildet lineare Bündel oder flächige Netze. Seine größte Dichte hat es an der Peripherie der Zelle (Zellkortex).
Der Mensch besitzt sechs Aktin-Gene. Sie kodieren für drei unterschiedliche Aktine, die sich in ihrer Sequenz nur geringfügig unterscheiden. **α-Aktine** kommen ausschließlich in Muskelzellen vor, während **β- und γ-Aktine** nur in Nicht-Muskelzellen exprimiert werden.

6.2.2 Funktion

Zusammen mit verschiedenen akzessorischen Proteinen sind die Mikrofilamente am Aufbau unterschiedlicher **Strukturen** und an **Bewegungsvorgängen** beteiligt:
- Zusammen mit Myosin vermitteln sie in **Muskelzellen** die **Kontraktion** (S. 791).
- Makrophagen verändern bei der **Wanderung** durch das Gewebe und während der **Phagozytose** ihre Form durch Polymerisation und Depolymerisation von Mikrofilamenten.
- Auch die **Formveränderung** von Blutplättchen erfolgt auf diese Weise.
- Bei der Zellteilung bildet Aktin zusammen mit Myosin den sog. **kontraktilen Ring** und erlaubt so die Abschnürung der Tochterzelle.
- In Epithelzellen bilden Mikrofilamente zusammen mit Cadherinen und anderen Proteinen die **Adhäsionsverbindungen**. In Fibroblasten bilden sie mit Integrinen **Fokaladhäsionen** (S. 373) aus.
- Die **Mikrovilli** der Darmepithelzellen (Details s. Abb. **B-6.2**) und die **Stereozilien** der Haarzellen im Ohr erhalten ihre Form durch parallel verlaufende Mikrofilamente, die untereinander quervernetzt und mit der Zellmembran verbunden sind. An der Basis sind die Mikrofilamente über Ankerproteine in einem Netz aus Intermediärfilamenten verankert, das direkt unterhalb der Zellmembran liegt. In Mikrovilli wird dieses Netz als „terminales Netz" bezeichnet, in den Stereozilien heißt dieses Netz „Kutikularplatte".

6.2.2 Funktion

Mikrofilamente spielen eine Rolle bei **Bewegungen** und als **Strukturelemente**. Sie sind u. a. an folgenden Vorgängen beteiligt:
- Muskelkontraktion
- Zellwanderung
- Phagozytose
- Formveränderung von Blutplättchen
- Zellteilung (kontraktiler Ring)
- Vermittlung von Zell-Zell-Kontakten, Verankerung von Zellen untereinander und auf der extrazellulären Matrix
- Formgebung und Funktion der Mikrovilli im Darm (Abb. **B-6.2**) und der Stereozilien im Ohr

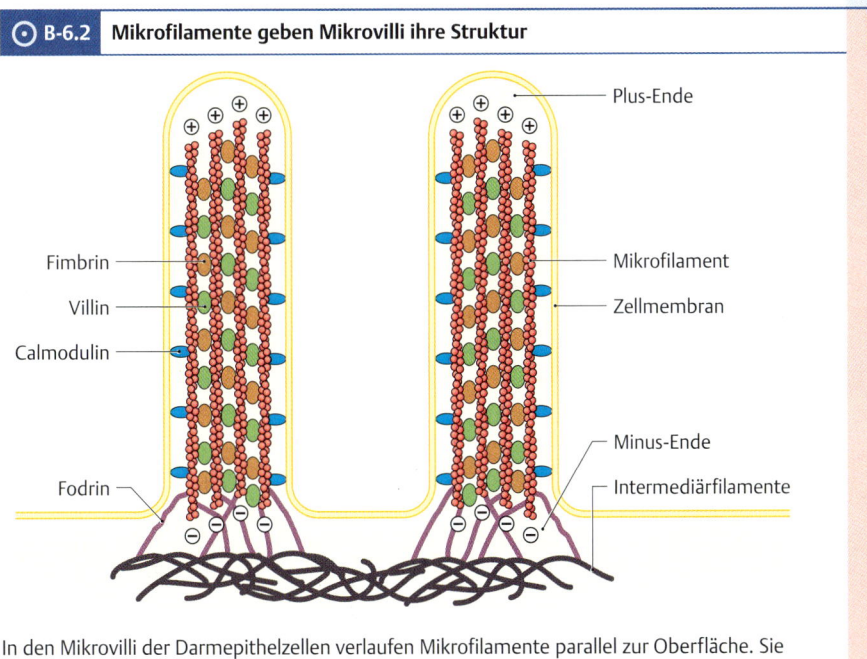

B-6.2 Mikrofilamente geben Mikrovilli ihre Struktur

In den Mikrovilli der Darmepithelzellen verlaufen Mikrofilamente parallel zur Oberfläche. Sie sind untereinander durch die Proteine Fimbrin und Villin verbunden. Calmodulin verbindet sie mit der Zellmembran. Außerdem sind sie über Fodrin an Intermediärfilamenten (terminales Netz) verankert.
(nach Koolmann, Röhm; Taschenatlas Biochemie, Thieme, 2003)

▶ **Klinik.** Die Stereozilien der Haarzellen im Ohr übersetzen den mechanischen Reiz des Schalls in ein elektrisches Signal. Das Zytoskelett dieser Zilien wird durch Mikrofilamente und das Protein Otocadherin gebildet. Das Otocadherin verbindet die Mikrofilamente mit der Zellmembran. Bei dem autosomal-rezessiv vererbten **Usher-Syndrom Typ 1D** ist das Gen für dieses Protein defekt. Patienten, die an diesem Syndrom leiden, sind taub.

▶ **Klinik.**

6.3 Mikrotubuli

6.3.1 Aufbau

Mikrotubuli sind lange Röhren, die aus den monomeren Untereinheiten **α- und β-Tubulin** aufgebaut sind. α- und β-Tubulin sind kleine globuläre Proteine mit einem Molekulargewicht von 53 und 55 kDa. Sie bilden **Heterodimere**, die sich zu polymeren **Protofilamenten** zusammenlagern (Abb. **B-6.3 a**). 13 dieser Protofilamente lagern sich zu einem Tubulus zusammen, an dessen Enden weitere Heterodimere anpolymerisieren.

Wie die Mikrofilamente haben die Mikrotubuli ein Plus-Ende und ein Minus-Ende. Am **Plus-Ende** zeigen Mikrotubuli eine sog. **dynamische Instabilität**, d. h. dort wachsen oder schrumpfen sie durch Polymerisation bzw. Depolymerisation. Bei der Polymerisation wird GTP hydrolysiert (Abb. **B-6.3 b**), analog zur ATP-Hydrolyse bei der Polymerisation von F-Aktin. In tierischen Zellen entspringt das **Minus-Ende** in der Regel dem **Mikrotubuli-Organisations-Zentrum** (MTOC), das auch **Zentrosom** genannt wird (Abb. **B-6.3 c**). Das Zentrosom liegt zentral in der Zelle und besteht aus einer Matrix, deren ca. 50 verschiedene Proteine erst zum Teil bekannt sind. Im Inneren des Zentrosoms befinden sich zwei **Zentriolen** (s. u.). Während der Zellteilung verdoppelt sich das Zentrosom. Die beiden Tochterzentrosomen wandern an die gegenüberliegenden Pole der Zelle und bilden dort die Zellteilungsspindel (s. u.).

B-6.3 Aufbau eines Mikrotubulus (a, b) und eines Zentrosoms (c)

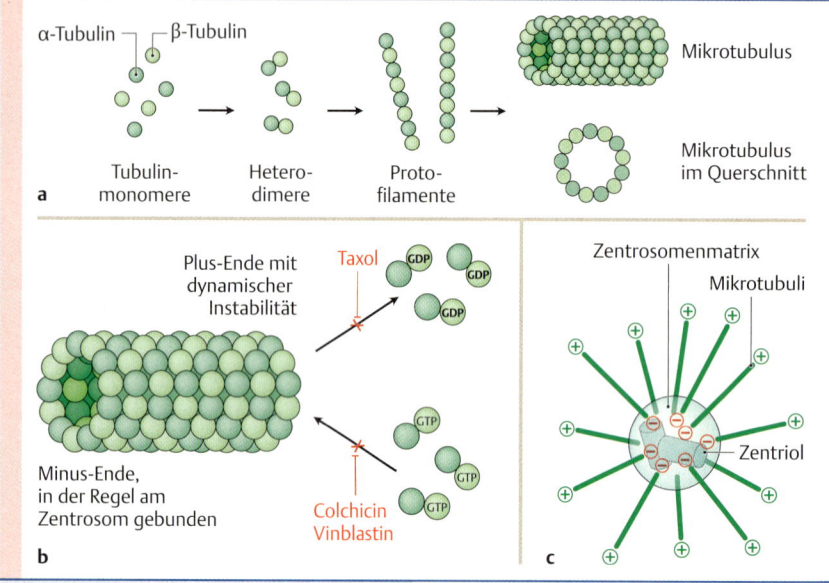

a Der Grundbaustein eines Mikrotubulus ist ein Heterodimer aus α- und β-Tubulin. Die Heterodimere lagern sich zu Protofilamenten zusammen. 13 Protofilamente bilden einen röhrenförmigen Mikrotubulus, an den dann weitere Heterodimere anpolymerisieren. **b** An seinem Plus-Ende zeigt der Mikrotubulus dynamische Instabilität, d. h. die Heterodimere assoziieren und dissoziieren, je nachdem, ob sie GTP oder GDP gebunden haben. Die Polymerisation wird durch Colchicin und Vinblastin gehemmt. Taxol hemmt die Depolymerisation. **c** Aufbau eines Zentrosoms. Die Zentrosomenmatrix besteht aus einer Vielzahl teilweise noch unbekannter Proteine. Im Inneren des Zentrosoms befindet sich ein Zentriolenpaar (Aufbau s. Abb. **B-6.5 a**). Die Mikrotubuli sind an der Zentrosomenmatrix mit ihren Minus-Enden verankert.

▶ **Klinik.** Die Polymerisation und Depolymerisation der Mikrotubuli kann von Toxinen beeinflusst werden. **Taxol**, das Gift der Eibe, verhindert die Depolymerisation und wirkt dadurch mikrotubulistabilisierend. Die pflanzlichen Alkaloide **Colchicin**, **Vinblastin** und **Vincristin** verhindern die Polymerisation der Mikrotubuli. **Taxol, Vinblastin und Vincristin** werden in der **Krebstherapie** eingesetzt, da sie den Auf- und Abbau einer Zellteilungsspindel verhindern und deshalb eine Zellteilung nicht richtig durchgeführt werden kann. **Colchicin** wird zur Therapie des **akuten Gichtanfalls** eingesetzt. Bei einem akuten Gichtanfall wandern neutrophile Granulozyten in die Gelenke ein. Dort phagozytieren sie die ausgefallenen Natriumuratkristalle und werden dadurch zerstört. Bei ihrer Zerstörung werden Entzündungsmediatoren freigesetzt, die dann den Gichtanfall auslösen. Colchicin hemmt die Einwanderung der Granulozyten, indem es die Polymerisation der Mikrotubuli stört.

6.3.2 Funktion

Mikrotubuli haben zwei wichtige Funktionen in der Zelle: Sie helfen der Zelle, ihre äußere Form aufrechtzuerhalten, und dienen als Schienensystem, auf dem Transportvorgänge stattfinden.

Formgebung

Fibroblasten und Motoneurone, die sehr lang gestreckte Zellabschnitte haben, werden durch Mikrotubuli in ihrer Form gehalten. Axone enthalten z. B. Mikrotubuli, die parallel zu ihrer Längsachse ausgerichtet sind.

Transport

Mikrotubuli sind am Zentrosom verankert und durchspannen die gesamte Zelle. Sie werden als Schienen benutzt, an denen Vesikel oder Zellorganellen entlangtransportiert werden (Abb. **B-6.4 a**). Der Transport erfolgt mithilfe der **Motorproteine Dynein** und **Kinesin**. Diese Proteine sitzen auf der Oberfläche der Vesikel und treten mit den Mikrotubuli in Wechselwirkung. Vesikel, die mit Dynein besetzt sind, werden vom Plus- zum Minus-Ende des Mikrotubulus transportiert. Kinesin ist für den Transport in der Gegenrichtung zuständig.

Transportmechanismus

Dynein und Kinesin bestehen aus zwei schweren und zwei leichten Ketten. Die schweren Ketten haben eine α-helikale Struktur und an einem Ende eine **myosinähnliche Domäne**, die Tubulin binden kann und eine **ATPase-Aktivität** besitzt. Am anderen Ende binden sie die leichte Kette, die die spezifische Bindung an das Transportgut vermittelt. Die α-Helices der schweren Ketten bilden eine Doppelhelix (Abb. **B-6.4 b**), die auf der einen Seite an Tubulin bindet und auf der anderen Seite über die leichte Kette das Transportgut gebunden hat. Die **Spaltung von ATP** durch die myosinähnliche Domäne führt zu einer **Konformationsänderung** des Motorproteins gegenüber dem Filament (ähnlich wie bei der Muskelkontraktion). Dadurch wird die helikale Domäne mitsamt dem Transportgut nach vorne geschwenkt (Abb. **B-6.4 c**).

Formgebung

Parallel zur Längsachse der Zelle ausgerichtete Mikrotubuli halten lange Zellausläufer in ihrer Form.

Transport

Mithilfe der **Motorproteine Dynein** und **Kinesin** werden Vesikel oder Organellen entlang der Mikrotubuli transportiert (Abb. **B-6.4 a**). Dynein wandert vom Plus- zum Minus-Ende, Kinesin vom Minus- zum Plus-Ende.

Transportmechanismus

Dynein und Kinesin bestehen aus zwei schweren und zwei leichten Ketten. Die schweren Ketten besitzen eine Tubulin bindende, **myosinähnliche Domäne mit ATPase-Aktivität** (Abb. **B-6.4 b**), die leichten Ketten binden das Transportgut. **ATP-Spaltung** bewirkt eine **Konformationsänderung** des Motorproteins, die zu seiner Verschiebung gegenüber dem Filament führt (Abb. **B-6.4 c**).

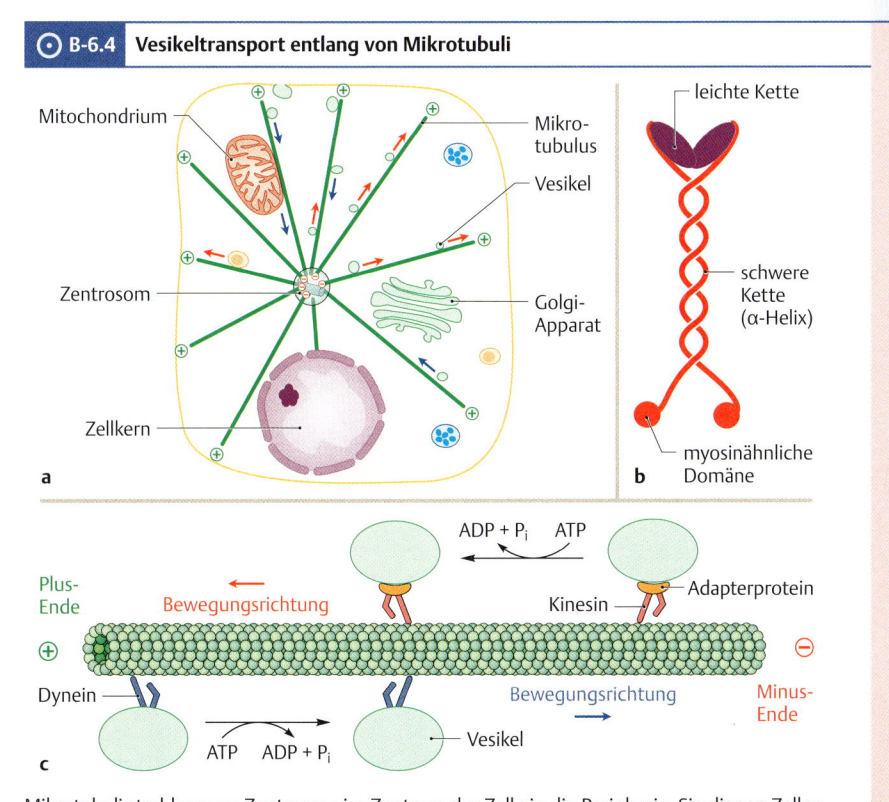

B-6.4 Vesikeltransport entlang von Mikrotubuli

Mikrotubuli strahlen vom Zentrosom im Zentrum der Zelle in die Peripherie. Sie dienen Zellorganellen und Vesikeln als Schienen, an denen diese entlangwandern können. **a** Schematische Darstellung eines Kinesinmoleküls. **b** Kinesin und Dynein sind Motorproteine, die Vesikel und Adapterproteine und gleichzeitig Tubulin binden können. Unter ATP-Verbrauch bewegen sie so Organellen und Vesikel an Mikrotubuli entlang. Kinesin transportiert seine Ladung in Richtung Plus-Ende, Dynein in Richtung Minus-Ende.

6.3.3 Komplexe Mikrotubulistrukturen

Einzelne Mikrotubuli können sich zu komplexeren Strukturen zusammenlagern. Dazu gehören die bereits oben erwähnten **Zentriolen** und die mit ihnen nahe verwandten **Basalkörper**. Auch **Kinozilien** und **Flagellen** enthalten durch eine charakteristische Mikrotubulistruktur ihre Form. Die **Kernteilungsspindel** wird ebenfalls von Mikrotubuli gebildet.

Zentriolen und Basalkörper

Zentriolen sind Bestandteile des Zentrosoms, des Organisationszentrums für die Mikrotubulipolymerisation (S. 396): Jedes Zentrosom enthält zwei senkrecht aufeinander stehende Zentriolen. Diese bestehen aus **9 Mikrotubulitripletts** (**9 × 3-Anordnung**, Abb. **B-6.5 a**). Jedes Triplett ist aus einem kompletten Tubulus (A-Tubulus) und zwei inkompletten Tubuli (B- und C-Tubuli) zusammengesetzt.

Basalkörper sind genauso aufgebaut wie Zentriolen. Sie liegen unterhalb der Zelloberfläche und dienen dort der Verankerung von Kinozilien und Flagellen (s. u.). Von ihnen geht auch die Synthese der Kinozilien und Flagellen aus. An ihnen können aber auch einzelne Mikrotubuli entspringen, die in das Zytosol hineinwachsen. Im Experiment sind Zentriolen und Basalkörper austauschbar. Werden diese Strukturen isoliert und in andere Zellen transferiert, können Basalkörper dort die Funktion eines Zentriols übernehmen und umgekehrt.

B-6.5 Aufbau von Zentriolen und Basalkörpern, Kinozilien und Flagellen

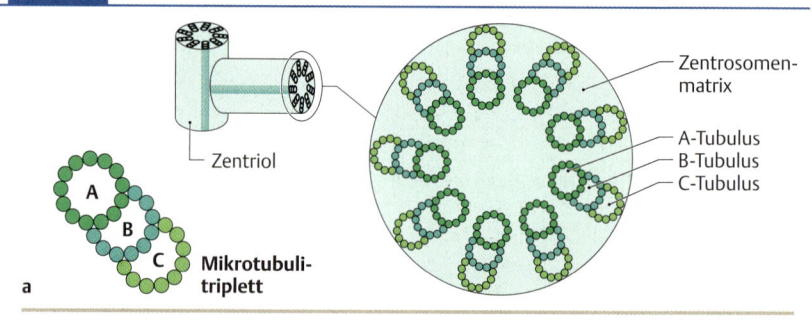

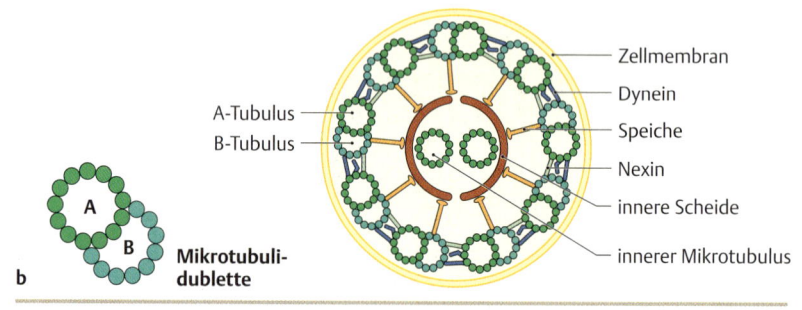

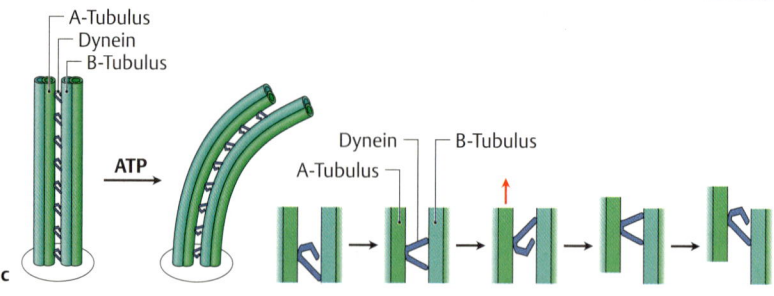

a Jedes Zentrosom besitzt zwei Zentriolen. Diese sind (ebenso wie Basalkörper) aus einem charakteristischen Muster aus 9 × 3 Mikrotubuli aufgebaut. Jeder Mikrotubulus besteht aus einem kompletten A-Tubulus aus 13 Tubulinmonomeren und je zwei inkompletten Tubuli (B- und C-Tubulus). **b** Kinozilien und Flagellen bestehen aus (9 × 2) + 2 Mikrotubuli. Jede Mikrotubulidublette enthält einen kompletten A-Tubulus und einen inkompletten B-Tubulus. Weitere Proteine wie Nexin und die Speichenproteine geben der Struktur Stabilität. **c** Dynein dient als Motorprotein, welches unter ATP-Verbrauch mit einem ähnlichen Mechanismus wie das Myosin bei der Muskelkontraktion (S. 791) den Kinozilien- bzw. Flagellenschlag ermöglicht.

Kinozilien und Flagellen

Kinozilien sind etwa 10 μm lange Fortsätze auf der Zelloberfläche. Sie kommen vor allem auf Epithelzellen vor. In den Atemwegen sorgen sie mit ihrem Schlag dafür, dass Bronchialschleim zusammen mit Schmutzpartikeln oralwärts transportiert wird. Im Eileiter transportieren sie die Eizelle in den Uterus.

Jedes Kinozilium enthält **9 Mikrotubulidubletten** und ein **zentrales Mikrotubuluspaar** ([9 × 2] + 2-Anordnung, Abb. **B-6.5 b**). Die Mikrotubulidubletten bestehen aus einem kompletten A-Tubulus und einem inkompletten B-Tubulus. Sie enthalten außerdem die ATPase **Dynein** und weitere Hilfsproteine wie Nexin und die Speichenproteine, die die Struktur stabilisieren. Das Dynein ist das Motorprotein der Zilien, das unter ATP-Spaltung den Zilienschlag ermöglicht. Dabei gleiten die benachbarten Mikrotubulidubletten mit einem ähnlichen Mechanismus aneinander vorbei wie das Aktin und Myosin in den Muskelzellen (Abb. **B-6.5 c**).

Flagellen sind genauso aufgebaut wie Kinozilien. Sie sind allerdings sehr viel länger (bis zu 150 μm) und kommen meist nur einzeln oder in einem Bündel zu wenigen vor. Sie dienen der aktiven Fortbewegung einzelner Zellen (z. B. der Spermien). Kinozilien und Flagellen sind über Basalkörper in der Zelle verankert (s. o.).

Kinozilien und Flagellen

Kinozilien sind Zellfortsätze, die v. a. auf Epithelzellen vorkommen und dem Transport kleiner Partikel auf der Zelloberfläche dienen. Sie bestehen aus **9 Mikotubulidubletten** und einem **zentralen Mikrotubuluspaar** ([9 × 2] + 2-Anordnung, Abb. **B-6.5 b**). Sie bewegen sich, indem die Mikrotubulidubletten aneinander vorbeigleiten. Die Energie dazu liefert die ATPase **Dynein** (Abb. **B-6.5 c**).

Flagellen sind identisch aufgebaut wie Kinozilien, aber sehr viel länger. Sie dienen der aktiven Fortbewegung der Zelle.

▶ **Merke.** Zentriolen und Basalkörper sind aus 9 × 3 Mikrotubuli aufgebaut, Kinozilien und Flagellen aus (9 × 2) + 2 Mikrotubuli.

▶ **Merke.**

▶ **Klinik.** Bei **primärer ziliärer Dysplasie** ist der Aufbau der Kinozilien fehlerhaft. Meist ist die Zahl der Dynein-Moleküle vermindert. Die Kinozilienbewegung ist unkoordiniert oder fehlt. Deshalb sind u. a. der Transport von Schmutzpartikeln mit dem Bronchialschleim in Richtung Mund und der Abtransport von Sekret der Nasennebenhöhlen gestört. Dies führt zu chronischer Bronchitis, irreversiblen Erweiterungen der Bronchien (Bronchiektasen, Abb. **B-6.6**) und chronischer Sinusitis. Bei Männern besteht aufgrund des gestörten Flagellenschlags der Spermien Infertilität. Beim **Kartagener-Syndrom** (Immotile-Cilia-Syndrom), einer Form der primären ziliären Dysplasie, findet sich außerdem ein Situs inversus.

▶ **Klinik.**

⊙ **B-6.6 Bronchiektasen**

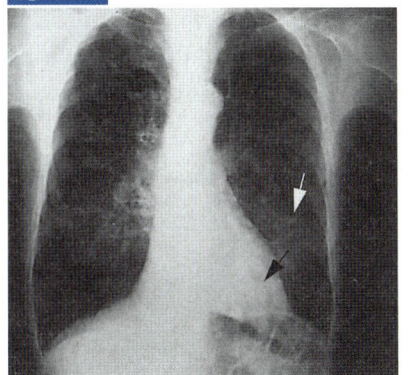

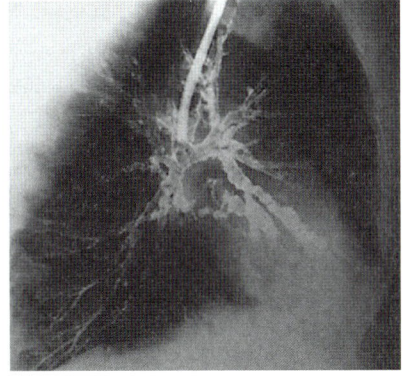

(aus Baenkler et al., Duale Reihe Innere Medizin, Thieme, 2009)

Die Nativaufnahme **(a)** zeigt zahlreiche sekretgefüllte Bronchiektasen im linken Unterfeld (weißer Pfeil) und im rechten Ober- und Mittelfeld. Rundherde in Projektion auf den Herzschatten (schwarzer Pfeil) entsprechen ebenfalls sekretgefüllten Bronchiektasen. Die Abbildung **b** im seitlichen Strahlengang zeigt die mit Kontrastmittel (KM) gefüllten Bronchiektasen (das KM wurde im Rahmen einer Bronchoskopie eingebracht = Bronchografie).

Kernteilungsspindel

Die Kernteilungsspindel bildet sich während der Mitose und besteht aus
- **Pol-Mikrotubuli**, die die Spindelpole durch Polymerisation und mithilfe eines Motorproteins auseinander treiben (Abb. **B-6.7**),
- **Kinetochor-Mikrotubuli**, die an den Chromatiden ansetzen und diese durch Depolarisation zu den Zellpolen ziehen,
- **Astral-Mikrotubuli**, die nach außen abstrahlen.

Nach der Zellteilung löst sich die Kernteilungsspindel wieder auf.

⊙ B-6.7

▶ Klinik.

6.4 Intermediärfilamente

6.4.1 Aufbau

Intermediärfilamente sind aus **Faserproteinen** aufgebaut, die sich zu **Tetrameren** und dann über Oktamere zu Protofilamenten zusammenlagern (Abb. **B-6.8**). Sie sind oft untereinander **quervernetzt** und bilden so ein stabiles Netz.

Intermediärfilamente sind **gewebsspezifisch**.

B 6 Zytoskelett

Kernteilungsspindel

Die Kernteilungsspindel differenziert sich während des Zellzyklus in der Mitosephase. Das Zentrosom verdoppelt sich und die Tochterzentrosomen wandern an die beiden Zellpole. Von dort aus strahlen von jedem Zentrosom drei Populationen von Mikrotubuli aus, die mit ihren Minus-Enden am Zentrosom fixiert sind und mit ihren Plus-Enden aufeinander zuwachsen:

- Die sog. **Pol-Mikrotubuli** treffen sich in der Äquatorialebene der Zelle und treten über kinesinähnliche Motorproteine miteinander in Verbindung.
- Die **Kinetochor-Mikrotubuli** binden mit ihrem Plus-Ende an das Kinetochor eines Chromosoms.
- Die dritte Population der Mikrotubuli sind die **Astral-Mikrotubuli**, die nach außen abstrahlen.

Während der Metaphase verkürzen sich die Kinetochor-Mikrotubuli durch Depolymerisation an ihrem Plus-Ende und ziehen so die Schwesterchromatiden auseinander, die dabei zum Zellpol wandern (Abb. **B-6.7**). Gleichzeitig schieben sich die Pol-Mikrotubuli mithilfe der Motorproteine auseinander und verlängern sich durch Polymerisation. Dadurch werden die Spindelpole auseinander getrieben und es entsteht genügend Platz für die beiden Tochterkerne. Nach vollendeter Zellteilung wird die Kernteilungsspindel durch Depolymerisation wieder vollständig abgebaut.

⊙ B-6.7 **Die Funktion der Kernteilungsspinde**

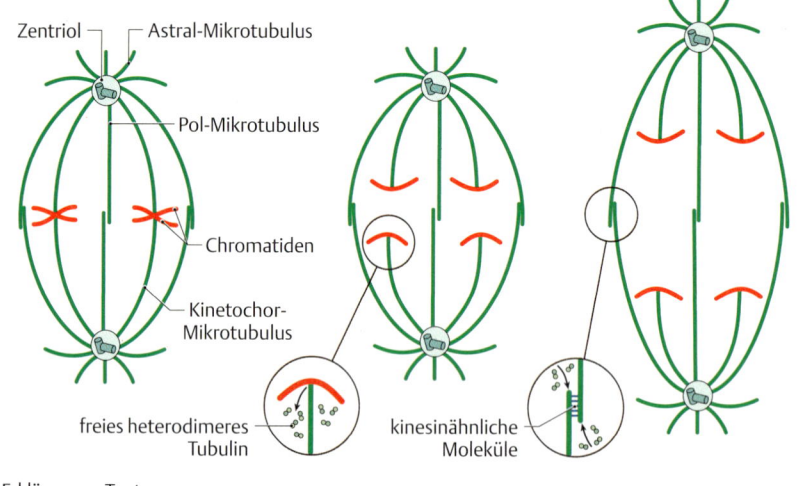

Erklärung s. Text.

▶ **Klinik.** Colchicin hemmt die Mikrotubulipolymerasation (s. o. und Abb. **B-6.3 b**). Es unterbricht damit die Zellteilung in einem bestimmten Stadium und die Zellen sterben ab. Deshalb muss auch während und nach der Therapie des akuten Gichtanfalls mit Colchicin (s. o.) für eine geeignete Empfängnisverhütung gesorgt werden. Bei Frauen sind drei Monate erforderlich, bei Männern sechs Monate.

6.4 Intermediärfilamente

6.4.1 Aufbau

Die Bausteine der Intermediärfilamente sind keine globulären Proteine, sondern lange **Faserproteine** mit einer zentralen α-Helixstruktur, die sich zu **tetrameren Untereinheiten** zusammenlagern. Aus diesen Untereinheiten entstehen über Oktamere Protofilamente, die wiederum die Intermediärfilamenten aufbauen (Abb. **B-6.8**). Diese können untereinander durch weitere Proteine **quervernetzt** sein. Dadurch entstehen stabile Netzwerke, die einer Zelle mechanische Festigkeit geben.

Die Grundbausteine der Intermediärfilamente sind sehr **variabel** und werden **gewebsspezifisch** exprimiert.

B-6.8 Aufbau von Intermediärfilamenten

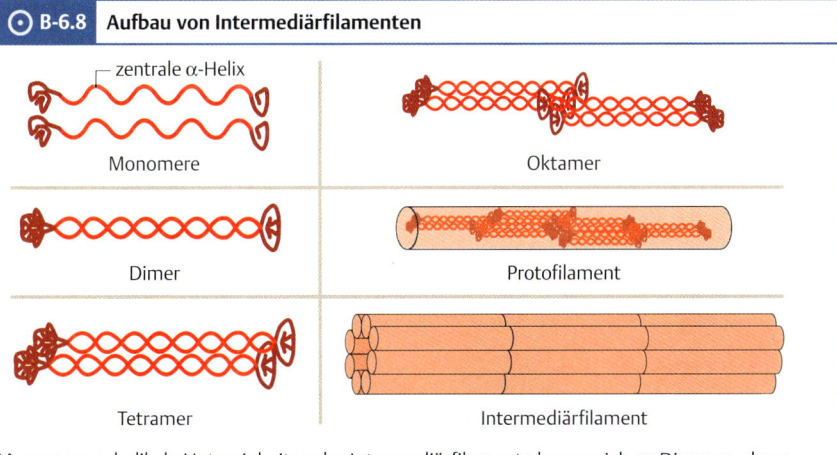

Monomere α-helikale Untereinheiten der Intermediärfilamente lagern sich zu Dimeren, dann zu Tetrameren zusammen. Je zwei Tetramere bilden Kopf an Kopf ein Oktamer, aus denen dann Protofilamente entstehen. Jeweils 8 Protofilamente lagern sich dann zu Intermediärfilamenten zusammen.

▶ **Klinik.** Die Gewebespezifität der Intermediärfilamente macht man sich in der Tumordiagnostik zu Nutze. Dort werden durch immunhistochemische Methoden die Bausteine der Intermediärfilamente einer Metastase charakterisiert. Aus den Ergebnissen lassen sich dann Rückschlüsse auf den Primärtumor ziehen (Abb. **B-6.9**).

B-6.9 Immunhistochemische Darstellung von Keratin in Zellen und Hornkugeln einer Plattenepithelkarzinom-Metastase.

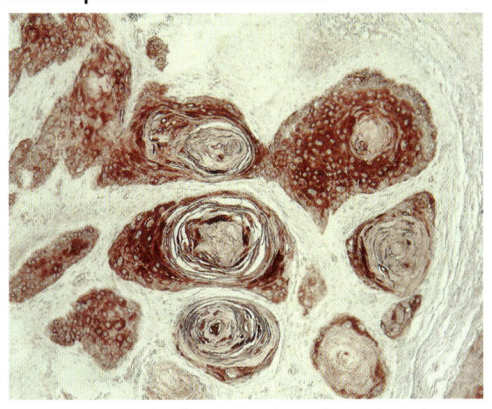

(aus Riede, Werner, Schaefer; Allgemeine und spezielle Pathologie, Thieme, 2004)

Keratin ist der Grundbaustein der Keratinfilamente, also der Intermediärfilamente von Epithelzellen (s. u.). Die Tumorzellen der Metastase leiten sich folglich von Epithelzellen, in diesem Fall von verhornendem Plattenepithel (Hornkugeln!) ab. Vergr. 1:200.

6.4.2 Funktion

Beim Menschen gibt es vier wichtige Typen von Intermediärfilamenten. Sie erfüllen gewebsspezifische Aufgaben (s. u.). Drei dieser Intermediärfilamenttypen, **Keratinfilamente**, **Vimentinfilamente** und **Neurofilamente**, sind im Zytoplasma lokalisiert, während **Laminfilamente** in der Kernlamina innerhalb der Kernhülle vorkommen.

Keratinfilamente

Keratinfilamente bestehen aus **Keratin** (auch **Zytokeratin** genannt). Sie kommen in den basalen Zellen der **Epidermis** vor und füllen fast deren ganzes Zytoplasma aus. Auf ihrer Wanderung zur Hautoberfläche exprimieren die Zellen unterschiedliche Subtypen von Keratin, trocknen immer mehr aus und sterben schließlich ab, in einem Zustand, in dem sie fast nur noch aus Keratin bestehen **(Verhornung)**. Keratinfilamente sind also für die mechanische Widerstandsfähigkeit der Epidermis verantwortlich. Auf ähnliche Art und Weise wie die Hornschicht der Epidermis entste-

---

6.4.2 Funktion

Es gibt vier wichtige Typen von Intermediärfilamenten. Sie erfüllen gewebsspezifische Aufgaben.

Keratinfilamente

Keratin (= Zytokeratin) bildet Keratinfilamente, die in **Epidermiszellen** vorkommen. Sie bilden **Horn**, **Haare** und **Nägel**. Außerdem dienen sie der **Zellverankerung** über Desmosomen und Hemidesmosomen.

hen **Nägel** und **Haare**. Keratinfilamente dienen auch der **Verankerung** von Zellen über Desmosomen (S. 372) und Hemidesmosomen (S. 372).

▶ **Klinik.** Mutationen der Gene für Keratin 5 und 14 (Keratin-Subtypen, die vor allem in den basalen Zellen der Epidermis vorkommen) haben zur Folge, dass diese Zellen nicht mehr aneinander haften. Bereits bei geringer mechanischer Beanspruchung der Epidermis kommt es zu Spaltbildung innerhalb der Basalzellschicht, die sich als Blase äußert (Abb. **B-6.10**). Das Krankheitsbild wird als **Epidermolysis bullosa simplex** bezeichnet. Es gibt mehrere Subtypen.

⊙ B-6.10　**Reizlose Blasen und Erosionen an der linken Fußsohle nach mechanischer Belastung bei Epidermolysis bullosa simplex Typ Köbner.**

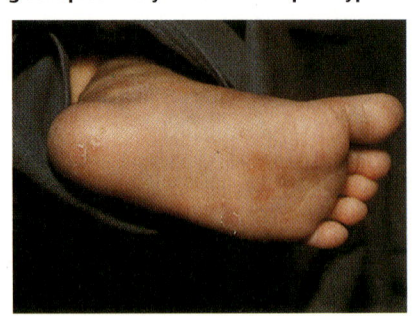

(aus Moll I., Duale Reihe Dermatologie, 7. Auflage, Thieme, 2010)

Neurofilamente

Neurofilamente treten vor allem in den **Axonen** von Nervenzellen auf. Sie **stabilisieren** das Axon und **unterstützen den axonalen Transport**. Als Bausteine kommen drei Neurofilamentproteine vor: NF-L, NF-M und NF-H.

Vimentinfilamente

Vimentinfilamente sind die Intermediärfilamente in Zellen mesenchymaler Herkunft, z. B. Endothelzellen oder Fibroblasten. Sie bestehen aus **Vimentin** oder **vimentinähnlichen Proteinen**. Das vimentinähnliche Protein **Desmin** bildet Desminfilamente im Muskel. In quer gestreiften Muskelzellen verbinden Desminfilamente benachbarte Z-Scheiben und stellen so die korrekte Ausrichtung der Zellen sicher. Weitere vimentinähnliche Proteine sind die **sauren Gliafaserproteine**, die stabilisierende Filamente in Gliazellen bilden, und **Peripherine**, die in einigen Neuronen Filamentbausteine sind.

Laminfilamente

Laminfilamente bestehen aus Laminen. Sie bilden die Kernlamina. Diese befindet sich direkt unterhalb der inneren Kernmembran im Zellkern und ist für die Festigkeit der Kernhülle (S. 376) und die Verankerung des Chromatins verantwortlich. Über verschiedene Membranproteine ist sie an der Kernhülle befestigt. Bei der Zellteilung wird durch Phosphorylierung der Lamine der Zerfall der Kernlamina induziert.

7 Extrazelluläre Matrix

7.1	Überblick	403
7.2	Komponenten der extrazellulären Matrix	403
7.3	Abbau der extrazellulären Matrix	414
7.4	Extrazelluläre Matrix des Knochens	415
7.5	Extrazelluläre Matrix des Knorpels	415

© aus Lüllman-Rauch, Taschenlehrbuch Histologie, Thieme, 2009

K. Hauser

7.1 Überblick

Die extrazelluläre Matrix (EZM) ist die Substanz, die den Zwischenraum zwischen den Zellen ausfüllt. Sie wird von den Zellen selbst gebildet und in den extrazellulären Raum abgegeben. Welche Struktur und Funktion die extrazelluläre Matrix übernimmt, hängt von den Zellen ab, von denen sie synthetisiert wird.
Der größte Teil der extrazellulären Matrix wird von den **Fibroblasten** geliefert. Diese Zellen synthetisieren alle Komponenten des Bindegewebes. Zur gleichen Gruppe von Zellen gehören auch die **Osteoblasten**, die den Knochen bilden, und die **Chondroblasten**, die Knorpel synthetisieren. Auch die Basallamina ist eine Struktur der extrazellulären Matrix (S. 414). Sie wird von **Epithel-** und **Endothelzellen** gebildet. Ebenso bilden die glatten Muskelzellen der großen Gefäße extrazelluläre Matrixmoleküle, die den Gefäßen Zug- und Reißfestigkeit verleihen.

7.1 Überblick

Die extrazelluläre Matrix (EZM) ist die Substanz, die den Zwischenraum zwischen den Zellen ausfüllt.

Die EZM wird von Fibroblasten, Osteoblasten, Chondroblasten, Epithel-, Endothel- und anderen Zellen gebildet.

7.2 Komponenten der extrazellulären Matrix

Die extrazelluläre Matrix besteht aus einer kaum überschaubaren Vielfalt an verschiedenen **Proteinen** und **Kohlenhydraten**. Das wichtigste Protein ist das **Kollagen**, von dem es zahlreiche verschiedene Typen gibt (Beispiele s. Tab. B-7.1). Sie gehören zu den Glykoproteinen und sind die Strukturproteine des Bindegewebes (z. B. des Organstromas, aber auch der Bänder und Sehnen) und der Stützgewebe (Knochen, Knorpel) sowie der Basallamina. Weitere Komponenten sind:
- **Elastin**, das, wie sein Name schon sagt, den großen Blutgefäßen ihre Elastizität verleiht.
- **Proteoglykane**, die mit ihrer Eigenschaft, Wasser zu binden, z. B. Knorpel seine Stoßfestigkeit geben.
- **Nicht kollagene Glykoproteine**, von denen viele wichtig für verschiedene Zellfunktionen sind. Fibronektin z. B. ist ein Adhäsionsmolekül, das zwischen Kollagen und anderen extrazellulären Proteinen Brücken bildet und Zellen an sich binden kann.

7.2 Komponenten der extrazellulären Matrix

Die wichtigsten Komponenten der EZM sind
- das Protein **Kollagen** in Form zahlreicher Subtypen (Beispiele s. Tab. B-7.1),
- das Protein **Elastin**,
- **Proteoglykane** und
- **nicht kollagene Glykoproteine**.

B-7.1 Funktion und Zusammensetzung der extrazellulären Matrix (nach Königshoff, Brandenburger)

Vorkommen	Funktion	Hauptprotein	Hauptkohlenhydrat
Knochen	enthält Calciumphosphatsalze (Hydroxylapatit) und verleiht dem Knochen dadurch Druck- und Zugfestigkeit	Kollagen Typ I	Chondroitinsulfat, Hyaluronsäure
Knorpel	verleiht dem Knorpel Druckfestigkeit und mäßige Elastizität	Kollagen Typ II	Aggrecan: Kette aus Chondroitinsulfat und Keratansulfat, assoziiert mit Hyaluronsäure
Synovia	Stoßdämpfung	Kollagen Typ II	Hyaluronsäure
Basallamina	trennt basale Epithel- und Endothelzellen vom angrenzenden Bindegewebe, reguliert den Stofftransport (Filterfunktion)	Kollagen Typ IV	Heparansulfat
große Blutgefäße	verleiht den großen Blutgefäßen Dehnbarkeit und Reißfestigkeit	Elastin, Kollagen Typ I und III	Chondroitinsulfat
Haut	verleiht der Haut Festigkeit (bei Bewegung und Dehnung)	Kollagen Typ I, III und VII	Dermatansulfat

7.2.1 Kollagen

Kollagen ist das häufigste Protein im menschlichen Körper.

Struktur

Alle Kollagene haben den gleichen Grundaufbau. Sie bestehen aus einer **rechtsgängigen Tripelhelix**, die durch Zusammenlagerung von drei **linksgängigen Kollagen-α-Ketten** gebildet wird (**Tropokollagen**, Abb. **B-7.1 a**). Bis heute sind 28 verschiedene Kollagentypen beschrieben worden, die von insgesamt 45 verschiedenen Genen kodiert werden. Die verschiedenen Kollagentypen wurden mit römischen Ziffern durchnummeriert (vgl. Abb. **B-7.1**). Die charakteristische Aminosäuresequenz der Kollagen-α-Ketten besteht aus der sich wiederholenden Einheit **Glycin-X-Y**, wobei an Position X meist Prolin steht, an Position Y meist Hydroxyprolin, Lysin oder Hydroxylysin. Die drei Peptidketten werden durch Wasserstoffbrücken zusammengehalten. Die Peptidbindung im Prolin ist durch die Ringbildung fixiert und erleichtert so die Ausbildung der Tripelhelix. Über die OH-Gruppe am Hydroxylysin können Mono- oder Disaccharide (O-glykosidisch) an das Polypeptid gebunden sein (Abb. **B-7.1 b**).

Fibrilläre Kollagene

Fibrilläre Kollagene bilden die größte Gruppe innerhalb der Kollagene. Zu dieser Gruppe gehören die Kollagene Typ I, II, III, V und XI. Sie zeichnen sich durch die Ausbildung verschieden dicker und verschieden langer **Fibrillen** aus. Die Fibrillen entstehen durch gestaffelte parallele Aneinanderlagerung der Tropokollagenmoleküle (Abb. **B-7.1 c**). Dabei bleibt zwischen dem C-Terminus des einen Tropokollagens und dem N-Terminus des folgenden eine Lücke von 40 nm. Benachbarte Reihen von Tropokollagenen sind gegeneinander versetzt. Dadurch entsteht eine regelmäßige, sich stets wiederholende Anordnung, die nach entsprechender Färbung im Elektronenmikroskop als **gestreifte Struktur** sichtbar wird. Die Streifen haben einen Abstand von jeweils 67 nm (Abb. **B-7.1 c**). Die Reihen von Tropokollagenmolekülen werden untereinander über **Schiff-Basen** vernetzt (s. u.). Mehrere Fibrillen lagern sich dann zur Kollagenfaser zusammen.

Fibrillen-assoziierte Kollagene

Diese Kollagene unterscheiden sich von fibrillären Kollagenen dadurch, dass ihre tripelhelikale Struktur immer wieder durch nichthelikale Abschnitte unterbrochen wird. Sie werden dadurch **beweglicher**. Außerdem behalten sie ihre Propeptide (s. u.). Sie bilden **keine Fibrillen**, sondern binden in regelmäßigen Abständen an Fibrillen fibrillärer Kollagene. Auf diese Art können sie die Eigenschaften des fibrillären Kollagens beeinflussen. So bindet Kollagen Typ IX an Kollagen Typ II im Knorpel und verleiht ihm dadurch seinen hydrophilen Charakter.

▶ **Merke.** Alle fibrillären Kollagene haben die gleiche Grundstruktur: Drei Kollagen-α-Ketten mit der sich wiederholenden Aminosäuresequenz Gly-X-Y lagern sich zu einer rechtsgewundenen Tripelhelix zusammen. Diese wird durch Wasserstoffbrücken zusammengehalten.

B-7.1 Struktur von Kollagen

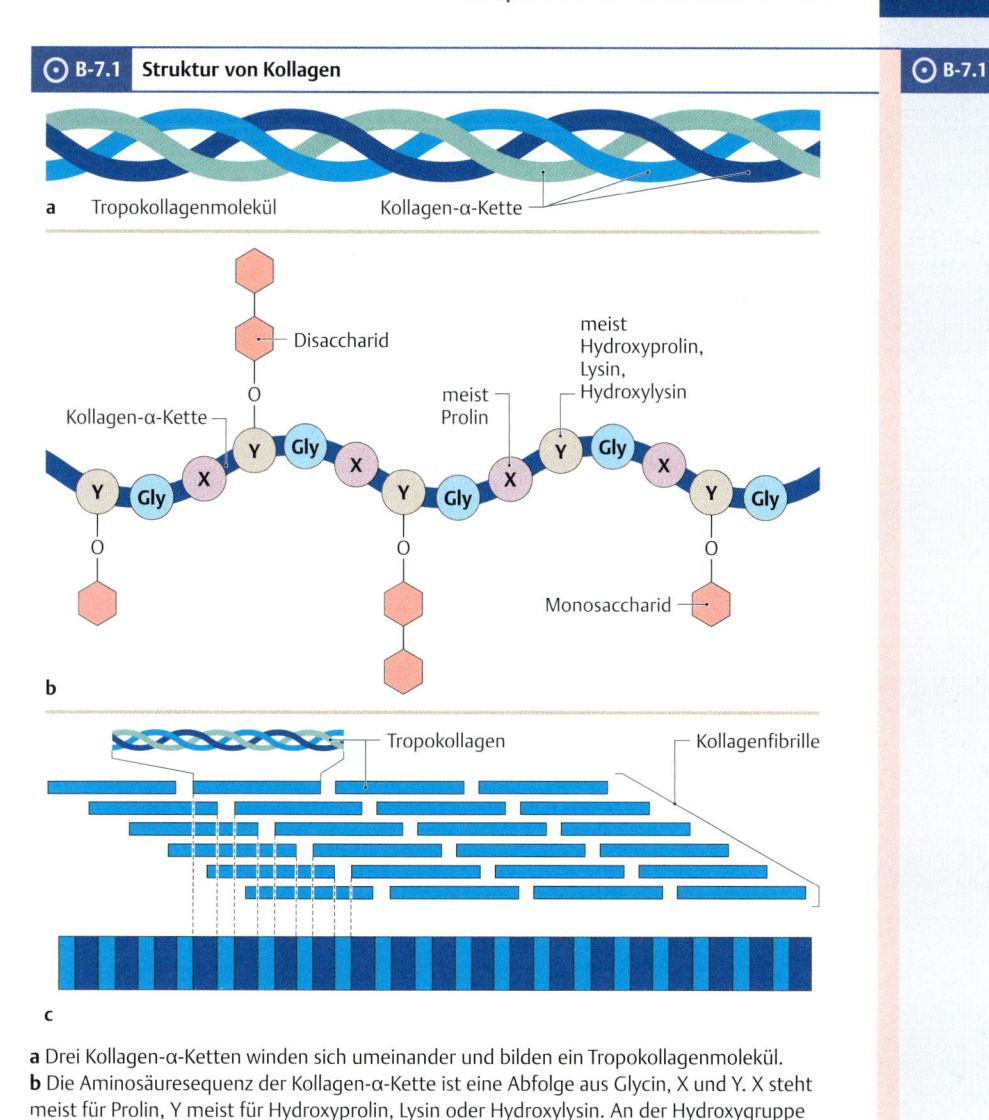

a Drei Kollagen-α-Ketten winden sich umeinander und bilden ein Tropokollagenmolekül.
b Die Aminosäuresequenz der Kollagen-α-Kette ist eine Abfolge aus Glycin, X und Y. X steht meist für Prolin, Y meist für Hydroxyprolin, Lysin oder Hydroxylysin. An der Hydroxygruppe des Y können Mono- oder Disaccharide O-glykosidisch gebunden sein. **c** Fibrilläres Kollagen erhält seine charakteristische Streifung durch die Anordnung der Tropokollagenmoleküle.

Biosynthese

Biosynthese der Kollagen-α-Kette

Die Biosynthese der Kollagen-α-Kette beginnt wie bei jedem sekretorischen Protein – vermittelt durch ein Signalpeptid – am rauen endoplasmatischen Retikulum (ER, Abb. **B-7.2**). Noch während der Synthese wird das Signalpeptid im ER abgespalten. Dadurch entsteht das **Prokollagen**. Das Prokollagen enthält sowohl am N-Terminus als auch am C-Terminus ein kurzes **Telopeptid**, an das sich jeweils ein **Propeptid (= Registerpeptid)** anschließt.

Hydroxylierung und Glykosylierung

Das Prokollagen wandert vom ER zum Golgi-Apparat. Dabei werden etwa die Hälfte der Proline und einige Lysine an den Y-Positionen der Gly-X-Y-Einheiten hydroxyliert. Die Hydroxylierung erfolgt durch die **Prolyl-** bzw. **Lysyl-Hydroxylase** und ist **Vitamin-C-abhängig**. Die hydroxylierten Lysine werden dann O-glykosidisch mit Galaktose oder Glucosylgalaktose **glykosyliert**. Am C-terminalen Propeptid werden zusätzlich N-glykosidische Verbindungen mit Zuckerresten geknüpft.
Die Anzahl der hydroxylierten Proline bestimmt den Schmelzpunkt des Kollagens. Je mehr OH-Gruppen vorhanden sind, desto mehr Wasserstoffbrücken können bei der Assemblierung der Tripelhelix ausgebildet werden und umso stabiler ist das Kollagenmolekül.

Biosynthese

Biosynthese der Kollagen-α-Kette

Am rauen ER wird das Vorläufermolekül **Prokollagen** synthetisiert (Abb. **B-7.2**). Es enthält an N- und C-Terminus je ein **Telopeptid** und ein **Propeptid (= Registerpeptid)**.

Hydroxylierung und Glykosylierung

Das Prokollagen wird im ER und Golgi-Apparat modifiziert:
- **Vitamin-C-abhängige Hydroxylierung** verschiedener **Prolin-** und **Lysinreste** durch Prolyl- bzw. Lysyl-Hydroxylase,
- **Glykosylierung** mit **Galaktose** oder **Glucosylgalaktose**.

Je stärker die Proline hydroxyliert werden, desto stabiler wird das Kollagen.

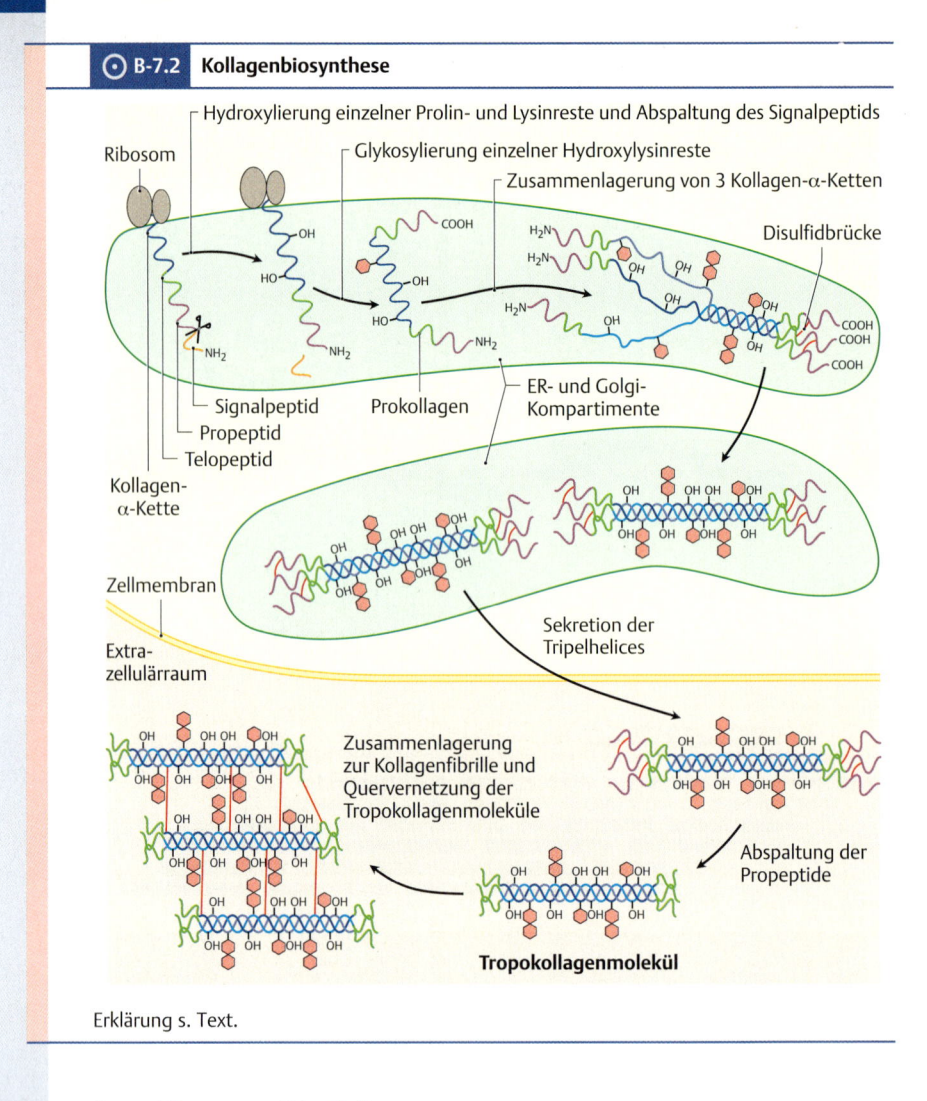

B-7.2 Kollagenbiosynthese

Hydroxylierung einzelner Prolin- und Lysinreste und Abspaltung des Signalpeptids
Glykosylierung einzelner Hydroxylysinreste
Zusammenlagerung von 3 Kollagen-α-Ketten
Ribosom · Disulfidbrücke · Signalpeptid · Propeptid · Telopeptid · Kollagen-α-Kette · Prokollagen · ER- und Golgi-Kompartimente · Zellmembran · Extrazellulärraum · Sekretion der Tripelhelices · Zusammenlagerung zur Kollagenfibrille und Quervernetzung der Tropokollagenmoleküle · Abspaltung der Propeptide · Tropokollagenmolekül

Erklärung s. Text.

Assemblierung zur Tripelhelix

Zuerst bilden sich **Disulfidbrücken** zwischen den C-terminalen Propeptiden. Dann winden sich die drei α-Ketten umeinander und die N-terminalen Propeptide bilden Disulfidbrücken aus. Die fertige Tripelhelix verlässt die Zelle.

Ausbildung der Fibrillen

Im **extrazellulären Raum** werden die Propetide abgespalten, wodurch **Tropokollagen** entsteht. Tropokollagenmoleküle fibrillärer Kollagene lagern sich zu **Fibrillen** zusammen (Abb. **B-7.1 c**). Die Quervernetzung der Tropokollagenmoleküle erfolgt mithilfe der **Lysyl-Oxidase**. Die **Schiff-Basen** (v. a. intermolekular) werden über Aldehydgruppen gebildet (Abb. **B-7.3**).

Ausbildung von Kollagenfasern

Die Kollagenfibrillen lagern sich zu Kollagenfasern oder -bündeln zusammen.

Assemblierung zur Tripelhelix

Die Zusammenlagerung der Tripelhelix beginnt bei den C-terminalen Propeptiden. Diese lagern sich aneinander und bilden untereinander **Disulfidbrücken** aus. Dann beginnen die drei α-Ketten sich sukzessive umeinander zu winden, bis das N-terminale Ende erreicht ist. Auch das N-terminale Ende wird durch die Bildung von Disulfidbrücken stabilisiert. Damit ist die intrazelluläre Synthese des Prokollagens abgeschlossen und das Kollagenmonomer wird in den Extrazellulärraum sezerniert.

Ausbildung der Fibrillen

Im **extrazellulären Raum** spaltet eine Peptidase die Propeptide vom N- und C-Terminus ab, wodurch **Tropokollagen** entsteht. Die Tropokollagenmoleküle fibrillärer Kollagene lagern sich in der oben beschriebenen charakteristischen Weise zu **Kollagenfibrillen** zusammen (Abb. **B-7.1 c**). Die **Quervernetzung** der Tropokollagenmoleküle erfolgt in zwei Schritten:
- Zunächst oxidiert das Enzym **Lysyl-Oxidase** Lysinreste zu Aldehydgruppen.
- Diese bilden mit freien Aminogruppen **Schiff-Basen** aus (Abb. **B-7.3 a**).

Vorwiegend werden intermolekulare Schiff-Basen gebildet, und zwar über die Telopeptide der Tropokollagenmoleküle (Abb. **B-7.3 b**).

Ausbildung von Kollagenfasern

Mehrere Kollagenfibrillen lagern sich dann zu Kollagenfasern oder Kollagenbündeln zusammen.

B-7.3 Quervernetzung der Tropokollagenmoleküle

a Die Reaktion der Lysyl-Oxidase und Ausbildung einer Schiff-Base zwischen der Aminogruppe eines Hydroxylysinrests und der Aldehydgruppe eines Allysinrests.

b Die Quervernetzung der einzelnen Tropokollagenmoleküle untereinander erfolgt hauptsächlich über die Telopeptide, seltener zwischen den helikalen Abschnitten der Ketten und intramolekular.

▶ **Klinik.** Bereits die Mutation eines einzigen Glycins in der Kollagen-α-Kette kann letale Folgen haben. Bei einer Form der **Osteogenesis imperfecta** ist ein Glycin nahe des C-Terminus zu einem Cystin mutiert. Dies hat zur Folge, dass sich die Tripelhelix nicht mehr richtig ausbilden kann und die einzelnen Ketten einer exzessiven Hydroxylierung und Glykosylierung ausgesetzt werden. Das Kollagen kann keine geordneten Strukturen mehr ausbilden oder es schmilzt bereits bei Körpertemperatur auf. Charakteristisch für diese Krankheit sind frakturbedingte Skelettdeformationen (Abb. **B-7.4**), die bereits bei der Geburt bestehen. Ursache der Frakturen ist die Porosität der Knochen.

B-7.4 Deformation beider Oberschenkel durch Ermüdungsbrüche bei einem 14 Monate alten Mädchen mit Osteogenesis imperfecta.

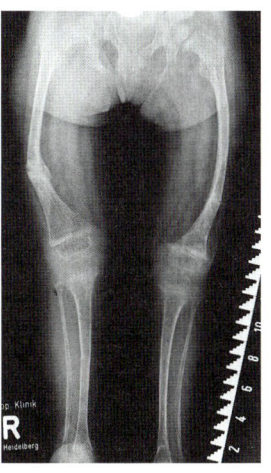

(aus Sitzmann, Duale Reihe Pädiatrie, Thieme, 2007)

7.2.2 Elastin

Elastin ist das Hauptprotein in den **elastischen Fasern** der größeren Blutgefäße und der Lunge.

Das **hydrophobe Protein** enthält viel **Prolin** und **Glycin**, nur wenig Hydroxyprolin und kein Hydroxylysin. Seine Biosynthese erfolgt ähnlich wie beim Kollagen: **Tropoelastin** wird aus der Zelle ausgeschleust und lagert sich an Mikrofibrillen (aus Fibrillin) an. Dann werden Tropoelastinmoleküle über Lysin quervernetzt, wodurch **Elastin** entsteht. Elastin und Mikrofibrillen bilden ein **Geflecht aus elastischen Fasern**. Zur Struktur dieser Fasern s. Abb. **B-7.5**.

7.2.2 Elastin

Elastin ist das Hauptprotein in den **elastischen Fasern**, die in den Wänden der größeren Blutgefäße und in der Lunge vorkommen. Diese Fasern sind enorm dehnbar, etwa 5-mal stärker als ein Gummiband. Zwischen diesen elastischen Fasern sind nicht elastische Kollagenfasern eingelagert, die verhindern, dass die elastischen Fasern überdehnt werden und reißen.

Elastin ist ein **hydrophobes Protein**, das viel **Prolin** und **Glycin**, aber nur wenig Hydroxyprolin und kein Hydroxylysin enthält. Es wird nicht glykosyliert. Seine Biosynthese erfolgt ähnlich wie beim Kollagen: **Tropoelastin** wird in den extrazellulären Raum sezerniert, wo es sich an **Mikrofibrillen**, bestehend aus dem Protein Fibrillin, anlagert. Ähnlich wie Tropokollagenmoleküle werden Tropoelastinmoleküle über Lysin – mithilfe der Lysyl-Oxidase – stark quervernetzt, wodurch **Elastin** entsteht. Elastin und Mikrofibrillen bilden ein großes **Geflecht aus elastischen Fasern**. Wie diese Fasern die gummiartigen Eigenschaften bekommen, ist nicht bekannt. Eine Modellvorstellung ist in Abb. **B-7.5** gezeigt. Die einzelnen Elastinmoleküle bestehen aus zwei Domänen, die sich abwechseln. Ein hydrophober Abschnitt ist für die Elastizität verantwortlich, über einen α-helikalen Abschnitt geschieht die Vernetzung. Man nimmt an, dass die elastische Faser im wenig belasteten Zustand eine Zufallsstruktur annimmt, die sich dann bei Belastung in eine geordnete Struktur dehnt.

B-7.5 Struktur elastischer Fasern (Modellvorstellung)

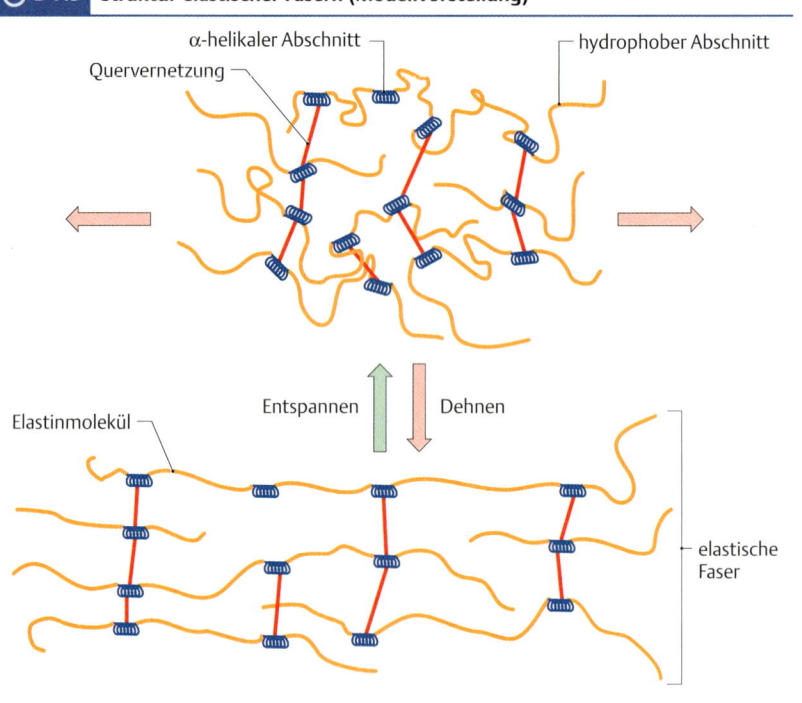

Die einzelnen Elastinmoleküle bestehen aus hydrophoben und α-helikalen Abschnitten, die sich abwechseln. Die α-helikalen Abschnitte sind untereinander quervernetzt. Unter Belastung dehnen sich die hydrophoben Abschnitte und die Faser nimmt eine geordnete Struktur an.

▶ Klinik. Beim **Marfan-Syndrom** führt ein Defekt des Fibrillin-1-Gens dazu, dass Mikrofibrillen ihre Funktion als Gerüst für Elastin nicht erfüllen können. Gewebe, die elastische Fasern enthalten, wie die Aorta und die Haut, sind abnorm dehnbar. Dadurch kann es u. a. zu einer Erweiterung der Aorta (Aortenektasie) und durch Einreißen der Intima zur Ausbildung eines falschen Lumens in der Media der Aorta (Aortendissektion, s. Abb. **B-7.6**) kommen.

▶ Klinik.

B-7.6 Aortendissektion

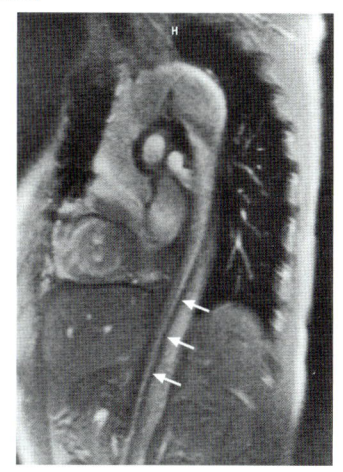

(aus Thurn et al., Einführung in die radiologische Diagnostik, Thieme, 1998)

Das Magnetresonanztomogramm zeigt ein wahres und ein falsches Lumen im Bereich der thorakalen und abdominalen Aorta, die durch eine Dissektionsmembran (Pfeile) aus Intima und Media voneinander abgegrenzt sind.

7.2.3 Glykosaminoglykane

7.2.3 Glykosaminoglykane

▶ Synonym. Saure Mukopolysaccharide.

▶ Synonym.

Glykosaminoglykane haben den weitaus größten Anteil an der extrazellulären Matrix.

Sie sind die Hauptkomponente der EZM.

▶ Definition. **Glykosaminoglykane** (GAG) sind lange Kohlenhydratketten, die keinen Proteinanteil besitzen. Moleküle, in denen GAG an einen Proteinkern gebunden sind, bezeichnet man als Proteoglykane (s. u.). Trotz dieser eigentlich klaren Definition werden die Begriffe „Glykosaminoglykan" und „Proteoglykan" in der Literatur oft synonym verwendet, da die beiden Molekülarten nahe miteinander verwandt sind und die gleichen Funktionen haben. Dies gilt vor allem für die unten genannten GAG Chondroitinsulfat, Heparansulfat und Keratansulfat.

▶ Definition.

Aufbau

GAG bestehen aus einer sich stets wiederholenden **Disaccharideinheit**, die aus einer **Uronsäure** (Glucuronsäure oder Iduronsäure) und einem **Aminozucker** (N-Acetylglucosamin oder N-Acetylgalaktosamin) aufgebaut ist (Abb. **B-7.7**). Viele der Aminozucker tragen zusätzlich eine **Sulfatgruppe** (Abb. **B-7.7 b**, Tab. **B-7.2**). Die Monosaccharide sind über α- und β-glykosidische Bindungen miteinander verbunden.
Die **vier Hauptgruppen** der GAG sind:
- Hyaluronat,
- Chondroitinsulfate,
- Heparansulfat und
- Keratansulfat.

Hyaluronat kommt nur als reines **Glykan** vor, es ist also nie an ein Protein gebunden, während die drei anderen genannten GAG immer an einen Proteinkern gebunden sind. Sie sind die Hauptbestandteile der **Proteoglykane** (s. u.).

Aufbau

GAG bestehen aus einer sich wiederholenden **Disaccharideinheit**, die aus einer **Uronsäure** und einem **Aminozucker** besteht. Der Aminozucker trägt oft eine **Sulfatgruppe** (Abb. **B-7.7**, Tab. **B-7.2**).
Die **vier Hauptgruppen** der GAG sind:
- Hyaluronat
- Chondroitinsulfate
- Heparansulfat
- Keratansulfat

Die drei Letzteren sind stets Teil eines **Proteoglykans**.

B-7.7 Struktur von Glykosaminoglykanen

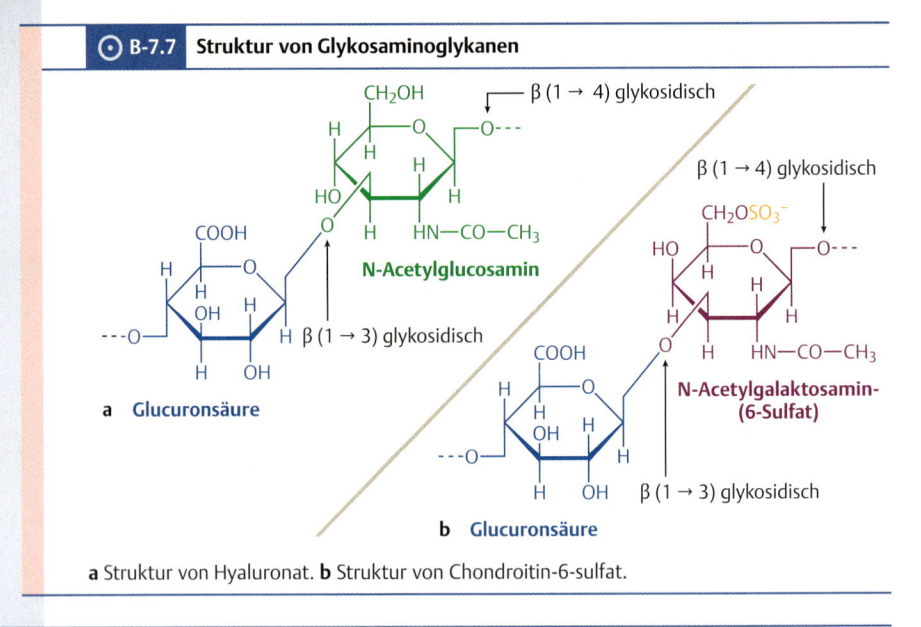

a Struktur von Hyaluronat. **b** Struktur von Chondroitin-6-sulfat.

B-7.2 Überblick über die verschiedenen Glykosaminoglykane

Glykosaminoglykan	Bestandteile der Disaccharideinheit	Vorkommen
Hyaluronat	Glucuronsäure, N-Acetylglucosamin	Synovialflüssigkeit, Glaskörper, Nabelschnur
Chondroitin-4-sulfat (Chondroitinsulfat A)	Glucuronsäure, N-Acetylgalaktosamin mit einer Sulfatgruppe an C 4	Knorpel, Aorta
Chondroitin-6-sulfat (Chondroitinsulfat C)	Glucuronsäure, N-Acetylgalaktosamin mit einer Sulfatgruppe an C 6	Herzklappen
Dermatansulfat (Chondroitinsulfat B)	Glucuronsäure oder Iduronsäure, N-Acetylgalaktosamin mit einer Sulfatgruppe an C 4	Haut, Blutgefäße, Herzklappen
Heparin	Glucuronsäure oder Iduronsäure, Glucosamin, mit Sulfatgruppen an der Uronsäure und dem Aminozucker	Lunge, Mastzellen
Heparansulfat	Glucuronsäure oder Iduronsäure, Glucosamin oder N-Acetylglucosamin mit Sulfatgruppen an den Uronsäuren und den Aminozuckern	Basallamina, Epithelienoberflächen
Keratansulfat	Galaktose, N-Acetylglucosamin mit Sulfatgruppen an der Galaktose und dem N-Acetylglucosamin	Kornea, Nucleus pulposus, Knorpel

Hyaluronat

Hyaluronat besteht aus **Glucuronsäure** und **N-Acetylglucosamin** (Abb. **B-7.7 a**). Es enthält als einziges GAG keine Sulfatgruppen.

Hyaluronat

Hyaluronat ist das einfachste und wichtigste GAG. Seine Disaccharideinheit enthält **Glucuronsäure** und **N-Acetylglucosamin** (Abb. **B-7.7 a**), die über eine β-glykosidische Bindung miteinander verbunden sind. Es kann Ketten aus bis zu 25 000 Disaccharideinheiten bilden. Hyaluronat enthält als einziges GAG keine Sulfatgruppen.

Chondroitinsulfate

Ihre Disaccharideinheiten bestehen aus **Glucuronsäure oder Iduronsäure** und **N-Acetylgalaktosamin** (Abb. **B-7.7 b** und Tab. **B-7.2**).

Chondroitinsulfate

Die Disaccharideinheiten der Chondroitinsulfate bestehen aus **Glucuronsäure oder Iduronsäure** und **N-Acetylgalaktosamin** mit einer β-glykosidischen Bindung dazwischen (Abb. **B-7.7 b**). Es gibt mehrere Chondroitinsulfate, die sich in der Stellung der Sulfatgruppe und der Abfolge der Disaccharideinheiten unterscheiden (Tab. **B-7.2**).

Heparin und Heparansulfat

Diese Moleküle enthalten auch α-glykosidische Bindungen. Heparin ist wichtig für die Blutgerinnung, Heparansulfat ist u. a. Bestandteil der Basallamina.

Heparin und Heparansulfat

Heparin und Heparansulfat enthalten Glucuronsäure oder Iduronsäure und Glucosamin. Das Glucosamin ist oft mehrfach sulfatiert. Neben β-glykosidischen Bindungen kommen hier auch α-glykosidische Bindungen zwischen den Monosacchariden vor. Heparin (S. 733) hat eine wichtige Funktion bei der Blutgerinnung. Heparansulfat kommt in Epithelienoberflächen und in der Basallamina vor.

Keratansulfat

Keratansulfat besteht aus **N-Acetylglucosamin** und **Galaktose**.

Keratansulfat

Keratansulfat enthält keine Uronsäure. Es besteht aus **N-Acetylglucosamin** und **Galaktose**. Es kommt außer in Knochen und Knorpel hauptsächlich in der Kornea vor.

Biosynthese

Hyaluronat, das nicht an ein Protein gebunden ist, wird direkt von einem Enzymkomplex, der in der Plasmamembran sitzt, in die extrazelluläre Matrix synthetisiert. Die **anderen GAG** sind kovalent an einen Proteinkern gebunden, der wie alle sekretorischen Proteine im ER synthetisiert wird. Die Zuckerreste werden durch spezifische **Glykosyltransferasen** im Golgi-Apparat angehängt. Dabei wird zuerst ein spezielles **Kopplungstetrasaccharid** an ein Serin angehängt. Auf dieses Kopplungstetrasaccharid werden dann die einzelnen nukleosidaktivierten Monosaccharide übertragen. Während der Passage durch den Golgi-Apparat werden diese Kohlenhydrate dann weiter modifiziert (z. B. durch Sulfatierung).

Abbau

Der Abbau der GAG findet in den **Lysosomen** (S. 387) statt. Lysosomen enthalten saure Hydrolasen wie die Hyaluronidasen und andere Uronidasen.

Hyaluronat

Hyaluronat wird von verschiedenen **Hyaluronidasen** abgebaut, die die langen Kohlenhydratketten in kleinere Fragmente zerlegen. Diese werden dann weiter zu Monosacchariden abgebaut. Dieser Abbau spielt eine wichtige Rolle bei der Zellwanderung in der **Embryonalentwicklung**. Dort lässt Hyaluronat (z. B. bei der Entstehung des Herzens oder der Hornhaut des Auges) einen zellfreien Raum entstehen, in den Zellen einwandern können. Sobald die Zellen eingewandert sind, wird überschüssiges Hyaluronat wieder abgebaut.
Auch manche Bakterien (z. B. Streptokokken) produzieren Hyaluronidasen. Sie helfen dem Bakterium, in das Bindegewebe einzudringen und sich dort auszubreiten.

Andere Glykosaminoglykane

Zum Abbau der anderen GAG werden weitere **Uronidasen** benötigt, die auch Bindungen zu anderen Uronsäuren (wie z. B. Iduronsäure) spalten können.

> ▶ **Klinik.** Bei den **Mukopolysaccharidosen** ist die Konzentration jeweils einer spezifischen lysosomalen Uronidase aufgrund eines Gendefekts herabgesetzt. Das zugehörige GAG kann nicht abgebaut werden und reichert sich in der Zelle an. Siehe Näheres zur Mukopolysaccharidose Typ I, sog. Morbus Pfaundler-Hurler (S. 388).

Funktion

Die negativ geladenen Carboxyl- und Sulfatgruppen der GAG binden Kationen wie z. B. Na$^+$. Durch die hohe Ionendichte, die dadurch in den Glykosaminoglykanen herrscht, werden osmotisch große Mengen Wasser eingelagert. Im Knorpel bilden so Chondroitinsulfate **Gele**, die die Stoßdämpferwirkung des Knorpels gewährleisten. Im Glaskörper des Auges werden die großen Wassermengen durch **Hyaluronat** gebunden. In Gelenken fungiert Hyaluronat als Gleitmittel, in der Haut ist es die wichtigste Matrixkomponente und hat außerdem Wundheilungsfunktion.
Die wässrige Umgebung in den GAG stellt extrazellulär ein Milieu zur Verfügung, in dem eine schnelle Diffusion von wasserlöslichen Stoffen ermöglicht wird.
GAG haben außerdem als Bestandteile von **Proteoglykanen** viele weitere wichtige Funktionen (s. u.).

7.2.4 Proteoglykane

> ▶ **Definition.** **Proteoglykane** sind Proteine, die kovalent (glykosidisch) gebundene Glykosaminoglykane (GAG) als Kohlenhydratseitenketten enthalten.

> ▶ **Merke.** Proteoglykane dürfen nicht mit Glykoproteinen verwechselt werden. Proteoglykane bestehen zum größten Teil aus Kohlenhydrat (bis zu 95 %) und haben nur einen kleinen Proteinkern, während Glykoproteine hauptsächlich aus einer Polypeptidkette bestehen, die kurze Kohlenhydratseitenketten trägt.

B-7.3 Die häufigsten Proteoglykane (Übersicht)

Proteoglykan	Molmasse des Proteinanteils (ca.)	Anzahl der Kohlenhydratketten	Glykosaminoglykan	Vorkommen	Funktion
Aggrecan	210 kDa*	über 130	Chondroitinsulfat und Keratansulfat	Knorpel	mechanische Stütze, Stoßdämpferwirkung zusammen mit Hyaluronat
Betaglykan	36 kDa	1	Chondroitinsulfat oder Keratansulfat	Zelloberfläche	bindet TGFβ
Decorin	40 kDa	1	Chondroitinsulfat oder Keratansulfat	weit verbreitet im Bindegewebe	bindet Typ-I-Kollagen (Faserbildung) und TGFβ
Perlecan	600 kDa	2 – 15	Heparansulfat	Basallamina	Ausbildung eines Netzes mit Filterfunktion

* kDa = Kilodalton = 1000 Dalton

Die Proteoglykane sind eine sehr heterogene Gruppe aus Proteinen und Kohlenhydraten (Tab. B-7.3).

Proteogklykane haben **vielfältige Funktionen**:
- Bildung des wässrigen Milieus zwischen Zellen
- Stütz- und Dämpfungsfunktion in Knochen und Knorpel
- Vermittlung von Zell-Zell- und Zell-Matrix-Kontakten
- Signalübertragung
- Regulation der Aktivität extrazellulärer Enzyme
- Vermittlung von Entzündungsreaktionen

Proteoglykane können aus praktisch unbegrenzt vielen Kombinationen von GAG und Proteinen aufgebaut sein (Tab. B-7.3). Ein einzelnes Kernprotein kann viele verschiedene GAG-Ketten tragen, die wiederum durch Sulfatgruppen unterschiedlich modifiziert sein können. Sie können auch in sehr unterschiedlichen Größen vorkommen.

Aufgrund der Heterogenität dieser Molekülgruppe ist es nicht verwunderlich, dass ihre Mitglieder viele **verschiedene Aufgaben** haben. Sie bilden, wie bereits bei den GAG erwähnt, den **wasserhaltigen Zwischenraum** zwischen den Zellen. Des Weiteren haben sie **Stütz- und Dämpfungsfunktion** im Knochen und Knorpel. Sie vermitteln außerdem **Zell-Zell- und Zell-Matrix-Kontakte**, indem sie Glykoproteine wie z. B. Integrine (S. 372) oder auch an Kollagen binden. Auch spielen sie eine Rolle in der **Signalübertragung:** Sie binden sezernierte Signalmoleküle wie z. B. TGFβ und regulieren dadurch das Zellwachstum. Ebenso können sie die **Aktivität extrazellulärer Enzyme** (z. B. Proteasen) beeinflussen, indem sie sie binden und damit „aus dem Verkehr" ziehen. Sie vermitteln **Entzündungsreaktionen**, indem sie Chemokine binden und so am Entzündungsherd konzentrieren. Dadurch werden Leukozyten veranlasst, das Blut zu verlassen und in das entzündete Gewebe einzudringen (S. 708).
Drei Beispiele sollen diese Vielfalt der verschiedenen Aufgaben etwas verdeutlichen.

Aggrecan

Aggrecan kommt im **Knorpel** vor und ist dort für die **Stoßdämpferwirkung** verantwortlich. Es bildet große **Komplexe mit Hyaluronat** (Abb. B-7.8), die Bakteriengröße erreichen können.

Aggrecan

Das Aggrecan des **Knorpels** liegt als **Aggregat mit Hyaluronsäure** vor (Abb. B-7.8). Dabei bildet die Hyaluronsäure das Rückgrat des Komplexes, an das sich über Verbindungsproteine bis zu 100 Aggrecanmoleküle (nicht kovalent) anlagern. Der Komplex kann dabei eine Größe von über 3 000 kDa und das Gesamtvolumen eines Bakteriums erreichen. Er enthält bis zu 130 Chondroitinsulfat- und Keratansulfat-Seitenketten.

Das Aggrecan verleiht dem Knorpel seine **Stoßdämpferwirkung** dadurch, dass es große Mengen Wasser binden und gleichzeitig geordnete Strukturen ausbilden kann.

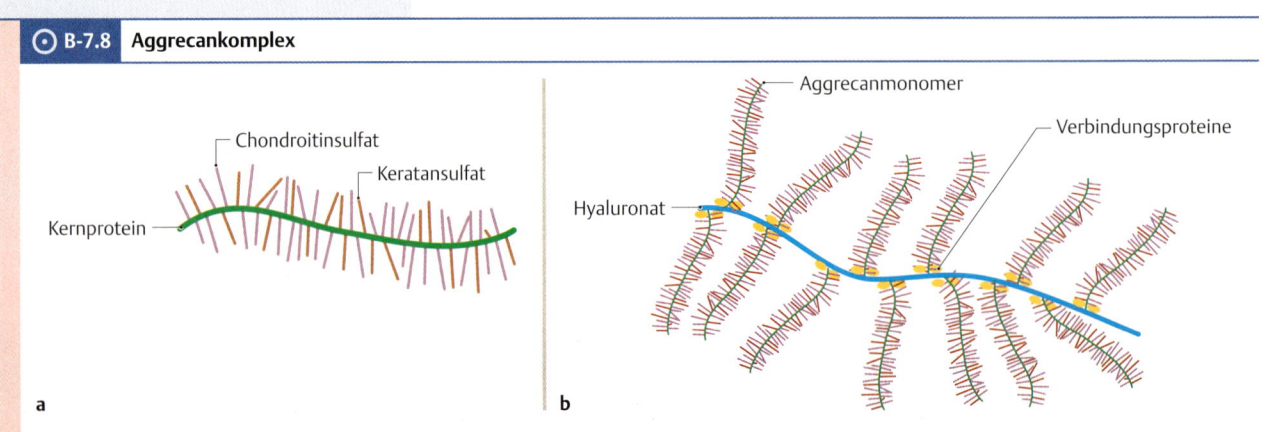

B-7.8 Aggrecankomplex

a Das Aggrecanmonomer besteht aus einem Proteinkern mit Chondroitinsulfat und Keratansulfat als Seitenketten. b Im Knorpel liegt das Aggrecan im Komplex mit Hyaluronat vor. Über Verbindungsproteine sind die Aggrecanmonomere an einem langen zentralen Hyaluronatmolekül angelagert.

Decorin

Decorin, das in den Fibroblasten gebildet wird, hat nur eine Molmasse von ca. 40 kDa und enthält nur eine GAG-Kette (entweder Chondroitinsulfat oder Dermatansulfat). Decorin ist ein Kollagen bindendes Protein und ist wichtig für die **Bildung der Kollagenfasern**.

Perlecan

Perlecan ist ein größeres Protein mit weniger Kohlenhydratketten. Es kommt in der **Basallamina** vor und hat dort eine **Filterfunktion**: Es bildet ein Netzwerk mit Poren aus, durch die ein selektiver Transport von Molekülen aufgrund ihrer Ladung und Größe stattfinden kann (Abb. **B-7.10**).

7.2.5 Nicht kollagene Glykoproteine

Außer Kollagen gibt es noch weitere Glykoproteine in der extrazellulären Matrix. Eine ihrer Aufgaben ist, den **Kontakt zwischen** den einzelnen **Komponenten der extrazellulären Matrix** herzustellen und diese so zusammenzuhalten. Außerdem vermitteln sie den Kontakt zwischen den **Zellen** und der **extrazellulären Matrix** und helfen den Zellen, bei der Wanderung ihren Weg zu finden (z. B. beim Axonwachstum).

Zwei wichtige Glykoproteine der extrazellulären Matrix sind das Fibronektin des Bindegewebes und das Laminin in der Basallamina.

Fibronektin

Fibronektin ist ein langes **dimeres Protein**, dessen Untereinheiten am C-Terminus über Disulfidbrücken miteinander verbunden sind. Es kommt in unterschiedlichen Isoformen vor, die aber alle von einem Gen kodiert werden. Die Isoformen entstehen durch alternatives Splicing (S. 470).

Jedes Monomer besteht aus **mehreren Domänen**, die verschiedene Funktionen haben (Abb. **B-7.9**). Eine der Domänen **bindet an Integrine** und damit an Zelloberflächen. Die Bindungsstelle dieser Domäne enthält die charakteristischen drei Aminosäuren R, G und D (Arginin, Glycin und Asparaginsäure, sog. **RGD-Sequenz**), mit denen sie an Integrin bindet. Man findet diese Sequenz auch in anderen Integrin bindenden Glykoproteinen. Eine weitere Domäne des Fibronektins **bindet an Kollagen**. Auf diese Weise verankert das Fibronektin als Brücke zwischen Integrin und Kollagen die Zellen in der extrazellulären Matrix.

Während der **Embryonalentwicklung** spielt Fibronektin eine wichtige Rolle in der Wegefindung der Zellen bei der Zellwanderung. Zum Beispiel findet man während der Gastrulation große Mengen Fibronektin auf dem Weg, den zukünftige Mesodermzellen entlangwandern.

B-7.9 Die Struktur von Fibronektin

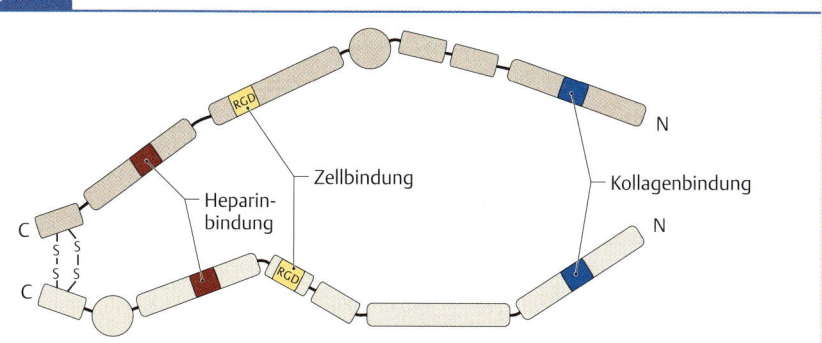

Die beiden Monomere des Fibronektins sind über Disulfidbrücken am C-Terminus miteinander verbunden. Die einzelnen Domänen haben verschiedene Funktionen, wie z. B. Heparinbindung, Kollagenbindung und Zellbindung über die Aminosäuresequenz RGD.

Decorin

Decorin kommt in Fibroblasten vor. Dort hilft es bei der **Bildung der Kollagenfasern**.

Perlecan

Perlecan übt in der **Basallamina** eine **Filterfunktion** aus, indem es eine netzartige Struktur mit **Poren** bildet (Abb. **B-7.10**).

7.2.5 Nicht kollagene Glykoproteine

Die nicht kollagenen Glykoproteine vermitteln den **Kontakt zwischen** den **Komponenten der extrazellulären Matrix** und stellen **Zell-Zell-** und **Zell-Matrix-Kontakte** her.

Fibronektin

Fibronektin ist ein **dimeres Protein**, dessen Monomere **mehrere Domänen** mit verschiedenen Funktionen enthalten (Abb. **B-7.9**). Eine Domäne **bindet Integrine**, d. h. Zelloberflächen, mithilfe der Aminosäuren Arginin, Glycin und Asparaginsäure (**RGD**). Eine andere Domäne bindet **Kollagen**. Fibronektin stellt somit eine Brücke dar, die Zellen mit der extrazellulären Matrix verbindet.

Während der **Embryonalentwicklung** spielt Fibronektin eine wichtige Rolle bei der Zellwanderung.

Fibrilläres Fibronektin

Auf Zelloberflächen lagert sich Fibronektin zu stark gespannten, **unlöslichen Fibrillen** zusammen. Diese Zusammenlagerung wird durch die Bindung an Integrin getriggert. Über die Integrinbindung (S. 372) sind diese Fibronektinfibrillen an das **Zytoskelett** innerhalb der Zelle angeschlossen.

Lösliches Fibronektin

Es gibt eine Isoform des Fibronektins, das keine Fibrillen ausbildet. Dieses Fibronektin (S. 723) zirkuliert in löslicher Form im **Blut** und beeinflusst dort die **Blutgerinnung**, indem es die Bindung von Thrombozyten und Fibroblasten an Fibrin vermittelt. Außerdem nimmt man an, dass es eine Funktion in der Wundheilung und der Phagozytose hat.

Laminin

Laminin ist ein wichtiger Bestandteil der **Basallamina**. Es übernimmt dort sozusagen die Funktion des Fibronektins im Bindegewebe. Es ist ein großes bewegliches Protein aus drei Untereinheiten (α, β und γ), die ein asymmetrisches Kreuz bilden (Abb. **B-7.10**). Durch Kombination verschiedener Isoformen der Untereinheiten entsteht eine große Lamininfamilie. Die einzelnen Domänen haben wie beim Fibronektin unterschiedliche Bindungseigenschaften. Eine der Domänen **bindet an Kollagen Typ IV**, eine andere an das Proteoglykan **Perlecan** (s. o.), eine weitere kann **Integrine** binden. Damit fungiert Laminin als Ankerprotein, das die Zelle mit der Basallamina und diese wiederum mit der restlichen extrazellulären Matrix verbindet.

B-7.10 Aufbau der Basallamina

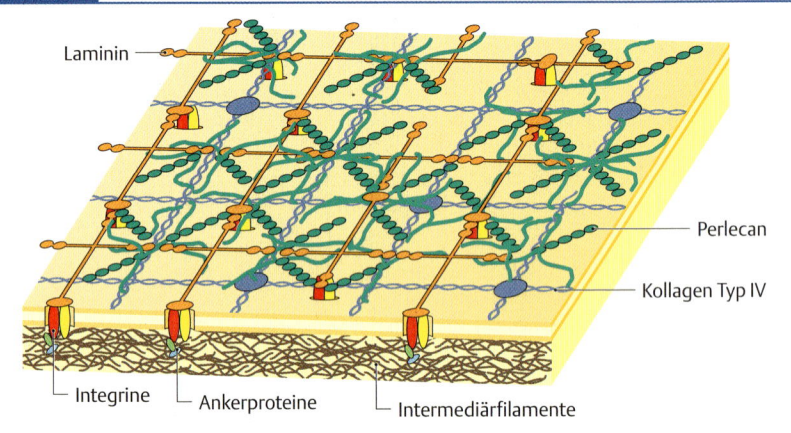

Laminin verankert Zellen an der Basallamina, indem es an Kollagen und Perlecan bindet. Beide Moleküle sind Bestandteile der Basallamina. Außerdem bindet Laminin an Integrin, das in der Zellmembran sitzt und über Ankerproteine im Zellinneren am Zytoskelett verankert ist (vgl. Abb. **B-4.11**).

7.3 Abbau der extrazellulären Matrix

Die extrazelluläre Matrix unterliegt einem ständigen Auf- und Abbau. Diese Dynamik ist wichtig für viele biologische Vorgänge. Es kommt z. B. zu einem schnellen Abbau, wenn sich der Uterus nach der Geburt eines Kindes zurückbildet. Ein örtlich begrenzter Abbau findet statt, wenn weiße Blutkörperchen aus den Blutgefäßen durch die Basallamina hindurch ins Gewebe wandern.

Der Abbau erfolgt über **extrazelluläre Proteasen**, die von den Zellen abgegeben werden. Die meisten dieser Proteasen gehören zu den **Matrix-Metalloproteasen**, den metallabhängigen Proteasen (S. 263), die Zink im aktiven Zentrum besitzen und Ca^{2+}-abhängig sind, oder zu den **Serin-Proteasen** (S. 262), die einen Serinrest in ihrem aktiven Zentrum haben. Das Kollagen wird dabei von spezifischen **Kollagenasen** abgebaut, die nur an wenigen spezifischen Stellen spalten. Dadurch bleibt die Struktur der Matrix weitgehend erhalten, die Zellwanderung aber wird möglich gemacht.

Regulation des Abbaus: Der Abbau der extrazellulären Matrix wird u. a. dadurch reguliert, dass die **Proteasen** nur **räumlich begrenzt aktiviert** werden. Zum Beispiel aktiviert der Plasminogenaktivator das inaktive Plasminogen, das überall im Blut vorkommt, nur an den Stellen, an denen ein Blutgerinnsel aufgelöst werden muss (S. 732).
Eine andere Möglichkeit der Regulation ist die Ausscheidung von **Inhibitoren**, die die Aktivität der Proteasen auf einen begrenzten Bereich einschränken.

Regulation des Abbaus: Sie erfolgt über Mechanismen wie
- räumlich begrenzte Aktivierung der Proteasen,
- Inhibitoren, die die Aktivität der Proteasen auf einen bestimmten Bereich einschränken.

7.4 Extrazelluläre Matrix des Knochens

Die extrazelluläre Matrix des Knochens besteht aus anorganischen und organischen Substanzen, wobei der anorganische Teil zusammen mit H_2O etwa 80 % ausmacht.

Der Knochen besteht zu 80 % aus anorganischem Material, der Rest ist organisch.

7.4.1 Anorganische Matrix

Die anorganische Matrix besteht aus **Calciumverbindungen**, z. B. Hydroxylapatit $[Ca_{10}(PO_4)_6(OH)_2]$. Sie dienen vor allem dem Aufbau des Skeletts und der **Speicherung von Ca^{2+} und PO_4^{3-}**, deren Aufnahme und Freisetzung einer strengen hormonellen Kontrolle unterliegen (S. 644).

Die anorganische Matrix besteht aus **Calciumverbindungen** (z. B. Hydroxylapatit) und dient zum Aufbau des Skeletts und als Ca^{2+}- und PO_4^{3-}-Speicher.

7.4.2 Organische Matrix

Die organische Matrix des Knochens wird von Osteoblasten bzw. Osteozyten gebildet, die sich dabei völlig einmauern und untereinander nur noch über kurze Fortsätze in Verbindung stehen. Hauptbestandteil der organischen Matrix ist mit einem Anteil von ca. 90 % das **Kollagen Typ I**. Es verleiht dem Knochen seine Festigkeit, da die anorganische Matrix allein zu brüchig wäre. Die restlichen 10 % bestehen u. a. aus **Proteoglykanen**, **Matrix-GLA-Protein** und **Osteocalcin**.
Siehe Näheres zur Regulation des Knochenauf- und -abbaus (S. 644).

Die organische Matrix besteht aus **Kollagen Typ I** (ca. 90 %) sowie **Proteoglykanen**, **Matrix-GLA-Protein** und **Osteocalcin**.

7.5 Extrazelluläre Matrix des Knorpels

Knorpel hat die Aufgabe, mäßig verformbar und druckresistent zu sein. Außerdem ist er die Vorstufe für die Knochenbildung bei der indirekten Ossifikation. Die extrazelluläre Matrix des Knorpels wird von Chondrozyten gebildet und umgibt diese von allen Seiten, sodass sie nur durch Diffusion ernährt werden können. Die Diffusion wird durch die Wasser bindenden Glykosaminoglykane bzw. Proteoglykane **Hyaluronat** bzw. **Aggrecan** sichergestellt. Die extrazelluläre Matrix des Knorpels stellt ein **hydratisiertes Gel** mit einem Wasseranteil von ca. 70 % dar.
Das wichtigste Kollagen im Knorpel ist das **Kollagen Typ II**. Es durchzieht die Gelmatrix mit langen Fibrillen und verleiht ihr so ihre Form. Weitere Kollagene sind **Kollagen Typ IX und XI**. Im Perichondrium, der Knorpelhaut, finden sich auch die Kollagene **Typ I, II und V**.

Knorpel enthält **Hyaluronat** und **Aggrecan**, die durch ihre **Hydratisierung** die mäßige Verformbarkeit und Stoßfestigkeit des Knorpels bedingen. Das wichtigste Kollagen im Knorpel ist **Kollagen Typ II**. Außerdem kommen Kollagen **Typ I, V, IX und XI** vor.

C

Zellzyklus und molekulare Genetik

R. Necker

Zellzyklus und molekulare Genetik

1. **Nukleotide** 419
2. **Nukleinsäuren (Polynukleotide)** 436
3. **Einführung in die Molekularbiologie** 442
4. **Replikation der DNA** 444
5. **Genexpression** 451
6. **Viren** 491
7. **Gentechnik und Nachweis bzw. Analyse von Nukleinsäuren** 501
8. **Mutationen und DNA-Reparatur** 519
9. **Der Zellzyklus** 528
10. **Die Apoptose** 533
11. **Molekulare Onkologie** 538

1 Nukleotide

1.1 Einführung 419
1.2 Aufbau der Nukleotide 419
1.3 Funktionen der Nukleotide 421
1.4 Stoffwechsel der Nukleotide 425

1.1 Einführung

Nukleotide und ihre Derivate erfüllen eine Reihe zentraler Funktionen im Stoffwechsel und in der Signaltransduktion. Außerdem sind sie die Bausteine der Nukleinsäuren (S. 436), welche die Erbinformation tragen (Desoxyribonukleinsäure = DNS = DNA [*A* wie *acid*]) bzw. an der Genexpression beteiligt sind (Ribonukleinsäure = RNS = RNA).

Die Wichtigkeit der Nukleotide wird durch die Tatsache verdeutlicht, dass fast alle Zellen in der Lage sind, Nukleotide zu synthetisieren.

1.1 Einführung

Nukleotide erfüllen zentrale Funktionen in Stoffwechsel und Signaltransduktion und sind die Bausteine der Nukleinsäuren.

1.2 Aufbau der Nukleotide

Nukleotide sind aus drei Komponenten aufgebaut (Abb. **C-1.1**):
- einer **organischen Base**, die aus einem aromatischen heterozyklischen Ring bzw. Ringsystem besteht,
- einem **Kohlenhydrat** mit fünf Kohlenstoffatomen (Pentose): D-Ribose oder 2-Desoxy-D-Ribose und
- mindestens einem **Phosphat**.

1.2 Aufbau der Nukleotide

Nukleotide bestehen aus drei Komponenten (Abb. **C-1.1**):
- **organische Base**
- **Kohlenhydrat** (Pentose)
- **Phosphat**

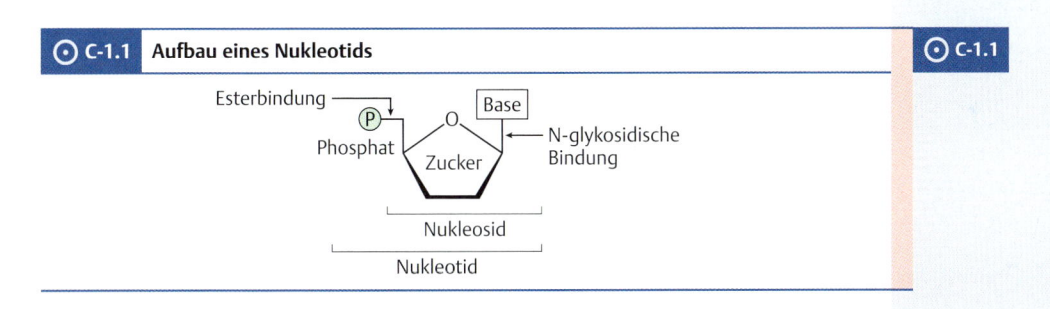

⊙ **C-1.1** Aufbau eines Nukleotids

⊙ **C-1.1**

Organische Base: Die organische Base ist ein Purin- oder Pyrimidinderivat:
- **Purine:** Die beiden wichtigsten sind **Adenin** (A) und **Guanin** (G).
- **Pyrimidine:** Die drei wichtigsten sind **Cytosin** (C), **Thymin** (T) und **Uracil** (U).

Neben diesen in Abb. **C-1.2** dargestellten Molekülen gibt es noch eine Reihe weiterer Basen, die Bedeutung als Stoffwechselzwischenprodukte oder Endprodukte haben oder Bestandteile von Nukleinsäuren, z. B. tRNA (S. 454), sind.

Kohlenhydrat: Die Kohlenhydratkomponente besteht **entweder** aus **D-Ribose** oder **2-Desoxy-D-Ribose**. Beide Pentosen liegen in Ringform, d. h. als Furanosen vor (Abb. **C-1.3**).

Organische Base: Sie ist ein Purin- oder Pyrimidinderivat:
- **Purine**: Adenin (A) und Guanin (G)
- **Pyrimidine**: Cytosin (C), Thymin (T) und Uracil (U)

Diese wichtigsten organischen Basen zeigt Abb. **C-1.2**.

Kohlenhydrat: Es handelt sich um **D-Ribose oder 2-Desoxy-D-Ribose** (Abb. **C-1.3**).

C 1 Nukleotide

▶ **Definition.** Als **Nukleosid** bezeichnet man die Verbindung einer organischen Base mit einer Pentose (D-Ribose oder 2-Desoxy-D-Ribose). Tab. **C-1.1** zeigt die häufigsten Nukleoside. Die Verknüpfung erfolgt über eine β-N-glykosidische Bindung:
- bei einer Pyrimidinbase über N1 (Abb. **C-1.2 a**),
- bei einer Purinbase über N9 (Abb. **C-1.2 a**).

Als **Nukleotid** bezeichnet man die Verbindung aus organischer Base, Pentose (D-Ribose oder 2-Desoxy-D-Ribose) und einem oder mehreren Phosphatresten:
- **Nukleosidmonophosphat:** organische Base + Pentose + 1 Phosphatrest
- **Nukleosiddiphosphat:** organische Base + Pentose + 2 Phosphatreste
- **Nukleosidtriphosphat:** organische Base + Pentose + 3 Phosphatreste

C-1.2 Purin- und Pyrimidinbasen

Purin — Adenin — Guanin

Pyrimidin — Cytosin — Thymin — Uracil

a Grundstruktur   b Die wichtigsten Vertreter

C-1.3 D-Ribose und 2-Desoxy-D-Ribose

β-D-Ribose   2-Desoxy-β-D-Ribose

C-1.1 Nomenklatur der häufigsten Nukleoside

organische Base	zugehöriges Nukleosid (= Base + Pentose)
Adenin	Adenosin
Guanin	Guanosin
Hypoxanthin	Inosin
Xanthin	Xanthosin
Cytosin	Cytidin
Thymin	Thymidin
Uracil	Uridin

Pentose und Phosphatrest 1 sind über eine **Esterbindung** verbunden. Die Veresterung erfolgt bei den biologisch bedeutsamen Nukleotiden am fünften C-Atom der D-Ribose bzw. der 2-Desoxy-D-Ribose. Um die Atome im heterozyklischen Ring (-system) der Base von denen der Pentose unterscheiden zu können, wird die Ziffer der Pentose-C-Atome mit einem Strich versehen. Die biologisch bedeutsamen Nukleotide sind also am 5′-C-Atom verestert.

Phosphatrest 1 bis 3 sind durch **Säureanhydridbindungen** verknüpft, wie Abb. **C-1.4** am Beispiel von Adenosintriphosphat (ATP) zeigt.

⊙ C-1.4 Adenosintriphosphat (ATP)

Säureanhydrid-Bindung, Esterbindung, N-glykosidische Bindung

Adenosinmonophosphat (AMP)
Adenosindiphosphat (ADP)
Adenosintriphosphat (ATP)

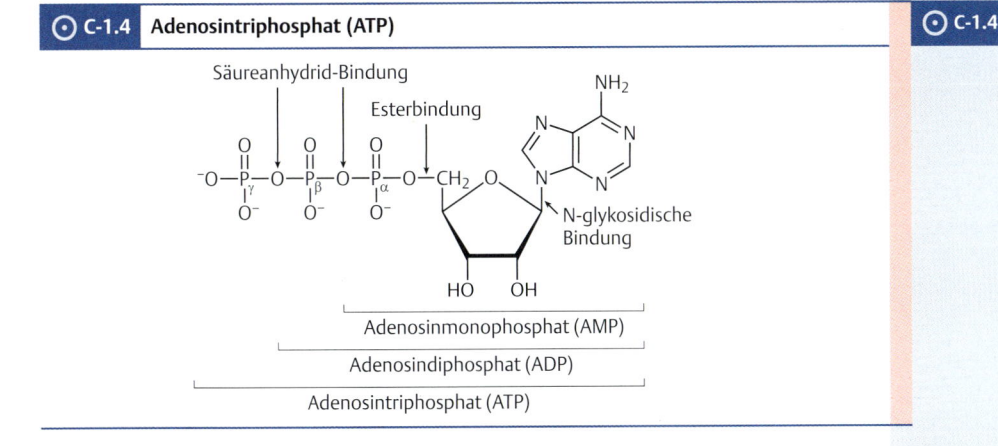

Schreibweisen: Für die Nukleotide sind Kurzschreibweisen üblich. Stets wird der Name des Nukleosids mit einem Buchstaben abgekürzt (A, G, C, T oder U). Enthält es anstatt der D-Ribose die 2-Desoxy-D-Ribose, so wird ein d vorangestellt.

- Steht der Buchstabe allein (z. B. A) oder steht vor dem Buchstaben ein p (z. B. pA), bedeutet dies, dass ein Phosphatrest vorliegt, der mit dem 5´-C-Atom verestert ist. Steht hinter dem Buchstaben ein p (z. B. Ap), ist der einzelne Phosphatrest mit dem 3´-C-Atom verestert. Zwei p stehen für zwei, drei p für drei Phosphatreste.
  Beispiele: A = pA = 5´-Adenosinmonophosphat; Gpp = Guanosin-3´-diphosphat; pppGpp = Guanosin-5´-triphosphat-3´-diphosphat; pppdA = 5´-Desoxyadenosintriphosphat.
- Die Zahl der Phosphatreste wird durch MP (Monophosphat), DP (Diphosphat) oder TP (Triphosphat) angegeben. Fehlen weitere Angaben, ist/sind der/die Phosphatrest(e) mit dem 5´-C-Atom verestert.
  Beispiele: AMP = 5´-AMP = 5´-Adenosinmonophosphat; ATP = 5´-ATP = 5´-Adenosintriphosphat; dATP = 5´-Desoxyadenosintriphosphat.

Adenosinmonophosphat z. B. kann also folgendermaßen geschrieben werden: 5´-AMP, AMP oder pA. Die Schreibweisen für Adenosintriphosphat lauten 5´-ATP, ATP oder pppA.

1.3 Funktionen der Nukleotide

Alle Zellen enthalten eine Vielzahl von Nukleotiden und Nukleotidderivaten, teilweise in recht hoher Konzentration. Diese erfüllen zahlreiche Funktionen. Sie sind
- Energieträger (z. B. ATP),
- Synthesevorstufen (z. B. DNA- oder RNA-Bausteine),
- Bestandteil von Coenzymen (z. B. von NAD$^+$),
- Signalmoleküle (z. B. cAMP) und
- allosterische Effektoren.

1.3.1 Energieträger

In Form von Nukleosidtriphosphaten (ATP, GTP, CTP, UTP) werden Nukleotide als intrazelluläre Energieträger genutzt. Der wichtigste dieser Energieträger ist ATP (s. u.). Entscheidend für die Funktion als Energieträger sind die beiden **Säureanhydridbindungen**, durch die die endständigen β- und γ-Phosphatgruppen am Molekül gebunden sind, denn sie sind energiereich: Bei der hydrolytischen Abspaltung einer dieser Phosphatgruppen wird unter Standardbedingungen so viel Energie freigesetzt, dass in einer energetisch gekoppelten Reaktion (S. 19) genügend Energie vorhanden ist, um die Phosphatgruppe auf ein anderes Molekül zu übertragen. Je mehr Energie bei der Hydrolyse einer Säureanhydridbindung freigesetzt wird, je negativer also das ΔG^0, desto höher ist das Phosphatgruppen-Übertragungspotenzial der phosphorylierten Verbindung. In Tab. **C-1.2** sind die **Phosphatgruppen-Übertragungspotenziale** einiger wichtiger phosphorylierter Verbindungen aufgeführt.

☰ C-1.2 Phosphatgruppen-Übertragungspotenziale wichtiger phosphorylierter Verbindungen

phosphorylierte Verbindung	Phosphatgruppen-Übertragungspotenzial ($\Delta G^{0'}$ [kJ/Mol])*
Phosphoenolpyruvat	– 61,9
1,3-Bisphosphoglycerat	– 49,3
Kreatinphosphat	– 43,1
ATP	– 30,5
Glucose-1-phosphat	– 20,9
Fructose-6-phosphat	– 15,9
Glucose-6-phosphat	– 13,8
Glycerin-1-phosphat	– 9,2

* Die aufgelisteten Werte gelten nur unter Standardbedingungen. Da in der Zelle keine Standardbedingungen vorliegen, müssen für thermodynamische Berechnungen der Stoffwechselreaktionen die aktuellen intrazellulären Konzentrationen sämtlicher beteiligter Metabolite berücksichtigt werden.

Mit seinem relativ hohen Potenzial eignet sich ATP als Phosphatgruppendonor.

▶ Merke.

Mit – 30,5 kJ/mol ist das Phosphatgruppen-Übertragungspotenzial von **ATP** verhältnismäßig hoch, sodass ATP gut als Phosphatgruppendonor genutzt werden kann.

▶ Merke. Bei den meisten Phosphorylierungsreaktionen in der Zelle ist ATP Phosphatgruppendonor.

Manchmal werden Verbindungen mit noch höherem Potenzial verwendet (Tab. **C-1.2**):
- Phosphoenolpyruvat und 1,3-Bisphosphoglycerat ermöglichen die ATP-Synthese in der Glykolyse.
- Kreatinphosphat dient der Regeneration von ATP im Skelettmuskel.

ATP ist der Phosphatgruppendonor zur Synthese der anderen Nukleosidtriphosphate. An dieser sind spezifische **Nukleosidmonophosphat-Kinasen** und die verhältnismäßig unspezifische **Nukleosiddiphosphat-Kinase** beteiligt.

In einigen Fällen werden jedoch Verbindungen mit noch höherem Potenzial verwendet (Tab. **C-1.2**):
- Phosphoenolpyruvat und 1,3-Bisphosphoglycerat sind Zwischenprodukte der Glykolyse (S. 86) und ermöglichen in diesem Stoffwechselweg die ATP-Synthese.
- Kreatinphosphat schließlich ist ein Energieträger im Stoffwechsel der Skelettmuskulatur, der eine schnelle Regeneration von verbrauchtem ATP über einen kurzen Zeitraum ermöglicht (S. 266).

ATP ist der Phosphatgruppendonor zur Synthese der anderen Nukleosidtriphosphate. Nukleosidmonophosphate (NMP) können durch spezifische **Nukleosidmonophosphat-Kinasen** zu entsprechenden Nukleosiddiphosphaten (NDP) phosphoryliert werden. Die verhältnismäßig unspezifische **Nukleosiddiphosphat-Kinase** wiederum katalysiert die Übertragung der Phosphatreste von ATP auf Nukleosiddiphosphate:

$$\text{ATP} + \text{NDP} \rightarrow \text{ADP} + \text{NTP}$$

Da die Säureanhydridbindungen sich energetisch gesehen sehr ähnlich verhalten, ist diese Reaktion prinzipiell in beiden Richtungen möglich, allein die Konzentrationsverhältnisse der Metabolite und damit der Bedarf an Nukleosidtriphosphaten im Stoffwechsel bestimmen die Richtung.

1.3.2 Synthesevorstufen

Bausteine von DNA und RNA

Nukleosid- bzw. Desoxynukleosidtriphosphate dienen als Bausteine der Nukleinsäuren (= Polynukleotide) RNA bzw. DNA. Die Energie für die Synthese liefern die beiden Säureanhydridbindungen: Von den (d)NTP wird Pyrophosphat abgespalten und dieses durch die **Pyrophosphatase** in zwei Phosphate gespalten. Die Nukleosidtriphosphate stellen also aktivierte (= energiehaltige) Synthesevorstufen dar.

1.3.2 Synthesevorstufen

Bausteine von DNA und RNA

Nukleosidtriphosphate bzw. Desoxynukleosidtriphosphate dienen als Bausteinmoleküle der Nukleinsäuren (= Polynukleotide) RNA bzw. DNA. Die zur Synthese dieser Makromoleküle erforderliche Energie liefern die beiden Säureanhydridbindungen der endständigen Phosphatreste. Die Nukleosidtriphosphate stellen hier also die aktivierten (= energiehaltigen) Synthesevorstufen dar. Unter Freisetzung von Pyrophosphat (= Diphosphatgruppe) werden die NMP über 3′,5′-Phosphorsäurediesterbindungen miteinander verbunden (S. 436). Die Bildung einer Esterbindung auf Kosten einer Säureanhydridbindung ist exergon, sodass die Synthese des Makromoleküls ermöglicht wird. Die anschließende hydrolytische Spaltung des Pyrophosphats durch die **Pyrophosphatase** in zwei Phosphate

Pyrophosphat + H_2O → 2 Phosphat

verschiebt das gesamte Gleichgewicht der Reaktionsfolge weiter in Richtung der Nukleinsäuresynthese. Unter Standardbedingungen würde sich das Gleichgewicht um mehr als den Faktor 10^5 in Richtung der Produkte erhöhen.

Vorstufen weiterer Synthesen

Bei anderen Synthesen können Nukleotide Bestandteile der aktivierten Vorstufen sein. Beispiele sind UDP-Glucose bei der Synthese von Glykogen oder Glykoproteinen sowie UDP-Galaktose, GDP-Mannose und GDP-Fucose bei der Glykoprotein- und Glykolipidsynthese. Bei der Synthese der Phospholipide sind CDP-Cholin, CDP-Ethanolamin und CDP-Diacylglycerol bedeutsam.

▶ Merke. Das Wirkprinzip der Verwendung dieser aktivierten Verbindungen liegt darin, dass bei der produktbildenden Reaktion nicht Wasser, sondern das Nukleosiddiphosphat die Abgangsgruppe ist, was in wässrigem Milieu energetisch weitaus günstiger ist.

1.3.3 Bestandteil von Coenzymen

Zahlreiche Coenzyme – sowohl lösliche als auch fest gebundene – enthalten Nukleotide als Strukturelemente. Beispiele sind NAD^+, $NADP^+$, FAD, FMN und Coenzym A. Diese Coenzyme sind essenziell für den Ablauf einer Vielzahl enzymatisch katalysierter Reaktionen (S. 137), insbesondere von Redox-Reaktionen (S. 177), aber auch von Gruppenübertragungen.

1.3.4 Signalmoleküle

Intrazellulär fungieren Nukleotide als Botenstoffe (Second Messenger) innerhalb von Signaltransduktionsketten, wie z. B. die zyklischen Nukleosidmonophosphate cAMP (S. 564) und cGMP. Inzwischen wurden cCMP und cUMP als weitere Signalmoleküle identifiziert, wobei allerdings noch viele Einzelheiten ihrer Funktion zu klären sind. Komponenten einiger Signaltransduktionswege benötigen die Bindung von GTP, um im aktiven Zustand zu verbleiben, z. B. die Guaninnukleotid-bindende Proteine = G-Proteine (S. 562). Dies gilt auch für einige Faktoren der Proteinbiosynthese (S. 476). Bei Prokaryonten sind pppGpp und ppGpp Signale zur Drosselung der Synthese ribosomaler RNA bei Aminosäuremangel (Alarmone). Auch bei Eukaryonten gibt es einige weitere Nukleotide mit regulatorischen Funktionen, z. B. die Diadenosinoligophosphate Ap_nA (n = 2 bis 6), deren genaue Wirkungen noch nicht in allen Einzelheiten bekannt sind.

Extrazellulär können Nukleotide ebenfalls Signalfunktionen erfüllen, z. B. beeinflusst ADP die Thrombozytenaggregation.

1.3.5 Allosterische Effektoren

Nukleotide regulieren allosterisch die Aktivität von Schlüsselenzymen der eigenen Synthese, und zwar im Sinne einer Endprodukthemmung: Bei genügend hoher Konzentration der Endprodukte des Stoffwechselweges hemmen diese die Schlüsselenzyme (S. 43).

Auch im Energiestoffwechsel wirken Nukleotide als allosterische Effektoren: Das ATP-ADP-AMP-System zeigt den Energiezustand der Zelle an. Als Index wurde die **Energieladung** definiert:

$$\text{Energieladung} = (\tfrac{1}{2}[ADP] + [ATP])/([AMP] + [ADP] + [ATP])$$

Die Energieladung kann Werte zwischen 0 und 1 annehmen. Gäbe es nur AMP in der Zelle, wäre die Energieladung 0, gäbe es nur ATP, wäre die Energieladung 1. In den meisten Zellen liegt die Energieladung zwischen 0,80 und 0,95. Zur Aufrechterhaltung dieses Wertes müssen bei hoher Energieladung katabole Stoffwechselwege gehemmt und anabole Stoffwechselwege gefördert werden. Dies geschieht durch allosterische Regulation einiger Schlüsselenzyme. Betroffen sind z. B.

- die Phosphofructokinase-1 der Leber, das zentrale Schlüsselenzym der Glykolyse: Sie wird durch ATP allosterisch gehemmt und durch AMP und ADP stimuliert.
- die Pyruvat-Kinase der Leber (Glykolyse): Sie wird durch ATP gehemmt.
- die Glykogen-Phosphorylase der Skelettmuskulatur (Glykogenabbau): Sie wird durch AMP stimuliert.

▶ Klinik. Analoga der Nukleoside und Nukleotide können als Medikamente eingesetzt werden. Sie sind im Vergleich zu den natürlich vorkommenden Substanzen am Zucker oder an der Base modifiziert. Ihre Wirkung beruht darauf, dass sie von den Enzymen, die Nukleoside/Nukleotide als Substrat nutzen, gebunden werden und diese kompetitiv hemmen oder aber zu falschen Produkten führen.

Nukleosid- und seltener Nukleotidanaloga werden als Zytostatikum oder als Virostatikum eingesetzt. Einige wichtige Beispiele sollen genannt werden (Abb. **C-1.5**).

Nukleosidische Reverse Transkriptase Inhibitoren (NRTI) und Nukleotidische Reverse Transkriptase Inhibitoren (NtRTI)

Einen hohen Stellenwert bei der Behandlung von AIDS – siehe dazu Viruskapitel, HIV (S. 495) – und anderen Virusinfektionen haben die NRTI und teilweise auch die NtRTI. Dazu gehören:

Tenofovir: Dieses Medikament ist ein NtRTI. Es wird eingesetzt bei Infektionen mit HIV und Hepatitis B-Viren. Da Hepadna-Viren, z. B. das Hepatitis-B-Virus, ebenso wie Retroviren (S. 494) eine reverse Transkriptase besitzen, kann dieses Arzneimittel auch bei Hepatitis-B wirken.

Azidothymidin: In dieser Verbindung wurde die 3'-OH-Gruppe der D-Desoxyribose durch eine Azidogruppe ersetzt. Durch zelluläre Kinasen wird daraus das wirksame 5'-Triphosphat, das die retrovirale reverse Transkriptase kompetitiv hemmt. Zusätzlich kommt es beim Einbau in die neusynthetisierte DNA zum Kettenabbruch, da aufgrund der fehlenden 3'-OH-Gruppe eine weitere Verlängerung der Polynukleotidkette unmöglich ist. Dieses Medikament wird zur Behandlung von HIV-Infektionen eingesetzt.

Aciclovir und Ganciclovir: Bei beiden Verbindungen wurde der Zucker durch einen nicht-zyklischen Substituenten ersetzt. Der Vorteil dieser Medikamente liegt darin, dass sie von der zellulären Thymidinkinase nur sehr ineffizient phosphoryliert werden. Jedoch sind sie für manche virale Thymidinkinasen hervorragende Substrate. Das entstandene Monophosphat wird dann wiederum durch zelluläre Enzyme in das wirksame Triphosphat umgesetzt. Diese aktive Form des Moleküls entsteht also nur in virusinfizierten Zellen. Auch hier führt der Einbau dieser Substanzen in die virale DNA zum Kettenabbruch. Aciclovir wird gegen Herpesviren eingesetzt und Ganciclovir wirkt besonders gut gegen das Cytomegalievirus.

Arabinosylnukleoside: Bei diesen Substanzen wurde die D-Ribose durch D-Arabinose ersetzt. Einige davon werden als Zytostatika eingesetzt. Cytarabin dient der Behandlung von akuter myeloischer und akuter lymphoblastischer Leukämie, dem myelodysplastischem Syndrom und dem Non-Hodgkin-Lymphom, Fludarabin wirkt bei chronisch lymphatischer Leukämie und ebenfalls beim Non-Hodgkin-Lymphom.

⊙ **C-1.5** Strukturformeln einiger Nucleosid-Analoga

1.4 Stoffwechsel der Nukleotide

1.4.1 Stoffwechsel der Purinnukleotide

Der Bedarf der Zellen an Purinnukleotiden kann gedeckt werden durch
- komplette Neusynthese (De-novo-Synthese)

oder
- Wiederverwertung von Purinnukleotid-Abbauprodukten.

De-novo-Synthese der Purinnukleotide

Ausgangssubstanz für die De-novo-Synthese der Purinnukleotide ist Ribose-5-phosphat. Dieses wird bei Nukleotidbedarf im Pentosephosphatweg (S. 243) gebildet und durch die Ribosephosphat-Pyrophosphokinase (= Phosphoribosylpyrophosphat-Synthetase) in eine aktivierte Form, das **5-Phosphoribosyl-α-pyrophosphat (PRPP)**, überführt (Abb. **C-1.6**).

C-1.6 Aktivierung von Ribose-5-phosphat zu PRPP

α-D-Ribose-5-phosphat → 5-Phosphoribosyl-α-pyrophosphat (PRPP)

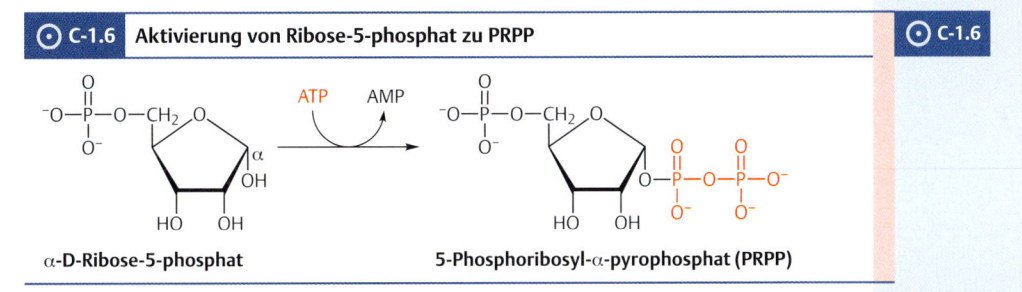

▶ **Merke.** Das Purinringsystem wird an der aktivierten Ribose PRPP zusammengesetzt.

Für die Synthese des Purinringsystems werden abgesehen von PRPP benötigt:
- 2 Glutamin als Stickstoffdonator,
- 1 Glycin als Stickstoff- und Kohlenstoffdonator,
- 1 Aspartat als Stickstoffdonator,
- 1 Hydrogencarbonat (HCO_3^-) und
- 2 Formylgruppen (übertragen durch Tetrahydrofolsäure) als Kohlenstoffdonatoren (Abb. **C-1.7**).

C-1.7 Herkunft der Bestandteile des Purinringsystems

Aspartat-Amin, Formiat (Formyl-THF), Glutamin-Amid, Glycin, CO_2, Formiat (Formyl-THF)

Von PRPP bis zur Fertigstellung des Ringsystems sind zehn Reaktionsschritte erforderlich, die alle im Zytoplasma stattfinden. Die Enzyme für die Reaktionsschritte 2, 3 und 5 werden durch das GART-Gen, für die Reaktionen 6 und 7 durch das AIRC-Gen und für die Reaktionen 9 und 10 durch das IMPS-Gen kodiert. Die genannten Gene kodieren also drei multifunktionelle Proteine mit jeweils zwei bzw. drei enzymatischen Aktivitäten. Die Reaktionen und die zugehörigen Enzyme zeigt Abb. **C-1.8**. Das erste Purinnukleotid mit komplettem Ringsystem ist **Inosinmonophosphat (IMP)**.

Hinter IMP verzweigt sich der Syntheseweg in Richtung **AMP** einerseits und **GMP** andererseits (Abb. **C-1.9**). Abschließend müssen die Monophosphate noch zu den Di- und Triphosphaten phosphoryliert werden.

C-1.8 Die Synthese des Purinringsystems

kodiert durch das GART-Gen
kodiert durch das AIRC-Gen
kodiert durch das IMPS-Gen

Energiebilanz und Regulation der De-novo-Synthese

Die Synthese von GMP „kostet" 7, die von AMP 6 Säureanhydridbindungen (aus ATP oder GTP).

Da die Synthese so viel Energie verbraucht, wird sie strikt reguliert (Abb. **C-1.10**). Zum einen wird die Gesamtmenge der Purinnukleotide kontrolliert: Die Synthese von PRPP und von Phosphoribosylamin kann durch **Rückkopplungshemmung** gedrosselt werden:
- Die **Ribosephosphat-Pyrophosphokinase** wird durch ADP und GDP gehemmt.
- Die **Glutamin-Phosphoribosyl-Amidotransferase** wird durch Adenin- und Guaninnukleotide gehemmt.

Energiebilanz und Regulation der De-novo-Synthese

Der gesamte Syntheseweg ist sehr energieaufwendig: Zur Synthese von GMP werden sieben, zur Synthese von AMP sechs energiereiche Säureanhydridbindungen aus ATP oder GTP verbraucht. Dies entspricht etwa 180 bzw. 210 kJ/mol.

Da diese Synthese mit einem hohen Aufwand verbunden ist, ist es ökonomisch, sie strikt zu regulieren. Sowohl die Gesamtmenge an produzierten Purinnukleotiden als auch die relativen Mengen an AMP und GMP werden kontrolliert (Abb. **C-1.10**). Die Regulation der Gesamtmenge greift an der Synthese von PRPP aus Ribose-5-phosphat und der Bildung von Phosphoribosylamin aus PRPP an. Beide Reaktionen können durch **Rückkopplungshemmung** gedrosselt werden: Die **Ribosephosphat-Pyrophosphokinase** wird durch ADP und GDP gehemmt. Das für die Purinnukleotidsynthese wichtigste Enzym ist jedoch die **Glutamin-Phosphoribosyl-Amidotransferase**. Es besteht ein Gleichgewicht zwischen der dimeren inaktiven und der monomeren aktiven Form des Enzyms. Die Lage dieses Gleichgewichts wird durch allosterische Effektoren beeinflusst. Es gibt eine Bindungsstelle für **AMP**, **ADP** und **ATP** und eine andere für **GMP**, **GDP** und **GTP**. Die Bindung der Adenin- und Guaninnukleotide erfolgt unabhängig voneinander, sie wirken aber synergistisch inhibitorisch. Zusätzlich zu dieser Rückkopplungshemmung gibt es noch eine **Vorwärtsaktivierung** durch **PRPP**, das das Enzym allosterisch stimulieren kann.

C-1.9 Synthese von AMP und GMP aus IMP

Inosin-5'-monophosphat (IMP)

Aspartat, GTP → GDP + P_i

NAD^+, H_2O → NADH + H^+

Adenylosuccinat

Xanthosin-5'-monophosphat

↓ Fumarat

ATP, Glutamin → AMP + P~P_i, Glutamat

Adenosin-5'-monophosphat (AMP)

Guanosin-5'-monophosphat (GMP)

C-1.10 Regulation der Purinnukleotidsynthese

Phosphoribosylpyrophosphat
↓
Phosphoribosylamin
↓
↓
↓
IMP
↙ ↘
Adenylosuccinat   XMP
↓   ↓
AMP   GMP
↓   ↓
ADP   GDP
↓   ↓
ATP   GTP

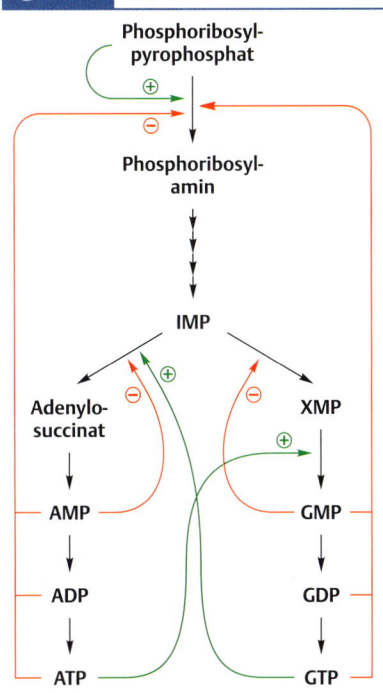

1. Allosterische Regulation der Glutamin-Phosphoribosyl-Amidotransferase:
– Hemmung durch Adenin- und Guaninnukleotide
– Stimulation durch PRPP
2. Kompetitive Hemmung der Adenylosuccinat-Synthetase durch AMP und der IMP-Dehydrogenase durch GMP.
3. Isosterische Stimulation der Adenylosuccinat-Synthetase durch GTP und der GMP-Synthase durch ATP.

▶ **Merke.** Die Glutamin-Phosphoribosyl-Amidotransferase ist das Schlüsselenzym der Purinnukleotidsynthese. Sie wird allosterisch
- gehemmt durch Adenin- und Guaninnukleotide und
- stimuliert durch PRPP.

Adenylosuccinat-Synthetase und **IMP-Dehydrogenase** werden **kompetitiv durch AMP bzw. GMP gehemmt**. Durch wechselseitige Förderung der AMP- und GMP-Synthese durch GTP bzw. ATP werden AMP und GMP in ausgewogenem Verhältnis hergestellt.

Weitere Regulationen erfolgen hinter dem Verzweigungspunkt (IMP). Auch an dieser Stelle gibt es Rückkopplungshemmungen: Die **Adenylosuccinat-Synthetase** wird **kompetitiv durch AMP**, die **IMP-Dehydrogenase** wird **kompetitiv durch GMP gehemmt**. Darüber hinaus sorgen die Reaktionsmechanismen für eine ausgewogen balancierte Produktion von GMP und AMP durch wechselseitige Abhängigkeiten: Die Adenylosuccinat-Synthetase-Reaktion und damit letztlich die AMP-Produktion ist GTP-abhängig, während die GMP-Synthase-Reaktion ATP-abhängig ist.

Abbau der Purinnukleotide

Nach **Abspaltung der Phosphatreste** durch Nukleotidasen wird **Adenosin** zu Inosin **desaminiert**. **Inosin und Guanosin** werden **phosphorolytisch** in Zucker und freie Base (Hypoxanthin bzw. Guanin) **gespalten**. Die freien Basen werden zu **Xanthin** umgesetzt, das durch die **Xanthin-Oxidoreduktase** zu **Harnsäure** oxidiert wird (Abb. **C-1.11**). Diese liegt im Blut als Urat vor. Urat wird über die Niere ausgeschieden.

Abbau der Purinnukleotide

Zunächst werden die **Phosphatreste** der Nukleotide hydrolytisch durch Nukleotidasen abgespalten. **Adenosin** wird durch die Adenosin-Desaminase zu Inosin **desaminiert** (Abb. C-1.11). AMP kann durch die AMP-Desaminase zu IMP abgebaut werden. **Inosin und Guanosin** werden durch Nukleosid-Phosphorylasen **phosphorolytisch** zu Ribose-1-phosphat und den freien Purinbasen Hypoxanthin bzw. Guanin **gespalten**. Ribose-1-phosphat wird durch die Phosphoribomutase zu Ribose-5-phosphat isomerisiert und kann dann entweder in den Pentosephosphatweg eingeschleust oder zu PRPP umgesetzt werden. Die Basen **Hypoxanthin und Guanin** werden in **Xanthin** umgewandelt. Hypoxanthin wird dabei durch die **Xanthin-Oxidoreduktase** oxidiert. Diese oxidiert auch Xanthin zum Endprodukt **Harnsäure**. Beim Abbau der Purinnukleotide bleibt das Puringerüst also intakt. Bei einem pK von 5,4 liegt die Harnsäure im Blut als Urat vor und wird über die Niere ausgeschieden.

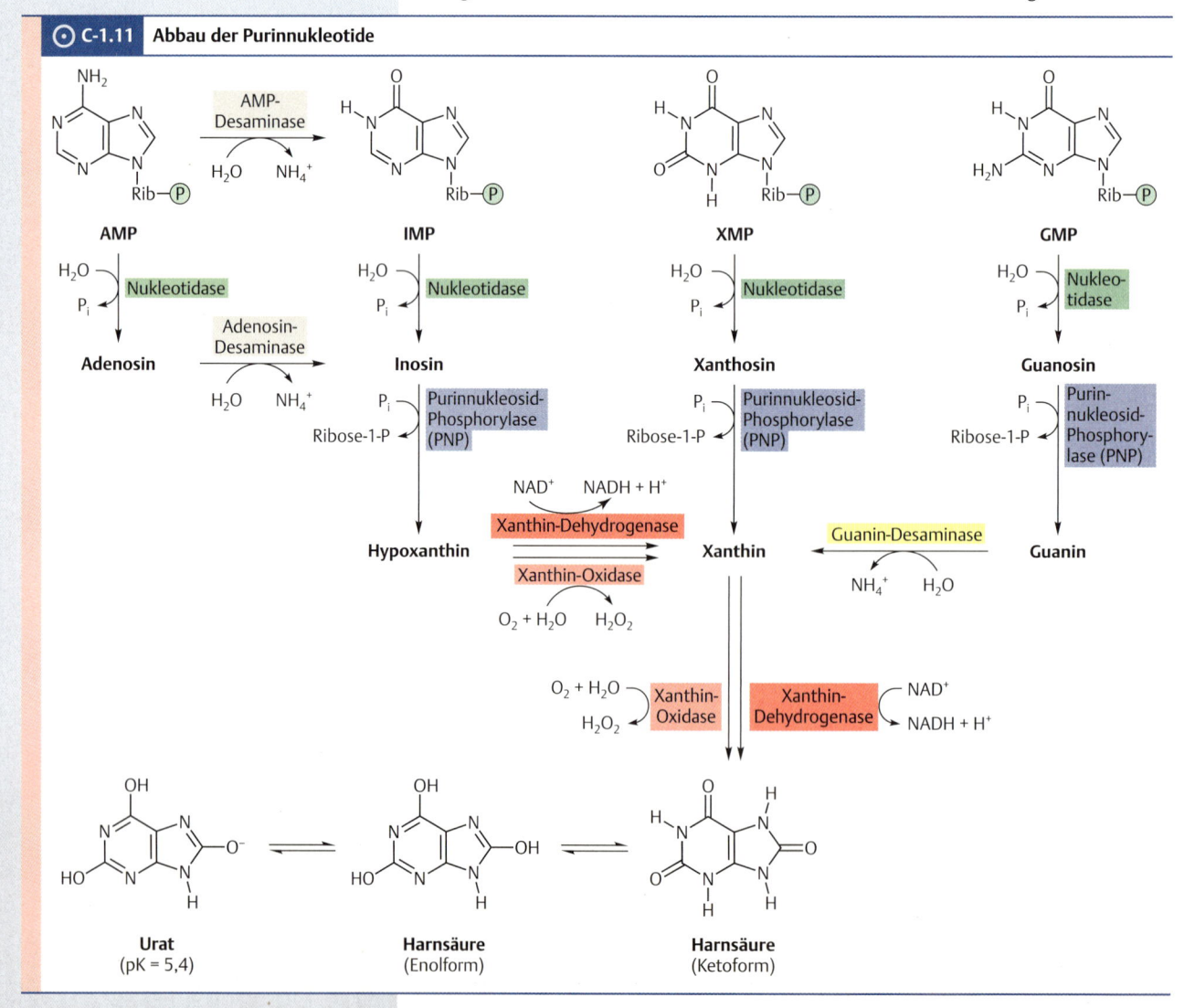

⊙ **C-1.11** Abbau der Purinnukleotide

C 1.4 Stoffwechsel der Nukleotide

▶ **Merke.** Harnsäure ist das Endprodukt des Purinabbaus beim Menschen.

▶ **Klinik.** Im Vergleich zu anderen Primaten hat der Mensch eine recht hohe Urat-Serumkonzentration, bei der die Grenze der Urat-Löslichkeit fast erreicht ist. Bei pathologischer Erhöhung der Urat-Serumkonzentration **(Hyperurikämie)** kann diese Grenze überschritten werden. Dann lagern sich Natrium-Monouratkristalle im Gewebe ab und lösen eine Entzündung aus. Zunächst kommt es wiederholt zu akuten Gelenkentzündungen **(Arthritis urica = Gicht)**, typischerweise im Grundgelenk der großen Zehe (Abb. C-1.12 a). Bei länger andauernder, unbehandelter Hyperurikämie lagern sich Uratkristalle auch in Schleimbeuteln, Sehnenscheiden, Subkutis und im Nierenmark ab und lösen dort eine chronische Entzündung aus (sog. Gichtknoten = Gichttophi, Abb. C-1.12b, bzw. Uratnephropathie).
Es lassen sich zwei Formen der Hyperurikämie unterscheiden:
- Die häufigere, genetisch bedingte **primäre Hyperurikämie**: Ursache ist **meist** (in 75 – 80 % aller Gichtfälle) ein Enzymdefekt in Nierentubuluszellen, der zu einer **verminderten Harnsäureausscheidung** in den Urin führt. Selten ist die endogene Purinsynthese gesteigert, z. B. aufgrund einer vermehrten Aktivität der PRPP-Synthetase oder der Xanthin-Oxidase, einer Störung der Rückkopplungshemmung der Glutamin-PRPP-Amidotransferase oder einer Störung der Purin-Wiederverwertung (S. 430).
- Die durch eine Grunderkrankung bedingte **sekundäre Hyperurikämie**: Bei Krankheiten, die mit vermehrtem Zellzerfall einhergehen (z. B. Psoriasis, lymphatische oder myeloische Leukämie), wird der Organismus mit Nukleinsäureabbauprodukten überschwemmt. Auch chronische Nierenerkrankungen oder Bleivergiftung führen über eine Verminderung der renalen Harnsäureausscheidung zu einer erhöhten Urat-Serumkonzentration.

Bei beiden Erkrankungsformen ist purinarme (= fleisch- und alkoholarme) Ernährung sinnvoll. Zusätzlich verabreicht man **Allopurinol**, einen **Hemmstoff der Xanthin-Oxidoreduktase**. In Gegenwart von Allopurinol stoppt der Purinnukleotidabbau bei Hypoxanthin (Adenin-Abbau) bzw. Xanthin (Guanin-Abbau), sodass der Harnsäurespiegel sinkt. Hypoxanthin und Xanthin sind besser wasserlöslich als Harnsäure und können deshalb leichter ausgeschieden werden.
Bei primärer Hyperurikämie und Unverträglichkeit von Allopurinol verabreicht man Urikosurika, z. B. Benzbromaron. Diese hemmen die tubuläre Reabsorption von Urat.

⊙ **C-1.12** Klinische Zeichen der Gicht

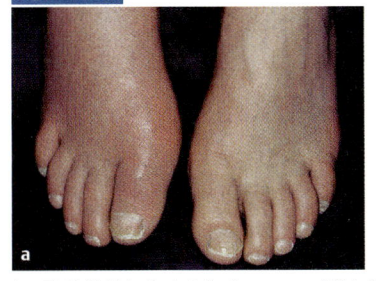

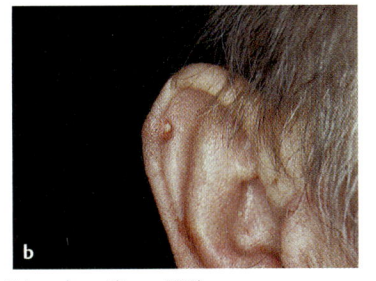

(aus Füeßl, Middeke, Duale Reihe Anamnese und Klinische Untersuchung, Thieme, 2010)

a Akute Entzündung des Grundgelenks der rechten großen Zehe. **b** Gichttophus in der rechten Ohrmuschel.

▶ **Exkurs.** **Die Xanthin-Oxidoreduktase und ihre Rolle bei einer Ischämie**
Die Xanthin-Oxidoreduktase existiert in zwei Isoformen, der **Xanthin-Dehydrogenase** und der **Xanthin-Oxidase** (Abb. C-1.11). Die Dehydrogenase überträgt Elektronen hauptsächlich auf NAD$^+$ unter Bildung von NADH und nur in einer Nebenreaktion auf Sauerstoff. Bei der Oxidase ist dies die Hauptreaktion, wobei H_2O_2 gebildet wird. Normalerweise überwiegt in der Zelle die Dehydrogenase, die allerdings entweder reversibel unter Ausbildung einer zusätzlichen Disulfidbrücke oder irreversibel durch partielle Proteolyse in die Oxidase überführt wird. Bei einer **Ischämie** (einer Minderdurchblutung eines Organs) bildet sich durch noch nicht genau verstandene Mechanismen die Oxidase. Setzt nach geeigneten therapeutischen Maßnahmen (z. B. bei einem hämorrhagischen Schock, einem Myokardinfarkt oder einer Organtransplantation) die Durchblutung wieder ein (Reperfusion), so werden in hohem Maße toxisches H_2O_2 und andere reaktive Sauerstoffspezies gebildet, was die durch die Ischämie hervorgerufenen Zellschädigungen erheblich verstärkt (Reperfusionsschäden). An Methoden zur Verhinderung dieser Schäden wird intensiv gearbeitet.

Wiederverwertung der Purine (Salvage Pathway)

Ein großer Teil (bis zu 90 %) der beim Abbau entstehenden freien Purinbasen Adenin, Hypoxanthin und Guanin wird unter Verwendung von PRPP wieder zu Nukleotiden umgesetzt. Die beiden wichtigen Enzyme hierbei sind:

- Die **Adenin-Phosphoribosyltransferase (APRT)** setzt Adenin in einer PRPP-abhängigen Reaktion zu AMP um:
  Adenin + PRPP → AMP + Pyrophosphat
  Das Enzym wird durch AMP gehemmt **(Produkthemmung)**.
- Die **Hypoxanthin-Guanin-Phosphoribosyltransferase (HGPRT)** wandelt Hypoxanthin bzw. Guanin in einer PRPP-abhängigen Reaktion in IMP bzw. GMP um:
  Hypoxanthin + PRPP → IMP + Pyrophosphat
  Guanin + PRPP → GMP + Pyrophosphat
  Auch hier gibt es eine **Produkthemmung** durch IMP bzw. GMP.

Bedenkt man den hohen Energiebedarf einer De-novo-Synthese, so sind diese Wiederverwertungsreaktionen sehr sinnvoll. Für das ZNS hat der Salvage Pathway eine besondere Bedeutung. Dort ist die Aktivität der Enzyme der De-novo-Synthese nur gering, die Aktivität der APRT und HGPRT aber verhältnismäßig hoch.

▶ Klinik. Beim X-chromosomal-rezessiv vererbten **Lesch-Nyhan-Syndrom** liegt ein **Defekt der Hypoxanthin-Guanin-Phosphoribosyltransferase** vor. Die Resynthese von Hypoxanthin zu IMP bzw. von Guanin zu GMP ist gestört. Die intrazellulären Konzentrationen von IMP und GMP sinken bei gleichzeitigem Anstieg der PRPP-Konzentration. Dadurch kommt es zu einer Vorwärtsaktivierung der Glutamin-Phosphoribosyl-Amidotransferase und zu einer **Steigerung der Purinsynthese** auf das 20-Fache. Der verstärkte Anfall von Harnsäure beim Abbau der Purine führt zu Hyperurikämie. Die betroffenen Kinder, meist Jungen, zeigen als Symptome Gicht, eine verzögerte geistige Entwicklung, aggressives Verhalten und eine Neigung zur Selbstverstümmelung.

1.4.2 Stoffwechsel der Pyrimidinnukleotide

Synthese der Pyrimidinnukleotide

▶ Merke. Im Gegensatz zur Purinnukleotidsynthese wird bei der Synthese der Pyrimidinnukleotide zuerst der Ring synthetisiert und dann der Ring mit der Ribose verbunden.

Der Pyrimidinring wird zusammengesetzt aus
- Ammoniak (aus Glutamin),
- Hydrogencarbonat (HCO_3^-) und
- Aspartat.

Die Synthese des Rings erfolgt durch das **multifunktionelle Enzym CAD**, das aus den folgenden Komponenten besteht:
- Glutamin-abhängige **C**arbamoylphosphat-Synthetase 2 (CPS 2)
- **A**spartat-Carbamoyltransferase
- **D**ihydroorotase

Die ersten drei Reaktionsschritte werden durch die **zytoplasmatische Carbamoylphosphat-Synthetase 2 (CPS 2)** katalysiert. Sie besitzt drei katalytische Zentren, die eng zusammenarbeiten::
- Ein Zentrum der Glutaminhydrolyse, in dem Glutamin zu Glutamat und **Ammoniak** hydrolysiert wird.
- Ein Zentrum der Hydrogencarbonatphosphorylierung: Hier wird HCO_3^- unter ATP-Verbrauch zu Carboxyphosphat phosphoryliert. Carboxyphosphat reagiert sofort mit Ammoniak zu Phosphat und Carbaminsäure.
- Ein Zentrum der Carbaminsäurephosphorylierung, in dem Carbaminsäure unter ATP-Verbrauch zu **Carbamoylphosphat** phosphoryliert wird.

Die CPS 2 unterliegt einer allosterischen Endprodukthemmung durch UTP und wird durch PRPP aktiviert. Wird das Enzym MAP-Kinase-abhängig phosphoryliert, reagiert es verstärkt auf die Stimulierung und verliert die Rückkopplungshemmung durch UTP. Da der MAP-Kinase-Signalweg die Zelle zur Proliferation bringt, ist dadurch die Pyrimidin-Synthese mit dem Wachstum gekoppelt.

C 1.4 Stoffwechsel der Nukleotide

Die CPS 2 darf nicht mit der mitochondrialen Carbamoylphosphat-Synthetase 1 (CPS 1) verwechselt werden: Die CPS 1 (S. 152) ist Bestandteil des Harnstoffzyklus und benutzt Ammoniak als Substrat, die CPS 2 dagegen setzt Ammoniak aus Glutamin frei.
Die Summengleichung der CPS-2-Reaktion lautet:

Glutamin + H_2O + HCO_3^- + 2 ATP → Glutamat + 2 ADP + Phosphat + Carbamoylphosphat

Die CPS 2 wird durch UTP gehemmt und durch PRPP aktiviert.

Schon in den nächsten beiden Reaktionsschritten wird der komplette heterozyklische Ring gebildet (Abb. C-1.13):

- Unter Katalyse der **Aspartat-Carbamoyltransferase** entsteht aus Aspartat und Carbamoylphosphat unter Phosphatfreisetzung **Carbamoylaspartat**.
- Dieses zyklisiert unter Katalyse der **Dihydroorotase** zu **Dihydroorotat**.

Die Summengleichung lautet:

Carbamylphosphat + Aspartat → Phosphat + H_2O + Dihydroorotat

Die **Aspartat-Carbamoyltransferase** setzt Aspartat und Carbamoylphosphat zu **Carbamoylaspartat** um. Dieses zyklisiert unter Katalyse der **Dihydroorotase** zu **Dihydroorotat**. Nun ist der Ring komplett (Abb. C-1.13).

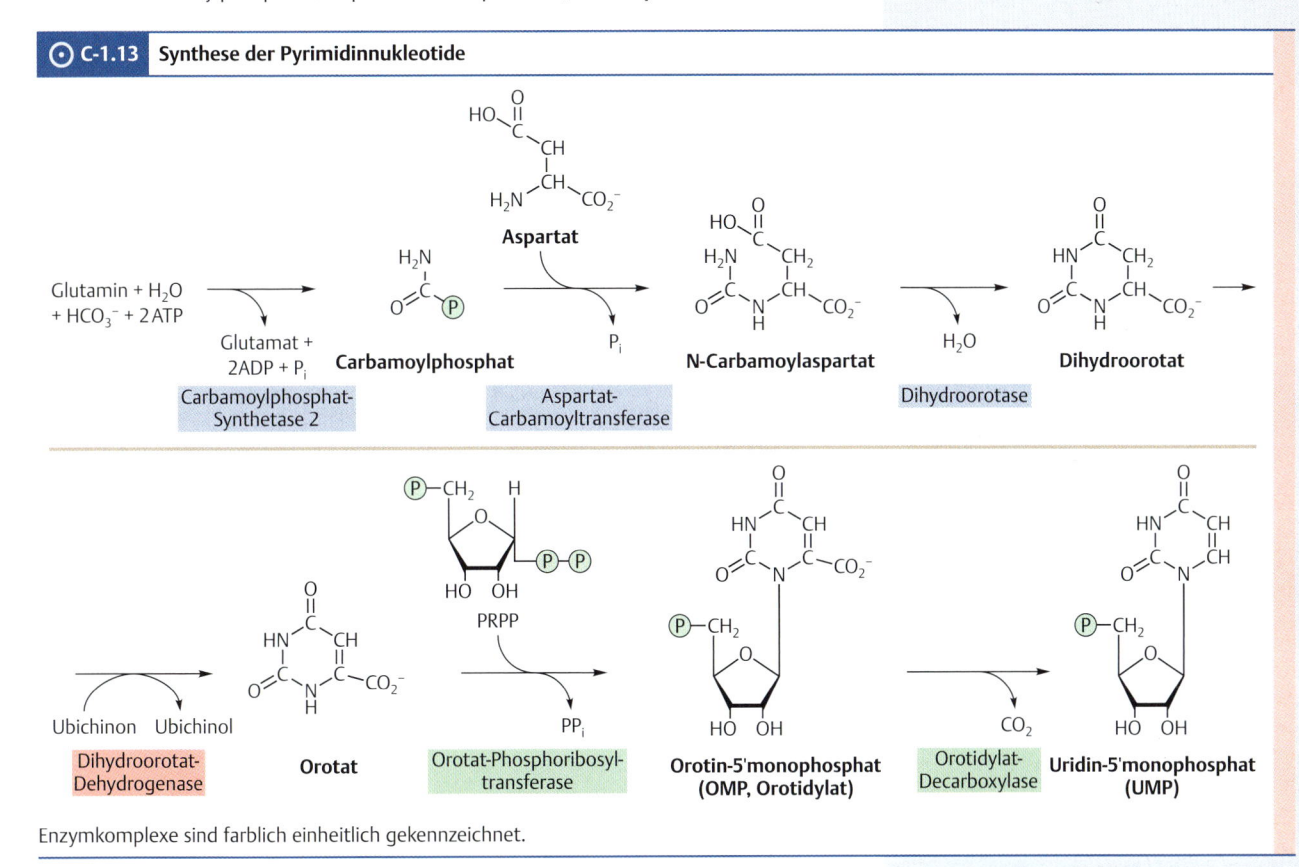

⊙ C-1.13 Synthese der Pyrimidinnukleotide

Enzymkomplexe sind farblich einheitlich gekennzeichnet.

Damit ist die Arbeit des multifunktionellen CAD beendet. Die Synthese wird durch die Ubichinon-abhängige **Dihydroorotat-Dehydrogenase** fortgesetzt:
Dihydroorotat + Ubichinon → **Orotat** + Ubichinol
Während alle anderen an der Pyrimidinnukleotidsynthese beteiligten Enzyme im Zytoplasma liegen, ist dieses Enzym in der inneren Mitochondrienmembran lokalisiert. Die Elektronen, die bei dieser Reaktion über FMN auf Ubichinon übertragen werden, werden direkt vom Komplex III der Atmungskette übernommen und tragen so zur oxidativen Phosphorylierung bei.
Unter Verwendung von PRPP, das ja schon von der Purinnukleotidsynthese her bekannt ist, wird das erste Pyrimidinnukleotid gebildet, das **Orotidin-5´-monophosphat** (**OMP** = Orotidylat). Das freigesetzte Pyrophosphat, das zu zwei Phosphaten hydrolysiert wird, treibt die Reaktion in Richtung OMP. Durch Decarboxylierung entsteht **Uridin-5´-monophosphat (UMP)**. UDP und UTP können aus UMP durch Phosphorylierung gebildet werden.
Cytidin-5´-triphosphat (CTP) entsteht durch Aminierung aus UTP: Das Sauerstoffatom in Position 4 (O4) wird unter Verbrauch von ATP zu einem reaktiven Zwischenprodukt phosphoryliert. Die Phosphatgruppe wird durch Ammoniak ersetzt, das hydrolytisch aus Glutamin freigesetzt wird:

Die Ubichinol-abhängige **Dihydroorotat-Dehydrogenase** oxidiert Dihydroorotat zu **Orotat**.

Dieses Enzym liegt in der inneren Mitochondrienmembran.

Orotat reagiert mit PRPP zu **Orotidin-5´-monophosphat (OMP)**. Decarboxylierung führt zu **Uridin-5´-monophosphat (UMP)**.

Cytidin-5´-triphosphat (CTP) wird aus UTP durch Aminierung gebildet.

$$UTP + Gln + H_2O + ATP \rightarrow CTP + Glu + ADP + Phosphat$$

Die CTP-Synthetase wird durch CTP gehemmt und durch GTP allosterisch aktiviert. Diese Aktivierung trägt zur Ausbildung eines ausgewogenen Verhältnisses zwischen Pyrimidinen und Purinen bei.

Abbau der Pyrimidinnukleotide

Im Gegensatz zu den Purinnukleotiden führt der Abbau der Pyrimidinnukleotide im menschlichen Organismus zu Produkten, die leicht verwertet werden können. Aus CMP, UMP und dTMP entstehen durch Dephosphorylierung, Desaminierung und phosphorolytische Spaltung der glykosidischen Bindung Uracil und Thymin. Nach Reduktion und hydrolytischer Ringspaltung entstehen β-Alanin und β-Aminoisobutyrat (Abb. **C-1.14**). Durch Transaminierung, Oxidation mit NAD$^+$ und Aktivierung entstehen schließlich Malonyl-CoA und Methylmalonyl-CoA.

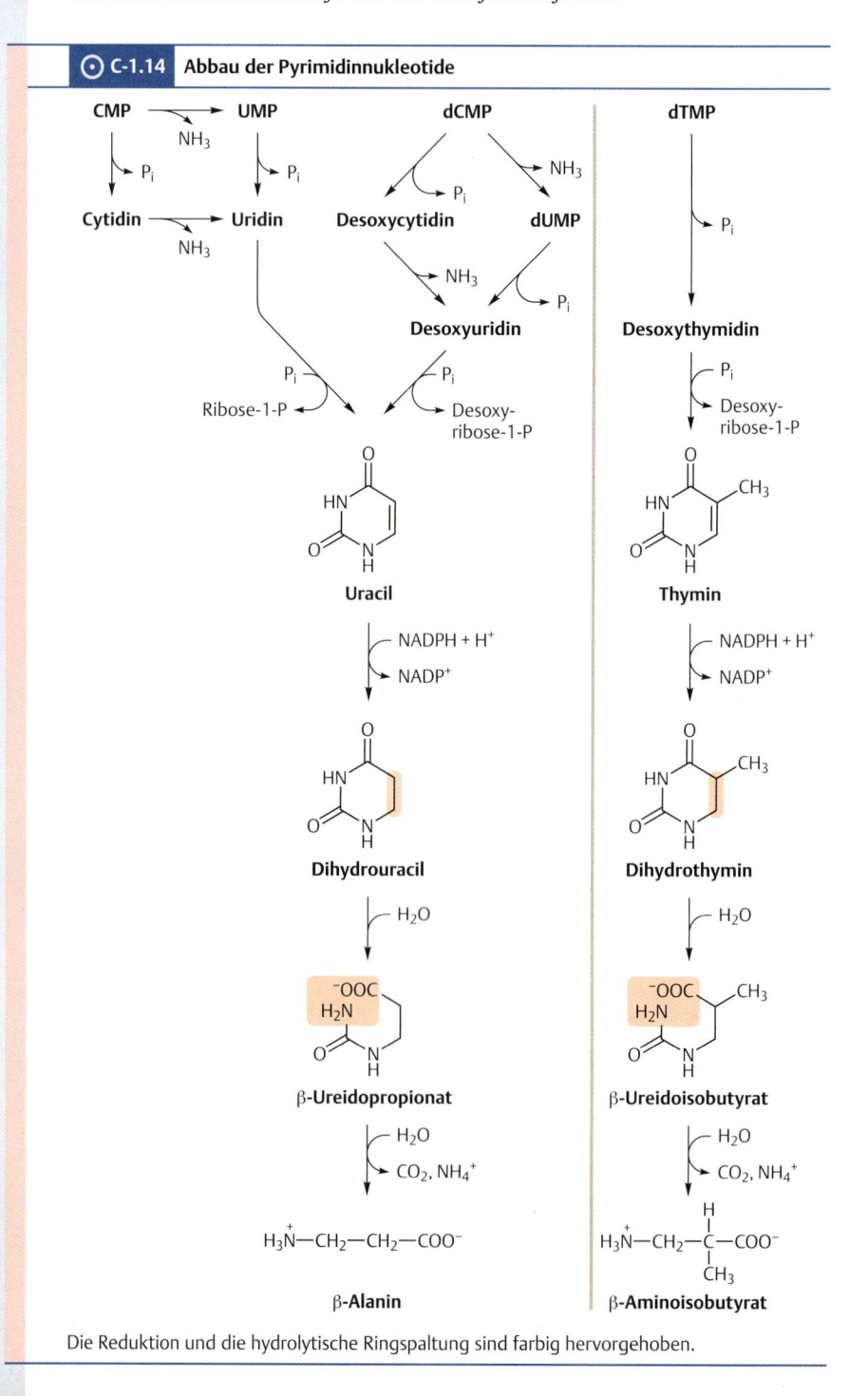

Abbau der Pyrimidinnukleotide

Pyrimidinnukleotide können über β-Alanin und β-Aminoisobutyrat zu Malonyl-CoA und Methylmalonyl-CoA abgebaut werden (Abb. **C-1.14**).

C-1.14 Abbau der Pyrimidinnukleotide

Die Reduktion und die hydrolytische Ringspaltung sind farbig hervorgehoben.

1.4.3 Synthese von Desoxyribonukleotiden aus Ribonukleotiden

Für die Synthese der DNA werden Desoxyribonukleotide als Substrat benötigt. Die Desoxyribonukleotide mit den Basen Adenin, Guanin und Cytosin können durch Reduktion der entsprechenden Ribonukleotide gebildet werden. Die Synthese des Desoxyribonukleotids mit der Base Thymin ist komplizierter.

Desoxyribonukleotide mit den Basen Adenin, Guanin und Cytosin

▶ **Merke.** Diese entstehen durch Reduktion der entsprechenden Ribonukleotiddiphosphate, katalysiert von der **Ribonukleotid-Reduktase**. Dieses Enzym kann alle vier Ribonukleotide umsetzen.

Im aktiven Zentrum der Ribonukleotid-Reduktase befindet sich ein Tyrosylradikal, das zunächst ein H-Atom vom C 3′ des NDPs abzieht (Abb. **C-1.15 a**). Ein Cysteinrest des Enzyms protoniert die 2′-Hydroxidgruppe, die als Wasser das Molekül verlässt. Somit ergibt sich ein Radikalkation als Zwischenprodukt. Ein Hydrid-Ion wird von einem weiteren Cysteinrest des Enzyms auf C 2′ übertragen, wobei eine Disulfidbindung entsteht. Das H-Atom, dessen Abspaltung die Reaktionsfolge eingeleitet hatte, wird wieder auf das C 3′-Radikal übertragen und das fertige Desoxynukleotid kann das Enzym verlassen. Die Reduktionsäquivalente stammen also primär aus zwei SH-Gruppen der Reduktase, die zunächst als Disulfid zurückbleiben. Diese Disulfidbrücke wird dann durch ein kleines SH-Gruppen-haltiges Protein, das **Thioredoxin**, reduziert. Zum Abschluss wird das oxidierte Thioredoxin **durch die Thioredoxin-Reduktase regeneriert** (Abb. **C-1.15 b**): Sie überträgt zwei Protonen und zwei Elektronen von **FADH₂** auf Thioredoxin. Die Protonen und Elektronen stammen letztlich von **NADPH** (= Kurzschreibweise für NADPH + H⁺), das im Pentosephosphatweg synthetisiert werden kann. Die Summengleichung der Reduktionsreaktion lautet also:

$$NDP + NADPH + H^+ \rightarrow dNTP + NADP^+ + H_2O$$

⊙ **C-1.15** Mechanismus der Ribonukleotid-Reduktase-Reaktion und Regeneration von Thioredoxin

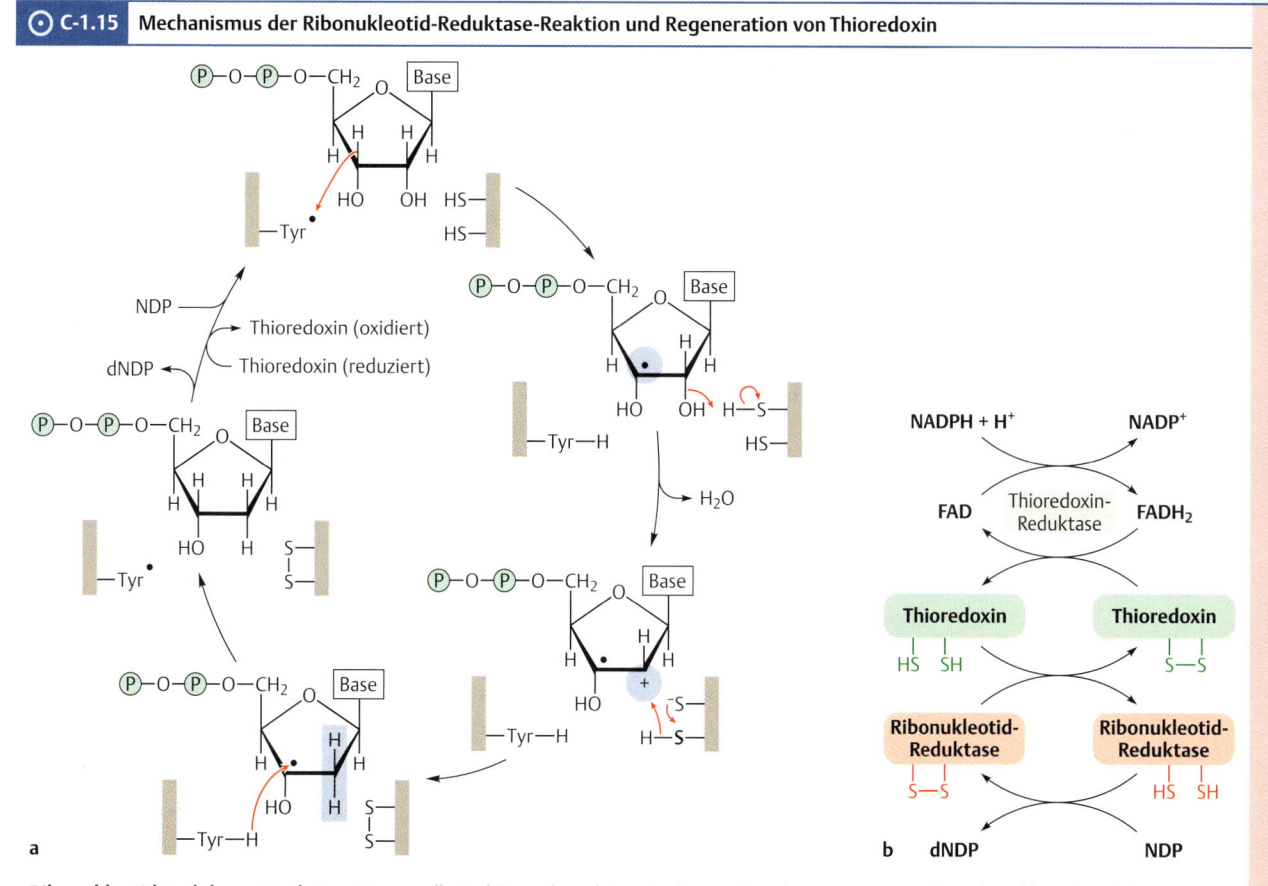

a Ribonukleotid-Reduktase-Reaktion: Dargestellt sind Tyrosyl- und Cysteinyl-Reste des aktiven Zentrums der Ribonukleotid-Reduktase.
b Regeneration von Thioredoxin.

ATP stimuliert, dATP hemmt die Ribonukleotid-Reduktase.

Die Ribonukleotid-Reduktase wird durch zwei unterschiedliche allosterische Zentren reguliert: Durch eines dieser Zentren wird die Gesamtaktivität, durch das andere die Substratspezifität des Enzyms reguliert. ATP stimuliert, dATP hemmt das Enzym. Damit eine ausgewogene Versorgung der Zelle mit allen vier verschiedenen dNTPs sichergestellt ist, können die Produkte die Spezifität des Enzyms modifizieren: dTTP vermindert die Affinität für UDP und CDP zugunsten einer erhöhten Affinität für GDP. Umgekehrt erhöht dATP die Affinität für UDP und CDP und dGTP die Affinität für ADP.

▶ Klinik.

▶ Klinik.

- **Hydroxyharnstoff** (z. B. Litalir, Siklos, Syrea) wird als Hemmer der Ribonukleotid-Reduktase zur Behandlung myeloproliferativer Erkrankungen wie chronische myeloische Leukämie, Polycythaemia vera, essenzielle Thrombozythämie oder Osteomyelofibrose eingesetzt.
- Beim **hereditären Adenosin-Desaminase-Mangel** ist die Synthese von dADP, dGDP und dCDP gehemmt. Die Adenosin-Desaminase desaminiert Adenosin zu Inosin (Tab. **C-1.1**) und 2´-Desoxyadenosin zu 2´-Desoxyinosin. Bei Enzymmangel akkumulieren Adenosin und 2´-Desoxyadenosin. Letzteres wird phosphoryliert, sodass die Konzentration an dATP um das 50-Fache steigt. Da dATP die Ribonukleotid-Reduktase hemmt, ist der Nachschub an Desoxyribonukleotiden gedrosselt und es kommt zu einer Störung der DNA-Synthese und Hemmung der Zellproliferation. Die Proliferationshemmung der Lymphozyten führt zu schweren Immundefekten (Severe combined Immunodeficiency Disease, SCID).

Desoxyribonukleotide mit der Base Thymin

Thyminhaltige Desoxyribonukleotide entstehen aus uracilhaltigen Desoxyribonukleotiden durch Methylierung:
- UDP → dUDP **(Ribonukleotid-Reduktase)**
- dUDP → dUTP
- dUTP + H_2O → dUMP + Pyrophosphat **(dUTP-Diphosphohydrolase)**
- **Methylierung** von dUMP mithilfe von N^5, N^{10}-Methylen-Tetrahydrofolat (THF) durch die **Thymidylat-Synthase**. Dabei entsteht Dihydrofolat (DHF).

Die Regeneration von THF aus DHF katalysiert die **Dihydrofolat-Reduktase**.

Desoxyribonukleotide mit der Base Thymin

Thyminhaltige Desoxyribonukleotide entstehen aus uracilhaltigen Desoxyribonukleotiden durch Methylierung (der einzige Unterschied zwischen Uracil und Thymin besteht in einer Methylgruppe, Abb. **C-1.2**):
- In einem ersten Syntheseschritt wird **UDP** durch die **Ribonukleotid-Reduktase** zu **dUDP** reduziert.
- Dieses wird zu **dUTP** phosphoryliert.
- Die Methylierung läuft auf der Stufe der Monophosphate ab. dUTP wird durch die **dUTP-Diphosphohydrolase** in **dUMP** umgewandelt:
- dUTP + H_2O → dUMP + Pyrophosphat.
- Die **Methylierung** wird durch die **Thymidylat-Synthase** katalysiert. Als Methylgruppendonor dient N^5,N^{10}-Methylen-Tetrahydrofolat (THF). Es wird bei der Reaktion zu Dihydrofolat (DHF) umgesetzt:
dUMP + N^5,N^{10}-Methylen-THF → dTMP + DHF

DHF wird in zwei Schritten zum N^5,N^{10}-Methylen-THF regeneriert:
- Die **Dihydrofolat-Reduktase** reduziert DHF unter Verbrauch von NADPH:
DHF + NADPH + H^+ → THF + $NADP^+$
- Die Serin-Hydroxymethyltransferase katalysiert die Übertragung eines -CH_2OH-Restes auf THF, das nach Wasserabspaltung zum N^5,N^{10}-Methylen-THF wird:
Serin + THF → Glycin + N^5,N^{10}-Methylen-THF + H_2O

▶ Klinik. **Folsäuremangel** führt zu einem Mangel an N^5,N^{10}-Methylen-THF. Somit kommt es zu einer Störung der Synthese von dTMP, d.h. der DNA-Synthese. Insbesondere Zellen, die sich normalerweise schnell teilen, wie die Vorläufer der Erythrozyten, zeigen eine Proliferationshemmung. Deshalb ist bei Folsäuremangel die Gesamtzahl der Erythrozyten stark erniedrigt, und mit ihr die Hämoglobinkonzentration im Blut. Die Erythrozyten sind sehr groß und zeigen einen erhöhten Hämoglobingehalt: Es besteht eine **megaloblastäre, hyperchrome Anämie** (Abb. **C-1.16**).

⊙ **C-1.16** **Megaloblastäre Reifestörung der Erythropoese bei einem Patienten mit Folsäuremangel**

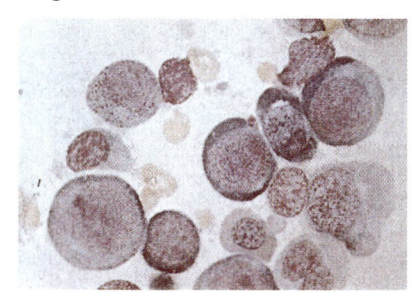

(aus Baenkler et al., Duale Reihe Innere Medizin, Thieme, 2009)

Auch Tumorzellen teilen sich schnell und sind deshalb durch Eingriffe in die Thyminnukleotidsynthese verwundbar. Aus diesem Grund werden **Hemmstoffe der Thymidylat-Synthase und der Dihydrofolat-Reduktase** bei der **Krebstherapie** genutzt:

- **Fluoruracil** wird in vivo zu Fluordesoxyuridylat (F-dUMP) umgewandelt, das von der **Thymidylat-Synthase** als normales Substrat akzeptiert wird. Die Katalyse bleibt dann jedoch auf der Stufe eines kovalenten Adduktes aus F-dUMP, Methylen-THF und einer Sulfhydrylgruppe des Enzyms stecken, d.h. das Enzym wurde irreversibel inaktiviert. Einen Hemmstoff, der erst durch die enzymatische Katalyse wirksam wird und das Enzym dann irreversibel schädigt, nennt man **Suizid-Substrat**.
- **Kompetitive Hemmstoffe der Dihydrofolat-Reduktase** sind z. B. **Aminopterin** und **Methotrexat**, syn. **Amethopterin** (S. 313).

▶ Klinik.

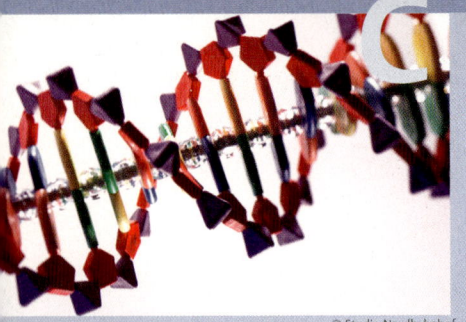

2 Nukleinsäuren (Polynukleotide)

2.1 Grundlagen 436
2.2 DNA 437
2.3 RNA 440
2.4 Das humane Genom und Transkriptom 441

2.1 Grundlagen

2.1 Grundlagen

▶ Definition.

▶ Definition. **Nukleinsäuren** sind aus Nukleotiden (S. 419) zusammengesetzte Makromoleküle (Polynukleotide).

Einteilung und Funktion: Es gibt zwei Nukleinsäuretypen:
- **Desoxyribonukleinsäure (DNA)**, die beim Menschen die Erbinformation trägt. Die Informationseinheiten sind die **Gene**.
- **Ribonukleinsäure (RNA)**, die beim Menschen in verschiedenen Formen an der Genexpression beteiligt ist.

Einteilung und Funktion: Nukleinsäuren werden in zwei Typen eingeteilt:
- **Desoxyribonukleinsäure** (DNS; Syn. **DNA**; das „A" kommt von engl. acid): Sie ist beim Menschen und den meisten anderen Spezies Träger der Erbinformation. Die informationstragenden Einheiten der DNA werden als **Gene** bezeichnet. Die meisten Gene enthalten Information über die Aminosäuresequenz eines Proteins, sind also proteinkodierende (= Struktur-)Gene.
- **Ribonukleinsäure** (RNS; Syn. **RNA**): Sie ist bei einigen Viren Träger der Erbinformation. Beim Menschen kommt sie in verschiedenen Formen vor, die alle an der Genexpression beteiligt sind. Sie übernehmen dabei die Funktion eines Informationsträgers, einer Strukturkomponente, eines Katalysators oder eines Regulators.

▶ Exkurs.

▶ Exkurs. **Die Entschlüsselung der Funktion der DNA**
Zunächst wurde die Bedeutung der Nukleinsäuren unterschätzt. Niemand kam auf die Idee, in der DNA den Träger der Erbinformation zu sehen, da sie im Vergleich zu den Proteinen aus verhältnismäßig wenigen Komponenten zusammengesetzt ist. Auch als durch Färbung von Zellen mit Anilinfarbstoffen gezeigt wurde, dass sich die DNA im Zellkern befindet und dort wiederum in den Chromosomen lokalisiert ist, von denen schon bekannt war, dass sie die Gene tragen, wurde der DNA bestenfalls eine unterstützende Funktion bei der Vererbung zugeschrieben. Schon 1928 hat Frederick Griffith Experimente durchgeführt, die einen ersten Hinweis hätten liefern können.
Er „infizierte" einen nicht krankheitserregenden Pneumokokkenstamm mit einem Gemisch aus den Zelltrümmern eines durch Hitze inaktivierten krankheitserregenden (= virulenten) Pneumokokkenstamms. Dabei entstanden virulente Bakterienkolonien. Eine Erklärung für die Transformation wurde damals nicht gefunden. Das Problem wurde erst 1944 wieder aufgegriffen, als Oswald T. Avery (Abb. **C-2.1**) zeigte, dass die DNA das verantwortliche Agens ist. Weitere Versuche mit Viren, die Bakterien befallen (sog. Bakteriophagen), untermauerten den Befund, dass die DNA Träger der Erbinformation ist.

⊙ C-2.1

⊙ C-2.1 **Oswald T. Avery (1877 – 1955)**

Oswald T. Avery hatte in Versuchen zeigen können, dass die DNA und nicht – wie man bis zu diesem Zeitpunkt vermutete – die Proteine die Träger der Erbinformation sind. Er ist damit einer der Begründer der modernen Molekulargenetik

Zusammensetzung: Schon von der Bezeichnung der Nukleinsäuretypen her ist ersichtlich, dass die **DNA 2´-Desoxy-D-Ribose**, die **RNA D-Ribose** enthält. Ein weiterer Unterschied besteht in der Basenzusammensetzung:

▶ **Merke.** DNA enthält Thymin an Stelle von Uracil. Thymin unterscheidet sich von Uracil lediglich durch eine Methylgruppe in Position 5 (Abb. **C-1.2**).

RNA enthält vor allem Uracil, aber auch Thymin. So findet man in fast allen Transfer-RNA (tRNA)-Molekülen an einer bestimmten Stelle einen Thyminrest.

Verknüpfung der Nukleotide: Zwei Mononukleotide können über eine **Phosphorsäurediester-Brücke** miteinander verknüpft werden. Dabei ist ein Phosphatrest mit der Position 5´ der Ribose oder Desoxyribose des einen Mononukleotids und mit der Position 3´ der Ribose oder Desoxyribose des anderen Mononukleotids verknüpft (Abb. **C-2.2**).

Zusammensetzung: DNA enthält **2´-Desoxy-D-Ribose**, RNA enthält **D-Ribose**. Außerdem gilt:

▶ **Merke.**

RNA enthält vor allem Uracil.

Verknüpfung der Nukleotide: Sie erfolgt durch **Phosphorsäurediester-Brücken** (Abb. **C-2.2**).

⊙ **C-2.2** Dinukleotid

⊙ **C-2.2**

Das erste Nukleotid in dieser Verbindung weist eine freie 5´-Phosphatgruppe, das zweite Nukleotid eine freie 3´-Hydroxylgruppe auf. Durch Anhängen weiterer Nukleotide an die 3´-Hydroxylgruppe entsteht ein Oligonukleotid (bis etwa 30 Mononukleotide) oder ein Polynukleotid (ab 30 Mononukleotiden). Die Abgrenzung zwischen Oligo- und Polynukleotiden ist allerdings eher willkürlich und nicht einheitlich definiert.
Abgekürzte Schreibweisen für ein Oligonukleotid sehen wie folgt aus:

pApGpGpCpT oder AGGCCT

Laut Konvention beginnt die Basensequenz mit dem 5´-Ende, wenn nichts anderes vermerkt ist.

Die Verknüpfung von bis etwa 30 Mononukleotiden ergibt ein Oligonukleotid, von mehr als 30 Mononukleotiden ein Polynukleotid (die Grenze zwischen Oligo- und Polynukleotid ist nicht genau definiert). Laut Konvention bildet das 5´-Ende den Anfang des Oligo/Polynukleotids.

▶ **Merke.** Polynukleotide besitzen ein 5´-Phosphat- und ein 3´-Hydroxyl-Ende.

▶ **Merke.**

Chemische Eigenschaften: Bei physiologischem pH sind die Basen immer neutral. Eine Protonierung der ionisierbaren Stickstoffe im Ring erfolgt bei pH 3,3 – 4,3, eine Deprotonierung der NH-Gruppen im Ring bei pH 9,3 – 10,3. Die NH_2-Gruppen sind nicht basisch, da das freie Elektronenpaar ins aromatische Ringsystem delokalisiert ist. Die Phosphatgruppe der Phosphorsäurediester hat einen pK von 1, trägt also unter physiologischen Bedingungen ständig eine negative Ladung.

Chemische Eigenschaften: Unter physiologischen Bedingungen sind in einem Polynukleotid die Basen neutral und die Phosphorsäurediester negativ geladen.

2.2 DNA

2.2.1 Die DNA-Doppelhelix

Die DNA in Zellen existiert nicht als einzelner Polynukleotidstrang, sondern besteht aus zwei Polynukleotidmolekülen, die sich nach bestimmten Gesetzmäßigkeiten aneinander lagern. Einzelstränge gibt es nur kurzfristig und über kurze Abschnitte während der Replikation (S. 444) oder der Transkription (S. 452). Ausnahmen sind wieder einmal einige Viren, deren Genom aus einzelsträngiger DNA besteht.

2.2 DNA

2.2.1 Die DNA-Doppelhelix

Die DNA besteht in der Regel aus zwei Polynukleotidsträngen.

C 2 Nukleinsäuren (Polynukleotide)

Die Basenzusammensetzung der DNA folgt der **Chargaff-Regel**:
A = T und G = C
oder
A + G = T + C

Bei Analysen der Basenzusammensetzungen der DNA aus verschiedenen Organismen ergab sich folgende als **Chargaff-Regel** bekannte Tatsache: Die Anzahl der Adenine ist gleich der Anzahl der Thymine (A = T) und die Anzahl der Guanine ist gleich der Anzahl der Cytosine (G = C).
Oder anders formuliert: Die Summe der Purine (A+G) entspricht der Summe der Pyrimidine (T+C). Dies gilt für alle untersuchten Organismen, während der GC-Gehalt sehr davon abhängt, aus welcher Quelle die DNA stammt.

▶ **Merke.** Doppelsträngige DNA enthält äquivalente Mengen Adenin und Thymin bzw. Guanin und Cytosin.

Hieraus entwickelten Watson und Crick (Abb. **C-2.3**) das **Doppelhelix**-Modell, in dem Wasserstoffbrücken zwischen bestimmten Basen die DNA-Stränge zusammenhalten.

Aus diesen Hinweisen und weiteren experimentellen Daten, vor allem Röntgenstrukturanalysen, entwickelten Watson und Crick (Abb. **C-2.3**) das Modell der **Doppelhelix** (s. u.). In diesem Modell erklärt sich die Chargaff-Regel dadurch, dass immer eine Base des einen Einzelstrangs mit einer bestimmten Base des anderen Strangs Wasserstoffbrücken ausbildet.

⊙ **C-2.3** James Dewey Watson (geboren 1928) und Francis Harry Compton Crick (1916 – 2004)

Am 28. Februar 1953 hatten beide ein räumliches Modell der DNA-Doppelhelix vorgestellt, das bis heute Gültigkeit hat. Für dieses räumliche Modell der DNA erhielten sie (zusammen mit Wilkins) 1962 den Nobelpreis für Medizin.
(© A. Barrington Brown/Science Photo Library/Agentur Focus)

▶ **Merke.** Die Basen, die sich in den beiden Einzelsträngen gegenüberliegen und miteinander Wasserstoffbrücken ausbilden, nennt man **komplementäre Basen**. Komplementär sind
- Adenin und Thymin (zwei Wasserstoffbrücken) sowie
- Guanin und Cytosin (drei Wasserstoffbrücken) (Abb. **C-2.4**).

Aufgrund der festen Basenpaarung ergibt sich die Basensequenz des einen DNA-Strangs aus der des anderen: Die **DNA-Einzelstränge** sind **komplementär**. Die Basenpaarung spielt außerdem eine wichtige Rolle bei der Replikation (S. 444) und der Transkription (S. 452).

⊙ **C-2.4** Basenpaarung

Adenin — Thymin   Guanin — Cytosin

A=T   G≡C

Die Einzelstränge sind **antiparallel** angeordnet, d. h. das 5´-Ende des einen Strangs liegt dem 3´-Ende des anderen gegenüber und umgekehrt.

Die Einzelstränge liegen nicht einfach in einer Ebene, sondern verdrillen sich schraubenartig zu einer **Doppelhelix**, wobei die hydrophoben Basen innen, die Zuckerringe und die negativ geladenen Phosphodiesterbrücken als „Rückgrat" hingegen außen liegen. DNA-Doppelhelices können verschiedene Konformationen einnehmen, von denen die **B-Konformation** die häufigste und wichtigste ist. In dieser Konformation dreht die DNA-Doppelhelix nach rechts und hat einen Durchmesser von etwa 2 nm. Der Abstand zwischen zwei benachbarten Basen beträgt 0,34 nm, der Drehungswinkel der benachbarten Basenpaare 36°. Das ergibt pro Umdrehung 10 Basenpaare und eine Hubhöhe von 3,4 nm. Die planaren Basen liegen horizontal übereinander und können durch diese Stapelung („stacking energy") die Konformation der Doppelhelix zusätzlich stabilisieren. Annähernd sieht die DNA wie eine verdrillte Strickleiter mit den Basen als Sprossen aus. Die vertikalen Abstände zwischen den beiden Einzelsträngen der DNA sind nicht gleich groß, sodass eine kleine und eine große Furche entstehen (Abb. **C-2.5**).

Die Einzelstränge sind **antiparallel** angeordnet.

Die Einzelstränge verdrillen sich schraubenartig zu einer **Doppelhelix**, wobei die hydrophoben Basen innen, die Zuckerringe und die negativ geladenen Phosphodiesterbrücken außen liegen. Die DNA-Doppelhelix liegt meist in **B-Konformation** (Rechtsdrehung, pro Umdrehung 10 Basenpaare) vor. Durch die unterschiedlichen vertikalen Abstände zwischen den Einzelsträngen weist die Doppelhelix eine kleine und eine große Furche auf (Abb. **C-2.5**).

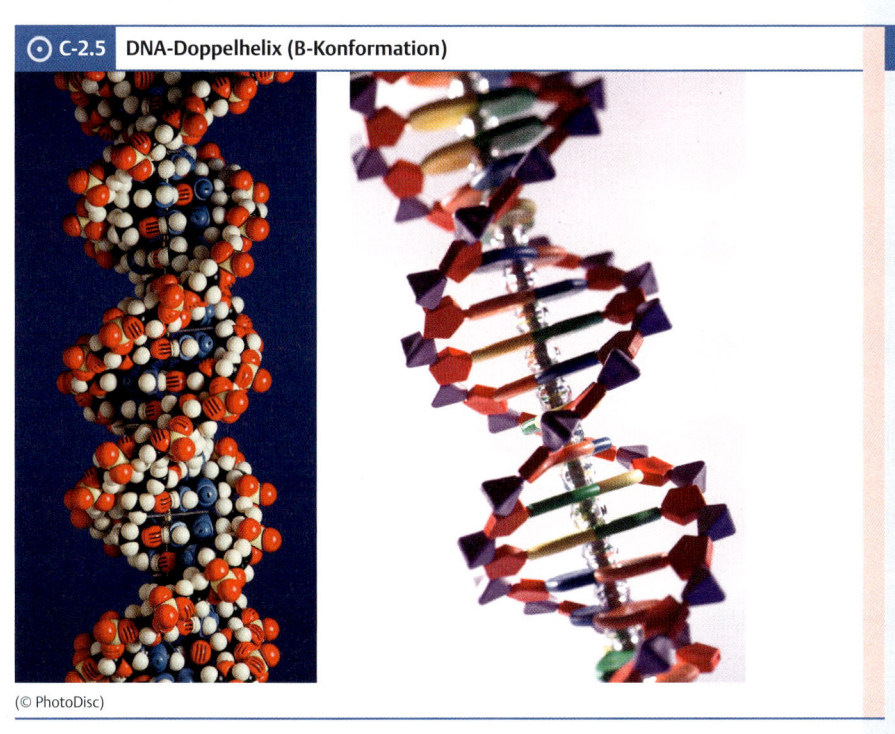

⊙ **C-2.5** DNA-Doppelhelix (B-Konformation)

(© PhotoDisc)

2.2.2 Die Verpackung der DNA

Die DNA im Zellkern einer menschlichen diploiden Zelle besteht aus ungefähr $6,4 \times 10^9$ Basenpaaren (bp). Diese sind auf 46 lineare Moleküle unterschiedlicher Größe, die Chromosomen, verteilt. Darüber hinaus enthält die Zelle noch zirkuläre mitochondriale DNA mit einer Länge von 16 569 bp (S. 379), sodass die Gesamtlänge der DNA einer diploiden Zelle 2 Meter beträgt. In irgendeiner Weise muss die DNA der Eukaryonten verpackt werden, damit sie im Zellkern untergebracht werden kann. Dies dient auch dem Schutz vor Scherkräften, denn ein 2 nm dickes Molekül von mehreren Zentimetern Länge ist sehr empfindlich gegenüber mechanischen Beanspruchungen. Aus diesen Gründen binden bestimmte Proteine an die DNA und verformen diese zu stabilen Superstrukturen.

2.2.2 Die Verpackung der DNA

Die DNA im Zellkern einer menschlichen diploiden Zelle besteht aus ca. $6,4 \times 10^9$ Basenpaaren (bp), verteilt auf 46 lineare Moleküle, die Chromosomen. Die Mitochondrien enthalten zirkuläre DNA-Moleküle. Die DNA im Zellkern von Eukaryonten wird komprimiert, indem sie mit Proteinen Komplexe bildet.

▶ **Merke.** Die DNA-Proteinkomplexe im Zellkern von Eukaryonten nennt man **Chromatin**. Dieses besteht etwa zur Hälfte aus Proteinen, welche in **Histone** und **Nicht-Histon-Proteine** unterteilt werden können. Die **Histone**, die sich im Laufe der Evolution nur wenig verändert haben, weisen einen **hohen Anteil an** den positiv geladenen basischen Aminosäuren **Arginin und Lysin** auf. Sie lagern sich an die negativ geladenen Phosphatgruppen des DNA-Rückgrats an, sodass die negativen Ladungen kompensiert werden.

▶ **Merke.**

C 2 Nukleinsäuren (Polynukleotide)

Die Histone spielen die Hauptrolle bei der Verpackung der DNA. Es gibt insgesamt fünf verschiedene Klassen von Histonen: H1, H2A, H2B, H3 und H4. Je zwei Moleküle H2A, H2B, H3 und H4 verbinden sich zu einem **Histon-Oktamer**. Um dieses windet sich ein 146 bp langes Stück der DNA-Doppelhelix in $1^2/_3$ Linkswindungen. Die dadurch entstandene Struktur ist das **Nukleosom** (Abb. **C-2.6**); es hat einen Durchmesser von 11 nm. Die DNA zwischen den einzelnen Nukleosomen, die sog. Linker-DNA, ist unterschiedlich lang, sie kann aus bis zu 80 bp bestehen. Im Durchschnitt kommt ein Nukleosom auf ca. 200 bp der DNA. Linker-DNA und Histonmoleküle der Klasse H1 verbinden benachbarte Nukleosomen zu einer 30 nm dicken Faser, dem **Solenoid**. Das Solenoid ist noch nicht die höchste Organisationsstufe des Chromatins. Jedoch sind die weiteren Details noch nicht gut bekannt.

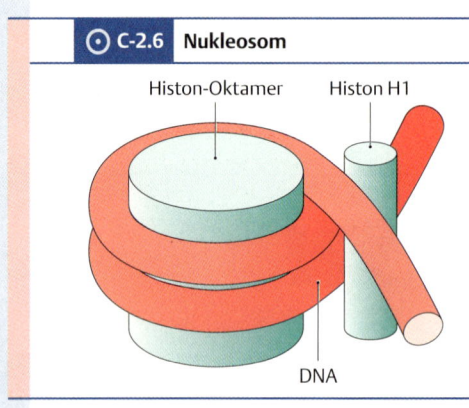

Je zwei Histone der Klassen H2A, H2B, H3 und H4 bilden ein **Histon-Oktamer**. Dieses wird linksgängig von DNA umwunden. So entsteht ein **Nukleosom** (Abb. **C-2.6**). Nukleosomen, die zwischen ihnen liegende Linker-DNA und Histone der Klasse H1 bilden eine 30 nm dicke Faser, das **Solenoid**. Über die höheren Organisationsstufen des Chromatins ist noch wenig bekannt.

C-2.6 Nukleosom

Histon-Oktamer   Histon H1

DNA

Die **N-terminalen Aminosäuren der Histone eines Oktamers** ragen aus dem Oktamer heraus und **können** daher **kovalent modifiziert werden**, z. B. durch Acetylierung, Methylierung, Phosphorylierung und weitere Typen der Modifikation (S. 467). Dadurch bietet sich die Möglichkeit, die **Chromatinstruktur** zu **regulieren**. Reversible Veränderungen des Chromatins sind im Rahmen der Genexpression, der Replikation oder der Zellteilung notwendig.

Der **N-Terminus der Histone eines Oktamers** ragt aus diesem heraus und **kann kovalent modifiziert werden**. So lässt sich die **Chromatinstruktur regulieren**.

2.3 RNA

2.3.1 Struktur

Im Gegensatz zur DNA liegt RNA **in der Regel** als **einzelsträngiges Polynukleotid** vor. Allerdings sind intramolekulare Basenpaarungen möglich und kommen bei einigen RNA-Typen in hohem Maße vor. Bereiche **intramolekularer Basenpaarungen** bilden eine **Doppelhelix in A-Konformation**. Diese weist geringe Unterschiede zur üblichen B-Konformation der DNA-Doppelhelix auf. Die Ausbildung ausgeprägter Sekundärstrukturen ist möglich. Durch **zusätzliche Modifikationen der Basen**, z. B. Methylierungen, wird die Variationsbreite der chemischen und physikalischen Eigenschaften der RNA-Moleküle weiter erhöht, sodass sich komplexe dreidimensionale Strukturen analog zu den Tertiärstrukturen der Proteine entwickeln können.

2.3.1 Struktur

RNA liegt **in der Regel** als **einzelsträngiges Polynukleotid** vor. Bereiche **intramolekularer Basenpaarungen** liegen als **Doppelhelix in A-Konformation** vor. Die **Basen** der RNA können **zusätzliche Modifikationen**, z. B. Methylierungen, aufweisen.

2.3.2 Typen der RNA

Die RNA kann nach Struktur und Funktion in verschiedene Typen eingeteilt werden, die in Häufigkeit, Größe und Stabilität stark variieren. Die RNA-Typen sind auf verschiedene Art und Weise an der Genexpression beteiligt (Tab. **C-2.1**): Sie erfüllen Aufgaben als Informationsträger, Strukturkomponente, als Adapter zwischen Nukleinsäuren und Proteinen oder als Regulator. Sogar katalytische Aktivitäten wurden für einige RNA-Typen beschrieben.

2.3.2 Typen der RNA

Die verschiedenen RNA-Typen sind an der Genexpression als Informationsträger, Strukturkomponente, Adapter, Regulator oder Katalysator beteiligt (Tab. **C-2.1**).

▶ **Merke.** Die drei Haupttypen der RNA sind:
- Messenger-RNA (mRNA)
- ribosomale RNA (rRNA)
- Transfer-RNA (tRNA)

▶ **Merke.**

2.4 Das humane Genom und Transkriptom

▶ **Definition.** Das **Genom** ist die Gesamtheit der auf der DNA (oder bei manchen Viren auf der RNA) vererbbaren Information eines Lebewesens, die für die Differenzierung des Organismus und die Aufrechterhaltung der Stoffwechselvorgänge erforderlich ist. Das Transkriptom ist die Gesamtheit der transkribierten RNA einer Zelle.

Im Rahmen des humanen Genomprojektes, das im Jahr 2003 abgeschlossen worden ist, wurde die menschliche DNA komplett sequenziert. Allerdings genügen Sequenzdaten alleine nicht aus, die Funktion zu verstehen. Aus diesem Grund startete man das ENCODE-Projekt (**En**cyclopedia **O**f **D**NA **E**lements). Ziel dieses Projektes ist es, alle funktionellen Elemente des menschlichen Genoms zu identifizieren, sowie das Transkriptom zu charakterisieren. Da die Auswahl der Gene, die transkribiert werden, sehr stark von der Art der Zelle abhängt, wurden 147 verschiedene Zelltypen untersucht. Man kam zu dem Schluß, dass 76 % des menschlichen Genoms in RNA umgeschrieben werden können (Tab. **C-2.1**) und dass ca. 21 000 proteinkodierende Gene, 18 400 Gene für nicht-kodierende RNA und ca. 2,9 Millionen regulatorische DNA-Elemente existieren. Bei den proteinkodierenden Genen entfällt nur ein kleiner Teil auf Exons (S. 451) (weniger als 2 %), es überwiegen die Introns (S. 451) mit fast 40 %. Die Gene für nicht-kodierende RNA umfassen nicht nur die bekannten funktionellen RNA-Moleküle (rRNA, tRNA, miRNA usw.), sondern zusätzlich noch Gene für lncRNA (long non-coding RNA), die zumindest teilweise regulatorische Funktionen erfüllen, wobei aber noch viele offene Fragen bestehen.

Nicht alle Wissenschaftler akzeptieren diese Ergebnisse, es gibt durchaus Kritik an den angewandten Methoden. Weitere Arbeiten werden zeigen, ob diese Daten bestätigt werden können.

Die Anzahl der proteinkodierenden Gene ist mit 21 000 deutlich niedriger als ursprünglich angenommen. Erstaunlich ist, dass es ca. 18 400 Gene für nicht kodierende RNA gibt.

Weniger als 2 % der DNA enthalten die Information für die Aminosäuresequenzen der Proteine.

Das menschliche Genom enthält etwa 21 000 proteinkodierende Gene und etwa 18 400 Gene für nicht kodierende RNA.

C-2.1 Die verschiedenen Typen der RNA

Typ	Funktion	Details
heterogene nukleäre RNA (hnRNA)	1:1-Abschrift eukaryontischer proteinkodierender (= Struktur-)Gene	s. Genexpression (S. 451)
Messenger-RNA (mRNA)	modifizierte, endgültige Abschrift eukaryontischer Strukturgene bei Prokaryonten Abschrift der Strukturgene	s. mRNA (S. 468)
ribosomale RNA (rRNA)	Bestandteil der Ribosomen, z. T. mit katalytischer Aktivität	s. rRNA (S. 453)
Transfer-RNA (tRNA)	Adapter zwischen der Basensequenz der mRNA und der Aminosäuresequenz der Polypeptide bei der Proteinsynthese	s. tRNA (S. 454)
Small nuclear RNA (snRNA)	Bestandteil der Small nuclear Ribonucleoproteins (snRNP). Diese spielen beim Spleißen (Splicing), einem Vorgang im Rahmen der Umwandlung von hnRNA in mRNA, eine Rolle.	s. snRNA (S. 454)
Small nucleolar RNA (snoRNA)	hilft bei der Erkennung von Nukleotiden in rRNA, snRNA und wahrscheinlich noch weiteren RNA-Typen, die modifiziert werden sollen	s. snoRNA (S. 455)
Small cytoplasmic RNA (scRNA) = 7SL-RNA	Bestandteil der Signal Recognition Particles (SRP). Diese leiten neu synthetisierte, für die Zelloberfläche oder den Extrazellulärraum bestimmte Proteine während des Synthesevorgangs in das endoplasmatische Retikulum, wo die Proteine modifiziert werden.	s. scRNA (S. 455)
Micro-RNA (miRNA)	erkennt durch spezifische Basenpaarungen mRNA und bewirkt eine Hemmung der Translation oder deren Abbau → regulatorische Funktion	s. miRNA (S. 455)
Short interfering RNA (siRNA)	erkennt durch spezifische Basenpaarungen mRNA und bewirkt deren Abbau → regulatorische Funktion	s. siRNA (S. 455)
mitochondriale RNA (mtRNA)	setzt sich zusammen aus mitochondrialer rRNA, tRNA und mRNA mit entsprechender Funktion	

3 Einführung in die Molekularbiologie

3.1 Grundbegriffe 442
3.2 Zentrales Dogma der Molekularbiologie 442

3.1 Grundbegriffe

Die DNA enthält die Information über die Aminosäuresequenz sämtlicher Proteine einer Zelle und zusätzlich noch weitere Information, die eine geregelte Genexpression (= Umsetzung der genetischen Information in RNA und Proteine) ermöglicht. Teilt sich eine Zelle, so muss die gesamte in der DNA gespeicherte Information an die Tochterzellen weitergegeben werden. Dies wird sichergestellt, indem vor der Zellteilung eine Kopie der *gesamten DNA* (= des Genoms) erstellt wird.

3.1 Grundbegriffe

Teilt sich eine Zelle, muss die gesamte in der DNA gespeicherte Information an die Tochterzellen weitergegeben werden. Daher wird vor der Teilung eine Kopie der *gesamten DNA* (= des Genoms) erstellt.

▶ **Definition.** Den Vorgang der identischen Verdopplung der DNA nennt man **Replikation**.

▶ Definition.

Zur Proteinsynthese wird nur die Information über die Aminosäuresequenz der benötigten Proteine auf der DNA abgerufen.

Es gibt also zwei Informationsflüsse:
1. DNA → DNA (Replikation)
2. DNA → RNA → Protein (Proteinsynthese)

Eine Zelle benötigt nicht alle Proteine zur gleichen Zeit in gleicher Menge. Deshalb ist es sinnvoll, nur die benötigten Proteine zu synthetisieren. Zur Proteinsynthese wird also *nicht* die gesamte Information auf der DNA abgerufen, sondern gezielt die Information über die Aminosäuresequenz der benötigten Proteine.
Der Fluss der genetischen Information läuft also in zwei Richtungen:
1. bei der Replikation von DNA zu DNA,
2. bei der Proteinsynthese von der DNA zum Protein, und zwar via RNA als Vermittler.

▶ Definition.

▶ **Definition.**
- Die Erstellung einer RNA-Kopie von DNA nennt man **Transkription**. Es wird stets nur ein Ausschnitt der DNA, nie die gesamte DNA transkribiert.
- Die Übersetzung der Basensequenz der RNA in die Aminosäuresequenz eines Polypeptids nennt man **Translation**.

3.2 Zentrales Dogma der Molekularbiologie

3.2 Zentrales Dogma der Molekularbiologie

Laut **zentralem Dogma der Molekularbiologie** fließt die genetische Information bei der Genexpression ausschließlich von DNA zu RNA (Abb. **C-3.1**). Eine Ausnahme bilden die **Retroviren**: RNA → DNA **(reverse Transkription)**.

Aufgrund der Basenpaarungsregeln sind die beiden DNA-Einzelstränge komplementär. Jeder der Stränge kann als Vorlage für die Synthese des komplementären Strangs dienen. Dies ist das Prinzip der Replikation.

Bis in die 70er-Jahre des 20. Jahrhunderts glaubte man, dass bei allen Organismen die genetische Information bei der Genexpression ausschließlich in eine Richtung fließt: DNA → RNA → Protein (sog. **zentrales Dogma der Molekularbiologie**, Abb. **C-3.1**). Seit den 70er-Jahren weiß man, dass es eine Ausnahme gibt: Die **Retroviren**, deren Genom aus RNA besteht, stellen eine DNA-Kopie ihres Genoms her (sog. **reverse Transkription**) und integrieren diese DNA-Kopie in das Wirtsgenom.
Schon Watson und Crick bemerkten, als sie das Modell der Doppelhelix für die Struktur der DNA entwickelt hatten, dass diese Struktur wichtige Konsequenzen für die Funktion der Nukleinsäuren hatte: Aufgrund der Basenpaarungsregeln (Adenin paart sich mit Thymin, Guanin mit Cytosin) ergibt sich die Basensequenz eines DNA-Einzelstrangs aus der des anderen: Die DNA-Stränge sind komplementär.

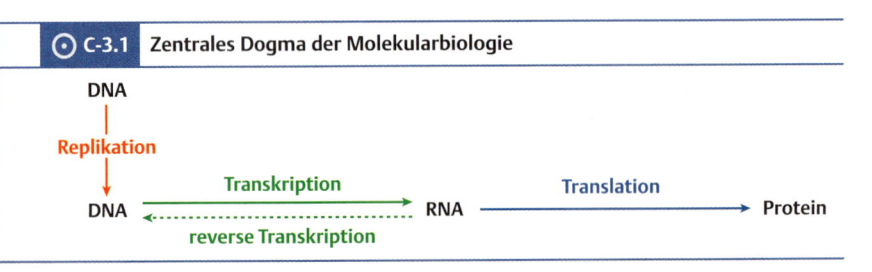

⊙ C-3.1

⊙ C-3.1 Zentrales Dogma der Molekularbiologie

DNA
↓ **Replikation**
DNA — **Transkription** → RNA — **Translation** → Protein
 ← reverse Transkription

Trennt man also eine DNA-Doppelhelix in die beiden Einzelstränge, so ist keine Information verloren gegangen, jeder der beiden Stränge kann als Vorlage für die Synthese des komplementären Strangs dienen. Dies ist das Prinzip der Replikation.

Die Basenpaarungsregeln gelten auch für RNA, da sich Uracil von Thymin nur durch Fehlen einer Methylgruppe unterscheidet, die nicht an der Bildung der Wasserstoffbrücken beteiligt ist. Wird die DNA-Doppelhelix in einem kleinen Teilbereich in die Einzelstränge getrennt, werden die an der Bildung der Wasserstoffbrücken beteiligten funktionellen Gruppen exponiert und einer der Stränge kann als Vorlage für die Synthese eines komplementären RNA-Moleküls dienen. Damit ist das Grundprinzip der Transkription erklärt.

Nicht ganz so einfach ist die Translation, hierzu wird ein Adapter benötigt, die tRNA (S. 454). Die Basenpaarungsregeln kommen nur auf der einen Seite des Adapters zum Zuge.

▶ Fazit. Die Grundlagen der Replikation und der Genexpression sind sehr einfach. Allein durch die Basenpaarungsregeln wird schon vieles verständlich. Jedoch ist der Aufwand, der nötig ist, um Replikation und Genexpression kontrolliert und mit genügender Genauigkeit durchzuführen, sehr groß. Dies wird in den folgenden Kapiteln erläutert.

Die Basenpaarungsregeln gelten auch für RNA. Deshalb kann ein DNA-Einzelstrang als Vorlage für die Synthese eines komplementären RNA-Moleküls dienen. Dies ist das Prinzip der Transkription.

Bei der Translation kommen die Basenpaarungsregeln nur auf einer Seite des Adapters tRNA zum Zuge.

▶ Fazit.

4 Replikation der DNA

4.1 Einführung 444
4.2 Ablauf der Replikation 444
4.3 Hemmstoffe der Replikation 450

4.1 Einführung

▶ **Definition.** Die **Replikation** ist der Vorgang der identischen Verdopplung der DNA.

Die Replikation findet in der S-Phase des Zellzyklus (S. 528), d. h. vor der Zellteilung, statt und läuft bei Pro- und Eukaryonten grundsätzlich nach dem gleichen **Prinzip** ab:
- Der Mechanismus der Replikation ist in allen Organismen **semikonservativ**. Das bedeutet, dass die Tochter-DNA jeweils aus einem Strang der alten DNA und einem neu synthetisierten Strang besteht.
- Die **Syntheserichtung** ist immer von **5' nach 3'**.
- Die Enzyme, die die Replikation katalysieren, die **DNA-Polymerasen**, benötigen
  - einen DNA-Matrizenstrang,
  - Desoxyribonukleosidtriphosphate (dNTPs) als Substrate,
  - ein kurzes RNA-Stück mit freiem 3'-OH-Ende, den sog. Primer, um an die freie 3'-OH-Gruppe das erste dNTP anhängen zu können.

Unterschiede in der Replikation bei Eu- und Prokaryonten ergeben sich aufgrund
- der Größe des Genoms: Das Genom von *Escherichia coli* enthält $4,6 \times 10^6$ Basenpaare (bp), das menschliche Genom umfasst $3,2 \times 10^9$ bp.
- der Form der DNA: Die DNA-Moleküle der Prokaryonten sind zirkulär, die der Eukaryonten linear.
- der Verpackung der eukaryonten DNA durch Komplexbildung mit Proteinen, s. Chromatinstruktur (S. 440).

4.2 Ablauf der Replikation

4.2.1 Überblick

Die Replikation beginnt bei Eu- und bei Prokaryonten an einem durch die DNA-Sequenz definierten Startpunkt, dem **Origin of Replication (ORI)**. Bei Prokaryonten ist der ori anhand der DNA-Sequenz erkennbar, für höhere Eukaryonten ist keine Konsensus-Sequenz bekannt, der Mechanismus der Festlegung des ORIs ist noch unklar. Am ORI werden die beiden DNA-Stränge voneinander getrennt, wodurch eine sog. **Replikationsgabel** entsteht. An den beiden Zinken der Gabel, den Einzelsträngen, beginnt die Replikation, in deren Verlauf sich die Replikationsgabel vom ORI wegbewegt. Je nachdem, ob sich von einem ORI eine Replikationsgabel oder zwei Replikationsgabeln wegbewegen, erfolgt die Replikation uni- oder bidirektional. Die unidirektionale Replikation ist ein Sonderfall bei Prokaryonten, z. B. Rolling-Circle-Replikation (S. 502). Bei Eukaryonten und im Regelfall bei Prokaryonten findet die Replikation bidirektional statt. Dabei bewegen sich die beiden Replikationsgabeln in entgegengesetzter Richtung. Sie erreichen bei einem eukarontischen linearen DNA-Molekül den Rand des Moleküls, beim prokaryontischen zirkulären DNA-Molekül treffen sie sich.

Ein DNA-Abschnitt, der von *einem* ORI aus repliziert wird, heißt **Replikon**. Das prokaryontische Chromosom besitzt nur einen ori, **eukaryontische Chromosomen** dagegen weisen mehrere ORIs, d. h. **mehrere Replikons** auf. Die Replikation des Genoms einer menschlichen Zelle erfordert ca. 30 000 Replikons. Die Existenz zahlreicher Replikons verkürzt die Dauer der Replikation: Gäbe es nur einen ORI pro Chromosom, würde eine bidirektionale Replikation bei einer durchschnittlichen Chromosomenlänge von $1,4 \times 10^8$ bp und einer Synthesegeschwindigkeit von ca. 50 Nukleotiden pro Sekunde 16 Tage dauern. Tatsächlich dauert die S-Phase 8–12 Stunden.

Den **Ablauf der Replikation** kann man in folgende Phasen einteilen:
- Erkennung des ORI (Prokaryonten) bzw. der ORIs (Eukaryonten),
- Trennung der DNA-Stränge,
- Synthese der Primer,
- Synthese der DNA-Tochterstränge. Hierbei entstehen an einem der beiden Elternstränge DNA-Fragmente, sog. Okazaki-Fragmente.
- Die Primer werden entfernt und die Lücken zwischen den Okazaki-Fragmenten aufgefüllt.
- Verknüpfung (Ligation der Einzelstrangbrüche) der Okazaki-Fragmente.

An den Enden eukaryotischer, d. h. linearer Chromosomen entsteht am 5'-Ende jedes neu synthetisierten Tochterstrangs durch Entfernen des Primers ein Problem: Für die DNA-Polymerasen steht kein freies 3'-OH-Ende zur Verfügung, sodass die vom Primer hinterlassene Lücke nicht gefüllt, das Chromosomen-Ende also nicht repliziert werden kann. Die Lösung dieses Problems ist im Abschnitt „Replikation eukaryotischer Chromosomen-Enden" abgehandelt.

Den **Ablauf der Replikation** kann man in folgende Phasen einteilen:
- Erkennung des/der ORI,
- Strangtrennung,
- Synthese der Primer,
- Synthese der DNA-Tochterstränge (an einem Elternstrang in Form sog. Okazaki-Fragmente), Entfernen der Primer und Auffüllung der Primer-Lücken,
- Verknüpfung (Ligation) der Okazaki-Fragmente.

Die Primer-Lücke am 5'-Ende jedes fertigen Tochterstrangs lässt sich nicht füllen. Dennoch kann die DNA am Chromosomen-Ende komplett repliziert werden (S. 449).

4.2.2 Erkennung der Replikationsstartstelle(n) und Strangtrennung

Diese Vorgänge sind im Folgenden für Prokaryonten beschrieben. Für Eukaryonten wird die Initiation im Zusammenhang mit der Zellzykluskontrolle (S. 532) beschrieben.

Das **Initiationsprotein DnaA** bindet an die DNA-Sequenz des ORI. Dann wird die Doppelhelix durch die **ATP-abhängige Helikase DnaB** entwunden. Anschließend trennt das Enzym die DNA-Stränge, indem es an einem Strang entlangwandert und dabei den Komplementärstrang verdrängt. So entsteht die Replikationsgabel (Abb. **C-4.1**).

Eine sofortige Reassoziation der Einzelstränge und die Bildung intramolekularer Haarnadelschleifen werden durch die Anlagerung von Einzelstrangbindeproteinen **(Single Strand binding Proteins, ssb)** verhindert (Abb. **C-4.1**).

4.2.2 Erkennung der Replikationsstartstelle(n) und Strangtrennung

Das **Initiationsprotein DnaA** erkennt den ORI. Die **ATP-abhängige Helikase DnaB** entwindet die Doppelhelix und trennt die DNA-Stränge (Abb. **C-4.1**).

Single Strand binding Proteins (ssb) verhindern die Reassoziation der Stränge (Abb. **C-4.1**).

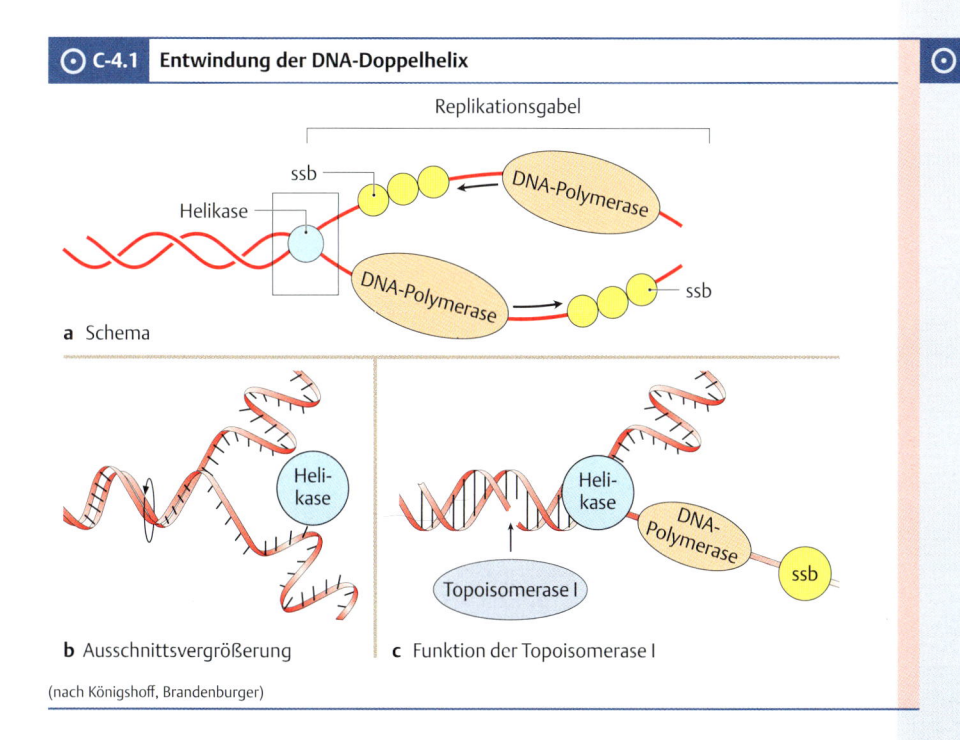

⊙ **C-4.1** Entwindung der DNA-Doppelhelix

a Schema
b Ausschnittsvergrößerung
c Funktion der Topoisomerase I

(nach Königshoff, Brandenburger)

C 4 Replikation der DNA

Um sich zu entwinden, rotiert der vor der Replikationsgabel liegende Abschnitt der Doppelhelix. Die notwendige Umdrehungsgeschwindigkeit hängt von der Syntheserate ab. Da die DNA-Syntheserate bei Eukaryonten 50, bei Prokaryonten 500 Nukleotide pro Sekunde beträgt, rotiert die Doppelhelix bei Eukaryonten mit 5, bei Prokaryonten sogar mit 50 Umdrehungen pro Sekunde. Wenn das gesamte Chromosom rotieren müsste, wäre der Energiebedarf erheblich und es käme zu bedeutenden Torsionsspannungen. Dies verhindern bei Pro- und Eukaryonten spezifische Enzyme, die **Topoisomerasen** indem sie superspiralisierte DNA entspiralisieren oder die räumliche Struktur der superspiralisierten DNA verändern. Topoisomerasen sind bei allen Vorgängen wichtig, bei denen es zu Verdrillungen der DNA kommen kann. Dazu zählen Replikation, Transkription, Rekombination (Austausch genetischen Materials zwischen zwei DNA-Molekülen) und Chromatinumordnungen. Die Topoisomerasen werden in zwei Klassen eingeteilt:

- **Typ-I-Topoisomerasen** (Topoisomerase I) **entspiralisieren superspiralisierte DNA**. Da dieser Vorgang thermodynamisch günstig verläuft, muss kein ATP aufgewendet werden. Typ-I-Topoisomerasen **spalten** einen DNA-**Einzelstrang**, indem die OH-Gruppe eines Tyrosinrestes des Enzyms eine Phosphatgruppe des DNA-Rückgrates nukleophil angreift. Dadurch entsteht am DNA-Strang eine 3'-OH-Gruppe, am Enzym ein Phosphotyrosylrest, und das Enzym wird kovalent an den DNA-Strang gebunden. Dieser DNA-Strang kann nun um den zweiten Strang rotieren, wobei Torsionsspannungen abgebaut werden. Abschließend greift die 3'-OH-Gruppe der DNA den Phosphotyrosylrest des Enzyms an. Der Strangbruch wird wieder geschlossen, und das Enzym wird freigesetzt.
- **Typ-II-Topoisomerasen** (Topoisomerase II) **verändern die räumliche Struktur der DNA-Doppelhelix**. Dazu **spalten** sie unter ATP-Verbrauch vorübergehend **beide DNA-Stränge**. Durch die entstandene Lücke wird ein anderer Abschnitt der Doppelhelix hindurchgefädelt.

4.2.3 Synthese des Primers

Die DNA-Polymerasen benötigen ein Nukleinsäurestück mit freiem 3'-OH-Ende, um mit der DNA-Synthese beginnen zu können. DNA-abhängige RNA-Polymerasen dagegen können ohne dieses Hilfsmittel anhand einer DNA-Matrize RNA synthetisieren. Deshalb synthetisiert an jedem der freigelegten DNA-Einzelstränge eine DNA-abhängige RNA-Polymerase unter Verwendung von Ribonukleosidtriphosphaten ein RNA-Oligonukleotid, den Primer. Es ergibt sich also eine DNA-RNA-Hybriddoppelhelix. Die DNA-abhängige RNA-Polymerase wird als **Primase** bezeichnet. Bei **Prokaryonten** handelt es sich dabei um das **DnaG**-Protein, bei **Eukaryonten** um eine **Untereinheit der DNA-Polymerase α**.

4.2.4 DNA-Synthese

Prinzip

DNA-Polymerasen synthetisieren jeweils einen zum Elternstrang komplementären DNA-Tochterstrang, indem sie dNTPs an das freie 3'-OH-Ende der Primer anhängen.

▶ **Merke.** Alle Polymerasen, also auch DNA-Polymerasen, synthetisieren Nukleinsäuren vom 5'-Ende beginnend in Richtung 3'-Ende (= von 5' nach 3'), d. h. sie lesen die Matrize von 3' nach 5'.

Die beiden Elternstränge sind antiparallel angeordnet: Der eine Strang weist eine 3'-5'-Orientierung auf, der andere eine 5'-3'-Orientierung. Am 3'-5'-Elternstrang entspricht die DNA-Syntheserichtung der Wanderungsrichtung der Replikationsgabel, sodass er in einem Stück repliziert werden kann (Abb. **C-4.2**). Der kontinuierlich wachsende Tochterstrang wird als **Leitstrang** bezeichnet. Am 5'-3'-Elternstrang dagegen ist die DNA-Syntheserichtung der Wanderungsrichtung der Replikationsgabel entgegengesetzt. Der zugehörige Tochterstrang, der sog. **Folgestrang**, wird diskontinuierlich in kurzen Stücken synthetisiert (Abb. **C-4.2**), die nach ihrem Entdecker **Okazaki-Fragmente** genannt werden. Die Länge dieser Fragmente hängt vom Zelltyp ab und beträgt bei Eukaryonten einige hundert Nukleotide, bei Prokaryonten bis zu zweitausend Nukleotide.

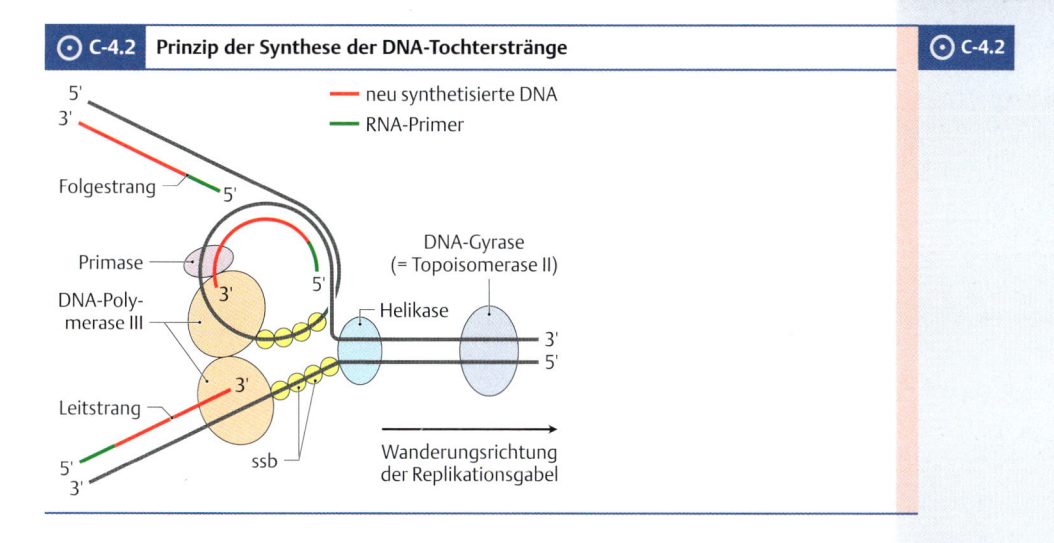

C-4.2 Prinzip der Synthese der DNA-Tochterstränge

> **Merke.** Der Leitstrang wird kontinuierlich synthetisiert (→ ein Primer), der Folgestrang diskontinuierlich (→ viele Primer).

Bei **Prokaryonten** erfolgt die DNA-Synthese bis hierher ausschließlich durch die **DNA-Polymerase III**. Bei **Eukaryonten** beginnt die **DNA-Polymerase α** mit der DNA-Synthese (nachdem die Untereinheit mit der Primase-Funktion einen 8–10 Nukleotide langen Primer synthetisiert hat). Weist der Tochterstrang ca. 20 Desoxynukleotide auf, verdrängt der Replikationsfaktor C (RFC) zusammen mit dem Kernantigen proliferierender Zellen (Proliferating Cell nuclear Antigen, PCNA) die DNA-Polymerase α und bindet anschließend die **DNA-Polymerase ε**, die die DNA-Synthese am Leitstrang fortsetzt. Am Folgestrang wird die DNA-Polymerase α durch einen ternären Komplex aus PCNA, DNA-Polymerase δ und der Flap-Endonuklease FEN1 ersetzt. Die Synthesegeschwindigkeit ist im Vergleich zu der der Prokaryonten etwa um den Faktor 10 geringer; wahrscheinlich wird die Bewegung der DNA-Polymerasen durch die Nukleosomen behindert.

Die RNA-Primer müssen schließlich noch entfernt und durch DNA ersetzt werden (Abb. C-4.2). Bei Prokaryonten werden beide Aufgaben durch die **DNA-Polymerase I** erledigt, die neben ihrer **DNA-Polymerase**-Aktivität **5'-3'-Exonuklease-Aktivität** besitzt. Nach Abbau der RNA-Primer kann dieses Enzym die entstandenen Lücken sofort durch neu synthetisierte DNA auffüllen. Die einzelnen Okazaki-Fragmente sind dann allerdings noch nicht kovalent miteinander verbunden.

Bei Eukaryonten verlängert die DNA-Polymerase δ die Okazaki-Fragmente bis sie auf das 5'-Ende des nächstfolgenden RNA-Primers stößt. Sie ist dann in der Lage, die ersten 2–3 Nukleotide der RNA vom Matrizenstrang bei gleichzeitiger weiterer DNA-Synthese zu verdrängen, sodass ein kurzer RNA-Einzelstrang entsteht, der anschließend durch die 5'-3' Exonuclease-Aktivität der FEN1 abgebaut wird. Auch hier sind die Okazaki-Fragmente noch nicht kovalent miteinander verbunden.

Reaktionsmechanismus

Der Mechanismus der Synthesereaktion ist bei der RNA- und der DNA-Synthese gleich: Durch einen **nukleophilen Angriff** der 3'-OH-Gruppe am Ende des zu verlängernden Nukleinsäurestrangs auf das α-Phosphoratom des anzuhängenden NTPs (ATP, GTP, CTP, UTP) bzw. dNTPs (dATP, dGTP, dCTP, dTTP) wird **Pyrophosphat freigesetzt** und es entsteht eine **Phosphorsäure-Esterbindung** (Abb. **C-4.3**). Da diese Esterbindung energieärmer ist als die gelöste Säureanhydridbindung, wird die Polymerisation der NTPs bzw. dNTPs thermodynamisch begünstigt. Weitere begünstigende Faktoren sind

- die Bildung der Wasserstoffbrücken zwischen den Basen,
- die zusätzliche Stabilisierung des Nukleinsäurestrangs durch die Basenstapelung,
- die hydrolytische Spaltung des Pyrophosphats durch die **Pyrophosphatase**, denn sie entfernt Pyrophosphat aus dem Gleichgewicht.

Bei **Prokaryonten** ist bis hierher ausschließlich die **DNA-Polymerase III** tätig. Bei **Eukaryonten** wird die **DNA-Polymerase α** nach 20 Desoxynukleotiden am Leitstrang von der DNA-Polymerase ε und am Folgestrang von der **DNA-Polymerase δ** abgelöst.

Die RNA-Primer müssen schließlich noch entfernt und durch DNA ersetzt werden (Abb. C-4.2) durch eine **DNA-Polymerase mit 5'-3'-Exonuklease-Aktivität** (Prokaryonten: DNA-Polymerase I). Sie füllt auch die Primer-Lücken.

Bei Eukaryonten erreicht die DNA-Polymerase δ durch Verdrängungs-Synthese eine Ablösung des RNA-Primers vom Matrizenstrang. Dann wird die RNA durch FEN1 abgespalten.

Reaktionsmechanismus

Bei der Synthesereaktion erfolgt ein **nukleophiler Angriff** der 3'-OH-Gruppe am Ende des Nukleinsäurestrangs auf das α-Phosphoratom des neu einzubauenden Nukleotids. Dabei wird **Pyrophosphat** freigesetzt und es entsteht eine **Phosphorsäure-Esterbindung** (Abb. **C-4.3**). Die Nukleinsäurebildung wird u. a. durch hydrolytische Spaltung des Pyrophosphats durch die **Pyrophosphatase** begünstigt.

C-4.3 Reaktionsmechanismus der Nukleinsäuresynthese

4.2.5 Ligation der Okazaki-Fragmente

Die **DNA-Ligase** verknüpft die Okazaki-Fragmente durch eine **Esterbindung**:

Zunächst wird ein Enzym-AMP-Komplex gebildet. Das AMP stammt bei Bakterien aus NAD⁺, bei Eukaryonten aus ATP. Der AMP-Rest wird auf die 5'-Phosphatgruppe am Ende eines Fragments übertragen und durch einen nukleophilen Angriff der 3'-OH-Gruppe am Ende eines anderen Fragments verdrängt (Abb. **C-4.4**). Dadurch entsteht eine Esterbindung zwischen den beiden Fragmenten.

4.2.5 Ligation der Okazaki-Fragmente

In einem letzten Reaktionsschritt müssen die Okazaki-Fragmente noch kovalent miteinander verbunden werden. Diese Reaktion wird von der **DNA-Ligase** katalysiert. Das Enzym bildet zwischen der 3'-OH-Gruppe am Ende eines DNA-Fragments und der 5'-Phosphatgruppe am Ende eines anderen DNA-Fragments eine **Esterbindung**.

Hierzu wird zunächst ein kovalenter Enzym-AMP-Komplex gebildet. Das AMP stammt bei Bakterien aus NAD⁺, bei Archaea und Eukaryonten aus ATP. ATP bzw. NAD⁺ wird mit der ε-Aminogruppe eines Lysinrestes der Ligase unter Bildung einer Phosphorsäureamidbindung verknüpft, wobei Pyrophosphat bzw. Nicotinamidmononukleotid (NMN) freigesetzt wird (1). Danach wird der AMP-Rest auf die 5'-Phosphatgruppe am Ende eines DNA-Fragments übertragen (2) und schließlich durch einen nukleophilen Angriff der 3'-OH-Gruppe am Ende eines anderen Fragments verdrängt (3) (Abb. **C-4.4**). Dadurch entsteht eine Esterbindung zwischen den beiden Fragmenten. Schema:

(1) Enzym + ATP (oder NAD⁺) → Enzym-AMP + PP$_i$ (oder NMN)
(2) Enzym-AMP + pNpN... → Enzym + AppNpN...
(3) ...pNpN-OH + AppNpN... → AMP + ...pNpNpNpN...

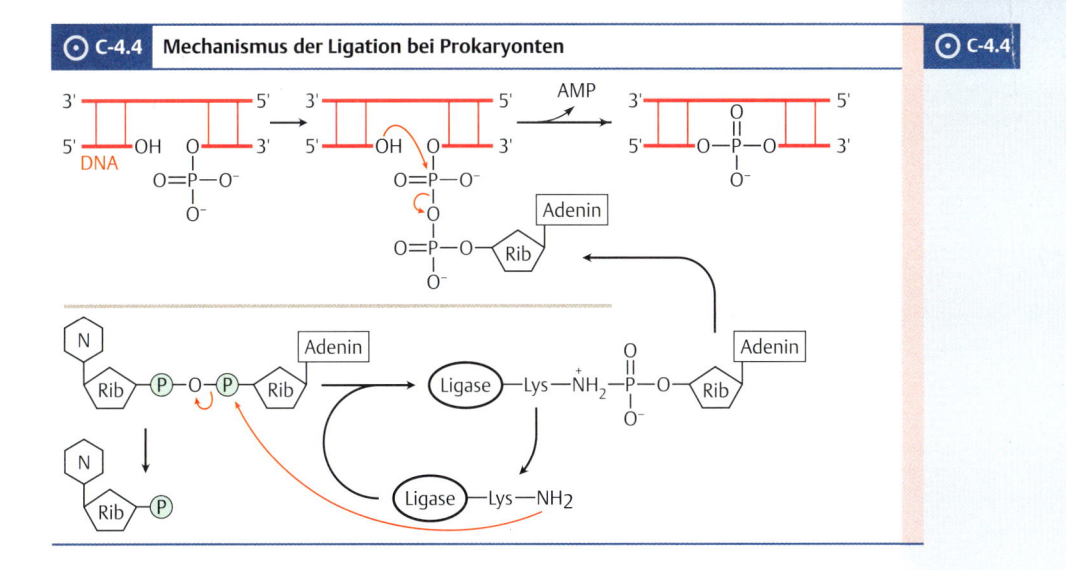

C-4.4 Mechanismus der Ligation bei Prokaryonten

> **Exkurs.** **DNA-Polymerasen bei Eukaryonten**
>
> Man kennt inzwischen bei Eukaryonten 14 DNA-Polymerasen mit unterschiedlichen Funktionen. Für die Replikation nukleärer DNA in der S-Phase sind die drei oben beschriebenen DNA-Polymerasen α, δ und ε zuständig. Die DNA-Polymerase γ repliziert die mitochondriale DNA. Weitere Enzyme erfüllen ihre Aufgaben bei der Reparatur defekter DNA, z. B. die DNA-Polymerase β (S. 523), oder bei der Transläsions-Synthese. Die Transläsions-Synthese (oder auch Bypass-Synthese genannt) setzt ein, wenn durch größere strukturelle Veränderungen der DNA die DNA-Polymerasen δ und ε nicht mehr regulär arbeiten können. So ist die DNA-Polymerase η in der Lage, durch UV-Strahlung hervorgerufene Thymin-Dimere (Abb. **C-8.1**) als Matrize zu nutzen und den korrekten Gegenstrang zu synthetisieren. Dadurch wird das Risiko der Entstehung eines Tumors durch somatische Mutationen deutlich gemindert.

4.2.6 Replikation eukaryontischer Chromosomen-Enden

Eukaryontische Chromosomen sind linear. Dies verursacht ein Problem bei der Replikaton der 3'-Enden: Nach Entfernen des Primers am komplementären 5'-Ende jedes Tochterstrangs steht für die DNA-Polymerase δ kein freies 3'-OH-Ende zur Verfügung, sodass die vom Primer hinterlassene Lücke nicht gefüllt werden kann. Bei jeder Replikationsrunde gehen also einige Nukleotide verloren.

Eukaryontische Chromosomen-Enden, die sog. **Telomere**, weisen jedoch eine besondere Struktur auf: In einem 10 000 Nukleotide umfassenden Abschnitt findet sich eine **repetitive** (sich wiederholende), kurze, **nicht kodierende**, also keine genetische Information enthaltende **Basensequenz**; beim Menschen ist dies die Sequenz GGGTTA. Zudem ist jeder DNA-Strang **am 3'-Ende** um einige Nukleotide länger als sein komplementärer Strang, weist also einen **Einzelstrang-Überhang** auf. Obwohl das 5'-Ende jedes Tochterstrangs mit jeder Replikationsrunde kürzer wird, gehen also zunächst keine kodierenden Sequenzen verloren. Nach 30 – 50 Zellteilungen jedoch sind kodierende Sequenzen (= Gene) betroffen und die Erbinformation im Tochter-DNA-Molekül ist nicht mehr komplett. Dies begrenzt die Zellteilungsfähigkeit der meisten somatischen Zellen.

Nur die **Zellen stark proliferierender Gewebe sowie Tumorzellen** können diesen Verlust ausgleichen und sich folglich häufiger teilen: Sie enthalten das Enzym **Telomerase**, das die Telomere verlängert. Die Telomerase ist eine RNA-abhängige DNA-Polymerase (= **reverse Transkriptase**), sie katalysiert also die Synthese eines DNA-Strangs anhand einer RNA-Matrize. Diese RNA-Matrize ist Teil des Enzyms. Sie lagert sich an den 3'-Überhang der Telomere an, weil ein Teil der Basensequenz der RNA-Matrize zum 3'-Überhang komplementär ist und es zu Basenpaarung kommt. Der andere Teil der Basensequenz der Matrize enthält beim Menschen die repetitive Sequenz UAACCC und dient als Vorlage bei der Verlängerung des 3'-Endes des Telomers (Abb. **C-4.5**). Der korrespondierende Abschnitt des komplementären DNA-Strangs wird dann durch eine DNA-Polymerase synthetisiert.

4.2.6 Replikation eukaryontischer Chromosomen-Enden

Die Primer-Lücke am 5'-Ende jedes fertigen Tochterstrangs lässt sich nicht füllen, weil ein freies 3'-OH-Ende fehlt. So gehen bei jeder Replikation einige Nukleotide verloren.

Eukaryontische Chromosomen-Enden, die **Telomere**, weisen **repetitive nicht kodierende Basensequenzen** und **am 3'-Ende** jedes DNA-Strangs einen **Einzelstrang-Überhang** auf. Obwohl die Tochterstränge (am 5'-Ende) bei jeder Replikation kürzer werden, gehen kodierende Sequenzen erst nach 30 – 50 Zellteilungen verloren. Dann können sich die meisten somatischen Zellen nicht mehr teilen.

Anders die **Zellen stark proliferierender Gewebe und Tumorzellen**: Ihr Enzym **Telomerase**, eine **reverse Transkriptase** mit eigener RNA-Matrize, verlängert die Telomere. Dazu lagert sich ein Teil der RNA-Matrize an den 3'-Überhang der Telomere an, der andere Teil dient als Vorlage bei der Verlängerung des 3'-Endes des Telomers (Abb. **C-4.5**). Der korrespondierende Abschnitt des komplementären DNA-Strangs entsteht durch eine DNA-Polymerase.

C-4.5 Telomerasereaktion

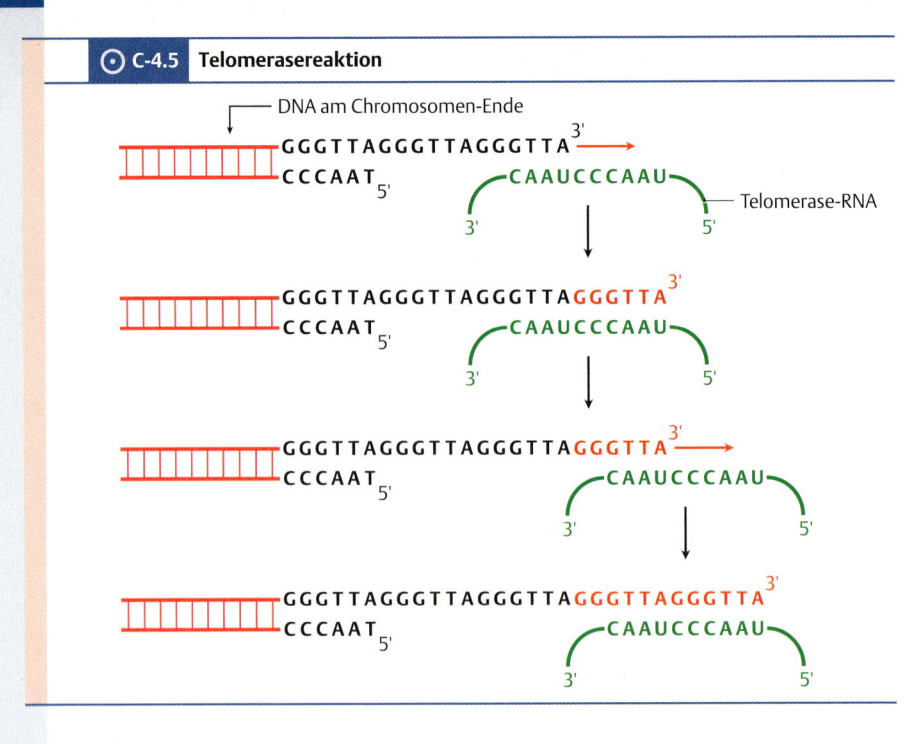

```
DNA am Chromosomen-Ende
    GGGTTAGGGTTAGGGTTA 3'
    CCCAAT 5'    CAAUCCCAAU — Telomerase-RNA
                 3'        5'

    GGGTTAGGGTTAGGGTTAGGGTTA 3'
    CCCAAT 5'        CAAUCCCAAU
                     3'        5'

    GGGTTAGGGTTAGGGTTAGGGTTA 3'
    CCCAAT 5'            CAAUCCCAAU
                         3'        5'

    GGGTTAGGGTTAGGGTTAGGGTTAGGGTTA 3'
    CCCAAT 5'                  CAAUCCCAAU
                               3'        5'
```

Auf- und Abbau der Telomere befinden sich in einem Gleichgewicht. Bei Zellen, die nur eine geringe Telomerase-Aktivität aufweisen, werden die Telomere sukzessive verkürzt, bis schließlich kodierende DNA betroffen ist.

4.3 Hemmstoffe der Replikation

Die wichtigsten Hemmstoffe der DNA-Replikation zeigt Tab. **C-4.1**. Je nachdem, ob sie die Replikation prokaryontischer oder eukaryontischer DNA hemmen, werden sie zur Hemmung der Zellteilung, d. h. der Vermehrung von Bakterien (= als Antibiotika) oder von Tumorzellen (= als Zytostatika) eingesetzt.

C-4.1 Hemmstoffe der DNA-Replikation

Substanzklasse	Substanz	Wirkungsmechanismus	Einsatzgebiet
Gyrasehemmer	Ciprofloxacin, Nalidixinsäure, Novobiocin	Hemmung der bakteriellen Topoisomerase Typ II (= Gyrase)	Antibiotikum
Topoisomerase-Typ-I-Hemmer	Camptothecin, Topotecan, Irinotecan	stabilisieren die DNA-gebundene Form der menschlichen Topoisomerase Typ I	Zytostatikum
Nukleosidanaloga	Cytosinarabinosid	Hemmung der DNA-Polymerase	Zytostatikum
Nukleinsäure-quervernetzende Substanzen	Mitomycin C	kovalente Bindung an DNA, DNA-Strangtrennung wird verhindert, führt zu Strangbrüchen	Zytostatikum
Nukleinsäure-bindende Substanzen	Actinomycin D	interkalieren in GC-reiche Abschnitte der DNA, s. a. Transkriptionshemmstoffe (S. 467)	Zytostatikum

5 Genexpression

5.1 Überblick 451
5.2 Transkription 452
5.3 Entstehung und Nachbearbeitung der mRNA 468
5.4 Translation 473
5.5 Proteinfaltung 484
5.6 Cotranslationaler Proteintransport in das endoplasmatische Retikulum 488
5.7 Co- und posttranslationale Modifikation von Proteinen 488

5.1 Überblick

5.1 Überblick

▶ **Definition.** **Genexpression** ist die Umsetzung der genetischen Information in RNA und Proteine.

▶ **Definition.**

Die DNA trägt die Information für die Aminosäuresequenzen sämtlicher Proteine einer Zelle. Diese Information ist auf einzelne Einheiten, die **Strukturgene**, verteilt. Zusätzlich enthält sie in Form von **Kontrollelementen** weitere Information, die eine Steuerung der Expression der Strukturgene ermöglicht. Dies ist notwendig, damit die Zelle sich an die äußeren Bedingungen und an die jeweilige Stoffwechselsituation anpassen kann und die Proteinsynthese ökonomisch abläuft, denn die Zelle benötigt nicht alle Proteine zur gleichen Zeit in gleicher Menge. In mehrzelligen Organismen gibt es darüber hinaus viele spezialisierte Zelltypen, die spezielle Aufgaben erfüllen. Es ist sinnvoll und notwendig, dass diese spezialisierten Zellen nur einen bestimmten Anteil des Genoms exprimieren.

Die Information für die Aminosäuresequenzen sämtlicher Proteine einer Zelle ist auf der DNA auf **Strukturgene** verteilt. Zudem enthält die DNA in Form von **Kontrollelementen** Information, die eine Steuerung der Expression der Strukturgene ermöglicht.

Die **Genexpression** läuft in **Teilschritten** ab. Bei Eukaryonten sind es drei Schritte, bei Prokaryonten zwei:
- **Transkription:** Erstellung einer RNA-Abschrift des Gens
- **Prozessierung:** Modifikation dieser RNA-Abschrift (bei Eukaryonten)
- **Translation:** Übersetzung der Basensequenz der (bei Eukaryonten modifizierten) RNA in die Aminosäuresequenz eines Polypeptids

Die **Teilschritte der Genexpression** sind:
- Transkription
- Prozessierung (bei Eukaryonten)
- Translation

Bei der **Transkription** dienen die Gene, deren Produkte gerade benötigt werden, als Vorlage zur Synthese komplementärer einzelsträngiger RNA.

Bei der **Transkription** werden die benötigten Gene in einzelsträngige RNA umgeschrieben.

▶ **Merke.** Die Transkription der Strukturgene ist der erste Schritt der Proteinsynthese.

▶ **Merke.**

Produkt der Transkription von Strukturgenen:
- Bei **Prokaryonten** ist es die sog. **Messenger-RNA (mRNA)**, die als Vorlage zur Synthese der Proteine eingesetzt wird.
- Bei **Eukaryonten** ist es die sog. **heterogene nukleäre RNA (hnRNA)**, eine Vorstufe der mRNA. Sie wird deshalb auch als **Primärtranskript** bezeichnet.

Strukturgene: werden bei **Prokaryonten** direkt in **mRNA**, bei Eukaryonten in die Vorstufe **hnRNA**, das **Primärtranskript**, umgeschrieben.

Die Umwandlung der hnRNA in „reife" mRNA **(Prozessierung)** findet im Zellkern statt und vollzieht sich in drei Schritten:
- Das 5'-Ende wird modifiziert **(Capping)**.
- Nicht kodierende Basensequenzen (Introns) werden herausgeschnitten und die Basensequenzen, die sich später in der mRNA wiederfinden (Exons), miteinander verknüpft **(Splicing)**.
- Am 3'-Ende wird eine Kette von Adenosinmonophosphaten angehängt **(Polyadenylierung)**.

Die **Prozessierung** der hnRNA zu „reifer" mRNA erfolgt im Zellkern in drei Schritten:
- Capping
- Splicing
- Polyadenylierung

In einigen Fällen werden gezielt einzelne Basen der hnRNA oder der mRNA verändert **(RNA-Editing)**.

Ggf. werden einzelne Basen der hnRNA oder mRNA verändert **(RNA-Editing)**.

Die mRNA gelangt vom Zellkern in das Zytoplasma und wird dort von den Ribosomen als Vorlage zur Synthese der Proteine genutzt. Diesen letzten Teilschritt der Genexpression nennt man **Translation**. Dabei dienen sog. **Transfer-RNAs (tRNAs) als Adapter** zwischen der Basensequenz der mRNA und der Aminosäuresequenz der Proteine, denn sie besitzen sowohl eine Bindungsstelle für die mRNA als auch für die entsprechende Aminosäure.

Die mRNA dient im Zytoplasma als Vorlage zur Synthese der Proteine **(Translation)**. Dabei dienen **tRNAs als Adapter** zwischen Basen- und Aminosäuresequenz.

C 5 Genexpression

Transkription und Translation laufen also bei Eukaryonten in verschiedenen Zellkompartimenten ab: Die Transkription findet im Zellkern, die Translation im Zytoplasma statt. Zusätzlich gibt es in den Mitochondrien noch einen kompletten Proteinsyntheseapparat, der aus der mitochondrialen DNA, den mitochondrialen Ribosomen und tRNAs und den notwendigen Enzymen besteht.

5.2 Transkription

▶ **Definition.** Als **Transkription** wird jede Form von RNA-Synthese anhand einer DNA-Matrize bezeichnet. Das Produkt der Transkription, das Transkript, ist ein zu einem DNA-Strang komplementäres, im Wesentlichen einzelsträngiges RNA-Molekül.

5.2.1 Die Transkriptionsprodukte: die verschiedenen RNA-Typen

Kodierende RNA-Typen

Kodierende RNA-Typen – **heterogene nukleäre RNA (hnRNA)** und **Messenger-RNA (mRNA)** – sind Abschriften der Strukturgene. Sie enthalten die Information zur Synthese der Proteine, die in einer bestimmten Zelle oder in bestimmten Stoffwechselsituationen gebraucht werden. Da die Zahl der zellulären Proteine sehr groß ist, können tausende unterschiedlicher hnRNA- oder mRNA-Moleküle in der Zelle vorkommen. Ihr Anteil an der Gesamt-RNA liegt bei 2–5 %. Ihre Halbwertszeit ist im Vergleich zu der der meisten nicht kodierenden RNA-Typen sehr kurz, sie liegt bei Prokaryonten im Bereich weniger Minuten und bei Eukaryonten zwischen 10 Minuten und 10 Stunden.

Heterogene nukleäre RNA (hnRNA)

hnRNA ist das primäre Transkript eukaryontischer Strukturgene, die **Vorstufe der mRNA**. Sie kommt nur in den Zellkernen der **Eukaryonten** vor. Eukaryontische Strukturgene sind mosaikartig organisiert: Sie bestehen aus **Exons**, d. h. Basensequenzen, die sich in der mRNA wiederfinden, und zwischen den Exons liegenden nicht kodierenden Sequenzen, den **Introns**. Dementsprechend enthält auch die hnRNA Exons und Introns (Abb. **C-5.1**).

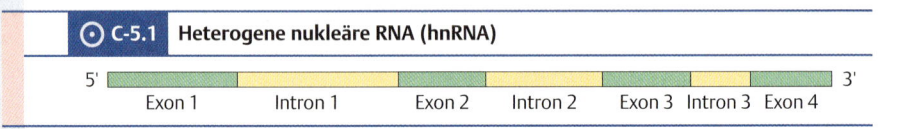

⊙ **C-5.1** Heterogene nukleäre RNA (hnRNA)

5'— Exon 1 — Intron 1 — Exon 2 — Intron 2 — Exon 3 — Intron 3 — Exon 4 —3'

Messenger-RNA (mRNA)

Die mRNA **trägt** die **Information zur Synthese der Proteine** von der DNA **zum Ribosom**.
Die **eukaryontische mRNA** entsteht im Zellkern im Rahmen der Prozessierung aus hnRNA. Dabei
- wird am **5'-Ende** die sog. **Cap**-Struktur angehängt. Sie besteht aus einem methylierten Guanosin, das über eine 5'-5'-Triphosphat-Brücke mit dem Transkript verknüpft ist (Kurzschreibweise: m⁷G(5')ppp). Das Triphosphat ist dabei am 5'-Ende des Guanosins gebunden.
- werden **Introns entfernt** und die Exons miteinander verknüpft,
- wird am **3'-Ende** ein **poly(A)-Schwanz** aus 50–250 AMP (= Adenylat)-Resten angehängt.

In der fertigen mRNA befindet sich hinter dem Cap eine 5'-untranslatierte Region (5'-UTR). An diese schließt sich der kodierende Bereich an, markiert durch ein Start- und ein Stoppcodon (S. 473). Auf ihn folgt eine 3'-UTR und auf diese der poly(A)-Schwanz (Abb. **C-5.2 a**).
Eukaryontische mRNA kodiert nur für ein Protein.

Prokaryontische mRNA besitzt kein Cap und keinen poly(A)-Schwanz. Am 5'-Ende befindet sich ein Triphosphat. Prokaryontische mRNA kodiert häufig für mehrere Proteine. Zwischen den einzelnen kodierenden Bereichen befinden sich jeweils nicht kodierende Sequenzen (Abb. **C-5.2 b**).

> ▶ **Merke.** **Eukaryontische mRNA** kodiert nur für ein Protein; sie wird als **monocistronisch** bezeichnet. **Prokaryontische mRNA** kodiert häufig für mehrere Proteine; sie ist **polycistronisch** (Abb. **C-5.2**).

Prokaryontische mRNA enthält weder Cap noch poly(A)-Schwanz, aber nicht kodierende Sequenzen (Abb. **C-5.2 b**).

▶ **Merke.**

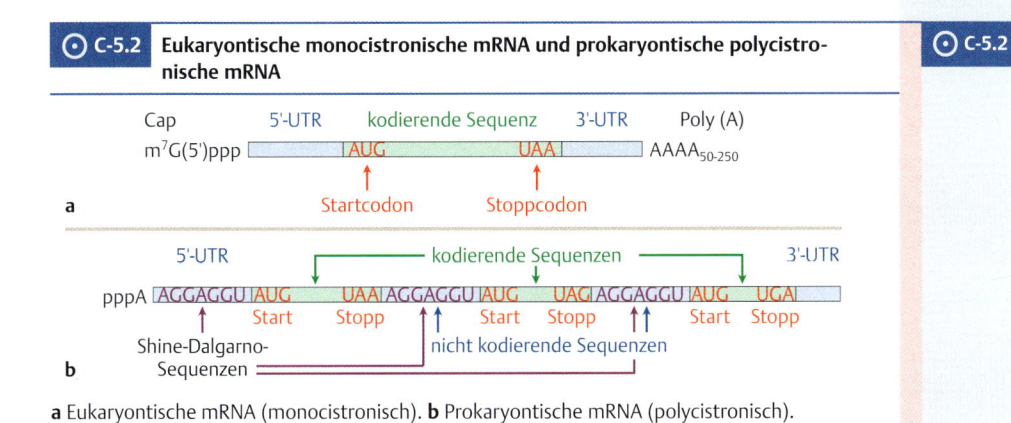

⊙ **C-5.2** Eukaryontische monocistronische mRNA und prokaryontische polycistronische mRNA

⊙ **C-5.2**

a Eukaryontische mRNA (monocistronisch). **b** Prokaryontische mRNA (polycistronisch). Shine-Dalgarno-Sequenzen sind Ribosomenbindungsstellen.

Nicht kodierende RNA-Typen

Die beiden häufigsten nicht kodierenden RNA-Typen sind die ribosomale RNA (rRNA) und die Transfer-RNA (tRNA). In den letzten Jahren wurden weitere RNA-Typen entdeckt, die als **Strukturkomponente**, **Regulator** oder **Katalysator** dienen.

Nicht kodierende RNA-Typen

Diese dienen als **Strukturkomponente**, **Regulator** oder **Katalysator**.

> ▶ **Definition.** RNA-Moleküle mit katalytischer Aktivität werden als **Ribozyme** bezeichnet.

▶ **Definition.**

Zu den Ribozymen zählen z.B:
- Die große rRNA (s. u.): Sie hat Peptidyltransferase-Aktivität.
- Die RNase P, die an der Synthese von tRNA aus Vorläufermolekülen beteiligt ist.
- Das Spleißosom (S. 469) ist ein Ribonucleoproteinkomplex, der die Introns aus der hnRNA herausschneidet und die Exons miteinander verknüpft. snRNAs bilden das katalytische Zentrum für diese Reaktionen.

Ribosomale RNA (rRNA)

rRNA ist der **wichtigste Bestandteil der Ribosomen**, also der Organellen, an denen die Translation stattfindet. Ribosomen bestehen zu 2/3 aus rRNA und zu 1/3 aus Proteinen. Sowohl eukaryontische als auch prokaryontische Ribosomen setzen sich aus einer großen und einer kleinen Untereinheit zusammen, die jeweils aus verschiedenen rRNA-Molekülen (Tab. **C-5.1**) und Proteinen aufgebaut sind. Die rRNA-Moleküle der großen bzw. kleinen Untereinheit werden als große bzw. kleine rRNA zusammengefasst. Ribosomen und rRNAs werden durch die Svedberg-Einheit (S) charakterisiert, ein Maß für die Sedimentationsgeschwindigkeit bei der Zellfraktionierung durch Zentrifugation (S. 343). In eukaryontischen Zellen kommen Ribosomen im Zytoplasma und in Mitochondrien vor (bei Pflanzen auch in den Chloroplasten). Mitochondriale Ribosomen ähneln funktionell hinsichtlich der Sensitivität gegenüber Antibiotika prokaryontischen Ribosomen, auch wenn sich durch die hohe Mutationsrate mitochondrialer Gene insbesondere die Ribosomen der Säugermitochondrien stark verändert haben (Tab. **C-5.1**).

rRNA stellt mit ca. 80% den größten Anteil an der gesamten RNA. Sie ist im Gegensatz zur mRNA sehr stabil, und es gibt nur wenige unterschiedliche Moleküle (Tab. **C-5.1**).

Ribosomale RNA (rRNA)

rRNA ist der **wichtigste Bestandteil der Ribosomen**. Diese setzen sich aus einer großen und einer kleinen Untereinheit zusammen, die jeweils aus verschiedenen rRNA-Molekülen (Tab. **C-5.1**) und Proteinen aufgebaut sind. In eukaryontischen Zellen kommen Ribosomen im Zytoplasma und in Mitochondrien vor. Mitochondriale Ribosomen ähneln prokaryontischen Ribosomen (Tab. **C-5.1**).

rRNA ist der häufigste RNA-Typ.

C-5.1 Charakteristika pro- und eukaryontischer Ribosomen

Charakteristikum	prokaryontische Ribosomen	eukaryontische Ribosomen	
		mitochondrial	zytoplasmatisch
Sedimentationskonstante	70 S	55 S	80 S
Sedimentationskonstante der großen Untereinheit	50 S	39 S	60 S
Sedimentationskonstante der kleinen Untereinheit	30 S	28 S	40 S
rRNA-Typen in der großen Untereinheit	▪ 23 S ▪ 5 S	16 S	▪ 28 S ▪ 5,8 S ▪ 5 S
Anzahl der Proteine in der großen Untereinheit	34	48	49
rRNA-Typen in der kleinen Untereinheit	16 S	12 S	18 S
Anzahl der Proteine in der kleinen Untereinheit	21	29	33

rRNA hat eine ausgeprägte Sekundär- und Tertiärstruktur. Einige Basen sind methyliert.

Alle rRNA-Moleküle weisen zahlreiche intramolekulare Wasserstoffbrücken und somit eine **ausgeprägte Sekundär- und Tertiärstruktur** auf. **Einige Basen** sind **methyliert**, wodurch sie hydrophober werden, was vermutlich für die Ausbildung der Tertiärstruktur wichtig ist. Diese wiederum ist für die Aufgabe der rRNA-Moleküle als Strukturkomponente der Ribosomen essenziell. rRNA-Moleküle sind allerdings keine starren Gebilde, sondern führen im Verlauf der Translation Konformationsänderungen durch.

▶ **Merke.**

▶ **Merke.** Die große rRNA (28 S bei Eukaryonten und 23 S bei Prokaryonten) ist darüber hinaus ein Ribozym mit Peptidyltransferase-Aktivität: Sie katalysiert die Reaktion, die im Verlauf der Translation aus Aminosäuren ein Polypeptid zusammensetzt.

Transfer-RNA (tRNA)

Die tRNA, der zweithäufigste RNA-Typ, enthält **viele modifizierte Basen**.

Mit einem Anteil von 15 % ist die tRNA der zweithäufigste RNA-Typ. Sie ist ähnlich wie rRNA verhältnismäßig stabil. Sie enthält **viele modifizierte Basen**, z. B. Inosin, Pseudouridin und methylierte Derivate von A, C, U und G. Im Pseudouridin ist Uracil über C 5 an die Ribose gebunden.

Die Sekundärstruktur der tRNA bezeichnet man als **Kleeblattstruktur**. Sie besteht aus vier doppelhelikalen Bereichen und drei Schleifen (**Dihydrouridin-**, **TΨC-** und **Anticodon-Schleife**, Abb. **C-5.3 a**). Die Tertiärstruktur ist **L-förmig** (Abb. **C-5.3 b**). Das eine Ende des L bindet über das Anticodon an mRNA. Das andere Ende bindet die zum Codon der mRNA passende Aminosäure.

Alle tRNA-Moleküle besitzen einen gemeinsamen Bauplan. Sie bestehen aus ca. 70 – 90 Nukleotiden und bilden durch intramolekulare Basenpaarungen eine Sekundärstruktur, die **Kleeblattstruktur**, bestehend aus vier doppelhelikalen Bereichen und drei Schleifen (**Dihydrouridin-Schleife**, **TΨC-Schleife** und **Anticodon-Schleife**, Abb. **C-5.3 a**). Weitere Wechselwirkungen zwischen Basen der Dihydrouridin- und der TΨC-Schleife stabilisieren die Tertiärstruktur, die **L-Form** besitzt (Abb. **C-5.3 b**). An dem einen Ende des L-förmigen Moleküls befindet sich das Anticodon, also das Basentriplett, das Basenpaarungen mit der mRNA ausbildet. Am 3'-Ende wird die zum Basentriplett der mRNA (Codon) passende Aminosäure gebunden. Dieses Ende zeigt stets die Basensequenz CCA. Die Aminosäure wird über eine Esterbindung an eine Hydroxylgruppe der Ribose des Adenosinrests gebunden.

▶ **Merke.**

▶ **Merke.** Die tRNA bildet bei der Proteinsynthese die Brücke zwischen der mRNA und dem Polypeptid. Das Anticodon bindet am Codon der mRNA, die Aminosäure ist kovalent am CCA-Ende gebunden.

Small nuclear RNA (snRNA)

Die snRNA spielt als Teil der Small nuclear Ribonucleoproteins (snRNPs) eine wichtige Rolle beim Splicing der hnRNA.

Diese kleinen RNAs besitzen zwischen 106 und 185 Nukleotide und bilden im Zellkern mit Proteinen Komplexe, die Small nuclear Ribonucleoproteins (snRNPs). Diese Partikel sind wichtig beim Spleißvorgang (Splicing), bei dem die Introns aus der hnRNA entfernt und die Exons zur mRNA zusammengefügt werden.

C-5.3 Sekundär- und Tertiärstruktur der tRNA

a Kleeblattstruktur. **b** L-Struktur.

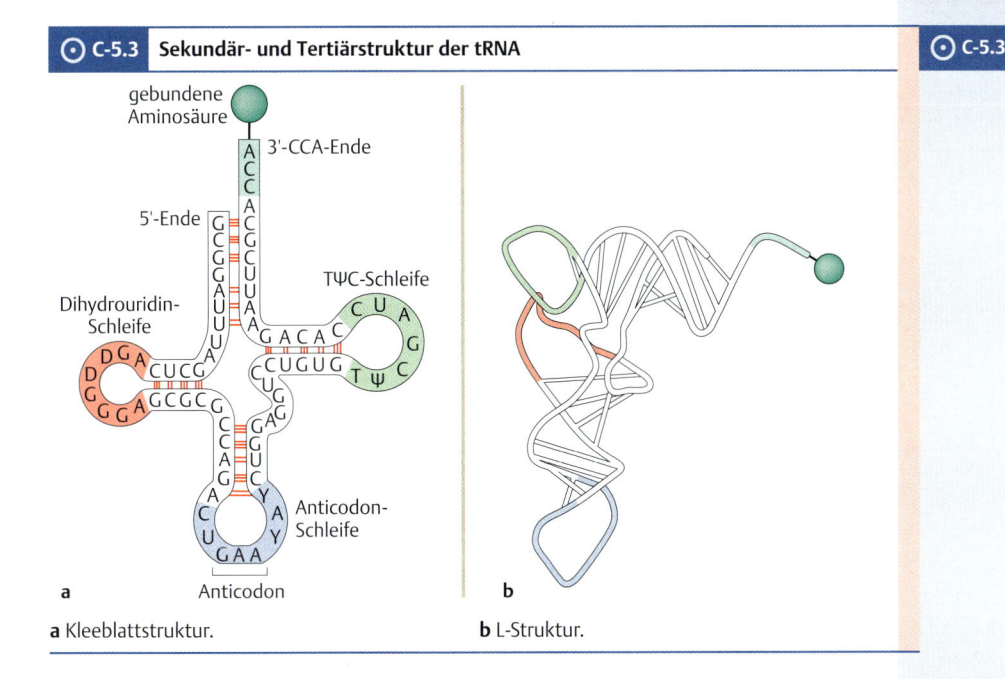

Small nucleolar RNA (snoRNA)

snoRNAs sind wichtig für die Modifikation von Nukleotiden in rRNA, snRNA und wahrscheinlich weiteren RNA-Typen. Sie helfen bei der Erkennung des zu modifizierenden Nukleotids. Sie werden in zwei Klassen unterteilt; eine ermöglicht die 2'-O-Ribose-Methylierung, die andere die Pseudouridinylierung.

Small cytoplasmic RNA

▶ **Synonym.** 7SL RNA.

Die scRNA ist ein ca. 300 Nukleotide langes RNA-Molekül, das zusammen mit sechs Proteinen das Signal Recognition Particle (SRP) bildet, das den cotranslationalen Transport neu synthetisierter Proteine in das endoplasmatische Retikulum (ER) einleitet.

Micro-RNA (miRNA) und Short interfering RNA (siRNA)

Für die Entdeckung der RNA-Interferenz wurde 2006 der Nobelpreis an Andrew Fire und Craig Mello verliehen.
Durch die Entdeckung kleiner, ca. 17–25 Nukleotide langer RNAs ergaben sich ganz neue Aspekte der Regulation der Genexpression. Diese miRNAs und siRNAs (und weitere Subtypen wie z. B. piRNAs) entstehen aus Vorläufermolekülen, die durch RNasen klein geschnitten werden. Die dadurch gebildeten Oligonukleotide erkennen durch spezifische Basenpaarungen mRNAs. Die Interaktion zwischen siRNA und mRNA führt zum Abbau der mRNA (sog. RNA-Interferenz, RNAi). Die Basenpaarung zwischen miRNA und mRNA hingegen führt zur Destabilisierung und zum Abbau der mRNA und kann aber auch die Translation hemmen oder stimulieren. Die sich daraus ergebenden Regulationsmechanismen wurden für Prozesse der Zelldifferenzierung, Zellproliferation, Apoptose, Stoffwechsel und Stressreaktionen bei Pflanzen, Nematoden und Säugetieren nachgewiesen. Insgesamt wurden ca. 25 000 solcher kleinen regulatorischen RNAs gefunden, davon mehr als 2000 beim Menschen.
Die RNA-Interferenz wird schon intensiv in der Forschung als Methode genutzt, da dieser Mechanismus ein Werkzeug liefert, gezielt die Genexpression zu unterdrücken (S. 517). Therapeutische Einsatzmöglichkeiten bei der Behandlung von viralen Infektionskrankheiten, Krebs und entzündlichen Prozessen werden in klinischen Studien getestet.

Small nucleolar RNA (snoRNA)

snoRNA helfen bei der Modifikation von Nukleotiden der rRNA und snRNA.

Small cytoplasmic RNA

▶ **Synonym.**

scRNA ist wichtig für den cotranslationalen Transport von Proteinen in das ER.

Micro-RNA (miRNA) und Short interfering RNA (siRNA)

Diese sehr kleinen RNA-Moleküle sind für die Regulation der Genexpression wichtig: miRNA hemmt die Translation und destabilisiert die mRNA, siRNA führt zum Abbau der mRNA (sog. RNA-Interferenz, RNAi).

5.2.2 Die Transkriptionsenzyme: RNA-Polymerasen

Die Enzyme, die die Transkription durchführen, sind **DNA-abhängige RNA-Polymerasen**. Sie stellen unter Verwendung der Substrate ATP, GTP, CTP und UTP eine RNA-Kopie eines DNA-Matrizenstrangs – eines Gens – her. Wie DNA-Polymerasen **synthetisieren sie den Nukleinsäurestrang von 5' nach 3'**, lesen also den DNA-Strang von 3' nach 5' ab. Anders als DNA-Polymerasen benötigen RNA-Polymerasen jedoch **keinen Primer**. Als **Markierung für den Startpunkt** der Transkription dient ihnen eine spezifische, der Gensequenz vorgelagerte DNA-Sequenz, der sog. **Promotor**. Prokaryontische RNA-Polymerasen binden den Promotor direkt, eukaryontische benötigen dazu spezielle Proteine (s. u.).

▶ **Merke.** Für die Transkription werden benötigt:
- DNA-abhängige RNA-Polymerase
- Substrate: ATP, GTP, CTP, UTP
- DNA-Matrize

Ein Primer ist nicht notwendig.

Prokaryonten besitzen eine, Eukaryonten vier RNA-Polymerasen. Zwischen prokaryontischen und eukaryontischen RNA-Polymerasen gibt es große Unterschiede.

Prokaryontische RNA-Polymerase

Die RNA-Polymerase aus *Escherichia coli* (*E. coli*) setzt sich aus zwei größeren Untereinheiten namens β und β' und zwei kleineren α-Untereinheiten zusammen. Dieses **Core-Enzym** ($\alpha_2\beta\beta'$) ist in der Lage, RNA zu synthetisieren, kann aber den Promotor nicht erkennen und somit den Startpunkt nicht finden. Um den Promotor zu erkennen, ist zusätzlich die σ-Untereinheit (= σ-Faktor) notwendig. Der Komplex $\alpha_2\beta\beta'\sigma$ wird auch als **Holoenzym** bezeichnet. ββ' bildet das katalytische Zentrum, das ein Mg^{2+} und ein Zn^{2+} enthält. Mg^{2+} kann durch Fe^{2+} ersetzt werden, und die Enzyme mancher Spezies enthalten ein zweites Zn^{2+}.

Es gibt mehrere σ-Untereinheiten mit unterschiedlicher Spezifität. Für *E. coli* sind inzwischen sieben bekannt (σ^{70}, σ^{32}, σ^{54}, σ^S, σ^F, σ^E, σ^{FecI}). Sie erkennen jeweils Promotorgruppen, deren Gene für gemeinsame Aufgaben im Stoffwechsel genutzt werden. σ^{32} z. B. erkennt die Promotoren von Genen, deren Produkte eine Hitzeschock-Antwort auslösen, d. h. zur verstärkten Synthese von Proteinfaltungshelfern, sog. Hitzeschockproteinen = Chaperone (S. 485), führen. σ^{54} erkennt die Promotoren von Genen, die für den Stickstoffmetabolismus zuständig sind, und σ^{70} ist die Untereinheit, die die Promotoren der meisten Gene von *E. coli* erkennt.

Eukaryontische RNA-Polymerasen

Im Gegensatz zu den Prokaryonten besitzen Eukaryonten im Zellkern drei RNA-Polymerasen und eine weitere in den Mitochondrien. Diese erkennen unterschiedliche Promotortypen und transkribieren deshalb verschiedene Arten von Genen (Tab. **C-5.2**).

▶ **Klinik.** Die RNA-Polymerasen unterscheiden sich auch in ihrer Empfindlichkeit gegenüber dem Toxin des Knollenblätterpilzes, **α-Amanitin** (Tab. **C-5.2**). Dieses ist für die Symptome der **Knollenblätterpilz-Vergiftung** verantwortlich. Es hemmt vor allem die RNA-Polymerase II, die Strukturgene transkribiert, und führt durch Erliegen der Proteinbiosynthese zum Zelltod. Besonders betroffen sind die Epithelzellen des Darms und die Hepatozyten: 8–12 Stunden nach Verzehr der Pilze kommt es zu kolikartigen Bauchschmerzen mit Übelkeit, Erbrechen und Durchfall. 2–3 Tage später zeigen sich Anzeichen einer Leberfunktionsstörung, deren Schweregrad von der zugeführten Menge an α-Amanitin abhängt (bereits ein Pilzhut kann tödlich sein!): Die Konzentration der „Leberenzyme" (ALAT = GPT und ASAT = GOT) im Plasma steigt. Die Konzentrationserhöhung des Bilirubins im Plasma führt zu Gelbsucht (Ikterus), die mangelnde Entgiftung toxischer Substanzen zu Flatter-Tremor und Bewusstseinstrübung bis hin zum sog. Leberzerfallskoma. Der Synthesestopp der Gerinnungsfaktoren äußert sich durch Blutungen in den Magen-Darm-Trakt. Bei ausgeprägter Vergiftung kommt es zu Nierenversagen.

C-5.2 Eukaryontische RNA-Polymerasen

Polymerase	Transkripte	Hemmwirkung von α-Amanitin
RNA-Polymerase I (Zellkern)	rRNA (18 S, 5,8 S, 28 S)	–
RNA-Polymerase II (Zellkern)	■ hnRNA ■ snRNA* (U1, U2, U4, U5) ■ snoRNA	++ (Amanitinkonzentration $10^{-9} - 10^{-8}$ M)
RNA-Polymerase III (Zellkern)	■ tRNA ■ rRNA (5 S) ■ snRNA* (U6) ■ snoRNA* (U3)	+ (Amanitinkonzentration $10^{-5} - 10^{-4}$ M)
mitochondriale RNA-Polymerase	mitochondriale RNA	–

* uracilreich, daher das Kürzel U

Eukaryontische RNA-Polymerasen bestehen aus zwei großen Untereinheiten, die homolog zu den prokaryontischen β- und β'-Untereinheiten sind, und weiteren 12 – 15 kleineren Polypeptiden.

Eukaryontische RNA-Polymerasen sind nicht in der Lage, den Promotor selbständig zu erkennen und zu finden. Zur **Bindung an den Promotor** benötigen sie eine große Anzahl an Hilfsproteinen, sog. **allgemeine Transkriptionsfaktoren**. Jede der RNA-Polymerasen benötigt spezielle Transkriptionsfaktoren, die RNA-Polymerase II z. B. TFIIA, TFIIB usw.

5.2.3 Ablauf der Transkription

Die Transkription kann in drei Phasen eingeteilt werden:
- **Initiation:** Vorbereitung des Ablesevorgangs für den benötigten Abschnitt der DNA.
- **Elongation (eigentliche RNA-Synthese):** Nur einer der beiden Stränge wird als Matrize benutzt; er wird als **Matrizen-, kodogener Strang oder Minusstrang** bezeichnet. Der Gegenstrang **(kodierender Strang oder Plusstrang)** hat aufgrund der Komplementarität der Basen dieselbe Sequenz wie die RNA, wobei in der RNA natürlich T gegen U ausgetauscht ist.
- **Termination:** Beendigung der Transkription, wenn das Ende des benötigten Abschnittes erreicht ist.

Die Vorgänge bei Pro- und Eukaryonten unterscheiden sich zum Teil erheblich aufgrund unterschiedlicher Strukturen der Promotoren, RNA-Polymerasen und der nötigen Transkriptionsfaktoren.

Ablauf der Transkription bei Prokaryonten

Initiation

Als Erstes muss der Promotor erkannt werden. Viele Promotoren prokaryontischer Gene sind durch zwei charakteristische Sequenzmotive gekennzeichnet, die sich 35 Basen (Position – 35) bzw. 10 Basen (Position – 10) vor dem Startpunkt der Transkription befinden:
- – 35 TTGACA,
- – 10 TATAAT; diese Sequenz wird auch **TATA- oder Pribnow-Box** genannt.

Promotoren, die diese beiden Sequenzen enthalten, werden durch σ^{70} erkannt.

Die RNA-Polymerase gleitet am DNA-Strang entlang, ohne sonderlich fest zu binden. Eine σ-Untereinheit erhöht die Affinität des Enzyms für die Promotorsequenzen und verringert gleichzeitig die Affinität für andere DNA-Sequenzen. Wird der Promotor erkannt, bindet sich die RNA-Polymerase fest an diesen Bereich **(geschlossener Promotorkomplex)** und entwindet die DNA-Doppelhelix über einen Abschnitt von 11 – 12 Basen **(offener Promotorkomplex)**, sodass eine **Transkriptionsblase** entsteht. In dieser beginnt – zunächst noch sehr ineffizient – die RNA-Synthese unter Verwendung eines der beiden Einzelstränge als Matrize. Nachdem ein etwa 10 Basen langes Oligonukleotid gebildet wurde, löst sich die σ-Untereinheit und die Elongation be-

---

Eukaryontische RNA-Polymerasen enthalten zahlreiche Polypeptide.

Zur **Bindung an den Promotor** benötigen sie Hilfsproteine, die **allgemeinen Transkriptionsfaktoren**.

5.2.3 Ablauf der Transkription

Die Transkription vollzieht sich in drei Phasen:
- **Initiation:** Vorbereitung der RNA-Synthese
- **Elongation:** RNA-Synthese am Matrizen- (= kodogenen = Minus-)Strang. Die RNA hat dieselbe Sequenz wie der Gegenstrang (kodierender oder Plusstrang).
- **Termination:** Beendigung der RNA-Synthese

Die zugehörigen Vorgänge unterscheiden sich bei Pro- und Eukaryonten.

Ablauf der Transkription bei Prokaryonten

Initiation

Als Erstes muss der Promotor erkannt werden. Viele Promotoren enthalten zwei charakteristische Sequenzen in den Positionen – 35 und – 10. Die Sequenz bei Position – 10 wird **TATA- oder Pribnow-Box** genannt. Beide Sequenzen erkennt die Untereinheit σ^{70}.

Nach Erkennung des Promotors bindet die RNA-Polymerase fest an ihn **(geschlossener Promotorkomplex)** und entwindet die DNA-Doppelhelix **(offener Promotorkomplex)**, sodass eine **Transkriptionsblase** entsteht. Nach Synthese eines kurzen RNA-Stücks verlässt die σ-Untereinheit die Polymerase. Durch Topoisomerasen werden entstehende Torsionsspannungen beseitigt.

ginnt. Topoisomerasen verhindern die durch die Entwindung der Doppelhelix entstehenden Torsionsspannungen im DNA-Molekül.

Elongation

Hierbei bildet sich **ein DNA-RNA-Hybrid** (Abb. **C-5.4**).

Der Matrizenstrang wird von 3' nach 5' abgelesen, die Synthese des RNA-Strangs erfolgt von 5' nach 3'. Während der Elongation bildet sich also ein 8–9 bp langes **DNA-RNA-Hybrid** (Abb. **C-5.4**). Als Substrate benötigen die RNA-Polymerasen die Nukleosidtriphosphate ATP, GTP, UTP und CTP. Die Auswahl des passenden NTPs erfolgt gemäß den Basenpaarungsregeln.

Synthesemechanismus ist ein **nukleophiler Angriff** des O-Atoms der 3'-OH-Gruppe am Ende des RNA-Strangs auf das α-Phosphoratom des neu einzubauenden NTPs. Hierbei wird **Pyrophosphat freigesetzt** und es entsteht eine **Phosphorsäure-Esterbindung**.

Der **Synthesemechanismus** ist bei RNA und DNA gleich: Der Sauerstoff der 3'-OH-Gruppe am Ende des wachsenden RNA-Strangs führt einen **nukleophilen Angriff** auf das α-Phosphoratom des anzuhängenden NTPs durch, wodurch **Pyrophosphat freigesetzt** wird und eine **Phosphorsäure-Esterbindung** (S. 448) entsteht. Die hydrolytische Spaltung des Pyrophosphates durch eine Pyrophosphatase begünstigt die Produktbildung thermodynamisch. Da RNA-Polymerasen im Gegensatz zu DNA-Polymerasen keinen Primer benötigen, enthält die neu synthetisierte RNA ein 5'-Triphosphat, entweder ein pppG oder ein pppA:

$$pppG + pppN \rightarrow pppGpN + Pyrophosphat$$

$$pppGpN + pppN \rightarrow pppGpNpN + Pyrophosphat \text{ usw.}$$

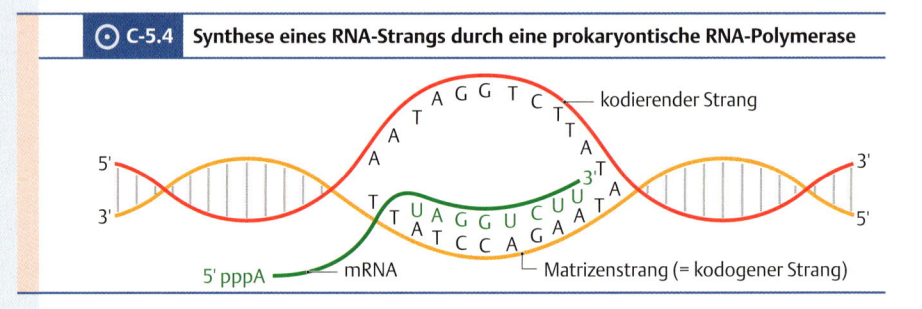

C-5.4

C-5.4 Synthese eines RNA-Strangs durch eine prokaryontische RNA-Polymerase

Termination

Es gibt zwei Terminationsmechanismen:
- **ρ-unabhängig = intrinsisch**: Das **Signal** zur Beendigung der Transkription gibt eine palindromische **DNA-Sequenz**, der **Terminator**. Das GC-reiche Palindrom des Transkripts bildet eine **Haarnadelschleife**. Da auf diese mehrere U-Reste folgen, wird das DNA-RNA-Hybrid instabil und die RNA löst sich von der DNA.
- **ρ-abhängig**: Das **Protein ρ** erkennt weitere Terminationssignale, tritt mit der RNA-Polymerase in Wechselwirkung und bewirkt ihre Ablösung von der DNA.

Man unterscheidet zwei Terminationsmechanismen:
- Der erste bedient sich einer **Signalsequenz auf der DNA**, die das Ende des zu transkribierenden Abschnitts anzeigt. Da außer dieser als **Terminator** bezeichneten Signalsequenz kein weiteres Hilfsmittel, wie z. B. das Rho(ρ)-Protein (s. u.), zum Abbruch der Transkription erforderlich ist, heißt dieser Mechanismus **intrinsisch oder ρ-unabhängig**. Der Terminator und somit auch sein Transkript ist ein Palindrom. Bei einer Palindromsequenz sind die Basen auf den komplementären Nukleinsäuresträngen spiegelbildlich angeordnet, sodass sich, in 5'→3'-Richtung gelesen, auf beiden Strängen dieselbe Basenreihenfolge ergibt (z. B. 5' CCATGG 3'). Da sich die Basen an Anfang und Ende des **GC-reichen Palindroms** des Transkripts paaren können (in dem Beispiel im vorigen Satz also C und G), bildet sich im Transkript spontan eine **Haarnadelschleife**. Auf diese folgen unmittelbar mehrere U-Reste. Dadurch ist die Basenpaarung des DNA-RNA-Hybrids instabiler als die im Bereich der RNA-Schleife. Deshalb löst sich die RNA von der DNA-Matrize (und anschließend von der RNA-Polymerase).
- Bei der sog. **ρ-abhängigen Termination** spielen außer dem Terminator noch weitere Terminationssignale eine Rolle. Signaldetektor ist das hexamere **Protein Rho** (ρ), das die RNA umschließt und sich in Richtung RNA-Polymerase bewegt. Es kann mit der RNA-Polymerase in Wechselwirkung treten und unter ATP-Hydrolyse eine Trennung des Enzyms von der DNA bewirken.

Bei Prokaryonten kann die Translation schon vor Ende der Transkription beginnen.

Bei Prokaryonten kann die Translation schon gestartet werden, bevor die Transkription beendet wurde, denn die Transkription liefert „reife" mRNA und Transkription und Translation laufen im selben Zellkompartiment ab.

Ablauf der Transkription bei Eukaryonten

Bei den Eukaryonten findet die Transkription im Zellkern statt. Als Beispiel für ihren Ablauf dient im Folgenden die RNA-Polymerase II, die Strukturgene transkribiert, d. h. hnRNA synthetisiert (Tab. **C-5.2**).

Wesentliche Unterschiede zu Prokaryonten

Bei Eukaryonten sind die an der Transkription beteiligten Elemente und die Vorgänge während der drei Phasen der Transkription komplizierter als bei Prokaryonten:

Struktur eukaryontischer Promotoren: Sie ist komplexer als die prokaryontischer Promotoren: Man unterscheidet **basale** und **proximale Promotorelemente**. Darüber hinaus wird die Transkription durch **distale Kontrollelemente** geregelt, die sich nicht in unmittelbarer Nähe des Transkriptionsstarts befinden (Abb. **C-5.5**). Auch eine **kovalente Modifikation der Histone und der DNA** tragen zur Regulation (S. 461) bei.

Ablauf der Transkription bei Eukaryonten

Bei Eukaryonten findet die Transkription im Zellkern statt.

Wesentliche Unterschiede zu Prokaryonten

Elemente und Vorgänge der Transkription sind komplizierter als bei Prokaryonten:

Struktur eukaryontischer Promotoren: Sie ist komplexer als die prokaryontischer Promotoren. Es gibt **basale** und **proximale Promotorelemente**. Des Weiteren findet eine Regulation über **distale Kontrollelemente** und die **kovalente Modifikation der Histone und der DNA** statt (Abb. **C-5.5**).

C-5.5 Regulatorische Elemente für die RNA-Polymerase II

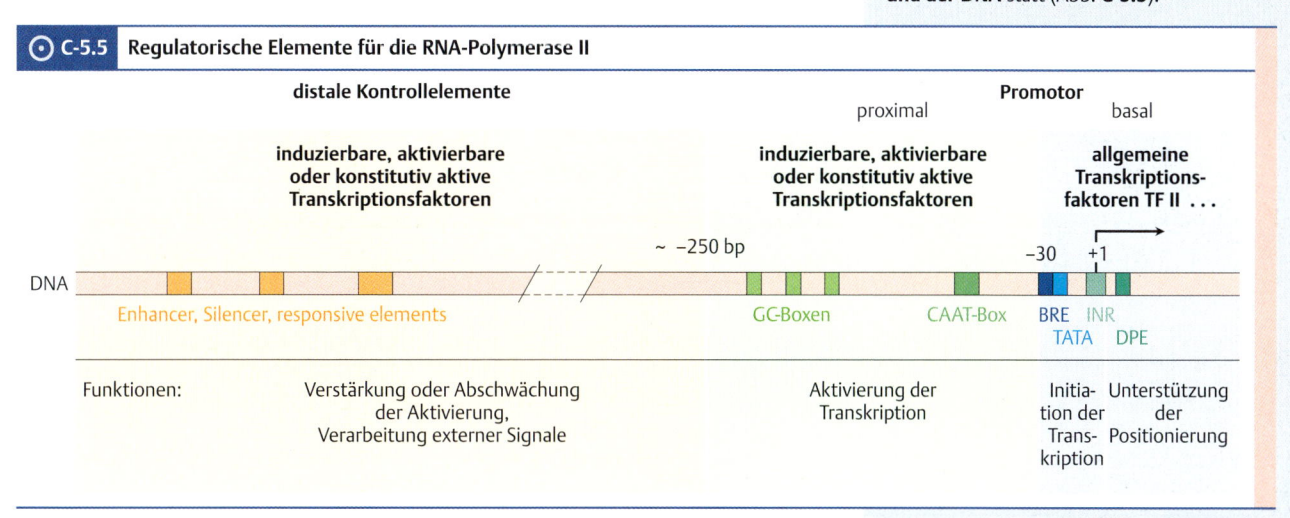

	distale Kontrollelemente		Promotor	
			proximal	basal
	induzierbare, aktivierbare oder konstitutiv aktive Transkriptionsfaktoren		induzierbare, aktivierbare oder konstitutiv aktive Transkriptionsfaktoren	allgemeine Transkriptionsfaktoren TF II ...
DNA	Enhancer, Silencer, responsive elements	~ −250 bp	GC-Boxen, CAAT-Box	−30, +1, BRE, INR, TATA, DPE
Funktionen:	Verstärkung oder Abschwächung der Aktivierung, Verarbeitung externer Signale		Aktivierung der Transkription	Initiation der Transkription / Unterstützung der Positionierung

Basale Promotorelemente befinden sich in unmittelbarer Nähe des Startpunktes (von 37 Basen vor bis 40 Basen hinter dem Startpunkt), dienen als Andockstelle für die RNA-Polymerase und unterstützen die korrekte Positionierung dieses Enzyms. Zu diesen Elementen zählen (Abb. **C-5.6**):

- BRE (TFIIB Recognition Element)
- TATA-Box
- Inr (Initiator)
- DPE (Downstream Promoter Element[s]) (hinter dem Startpunkt gelegen)
- MTE (Motif Ten Element)
- DCE (Downstream Core Element)

Basale Promotorelemente dienen als Andockstelle für die RNA-Polymerase. Ein Beispiel für die Anordnung wichtiger basaler Elemente gibt Abb. **C-5.6**. Verschiedene Kombinationen mit unterschiedlicher Promotorstärke sind möglich.

C-5.6 Basale Promotorelemente für die RNA-Polymerase II

	−37 bis −32	−31 bis −26	−2 bis +4 (+1 Initiationsstelle)	+18 bis +27	+28 bis +32
	BRE	**TATA**	**INR**	**MTE**	**DPE**
	TFIIB Recognition Element	TATA-Box	Initiator		Downstream Promoter Elemente
Konsensus-Sequenzen:	GGG CCA	CGCC TATAAA	PyPyAN^T_APyPy		$^G_C$$^A_C$$^A_G$$^G_C$$^G_C$AACG$^G_C$ ^A_G ^A_G $^C_T$$^G_T$$^G_A$$^C_C$

	+10 bis +40
	DCE
Konsensus-Sequenzen:	N$_{5-7}$CTTCN$_{7-8}$CTGTN$_{7-11}$AGCN$_{1-2}$

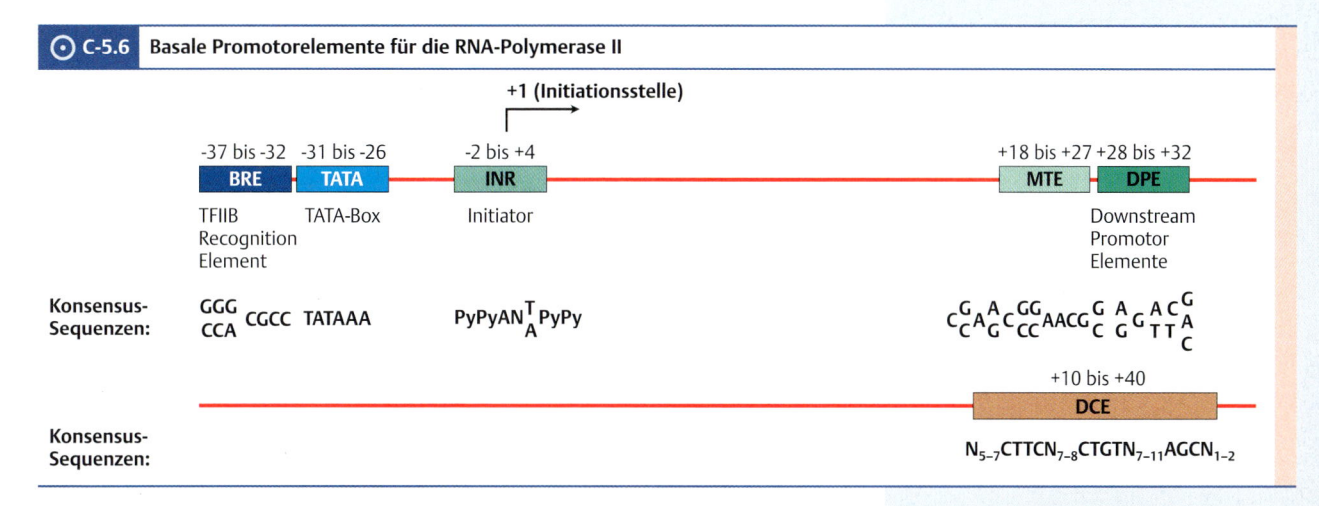

Es sind nicht alle diese Elemente in einem Promotor gleichzeitig vorhanden, es gibt verschiedene Kombinationen mit unterschiedlicher Promotorstärke. So können z. B. DCE und MTE und DPE nicht gleichzeitig in einem Promotor vertreten sein, da DCE sich in gleicher Position wie die beiden anderen befinden müsste. Die Analyse von ~10 000 Promotoren ergab, dass die Hälfte Inr, je ein Viertel DPE oder BRE und etwa ein Achtel die TATA-Box enthält.

Eukaryontische RNA-Polymerasen benötigen Hilfsproteine (**Transkriptionsfaktoren**), um an die basalen Promotorelemente binden und RNA synthetisieren zu können. Jede der drei RNA-Polymerasen hat eigene allgemeine Transkriptionsfaktoren, die zur Ausbildung einer basalen Transkriptionsmaschinerie notwendig sind. Die Transkriptionsfaktoren, die zu diesem Zweck von der RNA-Polymerase II benötigt werden, werden mit TFII und einem Buchstaben A, B, C usw. bezeichnet. Diese allgemeinen Transkriptionsfaktoren vermitteln eine nur sehr schwache Transkriptionsrate.

Proximale Promotorelemente wie die **CAAT-Box** und die **GC-Boxen** und zahlreiche andere befinden sich vom Startpunkt der Transkription gesehen stromaufwärts in einer Entfernung von bis zu ca. 200 bp. An die CAAT-Box bindet eine ganze Reihe ubiquitär verbreiteter Transkriptionsfaktoren, z. B. CTF, CBF, CP1, CP2, C/EBP. An die GC-Box bindet hauptsächlich Sp1. Diese Faktoren gehören nicht zur basalen Transkriptionsmaschinerie und bewirken eine **Aktivierung der Transkription**.

Weitere notwendige Faktoren werden in Kap. 5.2.4 besprochen.

Initiation

Für einen TATA-Box enthaltenden Promotor ist der erste Schritt die **Bindung des** allgemeinen Transkriptionsfaktors **TFIID**, bestehend aus dem TATA-binding Protein (TBP) und mehr als 12 TBP-associated Factors (TAFs), **an die TATA-Box**. Anschließend binden sukzessive fünf weitere allgemeine Transkriptionsfaktoren und die RNA-Polymerase II an die basalen Promotorelemente. Transkriptionsfaktoren und RNA-Polymerase II bilden den **Präinitiationskomplex** (PIK, Abb. **C-5.7**).

TFIIH, ein aus neun Untereinheiten zusammengesetzter Bestandteil des PIK, entwindet durch seine **Helikaseaktivität** die DNA-Doppelhelix unter Hydrolyse von ATP. So entsteht der **offenen Initiationskomplex**.

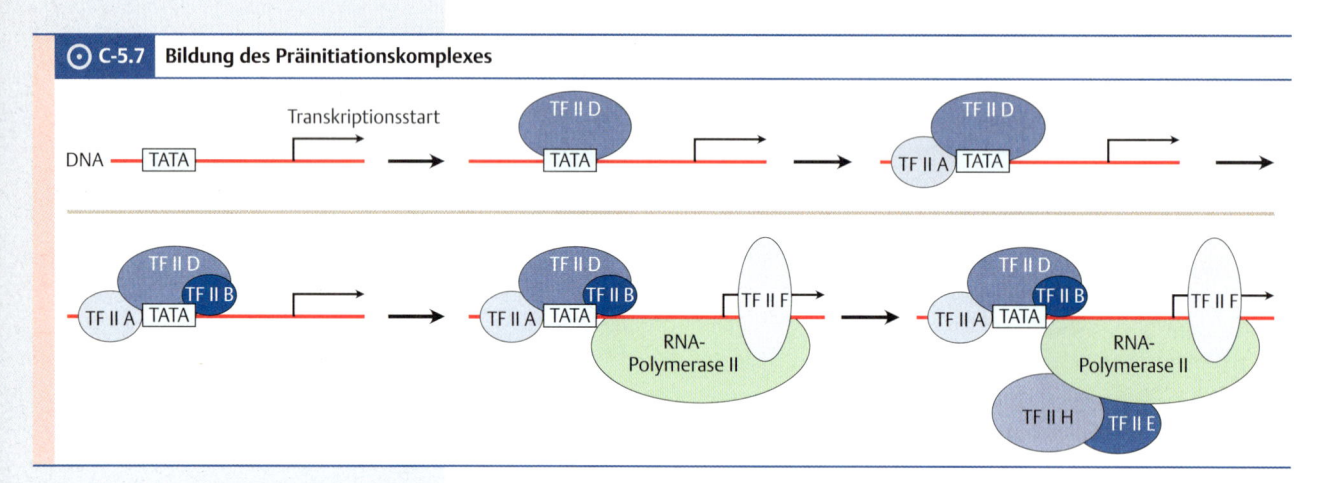

C-5.7 Bildung des Präinitiationskomplexes

Elongation

Neben der Helikaseaktivität besitzt **TFIIH** durch seine **Untereinheit Cdk7** auch eine **Proteinkinaseaktivität**. Diese Proteinkinase ist für die „Promoter Clearance", den Übergang von der Initiation zur Elongation, notwendig. Sie **phosphoryliert** die carboxyterminale Domäne (CTD) der **RNA-Polymerase II** an spezifischen Serinresten. Durch die Phosphorylierung geht die Bindung der RNA-Polymerase II an den TFIID verloren, der **Initiationskomplex zerfällt**, **Elongationsfaktoren** binden sich an die Polymerase und die Elongation beginnt. Später entfernt eine CTD-Phosphatase [Fcp1] die Phosphatreste von den Serinen der CTD. Der RNA-Synthesemechanismus entspricht dem bei Prokaryonten (S. 458).

Termination

Über die Termination der eukaryontischen Transkription ist wenig bekannt. Wahrscheinlich gibt es einen Zusammenhang mit der Polyadenylierung.

5.2.4 Regulation der Transkription

▶ **Exkurs.** Regulation der Genexpression von Proteinen

Die zelluläre Konzentration eines Proteins kann prinzipiell auf jeder Stufe der Proteinsynthese und des -abbaus reguliert werden:

- durch Steuerung der Transkriptionsrate,
- posttranskriptional durch Veränderung der Stabilität der mRNA, z. B. mithilfe der miRNA (S. 455), oder durch alternatives Splicing (S. 470), das aus einem Gen unterschiedliche Genprodukte entstehen lässt,
- auf der Ebene der Translation, z. B. mithilfe des Iron Response Element (S. 326) bzw. der miRNA (S. 455), oder
- durch beschleunigten oder verzögerten Abbau des Proteins, z. B. Ubiquitinylierung von p53 (S. 542).

Da der gesamte Ablauf der Proteinsynthese von der Transkription bis zur Translation sehr energieaufwendig ist, ist es sinnvoll, in einer frühen Phase, also bei der Transkription regulatorisch einzugreifen. Deshalb ist die häufigste Form der Regulation der Genexpression die transkriptionelle Regulation.

Grundsätzlich können drei **Typen der Genexpression** unterschieden werden:

- **Konstitutiv:** Die betroffenen Gene werden ständig exprimiert. Dies trifft auf die Gene von Enzymen des Basis-Stoffwechsels (housekeeping genes), von Repressoren (s. u.) sowie RNA- und DNA-Polymerasen zu.
- **Induzierbar:** Diese Form der Genexpression betrifft Enzyme des katabolen Stoffwechsels. Die Enzymsynthese erfolgt nur, wenn die entsprechenden Nahrungsstoffe vorhanden sind; in ihrer Abwesenheit wird die Synthese durch einen Repressor gehemmt (Abb. **C-5.8**). Das Substrat oder ein Derivat des Substrates wirkt als Induktor und inaktiviert den Repressor.
- **Reprimierbar:** Diese Form der Genexpression betrifft Enzyme des anabolen Stoffwechsels. Der Repressor allein ist unwirksam und wird erst zusammen mit einem Co-Repressor zum aktiven Holo-Repressor (Abb. **C-5.9**). Der Co-Repressor ist ein Produkt des anabolen Stoffwechselweges, der im Sinne einer Rückkopplungshemmung wirkt.

⊙ C-5.8 Induktion

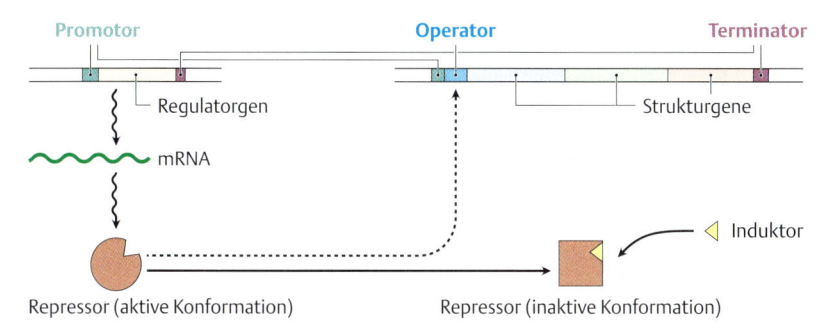

⊙ C-5.9 Repression

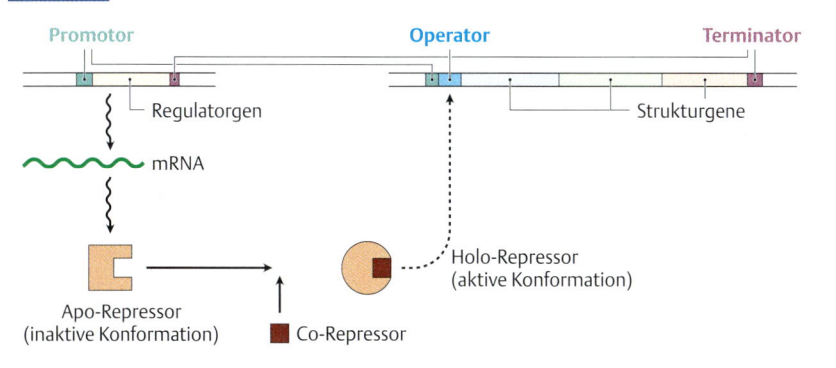

Termination

Sie hängt wahrscheinlich mit der Polyadenylierung zusammen.

5.2.4 Regulation der Transkription

▶ **Exkurs.**

Regulation der Transkription prokaryontischer Gene

Prokaryontische Gene sind oft in einem **Operon** organisiert. Hier regulieren gemeinsame Kontrollelemente die Expression mehrerer, für Enzyme eines Stoffwechselweges zuständige Strukturgene.

Den Aufbau des Lactose (lac)-Operons von *E. coli* zeigt Abb. **C-5.10** a. Seine Strukturgene kodieren Proteine (β-Galaktosidase, β-Galaktosid-Permease und Transacetylase), die für die Lactoseverwertung zuständig sind. Der **Promotor** des lac-Operons von *E. coli* besitzt **Bindungsstellen für** die RNA-Polymerase und das **Katabolit-Aktivator-Protein (CAP)** (Abb. **C-5.10** b).

Regulation der Transkription prokaryontischer Gene

Viele prokaryontische Gene sind in einer **Operon**struktur organisiert. Dabei wird die Expression mehrerer Strukturgene durch gemeinsame Kontrollelemente reguliert, die sich im 5'-Bereich vor den Genen befinden. Die Strukturgene kodieren Enzyme, die an ein und demselben Stoffwechselweg beteiligt sind. Die Strukturgene des Lactose(lac)-Operons von *E. coli* z. B. kodieren Enzyme, die für die Lactoseverwertung zuständig sind. Die Operonstruktur gewährleistet eine koordinierte Expression dieser Enzyme.

Das lac-Operon von *E. coli* ist wie folgt aufgebaut (Abb. **C-5.10**):
- Im 5'-Bereich befindet sich der **Promotor** mit Bindungsstellen für das **Katabolit-Aktivator-Protein** (**C**atabolite **a**ctivating **P**rotein, **CAP**) und für die RNA-Polymerase.
- Überlappend mit der 3'-Region des Promotors folgt der **Operator**.
- Auf ihn folgen die drei **Strukturgene** des Operons: das Gen der β-Galaktosidase (z), das der β-Galaktosid-Permease (y) und das der β-Galaktosid-Transacetylase (a). Die β-Galaktosid-Permease sorgt für den Transport der Lactose in das Innere der Zelle, die β-Galaktosidase spaltet die Lactose in die monomeren Zucker Galaktose und Glucose und die β-Galaktosid-Transacetylase katalysiert einen Stoffwechselnebenweg, der vermutlich zur Entgiftung nicht verwertbarer β-Galaktoside dient. Für den weiteren Abbau sorgen die glykolytischen Enzyme und die Enzyme des gal-Operons.
- Beendet wird das Operon durch den **Terminator**.

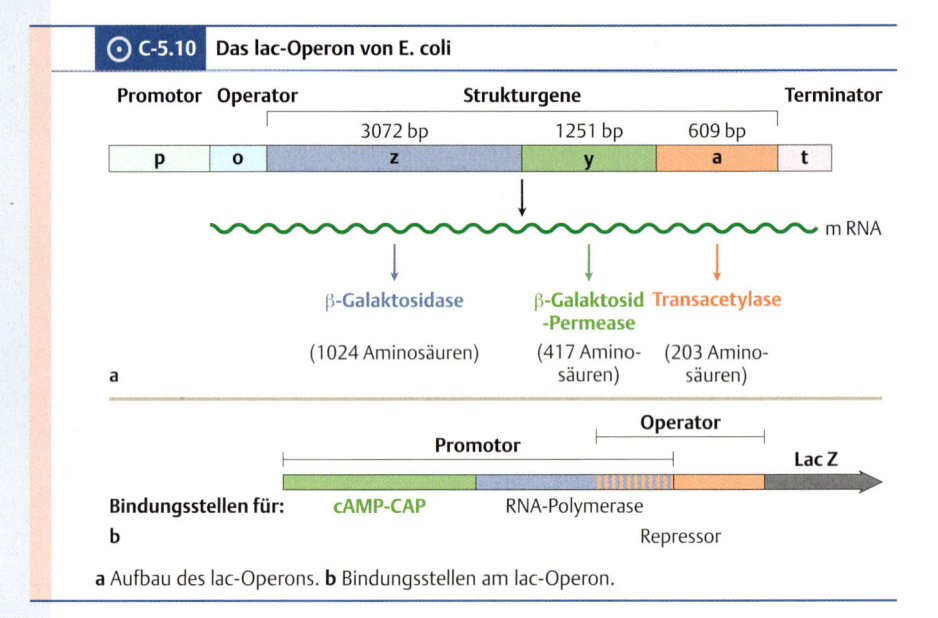

C-5.10 Das lac-Operon von E. coli

```
Promotor  Operator        Strukturgene                    Terminator
                      3072 bp    1251 bp  609 bp
  p         o            z          y       a      t
                         ↓          ↓       ↓
                  ~~~~~~~~~~~~~~~~~~~~~~~~~~~~~~~~~~ mRNA
                         ↓          ↓       ↓
                  β-Galaktosidase  β-Galaktosid  Transacetylase
                                   -Permease
                   (1024 Aminosäuren) (417 Amino-  (203 Amino-
                                      säuren)      säuren)
a

                                        Operator
                 Promotor
                                                            Lac Z
Bindungsstellen für:   cAMP-CAP    RNA-Polymerase
b                                                 Repressor
```

a Aufbau des lac-Operons. **b** Bindungsstellen am lac-Operon.

Als Transkriptionsprodukt bildet sich eine **polycistronische mRNA**, also eine mRNA, die mehrere Proteine kodiert.

Die Transkription beginnt kurz hinter der Bindungsstelle der RNA-Polymerase und endet hinter dem Terminator. Wird die Terminatorsequenz transkribiert, so bildet sich in der mRNA durch intramolekulare Basenpaarungen eine Haarnadelstruktur heraus, die für die RNA-Polymerase ein Signal für den Transkriptionsstopp bedeutet. Das Produkt ist eine **polycistronische mRNA**, d. h. eine mRNA, die die Information für mehrere Proteine trägt.

▶ **Merke.** Es gibt zwei Arten der Transkriptionskontrolle:
- **Positive Transkriptionskontrolle** bedeutet, dass ein Aktivatorprotein an die DNA bindet und die Transkription stimuliert.
- **Negative Transkriptionskontrolle** bedeutet, dass ein Repressorprotein an die DNA bindet und die Transkription unterdrückt.

Am lac-Operon sind beide Prinzipien verwirklicht.

Am lac-Operon sind beide Prinzipien verwirklicht: Zum einen übt CAP eine positive Kontrolle und zum anderen exprimiert ein, außerhalb des Operons gelegenes Regulatorgen i (Lac i) ständig eine kleine Menge eines Repressorproteins, das eine negative Kontrolle ausübt.

Zwei Bedingungen müssen erfüllt werden, damit das lac-Operon effektiv transkribiert wird:
- Lactose muss vorhanden sein.
- Glucose darf nicht vorhanden sein.

Die erste Bedingung ist sinnvoll, da die Enzyme in Abwesenheit des Substrats überflüssig wären.

Die zweite Bedingung zeigt, dass Glucose die bevorzugte Kohlenstoffquelle für *E. coli* darstellt. Glucose blockiert die Expression aller Operons, die für die Verwertung anderer Zucker zuständig sind (**Katabolit-Repression**).

Enthält das Nährmedium ein Gemisch aus Lactose und Glucose, verwertet *E. coli* zunächst Glucose und induziert anschließend die Enzyme des Lactoseabbaus. Es ergibt sich eine zweistufige Wachstumskurve (Diauxie): In der ersten exponenziellen Wachstumsphase wird Glucose verwertet, dann kommt es zu einer Abflachung der Wachstumskurve (Induktionsphase) und schließlich zu einer zweiten exponenziellen Wachstumsphase (Lactoseverwertung).

Die Regulation des lac-Operons ist ein Beispiel dafür, wie Signale der Umgebung auf der Ebene der Genexpression verarbeitet werden und zu einer sinnvollen Steuerung des Stoffwechsels führen. Die Zelle muß das Nährstoffangebot der Umgebung wahrnehmen und entsprechend reagieren.

Der Repressor wird ständig in kleiner Menge gebildet, bindet in Abwesenheit von Lactose als tetrameres Protein an den Operator und blockiert dadurch die RNA-Polymerase. Die Strukturgene werden nicht exprimiert.

Effekt der Glucose: Das Transportsystem für Glucose in *E. coli*, das Phosphoenolpyruvat-Phosphotransferase–System hat zugleich auch regulatorische Funktionen. Die Komponenten dieses Transporters können in phosphorylierter oder dephosphorylierter Form vorliegen. Die Untereinheit EIIA hat dadurch jeweils eine andere regulatorische Eigenschaft. Wird Glucose transportiert, überwiegt die dephosphorylierte Form, da der proteingebundene Phosphatrest während des Transportes auf die Glucose übertragen wird, welche dadurch zu Glucose-6-phosphat wird. Gleichzeitig hemmt EIIA die ß-Galaktosid-Permease, wodurch die Induktion des lac-Operons verhindert wird, da keine Lactose in die Zelle gelangt (Induktor-Exclusion). Fehlt Glucose in der Umgebung, so liegt EIIA in phosphorylierter Form vor, was eine Aktivierung der Adenylatzyklase bewirkt, während die Hemmung der Permease entfällt. Die Adenylatzyklase bildet cAMP aus ATP unter Abspaltung von Pyrophosphat bei gleichzeitiger Ausbildung einer Phosphatsäuresterbindung zum 3'-C der Ribose. Das Signalmoleküle cAMP kann nun an den Aktivator CAP binden, dessen Konformation dadurch verändert wird. CAP bindet dann an den Promotor des Lac-Operons, wodurch die Transkription der Gene zur Lactoseverwertung stimuliert wird. (Abb. **C-5.11**).

Zur effektiven Transkription des lac-Operons
- muss Lactose vorhanden sein, denn sonst wäre die Expression der Enzymgene unökonomisch,
- darf keine Glucose vorhanden sein, denn sie blockiert die Expression aller Operons, die für die Verwertung anderer Zucker zuständig sind (**Katabolit-Repression**).

Enthält das Nährmedium beide Zucker, verwertet *E. coli* zunächst Glucose und induziert anschließend die Enzyme des Lactoseabbaus.

Effekt der Glucose: Exogene Glucose bewirkt eine Blockade des Lactose-Transportes (Induktor-Exklusion), die Adenylatzyklase ist inaktiv. Bei fehlender Glucose steigt der cAMP-Spiegel, der cAMP-CAP-Komplex bindet an den Promotor und stimuliert die Transkription.

C-5.11 Die Rolle des Phosphoenolpyruvat-Phosphotransferase-Systems bei der Regulation des lac-Operons

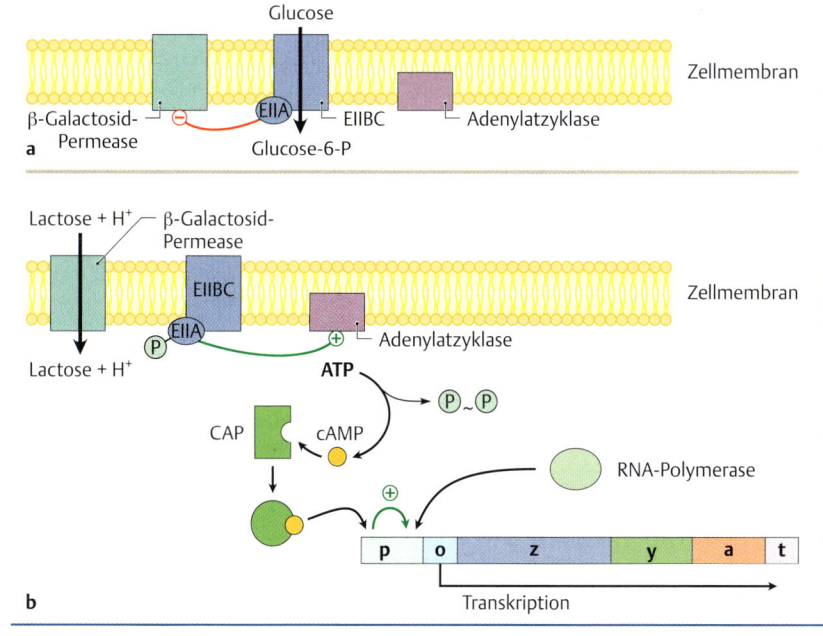

Die Phosphoenolpyruvat-Phosphotransferase-System (PTS) besteht aus mehreren Komponente, die sowohl in der Membran als auch im Cytoplasma lokalisiert sind. Hier dargestellt sind nur die membrangebundenen Untereinheiten EIIA und EIIBC. **a** Liegt Glucose vor wird diese über die PTS in die Zelle transportiert und dabei in Glucose-6-Phosphat umgewandelt. Die EIIA-Untereinheit liegt in diesem Fall desphoryliert vor und hemmt die β-Galactosid-Permease, so dass keine Lactose in die Zelle transportiert werden kann. **b** In Abwesenheit von Glucose wird die EIIA-Unterheit der PTS phosphoryliert. Dadurch wird die Hemmung der β-Galactosid-Permease aufgehoben und Lactose kann in die Zelle transportiert werden. Gleichzeitig aktivert die phosphorylierte EIIA-Untereinheit die Adenylatzyklase, welche nun in der Lage ist ATP in cAMP umzuwandelen. Dieses bindet an den Aktivator CAP, so dass die Strukturgene des Lac-Operons transkribiert werden können.

Effekt der Lactose: Aufgrund der geringfügigen Basisaktivität der β-Galaktosidase wird Lactose zu Allolactose umgesetzt. Allolactose ist ein Induktor des Operons: Sie bindet an den Repressor und bewirkt dessen Konformationänderung, so dass er vom Operator ab dissoziiert.

Effekt der Lactose: Ist Lactose vorhanden, so wird sie aufgrund der geringfügigen Basisaktivität des lac-Operons durch die β-Galaktosid-Permease aufgenommen und durch die β-Galaktosidase zu Allolactose (Gal-β1→6-Glc) umgesetzt. Dies ist möglich, da das lac-Operon niemals komplett ausgeschaltet wird, sondern stets – allerdings mit kaum nennenswerter Rate (ca. 0,1 % des induzierten Niveaus) – transkribiert wird. Als Nebenreaktion katalysiert die β-Galaktosidase eine Umglykosidierung der β1→4-glykosidischen Bindung der Lactose in die β1→6-glykosidische Bindung der Allolactose. Allolactose wiederum ist der Induktor des lac-Operons. Auf diese Weise wird erreicht, dass eine Induktion erst dann erfolgt, wenn eine gewisse Schwellen-Lactosekonzentration überschritten wird. Durch Bindung der Allolactose an den Repressor ändert sich dessen Konformation, sodass er nicht mehr an den Operator bindet. Nun kann die RNA-Polymerase an den Promotor binden. In Abwesenheit von cAMP/CAP wird allerdings nicht die maximale Traskriptionsrate erreicht. Die **maximale Transkriptionsrate** wird nur in **Abwesenheit von Glucose** und **Anwesenheit von Lactose** erreicht.

In Abb. C-5.12 sind alle Kombinationen dieser Stoffwechselschaltung zusammengefasst.

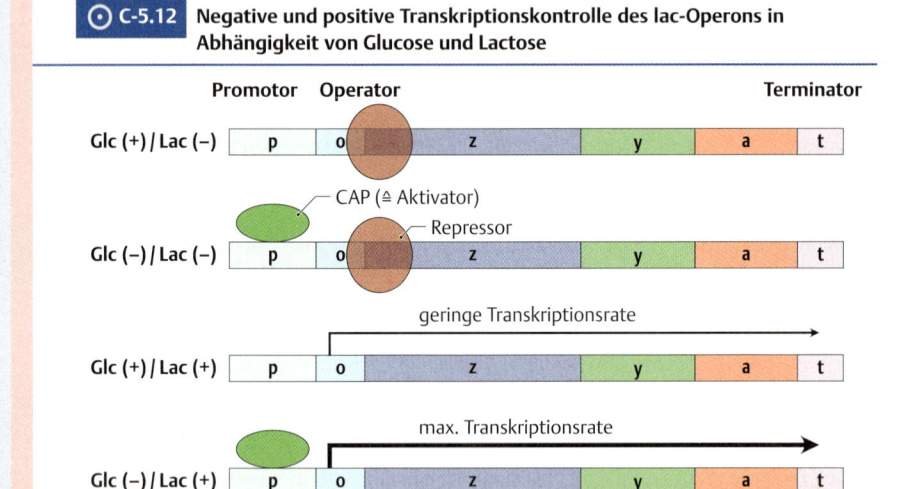

⊙ **C-5.12** Negative und positive Transkriptionskontrolle des lac-Operons in Abhängigkeit von Glucose und Lactose

Glc – Glucose; Lac – Lactose;
z – β-Galactosidase; y – β-Galaktosid-Permease; a – Transacetylase

Regulation der Transkription eukaryontischer Gene

Die Regulation der Transkription eukaryontischer Gene unterscheidet sich in einigen Punkten von der Regulation bei Prokaryonten:
- Es gibt keine Operons und die mRNA ist monocistronisch.
- Die Struktur eukaryontischer Promotoren ist komplexer.
- Die Transkription lässt sich durch Modifikation der Histone und der DNA modulieren.

Regulation durch distale Kontrollelemente

Position und Orientierung **distaler Kontrollelemente** sind variabel. Sie bewirken in der Regel eine **Verstärkung der Transkription (Enhancer)**, gelegentlich **drosseln** sie sie **(Silencer)**. **Insulatoren** schränken deren Wirkungsradius ein. In einer **LCR** werden mehrere Kontrollelemente zusammengefasst.

In Abständen von bis zu 25 kbp vom Startpunkt der Transkription können sich **distale Kontrollelemente** befinden. Position und Orientierung sind variabel. Sie müssen nicht unbedingt vor dem Promotor liegen, sie können auch im oder hinter dem Gen positioniert sein. Eines dieser regulatorischen Elemente kann mehrere Promotoren beeinflussen und damit die Expression verschiedener Gene koordinieren. Man unterscheidet zwischen:
- Enhancer
- Silencer
- Insulator
- LCR (Locus Control Region)

Enhancer verstärken, **Silencer** vermindern die Transkription. **Insulatoren** blockieren die Wirkung von Enhancern und Silencern und schränken dadurch deren Wirkungsradius auf diskrete Areale des Genoms ein. In einer **LCR** werden eine ganze Anzahl

C-5.13 Wirkungsweise distaler Kontrollelemente

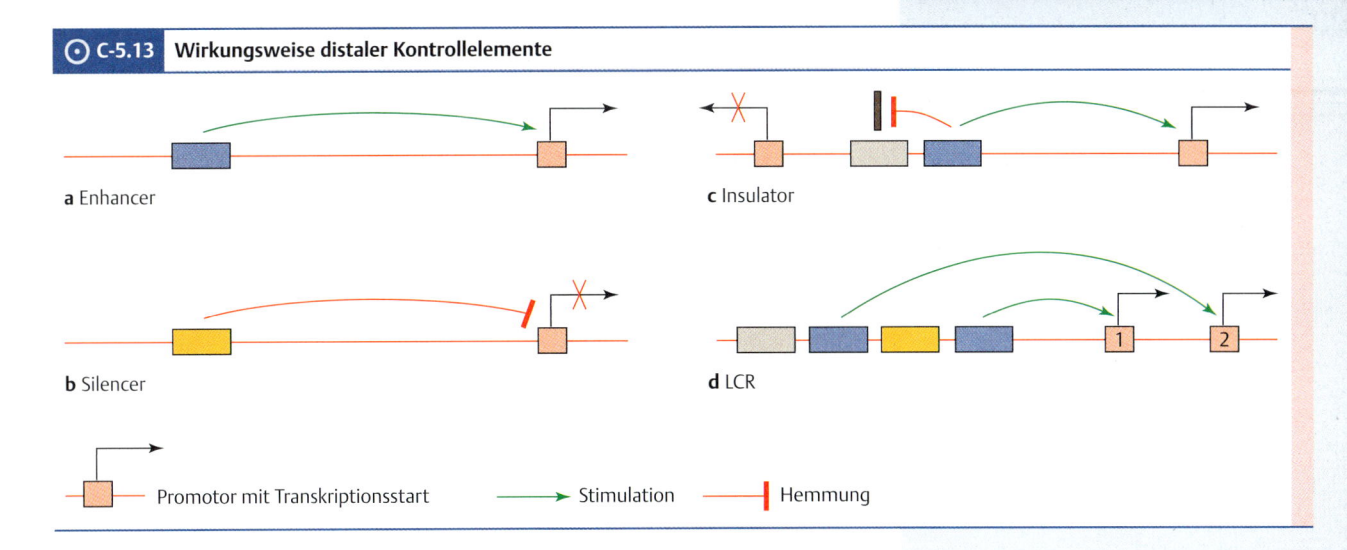

a Enhancer
b Silencer
c Insulator
d LCR

Promotor mit Transkriptionsstart — Stimulation — Hemmung

---

von Kontrollelementen zusammengefasst, die gemeinsam eine Gruppe von Genen regulieren (Abb. **C-5.13**).

Transkriptionsfaktoren: Man schätzt die Anzahl der Proteine, die die Transkription regulieren, auf ca. 1900. Neben den Transkriptionsfaktoren, die direkt an spezifische Sequenzen der DNA binden, gibt es noch Proteine (Coaktivatoren bzw. Corepressoren), die mit den Transkriptionsfaktoren interagieren, aber keine DNA-Bindungsstelle besitzen.

Struktur: Transkriptionsfaktoren besitzen eine DNA-Bindedomäne und eine Transaktivatordomäne, die einen aktivierenden Effekt auf Coaktivatoren oder die RNA-Polymerase hat. Optional gibt es noch eine Signalerkennungsdomäne, die über Ligandenbindung, Phosphorylierung oder Interaktion mit einem coregulatorischen Protein extra- oder intrazelluläre Information verarbeitet.

Strukturmotive: Viele Transkriptionsfaktoren enthalten gemeinsame Strukturmotive, die einerseits die Wechselwirkung zur DNA, andererseits Protein-Protein-Wechselwirkungen sicherstellen. Zu den häufigen dieser Strukturmotive gehören:

- **Helix-Turn-Helix (HTH):** Das HTH-Motiv besteht aus zwei α-Helices, die durch eine β-Schleife miteinander verknüpft sind. Eine diese α-Helices (Erkennungshelix) bindet sich sequenzspezifisch in die große Furche der DNA, die zweite α-Helix liegt in einem bestimmten Winkel dazu und stabilisiert diese Bindung. (Abb. **C-5.14 a**)
- **Leucin-Zipper (bZIP):** Dieses Strukturmotiv besteht aus einem basischen Anteil, der an die DNA bindet und einer α-Helix, bei der jede siebte Aminosäure hydrophob ist, meistens Leucin. Zwei solcher Proteine können über die hydrophoben Wechselwirkungen zwischen den Leucin-Resten reißverschlussartig dimerisieren. (Abb. **C-5.14 b**)
- **Basische Helix-Loop-Helix (bHLH):** Ein bHLH-Motiv besteht aus einer kurzen α-Helix, die über eine flexible Schleife (loop) mit einer zweiten, längeren α-Helix verbunden ist. Zwei Proteine, die dieses Motiv enthalten, bilden ein Homo- oder Heterodimer. Ähnlich wie beim Leucin-Zipper erfolgt die Bindung an die DNA über den basischen Anteil des Proteins und die Protein-Protein-Interaktion über die helikalen Bereiche. (Abb. **C-5.14 c**)

Transkriptionsfaktoren: Neben den zahlreichen Transkriptionsfaktoren, die direkt an spezifische DNA-Sequenzen binden, gibt es Coaktivatoren bzw. Corepressoren, die deren Wirkung unterstützen oder hemmen.

Struktur: Transkriptionsfaktoren besitzen eine DNA-Bindedomäne, eine Transaktivatordomäne und z. T. noch eine Signalerkennungsdomäne.

Strukturmotive: In Transkriptionsfaktoren finden sich häufig gemeinsame Strukturmotive, die die Wechselwirkung zur DNA und Protein-Protein-Wechselwirkungen sicherstellen. Häufige Strukturmotive sind die **Helix-Turn-Helix (HTH)** (Abb. **C-5.14 a**), der **Leucin-Zipper (bZIP)** (Abb. **C-5.14 b**), die **basische Helix-Loop-Helix (bHLH)** (Abb. **C-5.14 c**) und der **Zinkfinger**.

C-5.14 Strukturmotive von Transkriptionsfaktoren

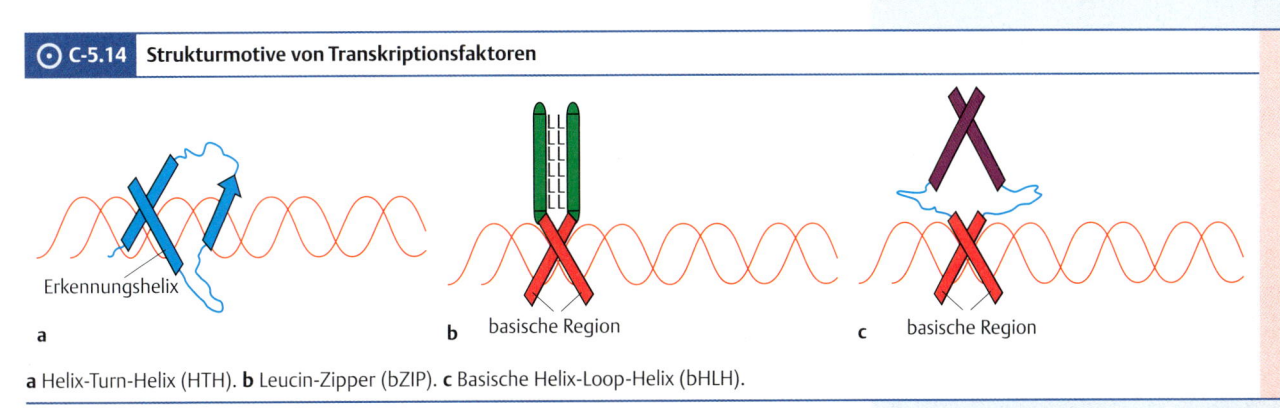

a Helix-Turn-Helix (HTH). **b** Leucin-Zipper (bZIP). **c** Basische Helix-Loop-Helix (bHLH).

Die **Transkriptionsfaktoren** distaler Kontrollelemente sind **oft induzierbar oder aktivierbar**. Sie können die Wirkung von Wachstumsfaktoren oder Hormonen auf die Genexpression vermitteln.

Die Wirkung der Enhancer wird nach Schleifenbildung der DNA durch **Protein-Protein-Interaktionen** zwischen den Transkriptionsfaktoren und Bestandteilen des Initiationskomplexes vermittelt (Abb. **C-5.15**).

◉ C-5.15

- **Zinkfinger:** In diesem Strukturmotiv dient Zink (Zn^{2+}) zur Strukturstabilisierung. Das Zn^{2+}-Ion bindet tetraedrisch z. B. an je zwei Cystein- und Histidin-Resten des Proteins, wobei die Cys-Reste in zwei N-terminal gelegenen antiparallelen Faltblättern und die His-Reste in einer C-terminal gelegenen α-Helix positioniert sind. Diese α-Helix wiederum bindet in der großen Furche der DNA (Abb. A-17.6). In der Regel enthalten derartige DNA-bindende Proteine mehrere Zinkfinger-Domänen.

Während die Transkriptionsfaktoren, die im basalen Promotorbereich binden, konstitutiv und ubiquitär exprimiert werden, sind die **Enhancer/Silencer-bindenden Transkriptionsfaktoren meistens reguliert**. Sie werden erst auf ein bestimmtes Wachstums- oder hormonelles Signal hin synthetisiert oder aktiviert. Dies kann z. B. durch Bindung von Liganden wie Steroidhormone, Retinsäure oder Trijodthyronin oder durch posttranslationale Modifikationen (z. B. Phosphorylierung) geschehen. Auch liegen sie oft gewebe- oder zelltypspezifisch vor. Da diese Faktoren am Ende von Signaltransduktionsketten liegen, kann auf diese Weise die hormonelle Regulation in die Genexpression eingreifen.

Die Wirkungsweise der Enhancer wird durch **Protein-Protein-Interaktionen** vermittelt. Trotz großer Entfernungen zwischen Enhancer und Transkriptionsstartpunkt kann durch Biegung und Bildung einer Schleife der DNA eine räumliche Nähe geschaffen werden (Abb. **C-5.15**). Zur Steigerung der Transkriptionsrate führt

- eine direkte Wechselwirkung der Transkriptionsfaktoren mit TATA-binding Protein-associated Factors (TAFs) des Initiationskomplexes oder
- ein indirekter Kontakt, der durch den Mediator, einen aus 20 Proteinen bestehendem Komplex, vermittelt wird.

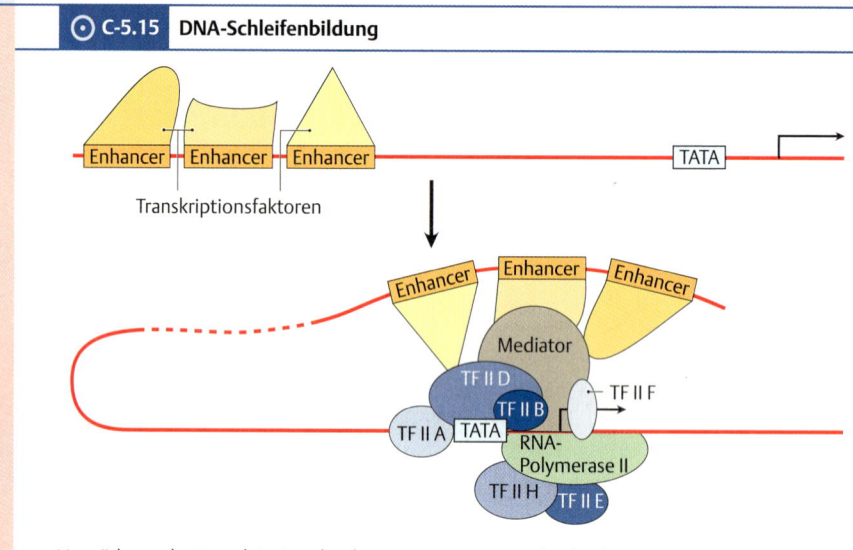

◉ C-5.15 **DNA-Schleifenbildung**

Verstärkung der Transkription durch Protein-Protein-Wechselwirkungen. Bindung von Transkriptionsfaktoren an Enhancer
→ Wechselwirkung mit dem Initiationskomplex oder dem Mediator
→ Stimulierung der Transkription.

Regulation durch kovalente Modifikation der DNA

Methylierung der DNA kann sich auf die Genexpression auswirken. Beispiele hierfür sind **Imprinting** und Hypo- und Hypermethylierung der DNA in Tumorzellen.

Regulation durch kovalente Modifikation der DNA

Eine weitere Art der Transkriptionsregulation ist die **Methylierung der DNA**. Sie spielt eine Rolle bei

- monoallelischer Expression: Die Expression mancher Allele hängt davon ab, ob es sich um ein paternales oder maternales Allel handelt. Hier besteht ein Zusammenhang mit dem Methylierungsstatus der Allele. Dieses Phänomen hat man **Imprinting** genannt.
- manchen Tumorzellen: In den Zellen einiger Tumoren sind Teile der DNA hypo- oder hypermethyliert. Dadurch kommt es zur Fehlregulierung einiger Gene und zur Entartung der Zellen.

DNA-Methyltransferasen methylieren an **CpG-Inseln** Cytosin zu **5-Methylcytosin**.

Chemische Grundlage ist die Methylierung von Cytosin zu **5-Methylcytosin** durch DNA-Methyltransferasen. Die Methylierung hat keinen Einfluss auf die Basenpaarung. Die Methylierungsstellen sind nicht statistisch im Genom verteilt, sondern häufen sich an **CpG-Inseln**.

Zumindest zwei Effekte dieser Methylierungen auf die Transkription sind bekannt:
- Methylierungen in Promotorbereichen können zu einer Beeinträchtigung der Bindung von Transkriptionsfaktoren führen.
- Methylierte CpG-Inseln rekrutieren Methylbindungsproteine, die wiederum Histon-Deacetylasen binden. Durch deren Wirkung nimmt das Chromatin eine stärker kondensierte Form an, die schlechter transkribiert werden kann.

Regulation durch Modifikationen der Histone

Die Verpackungsdichte der DNA, also die Chromatinstruktur hat Einfluss auf die Transkriptionsrate der Gene. Sie lässt sich durch **kovalente Modifikation der Histone** verändern. Man kennt mehr als 50 histonmodifizierende Enzyme. Folgende Modifikationen sind bekannt:
- Acetylierung
- Methylierung
- Phosphorylierung
- ADP-Ribosylierung
- Ubiquitinylierung
- Sumoylierung (Sumo ist ein Ubiquitin-ähnliches Protein)

Histone haben eine hohen Anteil an den basischen Aminosäuren Lysin und Arginin und deshalb positive Ladungen, die mit den negativen Ladungen der DNA eine ionische Wechselwirkung eingehen. Dies ist wichtig zur Ausbildung einer stabilen Chromatin-Struktur. Insbesondere die Acetylierung von Lysin-Seitenketten in den N-terminalen Enden der Histone H3 und H4 durch Histon-Acetyltransferasen führt zur Auflockerung des Chromatins, da durch diese Modifikation die Anzahl der positiven Ladungen der Histone vermindert wird. Dies führt dazu, dass sich Transkriptionsfaktoren und RNA-Polymerasen besser an die DNA anlagern können, wodurch die Transkriptionsrate der Gene steigt. Histon-Deacetylasen können diese Modifikation wieder rückgängig machen.

Methylierung von Lysin-Resten (Mono-, Di-, Trimethylierung) oder Arginin-Resten (Mono-, Dimethylierung) kann die Transkription in Abhängigkeit von der Position der modifizierten Aminosäure im Histon entweder aktivieren oder reprimieren.

Epigenetik

Eine Übertragung von Informationen bei der Zellteilung von der Mutter- auf die Tochterzellen, die unabhängig von der Sequenz der DNA ist, nennt man Epigenetik. Sie beruht darauf, dass sowohl die Methylierungsmuster der DNA (s. **Imprinting**) als auch Histonmodifikationen weitergegeben werden können. Dadurch werden bestimmte Genexpressionsmuster stabilisiert, was wichtig für die Entwicklung und Differenzierung ist.

5.2.5 Hemmstoffe der Transkription

Ein sehr wirksamer Hemmstoff der Transkription ist α-Amanitin (S. 456), das Gift des Knollenblätterpilzes.
Die wichtigsten in der Medizin eingesetzten Hemmstoffe der Transkription zeigt Tab. **C-5.3**. Je nachdem, ob sie die Transkription prokaryontischer oder eukaryontischer DNA hemmen, werden sie zur Hemmung der Zellteilung, d. h. der Vermehrung von Bakterien (= als Antibiotika) oder von Tumorzellen (= als Zytostatika) eingesetzt.

C-5.3 Hemmstoffe der Transkription			
Substanzklasse	**Substanz (Beispiel)**	**Wirkungsmechanismus**	**Einsatzgebiet**
Gyrasehemmer	Floxazine	Hemmung der bakteriellen Topoisomerase Typ II (= Gyrase)	Antibiotikum
Polymerasehemmer	Rifampicin	Hemmung der bakteriellen RNA-Polymerase	Antibiotikum
Nukleinsäure-quervernetzende Substanzen	Mitomycin C	kovalente Bindung an DNA, DNA-Strangtrennung wird verhindert, führt zu Strangbrüchen	Zytostatikum
Nukleinsäure-bindende Substanzen	Actinomycin D	interkaliert in GC-reiche Abschnitte der DNA, s. a. Replikationshemmstoffe (S. 450) hemmt die Transkription bei niedrigen Konzentrationen und die Replikation bei hohen Konzentrationen	Zytostatikum

5.3 Entstehung und Nachbearbeitung der mRNA

mRNA entsteht durch Modifikation (**Prozessierung**) der hnRNA. Die Modifikation umfasst drei Schritte:
- Modifikation des 5'-Endes **(Capping)**,
- Herausschneiden der Introns und Verknüpfung der Exons **(Splicing)** und
- Anhängen einer Kette von Adenosinmonophosphaten am 3'-Ende **(Polyadenylierung)**.

Evtl. werden darüber hinaus gezielt einzelne Basen der hnRNA oder mRNA verändert **(RNA-Editing)**.

5.3.1 Prozessierung der hnRNA

Die Prozessierung der hnRNA beginnt schon vor Beendigung der Transkription. Durch die Phosphorylierung der CTD der RNA-Polymerase II wird nicht nur die Elongation eingeleitet, sondern es werden auch die für das Capping, Splicing und die Polyadenylierung notwendigen Faktoren rekrutiert.

Capping

▶ **Definition.** Eukaryontische hnRNA wird am 5'-Ende mit einer besonderen Kopfgruppe, dem „Cap", versehen. Diesen Vorgang bezeichnet man als **Capping**.

Die Kopfgruppe
- schützt die mRNA vor dem Abbau durch Exonukleasen,
- ist wichtig bei der Initiation der Translation, weil die mRNA am Cap durch Translationsfaktoren erkannt wird.

▶ **Merke.** Die Kopfgruppe besteht aus einem **in Position 7 methylierten Guanylylrest (Cap 0)**, der über eine **5'-5'-Triphosphat-Brücke** mit dem Transkript verbunden ist. Evtl. ist zusätzlich der **Riboserest** nur der ersten Base oder der ersten beiden Basen des Transkriptes in Position 2' **methyliert (Cap 1** bzw. **Cap 2)**.

Unmittelbar nach der Transkription enthält die hnRNA am 5'-Ende ein Triphosphat. Der endständige Phosphatrest wird durch eine **5'-Triphosphatase** abgespalten. Dann überträgt eine **Guanylyltransferase** einen GMP-Rest von GTP (unter Freisetzung von Pyrophosphat) auf das entstandene 5'-Diphosphat. Anschließend erfolgen noch ein bis drei **Methylierungsschritte**, bei denen **S-Adenosylmethionin** der Methylgruppendonor ist: Zunächst wird Guanin in Position 7 durch die Guanin-7-methyltransferase methyliert (Cap 0). Evtl. methylieren 2'-O-Methyltransferasen darüber hinaus die Riboresereste nur der ersten Base oder der ersten beiden Basen des Transkriptes in Position 2' (Cap 1 bzw. Cap 2).

▶ **Merke.** Capping verläuft in drei Schritten (Abb. **C-5.16**):
1. Abspaltung des 5'-terminalen Phosphatrests
2. Übertragung eines GMP-Rests
3. ein bis drei Methylierungen

Splicing

▶ **Synonym.** Spleißen.

Die meisten eukaryontischen Strukturgene besitzen eine Mosaikstruktur aus Exons und Introns. Die **Exons** enthalten die kodierenden Sequenzen, aber auch die in der „reifen" mRNA (S. 452) vorhandenen 5'- und 3'-untranslatierten Regionen (5'-UTR und 3'-UTR). Die **Introns** enthalten nicht kodierende Sequenzen. Sie werden gemeinsam mit den Exons transkribiert und sind somit in der hnRNA noch vorhanden. In der Regel ist die Länge der Introns um ein Vielfaches größer als die Länge der Exons. Die Größe kann zwischen < 100 bis > 700 000 Nukleotide variieren. Im Durchschnitt liegt die Anzahl der Introns pro Gen bei ca. 7 – 9. Das längste bekannte humane Gen, das Dystrophin-Gen, besitzt 78 Introns.

C-5.16 Capping

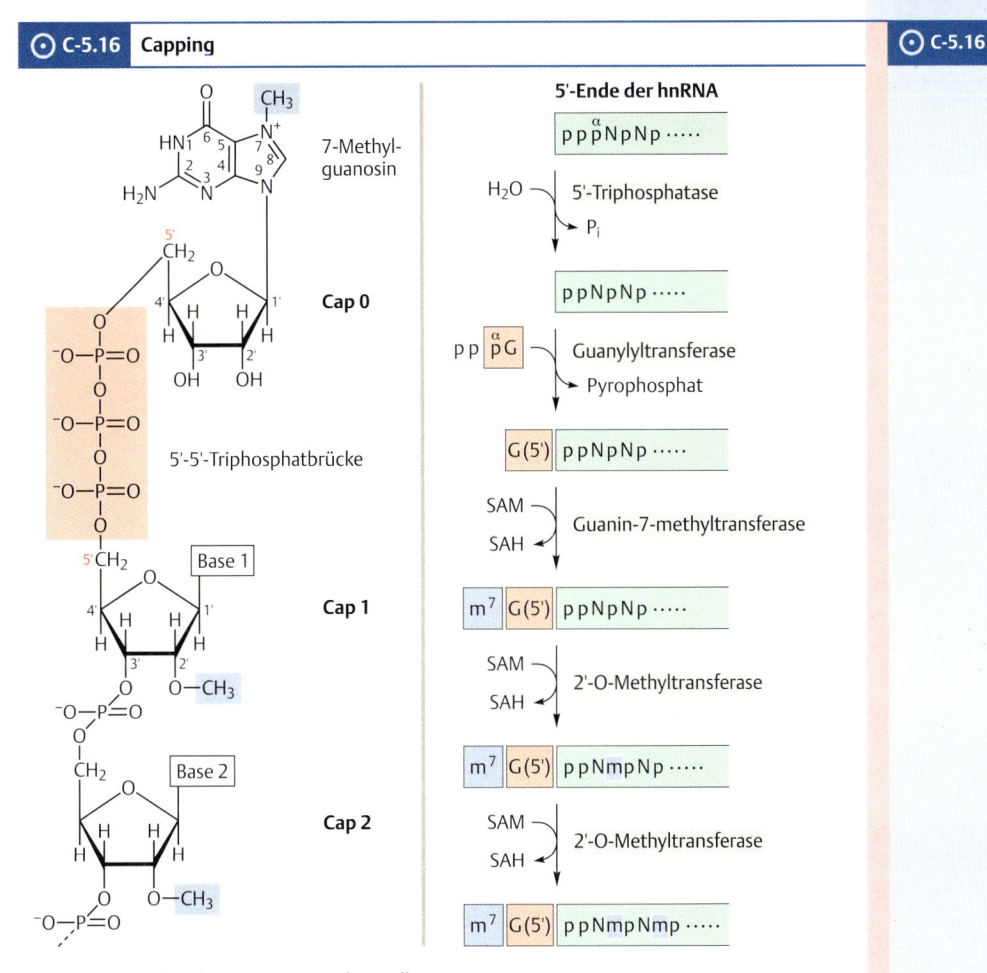

Cap 0: 7-Methylguanosin, 5'-5'-Triphosphatbrücke
Cap 1: Base 1, 2'-O-CH₃
Cap 2: Base 2, 2'-O-CH₃

5'-Ende der hnRNA:

$pp\overset{\alpha}{p}NpNp\ldots$

→ 5'-Triphosphatase (H$_2$O → P$_i$)

$ppNpNp\ldots$

→ Guanylyltransferase (pp$\overset{\alpha}{p}$G → Pyrophosphat)

$G(5')ppNpNp\ldots$

→ Guanin-7-methyltransferase (SAM → SAH)

$m^7G(5')ppNpNp\ldots$

→ 2'-O-Methyltransferase (SAM → SAH)

$m^7G(5')ppNmpNp\ldots$

→ 2'-O-Methyltransferase (SAM → SAH)

$m^7G(5')ppNmpNmp\ldots$

SAM: S-Adenosylmethionin, SAH: S-Adenosylhomocystein.

▶ **Definition.** Unter **Splicing** versteht man das Herausschneiden der Introns aus der hnRNA bei gleichzeitigem Zusammenfügen der Exons.

Dieser Vorgang muss mit hoher Präzision erfolgen, da eine Verschiebung um eine Base eine vollständige Änderung des Leserasters ergäbe.
Die Exon-Intron-Verbindungen sind durch **Konsensussequenzen** gekennzeichnet, also Sequenzen, die sich im Verlauf der Evolution wenig verändert haben und individuell nur geringfügig variieren. Meistens beginnt die Sequenz des Introns mit GU und endet mit AG; nur ungefähr 0,1 % aller humanen Introns werden durch AU und AC begrenzt. Innerhalb des Introns ist noch eine weitere Sequenz für den Spleißvorgang wichtig, die **Verzweigungsstelle**.
An der Durchführung des Splicings sind die **snRNAs** U1, U2, U4, U5 und U6 und > 300 **Proteine** beteiligt, die zusammen die **Small nuclear Ribonucleoproteins** (snRNPs, „snurps") bilden. Der gesamte Komplex aus snRNPs, weiteren Spleißfaktoren und hnRNA wird **Spleißosom** genannt. Die Bildung des Spleißosoms beginnt, indem das U1-snRNP aufgrund einer spezifischen Basenpaarung an die 5'-Spleißstelle der hnRNA bindet. Die Verzweigungsstelle wird durch U2-snRNP erkannt. Dann assoziiert ein vorgebildeter Komplex aus U4/U6- und U5-snRNP, auch tri-snRNP genannt (Abb. **C-5.17**). Die U4 und U6 snRNA ist innerhalb dieses Komplexes über Basenpaarungen miteinander verbunden. Dieser katalytisch noch inaktive Komplex wird unter ATP-Verbrauch durch eine **RNA-Helikase** (Brr2), die durch ein G-Protein (Snu114) geregelt wird, zum aktiven Komplex umgeformt. Dabei werden die H-Brücken zwischen U4 und U6 gelöst und U1 und U4 verlassen das Spleißosom. U2 und U6 bilden dann das katalytische Zentrum für die folgenden Reaktionen.
Der chemische Vorgang des Splicings besteht aus **zwei Umesterungen** (Abb. **C-5.17**). Die 2'-OH-Gruppe eines Adenylats der Verzweigungsstelle greift das 5'-Phosphat des Introns an und bildet eine 2'-5'-Phosphodiesterbrücke. Gleichzeitig wird dabei die 3'-OH-Gruppe des stromaufwärts liegenden Exons frei. Diese Gruppe greift dann

---

▶ **Definition.**

Das Splicing muss mit hoher Präzision erfolgen.

Die Spleißstellen sind durch **Konsensussequenzen** an den Exon-Intron-Grenzen und durch eine **Verzweigungsstelle** im Intron erkennbar.

Ort des Splicings ist das **Spleißosom**. Es besteht aus **Small nuclear Ribonucleoproteins** (snRNPs aus snRNAs und Proteinen), weiteren Spleißfaktoren und hnRNA (Abb. **C-5.17**).

Das Splicing erfordert **zwei Umesterungen** (Abb. **C-5.17**). Dabei nehmen Introns eine lassoähnliche Form (Lariat) an, weil sich innerhalb des Introns mithilfe der Verzweigungsstelle ein Phosphodiester bildet.

C-5.17 Splicing

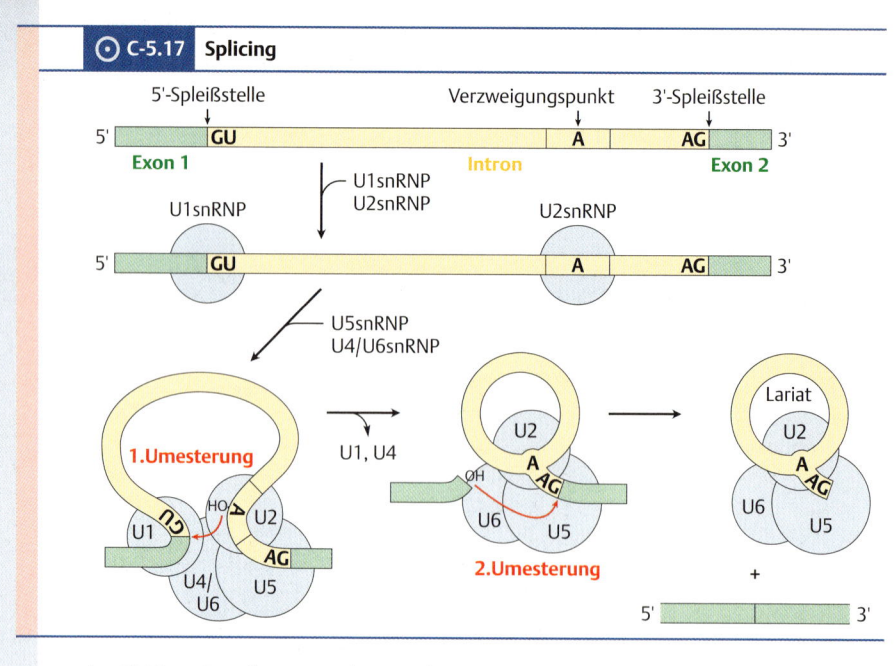

das 5'-Phosphat des stromabwärts liegenden Exons an. Durch Bildung eines Phosphorsäurediesters werden die beiden Exons miteinander verknüpft. Das Intron wurde durch diese beiden Umesterungen freigesetzt und hat eine lassoähnliche Struktur (Lariat) angenommen, weil eine Ribose drei Phosporsäureesterbindungen an den 2'-, 3'- und 5'-OH-Gruppen ausgebildet hat.

Für die Umesterung wird keine Energie benötigt, da die Anzahl der Esterbindungen gleich bleibt. Allerdings sind für die Durchführung der Reaktionen mehrere Umordnungen der snRNAs nötig, die unter Beteiligung ATP-abhängiger RNA-Helikasen und eines kleinen G-Proteins katalysiert werden.

Bei einigen Eukaryonten, z.B bei dem Protozoon *Tetrahymena*, nicht aber beim Menschen gibt es snRNA-unabhängige Spleißmechanismen, bei denen sich die Introns autokatalytisch herausschneiden können.

Für die Umesterung wird keine Energie benötigt. Nur bei den Umordnungen der snRNAs wird ATP und GTP verbraucht.

Alternatives Splicing

Alternatives Splicing

▶ Definition.

▶ Definition. Beim **alternativen Splicing** werden beim Herausschneiden der Introns aus der hnRNA unterschiedliche Exons ausgewählt und zusammengefügt, sodass aus einem Gen unterschiedliche Proteine entstehen.

Alternatives Splicing erhöht die Anzahl der durch die vorhandenen Gene kodierten Proteine. Die verschiedenen Möglichkeiten des alternativen Splicings zeigt Abb. **C-5.18**.

Die Ergebnisse der kompletten Sequenzierung des humanen Genoms zeigten, das die Anzahl der Gene nicht ausreicht, um sämtliche Proteine des Menschen zu kodieren. Eine Lösung dieses Problems bietet das alternative Splicing, denn dadurch wird die Anzahl der möglichen Genprodukte eines Gens erhöht. Man schätzt, dass 95 % der Primärtranskripte alternativ gespleißt werden, es ist also die Regel und nicht die Ausnahme. In (Abb. **C-5.18**) werden verschiedene Möglichkeiten des alternativen Splicings dargestellt.

Die **Auswahl der Spleißstellen** erfordert regulatorische Sequenzen auf der RNA und Proteine der SR-Familie.

Die **Auswahl der Spleißstellen** muss bedarfsgerecht reguliert werden. Dies geschieht durch die Interaktion von Proteinen aus der SR-Familie (SR = Ser/Arg-reich) mit **Kontrollsequenzen auf der RNA**. Diese Sequenzen können im Intron oder im Exon liegen

C-5.18 Mechanismen des alternativen Splicing

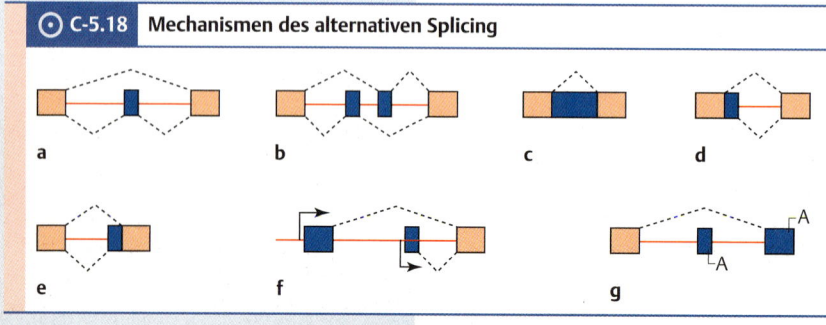

a Ein Exon wird entweder herausgeschnitten oder verbleibt in der mRNA (Exon-Skipping).
b Es wird zwischen multiplen Exons gewählt.
c Ein Intron wird nicht ausgeschnitten (Intron-Retention).
d Es gibt kompetierende 5´-Spleißstellen.
e Es gibt kompetierende 3´-Spleißstellen.
f Multiple Transkriptionsstartstellen.
g Multiple Polyadenylierungsstellen.

und können die Benutzung einer Spleißstelle verstärken oder abschwächen. Entsprechend unterscheidet man zwischen **vier verschiedenen Typen:**
- ISE: intronischer Splicing Enhancer
- ESE: exonischer Splicing Enhancer
- ISS: intronischer Splicing Silencer
- ESS: exonischer Splicing Silencer

Polyadenylierung

▶ **Definition.** Unter **Polyadenylierung** versteht man das Anhängen einer Kette von Adenosinmonophosphaten (= Adenylylresten) an das 3'-Ende der hnRNA.

Fast allen eukaryontischen hnRNAs wird posttranskriptional ein poly(A)-Schwanz, bestehend aus etwa 50–250 Adenylylresten, angehängt. Das Polyadenylierungssignal ist die Sequenz AAUAAA, auf die eine GU- oder U-reiche Sequenz folgt. Beide liegen in der 3'-untranslatierten Region (3'-UTR) der hnRNA. Zwischen diesen beiden Sequenzen, ungefähr 12–16 Basen stromabwärts des Polyadenylierungssignals, befindet sich die Polyadenylierungsstelle CA. Nach Bindung des *C*leavage and *P*olyadenylation *S*pecificity *F*actor (CPSF) an das Polyadenylierungssignal und Bindung des *C*leavage *St*imulation *F*actor (CstF) an die GU/U-Sequenz wird die RNA hinter der Polyadenylierungsstelle CA durch die *C*leavage-*F*aktoren CF I und CF II gespalten. Die **Poly(A)-Polymerase** hängt dann unter ATP-Verbrauch 50–250 Adenylylreste matrizenunabhängig an die RNA an (Abb. **C-5.19**).

Polyadenylierung

▶ **Definition.**

Fast allen eukaryontischen hnRNAs wird posttranskriptional durch die **Poly(A)-Polymerase** ein poly(A)-Schwanz aus 50–250 Adenylylresten angehängt (Abb. **C-5.19**). Dabei fungieren Sequenzen in der 3'-untranslatierten Region der hnRNA als Polyadenylierungssignale.

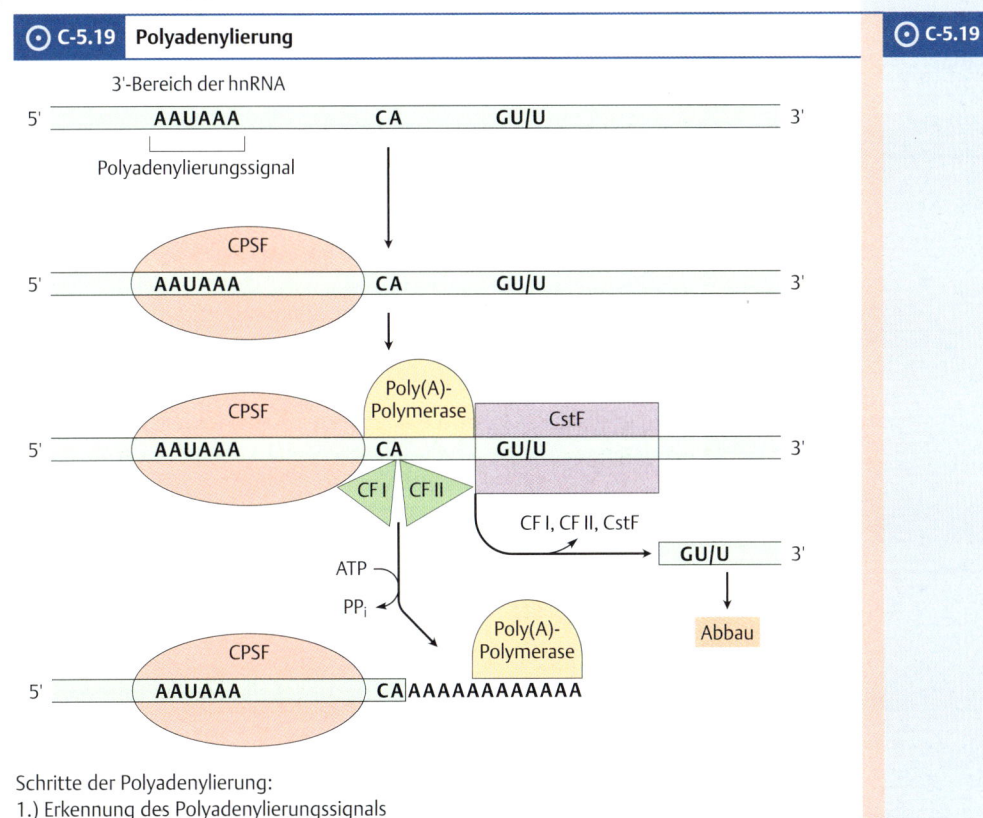

C-5.19 Polyadenylierung

Schritte der Polyadenylierung:
1.) Erkennung des Polyadenylierungssignals
2.) Abspaltung und Abbau des 3'-Endes der hnRNA
3.) Synthese des Poly(A)-Schwanzes

5.3.2 RNA-Editing

▶ **Definition.** Als **RNA-Editing** bezeichnet man die Veränderung der Basensequenz der hnRNA oder mRNA durch Insertion oder Deletion von Basen (bei niederen Organismen) oder Modifikation von Basen (bei höheren Organismen).

Bei höheren Organismen gibt es zwei Mechanismen des RNA-Editings:
- A-zu-I-RNA-Editing
- C-zu-U-RNA-Editing

5.3.2 RNA-Editing

▶ **Definition.**

Bei höheren Organismen unterscheidet man
- A-zu-I-RNA-Editing und
- C-zu-U-RNA-Editing.

A-zu-I-RNA-Editing

Beim A-zu-I-RNA-Editing wird Adenosin zu Inosin desaminiert. Inosin geht eine Basenpaarung mit Cytosin ein. Die Enzyme, die diese Reaktion katalysieren – **ADAR** (*A*denosin-*D*esaminase *a*n *R*NA) **1 bis 3** – kommen in unterschiedlichen Geweben vor. Sie sind an doppelsträngiger RNA aktiv.

▶ **Merke.** Voraussetzung für das A-zu-I-RNA-Editing ist eine Basenpaarung zwischen Exon- und Intronsequenzen zur Markierung der Editingstelle. Das A-zu-I-RNA-Editing muss also vor dem Splicing oder synchron mit dem Splicing ablaufen. Es findet also an **hnRNA** statt.

Beispiele für diese Art der Veränderung von Genprodukten sind die Untereinheit eines Glutamatrezeptors (GluR-B) und eine Untereinheit des Serotoninrezeptors 2C (5-HT$_{2C}$R). Das Editing beim Glutamatrezeptor erfolgt an drei Positionen, beim Serotoninrezeptor an fünf Positionen.

C-zu-U-Editing

▶ **Merke.** Diese Form des Editings findet an **mRNA** statt.

Sie wurde für die Expression der Apolipoproteine (Apo) B48 und B100 (Abb. **C-5.20**) beschrieben. Apo B100 ist die leberspezifische Variante, Apo B48 wird in den Enterozyten der Dünndarmschleimhaut exprimiert, s. ihre Funktion (S. 251). Beide Apolipoproteine werden vom gleichen Gen kodiert, und in Leber und Dünndarm wird die gleiche mRNA gebildet. Die Dünndarmschleimhaut enthält jedoch die gewebespezifische Cytidin-Desaminase Apobec-1 (*apoB* mRNA *e*diting enzyme *c*atalytic subunit 1). Unterstützt vom Kompetenzfaktor ACF desaminiert sie das Cytidin in Nukleotidposition 6 666 der mRNA, wodurch das Codon CAA, das Glutamin kodiert, zum Stoppcodon UAA wird. Das ursprüngliche Genprodukt einer Länge von 4 536 Aminosäuren wird dadurch auf 2152 Aminosäuren verkürzt. Dies erklärt, warum die Aminosäuresequenz des Apo B48 mit den 48 % N-terminalen Aminosäuren des Apo B100 identisch ist. Die Bezeichnungen B48 und B100 spielen auf diesen Sachverhalt an.

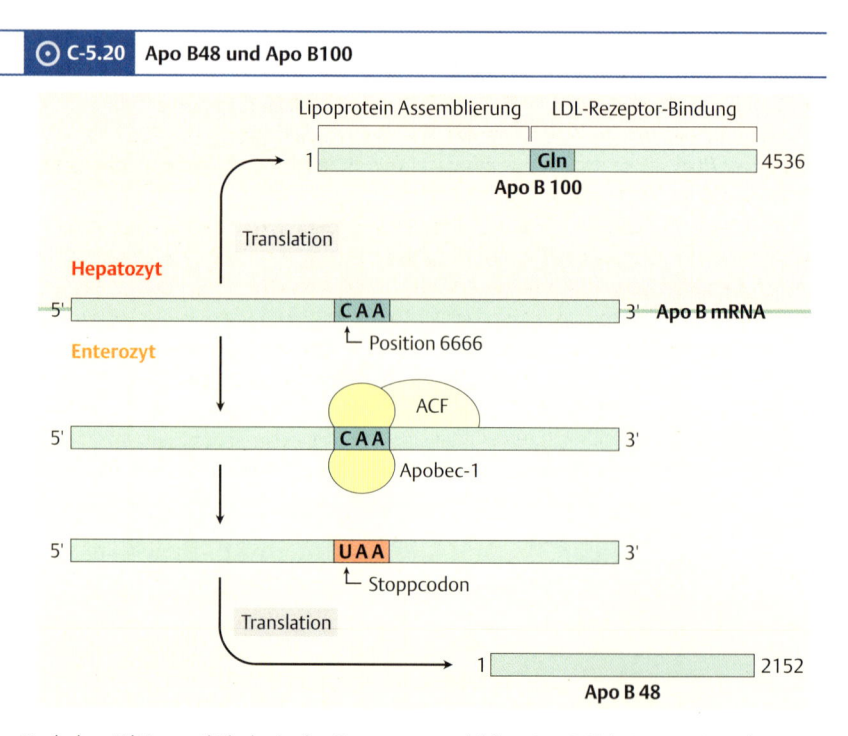

C-5.20 Apo B48 und Apo B100

Nach dem Editing enthält das in den Enterozyten gebildete Apo B48 keine Domäne, die an den LDL-Rezeptor binden kann.

Ungefähr 30 Nukleotide in der Umgebung der Editingstelle sind entscheidend für die richtige Positionierung des Enzyms. Ohne ACF kann Apobec-1 nicht richtig positioniert werden, denn ACF erkennt die spezifischen RNA-Sequenzen.

5.4 Translation

▶ **Definition.** Unter **Translation** versteht man die Übersetzung der Basensequenz der mRNA in eine Aminosäuresequenz. Die Translation bildet nach der Transkription (und bei Eukaryonten nach Prozessierung der hnRNA) die letzte Stufe auf dem Weg der Expression eines Gens in ein Protein.

Während der Translation wird die Basensequenz einer mRNA nach den Regeln des genetischen Codes in eine Aminosäuresequenz übersetzt: Jeweils drei aufeinander folgende Basen bestimmen, welche Aminosäure in die wachsende Polypeptidkette eingebaut wird. Der Einbau geschieht unter Vermittlung von **tRNA**s, welche die nötigen Aminosäuren transportieren, und **Ribosomen**, den biochemischen Translationsmaschinen.

5.4.1 Der genetische Code

Die Reihenfolge der Aminosäuren eines Proteins ist im zugehörigen Strukturgen durch die Basenabfolge der DNA festgelegt. Da es aber 20 proteinogene Aminosäuren und nur vier Basen gibt, ist klar, dass eine 1:1-Entsprechung nicht möglich ist, sondern nur eine Kombination verschiedener Basen in Frage kommt. Eine Zweierfolge von Basen ergibt nur $4^2 = 16$ Möglichkeiten, reicht also noch nicht aus. Erst das **Basentriplett**, auch **Codon** genannt, ergibt $4^3 = 64$ Möglichkeiten, also sogar mehr, als notwendig sind, um alle 20 Aminosäuren zu kodieren. Diese 64 Codons bilden den genetischen Code. Für diesen gilt:

▶ **Merke.**
- Drei der 64 Codons (UAA, UAG und UGA) sind Signale für den Translationsstopp.
- Die übrigen 61 Codons stehen für Aminosäuren. Dabei werden die meisten Aminosäuren – Ausnahmen sind Methionin und Tryptophan – durch mehrere (bis zu sechs) synonyme Codons repräsentiert.
- Der genetische Code ist nahezu universell. Es gibt nur wenige geringfügige Abweichungen (bislang sind 16 bekannt), z. B. in der mitochondrialen DNA.

Unter bestimmten Bedingungen steht das Stoppcodon UGA für den sehr seltenen Proteinbaustein **Selenocystein**: In diesen Fällen nimmt eine bestimmte Nukleotidsequenz der mRNA eine definierte Sekundärstruktur an. Dadurch erkennt die mit Selenocystein beladene tRNA, unterstützt von einem spezifischen Translationsfaktor, das Codon UGA als Codon für Selenocystein, woraufhin dieses in das wachsende Peptid eingebaut wird (S. 333).

Bei der Translation tritt das Codon der mRNA in Wechselwirkung mit dem komplementären Anticodon einer tRNA. Dabei definieren in vielen Fällen die ersten beiden Basen des Codons, welche Aminosäure kodiert wird: Zwischen ihnen und den beiden letzten Basen des Anticodons bilden sich die üblichen Basenpaarungen (AU bzw. GC). Nach der **Wobble-Theorie** sind zwischen der ersten Base des Anticodons (5'-Position) und der dritten Base des Codons (3'-Position) weitere Basenpaarungen möglich (Tab. **C-5.4**). So paart sich Inosin (I), das in der tRNA relativ häufig vertreten ist, mit verschiedenen Basen der mRNA. Dadurch kann eine einzige tRNA in der Lage sein, mehrere Codons zu erkennen, was die Anzahl der notwendigen tRNAs auf 31 reduziert.

≡ C-5.4	Basenpaarungen nach der Wobble-Theorie
erste Base des Anticodons (tRNA)	**dritte Base des Codons (mRNA)**
C	G
A	U
U	A oder G
G	U oder C
I	U, C oder A

Der genetische Code ist verhältnismäßig tolerant gegenüber Fehlern: Mutationen oder Lesefehler, die die dritte Codonposition betreffen, machen meist nichts aus, da sie synonyme Codons hervorrufen. Auch ein Fehler in der ersten Codonposition muss keine allzu großen Konsequenzen haben, da vor allem die mittlere Position mit den Eigenschaften der kodierten Aminosäure korreliert: Alle Codons mit einem U in der Mitte kodieren hydrophobe Aminosäuren, alle Codons mit einem A in der Mitte kodieren hydrophile Aminosäuren (Abb. **C-5.21**). Der Austausch einer hydrophoben Aminosäure gegen eine andere hydrophobe Aminosäure hat sicher keine so starken Auswirkungen auf die dreidimensionale Struktur des Proteins wie der Austausch einer hydrophoben, also unpolaren Aminosäure gegen eine polare hydrophile Aminosäure.

Der genetische Code ist verhältnismäßig tolerant gegenüber Fehlern: In der Regel haben nur Mutationen oder Lesefehler, die die mittlere Codonposition betreffen, gravierende Konsequenzen, da vor allem diese Codonposition mit den Eigenschaften der kodierten Aminosäure korreliert (Abb. **C-5.21**).

⊙ **C-5.21** Die Standardcodons des genetischen Codes und was sie kodieren*

1. Base	2. Base			
	U	C	A	G
U	UUU Phe	UCU Ser	UAU Tyr	UGU Cys
	UUC Phe	UCC Ser	UAC Tyr	UGC Cys
	UUA Phe	UCA Ser	UAA Stopp	UGA Stopp
	UUG Phe	UCG Ser	UAG Stopp	UGG Trp
C	CUU Leu	CCU Pro	CAU His	CGU Arg
	CUC Leu	CCC Pro	CAC His	CGC Arg
	CUA Leu	CCA Pro	CAA Gln	CGA Arg
	CUG Leu	CCG Pro	CAG Gln	CGG Arg
A	AUU Ile	ACU Thr	AAU Asn	AGU Ser
	AUC Ile	ACC Thr	AAC Asn	AGC Ser
	AUA Ile	ACA Thr	AAA Lys	AGA Arg
	AUG Met Start	ACG Thr	AAG Lys	AGG Arg
G	GUU Val	GCU Ala	GAU Asp	GGU Gly
	GUC Val	GCC Ala	GAC Asp	GGC Gly
	GUA Val	GCA Ala	GAA Glu	GGA Gly
	GUG Val	GCG Ala	GAG Glu	GGG Gly

* Eigenschaften der kodierten Aminosäuren:
hydrophob, unpolar | hydrophil, polar | hydrophil, basisch | hydrophil, sauer

5.4.2 Beladung der tRNAs mit Aminosäuren

Damit die tRNAs ihre Funktion als Adapter zwischen Nukleinsäuren und Proteinen erfüllen können, müssen die Aminosäuren mit hoher Spezifität an die tRNA mit dem zum Codon passenden Anticodon angekoppelt werden. Diese Aufgabe erfüllen aminosäurespezifische **Aminoacyl-tRNA-Synthetasen**, von denen es mindestens 20 gibt.

Die Bindung der Aminosäure an die tRNA erfolgt in zwei Stufen (Abb. **C-5.22**):
- Zunächst wird die **Aminosäure aktiviert**, indem sie mit einem AMP-Rest aus ATP verknüpft wird. Die Aminosäure wird dabei an die α-ständige Phosphatgruppe des ATP geknüpft, wodurch eine gemischte Säureanhydridbindung entsteht, und Pyrophosphat wird freigesetzt:
ATP + Aminosäure → Aminoacyl-AMP + Pyrophosphat
Auf diese Weise wird der Aminosäure die Energie zugeführt, die bei der Translation für die Bildung der Peptidbindung aufgebracht werden muss.
- Anschließend wird die **Aminosäure** auf die 2'-OH-Gruppe oder die 3'-OH-Gruppe der endständigen Ribose des (3'-)CCA-Endes der tRNA **übertragen**:
tRNA + Aminoacyl-AMP → AMP + Aminoacyl-tRNA

Fehler bei der Zuordnung von tRNA und Aminosäure würden zu einer mehr oder weniger hohen Konzentration an Proteinen mit falscher Aminosäuresequenz führen, deren Funktion wahrscheinlich gestört wäre. Solche Fehler sind bei Molekülen ähnlicher Struktur möglich, z. B. bei den aliphatischen Aminosäuren Leucin, Isoleucin und Valin. Um die Fehlerrate der Aminoacyl-tRNA-Synthetasen möglichst gering zu halten, besitzen die meisten dieser Enzyme neben der Acylierungsstelle noch eine Korrekturlesestelle. Dort kann eine falsch eingebaute Aminosäure hydrolytisch abgespalten werden.

5.4.2 Beladung der tRNAs mit Aminosäuren

Aminosäurespezifische **Aminoacyl-tRNA-Synthetasen** verknüpfen hochspezifisch eine Aminosäure mit der passenden tRNA.

Diese Reaktion verläuft in zwei Stufen (Abb. **C-5.22**):
- **Aktivierung der Aminosäure** durch Verknüpfung mit einem AMP-Rest (aus ATP) und
- **Übertragung der Aminosäure** auf die 2'- oder 3'-OH-Gruppe der endständigen Ribose des (3'-)CCA-Endes der tRNA.

Die Genauigkeit der Beladung wird durch einen Korrekturlesemechanismus erhöht. Fehlbeladene Aminoacyl-tRNAs können wieder hydrolytisch gespalten werden.

⊙ C-5.22 Reaktionsschritte bei der Verknüpfung von Aminosäure und tRNA

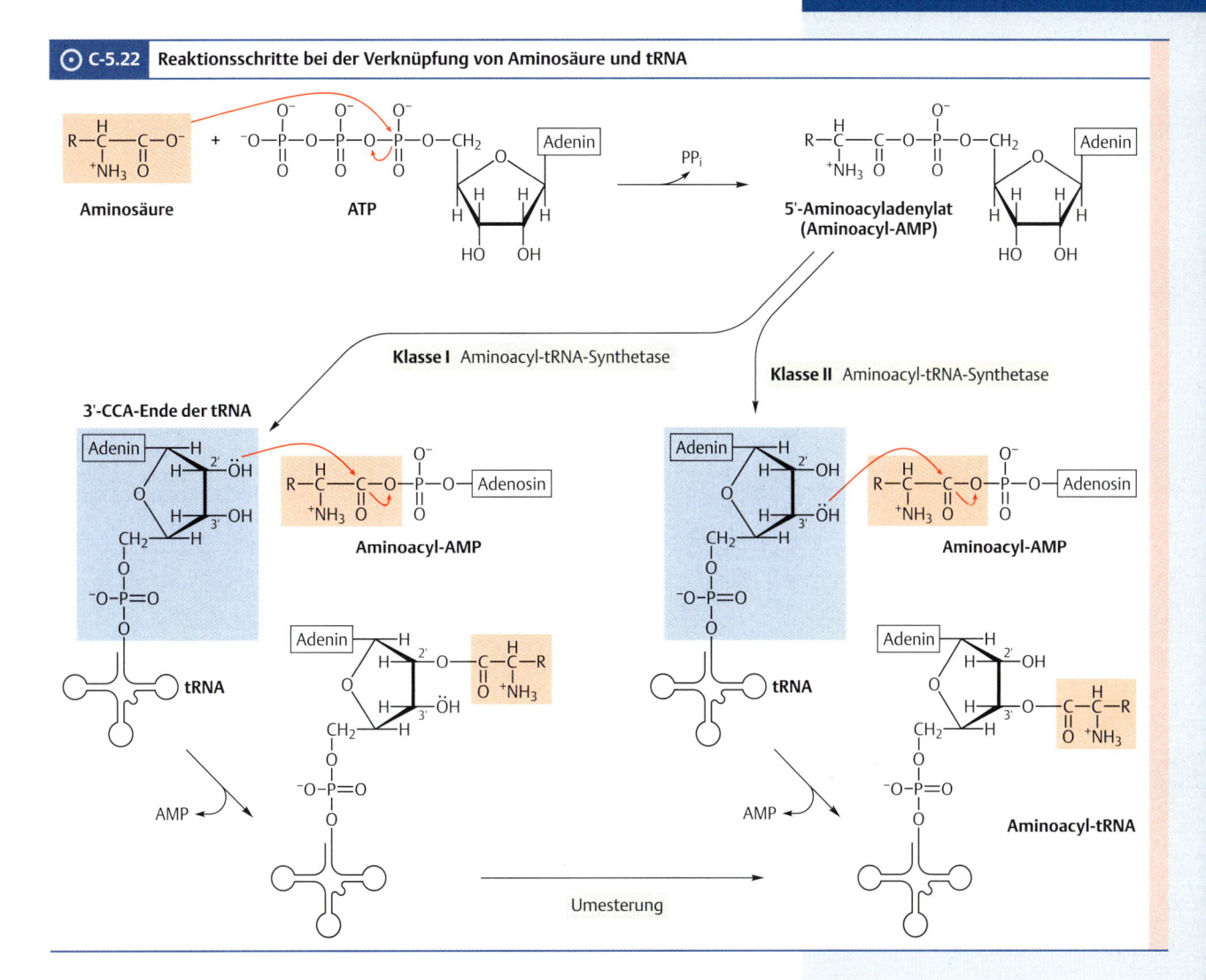

5.4.3 Ablauf der Translation

▶ **Überblick.** Die Translation verläuft bei Pro- und bei Eukaryonten sehr ähnlich. Da sich die Prüfungsfragen des schriftlichen 1. Staatsexamens auf den Ablauf bei Eukaryonten konzentrieren, ist lediglich dieser im Folgenden beschrieben.
Die Translation ist in die drei Phasen Initiation, Elongation und Termination gegliedert:
- Die **Initiation** umfasst alle Prozesse, die zur Assemblierung des 80S-Ribosoms führen, wobei die Initiator-Methionyl-tRNA am Startcodon der mRNA lokalisiert ist.
- Die **Elongation** ist die eigentliche Proteinsynthese.
- Sobald das Ribosom ein Stoppcodon auf der mRNA erreicht hat, wird die **Termination** eingeleitet. Das neue Protein und die mRNA werden freigesetzt, das Ribosom dissoziiert.

Initiation

Zur Einleitung der Initiation bildet sich ein ternärer Komplex (= ein Komplex aus drei Komponenten) aus der Initiator-Methionyl-tRNA, dem Initiationsfaktor eIF2 (e für eukaryontisch) und GTP. Dieser Komplex bindet zusammen mit den Initiationsfaktoren eIF1, eIF1A und eIF3 an die 40S-Untereinheit des Ribosoms und bildet den 43S-**Präinitiationskomplex**.

▶ **Merke.** **Aminoacyl-tRNAs** gelangen immer als ternärer Komplex mit **GTP** und einem **Hilfsprotein** – bei der Initiation einem **Initiationsfaktor** (eIF2), bei der Elongation einem **Elongationsfaktor** (eEF1-α) – zum Ribosom.

5.4.3 Ablauf der Translation

▶ Überblick.

Initiation

Initiationsfaktoren, Initiator-Methionyl-tRNA und die ribosomale 40S-Untereinheit bilden einen **Präinitiationskomplex**.

▶ Merke.

Für die Erkennung der mRNA ist der heterotrimere Initiationsfaktor eIF4F notwendig. Er besteht aus
- eIF4E (Cap-bindendes Protein),
- eIF4A, einer RNA-Helikase, und
- eIF4G, einem multivalenten Adaptermolekül (Abb. **C-5.23**).

eIF4G fügt mRNA und Präinitiationskomplex zum **48S-Initiationskomplex** zusammen.

Für die **Erkennung der mRNA** ist der **heterotrimere Initiationsfaktor eIF4F** notwendig. Er besteht aus den drei Proteinen eIF4E, eIF4A und eIF4G:
- **eIF4E**, das **Cap-bindende Protein**, bindet an die Cap-Struktur (m^{7}Gppp) am 5'-Ende der mRNA.
- **eIF4A** ist eine ATP-abhängige **RNA-Helikase**, die zusammen mit eIF4B und eIF4H Sekundärstrukturen in der mRNA auflösen kann.
- **eIF4G** ist ein multivalentes **Adaptermolekül** (Abb. **C-5.23**). Es besitzt Proteinbindungsstellen für
  - das Cap-bindende Protein,
  - das poly(A)-Bindeprotein (PABP), das an den poly(A)-Schwanz der mRNA bindet,
  - den Initiationsfaktor eIF3, der Teil des Präinitiationskomplexes ist.

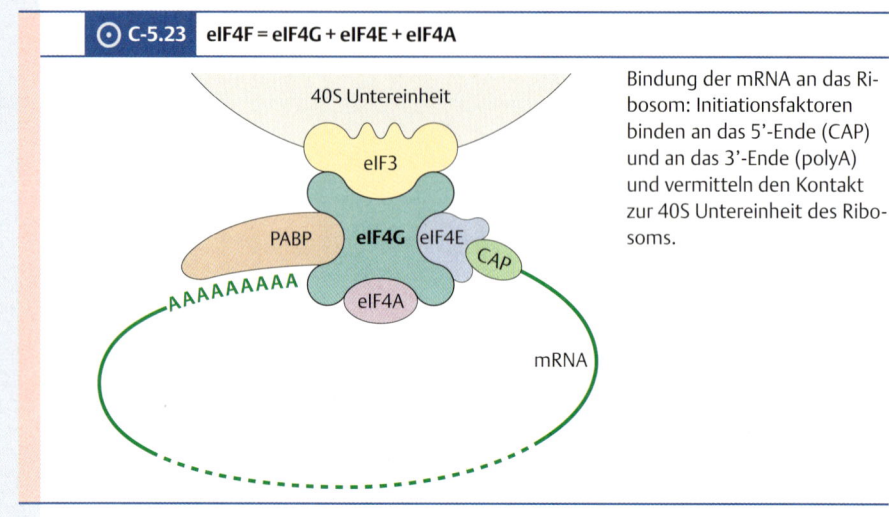

C-5.23 eIF4F = eIF4G + eIF4E + eIF4A

Bindung der mRNA an das Ribosom: Initiationsfaktoren binden an das 5'-Ende (CAP) und an das 3'-Ende (polyA) und vermitteln den Kontakt zur 40S Untereinheit des Ribosoms.

Erreicht der 48S-Initiationskomplex das erste AUG-Triplett (Startcodon), hydrolysiert eIF2 GTP und löst sich mit anderen Initiationsfaktoren vom Komplex (Abb. **C-5.24**).

Nach Bindung des Caps der mRNA an eIF4E verknüpft eIF4G durch seine Bindung an eIF3 die mRNA mit dem 43 S-Präinitiationskomplex zum **48S-Initiationskomplex**. Der 48S-Initiationskomplex bewegt sich entlang der 5'-untranslatierten Region (5'-UTR) der mRNA, bis das erste AUG-Triplett im Kontext einer Kozak-Sequenz (einer spezifischen Erkennungssequenz) erreicht und als Startcodon erkannt wird (Scanning). Das Startcodon AUG geht eine Basenpaarung mit dem Anticodon der Initiator-tRNA ein (Abb. **C-5.24**). Das GTPase-aktivierende Protein eIF5 bewirkt die Hydrolyse des GTP. Danach lösen sich eIF2 und andere Initiationsfaktoren vom Komplex ab. eIF2 gehört zu den G-Proteinen, die im aktiven Zustand GTP und im inaktiven Zustand GDP gebunden haben. Um den eIF2-GDP-Komplex wieder in den aktiven Zustand zu überführen, wird der Guaninnukleotid-Austauschfaktor eIF2B benötigt, der die Freisetzung des GDP bewirkt, sodass ein GTP binden und eIF2 erneut zur Initiation verwendet werden kann (Abb. **C-5.24**).

Auch der poly(A)-Schwanz ist für eine effiziente Translationsinitiation wichtig. An ihn bindet das **poly(A)-Bindeprotein (PABP)**, das auch an eIF4G bindet (Abb. **C-5.23**).

Erstaunlicherweise ist auch der poly(A)-Schwanz, obwohl er am 3'-Ende der mRNA lokalisiert ist, wichtig für die Effizienz der Translationsinitiation. Eine intakte Cap-Struktur und ein poly(A)-Schwanz steigern synergistisch die Effizienz der Translation. Das **poly(A)-Bindeprotein (PABP)**, das an den poly(A)-Schwanz der mRNA bindet, bindet ebenfalls an eIF4G (Abb. **C-5.23**), wodurch eine zirkuläre Struktur aus eIF4E, eIF4G, PABP und mRNA entsteht. Eine genaue Erklärung dafür, warum ein poly(A)-Schwanz die Translationseffizienz erhöht, wurde noch nicht gefunden.

Nach der Basenpaarung von Anticodon und Startcodon bindet die 60S-Untereinheit an den Initiationskomplex.

Das nunmehr **komplette 80S-Ribosom** besitzt drei Bindungsstellen für tRNAs:
- A (Aminoacyl)-Stelle
- P (Peptidyl)-Stelle
- E (Exit)-Stelle

Im 80S-Initiationskomplex ist die P-Stelle des Ribosoms mit der Initiator-tRNA belegt (Abb. **C-5.25**).

Nach der Basenpaarung der Initiator-tRNA mit dem Startcodon bindet die ribosomale 60S-Untereinheit unter Mitwirkung von eIF5B an den 48S-Initiationskomplex. Jetzt ist das **komplette 80S-Ribosom** bereit für die Proteinsynthese.

Das komplette 80S-Ribosom besitzt drei Bindungsstellen für tRNAs:
- A (Aminoacyl)-Stelle
- P (Peptidyl)-Stelle
- E (Exit)-Stelle

An die A-Stelle wird während der Elongation Aminoacyl-tRNA gebunden. Die P-Stelle bindet die Peptidyl-tRNA oder im Initiationskomplex die Initiator-Methionyl-tRNA. An der E-Stelle wird die deacylierte tRNA vor ihrer Freisetzung gebunden. Im 80S-Initiationskomplex ist die P-Stelle belegt, die A- und E-Stellen sind noch frei (Abb. **C-5.25**).

C-5.24 Der eIF2-GTP/eIF2-GDP-Zyklus

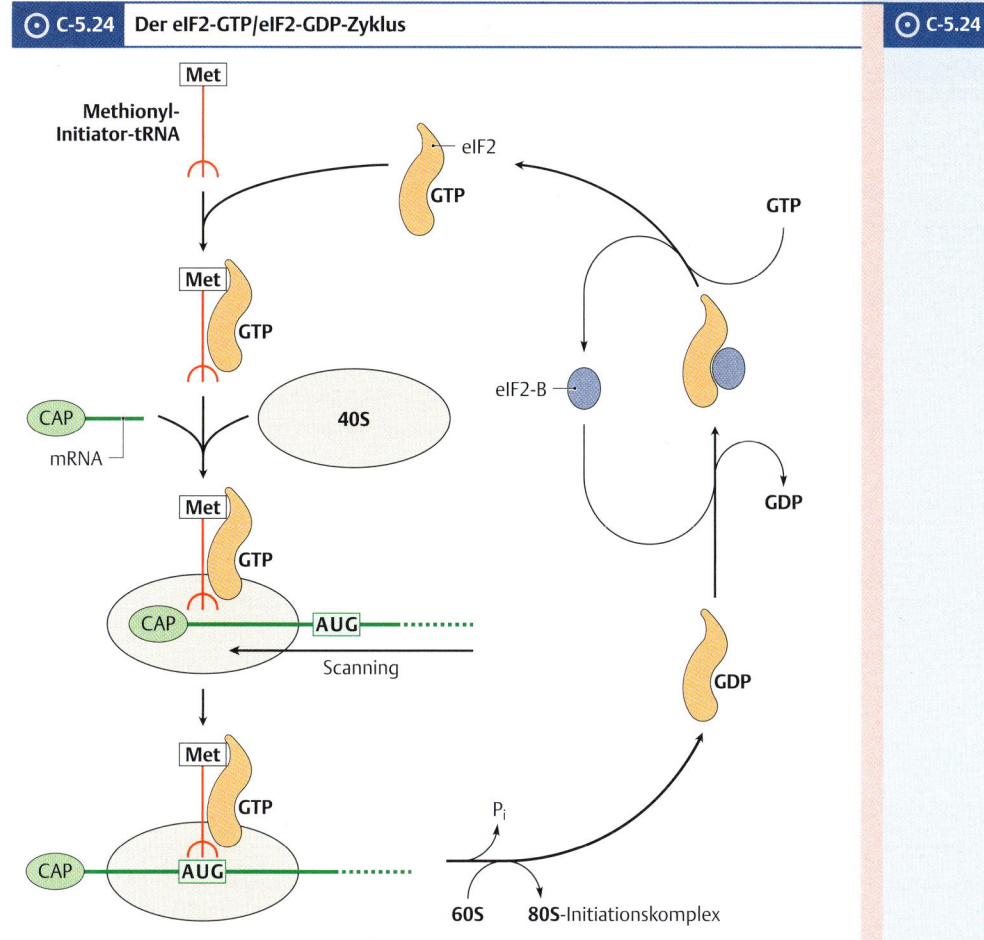

Die Met-Initiator-tRNA gelangt als ternärer Komplex zusammen mit eIF2 und GTP zum 48S-Initiationskomplex. Das Anticodon bindet an das Startcodon. Nach GTP-Hydrolyse wird eIF2 freigesetzt.

C-5.25 Der 80S-Initiationskomplex

E: Exit-Stelle, P: Peptidyl-Stelle, A: Aminoacyl-Stelle.

Elongation

▶ Merke. Die Elongation kann man als zyklischen Vorgang mit drei klar voneinander unterscheidbaren Schritten betrachten:
1. Bindung einer Aminoacyl-tRNA an die A-Stelle.
2. Bildung der Peptidbindung.
3. Fortbewegung des Ribosoms auf der mRNA um ein Triplett (Translokation) und Freisetzung der tRNA.

C 5 Genexpression

Bindung einer Aminoacyl-tRNA an die A-Stelle

Für diesen Schritt ist der Elongationsfaktor eEF1-α – ein G-Protein wie eIF2 – erforderlich: Ein ternärer Komplex aus eEF1-α, GTP und Aminoacyl-tRNA findet die leere A-Stelle neben der besetzten P-Stelle am Ribosom (Abb. **C-5.26 a**). Die Auswahl der richtigen Aminoacyl-tRNA erfolgt durch die Basenpaarung zwischen dem Codon der mRNA und dem Anticodon der tRNA. Der Einbau einer falschen Aminosäure in die wachsende Peptidkette ließe sich nicht mehr korrigieren. Eine kinetische Kontrolle verhindert dies: Solange eEF1-α GTP enthält, bindet eEF1-α die Aminoacyl-tRNA und blockiert die Ausbildung einer Peptidbindung. Durch seine endogene GTPase-Aktivität spaltet eEF1-α GTP hydrolytisch zu Phosphat und GDP und kann erst dann das Ribosom verlassen. Die Dissoziationsgeschwindigkeit der Aminoacyl-tRNA wird durch die Qualität der Wasserstoffbrücken zwischen Codon und Anticodon bestimmt. Passen die Tripletts gut zueinander, so ist die Bindung fest und die Dissoziationsgeschwindigkeit niedrig, andernfalls dissoziiert die Aminoacyl-tRNA wieder vom Ribosom ab, bevor die Peptidbindung gebildet wird.

Bildung der Peptidbindung

Im zweiten Schritt greift die Aminogruppe der Aminosäure, deren tRNA an die A-Stelle gebunden ist, das Carbonyl-C-Atom der Aminosäure, deren tRNA an die P-Stelle gebunden ist, nukleophil an (Abb. **C-5.26 b**). Die Bindung zwischen der tRNA auf der P-Stelle und ihrer Aminosäure wird gespalten, woraufhin die Aminosäure eine Peptidbindung zur folgenden Aminosäure bildet. Diese Peptidyltransferase-Reaktion wird von der 28S-rRNA in der großen ribosomalen Untereinheit katalysiert. Die 28S-rRNA ist also ein Ribozym, eine RNA mit katalytischer Funktion.

Translokation und Freisetzung der tRNA

Im dritten Schritt schließlich wird die Peptidyl-tRNA von der A-Stelle auf die P-Stelle verschoben. Dieser Schritt wird durch den Elongationsfaktor eEF2 (= Translokase; ein G-Protein) und GTP katalysiert. Dabei bewegt sich das Ribosom um genau drei Nukleotide auf der mRNA weiter und GTP wird hydrolysiert. Während des Translokationsvorgangs wandert die in Schritt 2 an der P-Stelle gebildete freie tRNA zur E-Stelle (Abb. **C-5.27**), kann dann vom Ribosom abdissoziieren und kehrt in den zytoplasmatischen tRNA-Vorrat zurück. Daher ist am Ende des dritten Schrittes die A-Stelle wieder frei und kann eine neue Aminoacyl-tRNA aufnehmen. Damit beginnt der Zyklus von neuem.

Das wachsende Polypeptid verlässt das Ribosom durch einen langen Tunnel, der von der Peptidyltransferase-Stelle quer durch die große Untereinheit nach außen führt. Ein derartiger Tunnel ist sowohl in den Ribosomen der Prokaryonten als auch in denen der Eukaryonten enthalten (Abb. **C-5.25**–Abb. **C-5.27**).

Termination

Sobald ein Stoppcodon (UAA, UAG oder UGA) in die A-Stelle gelangt, wird die Translation beendet. Es gibt keine tRNA, deren Anticodon mit einem der Stoppcodons eine Basenpaarung eingehen könnte. Stattdessen besetzt der **Terminationsfaktor** eRF1 die A-Stelle des Ribosoms. Unterstützend als kleines G-Protein mit GTPase-Funktion wirkt der Terminationsfaktor eRF3. Die Bindung von eRF3 an die A-Stelle ändert die Aktivität der Peptidyltransferase so, dass diese ein Wassermolekül anstelle einer Aminosäure an die Peptidyl-tRNA anhängt. Dadurch wird das Carboxyl-Ende der Polypeptidkette aus der Bindung an das tRNA-Molekül gelöst. Da die wachsende Polypeptidkette ausschließlich durch diese Bindung mit dem Ribosom verknüpft ist, wird die fertige Proteinkette ins Zytoplasma entlassen. Anschließend setzt das Ribosom auch die mRNA und die tRNA der zuletzt eingebauten Aminosäure frei und zerfällt in seine beiden Untereinheiten. Diese können sich sogleich wieder an eine mRNA anlagern.

▶ **Merke.**
- Die mRNA wird von 5' nach 3' translatiert.
- Die Proteinsynthese erfolgt vom Aminoterminus zum Carboxyterminus.

Bindung einer Aminoacyl-tRNA an die A-Stelle

Ein ternärer Komplex aus dem Elongationsfaktor eEF1-α (einem G-Protein), GTP und Aminoacyl-tRNA findet die leere A-Stelle am Ribosom (Abb. **C-5.26 a**). Nur bei korrekter Basenpaarung zwischen Codon und Anticodon bleibt die Aminoacyl-tRNA genügend lange an der mRNA gebunden, bis die Peptidbindung gebildet wurde.

Bildung der Peptidbindung

Die Aminogruppe der Aminosäure auf der A-Stelle greift das Carbonyl-C-Atom der Aminosäure auf der P-Stelle nukleophil an (Abb. **C-5.26 b**). Katalysator ist die 28S-rRNA.

Translokation und Freisetzung der tRNA

Die Peptidyl-tRNA wird von der A- auf die P-Stelle verschoben. Unter Hydrolyse von GTP durch eEF2 (= Translokase) bewegt sich das Ribosom um drei Nukleotide auf der mRNA weiter.
Die freie tRNA auf der P-Stelle wandert auf die E-Stelle und dissoziiert ab (Abb. **C-5.27**).

Termination

Erscheint ein Stoppcodon in der A-Stelle, bewirken **Terminationsfaktoren**, dass das fertige Protein hydrolytisch von der tRNA abgespalten wird. Das Ribosom zerfällt nach abgeschlossener Proteinsynthese in seine Untereinheiten.

▶ Merke.

C 5.4 Translation

Eine mRNA kann synchron von mehreren Ribosomen gleichzeitig für die Translation genutzt werden. Diese Struktur nennt man **Polysom**.

Binden mehrere Ribosomen zugleich an einer mRNA, entsteht ein **Polysom**.

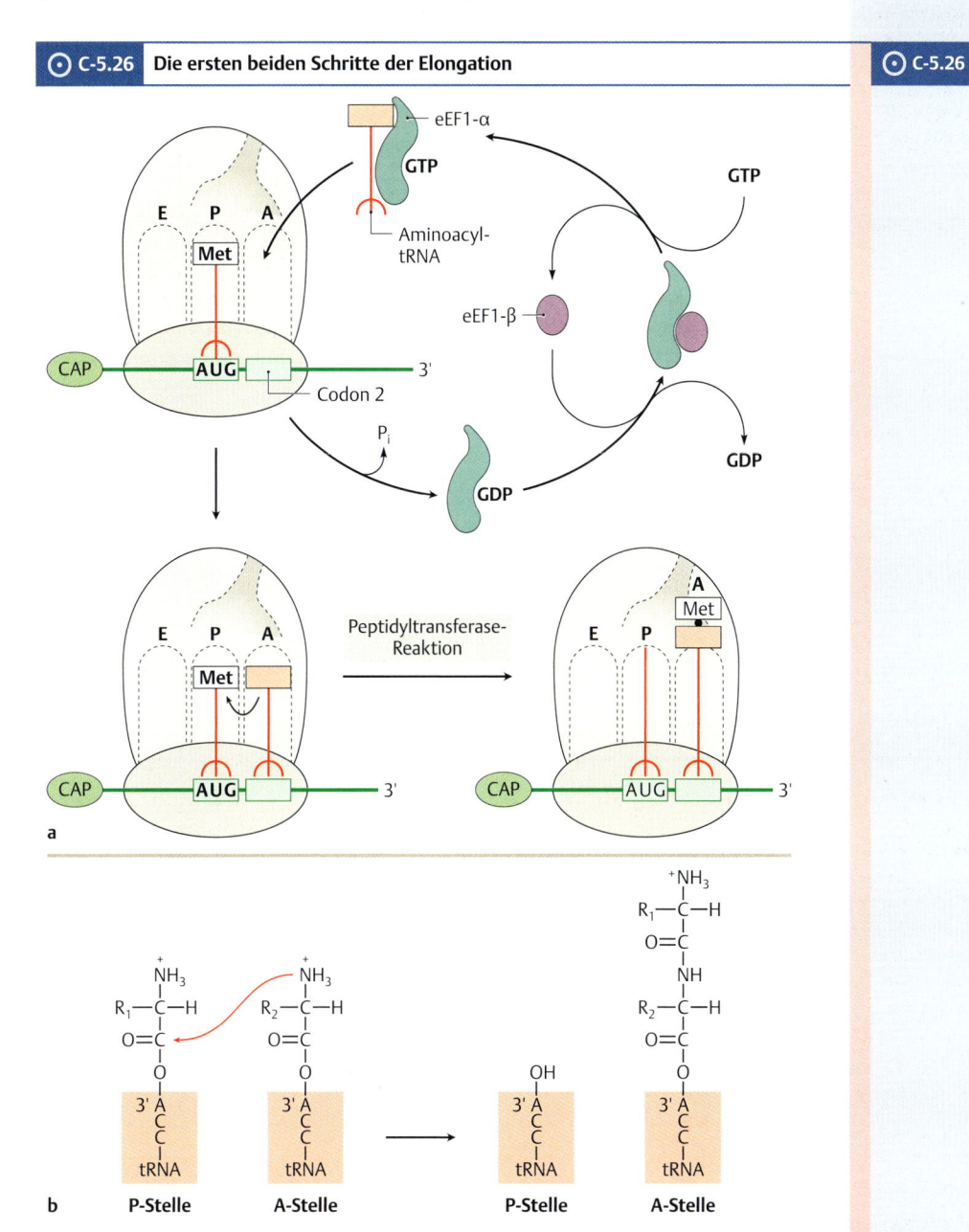

C-5.26 Die ersten beiden Schritte der Elongation

a Bindung einer Aminoacyl-tRNA an die A-Stelle des Ribosoms und Bildung der Peptidbindung (Peptidyltransferase-Reaktion). eEF1-β: Guaninnukleotid-Austauschfaktor. **b** Mechanismus der Peptidyltransferase-Reaktion.

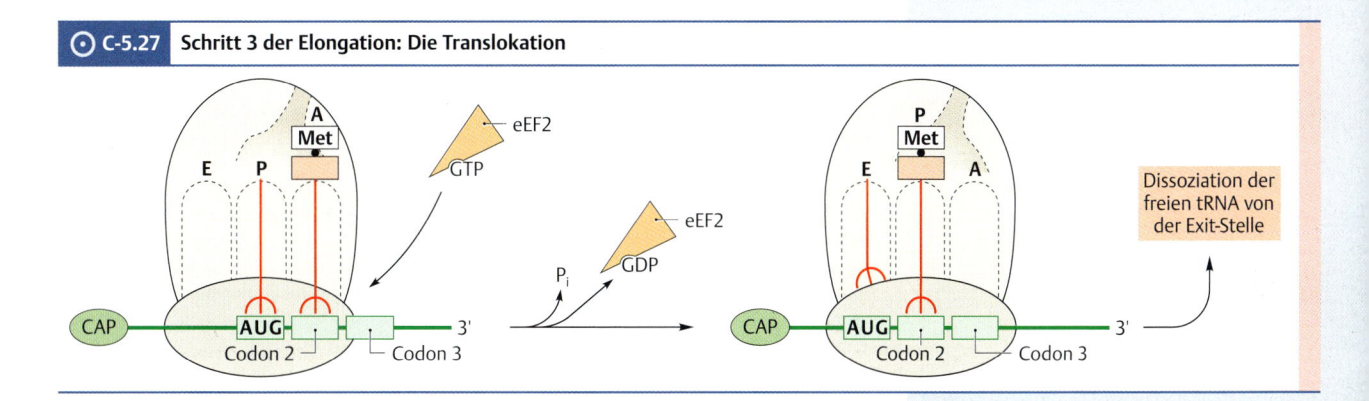

C-5.27 Schritt 3 der Elongation: Die Translokation

5.4.4 Regulation der Translation

Auf der Stufe der Initiation ist eine Regulation der Translation durch Phosphorylierung oder Dephosphorylierung des Initiationsfaktors eIF2 möglich. Dies ist ein heterotrimeres Protein, dessen α-Untereinheit an dem Serinrest in Position 51 phosphoryliert werden kann. Im phosphorylierten Zustand erhöht sich die Affinität von eIF2 zum Guaninnukleotid-Austauschfaktor eIF2B, der allerdings nur an unphosphoryliertem eIF2 den GDP/GTP-Austausch durchführen kann (S. 476). Somit ist also die Translation gehemmt.

Man kennt vier Proteinkinasen, die spezifisch für eIF2 sind (eIF2α-Kinasen) und in verschiedenen Stresssituationen die Translation hemmen:

- eIF2α-Kinase 1 (Häm-regulierter Inhibitor): Dieses Enzym wird durch freies Häm gehemmt, wodurch in Retikulocyten die Translation aktiviert bleibt, und die Globinsynthese stattfindet. Bei Häm-Mangel würde der eIF2 inaktiviert werden, sodass kein weiteres Globin gebildet werden könnte.
- eIF2α-Kinase 2 (Proteinkinase R): Dieses Enzym ist an der Abwehr von Virusinfektionen beteiligt. Es wird durch die Interferone α und β induziert und durch doppelsträngige RNA aktiviert. dsRNA kommt nur virusinfizierten Zellen vor. Auf diese Weise wird die Proteinsynthese der infizierten Zellen gedrosselt wobei natürlich auch die Synthese der viralen Proteine betroffen ist und die Infektion sich nicht weiter ausbreiten kann.
- eIF2α-Kinase 3 (PEK/PERK): Als Antwort auf fehlgefaltete Proteine im endoplasmatischen Retikulum hemmt diese Proteinkinase die Translation.
- eIF2α-Kinase 4 (GCN2-Proteinkinase): Kommt es zu einem Aminosäuremangel, bei dem nicht mehr genügend tRNAs mit Aminosäuren beladen werden können, wird diese Proteinkinase aktiviert wodurch die Translation gehemmt wird.

5.4.5 Hemmstoffe der Translation

Im Laufe der Zeit ist eine große Zahl an Hemmstoffen der Translation isoliert bzw. entwickelt worden. Einige dieser Hemmstoffe sind lediglich als Hilfsmittel der biochemischen Grundlagenforschung von Interesse, andere Hemmstoffe zählen hingegen zu den bedeutendsten klinisch verwendeten Antibiotika.

Puromycin ist ein aus bestimmten Streptomyzeten isolierter Naturstoff, der in seiner Struktur bestimmten Teilen einer Aminoacyl-tRNA sehr ähnlich ist. Es kann sich deshalb in die A-Stelle sowohl bakterieller als auch eukaryontischer Ribosomen einlagern und damit die weitere Translation blockieren. Puromycin wird ausschließlich zu Forschungszwecken verwendet. Für den Menschen ist es giftig. **Cycloheximid** wird ebenfalls von bestimmten Streptomyzeten synthetisiert. Es hemmt selektiv die Funktion eukaryontischer Ribosomen im Zytosol, die Aktivität der Ribosomen der Mitochondrien bleibt hingegen erhalten. In den zytosolischen Ribosomen blockiert Cycloheximid die E-Stelle und damit den Translokationsschritt der Elongation. Andere Hemmstoffe blockieren mit hoher Spezifität bakterielle Ribosomen, ohne die Aktivität eukaryontischer Ribosomen zu beeinträchtigen. Viele dieser Stoffe, wie etwa Tetracyclin oder Streptomycin, sind **klinisch wichtige Antibiotika**.

> ▶ **Exkurs.** **Antibiotika als Hemmstoffe der bakteriellen Proteinsynthese**
> Fast alle klinisch relevanten Antibiotika lassen sich auf der Basis ihres **molekularen Wirkungsmechanismus** einer der folgenden **drei Gruppen** zuordnen:
> - Hemmstoffe der bakteriellen Proteinsynthese (z. B. Tetracycline).
> - Hemmstoffe bakterieller Topoisomerasen (alle Chinolone = Gyrasehemmer, z. B. das Ciprofloxacin).
> - Hemmstoffe der bakteriellen Zellwandsynthese wie Vancomycin aber auch alle β-Laktam-Antibiotika z. B. die Penicilline und die Cephalosporine.
>
> Beispiele für Antibiotika mit gänzlich **anderen Wirkungsmechanismen** sind Rifampicin, Metronidazol, Trimethoprim und Gramicidin D. Während **Rifampicin**, ein wichtiges Antibiotikum in der Therapie der Tuberkulose, die bakteriellen RNA-Polymerasen hemmt, wirkt **Metronidazol** durch Einführung von DNA-Strangbrüchen in den Bakterien mutagen. **Trimethoprim** hemmt die Dihydrofolatreduktase und damit die Folsäuresynthese, **Gramicidin D** zerstört als Ionophor elektrochemische Potenziale an Zellmembranen.
> Die Gruppe der Hemmstoffe der bakteriellen Proteinsynthese ist außerordentlich vielfältig. Die einzelnen Stoffe unterscheiden sich v. a. in den Bindungsstellen an den bakteriellen Ribosomen (Abb. **C-5.28**). Die wichtigsten Vertreter dieser Gruppe sollen im Folgenden kurz vorgestellt werden.

C-5.28 Bindungsstellen verschiedener Antibiotika an den Untereinheiten bakterieller Ribosomen

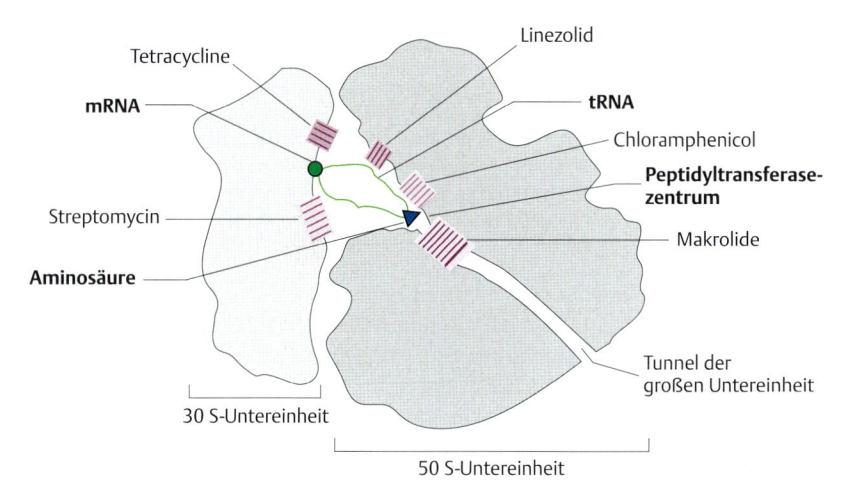

Tetracycline
Sie **blockieren die A-Stelle auf der Seite der kleinen Untereinheit** der Ribosomen und verhindern so die Einlagerung neuer Aminoacyl-tRNAs. Tetracycline werden bereits seit Anfang der 50er Jahre in der Klinik verwendet. Der Name bezieht sich auf die vier Ringsysteme der Struktur. Das bekannteste Tetracyclin ist das **Doxycyclin** (Abb. **C-5.29**). Verwendung findet es auch heute noch etwa in der Dermatologie (gegen Bakterien, die sich bei Akne in der Haut vermehren), gelegentlich auch in der Hals-Nasen-Ohrenheilkunde (bei Nebenhöhlenentzündung):

C-5.29 Doxycyclin

Mit **Tigecyclin** ist seit 2006 ein neues und besonders interessantes Tetracyclin auf dem Markt. Es hat den Vorteil, dass es viele Erreger abtötet, die gegen das klassische Doxycyclin bereits resistent sind, u. a. auch MRSA.

Aminoglykoside
Die Antibiotika dieser Gruppe binden an die 16S rRNA der kleinen Untereinheit bakterieller Ribosomen und erhöhen (!) dabei unspezifisch die Affinität für Aminoacyl-tRNAs. Dadurch lagern sich viele falsche tRNAs an die Ribosomen an und es werden **falsche Aminosäuren** in die neu synthetisierten Proteine eingebaut. So entstehen in den Bakterien gänzlich funktionslose Polypeptide ("Nonsense Peptide"). Teilweise werden die Ribosomen durch die Anlagerung der Aminoglykoside auch vollständig blockiert. Aminoglykosid-Antibiotika können in höheren Konzentrationen schwerwiegende Nebenwirkungen haben, v. a. Schädigungen des Innenohrs und der Niere. Deshalb werden sie nur in besonders begründeten Fällen und unter kontrollierten Bedingungen eingesetzt. So ist z. B. **Streptomycin** ein Reserveantibiotikum bei Tuberkulose, **Gentamicin** wird bei Endokarditis angewendet.

Makrolide
Sie sind vergleichsweise **häufig eingesetzte Antibiotika**. Da sie in der Regel keine gravierenden Nebenwirkungen haben, werden sie auch in der Pädiatrie häufig verwendet. Makrolid-Antibiotika haben einen denkbar einfachen Wirkungsmechanismus: Sie lagern sich in der großen Untereinheit der bakteriellen Ribosomen ein (Abb. **C-5.25**). Die Bewegung der neu synthetisierten Polypeptide durch den Tunnel wird damit massiv behindert. Makrolide blockieren die Translation nicht bei der Initiation, sondern bei der Elongation. Das erste Makrolid, das auf dem Markt eingeführt wurde, war **Erythromycin**. Zu den neueren Makroliden zählt z. B. **Roxithromycin**, das gegen Infektionen des Respirationstrakts eingesetzt werden kann.

Linezolid
Es **bindet an die A-Stelle bakterieller Ribosomen** und **blockiert bereits im Initiationskomplex** alle weiteren Schritte. Die Bakterien können dann keine Proteine mehr synthetisieren. Linezolid ist ein relativ neues Antibiotikum aus der Gruppe der Oxazolidinone und dient als **Reserveantibiotikum** gegen bestimmte grampositive Erreger, u. a. gegen **MRSA** (_M_ethicillin- _r_esistente _Staphylococcus aureus_-Stämme). MRSA sind Staphylokokken-Stämme, die gegen eine große Zahl der gängigen Antibiotika bereits resistent sind.

Chloramphenicol
Dieser Naturstoff, der zwei Chloratome enthält, **blockiert die A-Stelle in der großen Untereinheit der Ribosomen und hemmt damit die Peptidyltransferase-Aktivität**. Chloramphenicol ist zwar

ein bekanntes Antibiotikum, es wird aber wegen häufiger Resistenzen, ausgeprägter Nebenwirkungen und besserer Alternativen inzwischen **kaum noch eingesetzt**.

Herkunft der Antibiotika
Viele Antibiotika wurden ursprünglich als Naturstoffe aus Bakterien oder Pilzen isoliert. Vielfach sind die unveränderten Muttersubstanzen auch heute noch auf dem Markt. Überwiegend werden allerdings Antibiotika eingesetzt, die durch nachträgliche chemische Modifikationen der ursprünglichen Naturstoffe für klinische Zwecke optimiert wurden. Auffällig viele Antibiotika werden von Streptomyzeten produziert. Anders als der Name vermuten lässt, handelt es sich bei Streptomyzeten nicht um Pilze, sondern um eine Gattung grampositiver, im Erdboden lebender Bakterien. Zu den von bestimmten Streptomyzeten-Stämmen synthetisierten Antibiotika zählen u. a. Tetracyclin, Chloramphenicol, Streptomycin und Erythromycin.

▶ **Klinik.** Die **Diphtherie** ist eine Infektionskrankheit, die noch zu Beginn des 20. Jahrhunderts recht häufig und mitunter auch lebensgefährlich war. Da heute alle Kinder gegen Diphtherie geimpft werden, tritt sie inzwischen aber kaum noch auf. Der Erreger der Diphtherie, das Bakterium Corynebacterium diphtheriae, produziert das für die Pathogenese entscheidende **Diphtherietoxin**. Eine der beiden Untereinheiten dieses Toxins dringt in Zellen ein und katalysiert dann die Übertragung von ADP-Ribose auf eine Diphtamid-Seitenkette (ein posttranslational modifizierter Histidin-Rest) des **Elongationsfaktors eEF2**, die ADP-Ribose wird dabei von NAD^+ geliefert. Der Elongationsfaktor eEF2 wird durch die ADP-Ribosylierung inaktiviert, die Translation blockiert und die betroffenen Zellen sterben ab.

Die Erkrankung beginnt mit einer eigentümlichen Form der Mandelentzündung. Bei Befall des Rachenraums bilden sich grau-weiße, aus abgestorbenen Zellen und Fibrin bestehende Beläge auf den Tonsillen (Abb. **C-5.30**). Das Diphtherietoxin kann aus dem Rachenraum resorbiert werden und in den Blutkreislauf gelangen. Es werden dann vor allem Herzmuskel- und Nervenzellen geschädigt, weshalb Herzrhythmusstörungen, Herzversagen und Lähmungen der motorischen Hirnnerven auftreten können.

⊙ **C-5.30** Dicke, weißliche, fest haftende Beläge auf den Tonsillen bei Rachendiphtherie

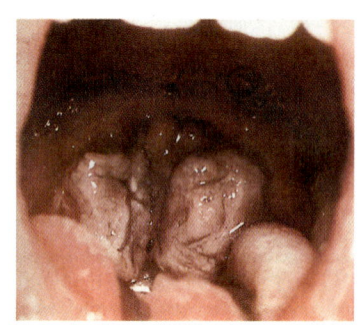

(aus Berghaus, Rettinger, Böhme; Duale Reihe Hals-Nasen-Ohrenheilkunde, Thieme, 1996)

▶ **Klinik.** **Das Shigatoxin**
Das Shigatoxin ist ein bakterielles Protein, welches unmittelbar die Ribosomen in den Zellen des Wirtsorganimus inaktiviert. Das Shigatoxin wird von den Wirtszellen durch Endozytose aufgenommen. Die toxische Untereinheit ist eine hoch spezifische N-Glykosylase: sie **spaltet die N-glykosidische Bindung zum Adenin der Position 4 324 der ribosomalen 28 S rRNA**. Da sich das Adenin im aktiven Zentrum der Ribosomen befindet, werden die Ribosomen damit vollständig inaktiviert.

Das Shigatoxin (Stx) wird von bestimmten Escherichia coli-Stämmen produziert, die nach ihrem japanischen Entdecker Kiyoshi Shiga (1871–1957) als **Shigellen** bezeichnet werden. Sie sind die Erreger einer weltweit verbreiteten Durchfallerkrankung, der bakteriellen Ruhr. Andere Escherichia coli-Stämme produzieren ähnliche Toxine, die Shigatoxine 1 und 2 (Stx1 und Stx2), die alle die gleiche enzymatische Aktivität haben. Bei einer Epidemie durch Stx2-produzierende **EHEC** (Enterohämorrhagische Escherichia coli) starben 2011 in Deutschland 53 Menschen an der Infektion.

Extrakte der Mistel (Pflanzen der Gattung Viscum) enthalten das Protein **Viscumin**, welches ebenfalls die gleiche enzymatische Aktivität hat wie das Shigatoxin. Anders als das Shigatoxin kann Viscumin aber nicht in die Zellen des Menschen eindringen. Gleichwohl wird es immer wieder als die angeblich aktive Komponente der Mistelextrakte angegeben.

5.4.6 Posttranskriptionelle und translationale Regulation durch kleine RNA

Überblick: Nach der Entdeckung einer Vielzahl unterschiedlicher Typen kleiner RNA (S. 452) stellte sich heraus, dass insbesondere die **miRNAs** bedeutsam für eine posttranskriptionelle und translationale Regulation der Genexpression von ca. 60 % aller proteinkodierenden Gene ist. Im Gegensatz dazu ist die durch siRNAs vermittelte RNA-Interferenz eine Antwort der Zelle auf die Aufnahme von exogener langer dsRNA. Regulation durch endogene siRNA scheint weit weniger verbreitet zu sein.

Regulation durch miRNA: Gene der miRNAs liegen häufig in den Introns proteinkodierender Gene und werden durch die RNA-Polymerase II abgelesen. Es gibt auch miRNA-Gene außerhalb der proteinkodierenden Gene, die durch RNA-Polymerase III transkripiert werden. Zunächst bilden sich Vorläufer, die **pri-miRNAs** von bis zu 10 000 Basen Länge, die ausgeprägte Haarnadelstrukturen aufweisen. Diese Strukturen werden noch im Zellkern durch einen Proteinkomplex, der **Mikroprozessor** genannt wird und eine RNase namens **Drosha** enthält, herausgeschnitten, wodurch die ca. 70 Basen lange **prä-miRNA** entsteht. Nach dem Transport dieser Moleküle durch Exportin 5 ins Zytoplasma, schneidet die Endonuklease **Dicer** die Schlaufen der Haarnadeln heraus, wobei die doppelsträngigen miRNAs übrig bleiben. Diese bilden einen Ribonukleoproteinkomplex **(RISC)**, in dessen aktiviertem Zustand die miRNAs in Einzelstränge aufgetrennt sind. Einer dieser Einzelstränge geht **unvollständige** Basenpaarungen mit seiner Zielsequenz im 3´-untranslatierten Bereich einer mRNA ein. Dies führt über noch nicht vollständig verstandene Mechanismen entweder zu einer Repression der Translation oder zu einer Deadenylierung und/oder Decapping der mRNA mit der Konsequenz des Abbaus dieser mRNA (Abb. **C-5.31**). Eine miRNA ist nicht nur für eine spezifische mRNA zuständig, sondern steuert 100–200 Zielsequenzen. Inzwischen wurde auch beobachtet, dass unter bestimmten Bedingungen eine Stimulation der Translation durch miRNA möglich ist.

Die **wichtigsten Funktionen der miRNAs** liegen in der Kontrolle der Proliferation, Differenzierung und Apoptose aber auch bei der Stoffwechselregulation (z. B. Cholesterinstoffwechsel). Primär werden diese Prozesse durch die Transkription der entsprechenden Gene gesteuert, die miRNAs bewirken eine Feinabstimmung. Zusammenhänge zu pathologischen Prozessen bei der Entstehung von Krebs, Herz-Kreislauf-Erkrankungen, Stoffwechselstörungen und auch Virusinfektionen wurden inzwischen gefunden.

5.4.6 Posttranskriptionelle und translationale Regulation durch kleine RNA

Überblick: miRNAs kontrollieren die Genexpression auf posttranskriptioneller und translationaler Ebene.

Regulation durch miRNA: miRNA entstehen in mehreren Schritten aus großen Vorläufermolekülen **(pri-miRNA)**. miRNA binden als Bestandteil des Ribonukleoproteinkomplexes RISC an die 3´-UTR von mRNAs und verhindern deren Translation bzw. führen zu einer Deadenylierung und zum Abbau (Abb. **C-5.31**).

Proliferation, Differenzierung und Apoptose sind die **wichtigsten Prozesse**, an deren Regulation miRNAs beteiligt sind.

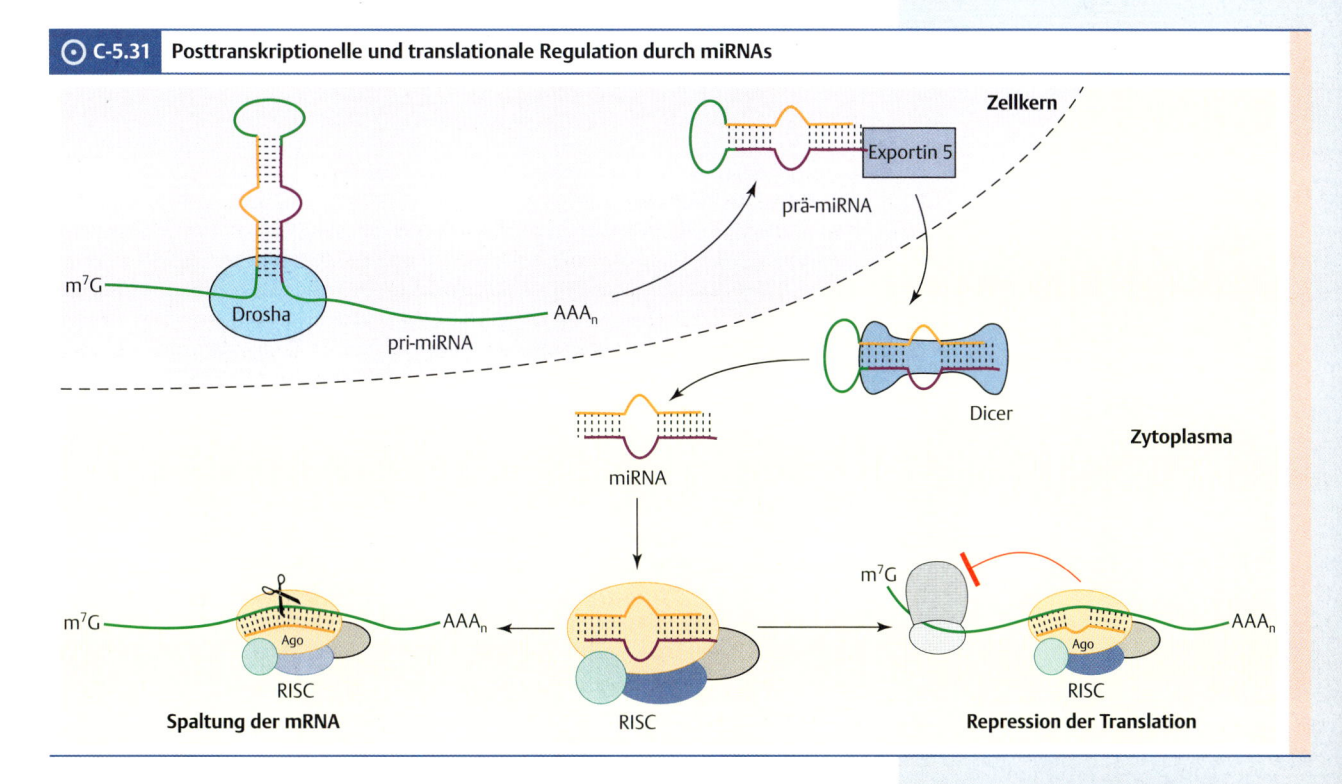

⊙ C-5.31 Posttranskriptionelle und translationale Regulation durch miRNAs

Endogene siRNA: Durch die Transkription von Inverted Repeats oder die bidirektionale Transkription von Sense- und Antisense-RNA kann es zur endogenen Bildung doppelsträngiger RNA kommen. Auch diese RNA wird durch Dicer prozessiert, wodurch siRNAs entstehen, die an RISC binden. Im Gegensatz zu miRNA gehen siRNAs eine **vollständige** Basenpaarung mit der Zielsequenz in der 3´-UTR einer mRNA ein, wodurch eine Spaltung der mRNA an dieser Stelle durch die RNase **Ago2** erfolgt. Die Funktion der endogenen siRNAs liegt vermutlich in der Kontrolle von Retro-Transposons (das sind genetische Elemente, die durch die dauerhafte Integration von Retroviren in das Wirtsgenom entstanden sind).

5.5 Proteinfaltung

▶ **Definition.** Proteinfaltung ist der Prozess, der zur Ausbildung einer funktionellen dreidimensionalen Struktur, d. h. der nativen Struktur, eines Proteins führt.

5.5.1 Motor und Ablauf der Proteinfaltung

Die korrekte Tertiär- und Quartärstruktur eines Proteins ist entscheidend für dessen Funktion. Durch die Gene ist zunächst einmal nur die Primärstruktur des Proteins, die Aminosäuresequenz, festgelegt. Diese enthält grundsätzlich die gesamte notwendige Information zur Faltung eines Proteins in die funktionelle dreidimensionale Struktur. Aus den **bindenden Kräften** (S. 79), die **zwischen** bestimmten **Abschnitten der Polypeptidkette** bestehen (Wasserstoffbrücken, Ionenbindungen, Disulfidbrücken und hydrophobe Wechselwirkungen), ergibt sich eine **thermodynamisch stabile**, d. h. mit einem Minimum an freier Energie verbundene **Konformation**, die native Struktur dieses Proteins. Diese nimmt das Protein an.

Aus theoretischen Erwägungen lässt sich ableiten, dass es sehr lange dauern würde, wenn die Faltung rein nach dem Zufallsprinzip erfolgt, da es eine Vielzahl von möglichen Konformationen gibt. Die Faltung erfolgt stattdessen über eine **begrenzte Anzahl geordneter Folgen von Faltungsschritten**, bis das Energieminimum des nativen Zustandes erreicht wird. Dabei kann es passieren, dass einige Intermediärprodukte hydrophobe Bereiche exponieren, die zu einer Aggregation der einzelnen Polypeptidketten führen.

Unter Bedingungen wie z. B. erhöhter Temperatur, osmotischem, oxidativem oder ischämischem Stress kann die Proteinfaltung stärker gestört sein, oder es kommt sogar wieder zu einer Entfaltung. Auch hier besteht die Gefahr einer Aggregatbildung.

▶ **Klinik.** Derartige Aggregatbildungen oder Fehlfaltungen beobachtet man bei einer Reihe von neurodegenerativen Erkrankungen, wie z. B. bei Morbus Alzheimer (S. 829), Morbus Parkinson (S. 831), Chorea Huntington (S. 833) und den Prionenkrankheiten. Bei den **Prionenkrankheiten** (= übertragbare spongiforme Enzephalopathien) scheint eine **fehlerhafte Faltung des Prion-Proteins (PrP)** vorzuliegen. Das PrP übt an der Außenseite der Zellen des ZNS eine bislang unbekannte Funktion aus. Für Prionenkrankheiten typisch sind **PrP-Komplexe**, die mit dem Elektronenmikroskop als eigentümliche Fibrillen bzw. mit dem Lichtmikroskop als aus Fibrillen bestehenden Plaques („Kuru-Plaques") sichtbar gemacht werden können (Abb. **C-5.32**).

⊙ **C-5.32** „Kuru"-Plaques (Pfeil) in der Kleinhirnrinde bei Creutzfeldt-Jakob-Krankheit
Vergrößerung: großes Bild 1:200, Einschub 1:400

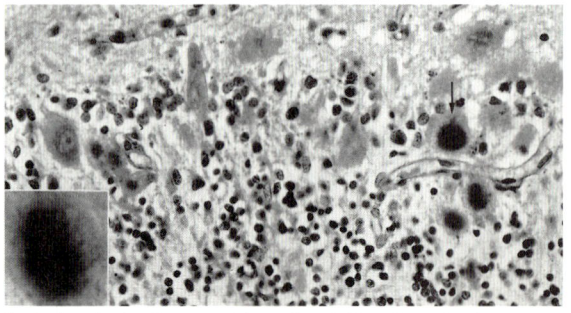

(aus Riede, Schaefer; Allgemeine und spezielle Pathologie, Thieme, 2001)

Zu den **Prionenkrankheiten** zählen:
- Die bereits 1920 beschriebene **Creutzfeld-Jakob-Krankheit**. Sie tritt sporadisch mit einer Inzidenz von etwa 1:1 Million auf und äußert sich durch eine rasch fortschreitende Demenz. Bei vielen der Patienten findet sich in Position 129 des PrP die Aminosäure Methionin anstelle von Valin. Diese genetische Variation hat offenbar eine erhöhte Neigung des PrP zur Komplexbildung zur Folge.
- **Kuru:** Diese Erkrankung, die mit psychischen und neurologischen Symptomen (z. B. Wahnvorstellungen, Lähmungen, Muskelzuckungen) einhergeht, wurde Anfang des 20. Jahrhunderts bei einer Bevölkerungsgruppe in Papua-Neuguinea beobachtet, die bei Bestattungen einen rituellen Kannibalismus praktizierte. 1957 wurde dieser Kannibalismus verboten und in neuerer Zeit sind kaum noch Krankheitsfälle aufgetreten. Inzwischen wird Kuru auf die Aufnahme von PrP-Partikeln über den Verdauungstrakt zurückgeführt. Prionenkrankheiten sind also grundsätzlich übertragbar, die mittlere Inkubationszeit beträgt bei Kuru ca. 25 Jahre.
- Die **Traberkrankheit (engl. Scrapie)**, die bei Ziegen und Schafen auftritt und schon seit Jahrhunderten bekannt ist.

Ende des 20. Jahrhunderts löste die Verfütterung von Tiermehl in Europa unter Rindern eine **BSE-Epidemie** aus. BSE (bovine spongiforme Enzephalopathie) wurde dabei vermutlich durch PrP-Partikel hervorgerufen, die aus Kadavern erkrankter Schafe stammten. Bis 2002 wurden in Großbritannien, dem Zentrum der Epidemie, über 180 000 Fälle gezählt, in Deutschland 220. Seitdem wurden in Großbritannien wiederholt Fälle einer neuen Variante von Creutzfeld-Jakob-Erkrankungen bei Menschen (vCJD) auf den Genuss von Fleisch erkrankter Rinder zurückgeführt. Bis 2006 wurden 160 derartige Fälle gemeldet, 152 der Patienten sind an der Krankheit gestorben. Die BSE-Epidemie konnte inzwischen durch Änderungen der Zusammensetzung des Tierfutters und durch Tötung aller infizierten Rinder weitgehend eingedämmt werden. Glücklicherweise ist auch die Zahl der Fälle von vCJD seit 2000 deutlich rückläufig. 2005 wurde in Großbritannien nur noch bei 5 Patienten vCJD diagnostiziert. Aufgrund der langen Latenzzeit, die bei Kuru beobachtet wurde, lassen sich die Folgen der BSE-Epidemie für den Menschen allerdings noch nicht abschließend beurteilen.

Während der Weg der PrP-Partikel von der Nahrung zu den Zellen des Gehirns weiterhin unklar ist, konnten die strukturellen Änderungen im PrP, die den Erkrankungen zugrunde liegen, grundsätzlich geklärt werden: In den Zellen des ZNS liegt PrP normalerweise in einer Struktur vor, deren Kern im Wesentlichen aus drei α-Helices und zwei β-Faltblattbereichen besteht. Diese Form des Proteins wird als **PrP^c** (Prion Protein, cellular) bezeichnet. **PrP^{sc}** (Prion Protein, Scrapie) ist die **pathologische Form des** gleichen **Proteins**. Der entscheidende Unterschied zwischen beiden Formen besteht in einem dramatischen Wechsel in einem Teil der Tertiärstruktur. Im PrP^{sc} findet man nämlich einen **erheblich erhöhten Anteil an β-Faltblattstrukturen**. PrP^{sc} enthält nur noch zwei α-Helices und stattdessen vier β-Faltblattbereiche.

PrP^{sc}-Faltungen können zwei **unterschiedliche Ursachen** haben:
- Sporadischen Erkrankungen liegt oft eine **Mutation im PrP-Gen** zugrunde, die zunächst einen Unterschied in der Primärstruktur des Proteins zur Folge hat. Der Unterschied der Primärstruktur zieht dann den Unterschied in der Tertiärstruktur nach sich.
- Bei Epidemien, wie z. B. bei der BSE-Epidemie, liegen die PrP-Moleküle zunächst in ihrer korrekten PrP^c-Konformation vor. Erst durch Wechselwirkungen mit PrP^{sc}-Molekülen aus der Nahrung kommt es zu einer **induzierten Umfaltung**, und aus den PrP^c-Molekülen gehen die pathogenen PrP^{sc}-Moleküle hervor.

5.5.2 An der Proteinfaltung beteiligte Proteine

Bei allen Lebewesen haben sich Schutzmechanismen entwickelt, die Fehlfaltungen und gefährliche Aggregatbildungen verhindern sollen. Wichtigste Bestandteile dieses Schutzsystems sind die Chaperone.

Chaperone

▶ Definition. Molekulare **Chaperone** sind Proteine, die andere Proteine bei der Faltung unterstützen oder die Aggregatbildung fehlgefalteter oder noch nicht komplett gefalteter Proteine verhindern.

5.5.2 An der Proteinfaltung beteiligte Proteine

Die Zelle besitzt ein Aggregatbildungs-Schutzsystem. Wichtigster Bestandteil sind die Chaperone.

Chaperone

▶ Definition.

C 5 Genexpression

Die meisten Chaperone werden auch als **Hitzeschockproteine (Hsp)** bezeichnet, da sie bei erhöhter Temperatur vermehrt exprimiert werden. Dies ist sinnvoll, da Stressbedingungen die Effizienz der Proteinfaltung mindern. Ebenfalls zu den Hitzeschockproteinen zählt man die Co-Chaperone, die unterstützend auf einige Chaperone wirken.

Chaperone sind Teil eines Systems der intrazellulären Qualitätskontrolle. Misslingt eine korrekte Proteinfaltung, so werden die unbrauchbaren Proteine am Proteasom (S. 390) einem proteolytischen Abbau zugeführt.

Funktionen

Chaperone
- kontrollieren Faltungsprozesse und verhindern eine inkorrekte Faltung,
- verhindern die Proteinaggregation,
- unterstützen die Assemblierung von Proteinuntereinheiten,
- unterstützen die Translokation von Proteinen durch Membranen, z. B. Proteinimport in Mitochondrien (S. 382),
- sind an der Signaltransduktion, z. B. der Steroidhormone (S. 580), beteiligt.

Einteilung

Die Chaperone werden in verschiedene Familien eingeteilt, die sich durch ihre molekularen Massen unterscheiden. Die wichtigsten dieser Familien und ihre Funktionen werden im Folgenden beschrieben.

Hsp70/Hsp40-Familie: Die **Faltung** der neu synthetisierten Polypeptide erfolgt schon **während der Translation**. Werden in der wachsenden Polypeptidkette kleine hydrophobe Bereiche exponiert, so besteht die Gefahr der Aggregation. Molekulare Chaperone des **Hsp70**-Typs **unterstützen** die **Proteinfaltung**, indem sie diese Bereiche binden und eine Aggregation verhindern. Durch eine Folge von Zyklen der Bindung von Hsp70, Konformationsänderung mittels ATP-Hydrolyse und Freisetzung des Proteins wird ein korrekt gefaltetes Protein hervorgebracht. Dabei wirken **Hsp40**-Proteine unterstützend. Hsp40-Proteine sind eine sehr heterogene Gruppe von **Co-Chaperonen**. Einige stimulieren die durch Hsp70 katalysierte ATP-Hydrolyse, andere binden ungefaltete Proteine und dirigieren diese zu den Hsp70-Chaperonen.

Eine weitere wichtige Funktion von **Hsp70** liegt im **Transport von Proteinen in das Innere der Mitochondrien** (S. 382). Nur ungefaltete Proteine können durch Membranen gelangen. Durch Bindung an Hsp70 wird eine frühzeitige Faltung verhindert, bis das Protein transloziert werden kann.

Hsp60/Hsp10-Familie: Nach vollständiger Synthese des Proteins kann eine **Fehlfaltung** durch **Hsp60 korrigiert** werden. Ähnlich wie bei Hsp70 erfolgt die Erkennung und Bindung an das Protein über exponierte hydrophobe Oberflächen. Das komplette Chaperon ist aus 14 identischen Untereinheiten mit der jeweiligen molekularen Masse von 60 kDa aufgebaut, die zwei heptamere, übereinander gestapelte Ringe bilden. Diese fassartige Struktur wird durch einen „Deckel" aus einem weiteren heptameren Ring aus dem **Co-Chaperon Hsp10** abgeschlossen.

Fehlgefaltete Proteine gelangen in das Innere des „Fasses" und erhalten dort unter ATP-Verbrauch eine andere Konformation (Abb. **C-5.33**).

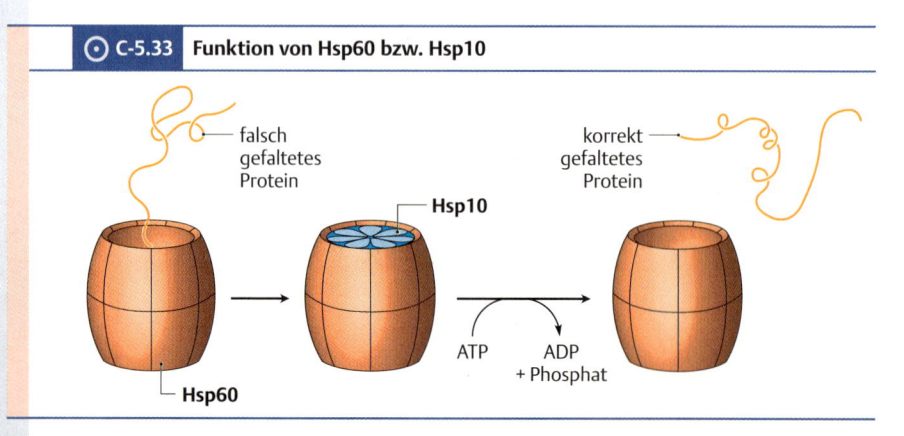

C-5.33 Funktion von Hsp60 bzw. Hsp10

Hsp90-Familie: Hsp90-Chaperone **scheinen** die **letzten Schritte der Faltung aufzuhalten**. Sie haben einen weiten Wirkungsbereich und **beeinflussen Signaltransduktionswege**, z. B. durch Bindung an Steroidhormonrezeptoren (S. 580) oder Proteinkinasen. Sie wirken auch als Teil eines größeren Komplexes, der Hsp70, eine Peptidyl-Prolyl-Isomerase und andere Bestandteile enthält.

Faltungshelferenzyme

Neben den Chaperonen gibt es weitere Enzyme, die dazu beitragen, dass Proteine ihre native Konformation annehmen. Dazu zählen die Proteindisulfid-Isomerasen und die Peptidyl-Prolyl-*cis*/*trans*-Isomerasen.

Proteindisulfid-Isomerasen

Enthält ein Protein mehr als zwei Cysteinreste, so gibt es verschiedene Möglichkeiten der Ausbildung von Disulfidbrücken. **Falsche Disulfidbrücken** müssen **aufgelöst** und zwischen anderen Paaren von Cysteinresten **neu geknüpft** werden. Diese **Thiol-Disulfid-Austauschreaktionen** werden bei Eukaryonten im Lumen des ER durch Proteindisulfid-Isomerasen katalysiert. Im Verlauf dieser Reaktion werden Disulfide zwischen Cysteinresten im aktiven Zentrum des Enzyms und dem Protein gebildet. Dabei werden im Protein Thiolgruppen frei, die wiederum eine Disulfidbrücke ausbilden können (Abb. **C-5.34**). Im Laufe der Austauschreaktionen wird das Protein die thermodynamisch günstigste Form annehmen.

Hsp90-Familie: Hsp90 scheint die **letzten Schritte der Faltung aufzuhalten** und ist an **Signaltransduktionswegen beteiligt**.

Faltungshelferenzyme

Proteindisulfid-Isomerasen

Proteindisulfid-Isomerasen katalysieren **Thiol-Disulfid-Austauschreaktionen** zwischen verschiedenen Cysteinresten eines Proteins und sorgen so für die **Auflösung und Neuknüpfung von Disulfidbrücken** (Abb. **C-5.34**).

C-5.34 Mechanismus der Proteindisulfid-Isomerase-Reaktion (PDI-Reaktion)

Peptidyl-Prolyl-cis/trans-Isomerasen

Nahezu alle Peptidbindungen liegen in der *trans*-Konfiguration vor. Eine Ausnahme bilden Peptidbindungen, an denen der Iminostickstoff des Prolins beteiligt ist. Hier ist der Anteil der *cis*-Konfiguration (Abb. **C-5.35**) deutlich erhöht und liegt in Abhängigkeit von der zum Prolin benachbarten Aminosäure zwischen 5 und 45%. Dadurch wird eine korrekte Faltung behindert, da nur eine der beiden Konfigurationen im nativen Protein vorkommen soll, bei den meisten Proteinen ist es *trans*, bei einigen kann es auch *cis* sein. Peptidyl-Prolyl-*cis*/*trans*-Isomerasen **beschleunigen** die **Einstellung des Gleichgewichts zwischen *cis*- und *trans*-Konfiguration von Peptidbindungen**, an denen **Prolin** beteiligt ist. Dadurch wird der Prozess der Faltung beschleunigt.

Peptidyl-Prolyl-cis/trans-Isomerasen

Peptidyl-Prolyl-*cis*/*trans*-Isomerasen **beschleunigen** die **Einstellung des Gleichgewichts zwischen *cis*- und *trans*-Konfiguration von Peptidbindungen**, an denen **Prolin** beteiligt ist (Abb. **C-5.35**).

C-5.35 Peptidyl-Prolyl-cis/trans-Konfiguration

C-5.35

5.6 Cotranslationaler Proteintransport in das endoplasmatische Retikulum

Eukaryontische Zellen sind stark kompartimentiert. Neu synthetisierte Proteine müssen entsprechend ihrer Funktion sortiert werden. Dies ist mit Transportvorgängen verbunden, die meistens posttranslational verlaufen. Der Proteinimport in das endoplasmatische Retikulum (ER) jedoch beginnt schon während der Translation, erfolgt also cotranslational.

Ribosomen können sich entweder frei im Zytosol bewegen, oder sie sind an der Membran des ER verankert. Bereiche des ER, die mit Ribosomen überzogen sind, werden als **raues ER** bezeichnet, im Gegensatz zum glatten ER, das keine Ribosomen trägt. Die Ribosomen, die am rauen ER lokalisiert sind, produzieren die Proteine, die in das ER hineintransportiert werden.

Die betroffenen Proteine tragen an ihrem N-Terminus eine Signalsequenz. Sobald die Synthese dieser Sequenz erfolgt ist, kann ein **Signalerkennungspartikel (Signal Recognition Particle, SRP)** an die Sequenz binden (Abb. **C-5.36**) und die weitere Translation unterbrechen. Dadurch wird gewährleistet, dass dieses Protein nicht in das Zytosol gelangen kann. Das SRP besteht aus sechs Proteinen und einer RNA. An der Membran des ER befinden sich SRP-Rezeptoren, die den SRP-Ribosomen-Komplex binden. Der Rezeptor überträgt den Komplex auf einen Protein-Translokator, der die ER-Membran durchdringt. Sobald das Ribosom am Protein-Translokator andockt, werden SRP und SRP-Rezeptor freigesetzt. Die Translation wird fortgesetzt und der Protein-Translokator fädelt das entstehende Polypeptid durch die ER-Membran. An der luminalen Seite der Membran befindet sich eine Signalpeptidase, die das Signalpeptid abspaltet, wobei das Signalpeptid in der Membran verbleibt und das Protein in das Lumen des ER gelangt. Dort wird die Glykosylierung eingeleitet. Die entstandenen Glykoproteine werden zu anderen Zellkompartimenten (Golgi-Apparat, Lysosomen, Zytoplasmamembran) weitertransportiert. Die Details dieser Vorgänge sind im Kap. „Endoplasmatisches Retikulum" (S. 383) beschrieben.

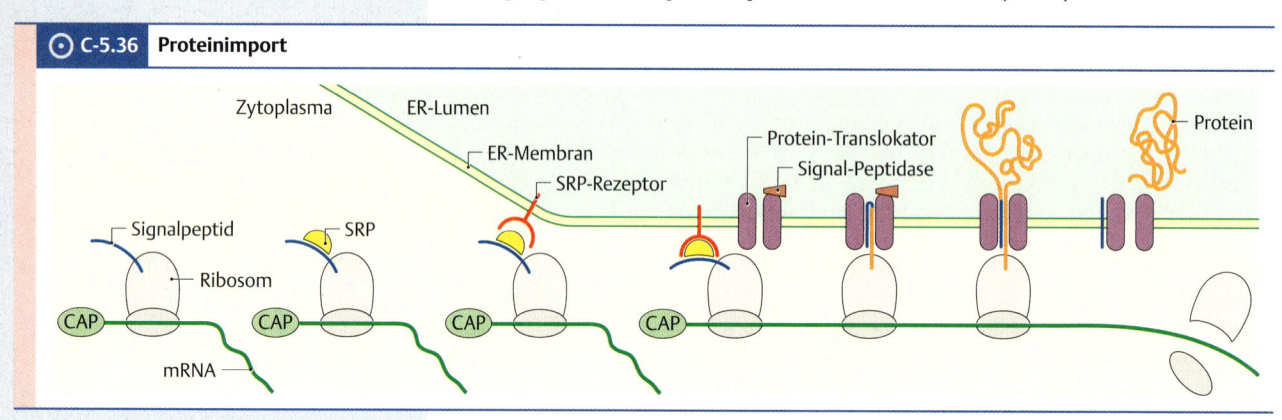

C-5.36 Proteinimport

5.7 Co- und posttranslationale Modifikation von Proteinen

▶ **Definition.** Enzymatisch katalysierte Veränderungen der Proteine während oder nach der Translation nennt man **co- oder posttranslationale Modifikationen**.

Viele Proteine müssen während oder nach der Translation modifiziert werden, um funktionsfähig zu werden. Einige Beispiele sind im Folgenden aufgeführt.

Proteolytische Prozessierung und limitierte Proteolyse: Alle Proteine enthalten unmittelbar nach der Translation ein **aminoterminales Methionin** aufgrund der Verwendung des Codons AUG als Translationsstart. Diese Aminosäure wird bei den meisten Proteinen durch eine Methionin-spezifische Aminopeptidase entfernt.

Peptidhormone wie z. B. Insulin werden aus Vorläufermolekülen durch proteolytische Schnitte hergestellt (S. 583). Vom Präproinsulin wird beim cotranslationalen Transport in das endoplasmatische Retikulum die Signalsequenz entfernt, wodurch das Proinsulin entsteht. Zwei weitere Schnitte teilen dieses Polypeptid in drei Ketten

C 5.7 Co- und posttranslationale Modifikation von Proteinen

(A, B und C), von denen die Ketten A und B durch Disulfidbrücken miteinander verbunden sind und das fertige Insulin darstellen.

Inaktive Enzyme (Zymogene) können durch Abspaltung kurzer Peptide in ihre aktive Form überführt werden. Extrazellulär betrifft dies die Verdauungspeptidasen (z. B. Trypsinogen → Trypsin) und die Blutgerinnungskaskade, intrazellulär spielt dies bei der Auslösung der Apoptose durch Caspasen eine Rolle.

Hydroxylierung: Lysin- und Prolinreste des Kollagens werden durch α-Ketoglutarat-abhängige Dioxygenasen hydroxyliert, die durch Vitamin C funktionsfähig gehalten werden. Nur so kann die Tripelhelix des Kollagens durch Wasserstoffbrückenbindungen stabilisiert werden (S. 405).

Hydroxylierung: z. B. von Lysin und Prolin im Kollagen → Stabilisierung der Tripelhelix.

▶ **Klinik.** Massiver Vitamin-C-Mangel führt deshalb zu Bindegewebsschwäche (Skorbut).

▶ **Klinik.**

Carboxylierung: Bei einigen Calcium-bindenden Proteinen, z. B. den Blutgerinnungsfaktoren IX, X, VII, Prothrombin, Protein C und Protein S, dem Osteocalcin (Bestandteil der organischen Knochenmatrix) und dem Nephrocalcin (hemmt die Bildung von Calciumoxalatkristallen in den Nierentubuli) werden Glutamatreste Vitamin-K-abhängig carboxyliert. Das entstandene γ-Carboxyglutamat (S. 731) kann Ca^{2+} gut chelatartig binden und gewährleistet so die Funktion der genannten Proteine.

Die **Carboxylierung** von Glutamatresten ist für die Funktion einiger Calcium-bindender Proteine (z. B. die Blutgerinnungsfaktoren IX, X, VII, Prothrombin, Proteine C und S) essenziell.

▶ **Klinik.** Der therapeutische Einsatz von Vitamin-K-Antagonisten (S. 299) führt zu einer Minderung der Blutgerinnungsneigung und dadurch zu einer Verringerung des Thromboserisikos.

▶ **Klinik.**

Phosphorylierung: Die reversible Phosphorylierung der Aminosäuren Serin, Threonin und Tyrosin zählt zu den wichtigsten Mechanismen zur Regulation der Enzymaktivität.

Phosphorylierung: Viele Enzyme werden durch reversible Phosphorylierung reguliert.

Glykosylierung: Kohlenhydratreste können im ER oder im Golgi-Apparat an die Aminosäuren Serin oder Threonin (O-glykosidisch) oder an Asparagin (N-glykosidisch) geknüpft werden (S. 359). Zu diesen Glykoproteinen zählen membranständige und sezernierte Proteine.

Glykosylierung: Membranständige und sezernierte Proteine werden mit Oligosacchariden verknüpft.

Acetylierung: Acetylierungen am aminoterminalen Ende eines Proteins schützen vermutlich das Protein vor Abbau. Darüber hinaus gibt es aber auch reversible Acetylierungen an ε-Aminogruppen von Lysinresten (z. B. bei Histonen), die regulatorische Funktionen (Regulation der Chromatinstruktur) erfüllen.

Acetylierung: am N-Terminus schützt ein Protein vermutlich vor Abbau. Acetylierung von Histonen dient der Regulation der Chromatinstruktur.

N-Methylierung: Auch über eine Methylierung von Lysin- und Argininseitenketten werden Prozesse in den Zellen reguliert. Am bekanntesten sind die Effekte der Methylierung von Histonen (S. 467) im Kontext der Regulation der Genaktivitäten. Spezifische Enzyme katalysieren bei Bedarf auch eine Demethylierung.

N-Methylierung: Auch über eine Protein-Methylierung werden Prozesse in den Zellen reguliert

Acylierung: Kopplung der Fettsäuren Myristinsäure oder Palmitinsäure führt zur Bindung der acylierten Proteine an die Zellmembran. Dies kann für die Funktion entscheidend sein:

Acylierung: Kopplung mit Myristin- oder Palmitinsäure ermöglicht dem Protein die Bindung an die Zellmembran.

▶ **Klinik.** Bei einigen Formen des **Kolonkarzinoms** ist die Aktivität der Tyrosinkinase **Src** erhöht. Src ist nur in der myristoylierten Form aktiv. Als Teil einer intrazellulären Signaltransduktionskette steigert Src u. a. die Expression eines Urokinaserezeptors, der die Protease Urokinase aus der Umgebung binden kann und so die lokale Urokinasekonzentration stark erhöht. Dies führt zur proteolytischen Aktivierung von Plasminogen zu Plasmin und damit zum Abbau von Matrixelementen und zur Aktivierung von Kollagenasen. Dies trägt entscheidend zur Invasivität und Metastasierung des Tumors bei.

▶ **Klinik.**

Die Myristoylierung erfolgt am N-Terminus des Proteins, wobei die N-terminale Aminosäure Glycin sein muss.
Palmitinsäure wird durch eine Thioesterbindung an Cysteinreste gebunden.

Isoprenylierung: Eine weitere Möglichkeit, Proteine an Membranen zu verankern, ist die Bindung von Isopren-Derivaten. Farnesylreste (C 15) oder Geranylgeranylreste (C 20) werden durch eine Thioetherbindung an carboxyterminale Cysteinreste gekoppelt.

Isoprenylierung: Diese Reaktion ermöglicht die Bindung des Proteins an jegliche Art von Membran.

▶ **Klinik.** Medizinisch besonders interessant ist die **Farnesylierung des Onkogen-Produkts Ras**, das nur in seiner farnesylierten membranständigen Form Wachstumssignale an die Zelle vermittelt. Ras ist ein kleines G-Protein, das als Teil einer intrazellulären Signaltransduktionskette Wachstumssignale von Rezeptortyrosinkinasen über weitere Proteinkinasen an Transkriptionsfaktoren weiterleitet. Es gibt mutierte Formen von Ras, die unabhängig vom Vorhandensein eines Wachstumsfaktors ständig aktiv sind und so der Zelle Wachstumssignale vortäuschen. Man schätzt, dass Ras an der Entstehung von etwa 30 % aller Tumoren beteiligt ist. Inhibitoren der Farnesyltransferase könnten die Farnesylierung unterbinden und so bei vielen Tumorerkrankungen therapeutisch eingesetzt werden. Derartige Präparate befinden sich schon in klinischer Erprobung.

Glykosylphosphatidylinositol-(GPI)-Anker:
Diese befestigen zelluläre Oberflächenproteine an der Zellmembran.

Glykosylphosphatidylinositol(GPI)-Anker: Viele zelluläre Oberflächenproteine werden durch GPI-Anker an der Zellmembran befestigt. Der Phosphatidylinositol-Anteil befindet sich in der äußeren Schicht der Membran. Inositol ist über einige Oligosaccharide und Phosphoethanolamin mit dem Carboxyterminus des Proteins verbunden.

ADP-Ribosylierung: Man unterscheidet die Mono-ADP-Ribosylierung, bei nur ein ADP-Ribose-Molekül auf ein Protein übertragen wird und die Poly-ADP-Ribosylierung, bei der 200–400 ADP-Riboseereste angehängt werden. Dazu wird zunächst NAD^+ gespalten und das Nikotinamid somit freigesetzt. Der Rest des NAD^+, die ADP-Ribose wird dann auf eine Protein übertragen. Die Übertragung erfolgt meist auf die Seitenkette eines Arginins.

ADP-Ribosylierung: Die beiden berühmtesten Beispiele für ADP-Ribosylierung sind die Inaktivierung des Elongationsfaktors eEF2 (S. 478) durch Diphtherietoxin (S. 482) und die Modifikation eines G_s-Proteins durch Choleratoxin (S. 305). Verschiedene Proteine werden aber auch unter physiologischen Bedingungen ADP-ribosyliert. Man kennt mehr als 800 Proteine, die durch ADP-Ribosylierung modifiziert werden. Vorgänge wie Apoptose, die Regulation der Genexpression und die DNA-Reparatur werden dadurch beeinflußt. Es gibt die Mono-ADP-Ribosylierung, bei der nur eine ADP-Ribose übertragen wird, und die Poly-ADP-Ribosylierung bei der 200–400 ADP-Ribose-Einheiten an das Protein gebunden werden. Die ADP-Ribose-Einheiten werden in der Regel auf die Seitenkette eines Arginins übertragen. Dabei wird ein NAD^+-Molekül gespalten: der Nikotinamid-Teil des NAD^+ wird freigesetzt, der Rest des NAD^+, also die ADP-Ribose wird dann auf das Arginin übertragen.

Ubiquitinylierung: Ubiquitin ist ein kleines Protein von 76 Aminosäuren, das über ein C-terminales Glycin auf die ε-Aminogruppe der Seitenkette eines Lysins übertragen wird. Durch Anhängen weiterer Ubiquitinmoleküle an die Lysinreste der Positionen 48 (K48) und 63 (K63) kommt es zu Polyubiquitinylierung. Damit werden verschiedene Proteine z. B. zum proteasomalen Abbau markiert.

Ubiquitinylierung: Ubiquitin ist ein kleines Protein von 76 Aminosäuren, das in den Geweben ubiquitär, also überall vorhanden ist. Die C-terminale Aminosäure ist ein Glycin. Über dieses kann Ubiquitin ATP-abhängig auf die ε-Aminogruppe der Seitenkette eines Lysins eines Proteins übertragen werden. Dabei reagiert die COO^--Gruppe des Glycins mit der ε-Aminogruppe unter Bildung einer Amidbindung. Diese ähnelt einer Peptidbindung und wird deshalb auch als Isopeptidbindung bezeichnet. An dem einmal angehängten Ubiquitin können über dessen Lysinreste in Position 48 (= K48) oder Position 63 (= K63) weitere Ubiquitin-Moleküle verknüpft werden, sodass es zu einer Polyubiquitinylierung kommt. Daraus ergeben sich eine ganze Reihe verschiedener Ubiquitinylierungstypen mit unterschiedlichen biologischen Funktionen. Eine wichtige Funktion ist die Markierung von Proteinen (S. 391) zum proteasomalen Abbau (S. 390).

SUMOylierung und Neddylierung: Es gibt weitere Ubiquitin-ähnliche Proteine (SUMO, NEDD8), die der posttranslationalen Modifikation dienen

SUMOylierung und Neddylierung : Es gibt eine Reihe Ubiquitin-ähnlicher Proteine, von denen die SUMO-Proteine und NEDD8 am besten charakterisiert sind. SUMO-Proteine sind kleine Proteine von ca. 100 Aminosäuren. NEDD8 ist ein Protein von 76 Aminosäuren. Sie dienen ähnlich dem Ubiquitin ebenfalls dazu, gezielt bestimmte Proteine zu markieren. Interessanterweise werden sie auf eine ähnliche Weise übertragen wie Ubiquitin. Auch sie werden über ein C-terminales Glycin auf die ε-Aminogruppe der Seitenkette eines Lysins übertragen.

6 Viren

6.1 Virusaufbau 491
6.2 Infektionszyklus 492
6.3 Systematik der Viren 493

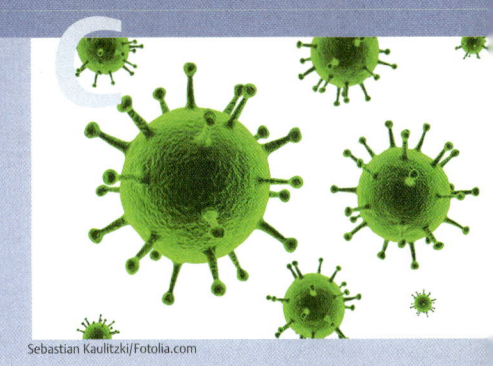

6.1 Virusaufbau

Viren sind infektiöse Partikel, die in Wirtszellen eindringen können und sich dort mit Hilfe der zellulären Enzyme des Wirtes vermehren können. Außerhalb der Zellen nennt man diese Partikel auch **Virionen**. Sie sind außerordentlich weit verbreitet und können Bakterien, Pflanzen, Tiere und Menschen befallen und dabei Krankheiten auslösen. Sie besitzen keinen eigenen Stoffwechsel, also keine Möglichkeit, ihr Erbgut selbstständig zu replizieren und die Komponenten, aus denen sie bestehen, zu synthetisieren, sondern sind vollständig auf den Wirt angewiesen.
Viren bestehen aus Nukleinsäuren (RNA **oder** DNA), Proteinen und manchmal aus einer Membranhülle aus Lipiden.

6.1 Virusaufbau

Viren bestehen aus einer Nukleinsäure (RNA **oder** DNA), Proteinen und manchmal einer Lipidhülle.

▶ **Merke.** Viren besitzen keinen eigenen Stoffwechsel und sind deshalb bei ihrer Replikation und Proteinsynthese vollständig auf eine Wirtszelle angewiesen.

▶ **Merke.**

▶ **Definition.** Als **Virionen** werden vollständige Viruspartikel außerhalb einer Wirtszelle bezeichnet.

▶ **Definition.**

6.1.1 Virale Nukleinsäuren

Viren enthalten entweder DNA oder RNA, niemals jedoch beide Arten von Nukleinsäuren zugleich. Die Nukleinsäure kann linear oder zirkulär vorliegen. Sowohl DNA als auch RNA können einzelsträngig (ss) oder doppelsträngig (ds) vorliegen. Außerdem können beide Moleküle entweder aus einem zusammenhängenden Strang bzw. Doppelstrang bestehen (unsegmentiert) oder aus mehreren kürzeren (Doppel-) Strängen aufgebaut sein (segmentiert).

6.1.1 Virale Nukleinsäuren

Die Struktur der Nukleinsäure kann sehr variieren:
- linear oder zirkulär
- einzelsträngig oder doppelsträngig
- segmentiert oder unsegmentiert.

6.1.2 Virale Proteine

Die viralen Proteine können nach ihrer Funktion in folgende Gruppen eingeteilt werden:
- Strukturproteine
- Enzyme
- Regulatorische Proteine

Strukturproteine: Die Strukturproteine umgeben die Nukleinsäure und schützen somit das Genom vor der Umgebung. Diese Proteinhülle wird als Kapsid bezeichnet. Die Untereinheit des **Kapsids** bilden die **Kapsomere**, einzelne monomere Proteine. Den Komplex aus Strukturproteinen und Nukleinsäure nennt man **Nukleokapsid**. Die Anzahl der Proteine, die zum Aufbau eines Kapsids verwendet werden, variiert je nach Virus. Manchmal genügt ein einzelner Proteintyp, manchmal setzt sich ein Kapsid aus zahlreichen verschiedenartigen Monomeren zusammen. Die Kapside können eine langgestreckte helikale Form annehmen, oder sie bilden Ikosaeder (Abb. **C-6.1**).

6.1.2 Virale Proteine

Strukturproteine: Strukturproteine bilden das sog. Kapsid, die Proteinhülle um das virale Genom. Die einzelnen monomeren Proteine werden als Kapsomere bezeichnet und stellen die Untereinheiten des Kapsids dar. Das Nukleokapsid ist der Komplex aus Kapsid und Nukleinsäure.

▶ **Definition.** Als **Nukleokapsid** wird der Komplex aus **Nukleinsäure** und **Kapsid** (virale Proteinhülle) bezeichnet.

▶ **Definition.**

C-6.1 Aufbau von Viruspartikeln

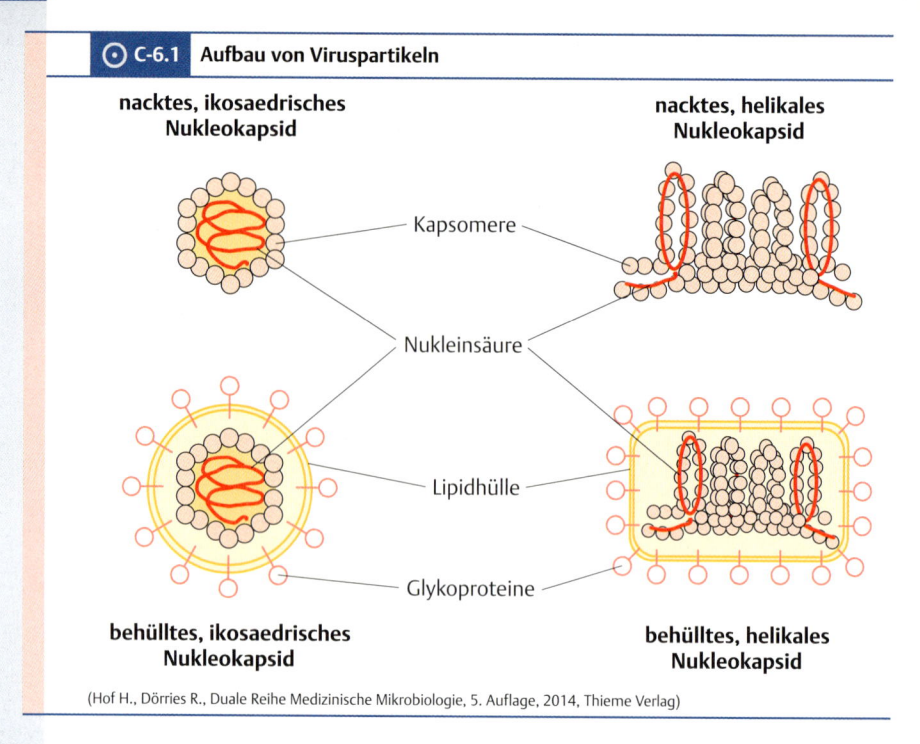

nacktes, ikosaedrisches Nukleokapsid — nacktes, helikales Nukleokapsid
Kapsomere
Nukleinsäure
Lipidhülle
Glykoproteine
behülltes, ikosaedrisches Nukleokapsid — behülltes, helikales Nukleokapsid

(Hof H., Dörries R., Duale Reihe Medizinische Mikrobiologie, 5. Auflage, 2014, Thieme Verlag)

Enzyme: Beipiele für virale Enzyme, die nicht in den Wirtszellen vorkommen:
- **RNA-abhängige RNA-Polymerase:** Synthese von mRNA aus viraler RNA.
- **Reverse Transkriptase:** Übersetzung von viraler RNA in cDNA, um diese mit Hilfe der Integrase stabil im Wirtsgenom zu verankern.
- **Neuraminidasen:** Abspaltung von Sialinsäuren aus viralen und Wirtszellen-eigenen membranständigen Proteinen.

Enzyme: Manche Viren besitzen eigene Enzyme, die sie in ihren Virionen transportieren. Dies sind Enzyme, die nicht in der Wirtszelle vorhanden sind. Dazu zählen z. B. **die RNA-abhängige RNA-Polymerase** und die **reverse Transkriptase**, die für die Synthese virusspezifischer Nukleinsäuren nötig sind. Bei Viren, deren Genom aus (−)ssRNA besteht, synthetisiert die RNA-abhängige RNA-Polymerase aus viraler RNA mRNA zur Proteinsynthese. Die reverse Transkriptase ermöglicht, dass virale RNA in DNA umgeschrieben wird und so das virale Genom mit Hilfe der Integrase in der DNA der Wirtszellen verankert werden kann. Ein weiteres Beispiel für virale Enzyme sind die **Neuraminidasen**, welche in der Lage sind, Sialinsäuren, membranständige Glycoproteine der Wirtszelle, aber auch des Virus selbst, abzuspalten. Dadurch wird sowohl die Infektion als auch das Ausschleusen des Virus aus der Wirtszelle erleichtert. Neuraminidase-Inhibitoren (S. 498) werden unter anderem bei Infektionen mit Influenzaviren (S. 497) eingesetzt.

Regulatorische Proteine: Sie beeinflussen die Genexpression der Wirtszelle, um eine möglichst effiziente Virusproduktion zu ermöglichen.

Regulatorische Proteine: Um alle zur Virusvermehrung notwendigen Vorgänge in der Wirtszelle kontrollieren zu können, werden regulatorische Proteine benötigt. Diese steuern die Genexpression und stellen den Stoffwechsel auf eine möglichst effiziente Virusproduktion um, was zu Lasten der physiologischen Prozesse der Wirtszelle geht.

Membranhülle: Die Membranhülle, die manche Viren umgibt, entstammt der Zellmembran der Wirtszelle und enthält virale Glykoproteine. Viren mit einer solchen Hülle werden als behüllt bezeichnet.

Membranhülle: Manche Viren besitzen eine Hülle aus einer Lipid-Doppelschicht, welche das Kapsid umschließt. Bei der Freisetzung der Viruspartikel verbleibt die Zellmembran der Wirtszelle als äußere Hülle und zusätzlich werden virale Glykoproteine eingelagert. Viren mit einer solchen Lipiddoppelschicht werden als behüllt bezeichnet.

6.2 Infektionszyklus

Der Infektionszyklus eines Virus besteht aus folgenden Phasen:

Der Infektionszyklus eines Virus besteht aus folgenden Phasen:
- Adsorption
- Penetration
- Entmantelung (uncoating)
- Synthese der viralen Komponenten:
  - Replikation
  - Proteinsynthese
- Morphogenese
- Freisetzung

Adsorption: Der erste Schritt der Infektion ist die Anheftung des Virions an die Oberfläche der Wirtszelle. Spezifische Virusproteine binden an, in der Zytoplasmamembran gelegene, Rezeptormoleküle. Diese Wechselwirkungen bestimmen die Wirtsspezifität und auch die Zellspezifität eines Virus.

Penetration: Nach der Anheftung muss das Virus in die Zelle eindringen. Bei hüllenlosen Viren geschieht dies in der Regel durch rezeptorvermittelte Endozytose (S. 368). Bei Viren, die eine Membranhülle tragen, verschmilzt diese mit der Zytoplasmamembran der Wirtszelle und das Nukleokapsid (Proteinhülle + virales Genom) kann in die Zelle eindringen.

Entmantelung (uncoating): Das Nukleokapsid zerfällt und setzt die virale Nukleinsäure frei. Dies kann schon während der Penetration geschehen oder beim Vesikeltransport des Virus durch die Zelle im sog. Endosom. Bei RNA-Viren verbleibt die RNA im Zytoplasma. Bei den meisten DNA-Viren (Ausnahme: Pockenvirus) wird das Nukleokapsid bis an die Kernporen transportiert; dort zerfällt es, wobei die virale DNA in den Zellkern eingeschleust wird.

Synthese der viralen Komponenten:
- **Replikation:** Die Art und Weise der Replikation hängt sehr von der Beschaffenheit des Genoms ab. Bei manchen Viren werden dazu Enzyme benötigt, die nicht in der Wirtszelle vorhanden sind wie z. B. die reverse Transkriptase oder die RNA abhängige RNA-Polymerase. Bei RNA-Viren läuft die Replikation im Zytoplasma ab. Bei DNA-Viren findet sie im Zellkern statt unter Nutzung der Wirts-DNA-Polymerasen.
- **Proteinsynthese:** Im Wesentlichen werden die Komponenten der Wirtszelle zur Proteinsynthese verwendet. Virale Vorläuferproteine werden jedoch durch Proteasen des Virus prozessiert.

▶ **Merke.** Bei RNA-Viren erfolgt die Replikation im Zytoplasma, während sie bei DNA-Viren im Zellkern stattfindet.

Morphogenese: Nach der Synthese der einzelnen Bestandteile kommt es zu einem geordneten Zusammenbau der neuen Viruspartikel (**self-assembly**), weitgehend ohne Unterstützung durch zelluläre Proteine.

Freisetzung: Je nach Art des Virus können verschiedene Mechanismen für die Freisetzung der Viruspartikel aus der Wirtszelle unterschieden werden:
- **Knospung:** Dabei lagern sich die Nukleokapside an die Innenseite der Zytoplasmamembran an und werden nach außen abgeschnürt, wobei Teile der Membran als Hülle mitgenommen werden.
- **Exozytose (S. 368):** Falls die Morphogenese nicht direkt an der Zytoplasmamembran erfolgt, sondern an der Kernmembran oder der Membran des endoplasmatischen Retikulums, gelangen die Viruspartikel durch den Golgi-Apparat an die Zelloberfläche und werden dort exozytiert.
- **Lyse der Wirtszelle:** Bei hüllenlosen Viren erfolgt die Freisetzung durch Lyse der Wirtszellen.

▶ **Merke.** Durch Knospung und Exozytose entstehen behüllte Viren (mit Lipidhülle). Unbehüllte Viren (nur Nukleokapsid ohne Lipidhülle) werden durch Lyse der Wirtszelle freigesetzt.

6.3 Systematik der Viren

Man kann die Viren nach der Beschaffenheit ihrer Nukleinsäure unterteilen. Diese Einteilung ist in Tab. **C-6.1** dargestellt.

Zunächst erfolgt die Unterteilung in RNA- und DNA-Viren, wobei diese Nukleinsäuren jeweils einzelsträngig (ss) oder doppelsträngig (ds) vorliegen können. Besteht das Genom aus einzelsträngiger RNA oder DNA, so sind zwei Polaritäten möglich, wobei die (+)ssRNA der mRNA entspricht und die (−)ssRNA komplementär dazu ist. Die einzigen bekannten humanpathogenen ssDNA-Viren gehören der Familie der Parvoviren an. Ihr Genom kann sowohl als (+) wie auch als (−)DNA vorliegen. Unter den DNA-Viren gibt es einige, deren Genom zwar partiell aus dsDNA besteht, aber auch Bereiche mit (−)ss DNA aufweist.

Im Folgenden werden einige Beispiele humanpathogener Viren beschrieben.

C-6.1 Systematik der Viren

RNA-Viren	DNA-Viren
ssRNA:	ssDNA
▪ (−)ssRNA	▪ (−)ssDNA
▪ (+)ssRNA	▪ (+)ssDNA
	ds/ssDNA
dsRNA	dsDNA

ss – einzelsträngig (single-stranded); ds – doppelsträngig (double-stranded)
(−)ssRNA – Gegenstrang der mRNA; (+)ssRNA – entspricht der mRNA

6.3.1 RNA-Viren

Viren mit (+)ssRNA

Zur Replikation dieser Viren wird zunächst eine RNA-abhängige RNA-Polymerase benötigt. Diese synthetisiert eine (−)ssRNA, die dann als Matrize zur Herstellung von (+)ssRNA dient. Zusammen mit verschiedenen Hüllproteinen bildet die (+)ssRNA die neuen Viren. Zu den (+)ssRNA-Viren gehört die Familie der Picornaviren. Dazu zählen z. B. das Hepatitis-A-Virus, die Rhinoviren und das Poliovirus.

Retroviren

Eine besondere Gruppe unter den (+)ssRNA-Viren bilden die Retroviren. Sie haben die Besonderheit, dass sie sich über eine Zwischenstufe aus dsDNA in das Genom des Wirtes integrieren können. Diese dsDNA wird durch die reverse Transkriptase aus der (+)ssRNA synthetisiert.

▶ **Merke.** **Reverse Transkriptase** ist eine von Retroviren oder Hepadnaviren exprimierte RNA- und DNA-abhängige DNA-Polymerase, die einzelsträngige RNA in doppelsträngige DNA transkribiert.

Virusaufbau der Retroviren: In der Viruskapsel befinden sich zwei Kopien der linearen RNA mit einer Länge von 7-12 kb. Die RNA beginnt mit einem Cap am 5´-Ende und endet mit einem Poly(A)-Schwanz am 3´-Ende. Sie entspricht also dem Aufbau einer eukaryontischen mRNA. Die Genstruktur sieht häufig folgendermaßen aus:
5´-LTR-gag-pol-env-LTR-3´
Dabei steht:

- **LTR** für **L**ong **T**erminal **R**epeat. Dies ist ein sich am Anfang und Ende der viralen RNA wiederholender Abschnitt, der Signale zur Regulation der Genexpression, der reversen Transkription und der Verpackung der RNA in Viruskapside enthält.
- **gag** für **g**roup **A**nti**g**en. Dieser Abschnitt kodiert die Kapsidproteine.
- **pol** für **pol**ymerase. Darunter werden die viralen Enzyme, wie reverse Transkriptase, Integrase und manchmal noch eine Protease, zusammengefasst.
- **env** für **env**elope. Dies kodiert die Glykoproteine, die Teil der äußeren Lipidhülle sind.

Zusätzlich kann bei manchen Retroviren ein virales Onkogen (S. 540) kodiert werden. Komplexe Retroviren, wie das HIV (S. 495), besitzen noch weitere Gene für regulatorische und akzessorische Proteine.

Lebenszyklus der Retroviren: Nach der Infektion der Zelle zerfällt das Kapsid und setzt die virale RNA und die viralen Enzyme frei. Die im Kapsid mitgeführte **reverse Transkriptase** erstellt eine doppelsträngige DNA-Kopie (Provirus-DNA) der RNA Abb. **C-6.2**. Um diese Funktion erfüllen zu können, besitzt sie zwei Aktivitäten:

- Die **DNA-Polymerase-Aktivität** synthetisiert an einem Primer mithilfe von Desoxyribonukleotiden (dNTPs) einen zur Vorlage komplementären DNA-Strang.
- Die **Ribonuklease (RNAse)-H-Aktivität** baut RNA zu Oligonukleotiden ab.

C-6.2 Entwicklung und Infektionszyklus von Retroviren

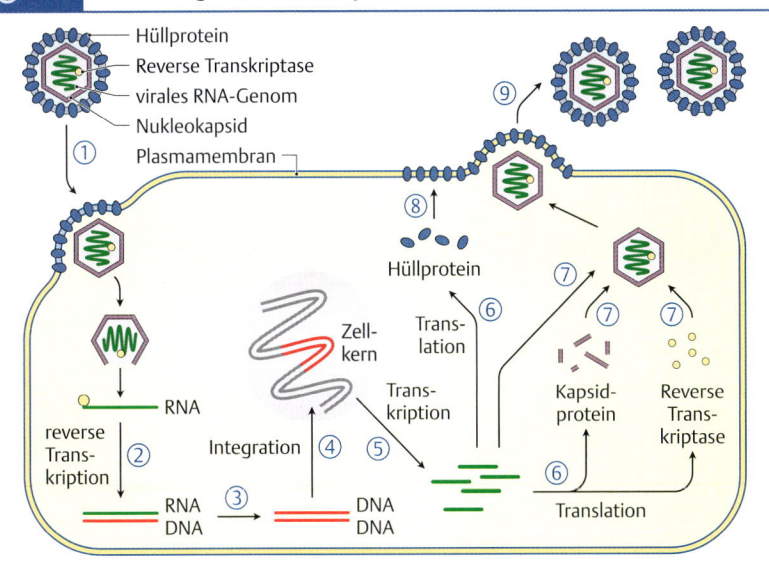

Entweder verschmilzt die Membran der Retroviren beim Eindringen in die Zelle mit der Cytoplasmamembran (1) oder das Viruspartikel wird über Endocytose in die Zelle aufgenommen. Die im Inneren des Nukleinsäure-Cores gelegene RNA wird durch die gleichzeitig transportierte Reverse Transkriptase (2) in dsDNA umgewandelt (3). Diese wird nach Transport in den Kern freigegeben und mithilfe der ebenfalls mittransportierten Integrase über die langen invertierten Sequenzwiederholungen (engl. long terminal repeats, LTRs) an ihren Enden in das Genom des Wirtes inegriert (Provirus, 4). In diesem Zustand wird die virale DNA transkribiert und die RNA entweder als mRNA in Proteine translatiert (5, 6) oder durch Verpacken in Kapside (7) und Ausschleusen durch die Zellmembran (8) als Genom für neue Viruspartikel (9) verwendet. grün = RNA; rot = DNA; blau = Protein.

(Hof H., Dörries R., Duale Reihe Medizinische Mikrobiologie, 5.Auflage, 2014, Thieme Verlag)

Der natürliche Primer ist eine tRNA der Wirtszelle, die an eine bestimmte Bindungsstelle innerhalb des 5´LTR auf der viralen RNA bindet. An diesem Primer synthetisiert die **DNA-Polymerase-Aktivität** der reversen Transkriptase eine zu der viralen RNA komplementäre einzelsträngige DNA, sodass sich ein RNA-DNA-Hybrid bildet. Die **RNAse-H-Aktivität** baut den RNA-Strang des RNA-DNA-Hybrids zu Oligonukleotiden ab. Nach weiteren Zwischenschritten (z. B. der Umlagerung des Primers) entsteht als Produkt eine doppelsträngige DNA. Diese wird anschließend mithilfe der Integrase in das Wirtsgenom eingebaut und mit ihm repliziert.

Durch die **DNA-Polymerase-Aktivität** der reversen Transkriptase wird zunächst ein DNA-Strang komplementär an die virale RNA synthetisiert. Anschließend wird die RNA durch die **RNAse-H-Aktivität** abgebaut. In mehrere Zwischenschritte entsteht dann eine doppelsträngige DNA, welche durch die Integrase in das Wirtsgenom eingebaut wird.

▶ **Definition.** Die in das Wirtsgenom integrierte virale dsDNA wird als **Provirus** bezeichnet.

▶ **Definition.**

Die zellulären Transkriptionsfaktoren und die RNA-Polymerase II werden zur Transkription der viralen Gene rekrutiert, durch alternatives Spleißen entstehen verschiedene mRNAs, die alle viralen Proteine kodieren. Komplette nicht gespleißte Transkripte der Provirus-DNA werden in die sich bildenden neuen infektiösen Viruskapside verpackt.

Beispiel eines Retrovirus: Humanes Immundefiziensvirus (HIV)

Das wichtigste humanpathogene Retrovirus ist das HIV. Es verursacht nach einer mehrjährigen symptomlosen Phase eine erworbene Immunschwäche, abgekürzt AIDS (S. 702) (**a**cquired **i**mmunodeficiency **s**yndrome). Die Anzahl der weltweit mit HIV infizierten Menschen wurde 2013 auf 35 Millionen geschätzt. An den Folgen der Infektion starben im gleichen Jahr 1,5 Millionen Menschen. Eine Übersicht über die Infektionsraten in Deutschland befindet sich in Tab. **E-1.3**.

Beispiel eines Retrovirus: Humanes Immundefiziensvirus (HIV)

Das Humane Immundefizienzvirus (HIV) verursacht eine erworbene Immunschwäche (AIDS – **a**cquired **i**mmunodeficiency **s**yndrome).

C 6 Viren

Infektion: Das in der Membranhülle verankerte Protein **gp120** bindet an den zellulären Rezeptor **CD4**, der auf T-Helferzellen (S. 700), Makrophagen, Monozyten (S. 711) und dendritischen Zellen (S. 693) vorkommt. Je nach Virusstamm kann gp120 nach einer Konformationsänderung mit unterschiedlicher Affinität auch an die Chemokinrezeptoren CXCR4 **oder** CCR5 binden. Man unterscheidet HIV-Stämme, die bevorzugt T-Helferzellen (CXCR4-Rezeptor) binden, und solche, die überwiegend Makrophagen (CCR5-Rezeptor) infizieren. Entsprechend werden sie als lymphotrope (X4-Isolate) bzw. als makrophagotrope (R5-Isolate) Viren bezeichnet. Ein zweites virales Glykoprotein (**gp41**) bewirkt die Verschmelzung der Membranhülle mit der Zytoplasmamembran und das Eindringen des Kapsids in die Zelle. Die weiteren Vorgänge wurden schon im Absatz zum Lebenszyklus der Retroviren (S. 494) beschrieben. Einige der Proteine werden als Vorläuferfusionsproteine synthetisiert, die erst durch eine virale Protease in die funktionellen Endprodukte gespalten werden.

Variabilität des HI-Virus: Weder die **RNA-Polymerase II** noch die **reverse Transkriptase** besitzen eine Korrekturlesefähigkeit. Dadurch werden mit einer **Fehlerrate von $1:10^3$-$1:10^4$** falsche Basen in die virale RNA eingebaut, was letztlich zu einer Veränderung der Aminosäuresequenz der viralen Proteine führt. Die RNA-Polymerase II hat hier die größere Bedeutung, da sie sehr viele Virusgenome herstellt, während die reverse Transkriptase pro Zyklus nur ein einziges Mal arbeitet. Allerdings kann die **reverse Transkriptase** während der DNA-Synthese zwischen den beiden identischen **RNA-Strängen wechseln**. Dadurch kann sich die entstandene DNA mosaikartig aus komplementären Teilen des (+)- und (−)RNA-Stranges zusammensetzen (**Copy choice-Rekombination**). Bei Doppelinfektionen mit unterschiedlichen Subtypen fördert dieser Mechanismus die Entstehung neuer Varianten. Diese **hohe Variabilität** stellt ein großes Problem bei der Entwicklung von Medikamenten gegen HIV-Infektion dar. Durch die Veränderung der viralen Zielenzyme können sich **Resistenzen gegen vorhandene Wirkstoffe** bilden.

Therapie: Üblicherweise wird eine HIV-Infektion mit einer Kombination von mindestens drei Wirkstoffen behandelt. Man bezeichnet diese Therapieform als HAART (**h**ighly **a**ctive **a**nti**r**etroviral **t**herapy) oder als cART (**c**ombined **a**nti**r**etroviral **t**herapy).

Als Angriffspunkte für Medikamente dienen:
- **die reverse Transkriptase:** Bei den Inhibitoren der reversen Transkriptase unterscheidet man zwischen **nukleosidischen** und **nukleotidische Inhibitoren** (S. 424), diese werden auch als NRTI bzw. NtRTI bezeichnet. Außerdem gibt es noch die chemisch sehr unterschiedlichen **nicht-nukleosidischen Reverse-Transkriptase-Inhibitoren** (NNRTI), z. B. Nevirapin und Etravirin. Letztere binden benachbart zum katalytischen Zentrum und führen zu einer inaktiven Konformation der reversen Transkriptase.
- **die virale Protease:** Hemmstoffe der viralen Protease bestehen meist aus peptidähnlichen Substanzen, die statt einer Peptidbindung eine nicht hydrolisierbare Struktur aufweisen. Sie hemmen die HIV-Protease reversibel und verhindern dadurch die Prozessierung der Vorläuferproteine, sodass nur funktionslose Polypeptide gebildet werden.
- **die Integrase**: Mit Raltegravir steht ein Inhibitor der Integrase zur Verfügung und bietet damit einen neuen zusätzlichen therapeutischen Ansatz.

Viren mit (−)ssRNA

Da die (−)ssRNA nicht translatiert werden kann, muss die mRNA durch eine **RNA-abhängige RNA-Polymerase** gebildet werden, die im Nukleokapsid mitgeführt wird. Zunächst werden nur Teile der RNA transkribiert, die als mRNA zur Synthese der viralen Proteine genutzt werden. Erst später wird die komplette virale RNA synthetisiert und steht dann als Matrize zur Bildung der (−)ssRNA zur Verfügung.

Beispiele für (−)ssRNA-Viren sind die **Rhabdoviren** (z. B. Rabiesvirus = Tollwuterreger) und **Paramyxoviren** (z. B. Masern- und Mumpserreger), welche ein unsegmentiertes Genom (S. 491) besitzen. Im Gegensatz dazu ist das Genom der **Orthomyxoviren** (z. B. Influenza) segmentiert. Diese sollen im Folgenden näher besprochen werden.

Randnotizen:

Infektion: Die Infektion erfolgt nach einer Bindung an das Zelloberflächenprotein CD4 und Chemokinrezeptoren, die sich auf T-Helferzellen und Makrophagen befinden. Man unterscheidet HI-Viren-Stämme, welche bevorzugt T-Helferzellen binden (lymphotrop), und solche, die eher an Makrophagen binden (makrophagotrop).

Variabilität des HI-Virus: Durch die Fehlerrate bei der Transkription der, in das Wirtszellengenom integrierten, viralen DNA (Provirus-DNA) mutieren die viralen Gene. Die veränderten viralen Enzyme sind häufig resistent gegen vorhandene Medikamente.

Therapie: Bei der Therapie von HIV werden meist drei Wirkstoffe kombiniert. Diese Therapieform wird als HAART (**h**ighly **a**ctive **a**nti**r**etroviral **t**herapy) oder als cART, (**c**ombined **a**nti**r**etroviral **t**herapy) bezeichnet.
Es werden Inhibitoren für drei virale Enzyme benutzt:
- Für die **reverse Transkriptase** existieren verschiedene Inhibitoren:
- nukleosidische und nukleotidische Inhibitoren (S. 424).
- nicht-nukleosidische Reverse-Transkriptase-Inhibitoren (NNRTI), diese binden neben dem katalytischen Zentrum und führen so zu einer inaktiven Konformation.
- Inhibitoren der **viralen Protease** führen zu einer reversiblen Hemmung der Proteasen und verhindern so die Prozessierung viraler Proteine.
- Ein Beispiel für einen Inhibitor der **Integrase** ist Raltegravir.

Viren mit (−)ssRNA

Durch die RNA-abhängige RNA-Polymerase muss komplementär zur (−)ssRNA eine mRNA gebildet werden. Diese wird dann zur Synthese der viralen Proteine benutzt. Die Replikation erfolgt ebenfalls über die RNA abhängige RNA-Polymerase.

Influenza Viren

Influenza-Viren sind die Erreger der echten Grippe und verursachen saisonale Epidemien, die sich in nicht vorhersagbaren Zeitabständen zu Pandemien entwickeln können. Die schwerste bekannte Pandemie (Spanische Grippe) forderte 1918 weltweit zahlreiche Tote (die Schätzwerte streuen von 18 bis 50 Millionen).

Struktur der Influenza-Viren: Die (–)ssRNA dieser Viren ist segmentiert. Jedes dieser Segmente kodiert je ein virales Protein. Die Influenza-Typen-A und -B besitzen jeweils 8 und der Typ-C 7 RNA-Moleküle (Abb. **C-6.3**). Die höchste Pathogenität dieser drei Typen für den Menschen besitzen die Typ-A-Viren. Besonders wichtig für die Pathogenität sind die zwei **viralen Antigene**:

- **Hämagglutinin:** Dieses Protein sorgt für die Adsorption der Virionen (S. 493) an die Wirtszelle und bewirkt eine Fusion der viralen Hülle mit der Zellmembran, was letztlich zur Endozytose (S. 368) führt.
- **Neuraminidase:** Dieses Enzym spaltet Sialinsäurereste von Glykoproteinen ab. Wenn gereifte Influenzaviren die Wirtszelle durch Knospung (S. 493) verlassen, bleiben sie zunächst über benachbarte virale Rezeptoren an die Zelloberfläche gebunden. Erst durch die Wirkung der Neuraminidase können sie sich von der Zelle lösen und weitere Zellen infizieren.

Bei Typ C-Viren wird die Funktion dieser beiden Antigene vom Hämagglutinin-Esterase-Fusionsprotein (HEF) übernommen.

Influenza Viren

Die Influenza-Viren verursachen saisonale Grippe-Epidemien und zeitweise schwere Pandemien.

Struktur der Influenza-Viren: Bei den Influenza-Viren handelt es sich um segmentierte Viren bei denen jedes Segment für je ein virales Protein kodiert. Man unterscheidet Typ-A, -B und -C-Viren wobei Typ-A die höchste Pathogenität für den Menschen besitzt. Für die Pathogenität der Influenza-Viren sind zwei Antigene von besonderer Bedeutung:

- **Hämagglutinin,** sorgt bei der Adsorption (S. 493) für eine Fusion zwischen Virion und Zellmembran.
- **Neuraminidase,** ermöglicht das Ablösen der Virionen von der Wirtszelle nach der Knospung (S. 493).

C-6.3 Struktur des Influenza-Virus (Orthomyxoviridae)

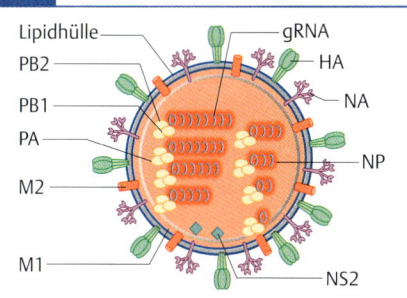

Orthomyxoviridae

Genom	lineare ss(–)RNA (13 – 14 Kb)
Größe	120 nm
Kapsid	helikal
Hülle	ja

Das Genom des Influenzavirus besteht aus 8 einzelsträngigen RNA-Elementen (gRNA), die mit dem Nukleoprotein (NP) verpackt sind. Mit jedem Segment ist der Polymerasekomplex (PA, PB1, PB2) assoziiert, der für die Transkription und Replikation der Gensegmente zuständig ist. Im Virus sind auch noch wenige Kopien des NS 2-Proteins verpackt, das beim Transport der viralen Nukleokapside aus dem Zellkern eine Rolle spielt. Die innere Lipidschicht ist mit dem Matrixprotein M1 ausgekleidet. In der Hülle befindet sich ein weiteres Matrixprotein M2, das eine Kanalfunktion für Ionen und hier insbesondere von H^+-Ionen zur Verfügung stellt. Weiterhin befinden sich in der Hülle Trimere des Hämagglutinins (HA), die zur Adsorption des Virus an seinen zellulären Rezeptor und nach proteolytischer Spaltung für die Fusion der viralen Hülle mit der endosomalen Membran notwendig sind. Schließlich sind in der Hülle noch Tetramere des Enzyms Neuraminidase (NA) eingelagert. Dieses Enzym kann zelluläre Rezeptoren für das Virus zerstören. Es verhindert vermutlich, dass von der Zelle knospende Viruspartikel sofort wieder an ihrem zellulären Rezeptor gebunden werden.
(Hof H., Dörries R., Duale Reihe Medizinische Mikrobiologie, 5.Auflage, 2014, Thieme Verlag)

Variabilität der Influenza-Viren: Bei Influenza-A-Viren gibt es 16 verschiedene Hämagglutinin-Typen (H1 – H16) und 9 verschiedene Neuraminidase-Typen (N1 – N9), die in unterschiedlichen Kombinationen auftreten (Spanische Grippe: H1N1; Asiatische Grippe: H2N2; Hongkong-Grippe: H3N2; Vogelgrippe: H5N1). Dies bedeutet ein Problem für die Immunabwehr, da für jeden Subtyp andere Antikörper benötigt werden.

Es gibt zwei Mechanismen die maßgeblich für die Variabilität der Influenza-Viren verantwortlich sind:

- **Antigen-Shift:** Da beide Antigene auf unterschiedlichen Segmenten der viralen RNA kodiert werden, kann es bei einer Mischinfektion mit zwei verschiedenen Influenza-Subtypen zu einer Neukombination kommen (**Reassortment**). Dabei kann ein neuer Subtyp mit ganz anderen infektiösen Eigenschaften entstehen (Abb. **C-6.4**). Da es sich um eine äußerst gravierende Änderung der Antigenzusammensetzung handelt, ist es wahrscheinlich, dass große Teile der Bevölkerung kei-

Variabilität der Influenza-Viren:

Ein großes Problem für die Therapie von Grippeerkrankungen stellt die hohe Variabilität der Influenzaviren dar. Die Variabilität wird verursacht durch:

- **Antigenshift:** Neukombinationen der viralen RNA-Segmente (Reassortment) zweier Subtypen.
- **Antigendrift:** Fehler bei der RNA-Synthese.

C-6.4 Reassortment viraler Erbinformation bei segmentierten Genomen

Doppelinfektion einer Zelle mit zwei Viren, die drei Genomsegmente besitzen

durch Neukombination der Genomsegmente können reassortierte Viren entstehen

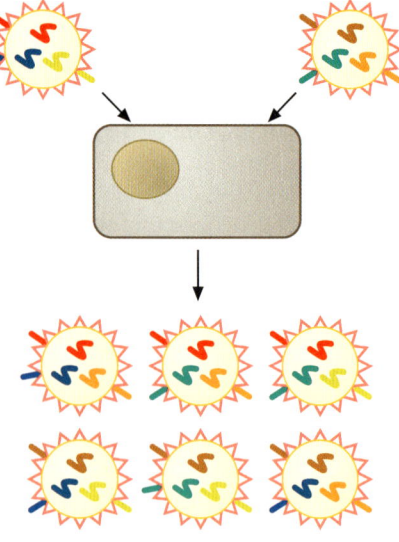

neukombinierte Viren

(Hof H., Dörries R., Duale Reihe Medizinische Mikrobiologie, 5. Auflage, 2014, Thieme Verlag)

ne wirksame Immunabwehr gegen diesen neuen Subtyp entwickeln und es möglicherweise zu einer Pandemie kommt.
- **Antigendrift:** Die RNA-Polymerase besitzt im Gegensatz zu DNA-Polymerasen keine Korrekturlesefähigkeit, wodurch die RNA-Synthese fehlerbehaftet ist. Die dadurch verursachten Mutationen führen zu ständigen kleinen Veränderungen der Antigene. Die Virusvarianten, gegen die der Wirt eine schlechtere Immunabwehr aufbaut, werden selektiert und verbreiten sich deshalb besser.

Impfung: Wirksamer Impfschutz wird durch die Variabilität der Viren erschwert. Die Impfung muss jährlich aufgefrischt werden.

Impfung: Die beste Vorsorge wäre eine wirksame Impfung. Wegen der häufigen Veränderung der Influenzaviren (Antigendrift und Antigenshift) kann leider kein dauerhafter Impfschutz gewährleistet werden. Die Impfung muss jährlich aufgefrischt werden und erfolgt gegen den vermutlich zirkulierenden Stamm.

▶ **Exkurs.**

▶ **Exkurs.** Die Zusammensetzung des jeweils aktuellen Impfstoffs wird jedes Jahr von der WHO (Weltgesundheitsorganisation) festgelegt. Die ständige Impfkommission (STIKO) des Robert-Koch-Instituts (https://www.rki.de) empfiehlt allen Personen über 60 Jahren, Schwangeren und gesundheitlich vorgeschädigten Personen (z. B. chronisch Kranken) eine Influenza-Impfung. Außerdem wird empfohlen, dass sich Personen mit einem erhöhten Ansteckungsrisiko (z. B. medizinisches Personal) impfen lassen. Bei gesunden Kindern, Jugendlichen und Erwachsenen unter 60 Jahren (ohne berufliche Indikation) wird davon ausgegangen, dass die Infektion ohne schwerwiegende Komplikationen verläuft. Deshalb wird eine Impfung nicht ausdrücklich empfohlen.

Medikamentöse Behandlung: Zwei Wirkstoffgruppen werden für die Behandlung eingesetzt,
- **A/M2-Protonenkanal-Hemmer:** Eine Hemmung diese Kanals verhindert die Ansäuerung der Endosomen (S. 368), die für die Freisetzung der RNA aus dem Nukleokapsid– uncoating (S. 493) – notwendig ist.
- **Neuraminidase-Inhibitoren:** Diese verhindern die Freisetzung der Viren aus der Wirtszelle.

Medikamentöse Behandlung: Für die Behandlung werden die folgenden zwei Wirkstoffgruppen eingesetzt, die beide eine Freisetzung der Virionen verhindern:
- **A/M2-Protonenkanal-Hemmer:** Nach der Aufnahme der Virionen in die Wirtzelle befindet sich das Nukleokapsid (RNA + Hüllproteine) einschließlich der viralen Membranhülle in den Endosomen. Zur Freisetzung der RNA – uncoating (S. 493) – ist eine Ansäuerung notwendig, die durch den in der Lipidhülle des Virus lokalisierten A/M2-Protonenkanal gewährleistet ist. Eine Hemmung dieses Kanals verhindert die weitere Vermehrung des Virus. Ein zur Verfügung stehender Hemmstoff ist Amantadin (Abb. **C-6.5**). Erfolgt dessen Einsatz innerhalb von 48 Stunden nach der Infektion, kann die Schwere der Krankheit signifikant gemildert werden. Wegen häufiger Resistenzbildung sollte der Einsatz auf Risikopatienten beschränkt werden.
- **Neuraminidase-Inhibitoren:** Eine Hemmung der Neuraminidase verhindert die Freisetzung der Viren aus infizierten Zellen und unterbricht somit den Infektionszyklus. Es stehen Zanamivir (Relenza) und Oseltamivir (Tamiflu) zur Verfügung. Auch diese Medikamente verhindern nicht die Infektion und sollten in der Frühphase der Erkrankung eingesetzt werden.

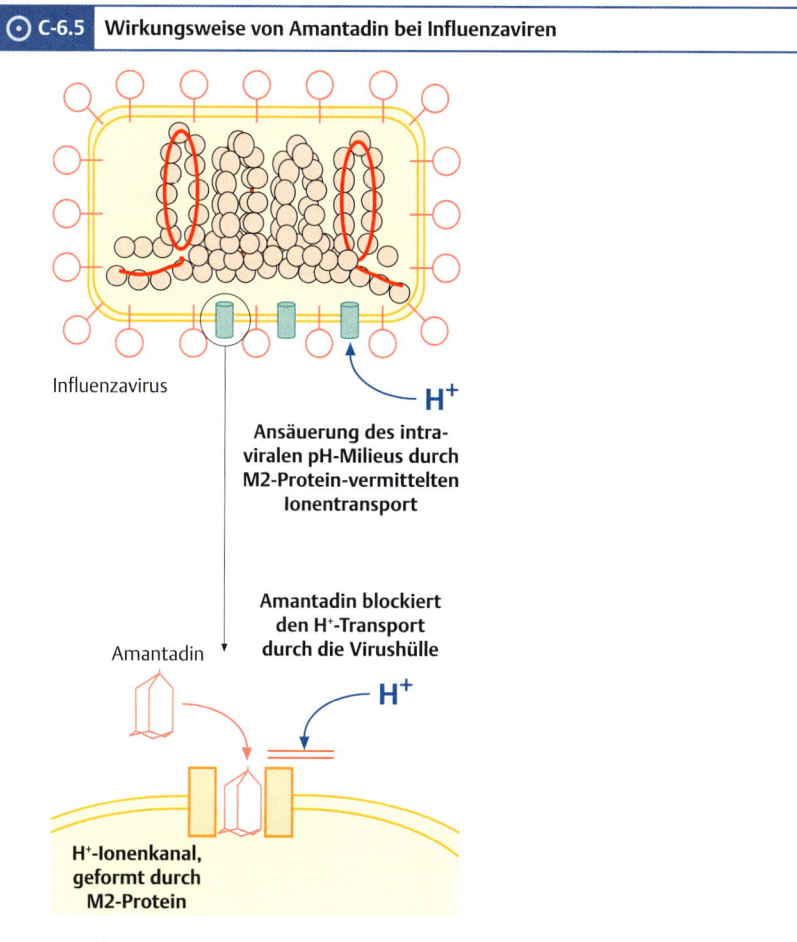

C-6.5 Wirkungsweise von Amantadin bei Influenzaviren

Amantadin blockiert die zur Freisetzung des Nukleokapsids notwendige intravirale Ansäuerung, indem es den H⁺-Ionenkanal in der Virushülle blockiert, der durch das M2-Protein gebildet wird. Als Folge kann der Influenzavirus nicht replizieren, da die Nukleinsäure nicht freigesetzt wird.
(Hof H., Dörries R., Duale Reihe Medizinische Mikrobiologie, 5.Auflage, 2014, Thieme Verlag)

Viren mit dsRNA

Die Transkription erfolgt durch die RNA-abhängige RNA-Polymerase. Die entstandene mRNA wird zur Translation benutzt, kann aber auch durch die gleiche Polymerase zum Doppelstrang ergänzt werden und somit der Replikation dienen.
Zu den dsRNA-Viren gehören z. B. die **Reoviren** (z. B. Rotaviren), deren Genom aus 9–12 Segmenten besteht. Für den Menschen bedeutsam ist das **Rotavirus**, das schwere Gastroenteriden (Brechdurchfall) bei Kindern verursacht, wobei es in den Entwicklungsländern jährlich zu etwa 900 000 Todesfällen kommt.

6.3.2 DNA-Viren

Viren mit dsDNA

Die doppelsträngige DNA kann **zirkulär** sein, kovalent geschlossen sein, wie bei den **Polyoma-** und den **Papillomaviren**, oder besteht aus **linearen** Molekülen, wie bei den **Adeno-, Herpes-** und **Pockenviren**.
Die Pockenviren unterscheiden sich von den anderen dsDNA-Viren. Die Virionen der Pockenviren enthalten alle Enzyme, die zur Transkription notwendig sind. Das Virus muss also nicht in den Zellkern gelangen, sondern verbleibt im Zytoplasma. In einer frühen Phase der Virusentwicklung werden die virale DNA-Polymerase und alle zur Replikation notwendigen Enzyme synthetisiert, aus denen sich die sog. Virosomen im Zytoplasma aufbauen, in denen dann die Replikation erfolgt.
Die anderen dsDNA-Viren sind bei der Transkription und Replikation stärker abhängig von den Enzymen der Wirtszelle. Diese Vorgänge verlaufen deshalb im Zellkern.

Viren mit dsRNA

Transkription und Replikation erfolgen mit Hilfe der RNA-abhängigen RNA-Polymerase. Ein Beispiel sind die **Reoviren**, zu denen auch das **Rotavirus**, ein Erreger des Brechdurchfalls gehört.

6.3.2 DNA-Viren

Viren mit dsDNA

Beispiele für dsDNA-Viren mit zirkulärer DNA sind **Polyoma-** und den **Papillomaviren**. Im Gegensatz dazu besitzen **Adeno-, Herpes-** und **Pockenviren** ein lineares DNA-Molekül. Pockenviren stellen eine Besonderheit unter den DNA-Viren dar, weil sie alle zur Transkription notwendigen Enzyme selbst kodieren. Die Replikation erfolgt daher im Zytoplasma in sog. Virosomen.

Da sich die Zelle zur Replikation in der S-Phase befinden muss, ist es nicht verwunderlich, dass diese Viren einen Einfluss auf die Steuerung des Zellzyklus nehmen, was in einigen Fällen die Tumorentstehung fördert, siehe dazu das Kapitel Tumorviren (S. 545).

Viren mit (ds/ss)DNA

Zu diesem Viren gehören die Hepadnaviren, deren Genom aus einem partiellen Doppelstrang besteht. Dabei ist der (+)DNA-Strang deutlich kürzer als der (−)DNA-Strang, sodass kein durchgehender Doppelstrang entsteht.

Viren mit (ds/ss)DNA

Die Besonderheit des Genoms der Hepadnaviren (z. B. Hepatitis B-Virus) besteht darin, dass es aus einem partiellen Doppelstrang besteht. Der (−)-Strang ist komplett, während der (+)-Strang deutlich kürzer ist, sodass kein durchgehender Doppelstrang entsteht.

Während der Replikation wird eine prägenomische RNA als komplette Abschrift des (−)-Stranges gebildet, die durch eine reverse Transkriptase in DNA umgesetzt wird. Die Tatsache, dass diese Viren eine reverse Transkriptase besitzen, ist der Grund dafür, dass HBV-Infektionen mit NRTI bzw. NtRTI (S. 424) behandelt werden können.

Viren mit (ss)DNA

Ein humanpathogenes (ss)DNA-Virus ist der Parvovirus B19, der Erreger der Ringelröteln.

Viren mit (ss)DNA

Diese Virusgruppe umfasst nur wenige humanpathogene Vertreter, darunter das Parvovirus B19, den Erreger der Ringelröteln.

Innerhalb des Zellkerns wird die ssDNA über einen komplizierten Mechanismus zur dsDNA ergänzt.

▶ Klinik.

▶ Klinik. Möglicherweise hat man am Deutschen Krebsforschungszentrum einen Ansatz für eine neue Krebstherapie unter Einsatz von Parvoviren gefunden. Es zeigte sich, dass das Parvovirus H1, das pathogen für Nager ist, gesunde menschliche Zellen nicht befällt, jedoch Tumorzellen (untersucht am Glioblastom) infiziert und abtötet. Dies scheint mit der Expression einer bestimmten Proteinkinase (PDK1) zusammenzuhängen.

7 Gentechnik und Nachweis bzw. Analyse von Nukleinsäuren

7.1	Einführung	501
7.2	Die Werkzeuge	502
7.3	Methodik der Gentechnik: Klonierung	505
7.4	Nachweis und Analyse von Nukleinsäuren	510

7.1 Einführung

▶ **Definition.** Unter **Gentechnik** versteht man die Gesamtheit der Methoden zur Charakterisierung und Isolierung von genetischem Material, zur Bildung neuer Kombinationen genetischen Materials sowie zur Wiedereinführung und Vermehrung des neu kombinierten Erbmaterials in anderer biologischer Umgebung (Definition nach der Gentechnik-Enquete-Kommission des Deutschen Bundestages, 1987).

Anwendung: Gentechnik wird eingesetzt zur
- Aufklärung der Struktur und Funktion genetischer Information (DNA-Sequenzierung, Humangenomprojekt, Promotoranalysen),
- Analyse der DNA und der RNA zur medizinischen Diagnostik und in der forensischen Medizin,
- Herstellung von therapeutisch wichtigen Substanzen und
- somatischen Gentherapie.

Die Techniken zur **DNA-Sequenzierung** sind inzwischen so weit entwickelt, dass es möglich geworden ist, ganze Genome zu analysieren. Zurzeit (April 2015) liegen komplette Sequenzen der Genome von 4023 Viren, 3308 Bakterien, 202 Archaea und 179 Eukaryonten, darunter auch des Menschen vor (www.ebi.ac.uk/genomes). Die daraus gewonnenen Kenntnisse sollen zum Verständnis der Funktion des menschlichen Organismus beitragen. Die detaillierte Analyse molekularer Mechanismen der Krankheitsentstehung könnte zur Verbesserung von Diagnose und Therapie beitragen. Die reinen Sequenzdaten sind natürlich noch nicht ausreichend, um die Funktion der Genprodukte und die Regulation der Genexpression zu verstehen, sind aber eine wertvolle Grundlage für weitergehende Forschungen. Auch aus der Aufklärung der Genomstruktur pathogener Organismen kann nützliche Information für medizinische Fragestellungen erwartet werden.

Unabhängig von der Analyse kompletter Genome gibt es sehr sensitive Nachweismethoden für Nukleinsäuren, die eine Rolle in der Virus- und Krebsdiagnostik spielen. Bei der HIV-Infektion nimmt z. B. die **Polymerasekettenreaktion** (s. u.) neben den immunologischen Verfahren wie ELISA und Western-Blot einen hohen Stellenwert ein, da schon geringste Mengen von Virusnukleinsäure nachgewiesen werden können. Die gleiche Methode kann auch zum Nachweis maligner Zellen eingesetzt werden. Bei chronisch myeloischer Leukämie wird z. B. ein charakteristisches Fusionsprotein (Bcr-Abl) gebildet, dessen mRNA mit einer Sensitivität von 1 : 100 000 nachgewiesen werden kann.

In der forensischen Medizin genügt kleinstes Probenmaterial wie Hautschuppen oder Haarfollikel, um daraus Nukleinsäuren zu isolieren, diese zu analysieren und so Personen zu identifizieren **(genetischer Fingerabdruck)**.

Therapeutika wie Peptidhormone, Zytokine, Impfstoffe u. Ä. lassen sich durch chemische Synthese nur sehr schwer in genügend hoher Ausbeute herstellen oder können nur in geringen Mengen aus natürlichen Ressourcen isoliert werden. Hier bietet die **gentechnische Produktion** (s. u. Klonierung) eine Alternative. Es sind 133 verschiedene gentechnisch hergestellte Wirkstoffe in 175 Medikamenten in Deutschland zugelassen (Stand: 21. 01. 2015).

Unter **somatischer Gentherapie** versteht man die gezielte Einführung genetischen Materials in Körperzellen von Patienten mit dem Ziel der Heilung. Bei monogenen Erbkrankheiten, also solchen, die auf den Funktionsausfall eines Gens bzw. dessen Produkts zurückzuführen sind, wird das benötigte Protein bisher substituiert. Durch

7.1 Einführung

▶ **Definition.**

Anwendung:
- Aufklärung von Struktur und Funktion der DNA
- Analyse von DNA und RNA zu Diagnosezwecken
- Herstellung von Therapeutika
- somatische Gentherapie

Die Techniken zur **DNA-Sequenzierung** sind so weit entwickelt, dass ganze Genome analysiert werden können. So ist das menschliche Genom inzwischen vollständig sequenziert. Die Sequenzdaten sollen zum Verständnis der Körperfunktionen und der Krankheitsentstehung beitragen.

Nachweismethoden von Nukleinsäuren wie die **Polymerasekettenreaktion** spielen eine wichtige Rolle bei der Diagnose von Virusinfektionen und Krebserkrankungen.

In der Forensik genügt kleinstes Probenmaterial zur Identifizierung von Personen mittels **genetischem Fingerabdruck**.

Gentechnische Produktionsmethoden sind geeignet, Medikamente in ausreichenden Mengen und hohem Reinheitsgrad herzustellen.

Die Einbringung von Fremdgenen in menschliche Körperzellen **(somatische Gentherapie)** eröffnet neue therapeutische Perspektiven, steckt jedoch noch in den Anfängen.

somatische Gentherapie sollen die Körperzellen dazu veranlasst werden, das benötigte Protein selbst zu produzieren. Die somatische Gentherapie von Virusinfektionen und polygenen Erkrankungen, z. B. Krebserkrankungen, wird angestrebt. Bis zum Jahr 2014 wurden 2142 Gentherapiestudien durchgeführt. Es zeigte sich, dass die Einbringung von Fremdgenen in menschliche Körperzellen prinzipiell möglich ist, aber noch sehr viele Probleme gelöst werden müssen. Trotz erster Erfolge sind leider auch Rückschläge zu verzeichnen.

7.2 Die Werkzeuge

7.2.1 Plasmide

▶ **Definition.** **Plasmide** sind ringförmige, doppelsträngige, extrachromosomale DNA-Moleküle (Abb. **C-7.1**) in Bakterien, die autonom replizieren.

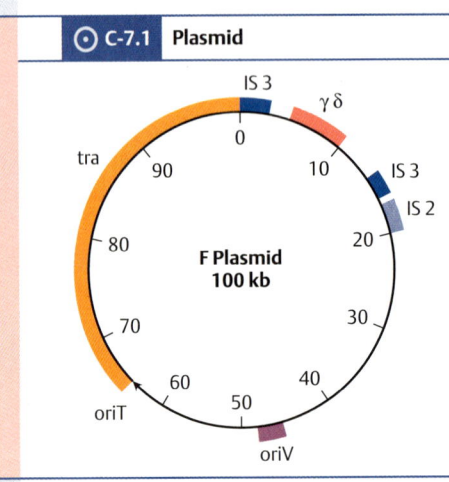

C-7.1 Plasmid

IS 2 und IS 3: Insertionssequenzen, γδ: Transposon Tn1000, oriV: Origin of Replication, oriT: Origin of Conjugal Transfer, tra: Transfer-Gene.

Natürliche Funktion

Plasmide tragen Gene, die nicht unmittelbar für die Stoffwechselfunktionen der Bakterien erforderlich sind, die aber unter bestimmten Bedingungen einen Selektionsvorteil bieten können. Nach der Funktion dieser Gene lassen sich Plasmide einteilen in
- Fertilitätsplasmide,
- Resistenzplasmide,
- Virulenzplasmide und
- metabolische Plasmide.

Fertilitätsplasmide

Fertilitäts(F)-Plasmide vermitteln die **Konjugation**, eine Form der Genübertragung zwischen Bakterien. Dabei nimmt der Donor (F$^+$-Stamm) über eine Plasmabrücke (Sexpilus) Kontakt zu einem Rezipienten (F$^-$-Stamm) auf und übergibt ihm die Kopie eines F-Plasmids. Der Rezipient wird dadurch zum F$^+$-Stamm.
Die Kopie des F-Plasmids entsteht durch eine besondere Form der Replikation, die Rolling-Circle-Replikation. Sie geht von einem eigenen Replikationsstartpunkt, oriT, aus, und wird durch die Produkte spezieller Gene (mob-Gene, kodieren Relaxasen) vorbereitet.
Die für den Gentransfer verantwortlichen Proteine kodieren 19 Transfer(tra)-Gene in der tra-Region des F-Plasmids (Abb. **C-7.1**). Ein F-Plasmid umfasst ca. 100 kbp.
Gelegentlich integriert sich ein F-Plasmid in das bakterielle Chromosom. Dann überträgt der Donor, ein sog. Hfr(High Frequency of Recombination)-Stamm, neben den Plasmidsequenzen auch chromosomale DNA auf den Rezipienten. Welche Gene übertragen werden, hängt vom Integrationsort des F-Plasmids ab.
Die Integration des F-Plasmids in das Genom ist umkehrbar, wobei manchmal Fehler vorkommen und ein Teil der chromosomalen DNA auf dem wiederhergestellten F-Plasmid erscheint. Ein derart modifiziertes Plasmid nennt man F'-Plasmid.

Neben F-Plasmiden, die außer der Vermittlung der Konjugation keine Funktion haben, können auch andere Plasmide (z. B. Resistenzplasmide) Transfergene tragen und dadurch eine Konjugation bewirken, d. h. **konjugativ** sein. Da die Transfergene viel Platz (30 kbp) benötigen, sind kleinere Plasmide nicht konjugativ. Allerdings können manche dieser Plasmide in Gegenwart eines F-Plasmids auf andere Bakterien übertragen werden, sind also **mobilisierbar**. Voraussetzung sind ein oriT und Gene, die die Rolling-Circle-Replikation vorbereiten.

Transfergene tragende Plasmide (z. B. F- und Resistenzplasmide) sind **konjugativ**. Manche Plasmide ohne Transfergene können in Gegenwart eines F-Plasmids auf andere Bakterien übertragen werden, sind also **mobilisierbar**.

▶ **Merke.** Konjugative und mobilisierbare Plasmide vermitteln den **horizontalen Gentransfer**, also die Übertragung von (z. B. Resistenz- oder Virulenz-)Genen zwischen einzelnen, manchmal nicht eng verwandten Bakterien.

▶ **Merke.**

Resistenzplasmide

Resistenzplasmide (R-Plasmide) tragen Gene, deren Produkte Bakterien unempfindlich gegenüber der Wirkung von Antibiotika machen.
Antibiotika sind Stoffe, die das Wachstum anderer Mikroorganismen hemmen oder sie abtöten. Streng genommen gelten nur von Pilzen oder Bakterien gebildete Substanzen mit dieser Wirkung als Antibiotika, im weiteren Sinn jedoch auch synthetische Substanzen. Die richtige und rechtzeitige Anwendung von Antibiotika in der Humanmedizin macht viele schwere Infektionskrankheiten wie bakterielle Hirnhautentzündungen, Lungenentzündungen oder Tuberkulose einer Behandlung zugänglich.
R-Plasmide kodieren

- **Enzyme**, die bestimmte **Antibiotika spalten** (z. B. β-Lactamasen) oder **modifizieren** (z. B. Chloramphenicol-Acetyltransferase) und dadurch unwirksam machen oder
- **spezifische Transportsysteme**, die das in die Zelle eingedrungene **Antibiotikum ausschleusen**, bevor es Schaden anrichten kann (z. B. Tetrazyklin-Resistenz).

Auch durch genetische Veränderungen (Mutationen) der Angriffspunkte des Antibiotikums (Beispiel s. u.) kann das Antibiotikum unwirksam werden.
Die Anwendung des jeweiligen Antibiotikums führt zu einem Selektionsvorteil der resistenten Bakterien und somit zu deren Anreicherung, insbesondere in Kliniken, da Antibiotika hier häufig eingesetzt werden. Durch horizontalen Gentransfer mithilfe konjugativer oder mobilisierbarer Plasmide kann die Resistenz verbreitet werden. Da R-Plasmide oft verschiedene Resistenzgene tragen, kommt es zur Verbreitung von Multi-Drug-Resistenz.

Resistenzplasmide

Die Genprodukte dieser Plasmide schützen Bakterien vor der Wirkung von Antibiotika.
Antibiotika sind Stoffe, die das Wachstum anderer Mikroorganismen hemmen oder sie abtöten.

R-Plasmide kodieren
- **Enzyme**, die bestimmte **Antibiotika spalten oder modifizieren** und so inaktivieren oder
- **spezifische Transportsysteme**, die das in die Zelle eingedrungene **Antibiotikum** sofort wieder **ausschleusen**.

Resistenz wird durch horizontalen Gentransfer weitergegeben. R-Plasmide tragen oft verschiedene Resistenzgene, sodass es zu Multi-Drug-Resistenz kommt.

▶ **Klinik.** Das Antibiotikum Penicillin (S. 55) hemmt das Enzym Transpeptidase, das in Bakterien an der Zellwandsynthese beteiligt ist. **Penicillinresistente Staphylococcus (S.)-aureus**-Stämme enthalten auf einem R-Plasmid ein Resistenzgen, das eine β-**Lactamase**, genauer: eine Penicillinase, kodiert. Dieses Enzym spaltet den β-Lactamring des Penicillins und inaktiviert es dadurch. S. aureus besiedelt bei ca. 30 % aller Menschen Haut und Schleimhaut insbesondere des Nasenvorhofs und ruft bei Abwehrgeschwächten Wund-, Katheter-, Hautinfektionen wie Furunkel (Abb. **C-7.2**) oder Pneumonien hervor. Da heute fast alle S.-aureus-Stämme penicillinresistent sind, verabreicht man bei diesen Erkrankungen penicillinasefeste Isoxazolylpenicilline („Staphylokokkenpenicilline", z. B. Flucloxacillin). Diese besitzen eine längere, polare Seitenkette, die den Zugriff der Penicillinase auf den β-Lactamring verhindert. Allerdings hat sich bei ca. 25 % der in Kliniken vorkommenden S.-aureus-Stämme die Struktur der Transpeptidase aufgrund einer Mutation verändert, sodass Isoxazolylpenicilline ebenso wie alle anderen β-Lactam-Antibiotika (z. B. Cephalosporine) bei diesen Stämmen nicht mehr wirken. Die Stämme werden nach einem heute nur noch als Testsubstanz eingesetzten Isoxazolylpenicillin als **methicillinresistente S. aureus** (MRSA) bezeichnet. MRSA weisen **häufig Multi-Drug-Resistenz** auf, sind also zusätzlich gegen andere Antibiotikaklassen, z. B. Aminoglykoside oder Gyrasehemmer (S. 450), resistent. Dies schränkt die Möglichkeiten der Antibiotikatherapie stark ein. Die Ausbreitung von MRSA in Kliniken kann nur durch sorgfältige Hygienemaßnahmen verhindert werden.
Um Resistenzentwicklung gegen Antibiotika zu minimieren, ist es wichtig, Antibiotika gezielt, in genügend hoher Dosis (zu niedrige Dosen führen über „Gewöhnungseffekte" zu Resistenz) und über einen genügend langen Zeitraum einzusetzen (bei zu kurzer Anwendungsdauer werden nicht alle Keime abgetötet und resistente Keime so selektioniert).

⊙ **C-7.2** Furunkel am rechten Oberlid

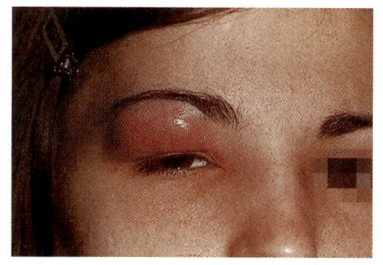

(aus Moll I., Duale Reihe Dermatologie, Thieme, 2010)

Ein Furunkel ist eine von einem Haarfollikel ausgehende eitrige Entzündung. Bei Gesichtsfurunkeln sind ein penicillinasefestes Penicillin sowie, um die Ausbreitung von S. aureus zu minimieren, Bettruhe und weiche Kost angezeigt

Virulenzplasmide

Virulenzplasmide tragen Gene, deren Genprodukte für die krankheitserzeugenden (pathogenen) Eigenschaften von Bakterien verantwortlich sind oder sie beeinflussen. Solche Genprodukte sind:
- **Adhäsine:** Moleküle auf der Bakterienoberfläche, die das Anheften an Zellen des Wirtsorganismus ermöglichen.
- **Exotoxine:** Enterotoxine, Neurotoxine, Zytotoxine (z. B. Tetanustoxin), Hämolysine
- **Exoenzyme** (z. B. Hyaluronidasen): Invasionsfaktoren, die das Eindringen und die Verbreitung im Wirt vereinfachen.

Metabolische Plasmide

Einige Bakterien sind in der Lage, Stoffe abzubauen, die von anderen Organismen nicht verwertet werden können, wie z. B. halogenierte Aromaten. Die dafür notwendigen Enzyme sind oft auf Plasmiden kodiert. Derartige Plasmide sind medizinisch nicht bedeutsam, können aber bei biotechnologischen Verfahren genutzt werden.

Anwendung

In der Gentechnik dienen Plasmide als Transportvehikel für DNA, sog. Klonierungsvektoren (S. 506), die in Bakterien eingeschleust und von diesen repliziert werden soll, s. Klonierung (S. 505).

7.2.2 Restriktionsendonukleasen

▶ Synonym. Restriktionsenzyme.

▶ Definition. **Restriktionsendonukleasen** sind bakterielle Enzyme, die Phosphodiesterbindungen an spezifischen Stellen inmitten eines DNA-Moleküls hydrolysieren. Die so entstandenen DNA-Fragmente bezeichnet man als Restriktionsfragmente.

Natürliche Funktion und Eigenschaften

Natürliche Funktion: Diese besteht im Abbau bakterienfremder DNA. Wird ein Bakterium von einem Bakterienvirus (= [Bakterio-]Phagen) befallen, kann es mithilfe der Restriktionsendonukleasen dessen DNA weitgehend abbauen, bevor sich neue Phagenpartikel bilden können und die Bakterienzelle lysiert wird. Die zelleigene DNA wird vor dem Abbau geschützt, indem Methyltransferasen Cytosine oder Adenine innerhalb der spezifischen Erkennungssequenzen der Restriktionsendonukleasen methylieren, sodass die Enzyme die Sequenzen nicht mehr erkennen.

Bezeichnung und Eigenschaften: Die Bezeichnung einer Restriktionsendonuklease ergibt sich aus dem Namen des Bakteriums, aus dem das Enzym isoliert wurde. So bedeutet Eco RI, dass es sich um das erste aus dem Stamm **R** von *Escherichia coli* handelt. Man kennt inzwischen mehrere hundert Restriktionsendonukleasen.
Von den drei Typen von Restriktionsendonukleasen ist für die Gentechnik lediglich Typ II bedeutsam, da nur Enzyme dieses Typs die DNA an spezifischen Stellen innerhalb ihrer Erkennungssequenz spalten. Diese Eigenschaft ermöglicht es, DNA in definierte Fragmente zu schneiden.
Die Erkennungssequenzen von Restriktionsendonukleasen sind meist palindromisch, d. h. beide DNA-Stränge weisen, in 5'-3'-Richtung gelesen, die gleiche Sequenz auf. Sie sind je nach Enzym vier, sechs oder acht Nukleotide lang.
Die Restriktionsfragmente weisen je nach Enzym glatte DNA-Strang-Enden (Blunt Ends) oder am 5'- oder 3'-Ende überhängende Einzelstränge (5'-Sticky End oder 3'-Sticky End) auf (Abb. **C-7.3**).

Anwendung in der Gentechnik

Restriktionsendonukleasen werden eingesetzt zur
- Kartierung von DNA-Abschnitten,
- Klonierung von DNA und Herstellung rekombinanter DNA (= mit gentechnischen Methoden neu kombinierte DNA),
- Restriktionsfragment-Längen-Polymorphismus(RFLP)-Analyse.

C-7.3 Beispiele für Schnittstellen und Produkte (Restriktionsfragmente) von Restriktionsendonukleasen

```
Schnittstelle ─┐ ┌─ Erkennungssequenz
       5'—NNNA GATCT NNN—3'   Bgl II   5'—NNNA 3'              5' GATCTNNN—3'
a      3'—NNNT CTAGA NNN—5'   ───→     3'—NNNTCTAG 5'     +    3' ANNN—5'

       5'—NNNG CATGC NNN—3'   Sph I    5'—NNNGCATG 3'          5' CNNN—3'
b      3'—NNNCGTACG NNN—5'    ───→     3'—NNNC 5'         +    3' GTACGNNN—5'

       5'—NNNCCC GGG NNN—3'   Sma I    5'—NNNCCC 3'            5' GGGNNN—3'
c      3'—NNNGGG CCC NNN—5'   ───→     3'—NNNGGG 5'       +    3' CCCNNN—5'
```

N: beliebiges Nukleotid. **a** 5'-Überhang (5'-Sticky End). **b** 3'-Überhang (3'-Sticky End). **c** Stumpfes Ende (Blunt End).

7.2.3 Reverse Transkriptase

▶ **Definition.** Die **Reverse Transkriptase** ist eine von Retroviren exprimierte RNA- und DNA-abhängige DNA-Polymerase, die einzelsträngige RNA in doppelsträngige DNA transkribiert.

Anwendung in der Gentechnik

Die natürliche Funktion der reversen Transkriptase wurde im Kapitel über Viren (S. 494) näher beschrieben. In der Gentechnik wird sie eingesetzt, um aus einer beliebigen RNA (meistens mRNA) in vitro **komplementäre DNA (cDNA)** zwecks Klonierung herzustellen. Als Primer kann man z. B. für eine eukaryontische mRNA mit Poly(A)-Ende ein Oligo(dT) verwenden.

7.2.4 Weitere Enzyme

In der Gentechnik werden neben den oben beschriebenen Restriktionsendonukleasen noch weitere Enzyme eingesetzt, um DNA gezielt zu verändern. In Tab. **C-7.1** sind einige Beispiele aufgeführt.

≡ C-7.1 DNA-modifizierende Enzyme (Auswahl)

Enzym	Funktion
DNA-Ligasen	Verknüpfung von Restriktionsfragment und Transportvehikel (z. B. Plasmid) zwecks Klonierung des Restriktionsfragments
DNA-Polymerasen	DNA-Sequenzierung, Auffüllen von 5'-Sticky Ends mit dNTPs
Phosphatasen	Abspaltung von 5'-Phosphaten
Polynukleotidkinasen	Phosphorylierung synthetischer DNA-Fragmente zwecks Klonierung oder jeglicher DNA-Fragmente zwecks radioaktiver Markierung

7.3 Methodik der Gentechnik: Klonierung

▶ **Definition.** Unter **molekularer Klonierung** versteht man die Vermehrung bestimmter DNA-Moleküle in Wirtszellen. Von einem Ausgangsmolekül sollen beliebig viele Kopien erstellt werden.

7.3.1 Werkzeuge

Für eine Klonierung werden benötigt:
- Spender-DNA = das zu vervielfältigende DNA-Molekül,
- Klonierungsvektoren = Transportvehikel für die Spender-DNA,
- Restriktionsendonukleasen und DNA-Ligasen, um die Spender-DNA in den Klonierungsvektor einzubauen, und
- Empfängerzellen, in die man die rekombinante DNA (= den Klonierungsvektor mit der eingebauten Spender-DNA) mittels DNA-Transfermethoden einbringt.

Spender-DNA

Die Spender-DNA kann aus genomischer DNA beliebiger Organismen, definierten einzelnen Restriktionsfragmenten, synthetischen Oligodesoxynukleotiden oder cDNA bestehen.

Spender-DNA (Marginalie): Das Ausgangsmolekül kann natürlicher Herkunft oder synthetisch sein.

Klonierungsvektoren

▶ **Definition.** Ein **Klonierungsvektor** (kurz: Vektor) ist ein DNA-Molekül, das sich in einer Wirtszelle selbständig vermehren kann und das als Transportvehikel zur Übertragung eines beliebigen DNA-Abschnitts in eine Empfängerzelle dient.

Sind Bakterienzellen als Empfänger vorgesehen, leiten sich Vektoren häufig von Plasmiden oder der DNA von bakterienspezifischen Viren = (Bakterio-)Phagen (Lambda, M13, P1) ab. Auch für Zellen höherer Organismen werden Vektoren eingesetzt, die sich von viraler DNA ableiten, z. B. der DNA von Adenoviren oder Retroviren bei Säugerzellen bzw. von Baculoviren bei Insektenzellen. Mit gentechnischen Methoden werden aus Teilen der Plasmide oder viraler DNA und aus synthetischer DNA Vektoren mit den für den jeweiligen Verwendungszweck erforderlichen DNA-Sequenzen zusammengestellt.

Klonierungsvektoren enthalten mindestens folgende **Bestandteile** (Abb. **C-7.4**):
- Einen Startpunkt der Replikation,
- eine Schnittstelle für Restriktionsendonukleasen und
- Selektionsmarker.

Marginalie: Klonierungsvektoren werden aus Plasmiden, viraler DNA und synthetischer DNA so zusammengesetzt, dass sie die für den Verwendungszweck passenden DNA-Sequenzen enthalten.

Mindestbestandteile sind (Abb. **C-7.4**):
- Replikationsstartpunkt
- Schnittstelle für Restriktionsendonukleasen
- Selektionsmarker

C-7.4 Beispiel eines Klonierungsvektors

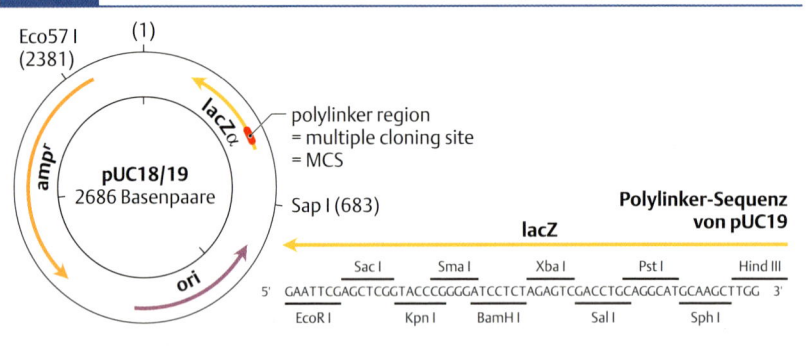

Eco57 I (2381)
(1)
lacZα
polylinker region = multiple cloning site = MCS
amp^r
pUC18/19
2686 Basenpaare
Sap I (683)
ori

Polylinker-Sequenz von pUC19

lacZ

Sac I — Sma I — Xba I — Pst I — Hind III
5' GAATTCGAGCTCGGTACCCGGGGATCCTCTAGAGTCGACCTGCAGGCATGCAAGCTTGG 3'
EcoR I — Kpn I — BamH I — Sal I — Sph I

pUC 18 enthält neben einem Replikationsstartpunkt (ori) und einem Resistenzgen für Ampicillin (amp^R) ein Gen für das Peptid LacZα. Dieses Peptid ergänzt in Empfängerstämmen mit einer bestimmten defekten β-Galaktosidase (lacZΔM15) die Fehlfunktion dieses Enzyms, sodass der Empfänger wieder β-Galaktosidaseaktivität erhält. Die Enzymaktivität lässt sich durch eine Farbreaktion auf Agarplatten nachweisen. Eine Ligation von Fremd-DNA in die MCS stört das Leseraster des LacZα-Peptides, sodass die Empfängerbakterien keine β-Galaktosidaseaktivität erhalten. Bakterien, die das Plasmid ohne Fremd-DNA-Insertion tragen, färben sich blau, mit Insertion bleiben die Bakterien weiß.

Ein **Startpunkt der Replikation (ori)** ist notwendig, damit der Vektor in der Empfängerzelle autonom replizieren kann und nicht während der Zellteilung verloren geht. Dieser ori muss für die Wirtszelle geeignet sein, denn die Replikation wird in unterschiedlichen Zellen unterschiedlich gesteuert. So kann z. B. ein Plasmid, das für *E. coli* geeignet ist, sich nicht in Hefen oder Säugerzellen replizieren. Vektoren, die mehrere oris tragen und in verschiedenartigen Wirtszellen eingesetzt werden können, nennt man **Shuttle-Vektoren**. Es gibt auch **integrative Vektoren**, die z. B. in *E. coli* replizieren können, die sich aber in Hefe oder Säugerzellen in das Genom durch homologe Rekombination integrieren müssen, um sich im Laufe der Zellvermehrung zu halten.
Um rekombinante DNA herzustellen, braucht man **Angriffspunkte für Restriktionsendonukleasen**. Die für die Klonierung geplante Schnittstelle soll nur einmal im Vektor vorhanden sein. Damit verschiedenartige Restriktionsfragmente in einen Vektor eingebaut werden können, versieht man ihn mit einem synthetischen Polylinker (Multiple Cloning Site), der eine ganze Reihe von Schnittstellen verschiedener Restriktionsendonukleasen enthält.

Marginalie: Ein für die jeweilige Empfängerzelle geeigneter **Startpunkt der Replikation (ori)** ist für die autonome Replikation in der Empfängerzelle essenziell.

Marginalie: Die für die Klonierung geplante **Schnittstelle für Restriktionsendonukleasen** soll nur einmal im Vektor vorhanden sein.

Vektoren enthalten **Selektionsmarker**, meistens Resistenzgene, um Zellen, die den Vektor enthalten, von vektorfreien Zellen unterscheiden zu können. Bei Anzucht der Zellen in einem antibiotikahaltigen Medium überleben nur die resistenten Zellen. Ein **fakultativer Bestandteil** von Klonierungsvektoren sind **Promotoren**. Sie steuern die Genexpression in der Wirtszelle.

Selektionsmarker ermöglichen die Anzucht vektorhaltiger Zellen.

Ein **fakultativer Bestandteil** sind **Promotoren**.

Restriktionsendonukleasen und DNA-Ligasen

Spender-DNA und Vektor werden mit identischen Restriktionsendonukleasen behandelt, sodass die Restriktionsfragmente beider zueinander passen. Anschließend wird das Restriktionsfragment der Spender-DNA mithilfe einer DNA-Ligase mit dem zugeschnittenen Vektor verknüpft. DNA-Ligasen knüpfen unter ATP-Verbrauch eine Esterbindung zwischen dem 5'-P-Ende eines und dem 3'-OH-Ende eines anderen DNA-Fragments. Deshalb muss man der Reaktion ATP zusetzen. Die in der Gentechnik gebräuchlichste DNA-Ligase ist die T4-DNA-Ligase aus dem Bakteriophagen T4. Die Ligase kann Restriktionsfragmente mit glatten Enden (Abb. **C-7.3**) zusammenfügen, effizienter wird die Ligation allerdings, wenn man kompatible 5'- oder 3'-Sticky Ends wählt (S. 504), da dann die Fragmente schon durch die Wasserstoffbrücken zwischen den Basen „zusammenkleben".

Restriktionsendonukleasen und DNA-Ligasen

Spender-DNA und Vektor werden mit identischen Restriktionsendonukleasen behandelt. Das Restriktionsfragment der Spender-DNA wird mithilfe einer DNA-Ligase mit dem zugeschnittenen Vektor verknüpft.

Empfängerzellen

Als Empfängerzellen dienen meist Bakterien, am häufigsten *E. coli*. Bei manchen Fragestellungen, für die Bakterien weniger geeignet sind, werden Hefen (*Saccharomyces cerevisiae*, *Pichia pastoris*), Insekten- oder Säugerzellen als Empfänger der rekombinanten DNA eingesetzt.

Empfängerzellen

Meist dienen Bakterien (v. a. *E. coli*), seltener Hefen, Insekten- oder Säugerzellen als Empfängerzellen.

7.3.2 DNA-Transfermethoden

DNA-Transfer in Bakterien

Es gibt **drei Möglichkeiten**, Fremd-DNA in Bakterien einzuführen:
- Konjugation (S. 502),
- Transformation und
- Transduktion.

7.3.2 DNA-Transfermethoden

DNA-Transfer in Bakterien

In Bakterien lässt sich Fremd-DNA einführen durch
- Konjugation (S. 502),
- Transformation oder
- Transduktion.

Transformation

▶ **Definition.** Unter **Transformation** versteht man die Aufnahme „nackter" DNA durch Bakterienzellen. Bakterien, die dazu in der Lage sind, nennt man kompetent.

Es gibt bei manchen Bakterien eine natürliche Kompetenz. Sie sind in der Lage, in manchen Wachstumsphasen exogene DNA aufzunehmen und in das eigene Genom einzubauen. Wichtiger für die Gentechnik ist die experimentell erzielte Kompetenz. Die einfachste Möglichkeit, *E. coli* kompetent zu machen, ist, die Zellen in der exponenziellen Wachstumsphase abzuzentrifugieren und in eiskalter $CaCl_2$-Lösung zu suspendieren. Eine wesentlich effizientere Methode ist die **Elektroporation**. Diese Methode beruht auf der Beobachtung, dass kurze Hochspannungspulse „Löcher" in der Zellhülle verursachen, durch welche dann exogene DNA in die Zelle aufgenommen werden kann.

Transformation

▶ **Definition.**

Kompetenz wird z. B. erzeugt, indem kurze Hochspannungspulse „Löcher" in der Zellhülle verursachen, durch die exogene DNA in die Zelle aufgenommen werden kann **(Elektroporation)**.

Transduktion

▶ **Definition.** Unter **Transduktion** versteht man die Einführung von bakterieller DNA zusammen mit Phagen-DNA in Bakterienzellen bei der Infektion von Bakterien mit Bakteriophagen.

Bakteriophagen infizieren Bakterienzellen, indem sie sich an deren Oberfläche anheften und ihre DNA in die Zellen „injizieren". Manche Phagen, die ihr Genom in die Wirts-DNA integrieren können, nehmen bei der Umkehrung dieses Vorgangs Teile der Wirts-DNA mit und können dann diese bakterielle DNA in neu infizierte Zellen einführen. Dieses Prinzip macht man sich in der Gentechnik bei der Verwendung von modifizierten Phagen als Klonierungsvektoren zu Nutze. Die Spender-DNA wird

Transduktion

▶ **Definition.**

In der Gentechnik macht man sich die Transduktion zu Nutze, indem man Spender-DNA in die Phagen-DNA einbaut, die rekombinante DNA in vitro in Phagenpartikel verpackt und Bakterien mit den Phagenpartikeln infiziert.

in die Phagen-DNA ligiert. Die Ligationsansätze werden mit einem Extrakt aus Bakterienlysat versetzt, der aus mit Phagen infizierten Bakterien gewonnen wurde. In diesem Extrakt sind alle Phagenproteine vorhanden, die notwendig sind, neue Phagenpartikel zu bilden und die Phagen-DNA in diese Partikel zu verpacken. Auf diese Weise wird die rekombinante DNA in vitro in Phagenpartikel verpackt. Mit diesen Partikeln können Bakterien mit sehr guter Effizienz infiziert werden.

Die Größe der transduzierten DNA wird durch die Größe der Phagenköpfe begrenzt. Bei Verwendung von Lambdavektoren kann man ca. 20 kb Fremd-DNA klonieren. In den Phagenköpfen befindet sich noch sehr viel Phagen-DNA. Deshalb kann man sich, um die Transportkapazität des Vektors zu erhöhen, bei der Vektor-DNA auf das Nötigste beschränken, nämlich auf die oben erwähnten Mindestbestandteile (S. 505) und die für die Verpackungsproteine notwendige Signalsequenz. Beim Phagen Lambda nennt man diese Signalsequenz die cos-Sequenz. Plasmide, die die cos-Sequenz enthalten, sind **Cosmide**. Sie können in Lambda-Phagenköpfe verpackt werden und haben eine Transportkapazität von etwa 40 kb.

DNA-Transfer in Eukaryonten: Transfektion

▶ **Definition.** Unter **Transfektion** versteht man die Aufnahme „nackter" DNA durch eukaryontische Zellen.

Es gibt eine Vielzahl von Methoden zur Transfektion eukaryontischer Zellen. Da jeder Zelltyp sich anders verhält, müssen die Bedingungen, unter denen eine effiziente Aufnahme der DNA erfolgt, immer wieder neu getestet werden.
Drei Methoden sollen hier erwähnt werden:
- die Calciumphosphat-Kopräzipitationsmethode,
- die Lipofektion und
- die Elektroporation.

Bei der **Calciumphosphat-Kopräzipitationsmethode** wird durch Mischung einer Calciumchloridlösung mit einer Natriumphosphatlösung das schlechter lösliche Calciumphosphat gefällt, wobei die ebenfalls in dieser Lösung enthaltene DNA kopräzipitiert. Die Aufnahme des Präzipitates in die Zelle erfolgt vermutlich durch eine unspezifische Endozytose.

Bei der **Lipofektion** wird die DNA von einem synthetischen kationischen Lipid (z. B. DOTMA = N-[1-(2,3-dioleyloxy)propyl]-N,N,N-trimethylammonium chloride) umhüllt, das mit der Zellmembran fusioniert und dabei die DNA in das Zellinnere überführt.

Wie für Bakterienzellen beschrieben, können die Zellmembranen eukaryontischer Zellen auch durch **Elektroporation** (S. 507) für DNA durchlässig gemacht werden.

7.3.3 Ablauf einer Klonierung

Eine Klonierung läuft in folgenden Schritten ab:
- Zunächst wird die DNA aus Zellen des Spender-Organismus aufgereinigt.
- Spender-DNA und Vektor-DNA werden mit einer Restriktionsendonuklease geschnitten, um lineare DNA-Fragmente mit kompatiblen überhängenden Enden für die Ligation zu erhalten.
- Die Vektor-DNA kann im Anschluss daran noch dephosporyliert werden, damit während der Ligation eine Rezirkularisierung des Vektors unmöglich wird.
- Spender- und Vektor-DNA werden mithilfe einer DNA-Ligase verknüpft (ligiert). Hierbei entstehen auch einige unerwünschte Nebenprodukte.
- Der Ligationsansatz wird zur Transformation von Bakterien verwendet.
- Die Bakterien werden auf Agarplatten mit Selektionsmedium so dünn ausgestrichen, dass einzelne vektortragende Bakterien zu Kolonien heranwachsen.

7.3.4 Einsatzgebiete

Die Methodik der Gentechnik wird eingesetzt, um im Rahmen der Forschung genomische oder cDNA-Banken zu erstellen oder um Therapeutika herzustellen.

▶ **Definition.**

- Unter einer **genomischen Genbank (Genbibliothek)** versteht man eine Population klonierter DNA-Fragmente, die in ihrer Gesamtheit das Genom eines Organismus repräsentieren.
- Eine **cDNA-Bank** repräsentiert sämtliche in einem Zelltyp oder Gewebe vorkommende mRNA. Im Gegensatz zur genomischen Bank enthält sie keine Promotor- und Intronsequenzen und ist gewebespezifisch.

▶ **Exkurs.** Da bei einer genomischen Bank eine sehr große Menge an DNA kloniert werden muss, hängt die Anzahl der notwendigen Klone sehr von der Kapazität der verwendeten Vektoren ab. Zu diesem Zweck wurden Vektoren mit extrem hoher Kapazität entwickelt: PAC (P1-artificial Chromosome), BAC (Bacterial artificial Chromosome) und YAC (Yeast artificial Chromosome) mit Kapazitäten von 130–150, 100–300 und 200–2000 kb.

▶ **Klinik.** Ein Beispiel eines gentechnisch in Bakterien hergestellten Medikaments ist menschliches Wachstumshormon (hGH, Human Growth Hormone), das bei Minderwuchs infolge Wachstumshormonmangels eingesetzt wird. Früher wurde hGH aus menschlichen Hirnanhangdrüsen verstorbener Personen gewonnen. Für die Behandlung eines Patienten über die Dauer eines Jahres wurden 70 Hypophysen benötigt. Dadurch standen nur sehr kleine Hormonmengen zur Verfügung und es bestand die Gefahr der Verunreinigung mit Prionen und der Übertragung der Creutzfeldt-Jakob-Erkrankung. Tatsächlich erkrankten in den USA zwischen 1985 und 2003 26 von 7700 mit derartigen Präparaten behandelten Patienten an Creutzfeldt-Jakob-Erkrankung. Durch gentechnische Herstellung können praktisch beliebige Mengen des Medikaments in einem höheren Reinheitsgrad produziert werden.

Will man hGH von Bakterien produzieren lassen (Abb. C-7.5), muss man folgende Faktoren berücksichtigen:

- Bakterien können das Primärtranskript eukaryontischer DNA nicht spleißen, weshalb klonierte *genomische* menschliche DNA als Spender-DNA nicht verwendet werden kann. Als **Spender-DNA** kommt **cDNA oder synthetische DNA** in Frage. cDNA leitet sich von mRNA her (s. o.), enthält also nur noch Exons. Die Verwendung synthetischer DNA hat den Vorteil, dass man als synonymes Codon (die meisten Aminosäuren werden durch mehrere, sog. synonyme Codons repräsentiert) dasjenige einsetzen kann (S. 473), das von dem Bakterium häufig benutzt wird. So lässt sich die Ausbeute an Produkt steigern.
- Die Regulation der Transkription in Eukaryonten unterscheidet sich sehr von der transkriptionellen Regulation in Bakterien. Deshalb muss man anstelle des in der eukaryotischen Spenderzelle vorhandenen Promotors einen bakteriellen oder einen Phagen-Promotor in den Klonierungsvektor einsetzen.
- Eukaryontische Proteine werden bei der Expression in Bakterienzellen häufig nicht korrekt gefaltet und nehmen eine inaktive Konformation an. Dieses Problem lässt sich umgehen, indem hGH cotranslational in das Periplasma transportiert und dort gefaltet wird. Hierzu konstruiert man ein Fusionsgen aus der Signalsequenz eines Proteins, das in das Periplasma der Bakterien sezerniert wird, und dem hGH-Gen. Das neu synthetisierte Fusionsprotein wird in das Periplasma sezerniert, wo die Signalsequenz durch eine Signalpeptidase abgespalten wird und hGH entsteht.

Menschliches Wachstumshormon wird inzwischen von mehreren Herstellern mit unterschiedlichen gentechnischen Verfahren produziert. Bei einem dieser Verfahren wurde z. B. ein synthetisches hGH-Gen mit der Signalsequenz für ein Enterotoxin (STII) fusioniert und unter die Kontrolle des Lambda P_L-Promotors gestellt.

⊙ **C-7.5** Herstellung von Wachstumshormonen in Bakterien

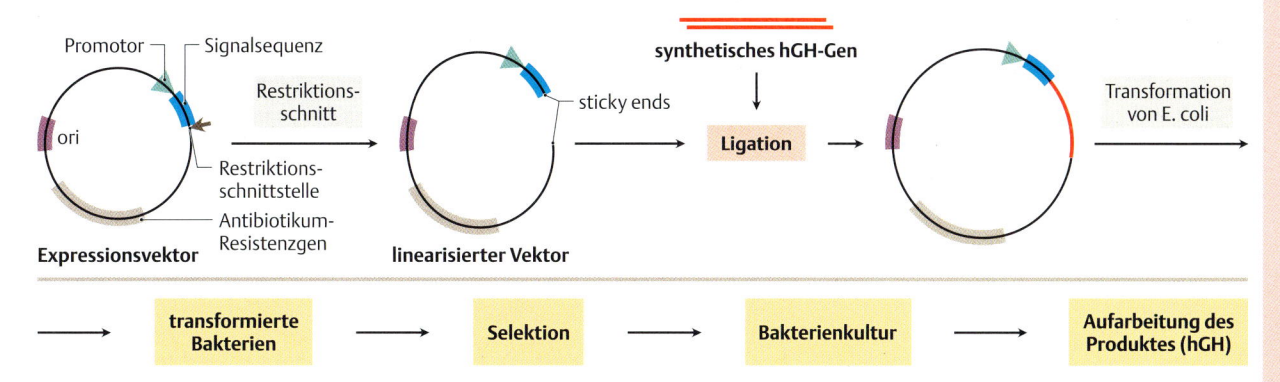

7.4 Nachweis und Analyse von Nukleinsäuren

7.4.1 Polymerasekettenreaktion (PCR)

▶ **Definition.** Die **Polymerasekettenreaktion** (Polymerase Chain Reaction, **PCR**) ist eine Methode zur Vervielfältigung (= Amplifizierung) spezifischer DNA-Sequenzen durch eine in vitro durchgeführte DNA-Replikation. Anhand dieser Methode lassen sich kleinste Mengen von DNA eindeutig nachweisen.

Werkzeuge: Für die in vitro stattfindende DNA-Replikation sind erforderlich
- eine DNA-Matrize (Template),
- eine thermostabile DNA-Polymerase,
- zwei verschiedene Primer: Es handelt sich um 15 – 30 Basen lange, synthetische Oligodesoxyribonukleotide. Ihre Sequenz wurde so gewählt, dass sie komplementär zu der Sequenz jeweils eines Einzelstrangs der zu vervielfältigenden DNA ist und dass die Primer nach Anlagerung an die komplementäre DNA-Sequenz die zu vermehrende DNA-Sequenz zwischen sich einschließen.
- dNTPs,
- Puffer und
- $MgCl_2$.

Ablauf: Die PCR umfasst 20 – 40 Zyklen. Jeder Zyklus besteht aus drei Schritten, die bei unterschiedlichen Temperaturen ablaufen (Abb. **C-7.6**):
- **Denaturierung:** Die Matrizen-DNA wird durch Erhitzen auf etwa 95 °C in Einzelstränge aufgetrennt.
- **Annealing (= Hybridisierung der Primer):** Jeder der beiden Primer lagert sich an den komplementären Bereich „seines" DNA-Einzelstrangs an. Die Annealing-Temperatur hängt von der Basenzusammensetzung und der Länge der Primer ab: Je höher der GC-Gehalt (= höhere Anzahl an Wasserstoffbrücken), desto höher ist die günstigste Annealing-Temperatur. Sie liegt in der Regel zwischen 40 und 70 °C. Für jedes Primerpaar müssen die Bedingungen optimiert werden.
- **DNA-Synthese:** Die Primer werden an ihrem freien 3'-OH-Ende mithilfe einer thermostabilen DNA-Polymerase und der Substrate dATP, dGTP, dCTP und dTTP verlängert. Die Arbeitstemperatur thermostabiler DNA-Polymerasen liegt meist bei 70 – 72 °C. Diese Enzyme wurden aus thermophilen Bakterien isoliert (z. B. stammt Taq-Polymerase aus *Thermus aquaticus*, Pfu-Polymerase aus *Pyrococcus*

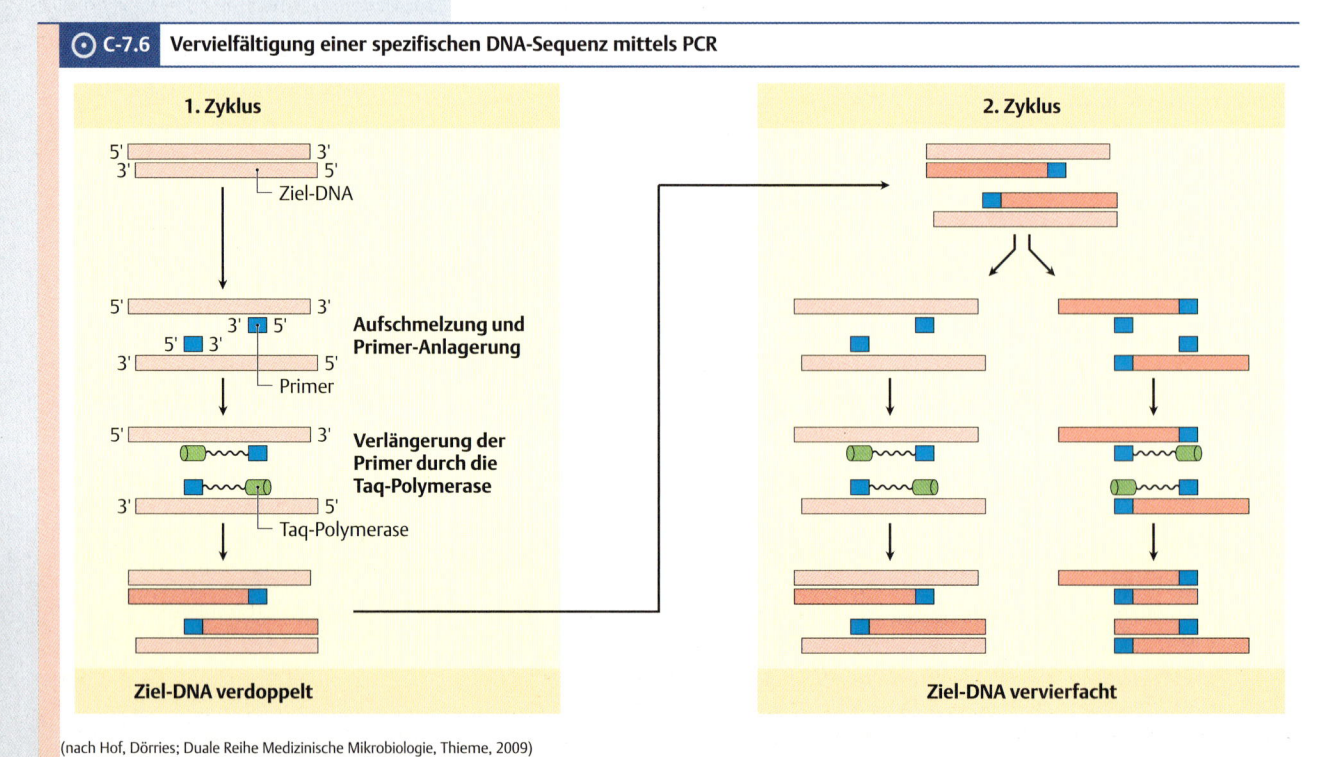

C-7.6 Vervielfältigung einer spezifischen DNA-Sequenz mittels PCR

(nach Hof, Dörries; Duale Reihe Medizinische Mikrobiologie, Thieme, 2009)

furiosus). Sie haben den entscheidenden Vorteil, dass sie nur einmal, zu Beginn der PCR, zugegeben werden müssen, da sie bei Erhitzung auf 95 °C nicht so leicht denaturieren. Darüber hinaus steigert ihre Hitzestabilität auch die Spezifität der PCR, denn bei Unterschreitung der Annealing-Temperatur käme es bei der Hybridisierung der Primer zu Basenfehlpaarungen und folglich zu unerwünschten Nebenprodukten.

Nachdem durch Verlängerung der Primer neue DNA-Doppelstränge entstanden sind, folgt ein neuer Zyklus, wobei unter optimalen Bedingungen jeweils mit einer Verdopplung der gewünschten DNA-Sequenz zu rechnen ist. Bei 20 – 40 Zyklen vervielfältigt sich die gewünschte DNA also um den Faktor 2^{20}– 2^{40} ($= 10^6$– 10^{12}). Demnach ist die DNA weniger Zellen als Ausgangsmenge für eine PCR ausreichend.

Unter optimalen Bedingungen verdoppelt sich die Menge der gewünschten DNA pro Zyklus. Bei 20 – 40 PCR-Zyklen nimmt ihre Menge folglich um den Faktor 10^6– 10^{12} zu.

Nachweis der amplifizierten DNA: Er erfolgt durch **Gel-Elektrophorese** (s. u.). Bei einer optimal verlaufenen PCR ist nur eine Bande sichtbar, die die erwartete Größe besitzt.

Der **Nachweis der amplifizierten DNA** erfolgt durch **Gel-Elektrophorese**.

▶ Klinik. Die Immunschwächekrankheit **AIDS** – Acquired Immunodeficiency Syndrome (S. 702) wird durch eine Infektion mit HIV (Human Immunodeficiency Virus) verursacht (S. 495). Für die Diagnose dieser Krankheit werden serologische Verfahren und die RT-PCR eingesetzt. Innerhalb von 3-12 Wochen nach der Infektion können Antikörper gegen HIV im Serum durch ELISA (Enzyme-linked Immunosorbent Assay) nachgewiesen werden. Positive Ergebnisse werden dann mit Western-Blots bestätigt.
Mit der RT-PCR ist virale RNA im Serum direkt detektierbar. Die Nachweisgrenze liegt bei 25 – 50 Kopien/ml. Indikationen für die RT-PCR sind:
- Erkennung von HIV-Infektionen in der Frühphase.
- Abklärung unklarer serologischer Befunde.
- Untersuchung von Neugeborenen HIV-positiver Mütter. Antikörpernachweise ergeben hier wegen der Plazentagängigkeit der IgG falsch-positive Resultate.
- Verlaufskontrollen der Therapie.

Die RT-PCR ist ein Diagnoseverfahren mit hoher Sensitivität und Spezifität.

▶ Klinik.

7.4.2 Reverse Transkriptions-Polymerasekettenreaktion (RT-PCR)

Die RT-PCR weist RNA nach, indem reverse Transkription und PCR gekoppelt werden. Zu diesem Zweck ist einer der beiden Primer auch für die reverse Transkriptase geeignet. An diesem Primer erstellt die reverse Transkriptase eine einzelsträngige, zur gewünschten RNA komplementäre DNA. An diese cDNA lagert sich der zweite Primer an und die reverse Transkriptase synthetisiert den zweiten DNA-Strang. Anschließend wird die doppelsträngige cDNA durch PCR mittels einer thermostabilen DNA-Polymerase wie oben beschrieben amplifiziert.

7.4.2 Reverse Transkriptions-Polymerasekettenreaktion (RT-PCR)

Die RT-PCR ist eine Variante der PCR, durch die RNA nachgewiesen werden kann. Die RNA wird mittels reverser Transkriptase in cDNA umgeschrieben. Dann wird die cDNA durch PCR amplifiziert.

7.4.3 Agarose- und Polyacrylamid-Gelelektrophorese

7.4.3 Agarose- und Polyacrylamid-Gelelektrophorese

▶ Definition. Die **Gelelektrophorese** ist eine Methode zur Trennung geladener Teilchen, z. B. von DNA-Fragmenten, nach ihrer Ladung und Größe.

▶ Definition.

Prinzip: Die Elektrophorese beruht auf der Wanderung geladener Teilchen in einem elektrischen Feld. DNA ist aufgrund der negativen Ladungen der Phosphatreste ein Polyanion, wandert also zur Anode. Die Gelmatrix, bestehend aus Agarose oder Polyacrylamid in verschiedenen Konzentrationen, sorgt für die Auftrennung der Moleküle nach Größe. Je kleiner die zu trennenden Fragmente sind, desto höher muss die Agarose- bzw. Polyacrylamidkonzentration sein. Agarosegele sind für größere Fragmente besser geeignet. Für kleinere Fragmente benutzt man bevorzugt Polyacrylamidgele, die eine Auflösung bis hinunter auf eine Base Fragmentlängenunterschied haben können. Die Laufstrecke linearer DNA-Fragmente ist umgekehrt proportional zum Logarithmus ihrer Länge (Abb. **C-7.7**). DNA-Fragmente trennen sich deshalb in Banden auf. Diese bestehen aus Fragmenten ähnlicher Länge. Enthält die Probe DNA-Fragmente unbekannter Länge, lässt man DNA-Fragmente bekannter Länge im elektrischen Feld als sog. Standard mitwandern.

Prinzip: DNA-Fragmente sind negativ geladen, wandern also in einem elektrischen Feld zur Anode und werden dabei durch die Gelmatrix (Agarose oder Polyacrylamid) nach Größe getrennt (Abb. **C-7.7**). Enthält die Probe DNA-Fragmente unbekannter Länge, lässt man DNA-Fragmente bekannter Länge im elektrischen Feld als sog. Standard mitwandern.

C-7.7 Agarose-Gelelektrophorese

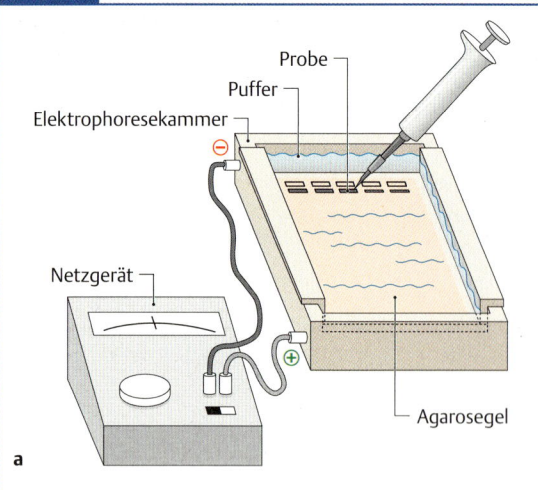

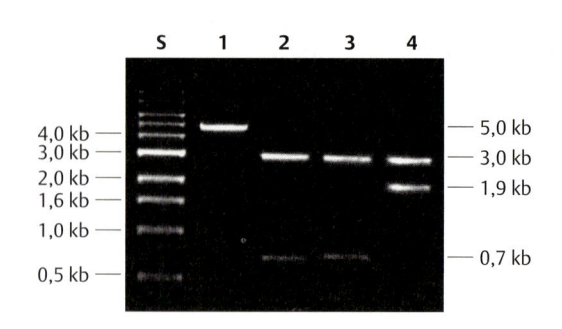

a Apparatur. b Beispiel einer Agarose-Gelelektrophorese
(aus Königshoff, Brandenburger; Kurzlehrbuch Biochemie, Thieme, 2007)

Der **Nachweis der getrennten Fragmente** im Gel erfolgt durch Fluoreszenzfarbstoffe. Die Länge von Fragmenten unbekannter Zusammensetzung wird durch Vergleich mit dem Standard bestimmt.

Nachweis der getrennten Fragmente: Nach Beendigung der Trennung werden die Banden durch Anfärbung mit Fluoreszenzfarbstoffen erkennbar gemacht. Der am häufigsten verwendete Fluoreszenzfarbstoff ist Ethidiumbromid. Dieser Farbstoff interkaliert zwischen die Basen der DNA und wird unter UV-Licht durch seine orangerote Fluoreszenz sichtbar. Die Länge von DNA-Fragmenten unbekannter Zusammensetzung lässt sich durch Vergleich ihrer Laufstrecke mit der des Standards bestimmen.

7.4.4 Blot-Hybridisierung

▶ Definition.

7.4.4 Blot-Hybridisierung

▶ Definition.
- Unter **„Blotting"** versteht man die Übertragung von DNA („Southern Blot"), RNA („Northern Blot") oder Proteinen („Western Blot") von einem Elektrophorese-Gel auf eine Membran, um dann bestimmte Moleküle nachweisen zu können (Abb. **C-7.8 a**).
- Als **Hybridisierung** bezeichnet man die Zusammenlagerung komplementärer Nukleinsäurefragmente unter Bildung von Wasserstoffbrücken. Sie wird eingesetzt, um bestimmte Nukleinsäurefragmente auf der Membran nachzuweisen (Abb. **C-7.8 a**).

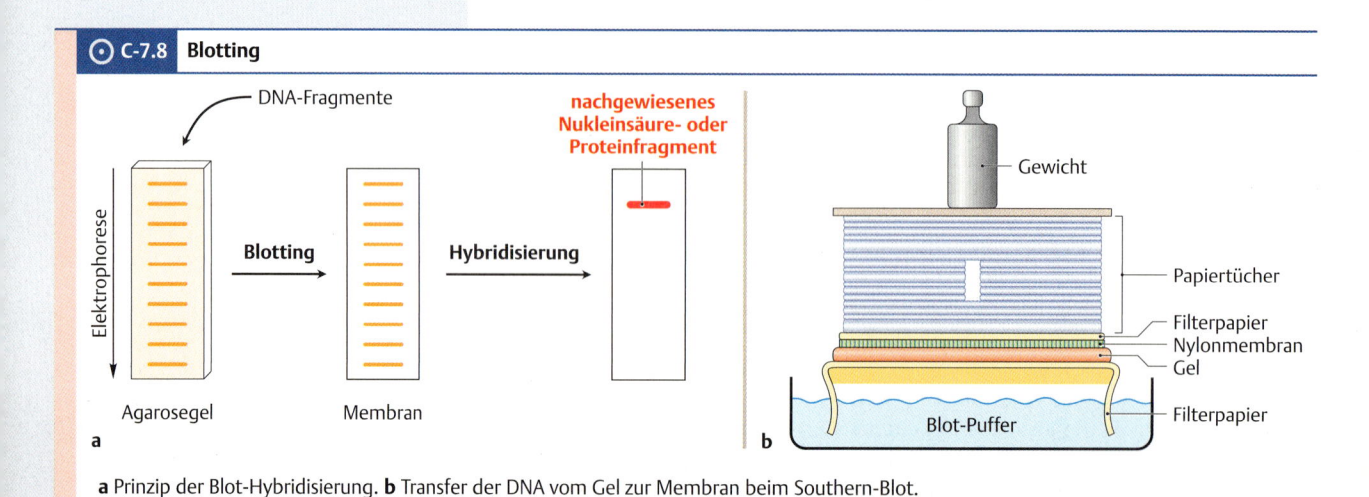

C-7.8 Blotting

a Prinzip der Blot-Hybridisierung. b Transfer der DNA vom Gel zur Membran beim Southern-Blot.

Southern-Blot

Beim Southern-Blot wird **DNA** von Agarosegelen auf Nitrocellulose- oder Nylonmembranen **übertragen**. Zunächst legt man das Gel in eine alkalische Lösung, um die DNA zu denaturieren, da man später für die spezifischen Nachweisreaktionen Einzelstrang-DNA benötigt. Dann neutralisiert man es durch Einlegen in einen entsprechenden Puffer. Zum Transfer der DNA legt man das Gel auf ein Filterpapier, das in einem Transferpuffer-Reservoir liegt, legt die Membran auf das Gel und überschichtet die Membran mit einigen Lagen trockenen Filterpapiers (Abb. **C-7.8 b**). Der Transferpuffer wird in das trockene Filterpapier gesaugt und nimmt dabei die DNA mit, die an der Membran haften bleibt. Die DNA wird nach dem Transfer entweder durch Erhitzen auf 80 °C oder durch UV-Bestrahlung an der Membran fixiert.

Der **Nachweis gesuchter DNA-Fragmente** erfolgt durch Hybridisierung mit spezifischen, radioaktiv (mit ^{32}P) oder nichtradioaktiv (z. B. mit Biotin oder Digoxigenin) markierten Sonden.

▶ Definition. **Sonden** sind DNA-Restriktionsfragmente, synthetische Oligonukleotide oder RNA-Moleküle, die komplementär zu den gesuchten Sequenzen sind und deshalb unter geeigneten Temperatur- und Salzbedingungen Wasserstoffbrücken ausbilden, d. h. hybridisieren.

Überschüssige Sonden werden abgewaschen und die spezifisch gebundenen Sonden je nach Art der Markierung durch Autoradiografie oder Antikörperbindung und enzymatisch katalysierte Farbreaktionen nachgewiesen.

Northern-Blot

Beim Northern-Blot wird **RNA** von einem Agarosegel auf eine Membran **übertragen und dort nachgewiesen**. Einige RNA-Typen weisen zahlreiche intramolekulare Wasserstoffbrücken und somit ausgeprägte Sekundärstrukturen auf, die das Laufverhalten von RNA-Molekülen beeinflussen. Deshalb wird dem Gel Formaldehyd in hoher Konzentration zugefügt, um die Sekundärstrukturen aufzulösen. Alle weiteren Schritte erfolgen ähnlich wie beim Southern-Blot.

Western-Blot

Zum **Nachweis der Genprodukte**, also der **Proteine**, gibt es ein weiteres Verfahren, den Western-Blot. Ein Proteingemisch wird durch SDS-Polyacrylamidgelelektrophorese (SDS = Natriumdodecylsulfat) aufgetrennt. SDS lagert sich an die Proteine an, sodass unabhängig von ihrem isoelektrischen Punkt eine weitgehend einheitliche Ladungsdichte hervorgerufen wird, wodurch eine Trennung nach molarer Masse im elektrischen Feld möglich wird. Anschließend werden mit einem senkrecht zum Gel angelegten elektrischen Feld die Proteine auf eine Nylon- oder PVDF(Polyvinylidenfluorid)-Membran **übertragen**. Der Nachweis erfolgt durch **Immundetektion**: Das gesuchte Protein wird durch einen spezifischen Antikörper markiert, an den dann ein gegen ihn gerichteter Sekundär-Antikörper bindet. An den Sekundär-Antikörper wiederum wurde vorher ein Enzym (häufig Peroxidase oder alkalische Phosphatase) gekoppelt, dessen Aktivität man durch ein geeignetes Chromogen, aus dem sich ein Farbstoff entwickelt, nachweisen kann, sodass die Position des gesuchten Proteins auf der Membran erkennbar wird.

7.4.5 Restriktions-Fragment-Längen-Polymorphismus (RFLP)

Erbkrankheiten beruhen auf Änderungen der DNA-Sequenz in kodierenden oder regulatorischen Bereichen oder an Spleißstellen. In manchen Fällen kann eine solche Krankheit durch Behandlung der genomischen DNA mit geeigneten Restriktionsendonukleasen (Restriktionstest) nachgewiesen werden. Bei größeren Deletionen oder Insertionen oder Punktmutationen, die eine Restriktionsschnittstelle betreffen, ergibt sich nach Spaltung mit geeigneten Restriktionsenzymen ein verändertes Bandenmuster bei der Gelelektrophorese.

▶ **Klinik.** Ein Beispiel dafür ist die **Sichelzellanämie**. Der hauptsächliche Hämoglobintyp (HbA) eines gesunden Erwachsenen setzt sich aus zwei α- und zwei β-Ketten zusammen. Die Ursache der Sichelzellanämie liegt in einer Punktmutation im Globin-Gen der β-Kette (Globin ist der Proteinanteil des Hämoglobins, Globin + Häm = Hämoglobin) (Abb. **C-7.9 a**). Durch diese Mutation wird die Glutaminsäure in Position 6 durch Valin ersetzt (HbA → HbS = Sichelzellhämoglobin). Die Mutation betrifft eine Schnittstelle für MstII. Dieses Enzym besitzt im normalen Globin-Gen drei Schnittstellen in der Region, die bei Sichelzellanämie verändert ist. Die mittlere Schnittstelle entfällt bei der Sichelzellanämie. Für das normale Globin-Gen ergeben sich zwei MstII-Fragmente von 1150 bp und 200 bp, für die Sichelzellenanämie ein Fragment mit 1350 bp (Abb. **C-7.9b**).

Der Austausch einer polaren, hydrophilen Aminosäure (Glu) durch eine hydrophobe Aminosäure (Val) bewirkt eine drastische Herabsetzung der Löslichkeit des Globins. Im desoxygenierten Zustand hat HbS ca. 2 % der Löslichkeit des HbA. Dies führt zur Aggregatbildung des Hämoglobins (S. 757) im Erythrozyten und somit zur Verformung der Zellen (Sichelzellenphänotyp) und zu erhöhter Rigidität der Zellen. Die mangelnde Fähigkeit der Gestaltveränderung führt bei der Passage enger Kapillarsysteme zur Hämolyse, also zu einer hämolytischen Anämie.

⊙ **C-7.9** RFLP bei Sichelzellanämie **a** Sequenzvergleich zwischen HbA β und HbS. **b** Schnittstellen für Mst II im HbA-β- und im HbS-Globin-Gen und Restriktionsmuster.

Codon	5	6	7
Hämoglobin A β	C C T	G A G	G A G
Hämoglobin S	C C T	G T G	G A G
Mst II-Schnittstelle	C C T	N A G	G

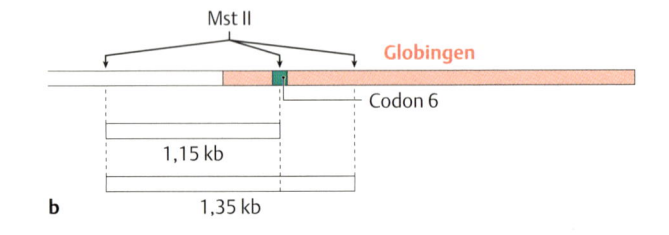

a

b 1,15 kb / 1,35 kb / Mst II / Globingen / Codon 6

Die DNA-Banden werden durch Southern-Blot nachgewiesen.

Nach Behandlung der genomischen DNA mit der passenden Restriktionsendonuklease und Auftrennung der Fragmente auf einem Agarosegel erfolgt der Nachweis der Banden durch Southern-Blot-Hybridisierung (s. o.).
Eine weitere Anwendung der RFLP-Analyse ist im Kap. „DNA-Profilanalyse" (S. 515) beschrieben.

7.4.6 DNA-Profilanalyse (Genetischer Fingerabdruck)

Einige nicht kodierende Bereiche der menschlichen DNA weisen vielfache, aneinandergereihte **Wiederholungen eines Sequenzmotivs (Tandem Repeats)** auf. Diese werden individuell unterschiedlich häufig wiederholt (Polymorphismus) und sind deshalb geeignete Marker zur Identifizierung von Personen.

7.4.6 DNA-Profilanalyse (Genetischer Fingerabdruck)

Für einige nicht kodierende Bereiche des menschlichen Genoms ist charakteristisch, dass ein Sequenzmotiv sich vielfach wiederholt, wobei sich die Kopien des Motivs lückenlos aneinanderreihen. **Repetitive Sequenzen** in dieser Anordnung bezeichnet man als **Tandem Repeats**. Die Anzahl der Wiederholungen des Sequenzmotivs ist innerhalb der Bevölkerung sehr variabel (Polymorphismus). Deshalb sind Tandem Repeats geeignet, um zwischen Individuen zu unterscheiden, d. h. Personen zu identifizieren. Sie können in der forensischen Medizin zur Ermittlung eines Täters, aber auch zur Klärung von Verwandtschaftsverhältnissen eingesetzt werden.

Grundlagen

Die **repetitiven Sequenzen** im menschlichen Genom werden nach der Länge des wiederholten Sequenzmotivs **untergliedert in**
- **Makrosatelliten** = Satelliten-DNA,
- **Minisatelliten**. Sie bilden Polymorphismen, die Variable Number of Tandem Repeats (VNTR) genannt werden.
- **Mikrosatelliten (Short Tandem Repeats, STR)**. Sie sind wie VNTR hoch polymorph und dabei relativ unempfindlich gegen Nukleasen. Deshalb sind sie zurzeit die wichtigsten Marker in der Forensik.

Grundlagen

Die **repetitiven Sequenzen** im Genom des Menschen werden nach der Länge des wiederholten Sequenzmotivs in **drei Klassen** untergliedert:
- Bei **Makrosatelliten = Satelliten-DNA** besteht das Sequenzmotiv aus Hunderten bis Tausenden von Basenpaaren. Der Bereich, über den sich das Tandem Repeat erstreckt, kann mehrere hunderttausend Basenpaare lang sein.
- Bei **Minisatelliten** ist das Sequenzmotiv 9 – 100 bp lang, das gesamte Tandem Repeat nicht länger als 100 – 15 000 bp. Sie bilden Polymorphismen in der Population, die **Variable Number of Tandem Repeats (VNTR)** genannt werden.
- Bei **Mikrosatelliten (Short Tandem Repeats, STR)** ist das Sequenzmotiv noch kürzer, meist nur 2 – 6 bp lang. Das gesamte Tandem Repeat erreicht eine Länge von 100 – 400 bp. STR liegen weit verstreut im Genom, machen aber insgesamt etwa 0,5 % des Genoms aus. Ihre Funktion ist unbekannt. Die Anzahl der Motivwiederholungen kann sich bei der Zellteilung ändern, weil die gepaarten DNA-Stränge während der Replikation leicht verrutschen können. Dadurch sind sie auch in der Population hoch polymorph, d. h. praktisch jedes Individuum ist an diesen Orten

heterozygot. Kurze Fragmentlängen und die daraus resultierende relativ hohe Unempfindlichkeit gegen Abbau durch Nukleasen ermöglichen es, dass minimale Mengen gealterten Spurenmaterials für die Analyse verwendet werden können. Aus diesen Gründen sind die STR momentan die wichtigsten Marker in der Forensik.

Verfahren zur DNA-Profilanalyse

Es gibt zwei Verfahren zur DNA-Profilanalyse:
- die RFLP-Analyse von VNTR mittels Southern-Blot und
- die STR-Typisierung mittels PCR.

Die **RFLP-Analyse von VNTR** ist das ältere Verfahren. Die Restriktionsendonukleasen, mit denen die genomische DNA verdaut wird, besitzen Schnittstellen in Bereichen, die VNTR flankieren. Die Länge der Restriktionsfragmente hängt folglich davon ab, wie häufig das Sequenzmotiv bei diesem Individuum wiederholt wird. Deshalb ergeben sich individuell unterschiedlich lange Restriktionsfragmente (Abb. **C-7.10**). Ein Nachteil dieser Methode ist, dass relativ viel DNA (ca. 5 – 10 µg) benötigt wird.

Die **STR-Typisierung mittels PCR** eignet sich noch besser zur Identifizierung von Personen. Die PCR wird mit Primern durchgeführt, die komplementär zu flankierenden Sequenzen der STR-Loci sind (Abb. **C-7.10**). Es ergeben sich individuell unterschiedlich lange PCR-Produkte.

Um eine möglichst sichere Aussage machen zu können, werden mit beiden Methoden jeweils eine ganze Reihe von VNTR- bzw. STR-Loci getestet.

Verfahren zur DNA-Profilanalyse

In der **RFLP-Analyse von VNTR** werden Restriktionsendonukleasen eingesetzt, deren Schnittstellen VNTR flankieren, sodass man bei verschiedenen Personen unterschiedlich lange Restriktionsfragmente erhält (Abb. **C-7.10**).

Bei der **STR-Typisierung mittels PCR** rahmen die Primer STR ein (Abb. **C-7.10**), sodass man individuell unterschiedlich lange PCR-Produkte erhält.

Mit beiden Methoden testet man mehrere Genloci.

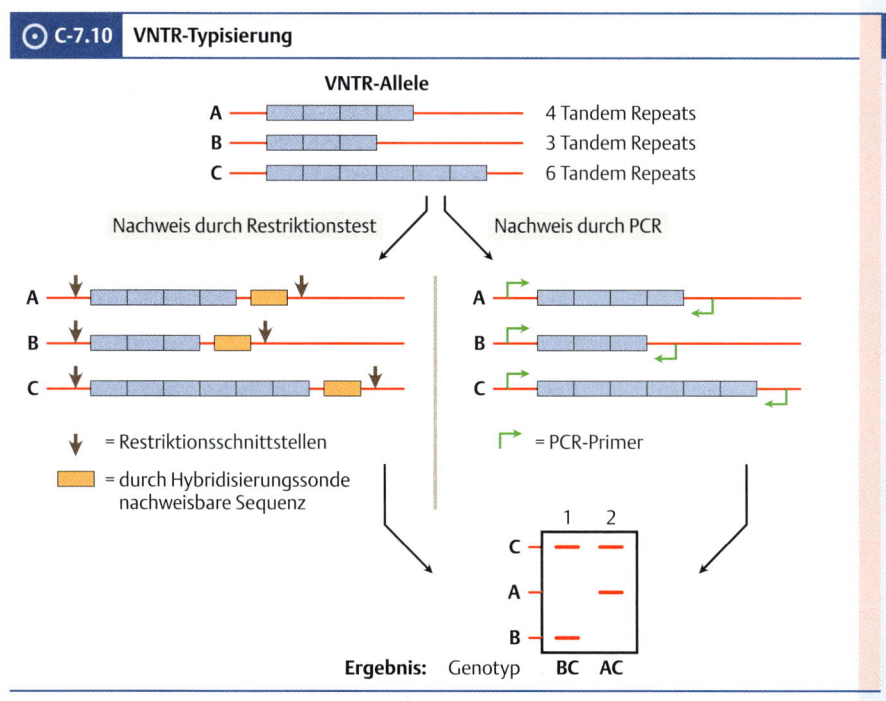

⊙ **C-7.10** VNTR-Typisierung

⊙ **C-7.10**

VNTR-Allele
- A — 4 Tandem Repeats
- B — 3 Tandem Repeats
- C — 6 Tandem Repeats

Nachweis durch Restriktionstest | Nachweis durch PCR

↓ = Restriktionsschnittstellen
▭ = durch Hybridisierungssonde nachweisbare Sequenz

⇨ = PCR-Primer

Ergebnis: Genotyp BC AC

7.4.7 DNA-Sequenzierung

▶ **Definition.** Unter **DNA-Sequenzierung** versteht man die Bestimmung der Basenabfolge in einem bestimmten DNA-Molekül.

Es wurden unabhängig voneinander zwei Methoden der DNA-Sequenzierung entwickelt: die chemische Methode nach Maxam und Gilbert und die Didesoxymethode nach Sanger.

7.4.7 DNA-Sequenzierung

▶ **Definition.**

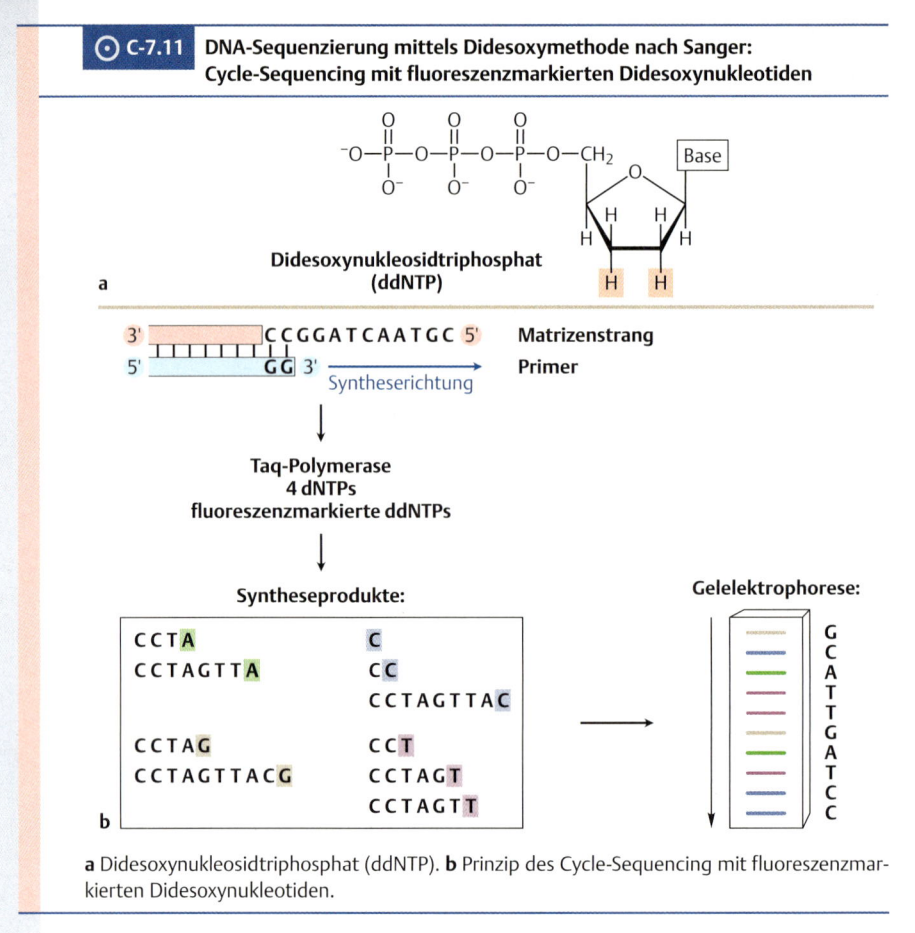

C-7.11 DNA-Sequenzierung mittels Didesoxymethode nach Sanger: Cycle-Sequencing mit fluoreszenzmarkierten Didesoxynukleotiden

a Didesoxynukleosidtriphosphat (ddNTP). **b** Prinzip des Cycle-Sequencing mit fluoreszenzmarkierten Didesoxynukleotiden.

Das wichtigste Verfahren zur DNA-Sequenzierung ist die **Didesoxymethode nach Sanger (= Kettenabbruchmethode)**. Unter Verwendung von 2'-3'-Didesoxynukleotiden (ddNTP) wird in vitro eine DNA-Replikation des interessierenden DNA-Moleküls durchgeführt. Vier parallele Ansätze enthalten je eine der vier in der DNA vorkommenden Basen als ddNTP. In jedem Ansatz werden nach dem Zufallsprinzip ddNTPs in den komplementären DNA-Strang eingebaut, wodurch die DNA-Synthese zum Stillstand kommt. Die Syntheseprodukte unterschiedlicher Länge jedes Ansatzes werden gelelektrophoretisch analysiert, und aus dem Bandenmuster ergibt sich die Basensequenz (Abb. **C-7.11**).

Temperaturstabile DNA-Polymerasen ermöglichen die zyklische Sequenzierung.

Bei Einsatz von ddNTPs, die mit verschiedenen Fluoreszenzfarbstoffen markiert sind, ist nur noch ein Reaktionsansatz notwendig.

Die **Didesoxymethode nach Sanger (= Kettenabbruchmethode)** wurde technisch weiterentwickelt und hat sich allgemein durchgesetzt, da sie schneller und leichter automatisierbar ist. Sie beruht auf einer In-vitro-Replikation des interessierenden DNA-Moleküls, wobei ein Sequenzbereich des Moleküls bereits bekannt sein muss. Ausgehend von einem markierten Oligodesoxynukleotid-Primer, der an diesen Sequenzbereich des Moleküls hybridisiert, katalysiert eine DNA-Polymerase in vier parallelen Ansätzen die Synthese des komplementären DNA-Strangs. In den vier sonst gleichen Ansätzen befindet sich neben den dNTPs je eine unterschiedliche Base als 2'-3'-Didesoxynukleotid (ddNTP, Abb. **C-7.11**) in geringer Konzentration. Da eine Kettenverlängerung nur an dem 3'-OH-Ende eines Nukleotids erfolgen kann, wird die Synthese zum Stillstand kommen, sobald ein ddNTP eingebaut wurde. Da das jeweilige ddNTP mit dem entsprechenden dNTP konkurriert, erfolgt der Kettenabbruch nach dem Zufallsprinzip an verschiedenen Stellen. Dadurch ergibt sich eine Serie an Syntheseprodukten unterschiedlicher Länge. Die Syntheseprodukte werden mittels Polyacrylamid-Harnstoff-Gelelektrophorese getrennt. Die Basensequenz lässt sich aus dem Bandenmuster ablesen, weil die Laufstrecke eines Fragments umgekehrt proportional zum Logarithmus seiner Länge ist und die Länge des Fragments die Position der jeweiligen Base in der Basensequenz widerspiegelt (Abb. **C-7.11**).

Ähnlich wie bei der PCR ist es mittels temperaturstabiler DNA-Polymerasen möglich, die Sequenzierungsreaktionen in Zyklen ablaufen zu lassen (Cycle-Sequencing), und dadurch die notwendige Menge an Probenmaterial zu reduzieren.

Der Einsatz von ddNTPs, die mit verschiedenen Fluoreszenzfarbstoffen markiert sind, vereinfacht die Methode zusätzlich. Dadurch kann die Sequenzierung in einem einzigen Reaktionsansatz statt in vier getrennten Ansätzen durchgeführt werden. Der Nachweis der Syntheseprodukte erfolgt während der Elektrophorese: Die Marker werden durch einen Laserstrahl angeregt und senden daraufhin Licht verschiedener Farbe aus, das in einem Detektor registriert wird.

Exkurs. Verschiedene neuere Sequenzierverfahren

Im Rahmen der verschiedenen Genom-Projekte wurden die Sequenzierverfahren durch Automatisierung und Weiterentwicklung der Elektrophorese-Technik (Kapillarelektrophorese) enorm verbessert. Ein Sequenzierautomat mit 384 Kapillaren kann innerhalb eines Tages 2,8 Mbp sequenzieren, zu Sangers Zeiten hätte man dafür viele Jahre gebraucht.

Alternativ zur Didesoxy-Methode wurden weitere Sequenziermethoden entwickelt, eine davon ist die **Pyrosequenzierung**. Hierbei wird das bei der DNA-Synthese freigesetzte Pyrophosphat durch ATP-Sulfurylase und Adenosin-5´-phosphosulfat in ATP umgesetzt, das wiederum benötigt wird, um mittels des Enzyms Luciferase, Luciferin in Oxyluciferin unter Aussendung eines Lichtblitzes umzusetzen. Bei Zugabe eines komplementären Nukleotids erhält man ein Lichtsignal, bei einem nicht passenden Nukleotid bleibt das Signal aus. Sequenzierautomaten, die mit diesem Funktionsprinzip arbeiten, können 25 Mbp/4 Stunden analysieren. Ein komplettes bakterielles Genom kann innerhalb von 3 – 4 Tagen sequenziert werden.

RNA-Interferenz

Der Schritt von der Genomik, d. h. der bloßen Analyse des Aufbaus eines Genoms, zum Verständnis der Wirkungsweise der Gene, also zur funktionellen Genomik, erfordert Methoden, die in die natürliche Genexpression eingreifen und dadurch Rückschlüsse auf die Funktion eines unbekannten Proteins erlauben. Die beschriebenen siRNAs (S. 455) bieten einen sehr wirkungsvollen Ansatz. Es sind inzwischen spezifische siRNAs für mehr als 15 000 menschliche bzw. Mäusegene kommerziell erhältlich. Es gibt mehrere experimentelle Ansätze: Der direkte Einsatz langer doppelsträngiger RNA (dsRNA) in Transfektionen kultivierter Zellen führte häufig zu Interferon-Antworten der Zellen (ein Abwehrmechanismus zur Bekämpfung einer Infektion mit dsRNA-Viren), wodurch das Versuchsergebnis unbrauchbar wird. Effizienter ist es, die lange dsRNA vor der Transfektion durch Behandlung mit einer Endonuklease in kurze Moleküle zu spalten (esiRNA = Endonuclease prepared siRNA) oder die Zellen mit shRNA-Plasmiden zu transfizieren. Hierbei handelt es sich um lentivirale Vektoren, die sich in das Empfängergenom integrieren lassen und dann RNA-Polymerase III-abhängig shRNA (= Small Hairpin RNA) exprimieren. Diese kleine haarnadelförmige RNA wird durch Dicer (S. 483) zu siRNA prozessiert. Man kann damit 70 – 90 % der Expression eines Genes unterdrücken.

RNA-Interferenz

Durch den experimentellen Einsatz von siRNA kann die Expression ausgesuchter Gene spezifisch unterdrückt werden, wodurch eine Analyse der Funktion der entsprechenden Genprodukte in der Zelle ermöglicht wird.

7.4.8 Knock-out-Tiere und transgene Tiere

Bei der Aufklärung der Funktion der Gene in einem Organismus oder einem Gewebe genügt es nicht, die Sequenz zu kennen oder Expressionsanalysen in einer Zellkultur durchzuführen. Gene wirken meistens in einer koordinierten Weise zusammen und bestimmen somit gemeinsam die Eigenschaften eines Organismus. Deshalb sind Tiermodelle von großer Bedeutung.

▶ Definition.

- **Knock-out** bedeutet die gezielte Ausschaltung eines Gens in einem Tier durch Insertion von Fremd-DNA, sodass kein vollständiges Transkript gebildet werden kann. Im Knock-out-Tier kann man die Auswirkungen des Verlusts des Genprodukts auf den gesamten Organismus untersuchen.
- Als **transgen** bezeichnet man ein Tier, dem ein artfremdes Gen eingefügt wurde. Im transgenen Tier lassen sich die Auswirkungen des zusätzlichen Gens auf den gesamten Organismus untersuchen.

Mithilfe dieser Tiermodelle sollen die molekularen Ursachen menschlicher Krankheiten erfasst werden, mit dem Ziel, verbesserte Diagnose- und Therapieformen zu entwickeln.

► Exkurs. **Die Erzeugung von Knock-out-Mäusen**

Die Methoden des Knock-outs sind an der Maus am besten etabliert. Eine dieser Methoden soll hier näher erläutert werden. Um die biochemischen Unterschiede nach dem Knock-out auch wirklich ausschließlich einem einzigen Gen zuordnen zu können, muss man Inzucht-Stämme verwenden, bei denen alle Individuen den gleichen genetischen Hintergrund besitzen.

Da man in einer erwachsenen Maus natürlich nicht sämtliche Körperzellen verändern kann, geht man von embryonalen Stammzellen aus, denn sie sind undifferenziert und können sich potenziell in alle Richtungen hin entwickeln. Diese Stammzellen werden aus Blastozysten entnommen und können durch Zugabe von Wachstumsfaktoren in einem Nährmedium kultiviert werden.

Die Stammzellen werden mit Rekombinationsvektoren transfiziert. Diese Vektoren enthalten Selektionsmarker zur Identifizierung der Zellen mit verändertem Erbgut. Als Marker wird häufig das bakterielle Gen für Neomycin-Phosphotransferase benutzt, das die Resistenz gegen Neomycin bzw. G418 (beides Aminoglykoside) vermittelt (neo^R). Dieser Marker wird zur positiven Selektion genutzt. Ein weiterer Marker ist das Thymidinkinase-Gen (tk-Gen) des Herpes-simplex-Virus (HSV). Die Thymidinkinase (HSV-TK) kann das Nukleosidanalogon Ganciclovir phosphorylieren. Ganciclovir-P kann nach weiteren Phosphorylierungsschritten durch zelleigene Enzyme zum Triphosphat in die DNA eingebaut werden, was einen Kettenabbruch während der DNA-Synthese hervorruft. Zellen, die die HSV-TK exprimieren, werden durch Ganciclovir geschädigt, was eine negative Selektion ermöglicht.

Das neo^R-Gen wird im Rekombinationsvektor von Sequenzen flankiert, die homolog zum Zielgen sind. Diese homologen Sequenzen sollen zielgerichtet eine homologe Rekombination mit der genomischen DNA ermöglichen. Das tk-Gen befindet sich außerhalb der homologen Sequenzen.

Nach der Transfektion der embryonalen Stammzellen können folgende Ereignisse eintreten:
- Die Fremd-DNA wird nicht in das Genom eingebaut.
- Der Einbau erfolgt an zufälligen Positionen.
- Es erfolgt ein gezielter Einbau durch homologe Rekombination. Dabei wird das Zielgen inaktiviert und gleichzeitig das neo^R-Gen in das Genom integriert. Das tk-Gen wird nicht in das Genom integriert.

Diese drei Ereignisse sind durch die beiden Marker voneinander unterscheidbar: Stammzellen, die keine Fremd-DNA im Genom enthalten, können in Neomycin-haltigem Medium nicht überleben. Bei einem Einbau an zufälliger Position ist das tk-Gen ebenfalls in das Genom integriert. Solche Zellen lassen sich mit Ganciclovir selektiv abtöten, da sie die HSV-TK exprimieren. Damit verbleiben nur noch Stammzellen, die an der gewünschten Stelle des Erbguts mutiert sind.

Das Ergebnis der beiden Selektionsschritte wird z. B. durch PCR und RT-PCR überprüft.

Die genetisch veränderten embryonalen Stammzellen werden nun in Blastozysten eingeführt, die scheinschwangeren Mäusen implantiert werden. Aus derartigen Blastozysten entstehen chimäre Tiere. Ihre Körper sind mosaikartig aus Zellen mit zwei verschiedenen Genomen aufgebaut, nämlich dem ursprünglichen Erbgut der Blastozystenzellen und dem Erbgut der eingesetzten Stammzellen.

Über genetisch veränderte embryonale Stammzellen, die zu Keimzellen differenzieren, kann das veränderte Gen an die Nachkommen weitergegeben werden. Das chimäre Tier wird mit einem normalen Tier gekreuzt. Einige der Nachkommen tragen das veränderte Gen, weil die Ei- oder Samenzelle von der eingesetzten Stammzelle abstammt. Die DNA dieser F1-Tiere wird analysiert. Hat man jeweils ein männliches und ein weibliches heterozygotes Tier erhalten, so werden diese miteinander gekreuzt. Nach den Mendel-Vererbungsregeln ist zu erwarten, dass 25 % der F2-Tiere homozygote Knock-out-Mäuse sind.

8 Mutationen und DNA-Reparatur

8.1 Mutationen 519
8.2 Reparatur der DNA-Schäden 523
8.3 Kontrolle der Replikationsgenauigkeit und Fehlpaarungsreparatur (Mismatch-Reparatur) 526
8.4 Reparatur von Doppelstrangbrüchen 526

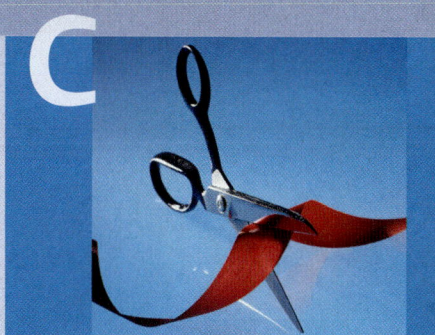

8.1 Mutationen

8.1 Mutationen

▶ **Definition.** Eine **Mutation** ist jede Veränderung im Genom einer Zelle oder eines Organismus, die nicht durch die Trennung von Allelenpaaren (Segregation) oder durch Rekombination vorhandener Gene zustande kommt. Die in der DNA gespeicherte Information wird verändert, wodurch Änderungen einzelner Merkmale (des Phänotyps) eintreten können.

▶ **Definition.**

8.1.1 Mutationsformen

8.1.1 Mutationsformen

Je nachdem, ob die Veränderung den Chromosomensatz oder Abschnitte von Chromosomen oder Genen betrifft, unterscheidet man
- **Genommutation**,
- **Chromosomenmutation** und
- **Genmutation**. Hierzu zählt auch die **Punktmutation**, bei der einzelne Basen eines Gens verändert sind.

Diese Mutationsformen können in Keimzellen oder somatischen Zellen auftreten:
- **Keimbahnmutationen** betreffen Eizellen oder Spermien und werden im Rahmen der Ontogenese an alle anderen Zellen weitergegeben. Die Veränderungen des Genoms werden an die Nachkommen vererbt und können somit hereditäre Erkrankungen auslösen.
- **Somatische Mutationen** betreffen alle Körperzellen mit Ausnahme der Keimzellen. Sie werden nicht vererbt, sondern haben zunächst nur Auswirkungen auf die Zellen, in denen sie auftreten. Oft haben sie keine oder nur geringe Folgen, jedoch können sie die Entstehung von gutartigen oder bösartigen Tumoren begünstigen.

Nach dem betroffenen Erbgut-Abschnitt unterscheidet man
- Genommutation,
- Chromosomenmutation und
- Genmutation mit Punktmutation.

Je nachdem, ob diese Mutationsformen Keimzellen oder somatische Zellen betreffen, unterscheidet man
- **Keimbahnmutationen:** Sie werden an die Nachkommen vererbt.
- **Somatische Mutationen:** Sie werden nicht vererbt. Oft sind ihre Folgen gering, jedoch können sie die Tumorentstehung begünstigen.

Genommutation

Genommutation

▶ **Definition.** Unter einer **Genommutation** versteht man eine Veränderung der Chromosomenzahl einer Zelle. Sie ist die Folge meiotischer oder mitotischer Teilungsfehler.

▶ **Definition.**

Formen:
- **Aneuploidie:** *Ein* Chromosom liegt einfach (Monosomie, führt meist zum Absterben der Zelle) oder dreifach vor (z. B. Trisomie 21 = Down-Syndrom).
- **Polyploidie:** *Alle* Chromosomen liegen mindestens dreifach vor.

Formen:
- **Aneuploidie:** Mono- oder Trisomie, betrifft *ein* Chromosom
- **Polyploidie:** Chromosomensatz ≥ 3n.

Chromosomenmutation

Chromosomenmutation

▶ **Definition.** Eine **Chromosomenmutation** ist eine Änderung der Struktur einzelner Chromosomen aufgrund inter- oder intrachromosomaler Umbauvorgänge.

▶ **Definition.**

Formen:
- Eine **Deletion** ist der Verlust eines Chromosomensegments.
- Bei einer **Insertion** wurde ein Chromosomensegment in ein Chromosom eingebaut.
- Bei der **Duplikation** wurde ein Chromosomenabschnitt verdoppelt.
- Eine **Inversion** entsteht durch Drehung eines Chromosomensegments um 180 Grad.
- Bei einer **Translokation** hat sich die Position eines Chromosomensegments geändert.

Formen: Ein Chromosomensegment
- geht verloren: **Deletion**
- wird eingefügt: **Insertion**
- wird verdoppelt: **Duplikation**
- dreht sich um 180 °: **Inversion**
- wird verschoben: **Translokation**

8 Mutationen und DNA-Reparatur

Gen- und Punktmutation

▶ Definition. Eine **Genmutation** ist eine Änderung der Struktur eines einzelnen Gens. Prinzipiell unterscheidet sie sich nicht von einer Chromosomenmutation, es ist lediglich ein kleineres Segment der DNA betroffen. Betrifft die Mutation einzelne Basen eines Gens, so spricht man von einer **Punktmutation**.

Formen:
- **Substitution:** Austausch einer Base. Dies ist die häufigste Form der Genmutation.
  - Wird ein Pyrimidin gegen ein Pyrimidin oder ein Purin gegen ein Purin ausgetauscht, so nennt man dies **Transition**. Diese Form des Austausches kommt am häufigsten vor.
  - Bei Austausch eines Pyrimidins gegen ein Purin oder umgekehrt spricht man von **Transversion**.
- **Insertion:** Einfügen einer oder mehrerer Basen.
- **Deletion:** Verlust einer oder mehrerer Basen.

Auswirkungen von Mutationen innerhalb kodierender Sequenzen

Auswirkungen von Substitutionen: Da die Anzahl der Basen gleich bleibt, hat eine Substitution keinerlei Auswirkung auf das Leseraster.
Der Einfluss von Mutationen auf den Phänotyp kann sehr unterschiedlich sein und hängt davon ab, wo diese Mutation aufgetreten ist. Aufgrund der Degeneration des genetischen Codes muss sich der Phänotyp nicht zwangsläufig ändern.
In vielen Fällen, in denen die dritte Position eines Codons betroffen ist, hat die Mutation keinen Effekt auf die Aminosäuresequenz eines Proteins, da oft die beiden ersten Positionen eines Codons (S. 473) entscheiden, welche Aminosäure kodiert wird, und deshalb die gleiche Aminosäure wie vorher eingebaut wird **(stille = neutrale = synonyme Mutation, Silent Mutation)**.
Wird eine Aminosäure verändert **(Missense-Mutation)**, so hängt der Effekt auf die Funktion des betroffenen Proteins u. a. davon ab, ob sich die Eigenschaften dieser Aminosäure sehr von denen der ursprünglichen Aminosäure unterscheiden. Der Austausch einer aliphatischen Aminosäure gegen eine andere aliphatische Aminosäure hat wahrscheinlich geringere Wirkungen als der Austausch einer hydrophoben gegen eine geladene hydrophile Aminosäure. Darüber hinaus ist die Position der Aminosäure im Protein ausschlaggebend. Eine Änderung im aktiven Zentrum eines Enzyms könnte das Enzym inaktivieren, die Mutation einer Phosphorylierungsstelle könnte die Regulation verändern. Die Einfügung eines Prolins in eine α-Helix würde die helikale Struktur und damit die gesamte dreidimensionale Struktur des Proteins stören, während viele Mutationen für die Funktion eines Proteins eher von untergeordneter Bedeutung sind.
Wird ein Codon in ein Stoppcodon umgewandelt, so spricht man von einer **Nonsense-Mutation**. Das Leseraster bricht ab und es kann nur noch ein unvollständiges Protein produziert werden, da die Translation an dieser Stelle gestoppt wird.
Es ist auch möglich, dass durch Mutation des ursprünglichen Stoppcodons die Polypeptidkette verlängert wird.

Auswirkungen von Deletionen und Insertionen: Bei diesen Mutationen kommt es im Gegensatz zu den Substitutionen immer zu Änderungen der Aminosäuresequenz des zugehörigen Proteins. Wird eine *einzelne Base* inseriert oder deletiert, führt dies zu einer **Leserasterverschiebung (Rasterschubmutation, frame shift mutation)**. Es entstehen völlig neue Tripletts, wodurch sich der Informationsgehalt des gesamten Gens bzw. des Anteils, der sich an die Deletion oder Insertion anschließt, grundlegend verändert. Als Folge kommt es überproportional oft zur Entstehung von Stoppcodons und zum Abbruch der Translation. Es wird ein völlig falsches Protein bzw. Enzym synthetisiert, das keinerlei Aktivität besitzt und auch keine immunologische Ähnlichkeit mit dem normalen Protein bzw. Enzym aufweist.
Nicht ganz so stark sind die Auswirkungen beim Einfügen oder Entfernen einer Anzahl von Basen, die einem *ganzzahligen Vielfachen von drei* entspricht. Hier wird die Polypeptidkette verlängert oder verkürzt, ohne dass es zu einer Verschiebung des Leserasters kommt.

Auswirkungen von Mutationen außerhalb kodierender Sequenzen

Auch außerhalb der kodierenden Sequenzen können Mutationen starke Effekte hervorrufen. Mutationen regulatorischer Regionen (Promotoren, Enhancer) können die Expression des Gens beeinflussen. Dies kann entweder zu einem Mangel oder zu einem Überschuss des Proteins führen.

Die meisten Mutationen innerhalb der Introns werden keinen Effekt haben, aber wenn die Exon/Intron-Grenzen oder der Verzweigungspunkt betroffen sind, kann es zu falschen Spleißprodukten, also auch falschen Genprodukten kommen. Dies ist z. B. bei der β-Thalassämie (S. 756) der Fall. Die Regulation des alternativen Spleißens (S. 470) kann ebenfalls beeinträchtigt sein.

8.1.2 Entstehung von Mutationen

Mutationen können durch endogene oder exogene Faktoren verursacht werden.

Mechanismen endogener DNA-Schäden

Spontane chemische Reaktionen (Spontanmutationen) oder Fehler im Verlauf der Replikation können die DNA verändern. Folgende Mechanismen sind bekannt:
- Thermische Depurinierung
- Desaminierung
- Tautomerisierung

Thermische Depurinierung: Die relativ labile N-glykosidische Bindung zwischen dem N^9 einer Purinbase und der Desoxyribose lässt sich schon bei normaler Körpertemperatur hydrolytisch spalten. Dies führt zu sog. Apurinstellen in der DNA.

Desaminierung: Sehr häufig wird Cytosin spontan desaminiert. Auch bei anderen Basen wird eine Desaminierung beobachtet. Die Desaminierungsprodukte gehen andere Basenpaarungen ein als die ursprüngliche Base (Tab. C-8.1).

C-8.1	Produkte der Desaminierung von Basen und ihre komplementären Basen	
Base	**Desaminierungsprodukt**	**komplementäre Base des Desaminierungsprodukts**
Cytosin	Uracil	Adenin
Adenin	Hypoxanthin	Cytosin
5-Methylcytosin	Thymin	Adenin
Guanin	Xanthin	Cytosin

▶ **Merke.** Eine durch eine chemische Reaktion veränderte Base, die eine andere Basenpaarung eingeht, führt in der folgenden Replikation zu einer Substitution.

Tautomerisierung: Basen liegen in einem Gleichgewicht zwischen Keto- und Enolform (Keto-Enol-Tautomerie) bzw. Amino- und Iminoform vor. Der Anteil der Enol- bzw. Iminoform liegt bei 10^{-4} bis 10^{-5}. Diese Tautomere können unübliche Basenpaarungen bilden (z. B. T-G- oder A-C-Paarung) und sind damit Ursache von Replikationsfehlern. Adenin bildet in der Iminoform mit Cytosin anstatt mit Thymin ein korrespondierendes Basenpaar. Durch diese atypische AC-Basenpaarung wird bei der folgenden Replikation eine AT- und eine GC-Paarung in den Tochtersträngen entstehen. Tautomere Formen können also Substitutionen verursachen.

Mechanismen exogener DNA-Schäden

Die DNA kann durch physikalische Faktoren oder chemische Reaktionen verändert werden.

Schädigung durch physikalische Faktoren

Energiereiche elektromagnetische Strahlen (UV-, Röntgen- und γ-Strahlung) **und Teilchenstrahlen** (α-, β-, Protonen- und Neutronenstrahlung) lösen Elektronen aus dem Molekülverband, wobei Kationen entstehen, die chemische Folgereaktionen auslösen.

C 8 Mutationen und DNA-Reparatur

UV-Strahlung kann eine Dimerisierung von benachbarten Thyminresten verursachen (Abb. **C-8.1**) und so Genexpression und Replikation stören.

UV-Strahlung wird von den Nukleinsäuren absorbiert (DNA hat ein Absorptionsmaximum bei 260 nm) und führt zur Dimerisierung benachbarter Pyrimidinreste. In einem Strang benachbarte Thyminreste können kovalent verknüpft werden und bilden ein Cyclobutan-Addukt. Die entstandenen Thymindimere (Abb. **C-8.1**) passen sterisch nicht in die Doppelhelix und behindern die Genexpression und Replikation.

C-8.1 Thymindimer

Radioaktive Strahlung schädigt DNA direkt (Strangbrüche) und indirekt (über Sauerstoffradikale).

Radioaktive Strahlung schädigt die DNA
- direkt, indem sie Einzel- oder Doppelstrangbrüche hervorruft,
- indirekt, indem sie die Bildung freier Sauerstoffradikale induziert, die DNA-Schäden auslösen.

Schädigung durch chemische Reaktionen

Mutagen sind
- Desaminierung,
- Alkylierung,
- Einbau von Basenanaloga,
- Interkalierung und
- Oxidation.

Folgende chemische Reaktionen sind mutagen:
- Desaminierung
- Alkylierung
- Einbau von Basenanaloga
- Interkalierung
- Oxidation

Desaminierung: wird durch Nitrit oder salpetrige Säure begünstigt.

Desaminierung: Diese Reaktion (S. 521) wird durch Nitrit oder salpetrige Säure begünstigt.

Alkylierung: z. B. durch Stickstoff-Lost-Derivate, führt zu einer veränderten Basenpaarung und somit in der folgenden Replikation zu einer Substitution.

Alkylierung: Methyl- oder Ethylgruppenübertragungen, die z. B. durch Dimethylsulfat, Dimethylphosphat, Dimethylnitrosamin oder Stickstoff-Lost-Derivate verursacht werden, führen zu einer Veränderung der Basenpaarung in den resultierenden Produkten. 6-O-Methylguanin paart beispielsweise nicht mit Cytosin, sondern mit Thymin. Dies führt in der folgenden Replikation zu einer Substitution, ein GC-Paar wird durch ein AT-Paar ersetzt.

Einbau von Basenanaloga: (z. B. Bromuracil) erhöht die Wahrscheinlichkeit von Basenfehlpaarung und somit von Substitution in der folgenden Replikation.

Einbau von Basenanaloga: Werden Basenanaloga in die DNA eingebaut, so steigt die Wahrscheinlichkeit von Replikationsfehlern. Beim 5-Bromuracil ist die Methylgruppe des Thymins durch ein Bromatom ersetzt. Das Gleichgewicht der Keto-Enol-Tautomerie wird zu Gunsten der Enolform verschoben, die eine dritte H-Brücke ausbildet und somit statt mit Adenin mit Guanin paart. Dies führt dann in folgenden Replikationen zu Basensubstitutionen.

Interkalierende Substanzen: Diese Substanzen (z. B. Acridinfarbstoffe) drängen sich zwischen benachbarte Basen. Die Folge ist eine Insertion bei der Replikation.

Interkalierung: Zu den interkalierenden Substanzen zählen z. B. Acridinfarbstoffe, die große planare Ringsysteme besitzen. Diese Strukturen können sich zwischen zwei benachbarte Basen in die DNA drängen und verlängern so das Molekül. Bei der Replikation kommt es dann zu einer Insertion einer Base. Dadurch entstehen Leserasterverschiebungen.

Oxidation: „Reaktive Sauerstoffspezies" oxidieren Basen. Die Oxidationsprodukte gehen andere Basenpaarungen ein.

Oxidation: „Reaktive Sauerstoffspezies" (Reactive Oxygen Species, ROS), die entweder endogen durch Nebenreaktionen der Atmungskette und anderen Stoffwechselreaktionen (z. B. Oxidase-Reaktionen) oder durch radioaktive Strahlung (s. o.) entstehen, können neben anderen Makromolekülen (Lipide, Proteine) auch die DNA angreifen. Ein mögliches Produkt ist 8-Oxo-Guanin, das eine Basenpaarung mit Adenin eingehen kann.

8.2 Reparatur der DNA-Schäden

Im Genom ereignen sich innerhalb von 24 Stunden etwa 20 000 DNA-Schädigungen pro Zelle, ohne dass Mutationen entstehen. Grund dafür sind die vielseitigen, sehr effizienten DNA-Reparatursysteme. Man kennt 168 Gene des Menschen, die an der DNA-Reparatur beteiligt sind. Täglich finden in einem Menschen 10^{16}–10^{18} Reparaturereignisse statt. In der Regel wird nur ein kleiner Anteil aller eintretenden Schäden von den DNA-Reparatursystemen nicht erfasst und bewirkt eine Mutation.

Die Behebung einer Schädigung ist dann unproblematisch, wenn sich dieser auf einen der beiden Einzelstränge der Doppelhelix beschränkt. An einer Einzelstrang-DNA ist keine Reparatur möglich, da die Reparaturenzyme eine intakte Matrize benötigen. Der unversehrte Komplementärstrang dient als Matrize.

Einige Reparaturmechanismen werden im Folgenden beschrieben.

8.2.1 Direkte Reparatur

Bei einer direkten Reparatur erfolgt eine Schadensumkehrung durch ein Enzym, das den Defekt erkennt und eine Reaktion katalysiert, die den Ausgangszustand wiederherstellt. Man kennt zwei Typen dieses Reparaturmechanismus: einen für Photoprodukte und einen für alkylierte Basen.

Photoreaktivierung

DNA-Photolyasen (photoreaktivierende Enzyme) sind in der Lage, die durch UV-Strahlung verursachte Bildung von Thymindimeren (Thymin-Cyclobutan-Dimer, Abb. **C-8.1**) in zwei einzelne Thymine zu spalten. Das Enzym wird durch Absorption eines Photons (Wellenlänge: 300–400 nm) aktiviert, wenn es sich an die gestörte DNA-Region bindet. Durch die Absorption des Photons wird dann ein angeregter Zustand erzeugt, der zur Spaltung des Dimers in die ursprünglichen Basen führt.
Dieses Reparatursystem ist in Bakterien und niederen Eukaryonten vorhanden, nicht jedoch in Säugern.

Reparatur von Alkylschäden

6-O-Methylguanin wird z. B. über eine O6-Alkylguanin-DNA-Alkyltransferase (AGT) in Guanin überführt, wobei die Methylgruppe auf eine Cysteinseitenkette des Enzyms übertragen wird. Dabei wird die Transferase inaktiviert, d. h. das Protein begeht „Selbstmord" und wird einem proteolytischen Abbau zugeführt. Dieses Enzym hat eine deutliche Schutzfunktion gegen die mutagenen Effekte von Alkylierungsmitteln. Zwei α-Ketoglutarat-abhängige Dioxygenasen können alkylierte Basen durch oxidative Dealkylierung reparieren, wobei Methylreste als Formaldehyd und Ethylreste als Acetaldehyd freigesetzt werden.

8.2.2 Basen-Exzisionsreparatur

Die Basen-Exzisionsreparatur ist für modifizierte Basen (desaminierte oder oxidierte Basen) geeignet. Sie umfasst folgende Schritte (Abb. **C-8.2**):
- Erkennung der beschädigten Base,
- Ausschneiden dieser Base unter Bildung einer abasischen Stelle,
- Hydrolyse der Phosphodiesterbindungen der abasischen Stelle,
- Einfügung eines neuen Nukleotids und
- Schließung des verbleibenden Einzelstrangbruches durch eine DNA-Ligase.

Die ersten beiden Schritte erfolgen durch spezifische **DNA-Glykosylasen**. Es sind neun menschliche DNA-Glykosylasen bekannt, die unterschiedlich modifizierte Basen erkennen können. Die Uracil-DNA-Glykosylase z. B. erkennt Uracil, das durch Desaminierung aus Cytidin entstanden ist und kein natürlicher Bestandteil der DNA ist. Das Enzym spaltet die glykosidische Bindung zwischen Uracil und der Desoxyribose, wodurch eine abasische Stelle (AP-Stelle, AP = Apurin, Apyrimidin) entsteht.
Die **AP-Endonuklease** hydrolysiert dann die 5' gelegene Phosphorsäure-Esterbindung, wodurch ein Einzelstrangbruch der DNA entsteht.
Die weitere Reparatur verläuft in zwei Varianten:
- Beim **Short Patch Repair** fügt die **DNA-Polymerase** β ein passendes Nukleotid ein und spaltet gleichzeitig die 3' gelegene Phosphorsäure-Esterbindung der AP-Stelle durch ihre Desoxyribosephosphat-Lyase-Aktivität.

C-8.2 Basen-Exzisionsreparatur

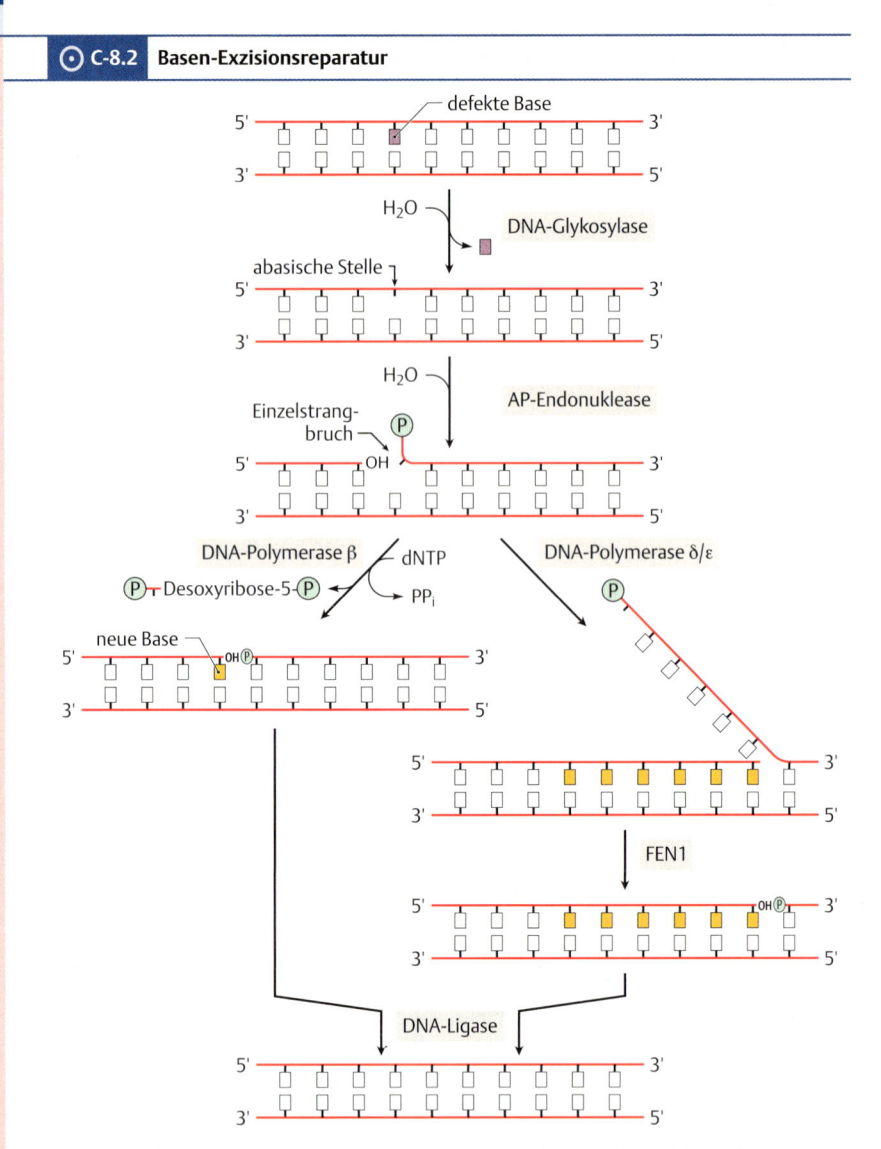

Abb. C-8.2 Links unten: Short Patch Repair, rechts unten: Long Patch Repair, FEN1: Endonuklease.

- Beim **Long Patch Repair** fügen die **DNA-Polymerasen** δ **und** ε unter Mitwirkung der Proteine PCNA und RFC 2 6 Nukleotide unter Verdrängung der vorhandenen Basen an. Das kurze überhängende Oligonukleotid wird durch die Endonuklease FEN1 abgetrennt.

Der letzte Schritt der Reparatur ist die Schließung des Einzelstrangbruches durch eine **DNA-Ligase**.

8.2.3 Nukleotid-Exzisionsreparatur

Treten größere Basenveränderungen wie Pyrimidindimerisierungen oder sperrige Basenaddukte auf, die zu starken Verzerrungen der Doppelhelixstruktur führen, können diese Schäden durch die Nukleotid-Exzisionsreparatur behoben werden. Beim Menschen sind etwa 30 Polypeptide an dieser Reparatur beteiligt.

Die Nukleotid-Exzisionsreparatur umfasst folgende Schritte (Abb. **C-8.3**):

- Ein Multiproteinkomplex, in dem auch der Transkriptionsfaktor TFIIH enthalten ist, lokalisiert die Schädigung.
- Durch die Helikaseaktivität von TFIIH wird ein Bereich von etwa 25 Basenpaaren entwunden.
- Zwei Endonukleasen schneiden ein 25–32 Nukleotide langes Oligonukleotid, das den Defekt enthält, heraus.
- Die Reparatursynthese erfolgt durch die DNA-Polymerasen δ und ε zusammen mit PCNA und RFC.
- Durch eine DNA-Ligase wird der verbleibende Einzelstrangbruch kovalent geschlossen.

Eine **DNA-Ligase** beseitigt den Einzelstrangbruch.

8.2.3 Nukleotid-Exzisionsreparatur

Dieser Reparaturtyp behebt größere Basenveränderungen (z. B. sperrige Basenaddukte).

Er umfasst mehrere Schritte (Abb. **C-8.3**):
- Lokalisation des Defekts
- Entwindung der Doppelhelix durch TFIIH
- Exzision des defekten Bereichs (Oligonukleotid)
- Reparatursynthese durch die DNA-Polymerasen δ und ε
- Reparatur des letzten Einzelstrangbruchs durch DNA-Ligase

C-8.3 Nukleotid-Exzisionsreparatur

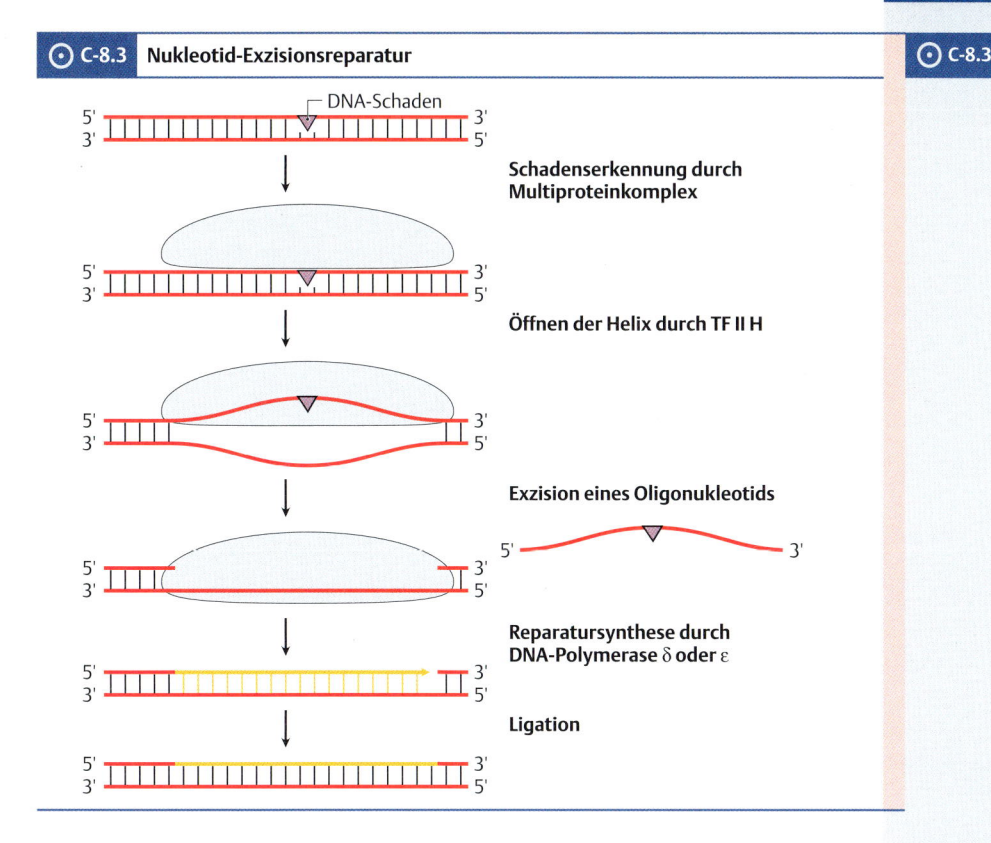

Schadenserkennung durch Multiproteinkomplex

Öffnen der Helix durch TF II H

Exzision eines Oligonukleotids

Reparatursynthese durch DNA-Polymerase δ oder ε

Ligation

Man kennt beim Menschen zwei Varianten der Nukleotid-Exzisionsreparatur, die **globale Genomreparatur (GGR** und die **transkriptionsgekoppelte Reparatur (TCR)**. Sie unterscheiden sich vor allem durch den Mechanismus der Erkennung des Defekts. Die GGR ist für die Reparatur nicht transkribierter DNA zuständig, während die TCR transkribierte DNA repariert. Die Erkennung des Schadens erfolgt bei der TCR vermutlich durch eine blockierte RNA-Polymerase.

Man unterscheidet zwischen **globaler Genomreparatur** (nicht transkribierte DNA) und **transkriptionsgekoppelter Reparatur** (transkribierte DNA).

▶ **Klinik.** Drei autosomal-rezessiv vererbte, sehr seltene Erbkrankheiten sind durch Defekte im Nukleotid-Exzisionsreparatursystem bedingt:
- Xeroderma pigmentosum,
- Cockayne-Syndrom,
- Trichothiodystrophie.

Die Defekte finden sich bei Xeroderma pigmentosum in der GGR, bei den beiden anderen Krankheiten in der TCR.

Bei **Xeroderma pigmentosum** können aufgrund des Defekts durch Sonnenbestrahlung (UVB!) entstandene DNA-Schäden in Hautzellen nicht beseitigt werden. Deshalb treten auf lichtexponierter Haut Pigmentverschiebungen und Tumoren auf (Abb. **C-8.4**). Da es keine kausale Therapie gibt, müssen die Betroffenen Sonnenlicht meiden („Mondscheinkinder").

Auch beim **Cockayne-Syndrom** sind Hautzellen betroffen: Auf lichtexponierter Haut finden sich rote, schuppende Areale. Pigmentläsionen und Hauttumore treten jedoch nicht auf. Die körperliche und geistige Entwicklung der Betroffenen ist verlangsamt und sie altern vorzeitig. In schweren Fällen tritt der Tod um das 6. Lebensjahr ein.

Bei der **Trichothiodystrophie** besteht ebenfalls eine erhöhte Lichtempfindlichkeit, aber kein Risiko für Hauttumore. Leitsymptom sind kurze, brüchige Haare und Nägel aufgrund eines Schwefelmangels.

C-8.4 Xeroderma pigmentosum

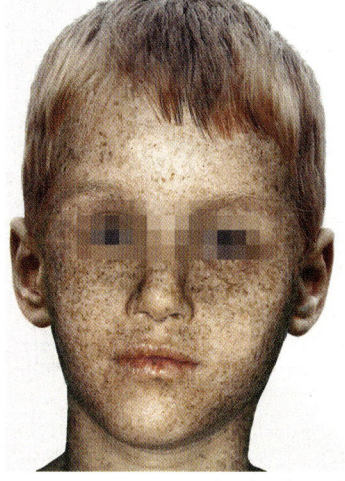

(aus Gortner L., Meyer S., Sitzmann F.-C., Duale Reihe Pädiatrie, Thieme, 2012)

Chronischer Lichtschaden der Haut, Präkanzerosen und Basalliome bei einem 5-jährigen Jungen. Typisch ist eine „buntscheckige" (poikilodermatische) Haut mit Hypo- und Hyperpigmentierung.

8.3 Kontrolle der Replikationsgenauigkeit und Fehlpaarungsreparatur (Mismatch-Reparatur)

Die Replikation muss ein sehr genauer Prozess sein, damit das Erbmaterial über viele Generationen erhalten bleibt. Man schätzt die Fehlerrate auf $1:10^9 - 1:10^{10}$. Zum Vergleich dazu ist die Fehlerrate der RNA-Synthese um den Faktor 100 000 höher, liegt also bei $1:10^4$. Hier ist es auch nicht ganz so wichtig, fehlerfrei zu arbeiten, da die Fehler sich in der RNA nicht über Generationen hin fortpflanzen und anhäufen. Eine höhere Fehlerrate der DNA-Synthese würde die Rate der Keimbahnmutationen oder der somatischen Mutationen erhöhen.

Die Genauigkeit der Replikation wird durch drei Prozesse kontrolliert:

- **Erkennung der korrekten dNTPs:** DNA-Polymerasen bauen nur die dNTPs in den Tochterstrang ein, deren Basen eine korrekte Basenpaarung mit der entsprechenden Base des Matrizenstrangs eingehen. Die Fehlerrate beträgt hier $10^{-4} - 10^{-5}$.
- **unmittelbare Produktkontrolle:** Die prokaryontischen DNA-Polymerasen I und III bzw. die eukaryontischen DNA-Polymerasen γ, δ und ε überprüfen nach Einbau eines Nukleotids, ob die eingebaute Base auch wirklich eine Basenpaarung eingeht. Ist dies nicht der Fall, so stoppt die Synthese und die falsch eingebaute Base wird durch die 3'-5'-Exonuklease-Aktivität der DNA-Polymerase hydrolytisch herausgeschnitten. Erst wenn das 3'-OH-Ende eines Nukleotids erkannt wird, das eine Basenpaarung mit dem Matrizenstrang eingeht, kann die DNA-Synthese fortgesetzt werden. Damit lässt sich auch erklären, warum DNA-Polymerasen im Gegensatz zu RNA-Polymerasen einen Primer benötigen. Durch diese Kontrolle wird die Fehlerrate auf 10^{-7} verringert.
- **Fehlpaarungs-Reparatur:** Noch bevor die Replikation vollständig abgeschlossen ist, werden die neusynthetisierten Stränge nochmals auf Fehlpaarungen hin untersucht, wodurch die Fehlerrate um den Faktor 100 – 700 gesenkt wird. Zwei heterodimere Proteine, hMutSα und hMutSβ, erkennen verschiedenartige Fehler. Während hMutSα Fehlpaarungen einzelner Basen und Insertionen/Deletionen von 1 – 2 Basen erkennt, ist hMutSβ in der Lage Insertionen/Deletionen von ca. 2 bis etwa 10 Basen zu erkennen. Nachdem ein weiteres Heterodimer (hMutLα) mit Endonuklease-Aktivität den defekten Einzelstrang gespalten hat, wird dieser Strang durch Exonuklease I von 5´ nach 3´ abgebaut und durch DNA-Polymerase δ ersetzt. Eine DNA-Ligase schließt die letzte Lücke. Das Reparatursystem muss zwischen dem alten (korrekten) und neuem (defekten) DNA-Strang unterscheiden können, damit die Reparatur nicht auf der falschen Seite erfolgt. Dies geschieht beim Folgestrang durch Erkennen der durch die Okazaki-Fragmente gegebenen Strangunterbrechungen, beim Führungsstrang ist der Mechanismus unklar.

▶ **Klinik.** Defekte in der Fehlpaarungskorrektur beim Menschen führen zu einem erhöhten Risiko, am **erblichen nichtpolypösen Dickdarmkrebs (Hereditary nonpolyposis Colorectal Carcinoma, HNPCC, Lynch Syndrom)** zu erkranken. Dies entspricht 5 – 8 % aller Fälle von Dickdarmkrebs. Auch wenn keine genetische Prädisposition vorliegt, wird in 15 % der sporadischen Kolorektalkarzinome ein Defekt der Fehlpaarungsreparatur beobachtet. Beim Auftreten eines derartigen Defektes beträgt das Risiko, an Dickdarmkrebs zu erkranken, 80 %.

8.4 Reparatur von Doppelstrangbrüchen

Doppelstrangbrüche der DNA bedrohen die Stabilität des Genoms. Es kommt zu chromosomalen Translokationen oder es entstehen Lücken, da an diesen Stellen die Replikation stoppt. Die verloren gegangene Information kann nicht, wie bei anderen Defekten, vom Komplementärstrang rekonstruiert werden.

Doppelstrangbrüche können durch zwei Mechanismen repariert werden:
- die homologe Rekombination
- und die nicht homologe End-zu-End-Verbindung.

8.4 Reparatur von Doppelstrangbrüchen

Die **homologe Rekombination** findet nur in der späten S-Phase oder in der G2-Phase des Zellzyklus statt. Nur dann hat sich die DNA verdoppelt und liegt in zwei Schwesterchromatiden mit zwei identischen vollständigen Doppelhelices vor. Dadurch ist es möglich, den komplementären Strang im Schwesterchromatid für die fehlerfreie Reparatur eines Defektes zu nutzen. Nach einem Doppelstrangbruch wird das Ende der Doppelhelix zu einem Einzelstrang mit 3´-OH-Überhang prozessiert. Dieser Einzelstrang wird mittels einer Rekombinase und weiteren Proteinen in Kontakt zum Komplementärstrang des Schwesterchromatids gebracht. Es kommt zu Strangaustausch zwischen den Schwesterchromatiden und Reparatur der Lücken.

Die **homologe Rekombination** erfolgt zwischen den Schwesterchromatiden in der S- und G2-Phase und ist fehlerfrei.

▶ Klinik. BRCA1 und BRCA2 sind Proteine, die an der homologen Rekombination beteiligt sind. Mutationen in den entsprechenden Genen führen zu hoher Anzahl von Chromosomenbrüchen und -aberrationen, wodurch u. a. sich das Risiko, an Brustkrebs zu erkranken, verzehnfacht (S. 538).

▶ Klinik.

Die **nicht homologe End-zu-End-Verbindung** hat den Vorteil, dass sie zu jeder Phase des Zellzyklus stattfinden kann, aber sie verläuft häufig mit Fehlern. Nur wenn ein glatter Doppelstrangbruch mit 5´-Phosphat-Enden und 3´-Hydroxyl-Enden entstanden ist, ist eine fehlerfreie Ligation beider Stränge möglich. Andernfalls müssen die Enden so prozessiert werden, dass sie ligierbar werden, wobei kleine Deletionen entstehen können.

Die **nicht homologe End-zu-End-Verbindung** kann in jeder Phase des Zellzyklus ablaufen, kann aber zu Fehlern führen.

9 Der Zellzyklus

9.1 Ablauf.. 528
9.2 Regulation.. 529

9.1 Ablauf

9.1 Ablauf

▶ **Definition.**

▶ **Definition.** Der **Zellzyklus** ist der geregelte Ablauf von Ereignissen in eukaryontischen Zellen zwischen den einzelnen Zellteilungen mit dem Ziel, die genetische Information der Zelle identisch zu verdoppeln und auf zwei Tochterzellen zu verteilen.

Man unterscheidet
- G1-Phase,
- S-Phase,
- G2-Phase und
- Mitose (M-Phase) (Abb. **C-9.1**).

G1-, S- und G2-Phase fasst man als **Interphase** zusammen.

Der Zellzyklus wird in vier Phasen eingeteilt (Abb. **C-9.1**):
- G1-Phase
- S-Phase
- G2-Phase
- Mitose (M-Phase)

G1-, S- und G2-Phase werden auch als **Interphase** zusammengefasst.

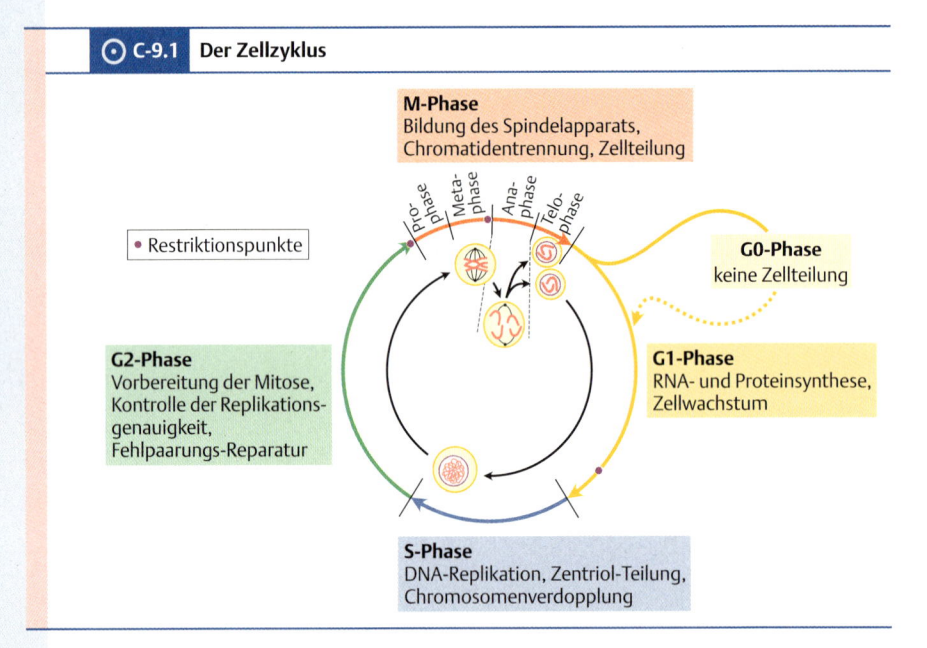

⊙ C-9.1

⊙ C-9.1 **Der Zellzyklus**

M-Phase
Bildung des Spindelapparats, Chromatidentrennung, Zellteilung

• Restriktionspunkte

G2-Phase
Vorbereitung der Mitose, Kontrolle der Replikationsgenauigkeit, Fehlpaarungs-Reparatur

G0-Phase
keine Zellteilung

G1-Phase
RNA- und Proteinsynthese, Zellwachstum

S-Phase
DNA-Replikation, Zentriol-Teilung, Chromosomenverdopplung

Manche Zellen treten im Anschluss an die Mitose in die **G0-Phase** ein. Dies ist ein **Ruhezustand**, in dem keine Zellteilung stattfindet.

Manche Zellen treten im Anschluss an die Mitose in die **G0-Phase (Ruhezustand)** ein. Auslöser für den Eintritt in die G0-Phase ist das Erreichen eines bestimmten Differenzierungsgrades, eine niedrige Konzentration von Wachstumsfaktoren oder eine hohe Populationsdichte. In der G0-Phase findet keine Neubildung von Zellen mehr statt, die Zellen haben jedoch einen aktiven Stoffwechsel. Dieser Zustand kann sehr lange anhalten oder auch dauerhaft sein. Manche dieser Zellen können auf bestimmte Wachstumssignale hin wieder in die G1-Phase eintreten.

Die **G1-Phase** ist eine **Wachstumsphase**.

In der **G1-Phase** (von gap [engl.] = Lücke) **wächst** die **Zelle** und synthetisiert die Proteine, die für die Verdoppelung des Genoms in der nächsten Phase erforderlich sind, z. B. die Bausteine der Mikrotubuli der Mitose(= Kernteilungs)spindel, α- und β-Tubulin (S. 396). Dies dauert im Mittel zwischen 3 und 12 Stunden.

In der **S-Phase** findet die **DNA-Replikation** statt.

In der nachfolgenden **S-Phase** (S = Synthese) wird die **DNA repliziert**. Es wird also eine komplette Kopie des Genoms hergestellt. Jedes Chromosom besteht nun aus zwei Schwesterchromatiden, die am Kinetochor zusammenhängen. Das Zentriol, der Ausgangspunkt der Mitosespindel, teilt sich. Diese Phase dauert etwa 8 – 12 Stunden.

Die **G2-Phase** dient der **Vorbereitung der Mitose**. Es werden verstärkt RNA-Moleküle und zellteilungsspezifische Proteine synthetisiert. Außerdem werden die neu synthetisierten DNA-Stränge auf Fehlpaarungen kontrolliert und ggf. repariert. Die mittlere Dauer der G2-Phase beträgt 1,5 – 3 Stunden.

Die **Mitose** ist die eigentliche Zellteilung. Sie wird aufgeteilt in
- Prophase,
- Metaphase,
- Anaphase und
- Telophase.

In der **Prophase** kondensiert sich das Chromatin, sodass die Chromosomen sichtbar werden. Der Spindelapparat beginnt sich ausgehend von den Zentriolen her auszubilden, die sich an den entgegen gesetzten Polen der Zelle befinden (Abb. **B-6.7**). Der Nukleolus ist nicht mehr erkennbar und die Kernmembran beginnt sich aufzulösen.

In der **Metaphase** heften sich die Mikrotubuli der Mitosespindel an die Kinetochoren der Chromosomen an. Die Chromosomen richten sich an der Äquatorialebene aus. Die Kernmembran hat sich komplett aufgelöst.

In der **Anaphase** teilen sich die Zwei-Chromatiden-Chromosomen in Ein-Chromatid-Chromosomen, die wiederum durch den Spindelapparat zu den entgegen gesetzten Polen der Zelle transportiert werden. Es gelangt also jeweils eine Kopie des Genoms in eine der Zellhälften.

In der **Telophase** entwickeln sich neue Kernmembranen um die Chromosomen in den beiden Zellhälften. Die Chromosomen dekondensieren und die Nukleoli bilden sich neu. Der Spindelapparat löst sich auf. Die Zelle wird nun durch eine Zytoplasmamembran in zwei Tochterzellen geteilt (Zytokinese).

Die Mitose dauert etwa 0,5 – 1 Stunde.

In der **G2-Phase** wird die **Mitose vorbereitet**.

Die **Mitose (Zellteilung)** wird in folgende Stadien unterteilt:
- Prophase
- Metaphase
- Anaphase
- Telophase

In der **Prophase** kondensiert sich das Chromatin zu den Chromosomen und der Spindelapparat entsteht.

In der **Metaphase** ist die Mitosespindel ausgebildet und die Chromosomen befinden sich in der Äquatorialebene der Zelle.

In der **Anaphase** trennen sich die Chromatiden und werden auf die entgegen gesetzten Pole der Zelle verteilt.

In der **Telophase** bilden sich neue Kernmembranen, die Chromosomen dekondensieren, die Zelle teilt sich.

9.2 Regulation

Zellteilungen müssen strikt kontrolliert werden, Fehler in der Regulation können lebensbedrohliche Erkrankungen wie Krebs zur Folge haben.

Der Ablauf des Zellzyklus wird durch ein Kontrollsystem geregelt, das sicherstellt, dass alle Vorgänge zur richtigen Zeit und in der richtigen Reihenfolge ablaufen. Störungen der Zellzyklusregulation könnten zum Zelltod oder zur Entartung der Zellen führen.

9.2.1 Kontrollpunkte im Zellzyklus

Es gibt im Zellzyklus mehrere **Restriktionspunkte**, an denen überprüft wird, ob alle Kriterien für den Eintritt in die nächste Phase erfüllt sind. Ist dies nicht der Fall, dann wird der Zellzyklus an diesen Stellen arretiert. Dabei werden endogene und exogene Informationen berücksichtigt.

Restriktionspunkte befinden sich (Abb. **C-9.1**)
- in der späten G1-Phase,
- am Ende der G2-Phase und
- in der Metaphase.

Am **Restriktionspunkt in der späten G1-Phase** wird entschieden, ob sich die Zelle überhaupt teilt. Voraussetzung für den **Start des Zellzyklus** ist, dass die Zelle eine gewisse Größe erreicht hat, dass die Ernährungsbedingungen ausreichend sind und dass eine zusätzliche Stimulierung durch Wachstumsfaktoren bei gleichzeitigem Fehlen antimitogener Signale erfolgt. Sind diese Bedingungen erfüllt, werden alle Vorgänge bis zum Erreichen des nächsten Kontrollpunktes unumkehrbar durchgeführt.

Am **Restriktionspunkt am Ende der G2-Phase** werden nochmals die **Umweltbedingungen** überprüft und wird sichergestellt, dass die **DNA-Replikation vollständig abgelaufen** ist, bevor die Zelle in die Mitose eintreten kann. Andernfalls würden die Tochterzellen ein unvollständiges Genom erhalten, was den Zelltod zur Folge hätte.

Am **Metaphase-Restriktionspunkt** wird schließlich überprüft, ob alle Chromosomen an die Mikrotubuli des Spindelapparates angeheftet sind, bevor sie in der Anaphase auf die beiden Zellhälften verteilt werden.

9.2 Regulation

Fehler in der Zellzyklusregulation können zu Tumorerkrankungen führen.

9.2.1 Kontrollpunkte im Zellzyklus

An bestimmten **Restriktionspunkten** im Zellzyklus wird der geregelte Ablauf überprüft.

Restriktionspunkte befinden sich in der späten G1-Phase, am Ende der G2-Phase und in der Metaphase (Abb. **C-9.1**).

Am **Restriktionspunkt in der späten G1-Phase** entscheidet sich, ob der **Zellzyklus startet**, d. h. ob sich die Zelle überhaupt teilt.

Am **Restriktionspunkt am Ende der G2-Phase** werden die **Umweltbedingungen** und der **Status der Replikation** überprüft.

Am **Metaphase-Restriktionspunkt** wird geprüft, ob alle Chromosomen am Spindelapparat hängen.

Außer den Restriktionspunkten gibt es in der **G1- und G2-Phase DNA-Schadens-Kontrollpunkte**, an denen DNA-Schäden, die z. B. durch ionisierende Strahlung oder chemische Agenzien entstanden sind, registriert werden. Treten derartige Schäden auf, dann wird der Zellzyklus aufgehalten, bis die DNA-Reparatur-Systeme die Schäden beheben konnten. Ist dies unmöglich, dann wird der programmierte Zelltod, sog. Apoptose (S. 533), eingeleitet, damit sich keine Mutationen in den weiteren Zellgenerationen anhäufen können, die möglicherweise zu einer Entartung der Zellen und somit zur Tumorbildung führen.

9.2.2 Komponenten des Zellzyklus-Kontrollsystems

Zu den wichtigsten Komponenten des Kontrollsystems gehören periodisch aktivierbare Proteinkinasen, die **Zyklin-abhängigen Kinasen (cyclin-dependent kinases, CDKs)**. Deren zelluläre Konzentration wird durch Stimulierung der Expression durch mitogene Signalwege wie den MAPK-Weg und den Wnt-Weg (S. 544) und Abbau durch ubiquitinvermittelte Proteolyse (S. 391) beeinflusst. Die Aktivität dieser CDKs wird durch
- Bindung von Zyklinen,
- Phosphorylierung/Dephosphorylierung und
- CDK-Inhibitorproteine (CKI)

reguliert (Abb. **C-9.2**).

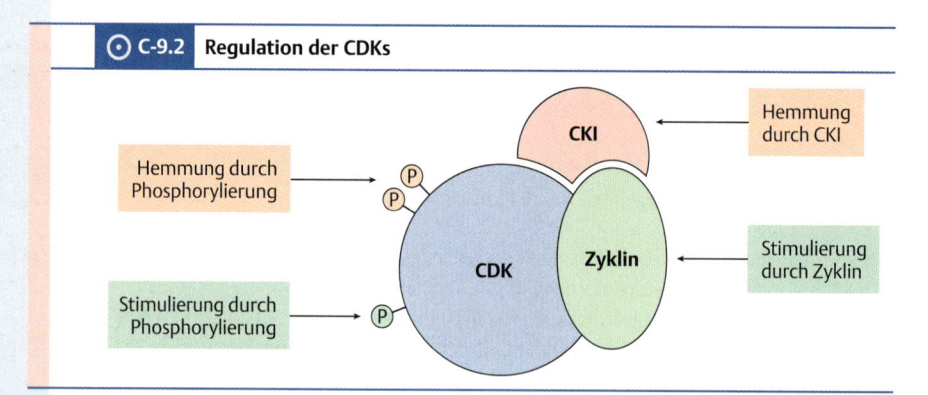

C-9.2 Regulation der CDKs

Die CDKs sind nur als heterodimerer Komplex mit einem **Zyklin** aktiv. Zykline sind eine Klasse phasenspezifisch exprimierter Proteine, deren wechselnde Konzentrationen für die Steuerung der Zellzyklusphasen entscheidend sind. Unterschiedliche Kombinationen von CDKs und Zyklinen können an den Restriktionspunkten durch Phosphorylierung weiterer Enzyme und Transkriptionsfaktoren den nächsten Schritt im Zellzyklus einleiten (Abb. **C-9.3**). Zykline besitzen eine **Kernlokalisierungssequenz** (**NLS**, engl. = nuclear localization sequence), durch die die Dimere zum Zellkern dirigiert werden können. Aktivierung und Deaktivierung dieser CDK-Zyklin-Dimere können u. a. von Wachstumsfaktoren beeinflusst werden.

Die Aktivität der CDK-Zyklin-Dimere kann durch **Proteinkinasen** und **Proteinphosphatasen** gesteuert werden. Bei der CDK1 z. B. wirkt eine Phosphorylierung am Thr 161 stimulierend, während eine Phosphorylierung am Thr 14 und Tyr 15 im aktiven Zentrum des Enzyms hemmend wirkt. Die Stimulierung erfolgt durch die **CAK** (*C*DK-*a*ctivating *K*inase), ein konstitutiv exprimiertes Dimer aus CDK7 und Zyklin H. Die Hemmung wird durch die **Wee1**- und **Myt1**-Kinase verursacht. Ihr Gegenspieler, die **Cdc25-Phosphatase**, bewirkt durch Abspaltung der entsprechenden Phosphatreste wiederum eine Stimulierung der CDK1.

Die **CDK-Inhibitor-Proteine (CKIs)** teilt man in zwei Familien ein:
- die Ink4-Familie aus p16^{Ink4a}, p15^{Ink4b}, p18^{Ink4c} und p19^{Ink4d},
- die Cip/Kip-Familie aus p21^{Cip1}, p27^{Kip1} und p57^{Kip2}.

Die CKIs der **Ink4-Familie** binden und **hemmen spezifisch** die **CDK4 und 6** und induzieren eine Arretierung in der G1-Phase, während die CKIs der **Cip/Kip-Familie** eine wesentlich **breitere Spezifität** für Zyklin D-, E- und A-abhängige Kinasen zeigen (Abb. **C-9.3**). Einige CKI-Gene gelten als Tumorsuppressorgene, deren Fehlfunktionen zu einer Entartung der Zelle und zur Tumorbildung beitragen können (z. B. p16^{Ink4a} bei der Entstehung von Pankreaskarzinom).

C-9.3 Funktion der verschiedenen CDK-Zyklin-Dimere bzw. CKIs im Zellzyklus

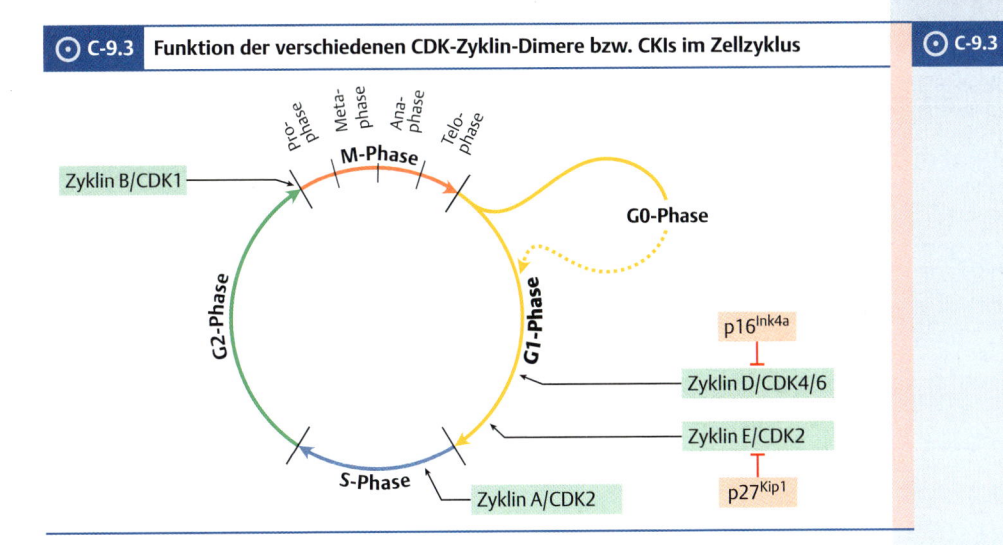

9.2.3 Steuerung der Phasenübergänge bzw. der S-Phase

Steuerung des G1/S-Übergangs

Am Restriktionspunkt in der späten G1-Phase muss die Zelle sich entscheiden, ob sie in einen Ruhezustand (G0-Phase) übergeht oder sich teilen wird. Durch mitogene Stimulierung wird zelltypspezifisch Zyklin D 1, D 2 oder D 3 induziert, das ein Heterodimer mit CDK4 oder CDK6 bildet. Dieses Heterodimer gelangt in den Zellkern, wo es durch die **CAK** phosphoryliert wird. Eine Schlüsselstellung in der weiteren Regulation nimmt das **Retinoblastoma-Protein Rb** ein (Abb. **C-9.4**). Der Name dieses Proteins beruht auf dessen entscheidender Rolle bei der Entstehung von Tumorerkrankungen. Defektmutationen im Rb-Gen wurden zuerst beim Retinoblastom (S. 542) gefunden. Im **nicht phosphorylierten Zustand** bindet Rb an die Transaktivierungsdomäne des Transkriptionsfaktors E2F und rekrutiert die Histon-Deacetylase (HDAC). Dadurch wird die **Transkription** einer ganzen Reihe von Genen **blockiert**. Wird Rb durch das Heterodimer aus Zyklin D und CDK4 oder CDK6 **phosphoryliert**, dann wird HDAC freigesetzt und das **Chromatin** wird **umstrukturiert**. Dies hat zur Folge, dass Zyklin E verstärkt exprimiert wird, das wiederum in der späten G1-Phase die CDK2 aktiviert. Zyklin E/CDK2 überführt Rb in einen **hyperphosphorylierten** Status. Rb bindet dann nicht mehr an E2F, das dadurch die **Transkription** verschiedener für die S-Phase notwendiger Gene stimulieren kann.

Durch CKI kann der G1/S-Übergang verhindert werden. Zyklin D/CDK4 wird durch $p16^{Ink4a}$ gehemmt, Zyklin E/CDK2 kann durch $p27^{Kip1}$ gehemmt werden (Abb. **C-9.3**). Dessen Expression wiederum wird durch mitogene und antiproliferative Signale gesteuert.

9.2.3 Steuerung der Phasenübergänge bzw. der S-Phase

Steuerung des G1/S-Übergangs

Eine Schlüsselstellung nimmt das **Retinoblastoma-Protein Rb** ein (Abb. **C-9.4**): Wird Rb durch spezifische Zyklin/CDK-Dimere **hyperphosphoryliert**, so setzt es den Transkriptionsfaktor E2F frei, der die **Transkription** verschiedener für die S-Phase notwendiger Gene **stimuliert**.

CKI können den G1/S-Übergang verhindern (Abb. **C-9.3**).

C-9.4 Steuerung des G1/S-Übergangs

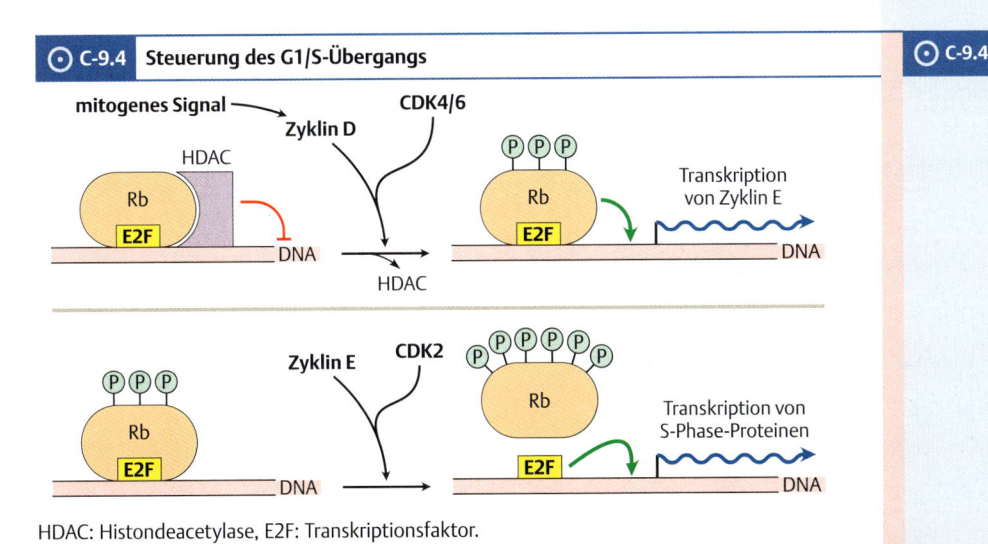

HDAC: Histondeacetylase, E2F: Transkriptionsfaktor.

Kontrolle der S-Phase

Die Replikation der DNA startet an bestimmten Sequenzen auf der DNA (S. 444), den Origins of Replication (ORI). Bei Eukaryonten werden diese Stellen schon sehr frühzeitig während des Übergangs von der M- zur G1-Phase des vorhergehenden Zellzyklus mit Proteinen markiert. Dieser **Origin Recognition Complex (ORC)** bildet sich aus sechs verschiedenen Proteinen und bleibt unverändert bis zur Einleitung der S-Phase. Zwei weitere Proteine, Cdt1 und Cdc6, deren Transkription E2F-abhängig erfolgt, binden in der G1-Phase an den ORC. Dies ist wiederum nötig, um rund um den angrenzenden DNA-Strang jeweils einen heterohexameren Ring aus mcm2–7 aufzubauen (Abb. **C-9.5**). Der gesamte Komplex wird jetzt **Präreplikationskomplex** genannt. Die mcm-Proteine haben Helikaseaktivität und verbleiben solange im Präreplikationskomplex, bis **Cdc6 und ORC-Proteine durch Zyklin A/CDK2 phosphoryliert** werden. Damit wird das **Startsignal für die Replikation** gegeben: Das phosphorylierte Cdc6 wird in das Zytoplasma transloziert und dort proteolytisch abgebaut, die mcm-Ringe entfernen sich rechts und links vom ORC und entwinden die Doppelhelix (Abb. **C-9.5**). Die DNA-Synthese beginnt.

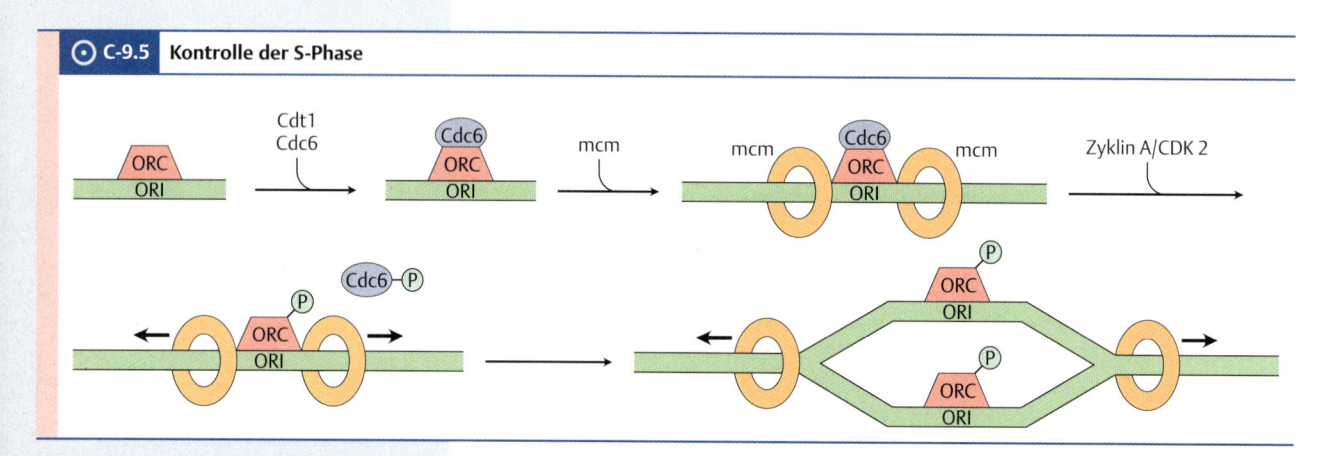

C-9.5 Kontrolle der S-Phase

Steuerung des G2/M-Übergangs

Nach Anhäufung von Zyklin B bildet sich der **M-Phase-stimulierende Faktor (Maturation promoting Factor, MPF** = Zyklin B/CDK1). Nach Translokation vom Zytoplasma in den Zellkern wird MPF durch die Cdc25-Phosphatase aktiviert (S. 532) und der Eintritt in die Mitose wird ausgelöst.

10 Die Apoptose

10.1	Einführung	533
10.2	Bedeutung der Apoptose	533
10.3	Komponenten des Apoptose-Apparates	534
10.4	Auslösung der Apoptose	535
10.5	Wirkung der Effektor-Caspasen	537
10.6	Fehlregulationen der Apoptose	537

10.1 Einführung

▶ **Definition.** Die **Apoptose** ist ein durch innere oder äußere Auslöser hervorgerufener, von der Zelle kontrollierter *aktiver* Prozess, der zum Absterben der Zelle führt. Da die Zelle diesen Prozess selbst in Gang setzt, bezeichnet man die Apoptose auch als **programmierten Zelltod**.

Bei der *Nekrose* dagegen, der zweiten Form des Zelltodes, ist das Absterben der Zelle die *Reaktion* auf eine von außen einwirkende irreversible Schädigung.
Auch mikroskopisch gibt es deutliche Unterschiede zwischen Nekrose und Apoptose:
- Bei der **Nekrose** schwillt die Zelle an, bis die Plasmamembran undicht wird oder platzt und der Zellinhalt in den Interzellulärraum ausfließt. Eine Entzündungsreaktion ist die Folge.
- Bei der **Apoptose** dagegen läuft ohne Entzündungsreaktion eine Folge typischer morphologischer Veränderungen und molekularer Ereignisse ab: Die Zelle schrumpft, verformt sich und verliert den Kontakt zu den Nachbarzellen. Das Chromatin kondensiert, die DNA wird durch Endonukleasen in definierte Stücke von etwa 200 bp zerlegt. Schließlich fragmentiert die Zelle in eine Anzahl von Membranvesikeln, die sog. Apoptosekörper (Abb. **C-10.1**), die durch Makrophagen phagozytiert werden.

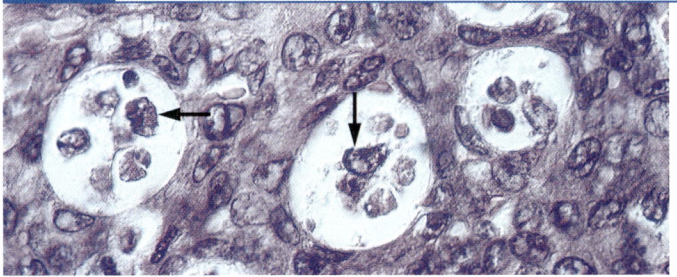

⊙ C-10.1 **Apoptosekörper in einem Lymphknoten**

(aus Riede U.-N, Werner M., Schaefer H.-E.; Allgemeine und spezielle Pathologie, Thieme, 2004)

10.2 Bedeutung der Apoptose

Genau wie eine kontrollierte Proliferation ist auch die kontrollierte Beseitigung überflüssiger oder sogar gefährlicher Zellen für einen mehrzelligen Organismus unerlässlich.
In vier Bereichen ist die Apoptose bedeutsam:
- Differenzierung des Organismus,
- Entwicklung der Immuntoleranz,
- Homöostase der Zellzahl,
- Beseitigung defekter oder infizierter Zellen.

Differenzierung des Organismus: Die Apoptose ist äußerst wichtig für die korrekte Differenzierung eines Organismus. So wird durch die Apoptose bestimmter Zellen die **Körpergestalt geformt**: Zwischen den Fingern bzw. Zehen des Embryos z. B. befindet sich zunächst noch Gewebe, das sich jedoch durch Apoptose seiner Zellen auflöst.

Während der **Entwicklung des Nervensystems** herrscht zunächst ein Überschuss an Nervenzellen, der durch Apoptose beseitigt wird. Dies gilt für fehlverschaltete Nervenzellen oder solche, deren synaptische Verbindung nur während der Entwicklung eine Rolle spielt.

Entwicklung der Immuntoleranz: Auch im Immunsystem spielt die Apoptose eine entscheidende Rolle. Sie ist ein Bestandteil der Entwicklung der Immuntoleranz. Immunzellen werden im Rahmen ihrer Differenzierung getestet. Richten sie sich gegen körpereigenes Gewebe oder erkennen sie keinen MHC-Komplex (S. 694), wird die Apoptose eingeleitet. Ca. 90 % der reifenden Lymphozyten sterben auf diese Weise.

Homöostase der Zellzahl: In proliferierenden Geweben (v. a. Haut, Schleimhaut, Knochenmark) oder Geweben, in denen ein Umbau stattfindet, führt Apoptose zu einem Gleichgewicht zwischen Neubildung und Absterben von Zellen. Wird dieses Gleichgewicht gestört, d. h. werden zu viele Zellen neu gebildet oder sterben zu wenige, so kann dies zur Entwicklung eines Tumors beitragen.

Beseitigung defekter oder infizierter Zellen: Geschädigte Zellen können eine Gefahr für den gesamten Organismus sein. Diese Gefahr wird durch Apoptose beseitigt. So löst eine Schädigung der DNA, die nicht mehr durch Reparatur behoben werden kann, Apoptose aus. Auf diese Weise wird verhindert, dass durch eine Anhäufung von Mutationen Tumorzellen entstehen.

Zytotoxische T-Lymphozyten können u. a. die Apoptose virusinfizierter Zellen veranlassen. Dies dämmt, da Viren zu ihrer Vermehrung den Metabolismus der Wirtszelle benötigen, die Ausbreitung der Viren im Organismus ein.

10.3 Komponenten des Apoptose-Apparates

Die meisten der an Ablauf und Regulation der Apoptose beteiligten Proteine lassen sich in folgende Gruppen einordnen:
- Caspasen,
- Proteine der Bcl-2-Familie und
- Inhibitors of Apoptosis Proteins (IAPs).

10.3.1 Caspasen

Caspasen (Cysteine-dependent Aspartate-specific Proteases) sind Proteasen, die ein Cystein im aktiven Zentrum enthalten und Proteine spezifisch hinter Aspartatresten schneiden. Sie sind die Hauptmediatoren der Apoptose. Man unterscheidet zwei Gruppen von Caspasen:
- **Initiator-Caspasen:** Die Caspasen 2, 8, 9 und 10 sind an der Auslösung der Apoptose beteiligt und stehen somit am Anfang der Signalkaskade.
- **Effektor (Exekutor)-Caspasen:** Die Caspasen 3, 6 und 7 führen durch die proteolytische Spaltung ihrer Substrate zum Zelltod.

Alle Caspasen liegen in gesunden Zellen ständig in Form von **inaktiven Vorstufen**, den **Procaspasen**, im Zytoplasma vor. Diese Procaspasen, die aus einer N-terminalen Prodomäne, einer großen und einer kleinen Untereinheit bestehen, werden im Verlauf der Apoptose **kaskadenartig durch proteolytische Schnitte aktiviert**. Dabei werden die große und die kleine Untereinheit freigesetzt und lagern sich mit einer weiteren großen bzw. kleinen Untereinheit zu einem Heterotetramer, der aktiven Caspase, zusammen.

10.3.2 Proteine der Bcl-2-Familie

Proteine der Bcl-2-Familie sind wichtig für die **Regulation der Apoptose**. Sie werden in pro-apoptotische und anti-apoptotische Subfamilien untergliedert. Der **Wirkort** dieser Proteine sind die **Mitochondrien**, deren Zustand bei der Apoptose-Signalkaskade von entscheidender Bedeutung sein kann. Durch Freisetzung bestimmter mitochondrialer Proteine wird die Caspasekaskade ausgelöst oder verstärkt.

10.3.3 Inhibitors of Apoptosis Proteins (IAPs)

IAPs sind anti-apoptotisch wirkende Proteine, deren Expression durch Wachstumsfaktoren stimuliert wird und die durch mitochondriale Proteine (z. B. Smac/Diablo) gehemmt werden. IAPs **hemmen** die **Caspasen** 3, 7 und 9 und **vermitteln** die Ubiquitinylierung (S. 391) der Caspasen 3 und 7 und damit deren **Abbau** durch Proteasomen.

10.4 Auslösung der Apoptose

Die Apoptose kann auf drei Arten aktiviert werden: via extrinsischen (= rezeptorabhängigen), via intrinsischen (= mitochondrienabhängigen) Signalweg oder durch den Granzym/Perforin-Weg. Alle Wege haben eine gemeinsame Endstrecke: die Effektor-Caspasen. Bei manchen Zellen liefert der extrinsische Signalweg ein zu schwaches Signal, sodass der intrinsische Weg zusätzlich aktiviert wird.

10.4.1 Extrinsischer Signalweg

Der extrinsische Signalweg wird durch **Bindung von Liganden** an sog. **Todesrezeptoren** eingeleitet **(rezeptorvermittelte Apoptose)**. Zu diesen Rezeptoren, die Mitglieder der Tumornekrosefaktor-Rezeptor (TNFR)-Superfamilie sind, zählen u. a. TNFR-1, Fas (= CD 95 = APO-1) und die TRAIL-Rezeptoren.

Zytotoxische T-Lymphozyten z. B. lösen in ihren Zielzellen die Apoptose aus, indem sie den Fas-Liganden in ihrer Membran exponieren. **Binden** Fas-Moleküle auf der Oberfläche der Zielzelle den **Fas-Liganden**, **trimerisieren** sie, werden aktiviert und **binden** mit ihrer zytosolischen Domäne **Adaptermoleküle** (FADD = Fas-associated Death Domain Protein). Dieser Proteinkomplex wird auch **DISC** (Death-inducing signalling Complex) genannt. Die Adaptermoleküle wiederum **binden Procaspase 8** (Abb. **C-10.2**), die geringfügige proteolytische Aktivität besitzt. Durch Bindung an DISC ist die lokale Konzentration der Procaspase 8 so hoch, dass es zu einer **autokatalytischen Spaltung** kommt und **Caspase 8** freigesetzt wird. Dadurch kommt es zur kaskadenartigen proteolytischen **Aktivierung** der Caspasen 3, 6 und 7, d. h. **der Effektor-Caspasen** (Abb. **C-10.2**).

Zwischen extrinsischem und intrinsischem Apoptoseweg besteht eine Verbindung (Abb. **C-10.2**): Caspase 8 spaltet das pro-apoptotische Bcl-2-Protein Bid, dessen Spaltprodukt tBid sich in die äußere Mitochondrienmembran einlagert und dort zusammen mit anderen pro-apoptotischen Bcl-2-Proteinen den intrinsischen Signalweg (s. u.) einleitet. Zellen mit geringer Caspase 8-Aktivität können auf diese Weise eine Verstärkung der Signale erreichen.

10.3.3 Inhibitors of Apoptosis Proteins (IAPs)

IAPs **hemmen Caspasen** und/oder **vermitteln** ihre Ubiquitinylierung und damit ihren **Abbau**.

10.4 Auslösung der Apoptose

Die Apoptose kann auf dem extrinsischen, dem intrinsischen oder dem Granzym/Perforin-Signalweg ausgelöst werden.

10.4.1 Extrinsischer Signalweg

Dieser Signalweg wird durch **Bindung von Liganden** an sog. **Todesrezeptoren** aktiviert **(rezeptorvermittelte Apoptose)**.

Die einzelnen Schritte sind (Abb. **C-10.2**):
- Ligandenbindung
- Trimerisierung der Rezeptoren
- intrazelluläre Bindung eines Adaptermoleküls an das Rezeptor-Trimer = Bildung des DISC
- Rekrutierung von Procaspase 8 → autokatalytische Aktivierung zu Caspase 8
- Aktivierung der Effektor-Caspasen 3, 6 und 7

Caspase 8 kann zusätzlich das pro-apoptotische Bcl-2-Protein Bid spalten und so den intrinsischen Signalweg aktivieren (Abb. **C-10.2**). Dies führt zur Verstärkung der Signale.

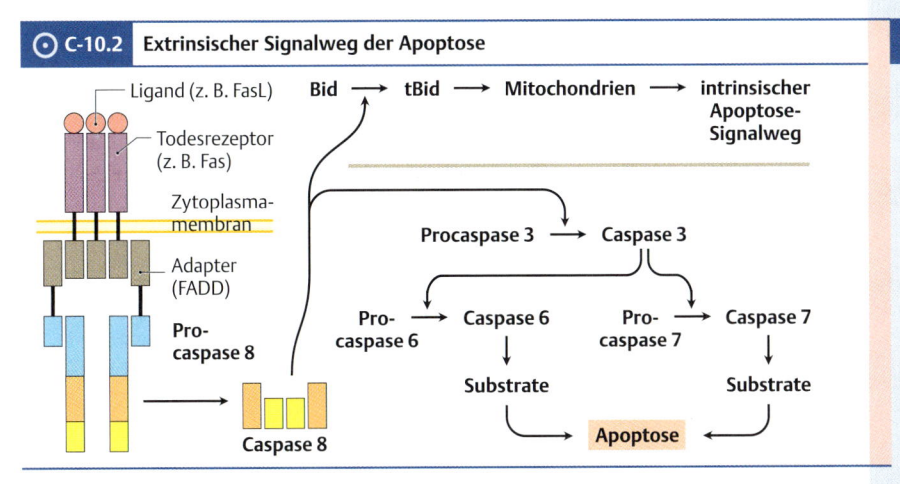

⊙ **C-10.2** Extrinsischer Signalweg der Apoptose

10.4.2 Intrinsischer Signalweg

Intrazelluläre Signale wie DNA-Schäden (genotoxischer Stress) oder oxidativer Stress können unabhängig von Membranrezeptoren die Apoptose auslösen. Dabei spielen die **Mitochondrien** eine zentrale Rolle: Aus permeabilisierten Mitochondrien werden verschiedene Mediatoren der Apoptose freigesetzt.

In **Abwesenheit von Stress** wird die Integrität der Mitochondrien durch eine **Balance** zwischen dem **anti-apoptotischen** Protein Bcl-2 und **pro-apoptotischen** Proteinen wie **Bax, Bak** oder **Bid** aufrechterhalten. Bcl-2 ist in der äußeren mitochondrialen Membran lokalisiert und verhindert, dass sich Bax oder Bak in dieser Membran oligomerisieren.

Stress-Signale führen zur proteolytischen **Aktivierung von Bid** durch Caspase 8 (s. o.) **oder** zu **verstärkter Expression von Bax** und stören so die Balance. Dann reicht die Schutzfunktion von Bcl-2 nicht mehr aus und Bax und Bak bilden zusammen mit weiteren mitochondrialen Proteinen (Porine = VDAC = Voltage-dependent Anion Channel in der äußeren Membran und der ADP/ATP-Translokator in der inneren Membran) sog. **Permeabilitäts-Transitions-Poren**. Das Membranpotenzial der inneren Mitochondrienmembran bricht zusammen und die **mitochondrialen Apoptose-Mediatorproteine** Cytochrom c, Smac/Diablo und Endonuklease G werden in das Zytoplasma **freigesetzt** (Abb. **C-10.3**).

Cytochrom c, der wichtigste Mediator, bindet an den monomeren Apoptotic Protease activating Factor 1, **Apaf-1**. Daraufhin ändert sich dessen Konformation und es bildet sich ein Apaf1-Heptamer, das **Apoptosom** (Abb. **C-10.3**). An dieses **bindet** die **Procaspase 9** und bildet aktive Caspase-9-Dimere. **Caspase 9** wiederum **aktiviert** proteolytisch die **Effektor-Caspasen** 3, 6 und 7, analog zur Caspase 8 des extrinsischen Weges (Abb. **C-10.2**).

Smac/Diablo verhindert die durch IAPs (S. 535) vermittelte Hemmung der Caspasen 3, 7 und 9 und den Abbau der Caspasen 3 und 7.

Endonuklease G (in Abb. **C-10.3** nicht dargestellt) trägt dazu bei, die DNA des Zellkerns zu fragmentieren.

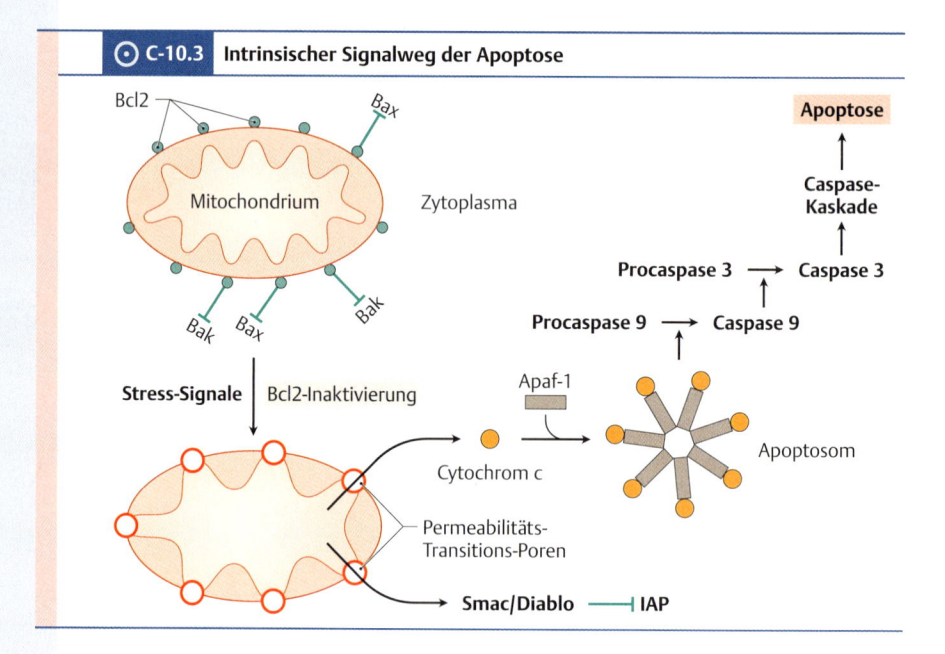

C-10.3 Intrinsischer Signalweg der Apoptose

10.4.3 Granzym/Perforin-Weg

Zytotoxische T-Zellen und natürliche Killerzellen können zusätzlich zum extrinsischen Weg die Apoptose durch die Ausschüttung von Granzymen und Perforin auslösen (S. 535). Perforin lagert sich in der Zytoplasmamembran der Zielzelle ein und bildet eine Pore, durch die die Granzyme das Zellinnere erreichen. Die Granzyme können die Procaspase 3 spalten, den mitochondrialen Weg über Bid aktivieren und direkt durch Spaltung von ICAD (S. 537) den DNA-Abbau einleiten.

10.5 Wirkung der Effektor-Caspasen

Die Effektor-Caspasen 3, 6 und 7 **zerstören** zahlreiche zelluläre Proteine, die für die Zelle **lebenswichtig** sind, und führen so zum Tod der Zelle. Zu den **Substraten** der Effektor-Caspasen gehören u. a.
- **Proteine des Zytoskeletts:** Die Spaltung der Lamine, der Bausteine der Kernlamina, führt zur Auflösung der Kernlamina und damit zur Freisetzung der DNA aus dem Zellkern.
- **Endonuklease-Inhibitoren:** Die Effektor-Caspasen spalten das Protein ICAD, das die Caspase-aktivierte DNase (CAD) bindet und dadurch inaktiviert. Durch die Spaltung von ICAD wird CAD freigesetzt und fragmentiert zusammen mit der Endonuklease G aus Mitochondrien die DNA. Beide Endonukleasen wirken zwischen den Nukleosomen. Da ein Nukleosom im Durchschnitt ca. 200 bp DNA enthält, haben die entstehenden DNA-Fragmente eine Größe von ca. 200 bp oder einem Vielfachen davon.
- Proteinkinasen,
- Transkriptionsfaktoren und
- hnRNPs (Komplexe aus hnRNA und Proteinen).

10.6 Fehlregulationen der Apoptose

Krankheiten können mit Fehlregulationen der Apoptose verbunden sein oder dadurch verursacht werden. Bei einigen neurodegenerativen Erkrankungen wie Morbus Alzheimer, Morbus Parkinson, Chorea Huntington und der amyotrophen lateralen Sklerose beobachtet man **übermäßige Apoptose.** ▶ Bei Erkrankungen wie Hirn- oder Herzinfarkt, die zunächst mit Ischämie und Nekrose verbunden sind, wird das betroffene Organ durch verstärkte Apoptose zusätzlich geschädigt. Auf der anderen Seite kann eine **Hemmung der Apoptose** zur Tumorbildung führen (S. 538).

10.5 Wirkung der Effektor-Caspasen

Effektor-Caspasen **zerstören** zahlreiche **lebenswichtige** zelluläre **Proteine**, z. B.
- **Proteine des Zytoskeletts** wie die Lamine → Auflösung der Kernlamina → Freisetzung der DNA aus dem Zellkern,
- **Endonuklease-Inhibitoren** wie das ICAD-Protein → Aktivierung der Caspase-aktivierten DNase (CAD) → Fragmentierung der aus dem Zellkern freigesetzten DNA (zusammen mit Endonuklease G),
- Proteinkinasen,
- Transkriptionsfaktoren und
- hnRNPs.

10.6 Fehlregulationen der Apoptose

Mit **gesteigerter Apoptose** verbunden sind einige neurodegenerative Erkrankungen (z. B. Alzheimer, Parkinson, Chorea Huntington) sowie Hirn- oder Herzinfarkt.
Hemmung der Apoptose kann zur Tumorbildung führen.

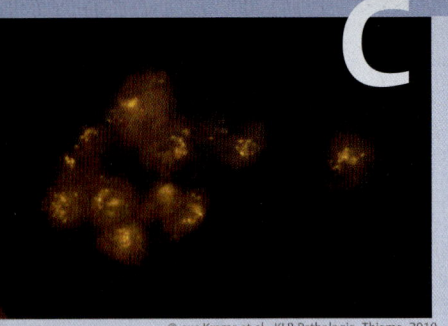

11 Molekulare Onkologie

11.1	Einführung	538
11.2	Tumorentstehung (Kanzerogenese)	538
11.3	Tumorentwicklung: Die Bildung von Tumorgefäßen und Tochterkolonien	547
11.4	Tumortherapie	548

11.1 Einführung

11.1 Einführung

Dieses Kapitel beschreibt die molekularen Ereignisse, die zur Entstehung und Ausbreitung eines malignen Tumors führen.

Die Onkologie („Geschwulstlehre") beschäftigt sich mit der Entstehung, Entwicklung und der Therapie vor allem maligner Tumoren. Dieses Kapitel beschreibt in erster Linie die Vorgänge auf molekularer Ebene, die zur Entstehung und Ausbreitung eines malignen Tumors führen.

▶ Definition.

▶ Definition. Unter **Tumor** im weiteren Sinne versteht man jede Schwellung. Im engeren Sinn beruht ein Tumor auf einer Wucherung von Zellen, die der normalen Wachstumskontrolle entzogen sind.

- **Benigne Tumoren** sind von den umliegenden Geweben gut abgegrenzt und bilden keine Absiedlungen.
- **Maligne Tumoren („Krebs")** wachsen in das umgebende Gewebe ein (= wachsen infiltrierend) und können **Metastasen** bilden. Diese Tochtertumoren sind aus einzelnen Zellen des ursprünglichen Tumors entstanden, die sich aus dem Tumorzellverband gelöst und an anderer Stelle im Körper angesiedelt haben.

Maligne Tumorzellen (Krebszellen) umgehen die normalen Kontrollmechanismen des Zellwachstums und der Zellvermehrung.

Maligne Tumorzellen (Krebszellen) unterscheiden sich in vielen Aspekten von normalen Zellen: Krebszellen
- proliferieren unkontrolliert, auch in Abwesenheit von Wachstumsfaktoren,
- sind immortalisiert, d.h. sie können eine unbegrenzte Anzahl von Zellteilungen durchführen,
- zeigen keine Kontakthemmung durch benachbarte Zellen und sind unempfindlich gegenüber antiproliferativen Signalen,
- sind unempfindlich gegenüber Apoptose,
- wachsen invasiv,
- dedifferenzieren,
- exprimieren Faktoren zur Stimulation der Angiogenese im Tumor und
- werden beweglich und gelangen über das Blut- und Lymphsystem in andere Organe/Gewebe, um dort Metastasen zu bilden.

Wie wichtig die Erforschung der Umgehungsmechanismen ist, zeigt die Tatsache, dass maligne Tumoren in Deutschland die zweithäufigste Todesursache sind.

Die Mechanismen, die zu dieser ungehemmten Zellproliferation führen, sind nicht nur von rein wissenschaftlichem Interesse, denn Krebs ist die zweithäufigste Todesursache in Deutschland (an erster Stelle stehen die Herz-Kreislauf-Erkrankungen). Im Jahr 2011 erkrankten in Deutschland 483 600 Menschen neu an Krebs und im Jahr 2013 gab es 22 384 Sterbefälle. Weltweit wurden im Jahr 2012 14 Millionen neue Fälle von Krebserkrankungen diagnostiziert und 8,2 Millionen Todesfälle registriert.

In den letzten 20 Jahren gab es große Fortschritte im Verständnis der Tumorbiologie. Diese Erkenntnisse werden praktisch umgesetzt, um die Methoden der Krebsdiagnostik und -therapie (S.548) zu verbessern.

11.2 Tumorentstehung (Kanzerogenese)

11.2 Tumorentstehung (Kanzerogenese)

Die unkontrollierte Zellproliferation maligner Tumoren beruht auf **somatischen Mutationen** oder der Infektion mit **Tumorviren**. Diese Viren induzieren die **Expression von Virusproteinen**, die die Proliferations-**Kontrollmechanismen der Zelle** oder die **Apoptose stören**.

Die für maligne Tumoren charakteristische unkontrollierte Zellproliferation beruht auf
- Mutationen des Erbgutes somatischer Zellen, d.h. **somatischen Mutationen**, oder
- der Infektion mit **Tumorviren**. Diese Viren induzieren die **Expression von Virusproteinen**, die die normalen Wachstums- und Vermehrungs-**Kontrollmechanismen der Zelle** oder die **Apoptose stören**.

C 11.2 Tumorentstehung (Kanzerogenese)

Zu den Ursachen von Mutationen (S. 521).

▶ **Definition.** Die Umwandlung einer normalen Zelle in eine Tumorzelle bezeichnet man als **Transformation**.

Die Entstehung von Tumorzellen ist ein Prozess, der viele Schritte erfordert und sich deshalb in der Regel über einen langen Zeitraum erstreckt. So entsteht eine Tumorzelle nicht infolge **einer** somatischen Mutation, sondern als Ergebnis einer **Serie von Mutationen unterschiedlicher Gene**, die über mehrere Jahre hinweg akkumulieren. Dabei kommt es nicht auf die Reihenfolge der Mutationen an. Durch jede dieser diskreten zellulären Veränderungen kann eine Zelle weitere Wachstumsvorteile gegenüber ihren Nachbarn erlangen. Im Allgemeinen sind 4–7 somatische Mutationen zur Transformation notwendig. Betreffen die Mutationen Zellen, deren Erbgut bereits Veränderungen aufweist (genetische Prädisposition), ist die Zahl der notwendigen Mutationen geringer.
Auch vom Zeitpunkt der Infektion mit einem Tumorvirus bis zum Auftreten eines Tumors vergehen viele Jahre.

▶ **Merke.** Die Kanzerogenese ist ein Vielschrittprozess, der durch
- somatische Mutationen,
- genetische Prädisposition,
- Tumorviren oder bakterielle Infektion

verursacht werden kann.

11.2.1 Somatische Mutationen als Auslöser der Transformation

Solche Mutationen betreffen vor allem Gene, die zuständig sind für die
- **Regulation des Zellwachstums und der Zellproliferation:** Hierzu zählen Gene, die den Zellzyklus regulieren oder die Apoptose auslösen.
- **DNA-Reparatur:** Defekte der DNA-Reparatur (S. 523) können die Häufigkeit somatischer Mutationen drastisch heraufsetzen und dadurch das Krebsrisiko erheblich steigern.

Zwei Gen-Gruppen kontrollieren Zellwachstum und Zellproliferation:
- Protoonkogene und
- Tumorsuppressorgene (auch Anti-Onkogene genannt).

▶ **Definition.**
- **Protoonkogene** sind Gene, die die Wachstums- und Differenzierungsprozesse der Zelle stimulieren.
- **Tumorsuppressorgene (Anti-Onkogene)** sind Gene, die die Wachstums- und Differenzierungsprozesse der Zelle hemmen, deren Inaktivierung also die Entstehung von Tumorzellen fördern kann.

Protoonkogene

Die Genprodukte der meisten Protoonkogene sind Bestandteile mitogener (die Zellteilung stimulierender) Signaltransduktionswege (Tab. **C-11.1**). Ein besonders wichtiger Signaltransduktionsweg ist die Ras-Raf-MAP-Kinase-Signalkaskade (S. 576), s. a. Abb. **C-11.1**. Zu Beginn einer solchen Signalkaskade wird der Wachstumsfaktor (z. B. ein Peptidhormon) an einen Rezeptor gebunden. Das dadurch ausgelöste Signal wird ins Innere der Zelle weitergeleitet, bis schließlich im Zellkern Transkriptionsfaktoren an regulatorische Elemente der DNA binden. Hierdurch wird die Transkription von Genen stimuliert, deren Genprodukte für die Zellteilung erforderlich sind. Die Genprodukte von Protoonkogenen vermitteln also die Wirkung von Wachstumsfaktoren auf die Expression spezifischer für die Proliferation notwendiger Gene.

C 11 Molekulare Onkologie

C-11.1 Genprodukte wichtiger Protoonkogene und ihre Funktion

Protoonkogen	Genprodukt des Protoonkogens	Funktion des Genprodukts
sis	PDGF-B-Kette	Wachstumsfaktor (Ligand)
int-2	FGF-related growth factor	
erbB	EGF-Rezeptor	Rezeptortyrosinkinase
fms	MCSF-Rezeptor	
flg	FGF-Rezeptor	
neu (her2)	EGFR-ähnlicher Wachstumsfaktor-Rezeptor	
trk	NGF-ähnlicher Wachstumsfaktor-Rezeptor	
met	HGF-Rezeptor	
erbA	Schilddrüsenhormonrezeptor	nukleärer Hormonrezeptor
src	pp60^{src}	rezeptorassoziierte Tyrosinkinase
abl	Abl	
mas	Angiotensin-Rezeptor	G-Protein-gekoppelter Rezeptor
N-ras	N-Ras	monomeres (kleines) G-Protein
H-ras	H-Ras	
K-ras	K-Ras	
fes	Fes	zytoplasmatische Tyrosinkinase
raf	Raf	zytoplasmatische Serin/Threoninkinase
myc	Myc	Transkriptionsfaktor
myb	Myb	
rel	Rel	
jun	Jun	
fos	Fos	
β-Catenin	β-Catenin	
bcl-2	Bcl-2	Apoptosefaktor

Mutation von Protoonkogenen zu Onkogenen

Somatische Mutationen können die Aktivität oder die Expressionsrate der Genprodukte von Protoonkogenen steigern.

▶ Definition.

Somatische Mutationen können dazu führen, dass die Genprodukte von Protoonkogenen eine ständige Aktivitätssteigerung erfahren oder ihre Expressionsrate zunimmt, d. h. dass die Protoonkogene zu Onkogenen werden.

▶ **Definition.** Onkogene sind Protoonkogene, deren Genprodukte (Onkoproteine) aufgrund somatischer Mutationen ständig erhöhte Aktivität zeigen oder übermäßig exprimiert werden, wodurch die Kontrolle normaler Wachstums- und Differenzierungsprozesse gestört wird und Tumorzellen entstehen.

Onkogene können überall im mitogenen Signaltransduktionsweg „angesiedelt" sein (Abb. **C-11.1**). Sie täuschen ein nicht vorhandenes Wachstumssignal vor und bringen auf diese Weise die Zelle zur Proliferation.

Die Mutation von Protoonkogenen zu Onkogenen kann an nahezu jeder Stelle des oben skizzierten mitogenen Signaltransduktionsweges zu Fehlfunktionen führen (Abb. **C-11.1**). Onkogene können aktivierte Komponenten der mitogenen Signalkette vortäuschen, ohne dass tatsächlich ein Wachstumssignal vorliegt. Damit entsteht

C-11.1 Onkogen-Kandidaten in der Ras-Raf-MAP-Kinase-Signalkaskade

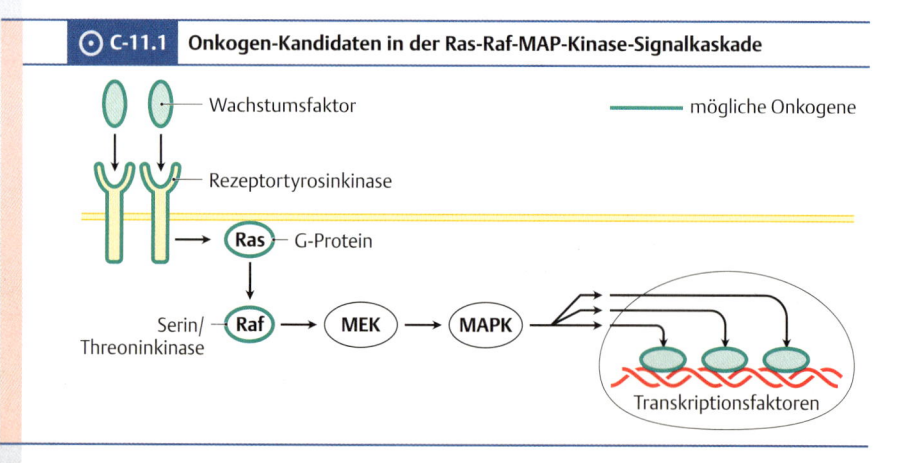

C 11.2 Tumorentstehung (Kanzerogenese)

eine Unabhängigkeit der Zellen gegenüber externen Wachstumssignalen. Auf diese Weise kommt es zu einer ständigen Stimulation der Zellteilung.

> ▶ **Merke.** **Onkogene** sind **dominant**, d. h. bereits ein Allel ist ausreichend für die Stimulation der Zellteilung.

Mutationsmechanismen

Folgende Mutationsformen führen zur Umwandlung eines Protoonkogens in ein Onkogen:
- Punktmutationen, Deletionen oder Insertionen, wobei ständig aktive Genprodukte entstehen.
- Chromosomale Translokation unter Bildung eines Fusionsproteins.
- Chromosomale Translokation des Gens in die Nähe eines starken Enhancers.
- Genamplifikation (selektive Vervielfachung eines Gens).

Punktmutation: Eine Substitution, Deletion oder Insertion verändert die Aminosäuresequenz und damit die Eigenschaften des kodierten Proteins. Punktmutationen des Codons 12, 59 oder 61 des ras-Gens führen zur **Inaktivierung der GTPase-Aktivität von Ras**, einem monomeren G-Protein (S. 576), das Wachstumsprozesse vermittelt. Fehlt die GTPase-Aktivität, wird Ras zu einem **konstitutiven Signalgeber**, der ständig eigentlich nicht vorhandene Wachstumssignale weitergibt.

Translokation unter Bildung eines Fusionsproteins: Charakteristisch für die **chronische myeloische Leukämie** ist das **Philadelphia-Chromosom t(9, 22)**, das durch eine Translokation von Teilen der Chromosomen 9 und 22 entsteht. Dabei bildet sich ein Hybrid-Gen aus **bcr** (Breakpoint Cluster Region) und dem Protoonkogen **abl**, das eine rezeptorassoziierte Tyrosinkinase kodiert. Das durch dieses Gen kodierte Fusionsprotein **Bcr-Abl** hat eine höhere Tyrosinkinase-Aktivität als die ursprüngliche Abl-Tyrosinkinase. Die Kinaseaktivität des Fusionsproteins lässt sich nicht regulieren.

Translokation in die Nähe eines starken Kontrollelement: Beim **Burkitt-Lymphom** werden Teile des Chromosoms 8 auf Chromosom 14 transloziert. Dabei gerät das **c-myc-Gen** unter die Kontrolle eines Enhancers der schweren Immunglobulinkette, was die Expression erheblich steigert.
Ein ähnlicher Vorgang findet bei der Entstehung von **ca. 85 % aller B-Zell-Lymphome** statt. Durch eine Translokation wird das bcl-2-Gen von Chromosom 18 in den IgH-Locus des Chromosoms 14 übertragen, was zu einer Überproduktion des antiapoptotischen Proteins **Bcl-2** (S. 536) führt. Damit wird die Apoptose unterdrückt und eine Vermehrung der Zellen kann stattfinden.

Genamplifikation: Gene der **myc-Familie** (c-myc, N-myc, L-myc) kodieren Transkriptionsfaktoren, die es der Zelle ermöglichen, die Zellteilung einzuleiten. Die Zykline D 1, D 2, E, die CDK4 und die Cdc25-Phosphatase (S. 530) werden c-myc-abhängig exprimiert. Beim **Neuroblastom** finden sich nicht eine, sondern 200 Kopien des N-myc-Gens, beim **kleinzelligen Bronchialkarzinom** 50 Kopien des c-myc-, L-myc- oder N-myc-Gens, was zu einer entsprechend höheren Transkriptionsrate führt.

> ▶ **Merke.** Bei Genamplifikation beruht die Onkogenwirkung also nicht auf veränderten Eigenschaften der Onkoproteine, sondern auf deren **Überexpression**.

Tumorsuppressorgene

Die Genprodukte von Tumorsuppressorgenen, Tumorsuppressoren, sind Bestandteile von Signaltransduktionsketten oder sind direkt an der Regulation von Zellzyklus und Apoptose beteiligt. Sie wirken **wachstumsverhindernd**.

> ▶ **Merke.** Beide Allele eines **Tumorsuppressors** müssen ausfallen damit die Wachstumshemmung der Zelle aufgehoben wird.

Einige wichtige Tumorsuppressoren werden im Folgenden beschrieben.

Mutationsmechanismen

Ein Onkogen entsteht durch
- Punktmutation, Deletion oder Insertion,
- chromosomale Translokation (→ Bildung eines Fusionsproteins oder Assoziation mit starkem Enhancer) oder
- Genamplifikation (selektive Vervielfachung eines Gens).

Punktmutation: Eine Substitution, Deletion oder Insertion verändert die Eigenschaften des kodierten Proteins. So führen Punktmutationen bestimmter Codons des ras-Gens zum **Verlust der GTPase-Aktivität** des G-Proteins **Ras**. Ras **sendet** dann **ständig Wachstumssignale**.

Translokation → Bildung eines Fusionsproteins: Durch Translokation entsteht z. B. das Fusionsprotein **Bcr-Abl**. Die nicht regelbare gesteigerte Tyrosinkinase-Aktivität dieses Proteins ist ein wesentlicher Faktor bei der Entstehung der **chronischen myeloischen Leukämie**.

Translokation → Assoziation mit starkem Kontrollelement: Beim **Burkitt-Lymphom** gerät das **c-myc-Gen** durch Translokation unter die Kontrolle eines Immunglobulin-Enhancers und wird daher sehr stark exprimiert. In ähnlicher Weise wird bei **ca. 85 % der B-Zell-Lymphome** die Expression von **Bcl-2** gesteigert → Hemmung der Apoptose → Zellvermehrung.

Genamplifikation: U.a. beim **Neuroblastom** liegen mehrfache identische Kopien von Genen der **myc-Familie** vor. Das vermehrt transkribierte Genprodukt stimuliert die Transkription von Genen, die für die Einleitung der Mitose nötig sind.

> ▶ **Merke.**

Tumorsuppressorgene

Tumorsuppressoren wirken als Teil von Signalkaskaden oder Regulatoren von Zellzyklus und Apoptose **wachstumsverhindernd**.

> ▶ **Merke.**

Wichtige Tumorsuppressoren sind:

Retinoblastomprotein Rb

Dieses Protein war der erste Tumorsuppressor, der entdeckt wurde. Es spielt eine zentrale Rolle im Zellzykus bei der Kontrolle des Eintritts der Zelle in die S-Phase. Ist Rb defekt, so werden Proteine, die für die S-Phase notwendig sind, verstärkt produziert (Abb. **C-9.4**).

▶ **Klinik.** Das **Retinoblastom** ist ein maligner Netzhauttumor, der durch Entartung unreifer Netzhautzellen (unterschiedlicher Reifungsstufen) entsteht. Es ist der häufigste Augentumor bei Säuglingen und Kleinkindern (Häufigkeit 1:15 000 – 1:20 000). Ursache der Entartung ist die Mutation beider Allele des Retinoblastom-Gens. Man unterscheidet eine hereditäre und eine sporadische (nicht erbliche) Form.
- Bei der **hereditären Form** (ca. 40 % aller Fälle) wird eine Mutation ererbt (Keimbahnmutation) und die zweite Mutation tritt in einer Körperzelle auf (somatische Mutation). In der Regel sind beide Augen (evtl. an mehreren Netzhautstellen) von dem Tumor betroffen, und weitere Familienangehörige können ebenfalls an dem Tumor erkranken (familiäres Retinoblastom). Es besteht auch ein erhöhtes Risiko, bestimmte Tumoren außerhalb des Auges zu entwickeln, insbesondere Sarkome und maligne Melanome.
- Bei der **sporadischen Form** (ca. 60 % aller Fälle) sind beide Mutationen somatischer Herkunft. Hier ist nur ein Auge (an einer Netzhautstelle) betroffen.

Der Tumor breitet sich zunächst innerhalb des Augapfels, später in der Augenhöhle aus und kann über die Sehnerven ins Gehirn einwachsen. Da er bei Kleinkindern auftritt, wird er meist erst bemerkt, wenn das betroffene Auge plötzlich nach innen schielt oder eine Leukokorie (Abb. **C-11.2**) auffällt.

Wird der Tumor rechtzeitig erkannt und behandelt, können nahezu 95 % der Patienten geheilt werden.

⊙ C-11.2 Leukokorie bei Retinoblastom

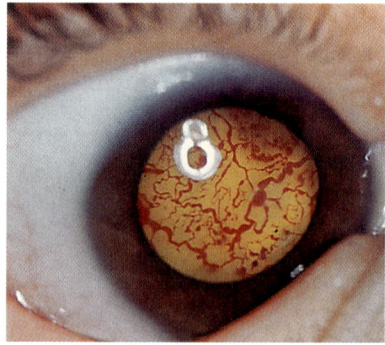

(aus Sachsenweger, Duale Reihe Augenheilkunde, Thieme, 2003)

Helle Pupille mit Gefäßzeichnung aufgrund eines den Glaskörperraum ausfüllenden Retinoblastoms.

p53, der „Wächter des Genoms"

▶ **Merke.** Das Protein p53 ist der wahrscheinlich bedeutendste Tumorsuppressor. An etwa 50 % aller Tumorerkrankungen ist ein Defekt des p53 beteiligt.

Funktion: p53 überwacht die **Intaktheit der DNA**. Treten gravierende DNA-Schäden auf, blockiert p53 den Zellzyklus. Haben die DNA-Reparatursysteme die Schäden repariert, wird der Zellzyklus fortgesetzt. Sind die Schäden so schwerwiegend, dass keine Reparatur mehr möglich ist, wird die Apoptose eingeleitet. Damit wird die Gefahr abgewendet, dass sich geschädigte Zellen vermehren und entarten.

Wirkungsmechanismus: p53 ist in jeder wachsenden Zelle in geringen Mengen vorhanden. Der p53-Spiegel wird durch die Mdm2-Ubiquitin-Ligase niedrig gehalten: Neusynthetisiertes p53 wird ständig ubiquitiniert (S. 391) und damit für den Abbau durch das 26S-Proteasom markiert. **DNA-Schäden** (genotoxischer Stress) führen über verschiedene Sensormechanismen zu einer **Aktivierung der Proteinkinase ATM** (Ataxia telangiectasia mutated), **ATR** (ATM- and Rad3-related) oder **DNA-PK** (DNA-abhängige Proteinkinase), die alle drei **p53** phosphorylieren können. In phosphorylierter Form wird p53 nicht mehr als Substrat von Mdm2 erkannt, also auch **nicht**

C-11.3 Regulation und Wirkung von p53

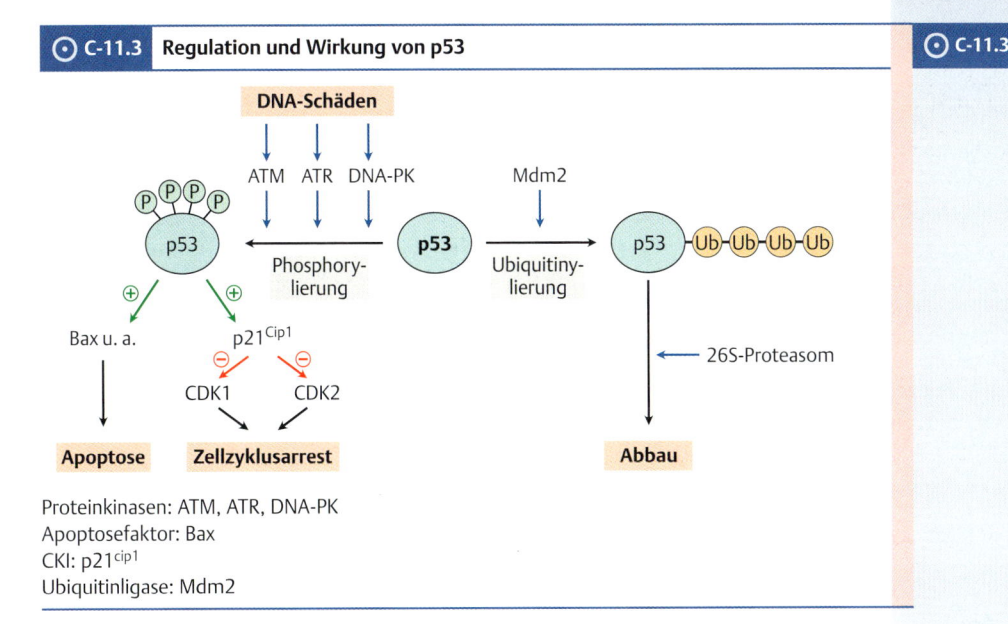

Proteinkinasen: ATM, ATR, DNA-PK
Apoptosefaktor: Bax
CKI: p21^{cip1}
Ubiquitinligase: Mdm2

mehr abgebaut, sodass der p53-Spiegel steigt. p53 **stimuliert** als Transkriptionsfaktor die **Expression** einer Reihe von Genen (Abb. **C-11.3**). Zu diesen zählt das Gen
- des **CDK-Inhibitors p21^{Cip1}**, der die CDK1 und 2 hemmt und dadurch die Phosphorylierung von Rb durch CDK2 und damit den Eintritt der Zelle in die S-Phase verhindert (S. 531).
- von **Bax, weiteren pro-apoptotischen Proteinen** der Bcl-2-Familie und anderen an der Apoptose beteiligten Faktoren (z. B. Apaf-1). Durch die verstärkte Expression wird die Apoptose eingeleitet.

Liegt ein Defekt in beiden Allelen des p53-Gens vor, können Mutationen sehr viel leichter weitervererbt werden. Dadurch steigt die Wahrscheinlichkeit, dass die für eine Kanzerogenese notwendigen Mutationen akkumulieren.

- des **CDK-Inhibitors p21^{Cip1}** (→ Zellzyklusarrest),
- von **Bax** und **anderen pro-apoptotischen Proteinen** (→ Apoptose).

Ein Defekt beider Allele des p53-Gens erleichtert die Vererbung von Mutationen erheblich.

APC

Ein Defekt dieses Tumorsuppressors spielt bei der Entstehung von **Dickdarmtumoren** eine Rolle: In 90 % der Fälle entwickelt sich aus einer normalen Dickdarm-Epithelzelle zuerst ein gutartiger Tumor, ein Adenom, dessen Zellen anschließend maligne entarten (Adenom-Karzinom-Sequenz). Bei 70 – 80 % aller Adenome tritt im Frühstadium der Entwicklung eine APC-Mutation auf.

APC

Eine APC-Mutation ist ein frühes Ereignis in der Entwicklung von **Dickdarm-Adenomen**, der gutartigen Vorstufe des kolorektalen Karzinoms.

▶ **Klinik.** Bei der **familiären adenomatösen Polyposis coli (FAP)** entwickeln sich aufgrund einer APC-Mutation in einer Eizelle oder einem Spermium (Keimbahnmutation) bereits im Kindesalter hunderte bis tausende Adenome im Dickdarm (Abb. **C-11.4**) (evtl. entstehen zusätzlich andere Tumorformen an anderer Stelle). Die Dickdarm-Adenome entarten mit mehr als 95 %iger Wahrscheinlichkeit maligne (im Mittel im 36. Lebensjahr), wenn sie nicht entfernt werden. Deshalb wird den Patienten prophylaktisch der Dickdarm entfernt.

▶ **Klinik.**

C-11.4 Familiäre adenomatöse Polyposis coli (endoskopisches Bild).

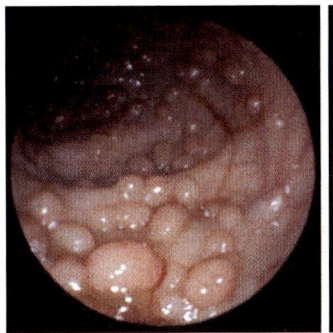

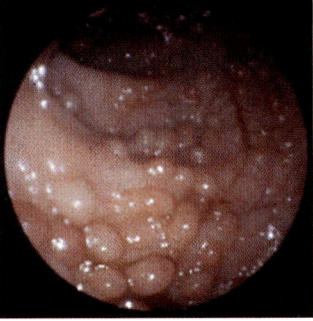

(aus TIM Thiemes Innere Medizin, Thieme, 1999)

APC ist Teil des **Wnt-β-Catenin-Signalweges**, der u. a. für die Proliferation der Stammzellen der Dickdarmmukosa essenziell ist.

Zentrale Komponente dieses Signalweges ist **β-Catenin**, das an der Zell-Zell-Adhäsion beteiligt und ein Transkriptionsfaktor ist.

In **Abwesenheit von Wnt** beschränkt sich die Rolle des β-Catenins auf die **Zell-Zell-Adhäsion**. Ein Komplex aus **Axin**, **Glykogen-Synthase-Kinase 3β (GSK-3β)** und **APC** bindet zytoplasmatisches β-Catenin und sorgt durch Phosphorylierung für seinen Abbau (Abb. **C-11.5 a**).

In **Anwesenheit von Wnt** wird die **Phosphorylierung von β-Catenin verhindert** (Abb. **C-11.5 b**). β-Catenin wirkt als **Koaktivator** für die **Transkriptionsfaktoren der TCF/LEF-Familie** → Stimulation der Transkription mitogen wirkender Gene.

Ist APC defekt, dann ist der Wnt-β-Catenin-Signalweg ständig aktiv.

APC ist ein **Bestandteil des Wnt- β-Catenin-Signalweges**. Dieser Signalweg ist während der Embryonalentwicklung wichtig für die Steuerung der Differenzierung, bei Erwachsenen kann er bei manchen Zellen die Proliferation auslösen. In der Dickdarmschleimhaut ist er zur Aufrechterhaltung der Stammzellpopulation essenziell. Wnt sind cysteinreiche Glykoproteine, die z. B. von Epithelzellen sezerniert werden und als interzelluläre Signalmoleküle dienen. Beim Menschen sind 19 wnt-Gene bekannt. Drei verschiedene Signalwege sind bekannt, durch die Wnt seine Wirkung in der Zelle vermitteln kann. Einer davon ist der Wnt-β-Catenin-Weg dessen zentrale Komponente **β-Catenin** ist. β-Catenin hat eine Doppelfunktion: Es ist an der Zell-Zell-Adhäsion beteiligt und ist ein Transkriptionsfaktor.

In **Abwesenheit von Wnt** beschränkt sich die Rolle des β-Catenins auf die **Zell-Zell-Adhäsion**: Der überwiegende Anteil des β-Catenins bindet an das membranständige Zelladhäsionsmolekül E-Cadherin und vermittelt zusammen mit α-Catenin dessen Bindung an die Aktinfilamente des Zytoskeletts. Die Konzentration des β-Catenins im Zytoplasma wird gering gehalten (Abb. **C-11.5 a**): Ein Komplex aus **Axin, Glykogen-Synthase-Kinase 3β (GSK-3β)** und **APC** bindet an β-Catenin und die GSK-3β phosphoryliert das β-Catenin. Phosphoryliertes β-Catenin wird durch eine Komponente einer Ubiquitin-Ligase erkannt, ubiquitinyliert und durch 26 S-Proteasomen abgebaut. APC ist für die Phosphorylierung unerlässlich, wobei der genaue molekulare Mechanismus noch unbekannt ist.

Wnt bindet an den **Frizzled-Rezeptor** und den **LRP-Korezeptor**, wodurch das Protein **Dishevelled** durch einen unbekannten Mechanismus phosphoryliert wird (Abb. **C-11.5 b**). Dishevelled **verhindert** dann die **Phosphorylierung von β-Catenin**. β-Catenin gelangt in den Zellkern und wirkt als **Koaktivator** für die **Transkriptionsfaktoren der TCF/LEF-Familie**. Zu den Zielgenen dieser Transkriptionsfaktoren zählen die Gene für

- c-Myc und Zyklin D 1, die für die Einleitung der Zellteilung von Bedeutung sind,
- MMP7 (Matrix-Metalloproteinase 7), die eine Rolle bei der Angiogenese und Metastasierung spielt.

Bei einem APC-Defekt steigt die Konzentration an β-Catenin, sodass die Transkription mitogen wirkender Gene ständig stimuliert wird.

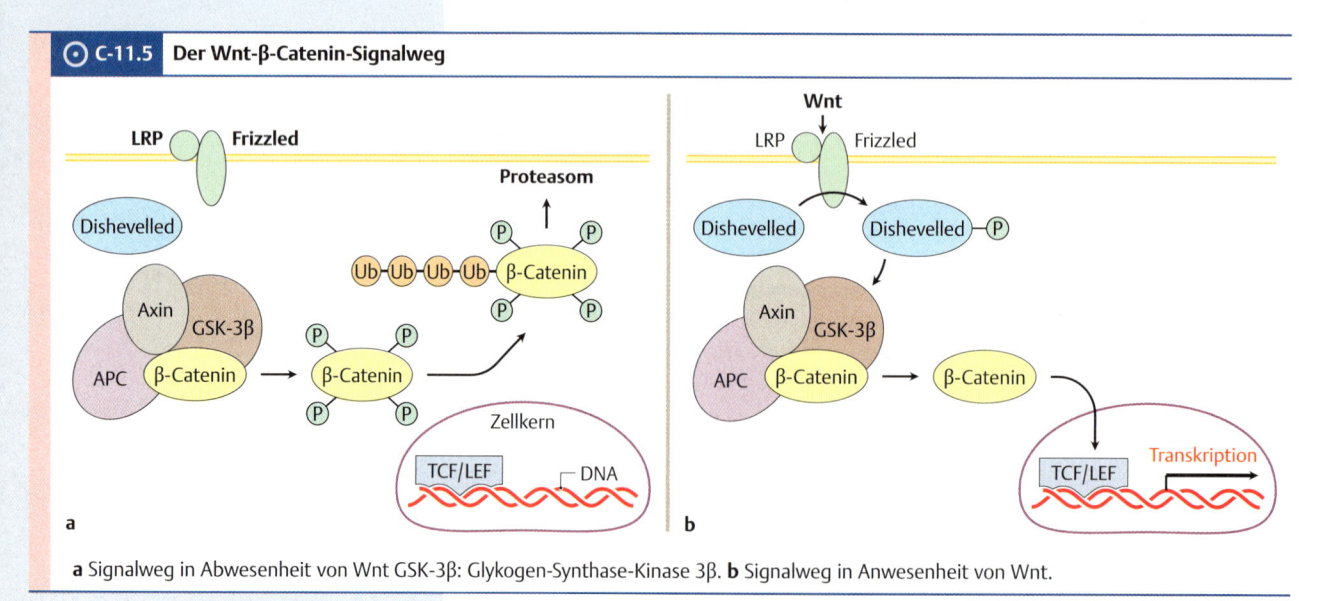

C-11.5 Der Wnt-β-Catenin-Signalweg

a Signalweg in Abwesenheit von Wnt GSK-3β: Glykogen-Synthase-Kinase 3β. **b** Signalweg in Anwesenheit von Wnt.

11.2.2 Die Bedeutung regulatorischer RNA für die Tumorentstehung

miRNAs beeinflussen die Translation von Onkogenen und Tumorsuppressorgenen und somit die Tumorentstehung.

Da miRNAs die Differenzierung, Proliferation und Apoptose von Zellen beeinflussen, ist es nicht verwunderlich, dass Zusammenhänge mit der Tumorentstehung bestehen. Auch die Metastasierung und die Angioense werden duch miRNAs beeinflußt. Es wurden zahlreiche Beispiele dafür gefunden, dass die Expression von miRNAs in Tumorzellen von der in normalen Zellen abweicht. miRNAs können bei der Onkogenese analog zu Onkoproteinen als auch zu Tumorsuppressoren wirken. miRNA-Gene können deletiert oder amplifiziert sein, wodurch die Translation der Ziel-mRNA entweder gesteigert oder gehemmt wird. Auf der anderen Seite kann durch eine Deletion der miRNA-Bindungsstelle in der 3´-UTR der Ziel-mRNA die Translation gesteigert werden.

Die Analyse der miRNA-Expressionsmuster einer Tumorzelle kann als diagnostisches Hilfsmittel genutzt werden.

11.2.3 Tumorviren als Auslöser der Transformation

15 – 20 % der Krebserkrankungen sind eine Spätfolge von Virusinfektionen. Tumorerzeugende Viren sind in Tab. **C-11.2** aufgelistet.

C-11.2 Tumorviren

Familie	wichtige Art, Beispiel	Genom	Tumorerkrankung
Retroviren (*Retroviridae*)	HTLV-1	RNA	adulte T-Zell-Leukämie
Flaviviren (*Flaviviridae*)	Hepatitis-C-Virus	RNA	Leberzellkarzinom
Hepadnaviren (*Hepadnaviridae*)	Hepatitis-B-Virus	DNA	Leberzellkarzinom
Papillomaviren (*Papillomaviridae*)	HPV 16, HPV 18	DNA	Zervixkarzinom
Herpesviren (*Herpesviridae*)	▪ Epstein-Barr-Virus	DNA	Burkitt-Lymphom, Nasopharynxkarzinom
	▪ humanes Herpesvirus 8	DNA	Kaposi-Sarkom
Adenoviren (*Adenoviridae*)	–	DNA	nicht im Menschen

Grundsätzlich ist die Entstehung von Tumorzellen durch Virusinfektionen nur möglich, wenn die infizierte Zelle durch die Virusvermehrung nicht zerstört wird. Ruhende Zellen haben nicht immer alle zellulären Enzyme in ausreichendem Maße zur Verfügung, um die Virusvermehrung sicherzustellen. Einige Viren haben deshalb Mechanismen entwickelt, Zellen zur Proliferation anzuregen. Eine weitere Möglichkeit, die Virusvermehrung zu ermöglichen, besteht in der Hemmung der Apoptose.

Retroviren

Viele Kenntnisse über Onkogene stammen aus Untersuchungen retroviraler Gene. Die zellulären Protoonkogene haben Gegenstücke im retroviralen Genom, die **viralen Onkogene**. Zur Unterscheidung werden zelluläre Protoonkogene mit dem Buchstaben c gekennzeichnet (z. B. c-ras), virale Onkogene mit dem Buchstaben v (z. B. v-ras). Im Laufe der Evolution haben Retroviren vermutlich diese zellulären Gene in ihr Genom integriert.

Bei einer Infektion mit Retroviren (S. 494) werden die im jeweiligen Virus kodierten Onkogene exprimiert und stören z. B. mitogene Signaltransduktionswege, was zu einer Entartung der Zelle führen kann.

Papillomaviren

Es gibt mehr als 100 Typen humaner Papillomaviren (HPV), von denen mindestens 13 an der Entstehung von Tumoren beteiligt sind. Sie produzieren zwei Proteine, die den Zellzyklus und die Apoptose beeinflussen:

- **E7 hemmt Rb**. Dadurch wird der Transkriptionsfaktor E2F aktiv (S. 531) und stimuliert die Transkription verschiedener für die S-Phase notwendiger Gene. Dies ermöglicht den Eintritt der Zelle in die S-Phase.
- **E6 stimuliert** die Ubiquitinylierung und damit den proteolytischen **Abbau von p53**. Damit wird ein durch p53 erzwungener Zellzyklusarrest und die durch p53 (S. 542) gesteuerte Apoptose verhindert. Als Konsequenz steigt die Mutationsrate in den infizierten Zellen, wodurch wiederum die Entstehung eines Tumors wahrscheinlicher wird. Weitere Proteine, die unter dem Einfluß von E6 ubiquitiniert werden, sind Bak (ein proapoptotisches Protein) und ein Repressor (NFX1–91) des Telomerasegens. Eine erhöhte Expression der Telomerase ist ein Kennzeichen vieler Tumorzellen.

▶ Klinik. Eine Infektion mit Papillomaviren vor allem des Typs 16 und 18 zählt zu den Ursachen des **Zervixkarzinoms**. Die häufigste Form, das Plattenepithelkarzinom, entwickelt sich aus Vorstufen, die lediglich das Epithel betreffen (zervikale interepitheliale Neoplasien, CIN), deren schwerste Form das Carcinoma in situ (Abb. **C-11.6 a**) ist. Es weist alle Charakteristika des Karzinoms auf (z. B. aufgehobene Differenzierung und Polarisierung des Epithels, Abb. **C-11.6 b**) und hat lediglich noch nicht die Basalmembran durchbrochen. CIN werden bei Frauen im Alter zwischen 25 und 35 Jahren häufig diagnostiziert.

C-11.6 Carcinoma in situ der Portio

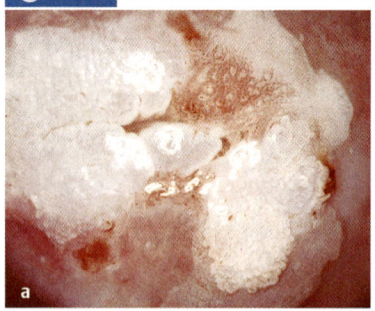

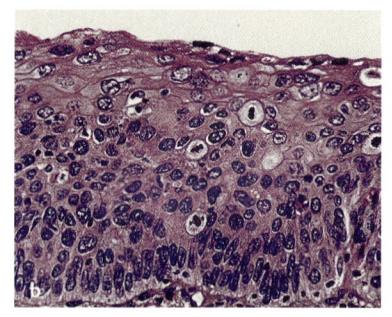

(aus Riede, Werner, Schaefer; Allgemeine und spezielle Pathologie, Thieme, 2004)

a Makroskopischer Befund (Spekulumuntersuchung): Epithelverdickung und Gefäßneubildung auf der Portio. **b** Histologischer Befund: Die normale horizontale Schichtung des Plattenepithels ist aufgehoben (vertikale Schichtung, die Zellen sind undifferenziert und zytoplasmaarm [HE, Vergr. 1:200]).

Ende 2006 kam unter dem Handelsnamen Gardasil erstmals ein Impfstoff auf den Markt, der eine **Impfung gegen die krebserregenden HPV-Typen 16 und 18** ermöglicht, 2007 folgte für den gleichen Zweck der Impfstoff Cervarix. In beiden Fällen handelt es sich um virale Proteine, die auf biotechnischem Wege gewonnen werden. In Deutschland wurde Gardasil im Jahr 2007 zum umsatzstärksten Produkt des gesamten Pharmamarktes. Studien haben gezeigt, dass die Impfung tatsächlich einen weitgehenden Schutz vor Neuinfektionen durch die genannten HPV-Typen vermittelt. Wenn eine Infektion bereits erfolgt ist, hat die Impfung keinen Effekt. Eine Impfung sollte deshalb möglichst vor den ersten Sexualkontakten durchgeführt werden. Da die beiden HPV-Typen 16 und 18 in den letzten Jahren für ca. 70 % aller Fälle von Zervixkarzinom verantwortlich gemacht wurden, sah sich die Ständige Impfkommission am Robert Koch-Institut in Berlin (STIKO) Anfang 2007 veranlasst, eine Impfung aller Mädchen zwischen 12 und 17 Jahren zu empfehlen. Im August 2014 wurde die Altersempfehlung auf 9–14 Jahre herabgesetzt. Die gesetzlichen Krankenkassen sind seitdem verpflichtet, trotz der erheblichen Kosten die Impfung zu finanzieren. Es ist allerdings darauf hinzuweisen, dass der Impfschutz nicht alle relevanten HPV-Typen abdeckt, dieses gilt auch für Gardasil, das immerhin gegen HPV 6, 11, 16, und 18 immunisiert. Im Dezember 2014 wurde in den USA der neue Impfstoff Gardasil 9 zugelassen, der neben den vier genannten Typen auch gegen HPV 31, 33, 45, 52 und 58 immunisiert. Diese fünf Typen macht man für 20 % aller Fälle von Zervixkarzinomen verantwortlich. In welchem Umfang die Impfung langfristig tatsächlich vor einer Entstehung von Zervixkarzinomen schützt, ist derzeit noch nicht abzusehen. Generell wird empfohlen, auch nach einer Impfung die Angebote zur Früherkennung wahrzunehmen.

11.2.4 Bakterien als biologisches Karzinogen

Helicobacter pylori wurde 1994 von der WHO als kanzerogen eingestuft. Eine Infektion des Magens mit diesem Bakterium hat neben den beschriebenen Effekten auf Erkrankungen des Magens (S. 202) ein erhöhtes Risiko zur Entwicklung von Magenkrebs zur Folge. Am Pathomechanismus beteiligt ist das Protein CagA, das vom Bakterium in die Magen-Epithelzellen injiziert wird und dort mehrere Signalwege stimuliert, die das Zellwachstum und die Zellmorphologie regulieren. Viele Details sind aber noch unklar.

11.3 Tumorentwicklung: Die Bildung von Tumorgefäßen und Tochterkolonien

Hat sich ein Tumor entwickelt, ermöglichen Mutationen
- die Bildung von Tumorgefäßen = **Angiogenese**,
- die Verbreitung der Tumorzellen im Organismus = **Metastasierung**.

Diese Mutationen betreffen die Protoonkogene c-jun und c-fos. Die entsprechenden Onkogene stimulieren ständig die Transkription zahlreicher **Matrix-Metalloproteinasen (MMP)**. Dies sind extrazelluläre Zink-abhängige Endopeptidasen, die den **Abbau der extrazellulären Matrix** (EZM) katalysieren. Ihre physiologischen Funktionen liegen in der Embryonalentwicklung, Angiogenese und Wundheilung. Sie werden als inaktive Zymogene synthetisiert, die durch proteolytische Abspaltung des 10 kDa großen aminoterminalen Bereichs aktiviert werden. Die Aktivierung erfolgt entweder autokatalytisch oder durch Plasmin.

Man unterscheidet vier Untergruppen, die unterschiedliche Bestandteile der extrazellulären Matrix angreifen:
- interstitielle Kollagenasen
- Gelatinasen
- Stromyelysine
- Membran-MMPs

Der Abbau der EZM ermöglicht es Tumorzellen, sich aus dem Zellverband und der EZM zu lösen und schafft so die Voraussetzung für die Angiogenese und die Metastasierung.

11.3.1 Angiogenese

Erreichen Tumoren einen Durchmesser von etwa 0,5 – 3 mm, so werden die Nährstoffversorgung und der Transport von Stoffwechselprodukten durch Diffusion ineffektiv. Im Zentrum des Tumors entwickelt sich eine Hypoxie. Die hypoxischen Zellen sezernieren Stimulatoren der Angiogenese, z. B. VEGF (S. 667), die an Rezeptoren der Endothelzellen der Blutgefäße binden. Die Endothelzellen werden zur Sekretion von **Matrix-Metalloproteinasen** angeregt, die lokal die Endothelzell-Basalmembran und die EZM abbauen. Endothelzellen wandern in Richtung des angiogenen Stimulus und beginnen zu proliferieren und differenzieren. So entstehen neue, den Tumor versorgende Kapillaren.

Für den Tumor ergeben sich durch die Angiogenese
- eine verbesserte Sauerstoff- und Nährstoffversorgung,
- ein verbesserter Abtransport von Stoffwechselprodukten und
- gesteigertes Wachstum, weil die Endothelzellen mitogene und antiapoptotische Signalmoleküle freisetzen.

Die Hemmung der Angiogenese wird als möglicher Ansatz zur Tumortherapie angesehen. Durch Einsatz von Angiogenese-Inhibitoren (S. 550) erhofft man sich, das Tumorwachstum und die Metastasierung zu mindern.

11.3.2 Metastasierung

Zur Metastasenbildung müssen Tumorzellen sich
- aus ihrer Umgebung lösen,
- in die Blut- oder Lymphgefäße gelangen,
- an anderer Stelle in das Gewebe einwandern und sich festsetzen,
- sich teilen und einen Sekundärtumor bilden.

Normalerweise haften Zellen mithilfe von **Adhäsionsmolekülen** auf ihrer Zelloberfläche fest an benachbarten Strukturen. **E-Cadherine** sorgen für Zell-Zell-Kontakte, Proteine aus der Gruppe der **Integrine** heften die Zelle an die EZM.
Bei **metastasierenden Tumorzellen** ist die **Expression der Zelladhäsionsmoleküle vermindert**, E-Cadherin z. B. fehlt bei manchen Krebserkrankungen. Tumorzellen gelangen **in den Blutstrom**, indem sie Blutgefäße lokalisiert **mithilfe von MMPs** auflösen. Wie die Tumorzelle das Gewebe auswählt, in dem sie sich ansiedelt, ist im Einzelnen nicht bekannt. Wahrscheinlich spielt die Affinität spezifischer membranständiger Adhäsionsmoleküle zur Wand der entsprechenden Blutgefäße eine Rolle. Nach Anheftung an das Endothel durchdringt die Tumorzelle die Basalmembran und besiedelt das darunter liegende Gewebe (Abb. **C-11.7**). Der gesamte Vorgang der Metasta-

⊙ C-11.7 Metastasierung

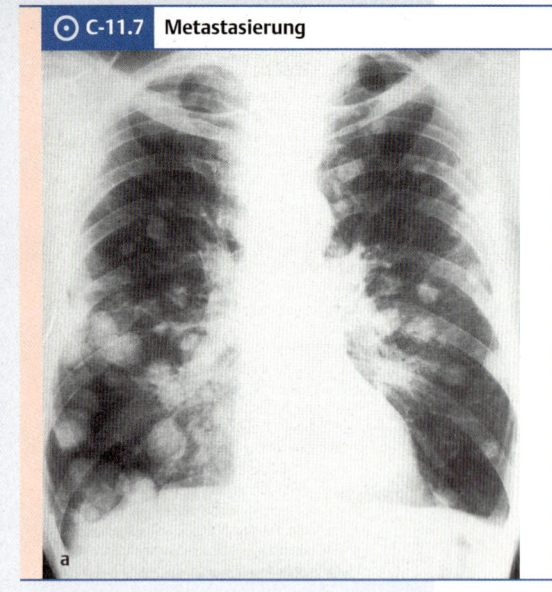

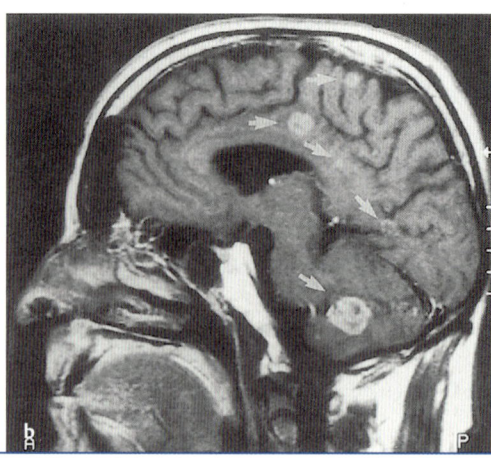

a Multiple Metastasen in beiden Lungen bei Hodentumor (dorsoventrale Thoraxaufnahme).
b Multiple zerebelläre und zerebrale, ringförmig Kontrastmittel aufnehmende Metastasen eines Bronchialkarzinoms (Pfeile) (MRT).
(aus Thurn et al., Einführung in die radiologische Diagnostik, Thieme, 1998)

sierung ist sehr ineffektiv: Man schätzt, dass etwa eine von 10 000 Tumorzellen, die in den Blutstrom geraten sind, eine Metastase bilden kann.

11.4 Tumortherapie

11.4.1 Zytostatika

Zytostatika hemmen die Zellteilung (Wirkungsmechanismen s. Tab. **C-11.3**). Sich häufig teilende Zellen sind am stärksten betroffen. Zu diesen Zellen zählen Tumorzellen, aber auch hämatopoetische Zellen im Knochenmark und die Epithelzellen der Mukosa des Verdauungstraktes, was die Nebenwirkungen von Zytostatika erklärt (z. B. Verminderung der Zellen im peripheren Blut, Entzündung der Mundschleimhaut, Durchfall, Haarausfall).

≡ C-11.3 Angriffspunkte und Wirkungsmechanismen wichtiger Zytostatika

Angriffspunkt	zytostatische Substanz(klasse)	Wirkungsmechanismus
DNA-Synthese		
Substrate der DNA-Synthese	▪ Purinanaloga (z. B. Mercaptopurin, Thioguanin)	hemmen die Umsetzung von IMP zu AMP und GMP → Hemmung der Purinsynthese
	▪ Fluoruracil	hemmt die Thymidylat-Synthase irreversibel = hemmt die dTMP-Synthese
Coenzyme der DNA-Synthese	Methotrexat	hemmt die Dihydrofolat-Reduktase kompetitiv→ kein C1-Transfer → Hemmung der Purin- und Pyrimidinsynthese → Hemmung der DNA-Synthese
Trennung der Elternstränge	▪ Etoposid, Teniposid	Hemmung der Topoisomerase Typ II → Hemmung der Entwindung der Elternstränge
	▪ Alkylanzien (z. B. Cyclophosphamid, Busulfan, Mitomycin C)	Alkylanzien mit ≥ 2 funktionellen Gruppen: Quervernetzung der DNA-Stränge → Hemmung der Strangtrennung → Strangbrüche
		Alkylanzien mit 1 funktionellen Gruppe: Übertragung von Methyl- oder Ethylgruppen auf einen DNA-Strang → veränderte Basenpaarung → Punktmutation (→ kanzerogene Wirkung!)
	▪ Platinverbindungen (Cisplatin, Carboplatin)	Quervernetzung der DNA-Stränge → Hemmung der Strangtrennung
Elongation	▪ Purinanaloga (z. B. Mercaptopurin, Thioguanin), ▪ Pyrimidinanaloga (z. B. Cytosinarabinosid)	werden als falsche Bausteine in die DNA eingebaut → Hemmung der DNA-Synthese
	▪ Daunorubicin, Doxorubicin, Dactinomycin, Mitoxantron u. a. Antibiotika	drängen sich zwischen benachbarte Basen der DNA → Störung der DNA-Synthese (Leserasterverschiebung), Strangbrüche
Spindelapparat		
Aufbau	Vinca-Alkaloide (Vinblastin, Vincristin)	verhindern die Polymerisation der Mikrotubuli → hemmen den Aufbau des Spindelapparates und damit die Zellteilung
Abbau	Taxane (Paclitaxel, Docetaxel)	stabilisieren Mikrotubuli → hemmen den Abbau des Spindelapparates und damit den Abschluss der Zellteilung

Ein weiterer Nachteil der Zytostatikatherapie ist die Entwicklung von resistenten Tumorzellen, wodurch die Therapie unwirksam wird. Einer der wichtigsten Resistenzmechanismen beruht auf ABC (ATP-binding-cassette)-Transportern, z. B. P-Glykoprotein und MRP (Multidrug Resistance-associated Protein), die die Medikamente aus der Zelle heraustransportieren.

11.4.2 Neuere Entwicklungen in der Tumortherapie

Aus den Erkenntnissen der Molekularen Onkologie haben sich neue Therapiestrategien entwickelt, die sich zielgerichteter einsetzen lassen als dies mit Zytostatika möglich ist. Dadurch zeigen sie weniger unerwünschte Wirkungen als Zytostatika.

Hormonantagonisten

Ein Beispiel ist **Tamoxifen**, das an den Östrogenrezeptor bindet und ihn dadurch unzugänglich für Östrogen macht. Das Wachstum mancher Brustkrebszellen ist östrogenabhängig und kann deshalb durch Tamoxifen verhindert oder zumindest verlangsamt werden. Tamoxifen wird zusammen mit einer Chemotherapie angewandt.

Monoklonale Antikörper

Herceptin (Trastuzumab): Das Onkoprotein Her2 ist bei 30 % aller Brustkrebspatientinnen überexprimiert. Als EGFR-ähnlicher Wachstumsfaktor-Rezeptor stimuliert es das Tumorwachstum, was zu einem prognostisch ungünstigeren Krankheitsverlauf führt. Dies kann durch den monoklonalen Antikörper Herceptin verhindert werden, der den Rezeptor blockiert.

Erbitux (Cetuximab): Bei EGFR-positivem metastasiertem kolorektalem Karzinom wird der gegen den EGF-Rezeptor gerichtete monoklonale Antikörper Erbitux in Kombination mit dem Zytostatikum Irinotecan erfolgreich eingesetzt.

Tyrosinkinase-Hemmer

Imatinib: Das unter dem Handelsname Glivec erhältliche Imatinib (S. 68) ist ein Hemmstoff der Bcr-Abl-Tyrosinkinase ($p210^{BCR-ABL}$), die bei chronischer myeloischer Leukämie (CML) vom Bcr-Abl-Fusionsgen des Philadelphia-Chromosoms (S. 541) kodiert wird.

Das Philadelphia-Chromosom hat nur dann eine CML zur Folge, wenn es in bestimmten Stammzellen des Knochenmarks auftritt. Die Zellen, die das Philadelphia-Chromosom enthalten, vermehren sich dann unkontrolliert. Charakteristisch für die CML ist eine extrem erhöhte Zahl von Granulozyten und ihren Vorstufen im Blut. Eine CML liegt bei ca. 20 % aller Leukämien vor. Die Patienten sind zum Zeitpunkt der Diagnosestellung meistens älter als 50 Jahre.

▶ **Klinik.** Imatinib (Handelsname Glivec), seit 2001 auf dem Markt, zählt zu den innovativsten Medikamenten des neuen Jahrhunderts. Da die Bcr-Abl-Tyrosinkinase ausschließlich in den Zellen gebildet wird, die das **Philadelphia-Chromosom** enthalten, konnte mit Imatinib ein Hemmstoff entwickelt werden, der hochselektiv in den Zellen wirkt, die für die **Leukämie** verantwortlich sind. Da sich eine Hemmung anderer Tyrosinkinasen nicht ganz vermeiden lässt, ist eine Glivec-Therapie nicht gänzlich nebenwirkungsfrei, Nebenwirkungen wie bei den klassischen Zytostatika treten aber nicht auf. Bei einer Dosis von 400 mg pro Tag kommt es bei fast allen Patienten zu einer vollständigen Normalisierung des Blutbilds. Sofern die Therapie rechtzeitig aufgenommen wird, ist die Prognose sehr gut. Die Patienten müssen das Medikament allerdings ihr Leben lang täglich einnehmen. Langfristig besteht die Gefahr, dass es im Gen der Bcr-Abl-Tyrosinkinase zu Punktmutationen kommt und die Tyrosinkinaseaktivität nicht mehr hinreichend gehemmt wird. Es wurden deshalb bereits neuere Hemmstoffe entwickelt, die auch bei Imatinib/Glivec-Resistenz noch wirksam sind (Dasatinib, Handelsname Sprycel, seit 2006, und Nilotinib, Handelsname Tasigna, seit 2007 auf dem Markt).

Angiogenese-Hemmer

Die Angiogenese ist von großer Bedeutung für das Tumorwachstum und eine Hemmung der Angiogenese ist deshalb von therapeutischem Interesse.

▶ Klinik.

Manche Medikamente wirken auch hemmend auf die Angiogenese obwohl sie ursprünglich nicht zu diesem Zweck entwickelt wurden, z. B. Trastuzumab und Thalidomid.

▶ Klinik.

Angiogenese-Hemmer

Die Relevanz der Angiogenese (S. 547) für das Tumorwachstum ist schon seit vielen Jahren bekannt, aber erst seit 2004 ist mit **Bevacizumab** ein Angiogenesehemmer auf dem Markt, der in größerem Umfang eingesetzt wird.

▶ Klinik. Bevacizumab (Handelsname Avastin) ist ein monoklonaler Antikörper, der gegen den Vascular endothelial Growth Factor (VEGF) gerichtet ist. Der Antikörper kann ergänzend zu einer Chemotherapie eingesetzt werden. Bevacizumab wird zunehmend in der Therapie des Kolonkarzinoms verwendet. Auch in bestimmten Fällen von Lungen-, Brust- und Nierenkrebs wurden positive Effekte beobachtet.

Manche Medikamente wirken auch hemmend auf die Angiogenese, obwohl sie ursprünglich nicht zu diesem Zweck entwickelt wurden. So beruht die **Wirkung von Trastuzumab**, Handelsname Herceptin (S. 549), nicht nur auf einer unmittelbaren Hemmung des Wachstums der Tumorzellen, sondern auch auf einer Hemmung der Angiogenese in den Tumormetastasen. Ein spektakuläres Beispiel für die unerwartete Renaissance eines Medikamentes ist der Angiogenesehemmer **Thalidomid**.

▶ Klinik. **Thalidomid** wurde 1956 unter dem Handelsnamen **Contergan** als Schlafmittel eingeführt und löste damals eine der größten Arzneimittelkatastrophen des 20. Jahrhunderts aus. Das Thalidomid zeigte eine massive **Teratogenität**, indem es bei den Föten die Entwicklung der Extremitäten behinderte. Vermutlich wurde dieser Effekt u. a. durch eine Hemmung der Angiogenese in den sich entwickelnden Extremitäten verursacht. Neuerdings hat sich gezeigt, dass sich bestimmte Lymphome (multiple Myelome/B-Zell-Non-Hodgkin-Lymphome) bei Therapie mit Thalidomid zumindest teilweise zurückbilden. Möglicherweise wird Thalidomid in Zukunft als Angiogenesehemmer vermehrt eingesetzt werden.

Zelluläre Kommunikation

D

Zelluläre Kommunikation

1 **Grundlagen** 553

2 **Mechanismen der Signaltransduktion** 560

3 **Hormone** 582

4 **Gewebshormone (parakrin wirkende Hormone)** 649

5 **Zytokine** 666

1 Grundlagen

1.1 Einführung 553
1.2 Prinzipien der Signalübertragung zwischen Zellen 553
1.3 Hormone und Zytokine 555
1.4 Nachweismethoden 558

1.1 Einführung

Einzellige Organismen müssen alle lebensnotwendigen Entscheidungen autonom treffen.
Ganz anders ist die Situation bei Vielzellern. Die einzelnen Zellen höherer Organismen haben sich weitgehend **spezialisiert**. Dies ermöglicht zwar komplexe Leistungen wie die Informationsverarbeitung im Gehirn, erfordert aber auch ein exakt reguliertes **Zusammenspiel** zwischen Zellen und Organen. Um dies zu gewährleisten, ist ein **aufwendiger Informationsaustausch** zwischen den Zellen erforderlich:

- Viele metabolische und biosynthetische Leistungen sind spezialisierten Organen vorbehalten. So ist die Synthese von Glucose beim Menschen auf Leber (und Niere) beschränkt, obwohl auch andere Organe auf Glucose als Energielieferant angewiesen sind. Die Versorgung mit lebensnotwendigen Metaboliten muss daher organisiert werden.
- Nach außen kann sich der Organismus an unterschiedliche Bedingungen von Temperatur und Feuchtigkeit anpassen. Im Inneren ist er jedoch auf ein exaktes Gleichgewicht der physiologischen Bedingungen wie z. B. Osmolarität und Ionenzusammensetzung angewiesen.
- Biochemische und physiologische Prozesse müssen an veränderte Umweltbedingungen (z. B. Stress) angepasst werden.
- Auch Wachstum und Differenzierung des Organismus müssen reguliert werden.

1.1 Einführung

Bei vielzelligen Organismen haben sich die einzelnen Zellen weitgehend **spezialisiert**. Dies erfordert ein exakt reguliertes **Zusammenspiel** zwischen Zellen und Organen. Um dies zu gewährleisten, ist ein **aufwendiger Informationsaustausch** zwischen den Zellen erforderlich.

1.2 Prinzipien der Signalübertragung zwischen Zellen

Für den Informationsaustausch zwischen den Zellen wurde ein komplexes Kommunikationssystem entwickelt. Dabei gibt es verschiedene Möglichkeiten der Signalübertragung (Abb. **D-1.1**).

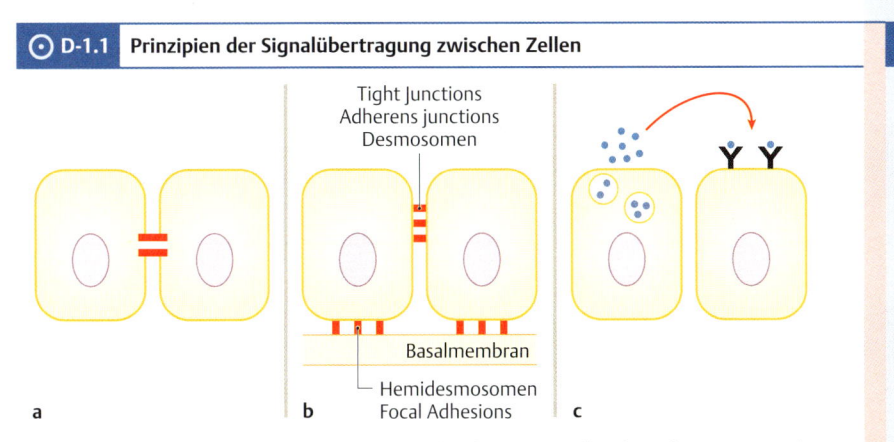

1.2 Prinzipien der Signalübertragung zwischen Zellen

Es gibt verschiedene Möglichkeiten der Signalübertragung (Abb. **D-1.1**).

D-1.1 Prinzipien der Signalübertragung zwischen Zellen

a Gap Junctions verbinden Zellen direkt miteinander. **b** Der Zell-Zell- oder Zell-Matrix-Kontakt wird durch Zelladhäsionsmoleküle vermittelt. **c** Extrazelluläre Signalmoleküle sind Faktoren, die von einer Zelle sezerniert und von einer anderen (oder auch derselben) Zelle erkannt werden.

D 1 Grundlagen

1.2.1 Gap Junctions

Siehe Kap. „Gap Junctions" (S. 373).

1.2.2 Zell-Zell- und Zell-Matrix-Interaktion

Siehe Kap. „Desmosomen" und folgende (S. 372).

1.2.3 Extrazelluläre Signalübertragung

Die signalgebende Zelle sezerniert Faktoren, die an Rezeptoren der Empfängerzelle binden. Je nach Reichweite des Signals können so lokal begrenzte Effekte erzeugt werden oder auch Signale an weit entfernte Orte übermittelt werden. Dieser Mechanismus ist für die Signalgebung am vielseitigsten einsetzbar. Man unterscheidet drei unterschiedliche Formen der Signalübermittlung:
- endokrin
- parakrin
- autokrin

Endokrine Signalübermittlung

Hierbei wird ein Botenstoff an die **Blutbahn** abgegeben (Abb. **D-1.2 a**) und kann mit dem Blutkreislauf entfernte Zielgewebe erreichen. Dies ist z. B. bei den „klassischen" Hormonen" der Fall.

Parakrine Signalübermittlung

Hierbei besitzt das sezernierte Signalmolekül nur eine Reichweite von einigen Zelldurchmessern, die Wirkung ist also **lokal begrenzt** (Abb. **D-1.2 b**). Dies lässt sich u. a. durch eine **kurze Halbwertszeit** des Signaltransduktionsmoleküls erreichen. Häufig ist das Signaltransduktionsmolekül aber auch **nicht frei diffusibel**, sondern wird von extrazellulären Molekülen gebunden, sodass es bei der Diffusion durch das Gewebe stark behindert ist. Dies ist bei vielen **Wachstumsfaktoren** (S. 666) der Fall, die an Proteoglykane der Zelloberfläche oder der extrazellulären Matrix binden.

Als einen Spezialfall der parakrinen Signalübertragung kann man die Signalübertragung durch **Neurotransmitter** im Nervensystem auffassen. Dabei werden Moleküle vom präsynaptischen Nervenende in den synaptischen Spalt sezerniert und binden vorzugsweise an postsynaptische Rezeptoren einer weiteren Nervenzelle (oder der neuromuskulären Endplatte).

1.2.1 Gap Junctions

1.2.2 Zell-Zell- und Zell-Matrix-Interaktion

1.2.3 Extrazelluläre Signalübertragung

Es lassen sich
- endokrine,
- parakrine und
- autokrine

Signalübermittlung unterscheiden.

Endokrine Signalübermittlung

Der Botenstoff wird an die **Blutbahn** abgegeben (Abb. **D-1.2 a**).

Parakrine Signalübermittlung

Das Signalmolekül besitzt aufgrund von **Diffusionsbarrieren** oder einer **kurzen Halbwertszeit** nur eine **lokal begrenzte Wirkung** (Abb. **D-1.2 b**).

Ein Spezialfall der parakrinen Signalübertragung ist die Bindung von **Neurotransmittern** an postsynaptische Rezeptoren.

⊙ **D-1.2** Möglichkeiten der Signalübermittlung durch extrazelluläre Signalmoleküle

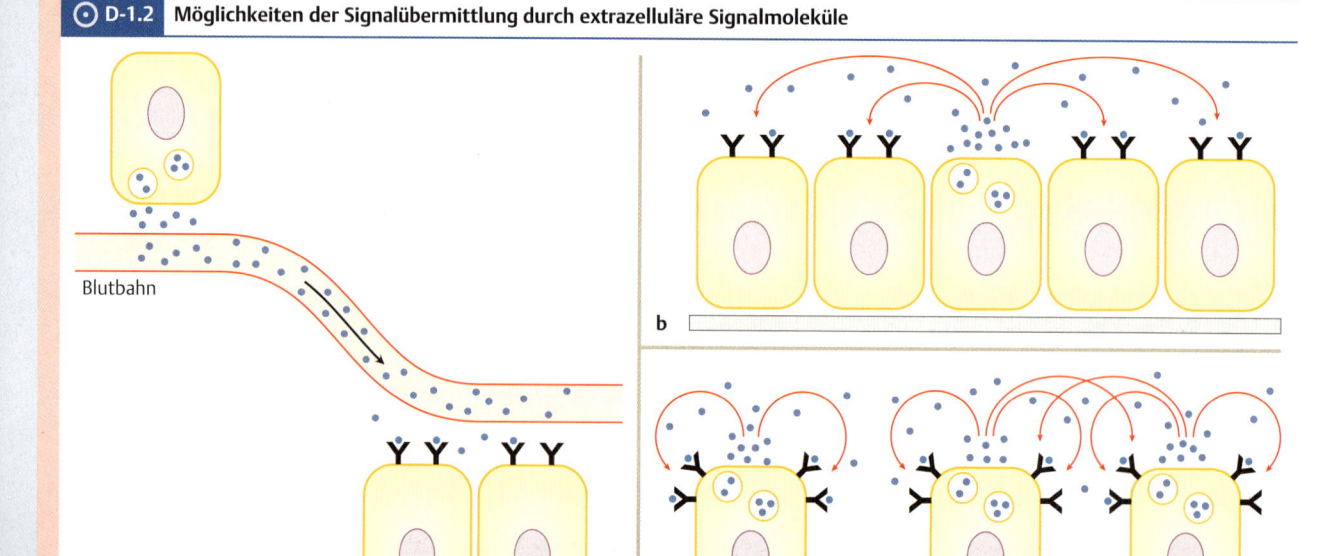

a Endokrine Sekretion: Der Botenstoff wird an die Blutbahn abgegeben und erreicht so entfernte Zielgewebe. **b Parakrine Sekretion:** Aufgrund von Diffusionsbarrieren im Extrazellulärraum oder seiner kurzen Halbwertszeit hat das Signalmolekül nur eine begrenzte Reichweite.
c Autokrine Sekretion: Die sezernierende Zelle besitzt selbst einen Rezeptor für das Signalmolekül.

Autokrine Signalübermittlung

Hierbei besitzt die sezernierende Zelle selbst auch den Rezeptor für den sezernierten Faktor. So kann das Signal, z. B. ein Zytokin wie Interleukin-2 (S. 716), auf die Zelle selbst oder auch innerhalb einer Gruppe gleichartiger, räumlich eng benachbarter Zellen (z. B. Lymphozyten in Lymphknoten) zurückwirken (Abb. **D-1.2 c**).

1.3 Hormone und Zytokine

Entsprechend ihrer unterschiedlichen Wirkungsschwerpunkte können die extrazellulären Signalmoleküle in zwei große Gruppen unterteilt werden, wobei allerdings Überschneidungen auftreten.

Die eine Gruppe umfasst die **Hormone**, umgangssprachlich auch Botenstoffe genannt. Der Schwerpunkt der Hormonwirkungen umfasst vor allem folgende Vorgänge:
- Regulation des Stoffwechsels und der physiologischen Parameter (z. B. Glucosespiegel im Blut),
- Anpassung des Organismus an Änderungen der Umwelt,
- Regulation des Sexualverhaltens und
- Koordination des Wachstums.

Die andere Gruppe umfasst die **Zytokine**, die grundlegende Funktionen wie Zellwachstum, Zellproliferation, Zelldifferenzierung regulieren. Eine weitere Funktion ist die Regulation von Immun- und Entzündungsreaktionen.

1.3.1 Einteilung der Hormone

Glanduläre Hormone

Zu dieser Gruppe gehören die „**klassischen Hormone**". Sie werden in endokrinen Drüsen gebildet und erreichen die Zielzelle auf dem Blutweg. Klassische endokrine Drüsen sind z. B. die Adenohypophyse, Schilddrüse, Nebennierenrinde und -mark.

Aglanduläre Hormone

In dieser Gruppe werden die nicht in endokrinen Drüsen gebildeten Hormone zusammengefasst. Darunter fallen:
- **Hormone**, die **in endokrinen Zellen oder Zellgruppen gebildet** und in die Blutbahn abgegeben werden. Hierzu zählen u. a. die Hormone des Magen-Darm-Trakts (S. 633) (z. B. Gastrin, Cholecystokinin, Glucagon-like-Peptides), das atriale natriuretisches Peptid - ANP (S. 642) aus den Herzvorhöfen oder die Hormonvorstufe Angiotensinogen aus der Leber. Auch die von Zellen oder Zellgruppen im Hypothalamus synthetisierten Releasing- und Inhibiting-Hormone sowie Oxytocin und antidiuretisches Hormon - ADH (S. 604) lassen sich in diese Gruppe einordnen.
- **Gewebshormone**, (früher) auch **Mediatoren** genannt: Sie werden parakrin sezerniert und wirken vorwiegend lokal. Nur bei starker Stimulation gelangen nennenswerte Mengen in den Blutkreislauf. Zu den Gewebshormonen gehören Peptide wie die **Kinine**, Fettsäurederivate wie die **Prostaglandine** und selbst so exotisch wirkende Substanzen wie **Stickstoffmonoxid (NO)**.

Die Einteilung der aglandulären Hormone in zwei Gruppen wird nicht einheitlich gehandhabt. Oft werden die Begriffe aglanduläre Hormone und Gewebshormone synonym für alle Hormone, die nicht in endokrinen Drüsen gebildet werden, benutzt.

1.3.2 Eigenschaften und Wirkprinzip von Hormonen

Hormone gehören unterschiedlichen Substanzklassen an (Tab. **D-1.1**) und weisen deshalb **substanzklassenspezifische Eigenschaften** auf. Im Folgenden sind die Charakteristika der drei wichtigsten Substanzklassen aufgeführt. Das **Wirkprinzip** jedoch ist klassenübergreifend: Die Wirkung aller Hormone wird durch **Bindung an einen Hormonrezeptor** vermittelt.

D 1 Grundlagen

D-1.1 Wichtige Hormon-Substanzklassen

Substanzklasse	Beispiele
Peptidhormone	Insulin, Glukagon
Aminosäurederivate	Katecholamine (Dopamin, Adrenalin, Noradrenalin), Thyroxin, Histamin, Serotonin
Steroide	Cortisol, Aldosteron, Östradiol, Testosteron
Lipidderivate	Retinsäure, Prostaglandine

Eigenschaften

Eigenschaften der Peptidhormone

Peptidhormone werden am **rauen endoplasmatischen Retikulum** synthetisiert und nach Transport durch den Golgi-Apparat, wo sie häufig noch modifiziert werden, in **sekretorischen Vesikeln** gespeichert. Auf einen extrazellulären Stimulus hin **fusionieren** die Vesikel **mit der Plasmamembran** und setzen ihren Inhalt frei. Peptidhormone sind hydrophil und werden in der Regel **frei im Blut** transportiert. In einigen Fällen sind sie auch an spezielle Bindeproteine gebunden (z. B. IGF an IGF-Bindeproteine), dies dient aber der Regulation der Halbwertszeit und der Verfügbarkeit für die Rezeptorbindung. Die Halbwertszeit der Peptidhormone im Blut liegt zwischen einigen Minuten bis zu einigen Stunden (Insulin ca. 5 min, Wachstumshormon < 1 h, FSH 3 – 4 h). Der Abbau erfolgt durch Proteolyse, vor allem in der Leber.

Eigenschaften der Aminosäurederivate

Die Biosynthese der Aminosäurederivate erfolgt aus den entsprechenden **Aminosäurevorstufen**. Die Hormone werden wie die Peptidhormone **in Vesikeln gespeichert** und bei Bedarf freigesetzt. Eine Ausnahme stellen die Schilddrüsenhormone dar, die in Form des Vorläuferproteins Thyreoglobulin gespeichert und bei Bedarf direkt sezerniert werden (S. 606). Mit Ausnahme der Schilddrüsenhormone sind die Aminosäurederivate **hydrophil** und benötigen daher **keine Transportvehikel**. Die **Schilddrüsenhormone** jedoch werden im Komplex mit **Albumin** oder speziellen Transportproteinen transportiert (S. 608). Die Halbwertszeiten sind recht unterschiedlich. Bei den schnelle Stoffwechselprozesse vermittelnden Katecholaminen liegt sie im Minutenbereich. Bei den langfristig wirkenden Schilddrüsenhormonen beträgt sie mehrere Tage (T4: 7 Tage, T3: 1 Tag), durch Bindung an Plasmaproteine sind sie weitgehend vor Abbau geschützt.

Eigenschaften der Steroidhormone

Diese Hormongruppe leitet sich vom **Cholesterin** ab. Die Steroidhormone (Glucocorticoide, Mineralocorticoide, Sexualhormone) sind **lipophil** und werden daher nicht in Vesikeln gespeichert, da sie durch die Lipidmebran diffundieren und so entweichen könnten. Vielmehr werden diese Hormone **direkt bei Bedarf synthetisiert** und über die Plasmamembran in den Extrazellulärraum abgegeben. Die gängige Vorstellung ist, dass die Hormone frei durch die Lipiddoppelschicht diffundieren, allerdings sprechen einige Untersuchungen auch für die Beteiligung eines proteinvermittelten Transports. Als lipophile Hormone werden die Steroidhormone im Blut im **Komplex mit Plasmaproteinen** transportiert. Die Halbwertszeit liegt im Stundenbereich.

Wirkprinzip

Alle Hormone entfalten ihre Wirkung durch Bindung an Rezeptoren, die die Signale in die Zelle weiterleiten. **Hydrophile Hormone**, wie die Peptidhormone, Aminosäurederivate und Prostaglandine, können die hydrophobe Doppelschicht der Plasmamembran nicht durchdringen und binden daher an **Rezeptoren** auf der **Zelloberfläche**.
Hydrophobe Hormone wie die Steroid- und Schilddrüsenhormone hingegen können durch die Zellmembran diffundieren oder Rezeptor-vermittelt in die Zelle gelangen. Hier binden sie an **intrazelluläre Rezeptoren**. Der Komplex aus Hormon und intrazellulärem Rezeptor stimuliert die **Transkription** von Genen im Zellkern. Daher setzt die Wirkung der Hormone auch mit einer **Verzögerung** von 1 – 2 Stunden ein.

Die meisten hydrophoben Hormone können auch **nicht genomische**, d. h. **innerhalb von Minuten einsetzende Wirkungen** auslösen, z. B. Aktivierung von Ionenkanälen und Kinasen. Bereits vor 50 Jahren wurde beobachtet, dass Aldosteron innerhalb von 5 min die Ausscheidung von Na^+ und K^+ verändert. Die Signaltransduktionswege, die zur Auslösung dieser schnellen Reaktionen führen, sind allerdings erst teilweise bekannt.

1.3.3 Hormonelle Regelkreise

Die Hormonkonzentration im Blut muss den metabolischen und physiologischen Anforderungen des Organismus entsprechend eingestellt werden. Zur Regulation der Hormonkonzentration gibt es verschiedene Regelkreise, je nachdem, ob ein Parameter konstant gehalten oder verändert werden muss.

Einfache Rückkopplung (biologischer Regelkreis)

▶ **Definition.** Bei der **einfachen Rückkopplung** wird die Hormonkonzentration unabhängig vom ZNS durch den metabolischen oder physiologischen Parameter reguliert.

Beispiel Glucosekonzentration: Ein Anstieg der Glucosekonzentration im Blut führt zur Ausschüttung von Insulin aus den B(β)-Zellen des Pankreas (Abb. **D-1.3 a**). Insulin stimuliert dann an den insulinempfindlichen Organen (Leber, Muskel, Fettgewebe) die Glucoseaufnahme bzw. -verwertung. Die Abnahme der Glucosekonzentration im Blut führt zur Hemmung der Insulinausschüttung, sodass der Kreis geschlossen ist. Umgekehrt verstärkt eine sinkende Glucosekonzentration die Sekretion von Glukagon, das die Glucosefreisetzung aus der Leber stimuliert. Das Zusammenspiel beider Hormone ermöglicht, den Blutglucosespiegel in engen Grenzen konstant zu halten.

Steuerung über das ZNS (neuroendokrine Systeme)

▶ **Definition.** Bei der **Steuerung über das ZNS** verarbeitet das ZNS humorale und nervale Afferenzen und passt die Hormonsekretion endokriner Drüsen an.

Beispiel hypothalamisch-hypophysäres System:
- In diesem wichtigsten Beispiel eines neuroendokrinen Systems sezerniert der **Hypothalamus Releasing-Hormone**, die an Rezeptoren der **Adenohypophyse** binden und die Ausschüttung **glandotroper Hormone** stimulieren (Abb. **D-1.3 b**). So stimuliert Corticotropin-Releasing-Hormon (CRH) aus dem Hypothalamus die Sekretion von adrenocorticotropem Hormon (ACTH, auch Corticotropin genannt) aus der Adenohypophyse.
- Glandotrope Hormone wirken auf periphere endokrine Organe und lösen dort die Abgabe **effektorischer (Effektor-)Hormone** aus, die schließlich den eigentlichen Effekt bewirken. So stimuliert ACTH die Sekretion von Cortisol aus der Nebennierenrinde.
- Die effektorischen Hormone hemmen ihrerseits über eine **negative Rückkopplung** an Hypothalamus und Hypophyse ihre Synthese und schließen dadurch den Regelkreis. So inhibiert Cortisol die Freisetzung von CRH und ACTH.

Negative und positive Rückkopplung: Biologische Regelkreise unterliegen im Normalfall einer negativen Rückkopplung: Ein Anstieg eines Parameters (in den Beispielen: Glucose- bzw. Hormonkonzentration) über den normalen Wert (Sollwert) hinaus, führt zu einer Aktivierung von Mechanismen, die den Parameter wieder senken bzw. im umgekehrten Fall (Abfall eines Parameters) erhöhen. **Nur durch eine negative Rückkopplung kann auf Dauer eine stabile Lage geschaffen werden.**
Die negative Rückkopplung ist zwar der Normalfall, in einigen Fällen ist aber eine **positive Rückkopplung** erforderlich. Ein Beispiel ist der starke Anstieg der Östrogenkonzentration in der Mitte des Menstruationszyklus, der einen starken Anstieg der Ausschüttung von Gonadotropin-Releasing-Hormon aus dem Hypothalamus induziert (S. 625).

D-1.3 Hormonelle Regelkreise

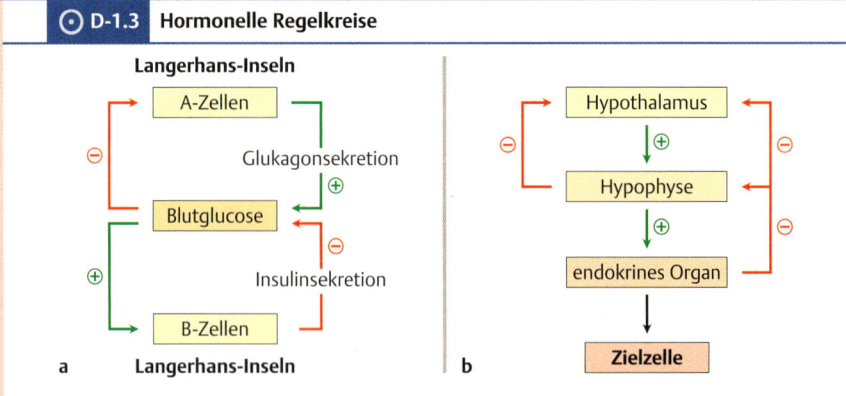

a Einfache Rückkopplung am Beispiel der Regulation des Blutzuckerspiegels durch Insulin und Glukagon. b Hypothalamisch-hypophysäres System (vereinfacht).

Bei Regelkreisen mit positiver Rückkopplung kommt es zu einer Verstärkung der Änderung, wodurch beispielsweise eine schnelle Erhöhung der Hormonkonzentration möglich wird. Diese ist aber zeitlich eng begrenzt. Regelkreise mit positiver Rückkopplung wirken destabilisierend und würden deshalb auf Dauer zu einer Katastrophe führen.

1.3.4 Zytokine

▶ Definition. **Zytokine** sind überwiegend parakrin oder autokrin wirkende Proteine, die grundlegende Prozesse wie Wachstum, Differenzierung und Zellfunktion regulieren. Zytokine, deren Wirkungen den **gesamten Organismus** betreffen, werden meist unter dem Begriff **Wachstumsfaktoren** zusammengefasst. Zytokine, die Wachstum und Differenzierung der hämatopoetischen Zellen regulieren, werden auch als **Hämatopoetine** bezeichnet. Eine weitere Gruppe von Zytokinen (S. 670) reguliert Proliferation, Differenzierung und Funktion von **Zellen des Immunsystems** im Rahmen der Immunabwehr, wobei durchaus Überschneidungen mit der Gruppe der Hämatopoetine auftreten. Zytokine regulieren auch Entzündungsreaktionen.

In Einzelfällen ist die Zuordnung eines extrazellulären Signalmoleküls zu Zytokinen bzw. Hormonen nicht immer einheitlich. So wird z. B. Erythropoetin manchmal als Hormon bezeichnet, das als Wachstumsfaktor für die Bildung der Erythrozyten essenziell ist, von seiner Wirkung über Rezeptoren assoziierte Tyrosinkinasen (S. 576) ist es aber als Zytokin einzuordnen.

1.4 Nachweismethoden

Hormone liegen nur in äußerst geringen Konzentrationen im Blut vor, sodass sehr empfindliche Nachweismethoden erforderlich sind. In der Klinik sind vor allem zwei universell anwendbare immunchemische Methoden von Bedeutung:
- Der Radioimmunoassay (RIA) als älteres, sehr empfindliches Verfahren und
- der Enzyme-linked immunosorbent Assay (ELISA) als neueres Verfahren.

1.4.1 Radioimmunoassay (RIA)

Prinzip des Radioimmunoassays ist die **Kompetition** zwischen einem **radioaktiv markierten Hormon** (oder Zytokin) und dem entsprechenden **Hormon** (oder Zytokin) **aus der Probe um** eine limitierte **Antikörpermenge** (Abb. **D-1.4**). Die verwendete Antikörpermenge reicht gerade zur Bindung des radioaktiv markierten Hormons aus. In Gegenwart der hormonhaltigen Probe (Blutprobe) können daher nicht mehr alle radioaktiv markierten Moleküle binden, sondern werden kompetitiv verdrängt. Je höher die Konzentration des Hormons im Blut ist, desto mehr radioaktiv markiertes Hormon bleibt ungebunden. Nach Entfernung der ungebundenen Hormonmoleküle kann anhand einer Eichkurve die Hormonkonzentration in der Probe bestimmt werden.

D-1.4 Radioimmunoassay (RIA)

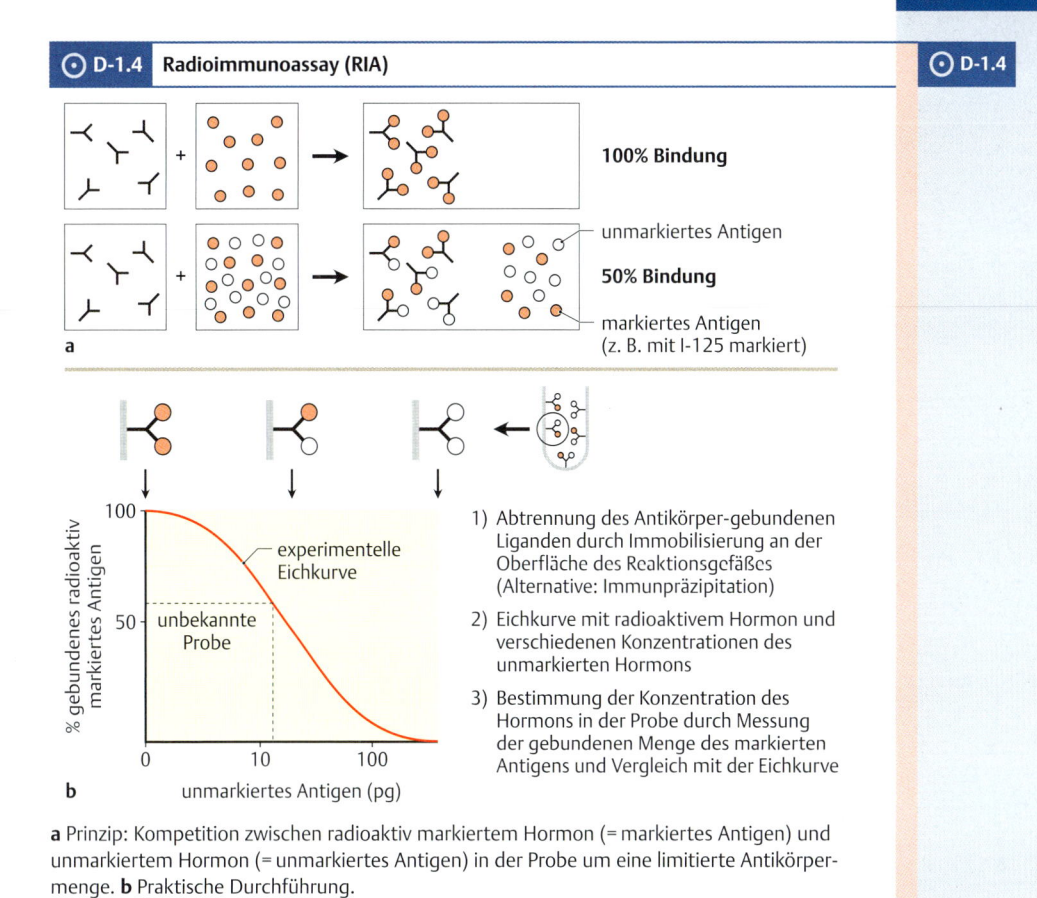

a Prinzip: Kompetition zwischen radioaktiv markiertem Hormon (= markiertes Antigen) und unmarkiertem Hormon (= unmarkiertes Antigen) in der Probe um eine limitierte Antikörpermenge. b Praktische Durchführung.

1) Abtrennung des Antikörper-gebundenen Liganden durch Immobilisierung an der Oberfläche des Reaktionsgefäßes (Alternative: Immunpräzipitation)
2) Eichkurve mit radioaktivem Hormon und verschiedenen Konzentrationen des unmarkierten Hormons
3) Bestimmung der Konzentration des Hormons in der Probe durch Messung der gebundenen Menge des markierten Antigens und Vergleich mit der Eichkurve

1.4.2 Enzyme-linked immunosorbent Assay (ELISA)

Hierbei wird das Hormon (oder Zytokin) in der Probe mithilfe von **Antikörpern** nachgewiesen. Das Prinzip eines ELISA-Tests ist in Abb. **D-1.5** dargestellt. Die zu bestimmende Substanz wird an der Oberfläche eines Plastikgefäßes (Mikrotiterplatte) immobilisiert (bei Proteinen z. B., indem die Oberfläche diese unspezifisch bindet). Anschließend wird es mit einem **spezifischen Antikörper** (primärer Antikörper) inkubiert. Dann wird ein **zweiter Antikörper** (sekundärer Antikörper) zugegeben, der gegen den konstanten Teil des ersten Antikörpers gerichtet ist und zudem mit dem **Indikatorenzym** gekoppelt ist. Nach Entfernung überschüssiger Reagenzien ist die gebundene Enzymmenge der gebundenen Proteinprobenmenge proportional, sodass die Konzentration des Peptidhormons durch eine geeignete **Enzymreaktion** bestimmt werden kann.

Zur Bestimmung von Hormonen und Zytokinen ist der ELISA-Test in dieser einfachen Form nicht anwendbar. Diese müssen vor allem aufgrund ihrer niedrigen Konzentration in Körperflüssigkeiten erst aufkonzentriert werden (z. B. durch Bindung an einen zweiten spezifischen Antikörper, der gegen ein anderes Epitop als der primäre Antikörper gerichtet und an der Oberfläche der Mikrotiterplatte immobilisiert ist). Für den klinischen Einsatz sind geeignete Varianten des ELISA-Tests für alle relevanten Hormone kommerziell verfügbar.

1.4.2 Enzyme-linked immunosorbent Assay (ELISA)

Das Hormon wird mithilfe von **Antikörpern** nachgewiesen (Abb. **D-1.5**).

D-1.5 Prinzip des Enzyme-linked immunosorbent Assay (ELISA)

① Inkubation mit spezifischem Antikörper (primärer Ak)
② Inkubation mit enzymgekoppeltem sekundärem Ak (= Ak gegen den konstanten Teil des primären Ak)
③ Inkubation mit Enzym-Substrat
Messung der Produktbildung (Farbstoff, Chemilumineszenz etc.)

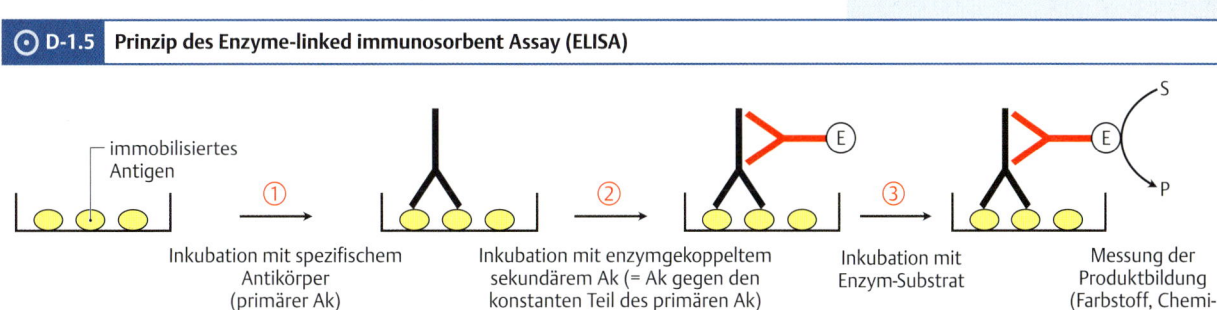

2 Mechanismen der Signaltransduktion

2.1 Einführung 560
2.2 Rezeptoren in der Zellmembran 561
2.3 Intrazelluläre Rezeptoren (Kernrezeptoren) 579

2.1 Einführung

2.1 Einführung

▶ Definition.

▶ **Definition.** Als **Signaltransduktion** bezeichnet man die Weiterleitung einer von einem Hormon kodierten Information über die Zellmembran hinweg in die Zielzelle. In dieser werden entsprechende **metabolische und physiologische Antworten** (Aktivierung bzw. Inaktivierung von Enzymen und Ionenkanälen) ausgelöst oder die **Transkription von Zielgenen** aktiviert oder reprimiert.

Eine **Vielzahl** spezifischer Hormon- und Zytokinrezeptoren aktiviert eine **limitierte Anzahl** von **Signalwegen**.

Zellen besitzen spezifische Rezeptoren für Hormone und Zytokine, die Signale in die Zelle übertragen. Der **Vielzahl** an extrazellulären Signalmolekülen steht eine große Anzahl von **spezifischen Rezeptoren** gegenüber. In der Zelle hingegen werden die Informationen über eine **überschaubare Anzahl von Signaltransduktionswegen** weitergeleitet, viele Hormone aktivieren identische intrazelluläre Signalmoleküle.

Spezifische Reaktionen resultieren aus der zellspezifischen Interpretation der Signale.

Trotzdem werden **spezifische Reaktionen** ausgelöst, denn die Zielzellen sind unterschiedlich mit Enzymen und anderen Proteinen ausgestattet und die Signaltransduktionswege häufig untereinander vernetzt, sodass die Antwort von der Summe der beteiligten Signale abhängt.

Extrazelluläre Signale werden übermittelt (Abb. **D-2.1**) durch
- **Rezeptoren in der Zellmembran** bei hydrophilen Hormonen und
- **intrazelluläre Rezeptoren** bei hydrophoben, membrangängigen Hormonen.

Extrazelluläre Signale werden durch zwei Arten von Rezeptoren vermittelt (Abb. **D-2.1**):
- **Rezeptoren in der Zellmembran:** Der weitaus größte Teil der Hormone (oder Zytokine) ist nicht membrangängig und bindet an Rezeptoren in der Zellmembran. Diese stellen meist Transmembranproteine dar. Durch Bindung des Hormons wird die zytosolische Domäne des Rezeptors aktiviert und das Signal weitergeleitet.
- **intrazelluläre Rezeptoren:** Eine begrenzte Anzahl von Hormonen (Steroidhormone, Schilddrüsenhormone) gelangt in die Zelle. Sie können aufgrund ihres lipophilen Charakters durch die Lipiddoppelschicht diffundieren oder auch durch Rezeptor-vermittelte Prozesse aufgenommen werden. In der Zelle binden sie an intrazelluläre Rezeptoren auch **Kernrezeptoren** genannt: Der Komplex aus intrazellulärem Rezeptor und Hormon fungiert in der Regel als **ligandenaktivierter Transkriptionsfaktor**, d. h. er stimuliert die **Transkription** hormonabhängiger Gene.
- Eine spezielle Gruppe von zytosolischen Rezeptoren, die nicht mit den ligandenaktivierten Transkriptionsfaktoren verwandt sind, stellen die löslichen Guanylatzyklasen dar, die durch Stickstoffmonoxid, NO (S. 656), aktiviert werden und aus GTP den *Second Messenger* cGMP bilden.

- Eine spezielle Gruppe von zytosolischen Rezeptoren sind die durch NO aktivierten Guanylatzyklasen.

⊙ D-2.1

⊙ **D-2.1** Signaltransduktion über zellmembranständige und intrazelluläre Rezeptoren

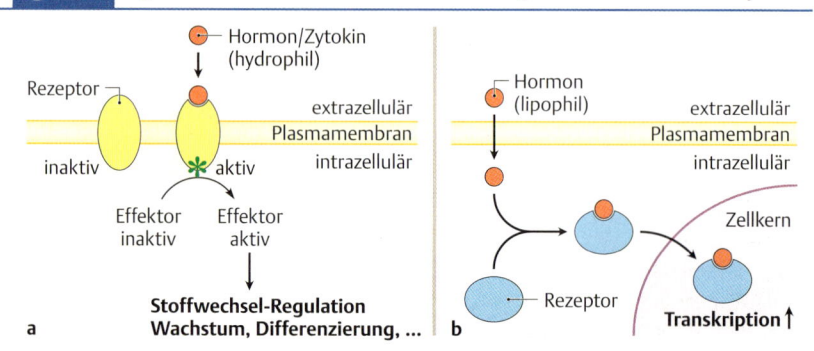

a Signaltransduktion über **Rezeptoren in der Plasmamembran** (alle hydrophilen Hormone; Zytokine). **b** Signaltransduktion über **intrazelluläre Rezeptoren** bei membrangängigen (lipophilen) Hormonen.

2.2 Rezeptoren in der Zellmembran

Die meisten Hormone binden an Rezeptoren der Plasmamembran, wobei drei Grundtypen unterschieden werden können:
- **G-Protein-gekoppelte Rezeptoren**, die die wichtigsten Hormonrezeptoren darstellen und eine Vielzahl unterschiedlicher Signalwege, darunter Proteinkinasen, aktivieren.
- **Ligandenaktivierte Ionenkanäle**, die am häufigsten durch Neurotransmitter aktiviert werden.
- **Enzymgekoppelte Rezeptoren**, deren Aktivierung zur Aktivierung von Guanylatzyklasen, Tyrosinkinasen und Serin-/Threoninkinasen führt. Die Enzymaktivitäten sind auf den zytoplasmatischen Domänen der Rezeptoren lokalisiert. Im Falle der **rezeptorassoziierten Tyrosinkinasen** sind die Kinasen kein direkter Bestandteil des Rezeptors, sondern in der Regel permanent, aber nicht kovalent assoziiert.

▶ Merke. Die membranständigen Hormonrezeptoren binden ihr Hormon außerhalb der Zelle und leiten das Signal über die Membran in die Zelle weiter. Alle hydrophilen Hormone wirken über diesen Mechanismus.

2.2.1 G-Protein-gekoppelte Rezeptoren

Die G-Protein-gekoppelten Rezeptoren (GPCRs) stellen die größte Rezeptorfamilie dar, die Analyse des Humangenoms sagt die Existenz von ca. 800 verschiedenen Proteinen vorher. Sie sind universelle Rezeptoren und daher auch Targets für viele Pharmaka (ca. 30 % der Medikamente setzen an G-Protein-gekoppelten Rezeptoren an!). Sie sind u. a. Rezeptoren für
- **Hormone:** z. B. glandotrope Hypophysenhormone (ACTH, LH, FSH, TSH), Katecholamine, Glukagon, Angiotensin, Parathormon, Calcitonin, Prostaglandine, Histamin (die meisten Hormone signalisieren über diesen Rezeptortyp!)
- **Neurotransmitter:** z. B. GABA ($GABA_B$-Rezeptor), Serotonin ($5\text{-}HT_1$-, $5\text{-}HT_2$-, $5\text{-}HT_4$-, nicht aber $5\text{-}HT_3$-Rezeptor)
- **Sinnesreize:** Licht, Geruchs- und Geschmacksstoffe
- **Metabolite:** Aktivierung von GPCRs durch **Aminosäuren** koppelt die Änderungen des extrazellulären Aminosäurespiegels mit der Aktivierung intrazellulärer Reaktionen. Erhöhte Konzentrationen an **Intermediaten des Citrazyklus** werden als Sensoren für metabolischen Stress angesehen, z. B. stimuliert Succinat die Renin-Sekretion. Besonderes Interesse beanspruchen Rezeptoren für **freie Fettsäuren**. Es gibt mehrere Rezeptoren mit Spezifität für unterschiedlich lange Fettsäuren. Ein Beispiel ist **GPR40**, der durch langkettige Fettsäuren aktiviert wird und die Insulinsekretion steigert. Ein weiteres Beispiel ist **GPR120**, der durch Omega-3-Fettsäuren aktiviert wird und inflammatorische Wirkungen auslöst.

Mechanismus der Signaltransduktion

Die Signalkette G-Protein-gekoppelter Rezeptoren ist aus drei Modulen aufgebaut (Abb. **D-2.2**):
- Rezeptor
- heterotrimeres, d. h. aus drei unterschiedlichen Komponenten bestehendes G-Protein; es gibt auch anders aufgebaute, sog. kleine G-Proteine (S. 576)
- Effektormolekül (Enzym oder Ionenkanal)

Nach Bindung des Liganden aktiviert der Rezeptor das G-Protein, welches wiederum ein Effektormolekül aktiviert.

Aufbau des Rezeptors

Alle G-Protein-gekoppelten Rezeptoren enthalten **sieben Transmembranhelices (sog. 7-TM-Rezeptoren)**. Der N-Terminus des Proteins liegt extrazellulär, der C-Terminus auf der zytosolischen Seite. Die Helices sind durch unterschiedlich große **Schleifen** miteinander verbunden. Die Liganden binden an extrazelluläre Bereiche, teilweise aber auch in einer Tasche zwischen den Helices (z. B. Adrenalin). Durch die Bindung der Liganden kommt es vermutlich zu einer **Konformationsänderung** der Helices (Abb. **D-2.2**), die sich auf die Schleifen der zytosolischen Seite überträgt, sodass eine hochaffine Bindungsstelle für das heterotrimere G-Protein geschaffen wird.

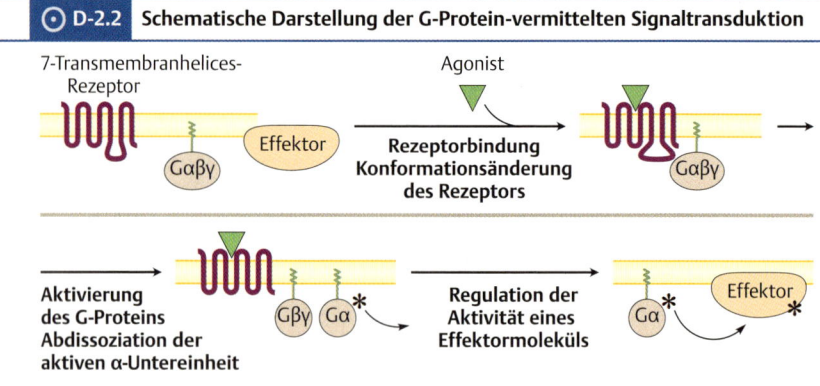

D-2.2 Schematische Darstellung der G-Protein-vermittelten Signaltransduktion

Bindet ein Agonist (z. B. Hormon) an den 7-TM-Rezeptor, ändert sich die Konformation des Rezeptors, sodass das G-Protein aktiviert wird. Seine α-Untereinheit dissoziiert ab und kann weitere Effektoren in ihrer Aktivität beeinflussen.

Aufbau der heterotrimeren G-Proteine

Heterotrimere G-Proteine sind aus einer mit GDP oder GTP beladenen **α-Untereinheit** ($G_α$), einer **β-** und einer **γ-Untereinheit** ($G_β$ bzw. $G_γ$) aufgebaut. $G_β$ und $G_γ$ bilden einen stabilen Komplex (**β/γ-Untereinheit**).

In der nicht stimulierten Zelle bilden alle drei Untereinheiten einen **inaktiven Komplex**.

Das Humangenom kodiert für mehrere α-, β- und γ-Untereinheiten, die sich zu unterschiedlichen heterotrimeren G-Proteinen zusammenlagern können.

Reaktionszyklus der heterotrimeren G-Proteine

Aktivierung des G-Proteins: Ligandenbindung an einen G-Protein-gekoppelten Rezeptor führt zur Bindung von $G_α$ an den Rezeptor und zum **Austausch von GDP gegen GTP an** $G_α$, die dadurch aktiviert wird.

Die aktive $G_α$ löst sich vom Rezeptor und von der β/γ-Untereinheit (Abb. **D-2.3**) und aktiviert ein Effektormolekül.

$G_α$ bleibt solange aktiv, wie sie in der GTP-gebundenen Form vorliegt, also auch noch nach Inaktivierung des Rezeptors (**Verstärkungseffekt**).

Inaktivierung des G-Proteins: Durch die intrinsische GTPase-Aktivität von $G_α$ wird GTP zu GDP hydrolysiert, und $G_α$ reassoziiert mit der β/γ-Untereinheit.

Aufbau der heterotrimeren G-Proteine

Die heterotrimeren G-Proteine sind aus drei mit α, β und γ bezeichneten Untereinheiten aufgebaut. Die **α-Untereinheit** ($G_α$) hat ein Guaninnukleotid – je nach Aktivitätszustand GDP oder GTP (s. u.) – gebunden (daher auch der Name G-Protein). Die **β- und die γ-Untereinheit** ($G_β$ bzw. $G_γ$) bilden einen stabilen Komplex und sind über einen **Lipidanker** der γ-Untereinheit in der Membran verankert. Die α-Untereinheit ist ebenfalls in der Membran verankert und kann regulierbar mit der β/γ-Untereinheit und dem 7-TM-Rezeptor interagieren.

In der nicht stimulierten Zelle bilden alle drei Untereinheiten einen **inaktiven Komplex**, der aber nur stabil ist, solange die α-Untereinheit GDP gebunden hat.

Insgesamt enthält das Humangenom mindestens 16 verschiedene Gene für α-Untereinheiten sowie 5 Gene für β- und 12 Gene für γ-Untereinheiten, die zu funktionell unterschiedlichen heterotrimeren G-Proteinen assembliert werden können.

Reaktionszyklus der heterotrimeren G-Proteine

Aktivierung des G-Proteins: Die Bindung eines extrazellulären Signalmoleküls an den Rezeptor führt zur Konformationsänderung (= Aktivierung) des Rezeptors. Erst jetzt kann der Rezeptor die **α-Untereinheit** des G-Proteins binden und das G-Protein so aktivieren: Durch die Bindung wird eine Konformationsänderung der α-Untereinheit ausgelöst, die zur **Abdissoziation von GDP** führt. Die freie Bindungsstelle wird sofort von einem **GTP**-Molekül eingenommen, das an die neue Konformation **bindet** und sie stabilisiert.

Die Konformationsänderung der α-Untereinheit nach Bindung durch den Rezeptor hat zwei wichtige Konsequenzen (Abb. **D-2.3**):
1. Die **α-Untereinheit löst sich** sowohl vom **Rezeptor** als auch von der **β/γ-Untereinheit** und kann sich frei in der Membran bewegen, aufgrund des Lipidankers aber nicht von der Membran abdissoziieren.
2. In der neuen Konformation der α-Untereinheit sind **Peptidschleifen** exponiert, die mit dem **Effektormolekül interagieren** und dieses so **aktivieren** können; vergleichbar mit einer allosterischen Aktivierung (S. 43).

Da die aktivierte α-Untereinheit vom Rezeptor abdissoziiert und die freigesetzte β/γ-Untereinheit für sich alleine keine Affinität zum Rezeptor hat, kann ein noch nicht aktiviertes heterotrimeres G-Protein an den Rezeptor binden, sodass mehrere G-Proteine während der Lebensdauer des aktivierten Rezeptors aktiviert werden können. Die $G_α$-Untereinheiten selbst bleiben aktiv, solange sie in der GTP-gebundenen Form vorliegen, also auch noch nach Inaktivierung des Rezeptors (**Verstärkungseffekt**).

Inaktivierung des G-Proteins: Sie erfolgt durch die **intrinsische GTPase-Aktivität** der aktivierten $G_α$-Untereinheit: $G_α$ hydrolysiert GTP langsam zu GDP und Phosphat. In der GDP-gebundenen Form assoziiert die α-Untereinheit wieder mit der β/γ-Untereinheit und ist dann bereit für eine erneute Aktivierung.

D-2.3 Aktivierung eines G-Proteins

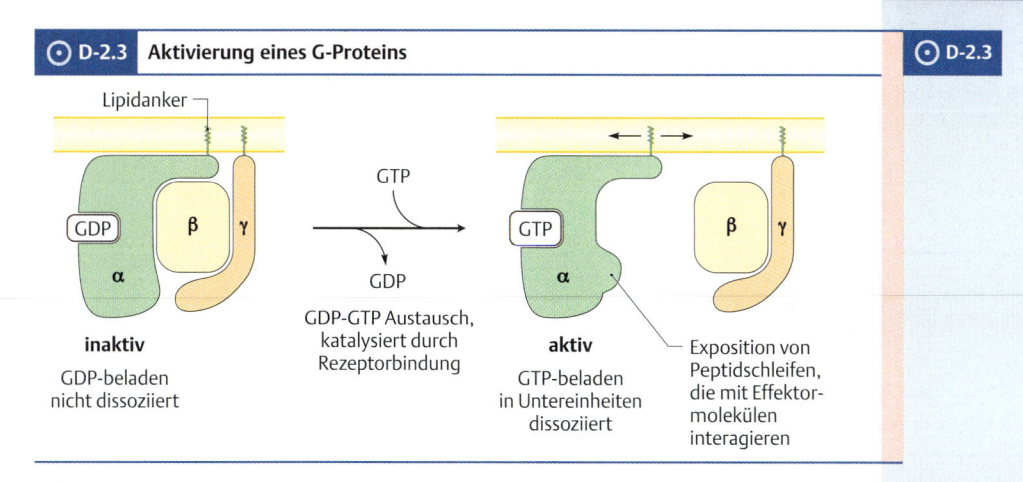

- inaktiv: GDP-beladen, nicht dissoziiert
- GDP-GTP Austausch, katalysiert durch Rezeptorbindung
- aktiv: GTP-beladen, in Untereinheiten dissoziiert
- Exposition von Peptidschleifen, die mit Effektormolekülen interagieren

Die Hydrolyse von GTP kann durch Bindung sog. GTPase-aktivierender Proteine (**GAPs**) beschleunigt werden. Die bekanntesten GTPase-aktivierenden Proteine sind die RGS(*Regulator of G-Protein-Signaling*)-Proteine, die die GTPase-Aktivität bis zu 1000-fach erhöhen können. Sie sind daher wichtige Regulatoren der Aktivität von G-Proteinen und könnten Teil eines negativen Feedback-Mechanismus darstellen.

Die Hydrolyse von GTP kann durch GTPase-aktivierende Proteine wie die RGS-Proteine beschleunigt werden.

▶ **Exkurs.** Adaptationsmechanismen G-Protein-gekoppelter Rezeptoren

Häufig ist bei länger dauernder Stimulation von G-Protein-gekoppelten Rezeptoren eine **Verringerung der Empfindlichkeit** zu beobachten (**Adaptation**, gut bekannt z. B. beim Sehvorgang). Dafür verantwortlich sind **Kinasen**, die im Zuge der Signaltransduktion aktiviert werden und Aminosäuren in den zytoplasmatischen Schleifen des Rezeptors phosphorylieren, sodass eine **verringerte Affinität** zum heterotrimeren G-Protein resultiert. Wichtige Beispiele sind die **Rhodopsin-Kinase** (Sehvorgang) und die **β-adrenerge Rezeptorkinase (βARK)**, die die Signaltransduktion über β-adrenerge Rezeptoren abschwächt.

Die phosphorylierten Rezeptoren können **Arrestin** binden. Arrestin kann u. a. die Endozytose des Rezeptors stimulieren. Der Rezeptor wird dann entweder dephosphoryliert und zur Membran zurücktransportiert oder in Lysosomen vollständig abgebaut.

Effektormoleküle der heterotrimeren G-Proteine

G-Proteine vermitteln eine Vielzahl von zellulären Effekten, da die unterschiedlichen Kombinationen aus α-, β- und γ-Untereinheiten (s. o.) sich in Rezeptorbindungsaktivität und Affinität zu Targetproteinen unterscheiden.

Die heterotrimeren G-Proteine werden nach der Familienzugehörigkeit der α-Untereinheiten in vier Hauptklassen unterteilt (Tab. **D-2.1**), von denen die im Folgenden besprochenen G_α-, G_q- und G_i-Proteine für die Hormonwirkungen die größte Relevanz besitzen.

In vielen Fällen dominieren die durch die α-Untereinheiten stimulierten Reaktionen. In vielen Fällen sind die βγ-Untereinheiten aber ebenfalls an der Signaltransduktion beteiligt, ihr Beitrag wurde früher oft unterschätzt, im Falle der G_i-Proteine können sie sogar die Haupteffektoren sein.

Durch βγ-Untereinheiten vermittelte Reaktionen, sind insbesondere:
- Inhibition der Adenylatzyklase
- Regulation der Aktivität von Ionenkanälen (meist: K^+-Kanäle ↑, Ca^{2+}-Kanäle ↓)
- Aktivierung der Phospholipase Cβ
- Aktivierung der PI3-Kinase (S. 576)
- Regulation der Aktivität G-Protein-gekoppelter Rezeptorkinasen und RGS-Proteine (s. o.)

Hormone vermitteln die zellulären Effekte meist durch G-Proteine, die die **Adenylatzyklase** stimulieren oder inhibieren oder die **Phospholipase Cβ** aktivieren. Die Stimulierung dieser Enzyme führt zur Bildung der sog. **Second Messenger cAMP, IP_3 und Diacylglycerin**, die das Signal weiterleiten und den Zellstoffwechsel beeinflussen (das Hormon ist der primäre Messenger, die niedermolekularen Signalmoleküle auf der intrazellulären Seite die sekundären Messenger).

Die wichtigsten Effektormoleküle der G-Proteine und die durch sie angestoßenen Vorgänge sind im Folgenden besprochen.

Effektormoleküle der heterotrimeren G-Proteine

Es gibt verschiedene G-Proteine mit unterschiedlicher Rezeptorbindungsaktivität und Affinität zu Targetproteinen. Sie werden in vier Hauptklassen unterteilt (Tab. **D-2.1**). In den meisten Fällen dominieren die durch die α-Untereinheiten ausgelösten Reaktionen, in vielen Fällen, insbesondere zusammen mit den $α_i$-Untereinheiten, sind auch die βγ-Untereinheiten an der Signaltransduktion beteiligt, z. B. aktivieren sie K^+-Kanäle.

Die wichtigsten Wirkungen werden durch Aktivierung der **Adenylatzyklase** und der **Phospholipase Cβ**; vermittelt, die die Bildung der Second Messenger **cAMP** bzw. **IP_3** und **Diacylglycerin** stimulieren.

D-2.1 Durch G-Proteine regulierte Effektoren (Beispiele)

Subfamilien / Beispiele	Expressionsorte	mögliche aktivierende Liganden	Effektorproteine
G_s			
$α_s$	ubiquitär	Adrenalin (β-adrenerge Rezeptoren), Glucagon, TSH, LH, FSH, ADH	Adenylatzyklase ↑
$α_{olf}$	Riechepithel	Geruchsstoffe	Adenylatzyklase ↑
G_i			
$α_{i1}, α_{i2}, α_{i3}$	ubiquitär	Adrenalin ($α_2$-adrenerge Rezeptoren)	▪ $α_i$-Untereinheit: Adenylatzyklase ↓ ▪ βγ-Untereinheit: Phospholipase Cβ ↑ – K^+-Kanäle ↑ – Ca^{2+}-Kanäle ↓
$α_{gust}, α_{i2}$	Geschmacksknospen	Geschmacksstoffe	Phospholipase Cβ ↑, PDE ↑
$α_{T\ (Transducin)}$	Retina	Lichtquanten, Rhodopsin	cGMP-spezifische Phosphodiesterase ↑
G_q			
$α_q, α_{11}, α_{14}-α_{16}$	ubiquitär	Adrenalin ($α_1$-adrenerge Rezeptoren)	Phospholipase Cβ ↑, IP_3 ↑, DAG ↑, Ca^{2+} ↑
G_{12}			
$α_{12}, α_{13}$	ubiquitär	$5-HT_{2c}$, Bradykinin, $α_1$-adrenerge Rezeptoren	Aktivierung von Austauschfaktoren für kleine G-Proteine der Ras-Familie

Die Adenylatzyklasen

▶ **Definition.** Adenylatzyklasen sind eine Familie von **Transmembranenzymen** in der Plasmamembran, die den **Second Messenger cAMP** synthetisieren. Alle Isoformen werden durch die **α-Untereinheit stimulatorischer G-Proteine (Gα$_s$) aktiviert**. Zusätzlich werden bestimmte Isoformen durch Ca^{2+}, PKC oder die βγ-Untereinheiten aktiviert bzw. gehemmt; z. B. kann ein Ca^{2+}-Einstrom durch Ionenkanäle zu einer Erhöhung des cAMP-Spiegels in Neuronen führen. Alle Isoformen werden durch das natürlich vorkommende Diterpen **Forskolin** aktiviert.

Synthese des Second Messengers cAMP

Die Synthese von cAMP erfolgt ausgehend von ATP und wird durch die Adenylatzyklase katalysiert (Abb. **D-2.4**).

D-2.4 Synthese von cAMP

Die Adenylatzyklase wandelt ATP unter Abspaltung von Pyrophosphat in cAMP um.

Wirkungen von cAMP

Aktivierung der Proteinkinase A (PKA): Diese Kinase ist eine Serin-/Threoninkinase, die in der inaktiven Form einen Komplex aus zwei **regulatorischen** und zwei **katalytischen Untereinheiten** bildet. Jede regulatorische Untereinheit besitzt zwei allosterische Bindungsstellen für cAMP.
Die Bindung von cAMP bewirkt eine Konformationsänderung, wodurch die katalytischen Untereinheiten als aktive Monomere freigesetzt werden (Abb. **D-2.5**).

D 2.2 Rezeptoren in der Zellmembran

D-2.5 Aktivierung der Proteinkinase A durch cAMP

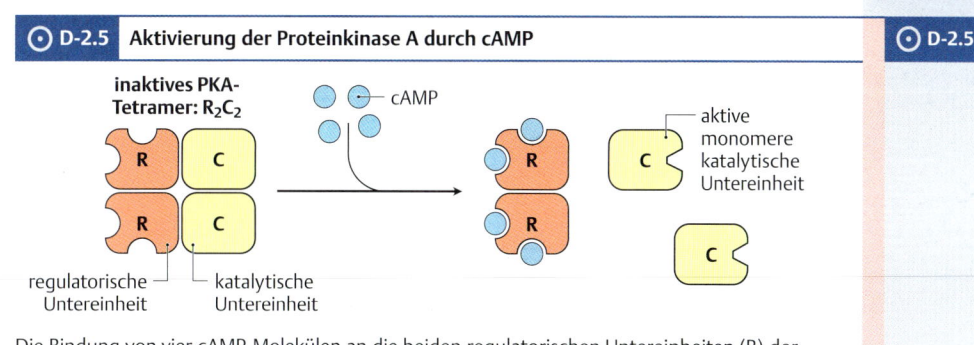

Die Bindung von vier cAMP-Molekülen an die beiden regulatorischen Untereinheiten (R) der Proteinkinase A führt zur Dissoziation in einen Komplex aus den beiden regulatorischen Untereinheiten und zwei monomeren, aktiven katalytischen Untereinheiten (C).

Das Einsatzgebiet der PKA umfasst u. a. die Regulation

- **der Aktivität von Schlüsselenzymen des Intermediärstoffwechsels:** Zur Regulation der in Abb. D-2.6 dargestellten Enzyme siehe im Kap. „Die Regulation des Glykogenabbaus" (S. 104) und im Kap. „Hydrolyse von Triacylglycerinen" (S. 130). Die PKA phosphoryliert außerdem das bifunktionelle Enzym der Hepatozyten, sodass die Fructose-2,6-bisphosphat-Konzentration im Hepatozyten sinkt. Dadurch wird die Glykolyse gehemmt (S. 95), die Gluconeogenese durch Enthemmung der Fructose-1,6-Bisphosphatase stimuliert (S. 228).
- **der Hormonbiosynthese:** Die PKA reguliert z. B. die Aktivität der **Cholesterinesterase (Cholesterinester-Hydrolase)**. Dieses Enzym setzt das für die Biosynthese der Steroidhormone benötigte Cholesterin aus Cholesterinestern frei. In der Nebennierenrinde wird die PKA durch ACTH, in den Gonaden durch LH und FSH dazu angeregt, das Enzym zu phosphorylieren und so zu aktivieren.
- **der Aktivität von Ionenkanälen:** Die PKA phosphoryliert Ionenkanäle in der Plasmamembran und in der Membran des sarkoplasmatischen Retikulums (SR) (Abb. D-2.6). Am Herzen z. B. führt die Adrenalin-stimulierte, PKA-abhängige Phosphorylierung von **L-Typ-Ca^{2+}-Kanälen** zu einer Steigerung des Ca^{2+}-Einstroms. Dieser triggert durch Aktivierung des **Ryanodinrezeptors** die Freisetzung von Ca^{2+} aus dem SR. Zusätzlich wird die Aktivität des Ryanodinrezeptors durch PKA-abhängige Phosphorylierung gesteigert (= Erhöhung der Offenwahrscheinlichkeit und gesteigerter Ca^{2+}-Ausstrom), sodass insgesamt die Kontraktionskraft des Myokards erhöht wird. Analog führt die Phosphorylierung des **CFTR-(Chlorid-)Kanals** zu einem verstärkten Chloridausstrom, z. B. als Folge der Aktivierung von Sekretinrezeptoren in der Darmmukosa.

Das Einsatzgebiet der PKA umfasst u. a. die Regulation

- **von Schlüsselenzymen des Intermediärstoffwechsels** (Beispiele s. Abb. **D-2.6**),
- **von Schlüsselenzymen der Hormonbiosynthese** (z. B. Cholesterinester-Hydrolase bei der Steroidhormon-Biosynthese),
- **von Ionenkanälen** (Beispiele s. Abb. **D-2.6**) und
- **der Transkription cAMP-abhängiger Gene** (Aktivierung des Transkriptionsfaktors CREB durch Phosphorylierung, Abb. **D-2.7**).

D-2.6 Wichtige Funktionen der Proteinkinase A

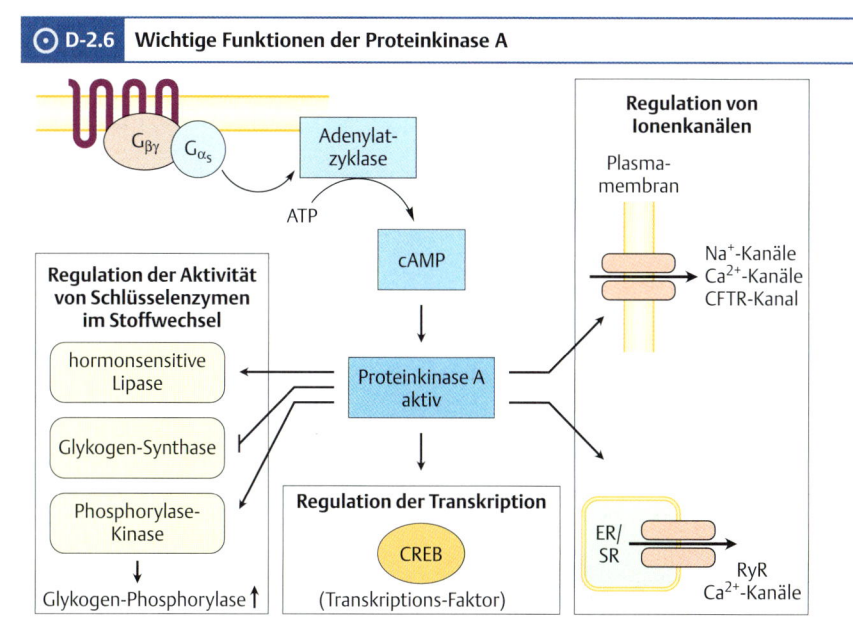

RyR: Ryanodinrezeptor, ER/SR: endoplasmatisches/sarkoplasmatisches Retikulum, CFTR-Kanal: Cystic Fibrosis Transmembrane Conductance Regulator-Kanal (Chlorid-Kanal).

- **der Transkription cAMP-abhängiger Gene:** Die PKA phosphoryliert im Zellkern den Transkriptionsfaktor CREB (cAMP-responsive Element Binding Protein, Abb. **D-2.7**). CREB bindet an CREs (cAMP-responsive Elements) in den Promotorregionen der cAMP-regulierten Gene, kann jedoch nur in der **phosphorylierten** Form Coaktivatoren rekrutieren und so die Transkription stimulieren. cAMP-abhängige Gene sind sehr zahlreich und regulieren vielfältige Funktionen, u. a. in Metabolismus, Wachstum, Differenzierung, Immunreaktionen.

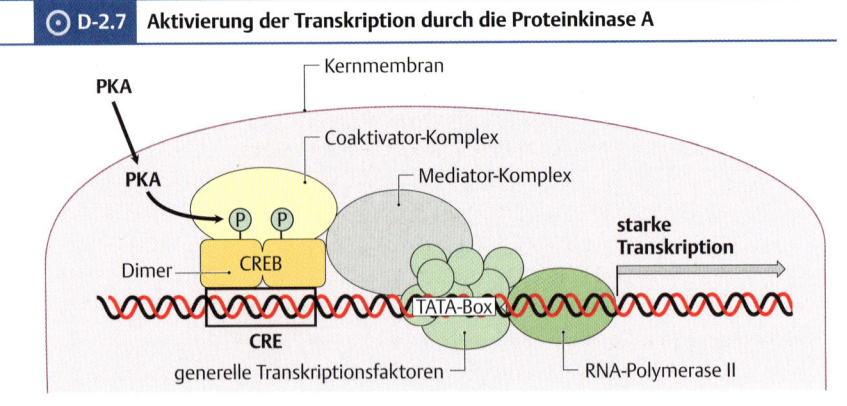

D-2.7 Aktivierung der Transkription durch die Proteinkinase A

CREB: cAMP-responsive Element Binding Protein, CRE: cAMP-responsive Element

Aktivierung cAMP-regulierter Ionenkanäle: cAMP-Bindung reguliert die Offenwahrscheinlichkeit von Ionenkanälen, z. B. bei der Verarbeitung olfaktorischer Reize oder der Erhöhung der Aktivität des Schrittmacherstroms im Sinusknoten.

PKA-unabhängige Wirkungen von cAMP: cAMP reguliert die Offenwahrscheinlichkeit einer Gruppe von CNG (*Cyclic Nucleotide gated*)-Ionenkanälen (andere CNG-Kanäle werden durch cGMP reguliert). Bei der Verarbeitung olfaktorischer Signale z. B. binden Geruchsstoffe an G-Protein-gekoppelte Rezeptoren und führen durch Aktivierung der Adenylatzyklase zur Erhöhung des intrazellulären cAMP-Spiegels. cAMP bindet an Kationenkanäle, die dadurch geöffnet werden, sodass die Zelle depolarisiert und ein Aktionspotenzial ausgelöst wird. Ein weiteres physiologisch wichtiges Beispiel ist die Stimulierung des Schrittmacherstroms im Sinusknoten des Herzens: Die cAMP-induzierte Aktivierung von Kationenkanälen führt zur schnelleren Depolarisation und somit zu einer schnelleren Abfolge von Aktionspotenzialen (→ Steigerung der Herzfrequenz).

Der Komplex aus cAMP und **EPAC** aktiviert kleine G-Proteine aus der Ras-Familie, fördert die Insulinausschüttung und die Ca^{2+}-Freisetzung.

Eine erst seit kurzem bekannte Wirkung von cAMP ist die Aktivierung von **EPAC** (E*x*change Protein activated by cAMP). Der Komplex aus EPAC und cAMP fördert den Austausch von GDP gegen GTP und aktiviert so kleine G-Proteine (S. 576) aus der Ras-Familie, die wiederum die MAP-Kinasen aktivieren. Weitere Funktionen von cAMP-EPAC sind z. B. Hemmung des ATP-abhängigen K^+-Kanals der B-Zellen des Pankreas, d. h. die Insulinsekretion (S. 583) steigt und Steigerung der Ca^{2+}-Freisetzung aus dem SR durch Stimulierung der Ryanodin-Rezeptoren.

Inaktivierung von cAMP

Sie erfolgt durch Phosphodiesterasen.

Inaktivierung von cAMP

Die Inaktivierung von cAMP nach einem Signal erfolgt durch Phosphodiesterasen. Sie werden ausführlich bei der Inaktivierung des cGMP (S. 573) besprochen.

Hemmung der Adenylatzyklase

Die α-Untereinheit inhibitorischer G-Proteine ($G\alpha_i$) hemmt die Adenylatzyklase.

Hemmung der Adenylatzyklase

Im Gegensatz zu den stimulierenden G_s-Proteinen hemmen die **inhibitorischen G-Proteine (G_i-Proteine)** die Adenylatzyklase: Die Konformationsänderung des Rezeptors (z. B. des α_2-adrenergen Rezeptors) nach Bindung seines Liganden (Noradrenalin beim α_2-adrenergen Rezeptor) führt zur Bindung des heterotrimeren G_i-Proteins, zum Austausch von GDP gegen GTP an $G\alpha_i$ und zur Freisetzung von $G\alpha_i$. $G\alpha_i$ bindet an die Adenylatzyklase und fixiert sie in der inaktiven Konformation (wie ein allosterischer Inhibitor bei Stoffwechselreaktionen).

Beim Sehvorgang aktiviert das zu den inhibitorische G-Proteinen zählende Transducin eine **cGMP-spezifische Phosphdiesterase.**

Die Inhibition der Adenylatzyklase ist zwar die „klassische" Funktion der inhibitorischen G-Proteine. Zu dieser Familie zählen aber auch G-Proteine mit anderen Funktionen. Am bekanntesten ist die Aktivierung einer cGMP-spezifischen Phosphodiesterase beim Sehprozess durch das inhibitorische G-Protein Transducin, das durch Absorption eines Lichtquants durch das 7-Transmembranhelixprotein Rhodopsin

aktiviert wird. Senkung des cGMP-Spiegels führt zur Schließung cGMP-abhängiger Kationenkanäle aus der Familie der CNG-Kanäle (s. o.) und damit zur Hyperpolarisation der Fotorezeptorzelle.
Alle G_i-Proteine werden durch **Pertussistoxin** inhibiert.

Alle G_i-Proteine werden durch **Pertussis-Toxin** inhibiert.

▶ **Klinik.** Die Erreger der **Cholera** bzw. des **Keuchhustens**, *Vibrio cholerae* bzw. *Bordetella pertussis*, sezernieren jeweils ein spezifisches Enzym, welches in die Wirtszelle gelangt und dort ADP-Ribose auf die α-Untereinheit von G-Proteinen überträgt (**ADP-Ribosylierung**).
Das **Choleratoxin** ADP-ribosyliert die **α-Untereinheit stimulatorischer G-Proteine** (Abb. **D-2.8**). Dadurch wird die intrinsische GTPase-Aktivität von $G\alpha_s$ gehemmt, GTP kann nicht mehr hydrolysiert werden und das G-Protein bleibt ständig aktiv. Durch PKA-abhängige Phosphorylierung werden Chloridkanäle der Darmmukosazellen ständig aktiviert, sodass diese große Mengen von Cl^--Ionen und als Folge davon Wasser ausscheiden. Dies führt zu schweren Durchfällen und Erbrechen. Wird der massive Wasserverlust nicht rasch durch Ersatz von Wasser und Elektrolyten behandelt, kommt es zum hypovolämischen Schock mit Nierenversagen, der zum Tode führt.
Das **Pertussistoxin (PT)** ADP-ribosyliert die **α-Untereinheit inhibitorischer G-Proteine**, die dadurch in der inaktiven GDP-Form fixiert werden. So kommt es indirekt zur Aktivierung der Adenylatzyklase. PT besteht aus mehreren Untereinheiten (S 1 – S 5). Der Komplex aus den S 2-S 5-Untereinheiten dient zur Adhäsion an Zellen (z. B. Makrophagen und zilientragende Zellen). Die S 1-Einheit besitzt die ADP-Ribosyltransferaseaktivität, die nach Endozytose/Phagozytose ihre Wirkung entfaltet. Die molekularen Mechanismen, die zu den Hustenanfällen führen, sind noch nicht gut verstanden.

⊙ **D-2.8** Wirkungsweise von Choleratoxin

Das Choleratoxin katalysiert die Übertragung des ADP-Riborestes von NAD^+ auf einen Argininrest der α-Untereinheit des stimulatorischen G-Proteins, die dadurch konstitutiv (ständig) aktiviert wird.

Die Phospholipase Cβ

▶ **Definition.** Das β-Isoenzym der Phospholipase C, die **Phospholipase Cβ**, katalysiert nach Aktivierung durch die α-Untereinheit des G-Proteins G_q die **Hydrolyse des Plasmamembran-Phospholipids Phosphatidylinositol-4,5-bisphosphat (PIP$_2$)** (Abb. **D-2.9**). Die **Reaktionsprodukte Diacylglycerin (DAG)** und **Inositol-1,4,5-trisphosphat (IP$_3$)** fungieren als **Second Messenger**: IP$_3$ stimuliert die Freisetzung von Calcium aus dem endoplasmatischen Retikulum und führt so zur Zunahme der zytosolischen Calciumkonzentration, DAG aktiviert die Proteinkinase C.

Die Phospholipase Cβ

▶ Definition.

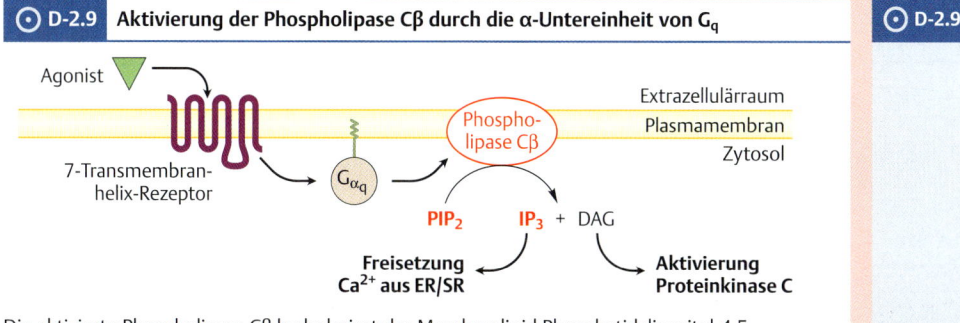

⊙ **D-2.9** Aktivierung der Phospholipase Cβ durch die α-Untereinheit von G_q

⊙ D-2.9

Die aktivierte Phospholipase Cβ hydrolysiert das Membranlipid Phosphatidylinositol-4,5-bisphosphat (PIP$_2$), wodurch die beiden Second Messenger Inositol-1,4,5-trisphosphat (IP$_3$) und Diacylglycerin (DAG) entstehen.

Synthese der Second Messenger IP$_3$ und DAG

IP$_3$ und DAG entstehen durch Hydrolyse von PIP$_2$ (Abb. **D-2.10**), das in geringen Mengen auf der Innenseite der Plasmamembran vorkommt. Es entsteht durch zweifache Phosphorylierung von Phosphatidylinositol, einer Verbindung aus Phosphatidsäure und dem zyklischen Polyalkohol Inositol (S. 352). Nach Hydrolyse des PIP$_2$ durch die Phospholipase Cβ bleibt DAG in der Membran zurück, während das hydrophile IP$_3$ ins Zytosol diffundiert.

D-2.10 Hydrolyse von Phosphatidylinositol-4,5-bisphosphat (PIP2) zu Diacylglycerin (DAG) und Inositol-1,4,5-trisphosphat (IP$_3$)

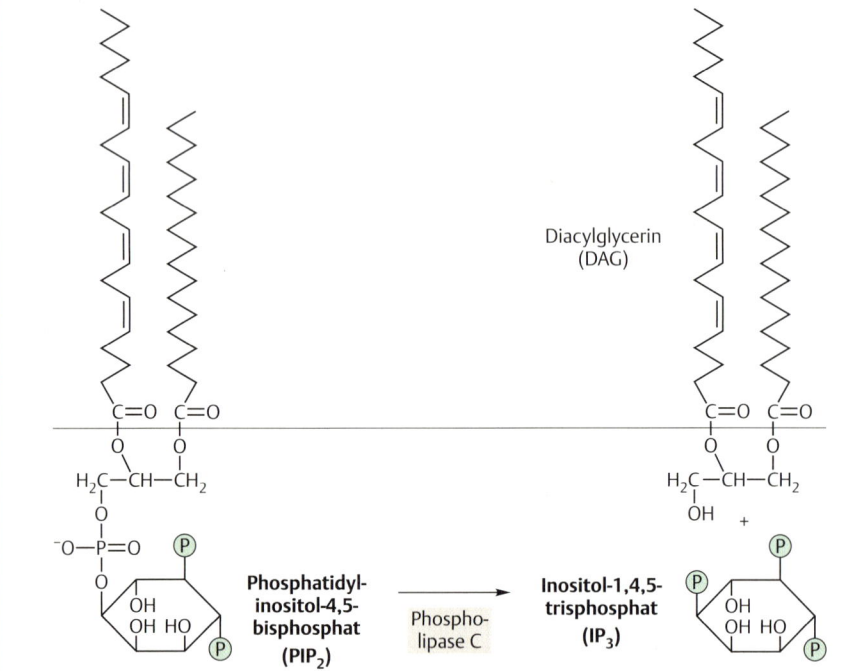

Die Wirkung von DAG

▶ **Merke.** DAG aktiviert die Proteinkinase C (PKC).

Die PKC liegt in Abwesenheit eines Stimulus in einer **inaktiven Konformation** im Zytosol vor. Sie besteht aus einer **katalytischen** und einer **regulatorischen Untereinheit**. Letztere enthält ein Sequenzmotiv, das den Phosphorylierungsstellen der Substrate der PKC ähnelt, aber keine phosphorylierbaren Serin- oder Threoninreste enthält (Pseudosubstrat). Durch Bindung der Pseudosubstratstelle an das katalytische Zentrum wird daher die Kinaseaktivität blockiert (Abb. **D-2.11**). Die **Bindung von DAG** an die regulatorische Domäne führt zur teilweisen Aktivierung, zur vollen Aktivierung sind zusätzlich noch **Ca^{2+}** und **Phospholipide** (die aber reichlich in der Membran vorhanden sind) erforderlich. In der aktiven Form ist die Inhibition durch die Pseudosubstratstruktur aufgehoben und die **PKC** ist **an der Zellmembran** lokalisiert (Abb. **D-2.11**).

Die PKC ist eine Familie von Serin-/Threoninkinasen, die ungefähr ein Dutzend **Isoformen** umfasst (je nach Klassifikationskriterien). Der oben skizzierte Mechanismus der Aktivierung durch Ca^{2+} und DAG gilt nur für die inzwischen als „**klassische PKCs**" bezeichneten Isoformen PKCα, PKCβ, PKCγ. Die „**neuartigen PKCs**" (PKCδ, PKCε, PKCη, PKCθ) benötigen nur DAG und die „**atypischen PKCs**" (PKCζ, PKCλ) werden weder durch Ca^{2+} noch durch DAG reguliert.

D-2.11 Aktivierung der Proteinkinase C durch DAG und Calcium

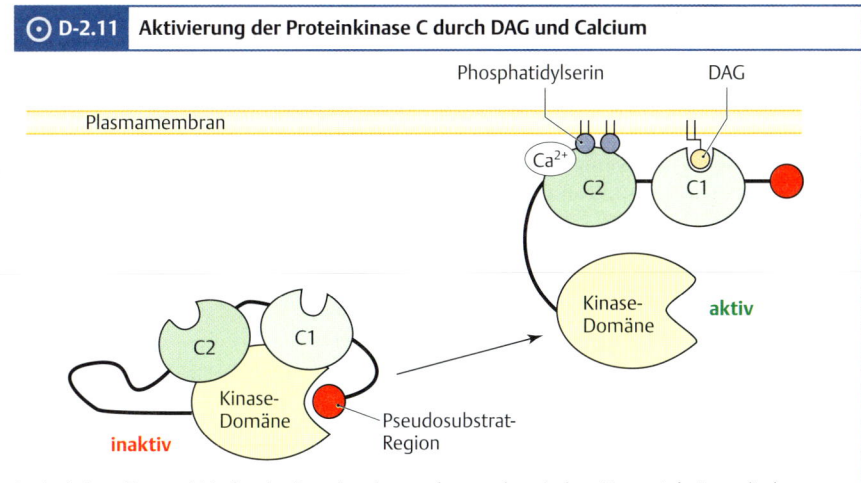

Im inaktiven Zustand bindet das Pseudosubstrat der regulatorischen Untereinheit an die katalytische Untereinheit. Durch Bindung von DAG und Ca^{2+} an die regulatorischen Untereinheiten C1 und C2 wird die Substratbindestelle an der katalytischen Untereinheit frei und die Proteinkinase C aktiviert. Zusätzlich ist die Bindung von Phosphatidylserin (PS) erforderlich. Da PS aber stets in ausreichenden Mengen in der Membran vorhanden ist, trägt die Bindung nicht zur Regulation der Aktivität der PKC bei.

Die verschiedenen Isoformen haben zum Teil überlappende Funktionen, aber auch spezifische Funktionen wie der Phänotyp von Mäusen mit inaktivierten PKC-Isoformen zeigt. Typische Funktionen der Proteinkinase C sind die Aktivierung von Proteinen, die bei **Zellwachstum, Differenzierung** und **Apoptose** eine Rolle spielen. Targets sind u. a. MAP-Kinasen und Transkriptionsfaktoren wie NF-κB. Zellteilung und Differenzierung sind mit Änderungen der Zellmorphologie verknüpft und erfordern daher eine Reorganisation des Zytoskeletts. Daran sind ebenfalls verschiedene PKC-Isoformen beteiligt, indem sie die Assemblierung des Zytoskeletts regulierende Proteine phosphorylieren und so aktivieren.

Die PKC reguliert v. a. Prozesse, die bei **Zellwachstum**, **Differenzierung** und **Apoptose** eine Rolle spielen.

Beispiele für PKC-regulierte Prozesse:
- **Blutplättchen:** Nach Aktivierung der Thrombozyten werden mehrere PKC-Isoformen benötigt, um die Formänderung (= Zytoskelettänderung), Aggregation und Degranulation zu bewirken.
- **Adaptives Immunsystems:** Nach Aktivierung von B- und T-Zellrezeptoren (S. 698) wird über Aktivierung von PKC eine Signalkette ausgelöst, die zur Stimulation von NF-κB führt).
- **Endothelzellen:** Proliferation (Angiogenese) und Funktion (Regulation der Zellpermeabilität, Produktion von vasoaktiven, thrombotischen und antithrombotisch wirksamen Verbindungen).
- **Epithelzellen:** Die apikal-basale Polarität wird durch atypische PKCs reguliert.

PKC ist z. B. bei der Thrombozytenfunktion, der Aktivierung von B- und T-Zellen und der Funktion von Endothelzellen erforderlich.

Auf der anderen Seite ist die aberrante Aktivierung der PKC pathophysiologisch relevant: Sie führt z. B. zur Hypertrophie des Herzmuskels (verantwortlich ist insbesondere PKCα), Insulinresistenz bei Diabetes mellitus (S. 585) und fördert das Tumorwachstum (in Darmtumoren z. B. ist die Aktivität von PKCβ erhöht). Inaktivierung der PKCδ führt wegen Inhibition der Apoptose zu Autoimmunerkrankungen.
Proteinkinase C ist daher ein interessantes Target für die therapeutische Anwendung. Trotz vieler Versuche ist bisher kein geeigneter Hemmstoff in der Anwendung, entweder aufgrund fehlender Isoformspezifität oder wegen nichttolerierbarer Nebenwirkungen.

Aberrante Aktivierung der PKC spielt bei vielen pathophysiologischen Prozessen wie Hypertrophie des Herzmuskels, Insulinresistenz und Tumorwachstum eine Rolle.

▶ **Klinik.** **Phorbolester** aktivieren die Proteinkinase C, vermutlich indem sie sich an die DAG-Bindungsstelle anlagern, und aktivieren somit die o. g. Targetproteine. Hierauf beruht ihre Wirkung als **Tumorpromotoren**: Sie lösen zwar keine Tumorbildung aus, beschleunigen aber das Tumorwachstum.

▶ Klinik.

Die Wirkung von IP$_3$

▶ **Merke.** IP$_3$ diffundiert von der Plasmamembran ab und aktiviert Rezeptoren im endoplasmatischen Retikulum. Diese IP$_3$-Rezeptoren stellen **Calciumkanäle** dar, die durch Bindung von IP$_3$ geöffnet werden, sodass es zu einer **Zunahme der zytosolischen Ca^{2+}-Konzentration** (von ca. 10^{-7} mol/l in der nichtstimulierten Zelle auf maximal etwa das 100-Fache) kommt (Abb. **D-2.12**).

D-2.12 Steigerung der zytosolischen Ca^{2+}-Konzentration durch Öffnung IP3-gesteuerter Ca^{2+}-Kanäle

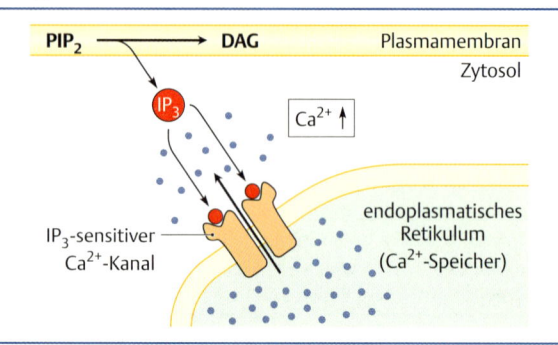

Ca^{2+} als Second Messenger

Signaltransduktionsmechanismus: Ca^{2+} entfaltet seine Wirkung, indem es mit Proteinen Komplexe bildet. Es kann Ionenbindungen mit COOH-Gruppen der Seitenketten von Asparaginsäure und Glutaminsäure, aber auch polare Wechselwirkungen mit den C=O-Gruppen der Peptidbindung eingehen. Durch die Komplexbildung mit Ca^{2+} ändert das Protein seine Konformation. Die hierfür benötigte Energie wird durch die Komplexbildung aufgebracht.

Die bekannteste Ca^{2+}-bindende Struktur in Proteinen ist das **EF-Motiv (= EF-Hand)**, das aus den drei Abschnitten Helix-Schleife-Helix besteht.

Das wichtigste Ca^{2+}-bindende Protein ist **Calmodulin (CaM)**. CaM besitzt vier EF-Motive und kann damit vier Ca^{2+}-Ionen binden (Abb. **D-2.13 a**). Bei den niedrigen Ca^{2+}-Konzentrationen in der nichtstimulierten Zelle liegt CaM in einer weitgehend Ca^{2+}-freien und damit inaktiven Form vor. Nach Ca^{2+}-Einstrom in das Zytosol auf ein Signal hin bindet CaM Ca^{2+} und nimmt eine aktive Konformation ein, die mit Targetproteinen interagieren und diese aktivieren kann (Abb. **D-2.13 b**, allosterischer Aktivator).

D-2.13 Struktur von Calmodulin nach der Ca^{2+}-induzierten Konformationsänderung

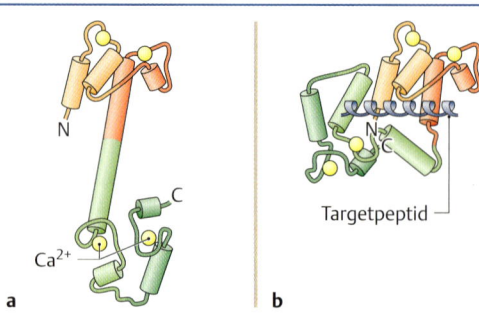

a In der aktiven Form besitzt Calmodulin eine hantelförmige Konformation, in der zwei globuläre, je zwei Ca^{2+}-Ionen enthaltende Domänen über eine α-Helix (symbolisiert durch ein rot-grünes Stäbchen) miteinander verbunden sind. Durch die Bindung von Ca^{2+} und die dadurch verursachten Konformationsänderungen sind in den globulären Domänen Kontaktstellen zur Bindung und Aktivierung von Targetproteinen exponiert. **b** Der Ca^{2+}-Calmodulin-Komplex faltet sich um exponierte Peptidsegmente von Targetproteinen und aktiviert so die Proteine. Bei der Bindung ändert sich lediglich die Struktur der α-Helix von Calmodulin, die Konformation der globulären Domänen bleibt im Wesentlichen gleich.

(Brandon C., Tooze J., Intoduction to protein structures, Garland Science, 1999)

Ca^{2+}-abhängige, Calmodulin-regulierte Prozesse: Beispiele:
- Die Aktivierung der Glykogen-Phosphorylase-Kinase.
- Die Aktivierung der Ca^{2+}-ATPase in der Plasmamembran, die Ca^{2+} in den Extrazellulärraum pumpt.
- Die Aktivierung Calmodulin-abhängiger sog. **CaM-Kinasen**. Diese phosphorylieren und beeinflussen so die Aktivität einer Reihe unterschiedlicher Substrate, z. B.
  - Schlüsselenzyme von Stoffwechselwegen (z. B. Glykogensynthase → Glykogensynthese ↓, HMG-CoA-Reduktase → Cholesterinbiosynthese ↓, Phenylalanin-Hydroxylase → Abbau von Phenylalanin ↑),
  - den Rezeptor für den epidermalen Wachstumsfaktor (→ Desensitisierung) und Rezeptoren für andere Wachstumsfaktoren,
  - Proteine des synaptischen Apparates (z. B. AMPA-Rezeptoren) → Effizienz der synaptischen Signalübertragung ↑ (sehr wichtig!),
  - Phospholamban (Aktivierung der Ca^{2+}-ATPase im SR).

Inaktivierung von Ca^{2+}

Für die Rückkehr zur zytosolischen Ca^{2+}-Konzentration der nicht stimulierten Zelle sorgen v. a.
- **Ca^{2+}-ATPasen:** Sie pumpen Ca^{2+} zurück ins SR/ER (SERCAs) oder über die Plasmamembran in den Extrazellulärraum (PMCAs).
- **Na$^+$-Ca^{2+}-Antiporter:** Sie transportieren Ca^{2+} über die Plasmamembran in den Extrazellulärraum.
- **Uniporter:** Sie transportieren Ca^{2+} energieunabhängig über die innere Mitochondrienmembran in die mitochondriale Matrix.

Auch die Inaktivierung der IP$_3$-sensitiven Calciumkanäle durch hohe Ca^{2+}-Konzentrationen trägt zur Beendigung des Ca^{2+}-Signals bei.

Wirkungen der G$_{12/13}$-Untereinheiten

Die G$_{12/13}$-Untereinheiten (Tab. **D-2.1**) werden z. T. zusammen mit anderen G-Proteinen aktiviert. Sie stimulieren Guaninnukleotid-Austauschfaktoren, GEFs (S. 576), für kleine G-Proteine (S. 576) aus der Ras-Familie. Beispielsweise aktiviert (Nor-)Adrenalin über α$_1$-Rezeptoren nicht nur die G$_q$-Untereinheit, sondern parallel auch die G$_{12/13}$-Untereinheit. Beide Prozesse führen synergistisch zur Kontraktion der glatten Muskulatur (S. 600). Während über G$_q$ die Myosin-Light-Chain-Kinase (MLCK) aktiviert wird, führt G$_{12/13}$ zur Inaktivierung der antagonistischen Myosin-Light-Chain-Phosphatase (MLCP). Die Mechanismen sind im Kap. „Wirkungen auf Organsysteme" (S. 600) erläutert.

2.2.2 Ligandenaktivierte Ionenkanäle

▶ **Synonym.** Ionotrope Rezeptoren.

▶ **Definition.** **Ligandenaktivierte Ionenkanäle** sind **Membranrezeptoren**, die **gleichzeitig** einen **Ionenkanal** darstellen (Abb. **D-2.14**). Die Mehrzahl findet sich in Plasmamembran, einige Mitglieder aber auch im ER/SR.

⊙ **D-2.14** Schema eines ligandenaktivierten Ionenkanals

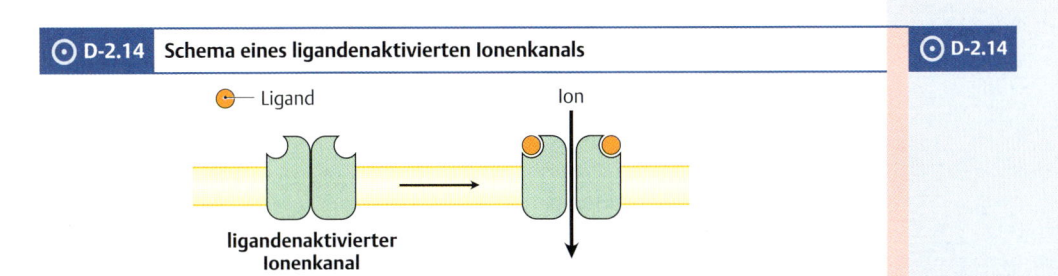

Prinzip: Die Bindung des Liganden bewirkt eine **Konformationsänderung** des Rezeptors. Diese löst die **Öffnung einer Pore** aus, durch die Ionen einströmen, die das Membranpotenzial verändern (Na$^+$, K$^+$, Ca^{2+}, Cl$^-$) oder – im Fall von Ca^{2+} – Proteine aktivieren (S. 564). Ligandenaktivierte Ionenkanäle ermöglichen deshalb eine äußerst schnelle Antwort.

D 2 Mechanismen der Signaltransduktion

Beispiele:

- Der **nicotinische Acetylcholinrezeptor**, der Prototyp des ligandenaktivierten Ionenkanals, findet sich auf Skelettmuskelzellen. Der Einstrom von Na^+ und anderen Kationen löst die Depolarisation und damit die Kontraktion der Zelle aus (S. 816).
- Die **Rezeptoren für γ-Aminobuttersäure (GABA) und Glycin** (S. 820) sind Chloridkanäle. Sie spielen eine wichtige Rolle bei der Signalübertragung an inhibitorischen Synapsen im Gehirn.
- Die Glutamat bindenden **AMPA- und NMDA-Rezeptoren** (S. 813) lösen den Einstrom von Na^+ bzw. Na^+ und Ca^{2+} aus. Sie spielen eine wichtige Rolle bei der Signalübertragung an exzitatorischen Synapsen im Gehirn.
- Die **IP$_3$-Rezeptoren** binden den Second Messenger IP$_3$ und führen so zur Freisetzung von Ca^{2+} aus dem ER/SR.

2.2.3 Enzymgekoppelte Rezeptoren

Guanylatzyklasen

▶ **Definition.** Guanylatzyklasen sind Hormonrezeptoren, die bei Aktivierung den **Second Messenger cGMP synthetisieren.**

Es gibt zwei Klassen von Guanylatzyklasen, die sich in ihrer Struktur und ihrer subzellulären Lokalisation, vor allem aber in ihrer Aktivierung durch Liganden unterscheiden (Abb. **D-2.15**):

- **(Plasma-)membrangebundene Guanylatzyklasen** werden von **extrazellulären Liganden** aktiviert. Zu dieser Gruppe gehören z. B. der Rezeptor für das atriale natriuretische Peptid (ANP), Rezeptoren für Guanyline (vorwiegend im Intestinaltrakt gebildete Peptide) und die Guanylatzyklase, die das für den Sehvorgang wichtige cGMP (S. 837) bildet.
- **Zytosolische (lösliche) Guanylatzyklasen** (S. 657) werden durch **Stickstoffmonoxid (NO)** aktiviert.

⊙ **D-2.15** Guanylatzyklase-Klassen

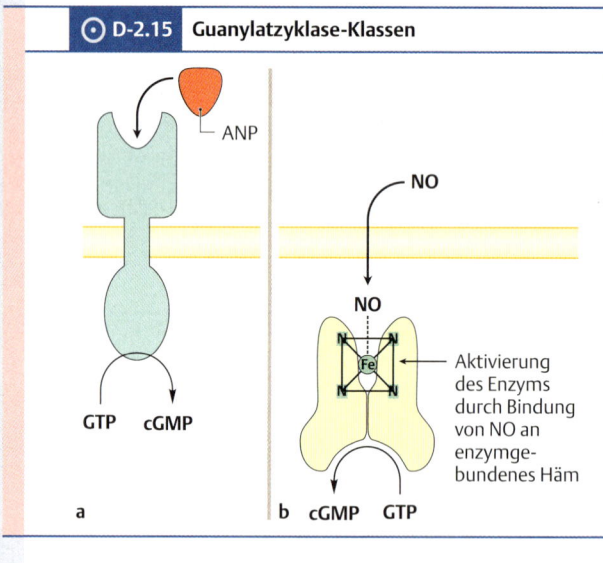

a Plasma-)membrangebundene Guanylatzyklasen, aktivierbar durch extrazelluläre Liganden, am Beispiel des Rezeptors für ANP (atriales natriuretisches Peptid). **b** Zytosolische (lösliche) Guanylatzyklasen, aktivierbar durch NO.

Aktivierung des Enzyms durch Bindung von NO an enzymgebundenes Häm

▶ **Klinik.** Das hitzestabile Enterotoxin der Enterobakterien aktiviert Guanylinrezeptoren der Darmmukosa und führt so zur Bildung von cGMP. Die cGMP-vermittelte Sekretion von Ionen und somit auch von Wasser in das Darmlumen ist für den Großteil der Fälle von **Reisediarrhö** verantwortlich.

Synthese des Second Messengers cGMP

cGMP wird in einer ähnlichen Reaktion wie cAMP gebildet: Es entsteht aus GTP unter Abspaltung von Pyrophosphat (Abb. **D-2.16**).

D-2.16 Synthese von cGMP

GTP → (Guanylatzyklase, −PP$_i$) → **cGMP**

Guanylatzyklasen wandeln GTP unter Abspaltung von Pyrophosphat in cGMP um.

Wirkungen von cGMP

Die Rolle von cGMP wird im Vergleich zu cAMP, das in bedeutend höheren Konzentrationen in der Zelle vorkommt, häufig unterschätzt. Die wesentlichen Wirkungen von cGMP sind:

- **Bindung an CNG(Cyclic Nucleotide activated)-Ionenkanäle und Regulation ihrer Offenwahrscheinlichkeit:** So hält cGMP die cGMP-abhängigen Natriumkanäle der Fotorezeptoren in der Retina im Dunkeln offen, sodass diese Zellen depolarisiert werden und durch Freisetzung von Glutamat ein Dunkelsignal auslösen (S. 837).
- **Aktivierung der Proteinkinase G (PKG):** Man unterscheidet zwei Formen, die **lösliche PKG-I** und die **membrangebundene PKG-II**. PKG-I kommt in der glatten Muskulatur und in vielen anderen Organen vor. Die bekannteste Funktion ist die Relaxation der glatten Muskulatur (S. 600), vor allem durch Phosphorylierung des IP$_3$-Rezeptors und der Ca^{2+}-ATPase des ER/SR (→ Hemmung der Ca^{2+}-Freisetzung aus dem ER/SR bei gleichzeitig verstärktem Rücktransport) und Phosphorylierung der Myosin-Phosphatase (→ Dephosphorylierung der leichten Myosinketten). Zum Teil stimuliert PKG die gleichen Reaktionen wie PKA nach Aktivierung von β-Rezeptoren in der glatten Muskulatur (S. 600).
- **Phosphorylieung des CFTR-Kanals:** PKG-II wird v. a. im Darm exprimiert. Die bekannteste Wirkung ist die Phosphorylierung des CFTR-Kanals. Dadurch wird die Chloridsekretion verstärkt, gefolgt von Na$^+$, was zu massiven Durchfällen führen kann.
- **Regulation der Aktivität von Phosphodiesterasen (s. u.):** Aktivierung der PDE-3-Isoform führt durch Hemmung des cAMP-Abbaus ebenfalls zur Muskalrelaxation, synergistisch mit PKG.

Inaktivierung von cGMP und cAMP durch Phosphodiesterasen

Ebenso wichtig wie die Bildung der beiden Second Messenger cGMP und cAMP ist deren Inaktivierung: Phosphodiesterasen bauen cGMP zu GMP und cAMP zu AMP ab (Abb. **D-2.17**).

Inzwischen sind elf **verschiedene Familien von Phosphodiesterasen** bekannt, die einschließlich von Splicevarianten mehr als 50 verschiedene Proteine umfassen. Die bekannteren Familien sind in Tab. **D-2.2** aufgelistet.

Wirkungen von cGMP

Die wichtigsten Wirkungen sind:
- Regulation der Offenwahrscheinlichkeit von Ionenkanälen,
- Aktivierung cGMP-abhängigen Proteinkinasen (PKG):
- Typische PKG-vermittelte Reaktionen sind Relaxation der glatten Muskulatur nach Aktivierung der löslichen PKG-I, und Aktivierung von Chlorid-Kanälen nach Aktivierung der membrangebundenen PKG-II.
- Regulation der Aktivität von Phosphodiesterasen.

Inaktivierung von cGMP und cAMP durch Phosphodiesterasen

Phosphodiesterasen bauen cGMP zu GMP und cAMP zu AMP ab (Abb. **D-2.17**).

Beim Menschen gibt es elf Phosphodiesterase-Typen (Tab. **D-2.2**).

D-2.2 Überblick über die verschiedenen Phosphodiesterasen (PDE)

PDE-Typ	Eigenschaft	Affinität zu cAMP bzw. cGMP (Km [µM])
Typ I	Calmodulin-abhängig	1 – 30 bzw. 3
Typ II	cGMP-stimuliert	jeweils 50
Typ III	cGMP-inhibiert	0,2 bzw. 0,3 (cAMP wird sehr viel schneller hydrolysiert als cGMP)
Typ IV	cAMP-spezifisch (cGMP-insensitiv)	4 bzw. > 3 000
Typ V	cGMP-spezifisch	150 bzw. 1
Typ VI	Fotorezeptor-Enzyme	2000 bzw. 60

D-2.17 Inaktivierung von cGMP und cAMP durch Phosphodiesterasen

Wie Tab. **D-2.2** zeigt, bewirken die Phosphodiesterasen unterschiedliche, z. T. sogar entgegengesetzte Effekte.

Phosphodiesterasen vom **Typ I** (Tab. **D-2.2**) werden durch Ca^{2+} aktiviert, sodass ein **Antagonismus** zwischen **Calcium** und **cAMP** bzw. **cGMP** resultiert. Zum Beispiel führt die Aktivierung von G-Protein-gekoppelten Rezeptoren des Riechepithels über eine cAMP-vermittelte Aktivierung von Ionenkanälen zum Ca^{2+}-Einstrom. Über Aktivierung von PDE I kann der cAMP-Spiegel wieder normalisiert werden.

Phosphodiesterasen vom **Typ III binden** sowohl **cAMP** als auch **cGMP** mit **hoher Affinität**. **cGMP** wird jedoch nur sehr **langsam umgesetzt**, wirkt also praktisch als **Inhibitor**. Daher führt eine Erhöhung der cGMP-Konzentration zu einer verstärkten Hemmung der PDE III und als Folge zu einer Erhöhung der cAMP-Konzentration. **Phosphorylierung** von PDE III hingegen führt zur Aktivierung und **beschleunigtem cAMP-Abbau**. Dies ist ein wichtiger Mechanismus der Insulinwirkung (S. 584).

Aktivierung von PDE **Typ I** führt zu einer Ca^{2+}-vermittelten Senkung des cAMP-Spiegels.

Bindung von cGMP an PDE Typ III führt zur **Hemmung des cAMP-Abbaus** und so indirekt zu einer Erhöhung des cAMP-Spiegels, **Phosphorylierung** bewirkt eine **Steigerung des cAMP-Abbaus**.

▶ **Klinik.** Bekannte **Phosphodiesterase-Hemmstoffe** sind **Koffein** und **Sildenafil** (Viagra). Letzteres ist ein Hemmstoff der Phosphodiesterase Typ V. cGMP bewirkt eine Relaxation der glatten Muskulatur des Corpus cavernosum penis, d. h. eine vermehrte Blutzufuhr und damit eine Erektion. Deshalb wirkt die Einnahme von Viagra erektionsfördernd. Sie führt allerdings generell zu Gefäßerweiterung, sodass der Blutdruck bei Gesunden um ca. 10 mmHg fällt. Bei gleichzeitiger Einnahme anderer gefäßerweiternder Medikamente (z. B. Herzmedikamente) kann die Blutdrucksenkung lebensgefährlich sein.

▶ **Klinik.**

Rezeptortyrosinkinasen

▶ **Definition.** **Rezeptortyrosinkinasen** sind Transmembranrezeptoren, deren intrazellulärer Teil eine **Tyrosinkinaseaktivität** besitzt. Durch die Bindung des Liganden auf der extrazellulären Seite des Rezeptors wird die Tyrosinkinaseaktivität einer zytosolischen Domäne des Rezeptors aktiviert. In der Folge werden Tyrosinreste von Targetproteinen, vor allem aber des Rezeptors selbst phosphoryliert und so eine Reihe von Signalwegen aktiviert.

▶ **Definition.**

Rezeptortyrosinkinasen sind die typischen Rezeptoren für **Wachstumsfaktoren** (S. 666), z. B. Epidermal Growth Factor, EGF, aber auch **Insulin** und die **Insulin-ähnlichen Wachstumsfaktoren** benutzen diesen Signaltransduktionsweg.

Rezeptortyrosinkinasen sind die typischen Rezeptoren für **Wachstumsfaktoren**.

Aktivierung des Rezeptors

Die Bindung des Liganden führt zur **Dimerisierung** des Rezeptors. Diese kann z. B. dadurch erfolgen, dass ein Ligand zwei Rezeptorbindungsstellen besitzt und gleich-

Aktivierung des Rezeptors

Ligandenbindung führt zur **Dimerisierung** des Rezeptors (Abb. **D-2.18**).

zeitig an zwei Rezeptormoleküle bindet, oder dass der Ligand als Dimer vorliegt und zwei Rezeptoren miteinander verbindet, wie in Abb. **D-2.18** dargestellt.

Die Bildung von Dimeren ist absolut essenziell für die weitere Signaltransduktion, denn durch die Dimerisierung kommen die **Tyrosinkinasedomänen** benachbart zu liegen und können **sich gegenseitig phosphorylieren**. Dieser Prozess ist in der Literatur als **Autophosphorylierung** bekannt, obwohl dies sachlich nicht ganz richtig ist, da die Phosphorylierung in *trans*-Stellung erfolgt (Abb. **D-2.18**).

Durch die Phosphorylierung wird die **Kinaseaktivität gesteigert**, mit zwei wesentlichen Konsequenzen:
- Die Kinase kann andere Substrate in der Zelle phosphorylieren.
- Die Kinase **phosphoryliert Tyrosinreste der zytosolischen Domäne des Rezeptors** (Abb. **D-2.18**). Die neu gebildeten Phosphotyrosinreste dienen als Andockstelle für weitere Signaltransduktionsmoleküle (s. u.).

Die Dimerisierung führt zur **gegenseitigen Phosphorylierung** (sog. **Autophosphorylierung**) und so zur **Aktivierung** der zytosolischen **Tyrosinkinasedomänen**.

Durch die Tyrosinkinaseaktivität gebildete **Phospho-Tyrosinreste** der zytosolischen Rezeptordomäne bilden Andockstellen für Signaltransduktionsmoleküle.

Rekrutierung und Aktivierung von Signaltransduktionsmolekülen

Das **Andocken der Signaltransduktionsmoleküle an Phosphotyrosinreste** der zytosolischen Rezeptordomäne erfolgt mithilfe sog. **SH2-Domänen**. SH2-Domänen besitzen eine mit positiven Aminosäureresten ausgekleidete Bindungstasche für die Bindung des Phosphotyrosinrests (Abb. **D-2.18**). Variationen der die Bindungstasche umgebenden Aminosäuresequenzen ermöglichen die spezifische Erkennung eines Rezeptors.

Die Aktivierung der gebundenen Signaltransduktionsmoleküle erfolgt mittels verschiedener Mechanismen:
- Die Kinasedomäne des Rezeptors phosphoryliert das Molekül und aktiviert es dadurch.
- Durch die Rezeptorbindung wird das Molekül in eine aktive Konformation überführt.
- Das Signaltransduktionsmolekül wird zur Zellmembran rekrutiert und interagiert mit hier befindlichen Targetmolekülen, wie z. B. bei der Ras-Signaltransduktion (s. u.).

Über die SH2-Domänen kann **eine ganze Plattform von Signalmolekülen aktiviert** werden. Dies ist biologisch sinnvoll, da Wachstumsfaktoren komplexe Prozesse wie Wachstum und Differenzierung stimulieren, die eine Koordination verschiedener Signalprozesse erfordern. Hormone hingegen müssen oft nur einzelne Stoffwechselparameter regulieren. Interessanterweise fehlen Rezeptortyrosinkinasen bei einzelligen Eukaryonten wie Hefe.

Rekrutierung und Aktivierung von Signaltransduktionsmolekülen

Signaltransduktionsmoleküle docken mithilfe sog. **SH2-Domänen** an Phosphotyrosinreste des aktivierten Rezeptors an (Abb. **D-2.18**).

Über die Bindung von SH2-Domänen enthaltende Proteine wird eine ganze **Plattform von Signalmolekülen aktiviert**.

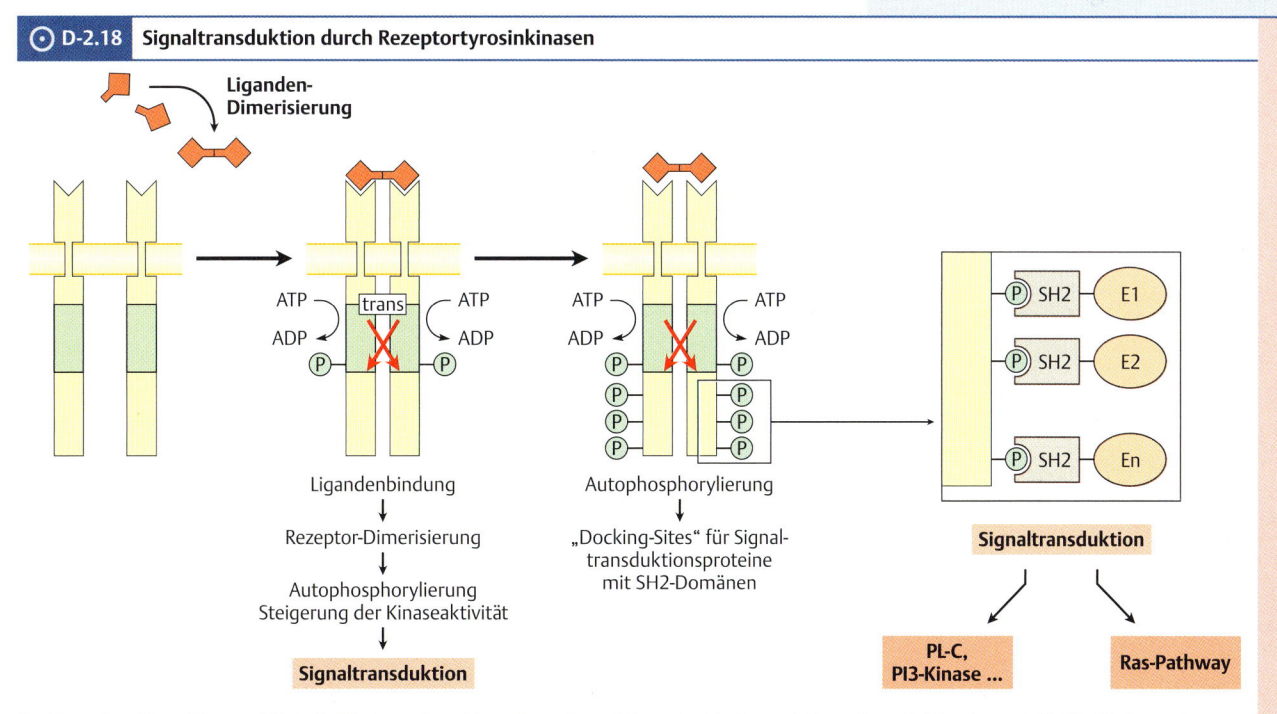

⊙ **D-2.18** Signaltransduktion durch Rezeptortyrosinkinasen

Zur Rezeptor-Dimerisierung führt die Bindung eines Liganden mit zwei Rezeptorbindungsstellen oder, wie hier dargestellt, die Bindung eines Liganden-Dimers. E1, E2, En: Signaltransduktionsmoleküle.

Wichtige Effektormoleküle

Phospholipase Cγ (PLCγ): Dieses Enzym wird durch die Kinasedomäne des Rezeptors phosphoryliert und aktiviert. Es hydrolysiert Phosphatidylinositol-4,5-bisphosphat (PIP_2) zu Diacylglycerin (DAG) und Inositol-1,4,5-trisphosphat (IP_3), katalysiert also die gleiche Reaktion wie die G_q-Protein-gekoppelte Phospholipase Cβ (S. 567). Entsprechend wird auch der Ca^{2+}-Spiegel im Zytosol durch Aktivierung der IP_3-Rezeptoren erhöht bzw. die Proteinkinase C durch DAG aktiviert.

Ein großer Teil der wachstumsstimulierenden Wirkung der PKC (S. 568) ist auf ihre Aktivierung über Rezeptortyrosinkinasen zurückzuführen.

PI3-Kinase: Diese Kinase bildet Phosphatidylinositol-3,4,5-trisphosphat (PIP_3) aus Phosphatidylinositol-4,5-bisphosphat (PIP_2). PIP_3 ist u. a. für die Aktivierung der **Proteinkinase B** essenziell. Die Proteinkinase B (PKB) fördert das Zellwachstum und verhindert Apoptose, reguliert aber auch metabolische Reaktionen, z. B. werden die meisten Stoffwechselwirkungen des Insulins durch PKB vermittelt (S. 584).

Ras-Protein: Das Ras-Protein ist das Produkt eines sog. Protoonkogens (zellulären Onkogens), d. h. eines Gens, das die **Zellproliferation** und **Zelldifferenzierungsprozesse** kontrolliert. Ist das ras-Gen konstitutiv aktiv und kann es nicht abgeschaltet werden, kann es zur Bildung von Tumoren kommen.

Das Ras-Protein gehört zu einer Familie von G-Proteinen, die im Gegensatz zu den heterotrimeren G-Proteinen (S. 562) nur monomer vorkommen und daher auch als **monomere oder kleine G-Proteine** bezeichnet werden. Weitere Mitglieder der Familie sind die Ran-Proteine des Kerntransports (S. 377) und die Rab- und Arf-Proteine des Vesikeltransports (S. 386). Wie alle G-Proteine sind mit **GTP beladene** monomere G-Proteine **aktiv** und können Targetproteine aktivieren, mit **GDP beladen** sind sie hingegen **inaktiv**. Zur Aktivierung muss GDP gegen GTP ausgetauscht werden. Dies übernehmen sog. Guaninnukleotid-Austauschfaktoren (Guanine Nucleotide Exchange Factor, **GEF**). Bei den heterotrimeren G-Proteinen übernimmt der aktivierte Rezeptor die GEF-Funktion. Zur Inaktivierung muss GTP zu GDP hydrolysiert werden. Dieser Prozess wird durch **GAPs** (GTPase activating Factors) beschleunigt.

Das inaktive **Ras**-GDP ist über Lipidanker an die Plasmamembran gebunden. Es wird durch den Guaninnukleotid-Austauschfaktor **SOS** auf folgendem Weg in die aktive GTP-gebundene Form überführt (Abb. **D-2.19**): Im nicht stimulierten Zustand liegt SOS inaktiv im Zytosol im Komplex mit dem SH2-Domänen-Protein **GRB2** vor. Nach Aktivierung von Rezeptortyrosinkinase wird der Komplex zur Plasmamembran rekrutiert, indem **GRB2** über seine SH2-Domäne an Phosphotyrosin-Reste der zytosolischen Rezeptordomäne bindet und SOS auf diese Weise zur Plasmamembran transferiert wird und dort mit Ras interagieren kann.

Das aktivierte Ras-Protein kann jetzt weitere Signaltransduktionsprozesse anwerfen. Besonders wichtig ist die Aktivierung der **MAP-Kinase-Kaskade** (Abb. **D-2.20**). Die **Targets der aktivierten MAP-Kinase** sind vor allem **Transkriptionsfaktoren**, die nach Phosphorylierung die Transkription von Genen im Zellkern stimulieren. Über Ras werden vor allem die MAP-Kinasen Erk1 und Erk2 (= Extracellular Signal-Regulated Kinase 1 bzw. 2) aktiviert. Die MAP-Kinase-Module sind von der Hefe bis zum Menschen konserviert und es gibt in jedem Organismus mehrere Module mit unterschiedlichen biologischen Funktionen (Reaktion z. B. auf Wachstumsfaktoren, verschiedene Stressoren oder Entzündungen).

Rezeptoren mit assoziierten Tyrosinkinasen

▶ **Definition.** Diese Rezeptoren besitzen *keine eigene* Tyrosinkinaseaktivität, sondern sind über ihre zytosolischen Domänen **konstitutiv** (ständig) mit Tyrosinkinasen aus der Familie der **Janus-Kinasen** (JAKs) assoziiert. Sie sind vor allem Rezeptoren für Interleukine, Interferone, aber auch Wachstumshormone, Prolaktin, Erythropoetin und Leptin.

Einteilung: Die Rezeptoren lassen sich aufgrund konservierter Strukturmerkmale in zwei Gruppen, Typ-I- und Typ-II-Zytokinrezeptoren unterteilen, die z. T. aus mehreren Untereinheiten aufgebaut sind.

D-2.19 Aktivierung von Ras durch Rezeptortyrosinkinasen

- Bindung von GRB2 und SOS an den aktivierten Rezeptor
- SOS stimuliert Dissoziation von GDP

Aktivierung von Ras durch Bindung von GTP

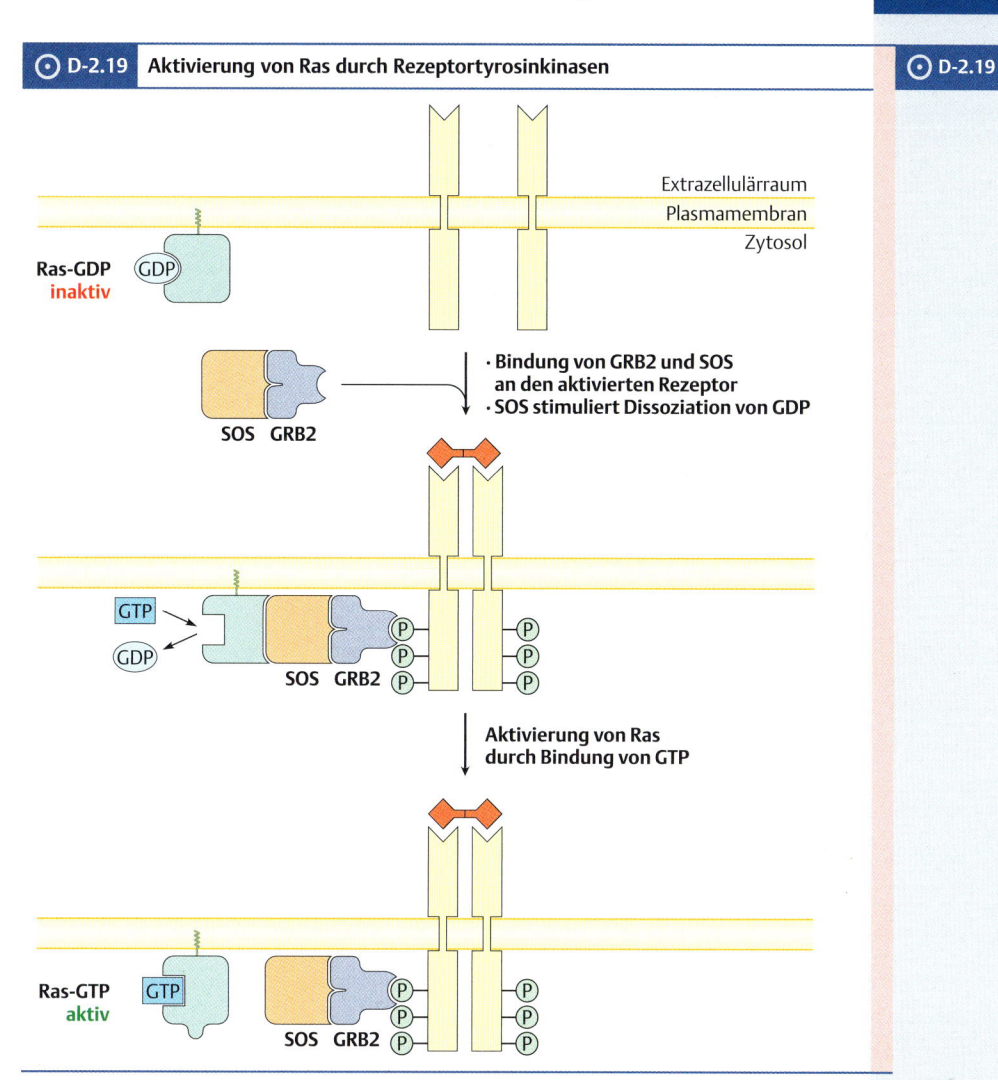

D-2.20 Aktivierung der Transkription durch Ras

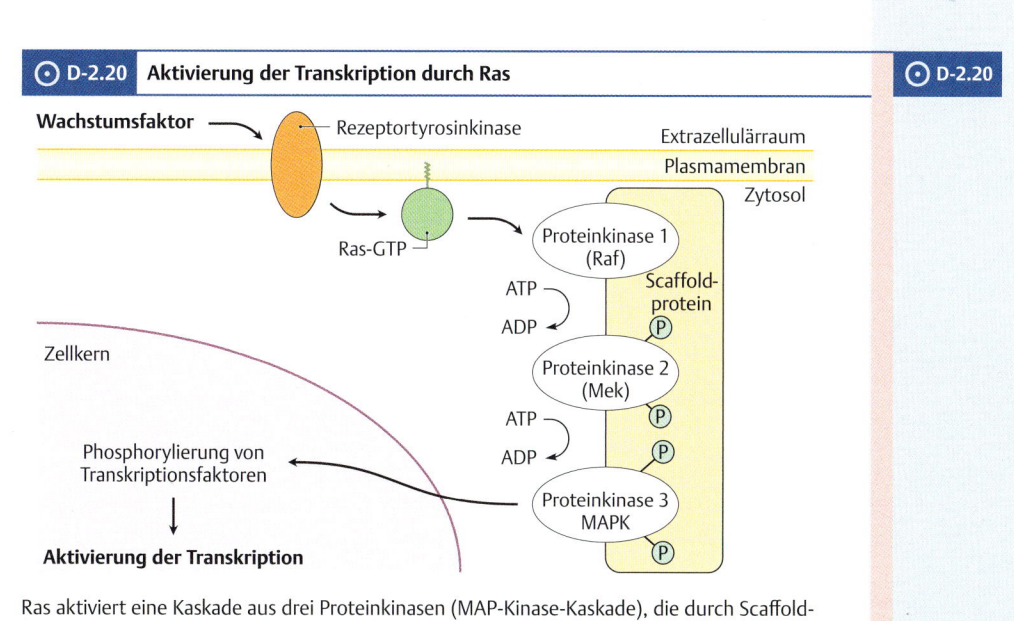

Ras aktiviert eine Kaskade aus drei Proteinkinasen (MAP-Kinase-Kaskade), die durch Scaffoldproteine in einem Komplex zusammengehalten werden. Die letzte Kinase, die MAP-Kinase (Mitogen-activated Protein Kinase, MAPK) ist die eigentliche Effektorkinase, die nach Aktivierung in den Kern gelangt und die Transkription aktiviert.

Signaltransduktionsweg: Ligandenbindung führt zur **Rezeptor-Dimerisierung** (Abb. **D-2.21**). Die JAK-Kinasen werden durch **Autophosphorylierung** aktiviert und phosphorylieren Tyrosinreste des Rezeptors. **STAT-Proteine** binden über ihre SH2-Domänen an die Phosphotyrosinreste, **dimerisieren** nach Phosphorylierung, diffundieren in den Kern und **stimulieren** die **Transkription** von Zielgenen.

Der Jak-STAT-Signalweg wird von vielen **Zytokinen**, aber auch von **Hormonen** benutzt.

Signaltransduktionsweg: Er ähnelt in vielen Punkten dem der Rezeptortyrosinkinasen: Die Ligandenbindung führt zur **Rezeptor-Dimerisierung** (Abb. **D-2.21**). Die JAK-Kinasen werden durch **Autophosphorylierung** aktiviert, phosphorylieren Tyrosinreste des Rezeptors und erzeugen so Bindungsstellen für Proteine mit SH2-Domänen. Insbesondere die **STAT** (Signal Transducer and Activator of Transcription)-**Proteine**, die im inaktiven Zustand als Monomere im Zytosol vorliegen. STAT-Proteine binden über ihre SH2-Domänen an die zytosolische Rezeptordomäne und werden durch die JAK-Kinasen an einem Tyrosinrest phosphoryliert. Durch Wechselwirkung zwischen dem Phosphotyrosinrest eines STAT-Proteins und der SH2-Domäne des zweiten STAT-Proteins entsteht ein **STAT-Dimer**, das in den Kern diffundiert, wo es als **Transkriptionsaktivator** für JAK-STAT-regulierte Gene dient (Abb. **D-2.21**).

Der Signaltransduktionsweg über JAK-STAT-Proteine wird von vielen **Zytokinen** verwendet, darunter die meisten Interleukine, die Interferone und Erythropoetin (S. 669). Aber auch das **Wachstumshormon** (S. 629), **Prolaktin** (S. 632) und **Leptin** (S. 279) leiten Signale auf diesem Wege weiter.

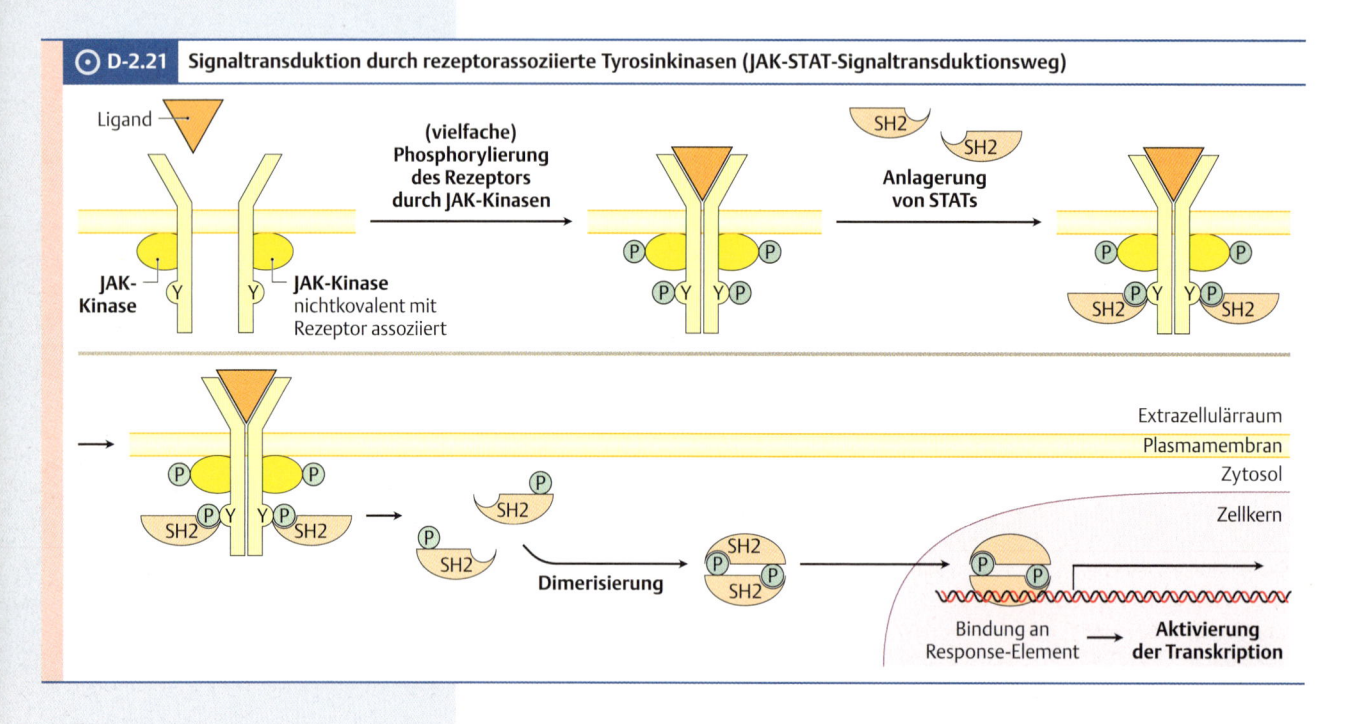

⊙ **D-2.21** Signaltransduktion durch rezeptorassoziierte Tyrosinkinasen (JAK-STAT-Signaltransduktionsweg)

Rezeptor-Serin/Threoninkinasen

▶ **Definition.**

Aufbau: Der Rezeptor hat **zwei Untereinheiten** namens Typ-I- und Typ-II-Rezeptor.

Signaltransduktionsweg: Ligandenbindung führt zur **Oligomerisierung der Rezeptoren** und Phosphorylierung = Aktivierung des Typ-I-Rezeptors. Dieser aktiviert **Smad-Proteine**, die die **Transkription** von Zielgenen **stimulieren**.

Liganden der TGFβ-Superfamilie, wie die BMPs, TGFβ und Aktivine sind an vielen Differenzierungsprozessen während der Embryonalentwicklung und im adulten Organismus beteiligt.

Rezeptor-Serin/Threoninkinasen

▶ **Definition.** Dies sind Rezeptoren mit **intrinsischer Serin-/Threoninkinaseaktivität**. Sie vermitteln die Wirkungen des Zytokins Transforming Growth Factor β (TGFβ) und verwandter Proteine vor allem Mitglieder der BMP- (*bone morphogenetic proteins*) Familie.

Aufbau: Eine Rezeptor-Serin/Threoninkinase besteht aus **zwei Untereinheiten**, dem Typ-I- und dem Typ-II-Rezeptor, die beide Serin-/Threoninkinaseaktivität besitzen.

Signaltransduktionsweg: Ligandenbindung führt zur **Oligomerisierung der Rezeptoren**. In diesem Komplex kann der Typ-II-Rezeptor den Typ-I-Rezeptor phosphorylieren und dadurch aktivieren. Der aktivierte Typ-I-Rezeptor phosphoryliert sog. **Receptor-regulated Smad-Proteine** (R-Smads). In der Regel bilden zwei R-Smads einen heterotrimeren Komplex mit dem Protein Smad 4. Die Heterotrimere treten in den Kern über und **stimulieren** zusammen mit weiteren Cofaktoren die **Transkription** der TGFβ-regulierten Gene.

Die Liganden der Rezeptor Serin/Threoninkinase sind Proteine aus der TGFβ-Superfamilie: Die „**bone morphogenetic proteins**" (BMPs) sind an fast allen Schritten der Morphogenese, Organentwicklung und Zelldifferenzierung während der Embryonalentwicklung beteiligt. TGFβ-Proteine sind aber auch im adulten Organismus von Bedeutung, u.a sind sie für die **Wundheilung** und die Synthese der **extrazellulären Matrix** essenziell. Sie verhindern ein Überschießen der **Immunantwort**.

Als Hormone wirken die **Aktivine und Inhibine**. Sie sind ebenfalls Liganden aus der TGFβ-Superfamilie. Es sind dimere Proteine aus einer α- und einer β-Kette, die auch Inhibin-α und Inhibin-β genannt werden. Die β-Kette kommt in mehreren Varianten vor. Die Inhibine A und B sind Heterodimere aus der α- und der βA- bzw. βB-Kette. Die Aktivine sind Dimere aus β-Ketten: Activin A (βA-βA), Activin AB (βA-βB) und Activin B (βB-βB). Die Aktivine und Inhibine sind an der **Gonadenentwicklung, Follikelentwicklung, Spermatogenese und Luteolyse** beteiligt. Bekannt ist aber vor allem ihre Wirkung im **Menstruationszyklus**: In der Hypophyse und den Granulosazellen gebildete Activine stimulieren parakrin die FSH-Produktion bzw. die Bildung von FSH-Rezeptoren (S. 627). Die Inhibine hingegen werden überwiegend in den Granulosazellen gebildet, endokrin sezerniert und hemmen die Wirkung der Aktivine.

Trotz seines Namens fördert TGFβ in der Regel nicht die Bildung von Tumoren, sondern hemmt die Zellteilung. Es kann allerdings die Umwandlung von Epithel- zu migratorischen Mesenchymzellen fördern und so die Metastasierung von Tumoren unterstützen.

Aktivine sind Hormone, die u. a. bei der Entwicklung und Funktion des Sexualtrakts wichtig sind. Ihre Wirkung wird durch die überwiegend in den Granulosazellen gebildeten, endokrin sezernierten **Inhibine** antagonisiert. Beide Hormone sind dimere Proteine aus einer α- und β-Kette, auch Inhibin-α und Inhibin-β genannt. Inhibine sind αβ-Dimere, Aktivine sind ββ-Dimere.

2.3 Intrazelluläre Rezeptoren (Kernrezeptoren)

▶ **Definition.** Dies sind **ligandenaktivierte Transkriptionsfaktoren**. Ihre „klassischen" **Liganden** sind **lipophile**, systemisch oder lokal wirkende **Hormone**: Steroidhormone, Schilddrüsenhormone, Vitamin D, Retinsäure (das Oxidationsprodukt von Vitamin A) sowie Prostaglandin-Derivate. Der Hormon-Rezeptor-Komplex bindet im Zellkern an regulatorische Promotorelemente der hormonabhängigen Gene und aktiviert oder hemmt so die Transkription dieser Gene.

▶ **Definition.**

Mechanismus der Transkriptionsregulation: Der **hormonbeladene Rezeptor** bildet je nach Typ einen Komplex mit einem gleichartigen oder einem anderen hormonbeladenen Rezeptor **(Homo- bzw. Heterodimerisierung)**. Das **Homo- oder Heterodimer bindet** im Zellkern spezifisch an distale Promotorelemente sog. **Hormone-Responsive Elements (HRE)**, und interagieren mit sequenzunspezifischen, generellen Coaktivatorproteinen sowie Mediator-Komplexen, die die Brücke zu der basalen Transkriptionsmaschinerie aus RNA-Polymerase und polymerasespezifischen, sog. generellen Transkriptionsfaktoren bilden. Auf diese Weise können sie die Transkription um ein Vielfaches aktivieren (Abb. **D-2.22 a** und Abb. **D-2.22 b**). In vielen Fällen können sie auch den entgegengesetzten Effekt auslösen und die Transkription hemmen, je nachdem, mit welchen weiteren Faktoren sie an der Promotorregion interagieren. Da die Transkription und die anschließende Translation eine gewisse Zeit benötigen, setzt die Hormonwirkung mit einer Verzögerung von 1 – 2 Stunden ein. Daher ist es nicht verwunderlich, dass lipophile Hormone längerfristige Prozesse regulieren.

Mechanismus der Transkriptionsregulation: Der Hormon-Rezeptor-Komplex dimerisiert je nach Typ mit einem identischen oder einem anderen hormonbeladenen Rezeptor **(Homo- bzw. Heterodimerisierung)**. Das **Dimer bindet** im Zellkern an **Hormone-responsive Elements (HRE)** und aktiviert oder hemmt so die Transkription der Zielgene (Abb. **D-2.22 a** und Abb. **D-2.22 b**).

Da Transkription und Translation Zeit benötigen, setzt die Hormonwirkung mit Verzögerung ein.

Struktur intrazellulärer Rezeptoren: Um ihre Funktion erfüllen zu können, müssen die intrazellulären Hormonrezeptoren bestimmte strukturelle Voraussetzungen besitzen (Abb. **D-2.22 c**):
- eine **Ligandenbindungsdomäne**,
- Peptidsegmente, die mit der Transkriptionsmaschinerie wechselwirken **(Transaktivierungsdomänen)**,
- Domänen, die Homo- bzw. Heterodimerisierung hormonbeladener Rezeptoren erlauben und so eine spezifische Bindung an die HRE gewährleisten **(Dimerisierungsdomänen)**.
- Domänen, die sequenzspezifisch an HRE auf der DNA binden. Die **DNA-Bindungsdomänen** der verschiedenen Hormonrezeptoren sind sich strukturell sehr ähnlich: Sie enthalten zwei sog. Zink-Finger-Motive. Charakteristisch für diese Motive sind je vier Cysteinreste, die an ein Zink-Ion binden und so die Peptidkette in einer für die DNA-Bindung optimalen Konformation fixieren.
- **Spacer**-Aminosäuresequenzen gewährleisten den für die Funktion des Rezeptors optimalen Abstand der Domänen.

Struktur intrazellulärer Rezeptoren: Die Rezeptoren sind nach dem gleichen Prinzip aufgebaut. Essenzielle Strukturelemente sind (Abb. **D-2.22 c**):
- Ligandenbindungsdomäne
- Transaktivierungsdomäne
- Dimerisierungsdomäne
- DNA-Bindungsdomäne
- Spacer-Aminosäuresequenzen gewährleisten den für die Funktion des Rezeptors optimalen Abstand der Domänen.

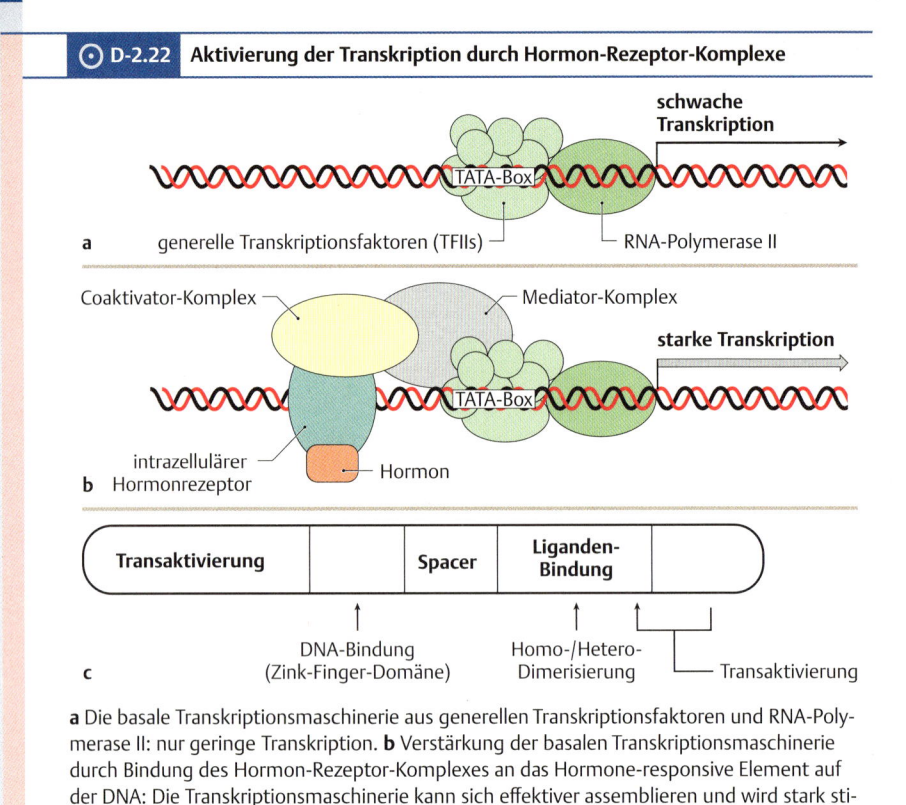

D-2.22 Aktivierung der Transkription durch Hormon-Rezeptor-Komplexe

a Die basale Transkriptionsmaschinerie aus generellen Transkriptionsfaktoren und RNA-Polymerase II: nur geringe Transkription. **b** Verstärkung der basalen Transkriptionsmaschinerie durch Bindung des Hormon-Rezeptor-Komplexes an das Hormone-responsive Element auf der DNA: Die Transkriptionsmaschinerie kann sich effektiver assemblieren und wird stark stimuliert. **c** Schematischer Aufbau eines intrazellulären Hormonrezeptors.

2.3.1 Steroidhormonrezeptoren

In der **nichtstimulierten Zelle** liegen diese Rezeptoren als **Monomere** im **Zytosol** vor und werden durch Bindung an **Hitzeschockproteine** (Hsp90) stabilisiert. **Hormonbeladene Rezeptoren** bilden **Homodimere**, die im Zellkern über Zink-Finger-Motive an **palindromische DNA-Sequenzen** der Enhancer-Elemente binden (Abb. **D-2.23 a**).

2.3.1 Steroidhormonrezeptoren

Die Rezeptoren für die Steroidhormone liegen in der **nicht stimulierten Zelle** als **Monomere** im **Zytosol** vor. Solange die Hormonbindungsdomäne nicht besetzt ist, ist die Struktur des Rezeptors labil und wird durch Bindung an **Hitzeschockproteine** (Hsp90) stabilisiert. Bindung des Steroidhormons ergibt einen stabilen Hormon-Rezeptor-Komplex, die Hitzeschockproteine dissoziieren ab. Die **hormonbeladenen Rezeptoren** dimerisieren zu **Homodimeren**. Im Zellkern binden diese Homodimere mittels ihrer Zink-Finger-Motive an die DNA, und zwar an **palindromische DNA-Sequenzen**. Im Bereich dieser Sequenzen findet sich auf beiden komplementären Strängen, jeweils in 5'→3'-Richtung gelesen, dieselbe Basenreihenfolge (Abb. **D-2.23 a**). Dies ist notwendig, weil sich die Homodimere so zusammenlagern, dass die N-terminalen Domänen in entgegengesetzte Richtungen zeigen und deshalb gegenläufige DNA-Erkennungssequenzen benötigen.

2.3.2 Rezeptoren für Schilddrüsenhormone, Vitamin D und Retinsäure

Diese Rezeptoren sind **im Zellkern an die DNA gebunden**. Die Hormone diffundieren in den Zellkern und binden erst dort an die Rezeptoren.

Die hormonbeladenen Rezeptoren binden als **Heterodimere** mit dem Rezeptor für 9-*cis*-Retinsäure an DNA-Sequenzen, die aus **direkten Wiederholungen der gleichen Halbelemente** bestehen (Abb. **D-2.23 b**).

2.3.2 Rezeptoren für Schilddrüsenhormone, Vitamin D und Retinsäure

Im Gegensatz zu den Steroidhormonrezeptoren befinden sich die Rezeptoren für die Schilddrüsenhormone, Vitamin D und Retinsäure **im Zellkern** und sind bereits **an die DNA gebunden**. Die Hormone diffundieren durch das Zytosol in den Zellkern und binden erst dort an die Rezeptoren.

Die Rezeptoren für Retinsäure (RAR = der Rezeptor für all-*trans*-Retinsäure, RXR = der Rezeptor für 9-*cis*-Retinsäure), die Schilddrüsenhormone (TR) und für Vitamin D (VDR) haben alle dieselbe Erkennungssequenz auf der DNA (5'-AGGTCA-3'). Die hormonbeladenen Rezeptoren bilden **Heterodimere** (RXR-TR, RXR-VDR oder RXR-RAR, Abb. **D-2.23 b**), die an **direkte Wiederholungen dieser Erkennungssequenzen** binden. Die Spezifität für das jeweilige Hormon kommt durch die unterschiedliche Anzahl an Spacer-Nukleotiden – bedingt durch die unterschiedlichen Größen von TR, VDR und RAR – zwischen den beiden Halbelementen zustande.

D-2.23 DNA-Bindung von Hormon-Rezeptor-Komplexen

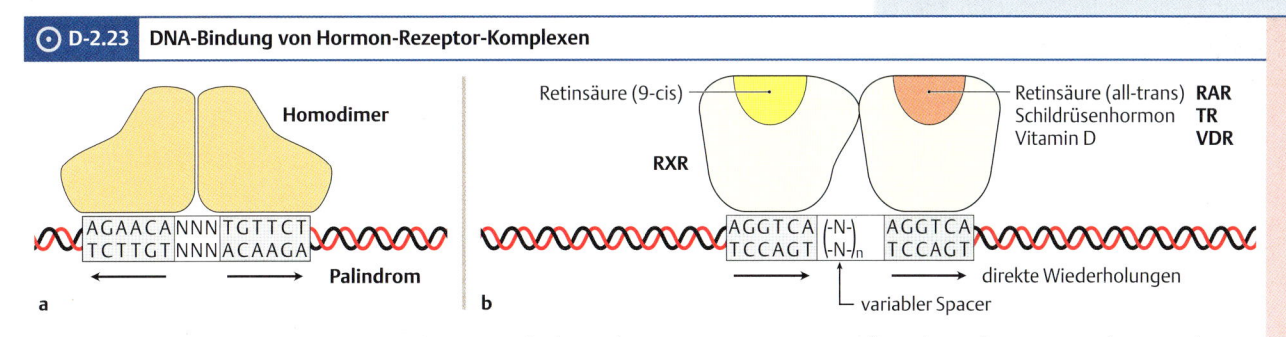

a Steroidhormonrezeptoren binden als Homodimere an palindromische DNA-Sequenzen. Dargestellt ist die Bindungssequenz des Cortisolrezeptors. **b** Rezeptoren für Schilddrüsenhormone, Vitamin D oder Retinsäure binden als Heterodimere mit RXR an direkte Wiederholungen der gleichen Erkennungssequenz. Je nach Rezeptorkombination liegen 1–5 Nukleotide zwischen den Repeats.

2.3.3 Kernrezeptor-Superfamilie – Rezeptoren der PPAR-Familie

Das Humangenom kodiert für mindestens 48 Proteine, die aufgrund von Sequenzvergleichen mit den Hormonrezeptoren in eine Gruppe, die **Kernrezeptor-Superfamilie**, eingeordnet wurden. Oft ist noch unbekannt, welche Bedeutung diese Proteine haben und durch welche Liganden sie aktiviert werden („**orphan receptors**"). In vielen Fällen konnte jedoch die Funktionen einer Reihe dieser Kernrezeptoren aufgeklärt werden. Die erstaunlichsten Resultate sind, dass die Kernrezeptoren nicht nur durch Hormone, sondern auch andere intrazellulär gebildete **lipophile Metabolite** wie Fettsäuren, Phospholipide, Gallensäuren, Cholesterinderivate oder Häm aktiviert werden.

Beispielsweise binden **LXR** und **RXR** Oxysterole (intrazellulär aus Cholesterin gebildet) bzw. Gallensäuren und aktivieren als Heterodimere mit RXR die Transkription von Enzymen des Lipidstoffwechsels. Insbesondere wird die Umwandlung von Cholesterin zu Gallensäuren gefördert (LXR) sowie die Biotransformation von Gallensäuren zu besser wasserlöslichen Verbindungen und der Transport in die Gallenblase (FXR).

Die funktionell am besten charakterisierten Kernrezeptoren sind die Transkriptionsfaktoren der **PPAR** (*Peroxisome Proliferator-activated Receptor*)-**Familie** (PPARα, -γ und -δ), die ebenfalls als Heterodimere mit RXR an ihre DNA-Response-Elemente binden.

- **PPARα** wird in Leber, Herz und Skelettmuskel exprimiert und fördert die Expression von Enzymen der Fettsäure(β-)-Oxidation und der Ketonkörpersynthese.
- **PPARδ** wird ubiquitär exprimiert und scheint die Fettsäureoxidation in Geweben mit niedriger PPARα-Aktivität zu stimulieren.
- **PPARγ** wird hauptsächlich im Fettgewebe exprimiert. Es induziert Gene, die die Differenzierung von Fibroblasten zu Adipozyten regulieren und stimuliert die Transkription von Genen für den intrazellulären Fettsäuretransport und für die Lipidsynthese. Agonisten (= Aktivatoren) von PPARγ (s. u.) fördern zudem die Transkription von GLUT 4 und steigern somit den Glucoseeinstrom in die Zellen.

▶ **Klinik.** **Fibrate** werden **bei** hohem Triglyceridgehalt des Blutes (**Hypertriglyceridämie**) zur Senkung der Blutlipidspiegel **verabreicht**. Sie sind **Liganden für PPARα** und induzieren die Fettverbrennung.
Bei Typ-2-Diabetes (S. 585) können **Thiazolidindione** (z. B. Pioglitazon und Rosiglitazon) in Kombination mit anderen oralen Antidiabetika **eingesetzt** werden. Sie **aktivieren PPARγ** und senken so die Konzentration an freien Fettsäuren und Glucose im Blut (s. o.). Die Empfindlichkeit der Zellen für Insulin nimmt zu. Thiazolidindione werden daher als Insulinsensitizer bezeichnet.

2.3.3 Kernrezeptor-Superfamilie – Rezeptoren der PPAR-Familie

Die intrazellulären Hormonrezeptoren gehören zu der **Kernrezeptor-Superfamilie**. Viele dieser Proteine werden durch **lipophile Stoffe** wie Fettsäuren, Cholesterin und Gallensäuren aktiviert.

LXR- und **FXR**-Rezeptoren sind für die Cholesterinhomöostase wichtig, Rezeptoren der PPAR-Familie (**PPARα**, **PPARδ**, **PPARγ**) regulieren die Expression von Genen des Fettstoffwechsels.

▶ Klinik.

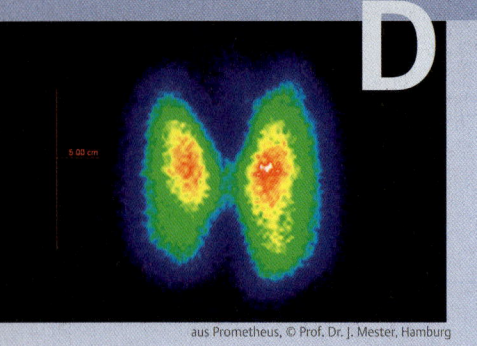

3 Hormone

3.1	Pankreashormone	582
3.2	Die Katecholamine Adrenalin und Noradrenalin	595
3.3	Hormone des hypothalamisch-hypophysären Systems	601
3.4	Schilddrüsenhormone (Thyroxin und Triiodthyronin)	606
3.5	Hormone der Nebennierenrinde	613
3.6	Hormone der Gonaden	622
3.7	Wachstumshormon	629
3.8	Prolaktin	632
3.9	Gastrointestinale Hormone	633
3.10	Hormone mit Wirkung auf den Wasser- und Elektrolythaushalt	636

3.1 Pankreashormone

3.1 Pankreashormone

Neben den Verdauungssekreten sezerniert das Pankreas als endokrine Drüse auch die beiden wichtigsten Regulatoren des Glucosestoffwechsels, **Insulin** und **Glukagon** sowie **Somatostatin** und **das pankreatische Polypeptid**.

Die Langerhansschen Inseln des Pankreas sind Zellaggregate, in denen vier hormonproduzierende Zelltypen nachweisbar sind: Die **A- und B-Zellen** stellen den Hauptzelltyp dar und sezernieren die beiden Hauptregulatoren des Glucosestoffwechsels, **Insulin** und **Glukagon**. Der Glucosespiegel wird normalerweise zwischen 80 und 120 mg/dl konstant gehalten, um eine ausreichende Versorgung der glucoseabhängigen Organe wie Gehirn und Erythrozyten zu gewährleisten. Andererseits darf der Glucosespiegel nicht zu hoch sein, da sonst pathologische Effekte auftreten (Diabetes mellitus). Die **D-Zellen** bilden Somatostatin, das die Sekretion mehrerer Hormone hemmt, darunter Insulin, Glukagon, GH, TSH, Gastrin und VIP. Die PP-Zellen produzieren das **pankreatische Polypeptid**, das die exokrine Sekretion des Pankreas und die Kontraktion der Gallenblase hemmt.

3.1.1 Insulin

3.1.1 Insulin

▶ Definition.

▶ **Definition.** Insulin ist ein Peptidhormon, das in den B-Zellen des Pankreas gebildet wird. Es senkt die Blutglucosekonzentration und fördert die Bildung von Energiespeichern (Glykogen, Triacylglycerine) und das Zellwachstum. Es ist ein wichtiges anaboles Hormon.

Struktur und Biosynthese

Struktur und Biosynthese

Insulin besteht aus einer **A-** und einer **B-Kette**, die über **Disulfidbrücken** zusammenhängen (Abb. D-3.1).

Am rauen ER entsteht **Präproinsulin**, aus dem durch Abspaltung des Signalpeptids **Proinsulin** wird. Aus Proinsulin entsteht durch **Abspaltung des C-Peptids** das reife Hormon **Insulin** (Abb. D-3.1).

Insulin besteht aus **zwei Peptidketten**, einer A-Kette mit 21 Aminosäuren und einer B-Kette mit 30 Aminosäuren. Beide Peptidketten werden über **zwei Disulfidbrücken** zusammengehalten (Abb. **D-3.1**).

Die Synthese erfolgt wie bei allen Peptidhormonen am rauen endoplasmatischen Retikulum. Zunächst wird ein einkettiges Vorläufermolekül **(Präproinsulin)** gebildet, das unter Abspaltung des Signalpeptids in das Lumen des endoplasmatischen Retikulums transportiert wird **(Proinsulin)**. Es durchläuft den Golgi-Apparat und wird in sekretorischen Vesikeln gespeichert. Auf dem Weg wird die Vorstufe proteolytisch prozessiert: Ein Teil des Peptids, das sog. **C-Peptid**, wird **abgespalten**, sodass das reife Hormon **Insulin** entsteht (Abb. D-3.1). Die Prozessierung ist für die biologische Aktivität essenziell und wird von einer Protease aus der Familie der **Prohormon-Konvertasen** durchgeführt.

Insulin wird zusammen mit dem abgespaltenen C-Peptid i**n Form von kompakten Zink-Komplexen gespeichert** und bei Bedarf sezerniert. Im Extrazellulärraum zerfallen die Komplexe in die physiologisch wirksamen Monomere. Die Stabilität kann durch Aminosäuresubstitutionen bei rekombinant hergestellten Insulinen verändert werden.

Das C-Peptid besitzt selbst auch biologische Aktivität, z. B. Stimulierung von NO-Synthase, Na$^+$-K$^+$-ATPase und MAP-Kinasen.

Das Hormon wird zusammen mit dem abgespalteten C-Peptid in Form von **hexameren Komplexen mit Zn^{2+} und Ca^{2+}** gespeichert. Nach Sekretion in den Extrazellulärraum zerfallen die Hexamere aufgrund des veränderten pH-Werts (von ca. 5,5 in den Vesikeln → 7,4). Die Stabilität der Hexamere lässt sich durch Veränderung einzelner Aminosäuren regulieren, was für die Herstellung schnell oder langsam wirkender Insuline für die Behandlung des Diabeste mellitus (s. u.) von Bedeutung ist.

Das C-Peptid ist auch physiologisch aktiv, es erhöht z. B. die Aktivität/Expression von NO-Synthase, Na$^+$-K$^+$-ATPase und MAP-Kinasen. In Tiermodellen verbessert es bei Diabetes mellitus mikrovaskuläre Komplikationen, Nierenfunktion und periphere Neuropathie.

D 3.1 Pankreashormone

D-3.1 Biosynthese von Insulin

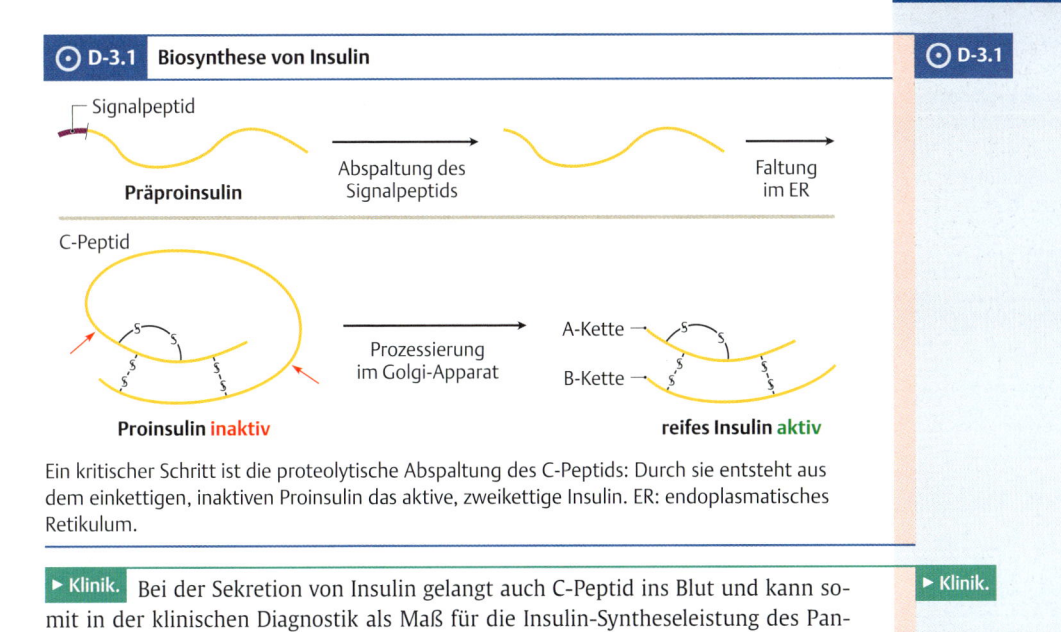

Präproinsulin → Abspaltung des Signalpeptids → Faltung im ER → Proinsulin inaktiv → Prozessierung im Golgi-Apparat → reifes Insulin aktiv (A-Kette, B-Kette)

Ein kritischer Schritt ist die proteolytische Abspaltung des C-Peptids: Durch sie entsteht aus dem einkettigen, inaktiven Proinsulin das aktive, zweikettige Insulin. ER: endoplasmatisches Retikulum.

▶ **Klinik.** Bei der Sekretion von Insulin gelangt auch C-Peptid ins Blut und kann somit in der klinischen Diagnostik als Maß für die Insulin-Syntheseleistung des Pankreas dienen.

Sekretion

Man unterscheidet eine **basale Sekretion** in Abwesenheit eines externen Stimulus und eine **induzierte Sekretion** als Antwort auf einen externen Stimulus. Der **primäre Stimulus** für die induzierte Sekretion von Insulin ist ein **hoher Glucosespiegel** im Blut. Die Sekretion wird aber durch **Enterohormone** (z. B. Glucagon-like–Peptide-1 (GLP-1), gastroinhibitorisches Peptid, GIP) gesteigert: Eine orale Gabe derselben Glucosemenge führt daher zu einer stärkeren Insulinausschüttung als eine parenterale Verabreichung. Sekretionsfördernd sind ferner **Aminosäuren, Fettsäuren** (allerdings nur bei kurzfristiger Erhöhung!) sowie der **Parasympathikus**, hemmend sind hingegen **Somatostatin** und **Sympathikus**.

Die sekretionsfördernde Wirkung (z. B. von GLP-1 und Fettsäuren) ist durch Stimulierung der Exozytose von Insulin-Vesikeln durch Aktivierung G-Protein-gekoppelter Rezeptoren mit nachfolgender Erhöhung der intrazellulären Ca^{2+}-Konzentration oder Aktivierung der PKA/EPAC (S. 566) zu erklären, die Hemmung der Sekretion (Somatostatin, Sympathikus) durch Aktivierung von inhibitorischen G-Proteinen mit Senkung des cAMP-Spiegels. Unter den Aminosäuren ist insbesondere **Arginin** ein starker Sekretionsstimulus, der Mechanismus ist noch unbekannt.

Der **Mechanismus** der glucoseinduzierten Insulinsekretion ist gut untersucht (Abb. **D-3.2**). Eine Schlüsselstellung besitzt ein **ATP-abhängiger K^+-Kanal**. Der Kanal wird durch ATP gehemmt. Dies führt zur Depolarisation der Zellmembran, wodurch Ca^{2+}-**Kanäle** geöffnet werden, sodass Ca^{2+} einströmen und die **Exozytose** der **gespeicherten Granula** auslösen kann. Bei niedrigem ATP-Spiegel in der Zelle ist der K^+-Kanal offen, sodass die Zelle hyperpolarisiert und die Exozytose gehemmt wird.

Sekretion

Der **primäre Stimulus** für die induzierte Sekretion von Insulin ist ein **hoher Glucosespiegel** im Blut, die Sekretion wird durch weitere Faktoren wie z. B. **Enterohormone** gesteigert. **Somatostatin** und **Sympathikus**-Aktivierung hemmen die Insulin-Sekretion.

Die meisten Faktoren modulieren die glucoseinduzierte Sekretion durch Erhöhung bzw. Erniedrigung der intrazellulären Ca^{2+}-Konzentration bzw. über cAMP-abhängige Mechanismen.

Eine Schlüsselstellung im **Mechanismus** der glucoseinduzierten Insulinsekretion besitzt ein durch ATP gehemmter K^+-Kanal (Abb. **D-3.2**).

D-3.2 Mechanismus der glucoseinduzierten Insulinsekretion

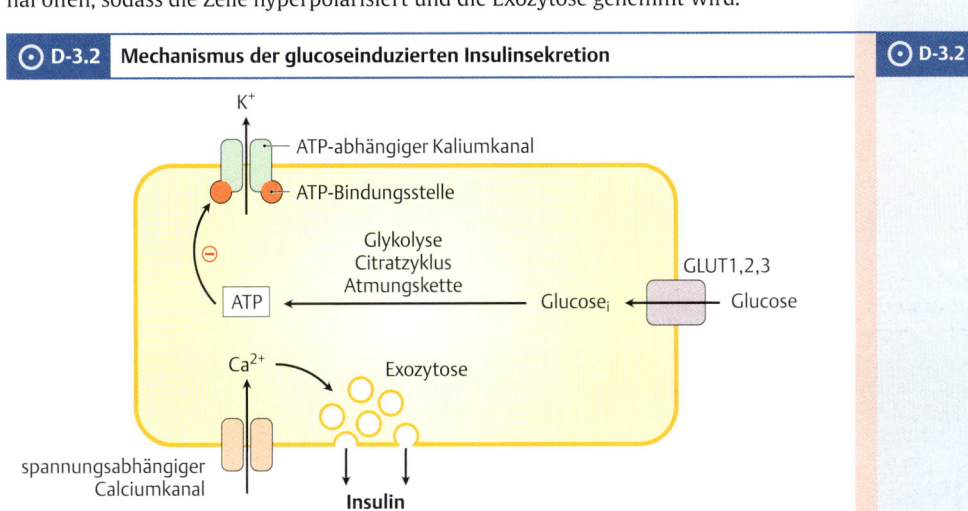

K^+ — ATP-abhängiger Kaliumkanal — ATP-Bindungsstelle
Glykolyse / Citratzyklus / Atmungskette
ATP ← Glucose$_i$ ← GLUT1,2,3 ← Glucose
Ca^{2+} → Exozytose
spannungsabhängiger Calciumkanal
Insulin

D 3 Hormone

Die Aufnahme der Glucose über Glucosetransporter (GLUT 2 bei Nagern, GLUT 1–3 beim Menschen), die Phosphorylierung durch die **Glucokinase** und der aerobe Abbau zu CO_2 und Wasser sind so reguliert, dass die **ATP-Bildung dem Blutglucosespiegel proportional** ist. Die Folgen bei hohem Blutglucosespiegel sind:
- Hemmung des K_{ATP}-Kanals
- Depolarisation der Plasmamembran
- Exozytose von Speichergranula mit Insulin

Ein hoher ATP-Spiegel in der B-Zelle stimuliert also die Freisetzung von Insulin, ein niedriger ATP-Spiegel hemmt sie. Die **Korrelation zwischen extrazellulärem Glucoseangebot und ATP-Spiegel in der B-Zelle** wird wie folgt erreicht: Glucose gelangt mittels eines **Glucosetransporters** in die B-Zelle und wird durch die **Glucokinase** phosphoryliert.

Bei den Nagern sind für den Glucosetransport die GLUT 2-Transporter verantwortlich. Dieser und die Glukokinasen haben **hohe K_m-Werte (Michaelis-Menten-Konstanten)**, also eine geringe Affinität, sodass sie bei einem erhöhten Angebot an Glucose unmittelbar mit einer Steigerung der Transportaktivität reagieren und Glucose der Plasmaglucosekonzentration entsprechend umsetzen können.

Diese Ergebnisse aus Nagermodellen wurden lange Zeit auf den Menschen übertragen. Neuere Untersuchungen haben aber gezeigt, dass in menschlichen Beta-Zellen die hoch-affinen GLUT 1 und GLUT 3 Transporter weit stärker als GLUT 2 exprimiert sind. Beim Menschen und bei Nagern erfolgt die anschließende Phosphorylierung durch **Glucokinase**. Angeborene Mutationen der Glucokinase sind mit dem frühzeitigen Auftreten eines Diabetes mellitus (MODY TypII) verknüpft, der im allgemeinen jedoch durch einen milden Verlauf gekennzeichnet ist. Die Glucokinase stellt daher wohl den eigentlichen Sensor für Glucose dar. Die Unterschiede zwischen Nagern und Menschen sind noch nicht zufriedenstellend geklärt.

Nach der Phosphorylierung wird die Glucose über Glykolyse, Citratzyklus und Atmungskette unter ATP-Gewinnung vollständig abgebaut, sodass die **ATP-Bildung dem Glucosespiegel proportional** ist.

Abbau

Er erfolgt durch Endozytose des Insulin-Rezeptor-Komplexes.

Insulin hat im Blut nur eine Halbwertszeit von einigen Minuten. Der Abbau erfolgt vor allem durch **Endozytose des Insulin-Rezeptor-Komplexes** und seine Zerlegung in den Lysosomen.

Molekulare Mechanismen der Insulinwirkung

Der Insulinrezeptor ist eine **Rezeptortyrosinkinase**. Er ist ein **Tetramer** aus zwei α-Untereinheiten (binden Insulin) und zwei β-Untereinheiten mit Tyrosinkinaseaktivität (Abb. **D-3.3**).

Insulin wirkt über einen Rezeptor, der zur Familie der **Rezeptortyrosinkinasen** gehört. Der Insulinrezeptor besteht aus **vier Untereinheiten**:
- zwei extrazellulär gelegenen **α-Untereinheiten**, die zusammen ein Insulinmolekül binden, und
- zwei membranspannenden **β-Untereinheiten**, die Tyrosinkinaseaktivität besitzen (Abb. **D-3.3**).

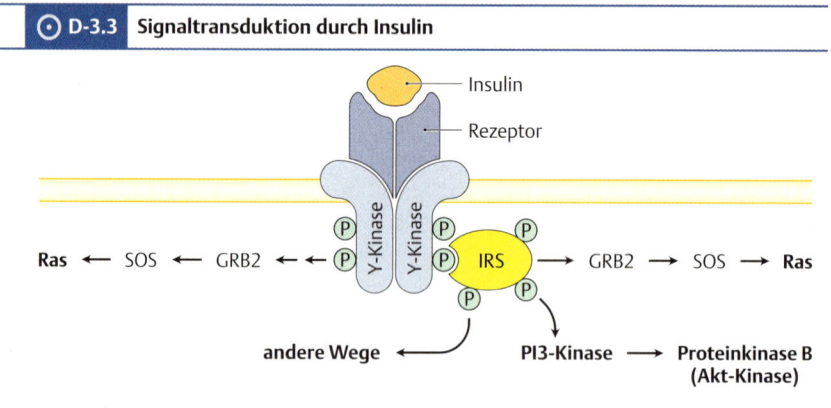

D-3.3 Signaltransduktion durch Insulin

IRS = Insulin-Rezeptor-Substrat, Y-Kinase = Tyrosinkinase.

Nach Bindung von Insulin an den Rezeptor werden am Rezeptor Tyrosinreste phosphoryliert, die als **Andockstellen für Phosphotyrosin-bindende Proteine** dienen. So wird **Ras** stimuliert, das **Wachstumsprozesse** induziert, zusammen mit dem PI3-Kinase-Weg.

Die **metabolischen Wirkungen** werden durch die Signaltransduktionskaskade **Insulinrezeptorsubstrat (IRS) → PI3-Kinase → Proteinkinase B (PKB)** (Abb. **D-3.4**) vermittelt.

Die Bindung von Insulin an den Insulinrezeptor führt zur **Aktivierung der Kinasedomänen durch Autophosphorylierung** (S. 574) und zur Phosphorylierung von Tyrosinresten außerhalb der Kinasedomänen, die als **Andockstellen für Phosphotyrosin-bindende Proteine** dienen. Ein solches Protein ist der „Adapter" GRB2, dessen Bindung an die Andockstelle zur Aktivierung von **Ras** (S. 576) und so zur Induktion von **Wachstumsprozessen** führt, zusammen mit dem PI3-Kinase-Weg.

Für die **metabolischen Funktionen** des Insulins ist praktisch nur die **Bindung des Insulinrezeptorsubstrats (IRS)** an ein Phosphotyrosin essenziell.

Nach Phosphorylierung von Tyrosinresten des IRS durch die Kinasedomänen des Rezeptors binden weitere Signaltransduktionsmoleküle an das IRS und werden aktiviert (Abb. **D-3.3**); das für den Metabolismus wichtigste ist die **PI3-Kinase**. Diese Kinase phosphoryliert das Membranphospholipid Phosphatidylinositol-4,5-bisphosphat (PIP_2) in Position 3, sodass **Phosphatidylinositol-3,4,5-trisphosphat (PIP_3)** entsteht (Abb. **D-3.4 a**). Zahlreiche Proteine besitzen Bindedomänen für PIP_3, so auch die für die Insulinsignaltransduktion wichtige **Proteinkinase B** (PKB = Akt-Kinase). Diese Kinase wird an der Zellmembran durch zwei weitere Kinasen (PDKs, PIP_3-dependent Kinases), die ebenfalls durch PIP_3 zur Zellmembran rekrutiert werden, an zwei Stellen phosphoryliert und dadurch **aktiviert** (Abb. **D-3.4 b**).

Die an der Plasmamembran lokalisierte aktive PKB phosphoryliert zahlreiche Proteine. So wird die **Phosphodiesterase 3B** durch Phosphorylierung **aktiviert** und **senkt** den **cAMP-Spiegel** in der Zelle, die **Glykogen-Synthase-Kinase 3** (GSK 3) wird **inaktiviert**, sodass die **Inhibition der Glykogen-Synthase entfällt**. Die PKB ist auch, zusammen mit anderen Faktoren, an der **Fusion der GLUT 4-Vesikel mit der Plasmamembran** (Translokation, s. u.) und der **Stimulation der Proteinbiosynthese** beteiligt (Abb. **D-3.4 b**).

Die PKB vermittelt zahlreiche Schlüsselreaktionen der Insulinwirkung (Abb. **D-3.4 b**).

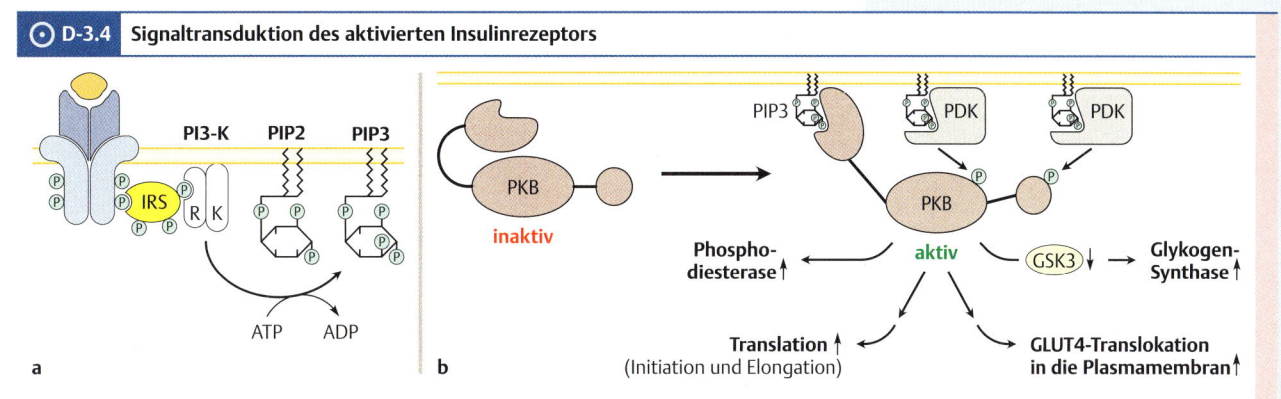

⊙ **D-3.4** Signaltransduktion des aktivierten Insulinrezeptors

a Aktivierung der PI3-Kinase. R: regulatorische Untereinheit, K: katalytische Untereinheit der PI3-Kinase. **b** Aktivierung der Proteinkinase B (PKB) mithilfe zweier PIP_3-abhängiger Kinasen (PDK) sowie wichtige Folgereaktionen.

▶ **Klinik.** **Insulinmangel** erzeugt das Krankheitsbild des **Diabetes mellitus**. Beim **Typ-1-Diabetes** liegt eine **stark verminderte oder ganz fehlende Insulinsekretion** vor, da die B-Zellen aufgrund einer Autoimmunerkrankung zerstört sind. Daher ist eine **Insulinsubstitution** lebensnotwendig (in der Regel wird rekombinant hergestelltes Humaninsulin verwendet).

Bei **Typ-2-Diabetes** ist die **Insulinwirkung** auf die Zielzellen **vermindert**. Erblich bedingte oder häufiger erworbene Ursachen sind:

- Eine Resistenz der normalerweise Insulin-empfindlichen Gewebe gegen die Insulinwirkung. Zwar kann die Zahl der Insulinrezeptoren erniedrigt sein, dies ist aber in der Regel eine Folge, nicht die Ursache der Insulinresistenz. Heute ist allgemein akzeptiert, dass es sich um eine Störung der Signaltransduktion handelt (s. u.).
- Und/oder eine Funktionsstörung der B-Zellen (z. B. abnorme Ansprechbarkeit des ATP-abhängigen K$^+$-Kanals, Defekte der Prozessierung und Sekretion von Insulin, Degeneration von B-Zellen).

Sehr oft liegt eine Kombination beider Faktoren vor: Zunächst besteht eine Insulinresistenz, die durch gesteigerte Insulinsekretion **(Hyperinsulinämie)** und eine **Vergrößerung der B-Zellmasse** kompensiert wird. Die absolute Konzentration an Insulin ist daher im Frühstadium eines Diabetes Typ 2 in der Regel sogar **erhöht**. Im Laufe der Jahre **degenerieren die B-Zellen** dann. Pathogenetisch bedeutsam ist in den meisten Fällen, aber nicht immer, ein starkes Übergewicht, insbesondere vermehrtes viszerales Fettgewebe. Damit verbunden sind **erhöhte Spiegel an freien Fettsäuren,** die neben Dysregulation des Glucose- und Fettstoffwechsels (z. B. Hemmung der Glucoseaufnahme im Muskel, Stimulation der Gluconeogenese, abnorme Deposition von Triglyceriden in vielen Geweben) **die Insulinresistenz verstärken** und auf Dauer sogar zur Apoptose von B-Zellen des Pankreas führen können („**Lipotoxizität**").

Freie Fettsäuren führen auch bei gesunden zu (vorübergehenden) Insulinresistenzen. Dies ist ein sinnvoller Mechanismus um bei *zeitweiser* Nahrungskarenz, also ungenügender Glucosezufuhr, die Fettsäureverwertung zu steigern und gleichzeitig Glucose zugunsten der Glucose-abhängigen Organe einzusparen. Die Mechanismen durch die Fettsäuren die Insulinresistenz fördern, sind erst teilweise verstanden. Diskutiert wird, dass erhöhte Fettsäurespiegel zur vermehrten Synthese von Diacylglycerin und so zur Aktivierung von PKC (S. 568) führen. PKC wiederum phosphoryliert (= inaktiviert) IRS und verhindert so die aktivierende Tyrosinphosphorylierung durch den Insulinrezeptor. Gesättigte Fettsäuren sind auch Co-Aktivatoren von Toll-like-Rezeptoren (S. 678) und können so eine **proinflammatorische Wirkung** ausüben (im Gegensatz zu langkettigen mehrfach ungesättigten Fettsäuren).

Zur Insulinresistenz führen auch **entzündungsfördernde Zytokine wie TNF-α und Interleukin-6**, die in hypertrophiertem viszeralen Fettgewebe vermehrt gebildet werden. Inzwischen ist unbestritten, dass dieses Fettgewebe Anzeichen von entzündlichen Veränderungen zeigt und stark mit Makrophagen infiltriert ist. Fettgewebshormone wie **Adipoectin**, die eine insulinsensitivierende Eigenschaft besitzen werden hingegen herunter reguliert.

Nicht alle Stoffwechselwege sind bei Insulinresistenz gleichermaßen betroffen: Sehr früh treten Störungen des Kohlehydratstoffwechsels auf (Glucoseverwertung ↓, Gluconeogense ↑). Die Fähigkeit Lipide zu speichern, bleibt bis zum Spätstadium erhalten, es treten aber Dyslipidämien (s. u.) auf. Die wachstumsfördernde Eigenschaften von Insulin bleiben z. T. erhalten, aber mit Störungen der Balance zwischen Ras/MAPK- und PI3K/PKB-Weg (s. u.).

Der Typ-2-Diabetes ist im typischen Fall mit Adipositas, Bluthochdruck, Arteriosklerose und Hypertriglyceridämie verbunden, die gemeinsam als **metabolisches Syndrom** bezeichnet werden. Im Frühstadium ist eine **Umstellung der Ernährungs-/ Lebensgewohnheiten** als Therapie häufig ausreichend. Führt diese Maßnahme nicht zum Erfolg, ist eine **Behandlung mit (oralen) Antidiabetika** erforderlich, die die Glucosesekretion/-verwertung fördern und die Insulinresistenz vermindern. In schweren Fällen müssen orale Antidiabetika verabreicht werden, evtl. auch Insulin. Ziel ist eine Senkung des HbA_{1c}-Wertes auf 6,5 % (bei älteren Patienten etwa 7 % wegen größerer Probleme durch mögliche Unterzuckerung).

Verschiedene Antidiabetika

- Seit einem Jahrzehnt ist **Metformin** das Mittel der Wahl. Es steigert die Insulinsensitivität, insbesondere in der Leber und im Muskel. Außerdem hemmt es die hepatische Gluconeogenese, verbessert die periphere Glucoseverwertung und den Lipidstoffwechsel, so verringert Metformin das Auftreten kardiovaskulärer Ereignisse. Metformin führt zu einer leichten Hemmung des Komplex I der Atmungskette. Der damit verbundene Anstieg der AMP/ATP-Verhältnisses kann die AMP-Kinase (AMPK siehe Exkurs) aktivieren. Die **Stimulation der AMPK** kann zwar viele Metformin-Wirkungen erklären, daneben gibt es aber **auch AMPK-unabhängige Wirkungen**: z. B. wird die Gluconeogenese auch bei Hemmung der AMPK nur teilweise inhibiert.
- **Sulfonylharnstoffe:** Sulfonylharnstoffe und Sulfonylharnstoff-Analoga (Glinide, kurzzeitig wirksam) **stimulieren die Insulinsekretion**, indem sie den ATP-abhängigen K⁺-Kanal der B-Zelle hemmen. Sie werden in der Regel in Kombination mit Metformin verabreicht.
- **Thiazolidindione** (Glitazone wie z. B. Rosiglitazon und Pioglitazon) aktivieren PPARγ und senken so die Blutkonzentration der freien Fettsäuren und Glucose. Ein Teil der Wirkungen beruht auf der **Induktion des Hormons Adiponectin** im Fettgewebe, das ebenfalls die AMP-Kinase stimuliert.
- **Inkretin-Therapie:** Seit einigen Jahren sind Medikamente auf dem Markt, die die fördernde Wirkung von Inkretinen auf die Insulinsekretion nachahmen oder verlängern. Sie werden in der Regel in Kombination mit Metformin oder Sulfonylharnstoffen angewendet. In der Inkretin-Therapie kommen die langlebigen **GLP-1-Analoga** (= GLP-1-Mimetika) Exenetid und Liraglutid zum Einsatz, die ein- oder zweimal pro Tag subkutan appliziert werden. Ein Nachteil sind die v. a. in den ersten Wochen häufig auftretenden unerwünschten gastrointestinalen Beschwerden (bis zu 40–50 % der Patienten leiden an Übelkeit, Brechreiz, Diarrhoe). Eine Alternative zu den GLP-1-Mimetika sind die in Tablettenform verabreichten **Gliptine**. Dabei handelt es sich um Hemmstoffe des GLP-1 abbauenden Enzyms Dipeptidylpeptidase IV (DPP IV). Die DPP-IV-Inhibitoren Sitagliptin und Vildagliptin hemmen also den Abbau von GLP-1. Sie scheinen gut vertragen zu werden. Insgesamt sind die Erfahrungen mit den GLP-1-Analoga und den Gliptinen noch nicht ausreichend, um ihren Nutzen und ihre Risiken abschließend beurteilen zu können.
- Die neuesten Medikamente sind **Hemmstoffe des Natrium-Glucose-Cotransporters SLGT 2** (z. B. Dapagliflozin, Canagliflozin). Mit diesem wird v. a. in der Niere exprimiert und seine Hemmung führt zur verstärkten renalen Glucose-Ausscheidung. Auf diese Weise kann selektiv der Glucosespiegel gesenkt werden, ohne in den Hormonhaushalt einzugreifen. Zu den häufigsten möglichen unerwünschten Nebenwirkungen gehören Harnwegsinfektionen. Nach den bisherigen Erkenntnissen scheinen die Medikamente recht gut verträglich zu sein. Sie könnten daher eine wertvolle Ergänzung bisheriger Diabetes-Therapien darstellen.

▶ **Exkurs.** **Die AMP-Kinase (AMPK) – ein wichtiger Energiesensor der Zelle**

Die AMP-Kinase (nicht zu verwechseln mit der cAMP-regulierten Proteinkinase A!) **koordiniert katabole und anabole Prozesse** und wird durch Veränderung der AMP/ATP-Konzentration in der Zelle reguliert, z. B. bei Energiemangel oder Hypoxie. Sie wird durch Bindung von AMP allosterisch aktiviert, während ATP die Kinase hemmt (durch antagonistische Bindung anstelle von AMP). Zur Aktivierung muss AMPK an Thr-722 phosphoryliert werden. Zentrale Bedeutung besitzt dabei die Kinase LKB1, wobei auch andere Kinasen, wie z. B. CaMKK, die AMPK aktivieren können. AMP-Bindung inhibiert die Dephosphorylierung von Thr-722 und verstärkt so die Phosphorylierung durch LKB1.

Beim Peutz-Jeghers-Syndrom ist LKB1 mutiert. Dieses Syndrom ist u. a. durch gutartige Polypen im Magen-Darm-Trakt gekennzeichnet. Die Betroffenen haben ein drastisch erhöhtes Tumorrisiko – 50 % sterben vor dem 60. Lebensjahr an Krebs.

Aktiviert durch metabolischen Stress und andere Faktoren **schaltet die AMPK katabole, ATP-produzierende Wege an. Anabole, ATP-verbrauchende Wege werden hingegen abgeschaltet.** So **steigert** die AMPK **die Energiegewinnung** durch Förderung der Glucoseaufnahme in den Muskel über Glut4 (insulinunabhängig!) und durch Stimulation der Transkription mitochondrialer Gene. Andere Effekte der AMPK gehen auf die **Hemmung der Proteinbiosynthese** (S. 589) durch Antagonisierung der Wirkung der TOR-Kinase zurück. So wird die Expression von Genen gehemmt, die Proteine für Biosynthese-Wege wie die Gluconeogenese und die Lipogenese in der Leber kodieren. Unter anderem phosphoryliert die AMPK die Acetyl-CoA-Carboxylase (ACC) und inhibiert so die Bildung von Malonyl-CoA für die Fettsäurebiosynthese. Malonyl-CoA wiederum hemmt die Carnitin:Palmitoyl-CoA-Transferase-1 (CPT-1), die für den geschwindigkeitsbestimmenden Schritt des Transports von Acyl-CoA in die Mitochondrien verantwortlich ist. Der Abfall der Malonyl-CoA-Konzentration führt zur Enthemmung von CPT-1 und damit zum Anstieg der β-Oxidation von Fettsäuren in den Mitochondrien.

Sowohl die Glucoseaufnahme in die Zelle als auch die Senkung der Konzentration an Fettsäuren führen zur **Besserung der diabetischen Stoffwechsellage**.

Zelluläre Wirkungen von Insulin

Insulin beeinflusst den Stoffwechsel fast aller Gewebe. Aufgrund ihrer Größe sind die wichtigsten **Insulin-abhängigen** Organe **Leber**, **Muskel** und **Fettgewebe**. Bei der Wirkung von Insulin lassen sich schnelle, durch Aktivierung bereits vorhandener Proteine verursachte, und langsame, durch Enzyminduktion oder -repression verursachte Effekte unterscheiden.

Schnelle Stoffwechselwirkungen

Senkung des Blutzuckerspiegels:

▶ **Merke.** Insulin **steigert** die **Glucoseaufnahme in Skelettmuskel- und Fettzellen** um ein Vielfaches, indem es den **Einbau von GLUT 4 in die Plasmamembran** stimuliert. Auf diese Weise sinkt der Blutzuckerspiegel innerhalb von Minuten.

Bei niedrigen Insulinspiegeln ist die Mehrzahl der GLUT 4 in zytoplasmatischen Vesikeln gespeichert. Insulin bewirkt die Fusion der Vesikel (S. 213) mit der Plasmamembran (Translokation).
GLUT 4 haben eine wesentlich höhere Affinität zu Glucose als GLUT 2, arbeiten also mit nahezu maximaler Geschwindigkeit und transportieren Glucose somit unabhängig von deren Plasmakonzentration. Die Erhöhung des Substratangebots in der Zelle trägt ganz wesentlich zur Aktivierung der Glucose-verwertenden Reaktionen bei.

Stimulation der Glucoseverwertung:

▶ **Merke.** Insulin **fördert** in **Leber** und **Skelettmuskulatur** die **Glykolyse** und die **Glykogensynthese** und **hemmt** die **Glykogenolyse** sowie in der Leber die **Gluconeogenese**, indem es die Aktivität der Schlüsselenzyme verändert.

Die Enzymaktivität wird durch mehrere, sich in der Wirkung ergänzende Mechanismen beeinflusst:
- Ein wichtiger Mechanismus ist die **Abnahme des cAMP-Spiegels**: PKB phosphoryliert und aktiviert die **Phosphodiesterase 3B**, sodass **cAMP** vermehrt abgebaut wird (S. 584). Die Abnahme des cAMP-Spiegels drosselt die Aktivität der Proteinkinase A (PKA) und reduziert so z. B. die Phosphorylierung von Glykogen-Synthase und Phosphorylase-Kinase. Infolgedessen nimmt die Aktivität der Glykogen-Synthase zu, die der Glykogen-Phosphorylase ab. Zusätzlich steigt die Aktivität der PFK-2, wodurch die Glykolyse aktiviert wird (S. 96).
Die Phosphodiesterase 3B ist stark in der **Leber (und im Fettgewebe)** exprimiert. Im **Muskel** ist sie nicht in relevanten Konzentrationen vorhanden, sodass dieser Mechanismus hier **keine Rolle** spielt.
- Die **Inaktivierung der Glykogen-Synthase-Kinase 3 (GSK 3)** durch Phosphorylierung, vermittelt durch die Proteinkinase B (S. 220), führt ebenfalls zu verminderter Phosphorylierung der Glykogen-Synthase, sodass deren Aktivität zunimmt (S. 219).
- Insulin **aktiviert** die Phosphoprotein-Phosphatase 1 (PP-1), die u. a. die Glykogen-Synthase dephosphoryliert, d. h. aktiviert. Insulin stimuliert bevorzugt eine an **Glykogen bindende Population der PP-1**. Diese Bindung wird durch **regulatorische Untereinheiten** der PP-1 vermittelt und ist für die PP-1-Aktivität essenziell, nur die Glykogen-gebundene Form kann die Targets, Glykogen-Synthase und Phosphorylase, effektiv dephosphorylieren. Leber und Muskel exprimieren unterschiedlich regulierte **Isoformen**: Die **G$_L$-Isoform in der Leber** bindet neben PP-1 die phosphorylierte, *aktive Form (R-Form)* der Phosphorylase a. Diese wird aber nicht dephosphoryliert, vielmehr inhibiert die Komplexbildung die Dephosphorylierung der Glykogen-Synthase durch PP-1. Wird die Phosphorylase a jedoch durch erhöhte Glucosespiegel in der Zelle und bei Mangel an cAMP in die *inaktive Konformation (T-Form)* überführt, wird sie dephosphoryliert und dissoziiert ab. PP-1 kann jetzt die Glykogen-Synthase dephosphorylieren und so aktivieren. Insulin ist bei dieser Wirkung nur indirekt (cAMP ↓) beteiligt. Allerdings steht die Synthese von **G$_L$ unter Kontrolle von Insulin**, beim **Diabetiker** ist die Synthese heruntergeguliert, was zur Störung der Glykogensynthese und somit der Glucoseverwertung

beiträgt. Im **Muskel** kommt hauptsächlich die **G_M-Isoform** vor. Phosphorylierung von G_M durch Adrenalin und Glukagon führt zur Abdissoziation und Inaktivierung von PP-1 (S. 220). Ob und wie G_M durch Insulin aktiviert wird, ist jedoch noch unklar. Der Hauptweg zur Aktivierung der Glykogen-Synthase im Muskel scheint die Inaktivierung der GSK-3 (s. o.) zu sein.

Da Insulin die Glykolyse stimuliert, **steigt** die Konzentration des Endprodukts Pyruvat und mit ihm die **Aktivität der Pyruvat-Dehydrogenase**, denn Pyruvat hemmt die Phosphorylierung, d. h. die Inaktivierung des Enzyms (S. 114).

> Die **Aktivität der Pyruvat-Dehydrogenase** wird **gesteigert**.

Stimulation der Fettsäuresynthese: Im Fettgewebe und in der Leber verstärkt Insulin die Fettsäuresynthese: Durch Steigerung der Glucoseaufnahme, Steigerung der Glykolyse und Aktivierung der Pyruvat-Dehydrogenase wird **vermehrt Acetyl-CoA** für die Fettsäuresynthese und über den Pentosephosphatweg (S. 248) **vermehrt NADPH** für die Reduktionsschritte **bereitgestellt**. Zusätzlich wird das Schlüsselenzym der Fettsäuresynthese, die **Acetyl-CoA-Carboxylase, durch Dephosphorylierung aktiviert**. Die **Lipolyse** im Fettgewebe hingegen wird **gehemmt**. Dies ist wiederum auf eine **Senkung des cAMP-Spiegels** (Aktivierung der PDE3, s. o.) zurückzuführen, die zu einer Abnahme der Aktivität der hormonsensitiven Lipase (S. 129) führt.

> **Stimulation der Fettsäuresynthese:** Erhöhung des Glucoseangebots und Beschleunigung der Glucoseverwertung stellen **vermehrt Acetyl-CoA und NADPH** für die Fettsäuresynthese bereit.
> Die **Lipolyse** im Fettgewebe wird **gehemmt**. Durch **Senkung des cAMP-Spiegels** wird die hormonsensitive Lipase inhibiert.

In der **Leber hemmt** Insulin die **β-Oxidation der Fettsäuren**, damit diese für die Triacylglycerinsynthese zur Verfügung stehen. Das durch die Acetyl-CoA-Carboxylase gebildete **Malonyl-CoA hemmt** das Enzym **Carnitin-Acyltransferase** (S. 240) und blockiert so den Eintritt von Fettsäuren ins Mitochondrium.

> Unter Wirkung von Insulin wird in der Leber die **β-Oxidation** der Fettsäuren **gehemmt**.

Am Gefäßendothel wird die **Lipoproteinlipase aktiviert**, sodass aus den Lipoproteinen Fettsäuren freigesetzt und im Fettgewebe mit Glycerin zu Triacylglycerinen verestert werden. Das benötigte Glycerin wird aus dem in der Glykolyse gebildeten Dihydroxyacetonphosphat durch Reduktion synthetisiert.

> Am Gefäßendothel wird die **Lipoproteinlipase aktiviert**.

In der Leber reguliert Insulin die **VLDL-Synthese**. Es ist dafür verantwortlich, dass kleine, **triglyceridarme VLDL-Partikel** gebildet werden. Bei Mangel an Insulin hingegen werden große triglyceridreiche VLDL-Partikel gebildet, die zu atherogen wirkenden LDLs umgewandelt werden und die Entstehung schnell abbaubarer HDL-Partikel (→ HDL-Mangel) begünstigen. Dabei ist der Austausch von Lipiden (Triglyceride aus VLDL gegen Cholesterinester aus LDL und HDL) maßgeblich beteiligt.

> Insulin ist maßgeblich für die Entstehung **nicht atherogener** Lipoproteinpartikel verantwortlich.

Stimulation der Aminosäureaufnahme und Regulation des Kaliumhaushalts: Insulin fördert die Aufnahme von Aminosäuren und damit die Proteinbiosynthese in Skelettmuskelzellen. Als Mechanismus des Transmembrantransports werden Insulin-stimulierter Einbau von zytoplasmatischen Vesikeln in die Plasmamembran und vor allem Inhibierung der Ubiquitinierung und des anschließenden Abbaus der Transporter im Proteasom (S. 390) diskutiert.

Insulin stimuliert die Na$^+$-K$^+$-ATPase, z. T. durch Phosphorylierung der α-Untereinheit, sodass vermehrt Kalium in die Zelle aufgenommen wird. Vor Kurzem konnte gezeigt werden, dass auch das bei der Prozessierung des Proinsulins freigesetzte C-Peptid die Aktivität der Na$^+$-K$^+$-ATPase steigern kann.

> **Stimulation der Aminosäureaufnahme und Regulation des Kaliumhaushalts:** Insulin fördert die Aufnahme von Aminosäuren in den Skelettmuskel und stimuliert die Na$^+$-K$^+$-ATPase, sodass vermehrt Kalium in die Zelle aufgenommen wird.

Langsame Stoffwechselwirkungen

Die schnellen Stoffwechseleffekte des Insulins werden durch längerfristige Regulationsmechanismen auf **Transkriptionsebene** ergänzt. Eine Reihe von Genen besitzt Insulin-sensitive Elemente in ihrer Promotorregion. Ein wichtiger Transkriptionsfaktor, der die Induktion von Enzymen für die Fettsäure- und Triglyceridbiosynthese vermittelt, ist **SREBP1c** (Sterol Response Element Binding Protein1c, so genannt, da die zuerst gefundenen Transkriptionsfaktoren dieser Gruppe die Cholesterinbiosynthese aktivieren). Biosynthese und Aktivierung von SREBP1c werden durch Insulin gesteigert. SREBP1c kann die Transkription in der Regel nur in **Gegenwart von Glucose** erhöhen, was physiologisch sinnvoll ist, da Glucose ein wichtiger Ausgangsstoff für die Bildung der Lipide darstellt. Der Mechanismus ist inzwischen recht gut untersucht. Glucose wird im Pentosephosphatweg zu Xylulose-5-phosphat umgewandelt, das eine Phosphatase aktiviert, die den Transkriptionsfaktor **ChREBP** (*Carbohydrate Response Element binding Protein*) dephosphoryliert (= aktiviert). ChREBP bindet ebenfalls an den Promotor und erhöht zusammen mit SREBP1c die Transkription.

> **Langsame Stoffwechselwirkungen**
>
> Diese werden durch Regulation auf **Transkriptionsebene** vermittelt, eine Reihe von Genen besitzt Insulin-sensitive Elemente in der Promotorregion. Insulin stimuliert über den Transkriptionsfaktor **SREBP1c** zusammen mit **CHREBP** die Transkription von Enzymen der **Lipogenese**.

Auf der anderen Seite **reprimiert** Insulin die Expression von Enzymen der **Gluconeogenese** und der **Lipidverwertung** während des Fastens. Insbesondere werden PKB-abhängig zwei Transkriptionsfaktoren der Fox-Familie, **FOXO1** und **FOXA2** phosphoryliert. Dadurch wird ihre Kernlokalisation und die Transkription der durch sie regulierten Gene verhindert; u. a. fördert FOXO1 die Gluconeogenese (s. Glucagon) und FOXA2 die Expression von Glucagon und die Bildung von Enzymen für den Fettverbrauch (z. B. β-Oxidation und Ketonkörperbiosynthese).

▶ Merke. In Übereinstimmung mit der Rolle des Insulins als anaboles Hormon wird die Expression von Enzymen für die Anlage von Energiespeichern verstärkt, die Expression von Enzymen für den Abbau von Energiespeichern hingegen gehemmt (Tab. **D-3.1**).

Insulin **reprimiert** durch Phosphorylierung (= Inaktivierung) die Transkription von Schlüsselenzymen für die Gluconeogenese und Fettsäureverwertung.

▶ Merke.

≡ D-3.1 Proteine, deren Expression durch Insulin reguliert wird (Beispiele)

Fettgewebe	Leber	Skelettmuskel
GLUT 4 ↑	Glucokinase ↑	GLUT 4 ↑
Phosphofructokinase-1 ↑	Phosphofructokinase-1 ↑	Aminosäuretransporter ↑
Pyruvat-Dehydrogenase (PDH) ↑	Pyruvat-Kinase ↑	Hexokinase II ↑
Acetyl-CoA-Carboxylase ↑	Pyruvat-Carboxylase ↓	PDH-Kinase 2 – 4 ↓ *
Fettsäure-Synthase ↑	PEP-Carboxykinase ↓	
Lipoproteinlipase ↑	Fructose-1,6-Bisphosphatase ↓	
	Glucose-6-Phosphatase ↓	

* Die PDH-Kinase phosphoryliert, d. h. inaktiviert die Pyruvat-Dehydrogenase (PDH).

Effekte von Insulin auf die Proteinbiosynthese

Als anaboles Hormon stimuliert Insulin nicht nur die Expression von Enzymen für die Anlage von Energiespeichern, sondern **fördert** bei ausreichendem Nahrungsangebot darüber hinaus die **Proteinbiosynthese**. Für diese Funktionen ist wiederum die **Proteinkinase B** essenziell. Über mehrere Zwischenschritte aktiviert sie eine weitere Kinase, die **TOR-Kinase**. Zusätzlich wird die TOR-Kinase auf noch nicht geklärtem Wege durch Nährstoffe (**essenzielle Aminosäuren**) aktiviert (Synergismus). Die TOR-Kinase aktiviert Komponenten der Translationsmaschinerie (Initiation und Elongation), u. a. durch Phosphorylierung (= Inaktivierung) des eIF4E-Bindeproteins, das unphosphoryliert den Initiationsfaktor eIF4E (S. 476) der Translation hemmt. Längerfristig wird die Zahl an Ribosomen erhöht, um die Kapazität zur Proteinsynthese zu erhöhen.

Effekte von Insulin auf die Proteinbiosynthese

Insulin ist ein wichtiger **Stimulator der Proteinbiosynthese**, indem über **PKB-TOR** die Initiation und Elongation der Translation stimuliert und die Zahl der Ribosomen erhöht wird.

Wachstumsfördernde Wirkungen von Insulin

Ein Teil der wachstumsfördernden Wirkung ergibt sich aus der Stimulierung der Translation und der anabolen Wirkung auf den Stoffwechsel. *In-vitro*-Untersuchungen zeigen, dass Insulin mitogen für viele Zelltypen ist. *In vivo* führt ein Mangel an Insulin (z. B. bei Diabetes) zu einer Verlangsamung, erhöhte Insulinspiegel zu einer Beschleunigung des Wachstums. An der wachstumsfördernden Wirkung sind sowohl die **Signaltransduktion über PKB als auch über MAP-Kinasen** beteiligt.
Man nimmt an, dass die Balance zwischen PKB und MAP-Kinasen auch für die Funktion von Endothelzellen essenziell ist: PKB-abhängige Phosphorylierung (= Aktivierung) der NO-Synthase führt zur Gefäßerweiterung, während MAP-Kinase-abhängige Wege die Expression von vasokonstriktorischen Peptiden wie Endothelin-1 stimulieren. Beim Diabetes mellitus ist das Gleichgewicht zwischen den beiden Prozessen gestört.

Wachstumsfördernde Wirkungen von Insulin

Insulinmangel führt zu einer Verlangsamung des Wachstums. Für die **wachstumsfördernden Wirkungen** sind **PKB- und MAP-Kinase** vermittelte Signalwege erforderlich.

Insulin reguliert über PKB und MAP-Kinasen das Gleichgewicht zwischen vasokonstriktorischen und vasodilatatorischen Mechanismen.

▶ **Klinik.** Die **Symptome des Diabetes mellitus** (v. a. Typ-1-Diabetes) lassen sich leicht aus der fehlenden Wirkung des Insulins ableiten: Fehlen bzw. Mangel von Insulin bei Diabetes mellitus Typ 1 und 2 (DM-1 und DM-2) führen zu charakteristischen metabolischen Entgleisungen:

- **Hyperglykämie:** Der GLUT 4-vermittelte Glucosetransport in Skelettmuskel und Fettgewebe findet nur in geringem Umfang statt, sodass die Glucosekonzentration im Blut hoch bleibt; sie kann bis zu 800 mg/dl (44 mmol/l; Normwert: 55 – 110 mg/dl = 3,1 – 6,1 mmol/l) betragen. Zusätzlich wird die normalerweise durch Insulin reprimierte **Gluconeogenese enthemmt**, sodass noch zusätzlich Glucose gebildet wird. Dieser Umstand ist wesentlich für den **hohen Glucosespiegel im Nüchternzustand** verantwortlich. Die hohen Glucosespiegel führen zu **Hyperosmolarität** des Blutes, verbunden mit einer intrazellulären Dehydratation. **Glucosurie:** Hemmung der Glucoseverwertung führt zur Ausscheidung von **Glucose im Urin**, da die Niere nicht in der Lage ist, die anfallenden Mengen vollständig rückzuresorbieren (ab einer Plasmaglucosekonzentration von 180 mg/dl [10 mmol/l] wird die „Nierenschwelle überschritten"). Da Glucose osmotisch wirksam ist, werden große Mengen an Wasser mit ausgeschieden. Pro Tag können bis zu 8 l Wasser und bis zu etwa 400 mmol/l Natrium und Kalium ausgeschieden werden.
- **verstärkte Lipolyse bei Hemmung der Triacylglycerinsynthese:** Da Insulin die Lipolyse hemmt, ist bei starkem Insulinmangel die Lipolyse gesteigert. Hierdurch nimmt die Plasmakonzentration der Ketonkörper (Acetoacetat, β-Hydroxybutyrat und Aceton) zu, sodass es zur **metabolischen Azidose** kommen kann (Acetessigsäure und β-Hydroxybuttersäure sind Carbonsäuren).
- Die gesteigerte Lipolyse bei verminderter Fetteinlagerung ist ein Grund für den Gewichtsverlust, der bei Patienten mit Typ-1-Diabetes trotz erhöhter Nahrungsaufnahme auftritt. Die Ketonkörper werden z. T. über die Niere ausgeschieden **(Ketonurie).**
- **Verstärkte Proteolyse:** Dieser Effekt ist durch Wegfall der Stimulation der Proteinbiosynthese durch Insulin, d. h. ein Überwiegen des Proteinabbaus, zu erklären. Er trägt zum mageren Erscheinungsbild von Patienten mit Typ-1-Diabetes bei.
- **Hyperkaliämie:** Bei Insulinmangel entfällt die Stimulation der Na$^+$-K$^+$-ATPase, sodass weniger K$^+$ in die Zelle aufgenommen wird und die Plasmakaliumkonzentration steigt.
- **Akute Komplikationen eines Diabetes mellitus:** Die diabetische Ketoazidose und die hyperosmolare Hyperglykämie können bei Typ-1-DM und Typ-2-DM bis zum lebensbedrohlichen **Coma diabeticum** führen. Der Flüssigkeitsverlust führt zu einer Verringerung des Blutvolumens mit zerebraler und renaler **Minderdurchblutung**. Intrazelluläre **Dehydratation**, begleitet von **Elektrolytverschiebungen** und **Sauerstoffmangel** sind wesentlich für Ausfallserscheinungen des Gehirns (Bewusstseinstrübung). Die **Ketoazidose ist typisch für Typ-1-DM** und tritt meist innerhalb von 24 h auf, sie führt häufig zu Übelkeit und Erbrechen. Zur Kompensation der Azidose tritt eine Hyperventilation ein (Kußmaul-Atmung). **Bei Typ-2-DM überwiegt meist eine hyperosmolare Hyperglykämie**, die sich im fortgeschrittenen unbehandelten Stadium über Wochen hinweg zum kritischen Zustand aufschaukelt. Die Ketoazidose ist bei Typ-2-DM nicht so verbreitet, da die Restaktivität an Insulin im Allgemeinen ausreicht, die massive Lipolyse/Ketogenese in Grenzen zu halten.

Chronische Komplikationen sind vor allem:

- **Mikroangiopathien** (Schädigung von kleinen Gefäßen), insbesondere im Bereich der Augen **(Retinopathie)**, der Nieren **(Nephropathie)** und der Nerven **(Neuropathie)**. Letztere ist z. T. wohl auch durch direkte Schädigung der Nervenzellen bedingt.
- Linsentrübung des Auges **(Katarakt)**
- **Makroangiopathien** (kardiovaskuläre Erkrankungen)

Die chronischen Komplikationen lassen sich in erster Linie durch eine strikte Kontrolle des Blutglucosewertes verhindern oder zumindest eingrenzen, wie mehrere klinische Studien gezeigt haben. Dies belegt, dass **erhöhte Glucosespiegel maßgeblich für die Krankeitsbilder verantwortlich** sind. Wird Diabetes mellitus nicht richtig behandelt oder hält sich ein Patient nicht an die erforderlichen Maßnahmen, treten in den meisten Fällen **irreversible Spätfolgen** auf.

Schädigungen der Endothelzellen, die erhöhte Glucosemengen insulinabhängig aufnehmen, sind besonders pathophysiologisch relevant. Die häufige **Mikroangiopathie** ist z. T. bedingt durch Überfließen des hohen Glucoseangebots in normalerweise untergeordnete Reaktionswege:

- Vermehrte Bildung der osmotisch wirksamen Substanzen Sorbit und Fructose mit nachfolgender **osmotischer Schädigung der Zelle**. Dies trägt z. B. zur Entstehung der Endothelschäden der Kapillaren am Augenhintergrund (diabetische Retinopathie, kann zur Erblindung führen), im Gehirn und in den Vasa vasorum der peripheren Nerven (→ Sensibilitätsstörungen = diabetische Polyneuropathie) bei. Zusätzlich verbraucht die Reduktion von Glucose zu Sorbitol große Mengen an NADPH, sodass die NADPH-Konzentration sinkt und andere **NADPH-abhängige Reaktionen**, z. B. die für die Entgiftung (z. B. von reaktiven Sauerstoffspezies) erforderliche **Gluthathion-Peroxidase-Reaktion,** behindert werden. So können vermehrt Zellschäden entstehen.
- **Nicht-enzymatische Glykierung** von Proteinen. Durch hohe Glucosekonzentrationen können NH$_2$-Gruppen von Proteinen vermehrt spontan, d. h. ohne Beteiligung von Enzymen, glykiert werden, indem die Aldehydgruppe der Glucose mit einer Aminogruppe unter Wasserabspaltung reagiert (Bildung einer Schiff'schen Base). Die primären Reaktionsprodukte können in komplexen Reaktionen, wie sie in der Lebensmittelchemie gut untersucht sind (Maillard-Reaktionen), weiter reagieren, z. B. zu Pentosidin, das Proteine miteinander quervernetzen kann. Diese Endprodukte, die **Advanced Glycation End Products (AGE)**, können die Funktion von Proteinen beeinträchtigen. So verursacht die Glykierung von Basalmembranproteinen eine Verdickung und eine **Funktionsstörung der Basalmembranen in den Nierenglomeruli** (→ vermehrte Ausscheidung von Albumin im Urin).

Da bei längerfristig erhöhter Plasmaglucosekonzentration auch Hämoglobin nicht-enzymatisch glykiert wird **(HbA$_{1c}$)**, lässt sich durch Konzentrationsbestimmung des HbA$_{1c}$ messen, ob sich der Patient mit Diabetes mellitus Typ 2 an die Verhaltensregeln hält bzw. ob die Therapie anschlägt.

Neben diesen seit Langem bekannten Mechanismen sind in den letzten Jahren noch weitere pathogenetisch bedeutsame Mechanismen bekannt geworden. Dazu gehören:

- **Aktivierung der Proteinkinase C** durch vermehrt gebildetes Diacylglycerin (Ausgangssubstanzen: Glycerinaldehyd-3-phosphat der Glykolyse oder freie Fettsäuren): Die **PKC vermindert die Insulin-Signaltransduktion**, da sie IRS an Serin/Threonin-Resten phosphoryliert und so die Tyrosin-Phosphorylierung negativ beeinflusst. Aktivierung der PKC resultiert u. a. in einer Erhöhung der Gefäßpermeabilität, Expression entzündungsfördernder Proteine und Produktion von Bindegewebsproteinen.
- **Gewebsschädigung durch reaktive Sauerstoffspezies:** Diese werden vermehrt gebildet, wenn die reichlich vorhandenen Fettsäuren bzw. Glucose verstärkt aerob abgebaut werden (Substratüberschuss bei Adipositas). Durch das hohe ATP/ADP-Verhältnis wird der **Substratfluss durch die Atmungskette verlangsamt**. Dies führt zu vermehrter Freisetzung von O_2-Radikalen am Komplex IV und zu einer längeren Lebensdauer von reaktiven Zwischenprodukten wie dem Ubichinonradikal ($U_{\cdot}^{-}$), das mit O_2 zu $O_2^{\cdot -}$ reagieren kann. Autooxidationsprodukte der in hohen Konzentrationen vorliegenden Glucose führen ebenfalls zur Bildung reaktiver Sauerstoffspezies. Diese werden auch durch andere Mechanismen, wie durch PKC-abhängige Aktivierung von NAD(P)H-Oxidasen und Entkopplung der NO-Synthase gebildet. **Viele Untersuchungen legen eine zentrale Bedeutung von reaktiven Sauerstoffspezies bei der Ausbildung eines Diabetes mellitus Typ-II dar.**
- **Bildung von N-Acetylglusoamin (GlcNac):** Vermehrte O-Glykosylierung von Proteinen mit GlcNac führt u. a. zur Änderung der Aktivität von Transkriptionsfaktoren, die die Expression von Proteinen regulieren, die Entzündungen, Angiogenese und Arteriosklerose begünstigen.
- Vermutlich sind auch **hohe Insulinspiegel selbst an der Pathobiochemie** beteiligt. Insulin reguliert über PKB und MAP-Kinasen die Gefäßerweiterung durch Aktivierung der NO-Synthase und die Vasokonstriktion durch Bildung von ET-1 (S. 589). Beim Diabetiker ist das Gleichgewicht der beiden Prozesse gestört, da die Signaltransduktion über PKB, nicht aber über MAP-Kinasen gestört ist.

Die **Ansammlung von Sorbit und Fructose in der Augenlinse** mit nachfolgender Wassereinlagerung führt zur **Trübung** der Linse (**diabetische Katarakt**, Abb. D-3.5).

Diabetiker besitzen ein hohes Risiko, an **Arteriosklerose** (sog. **Makroangiopathie** des Diabetikers) zu erkranken. Folgen der Arteriosklerose (Herzinfarkt, Schlaganfall) sind für einen großen Teil der Todesfälle infolge von Diabetes mellitus verantwortlich. Zusätzlich zu den bereits erwähnten Schäden an Endothelzellen ist die Arteriosklerose z. T. auf die Hemmung der Lipoproteinlipase und dem daraus resultierenden verlangsamten Abbau der Lipoproteine und die Verschiebung des Lipoproteinprofils (S. 588) zu erklären.

⊙ **D-3.5** Cataracta intumescens (rasche Vergrößerung der Linse aufgrund von Wassereinlagerung) mit seidig glänzender Linse bei Diabetes mellitus Typ 2

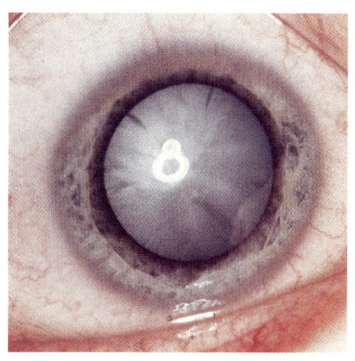

(aus Sachsenweger, Duale Reihe Augenheilkunde, Thieme, 2003)

3.1.2 Glukagon

▶ **Definition.** **Glukagon** ist ein Peptidhormon aus 29 Aminosäuren, das in den A-Zellen des Pankreas gebildet wird. Es erhöht die Blutglucosekonzentration und ist somit der direkte Antagonist des Insulins.

Biosynthese

Glukagon wird als 160 Aminosäuren langes Vorläufermolekül (**Präproglukagon**) synthetisiert, das neben der Sequenz von Glukagon noch die Sequenzen der Glukagon-ähnliche Peptide enthält. Durch gewebsspezifische Prozessierung können verschiedene Produkte entstehen: Im **Pankreas** schneiden spezifische Proteasen fast ausschließlich das **Glukagonpeptid**, im **Darm** dagegen die **Glukagon-ähnlichen Peptide** heraus.

Biosynthese

Spezifische Proteasen prozessieren das Vorläufermolekül **Präproglukagon im Pankreas zu Glukagon, im Darm zu Glukagon-ähnlichen Peptiden**.

Sekretion

Glukagon wird in Vesikeln gespeichert und bei Bedarf sezerniert. Der **primäre Stimulus** für die Glukagonausschüttung ist eine **Abnahme des Glucosespiegels**. Es ist sehr wahrscheinlich, dass wie im Falle von Insulin (nur mit umgekehrten Vorzeichen) **Glucose selbst** die Glukagonausschüttung regulieren kann, der Mechanismus ist jedoch noch weitgehend unbekannt. Ein weiterer starker Stimulus ist die Aminosäure **Arginin**. Sekretionsfördernd wirken auch Katecholamine aus dem Nebennierenmark und Sympathikus und Parasympathikus (kontrolliert durch Glucose-sensitive Neurone im Hypothalamus).

Sekretion

Der **primäre Stimulus** für die Sekretion des in Vesikeln gespeicherten Glukagons ist eine **Abnahme des Glucosespiegels**. Simulierend wirken u. a. auch Arginin, Katecholamine und vegetatives Nervensystem.

Hemmend wirken Somatostatin und Insulin. Insulin ist sehr wahrscheinlich für die bei Typ-2-DM beobachtete Hyperglucagonämie verantwortlich.

Ein starker Hemmstoff ist Somatostatin (aus den D-Zellen des Pankreas). Hemmend wirkt ebenfalls Insulin: A-Zellen besitzen Insulinrezeptoren und sind aufgrund ihrer Nachbarschaft zu den B-Zellen naturgemäß hohen Insulinkonzentrationen ausgesetzt. Dieser Mechanismus trägt vermutlich auch zur bei Diabetes mellitus Typ-2 oft beobachteten Hyperglukagonämie bei (verminderte Hemmung der Glukagonsekretion aufgrund der gestörten Insulinsignaltransduktion). Enthemmung der Glukagonsekretion verschlimmert naturgemäß einen Typ-2-Diabetes.

Abbau

Glukagon wird schnell proteolytisch abgebaut.

Glukagon hat wie Insulin eine Halbwertszeit von wenigen Minuten. Es wird überwiegend in der Leber durch Proteolyse abgebaut, z. T. aber auch über die Niere ausgeschieden.

Molekulare und zelluläre Wirkungen

Glukagon bindet an **hepatische G-Protein-gekoppelte Rezeptoren** und aktiviert die Proteinkinase A. Die **Glykogensynthese** wird **gehemmt**, der **Abbau gefördert**.

Glukagon wirkt vor allem an der **Leber**. Dort bindet es an einen **G-Protein-gekoppelten Rezeptor**. Die Stimulation der Adenylatzyklase führt durch Zunahme der intrazellulären cAMP-Konzentration zur **Aktivierung der Proteinkinase A**. Phosphorylierung aktiviert die Glykogen-Phosphorylase-Kinase und somit die Glykogen-Phosphorylase und inaktiviert die Glykogen-Synthase. Somit **stimuliert** Glukagon den **Glykogenabbau** und **hemmt** die **Glykogensynthese**. Wahrscheinlich erhöht cAMP durch Aktivierung von EPAC (S. 566) zusätzlich die intrazelluläre Ca^{2+}-Konzentration.

Die **Glykolyse** wird durch Abbau des allosterischen Aktivators Fructose-2,6-bisphosphat **gehemmt**.

Durch den erhöhten cAMP-Gehalt wird Fructose-2,6-bisphosphat, der allosterische Aktivator der Phosphofructokinase-1 (des Schrittmacherenzyms der Glykolyse) vermehrt abgebaut. Dadurch sinkt die Aktivität der Phosphofructokinase-1 (S. 598), die **Glykolyse wird gehemmt** (S. 598). Die aus Glykogen freigesetzte Glucose wird daher nicht in der Leber verstoffwechselt, sondern nach Dephosphorylierung durch die Glucose-6-Phosphatase ausgeschleust, um den Blutglucosespiegel zu erhöhen.

Glukagon **stimuliert** die **Gluconeogenese**.

Fructose-2,6-bisphosphat ist gleichzeitig allosterischer Inhibitor der Fructose-1,6-Bisphosphatase, eines der Schlüsselenzyme der Gluconeogenese. Deshalb führt sein Abbau zur **Stimulation der Gluconeogenese**.

Glukagon stimuliert in der Leber die **cAMP-abhängige Transkription**, vor allem von Enzymen der **Gluconeogenese**. Es wirkt so **antagonistisch zu Insulin**.

Glukagon moduliert nicht nur die Aktivität von Enzymen, sondern kann auch deren **Transkription** regulieren. Die **Erhöhung des cAMP-Spiegels** führt zur Aktivierung des **Transkriptionsfaktors CREB** (S. 566). Durch cAMP-abhängige Transkription werden u. a. die Transkription des Cofaktors PGC1α erhöht, der zusammen mit dem Transkriptionsfaktor FOXO-1 (S. 589) die Transkription der Schlüsselenzyme der Gluconeogenese stimuliert. Da FOXO-1 durch Insulin negativ reguliert wird, resultiert hier ein Antagonismus zwischen den Wirkungen von **Insulin** (Tab. **D-3.1**) und **Glukagon**.

Im Fettgewebe sind ebenfalls Glukagon-Rezeptoren nachweisbar. Bei Nagern bewirkt Glukagon eine deutliche Steigerung der Lipolyse, beim Menschen hingegen scheint der lipolytische Effekt nicht besonders stark ausgeprägt zu sein.

Glukagon-ähnliche Peptide

GLP-1 stimuliert die **Insulinfreisetzung** und die Proliferation von Langerhans-Inseln und löst ein Sättigungsgefühl aus. **GLP-2** begünstigt die Proliferation des Darmepithels. Beide Hormone sind an der Regulation der Magen-Darm-Tätigkeit beteiligt.

Die Glukagon-ähnlichen Peptide werden bei Nahrungsaufnahme vor allem im **distalen Ileum** und **Kolon** gebildet. **GLP-1** (Glucagon-like Peptide 1) verstärkt die **Freisetzung von Insulin** nach oraler Glucoseaufnahme und hemmt so indirekt die Glukagonausschüttung aus dem Pankreas. Auf diese Weise trägt GLP-1 zu einer **Verminderung des Glucosespiegels** im Blut bei (auch bei Diabetes mellitus). GLP-1 stimuliert auch die Proliferation der Langerhans-Inseln. Außerdem hemmt es die Magenentleerung und Magensaftsekretion und löst im Gehirn ein Sättigungsgefühl aus. **GLP-2** hemmt die Magensaftsekretion und die Kontraktionswellen des Darms, begünstigt aber vor allem die Proliferation des Darmepithels.

Exenatide, Liraglutide sowie Gliptine werden inzwischen für die Therapie des Typ-2-Diabetes eingesetzt

Exenatide (GLP1-Mimetikum), Liraglutide (ein GLP1-Analogon) sowie Gliptine (DPPIV-Hemmstoffe; DPPIV ist eine Diaminopeptidase, die GLP-1 und GLP-2 innerhalb von Minuten inaktiviert) werden inzwischen für die Therapie des Typ-2-Diabetes eingesetzt.

▶ Klinik. In der Therapie des Diabetes mellitus werden inzwischen fast nur noch Insuline eingesetzt, die in großer Menge auf biotechnologischem Wege über eine Expression in *Escherichia coli* oder in Hefen gewonnen werden. Auch das **normale Humaninsulin**, das für therapeutische Zwecke auf dem Markt ist, wird auf diese Weise produziert. Nach Injektion in das Unterhautfettgewebe liegt Insulin zunächst in Form von Hexameren vor. Diese dissoziieren mit der Zeit zunächst in Dimere und schließlich in Monomere, die in das Blut und zu den Zielorganen gelangen. Die Wirkung tritt nach etwa 15 – 30 Minuten ein, erreicht nach etwa einer Stunde ein Maximum und endet nach 4 – 6 Stunden. Grundsätzliches Ziel jeder Insulintherapie ist die Vermeidung der Komplikationen sowohl eines überhöhten Glucosespiegels (S. 590) als auch einer gefährlichen Hypoglykämie. Um dieses Ziel zu erreichen werden heute in der Regel verschiedene Insuline in Kombination eingesetzt.

Im Pankreas wird Insulin unter physiologischen Bedingungen kontinuierlich in geringer Menge sezerniert, die Sekretion bei Bedarf aber erheblich gesteigert. In der modernen Diabetes-Therapie wird versucht, dieses Muster im Rahmen der sog. **Basis-Bolus-Therapie** zu imitieren. Für die Basistherapie wird der Körper einmal täglich mit einem lange wirkenden **Basalinsulin** versorgt. Dabei werden Analoga des Insulins eingesetzt, die nur sehr langsam in Monomere dissoziieren und entsprechend langsam in das Blut gelangen. Bereits seit 2000 ist als Basalinsulin das Analogon Glargin (Handelsname Lantus) zugelassen. In der A-Kette dieses Analogons ist das Aspartat der Position 21 gegen Glycin ausgetauscht, die B-Kette ist um zwei Arginine verlängert. Ein neueres lang wirkendes Analogon ist das Detemir (Handelsname Levemir). Seine längere Wirkungsdauer ist bedingt durch die kovalente Bindung einer Fettsäure (Myristinsäure) an die Aminosäure Lysin in Position 29 der B-Kette. Zum anderen gibt es für diesen Einsatzzweck intermediär wirkende NPH-Verzögerungsinsuline (Neutrales Protamin-Insulin Hagedorn), die allerdings mindestens zweimal am Tag injiziert werden müssen. In Ergänzung zum Basalinsulin wird vor Mahlzeiten zudem – je nach Bedarf – ein Bolus aus normalem Humaninsulin oder ein besonders **schnell wirkendes Insulin-Analogon** injiziert, dessen Hexamere aufgrund geringfügiger Änderungen in der Aminosäuresequenz besonders leicht dissoziieren. So sind in dem Lispro (Handelsname Humalog) genannten Insulin die Aminosäuren Prolin und Lysin der Position 28 und 29 der B-Kette gegeneinander ausgetauscht. Schnell wirksame Insulin-Analoga sind auch Aspart (Handelsname NovoRapid) und Glulisin (Handelsname Apidra).

Eine Spritze zu viel

Das Licht auf dem Stationsflur ist gedimmt. Um 1 Uhr morgens bin ich einer der wenigen, die noch im Hause unterwegs sind. Die meisten Patienten schlafen, so gut wie es in einem Krankenhaus eben geht. Im Stationszimmer richtet Nachtschwester Barbara gerade die Medikamente für den Tagdienst.

Ich frage, ob es noch etwas zu tun gibt und bin gerade auf dem Weg ins Bereitschaftszimmer, als plötzlich die Stationsklingel aufleuchtet. Bestimmt nur ein Toilettengang, hoffe ich, ahne aber nichts Gutes. Und tatsächlich: Kurz nachdem Barbara ins Patientenzimmer eintritt, höre ich sie meinen Namen rufen. Sofort bin ich wieder hellwach und auf dem Weg zu ihr ins Patientenzimmer.

Barbara steht zusammen mit einem Patienten am Bett an der Fensterseite. Der darin liegende Patient ist wach und blickt starr zur Decke, reagiert aber nicht auf Ansprache.

Ich erkenne ihn sofort: Herr Jaschke, wenige Stunden zuvor habe ich ihn aufgenommen. Erstdiagnose: Vorhofflimmern mit einer Tachyarrhythmia absoluta – eine häufige Herzrhythmusstörung, die ich mit einem Betablocker gut einstellen konnte. Zudem musste ich Heparin zur Senkung der Blutgerinnung geben, damit mögliche Blutgerinnsel im Herzen nicht über die Halsschlagadern ins Gehirn gelangen und dort einen Schlaganfall verursachen. Sonst gab es bei ihm keine Auffälligkeiten.

„Ich habe den ganzen Abend geschlafen", berichtet der Bettnachbar, „und als ich aufgewacht bin, war er so komisch."

„Schnell, Barbara – hole bitte den Monitor und ruf im Röntgen an, wir brauchen ein Schädel-CT." Zielgerichtet untersuche ich den Patienten. Leuchte in die Pupillen, die seitengleich auf Licht reagieren. Im Mund ist kein Fremdkörper, und auch kein Zungenbiss als Zeichen für einen abgelaufenen Krampfanfall ist zu sehen. Der Puls ist normofrequent. Beim Streichen über die Fußsohlen für den Babinski-Test zuckt der Patient und bewegt sich etwas hin und her. Irgendwie scheint mir, dass sich die linke Körperhälfte weniger bewegt als die rechte. Das sieht alles nach einem Schlaganfall aus – ausgelöst durch eine Durchblutungsstörung oder eine Hirnblutung.

Ich löse die Bettbremsen und zusammen mit dem Bettnachbarn bugsiere ich das Bett durch die Tür auf den Stationsflur. Barbara erwartet uns dort schon, sie befestigt den Überwachungsmonitor mit Sauerstoffsättigung und Blutdruckmessgerät am Bett und verkabelt rasch den Patienten.

„Schwester Nadine von der Nachbarstation passt hier mit auf. Wir können gleich los zum CT."

Während wir Herrn Jaschke im Bett durchs Haus schieben, piept der Monitor regelmäßig, die Werte sind so weit in Ordnung: Sauerstoffsättigung bei 95 % und Blutdruck bei 135/85 mmHg. Mit der Röntgenassistentin schaffen wir es zu dritt, den noch immer unveränderten Patienten auf die CT-Liege zu heben. Während die Röntgenassistentin das CT startet, habe ich endlich einen Moment zum Luftholen. Im Moment der Ruhe klingelt plötzlich ein Telefon.

„Ja, Nadine ...", spricht Barbara in ihr Diensttelefon und sieht dabei zu mir herüber. „Ach, der Herr Müller. Ja, der ist Diabetiker, der braucht noch seine Insulinspritze? Die habe ich ihm vorhin doch gegeben. Und er sagt, dass er noch keine bekommen hat?"

In diesem Moment blicke ich auf den Befundmonitor des CTs – die einzelnen Schichtaufnahmen vom Gehirn erscheinen nach und nach. Auf den ersten Blick sieht alles normal aus. Und dann blicke ich zurück zu Barbara, die leichenblass geworden ist.

Sie hatte Herrn Jaschke aus Versehen die Insulinspritze des Bettnachbarn gegeben. Sofort schnappe ich mir den Notfallkoffer aus dem Röntgenraum, ziehe Glucose in einer Spritze auf, während Barbara den Blutzucker misst. Es scheint eine Ewigkeit zu dauern, bis das kleine Gerät das Ergebnis anzeigt: 40 mg/dl – Hypoglykämie (Unterzuckerung). Insulin – eigentlich ein körpereigenes Hormon – fördert die Aufnahme von Glucose in die Zelle. Besonders das Gehirn hat einen hohen Glucosebedarf. Durch die irrtümliche Insulingabe wurde der Blutglucosespiegel zu sehr gesenkt, sodass das Gehirn nicht mehr ausreichend mit Glucose versorgt war. Rasch gebe ich die Glucose in den gesicherten Venenzugang. Nur wenig später kommt unser Patient wieder zur Besinnung und blickt sich verwundert um. Schwester Barbara legt die Hand auf seine Schulter: „Herr Jaschke, ich glaube, wir müssen Ihnen da was erklären ..."

Foto: Carsten Bachmeyer/Fotolia

3.2 Die Katecholamine Adrenalin und Noradrenalin

▶ **Definition.** **Katecholamine** sind Aminogruppen enthaltende Derivate des 1,2-Dihydroxybenzols (= engl. Catechol). Zu den Katecholaminen zählen der Neurotransmitter Dopamin und Adrenalin und Noradrenalin, das sowohl Neurotransmitter als auch Hormon ist.

Adrenalin und Noradrenalin werden bei Kälte, Hitze, körperlicher Arbeit oder psychischer Belastung vermehrt freigesetzt. Sie steigern die Aktivität des Herz-Kreislauf-Systems und mobilisieren Energiespeicher und ermöglichen so „Fight or Flight"-Reaktionen (Angriff oder Flucht). Bei längerfristigen Belastungen wirken sie synergistisch mit den Glukokortikoiden.

Die Katecholamine werden in **Neuronen** oder Zellen **neuronalen Ursprungs** gebildet. **Noradrenalin** wird im peripheren Nervensystem von sympathischen Nervenfasern am Erfolgsorgan ausgeschüttet und ist im ZNS Transmitter noradrenerger Neurone (z. B. im Locus coeruleus). **Adrenalin** hingegen ist als Neurotransmitter wenig verbreitet (einige Neurone in der Medulla oblongata). Neuronen, in denen **Dopamin** vorkommt, werden dopaminerge Neurone genannt. Im ZNS befinden sie sich vor allem im Mittelhirn, peripher ist Dopamin auch Neurotransmitter einiger sympathischer Neurone. In der Hypophyse hemmt Dopamin als **Hormon** die Prolaktinausschüttung (S. 602).

Das **Nebennierenmark** ist die quantitativ wichtigste Quelle von **Adrenalin**. Im Nebennierenmark werden Adrenalin und Noradrenalin in den chromaffinen Zellen gebildet (beim Menschen im Verhältnis 4:1). Diese Zellen sind fortsatzlose Ganglienzellen, die von präganglionären sympathischen Neuronen innerviert werden. Sie können somit als modifizierte postganglionäre sympathische Neurone aufgefasst werden. Deshalb werden die Neurone des Sympathikus und das Nebennierenmark als **sympathoadrenerges System** zusammengefasst. Da beide Komponenten **parallel aktiviert** werden, ist die Zuordnung der Wirkungen nicht immer leicht. Von Patienten mit einer Unterfunktion des Nebennierenmarks und von Mäusen, denen das Nebnnierenmark entfernt wurde, weiß man, dass das Nebennierenmark – im Gegensatz zum Sympathikus – nicht unbedingt lebensnotwendig ist, es hilft aber, bei Stress die Homöostase zu erhalten.

3.2.1 Biosynthese und Sekretion

Biosynthese

Dopamin, Adrenalin und Noradrenalin leiten sich von der Aminosäure **Tyrosin** ab (Abb. **D-3.6**). Tyrosin wird durch die **Tyrosin-Hydroxylase** zu 3,4-Dihydroxyphenylalanin **(Dopa)** umgewandelt. Das Enzym enthält Fe^{2+} im aktiven Zentrum und benötigt molekularen Sauerstoff als Cosubstrat und den Cofaktor Tetrahydrobiopterin (BH_4) der vom Körper aus GTP synthetisiert werden kann. In der Reaktion wird ein Sauerstoffatom auf den aromatischen Ring von Tyrosin übertragen, das zweite Sauerstoffatom oxidiert BH_4 zu Hydroxy-Tetrahydrobiopterin (= Pterin-4α-Carbinolamin). Der Cofaktor muss für eine erneute Hydroxylierungsreaktion zunächst unter Wasserabspaltung in Dihydrobiopterin umgewandelt werden, welches dann durch Reduktion mit NAD(P)H (NADH bevorzugt) wieder zu BH_4 reduziert wird. Die Tyro-

⊙ **D-3.6** Biosynthese der Katecholamine

① Tyrosinhydroxylase-Reaktion:

Tyr + O_2 ⇌ Tetrahydrobiopterin
Dopa + H_2O ⇌ 4-OH-Tetrahydrobiopterin (= Pterin-4α-carbinolamin)

Tyrosin → Dopa → Dopamin → Noradrenalin → Adrenalin

sinhydroxylierung ist der geschwindigkeits-bestimmende Schritt der Synthese. Durch das Enzym **Dopa-Decarboxylase** wird anschließend das biogene Amin **Dopamin** gebildet. Die Dopa-Decarboxylase benötigt als Cofaktor **Pyridoxalphosphat**. Sie besitzt eine breite Substratspezifität für aromatische Aminosäuren und ist auch an der Biosynthese von Serotonin, Histamin und Tyramin beteiligt. In den dopaminergen Neuronen des ZNS stellt Dopamin das Endprodukt dar.

In den noradrenergen Neuronen und im Nebennierenmark dagegen geht die Synthese weiter: Die **Dopamin-β-Hydroxylase** führt eine weitere OH-Gruppe ein, wodurch **Noradrenalin** entsteht. Für diese Reaktion werden molekularer Sauerstoff **(O_2), Ascorbinsäure (Vitamin C) und Cu^{2+}** benötigt. Noradrenalin ist das Hauptprodukt in noradrenergen Neuronen. Im Nebennierenmark werden jedoch ca. 80 % des Noradrenalins durch das Enzym **Phenylethanolamin-N-Methyltransferase** zu Adrenalin umgesetzt (beim Menschen). Dabei dient **S-Adenosylmethionin**, SAM (S. 169), als Methylgruppendonor. Beide Hormone werden zusammen in Sekretgranula gespeichert.

▶ Merke. Dopamin und Noradrenalin werden überwiegend in dopaminergen und noradrenergen Neuronen synthetisiert. Noradrenalin wird auch im Nebennierenmark gebildet, allerdings werden ca. 80 % des Noradrenalins in Adrenalin umgewandelt.

Regulation der Biosynthese (Nebennierenmark)

Die Katecholaminbiosynthese ist von zwei Faktoren abhängig, die sich gegenseitig ergänzen (Abb. **D-3.7**):
- Sie erfordert eine Stimulierung des Nebenierenmarks durch den **Sympathikus**. Aus den präganglionären Nervenenden ausgeschüttetes Acetylcholin und peptiderge Transmitter binden an Rezeptoren der chromaffinen Zellen und induzieren die Transkription von Enzymen, vor allem die Tyrosin-Hydroxylase und die Dopamin-β-Hydroxylase. Die Mechanismen sind erst teilweise bekannt.
- **Glucocorticoide** (Cortisol) aus der benachbarten Nebennierenrinde induzieren die Bildung der Phenylethanolamin-N-Methyltransferase und tragen auch zur gesteigerten Transkription der Tyrosin-Hydroxylase bei.

Die Regulation durch Sympathikus und Cortisol ist verständlich, da die Katecholaminbiosynthese unter Stressbedingungen aktiviert wird. Stress steigert im ZNS die Freisetzung von CRH, das a) die Hypothalamus-Hypophyse-Nebennierenrinde-Achse aktiviert und so zur Erhöhung von Kortisol führt und b) noradrenerge Neurone im Hirnstamm stimuliert und so das sympathoadrenerge System aktiviert.

D-3.7 Regulation der Biosynthese von Adrenalin durch Sympathikus und Glucocorticoide

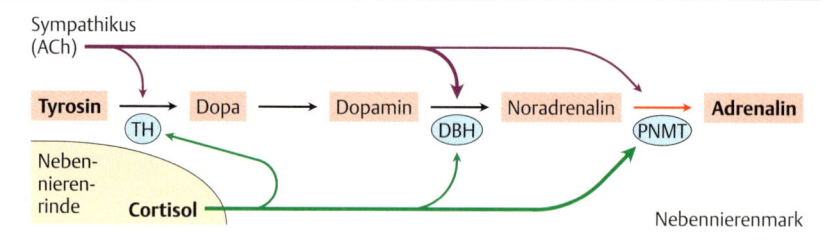

Sympathikus (ACh)

Tyrosin → Dopa → Dopamin → Noradrenalin → **Adrenalin**
(TH)   (DBH)   (PNMT)

Nebennierenrinde **Cortisol**

Nebennierenmark

ACh: Acetylcholin, TH: Tyrosin-Hydroxylase, DBH: Dopamin-β-Hydroxylase, PNMT: Phenylethanolamin-N-Methyltransferase ().
(nach Klinke, Silbernagl, Lehrbuch der Physiologie, Thieme, 2003)

Sekretion

Die Ausschüttung von Noradrenalin bzw. Adrenalin erfolgt durch **Sympathikusaktivierung**. Aktivierung von nikotinischen Acetylcholinrezeptoren der chromaffinen Zellen führt zum Einstrom von Ca^{2+} und zur Exozytose von Adrenalin bzw. Noradrenalin. Obwohl **Adrenalin und Noradrenalin im Verhältnis 4:1 aus dem Nebennierenmark ausgeschüttet** werden, beträgt das Verhältnis der beiden Hormone **im Blutplasma 1:5**. Der höhere Plasmaspiegel an Noradrenalin ist auf die Freisetzung aus noradrenergen postganglionären sympathischen Nervenenden und Entweichen aus dem synaptischen Spalt zu erklären.

3.2.2 Abbau

Der Abbau von Noradrenalin und Adrenalin beginnt mit einer **Methylierung** (Abb. **D-3.8**) durch die Catechol-O-Methyltransferase (COMT). Anschließend **oxidiert** die Monoaminoxidase (MAO) die Aminogruppe zur Aldehydgruppe, die leicht zur Carbonsäure weiter oxidiert werden kann. Das Produkt dieser Reaktion ist **Vanillinmandelsäure** (3-Methoxy-4-hydroxymandelsäure), die auch das Ausscheidungsprodukt von Adrenalin und Noradrenalin darstellt.

Die abbauenden Enzyme sind **intrazellulär** lokalisiert, die nicht membranpermeablen Hormone gelangen über relativ unspezifische organische **Kationentransporter (OCT-Transporter)** in die Zelle, z. T. werden die Katecholamine auch durch Endozytose der Ligand-Rezeptorkomplex in die Zelle aufgenommen. Die abbauenden Enzyme kommen in praktisch allen Geweben vor. Besonders reich an MAO und COMT sind jedoch Leber, Intestinaltrakt und Niere.

Im Gegensatz zur Entfernung aus dem Blut ist der wichtigste Mechanismus zur Entfernung von **Noradrenalin aus dem synaptischen Spalt** die **Wiederaufnahme (= Reuptake)** in das postganglionäre sympathische Axon durch spezifische Transportsysteme, die nicht mit den oben genannten Transportern identisch sind. Im Axon wird Noradrenalin erneut in Vesikeln gespeichert oder abgebaut.

Noradrenalin und Adrenalin werden durch **Methylierung** am aromatischen Ring und **Oxidation** der Aminogruppe in **Vanillinmandelsäure** umgewandelt (Abb. **D-3.8**).

Der Abbau erfolgt **intrazellulär**. Die Aufnahme der im Blut zirkulierenden Katecholamine in die Zelle erfolgt über **Kationentransporter.**

Noradrenalin aus dem **synaptischen Spalt** wird hauptsächlich durch **Wiederaufnahme** in das postganglionäre sympathische Axon entfernt.

D-3.8 Abbau von Adrenalin zu Vanillinmandelsäure

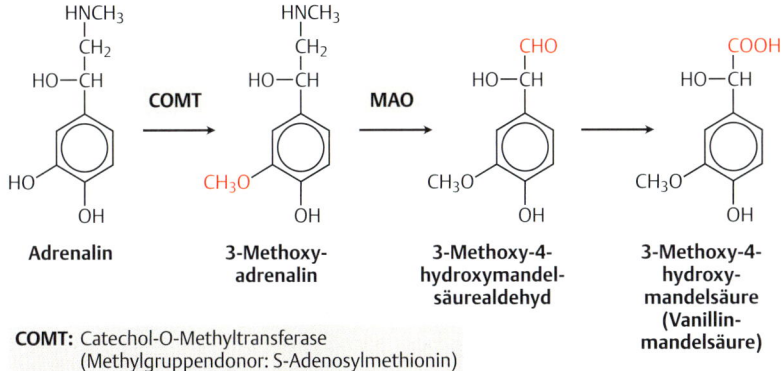

Adrenalin → (COMT) → 3-Methoxyadrenalin → (MAO) → 3-Methoxy-4-hydroxymandelsäurealdehyd → 3-Methoxy-4-hydroxymandelsäure (Vanillinmandelsäure)

COMT: Catechol-O-Methyltransferase (Methylgruppendonor: S-Adenosylmethionin)
MAO: Monoaminoxidase (Cu-abhängig)

Noradrenalin wird analog abgebaut. COMT: Catechol-O-Methyltransferase (Methylgruppendonor: S-Adenosylmethionin), MAO: = Monoaminoxidase (Cu^{2+}-abhängig).

3.2.3 Molekulare Mechanismen

Adrenalin und Noradrenalin binden an **G-Protein-gekoppelte Rezeptortypen**, die adrenergen Rezeptoren (Adrenozeptoren), die je nach Rezeptortyp die Adenylatzyklase, inhibitorische G-Proteine oder die Phospholipase C aktivieren (Tab. **D-3.2**). Die Rezeptoren werden in mehrere Subtypen umfassende α- und β-Rezeptoren unterteilt. Adrenalin und Noradrenalin aktivieren $α_1$- und $α_2$-Rezeptoren sehr gut und haben in etwa die gleiche Affinität zu $β_1$-Rezeptoren. **$β_2$-Rezeptoren hingegen werden durch Adrenalin viel stärker aktiviert als durch Noradrenalin**.

Durch Aktivierung der verschiedenen Second-Messenger-Systeme lösen Adrenalin und Noradrenalin **schnelle metabolische und physiologische Anpassungsreaktionen** aus.

Die Katecholamine regulieren nicht nur Enzymaktivitäten, sondern können auch die **Transkription** regulieren, insbesondere durch die bereits bei Glukagon angesprochene cAMP-abhängige Aktivierung von CREB (S. 229). Da (Nor-)Adrenalin im Gegensatz zu Glukagon nicht nur auf die Leber, sondern auf viele Organe wirkt, wird eine Vielzahl von Genen unter Beteiligung von CREB exprimiert. Die cAMP-abhängige Stimulation der Transkription beschränkt sich nicht auf Enzyme des Stoffwechsels (z. B. die Enzyme der Gluconeogenese), sondern moduliert auch eine Reihe physiologischer Prozesse: Beispielsweise steigern Katecholamine in der Niere die Expression von Renin und im Gehirn die Expression von Genen, die für Lernprozesse von Bedeutung sind. Pathophysiologisch relevant ist, dass erhöhte Plasma-Katecholaminspiegel bei Herzinsuffizienz zu veränderter Genexpression des Herzens führt, die seine Funktionsfähigkeit noch weiter einschränkt.

Adrenalin und Noradrenalin binden an **adrenerge Rezeptoren (Adrenozeptoren)**, die je nach Rezeptortyp die Adenylatzyklase, inhibitorische G-Proteine oder die Phospholipase C aktivieren (Tab. **D-3.2**).

Katecholamine können über cAMP-abhängige **Aktivierung von CREB** die **Transkription** von Genen stimulieren.

D-3.2 Adrenerge Rezeptoren (Adrenozeptoren), ihre Signaltransduktionswege und die durch sie vermittelten Wirkungen

Rezeptor	G-Protein	Second Messenger	Effektormolekül des G-Proteins	rezeptorvermittelte Wirkung
α_1-Adrenozeptor	G_q	DAG und $IP_3 \rightarrow Ca^{2+} \uparrow$	Phospholipase Cβ (Aktivierung)	Kontraktion der glatten Muskulatur (z. B. der Gefäße und der Bronchien), Stimulation der Glykogenolyse in der Leber
α_2-Adrenozeptor	G_i (Adenylatzyklase-inhibierendes G-Protein)	cAMP $\downarrow$	Adenylatzyklase (Hemmung)	Hemmung der Lipolyse im weißen Fettgewebe, Hemmung der Insulinfreisetzung
β-Adrenozeptor ■ β_1 ■ β_2 ■ β_3	G_s (Adenylatzyklase-stimulierendes G-Protein)	cAMP $\uparrow$	Proteinkinase A (Aktivierung)	■ β_1: Herz: Steigerung von Herzfrequenz, Reizleitungsgeschwindigkeit, Kontraktionskraft und Relaxationsgeschwindigkeit ■ β_2: Relaxation der glatten Muskulatur (z. B. der Gefäße und der Bronchien), Stimulation der Glykogenolyse in Leber und Skelettmuskel, Stimulation der Lipolyse im weißen Fettgewebe ■ β_3: Stimulation der Lipolyse im braunen Fettgewebe

3.2.4 Zelluläre Wirkungen

Die zellulären Wirkungen der Katecholamine lassen sich grob in zwei Gruppen einteilen:
- **Wirkungen auf den Stoffwechsel:** Mobilisierung von Energiespeichern,
- **Wirkungen auf Organsysteme:** Regulation des Herz-Kreislauf-Systems und der Kontraktion der glatten Muskulatur von Organen.

Wirkungen auf den Stoffwechsel

Die Stoffwechselwirkungen werden sowohl durch Katecholamine aus dem Nebennierenmark als auch durch Noradrenalin aus noradrenergen Fasern vermittelt (Letzteres insbesondere dann, wenn das Organ stark sympathisch innerviert ist, wie z. B. das Fettgewebe). Wirkungen auf den Glucosestoffwechsel werden vor allem durch Adrenalin (über β_2-Rezeptoren) verursacht.

Adrenalin bereitet den Körper auf die Bewältigung von Belastungen vor und stimuliert daher Reaktionen, die zur **Energiebereitstellung** dienen, vor allem **auf Kosten der Glykogenspeicher** und **Fettdepots**.

Glucosestoffwechsel: Bindung von Adrenalin an β_2-Rezeptoren **stimuliert** den **Glykogenabbau in Leber und Skelettmuskel** durch cAMP-abhängige Phosphorylierung der **Glykogen-Phosphorylase** bei gleichzeitiger **Hemmung der Glykogen-Synthase**. Der Mechanismus ist der gleiche wie bei Glukagon (S. 592), das allerdings nur an der Leber wirkt.

▶ Merke. Der Muskel verwendet die freigesetzte Glucose nur für den Eigenbedarf.

In der **Leber** wird (wie bei Glukagon) durch cAMP-abhängigen Abbau des allosterischen Aktivators Fructose-2,6-bisphosphat (durch das bifunktionelle Enzym Phosphofructokinase-2/Fructose-Bisphosphatase-2 der Hepatozyten) die Aktivität der Phosphofructokinase-1 reduziert und die **Glykolyse** somit **gehemmt**. Die Aktivität der Fructose-1,6-Bisphosphatase dagegen wird hierdurch gesteigert, d. h. die **Gluconeogenese stimuliert**.

Im Unterschied zur Leber wird im **Herzmuskel** die **Glykolyse stimuliert**, da hier eine Isoform des bifunktionellen Enzyms exprimiert wird, deren Kinasedomäne durch cAMP-abhängige Phosphorylierung aktiviert wird. Im **Skelettmuskel** dominiert eine dritte Isoform, der die PKA-Phosphorylierungsstellen fehlen, sodass Adrenalin an diesem Enzym **keinen Effekt** besitzt.

Die Gluconeogenese wird auch durch CREB-abhängige vermehrte Transkription der relevanten Enzyme gefördert.

Fettstoffwechsel: Im Fettgewebe **steigern** Adrenalin und Noradrenalin die **Lipolyse**, indem sie an β_1-, β_2- und/oder β_3-adrenerge Rezeptoren binden und die Proteinkinase A aktivieren. Diese wiederum **aktiviert** die **hormonsensitive Lipase**. Welche Rezeptor-Subtypen involviert sind, ist speziesabhängig. Beim **Menschen** werden im weißen Fettgewebe vor allem β_1- und β_2-Rezeptoren aktiviert, im braunen Fettgewebe auch die Adipozyten-spezifischen β_3-Rezeptoren, bei der Ratte dominieren in beiden Fettdepots die β_3-Rezeptoren. Nicht alle Fettdepots sind gleich gut der Lipolyse zugänglich. Die Zugänglichkeit hängt von der Zahl der α_2-Rezeptoren ab (z. B. sind bei Frauen die Fettdepots an den Hüften besonders reich an α_2-Rezeptoren). Bei niedrigen Adrenalin- bzw. Noradrenalinkonzentrationen werden vor allem die α_2-Rezeptoren aktiviert, sodass die Freisetzung von Fettsäuren gehemmt wird. Erst bei höheren Konzentrationen wird die Lipolyse über β-Rezeptoren gesteigert. Die Lipolyse kann sowohl durch Erhöhung des Sympathikotonus – besonders reich an postganglionären sympathischen Fasern ist das braune Fettgewebe – als auch durch Adrenalin bzw. Noradrenalin aus dem Nebennierenmark gesteigert werden.

Parallel zum Abbau der Fettdepots wird durch Stimulation von α_2-Rezeptoren die **Insulinausschüttung inhibiert**, um eine Wiederauffüllung der Energiedepots durch Insulin-stimulierte Reaktionen zu verhindern.

Die **Insulinsekretion** wird **gehemmt**, um eine Wiederauffüllung der Fettdepots zu verhindern.

Thermogenese: Plötzliche Kälteexposition führt zur Aktivitätssteigerung des Sympathikus und dadurch zu peripherer Vasokonstriktion und zum **Kältezittern** – unkoordinierte Muskelkontraktionen, die im Verlauf von Stunden oder wenigen Tagen an Bedeutung verlieren, da sie zunehmend durch die zitterfreie Wärmebildung ersetzt werden. Am besten untersucht ist die **zitterfreie Wärmebildung (Thermogenese) im braunen Fettgewebe**. Stimulierung der Lipolyse durch (Nor-)Adrenalin stellt freie Fettsäuren als Substrate für die Energiegewinnung zur Verfügung. Die beim mitochondrialen Abbau der Fettsäuren über β-Oxidation, Citratzyklus und Atmungskette gewonnene Energie wird nur zum Teil zur Produktion von ATP verwendet. Der größte Teil wird durch **Entkopplung der Atmungskette** in **Wärme** umgewandelt. Die innere Mitochondrienmembran enthält ein **Entkopplerprotein (Thermogenin = UCP1)**, welches auf noch nicht genau bekanntem Wege durch Fettsäuren aktiviert wird. Die Thermogenese im braunen Fettgewebe erfordert den **Synergismus** von **Noradrenalin** und **Schilddrüsenhormonen** (Abb. **D-3.9**). Noradrenalin steigert über einen CREB-abhängigen Mechanismus die **Expression von UCP1 und der Deiodase 2**, die T4 in biologisch aktives T3 umwandelt (S. 608). Durch Wirkung der Deiodase werden lokal hohe Konzentrationen an T3 erzeugt. Dieses steigert zum einen die Transkription von Genen, die für die adrenerge Signaltransduktion erforderlich sind, zum anderen verstärkt es synergistisch mit Noradrenalin die Transkription von UCP1.

Thermogenese: Plötzliche Kälteexposition führt zum Kältezittern, das zunehmend durch zitterfreie Wärmebildung ersetzt wird.

Katecholamine **stimulieren** die **Lipolyse im braunen Fettgewebe.** Der größte Teil der aus dem Abbau der Fettsäuren gewonnenen Energie wird durch **UCP1** vermittelte **Entkopplung der Atmungskette** in **Wärme** umgewandelt. Die Thermogenese im braunen Fettgewebe erfordert den **Synergismus** von **Noradrenalin** und **Schilddrüsenhormonen** (Abb. **D-3.9**).

⊙ **D-3.9** Thermogenese im braunen Fettgewebe

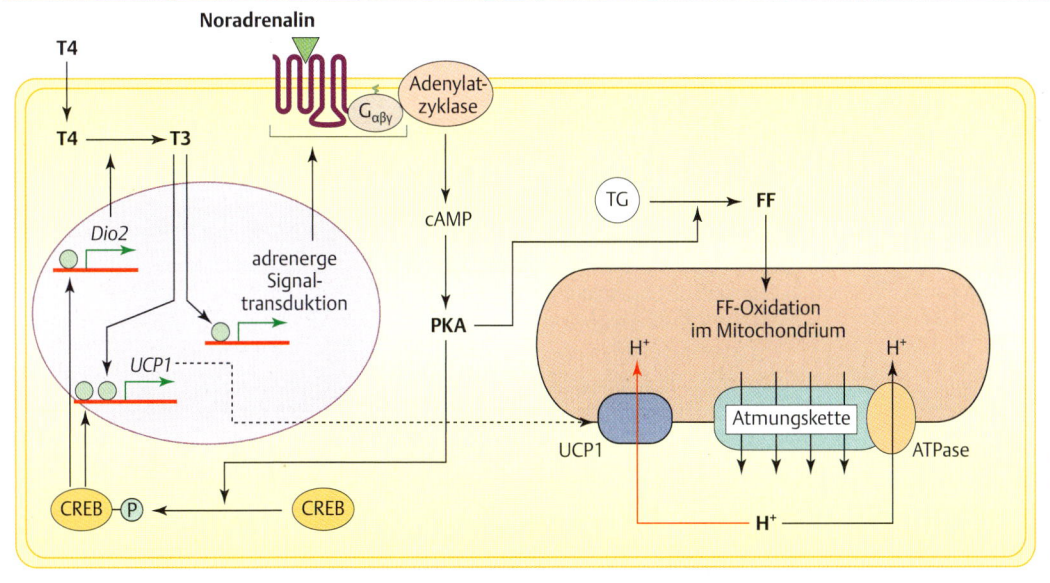

Dio2 Deiodase 2
UCP1 Uncoupling Protein 1
TG   Triglycerid
FF   freie Fettsäure

Synergismus von Noradrenalin (Sympathikus) und Schilddrüsenhormonen
(nach Behrends et al., Duale Reihe Physiologie, Thieme, 2010)

Das braune Fettgewebe liefert bei kleinen Säugern (z. B. der Maus) den wohl wichtigsten Beitrag zur Thermogenese. Beim Menschen ist das braune Fettgewebe vor allem beim Neugeborenen zur Wärmeerzeugung wichtig. Früher hatte man angenommen, dass es beim Erwachsenen keine Rolle mehr spielt. Dies ist aber aufgrund neuester Untersuchungen nicht mehr haltbar. Es ist zwar weit weniger bedeutend als beim Säugling, der adulte Organismus besitzt durchaus funktionelles, durch Kälte induzierbares braunes Fettgewebe.

Das braune Fettgewebe spielt beim **Neugeborenen** eine wichtige Rolle zur Wärmeerzeugung bei Kälte, ist **aber auch im Erwachsenenalter noch funktionell.**

Wirkungen auf Organsysteme

In erster Linie sind die Wirkungen des sympathischen Nervensystems auf den Herzmuskel und auf die glatte Muskulatur von Organen und Gefäßen zu nennen. Je nach Rezeptortyp treten unterschiedliche, z. T. sogar antagonistische Effekte auf.

Herzmuskel: Hier steigern Katecholamine über β_1-Rezeptoren Herzfrequenz **(positiv chronotrope Wirkung)**, Reizleitungsgeschwindigkeit **(positiv dromotrope Wirkung)**, Kontraktionskraft **(positiv inotrope Wirkung)** und Relaxationsgeschwindigkeit **(positiv lusitrope Wirkung)** und führen so zu einer Zunahme des Herzzeitvolumens. Diese Effekte werden ergänzt, indem Katecholamine die Reninsekretion stimulieren und so den Blutdruck anheben.

Die **positiv chrono- und dromotrope Wirkung** beruht auf der Stimulierung des langsamen Ca^{2+}-Einstroms in die Schrittmacherzellen des Sinus- bzw. AV-Knotens durch Phosphorylierung des Ca^{2+}-Kanalproteins sowie auf der Steigerung des Schrittmacherstroms, die wahrscheinlich auf eine Aktivitätssteigerung eines Na^+-K^+-Kanals durch Bindung von cAMP zurückzuführen ist. Beide Effekte bewirken eine **Zunahme der Steilheit des Aktionspotenzials**.

Die **positiv inotrope Wirkung** wird durch **cAMP-abhängige Phosphorylierung von Ca^{2+}-Kanälen** erreicht. Dadurch wird die Offenwahrscheinlichkeit der Kanäle erhöht, sodass mehr Ca^{2+}-Ionen in die Zelle einströmen. Zusätzlich führt die **Phosphorylierung** des Proteins **Phospholamban** zu einer **Verkürzung der Relaxationszeit (positiv lusitrope Wirkung)**. Phospholamban inhibiert im nicht phosphorylierten Zustand die Ca^{2+}-ATPase des sarkoplasmatischen Retikulums, sodass die Ca^{2+}-Ionen nicht aus dem Zytosol ins sarkoplasmatische Retikulum zurückgepumpt werden können. Phosphorylierung hebt die inhibierende Wirkung auf, sodass der Ca^{2+}-Rücktransport beschleunigt wird und eine schnellere Kontraktionsfolge möglich ist.

Glatte Gefäßmuskulatur: Noradrenalin (und Adrenalin) und lösen Vasokonstriktion oder Vasodilatation aus, je nachdem, welche Rezeptoren aktiviert werden:

- Aktivierung von α_1-**Rezeptoren** führt zur **Vasokonstriktion:** Aktivierung der Phospholipase Cβ führt zur Bildung von IP_3, das Ca2+ aus dem sarkoplasmatischen Retikulum freisetzt (S. 795). Ca^{2+} aktiviert nach Bindung an Calmodulin die Myosin light Chain Kinase (MLCK), die die regulatorische Untereinheit der leichten Myosinketten phosphoryliert. Im nicht-phosphorylierten Zustand hemmen die leichten Myosinketten die Aktin-aktivierte ATPase-Aktivität der Myosinköpfchen (vermutlich wird die Freisetzung von Phosphat-Ionen nach Hydrolyse von ATP behindert), sodass der normale Brückenzyklus nicht funktioniert. Durch Phosphorylierung wird diese Hemmung aufgehoben, sodass es zur Kontraktion kommt (Abb. **D-3.10**). Parallel wird der antagonistische Weg, Aktivierung der Myosin Light Chain Phosphatase (MLCP), gehemmt:
    - α_1-Rezeptoren aktivieren parallel zu G_q-Proteinen auch G12/13-Untereinheiten (S. 571). Stimulierung eines Guanin-Nukleotid-Austauschfaktors führt zur Aktivierung des kleinen G-Proteins Rho aus der Ras-Familie (Rho-GDP → Rho-GTP). Rho-GTP wiederum aktiviert die Rho-Kinase, die eine regulatorische Untereinheit der MLCP phosphoryliert, was zur Inaktivierung der MLCP führt.
    - Die über G_q/Phospholipase Cβ/DAG aktivierte Proteinkinase C phosphoryliert ein 17 kDa großes Protein (CPI-17). In der phosphorylierten Form ist dieses ein effektiver Inhibitor der MLCP.
- Aktivierung von β_2-**Rezeptoren** führt zur **Vasodilatation** (Abb. **D-3.10**). Dafür sind eine Reihe von Mechanismen verantwortlich:
    - Ein wichtiger Mechanismus ist die PKA-vermittelte Senkung des Ca^{2+}-Spiegels, z. B. durch Aktivierung des Ca^{2+}-Transports in das ER, Aktivierung eines Na^+-Ca^{2+}-Austauschers und die Hyperpolarisation der Zellmembran (Aktivierung von K^+-Kanälen), damit Erschweren des Ca^{2+}-Einstroms.
    - Weiterhin aktiviert die PKA ein RGS-Protein (S. 563), das die Umwandlung von G_q (GTP) zu G_q (GDP) beschleunigt und somit die Dauer der Aktivierung verkürzt.
    - Die PKA-abhängige Phosphorylierung der regulatorischen Untereinheit der MLCP interferiert mit der Phosphorylierung (= Inaktivierung) durch die Rho-Kinase. Möglicherweise phosphoryliert die PKA auch direkt die MLCK.

Marginalien

Wirkungen auf Organsysteme

Herzmuskel: Katecholamine führen zu einer Zunahme des Herzzeitvolumens (β_1-Rezeptor-Wirkung): Sie wirken **positiv chronotrop, dromotrop, inotrop und lusitrop**.

Die **positiv chrono- und dromotrope** Wirkung beruht auf der **Zunahme der Steilheit des Aktionspotenzials** der Schrittmacherzellen des Sinus- bzw. AV-Knotens.

cAMP-abhängige Phosphorylierung von Ca^{2+}-Kanälen ist für die **positiv inotrope** Wirkung verantwortlich. Die **Phosphorylierung** des Proteins **Phospholamban** beschleunigt den Ca^{2+}-Rücktransport in das sarkoplasmatische Retikulum und **verkürzt** so die **Relaxationszeit**.

Glatte Gefäßmuskulatur:

- Aktivierung von α_1-**Rezeptoren** führt zur **Vasokonstriktion** (Abb. **D-3.10**). Die Kontraktion der glatten Muskulatur wird durch Aktivierung der MLCK gefördert bei gleichzeitiger Hemmung der antagonistischen MLCP.

- Aktivierung von β_2-**Rezeptoren** führt zur **Vasodilatation** (Abb. **D-3.10**). Die Kontraktion der glatten Muskulatur wird durch mehrere Mechanismen gehemmt (Senkung des zytosolischen Ca^{2+}-Spiegels, (indirekte) Aktivierung der MLCP).

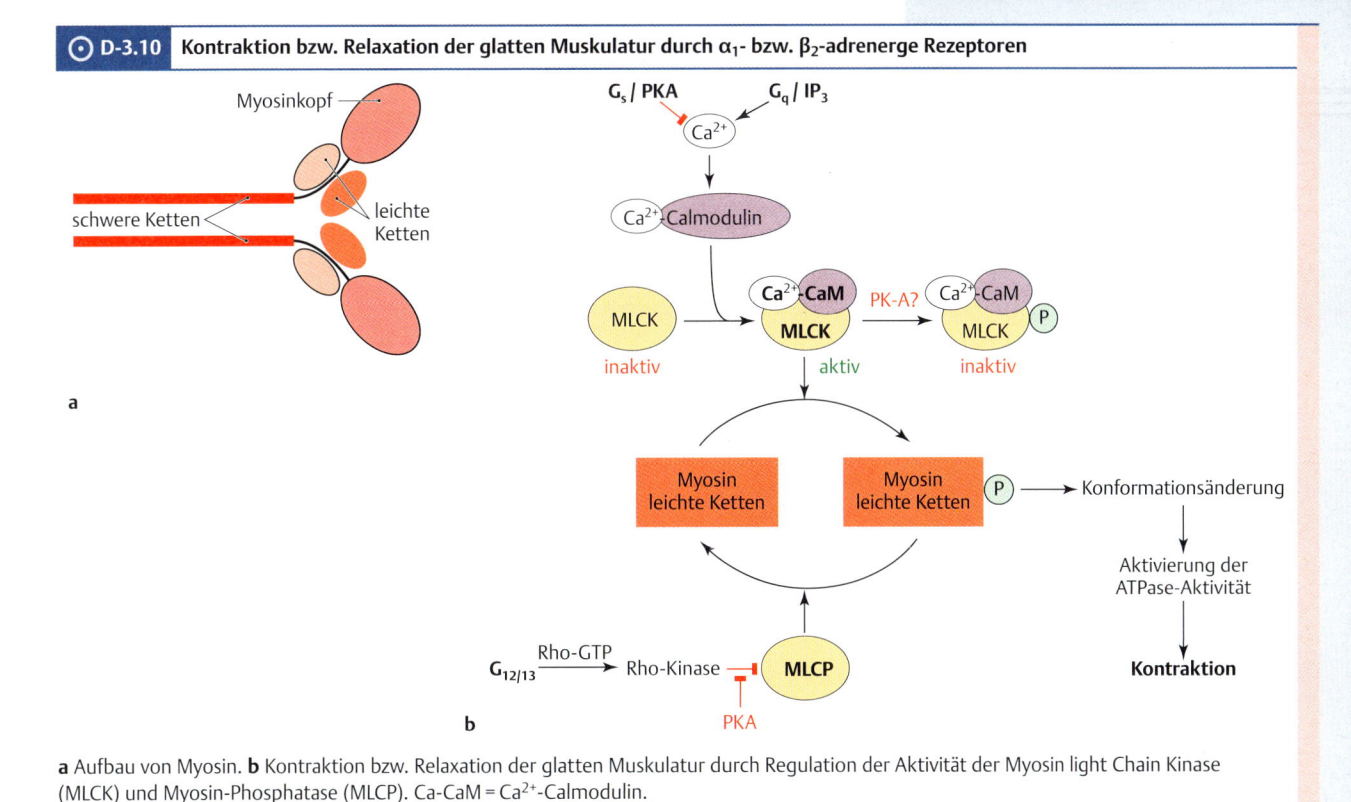

D-3.10 Kontraktion bzw. Relaxation der glatten Muskulatur durch α_1- bzw. β_2-adrenerge Rezeptoren

a Aufbau von Myosin. **b** Kontraktion bzw. Relaxation der glatten Muskulatur durch Regulation der Aktivität der Myosin light Chain Kinase (MLCK) und Myosin-Phosphatase (MLCP). Ca-CaM = Ca^{2+}-Calmodulin.

Die gleichen Reaktionen werden von der PKG stimuliert, die zur Muskelrelaxation nach Aktivierung von NO/cGMP (S. 573) führt.

Durch die Katecholamine werden die Herzkranzgefäße und die Gefäße der Skelettmuskulatur erweitert, die meisten Gefäße (z. B. in Haut und Darm) werden jedoch verengt. Insgesamt wird die Blutversorgung also **zugunsten der arbeitenden Muskulatur** verschoben.

Glatte Organmuskulatur: Die Bronchien werden durch Aktivierung β_2-adrenerger Rezeptoren erweitert, um eine bessere Sauerstoffversorgung zu gewährleisten. Verdauungsprozesse jedoch werden gehemmt: Die glatte Muskulatur von Darm und Harnblase relaxiert (α_2-, β_2-Rezeptoren), Schließmuskeln hingegen kontrahieren sich (α_1-Rezeptoren).

Die Katecholamine verschieben die Blutversorgung **zugunsten der arbeitenden Muskulatur**.

Glatte Organmuskulatur: Aktivierung β_2-adrenerger Rezeptoren erweitert die **Bronchien**. Verdauungsprozesse werden gehemmt.

▶ **Klinik.** Bei **Asthma bronchiale** und einigen anderen Lungenerkrankungen ist eine Erweiterung der Bronchien indiziert, dies kann durch β_2-Rezeptor-Agonisten erfolgen.
Bei **Koronarer Herzkrankheit** hingegen darf der Herzmuskel nicht überanstrengt werden, da die ohnehin schon schlechte Sauerstoffversorgung noch schlechter würde. Spezifische β_1-Rezeptor-Antagonisten schützen den Herzmuskel vor Überanstrengung, ohne eine Kontraktion der Bronchialmuskulatur auszulösen.

▶ **Klinik.**

3.3 Hormone des hypothalamisch-hypophysären Systems

Viele vegetative Funktionen, z. B. die Konstanthaltung des inneren Milieus, erfordern die Verarbeitung multipler Signale (z. B. Füllungszustand der Energiespeicher, Vorliegen von Stressoren) und ein strikt koordiniertes Zusammenwirken neuronaler und endokriner Systeme, um adäquat auf diese Signale zu reagieren. Der **Hypothalamus** stellt den wichtigsten **Verknüpfungspunkt zwischen Nervensystem und endokrinem System** dar und kommuniziert über die Hypophyse mit den peripheren endokrinen Organen.

3.3 Hormone des hypothalamisch-hypophysären Systems

Der **Hypothalamus** stellt den wichtigsten **Verknüpfungspunkt zwischen Nervensystem und endokrinem System** dar.

3.3.1 Hypothalamus

Der Hypothalamus empfängt Informationen aus übergeordneten Hirnzentren wie Kortex, limbisches System und Thalamus. Diese Informationen werden verarbeitet und beeinflussen einerseits die Aktivität von Sympathikus und Parasympathikus und andererseits die Aktivität von **neurosekretorischen Zellen** des Hypothalamus. Diese **sezernieren** nach Stimulation durch Neurotransmitter

- die **Effektorhormone** (= direkt auf das Zielgewebe wirkende Hormone) ADH und Oxytocin. Beide werden in der Neurohypophyse gespeichert (S. 604).

oder

- **Releasing- bzw. (Release-)Inhibiting Hormone**, die über ein verzweigtes Gefäßsystem in die Hypophyse gelangen und die Bildung und Sekretion von Hormonen aus dem Hypophysenvorderlappen steuern (Abb. **D-3.11**): Die Releasing-Hormone CRH, TRH, GRH und GnRH stimulieren die Synthese und Freisetzung der jeweils entsprechenden Adenohypophysenhormone ACTH, TSH, GH und LH/FSH. Die PRL-Sekretion kann zwar durch TRH stimuliert werden (die physiologische Bedeutung ist unklar), ein Prolaktin-eigenes und relevantes Releasing-Hormon ist aber noch nicht eindeutig nachgewiesen worden. Die Prolaktin-Sekretion wird primär durch Hemmung reguliert. Dopamin ist der wichtigste Prolaktin Inhibiting Faktor (PIF) und wird deshalb auch Prolaktin Inhibiting Hormon oder Prolaktin-Release-Inhibiting Hormon (PIH), genannt. Sehr oft werden Dopamin und PIH synonym verwendet. Die Dopamin-Sekretion wird durch zahlreiche Signalwege positiv oder negativ reguliert.

Das wichtigste Release-Inhibiting Peptidhormon ist Somatostatin (SS) aus dem Hypothalamus. Es hemmt die Bildung und Freisetzung von GH und TSH.

Neurosekretorische Zellen des Hypothalamus sezernieren
- die **Effektorhormone** ADH und Oxytocin,
- **Releasing- bzw. (Release-)Inhibiting-Hormone**, die Bildung und Sekretion von Hormonen aus dem Hypophysenvorderlappen steuern (Abb. **D-3.11**).

D-3.11 Die hypothalamischen Releasing- bzw. (Release-)Inhibiting-Hormone und ihre Funktion

Hypothalamus			Adenohypophyse			Zielorgane
Corticotropin-Releasing-Hormon (Corticoliberin)	CRH	⊕ →	Adrenocorticotropes Hormon	ACTH	→	Nebennierenrinde (Glucocorticoide)
Gonadotropin-Releasing-Hormon (Gonadoliberin)	GnRH	⊕ →	Luteotropin Follikel-stimulierendes Hormon	LH FSH	→	Gonaden (Sexualhormone)
Thyreotropin-Releasing-Hormon (Thryeoliberin)	TRH	⊕ →	Thyreoidea-stimulierendes Hormon	TSH	→	Schilddrüse (T3, T4)
Somatostatin	SS	⊖ ⊖				
Growth-Hormone-Releasing-Hormon (Somatoliberin)	GRH (GHRH)	⊕ →	Wachstumshormon (Growth Hormone, Somatotropin)	GH (STH)	→	periphere Zielorgane
Prolaktin-Release-Inhibiting-Hormon	PIH	⊖ →	Prolaktin	PRL	→	periphere Zielorgane
			Neurohypophyse			
Antidiuretisches Hormon	ADH	→			→	periphere Zielorgane
Oxytocin		→			→	periphere Zielorgane

Struktur der Releasing-Hormone: Es handelt sich um **kurze Peptidhormone**, die durch Proteolyse aus längeren Vorläufermolekülen gebildet werden.
Die C-terminale Aminosäure der Releasing-Hormone ist zum Schutz vor Exopeptidasen **amidiert**.

Struktur der Releasing-Hormone: Es handelt sich um **kurze Peptidhormone**, die durch proteolytische Prozessierung längerer Vorläufermoleküle entstehen. So ist das Thyreotropin-Releasing-Hormon (TRH) ein Tripeptid ([zyklisiertes] Glutamat–Histidin–Prolinamid), der Vorläufer dagegen ist 255 Aminosäuren lang und enthält fünf Kopien des Tripeptids. Ein Charakteristikum der Releasing-Hormone ist die C-terminale **Amidierung**. Es liegen also nicht die freien COOH-Gruppen vor, sondern CONH$_2$-Amidgruppen, die einen Schutz vor Exopeptidasen darstellen.

Die Sekretion der Releasing-Hormone: Diese erfolgt **diskontinuierlich (pulsatil)** mit einer für das jeweilige Hormon charakteristischen **tageszeitlichen Rhythmik**.
- **CRH** erreicht in den frühen Morgenstunden seine maximale Konzentration.
- Die **GHRH**-Ausschüttung ist nachts am höchsten.
- Die **TRH**-Sekretion steigt abends an und ist zwischen Mitternacht und den frühen Morgenstunden am höchsten.

Sekretion der Releasing-Hormone: Releasing-Hormone werden **diskontinuierlich (pulsatil)** sezerniert, mit einer für das jeweilige Hormon charakteristischen **Rhythmik**.
Man beobachtet eine **zirkadiane** und eine **pulsatile** Sekretion. Der zirkadiane Rhythmus beruht auf der Änderung der **Sekretion in Abhängigkeit von der Tageszeit**. Beispiele:
- **CRH** erreicht in den frühen Morgenstunden seine maximale Konzentration.
- Die **GHRH**-Ausschüttung ist nachts am höchsten.
- Die **TRH**-Sekretion steigt abends an und ist zwischen Mitternacht und den frühen Morgenstunden am höchsten.

Typischerweise werden **Hormone in Pulsen sezerniert** (typische Abstände ca. 1 – 3 h), die einer kontinuierlichen Sekretion überlagert sind. Die zirkadiane Rhythmik resultiert aus Änderungen der **Pulsamplitude** oder z. T. auch aus Änderungen der Pulsfrequenz. Wie die Rhythmen zustande kommen, ist erst unzureichend geklärt.
Pulsatile Sekretionsmuster erscheinen auf den ersten Blick zwar ungewöhnlich, sind aber **weit verbreitet**. Ein Grund ist die Verringerung der Desensitisierung: Bis die Reaktion eintritt, ist der Rezeptor oft wieder in den Ruhezustand zurückgekehrt. Darüberhinaus kann eine pulsatile Sekretion andere Effekte bewirken als eine kontinuierliche Sekretion, und die Wirkungen sind häufig von der **Frequenz abhängig**:

- Bereits bei dem einfach gebauten Schleimpilz *Dictyostelium discoideum* ist der Übergang vom Einzeller zu einem vielzelligen Verband von cAMP-Pulsen im Abstand von etwa 5 min abhängig. Kontinuierliche cAMP-Spiegel sind wirkungslos.
- Ca^{2+} wird in der Regel aus dem ER/SR in Pulsen freigesetzt und dann wieder zurücktransportiert, so dass Oszillationen im zytosolischen Ca^{2+}-Gehalt auftreten. Die Frequenz ist von der Stärke des Stimulus abhängig und verursacht unterschiedliche Transkriptionsereignisse (z. B. Aktivierung von NF-κB bei niedrigen, von NFAT bei hohen Frequenzen).
- Am besten untersucht sind die Auswirkungen der pulsatilen **GnRH**-Sekretion im Menstruationszyklus (S. 626), wo hohe Pulsfrequenzen die Transkription von LH, niedrige Frequenzen die Transkription von FSH stimulieren.

3.3.2 Hypophyse

Die Hypophyse besteht aus zwei Anteilen:
- Der Hypophysenvorderlappen (**Adenohypophyse**) synthetisiert und sezerniert **glandotrope** und **nicht glandotrope Hormone** unter Kontrolle von Releasing-Hormonen des Hypothalamus.
- Der Hypophysenhinterlappen (**Neurohypophyse**) stellt den Speicherort für die im Hypothalamus gebildeten Hormone **Oxytocin** und **ADH** dar. Diese gelangen durch axonalen Transport in die Neurohypophyse und werden bei Bedarf von ihr in die Blutbahn abgegeben.

Hormone der Adenohypophyse

Die Adenohypophyse bildet sechs verschiedene Peptidhormone. Zwei davon, **Wachstumshormon** (S. 629) und **Prolaktin** (S. 632), sind **Effektorhormone**. LH, FSH, TSH und ACTH sind **glandotrope Hormone**. Sie gelangen über die Blutbahn zu endokrinen Drüsen und regen diese zur Bildung von Effektorhormonen an.

Struktur der glandotropen Hormone: LH, FSH und TSH sind **dimere Proteine** aus einer gemeinsamen 92 Aminosäuren langen α-Untereinheit und einer für jedes Hormon spezifischen β-Untereinheit mit einer Länge von 110 – 198 Aminosäuren.
ACTH ist ein **Monomer** aus 39 Aminosäuren. Es entsteht in den kortikotropen Zellen der Hypophyse durch proteolytische Prozessierung (katalysiert durch die Prohormon-Konvertase **PC 1**) aus einem **Vorläuferprotein**, dem **Proopiomelanocortin (POMC)**. Dabei entstehen neben ACTH einige weitere Peptide (Abb. **D-3.12**), z. B. **β-Lipotropin (β-LPH)**. Die Hauptwirkung von ACTH ist die Stimulierung der Glucocorticoidbiosynthese in der Nebennierenrinde (S. 616). Daneben fördert es – wie auch β-LPH – die Melaninbildung (S. 620) in den Melanozyten (Morbus Addison) und die Lipolyse in den Adipozyten. Diese überlappen Funktionen von ACTH und β-LPH kommen durch eine **gemeinsame 7 Aminosäuren lange Sequenz** zustande, die an der Bindung an die sog. **MC-Rezeptoren** beteiligt ist. Die Melaninbildung wird auch durch ein Bruchstück von ACTH, das Melanozyten-stimulierende Hormon (α-MSH), gefördert. α-MSH, das auch an der Regulation des Essverhaltens beteiligt ist, wird beim Menschen jedoch nur in geringen Mengen in der *Hypophyse* gebildet. Vor allem entsteht es im *Hypothalamus* aus POMC: POMC wird im Hypothalamus durch die Prohormon-Konvertasen **PC 1 und PC 2** in andere Peptidhormone gespalten als in der Hypophyse. Im Hypothalamus entstehen neben α-MSH auch β- und γ-MSH sowie Endorphine und Enkephaline, die beide Liganden endogener Opiatrezeptoren sind (Abb. **D-3.12**).

D-3.12 Proteolytische Prozessierung von Proopiomelanocortin (POMC)

Proopiomelanocortin (POMC): −131 — −55 — −44 — 1 — 39 42 — 134

Proteolyse → γ-MSH, ACTH, β-LPH

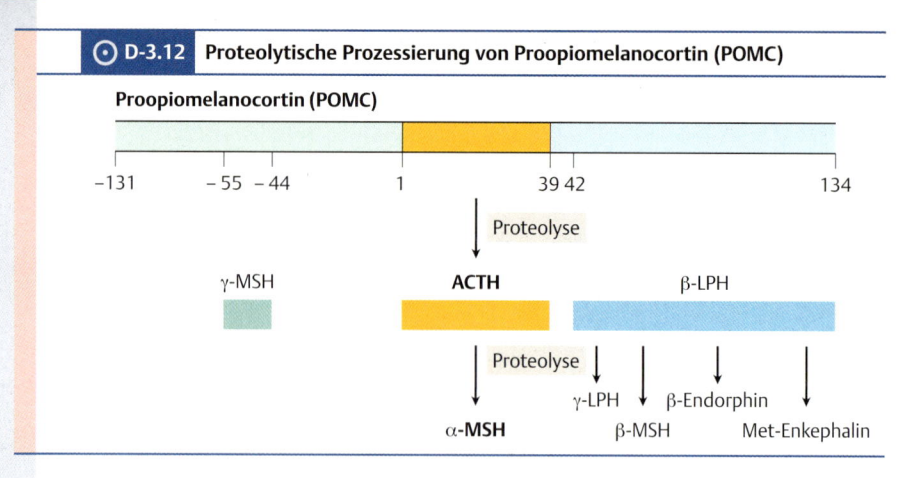

ACTH → Proteolyse → α-MSH

β-LPH → γ-LPH, β-MSH, β-Endorphin, Met-Enkephalin

Funktion der glandotropen Hormone: Hauptfunktion von **ACTH** ist die Regulation der Biosynthese und Sekretion von Glucocorticoiden in der Nebennierenrinde (S. 616).

LH und FSH werden auch als **Gonadotropine** bezeichnet, da sie auf die Gonaden wirken: Beim Mann stimuliert LH die Biosynthese von Androgenen in den Leydig-Zwischenzellen, FSH ist für die Spermatogenese wichtig. Bei der Frau spielen beide Hormone eine Rolle bei der Biosynthese von Östrogenen und Gestagenen, bei der Follikelentwicklung und der Ovulation (S. 626).

TSH stimuliert in der Schilddrüse die Biosynthese der Schilddrüsenhormone (S. 607) Thyroxin (T 4) und Triiodthyronin (T 3) sowie die Proliferation der Epithelzellen.

Alle vier **glandotropen Hormone** erhöhen durch **Aktivierung stimulierender G-Proteine** den cAMP-Gehalt der Zellen und aktivieren die PKA (S. 564). Durch Phosphorylierung von Targetproteinen können sie innerhalb von Minuten die Bildung von Hormonen stimulieren, über **Aktivierung der Transkription**, an der u. a. **CREB** (S. 566) beteiligt ist, induzieren sie praktisch alle Enzyme für die Hormonbiosynthesen. Darüber hinaus fördern sie die Transkription von Genen, die für das exakt regulierte Zusammenspiel von **Proliferation und Differenzierung der Effektororgane** (Schilddrüse, Gonaden, Nebennierenrinde) erforderlich sind.

Hormone der Neurohypophyse

Aus der Neurohypophyse werden die im Hypothalamus (in den Zellkörpern der großzelligen Kerngebiete) gebildeten Hormone **ADH (antidiuretisches Hormon, Vasopressin)** und **Oxytocin** freigesetzt.

Struktur: ADH und Oxytocin sind neun Aminosäuren lang und sehr ähnlich aufgebaut, einschließlich einer internen Disulfidbrücke (Abb. **D-3.13**). Beide Peptide werden auf dem sekretorischen Weg durch Prohormonkonvertasen aus verwandten Vorläuferproteinen durch limitierte Proteolyse herausgeschnitten. Die Vorläuferproteine enthalten noch Neurophysin I (im Falle von Oxytocin) und Neurophysin II (im Falle von ADH). Nach der Prozessierung bleiben die Hormone mit den Neurophysinen in den sekretorischen Vesikeln assoziiert. Die Assoziation ist für die Faltung und den intrazellulären Transport essenziell.

D-3.13 Struktur von ADH und Oxytocin

ADH: Cys – Tyr – Phe – Gln – Asn – Cys – Pro – Arg – Gly – NH$_2$
          └———S—S———┘

Oxytocin: Cys – Tyr – Ile – Gln – Asn – Cys – Pro – Leu – Gly – NH$_2$
               └———S—S———┘

Zentrale Wirkungen

Ein Teil des synthetisierten ADH bzw. Oxytocins wird aus dem **Zellkörper** und dessen **Dendriten** direkt ins **Interstitium des Hypothalamus** abgegeben, gelangt also nicht zur Hypophyse. Die beiden Hormone aktivieren Rezeptoren auf Neuronen des Hypothalamus und benachbarter Hirnregionen. Sie sind an der **Feinregulation neuroendokriner Prozesse und des emotionalen und sozialen Verhaltens** beteiligt, ebenso an der **Regulation stressinduzierter Reaktionen**: ADH scheint Angst, Stress und Aggressionen zu fördern, während Oxytocin Angst und Stress verringert.

Oxytocin reguliert die **Paarbildung** und **soziale Kontakte** positiv und stimuliert nach der Geburt die **mütterliche Fürsorge** für das Neugeborene.

Periphere Wirkungen

Antidiuretisches Hormon (ADH = Adiuretin, Vasopressin) hat, wie es seine Bezeichnungen andeuten, zwei periphere Wirkorte; die Wirkung wird durch zwei verschiedene G-Protein-gekoppelte Vasopressinrezeptoren vermittelt: Am **Sammelrohr-Epithel der Niere** aktiviert ADH V_2-Rezeptoren und **verstärkt** so die **Wasserresorption**, auf der **glatten Gefäßmuskulatur** aktiviert ADH V_1-Rezeptoren, es kommt zur Kontraktion. Als Folge **steigt** der **Blutdruck**. Diese Wirkungen sind im Kap. „Regulation des Wasserhaushalts" (S. 637) beschrieben

Oxytocin hat zwei periphere Wirkorte. Die Aktivierung des G-Protein-gekoppelten Oxytocinrezeptors auf der glatten Muskulatur des Uterus, insbesondere unter der Geburt, führt zur **Uteruskontraktion (Wehen)**. Die Oxytocinsekretion unter der Geburt beruht auf der Aktivierung von Dehnungsrezeptoren des Uterus bzw. der Vagina beim Tiefertreten des kindlichen Kopfes. Die Impulse der afferenten Neurone regen die Oxytocin-produzierenden Zellen im Hypothalamus zur Sekretion an (neuroendokriner Reflexbogen). Die Aktivierung des Oxytocinrezeptors auf der glatten Muskulatur der Milchgänge in der Laktationsphase führt zu deren Kontraktion und dadurch zur **Milchejektion**. Auslöser für die Oxytocinsekretion ist die Aktivierung von Dehnungsrezeptoren der Brustwarze beim Stillen (neuroendokriner Reflexbogen).

3.3.3 Rückkopplungsmechanismen

Das Hypothalamus-Hypophyse-Zielorgan-System ist vielfachen Feedback-Regulationen unterworfen: Die glandotropen Hormone sowie Prolaktin und Wachstumshormon hemmen durch einen „Short Feedback-Loop" die neurosekretorischen Zellen des Hypothalamus. Die Effektorhormone der Zielorgane (Schilddrüsenhormone, Glucocorticoide, Sexualhormone) hemmen durch einen „Long Feedback-Loop" die Hormonsekretion aus Hypothalamus und Hypophyse (Abb. **D-3.14**). In beiden Fällen resultiert eine **negative Rückkopplung**, die für die Aufrechterhaltung eines stabilen Systems, d. h. einer adäquaten Hormonkonzentration unbedingt erforderlich ist. Der „**Sollwert**" der Hormonkonzentration kann allerdings innerhalb des rückgekoppelten Systems durch Signale höherer Hirnzentren verändert und so den physiologischen Erfordernissen **angepasst** werden.

⊙ **D-3.14** Regulation des hypothalamisch-hypophysären Systems durch negative Rückkopplung

Oxytocin reguliert die **Paarbildung** und **soziale Kontakte** positiv und stimuliert die **mütterliche Fürsorge**.

Periphere Wirkungen

ADH verstärkt über V_2-Rezeptoren die **Wasserresorption** im Sammelrohr der Niere und aktiviert über V_1-Rezeptoren die **Kontraktion der glatten Muskulatur** (→ Blutdruck ↑).

Oxytocin bewirkt eine **Kontraktion des Uterus**, insbesondere unter der Geburt, und der **Milchgänge** in der Laktationsphase.

3.3.3 Rückkopplungsmechanismen

Das Hypothalamus-Hypophyse-Zielorgan-System ist **negativen Feedback**-Regulationen unterworfen (Abb. **D-3.14**), die für die Aufrechterhaltung einer adäquaten Hormonkonzentration erforderlich sind. Durch Signale höherer Hirnzentren kann der „**Sollwert**" der Hormonkonzentration den jeweiligen Erfordernissen **angepasst** werden.

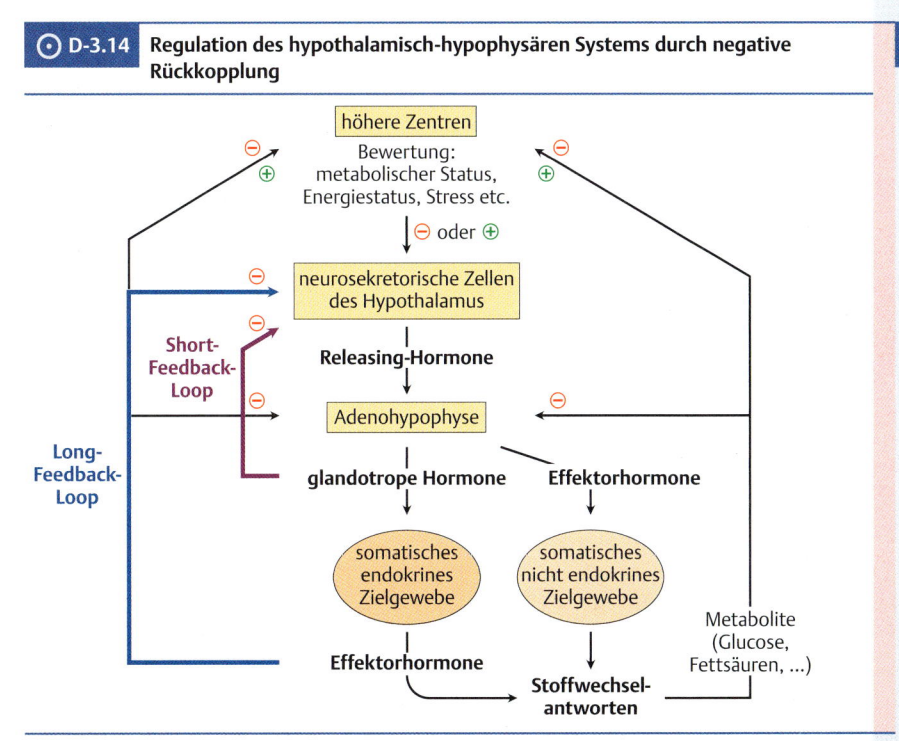

Überwinden die Effektorhormone die Blut-Hirn-Schranke (wie z. B. die Glucocorticoide), können sie auch direkt die Aktivität höherer Gehirnzentren beeinflussen. Diese verarbeiten diese Information und beeinflussen die neurosekretorischen Zellen des Hypothalamus. Parallel können auch durch die Effektorhormone bedingte Stoffwechselantworten (metabolische Parameter wie Glucose und Fettsäuren) Hypophyse und Hypothalamus stimulieren oder hemmen.

3.4 Schilddrüsenhormone (Thyroxin und Triiodthyronin)

▶ **Definition.** Als **Schilddrüsenhormone** bezeichnet man in erster Linie die beiden iodhaltigen Hormone **3,3',5,5'-Tetraiodthyronin (Thyroxin, T 4)** und **3,3',5-Triiodthyronin (T 3)** (Abb. **D-3.15**). Diese sind für das Wachstum und die Entwicklung des Körpers während der Embryonalentwicklung und in der frühen Kindheit notwendig und regulieren eine Reihe homöostatischer Funktionen wie Energie- und Wärmeproduktion.

Das in den parafollikulären Zellen der Schilddrüse gebildete Peptidhormon **Calcitonin** (S. 645) ist an der Regulation des Ca^{2+}-Haushalts beteiligt.

⊙ **D-3.15** Struktur der Schilddrüsenhormone T 3 und T 4

Thyroxin (T4)

Triiodthyronin (T3)

3.4.1 Biosynthese, Speicherung, Transport und Abbau

Biosynthese

Die Schilddrüsenhormone werden von den **Epithelzellen** der **Schilddrüsenfollikel** gebildet und in einer **proteingebundenen Form** im Follikellumen als sog. Kolloid gespeichert und bei Bedarf freigesetzt.

Die **Biosynthese** läuft **an der Außenseite der Plasmamembran** ab. Obwohl die Hormone Derivate der Aminosäure Tyrosin darstellen, erfolgen die Modifikationen nicht an der Aminosäure selbst, wie dies etwa bei der Biosynthese der Katecholamine geschieht, sondern an Tyrosinresten des **Thyreoglobulins**, einem 660 kDa großen Protein, das von den Epithelzellen in das Follikellumen sezerniert wird. Der Grund ist vermutlich, dass die Schilddrüsenhormone hydrophob sind und deshalb nicht in Vesikeln gespeichert werden können. Als Bestandteil des Proteins Thyreoglobulin ist eine Speicherung jedoch ohne Probleme möglich.

Die Biosynthese umfasst mehrere Schritte (Abb. **D-3.16 a**):

- **Aufnahme von Iodid:** Iodid wird basolateral durch einen spezifischen Na^+/I^--Symporter in die Zelle aufgenommen und dort angereichert. Es gelangt auf der apikalen Seite durch den Transporter **Pendrin** ins Follikellumen. Pendrin wird durch das SLC 426A4-Gen kodiert und kann I^- gegen Cl^- oder HCO_3^-, oder auch Cl^- gegen HCO_3^- austauschen. Pendrin wird auch im Innenohr und der Niere gefunden (Mutationen im SLC 426A4-Gen führen zum Pendren-Syndrom, das vor allem durch Gehörlosigkeit gekennzeichnet ist). Es ist noch unklar, ob in der Schilddrüse neben Pendrin noch andere Transporter am Export von I^- in das Kolloid beteiligt sind. Die Beteiligung am Aufbau der Schilddrüsenhormone ist die bisher **einzige bekannte Funktion von Iod**. Die weiteren Schritte der Hormonbiosynthese finden an der zum Follikellumen gelegenen Zellmembran statt.
- **Iodierung:** Hierzu muss eine positiv polarisierte Iod-Spezies erzeugt werden, die man formal als ein I^+-Ion darstellen kann:

D 3.4 Schilddrüsenhormone (Thyroxin und Triiodthyronin)

D-3.16 Biosynthese der Schilddrüsenhormone

a Reaktionsschritte. TG: Thyreoglobulin.
b Mechanismus der Kopplungsreaktion: Zwei iodierte Tyrosinreste werden zu Radikalen oxidiert, die miteinander unter Ausbildung einer Etherbindung reagieren. Nach Übertragung des Iodtyrosylrestes bleibt der Aminosäurerest als Dehydroalanin zurück.

- I^+ + Phenol → o-Iodphenol + H^+

Die reaktive Iod-Spezies wird durch Oxidation von Iodid durch H_2O_2, das durch eine **NADPH-Oxidase** gebildet wird, erzeugt. Das Häm-Enzym **Thyreoperoxidase** katalysiert dann die Substitution von Tyrosinresten des Thyreoglobulins zu **Monoiod-** und **Diiodtyrosin** (MIT, DIT). Auch angesichts des starken Zellgifts H_2O_2 ist es von Vorteil, dass die Biosynthese im Extrazellulärraum stattfindet.
- **Kopplung von MIT und/oder DIT:** Die Verknüpfung von MIT und DIT zu T 3 bzw. von zwei DIT zu T 4 (Abb. **D-3.16 b**) wird ebenfalls von der Thyreoperoxidase katalysiert.
- Bei Bedarf wird **Thyreoglobulin** durch **Pinozytose** wieder aufgenommen und in den Lysosomen vollständig **proteolytisch abgebaut**, wobei die **freien** Aminosäuren des Thyreoglobulins und die Schilddrüsenhormone **T 3** (ca. 20 %) und T 4 (ca. 80 %) entstehen. Dabei werden auch die Zwischenprodukte MIT und DIT frei gesetzt, aus denen das wertvolle Iod durch Deiodasen (s. u.) zurückgewonnen wird. Wie die Hormone durch die Zelle transportiert werden, ist noch unbekannt.

- Iod wird durch **Deiodasen** zurückgewonnen.

Regulation der Biosynthese

Die Synthese der Schilddrüsenhormone wird durch Hypothalamus und Hypophyse reguliert: Der Hypothalamus integriert humorale und nervale Afferenzen. Bei Mangel an Schilddrüsenhormonen wird **TRH** von neurosekretorischen Zellen des Hypothalamus sezerniert. Es bindet an G-Protein-gekoppelte Rezeptoren auf den thyreotropen Zellen der Adenohypophyse und aktiviert dort über einen G_q-abhängigen Mechanismus Biosynthese und Sekretion von TSH. **Somatostatin hemmt** die **Bildung** und **Freisetzung von TSH** (und auch von Wachstumshormon). TSH wird in Pulsen mit einer Frequenz von 2 h ausgeschüttet. Das Maximum liegt zwischen 24 Uhr und

Regulation der Biosynthese

TRH aus dem Hypothalamus stimuliert, **Somatostatin** inhibiert die Bildung bzw. Sekretion von TSH in bzw. aus der Hypophyse. TSH stimuliert die Transkription der für die Hormonbiosynthese erforderlichen Proteine und fördert das Wachstum der Epithelzellen. Schilddrüsenhormone hemmen die Biosynthese von TRH und TSH (**negative Rückkopplung**).

4 Uhr morgens. TSH bindet an einen G-Protein-gekoppelten Rezeptor an den Epithelzellen der Schilddrüse. Aktivierung der Adenylatzyklase über ein stimulatorisches Gs-Protein führt zur Erhöhung des cAMP-Spiegels, parallel werden auch die Second Messenger IP$_3$ und DAG aktiviert. TSH stimuliert die Transkription und z. T. auch die Aktivität der für die Hormonbiosynthese erforderlichen Enzyme und Transporter und fördert das Wachstum der Epithelzellen. Die Schilddrüsenhormone hemmen die Biosynthese von TRH und TSH auf Transkriptionsebene **(negative Rückkopplung)**, sodass der Regelkreis geschlossen wird.

Transport im Blut und Aufnahme in die Zelle

Weniger als 1 % der Schilddrüsenhormone liegen frei im Blut vor. Vorherrschend ist die Bindung an Trägerproteine. Die wichtigsten Transportproteine sind das **Thyroxin-bindende Globulin (TBG)**, das **Thyroxin-bindende Präalbumin (TBPA)**, auch Transthyretin (TTR) genannt und **Albumin**.

Als lipophile Hormone können Schilddrüsenhormone durch die Zellmembran diffundieren, inzwischen ist jedoch fraglich wie physiologisch relevant dieser Prozess ist. In den letzten Jahren wurden mehrere Proteine beschrieben, die in der Lage sind, die Hormone durch die Zellmebran zu transportieren (Transporter für organische Ionen und Aminosäuren sowie der spezifische T 4/T 3-Transporter MCT).

Aktivierung und Abbau

▶ **Merke.** T 3 ist um ein Vielfaches aktiver als T 4. Ein großer Teil des **T 4** wird **durch Deiodasen (Dio1, Dio2,** Abb. **D-3.17)** durch Abspaltung eines Iodatoms am *äußeren* Ring **in T 3 umgewandelt** (z. T. in der Schilddrüse selbst, z. T. in peripheren Organen wie Leber und Niere).

Die Abspaltung des Iodatoms vom *inneren* Ring durch die Deiodase Dio3, führt zum **inaktiven rT 3** (Abb. **D-3.17**). Zur Elimination (über die Galle) können die Abbauprodukte durch Sulfatierung oder Glucuronidierung in eine besser lösliche Form umgewandelt werden.

Deiodasen gehören zu den wenigen **Selen-abhängigen** Enzymen (ein weiteres wichtiges Beispiel ist die **Glutathion-Peroxidase**). Das katalytische Zentrum enthält ein Selenocystein.

⊙ **D-3.17** Aktivierung und Inaktivierung von T 4

Dio1 = Deiodase Typ I, Dio2 = Deiodase Typ II, Dio3 = Deiodase Typ III.

3.4.2 Wirkungen

Molekulare Wirkungen

Schilddrüsenhormone gehören zu den Hormonen, die durch Bindung an ligandenaktivierte Transkriptionsfaktoren (TRα und TRβ) die **Transkription** hormonabhängiger Gene stimulieren (S. 579). **Praktisch alle Organe** besitzen Rezeptoren für Schilddrüsenhormone und eine Vielzahl von Genen wird nur in Gegenwart von Schilddrüsenhormonen exprimiert **(permissiver Effekt)**. Bis zum Wirkungseintritt vergehen einige Stunden.

D 3.4 Schilddrüsenhormone (Thyroxin und Triiodthyronin)

Zusätzlich zu diesen klassischen genomischen Wirkungen sind einige schnelle, **nichtgenomische Wirkungen** bekannt, z.B. die Regulation des Transports von Kationen (Na^+, Ca^{2+}), Aktivierung der Proteinkinasen A und C in einigen Zellen, Regulation der Aktinpolymerisation (wichtig u.a. für Neuronenwanderung in der Embryonalentwicklung), Aktivierung von MAP-Kinasen in der Angiogenese.

Zelluläre Wirkungen

Die Wirkungen der Schilddrüsenhormone lassen sich grob in zwei Gruppen einteilen:
- Regulation von Wachstumsprozessen und
- Anpassung des Stoffwechsels an Umweltbedingungen.

Regulation von Wachstumsprozessen

Die Schilddrüsenhormone sind essenziell für das Körperwachstum. Sie **regulieren die Synthese und Sekretion des Wachstumshormons**, sind aber auch **direkt** an der Wachstumsregulation beteiligt. Beim Knochenwachstum sind sie z.B. an der **Differenzierung von Chondrozyten (**z.B. in der Epiphysenfuge), **Osteoblasten** und **Osteoklasten** beteiligt und stimulieren die Vaskularisierung der Epiphysenfuge.

Die **Entwicklung des Gehirns** ist ebenfalls von der Aktivität der Schilddrüsenhormone abhängig. Axonwachstum, Verzweigung von Dendriten und die Bildung der Myelinscheiden gehören zu den kritischen Prozessen.

Auch viele andere Organe (z.B. innere Organe, Auge, Ohr, Reproduktionstrakt, Immunsystem) werden z.T. durch T3/T4 reguliert.

Anpassung von Organ- und Gewebefunktionen

Steigerung des Herzzeitvolumens: Sie kommt durch Verminderung des Gefäßwiderstands und Steigerung von Herzfrequenz und Kontraktionskraft zustande. Grundlage ist u.a. eine **Verstärkung der Wirkung von Katecholaminen**: Schilddrüsenhormone steigern die Expression β-adrenerger Rezeptoren bei gleichzeitiger Hemmung der Expression von α-Rezeptoren. Steigerung der Expression der **Ca^{2+}-ATPase** im sarkoplasmatischen Retikulum führt zu einer schnelleren Wiederaufnahme des Ca^{2+} in das sarkoplasmatische Retikulum und so zu einer schnelleren Relaxation der glatten Gefäßmuskulatur.

Lunge, Atmung: Die Steigerung des Herzzeitvolumens wird durch eine **Stimulation des Atemzentrums** ergänzt, sodass das gesteigerte Herzzeitvolumen mit einer gesteigerten Lungenventilation einhergeht (→ Oxygenierung ↑)

Skelettmuskel: Schilddrüsenhormone führen zur Verschiebung der Expression von „langsamen" Myosin-Isoformen zugunsten von „schnellen" Isoformen, die eine höhere ATPase-Aktivität und eine höhere Kontraktionsgeschwindigkeit besitzen. Ferner stimulieren sie – wie beim Herzmuskel – die Expression von Ca^{2+}-ATPasen im sarkoplasmatischen Retikulum. Sowohl eine Unter- als auch eine Überfunktion der Schilddrüse führt zu Muskelschwäche.

Anpassung von Stoffwechselprozessen

Die Schilddrüsenhormone besitzen die wichtige Funktion, die Stoffwechselaktivität den physiologischen Erfordernissen anzupassen. Sie sind maßgeblich an der Regulation des Grundumsatzes und der Wärmeproduktion beteiligt.

> ▶ **Merke.** Schilddrüsenhormone **fördern sowohl anabole als auch katabole Reaktionen**. Dies erscheint zunächst paradox, ist aber biologisch sinnvoll: Die katabolen Reaktionen liefern Energie, und parallel dazu füllen die anabolen Reaktionen die Energiespeicher auf, damit kein Mangel an „Brennstoff" entsteht.

Zusätzlich zu diesen klassischen genomischen Wirkungen sind einige schnelle, **nichtgenomische Wirkungen** bekannt.

Zelluläre Wirkungen

Regulation von Wachstumsprozessen

Schilddrüsenhormone regulieren u.a.:
- Synthese und Sekretion des Wachstumshormons
- Skelettwachstum
- Gehirnentwicklung

Anpassung von Organ- und Gewebefunktionen

Steigerung des Herzzeitvolumens: Die Steigerung erfolgt v.a. durch Abnahme des Gefäßwiderstands und Zunahme von Herzfrequenz und Kontraktionskraft (u.a. erhöhte Expression von β-Rezeptoren und der Ca^{2+}-ATPase im sarkoplasmatischen Retikulum).

Lunge, Atmung: **Stimulierung des Atemzentrums, gesteigerte Lungenventilation.**

Skelettmuskel: Verschiebung der Expression von „langsamen" Myosin-Isoformen zugunsten von „schnellen" Isoformen, Expression von Ca^{2+}-ATPasen im SR.

Anpassung von Stoffwechselprozessen

▶ **Merke.**

Lipid- und Kohlenhydratstoffwechsel:
- **Induktion anaboler Enzyme** der Lipogenese, Gluconeogenese, Glykogensynthese, Glucosetransport
- **Induktion** kataboler Enzyme **der Lipolyse und Glykogenolyse**
- Expression β-adrenerger Rezeptoren ↑ (→ (Nor-)Adrenalinwirkung ↑)
- Expression mitochondrialer Enzyme ↑

Proteinstoffwechsel: Steigerung von Proteinaufbau und -abbau.

Regulation des Grundumsatzes: Steigerung der **Stoffwechselaktivität** und damit des **Sauerstoffverbrauchs**; Steigerung der **Aktivität der Na⁺-K⁺-ATPase**, die die treibende Kraft für den Transport vieler Metabolite in die Zelle ist.

Fasten: Energiespareffekt, Senkung des O_2-Verbrauchs, Senkung der Herzfrequenz.

Energiezufuhr: Steigerung des Energieumsatzes.

▶ Klinik.

Wärmeproduktion (Thermogenese): Ein Teil der Wärme wird durch die im Vergleich zu wechselwarmen Organismen „energieverschwendende" Stoffwechsellage erzeugt.

Kältereize sind ein **starker Stimulus der Hormonausschüttung**. Die Schilddrüsenhormone **wirken zusammen mit den Katecholaminen**, die die kurzfristige Wärmeproduktion regeln.

Lipid- und Kohlenhydratstoffwechsel: Anabol wirkend induzieren Schilddrüsenhormone Enzyme der **Lipogenese** (z. B. die Acetyl-CoA-Carboxylase, die Fettsäuresynthase und das Malatenzym), Enzyme der **Gluconeogenese** und der **Glykogensynthese**, steigern die Expression des Glucosetransporters GLUT 4 und fördern die Glucoseresorption im Darm.
Katabol wirkend steigern sie die **Lipolyse**, **Glykogenolyse** und **Gluceverwertung**. Dies erfolgt z. T. durch Induktion der entsprechenden Enzyme (z. B. der Glykogenolyse), zum großen Teil aber durch Steigerung der Expression von β-adrenergen Rezeptoren und somit durch **Verstärkung der Wirkungen von Adrenalin und Noradrenalin**.
Der Energiebereitstellung dient auch die verstärkte Expression von Enzymen des Citratzyklus und der Atmungskette in den Mitochondrien.

Proteinstoffwechsel: Einerseits **fördern** Schilddrüsenhormone die **Transkription und Translation von Proteinen**, letzteres u. a. durch Steigerung der Biosynthese von Ribosomen und Translationsinitiationsfaktoren. Andererseits stimulieren sie den **Proteinabbau** – sie steigern die Aktivität des Ubiquitin/Proteasom-Systems – und den **Abbau der verzweigtkettigen Aminosäuren**.

Regulation des Grundumsatzes: Wie oben beschrieben, setzen Schilddrüsenhormone anabole und katabole Reaktionen in Gang. Sie **steigern** also die **Stoffwechselaktivität** und mit ihr den **Sauerstoffverbrauch** und den **Grundumsatz**, d. h. den Energiebedarf in Ruhe und im Nüchternzustand. Mit dieser Wirkung steht auch die Steigerung der **Aktivität der Na⁺-K⁺-ATPase** in Einklang, die ja die treibende Kraft für den Transport vieler Metabolite in die Zelle ist.
Beim **Fasten sinkt** der **Serum-T 3-Spiegel** (T 4 bleibt weitgehend unverändert), und mit ihm der Sauerstoffverbrauch und die Herzfrequenz. Insgesamt resultieren ein **Energiespareffekt** und eine **positive Stickstoffbilanz** durch verminderte Proteolyse. Umgekehrt wird bei reichlicher **Nahrungszufuhr** der **Energie- und Proteinumsatz** gefördert.

▶ Klinik. Wie wichtig die exakte Konzentration an Schilddrüsenhormonen ist, erkennt man auch an den Folgen einer Schilddrüsenüber- bzw. -unterfunktion: **Überfunktion** führt zum Abbau von Protein und Lipidspeichern und dadurch zu **Gewichtsabnahme**, **Unterfunktion** bewirkt das Gegenteil: **Gewichtszunahme** und verminderte Aktivität v. a. des Fettstoffwechsels mit **Hypertriglyceridämie**. Bei Unterfunktion kann der Grundumsatz bis zu etwa 40 % reduziert werden, bei massiver Überfunktion bis auf fast das Doppelte gesteigert werden.

Wärmeproduktion (Thermogenese): Als Nebenprodukt der vitalen Stoffwechselprozesse fällt Wärme an **(obligatorische Thermogenese)**. Zusätzlich muss unter bestimmten Bedingungen, wie Kältestress zusätzlich Wärme produziert werden **(fakultative Thermogenese)**. Die Wärmeproduktion erfordert einen hohen Energieaufwand. Homöotherme Organismen (solche, die ihre Körpertemperatur konstant halten können) besitzen einen etwa 4- bis 5-fach höheren Sauerstoffverbrauch (= Energieverbrauch) als gleich große poikilotherme (= wechselwarme) Organismen. Ein großer Teil der Wärme wird durch eine „energieverschwenderische" Stoffwechsellage erzeugt. Die Wärmeproduktion kann durch verminderte thermodynamische Effizienz (in einer Reaktion wird mehr Energie verbraucht als nötig), „sinnlose Zyklen", oder Reduktion der Effizienz der ATP-Bildung in den Mitochondrien erfolgen. Beispielsweise ist für die gleiche Kraftentwicklung bei der Muskelkontraktion beim Frosch ca. dreimal weniger ATP nötig wie beim Menschen.
Die Schilddrüsenhormone sind bei **den homöothermen Organismen wichtige Regulatoren der Stoffwechselaktivität und der Wärmeproduktion**. Dies gilt nicht für die poikilothermen Organismen! Hingegen sind die **Schilddrüsenhormone bei allen Vertebraten wichtig für Wachstum und Differenzierung**.
Kältereize sind ein **starker Stimulus der Hormonausschüttung**. Die Schilddrüsenhormone **wirken zusammen mit den Katecholaminen**, die die kurzfristige Wärmeproduktion regeln.

D 3.4 Schilddrüsenhormone (Thyroxin und Triiodthyronin)

Für die Thermogenese sind **mehrere Faktoren verantwortlich**, wenn auch ihr Anteil z. T. noch umstritten ist.

- Beim **Neugeborenen** ist die Thermogenese durch das **braune Fettgewebe** von großer Bedeutung. Der Mechanismus ist gut untersucht. Die **Entkopplung der Atmungskette** durch das von den Schilddrüsenhormonen zusammen mit den Katecholaminen induzierte **Thermogenin (UCP1)** führt zur vermehrten Wärmeproduktion (S. 190).
- Auch **außerhalb des braunen Fettgewebes** liefert eine **partielle Entkopplung der Atmungskette** in den Mitochondrien einen wichtigen Beitrag: Schilddrüsenhormone können die Wärmeproduktion auf Kosten der ATP-Produktion steigern. Der Mechanismus ist noch ungeklärt. Zwar hat man UCP1-verwandte Proteine in den Mitochondrien vieler Gewebe nachgewiesen, jedoch dienen sie nach bisherigen Erkenntnissen nicht der Wärmeproduktion. Als mögliche Ursachen werden UCP-unabhängige „Protonen-Lecks" in der Atmungskette sowie eine verminderte Protonen-Pumpaktivität der einzelnen Komplexe der Atmungskette diskutiert.
- Wärme kann auch durch **Einstrom von Ionen durch „Leck-Kanäle"** in der Plasmamembran und **Rückpumpen durch die Na^+-K^+-ATPase** erzeugt werden. Allerdings ist der eindeutige Nachweis für diesen häufig zitierten Mechanismus bisher noch nicht gelungen.
- Eine große Bedeutung wird dem **Ca^{2+}-Cycling im Skelettmuskel** zugeschrieben: Die Freisetzung von Ca^{2+} aus dem sarkoplasmatischen Retikulum, die Aktivierung metabolischer Reaktionen durch Ca^{2+} und das Rückpumpen ins sarkoplasmatische Retikulum durch die **Ca^{2+}-ATPase** können einen erheblichen Beitrag zur Thermogenese leisten. Darüber hinaus induzieren Schilddrüsenhormone die Expression einer Isoform der Ca^{2+}-ATPase, die mehr ATP für einen Transportvorgang verbraucht, also weniger effizient ist, dafür aber mehr Wärme produziert.

Die Thermogenese wird durch **eine Reihe** von Mechanismen reguliert:

- Entkopplung der Atmungskette durch **Thermogenin (UCP1)**, besonders (aber nicht nur) im braunen Fettgewebe des Neugeborenen.

- **Partielle Entkopplung der Atmungskette** in den Mitochondrien außerhalb des braunen Fettgewebes.

- Evtl. Einstrom von Ionen durch **„Leck-Kanäle"** in der Plasmamembran und Rückpumpen durch die **Na^+-K^+-ATPase**.

- **Ca^{2+}-Cycling im Skelettmuskel**, Expression einer **„ineffizienteren"** Isoform der **Ca^{2+}-ATPase**.

▶ **Klinik.** Für einen solchen Mechanismus spricht auch das klinische Bild der **malignen Hyperthermie**: Unter Narkose steigt bei genetisch disponierten Patienten der zytosolische Ca^{2+}-Gehalt, und die Körpertemperatur nimmt lebensbedrohliche Werte an. Der Grund ist häufig ein mutierter Ryanodinrezeptor, der bei leichter Senkung des Membranpotenzials (Narkose) vermehrt Ca^{2+} freisetzt.

▶ **Klinik.**

- Die **gleichzeitige Aktivierung kataboler und anaboler Wege** führt z. T. zu **„sinnlosen Zyklen"** (futile cycles), indem z. B. Glucose durch Gluconeogenese gebildet und gleich wieder abgebaut wird. Auf diese Weise kann jedoch Energie in Form von Wärme gewonnen werden, allerdings macht ihr Beitrag zur Wärmeproduktion insgesamt nicht mehr als 15 % aus.

- Gleichzeitige Aktivierung kataboler und anaboler Wege („sinnlos Zyklen").

▶ **Klinik.** Eine **Unterfunktion der Schilddrüse (Hypothyreose)** kann genetisch bedingt oder erworben sein.
Genetische Defekte können im Bereich der Biosynthese und/oder der Signaltransduktion vorkommen. Wird der Defekt nicht rechtzeitig erkannt, sind Minderwuchs und geistiger Entwicklungsrückstand die Folge (**Kretinismus**).
Häufige Ursachen einer erworbenen Hypothyreose sind **Iodmangel** und **Autoantikörper**, die zur Zerstörung der Thyreozyten führen. Das Fehlen der negativen Rückkopplung durch die Schilddrüsenhormone führt zur verstärkten TSH-Synthese. Durch die erhöhte TSH-Konzentration wird das Wachstum der Schilddrüse stimuliert und es bildet sich ein Kropf (Struma). Der Mangel an Schilddrüsenhormonen ruft eine Vielzahl wenig charakteristischer Symptome hervor: leichte Ermüdbarkeit, Konzentrationsschwäche, Muskelschwäche, verringerte Herzleistung, Anämie und Nierenfunktionsstörung.
Eine **Überfunktion der Schilddrüse (Hyperthyreose)** ist häufig durch eine **Autoimmunerkrankung** bedingt. Es lassen sich Autoantikörper nachweisen, die u. a. gegen den **TSH-Rezeptor** gerichtet sind (**Morbus Basedow**). Diese Antikörper binden an den TSH-Rezeptor, aktivieren ihn und führen so zu Struma und erhöhter Produktion von Schilddrüsenhormonen. Eine charakteristische, aber nicht immer vorhandene Begleiterscheinung ist das Hervortreten des Augapfels (**Exophthalmus**, Abb. **D-3.18**). Es ist durch Kreuzreaktion von Antikörpern mit Epitopen auf den Augenmuskeln und dem Bindegewebe des Auges bedingt, was zum Einwandern von Leukozyten und vermehrter Synthese von Proteoglykanen durch Orbita-Fibroblasten führt. Die sonstigen, durch die Hormon-Überproduktion bedingten Symptome sind wiederum eher uncharakteristisch: Tachykardie, Nervosität, Schlaflosigkeit, Neigung zu Schwitzen, Wärmeintoleranz und Gewichtsverlust.

⊙ **D-3.18** **Exophthalmus bei Morbus Basedow** Durch die Lidretraktion ist am oberen Hornhautrand ein Teil der weißen Sklera sichtbar (Dalrymple-Zeichen)

(aus Sachsenweger, Duale Reihe Augenheilkunde, Thieme, 2003)

Klinischer Fall: Gewichtsabnahme und Nervosität

09:30
Frau Maria Struck, 32 Jahre, kommt in die Hausarztpraxis.
M.S.: Frau Doktor. Mir geht es gar nicht gut. Seit einigen Wochen kann ich ganz schlecht schlafen. Ich bin immer so unruhig und nervös. Manchmal schlägt mein Herz wie wild, da bekomme ich richtig Angst und werde ganz zittrig. Und diese Wärme: mein Mann beschwert sich schon, dass ich ständig die Fenster aufreiße. Was ist bloß los mit mir?

09:45
Anamnese
Nachdem die Patientin sich etwas beruhigt hat, berichtet sie mir außerdem, dass sie in letzter Zeit trotz ständigen Heißhungers 3 kg Gewicht verloren habe. Sie hat etwa 4mal am Tag Stuhlgang. Die Medikamenten- und Familienanamnese ergibt keine Auffälligkeiten.

09:55
Körperliche Untersuchung
Ich untersuche die normalgewichtige Patientin. Blutdruck und Puls sind leicht erhöht.
Die Haut ist warm und etwas schweißig. Frau S. zittert an beiden Händen leicht. Die Schilddrüse lässt sich vergrößert tasten. Bei der Auskultation hört man über der Schilddrüse ein leises Schwirren. Mit der Verdachtsdiagnose Hyperthyreose überweise ich die Patientin zur niedergelassenen Endokrinologin.

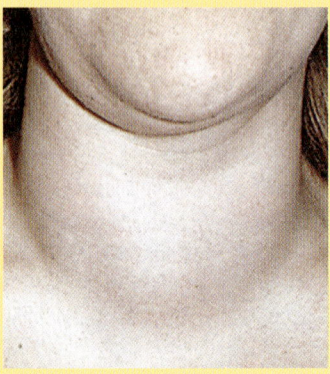

Deutlich erkennbare Struma (aus Henne-Bruns, D., Düring, M., Kremer, B.: Duale Reihe Chirurgie. 2. Aufl., Thieme, 2003)

12-Kanal-EKG
Das EKG zeigt eine Sinustachykardie von 103/min. Vereinzelt kann man supraventrikuläre Extrasystolen erkennen.

2 Wochen später
Blutabnahme
(Normwerte in Klammern)
- TSH < 0,02 mU/l (0,4–4 mU/l).
- Thyroxin T4 23 µg/dl (5–12 µg/dl)
- Triiodthyronin T3 260 ng/dl (70–190 ng/dl)
- freies Thyroxin (fT3 und fT4) erhöht.

Alle anderen Laborparameter sind im Normbereich. Autoantikörper gegen TSH-Rezeptoren und gegen Schilddrüsenperoxidase sind nicht nachweisbar.

Sonografie der Schilddrüse
Die Schilddrüse ist insgesamt vergrößert. Im Parenchym verteilt erkennt die Ärztin mehrere Knoten, die meist echoarm, also dunkel, zur Darstellung kommen.
Die Ärztin vermutet eine funktionelle Schilddrüsenautonomie als Ursache für die Hyperthyreose und überweist Frau S. zu einem Nuklearmediziner.

1 Woche später
Technetium-Schilddrüsenszintigrafie
Hier zeigt sich eine fokale Mehrbelegung der Schilddrüse bei ansonsten supprimiertem Schilddrüsengewebe. Der Befund passt zu einem autonomen Adenom.

5 Tage später
Beginn der medikamentösen Behandlung
Aufgrund der Laborwerte und der Szintigrafie wird die Diagnose „Struma multinodosa mit funktioneller Autonomie" gestellt. Die Patientin wird mit Carbimazol (20 mg/d) behandelt. Unter dieser Therapie liegen die Schilddrüsenwerte dann im Normbereich.

Nach 1 Woche
Frau S. wird nach Hause entlassen. Unter einer Hormonsubstitution mit 75µg Euthyrox ist sie vollkommen beschwerdefrei.

1 Jahr später
Frau S. entschließt sich zur Operation
Die Nebenwirkungen des Thyreostatikums (Haarausfall, Hautreaktionen) belasten Frau S. so sehr, dass sie sich zu einer operativen Entfernung der Schilddrüse entschließt.

Subtotale Thyreoidektomie
Die Operation verläuft ohne Komplikationen.

Fragen mit biochemischem Schwerpunkt

1. Was ist der Unterschied zwischen T3, T4 und fT3, fT4 und warum werden oft auch fT3 und fT4 bestimmt?
2. Kann ein Patient eine Hyperthyreose haben, obwohl sein TSH-Spiegel normal ist?
3. Durch welche Mechanismen können Thyreostatika den Schilddrüsenhormonwert senken?
4. Was ist die häufigste Ursache für eine Struma?

Antwortkommentare im Anhang

3.5 Hormone der Nebennierenrinde

3.5.1 Überblick

In der Nebennierenrinde werden produziert:
- **Mineralocorticoide** (in der Zona glomerulosa): Sie spielen eine wichtige Rolle in der Regulation des Salzhaushalts und sind dort besprochen (S. 638).
- **Glucocorticoide** (v. a. in der Zona fasciculata): Sie mobilisieren Energiespeicher und heben die Blutglucosekonzentration an. Sie besitzen vielfältige physiologische Funktionen, z. B. bei der Anpassung an Stress.
- **Androgene** (v. a. in der Zona reticularis): Sie beeinflussen beim Mann Bildung und Reifung der Geschlechtsorgane und -merkmale und regulieren bei beiden Geschlechtern zusammen mit Östrogenen das Skelettwachstum und Muskelaufbau. In der Nebennierenrinde werden vor allem Hormonvorstufen gebildet, die in verschiedenen Geweben dann zu den aktiven Geschlechtshormonen (inkl. Östrogen) umgewandelt werden können.

Die Synthese der Glucocorticoide und Androgene wird durch das glandotrope Hypophysenhormon **ACTH** stimuliert, das auch für die Lebensfähigkeit der Zellen notwendig ist. Die Zonae fasciculata und reticularis atrophieren ohne Stimulation durch ACTH und hypertrophieren bei zu hohen ACTH-Spiegeln.

Die Synthese der Mineralocorticoide hingegen wird von ACTH wenig beeinflusst, ihre Synthese steht unter Kontrolle des Renin-Angiotensin-Systems bzw. K$^+$.

▶ **Exkurs.** **Cardiotone Steroide**
Interessanterweise werden in der Nebennierenrinde (aber auch im Hypothalamus) noch weitere Steroidhormone gebildet, sogenannte **cardiotone Steroide** (Cardenolide, Bufadienolide), darunter Ouabain (g-Strophanthin) und Digoxin, deren Kohlenstoffgerüste mit denen der bekannten Herzglykoside aus Digitalis und anderen Pflanzen identisch sind! Sie binden wie diese ebenfalls an die Na$^+$-K$^+$-ATPase. Je nach Typ können sie diese hemmen, sie können aber auch in Konzentrationen, die nicht zur Hemmung ausreichen, Proteinkinasen wie die PKC und Src-Kinase aktivieren. Abhängig vom Wirkort können unterschiedliche Reaktionen ausgelöst werden. Es wurde berichtet, dass sie die Natriurese in der Niere erhöhen, Hypertonie durch arterielle Gefäßkontraktion begünstigen und zu Herzhypertrophie und fibrotischem Umbau führen. Bei vielen Patienten mit essenzieller Hypertonie wurden erhöhte Werte an Ouabain gefunden. Antagonisten könnten daher von therapeutischem Interesse sein. Bisher liegen aber noch zuwenige Daten vor, um die physiologische und pathophysiologische Bedeutung dieser Steroide beurteilen zu können.

Ausgangssubstanz aller Hormone der Nebennierenrinde (und der Sexualhormone der Gonaden) ist **Cholesterin**, das ein Sterangerüst besitzt. Sie werden daher als **Steroidhormone** bezeichnet. Ein Steroidhormon ist häufig die Vorstufe eines weiteren Steroidhormons, wie der folgende Überblick über die Biosynthese der Steroidhormone zeigt.

Allgemeiner Überblick über die Biosynthese der Steroidhormone

Die drei Hauptorgane der Steroidhormonproduktion **(Nebennierenrinde, Hoden und Ovar)** können Cholesterin *de novo* synthetisieren, dies ist aber nur in Leydigschen Zellen von großer Bedeutung. Ansonsten stammt der größte Teil aus Lipoproteinen (LDL oder HDL): LDL-Partikel werden über den LDL-Rezeptor endozytiert, HDL geben Cholesterinester nach Bindung an **SR-B1** (Scavenger-Rezeptor Klasse B, Typ I) an die Zelle ab. Beim Menschen scheint der LDL-Weg die größere Bedeutung zu haben, während bei Nagern die Aufnahme über HDL überwiegt.

Die hormonproduzierenden Zellen **speichern Cholesterin in Form von Cholesterinestern** (= mit Fettsäuren verestertes Cholesterin). Im Gegensatz zum freien Cholesterin, das durch die Membran aus der Zelle abgegeben wird oder sogar in Membranen akkumuliert und diese so schädigen könnte, lassen sich die Ester als **Lipidtröpfchen in der Zelle** speichern.

Die Biosynthese der **Glucocorticoide** und **Androgene** steht **unter Kontrolle von ACTH** (Nebennierenrinde, Zonae fasciculata und reticularis) bzw. LH und FSH (in den Gonaden). Die drei Hormone signalisieren über den cAMP-PKA-Weg. Sie erhöhen innerhalb von Minuten die Biosynthese der Steroidhormone und stimulieren mit einer Verzögerung von mindestens 30 min die Transkription und Translation der benötigten Enzyme und Cholesterin-Transporter (s. u.). Im Gegensatz dazu wird die Biosynthese von Aldosteron in der Zona glomerulosa nur schwach durch ACTH sti-

Der erste Schritt auf dem Weg zur Steroidhormonbiosynthese ist die Freisetzung von Cholesterin durch Aktivierung der **Cholesterin-Esterase** (Abb. D-3.19).

muliert. Die beiden wichtigsten Stimuli sind Angiotensin II (S. 640) über Aktivierung des Phospholipase C/Proteinkinase C/Ca^{2+}-Wegs und Kalium (S. 616) über Öffnung von Ca^{2+}-Kanälen.

ACTH, LH und FSH starten die Hormonsynthese, indem Cholesterin durch die **Cholesterin-Esterase (Cholesterinester-Hydrolase)** aus Cholesterinestern wieder **freigesetzt wird**. Das Enzym wird durch die **Proteinkinase A** phosphoryliert und so aktiviert (Abb. D-3.19).

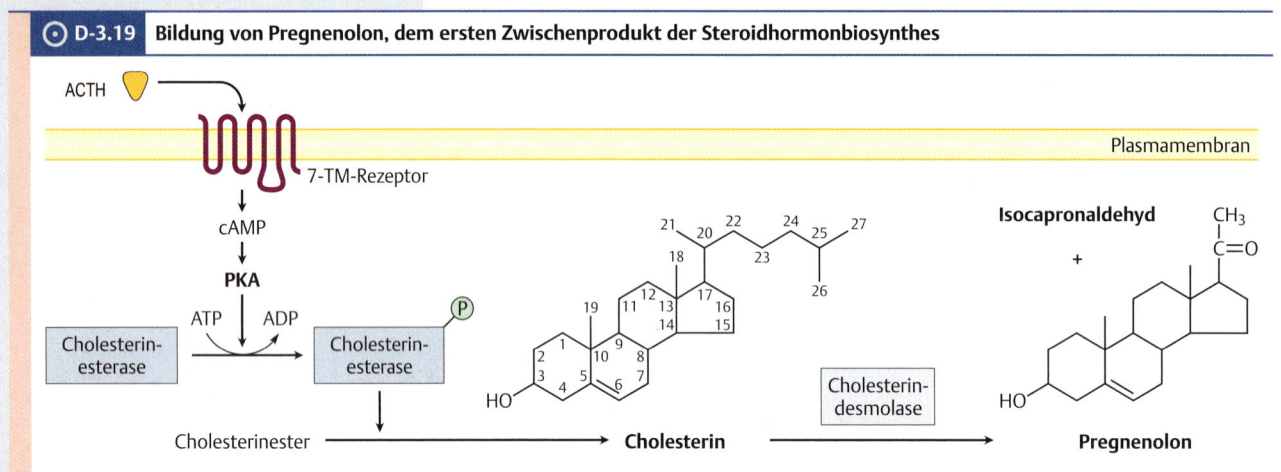

⊙ **D-3.19** Bildung von Pregnenolon, dem ersten Zwischenprodukt der Steroidhormonbiosynthes

Hier ist der G-Protein-gekoppelte ACTH-Rezeptor gezeigt (Cortisolbiosynthese), in den Gonaden erfolgt die Aktivierung der Cholesterin-Esterase durch G-Protein-gekoppelte FSH- oder LH-Rezeptoren.

Das freigesetzte Cholesterin wird an zytosolische Proteine gebunden zu den **Mitochondrien** transportiert. Der Transport von der **äußeren zur inneren Mitochondrienmembran** erfordert das Protein **StAR** im Komplex mit weiteren Proteinen. Mutationen im StAR-Gen führen zur **kongenitalen lipoiden adrenalen Hyperplasie**.

Nachdem Cholesterin freigesetzt worden ist, hat die Zelle das Problem, dieses nahezu wasserunlösliche Lipid durch das Zytosol über die mitochondriale Außenmembran und den Zwischenraum zur Innenseite der inneren Mitochondrienmembran zu transportieren, wo der erste Schritt der Steroidhormonbiosynthese, die Desmolase-Reaktion (s. u.), erfolgt. Dieser Transport erfordert das Zusammenspiel mehrerer Proteine:

- Cholesterin wird zunächst an zytosolische Trägerproteine gebunden, insbesondere **StAR D 4 – 6** (strukturell mit StAR (s. u.) verwandt), oder auch **SCP** (sterol carrier protein) und durch das Zytoplasma zur äußeren Mitochondrienmembran transportiert.
- Der anschließende geschwindigkeitsbestimmende Transport zur inneren Membran erfordert das Protein **StAR** (*Steroidogenic acute regulatory Protein*), welches eine konservierte, Cholesterin-bindende StART(StAR-related lipid transfer)-Domäne besitzt. Dieses Protein wird innerhalb von etwa 30 min durch ACTH induziert. Inaktivierende Mutationen sind die Ursache der seltenen **kongenitalen lipoiden adrenalen Hyperplasie (CAH)**, die im Extremfall unbehandelt zu einem letalen Verlust der Steroidhormonbiosynthese führt. StAR wirkt sehr wahrscheinlich in einem Komplex mit weiteren Proteinen. Es wurden mehrere Proteine beschrieben, insbesondere ein 18 kDa großes, ebenfals essenzielles Cholesterin-bindendes Protein, **TSPO** (Translocator Protein). Wie TSPO und andere am Transport beteiligten Proteine mit StAR interagieren, ist noch unbekannt.
- An der Innenseite der mitochondrialen Membran erfolgt der erste Schritt der Hormonbiosynthese, der **für alle Steroidhormone gleich** ist. Das Enzym **Cholesterin-Desmolase** führt Hydroxylgruppen an C-20 und C-22 ein, gefolgt von der Spaltung der C-20–C-22-Bindung. Dabei entstehen **Pregnenolon** (Abb. D-3.19) und Isocapronaldehyd. Die weiteren Biosyntheseschritte finden teils am glatten endoplasmatischen Retikulum, teils im Mitochondrium statt.

Der erste Schritt der Steroidhormonbiosynthese ist die Verkürzung der Seitenkette durch die **Cholesterin-Desmolase** unter Bildung von **Pregnenolon** (Abb. D-3.19).

Trotz der Vielfalt der Steroidhormone sind für die Synthese nur **wenige Reaktionstypen** erforderlich (Abb. D-3.20). Bis auf wenige Ausnahmen sind die beteiligten Enzyme Mitglieder der **Cytochrom-P450-Enzyme**, die eine Vielzahl von Hydroxylierungen und Oxidationen katalysieren. Sie verbrauchen **molekularen Sauerstoff** (O_2; ein O-Atom wird für die Bildung der C-O-H-Gruppe benötigt, das zweite O-Atom wird zu Wasser reduziert, die **Reduktionsäquivalente** werden von **NADPH** geliefert). Bei der Steroidbiosynthese katalysieren sie die in Abb. D-3.20 gezeigten Reaktionen:

Die meisten Schritte der Steroidhormonsynthese (Hydroxylierungen und Folgereaktionen, Abb. D-3.20) werden durch **Cytochrom-P450-Enzyme** katalysiert. Sie verbrauchen **molekularen Sauerstoff** (O_2; ein O-Atom wird für die Bildung der C-O-H-Gruppe benötigt, das zweite wird zu Wasser reduziert, die Reduktionsäquivalente werden von **NADPH** geliefert).

D 3.5 Hormone der Nebennierenrinde

- **Hydroxylierungen** an C-11, C-17, C-18, C-21 (Reaktionen 1a, 3, 4, 5),
- **17,20-Lyase-Reaktion** (Reaktion 1b) und
- **Aromatase-Reaktion** (Reaktion 8). Sie wandelt Testosteron in Östradiol um und ist die einzige Reaktion in unserem Körper, die einen aromatischen Ring aufbauen kann.

Auch die oben bereits genannte **Desmolase** ist ein Cytochrom-P450-Enzym.

Ein weiteres Enzym der Biosynthese ist die **3β-Hydroxysteroid-Dehydrogenase**, die sowohl die OH-Gruppe an C-3 **zur Ketogruppe oxidiert** als auch die Doppelbindung zwischen Ring A und B verschiebt (**Isomerase-Aktivität**, Reaktion 2).

Durch kompartimentspezifische (ER bzw. Mitochondrium) und **gewebsspezifische** (NNR, Gonaden, Plazenta) **Expression der** verschiedenen **Enzyme** werden die **zelltypspezifischen** Hormone gebildet.

Die **Aromatase** wandelt Testosteron in Östradiol um, die einzige Reaktion in unserem Körper, bei der ein aromatischer Ring aufgebaut wird.

Die zelltypspezifischen Hormone entstehen durch **kompartiment- und gewebsspezifische Enzymexpression**.

D-3.20 Übersicht über die Biosynthese wichtiger Steroidhormone

Pregnenolon → (1a) → 17α-Hydroxypregnenolon → (1b) → Dehydroepiandrosteron (DHEA) → (6) → DHEA-Sulfat

(2) ↓   (2) ↓   (2) ↓

Progesteron → (1a) → 17α-Hydroxyprogesteron → (1b) → Androstendion → (7) → Testosteron

(3) ↓   (3) ↓   (8) ↓

11-Desoxycorticosteron   11-Desoxycortisol   Östradiol

(5)(4) ↓   (4) ↓

Corticosteron   **Cortisol**

(5) ↓

Aldosteron ⇌ Aldosteron

Enzym/Aktivität

P450c17: besitzt zwei Aktivitäten:
- (1a) a) 17α-Hydroxylase,
- (1b) b) 17,20-Lyase/Desmolase

(2) **3β-HSD:** 3β-Hydroxysteroid-Dehydrogenase, zwei Aktivitäten:
a) Dehydrogenase,
b) Isomerase

(3) **P450c21:** 21α-Hydroxylase

(4) **P450c11:** 11β-Hydroxylase

(5) **P450aldo:** Aldosteron-Synthase, drei Aktivitäten:
a) 11β-Hydroxylase, b) 18-Hydroxylase, c) 18-Oxidase

(6) Sulfokinase

(7) 17β-Hydroxysteroid-Dehydrogenase

(8) **P450arom:** Aromatase

Zur Nummerierung der C-Atome s. Abb. **D-3.19**.

▶ Klinik. Das **adrenogenitale Syndrom (AGS)** beruht auf einem autosomal-rezessiv vererbten Mangel eines Enzyms der Steroidhormonbiosynthese:
Am häufigsten (über 90%) ist ein Mangel der **21α-Hydroxylase**, der mit einer Häufigkeit von etwa 1:12 000 auftritt und damit in etwa so häufig ist wie die Phenylketonurie. Durch diesen Defekt sind die beiden in Abb. **D-3.20** als Schritt 3 bezeichneten Reaktionen teilweise oder vollständig inhibiert, die Biosynthese von Cortisol und meist auch von Aldosteron (je nach Schwere der Mutation) ist gestört. Die **Synthese von Androgenen** ist vom Enzymmangel **nicht betroffen**. Niedrige Cortisolspiegel stimulieren die **ACTH-Freisetzung**, woraufhin alle Zonen der Nebennierenrinde **hypertrophieren** und zur **Verstärkung der Androgensynthese** führen. Bei pränataler Manifestation des Enzymmangels ist das äußere Genitale weiblicher Neugeborener in unterschiedlichem Ausmaß virilisiert.
Bei einem Mangel an **11β-Hydroxylase** (Häufigkeit nur ca. 1:100 000) sind die als Schritt 4 bezeichneten Wege in Abb. **D-3.20** gestört. Dies führt ebenfalls zum Ausfall von Cortisol und Aldosteron und erhöhter Produktion an Androgenen, zusätzlich ist jedoch ein erhöhter Blutdruck zu beobachten, da sich das Zwischenprodukt **11-Desoxycorticosteron** anreichert, welches eine schwache **mineralocorticoide** Wirkung besitzt.
Störungen der **3β-Hydroxysteroid-Dehydrogenase** (Schritt 2 in Abb. **D-3.20**) oder Mutationen des **StAR-Proteins** führen zu Defekten in der Biosynthese aller drei Steroidhormontypen. Wegen der fehlenden Rückkopplung führt die verstärkte ACTH-Ausschüttung aber auch in diesen Fällen zur Hyperplasie der Nebennierenrinde.

Freisetzung, Transport und Inaktivierung der Steroidhormone

Die Steroidhormone werden als lipophile, membrangängige Hormone nicht gespeichert. Man nimmt allgemein an, dass sie nach der Biosynthese aus der Zelle in die **Blutbahn** diffundieren, obwohl noch nicht geklärt ist, ob dies der physiologisch relevante Transport ist. Im Blut werden sie zum größten Teil im **Komplex mit Plasmaproteinen transportiert**. So wird Cortisol vor allem an das Protein Transcortin gebunden transportiert.
Die **Inaktivierung** der Glucocorticoide erfolgt zum großen Teil durch Hydrierung der Doppelbindung zwischen C 4 und C 5 im Ring A (Abb. **D-3.19**) und Reduktion der Carbonylgruppe an C 3 zum Alkohol, der zur Verbesserung der Wasserlöslichkeit mit Glucuronsäure oder Sulfat verestert werden kann. Diese Reaktionen finden vor allem in der **Leber** statt, sodass bei therapeutischer, oraler Gabe von Steroidhormonen ein großer Teil nach der Resorption schon im ersten Durchgang **(First Pass Effect)** inaktiviert wird. Die Ausscheidung der Abbauprodukte erfolgt über Leber und Niere (konjugierte Verbindungen). Androgene werden als 17-Ketosteroide, u. a. als Androsteron, im Urin ausgeschieden. Östrogene werden hingegen am Fünfring hydroxyliert und dann in Form von Östratriol oder Östratiolderivaten ausgeschieden.

3.5.2 Glucocorticoide

▶ Definition. **Glucocorticoide** sind Steroidhormone der Nebennierenrinde, deren primäre Stoffwechselwirkung die Glucoseversorgung und Mobilisierung von Energiespeichern ist.

Sie sind bekannt als „Stresshormone", sind jedoch auch in Ruhe lebensnotwendig, denn sie sind für die Regulation vieler Körperfunktionen (z. B. Immunsystem) und die Embryonalentwicklung wichtig. Mäuse, deren Cortisolrezeptor inaktiviert wurde, können keine Gluconeogenese durchführen, besitzen multiple Organdefekte und sterben unmittelbar nach der Geburt. **Wichtigster Vertreter** ist das **Cortisol** (Abb. **D-3.21**) bzw. Corticosteron (Hydroxylgruppe-Gruppe in Position 17 fehlt) bei Nagern.

Regulation der Biosynthese

Die Biosynthese der Glucocorticoide steht unter der Kontrolle von Hypothalamus und Hypophyse: Durch verschiedene Stimuli (z. B. Hypoglykämie, emotionale Faktoren) wird im Hypothalamus die Sekretion von Corticotropin-Releasing-Hormon **(CRH)** aus kleinzelligen Kerngebieten gesteigert. CRH stimuliert über einen G-Protein-gekoppelten Rezeptor (Aktivierung der PKA) in der Adenohypophyse die Bio-

synthese und Sekretion von adrenocorticotropem Hormon (**ACTH**). Unterstützt wird die ACTH-Ausschüttung durch **ADH**, das ebenfalls in den kleinzelligen Kerngebieten des Hypothalamus (nicht zu verwechseln mit dem ADH aus dem N. supraopticus!) gebildet wird und über einen Phospholipase C-abhängigen Mechanismus wirkt.
ACTH induziert die **Biosynthese von Cortisol** in der Nebennierenrinde, sodass bereits nach wenigen Minuten der Cortisolspiegel im Blut ansteigt. ACTH stimuliert auch die **Expression der erforderlichen Enzyme** (bereits nach 30 min wird das StAR-Protein gebildet, s. o.) und die Bildung des für die verschiedenen P450-Cytochrome als Cofaktor erforderlichen **NADPH** (s. o.).

ACTH stimuliert die **Expression der erforderlichen Enzyme** und die Bildung des als Cofaktor erforderlichen **NADPH**.

ACTH ist darüber hinaus – wie weiter oben bereits erwähnt – auch ein trophisches Hormon für die Zonae fasciculata und reticularis.
Cortisol hemmt durch **negative Rückkopplung** über Hypothalamus und Hypophyse seine eigene Biosynthese. **Aktivatoren der Biosynthese** sind u. a. **Katecholamine**, die die Produktion und Sekretion von ACTH stimulieren.

Cortisol hemmt durch **negative Rückkopplung** über Hypothalamus und Hypophyse seine eigene Biosynthese.

Die Cortisolbildung unterliegt einem ausgesprochenen **zirkadianen Rhythmus**, der auf die Rhythmik der pulsatilen (S. 602) CRH-Sekretion zurückzuführen ist. Im Normalfall sind die Cortisol-Blutspiegel am Morgen am höchsten und nehmen zum Abend hin ab. Durch Stress (körperlich oder psychisch) kann die Cortisolausschüttung bis auf das zehnfache gesteigert werden und im Extremfall den normalen zirkadianen Rhythmus überdecken.

Die Cortisolbildung unterliegt einem **zirkadianen Rhythmus**.

Aktives Cortisol und inaktives Cortison können ineinander umgewandelt werden: Die Plasmakonzentration an Cortisol entspricht nicht unbedingt der Konzentration im Gewebe, da **aktives Cortisol** (= hohe Affinität zum Mineralocorticoid-Rezeptor, s. u.) enzymatisch in **inaktives Cortison** (= niedrige Affinität zum Mineralocorticoid-Rezeptor) umgewandelt werden kann und umgekehrt (Abb. D-3.21): Die NAD^+-abhängige 11β-Hydroxysteroid-Dehydrogenase 2 (**11β-HSD2**) katalysiert die Bildung von Cortison, die NADPH-abhängige 11β-Hydroxysteroid-Dehydrogenase 1 (**11β-HSD1**) hingegen katalysiert die umgekehrte Reaktion, führt also zur Erhöhung der Konzentration an aktivem Cortisol. Die beiden Enzyme werden gewebsspezifisch gebildet. Die 11β-HSD1 wird stark in Leber, Fettgewebe und ZNS exprimiert. Auch die Haut exprimiert dieses Enzym, sodass Cortison-Salben wirksam sind. Die 11β-HSD2 hingegen kommt in recht hohen Konzentrationen in der Niere vor und verhindert hier, dass Cortisol anstelle von Aldosteron an den Mineralocorticoid-Rezeptor bindet (s. u.).
Ein Bestandteil der Lakritze (Glycyrrhizinsäure) hemmt **11β-HSD2** und ermöglicht so den freien Zugang von Cortisol zum Mineralocorticoid-Rezeptor in der Niere und führt so (allerdings nur bei übermäßigem Genuss von Lakritze) zu Hypokaliämie und Hochdruck. Den gleichen Effekt hat auch ein genetisch bedingter Mangel an **11β-HSD2**.

Aktives Cortisol und inaktives Cortison können ineinander umgewandelt werden (Abb. D-3.21): Durch das Enzym **11β-HSD2** wird Cortisol zu Cortison umgewandelt, das **nicht** an den Mineralocorticoid-Rezeptor bindet. In der Niere wird so verhindert, dass Cortisol anstelle von Aldosteron an den Mineralocorticoidrezeptor andockt.
Durch das Enzym **11β-HSD1** wird Cortison zu Cortisol aktiviert.

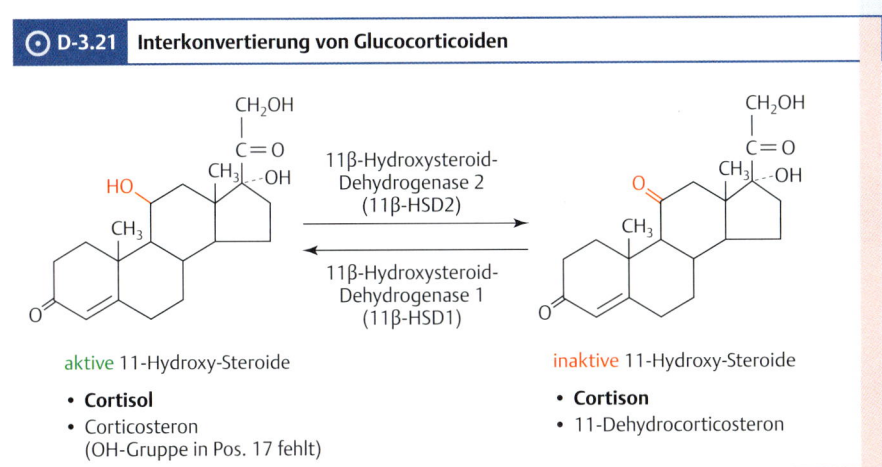

⊙ D-3.21 Interkonvertierung von Glucocorticoiden

⊙ D-3.21

aktive 11-Hydroxy-Steroide
- **Cortisol**
- Corticosteron (OH-Gruppe in Pos. 17 fehlt)

inaktive 11-Hydroxy-Steroide
- **Cortison**
- 11-Dehydrocorticosteron

Molekulare Wirkungen

Glucocorticoide wirken – wie alle Steroidhormone – auf der Ebene der Transkription (S. 452). In der Regel aktivieren sie sie. Bei einigen Genen hemmen sie die Transkription, indem die Hormon-Rezeptor-Komplexe aktive Transkriptionsfaktoren binden und diese so inaktivieren.

Molekulare Wirkungen

Glucocorticoide wirken – wie alle Steroidhormone – durch **Aktivierung** (oder **Repression**) der **Transkription**.

D 3 Hormone

Cortisol bindet an zwei unterschiedliche Rezeptoren:
- Der **Typ-I-Rezeptor** besitzt eine hohe Affinität zu Cortisol und wird auch **Mineralocorticoid-Rezeptor (MR)** genannt, da er ursprünglich als Rezeptor für Aldosteron charakterisiert wurde. Da die Cortisolkonzentration in der Zelle normalerweise erheblich höher als die Aldosteronkonzentration ist, kann Aldosteron im Allgemeinen nur wirken, wenn Cortisol durch die 11β-HSD2 inaktiviert wird.
- Der **Typ-II-Rezeptor** hingegen ist spezifisch für Cortisol und heißt daher auch **Glucocorticoid-Rezeptor (GR)**. Er bindet Cortisol aber mit einer geringeren Affinität als der Typ-I-Rezeptor. Typ-II-Rezeptor-vermittelte Reaktionen scheinen besonders für die Stressreaktionen in Gegenwart hoher Cortisolkonzentrationen verantwortlich zu sein.

Wie bei anderen intrazellulären Hormonrezeptoren auch, sind inzwischen eine Reihe von nichtgenomischen, auf molekularer Ebene weitgehend unverstandene Wirkungen beschrieben, z. B. Stimulierung der Differenzierung von Fettzellen, Hemmung der Glucose-induzierten Insulinausschüttung, Hemmung von entzündlichen Reaktionen. Es werden also z. T. in Minuten Reaktionen ausgelöst, die den zeitverzögerten genomischen Wirkungen ähnlich sind.

Zelluläre Wirkungen

Die zellulären Wirkungen der Glucocorticoide lassen sich grob in zwei Gruppen einteilen:
- **Wirkungen auf den Stoffwechsel:** Mobilisierung von Energiespeichern, Energieversorgung bei Nahrungskarenz.
- **Wirkungen auf Organsysteme:** Die meisten Organe besitzen Rezeptoren für Glucocorticoide, am bekanntesten sind die Wirkungen auf das Immunsystem, das ZNS und das Herz-Kreislaufsystem.

Wirkungen auf den Stoffwechsel

Glucocorticoide versetzen den Organismus in die Lage, Belastungen wie **Nahrungskarenz** und länger andauernde **körperliche Arbeit** zu **bewältigen**. Sie stimulieren (zusammen mit Glukagon und Adrenalin) die Transkription von Schlüsselenzymen für die **Gluconeogenese** und heben so den **Blutzuckerspiegel**. Glucocorticoide **steigern** auch die **Expression von Enzymen der Glykogensynthese**, sodass die gebildete Glucose zwischengespeichert werden kann. Diese Maßnahmen ermöglichen es, den Organismus auch im Hungerzustand ausreichend mit Glucose zu versorgen.

Ein Problem stellt die Bereitstellung der Substrate für die Gluconeogenese dar. Der wichtigste Speicher, der bei Nahrungskarenz für längere Zeit die Glucosehomöostase sichern kann, sind die Proteine, denn bei den Fettdepots kann nur das aus den Triglyceriden freigesetzte Glycerin, nicht aber die Fettsäuren zur Gluconeogenese verwendet werden. Glucocorticoide **fördern** den **Abbau der Proteinspeicher**.

Damit die freigesetzten Aminosäuren in die Gluconeogenese eingespeist werden können, induzieren Glucocorticoide Aminotransferasen in der Leber. Der Aminstickstoff wird für die Gluconeogenese nicht benötigt und in Form von Harnstoff ausgeschieden, wodurch eine negative Stickstoffbilanz entsteht.

Cortisol induziert auch für den **Abbau der Lipidspeicher** benötigte Enzyme. Die Lipolyse selbst wird jedoch durch Katecholamine vermittelt.

Die **Verstärkung des Hungergefühls** (durch Wirkung auf das ZNS) und **Stimulierung der Magensaftsekretion** (durch Hemmung der Prostaglandinbiosynthese) dient wohl der Anregung zur Nahrungsaufnahme. Die Hemmung der Prostaglandinsynthese beruht z. T. auf der Induktion der Synthese des Proteins Lipocortin (= Annexin A1), das die **Phospholipase A_2 hemmt**. Dadurch wird die Freisetzung der Arachidonsäure (Ausgangssubstanz der Prostaglandinsynthese) aus biologischen Membranen unterbunden (S. 649). Auch wird die **Transkription der Phospholipase A_2** und der induzierbaren **Zyklooxygenase 2** (COX-2) gehemmt.

Glucocorticoide wirken **synergistisch** mit den **Katecholaminen**. Während Cortisol die Expression von Enzymen für Gluconeogenese und Lipolyse steigert und Gewebe für die Wirkung der Katecholamine sensitiviert, fördern Letztere den Glykogenabbau und stimulieren die Lipolyse durch Aktivierung der hormonsensitiven Lipase. Im Einklang mit diesem Synergismus steigert ein erhöhter Sympathikotonus die Cortisolbiosynthese indirekt (via Stimulation der CRH-Sekretion), Katecholamine steigern sie direkt (s. o.), und Cortisol ist notwendig für die Biosynthese von Adrenalin (S. 596).

Wirkungen auf Organsysteme, physiologische und pathophysiologische Wirkungen

Immunsystem: Die physiologische Funktion der Glucocorticoide besteht vor allem darin, ein **Überschießen der Immunreaktion** zu **verhindern**. Während der Immunabwehr wird die Expression von Interleukinen (S. 716) hochreguliert, die ihrerseits die Cortisolbiosynthese durch indirekte Wirkung auf den Hypothalamus und direkte Wirkung auf die Hypophyse stimulieren. Cortisol hemmt dann die Biosynthese der Interleukine, sodass die **Immunantwort begrenzt** wird. Wie wichtig diese negative Rückkopplung ist, zeigt sich z. B. im Tierversuch: In Abwesenheit von Glucocorticoiden kommt es zu einer Überreaktion auf bakterielle Toxine (z. B. das Lipopolysaccharid gramnegativer Bakterien) bis hin zum septischen Schock.

Bekannter als die normalen physiologischen Funktionen sind jedoch die bei **hohen therapeutischen Dosen** auftretenden **immunsuppressiven** Wirkungen, die zur Verhinderung der Gewebeabstoßung nach Transplantationen und bei der Behandlung von Autoimmunerkrankungen ausgenutzt werden.

ZNS: Als hydrophobe Moleküle passieren Glucocorticoide die Blut-Hirn-Schranke und binden im ZNS an zwei verschiedene Rezeptortypen auf Nervenzellen. Aktivierung der Typ-I-Rezeptoren steigert **Aufmerksamkeit** und **Lernbereitschaft**. Bei **hohen Glucocorticoiddosen** werden auch Typ-II-Rezeptoren belegt, was vermutlich für das Auftreten von **Missstimmung** (Dysphorie), **Depression** und **Lernschwierigkeiten** verantwortlich ist.

Knochen: Glucocorticoide **verzögern** das **Längenwachstum von Röhrenknochen**, da sie die Differenzierung von Knorpelzellen in der Epiphysenfuge und die Proliferation von Osteoblasten hemmen. Die physiologische Bedeutung dieser Prozesse beim normalen Knochenwachstum ist noch nicht geklärt.

Hohe Cortisoldosen führen zur **Osteoporose** und hemmen die Produktion von Bindegewebe, worauf auch die Verringerung der Körpergröße bei langfristig immunsupprimierten Patienten beruht (z. B. nach einer Herztransplantation).

Entzündung und Schmerz: An beiden Prozessen sind Prostaglandine maßgeblich beteiligt (S. 652). Ihre Bildung wird durch Glucocorticoide inhibiert (s. o.). Darüber hinaus wird aber eine Reihe weiterer entzündungsfördernder Prozesse inhibiert, z. B. werden die NO-Synthase (S. 656) und die Freisetzung von Histamin (S. 660) gehemmt.

Herz-Kreislauf-System: Cortisol erhöht die Kontraktionskraft des Herzens und steigert den Blutdruck. Dies beruht auf einer Steigerung der Wirkung von Katecholaminen und Angiotensin II.

Andere Organe: Glucocorticoide verstärken z. B. die Expression von β_2-Rezeptoren in der Lunge und induzieren die Surfactantproduktion. Sie führen zur Erhöhung der Expression der Na^+-K^+-ATPase in vielen Geweben.

Stress: Bei Stress kann der Cortisolspiegel weit über normale physiologische Werte hinaus erhöht sein. Dies hilft, **Stresssituationen einer limitierten Dauer zu bewältigen**, z. B. durch Förderung der Gluconeogenese bei Hunger oder Unterstützung des Sympathikus bei Anspannung. **Langanhaltend zu hohe Cortisolspiegel** führen jedoch zum Überwiegen kataboler Reaktionen (z. B. Proteolyse) und negativer Organwirkungen (Osteoporose, Hemmung des Immunsystems, Depressionen), die den Körper massiv **schädigen** und durch Erschöpfung zum Tode führen können. Hohe Cortisolspiegel begünstigen zudem durch die Steigerung von Gluconeogenese und Lipolyse (= Erhöhung der Konzentration an Glucose und Fettsäuren im Blut) die Bildung eines Typ-2-Diabetes.

▶ **Klinik.** **Längerfristig stark erhöhte Cortisolspiegel** sind für das **Cushing-Syndrom** verantwortlich. Man kann zwischen exogenen und endogenen Ursachen unterscheiden. Die häufigste exogene Ursache ist eine Glucocorticoid-Langzeittherapie. Bei endogenen Formen des Cushing-Syndroms produziert der Körper selbst zuviel Cortisol. Häufig sind dies ACTH-produzierende Adenome der Hypophyse (**Morbus Cushing**) oder Cortisol-produzierende Adenome oder Karzinome der Nebennierenrinde.

Das Cushing-Syndrom wird zweckmäßigerweise in ACTH-abhängige und ACTH-unabhängige Formen unterschieden: Im ersten Fall führen erhöhte ACTH-Spiegel zu einer Hyperplasie der Zonae fasciculata und reticularis mit erhöhten Cortisol- und Androgen-Spiegeln, im zweiten Fall supprimieren erhöhte Cortisol-Spiegel die ACTH-Sekretion; durch erhöhte Androgen-Spiegel hervorgerufene Effekte sind selten. Einige der häufigeren Symptome sind in Tab. **D-3.3** aufgelistet.

Wirkungen auf Organsysteme, physiologische und pathophysiologische Wirkungen

Immunsystem: Glucocorticoide verhindern ein **Überschießen der Immunreaktion**, z. T. durch Hemmung der Biosynthese von Interleukinen.

Hohe therapeutische Dosen haben **immunsuppressive** Wirkungen.

ZNS: Bindung an Typ-I-Rezeptoren bei **niedrigen Dosen** steigert **Aufmerksamkeit** und **Lernbereitschaft**. **Hohe Dosen** (Bindung an Typ-II-Rezeptoren) haben **negative Wirkungen** auf das ZNS.

Knochen: Glucocorticoide sind an der normalen Regulation des Wachstums von Röhrenknochen beteiligt.

Hohe Dosen führen zum Knochenabbau (**Osteoporose**).

Entzündung und Schmerz: Glucocorticoide hemmen entzündungsfördernde Prozesse, z. B. Prostaglandinbiosynthese, NO-Synthese und Histaminfreisetzung.

Herz-Kreislauf-System: Cortisol steigert den Blutdruck.

Andere Organe: Gesteigerte Expression z. B. von β_2-Rezeptoren und Surfactant in der Lunge.

Stress: Glucocorticoide helfen **Stresssituationen zu bewältigen**. **Langanhaltend erhöhte Werte schädigen** jedoch den Organismus durch Überwiegen kataboler Stoffwechsel- und negativer Organwirkungen. Erhöhte Spiegel fördern Typ-2-Diabetes.

▶ **Klinik.**

D-3.3 Cushing-Syndrom

Symptome	Ursache
Gewichtszunahme, Zunahme des Bauchumfangs, Mondgesicht, Büffelnacken	Cortisolwirkung, erhöhte Blutglucosespiegel → Insulinsekretion ↑ → Neubildung viszeraler Fettdepots
Hochdruck	Cortisolwirkung, verstärkte Wirkung von Katecholaminen, Angiotensin II und Aktivierung des Mineralocorticoid-Rezeptors (s. u.)
Ödeme	stark erhöhte Cortisolspiegel → Sättigung der 11β-HSD2, die in der Niere Cortisol in Cortison umwandelt → Cortisol aktiviert den Mineralocorticoid-Rezeptor → Na$^+$- und Wasserretention
Hirsutismus, Amenorrhö, Virilismus	meist durch erhöhte Androgen-Spiegel aufgrund erhöhter ACTH-Werte verursacht.
transparente Haut, Striae distensae (siehe Fallbeispiel), Muskelschwäche	Cortisolwirkung, verstärkte Proteolyse
Osteoporose	Cortisolwirkung, Hemmung der Osteoblasten-Proliferation, Stimulierung der Apoptose → Knochenabbau überwiegt
Dysphorie, Depression	Aktivierung von Glucocorticoid-Rezeptoren auf Neuronen im ZNS
verminderte Glucosetoleranz, Typ-2-Diabetes (bei weniger als 20 % der Patienten)	verstärkte Gluconeogenese + verstärkte Lipolyse

▶ **Klinik.** **Stark verminderte Cortisolspiegel** findet man bei der **primären Nebennierenrindeninsuffizien (Morbus Addison)**. Sie betrifft **alle Schichten** der Nebennierenrinde. Früher war eine Tuberkulose die häufigste Ursache, heute vor allem eine Autoimmunerkrankung. Die Symptome sind unspezifisch. **Hypocortisolismus** führt u. a. zu Müdigkeit, Übelkeit, Leistungsabfall und niedrigem Blutdruck. **Hypoaldosteronismus** bewirkt Na$^+$- und Flüssigkeitsverlust (Blutdruck ↓). Eine Hyperpigmentierung vor allem sonnenlichtexponierter Haut beruht auf der **enthemmten ACTH-Produktion** (fehlende negative Rückkopplung durch die Steroidhormone). ACTH (und sein Spaltprodukt α-MSH) binden und aktivieren Rezeptoren für MSH und stimulieren so die Melaninbiosynthese.

In Stress-Situationen (z. B. Infektion, Trauma, Operation) kann es zu einer lebensbedrohlichen **Addison-Krise** kommen. Sie äußert sich durch Blutdruckabfall bis hin zum Kreislaufschock, Erbrechen, Fieber und eine durch Hypoglykämie bedingte Bewusstseinstrübung bis hin zum Koma.

Die **sekundäre Nebenniereninsuffizienz** ist durch **ACTH-Mangel** gekennzeichnet. Die häufigste Ursache ist zu schnelles Absetzen von Cortisol nach einer lang anhaltende Cortisoltherapie (→ Abnahme der ACTH-Sekretion → Atrophie der Zonae fasciculata und reticularis, die sich nur langsam erholen).

3.5.3 Androgene

Die Androgene werden im folgenden Unterkapitel behandelt, hier werden nur einige die Nebennierenrinde betreffende Aspekte angesprochen. In der Nebennierenrinde werden im Wesentlichen **Dehydroepiandrosteron (DHEA)**, sein **Sulfatester (DHEAS)** sowie **Androstendion** (Abb. **D-3.20**) gebildet und nur geringe Mengen an Testosteron. DHEAS dient als Reservoir für DHEA und wird durch zelluläre Sulfatasen wieder in DHEA umgewandelt.

Beim Mann ist der Beitrag der Nebennierenrinde zur Testosteronproduktion gegenüber den Hoden vernachlässigbar, bei der Frau macht er ca. 50 % des Testosterons aus. Demgegenüber werden mehr als 90 % von DHEA/DHEAS in der Nebennierenrinde gebildet. DHEA und DHEAS sind bei beiden Geschlechtern mit Blutserumkonzentrationen bis zu etwa 38 nmol/l (DHEA) bzw. 10 µmol/l (DHEAS, beide Angaben für > 20-Jährige) die häufigsten Geschlechtshormone überhaupt. Die Produktion der Sexualhormone in der Nebennierenrinde steigt von der Kindheit bis etwa zum 25. Lebensjahr an und nimmt dann wieder ab.

DHEA, DHEAS und Androstendion besitzen nur **geringe biologische Aktivität**, können aber in peripheren Geweben mit der entsprechenden Enzymausstattung in die biologisch weit aktiveren Hormone Testosteron und Östrogene umgewandelt werden und so zur Versorgung dieser Gewebe beitragen. Allerdings kann die Androgenproduktion der Nebennierenrinde die der Gonaden nicht ersetzen, die den größten Anteil des zirkulierenden Testosterons und Östrogens bilden (s. u.).

Klinischer Fall: Gewichtszunahme und Erschöpfung

14:30

Annemarie Hartmann, 45 Jahre, kommt zum Hausarzt.
A.H.: Ich weiß gar nicht mehr genau, wann das angefangen hat, also ein halbes Jahr geht das jetzt bestimmt schon so: Ich hab total zugenommen, 8 Kilo insgesamt. Hab einfach immer Hunger. Besonders mein Bauch ist richtig dick geworden. Und dann diese Streifen, schlimmer als nach einer Schwangerschaft... Mein Gesicht ist auch ganz rund geworden. Außerdem bin ich immer so erschöpft und schlafen kann ich auch nicht mehr richtig. Bin langsam richtig down...

14:45 Körperliche Untersuchung
Ich untersuche die Patientin. Sie ist übergewichtig (162 cm, 74 kg). Ihr Gesicht wirkt aufgedunsen, auf der Oberlippe erkenne ich den Ansatz eines Schnurrbarts. Die Gesichtshaut ist unrein. Am kräftigen Bauch fallen violette Striae distensae auf. Im Vergleich zum Rumpf scheinen Arme und Beine recht dünn.
Der Blutdruck beträgt 165/100 mmHg (normal < 130/85), Herzfrequenz und Temperatur sind normal.

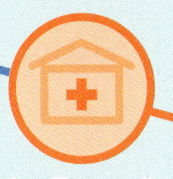

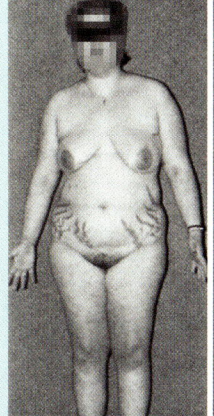

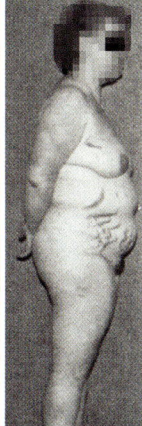

14:55 Blutabnahme und Terminvereinbarung
Ich denke an ein Cushing-Syndrom und ordne eine 24h-Blutdruckmessung an. Am nächsten Morgen soll Frau H. nüchtern zur Blutabnahme kommen.

Nach 3 Tagen, 15:00
Die Laborwerte sind da
(Normwerte in Klammern)
- Nüchternblutzucker 128 mg/dl (60–100 mg/dl)
- Cholesterin 289 mg/dl (< 200 mg/dl), Triglyzeride 179 mg/dl (normal < 150 mg/dl)

15:10 24h-Blutdruckmessung
Die 24h-Blutdruckmessung zeigt eine Hypertonie mit Spitzenwerten von 190/110mmHg. Auch die erhöhten Blutfettwerte und der erhöhte Blutzucker erhärten meinen Verdacht auf ein Cushing-Syndrom. Daher weise ich Frau H. ins Krankenhaus ein.

Einige Tage später
Weitere Laboruntersuchungen im Krankenhaus
Im 24-Stunden-Urin ist das freie Kortisol deutlich erhöht. Da das ACTH im Plasma bei 96 ng/l (normal 9–52 ng/l) liegt, veranlassen die Kollegen eine Kernspintomografie (MRT) des Gehirns.

Patientin mit Cushing-Syndrom (aus Hellmich, B.: Fallbuch Innere Medizin. 2. Aufl., Thieme, 2005)

Nach 2 Tagen
Der Befund des MRT ist da
Die Kollegen der Radiologie haben die Ursache der Beschwerden gefunden: im Hypophysenvorderlappen befindet sich eine etwa 1 cm große, glatt abgrenzbare, homogene Raumforderung. Der Befund passt zu einem Mikroadenom. Der übrige Befund des Gehirns ist unauffällig.

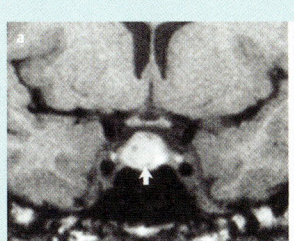

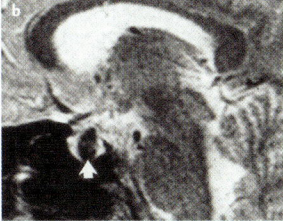

ACTH-produzierendes Mikroadenom der Hypophyse im MRT coronar (a) und sagittal (b) (aus Reiser, M., Kuhn, F.P., Debus, J.: Duale Reihe Radiologie. 2. Aufl., Thieme, 2006)

Nach weiteren 2 Tagen
Frau H. wird operiert
Über einen transsphenoidalen Zugang wird das Mikroadenom entfernt. Die Operation verläuft ohne Komplikationen.

Am gleichen Tag
Befundbesprechung und Verlegung auf die Neurochirurgie
Nachdem Frau H. über die Befunde informiert wurde, entschließt sie sich zur Operation.

Nach 6 Tagen
Frau H. wird entlassen
Nach 6 Tagen auf der Neurochirurgie wird Frau H. nach Hause entlassen. Sämtliche Symptome bilden sich in den nächsten Wochen zurück.

Fragen mit biochemischem Schwerpunkt

1. Warum bestimmt man bei dem Verdacht auf ein Cushing-Syndrom den Cortisol-Wert im 24-Stunden-Urin und nicht einfach bei der Blutabnahme?
2. Nach welcher Zeit kann man mit einer Wirkung rechnen, wenn Cortisol als Medikament gegeben wird?
3. Welche Wirkung ist dafür verantwortlich, dass Cortisol so häufig als Medikament verwendet wird?
4. Was gibt es für Therapiemöglichkeiten des Cushing-Syndroms, wenn eine Operation nicht möglich ist – etwa bei einem fortgeschrittenen ACTH-produzierenden Tumor?
5. Welche Wirkung des Cortisols wird in Biochemie-Lehrbüchern oft nicht erwähnt, kann für Patienten aber sehr belastend sein?

Antwortkommentare im Anhang

3.6 Hormone der Gonaden

In den Gonaden werden männliche Sexualhormone (Androgene) und/oder weibliche Sexualhormone (Östrogene, Gestagene) gebildet:
- Die **Hoden** produzieren
  - über **95 %** des wichtigsten Androgens, des **Testosterons** und geringe Mengen **anderer Androgene**,
  - **Östrogene** (in geringem Umfang).
- Die **Ovarien** produzieren **Östrogene** und **Gestagene**.

Sexualentwicklung: In der frühen Embryonalentwicklung werden zunächst die indifferenten Gonadenanlagen gebildet. Unter dem Einfluss von auf dem Y-Chromosom kodierten Transkriptionsfaktoren (SRY, SOX9) wird die Bildung von Hoden induziert, während in Abwesenheit das Ovar entsteht. Der fetale Hoden produziert das zur TGFβ-Familie gehörende Anti-Müller-Hormon (AMH), das die Entwicklung der Müller-Gänge zu Eileiter und Uterus hemmt. Im fetalen Hoden gebildetes **Testosteron** induziert die Differenzierung der inneren und äußeren männlichen Geschlechtsorgane. In Abwesenheit der o. g. Transkriptionsfaktoren (2X-Chromosomen, kein Y-Chromosom!) bilden sich weibliche Geschlechtsorgane. Die gängige Vorstellung ist, dass die Entwicklung zum weiblichen Geschlecht den **„Default-Weg"** darstellt, denn auch ohne Östrogene entwickeln sich anatomisch normal aussehende Organe. Der Default-Weg ist aber vermutlich eine zu stark vereinfachende Sicht der Entwicklung. Postnatal zeigen sich durchaus funktionelle und morphologische Änderungen. In der perinatalen Phase ausgeschüttete Sexualhormone sind entscheidend für das spätere geschlechtsspezifische Verhalten, u. a. die geschlechtsspezifischen Unterschiede in der LH- und FSH-Ausschüttung (s. u.). Im Tierversuch zeigen genetisch weibliche Mäuse mit inaktivierten Östrogenrezeptoren postnatale Fehlentwicklungen wie z. B. die Bildung von Strukturen, die strukturelle und funktionelle Eigenschaften von testikulären interstitiellen Zellen und Samenkanälchen mit Sertoli-Zellen aufweisen. Neueste Untersuchungen haben gezeigt, dass Inaktivierung eines einzigen Transkriptionsfaktors (FOXL 2) ausreicht, um im Ovar der adulten Maus Granulosa- und Theka-Zellen zu Sertoli- und Leydig-ähnlichen Zellen umzuprogrammieren. Aufrechterhaltung des Ovar-Phänotyps ist ein daher ein lebenslang aktiver Prozess.

Im Gegensatz zu den höher entwickelten Säugern wird bei niederen Vertebraten wie Amphibien die sexuelle Entwicklung durch Testosteron und Östrogene gesteuert.

Kisspeptin und die Einleitung der Pubertät: Die Bildung der Sexualhormone steht unter Kontrolle der Hypothalamus-Hypophysen-Achse. In der Embryonalentwicklung und in den ersten Lebensmonaten sind die Spiegel an LH und FSH hoch, sinken dann aber auf niedrige Werte bis zum Eintritt der Pubertät ab. Erst mit der **Pubertät** beginnt die (geschlechtsspezifische) **pulsatile Aktivität der GnRH-Neurone**. Eine Schlüsselfunktion besitzen die **KNDy** (Kisspeptin/ Neurokinin B/ Dynorphin A)-Neurone in der Region des Nucleus infundibulus; sie werden so genannt, weil sie die drei Neurotransmitter Kisspeptin, Neurokinin B und Dynorphin A exprimieren, zum großen Teil in der gleichen Zelle. Die KNDy-Neurone sind stark untereinander vernetzt, und bilden Synapsen mit GnRH-Neuronen und deren neurosekretorischen Enden. **Kisspeptin** ist der Neurotransmitter, der durch synergistische Wirkung der KNDy-Neurone die GnRH-Ausschüttung stimuliert. Die Neurotransmitter **Neurokinin** und **Dynorphin** in den KNDy-Neuronen stimulieren bzw. inhibieren die Kisspeptin-Ausschüttung (Kisspeptin wurde in der amerikanischen Stadt Hershey entdeckt und benannt nach der hier hergestellten Schokoladenspezialität „Hershey's kisses"). Eine zweite Region, in der Kisspeptin, aber nicht die beiden andern Neurotransmitter, synthetisiert wird, ist der N. präopticus, bzw. N. periventriculatus anteroventralis (AVPV) beim Menschen bzw. bei Nagern. Kisspeptin bindet an den G-Protein-gekoppelten Rezeptor **GPR54** auf den GnRH-Neuronen. Mutationen in Kisspeptin oder seinem Rezeptor führen im Extremfall zum Ausbleiben der Pubertät und der sexuellen Reifung (bei beiden Geschlechtern). Kiss-Neurone sind auch für den Ablauf des Menstruationszyklus essenziell (s. u.).

In der Pubertät stimulieren die Sexualhormone die Reifung der Geschlechtsorgane und bestimmen die geschlechtsspezifischen Körpermerkmale und das Sexualverhalten. Die unterschiedlichen Wirkungen bei Mann und Frau sind auf Konzentrationsunterschiede der Sexualhormone zurückzuführen.

3.6.1 Androgene

▶ **Definition.** **Androgene** sind von Mann und Frau in Nebennierenrinde und Gonaden synthetisierte Steroidhormone, die beim Mann Bildung und Entwicklung der Geschlechtsorgane und -merkmale sowie das geschlechtsspezifische Verhalten beeinflussen und bei beiden Geschlechtern zusammen mit Östrogenen das Skelettwachstum regulieren.

Biosynthese und Transport

Die Androgene werden von den **Leydig-Zwischenzellen** des Hodens gebildet. Zu den Reaktionen der Biosynthese s. Abb. **D-3.20**. Die wichtigsten Androgene des Hodens sind **Testosteron** und **Dihydrotestosteron**. Letzteres wird durch Reduktion der Doppelbindung im Ring A gebildet (Abb. **D-3.22**). Daneben werden noch geringere Mengen der schwach wirkenden Androgene DHEA und Androstendion gebildet.

D-3.22 Struktur von Testosteron und Dihydrotestosteron

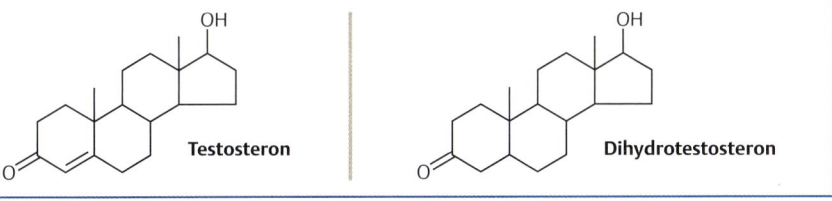

Im **Blut** werden Androgene **im Komplex mit Albumin** und dem spezifischen **Sexualhormon-bindenden Protein (SHBG)** transportiert. In den Zielzellen wird ein großer Teil des Testosterons in das aktivere Dihydrotestosteron oder auch durch die Aromatase-Reaktion in Östrogen umgewandelt (S. 615).

Regulation der Biosynthese

Die stoßweise Sekretion von Gonadotropin-Releasing-Hormon **(GnRH)** bewirkt in der Adenohypophyse die Sekretion der Gonadotropine **LH** und **FSH**.
- **LH** bindet an G-Protein-gekoppelte Rezeptoren der **Leydig-Zwischenzellen** und bewirkt so die Biosynthese und Ausschüttung der Androgene (analog zur Wirkung von ACTH auf die Cortisolbiosynthese, Abb. **D-3.19**).
- **FSH** bindet an einen G-Protein-gekoppelten Rezeptor der **Sertoli-Zellen** und unterstützt so die Spermatogenese, aber nur in Anwesenheit von Testosteron (s. u.).

Testosteron und Dihydrotestosteron hemmen die Testosteronbildung **(negative Rückkopplung)**, indem sie die Synthese und Sekretion von **GnRH** und **LH** hemmen. Sie sind allerdings nur schwache Inhibitoren der **FSH-Bildung**. Diese wird effizient durch **Inhibin** gehemmt, ein im Hoden (Sertolizellen) gebildetes Mitglied der TGFβ-Familie.

Molekulare Wirkungen

Androgene wirken wie alle Steroidhormone auf der Ebene der **Transkription** (S. 452). Meist aktivieren sie diese. Dihydrotestosteron bindet an die gleichen Rezeptorproteine wie Testosteron, jedoch mit höherer Affinität und ist deshalb erheblich wirksamer.

Zelluläre Wirkungen

Androgene stimulieren die Bildung und Reifung der Geschlechtsorgane sowie der akzessorischen Drüsen (Prostata) in der Embryonalentwicklung und der Pubertät. Sie regulieren **Spermatogenese**, **Sexualverhalten** und **Potenz**. Ob Testosteron eine direkte Wirkung auf die Spermatogonien/Spermatozyten hat, ist fraglich, unbestritten ist jedoch die **indirekte Wirkung** über die **Sertoli-Zellen**. Diese stehen in Kontakt mit den Keimzellen und ernähren die sich entwickelnden Spermatozoen. Durch Testosteron werden die Sertoli-Zellen befähigt, die Spermatogenese zu unterstützen, ohne funktionelle Androgenrezeptoren in Sertoli-Zellen wird die Spermatogenese inhibiert. Die Mechanismen der Regulation der Spermatozytenentwicklung durch die Sertoli-Zellen sind erst teilweise bekannt, u. a. bilden sie parakrin/juxtakrin wirkende Proteine, die Wachstum und Überleben der Spermatogonien/Spermatozyten fördern (z. B. aktiviert der Stammzell-Faktor die Rezeptor-Tyrosinkinase c-kit auf den Spermatogonien). Weiterhin sind von den Sertoli-Zellen in das Lumen der Samenkanälchen sezernierte Proteine für die Spermatogenese wichtig, darunter das **Androgen-bindende Protein (ABP)**, dessen Expression durch FSH stimuliert wird. ABP bindet Testosteron und ermöglicht es so, eine hohe, lange verfügbare Konzentration des von den Leydig-Zellen sezernierten Testosterons in den Samenkanälchen aufzubauen. ABP kann in einem Rezeptor-vermittelten Prozess von den Epithelzellen aufgenommen werden.

Testosteron bewirkt die Ausbildung der **sekundären Geschlechtsmerkmale** wie Bartwuchs, männliche Körperbehaarung und Vergrößerung des Kehlkopfs in der Pubertät. Es ist für die Ausbildung des typisch männlichen **Knochenbaus** und der **Muskulatur** verantwortlich und für das im Vergleich zu Frauen höhere Verhältnis von Muskel zu Fettmasse. Es besitzt eine **anabole Wirkung**, weswegen Testosteronderivate trotz der schweren Nebenwirkungen oft zur Leistungssteigerung im Hochleistungssport eingenommen werden (Doping).

Testosteron reguliert das **Skelettwachstum** und den Wachstumssprung vor der Pubertät, allerdings nur zusammen mit Östrogen. Letzteres ist sehr wahrscheinlich auch für das Schließen der Epiphysenfuge verantwortlich, wie z. B. bei Männern festgestellt wurde, die aufgrund eines Aromasemangels keine Östrogene bilden konnten.

3.6.2 Östrogene und Gestagene

▶ **Definition.**

- **Östrogene** sind von Mann und Frau synthetisierte Steroidhormone, die bei der Frau Bildung und Entwicklung der Geschlechtsorgane und -merkmale beeinflussen und bei beiden Geschlechtern zusammen mit Testosteron das Skelettwachstum regulieren. Sie werden vor allem im Ovar (in den Granulosazellen der Ovarialfollikel) bzw. in der Plazenta gebildet, aber auch in Nebennierenrinde und Hoden sowie in geringem Umfang in anderen Organen, die Aromaseaktivität besitzen (Muskel, Fettgewebe und Nerven). Die wichtigsten Östrogene sind Östradiol, Östratriol und Östron (Abb. **D-3.23**).
- **Gestagene** werden im Corpus luteum (Gelbkörper) des Ovars und in der Plazenta gebildet. Sie sind für die Vorbereitung und Aufrechterhaltung der Schwangerschaft essenziell. Wichtigster Vertreter ist Progesteron (Abb. **D-3.23**).

⊙ **D-3.23** Struktur der wichtigsten Östrogene und Gestagene

Biosynthese und Transport

Die **Östrogene** entstehen durch die Aromatase-Reaktion aus Androgenen. **Östradiol**, das wirksamste Östrogen, entsteht unter Katalyse der Aromatase aus Testosteron (Abb. **D-3.20**). Geht die Biosynthese von Androstendion aus, entsteht **Östron**, das $1/3$ der Aktivität von Östradiol besitzt. Einführung einer zusätzlichen Hydroxylgruppe führt zur Bildung von **Östratriol** (16-Hydroxyöstradiol), das das häufigste Derivat im Urin darstellt und $1/10$ der Aktivität von Östradiol besitzt.

Progesteron wird als Zwischenstufe bei der Biosynthese der meisten Steroidhormone gebildet (Abb. **D-3.20**).

Östrogene werden **im Blut** wie Testosteron an **SHBG** (s.o.) und **Albumin** gebunden transportiert. **Progesteron** bindet an **Transcortin**.

Regulation der Biosynthese

Wie beim Mann wird auch bei der Frau die Bildung der Sexualhormone durch **GnRH** bzw. **FSH** und **LH** reguliert. Die Regulation ist jedoch erheblich komplexer. Die **pulsatile Sekretion** von GnRH bzw. FSH und LH beginnt mit der Pubertät und dauert bis zur Menopause. Die **GnRH-Pulsfrequenz variiert während des Menstruationszyklus** und ist in der Zyklusmitte am höchsten (> 1 Puls pro h). Obwohl LH und FSH in denselben gonadotropen Zellen des Hypophysenvorderlappens gebildet werden, variieren ihre Konzentrationen während des Menstruationszyklus. In der frühen Follikel- und Lutealphase dominiert FSH, in der späten Follikelphase dominiert LH. Sowohl die LH als auch die FSH-Synthese wird durch die Frequenz der GnRH-Impulse reguliert. Die LH-Bildung wird durch schnelle Frequenzen der GnRH-Pulse stimuliert (> 1 Puls pro h), FSH hingegen durch langsame Frequenzen (< 1 Puls pro 2–3 h). Progesteron verlangsamt ebenfalls die GnRH-Pulsfrequenz. Während **LH-Bildung strikt von GnRH-abhängig** ist, wird die Bildung von **FSH in Abwesenheit von GnRH nur um ca. 50 % reduziert**, da seine Bildung synergistisch durch GnRH und Activin reguliert wird. Östrogen hemmt normalerweise in einer negativen Rückkopplung die Synthese von GnRH, in der Mitte des Menstruationszyklus herrscht jedoch eine positive Rückkopplung vor (s.u.).

In der Menopause nimmt die Östrogenproduktion ab, was wegen der fehlenden Rückkopplung auf Hypothalamus und Hypophyse zu einem starken Anstieg von FSH und LH führt.

Molekulare Wirkungen

Die Wirkung wird durch **ligandenaktivierte Transkriptionsfaktoren** (S. 579) vermittelt. Es gibt zwei verschiedene Östrogenrezeptoren, ERα und ERβ, die unterschiedliche Gewebeverteilung und Bindungsaffinitäten für Östrogene besitzen. Für Progesteron scheint nur ein Rezeptor zu existieren.

Zelluläre Wirkungen

Östrogene sind für Wachstum und Reifung der **weiblichen Geschlechtsorgane** und Entwicklung der **sekundären Geschlechtsmerkmale** verantwortlich. Bis zur Menopause stimulieren sie die **Proliferation der Uterusschleimhaut** und sind für die **Follikelreifung** wichtig (s.u.). Weitere genitale und extragenitale Wirkungen auf den weiblichen Körper zeigt Abb. **D-3.24**. Östrogene besitzen eine **anti-Arteriosklerose-Wirkung** und spielen bei Mann und Frau, wie bei den zellulären Wirkungen der Androgene bereits erwähnt, eine wichtige Rolle beim **Knochenwachstum** und Schließen der Epiphysenfuge. Aufgrund ihrer höheren Konzentration im weiblichen Körper **schützen** sie Frauen außerdem **vor Osteoporose**, indem sie die Biosynthese Osteoklasten aktivierender Interleukine teilweise hemmen. Dieser Effekt fällt nach der Menopause weg, sodass das Osteoporoserisiko und damit die Gefahr, Knochenbrüche zu erleiden, stark zunimmt.

Interessanterweise führt Östrogenmangel auch beim Mann zu einer Verminderung der Fertilität, während man früher davon ausgegangen ist, dass lediglich eine erhöhte Östrogen-Exposition zur Unfruchtbarkeit führt.

Progesteron: Es bereitet die Uterusschleimhaut auf die **Einnistung** des befruchteten Eis (Nidation) vor und ist für die **Aufrechterhaltung der Schwangerschaft** notwendig. Absinken des Progesteronspiegels führt zum Schwangerschaftsabbruch. Weitere genitale und extragenitale Wirkungen zeigt Abb. **D-3.25**.

D-3.24 Wirkungen der Östrogene auf den weiblichen Körper

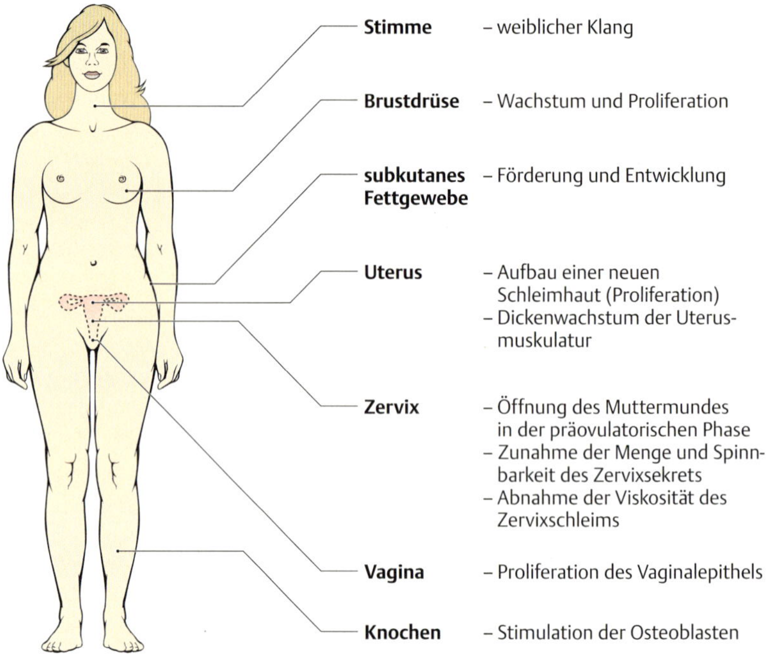

Struktur	Wirkung
Stimme	– weiblicher Klang
Brustdrüse	– Wachstum und Proliferation
subkutanes Fettgewebe	– Förderung und Entwicklung
Uterus	– Aufbau einer neuen Schleimhaut (Proliferation) – Dickenwachstum der Uterusmuskulatur
Zervix	– Öffnung des Muttermundes in der präovulatorischen Phase – Zunahme der Menge und Spinnbarkeit des Zervixsekrets – Abnahme der Viskosität des Zervixschleims
Vagina	– Proliferation des Vaginalepithels
Knochen	– Stimulation der Osteoblasten

(aus Stauber, T., Weyerstahl, M., Duale Reihe Gynäkologie und Geburtshilfe, Thieme, 2007)

D-3.25 Wirkungen von Progesteron auf den weiblichen Körper

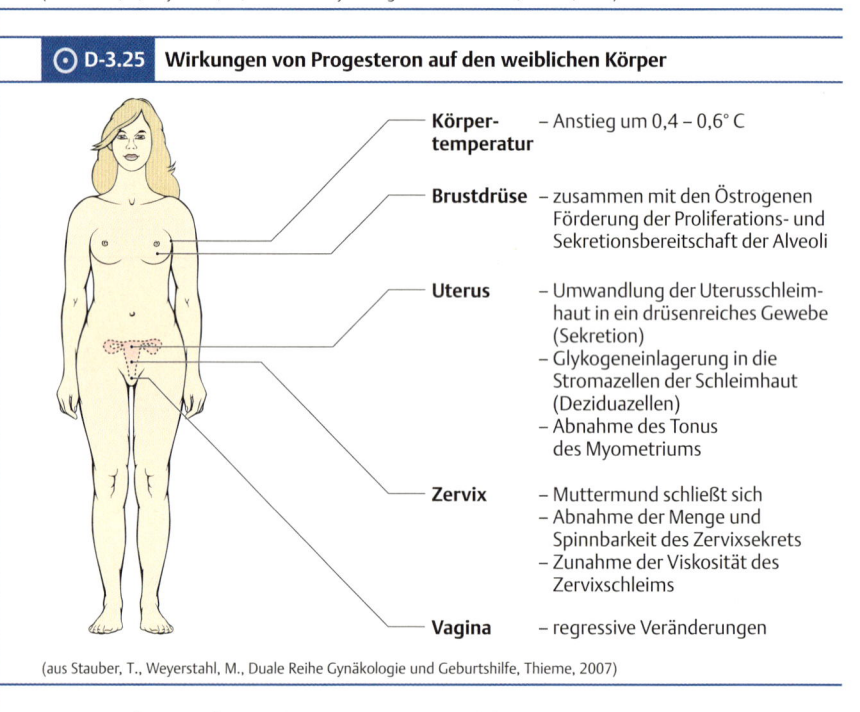

Struktur	Wirkung
Körpertemperatur	– Anstieg um 0,4 – 0,6° C
Brustdrüse	– zusammen mit den Östrogenen Förderung der Proliferations- und Sekretionsbereitschaft der Alveoli
Uterus	– Umwandlung der Uterusschleimhaut in ein drüsenreiches Gewebe (Sekretion) – Glykogeneinlagerung in die Stromazellen der Schleimhaut (Deziduazellen) – Abnahme des Tonus des Myometriums
Zervix	– Muttermund schließt sich – Abnahme der Menge und Spinnbarkeit des Zervixsekrets – Zunahme der Viskosität des Zervixschleims
Vagina	– regressive Veränderungen

(aus Stauber, T., Weyerstahl, M., Duale Reihe Gynäkologie und Geburtshilfe, Thieme, 2007)

Hormonelle Regulation des Menstruationszyklus

Er wird durch zyklusabhängige Änderungen der **pulsatilen GnRH-Sekretion** reguliert, die die Freisetzung von **FSH, LH, Östrogen und Progesteron** regulieren.
Östrogen hemmt die GnRH-Ausschüttung durch **negative** Rückkopplung, in der Zyklusmitte führt eine **positive Rückkopplung** zur LH-surge.
Inhibine aus dem Ovar hemmen die FSH-Ausschüttung.

Hormonelle Regulation des Menstruationszyklus

Der Menstruationszyklus wird durch zyklusabhängige Änderungen der **pulsatilen GnRH-Sekretion** reguliert, die zu spezifischen Änderungen von **FSH, LH, Östrogen und Progesteron** führen. Der Ablauf hängt kritisch
- von der negativen Rückkopplung der Steroide der Gonaden zur Hypophyse und zum Hypothalamus (GnRH-Ausschüttung) und
- der in der Zyklusmitte auftretenden positiven Rückkopplung von Östrogen auf die LH-Ausschüttung **(LH-surge)** ab.

Ein zweiter wichtiger Rückkopplungsmechanismus besteht in der Hemmung der FSH-Ausschüttung durch **Inhibine** (Abb. **D-3.27**) aus dem Ovar. Die Inhibin B-Konzentration hat den gleichen Verlauf wie die FSH-Konzentration, während Inhibin A in der zweiten Zyklushälfte sein Maximum aufweist. Die Inhibin-Synthese wird z. T. durch FSH reguliert.

D 3.6 Hormone der Gonaden

Der Menstruationszyklus lässt sich in **drei Phasen** gliedern:
- Follikelphase
- Ovulation
- Lutealphase

In der **Follikelphase**, die definitionsgemäß mit dem 1. Tag der Regelblutung beginnt, erfolgt die **Follikelreifung**. Hierfür sind **FSH** und **Östrogene** verantwortlich: Mit dem Abklingen der hohen Spiegel an Östrogen, Progesteron und Inhibin A am Ende des vorherigen Zyklus (Abb. **D-3.26**) steigt aufgrund des Wegfalls der Hemmwirkung dieser Hormone der FSH-Spiegel für wenige Tage an. **FSH** stimuliert die Proliferation (Granulosazellen) und Reifung von **Tertiärfollikeln** (Primär- und Sekundärfollikel werden praktisch nicht beeinflusst, sondern durch andere, noch wenig verstandene Faktoren reguliert). FSH induziert indirekt über die Induktion des autokrin wirkenden TGFβ-Proteins Aktivin (S. 579) seinen eigenen **FSH-Rezeptor** auf Granulosazellen. Weiterhin induziert FSH das Enzym **Aromatase** (Abb. **D-3.27**), wodurch die **Östrogenbildung** aus Androgenen möglich ist. Östrogene unterstützen die weitere Entwicklung des Follikels und fördern die Proliferation der Uterusschleimhaut. Parallel stimuliert **LH** durch Bindung an **Rezeptoren auf den Thekazellen** der Ovarialfollikel die Bildung von **Androgenen**, den Ausgangssubstanzen für die Östrogensynthese. **Theka- und Granulosazellen müssen also zusammen wirken, um Östrogen bilden zu können** (Abb. **D-3.27**).

Der Menstruationszyklus lässt sich in **drei Phasen** gliedern:
- Follikelphase
- Ovulation
- Lutealphase

In der **Follikelphase** (Abb. **D-3.26**) erfolgt unter Kontrolle von **FSH** und **Östrogenen** die Follikelreifung.

FSH stimuliert die Proliferation und Reifung von **Tertiärfollikeln**, indem es die Aromatase in den Granulosazellen induziert. Diese können nun die aus den Thekazellen stammenden Androgene in **Östrogene** umwandeln (Abb. **D-3.27**), die die Follikelreifung und die Proliferation der Uterusschleimhaut fördern. **LH** stimuliert die Bildung von Androgenen in den Thekazellen (Abb. **D-3.27**).

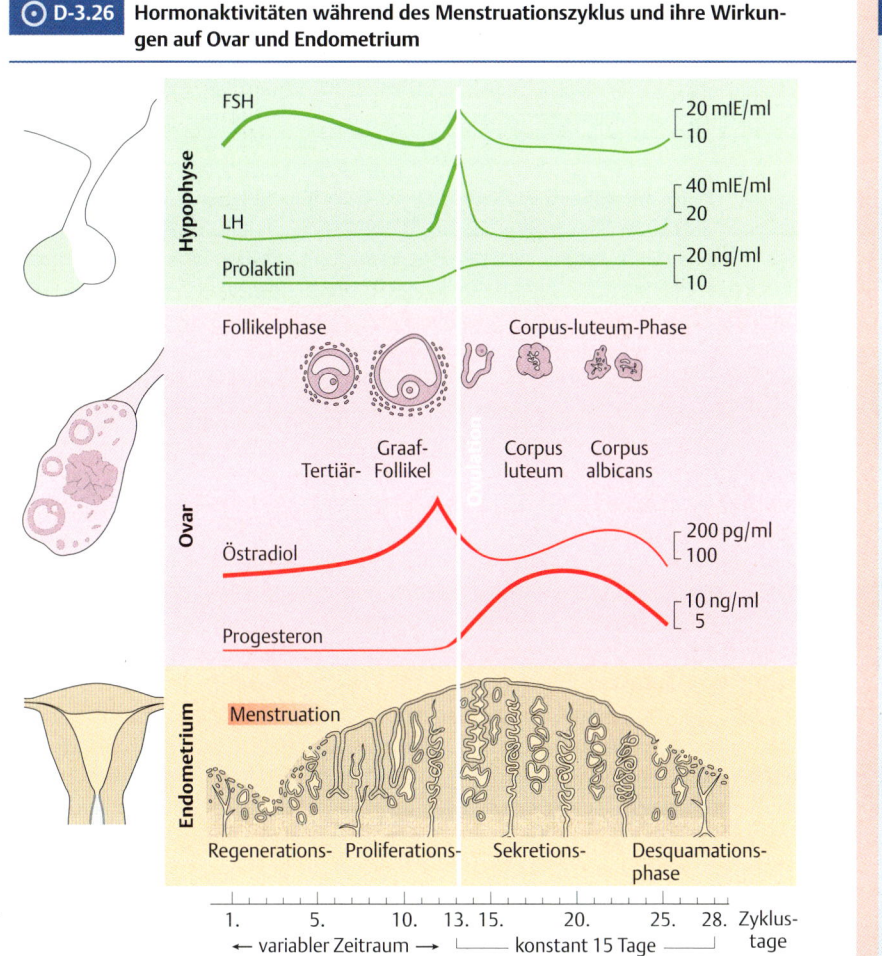

⊙ **D-3.26** Hormonaktivitäten während des Menstruationszyklus und ihre Wirkungen auf Ovar und Endometrium

⊙ **D-3.26**

(nach Pfleiderer, A., Breckwoldt, M., Martius, G., Gynäkologie und Geburtshilfe, Thieme, 2001)

Östrogene unterstützen die Wirkung von FSH am Follikel, u. a. fördern sie die Bildung von FSH-Rezeptoren auf den Granulosazellen. Mit Verzögerung werden auf den Granulosazellen auch LH-Rezeptoren induziert. Östrogene gelangen auch ins Blut. Der starke Anstieg der Plasmaöstrogenkonzentration hemmt die FSH-Synthese und -Sekretion in der Hypophyse. Die gleiche Wirkung hat vom Follikel sezerniertes **Inhibin** (Abb. **D-3.27**), ein kompetitiver Aktivinrezeptor-Antagonist. Die Abnahme der FSH-Sekretion führt dazu, dass alle reifenden Tertiärfollikel mit einer Ausnahme

Der starke Anstieg der **Plasmaöstrogen**konzentration und vom Follikel sezerniertes **Inhibin** hemmen die Synthese/Sekretion von FSH (**negative Rückkopplung**, Abb. **D-3.27**) und führen so zu **Follikelatresie**. Nur der **dominante (= Graaf-)Follikel** vollendet den Reifungsprozess.

D-3.27 Beeinflussung der Steroidhormonsynthese im Ovar durch positive und negative regulatorische Faktoren der Hypophyse

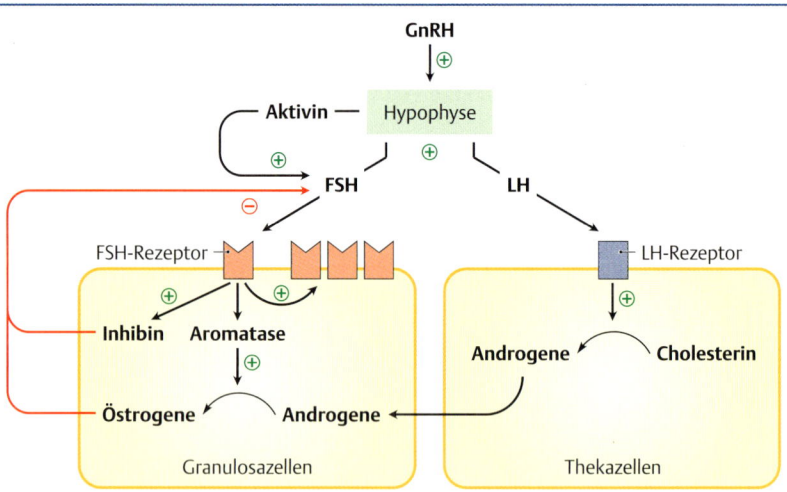

Die Thekazellen des Ovarialfollikels bilden und sezernieren unter dem Einfluss von LH Androgene. Diese diffundieren in die Granulosazellen. Dort stimuliert FSH die Synthese von Aromatase, sodass Androgene in Östrogene umgewandelt werden. FSH stimuliert ferner die Expression von FSH-Rezeptoren und des TGFβ-Proteins Inhibin, das wie Östrogen die Sekretion von FSH aus der Hypophyse inhibiert. Aktivin, ein weiteres TGFβ-Protein, steigert die FSH-Produktion mittels eines autokrinen Mechanismus.

---

zugrunde gehen (**Atresie**). Dieser eine Follikel besitzt genügend Granulosazellen mit genügend FSH- und LH-Rezeptoren, um überleben zu können. Vaskularisierung der Theka-Zellen erlaubt zudem eine bessere Versorgung mit FSH. Er wird als **dominanter (= Graaf-)Follikel** bezeichnet. Er **vollendet** den **Reifungsprozess**.

In der **Zyklusmitte** wird eine Schwellen-Plasmaöstrogenkonzentration überschritten, oberhalb derer Östrogene die GnRH-Sekretion stimulieren (**positive Rückkopplung**, s. u.). Neben einer Zunahme der FSH-Konzentration kommt es zu einem **steilen Anstieg von LH („LH-Surge")** (Abb. D-3.26), der die **Ovulation** induziert. Dabei wird aus dem Graaf-Follikel die befruchtungsfähige **Oozyte freigesetzt**. Der steile LH-Anstieg führt zur Termination des Follikelwachstums und zur Wiederaufnahme und Beendigung der Meiose I der Oozyte. Durch Aktivierung der LH-Rezeptoren wird die **Bildung von Progesteron** in den Granulosazellen induziert. FSH, LH und Progesteron induzieren die Expression von **proteolytischen Enzymen**, die notwendig sind die extrazelluläre Matrix (Kollagen) der Follikelwand zu zerstören. Durch Progesteron wird z. B. eine **Matrix-Metalloproteinase** (ADAMTS-I) induziert. Auch **Prostaglandine** werden gebildet, die die Kontraktion von glatten Muskelfasern fördern und so zur Ausstoßung der Oozyte führen können.

Die Mechanismen, die zum Umschlagen der negativen Rückkopplung zu einer positiven Rückkopplung durch Östrogene führen, waren lange Zeit vollständig unbekannt. In den letzten Jahren wurden jedoch große Fortschritte gemacht, vor allem anhand von Untersuchungen an Nagern (Abb. **D-3.28**). Die GnRH-Neurone besitzen nicht den Östrogenrezeptor ERα, der für die positive und die negative Rückkopplung essenziell ist (der Rezeptor ERβ ist nicht involviert). Dies legt die Vermutung nahe, dass andere östrogensensitive Neurone mit den GnRH-Neuronen kommunizieren müssen. Dies sind sehr wahrscheinlich hypothalamische ERα-positive Kisspeptin-Neurone (S. 622). **Im N. arcuatus inhibiert** Östrogen die Expression von Kisspeptin in Kiss-Neuronen, im N. periventricularis anteroventralis (**AVPV**) stimuliert Östrogen die Synthese. Läsionen im AVPV unterbinden den LH-Surge. Im Gegensatz zu den Nagern sind die **Mechanismen beim Menschen noch nicht endgültig geklärt**, da sich Kiss-Neurone nur im N. arcuatus/N. infundibularis und der präoptischen Region, nicht aber im AVPV finden. Man nimmt an, dass beide Neuronentypen, sowohl hemmende als auch aktivierende Neuronen, im N. arcuatus angesiedelt sind. Der endgültige Beweis steht aber noch aus.

In der **Lutealphase** bildet sich aus dem Rest des Graaf-Follikels das **Corpus luteum** (Gelbkörper), das unter Einfluss von LH **Östrogene** und **Progesteron** produziert. Progesteron bereitet die Uterusschleimhaut auf die Einnistung der befruchteten Eizelle

⊙ D-3.28 **Positive und negative Rückkopplung der östrogeninduzierten GnRH-Ausschüttung während des Menstruationszyklus (beim Nager)**

ARC: N. arcuatus, AVPV: N. periventricularis anteroventralis.

vor, indem es die Durchblutung fördert, das Drüsenwachstum und die Einlagerung von Glykogen in die Stromazellen stimuliert. Unter Wirkung von Progesteron nimmt die Frequenz der GnRH-Sekretion dramatisch ab, sodass auch die FSH- und LH-Spiegel sinken.

Wird die **Eizelle befruchtet**, erfolgt die Einnistung in den Uterus (Nidation). Nun **stimuliert** das von der Blastozyste und später von der Plazenta (Synzytiotrophoblast) gebildete **humane Choriogonadotropin (hCG)** die **Synthese von Östrogenen und Progesteron**.

Erfolgt keine Befruchtung, degeneriert das **Corpus luteum** und die Östrogen- und Progesteronspiegel sinken. Die **Abnahme der Progesteronspiegel** führt am Stratum functionale der Uterusschleimhaut zu Durchblutungsstörungen und degenerativen Veränderungen, die zur **Menstruation** führen.

Wird die **Eizelle befruchtet**, kommt es zur Nidation und das von der Blastozyste produzierte **hCG** stimuliert die **Bildung von Östrogenen** und **Progesteron**.

Erfolgt **keine Befruchtung**, degeneriert das Corpus luteum und die **Abnahme der Progesteronspiegel** führt zur **Menstruation**.

▶ **Klinik.** hCG ist homolog zu LH und bindet an den gleichen Rezeptor. Es besteht aus einer α-Untereinheit, die mit der von LH und FSH identisch ist, und einer β-Untereinheit. Zum **Schwangerschaftsnachweis** werden Antikörper gegen die β-Untereinheit eingesetzt, um Kreuzreaktionen mit LH zu verhindern. Hoch empfindliche β-hCG-Tests sind bereits um den 8. Tag post conceptionem positiv.

Zur **hormonellen Kontrazeption**, dem wirksamsten Verfahren der Empfängnisverhütung, werden in der Regel **Kombinationspräparate aus Östrogen- und Progesteronderivaten** verwendet. Sie bewirken eine **Verminderung der Gonadotropinsekretion**. Insbesondere der LH-Peak bleibt aus, sodass es nicht zum Eisprung kommt. Am Endometrium tritt keine volle sekretorische Transformation der Schleimhaut ein, sodass zusätzlich die Nidation erschwert würde.

Progesteronrezeptor-Antagonisten wie Mifepriston (RU 486) binden an den Progesteronrezeptor, entfalten aber keine Wirkung. Dies führt zum **Abbruch der Schwangerschaft**.

3.7 Wachstumshormon

▶ **Synonym.** Growth Hormone, Somatotropin, somatotropes Hormon (STH).

▶ **Definition.** **Wachstumshormon** (GH) ist ein 22 kDa großes Protein, das in der Adenohypophyse gebildet wird. Es fördert und koordiniert das Körperwachstum und besitzt auch metabolische Wirkungen. Es wirkt hauptsächlich über Insulin-ähnliche Wachstumsfaktoren (IGF).

3.7.1 Regulation der Biosynthese

Biosynthese und Sekretion von GH stehen unter Kontrolle von Hypothalamus, Hypophyse und metabolischen Faktoren:

Der **wichtigste Stimulus** der Biosynthese und Ausschüttung von GH ist das Growth-Hormone-Releasing-Hormon **(GHRH, Somatoliberin)** des Hypothalamus. Es bindet an einen G-Protein-gekoppelten Rezeptor auf den somatotropen Zellen der Adenohypophyse und stimuliert ihr Wachstum sowie die Transkription und Sekretion von GH. Die Sekretion von GHRH ist **altersabhängig**: Während der **Pubertät** ist sie am höchsten und nimmt im Alter wieder ab. GHRH wird in Pulsen abgegeben, die einer geringen basalen Sekretion überlagert sind. **Frequenz und Amplitude der Pulse sind nachts am höchsten**. Dies ist physiologisch wichtig, da somit insulinantagonistische Wirkungen minimiert werden (S. 632). Das Muster der GHRH-Ausschüttung ist bei Mann und Frau unterschiedlich (beim Mann sind die Pulse ausgeprägter) und ist vermutlich für das geschlechtsspezifische Körperwachstum von Bedeutung. GHRH-Neurone (wie auch die antagonistischen SS-Neurone, s. u.) besitzen Rezeptoren für viele Neurotransmitter wie z. B. Acetylcholin und Noradrenalin, die ihre Aktivität modulieren, aber in der Regel nicht primär regulieren.

- Neben **GHRH** wirken **fördernd auf die Ausschüttung von GH:**
  - Das Peptid **Ghrelin**: Seine Wirkung wird durch einen spezifischen G-Protein-gekoppelten Rezeptor auf den somatotropen Zellen vermittelt. Es ist neben GHRH der stärkste Stimulus.
  - **Schilddrüsenhormone:** Hierauf beruht ein großer Teil ihrer entwicklungsfördernden Effekte.
  - In der Pubertät **Östrogene** und **Testosteron**,
  - Aminosäuren (essenzielle Aminosäuren, insbesondere Arginin), eine Abnahme des Blutglucosespiegels, körperliche Aktivität und Tiefschlaf.
- **Hemmend** wirken
  - das im Hypothalamus und in den D-Zellen des Pankreas gebildete **Somatostatin** sowie **längerfristig erhöhte Cortisolspiegel**,
  - **GH** selbst und die durch GH induzierten **Insulin-ähnlichen Wachstumsfaktoren (negative Rückkopplung)** sowie
  - **Fettsäuren:** Sie werden durch GH vermehrt freigesetzt, wodurch sich ein weiterer negativer Rückkopplungsmechanismus ergibt.

3.7.2 Molekulare und zelluläre Wirkungen

Molekulare Wirkungen

GH: Diese Substanz übt seine Wirkung über einen **Rezeptor mit assoziierter Tyrosinkinase** (S. 576) aus.

Eine der wichtigsten Wirkungen besteht in der Induktion der **Insulin-ähnlichen Wachstumsfaktoren (IGFs)** vorallem von IGF-I. Die **IGFs vermitteln die Mehrzahl der GH-Effekte,** nur ein **Teil** der Wirkungen ist auf **GH** selbst zurückzuführen (d. h. bei Ausfall von GH kann der Defekt nicht durch Gabe von IGFs kompensiert werden). In einigen Fällen, wie bei der Regulation des Wachstums der Röhrenknochen, sind sowohl durch GH selbst als auch durch IGFs vermittelte Reaktionen beteiligt (s. u.).

Insulin-ähnliche Wachstumsfaktoren (IGF): Diese werden in zwei Varianten, **IGF-I** und **IGF-II**, gebildet. Wie der Name sagt, sind die IGFs homolog zu Insulin, d. h. sie sind strukturell ähnlich aufgebaut und leiten sich in der Evolution von einem gemeinsamen Vorläufer-Gen ab. Im Unterschied zu Insulin wird das C-Peptid jedoch nicht abgespalten, sodass IGFs aus einer einzigen Peptidkette bestehen. Beim Menschen werden IGF-I und IGF-II pränatal und postnatal exprimiert, während bei Nagern IGF-II vor allem in der Embryonalentwicklung gebildet wird.

Die IGFs werden zum größten Teil in der **Leber** gebildet, die ca. 75 % des IGFs im Blutplasma synthetisiert und **endokrin** sezerniert. So kommt der Leber eine bedeutende Rolle bei der Versorgung peripherer Organe mit dem Wachstumsfaktor zu (s. u.). Beim **Knochenwachstum** dominiert jedoch die **parakrine** Wirkung von **lokal in der Wachstumsfuge** gebildetem IGF.

D 3.7 Wachstumshormon

Im **Blut** liegen IGFs im Komplex mit Plasmaproteinen, den **IGF-Bindungsproteinen**, vor, deren Expression ebenfalls durch GH kontrolliert wird. So wird die Bioverfügbarkeit reguliert und die Halbwertszeit im Blut von einigen Minuten auf mehrere Stunden erhöht.

Beide IGFs binden an den gleichen **IGF-I-Rezeptor**, eine **Rezeptortyrosinkinase**. Der Rezeptor ist homolog zum Insulinrezeptor, in hohen Konzentrationen kann auch Insulin selbst an den IGF-I-Rezeptor binden. Neben dem IGF-I-Rezeptor gibt es den (strukturell nicht verwandten) **IGF-II-Rezeptor**, der IGF-II bindet, sodass es nach Endozytose abgebaut wird. Er dient also nicht der Signaltransduktion, sondern als **Clearance-Rezeptor**.

Pränatal werden IGF-I und IGF-II weitgehend unabhängig von GH exprimiert, postnatal jedoch wird die Synthese (vor allem von IGF-I) im Wesentlichen durch GH reguliert. Ein Grund dafür könnte sein, dass pränatal Wachstumsprozesse eng koordiniert werden müssen und Stagnationen nur sehr bedingt tolerierbar sind. Die kontinuierliche Nährstoffversorgung des Fötus über die Plazenta ist dabei unerlässlich. Nach der Geburt ist das Neugborene jedoch häufig Schwankungen in der Nährstoffversorgung ausgesetzt, insbesondere in früheren Zeiten und unterwentickelten Ländern. Durch die regulierte Ausssschüttung des Wachstumshormons kann die Geschwindigkeit des Wachstums zumindest teilweise angepasst werden (s. u.).

Beide IGFs binden an den gleichen **IGF-I-Rezeptor**, eine zum Insulinrezeptor homologe **Rezeptortyrosinkinase**.

IGF-I und IGF-II werden **pränatal GH-unabhängig** exprimiert. **IGF-I** wird **postnatal** im Wesentlichen **GH-abhängig exprimiert**, während **IGF-II** nur **schwach** von GH induziert wird.

Zelluläre Wirkungen

Die Wirkungen des GH/IGF-Systems können grob in zwei Kategorien eingeteilt werden:
- Förderung des postnatalen Wachstums durch GH/IGF
- metabolische Wirkungen, v. a. vermittelt durch GH

Zelluläre Wirkungen
- Förderung des postnatalen Wachstums durch GH/IGF
- metabolische Wirkungen, v. a. GH-vermittelt

Förderung des postnatalen Wachstums

Skelett: Während des Längenwachstums werden in der Wachstumszone der Röhrenknochen **Proliferation und Reifung von Chondrozyten** stimuliert, in erster Linie durch lokal von GH induzierte IGF, daneben auch durch direkte Förderung der Chondrozytenproliferation durch GH. Weiterhin werden Proliferation und Differenzierung von **Osteoblasten** und die Differenzierung und Aktivierung von **Osteoklasten** stimuliert. Die Tätigkeit der beiden Zelltypen wird so koordiniert, dass eine positive Knochenbilanz entsteht bei gleichzeitigem Umbau des Knochens zur Anpassung an veränderte mechanische Belastungen. Das Längenwachstum der Röhrenknochen endet mit der Pubertät, die **positive Regulation der Knochendichte** ist aber praktisch **lebenslang** zu beobachten.

Muskel: GH bewirkt in jedem Lebensalter eine überwiegend IGF-vermittelte **Vergrößerung der Muskelmasse**.

Innere Organe: IGF/GH fördern das **Wachstum innerer Organe**. Erhöhte GH-Spiegel führen zu Splanchnomegalie (Vergrößerung von Leber, Niere, Milz und anderen Organen). IGF/GH sind im adulten Organismus an der **Gewebehomöostase** und **Regenerationsprozessen** involviert, z. B. konnte für IGF-I eine neuroprotektive Funktion nachgewiesen werden.

Förderung des postnatalen Wachstums

Skelett: Bis zum Epiphysenfugenschluss fördern v. a. IGF, z. T. aber auch GH die **Proliferation und Reifung von Chondrozyten** und damit das **Skelettwachstum**. Auch nach diesem Zeitpunkt fördern IGF/GH die Differenzierung von Osteoblasten und Osteoklasten dahingehend, dass die **Knochendichte positiv reguliert** wird.

Muskel: Muskelmasse ↑ durch IGF/GH.

Innere Organe: IGF/GH fördern das **Wachstum** innerer Organe und wirken bei der **Gewebehomöostase** und **Regenerationsprozessen** mit.

▶ **Merke.** Das **pränatale Wachstum** wird durch **IGF-I** und **IGF-II** kontrolliert (gefördert), das Wachstumshormon selbst besitzt hier keine große Bedeutung.
Das postnatale Wachstum wird durch GH kontrolliert (gefördert), es ist das wichtigste wachstumsregulierende Hormon. Seine Hauptwirkung ist die Induktion von IGF-I. GH-Mangel führt zu **Zwergwuchs**. Zu hohe GH-Spiegel führen zu **Gigantismus** (bis zum Schließen der Epiphysenfugen), beim Erwachsenen zu Akromegalie (Wachstum von Nase, Kinn, Zehen und Fingern).

▶ **Merke.**

Metabolische Wirkungen

Neben seiner Hauptfunktion, der Wachstumsförderung, hat GH zahlreiche metabolische Wirkungen. Manche von ihnen, z. B. die Förderung der Proteinsynthese, bilden die Grundlage der wachstumsfördernden Wirkung.

Metabolische Wirkungen

Proteinstoffwechsel: GH fördert, vermittelt durch IGF-I, die **Aufnahme von Aminosäuren** in die Zelle und stimuliert die **Proteinbiosynthese**. Es resultiert eine positive Stickstoffbilanz.

Kohlenhydrat- und Fettstoffwechsel: Hier wirkt GH – unabhängig von IGF – **antagonistisch zu Insulin:**
- Es stimuliert die Freisetzung von Glucose aus der Leber und hemmt die Glucoseverwertung. GH-Mangel führt bei Kindern zu Hypoglykämie bei Nüchternperioden.
- Mit einer Latenzzeit von 2–3 Stunden stimuliert GH die Lipolyse und die **Verwertung von Fettsäuren**. Viele GH-defiziente Erwachsene zeigen Fettsucht mit einer Bevorzugung des viszeralen Fettgewebes. **Der Metabolismus wird also zugunsten der Lipidoxidation verschoben**, während Glucose eingespart wird.

Daher muss weniger Glucose neu synthetisiert werden, daraus resultiert ein verringerter Abbau der Proteinspeicher.

GH verursacht eine **Insulinresistenz**. Ihre molekularen Ursachen sind noch nicht genau bekannt, zumindest teilweise ist der erhöhte Fettsäurespiegel verantwortlich. Die Insulinresistenz führt aber nur bei stark erhöhten GH-Spiegeln, z. B. bei Akromegalie oder falsch dosierter GH-Gabe, zu einer Erhöhung des Risikos für Typ-2-Diabetes. **Normalerweise** ist der **GH-Spiegel** nur dann **erhöht**, v. a. nachts (S. 630), **wenn der Insulinspiegel niedrig** ist.

Rolle von GH beim Fasten: Fasten führt zu einer Erhöhung der GH-Ausschüttung. Dies erscheint zunächst paradox, da es nicht mit der wachstumsfördernden Wirkung von GH in Einklang steht. In der Tat führt **längerfristiges** Fasten auch zu einer **Abnahme der IGF-Produktion** und zu einer Hemmung der IGF-Signaltransduktion. Das Wachstumshormon stellt vermutlich sicher, dass bei kurzfristiger Nahrungskarenz Wachstumsprozesse (insbesondere bei Kindern) nicht unterbrochen werden (s.o). Auch die nächtliche Wirkung von GH wird so zumindest teilweise verständlich. Tagsüber, bei Nahrungsaufnahme, dominiert Insulin als potentes anaboles Hormon. Bei den niedrigen nächtlichen Insulinspiegeln kann z. T. durch Umstellung auf Fettverwertung GH die Wachstumsprozesse weiter koordinieren.

▶ **Exkurs.** Auf Grund seiner muskelaufbauenden Wirkung wird das Wachstumshormon GH häufig als Dopingmittel mißbraucht, die kurze Halbwertszeit macht es zudem schwierig, einen Mißbrauch nachzuweisen. Allerdings ist wegen der Stimulierung von Knorpel und Knochenwachstum (nicht die Röhrenknochen!) mit Nebenwirkungen wie Wachstum der Akren zu rechnen (u. a. kantiges Gesichtsprofil).
Da die Produktion des Wachstumshormons und IGF im Alter abnimmt (Konsequenzen: Zunahme der Fettdepots, aber Abnahme der Muskelmasse, verminderte Leistungen des Herz-Kreislaufsystems, des Immunsystem und der geistigen Leistungsfähigkeit), kann es unter Umständen sinnvoll sein, nach strikter ärztlicher Indikation GH zu verabreichen. Während bei Mausmodellen (Ames-, Snell- oder Laron- Dwarf-Mäuse, die kein Wachstumshormon produzieren) im Labor seltsamerweise eine Verlängerung der Lebenszeit beobachtet wurde, konnte dieser Effekt beim Menschen nicht signifikant nachgewiesen werden.

3.8 Prolaktin

▶ **Definition.** **Prolaktin** ist ein 23 kDa großes Protein, das in den laktotropen Zellen der Adenohypophyse gebildet wird. Es induziert bei Schwangeren die Differenzierung der Brustdrüse zur Milchdrüse und ist für die Milchproduktion essenziell (Mammogenese, Laktopoese, Galaktopoese).

Die Biosynthese wird vor allem durch aus dem Hypothalamus freigesetztes **Dopamin** (= PIH, Abb. **D-3.11**) **gehemmt**. Prolaktin hemmt seine eigene Biosynthese durch Bindung an Rezeptoren im Hypothalamus und Stimulation der Dopaminbiosynthese. Ein eigentlicher Releasing-Faktor scheint nicht zu existieren. **Östrogene stimulieren** die Prolaktinbiosynthese und -sekretion.

Ein starker Sekretionsreiz ist die Stimulation von Dehnungsrezeptoren der Brustwarze beim **Stillen**. Auf die Impulse der afferenten Neurone hin setzen die hypothalamischen Neurone kein Dopamin mehr frei, sodass die Hemmung der Prolaktinsynthese und -Sekretion entfällt.

3.8.1 Molekulare und zelluläre Wirkungen

Die Prolaktinwirkung wird durch einen **Rezeptor mit assoziierter Tyrosinkinase** vermittelt. Dieser Rezeptor ist in praktisch allen Organen/Geweben exprimiert, was auf vielfältige biologische Funktionen von Prolaktin hindeutet.
Am bekanntesten und am besten untersucht sind die folgenden, normalerweise nur für Frauen bedeutsamen Eigenschaften von Prolaktin:
- **Mammogenese** (Wachstum/Entwicklung der Brustdrüse): Es bewirkt die Differenzierung der Brustdrüse zur Milchdrüse. In der Schwangerschaft ist Prolaktin für die Proliferation und Ausdifferenzierung der Drüsenendstücke und der zugehörigen Ganganteile erforderlich.
- **Laktogenese** (Synthese der Milch): Prolaktin regt die Epithelzellen der Drüsenendstücke an, Glucose und Aminosäuren aus dem Extrazellulärraum aufzunehmen und Milchproteine (z. B. Kasein, Laktalbumin) sowie Laktose und Milchfett zu synthetisieren.
- **Galaktopoese** (Sekretion der Milch): Auslöser der anhaltenden Milchproduktion ist das Saugen des Kindes an der Brustwarze. Die Ausschüttung von Prolaktin hält die Milchproduktion aufrecht, die Ausschüttung von Oxytocin (aus der Neurohypophyse) stimuliert die Kontraktion der Myoepithelzellen und fördert so den Milchaustritt.

Dabei wirkt Prolaktin zusammen mit anderen Hormonen, insbesondere Wachstumshormon, Östrogenen, Progesteron, Glucocorticoiden und Schilddrüsenhormonen.

Weitere Funktionen: Prolaktin übt einen wichtigen Einfluss auf den weiblichen Reproduktionszyklus aus. **Hohe Prolaktinspiegel hemmen die Ovulation**, was physiologisch während der Stillphase von Bedeutung ist. Normale Prolaktinspiegel hingegen unterstützen die Gonadenfunktion. Tierexperimentelle Untersuchungen lassen vermuten, dass Prolaktin für den normalen Reproduktionsablauf bei der Frau wichtig ist. Prolaktin kann – bei Mann und Frau – **immunologische Prozesse modulieren**, da es Proliferation, Differenzierung und Apoptose von Immunzellen beeinflussen kann. Bei verschiedenen Arten von **körperlichen und psychischen Belastungen** wird eine Erhöhung des Prolaktinspiegels beobachtet (bei Mann und Frau). Prolaktin reduziert Ängstlichkeit und hemmt die Hypothalamus-Hypophysen-Nebennierenrinden-Achse; Wirkort hierbei ist der Hypothalamus.

▶ **Klinik.** Erhöhte Prolaktinspiegel (**Hyperprolaktinämie**) sind in ca. 50 % der Fälle durch Tumoren der laktotropen Zellen (**Prolaktinome**) bedingt. Andere Ursachen sind die Einnahme zentral wirkender Dopaminrezeptor-Antagonisten (Neuroleptika) und chronische Nierenerkrankungen. Bei Frauen verursacht die Hyperprolaktinämie häufig **Zyklusstörungen** (zunächst Verkürzung der Lutealphase, schließlich Ausbleiben der Ovulation = Amenorrhoe). Beim Mann führt sie zu **Impotenz** und Inhibition der Gonadenfunktion, die Testosteronspiegel sind erniedrigt. Die genauen Ursachen für diese Wirkungen sind nicht bekannt, sie liegen aber vermutlich in der Störung der pulsatilen Sekretion von LH und FSH durch hohe Prolaktinspiegel. Ein Fehlen von Prolaktin hingegen scheint keinen großen Einfluss auf den männlichen Reproduktionstrakt zu besitzen.

3.9 Gastrointestinale Hormone

▶ **Definition.** **Gastrointestinale Hormone** sind Hormone, die im Gastrointestinaltrakt gebildet werden und dessen Motorik, die Sekretion von Verdauungssekreten, Verwertung der Nährstoffe, Feedback zum ZNS und auch Regeneration der Epithelien beeinflussen. Den vielfältigen Wirkungen entsprechend gibt es eine Vielzahl unterschiedlicher Gastrointestinalhormone mit teilweise überlappenden Funktionen. Die Hormone – fast ausschließlich Peptide – werden von Zellen sezerniert, die diffus über den gesamten Gastrointestinaltrakt verteilt sind, und wirken endokrin oder parakrin. Die Hormonsekretion wird durch Nahrungsbestandteile im Darm, zum Teil auch nach Stimulation von Nervenenden des enterischen (darmeigenen) Nervensystems stimuliert.

D 3 Hormone

> **Exkurs.** Regulation von Magen-Darm-Motilität und Verdauungssekretproduktion
>
> Die Aufarbeitung und Resorption der Nahrung erfordert die Regulation und Koordination der funktionellen Abschnitte des Magen-Darm-Trakts hinsichtlich der Motorik und der Sekretion von Verdauungsenzymen. Daran sind mehrere Faktoren beteiligt:
> - **Hormone** (s. o.)
> - **Vegetatives**, v. a. **parasympathisches Nervensystem:** Aus parasympathischen Neuronen freigesetztes Acetylcholin beeinflusst praktisch alle Aspekte der Verdauung, z. B. die Salzsäureproduktion im Magen und die Sekretion von Verdauungsenzymen.
> - **Enterisches (darmeigenes) Nervensystem (Plexus myentericus und submucosus):** Die Darmmotorik u. a. Prozesse werden in Antwort auf lokale Stimuli von diesem spezialisierten Nervensystem weitgehend autonom reguliert.

Gastrointestinale Peptide werden in endokrinen Zellen und/oder Nervenzellen gebildet.

Einige der gastrointestinalen Peptidhormone werden ausschließlich von endokrinen Zellen gebildet (z. B. Gastrin), andere in endokrinen Zellen und Nervenzellen (z. B. Cholecystokinin, Somatostatin).
Eine dritte Gruppe findet sich ausschließlich in Nervenzellen (z. B. GRP [Gastrin-releasing Peptide] und VIP [vasoaktives intestinales Peptid]). Viele der Peptidhormone werden sowohl in Nerven des Gastrointestinaltrakts als auch im ZNS angetroffen.

3.9.1 Gastrin

> **Definition.** Gastrin ist ein Peptidhormon, das in den G-Zellen (Gastrin produzierenden Zellen) des Antrums und proximalen Duodenums gebildet wird. Es wird endokrin sezerniert und stimuliert die Produktion und Abgabe von Magensäure und Pankreassekret.

Struktur

Gastrin und Cholecystokinin besitzen die **gleichen C-terminalen Aminosäuren**, die für die **Rezeptorbindung** essenziell sind.

Gastrin kommt in mehreren, unterschiedlich langen Varianten vor (G-17 und G-34 mit 17 bzw. 34 Aminosäuren), die aber das gleiche C-terminale Ende besitzen. Für die biologische Aktivität **(Rezeptorbindung)** sind die letzten sechs Aminosäuren essenziell. Die C-terminalen fünf Aminosäuren sind mit dem C-terminalen Ende von Cholecystokinin identisch.

Molekulare und zelluläre Wirkungen

Gastrin bindet wie Cholecystokinin an den G-Protein-gekoppelten **CCK$_B$-Rezeptor**. Der ähnlich aufgebaute **CCK$_A$**-Rezeptor besitzt eine **1000-fach höhere Affinität zu Cholecystokinin**.

Gastrin stimuliert die Salzsäureproduktion
- *direkt* durch Bindung an CCK$_B$-Rezeptoren der Belegzellen,
- *indirekt* durch Freisetzung von Histamin aus den ECL-Zellen des Magens.

Gastrin bindet an einen spezifischen Rezeptor der Belegzellen des Magens, den **Gastrin-Cholecystokinin-B (CCK$_B$)-Rezeptor**. Neben CCK$_B$ existiert noch der homologe Rezeptor **CCK$_A$**. Beide sind G-Protein-gekoppelt. Während **CCK$_B$** Gastrin und Cholecystokinin **gleich gut** bindet, besitzt **CCK$_A$** eine **1 000-fach höhere Affinität zu Cholecystokinin**.

Gastrin **stimuliert** die **Ausschüttung von Salzsäure** aus den Belegzellen des Magens
- *direkt* durch Aktivierung des CCK$_B$-Rezeptors und den Gq-Protein-Phospholipase-C-Signaltransduktionsweg (S. 567).
- *indirekt* durch Stimulation der Freisetzung von Histamin aus den Enterochromaffin-like (ECL)-Zellen des Magens. Histamin bindet an H$_2$-Rezptoren der Belegzellen und aktiviert die Adenylatzyklase. Durch PKA-vermittelte Phosphorylierung verschiedener Proteine der Belegzellen, u. a. der K$^+$-H$^+$-ATPase, wird die HCl-Sekretion gefördert.

Der pH-Wert des Magens im Nüchternzustand wird auf Werte etwa zwischen **pH 4 und pH 6** einreguliert, kann aber nach Stimulierung der HCl-Ausschüttung auf **unter pH 1** sinken.

Gastrin stimuliert außerdem die Freisetzung von **Pepsinogen** (Magen) und **Verdauungssekreten** (Pankreas).

Gastrin **stimuliert** außerdem die **Freisetzung von**
- **Pepsinogenen** aus den Hauptzellen der Magendrüsen,
- **Verdauungsenzymen** aus den Azinuszellen sowie **HCO$_3^-$** und **Wasser** aus den Epithelzellen der Schaltstücke des **Pankreas**.

Gastrin **stimuliert** u. a. die Magendurchblutung und Magen-Darm-Motorik und ist ein **trophischer Faktor** des Magen-Darm-Trakts.

Weitere Funktionen sind Anregung des Blutflusses zum Magen und der Magen-Darm-Motorik, Stimulation der Kontraktion der Gallenblase und des unteren Ösophagus-Sphinkters und Relaxation des Pylorus. Gastrin wirkt zudem als **trophischer Faktor** auf die Mukosa des Magen-Darm-Trakts.

Regulation der Sekretion

Die Gastrinsekretion wird durch nervale, metabolische und hormonelle Faktoren reguliert:
- **Fördernd** wirken
  - **Stimulation des N. vagus** und **Dehnung der Magenwand**: In beiden Fällen setzen peptiderge Nervenenden (postganglionärer parasympathischer Fasern bzw. Fasern des enterischen Nervensystems) das Gastrin-releasing Peptide (GRP) frei, das über einen G-Protein-gekoppelten Rezeptor die Gastrinausschüttung anregt (Abb. **D-3.29**).
  - **Peptidfragmente**,
  - Alkohol und **Koffein**,
  - ein **Anstieg des pH-Werts**
- **Hemmend** wirken
  - **Somatostatin** aus den D-Zellen des Pankreas und den enteroendokrinen D-Zellen des Magen-Darm-Trakts: Über ein G_i-Protein hemmt es die Sekretion von zahlreichen Enterohormonen und von Verdauungssekreten: Im Magen hemmt es die Ausschüttung von Gastrin, Histamin und HCl, im Pankreas die Ausschüttung von Insulin und Glukagon sowie von Pankreasenzymen.
  - **gastroinhibitorisches Peptid (GIP)** aus endokrinen Zellen der Duodenal- und Jejunalmukosa,
  - **vasoaktives intestinales Peptid (VIP)** aus Nervenenden des enterischen Nervensystems,
  - **niedrige pH-Werte** (negative Rückkopplung).

Regulation der Sekretion

Fördernd wirken
- Stimulation des N. vagus und Magenwanddehnung (jeweils via Gastrin-releasing Peptide, Abb. **D-3.29**),
- Peptidfragmente,
- Alkohol und Koffein,
- pH-Anstieg.

Hemmend wirken
- Somatostatin,
- GIP,
- VIP und
- niedrige pH-Werte.

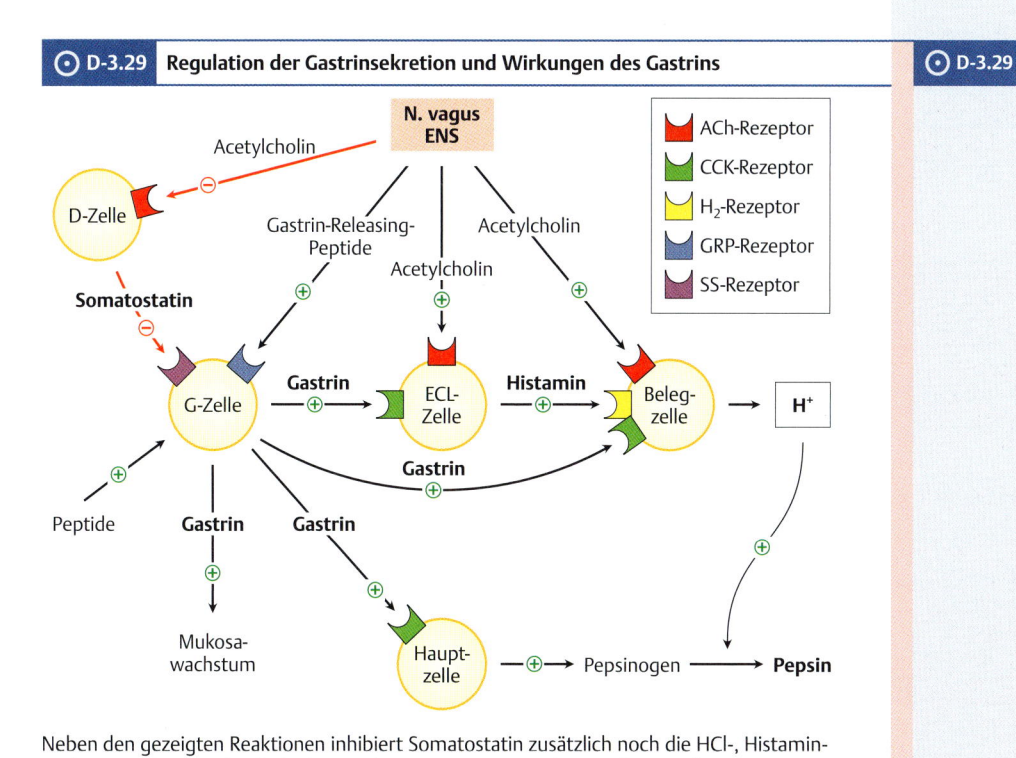

D-3.29 Regulation der Gastrinsekretion und Wirkungen des Gastrins

Neben den gezeigten Reaktionen inhibiert Somatostatin zusätzlich noch die HCl-, Histamin- und Pepsinsekretion durch direkte Bindung an Rezeptoren der jeweiligen Zellen. ENS: enterisches Nervensystem.

▶ **Klinik.** Beim **Zollinger-Ellison-Syndrom** führen Gastrin-produzierende Tumoren (**Gastrinome**) der Bauchspeicheldrüse oder des Duodenums zu einer übermäßigen HCl-Sekretion, die die Schutzmechanismen der Magenschleimhaut (Mucinschicht, regenerationsfreudiges Epithel, starke Durchblutung) überfordert. Die Folge sind Magen- und Duodenalgeschwüre (Ulzera).

3.9.2 Sekretin

▶ **Definition.** **Sekretin** ist ein 27 Aminosäuren langes Peptidhormon, das in endokrinen Zellen (S-Zellen) der Mukosa des Duodenums und Jejunums gebildet wird. Es sorgt dafür, dass der ins Duodenum eintretende saure Speisebrei neutralisiert wird, damit die Pankreasenzyme wirken können.

Regulation der Sekretion: Der primäre Sekretionsstimulus ist ein niedriger pH-Wert (< 4) im Duodenum. Alkalische pH-Werte hemmen die Sekretinausschüttung.

Wirkungen: Sekretin bindet an einen G-Protein-gekoppelten Rezeptor und aktiviert die Adenylatzyklase. Sekretin
- **hemmt** die **Sekretion von Magensäure** und die **Gastrinsekretion** und relaxiert die Magenmuskulatur, wodurch die weitere Abgabe des Speisebreis in den Darm zunächst gestoppt wird. Für die Hemmung der HCl-Bildung sind mehrere Mechanismen verantwortlich, darunter Aktivierung der Somatostatinsekretion durch Sekretin.
- **stimuliert** im **Pankreas** die Sekretion von HCO_3^- und **Wasser** aus den Epithelzellen der Schaltstücke, sodass der pH-Wert des ins Duodenum eintretenden sauren Speisebreis steigt. Der Mechanismus besteht in einer cAMP-abhängigen Aktivierung des **apikalen CFTR-Chlorid-Kanals** (S. 565). Die austretenden Cl^--Ionen werden durch den Cl^--HCO_3^--Antiporter im Austausch gegen HCO_3^- wieder resorbiert. HCO_3^- kommt über den **basolateralen** Na^+/HCO_3^--Cotransporter in die Zelle oder wird über die Carboanhydrase gebildet (Ausscheidung der entstehenden Protonen basolateral über einen Na^+-H^+-Antiporter). Sekretin-abhängig ist auch die HCO_3^- und **Wassersekretion** durch **Gallengangzellen** und **Dünndarm** (Brunner-Drüsen).

3.9.3 Cholecystokinin (CCK)

▶ **Definition.** **Cholecystokinin** (früher auch Cholecystokinin-Pankreozymin genannt) ist ein Peptidhormon, das in den endokrinen Zellen (I-Zellen) der Duodenal- und Jejunalmukosa gebildet wird. Es induziert die Sekretion der zur Emulgierung der Lipide notwendigen Pankreasenzyme und Gallensäuren.

Struktur: Das in der Regel sulfatierte Peptid kommt in mehreren Varianten vor, die sich in der Länge der N-terminalen Region unterscheiden. Die fünf C-terminalen Aminosäuren sind mit Gastrin identisch, sodass CCK über sie an die G-Protein-gekoppelten Rezeptoren CCK_A und CCK_B binden kann. Die Rezeptorbindung führt über Aktivierung eines G_q-**Proteins** zur Erhöhung von zytosolischem Ca^{2+} und zur **Exozytose der Speichervesikel**.

Regulation der Sekretion: Die Ausschüttung von CCK wird durch **Lipide** und **Produkte des Proteinabbaus** aus dem Chymus stimuliert.

Wirkungen: Die primäre Aufgabe von CCK ist die über CCK_A-Rezeptoren vermittelte **Stimulation der Sekretion von Verdauungsenzymen** aus dem **Pankreas** sowie die **Kontraktion** der glatten Muskulatur der **Gallenblase**. Ferner wirkt es als **trophischer Faktor** für das Pankreas. Eine weitere wichtige und gut charakterisierte Funktion ist die Übermittlung eines **Sättigungssignals** an das ZNS.

3.10 Hormone mit Wirkung auf den Wasser- und Elektrolythaushalt

Die Regulation des Wasser- und Elektrolythaushalts ist aus folgenden Gründen von großer Bedeutung:
- Das intravasale Volumen muss oberhalb einer kritischen Größe gehalten werden, um die Durchblutung und somit die Versorgung der Gewebe mit Nährstoffen und Sauerstoff zu gewährleisten.
- Die Zellen unseres Körpers benötigen eine isoosmotische Umgebung. Ist diese nicht gegeben, schwellen oder schrumpfen sie und ihre Funktionsfähigkeit wird beeinträchtigt.

- Die Konzentration zahlreicher Elektrolyte ist für die Funktion der Zellen von Bedeutung. So sind insbesondere Na^+- und K^+-Gradienten für den Aufbau des Membranpotenzials, Ca^{2+}-Gradienten für Signaltransduktionsprozesse wichtig. Weiterhin bestehen Wechselbeziehungen zwischen dem K^+-Haushalt und dem Säure-Base-Haushalt. Eine extrazelluläre Azidose ist in der Regel mit einer Hyperkäliämie und umgekehrt eine Alkalose mit einer Hypokaliämie verbunden.

3.10.1 Regulation des Wasserhaushalts: Antidiuretisches Hormon

▶ Synonym. Adiuretin, Vasopressin, ADH.

▶ Definition. **Antidiuretisches Hormon (ADH)** ist ein Peptidhormon, das im Hypothalamus synthetisiert und in der Neurohypophyse gespeichert wird. Wesentliche Funktion ist die Regulation des Wasserhaushalts und der Osmolarität (= Anzahl der gelösten Teilchen pro Flüssigkeitsvolumen) durch Steigerung der Wasserrückresorption in der Niere.

Biosynthese und Sekretion

In den neurosekretorischen Zellen des Hypothalamus wird ein Vorläuferpeptid gebildet, aus dem das biologisch aktive, durch eine Disulfidbrücke zyklisierte **Nonapeptid** ADH (Abb. **D-3.13**) proteolytisch freigesetzt wird. Es gelangt durch axonalen Transport in die Neurohypophyse, die es bei Bedarf sezerniert.

Regulation der Sekretion

Primärer Stimulus der ADH-Sekretion ist eine **Zunahme der Osmolarität** (bereits um 1 %!). Die Osmolarität wird im Hypothalamus über **mechanosensitive Kationenkanäle** registriert. Bei Hyperosmolarität schrumpft die Zelle, die Kanäle werden aktiviert, die Frequenz der Aktionspotenziale steigt, und die **ADH-Sekretion** wird stimuliert (Abb. **D-3.30 a**). Hypoosmolarität führt zur Hemmung der Kanäle, sodass die Aktionspotenzialfrequenz abnimmt und die ADH-Sekretion gehemmt wird. Die Aktivierung **anderer Osmorezeptoren** löst **Durstgefühl** aus (Abb. **D-3.30 a**), über das die orale Wasserzufuhr reguliert wird.

Weitere, **nicht osmotische Stimuli** der ADH-Sekretion sind:
- **Abnahme des effektiven zirkulierenden Volumens** (Abb. **D-3.30 b**) um 5–10 %, registriert durch Volumenrezeptoren der Hohlvenen und Vorhöfe des Herzens. Bei **weiterer Abnahme** des Blutvolumens (>10 %) steigt die ADH-Sekretion *drastisch* an. Dadurch ist es möglich, unabhängig von der Plasmaosmolarität eine ADH-Ausschüttung bei signifikantem Volumenverlust/Blutdruckabfall auszulösen. Dies ist klinisch z. B. beim hämorrhagischen Schock und beim hypovolämischen Schock von Bedeutung.
- **Blutdruckabfall** (Abb. **D-3.30 b**), registriert durch Pressorezeptoren im Hochdrucksystem,
- **Angiotensin II**, das bei niedrigem effektiven zirkulierenden Volumen über das Renin-Angiotensin-System gebildet wird (S. 639), stimuliert über Rezeptoren im Hypothalamus die ADH-Sekretion. Daraus resultiert ein **Synergismus** beider Systeme bei der Regulation des Blutdrucks bzw. des extrazellulären Volumens.
- **Acetylcholin** und **Nicotin**.

Ethanol hemmt die ADH-Sekretion („Bier treibt").

Molekulare und zelluläre Wirkungen

ADH wirkt an der Niere und der Gefäßmuskulatur.

Renale Wirkungen: ADH aktiviert G_s-Protein-gekoppelte **V_2-Rezeptoren** auf den Epithelzellen der Sammelrohre der Niere. Die Aktivierung der Adenylatzyklase führt zu vermehrtem Einbau von Wasserkanälen, sog. **Aquaporinen (AQP2)**, in die luminale Plasmamembran der Epithelzellen (Abb. **D-3.31**). Dadurch wird die **Wasserrückresorption in den Sammelrohren der Niere gesteigert.**

3.10.1 Regulation des Wasserhaushalts: Antidiuretisches Hormon

▶ Synonym.

▶ Definition.

Biosynthese und Sekretion

Das **Nonapeptid** ADH (Abb. **D-3.13**) wird aus einem Vorläuferpeptid des Hypothalamus gebildet.

Regulation der Sekretion

Primärer Stimulus der ADH-Sekretion ist eine **Zunahme der Osmolarität**, die durch **mechanosensitive Kationenkanäle** in Zellen des Hypothalamus registriert wird. **Andere Osmorezeptoren** lösen Durstgefühl aus (Abb. **D-3.30 a**).

Weitere, **nicht osmotische Stimuli** der ADH-Sekretion sind:
- **Abnahme des effektiven zirkulierenden Volumens** (Abb. **D-3.30 b**), besonders bei plötzlich auftretender Hypovolämie von Bedeutung).
- Blutdruckabfall
- Angiotensin II
- Acetylcholin und Nicotin

Molekulare und zelluläre Wirkungen

Renale Wirkungen: Verstärkter Einbau von Wasserkanälen, **Aquaporinen (AQP2)**, in das Sammelrohrepithel (via V_2-Rezeptoren, Abb. **D-3.31**) fördert die **Wasserrückresorption**.

D-3.30 Regulation der ADH-Sekretion

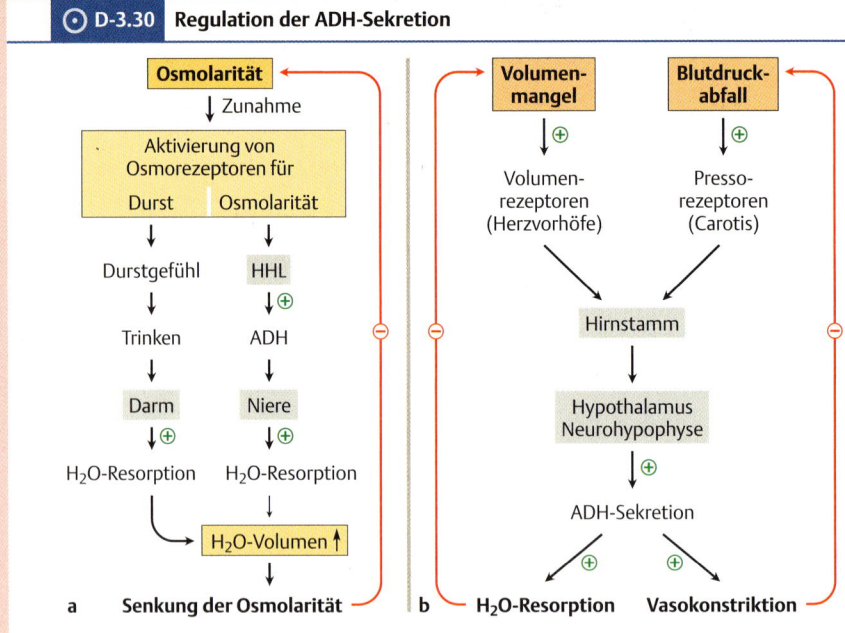

a Regulation durch Änderung der Osmolarität. **b** Regulaton durch die nicht osmotischen Faktoren Volumenmangel und Blutdruckabfall.

D-3.31 Mechanismus der ADH-induzierten Steigerung der Wasserrückresorption in den Sammelrohren der Niere

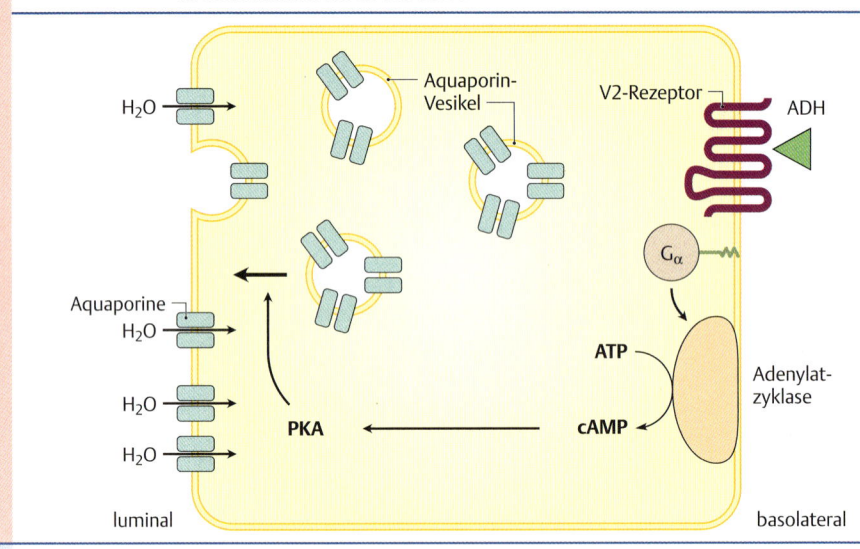

Gefäßwirkungen: Aktivierung von V_1-Rezeptoren bewirkt eine Kontraktion der Gefäßmuskulatur.

Gefäßwirkungen: ADH aktiviert V_1-Rezeptoren auf der glatten Gefäßmuskulatur. Durch Stimulation der Phospholipase Cβ (S. 567) nimmt via IP_3 die intrazelluläre Ca^{2+}-Konzentration zu, sodass sich die Gefäßmuskulatur kontrahiert. Als Folge steigt der Blutdruck.

▶ **Klinik.**

▶ **Klinik.** Wird zuwenig ADH gebildet oder sind die Rezeptoren der Niere defekt, ist die Wasserrückresorption gestört und es werden große Mengen hypotonen Harns ausgeschieden **(Diabetes insipidus)**. Der Wasserverlust kann bis zu 20 l pro Tag betragen.

3.10.2 Hormonelle Regulation des Natriumhaushalts

Hauptregulator ist das **Renin-Angiotensin-Aldosteron-System**, unterstützt vom **atrialen natriuretischen Peptid**.

3.10.2 Hormonelle Regulation des Natriumhaushalts

Die Natriumkonzentration im Extrazellulärraum wird **hormonell** in erster Linie durch das renale **Renin-Angiotensin-Aldosteron-System** (RAAS) geregelt, unterstützt durch das **atriale natriuretische Peptid** (ANP) aus dem Herzvorhof.

Renin-Angiotensin-Aldosteron-System (RAAS)

Bildung von Angiotensin II

Die Protease Renin spaltet aus dem Plasmaprotein **Angiotensinogen** das Peptid **Angiotensin I** ab, das an der Oberfläche von Endothelzellen durch ein weiteres Enzym, das Angiotensin converting Enzyme **(ACE)** in das biologisch aktive **Angiotensin II** umgewandelt wird (Abb. **D-3.32**). ACE findet sich an der Oberfläche von Endothelien im ganzen Körper, besonders hohe Konzentrationen finden sich in Lunge und Niere. In der Niere gebildetes Angiotensin II dürfte überwiegend lokale Effekte haben, Angiotensin II aus der Lunge dagegen besitzt auch systemische Wirkungen.

D-3.32 Bildung von Angiotensin I und II

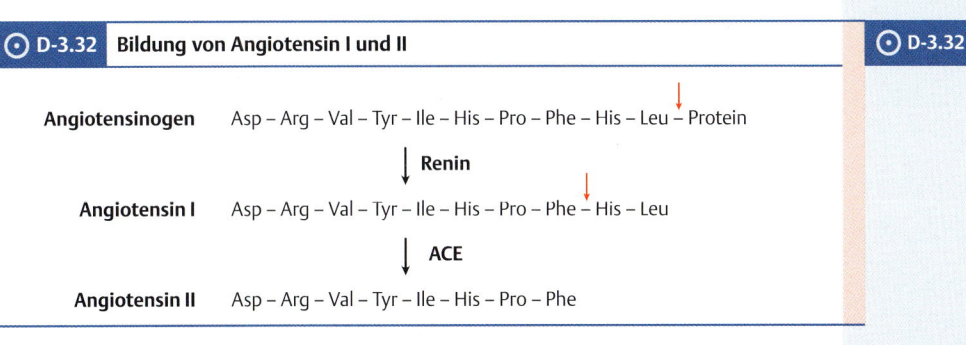

Angiotensinogen	Asp – Arg – Val – Tyr – Ile – His – Pro – Phe – His – Leu – Protein
	↓ Renin
Angiotensin I	Asp – Arg – Val – Tyr – Ile – His – Pro – Phe – His – Leu
	↓ ACE
Angiotensin II	Asp – Arg – Val – Tyr – Ile – His – Pro – Phe

Regulation der Reninsekretion

Renin ist das regulatorische Molekül der Reaktionsfolge, da es die Kaskade in Gang setzt. Renin, eine Aspartat-Protease, wird in den juxtaglomerulären Zellen der Niere als **Prorenin** synthetisiert und in sekretorischen Vesikeln gespeichert. In den Vesikeln erfolgt auch die proteolytische Prozessierung zur aktiven Protease **Renin**. **Sekretionsstimuli** sind vor allem:

- **Blutdruckabfall:** Er wird durch Pressorezeptoren in den afferenten Arteriolen der Glomeruli registriert.
- **Erhöhter Sympathikustonus**: Er steigert die Reninsekretion über einen cAMP-abhängigen Mechanismus. Daher steigern auch andere Mediatoren, die den cAMP-Spiegel der Zelle erhöhen, die Reninausschüttung. β-Blocker hemmen die Reninsekretion.
- **Reduzierte Spiegel an Hormonen wie Angiotensin II und ANP.**
- **Salzkonzentration an der Macula densa:** Eine niedrige Salzkonzentration im distalen Tubulus wird von der Macula densa (spezialisierte Zellen, die dem Vas afferens des Nierenkörperchens anliegen) registriert. Über einen Na^+-K^+-$2Cl^-$-Cotransporter (NKCC2) gelangen weniger Ionen in die Zelle, wodurch über noch nicht geklärte Mechanismen MAP-Kinasen und die Prostaglandinsynthese aktiviert werden. Prostaglandine binden an EP2- und EP4-Rezeptoren auf den juxtaglomerulären Zellen und stimulieren die Ausschüttung von Renin. Neben Prostaglandinen scheinen an der Reninsekretion auch die lokale Produktion von NO (stimulierend) und Adenosin (hemmend) beteiligt zu sein. In wie weit die Macula densa für die physiologische Regulation der (langfristigen) Reninsekretion von Bedeutung ist, wird von einigen Forschergruppen in Frage gestellt. (Essenziell ist die Macula densa auf jeden Fall für das tubuloglomeruläre Feedback: Die Registrierung einer erhöhten tubulären Salzkonzentration über den NKCC2-Transporter führt zu einer Verringerung der Filtrationsrate des betreffenden Nephrons).

Gehemmt wird die Reninsekretion durch **Angiotensin II**, ANP, hohen Blutdruck, Salz und hohe Volumenbelastung (negative Rückkopplung).

Auf molekularer Ebene wird die **Reninausschüttung durch cAMP gesteuert**. Mechanismen, die zur Erhöhung der intrazellulären cAMP-Konzentration führen (Sympathikus über β-Rezeptoren, Prostaglandine über EP2- und EP4-Rezeptoren, Hemmung des cAMP-Abbaus durch NO-abhängige Aktivierung der Phosphodiesterase 3A) erhöhen die Reninsekretion. Paradoxerweise führt eine Erhöhung der zytosolischen Ca^{2+}-Konzentration zu einer **Hemmung** der Reninausschüttung (normalerweise wird die Exozytose durch Ca^{2+} gefördert). Möglicherweise ist die Anwesenheit einer durch Ca^{2+} hemmbaren Isoform der Adenylatzyklase für diesen Effekt verantwortlich.

Wirkungen von Angiotensin II

Angiotensin II besitzt **zwei** verschiedene **Rezeptoren: AT₁** und **AT₂**. Die meisten Effekte scheinen über den G-Protein-gekoppelten Rezeptor AT₁ vermittelt zu werden: Aktivierung der Phospholipase C führt zur Ca²⁺-Freisetzung und Stimulierung der Proteinkinase C. Die wichtigsten durch Angiotensin II ausgelösten Effekte sind:
- **Stimulation der Aldosteronbiosynthese**
- **Kontraktion glatter Gefäßmuskelzellen**: Wichtigster Effekt ist eine Blutdrucksteigerung.
- **Steigerung der Natriumresorption** vor allem am proximalen Tubulus
- **Stimulation der ADH-Sekretion** und Auslösung von **Durstgefühl** und **Salzappetit**. Angiotensin II führt somit zu einer **Zunahme des extrazellulären Volumens**.

▶ Merke.
- Angiotensin II steigert die Natriumresorption *direkt* durch Bindung an spezifische Rezeptoren und *indirekt* über Aldosteron.
- Die wesentliche physiologische Funktion des RAAS besteht in der Erhöhung eines verminderten Extrazellulärvolumens oder Blutdrucks (Abb. **D-3.33**).

⊙ D-3.33   Das Renin-Angiotensin-Aldosteron-System

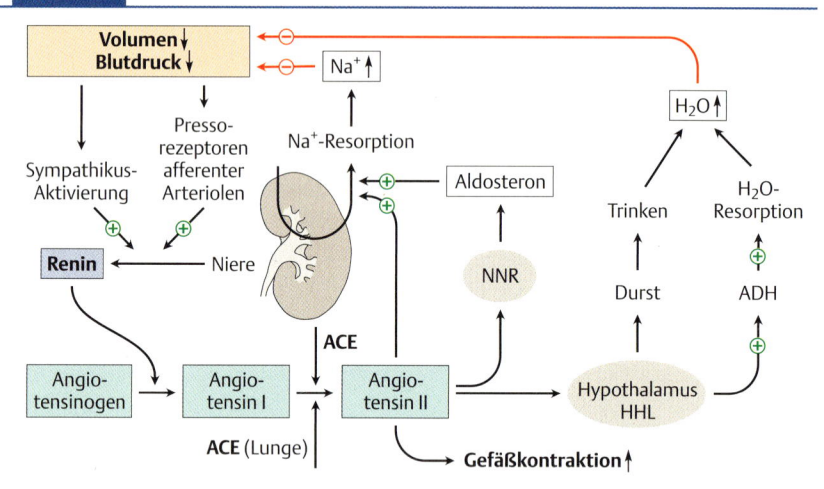

ACE: Angiotensin converting Enzyme, NNR: Nebennierenrinde, HHL: Hypophysenhinterlappen.

▶ Klinik. **Bluthochdruck (arterielle Hypertonie)** wird sehr häufig mit Antagonisten des Renin-Angiotensin-Aldosteron-Systems zur Senkung des Blutdrucks behandelt: Die **Spironolactone** zählen zu den Diuretika und sind Aldosteronrezeptor-Antagonisten, sie hemmen kompetitiv die Bindung des Hormons an den Rezeptor und führen so zu einer Erhöhung der Natriumausscheidung.
AT₁-Rezeptorantagonisten blockieren die Bindungsstellen von Angiotensin-II an den Blutgefäßen (AT₁-Rezeptoren). Dadurch kann das Hormon seine Wirkung nicht mehr entfalten. Die Blutgefäße bleiben auf Dauer erweitert und der Blutdruck sinkt.
ACE-Hemmer sind Substratanaloge zu Angiotensin und hemmen kompetitiv das Angiotensin converting Enzyme. Da dieses auch am Abbau von Kininen (S. 659) beteiligt ist, steigt der Kininspiegel im Blut. Kinine senken den Blutdruck, sodass wohl ein Teil der Wirkungen der ACE-Hemmer auf eine Hemmung des Kininabbaus zurückzuführen ist. Auch der bei Behandlung mit ACE-Hemmern häufig zu beobachtende trockene Husten beruht auf der Wirkung der Kinine.

Aldosteron

▶ Definition. **Aldosteron** ist ein Steroidhormon, das in der Zona glomerulosa der Nebennierenrinde gebildet wird. Es fördert die **Rückresorption von Natrium-Ionen**, vor allem in den Intermediärtubuli und Sammelrohren, aber auch in den Epithelien der Schweiß- und Speicheldrüsen und im Kolon. Parallel dazu werden im Epithel der Verbindungstubuli und Sammelrohre **vermehrt K⁺, H⁺ und NH₄⁺ ausgeschieden**. Aldosteron (S. 643) ist ebenfalls essenziell, um **überschüssiges K⁺** (unabhängig von der Regulation des Natrium-Haushalts) **auszuscheiden**.

D 3.10 Hormone mit Wirkung auf den Wasser- und Elektrolythaushalt

Biosynthese

Die Biosynthese geht wie bei allen Steroidhormonen von Cholesterin aus. Zwischenprodukte sind Progesteron und 18-Hydroxycorticosteron. Charakteristisch für Aldosteron ist die Aldehydgruppe in Position 18 des Ringgerüsts (Abb. **D-3.34**).

Biosynthese

Sie geht von Cholesterin aus und endet mit der Einführung der charakteristischen Aldehydgruppe in Position 18 (Abb. **D-3.34**).

D-3.34 Struktur von Aldosteron

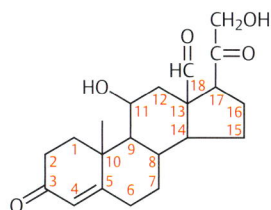

Regulation der Biosynthese

Die beiden **wichtigsten Stimulatoren** der Biosynthese sind **Angiotensin II** und unabhängig davon eine erhöhte extrazelluläre **Kaliumkonzentration** (S. 643). Auch Substanzen mit β-adrenerger Wirkung verstärken die Aldosteronsekretion.

Regulation der Biosynthese

Die **wichtigsten Stimulatoren** der Biosynthese sind **Angiotensin II** und eine **erhöhte K^+-Konzentration**.

Molekulare und zelluläre Wirkungen auf die Na^+-Resorption

Aldosteron bindet an den zytosolischen **Mineralocorticoidrezeptor** (einen ligandenaktivierten Transkriptionsfaktor, wie bei allen Steroidhormonen) und bewirkt so eine **Steigerung der Rückresorption von Na^+**, parallel wird K^+, H^+ und NH_4^+ vermehrt ausgeschieden.

Aldosteron besitzt sowohl **genomische** als auch **nicht genomische** Wirkungen. **Nicht genomische Wirkungen** treten **innerhalb von Minuten** ein, die molekularen Mechanismen sind noch weitgehend unbekannt. Viele Reaktionen wie z. B. Aktivierung von Na^+- und K^+-Kanälen sind die gleichen, die längerfristig auch durch genomische Wirkungen ausgelöst werden. Die **genomischen Wirkungen** treten mit einer **Latenzzeit** auf, da nach Bindung des Aldosteron-Rezeptor-Komplexes an die Response-Elemente auf der DNA die Transkription der hormonsensitiven Gene und die nachfolgende Translation der Proteine aktiviert werden müssen. Die frühesten genomischen **Wirkungen** von Aldosteron setzen nach ca. **einer halben Stunde** ein. Sie beruhen auf der äußerst schnellen Expression der sog. **SGK (Serum- and Glucocorticoid-inducible Kinase)**. Diese Kinase phosphoryliert und inaktiviert die **Ubiquitin-Ligase Nedd4-2**, die in der nicht stimulierten Epithelzelle die Natrium- und Kaliumkanäle **ENaC** bzw. **ROMK** (= Renal outer medullary Potassium Channel) in der luminalen Plasmamembran sowie die **Na^+-K^+-ATPase** auf der basolateralen Seite ubiquitiniert (S. 391) und der Endozytose und dem Abbau zuführt. Zusätzlich aktiviert SGK den Kanal ENaC auch direkt durch Phosphorylierung.

Mit einer Latenzzeit von mehreren Stunden **(späte Effekte)** stimuliert Aldosteron die **Biosynthese von ENaC, ROMK** und der **Na^+-K^+-ATPase** (Abb. **D-3.35**). Durch die frühen und späten Effekte resultiert eine simultane Aktivierung des apikalen Eintritts und der basolateralen Sekretion von Na^+ (= **Rückresorption von Na^+**) und eine **Erhöhung der Ausscheidung von K^+-Ionen** (Abb. **D-3.35**). Zusätzlich werden einige mitochondriale Enzyme verstärkt transkribiert, um die Energieversorgung der sezernierenden Zellen zu gewährleisten.

Ein wichtiger Mechanismus der Na^+-Resorption im distalen Nephron ist die Aktivierung des **NaCl-Co-Transporters (NCC)**. Dieser Kanal wird durch Angiotensin-II und Aldosteron reguliert (z. T. durch vermehrte Abundanz in der Plasmamembran und Phosphorylierung).

Aus (Abb. **D-3.35**) ist ersichtlich, dass die **Na^+-Reabsorption mit einer K^+-Sekretion** verbunden ist, beide Prozesse sind **miteinander gekoppelt**. Ein Hyperaldosteronismus führt daher zu erhöhtem Blutdruck und einer Hypokaliämie (s. Conn-Syndrom). Hypovolämie aktiviert das Renin-Angiotensin-Aldosteron-System, wodurch **Angiotensin II (ATII) und Aldosteron** erhöht werden, während bei Hyperkaliämie vorrangig **nur Aldosteron** aktiviert wird.

Ein Durchbruch zum Verständnis der unterschiedlichen Aldosteronwirkungen war die Aufklärung der Pathophysiologie des Pseudohypoaldosteronismus Typ II. Es han-

Molekulare und zelluläre Wirkungen auf die Na^+-Resorption

Aldosteron aktiviert den **Mineralocorticoidrezeptor**. Es steigert die **Rückresorption von Na^+** (Intermediärtubuli und Sammelrohre). K^+, H^+ und NH_4^+ werden vermehrt ausgeschieden.

Aldosteron besitzt **genomische** und **nicht genomische** Wirkungen. Nicht genomische Wirkungen treten innerhalb von **Minuten** ein, die genomischen Wirkungen mit einer **Latenzzeit**. Die **frühesten genomischen Wirkungen** von Aldosteron auf die Rückresorption von Na^+ werden durch Induktion der **SGK-Kinase** verursacht. Sie verhindert den Abbau von ENaC, ROMK und der Na^+-K^+-ATPase.

Die **späten Effekte** der Aldosteron-Wirkung beruhen auf der **Induktion** von Ionenkanälen, Na^+-K^+-ATPase (Abb. **D-3.35**) und mitochondrialen Enzymen.

Die **Na^+-Reabsorption** ist mit einer **K^+-Sekretion gekoppelt**. Ein Hyperaldosteronismus führt daher zu erhöhtem Blutdruck und einer Hypokaliämie (s. Conn-Syndrom). Die **Kopplung kann aber teilweise aufgehoben werden.** Bei **Volumenmangel** stimuliert Aldosteron vorrangig die **Natriumresorption**, bei **Hyperkaliämie** die **K^+-Sekretion**.

D-3.35 Mechanismus der Aldosteronwirkung an Epithelzellen der Intermediärtubuli und Sammelrohre der Niere

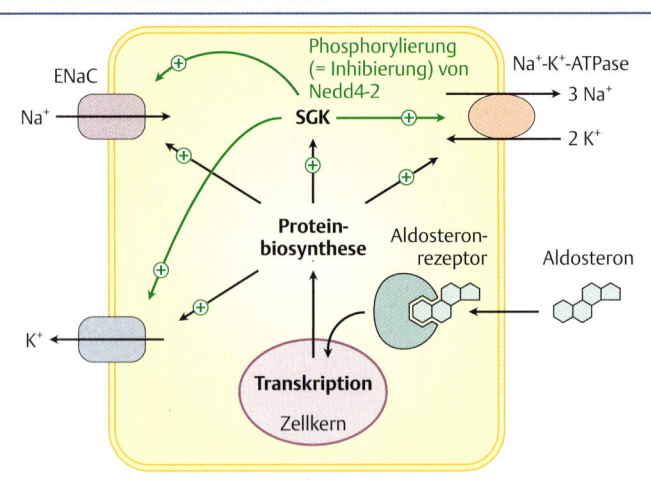

SGK = Serum- and Glucocorticoid-inducible Kinase, ENaC = Natriumkanal. Einzelheiten s. Text.

delt sich um eine seltene angeborene Nierenerkrankung, die durch Hypertonie aufgrund einer gesteigerten Na$^+$-Resorption, verbunden mit Hyperkaliämie aufgrund einer gestörten K$^+$-Sekretion gekennzeichnet ist. Diese Erkrankung wird durch Mutation in Genen der sog. **WNK-Kinasen** verursacht. Diese Kinasen sind an der Regulation der Aktivitäten von ENaC und ROMK und der Na$^+$-K$^+$-2Cl$^-$(NKCC 2)- und Na$^+$-Cl$^-$-(NCC)-Co-Transporter beteiligt.

Wie die WNK-Kinasen und der Angiotensin/Aldosteron-Weg miteinander kommunizieren, ist noch Gegenstand intensiver Untersuchungen. Man weiß aber inzwischen, dass z. B. bei Hypovolämie (Volumenmangel) über ATII abhängige Signaltransduktionsmechanismen die Kinase Wnk4 inbibiert wird, so dass eine durch Wnk4 gehemmte Kinase (SPAK/OSR1) den Transporter NCC phosphorylieren und so den elektroneutralen NaCl-Transport über NCC stimulieren kann. Die dadurch vermehrte NaCl-Resorption im distalen Tubulus (pars convoluta) reduziert die Na$^+$-Konzentration im Sammelrohr, dadurch wird die Natrium-gekoppelte Kalium-Sekretion (Abb.D-3.42) vermindert. ROMK wird zudem über ATII gehemmt. Andererseits steigert eine Hyperkaliämie die Aktivität der WNK-Kinasen KS-WNK1 und WNK4 (letztere durch SGK1 vermittelte Phosphorylierung). Dies inhibiert NCC und aktiviert ROMK und ermöglicht so die Na$^+$-Resorption im Austausch gegen K$^+$.

Da der **Mineralocorticoidrezeptor** auch **Cortisol** bindet und Cortisol in der Zelle in erheblich höherer Konzentration vorliegt als Aldosteron, muss es einen Mechanismus geben, der die Verdrängung von Aldosteron vom Rezeptor verhindert. Er besteht darin, dass in den Aldosteron-sensitiven Zellen Cortisol durch die **11β-Hydroxysteroid-Dehydrogenase** zu **Cortison oxidiert** und dadurch inaktiviert wird.

Die **kompetitive Verdrängung von Aldosteron durch Cortisol** vom Mineralocorticoidrezeptor wird durch **Oxidation von Cortisol zu Cortison** verhindert.

▶ Klinik. Der **primäre Hyperaldosteronismus (Conn-Syndrom)** ist durch Aldosteronproduzierende Adenome oder Karzinome der Nebennierenrinde oder eine beidseitige Hyperplasie der Nebennierenrinde bedingt. Klassischer Leitbefund ist die **hypokaliämische Hypertonie**.
Ein **sekundärer Hyperaldosteronismus** ist durch Stimulation des RAAS bedingt. Sie findet sich z. B. bei fortgeschrittener, mit Ödemen einhergehender Herzinsuffizienz, denn durch die Ödeme ist das effektive zirkulierende Volumen reduziert.

Atriales natriuretisches Peptid (ANP)

▶ Synonym. Natriuretisches Atriumpeptid, Atriopeptin.

▶ Definition. Das **atriale natriuretische Peptid (ANP)** ist ein Peptidhormon, das in myoendokrinen Zellen vor allem des rechten Vorhofs gebildet wird und die Ausscheidung von Natrium und Wasser stimuliert

D 3.10 Hormone mit Wirkung auf den Wasser- und Elektrolythaushalt

Biosynthese und Sekretion

ANP entsteht durch Prozessierung eines Vorläuferproteins. Neben ANP synthetisieren die myoendokrinen Zellen noch einige andere, strukturell sehr ähnliche Peptide (**BNP, VNP, CNP**). Diese werden z. T. auch in anderen Organen exprimiert. Alle Peptide der ANP-Familie werden in Vesikeln gespeichert. Die Exozytose der ANP-Speichervesikel wird durch eine **Dehnung der Vorhöfe** bei erhöhtem Plasmavolumen ausgelöst.

Molekulare und zelluläre Wirkungen

▶ **Merke.** Rezeptor für ANP ist eine membranständige Guanylatzyklase. Im Einklang mit den Wirkungen von cGMP (S. 573) **relaxiert ANP** insbesondere **die glatte Muskulatur von Arteriolen**, wodurch der **Blutdruck sinkt**.

Dieser vasodilatatorische Effekt ist auch an den präglomerulären Gefäßen der Niere sehr ausgeprägt. Dadurch steigen die glomeruläre Filtrationsrate und die Durchblutung des Nierenmarks. Beide Effekte **steigern die Wasser- und Natriumausscheidung durch die Niere**. ANP steigert die renale Na$^+$-Ausscheidung auch noch durch andere Mechanismen:
- Hemmung der Na$^+$-Rückresorption durch Antagonisierung der Angiotensin-II-Wirkung sowie cGMP-vermittelte Hemmung von Natriumkanälen und Na$^+$-K$^+$-ATPase.
- Unterdrückung des Durstgefühls und Salzappetits.
- Hemmung der Sekretion von Renin, Aldosteron und ADH.

▶ **Klinik.** Bei **Herzinsuffizienz** wird durch die verstärkte Vorhofdehnung vermehrt ANP ausgeschüttet. Zusätzlich bildet der Ventrikel Brain natriuretic Peptide (BNP), ein Mitglied der ANP-Familie (s. o.). Die Bestimmung der BNP-Plasmakonzentration kann also zur Diagnose einer Herzinsuffizienz eingesetzt werden.

3.10.3 Hormonelle Regulation des Kaliumhaushalts

Die Kaliumkonzentration wird durch Regulation der Aktivität von Kaliumkanälen (z. B. durch Azidose und Alkalose) und durch Hormone reguliert. An der hormonellen Regulation sind **Insulin** und **Aldosteron** beteiligt.

Insulin

Nach einer reichhaltigen Mahlzeit werden über den Darm große Mengen an K$^+$ aufgenommen, die zunächst einmal „abgepuffert" werden müssen. Sie werden unter Einfluss von Insulin aus dem Extrazellulärraum in die Zelle aufgenommen. Dies geschieht durch **Aktivierung der Na$^+$-K$^+$-ATPase**. Diese Wirkung von Insulin macht auch die Hyperkaliämie bei nichtkompensiertem Diabetes Typ 1 verständlich. Nach Abklingen der Insulinwirkung wird K$^+$ langsam wieder in den Extrazellulärraum abgegeben.

Aldosteron

Überschüssiges Kalium wird vor allem über die Nieren ausgeschieden, wobei Aldosteron eine entscheidende Rolle spielt. Die Aldosteron-Ausschüttung kann bereits bei einer Erhöhung der extrazellulären K$^+$-Konzentration von 0,1 mmol/l stimuliert werden! Die selektive Stimulierung der K$^+$-Sekretion ist unabhängig von dem Renin-Angiotensin-System (S. 639). Die Registrierung der extrazellulären K$^+$-Konzentration erfolgt durch primär nicht spannungsabhängige und stets offene K$^+$-Kanäle. Bereits eine geringfügige Erhöhung der extrazellulären K$^+$-Konzentration führt zur leichten Depolarisation der Plasmamembran und zur Aktivierung von Ca^{2+}-Kanälen, die bereits bei recht negativen Potenzialwerten öffnen. Ca^{2+} aktiviert CaM-Kinasen, die Transkriptionsfaktoren für die Biosynthese von Enzymen für die Aldosteronsynthese phosphorylieren und so aktivieren.

Biosynthese und Sekretion

Die Exozytose der ANP-Speichervesikel wird durch eine **Dehnung der Vorhöfe** bei erhöhtem Plasmavolumen ausgelöst.

Molekulare und zelluläre Wirkungen

▶ **Merke.**

Die Vasodilatation der präglomerulären Gefäße der Nieren führt zur **Wasser- und Natriumausscheidung**.
Weitere ANP-Wirkungen sind:
- Hemmung der Na$^+$-Rückresorption
- Unterdrückung des Durstgefühls und Salzappetits
- Hemmung der Sekretion von Renin, Aldosteron und ADH

▶ **Klinik.**

3.10.3 Hormonelle Regulation des Kaliumhaushalts

Der Kaliumhaushalt wird u. a. hormonell durch **Insulin** und **Aldosteron** reguliert.

Insulin

Insulin **aktiviert die Na$^+$-K$^+$-ATPase** und führt so zur Aufnahme von K$^+$ in die Zelle („Pufferwirkung").

Aldosteron

Aldosteron fördert die Ausscheidung von K$^+$ über die Niere (Abb. **D-3.35**). Die Registrierung der extrazellulären K$^+$-Konzentration erfolgt durch primär nicht spannungsabhängige K$^+$-Kanäle.

Aldosteron stimuliert in den Epithelzellen von Intermediärtubuli und Sammelrohren zum einen die K$^+$-Sekretion, zum anderen die Synthese der Na$^+$-K$^+$-ATPase, wodurch mehr Kalium in die Zelle gelangt (Abb. **D-3.35**).

3.10.4 Hormone mit Wirkung auf den Calcium- und Phosphathaushalt

Calcium wird für den **Knochenaufbau**, für die Funktion und Aktivierung vieler Proteine und für die Regulation von **Signaltransduktionsprozessen** benötigt. Der Körper enthält etwa 1 kg Calcium, der weitaus größte Teil (ca. 99 %) davon befindet sich im Knochen als Verbindung mit Phosphat (Hydroxylapatit).

Die Calciumhomöostase wird durch Austausch zwischen Knochen und Extrazellulärraum, Resorption über den Darm und Ausscheidung über Darm und Niere gewährleistet.

In der Zelle muss die Konzentration des *freien* Calciums sehr niedrig gehalten werden, denn
- ein hoher Calciumgehalt ist nicht mit den hohen Phosphatkonzentrationen in der Zelle kompatibel, weil Calciumphosphat ausfällt,
- eine Zunahme der Konzentration freier Ca^{2+} würde die Signaltransduktion zunichte machen.

Phosphat wird für den **Knochenaufbau** benötigt, es liegt im Knochen in Verbindung mit Calcium vor (Hydroxylapatit). Der Phosphatspiegel im Blut ist nicht so strikt reguliert wie der Calciumspiegel und kann größeren Schwankungen unterliegen. Die normale Konzentration im Blut liegt bei 1–2 mmol/l.

An der **Regulation des Calcium- und Phosphathaushalts** sind die seit langem bekannten drei Hormone, **Parathormon, Calcitonin und Calciferole (Vitamin D)** beteiligt. Sie wirken primär an Darm, Niere und Knochen (Abb. **D-3.36**). Inzwischen kennt man aber noch ein weiteres essenzielles Hormon, **FGF23**, das in erster Linie für die Regulation des Phosphatspiegels verantwortlich ist.

⊙ **D-3.36** Überblick über die Regulation des Calcium- und Phosphathaushalts durch Parathormon, Calciferole und Calcitonin

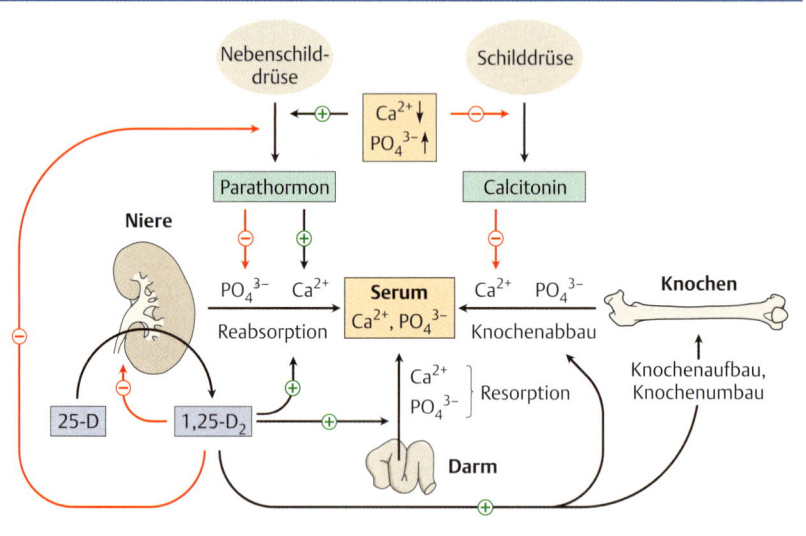

25-D: 25-Hydroxycholecalciferol, 1,25-D: 1,25-Dihydroxycholecalciferol

Parathormon

▶ **Definition.** Parathormon (PTH) ist ein Peptidhormon aus 84 Aminosäuren, das in den Nebenschilddrüsen gebildet wird. Es ist das zentrale Hormon im Ca^{2+}-Stoffwechsel. Seine Funktion ist die Erhöhung der Plasmacalciumkonzentration.

D 3.10 Hormone mit Wirkung auf den Wasser- und Elektrolythaushalt

Regulation der Biosynthese und Sekretion

Biosynthese und Sekretion von PTH werden **stimuliert** durch
- **Calciummangel:** Die Plasmamembran der Epithelzellen der Nebenschilddrüsen besitzt ein **Calciumsensorprotein**. Es handelt sich um einen G-Protein-gekoppelten 7-Transmembran-Helix-Rezeptor, der auf Änderungen der extrazellulären Ca^{2+}-Konzentration anspricht. Calcium bindet in einem kooperativen Prozess an die große extrazelluläre Domäne des Sensorproteins, sodass dieses auf kleine Unterschiede in der Ca^{2+}-Konzentration reagieren kann. Bindung von Ca^{2+} aktiviert auf der zytosolischen Seite mehrere Signalwege, vor allem werden über G_q-Proteine und IP_3 der **intrazelluläre Ca^{2+}**-Spiegel erhöht sowie über inhibitorische G_i-Proteine der cAMP-Spiegel gesenkt. Paradoxerweise wird in den Zellen der Nebenschilddrüse **trotz Erhöhung des zytosolischen Ca^{2+}-Gehaltes die PTH-Sekretion gehemmt!** Der Mechanismus ist noch weitgehend unverstanden.
Das gleiche Ca-Sensorprotein findet sich auch in den C-Zellen der Schilddrüse, in der Niere, Osteoblasten und Osteozyten und einigen anderen Organen.
- **Phosphat-Ionen:** Der Mechanismus ist noch weitgehend unbekannt.

Hemmend wirken Ca^{2+} und **1,25-Dihydroxycalciferol**. Letztere inhibieren die Transkription des PTH-Gens. FGF23 hemmt ebenfalls die PTH-Bildung und -Ausschüttung.

Molekulare und zelluläre Wirkungen

PTH bindet an einen 7-Transmembranhelix-Rezeptor und aktiviert über ein **G_s-Protein** die **Adenylatzyklase**, kann aber auch über ein **G_q-Protein** den **Phospholipase-C**-Weg stimulieren.
Die wichtigsten Ziele der PTH-Wirkung sind Knochen und Niere:
- Am **Knochen** aktiviert PTH **Osteoklasten**. Diese sezernieren Salzsäure, die die mineralischen Bestandteile der Knochensubstanz unter **Freisetzung von Ca^{2+} und Phosphat** auflöst. Anschließend können Proteasen und andere Enzyme die organische Knochensubstanz abbauen. Die Aktivierung der Osteoklasten erfolgt indirekt (sie haben keine PTH-Rezeptoren!) über Osteoblasten. Diese synthetisieren unter Einfluss von PTH den Liganden RANKL, der den Rezeptor RANK auf den Osteoklasten aktiviert (s. u.).
- In der **Niere**
  - **steigert** PTH die **Ca^{2+}-Resorption** (dicker Teil der Henle-Schleife, distaler Tubulus) und **hemmt** die **Phosphatresorption** (proximaler Tubulus, Hemmung von Na^+-Phosphat-Cotransportern),
  - **stimuliert** PTH die **Synthese von 1,25-Dihydroxycholecalciferol**, indem es die Transkription des katalysierenden Enzyms, der 1α-Hydroxylase, steigert. Über die vermehrte Bildung von 1,25-Dihydroxycholecalciferol stimuliert PTH indirekt die **Absorption von Calcium und Phosphat im Darm**.

Calciferole wirken also zunächst synergistisch mit PTH in Bezug auf die Erhöhung des Ca^{2+}-Spiegels, inhibieren aber die Transkription des PTH-Gens (s. o.), sodass ein negativ rückgekoppeltes System entsteht.

> ▶ **Exkurs.** **Parathormon related Peptide (PTH-rP)**
> PTH-rP ist ein dem PTH strukturell verwandtes Peptid, das ursprünglich in verschiedenen Tumoren entdeckt wurde. Es bindet an den PTH-Rezeptor und ist für die bei diesen Tumoren (z. B. Bronchialkarzinom) beobachtete Hyperkalzämie verantwortlich. Inzwischen ist aber bekannt, dass diese Wirkung auf eine pathologische Expression des Gens zurückzuführen ist. PTH-rP ist für das **geregelte Skelettwachstum** wichtig, da es an der Chondrozyten-Proliferation/-Differenzierung in der **Epiphyse** beteiligt ist.

Calcitonin

▶ **Definition.** **Calcitonin**, ein Peptidhormon aus 34 Aminosäuren, wird in den parafollikulären Zellen der Schilddrüse gebildet und ist der Gegenspieler des Parathormons, senkt also die Plasmacalciumkonzentration. Die Calcitonin-Ausschüttung wird durch die Aktivierung des Ca-Sensorproteins (s. o.) gefördert.

Durch Aktivierung eines G-Protein-gekoppelten Rezeptors **hemmt** Calcitonin die **Osteoklastentätigkeit**.

Fehlen oder Überdosierung von Calcitonin haben keine schwerwiegenden Folgen.

Wirkungen: Sie werden durch G_s- oder G_q-Protein-gekoppelte Rezeptoren vermittelt.
- Calcitonin **hemmt** die **Osteoklastenaktivität** innerhalb weniger Minuten.
- Hohe Calcitonindosen stimulieren die Ca^{2+}-Ausscheidung in der Niere, physiologische Konzentrationen hingegen hemmen sie.

Die physiologische Bedeutung des Calcitonins beim Menschen ist vermutlich nicht allzu hoch, da sowohl bei Fehlen des Hormons nach Entfernen der Schilddrüse als auch bei Verabreichung hoher Dosen keine allzu schwerwiegenden Folgen für den Ca^{2+}-Haushalt auftreten. Einige Befunde sprechen dafür, dass hohe extrazelluläre Ca^{2+}-Spiegel direkt, über Aktivierung des Ca-Sensorproteins, die Calciumausscheidung über die Niere fördern können.

▶ **Klinik.**

▶ **Klinik.** Therapeutisch wird Calcitonin zur Behandlung von Hyperkalzämien eingesetzt.

Calciferole

Calciferole

▶ **Synonym.**

▶ **Synonym.** Vitamin D.

▶ **Definition.**

▶ **Definition.** **Calciferole** sind für die Versorgung des Körpers mit Ca^{2+} zuständige Steroide. Sie steigern die Plasmacalciumkonzentration durch verstärkte Rückresorption von Ca^{2+} in der Niere, Ca^{2+}-Resorption aus dem Darm und fördern den Einbau von Ca^{2+} in den Knochen.

Am wichtigsten sind **Cholecalciferol** und **Ergocalciferol**. Ihre **aktiven Formen** tragen OH-Gruppen an C-1 und C-25.

Die beiden **wichtigsten Vertreter** sind **Cholecalciferol** (Vitamin D_3) und **Ergocalciferol** (Vitamin D_2). Die biologisch aktive Form dieser Moleküle sind **1,25-Dihydroxycholecalciferol (Calcitriol)** und **1,25-Dihydroxyergocalciferol**.

Biosynthese

Biosynthese

Cholecalciferol (Abb. **D-3.37 a**) kann im Körper aus **7-Dehydrocholesterin** synthetisiert werden (Abb. **D-3.37 b**), wenn die Haut ausreichend **UV-Licht**-exponiert wird.

Ergocalciferol (Abb. **D-3.37 a**) leitet sich von dem pflanzlichen Steroid Ergosterol ab.

Cholecalciferol (Abb. **D-3.37 a**) kann im Körper aus **7-Dehydrocholesterin**, dem letzten Zwischenprodukt der Cholesterinbiosynthese, synthetisiert werden (Abb. **D-3.37 b**): Während es in den Gefäßen der Haut zirkuliert, spaltet **UV-Licht** das Steroidgerüst zwischen C-9 und C-10. Durch spontane Isomerisierung entsteht Cholecalciferol.
Ergocalciferol (Abb. **D-3.37 a**) hingegen leitet sich von dem pflanzlichen Steroid Ergosterol ab, das in unserem Organismus nicht vorkommt.

▶ **Merke.**

▶ **Merke.** Beide Calciferole unterliegen dem gleichen **Aktivierungsprozess**: In der **Leber** erfolgt eine **Hydroxylierung an C-25**, in der **Niere** schließt sich eine **Hydroxylierung an C-1** an (Abb. **D-3.37 b**).

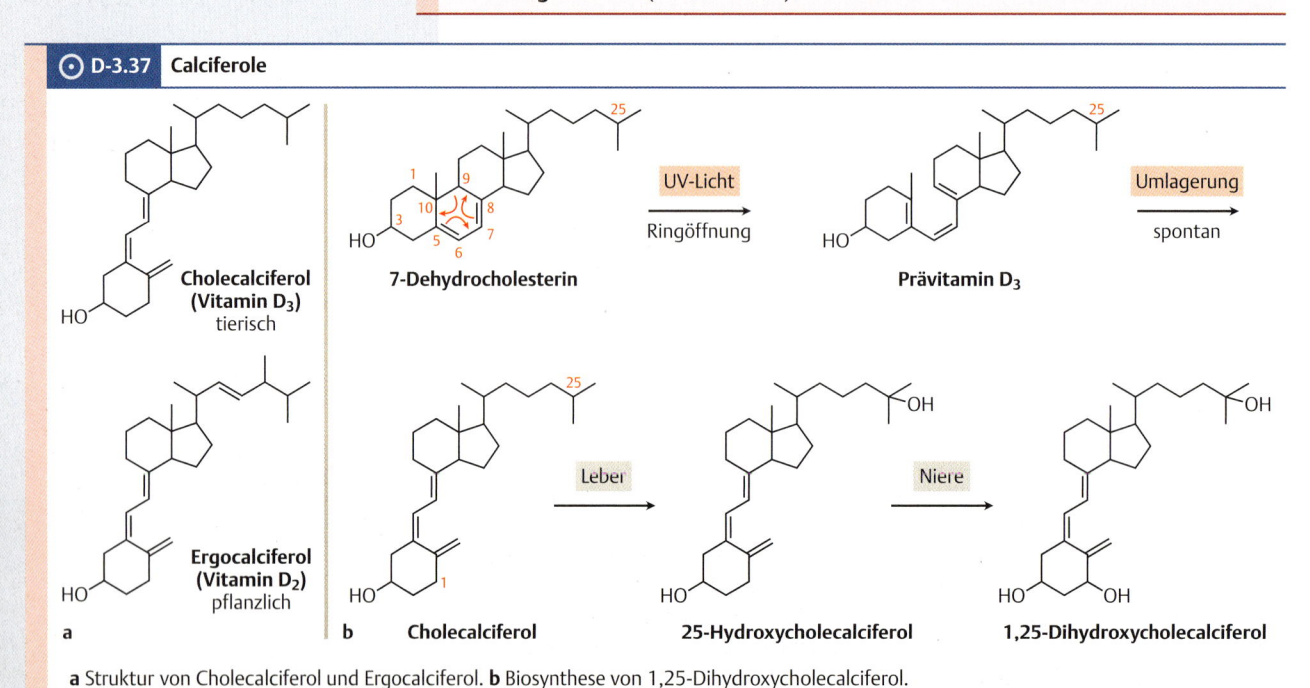

⊙ D-3.37 Calciferole

a Struktur von Cholecalciferol und Ergocalciferol. b Biosynthese von 1,25-Dihydroxycholecalciferol.

D 3.10 Hormone mit Wirkung auf den Wasser- und Elektrolythaushalt

Es gibt wenig Evidenz, dass sich 1,25-Dihydroxycholecalciferol und 1,25-Dihydroxyergocalciferol in ihrer Wirkung unterscheiden. Da aber die meisten Daten für 1,25-Dihydroxycholecalciferol vorliegen, ist im Folgenden nur dieses genannt.

Der **Transport** des 25-Hydroxycholecalciferols von der **Leber zur Niere** wird durch Bindung an das **Vitamin-D-Bindeprotein** (DBP) erleichtert. Der Protein-25-Hydroxycholecalciferol-Komplex bindet an einen Rezeptor aus der LDL-Rezeptorfamilie, der in der **Niere** in besonders hoher Konzentration vorkommt, und wird durch **Endozytose** aufgenommen. Intrazellulär wird das 25-Hydroxycholecalciferol wieder freigesetzt und durch eine **1α-Hydroxylase** an Position 1 hydroxyliert. Die Verlagerung des letzten Aktivierungsschritts zur Niere ist sinnvoll, da die Niere auch ein Target der Calciferolwirkung darstellt.

25-Hydroxycholecalciferol wird an das **Vitamin-D-Bindeprotein** gebunden **zur Niere transportiert** und dort durch **rezeptorvermittelte Endozytose** aufgenommen. Dann wird es durch eine **1α-Hydroxylase** an Position 1 hydroxyliert.

Regulation der Biosynthese

Stimulierend wirken:
- **Parathormon** (indem es die Transkription der 1α-Hydroxylase steigert)
- **Calcium- oder Phosphatmangel**

Hemmend wirken:
- **1,25-Dihydroxycholecalciferol** (indem es die Transkription der 1α-Hydroxylase und damit seine eigene Synthese in einer negativen Rückkopplung hemmt)
- **FGF23** (das ebenfalls die Transkription der 1α-Hydroxylase hemmt)

Regulation der Biosynthese

Stimulierend wirken Parathormon, Phosphat- und Ca^{2+}-Mangel.

Hemmend wirken 1,25-Dihydroxycholecalciferol und FGF23 durch Inhibition der 1α-Hydroxylase.

Molekulare und zelluläre Wirkungen

Der Rezeptor für 1,25-Dihydroxycholecalciferol (VDR) ist ein ligandenabhängiger Transkriptionsfaktor (S. 579).

Die Transkription Calciferol-abhängiger Gene wird meist aktiviert. Da Transkription und Translation einige Zeit benötigen, treten die genregulierten Effekte mit **Verzögerung** auf.

Daneben treten **schnelle Wirkungen** wie Erhöhung der intrazellulären Ca^{2+}-Konzentration und Stimulation von Transportprozessen im Dünndarm auf, sodass weitere Signaltransduktionsprozesse existieren müssen, die aber noch nicht gut charakterisiert sind.

Molekulare und zelluläre Wirkungen

Der Rezeptor für 1,25-Dihydroxycholecalciferol (VDR) ist ein ligandenabhängiger Transkriptionsfaktor → genregulierte, **langsame** Effekte.

Zusätzlich treten **schnelle Effekte** auf (z. B. Zunahme der intrazellulären Ca^{2+}-Konzentration).

▶ **Merke.** Die wichtigste Wirkung von Calcitriol ist die Erhöhung der Plasmacalciumkonzentration. Die Hauptziele der Calcitriolwirkungen sind Niere, Darm und Knochen.

▶ **Merke.**

Niere: Calcitriol steigert die **Reabsorption von Ca^{2+}** (dicker Teil der Henle-Schleife, distaler Tubulus) und von **Phosphat** (proximaler Tubulus). Seine Wirkung ist an die **Anwesenheit von Parathormon** gebunden: Zwar stimuliert Calcitriol die **Biosynthese** von Proteinen, die für den Calciumtransport wichtig sind, um aber die Reabsorption signifikant zu steigern, muss die **Aktivität** der Transportproteine durch PTH erhöht werden.

In der Niere: Calcitriol steigert die **Reabsorption** von Ca^{2+} und **Phosphat**. Diese Wirkung ist an die **Anwesenheit von Parathormon** gebunden.

Darm: Calcitriol steigert die **Resorption von Ca^{2+}** und **Phosphat**. Es induziert Ca^{2+}-Kanäle und Ca^{2+}-ATPasen sowie Calbindin (ein intrazelluläres Ca^{2+}-Transportprotein, das auch in der Niere vorkommt). Für die Steigerung der Phosphatresorption ist u. a. die verstärkte Expression des Na^+-Phosphat-Cotransporters verantwortlich.

Im Darm: Calcitriol steigert die **Resorption von Ca^{2+}** und **Phosphat.**

Knochen: Calcitriol **fördert** die **Synthese der Knochenmatrix** und die **Knochenmineralisation**. Die Förderung der Knochenmineralisation ist vor allem eine *indirekte* Wirkung, die vorwiegend auf die Erhöhung des Ca^{2+}-Angebots zurückzuführen ist. Calcitriol besitzt aber auch *direkte* Wirkungen am Knochen, denn sowohl Osteoblasten als auch Osteoklasten besitzen Rezeptoren für das Hormon.
- In Osteoblasten stimuliert es die Synthese von Proteinen, die
  – für den **Knochenaufbau** wichtig sind (z. B. Ca^{2+}-bindende Proteine),
  – für **Umbauprozesse** verantwortlich sind (z. B. Matrix-Metallo-Proteinasen).
- Calcitriol stimuliert die **Differenzierung von Osteoklasten** aus Vorläuferzellen. Dies ist nur in **Gegenwart von Osteoblasten** möglich. Denn diese exprimieren auf ihrer Oberfläche ein Protein (RANKL genannt), das den zugehörigen Rezeptor (RANK) auf den Osteoklasten-Vorläuferzellen aktiviert, ein für die Differenzierung absolut erforderlicher Prozess. Hierdurch kann Knochenabbau nur in Gegenwart von Knochen aufbauenden Zellen erfolgen, was für die Homöostase wichtig ist.

Calcitriol fördert die **Knochenbildung** vor allem durch **Erhöhung des Ca^{2+}-Angebots** (*indirekte* Wirkung).

Direkte Calcitriolwirkungen am Knochen sind die
- Expression von Proteinen des **Knochenaufbaus und -umbaus** in Osteoblasten,
- Stimulation der Osteoklasten-Differenzierung. Diese ist nur in Gegenwart von Osteoblasten möglich.

Direkte und indirekte Effekte zusammen: Diese bewirken **Knochenwachstum** (Kind, Jugend) oder **Homöostase** (beim Erwachsenen) bei gleichzeitigem Umbau zur Anpassung an maximale Belastbarkeit.

▶ **Klinik.** Vitamin D (Cholecalciferol)-Mangel ist die Ursache der **Rachitis** („Knochenerweichung"). Der Körper kann nicht genug Calcium aufnehmen, die Mineralisierung ist gestört (S. 295).
Zufuhr von **zu hohen Dosen**, die praktisch nur durch Einnahme von Vitamin-D-Präparaten erreicht werden kann, führt zur **Hyperkalzämie** und **Hyperkalzurie**. Es können Kalkablagerungen in den Gefäßen und Nieren mit Nierenversagen resultieren. Außerdem wird durch übermäßige Aktivierung der Osteoklasten die Knochenbildung gestört.

▶ **Exkurs.** Weitere Funktionen von Vitamin D
Neben seiner Rolle im Calciumhaushalt sind inzwischen noch weitere Funktionen von Vitamin D bekannt. Die Rezeptoren kommen in zahlreichen Organen vor, darunter in aktivierten Makrophagen und Lymphozyten. Vitamin D beeinflusst Immunreaktionen, z. B. scheint Vitamin-D-Mangel das Auftreten von Tuberkulose zu fördern. Es beeinflusst auch die Zellproliferation und -differenzierung und hat daher Interesse geweckt hinsichtlich der Tumorprävention und -therapie. Allerdings sind für diese Funktionen höhere Dosen (> 30 ng/ml) als für die Regulation des Ca-Haushalts (> 10 ng/ml) erforderlich.

FGF 23

▶ **Definition.** FGF23 ist ein Mitglied der FGF-Familie von Wachstumsfaktoren (S. 667). Es wird aber im Gegensatz zu den meisten FGF-Varianten endokrin aus dem Knochen sezerniert. Seine Hauptaufgabe ist die **Steigerung der Phosphatausscheidung.**

FGF23 wirkt vor allem an der Niere: Die **Phosphatausscheidung wird gesteigert** (Hemmung der Bildung des Na^+-P_i-Cotransporters), und die Hydroxylierung von 25-(OH)-Vitamin D zu **1,25-$(OH)_2$-Vitamin D** wird **gehemmt**. An der Nebenschilddrüse wird die Parathormonausschüttung gehemmt.
FGF23 wird hauptsächlich in **Osteoblasten** und **Osteozyten** synthetisiert. Synthese und Freisetzung werden durch hohe Konzentrationen an **Phosphat** gefördert. Weitere Stimuli sind erhöhte **Ca^{2+}-Spiegel** und **1,25-$(OH)_2$-Vitamin D**. FGF23 bindet an mehrere FGF-Rezeptoren (Rezeptortyrosinkinasen), es benötigt als essenziellen Cofaktor das Transmenbranprotein Klotho.

FGF23 wird bei hohen Phosphatspiegeln in Osteoblasten und Osteozyten gebildet. Weitere Stimuli sind Ca^{2+} und **1,25-$(OH)_2$-Vitamin D**.

FGF23 steigert die **Phosphatausscheidung der Niere**. Es hemmt die Bildung von 1,25-$(OH)_2$-Vitamin D und von Parathormon.

4 Gewebshormone (parakrin wirkende Hormone)

4.1 Eikosanoide 649
4.2 Entzündungshemmende und entzündungsauflösende
    Lipidmediatoren 655
4.3 Stickstoffmonoxid (NO) 656
4.4 Kinine 658
4.5 Histamin 660
4.6 Serotonin (5-Hydroxytryptamin) 662

▶ Synonym. Gewebshormone.

▶ Definition. Parakrin wirkende **Gewebshormone** sind eine heterogene Gruppe von Hormonen, die **lokal produziert** werden und vorwiegend **lokal wirken**. Systemische, d. h. den gesamten Organismus betreffende Wirkungen treten in der Regel nur auf, wenn diese Mediatoren in großer Menge produziert werden. Es handelt sich um Aminosäurederivate (z.B Histamin und Serotonin), Fettsäurederivate (z. B. Prostaglandine), Peptide (z. B. Bradykinin oder einige gastrointestinale Peptide) und Gase (NO). Auch extrazelluläre Nukleotide wie ATP, ADP und Adenosin, die über Bindung an G-Protein-gekoppelte Rezeptoren wirken, werden sinnvollerweise in diese Gruppe eingereiht (ADP stimuliert z. B. die Thrombozyten-Aggregation und Adenosin reguliert u. a. Gefäßdurchmesser im kardiovaskulären System).

4.1 Eikosanoide

▶ Definition. Als Eikosanoide bezeichnet man die Derivate vor allem der Arachidonsäure, aber auch anderer mehrfach ungesättigter C 20-Fettsäuren (eikosi = griech. zwanzig):

- **Prostaglandine** und **Thromboxane (Oberbegriff: Prostanoide):** Es gibt zahlreiche biologisch aktive Prostaglandine, aber nur ein biologisch aktives Thromboxan (TX), das TXA_2.
- **Leukotriene**

4.1.1 Biosynthese

Freisetzung der Arachidonsäure

Arachidonsäure (Eikosatetraensäure) kommt ausschließlich in membrangebundenen Phospholipiden vor, und zwar bevorzugt in einer Esterbindung mit der OH-Gruppe in Position 2 des Glycerinrestes. Freie Arachidonsäure kann durch Hydrolyse der Esterbindung durch eine Reihe von Phospholipasen, vor allem jedoch durch die **zytosolische Phospholipase A_2 (cPLA$_2$)**, gebildet werden (Abb. D-4.1).

Arachidonsäure wird bei Bedarf durch Phospholipasen (v. a. **zytosolische Phospholipase A_2, cPLA$_2$**) aus **membrangebundenen** Phospholipiden freigesetzt (Abb. **D-4.1**).

⊙ D-4.1 Freisetzung von Arachidonsäure aus membrangebundenen Phospholipiden durch die zytosolische Phospholipase A_2 (cPLA$_2$)

R: z. B. Cholin-Rest.

D 4 Gewebshormone (parakrin wirkende Hormone)

Die Aktivität der **cPLA₂** wird durch **Ca²⁺** und **Phosphorylierung reguliert**. cPLA₂, und damit die nachfolgende Prostaglandinbiosynthese, wird häufig durch **Hormone** und **Zytokine** aktiviert, die den intrazellulären Ca²⁺-Spiegel und die Aktivität von Proteinkinasen erhöhen.

Da freie Arachidonsäure lipophil, d. h. membrangängig ist, kann sie nicht in Vesikeln gespeichert werden, sondern wird bei Bedarf freigesetzt. Deshalb ist die Aktivität der cPLA₂ strikt **reguliert**. Um volle Aktivität zu erreichen, muss das Enzym **phosphoryliert** sein und **Ca²⁺** gebunden haben. cPLA₂ wird häufig durch **extrazelluläre Signalmoleküle** aktiviert, die die zytosolische Ca²⁺-Konzentration erhöhen und Proteinkinasen aktivieren. Dazu gehören z. B. die **Hormone** Bradykinin (S. 658) und Angiotensin II (Gegenregulation der Gefäßkontraktion durch Steigerung der PGI-Synthese, s. u.). **Wachstumsfaktoren** (S. 666) wie EGF aktivieren die cPLA₂ durch MAP-Kinase-vermittelte Phosphorylierung. **Entzündungsfördernde Zytokine** wie Interleukin-1β erhöhen die Aktivität und die Neusynthese von cPLA₂ und tragen so zu Entzündungsreaktionen bei.

▶ **Merke.**

▶ **Merke.** Glucocorticoide induzieren die Synthese des Proteins Lipocortin (= Annexin A1), das die cPLA₂ hemmt, und hemmen gleichzeitig die Synthese von cPLA₂.

Biosynthese der Prostaglandine und des Thromboxans A₂

Gemeinsames Zwischenprodukt bei der Biosynthese aller Prostaglandine ist **PGH₂** (Abb. **D-4.2**).

Aus Arachidonsäure wird zunächst ein zyklisches Zwischenprodukt, **Prostaglandin H₂ (PGH₂)**, gebildet, das zelltypspezifische Enzyme anschließend in die verschiedenen Prostaglandine bzw. TXA₂ umwandeln (Abb. **D-4.2**).

Synthese von PGH₂

PGH₂ wird durch die **PGH-Synthase** gebildet. Das Enzym besitzt **zwei Aktivitäten:**
- **Zyklooxygenase (COX)**
- **Peroxidase**

Es gibt zwei gut charakterisierte **Isoformen** der PGH-Synthase, **COX-1** und **COX-2**.
- **COX-1** wird in den meisten Geweben *konstitutiv* exprimiert,
- **COX-2** wird *bei Entzündungen vermehrt* exprimiert.

Beide Isoenzyme sind für die **Homöostase/Funktion** einer Vielzahl **von Organen essenziell** (Inaktivierung des COX-2-Gens bei der Maus führt zu Nierenversagen). **COX-2** ist zudem für die **Prostazyklinbiosynthese** wichtig: Hemmung von COX-2 beim Menschen erhöht das Thromboserisiko.

Synthese von PGH₂

Die Bildung von PGH₂ wird von der **PGH-Synthase** katalysiert. Das Enzym besitzt **zwei Aktivitäten:**
- Die **Zyklooxygenase (COX)**, eine Dioxygenase, lagert über einen radikalischen Mechanismus zwei Sauerstoffmoleküle an Arachidonsäure an, wodurch PGG₂ entsteht.
- Die **Peroxidase** (ein Häm-Enzym) reduziert die Hydroperoxid(OOH)-Gruppe zur Hydroxylgruppe, wodurch PGH₂ entsteht.
- Es gibt zwei gut charakterisierte **Isoformen** der **PGH-Synthase**, **COX-1** und **COX-2** (d. h. die beiden Namen bezeichnen, eigentlich nicht ganz korrekt, das beide Enzymaktivitäten enthaltende Gesamtenzym):
  - **COX-1** wird in den meisten Geweben *konstitutiv* exprimiert.
  - **COX-2** hingegen wird normalerweise nur in geringen Mengen exprimiert, *bei Entzündungsreaktionen* jedoch *nimmt die Expression stark zu*.

Ursprünglich dachte man, dass die Prostaglandinbiosynthese durch **COX-1** für die **Homöostase/Funktion von Organen wie Niere und Magen essenziell** ist, **COX-2** dagegen nur **bei Entzündungsreaktionen** von Bedeutung ist. Diese funktionelle Einteilung ist inzwischen nicht mehr haltbar. **Auch COX-2** erfüllt wichtige Funktionen in der **Gewebehomöostase**. Es ist z. B. für die Entwicklung und Funktion der Niere wichtig. Mäuse mit inaktiviertem COX-2-Gen zeigen Entwicklungsstörungen der Niere und leiden schon bei Geburt an einer schweren Nephropathie. **COX-2** ist überdies für die **Prostazyklinbiosynthese** (s. u.) wichtig, Hemmung des Enzyms beim Menschen erhöht das Thromboserisiko.

Umwandlung von PGH₂ in die verschiedenen Prostaglandine

Zelltypspezifische Enzyme modifizieren den Fünfring von PGH₂ (Abb. **D-4.2**).
- Die Reaktionsprodukte, bei denen der Fünfring von PGH₂ erhalten bleibt, werden je nach Modifikation bezeichnet als **PGD, PGE, PGF** oder **PGI (= Prostazyklin)**. Sie werden in vielen Geweben gebildet.
- **Thromboxan (TX) A₂** enthält einen Sechsring und wird von den Thrombozyten gebildet.

Umwandlung von PGH₂ in die verschiedenen Prostaglandine

Zelltypspezifische Enzyme verändern den Fünfring von PGH₂ mit seiner instabilen O-O-Brücke (Abb. **D-4.2**). Die Reaktionsprodukte werden je nach Modifikation bezeichnet als
- **Prostaglandine (PG) D, E, F oder I:** Diese Moleküle enthalten noch immer einen Fünfring. Der Index des Prostaglandinmoleküls steht für die Zahl der im Molekül enthaltenen Doppelbindungen. Sie hängt vom Substrat der PGH-Synthase ab. So besitzt PGE₂ als Derivat der Arachidonsäure zwei, PGE₁ als Derivat der Eikosatriensäure nur eine Doppelbindung.
Die verschiedenen Prostaglandinklassen werden von zahlreichen Zelltypen synthetisiert. Dies gilt insbesondere für PGE₂, das z. B. von Makrophagen, Endothelzellen, Neuronen des Gehirns (nach Induktion), Nierenepithelien, Belegzellen des Magens, glatten Muskelzellen und Granulosazellen des Ovars gebildet wird. PGI₂ (= Prostazyklin) hingegen wird vor allem in Endothelzellen gebildet.
- **Thromboxan (TX) A₂:** Dieses vorwiegend von Thrombozyten produzierte Molekül enthält einen Sechsring mit einem Sauerstoffatom.

D-4.2 Prostaglandin- und Thromboxan-A$_2$-Synthese aus Arachidonsäure

COX: Zyklooxygenaseaktivität der PGH-Synthase.

Biosynthese der Leukotriene

Anders als die Prostaglandine werden **Leukotriene** nur von **wenigen** Zelltypen wie Mastzellen, Granulozyten (Neutrophile, Eosinophile) und Makrophagen gebildet. Diese synthetisieren Leukotriene unter Katalyse der **5-Lipoxygenase** aus Arachidonsäure (Abb. **D-4.3**). Das Enzym führt am C 5-Atom der Arachidonsäure eine **Hydroperoxid (OOH)-Grup**pe ein, die zu einer **Epoxidgruppe** reagiert. Dadurch entsteht Leukotrien A$_4$ **(LTA$_4$)**. Die Spaltung des Epoxids mit Wasser führt zu **LTB$_4$**, die Addition des Tripeptids **Glutathion** (Glu-Cys-Gly) zu **LTC$_4$**. LTC$_4$ wird extrazellulär durch Abspaltung von Glutamat bzw. Glutamat und Glycin in **LTD$_4$** bzw. **LTE$_4$** umgewandelt. LTC$_4$, LTD$_4$ und LTE$_4$ werden unter dem Begriff „**Cysteinylleukotriene**" zusammengefasst.

4.1.2 Wirkungen

Prostaglandine und Thromboxan A$_2$

Molekulare Wirkungen

Prostaglandine binden an eine große Zahl von **Zelloberflächenrezeptoren**, die mit einer Ausnahme **G-Protein** (G$_s$, G$_q$ oder G$_i$ [Tab. **D-2.1**])-**gekoppelt** sind. Die unterschiedlichen Signaltransduktionswege sind für die vielfältigen Wirkungen der Prostaglandine verantwortlich. Besonders komplex ist die Signaltransduktion im Falle von **PGE$_2$**. Es bindet an **vier verschiedene Rezeptoren**, EP$_1$–EP$_4$, die je nach Subtyp die Adenylatzyklase aktivieren, inhibieren oder die zytosolische Ca^{2+}-Konzentration erhöhen, sodass durch den **gleichen Stimulus unterschiedliche**, z. T. sogar antagonistische **Reaktionen** hervorgerufen werden können.

Biosynthese der Leukotriene

Leukotriene werden vorwiegend von Mastzellen, Granulozyten und Makrophagen gebildet. Durch das Enzym **5-Lipoxygenase** wird als Zwischenprodukt ein Epoxid gebildet, das zu **LTA$_4$, LTB$_4$**, und den Cysteinylleukotrienen (LTC$_4$, LTD$_4$, LTE$_4$) weiterreagiert (Abb. **D-4.3**).

4.1.2 Wirkungen

Prostaglandine und Thromboxan A$_2$

Molekulare Wirkungen

Prostaglandine binden an eine große Zahl von **Zelloberflächenrezeptoren**, die bis auf eine Ausnahme **G-Protein** (G$_s$, G$_q$ oder G$_i$)-**gekoppelt** sind. PGE$_2$ kann an **vier verschiedene Rezeptoren** (EP$_1$–EP$_4$) binden und so **zellspezifisch unterschiedliche**, z. T. sogar antagonistische **Reaktionen** (z. B. Muskelkontraktion oder -relaxation) bewirken.

D-4.3 Biosynthese der Leukotriene (LT)

Arachidonsäure
↓ 5-Lipoxygenase
5-HPETE
↓
LTA$_4$
↓
LTB$_4$ / LTC$_4$ (Glu-Cys-Gly)
↓
LTD$_4$ (Cys-Gly)
↓
LTE$_4$ (Cys)

HPETE = Hydroperoxy-Eikosatetraensäure.

PGI$_2$ und ein PGD$_2$-Derivat können zusätzlich **intrazelluläre Rezeptoren** (PPARγ, PPARδ) binden und so die Transkription PG-sensitiver Gene stimulieren.

Zelluläre Wirkungen

Gefäßsystem: PGE und PGI senken den Blutdruck und steigern die Nierendurchblutung, d. h. fördern die Diurese.

▶ Merke.

Nicht G-Protein-gekoppelt ist lediglich der Prostaglandin-D-Rezeptor DP$_2$, ein Chemokinrezeptor, dessen Aktivierung die Chemotaxis von Leukozyten stimuliert. Zusätzlich zu Zelloberflächenrezeptoren binden PGI$_2$ und ein Abbauprodukt von PGD$_2$ auch an **intrazelluläre Rezeptoren**, z. B. an PPARγ und PPARδ (S. 581), und können so die Transkription PG-sensitiver Gene stimulieren.

Zelluläre Wirkungen

Gefäßsystem: PGE$_2$, PGE$_1$ und PGI$_2$ erweitern Blutgefäße und tragen so zur Senkung des arteriellen Blutdrucks bei. PGE$_2$ und PGI$_2$ steigern auch den Blutfluss durch die Niere und fördern so die Diurese.

▶ Merke. Das von den Endothelzellen gebildete **PGI$_2$** (Prostazyklin) und das von Thrombozyten gebildete **TXA$_2$** haben **auf Gefäßtonus und Thrombozytenfunktion entgegengesetzte Wirkung**:
- PGI$_2$ wirkt vasodilatierend und hemmt die Thrombozytenaggregation.
- TXA$_2$ wirkt vasokonstriktorisch und fördert die Thrombozytenaggregation und die Entleerung der Thombozytengranula.

Extravaskuläre glatte Muskulatur:
- Am **Darm** führen Prostaglandine der Klassen E und F zur Kontraktion der Längs- und zur Relaxation der Quermuskulatur und tragen so zur Regulation der Darmpassage bei.
- An den **Bronchien** wirkt PGE relaxierend, PGD, PGF$_2$ und TXA$_2$ wirken kontrahierend.
- Prostaglandine (PGF) führen zur Kontraktion des **Uterus** bei der Geburt und sind an der Abstoßung der Uterusschleimhaut beteiligt.

▶ **Klinik.** Das Bronchialsystem von Patienten mit Asthma bronchiale reagiert besonders empfindlich auf die bronchokonstriktorischen Substanzen PGD, PGF$_2$ und TXA$_2$. Die Symptomatik wird durch die entzündungsfördernde Wirkung von PGD (chemotaktische Wirkung auf Leukozyten) verstärkt.

Magen-Darm-Trakt: Verschiedene, vor allem COX-1-abhängig gebildete Prostaglandine (PGE, PGI) **schützen die Magenwand vor Schädigung**: Sie hemmen die Magensaftsekretion, steigern die Schleim- und Bicarbonatsekretion und fördern die lokale Durchblutung. Ebenso fördern Prostaglandine die **Regeneration des Darmepithels**.

▶ **Klinik.** Allerdings wird bei der häufigsten Form des **Kolonkarzinoms** eine starke **Erhöhung der COX-2-Aktivität** und **PGE$_2$-Synthese** beobachtet, die Zellteilung und Angiogenese fördern und die Apoptose vermindern. Hemmstoffe der Prostaglandinbiosynthese können diese negativen Wirkungen reduzieren und werden bei erblichen Formen des Kolonkarzinoms mit Erfolg vorbeugend eingesetzt.

Weiblicher Reproduktionstrakt: Neben der oben erwähnten Uteruskontraktion sind Prostaglandine für die Ovulation, Befruchtung, Implantation und Umwandlung des Endometriums zur Dezidua erforderlich. Diese Funktionen werden vor allem durch COX-2 induzierte Prostaglandine (PGE$_2$, PGI$_2$) vermittelt.

Knochen: Prostaglandine (PGE$_2$) sind am Knochenumbau beteiligt. Insbesondere fördern sie die durch Parathormon und Vitamin D induzierte Bildung von Osteoklasten.

Niere: PGE$_2$ und PGI$_2$ fördern nicht nur die Nierendurchblutung (s. o.), sondern auch die Reninsekretion (sowohl die durch Blutdruckabfall als auch die über die Macula densa vermittelte Reninsekretion). Die Mechanismen sind noch unklar (S. 639).

Entzündung und Schmerz: Zusammen mit anderen Mediatoren wie Leukotrienen, Bradykinin und Histamin führen Prostaglandine zu **Vasodilatation**, Erhöhung der **Kapillarpermeabilität**, **Fieber** und Steigerung der **Schmerzempfindlichkeit** (Prostaglandine lösen Schmerzen nicht direkt aus). Prostaglandine stimulieren über G-Protein-gekoppelte Rezeptoren die Aktivierung von PKA und PKC. Beide Kinasen phosphorylieren Ionenkanäle in der Membran von Nozirezeptoren, darunter TRPV1-, purinerge P2X3- und Ca^{2+} T-Typ-Kanäle, so dass die Membran stärker depolarisiert wird, so dass sich spannungsabhängige Natriumkanäle öffnen. Unter Wirkung der Prostaglandine wird also schneller ein Aktionspotenzial ausgelöst.

Bei Gewebsschädigung wird die Prostaglandinbiosynthese innerhalb von **Minuten** durch **Aktivierung der cPLA$_2$** gesteigert, gefolgt von einer **langsamen Phase** (einige Stunden), in der Zytokine wie TNFα und Interleukin-1β (IL-1β) die Expression von **COX-2 und PGE$_2$-Synthase steigern**.

Prostaglandine (PGE, PGI) fördern die Nozizeption auf verschiedenen Ebenen. Sie sensibilisieren **periphere Schmerzrezeptoren** und stimulieren die **Weiterleitung/Verarbeitung** von Schmerzreizen **in Rückenmark und Gehirn**. Diese zentralen Reaktionen sind insbesondere für die Hyperalgesie (gesteigerte Empfindlichkeit für schmerzhafte Reize) und Allodynie (Schmerzempfindung bei normalerweise nicht schmerzhafter Berührung) wesentlich.

Am Ort der Gewebsschädigung ausgeschüttete entzündungsfördernde Zytokine wie IL-1β können über den Blutweg zum Gehirn gelangen und in Endothelzellen der Gehirnkapillaren die Expression von COX-2 und Prostaglandinen (PGE$_2$) induzieren. Die **lipophilen Prostaglandine** sind in der Lage, die **Blut-Hirn-Schranke** zu **passieren** und Rezeptoren auf Neuronen und Gliazellen zu aktivieren. Die **Erregbarkeit der Neurone nimmt zu**, das **Schmerzempfinden** wird **gesteigert**.

D 4 Gewebshormone (parakrin wirkende Hormone)

Zytokine induzieren im Hypothalamus (OVLT) die **Synthese von PGE$_2$**, das durch Bindung an hypothalamische PGE$_3$-Rezeptoren **Fieber** auslöst.

Prostaglandine (PGE$_2$) lösen auch **Fieber** aus. Einer Hypothese zufolge gelangen wiederum **Zytokine** wie IL-1β mit dem Blut in das **Organum vasculosum laminae terminalis** (OVLT) des Hypothalamus, weil dort keine Blut-Hirn-Schranke besteht, und induzieren dort die **Synthese von PGE$_2$**. Dieses löst durch Bindung an den PGE$_3$-Rezeptor, der hauptsächlich in Neuronen der OVLT-benachbarten Regionen des Hypothalamus exprimiert wird, Reaktionen aus, die zur Temperaturerhöhung führen.

▶ Klinik.

▶ Klinik. **Hemmstoffe der Zyklooxygenase** wirken demnach schmerzlindernd (**analgetisch**), **fiebersenkend** und entzündungshemmend (**antiphlogistisch**). Um sie von den ebenfalls entzündungshemmenden Glucocorticoiden zu unterscheiden, werden sie als **nichtsteroidale Antiphlogistika** (NSAP) bezeichnet. Sie hemmen die Zyklooxygenase, indem sie die Bindungstasche der Arachidonsäure sterisch blockieren. Bekanntester Wirkstoff ist die schon seit über 100 Jahren verwendete **N-Acetylsalicylsäure** (**ASS**, z. B. Aspirin), die allerdings heute nicht mehr zur Entzündungshemmung eingesetzt wird, weil die hierfür erforderliche hohe Dosis (> 3 g) starke Nebenwirkungen mit sich bringt. Die Acetylgruppe von ASS wird auf einen Serinrest des Enzyms übertragen und der Zugang der Arachidonsäure zum aktiven Zentrum somit irreversibel blockiert. Da das Enzym jedoch neu synthetisiert wird, hält die Wirkung nur einige Stunden an. Ein wichtiges Einsatzgebiet der ASS neben Schmerzlinderung und Fiebersenkung ist die **Hemmung der Blutgerinnung** (z. B. zur Myokard- oder Hirninfarktprophylaxe). Um die Biosynthese des TXA$_2$ zu hemmen, sind geringere ASS-Dosen nötig (< 100 mg) als zur Hemmung der Prostaglandinbiosynthese (ab 500 mg), da die kernlosen Thrombozyten keine Proteinbiosynthese betreiben und deshalb die inaktivierten COX-Moleküle nicht ersetzen können.

Die Nebenwirkungen der NSAP beruhen auf der Hemmung der Biosynthese aller Prostaglandine, auch derer mit Schutzfunktion. Länger dauernde Einnahme von NSAP begünstigt deshalb das Auftreten von Magenblutungen (Abb. **D-4.4**) und Magengeschwüren.

Da Entzündungsreaktionen wesentlich auf durch COX-2 gebildete Prostaglandine zurückzuführen sind, wurden selektive **COX-2-Inhibitoren** entwickelt (z. B. Celecoxib, Rofecoxib). Sie schädigen die Magenwand zwar deutlich seltener als nichtselektive COX-Inhibitoren, besitzen dafür aber andere Nebenwirkungen. Der Beitrag von COX-2 zur normalen Homöostase (s. o.) wurde bei der Entwicklung von COX-2-Inhibitoren unterschätzt. Wegen gelegentlich auftretender kardiovaskulärer Nebenwirkungen (Thrombosen, Herzinfarkt) wurden einige Präparate (Valdecoxib, Rofecocib) wieder vom Markt genommen. Als Grund für die kardiovaskulären Komplikationen wird u. a. diskutiert, dass die Prostazyklinbiosynthese, die sowohl von COX-1 als auch COX-2, katalysiert wird, teilweise gehemmt wird, während die fast vollständig COX-1 abhängige Thromboxan-Synthese nicht beeinträchtigt ist und so das Risiko von Thrombosen steigt. Weitere Untersuchungen müssen zeigen, in welchen Fällen (z. B. rheumatische Arthritis) der Einsatz dieser Medikamente sinnvoll ist.

⊙ **D-4.4** **Straßenförmig angeordnete Erosionen und Blutungen am Magenausgang**
Blick in den Bulbus duodeni) unter Einnahme von ASS.

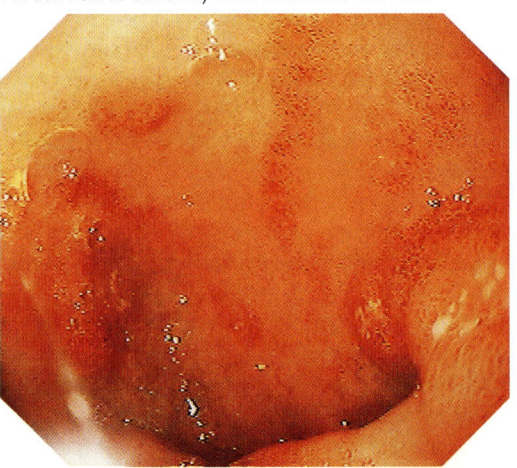

(aus TIM, Thiemes Innere Medizin, 1999)

Leukotriene

Ihre Wirkungen werden durch vier G-Protein-gekoppelte Rezeptoren vermittelt:
- zwei für LTB_4: BLT_1 und BLT_2 **inhibieren** über unterschiedliche G_α-Untereinheiten die **Adenylatzyklase** und **aktivieren** die **Phospholipase C**.
- zwei für Cysteinylleukotriene: $CysLT_1$, der für die meisten Wirkungen zuständig ist, sowie $CysLT_2$. Beide führen über $G\alpha_q$ zur **Erhöhung der zytosolischen Ca^{2+}-Konzentration**.

Leukotrien B_4 (LTB_4) wirkt **chemotaktisch** auf Leukozyten und stimuliert ihre Anheftung an Endothelzellen (Marginalisation) sowie die Freisetzung lysosomaler Enzyme und die Bildung von Sauerstoffradikalen, spielt also bei Entzündungen und auch bei allergischen Reaktionen eine Rolle.

Die **Cysteinylleukotriene** (gebildet vor allem in Mastzellen und Eosinophilen) hingegen sind starke Konstriktoren der Bronchien (LTC_4 wirkt wesentlich stärker **bronchokonstriktorisch** als Histamin), **steigern** die **Kapillarpermeabilität** und **fördern** die **Schleimabsonderung**. Sie sind wesentlich für die typischen Symptome bei Asthma und allergischer Rhinitis verantwortlich.

▶ **Klinik.** $CysLT_1$-Rezeptor-Antagonisten (z. B. Montelukast) werden zur Anfallsprophylaxe des Asthma bronchiale, der 5-Lipoxygenasehemmer Zileuton wird darüber hinaus bei allergischer Rhinitis eingesetzt.

Leukotriene

Leukotriene aktivieren **G-Protein-gekoppelte Rezeptoren**. Je nach Rezeptortyp wird die **Adenylatzyklase inhibiert** und die **Phospholipase C aktiviert** oder die **zytosolische Ca^{2+}-Konzentration erhöht**.

Leukotrien B_4 wirkt **chemotaktisch** auf Leukozyten. Es stimuliert ihre Marginalisation, die Freisetzung lysosomaler Enzyme und die Bildung von Sauerstoffradikalen.

Die **Cysteinylleukotriene** sind starke **Konstriktoren der Bronchien**, steigern die **Kapillarpermeabilität** und fördern die **Schleimabsonderung**.

▶ **Klinik.**

4.2 Entzündungshemmende und entzündungsauflösende Lipidmediatoren

Während die eben beschriebenen Prostaglandine Entzündungsreaktionen fördern, sind verschiedene, von langkettigen, mehrfach ungesättigten Fettsäuren abgeleitete Lipidmediatoren an der Auflösung von Entzündungen beteiligt oder begrenzen Entzündungsreaktionen bereits in der Phase der Ausbildung/ Aufrechterhaltung von Entzündungen.

Zu diesen Mediatoren gehören, die von der Arachidonsäure abgeleiteten Lipoxine, vor allem aber Fettsäurederivate, die aus den langkettigen Omega-3-Fettsäuren Eicosapentaensäure (EPA) und Docosahexaensäure (DHA) synthetisiert werden (Abb. **D-4.5**a). Beide Fettsäuren kann der Körper aus der essenziellen Fettsäure α-Linolensäure selbst synthetisieren.

Die **Lipoxine (LXA4 und LXB4)** entstehen aus Arachidonsäure und werden durch die 5-Lipoxygenase (5-LO) gebildet, welche auch für die Leukotrien-Synthese essenziell ist. Zusätzlich sind noch zwei weitere Enzyme, 12-LO und 15-LO essenziell, welche Epoxide an weiteren Positionen bilden. Die Epoxide werden durch Epoxidhydrolasen (Bildung von zwei vicinalen OH-Gruppen) und Peroxidasen (Reduktion von OOH-Gruppen zu OH-Gruppen) weiter umgesetzt. Dadurch können mehrere biologisch aktive Substanzen gebildet werden, als Beispiel ist die Struktur von LXA4 in Abb. **D-4.5** gezeigt.

4.2 Entzündungshemmende und entzündungsauflösende Lipidmediatoren

Mehrfach ungesättigte Omega-3-Fettsäuren können unter Beteiligung verschiedener Lipoxygenasen zu entzündungshemmenden Lipidmediatoren wie z. B. den Resolvinen umgewandelt werden. Aus Arachidonsäure können die –im Gegensatz zu den Prostaglandinen- ebenfalls entzündungshemmenden Lipoxine gebildet werden. Die Wirkung dieser Mediatoren erfolgt über G-Protein-gekoppelte Rezeptoren.

⊙ D-4.5 Resolvine

a) Struktur der Omega-3-Fettsäuren EPA und DHA: Eicosapentaensäure (EPA, 20:5ω-3), Docosahexaensäure (DHA, 22:6ω-3)

b) Beispiele von anti-entzündlichen Lipidmediatoren, die sich aus Arachidonsäure (Lipoxin A₄), EPA (RvE1) oder DHA (RvD 1) ableiten: Lipoxin LXA_4, Resolvin RvE1, Resolvin RvD1

D 4 Gewebshormone (parakrin wirkende Hormone)

Von den Fettsäuren EPA und DHA leiten sich die **Resolvine** der E-Serie bzw. der D-Serie ab (Abb. **D-4.5**). Aus DHA werden außerdem die **Protectine** und **Marensine** (ebenfalls langkettige, nicht zyklische und mehrfach hydroxylierte Fettsäurederivate) gebildet. Auch bei der Biosynthese dieser Lipoidmediatoren sind Lipoxygenasen beteiligt.

Diesen Lipidmediatoren gemeinsam ist, dass sie über die Aktivierung von G-Protein-gekoppelten Rezeptoren anti-entzündliche Wirkungen haben (z. B. Hemmung der Synthese von Prostaglandinen) und entzündungsauflösende Vorgänge in unterschiedlichen Zielzellen stimulieren. Dazu zählen Reduktion der Bildung von Zytokinen, Rekrutierung von PMNS und von Monozyten (nicht-phlogistische Entfernung von apoptotischen PMNs). Diese Wirkungen erklären wenigstens teilweise die protektive Wirkung von Omega-3 Fettsäuren bei der Bildung von atherosklerotischer Veränderungen.

4.3 Stickstoffmonoxid (NO)

NO ist ein universelles Signalübertragungsmolekül.

Seit den frühen 1980er-Jahren war bekannt, dass Endothelzellen einen Faktor produzieren, der die darunter liegende glatte Muskulatur relaxiert. Ende der 80er-Jahre wurde dieser Faktor als das anorganische Molekül Stickstoffmonoxid (NO) identifiziert. NO ist jedoch nicht nur ein Botenstoff der Endothelzellen, sondern ein universelles Signalübertragungsmolekül.

4.3.1 Biosynthese und Inaktivierung

Biosynthese: NO wird durch **NO-Synthasen** in zwei NADPH-abhängigen Reaktionsschritten aus **L-Arginin** unter Verbrauch von **zwei Sauerstoffmolekülen** gebildet (Abb. **D-4.6**). Die NO-Synthasen sind **Häm-enthaltende Flavoenzyme** und benötigen **Tetrahydrobiopterin** als Cofaktor. Als Nebenreaktion können reaktive Sauerstoffspezies entstehen.

Biosynthese: Diese geht von **L-Arginin** aus. Unter Katalyse von **NO-Synthasen** wird im ersten Schritt die Guanidingruppe des Arginins oxidiert und das Reaktionsprodukt **Hydroxyarginin** im zweiten Schritt oxidativ in **Citrullin und NO** gespalten (Abb. **D-4.6**). Die NO-Synthasen sind homodimere, **Häm-enthaltende Flavoenzyme**. Über NADPH, FAD und FMN werden Elektronen auf das Häm übertragen, das Häm-Eisen wird dabei zu Fe^{2+} reduziert und kann nun Sauerstoff binden. Sauerstoffbindung ist für beide Reaktionsschritte (Bildung von Hydroxyarginin bzw. NO/Citrullin) erforderlich. **Tetrahydrobiopterin** ist ein essenzieller Cofaktor in beiden Redoxreaktionen. Es überträgt sehr wahrscheinlich intermediär ein Elektron auf den Häm-gebundenen Sauerstoff, wird aber anschließend wieder durch Elektronentransfer über NADPH und Flavine regeneriert, es wirkt also katalytisch und wird nicht verbraucht.

⊙ **D-4.6** Biosynthese von NO

Arginin → N-Hydroxyarginin → Citrullin + •N=O (Stickstoffmonoxid)

(Reaktionsschritte: O_2, $NADPH + H^+$ → H_2O, $NADP^+$; dann O_2, ½ $NADPH + H^+$ → H_2O, ½ $NADP^+$)

Interessanterweise produziert die NO-Synthase, insbesondere **bei Arginin-Mangel**, aus dem gebundenen Sauerstoff **reaktive Sauerstoffspezies**.

Die **NO-Synthasen** lassen sich in drei Klassen einteilen (Tab. **D-4.1**). Die Enzymaktivität wird durch Ca^{2+} oder durch **Steigerung der Biosynthese** des Enzyms reguliert.

Man kennt verschiedene Isoformen der NO-Synthase, die in drei Klassen unterteilt werden (Tab. **D-4.1**). Die **Regulation** der Enzymaktivität erfolgt entweder **durch Ca^{2+}**, denn alle NO-Synthasen werden durch Ca^{2+}-Calmodulin aktiviert, **oder** durch **Enzymneusynthese**. iNOS ist schon bei den niedrigen Ca^{2+}-Konzentrationen in der nichtstimulierten Zelle aktiv, sodass die Regulation nur durch Enzyminduktion erfolgt.

≡ **D-4.1** Isoformen der NO-Synthase

Isoform	typische Expressionsorte	Expressionsmodus
nNOS	Neuronen	konstitutiv
eNOS	Endothel	konstitutiv
iNOS	Makrophagen	induzierbar (Expression bei Entzündung gesteigert)

Inaktivierung: NO ist ein Radikal (Abb. **D-4.6**), das innerhalb von Sekunden mit O_2 und H_2O in Nitrit und Nitrat, die wichtigste Ausscheidungsform, umgewandelt wird. Aufgrund seiner Reaktionsfähigkeit kann NO allerdings auch mit anderen Targets reagieren (z. B. reaktiven Sauerstoffspezies und Proteinen [s. u.]) und so Gewebeschäden verursachen, insbesondere bei höheren Konzentrationen.

Inaktivierung: NO wird innerhalb von Sekunden in Nitrit und Nitrat umgewandelt.

4.3.2 Wirkungen

Es lassen sich direkte von indirekten, durch cGMP vermittelten Wirkungen unterscheiden.

Direkte Wirkungen

Als Radikal ist NO äußerst **reaktiv und toxisch**. Dies nutzen **Makrophagen**, um **phagozytierte Mikroorganismen abzutöten**, nachdem diese mit Lysosomen zum Phagolysosom verschmolzen sind: Im Phagolysosom entstehen mithilfe von NADPH zum einen O_2^--Radikale, zum anderen NO, das dann mit O_2^--Radikalen **Peroxinitrit** ($^-$OO-N=O) bildet. Sowohl O_2^--Radikale als auch Peroxinitrit schädigen die Membranen der Mikoorganismen, jedoch auch der Makrophagen, sodass beide zugrunde gehen. Der Verlust an Makrophagen wird durch verstärkten Nachschub ausgeglichen.

Peroxinitrit ist in der Lage, Tyrosinreste in Proteinen zu modifizieren (Bildung von Nitrotyrosin). Auf diese Weise wird z. B. die Prostazyklin-Synthase durch NO-Wirkung inaktiviert, was bei der schädigenden Wirkung von Superoxid-Ionen auf das kardiovaskuläre System eine Rolle spielen könnte.

Neben der Bildung von Nitroverbindungen sind weitere Proteinmodifikationen bekannt, wie die Reaktion von NO mit Metallzentren (z. B. Cytochrome, Hämoglobin) oder die Derivatisierung von Thiolgruppen zu -SNO-Verbindungen. Proteine können so aktiviert (z. B. Ryanodinrezeptor) oder inaktiviert werden (z. B. NMDA-Rezeptor). Meist ist unklar, ob diese Modifikationen eine physiologische Bedeutung besitzen oder nur von pathophysiologischem Interesse sind.

Direkte Wirkungen

NO ist ein äußerst **reaktives und toxisches Radikal**. **Makrophagen** benutzen NO zusammen mit reaktiven Sauerstoffradikalen (Bildung von **Peroxinitrit**), um **phagozytierte Mikroorganismen abzutöten**.

cGMP-vermittelte Wirkungen

▶ **Merke.** NO diffundiert von seinem Bildungsort (z. B. Endothel- oder Nervenzelle) in die Zielzelle (z. B. glatte Muskelzelle, Thrombozyt oder Nervenzelle) und **aktiviert** dort die **zytosolische Guanylatzyklase** (S. 572), führt also zur Bildung des Second Messengers **cGMP**. Dies ist die Hauptfunktion von NO. Die Folgen sind (Tab. **D-4.2**):
- Relaxation der glatten Gefäßmuskulatur
- Hemmung der Thrombozytenaggregation
- Förderung der Signalübertragung an Synapsen des Gehirns. Diese ist für Lernprozesse wichtig.

cGMP-vermittelte Wirkungen

▶ **Merke.**

≡ D-4.2	cGMP-vermittelte NO-Wirkungen und zugrunde liegende Signaltransduktionswege
NO-Wirkung	**Signaltransduktionsweg**
Relaxation der glatten Gefäßmuskulatur	▪ Hemmung der Phosphodiesterase Typ III → cAMP ↑ → Aktivierung der Proteinkinase A
	▪ Aktivierung der Proteinkinase G (PKG) → Inaktivierung der IP$_3$-Rezeptoren und Aktivierung der Ca2+-ATPase im ER/SR (S. 573), vielfach die gleiche Reaktion, die PKA nach Stimulierung adrenerger β-Rezeptoren (S. 600) auslöst.
Hemmung der Thrombozytenaggregation/Aktivierung	▪ Inhibition der Phospholipase C (Mechanismus noch unklar) → Ca^{2+}-Freisetzung ↓ und PKC-Aktivierung ↓ → Verhinderung der Exozytose von Sekretgranula und des Einbaus von Zelladhäsionsmolekülen in die Plasmamembran
	▪ Aktivierung der Proteinkinase G (PKG) → Phosphorylierung = Inaktivierung des IP$_3$-Rezeptors → Ca^{2+}-Freisetzung ↓
	▪ Phosphorylierung von Zytoskelettproteinen und Proteinen des kontraktilen Apparats (MLCK) → Inhibition der Zytoskelettreorganisation (zur Aktivierung ist eine Formänderung erforderlich) und der Umstrukturierung von Aktin-Myosin-Filamenten
Förderung der Signalübertragung an Synapsen des Gehirns	Hypothese: postsynaptische Ca^{2+}-induzierte NO-Bildung, Diffusion zum präsynaptischen Nervenende **(retrogrades Signal)** → Aktivierung der PKG → Phosphorylierung von Proteinen des präsynaptischen Apparats → z. B. Steigerung der Exozytose
	NO bewirkt über PKG auch die Aktivierung postsynaptischer Proteine, wie z. B. Rekrutierung von AMPA-Rezeptoren.

▶ Klinik. Bei Angina pectoris oder Myokardinfarkt werden sog. **organische Nitrate** wie Glyceroltrinitrat (z. B. Nitrolingual), Isosorbidmono- oder -dinitrat zur Dilatation der Koronargefäße und der großen Hohlvenen eingesetzt. Ihre Wirkung beruht darauf, dass Enzyme in der glatten Gefäßmuskulatur NO aus ihnen freisetzen.

4.4 Kinine

▶ Definition. Als **Kinine** bezeichnet man die beiden Oligopeptide **Kallidin** und **Bradykinin** sowie ihre um die C-terminale Aminosäure verkürzten Derivate.

4.4.1 Biosynthese und Inaktivierung

Biosynthese

▶ Merke. Kinine werden durch spezifische Proteasen, die Kallikreine, aus Vorläufermolekülen – Kininogenen – freigesetzt.

Kininogene: Diese Substanzen werden hauptsächlich in der Leber gebildet und ins Blut abgegeben, wo sie als Komplex mit der Proteasevorstufe Präkallikrein zirkulieren. Man unterscheidet
- **hochmolekulares Kininogen** (HMWK, 626 Aminosäuren),
- **niedermolekulares Kininogen** (LMWK, 409 Aminosäuren).

Sie entstehen durch gewebsspezifisches, alternatives Splicing (S. 470) aus dem Kininogen-Gen und unterscheiden sich lediglich im C-terminalen Bereich. Sie können an Zelloberflächen binden und hemmen die Thrombozytenaggregation.

Kallikreine: Diese Substanzen lassen sich unterteilen in
- **Plasmakallikrein**, das in der Leber synthetisiert wird und im Blut zirkuliert,
- **Gewebskallikreine**: Sie werden in vielen Geweben, z. B. Gefäßsystem, Niere, Pankreas und Speicheldrüse, synthetisiert, besitzen eine andere Substratspezifität (s. u.) und wirken wahrscheinlich vor allem lokal.

Sie werden als **inaktive Vorstufen (Präkallikreine) sezerniert**, die bei Bedarf proteolytisch aktiviert werden (s. u.). Die Kallikreine sind strukturell dem Faktor XI der Blutgerinnung sehr ähnlich.

Freisetzung der Kinine (Abb. **D-4.7**):
- **Plasmakallikrein** spaltet aus **HMWK** das Nonapeptid **Bradykinin** ab,
- die **Gewebskallikreine** spalten aus **HMWK** und **LMWK** das Dekapeptid **Kallidin** ab.

Kallidin unterscheidet sich von Bradykinin nur durch ein zusätzliches Lysin am N-Terminus (Abb. **D-4.7**). Unterschiede in der Wirkung der beiden Peptide sind

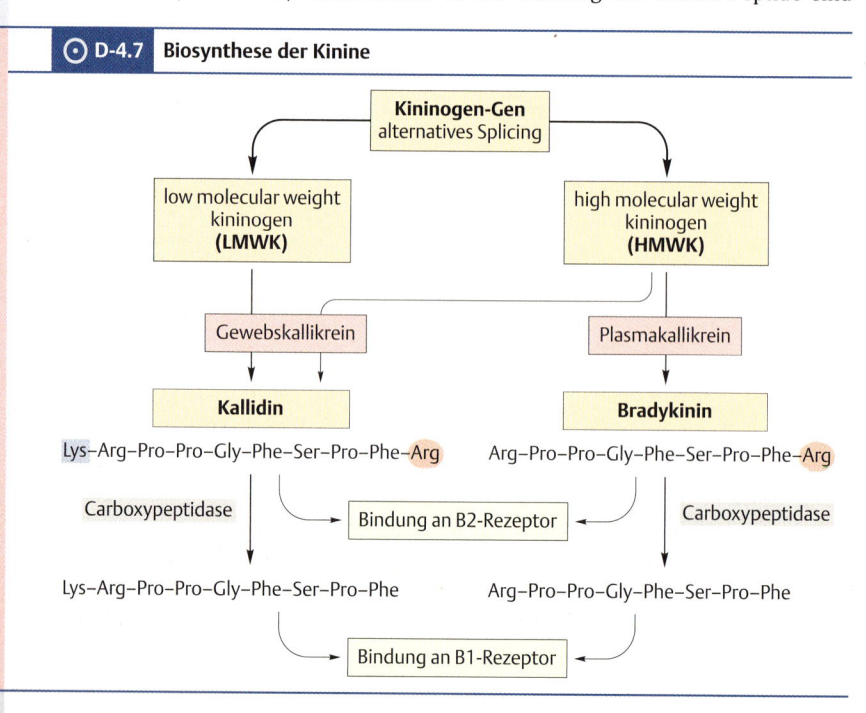

⊙ **D-4.7** Biosynthese der Kinine

```
                    Kininogen-Gen
                  alternatives Splicing
                  ↓                    ↓
       low molecular weight      high molecular weight
            kininogen                  kininogen
             (LMWK)                     (HMWK)
                ↓                          ↓
         Gewebskallikrein            Plasmakallikrein
                ↓                          ↓
              Kallidin                 Bradykinin
    Lys–Arg–Pro–Pro–Gly–Phe–Ser–Pro–Phe–Arg    Arg–Pro–Pro–Gly–Phe–Ser–Pro–Phe–Arg
                ↓                          ↓
         Carboxypeptidase  → Bindung an B2-Rezeptor ←  Carboxypeptidase
                ↓                          ↓
    Lys–Arg–Pro–Pro–Gly–Phe–Ser–Pro–Phe        Arg–Pro–Pro–Gly–Phe–Ser–Pro–Phe
                     → Bindung an B1-Rezeptor ←
```

nicht bekannt. Spalten Carboxypeptidasen die C-terminale Aminosäure beider Peptide ab, entstehen biologisch aktive Peptide mit geänderter Rezeptorspezifität (s. u.).

Prozessierung und Inaktivierung

Weiterer Abbau durch verschiedene Exo- und Endopeptidasen führt zur Inaktivierung der Kinine, wobei Zwischenprodukte allerdings noch (veränderte) Aktivität besitzen können (ein Pentapeptid z. B. ist ein Thrombinantagonist). Von besonderer Bedeutung beim Abbau ist die Kininase II, die mit dem Angiotensin converting Enzyme, ACE (S. 639), identisch ist, sodass der **Kininstoffwechsel mit dem Renin-Angiotensin-Weg gekoppelt** ist (s. u.). Die Halbwertszeit der Kinine beträgt weniger als 1 Minute.

4.4.2 Wirkungen

Die Kininwirkung wird durch zwei G_q-Protein-gekoppelte Rezeptoren vermittelt (Abb. **D-4.7**):
- Der **B2-Rezeptor** ist für die meisten Effekte verantwortlich und wird konstitutiv insbesondere auf Endothelzellen exprimiert.
- Der **B1-Rezeptor** vermittelt Entzündungs- und Schmerzreaktion und wird bei Entzündungen exprimiert. Mit besonders hoher Affinität bindet er Kinine nach Abspaltung des C-terminalen Arginins.

Die Aktivierung der Phospholipase Cβ führt zum Anstieg der zytosolischen Ca^{2+}-Konzentration und somit zur **Aktivierung der NO-Synthase**. Zusätzlich wird die **zytosolische Phospholipase A_2 aktiviert** und dadurch die Freisetzung von Arachidonsäure, d. h. die **Eikosanoidsynthese** stimuliert.

▶ **Merke.** Die Kinin-induzierte Bildung von NO und PGI_2 (Prostazyklin) erklärt zwei wesentliche Kininwirkungen:
- **Vasodilatation** durch Relaxation der glatten Gefäßmuskulatur: Dieser Effekt spielt eine Rolle bei der Blutdruckregulation und Diurese, aber auch bei Entzündungsreaktionen (s. u.).
- **Hemmung der Bildung von Thrombosen:** Diese Wirkung wird verstärkt durch die Kinin-vermittelte Aktivierung des Plasminogenaktivators und Hemmung der Thrombin-induzierten Thrombozytenaktivierung. Auch die Vorstufe Kininogen besitzt antithrombotische Wirkungen.

Komplexe aus Kininogen und Präkallikrein binden an **Endothelzellen**. In zellgebundener Form kann **Präkallikrein** durch Proteasen aktiviert werden. Die **Aktivierung** erfolgt in bestimmtem Umfang **konstitutiv**, die aktivierende Protease ist der Faktor XIIa (in geringem Maße ständig aus Faktor XII [Hagemann-Faktor] gebildet). Auf diese Weise werden am Endothel stets Kinine gebildet und so **die Thrombusbildung am intakten Endothel inhibiert**. Kallikein spaltet zudem die Pro-Urokinase zur aktiven Kinase, die wiederum Plasminogen zu Plasmin aktiviert (→ Fibrinolyse). Insgesamt ist die antithrombotische Wirkung aber erst unzureichend charakterisiert.

Bei einer **Verletzung des Endothels** hingegen wird die **Blutgerinnung (zunächst F XII) aktiviert** (S. 727). F XIIa aktiviert nicht nur weitere Gerinnungsfaktoren, sondern auch Kallikrein, das wiederum Faktor XII aktivieren kann (positive Rückkopplung). Insgesamt ist die Bedeutung von F XII und Kallikrein für die Blutgerinnung jedoch als gering einzuschätzen, da das Fehlen dieser Faktoren nicht mit einer Hämophilie verbunden ist. Interessanterweise ist der erste Patient (Herr Hagemann), bei dem F XII-Mangel festgestellt worden ist, an einer Thrombose verstorben.

Bei der Blutgerinnung durch Kallikrein gebildete Kinine helfen, die **Blutgerinnung** auf das verletzte Gefäßgebiet zu **begrenzen**.

Die ständige Bildung von Kininen am Endothel trägt außerdem dazu bei, ein **Überschießen des** (vasokonstriktorischen) **Renin-Angiotensin-Systems** zu verhindern. Die beiden Wege sind über ACE direkt miteinander verknüpft (S. 639). Der wichtigste Inhibitor von aktiviertem Kallikrein ist der **C1-Esterase-Inhibitor (C1INH)**. Er ist ein Serin-Protease-Inhibitor aus der Serpin-Familie und ist am bekanntesten als Regulator des Komplementsystems. Fehlt C1INH, führt dies – neben einer übermäßigen Aktivierung des Komplementsystems – auf Grund der überschießenden Bradykinin-Bildung zu **Angioödemen**.

▶ Klinik. Ein Teil der Wirkung der blutdrucksenkenden ACE-Hemmer ist auf die Hemmung der Inaktivierung von Kininen zurückzuführen. Die erhöhten Kininspiegel sind wohl auch für unerwünschte Wirkungen der ACE-Hemmer wie den häufigen (bei bis zu 20 % der Patienten auftretenden) trockenen Husten verantwortlich.

▶ Merke. Kinine spielen eine wichtige Rolle bei der Entstehung einer **Entzündungsreaktion**. Vasodilatation und Erhöhung der Permeabilität des Endothels führen zum Flüssigkeitsaustritt, die Aktivierung von Rezeptoren auf Leukozyten stimuliert die Leukozytenmigration. Die Bindung von Kininen an Rezeptoren der Nervenenden löst einen starken **Schmerzreiz** aus. Entzündungsreaktion und Schmerzempfindlickeit werden durch die Neusynthese von B1-Rezeptoren verstärkt.

4.5 Histamin

▶ Definition. Histamin ist das biogene Amin des Histidins.

4.5.1 Biosynthese, Speicherung und Inaktivierung

Biosynthese und Speicherung: Histamin wird vor allem von Mastzellen, aber auch von basophilen Leukozyten, den Enterochromaffin-like (ECL)-Zellen des Magens, bestimmten Neuronen des ZNS u. a. Zellen durch Pyridoxalphosphat-abhängige **Decarboxylierung von Histidin** gebildet (Abb. D-4.8), durch einen Transporter (VMAT 2) in sekretorische Vesikel transportiert und dort zusammen mit dem sauren Heparin (Salzbildung) gespeichert und bei Bedarf freigesetzt.

Inaktivierung: Histamin wird (evtl. nach N-Methylierung am Imidazolrest) durch die Diaminoxidase in einen Aldehyd umgewandelt und dann durch die Aldehyd-Dehydrogenase zu (N-Methyl-)Imidazolacetat oxidiert (Abb. D-4.8).

D-4.8 Biosynthese und Inaktivierung von Histamin

Histidin → (Histidin-Decarboxylase, −CO_2) → Histamin → (Diaminoxidase, NH_4^+) → Imidazolacetaldehyd → (Aldehyd-Dehydrogenase) → Imidazolacetat

4.5.2 Wirkungen

Molekulare Wirkungen

Vier **G-Protein-gekoppelte Rezeptoren** vermitteln die Wirkungen des Histamins (Tab. D-4.3); am besten untersucht sind H_1- und H_2-Rezeptoren.

D-4.3 Histaminrezeptoren

Rezeptor	Signaltransduktionsweg	Lokalisation	Funktion
H_1	G_q → Aktivierung der Phospholipase Cβ (PLCβ) → Ca^{2+} ↑	zahlreiche Zellen, z. B. glatte Muskel- und Endothelzellen	z. B. Bronchokonstriktion, Vasokonstriktion (Ca^{2+}-Wirkung) oder Vasodilatation (NO-Wirkung), Gefäßpermeabilität ↑
H_2	G_s → Aktivierung der Adenylatzyklase → cAMP ↑ → Aktivierung der Proteinkinase A	zahlreiche Zellen, z. B. Belegzellen des Magens	z. B. HCl-Sekretion ↑
H_3	G_i → Hemmung der Adenylatzyklase → cAMP ↓	histaminerge Neurone im ZNS	Regulation der Freisetzung von Histamin und anderen Neurotransmittern
H_4	G_i → cAMP ↓ Aktivierung der PLCβ (durch Gβγ) → Ca^{2+} ↑, Aktivierung der MAP-Kinase (S. 567)	Mastzellen, eosinophile Granulozyten und andere Blutzellen	chemotaktisch für eosinophile Granulozyten und Mastzellen

Zelluläre Wirkungen

Magen: Histamin (S. 203) **stimuliert** die **HCl-Sekretion**, vermittelt durch **H$_2$-Rezeptoren** auf Belegzellen.

▶ **Klinik.** Bei **Magengeschwüren**, die durch Säureüberschuss entstanden sind, können H$_2$-Rezeptor-Antagonisten wie Ranitidin (S. 203) zur Hemmung der HCl-Sekretion eingesetzt werden. Sie sind inzwischen aber weitgehend durch Hemmstoffe der Protonenpumpe abgelöst worden.

ZNS: Histamin ist Transmitter histaminerger Neurone, deren Zellkörper vor allem im Hypothalamus vorkommen. Es beeinflusst zentrale Funktionen wie **Wachheit**, **Lernen**, **Gedächtnis**, Angst sowie eine Reihe homöostatischer Reaktionen (z. B. Essverhalten, Thermoregulation, Hormonausschüttung aus der Hypophyse, Herz-Kreislauf-System). Im Gehirn werden H$_1$-, H$_2$- und H$_3$-Rezeptoren exprimiert. Zustände wie Wachheit werden vor allem durch H$_1$-Rezeptoren gefördert. Dies erklärt auch die Nebenwirkung älterer H$_1$-Rezeptor-Antagonisten, die als Antiallergika gegeben wurden. Während die exzitatorischen H$_1$- und H$_2$-Rezeptoren postsynaptisch lokalisiert sind, werden H$_3$-Rezeptoren präsynaptisch exprimiert und hemmen die Freisetzung von Histamin und anderer Neurotransmitter. Überdies hemmt (H$_3$-Rezeptor) oder aktiviert (H$_1$-Rezeptor) Histamin die Neurotransmitterfreisetzung aus peripheren Nervenenden.

Gefäßsystem:

▶ **Merke.** Histamin beeinflusst den **Gefäßtonus**:
- An **Arteriolen und Venolen** aktiviert Histamin H$_1$-Rezeptoren an **Endothelzellen** und führt zur **Dilatation**. Hieran ist die Ca^{2+}-induzierte Aktivierung der endothelialen **NO-Synthase** wesentlich beteiligt, s. Mechanismus (S. 656).
- An **Arterien und Venen** hingegen aktiviert es H$_1$-Rezeptoren der **glatten Muskelzellen**. Der Anstieg der zytosolischen Ca^{2+}-Konzentration führt zu **Vasokonstriktion**.

Die Aktivierung von H$_2$-Rezeptoren auf glatten Muskelzellen führt durch Anstieg des cAMP-Spiegels zu Vasodilatation, jedoch **überwiegt** im Allgemeinen die Wirkung der **H$_1$-Rezeptoren**.
Aktivierung von **H$_1$-Rezeptoren** auf Endothelzellen steigert darüber hinaus die **Gefäßpermeabilität**. Dieser Effekt beruht auf einer „Kontraktion" der Endothelzellen durch Reorganisation des Zytoskeletts, verbunden mit dem Bruch der von Cadherinen vermittelten Zell-Zell-Kontakte (S. 371).

▶ **Klinik.** Neben Leukotrienen ist Histamin aufgrund seiner H$_1$-Wirkungen (Kontraktion der glatten Muskulatur z. B. der Bronchien, Vasodilatation und Permeabilitätserhöhung → Ödeme), H$_2$-Wirkungen (Schleimproduktion) und H$_4$-Wirkungen (Chemotaxis von Eosinophilen und Mastzellen) der entscheidende Mediator allergischer Reaktionen vom Typ I (S. 704) wie Asthma bronchiale, Rhinitis allergica (Heuschnupfen) und Urtikaria. Bei letzterer kommt es durch erhöhte Gefäßpermeabilität von Hautgefäßen zu Quaddelbildung (Abb. **D-4.9**). Zur Behandlung allergischer Reaktionen mit Antihistaminika (S. 705).

⊙ **D-4.9** Randbetonte Quaddeln, zentral durch Ödemdruck abgeblasst bei Urtikaria

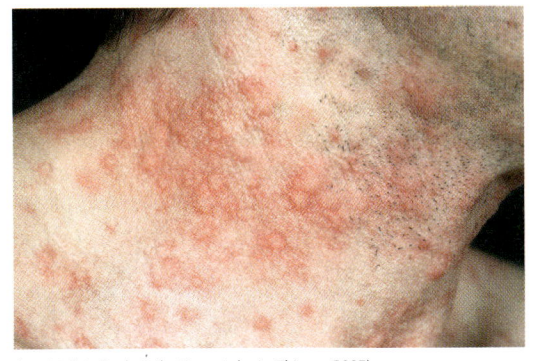

(aus Moll, I., Duale Reihe Dermatologie, Thieme, 2005)

Zelluläre Wirkungen

Magen: Histamin **stimuliert die HCl-Sekretion** durch Aktivierung von **H$_2$-Rezeptoren**.

▶ **Klinik.**

ZNS: Histamin beeinflusst eine Reihe zentraler Funktionen wie **Wachheit**, **Lernen** und **Gedächtnis**. Die exzitatorischen H$_1$- und H$_2$-Rezeptoren sind postsynaptisch, H$_3$-Rezeptoren präsynaptisch lokalisiert. H$_3$-Rezeptoren hemmen die Freisetzung von Histamin und anderen Neurotransmittern.

Gefäßsystem:

▶ **Merke.**

Aktivierung von H$_1$-Rezeptoren auf Endothelzellen **steigert** die **Gefäßpermeabilität**.

▶ **Klinik.**

4.6 Serotonin (5-Hydroxytryptamin)

▶ **Definition.** Serotonin (5-Hydroxytryptamin, 5-HT) ist das biogene Amin des 5-Hydroxytryptophans.

4.6.1 Biosynthese, Speicherung und Inaktivierung

Biosynthese und Speicherung: Ausgangsstoff ist **Tryptophan**, das durch die Tryptophan-Hydroxylase in Position 5 des Indolrings **hydroxyliert** wird. Anschließend wird die Aminosäure durch Pyridoxalphosphat-abhängige **Decarboxylierung** zum Amin umgesetzt (Abb. **D-4.10**) und in Vesikeln gespeichert.
Etwa 90 % des Serotonins im Körper werden in den **enterochromaffinen Zellen des Gastrointestinaltrakts** synthetisiert, aber auch serotoninerge Neurone des ZNS, des enterischen Nervensystems u. a. Zellen bilden 5-HT. Interessanterweise wird die Biosynthese von 5-HT in Nervenzellen und enterochromaffinen Zellen von unterschiedlichen Isoformen der Tryptophanhydroxylase katalysiert. **Thrombozyten** enthalten große Mengen an Serotonin, das sie jedoch nicht selbst bilden, sondern über ein spezifisches Transportprotein (SERT, *Serotonin Reuptake Transporter*) in der Zellmembran aufnehmen und in dichten Granula speichern. Das gleiche Transportprotein dient in serotoninergen Neuronen der Rückaufnahme von 5-HT aus dem synaptischen Spalt (s. u.).

Inaktivierung: Monoaminoxidase (MAO) und Aldehyd-Dehydrogenase katalysieren die Oxidation zu 5-Hydroxyindolacetat (Abb. **D-4.10**). Da diese Enzyme intrazellulär lokalisiert sind, muss Serotonin vorher über spezifische Transportproteine (SERT) in die Zelle aufgenommen werden.

⊙ **D-4.10** Biosynthese und Inaktivierung von Serotonin

Tryptophan → (Tryptophan-Hydroxylase) → 5-Hydroxytryptophan → (aromatische Aminosäuren-Decarboxylase, $-CO_2$) → Serotonin → (Monoaminoxidase, NH_3) → 5-Hydroxyindolacetaldehyd → (Aldehyd-Dehydrogenase) → 5-Hydroxyindolacetat

4.6.2 Wirkungen

Molekulare Wirkungen

Inzwischen ist eine große Zahl von **5-HT-Rezeptoren** bekannt, die auf vielen Zellen, z. B. Nerven- und Gliazellen, Epithel-, Endothel-, glatten Muskelzellen und Thrombozyten, exprimiert werden. Sie lassen sich in sieben Klassen (5-HT$_1$– 5-HT$_7$) einteilen, die z. T. aus mehreren Subtypen bestehen. Zusätzlich existieren von vielen Rezeptoren mehrere Splicevarianten, sodass die Rezeptorvielfalt noch weiter gesteigert wird.
5-HT$_3$-Rezeptoren sind ligandenaktivierte Kationenkanäle (Erhöhung der Permeabilität für Na$^+$ und K$^+$), die **übrigen 5-HT-Rezeptoren G-Protein-gekoppelt** (Tab. **D-4.4**).
Trotz Aktivierung/Inhibierung „einfacher" Second-Messenger-Moleküle wie cAMP und Ca^{2+} ist die weitere Signaltransduktion häufig sehr komplex und zelltypspezifisch. So hemmen z. B. 5-HT$_1$-Rezeptoren durch Aktivierung eines inhibitorischen G-Proteins der G$_{i/o}$-Familie wie gewohnt die Adenylatzyklase. Aber sowohl die α$_i$-Untereinheit als auch die βγ-Untereinheiten (S. 562) können weitere Reaktionen auslösen. Letztere können z. B. die PLC-β oder die PI3-Kinase (S. 576) aktivieren, Kaliumkanäle öffnen oder Calciumkanäle schließen. Daher ist u. U. die primär mit G$_i$-Proteinen verbundene Senkung des cAMP-Spiegels für die biologischen Wirkungen nur zweitrangig.

D-4.4 Klassifizierung der 5-HT-Rezeptoren und Eigenschaften ausgewählter Subtypen

Rezeptor	Expression	Funktion
5-HT$_1$ ($G_i \rightarrow$ cAMP ↓, K$^+$-Kanäle ↑, Ca^{2+}-Kanäle ↓)	▪ **5-HT$_{1A}$**: *ZNS*: präsynaptisch auf Soma und Dendriten von Neuronen der Raphe-Kerne, postsynaptisch in vielen Hirnregionen (z. B. limbisches System)	Entladungsfrequenz an den Synapsen ↓, angstlösend (anxiolytisch), antidepressiv, übermäßig gesteigerte Nahrungsaufnahme (Hyperphagie), Hypothermie, Blutdruck ↓
	▪ **5-HT$_{1B}$/5-HT$_{1D}$***: *ZNS*: präsynaptisch auf Axon-Endigungen, zerebrale und periphere Gefäße	synaptische Freisetzung von Serotonin und anderen Neurotransmittern ↓ 5-HT$_{1B}$-Knock-out: Anxiolyse, Aggression ↑, Vasokonstriktion von Koronararterien und Meningealgefäßen
5-HT$_2$ ($G_q \rightarrow$ PLC ↑)	▪ **5-HT$_{2A}$**: *ZNS*: weit verbreitet *peripher*: glatte Muskulatur (z. B. Lunge, Aorta), Thrombozyten	psychotrope Wirkungen, Kontraktion der glatten Muskulatur, Thrombozytenaggregation
	▪ **5-HT$_{2B}$**: *ZNS*: mehrere Regionen *peripher*: glatte Muskulatur (Magen, Darm), Endothelzellen	Anxiolyse, Hyperphagie Kontraktion der glatten Muskulatur, Vasodilatation, s. a. NO-Wirkung (S. 657)
5-HT$_3$ (ligandenaktivierte Kationenkanäle)	*ZNS*: insbesondere kaudale Kerne des Hirnstamms wie Area postrema, spinaler Trigeminuskern, NTS, dorsaler Vaguskern *peripher*: Neuronen des enterischen Nervensystems, Endigungen sensorischer Nerven (N. vagus)	Auslösung von Brechreiz Darmmotilität ↑
5-HT$_4$ ($G_s \rightarrow$ cAMP ↑)	*ZNS*: limbisches System *peripher*: präsynaptisch in afferenten Neuronen	Steigerung der Neurotransmitterfreisetzung im ZNS (→ Lernfähigkeit ↑) und ENS (→ Peristaltik und Sekretion ↑)
5-HT$_5$ ($G_i \rightarrow$ cAMP ↓, K$^+$-Kanäle ↑, PLC ↑)	fast ausschließlich im ZNS, weit verbreitet	unbekannt
5-HT$_6$ ($G_s \rightarrow$ cAMP ↑)	fast ausschließlich im ZNS, limbisches System, Kortex	Beteiligung an Lernprozessen, Stimmungslage
5-HT$_7$ ($G_s \rightarrow$ cAMP ↑)	*ZNS*: Thalamus, Hypothalamus, Hippocampus *peripher*: glatte Muskulatur (Blutgefäße, Darm)	Beteiligung an Lernprozessen, Thermoregulation, Stimmungslage, Vasodilatation von Arterien und Venen, Muskelrelaxation (Kolon)

* beide Rezeptoren haben pharmakologisch kaum unterscheidbare Eigenschaften

Zelluläre Wirkungen

ZNS: Serotoninerge Neurone machen zwar nur einen geringen Prozentsatz der Neurone des ZNS aus, sind aber an vielen wichtigen Funktionen wie **Emotionen, Schlaf-wach-Rhythmus, Lernprozessen** oder der **Regulation** von **Körpertemperatur, Blutdruck** und **endokriner Funktionen** beteiligt (Tab. **D-4.4**). Fast alle bekannten Serotoninrezeptortypen werden im Gehirn exprimiert. Die Zellkörper der meisten serotoninergen Neuronen befinden sich in den Raphe-Kernen des Hirnstamms.

Zelluläre Wirkungen

ZNS: Serotoninerge Neurone sind an der Regulation z. B. von **Emotionen, Schlaf-wach-Rhythmus, Lernprozessen, Körpertemperatur, Blutdruck** und **endokrinen Funktionen** beteiligt (Tab. **D-4.4**).

▶ **Klinik.** Serotoninmangel verstärkt **Depressionen** und erhöhte Serotoninspiegel wirken antidepressiv. Selektive Serotoninrückaufnahme-Hemmer (SSRI) binden mit hoher Affinität an das Transportprotein, durch das Serotonin aus dem synaptischen Spalt in das präsynaptische Nervenende gelangt. Dadurch steigt der Serotoninspiegel an der postsynaptischen Membran.

▶ **Klinik.**

Gastrointestinaltrakt: Serotonin wird aus den enterochromaffinen Zellen der Darmmukosa auf chemische und mechanische Reize hin parakrin sezerniert. Da die enterochromaffinen Zellen nicht innerviert sind, gelangt das freigesetzte Serotonin durch Diffusion zu den Zielzellen (Nervenzellen, glatte Muskelzellen, interstitielle Cajal-Zellen und Epithelzellen). Serotonin besitzt vielfältige Funktionen (rezeptorabhängig):
- Kontraktion und Relaxation der glatten Muskelzellen, peristaltischer Reflex
- Stimuliert die Sekretion von Chlorid und Bikarbonat
- Lokale Vasodilatation
- Übermittlung sensorischer Information ans ZNS

Diese Vielfalt spiegelt sich in der Vielzahl der exprimierten Rezeptoren wider, man findet 5-HT$_1$, 5-HT$_2$, 5-HT$_3$, 5-HT$_4$ und 5-HT$_7$ Subtypen, so dass ein komplexes Signalnetzwerk resultiert, das immer noch Gegenstand aktueller Forschung ist. Am besten untersucht sind die 5-HT$_3$ und 5-HT$_4$-Rezeptoren, die auch für die Behand-

Gastrointestinaltrakt: Serotonin wird aus den enterochromaffinen Zellen der Darmmukosa sezerniert. Es besitzt vielfältige Funktionen (rezeptorabhängig):
- Kontraktion und Relaxation von glatten Muskelzellen
- Stimulation der Sekretion
- Lokale Vasodilatation
- Übermittlung sensorischer Information ans ZNS

Diese Vielfalt spiegelt sich in der Vielzahl der exprimierten Rezeptoren wider.

Serotonin aktiviert IPANs des **submukösen (Meissnerschen) Plexus** und des **myenterischen (Auerbachschen) Plexus.** Die cholinerge Aktivität dieser Neurone wird durch Aktivierung präsynaptischer 5-HT$_4$-Rezeptoren verstärkt.

Das enterische Nervensystem enthält auch einige serotonerge Neuronen, die für die Peristaltik essenziell sind. 5-HT ist überdies ein wichtiger Wachstumsfaktor für das enterische Nervensystem und die Darmmucosa. Starke Aktivierung von 5-HT$_3$-Rezeptoren (vor allem nach Freisetzung von 5-HT durch Chemotherapeutika) an afferenten Fasern des N. vagus und im Hirnstamm (Area postrema) löst **Brechreiz** aus, der mit HT 3-Antagonisten bekämpft werden kann.

lung von Diarrhö und Obstipation, insbesondere beim Reizdarmsyndrom, von Interesse sind. 5-HT$_3$ Antagonisten können bei Diarrhö, 5-HT$_4$-Agonisten bei Obstipation eingesetzt werden. 5-HT$_3$ Antagonisten blocken die Effekte von Serotonin an Rezeptoren der primär afferenten Neurone (IPANs) im Plexus myentericus, präsynaptische 5-HT$_4$-Agonisten stimulieren die Acetylcholin-Freisetzung. An der Kontraktion der glatten Muskulatur sind auch 5-HT$_{2B}$-Rezeptoren beteiligt.

Das enterische Nervensytem enthält auch einige serotonerge Neuronen. Sie stellen zwar nur eine kleine Subpopulation dar, sind nach neueren Untersuchungen aber für die Peristaltik essenziell. 5-HT ist überdies ein wichtiger Faktor für die Entwicklung und Aufrechterhaltung des enterischen Nervensystems und der Darmmucosa. Erregung von 5-HT$_3$-Rezeptoren an Darmendigungen afferenter Fasern des N. vagus leitet sensorische Informationen an das ZNS weiter. Auf diese Weise ist 5-HT an der Hemmung der Magenentleerung und der Pankreas-Sekretion beteiligt. Im ZNS befinden sich 5-HT$_3$-Rezeptoren in großer Zahl im Nucleus tractus solitarii und in der Area postrema. Starke Erregung der zenralen und peripheren Rezeptoren, z. B. durch erhöhte Serotonin-Konzentrationen in der Peripherie (z. B. Darm oder Blut) und im Hirnstamm nach einer Chemotherapie aber auch durch bakterielle Toxine, löst Übelkeit und **Brechreiz** aus. (Die erhöhten Serotonin-Konzentrationen im ZNS stammen möglicherweise aus den vagalen Afferenzen, den Raphe-Kernen oder der Area postrema). Der Brechreiz kann effektiv durch 5-HT$_3$-Rezeptor-Antagonisten bekämpft werden.

Gefäßsystem: Aktivierung von 5-HT$_{2A}$-Rezeptoren in der glatten Gefäßmuskulatur führt zur **Vasokonstriktion** und **Blutdrucksteigerung.**
Aktivierung endothelialer 5-HT$_{2B}$-Rezeptoren führt durch Ca^{2+}-induzierte Aktivierung der NO-Synthase zur **Vasodilatation.**

Gefäßsystem: Aktivierung von 5-HT$_{2A}$-Rezeptoren in der glatten Gefäßmuskulatur führt zur Erhöhung der zytosolischen Ca^{2+}-Konzentration und somit zur **Vasokonstriktion** und **Blutdrucksteigerung.** Dieser „gefäßtonisierenden" Wirkung verdankt Serotonin seinen Namen. Da 5-HT über zentrale 5-HT$_{1A}$-Rezeptor-Subtypen aber auch zu einem erhöhten Vagustonus und zur Inhibtion des Sympathikus führt (→ Bradykardie) und über präsynaptische 5-HT$_{1B/D}$-Rezeptoren die Noradrenalinfreisetzung aus sympathischen Nerven hemmt (→ Vasodilatation), kann je nach überwiegender 5-HT-Wirkung sogar eine Blutdrucksenkung eintreten. Aktivierung endothelialer 5-HT$_{2B}$-Rezeptoren hingegen führt durch Ca^{2+}-induzierte Aktivierung der NO-Synthase zur **Vasodilatation.**

Insgesamt ist die physiologische Bedeutung von Serotonin bei der Regulation des Blutdrucks noch nicht hinreichend geklärt.

▶ Klinik.

▶ Klinik. Serotonin ist auf eine nur unzureichend verstandene Weise an der Auslösung von **Migräne** beteiligt. Für die Entstehung der Migränekopfschmerzen ist nach einer weitverbreiteten Hypothese eine pathologische Aktivierung /Sensibilisierung des N. trigeminus von zentraler Bedeutung: An den Meningen und ihren Blutgefäßen werden vermehrt Neurotransmitter ausgeschüttet (→Entstehung neurogener Gefäßentzündungen), Nozizeption und Schmerzleitungskaskade über den N. trigeminus sind verstärkt. Durch Aktivierung von Serotoninrezeptoren vom Typ 5-HT 1 können die Symptome einer Migräne deutlich gemildert werden. Die zu diesem Zweck eingesetzten **Triptane** (z. B. Sumatriptan) aktivieren 5-HT 1B, 5-HT 1D und 5-HT 1F –Rezeptoren. 5-HT 1D-und 5-HT 1F Rezeptoren sind präsynaptisch auf afferenten Fasern des N. trigeminus lokalisiert. Sie sind mit inhibitorischen G-Proteinen gekoppelt, ihre Aktivierung führt u.a. zu einer Hemmung der Ausschüttung von Neuropeptiden aus den meningealen Trigeminusfasern, sowie zur Hemmung der Nozizeption und Weiterleitung von Schmerzsignalen im trigeminalen System. Die Stimulierung von 5-HT 1B-Rezeptoren bewirkt eine Verengung meningealer Blutgefäße, was früher als eine der wichtigsten Funktionen der Triptane angesehen wurde, da viele Beobachtungen eine Erweiterung kranialer Blutgefäße bei Migräne anzeigen. Triptane führen allerdings auch zur Kontraktion peripherer Blutgefäße und sind daher bei Patienten mit Gefäßerkrankungen wie der koronaren Herzkrankheit kontraindiziert. Ein Vertreter einer neueren Triptan-ähnlichen Wirkstoffgruppe ist **Lasmiditan**, das selektiv 5-HT 1F -Rezeptoren aktiviert. Dieser effektive Wirkstoff besitzt keine gefäßverengende Wirkung, was ein Indiz dafür ist, dass die kraniale Gefäßwirkung nicht die bisher zugeschriebene Bedeutung besitzt. Lasmitidan ist allerdings noch in der Erprobung und noch nicht als Medikament zugelassen.

Thrombozyten: Ausschüttung von 5-HT fördert **Vasokonstriktion** und **Thrombozytenaggregation.**

Thrombozyten: Bei einer Gefäßverletzung werden Thrombozyten stimuliert und degranulieren, wobei auch Serotonin ausgeschüttet wird, das zur lokalen **Vasokonstriktion** führt und die **Thrombozytenaggregation** fördert (Aktivierung von 5-HT$_{2A}$-Rezeptoren).

Klinischer Fall: Bluthochdruck und „flush"

09:45
Herr Rudolf Olschewski, 49 Jahre, kommt zu seinem Hausarzt. Dieser stellt fest, dass sich sein bisher gut eingestellter Bluthochdruck trotz erhöhter Medikamente nicht normalisiert. Er weist den Patienten zur Blutdruckeinstellung ins Krankenhaus ein.

4 Tage später, 12:30 – Anamnese
R.O.: Mein Blutdruck geht einfach nicht runter, egal wie viele Tabletten ich nehme. In letzter Zeit ist es auch öfters passiert, dass mir das ganze Blut in den Kopf schießt, dann werde ich im Gesicht knallerot. Seit etwa vier Monaten habe ich außerdem irgendwie Durchfall. Insgesamt hab ich nun schon 7 Kilo abgenommen. Ab und zu rumort mein Bauch ganz komisch und manchmal hab ich ganz schöne Bauchschmerzen.

12:40 – Medikamentenanamnese
R.O.: Gegen den Bluthochdruck nehme ich 25 mg Hydrochlorothiazid und 2x100 mg Metoprolol am Tag. Sonst nehme ich keine Tabletten.

12:44 – Körperliche Untersuchung
Der schlanke Patient ist in einem guten Allgemeinzustand. Der Blutdruck ist mit 160/95 mmHg deutlich erhöht. Die Darmgeräusche sind lebhaft. Beim Abtasten des Abdomens klagt Herr O. über einen leichten Druckschmerz im rechten Unterbauch. Die Leber ist vergrößert tastbar (in der Medioklavikularlinie 4 cm unter dem Rippenbogen). Ansonsten finde ich keine pathologischen Befunde.

13:00 – Blutabnahme und Sammelurin
Ich nehme Herrn O. Blut ab. Außerdem erkläre ich ihm, dass er für 24 Stunden seinen Urin sammeln soll. Für den nächsten Morgen ordne ich aufgrund der vergrößerten Leber und des Druckschmerzes eine Sonografie des Abdomens an.

Am nächsten Morgen, 08:00 – Die Laborwerte sind da
(Normwerte in Klammern)
- Hämoglobin 11,8 g/dl (13–18 g/dl)
- Gesamtprotein 56 g/l (60–80 g/l), Albumin 32 g/l (normal 35–55 g/l)

09:45 – Sonografie Abdomen
Verteilt über die ganze Leber erkennt der Kollege viele echoreiche und echoarme Raumforderungen. Der Befund passt zu Lebermetastasen.

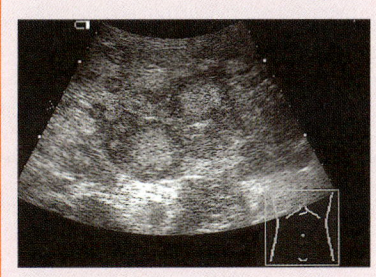

Lebermetastasen (aus Schmidt, G.: Checkliste Sonografie. 3. Aufl., Thieme, 2005)

14:00 – Röntgenaufnahme des Thorax in zwei Ebenen
Unauffälliger Befund. Kein Hinweis auf Lungenmetastasen.

Am nächsten Morgen – Ergebnis Sammelurin
Die Menge an 5-Hydroxyindolessigsäure im 24-Stunden-Urin beträgt 127 mg. Normal sind unter 10 mg.

14:00 – Besprechung mit dem Oberarzt
Aufgrund des Ergebnisses der Urinuntersuchung und der Symptome des Patienten besteht der dringende Verdacht auf ein serotoninproduzierendes Karzinoid. Da diese meist im Darm liegen, soll Herr O. morgen eine Koloskopie erhalten. Der Patient wird darüber aufgeklärt und erklärt sich einverstanden.

Am nächsten Tag, 10:00 – Koloskopie
Im terminalen Ileum, etwa 7 cm von der Ileozäkalklappe entfernt, finden die Kollegen multiple tumoröse Schleimhautveränderungen. Diese sind 1–1,5 cm groß. Sie entnehmen mehrere Gewebeproben, die feingeweblich untersucht werden sollen.

3 Tage später – Das Ergebnis der Histologie ist da
Die feingewebliche Untersuchung ergibt ein bösartiges Karzinoid – ein Tumor, der aus den Zellen des disseminierten endokrinen Systems hervorgeht.

Am nächsten Tag – Planung der Tumortherapie
Die Kollegen der Onkologie, Chirurgie und Strahlentherapie beschließen gemeinsam das weitere Vorgehen. Da der Tumor bereits in die Leber metastasiert hat, kommt eine Operation nicht in Frage. Herr O. wird stattdessen mit dem Depot-Somatostatin-Analogon Octreotid s. c. behandelt. Das lindert den „Flush" (plötzliches Erröten), den Durchfall und normalisiert auch seinen Blutdruck. Die Grunderkrankung ist durch das Medikament aber nicht heilbar.

Eineinhalb Jahre später
Herr O. lebt noch einige Zeit beschwerdefrei zu Hause. Schließlich verschlechtert sich sein Zustand zusehends und er stirbt eineinhalb Jahre nach Diagnose an einem Leberversagen und einer Tumorkachexie im Hospiz.

Fragen mit biochemischem Schwerpunkt

1. Durch welchen Botenstoff werden die Beschwerden beim Karzinoid ausgelöst?
2. Wie wird dieser Botenstoff bestimmt?
3. Warum treten Symptome beim Karzinoid in der Regel erst dann auf, wenn sich schon Lebermetastasen gebildet haben?
4. Bei welchen beiden Erkrankungen versucht man nicht, diesen Botenstoff zu hemmen, sondern seine Konzentration sogar zu steigern?

Antwortkommentare im Anhang

5 Zytokine

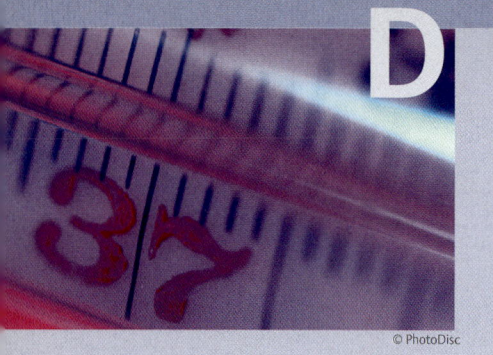

5.1 Grundlagen 666
5.2 Wachstumsfaktoren 666
5.3 Zytokine mit Wirkung auf die Hämatopoese 669
5.4 Zytokine des Immunsystems 670

5.1 Grundlagen

▶ **Definition.**

▶ **Definition.** Zytokine sind Proteine, die grundlegende Prozesse wie Wachstum, Differenzierung und Zellfunktion regulieren. Sie wirken meist parakrin oder autokrin, in einigen Fällen, z. B. Insulin-ähnliche Wachstumsfaktoren (IGF) aus der Leber (S. 631) oder Erythropoetin (S. 668), aber auch endokrin.

Die Zytokine unterscheiden sich somit grundlegend von den Hormonen, die in erster Linie für die Regulation metabolischer und physiologischer Parameter zuständig sind, wenn auch gewisse Überschneidungen vorkommen.

Einteilung: Aufgrund ihrer Targets lassen sich Zytokine in drei Gruppen einteilen, wobei zwischen Gruppe 2 und 3 Überschneidungen vorkommen:
- Wachstumsfaktoren
- hämatopoetische Wachstumsfaktoren (Hämatopoetine)
- Zytokine des Immunsystems

Einteilung: Zytokine lassen sich aufgrund ihrer Targets in drei Gruppen einteilen, wobei zwischen Gruppe 2 und 3 Überschneidungen vorkommen:
- **Wachstumsfaktoren:** Dies sind Zytokine, deren Wirkungen den gesamten Organismus betreffen.
- **hämatopoetische Wachstumsfaktoren (Hämatopoetine):** Sie regulieren die Proliferation und Differenzierung hämatopoetischer Stamm- und Vorläuferzellen.
- **Zytokine des Immunsystems:** Sie sind bei den Vertebraten auf die Regulation von Proliferation, Differenzierung und Funktion von Zellen des Immunsystems spezialisiert.

Zytokinrezeptoren: Sie umfassen die folgenden Rezeptortypen:
- Rezeptortyrosinkinase
- Rezeptor mit assoziierten Tyrosinkinasen
- Rezeptor-Serin/Threoninkinase
- TNF- und IL-1/Toll-Rezeptor
- G-Protein-gekoppelter Rezeptor

Zytokinrezeptoren: Die meisten Zytokinrezeptoren gehören zu einem der folgenden Rezeptortypen:
- Rezeptortyrosinkinase (S. 574),
- Rezeptor mit assoziierten Tyrosinkinasen (S. 576),
- Rezeptor-Serin/Threoninkinase (S. 578).

Daneben kommen Rezeptoren vom Typ der **TNF-** und **IL-1/Toll-Rezeptoren** (S. 678) und, im Fall der Chemokine, G-Protein-gekoppelte Rezeptoren (S. 561) vor.

5.2 Wachstumsfaktoren

Wachstumsfaktoren regulieren in der **Embryonalentwicklung**
- **Zellwachstum, -proliferation** und **-differenzierung,**
- **Überleben** oder **Apoptose** von Zellen,
- die **Wachstumsrichtung** von **Axonen** und **Kapillaren.**

Wachstumsfaktoren regulieren in der **Embryonalentwicklung**
- auf molekularer Ebene vor allem das **Größenwachstum** von Zellen, die **Zellproliferation** und **Zelldifferenzierung,**
- **Überleben** oder **Apoptose** von Zellen. In der Embryonalentwicklung werden viele Zellen gebildet, die später entfernt werden müssen, z. B. das Gewebe zwischen den Fingern oder Neurone des ZNS, die keine synaptischen Kontakte bilden.
- die **Wachstumsrichtung von Axonen und Kapillaren:** Zytokine mit **chemotaktischer Wirkung** wie Nerve Growth Factor (NGF) und Vascular endothelial Growth Factor (VEGF) bewirken, dass Axone bzw. Kapillaren dem Konzentrationsgradienten folgend in Richtung der Quelle des Zytokins wachsen.

Bei der **Regulation der Zellproliferation und -differenzierung** kooperieren Wachstumsfaktoren eng mit Proteinen der **Notch-**, **Hedgehog-** und **Wnt-**Familien: V. a. Mitglieder der FGF- und TGFβ-Superfamilien (Tab. **D-5.1**) regulieren mit diesen Proteinen zusammen die Anlage der **Körperachsen**, die **Morphogenese** und die **Organbildung**.

Bei der **Regulation der Zellproliferation und -differenzierung** kooperieren Wachstumsfaktoren eng mit Proteinen der **Notch-**, **Hedgehog-** und **Wnt-**Familien. Diese wirken wie die Zytokine überwiegend parakrin, benutzen jedoch ganz spezielle **eigene Signaltransduktionswege** und werden deshalb von den Zytokinen abgegrenzt. Zusammen mit Wachstumsfaktoren vor allem der FGF- und TGFβ-Superfamilien (Tab. **D-5.1**) regulieren sie die Anlage der **Körperachsen**, die **Morphogenese** und die **Organbildung**.

D 5.2 Wachstumsfaktoren

Tab. D-5.1 Wachstumsfaktoren, die Rezeptortyrosinkinasen oder Rezeptor-Serin/Threoninkinasen aktivieren (Auswahl)

Wachstumsfaktor	Funktion (Beispiele)
Liganden von Rezeptortyrosinkinasen	
Fibroblast Growth Factors (FGFs)	fördern die Mitose vieler Zellarten (erstmals beobachtet an Fibroblasten, daher der Name); fördern die Differenzierung mesenchymaler, epithelialer und neuroektodermaler Zellen; wichtige Rolle in der Entwicklung von Extremitäten (Extremitätenanlage, proximal-distales Wachstum), Schädel, Gehirn, Herz, Nieren u. a. Organen; an Wundheilung beteiligt
Epidermal Growth Factor (EGF)	stimuliert die Mitose von Epithelien; fördert die Reifung von Epithelien in der Embryonalentwicklung; an Wundheilung beteiligt
Platelet-derived Growth Factor (PDGF)	stimuliert die Mitose von und wirkt chemotaktisch auf mesenchymale(n) Zellen und ist an der Bildung u. a. von Darmzotten, Alveolarsepten, Mesangium der Niere, Dermis und glatter Gefäßmuskulatur beteiligt; an Wundheilung beteiligt (Speicherung in Thrombozyten)
Insulin-like Growth Factors (= Insulin-ähnliche Wachstumsfaktoren) (IGF-I, IGF-II)	stimulieren die Mitose vieler Zellarten; essenziell für pränatales Längenwachstum der Knochen; fördern das postnatale Längenwachstum der Knochen unter Kontrolle von Wachstumshormon (S. 629)
Vascular endothelial Growth Factor (VEGF)	stimuliert das Aussprossen von Kapillaren auf die VEGF-Quelle zu; stimuliert die Proliferation von Endothelzellen
Nerve Growth Factor (NGF)	stimuliert Größenwachstum und Differenzierung von Nervenzellen; stimuliert das Wachstum von Axonen zur NGF-Quelle hin; reguliert die Expression von Neuropeptiden; hemmt die Apoptose
Liganden von Rezeptor-Serin/Threoninkinasen	
TGFβ-Superfamilie	große Familie von Molekülen, die über Smad-Proteine (S. 578) signalisieren, umfasst mehrere Subfamilien, darunter die TGFβ-Familie, die BMPs und die Aktivine:
TGFβ-Familie	essenziell für die Entwicklung verschiedener Organe (z. B. Herz, Lunge), der Schädelknochen, Skelettbildung, auch im adulten Knochen häufig anzutreffen; immunsuppressiv, verhindert Überschießen des Immunsystems (TGFβ1); Zelltyp-abhängige Stimulierung oder Inhibierung der Zellteilung; Wundheilung, Regulation der Proliferation und Differenzierung von Mesenchymzellen, Biosynthese der extrazellulären Matrix
Bone morphogenetic Proteins (BMPs)	praktisch alle Aspekte der Embryonalentwicklung (z. B. Mesoderm-Induktion, Anlage der Dorsal-ventral-Achse, Entwicklung des Neuralrohrs, Organentwicklung, Entwicklung von Knorpel und Knochen (daher der Name!), häufig im adulten Knochen anzutreffen
Aktivine	beteiligt an Mesoderm-Induktion, Entwicklung/Funktion des Reproduktionstrakts; Entzündungsreaktionen, Geweberegeneration: stimulieren die FSH-Produktion (S. 623)

Je nach Differenzierungszustand besitzen Zellen unterschiedliche Sätze an Signaltransduktionsmolekülen und Transkriptionsfaktoren, sodass der **gleiche Wachstumsfaktor kontextabhängig unterschiedliche Reaktionen** auslösen kann, sogar in scheinbar gleichen Zelltypen. Dies erklärt z. B., dass in einem Fall die Zellteilung, im anderen Fall die terminale Differenzierung (und Ausscheiden aus dem Zellzyklus) stimuliert wird (Tab. D-5.1).

Auch in der **postnatalen Entwicklung** und im **Erwachsenenalter** haben Wachstumsfaktoren wichtige Funktionen:

- Sie regulieren die **Zellproliferation** und die **Differenzierung** neu gebildeter Zellen, z. B. die Erneuerung des Darmepithels (alle 2–3 Wochen) oder die Bildung von Blutzellen.
- Sie sind an der Regulation des **Überlebens** bzw. der **Apoptose von Zellen** beteiligt. Selbst nicht mehr proliferierende Zellen, z. B. Nervenzellen, benötigen Zytokine, um nicht abzusterben.
- Sie sind für **Regenerationsprozesse** nach Gewebsverletzungen erforderlich.

Eine Auswahl an Wachstumsfaktoren, die an Rezeptoren aus den Familien der **Rezeptortyrosinkinasen** und **Rezeptor-Serin/Threoninkinasen** binden, zeigt Tab. **D-5.1**. Diese Zytokine regulieren in der Regel Wachstums- und Differenzierungsprozesse im gesamten Organismus. Liganden der Rezeptor-Serin/Threoninkinasen sind im Wesentlichen Proteine der TGFβ-Superfamilie, die mit über 40 Mitgliedern beim Menschen aber sehr umfangreich und an praktisch allen Aspekten der Embryonalentwicklung beteiligt ist. Andere Wachstumsfaktoren, z. B. das **Wachstumshormon** und das strukturell verwandte **Prolaktin** (S. 632), binden an **rezeptorassoziierte Tyrosinkinasen**. Diese Rezeptoren vermitteln allerdings typischerweise die Regulation der Hämatopoese (Bindung von **Hämatopoetinen**, Beispiele s. Tab. **D-5.2**) und die Regulation der Immunantwort (Bindung von **Interleukinen** und **Interferonen**, Tab. **D-5.3**).

Je nach Differenzierungszustand der Targetzellen kann **derselbe Wachstumsfaktor unterschiedliche Reaktionen** auslösen.

Wachstumsfaktoren regulieren in der **postnatalen Entwicklung/im Erwachsenenalter**:
- **Zellproliferation** und **-differenzierung** (z. B. Erneuerung des Darmepithels),
- **Überleben** bzw. **Apoptose** und
- **Regenerationsprozesse**.

Wachstumsfaktoren, die an **Rezeptortyrosinkinasen** und **Rezeptor-Serin/Threoninkinasen** binden, sind für Entwicklung und Differenzierung des gesamten Organismus essenziell. **Rezeptorassoziierte Tyrosinkinasen** vermitteln die Signaltransduktion von **Wachstumshormon** und **Prolaktin**, insbesondere aber die Signale von **Hämatopoetinen** (Tab. **D-5.2**), **Interleukinen** und **Interferonen** (Tab. **D-5.3**).

≡ D-5.2 Zytokine mit Wirkung auf die Hämatopoese

Zytokin(klasse)	Eigenschaften	Funktion
Stammzellfaktor (Stem Cell Factor, SCF)	Signaltransduktion über Rezeptortyrosinkinase (c-kit-Rezeptor)	stimuliert die Proliferation und Differenzierung pluripotenter Stammzellen, wichtigster Reifungsfaktor dieser Zellen
Interleukine (IL) (Tab. D-5.3)	Familie mit über 20 verschiedenen Proteinen, deren Wirkungen größtenteils durch Rezeptoren mit assoziierten Tyrosinkinasen vermittelt werden	einige Mitglieder (z. B. IL-3 bis IL-5 und IL-7) stimulieren die Proliferation und Differenzierung von pluripotenten und/oder myeloischen bzw. lymphoiden Stammzellen und/oder CFUs (Abb. D-5.2), regulieren die Apoptose
Macrophage Colony stimulating Factor (MCSF)	Signaltransduktion über Rezeptortyrosinkinase	stimuliert die Proliferation und Differenzierung von granulozytisch-monozytischen CFUs zu Monozyten/Makrophagen
Granulocyte Colony stimulating Factor (GCSF)	Signaltransduktion über Rezeptoren mit assoziierten Tyrosinkinasen	stimuliert die Proliferation und Differenzierung von granulozytisch-monozytischen CFUs zu Neutrophilen
Granulocyte Macrophage Colony stimulating Factor (GMCSF)	Signaltransduktion über Rezeptoren mit assoziierten Tyrosinkinasen	stimuliert die Proliferation und Differenzierung myeloischer Stammzellen und granulozytisch-monozytischer CFUs zu Neutrophilen und Monozyten/Makrophagen
Erythropoetin (EPO)	Signaltransduktion über Rezeptoren mit assoziierten Tyrosinkinasen	stimuliert die Proliferation und Differenzierung myeloischer Stammzellen und erythroider CFUs zu Erythrozyten
Thrombopoetin (TPO)	Signaltransduktion über Rezeptoren mit assoziierten Tyrosinkinasen	stimuliert die Proliferation und Differenzierung myeloischer Stammzellen zu Megakaryozyten

▶ Klinik.

▶ Klinik. Ursache der **Achondroplasie (Chondrodysplasie)** sind verschiedene Mutationen im Gen des FGF-Rezeptors 3. Eine Störung der enchondralen Ossifikation führt zu verkürzten, verbogenen Diaphysen der Röhrenknochen, d. h. zu verkürzten Extremitäten bei relativ großem Schädel (disproportionierter Minderwuchs, s. Abb. **D-5.1**). Mutationen in Genen von FGF-Rezeptoren (meist FGFR2) sind auch für die verfrühte Verknöcherung der Schädelnähte **(Kraniosynostosis)** verantwortlich.

⊙ D-5.1 **Achondroplasie** Extremitätenverkürzung und Minderwuchs bei einem 12-jährigen Mädchen

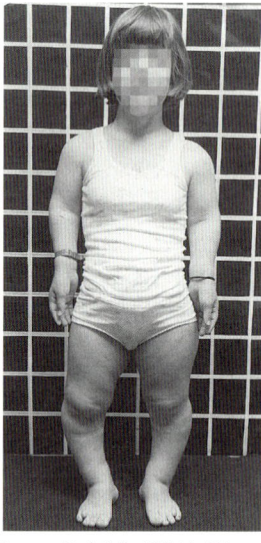

(aus Sitzmann, Duale Reihe Pädiatrie, Thieme, 2007)

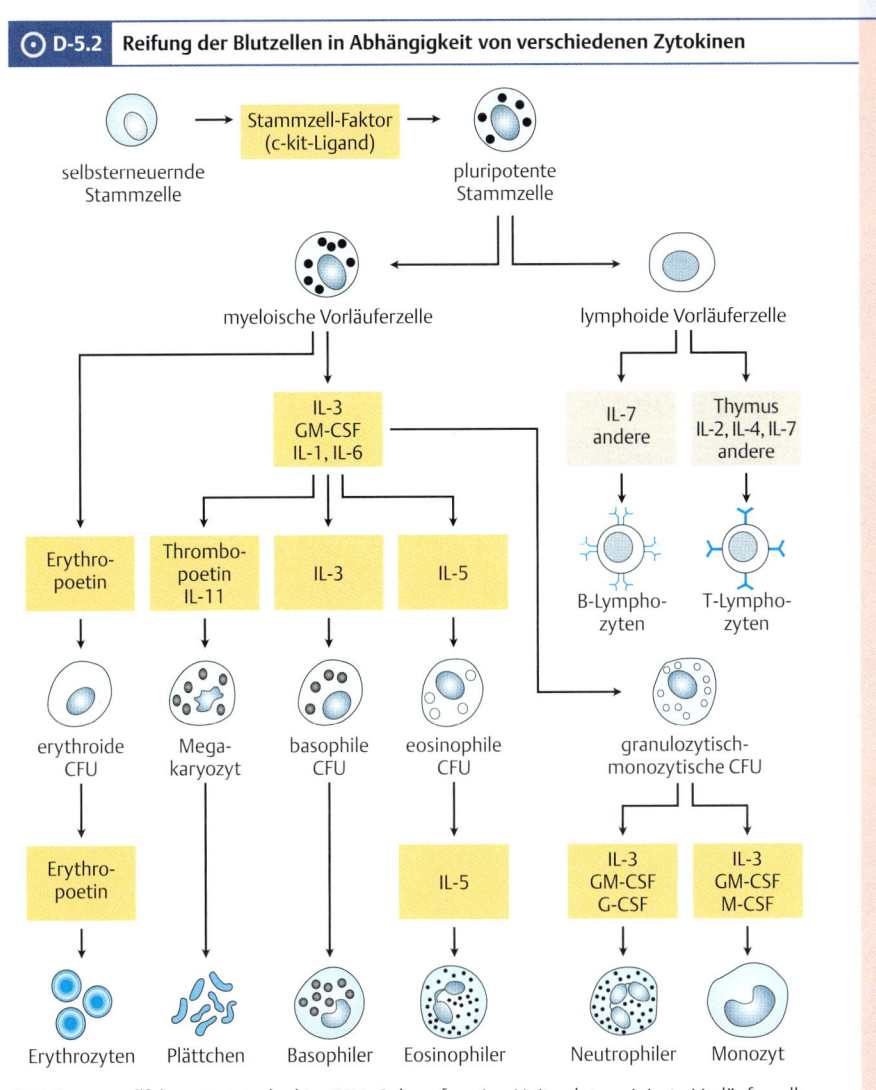

⊙ D-5.2 Reifung der Blutzellen in Abhängigkeit von verschiedenen Zytokinen

SCF: Stammzellfaktor, IL: Interleukin, CFU: Colony forming Unit = determinierte Vorläuferzelle, GMCSF: Granulocyte Macrophage Colony stimulating Factor, G- bzw. MCSF: Granulocyte bzw. Macrophage Colony stimulating Factor.

5.3 Zytokine mit Wirkung auf die Hämatopoese

Alle Blutzellen leiten sich von einer gemeinsamen Stammzelle (**pluripotente Stammzelle**, Progenitorzelle) im Knochenmark ab. Aus pluripotenten Stammzellen entstehen durch Zellteilung und Differenzierung die **myeloischen** und **lymphoiden Stammzellen**, die nur noch zu Erythrozyten, Megakaryozyten oder Granulozyten bzw. Lymphozyten differenzieren können. Die myeloischen bzw. lymphoiden Stammzellen differenzieren zu den **determinierten Vorläuferzellen (Colony forming Units, CFUs)**, die bereits auf ein oder zwei nah verwandte Zelltypen festgelegt sind (Abb. **D-5.2**). Die Proliferation, Differenzierung und das Überleben der Stamm- und Vorläuferzellen werden durch einen Cocktail von Zytokinen gesteuert (Tab. **D-5.2**). Aber auch die **extrazelluläre Matrix (EZM)** und **direkte Wechselwirkungen** zwischen Stammzellen, Progenitorzellen und Stromazellen sind essenziell. U.a. werden Rezeptoren aus der Familie der **Integrine** durch zellgebundene oder extrazelluläre Liganden aktiviert und beeinflussen so die Genexpression. Aufgrund ihrer Fähigkeit Zytokine zu binden, stellt die EZM auch ein **Zytokinreservoir** dar. Stromazellen synthetisieren den Stammzellfaktor, den wichtigsten Reifungsfaktor der pluripotenten Stammzellen (Tab. **D-5.2**). Die Kolonie-Bildung-stimulierenden Faktoren MCSF, GCSF und GMCSF werden von aktivierten T-Zellen und Makrophagen, aber auch von Endothelzellen und Stromazellen des Knochenmarks gebildet.

5.3 Zytokine mit Wirkung auf die Hämatopoese

Alle Blutzellen leiten sich von einer **pluripotenten Stammzelle** im Knochenmark ab: Zunächst entstehen die **myeloischen** und **lymphoiden Stammzellen**. Diese differenzieren zu den **determinierten Vorläuferzellen (Colony forming Units, CFUs)**, die bereits auf ein oder zwei nah verwandte Zelltypen festgelegt sind (Abb. **D-5.2**).
Die Bildung der verschiedenen hämatopoetischen Zellen wird durch Zytokine gesteuert (Tab. **D-5.2**), aber auch die Wechselwirkung mit Stromazellen und der extrazellulären Matrix des Knochenmarks spielt eine Rolle.

▶ **Klinik.**

▶ **Klinik.**
- Unter physiologischen Bedingungen werden die Blutzellen in konstanter Menge und festem Verhältnis produziert, um die normalen Verluste auszugleichen. Unter bestimmten Bedingungen kann jedoch die Bildung einzelner Zellen selektiv gefördert werden. So ist **Sauerstoffmangel (Hypoxie)** ein starker Stimulus zur Bildung von Erythrozyten, und bei Infektionen u. a. Entzündungen werden vermehrt Leukozyten gebildet.
- Die Differenzierung von Vorläuferzellen zu reifen Erythrozyten ist nach Bildung der erythroiden CFUs ausschließlich von **Erythropoetin** abhängig, weswegen dieses häufig als **Dopingmittel** missbraucht wird.

5.4 Zytokine des Immunsystems

Tab. **D-5.3** gibt einen Überblick über die Zytokine des Immunsystems.

5.4 Zytokine des Immunsystems

Tab. **D-5.3** gibt einen Überblick über die Zytokinklassen, die die Proliferation, Differenzierung und Funktion der Zellen des angeborenen (unspezifischen) und des adaptiven (spezifischen) Immunsystems nach Antigenkontakt regulieren. Die Interleukine sind darüber hinaus zusammen mit anderen Wachstumsfaktoren für die Proliferation und Differenzierung hämatopoetischer Stammzellen wichtig (s.o).

D-5.3 Zytokine des Immunsystems

Zytokinklasse	Eigenschaften	Funktion	Details
Interleukine (IL)	Familie mit über 20 verschiedenen Proteinen, deren Wirkungen mit Ausnahme von IL-1 (TNF-ähnlicher Rezeptor, s. u.) und IL-8 (s. u.) durch Rezeptoren mit assoziierten Tyrosinkinasen vermittelt werden	• regulieren die Kommunikation zwischen Zellen der Immunantwort (Proliferation, Differenzierung, Aktivierung, z. B. stimulieren IL-12 und IL-4 die Differenzierung zu T_H1- bzw. T_H2-Zellen)	s. Interleukine (S. 716)
		• regulieren die Proliferation und Differenzierung hämatopoetischer Stammzellen	Tab. **D-5.2**
		• einige IL (z. B. IL-1, IL-6) lösen Entzündungsreaktionen aus; IL-1 induziert Fieber	s. Interleukine (S. 716)
Interferone (IF)	Familie strukturell sehr ähnlicher Proteine, Signaltransduktion über Rezeptoren mit assoziierten Tyrosinkinasen	• Typ-I-Interferone (z. B. IFN-α, IFN-β): wirken antiviral, hemmen die Zellproliferation, induzieren MHC-Klasse-I-Proteine auf allen somatischen Zellen und stimulieren so die Zelllyse durch zytotoxische T-Zellen	s. Interferone (S. 716)
		• Typ-II-Interferon (IFN-γ): Haupteffekt: Aktivierung von Makrophagen („respiratory burst"), Neutrophilen und NK-Zellen, weitere Effekte: zusammen mit Typ-I-Interferon antiviral wirksam; induziert MHC-Klasse I- und -Klasse-II-Proteine, unterstützt Differenzierung zu T_H1-Zellen, hemmt Differenzierung zu T_H2-Zellen	s. Interferone (S. 716)
Chemokine und **Interleukin-8**	große Familie chemotaktisch wirkender Zytokine, Signaltransduktion über G-Protein-gekoppelte Rezeptoren	rekrutieren Leukozyten zum Infektionsherd, regulieren die Wanderung von Leukozyten aus dem Blut zum Entzündungsherd und das Auswandern von Immunzellen in periphere Lymphorgane	s. Chemokine (S. 709)
TNF (Tumor Necrosis Factor)-Superfamilie	Familie mit ca. 20 verschiedenen Proteinen, Signaltransduktion über TNF-Rezeptoren Typ 1 und Typ 2 → Aktivierung der Transkription via AP-1 und NF-κB oder Apoptose	Sie regulieren • das Überleben bzw. die Apoptose von Zellen, • die Entwicklung und Homöostase von Lymphgewebe, neuronalen und ektodermalen Geweben, • die Immunantwort.	
Beispiele: • TNFα		Mediator akuter Entzündungsreaktionen: aktiviert Monozyten und Neutrophile und rekrutiert sie zum Infektionsherd, stimuliert die Chemokinproduktion durch Endothelzellen und Makrophagen, *höhere Dosen:* Auslösung von Fieber, *toxische Dosen* bei massiven Entzündungen: septischer Schock, stimuliert einige Zelltypen zur Apoptose	s. TNFα (S. 717)
• CD40 L		wird auf aktivierten T-Zellen exprimiert, aktiviert (zusammen mit anderen Faktoren) durch Bindung an den CD40-Rezeptor B-Zellen und Makrophagen	s. CD40L (S. 697)

E

Infektionen, Verletzungen und Vergiftungen

Infektionen, Verletzungen und Vergiftungen

1 **Molekulare Immunologie** 673
2 **Blutstillung und Blutgerinnung** 721
3 **Entgiftung** 739

1 Molekulare Immunologie

1.1	Einführung	673
1.2	Das angeborene (unspezifische) Immunsystem	674
1.3	Das adaptive Immunsystem	685
1.4	Entzündung	708
1.5	Tumorimmunologie	712
1.6	Mediatoren des Immunsystems	715
1.7	Immunologie der Blutgruppenantigene	717

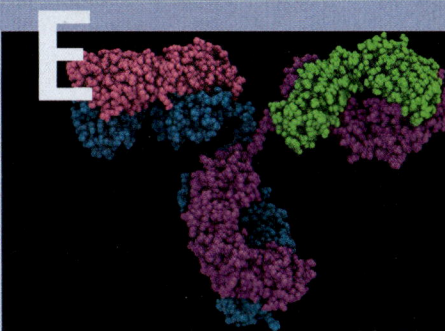

© Pawel Szczesny/Fotolia.com

1.1 Einführung

Immunität: Wörtlich übersetzt hat der Ausdruck „immun" die Bedeutung „kein Geld". „Immunität" bezeichnete nämlich im Römischen Reich den Status von Personen, die keine Steuern zu bezahlen brauchten. Aus diesem Zusammenhang übernahm man das Wort für Personen, die gegen bestimmte ansteckende Krankheiten resistent waren. Mitunter können derartige Resistenzen auch erworben werden. So erwähnt Thukydides in seinem Bericht von der großen Seuche, die 430 v. Chr. während des Peloponnesischen Krieges in Athen ausbrach, dass alle Einwohner, die eine erste Erkrankung überlebten, gegen eine erneute Ansteckung geschützt waren. Systematisch wurde das Phänomen der erworbenen Immunität erstmals von dem englischen Arzt **Edward Jenner** (Abb. **E-1.1**) ausgenutzt. Er berichtete 1798, dass man sich vor den gefürchteten Pocken schützen kann, indem man sich rechtzeitig mit den vergleichsweise harmlosen Kuhpocken in Kontakt bringt. Hieran erinnert das englische Wort „vaccination" (vacca [lat.] = Kuh), das seitdem allgemein für jede Immunisierung verwendet wird. Edward Jenner konnte noch nicht wissen, dass er mit Kuhpockenviren experimentierte, denn Viren und Mikroorganismen waren zu dieser Zeit als Krankheitserreger noch nicht bekannt. Als eigenständige Wissenschaft wurde die Immunologie erst Ende des 19. Jahrhunderts von **Paul Ehrlich** und **Emil von Behring** (Abb. **E-1.1**) entwickelt, nachdem Louis Pasteur in Paris und Robert Koch in Berlin die Bedeutung von Mikroorganismen als Krankheitserreger erkannt hatten.

1.1 Einführung

Immunität: Das Phänomen der erworbenen Immunität wurde systematisch erstmals von dem englischen Arzt **Edward Jenner** (Abb. **E-1.1**) ausgenutzt, der 1798 berichtete, dass man sich durch Kontakt mit den vergleichsweise harmlosen Kuhpocken vor den gefürchteten menschlichen Pocken schützen kann. Als eigenständige Wissenschaft wurde die Immunologie erst Ende des 19. Jahrhunderts von **Paul Ehrlich** und **Emil von Behring** (Abb. **E-1.1**) entwickelt, nachdem Louis Pasteur in Paris und Robert Koch in Berlin die Bedeutung von Mikroorganismen als Krankheitserreger erkannt hatten.

⊙ **E-1.1** Die Begründer der Immunologie

a Edward Jenner (1749 – 1823) (Wellcome Libary, London CC BY 4.0 www.creativecommons.org) **b** Paul Ehrlich (1854 – 1915) **c** Emil von Behring (1854 – 1917)

Selbst und fremd: Das Immunsystem umfasst eine Vielzahl löslicher und zellulärer Komponenten, deren Aufgabe darin besteht, alle Fremdkörper und alle Mikroorganismen abzuwehren, die dem Organismus gefährlich werden könnten. Es lässt sich berechnen, dass die Gewebe eines Erwachsenen aus ca. 3×10^{13} Zellen aufgebaut sind. Gleichzeitig enthält der Körper eines Menschen ca. 4×10^{13} Mikroorganismen, überwiegend Bakterien des Darms, die ihm durchaus von Nutzen sind. Offensichtlich gehört zum Immunsystem nicht nur die Fähigkeit zu einer effizienten **Abwehr**, sondern auch ein delikates **Unterscheidungsvermögen**. Das Immunsystem muss bei der Bekämpfung pathogener Mikroorganismen und maligner Tumorzellen nicht nur alle körpereigenen Zellen und Strukturen intakt lassen, sondern auch alle 4×10^{13} harmlosen Symbionten tolerieren. Dieser Sachverhalt ist gemeint, wenn die **Immunologie** als **Wissenschaft von der Unterscheidung zwischen Selbst und Fremd** bezeichnet wird (engl. self/non-self discrimination).

Selbst und fremd: Der Körper des Menschen enthält eine ähnliche Zahl an Mikroorganismen (ca. 4×10^{13}) wie körpereigene Zellen. Vorwiegend sind es Bakterien, die als Symbionten im Darm leben. Es bedarf eines ausgeprägten **Unterscheidungsvermögens**, damit bei der Abwehr pathogener Mikroorganismen die körpereigenen Zellen und Symbionten intakt bleiben. In dieser Perspektive ist die **Immunologie** eine **Wissenschaft von der Unterscheidung zwischen Selbst und Fremd**.

Humorale und zelluläre Immunantwort: In der Immunologie kann man grundsätzlich humorale von zellulären Abwehrmechanismen unterscheiden. Unter einer **humoralen Immunantwort** versteht man eine immunologische Reaktion, die von löslichen Komponenten vermittelt wird, z. B. die Inaktivierung von Viren durch Antikörper des Blutserums. Eine **zelluläre Immunantwort** liegt vor, wenn an einer Immunreaktion *unmittelbar* bestimmte Zellen des Immunsystems beteiligt sind, z. B., wenn eine virusinfizierte Zelle von einer zytotoxischen T-Zelle abgetötet wird.

Häufig bezieht man sich auch auf die Unterscheidung zwischen den angeborenen und den adaptiven Teilen des Immunsystems.

▶ **Definition.**

- Das **angeborene (unspezifische) Immunsystem** umfasst alle Mechanismen, die in der Abwehr möglicher Pathogene von Geburt an bereitstehen und die deshalb auch sofort aktiv sein können. So werden z. B. Bakterien sofort anhand bestimmter typischer Merkmale erkannt, die für alle Prokaryonten charakteristisch sind, und es wird daraufhin in allen Geweben sofort eine Abwehrreaktion ausgelöst.
- Das **adaptive (erworbene = spezifische) Immunsystem** hingegen umfasst Mechanismen, die sich erst nach Kontakt mit pathogenen Mikroorganismen oder Fremdkörpern entwickeln. Es reagiert deshalb mit Verzögerung, dann aber mit großer Spezifität, z. B. durch Produktion spezifischer Antikörper.

1.2 Das angeborene (unspezifische) Immunsystem

1.2.1 Abwehr von Mikroorganismen an Oberflächen

Der erste und häufigste Kontakt zwischen Pathogenen und den körpereigenen Geweben ergibt sich in der Regel an den Körperoberflächen. Grundlegend für das Verständnis der Immunologie ist die Beobachtung, dass die **Hautoberfläche** des Menschen nur **ca. 2 m²** umfasst, die Oberflächen des **Respirationstrakts** und des **Verdauungstrakts** aber **jeweils mehr als 100 m²** umfassen, also die Fläche einer geräumigen Wohnung. Es ist eine der wichtigsten Aufgaben des Immunsystems, diese großen Flächen lückenlos zu überwachen.

Die äußere Körperoberfläche ist von einer sehr resistenten **Hornhaut** geschützt. Während lange Zeit einem „Säureschutzmantel" auf der Haut ein wesentlicher Beitrag zur Abwehr von Mikroorganismen zugesprochen wurde, hat sich inzwischen gezeigt, dass vor allem bakterizide Peptide das Wachstum von Bakterien und einzelligen Pilzen auf der Haut unterdrücken. Verschiedene Mikroorganismen können sich gleichwohl auf der Haut vermehren. Sie haben sich an die Bedingungen ihrer Umgebung angepasst und repräsentieren das für diese ökologische Nische charakteristische **Mikrobiom**.

▶ **Definition.** Das **Mikrobiom** umfasst sämtliche Mikroorganismen (Bakterien, Archaeen, Pilze und Protozoen), symbiontische wie pathogene, die den menschlichen Körper bzw. bestimmte Bereiche des Körpers dauerhaft besiedeln.

Insgesamt konnten dem humanen Mikrobiom mehrere 1000 unterschiedliche Arten der Mikroorganismen zugeordnet werden. Das Mikrobiom verschiedener Individuen zeigt allerdings erhebliche Unterschiede. Die physiologische und die pathophysiologische Bedeutung des Mikrobioms ist ein wichtiges aktuelles Thema der Forschung.

▶ **Klinik.** Die weitaus meisten Bakterien der Haut lösen normalerweise keine Krankheiten aus. *Propionibacterium acnes* kann sich mitunter in Talgdrüsen vermehren und Entzündungen verursachen (Akne). Andere Arten können gefährlich werden, wenn sie durch Wunden in tiefere Hautschichten geraten und hier auf ein geschwächtes Immunsystem stoßen. Dieser Fall ist auf Intensivstationen oft gegeben, wenn Katheter angelegt werden. Sie werden dann leicht zum Ausgangspunkt für **nosokomiale (im Krankenhaus erworbene) Infektionen**. An Kathetern wächst oft *Staphylococcus epidermidis*, ein Bakterium, das zur normalen Flora der gesunden Haut gehört.

E 1.2 Das angeborene (unspezifische) Immunsystem

Die großen **Oberflächen des Respirationstrakts und des Verdauungstrakts** werden von **Schleimhäuten** gebildet. Für den oberen Respirationstrakt ist ein Flimmerepithel charakteristisch, das auch die Trachea, die Bronchien und die Bronchiolen auskleidet. Becherzellen und die Glandulae nasales bilden pro Tag ca. 10 – 100 ml eines dünnflüssigen **Schleims**, der bei der Verhinderung von Infektionen eine bedeutende Rolle spielt. Die Kinozilien bewegen den Schleim mit einer Geschwindigkeit von immerhin 1 cm/min zum Rachen, wo der Schleim verschluckt wird. Ein großer Teil der Mikroorganismen, die zunächst eingeatmet werden, wird mit dem Schleim abtransportiert und im Magen durch die Magensäure abgetötet. Eine derartige Möglichkeit ist der Schleimhaut des Verdauungstrakts nicht gegeben, aber auch hier spielt der Schleim bei der Verhinderung von Infektionen eine wichtige Rolle. Der Schleim enthält eine große Zahl von Stoffen, die das Wachstum von Mikroorganismen unterdrücken (Abb. **E-1.2**). Dadurch wirkt er wie ein natürliches Desinfektionsmittel, mit dem die großen inneren Körperoberflächen ständig überspült werden.

Schleimhäute bilden die großen **Oberflächen des Respirationstrakts und des Verdauungstrakts**. Im Respirationstrakt bewegen Kinozilien den **Schleim** zum Rachen, wo er verschluckt wird. Ein großer Teil der Mikroorganismen, die eingeatmet werden, wird mit dem Schleim abtransportiert und im Magen durch die Magensäure abgetötet.
Der Schleim enthält eine große Zahl von Stoffen, die das Wachstum von Mikroorganismen unterdrücken (Abb. **E-1.2**).

⊙ E-1.2   Abwehr von Infektionen an Schleimhäuten   ⊙ E-1.2

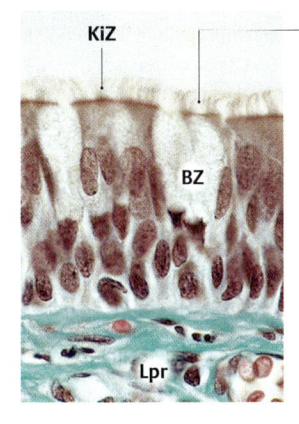

Schleim auf dem Epithel enthält:
Mucine,
β-Defensine,
Lysozym,
Lactoferrin,
IgA

Flimmerepithel der Trachea.
KiZ: Kinozilien, **BZ**: Becherzellen, **Lpr**: Lamina propria

(aus Lüllmann-Rauch, Taschenlehrbuch Histologie, Thieme, 2006)

Schleim entsteht bei der Anlagerung von Wasser an bestimmte Glykoproteine, die **Mucine** (Struktur s. Abb. **A-10.4**). Mucine enthalten an ihren N- und C-Termini cysteinreiche Sequenzabschnitte, die unter den oxidierenden Bedingungen außerhalb der Zellen intermolekulare Disulfidbrücken bilden und mehrere Mucinmoleküle dadurch zu großen „fadenziehenden" ketten- und netzartigen Strukturen verbinden. Für die Konsistenz des Schleims sind u. a. **Salz-Ionen** von Bedeutung. Ihre Konzentration hängt wesentlich von der Aktivität des **Cystic-Fibrosis-Transmembrane-Regulator-Proteins (CFTR-Protein)** ab, das an der apikalen Seite der Epithelzellen den Transport von Chlorid-Ionen vermittelt.

Zu den Inhaltsstoffen des Schleims gehören die **Defensine**, eine Gruppe kleiner Peptide von 3 – 4 kDa (30 – 40 Aminosäuren), die der Abtötung von Mikroorganismen dienen. Alle Defensine enthalten mehrere Arginine und sind dadurch positiv geladen. Eigentümlicherweise lagern sich Defensine bevorzugt in Membranen ein, die kein Cholesterin enthalten. Da Bakterien kein Cholesterin synthetisieren können, sind sie ein bevorzugtes Ziel der Defensine. Allerdings scheinen Defensine auch eine Rolle bei der Abwehr von Viren, Pilzen und Parasiten zu spielen. Bei Infektionen wird die Konzentration der Defensine im Schleim bis um das 100-Fache gesteigert. Man unterscheidet α- und β-Defensine.

- **α-Defensine** werden von Makrophagen und neutrophilen Granulozyten gebildet.
- **β-Defensine** werden im Wesentlichen von Epithel- und Drüsenzellen gebildet. So enthält auch die Milch β-Defensine. β-Defensine stellen auch einen großen Anteil der **antimikrobiellen Peptide (AMP)**, die von den **Kreatinozyoten der Hornhaut** synthetisiert werden. Weitere AMP, die ebenfalls von Kreatinozyten synthetisiert werden, sind die Cathelicidine, Psoriasin und die RNase 7.

Schleim entsteht bei der Anlagerung von Wasser an die Kohlenhydratseitenketten bestimmter Glykoproteine, der **Mucine**. Zahlreiche Cysteine an N- und C-Terminus bilden intermolekulare Disulfidbrücken, sodass große Mucinnetze entstehen.
Die Konsistenz des Schleims hängt u. a. von der Konzentration der **Salz-Ionen** und damit von der **Aktivität des CFTR-Proteins** ab.

Zu den Inhaltsstoffen des Schleims gehören die **Defensine**, eine Gruppe kleiner Peptide, die der Abtötung von Mikroorganismen dienen.

- **α-Defensine** werden von Makrophagen und Neutrophilen gebildet.
- **β-Defensine** werden v. a. von Epithel- und Drüsenzellen gebildet. So enthält auch die Milch β-Defensine.

▶ Klinik.

▶ Klinik. Defekte im Gen des CFTR-Proteins sind für die **Zystische Fibrose (Mukoviszidose)** verantwortlich. In den meisten Fällen entsteht die Krankheit durch eine Mutation, die zum Fehlen des Phenylalanins der Position 508 führt (ΔF508). In Europa wird Zystische Fibrose bei etwa 1 von 2 500 Neugeborenen diagnostiziert, in asiatischen Ländern ist die Krankheit wesentlich seltener (ca. 1:90 000).

Die primäre Folge des Defekts des CFTR-Proteins ist eine Störung der Cl^--Sekretion an der apikalen Seite der Zellen. Derzeit geht man davon aus, dass es daraufhin sekundär zu einer gesteigerten Resorption von Na^+ kommt, die dann eine verstärkte Resorption von Wasser zur Folge hat. Die verschiedenen Effekte sind im Detail noch nicht befriedigend geklärt. Letztlich erhält der **Schleim** auf den Epithelien eine **zähflüssige** Konsistenz, dabei ist die **NaCl-Konzentration erhöht**. Dadurch ist die Bindung der positiv geladenen Defensine an die negativ geladenen Membranen der Mikroorganismen erschwert. Es wird vermutet, dass dieses einer der Gründe für das erleichterte Wachstum bestimmter Bakterien bei Mukoviszidose ist. Typisch für diese Krankheit sind **Infektionen der Lunge** durch *Pseudomonas aeruginosa* (Abb. **E-1.3**). Das Wachstum der Bakterien wird auch durch die ungewöhnliche Zähflüssigkeit des Schleims begünstigt, die es den Kinozilien schwer macht, den Schleim zu transportieren.

⊙ E-1.3 **Pseudomonas-Pneumonie mit Abszessen (Pfeile) bei einem 14-jährigen Mädchen mit Mukoviszidose**

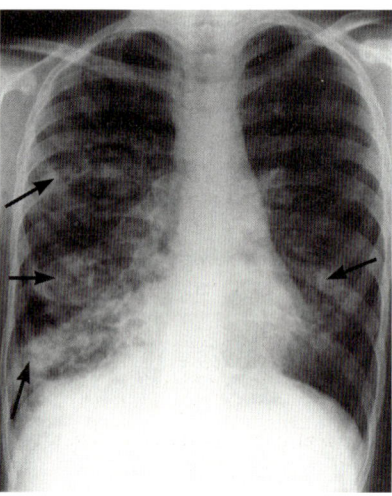

(aus Sitzmann, Duale Reihe Pädiatrie, Thieme, 2007)

Das **Lysozym** des Schleims **spaltet β1→4-glykosidische Bindungen der Bakterienzellwand**. Es wird von allen Schleimhäuten des Körpers und von der Tränendrüse gebildet.

Eine weitere Komponente des Schleims ist das **Lysozym**, ein kleines Protein von ca. 14 kDa. Lysozym **spaltet β1→4-glykosidische Bindungen in der Zellwand der Bakterien** und behindert bzw. verhindert dadurch deren Wachstum. Lysozym wird von allen Schleimhäuten des Körpers gebildet, findet sich in erheblichen Konzentrationen aber auch in der Tränenflüssigkeit, offenbar zur Vorbeugung gegen Augeninfektionen.

Das Protein **Lactoferrin bindet** das **Eisen** im Schleim mit hoher Affinität und entzieht Mikroorganismen so einen essenziellen Wachstumsfaktor.

Lactoferrin ist ein **Eisen-bindendes Protein** mit einer ähnlichen Struktur wie das Transferrin des Blutserums. Es bindet im Schleim mit hoher Affinität sämtliche Eisen-Ionen, mit der Konsequenz, dass dieses Spurenelement den Mikroorganismen im Schleim nicht mehr zur Verfügung steht. Den Mikroorganismen wird auf diese Weise ein essenzieller Wachstumsfaktor entzogen.

Im Schleim des Respirationstrakts und des Verdauungstrakts sind Antikörper vom Typ **IgA** stets in hohen Konzentrationen enthalten.

Letztlich kommt es auch in den Schleimhäuten zu einer Kooperation des angeborenen Immunsystems mit Komponenten des erworbenen Immunsystems. So sind insbesondere Antikörper vom Typ IgA (S. 688) in den Schleimhäuten stets in hohen Konzentrationen enthalten. Sie sind charakteristische Komponenten des adaptiven Immunsystems.

Bis vor wenigen Jahren ging man davon aus, dass weite Bereiche des Respirationstrakts vom Immunsystem unter physiologischen Bedingungen nahezu vollständig keimfrei gehalten werden. In jüngster Zeit wurden aber mit neuen molekularbiologischen Methoden auch bei gesunden Probanden in den Nasennebenhöhlen und in der Lunge überraschend viele Bakterien entdeckt. Nachgewiesen wurden u. a. auch Arten wie *Moraxella catarrhalis*, *Haemophilus influenzae* und *Streptococcus pneumo-*

niae, die als typische Erreger von Atemwegserkrankungen bekannt sind. Die genannten Erreger gehören offenbar zur normalen Flora und somit zum **Mikrobiom des Respirationstrakts**.

▶ **Definition.** Mikroorganismen, die zum normalen Mikrobiom gesunder Probanden zählen, die aber unter bestimmten Bedingungen (etwa im Zusammenhang mit einer viralen Infektion oder bei eingeschränkter Funktion des Immunsystems) als Krankheitserreger in Erscheinung treten, werden als **opportunistische Erreger** bezeichnet.

▶ **Definition.**

Bei Untersuchungen des **Mikrobioms des Darms** wurden überraschend große individuelle Unterschiede gefunden. In aktuellen Forschungsprojekten wird der Frage nachgegangen, welche Beziehungen zwischen dem Mikrobiom, der Ernährung, dem genetischen Hintergrund und bestimmten Erkrankungen bestehen. Offenbar kann in bestimmten Situationen eine **Stuhltransplantation** klinisch sinnvoll sein.

Das Mikrobiom des Darm unterliegt großen individuellen Unterschieden

1.2.2 Erkennung von Mikroorganismen durch das angeborene Immunsystem

Rezeptorproteine des angeborenen Immunsystems: Pattern-Recognition-Rezeptoren

Bei einer Infektion können bestimmte Zellen des Immunsystems die Erreger phagozytieren, und B-Zellen können nach einigen Tagen spezifische Antikörper bilden. Wie und woran erkennt das Immunsystem die Erreger? Tatsächlich hat das Immunsystem die Fähigkeit, eine Vielzahl von Mustern (engl. pattern), also eigentümliche molekulare Strukturen, zu erkennen, die für verschiedene Erreger (engl. pathogens) oder generell für bestimmte gefährliche Situationen (engl. danger) charakteristisch sind. Die Rezeptorproteine, die diese Erkennung (engl. recognition) ermöglichen, werden als **Pattern-Recognition-Rezeptoren** (PRRs) bezeichnet. Derartige Rezeptorproteine sind oft an der zellulären Oberfläche exponiert, mehrere wichtige Rezeptorproteine sind aber auch im Inneren der Zellen lokalisiert. Auch einige lösliche extrazelluläre Proteine können den Pattern-Recognition-Rezeptoren zugeordnet werden.

Die Strukturen, die erkannt werden, lassen sich zwei Gruppen zuordnen:
- **Pathogen-associated molecular patterns** (**PAMPs**, Pathogen-assoziierte molekulare Muster)
- **Danger-associated molecular patterns** (**DAMPs**, Gefahren-assoziierte molekulare Muster)

Die wichtigsten Pattern-Recognition Rezeptoren sollen hier kurz vorgestellt werden.

1.2.2 Erkennung von Mikroorganismen durch das angeborene Immunsystem

Rezeptorproteine des angeborenen Immunsystems: Pattern-Recognition-Rezeptoren

Pattern-Recognition Rezeptoren (PRRs) sind Rezeptorproteine des Immunsystems, die molekulare Strukturen erkennen, die für Krankheitserreger oder generell für bestimmte gefährliche Situationen charakteristisch sind.

Erkannt werden:
- **Pathogen-associated molecular patterns** (**PAMPs**, Pathogen-assoziierte molekulare Muster)
- **Danger-associated molecular patterns** (**DAMPs**, Gefahren-assoziierte molekulare Muster)

Formylpeptidrezeptor

In allen Zellen der Eukaryoten beginnt die Proteinbiosynthese (S. 475) am Ribosom mit der Aminosäure Methionin. In Bakterien beginnt die Proteinbiosynthese hingegen immer mit einem Methionin, welches an seiner Aminogruppe eine Formyl-Gruppe trägt. **N-Formylmethionin** gibt deshalb einen **Hinweis auf eine bakterielle Infektion,** es ist also ein charakteristisches Beispiel für ein **Pathogen-associated molecular pattern (PAMP)**. Der Formylpeptidrezeptor ermöglicht es dem Immunsystem, Peptide zu erkennen, die N-Formylmethionin enthalten Abb. **E-1.4**.

Das Rezeptorprotein gehört zur Gruppe der 7-Transmembranhelix-Rezeptoren. Neutrophile Granulozyten, die in großer Zahl in Infektionsherde einwandern, orientieren sich bei ihrer Zielsuche mit Hilfe ihrer Formylpeptidrezeptoren.

Formylpeptidrezeptor

Der **Formylpeptidrezeptor** erkennt **N-Formylmethionin**, die erste Aminosäure aller bakteriellen Proteine. N-Formylmethionin ist ein charakteristisches Beispiel für ein **Pathogen-associated molecular pattern** (PAMP).

⊙ **E-1.4** Funktionen des Formylpeptidrezeptors

⊙ **E-1.4**

Leukozyt → Formylmethionin (fMet)

Toll-like-Rezeptoren

Toll-like-Rezeptoren (TLR) befinden sich in den Zellmembranen von Endothelzellen, dendritischen Zellen (S. 693), Makrophagen (S. 700) und verschiedenen anderen Zellen des Immunsystems. Sie sind für die Funktion des gesamten Immunsystems von außerordentlich großer Bedeutung. TLR wurden zuerst in der Taufliege Drosophila entdeckt, wo sie an der Regulation der Embryogenese beteiligt sind. Eine der ersten Untersuchungen wurde mit dem Ausruf „Toll!" kommentiert, was der ganzen Proteinfamilie den Namen gab.

Die TLR des Menschen spielen eine entscheidende Rolle bei der **Erkennung bakterieller Infektionen**, sie werden aber auch bei anderen Infektionen aktiviert. Die meisten TLR werden durch Moleküle aktiviert, die generell für Prokaryonten charakteristisch sind. Die Bindung des prokaryotischen Moleküls aktiviert die TLR-assoziierte Serin/Threonin-Kinase IRAK und führt schließlich zur **Aktivierung des Transkriptionsfaktors NFκB**. Dieser aktiviert die Transkription vieler Gene, die für Immun- und Entzündungsreaktionen von zentraler Bedeutung sind. Zum Beispiel vermittelt NFκB bei einer Infektion der Haut die massiv gesteigerte Synthese antimikrobieller Peptide in den Keratinozyten. Zudem können TLR auch andere Signalwege aktivieren, die ebenfalls zur Aktivierung des Immunsystems beitragen.

▶ **Merke.** Bei der **Auslösung von Entzündungsreaktionen** ist **NFκB** einer der wichtigsten **Transkriptionsfaktoren.**

Im Immunsystem des Menschen sind 10 unterschiedliche TLR identifiziert worden. Jeder TLR zeigt eine eigentümliche Spezifität.

Am bekanntesten ist der **TLR4**, der an der **Erkennung von LPS** beteiligt ist: LPS, **L**ipo**p**oly**s**accharid, ist das Membranlipid, welches die äußere Schicht der Außenmembran gramnegativer Bakterien bildet und an deren Oberfläche lange Kohlenhydratketten exponiert. Nicht zuletzt aufgrund der Aktivierung des TLR4 kann LPS heftige Immunreaktionen auslösen, die bei einer Sepsis (S. 712) bis zum Kreislaufversagen führen können. Deshalb wird LPS auch als **Endotoxin** bezeichnet.

LPS bindet zunächst extrazellulär, z. B. im Blut, an das lösliche **LPS-bindende Protein (LBP)** (Abb. **E-1.5**). Dieses überträgt einzelne LPS-Moleküle auf das Protein **CD14**, welches über einen GPI-Anker (S. 490) in der Plasmamembran vieler Zellen verankert ist. CD14 überträgt dann das LPS auf einen Proteinkomplex, der aus dem in der Membran verankerten **TLR4** und dem assoziierten Protein MD-2 (Myeloid diffe-

E-1.5 Aktivierung des Toll-like-Rezeptors TLR4

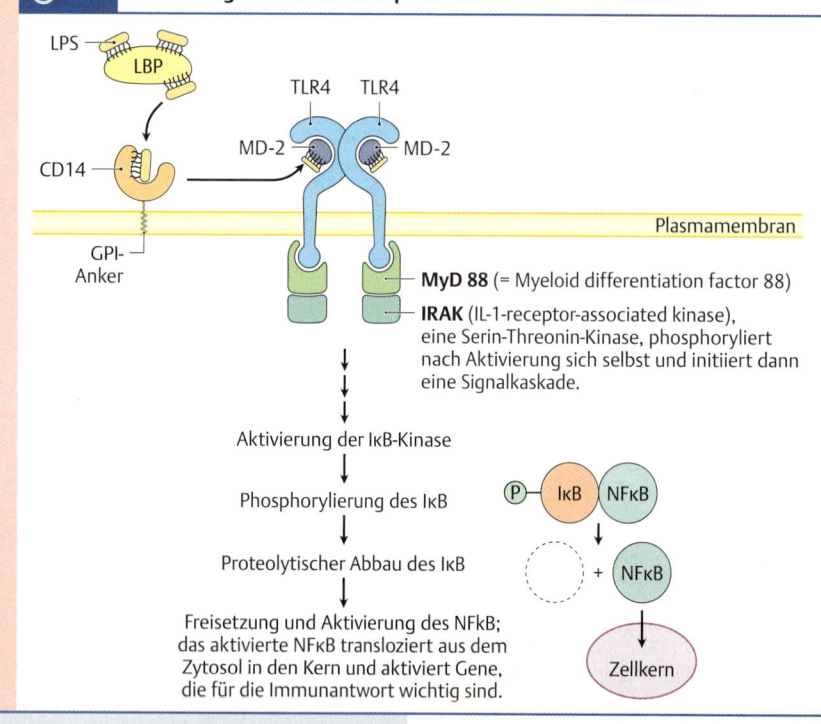

Die Aktivierung des TLR4 durch LPS (Lipopolysaccharid bakterieller Membranen) wird von einem LPS-Bindeprotein des Serums und dem GPI-verankerten Protein CD14 vermittelt.
MyD 88 ist ein Adapterprotein der Kinase IRAK. Die ursprünglichen Namen des MyD 88 und der IRAK sind nur noch von historischem Interesse.

MyD 88 (= Myeloid differentiation factor 88)
IRAK (IL-1-receptor-associated kinase), eine Serin-Threonin-Kinase, phosphoryliert nach Aktivierung sich selbst und initiiert dann eine Signalkaskade.

Aktivierung der IκB-Kinase
Phosphorylierung des IκB
Proteolytischer Abbau des IκB
Freisetzung und Aktivierung des NFκB; das aktivierte NFκB transloziert aus dem Zytosol in den Kern und aktiviert Gene, die für die Immunantwort wichtig sind.

rentiation factor 2) besteht. Die LPS-Bindung wird im Wesentlichen von MD-2 vermittelt, es bindet die hydrophoben Fettsäureketten, die Bestandteil des LPS sind. Die TLR4/MD-2/LPS-Komplexe dimerisieren und initiieren die Signalkaskade, die zur Aktivierung des **NFκB** führt.

TLR sind auch in den Membranen der Endosomen (S. 368) enthalten, in denen sich Pathogene im Anschluss an eine Phagozytose befinden. Beim intrazellulären Abbau der Pathogene in den Endolysosomen (S. 387) werden u. a. auch Nukleinsäuren freigesetzt, die dann von bestimmten TLR erkannt werden können: So hat **TLR9** eine Affinität zu DNA-Strängen, die in ihrer Basensequenz **unmethylierte Cytosin-Guanin-Motive** (CpG-Motive) enthalten. In der chromosomalen DNA des Menschen sind CpG-Motive in der Regel methyliert (S. 466), nicht aber in bakterieller DNA. **Virale RNA** wird auf unterschiedliche Weise von TLR3, TLR7 und TLR8 erkannt.

TLR9 erkennt unmethylierte CpG-DNA, die typisch ist für bakterielle DNA.

Virale RNA wird auf unterschiedliche Weise von TLR3, TLR7 und TLR8 erkannt.

Scavenger-Rezeptoren

Zu den Scavenger-Rezeptoren werden inzwischen sieben, von manchen Autoren sogar 10 Rezeptorfamilien gezählt (Klasse A, Klasse B, usw.). In ihrer Struktur weisen sie keine ausgeprägten Gemeinsamkeiten auf, gemeinsam ist ihnen lediglich, dass sie an der Phagozytose (S. 368) von Molekülen oder Partikeln beteiligt sind, die PAMPs oder DAMPs aufweisen: Scavenger-Rezeptoren sind in der Plasmamembran verschiedener Zellen verankert und dienen der Bindung unterschiedlicher Moleküle oder Partikel, die dann von den Zellen durch Phagozytose aufgenommen werden (engl. scavenger = Straßenkehrer/Straßenfeger, siehe Abb. **E-1.6**). Im Folgenden werden zwei Beispiele genannt.

Scavenger-Rezeptoren

Scavenger-Rezeptoren sind Membran-verankerte Proteine, die PAMPs und DAMPs erkennen. Ihre Aktivität leitet in der Regel eine Phagozytose ein, z. B. durch Makrophagen.

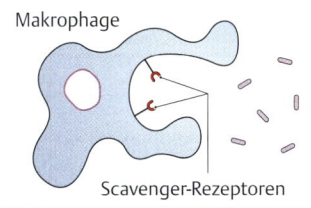

E-1.6 Scavenger-Rezeptor

E-1.6

CD36: Dieses Oberflächenprotein ist ein bekannter Scavenger-Rezeptor der Klasse B. CD36 bindet bestimmte Komponenten bakterieller Zellwände und ist an der Phagozytose von Bakterien durch Makrophagen beteiligt. In dieser Funktion kann CD36 mit TLR kooperieren. CD36 ermöglicht Makrophagen auch die Phagozytose der Vesikel, in die Zellen bei einer Apoptose (S. 533) zerfallen. Dabei wird das oxidierte Phosphatidylserin erkannt, welches von den apoptotischen Vesikeln an ihrer Außenseite exponiert wird. Interessanterweise ist CD36 auch an der Aufnahme oxidierter Lipide durch Makrophagen in der Intima der Gefäße beteiligt. Es spielt dadurch eine wesentliche Rolle bei der Bildung von Schaumzellen und atherosklerotischen Plaques (S. 735).

CD36: Dieser Rezeptor ermöglicht Makrophagen (S. 700) die Aufnahme der Vesikel, welche von einer Zelle übrig bleiben, die durch Apoptose zugrunde gegangen ist.

SR-B1: Der **S**cavenger-**R**ezeptor-**B1**, ist mit CD36 verwandt. SR-B1 vermittelt Endozytose-unabhängig die Übergabe von Cholesterinestern von HDL (S. 256) an Hepatozyten und an andere Zellen.

SR-B1: Dieser Rezeptor vermittelt die Übergabe von Cholesterinestern von HDL an Hepatozyten.

NOD-like-Rezeptoren (NLRs)

NOD-like Rezeptoren sind **cytosolische Pattern-Recognition-Rezeptoren**, die eine zentrale Domäne enthalten, die Nukleotid-abhängig eine Assoziation mit Homooligomeren ermöglicht (**n**ucleotide-binding and **o**ligomerization **d**omain, NOD, inzwischen meist als NACHT-Domäne bezeichnet). 22 humane NLRs sind bekannt.

Die beiden zuerst identifizierten NLRs, **NOD1** und **NOD2**, enthalten C-terminal eine Domäne, die eine Affinität zu dem Peptidanteil des **Peptidoglykans** hat, dem Hauptbestandteil bakterieller Zellwände (S. 54). NOD1 bzw. NOD2 lösen bei Peptidoglykan-vermittelter Aktivierung eine Signalkaskade aus, die letztlich eine Aktivierung des Transkriptionsfaktors NFκB zur Folge hat. Andere NLRs ermöglichen eine Reaktion auf LPS (**L**ipo**p**oly**s**accharid), welches innerhalb der Wirtszellen von Bakterien freigesetzt wurde. Auch Uratkristalle (→ Gicht), Cholesterinkristalle (→ Arteriosklerose) und Asbestfasern können NLRs aktivieren.

NOD-like-Rezeptoren (NLRs)

NOD-like Rezeptoren sind cytosolische Pattern-recognition-Rezeptoren.

NOD1 und NOD2 reagieren auf das Peptidoglykan bakterieller Zellwände und veranlassen eine Aktivierung des Transkriptionsfaktors NFκB.

▶ Klinik. Mutationen im Gen NOD2 sind in Europa für ca. 25 % aller Fälle von **Morbus Crohn** verantwortlich, einer chronisch-entzündlichen Darmkrankheit (Abb. **E-1.7**). Die Mutationen führen dazu, dass ständig Reaktionen ausgelöst werden, die normalerweise der Infektabwehr dienen. Sie demonstrieren damit den Bezug der NOD-Proteine zur Regulation der Entzündungsmechanismen.

⊙ E-1.7 **Fibrinbedeckte Ulzerationen im Rahmen einer Kolitis bei Morbus Crohn (endoskopische Aufnahme)**

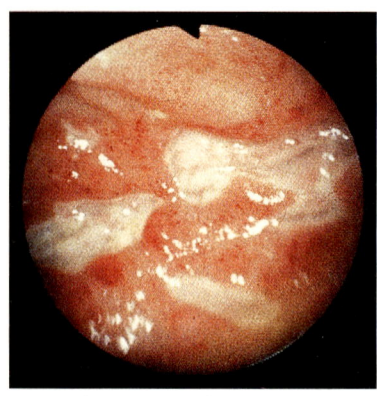

(aus TIM Thiemes Innere Medizin, 1999)

Inflammasomen: Bestimmte NLRs sind **Bestandteile der Inflammasomen**. Diese enthalten als aktive Komponente **Caspase-1**.

Inflammasomen: Mehrere **NLRs**, z. B. NLRP3 (NALP3), sind essenzielle **Bestandteile der Inflammasomen**. Diese enthalten in der Regel das Adaptorprotein ASC (Apoptotic speck-associated protein), welches die Bildung eines außerordentlich großen Proteinkomplexes initiieren kann. Bei Aktivierung der NLR-Komponente lagert sich die Procaspase-1 an das ASC an. Diese wird dabei in die aktive Caspase-1 umgewandelt (Abb. **E-1.8**).

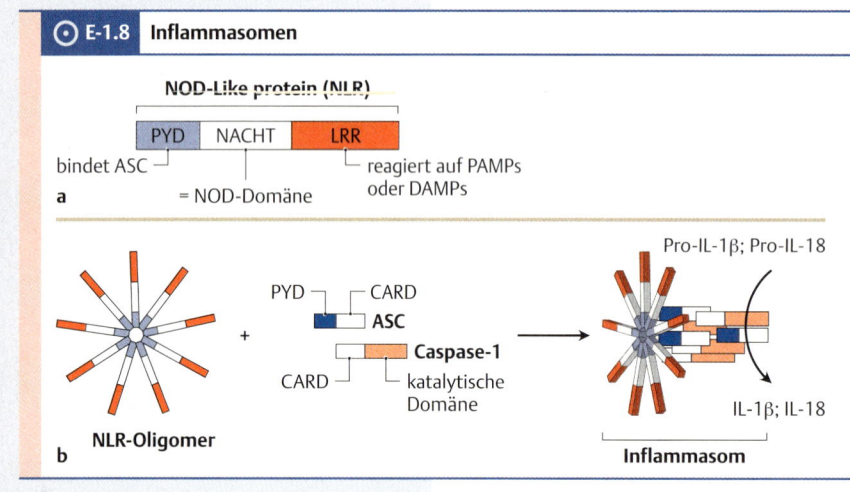

⊙ E-1.8 **Inflammasomen**

a, Struktur der NOD-like proteins (NLR). Die Leucin-rich repeat-Domäne (LRR) vermittelt die Aktivierung des Proteins. **b**, Inflammasom als Komplex aus NLR, dem Adaptorprotein ASC und Caspase-1. Die Komplexbildung wird durch Assoziation gleichartiger Proteindomänen vermittelt. Die Caspase-1 katalysiert die Bildung der aktiven Interleukine IL-1b und IL-18.
LRR: Leucin-rich repeat-Domäne; ASC-Adaptorprotein: Apoptotic speck-associated protein; PYD: PYRIN-PAAD-DAPIN Domäne; CARD: Caspase-recruitment Domäne

Inflammasomen reagieren auf eine Vielzahl unterschiedlicher PAMPs und DAMPs mit zwei Mechanismen:
- Bildung der Interleukine **IL-1β und IL-18**.
- **Auslösung der Pyroptose**, einer Form des programmierten Zelltods.

Die Inflammasomen reagieren auf die unterschiedlichen PAMPs und DAMPs mit zwei Mechanismen:
- **Bildung von Interleukinen:** Die **Caspase-1** der Inflammasomen ist eine spezifische Protease, die aus den inaktiven Vorstufen Pro-IL-1β und Pro-IL-18 die aktiven Interleukine **IL-1β** bzw. **IL-18** freisetzt. Insbesondere das IL-1β gehört zu den wichtigsten **Entzündungsmediatoren** des Körpers.
- **Auslösung der Pyroptose:** Anders als bei einer Apoptose zerfallen die Zellen bei dieser **Form des programmierten Zelltods** nicht in geschlossene Vesikel (die von Makrophagen aufgenommen werden könnten), sondern die Zellen schwellen an, die Plasmamembran reißt auf, und der Inhalt der Zelle wird freigesetzt. Die Zellbestandteile lösen dann eine **Verstärkung der lokalen Entzündungsreaktionen** aus. In diesem Sinne wirkt u. a. das freigesetzte ATP, indem es Purin-Rezeptoren benachbarter Zellen aktiviert. Das extrazelluläre ATP wird in diesem Kontext als Danger-associated molecular pattern (DAMP) wahrgenommen. Gleichzeitig haben Makrophagen die Möglichkeit, die Erreger aufzunehmen und abzubauen, die bei der Pyroptose freigesetzt wurden.

Interessanterweise zeigen die NLRs der Inflammasomen strukturelle Ähnlichkeiten mit dem Apaf-1 (S. 536), welches Bestandteil der Apoptosomen ist (Abb. **C-10.3**). Pyroptose und Apoptose (S. 533) werden somit über eine Aktivierung ähnlicher Rezeptorproteine ausgelöst. Im Hintergrund steht dabei vermutlich die Ähnlichkeit zwischen den prokaryotischen Krankheitserregern und den Mitochondrien als Nachkommen endosymbiontischer Bakterien (S. 380).

Die NLRs der Inflammasomen ähneln in ihrer Struktur dem Apaf-1 der Apoptosomen (S. 536). Pyroptose und Apoptose (S. 533) werden somit über eine Aktivierung ähnlicher Rezeptorproteine ausgelöst.

Die Proteine RIG-I und MAVS

Die Proteine RIG-I und MAVS ermöglichen unabhängig vom System der Toll-like-Rezeptoren eine Erkennung viraler RNA Abb. **E-1.9**. Die außerordentliche Relevanz des Systems kommt darin zum Ausdruck, dass eine große Zahl der human-pathogenen Viren Proteine kodiert, welche die Funktion der RIG-I- und MAVS-abhängigen Prozesse blockieren.

Die Proteine RIG-I und MAVS

RIG-I und MAVS ermöglichen eine Erkennung viraler RNA.

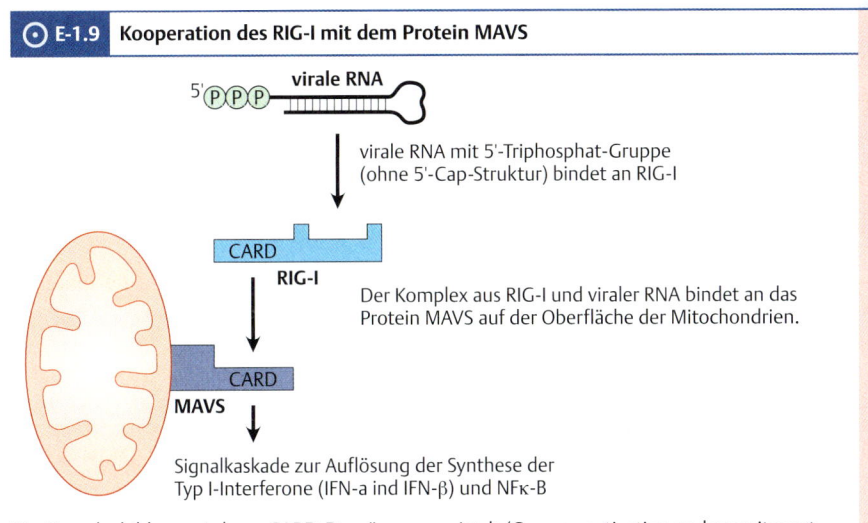

E-1.9 Kooperation des RIG-I mit dem Protein MAVS

virale RNA

virale RNA mit 5'-Triphosphat-Gruppe (ohne 5'-Cap-Struktur) bindet an RIG-I

CARD
RIG-I

Der Komplex aus RIG-I und viraler RNA bindet an das Protein MAVS auf der Oberfläche der Mitochondrien.

CARD
MAVS

Signalkaskade zur Auflösung der Synthese der Typ I-Interferone (IFN-a ind IFN-β) und NFκ-B

Die Komplexbildung wird von CARD-Domänen vermittelt (**C**aspase **a**ctivation and **r**ecruitment **d**omain).

Das Protein **RIG-I** wird vom **R**etinoic acid-**i**nducible **g**ene 1 kodiert. (Das I im „RIG-I" wird aber konventionell als englisches i, also als [ei] ausgesprochen.) RIG-I enthält eine **Bindestelle für kurze doppelsträngige RNA-Moleküle**. Diese RNA-Moleküle exponieren an ihrem **5'-Ende eine Triphosphat-Gruppe**. Im Replikationszyklus der meisten Viren entstehen zumindest phasenweise derartige RNA-Moleküle. Die reife mRNA der Wirtszellen trägt an ihrem 5'-Ende hingegen stets eine Cap-Struktur (S. 468) und wird deshalb nicht erkannt.

RIG-I-RNA-Komplexe binden an das Protein **MAVS** (**m**itochondrial **a**ntiviral-**s**ignalling protein), welches in der **Außenmembran der Mitochondrien** verankert ist. MAVS initiiert daraufhin eine Signalkaskade, die zum einen wiederum eine **Aktivierung des NFκB** und damit eine generelle **Aktivierung der Infektabwehr** auslöst, zum anderen wird die Synthese der **Interferone IFN-α und IFN-β** (Typ I-Interferone) veranlasst. Diese werden von den Zellen an die Umgebung abgegeben, wo sie eine Vielzahl an Prozessen auslösen, die der weiteren Ausbreitung der Viren entgegenwirken (Tab. **D-5.3**).

Neben RIG-I ist das Protein **MDA5** (Melanoma differentiation-associated gene-5) an der Erkennung viraler RNA und MAVS-vermittelter Signaltransduktion beteiligt. **MDA5 erkennt längere doppelsträngige RNA-Moleküle** mit 5'-terminaler Mono- oder Diphosphat-Gruppe.

RIG-I bindet RNA, die an ihrem **5'-Ende eine Triphosphat-Gruppe** trägt, was typisch für virale RNA ist. Im Gegensatz dazu trägt die endogene mRNA eine 5'-Cap-Struktur.

Der RIG-I-RNA-Komplex bindet an der Oberfläche der Mitochondrien an das Protein **MAVS**. Eine Signalkaskade führt dann zur Synthese der Typ-I-Interferone **IFN-α und IFN-β**, die eine Ausbreitung der Viren in den benachbarten Zellen erschweren. Außerdem wird **NFκB** aktiviert und damit die generelle Infektabwehr.

Parallel zum RIG-I ist das Protein **MDA5** an der Erkennung viraler RNA beteiligt.

C-Typ-Lektin-Rezeptoren

Lektine sind generell Proteine, die an **Kohlenhydrate binden** können. Den **C-Typ-Lektin-Rezeptoren** des Immunsystems ist gemeinsam, dass sie **Oligosaccharide** erkennen, die an der Oberfläche von **Bakterien, Pilzen und Parasiten** exponiert sind. Zu den C-Typ-Lektin-Rezeptoren zählt der Mannose-Rezeptor der Makrophagen sowie das Mannose-bindende Lektin (MBL) des Blutserums.

C-Typ-Lektin-Rezeptoren

C-Typ-Lektin-Rezeptoren erkennen **Oligosaccharide**, die an der Oberfläche **von Bakterien, Pilzen und Parasiten** exponiert sind. Dazu zählen:

Mannose-Rezeptor: Dieser Rezeptor ist in der **Plasmamembran der Makrophagen** verankert. Er erleichtert den Makrophagen die Erkennung und Phagozytose Kohlenhydrat-haltiger Partikel und pathogener Mikroorganismen.

Mannose-bindendes Lektin (MBL): Dieses Protein ist auch unter den Namen Mannose-bindendes Protein (MBP) oder Mannan-bindendes Protein bekannt. Es ist ein lösliches Protein des Blutserums. Nach Bindung an ein Pathogen rekrutiert es Proteine, die zum Komplementsystem gehören und an der Abwehr von Krankheitserregern beteiligt sind – Lektin-Weg der Komplementaktivierung (S. 684).

Das Komplementsystem

Auch das Komplementsystem ist ein Bestandteil des angeborenen Immunsystems. Es wurde Ende des 19. Jahrhunderts von Paul Ehrlich definiert als Aktivität des Blutserums, welche die Aktivität der Antikörper „komplementiert". Es besteht aus **ca. 30 Glykoproteinen**, die **in der Leber synthetisiert** und an das Blut abgegeben werden. Teils in Kooperation mit Antikörpern, teils auch gänzlich unabhängig von Antikörpern trägt das Komplementsystem zur Abwehr von Infektionen bei.

Die Proteine des Komplementsystems sind im Blutserum ständig präsent. Sie können auf unterschiedlichen Wegen aktiviert werden:
- auf dem klassischen Weg
- auf dem alternativen Weg
- auf dem Lektinweg
- und über das C-reaktive Protein (CRP)

Die Wege der Komplementaktivierung unterscheiden sich wesentlich im Prinzip der Erkennung des Antigens.

Der klassische Weg: Dieser Weg der Komplementaktivierung ist **Antikörper-abhängig**. Er setzt voraus, dass bereits ein Antikörper vom Typ IgM (in frühen Stadien der Infektion) oder IgG (in späteren Stadien der Infektion) ein Antigen erkannt und gebunden hat. Die Antikörper binden mit ihrem Fab-Teil (dem **a**ntigen**b**indenden Teil) an die Oberfläche der Antigene und exponieren dabei ihren Fc-Teil. An diesen **Fc-Teil** bindet nun das Protein **C1** des Komplementsystems. C1 besteht aus den **Untereinheiten C1q, C1r** und **C1s**. Die größte und wichtigste Untereinheit ist **C1q**, sie vermittelt auch die Bindung an den Antikörper. Sofern der Antikörper an die Oberfläche eines pathogenen Bakteriums gebunden hat, kann das Komplementprotein C1 eine Reaktionskaskade auslösen, die letztlich zur Lyse des Bakteriums führt:
- Bindung der **C1q-Untereinheit** des Proteins C1 **an den antigengebundenen Antikörper** (IgM oder IgG).
- **Bindung und Aktivierung** der Komplementproteine **C2, C3, C4** und **C5**.
- C5 wird in die Fragmente **C5a** und **C5b** gespalten.
- **C5b** bindet daraufhin die Komplementproteine **C6, C7, C8** und **C9**, wodurch der **Membrane Attack Complex (MAC)** entsteht.
- MAC bildet in der **Membran des Mikroorganismus** eine **Pore**, was zur **Lyse** des Mikroorganismus führt (Abb. **E-1.10**).

Mehrere Komplementproteine agieren als **Serin-Proteasen** und sind dafür verantwortlich, dass im Verlauf der Reaktionsschritte bestimmte Komplementproteine in zwei Fragmente gespalten werden. Dabei ist in jedem Fall die a-Komponente das kleinere Fragment, die b-Komponente das größere Fragment.

E-1.10 Der klassische Weg: Antikörper-vermittelte Aktivierung des Komplementsystems

| Voraussetzung: Bindung eines Antikörpers vom Typ IgM oder IgG z. B. an ein Bakterium | → | C1 Bindung des Komplementproteins C1 an den F_c-Teil des Antikörpers startet den klassischen Weg | → | Aktivierung der Proteine C2, 3, 4 und 5 | → | Bildung des C5-Fragments C5b | → | C5b bindet C6, 7, 8 und 9 = Membrane Attack Complex (MAC) → MAC bildet eine Pore in der Zielmembran → **Lyse der Zelle** | → | C5b, 6, 7, 8 Pore, 7 - 10 nm Durchmesser 10 - 17 C9-Moleküle |

Die Komplementkaskade wird durch Bindung von C1q an den Antikörper eingeleitet. Letztlich kommt es zur Bildung einer Pore durch einen MAC (Membrane Attack Complex).

E 1.2 Das angeborene (unspezifische) Immunsystem

Der alternative Weg: Dieser Weg ist **Antikörper-unabhängig**. Auslöser der Reaktionskaskade ist die **direkte Bindung von C 3b an** die Oberfläche eines **Mikroorganismus oder Fremdkörpers**. Das Fragment C 3b entsteht kontinuierlich in kleinen Mengen aus C 3, dem häufigsten Komplementprotein des Blutserums, indem ein kleines Peptid proteolytisch abgespalten wird. Das anfallende C 3b wird normalerweise schnell abgebaut. C 3b, das in Kontakt mit der Oberfläche eines Mikroorganismus gerät, wird hingegen sofort kovalent als Ester gebunden. In dieser Form kann C 3b zwei unterschiedliche Reaktionen auslösen, nämlich entweder Porenbildung oder Phagozytose (Abb. **E-1.11**):

- **Porenbildung:** Ausgehend von C 3b kann das Protein **C 5 rekrutiert** werden. (Dazu ist u. a. eine Beteiligung der Plasmaproteine Faktor B und D erforderlich.) Ähnlich wie beim klassischen Weg kann C 5 in **C 5b** überführt werden und dieses die Bildung des **MAC** auslösen. Auch der alternative Weg kann auf diese Weise die **Lyse** pathogener Mikroorganismen initiieren.
- **Phagozytose:** Makrophagen, neutrophile Granulozyten u. a. phagozytierende Zellen des Immunsystems exponieren Membranproteine, die als **Komplementrezeptoren** dienen. So bindet der Rezeptor CR1 antigengebundenes C 3b. Die Bindung wirkt als Signal, das die **Phagozytose** des C 3b-markierten Partikels auslöst. Derartige Markierungen eines Partikels werden allgemein als **Opsoni(si)erung** bezeichnet. Die Opsonierung dient der Identifizierung des Antigens. Eine Opsonierung durch C 3b ermöglicht in vielen Fällen die schnelle Eliminierung eines Mikroorganismus, ohne dass dazu ein spezifischer Antikörper benötigt würde.

Der alternative Weg: Dieser ist **Antikörper-unabhängig**. Auslöser der Reaktionskaskade ist die **kovalente Bindung von C 3b an** einen **Mikroorganismus** bzw. an einen **Fremdkörper**. Die Bindung induziert entweder Porenbildung oder Phagozytose (Abb. **E-1.11**):

- **Porenbildung:** C 3b rekrutiert C 5, das in **C 5b** überführt wird → Bildung des **MAC** (s. klassischer Weg) → **Lyse**.
- **Phagozytose:** Antigengebundenes C 3b wird vom **Komplementrezeptor** CR1 in der Phagozytenmembran gebunden. Die Bindung wirkt als Signal, das die **Phagozytose** des C 3b-markierten Partikels auslöst. Eine solche Markierung eines Partikes wird als **Opsoni(si)erung** bezeichnet.

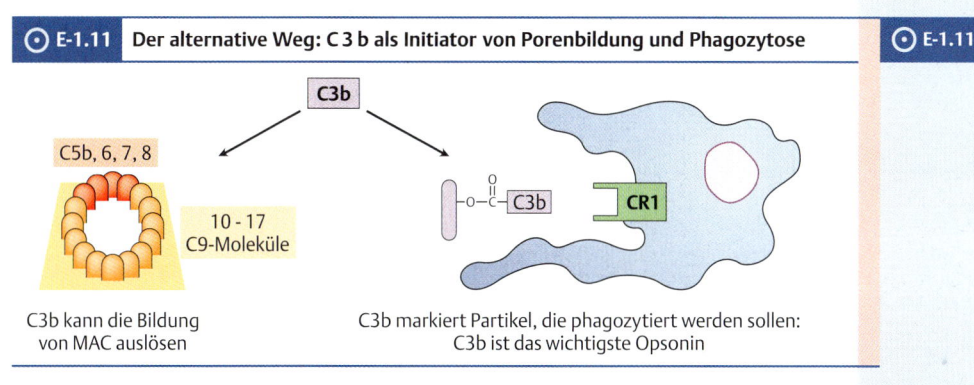

E-1.11 Der alternative Weg: C 3 b als Initiator von Porenbildung und Phagozytose

C3b kann die Bildung von MAC auslösen (C5b, 6, 7, 8; 10–17 C9-Moleküle)

C3b markiert Partikel, die phagozytiert werden sollen: C3b ist das wichtigste Opsonin (CR1)

▶ **Merke.** C 3b ist das wichtigste Opsonin.

Wie lässt sich die **Spezifität der C 3b-Opsonierung** erklären? Tatsächlich bindet C 3 nicht nur an sehr unterschiedliche Krankheitserreger, sondern auch an **körpereigene Zellen**. Diese sind aber auf die Bindung von C 3 vorbereitet und **verhindern** die **Auslösung der Reaktionskaskade**:

- Das Protein CD55 verhindert an der Oberfläche der körpereigenen Zellen die Spaltung von C 3 in C 3a und C 3b.
- Das Protein CD46 wird ebenfalls auf der Oberfläche exprimiert und inaktiviert C 3b.

Spezifität gewinnt das System also nicht durch eine gezielte Bindung, sondern erst durch den spezifischen Schutz der körpereigenen Zellen und Oberflächen. Zudem werden überschießende Reaktionen des Komplementsystems durch das **regulatorisch wirkende Protein H** verhindert, das im Blutserum gelöst ist und ebenfalls zum Komplementsystem gezählt wird.

▶ **Merke.**

Worauf beruht die **Spezifität der C 3b-Opsonierung**? C 3 bindet auch an **körpereigene Zellen**. Diese sind aber auf diese Bindung vorbereitet und **verhindern** (mithilfe der Proteine CD55 und CD46) die **Auslösung der Reaktionskaskade**.

Überschießende Reaktionen des Komplementsystems werden zudem durch das **regulatorisch wirkende Protein H** verhindert.

▶ **Exkurs.** Die CD-Nomenklatur

CD ist die Abkürzung für „Cluster of Differentiation". Die Bezeichnung „CD" ist für Oberflächenproteine einer körpereigenen Zelle reserviert; mehr als 250 CD-Proteine sind bereits definiert worden. Über die Funktion des Proteins sagt die Bezeichnung *nichts* aus. Die Nomenklatur dient lediglich der vorläufigen, aber eindeutigen Benennung eines neu identifizierten Proteins.

▶ **Exkurs.**

Der klassische und der alternative Weg der Komplementaktivierung sind die bekanntesten Reaktionskaskaden des Komplementsystems. Es sind aber noch **zwei weitere Möglichkeiten der Aktivierung** gegeben, die insbesondere bei der Abwehr bakterieller Infektionen eine wichtige Rolle spielen:

Es gibt **zwei weitere Möglichkeiten** der Aktivierung des Komplementsystems bei der Abwehr bakterieller Infektionen:

Lektin-Weg: Das **Mannose-bindende Lektin (MBL)** bindet an mannosereiche bakterielle Polysaccharide und **aktiviert** Antikörper-unabhängig **den klassischen Weg** (Abb. **E-1.12**).

Lektin-Weg: Viele Bakterien exponieren an ihrer Oberfläche bestimmte mannosehaltige Kohlenhydrate. Das Blutserum enthält ein Protein, das **Mannose-bindende Lektin (MBL = Mannose-bindendes Protein, MBP)**, das bevorzugt an diese Kohlenhydrate bindet. Es ist auffällig, dass MBL eine ähnliche Struktur hat wie C 1q. Tatsächlich kann es das C 1q ersetzen und (aufgrund direkter Bindung an die Erreger) unabhängig von Antikörpern die Reaktionen des klassischen Weges der Komplementaktivierung auslösen (Abb. **E-1.12**).

Aktivierung durch das C-reaktive Protein: CRP bindet die Polysaccharide vieler Bakterien und **rekrutiert C 1q** (Abb. **E-1.12**).

Aktivierung durch das C-reaktive Protein (CRP): CRP bindet bevorzugt an Phosphorylcholin-haltige Polysaccharide auf der Oberfläche vieler Bakterien und **rekrutiert** dann **C 1q** (Abb. **E-1.12**). Auch auf diese Weise wird Antikörper-unabhängig der **klassische Weg aktiviert**. Ausgehend von einer Bindung des CRP kann aber auch C 3b gebildet und damit eine wirkungsvolle **Opsonierung** des Erregers eingeleitet werden.

⊙ **E-1.12**

⊙ **E-1.12** Aktivierung des Komplementsystems durch C 1q, das Mannose-bindende Lektin und durch das C-reaktive ProteinAk

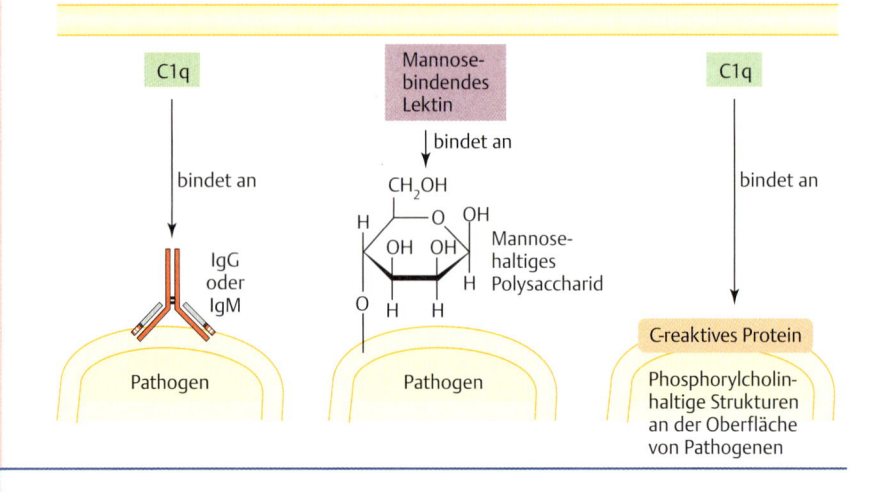

▶ **Klinik.**

▶ **Klinik.** Bereits kurz nach **Einsetzen einer Infektion** produzieren und sezernieren Hepatozyten bestimmte Serumproteine in großen Mengen. Zu diesen **Akute-Phase-Proteinen** zählen CRP und C 3. Da die Serumkonzentration des CRP (Normwert: < 5 mg/l) von allen Akute-Phase-Proteinen am schnellsten ansteigt, wird vor allem **CRP als Indikator** entzündlicher Prozesse (S. 708) eingesetzt.

▶ **Merke.**

▶ **Merke.** Akute-Phase-Proteine wie das CRP werden bei einer Infektion vermehrt synthetisiert, die **Synthese** einiger anderer Proteine, insbesondere **des Albumins**, wird **bei einer Infektion hingegen gedrosselt!** Ein Nachweis ist durch Serum-Elektrophorese (S. 766) möglich.

Rolle der Komplementproteinfragmente C 3a und C 5a: Die Peptidfragmente C 3a und C 5a wirken als **Entzündungsmediatoren**:
- Sie locken Makrophagen und neutrophile Granulozyten an, sind also **Chemokine**.
- Sie lösen **Histaminfreisetzung** aus und werden daher als **Anaphylatoxine** bezeichnet.

Rolle der Komplementproteinfragmente C 3a und C 5a: Die kleinen Peptidfragmente C 3a und C 5a, die bei der Aktivierung des Komplementsystems freigesetzt werden, wirken als **Entzündungsmediatoren**:
- Sie wirken als Lockstoffe **(Chemokine)** für Makrophagen und neutrophile Granulozyten und stimulieren deren Reaktionsbereitschaft.
- In Mastzellen und basophilen Granulozyten lösen sie eine **Histaminfreisetzung** aus. Da die Ausschüttung von Histamin eine wichtige Reaktion im Rahmen von Allergien (S. 704) ist (anaphylaktischer Typ), werden C 3a und C 5a auch als **Anaphylatoxine** bezeichnet.

Xenophagie

Xenophagie

▶ **Definition.**

▶ **Definition.** Unter Xenophagie versteht man den Abbau intrazellulärer Pathogene. Die Mechanismen entsprechen weitgehend denen der Autophagie.

Pathogene, denen es gelingt, in das Cytosol von Wirtszellen einzudringen, sind vor dem Zugriff des Komplementsystems geschützt. Auch für Antikörper sind sie dann nicht mehr zugänglich. Allerdings können viele ihrer Komponenten als PAMPs von intrazellulären Rezeptorproteinen des angeborenen Immunsystems erkannt werden. Dies führt zu einer allgemeinen Aktivierung des Immunsystems. Die intrazellulären Erreger können zudem durch Xenophagie eliminiert werden.

Bei einer Xenophagie werden Pathogene von der gleichen Maschinerie abgebaut, welche in den Zellen die Autophagie (S. 370) geschädigter Zellorganelle und funktionsloser Proteinaggregate vermittelt. Proteine, die an der Oberfläche der Pathogene exponiert sind, können ubiquitinyliert werden (S. 391). An einen derart markierten Erreger kann sich dann ein kappenförmiger Phagophor anlagern. Phagophore sind Membransysteme, die aus dem Endoplasmatischen Retikulum (S. 382) hervorgehen. Sobald die Erreger von den Membranen vollständig umhüllt sind, fusionieren diese mit den Lysosomen (S. 387) der Zelle und die Erreger werden von den lysosomalen Enzymen abgetötet und vollständig abgebaut.

Erreger, die sich im Cytosol von Wirtszellen befinden, können gezielt von bestimmten Membranen der Wirtszelle umhüllt und anschließend in Lysosomen abgebaut werden. Der Prozess wird als Xenophagie bezeichnet, die molekularen Mechanismen entsprechen weitgehend einer Autophagie.

Wenn eine Xenophagie nicht möglich ist, kann eine Apoptose (S. 533) ausgelöst werden: Die infizierte Wirtszelle zerfällt dabei in kleine Membran-umhüllte Vesikel, die von Makrophagen aufgenommen und in den Lysosomen der Makrophagen abgebaut werden können. Alternativ kann eine Pyroptose ausgelöst werden. Dabei öffnen sich die Membranen der Wirtszelle und die Bestandteile der Zelle werden freigesetzt. Das betrifft dann auch die intrazellulären Pathogene, die dem Immunsystem nun wieder uneingeschränkt zugänglich sind.

1.3 Das adaptive Immunsystem

1.3.1 Einführung

Während es ein angeborenes Immunsystem bei allen höheren Organismen gibt, ist das adaptive (erworbene) Immunsystem auf die **Wirbeltiere** beschränkt. Voraussetzung für eine adaptive Immunantwort ist ein umfangreiches System von Gensegmenten, die im Genom der einzelnen Leukozyten unterschiedlich angeordnet werden und dadurch eine außerordentlich große Vielfalt unterschiedlicher Proteine kodieren können. Das Prinzip der adaptiven Immunantwort besteht darin, dass auf dieser Basis zu fast jeder möglichen Struktur eines Pathogens ein passendes spezifisches Bindeprotein entwickelt werden kann, z. B. ein passender Antikörper.

1.3 Das adaptive Immunsystem

1.3.1 Einführung

Ein angeborenes Immunsystem gibt es bei allen höheren Organismen, das adaptive (erworbene) Immunsystem nur bei **Wirbeltieren**.
Das Prinzip der adaptiven Immunantwort ist, dass zu fast jeder möglichen Struktur eines Pathogens ein passendes spezifisches Bindeprotein (z. B. ein Antikörper) entwickelt werden kann.

Das Immunsystem des Menschen kann **ca. 10^{11} (100 Milliarden) unterschiedliche Antikörper** bilden. Unter diesen 10^{11} Antikörpern kann es einen bestimmten, in der speziellen Situation geeigneten Antikörper identifizieren und dann in großer Menge produzieren. In seiner Komplexität wird das Immunsystem nur vom Gehirn übertroffen.

Das Immunsystem kann ca. 10^{11} unterschiedliche Antikörper bilden.

Adaptive Immunantworten werden im Wesentlichen von bestimmten Leukozyten, den **B- und T-Lymphozyten (B- und T-Zellen)**, vermittelt:
- Bildung spezifischer Antikörper durch B-Zellen
- Abtötung infizierter Zellen durch antigenspezifische zytotoxische T-Zellen (Typ CD8)
- Aktivierung von B-Zellen durch antigenspezifische T-Helferzellen (Typ CD4/T_H2)
- Aktivierung von Makrophagen durch antigenspezifische T-Helferzellen (Typ CD4/T_H1)

Adaptive Immunantworten werden im Wesentlichen von den **B- und T-Lymphozyten (B- und T-Zellen)** vermittelt, z. B.
- Bildung spezifischer Antikörper durch B-Zellen und
- Abtötung infizierter Zellen durch antigenspezifische zytotoxische T-Zellen.

Da die Entwicklung einer adaptiven Immunantwort mehrere Tage in Anspruch nimmt, können Erreger in der Zwischenzeit nur vom angeborenen Immunsystem bekämpft werden. Ist eine adaptive Immunantwort abgelaufen, bleibt die Immunität durch Bildung von **Gedächtniszellen** längere Zeit erhalten. Gedächtniszellen sind antigenspezifische langlebige B- und T-Zellen, die sich während der Immunantwort vermehrt haben. Vermutlich bleiben in lymphatischen Organen auch Fragmente der Antigene erhalten, die ursprünglich die Immunantwort ausgelöst haben.

Die Entwicklung einer adaptiven Immunantwort nimmt mehrere Tage in Anspruch. Ist eine adaptive Immunantwort abgelaufen, bleibt die Immunität durch Bildung von **Gedächtniszellen** (antigenspezifische langlebige B- und T-Zellen) längere Zeit erhalten.

▶ **Exkurs.** Aktive und passive Immunisierung

Eine Bildung von Gedächtniszellen wird auch bei einer **aktiven Immunisierung** angestrebt. Hierbei wird das Immunsystem mit einem ungefährlichen Antigen gereizt, sodass eine spezifische adaptive Immunantwort entsteht, z. B. durch Bildung spezifischer Antikörper.
Bei der **passiven Immunisierung** werden Antikörper (oder T-Zellen) aus dem Blut eines immunen Spenders isoliert und dem Patienten direkt übertragen. Mit einer passiven Immunisierung kann eine Immunität sehr schnell übertragen werden, diese hält aber nur für kurze Zeit an.

▶ **Exkurs.**

1.3.2 Antikörper

Antikörper sind globuläre Proteine mit β-Faltblattstruktur, die mithilfe variabler Domänen Antigene binden können. Trotz ihrer großen Heterogenität gehören alle Antikörper zu einer gemeinsamen Proteinfamilie. Innerhalb dieser Proteinfamilie werden bestimmte **Klassen (Isotypen)** von Antikörpern unterschieden:

- In frühen Stadien einer Immunantwort werden überwiegend **IgM**, aber auch **IgD** gebildet.
- In späteren Stadien einer Immunantwort werden **IgA** (mit zwei Subtypen), **IgE** und **IgG** (mit vier Subtypen) gebildet.

Antikörper sind immer aus kurzen **L-Ketten** (Light Chains) und langen **H-Ketten** (Heavy Chains) zusammengesetzt, die durch **Disulfidbrücken** miteinander verbunden sind. Die H-Ketten bestimmen die Antikörperklasse und auch den Subtyp (Tab. E-1.1). Die L-Ketten lassen sich zwei Typen zuordnen, κ und λ. Beide L-Kettentypen können mit allen Antikörperklassen einschließlich aller Subtypen kombiniert werden. Ein Antikörpermolekül enthält mindestens zwei H- und zwei L-Ketten. Innerhalb eines bestimmten Antikörpermoleküls ist die Aminosäuresequenz der beiden H-Ketten identisch, wie auch die beiden L-Ketten eine identische Sequenz aufweisen.

Alle Antikörper, die zu einem Zeitpunkt von einer bestimmten B-Zelle sezerniert werden, sind identisch. **Ein B-Zell-Klon** produziert also **monoklonale Antikörper**.

E-1.1 Antikörperklassen und -subtypen

Klasse (Isotyp)	IgM	IgD	IgA$_1$	IgA$_2$	IgE	IgG$_1$	IgG$_2$	IgG$_3$	IgG$_4$
Typ der H-Kette	μ	δ	α$_1$	α$_2$	ε	γ$_1$	γ$_2$	γ$_3$	γ$_4$

▶ **Klinik.** Bei **manchen Leukämien** vermehrt sich eine B-Zelle in unbegrenztem Ausmaß. Setzt das unbegrenzte Wachstum in einem frühen Entwicklungsstadium der B-Zelle ein, werden große Mengen identischer **L-Ketten** gebildet, die auch **in den Urin** gelangen **(Bence-Jones-Proteine)**.

IgG

IgG stellen unter den Antikörpern des Blutes den weitaus größten Anteil (ca. 75 %). Sie werden deshalb traditionell als Standardbeispiel eines Antikörpers beschrieben.

Aufbau: Über **Disulfidbrücken** sind **zwei H-Ketten** vom Typ γ mit **zwei L-Ketten** vom Typ κ oder λ verbunden. Ein komplettes IgG-Molekül umfasst somit vier Polypeptide, die molekulare Masse liegt bei 150 kDa. Die vier Polypeptide lassen sich durch Reduktion der Disulfidbrücken voneinander trennen.

Elektronenmikroskopische Bilder zeigen IgG als Y-förmige Strukturen. Die beiden oberen Enden der Y-Struktur entsprechen den **N-terminalen Enden** der schweren und der leichten Ketten. Sie zeigen im Vergleich unterschiedlicher IgG die größte Variabilität und bilden **die beiden Antigenbindestellen** (Abb. E-1.13). Beide Bindestellen haben die gleiche Struktur und damit auch die **gleiche Spezifität**. Die Antigenbindestelle eines Antikörpers wurde früher mitunter auch als Paratop bezeichnet. Die Struktur, die sie am Antigen erkennt, ist das **Epitop**. Ein größeres Antigen (z. B. ein Virus) exponiert mehrere Epitope, die von unterschiedlichen Antikörpern erkannt werden können.

Die Polypeptidketten aller Antikörper falten sich weitgehend in **β-Faltblattstrukturen**. Innerhalb der Polypeptidketten lassen sich **Proteindomänen von jeweils ca. 110 Aminosäuren** unterscheiden, die in allen Antikörpern eine ähnliche Tertiärstruktur zeigen. In der Regel enthält jede dieser Proteindomänen eine **Disulfidbrücke**. Zusätzliche Cysteine erlauben die Bildung von Disulfidbrücken zu benachbarten Polypeptidketten.

L-Ketten bilden nur zwei Domänen. Die an der Bildung der Antigenbindestelle beteiligte Domäne wird als variable = V$_L$-Domäne bezeichnet. Die zweite Domäne, die C$_L$-Domäne, ist vergleichsweise konstant (constant).

E 1.3 Das adaptive Immunsystem

E-1.13 Struktur eines Immunglobulinmoleküls am Beispiel des IgG

a Schema. b Struktur der IgG nach röntgenkristallografischen Untersuchungen (Quelle nach Koolman, Röhm; Taschenatlas Biochemie des Menschen, Thieme, 2009).

H-Ketten bestehen aus einer V_H- und drei C_H-Domänen (Abb. **E-1.13**). Die C_H2-Domäne der IgG ist glykosyliert. Andere Antikörperklassen sind auch an anderen C_H-Domänen glykosyliert.

Die beiden oberen Schenkel des IgGs sind mit dem unteren Teil durch eine **Scharnier- = Gelenkregion** (engl. hinge region) verbunden. Die Scharnierregion wird von einem Verbindungsstück zwischen der C_H1-Domäne und der C_H2-Domäne gebildet. Sie kann von Proteasen leicht hydrolysiert werden. Im **Labor** wird mitunter die Protease **Papain** eingesetzt, um die Scharnierregion zu spalten. Dabei entstehen **drei Fragmente** (Abb. **E-1.14**):

- zwei **Fab-Fragmente** (*a*ntigen*b*indende *F*ragmente) und
- ein **Fc-Fragment**. Dieses besteht aus den nach Ablösung der Fab-Fragmente übrig gebliebenen Resten der H-Ketten, die noch durch zwei Disulfidbrücken miteinander verbunden sind. Fc-Fragmente sind im Labor relativ leicht zu kristallisieren (*c*rystallizable *f*ragment).

Es ist üblich, den Teil der intakten Antikörper, der dem Fc-Fragment entspricht, als **Fc-Teil** zu bezeichnen. Der Fc-Teil ist für viele Funktionen der Antikörper essenziell. So bindet z. B. das Komplementprotein C 1q an den Fc-Teil antigenbindender IgG und IgM. Die Antikörper der verschiedenen Klassen exponieren unterschiedliche Fc-Teile und können deshalb nicht alle mit C 1q reagieren.

Die Scharnierregion kann auch durch die Protease **Pepsin** hydrolysiert werden. Die Schnittstellen für Pepsin liegen etwas weiter von der Antigenbindestelle entfernt als die für Papain. Dadurch bleiben die beiden Fab-Fragmente beim Schneiden mit Pepsin durch die beiden Disulfidbrücken der Scharnierregion miteinander verbunden. So entsteht neben dem **Fc-Fragment** ein **(Fab)₂-Fragment** (Abb. **E-1.14**).

Die beiden oberen Schenkel des IgGs sind mit dem unteren Teil durch eine **Scharnier- = Gelenkregion** (engl. hinge region) verbunden (= Verbindungsstück zwischen C_H1 und C_H2). Im Labor wird mitunter die Protease **Papain** eingesetzt, um die Scharnierregion zu spalten. Dabei entstehen **drei Fragmente** (Abb. **E-1.14**):

- zwei **Fab-Fragmente** (*a*ntigen*b*indende *F*ragmente)
- und **ein Fc-Fragment** (*c*rystallizable *f*ragment).

Der dem Fc-Fragment entsprechende Teil der intakten Antikörper wird als **Fc-Teil** bezeichnet. Bei antigengebundenen IgG (oder IgM) bindet er C 1q.

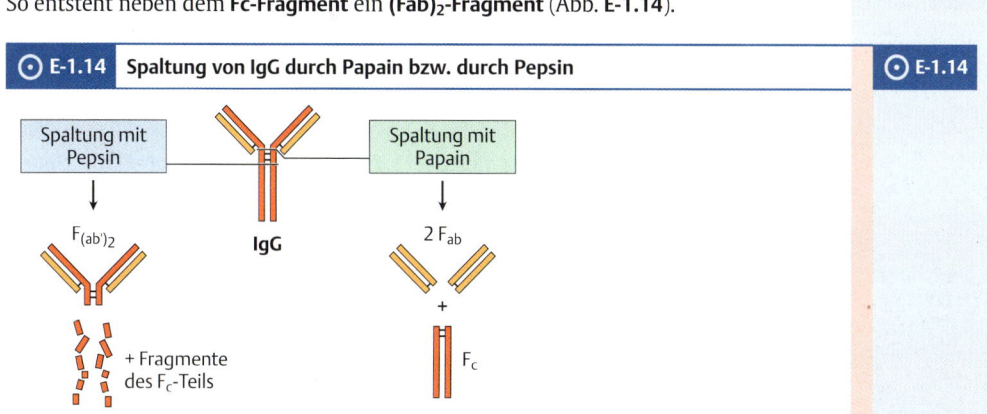

E-1.14 Spaltung von IgG durch Papain bzw. durch Pepsin

E-1.14

Die verschiedenen IgG des Blutserums lassen sich **vier Subklassen** zuordnen, die sich in ihrer **Affinität zu dem Komplementprotein C 1q** unterscheiden. IgG$_3$ zeigen die höchste Aktivität in der Komplementaktivierung. Den größten Anteil unter den IgG stellen aber die IgG$_1$. Die **Halbwertszeit der IgG$_1$** im Blut beträgt **ca. 3 Wochen**. Die Konzentration aller IgG zusammen beträgt im Blutserum ca. 12 mg/ml, das sind ca. 15 % des Gesamtproteins.

> ▶ **Merke.** IgG sind die **einzigen Immunglobuline**, die vom Blut der Mutter **zum Fetus gelangen** können.

Sie werden in der Plazenta von **IgG-spezifischen Fc-Rezeptoren** aufgenommen und durch Transzytose in das Blut des Fetus übertragen. Durch Transzytose gelangen IgG auch, gemeinsam mit IgA, in die Muttermilch sowie aus dem Darm des Säuglings in dessen Kreislauf. Zwar kann ein Fetus bereits vom 5. Monat an IgM produzieren, die ersten IgG werden aber erst 3 Monate nach der Geburt produziert.

Funktionen der IgG:
- **Neutralisierung von Bakterien, bakteriellen Toxinen und Viren:** Ähnlich den anderen Antikörpern binden auch IgG an Bakterien und Viren und verhindern, dass diese sich festsetzen können. Bakterielle Toxine können durch Bindung an Antikörper daran gehindert werden, an oder in Zellen ihre toxische Wirkung zu entfalten.
- **Opsonierung:** IgG binden mit ihrem Fc-Teil an Fc-Rezeptoren auf Phagozyten. Wenn die Antikörper auf ein Antigen treffen, werden die Phagozyten zur Phagozytose angeregt. Eine Opsonierung (S. 683) ist also nicht nur durch das Komplementprotein C 3b möglich, sondern auch durch Antikörper. IgE, IgM und IgD sind allerdings als Opsonine ungeeignet.
- **Aktivierung von Komplement:** Das Komplementprotein C 1 bindet an den Fc-Teil antigenbindender IgG und IgM und initiiert die Bildung des MAC (S. 683), die zur Lyse des Antigens führt.

IgA

IgA sind die **meistproduzierten Immunglobuline** (es werden ca. 10 g/Tag synthetisiert). IgA werden vor allem in den **Schleimhäuten** produziert, wo sie zum Schutz der Oberflächen des Respirations- und Verdauungstrakts beitragen. Sie sind aber auch im **Speichel**, in der **Tränenflüssigkeit** und in der **Muttermilch** enthalten.

Aufbau: IgA liegen im **Blut** weitgehend als **Monomere** vor. Diese sind den IgG in Aufbau und Masse sehr ähnlich. Zu einem geringen Teil (< 10 %) bilden die IgA des Blutes auch Dimere.
In den **Sekreten** hingegen liegen IgA stets als **Dimere** vor. Diese entstehen, indem zwei IgA-Monomere an ihren Fc-Teilen durch ein zusätzliches Polypeptid, die **J-Kette** (Joining Chain), miteinander verbunden werden (Abb. **E-1.15 a**). Die J-Kette ist mit jeweils einer der schweren Ketten jedes Monomers über eine Disulfidbrücke verbunden.

Sekretion der IgA-Dimere: Die IgA der Schleimhäute werden überwiegend von B-Zellen der Lamina propria produziert. In den Schleim und in die Drüsensekrete gelangen sie durch **Transzytose**. Dabei binden die IgA-Dimere an der basolateralen Seite der Epithel- bzw. Drüsenzellen an einen **IgA-Rezeptor**. Dessen IgA-bindender Anteil besteht aus 5 Domänen von jeweils ca. 110 Aminosäuren in β-Faltblattstruktur und ähnelt damit einem Antikörper. Nach Bindung an diesen Rezeptor werden die IgA-Dimere durch Endozytose aufgenommen und anschließend durch Exozytose an der apikalen Seite freigesetzt. Bei der Exozytose wird der IgA-bindende Anteil des IgA-Rezeptors abgeschnitten und bleibt mit dem freigesetzten IgA-Dimer dauerhaft als sog. **sekretorische Komponente** verbunden (Abb. **E-1.15 b**). Die Masse eines solchen fertig assemblierten IgA-Dimers beträgt ca. 400 kDa.

Funktionen: IgA dienen in Schleimhäuten und Sekreten der **Neutralisierung** und **Opsonierung** (s. o. unter IgG). Da die Fc-Teile der IgA kein Protein C 1 binden können, wird das Komplementsystem von IgA *nicht* aktiviert.

E-1.15 IgA

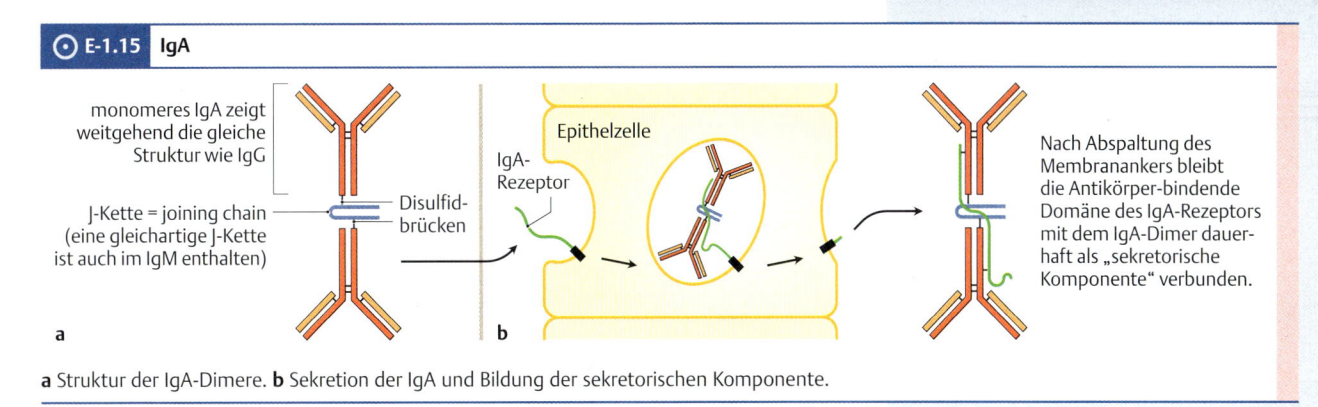

a Struktur der IgA-Dimere. **b** Sekretion der IgA und Bildung der sekretorischen Komponente.

- monomeres IgA zeigt weitgehend die gleiche Struktur wie IgG
- J-Kette = joining chain (eine gleichartige J-Kette ist auch im IgM enthalten)
- Disulfidbrücken
- Epithelzelle, IgA-Rezeptor
- Nach Abspaltung des Membranankers bleibt die Antikörper-bindende Domäne des IgA-Rezeptors mit dem IgA-Dimer dauerhaft als „sekretorische Komponente" verbunden.

▶ **Klinik.** Viele Bakterien, die Schleimhäute besiedeln, sezernieren **IgA-Proteasen**, so z. B. *Haemophilus influenzae*, einer der wichtigsten Erreger eitriger Entzündungen der oberen Atemwege. IgA-Proteasen zerschneiden IgA spezifisch in der Scharnierregion.

Umso erstaunlicher ist es, dass bei Menschen, die keine IgA bilden können (**selektiver IgA-Mangel**, Prävalenz 1:700), die Infektanfälligkeit nur geringfügig erhöht ist. Offenbar weist das Immunsystem eine erhebliche Redundanz auf, die es mitunter erlaubt, selbst den vollständigen Ausfall eines Teilsystems zu tolerieren. Erst in jüngerer Zeit wurde mit dem FcRn ein Transportsystem entdeckt, das in den Schleimhäuten eine Transzytose von IgG ermöglicht. Auf diese Weise könnten z. B. IgG zumindest einen Teil der Funktion der IgA übernehmen.

IgM

IgM-Monomere sind die **ersten Immunglobuline**, die **reifende B-Zellen** im Knochenmark **auf ihrer Zelloberfläche exponieren**. Wenn die reifen B-Zellen aus dem Knochenmark in den Blutkreislauf geschwemmt werden, exponieren sie weiterhin IgM, nun aber parallel zu IgD. Die **ersten Antikörper**, die **nach Antigenkontakt sezerniert** werden, sind wiederum stets IgM, allerdings in Form von **IgM-Pentameren**.

Aufbau: IgM-Monomere zeigen eine ähnliche Struktur wie IgG und IgA, haben jedoch **keine Scharnierregion**. Stattdessen haben sie eine **zusätzliche C_H-Domäne (C_{H4})**. In einem **IgM-Pentamer** sind fünf identische IgM-Monomere durch Disulfidbrücken miteinander verbunden. Außerdem enthält jedes IgM-Pentamer **eine J-Kette** (Abb. **E-1.16**). Die J-Kette der Pentamere ist mit der J-Kette des IgA identisch. Durch Disulfidbrücken ist sie mit jeweils einer schweren Kette jedes Monomers verknüpft. Ein Pentamer hat eine Masse von ca. 950 kDa.

IgM

IgM(-Monomere) sind die **ersten Antikörper** auf der Oberfläche **reifender B-Zellen**. Die **ersten nach Antigenkontakt sezernierten Antikörper** sind **IgM-Pentamere**.

Aufbau: IgM-Monomere haben im Unterschied zu IgG und IgA **keine Scharnierregion**, aber eine **zusätzliche C_H-Domäne (C_{H4})**. Im **IgM-Pentamer** sind die Monomere durch Disulfidbrücken sowie durch **eine J-Kette** verknüpft (Abb. **E-1.16**).

E-1.16 Struktur der IgM

IgG ~150 kDa

IgM Pentamer, ~1.000 kDa,
- die ersten Antikörper, die nach Antigenkontakt sezerniert werden,
- keine Scharnierregion,
- zusätzliche C_H-Domäne,
- eine J-Kette,
- hohe Avidität,
- sehr effiziente Aktivierung des Komplementsystems

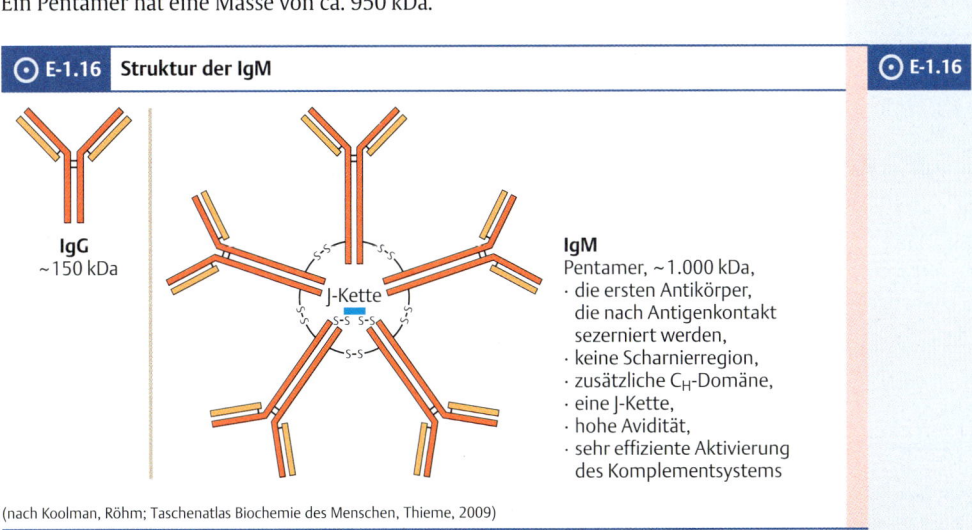

(nach Koolman, Röhm; Taschenatlas Biochemie des Menschen, Thieme, 2009)

Funktionen: Die große Zahl der Antigenbindestellen (10) pro Pentamer ist der Grund für die
- **hohe Avidität (Gesamtbindungsstärke)** der IgM und ihre
- **hohe Effizienz** bei der **Agglutination** (= Komplexierung und Immobilisation) von Antigenen.

IgM können das Komplementprotein C 1 binden und so das **Komplementsystem aktivieren.**

Funktionen: Die Affinität der einzelnen Antigenbindestellen der IgM ist die gleiche wie bei den Antikörpern anderer Klassen, d. h.,
- Antigene werden spezifisch erkannt,
- Antigene werden nicht kovalent durch hydrophobe und ionische Wechselwirkungen gebunden. Diese Bindung ist reversibel und folgt dem Massenwirkungsgesetz.

Gleichwohl sind IgM aufgrund ihrer 10 Antigenbindestellen in der Lage, ihre Antigene besser festzuhalten als alle anderen Immunglobuline. Diese Eigenschaft wird als **Avidität** bezeichnet. Die Avidität als Maß der **Gesamtbindungsstärke** des kompletten Antikörpers ist bei den IgM also **außerordentlich hoch.**

Durch die Vielzahl ihrer Bindestellen können IgM auch besonders leicht mehrere gleichartige Antigene zur selben Zeit binden. Die **Antigene** werden dadurch **zu großen Komplexen verbunden** und **immobilisiert.** Die Bildung derartiger Komplexe wird als **Agglutination** bezeichnet.

Schließlich können IgM mit ihren Fc-Teilen sehr effizient das Komplementprotein C 1 binden und so das **Komplementsystem aktivieren** (S. 682).

IgD und IgE

IgD: Diese Antikörper (Abb. **E-1.17**) werden nur in sehr geringer Menge sezerniert, sie erscheinen aber regelmäßig in **frühen B-Zell-Entwicklungsstadien** als **B-Zell-Rezeptoren** auf deren Oberfläche.

IgD: Diese Antikörper (Abb. **E-1.17**) werden nur in sehr geringer Menge von B-Zellen sezerniert. Eine besondere Funktion der freien IgD ist nicht bekannt. IgD erscheinen regelmäßig auf der **Oberfläche der neu gebildeten B-Zellen**, die vom Knochenmark an das Blut abgegeben werden. Hier werden sie parallel zu IgM als **B-Zell-Rezeptoren** exponiert. In späteren Stadien der B-Zell-Reifung werden IgD nicht mehr produziert.

⊙ **E-1.17**

⊙ **E-1.17** Struktur der verschiedenen Immunglobuline im Vergleich

(nach Koolman, Röhm; Taschenatlas Biochemie des Menschen, Thieme, 2009)

IgE: Diese AK liegen im Blutserum in sehr geringen Konzentrationen vor. Sie dienen der **Abwehr von Parasiten** und sind an der Auslösung von **Allergien** beteiligt. Sie aktivieren das Komplementsystem *nicht.*

Ähnlich wie IgM haben IgE **keine Scharnierregion**, aber eine **zusätzliche konstante Domäne** (C_{H4}, Abb. **E-1.17**).

IgE: Diese Antikörper sind nur in verschwindend geringen Konzentrationen im Blutserum nachweisbar (0,00 025 mg/ml im Vergleich zu 1 mg/ml für IgM und 12 mg/ml für IgG). Trotz ihrer geringen Konzentration sind IgE-Antikörper hoch aktiv. Sie sind vor allem an zwei Prozessen beteiligt:
- **Abwehr von Parasiten**
- **Allergien** (S. 704)

Eine Komplementaktivierung geht von IgE *nicht* aus.

Im Aufbau ähneln IgE den IgG, enthalten aber (wie IgM) **keine Scharnierregion**, jedoch eine **zusätzliche konstante Domäne** (C_{H4}, Abb. **E-1.17**) von ca. 110 Aminosäuren, sodass die Masse der IgE bei 190 kDa liegt.

Zusammenfassung

Zusammenfassung

Siehe Tab. **E-1.2**.

E-1.2 Wichtige Charakteristika der Immunglobuline

	Immunglobulinklasse				
	IgM	IgD	IgA	IgE	IgG
Scharnierregion	–	+	+	–	+
zusätzliche Domäne der H-Kette	+	–	–	+	–
Bildung löslicher Monomere	–	+	+	+	+
Bildung löslicher Dimere	–	–	+	–	–
Bildung löslicher Pentamere	+	–	–	–	–
Komplementaktivierung (klassischer Weg)	+	–	–	–	+
Plazentagängigkeit	–	–	–	–	+
Opsonierung für Phagozyten	–	–	+	–	+
Bindung an Mastzellen	–	–	–	+	–

Genetische Grundlagen der Antikörpervielfalt

Das adaptive Immunsystem kann ca. 10^{11} unterschiedliche Immunglobuline bilden. Dieses Repertoire ist zu einem großen Teil in Form der unterschiedlichen B-Zell-Rezeptoren (= membranständiger Immunglobuline) der B-Zellen des Blutes ständig präsent. Die jeweils passenden B-Zellen werden klonal selektioniert. Wie aber lässt sich die Vielfalt der Antigenbindestellen erklären?

Die Antikörpervielfalt entsteht durch **somatische Rekombination**, also durch Neukombination von Erbmaterial in somatischen Zellen: Während der Reifung im Knochenmark werden in jeder einzelnen B-Zelle bestimmte vorgegebene alternative Gensegmente der Immunglobuline jeweils auf eine individuelle Weise neu kombiniert. Analog entsteht die Vielfalt der Antigenbindestellen der T-Zell-Rezeptoren (S. 698) durch Rekombination der Gensegmente der beiden T-Zell-Rezeptorketten.

Entstehung der L-Ketten: Neue κ-Ketten entstehen, indem sich auf Chromosom 2 jeder B-Vorläuferzelle nach dem Zufallsprinzip folgende Gensegmente zusammenlagern:
- eines von ca. 40 **V-Gensegment**en (V für variabel; kodierend für ca. 100 Aminosäuren),
- eines von ca. fünf **J-Gensegment**en (J für joining; kodierend für ca. 12 Aminosäuren),
- eine **C-Sequenz** (kodierend für den konstanten Teil der κ-Ketten).

Die nicht benötigten Gensegmente werden überwiegend durch **Deletionen** entfernt. Ein **Intron zwischen dem J- und dem C-Segment** wird nach der Transkription durch **Splicing** (S. 468) herausgeschnitten (Abb. **E-1.18**).

Nach dem gleichen Prinzip lagern sich auf dem Chromosom 22 die V-, J- und C-Gensegmente der λ-Kette zusammen.

Entstehung der H-Ketten: Die Gensegmente der schweren Ketten befinden sich auf dem Chromosom 14. Hier werden Segmente aus Gruppen von **ca. 65 V-, ca. 25 D-, 6 J- und 8 C-Gensegmenten** kombiniert (Abb. **E-1.19**). Die zusätzlichen D-Segmente sind von unterschiedlicher Länge, sie sind aber in jedem Fall sehr klein. Sie erlauben eine weitere Diversität der Antikörper.

▶ **Merke.** Bei der Bildung der leichten Ketten werden V-, J- und C-Segmente kombiniert, bei der Bildung der schweren Ketten werden V-, D-, J- und C-Segmente kombiniert.

In der genauen Zahl der einzelnen Gensegmente bestehen teilweise erhebliche individuelle Unterschiede, weshalb in der Literatur entsprechend unterschiedliche Angaben zu finden sind.

Zur Bildung der konstanten Teile der verschiedenen Antikörperklassen, werden auf dem Chromosom 14 insgesamt 9 unterschiedliche Gensegmente benötigt. Die Gensegmente der konstanten Teile der **μ- und δ-Ketten** werden in eine **gemeinsame RNA** transkribiert, die allerdings unterschiedlich prozessiert werden kann. Diese gemeinsame RNA ist der Grund dafür, dass eine B-Zelle **IgM und IgD** zeitweise sogar **gleichzeitig** synthetisieren kann.

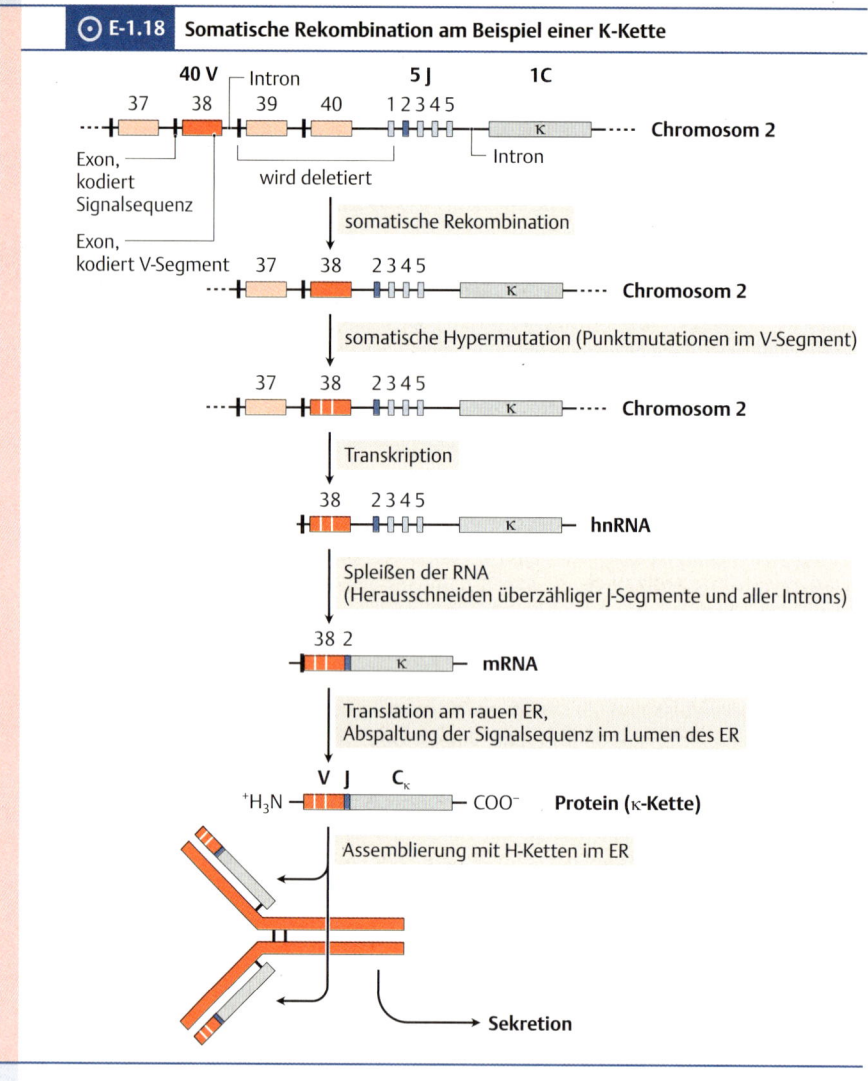

E-1.18 Somatische Rekombination am Beispiel einer κ-Kette

Exon, kodiert Signalsequenz
Exon, kodiert V-Segment
wird deletiert

- Chromosom 2: 40 V (37, 38, 39, 40) – Intron – 5 J (1 2 3 4 5) – Intron – 1C (κ)
- somatische Rekombination
- Chromosom 2: 37, 38 – 2 3 4 5 – κ
- somatische Hypermutation (Punktmutationen im V-Segment)
- Chromosom 2: 37, 38 – 2 3 4 5 – κ
- Transkription
- hnRNA: 38 – 2 3 4 5 – κ
- Spleißen der RNA (Herausschneiden überzähliger J-Segmente und aller Introns)
- mRNA: 38 2 – κ
- Translation am rauen ER, Abspaltung der Signalsequenz im Lumen des ER
- Protein (κ-Kette): ^+H_3N – V J $C_κ$ – COO$^-$
- Assemblierung mit H-Ketten im ER
- Sekretion

E-1.19 Biogenese der H-Ketten und Wechsel der Antikörperklasse

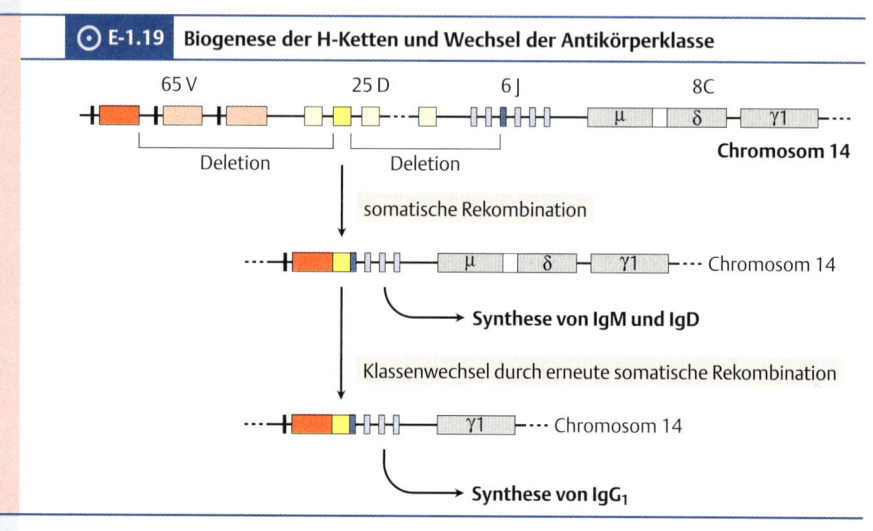

- Chromosom 14: 65 V – 25 D – 6 J – 8C (μ, δ, γ1)
- Deletion, Deletion
- somatische Rekombination
- Chromosom 14: – μ – δ – γ1 → Synthese von IgM und IgD
- Klassenwechsel durch erneute somatische Rekombination
- Chromosom 14: – γ1 → Synthese von IgG₁

Beim Wechsel der Antikörperklasse (**Klassenwechsel, -Switch**) werden die dazwischenliegenden DNA-Abschnitte deletiert (Abb. **E-1.19**).

B-Zellen, die keine vollständigen Antikörper bilden können, werden im Knochenmark eliminiert.

Beim Wechsel der Antikörperklasse (**Klassenwechsel = class switching**, von IgM z. B. zu IgG) werden die dazwischenliegenden DNA-Abschnitte deletiert (Abb. **E-1.19**), sodass die Fähigkeit zur Bildung der entsprechenden Antikörperklassen unwiederbringlich verloren geht. Die L-Ketten und damit die Antigenbindungsstellen bleiben unverändert.

Mitunter entstehen bei der Kombination alternativer Gensegmente Stopcodons innerhalb der rekombinierten Gene, sodass die B-Zelle keine vollständigen Antikörper bilden kann. In derartigen Fällen wird die B-Zelle bereits im Knochenmark eliminiert.

Die Kombination alternativer Gensegmente sowohl der L-Ketten (V-J-C-System) als auch der H-Ketten (V-D-J-C-System) führt bereits zu einer großen Vielfalt von Antigenbindungsstellen. Durch Einbeziehung **weiterer Mechanismen** wird die Antikörpervielfalt dann aber noch einmal erheblich gesteigert:

1. An den **Verbindungsstellen** zwischen den einzelnen Gensegmenten können während der Rekombination **einzelne Nukleotide eingefügt oder deletiert** werden.
2. Jede der **schweren Ketten** kann entweder **mit κ- oder mit λ-Ketten** kombiniert werden.
3. In einem späten Stadium der B-Zellreifung, nämlich erst im Anschluss an die Kooperation der reifen B-Zelle mit einer passenden T-Zelle, kommt es in den bereits etablierten Genabschnitten, die für die antigenbindenden Teile der Antikörper kodieren, zu weiteren Punktmutationen **(somatische Hypermutationen)**. Der Mechanismus dieser zusätzlichen Mutationen ist bislang noch ungeklärt.

Weitere zur Antikörpervielfalt beitragende Mechanismen:
1. Insertion oder Deletion einzelner Nukleotide an den Verbindungsstellen
2. **Kombination** einer **schweren Kette** mit einer **κ- oder λ-Kette**
3. nachträgliche **somatische Hypermutationen** der Fab-Fragmente

Polyklonale und monoklonale Antikörper

Bei Kontakt mit einem Antigen entwickelt das Immunsystem stets Antikörper, die gegen unterschiedliche Epitope des Antigens gerichtet sind. An der Immunität sind also unterschiedliche B-Zell-Klone beteiligt, und das Blutserum enthält entsprechend **polyklonale Antikörper**. In der Grundlagenforschung werden zur Gewinnung polyklonaler Antikörper in der Regel Kaninchen immunisiert. Um die Immunantwort zu stimulieren, verwendet man zur Immunisierung eine Mischung des Antigens mit einem **Adjuvans**, also einer Substanz, die unspezifisch die Immunantwort auf ein Antigen verstärkt (z. B. Aluminiumhydroxid).

Monoklonale Antikörper werden in großem Umfang für verschiedene Zwecke benötigt, in der Grundlagenforschung zum Nachweis definierter Proteine, in der klinischen Diagnostik sowie zu therapeutischen Zwecken. Sie sind deshalb von außerordentlich großer Bedeutung. Eine praktikable Methode zur **Gewinnung monoklonaler Antikörper** entwickelten 1975 Georges Köhler und César Milstein (Nobelpreis 1984):

- **Mäuse** werden mit dem Protein **immunisiert**, gegen das der Antikörper gerichtet sein soll, und aus der Milz der Mäuse werden **Lymphozyten isoliert**. Unter diesen befinden sich aufgrund der vorherigen Immunisierung B-Zellen, die die gesuchten Antikörper bilden.
- Die gewonnenen **B-Zellen** werden **mit Myelomzellen** (bestimmten Mäuse-Tumorzellen) **fusioniert**, sodass Zellhybride, sog. **Hybridome**, entstehen. Auf diese Weise gewinnt man Zellen, die sich unbegrenzt vermehren lassen und dabei stets den gewünschten Antikörper bilden.
- Man **isoliert** dann einzelne **Klone der Zellhybride** und testet die von ihnen gebildeten klonspezifischen = monoklonalen Antikörper.

Polyklonale und monoklonale Antikörper

An einer Immunantwort sind normalerweise unterschiedliche B-Zell-Klone beteiligt. Das Blutserum enthält deshalb **polyklonale Antikörper**. In der Forschung verwendet man bei Immunisierungen **Adjuvanzien**, d. h. Stoffe, die unspezifisch die Immunantwort gegen das Antigen verstärken.

Eine Methode zur Gewinnung **monoklonaler Antikörper** entwickelten Georges Köhler und César Milstein (Nobelpreis 1984):
- **Immunisierung von Mäusen** mit dem Antigen-Protein und **Isolierung von Lymphozyten** aus ihrer Milz.
- **Fusion** der antigenspezifischen **B-Zellen mit Myelomzellen** (Bildung von **Hybridomen**).
- **Isolierung einzelner Zellklone** der Hybridome und Charakterisierung der gebildeten monoklonalen Antikörper.

1.3.3 Zelluläre und molekulare Grundlagen adaptiver Immunantworten

Auslösung einer adaptiven Immunantwort

Dendritische Zellen

Eine adaptive Immunantwort beginnt in der Regel damit, dass die in ein Gewebe eingedrungenen Pathogene von **dendritischen Zellen (DC)**, z. B. den Langerhans-Zellen der Haut, **phagozytiert** werden (Abb. **E-1.20**). Die Erkennung und die nachfolgende Aufnahme der Pathogene werden u. a. durch Toll-like-Rezeptoren und Scavenger-Rezeptoren (S.679) der dendritischen Zellen wesentlich erleichtert. Die dendritischen Zellen **verlassen daraufhin das Gewebe** und gelangen mit der Lymphflüssigkeit in **regionale Lymphknoten**, wo sie sich im inneren Bereich des Cortex als interdigitierende dendritische Zellen festsetzen.

Die aufgenommenen Erreger werden in den **Lysosomen** der dendritischen Zellen abgebaut. Die Proteine der Erreger werden dabei in Peptidfragmente gespalten **(Antigenprozessierung)**. Diese Fragmente werden in den Lysosomen auf **MHC-Klasse-II-Proteine** geladen und durch vesikulären Transport an die Zelloberfläche gebracht. Hier werden sie den vorbeiströmenden **T-Zellen präsentiert**. Dendritische Zellen gehören somit zu den antigenpräsentierenden Zellen.

1.3.3 Zelluläre und molekulare Grundlagen adaptiver Immunantworten

Auslösung einer adaptiven Immunantwort

Dendritische Zellen

Eine adaptive Immunantwort beginnt in der Regel mit der **Phagozytose der Pathogene durch dendritische Zellen** (Abb. E-1.20). Die dendritischen Zellen verlassen daraufhin das Gewebe und gelangen mit der Lymphe in **regionale Lymphknoten**. Dort setzen sie sich als interdigitierende dendritische Zellen fest.

Die Pathogene werden in **Lysosomen** der DC abgebaut, die Proteine dabei gespalten (**Antigenprozessierung**). Peptidfragmente werden an **MHC-Klasse-II-Proteinen** an der Zelloberfläche exponiert und **T-Zellen präsentiert**.

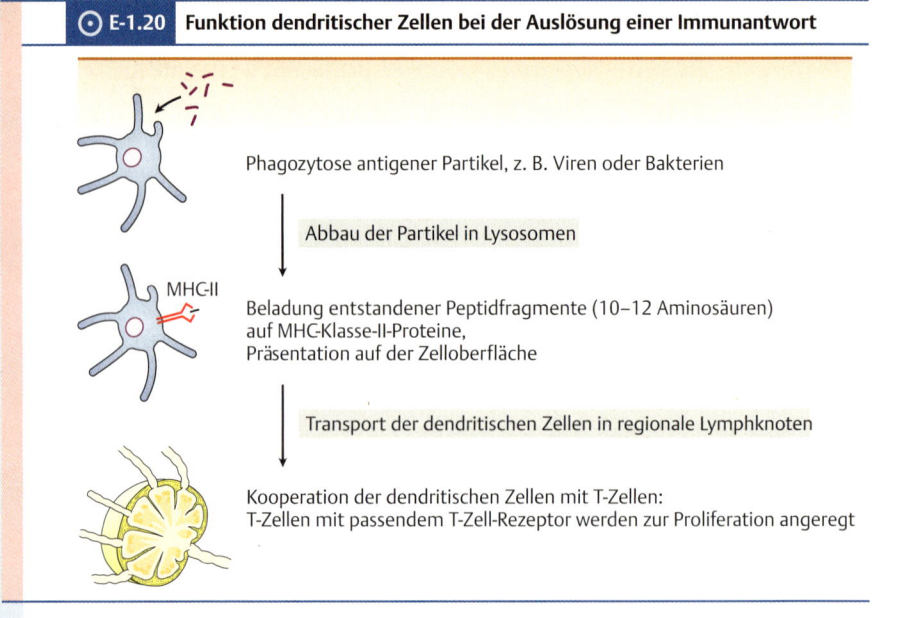

E-1.20 Funktion dendritischer Zellen bei der Auslösung einer Immunantwort

Phagozytose antigener Partikel, z. B. Viren oder Bakterien

↓ Abbau der Partikel in Lysosomen

Beladung entstandener Peptidfragmente (10–12 Aminosäuren) auf MHC-Klasse-II-Proteine, Präsentation auf der Zelloberfläche

↓ Transport der dendritischen Zellen in regionale Lymphknoten

Kooperation der dendritischen Zellen mit T-Zellen: T-Zellen mit passendem T-Zell-Rezeptor werden zur Proliferation angeregt

MHC-Proteine

MHC-Proteine (HLA-Proteine) dienen der Präsentation von Peptidfragmenten, die beim proteolytischen Abbau von Antigenen entstehen.

MHC-Klasse-I-Proteine werden von nahezu allen Zellen des Körpers gebildet. Sie bestehen aus *einer* membranspannenden Polypeptidkette, die nicht kovalent β_2-Mikroglobulin bindet (Abb. E-1.21). MHC-Klasse-I-Proteine binden Peptide einer Länge von **8 – 10 Aminosäuren**.

MHC-Klasse-II-Proteine werden von **Phagozyten und B-Lymphozyten** exprimiert. Sie bestehen aus *zwei* membranspannenden Ketten (Abb. E-1.21) und binden Peptide einer Länge von **10 – 12 Aminosäuren**.

Jede Zelle kann **verschiedene MHC-Klasse-I- und -II-Proteine** bilden, die Zahl der alternativen **MHC-Gene** ist aber gering.

Vergleiche der Gensequenzen verschiedener Individuen haben weltweit eine beachtliche **Variabilität der Allele** gezeigt. Die Sequenzen der MHC-Proteine haben wesentlichen Einfluss auf die Sensitivität gegenüber verschiedenen Krankheitserregern.
Die Heterogenität der MHC-Gene ist auch ein wesentlicher Grund der Transplantatabstoßung.

MHC-Proteine

Die Familie der **MHC-Proteine** wurde ursprünglich bei Untersuchungen zu den immunologischen Grundlagen der Abstoßung von Transplantaten (S. 704) entdeckt. (MHC steht für Major Histocompatibility Complex). Die MHC-Proteine des Menschen werden auch **HLA-Proteine** genannt (HLA = human leucocyte antigens). Sie dienen der **Präsentation antigener Peptidfragmente**. In ihrer Sekundär- und Tertiärstruktur zeigen alle MHC-Proteine Ähnlichkeiten mit den Strukturen der Antikörper: Auch MHC-Proteine bilden Domänen von ca. 110 Aminosäuren, zeigen eine β-Faltblattstruktur und enthalten in der Regel in jeder Domäne eine Disulfidbrücke. Man unterscheidet zwei Klassen von MHC-Proteinen:

- **MHC-Klasse-I-Proteine** werden **von nahezu allen Zellen** des Körpers **mit Ausnahme kernloser Zellen** (Erythrozyten, Thrombozyten) an ihrer Oberfläche exponiert. MHC-*Klasse-I*-Proteine enthalten nur *eine* membranspannende Polypeptidkette. Diese bindet nicht kovalent das kleine Protein β_2-**Mikroglobulin**, das keinen Membrananker hat (Abb. E-1.21). Die membranspannende Polypeptidkette der MHC-Klasse-I-Proteine (*nicht* das β_2-Mikroglobulin) bindet Peptide einer Länge von **8 – 10 Aminosäuren**.
- **MHC-Klasse-II-Proteine** werden von **dendritischen Zellen**, **Makrophagen** und **B-Lymphozyten** exprimiert. MHC-*Klasse-II*-Proteine bestehen aus *zwei* Polypeptidketten, einer α- und einer β-Kette, die beide in der Zellmembran verankert sind (Abb. E-1.21). MHC-Klasse-II-Proteine binden Peptide einer Länge von **10 – 12 Aminosäuren**. Polypeptide oder Proteine, die wesentlich größer sind, können von MHC-Proteinen grundsätzlich *nicht* gebunden werden.

Fast alle **MHC-Gene** befinden sich auf dem kurzen Arm des Chromosoms 6, nur das Gen des β_2-Mikroglobulins befindet sich auf dem Chromosom 15. Jede Zelle kann **verschiedene MHC-Klasse-I- und -II-Proteine** bilden, die Zahl der alternativen MHC-Gene ist aber gering. Die Kette des MHC-Klasse-I-Proteins wird von drei alternativen Genen kodiert, die Ketten der MHC-Klasse-II-Proteine werden von fünf alternativen Sätzen von α/β-Genen kodiert. Zusätzliche Alternativen ergeben sich aus der Möglichkeit, Gene des mütterlichen und des väterlichen Chromosomensatzes zu kombinieren.

Vergleiche der Gensequenzen verschiedener Individuen haben weltweit eine beachtliche **Variabilität der Allele** gezeigt. Die Unterschiede in den Sequenzen der MHC-Proteine haben unterschiedliche Affinitäten und Spezifitäten der Proteine zur Folge und tragen wesentlich zur Sensitivität für verschiedene Krankheitserreger bei. Bestimmte MHC-Allele sind in der Abwehr verschiedener Erreger von Vorteil bzw. von Nachteil. Die Heterogenität der MHC-Gene in der Bevölkerung ist schließlich auch der wichtigste Grund dafür, dass Gewebe eines Individuums vom Immunsystem eines anderen Individuums bei einer Transplantation als fremd erkannt und abgestoßen werden.

E-1.21 Struktur der MHC-Proteine

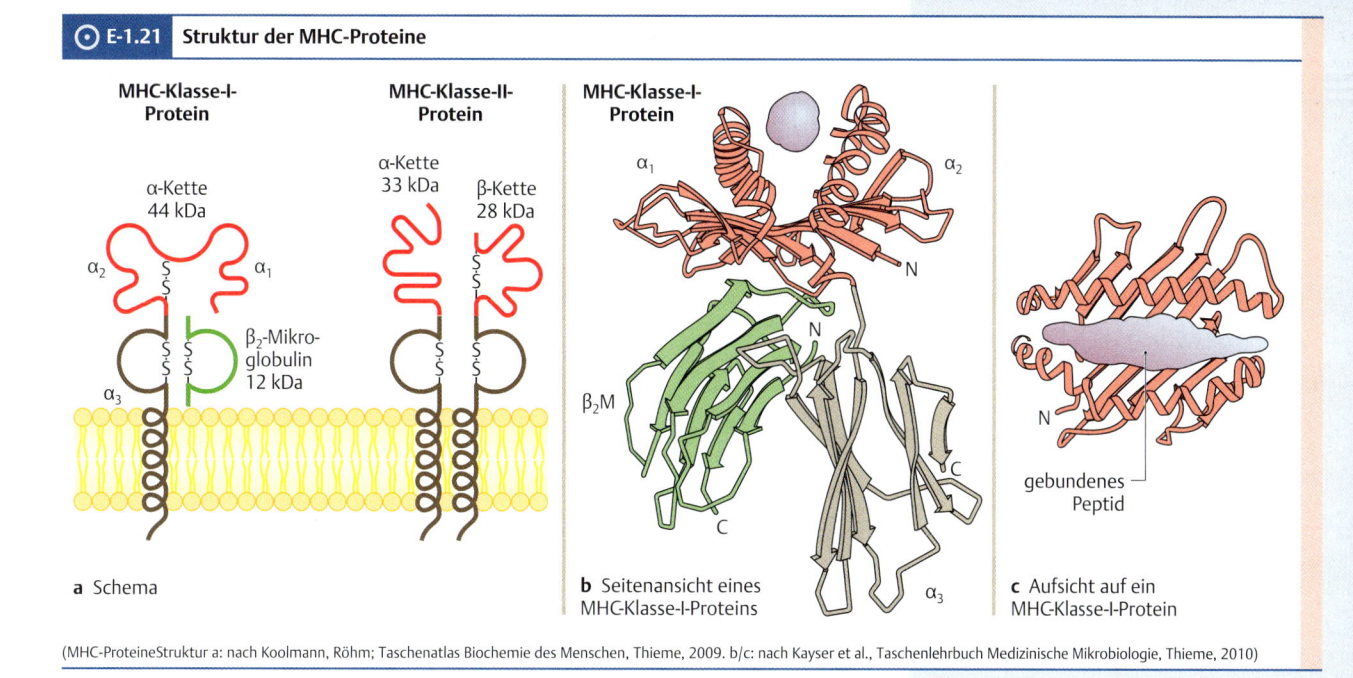

a Schema
b Seitenansicht eines MHC-Klasse-I-Proteins
c Aufsicht auf ein MHC-Klasse-I-Protein

(MHC-ProteineStruktur a: nach Koolmann, Röhm; Taschenatlas Biochemie des Menschen, Thieme, 2009. b/c: nach Kayser et al., Taschenlehrbuch Medizinische Mikrobiologie, Thieme, 2010)

▶ **Klinik.** Mit der **Zöliakie**, der sog. glutensensitiven Enteropathie (S. 261), ist ein Beispiel für die Bedeutung der MHC-Allele bei der Prädisposition für bestimmte Krankheiten gegeben. Die Zöliakie ist mit einer Überreaktion des Immunsystems auf Peptide verbunden, die bei der Verdauung des Glutens anfallen. (Gluten ist als Speicherprotein im Mehl enthalten.) Es wurde nachgewiesen, dass bestimmte Allele der MHC-Klasse-II-Komplexe bei Zöliakie-Patienten auffällig häufig sind (Assoziation mit HLA-DQ 2 und HLA-DQ 8). Möglicherweise werden die Peptide aus dem Abbau des Glutens von den entsprechenden MHC-Komplexen zufällig mit ungewöhnlich hoher Effizienz gebunden, sodass es leicht zu einer übermäßigen Immunreaktion kommt.

▶ **Klinik.**

Aktivitäten dendritischer Zellen in Lymphknoten

Antigene Partikel gelangen mit der Lymphflüssigkeit mitunter auch ohne Beteiligung dendritischer Zellen in Lymphknoten. Hier werden sie im äußeren Bereich des Cortex von **follikulären dendritischen Zellen** festgehalten und unmittelbar an deren Zelloberfläche exponiert. Eine Phagozytose ist an diesem Prozess nicht beteiligt. Die follikulären dendritischen Zellen binden Antigen-Aggregate teilweise in Form kleiner Partikel, sog. Iccosomen (immune-complex-coated bodies).
Die **Lymphknoten** werden ständig von **B- und T-Zellen** des Blutes durchspült. Diese verlassen die Blutbahn im inneren Lymphknotenkortex im Bereich von hochendothelialen Venolen (high endothelial venules, HEV). Sie tasten dann die dendritischen Zellen nach MHC-gebundenen Antigenen ab:
- T-Zellen tasten die interdigitierenden DC ab,
- B-Zellen tasten die follikulären DC ab.

Sowohl die T- als auch die B-Zellen tragen dazu an ihrer Oberfläche Rezeptoren. Jeder Lymphozyt ist durch seinen Rezeptor spezifisch für *ein* bestimmtes Antigen. Das Blut enthält viele Milliarden Lymphozyten unterschiedlicher Spezifität. Lymphozyten, die im Lymphknoten kein passendes Antigen vorfinden, verlassen den Lymphknoten bald wieder mit der Lymphflüssigkeit und gelangen über den Ductus thoracicus zurück in den Blutkreislauf.
B-Zellen, die an den follikulären DC (oder an einem anderen Ort) ein passendes Antigen finden, nehmen dieses durch Endozytose auf, prozessieren es und **exponieren** an ihrer Oberfläche **Antigenfragmente an MHC-Klasse-II-Proteinen**. Auch B-Zellen sind also antigenpräsentierende Zellen.
T-Zellen, die an den interdigitierenden DC ein passendes Antigen finden, werden festgehalten und **aktiviert**. Aktivierte T-Zellen werden **zur Zellteilung angeregt**. Die Tochterzellen differenzieren je nach Antigentyp **zu T_H1- oder T_H2-Zellen (Effektor-T-**

Aktivitäten dendritischer Zellen in Lymphknoten

Antigene Partikel gelangen teilweise auch DC-unabhängig in die Lymphknoten, wo sie von **follikulären dendritischen Zellen** festgehalten und ohne Beteiligung einer Endozytose präsentiert werden.

B- und T-Zellen gelangen ständig mit dem Blut in die **Lymphknoten**, wo sie die Kapillaren an Stellen mit hohem Endothel verlassen. Anschließend tasten sie die verschiedenen dendritischen Zellen nach gebundenen Antigenen ab.

Lymphozyten, die im Lymphknoten kein passendes Antigen vorfinden, rezirkulieren.

B-Zellen, die ein Antigen binden, nehmen es auf und **präsentieren Antigenfragmente an MHC-Klasse-II-Proteinen**.

T-Zellen, die ein Antigen binden, werden **aktiviert** und **teilen** sich. Die **Tochterzellen** differenzieren zu T_H1- oder T_H2-Zellen (Effektor-T-Zellen).

E 1 Molekulare Immunologie

Zellen). In wenigen Tagen entstehen so tausende aktivierter Effektor-T-Zellen, die für das gleiche Antigen spezifisch sind.

B-Zellen, die eines der bei der jeweiligen Infektion vorherrschenden Antigene aufgenommen haben, können nun in der T-Zell-Zone mit vergleichsweise großer Wahrscheinlichkeit auf eine passende Effektor-T-Zelle treffen. Sofern eine B-Zelle das Antigen A aufgenommen hat, trifft sie nun auf eine Effektor-T-Zelle, die zuvor an einer interdigitierenden DC durch Kontakt mit einem Peptidfragment aus dem gleichen Antigen A aktiviert wurde.

Die **B-Zelle** wird dann ihrerseits **von der Effektor-T-Zelle aktiviert**. Die an diesem Prozess beteiligten T-Zellen sind in der Regel T-Helferzellen vom Typ T_H2. Die aktivierte B-Zelle teilt sich dann vielfach, und die zahlreichen Tochterzellen bilden schließlich große Mengen an **Antikörpern**, die für das von B- und T-Zelle gemeinsam erkannte Antigen spezifisch sind.

B- und T-Zellen, die als Effektorzellen an einer Immunantwort beteiligt sind, bleiben zu einem großen Teil im jeweiligen Lymphknoten. Durch ihre starke Vermehrung bilden die B-Zellen hier große Keimzentren, durch die der Lymphknoten erheblich anschwellen kann. Viele Effektorzellen verlassen den Lymphknoten aber auch, besiedeln benachbarte Lymphknoten oder gelangen über den Ductus thoracicus in den Blutkreislauf, sodass sie auch Lymphknoten entfernter Gewebe besiedeln können.

B-Zellen

Reifung

B-Zellen entstehen im Knochenmark aus lymphatischen Stammzellen. Hier findet auch der größte Teil ihres Reifungsprozesses statt, nur die letzten Schritte der B-Zell-Reifung erfolgen in Lymphfollikeln. Deshalb ist das **Knochenmark** das **primäre lymphatische Organ der B-Zellen**.

Unabhängig davon, welchen Antikörper-Isotyp eine B-Zelle letztlich synthetisiert, bildet sie zunächst **Antikörper**, die über eine Sequenz hydrophober Aminosäuren **in der Plasmamembran verankert** und dabei von außen zugänglich sind. Diese sind gleichsam Ansichtsexemplare des Antikörpers, der von dieser B-Zelle gebildet werden kann. Ein solcher membrangebundener Antikörper (mIg) wird als **B-Zell-Rezeptor** bezeichnet. In frühen Stadien der B-Zellentwicklung handelt es sich um die Isotypen mIgM und mIgD, erst in späteren Stadien auch um andere Isotypen.

B-Zellen, deren Antikörper **körpereigene Strukturen binden**, gehen bereits im Knochenmark durch **Apoptose** zugrunde. In diesem frühen Stadium exponieren die Zellen ausschließlich IgM (= unreife B-Zellen). Nur **B-Zellen**, deren Antikörper **nicht gegen körpereigene Strukturen gerichtet** sind (ca. 10 % der ursprünglichen Population), gelangen in die Blutbahn. Diese reifen B-Zellen exponieren IgM und IgD und siedeln sich in den **Lymphfollikeln der sekundären lymphatischen Organe** (Lymphknoten, Milz, Tonsillen, Darmschleimhaut und Peyer-Plaques des Darms) an.

▶ Definition. Reife B-Zellen, die im Laufe ihrer Entwicklung noch kein Antigen gebunden haben, werden als **naiv** bezeichnet.

Aktivierung der B-Zellen durch T-Zellen

Wenn eine B-Zelle auf ein Antigen stößt, das zufällig von ihrem B-Zell-Rezeptor erkannt wird, nimmt die B-Zelle das Antigen mitsamt dem Rezeptor durch Endozytose auf. Nach Abbau des aufgenommenen Antigens in Lysosomen exponiert die B-Zelle Fragmente des Antigens an MHC-Klasse-II-Proteinen auf ihrer Zelloberfläche (Abb. E-1.22).

In diesem Stadium ist die B-Zelle gleichwohl noch nicht in der Lage, lösliche Antikörper zu sezernieren. Dazu bedarf es zuvor noch einer bestätigenden Aktivierung durch eine T_H2-Helferzelle. Eine entscheidende Voraussetzung ist dabei, dass die T_H2-Zelle einen T-Zell-Rezeptor exponiert, der spezifisch mit dem Komplex aus MHC-Klasse-II-Protein und Antigen interagiert, der von der jeweiligen B-Zelle präsentiert wird. Indem sich eine passende T_H2- und eine B-Zelle zusammenlagern, bildet sich ein **T-B-Konjugat**.

E-1.22 Aktivierung einer B-Zelle

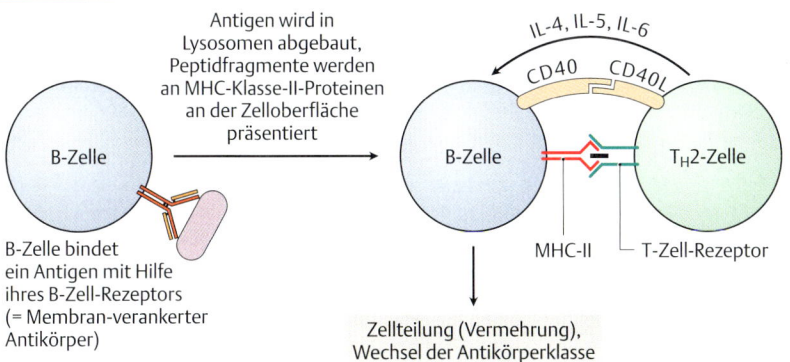

Antigen wird in Lysosomen abgebaut, Peptidfragmente werden an MHC-Klasse-II-Proteinen an der Zelloberfläche präsentiert.

B-Zelle bindet ein Antigen mit Hilfe ihres B-Zell-Rezeptors (= Membran-verankerter Antikörper).

IL-4, IL-5, IL-6; CD40 – CD40L; MHC-II; T-Zell-Rezeptor.

Zellteilung (Vermehrung), Wechsel der Antikörperklasse.

B-Zellen können mithilfe ihrer B-Zell-Rezeptoren Antigene aufnehmen. Die Antigene werden innerhalb der B-Zellen in Lysosomen zu Peptiden abgebaut. Einige dieser Peptide werden dann an MHC-Klasse-II-Proteinen an der Zelloberfläche präsentiert. Dort können sie von einer T_H2-Zelle erkannt werden. Gleichzeitig bindet das CD40-Protein der B-Zelle an das CD40L-Protein der T_H2-Zelle. Diese sezerniert mehrere Interleukine, insbesondere IL-4. Die Folgen sind Proliferation der B-Zelle, Klassenwechsel (z. B. von IgM zu IgG) und Sekretion der Antikörper.

Die T_H2-Zelle exponiert das **Membranprotein CD40L**, das als **Ligand für das CD40-Protein der B-Zelle** dient (Abb. **E-1.22**). Die Bindung des CD40 L an CD40 steht im Kontext einer intensiven Kooperation beider Zellen. **Dabei bildet die B-Zelle Rezeptoren für Interleukine**, die von der T-Zelle sezerniert werden. Die T-Zelle sezerniert dabei insbesondere das Interleukin **IL-4**, aber auch **IL-5** und **IL-6**.
CD40 L und die Interleukine IL-4, Il-5 und IL-6 lösen zwei Prozesse aus:
- **Die B-Zelle teilt sich** wiederholt, es bildet sich ein B-Zell-Klon.
- In den B-Zellen wird ein **Wechsel der Antikörperklasse** (Isotypwechsel) ausgelöst: In dem DNA-Strang, der den Antikörper kodiert, kommt es zu einer Deletion, sodass Abschnitte der DNA neu kombiniert werden (Abb. **E-1.19**). Durch diese Deletion wird bestimmt, zu welchem **Isotyp** (IgG, IgA, oder IgE) der Antikörper gehören wird, der in Zukunft von dieser B-Zelle produziert wird. Menschen, deren T-Zellen das costimulierende Molekül CD40 L nicht bilden können, produzieren ausschließlich IgM. CD40 L ist also für die Auslösung eines Klassenwechsels essenziell.
- Der Antikörper des jeweiligen Isotyps wird zunächst an der Oberfläche der B-Zelle exponiert. (Auch IgM und IgA, die letztlich als Pentamere bzw. als Dimere gebildet werden, sind zunächst in monomerer Form in der Plasmamembran verankert.) Durch Bindung von Antigenen an die membranverankerten Antikörper wird in den B-Zellen eine Signalkaskade ausgelöst. Über eine alternative Prozessierung der RNA wird dann eine mRNA gebildet, die den **Antikörper** ohne Membrananker und somit **in löslicher Form** kodiert.

Das Protein **CD40L** der T_H2-Zelle bindet an das **CD40-Protein** der B-Zelle (Abb. **E-1.22**) → Die **B-Zelle** bildet **Rezeptoren** für die von der T-Zelle sezernierten **Interleukine**, insbesondere das IL-4.

CD40 L und die Interleukine **IL-4, IL-5 und IL-6** bewirken
- **Zellteilungen** der B-Zelle und
- einen **Wechsel der Antikörperklasse** zu IgA, IgE oder IgG.

▶ **Merke.** B-Zellen geben Antikörper erst an die Umgebung ab, wenn sie von einer T-Helferzelle aktiviert worden sind.

▶ **Merke.**

Die T_H2-Zelle sowie benachbarte T_H1-Zellen bestimmen mit dem Muster ihrer Zytokine den Isotyp der von nun an von der B-Zelle produzierten Antikörper. Schüttet die T_H2-Zelle sehr viel **IL-4** aus, werden in der B-Zelle überwiegend **IgE-Antikörper** gebildet. T_H1-Zellen können mit B-Zellen grundsätzlich ebenfalls Konjugate bilden, scheinen dabei aber wesentlich träger zu sein als die T_H2-Zellen. T_H1-Zellen sezernieren u. a. **Interferon-γ (IFN-γ)**. Dieses erreicht als lösliches Protein alle B-Zellen der Umgebung, u. U. auch Zellen, die bereits mit einer T_H2-Zelle kooperieren, und **unterdrückt die Neigung zur Bildung von IgE**. Stattdessen stimuliert IFN-γ bevorzugt einen Klassenwechsel zu IgG_2 oder IgG_3. Ein Stimulator der Bildung von IgA ist das Zytokin TGF-β, das von verschiedenen Zellen sezerniert wird.
B-Zellen, die gerade in großen Mengen Antikörper sezernieren, heißen **Plasmazellen**. Diese sind wesentlich größer als die naiven B-Zellen und enthalten ein kräftig entwickeltes **raues ER**. Hier sitzen die Ribosomen, die für die Synthese der Antikörperketten verantwortlich sind. Ähnlich den anderen sekretorischen Proteinen verlassen Antikörper die Plasmazellen, indem sie durch vesikulären Transport vom ER (S. 383) über den Golgi-Apparat zur Plasmamembran transportiert werden.
Ruhende **Gedächtniszellen** (memory cells) können sich bei einem erneuten Kontakt mit dem gleichen Antigen schnell wieder in Plasmazellen umwandeln. Auch hierfür ist in der Regel eine Aktivierung durch T-Helferzellen nötig.

Die T_H2-Zelle sowie benachbarte T_H1-Zellen bestimmen mit dem Muster ihrer Zytokine, zu welchem **Isotyp** der Klassenwechsel erfolgt:
So induziert das IL-4 der T_H2-Zellen die Bildung von IgE. Das IFN-γ der T_H1-Zelle induziert hingegen die Bildung von IgG und hemmt die Bildung von IgE. Das Zytokin TGF-β stimuliert die Bildung von IgA.

B-Zellen, die große Antikörpermengen sezernieren, heißen **Plasmazellen**. Sie enthalten viel **raues ER**, an dem die Antikörpersynthese beginnt.

Ruhende **Gedächtniszellen** können sich bei erneutem Antigenkontakt schnell wieder in Plasmazellen umwandeln.

▶ Exkurs. **Haptene**
Bei Versuchen zur Entwicklung von Impfstoffen beobachtete man, dass es oft unmöglich ist, durch einfache Injektion kleiner Moleküle eine Immunantwort hervorzurufen. Wenn das gleiche Molekül hingegen an ein Trägerprotein gekoppelt wurde, kam es durchaus zu einer Immunantwort, die sich spezifisch gegen das kleine Molekül richtete. Die Antigene, die bei derartigen Verfahren an das Trägerprotein gekoppelt werden, bezeichnet man als Haptene. Als Haptene können Peptide, aber auch andere Stoffe, z. B. Kohlenhydrate (Abb. E-1.23), eingesetzt werden. Das Trägerprotein bindet zusammen mit dem Hapten an die B-Zelle. Die Bindung an den B-Zell-Rezeptor wird dabei vom Hapten vermittelt. Nach Phagozytose und lysosomalem Abbau werden Peptidfragmente des Trägerproteins an der Oberfläche der B-Zelle exponiert und vermitteln dann die Kooperation mit der T-Zelle.

▶ Klinik. Dieses Prinzip liegt z. B. der **Hib-Impfung** gegen bakterielle Hirnhautentzündung zugrunde (Abb. E-1.23): Bei diesem Verfahren werden alle Neugeborenen mit Trägerprotein-gekoppelten **Kohlenhydraten** der Schleimkapsel von *Haemophilus influenzae* b geimpft. Die Kohlenhydrate binden an B-Zell-Rezeptoren und werden von den B-Zellen mitsamt dem Trägerprotein phagozytiert. Die B-Zellen bauen das Konjugat ab und exponieren Peptidfragmente davon an ihrer Oberfläche, sodass eine Kooperation mit T-Zellen möglich ist. Die dann produzierten Antikörper richten sich aber gegen das Epitop, das vom B-Zell-Rezeptor erkannt wurde, also gegen die antigenen Kohlenhydrate.

⊙ E-1.23 **Prinzip der Impfung gegen ein Konjugat aus Kohlenhydrat und Trägerprotein**

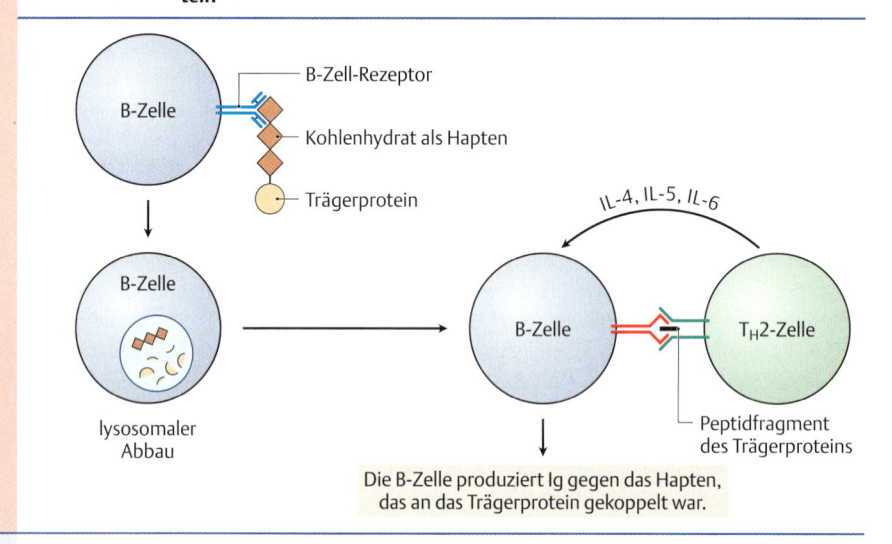

T-Zellen

Reifung

T-Zellen entstehen im Knochenmark aus der gleichen lymphatischen Stammzelle wie die B-Zellen. Im Gegensatz zu diesen verlassen sie aber das Knochenmark bereits in einem frühen Stadium und wandern zur Reifung in den **Thymus**. Er ist das **primäre lymphatische Organ der T-Zellen**.

Der Thymus enthält ein epitheliales Maschenwerk, das **Thymusstroma**, das für die Entwicklung der T-Zellen (=*T*hymus-abhängige Zellen) essenziell ist. Sog. Nacktmäuse (Abb. **E-1.24**) können dieses Epithel nicht bilden und besitzen deshalb keine reifen T-Zellen. Aus diesem Grund kommt es in Nacktmäusen zu keiner Transplantatabstoßung. Wegen dieser Eigenschaft werden Nacktmäuse vielfach in der medizinischen Forschung verwendet.

Das Thymusstroma induziert eine Vermehrung und Differenzierung der T-Zell-Vorläufer. Ähnlich wie in B-Zellen kommt es auch in T-Zellen zu einer **Neuanordnung bestimmter Gensegmente (somatische Rekombination)**. Diese wird durch den Kontakt mit dem Thymusgewebe induziert. Sie erlaubt schließlich die **Expression einer α- und einer β-Kette**, die gemeinsam einen **T-Zell-Rezeptor** bilden. Parallel kommt es

E-1.24 Nacktmaus

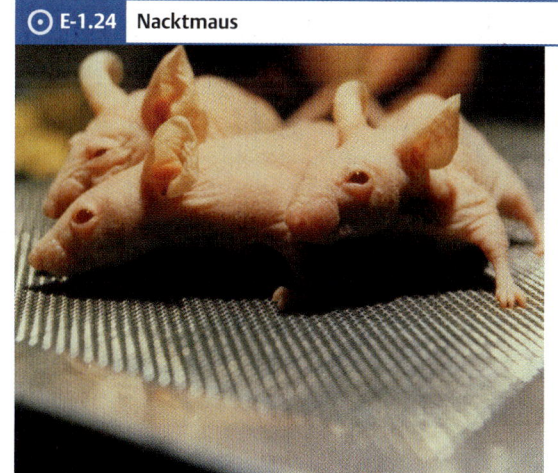

Nacktmäuse tragen eine Mutation, die nicht nur zum Fehlen der Körperbehaarung führt, sondern auch zu Defekten in der Ausbildung des Thymusstromas. Nacktmäuse besitzen deshalb keine reifen T-Zellen

(© US Department of Energy/Science Photo Library/Agentur Focus)

im Thymus zur Expression der Membranproteine **CD4** und **CD8**. Neben den T-Zellen mit Rezeptoren vom α,β-Typ werden auch einige **γ,δ-Rezeptor-T-Zellen** gebildet.

Aus der Vielzahl der zunächst entstehenden T-Zellen sind nur wenige für eine Funktion im Immunsystem geeignet. Eine entsprechende Selektion erfolgt ebenfalls im Thymus. Zunächst kommt es **an den kortikalen Epithelzellen des Thymus** zur **positiven Selektion**: Nur T-Zellen, die an MHC-Klasse-I- oder MHC-Klasse-II-Proteine dieser Epithelzellen binden, können weiter heranreifen. Die meisten unreifen T-Zellen bilden einen T-Zell-Rezeptor, der an keines der MHC-Proteine binden kann, können also mit anderen Zellen nicht kooperieren und werden deshalb durch Apoptose abgetötet.

An den dendritischen Zellen und Makrophagen des Thymus kommt es schließlich auch zu einer **negativen Selektion**: Diese Zellen präsentieren im Thymus an ihren MHC-Proteinen Peptide, die durch Abbau körpereigener Proteine gebildet werden. Alle T-Zellen, die diese Peptide erkennen, werden ebenfalls durch Apoptose eliminiert. T-Zellen, die körpereigene Proteine bekämpfen würden, könnten Autoimmunkrankheiten verursachen und werden deshalb abgebaut.

Während des Reifungsprozesses im Thymus sterben ca. 98 % aller T-Zellen durch Apoptose. Sie werden von Makrophagen aufgenommen und abgebaut.

Die überlebenden Zellen sind **reife naive T-Zellen**. Sie **exponieren** an ihrer Oberfläche den **T-Zell-Rezeptor** sowie

- **CD4** zur Bindung an **MHC-Klasse-II-Proteine**

oder

- **CD8** zur Bindung an **MHC-Klasse-I-Proteine**.

CD4 und CD8 sind Proteine der Zelloberfläche, die mit den T-Zell-Rezeptoren bei der Erkennung der MHC-Proteine kooperieren.

Reife naive T-Zellen werden an das Blut abgegeben. Ca. 80 % der Lymphozyten im Blut sind T-Zellen.

Aktivierung der T-Zellen an dendritischen Zellen

Die Aktivierung der naiven T-Zellen erfolgt in der Regel an den interdigitierenden DC der Lymphknoten. **T-Zellen binden nur Antigene**, die ihnen **präsentiert** werden, also *keine* löslichen Antigene. Erkennt eine T-Zelle einen Komplex aus Antigenpeptidfragment und MHC-Klasse-II-Protein, synthetisiert sie sowohl **IL-2** als auch IL-2-Rezeptoren und **stimuliert so ihre eigene Proliferation**.

▶ **Klinik.** Die Produktion des IL-2 kann durch die Medikamente **Ciclosporin A** und **FK506** gehemmt werden. Ciclosporin A wird in großem Umfang nach Organtransplantationen zur Verhinderung einer Gewebeabstoßung eingesetzt.

T-Helferzellen: T-Effektorzellen mit CD4-Marker

Je nach Typ des präsentierten Antigens entsteht eine T_H1- oder eine T_H2-Zelle. *Beide üben ihre Funktion in* **Wechselwirkung mit MHC-Klasse-II-Proteinen einer Zielzelle** *aus.* T_H1-Zellen aktivieren **Makrophagen**, T_H2-Zellen aktivieren **B-Zellen**.

Makrophagen nehmen Erreger durch **Phagozytose** auf, töten sie und bauen sie ab. Letzteres geschieht im **Phagolysosom**, wo schließlich **Peptidfragmente an MHC-Klasse-II-Proteine gebunden** werden. Die Komplexe aus Peptidfragment und MHC-Protein werden an die Zelloberfläche transportiert und dort von T_H1-Zellen erkannt. Diese aktivieren die Makrophagen dazu, **toxische Substanzen** zur Abtötung der Erreger zu bilden.

Die **Aktivierung der Makrophagen** erfolgt parallel über mehrere Signale der T_H1-Zelle (Abb. **E-1.25**):
- Bindung des **T-Zell-Rezeptors** an das MHC-II-gebundene **Antigenfragment**
- Präsentation des **CD40L**
- Sekretion von **IFN-γ**

⊙ E-1.25

▶ Klinik.

Zytotoxische T-Zellen: Effektor-T-Zellen mit CD8-Marker

Zytotoxische T-Zellen dienen der Abtötung körpereigener Zellen, die von Viren oder intrazellulären Mikroorganismen infiziert sind.

E 1 Molekulare Immunologie

T-Helferzellen: T-Effektorzellen mit CD4-Marker

Naive CD4-T-Zellen entwickeln sich im Anschluss an die Aktivierung zu T-Helferzellen. Abhängig vom Typ des von der dendritischen Zelle präsentierten Antigens entsteht eine T_H1- oder eine T_H2-Zelle. Alle CD4-T-Zellen (T_H1 *und* T_H2) üben ihre Funktion in **Wechselwirkung mit MHC-Klasse-II-Proteinen einer Zielzelle** aus:

- T_H1-Zellen binden bevorzugt an MHC-Klasse-II-Proteine von **Makrophagen** und aktivieren diese dadurch (s. u.).
- T_H2-Zellen binden bevorzugt an MHC-Klasse-II-Proteine von **B-Zellen** und helfen bei deren Aktivierung (S. 696).

Makrophagen nehmen pathogene Mikroorganismen durch **Phagozytose** auf und töten sie im Phagosom (einem Endosom) ab. Anschließend fusioniert das Phagosom mit einem Lysosom, und die Erreger werden abgebaut. **Peptidfragmente der Abbauprodukte** werden **im Phagolysosom an MHC-Klasse-II-Proteine gebunden** und an die Zelloberfläche transportiert, wo der Antigen-MHC-Protein-Komplex von T_H1-Zellen erkannt wird. Die T_H1-Zellen veranlassen Makrophagen daraufhin, in großen Mengen **toxische Substanzen** zu synthetisieren, die sie sowohl an das Lumen ihrer Phagosomen als auch an ihre Umgebung abgeben. Hierzu zählen vor allem Sauerstoffradikale (ihre Synthese wird als Respiratory Burst bezeichnet), H_2O_2, Stickoxide, Defensine und Elastase. Alle diese Produkte dienen der Abtötung der Erreger.

Eine permanente Produktion dieser Stoffe würde die Gewebe schädigen. Deshalb werden sie in größerer Menge **erst nach Aktivierung der Makrophagen durch T_H1-Zellen** gebildet. Die Aktivierung erfolgt parallel über mehrere Signale (Abb. **E-1.25**). Die T_H1-Zelle

- **erkennt** mithilfe ihres T-Zell-Rezeptors (und unterstützt vom CD4-Protein) **das MHC-II-gebundene Peptidfragment** an der Oberfläche des Makrophagen,
- präsentiert den CD40-Liganden **(CD40L)**,
- sezerniert **Interferon-γ (IFN-γ)**.

Zudem sezernieren T_H1-Zellen IL-2, das ihre eigene Vermehrung stimuliert.

⊙ E-1.25 | Aktivierung eines Makrophagen durch eine T_H1-Zelle

▶ Klinik. Einige Erreger haben Mechanismen entwickelt, durch die sie die Abtötung in den Phagosomen und deren Fusion mit Lysosomen verhindern. Ein berühmtes Beispiel sind die **Mykobakterien**, die Erreger der **Tuberkulose** und der **Lepra**. Bei einer Tuberkulose sind große Gruppen infizierter Makrophagen in charakteristischer Weise von T-Zellen umlagert, beide Zellarten zusammen bilden ein **Granulom**. Das Immunsystem ist normalerweise in der Lage, auf diese Weise die Ausbreitung der Mykobakterien im Gewebe zu verhindern. Allerdings können die Mykobakterien in den Makrophagen überleben, da sie die eigene Abtötung und die Bildung des Phagolysosoms verhindern. Dadurch unterbleibt auch die Antigenpräsentation. Bei einer Schwächung des Immunsystems, oft viele Jahre nach der Infektion, kann es zur Reaktivierung der Tuberkulose kommen. Derzeit ist ca. $1/3$ der Menschheit mit *Mycobacterium tuberculosis* infiziert.

Zytotoxische T-Zellen: Effektor-T-Zellen mit CD8-Marker

Naive CD8-T-Zellen werden im Anschluss an die Aktivierung durch dendritische Zellen zu zytotoxischen T-Zellen. Diese T-Zellen dienen insbesondere der gezielten Abtötung körpereigener Zellen, die von Viren oder intrazellulären Mikroorganismen infiziert sind.

E 1.3 Das adaptive Immunsystem

Erkennung infizierter Zellen durch zytotoxische T-Zellen: Intrazelluläre Erreger geraten in allen Zellen des Körpers in eine Maschinerie, die dafür sorgt, dass **Peptidfragmente** der Erreger **an MHC-Klasse-I-Proteine gebunden** und an der Zelloberfläche präsentiert werden. Die MHC-I-gebundenen Peptidfragmente werden vom T-Zell-Rezeptor der zytotoxischen T-Zellen abgetastet. Die Identifizierung der MHC-Klasse-I-Proteine wird durch die Beteiligung des CD8-Proteins sichergestellt. MHC-Klasse-I-Proteine binden zwar in erheblichem Umfang auch Fragmente körpereigener Proteine, die T-Zell-Selektion im Thymus garantiert aber, dass diese von den T-Zellen toleriert werden.

Infizierte Zellen zeigen im Vergleich zu nicht infizierten Zellen oft eine erheblich gesteigerte Synthese von MHC-Klasse-I-Proteinen. Dies ist u. a. auf die Produktion von **Interferon (IFN)-α** und **IFN-β** (S. 716) durch die virusinfizierten Zellen zurückzuführen.

Die Fragmente, die den intrazellulären Erreger letztlich an der Zelloberfläche verraten, entstehen im Zytosol der Zelle durch die Aktivität des **Proteasoms** (S. 390), eines großen ATP-abhängigen Komplexes verschiedener Proteasen. Die **Peptide** werden dann unter Vermittlung porenbildender Membranproteine in das ER eingeschleust. Hier **binden** sie **an MHC-Klasse-I-Proteine**, und der Komplex gelangt durch vesikulären Transport an die Zelloberfläche (Abb. E-1.26).

Erkennung infizierter Zellen durch zytotoxische T-Zellen: Intrazelluläre Erreger werden abgebaut und **Peptidfragmente an MHC-Klasse-I-Proteine gebunden** an der Zelloberfläche exponiert. Dieser Komplex wird unter Beteiligung des CD8-Proteins vom T-Zell-Rezeptor der zytotoxischen T-Zellen erkannt.

Vermittelt durch IFN-α- und -β bilden infizierte Zellen oft mehr MHC-Klasse-I-Proteine als nicht infizierte Zellen.

Die Peptidfragmente entstehen im Zytosol der Zelle durch die Aktivität des **Proteasoms**. Sie werden anschließend in das **ER** eingeschleust und hier **an MHC-Klasse-I-Proteine gebunden** (Abb. E-1.26).

▶ **Merke.** MHC-Klasse-I-Proteine werden **im ER** mit Peptiden beladen, die Peptide stammen aus dem **Proteasom**-vermittelten Abbau von Proteinen im Zytosol. MHC-Klasse-II-Proteine werden **in den Lysosomen** beladen. Die Peptide stammen in diesem Fall aus dem Abbau von Proteinen durch **Proteasen der Lysosomen**.

▶ **Merke.**

Mechanismus der Zytotoxizität: Wenn zytotoxische T-Zellen auf ein körperfremdes Peptid stoßen, das von einem MHC-Klasse-I-Protein präsentiert wird, töten sie die so gekennzeichnete Zielzelle nicht direkt. Vielmehr lösen sie in der Zielzelle einen programmierten Zelltod, also **Apoptose**, aus. Dies kann auf zwei Wegen geschehen:
- Zytotoxische T-Zellen **sezernieren** das porenbildende Protein **Perforin** zusammen mit **Granzymen** = Proteasen, die Apoptose auslösen. Vermutlich gelangen sie durch die Perforin-Pore in die Zielzelle (Abb. E-1.26).
- Zytotoxische T-Zellen **exponieren** den **Fas-Liganden**. Dieser bindet an das Protein Fas (= CD95) der Zielzelle und löst so eine Signalkaskade aus, die zur Apoptose (S. 533) führt.

In den meisten Fällen scheinen zytotoxische T-Zellen Apoptose durch Sekretion von Perforin und Granzymen auszulösen.

Mechanismus der Zytotoxizität: Zytotoxische T-Zellen induzieren in ihren Zielzellen **Apoptose**. Dies kann auf zwei Wegen geschehen:
- Sekretion des porenbildenden Proteins **Perforin** mit **Granzymen** (Apoptose auslösenden Proteasen) (Abb. E-1.26).
- Expression des **Fas-Liganden** auf der Zelloberfläche, der an das Protein Fas (= CD95) der Zielzelle bindet und so ihre Apoptose auslöst.

⊙ **E-1.26** Funktionen einer zytotoxischen T-Zelle

⊙ **E-1.26**

Die zytotoxische T-Zelle erkennt die virusinfizierte Zelle durch Bindung an Antigenpeptidfragment und MHC-Klasse-I-Protein, sezerniert Perforin und Granzyme und löst dadurch die Apoptose der virusinfizierten Zelle aus.

E 1 Molekulare Immunologie

> ▶ Exkurs. **Mechanismus der Zytotoxizität der Natürlichen Killer-Zellen (NK-Zellen)**
> NK-Zellen sind Nicht-B-Nicht-T-Lymphozyten. Ähnlich den zytotoxischen T-Zellen können sie Zielzellen durch Sekretion von Perforin und Granzymen abtöten. Sie töten bevorzugt Zellen, die keine oder nur wenige MHC-Klasse-I-Proteine exponieren. Dieses System ermöglicht die Elimination von Zellen, die von Viren infiziert sind, die den Transport von MHC-Klasse-I-Proteinen an die Zelloberfläche unterdrücken. Bei bestimmten NK-Zellen ist der Mechanismus der Zytotoxizität von Antikörpern abhängig: Zielzellen, die IgG gebunden haben, werden von den NK-Zellen nach Bindung an die Fc-Teile getötet, unabhängig von MHC-präsentierten Antigenen.

Tregs und T_H17-Zellen

Tregs und T_H17-Zellen sind CD4-positive T-Zellen, die erst vor wenigen Jahren identifiziert wurden.

Bis vor wenigen Jahren sah es so aus, als wenn sich sämtliche CD4-positiven T-Zellen entweder den T_H1- oder den T_H2-Zellen zuordnen ließen. Inzwischen wurden mit den Tregs und den T_H17-Zellen **zwei neue Typen CD4-positiver T-Zellen** identifiziert, die in der immunologischen Forschung überaus großes Interesse gefunden haben.

Tregs sind regulatorische T-Zellen: Ihre entscheidende Funktion besteht in der **Unterdrückung von Immunreaktionen.**

Tregs (Treg-Zellen): Dies sind **regulatorische T-Zellen**, die 2–3 % der CD4$^+$-Zellen stellen. Die entscheidende Funktion der Tregs besteht in der **Unterdrückung von Immunreaktionen.** Die für die Tregs charakteristischen Eigenschaften verdanken sie der Aktivität des Transkriptionsfaktors **FoxP3** (forkhead box P3), der in den T-Zellen bestimmte Gene aktiviert, die für die Funktion der Tregs essenziell sind. T-Zellen können sich bereits im Thymus zu Tregs differenzieren, Tregs können sich aber auch in der Peripherie entwickeln, insbesondere in der Lamina propria des Verdauungstrakts. Die Differenzierung der Tregs wird primär von dem Zytokin TGF-β stimuliert. Wenn Tregs nicht vorhanden oder nicht in ausreichendem Maße aktiv sind, entwickelt sich eine komplexe Autoimmunkrankheit.

T_H17-Zellen sind **IL-17-sezernierende T-Helferzellen**. Ihre entscheidende Funktion besteht in der **Verstärkung von Immunreaktionen.**

T_H17-Zellen (Th 17-Zellen) sind **Interleukin 17-sezernierende T-Helferzellen**, die sich aus den gleichen naiven CD4$^+$-Zellen entwickeln wie die Tregs. Die entscheidende Funktion der T_H17-Zellen besteht nicht in einer Hemmung, sondern in einer gezielten **Verstärkung von Immunreaktionen**. Neben Il-17 sezernieren T_H17-Zellen mehrere andere Zytokine, u. a. TNFα und IL-6. T_H17-Zellen entwickeln sich ebenfalls bevorzugt in den Geweben des Darms, wobei IL-6 das entscheidende Differenzierungssignal ist. Autoimmunkrankheiten sind oft mit einer erhöhten Aktivität der T_H17-Zellen verbunden.

Vermutlich wird das Ausmaß einer Immunantwort nicht zuletzt vom Verhältnis der Tregs und T_H17-Zellen bestimmt.

Die Mechanismen, durch die Tregs und T_H17-Zellen Immunreaktionen hemmen bzw. stimulieren, sind bislang noch nicht hinreichend geklärt. Es ist aber offensichtlich, dass diese Zellen in der Regulation des Immunsystems eine fundamentale Funktion haben. Vermutlich wird das Ausmaß einer Immunantwort nicht zuletzt vom **Verhältnis der Tregs und der T_H17-Zellen** bestimmt. Die Zahl und die Aktivität beider Zelltypen scheint wesentlich über Zytokine wie dem TGF-β und dem IL-6 bestimmt zu werden.

1.3.4 Das erworbene Immunschwächesyndrom (AIDS)

HI-Viren versursachen einen Verlust an T-Zellen und damit eine bestimmte Form von Immunschwäche: AIDS

AIDS (aquired immunodeficiency syndrome), wurde 1981 als eigenständige Krankheit anerkannt. Als Ursache wurde ein Retrovirus (S.494) identifiziert, das Human Immunodeficiency Virus 1, HIV-1 (S.495). Die Infektion führt zu einem Mangel an T-Helferzellen (S.700) und in der Folge zu einer erhöhten Anfälligkeit für Infektionen durch pathogene Bakterien und Pilze. Epidemiologische Daten für Deutschland sind in Tab. **E-1.3** aufgeführt.

Infektion

Bei einer HIV-Infektion ist **CD4** der entscheidende Virusrezeptor. CD4 wird insbesondere von **T-Helferzellen** exponiert. Das Glykoprotein **gp120** der Viren bindet direkt an CD4. Durch die virale Reverse Transkriptase wird die Virus-RNA in DNA übersetzt und anschließend in das Wirtsgenom integriert. Überwiegend werden die Viren bei direktem Kontakt zwischen infizierten und nicht infizierten Zellen übertragen.

Bei der Infektion (S.496) dringt das Virus mit Hilfe der Glykoproteine seiner Hüllmembran in die Zielzellen ein. Dabei bindet das virale **Glykoprotein gp120** an das Oberflächenprotein CD4, welches vorwiegend von **T-Helferzellen** exponiert wird. In den infizierten Zellen wird das RNA-Genom der Viren mit Hilfe der Reversen Transkriptase in DNA übersetzt, und die DNA wird dann als sog. **Provirus** in die chromosomale DNA der Wirtszelle integriert. Infizierte Zellen können in diesem Zustand mitunter längere Zeit überleben, sie sind dann ein bleibendes Reservoir der Viren: Neue Virus-Partikel können sich bilden, sobald die Gene des Provirus von der RNA-Polymerase II der Wirtszelle transkribiert werden.

E-1.3 HIV in Deutschland

Personengruppe	geschätzte Anzahl
Zahl der Menschen, die Ende 2014 mit HIV lebten	~ 83 400
▪ Männer	~ 68 400
▪ Frauen	~ 15 100
Geschätzte Zahl der Personen mit:	
▪ nicht diagnostizierte HIV-Infektion	~ 13 200
▪ HIV Neuinfektionen in 2014	~ 3 200
Infektionswege:	
▪ Männer, die Sex mit Männern hatten	~ 2300
▪ heterosexuelle Kontakte	~ 590
▪ Drogenmissbrauch	~ 240

Alle Daten aus dem Epidemiologischen Bulletin Nr.45 des Robert-Koch Instituts vom 09.11.2015 (www.rki.de)

Im Organismus breitet sich HIV weniger in Form freier Viren aus, sondern überwiegend über eine sehr effiziente Übertragung von Viren bei direkten Kontakten zwischen infizierten und nicht infizierten Zellen in den lymphatischen Organen. In der Regel sterben die infizierten Zellen nach einigen Tagen ab. Erst 2014 wurde nachgewiesen, dass es sich dabei überwiegend um einen programmierten Zelltod vom Typ der Pyroptose handelt (S. 680).

Reaktionen des Immunsystems

Infiziert werden nicht nur T-Helferzellen (S. 700), sondern auch Makrophagen (S. 700) und Dendritische Zellen (S. 693), teilweise auch Zellen anderer Gewebe. Das Immunsystem reagiert darauf mit mehreren Mechanismen:
- **Humorale Antwort:** Es werden Antikörper gegen das Virus gebildet. Freie Viren werden durch die Antikörper markiert, von Makrophagen aufgenommen und dann in Lysosomen abgebaut.
- **Phagozytose infizierter T-Helferzellen:** Nicht nur Virus-Partikel, sondern auch HIV-infizierte T-Helferzellen können von Makrophagen erkannt und phagozytiert werden. Dabei kann es allerdings zu einer Infektion der Makrophagen kommen.
- **Apoptose infizierter Zellen:** Es entstehen zytotoxische T-Zellen (CD8$^+$), die an HIV-infizierte Zellen binden und deren Apoptose auslösen (S. 533).
- **Pyroptose** (S. 680) **infizierter Zellen:** Dabei handelt es sich um eine weitere Form eines programmierten Zelltods. Die durch Inflammasomen initiierte Pyroptose betrifft vor allem die infizierten Zellen der lymphatischen Organe. Indem diese absterben, kann die Vermehrung der Viren im Organismus zunächst aufgehalten werden. Leider wird die Pyroptose dabei gleichzeitig – neben der Apoptose (S. 533) zu einem wesentlichen Grund für den massiven Verlust von T-Helferzellen. So trägt das Immunsystem zu seinem eigenen Untergang bei.

Therapie

Bei weniger als 200 CD4$^+$-Zellen/μl Blut (normal: > 1000 CD4$^+$-Zellen/μl Blut) kommt es vermehrt zu opportunistischen Infektionen. AIDS ist dann das Endstadium der HIV-Infektion. Bei der **hochaktiven antiretroviralen Therapie – HAART** (S. 496) – werden mehrere Wirkstoffe kombiniert, die primär die Replikation der Viren in den Wirtszellen blockieren.
Eine Eliminierung der Viren ist auf diesem Wege nicht möglich, der Ausbruch von AIDS kann aber für eine lange Zeit verhindert werden. Leider ist es bislang nicht gelungen, eine effiziente Immunisierung gegen HIV zu entwickeln. Das größte Problem besteht darin, dass die Viren die Strukturen ihrer Proteine durch häufige Mutationen permanent variieren – Variabilität des HI-Virus (S. 496).

Reaktionen des Immunsystems

Das Immunsystem reagiert auf eine HIV-Infektion mit mehreren Mechanismen:

- **Humorale Antwort:** Es werden Antikörper gegen das Virus gebildet.
- **Phagozytose infizierter T-Helferzellen:** Makrophagen können Viren sowie infizierte T-Helferzellen aufnehmen und inaktivieren, aber auch ihrerseits infiziert werden.
- **Apoptose infizierter Zellen:** Zytotoxische T-Zellen töten HIV-infizierte Zellen.
- Die **Pyroptose** (S. 680) **infizierter Zellen** ist eine weitere Form eines programmierten Zelltods durch die infizierte T-Helferzellen absterben.
Konsequenz: Reduktion der Zahl der Viren im Organismus; gleichzeitiger Verlust von T-Helferzellen (→ Immunschwäche-Syndrom ≈ AIDS).

Therapie

Bei der **hochaktiven antiretroviralen Therapie – HAART** (S. 496) werden mehrere Wirkstoffe kombiniert, welche die Replikation der Viren in den Wirtszellen blockieren.

Eine effiziente Immunisierung gegen HIV ist bislang nicht möglich. Aber ein Ausbruch von AIDS kann durch eine effiziente Therapie lange Zeit verhindert werden.

1.3.5 Allergie

▶ Synonym. Überempfindlichkeitsreaktion, Hypersensitivitätsreaktion.

Eine Allergie liegt vor, wenn ein normalerweise harmloses Antigen eine Überreaktion des Immunsystems auslöst. Der allergisch sensibilisierte Organismus reagiert anders als normal (griech. *allos* = „anders", *ergon* = „Arbeit").

Traditionell definiert man anhand der beteiligten Reaktionsmechanismen **vier Typen von Überempfindlichkeitsreaktionen**, die in einem weiten Sinne des Wortes auch als allergische Reaktionen bezeichnet werden (Abb. **E-1.27**):

- **Typ I**, die **Allergie im engeren Sinne**, ist definiert durch eine **IgE-abhängige Freisetzung von Histamin** und eine innerhalb sehr kurzer Zeit einsetzende Symptomatik. Typ I wird deshalb auch als **Soforttyp-Allergie** bezeichnet. Charakteristische Beispiele sind der Heuschnupfen, Asthma bronchiale und juckende Schwellungen der Haut (Urtikaria). Auch die atopische Dermatitis („Neurodermitis") wird diesem Formenkreis zugerechnet, stellt allerdings in mancher Hinsicht einen Sonderfall dar. Schwere Sofortreaktionen, etwa bei plötzlichem Kontakt mit großen Mengen eines allergenen Stoffes, werden als **Anaphylaxie** bezeichnet.
- **Typ II** ist eine **durch Antikörper ausgelöste zytotoxische Reaktion**. Ein klassisches Beispiel ist die Hämolyse, die bei einer Bluttransfusion ausgelöst wird, wenn der Spender nicht kompatibel ist.
- **Typ III** ist eine **durch Immunkomplexe** (= Komplexe aus löslichen Antigenen und Antikörpern) **ausgelöste Entzündungsreaktion**. Beispiel: Schädigung der Glomeruli der Niere durch Immunkomplexe nach einer Mandelentzündung.
- **Typ IV** wird **durch T-Zellen ausgelöst**. Symptome treten erst nach 1 – 2 Tagen auf, weshalb Typ IV auch als **Reaktion vom verzögerten Typ** (Delayed Type Hypersensitivity, DTH) bezeichnet wird. Beispiel: Abstoßung des Transplantates nach einer Organtransplantation.

E-1.27 Überempfindlichkeitsreaktionen

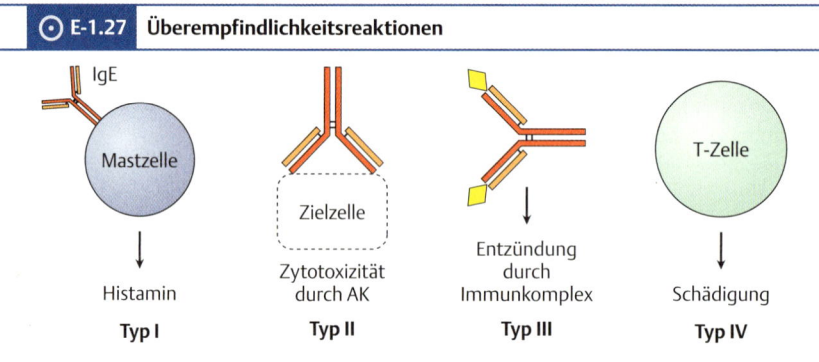

Typ I	Typ II	Typ III	Typ IV
IgE an Mastzelle → Histamin	AK an Zielzelle → Zytotoxizität durch AK	Immunkomplex → Entzündung durch Immunkomplex	T-Zelle → Schädigung

An Reaktionen des Typs II und III sind oft Komponenten des Komplementsystems beteiligt, die sich an die Antikörper (AK) anlagern.

Überempfindlichkeitsreaktion vom Typ I (Allergie im engeren Sinne)

Molekulare Mechanismen der allergischen Reaktion

Histamin als Mediator allergischer Reaktionen: Neben mehreren anderen Signalstoffen ist Histamin der wichtigste Mediator der Typ-I-Reaktionen. Histamin wird durch Decarboxylierung der Aminosäure Histidin gebildet, zusammen mit anderen Stoffen in den Granula der **Mastzellen** gespeichert und aus diesen bei einer allergischen Reaktion freigesetzt. Mastzellen entstehen aus den gleichen Vorläuferzellen wie basophile Granulozyten. Ihren Namen erhielten sie in Anspielung auf die große Zahl der Granula, die sie aussehen lassen, als seien sie mit Granula „gemästet" worden (Abb. **E-1.28a**).

Mastzellen besitzen **Fc-Rezeptoren** für Immunglobuline vom Typ IgE. Allergische Typ-I-Reaktionen sind nur möglich, wenn in einem Gewebe IgE vorhanden sind, die eine Spezifität für die jeweiligen allergenen Stoffe haben. Die IgE binden dann an die Fc-Rezeptoren der Mastzellen. Bei Kontakt mit dem passenden Allergen kommt es sofort zu einer **Degranulation** der Mastzellen (Abb. **E-1.28b**).

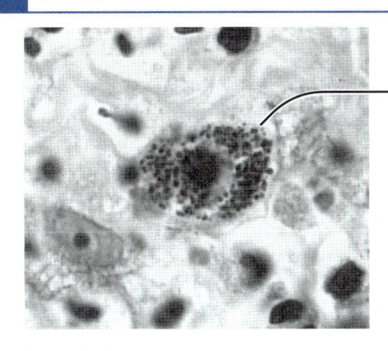

E-1.28 Mastzellen

Mastzellen setzen frei:
Histamin,
Leukotrien C_4 (LTC_4),
Prostaglandin D_2,
Proteasen,
IL-4 und IL-5

Mikroskopische Aufnahme
(aus Oberholzer, Pathologie verstehen, Thieme, 2001)

▶ **Merke.** Die **Überbrückung zweier IgE** auf einer Mastzelle **durch ein Antigen** („bridging") löst einen Anstieg der zytosolischen Ca^{2+}-Konzentration aus und wirkt dabei als **Signal zur Exozytose von Histamin**.

Für die **Wirkungen des Histamins** (S. 660) bei allergischen Reaktionen sind H_1-Rezeptoren von entscheidender Bedeutung. Die Reizung von H_1-Rezeptoren hat mehrere Konsequenzen:
- Histamin löst den **Juckreiz** aus, der für allergische Reaktionen charakteristisch ist.
- Stimulation der **Schleimbildung** im oberen und unteren Respirationstrakt,
- In der Wand der Bronchiolen und in den Alveolar-Azini löst Histamin eine Kontraktion der glatten Muskelzellen und damit eine **Bronchokonstriktion** aus. Dieser Effekt ist wesentlich an der Pathogenese eines Asthma-Anfalls beteiligt.
- In den kleinen Gefäßen bewirkt Histamin eine Kontraktion der Endothelzellen, mit der Folge, dass sich in ihrem Zellverband Lücken bilden, durch die Flüssigkeit aus den Kapillaren in das Gewebe austreten kann und sich ein **Ödem** bildet. Derartige Ödeme bilden sich bei einem Asthma-Anfall in den Bronchien, bei einer Urtikaria in der Haut, sog. Quaddelbildung (S. 661).
- Gleichzeitig wird in den Arteriolen und Venolen eine **Vasodilatation** ausgelöst. In der Nasenschleimhaut führt dieses bei Heuschnupfen zur verstopften Nase.
- Eine Typ-I-Reaktion kann in extremen Fällen zu Kreislaufversagen führen (anaphylaktischer Schock). Auch an diesem systemischen Effekt ist Histamin beteiligt, indem es synergistisch mit anderen Mediatoren eine Vasodilatation der Arteriolen auslöst.

Synthese von Eikosanoiden: Einige Minuten nach der Freisetzung des Histamins wird in der Mastzelle die **Phospholipase A_2** aktiviert, die aus Lipiden der Plasmamembran **Arachidonsäure** freisetzt. Aus Arachidonsäure entstehen dann mehrere pharmakologisch aktive Eikosanoide, z. B. Prostaglandine und Leukotriene (S. 649). Unter diesen wird im Zusammenhang mit allergischen Reaktionen dem **Leukotrien C_4 (LTC_4)** derzeit die größte Bedeutung zugesprochen. Leukotrien C_4 scheint nahezu alle der für Histamin beschriebenen Wirkungen synergistisch zu unterstützen. Insbesondere wirkt Leukotrien C_4 extrem bronchokonstriktorisch.

Pharmakologische Konsequenzen: Zur symptomatischen Therapie allergischer Reaktionen werden mehrere Wirkstoffe eingesetzt, die in verschiedenen Phasen in das Geschehen eingreifen:
- **Cromoglykat** erschwert bei regelmäßiger lokaler Anwendung die Freisetzung der Mediatoren aus den Mastzellen. Möglicherweise beruht der membranstabilisierende Effekt des Cromoglykats auf einer Hemmung bestimmter Ca^{2+}-Kanäle in der Plasmamembran.
- **Antihistaminika (H_1-Blocker)** verhindern die Bindung des freigesetzten Histamins an die H_1-Rezeptoren. Antihistaminika sind insbesondere beim Heuschnupfen wirksam, weniger beim Asthma, da dort das Geschehen weniger durch Histamin als vielmehr durch Leukotriene und Prostaglandine bestimmt wird.

Die **Wirkungen des Histamins** bei Allergie werden von H_1-Rezeptoren vermittelt. Ihre Reizung bewirkt
- **Juckreiz**,
- Stimulation der **Schleimbildung** im oberen und unteren Respirationstrakt,
- **Bronchokonstriktion** (→ Asthma-Anfall),
- **Ödembildung** (→ Asthma-Anfall, Quaddelbildung),
- **Vasodilatation von Arteriolen und Venolen** (lokal, z. B. in der Nasenschleimhaut bei Heuschnupfen, systemisch → anaphylaktischer Schock).

Synthese von Eikosanoiden: Aktivierung der **Phospholipase A_2** führt zur Freisetzung von **Arachidonsäure** und ermöglicht so die Synthese von Leukotrien C_4 (LTC_4). Dieses wirkt in jeder Hinsicht **synergistisch mit Histamin** und extrem bronchokonstriktorisch.

Pharmakologische Konsequenzen:
- **Cromoglykat** erschwert die Freisetzung der Mediatoren aus den Mastzellen.
- **Antihistaminika (H_1-Blocker)** verhindern die Bindung des freigesetzten Histamins an die H_1-Rezeptoren.
- **Cortison** reduziert die Aktivität der Phospholipase A_2 und hemmt die Biosynthese der Interleukine. Welcher dieser Mechanismen entscheidend ist, ist bislang ungeklärt.

- **Antileukotriene** (Leukotrienrezeptor-Antagonisten) sollten deshalb eine wesentlich bessere Wirkung zeigen. Tatsächlich sind die Erfahrungen mit den ersten Wirkstoffen dieser Gruppe jedoch enttäuschend gewesen.
- **Cortison** reduziert die Aktivität der Phospholipase A_2 und hemmt die Biosynthese der Interleukine. Welches der entscheidende Wirkungsmechanismus des Cortisons ist, gilt als ungeklärt. Cortison wirkt allerdings sehr effektiv. Bislang ist Cortison in der symptomatischen Therapie des Asthma bronchiale weiterhin der wichtigste Wirkstoff.

▶ Exkurs.

▶ **Exkurs. Die physiologische Funktion der Mastzellen**

Im Zusammenhang mit Allergien scheinen Mastzellen nur schädliche Effekte hervorzurufen. Was aber ist ihre physiologische Funktion? Es ist schon lange bekannt, dass Mastzellen an der **Abwehr von Infektionen durch Parasiten** beteiligt sind, z. B. an der Immunantwort auf **Würmer** (Abb. **E-1.29**). Diese wird vorwiegend von bestimmten **Oligosacchariden** der Würmer ausgelöst, in denen u. a. α-L-Fucose enthalten ist, einer der seltenen Zucker in L-Konfiguration. In der Folge werden hohe Titer an spezifischen IgE sowie eine Rekrutierung von **Mastzellen** und eosinophilen Granulozyten beobachtet. Die **eosinophilen Granulozyten** geben das **basische Protein** (Major basic Protein – **MBP-1**) ab, das für Würmer toxisch ist. Seinen basischen Charakter hat es durch seine große Zahl von Argininresten. Der molekulare Mechanismus der Toxizität ist unbekannt.

⊙ **E-1.29** **Immunreaktionen bei Wurminfektionen** Die hier gezeigten Reaktionen des Immunsystems wurden für Infektionen durch den Pärchenegel *Schistosoma mansoni*, den Erreger der Bilharziose, besonders intensiv untersucht, sie treten aber auch bei anderen Wurminfektionen auf.

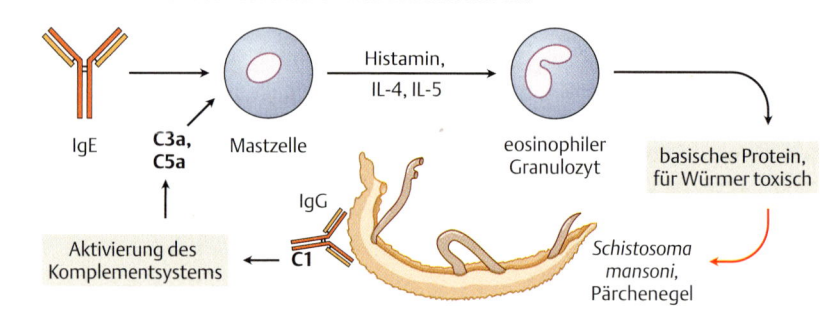

Entstehungsmechanismus der Allergie

Die Neigung zu Allergie wird wesentlich von **T-Helferzellen** bestimmt. Sie ist groß, wenn T_H2-Zellen das immunologische Milieu bestimmen, gering bei Vorherrschen von T_H1-Zellen.
Die **Differenzierungsrichtung der T-Helferzelle** hängt von der **Art** des ihr **präsentierten Antigens** ab:
- bakterielle Antigene → T_H1-Zelle
- Wurm- oder Hausstaub-Antigene → T_H2-Zelle

T_H1-Zellen geben **IFN-γ** ab (Abb. **E-1.30**), das **allergische Reaktionen unterdrückt**. T_H2-Zellen geben **IL-4, IL-5** und **IL-13** ab (Abb. **E-1.30**), die eine **Einwanderung von Mastzellen** auslösen und B-Zellen der Umgebung zur **IgE-Synthese** anregen.

⊙ **E-1.30**

Entstehungsmechanismus der Allergie

Das Ausmaß der Neigung zu allergischen Reaktionen wird wesentlich von den **T-Helferzellen** bestimmt. Diese entwickeln sich nach Aktivierung durch eine dendritische Zelle (S. 699) entweder zu T_H1- oder zu T_H2-Zellen. Wird das immunologische Milieu eines Gewebes überwiegend von T_H1-Zellen bestimmt, können allergische Reaktionen normalerweise unterdrückt werden. Wird es jedoch überwiegend von T_H2-Zellen bestimmt, besteht eine große Neigung zur Bildung von IgE und zur Etablierung einer Allergie. Wie aber wird bestimmt, ob sich eine T-Helferzelle zur T_H1- oder zur T_H2-Zelle entwickelt? Die Differenzierungsrichtung der T-Helferzelle hängt entscheidend von der Art des durch die dendritische Zelle präsentierten Antigens ab: **Bakterielle Antigene** induzieren bevorzugt eine **Entwicklung zu T_H1-Zellen**. Antigene, die aus **Würmern** oder aus **Hausstaub** stammen, induzieren bevorzugt eine **Entwicklung zu T_H2-Zellen**.

Die T_H-Zellen wandern dann in Schleimhäute und Lymphfollikel, wo sie unterschiedliche Mediatoren freisetzen (Abb. **E-1.30**):
- T_H1-Zellen geben **IFN-γ** ab, das **allergische Reaktionen unterdrückt** und die Bildung von IgA und IgG erleichtert.
- T_H2-Zellen geben **IL-4, IL-5 und IL-13** ab, die eosinophile und basophile Granulozyten sowie Mastzellen anlocken und die B-Zellen der Umgebung zur **Bildung von IgE** anregen. So schaffen sie die entscheidenden Voraussetzungen für die Etablierung einer Allergie.

⊙ **E-1.30** Mediatoren der T_H1- und der T_H2-Zellen

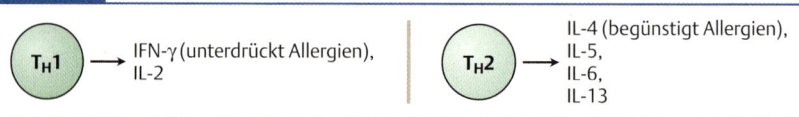

T_H1 → IFN-γ (unterdrückt Allergien), IL-2

T_H2 → IL-4 (begünstigt Allergien), IL-5, IL-6, IL-13

E 1.3 Das adaptive Immunsystem

▶ **Merke.** An der **Entstehung von Allergien** sind wesentlich die **Interleukine IL-4, IL-5 und IL-13** beteiligt.

Inzwischen ist die Struktur vieler **Allergene** aufgeklärt worden. Die meisten Allergene sind **lösliche Proteine**. Eines der wichtigsten ist das Protein **Der p1** von *Dermatophagoides pteronyssinus*, einer mikroskopisch kleinen Milbe aus dem **Hausstaub** (Abb. E-1.31). Der p1 ist eine Protease, die von der Milbe mit dem Kot abgegeben wird. Die proteolytische Aktivität trägt wesentlich zur Antigenität des Proteins bei. Vermutlich erleichtert sie die Überquerung der Schleimhäute. **Allergien gegen Katzen** richten sich normalerweise gegen das Protein **Fel d1** (*Felis domesticus*), Allergien gegen **Birkenpollen** gegen das Protein **Bet v1** (*Betula verrucosa*).

▶ **Merke.**

Die meisten **Allergene** sind **lösliche Proteine**. Eines der häufigsten Allergene ist das Protein **Der p1** von *Dermatophagoides pteronyssinus*, einer Hausstaubmilbe (Abb. E-1.31). Der p1 ist eine Protease, die von der Milbe mit dem Kot abgegeben wird.

⊙ **E-1.31** Die Hausstaubmilbe Dermatophagoides pteronyssinus und das Allergen Der p1

Hausstaubmilbe
Dermatophagoides pteronyssinus,
Größe: ca. 0,3 mm,
Nahrung: Mensch- und Tierepithelien,
Schimmelpilz u. a.

→ **Allergen:** Der p1, eine Protease vermutlich ein Verdauungsenzym der Milben

(nach Röcken, Taschenatlas der Allergologie, Thieme, 2008)

⊙ **E-1.31**

Allergien zählen offensichtlich zu den Zivilisationskrankheiten. Mitunter wird vermutet, dass sich Allergien primär gegen Verunreinigungen der Luft richten, die sich z. B. auf den Blütenpollen ablagern könnten. Tatsächlich lassen sich aber alle allergischen Reaktionen auch mit hoch gereinigten Proteinen evozieren, bei denen es sich um reine Naturstoffe handelt. Wie ist dann die **dramatische Zunahme der Allergien in den Industrieländern** zu erklären? Derzeit werden **zwei Theorien** diskutiert. Beide Theorien gehen von der Beobachtung aus, dass sich Allergien auf der Basis eines bestimmten Musters von Mediatoren des Immunsystems entwickeln. Beide Theorien lassen vermuten, dass Allergien letztlich ein **Preis der Sauberkeit** sind.

Die **Theorie des gestörten T_H1-T_H2-Gleichgewichts** geht davon aus, dass die Perfektion der hygienischen Bedingungen dazu geführt hat, dass bereits Neugeborene wesentlich seltener von Infektionskrankheiten betroffen sind als noch vor wenigen Jahrzehnten. Insbesondere sind auch **bakterielle Infektionen sehr selten** geworden. Damit **entfällt** im Immunsystem ein wesentlicher **Stimulus zur Entwicklung von T_H1-Zellen**. Bei der Immunantwort auf Antigene wie Hausstaubmilben und Blütenpollen, die weiterhin in großen Mengen auf die Schleimhäute gelangen, **dominieren** also T_H2-**Zellen**. Diese schaffen die Voraussetzungen für eine **generelle Neigung, auf antigene Reize mit Allergien zu reagieren**.

Die **Theorie des Fehlens der Parasiten** macht darauf aufmerksam, dass Wurminfektionen zwar eine ausgeprägte T_H2-Antwort auslösen, bestehende allergische Dispositionen dabei aber gleichwohl abgeschwächt werden. Das Phänomen wird in der Immunologie als Helminth-Paradox (helminth = engl. Wurm) diskutiert. Neuere Untersuchungen lassen vermuten, dass allergische Reaktionen bei Wurminfektionen durch das dabei ausgeschüttete Interleukin **IL-10** unterdrückt werden. IL-10 ist allgemein als **Hemmstoff von Immunreaktionen** bekannt. (Bei den T_H2-Antworten allergischer Reaktionen wird aus nicht hinreichend verstandenen Gründen kein IL-10 produziert.)

Die **dramatische Zunahme der Allergien in den Industrieländern** wird derzeit mit **zwei Theorien** erklärt. Beide Theorien lassen vermuten, dass Allergien letztlich ein **Preis der Sauberkeit** sind.

Die **Theorie des gestörten T_H1-T_H2-Gleichgewichts** besagt, dass der **Rückgang bakterieller Infektionen** zu einem **Mangel an Stimuli zur Entwicklung von T_H1-Zellen** führt. Somit **dominieren** bei der Immunantwort auf Antigene wie Hausstaubmilben und Blütenpollen die **allergiefördernden T_H2-Zellen**.

Die **Theorie des Fehlens der Parasiten** betont, dass Wurminfektionen eine ausgeprägte T_H2-Antwort auslösen und gleichwohl allergische Dispositionen abschwächen. Für diesen Effekt ist offenbar das **IL-10** verantwortlich, das bei parasitischen Infektionen sezerniert wird.

▶ **Klinik.** Wenn diese Vermutungen richtig sind, sollte es möglich sein, eine **Impfung gegen Allergien** zu entwickeln. Tatsächlich wurde in den vergangenen Jahren unter dem Namen **allergenspezifische Immuntherapie (SIT)** ein Verfahren eingeführt, nach dem die Empfindlichkeit eines Patienten durch kontrollierte Stimulation mit dem jeweiligen Allergen reduziert werden kann. Das Verfahren wurde auf rein empirischem Wege gefunden, die molekularen Mechanismen der Therapie sind bislang ungeklärt.

▶ **Klinik.**

1.4 Entzündung

1.4.1 Grundlagen

Auslöser einer Entzündung sind in der Regel Mikroorganismen oder Viren. Entzündungen können aber auch durch Fremdkörper, durch eine Gewebezerstörung oder im Rahmen einer Allergie verursacht werden. Die **klassischen Zeichen einer Entzündung** wurden von dem römischen Arzt Celsus im 1. Jahrhundert n. Chr. definiert:
- Rötung (Rubor)
- Hitze (Calor)
- Schwellung (Tumor)
- Schmerz (Dolor)
- gestörte Funktion (Functio laesa)

Alle diese Anzeichen lassen sich heute durch ein vielfältiges **Wechselspiel von Zellen und Mediatoren** erklären. Man unterscheidet dabei **lokale Reaktionen** (vermehrte Durchblutung, Einwanderung von Leukozyten, Ödembildung) und **allgemeine Entzündungsreaktionen** (Fieber, Kreislaufversagen).

Wie kommt es zur Entzündung? Hier kann man grundsätzlich zwei Wege unterscheiden:
- **Bakterielle Infektionen:** Der Organismus kann molekulare Strukturen, die für viele Bakterien typisch sind, mithilfe verschiedener Rezeptoren erkennen (S. 677). Eine Entzündung wird induziert, sobald derartige **Pathogen-associated molecular patterns (PAMPs)** in einem Gewebe wahrgenommen werden. Die Aktivierung der Rezeptoren führt dazu, dass an den Zelloberflächen neue Proteine exponiert und lösliche **Mediatoren** (S. 715) freigesetzt werden. Beides zusammen löst die Einwanderung von Leukozyten in das infizierte Gewebe aus.
- **Unabhängig von bakteriellen Komponenten** kann eine Entzündung vom **Komplementsystem** ausgelöst werden, z. B. indem das Komplementprotein C3 an einen Fremdkörper bindet (S. 682). Im Verlauf der Aktivierung des Komplementsystems werden u. a. die Polypeptide C3a und C5a gebildet, die chemotaktisch auf Leukozyten wirken.

Einwandernde Leukozyten geben im Entzündungsherd **weitere Mediatoren** ab, die dann für alle weiteren Entzündungsreaktionen verantwortlich sind.

1.4.2 Die Aktivierung der Leukozyten

Bei einer Infektion kommt es zu **Wechselwirkungen der Leukozyten des Blutes mit den Endothelzellen der Blutgefäße**, die letztlich dazu führen, dass Leukozyten die Blutgefäße verlassen und in die umgebenden Gewebe eindringen. Man unterscheidet dabei zwei Phasen:
- **Selektinphase:** Die **Endothelzellen** der Blutgefäße exponieren u. a. Toll-like-Rezeptoren (TLR), durch die sie von charakteristischen Bestandteilen der verschiedensten Bakterien, z. B. dem Lipopolysaccharid (LPS) der äußeren Schicht gramnegativer Bakterien, gereizt werden können. Auf diesen Reiz reagieren Endothelzellen mit der Exposition von **Selektinen** an ihrer Oberfläche. (In den Endothelzellen wird insbesondere die Exposition von E- und P-Selektinen induziert.) Die Selektine sind **Rezeptorproteine mit einer Affinität zu bestimmten Oligosaccharide**. Tatsächlich ermöglichen sie nun die Bindung von **Leukozyten**, die mit dem Blut durch die Gefäße gespült werden. Die Leukozyten exponieren nämlich an ihrer Oberfläche stets Glykoproteine, deren **Oligosaccharidseitenketten** passende Liganden für Selektine sind. Unter Vermittlung ihrer Glykoproteine bleiben nun Leukozyten **selektiv** an den Selektinen der Endothelzellen haften. Hier rollen sie zunächst langsam auf deren Oberfläche (Abb. **E-1.32**).
- **Integrinphase:** Integrine sind Proteine, die in der Plasmamembran der Leukozyten verankert sind. Sie bestehen aus einer α- und einer β-Kette. An der Oberfläche der Endothelzellen erkennen sie das Protein **ICAM-1**. Die Bindung der Integrine an ICAM-1 leitet die Integration der Leukozyten in die Schicht der Endothelzellen ein sowie die Überquerung der Endothelschicht einschließlich der Basalmembran (Abb. **E-1.32**). Der gesamte Prozess wird als **Diapedese** bezeichnet. Durch Blockierung einzelner Untereinheiten der Integrine kann die Diapedese verhindert werden.

E-1.32 Leukozytenadhäsion am Endothel und Diapedese

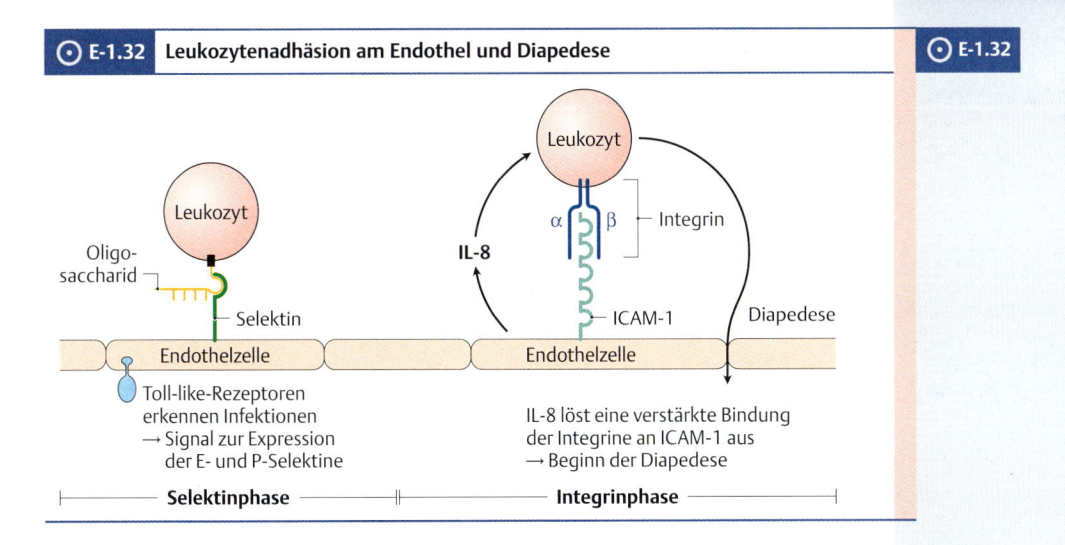

Toll-like-Rezeptoren erkennen Infektionen → Signal zur Expression der E- und P-Selektine

IL-8 löst eine verstärkte Bindung der Integrine an ICAM-1 aus → Beginn der Diapedese

Selektinphase — **Integrinphase**

▶ **Klinik.**
- In der Therapie der Multiplen Sklerose wird neuerdings der monoklonale Antikörper Natalizumab verwendet, der gegen eine Integrin-α-Untereinheit gerichtet ist und die Einwanderung von Leukozyten in das neuronale Gewebe verhindert.

▶ **Merke.** **Pathogene induzieren** an der Oberfläche der Endothelzellen **die Exposition von Selektinen**, die der Bindung von Leukozyten dienen. Die Selektine erkennen dabei bestimmte Oligosaccharide der Leukozytenoberfläche. Bei der anschließenden Diapedese spielen **Integrine** der Leukozyten eine wesentliche Rolle.

Parallel induzieren die Pathogene auch die Sekretion von Mediatoren. Auch in diesem Fall spielen TLR u. a. Rezeptoren des angeborenen Immunsystems eine entscheidende Rolle in der Wahrnehmung der Pathogen-associated molecular patterns. Einer der wichtigsten Entzündungsmediatoren mit lokaler Wirkung ist das Zytokin **IL-8**. Es wird von infizierten Epithelien u. a. Geweben freigesetzt und hat zwei wesentliche Funktionen:
- IL-8 **lockt Leukozyten** an, löst also **Chemotaxis** aus und wird deshalb zur Gruppe der **Chemokine** gezählt.
- Es **erleichtert die Diapedese**: Es bindet an Rezeptoren der Leukozyten und löst eine Signalkaskade aus, die zu einer Konformationsänderung in den Integrinen führt. Dabei wird die Affinität der Integrine zu ICAM-1 erhöht, sodass Leukozyten leichter von den Endothelien festgehalten werden können.

▶ **Merke.** Eine Infektion von Epithelien hat stets eine Ausschüttung von IL-8 zur Folge. IL-8 ist dann wesentlich an der Auslösung einer Einwanderung von Leukozyten beteiligt.

Leukozyten sind zudem mithilfe ihrer Formylpeptidrezeptoren in der Lage, bakterielle Peptide zu erkennen, was ihnen im Anschluss an die Diapedese das Auffinden der Bakterien erleichtert.

1.4.3 Die Leukozyten im Entzündungsherd

Neutrophile Granulozyten

In einem Entzündungsherd sind es neben anderen Leukozyten vor allem **neutrophile Granulozyten**, die durch Diapedese (Durchquerung des Endothels und der Basalmembran) die Gefäße verlassen und in die umgebenden Gewebe einwandern. Aufgrund ihres charakteristischen segmentierten Zellkerns werden sie auch als polymorphkernige Granulozyten bezeichnet (Abb. **E-1.33**). Sie bilden den größten Teil des Eiters. Ihre Aufgabe besteht primär darin, Mikroorganismen aufzunehmen und abzutöten.

E-1.33 Neutrophiler Granulozyt

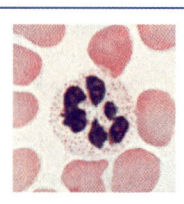

(aus Kühnle, Tachenatlas Histologie, Thieme, 2008)

Bei ihrer Wanderung durch die Gewebe folgen neutrophile Granulozyten Konzentrationsgradienten verschiedener Lockstoffe, die eine **Chemotaxis** vermitteln. Die Lockstoffe binden im typischen Fall an G-Protein-gekoppelte Rezeptoren (S. 561), die an der Zelloberfläche der Granulozyten exponiert werden:
Die meisten Lockstoffe des Immunsystems sind **Chemokine** (chemotaktisch wirkende Zytokine). Alle Chemokine sind kleine Proteine mit ähnlicher Tertiärstruktur. Mehrere Dutzend Chemokine wurden identifiziert, das bekannteste Chemokin ist das **IL-8**. Chemokine werden von Endothelzellen und von den Zellen des Immunsystems abgegeben. Chemotaktisch wirken auch die Polypeptide **C 3a** und **C 5a** (S. 684), die bei der Aktivierung des Komplementsystems entstehen, das **Leukotrien LTB$_4$** (aus dem Stoffwechsel der Arachidonsäure (S. 649)) sowie die **Formylpeptide** (S. 677), welche von Bakterien freigesetzt werden.

Die Lockstoffe binden an G-Protein-gekoppelte heptahelikale Rezeptoren. Auf diese Weise wirken:

- Chemokine (u. a. IL-8),
- **C 3a** und **C 5a** des Komplementsystems,
- Leukotrien LTB4 und
- **Formylpeptide**, die von Bakterien freigesetzt werden.

Pathogenabbau in den Phagosomen

Pathogene werden in Phagosomen abgetötet durch:
- Defensine,
- Proteasen,
- reaktive Sauerstoffspezies (ROS),
- und reaktive Stickstoffspezies (RNS).

Pathogenabbau in den Phagosomen

Pathogene und Partikel organischer Stoffe, die von neutrophilen Granulozyten aufgenommen worden sind, werden in vielen Fällen bereits in den Phagosomen abgetötet bzw. chemisch modifiziert. An diesen Prozessen sind verschiedene Moleküle beteiligt:
- Defensine (S. 675),
- verschiedene Proteasen,
- reaktive Sauerstoffspezies (ROS),
- und reaktive Stickstoffspezies (RNS).

Die Plasmamembran und die Membran der Endosomen der neutrophilen Granulozyten und der Makrophagen enthält eine **NADPH-Oxidase** (Abb. **E-1.34**). Diese ist aus fünf bis sechs Untereinheiten aufgebaut und vermittelt eine Übertragung einzelner Elektronen auf molekularen Sauerstoff (O_2). Dabei entsteht das **Superoxidanion** O_2^-. Dieses exponiert ein ungepaartes Elektron und ist damit ein Sauerstoffradikal. Es ist überaus reaktiv, nicht zuletzt gegenüber organischen Verbindungen, deshalb allerdings auch entsprechend kurzlebig. Ein erheblicher Teil des O_2^- wird mit Hilfe der weit verbreiteten Superoxiddismutase durch Reaktion mit 2 H^+ in **H_2O_2 (Wasserstoffperoxid)** umgesetzt. H_2O_2 ist kein Radikal und auch deutlich stabiler als das O_2^-, aber ebenfalls ein aggressives Oxidationsmittel. Die von Pathogenen ausgelöste massive Produktion der reaktiven Sauerstoffspezies O_2^- und H_2O_2 wird international als „respiratory burst" bezeichnet.

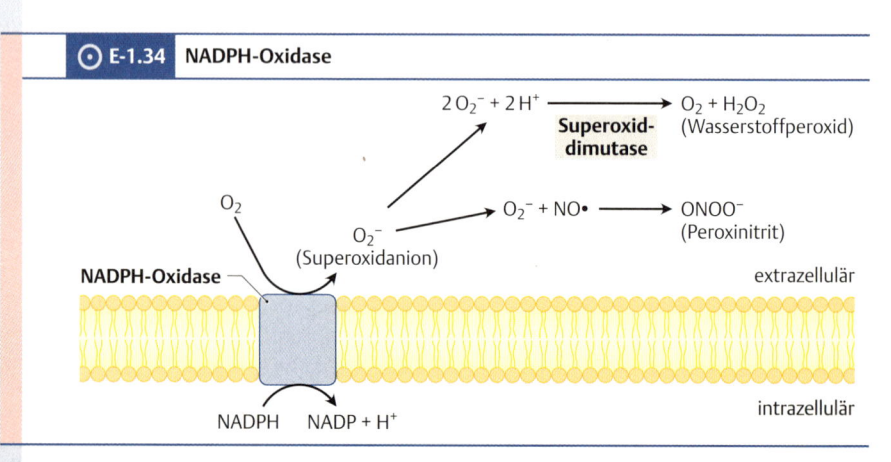

Die **NADPH-Oxidase** katalysiert eine Bildung des **Superoxidanions O_2^-**:
O_2^- ist ein Sauerstoffradikal. In Gegenwart von 2 H^+ kann ausgehend von O_2^- **Wasserstoffperoxid (H_2O_2)** entstehen. H_2O_2 ist kein Radikal, aber ein gutes Oxidationsmittel.

E-1.34 NADPH-Oxidase

$$2\,O_2^- + 2\,H^+ \xrightarrow{\text{Superoxiddismutase}} O_2 + H_2O_2 \text{ (Wasserstoffperoxid)}$$

$$O_2^- + NO^\bullet \longrightarrow ONOO^- \text{ (Peroxinitrit)}$$

$O_2 \rightarrow O_2^-$ (Superoxidanion)

NADPH-Oxidase

extrazellulär

intrazellulär

NADPH → NADP + H^+

Parallel kann O$_2^-$ auch mit Stickoxid (NO) (S. 656) reagieren, welches in den Zellen von verschiedenen NO-Synthasen ausgehend von Arginin gebildet wird. Dabei entsteht **Peroxinitrit ONOO$^-$**, die wichtigste reaktive Stickstoffspezies. Auch dieses ist kein Radikal, aber erneut ausgesprochen reaktiv. Bei Entzündungen wird in den neutrophilen Granulozyten und Makrophagen die **induzierbare NO-Synthase** (NOS$_2$ = iNOS) gebildet, die dann in großem Umfang NO für die Peroxinitrit-Synthese zur Verfügung stellt. O$_2^-$, H$_2$O$_2$ und Peroxinitrit sind im Immunsystem für die Abtötung der Pathogene von fundamentaler Bedeutung.

Parallel kann O$_2^-$ auch mit Stickoxid (NO) reagieren, dabei entsteht **Peroxinitrit (ONOO$^-$)**. Bei der Abtötung der Pathogene sind O$_2^-$, H$_2$O$_2$ und Peroxinitrit von fundamentaler Bedeutung.

Monozyten und Makrophagen

Neue Studien haben erst kürzlich (2015) gezeigt, dass sich die meisten **Makrophagen** der Gewebe nicht aus Monozyten des Blutes entwickeln (und damit letztlich ausgehend von hämatopoetischen Stammzellen des Knochenmarks), sondern aus Zellen, die sich in einer frühen Phase der Embryogenese separat im Dottersack differenzieren und bereits im Embryo die Gewebe besiedeln. Nach der Geburt wandern **Monozyten** in größerem Umfang nur **bei Entzündungsprozessen in die betroffenen Gewebe** ein. Sie entwickeln sich dort zu **Makrophagen**, die sich von den bereits vorhandenen Makrophagen kaum unterscheiden. In jedem Fall haben die Makrophagen entscheidende Funktionen in der **Aktivierung und in der Regulation des Immunsystems**. Makrophagen nehmen Pathogene und Partikel auf und sind dann in der Lage, Abbaufragmente der enthaltenen **Proteine mit Hilfe von MHC-Klasse II-Komplexen** (S. 699) **an ihrer Zelloberfläche zu exponieren** (Abb. **E-1.25**).

Monozyten und Makrophagen

Makrophagen haben entscheidende Funktionen in der Aktivierung des Immunsystems. Makrophagen nehmen Pathogene auf und können dann Abbaufragmente der enthaltenen Proteine mit Hilfe von MHC-Klasse II-Komplexen an ihrer Zelloberfläche exponieren.

▶ **Merke.** Makrophagen und dendritische Zellen sind (neben den B-Zellen) die wichtigsten antigenpräsentierenden Zellen des Immunsystems.

▶ **Merke.**

Wichtig sind die Makrophagen dann vor allem als Quelle von Zytokinen. U.a. sezernieren sie die drei wichtigsten systemisch wirkenden **Entzündungsmediatoren IL-1β, IL-6 und TNFα** (TNF = Tumornekrosefaktor, der Name ist aber nur von historischer Bedeutung). IL-1β, IL-6 und TNFα wirken weitgehend synergistisch (Tab. **E-1.4**).

Makrophagen sezernieren u. a. die drei wichtigsten systemisch wirkenden **Entzündungsmediatoren IL-1β, IL-6 und TNFα**.

≡ E-1.4 Zielorgane und Funktionen der Entzündungsmediatoren IL-1β, IL-6 und TNFα

Zielorgan	Funktion
Hypothalamus	Auslösung von **Fieber**
Leber	Bildung der „**Akute-Phase-Proteine**", die bei Infektionskrankheiten in hoher Konzentration an das Blut abgegeben werden, z. B. Komplementproteine, C-reaktives Protein (CRP), Fibrinogen
Knochenmark	vermehrte Bildung von **Leukozyten**
Blutgefäße	▪ lokal **vermehrte Durchblutung** und **Ödembildung** (→ Rubor, Calor, Tumor) ▪ bei Sepsis Ursache von **Kreislaufversagen** (das Blut „versackt" in den peripheren Geweben, s. a. folgenden Text „Klinik")

≡ E-1.4

In extremem Ausmaß wird eine Freisetzung von Zytokinen von einigen RNA-Viren (S. 494) verursacht, u. a. vom **Ebola-Virus**. Während einer Epidemie, die Ende 2013 in Westafrika ausgebrochen war, starben an den Folgen der Infektion bis zum Frühjahr 2015 nahezu 10.000 Menschen. Die Viren vermehren sich primär in dendritischen Zellen (S. 693), Monozyten und Makrophagen (S. 700) sowie in Endothelzellen. Eine effiziente Immunantwort ist insbesondere durch den Befall der dendritischen Zellen erschwert. Die in Reaktion auf die Viren von den Makrophagen freigesetzten Zytokine, u. a. IL-1β, IL-6 und TNFα, verursachen nicht nur ein hohes Fieber, sondern sie tragen auch wesentlich dazu bei, dass sich erhebliche Defekte in den Wänden der Blutgefäße entwickeln. Die Folge sind Blutungen in vielen Organsystemen (**hämorrhagisches Fieber**). Die Patienten sterben dann an septischem Schock in Verbindung mit multiplem Organversagen.

In extremem Umfang werden Zytokine in Reaktion auf das **Ebola-Virus** freigesetzt. Die Zytokine verursachen ein hämorrhagisches Fieber.

▶ Klinik.

▶ Klinik. Die **Sepsis** (sog. „Blutvergiftung") ist auch heute noch eine der großen Herausforderungen der Infektiologie. Bei einer Sepsis ist eine **Infektion** nicht mehr lokal begrenzt, sondern es ist der **gesamte Organismus** betroffen (systemic inflammatory response syndrome, SIRS). Dabei werden in großen Umfang die Monozyten und die Makrophagen des Körpers aktiviert, und es kommt zu einer **massiven Freisetzung von Zytokinen**, u. a. von IL-1β, IL-6 und TNFα. Die Konsequenz ist eine Erweiterung der peripheren Gefäße sowie eine erhöhte Permeabilität der Gefäßwände und eine Freisetzung von Blutplasma in die umgebenden Gewebe. Leicht kann sich ein septischer Schock (Kreislaufversagen) entwickeln, oft verbunden mit intravasaler Blutgerinnung und Bildung kleiner Thrombosen, die zu einer gefährlichen Minderdurchblutung der Organe führen.

Wenn sich eine Sepsis entwickelt, ist eine sichere Früherkennung und eine sofortige intensivmedizinische Betreuung essenziell. In Deutschland erkranken jedes Jahr etwa 150.000 Menschen an einer Sepsis, in etwa einem Drittel der Fälle mit Todesfolge.

1.5 Tumorimmunologie

1.5 Tumorimmunologie

Tumorzellen bestehen überwiegend aus den gleichen Molekülen wie das gesunde Gewebe. Das erschwert es dem Immunsystem, Tumorzellen zu erkennen.

Dennoch kann das Immunsystem auf eine Krebserkrankung reagieren. Dabei folgt es den gleichen Strategien wie bei der Abwehr von Mikroorganismen.

Maligne (bösartige) Tumoren sind Gewebe, die sich aufgrund einer mangelnden Kontrolle des Zellzyklus entwickeln – siehe dazu Molekulare Onkologie (S. 538). Anders als Bakterien, Viren und Parasiten bestehen Tumorzellen überwiegend aus den gleichen Proteinen, Lipiden und Kohlenhydraten wie das gesunde Gewebe. Das erschwert es dem Immunsystem, Tumorzellen zu erkennen. Dennoch kann das Immunsystem auf eine Krebserkrankung reagieren. Letztlich folgt es dabei weitgehend den gleichen Strategien wie bei der Abwehr von Mikroorganismen. Lange Zeit war es in der immunologischen Forschung ungeklärt, in welchem Maße das Immunsystem dabei erfolgreich sein kann. Erst in jüngster Zeit ist deutlich geworden, dass eine spezifische und erfolgreiche Immunantwort auf entartete Zellen möglich ist. Auch die Mechanismen die dafür verantwortlich sind, dass entartete Zellen mitunter dennoch eine Tumorerkrankung verursachen können, werden immer besser verstanden. Inzwischen werden auch Strategien entwickelt um die Effizienz des Immunsystems in derartigen Fällen zu steigern, so dass eine Eliminierung der Tumorzellen möglich wird.

1.5.1 Tumor-spezifische und Tumor-assoziierte Antigene

Krebszellen entstehend aufgrund zahlreicher Mutationen im Genom.

Die entscheidende Ursache der Krebsentstehung (Karzinogenese) sind Mutationen in der DNA des Zellkerns. Es ist inzwischen möglich, das Genom von Tumorgewebe vollständig zu sequenzieren und mit dem Genom des gesunden Gewebes desselben Individuums zu vergleichen. Dabei zeigt sich, dass sich die Genome oft in mehreren tausend Positionen voneinander unterscheiden. Die meisten Mutationen haben keine gravierenden Konsequenzen. Nur ein kleiner Teil der Mutationen (S. 539) ist für die Karzinogenese verantwortlich. In jedem Fall sind jedoch die Aminosäuresequenzen mehrerer Proteine verändert.

In Tumorzellen präsentieren auf ihrer Oberfläche andere Proteine als nicht entartete Zellen. Man unterscheidet:

Tumorzellen exponieren, mit Hilfe von MHC-Klasse I-Komplexen, andere Antigene auf ihrer Zelloberfläche als nicht entartete Zellen:
- **Tumor-spezifische Antigene (TSA):** durch Mutationen veränderter Proteine.
- **Tumor-assoziierte Antigene (TAA):** Proteine mit unveränderter Aminosäuresequenz, die durch Fehlregulation der zellulären Prozesse gesteigert synthetisiert werden.

- **Tumor-spezifisches Antigen** (TSA): Unabhängig von ihrer biochemischen Funktion unterliegen durch **Mutationen veränderte Proteine** dem regelmäßigen Kreislauf von Abbau und Neusynthese in der Zelle. Viele werden früher oder später von Proteasomen abgebaut und einige der dabei entstehenden Peptidfragmente werden an der **Oberfläche der Zellen** von MHC-Klasse I-Komplexen exponiert (Abb. **E-1.26**). Damit erhält das Immunsystem eine Möglichkeit, auf sie zu reagieren.
- **Tumor-assoziierte Antigene (TAA):** In der Regel kommt es in den entarteten Zellen aufgrund der fehlgeleiteten Regulationsmechanismen zu einer erheblich **gesteigerten Synthese** einiger Proteine, deren Aminosäuresequenz zwar **unverändert** ist, aber deren Peptidfragmente vermehrt an der **Zelloberfläche exponiert** werden. Die Peptidfragmente, mitunter auch die vollständigen Proteine, können dann als **Tumor-assoziierte Antigene (TAA)** ebenfalls vom Immunsystem erkannt werden.

Dendritische Zellen: Die Etablierung einer effizienten Immunantwort erfordert eine Aufnahme der relevanten Antigene durch Dendritische Zellen und eine **Präsentation der Antigene** an deren Oberfläche unter Vermittlung von MHC-Klasse II-Komplexen. Die Dendritischen Zellen aktivieren dann die **T-Zellen**, die für die **Bekämpfung des Tumors** benötigt werden. Bislang ist nicht befriedigend geklärt, wie entartete Zellen von Dendritischen Zellen erkannt werden. Man nimmt an, dass einige **Tumorzellen** aufgrund der zahlreichen Mutationen absterben und die **freigesetzten Zellbestandteile** von Dendritischen Zellen aufgenommen werden. Die Vermutung ist nahe liegend, dass eine mangelhafte Einbeziehung Dendritischer Zellen bei Tumorerkrankungen ein wesentlicher Grund für die oft unzureichende Reaktion des Immunsystems ist. Seit vielen Jahren wird deshalb versucht, diesen Prozess zu erleichtern. Die klinisch beobachteten Ergebnisse waren bislang aber weitgehend enttäuschend.

▶ **Klinik.** **Tumorzellen der Prostata** exponieren oft eine bestimmte **Phosphatase** (Prostata-spezifische saure Phosphatase, **PAP**) als Tumor-assoziiertes Antigen. Unter dem Namen **Sipuleucel-T** wurde ein künstlich hergestelltes Fusionsprotein entwickelt, welches aus dieser Phosphatase zusammen mit dem Zytokin GM-CSF besteht. Zur Therapie werden aus dem Blut der Patienten Dendritische Zellen isoliert, im Labor mit dem Fusionsprotein inkubiert und dann den Patienten injiziert (**Dendritic cell therapy**). Sofern die Tumorzellen die Phosphatase in großen Mengen synthetisieren, entwickelt sich daraufhin eine deutliche Immunantwort. Das Verfahren wurde in den USA im Jahr 2010 als erste Immunisierung gegen einen bereits bestehenden Tumor zugelassen. Die Effizienz des Verfahrens ist allerdings begrenzt.

1.5.2 Immune surveillance und Cancer Immunoediting

Der australische Arzt und Immunologe Frank Macfarlane Burnet (1899–1985) hat eine Theorie der **Immunüberwachung (Immune surveillance)** propagiert, nach der neu entstandene entartete Zellen in der Regel rechtzeitig vom Immunsystem erkannt und eliminiert werden. Bis heute ist nicht bekannt, in welchem Umfang eine Tumorbildung auf diese Weise tatsächlich verhindert wird.

Es hat sich aber bestätigt, dass entstandene Tumorzellen offenbar in vielen Fällen eine hinreichende Zahl von Antigenen exponieren, die vor allem zwei Reaktionen des Immunsystems auslösen:

- **Aktivierung zytotoxischer T-Zellen:** MHC-gebundene Tumor-spezifische Antigene werden von CD8$^+$-zytotoxischen T-Zellen erkannt. Diese töten die Tumorzellen mit Hilfe von Perforin und Granzymen oder unter Vermittlung des Fas-Liganden (S. 701) ab.
- **Bildung von Antikörpern:** Tumor-spezifische Antigene können auch eine Bildung von Antikörpern auslösen, welche an die Antigene auf der Oberfläche der Tumorzellen binden. Die Tumorzellen werden dann entweder über den klassischen Weg der Komplementaktivierung (S. 681) abgetötet, oder von NK-Zellen (S. 702) – natürlichen Killerzellen. Auch Makrophagen können Tumorzellen abtöten.

Sobald sich eine Tumorzelle vermehrt hat, können in den Tochterzellen weitere Mutationen auftreten. Diese ermöglichen nun eine Evolution der Tumorzellen: Zellen, die forciert antigen wirkende Proteine exponieren, werden vom Immunsystem abgetötet. Zellen hingegen, die vom Immunsystem schlechter erkannt werden, haben eine größere Überlebenschance. Im einfachsten Fall verliert die Tumorzelle aufgrund zusätzlicher Mutationen die Fähigkeit, Antigene an MHC-Komplexen an der Oberfläche zu exponieren. Derartige Tumorzellen können sich damit dem Zugriff des Immunsystems besonders leicht entziehen. Der amerikanische Immunologe Robert David Schreiber prägte für diesen Prozess, in dem die Tumorzellen ihre antigenen Eigenschaften weitgehend verlieren, den Begriff „**Cancer Immunoediting**". In einem Tumorgewebe lassen sich oft viele unterschiedliche Zellen des Immunsystems nachweisen. Aufgrund des Immunoediting können die Tumorzellen aber dennoch überleben.

Dendritische Zellen: Bei der Entwicklung einer Immunantwort auf Tumorzellen ist eine Beteiligung **Dendritischer Zellen** erforderlich. Bislang ist ungeklärt, wie Tumorzellen von den Dendritischen Zellen erkannt werden.

▶ **Klinik.**

1.5.2 Immune surveillance und Cancer Immunoediting

Das Konzept einer Abtötung neu entstandener Tumorzellen im Rahmen einer Immunüberwachung (**Immune surveillance**) wurde von Frank Macfarlane Burnet entwickelt.

Neuere Forschungen haben gezeigt, dass Tumorzellen vor allem von zytotoxischen T-Zellen und von NK-Zellen abgetötet werden können. Antikörper ermöglichen eine Komplement-vermittelte Abtötung.

Durch zusätzliche Mutationen können Tumorzellen schrittweise ihre wichtigsten antigenen Eigenschaften verlieren. Dieser Prozess wird als **Cancer Immunoediting** bezeichnet.

Strategien zur Verstärkung der Immunreaktion

Ansätze zur Verstärkung der Immunreaktionen auf Tumorzellen folgen vor allem zwei Strategien:

Identifizierung und Selektion geeigneter Antigene: Durch Sequenzierung sind **Tumorspezifische Antigene (TSA)** bei definierten Tumorerkrankungen einzelner Patienten identifiziert worden. Diese sollen zur Immunisierung benutzt werden.

Checkpoint-Blockade: Die Rezeptorproteine **CTLA4** und **PD1** werden an der Oberfläche zytotoxischer T-Zellen exprimiert. Binden sie an ihre Liganden wird dadurch die Aktivierung der Zellen verhindert. Es wurden monoklonale Antikörper entwickelt, die an diese regulatorisch wichtigen Rezeptorproteine binden und dadurch die Aktivität der zytotoxischen T-Zellen massiv verstärken.

Strategien zur Verstärkung der Immunreaktion

Die große Herausforderung für die Tumorimmunologie besteht nun darin, die vorhandene, aber aufgrund des Cancer Immunoediting viel zu schwache Immunantwort erneut zu aktivieren und zu verstärken. Es zeichnen sich derzeit zwei Strategien ab, die es ermöglichen könnten, dieses Ziel tatsächlich zu erreichen:

Identifizierung und Selektion geeigneter Antigene: Tumor-spezifische Antigene (TSA), die aufgrund von Mutationen in einer Tumorzelle neu entstanden sind, werden sich zunehmend durch Sequenzierung ermitteln lassen. Dazu werden – im Sinne einer personalisierten Tumortherapie – die Genome des jeweiligen Tumors und des gesunden Gewebes miteinander verglichen. Von großer Bedeutung ist dabei die Möglichkeit, mit Hilfe bereits verfügbarer Computerprogramme die Segmente der Proteine zu identifizieren, die besonders effizient von MHC-Proteinen gebunden und präsentiert werden können. Grundsätzlich ist es möglich, daraufhin nach automatisierten Verfahren mehrere Peptide zu synthetisieren, die dann zu einer hochspezifischen Immunisierung des Patienten verwendet werden können. Entsprechend können auch Immunisierungen gegen bereits bekannte Tumor-assoziierte Antigene (TAA) entwickelt werden.

Checkpoint-Blockade (Kontrollpunktblockade): Unter diesem Stichwort wurde eine Immuntherapie entwickelt, mit deren Hilfe es in jüngster Zeit erstmals möglich wurde, bei einer beachtlichen Zahl von Patienten mit fortgeschrittenen Tumorerkrankungen eine dramatische Verbesserung zu erreichen. Wenn zytotoxische T-Zellen eine Tumorzelle erkennen, kommt es zunächst zu **Wechselwirkungen** zwischen dem **T-Zellrezeptor** der T-Zelle und dem **Antigen**, welches vom MHC-Komplex der Tumorzelle präsentiert wird (ähnlich wie bei der Erkennung eines Virus-kodierten Antigens, Abb. **E-1.26**). Die **zytotoxischen T-Zellen** werden dann im Verlauf mehrerer Schritte **aktiviert**. Dabei können einzelne Schritte – an definierten Checkpoints – beschleunigt oder auch vollständig gehemmt werden. T-Zellen exponieren unterschiedliche Rezeptorproteine, die in diesem Zusammenhang eine entscheidende regulatorische Funktion haben. So vermittelt die **Komplexbildung** aus **CD40** und **CD40L** eine **zusätzliche Stimulation** der T-Zellen (vergl. Abb. **E-1.25**). Andere Proteine wirken hingegen inhibitorisch: Sowohl T-Helferzellen als auch zytotoxische T-Zellen exponieren an ihrer Oberfläche das Rezeptorprotein **CTLA4** (Cytotoxic T-lymphocyte-associated antigen 4). Wenn CTLA4 an die Proteine CD80 (B7–1) oder CD86 (B7–2) bindet, wird die **Aktivierung der T-Zelle** daraufhin **verhindert**. Eine ähnliche Funktion hat das Protein **PD1** (Programmed cell death protein 1, Abb. **E-1.35**). Es bindet den Liganden PDL1 (CD274). Dieses Protein wird als Folge des Cancer Immunoediting von vielen Tumorzellen exponiert und **verhindert durch Bindung an PD1 die Aktivierung der zytotoxischen T-Zellen**. Zu den interessantesten aktuellen Entwicklungen der Onkologie gehört die Entwicklung monoklonaler **Antikörper, die CTLA4 bzw. PD1 blockieren** und damit die von diesen Proteinen vermittelte Immunsuppression verhindern.

Es besteht derzeit die begründete Hoffnung, mit Hilfe von Antikörpern gegen Proteine wie CTLA4 und PD1 die Blockade der Immunantwort gegen viele Tumorzellen erfolgreich aufheben zu können. Es ist nahe liegend, nun in klinischen Studien der Frage nachzugehen, ob dieses Prinzip mit den bereits etablierten Verfahren der Immunisierung kombiniert werden kann.

⊙ **E-1.35** PDL 1 (CD274) und PD1

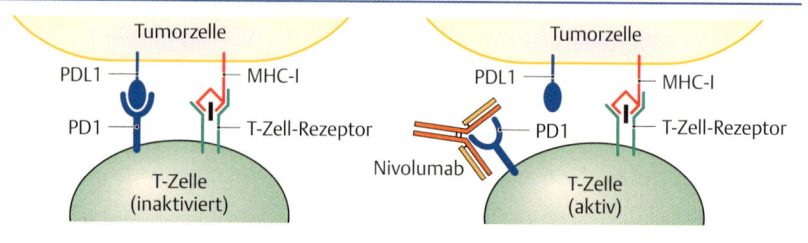

a Durch Expression von PDL 1 (CD274) können Tumorzellen die Aktivierung von T-Zellen verhindern. Dabei bindet PDL 1 an das T-Zell eigene Oberflächenprotein PD1 (Programmed cell death protein 1). **b** Um zu unterbinden, dass Tumorzellen die Aktivierung von T-Zellen verhindern, wurden Antikörper gegen PD1 (z. B. Nivolumab) entwickelt. Die Antikörper binden an PD1 und verhindern so die Interaktion zwischen PDL 1 und PD1. Die T-Zelle kann also aktiviert werden.

▶ Klinik. Eine **Anti-CTLA4-Therapie** wurde erstmals 2010 zur Behandlung metastasierender Melanome zugelassen: Der Antikörper **Ipililumab** ist ein monoklonaler humaner IgG1-Antikörper mit einer Spezifität für CTLA4. Die normalerweise von CTLA4 vermittelte Immunsuppression wird von Ipililumab mit hoher Effizienz verhindert. Therapeutisch zeigt Ipililumab eine überraschend gute Wirkung. Es besteht die Hoffnung, dass einige Patienten auf diesem Wege dauerhaft geheilt werden können. Die Therapie ist allerdings mit massiven Nebenwirkungen verbunden.

Eine noch höhere Aktivität bei deutlich geringeren Nebenwirkungen lässt sich mit dem neueren Antikörper **Nivolumab** erzielen, der den Rezeptor **PD1** blockiert. Einer beachtlichen Zahl von Patienten wurde inzwischen mit dieser Therapie bereits seit mehr als drei Jahren ein Überleben ermöglicht (Stand der Angaben: 2015). In der klinischen Prüfung befindet sich derzeit auch ein Antikörper gegen PDL 1, den Liganden des PD1. Die ersten Beobachtungen sind ebenfalls ermutigend.

▶ Klinik.

Antikörper-Therapie als Standardverfahren der Tumortherapie

Sowohl die Immunisierung gegen Tumor-spezifische Antigene als auch das Prinzip der Checkpoint-Blockade befinden sich noch weitgehend in einem experimentellen Stadium. Gleichzeitig ist die Verwendung verschiedener anderer Antikörper im klinischen Alltag bereits seit vielen Jahren ein fester Bestandteil mehrerer Standardverfahren. Derzeit (2015) sind bereits 13 unterschiedliche monoklonale Antikörper für die Tumortherapie zugelassen, eine große Zahl weiterer Antikörper befindet sich in der Entwicklung oder in der klinischen Prüfung. Antikörper können eine gezielte Abtötung der Tumorzellen auslösen (z. B. Rituximab), primär die Wirkung eines Wachstumsfaktors unterbinden (z. B. Trastuzumab) oder als Angiogenese-Hemmer wirken (z. B. Bevacizumab).

Antikörper-Therapie als Standardverfahren der Tumortherapie
Eine Verwendung monoklonaler Antikörper zählt inzwischen zu den Standardverfahren des klinischen Alltags. Beispiele sind: Rituximab, Trastuzumab und Bevacizumab.

▶ Klinik. Der monoklonale Antikörper **Rituximab** war 1997 der erste monoklonale Antikörper, der in den USA zur Therapie bei einer Tumorerkrankung zugelassen wurde. Der Antikörper richtet sich gegen das Protein **CD20** der B-Zellen und ermöglicht eine effiziente und spezifische Eliminierung aller CD20-positiven B-Zellen, die sich bei einem B-Zell-Lymphom vermehrt haben. Für den Effekt sind zum einen Makrophagen und NK-Zellen verantwortlich, andererseits kommt es auch zu einer Aktivierung des klassischen Weges der Komplementaktivierung.

Trastuzumab (Herceptin) ist ein bei bestimmten Formen des Mammakarzinoms eingesetzter monoklonaler Antikörper, der sich gegen das Membranprotein HER2 richtet, welches in etwa 25 % aller Mammakarzinome verstärkt synthetisiert wird. **HER2** ist ein **Rezeptor für den Epidermalen Wachstumsfaktor EGF**. Der Antikörper Trastuzumab verhindert die Bindung des EGF und damit dessen Wachstums- und Teilungssignal.

Bevacizumab (Avastin) bindet spezifisch an den Wachstumsfaktor VEGF und hemmt dadurch die Bildung neuer Blutgefäße im Tumorgewebe (Hemmung der Angiogenese).

▶ Klinik.

Letztlich sollte es das Ziel der medizinischen Grundlagenforschung sein, Verfahren zu erarbeiten, die bereits die Entstehung einer Tumorerkrankung verhindern. Dieses Ziel ist zumindest in Bezug auf den Gebärmutterhalskrebs (Zervixkarzinom) weitgehend erreicht worden. Nachdem die entscheidende **Rolle der humanen Papillomaviren (HPV)** bei der Entstehung dieser Tumorart erkannt worden war, ist am Deutschen Krebsforschungszentrum, DKFZ, in Heidelberg in der Arbeitsgruppe von Harald zur Hausen (*1936, Nobelpreis 2008) eine effektive Impfung gegen diese Viren (S. 546) entwickelt worden. Es zeichnet sich ab, dass mit diesem immunologischen Verfahren tatsächlich eine effiziente Prävention gegen eine bestimmte Tumorerkrankung möglich ist.

Zur Verhinderung der Entstehung eines **Zervixkarzinoms** ist eine **Impfung gegen die auslösenden humanen Papillomviren (HPV)** möglich.

1.6 Mediatoren des Immunsystems

Im Immunsystem wird die Kommunikation zwischen den Zellen und Geweben sowohl von membranständigen Rezeptorproteinen als auch von löslichen Signalstoffen vermittelt. Die löslichen Signalstoffe des Immunsystems werden auch „**Mediatoren**" genannt. Überwiegend handelt es sich dabei um Proteine aus der großen Gruppe der **Zytokine**.

1.6 Mediatoren des Immunsystems

Mediatoren sind lösliche Signalstoffe. Die meisten Mediatoren des Immunsystems sind Proteine aus der Gruppe der Zytokine.

E 1 Molekulare Immunologie

Zytokine sind lösliche Proteine, die nicht zu den Hormonen gezählt werden, die aber gleichwohl als Signalstoffe dienen. Zu den Zytokinen zählt man traditionell insbesondere alle Interleukine, Tumornekrosefaktoren, Interferone, koloniestimulierende Faktoren und Chemokine. Eine eindeutige Definition der Gruppe der Zytokine hat sich aber bislang nicht durchgesetzt.

1.6.1 Interferone (IFN)

Interferon-α und Interferon-β (**IFN-α und IFN-β**) werden vor allem **von virusinfizierten Zellen** gebildet und **sezerniert**. Sie binden an Interferonrezeptoren derselben Zelle und der möglicherweise noch nicht infizierten Nachbarzellen und lösen eine Signalkaskade über den JAK/STAT-Weg (S. 578) aus, sodass mehrere Transkriptionsfaktoren aktiviert werden, die für Immunreaktionen von Bedeutung sind, u. a. NFκB. Die **wichtigsten Effekte** der Interferone α und β sind:
- **Hemmung der Zellteilung** d. h., die Vermehrung der Wirtszellen des Virus wird verhindert,
- **vermehrte Bildung der MHC-Klasse-I-Proteine** d. h., die Erkennung der infizierten Zellen durch zytotoxische T-Zellen wird erleichtert,
- generelle Stimulation des Immunsystems.

Beide Interferone vermitteln damit eine Resistenz gegen die weitere Verbreitung der Viren.

Interferon-γ (IFN-γ) wird vorwiegend von T-Helferzellen gebildet. Es hat *keine* Ähnlichkeit mit IFN-α und -β, weder in seiner Struktur noch in seiner Funktion: IFN-γ **aktiviert Makrophagen** und **beeinflusst den Klassenwechsel in B-Zellen** (Hemmung des Klassenwechsels zu IgE, Stimulation des Klassenwechsels zu IgG_2 und IgG_3). Darüber hinaus aktiviert es NK-Zellen und neutrophile Granulozyten.

1.6.2 Interleukine

IL-1β und IL-6 sind zusammen mit TNFα die **wichtigsten Entzündungsmediatoren**, die auch **systemische Effekte** wie z. B. Fieber oder Kreislaufversagen hervorrufen. Sie werden überwiegend von aktivierten Makrophagen abgegeben.

IL-2 ist der **wichtigste T-Zell-Wachstumsfaktor**. IL-2 wird von den T-Zellen abgegeben, um das eigene Wachstum zu stimulieren. Da die IL-2 sezernierenden Zellen auch den IL-2-Rezeptor besitzen, kann IL-2 **autokrin** wirken. Auf diese Weise aktivierte Zellen können sich über mehrere Tage hinweg zwei- bis dreimal pro Tag teilen, sodass ein Zellklon entsteht. Parakrin können im Prinzip auch andere aktivierte T-Zellen mit anderer Spezifität zur Teilung stimuliert werden.

IL-2 wirkt darüber hinaus auch als Wachstumsfaktor für B-Zellen und NK-Zellen.

IL-2 steigert nicht nur seine eigene Biosynthese, sondern auch die Produktion anderer Zytokine wie IFN-γ und IL-4 in T-Zellen.

IL-4 ist das wichtigste Stimulans der **Differenzierung von T-Helferzellen zu T_H2-Zellen**. Es hemmt die Aktivierung von Makrophagen durch IFN-γ.

Darüber hinaus ist IL-4 für den Klassenwechsel zu IgE erforderlich, die eine Rolle bei der Abwehr von Parasiten und bei Allergien spielen (S. 690).

IL-5 stimuliert Wachstum und Differenzierung eosinophiler Granulozyten, lockt eosinophile und basophile Granulozyten sowie Mastzellen an und stimuliert den Klassenwechsel zu IgE. Zusammen mit IL-4 und IL-13 zählt es zu den wichtigsten Auslösern einer Allergie.

IL-8 wird von infizierten Epithelien gebildet und **wirkt chemotaktisch auf neutrophile Granulozyten**. Es zählt zur Gruppe der Chemokine.

▶ **Definition.** **Chemokine** sind kleine chemotaktisch wirkende Proteine bestehend aus ca. 100 Aminosäuren, die sich in ihrem Tertiärstrukturen sehr ähnlich sind. Sie bilden dadurch unter den Zytokinen eine besondere Gruppe. Ca. 50 Chemokine sind bislang identifiziert worden.

IL-10 ist das **wichtigste immunsuppressiv wirkende Interleukin**.

IL-12 stimuliert die Differenzierung von T-Helferzellen zu T_H1-Zellen und fördert die Aktivität zytotoxischer T-Zellen, **begünstigt** also die **zellvermittelte Immunantwort**.

IL-17 ist streng genommen der Name einer Gruppe mehrerer Zytokine (IL-17A bis IL-17F). IL-17A ist das charakteristische Interleukin der T_H17-Zellen, dem die Zellen ihren Namen verdanken. Es wirkt primär proinflammatorisch d. h., es verstärkt Entzündungsprozesse.

1.6.3 TNFα

TNFα (Tumornekrosefaktor alpha) zählt zu den wichtigsten **Entzündungsmediatoren**. Er aktiviert Monozyten und neutrophile Granulozyten und lockt sie zum Infektionsherd. Außerdem stimuliert er die Chemokinproduktion der Endothelzellen und Makrophagen. Er spielt eine zentrale Rolle bei der Auslösung des septischen Schocks.

1.6.4 TGF-β

Während TNFα Entzündungen verstärkt, hat TGF-β (transforming growth factor beta) in der Regel eine **entzündungshemmende** Funktion.

1.6.5 Weitere Mediatoren

Die Komplementproteinfragmente **C 3a und C 5a** wirken chemotaktisch auf Makrophagen und neutrophile Granulozyten. Sie unterstützen so die Einwanderung von Leukozyten in infizierte Gewebe.

Eikosanoide: Leukotrien B_4 (LTB_4) wirkt chemotaktisch.

Biogene Amine: Histamin (S. 660) ist der wichtigste Mediator allergischer Reaktionen. **Serotonin** ist bei Entzündungen ggf. an einer Aktivierung von Thrombozyten beteiligt.

Cortison: Die Substanz begrenzt Immunreaktionen. Es ist einer der wichtigsten Wirkstoffe, die zur Hemmung von Entzündungsprozessen eingesetzt werden.

1.7 Immunologie der Blutgruppenantigene

Wenn bei einer **Bluttransfusion** das Spenderblut und das Blut des Empfängers in ihren Blutgruppen nicht kompatibel sind, binden Antikörper des Empfängers an die Erythrozyten und an andere Zellen des Spenderbluts und bringen diese zur **Agglutination** (Aggregation). Eine derartige Unverträglichkeit kann von unterschiedlichen Blutgruppensystemen verursacht werden. Unter diesen kommt dem **AB0-System** und dem **Rhesus-System** die größte Bedeutung zu.

1.7.1 Das AB0-System

Einteilung, Antigene: Die Einteilung der Blutgruppen im AB0-System basiert auf bestimmten Antigeneigenschaften der Erythrozyten. Bei den Blutgruppen A, B und AB sind dies die beiden **Antigene A** und **B**, die aus **Tetrasacchariden** bestehen. Diese Antigene kommen aber nicht nur auf Zellen des Blutes vor, sondern auch auf Endothelzellen. Sie sind teilweise an Proteine gebunden, teilweise auch an Lipide der Zellmembranen.
Bei der **Blutgruppe 0** besteht das Antigen aus einem **Trisaccharid** (aus Galaktose, N-Acetylglucosamin und Fucose), das als **H-Antigen** bezeichnet wird.
Das H-Antigen ist auch der Grundkörper der Tetrasaccharide vom Typ A und B. Für die individuellen Unterschiede in den Blutgruppenantigenen sind zwei Glykosyltransferasen verantwortlich, die in den Zellen an der Modifikation von Oligosaccharidseitenketten beteiligt sind.

Antikörper: Antikörper, die sich gegen Antigene des AB0-Systems richten, entwickeln sich nicht erst im Anschluss an eine Bluttransfusion, sondern sind bereits vorher im Blut vorhanden. Sie entstehen beiläufig als Antwort auf Kohlenhydrate, die von verschiedenen Darmbakterien exponiert werden (und zufällig ähnliche Antigeneigenschaften wie die AB0-Antigene haben). Die in diesem Zusammenhang gebildeten Antikörper richten sich ausschließlich gegen Antigene fremder Blutgruppen, da B- und T-Zellen, die Reaktionen auf körpereigene Strukturen vermitteln könnten, im Immunsystem generell eliminiert werden (Tab. **E-1.5**).

E-1.5 Eigenschaften der Blutgruppen

Blutgruppe (Häufigkeit)	Antigen	Antikörper im Plasma	Kommentar
A (40 %)	A	Anti-B	
B (16 %)	B	Anti-A	
AB (4 %)	A und B	keine	Es werden weder gegen A noch gegen B Antikörper gebildet, weil beide Antigene/Tetrasaccharide in den körpereigenen Geweben enthalten sind.
0 (40 %)	H	Anti-A und Anti-B	Diese Antikörper verursachen keine Probleme, weil die körpereigenen Gewebe weder Antigen A noch Antigen B synthetisieren.

▶ **Merke.** Im AB0-System bezieht sich die jeweilige Bezeichnung der Blutgruppe auf die aus Oligosacchariden bestehenden Antigene, die von den körpereigenen Zellen exponiert werden, nicht auf die Antikörper, die der Betroffene bildet.

Mischung nicht kompatibler Blutgruppen: Die für die Agglutination verantwortlichen Antikörper des AB0-Systems, die **Agglutinine**, sind **IgM-Antikörper**. Bei Bindung an Erythrozyten **aktivieren sie das Komplementsystem** und führen zu **Hämolyse → klassische Typ-II-Reaktion**.

Mischung nicht kompatibler Blutgruppen: Werden nicht kompatible Blutgruppen im Rahmen einer Bluttransfusion gemischt, reagieren die Antigene (Tetrasaccharide) im Spenderserum mit den Antikörpern des Empfängers und lösen eine **Agglutination** aus. Die für die Agglutination verantwortlichen Antikörper werden deshalb traditionell als **Agglutinine** bezeichnet. Es handelt sich um **Antikörper vom Typ IgM**. Da IgM überaus effektive **Aktivatoren des Komplementsystems** sind, folgt auf die Agglutination innerhalb weniger Stunden eine massive **Lyse der Erythrozyten (Hämolyse)**. Dies ist der **klassische Fall einer Überempfindlichkeitsreaktion vom Typ II**. Glücklicherweise passieren IgM die Plazenta nicht. Bei einer Schwangerschaft hat eine Inkompatibilität der AB0-Blutgruppen von Mutter und Kind deshalb normalerweise keine gravierenden Konsequenzen.

Zu den **Eigenschaften der einzelnen Blutgruppen** s. Tab. **E-1.5**.

Zu den **Eigenschaften der einzelnen Blutgruppen** s. Tab. **E-1.5**.

▶ **Merke.**

▶ **Merke.**
- Bei einem Spender der Blutgruppe 0 weisen die Blutzellen *keine* der relevanten Tetrasaccharide auf. Wird Blut eines Spenders der Blutgruppe 0 auf einen Empfänger der Blutgruppe A, B oder AB übertragen, finden die Antikörper des Empfängers keine Bindungspartner (keine Antigene), sodass es nicht zur Agglutination kommt. Deshalb sind Personen der Blutgruppe 0 die idealen Spender.
- Personen der Blutgruppen A und B können nur Patienten der jeweils gleichen Blutgruppe sowie der Blutgruppe AB Blut spenden.
- Um sicherzugehen, dass die AB0-Blutgruppen von Spender und Empfänger kompatibel sind, muss ihre Kompatibilität direkt vor einer Transfusion (auch vor einer Notfalltransfusion) erneut überprüft werden (Abb. **E-1.36**).

E-1.36 Blutgruppentestung vor einer Transfusion

Bestimmung der AB0-Blutgruppe; Ergebnis: Blutgruppe A, wie der Spender → Transfusion kann durchgeführt werden

(aus Baenkler et al., Duale Reihe Innere Medizin, Thieme, 2001)

1.7.2 Das Rhesus-System

Im Rh-System ist ein bestimmtes **Protein** als Antigen entscheidend.

1.7.2 Das Rhesus-System

Während die Blutgruppen des AB0-Systems durch ein bestimmtes Oligosaccharid definiert sind, ist im Rhesus-System ein bestimmtes **Protein** entscheidend. Dieses wurde erstmals bei Rhesus-Affen entdeckt und daraufhin als Rhesus-Antigen bezeichnet.

E 1.7 Immunologie der Blutgruppenantigene

▶ **Merke.** 84 % aller Europäer weisen auf ihren Erythrozyten das **D-Antigen** (ein Protein von 417 Aminosäuren) auf und sind damit Rhesus-positiv. Dieser Status wird dokumentiert als „Rh+" oder „D". Bei Rh-negativen Personen ist das Rhesus-D-Gen deletiert (Status „Rh–", „rh" oder „d").

▶ **Klinik.** Eine Inkompatibilität des Rhesus-Status kann z. B. zu Problemen führen, wenn eine Rh-negative Schwangere ein Rh-positives Kind zur Welt bringt. Während der Geburt können Erythrozyten des Kindes in den Kreislauf der Mutter gelangen und die Bildung von Anti-D-Antikörpern auslösen. Zunächst ist dies ohne negative Konsequenzen.
Bei einer erneuten Schwangerschaft mit einem Rh-positiven Kind können jedoch Anti-D-IgG aus dem Blut der Mutter über die Plazenta in das Kind übertreten und dessen Erythrozyten schädigen, sodass es zu **Hämolyse** kommt (sog. **Rh-Erythroblastose = fetale Erythroblastose = Morbus haemolyticus neonatorum**).
Bei der Konstellation Rh-negative Schwangere/Rh-positives Kind ist es deshalb üblich, innerhalb von 72 Stunden nach Geburt des Kindes der Mutter humane monoklonale Anti-D-Antikörper zu verabreichen (sog. **Rhesus-Prophylaxe**, wird auch nach Fehlgeburt oder Schwangerschaftsabbruch durchgeführt). In das Blut der Mutter geratene Erythrozyten des Kindes werden daraufhin innerhalb weniger Tage abgebaut, und die Mutter bildet keine Anti-D-Antikörper. Seit Einführung dieses Verfahrens sind Komplikationen durch Rhesus-Inkompatibilitäten sehr selten geworden.

Klinischer Fall: Luftnot bei bekannter Lungenerkrankung

20:30
Eberhard Brennschmidt, 71 Jahre, ruft wegen zunehmender Atemnot den Notarzt. Dieser weist ihn direkt in die Klinik ein.

20:45 Anamnese
E.B.: Seit 3 Stunden ist es mit der Luft ganz schlecht! Meine Lungenerkrankung* habe ich jetzt seit 10 Jahren, aber das Rauchen, das kann ich nicht sein lassen. Schon am Donnerstag hab ich mich schwach gefühlt, seit Samstag hab ich nun Fieber. Beim Husten kommt auch gelb-grüner Schleim, ich sag's Ihnen!

21:00 Medikamentenanamnese
E.B.: Für die Lunge nehm ich die Sprays: Sultanol und Ipratropiumbromid.

21:05 Familienanamnese
E.B.: Mein Vater hat auch stark geraucht, kein gutes Vorbild. Er ist mit 65 an Lungenkrebs gestorben.

21:10 Körperliche Untersuchung
Ich untersuche den etwas übergewichtigen Patienten. Er sitzt mit vorgebeugtem Oberkörper, hat die Arme auf die Knie gestützt und wirkt richtig krank. Herr Brennschmidt atmet schnell und man hört beim Ausatmen ein Pfeifen. Die Lippen sind bläulich.
Vitalparameter (Normwerte in Klammern):
- Blutdruck 155/85 mmHg (< 130/85 mmHg)
- Herzfrequenz 90/min (50–100)
- Temperatur 38,9°C (36–38°C).

Das Atemgeräusch ist leise, beim Ausatmen höre ich ein Giemen. Im Mittelfeld beidseits feuchte Rasselgeräusche. An den Händen fallen mir Uhrglasnägel und Trommelschlägelfinger auf.

21:30 Blutabnahme
Wegen der Luftnot veranlasse ich eine arterielle Blutgasanalyse. Außerdem nehme ich ein „großes Blutbild" ab.
Das Ergebnis der BGA ist sofort da (Normwerte in Klammern):
- pO_2 54 mmHg (71–104 mmHg)
- pCO_2 53 mmHg (35–46 mmHg)
- pH 7,33 (7,37–7,45)

Es besteht also eine **respiratorische Azidose**: Herr B. kann das anfallende CO_2 nicht mehr „abatmen", sein Blut übersäuert.

21:40 12-Kanal-EKG
Wir machen ein EKG. Dies zeigt eine Rechtsherzhypertrophie.

22:00 Röntgen-Thorax
Es ist ein **Lungenemphysem** mit vermehrter Strahlentransparenz („schwarze" Lunge) zu erkennen. Die Zwerchfellkuppeln sind abgeflacht. Außerdem bestehen Zeichen einer **chronischen Rechtsherzbelastung**. Im Mittelfeld beidseits finden sich fleckförmige Verschattungen, die zu **pneumonischen Infiltraten (Lungenentzündung)** passen.

22:10 Laborbefund trifft ein
(Normwerte in Klammern)
- CRP 68 mg/l (< 10 mg/l)
- Interleukin-6 86 pg/ml (< 10 pg/ml)
- Blutsenkung 40/65 mm (< 10/20 mm nach 1 h/2 h)

Diese Werte zeigen eine **akute Entzündung** im Körper an. Die anderen Laborparameter liegen im Normbereich.

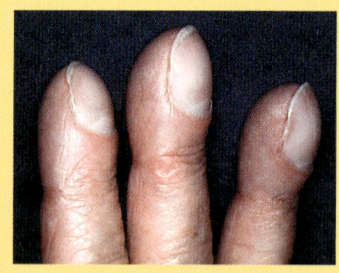

Trommelschlägelfinger mit Uhrglasnägeln
(aus Füeßl, F.S., Middeke, M.: Duale Reihe Anamnese und Klinische Untersuchung. 3. Aufl., Thieme, 2005)

22:20 Ich rufe den Oberarzt an
Wegen des schlechten Allgemeinzustands und der respiratorischen Azidose entscheidet er, Herrn B. auf die Intensivstation zu verlegen. Die Diagnose lautet **infektexazerbierte COPD**.

23:00 Intensivstation und Bronchoskopie
Auf der Intensivstation führen die Kollegen eine Bronchoskopie (Spiegelung der Bronchien) durch. Dabei wird viel Schleim abgesaugt und eine Probe davon in die Mikrobiologie geschickt.

23:30 Antibiotische Behandlung
Ohne den genauen Erreger zu kennen, bekommt Herr B. Infusionen mit **Ciprofloxacin**. In der Nacht bleibt der Patient stabil.

07:15
Da am nächsten Morgen das Interleukin-6 rückläufig ist, wird die antibiotische Behandlung beibehalten: das Antibiotikum scheint gegen die Erreger wirksam zu sein.

10:00 Verlegung auf Normalstation
Der Allgemeinzustand von Herrn B. bleibt stabil, daher kann der Patient auf die Normalstation verlegt werden.

Nach 3 Tagen
Das Ergebnis der Mikrobiologie ist da: der Erreger **Pseudomonas aeruginosa** ist auf Ciprofloxacin sensibel. Die Genesung verläuft aber schleppend.

Nach 3 Wochen hat sich Herr B. so weit auskuriert, dass er nach Hause entlassen werden kann. In den nächsten Jahren verschlechtert sich allerdings seine Lungenfunktion weiter und er muss mehrfach wegen infektbedingter Verschlechterungen seiner COPD in die Klinik. Erst als eine dauerhafte Sauerstofftherapie nötig wird, schafft er es mit dem Rauchen aufzuhören.

*Chronisch obstruktive Lungenerkrankung (COPD = chronic obstructive pulmonary disease)

Fragen mit biochemischem Schwerpunkt

1. Was sagt ein erhöhtes CRP über den Ursprung einer Entzündung aus?
2. Warum ist die Blutsenkungsgeschwindigkeit bei einer Entzündung erhöht?
3. Welche wichtige systemische Wirkung rufen die Akut-Phase-Proteine hervor?
3. Warum richten sich die Ärzte auf der Intensivstation nach dem Interleukin-6-Wert?

Antwortkommentare im Anhang

2 Blutstillung und Blutgerinnung

2.1 Einführung 721
2.2 Blutstillung: Aktivierung und Aggregation von Thrombozyten 721
2.3 Blutgerinnung 726
2.4 Fibrinolyse 732
2.5 Hemmung der Blutgerinnung 733
2.6 Thrombusbildung und Ischämie 735

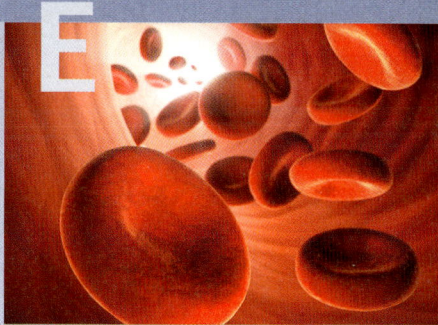

2.1 Einführung

Verletzungen von Blutgefäßen müssen schnell und sicher abgedichtet werden, damit der Blutverlust in möglichst engen Grenzen bleibt. Die Prozesse, die an der Beendigung einer Blutung beteiligt sind, werden unter dem Begriff **Hämostase** zusammengefasst. Dabei unterscheidet man zwei Phasen:

- Die **Blutstillung (primäre Hämostase)** erfolgt in kleinen Wunden bereits innerhalb von 1–3 Minuten. In dieser Phase sind die **Thrombozyten** (=Blutplättchen) entscheidend, die in der Wunde aggregieren und dabei einen weißen Thrombus bilden. Die Thrombozyten lösen in ihrer unmittelbaren Umgebung zudem eine **Vasokonstriktion** aus.
- An die primäre Hämostase schließt sich ohne scharfe Abgrenzung die **Blutgerinnung (sekundäre Hämostase)** an, die einen stabilen Verschluss der Wunde zum Ziel hat. Bei der Blutgerinnung handelt es sich um die Bildung eines festen Fasernetzes aus polymerisiertem **Fibrin**. Dieses entsteht innerhalb von etwa 10 Minuten ausgehend von Fibrinogen, einem löslichen Protein des Blutserums.

2.1 Einführung

Bei einer Verletzung erfolgt die **Blutstillung (primäre Hämostase)** durch Aggregation von **Thrombozyten**.
Bei der **Blutgerinnung (sekundäre Hämostase)** wird Fibrinogen in **Fibrin** umgewandelt.

2.2 Blutstillung: Aktivierung und Aggregation von Thrombozyten

2.2.1 Thrombozytenadhäsion

Thrombozyten sind keine Zellen, sondern runde, scheibchenförmige Zellfragmente von 2–3 µm Durchmesser. Sie werden im Knochenmark gebildet, wo sie von **Megakaryozyten** an das Blut abgegeben werden. Megakaryozyten sind große, polyploide Zellen von 30–150 µm Durchmesser. Während ihrer Reifung finden 3–6 Mitosen statt, ohne dass es dabei zu einer Zellteilung kommt. Nach Abschnürung von ihrer Mutterzelle können Thrombozyten ca. 8–10 Tage überleben. Thrombozyten enthalten zwar keinen Zellkern, aber Mitochondrien, sodass sie Glucose und Fettsäuren abbauen und dabei sehr effizient ATP produzieren können. In einem Mikroliter Blut befinden sich normalerweise etwa 150 000–300 000 Thrombozyten. Ihre entscheidende physiologische Aufgabe ist der schnelle Verschluss von Blutgefäßschäden.

Thrombozyten exponieren in ihrer Plasmamembran mehrere Rezeptorproteine, durch die sie **Defekte im Endothel der Blutgefäße** detektieren können. Die Rezeptorproteine binden spezifisch an Komponenten der extrazellulären Matrix, die normalerweise von den Endothelzellen überdeckt sind. Die wichtigste Komponente, die eine Bindung (Adhäsion) von Thrombozyten auslösen kann, scheint das **Kollagen** zu sein, das sich **unterhalb der Basalmembran in der subendothelialen Schicht** befindet. Sobald Kollagen bei einer Verletzung des Endothels freigelegt wird, wird es sofort vom **Von-Willebrand-Faktor (vWF)** markiert. Der vWF ist ein lösliches Protein des Blutes, das bei Assoziation mit Kollagen zu einem **Adapterprotein** wird, das die Bindung von Thrombozyten vermittelt (Abb. **E-2.1**). Der vWF besteht aus mehreren Domänen. Indem eine dieser Domänen an Kollagen bindet, kommt es zu einer erheblichen Konformationsänderung im gesamten Protein. Dabei wird eine weitere Domäne des Faktors exponiert, die nun an eines der Rezeptorproteine der Thrombozyten binden kann. Bei diesem Rezeptor handelt es sich um das **Glykoprotein GP Ib**.

vWF wird überwiegend **von Endothelzellen sezerniert**, er ist aber **auch in den α-Granula der Thrombozyten** enthalten. Der Faktor bildet im Blut kettenförmige **Oligomere**, deren Strukturen an unregelmäßige Wollknäuel erinnern. Bestandteil dieser Komplexe ist außerdem der **Faktor VIII** des Blutgerinnungssystems. Durch die Bin-

2.2 Blutstillung: Aktivierung und Aggregation von Thrombozyten

2.2.1 Thrombozytenadhäsion

Thrombozyten sind keine Zellen, sondern scheibchenförmige Zellfragmente von 2–3 µm Durchmesser. Sie werden im Knochenmark gebildet, wo sie von **Megakaryozyten** an das Blut abgegeben werden. Thrombozyten enthalten keinen Zellkern. Ihre entscheidende physiologische Aufgabe ist der schnelle Verschluss von Blutgefäßschäden.

Thrombozyten exponieren in ihrer Plasmamembran mehrere Rezeptorproteine, durch die sie **Defekte im Endothel der Blutgefäße** detektieren können. Die wichtigste Komponente, die eine Bindung von Thrombozyten auslösen kann, scheint das **Kollagen in der subendothelialen Schicht** zu sein. An das Kollagen bindet der **Von-Willebrand-Faktor (vWF)** (Abb. **E-2.1**). An diesen bindet dann das **Glykoprotein GP Ib** der Thrombozyten.

vWF wird überwiegend **von Endothelzellen sezerniert**, er ist aber **auch in den α-Granula der Thrombozyten** enthalten. vWF bildet im Blut Komplexe mit dem Gerinnungsfaktor VIII.

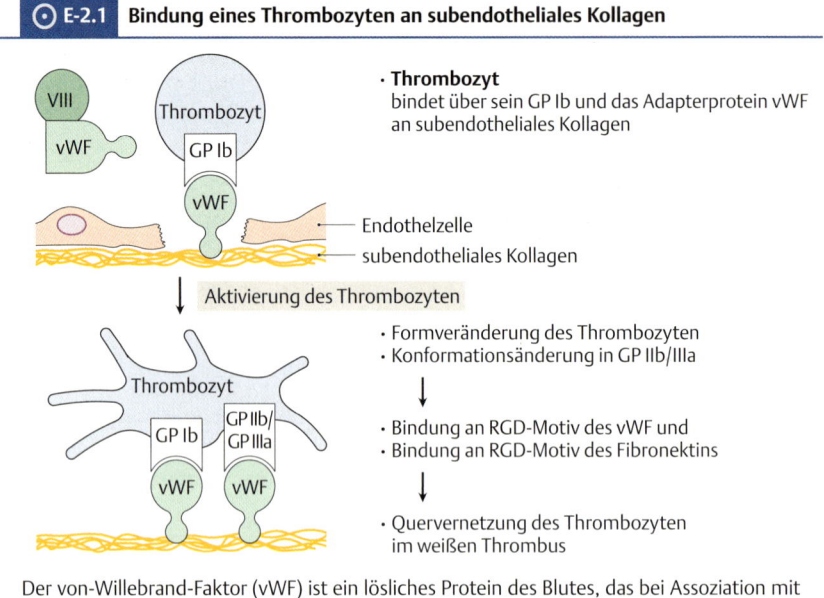

E-2.1 Bindung eines Thrombozyten an subendotheliales Kollagen

- **Thrombozyt** bindet über sein GP Ib und das Adapterprotein vWF an subendotheliales Kollagen

↓ Aktivierung des Thrombozyten

- Formveränderung des Thrombozyten
- Konformationsänderung in GP IIb/IIIa

↓

- Bindung an RGD-Motiv des vWF und
- Bindung an RGD-Motiv des Fibronektins

↓

- Quervernetzung des Thrombozyten im weißen Thrombus

Der von-Willebrand-Faktor (vWF) ist ein lösliches Protein des Blutes, das bei Assoziation mit Kollagen zu einem Adapterprotein wird, das die Bindung von Thrombozyten vermittelt. GP: Glykoprotein

dung an den vWF wird der Faktor VIII stabilisiert. Die Komplexe des vWF gehören zu den größten Proteinkomplexen des Blutplasmas. Entdeckt wurde der Faktor von dem finnischen Arzt Erik von Willebrand (1870 – 1949).

▶ **Klinik.** Bei einem angeborenen **Mangel oder Defekt des vWF** ist die Blutstillung verzögert. Das Krankheitsbild ist als **Von-Willebrand-Syndrom** bekannt. Es handelt sich um die häufigste angeborene Gerinnungsstörung. Die Prävalenz in der Bevölkerung liegt bei 1 %. In den meisten Fällen ist die Konzentration des Faktors glücklicherweise nur wenig erniedrigt, sodass die klinischen Konsequenzen vergleichsweise gering sind. Bei einem kompletten Mangel des Faktors ist allerdings die Halbwertszeit des Faktor VIII im Blut erheblich reduziert und es besteht eine ausgeprägte Blutungsneigung.

2.2.2 Thrombozytenaggregation

Thrombozyten werden in einer Verletzungsstelle durch die Bindung des vWF an GP Ib nicht nur verankert, sondern auch aktiviert. Die **Aktivierung der Thrombozyten** hat dramatische Folgen:

- **Formänderung**: Die Thrombozyten verlieren ihre flache Scheibenform und runden sich stattdessen ab, um dann dünne Fortsätze zu bilden, die mehrere Mikrometer lang werden können (Abb. **E-2.2**). An dieser Formänderung ist insbesondere Aktin beteiligt, das in Thrombozyten in außerordentlich hoher Konzentration enthalten ist.
- **Konformationsänderung des Glykoproteins GP IIb/IIIa** in der Plasmamembran der Thrombozyten: **GP IIb/IIIa** ist daraufhin entscheidend an der Aggregation der Thrombozyten beteiligt.
- **Freisetzung der Inhaltsstoffe** aus den **Granula** der Thrombozyten,
- **Sekretion von Thromboxan A_2 (TXA$_2$)** und **Plättchen-aktivierendem Faktor (PAF)**.
- **Wechsel negativ geladener Phospholipide** (Phosphatidylserin u. a.) von der inneren **in die äußere Schicht** der **Plasmamembran** der Thrombozyten (flip-flop). Die Plasmamembran wird dadurch zur **Plattform** für die Assoziation und Kooperation der Ca^{2+}-bindenden **Proteine**, die für die **Blutgerinnung** verantwortlich sind.

Das Glykoprotein GP IIb/IIIa besteht aus einer α- und einer β-Kette und zählt zur Familie der **Integrine**. Bei der Aktivierung der Thrombozyten wird im GP IIb/IIIa eine **Konformationsänderung** induziert und der Proteinkomplex dabei in den **aktiven Zustand** versetzt. Ähnlich wie andere Integrine zeigt das aktivierte GP IIb/IIIa eine Affinität für Proteine, die ein **Arginin-Glycin-Aspartat- = RGD-Sequenzmotiv** enthalten.

2.2.2 Thrombozytenaggregation

Die **Bindung des vWF an GP Ib** ist mit einer **Aktivierung der Thrombozyten** verbunden.

Folgen der Aktivierung:
- **Formänderung** der Thrombozyten
- **Konformationsänderung des Membranproteins GP IIb/IIIa** → Aggregation der Thrombozyten an der verletzten Gefäßwand
- **Degranulierung**
- **Abgabe** von **TXA$_2$** und **PAF**
- **Wechsel negativ geladener Phospholipide** von der inneren **in die äußere Schicht** der **Plasmamembran** der Thrombozyten (flip-flop) = Voraussetzung für die Blutgerinnung

Durch eine **Konformationsänderung** erhält **GP IIb/IIIa** eine **Affinität für Proteine mit RGD-Sequenzmotiv** und vermittelt daraufhin eine zusätzliche **Bindung der Thrombozyten an vWF** (und damit auch an Kollagen).

E-2.2 Aktivierte Thrombozyten

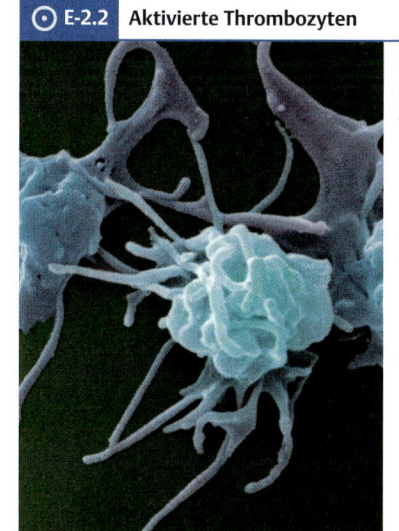

Kolorierte rasterelektronenmikroskopische Aufnahme von aktivierten Thrombozyten
(© Steve Gschmeissner/Science Photo Library/Agentur Focus)

Dieses Sequenzmotiv ist z. B. **im vWF** enthalten. Dadurch kann die Bindung der Thrombozyten an das subendotheliale Kollagen von nun an durch GP Ib *und* GP IIb/IIIa vermittelt werden.

Ein RGD-Motiv ist aber auch in dem Glykoprotein **Fibronektin** enthalten, das in Form kleiner Fibrillen in den **subendothelialen Schichten** einschließlich der Basalmembranen enthalten ist. Durch Bindung an Fibronektin können aktivierte Thrombozyten auch unabhängig vom vWF an defekte Stellen der **Gefäßwände binden**.

Im Blutplasma ist eine **lösliche Form des Fibronektins** enthalten, das von der Leber produziert wird. Durch Bindung an GP IIb/IIIa trägt dieses zur **Quervernetzung** und Stabilisierung des wachsenden Thrombus bei.

GP IIb/IIIa bindet auch **Fibrinogen** und **Fibrin**, das bei der Blutgerinnung aus Fibrinogen gebildet wird. Fibrinogen ist immer schon im Blutplasma enthalten, es wird aber auch von den aktivierten Thrombozyten gebildet. Vermittelt von Fibrinogen und GP IIb/IIIa werden die **Thrombozyten** untereinander **quervernetzt** und zudem von Anfang an **in** das **entstehende Fibrin-Netzwerk eingebunden**.

Der nunmehr stabilisierte Thrombozytenpfropf wird als **weißer Thrombus** bezeichnet. In kleinen Wunden ist der weiße Thrombus normalerweise bereits hinreichend, um die Blutung innerhalb weniger Minuten zu beenden. Er definiert somit den Abschluss der Blutstillung.

GP IIb/IIIa bindet auch an **Fibronektin**, das sowohl in der **subendothelialen Schicht** als auch im **Blutplasma** enthalten ist. Aggregierende Thrombozyten werden durch das Fibronektin **quervernetzt**.

GP IIb/IIIa bindet auch **Fibrinogen** und **Fibrin**. Dadurch werden die Thrombozyten zusätzlich quervernetzt und **in das entstehende Fibrin-Netzwerk eingebunden**.

Der stabilisierte Thrombozytenpfropf wird als **weißer Thrombus** bezeichnet. Er definiert den Abschluss der Blutstillung.

▶ **Klinik.** Ein angeborener Mangel oder auch ein vollständiges Fehlen des GP IIb/IIIa ist als **Morbus Glanzmann** bekannt. Die Krankheit äußert sich in einer Neigung zu spontanen Schleimhautblutungen, vor allem in Form von schwerem Nasenbluten. Bei schweren Formen können Operationen oder Entbindungen bedrohliche Blutungen zur Folge haben. Morbus Glanzmann zählt zu den seltenen Erbkrankheiten.

GP-IIb/IIIa-Rezeptor-Antagonisten werden in der Kardiologie als als **Plättchenaggregationshemmer** verwendet. Nach Aufweitung verengter Herzkranzgefäße mithilfe einer **Ballondilatation** können GP-IIb/IIIa-Rezeptor-Antagonisten zur Verhinderung einer plötzlichen Thrombozytenaggregation eingesetzt werden. Häufig verwendete Wirkstoffe sind:

- **Abciximab** (Handelsname ReoPro) ist das in großen Mengen hergestellte Fab-Fragment eines monoklonalen Antikörpers, der gegen den GP-IIb/IIIa-Rezeptor gerichtet ist.
- **Eptifibatide** (Handelsname Integrilin) ist ein Heptapeptid, das kompetitiv die Bindung von Proteinen hemmt, die ein Arg-Gly-Asp (RGD)-Sequenzmotiv enthalten.
- **Tirofiban** (Handelsname Aggrastat) ist ein „kleines Molekül", das als GP-IIb/IIIa-Antagonist wirkt.

Zur längerfristigen Prophylaxe einer koronaren Rethrombose sind diese Substanzen allerdings nicht geeignet. Deshalb werden zur Langzeittherapie derzeit bevorzugt Acetylsalicylsäure sowie bestimmte Inhibitoren der thrombozytären ADP-Rezeptoren eingesetzt (z. B. Clopidogrel, s. u.).

▶ **Klinik.**

2.2.3 Freisetzung von Inhaltsstoffen aus aktivierten Thrombozyten

Im Anschluss an die Aktivierung fusionieren die in den Thrombozyten enthaltenen α- und δ-Granula mit der Plasmamembran, und ihre Inhaltsstoffe werden freigesetzt. Es gibt Hinweise darauf, dass die Inhaltsstoffe der α-Granula durch rezeptorvermittelte Endozytose aus dem Blutplasma aufgenommen werden, um sie dann bei Bedarf freisetzen zu können. α-Granula enthalten u. a.

- vWF,
- Gerinnungsfaktoren VIII, V und I (Fibrinogen), und
- Fibronektin

Die Inhaltsstoffe der α-Granula erleichtern nach ihrer Freisetzung zum einen die Aggregation und Quervernetzung der Thrombozyten, zum anderen schaffen sie auch günstige Voraussetzungen für die einsetzende Blutgerinnung.

δ-Granula sind etwas kleiner als die α-Granula und erscheinen in elektronenmikroskopischen Bildern auffällig dunkel, weshalb sie auch als **elektronendichte Granula** bezeichnet werden. Zu ihren Inhaltsstoffen gehören ADP, Serotonin und Ca^{2+}-Ionen:

- **ADP (Adenosindiphosphat)** erleichtert die Aktivierung und Bindung weiterer Thrombozyten in der unmittelbaren Umgebung.
- **Serotonin** (ein biogenes Amin, das aus Tryptophan gebildet wird) wirkt vasokonstriktorisch, d. h. es löst eine lokale Verengung der Blutgefäße aus, wodurch die Blutstillung erleichtert wird.
- Ca^{2+}**-Ionen** sind ein wichtiger Cofaktor der Blutgerinnung. Sie vermitteln die Anheftung der Gerinnungsfaktoren an die Membranen der Thrombozyten.

▶ **Klinik.** Spezifische **Inhibitoren thrombozytärer ADP-Rezeptoren** sind von großer Bedeutung in der langfristigen **Verhinderung einer erneuten Thrombusbildung nach einem Herzinfarkt**. Der bekannteste Wirkstoff dieser Gruppe ist **Clopidogrel**, weitere Wirkstoffe sind Ticlopidin und Prasugrel. Alle diese Inhibitoren blockieren irreversibel den P2Y12-Rezeptor in der Plasmamembran der Thrombozyten, einen bestimmten Purin-Rezeptor aus der Gruppe der P2Y Rezeptoren. Bei den Wirkstoffen handelt es sich um inaktive Vorstufen („Prodrugs"). Die Aktivierung erfolgt durch Cytochrom-P-450-Enzyme in der Leber. Kürzlich wurde mit dem Ticagrelor erstmals ein P2Y12-Inhibitor eingeführt, der bereits ohne hepatische Modifikation aktiv ist. Die Standardtherapie beim akuten Koronarsyndrom und nach einer Ballondilatation eines Herzkranzgefäßes (perkutane Koronarintervention, PCI) besteht in einer dualen Plättchenaggregationshemmung mit 100 mg (täglich) Acetylsalicylsäure in Kombination mit einem P2Y12-Inhibitor, z. B. Clopidogrel, täglich 75 mg.

Thromboxan A_2 (TXA_2) und der Plättchen-aktivierende Faktor (PAF) werden **unabhängig von Granula** sezerniert.

TXA_2 wird ausgehend von Arachidonsäure gebildet und hat zwei Effekte:

- Synergistisch mit ADP verstärkt es die **Aktivierung weiterer Thrombozyten** (Abb. E-2.3).
- Synergistisch mit Serotonin wirkt es **vasokonstriktorisch** (Abb. E-2.4).

Die Synthese des TXA_2 findet an der Plasmamembran der Thrombozyten statt. An der Synthese ist das Enzym **Zyklooxygenase** beteiligt. Das Enzym wird von **Acetylsalicylsäure** (z. B. Aspirin) inaktiviert (S. 726). Die verlängerten Blutungszeiten nach Einnahme von Acetylsalicylsäure können somit auf eine Hemmung der Synthese von TXA_2 zurückgeführt werden.

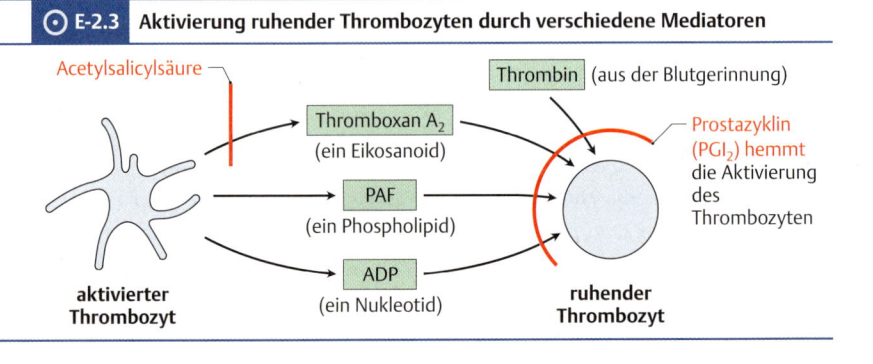

⊙ E-2.3 Aktivierung ruhender Thrombozyten durch verschiedene Mediatoren

E-2.4 Auslösung einer Vasokonstriktion durch aktivierte Thrombozyten

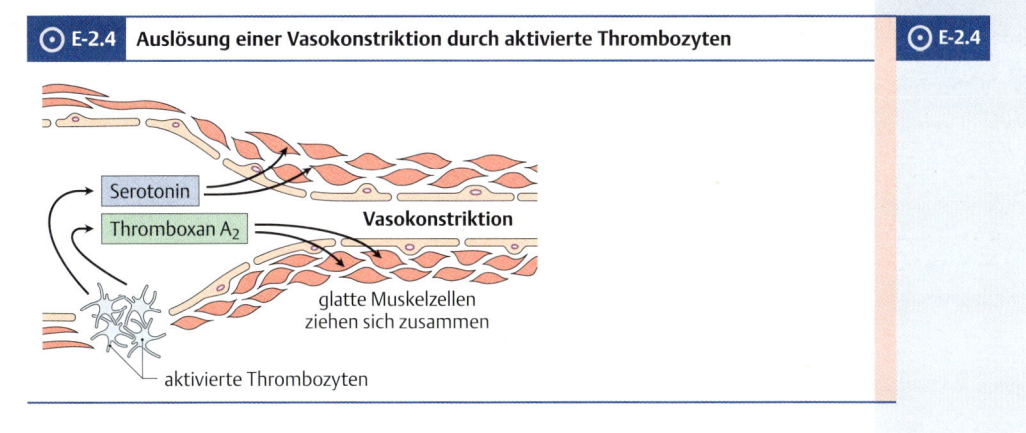

Auch **PAF (platelet-activating factor)** trägt, wie der Name andeutet, zur **Aktivierung von Thrombozyten** bei. PAF ist *kein* Metabolit des Arachidonsäurestoffwechsels, sondern ein **Phospholipid** (1-Octadecyl-2-Acetyl-Phosphatidylcholin). In seiner Struktur ähnelt es dem Phosphatidylcholin (= Leicithin) einem der häufigsten Membranlipide. Von diesem unterscheidet es jedoch durch zwei Eigentümlichkeiten: Das **C 1** des Glycins ist mit der CH_2-Kette nicht über die Esterbindung sondern über über eine **Etherbindung** (R-O-R) verbunden, das **C 2** ist nicht mit einer Fettsäure sondern mit Essigsäure verestert (**Acetylrest**) (Abb. **E-2.5**).

PAF
- aktiviert weitere Thrombozyten,
- ist ein Entzündungsmediator (wirkt chemotaktisch) und
- ist ein Phospholipid.

E-2.5 PAF (platelet-activating factor)

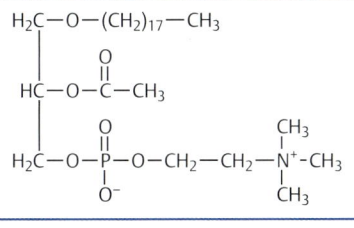

$$H_2C-O-(CH_2)_{17}-CH_3$$
$$HC-O-\overset{O}{\underset{\|}{C}}-CH_3$$
$$H_2C-O-\overset{O}{\underset{\underset{O^-}{\|}}{P}}-O-CH_2-CH_2-\overset{CH_3}{\underset{CH_3}{N^+}}-CH_3$$

▶ **Merke.** Thrombozyten werden in zwei Schritten aktiviert:
primär durch Kontakt der Plättchen mit
- Kollagen des Subendothels (s. o.) oder durch
- Thrombin (S. 728), das bei der Auslösung einer Blutgerinnung gebildet wird, und

sekundär durch Stoffe, die von bereits aktivierten Thrombozyten abgegeben werden:
- ADP
- TXA_2
- PAF

Aktivierte Thrombozyten geben Ca^{2+}-Ionen und mehrere Proteine ab, die bereits die Blutgerinnung, also die nächste Phase der Hämostase einleiten. Die Blutgerinnung kann dann unmittelbar auf der Oberfläche der Thrombozyten initiiert werden, indem die Bindung Ca^{2+}-bindender Proteine an negativ geladene Membranlipide erleichtert wird. Zu diesem Zweck werden nach Aktivierung der Thrombozyten negativ geladene Phospholipide durch einen Flip-Flop-Mechanismus von der inneren Schicht der Plasmamembran in die äußere Schicht verschoben.

Aktivierte Thrombozyten geben Ca^{2+} und Proteine ab und bauen bestimmte negativ geladene Phospholipide in die äußere Schicht der Plasmamembran ein. An diese binden dann Ca^{2+}-bindende Proteine und leiten so die Blutgerinnung ein.

2.2.4 Hemmung der Thrombozytenaggregation am intakten Endothel

Die Thrombozytenaggregation wird von intakten Endothelzellen normalerweise unterdrückt, um eine Bildung von Thromben in den Blutgefäßen zu verhindern. Eine wichtige Rolle spielt dabei das **Prostazyklin**. Ähnlich dem Thromboxan A_2 zählt auch das Prostazyklin zu den Eikosanoiden, d. h. es wird unter Beteiligung der Zyklooxygenase ausgehend von Arachidonsäure gebildet. Prostazyklin wird auch als **Prostaglandin I_2 (PGI$_2$)** bezeichnet. Trotz der chemischen Ähnlichkeit **haben TXA_2 und Prostazyklin gegenteilige Funktionen:**

Die **Thrombozytenaggregation wird von intakten Endothelzellen** normalerweise **unterdrückt**: Prostazyklin (Prostaglandin PGI_2) bewirkt Vasodilatation und hemmt die Thrombozytenaktivierung.

2.3 Blutgerinnung

2.3.1 Das Prinzip

Der weiße Thrombozytenthrombus bringt die Blutung zum Stillstand, ist aber noch sehr instabil. Aufgabe der eigentlichen Blutgerinnung ist es, den Zustand der Blutstillung zu stabilisieren und damit die Gefahr einer erneuten Blutung zu reduzieren. Die Blutgerinnung führt letztlich zur **Umwandlung von Fibrinogen (= Gerinnungsfaktor I) zu Fibrin**, welches dann ein dreidimensionales Netzwerk bildet, das gemeinsam mit den Thrombozyten die Wunde verschließt.

▶ **Merke.** Das Ziel der Blutgerinnung ist die Bildung eines stabilen Aggregates aus Fibrin und Thrombozyten.

Die Umwandlung des Fibrinogens in Fibrin erfolgt durch **Abspaltung von zwei kleinen Peptiden**. Als spezifische Protease dient dabei **Thrombin (= Gerinnungsfaktor II)**. Das Thrombin entsteht seinerseits durch proteolytische Prozessierung **aus Prothrombin**. Die Prozessierung wird vom **Faktor X (= Stuart-Prower-Faktor)** katalysiert. Indem die Gerinnungsfaktoren mit römischen Zahlen bezeichnet und jeweils die aktivierten Faktoren mit einem „a" gekennzeichnet werden, ergibt sich somit das in Abb. **E-2.6** gezeigte Schema.

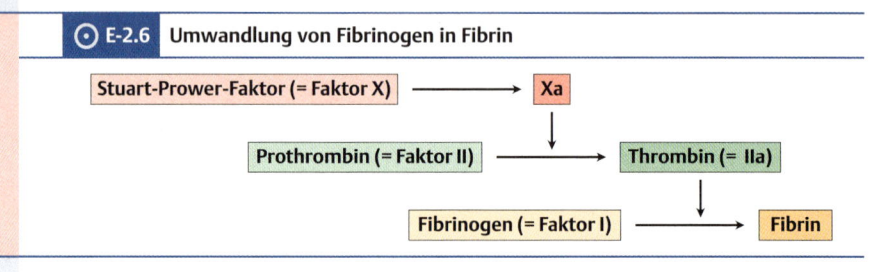

⊙ **E-2.6** Umwandlung von Fibrinogen in Fibrin

Stuart-Prower-Faktor (= Faktor X) ⟶ Xa
Prothrombin (= Faktor II) ⟶ Thrombin (= IIa)
Fibrinogen (= Faktor I) ⟶ Fibrin

Wie Fibrin und Thrombin wird auch der Faktor X durch proteolytische Prozessierung aktiviert. Gerinnungsfaktoren, die durch einen derartigen Mechanismus aktiviert werden, bezeichnet man in Analogie zu den inaktiven Vorstufen mancher Verdauungsenzyme als **Zymogene**. Die Ähnlichkeit zwischen den Gerinnungsfaktoren und den Enzymen des Verdauungstrakts geht sogar noch weiter: Alle proteolytisch aktiven Gerinnungsfaktoren sind **Serin-Proteasen** (S. 262). Sie **ähneln in ihrer Struktur den Verdauungsproteasen Trypsin und Chymotrypsin des Pankreas**. Vermutlich haben sich die Gene aller dieser Proteasen in der Evolution aus einem gemeinsamen Vorläufer-Gen entwickelt.

2.3.2 Die Blutgerinnung im Detail

Auslösung und Beschleunigung der Gerinnung

Bei der Blutgerinnung agieren zwei unterschiedliche Proteinkomplexe als Faktor-X-spezifische Proteasen. Beide Proteasen binden unter Vermittlung von Ca^{2+}-Ionen an die Phospholipide der Plasmamembran aktivierter Thrombozyten, wo sie in eine enzymatisch aktive Form gebracht werden. Die Proteasen sind

- die **„extrinsische Xase"** (Komplex aus **Thromboplastin und Faktor VIIa**): Dieser Komplex ist verantwortlich für die **Auslösung** einer Blutgerinnung (Abb. **E-2.7**).
- die **„intrinsische Xase"** (Komplex aus den Faktoren **VIIIa und IXa**): Der VIIIa-IXa-Komplex dient der Beschleunigung der Blutgerinnung, nachdem diese durch Thromboplastin/Faktor VIIa ausgelöst wurde. Der VIIIa-IXa-Komplex dient also der **Verstärkung des Signals** zur Blutgerinnung.

Beide Komplexe sollen hier näher erläutert werden.

Das Modell des intrinsischen und extrinsischen Systems

Intrinsisches System: Dieses System wurde in der Frühzeit der Forschung aufgrund der Beobachtung definiert, dass frisch gewonnenes Blut z. B. in einem Glasgefäß **(in vitro)** nach einiger Zeit gerinnt. Da die Gerinnung nach einigen Minuten einsetzt, ohne dass der Prozess von außen durch Zusatz besonderer Aktivatoren ausgelöst werden müsste, bezeichnete man das System der beteiligten Stoffe als intrinsisches System der Blutgerinnung (= endogenes System = intravaskuläres System = Kontakt-System). Später entdeckte man, dass im Blut mehrere Proteine enthalten sind, die an der glatten Wand der jeweiligen Reaktionsgefäße miteinander reagieren und dabei die Gerinnung des Blutes auslösen.

Die wichtigsten Komponenten dieses Systems sind

- die **Faktoren XII** (= Hageman-Faktor) und **XI**
- sowie **Präkallikrein** und **hochmolekulares Kininogen**.

Möglicherweise lagern sich diese Proteine unter physiologischen Bedingungen an die negativ geladenen Lipide aktivierter Thrombozyten an. Tatsächlich ist die physiologische Relevanz dieser Stoffe als Auslöser der Blutgerinnung aber bis heute nicht geklärt. Individuen, die den Faktor XII nicht bilden können, zeigen bei der Blutgerinnung keine Defekte und benötigen auch keinerlei Therapie!

Extrinsisches System: Dieses System wird aktiviert, wenn die Blutgerinnung von Stoffen ausgelöst wird, die im Blut normalerweise nicht enthalten sind. In dieser Funktion kommt dem **Gewebe-Thromboplastin** die entscheidende Bedeutung zu. Thromboplastin (= CD142 = Gerinnungsfaktor III = engl. Tissue Factor, in der klinischen Chemie deshalb auch als Gewebefaktor bezeichnet) ist ein in den Geweben weit verbreitetes Membranprotein von ca. 45 kDa. Von Endothelzellen wird Thromboplastin normalerweise *nicht* exponiert. Die im Blutserum enthaltenen Faktoren des Gerinnungssystems kommen deshalb nur infolge einer Gefäßverletzung mit Thromboplastin in Berührung. **Bei einer Verletzung bindet Faktor VII** (alte Bezeichnung: Proconvertin; ein lösliches Protein des Blutplasmas) **an Thromboplastin.** Faktor VII wird durch die Komplexbildung mit Thromboplastin aktiviert und in dieser Form als Faktor VIIa bezeichnet. Der **Faktor VIIa hat im Komplex mit Thromboplastin Serin-Protease-Aktivität** und ist nun in der Lage, den Stuart-Prower-Faktor, also den Faktor X der Blutgerinnung, durch proteolytische Prozessierung zu aktivieren (Abb. **E-2.7**). Der **Komplex aus Thromboplastin und Faktor VIIa** hat somit die **Funktion einer „Xase".** Da der Komplex ursprünglich als Teil des extrinsischen Systems der Blutgerinnung identifiziert wurde, kann man den Komplex als **„extrinsische Xase"** bezeichnen. Seine volle Aktivität gewinnt der Komplex besonders leicht im Ca^{2+}-vermittelten Kontakt mit den Phospholipiden, die an einer Verletzungsstelle von den dort aktivierten Thrombozyten exponiert werden (Abb. **E-2.7**).

▶ **Merke.**

- Die Unterscheidung von extrinsischem und intrinsischem System ist veraltet. Das sog. intrinsische System einschließlich des Faktors XII scheint unter physiologischen Bedingungen als Auslöser einer Blutgerinnung irrelevant zu sein.
- Nach derzeitigem Stand der Forschung wird eine Blutgerinnung unter physiologischen Bedingungen vom Membranprotein Thromboplastin ausgelöst. Thromboplastin aktiviert den Faktor VII der Blutgerinnung. Beide Proteine zählen traditionell zum extrinsischen System.

▶ **Merke.**

„Prothrombinase": Komplex aus den Faktoren Xa und Va. **Xa** ist eine Serin-Protease, die inaktives Prothrombin in aktives Thrombin überführt (Abb. **E-2.7**). **Va** ist dabei Cofaktor.

Der **Komplex aus Thromboplastin und Faktor VIIa** überführt den Faktor X in die Xa-Form. Der **Faktor Xa assoziiert** daraufhin **mit Gerinnungsfaktor Va**. Auch dieser Komplex bildet sich nur in Gegenwart von Ca^{2+}-Ionen an der Oberfläche der Thrombozyten. Er hat die Funktion einer **„Prothrombinase"** und überführt das inaktive Prothrombin in das aktive **Thrombin (= Faktor IIa)**, das dann das Fibrinogen prozessiert (Abb. **E-2.7**).

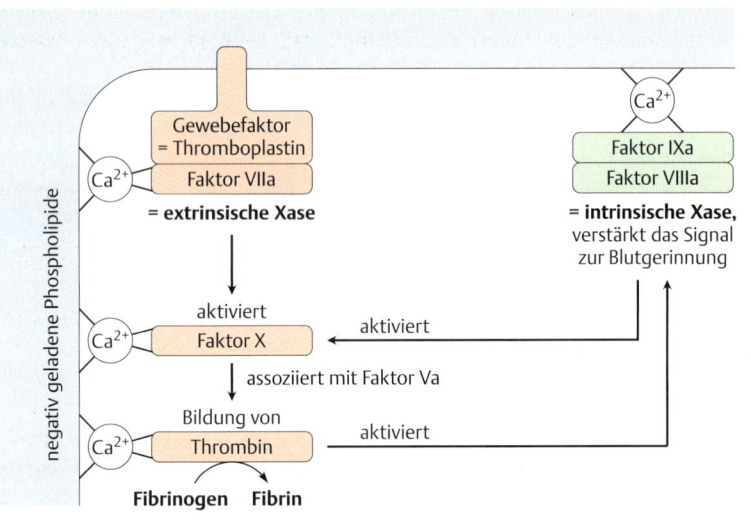

⊙ **E-2.7**

⊙ **E-2.7** Schema der wichtigsten Prozesse bei der Auslösung der Blutgerinnung

Das Gewebe-Thromboplastin ist ein in allen Geweben weit verbreitetes Membranprotein, das bei einer Gefäßverletzung Faktor VII bindet und aktiviert.

Die Funktionen des Thrombins

Thrombin (= Faktor IIa) hat eine Vielzahl wichtiger Funktionen:
- Thrombin überführt **Fibrinogen** in **Fibrin**,
- es **aktiviert u. a. den Faktor V**, der als Cofaktor des Faktors X dient. Thrombin beschleunigt dadurch seine eigene Aktivierung.
- Thrombin **aktiviert die Faktoren VIII und IX**; diese bilden einen Komplex, der als **„intrinsische Xase"** parallel zum Thromboplastin-VIIa-Komplex den Faktor X aktiviert.

→ Beschleunigung der Thrombusbildung

Die Funktionen des Thrombins

Neuere Untersuchungen haben gezeigt, dass Thrombin nicht nur die Funktion hat, **Fibrinogen in Fibrin** zu überführen. Vielmehr zeigt Thrombin eine ausgeprägte Promiskuität. Inzwischen sind bereits 20 verschiedene Partnerproteine des Thrombins identifiziert worden. Thrombin kommt innerhalb der gesamten Blutgerinnungskaskade insofern eine zentrale Rolle zu, als es auf mehreren Stufen eine **verstärkende Rückkopplung** vermittelt:

- Thrombin **prozessiert u. a. den Faktor V**, der als Cofaktor des Faktors X dient (s. o.). Thrombin beschleunigt dadurch seine eigene Aktivierung.
- Besonders wichtig ist die Funktion des Thrombins als **Aktivator der Faktoren VIII und IX.** Der Faktor VIII ist zunächst mit dem vWF des Blutplasmas assoziiert. Bei der Bildung eines Thrombus wird Faktor VIII freigesetzt, von Thrombin aktiviert und bildet dann in Gegenwart von Ca^{2+}-Ionen an der Oberfläche der aktivierten Thrombozyten einen Komplex mit dem Faktor IXa (alte Bezeichnung: Christmas-Faktor). Der VIIIa-IXa-Komplex wurde ursprünglich als Teil des intrinsischen Systems entdeckt. Er hat parallel zur „extrinsischen Xase" (Thromboplastin-VIIa-Komplex) die Aufgabe, den Faktor X zu aktivieren. Deshalb kann man den VIIIa-IXa-Komplex als **„intrinsische Xase"** neben der „extrinsischen Xase" bezeichnen. Tatsächlich dient der VIII-IX-Komplex in der Regel der weiteren Beschleunigung einer Thrombusbildung, nachdem diese durch Thromboplastin einmal eingeleitet wurde.
- Der Faktor IX wird nicht nur von Thrombin zu IXa aktiviert, sondern auch vom **Faktor XIa**. Die Aktivierung des Faktors XI zu XIa wird aber ebenfalls von Thrombin katalysiert.

- Durch **Aktivierung des Faktors XIII** unterstützt Thrombin eine Quervernetzung des Fibrins (s. u.).
- Besonders aktiv ist Thrombin als weiterer **Aktivator von Thrombozyten**. Gemeinsam mit ADP und Thromboxan A_2 beschleunigt Thrombin dadurch eine Vielzahl von Prozessen, die für die Bildung und die Verdickung eines Thrombus von Bedeutung sind.

▶ **Merke.** Thrombin (= Faktor II) ist eine Serin-Protease mit struktureller Ähnlichkeit zu Trypsin. Thrombin ist **bei der Blutgerinnung von zentraler Bedeutung**:
- **Einbeziehung eines Systems der Signalverstärkung:**
  - durch Aktivierung der Faktoren VIII und IX
  - durch Aktivierung des Faktors XI (XIa aktiviert IX)
- **Katalyse der Fibrinbildung** (s. u.)
- Einleitung der Fibrinquervernetzung durch **Aktivierung des Faktors XIII**
- **Thrombozytenaktivierung**

▶ **Klinik.** Ein Ausfall eines der Faktoren VIII oder IX hat eine **Hämophilie**, d. h. eine schwer wiegende Blutungsneigung zur Folge. Die Hämophilien A und B werden X-chromosomal-rezessiv vererbt, sie treten deshalb bei Männern wesentlich häufiger auf als bei Frauen.
- **Hämophilie A**, Mangel an Faktor VIII, ist „die klassische Bluterkrankheit". Sie tritt bei Männern mit einer Prävalenz von ca. 1:10 000 auf. Bei etwa der Hälfte aller Betroffenen liegt eine „schwere" Hämophilie A vor, d. h. die Restaktivität des Faktors VIII liegt unter 1 %. Charakteristisch sind Blutungen in die großen Gelenke. Blutungen treten aber auch in anderen Organen auf. Durch regelmäßige i. v. Injektionen von rekombinantem Faktor VIII kann die Blutgerinnung weitgehend normalisiert werden.
- **Hämophilie B** ist auf einen **Mangel an Faktor IX** zurückzuführen. Hämophilie B ist deutlich seltener als Hämophilie A, die Prävalenz liegt bei 1:35 000, die Symptome sind weitgehend identisch. Eine effektive Therapie der Hämophilie B ist mit rekombinantem Faktor IX möglich.

Ein Mangel an Faktor XI betrifft ebenfalls das intrinsische System. Spontane Blutungen treten bei Faktor-XI-Mangel normalerweise *nicht* auf. Allerdings kann es bei größeren Wunden, etwa bei Operationen, zu heftigen Blutungen kommen.

Die Bildung von Fibrin

Hauptziel der Blutgerinnung ist die Bildung von Fibrin, das den Thrombus stabilisiert und so eine erneute Blutung verhindert. Die entscheidende Rolle spielt dabei das Thrombin. Es katalysiert als Protease die Umwandlung des Fibrinogens in Fibrin. Bei **Fibrinogen** handelt es sich um symmetrisch aufgebaute **längliche Hexamere**. Je eine α-, eine β- und eine γ-Untereinheit lagern sich parallel zu einem Trimer zusammen. Zwei derartige Trimere bilden ein stäbchenförmiges Hexamer (Abb. **E-2.8**). Dabei zeigen die C-Termini aller Untereinheiten zu den äußeren Enden der Hexamere, die N-Termini liegen hingegen alle in der Mitte der Hexamere. Wegen dieser symmetrischen Struktur werden die Fibrinogen-Hexamere oft auch als „Dimere" bezeichnet. Die Nomenklatur ist in dieser Hinsicht uneinheitlich. Innerhalb des Fibrinogens sind alle Untereinheiten durch **Disulfidbrücken** miteinander quervernetzt.

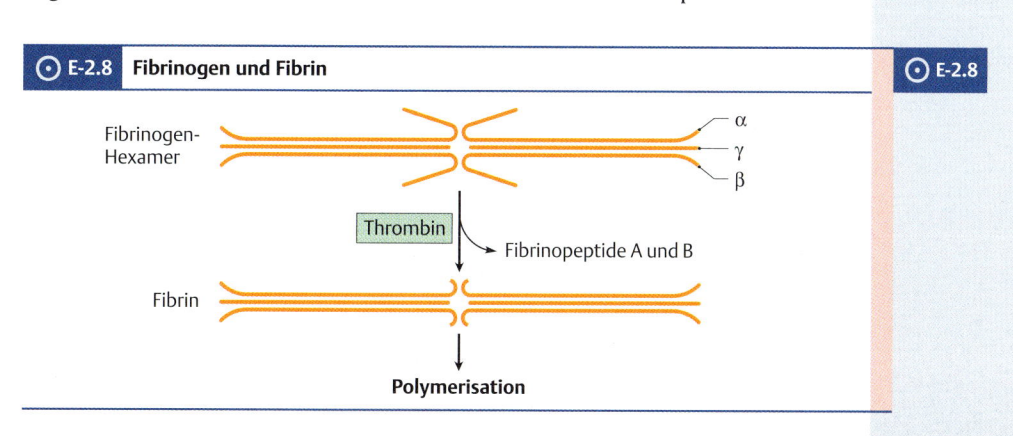

⊙ **E-2.8** Fibrinogen und Fibrin

E 2 Blutstillung und Blutgerinnung

Thrombin (Faktor IIa) spaltet
- das **Fibrinopeptid A** vom N-terminalen Ende der α-Ketten ab,
- das **Fibrinopeptid B** vom N-terminalen Ende der β-Ketten ab (Abb. **E-2.8**). Dabei werden in den zentral gelegenen Teilen der Fibrinogen-Hexamere **hydrophobe Bindestellen** zugänglich. Diese verbinden sich nun mit den **C-terminalen Enden benachbarter Hexamere** und es entsteht ein netzartiges **Fibrin-Aggregat (Abb. E-2.9).**

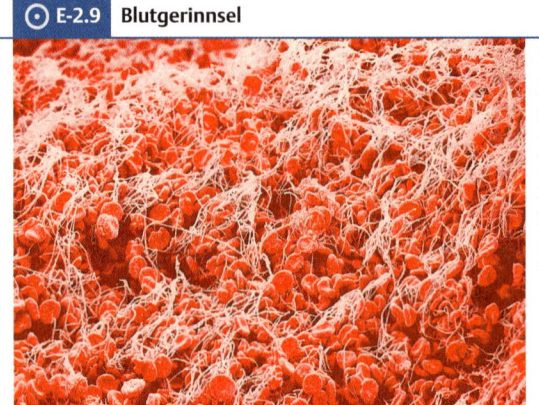

E-2.9 Blutgerinnsel

Kolorierte elektronenmikroskopische Abbildung eines Blutgerinnsels. Erkennbar sind die netzförmig angeordneten Fibrinfäden (weiß), in denen Blutzellen (überwiegend Erythrozyten, rot) fixiert sind
(© Susumu Nishinaga/Science Photo Library/Agentur Focus)

Das Aggregat wird anschließend durch **kovalente Quervernetzung** stabilisiert (Abb. **E-2.10**). Dieser Prozess wird vom **Faktor XIIIa** katalysiert, der von **Thrombin** aktiviert wird. Bei der Quervernetzung reagiert jeweils die Aminogruppe eines **Lysinrests** mit einem **Glutaminrest**. Im Zuge dieser Reaktionen werden die Wundränder zusammengezogen, was die anschließende Wundheilung erleichtert.

E-2.10 Kovalente Quervernetzung des Fibrins

$$\text{Fibrin}-CH_2-CH_2-\overset{O}{\underset{\|}{C}}-NH_2 \quad + \quad {}^+H_3N-CH_2-CH_2-CH_2-CH_2-\text{Fibrin}$$

$$\downarrow \text{Faktor XIIIa (von Thrombin aktiviert)}, \quad -NH_4^+$$

$$\text{Fibrin}-CH_2-CH_2-\overset{O}{\underset{\|}{C}}-\underset{H}{N}-CH_2-CH_2-CH_2-CH_2-\text{Fibrin}$$

Zusammenfassung und Überblick

Zusammenfassend ergibt sich damit folgendes Bild: **Traditionell** wurde die Blutgerinnung als eine Reaktionskaskade löslicher Komponenten vorgestellt. Ausgelöst entweder durch das extrinsische System (Thromboplastin) oder durch das intrinsische System (Faktor XII) wurde eine gemeinsame Endstrecke der Reaktionskaskade definiert, die ausgehend vom Faktor X zur Bildung des Fibrins führt.

Die **neueren Forschungen** haben dieses Schema erheblich modifiziert:
- Unter physiologischen Bedingungen gibt es im Wesentlichen nur *ein* **System der Auslösung**: die Bildung eines Komplexes aus Gewebefaktor und Faktor VIIa.
- Es schließt sich ein **System der Signalverstärkung** an, bestehend aus den Faktoren VIIIa und IXa, ergänzt durch den Faktor XIa.
- In der Blutgerinnung kommt dem **Thrombin eine Schlüsselfunktion** zu. Thrombin ist an der Aktivierung aller wichtigen Teilschritte direkt beteiligt.
- Auch das **System der Ausführung** enthält als wichtigste Komponente das Thrombin. Es katalysiert die Umwandlung von Fibrinogen zu Fibrin. Thrombin aktiviert auch den Faktor XIII, der abschließend die Quervernetzung katalysiert.
- Letztlich sind bei der Blutgerinnung fast alle entscheidenden Komponenten **an Zellmembranen** gebunden, überwiegend an aktivierten Thrombozyten. Blutgerinnung ist ein Prozess, der an Oberflächen abläuft (S. 734).

Ähnlich dem Thrombin kooperieren auch andere Gerinnungsfaktoren mit sehr **vielen Partnerproteinen**. Lineare Modelle einer Reaktionskaskade stellen eine grobe Vereinfachung der tatsächlich vielfach verwobenen Wechselwirkungen dar.

Die meisten **Gerinnungsfaktoren** sind Proteasen, einige sind aber nur Cofaktoren ohne eigene enzymatische Aktivität, oder sie haben eine andere Funktion (Tab. **E-2.1**).

Gerinnungsfaktoren wirken meist als Proteasen, selten als Cofaktoren oder in anderer Funktion (Tab. **E-2.1**).

E-2.1 Gerinnungsfaktoren

Faktor	Synonym	Funktion
I	Fibrinogen/Fibrin	Gerinnselbindung
II	Prothrombin/Thrombin	Serin-Protease
III	Gewebefaktor/Thromboplastin	Cofaktor
IV	Ca^{2+}-Ionen	Cofaktor
V	(Proakzelerin)	Cofaktor
VI	= Faktor Va	
VII	(Prokonvertin)	Serin-Protease
VIII	(Antihämophiliefaktor A)	Cofaktor
IX	(Antihämophiliefaktor B, Christmas-Faktor)	Serin-Protease
X	Stuart-Prower-Faktor	Serin-Protease
XI	(Rosenthal-Faktor)	Serin-Protease
XII	(Hageman-Faktor)	Serin-Protease
XIII	(Fibrin-stabilisierender Faktor)	Transglutaminase

Die in Klammern angegebenen Namen der Faktoren werden nur noch selten verwendet.

Vitamin K, γ-Carboxylierung und Calcium-Ionen

Bei der Blutgerinnung binden im Verletzungsgebiet mindestens vier Gerinnungsfaktoren an Zellmembranen:
- Faktor VII (Auslösung der Blutgerinnung)
- Faktor IX (Verstärkung des Signals)
- Faktor X (Aktivierung des Thrombins)
- Faktor II (Thrombin selbst)

Die Anlagerung aller dieser Proteine an die Zellmembranen wird **von Ca^{2+}-Ionen vermittelt**. Die Ca^{2+}-Ionen treten dabei in Wechselwirkung mit den negativ geladenen Phospholipiden. Währenddessen werden die Ca^{2+}-Ionen von **γ-Carboxyglutaminsäure-Gruppen** der Proteine festgehalten.

Alle Ca^{2+}-bindenden Gerinnungsfaktoren werden in der Leber gebildet. Die **γ-Carboxyglutaminsäure-Reste** entstehen **durch posttranslationale Modifikation** der Gerinnungsfaktoren in den **Hepatozyten**. Dabei ist **Vitamin K (Phyllochinon)** ein essenzieller Cofaktor.

Die γ-Carboxyglutaminsäure-Gruppen werden gebildet, indem bestimmte Glutaminsäurereste der Gerinnungsfaktoren eine zusätzliche COOH-Gruppe erhalten (Abb. **E-2.11**). Im Prothrombin werden z.B. bis zu 14 Glutaminsäurereste carboxyliert. Die Reaktion wird von einer **Carboxylase** katalysiert. Das Enzym benötigt für die Reaktion **Vitamin K sowie CO_2, O_2 und NADPH**.

Vitamin K, γ-Carboxylierung und Calcium-Ionen
Bei der Blutgerinnung binden im Verletzungsgebiet mindestens vier der Gerinnungsfaktoren an Zellmembranen (VII, IX, X und II).

Alle diese Proteine enthalten **γ-Carboxyglutaminsäure-Gruppen**, die Ca^{2+} binden. Die **Ca^{2+}-Ionen vermitteln** die Bindung der Gerinnungsfaktoren an die Membranen.

Alle Ca^{2+}-bindenden Gerinnungsfaktoren werden in der Leber gebildet.
Die **γ-Carboxyglutaminsäure-Reste** entstehen **durch post-translationale Modifikation**, indem bestimmte Glutaminsäurereste der Gerinnungsfaktoren eine zusätzliche COOH-Gruppe erhalten (Abb. **E-2.11**).

E-2.11 Glutamat und Carboxyglutamat

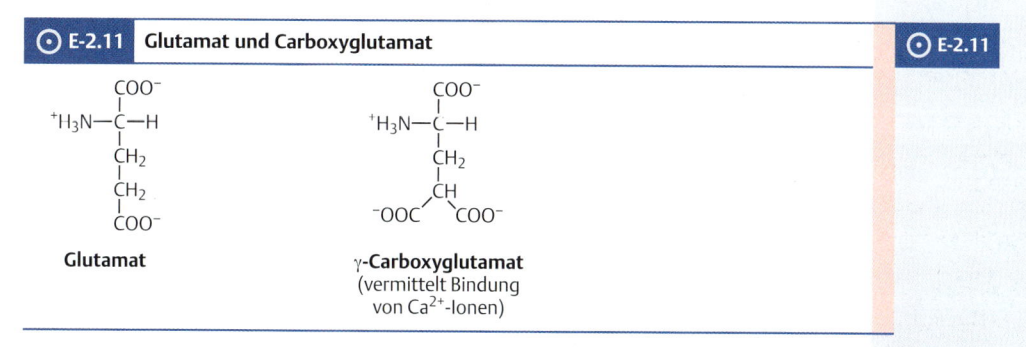

Glutamat

γ-Carboxyglutamat
(vermittelt Bindung von Ca^{2+}-Ionen)

▶ **Merke.** Vitamin K (S. 298) ist an der Blutgerinnung also **nicht direkt beteiligt**, sondern nur ein essenzieller Cofaktor bei der γ-Carboxylierung der Gerinnungsfaktoren in der Leber.

▶ Exkurs.

▶ **Exkurs.** **Diagnostik von Gerinnungsstörungen**

Sowohl zur Diagnose von Gerinnungsstörungen als auch zur Kontrolle der Effizienz gerinnungshemmender Medikamente werden standardisierte Tests durchgeführt:

- **Der Quick-Test** zur **Bestimmung der Thromboplastinzeit** wurde 1936 von dem amerikanischen Arzt Armand Quick entwickelt. Unter definierten Bedingungen wird zu einer Plasma-Probe **Thromboplastin (Faktor III)** zusammen mit Phospholipiden und Ca^{2+}-Ionen zugegeben. Es wird dann die **Zeit (in Sekunden) bis zur Fibrinbildung** gemessen. Die Zeit, die mit Plasmaproben von „Normalspendern" gemessen wird, liegt im typischen Fall bei etwa 20 Sekunden und definiert den 100 %-Wert. Geschwindigkeitsbestimmend ist beim Quick-Test die Verfügbarkeit der **Faktoren des extrinsischen Systems**, also der Faktoren VII, X, V und II. Ein Quick-wert von z. B. 70 % besagt, dass mit dem zugegebenen Thromboplastin in der Plasma-Probe nur 70 % der Aktivität erreicht wurde, die mit der gleichen Menge an Thromboplastin in der Kontrollprobe gemessen wurde. Je niedriger der Quick-Wert, desto schlechter ist die Gerinnungsfunktion (und desto höher ist das Blutungsrisiko).
- Seit einigen Jahren wird der Quick-Test zunehmend durch die Bestimmung des **INR-Wertes (International Normalized Ratio)** ersetzt. Auch bei diesem Verfahren wird die Zeit gemessen, die verstreicht, bis unter definierten Bedingungen nach Zugabe von Thromboplastin zu einer Plasma-Probe die Gerinnung einsetzt. Als Referenz dient ein „Normalplasma". Nicht nur die Reaktionsbedingungen, sondern auch die eingesetzten Reagenzien, einschließlich des Thromboplastins, sind **international vereinheitlicht** worden und erlauben deshalb eine quantitative Bestimmung, die (anders als der Quick-Wert) zwischen allen klinischen Laboratorien der Welt **vergleichbar** ist. Der INR-Wert gibt unmittelbar an, in welchem Verhältnis zum Normalwert die Gerinnung verzögert ist. Bei einer Cumarintherapie ist die Zeit bis zum Einsetzen der Gerinnung um das 2- bis 3-Fache verlängert, entsprechend liegen die INR-Werte bei 2,0 – 3,0. Ein hoher INR-Wert entspricht also einem niedrigen Quick-Wert.
- Die Bestimmung der **aktivierten partiellen Thromboplastinzeit (aPTT)** ist eine wertvolle Ergänzung des Quick-Tests bzw. der Bestimmung der INR. Sie ist der **klassische Test des intrinsischen Systems** und erlaubt damit auch den Nachweis von Defekten der Faktoren VIII, IX und XI. So lässt sich mit diesem Verfahren eine Hämophilie vom Typ A (Mangel an Faktor VIII) oder B (Mangel an Faktor IX) nachweisen, die vom Quick-Test und von der INR nicht erfasst wird. In der Klinik dient der aPTT-Test auch der Beurteilung einer Therapie mit Heparin. Der Test besteht darin, dass die Gerinnungskaskade in einer Plasmaprobe in Gegenwart von negativ geladenen Oberflächen, Phospholipiden, und Ca^{2+}-Ionen aktiviert und dann die Zeit bis zum Einsetzen der Gerinnung gemessen wird. Der Ausdruck „partielles Thromboplastin" bezeichnet im Zusammenhang dieses Verfahrens die zugesetzten *Phospholipide, die keinen Gewebefaktor enthalten.* Der Ausdruck ist insofern irreführend, als das Wort „Thromboplastin" normalerweise – etwa im Kontext des Quick-Wertes – als *alternativer Name des gereinigten Gewebefaktors* verwendet wird. Das Wort „Thromboplastin" hat also zwei unterschiedliche Bedeutungen.

2.4 Fibrinolyse

2.4 Fibrinolyse

Für die Auflösung von Fibrin ist die **Serin-Protease Plasmin** verantwortlich, die Fibrin in wasserlösliche Abbauprodukte spaltet.

Plasmin wird aus der Vorstufe **Plasminogen** gebildet. Zwei Plasminogenaktivatoren sind beteiligt (Abb. **E-2.12**):
- **Gewebe-Plasminogenaktivator** (t-PA) aus Endothelzellen
- **Urokinase** aus der Niere

Während des Heilungsprozesses einer Wunde wird das Fibrin wieder abgebaut. Für diese sog. Fibrinolyse ist die **Serin-Protease Plasmin** verantwortlich, die Fibrin in wasserlösliche Abbauprodukte spaltet.

Plasmin wird aus der Vorstufe **Plasminogen** gebildet, einem Protein des Blutplasmas. Die Bildung des Plasmins kann von zwei unterschiedlichen Plasminogenaktivatoren katalysiert werden (Abb. **E-2.12**):
- **Gewebe-Plasminogenaktivator** (Tissue Plasminogen Activator, t-PA) wird von **Endothelzellen** freigesetzt.
- **Urokinase** ist ein Plasminogenaktivator, der in der **Niere** produziert wird.

⊙ E-2.12

⊙ **E-2.12** Aktivierung des Plasmins und Fibrinolyse durch Plasmin

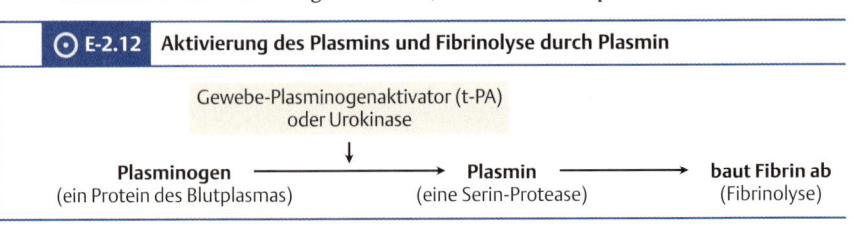

Gewebe-Plasminogenaktivator (t-PA)
oder Urokinase
↓
Plasminogen ⟶ Plasmin ⟶ baut Fibrin ab
(ein Protein des Blutplasmas)   (eine Serin-Protease)   (Fibrinolyse)

▶ Klinik.

▶ **Klinik.** Mit molekularbiologischen Methoden hergestellte („rekombinante") **Derivate des Gewebe-Plasminogenaktivators** werden seit vielen Jahren bei **Herzinfarkt** mit großem Erfolg zur Auslösung einer Fibrinolyse eingesetzt (z. B. r-PA, Handelsname Reteplase). Auf diesem Wege können ca. 80 % aller stenosierten Koronararterien bei rechtzeitiger intravenöser Injektion wieder geöffnet werden. Um einen erneuten Verschluss der Gefäße zu verhindern, kommen anschließend Plättchenaggregationshemmer (Acetylsalicylsäure; Clopidogrel) und Inhibitoren der Blutgerinnung zum Einsatz.

2.5 Hemmung der Blutgerinnung

2.5.1 Mechanismen in vitro

Um die Gerinnung von Blut *in vitro* zu verhindern, kann man **Chelatoren** zusetzen, die Komplexe mit den Ca^{2+}-Ionen des Blutes bilden. Üblich ist die Verwendung von **Citrat** oder **EDTA** (Ethylendiamintetraessigsäure). So kann die Gerinnung nach einer Blutentnahme durch Citrat zunächst unterdrückt, zur Bestimmung der Gerinnungszeit dann aber durch Zusatz von Ca^{2+}-Ionen wieder gestartet werden.

2.5.2 Mechanismen in vivo

Antithrombin

Im Organismus wird die Blutgerinnung unter physiologischen Bedingungen dadurch verhindert, dass die entscheidenden Gerinnungsfaktoren als **inaktive Zymogene** (Proenzyme) vorliegen. Gelegentlich werden einzelne Zymogenmoleküle unspezifisch gespalten und dadurch aktiviert. Wenn diese Moleküle nicht umgehend inaktiviert würden, käme es durch die Aktivität des Verstärkungssystems der Blutgerinnung (Faktoren VIII, IX und XI) in allen Gefäßen sofort zu einer massiven Blutgerinnung.

Antithrombin, in der älteren Literatur als Antithrombin III bezeichnet, ist der entscheidende Faktor, der eine übermäßige Blutgerinnung verhindert. Antithrombin ist ein Protein von 58 kDa, das in der Leber synthetisiert wird. Es **bindet und inaktiviert mit großer Effizienz Faktor Xa und Thrombin**, mit geringerer Effizienz auch die meisten anderen Gerinnungsfaktoren, indem es stabile 1:1-Komplexe bildet. Eigentümlicherweise reagiert Antithrombin nur mit Substraten in Lösung. Membrangebundene Gerinnungsfaktoren kann Antithrombin *nicht* inaktivieren. Sobald Antithrombin mit Thrombin einem Komplex bildet, reagiert es mit dem Serin im aktiven Zentrum des Thrombins. Beide Proteine bleiben dann über eine kovalente Bindung irreversibel miteinander verbunden. Antithrombin gehört zu einer Familie ähnlicher **S**erinprotease-**I**nhibitor (SERINE).

Die Affinität des Antithrombins für Faktor Xa und für Thrombin wird durch Heparin wesentlich erhöht.

Heparin

Prinzip: Heparin ist eine Mischung von Kohlenhydraten (s. u.), die in der Klinik in großem Umfang zur Verhinderung einer intravasalen Blutgerinnung eingesetzt wird. Heparin **bindet an Antithrombin** und induziert dabei eine Konformationsänderung, durch die das Antithrombin schlagartig eine etwa **1000-fach erhöhte Affinität** für seine Substrate Faktor Xa und Thrombin erhält. Das in der Klinik eingesetzte Heparin wird aus tierischen Geweben gewonnen, z. B. aus Schweinedarmmukosa oder aus Rinderlunge.

Struktur: Heparin (S. 410) ist ein Polysaccharid, das aus Disaccharid-Einheiten aufgebaut ist. Jede Disaccharid-Einheit enthält:
- ein Zuckerderivat, das in Position 6 eine **Carboxylgruppe** exponiert (eine Uronsäure: entweder D-Glucuronsäure oder L-Iduronsäure),
- einen Zucker, der in Position 2 eine **Aminogruppe** trägt (ein Derivat des D-Glucosamins).
- In unregelmäßigen Abständen sind im Heparin-Molekül zudem sehr viele **Sulfatgruppen** verteilt. Sulfatgruppen können mit Carboxylgruppen, mit Aminogruppen und in Position 3 auch mit OH-Gruppen verbunden sein.

Um die Affinität des Antithrombins für Thrombin zu erhöhen, muss Heparin eine Kettenlänge von mindestens 18 Monosaccharid-Einheiten haben. Aufgrund der zahlreichen Carboxyl- und Sulfatgruppen enthält Heparin außerordentlich viele negative Ladungen. In der Bindung an das Antithrombin sind innerhalb des Heparinmoleküls Gruppen von fünf Monosaccharid-Einheiten entscheidend.

Im Menschen ist **Heparin** in **Mastzellen** enthalten. In diesen Zellen wird ein **Proteoglykan** synthetisiert, das aus einem kleinen Polypeptid und einem größeren Kohlenhydrat (einem Glykosaminoglykan) besteht. Das Proteoglykan wird in bestimmten Vesikeln der Mastzellen unter Einwirkung des Enzyms Heparanase zu Fragmenten abgebaut, die dann als Heparin bezeichnet werden. Das Heparin der Mastzellen scheint **an der Regulation der Blutgerinnung nicht beteiligt** zu sein. (Vermutlich hat es innerhalb der Mastzellen eine Funktion in der Aktivierung verschiedener Proteasen.)

Heparansulfat

In den **Gefäßen** wird die **Blutgerinnung vom intakten Endothel gehemmt**. U.a. wird diese Aktivität dem **Heparansulfat** zugeschrieben, das alle Endothelzellen an ihrer Oberfläche exponieren. Das Heparansulfat der Endothelzellen ist ein verzweigtes Proteoglykan, das mit seinem Polypeptidanteil in den Plasmamembranen verankert ist. Heparansulfat zeigt ausgeprägte **Ähnlichkeiten zum Heparin** und ist in der Lage, Antithrombin zu binden. Ob es dadurch an den Oberflächen der Blutgefäße auch einen wesentlichen Anteil an der Hemmung der Blutgerinnung hat, ist bislang nicht geklärt.

Thrombomodulin

Wenn Prothrombin zu **Thrombin** aktiviert wird, **bindet** dieses an den Membranen der Endothelzellen an das Rezeptorprotein **Thrombomodulin** (Abb. **E-2.13**). Durch die Bindung an Thrombomodulin erhält **Thrombin** eine **veränderte Spezifität**. Es ist nun nicht länger der zentrale Auslöser der Blutgerinnung, sondern **aktiviert** nun spezifisch das **Protein C**, einen Hemmstoff der Blutgerinnung.

Protein C wird dabei zu einer Serin-Protease, die nun die Gerinnungsfaktoren **Va und VIIIa inaktiviert und abbaut**. Ein wichtiger **Cofaktor** des Proteins C ist das **Protein S**. Beide Proteine gehören zur Gruppe der Vitamin-K-abhängigen Komponenten des Blutgerinnungssystems.

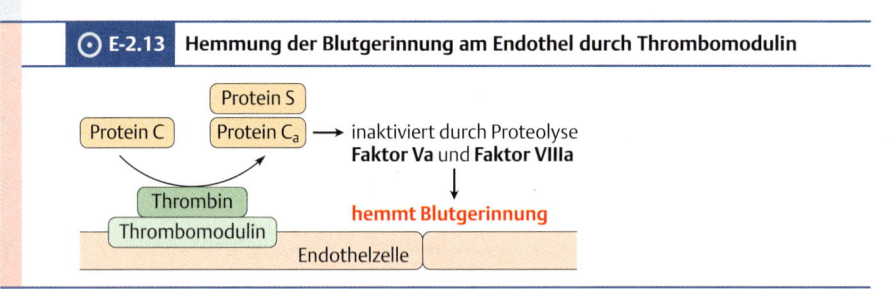

⊙ **E-2.13** Hemmung der Blutgerinnung am Endothel durch Thrombomodulin

▶ **Merke.** Endothelzellen unterdrücken Blutgerinnung und Plättchenaggregation durch mindestens vier Mechanismen:
- Prostazyklin (das Eikosanoid PGI_2) hemmt die Plättchenaggregation.
- Heparansulfat erhöht (vermutlich) die Affinität von Antithrombin zu Thrombin und Faktor X.
- Thrombomodulin bindet Thrombin und verändert dessen Spezifität. Thrombin aktiviert daraufhin das Protein C und dieses katalysiert den Abbau der Gerinnungsfaktoren Va und VIIIa.
- Gewebe-Plasminogenaktivator (t-PA), der von den Endothelien freigesetzt wird, aktiviert Plasminogen zu Plasmin, das bereits gebildetes Fibrin schnell wieder abbaut.

▶ **Klinik.** Pharmakologische Bedeutung hat das kleine Protein **Hirudin**. Es besteht aus nur 65 Aminosäuren. Gebildet wird es von dem Blutegel *Hirudo medicinalis*. Hirudin bildet spezifisch 1:1-Komplexe mit Thrombin, das dadurch inaktiviert wird. Es ist der stärkste selektive Hemmstoff des Thrombins, der bislang gefunden wurde. Mit anderen Gerinnungsfaktoren reagiert Hirudin nicht. Rekombinant hergestellte Hirudinpräparate werden mitunter zur Prophylaxe postoperativer venöser Thrombosen eingesetzt.

2.6 Thrombusbildung und Ischämie

Wenn es in Blutgefäßen zu einer Thrombusbildung kommt, hat das unmittelbar eine **Minderdurchblutung (Ischämie)** der vom jeweiligen Gefäß versorgten Gewebe zur Folge. In den Zellen hat dieses umgehend charakteristische Konsequenzen:
- Der Mangel an Sauerstoff führt zu einer reduzierten Aktivität der mitochondrialen ATP-Synthase.
- Bei länger anhaltendem Sauerstoffmangel bilden sich Nekrosen, d. h. verschiedene unspezifische Prozesse führen zum Absterben der Zellen.
- Kurzzeitig bilden sich bei Sauerstoffmangel am Komplex III der Atmungskette der Mitochondrien vermehrt Sauerstoffradikale. Diese sind schädlich für die Zellen, insbesondere schädigen sie die Membranen. Toxische Effekte von Sauerstoffradikalen gelten als eines der Hauptprobleme bei Störungen der Mikrozirkulation.
- Sauerstoffradikale können auch Apoptose (S. 533), also einen programmierten Zelltod auslösen.
- Hinzu kommen Defekte, die sich aus der besonderen Funktion der betroffenen Organe ergeben, z. B. akutes Nierenversagen durch Blockade der glomerulären Filtration.

▶ **Klinik.** Ursache einer **disseminierten** (an vielen Stellen gleichzeitig auftretenden) **intravasalen Gerinnung (DIC)** kann eine **Sepsis** sein, also eine sich im gesamten Organismus ausbreitende erregerbedingte Entzündung. Gramnegative Bakterien geben das Endotoxin LPS (S. 678) ab, das in Endothelzellen einen dramatischen Effekt auf die Genregulation ausübt. Vermittelt von Toll-like-Rezeptoren, TLR (S. 678), induziert Endotoxin u. a. die Expression des Gewebefaktors (= Thromboplastin). Der Gewebefaktor initiiert die Bildung von Thrombin und damit eine intravasale Gerinnung mit Thrombusbildung. Da bei derartigen Prozessen viele Gerinnungsfaktoren verbraucht werden, spricht man in diesem Zusammenhang auch von einer **Verbrauchskoagulopathie**.

Herzinfarkt und Schlaganfall haben eine weitgehend identische Pathogenese. Akut besteht das entscheidende Ereignis in der Bildung eines intravasalen **Thrombus**, bei Herzinfarkt in einer der Herzkranzgefäße, bei Schlaganfall meist in den Aa. carotes internae. Jede derartige Thrombusbildung hat aber eine lange Vorgeschichte. In der Regel entwickelt sich der jeweilige Thrombus auf der Grundlage einer **Arteriosklerose** – in den westlichen Industrieländern eine der häufigsten Todesursachen. Die Mechanismen, die der Arteriosklerose zugrunde liegen, sind bis heute nur unvollständig geklärt. Offenbar sind zwei Aspekte von besonderer Bedeutung:
- Traditionell wird in der Pathogenese der Arteriosklerose dem **Cholesterinstoffwechsel** (S. 354) eine entscheidende Rolle zugeschrieben.
- In neuerer Zeit ist deutlich geworden, dass an der Entstehung einer Arteriosklerose viele Prozesse beteiligt sind, die für eine **Entzündung** (S. 708) charakteristisch sind.

Die Entwicklung, die letztlich in einem Herzinfarkt bzw. in einem Schlaganfall kulminiert, beginnt vermutlich mit geringfügigen **Schädigungen des Endothels** der großen Arterien. So ist auffällig, dass die Pathogenese bevorzugt bei Bluthochdruck einsetzt:
- An Stellen mit hoher mechanischer Belastung binden **Monozyten** an das Endothel und dringen in die Intima ein. Hier entwickeln sie sich zu Makrophagen (Abb. E-2.14 a).
- Diese geben – wie bei einer Entzündung – **Sauerstoffradikale und H_2O_2** ab. **LDL-Partikel**, die sich im betroffenen Areal anlagern, werden von diesen Stoffen oxidiert und daraufhin von den **Scavenger-Rezeptoren** (S. 679) der Makrophagen gebunden. Die oxidativ modifizierten LDL-Partikel werden phagozytiert und die Makrophagen wandeln sich zu **Schaumzellen** um. Makroskopisch fallen Ansammlungen von Schaumzellen in der Intima als sog. **Fettstreifen** auf.
- Parallel binden im Gebiet der Endothelschäden Thrombozyten.
- Makrophagen und Thrombozyten geben Entzündungsmediatoren ab. Diese lösen die **Einwanderung glatter Muskelzellen** aus der Media in die Intima aus.
- Auch die eingewanderten glatten Muskelzellen nehmen oxidierte LDL auf und entwickeln sich zu **Schaumzellen**.
- Die akkumulierenden Zellen bilden vermehrt **Proteine der extrazellulären Matrix**, z. B. Proteoglykane und Kollagen.

2.6 Thrombusbildung und Ischämie

Konsequenzen einer Thrombusbildung in Blutgefäßen sind
- Ischämie,
- reduzierte ATP-Synthese,
- Nekrosen,
- Bildung toxischer Sauerstoffradikale,
- Apoptose und
- Defekte, die sich aus der besonderen Funktion der betroffenen Organe ergeben, z. B. akutes Nierenversagen.

▶ **Klinik.**

Herzinfarkt und Schlaganfall haben eine weitgehend identische Pathogenese. Akut besteht das entscheidende Ereignis in der **Bildung eines intravasalen Thrombus**.
In der Regel entwickelt sich der jeweilige Thrombus auf der Grundlage einer **Arteriosklerose** – in den westlichen Industrieländern eine der häufigsten Todesursachen.

Die Entwicklung, die letztlich in einem Herzinfarkt bzw. in einem Schlaganfall kulminiert, beginnt vermutlich mit geringfügigen **Schädigungen des Endothels** der großen Arterien.
Weitere Schritte:
- **Einwanderung von Monozyten** in die Intima, Differenzierung zu Makrophagen (Abb. **E-2.14 a**).
- **Einwanderung glatter Muskelzellen** aus der Media in die Intima,
- hier Umwandlung von Makrophagen und glatten Muskelzellen in **Schaumzellen** durch Aufnahme von oxidiertem LDL.
- Bildung eines **Atheroms** (Abb. **E-2.14 b**), das u. a. extrazelluläres Cholesterin enthält.
- Auslösung einer lokalen **Entzündung**.
- Erhöhte **Expression des Gewebefaktors Thromboplastin** in Endothelzellen und Makrophagen,
- bei **Aufbrechen des Atheroms** bildet sich lokal ein **Thrombus**.

- Die in der Intima langsam wachsenden Aggregate werden als Plaques oder als **Atherome** bezeichnet. Die Atherome bleiben weitgehend vom Endothel überdeckt. Die Verdickung der Intima engt aber das Lumen des Gefäßes ein (Abb. **E-2.14 b**). Zudem kommt es zu einer **Versteifung** der Gefäßwand. Auf diesen Prozess bezieht sich der Ausdruck „Arteriosklerose". Präziser ist der Ausdruck „Atherosklerose", beide Worte werden aber oft synonym verwendet.
- Mit der Zeit bilden sich in den Atheromen Verkalkungen sowie extrazelluläre Ablagerungen von Cholesterinkristallen.
- Eine Arteriosklerose der Koronargefäße hat zur Folge, dass die Durchblutung des Herzmuskels bei erhöhter Belastung nicht mehr dem erhöhten O_2-Bedarf angepasst werden kann. Es liegt damit eine **koronare Herzerkrankung** vor (Abb. **E-2.15**). Bei körperlicher oder psychischer Belastung bemerkt der Patient in diesem Stadium charakteristische Schmerzen, die Ausdruck einer **Angina pectoris** sind.
- Die innerhalb des Atheroms freigesetzten Entzündungsmediatoren induzieren u. a. eine **vermehrte Expression des Gewebefaktors (Thromboplastin)** durch Endothelzellen und Makrophagen.
- Bei **Ruptur eines Atheroms** bildet sich deshalb sehr leicht ein **Thrombus**. Die damit einher gehende Ischämie kann sich je nach der Lokalisation als Herzinfarkt oder als Schlaganfall äußern.

E-2.14 Atherosklerose

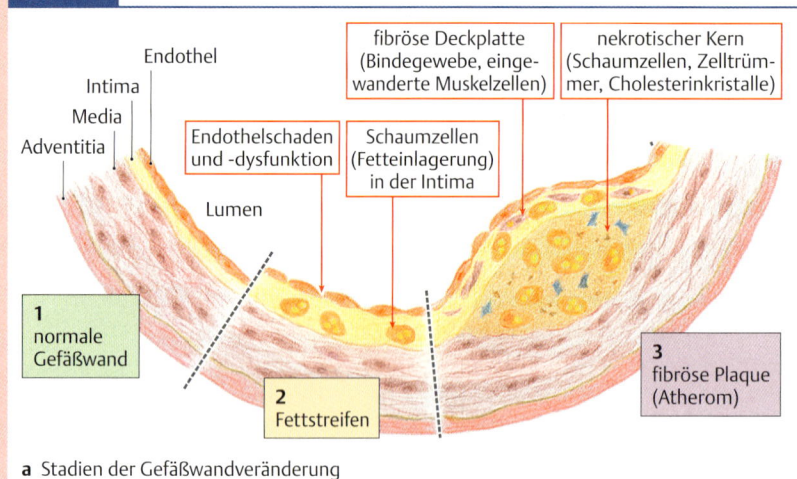

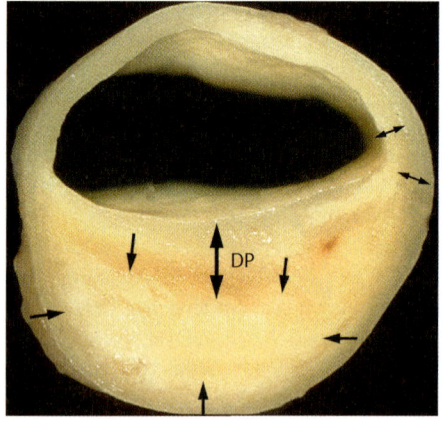

a Stadien der Gefäßwandveränderung

b Atherotische Lipidplaque der A. carotis. Pfeile: atheromatöser Fettkern, DP: fibröse Deckplatte

(a: nach Silbernagl, Lang; Taschenatlas der Pathophysiologie, Thieme, 2005. b: aus Riede, Werner, Schaefer; Allgemeine und spezielle Pathologie, Thieme, 2004)

E-2.15 Koronarangiogramm bei Atherosklerose der Koronargefäße (a) und (zum Vergleich) beim Gesunden (b)

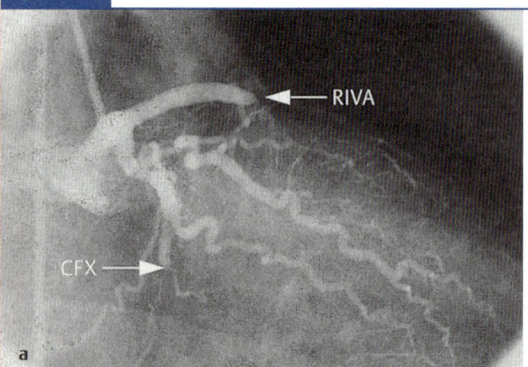

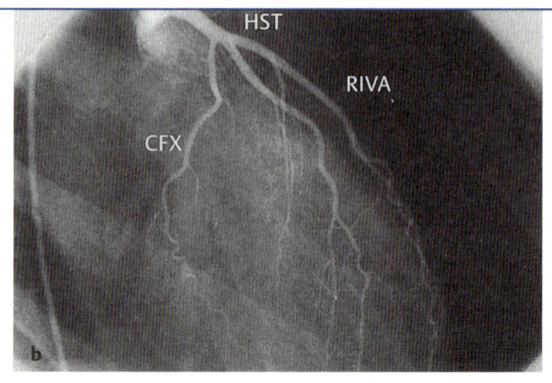

a Die Röntgenkontrastdarstellung der Koronararterien zeigt, dass der Ramus interventricularis anterior (RIVA) und der Ramus circumflexus (CFX) verschlossen sind. **b** HST = Hauptstamm der linken Koronararterie.

(aus Baenkler et al., Duale Reihe Innere Medizin, Thieme, 2001)

▶ Klinik. Durch eine rechtzeitige Reperfusionstherapie (Lysetherapie) kann die Durchlässigkeit des Gefäßes in den meisten Fällen wieder hergestellt werden:
- Zur „Lyse" des Thrombus werden die Patienten mit Derivaten des Gewebe-Plasminogenaktivators (t-PA) behandelt. Alternativ wird auch Streptokinase verwendet, ein bakterielles Protein, das einen ähnlichen Wirkmechanismus hat wie t-PA. Eine Fibrinolyse innerhalb der ersten 1 – 3 Stunden nach Infarktbeginn ist in 70 – 80 % der Fälle erfolgreich. Die Mortaliät kann auf diese Weise um > 50 % gesenkt werden.
- In kardiologischen Zentren können Thromben der Koronararterien mechanisch, mithilfe eines Herzkatheters geöffnet werden (Ballondilatation, percutaneous transluminal coronary angioplasty, PTCA).
- Die Gefahr der erneuten Bildung eines Thrombus lässt sich durch eine Kombination verschiedener Medikamente erheblich reduzieren (z. B. Acetylsalicylsäure, Cumarine, Clopidogrel).

▶ Klinik.

Klinischer Fall: Akute Atemnot

07:00
Nicole Herrmann, 32 Jahre, bekommt plötzlich beim Treppensteigen Luftnot. Sie geht sofort zum Hausarzt, da sie solche Beschwerden nicht kennt.

07:45
Nach kurzer Anamnese und Untersuchung weist sie der Hausarzt mit der Verdachtsdiagnose „Lungenembolie" in Begleitung eines Notarztes direkt in die Klinik ein.

08:15 Anamnese in der Notaufnahme
N.H.: Heute Morgen habe ich beim Treppensteigen plötzlich ganz schlecht Luft bekommen und ich hatte Schmerzen tief in der linken Lunge. Das hat mir ganz schön Angst gemacht! Etwas Husten habe ich auch…
Vor 4 Tagen hatte ich eine ambulante Knie-OP, Meniskus.

08:20 Medikamentenanamnese
N.H.: Seit 7 Jahren nehme ich die Pille. Jetzt nach der Knie-OP habe ich noch Ibuprofen-Tabletten genommen.

08:25 Körperliche Untersuchung
Ich untersuche die etwas übergewichtige Patientin. Ihre Herzfrequenz beträgt in Ruhe 112/min (50–100), die Atemfrequenz 26/min (12–16). Die Sauerstoffsättigung (Pulsoxymeter) ist mit 89% deutlich vermindert.
Auffällig ist eine Umfangsdifferenz der Unterschenkel (links 3 cm mehr). Bei Druck auf die linke Wade und Fußsohle gibt Frau H. leichte Schmerzen an. Der weitere körperliche Untersuchungsbefund, v.a. auch von Lunge und Herz, ist unauffällig.

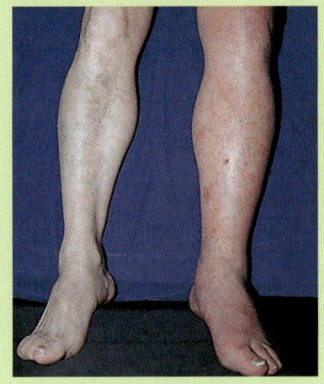

08:35 Blutgasanalyse und Blutentnahme
Das Ergebnis der arteriellen Blutgasanalyse ist sofort da:
- pO_2 51 mmHg (71–104)
- pCO_2 29 mmHg (32–43).

Es besteht also bei Atemnot eine Hyperventilation (erniedrigter pCO_2). Trotzdem ist der Sauerstoffpartialdruck noch vermindert.
Bei der Verdachtsdiagnose „Lungenembolie" lasse ich zusätzlich die D-Dimere bestimmen.

08:45 12-Kanal-EKG
Wir machen ein EKG. Dies zeigt außer einer Tachykardie keine Auffälligkeiten, insbesondere keine Zeichen der Differenzialdiagnose Myokardinfarkt.

09:00 Telefonat mit Oberarzt und Anmeldung Thorax-CT
Ich berichte dem Oberarzt meine Befunde. Er hält die Diagnose „Lungenembolie" für sehr wahrscheinlich. Nachdem die Patientin eine Schwangerschaft plausibel verneint, melde ich in der Radiologie ein notfallmäßiges Thorax-CT an.

09:15 Laborbefund trifft ein
(Normwert in Klammern)
- D-Dimere 2,28 mg/l (<0,5)

Erhöhte D-Dimere kommen bei Lungenembolie, aber auch bei vielen anderen Erkrankungen, nach Operationen und in der Schwangerschaft vor (unspezifischer Parameter, der eine aktivierte Gerinnung anzeigt). Negative D-Dimere schließen eine Lungenembolie allerdings nahezu aus.

09:30 Thorax-CT mit Kontrastmittel
Die Kollegen der Radiologie finden KM-Aussparungen am Abgang der rechten Unterlappenarterie und auch im Pulmonalishauptstamm links. Damit ist die Diagnose Lungenembolie bewiesen.

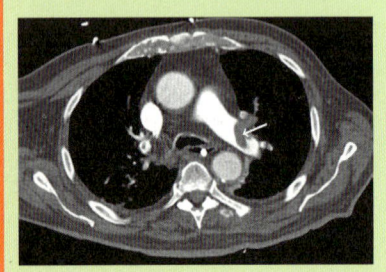

Große Kontrastmittelaussparung im Pulmonalishauptstamm links (Pfeil) und in der Unterlappenarterie rechts (Arastéh et al.: Duale Reihe Innere Medizin, 3. Auflage, Thieme, Stuttgart 2013)

10:00 Farbduplexsonografie der Beinvenen
Aufgrund der Umfangsdifferenz der Unterschenkel vermuten die Kollegen als Ursache für die Lungenembolie eine Beinvenenthrombose. Und tatsächlich gelingt der direkte Nachweis eines Thrombus in der Vena poplitea und Vena femoralis links.

Umfangsvermehrung, und livide Verfärbung sind klinische Zeichen einer tiefen Beinvenenthrombose links (aus Kellnhauser et al.: Thiemes Pflege. 10. Aufl., Thieme, 1999)

10:00 Verlegung auf Überwachungsstation
Die Vitalparameter werden mit einem Monitor überwacht. Die Kollegen starten eine „Vollheparinisierung". Die Patientin erhält Sauerstoff per Nasensonde.

Am nächsten Morgen — Verlegung auf Normalstation
Nachdem der Zustand der Patientin die Nacht über stabil blieb, kann sie auf die Normalstation verlegt werden.

14:00 Erweiterte Gerinnungsdiagnostik
Da eine Lungenembolie bei einer so jungen Patientin sehr ungewöhnlich ist wird eine weiterführende Gerinnungsdiagnostik durchgeführt. Dabei zeigt sich eine Resistenz gegen aktiviertes Protein C (APC-Resistenz 1,7, Referenzbereich 2-5). Durch eine darauffolgende PCR-Analyse lässt sich der Verdacht auf eine heterozygote Mutation im Faktor V-Gen (Faktor-V-Leiden) bestätigen.

Nach 5 Tagen
Frau H. erholt sich schnell und kann nach 5 Tagen nach Hause entlassen werden. Über ihre Diagnose ist sie sehr schockiert. Aber durch die regelmäßige Einnahme von Cumarine (Marcumar) kann sie ihren gewohnten Alltag bald wieder aufnehmen.

Fragen mit biochemischem Schwerpunkt

1. Was sind D-Dimere?
2. Was genau versteht man unter einem „Faktor V Leiden"?
3. Wie funktioniert eine „orale Antikoagulation", z.B. mit Phenprocoumon = Marcumar?

Antwortkommentare im Anhang

3 Entgiftung

3.1 Entgiftung organischer Fremdstoffe: Biotransformation 739
3.2 Entgiftung anorganischer Fremdstoffe: Stoffwechsel der Schwermetalle 744

3.1 Entgiftung organischer Fremdstoffe: Biotransformation

▶ **Definition.** Stoffe, die aus der Umwelt aufgenommen werden und nicht unmittelbar als Nahrungsstoffe Verwendung finden können, werden vom Organismus nach Möglichkeit ausgeschieden oder metabolisiert. Der Stoffwechsel derartiger Stoffe wird als **Biotransformation** bezeichnet.

▶ **Merke.** Die Biotransformation umfasst **enzymatisch katalysierte Reaktionen,** die überwiegend die Funktion haben, **Fremdstoffe wasserlöslich zu machen** und damit ihre **Sekretion zu ermöglichen**.

Die meisten Reaktionen der Biotransformation finden in der Leber statt, zu einem geringeren Teil auch in der Lunge, im Darm, in der Niere sowie in anderen Organen. Tatsächlich ist der Stoffwechsel der Fremdstoffe vom Stoffwechsel endogener Metabolite nicht immer klar unterschieden. Reaktionen der Biotransformation sind stets auch am Abbau und an der Ausscheidung verschiedener körpereigener Stoffe beteiligt.

Reaktionstypen bei der Biotransformation:
- **Phase-I-Reaktionen (Umwandlungsreaktionen):** Unter dieser Bezeichnung fasst man eine Fülle sehr unterschiedlicher Reaktionen zusammen. In der Regel handelt es sich um vergleichsweise geringfügige kovalente Modifizierungen einzelner funktioneller Gruppen, die aber erhebliche Folgen haben können. In vielen Fällen sind diese Modifizierungen die Voraussetzung für eine anschließende Phase-II-Reaktion. Berühmt sind die Phase-I-Reaktionen, die von der Gruppe der P-450-Cytochrome katalysiert werden.
- **Phase-II-Reaktionen (Bildung von Konjugaten):** Im typischen Fall wird der zu sezernierende Stoff mit einer hydrophilen Gruppe verbunden und dadurch wasserlöslich. Als hydrophile Gruppe dient z. B. Glucuronsäure.

Die Sekretion erfolgt anschließend über die Galle oder über die Niere.
Die meisten **Substrate der Biotransformation** sind hydrophob (und damit lipophil):
- **körpereigene Stoffe:** Steroidhormone, Gallenfarbstoffe
- **Fremdstoffe:** Medikamente, Alkaloide, Konservierungsstoffe, Farbstoffe und Pestizidrückstände aus Lebensmitteln; Bestandteile des Tabakrauchs, Umweltgifte

Die Biotransformation ist in der Regel mit einer Inaktivierung der biologisch aktiven oder giftigen Substrate verbunden. Es sind aber auch Stoffe bekannt, die erst durch die chemische Modifikation im System der Biotransformation in giftige Stoffe umgewandelt werden. Das berühmteste Beispiel dieser Art ist das Benzpyren aus dem Tabakrauch.

3.1.1 Phase-I-Reaktionen

▶ **Definition.** Phase-I-Reaktionen sind **Oxidationen, Reduktionen** und **Hydrolyse-Reaktionen**. Da durch Phase-I-Reaktionen an der Ausgangsverbindung funktionelle Gruppen eingeführt oder freigelegt werden können, spricht man auch von **Funktionalisierungsreaktionen**.

Monooxygenasen (= mischfunktionelle Oxygenasen) binden O_2 und übertragen dann *eines* der beiden O-Atome auf das Substrat. Das zweite O-Atom wird unter Bildung von Wasser freigesetzt (Abb. **E-3.1**).

In den meisten Fällen handelt es sich um eine Oxidation durch eine **Monooxygenase**. Die Enzyme dieser Gruppe binden molekularen Sauerstoff (O_2), und übertragen dann *eines* der beiden Sauerstoffatome auf das jeweilige Substrat, während das zweite Sauerstoffatom unter Bildung von Wasser freigesetzt wird (Abb. **E-3.1**). Monooxygenasen werden auch als mischfunktionelle Oxygenasen bezeichnet, da sie parallel sowohl mit O_2 als auch mit dem Substrat reagieren.

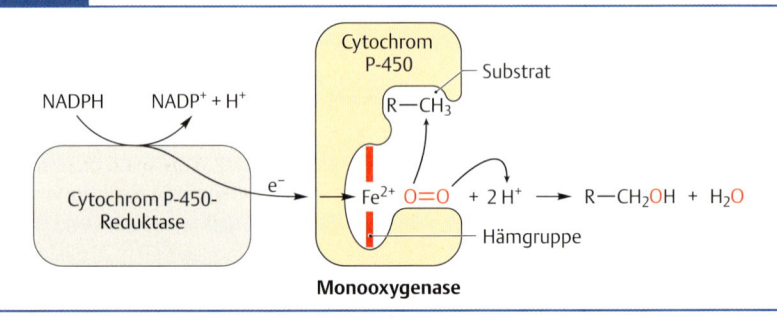

E-3.1 Reaktionsmechanismus der Monooxygenasen

NADPH → NADP$^+$ + H$^+$

Cytochrom P-450-Reduktase → e$^-$ → Cytochrom P-450, Fe^{2+} O=O + 2 H$^+$ → R—CH$_2$OH + H$_2$O

Substrat: R—CH$_3$
Hämgruppe

Monooxygenase

Cytochrom-P-450-Enzyme

Die **meisten Monooxygenasen** sind **Cytochrom-P-450-Enzyme (CYP)**. Sie unterscheiden sich in ihrer Substratspezifität.

Die **meisten Monooxygenasen sind Cytochrom-P-450-Enzyme**. In den Geweben des Menschen sind ca. 60 Cytochrom-P-450-Enzyme (Abkürzung: **CYP**) identifiziert worden. Die molekulare Masse dieser Proteine liegt bei ca. 50 kDa. (Der Ausdruck „P-450" bezieht sich auf das Absorptionsmaximum bei einer Wellenlänge von 450 nm, das isolierte Cytochrom P-450-Enzyme zeigen, die Kohlenmonoxid [CO] gebunden haben.) Die verschiedenen P-450-Enzyme unterscheiden sich vor allem in ihrer Substratspezifität.

Spezifität:

- **CYP mit breiter Spezifität:** Etwa 50 % dieser Enzyme sind an **Phase-I-Reaktionen** beteiligt.
Die Expression der meisten P-450-Enzyme wird durch akkumulierende Substrate **induziert**.

Spezifität:

- **Cytochrom-P-450-Enzyme mit breiter Spezifität:** Etwa 50 % der P-450-Enzyme zeigen eine vergleichsweise breite Spezifität. Die Vielzahl der homologen Enzyme ermöglicht es dem Organismus, entsprechend vielfältige Substrate in die Phase-I-Reaktionen einzubeziehen. Die P-450-Enzyme dieser Gruppe sind zu mehr als 90 % in der Leber enthalten. Bei etwa 30 % der P-450-Enzyme der Leber handelt es sich um den häufigsten Vertreter der Enzym-Familie, das **Isoenzym CYP3A4**.
Man vermutet, dass 60 % aller therapeutisch eingesetzten Wirkstoffe CYP-3A4-Substrate sind. Die Expression der meisten P-450-Enzyme wird durch akkumulierende Substrate **induziert**.

▶ **Klinik.**

▶ **Klinik.** Barbiturate sind als potente Induktoren des CYP3A4 bekannt. Früher wurden sie in großem Umfang als Schlafmittel eingesetzt. Inzwischen finden sie nur noch in bestimmten Situationen, z. B. als injizierbare Kurznarkotika häufige Anwendung. Als stärkster Induktor unter den Arzneistoffen gilt das Antibiotikum Rifampicin. Neben dem CYP3A4 induziert es auch andere Enzyme der Biotransformation. Angeborene und erworbene **Unterschiede in der Expression der verschiedenen P-450-Isoenzyme** sind einer der wichtigsten Gründe für **individuellen Unterschiede in der Sensitivität gegenüber Medikamenten und Anästhetika**.

- **CYP mit höherer Substratspezifität** sind am Steroidhormon- und Arachidonsäure-Metabolismus beteiligt.

- **CYP mit höherer Substratspezifität:** Die übrigen P-450-Enzyme zeigen eine höhere (weniger breite) Substratspezifität und sind am normalen Metabolismus der Steroidhormone, der Arachidonsäure und anderer Fettsäuren beteiligt.

E 3.1 Entgiftung organischer Fremdstoffe: Biotransformation

Aufbau und Reaktionsprinzip: P-450-Enzyme tragen an ihrem **N-Terminus** eine hydrophobe Aminosäuresequenz, mit der sie in der Regel in der **Membran des endoplasmatischen Retikulums** (ER) verankert sind. Wenn Zellen im Labor aufgebrochen werden, zerfällt das ER in kleine Vesikel, die als **Mikrosomen** bezeichnet werden. Durch bestimmte Zentrifugationstechniken kann man die Mikrosomen isolieren. Mit Bezug auf diese Methode sagt man, P-450-Enzyme seien in der mikrosomalen Fraktion enthalten. Einige P-450-Enzyme sind allerdings auch mit der mitochondrialen Außenmembran assoziiert. Die enzymatisch aktive Domäne scheint bei allen P-450-Enzymen zum Zytosol hin exponiert zu sein. Für die Funktion entscheidend ist eine **Hämgruppe** mit einem zentral gebundenen **Eisen-Ion, das O_2 binden kann**. Die Hämgruppe hat die gleiche Struktur wie die Hämgruppe des Hämoglobins (S. 752) (Typ Häm b). Der Reaktionszyklus beginnt mit der **Aufnahme des Substrats**, während das Eisen-Ion als Fe^{3+} vorliegt. Fe^{3+} wird dann **zu Fe^{2+} reduziert** und kann daraufhin **O_2 binden**. Eines der beiden Sauerstoffatome reagiert mit dem Substrat, das zweite Sauerstoffatom wird freigesetzt und bildet unter Aufnahme von zwei Protonen ein H_2O-Molekül. Der vollständige Reaktionszyklus benötigt nur 2 Elektronen.

P-450-Enzyme erhalten ihre **Elektronen von einer Cytochrom-P-450-Reduktase**, mit der sie an der Membran verbunden sind. Die Reduktasen wiederum nehmen ihre Elektronen von **NADPH** auf. Um die Elektronen übertragen zu können, enthalten NADPH-Cytochrom-P-450-Reduktasen ein FMN oder ein FAD, es handelt sich also um **Flavoproteine**.

Beispiele für Cytochrom-P-450-katalysierte Reaktionen:

- **Hydroxylierungen** (Einführung einer OH-Gruppe) aliphatischer und aromatischer Verbindungen. Hydroxylierungen sind die bekanntesten P-450-katalysierten Reaktionen. Beispiel: Bildung von Phenol aus Benzol.
- **Epoxidierung:** Einfügung eines Sauerstoffatoms mit Bildung einer Ringstruktur aus drei Atomen. Derart kleine Ringe stehen unter einer erheblichen Spannung, weshalb sie außerordentlich reaktiv sind. Am bekanntesten ist die Bildung eines Epoxids aus dem **Benzpyren (Benzo[a]pyren) des Tabakrauchs** (Abb. **E-3.2**). Das Epoxid kann mit Purinen der DNA reagieren und dabei Mutationen und Lungenkrebs (Bronchialkarzinom, Abb. **E-3.3**) verursachen. Nicht das Benzpyren selber, sondern das Epoxid des Benzpyrens ist das letztlich aktive Kanzerogen. Auch die **hepatokanzerogene Wirkung von Aflatoxin B₁** beruht auf der Bildung eines Epoxids und nachfolgender Reaktion mit den Purinen der DNA. Aflatoxin B₁ ist ein Stoffwechselprodukt des Schimmelpilzes *Aspergillus flavus*. Es zählt zu den stärksten bisher identifizierten Kanzerogenen.
- Oxidation von Heteroatomen (Schwefel, Stickstoff).
- Oxidationen mit nachfolgender Entfernung einer Methylgruppe.

Aufbau und Reaktionsprinzip: Die meisten P-450-Enzyme sind in der **Membran des ER** verankert (= mikrosomale Fraktion). Für die Funktion entscheidend ist eine **Hämgruppe** mit einem zentral gebundenen **Eisen-Ion, das O_2 binden kann**.

Reaktionszyklus:
- **Aufnahme des Substrats**, während das Eisen-Ion als Fe^{3+} vorliegt,
- Reduktion des Fe^{3+} zu Fe^{2+} und
- Bindung des O_2.
- Ein O-Atom reagiert dann mit dem Substrat, das zweite bildet unter Aufnahme von 2 H⁺ ein H_2O.

Der gesamte Reaktionszyklus benötigt nur 2 Elektronen.

P-450-Enzyme erhalten ihre Elektronen von **NADPH** unter Vermittlung eines **Flavoproteins**, der **Cytochrom-P-450-Reduktase**.

Beispiele für Cytochrom-P-450-katalysierte Reaktionen:
- **Hydroxylierungen**,
- **Epoxidierung** (Einfügung eines Sauerstoffatoms mit Bildung einer Ringstruktur aus drei Atomen, Abb. **E-3.2**). Epoxide sind mitunter Kanzerogene. So reagieren die Epoxide des **Benzo[a]pyrens** des Tabakrauchs und des **Aflatoxins B₁** von *Aspergillus flavus* mit Purinen der DNA und verursachen dadurch Mutationen.
- Oxidation von Heteroatomen und
- Oxidationen mit nachfolgender Entfernung einer Methylgruppe.

E-3.2 Reaktion des Benzpyrens mit Cytochrom-P-450

Benzo[a]pyren → (Übertragung eines O-Atoms durch Cytochrom P-450, Bildung eines Epoxids) → (Hydrolyse) → (erneute Reaktion mit Cytochrom P-450) → **Diolepoxid**, das letztlich aktive Kanzerogen → reagiert mit Guanin der DNA

Polyzyklische aromatische Kohlenwasserstoffe zählen zu den besonders potenten Kanzerogenen. Prototyp dieser Gruppe ist das Benzpyren (Benzo[a]pyren), das im Zigarettenrauch enthalten ist, aber auch beim Grillen entsteht. Das aktive Kanzerogen entsteht erst durch die Reaktion mit Cytochrom-P-450-Enzymen, die in diesem Fall keine Entgiftung, sondern eine Giftung katalysieren.

E-3.3 Bronchialkarzinom

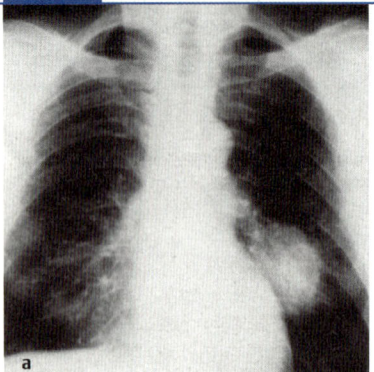

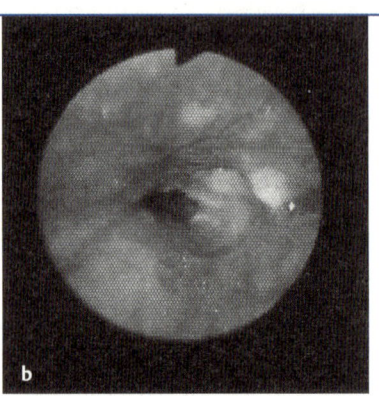

a Röntgenbild eines Bronchialkarzinoms im linken Unterlappen - anterior-posteriore Thoraxaufnahme (aus Schumpelick, Kurzlehrbuch Chirurgie, Thieme, 2004) **b** Bronchoskopisches Bild eines Bronchialkarzinoms mit hochgradiger Stenose des Hauptbronchus (aus Baenkler et al., Duale Reihe Innere Medizin, Thieme, 2001).

▶ **Klinik.** Bei **Leberzirrhose** ist die Aktivität der P-450-Enzyme vermindert. Deshalb kann u. a. der Stoffwechsel der Steroidhormone gestört sein. Bei Männern kommt es zu einer Abnahme der Sekundärbehaarung (Bildung einer Bauchglatze).

▶ **Exkurs.** **Bakterielles Cytochrom-P-450**
Cytochrom-P-450-Enzyme sind auch in **Bakterien** gefunden worden. Sie sind also in der Evolution sehr früh entstanden. Auch in Bakterien haben sie eine Funktion als Monooxygenasen. U.a. sind sie am Abbau von Pestiziden in Ackerböden und am Abbau von Ölverschmutzungen nach einer Tankerhavarie beteiligt.

Weitere Enzyme der Phase-I-Reaktionen

Katalyse von Oxidationen:
- **FAD-haltige Monooxygenasen** sind an der Oxidation mancher Amine beteiligt. Sie ermöglichen eine Oxidation bestimmter Substrate ohne Beteiligung des Cytochrom-P-450-Systems. Ähnlich wie diese benötigen sie für ihre Funktion O_2 und NADPH.
- **Alkohol-Dehydrogenasen (ADH):** Die Enzyme dieser Gruppe katalysieren nicht nur die Oxidation von Ethanol, sondern auch vieler anderer primärer und sekundärer Alkohole. Alkohol-Dehydrogenasen sind **dimere zytosolische Enzyme, die NAD$^+$ als Coenzym** benötigen. Die NAD$^+$-abhängige **Oxidation von Ethanol zu Acetaldehyd** wird von den Isoenzymen der Subfamilie I katalysiert. Zu einem geringeren Teil wird Ethanol auch durch das P-450-Isoenzym CYP2E1 oxidiert (S. 143).
- **Aldehyd-Dehydrogenasen (ALDH):** Die Oxidation von Aldehyden zu Carbonsäuren wird von 19 Isoenzymen katalysiert. Der beim Abbau von Ethanol anfallenden Acetaldehyd wird vom Isoenzym ALDH2 zu Acetat oxidiert. Alle Aldehyd-Dehydrogenasen benötigen entweder NAD$^+$ oder NADP$^+$ als Coenzyme.
- **Xanthin-Oxidase** katalysiert die Oxidation von Koffein u. a. Purinen zu Derivaten der Harnsäure.
- **Monoaminoxidasen** sind an der mitochondrialen Außenmembran lokalisiert und am Abbau von Katecholaminen beteiligt.

Katalyse von Reduktionen: Reduktasen des Phase-I-Stoffwechsels gehören ebenfalls zu den **Cytochrom-P-450-Enzymen**. Ein klassisches Beispiel ist der Abbau des Narkosegases Halothan durch reduktive Dehalogenierung (Abspaltung von Fluor).

Katalyse von Hydrolysen:
- **Esterasen:** Ein klassisches Beispiel ist der Abbau des Acetylcholins durch Acetylcholin-Esterase (S. 815) nach Freisetzung in den synaptischen Spalt.
- **Epoxid-Hydrolasen** sind **teilweise mit Cytochrom-P-450 assoziiert** und katalysieren eine schnelle Aufspaltung neu gebildeter Epoxide. An der Stelle der Epoxidringe entstehen dabei im typischen Fall zwei OH-Gruppen. Epoxid-Hydrolasen verhindern in vielen Fällen toxische Reaktionen, die andernfalls bei der Biotransformation durch die Epoxide verursacht würden.

3.1.2 Phase-II-Reaktionen

▶ **Definition.** Phase-II-Reaktionen sind **Konjugationsreaktionen**, d.h. die Substrate werden mit zusätzlichen chemischen Gruppen verbunden.

Konjugation mit Glucuronsäure: (vermutlich die quantitativ wichtigsten Phase-II-Reaktionen): In enzymatisch katalysierten Reaktionen kann Glucuronsäure von UDP-Glucuronsäure auf Hydroxy-, Carboxy-, Amino- und SH-Gruppen übertragen werden (Abb. **E-3.4**). Substrate sind sowohl körpereigene Stoffe (Steroidhormone, Bilirubin) als auch Fremdstoffe. Die Reaktionsprodukte, **Glucuronide**, werden in der Regel **über die Galle ausgeschieden**. Ein Beispiel ist Bilirubin, das in der Galle vorwiegend als Diglucuronid, teilweise aber auch als Monoglucuronid vorliegt. Glucuronyltransferasen werden in vielen Organen exprimiert, ihr Gehalt ist aber in der Leber am höchsten. Innerhalb der Zellen findet man sie mit dem ER assoziiert.

Glucuronsäure wird stets über ihr **anomeres Kohlenstoffatom C 1** an die jeweiligen Substrate gekoppelt. Bei der Konjugation des Bilirubins wird die Glucuronsäure auf die beiden Carboxylgruppen des Bilirubins übertragen (Abb. **F-1.15**). Im Bilirubindiglucuronid ist die Glucuronsäure dann über Esterbindungen mit dem Bilirubin verbunden. In der Regel erfolgt die Kopplung jedoch über eine typische **glykosidische Bindung** (Abb. **E-3.4**). Die **Carboxylgruppe** der Glucuronsäure bleibt bei den verschiedenen Konjugationsreaktionen **erhalten** und trägt dann wesentlich zum **hydrophilen Charakter** der Konjugate bei.

Konjugation mit Glucuronsäure: (vermutlich die quantitativ wichtigsten Phase-II-Reaktionen): Glucuronsäure wird von UDP-Glucuronsäure auf OH-, COOH-, NH_2- und SH-Gruppen körpereigener Stoffe (Steroidhormone, Bilirubin) oder Fremdstoffe übertragen (Abb. **E-3.4**). Die Konjugate **(Glucuronide)** werden in der Regel **über die Galle ausgeschieden**.

Eine Konjugation mit Glucuronsäure erfolgt über deren **C 1-Atom**. Die **COO^--Gruppe** der Glucuronsäure bleibt bei der Konjugation **erhalten**. Die trägt wesentlich zum **hydrophilen Charakter** der Konjugate bei.

⊙ **E-3.4** Reaktion von Paracetamol mit UDP-Glucuronsäure

UDP-Glucuronsäure + Paracetamol ⟶ Glucuronid + UDP

Konjugation mit Glutathion: Glutathion ist ein **Tripeptid (Glu-Cys-Gly)**, das in allen Zellen vorkommt und sie vor Sauerstoffradikalen schützt. Es ist u. a. das wichtigste Antioxidans der Erythrozyten. Im Rahmen der Biotransformation wird Glutathion von der **Glutathion-S-Transferase (GST)** auf verschiedene Substrate übertragen und erhöht deren Wasserlöslichkeit. Die Konjugation wird von der SH-Gruppe des zentralen Cysteins vermittelt (Abb. **E-3.5**).

Von den meisten Glutathionkonjugaten werden Glutamin und Glycin anschließend enzymatisch abgespalten. Die Aminogruppe des übrig gebliebenen Cysteins wird acetyliert. Damit ist aus Glutathion **Mercaptursäure** entstanden. Mercaptursäurekonjugate werden **über die Niere ausgeschieden**.

Konjugation mit Acetylgruppen: Acetylgruppen werden in Phase-II-Reaktionen auf Aminogruppen übertragen. Katalysiert werden diese Reaktionen von N-Acetyltransferasen. Die Acetylgruppen werden von Acetyl-CoA bereitgestellt. Inaktiviert werden auf diese Weise z. B. die Sulfonamide, sowie das wichtige Tuberkulostatikum Isoniazid (INH).

Konjugation mit Glutathion: Glutathion, ein **Tripeptid (Glu-Cys-Gly)**, wird von der **Glutathion-S-Transferase (GST)** auf verschiedene Substrate übertragen (Abb. **E-3.5**). Anschließend wird Glutathion meist in **Mercaptursäure** umgewandelt. Mercaptursäurekonjugate werden **über die Niere ausgeschieden**.

Konjugation mit Acetylgruppen: Sulfonamide und INH werden durch Transfer von Acetylgruppen (aus Acetyl-CoA) auf Aminogruppen inaktiviert.

⊙ **E-3.5** Epoxidierung und anschließende Konjugation eines aromatischen Kohlenwasserstoffs (Naphthalin) mit Glutathion (Glu-Cys-Gly) und Abbau des Konjugats zu Mercaptursäure (N-acetyliertes Cystein)

Naphthalin → (P-450) → Epoxid → (Glutathion-S-Transferase, Glu-Cys-Gly-SH) → Glutathionkonjugat → (Acetyl-CoA, CoA, −Glu, −Gly) → Mercaptursäure

Konjugation mit Sulfatgruppen: Sulfotransferasen benötigen als Quelle der Sulfatgruppen 3'-**Phosphoadenosin-5'-phosphosulfat (PAPS)**. Diese Verbindung wird ausgehend von ATP synthetisiert, indem von der Triphosphatgruppe des ATP zwei Phosphate abgespalten und durch eine Sulfatgruppe ersetzt werden. In Position 3' der Ribose wird eine Phosphatgruppe eingefügt. PAPS wird auch als aktives Sulfat bezeichnet. Vom PAPS werden die Sulfatgruppen auf OH-Gruppen und auf Aminogruppen der Phase-II-Substrate übertragen (Abb. **E-3.6**).

E-3.6 Aktives Sulfat (3'-Phosphoadenosin-5'-phosphosulfat [PAPS])

Aktives Sulfat (PAPS) = Phospho-adenosin-phospho-sulfat

Konjugation mit Methylgruppen: Methylgruppen werden auf manche N-, O- und S-Atome übertragen. Die Methylgruppen werden dabei von **S-Adenosylmethionin** (S. 169) bezogen.

Konjugation mit Glycin oder Glutamin: Die erste Reaktion der Biotransformation, die in der Literatur beschrieben wurde, war 1842 die Konjugation von Benzoesäure mit Glycin. Das Reaktionsprodukt ist die Hippursäure.
Es fällt auf, dass in den meisten Phase-II-Reaktionen Gruppen übertragen werden, die zuvor **aktiviert** wurden:
- Glucuronsäure → UDP-Glucuronsäure
- Acetylgruppen → Acetyl-CoA
- Sulfatgruppen → 3'-Phosphoadenosin-5'-phosphosulfat (PAPS)
- Methylgruppen → S-Adenosylmethionin

Die Aktivierung erfolgt durch Bindung an ein Coenzym. Die jeweilige Verbindung hat dann ein **hohes Gruppenübertragungspotenzial**, d. h. bei Spaltung der Bindung wird sehr viel Energie frei, ΔG ist negativ. Durch energetische Kopplung wird die frei werdende Energie zur Übertragung auf die verschiedenen Substrate der Biotransformation genutzt. Alle Konjugationsreaktionen werden von **Transferasen** katalysiert.

3.2 Entgiftung anorganischer Fremdstoffe: Stoffwechsel der Schwermetalle

Schwermetalle sind unscharf als Metalle größerer Dichte definiert. Meistens zieht man die Grenze bei einer Dichte von 5 g/ml. Metalle geringerer Dichte werden als Leichtmetalle bezeichnet (z. B. Na, K, Mg, Al). Zu den Schwermetallen zählen verschiedene Spurenelemente (S. 323), wie z. B. Kupfer, Eisen und Zink, die im Stoffwechsel als Komponenten verschiedener Enzyme eine wichtige Funktion haben. In höheren Konzentrationen sind diese Metalle allerdings giftig. Sie werden dann überwiegend über die Niere ausgeschieden. Die Schwermetalle **Quecksilber**, **Cadmium**, **Blei** und **Arsen** sind als Bestandteile mancher organischer Verbindungen, vor allem aber in Form ihrer Ionen außerordentlich gefährlich. Ihre Toxizität wird vor allem darauf zurückgeführt, dass sie **mit SH-Gruppen reagieren** und dadurch viele Proteine denaturieren bzw. inaktivieren. Manche Metall-Ionen wirken auch durch Redoxreaktionen toxisch.

In den meisten Geweben induzieren Schwermetalle die Expression der **Metallothioneine**. Dies sind **kleine Proteine** von ca. 6 kDa, die **sehr viele Cysteine enthalten** und dadurch eine hohe Affinität zu Schwermetall-Ionen haben. Schwermetall-Ionen binden bevorzugt an die Metallothioneine, sodass andere Proteine vor ihnen geschützt sind. Besonders hohe Konzentrationen der Metallothioneine findet man in der Leber und in der Niere. Manche Schwermetalle, die zunächst in der Leber akkumulieren, werden mit der Zeit zur Niere transportiert. Man vermutet, dass der Transport über den Blutkreislauf von Metallothionein-Komplexen vermittelt wird. In der Niere gelangen Metallothionein-Komplexe in den Primärharn, werden aber bereits im proximalen Tubulus wieder resorbiert. Die Schwermetall-Ionen werden in den Lysosomen der Tubuluszellen freigesetzt und führen dann zu charakteristischen Nierenschäden. Für Schwermetalle existieren im Menschen offenbar keine effektiven Mechanismen der Ausscheidung. Die Schwermetalle lagern sich in Form verschiedener Verbindungen in der Niere, in den Knochen und in anderen Organen ab.

▶ Klinik. Zur **Therapie von Schwermetallvergiftungen** werden **Chelatbildner** eingesetzt. Dabei handelt es sich um künstlich hergestellte organische Verbindungen, die mit Metallen Komplexverbindungen eingehen. Manche Chelatstrukturen erinnern entfernt an eine Krebsschere (griech. chele). Die Chelatbildner lösen die Schwermetalle aus den Geweben, und die entstandenen Komplexe werden über die Niere ausgeschieden. Wichtigster Chelatbildner zur Behandlung von Metallvergiftungen ist derzeit Dimercaptopropansulfonsäure (DMPS).

Schwermetalle induzieren die Expression der **Metallothioneine, kleiner Proteine** von ca. 6 kDa, die **sehr viele Cysteine enthalten** und dadurch eine hohe Affinität zu Schwermetall-Ionen haben.
In der Nieren akkumulieren Schwermetall-Ionen in den Tubuluszellen und führen zu charakteristischen Nierenschäden.

▶ Klinik.

F

Blut, Leber und Niere

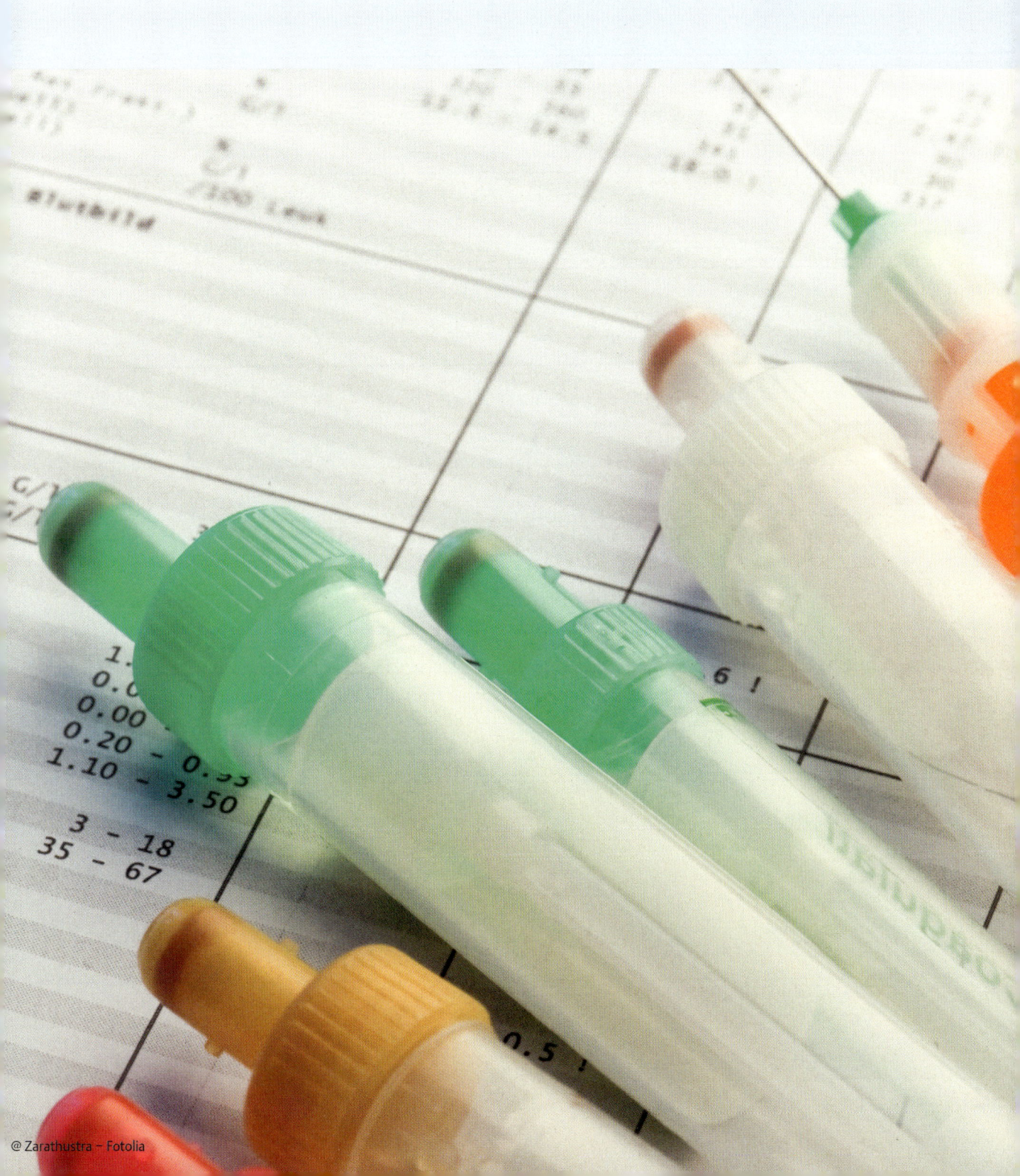

Blut, Leber und Niere

1   Biochemie des Blutes   749

2   Biochemie der Leber   767

3   Biochemie der Niere   773

1 Biochemie des Blutes

1.1 Einführung 749
1.2 Transport von O_2 und CO_2 im Blut 749
1.3 Erythropoese und Porphyrinstoffwechsel 760
1.4 Die Proteine des Blutserums 766

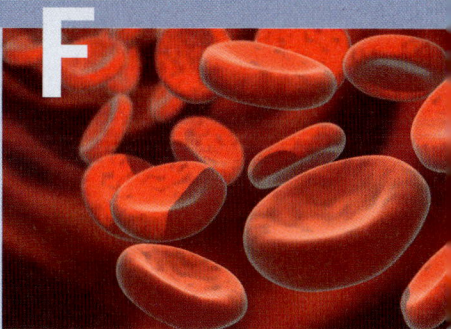

1.1 Einführung

Im Organismus wird die Verteilung von Stoffen zwischen den verschiedenen Organen im Wesentlichen vom Blut vermittelt. Dieses transportiert nicht nur eine Vielzahl unterschiedlicher Nährstoffe, sondern auch die Gase O_2 und CO_2, Elektrolyte sowie die meisten Hormone. Vielfach nimmt das Blut auch Stoffe auf, die im Stoffwechsel nicht mehr benötigt werden oder die sogar schädlich sind. Derartige Stoffe werden überwiegend über die Niere an den Urin abgegeben oder sie werden in der Leber durch eine Biotransformation (S. 739) chemisch modifiziert und gelangen mit der Gallenflüssigkeit in den Darm.

Blut ist eine Suspension zellulärer Bestandteile (davon ca. 99 % Erythrozyten, ca. 1 % Leukozyten und Thrombozyten) in Blutplasma.

▶ Klinik. Der Volumenanteil der Blutzellen am Gesamtvolumen des Blutes wird als **Hämatokrit** bezeichnet. Der Wert lässt sich durch Zentrifugation einer kleinen Blutmenge in einer Glaskapillare, einem sog. Hämatokritröhrchen, bestimmen. Der Hämatokrit liegt bei Frauen zwischen 33 und 43 %, bei Männern zwischen 39 und 49 %.

Das **Blutplasma** enthält neben vielen anderen Proteinen das Fibrinogen, das bei der Gerinnung des Blutes (S. 726) in Fibrin umgewandelt wird. Nach Abtrennung des Fibrinogens bzw. des Fibrins bleibt vom Blutplasma das **Blutserum** (S. 766) übrig.

1.2 Transport von O_2 und CO_2 im Blut

Im Blut wird nahezu der gesamte Sauerstoff (O_2), zu einem kleinen Teil auch das Kohlendioxid (CO_2), unter Beteiligung des **Hämoglobins** der Erythrozyten transportiert.

1.2.1 O_2-Transport durch Hämoglobin

Die Menge an O_2, die Hämoglobin in der **Lunge** aufnimmt, hängt vom Partialdruck des Sauerstoffs in Atemluft bzw. Blut ab, von dem Druck also, unter dem O_2 in dem Gasgemisch Luft bzw. Blut steht. O_2 diffundiert in Richtung des niedrigeren Drucks, bis die Druckdifferenz ausgeglichen ist.

Der O_2-Partialdruck in der Alveolarluft (P_{AO2}) beträgt 13,3 kPa = 100 mm Hg. In der kurzen Zeit, in der das Blut während eines Luftzuges an den Alveolen entlangfließt (ca. 0,5 s), steigt der O_2-Partialdruck im Blut (P_{O2}) auf ca. 12 kPa = 90 mm Hg. Dieser schnelle nahezu vollständige Ausgleich der Partialdrücke ist möglich, weil die **Diffusionswege** in der Lunge außerordentlich **kurz** sind (1 – 2 μm) und die für den **Gasaustausch** zur Verfügung stehende **Fläche** sehr **groß** ist (rund 100 m²!). Aufgrund der großen Menge an Hämoglobin, das in den Erythrozyten enthalten ist, kann 1 Liter Blut (1000 ml) bis zu 200 ml Sauerstoff (O_2) transportieren.

▶ Merke. Das **Hämoglobin** im Lungenvenenblut ist **zu 97 %**, d. h. bis nahe an die Grenze seiner Kapazität **mit O_2 gesättigt**.

F 1 Biochemie des Blutes

In den **peripheren Geweben** wird dem Blut O_2 entzogen, denn der P_{O_2} beträgt dort nur noch ca. 5,3 kPa = 40 mm Hg, also weniger als 50 % des Wertes in der Lunge. Wiederum kommt es zu einem nahezu vollständigen Ausgleich der Partialdrücke. Dabei sinkt die O_2-Konzentration im Blut nur um ca. 25 %. Dem entspricht eine **O_2-Sättigung im venösen Blut** von **75 %**.

Eine Erklärung für diesen Sachverhalt bietet die **O_2-Bindungskurve des Hämoglobins**, die die O_2-Sättigung (S_{O_2}) in Abhängigkeit vom O_2-Partialdruck (P_{O_2}) darstellt (Abb. **F-1.1**). Sie zeigt einen S-förmigen = **sigmoiden Verlauf**. Im Bereich der hohen P_{O_2}-Werte verläuft die Kurve flach, d. h. die S_{O_2} ändert sich nur geringfügig. Im Bereich der niedrigen P_{O_2}-Werte dagegen verläuft die Kurve steil, d. h. eine geringe Abnahme des P_{O_2} führt zu einer deutlichen Abnahme der S_{O_2}. Bei niedrigen P_{O_2}-Werten, wie sie in den peripheren Geweben herrschen, gibt Hämoglobin den gebundenen Sauerstoff also besonders leicht ab.

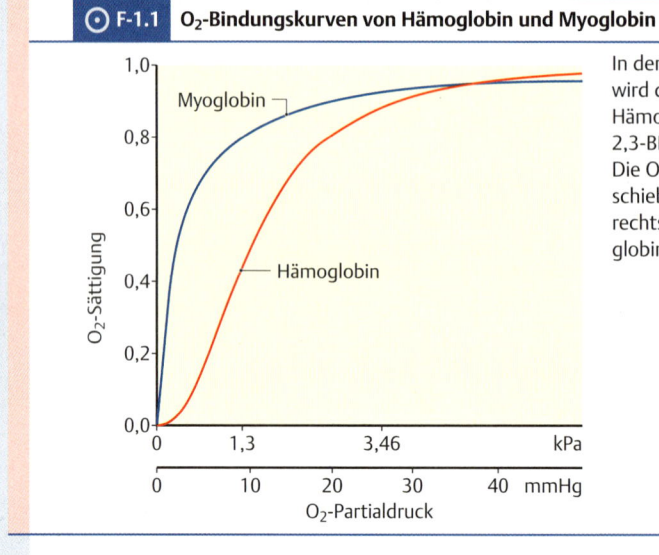

F-1.1 O_2-Bindungskurven von Hämoglobin und Myoglobin

In den peripheren Geweben wird die Ablösung des O_2 vom Hämoglobin durch Protonen, 2,3-BPG und CO_2 erleichtert. Die O_2-Bindungskurve verschiebt sich dadurch nach rechts (Abb. **F-1.7**). Zu Myoglobin (S. 757).

Die strukturellen Grundlagen der O_2-Bindung des Hämoglobins

Eine wesentliche Voraussetzung für den sigmoiden Verlauf der O_2-Bindungskurve besteht darin, dass jedes **Hämoglobinmolekül mehrere Untereinheiten** besitzt, die jeweils O_2 binden.

▶ **Merke.** Die Bindung des ersten O_2-Moleküls an *eine* der Untereinheiten des Hämoglobins verändert die räumliche Struktur *sämtlicher* Untereinheiten des Hämoglobins mit der Folge, dass die anderen Untereinheiten jedes weitere O_2-Molekül mit erhöhter Aufnahmebereitschaft binden: Die Untereinheiten des Hämoglobins zeigen **Kooperativität**.

Die Kooperativität der Hämoglobin-Untereinheiten ist der Grund dafür, dass Hämoglobin in einer Umgebung mit sehr niedrigem P_{O_2} zunächst kaum O_2 aufnimmt, dass aber bereits mittlere Partialdrücke ausreichen, um Hämoglobin zu einem großen Anteil mit O_2 zu beladen.

Die Struktur des Hämoglobins

Hämoglobin ist ein **Tetramer**. Die häufigste Form, **HbA$_1$**, besteht aus **zwei α- und zwei β-Untereinheiten** von jeweils 141 bzw. 146 Aminosäuren (Abb. **F-1.2**), etwa 80 % der Aminosäuren bilden α-Helices. Das komplette Hämoglobinmolekül ist annähernd kugelförmig und hat einen Durchmesser von ca. 5,5 nm.

Jede Untereinheit kann **ein O_2-Molekül** binden. Die Bindestellen befinden sich im äußeren Bereich des Hämoglobins und sind dabei relativ weit voneinander entfernt. Es kann also zu keinen unmittelbaren Wechselwirkungen zwischen den Bindestellen kommen.

F-1.2 Struktur des Hämoglobins (HbA$_1$)

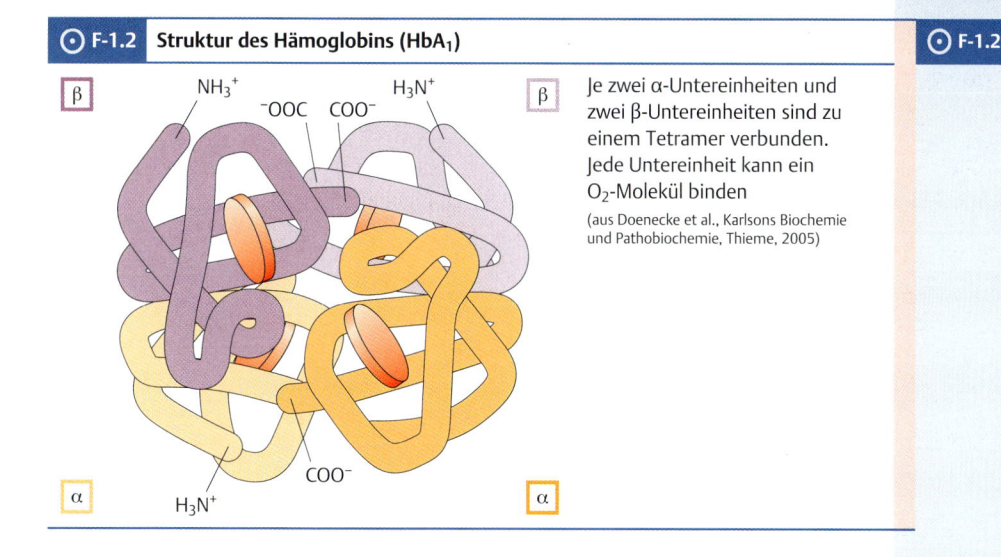

Je zwei α-Untereinheiten und zwei β-Untereinheiten sind zu einem Tetramer verbunden. Jede Untereinheit kann ein O$_2$-Molekül binden
(aus Doenecke et al., Karlsons Biochemie und Pathobiochemie, Thieme, 2005)

In den **Bindestellen** lagert sich O$_2$ jeweils an ein **zweiwertiges Eisen-Ion (Fe^{2+})** an, das sich im Zentrum eines **Porphyrinrings** befindet (Abb. **F-1.2**). Dabei wird das zentrale Eisen-Ion *nicht* oxidiert, sondern bleibt als Fe^{2+} erhalten. Entsprechend handelt es sich bei der Beladung mit O$_2$ auch nicht um eine Oxidation des Hämoglobins, sondern nur um eine **Oxygenierung**.

Ein Porphyrinring mit einem eingelagerten Eisen-Ion wird als **Hämgruppe** bezeichnet. Hämgruppen sind als prosthetische Gruppen nicht nur im Hämoglobin, sondern auch in den Cytochromen der Atmungskette (S. 184) und im Cytochrom P-450 des endoplasmatischen Retikulums (S. 740) enthalten. Während die Hämgruppe im Cytochrom c durch kovalente Bindungen mit dem Polypeptid verbunden ist, werden die Hämgruppen im Hämoglobin lediglich durch **nicht kovalente Bindungen** in hydrophoben Taschen des Proteins festgehalten. Die **Aminosäureketten** der Untereinheiten bilden den **Globin**-Anteil des Hämoglobins.

In den **Bindestellen** lagert sich O$_2$ jeweils an ein **Fe^{2+}** im Zentrum eines **Porphyrinrings** an (Abb. **F-1.2**). Fe^{2+} wird dabei *nicht* oxidiert, sondern nur **oxygeniert**.

Fe^{2+} und Porphyrinring bilden zusammen eine **Hämgruppe**. Die Hämgruppen sind mit den **Aminosäureketten** (dem **Globin**) **nicht kovalent verbunden**.

▶ **Klinik.** In die O$_2$-Bindestelle kann sich auch **Kohlenmonoxid (CO)** einlagern. Da die Affinität des CO für die Bindestelle 200- bis 300-mal höher ist als die des O$_2$, können bereits geringe CO-Mengen zu einer erheblichen Vergiftung führen. Ein Hb-CO-Anteil von weniger als 10 % bleibt oft unbemerkt, höhere Konzentrationen führen zu Kopfschmerzen, schließlich zu Bewusstlosigkeit und Kreislaufkollaps. Die Bindung des CO ist vollständig reversibel. Zur Therapie ist deshalb in vielen Fällen ein rasches Verbringen in CO-freie Luft hinreichend. Lebensgefährlich sind in der Regel erst Hb-CO-Anteile von über 60 %.

▶ **Klinik.**

Die Ultrastruktur der O$_2$-Bindestellen

In der Erforschung der Funktionen des Hämoglobins war die Röntgenkristallstruktur von entscheidender Bedeutung. Eine erste, allerdings noch nicht hoch auflösende Röntgenkristallstruktur des Hämoglobins veröffentlichte 1959 in Cambridge der Biochemiker Max Perutz. Später wurde die Methode so verfeinert, dass sie ein präzises Bild der genauen räumlichen Anordnung sämtlicher Atome des Proteins lieferte.

Es zeigte sich, dass jede Hämgruppe des Hämoglobins **O$_2$ nur an einer Seite des Fe^{2+} binden** kann. Auf der **anderen Seite** wird das **Fe^{2+} von der Imidazolgruppe eines Histidins festgehalten** (Abb. **F-1.3**). Dieses „proximale" Histidin gehört zu einer α-Helix, die zur Unterscheidung von den anderen α-Helices des Hämoglobins als Helix F bezeichnet wird. Da das Histidin innerhalb dieser Helix an Position 8 steht, wird es als Histidin F8 bezeichnet.

Auf der gegenüberliegenden Seite des Fe^{2+} befindet sich ein „distales" Histidin E7, welches aber weiter von der Hämgruppe entfernt ist und auch keinen direkten Kontakt zum Fe^{2+} hat. Dadurch ist auf der Seite des Histidin E7 hinreichend Raum für die Bindung des O$_2$ gegeben.

Die Ultrastruktur der O$_2$-Bindestellen

Die Hämgruppen sind im Hämoglobin so angeordnet, dass **O$_2$ nur an einer Seite des Fe^{2+} binden** kann.

Auf der **anderen Seite** des Fe^{2+} bindet die **Imidazolgruppe** des proximalen **Histidins** F8 (Abb. **F-1.3**).

F-1.3 Struktur der Sauerstoffbindestelle

Auswirkungen der O₂-Bindung auf die Ultrastruktur des Hämoglobins

Die Imidazolgruppe des proximalen Histidin F8 zieht das Fe^{2+} an, sodass sich die gesamte **Hämgruppe dem Histidin F8 entgegenwölbt**. Hämoglobin befindet sich dadurch in einem **Spannungszustand (T-Zustand**, Abb. **F-1.4**).

Bindet O₂, werden Fe^{2+} und Histidin F8 **in die Ebene der Hämgruppe gezogen**. Die **Helix F folgt** dieser Bewegung (Abb. **F-1.4**). Durch Wechselwirkungen zwischen den Untereinheiten kommt es daraufhin zu Verschiebungen im gesamten Hämoglobinmolekül, die letztlich zum **entspannten R-Zustand** und einer **erhöhten O₂-Affinität aller vier Untereinheiten** führen.

Auswirkungen der O₂-Bindung auf die Ultrastruktur des Hämoglobins

Porphyrinringsysteme sind normalerweise planare, d. h. ebene Strukturen. Im Hämoglobin übt die Imidazolgruppe des Histidins F8 jedoch eine Kraft auf das Fe^{2+} aus, die dieses ca. 0,06 nm aus dem Porphyrinring herauszieht. Die gesamte **Hämgruppe wölbt sich dem Histidin F8 entgegen**. Das Hämoglobin befindet sich dadurch in einem **Spannungszustand**, der als **T-Zustand** bezeichnet wird (von engl. tense = gespannt) (Abb. **F-1.4**).

Bindet an der anderen Seite der Hämgruppe ein **O₂**, zieht dieses das **Fe^{2+} in die Ebene des Porphyrinrings zurück**, und die Hämgruppe ist wieder planar. Dieser Bewegung folgt das Histidin F8, und mit diesem Histidin **biegt sich** die gesamte **Helix F in Richtung der Hämgruppe** (Abb. **F-1.4**). Die durch die O₂-Bindung in *einer* der Untereinheiten ausgelöste Konformationsänderung hat dann weitreichende Verschiebungen im gesamten Hämoglobinmolekül zur Folge, sodass sich letztlich **in allen vier Untereinheiten eine entspanntere Konformation** einstellt. Auch in den O₂-freien Untereinheiten bewegen sich die F-Helices in Richtung der Hämgruppen. Das gesamte Hämoglobinmolekül befindet sich daraufhin im sog. **R-Zustand** (von engl. relaxed = entspannt). Für die Funktion des Hämoglobins ist es nun von fundamentaler Bedeutung, dass mit dem R-Zustand auch eine erheblich erhöhte **O₂-Affinität** aller vier Untereinheiten verbunden ist.

F-1.4 Strukturelle Änderungen im Hämoglobin bei Bindung von O₂

sauerstofffreier gespannter Zustand (T = tense)

oxygeniertes entspanntes Hämoglobin (R = relaxed)

Die O₂-Bindung führt zu einer Konformationsänderung mit erhöhter O₂-Affinität.

Das HbA₁-Molekül besteht aus zwei α/β-Dimeren, die über Kreuz aufeinander liegen. Bei der **Oxygenierung** drehen sich die Dimere relativ zueinander um ca. 15°. Die Drehung entspricht dem Wechsel zwischen dem T- und dem R-Zustand (Abb. **F-1.5**).

Ein Meilenstein in der Erforschung des Hämoglobins war der Vergleich der Röntgenkristallstrukturen des Hämoglobins im O₂-freien und im vollständig oxygenierten Zustand. Ein HbA₁-Molekül besteht aus zwei α/β-Dimeren, die über Kreuz aufeinander liegen. Der Vergleich der Röntgenkristallstrukturen zeigt, dass sich die innere Struktur der Dimere bei der **Oxygenierung** nur wenig ändert. Allerdings **drehen sich die beiden Dimere relativ zueinander** um ca. 15°. Das Hämoglobinmolekül scheint

F-1.5 Struktur des HbA_1-Moleküls im O_2-freien (T) und im vollständig oxygenierten Zustand (R)

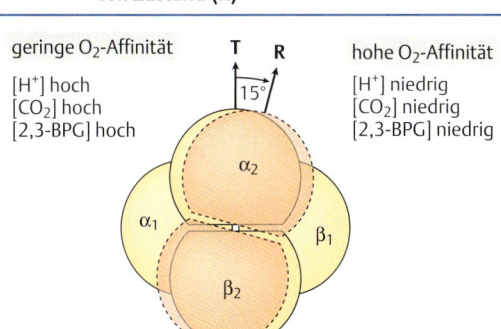

geringe O_2-Affinität
[H^+] hoch
[CO_2] hoch
[2,3-BPG] hoch

hohe O_2-Affinität
[H^+] niedrig
[CO_2] niedrig
[2,3-BPG] niedrig

Im O_2-freien Zustand T ist die O_2-Affinität niedrig, bei Oxygenierung (R-Stellung) ist die O_2-Affinität erhöht.

demnach wie ein Schalter zu funktionieren (Abb. **F-1.5**): Im O_2-freien Zustand T ist die O_2-Affinität niedrig, bei Oxygenierung drehen sich die Dimere relativ zueinander, der Schalter nimmt die R-Stellung ein, und die O_2-Affinität ist erhöht.

Moleküle sind ständig in Bewegung, und so wechselt auch jedes Hämoglobinmolekül in großer Geschwindigkeit ständig zwischen dem T- und dem R-Zustand hin und her. Mit der **Beladung der ersten O_2-Bindestelle** steigt aber die **Wahrscheinlichkeit**, dass das Hämoglobinmolekül den **R-Zustand** einnimmt. Bei Oxygenierung weiterer Bindestellen nimmt diese Wahrscheinlichkeit nochmals zu. Die O_2-Affinität erhöht sich dabei um bis zu drei Größenordnungen.

Indem die Bindung eines O_2-Moleküls an eine der Hämoglobin-Untereinheiten die Konformation und damit auch die Eigenschaften der anderen Bindestellen verändert, zeigt das Hämoglobin **allosterische Eigenschaften**. Allosterische Effekte sind dadurch definiert, dass lokalisierte Wechselwirkungen mit einem Liganden zu funktionellen Konsequenzen an einer *anderen* Stelle des Proteins führen. Ein Protein kann nur Kooperativität zeigen, wenn die Bindung von Liganden mit allosterischen Effekten verbunden ist.

Jedes Hämoglobinmolekül wechselt ständig zwischen T- und R-Zustand hin und her. Mit der **Beladung der ersten O_2-Bindestelle steigt** die **Wahrscheinlichkeit**, dass es den **R-Zustand** einnimmt.

Die **erhöhte O_2-Affinität** ist das **Ergebnis allosterischer Effekte**. Diese sind dadurch definiert, dass lokalisierte Wechselwirkungen mit einem Liganden zu funktionellen Konsequenzen an einer *anderen* Stelle des Proteins führen.

Die Regulation der O_2-Bindung des Hämoglobins

Die drei wichtigsten Faktoren, die die O_2-Affinität des Hämoglobins regulieren, sind:
- die Protonenkonzentration, also der pH-Wert,
- der CO_2-Partialdruck (P_{CO2}) und
- 2,3-Bisphosphoglycerat.

Die Regulation der O_2-Bindung des Hämoglobins
Die wichtigsten Regulatoren sind:
- pH-Wert
- P_{CO2}
- 2,3-Bisphosphoglycerat

pH-Wert

1904 entdeckte Christian Bohr (der Vater des berühmten dänischen Atomphysikers Niels Bohr), dass **Hämoglobin** den gebundenen **Sauerstoff abgibt, wenn Säuren zugegeben werden**. Dieser **Bohr-Effekt** kann inzwischen auf die reversible Anlagerung von Protonen an eine bestimmte Aminosäure der β-Ketten des Hämoglobins HbA_1 zurückgeführt werden: Es handelt sich um das **Histidin in Position 146 der β-Untereinheit**, also die letzte Aminosäure dieser Polypeptidkette.

Wenn ein Proton an das jeweilige Histidin 146 der β-Untereinheiten bindet, wird der **T-Zustand** des Hämoglobins **stabilisiert**. Im T-Zustand ist das Histidin 146 über ein Proton mit der Carboxylgruppe des Aspartat 94 der gleichen Aminosäurekette verbunden. Je höher die Protonenkonzentration in der Umgebung ist, desto leichter kann sich diese Verbindung ausbilden und desto leichter stabilisiert sich der T-Zustand. Im T-Zustand aber ist die O_2-Affinität vermindert, und sofern noch O_2 gebunden war, löst sich dieses nun schnell ab.

pH-Wert
Bei Zugabe von Säuren gibt Hämoglobin den gebundenen O_2 ab **(Bohr-Effekt)**. Ursache ist die **Anlagerung eines Protons** an die letzte Aminosäure der β-Untereinheit, das **Histidin in Position 146**.

Die Anlagerung eines Protons an dieses Histidin **stabilisiert den T-Zustand** des Hämoglobins. Da im T-Zustand die O_2-Affinität des Hämoglobins vermindert ist, löst sich das O_2 schnell ab.

▶ **Merke.** Bei niedrigen pH-Werten ist die O_2-Affinität des Hämoglobins vermindert, was die Abgabe des O_2 in den peripheren Geweben erleichtert.

▶ **Merke.**

Beim etwas **höheren pH-Wert in der Lunge** gibt Hämoglobin die an das Histidin 146 angelagerten Protonen ab, wodurch die Stabilisierung des T-Zustands aufgehoben wird. Dadurch **steigt die O_2-Affinität des Hämoglobins**, was die Aufnahme von O_2 in der Lunge erleichtert.

In der Lunge wird die O_2-Aufnahme u. a. durch einen leicht steigenden pH-Wert erleichtert.

P_{CO_2}

Die kovalente **Bindung von CO_2 an Hämoglobin stabilisiert** den **T-Zustand** und erleichtert somit die O_2-Freisetzung.

▶ Merke.

Die Freisetzung des CO_2 in der Lunge erleichtert die O_2-Aufnahme.

2,3-Bisphosphoglycerat

Zur **effizienten Abgabe von O_2** muss Hämoglobin **2,3-Bisphosphoglycerat (2,3-BPG**, Abb. **F-1.6**) binden.

⊙ F-1.6

Die *nicht kovalente* Bindung *eines* 2,3-BPG-Moleküls **stabilisiert** den **T-Zustand** des Hämoglobins und senkt so die O_2-Affinität *aller* Untereinheiten: 2,3-BPG ist ein **allosterischer Effektor** des Hämoglobins.

In der **Lunge** wird die O_2-Aufnahme durch **Freisetzung des 2,3-BPG** erleichtert.

In den **peripheren Geweben** beginnt Hämoglobin, verstärkt zwischen T- und R-Zustand zu wechseln. 2,3-BPG verschiebt gemeinsam mit Protonen und CO_2 das Gleichgewicht in Richtung T-Zustand.

▶ Merke.

F 1 Biochemie des Blutes

P_{CO_2}

Etwa 5 % des in den peripheren Geweben produzierten **CO_2** wird im Blut kovalent an die jeweils erste Aminosäure einer Untereinheit des **Hämoglobins gebunden**. Die chemische Modifizierung der betroffenen Aminosäure (Bildung einer Carbamatgruppe) hat wiederum Konformationsänderungen im Hämoglobin zur Folge, die durch **Stabilisierung des T-Zustandes** zu einer Freisetzung von O_2 beitragen.

▶ **Merke.** Bei **hohen P_{CO_2}-Werten** kann CO_2 kovalent an Hämoglobin binden. Die **O_2-Affinität** des Hämoglobins wird dabei **vermindert**. Dies begünstigt die Abgabe von O_2 an stoffwechselaktive Gewebe.

In der Lunge wird das CO_2 aus der Carbamatgruppe wieder freigesetzt und damit die O_2-Aufnahme erleichtert.

2,3-Bisphosphoglycerat

Sehr reines Hämoglobin hält O_2 sehr fest gebunden. **Um O_2** nicht nur effizient aufnehmen, sondern auch **effizient abgeben zu können**, muss Hämoglobin **2,3-Bisphosphoglycerat (2,3-BPG) binden**. Dieses wird im Stoffwechsel der Erythrozyten ausgehend von Glucose gebildet (in einem Nebenweg der Glykolyse, Abb. **F-1.6**).

⊙ F-1.6 Synthese von 2,3-Bisphosphoglycerat (2,3-BPG) in Erythrozyten

2,3-Bisphosphoglycerat (2,3-BPG) bindet an Hämoglobin, stabilisiert den T-Zustand, erleichtert dadurch die Abgabe von O_2

2,3-BPG kann durch Abbau zu 2-Phosphoglycerat wieder in die Glykolyse eingeschleust werden.

An jedes Hämoglobin-Tetramer kann maximal ein Molekül 2,3-BPG binden. Es lagert sich zwischen zwei β-Untereinheiten ein (*nicht kovalente* Bindung!) und **stabilisiert** dadurch den **T-Zustand** des Hämoglobins. Die Bindung des 2,3-BPG an *einer* Stelle des Tetramers führt also zu einer erniedrigten O_2-Affinität in *allen* vier Untereinheiten. 2,3-BPG ist somit neben O_2 und Protonen ein weiterer **allosterischer Effektor** des Hämoglobins.

Wenn Hämoglobin in der **Lunge** vollständig mit O_2 gesättigt wird, geht es in den R-Zustand über und 2,3-BPG verlässt seine Bindestelle.

In den **peripheren Geweben** lösen sich anfangs nur wenige O_2-Moleküle vom Hämoglobin ab. Das Hämoglobin beginnt daraufhin aber, verstärkt zwischen dem T- und dem R-Zustand hin und her zu pendeln. In das Gleichgewicht zwischen den beiden Zuständen greift 2,3-BPG gemeinsam mit Protonen und CO_2 ein. Alle diese Stoffe binden bevorzugt an das Hämoglobin im T-Zustand und haben dabei die Tendenz, es in diesem T-Zustand festzuhalten.

▶ **Merke.** **2,3-BPG, Protonen und CO_2 wirken synergistisch**: Sie alle stabilisieren den T-Zustand, vermindern dadurch die O_2-Affinität des Hämoglobins und erleichtern so die Abgabe weiterer O_2-Moleküle. In den üblichen grafischen Darstellungen drückt sich dies als **Rechtsverschiebung der Sauerstoffbindungskurve** des Hämoglobins aus (Abb. **F-1.7**).

F-1.7 Regulation der Sauerstoffbindung des Hämoglobins

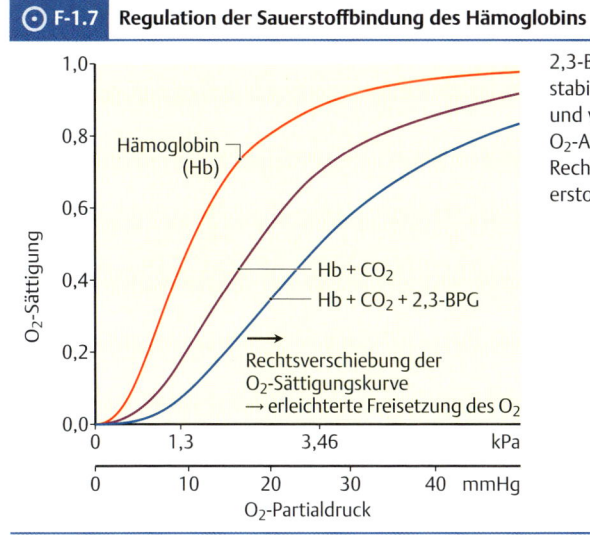

2,3-BPG, Protonen und CO_2 stabilisieren den T-Zustand und vermindern dadurch die O_2-Affinität. Die Folge ist eine Rechtsverschiebung der Sauerstoffbindungskurve.

1.2.2 Transport von CO_2

Transportformen

Als Endprodukt der Oxidation der Nahrungsstoffe wird in erheblichem Umfang CO_2 gebildet, welches in der Lunge an die Atemluft abgegeben wird. Im Blut wird CO_2 auf drei Arten transportiert:
- zu **ca. 90 %** in Form von **Bicarbonat** (Hydrogencarbonat, HCO_3^-),
- zu **ca. 5 %** physikalisch **als CO_2** gelöst und
- zu **ca. 5 %** an **Hämoglobin gebunden**.

Bicarbonat entsteht in einer Reaktion von CO_2 mit Wasser:

$$CO_2 + H_2O \rightleftharpoons HCO_3^- + H^+$$

Die Reaktion verläuft normalerweise nur sehr langsam. **Erythrozyten** enthalten aber ein Enzym, die **Carboanhydrase**, welches die Reaktion dramatisch beschleunigt. Ein Molekül Carboanhydrase kann pro Sekunde 600 000 Moleküle CO_2 zu HCO_3^- umsetzen. Das entstehende HCO_3^- wird von den Erythrozyten weitgehend an das Blutplasma abgegeben. Die Reaktion ist reversibel. In der Lunge ist die Carboanhydrase entscheidend an der Mobilisierung des CO_2 aus dem HCO_3^- beteiligt.

Bicarbonat liegt im Blut in einer Konzentration von ca. 24 mmol/l vor und leistet den größten Beitrag zur **Stabilisierung des physiologischen pH-Wertes bei 7,4**. Zusammen mit dem physikalisch gelösten CO_2 repräsentiert es den **Bicarbonat-Puffer des Blutes**.

Der zweitwichtigste Faktor für die Aufrechterhaltung des pH-Wertes ist das **Hämoglobin** mit seinem Protonenakzeptor/-donator Histidin 146 der β-Untereinheit. Diesen Beitrag kann Hämoglobin nur leisten, weil es im Blut in außerordentlich hoher Konzentration (160 g/l) vorhanden ist.

Transport gebunden an Hämoglobin

Die α-Aminogruppe der jeweils ersten Aminosäure **jeder Untereinheit des Hämoglobins** kann **kovalent ein CO_2 binden**:

$$Hb - NH_2 + CO_2 \rightleftharpoons Hb - NHCOO^- + H^+$$

Die entstandene $NHCOO^-$-Gruppe wird als Carbaminogruppe oder auch als Carbamatgruppe bezeichnet. Nach Bildung der negativ geladenen Carbamatgruppen nimmt das Hämoglobinmolekül bevorzugt die Konformation des T-Zustandes, also die O_2-freie Konformation ein. Dieses hat eine bemerkenswerte Konsequenz:

▶ **Merke.** Hämoglobin bindet bevorzugt *entweder* CO_2 *oder* O_2 (**Haldane-Effekt**).

Eine **niedrige O_2-Konzentration** (in O_2-armen Geweben) **begünstigt** die **Bindung** von CO_2. Bei **hoher O_2-Konzentration** (Sättigung des Hämoglobins mit O_2 in der Lunge) dagegen ist die **Abgabe** des CO_2 erleichtert.

1.2.3 Die verschiedenen Hämoglobine des Menschen

Nach der Zusammensetzung der Untereinheiten = Globinketten lassen sich verschiedene Hämoglobine unterscheiden (Tab. **F-1.1**).

Das Genom des Menschen kodiert α-, β-, γ- und δ-Globinketten, wobei die γ- und δ-Ketten den β-Ketten strukturell sehr ähnlich sind. Zwei α-Ketten lagern sich mit zwei identischen anderen Ketten zu einem Hämoglobin-Tetramer zusammen, sodass es drei Hämoglobin-Formen gibt (Tab. **F-1.1**).

F-1.1 Hämoglobin-Formen

Hämoglobin-Form	Zusammensetzung	Anteil am Gesamt-Hämoglobin
Erwachsener		
HbA_1	$\alpha_2\beta_2$	97,5 %
HbA_2	$\alpha_2\delta_2$	2,5 %
Fetus bzw. Neugeborenes		
HbF	$\alpha_2\gamma_2$	beim Fetus 100 %, beim Neugeborenen noch ca. 75 % (den Rest stellt HbA_1)

▶ **Merke.** Das HbF des Fetus hat im Vergleich zu HbA_1 eine geringere Affinität zu 2,3-BPG und damit eine wesentlich höhere O_2-Affinität, was die Umverteilung von O_2 vom mütterlichen in den fetalen Kreislauf begünstigt.

▶ **Klinik.** Weltweit treten in regional unterschiedlichen Häufigkeiten **Störungen der Hämoglobinsynthese** auf.
Bei den **Thalassämien** ist die **Synthese einer der Globinketten** (= Untereinheiten) **reduziert**, diese Kette wird in unzureichender Menge oder gar nicht produziert.
- Bei **β-Thalassämien** ist die Synthese der β-Kette reduziert und die der γ- und δ-Ketten kompensatorisch erhöht. β-Thalassämien sind in den Mittelmeerländern relativ häufig. Sofern der jeweilige genetische Defekt auf einen der beiden Chromosomensätze beschränkt ist, sind die Symptome oft geringfügig. Bei homozygoten Merkmalsträgern entwickelt sich allerdings eine schwere hämolytische Anämie, d. h. die Überlebenszeit der Erythrozyten (normalerweise ca. 120 Tage) ist drastisch verkürzt, was auch die Lebenserwartung des Patienten erheblich verkürzt.
- **α-Thalassämien** sind wesentlich seltener als β-Thalassämien und haben generell eine ungünstigere Prognose, da ein Fehlen der α-Kette nicht adäquat kompensiert werden kann. Bei manchen Patienten bilden sich Homo-Tetramere von β-Untereinheiten (HbH). Auch hier kommt es zur Hämolyse der Erythrozyten.

Bei **anomalen Hämoglobinen** ist die **Aminosäuresequenz der Globinketten verändert**. Bislang sind bereits ca. 300 verschiedene anomale Hämoglobine identifiziert worden, die meisten dieser Anomalien sind sehr selten. Die **Sichelzellanämie** hingegen beruht auf einer Strukturveränderung des Hämoglobins, die im tropischen Afrika weit verbreitet ist. Ursache ist eine **Punktmutation im Gen der β-Kette** (Abb. **F-1.8**). Sie hat zur Folge, **dass in Position 6 Glutaminsäure gegen Valin ausgetauscht wird**. Dieses veränderte Hämoglobin wird als HbS bezeichnet.
In einigen Regionen Afrikas sind $1/3$ der Bevölkerung **heterozygote Anlagenträger**. Sie weisen normalerweise keinerlei Krankheitssymptome auf (!) und sind sogar gegenüber Malaria wesentlich resistenter als die übrige Bevölkerung. Offenbar liegt hierin der Grund für die Häufigkeit dieser Mutation. Bei **Homozygoten** hingegen tritt bereits im Säuglingsalter eine hämolytische Anämie auf. Der Grund hierfür ist, dass HbS ca. 80 % des Gesamthämoglobins stellt, der Rest ist auch bei Erwachsenen überwiegend HbF. HbS bildet im deoxygenierten Zustand kleine Kristalle. Dadurch verlieren die Erythrozyten ihre Flexibilität und verformen sich zu sog. Sichelzellen (Abb. **F-1.8**). Diese sichelförmigen, starren Erythrozyten können die Kapillaren verschiedener Gewebe verstopfen (Sichelkrise, korrespondierender Blutausstrich Abb. **F-1.8**). Der Verlauf der Krankheit ist unterschiedlich, manche Patienten sterben früh, andere erreichen das Erwachsenenalter.

F 1.2 Transport von O₂ und CO₂ im Blut

F-1.8 Sichelzellanämie **a** Entstehung des Sichelzellhämoglobins (HbS). **b** Normaler Blutausstrich (1) und Blutausstrich eines homozygoten HbS-Anlagenträgers (2), Blutausstrich bei Sichelzellkrise (3).

Codon im Gen	Aminosäure in Position 6 der β-Untereinheit	Phänotyp
GAG	Glutamat	normal
↓ Mutation		
GTG	Valin	Sichelzellanämie

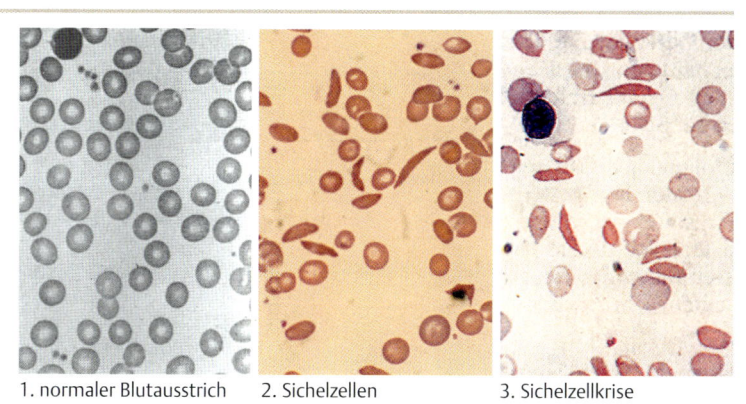

b 1. normaler Blutausstrich 2. Sichelzellen 3. Sichelzellkrise

(1: aus Theml, Diem, Haferlach; Taschenatlas der Hämatologie, Thieme, 2002; 2: aus Greten, Rinninger, Greten; Innere Medizin, Thieme, 2010; 3: aus Löscher, Burchard; Tropenmedizin in Klinik und Praxis, Thieme, 2010)

▶ **Exkurs.** Myoglobin

Myoglobin ist ein kleines Protein von 154 Aminosäuren, das zu den Untereinheiten der Hämoglobine große Ähnlichkeiten zeigt. Es enthält auch das gleiche Porphyrinringsystem. Allerdings vermittelt es einen O₂-Transport nicht im Blut, sondern **innerhalb der Muskelzellen der Skelettmuskulatur und des Herzmuskels**. Es ist im Zytosol frei beweglich und erleichtert den intrazellulären Transport des O_2 zu den Mitochondrien. Die rote Farbe des Muskelgewebes beruht auf dem hohen Gehalt an Myoglobin. Anders als die Hämoglobine liegt Myoglobin aber stets als **Monomer** vor. Deshalb ist seine **O₂-Bindungskurve** nicht S-förmig wie die der Hämoglobine, sondern **eine Hyperbel** (). Seine O_2-Affinität ist deutlich höher als die der Hämoglobine. Die Kapazität des Myoglobins ist allerdings begrenzt, es ermöglicht eine Aufrechterhaltung eines aeroben Stoffwechsels allenfalls für wenige Sekunden. (Wale sind Säugetiere, die Myoglobin in ihrer Muskulatur in außerordentlich hohen Konzentrationen enthalten, sodass sie große Mengen an O_2 auch für längere Tauchgänge speichern können.)

Myoglobin kann nicht nur O_2 binden, sondern auch Stickoxid (NO), das in den Wänden der Blutgefäße der Muskulatur synthetisiert wird. In einer Reaktion mit Myoglobin-gebundenem O_2 wird NO zu Nitrat umgesetzt. Wahrscheinlich verhindert das Myoglobin, dass NO zu den Mitochondrien vordringt und die Atmungskette blockiert. NO ist ein potenter Inaktivator des Komplexes IV der Atmungskette.

1.2.4 Schutz des Hämoglobins vor Oxidation

Isoliertes Hämoglobin färbt sich in Gegenwart von O_2 mit der Zeit schokoladenbraun. Ursache der Verfärbung ist eine langsame **Oxidation der Eisen-Ionen der Hämgruppen von Fe^{2+} zu Fe^{3+}**. Die oxidierte Form des Hämoglobins wird als **Methämoglobin** (Met-Hb) bezeichnet. Methämoglobin kann keinen Sauerstoff mehr binden.

Auslöser der Hämoglobin-Oxidation

In den Erythrozyten liegt normalerweise etwa 1 % des Hämoglobins als Methämoglobin vor. Dieses entsteht überwiegend, indem Hämoglobin-gebundener O_2 vom Fe^{2+}-Ion ein Elektron aufnimmt und sich als Superoxidanion (O_2^-) ablöst. In der Hämgruppe bleibt dabei ein Fe^{3+}-Ion zurück. In diesem Fall wird das Hämoglobin tatsächlich oxidiert und nicht nur oxygeniert.

1.2.4 Schutz des Hämoglobins vor Oxidation

Wenn die Fe^{2+}-Ionen des Hämoglobins zu Fe^{3+} oxidiert werden, entsteht dunkel gefärbtes **Methämoglobin**. Methämoglobin kann keinen Sauerstoff binden.

Auslöser der Hämoglobin-Oxidation

Methämoglobin entsteht in den Erythrozyten, wenn Hämoglobin-gebundener O_2 vom Fe^{2+}-Ion ein Elektron aufnimmt und sich als Superoxidanion (O_2^-) ablöst.

Das Superoxidanion, O_2^-, ist ein Sauerstoffradikal, es wird zu den reaktiven Sauerstoffspezies gezählt (reactive oxygen species = ROS, Abb. F-1.9 a). O_2^- entsteht auch in anderen Nebenreaktionen des Stoffwechsels, indem ein einzelnes Elektron auf molekularen Sauerstoff übertragen wird. O_2^- reagiert spontan mit verschiedenen organischen Verbindungen der unmittelbaren Umgebung und schädigt dadurch die Zellen. Wenn zwei Superoxidradikale aufeinander treffen, reagieren sie sofort unter Bildung eines reduzierten und eines oxidierten Reaktionsprodukts (Disproportionierung), nämlich O_2 und H_2O_2 (**Wasserstoffperoxid**, Abb. F-1.9 b). H_2O_2 ist ein aggressives Oxidationsmittel, das die Zellen ebenfalls erheblich schädigen kann. Ausgehend von Superoxidradikalen kann neben H_2O_2 auch das elektrisch neutrale, aber außerordentlich aggressive **Hydroxylradikal** (·OH) entstehen (Abb. F-1.9 c).

F-1.9 Sauerstoffradikale

a $O_2 \xrightarrow{e^\ominus} \cdot O_2^\ominus$ **Superoxidradikal**

b $\cdot O_2^\ominus + \cdot O_2^\ominus + 2 H^\oplus \xrightarrow{\text{Disproportionierung}} O_2 + H_2O_2$ **Wasserstoffperoxid**

$|\overline{\underline{O}}H|^\ominus$ **Hydroxid-Ion** (entsteht bei der Dissoziation des Wassers in $H^\oplus + OH^\ominus$)

c $\cdot \overline{\underline{O}}H$ **Hydroxylradikal** (ungeladen, aber sehr reaktiv; entsteht in mehreren Schritten ausgehend von einem Superoxidradikal)

a Superoxidradikal. b Wasserstoffperoxid. c Hydroxylradikal.

▶ **Klinik.** Eine **Bildung von Methämoglobin** wird auch von einer Reihe **toxischer Verbindungen** ausgelöst. **Nitrat** (NO_3^-) wird im Darm von Bakterien in **Nitrit** (NO_2^-) umgewandelt, das Hämoglobin zu Methämoglobin oxidieren kann. Nitrat kann in erheblichen Konzentrationen in Gemüse enthalten sein, das auf gut gedüngten Böden gewachsen ist. Das Risiko einer vermehrten Methämoglobinbildung (Methämoglobinämie) ist bei Säuglingen besonders hoch, da HbF leichter oxidiert wird als HbA und die Methämoglobin-Reduktase (s. u.) noch nicht voll aktiv ist. Bei Säuglingen kann es deshalb bereits durch Trinkwasser mit erhöhtem Nitratgehalt zu Vergiftungen kommen. Auch **aromatische Amino- und Nitroverbindungen** (z. B. Anilin oder Nitrobenzol) bewirken eine Methämoglobinämie. Wenn der Anteil des Methämoglobins auf > 10 % steigt, entwickelt sich zunehmend eine graue Hautfarbe, die Lippen können blau verfärbt sein **(Zyanose)**. Es kommt zu Kopfschmerzen, Unwohlsein, Herzklopfen, und Schwindel. Ein Anteil des Methämoglobins von > 60 % ist lebensgefährlich.

Schutzmechanismen

Methämoglobin wird in den Erythrozyten auch unter physiologischen Bedingungen immer wieder neu gebildet. Zum größten Teil wird es dann aber von der **Methämoglobin-Reduktase** wieder in intaktes Hämoglobin umgewandelt, indem das zentrale Eisen-Ion der Hämgruppen wieder zu Fe^{2+} reduziert wird (Abb. F-1.10 a). Als Reduktionsmittel dient dabei **NADH**, das in den Erythrozyten von der Glykolyse bereitgestellt wird.

Zum Schutz des Hämoglobins gegen Oxidation trägt auch das **Glutathion** (GSH) bei, das in den Erythrozyten in besonders hohen Konzentrationen (ca. 2,5 mM) enthalten ist. Glutathion ist **ein Tripeptid** aus den Aminosäuren Glutamat, Cystein und Glycin (Glu-Cys-Gly). Das Cystein exponiert die funktionell entscheidende SH-Gruppe. Glutathion ist in allen Zellen des Körpers an der Aufrechterhaltung reduzierender Bedingungen beteiligt. In den Erythrozyten kann es Methämoglobin reduzieren, indem es direkt (enzymunabhängig) mit den Eisen-Ionen der Hämgruppen reagiert. Primär dient das Glutathion aber dem Schutz der SH-Gruppen des Hämoglobins und anderer Proteine. Wenn die SH-Gruppe des Glutathions oxidiert wird, lagern

F-1.10 Reduktion von Methämoglobin

a durch NADH

Methämoglobin Fe^{3+} ⇌ Hämoglobin Fe^{2+}
NADH + H⁺ → NAD⁺ (Glykolyse)
Methämoglobin-Reduktase

b durch Glutathion (GSH)

NADP⁺ + H⁺ → NADPH (Pentosephosphatweg)
2 GSH ⇌ GSSG (Glutathion-Reduktase)
Fe^{3+} → Fe^{2+} (Enzym-unabhängige Reaktion)

F-1.11 Glutathion

Glutathion (GSH): Glu–Cys–Gly mit SH-Gruppe an Cys
$^-OOC-C(NH_3^+)(H)-(CH_2)_2-C(=O)-N(H)-C(H)(CH_2-SH)-C(=O)-N(H)-CH_2-COO^-$

⇌ Oxidation / Reduktion ⇌

Glutathion-Disulfid (GSSG): zwei GSH über S–S-Brücke verbunden

---

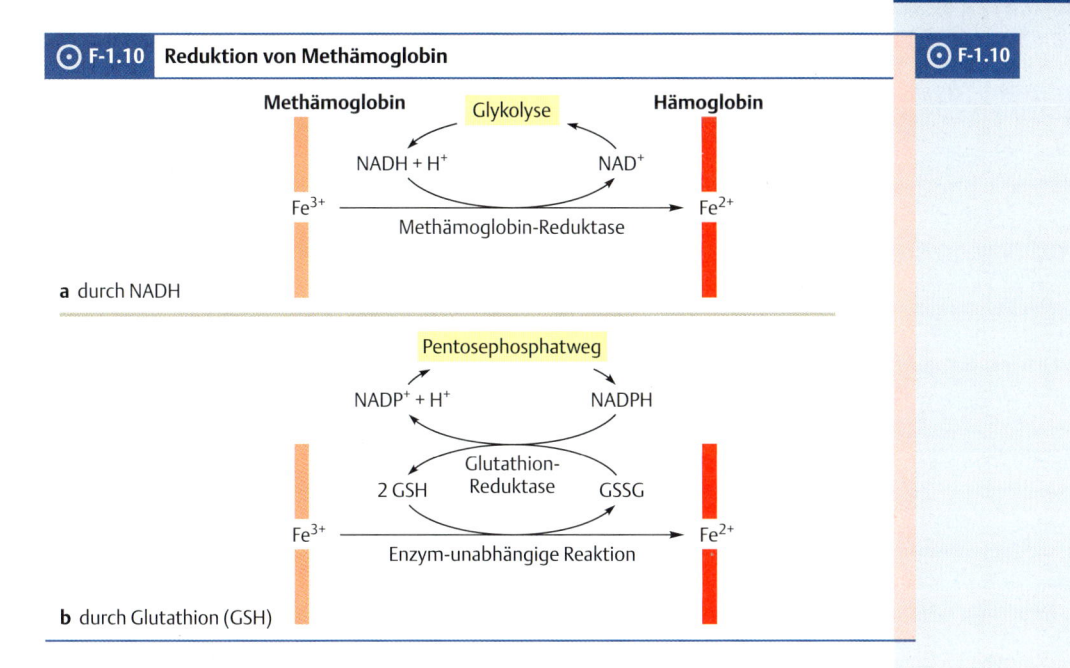

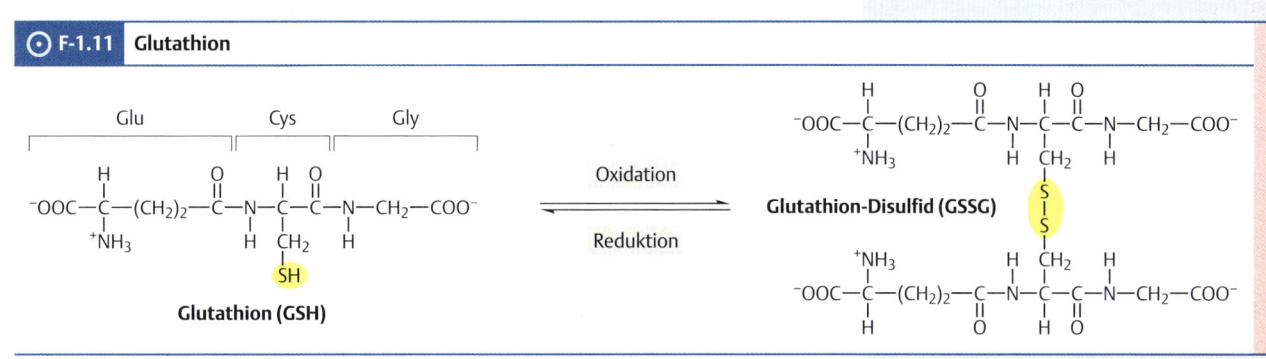

sich zwei Glutathionmoleküle über eine Disulfidbrücke zusammen (Bildung von GSSG aus 2 GSH, Abb. **F-1.10 b** und Abb. **F-1.11**). Glutathion wird anschließend von einer **Glutathion-Reduktase** regeneriert. Das Enzym verwendet dazu **NADPH**, das aus dem **Pentosephosphatweg** der Erythrozyten stammt.

▶ **Klinik.** Die Arbeit der Glutathion-Reduktase wird erschwert, wenn der Pentosephosphatweg aufgrund eines **Defekts der Glucose-6-phosphat-Dehydrogenase** nicht genügend NADPH liefern kann. Beeinträchtigt ist dann nicht nur die Reduktion des Methämoglobins, sondern vor allem auch der **Schutz der SH-Gruppen** des Hämoglobins. Charakteristisch für den Glucose-6-phosphat-Dehydrogenase-Mangel ist eine Bildung unlöslicher Hämoglobin-Aggregate, d.h. die Bildung von Heinz-Körpern (S. 245).

Superoxidanionen, H_2O_2 und Hydroxylradikale werden in den Erythrozyten durch Glutathion und verschiedene andere Antioxidanzien inaktiviert, teilweise auch enzymatisch:

- Wichtige **Antioxidanzien** sind neben dem Glutathion die Vitamine C (Ascorbinsäure) und E, syn. Tocopherol (S. 296), sowie das beim Häm-Abbau anfallende Bilirubin.
- In Erythrozyten wie auch in allen anderen Zellen des Körpers ist zudem die **Kooperation der Enzyme Superoxid-Dismutase und Katalase** von Bedeutung. Beide Enzyme katalysieren Disproportionierungen (Abb. **F-1.12**): Die Superoxid-Dismutase katalysiert die Reaktion von zwei Superoxidradikalen (O_2^-) zu O_2 und H_2O_2. Das H_2O_2 wird dann mithilfe der Katalase zu O_2 und H_2O disproportioniert.

Superoxidradikale, H_2O_2 und Hydroxylradikale werden in Erythrozyten beseitigt durch:
- **Antioxidanzien:** Glutathion, Vitamin C und Vitamin E, Bilirubin
- **Kooperation der Superoxid-Dismutase und Katalase:** Die Superoxid-Dismutase katalysiert die Reaktion von zwei Superoxidanionen (O_2^-) zu O_2 und H_2O_2. Das H_2O_2 wird dann mithilfe der Katalase zu O_2 und H_2O disproportioniert (Abb. **F-1.12**).

F-1.12 Reaktionen der Superoxid-Dismutase und der Katalase

a $\cdot O_2^{\ominus} + \cdot O_2^{\ominus} + 2\,H^{\oplus} \xrightarrow[\text{Disproportionierung}]{\text{Superoxid-Dismutase}} O_2 + H_2O_2$

b $H_2O_2 + H_2O_2 \xrightarrow[\text{Disproportionierung}]{\text{Katalase}} O_2 + 2\,H_2O$

a Superoxid-Dismutase. **b** Katalase.

1.3 Erythropoese und Porphyrinstoffwechsel

1.3.1 Erythropoese

Täglich wird ca. 1 % der Erythrozyten neu gebildet. Bei einer Gesamt-Erythrozytenzahl von 25 Billionen sind das 2,4 Millionen Erythrozyten pro Sekunde. Die Erythropoese wird im Knochenmark von **Erythropoetin (EPO)** stimuliert, einem Glykoprotein, das zu den Zytokinen gezählt wird (S. 669). EPO wird überwiegend in peritubulären Zellen der **Nierenrinde** gebildet. Die Menge des dort synthetisierten Erythropoetins hängt in erster Linie vom **O₂-Partialdruck** ab. Wenn der O₂-Partialdruck in der Niere sinkt (Hypoxie), wird die Synthese des EPO gesteigert.

Der letzte Schritt der Erythropoese, der noch im Knochenmark stattfindet, ist die Extrusion des Zellkerns. Die Kernlosigkeit erleichtert es den Erythrozyten, sich zu verformen (eine Voraussetzung für die Passage durch Kapillaren). Die Zellen gelangen als **Retikulozyten** ins Blut. Diese unreifen Erythrozyten enthalten noch Mitochondrien und Ribosomen (ihr „Retikulum" besteht im Wesentlichen aus ribosomaler RNA) und synthetisieren zunächst noch Hämoglobin. Im Verlauf von 2 – 3 Tagen werden die Ribosomen sowie die inneren Membransysteme einschließlich der Mitochondrien enzymatisch abgebaut, und aus den Retikulozyten entstehen die reifen **Erythrozyten**.

Im Rahmen der Erythropoese werden im Knochenmark jeden Tag ca. 6 g Hämoglobin synthetisiert. Das dazu benötigte Eisen, etwa 20 mg, stammt überwiegend aus dem Abbau von Erythrozyten in der Milz und in der Leber. Von dort wird das Eisen in Form von **Transferrin** mit dem Blut zum Knochenmark transportiert (S. 324).

▶ **Klinik.** Die Synthese des für die Erythropoese benötigten EPO kann bei Nierenerkrankungen erheblich vermindert sein, sodass sich eine **renale Anämie** entwickelt. Zur Therapie wird rekombinant hergestelltes EPO verwendet. Nachdem Sportler EPO zur Steigerung ihrer Leistungskraft eingesetzt hatten, wurde die Verwendung von **EPO als Dopingsubstanz** verboten.

1.3.2 Hämbiosynthese

An der Hämbiosynthese sind **vier mitochondriale und vier zytosolische Enzyme** beteiligt (Abb. **F-1.13**). Da reife Erythrozyten keine Mitochondrien besitzen, kann die Hämbiosynthese nur in den Vorläuferzellen stattfinden. Andererseits ist die Hämbiosynthese nicht auf die Erythropoese beschränkt: Alle Zellen, die Mitochondrien enthalten, benötigen Hämgruppen für die Biogenese der Cytochrome der Atmungskette. In der Leber wird ca. ⅔ des gebildeten Häms zur Synthese von Cytochrom P450 genutzt, das am Fremdstoffwechsel beteiligt ist. Hämgruppen sind auch Bestandteile der Monooxygenasen, die an der Biosynthese der Steroidhormone beteiligt sind, der Katalase und verschiedener anderer Enzyme. Eine Hämbiosynthese findet deshalb in unterschiedlichem Ausmaß in nahezu allen Zellen des Körpers statt.

▶ **Merke.** Der erste Schritt der Hämbiosynthese besteht in einer Reaktion der Aminosäure **Glycin** mit dem **Succinyl-CoA** des Citratzyklus. Unter Decarboxylierung des Glycins und Freisetzung des Coenzym A entsteht **δ-Aminolävulinsäure (δ-ALA = 5-Aminolävulinat)**. Coenzym der δ-Aminolävulinsäure (= ALA-Synthase) ist **Pyridoxalphosphat**.

F-1.13 Hämbiosynthese

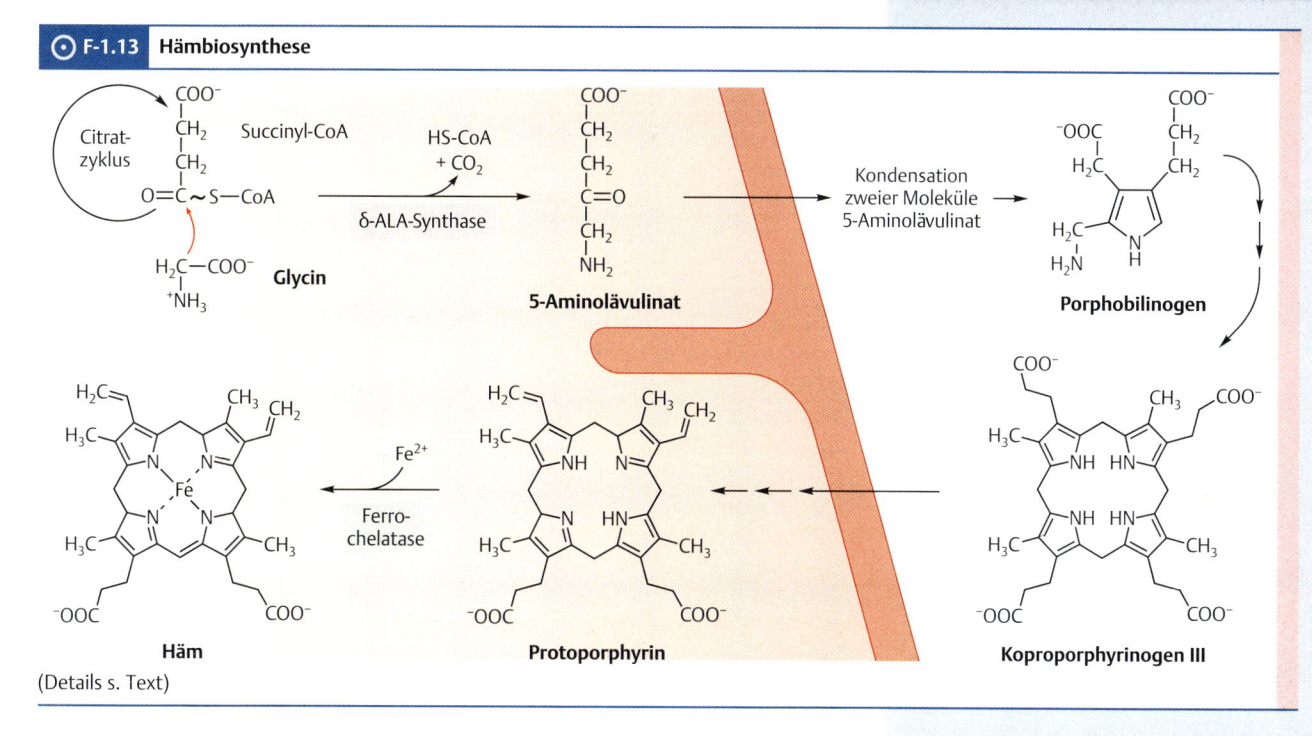

(Details s. Text)

δ-ALA wird dann in das **Zytosol** exportiert, wo das aromatische **Ringsystem** der späteren Hämgruppe entsteht:
- 2 Moleküle δ-ALA kondensieren unter Abspaltung von H_2O zu **Porphobilinogen**. Dieses enthält bereits einen Pyrrolring.
- In vier Schritten entsteht im Zytosol aus dem Porphobilinogen schließlich **Koproporphyrinogen III**, eine Tetrapyrrolverbindung, die dem Porphyrin der Hämgruppen bereits sehr ähnlich, aber noch farblos ist.
- Koproporphyrinogen III wird wieder von **Mitochondrien** aufgenommen. Hier wird es in der Matrix decarboxyliert und oxidiert. Dabei entsteht ein ausgedehntes **System konjugierter Doppelbindungen**, das sämtliche Pyrrolringe des Moleküls einschließt. Die konjugierten (stets im Wechsel mit Einfachbindungen vorliegenden) Doppelbindungen absorbieren sehr effektiv einen kurzwelligen Teil des sichtbaren Lichts und sind damit der Grund der intensiven roten Farbe aller Hämgruppen.
- Die Mitochondrien enthalten eine **Ferrochelatase**, die den entstandenen Porphyrinring mit einem Fe^{2+}-Ion belädt. Damit ist die Hämbiosynthese abgeschlossen.

δ-Aminolävulinsäure (δ-ALA) entsteht in den Mitochondrien und wird in das **Zytosol** exportiert. Dort entsteht das **Ringsystem** der Hämgruppe:
- 2 Moleküle δ-ALA kondensieren zu **Porphobilinogen**.
- Im Verlauf mehrerer Schritte entsteht **Koproporphyrinogen III**, eine Tetrapyrrolverbindung.
- Koproporphyrinogen III wird wieder von **Mitochondrien** aufgenommen. Hier entsteht daraus die **Hämgruppe**.
- Die Einfügung des Fe^{2+}-Ions wird von einer mitochondrialen **Ferrochelatase** katalysiert.

▶ **Merke.** Der geschwindigkeitsbestimmende Schritt der Hämbiosynthese ist die Reaktion der ALA-Synthase. Hier setzt die Regulation der Hämbiosynthese an.

▶ **Merke.**

Die Hämbiosynthese wird gewebespezifisch über unterschiedliche Mechanismen reguliert. Das wird dadurch ermöglicht, dass die ALA-Synthase von zwei unterschiedlichen Genen kodiert wird, ALAS 1 und ALAS 2:
In den Vorläuferzellen der Erythrozyten bleibt das Gen ALAS 1 inaktiv. Hingegen wird die **Transkription des Gens ALAS 2** wird durch Erythropoetin (**EPO**) stimuliert, welches auch viele andere Gene aktiviert, die an der Erythropoese beteiligt sind. Die **Translation der mRNA** der δ-ALA-Synthase wird dann über die Verfügbarkeit von **Eisenionen** reguliert: Im nicht translatierten 5'-Bereich der mRNA befindet sich ein Sequenzabschnitt, der als Iron response element (IRE) bezeichnet wird. An diesen Sequenzabschnitt bindet ein Protein, das IRE-binding protein IRP, welches die Translation der mRNA blockiert. Wenn in der Zelle eine hinreichende Konzentration an freien Fe2+-Ionen gegeben ist, binden diese an das IRP, dieses löst sich vom IRE ab, und die mRNA ist für die Translation freigegeben.
In allen anderen Geweben ist das Gen **ALAS 1** aktiv. Die **Transkription** des Gens wird sehr effizient unter Vermittlung spezifischer Transkriptionsfaktoren im Sinne einer negativen Rückkopplung von **Häm** gehemmt.
Besonders große Mengen an Häm werden in der Leber synthetisiert. Etwa 2/3 des Häm werden in der Leber für die Biogenese der verschiedenen Mitglieder der Cytochrom P450-Familie benötigt. Erhebliche Mengen an Häm sind auch für die Cytochrome der Atmungsketten der zahlreichen Mitochondrien erforderlich.

Die ALA-Synthase ist gewebespezifisch von zwei unterschiedlichen Genen kodiert.

Vorläuferzellen der Erythrozyten:
EPO stimuliert die Transkription des Gens der ALA-Synthase 2.
Fe^{2+}-Ionen stimulieren die Translation der mRNA (Regulation über ein Iron response element, IRE).

Andere Gewebe:
Häm hemmt die Transkription des Gens der ALA-Synthase 1 (negative Rückkopplung).

▶ Klinik.

▶ Klinik. **Porphyrien** haben ihre Ursache in Störungen der Hämbiosynthese. In den weitaus meisten Fällen ist ein angeborener (= hereditärer) Defekt eines der vier zytosolischen Enzyme der Hämbiosynthese für die Porphyrie verantwortlich. Da die **Konzentration des Häms** in den Mitochondrien aufgrund des jeweiligen Enzymdefekts **vermindert** ist, wird die Biogenese des geschwindigkeitsbestimmenden Enzyms der Hämbiosynthese, **ALA-Synthase 1, nicht mehr gehemmt**. Die Vorstufen des Häms werden deshalb vermehrt synthetisiert. Die erhöhte Konzentration der entsprechenden Porphyrine ist dann die wesentliche Ursache der Symptome der Porphyrie. Am häufigsten (Prävalenz ca. 20/100 000 Einwohner) ist ein Defekt der zytosolischen Uroporphyrinogen-Decarboxylase (Porphyria cutanea tarda). Charakteristisches Symptom ist eine **Fotodermatose** (eine ausgeprägte Lichtempfindlichkeit der Haut, Abb. F-1.14), die ihre Ursache in der Akkumulation der Porphyrine hat. Oft ist der Urin dunkel gefärbt. Im Blutplasma sind die Aktivitäten typischer Leberenzyme (Transaminasen und γ-GT) erhöht. Porphyrien können auch mit neurologisch/psychiatrischen Symptomen verbunden sein. Auslösender Anlass einer akuten Krise ist oft ein Alkoholexzess. Eine therapeutische Option ist auch heute noch der Aderlass. Dabei werden den Patienten zeitweilig jede Woche 500 ml Blut abgenommen.

⊙ **F-1.14** Fotodermatose bei Porphyria cutanea tarda

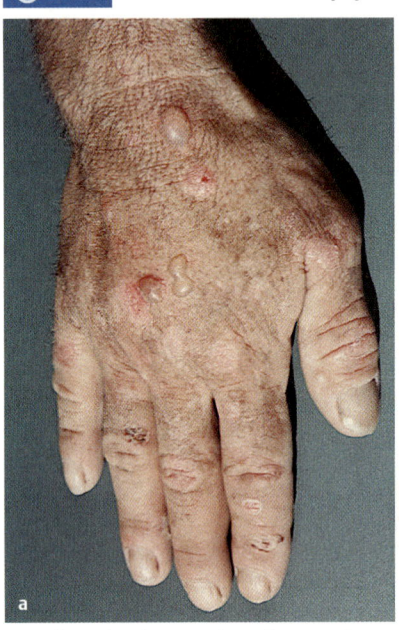

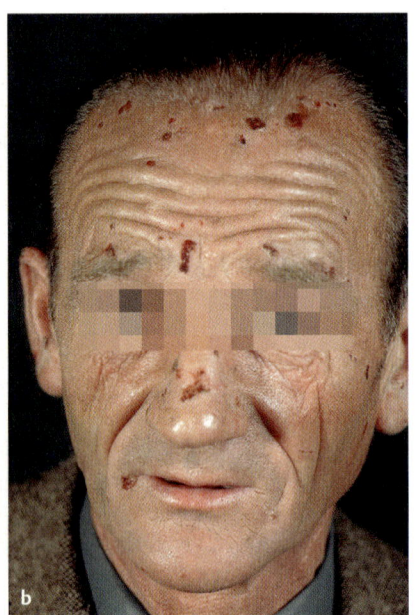

(aus Moll I., Duale Reihe Dermatologie, Thieme, 2010)

1.3.3 Häm-Abbau

Der Häm-Abbau erfolgt durch Makrophagen in Milz, Leber und Knochenmark.

Hämgruppen aus Hämoglobin und anderen Hämproteinen werden zu Bilirubin abgebaut, das mit Glucuronsäure konjugiert und über die Galle ausgeschieden wird (Abb. F-1.15 und Abb. F-1.16):

- Der Abbau wird von der **Häm-Oxygenase** eingeleitet. Diese katalysiert die **Oxidation einer Methinbrücke**; Cofaktoren sind **NADPH** und **O₂**. Dabei wird der Porphyrinring geöffnet und **Kohlenmonoxid freigesetzt**. Reaktionsprodukt ist blaugrünes **Biliverdin**.
- Katalysiert von der **Biliverdin-Reduktase** wird das Biliverdin **NADPH**-abhängig zu orangegelbem **Bilirubin** reduziert.

1.3.3 Häm-Abbau

Erythrozyten leben durchschnittlich 120 Tage, bevor sie in Milz, Leber und Knochenmark durch Makrophagen eliminiert werden. Hämoglobin, das bei einer Hämolyse außerhalb dieser Organe in der Blutbahn freigesetzt wird, bildet mit **Haptoglob(ul)in**, einem Glykoprotein des Blutplasmas, Komplexe und wird dann in dieser Form von der Leber aufgenommen.

Die beim Abbau von Hämoglobin und anderen Häm-haltigen Proteinen freigesetzten Hämgruppen können nicht wieder verwendet werden. Die Ringsysteme werden deshalb gespalten und zu Bilirubin abgebaut. Dieses wird in der Leber mit Glucuronsäure verbunden und an die Galle abgegeben (Abb. F-1.15 und Abb. F-1.16):

- Der Abbau der freigesetzten Hämgruppen beginnt mit der **Oxidation einer Methinbrücke** (-CH=), die im Porphyrinring zwei Pyrrolringe miteinander verbindet. Die Reaktion wird von der **Häm-Oxygenase** katalysiert, die in der Membran des Endoplasmatischen Retikulums verankert ist und zur Gruppe der Monooxygenasen gehört. Die Reaktion benötigt sowohl **NADPH** als auch **O₂**. Der Kohlenstoff der Methinbrücke wird als **Kohlenmonoxid** (CO) **freigesetzt** (!). Dabei wird der Porphyrinring gesprengt und das Eisen-Ion freigesetzt. Dieses bindet dann innerhalb der Zellen an das Protein Ferritin. Die übrig bleibende Kette von 4 Pyrrolringen hat

eine blaugrüne Farbe und wird als **Biliverdin** bezeichnet. Die Reaktion der Häm-Oxygenase ist der geschwindigkeitsbestimmende Schritt des Häm-Abbaus.
- Biliverdin wird **NADPH**-abhängig von der zytosolischen **Biliverdin-Reduktase** zu **Bilirubin** reduziert. Die Reduktion betrifft die Methinbrücke in der Mitte des Moleküls, die in eine CH_2-Gruppe umgewandelt wird. Damit wird das System konjugierter Doppelbindungen an dieser Stelle unterbrochen und die Farbe schlägt von Blaugrün in Orangegelb um.

▶ **Klinik.** Ein frischer **Bluterguss**, ein **Hämatom**, hat zunächst eine rötliche Farbe, insbesondere, wenn das Hämoglobin nahe der Hautoberfläche freigesetzt wurde. Sobald das Hämoglobin von der Methämoglobin-Reduktase und vom Glutathion der Erythrozyten nicht mehr geschützt wird, bildet es aber bald Aggregate, die Fe^{2+}-Ionen werden zu Fe^{3+} oxidiert, und die Farbe wird dunkler. Unter Beteiligung von Makrophagen werden die Hämgruppen langsam abgebaut. Im typischen Fall bildet sich zunächst ein „blauer Fleck". Dabei ist zu berücksichtigen, dass auch das intakte Hämoglobin im Wechselspiel von Absorption, Streuung und Reflexion des Lichts in tieferen Gewebeschichten dunkelblau erscheinen kann. So zeichnen sich auch die Venen unter der Haut in bläulicher Farbe ab, obwohl das venöse Blut nachweislich rot ist. Beim Abbau der Hämgruppen entsteht zunächst grünes Biliverdin, aus diesem entsteht dann im Verlauf von etwa zwei Wochen das gelbe Bilirubin.

▶ **Klinik.**

Bilirubin enthält zwar zwei Carboxylgruppen (Abb. **F-1.15**), es liegt aber in einer Konformation vor, in der es an der Außenseite überwiegend hydrophobe Gruppen exponiert. Bilirubin ist deshalb trotz seiner beiden Carboxylgruppen **wasserunlöslich**. Im Blut ist ein Transport des Bilirubins nur im **Komplex mit Albumin** möglich (im klinischen Sprachgebrauch als **indirektes Bilirubin** bezeichnet). In der **Leber** wird es resorbiert und im endoplasmatischen Retikulum der Hepatozyten mithilfe von UDP-Glucuronsäure von einer UDP-Glucuronyltransferase zu **Bilirubin-Diglucuronid** umgesetzt (Abb. **F-1.15**). Die Glucuronsäure wird dabei über Esterbindungen mit den Carboxylgruppen des Bilirubins verbunden. Das Bilirubin-Diglucuronid, auch als **konjugiertes (= mit Glucuronsäure verbundenes)** oder **direktes Bilirubin** bezeichnet, gelangt durch aktiven Transport in die **Galle**.

Im Blut ist Bilirubin an **Albumin** gebunden („**indirektes Bilirubin**"). **In der Leber** wird Bilirubin mithilfe von UDP-Glucuronsäure zu **Bilirubin-Diglucuronid** umgesetzt **(konjugiertes = „direktes" Bilirubin)** und gelangt durch aktiven Transport in die Galle.

⊙ **F-1.15** Häm-Abbau

Häm (rot) →[Häm-Oxygenase; $NADPH + H^+ + O_2$ → $NADP^+ + H_2O + CO + Fe^{3+}$]→ Biliverdin (blaugrün) →[Biliverdin-Reduktase; $NADPH + H^+$ → $NADP^+$]→ Bilirubin (gelb) →[UDP-Glucuronyl-Transferase; 2 UDP-Glucuronsäure → 2 UDP]→ Bilirubin-Diglucuronid

F-1.16 Konjugation des Bilirubins in der Leber und Abbau des konjugierten Bilirubins im Kolon

a Strukturformel der UDP-Glucuronsäure. **b** Transport und Konjugation des Bilirubins. **c** Abbau des Bilirubin-Diglucuronids.

▶ **Merke.** Bilirubin wird in der Leber mit **Glucuronsäure** konjugiert. Glucuronsäure ist ein Derivat der Glucose, in der das **C-Atom in Position 6 zu einer Carboxylgruppe oxidiert** ist. Glucuronsäure sollte nicht mit der 6-Phosphogluconsäure verwechselt werden, die im Pentosephosphatweg gebildet wird. In der 6-Phosphogluconsäure ist das C-Atom in Position 1 zur Carboxylgruppe oxidiert.

Im Kolon wird das konjugierte Bilirubin durch Einwirkung bakterieller Enzyme **deglucuronidiert** und in farbloses **Stercobilinogen** bzw. **Urobilinogen** umgewandelt. Beide Verbindungen werden teilweise in den **enterohepatischen Kreislauf** einbezogen, zum größten Teil werden sie im Kolon in **Stercobilin** bzw. **Urobilin** umgewandelt.

- Im Dünndarm bleibt das konjugierte Bilirubin zunächst weitgehend erhalten. Im **Kolon** treten aber durch den Stoffwechsel der dort wachsenden Bakterien verschiedene Effekte auf:
  – Die Glucuronsäure wird abgelöst, sodass wieder freies, deglucuronidiertes Bilirubin entsteht. Wenn der Nahrungsbrei den Darm sehr schnell passiert, haben die Faeces die gelbe Farbe des unveränderten Bilirubins.
  – Normalerweise wird das Bilirubin im Darm durch bakterielle Stoffwechselprozesse an mehreren Positionen reduziert, die konjugierten Doppelbindungen gehen verloren, und es entstehen die farblosen Verbindungen **Stercobilinogen** und **Urobilinogen**. Diese werden in unterschiedlichen Anteilen (ca. 20 %) resorbiert und in den **enterohepatischen Kreislauf** einbezogen.
  – Der Großteil des Stercobilinogens und Urobilinogens wird im Kolon in **Stercobilin** bzw. **Urobilin** umgewandelt, die für die dunkle Farbe der Faeces verantwortlich sind.

Bei verstärktem Häm-Abbau wird rotbraunes Urobilin zunehmend auch renal ausgeschieden.

Wird besonders viel Häm abgebaut, gelangt Urobilin zunehmend auch in den Urin, der sich dann entsprechend rotbraun und dunkel färbt. Die gelbe Farbe, die für den normalen Urin typisch ist, beruht auf einer Mischung unterschiedlicher Häm-Abbauprodukte, die in der Leber und im Rahmen des enterohepatischen Kreislaufs in das Blut gelangen.

▶ Klinik. Normalerweise wird im Organismus täglich ca. 250 mg Bilirubin gebildet, davon entstehen ca. 85 % im Abbau von Hämoglobin. Dabei bleibt die Konzentration des Bilirubins im Blutplasma unter physiologischen Bedingungen in der Regel unter 1 mg/100 ml. Bei einer Plasmakonzentration von > 2 mg/100 ml diffundiert Bilirubin aus den Blutgefäßen ins Interstitium und lagert sich dort ab, sodass es zur Gelbverfärbung der Haut und der Skleren kommt **(Ikterus, Gelbsucht)**. Eine erhöhte Bilirubinkonzentration im Blut (Hyperbilirubinämie) kann unterschiedliche Ursachen haben:

- Hämolytische Anämie (vermehrter Abbau von Hämoglobin). Die Ursache eines Ikterus liegt unter dieser Voraussetzung vor der Aufnahme des Bilirubins durch die Leber, es ist somit ein **prähepatischer Ikterus** gegeben. Im Blutplasma ist die Konzentration an unkonjugiertem Bilirubin erhöht.
- Lebererkrankungen (Hepatitis, Leberzirrhose) können einen **intrahepatischen Ikterus** auslösen. Das Bilirubin kann sowohl konjugiert wie unkonjugiert in seiner Konzentration erhöht sein.
- Ein Verschluss des Ductus choledochus durch einen kleinen Gallenstein (Cholestase) führt zu einem **posthepatischen Ikterus**. Hierbei steigt die Plasmakonzentration des konjugierten Bilirubins stark an, und konjugiertes Bilirubin wird – zusammen mit anderen Abbauprodukten des Häms – renal ausgeschieden (→ Stuhl hell, Urin dunkel). Ein Gallenwegsverschluss durch einen Gallenstein ist die häufigste Ursache eines Ikterus.

Ursache des **Morbus Meulengracht** (Gilbert-Meulengracht-Syndrom) ist ist eine angeborene aber in der Regel nur geringfügig verminderte Aktivität der UDP-Glucuronyltransferase. Betroffen sind ca. 5 % der Bevölkerung. Der Morbus Meulengracht ist in der Regel harmlos.

F-1.17 Fototherapie

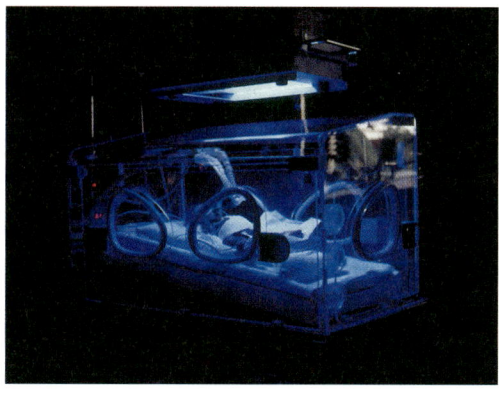

(aus Sitzmann, Duale Reihe Pädiatrie, Thieme, 2007)

Der Neugeborenenikterus ist eine vorübergehende und meist harmlose Hyperbilirubinämie, die bei vielen Neugeborenen auftritt, da die UDP-Glucuronyltransferase kurz nach der Geburt noch nicht voll aktiv ist. Eine zeitweilige Bilirubinkonzentration von bis zu 15 mg/100 ml gilt als physiologisch. Bei einer Rhesusinkompatibilität zwischen Mutter und Kind, bei Frühgeborenen oder kranken Neugeborenen kann die Plasmakonzentration des unkonjugierten Bilirubins allerdings so stark ansteigen, dass sich freies Bilirubin im Gehirn, vor allem den Basalganglien ablagert **(Kernikterus)** und irreversible neurologische Störungen verursacht. Als problematisch gelten Bilirubinkonzentrationen > 20 mg/100 ml. Zur Prophylaxe des Kernikterus wird eine **Fototherapie mit blauem Licht** eingesetzt (Abb. **F-1.17**). Das kurzwellige Licht löst in den Bilirubinmolekülen eine Isomerisierung aus, durch die sich die Konformation ändert und das Bilirubin auch in unkonjugierter Form hinreichend wasserlöslich und somit nierengängig ist.

1.4 Die Proteine des Blutserums

Im Blutplasma sind u. a. **mehr als 100 verschiedene Proteine** gelöst. 1 Liter Plasma enthält ca. 70 g Protein. Das häufigste Protein ist Albumin (35 – 55 g/Liter). Fibrinogen (Gerinnungsfaktor I) ist in einer Konzentration von 2 – 4 g/Liter enthalten. Blutserum enthält demnach nur unwesentlich weniger Protein als Blutplasma.

In der klinischen Chemie werden die Serumproteine traditionell in fünf Gruppen eingeteilt, nach den Banden, die bei der **Serumelektrophorese** entstehen. Zur Analyse sind wenige Mikroliter eines Serums ausreichend. Die Proben werden nach standardisierten Verfahren auf kleine Folien aufgetragen und es wird eine elektrische Spannung angelegt. Anschließend werden die Proteine angefärbt (Abb. **F-1.18**).

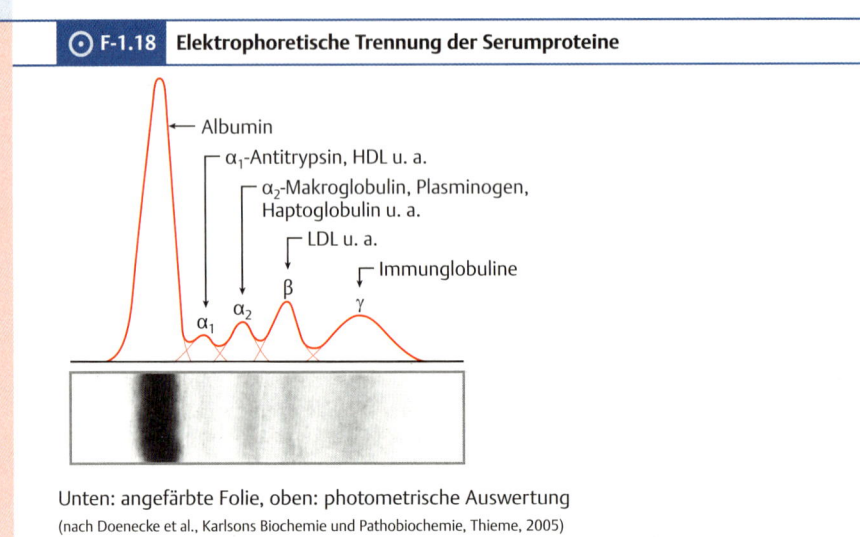

F-1.18 Elektrophoretische Trennung der Serumproteine

Unten: angefärbte Folie, oben: photometrische Auswertung
(nach Doenecke et al., Karlsons Biochemie und Pathobiochemie, Thieme, 2005)

Die erste Bande enthält **Albumin**, ein Protein von 66 kDa. Durch seine hohe Blutkonzentration ist Albumin ein wichtiger Faktor für die **Aufrechterhaltung des physiologischen kolloidosmotischen (onkotischen) Drucks**. Es bestimmt indirekt die Verteilung des Wassers zwischen Plasma und Interstitium und damit auch das Plasmavolumen. Wie viele andere Serumproteine wird Albumin von der Leber an das Blut abgegeben. Ist die Albuminsynthese in der Leber reduziert (z. B. bei Proteinmangelernährung oder Leberzirrhose infolge Alkoholismus), fällt der onkotische Druck und Wasser tritt vermehrt ins Interstitium über, d. h. es kommt zur Ödembildung (S. 194).

Albumin ist außerdem ein wichtiges **Transportprotein**. Es bindet in erheblichem Umfang **freie Fettsäuren**, außerdem **Bilirubin** sowie etwa 50 % der **Calcium-Ionen** des Plasmas. Andere Salz-Ionen, z. B. Na^+ und Cl^-, liegen im Plasma praktisch vollständig frei vor.

An Albumin schließt sich die Bande der **α$_1$-Globuline** an. Hierzu gehören u. a.
- **α1-Antitrypsin** (S. 264), ein natürlicher Inhibitor von Proteasen, die z. B. aus Entzündungsherden in das Blut geschwemmt werden, und
- **High Density Lipoprotein, HDL** (S. 256), das im Cholesterintransport eine entscheidende Rolle spielt.

Zu den **α$_2$-Globulinen** zählen u. a.
- **α$_2$-Makroglobulin**, ein weiterer Protease-Inhibitor,
- **Plasminogen**, das Proenzym des Plasmins, das für die Auflösung von Blutgerinnseln verantwortlich ist. Deshalb wird bei Herzinfarkt und Schlaganfall rekombinanter Plasminogenaktivator (r-PA) injiziert (S. 732).
- **Haptoglobulin**, das mit freigesetztem Hämoglobin Komplexe bildet.

β-Globuline umfassen u. a. das Fibrinogen, das im Plasma, nicht aber im Serum enthalten ist, sowie die **Low Density Lipoproteins, LDL** (S. 254).

γ-Globuline sind die **Immunglobuline** (S. 686). Serum enthält überwiegend IgG.

2 Biochemie der Leber

2.1 Einführung ... 767
2.2 Stoffwechselfunktionen der Leber ... 768
2.3 Produktion von Serumproteinen ... 770
2.4 Hormon- und Vitaminstoffwechsel in der Leber ... 770
2.5 Ausscheidungsfunktion der Leber ... 771

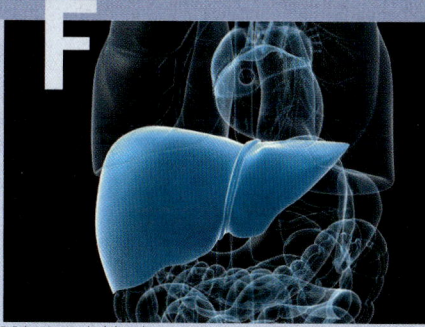

2.1 Einführung

Die Leber wiegt ca. 1500 g und macht damit 2–3 % der Körpermasse des Menschen aus. Die **außerordentliche Intensität des Leberstoffwechsels** bringt es mit sich, dass die Leber etwa ¼ **des Herzminutenvolumens** in Anspruch nimmt und auch einen entsprechenden Anteil am gesamten O_2-Verbrauch des Körpers hat. Die Leber wird über zwei Gefäßsysteme versorgt:
- **25 %** des Zustroms erfolgen über Aorta, Truncus coeliacus und A. hepatica (**systemischer Kreislauf**).
- **75 %** des Zustroms erfolgen über venöse Splanchnikusgefäße und die Pfortader (**portaler Kreislauf**).

Die Leber ist in charakteristische Einheiten von ca. 1 mm Durchmesser und 2 mm Höhe untergliedert, die als **Leberläppchen** bezeichnet werden (Abb. **F-2.1 a**). Äste der beiden Gefäßsysteme verlaufen zwischen den Leberläppchen in enger Nachbarschaft. Innerhalb der Leberläppchen vereinigen sich die Gefäße, ihr Blut mischt sich, wird in der Mitte des jeweiligen Leberläppchens von einer **V. centralis** aufgenommen und schließlich der **V. cava inferior** zugeleitet.

Die Hohlräume, in denen das Blut in den Leberläppchen zwischen Wänden aus Hepatozyten zur V. centralis fließt, sind die **Sinusoide**. Ähnlich den Kapillaren anderer Organe sind auch die Sinusoide von Endothelzellen ausgekleidet. In den Leberläppchen lassen diese aber große Poren frei und bilden auch keine Basalmembran. Zwischen dem Netzwerk der Endothelzellen und den Hepatozyten liegt der schmale Disse-Raum, der für alle löslichen Komponenten des Blutes frei zugänglich ist (Abb. **F-2.1 b**).

Zwischen den Hepatozyten liegen kleine Gallenkanälchen, in denen sich die von den Hepatozyten sezernierte Gallenflüssigkeit (Galle) sammelt. Diese fließt (relativ zum Blut in entgegengesetzter Richtung) zu den **Gallengängen**, die gemeinsam mit den **Ästen der Pfortader** und der **A. hepatica** die **Glisson-Trias** bilden (Abb. **F-2.1 a**). Der Raum, in dem die Glisson-Trias in histologischen Schnitten zu sehen ist, wird als **Periportalfeld** bezeichnet.

2.1 Einführung

Aufgrund der **außerordentlichen Intensität des Leberstoffwechsels** beansprucht die Leber ca. ¼ **des Herzminutenvolumens**. Ihre O_2- und Nährstoffzufuhr erfolgt
- zu **25 %** über Aorta, Truncus coeliacus und A. hepatica (**systemischer Kreislauf**),
- zu **75 %** über venöse Splanchnikusgefäße und die Pfortader (**portaler Kreislauf**).

Die Leber ist in **Leberläppchen** gegliedert (Abb. **F-2.1 a**).

In den Leberläppchen bilden die Hepatozyten schmale Wände, zwischen denen **Sinusoide** frei bleiben.

Zwischen den Hepatozyten sammelt sich die Galle in **Gallenkanälchen** und schließlich in den **Gallengängen**, die Teil der **Glisson-Trias** im **Periportalfeld** sind (Abb. **F-2.1**).

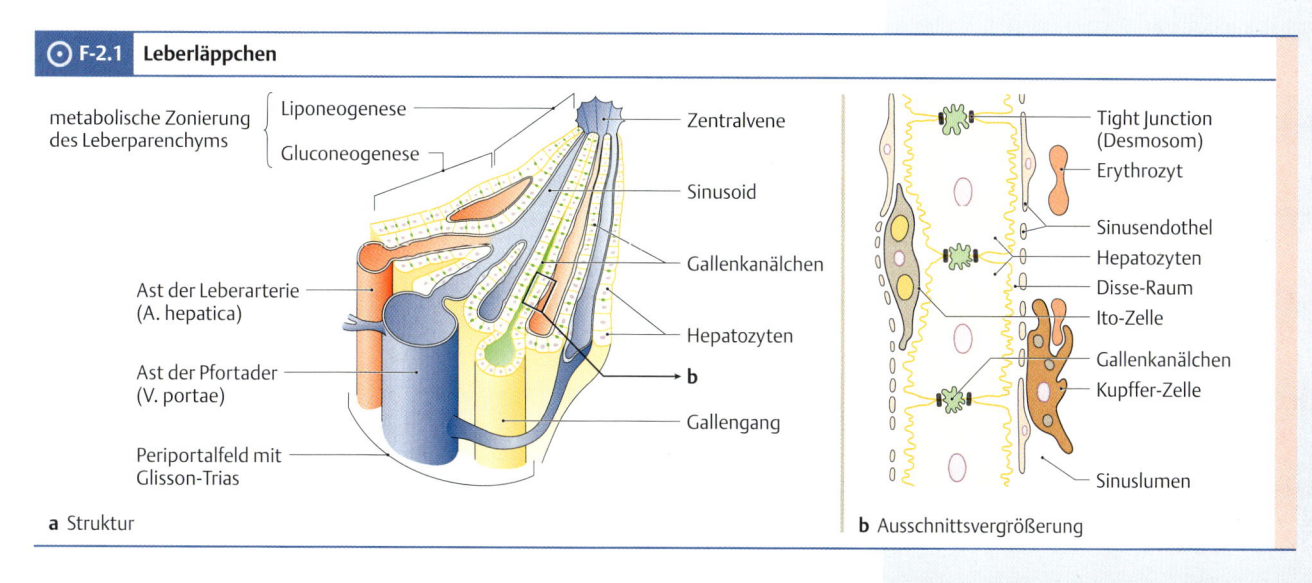

⊙ F-2.1 Leberläppchen

a Struktur

- metabolische Zonierung des Leberparenchyms: Liponeogenese, Gluconeogenese
- Zentralvene
- Sinusoid
- Gallenkanälchen
- Hepatozyten
- Gallengang
- Ast der Leberarterie (A. hepatica)
- Ast der Pfortader (V. portae)
- Periportalfeld mit Glisson-Trias

b Ausschnittsvergrößerung

- Tight Junction (Desmosom)
- Erythrozyt
- Sinusendothel
- Hepatozyten
- Disse-Raum
- Ito-Zelle
- Gallenkanälchen
- Kupffer-Zelle
- Sinuslumen

F 2 Biochemie der Leber

Innerhalb eines Leberläppchens lassen sich erhebliche Unterschiede in der Enzymausstattung der Hepatozyten nachweisen **(metabolische Zonierung des Leberparenchyms)**. So findet die **Gluconeogenese** überwiegend in den **äußeren Bereichen** der Leberläppchen in der Nähe der Periportalfelder statt. Dort stellt das Blut der A. hepatica genügend Sauerstoff zur Verfügung, um die energieaufwendige Gluconeogenese durchführen zu können. Das hierzu benötigte ATP kann nur durch oxidative Phosphorylierung in den Mitochondrien bereitgestellt werden. Eine besondere ATP-Abhängigkeit ist möglicherweise der Grund dafür, dass auch die **Harnstoffsynthese** überwiegend in der Nähe der Periportalfelder abläuft. Die **Liponeogenese** ist demgegenüber energetisch wesentlich anspruchsloser. Sie läuft überwiegend in den **inneren Bereichen**, in der Nähe der V. centralis ab.

2.2 Stoffwechselfunktionen der Leber

2.2.1 Konstanthaltung des Blutzuckerspiegels

Die Leber nimmt unter Vermittlung von Glucosetransportern des Typs **GLUT 2** unabhängig von Insulin **überschüssige Glucose** aus dem Blut auf. GLUT 2 vermittelt auch die Aufnahme der **Galaktose**, die mit dem Blut aus dem Verdauungstrakt in die Leber gelangt. Eine permanente Galaktosämie ist lebensgefährlich. Galaktose wird deshalb in der Leber vollständig zu Glucose metabolisiert (S. 106). **Fructose** wird unter Vermittlung von GLUT 5 aufgenommen. Auch Fructose wird von der Leber sehr effizient in Glucose umgewandelt (S. 104). Unabhängig vom Gehalt dieser Zucker in der Nahrung enthält das Blut der Peripherie deshalb normalerweise weder Galaktose noch Fructose.

Das aus der **Glucose** gebildete Glucose-6-phosphat wird überwiegend zu Glucose-1-phosphat isomerisiert, mit Uridintriphosphat (UTP) zu UDP-Glucose umgesetzt und dann zur Bildung von **Glykogen** (S. 215) verwendet. Die Leber eines Erwachsenen kann bis zu 150 g Glykogen speichern. (Weitere ca. 300 g Glykogen können in der Skelettmuskulatur gespeichert werden.)

Bei **Bedarf** wird aus dem Glykogen wieder **Glucose freigesetzt**. Dabei wird phosphorolytisch (d. h. unter Aufnahme anorganischen Phosphats) Glucose-1-phosphat gebildet. Beim Abbau des Glykogens entsteht also phosphorylierte Glucose, ohne dass dazu ATP oder UTP aufgewendet werden müsste. Aus Glucose-1-phosphat entsteht durch Isomerisierung wiederum Glucose-6-phosphat. Die **Glucose-6-Phosphatase** der Hepatozyten ermöglicht die Bildung von Glucose. Da das Enzym in der Membran des endoplasmatischen Retikulums (ER) lokalisiert ist, entsteht die Glucose im Lumen des ER. Mit Hilfe eines Glucosetransporters der ER-Membran gelangt sie in das Zytosol und von hier aus unter Beteiligung von GLUT 2 ins Blut. Neuere Daten haben gezeigt, dass Glucose auch unabhängig von GLUT 2 in das Blut gelangen kann. Der entsprechende Transportweg konnte aber noch nicht aufgeklärt werden. Da Muskelzellen keine Glucose-6-Phosphatase enthalten, können sie beim Abbau ihres Glykogens keine Glucose an das Blut abgeben.

Bei anhaltendem **Nahrungsmangel** wird das **Glykogen weitgehend abgebaut**. Dabei bleibt aber stets der Kern des Glykogens, das Glykoprotein Glykogenin, erhalten. Es dient der Glykogen-Synthase bei erneuter Glucosezufuhr als Startermolekül. Durch Abbau des Glykogens wird nach Möglichkeit eine Blutglucosekonzentration von ca. 5 mM aufrechterhalten. Normalerweise signalisiert ein Hungergefühl rechtzeitig die Notwendigkeit erneuter Nahrungsaufnahme. Wenn diese unterbleibt, stellen die Hepatozyten nach Abbau der Glykogenreserven die benötigte Glucose zunehmend durch **Gluconeogenese** bereit. Bei Nahrungsmangel leistet auch die Niere einen bedeutenden Beitrag zur Gluconeogenese (S. 775). Das Ausmaß und damit auch die Relevanz der Gluconeogenese in den Zellen des proximalen Nierentubulus ist experimentell schwierig zu bestimmen und deshalb in der Forschung umstritten. In jedem Fall scheint aber die Leber den bei weitem wichtigsten Beitrag zur Aufrechterhaltung der Blutglucosekonzentration zu leisten.

Die Leberläppchen weisen eine **metabolische Zonierung** auf. So findet die **Gluconeogenese** überwiegend in den **äußeren**, die Liponeogenese in den **inneren Bereichen** statt.

2.2 Stoffwechselfunktionen der Leber

2.2.1 Konstanthaltung des Blutzuckerspiegels

Überschüssige Glucose gelangt Insulin-unabhängig mithilfe von GLUT 2 in die Hepatozyten. GLUT 2 vermittelt auch die Aufnahme von **Galaktose**. **Fructose** wird hingegen durch GLUT 5 in die Hepatozyten transportiert. Beide Zucker werden zu Glucose umgesetzt.

Glucose wird in Form von **Glykogen** gespeichert.

Bei **Bedarf** wird aus dem Glykogen wieder **Glucose freigesetzt**. Das dabei entstehende Glucose-1-phosphat wird zu Glucose-6-phosphat isomerisiert. Dieses wird durch die **Glucose-6-Phosphatase** im ER der Hepatozyten in Glucose umgewandelt.

Bei **Nahrungsmangel** wird **Glykogen abgebaut**. Sinkt die Blutglucosekonzentration unter 5 mM, beginnen die Hepatozyten mit der **Gluconeogenese**.

2.2.2 Synthese von Ketonkörpern, Triacylglycerinen und Cholesterin

Parallel zur Gluconeogenese wird in der Leber bei Nahrungsmangel die **Ketonkörpersynthese** gesteigert. Ausgangsverbindung ist Acetyl-CoA. Die entscheidenden Ketonkörper, die von der Leber an das Blut abgegeben werden, sind **Acetoacetat** und **3-Hydroxybutyrat**. Sie sind dann für viele Gewebe, beim Fasten auch für das Gehirn, wichtige Energieträger. Aceton, der dritte Ketonkörper, ist hingegen ein wertloses Nebenprodukt und wird über die Lunge abgeatmet oder mit dem Urin ausgeschieden.

Acetyl-CoA ist auch die Ausgangsverbindung für den intensiven **Fettstoffwechsel** der Leber. Es kann durch die Pyruvat-Dehydrogenase (PDH) in den Mitochondrien bzw. durch die Citrat-Lyase im Zytosol gebildet werden. Ausgehend von Acetyl-CoA werden im Zytosol der Hepatozyten u. a. **Fettsäuren** synthetisiert. Sie werden in der Leber mit Coenzym A zu **Acyl-CoA** umgesetzt und dann zusammen mit Glycerin-3-phosphat zur Synthese von **Triacylglycerinen** (TAG = Triglyceride = TG = Neutralfette) verwendet. Die Leber ist zudem der wichtigste Syntheseort für **Cholesterin**, das ebenfalls aus Acetyl-CoA entsteht. Im ER der Hepatozyten assoziieren TAG und Cholesterin mit dem Apolipoprotein **ApoB-100**, und die entstandenen Lipid-Protein-Aggregate werden als **VLDL** an das Blut abgegeben. In den peripheren Geweben werden die TAG von der Lipoproteinlipase hydrolysiert, die auf der inneren Oberfläche der Blutkapillaren lokalisiert ist. Die freien Fettsäuren werden dann von den jeweiligen Geweben aufgenommen. Im Fettgewebe dienen sie der erneuten Bildung von TAG. Es ist bemerkenswert, dass im Fettgewebe zwar täglich in großen Umfang TAG synthetisiert und gespeichert werden, eine Neusynthese von Fettsäuren dabei jedoch nur eine untergeordnete Rolle spielt. Die Fettsäuren stammen vielmehr aus der Nahrung oder aus der Neusynthese der Leber.

Die Synthese der TAG und des Cholesterins in der Leber orientiert sich am Angebot dieser Stoffe aus der Nahrung. So ist bei der in Industrieländern üblichen Ernährung das Angebot an TAG in der Nahrung so hoch, dass in der Leber nur wenig Fettsäuren synthetisiert werden. Der Tagesbedarf an Cholesterin liegt bei ca. 1 g. In den Industrieländern wird etwa die Hälfte des benötigten Cholesterins über die Nahrung aufgenommen, die andere Hälfte wird zum weitaus größten Teil in der Leber synthetisiert. In jüngster Zeit wird vermehrt darauf hingewiesen, dass eine Einschränkung der Cholesterinaufnahme mit der Nahrung aufgrund der physiologischen Regulationsmechanismen (S. 356) nur geringfügig verringerte Cholesterin-Blutspiegel zur Folge hat.

2.2.3 Aufgaben der Leber im Aminosäurestoffwechsel

In unterschiedlichem Ausmaß nimmt die Leber aus dem Blut ständig Aminosäuren auf. **Alanin** (S. 148) stellt dabei den größten Anteil. Im Aminosäurestoffwechsel der Leber sind insbesondere die folgenden Prozesse bemerkenswert:
- Unter Beteiligung verschiedener Aminotransferasen (Transaminasen) wird u. a. **Glutamin** produziert. Es wird an das Blut abgegeben und in größerem Umfang von der Niere aufgenommen, wo es zur Bildung von Ammoniak benötigt wird.

▶ Klinik. Die Transaminasen GPT (ALAT = ALT) und GOT, syn. ASAT = AST (S. 159), gehören zu den am häufigsten bestimmten Leberenzymen. Sie werden generell bei einer Schädigung von Hepatozyten an das Blut abgegeben.

- **Harnstoff**, das Endprodukt des Aminosäurestoffwechsels, wird zum größten Teil in der Leber gebildet (S. 150).
- Im Hunger und im Fasten werden von der Leber aufgenommene **glucogene Aminosäuren** verstärkt zur Gluconeogenese herangezogen.

2.3 Produktion von Serumproteinen

Ein großer Teil der Serumproteine wird in der Leber synthetisiert. Dies gilt z. B. für
- **Albumin**, das im Blut bei der Aufrechterhaltung des kolloidosmotischen Drucks eine wichtige Rolle spielt und als Transportprotein für freie Fettsäuren und Bilirubin dient (S. 763),
- **Komponenten des Blutgerinnungssystems** wie Prothrombin, Fibrinogen und Plasminogen (S. 727),
- **Proteine des Komplementsystems** (S. 682), die als Teil des angeborenen, unspezifischen Immunsystems an der Abwehr von Mikroorganismen beteiligt sind. Sie gehören zu den **Akute-Phase-Proteinen**, einer größeren Gruppe von Proteinen, die bereits kurz nach Einsetzen einer Infektion in erheblich gesteigertem Ausmaß von den Hepatozyten synthetisiert und sezerniert werden. Als Signalmoleküle an die Hepatozyten dienen dabei die Proteine IL-1, IL-6 und TNF-α, die bei Infektionen von Makrophagen und neutrophilen Granulozyten abgegeben werden, in den Blutkreislauf gelangen und vielfältige systemische Effekte hervorrufen.

2.4 Hormon- und Vitaminstoffwechsel in der Leber

In der Leber werden einige wichtige Hormone bzw. Vorstufen von Hormonen gebildet und ins Blut abgegeben. Darunter befindet sich das für die Blutregulation wichtige Angiotensinogen oder das Zytokin Thrombopoetin. Auch im Stoffwechsel der Vitamine spielt die Leber eine wichtige Rolle.

2.4.1 Hormone

Angiotensinogen

Unter den zahlreichen Proteinen, die von den Hepatozyten an das Blut abgegeben werden, befindet sich auch das Angiotensinogen, das aus 453 Aminosäuren besteht. **Im Blut** wird Angiotensinogen unter Einwirkung der Proteasen Renin und dem Angiotensin-converting Enzym (ACE) **gespalten**. Dabei entsteht das **Angiotensin II** (S. 639) ein Peptidhormon, welches an der Regulation des Blutdrucks beteiligt ist.

IGF-1 (Insulin-like growth factor 1)

Der **Insulin-ähnliche Wachstumsfaktor** IGF-1 (Insulin-like growth factor 1; Somatomedin C) ist ein kleines Protein von 70 Aminosäuren, das von Hepatozyten sezerniert wird. Strukturell ähnelt es dem Insulin, wird aber zu den **Zytokinen** gezählt (S. 666). In den Membranen vieler Zellen des Körpers lassen sich IGF-1-Rezeptoren nachweisen. Über die Bindung von IGF-1 (S. 630) an diese Rezeptoren wird die **Vermehrung von Zellen** stimuliert. Die **Synthese** des IGF-1 wird in der **Leber** durch das Wachstumshormon **Somatotropin** (Growth Hormone, GH; = STH) angeregt, welches wiederum im Hypophysenvorderlappen produziert wird. Die wichtigsten Wirkungen des Somatotropins werden vom IGF-1 vermittelt. Während der Embryonalentwicklung wird in der Leber zudem IGF-2 (S. 630) gebildet, was ebenfalls als Wachstumsfaktor von Bedeutung ist.

Thrombopoetin

Thrombopoetin (Thrombopoietin) ist ein Protein aus der Gruppe der **Zytokine**, welches ebenfalls in der **Leber**, in geringerem Umfang aber auch in einigen anderen Organen **gebildet** wird. Thrombopoetin wirkt auf die Megakaryozyten des Knochenmarks und stimuliert die **Bildung von Thrombozyten** (S. 721).

2.4.2 Vitamine

Vitamin D

Vitamin D wird mit der Nahrung aufgenommen, es kann aber auch im Körper **neu synthetisiert** werden, weshalb es auch nur in einem eingeschränkten Sinn als Vitamin zu bezeichnen ist. **Ausgehend von Acetyl-CoA** kann 7-Dehydrocholesterin synthetisiert werden. In der Haut wird durch die **UV-Strahlen** des Sonnenlichts das Steroidgerüst dieser Verbindung gespalten und es entsteht das **Prävitamin D 3**. Aus diesem entsteht durch eine spontane Umlagerung das Cholecalciferol (S. 646). In der Leber wird dieses am Kohlenstoffatom C 25 der Seitenkette **hydroxyliert**. Aus dem entstandenen 25-Hydroxycholecalciferol entsteht dann in der Niere über eine weitere Hydroxylierung das **1,25-Dihydroxycholecalciferol**, die wichtigste **aktive Form des Vitamin D** (Abb. D-3.37).

Vitamin A

Vitamin A umfasst die verwandten Verbindungen Retinol, Retinal und Retinsäure. Vorstufen und Derivate dieser Verbindungen, die Retinoide, werden mit der Nahrung aufgenommen, in der Darmwand zu Retinol umgesetzt, und dann in Form von Fettsäureestern dem Stoffwechsel zur Verfügung gestellt. Der größte Teil der Retinolester wird zusammen mit anderen Lipiden in Ito-Zellen (Sternzellen im Disse-Raum) der Leber gespeichert (Abb. **F-2.1**). Aus diesen werden die Retinolester nach Bedarf an das Blut abgegeben.

Vitamin B_{12}

Vitamin B_{12} (S. 314) wird in der Leber in Mengen gespeichert, die etwa dem 1000fachen des täglichen Bedarfs entsprechen. Bei unzureichender Zufuhr über die Nahrung oder bei gestörter Resorption machen sich die Symptome eines Vitamin B_{12}-Mangels (S. 316) deshalb erst nach 1–2 Jahren bemerkbar.

2.5 Ausscheidungsfunktion der Leber

Mit der Bildung der **Galle** hat die Leber eine wichtige Ausscheidungsfunktion. Die Bestandteile der Galle werden teilweise von den Hepatozyten synthetisiert, teilweise aber auch aus dem Blut der Sinusoide aufgenommen und lediglich modifiziert oder sogar unverändert in die Gallenkanälchen sezerniert.

2.5.1 Bestandteile der Galle

Cholesterin und Gallensäuren: Die Leber ist nicht nur das Organ, in dem am meisten **Cholesterin** synthetisiert wird, sie ist auch das einzige Organ, das eine Abgabe von Cholesterin vermitteln kann. Sie nimmt täglich große Mengen an Cholesterin auf, nämlich
- von den LDL und HDL des Blutes,
- aus den Chylomikronen-Resten/Remnants (also aus der Nahrung) und
- im Rahmen des enterohepatischen Kreislaufs.

Das Cholesterin wird teilweise unverändert sezerniert, teilweise zur Synthese von **Gallensäuren** (S. 205) verwendet, die für die Fettverdauung von Bedeutung sind (S. 230). Da der größte Teil der Gallensäuren im Ileum reabsorbiert wird, verlässt nur ein kleiner Teil des in der Galle befindlichen Cholesterins den Körper mit den Faeces. Dieser Anteil entspricht in etwa der Cholesterinmenge, die in der Leber neu synthetisiert wird.

Phospholipide: Vor allem Phosphatidylcholin, syn. Lecithin (S. 352), ist in der Galle in erheblichen Mengen enthalten. Als amphiphile Verbindung hält es Cholesterin in der Galle in Lösung. Im Darm wird es durch Einwirkung von Phospholipasen zu Lysophosphatidylcholin abgebaut, das als starkes Detergens die Lipidverdauung (S. 230) unterstützt.

Bilirubin: Das Abbauprodukt des Häms (S. 762) entsteht in Makrophagen, die alternde oder defekte Erythrozyten abbauen. Dieser Prozess läuft normalerweise zum überwiegenden Teil in der Milz ab. Die Makrophagen geben das Bilirubin an das Blut ab, wo es an Albumin bindet. Hepatozyten nehmen Bilirubin auf und setzen es mit UDP-Glucuronsäure weitgehend zu **Bilirubin-Diglucuronid** um (= konjugiertes Bilirubin). Das Bilirubin-Diglucuronid ist gut wasserlöslich und wird an die Galle abgegeben, die dadurch ihre charakteristische gelbe Farbe bekommt. Die Gruppe der **Gallenfarbstoffe** umfasst auch verschiedene andere farbige Abbauprodukte des Häms, die normalerweise aber nur in geringen Mengen in der Galle enthalten sind. Ihrer chemischen Struktur nach handelt es sich dabei um offenkettige Tetrapyrrole.

F 2 Biochemie der Leber

Fremdstoffe: Viele Stoffe, die nicht unmittelbar als Nahrungsstoffe Verwendung finden, werden von den Hepatozyten aus dem Blut aufgenommen und chemisch so modifiziert, dass sie mit der Galle, oder auch in der Niere mit dem Urin ausgeschieden werden können. Derartige Prozesse werden als **Biotransformation** (S. 739) bezeichnet. Offensichtlich ist es von Vorteil, dass z. B. Toxine der Nahrung nach Resorption im Verdauungstrakt über die Pfortader sofort zur Leber gelangen, wo sie nach Möglichkeit abgefangen werden, bevor sie mit dem Blut weiter verteilt werden. Die Biotransformation in der Leber betrifft aber auch viele **Wirkstoffe**, weshalb das Thema in der gesamten Pharmakologie von außerordentlicher Bedeutung ist.

▶ Klinik. Den beschleunigten Abbau von Medikamenten nach oraler Gabe bezeichnet man als **First-Pass-Effekt**, sofern der Abbau auf eine Biotransformation beim ersten Durchgang durch die Leber zurückzuführen ist.

2.5.2 Gallesekretion

Die Inhaltsstoffe der Galle werden von den Hepatozyten überwiegend durch **aktiven Transport** sezerniert. Mehrere spezifische Transporter konnten in den Plasmamembranen der Hepatozyten identifiziert und biochemisch charakterisiert werden. So wird die Aufnahme von Gallensäuren aus dem Blut von einem sekundär-aktiven Na$^+$-Symport vermittelt (NTCP, Na$^+$-Taurocholate cotransporting Polypeptide). Die Abgabe der Gallensäuren in die Gallenkanälchen erfolgt mithilfe direkt ATP-getriebener Transporter (BSEP, Bile Salt Export Pump).

Pro Tag werden in der Leber ca. 600 ml Primärgalle **(Lebergalle)** gebildet (Zusammensetzung s. Abb. **F-2.2**). In der **Gallenblase** wird diese durch Rückresorption von Na$^+$ und Cl$^-$ und passiv nachfolgende Resorption von Wasser auf $1/5$ bis $1/10$ ihres Volumens eingedickt und dann als **Blasengalle** an das Duodenum abgegeben. Unter den organischen Bestandteilen der Blasengalle stellen die Gallensäuren bei weitem den größten Anteil, gefolgt von Phospholipiden und Cholesterin. Bilirubin ist nur in vergleichsweise geringen Mengen enthalten. Der pH-Wert ist neutral oder leicht alkalisch.

⊙ **F-2.2** Zusammensetzung der Primärgalle

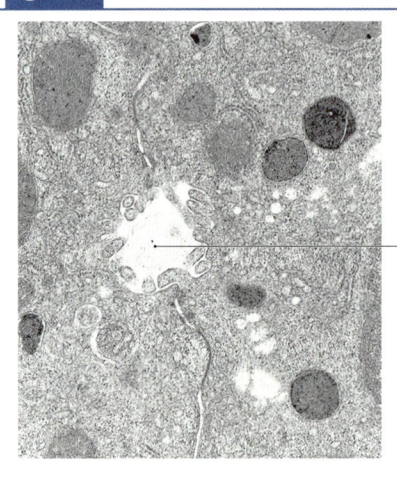

Gallenkanälchen

Galle enthält:
75 mM Gallensäuren,
25 mM Phosphatidylcholin (Lecithin) u. a. Phospholipide,
10 mM Cholesterin,
5 mM Bilirubin-Diglucuronide,
sowie Produkte der Biotransformation

Elektronenmikroskopisches Bild eines quer angeschnittenen Gallenkanälchens (GK); 14 000-fache Vergrößerung
(aus Lüllmann-Rauch, Histologie, Thieme, 2009)

3 Biochemie der Niere

3.1	Einführung	773
3.2	Ultrafiltration im Nierenkörperchen	774
3.3	Funktionen des proximalen Tubulus	775
3.4	Funktionen der Henle-Schleife	778
3.5	Funktion des distalen Tubulus und des Sammelrohrs	779
3.6	Regulation der Nierenfunktionen	780
3.7	Aufgaben der Niere im Säure- Basen- und Stickstoffhaushalt	781

3.1 Einführung

Die Nieren üben eine Reihe z. T. sehr unterschiedlicher Funktionen aus:
- **Ausscheidung von Wasser**
- **Ausscheidung wasserlöslicher Stoffe**, die vom Organismus nicht benötigt werden bzw. für den Organismus toxisch sind
- **Regulation des Elektrolyt- und Säurehaushalts**
- Über die **Ausschüttung des Enzyms Renin** aus Zellen des juxtaglomerulären Apparates bestimmt die Niere die Geschwindigkeit, mit der im Blutkreislauf Angiotensinogen in Angiotensin I umgewandelt wird.
- Fibrozyten (bestimmte Bindegewebszellen) im Interstitium der Nierenrinde bilden das Hormon **Erythropoetin (EPO)**, ein Glykoprotein (S. 668), das im Knochenmark die Bildung neuer Erythrozyten stimuliert (S. 760).
- Die Zellen des proximalen Tubulus enthalten das Enzym **1α-Hydroxylase**, das die Hydroxylierung von 25-Hydroxycholecalciferol zu **1α,25-Dihydroxycholecalciferol** (Calcitriol), der aktiven Form des Vitamin D (S. 646), katalysiert.
- Im proximalen Tubulus der Niere findet unter allen Stoffwechselbedingungen **Gluconeogenese** statt.

Die Bau- und Funktionseinheit der Niere ist das **Nephron**. Eine Niere enthält ca. 1 Million Nephrone. Jedes Nephron besteht aus einem Nierenkörperchen (Glomerulus und Bowman-Kapsel) und einem anschließenden Nierentubulus, über den der im Nephron aufgefangene Harn dem Sammelrohrsystem zugeleitet wird (Abb. **F-3.1**).

3.1 Einführung

Die Nieren haben mehrere Aufgaben:
- Ausscheidung von Wasser
- Ausscheidung wasserlöslicher, nicht mehr benötigter oder toxischer Stoffe
- Regulation des Elektrolyt- und Säurehaushalts
- Ausschüttung des Enzyms Renin
- Ausschüttung des Hormons Erythropoetin
- Hydroxylierung von 25-Hydroxycholecalciferol zu 1α,25-Dihydroxycholecalciferol, der aktiven Form des Vitamin D
- Gluconeogenese

Die Bau- und Funktionseinheit der Niere ist das **Nephron** (Abb. **F-3.1**). Jedes Nephron besteht aus Nierenkörperchen, und Nierentubulus.

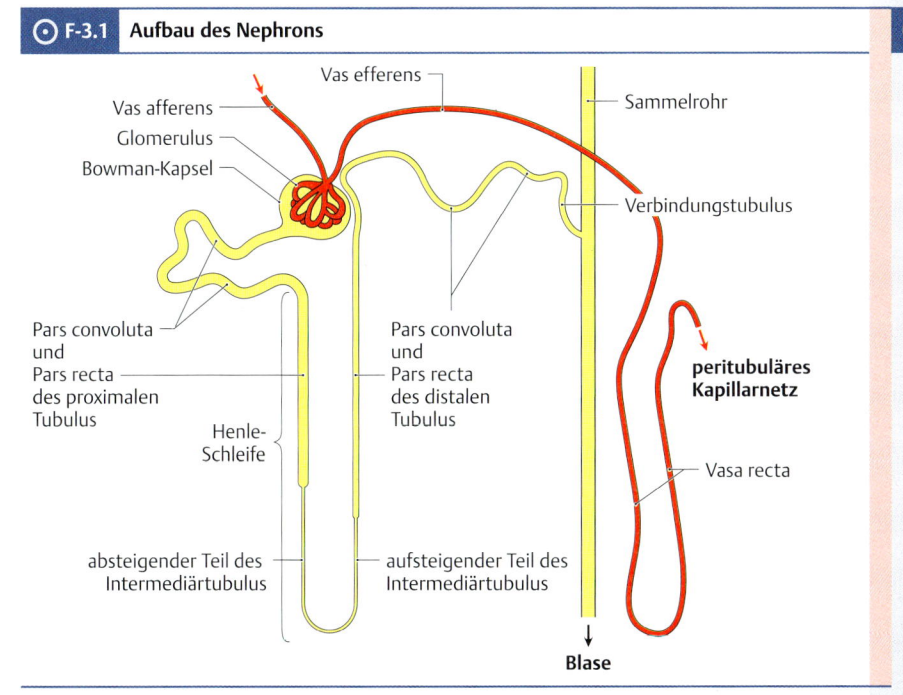

⊙ F-3.1 Aufbau des Nephrons

Die Nierentubuli haben eine Länge von 3–5 cm und zeigen drei charakteristische Abschnitte:
- **proximaler Tubulus**, überwiegend gewunden (Pars convoluta) in der Nierenrinde,
- **Intermediärtubulus**, der in das Nierenmark absteigt, dort eine haarnadelförmige Biegung macht und wieder in Richtung Nierenrinde aufsteigt, und
- **distaler Tubulus**, der in die Nierenrinde führt.

Die Pars recta des proximalen Tubulus, der Intermediärtubulus und die Pars recta des distalen Tubulus werden als **Henle-Schleife** bezeichnet.

Der gewundene Teil des distalen Tubulus geht in einen kurzen **Verbindungstubulus** über, der in ein **Sammelrohr** einmündet. Verbindungstubulus und Sammelrohr bilden das **Sammelrohrsystem**.

3.2 Ultrafiltration im Nierenkörperchen

Die Nierenkörperchen aller Nephrone befinden sich in der Nierenrinde. In den Nierenkörperchen wird das Blut unter hohem Druck durch ein kleines Kapillarknäuel, den **Glomerulus**, gepresst. Sämtliche Zellen des Blutes sowie 80 % des Blutplasmas verlassen den Glomerulus über das efferente Blutgefäß (Vas efferens; das zuführende Gefäß wird als Vas afferens bezeichnet).

▶ **Merke.** Die Nieren beanspruchen **20–25 % des Herzzeitvolumens**, d. h. das gesamte Blut des Körpers wird etwa alle 5 Minuten durch die Nieren gepumpt.

Allerdings beanspruchen die Nieren nur etwa 7 % des gesamten O_2-Verbrauchs. Die intensive Durchblutung dient primär der **Erzielung einer hohen Filtrationsrate** als erstem Schritt der Harnbildung.

20 % des durch den Glomerulus fließenden Blutplasmas werden unter hohem Druck durch die Wände der Kapillaren hindurchgepresst (filtriert). Das Filtrat, der **Primärharn**, wird vom oberen Ende des **Nierentubulus**, der **Bowman-Kapsel**, aufgefangen, in die der Glomerulus gleichsam hineingedrückt ist. Beide Nieren zusammen bilden **täglich ca. 180 Liter** Primärharn. Das Volumen des pro Zeiteinheit (meist wird die Minute eingesetzt) gebildeten Primärharns bezeichnet man als **glomeruläre Filtrationsrate (GFR)**. Als physiologisch gilt eine GFR von **120 ml/min**.

Der **glomeruläre Filter** (die **Blut-Harn-Schranke**) besteht aus drei Komponenten:
- Die **Endothelzellen** enthalten **Fenster** von 50–100 nm Durchmesser, die klein genug sind, um den Austritt von Blutzellen zu verhindern.
- Indem der Glomerulus in das obere Ende des Tubulus hineingedrückt ist, sind die Kapillaren zudem von Tubuluszellen umhüllt, die sich hier zu **Podozyten** differenzieren. Die Podozyten bilden eine Vielzahl kleiner **Zellausläufer**, die jede Kapillarschlinge korbartig umgeben.
- Zwischen den Podozyten und den Endothelzellen liegt die **glomeruläre Basalmembran**, durch die hindurch die Filtration des Blutplasmas erfolgt. Diese Basalmembran ist ca. 300 nm dick und besteht u. a. aus Typ-IV-Kollagen und Glykoproteinen, die eine filzartige Matte bilden. Sie bestimmt letztlich, welche Stoffe in den Primärharn gelangen. Die Basalmembran wirkt nicht nur als mechanischer Filter, sondern auch über elektrostatische Wechselwirkungen: Die Glykoproteine enthalten in ihren Kohlenhydratanteilen u. a. Heparansulfat (S. 734) und exponieren dadurch zahlreiche negative Ladungen.

▶ **Merke.** Salz-Ionen und kleine organische Moleküle, wie z. B. Harnstoff, Harnsäure, Zucker und Aminosäuren, sind im Primärharn in den gleichen Konzentrationen enthalten wie im Blutplasma. Proteine hingegen sind im Primärharn nur in sehr geringen Mengen enthalten.

Mit dem Albumin verbleiben auch alle Albumin-gebundenen Stoffe im Blut. Aus diesem Grund enthält der Primärharn z. B. keine Fettsäuren. Auch Bilirubin gelangt nur in Spuren in den Harn. Die gelbe Farbe des Harns beruht auf geringen Mengen verschiedener Abbauprodukte des Hämoglobins, die überwiegend im Rahmen des enterohepatischen Kreislaufs (S. 207) in das Blut gelangen.

Über den **Tubulus** gelangt das abgepresste Blutplasma zu den **Sammelrohren** und von dort schließlich in die Blase. In den verschiedenen Abschnitten des Tubulus und des Sammelrohrsystems werden alle Stoffe rückresorbiert, die der Organismus behalten möchte. Der **Endharn (Sekundärharn)** entsteht dabei durch **Konzentrierung auf ca. 1 % der ursprünglichen GFR**. Die genaue Zusammensetzung des Endharns hängt davon ab, in welchem Ausmaß die verschiedenen Stoffe in den Tubuli und in den Sammelrohren rückresorbiert bzw. sezerniert werden (Tab. **F-3.1**).

In den Abschnitten des Tubulus- und Sammerlrohrsystems werden alle Stoffe rückresorbiert, die der Organismus behalten möchte (Tab. **F-3.1**). Der **Endharn (Sekundärharn)** entsteht dabei durch **Konzentrierung auf ca. 1 % der ursprünglichen GFR**.

F-3.1 Rückresorption verschiedener Stoffe aus dem Primärharn

anorganische Stoffe	rückresorbierter Anteil	organische Stoffe	rückresorbierter Anteil
H_2O	fast alles (ca. 99 %)	Glucose	~100 %, sofern [Glucose] < 10 mM
Na^+	fast alles	Aminosäuren	fast alles
K^+	> 80 %, sehr variabel	Lactat	fast alles
Ca^{2+}	fast alles	Glycerin	fast alles
Mg^{2+}	> 80 %	Ketonkörper	normalerweise fast alles, im Fasten 60 – 80 %
Cl^-	fast alles	Harnstoff	~60 %
HCO_3^-	fast alles	Kreatinin	0 %
Phosphat	> 80 %		
Sulfat	> 80 %		

3.3 Funktionen des proximalen Tubulus

3.3.1 Gluconeogenese

Generell gilt mit Recht die Leber als das entscheidende Organ in der Aufrechterhaltung der Glucosehomöostase des Organismus. Aber auch die Niere leistet hierzu einen bedeutenden Beitrag.

3.3 Funktionen des proximalen Tubulus

3.3.1 Gluconeogenese

Die Niere leistet einen wichtigen Beitrag zur Glucosehomöostase.

▶ **Merke.** Nach Fasten über Nacht stammen etwa 50 % der Glucose des Blutes aus dem Glykogen der Leber, 30 % werden in der Leber durch Gluconeogenese synthetisiert, die restlichen 20 % stammen aus der Gluconeogenese der Niere.

▶ **Merke.**

Die Niere kann somit 40 % der durch Gluconeogenese neu synthetisierten Glucose des Blutes beisteuern. Die Relevanz der Niere in der Glucosehomöostase wurde in der Vergangenheit wiederholt in Frage gestellt. Um so bemerkenswerter sind deshalb neuere Untersuchungen aus der Klinik:

▶ **Klinik.** Nach Untersuchungen während einer Lebertransplantation nimmt die Menge der während der anhepatischen Phase produzierten Glucose lediglich um 35 % ab. Offenbar sind die Kapazitäten der extrahepatischen Gluconeogenese größer, als allgemein angenommen wird.

▶ **Klinik.**

Die Gluconeogenese läuft in der Niere ausschließlich in den Zellen des proximalen Tubulus ab. Neuere Studien zeigten, dass dabei als Ausgangsstoff überwiegend **Lactat** verwertet wird. Daneben wird auch **Glutamin** herangezogen, das stets benötigt wird, um Ammoniak bilden und sezernieren zu können (S. 783). Anders als in der Leber läuft die Gluconeogenese im proximalen Tubulus nicht nur bei Nahrungsmangel ab, sondern unter allen Stoffwechselbedingungen. Eine Stimulation der Gluconeogenese durch Glukagon erfolgt in der Niere *nicht*. Im Fasten wird die Glucosesynthese gleichwohl um ein Vielfaches gesteigert. Die daran beteiligten hormonellen Regulationsmechanismen sind noch nicht hinreichend geklärt, vermutlich ist Cortison ein wesentlicher Faktor.

Die Zellen des proximalen Tubulus verwenden als **Ausgangsstoff** der Gluconeogenese überwiegend **Lactat**, außerdem **Glutamin**. Sie produzieren unter allen Stoffwechselbedingungen Glucose. Glukagon stimuliert die renale Gluconeogenese *nicht*.

3.3.2 Resorption und Sekretion

Resorption

▶ **Merke.** Der größte Teil des Wassers, der Salze und der organischen Stoffe wird aus dem Primärharn bereits im proximalen Tubulus rückresorbiert.

Da diese Prozesse außerordentlich energieaufwendig sind, enthalten die Zellen des proximalen Tubulus sehr viele Mitochondrien, die lichtmikroskopisch als basale Streifung nachweisbar sind. Als Substrate der oxidativen Phosphorylierung dienen hier vor allem Fettsäuren. Glucose wird hier hingegen *nicht* verwertet (!), vielmehr wird Glucose durch Gluconeogenese produziert.

Eine reichlich vorhandene Na$^+$-K$^+$-ATPase dient im proximalen Tubulus vor allem dazu, einen Na$^+$-Gradienten aufrecht zu erhalten, der die Rückresorption vieler Stoffe durch sekundär-aktiven Na$^+$-Symport ermöglicht.

▶ **Merke.** In der gesamten Niere wird ca. 80 % der Energie allein für die Rückresorption von Na$^+$-Ionen aufgewendet.

Die **wichtigsten im proximalen Tubulus rückresorbierten Stoffe** sollen hier kurz vorgestellt werden:

Glucose: Bei physiologischen Blutglucosekonzentrationen (ca. 5 mM) wird die gesamte Glucose resorbiert. Bei einer Glucosekonzentration über 10 – 15 mM, z. B. bei Diabetes mellitus, erscheint Glucose im Endharn.

▶ **Merke.** Der weitaus größte Teil der Glucose wird bereits im **S 1-Segment** aufgenommen, also im ersten der drei Segmente des proximalen Tubulus. Der Transport erfolgt an der luminalen Seite sekundär-aktiv unter Beteiligung von Transportern des Typs **SGLT 2** (sodium glucose luminal transporter 2; **Stöchiometrie: 1 Glucose/1 Na$^+$**). Im Prinzip ist es möglich, überhöhte Glucose-Konzentrationen, bei Diabetes mellitus, mithilfe spezifischer SGLT 2-Hemmer (z. B. Dapagliflozin) effektiv zu senken.

Normalerweise bleiben im Tubuluslumen nur sehr geringe Mengen an Glucose übrig. Diese werden im **S 3-Segment** mithilfe von **SGLT 1** rückresorbiert. SGLT 1 arbeitet nur mit einer geringen Kapazität, aber mit einer sehr hohen Affinität, die durch eine **Stöchiometrie von 1 Glucose/2 Na$^+$** ermöglicht wird. An der basolateralen Seite wird die rückresorbierte Glucose über **GLUT 2** an das Blut weitergeleitet.

Aminosäuren: Sie werden zu 100 % rückresorbiert, ebenfalls sekundär-aktiv im Na$^+$-Symport.

Harnsäure: Diese Substanz *(Urat)* wird zu über 90 % resorbiert. Sie wird auch sezerniert (s. u.), aber die Resorption überwiegt.

▶ **Klinik.** Wenn die Rückresorption gestört ist, bildet die Harnsäure im Tubuluslumen Kristalle und es entstehen **Nierensteine** (Abb. **F-3.2**). Harnsäuresteine sind die zweithäufigsten Nierensteine (10 %). Die weitaus meisten Nierensteine bestehen aus Calciumoxalat (60 %). Ähnlich wie Harnsäure wird auch Oxalsäure in der Niere sowohl sezerniert als auch rückresorbiert. (An dritter Stelle stehen Calcium- und Magnesiumphosphatsteine, gefolgt von Cystin- und Xanthinsteinen.)

⊙ **F-3.2** **Sonogramm eines Nierensteins** Im Sinus renalis zeigt sich ein reflexreiches Konkrement (Pfeil) mit dorsalem Schallschatten (gebogener Pfeil)

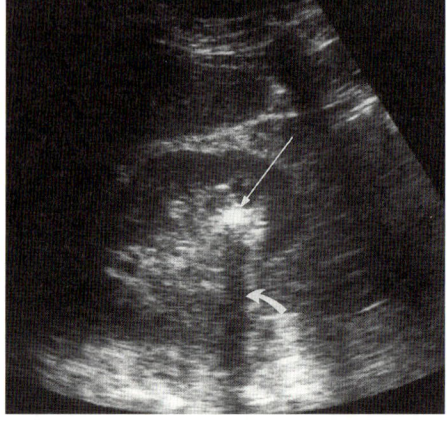

(aus Reiser, Kuhn, Debus; Duale Reihe Radiologie, Thieme, 2006)

F 3.3 Funktionen des proximalen Tubulus

Anorganische Salze und Wasser: Den zu 60–70 % rückresorbierten anorganischen **Salzen** folgen durch Osmose ca. 65 % des **Wassers**. Die passive Diffusion des Wassers erfolgt im proximalen Tubulus teilweise parazellulär (zwischen den Tubuluszellen), teilweise wird sie von **Aquaporinen des Typs AQP1** in der Plasmamembran der Tubuluszellen vermittelt (Abb. **F-3.4**). Ein einziges Aquaporinmolekül lässt pro Sekunde ca. 3 Milliarden Wassermoleküle passieren. Triebkraft ist dabei lediglich der Konzentrationsunterschied osmotisch wirksamer Teilchen, primär der Na^+- und der Cl^--Ionen.

▶ **Merke.** Aquaporin-vermittelter Transport von Wasser ist stets ATP-unabhängig. Ein aktiver Transport von Wasser ist bislang in keinem biologischen System gefunden worden.

Aquaporine sind Proteine von ca. 30 kDa, die sich in den Membranen zu Homotetrameren zusammenlagern. Jede Untereinheit enthält sechs membranspannende α-Helices sowie zwei kürzere α-Helices, die im Inneren des Proteins eine enge Pore bilden, die von hydrophilen Aminosäureresten umgeben ist (Abb. **B-4.3**). Die durchtretenden Wassermoleküle bilden nacheinander zahlreiche Wasserstoffbrücken aus. Protonen, H_3O^+ oder Salz-Ionen können nicht passieren.

Oligopeptide: Sie werden an der luminalen Seite der Tubuluszellen durch Peptidasen gespalten, die freigesetzten Aminosäuren werden resorbiert.
Manche **Dipeptide** werden zusammen mit Protonen von den Symport-Translokatoren PepT 1 und PepT 2 in die proximalen Tubuluszellen transportiert und dort hydrolysiert.

Proteine: Diese Substanzen des Primärharns werden zu 100 % durch rezeptorvermittelte Endozytose von den Tubuluszellen aufgenommen und schließlich in Lysosomen abgebaut. Steigt bei Defekten der glomerulären Filtration die Proteinkonzentration im Tubuluslumen an, ist das System allerdings schnell überfordert und Albumin u. a. Proteine erscheinen im Endharn.

Sekretion

Im proximalen Tubulus werden verschiedene Stoffe aktiv sezerniert, u. a. viele Medikamente. Man hat zwei Typen tubulärer Sekretionssysteme identifiziert, die einen **tertiär-aktiven Transport** ermöglichen: Das eine System transportiert organische Anionen (Säuren), das andere organische Kationen (Basen). Die dazu benötigte Energie wird letztlich von der basolateralen Na^+-K^+-ATPase bereitgestellt.
Das **System zur Sekretion organischer Anionen** (**Säuren**, Abb. **F-3.3**) nutzt den Na^+-Gradienten der Tubuluszellen aus, um zunächst sekundär-aktiv α-**Ketoglutarat** (= 2-Oxoglutarat) jeweils zusammen mit 3 Na^+ aus der Umgebung aufzunehmen. Der dadurch etablierte Konzentrationsgradient wird ausgenutzt, um an der **basolateralen Seite** im Austausch gegen α-Ketoglutarat verschiedene organische Anionen aufzunehmen. Der Import wird von einem **Organic Anion Transporter (OAT)** ermöglicht. Dieser vermittelt eine intrazelluläre Akkumulation der Anionen, die dann an der apikalen Seite passiv in das Tubuluslumen diffundieren.

Anorganische Salze und Wasser: Anorganische **Salze** werden zu ca. 60 % rückresorbiert. **Wasser** diffundiert teils parazellulär, teils mithilfe von **Aquaporinen des Typs AQP1** (Abb. **F-3.4**) aus dem Tubuluslumen.

▶ **Merke.**

Aquaporine (ca. 30 kDa) bilden in den Membranen Homotetramere. Jede Untereinheit enthält sechs membranspannende α-Helices sowie zwei kürzere α-Helices, die im Inneren des Proteins eine Pore bilden.

Oligopeptide: Sie werden im Tubuluslumen gespalten und die Aminosäuren resorbiert.
Manche **Dipeptide** werden zusammen mit H^+ sekundär-aktiv rückresorbiert.

Proteine: Sie werden zu 100 % durch rezeptorvermittelte Endozytose rückresorbiert.

Sekretion

Im proximalen Tubulus können bestimmte Stoffe durch einen tertiär-aktiven Transport sezerniert werden.

Das **System zur Sekretion organischer Anionen** (**Säuren**, Abb. **F-3.3**) nimmt α-**Ketoglutarat** im Na^+-Symport auf und tauscht es an der **basolateralen Seite** durch den **Organic Anion Transporter (OAT)** gegen organische Anionen aus. Diese diffundieren dann passiv ins Tubuluslumen.

⊙ **F-3.3** Sekretion organischer Anionen (Säuren) im proximalen Tubulus

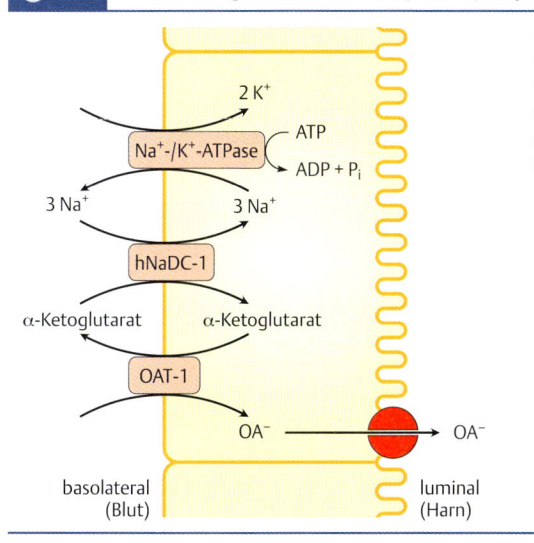

hNaDC: human Na^+-Dicarboxylate Transporter 1, OAT 1: Organic Anion Transporter 1, OA^-: organische Anionen, z. B. Harnsäure, Lactat, Penicillin oder das Schleifendiuretikum Furosemid.

⊙ **F-3.3**

▶ Klinik. Das OAT-System vermittelt u. a. eine sehr effiziente **tubuläre Sekretion der Penicilline**. Das natürliche Antibiotikum Penicillin G hat dadurch eine Plasmahalbwertszeit von nur 30 Minuten.

Endogene Metabolite, die über das OAT-System sezerniert werden, sind Harnsäure und Lactat.

Eine Aufnahme organischer Kationen wird an der **basolateralen Seite** von einen **Organic Cation Transporter (OCT)** vermittelt. In der apikalen Membran werden die Kationen anschließend über einen **Kationen-H^+-Antiporter** wieder exportiert. Die nötige Energie entstammt der Kopplung an den Einstrom der Protonen: Ein Na^+-H^+-Antiporter vermittelt eine Ansäuerung des Harns, sodass die Protonen einem Konzentrationsgefälle folgen.

Parallel findet aber auch eine Sekretion durch **primär-aktiven Transport** statt, der von bestimmten ATP-hydrolysierenden Membranproteinen, den Multidrug Resistance Proteinen MDR1 und MRP2, vermittelt wird.

3.4 Funktionen der Henle-Schleife

Die Abschnitte der Henle-Schleife dienen primär einer weiteren Konzentrierung des Harns. Im **absteigenden Teil** der Henle-Schleife wird **Wasser (etwa ¼ der GFR) rückresorbiert**. Zu diesem Zweck enthalten die Membranen Aquaporin-1. Interessanterweise sind im Intermediärtubulus kaum Mitochondrien nachweisbar. Auch ist die Sauerstoffsättigung im Nierenmark sehr gering. ATP wird hier im Wesentlichen durch **anaerobe Glykolyse** bereitgestellt.

Das Wasser folgt im Nierenmark passiv einem beachtlichen osmotischen Gradienten. Dieser wird von den Tubuluszellen des aufsteigenden Teils der Henle-Schleife etabliert. Sie enthalten in ihrer apikalen Membran einen **Na^+-K^+-2 Cl^--Symportcarrier** (**BSC 1**, Bumetanid-sensitiver Cotransporter, Abb. **F-3.4**). Der Transporter arbeitet sekundär-aktiv, die Energie liefert auch hier die basolaterale Na^+-K^+-ATPase. Cl^-- und K^+-Ionen verteilen sich unter Vermittlung unabhängiger Ionenkanäle. Letztlich werden in der Henle-Schleife ca. ⅓ der Na^+- und der Cl^--Ionen resorbiert. Der Harn wird dabei hypoton (ca. 100 mOsm/kg H_2O), andererseits steigt die Konzentration der Salz-Ionen außerhalb der Tubuli enorm an. Während die Osmolalität in der Nierenrinde bei 300 mOsm/kg H_2O liegt, findet man im Interstitium des inneren Nie-

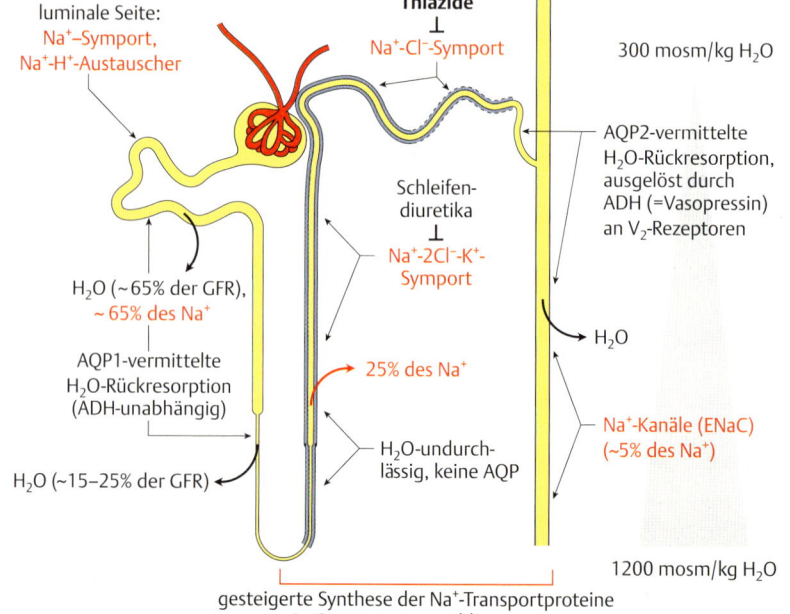

⊙ **F-3.4** Rückresorption von Wasser und Natrium-Ionen

luminale Seite:
Na^+-Symport,
Na^+-H^+-Austauscher

Thiazide ⊥ Na^+-Cl^--Symport

300 mosm/kg H_2O

AQP2-vermittelte H_2O-Rückresorption, ausgelöst durch ADH (=Vasopressin) an V_2-Rezeptoren

Schleifendiuretika ⊥ Na^+-$2Cl^-$-K^+-Symport

H_2O (~65% der GFR), ~65% des Na^+

AQP1-vermittelte H_2O-Rückresorption (ADH-unabhängig)

25% des Na^+

H_2O

Na^+-Kanäle (ENaC) (~5% des Na^+)

H_2O-undurchlässig, keine AQP

H_2O (~15–25% der GFR)

1200 mosm/kg H_2O

gesteigerte Synthese der Na^+-Transportproteine in Gegenwart von Aldosteron

Na^+-Ionen werden in allen Abschnitten des Tubulus- und Sammelrohrsystems resorbiert. Über die luminale Seite erfolgt der Na^+-Transport passiv, unter Beteiligung unterschiedlicher Systeme. Die Triebkraft liefert die basolaterale Na^+-K^+-ATPase.

renmarks ein hypertones Milieu von bis zu 1200 mOsm/kg H_2O. Da der aufsteigende Teil der Henle-Schleife kaum Aquaporine enthält, kann Wasser nur den absteigenden Teil verlassen (Abb. **F-3.4**). Es wird von Blutgefäßen, den Vasa recta, aufgenommen.

▶ **Klinik.** Bluthochdruck und Ödeme sind die häufigsten Indikationen zum Einsatz von **Schleifendiuretika**, in beiden Fällen mit dem Ziel, das Extrazellulärvolumen zu verringern. Schleifendiuretika, z. B. Furosemid, **hemmen spezifisch den Na^+-K^+-2 Cl^--Symportcarrier (BSC 1) der Henle-Schleife** und damit einen erheblichen Teil (bis zu 25 %) der tubulären Na^+-Resorption. Da die Schleifendiuretika zu den Medikamenten gehören, die im proximalen Tubulus sezerniert werden, erreichen sie die luminale Seite der Tubuluszellen in der Henle-Schleife in Konzentrationen, die 10- bis 20-mal höher sind als die Plasmakonzentrationen. Indem **die Resorption von NaCl reduziert** wird, kommt es in der Henle-Schleife und im Sammelrohr (auf dem Weg durch das Nierenmark) indirekt auch zu einer verminderten Rückresorption von Wasser. **Entsprechend nimmt das Volumen des Endharns zu.** In kurzer Zeit verliert der Patient somit nicht nur Salz, sondern auch Wasser, maximal 20 – 25 % der GFR (!).

▶ **Klinik.**

3.5 Funktion des distalen Tubulus und des Sammelrohrs

Im distalen Tubulus und im Sammelrohr wird nur noch vergleichsweise wenig Salz und Wasser resorbiert. Im Gegensatz zu den vorhergehenden Tubulusabschnitten wird die **Resorption** hier aber genau **reguliert**. Für die Regulation des Elektrolyt- und Wasserhaushaltes sind distaler Tubulus und Sammelrohr von entscheidender Bedeutung. In der Pars convoluta des **distalen Tubulus** werden Na^+- und Cl^--Ionen gemeinsam mittels eines **Na^+-Cl^--Symportcarriers** (**TSC**, Thiazid-sensitiver Cotransporter) resorbiert (Abb. **F-3.4**). Das ATP für die Na^+-K^+-ATPase wird hier u. a. durch Glykolyse und oxidative Phosphorylierung bereitgestellt.

3.5 Funktion des distalen Tubulus und des Sammelrohrs

In distalem Tubulus und Sammelrohr wird nur noch relativ wenig Salz und Wasser resorbiert, die **Resorption** aber genau **reguliert**. Die Zellen der Pars convoluta des **distalen Tubulus** resorbieren Na^+ und Cl^- mittels eines **Na^+-Cl^--Symportcarriers** (**TSC**, Abb. **F-3.4**).

▶ **Merke.** **Thiaziddiuretika** sind spezifische Inhibitoren des Na^+-Cl^--Symportcarriers (TSC). Ihre diuretische Wirkung ist wesentlich schwächer als die der Schleifendiuretika, hält dafür aber länger an.

▶ **Merke.**

Die luminale Plasmamembran der Hauptzellen von Verbindungstubulus und Sammelrohr enthält **Na^+-Kanäle** (**ENaC**, epithelial Na^+-channel), die in Kooperation mit der basolateralen Na^+-K^+-ATPase nochmals eine Resorption von Na^+-Ionen ermöglichen. Bei Bedarf kann die Na^+-Konzentration des Harns in den Sammelrohren auf wenige mM gesenkt werden.
Durch die Aufnahme der Na^+-Ionen wird das Membranpotenzial der Hauptzellen reduziert, gleichzeitig wird das **Lumen** der Sammelrohre **negativ** aufgeladen. Die entstandene elektrische Potenzialdifferenz erzeugt eine Triebkraft, die die **Resorption von Cl^--Ionen** antreibt. Zudem treibt die Potenzialdifferenz die K^+-Ionen (die von der Na^+-K^+-ATPase ständig in die Zellen gepumpt werden) durch K^+-Kanäle in das Lumen der Sammelrohre.

Die Hauptzellen des Sammelrohrsystems enthalten an der luminalen Seite **Na^+-Kanäle** (**ENaC**), die zusammen mit der Na^+-K^+-ATPase Na^+-Resorption ermöglichen.

Durch die Aufnahme von Na^+ sinkt das Membranpotenzial der Hauptzellen und das **Lumen** der Sammelrohre wird **negativ** aufgeladen. Die entstandene elektrische Potenzialdifferenz treibt die **Resorption von Cl^-** und die Sekretion von K^+ an.

▶ **Merke.** In den Sammelrohren werden **Na^+-Ionen resorbiert**, **K^+-Ionen** werden **sezerniert**.

▶ **Merke.**

Im Gegensatz zu den aufsteigenden Abschnitten der Henle-Schleife enthalten sowohl der Verbindungstubulus als auch das Sammelrohr wieder Aquaporine. Für die Regulation des Wasserhaushaltes des Menschen sind letztlich die **Aquaporine der Sammelrohre** entscheidend. AQP1 wird hier nicht gefunden. In die basolaterale Membran der Hauptzellen sind AQP3, in den innermedullären Abschnitten auch AQP4 eingelagert. Sie sind nicht nur für Wasser, sondern auch für einige andere kleine ungeladene Teilchen durchlässig, z. B. für Glycerin. In der apikalen Membran befinden sich in unterschiedlicher Anzahl **AQP2**. Gleichzeitig befindet sich AQP2 auch in intrazellulären Vesikeln.

Für die Regulation des Wasserhaushaltes sind letztlich die **Aquaporine der Sammelrohre** entscheidend. Die apikale Membran der Hauptzellen enthält **AQP2**.

3.6 Regulation der Nierenfunktionen

3.6.1 Das antidiuretische Hormon ADH (Vasopressin)

Antidiuretisches Hormon (ADH = Adiuretin = Vasopressin) wird in Reaktion auf eine steigende Osmolarität des Blutes aus der Neurohypophyse freigesetzt (S. 637). Es bindet an **basolaterale V_2-Rezeptoren** der Hauptzellen, löst einen Anstieg der intrazellulären cAMP-Konzentration aus und initiiert dadurch eine Fusion der intrazellulären AQP2-Vesikel mit der Plasmamembran. Dadurch **steigt** die **Zahl der AQP2 in der Plasmamembran**, und in den Sammelrohren wird vermehrt Wasser rückresorbiert (antidiuretische Wirkung: die Harnmenge wird reduziert).

▶ **Merke.** ADH erhöht die Wasserdurchlässigkeit der Sammelrohre.

Wird die ADH-Sekretion gehemmt, bildet die Plasmamembran der Hauptzellen analog einer Endozytose erneut AQP2-haltige Vesikel, und die Wasserresorption sinkt. Entscheidend für die Regulation der Diurese durch ADH ist, dass die Tight Junctions der Sammelrohre wasserdicht sind. Die Wasserresorption ist also ganz von AQP2 abhängig. Da die Sammelrohre das gesamte Nierenmark durchziehen, steht der Resorption auch die Triebkraft des gesamten Osmolaritätsgradienten des Interstitiums zur Verfügung.

▶ **Klinik.** Eine pathologisch verminderte Rückresorption von Wasser in den Sammelrohren kann eine extrem gesteigerte Diurese zur Folge haben (**Diabetes insipidus**, „geschmackloser Durchfluss", im Gegensatz zum „honigsüßen Durchfluss" = Diabetes mellitus). Ursache ist meist ein **ADH-Mangel** (z. B. aufgrund eines Schädel-Hirn-Traumas, Tumors oder einer Infektion). Selten liegt ein angeborener Defekt des V-Rezeptors oder des AQP2 vor.

3.6.2 Aldosteron

Aldosteron (S. 640) ist das wichtigste Mineralocortico(stero)id des Menschen. Es wird in der äußeren Schicht der Nebennierenrinde, der Zona glomerulosa, synthetisiert. Aldosteron bewirkt im aufsteigenden Teil des Intermediärtubulus, im distalen Tubulus und im Sammelrohr vor allem eine verstärkte **Na^+-Resorption**, aber auch eine Steigerung der damit einhergehenden K^+-Sekretion.

Aldosteron greift ähnlich den anderen Steroidhormonen in die Genexpression der Zielzellen ein. Generell stimuliert Aldosteron in den genannten Geweben die **Synthese der Na^+-Transportproteine** (u. a. ENaC und Na^+-K^+-ATPase) sowie der K^+-Kanäle. Unabhängig von den Aktivitäten im Zellkern hat Aldosteron auch Effekte auf bestimmte Signalwege im Zytosol. Indirekt wird dabei u. a. der proteolytische Abbau der Na^+-Transportproteine verzögert (schneller Effekt). Beide Effekte führen zu einer gesteigerten Na + -Resorption (S. 641).

3.6.3 Funktionen des juxtaglomerulären Apparates

Als juxtaglomerulären Apparat fasst man drei Strukturen zusammen, die an der Kontaktstelle des distalen Tubulus mit dem Gefäßpol des Glomerulus liegen:
- An der Kontaktstelle dicht gedrängte Tubuluszellen bilden die **Macula densa**. Diese Zellen **überwachen** permanent die **NaCl-Konzentration** des vorbeifließenden Harns.
- In der Nähe der Kontaktstelle liegen in der Wand des Vas afferens einige **granulierte Zellen (Epitheloidzellen)**, die gemeinsam das **Polkissen** bilden. In ihren Vesikeln speichern sie das Enzym **Renin** und geben es bei Bedarf an das Blut ab.
- Zwischen den Glomeruluskapillaren liegen bestimmte Bindegewebszellen, die **Mesangiumzellen**, die untereinander durch Gap Junctions verbunden sind. Sie ähneln in mancher Hinsicht glatten Muskelzellen (sie können kontrahieren), in anderer Hinsicht Makrophagen (sie können phagozytieren und sich an Entzündungsprozessen beteiligen). Die **extraglomerulär liegenden Mesangiumzellen**, die in der Nähe des benachbarten distalen Tubulus lokalisiert sind, zählen ebenfalls zum juxtaglomerulären Apparat.

Der juxtaglomeruläre Apparat registriert Schwankungen der NaCl-Konzentration sowohl im Harn des distalen Tubulus als auch im Blut des Vas afferens:
- Erkennt die Macula densa eine **erhöhte NaCl-Konzentration im Harn**, wird über noch unbekannte Transduktionswege eine **Konstriktion des Vas afferens** und damit eine Reduktion der GFR ausgelöst. Bei niedrigen NaCl-Konzentrationen wird die GFR durch Vasodilatation wieder erhöht.
- Bei **Blutdruckabfall** und/oder bei **sinkender NaCl-Konzentration im Blut** setzen die granulierten Zellen **Renin** frei. Diese hochspezifische Peptidase spaltet aus dem Plasmaprotein **Angiotensinogen** das **Angiotensin I** ab, ein Peptid, das lediglich aus 10 Aminosäuren besteht. An der Oberfläche von Endothelzellen wird dieses durch das **Angiotensin converting Enzyme (ACE)** um zwei Aminosäuren verkürzt und damit in das biologisch aktive Oktapeptid **Angiotensin II** umgewandelt. Dieses wirkt stark vasokonstriktorisch und antidiuretisch (Reduktion der GFR durch Konstriktion des Vas afferens, Steigerung der ADH-Sekretion) und bewirkt so eine Blutdrucksteigerung. Außerdem **steigert** es die **Na^+-Rückresorption** u. a. durch Stimulation der Aldosteronsynthese.

3.6.4 Das atriale natriuretische Peptid und andere Peptidhormone

Das **atriale natriuretische Peptid (ANP, Atriopeptin)** wird von myoendokrinen Zellen vor allem des rechten Vorhofs bei Dehnung der Vorhöfe (erhöhtes Plasmavolumen!) freigesetzt. Es bindet an eine membranständige Guanylatzyklase und bewirkt
- in der Niere eine Dilatation des Vas afferens, wodurch die **GFR steigt**. Zudem **hemmt** es die **Freisetzung von Renin**.
- in der Hypophyse eine **Abnahme der ADH-Sekretion** und
- in der Nebenniere eine **Abnahme der Aldosteronsekretion**.

An den ANP-Rezeptor bindet auch das in Struktur und Wirkung mit ANP verwandte Peptid **BNP** (brain natriuretic peptide), das in den Ventrikeln des Herzens freigesetzt wird (S. 643).

Offensichtlich sind noch weitere Peptidhormone an der Regulation der Diurese beteiligt. So setzen die Enterozyten des Jejunums bei erhöhter Salzkonzentration in der Nahrung **Uroguanylin (intestinales natriuretisches Peptid)** frei, das die Diurese in der Niere stimuliert.

3.7 Aufgaben der Niere im Säure- Basen- und Stickstoffhaushalt

Aufgaben im Säure-Basen-Haushalt: Der pH des Blutes wird wesentlich durch den Bicarbonat-Puffer (HCO_3^- und gelöstes CO_2) bestimmt. Deshalb ist es essenziell, dass das **HCO_3^- des Primärharns** möglichst vollständig rückresorbiert wird. Ca. 90 % des HCO_3^- reagieren im proximalen Tubulus mit den dort sezernierten Protonen und zerfallen daraufhin sofort zu CO_2 und H_2O. Das **CO_2 diffundiert zurück in die Tubuluszellen** und reagiert dort, katalysiert durch die zytoplasmatische Carboanhydrase, erneut mit H_2O zu $H^+ + HCO_3^-$. Die H^+-Ionen werden erneut sezerniert, die HCO_3^--Ionen hingegen werden basolateral unter Vermittlung des Transporterproteins kNBC 1 (Electrogenic Kidney Na^+-Bicarbonat Cotransporter) im Cotransport mit Na^+ an das Blut abgegeben (Abb. **F-3.5**). Transportiert wird vom kNBC 1 jeweils 1 Na^+ zusammen mit 3 HCO_3^-.

> ▶ **Merke.** Bicarbonat wird im proximalen Tubulus in Form von CO_2 rückresorbiert, dann aber in Form von HCO_3^- an das Blut abgegeben.

Für den Säure-Basen-Haushalt ist die **Sekretion von Protonen im proximalen Tubulus** von fundamentaler Bedeutung, denn auf diese Weise wird aus dem HCO_3^- das CO_2 freigesetzt, das die Tubuluszellen aufnehmen:
In der apikalen Membran befindet sich der **sekundär-aktive Na^+-H^+-Antiporter** (NHE3), der den Konzentrationsgradienten der Na^+-Ionen nutzt, um Protonen aus der Zelle zu pumpen. Die Energie für die Protonensekretion wird von ATP bereitgestellt, aber nur indirekt, über die ATP-Abhängigkeit der Na^+-K^+-ATPase, die den Konzentrationsgradienten der Na^+-Ionen aufrecht hält.

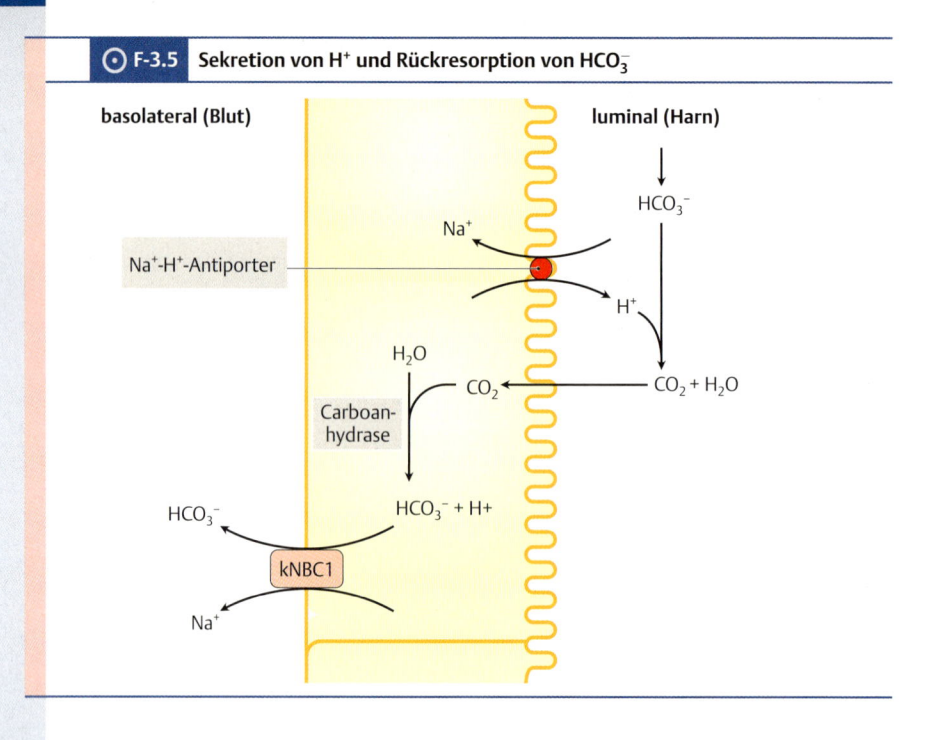

F-3.5 Sekretion von H⁺ und Rückresorption von HCO₃⁻

Bei einer **Alkalose** kann der pH-Wert des Blutes über eine verminderte Sekretion von Protonen in der Niere wieder normalisiert werden.
Dabei wird HCO_3^- vermehrt ausgeschieden.

V-Typ-ATPasen ermöglichen den Sammelrohren eine ATP-abhängige Sekretion von Protonen. In ihrer Struktur ähneln die V-Typ-ATPasen weitgehend den ATP-Synthasen der Mitochondrien.

Bei einer **Alkalose** kann der pH-Wert des Blutes über eine **verminderte Rückresorption von HCO_3^-** wieder normalisiert werden. Zu diesem Zweck wird die H⁺-Sekretion der Tubuluszellen bei einer Alkalose gesenkt. Somit wird im Tubuluslumen weniger HCO_3^- zu CO_2 und H_2O gespalten, und es steigt der Anteil des HCO_3^-, der unverändert im Harn bleibt und ausgeschieden wird. Der pH-Wert des Harns kann dabei bis auf 8 ansteigen.

Primär-aktiv arbeiten die **V-Typ-ATPasen**, die in großer Zahl in der apikalen Membran der **Typ A-Schaltzellen der Sammelrohre** verankert sind (Abb. **F-3.6**). Die Energie des ATP wird von den V-Typ-ATPasen genutzt um Protonen in den Harn zu sezernieren. Die V-Typ-ATPasen ähneln in ihrer Struktur weitgehend den ATP-Synthasen der Mitochondrien. V-Typ-ATPasen und mitochondriale ATP-Synthasen haben sich in der Evolution wahrscheinlich aus der gleichen urtümlichen ATPase entwickelt. Während die mitochondriale ATP-Synthase aus einem F_1-Teil und einem F_0-Teil besteht, zeigen die V-Typ-ATPasen entsprechend einen Aufbau aus einem V_1-Teil und einem V_0-Teil. Der entscheidende Unterschied besteht lediglich darin, dass die ATP-Synthasen einen Protonengradienten nutzen, um ATP zu synthetisieren, während die V-Typ-ATPasen gleichsam rückwärts laufen. Sie hydrolysieren ATP, um einen Protonengradienten aufzubauen. V-Typ-ATPasen sind auch für die Ansäuerung des Lumens der Lysosomen und der Endosomen verantwortlich.

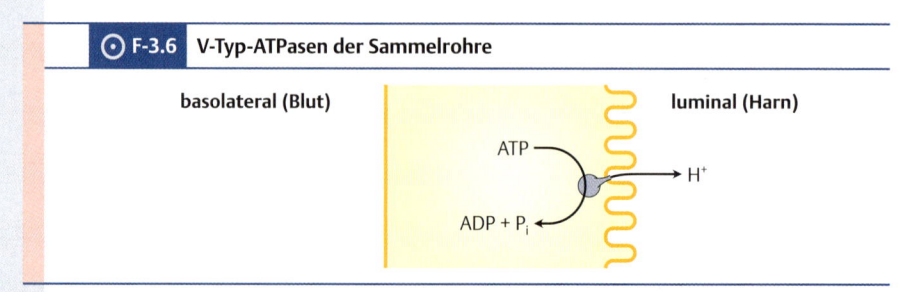

F-3.6 V-Typ-ATPasen der Sammelrohre

Bei normaler Ernährung ergibt sich im Stoffwechsel ein Überschuss an Protonen. Diese werden weitgehend über die Niere ausgeschieden, der Urin ist normalerweise schwach sauer.

Bei normaler Ernährung ergibt sich im Stoffwechsel stets ein **Überschuss an Protonen**. Diese werden weitgehend über die Niere abgegeben. Der pH-Wert des Primärharns wird dabei von 7,4 auf ca. 6,6 erniedrigt. Protonen werden auch im Verbindungstubulus und im Sammelrohr sezerniert. Der pH-Wert des Endharns kann dabei bis auf 4,5 gesenkt werden. Normalerweise ist der Urin allerdings nur schwach sauer.

Fast alle Protonen, die von der Niere ausgeschieden werden, liegen als Phosphat- oder Ammonium-Ionen vor (der Rest bindet an Harnsäure oder andere organische Säuren):
- **Phosphat-Ionen** werden im Tubulus zwar zum größten Teil rückresorbiert, etwa 5 – 20 % erscheinen aber im Endharn. Die Phosphat-Ionen nehmen im sauren Milieu des Tubulus Protonen auf, indem HPO_4^{2-} zu $H_2PO_4^-$ protoniert wird.
- **Ammonium-Ionen** (NH_4^+) entstehen aus **Ammoniak** (NH_3), das im proximalen Tubulus im Wesentlichen durch Abbau von **Glutamin** gewonnen wird. Die Tubuluszellen nehmen Glutamin sekundär-aktiv im Na^+-Symport auf. In den Mitochondrien wird es von der Glutaminase zu NH_4^+ und Glutamat gespalten. Glutamat wird anschließend von der Glutamat-Dehydrogenase unter Freisetzung eines weiteren NH_4^+ zu α-Ketoglutarat abgebaut (Abb. **A-8.5**). Die NH_4^+-Ionen dissoziieren zu $NH_3 + H^+$, und NH_3 diffundiert in das Tubuluslumen, wo es erneut ein Proton bindet. Im Nierenmark zirkulieren erhebliche Mengen an NH_3 zwischen den verschiedenen Kompartimenten. Letztlich akkumuliert NH_3 jedoch in den Sammelrohren, da es dort aufgrund des niedrigen pH-Wertes effektiv protoniert wird, die Wände der Sammelrohre aber für NH_4^+ undurchlässig sind.

Der überwiegende Teil der Protonen liegt im Harn vor als
- **Phosphat-Ionen** ($H_2PO_4^-$) und
- **Ammonium-Ionen** (NH_4^+). Diese entstehen aus **Ammoniak** (NH_3), das im proximalen Tubulus durch Abbau von **Glutamin** gewonnen wird. NH_3 diffundiert in das Tubuluslumen, wo es ein H^+ bindet.

Aufgaben im Stickstoffhaushalt: Die Niere ist das **Hauptausscheidungsorgan stickstoffhaltiger Verbindungen**. In diesem Zusammenhang sind die NH_4^+-Ionen des Harns allerdings nur von untergeordneter Bedeutung. Stickstoff wird im Harn in Form unterschiedlicher Verbindungen ausgeschieden, wobei **Harnstoff** quantitativ bei weitem überwiegt: 24-h-Urin enthält
- ca. 25 g Harnstoff (bei einem Proteingehalt der Nahrung von 70 g),
- ca. 2 g Kreatinin (entsteht beim Abbau von Kreatin in der Muskulatur),
- ca. 0,5 g Harnsäure (Abbauprodukt des Purinstoffwechsels) und
- ca. 0,5 g NH_4^+.

Aufgaben im Stickstoffhaushalt: Die Niere ist das **Hauptausscheidungsorgan stickstoffhaltiger Verbindungen**. Stickstoff wird überwiegend in Form von **Harnstoff** ausgeschieden. Weitere stickstoffhaltige Verbindungen im Harn sind Kreatinin, Harnsäure und NH_4^+.

▶ **Klinik.** Da **Kreatinin** nur in geringem Maße rückresorbiert wird, kann man durch Bestimmung der Menge des Kreatinins im 24-h-Urin und Vergleich mit der Kreatininkonzentration im Blut die Menge des in den Nieren gebildeten Primärharns berechnen. Die **Bestimmung der GFR** über die Kreatininmenge ist eine der wichtigsten Methoden zur Kontrolle der Nierenfunktion.

▶ **Klinik.**

Harnstoff diffundiert im proximalen Tubulus passiv über die Membranen und folgt dabei (langsam) der Rückresorption des Wassers. Auf diese Weise werden hier ca. 50 % des Harnstoffs rückresorbiert. Im absteigenden Teil der Henle-Schleife gelangt Harnstoff jedoch z. T. wieder ins Tubuluslumen. Da der Harn in diesem Tubulussegment nur noch wenig Salze enthält, trägt Harnstoff hier wesentlich zur Osmolarität des Harns bei. Der aufsteigende Teil der Henle-Schleife und der distale Tubulus sind für Harnstoff impermeabel. Erst in den Sammelrohren kann Harnstoff wieder aus dem Harn herausdiffundieren. Die Diffusion wird hier sogar durch Harnstoff-Transporter (Urea Transporter Typ 1 und Typ 2) erleichtert. Letztlich ergeben sich die folgenden Werte:
- Konzentration des Harnstoffs im Blutplasma: 5 mM,
- Rückresorption in Tubulus und Sammelrohr: ca. 60 %,
- Konzentration des Harnstoffs im Endharn: ca. 300 mM.

Im Endharn ist Harnstoff somit etwa 60-mal so konzentriert wie im Blutplasma

Harnstoff wird im proximalen Tubulus zu ca. 50 % rückresorbiert, gelangt im absteigenden Teil der Henle-Schleife aber z. T. wieder ins Tubuluslumen. Der aufsteigende Teil der Henle-Schleife und der distale Tubulus sind für Harnstoff impermeabel. Erst in den Sammelrohren kann Harnstoff wieder aus dem Harn herausdiffundieren.
Im Endharn ist Harnstoff etwa 60-mal so konzentriert wie im Blutplasma.

Klinischer Fall: Akute Verwirrtheit

11:00
Frau Theresa Walter, 88 Jahre, wird an einem heißen Vormittag von ihren Verwandten ins Krankenhaus gebracht.
Tochter: Frau Doktor, so kenn ich meine Mutter gar nicht. Bisher war sie immer ganz klar im Kopf und nun sitzt sie vorhin auf der Terrasse und ruft immer nach dem Vati. Dabei ist der doch schon seit 15 Jahren tot. Sie ließ sich gar nicht beruhigen, deshalb sind wir hier hergekommen.

11:05
Was hat Ihre Mutter denn für Erkrankungen und welche Medikamente nimmt sie ein?
Tochter: Früher hatte sie mal eine Hepatitis A und eine schwere Lungenentzündung, aber das ist alles ausgestanden. Im Moment nimmt sie bloß das Diclofenac 75 mg gegen ihre Gelenkschmerzen – in den letzten 2 Wochen fast täglich…

11:15
Anamnese und körperliche Untersuchung
Ich merke, dass die Patientin tatsächlich verwirrt ist: sie weiß nicht, welcher Tag heute ist und warum sie in der Klinik ist. Ihr Mann soll sie abholen kommen.
Bei der körperlichen Untersuchung fallen mir eine trockene Zunge und stehende Hautfalten als Zeichen einer Exsikkose (Austrocknung) auf. Wahrscheinlich hat Frau W. schon länger nichts mehr getrunken und das, wo es heute so heiß ist…
Der übrige körperliche Untersuchungsbefund ist unauffällig. Der Blutdruck ist leicht erniedrigt (90/60 mmHg).

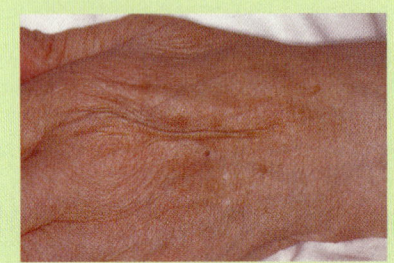

11:25
Blutabnahme und EKG
Ich nehme der Patientin Blut ab und schreibe ein EKG, welches einen unauffälligen Befund zeigt.

12:00
Röntgen-Thorax
Im Wesentlichen zeigt sich auch hier ein unauffälliger Befund.

12:10
Laborbefund trifft ein
(Normwerte in Klammern)
- Kalium 5,8 mmol/l (3,5–5 mmol/l)
- Harnstoff 128 mg/dl (10–55 mg/dl)
- Kreatinin 3,4 mg/dl (0,5–1,4 mg/dl)

Die anderen Laborparameter liegen im Normbereich.

Stehende Hautfalte bei Exsikkose (aus Füeßl, F.S., Middeke, M.: Duale Reihe Anamnese und Klinische Untersuchung. 3. Aufl., Thieme, 2005)

12:30
Verlegung auf die Normalstation Innere
Aufgrund der Symptome (akute Verwirrtheit) und des körperlichen Untersuchungsbefundes (Zeichen einer Deydratation/Exsikkose) stelle ich die Diagnose eines beginnenden prärenalen Nierenversagens. Dazu passt auch der Laborbefund mit erhöhtem Harnstoff und Kreatinin.

Infusionstherapie
Frau W. erhält Infusionen mit 0,9%NaCl. Trotzdem scheidet sie zunächst nur 125 ml Urin aus. Die Patientin ist sehr müde und schläft viel.

21:00
Atemnot tritt auf, erneutes Röntgen Thorax
Am Abend atmet Frau W. schwer. Der diensthabende Kollege ordnet ein Röntgenbild des Thorax an. Dies zeigt ein Lungenödem, also eine Überwässerung der Lunge.

21:30
Behandlung mit Furosemid i.v.
Nachdem Frau W. 500 mg Furosemid (Diuretikum) erhalten hat, kommt endlich die Ausscheidung in Gang: In den nächsten 24 Stunden produzieren die Nieren 2,5 l Urin.

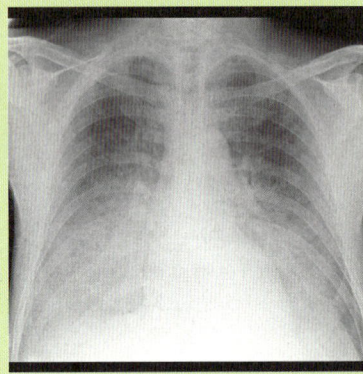

Zeichen eines Lungenödems mit diffuser Verschattung beider Lungen und gestauten Gefäßen. (aus Galanski M. et al: Pareto-Reihe Radiologie, Thorax: Thieme, 2010)

Nach 4 Tagen
Besserung der Symptome und der Laborwerte, Rückbildung des Lungenödems
Die Elektrolyte und die Ein- und Ausfuhr werden gut überwacht. Am 4. Tag ist Frau W. wieder vollständig orientiert, die Laborwerte liegen fast im Normbereich. Das Lungenödem hat sich zurückgebildet (Kontrollröntgen des Thorax).

1 Woche nach Aufnahme
Nach 1 Woche kann Frau W. nach Hause entlassen werden. Statt des nierenschädigenden Diclofenac erhält sie nun Paracetamol als Schmerzmittel, mit dem sie meist gut zurechtkommt. Bei Bedarf nimmt sie zusätzlich Tramadol, ein Opiat.

Fragen mit biochemischem Schwerpunkt

1. Wann läuft die Patientin Gefahr, wieder schnell eine Hyperkaliämie zu bekommen?
2. Wenn die Niereninsuffizienz chronisch wird, was hat das für Auswirkungen auf den Knochenstoffwechsel?
3. Warum kommt es bei einer Nierenschädigung auf Dauer oft zu einem Hypertonus?

Antwortkommentare im Anhang

Muskulatur und Nervensystem

J. Rossow

G

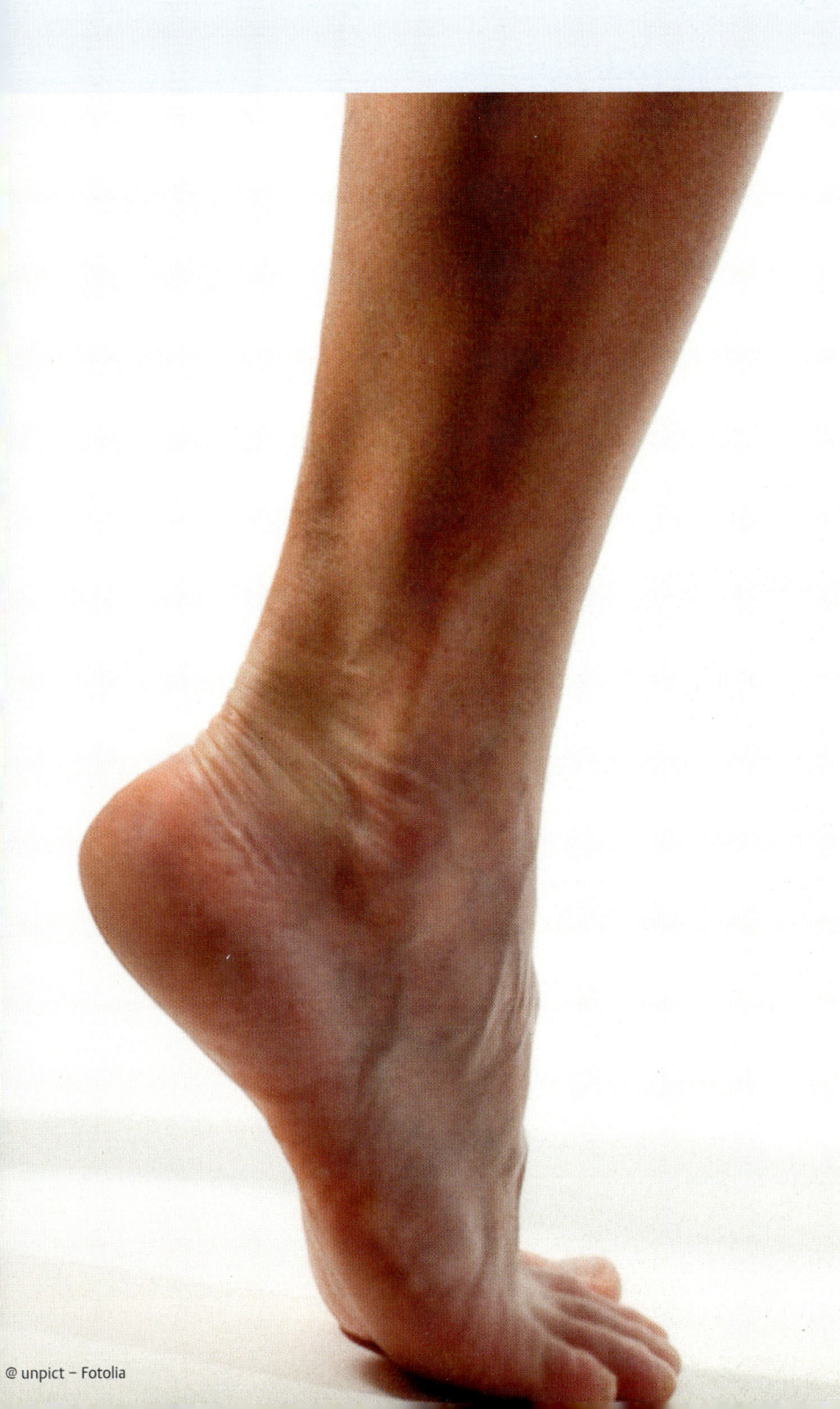

Muskulatur und Nervensystem

1 **Biochemie der Muskulatur** 787
2 **Neurochemie** 800

1 Biochemie der Muskulatur

1.1 Übersicht 787
1.2 Muskelgewebe 787
1.3 Molekulare Mechanismen der Muskelkontraktion 791
1.4 Muskelkrankheiten (Myopathien) 797

1.1 Übersicht

Gegenstand dieses Kapitels sind in erster Linie die molekularen Mechanismen der Muskelkontraktion. Die Mechanismen, durch die das für die Muskelkontraktion benötigte ATP bereitgestellt wird, sind in anderen Kapiteln des Buches erläutert:
- Energiestoffwechsel (S. 174)
- Kreatinphosphat (S. 266)
- Myoglobin (S. 757)

1.2 Muskelgewebe

1.2.1 Einteilung und Aufbau

Man unterscheidet **drei Arten von Muskelgewebe**:
- Skelettmuskulatur
- Herzmuskulatur
- glatte Muskulatur

Skelettmuskulatur

Die Skelettmuskulatur wird über α-Motoneurone erregt, die über **motorische Endplatten** mit den einzelnen Muskelfasern (= Myozyten = Muskelzellen) verbunden sind. Muskelfasern sind Synzytien. Sie entstehen durch Verschmelzung mehrerer hundert einkerniger Myoblasten und enthalten entsprechend viele Zellkerne. Die Muskelfasern sind oft mehrere Zentimeter lang. Das mikroskopische Bild zeigt eine **charakteristische Querstreifung**. Eine einzelne Skelettmuskelzelle enthält Hunderte parallel angeordneter **Myofibrillen**. Diese haben einen Durchmesser von ca. 1 μm und lassen sich weiter in Sarkomere unterteilen.

Aufbau eines Sarkomers

Das Sarkomer ist die funktionelle Grundeinheit einer Myofibrille. Die Sarkomere bestehen v. a. aus **Myofilamenten**, die sich in Aktin-, Myosin- und Titinfilamente unterteilen lassen. Begrenzt werden die einzelnen Sarkomere durch quer stehende **Z-Scheiben**. In den Z-Scheiben sind sowohl die Aktin-, als auch die Titinfilamente verankert (Abb. G-1.1). Die Z-Scheiben bestehen vorwiegend aus dem Protein **α-Aktinin**. Außerdem enthalten sie das Protein **CapZ** (Details s. u.).

Aktinfilamente („dünne Filamente"): Die Aktinfilamente der Sarkomere sind aus **Aktin-Monomeren** mit einem Molekulargewicht von 42 kDa aufgebaut. Dabei handelt es sich um ein muskelspezifisches Aktin, das von einem eigenen Gen kodiert wird. In ihrer Struktur ähneln die Aktinfilamente der Sarkomere aber weitgehend dem filamentösen F-Aktin, das als Komponente des Zytoskeletts auch in anderen Zellen enthalten ist. Die Länge der Aktinfilamente in den Sarkomeren wird vom Protein **Nebulin** bestimmt, das als eine einzelne, extrem lange Polypeptidkette jeweils ein Aktinfilament in seiner gesamten Länge begleitet. Das Nebulin dient gleichsam als molekulares Lineal, das bestimmt, bis zu welcher Länge Aktin-Monomere polymerisieren. Das freie Minus-Ende der Aktinfilamente wird dann durch Anlagerung von **Tropomodulin** stabilisiert. Mit ihrem Plus-Ende sind die Aktinfilamente über das Protein CapZ in der Z-Scheibe verankert (s. o.). **CapZ** bildet eine Kappe (engl. cap) und verhindert so die Depolymerisation der Aktinfilamente am Plus-Ende.

1.1 Übersicht

1.2 Muskelgewebe

1.2.1 Einteilung und Aufbau

Es gibt Skelett-, Herzmuskulatur und glatte Muskulatur.

Skelettmuskulatur

Die Skelettmuskulatur wird über α-Motoneurone erregt. Deren Verbindung zu den einzelnen Muskelfasern (= Myozyten = Muskelzellen) sind die **motorischen Endplatten**. Muskelfasern sind Synzytien und oft mehrere cm lang. Mikroskopisch erkennt man die **Querstreifung** der **Myofibrillen**.

Aufbau eines Sarkomers

Im Sarkomer kommen drei Arten von **Myofilamenten** vor: Aktinfilamente, Myosinfilamente und Titinfilamente. Die Aktin- und die Titinfilamente sind in Z-Scheiben verankert (Abb. G-1.1). Die Z-Scheiben enthalten neben **α-Aktinin** das Protein **CapZ**, das eine Kappe bildet, in der die **Aktinfilamente** verankert sind.

Aktinfilamente („dünne Filamente"): Grundbausteine sind muskelspezifische **Aktin-Monomere**. Die Länge der Aktinfilamente wird vom Protein **Nebulin** bestimmt, das als eine einzelne extrem lange Polypeptidkette jeweils ein Aktinfilament in seiner gesamten Länge begleitet. **Tropomodulin** stabilisiert die Aktinfilamente am Minus-Ende, **CapZ** am Plus-Ende.

G 1 Biochemie der Muskulatur

⊙ G-1.1 Anordnung der Myofilamente im Sarkomer

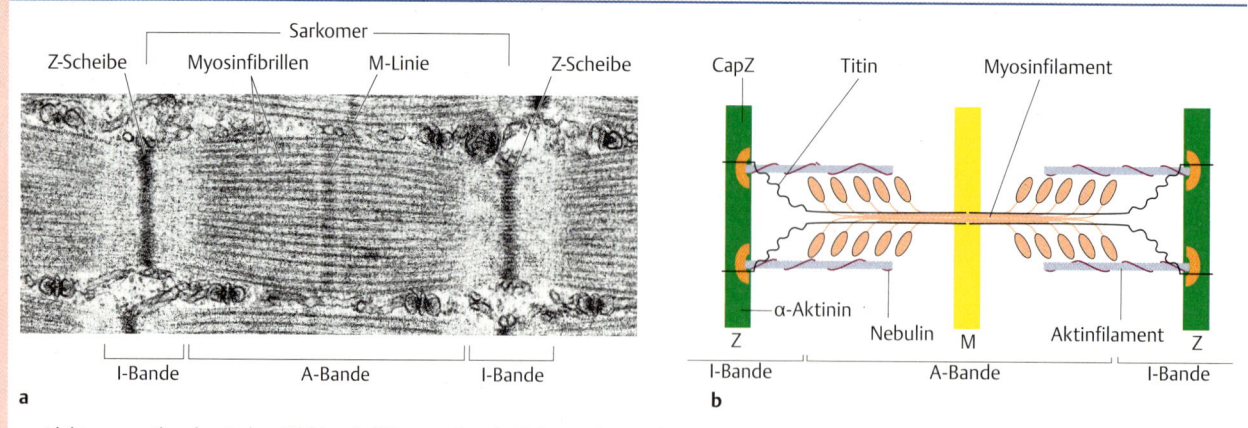

a Elektronenmikroskopisches Bild (nach Lüllmann-Rauch, TLB Histologie, Thieme, 2009) b Schematische Darstellung.

Myosinfilamente („dicke Filamente") (Abb. G-1.2): Das für die Muskelkontraktion entscheidende Protein ist **Myosin**. Muskelzellen enthalten ein **Myosin vom Typ II**, von dem es unterschiedliche Isoformen gibt. Myosin ist das am häufigsten vorkommende Protein in der Muskulatur.

Myosinfilamente („dicke Filamente") (Abb. G-1.2): Das für die Kontraktion der Muskelzellen entscheidende Protein ist **Myosin**. Es hydrolysiert ATP, das bei der Muskelkontraktion die Energie liefert. In den Geweben gibt es mehrere unterschiedliche Myosin-Typen. Die Myosinfilamente der Muskelzellen enthalten ein **Myosin vom Typ II**. Dieses liegt, ähnlich wie Aktin, in unterschiedlichen Isoformen vor. So wird das Myosin der Herzmuskulatur von einem anderen Gen kodiert als das Myosin der Skelettmuskulatur. Myosin ist das am häufigsten vorkommende Protein in der Muskulatur. Die myosinhaltigen Bereiche der Sarkomere sind deshalb bereits lichtmikroskopisch als dunkle A-Banden sichtbar. Im polarisationsmikroskopischen Bild erscheinen sie als anisotrope (aufleuchtende) A-Banden, die übrigen Bereiche als isotrope I-Banden.

▶ Merke.

▶ Merke. Die dunklen Querstreifen der quergestreiften Muskulatur entsprechen den A-Banden. Sie bestehen v. a. aus Myosin.

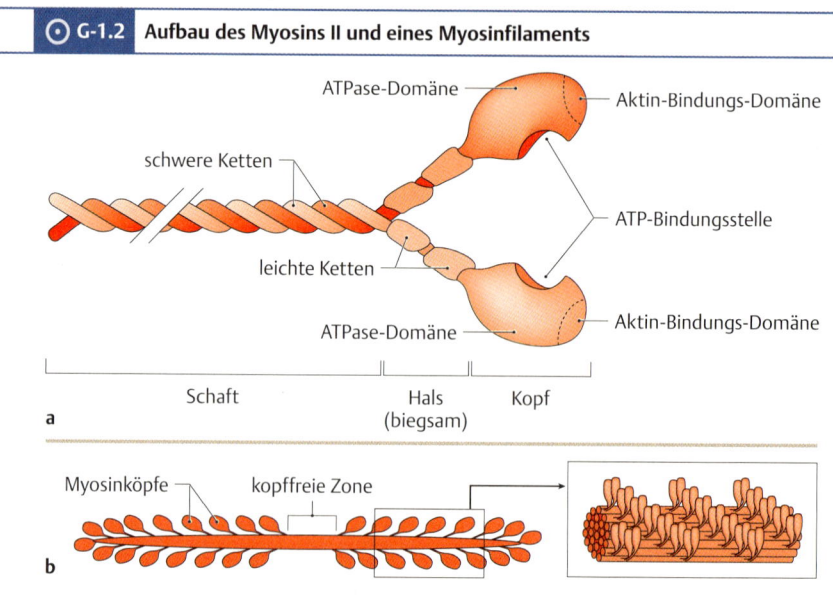

⊙ G-1.2

⊙ G-1.2 Aufbau des Myosins II und eines Myosinfilaments

a Myosin II (nach Königshoff, Brandenburger; Kurzlehrbuch Biochemie, Thieme, 2007).
b Myosinfilament (nach Klinke et al., Physiologie, Thieme, 2010)

Myosin ist im Wesentlichen aus zwei identischen großen Untereinheiten aufgebaut, die in ihrer Struktur an einen Golfschläger erinnern, die sog. **schweren Ketten** (jeweils 205 kDa). Der lang gestreckte Teil einer schweren Kette besteht lediglich aus einer langen α-Helix. Diese umwindet nahezu in ihrer gesamten Länge die entsprechende α-Helix der zweiten schweren Kette. Beide Ketten bilden damit eine typische **Coiled-Coil-Struktur**. Am N-terminalen Ende jeder schweren Kette befindet sich eine globuläre Struktur, der **Myosinkopf**, der die ATP-Bindungsstelle enthält. Assoziiert sind hier zwei unterschiedliche kleine Proteine, die sog. **leichten Ketten** (jeweils 20 kDa). Sie stabilisieren das α-helikale Segment der schweren Kette, das als Hebelarm den Myosinkopf mit der Coiled-Coil-Struktur des Myosins verbindet. Myosin bildet somit **hexamere Komplexe** (2 schwere + 2 × 2 leichte Ketten). Myosinfilamente bestehen jeweils aus ca. 150 solcher Hexamere.

Das **Myosin** der Muskelzellen ist in Hexameren organisiert (2 schwere + 2 x 2 leichte Ketten): Jeder hexamere Komplex enthält zwei **schwere Ketten**, die in ihrer Struktur an einen Golfschläger erinnern und eine **Coiled-Coil-Struktur** bilden. Das N-terminale Ende jeder schweren Kette bildet einen **Myosinkopf**, der eine ATP-Bindungsstelle enthält. Assoziiert sind hier zwei **leichte Ketten**. Ein Myosinfilament besteht aus ca. 150 derartigen Hexameren.

Titin: Auch dieses Protein ist in den Z-Scheiben verankert. Es reicht bis in die Mitte des Sarkomers, wo es in der M-Linie endet (Abb. **G-1.1**). Titin ist **das größte Protein des Menschen**. Es ist ca. 1 μm lang und enthält ca. 30 000 Aminosäuren. Zwar wird es nur von einem einzigen Gen kodiert, durch alternatives Splicen (S. 470) wird es aber in verschiedenen, unterschiedlich großen Isoformen exprimiert. Die größten Isoformen haben eine Masse von 3 800 kDa. Titin bestimmt die Länge des gesamten Sarkomers, indem es sowohl in der Z-Scheibe als auch in der M-Linie verankert ist. In Ruhestellung beträgt die Länge etwa 2,2 μm. Ähnlich dem Nebulin hat es damit eine Funktion als molekulares Lineal. Der größte Teil des Titins ist jeweils **mit einem Myosinfilament assoziiert**, das dadurch in der Mitte des Sarkomers fixiert wird.

Titin: Diese Substanz ist **das größte Protein des Menschen** (bis 3 800 kDa), > 1 μm lang und enthält ca. 30 000 Aminosäuren. Indem Titin sowohl in der Z-Scheibe, als auch in der M-Linie verankert ist (Abb. **G-1.1**), bestimmt es die Länge des gesamten Sarkomers. Der größte Teil des Titins ist jeweils **mit einem Myosinfilament assoziiert**, das dadurch in der Mitte des Sarkomers fixiert wird.

▶ **Merke.** Die wichtigste Funktion des Titins ist die Bestimmung der Elastizität der Muskelfasern.

▶ **Merke.**

Die Segmente des Titins, die sich in der I-Bande befinden (in der Nähe der Z-Scheiben) bestehen aus einer Aneinanderreihung von Domänen, die sich entfalten, wenn auf Titin eine Zugspannung ausgeübt wird und sich schnell wieder zurückfalten, wenn die Zugspannung nachlässt. Bei mäßigen Kräften leistet zu dieser Eigenschaft die sog. **PEVK-Region** den wichtigsten Beitrag. Dabei handelt es sich um einen längeren Abschnitt des Titins, der nach seinen Hauptbestandteilen, den Aminosäuren Prolin (P), Glutamat (E), Valin (V) und Lysin (K), benannt ist. Bei stärkeren Kräften spielen Titin-Segmente mit einer charakteristischen β-Faltblattstruktur eine Rolle. Die Proteindomänen dieser Bereiche zeigen eine deutliche Ähnlichkeit zu den Domänen der Immunglobuline **(Ig-like domains)**. Auch diese Domänen des Titins zeigen eine reversible Faltung. Das Titin wirkt damit ähnlich einer elastischen Feder.

Titin wirkt ähnlich einer elastischen Feder. Voraussetzung dieser Eigenschaft ist die Fähigkeit vieler Domänen des Titins, sich reversibel zu entfalten.

Herzmuskulatur

Die Herzmuskulatur ist wie die Skelettmuskulatur **quergestreift** und lässt sich ebenfalls in **Sarkomere** unterteilen (s. o.). Im Gegensatz zur Skelettmuskulatur besitzt sie jedoch keine motorischen Endplatten und bildet auch keine vielkernigen Synzytien. In der Regel enthalten die Herzmuskelzellen nur einen einzigen Zellkern. Die Erregungsausbreitung innerhalb des Herzmuskels wird von **Gap Junctions** ermöglicht. Diese bestehen aus porenbildenden Proteinen (Connexinen) in der Plasmamembran. An Kontaktstellen benachbarter Zellen können sich zwei Halbkanäle zu einer Gap Junction zusammenlagern und dabei eine Pore bilden, durch die beide Zellen elektrisch miteinander verbunden sind. Da auf diese Weise alle Herzmuskelzellen untereinander in Verbindung stehen, ist das Herz ein *funktionelles* **Synzytium**.

Herzmuskulatur

Auch die Herzmuskulatur ist **quergestreift** und weist **Sarkomere** auf. Dagegen enthält sie keine motorischen Endplatten und auch keine vielkernigen Synzytien. Die Erregungsausbreitung innerhalb des Herzmuskels wird von **Gap Junctions** ermöglicht, das Herz ist daher ein *funktionelles* **Synzytium**.

Glatte Muskulatur

Die glatte Muskulatur besteht aus spindelförmigen einkernigen Zellen, die **keine Querstreifung** aufweisen. Die Erregung kann von vegetativen Nerven ausgehen, aber auch autonom innerhalb der Zelle entstehen. Eine koordinierte Kontraktion erfolgt teilweise unter Vermittlung von Gap Junctions. Glatte Muskelzellen enthalten zwar **keine Sarkomere**, aber ähnlich aufgebaute Strukturen, bei denen die Z-Scheiben durch sog. **Dense Bodies** ersetzt sind. Wie bei Skelett- und Herzmuskelzellen kommt die Kontraktion durch ein Ineinandergleiten der Aktin- und der Myosinfilamente zustande.

Glatte Muskulatur

Die glatte Muskulatur besteht aus spindelförmigen einkernigen Zellen **ohne Querstreifung**. Sie weist als Baueinheit zwar **keine Sarkomere auf**, mit den sog. **Dense Bodies** enthält sie aber ähnliche Strukturen.

Schmerzen im Rücken

„Der Einsatzort ist im Seniorendomizil ‚Haus am Park'; die 69-jährige Frau Sibelius klagt über Rückenschmerzen, ohne Ausstrahlung in die Beine und ohne neurologische Symptomatik", dröhnt die Stimme des Leitstellenmitarbeiters durch das Handy des ärztlichen Bereitschaftsdienstes.

„In Ordnung, wir fahren hin. Over und Ende", bestätigt Dr. Mattiesen. Der erfahrene Allgemeinarzt lächelt mich vom Beifahrersitz aus an. „Kennst du den Weg? Ist ja nicht weit."

Den letzten Bissen des Pausenbrötchens kauend, nicke ich stumm und starte den Motor. Auch wenn es nur Routine sein dürfte, freue ich mich auf jeden Einsatz. Als Medizinstudent habe ich genau den richtigen Wochenendjob gefunden: Fahrer für den ärztlichen Bereitschaftsdienst, der nachts und an den Wochenenden die hausärztliche Notfallversorgung übernimmt.

Immer wieder gibt es dabei ruhige Phasen, aber auch spannende und manchmal langweilige Einsätze. Dennoch kann ich immer etwas lernen.

Der Pförtner des Seniorendomizils ist wie immer gut informiert, als wir mitsamt Arzttasche durch die Eingangstür treten. „Frau Sibelius, Appartement 42, im Erdgeschoss – hier links den Flur entlang."

Eine Frau öffnet uns die Tür – die persönliche Bedienstete von Frau Sibelius, wie ich später erfahre. „Ach, Herr Doktor!" Frau Sibelius begrüßt uns im Wohnzimmer. Noch bevor wir uns vorstellen können, sprudelt es aus ihr heraus: „Ich habe solche Rückenschmerzen. Die kenne ich seit Jahren, aber heute ist es besonders schlimm. Es liegt bestimmt am Stress, ach, wenn Sie nur wüssten ... Verzeihen Sie, dass ich Sie im Bademantel empfange – ich habe gerade heiß geduscht. Wärme tut mir immer gut ..."

„Ja, dadurch wird die Durchblutung angeregt", versucht Dr. Mattiesen sie zu unterbrechen. „Und gestürzt sind Sie nicht? Ich würde Sie gern untersuchen."

„Natürlich!" Frau Sibelius streift den Bademantel ab – darunter trägt sie nicht einmal Unterwäsche. Der Arzt drückt unbeeindruckt auf die Lendenwirbelsäule. „Au ja, genau da tut es weh. Aber jetzt, wo Sie da sind, ist es schon viel besser geworden."

Im Liegen prüft er das Lasègue-Zeichen, indem er jeweils das gestreckte Bein anhebt – ohne dass es weiteren Schmerz verursacht. Dabei erklärt er mir, dass Schmerzen bei diesem Test auf einen Bandscheibenvorfall hinweisen können. Er fragt Frau Sibelius nach Taubheitsgefühl oder Muskelschwäche und prüft die Beinreflexe.

„Es sieht nach Muskelverspannung aus. Stress ist da oft die Ursache. Das ist die Anspannung, wie es so schön heißt. Versuchen Sie, in Bewegung zu bleiben. Ich kann Ihnen auch noch ein Schmerzmittel zur Überbrückung aufschreiben."

„Ach, Herr Doktor, ich bin ja so froh über Ihre Diagnose. Wo sind nur meine Manieren, kann ich Ihnen beiden noch einen Tee anbieten?"

„Wir müssen leider weiter, zum nächste Notfall", behauptet Dr. Mattiesen und blickt zu mir herüber – ich nicke eifrig.

Zurück im Auto, frage ich: „Wie ist es denn mit Magnesium – kann man das auch geben zur Lösung der Verspannung? Es hemmt doch den Calciumeinstrom in die Zelle, wodurch Muskeln erschlaffen, oder?"

„Ja, das stimmt schon, aber leider ist es im klinischen Alltag nicht so effektiv, wie man es sich erhofft."

„Könnte man nicht auch Medikamente zur Muskelrelaxation geben?"

„Du hast schon recht, aber die ‚echten' sog. peripheren Muskelrelaxanzien wirken an der motorischen Endplatte und blockieren die Acetylcholinrezeptoren, sodass keine Muskelkontraktion mehr hervorrufen werden kann. Das würde dann aber auch zu einer Atemlähmung führen, weshalb diese Medikamente nur im Rahmen von Narkosen mit künstlicher Beatmung eingesetzt werden können. Es gibt noch sog. zentrale Muskelrelaxanzien. Diese wirken im Gehirn und führen zu einer Senkung des Muskeltonus. Sie machen vor allem Sinn bei einer schmerzhaften Spastik, z.B. nach einem Schlaganfall. Man könnte sie bei Frau Sibelius einsetzen, aber aufgrund der Nebenwirkungen möchte ich es zunächst mit einfachen allgemeinen Maßnahmen versuchen – Bewegung wirkt meist sehr gut."

Abb.: Schinke, Schulte und Schumacher, Prometheus, Allgemeine Anatomie und Bewegungssystem; Grafiker: Karl Wesker

1.3 Molekulare Mechanismen der Muskelkontraktion

1.3.1 Querbrückenzyklus

In den Sarkomeren sind die Filamente immer sehr regelmäßig angeordnet: ein (dickes) Myosinfilament ist stets hexagonal von 6 (dünnen) Aktinfilamenten umgeben. Zur Muskelkontraktion kommt es dadurch, dass die Myosinfilamente ATP-abhängig an den Aktinfilamenten entlang gleiten. Dabei verkürzt sich das Sarkomer, die einzelnen Filamente hingegen bleiben in ihrer Länge unverändert (**Gleitfilamentmechanismus**). Die entscheidenden Strukturen sind dabei die Köpfe der schweren Ketten der Myosinfilamente. Sie binden reversibel an die Aktinfilamente und durchlaufen ATP-abhängig einen Reaktionszyklus, den sog. **Querbrückenzyklus**. Ein einzelner Myosinkopf kann den Reaktionszyklus bei einer Muskelkontraktion 10–100-mal pro Sekunde durchlaufen. Die einzelnen **Reaktionsschritte** des Querbrückenzyklus wurden erstmals von den Autoren Lymn und Taylor postuliert (Lymn-Taylor-Modell). Das von Ihnen erarbeitete Schema hat sich seitdem weitgehend bestätigt (Abb. **G-1.3**):

- **ATP-Bindung:** Ein ATP-Molekül bindet im Komplex mit einem Mg^{2+}-Ion an die ATP-Bindungsstelle des Myosinkopfs. Dieser löst sich daraufhin vom Aktinfilament ab. Generell verliert das Myosin durch Bindung von ATP seine Affinität zum Aktin. Die Aktin- und Myosinfilamente können daraufhin vergleichsweise leicht aneinander entlanggleiten: **„Weichmacherwirkung des ATP"**.
- **Hydrolyse des ATP:** Das ATP wird in der Bindungsstelle des Myosins sehr schnell hydrolysiert. Die Hydrolyseprodukte ADP und Phosphat bleiben in der Bindungsstelle gebunden. **Konsequenzen der ATP-Hydrolyse:**
  - **Konformationsänderung:** Der Hebelarm, durch den der Myosinkopf mit dem länglichen Teil des Myosins verbunden ist, klappt nach vorne.
  - **Affinitätsänderung:** Der Myosinkopf hat nun eine niedrige, aber hinreichende Affinität für das Aktin der benachbarten Aktinfilamente.

G-1.3 Querbrückenzyklus

(nach Königshoff, Brandenburger; Kurzlehrbuch Biochemie, Thieme, 2007)

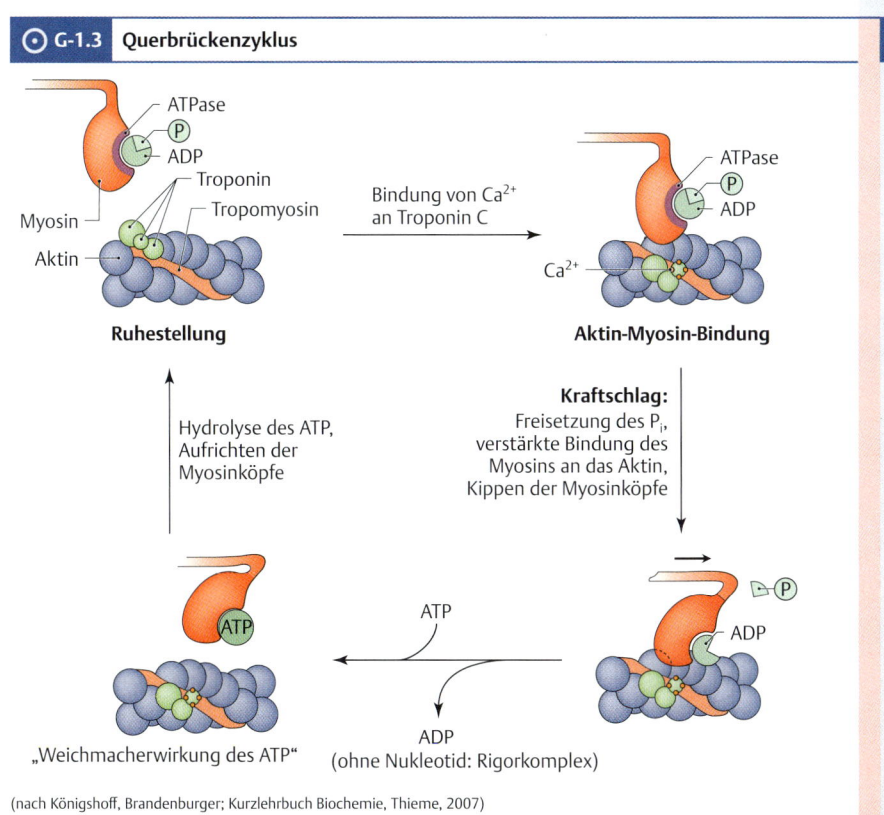

Regulation: An den Aktinfilamenten werden die Bindungsstellen für die Myosinköpfe erst bei einem Anstieg der Ca^{2+}-Konzentration freigegeben.

- **Freisetzung des P$_i$ und Kraftschlag:** Sobald der Myosinkopf ans Aktin gebunden hat, wird das Phosphation freigesetzt. Es verstärkt sich die Affinität des Myosins für das Aktin und der Myosinkopf kippt um etwa 60 – 70° nach hinten **(Kraftschlag)**.

▶ Merke.

- **Ablösung des Mg^{2+} und des ADP:** Erst dann werden auch das Mg^{2+} und das ADP vom Myosinkopf abgelöst. Dieser bleibt mit hoher Affinität mit dem Aktin verbunden.

▶ Klinik.

Zwischenbemerkung zur Regulation des Querbrückenzyklus: Um eine Bindung zu ermöglichen, müssen in den Aktinfilamenten zunächst die Bindungsstellen für die Myosinköpfe freigegeben werden. Solange keine Kontraktion erfolgen soll, sind diese durch einen Proteinkomplex (aus Tropomyosin und Troponin) blockiert. Die Bindungsstellen werden erst bei einem Anstieg der Ca^{2+}-Konzentration in den Sarkomeren freigegeben. Die Ca^{2+}-Ionen binden dann an eine Untereinheit des Troponin-Komplexes, das Troponin C (s. u.).

- **Freisetzung des P$_i$ und Kraftschlag:** Sobald der Myosinkopf ans Aktin gebunden hat, werden die weiteren Schritte des Reaktionszyklus ausgelöst: **Freisetzung des Phosphations**, festere Bindung des Myosinkopfs ans Aktin und Kippung um 60 – 70° nach hinten. Die Kippung des Myosinkopfs – auch als „Rotation" bezeichnet – repräsentiert den **Kraftschlag der Kontraktion**. In diesem Moment wird auf die Aktin- und Myosinfilamente relativ zueinander eine Zugkraft ausgeübt.

▶ **Merke.** Der Kraftschlag wird im Querbrückenzyklus nicht durch die Hydrolyse des ATP, sondern durch die Ablösung des Phosphats vom Myosinkopf ausgelöst.

- **Ablösung des Mg^{2+} und des ADP:** Anschließend werden auch Mg^{2+} und ADP vom Myosinkopf abgelöst. Dieser bleibt aber mit hoher Affinität mit dem Aktin verbunden. Wenn kein weiteres ATP vorhanden ist, kann dieser Zustand längere Zeit anhalten.

▶ **Klinik.** Als **Totenstarre** (= Rigor mortis) bezeichnet man die Erstarrung der Muskulatur, die sich nach dem Tod eines Menschen einstellt. Eine der Ursachen ist das Ausbleiben der ATP-Synthese. Mg^{2+} und ADP lösen sich vom Myosin ab und das Myosin bleibt stabil mit den Aktinfilamenten verbunden. Außerdem werden in den Zellen auch Ca^{2+}-Ionen freigesetzt, die an die Troponin-Komplexe binden, wodurch die Myosinköpfe ungehinderten Zugang zu ihren Bindestellen an den Aktinfilamenten erhalten. Die Totenstarre setzt etwa 2 Stunden nach dem Tod ein, beginnend mit den Augenlidern und den Kaumuskeln. Eine vollständige Starre ist nach etwa 8 Stunden gegeben. Im Verlauf von 2 – 4 Tagen kommt es in den Zellen zunehmend zu Abbauprozessen und die Totenstarre löst sich wieder.

1.3.2 Kontrolle der Aktin-Myosin-Bindung

Quergestreifte Muskulatur: Die potenziellen Bindungsstellen für die Myosinköpfe werden in den Aktinfilamenten durch lang gezogene Ketten des Proteins **Tropomyosin** blockiert. Die genaue Position des Tropomyosins wird von dem trimeren Protein **Troponin** (TnT, TnC, TnI) bestimmt (Abb. G-1.4). Bei **Bindung von Ca^{2+}** an Troponin C werden die Myosin-Bindungsstellen freigegeben.

▶ Merke.

▶ Klinik.

1.3.2 Kontrolle der Aktin-Myosin-Bindung

Quergestreifte Muskulatur: Die Aktinfilamente der Muskulatur sind nicht nur mit einem langen Nebulin-Molekül assoziiert, sondern auch mit dem Protein **Tropomyosin**. Dieses bildet lang gezogene Homo-Dimere, die sich an der Oberfläche der Aktinfilamente zu langen Ketten verbinden. Im ruhenden Muskel blockiert Tropomyosin die Bindungsstellen für die Myosinköpfe. Tropomyosin ist seinerseits mit **Troponin-Komplexen** verbunden (Abb. **G-1.4**). Diese bestehen jeweils aus drei Komponenten: dem unmittelbar mit dem Tropomyosin assoziierten Troponin T (TnT), dem **Ca^{2+}-bindenden Troponin C** (TnC), und dem inhibitorischen Troponin I (TnI). Troponin C kann bis zu 4 Ca^{2+}-Ionen binden. Dabei ändert sich die Konfiguration des gesamten Komplexes und das Tropomyosin wird beiseite geschoben. Dadurch wird die Bindungsstelle für die Myosinköpfe frei und der Querbrückenzyklus kann ungehindert ablaufen. Sobald die Ca^{2+}-Konzentration sinkt, stellt sich wieder die ursprüngliche Struktur des Komplexes ein und weitere Kontraktionen sind blockiert.

▶ **Merke.** Die Kontraktion der Skelett- und der Herzmuskulatur wird durch **Bindung von Ca^{2+}-Ionen an Troponin C** ausgelöst.

▶ **Klinik.** Troponin T und Troponin I werden im Herzmuskel in besonderen Isoformen exprimiert. Bei einem **Herzinfarkt** sind diese Isoformen im Blut nachweisbar. Die kardialen Troponine T und I gelten derzeit als die zuverlässigsten diagnostischen Marker für einen Herzinfarkt. Ein Problem dieser Markerproteine besteht allerdings darin, dass sie erst 4 – 6 Stunden nach Einsetzen der Herzinfarktschmerzen in signifikant erhöhten Mengen nachweisbar sind. Für die Diagnose ist deshalb zunächst das EKG von entscheidender Bedeutung (ST-Hebung im Akutstadium).

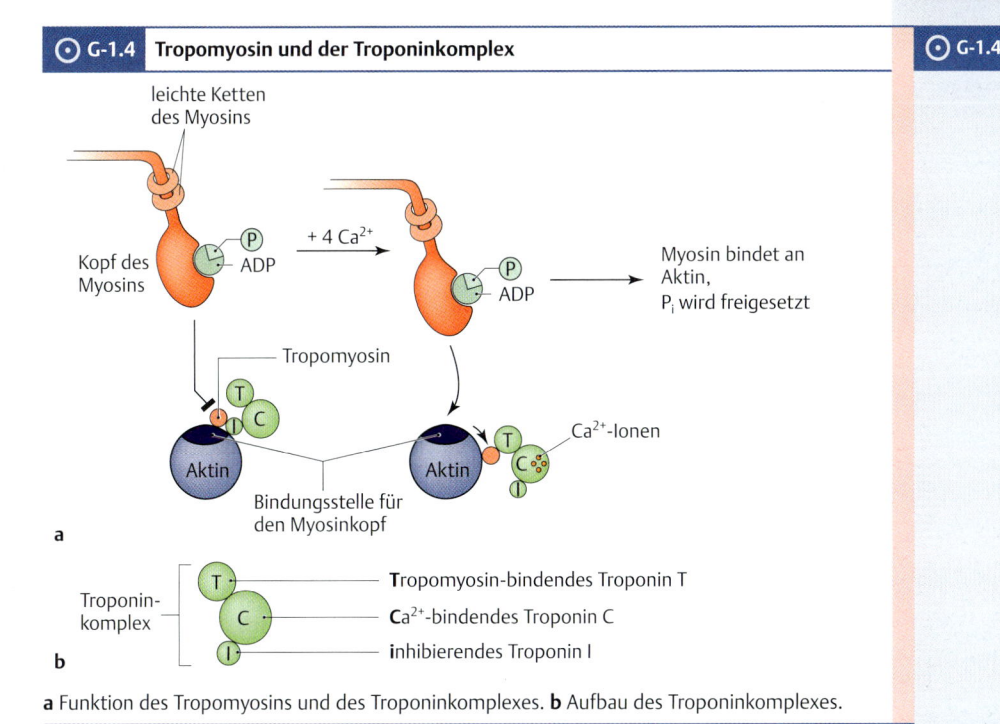

G-1.4 Tropomyosin und der Troponinkomplex

a Funktion des Tropomyosins und des Troponinkomplexes. **b** Aufbau des Troponinkomplexes.

Glatte Muskulatur: In ihr wird die Wechselwirkung zwischen den Myosin- und den Aktinfilamenten unabhängig von Troponin C reguliert. Allerdings wird die Kontraktion auch hier durch Ca^{2+}-Ionen ausgelöst. Diese binden in den glatten Muskelzellen an das Protein **Calmodulin**, das die Kontraktion der Muskelzelle auf zwei Wegen ermöglicht:

- Der Ca^{2+}-Calmodulin-Komplex aktiviert eine Kinase, die **MLCK (Myosin light Chain Kinase/Myosin-leichte-Ketten-Kinase)**. Die MLCK phosphoryliert die „regulatorische leichte Kette" (S. 796), eine der beiden leichten Ketten, die an den Hebelarm der Myosinköpfe gebunden sind. Die Phosphorylierung erleichtert dann den Eintritt in den Querbrückenzyklus.
- Die potenziellen Myosin-Bindungsstellen auf den Aktinfilamenten sind zunächst durch Tropomyosin blockiert. Dessen Position in den glatten Muskelzellen wird aber nicht durch Troponin, sondern durch das Protein **Caldesmon** reguliert. Erst wenn sich der Ca^{2+}-Calmodulin-Komplex an das Caldesmon anlagert, gibt dieses zusammen mit dem Tropomyosin die Myosin-Bindungsstelle frei.

▶ **Merke.** In der glatten Muskulatur wird die Bindung der Myosinköpfe an die Aktinfilamente sowohl auf der Seite der Myosinfilamente als auch auf der Seite der Aktinfilamente reguliert.

Glatte Muskulatur: Die Kontrolle der Aktin-Myosin-Bindung erfolgt hier Troponin-C-unabhängig, die Kontraktion wird aber ebenfalls durch Ca^{2+}-Ionen ausgelöst. Diese binden intrazellulär an **Calmodulin**, das die Kontraktion der Muskelzelle über zwei Mechanismen ermöglicht:

- **Aktivierung der MLCK (Myosin light Chain Kinase):** Die MLCK phosphoryliert die „regulatorische leichte Kette", eine der beiden leichten Ketten, die an den Hebelarm der Myosinköpfe gebunden sind.
- **Bindung des Ca^{2+}-Calmodulin-Komplex an Caldesmon**, das in den glatten Muskelzellen anstelle von Troponin die Freigabe der Myosin-Bindungsstellen auf den Aktinfilamenten reguliert.

▶ **Merke.**

Calmodulin (S. 570) ist ein vergleichsweise kleines Protein (17 kDa), das in allen Geweben nachweisbar ist und bei der Regulation vieler Prozesse eine Rolle spielt. So aktiviert es z. B. im Komplex mit Ca^{2+}-Ionen auch die NO-Synthasen (S. 656). Interessanterweise zeigt das **Troponin C** der Skelettmuskulatur große Ähnlichkeiten zum Calmodulin. Troponin C kann streng genommen als eine Sonderform des Calmodulins aufgefasst werden, die spezifisch mit den Proteinen Troponin T und Troponin I kooperiert.

Die Proteine **Calmodulin** und **Troponin C** sind sich in ihrer Struktur sehr ähnlich.

1.3.3 Elektromechanische Kopplung

▶ **Definition.** Unter **elektromechanischer Kopplung** versteht man die Mechanismen, durch die ein elektrischer Reiz (etwa ein Aktionspotenzial) eine mechanische Reaktion (Kontraktion) auslöst.

▶ **Definition.**

G 1 Biochemie der Muskulatur

Grundlagen

In den Muskelzellen lösen **Ca²⁺-Ionen** die Kontraktion aus (S. 795). Sie strömen teils von außen über die Plasmamembran in die Zellen ein, teils stammen sie aber auch aus dem Endoplasmatischen Retikulum. Diese beiden Strukturen sind deshalb für die Auslösung einer Muskelkontraktion von entscheidender Bedeutung.

Die Plasmamembran der Muskelzellen wird auch als **Sarkolemm** bezeichnet – offenbar in Anspielung auf das alte griechische Wort σάρξ („Sarks") für „Fleisch". Sie enthält einen **3 Na⁺-Ca²⁺-Antiporter**, der den von der Na⁺-K⁺-ATPase aufgebauten Na⁺-Gradienten ausnutzt, um jeweils ein Ca²⁺-Ion im Austausch gegen drei einströmende Na⁺-Ionen aus der Zelle hinaus zu transportieren.

In der Skelettmuskulatur bildet die Plasmamembran Einstülpungen, die tief in die Myozyten hinein reichen. Die Einstülpungen bilden das **transversale Röhrensystem (T-System, T-Tubulus-System)**. Es enthält in den Membranen spannungsabhängige **L-Typ-Ca²⁺-Kanäle**, die sich durch sog. Calcium-Antagonisten (S. 795) vom Typ der Dihydropyridine blockieren lassen. Die L-Typ-Ca²⁺-Kanäle bestehen aus fünf verschiedenen Untereinheiten (α1S, α2, β, γ, δ). Die Untereinheit α1 s, die innerhalb dieses Proteinkomplexes den ionenleitenden Kanal bildet, enthält auch die Bindestelle für die Calcium-Antagonisten und wird deshalb auch als **Dihydropyridin-Rezeptor (DHPR)** bezeichnet. Die Ca²⁺-Kanäle öffnen sich, wenn über die motorischen Endplatten ein Aktionspotenzial ausgelöst wird.

Das sarkoplasmatische Retikulum (SR) ist das Endoplasmatische Retikulum der Muskelzellen. Es bildet netzartige Röhrensysteme, die als **Longitudinales System (L-System)** alle Myofibrillen umkleiden. Im Lumen dieses Systems ist die Konzentration der Ca²⁺-Ionen mit ca. 1 mM (10^{-3} M) recht hoch. Verantwortlich für die Akkumulation der Ca²⁺-Ionen ist eine **Ca²⁺-Pumpe (Ca²⁺-ATPase)**, die Ca²⁺-Ionen ATP-abhängig aus dem Zytosol in das sarkoplasmatische Retikulum hinein pumpt. Die Ca²⁺-Pumpe stellt etwa 90 % des gesamten Proteinanteils des sarkoplasmatischen Retikulums. Sie gehört zur Familie der P-Typ-ATPasen und ähnelt damit in ihrer Struktur der K⁺-H⁺-ATPase der Belegzellen des Magens, wie auch der Na⁺-K⁺-ATPase der Plasmamembranen (S. 367).

Die Membran des sarkoplasmatischen Retikulums enthält außerdem einen ligandengesteuerten Ca²⁺-Kanal, den **Ryanodin-Rezeptor**. Der Ryanodin-Rezeptor ist ein extrem großer Proteinkomplex und bislang der größte bekannte Ionenkanal. Ryanodin ist ein potenter Hemmstoff dieses Ionenkanals. In der Skelettmuskulatur wird die Isoform RyR1 exprimiert (Ryanodine-sensitive Ca²⁺ release channel type 1), im Herzmuskel die Isoform RyR2. Durch den Ryanodin-Rezeptor können Ca²⁺-Ionen aus dem sarkoplasmatischen Retikulum in das Zytosol freigesetzt werden.

▶ **Exkurs.** **Ryanodin**

Ryanodin ist ein giftiges Alkaloid der Pflanze *Ryania speciosa*, die in den tropischen Regionen Südamerikas wächst. Wenn es an den Ryanodin-Rezeptor im sarkoplasmatischen Retikulum bindet, wird dieser geöffnet und damit eine Kontraktion der Muskelzellen ausgelöst. Ryanodinhaltige Extrakte der Pflanze wurden von Einheimischen zeitweise als Insektizid gegen Küchenschaben (Kakerlaken) verwendet. Zu medizinischen Zwecken ist Ryanodin nie eingesetzt worden.

Skelettmuskulatur

Im Ruhezustand eines Skelettmuskels liegt die Ca²⁺-Ionen-Konzentration im Zytosol der Muskelzellen unter 100 nM ($< 10^{-7}$ M). Bei **Eintreffen eines Aktionspotenzials** erhöht sie sich schlagartig um etwa das 100-Fache auf ca. 10 μM (10^{-5} M). Dabei stammen fast alle Ca²⁺-Ionen aus dem sarkoplasmatischen Retikulum: Bei Eintreffen eines Aktionspotenzials führen die L-Typ-Ca²⁺-Kanäle der T-Tubuli durch **direkte Protein-Protein-Wechselwirkungen** zu einer Konformationsänderung und damit zu einer Öffnung der Ryanodin-Rezeptoren. Die über die Ryanodin-Rezeptoren RyR1 freigesetzten Ca²⁺-Ionen lösen dann die Muskelkontraktion aus. Voraussetzung für das Funktionieren dieses Systems ist die unmittelbare Nachbarschaft der beiden beteiligten Membransysteme: Ein T-Tubulus steht über Protein-Protein-Wechselwirkungen in der Regel an zwei Seiten mit dem sarkoplasmatischen Retikulum in Kontakt und bildet damit eine funktionelle **Triade** (Abb. **G-1.5**).

G-1.5 Triade einer Skelettmuskelfaser

Eine Triade besteht aus einem **T-Tubulus** und zwei Zisternen des **sarkoplasmatischen Retikulums**, die an zwei Seiten mit dem T-Tubulus assoziiert sind.

Herzmuskulatur

Auch im Herzmuskel wird das Ca^{2+} überwiegend aus dem sarkoplasmatischen Retikulum freigesetzt. Ähnlich wie in den Skelettmuskelzellen stehen sich auch hier L-Typ-Ca^{2+}-Kanäle und Ryanodin-Rezeptoren unmittelbar gegenüber. Die Aktivierung der Ryanodin-Rezeptoren vom Typ RyR2 des Herzmuskels erfolgt aber nicht durch direkte Protein-Protein-Wechselwirkungen mit den L-Typ-Ca^{2+}-Kanälen. Im Herzmuskel strömen zunächst **Ca^{2+}-Ionen** durch die L-Typ-Ca^{2+}-Kanäle aus den T-Tubuli ins Zytosol. Diese Ionen binden dann an die Ryanodin-Rezeptoren des sarkoplasmatischen Retikulums und bewirken deren Öffnung.

▶ **Merke.** Charakteristisch für die Auslösung der Kontraktion des Herzmuskels ist eine **Ca^{2+}-induzierte Ca^{2+}-Freisetzung**.

Herzmuskulatur

Im Herzmuskel strömen durch die L-Typ-Ca^{2+}-Kanäle zunächst **Ca^{2+}-Ionen** aus den T-Tubuli ins Zytosol.
Die Ca^{2+}-Ionen binden dann an die Ryanodin-Rezeptoren (RyR2) des sarkoplasmatischen Retikulums und führen zu deren Öffnung.

▶ **Merke.**

Glatte Muskulatur

In glatten Muskelzellen ist ein T-Tubulus-System nicht vorhanden. Gleichwohl kann auch in diesen Zellen eine Kontraktion unter Beteiligung spannungsgesteuerter L-Typ-Ca^{2+}-Kanäle der Plasmamembran ausgelöst werden. Auch in glatten Muskelzellen spielen Ryanodin-Rezeptoren bei der Auslösung von Kontraktionen eine Rolle, indem sie eine Ca^{2+}-induzierte Ca^{2+}-Freisetzung aus dem sarkoplasmatischen Retikulum vermitteln. Die meisten Ca^{2+}-Ionen gelangen aber unter Vermittlung der L-Typ-Ca^{2+}-Kanäle aus dem Extrazellularraum ins Zytosol.

Glatte Muskulatur

Auch in glatten Muskelzellen erhöht sich die Ca^{2+}-Konzentration teilweise durch eine Ca^{2+}-induzierte Ca^{2+}-Freisetzung aus dem sarkoplasmatischen Retikulum. Die meisten Ca^{2+}-Ionen gelangen aber direkt unter Vermittlung der L-Typ Ca^{2+}-Kanäle aus dem Extrazellularraum ins Zytosol.

▶ **Exkurs. Pharmakologische Beeinflussbarkeit der Muskelkontraktion**
Die Muskelkontraktion kann durch verschiedene Pharmaka verhindert werden. Diese binden entweder an die nikotinischen Acetylcholinrezeptoren (Muskelrelaxantien), an die L-Typ Ca^{2+}-Kanäle (Calcium-Antagonisten) oder an die Ryanodin-Rezeptoren (Dantrolen). Einige wichtige Pharmaka mit hemmender Wirkung auf die Muskelkontraktion sind im Folgenden näher erläutert.
Muskelrelaxantien
Sie werden oft **bei Operationen** eingesetzt, um eine Kontraktion der Skelettmuskulatur zu verhindern. Dabei handelt es sich um Stoffe, die in der motorischen Endplatte an die **α-Untereinheit der nikotinischen Acetylcholinrezeptoren** (S. 816) binden und diese dadurch blockieren. Fast alle Muskelrelaxantien verhindern im Acetylcholinrezeptor durch ihre Bindung die Öffnung des Ionenkanals, sie sind also "nicht depolarisierende Muskelrelaxantien". Zu dieser Gruppe zählt z. B. das **Atracurium**. Es ist ein entfernter Verwandter des (+)-Tubocurarins aus dem pflanzlichen Curare, dem Pfeilgift südamerikanischer Indianer. (+)-Tubocurarin wird heute in der Klinik nicht mehr angewendet.
Calcium-Antagonisten
Calcium-Antagonisten blockieren die L-Typ-Ca^{2+}-Kanäle der Plasmamembranen und der T-Tubuli. Lang wirksame Calcium-Antagonisten wie **Amlodipin** werden in der **Therapie des Bluthochdrucks** eingesetzt. Amlodipin zählt zu den Dihydropyridin-Derivaten, die dem Dihydropy-

▶ **Exkurs.**

ridin-Rezeptor, der entscheidenden Untereinheit der L-Typ-Ca^{2+}-Kanäle, den Namen gegeben haben. Bei niedriger Dosierung werden vorwiegend die L-Typ-Ca^{2+}-Kanäle der glatten Muskulatur der Gefäßwände blockiert, sodass es zu einer Relaxation und damit zu einer allgemeinen Blutdrucksenkung kommt.

Ein weiterer Calcium-Antagonist ist **Verapamil.** Es zählt nicht zu den Dihydropyridin-Derivaten, wirkt aber ebenfalls durch Hemmung von L-Typ-Ca^{2+}-Kanälen. Im Gegensatz zu Amlodipin hemmt es L-Typ-Ca^{2+}-Kanäle nicht nur in den Gefäßwänden, sondern auch im Herzmuskel. Hier wirkt es insbesondere auf die Zellen des Sinus- und des AV-Knotens, die zur autonomen Reizbildung befähigt sind. So **senkt** Verapamil durch die Wirkung auf die Gefäße und durch Senkung der Herzfrequenz **den Blutdruck**, zudem kann es als **Klasse-IV-Antiarrhythmikum** auch zur Verhinderung von Vorhofflimmern eingesetzt werden, da es die AV-Überleitung verlangsamt.

Herzglykoside (Digitalisglykoside)

Herzglykoside sind Steroide aus dem roten Fingerhut Digitalis purpurea (Abb. **G-1.6**), die mit Kohlenhydrat-Seitenketten verbunden sind. Sie **hemmen primär die Na^+-K^+-ATPase.** Dadurch erhöhen sie die intrazelluläre Na^+-Konzentration und erschweren indirekt die Arbeit des Na^+-Ca^{2+}-Antiporters, der den Na^+-Gradienten benötigt, um Ca^{2+}-Ionen aus der Zelle heraus zu pumpen. So erklärt sich die durch Herzglykoside bedingte **Erhöhung der intrazellulären Ca^{2+}-Konzentration.** In höheren Konzentrationen sind Herzglykoside deshalb hoch giftig. In niedrigeren, pharmakologisch relevanten Konzentrationen bewirken sie eine Steigerung der Kontraktilität des Herzens.

⊙ **G-1.6** Roter Fingerhut (Digitalis purpurea)

(Foto: Renate Stockinger)

Dantrolen

Dantrolen ist ein **Hemmstoff der Ryanodin-Rezeptoren**, der in der Anästhesie bei **maligner Hyperthermie** eingesetzt wird. Der malignen Hyperthermie liegt eine erbliche Anomalie des Ryanodin-Rezeptors RyR1 (seltener des Dihydropyridin-Rezeptors) zugrunde. Ihre Prävalenz beträgt 1:10 000. Im Alltag sind die betroffenen Patienten symptomfrei. Die maligne Hyperthermie kann u. a. durch eine Narkose mit volatilen (= gasförmigen) Anästhetika oder durch das depolarisierende Muskelrelaxans Succinylcholin ausgelöst werden. Aus nicht geklärten Gründen kommt es unter der Narkose zu einer übermäßigen Akkumulation von Ca^{2+}-Ionen im Zytoplasma der Muskelzellen. Diese kontrahieren krampfartig (Rigor der Muskulatur) und der Energiestoffwechsel der betroffenen Zellen wird extrem belastet. Neben dem charakteristischen Temperaturanstieg (Hyperthermie) entwickelt sich u. a. eine Laktatazidose. Dantrolen kann eine weitere Freisetzung von Ca^{2+}-Ionen aus dem sarkoplasmatischen Retikulum unterbinden. Lange war die maligne Hyperthermie der am häufigsten tödlich verlaufende Narkosezwischenfall. Seit der Einführung des Dantrolens konnte die Letalität der malignen Hyperthermie auf unter 5 % gesenkt werden.

Nitrovasodilatatoren (NO-Donatoren)

Glycerintrinitrat (Glyceroltrinitrat) ist auch heute noch das Mittel der Wahl zur kurzfristigen Therapie eines **Angina-pectoris**-Anfalls. Die Schmerzen der Angina pectoris haben ihre Ursache in einer Verengung der Herzkranzgefäße. Aus dem Glycerintrinitrat wird **Stickoxid (NO)** freigesetzt, das eine Relaxation und somit eine Erweiterung der glatten Gefäßmuskulatur auslöst. NO bindet im Zytosol der glatten Muskelzellen an die Häm-Gruppe einer löslichen **Guanylatzyklase** (S. 572). Diese synthetisiert daraufhin cGMP, welches die **Proteinkinase G (PKG)** aktiviert. Die PKG hemmt die Muskelkontraktion über die **Phosphorylierung zweier Substratproteine:**

- **Myosinphosphatase (Myosin light Chain Phosphatase, MLCP):** Sie dephosphoryliert die regulatorische leichte Kette des Myosins und wird durch die PKG-vermittelte Phosphorylierung aktiviert.
- **Inositoltriphosphat (IP_3)-Rezeptor:** Er bildet in der Membran des sarkoplasmatischen Retikulums der glatten Muskelzellen einen eigenständigen Ca^{2+}-Kanal, der bei PKG-vermittelter Phosphorylierung geschlossen wird.

Eine ähnliche Wirkung wie Glycerintrinitrat hat Isosorbiddinitrat.

PDE5-Hemmer

Sildenafil, bekannt unter dem Firmennamen Viagra, hemmt gewebespezifisch die Phosphodiesterase PDE5, die in glatten Muskelzellen den Abbau des cGMP katalysiert. Sildenafil vermittelt dadurch eine Verstärkung der NO-abhängigen Gefäßdilatation. Inzwischen sind weitere PDE5-Hemmer auf dem Markt.

1.4 Muskelkrankheiten (Myopathien)

1.4.1 Myasthenia gravis

Muskelkrankheiten können ihre Ursache in einer **Störung der neuromuskulären Übertragung** haben. Ein klassisches Beispiel ist die **Myasthenia gravis**, die sich in einer ungewöhnlichen Ermüdbarkeit der Muskeln äußert. Bei den meisten – aber nicht bei allen – Patienten treten die Symptome zuerst an den Augenmuskeln auf. Ursache ist eine **Immunreaktion gegen die nikotinischen Acetylcholinrezeptoren** der motorischen Endplatte, woraufhin die Rezeptoren beschleunigt abgebaut werden. Myasthenia gravis ist also eine Autoimmunkrankheit (S. 817). Im Blut zirkulieren IgG-Antikörper, die gegen den Rezeptor gerichtet sind.

1.4.2 Muskeldystrophien

Die **Muskeldystrophie vom Typ Duchenne** ist wahrscheinlich die bekannteste erbliche Muskelkrankheit. Eine Muskeldystrophie äußert sich generell in einer fortschreitenden Degeneration der Muskelfasern. Bei einer Dystrophie vom Typ Duchenne fehlt in den Muskelfasern das Protein **Dystrophin**, das normalerweise die **Verankerung der Muskelfibrillen an der Plasmamembran** der Muskelfasern vermittelt (Abb. **G-1.7**). Da sich das Gen des Dystrophins auf dem X-Chromosom befindet, sind von der Krankheit fast nur Jungen betroffen. Dystrophin ist ein extrem großes Protein von 427 kDa. Es ist Bestandteil eines größeren Komplexes mehrerer Proteine unmittelbar an der Plasmamembran. Mit dem Dystrophin verbunden ist fibrilläres Aktin, das keine Funktion bei der Muskelkontraktion hat, sondern lediglich an der stabilen Verankerung der Muskelfibrillen innerhalb der Zellen beteiligt ist. Es bindet die Muskelfibrillen am äußeren Rand der Z-Scheiben. Wenn Dystrophin fehlt, ist zunächst die Funktion der Zellen beeinträchtigt, langfristig kommt es zu deren Untergang (Nekrose).

Bei einer **Muskeldystrophie vom Typ Becker** ist Dystrophin zwar vorhanden, aber nur eingeschränkt funktionsfähig. Der Verlauf der Krankheit ist vergleichsweise gutartig.

G-1.7 Funktion des Proteins Dystrophin

Dystrophin dient der Verankerung der Muskelfibrillen an der Plasmamembran der Muskelfasern. Durch Mutationen im Dystrophin-Gen kann das Dystrophin komplett fehlen **(Duchenne-Muskeldystrophie)** oder nur eingeschränkt funktionsfähig sein **(Becker-Muskeldystrophie)**.

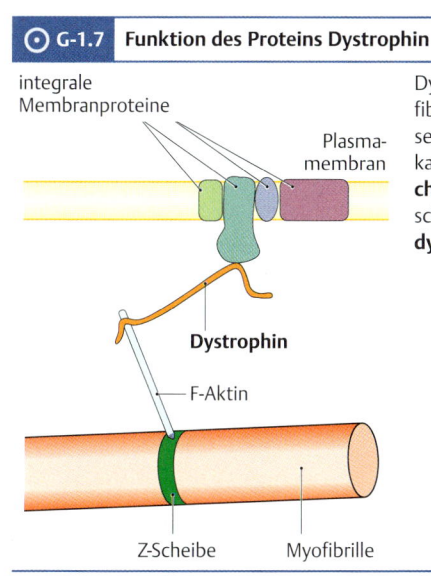

1.4.3 Metabolische Muskelkrankheiten

Zu den metabolischen Muskelkrankheiten zählen die **Glykogenosen** (S. 216). So war die erste exakt definierte metabolische Myopathie das McArdle-Syndrom, ein angeborener Defekt der Glykogenphosphorylase. Alle Glykogenosen äußern sich u. a. in einer Muskelschwäche. Myopathien können aber auch durch angeborene **Störungen im Fettstoffwechsel** verursacht sein, z. B. durch einen Defekt der Carnitin-Acyltransferase 1 oder 2. Mitunter liegt die Ursache einer Myopathie auch in einer **Mutation im mitochondrialen Genom**. Die Krankheit wird dann maternal vererbt.

1.4.4 Dilatative Kardiomyopathie

▶ Definition. Als **Kardiomyopathien** werden alle Erkrankungen des Herzmuskels bezeichnet, die mit einer Funktionsstörung einhergehen.

Die **dilatative Kardiomyopathie** ist die bei Weitem häufigste Form der Kardiomyopathie. Im typischen Fall ist dabei v. a. der linke Ventrikel deutlich erweitert (dilatiert), oft sind aber auch der rechte Ventrikel und die Vorhöfe betroffen (Abb. **G-1.8**). In der Folge sind die Kontraktion und damit auch die Pumpfunktion des Herzens gestört. Oft lässt sich keine Ursache ermitteln. Vermutlich geht die Myopathie häufig auf eine Infektion des Herzmuskels zurück (Myokarditis). Als Erreger kommen sowohl Viren als auch Bakterien infrage. Neuere Untersuchungen haben gezeigt, dass dem **Titin** bei einer dilatativen Kardiomyopathie oft eine entscheidende Rolle zukommt: Im Herzmuskel der Patienten ist weniger Titin enthalten als im Herzmuskel gesunder Probanden. Außerdem werden die unterschiedlichen Isoformen des Titins bei dilatativer Kardiomyopathie in veränderten Mengenverhältnissen exprimiert (Titin-Isoform Shift). Wahrscheinlich spielen bei Veränderungen der Titin-Elastizität auch kovalente Modifikationen, etwa durch Phosphorylierungen, eine Rolle. Über die Aufklärung der Regulation dieser Prozesse sollte es in Zukunft möglich sein, auch die Ursachen der dilatativen Kardiomyopathie besser zu verstehen.

Bei der **dilatativen Kardiomyopathie** sind Ventrikel und oft auch Vorhöfe des Herzens deutlich erweitert (Abb. **G-1.8**). Dadurch ist die Kontraktion und damit auch die Pumpfunktion des Herzens gestört. Oft findet man bei Betroffenen eine **verminderte Titinexpression** oder ein gegenüber Nichtbetroffenen **verändertes Expressionsmuster** der verschiedenen Titin-Isoformen.

G-1.8 **Dilatative Kardiomyopathie**

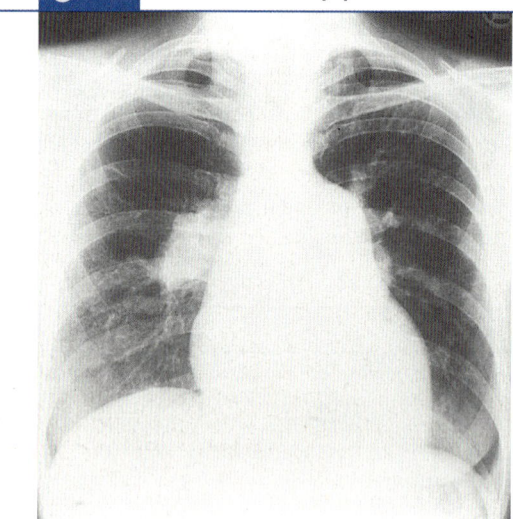

Stark vergrößertes Herz mit Erweiterung aller Herzhöhlen (Röntgen-Thorax-Aufnahme, a.-p.-Strahlengang)

(aus Baenkler et al., Duale Reihe Innere Medizin, Thieme, 2009)

Klinischer Fall: Junge mit Muskelschwäche

13:30
Sebastian Neugebauer, 7 Jahre, kommt mit seiner Mutter in die Kinderarztpraxis.

13:40
Mutter: Sebastians Sportlehrerin schickt mich. Sie meint, mit dem Sebi stimmt was nicht. Er hat große Probleme, beim Sport mitzuhalten, und es wird immer schlimmer. Mir kommt es auch langsam komisch vor: inzwischen kommt er fast nicht mehr in unsere Wohnung in den zweiten Stock hoch.

14:00
Die letzte Vorsorgeuntersuchung hatte kurz vor Sebastians zweitem Geburtstag stattgefunden. Damals war eine leichte motorische Entwicklungsverzögerung aufgefallen. Weitere Vorsorgeuntersuchungen wurden in der Zwischenzeit nicht wahrgenommen. Der Kinderarzt vermutet eine neuromuskuläre Erkrankung und überweist die Familie in eine neuropädiatrische Ambulanz zur weiteren Diagnostik.

1 Woche später — Anamnese neuropädiatrische Ambulanz Kinderklinik
Ich lasse mir Sebastians Beschwerden erneut schildern. Auf Nachfrage berichtet mir die Mutter von einem unauffälligen Verlauf von Schwangerschaft und Geburt. Allerdings hat Sebastian – im Gegensatz zu seiner gesunden 6-jährigen Schwester – erst mit 2 Jahren laufen gelernt. Auch heute noch fällt er häufiger mal hin. Die Beschwerden haben eher schleichend begonnen und wurden bisher noch nicht abgeklärt.

09:33 — Familienanamnese
Mutter: Es gibt einen entfernten Cousin, der im Rollstuhl sitzt, aber mehr weiß ich darüber nicht.

09:36 — Körperliche Untersuchung
Als erstes fällt mir auf, dass die Waden des Jungen vergrößert wirken (Pseudo-Hypertrophie der Wadenmuskulatur beidseits). Die Muskulatur des Schulter- und Beckengürtels ist schmächtig. Der Junge steht im Hohlkreuz.
Als ich Sebastian bitte, aus der Rückenlage aufzustehen, dreht er sich zunächst auf den Bauch. Dann geht er auf alle viere und stützt sich während des Aufrichtens mit den Händen an den Beinen ab (**Gowers-Zeichen**). Auf einen Hocker in Höhe einer Treppenstufe kann er nur mit Abstützen steigen. Das Gehen wirkt mühevoll, er watschelt leicht.

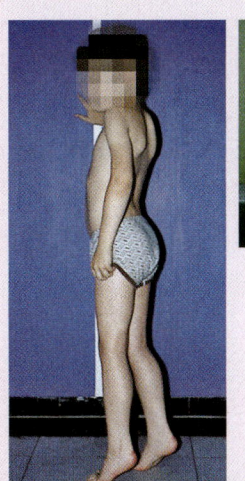

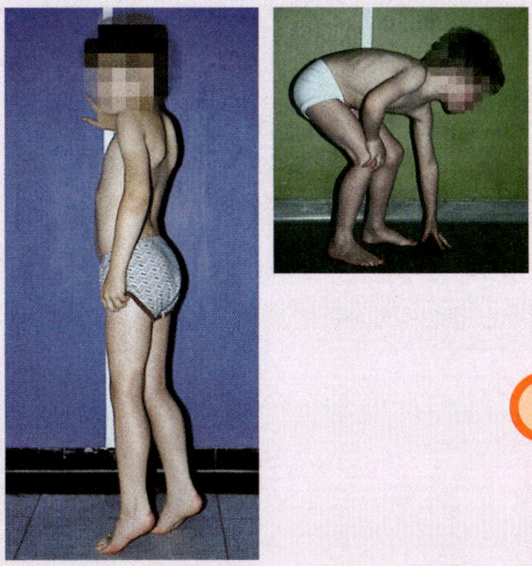

Gowers-Zeichen (aus Sitzmann, C. F.: Duale Reihe Pädiatrie. 4. Aufl., Thieme, Stuttgart 2012)

Muskelbiopsie
Das Kaliber der einzelnen Muskelfasern schwankt deutlich. Zwischen den wenigen Muskelfasern deutlich verbreiteter Interzellularraum, teils mit Fettgewebseinsprengseln. In der immunhistochemischen Untersuchung ist kein Dystrophin nachweisbar.

Elektromyografie
Es zeigen sich verkürzte, erniedrigte Potenziale und eine verminderte Amplitude bei maximaler Innervation. Der Befund passt zu einer Dystrophie.

Eine Woche später — Die Blutwerte sind da
(Normwerte in Klammern)
- Creatinkinase (CK) 12180 U/l (31–152)
- Lactatdehydrogenase (LDH) 780 U/l (141–237)
- Aspartat-Aminotransferase (AST = GOT) 942 U/l (Normalbereich < 50)

Diese Laborwerte deuten auf einen Zerfall von Muskelzellen hin.

10:00 — Blutabnahme
Ich nehme Sebastian Blut ab. Dann erkläre ich dem Jungen und seiner Mutter, dass weitere Untersuchungen notwendig sind: eine Elektromyografie und eine Probeentnahme aus der Muskulatur (Muskelbiopsie).

Nach 5 Tagen — Befundbesprechung und medikamentöse Behandlung
Alle Befunde zusammen sprechen für das Vorliegen einer Muskeldystrophie vom Typ Duchenne. Diese Diagnose erkläre ich gemeinsam mit meiner Oberärztin Sebastian und seiner Familie.
Die Erkrankung ist nicht heilbar. Eine intensive Krankengymnastik und Glukokortikoide können die Symptome lindern. Die Patienten versterben aber meist im 20.–30. Lebensjahr an einer Beteiligung der Atemmuskulatur.

Der Schock der infausten Diagnose sitzt tief. Eine intensive Krankengymnastik tut Sebastian momentan gut. In Selbsthilfegruppen (z.B. über die Deutsche Gesellschaft für Muskelkranke e.V.) finden Sebastians Angehörige die nötige Information und Unterstützung.

Fragen mit biochemischem Schwerpunkt

1. Was ist die Ursache der Muskeldystrophie Typ Duchenne und welche andere Muskeldystrophie gibt es noch?
2. Wie wird die Muskeldystrophie Typ Duchenne vererbt?
3. Können auch Mädchen an einer Dystrophinopathie erkranken?
4. Inwiefern lassen die Laborwerte vermuten, dass es sich um eine Skelettmuskelerkrankung handelt?

Antwortkommentare im Anhang

2 Neurochemie

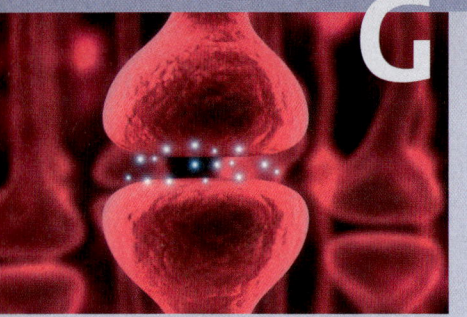

2.1 Einführung 800
2.2 Energiestoffwechsel des Nervensystems 800
2.3 Gliazellen und Myelin 801
2.4 Schrankensysteme des ZNS 802
2.5 Ruhemembranpotenzial und Aktionspotenzial 804
2.6 Neurotransmitter und ihre Rezeptoren 812
2.7 Erkrankungen des ZNS 828
2.8 Sinnesorgane und Sinneszellen 834

2.1 Einführung

▶ **Definition.** Neurochemie ist die Biochemie des Nervensystems.

Das Nervensystem des Menschen ist das komplizierteste Objekt, das im Universum bekannt ist. Niemand weiß, wie die ca. 10^{14} Synapsen des Gehirns miteinander verschaltet sind, und es wird einem Menschen niemals möglich sein, sich die 10^{14} Verschaltungen seines Gehirns mit einem Schema so vor Augen zu führen wie etwa die Reaktionen der Glykolyse. Die Erforschung des Nervensystems ist das Projekt der **Neurowissenschaften**, Vertreter vieler unterschiedlicher Fachbereiche sind daran beteiligt, u. a. auch Biochemiker. Einige molekulare Aspekte des Themas sollen hier in ihren Grundzügen erläutert werden.

2.2 Energiestoffwechsel des Nervensystems

Das Gehirn hat am Körpergewicht des Menschen zwar nur einen Anteil von 2 %, es verbraucht aber **15 % des vom Organismus aufgenommenen Sauerstoffs**. Als Substrat der Energiegewinnung dient im Gehirn bei normaler Ernährung nahezu **ausschließlich Glucose**. Pro Tag werden vom Gehirn 120 – 140 g Glucose benötigt, was etwa 40 % der mit der Nahrung aufgenommenen Kohlenhydrate entspricht. Die Glucose wird durch Glykolyse und Citratzyklus bis zum CO_2 oxidiert. Fettsäuren können die Blut-Hirn-Schranke (S. 802) nicht passieren und werden deshalb vom Stoffwechsel des Gehirns nicht zur Energiegewinnung genutzt. Der **Energieumsatz** des gesamten Gehirns beträgt **etwa 15 Watt** (dies entspricht dem Energiebedarf einer durchschnittlichen Kühlschrankinnenbeleuchtung).

▶ **Merke.** Das Gehirn besitzt nur geringe Glykogenreserven und ist deshalb auf eine permanente Zufuhr von Glucose angewiesen.

Bei längerem Hungern stellt sich der Stoffwechsel des Gehirns teilweise um und deckt dann einen erheblichen Teil seines Energiebedarfs über den Abbau von **Ketonkörpern**, z. B. Acetoacetat und β-Hydroxybutyrat (S. 250). Der Verbrauch an Glucose wird dadurch auf ca. 80 g/Tag reduziert.

Der für den Energiestoffwechsel des Gehirns entscheidende **Transport von Glucose** wird in den Membranen der Endothelzellen (S. 802) von **GLUT 1** vermittelt. Die Affinität des GLUT 1 zu Glucose ist relativ hoch, eine halbmaximale Sättigung des Proteins ist bereits bei einer Glucosekonzentration von ca. 1 mM erreicht. Da die Glucosekonzentration im Blut bei 5 mM liegt, arbeitet GLUT 1 ständig mit maximaler Transportgeschwindigkeit. **Insulin** hat auf die Transportkapazität dieses Systems **keinen Einfluss**.

Auch die Astrozyten, die Glucose an die Nervenzellen weiterleiten, besitzen GLUT 1-Proteine. Beim Abbau von Glucose beschränken sich Astrozyten weitgehend auf die Glykolyse. Das gebildete Lactat wird von ihnen an die benachbarten Nervenzellen abgegeben, wo es unter Beteiligung der Mitochondrien zu CO_2 oxidiert wird. Nervenzellen nehmen als Grundlage ihres Energiestoffwechsels sowohl Lactat als auch Glucose auf. Die Lactataufnahme wird vom Monacarboxylat-Transporter1 (MCT 1) vermittelt, als Transportsystem für Glucose dient den Nervenzellen **GLUT 3**.

2.3 Gliazellen und Myelin

2.3.1 Gliazellen

▶ **Definition.** **Gliazellen** bilden das Hüll- und Stützgewebe des Nervensystems.

Das Nervensystem umfasst etwa 10-mal mehr Gliazellen (im ZNS ca. 10^{12}) als Nervenzellen (Neurone, im ZNS ca. 10^{11}). Gliazellen unterstützen die Nervenzellen in vielerlei Hinsicht und haben dabei auch wichtige stoffwechselbiochemische und immunologische Funktionen. Im Gegensatz zu den Nervenzellen sind sie auch nach der Pränatalperiode noch vermehrungsfähig.

Gliazellen des zentralen Nervensystems:

- **Astrozyten** sind die häufigsten Gliazellen des ZNS. Mit Hilfe ihrer zahlreichen dünnen Fortsätze stellen sie Verbindungen zwischen Neuronen und den Endothelzellen der Blutkapillaren her und vermitteln die Versorgung der Neurone mit Glucose und mit Lactat. Eine wichtige Rolle spielen Astrozyten auch im Stoffwechsel der Neurotransmitter. So synthetisieren sie Glutamin, welches sie den benachbarten Neuronen zur Bildung der Neurotransmitter Glutamat und GABA zur Verfügung stellen. Andererseits beteiligen sich die Astrozyten auch an der Aufnahme der freigesetzten Neurotransmitter und kontrollieren damit deren Aktivität im synaptischen Spalt. Wichtig ist auch der Beitrag der Astrozyten zur Aufrechterhaltung physiologischer K^+-Konzentrationen in der Extrazellularflüssigkeit, die für die Funktion der Neurone essenziell sind. Durch Endozytose können Astrozyten in einem gewissen Umfang auch kleine Partikel und Proteinaggregate aus der Umgebung aufnehmen.
- **Oligodendrozyten** bilden die Myelinscheiden des ZNS. Durch Bildung mehrerer langer Zellfortsätze ist ein Oligodendrozyt in der Lage, sich an der Bildung der Myelinscheiden mehrerer nahe beieinander liegender Neurone zu beteiligen. Ähnlich den Astrozyten beziehen auch die Oligodendrozyten ihre Energie weitgehend durch Glykolyse. Das von den Oligodendrozyten freigesetzte Lactat leistet einen wichtigen Beitrag zum Stoffwechsel und zum Überleben der Neurone.
- **Ependymzellen** bilden das Epithel, das die inneren Hohlräume des ZNS auskleidet. Die meisten Ependymzellen tragen Kinozilien. Spezielle Ependymzellen bilden das Epithel des Plexus choroidei. Dabei handelt es sich um zarte, zottenreiche Strukturen, von denen in den Ventrikeln des Gehirns der Liquor cerebrospinalis gebildet wird.
- **Mikroglia** ist der übliche Name für die Makrophagen des Gehirns. Da andere Leukozyten normalerweise im Gehirn nicht vorhanden sind, repräsentiert die Mikroglia das Immunsystem des Gehirns. Lymphozyten wandern nur bei Entzündungen in das neuronale Gewebe ein.

Schwann-Zellen sind **Gliazellen des peripheren Nervensystems**, sie bilden die Myelinscheide der peripheren Neurone.

2.3.2 Myelin

Das **Myelin** der Axone wird **im zentralen Nervensystem von Oligodendrozyten gebildet**. Diese bilden große Zellausläufer, die sich vielfach um die benachbarten Axone winden. Die Myelogenese beginnt zwar in der Fetalzeit, zieht sich dann aber über viele Jahre hin. Bei der Geburt sind viele Faserzüge noch unreif oder gar nicht myelinisiert. Erst nach etwa 2 Jahren ist die Myelogenese weitgehend abgeschlossen. Die Membranen, aus denen die Myelinscheiden aufgebaut sind, enthalten einen auffällig geringen Proteinanteil. Während der **Anteil der Proteine** an der Trockenmasse der meisten Plasmamembranen bei 50 % liegt, beträgt der Anteil in den Myelinscheiden **nur 20 %**. In elektronenmikroskopischen Bildern erscheinen die Membranen deshalb als helle Linien, das proteinreiche Zytosol der Oligodendrozyten erscheint hingegen als dunkle Linie (Abb. **G-2.1**). Der Abstand der Plasmamembranen beträgt in der Myelinscheide nur ca. 12 nm, sodass der Raum für das Zytosol sehr eng begrenzt ist.

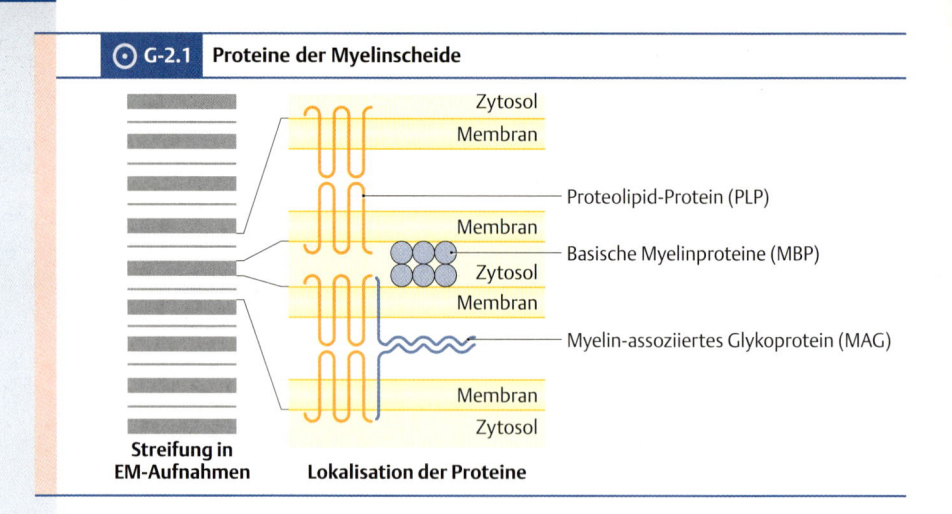

G-2.1 Proteine der Myelinscheide

Streifung in EM-Aufnahmen | **Lokalisation der Proteine**
- Proteolipid-Protein (PLP)
- Basische Myelinproteine (MBP)
- Myelin-assoziiertes Glykoprotein (MAG)

Proteine des ZNS-Myelins:

- **Proteolipid-Protein** (PLP) ist das häufigste Protein der Myelinmembranen. Homophile Bindungen zwischen den PLP gegenüberliegender Membranen tragen zum Zusammenhalt der Myelinscheide bei.
- Myelin-assoziiertes Glykoprotein (MAG)
- Myelin-Oligodendrozyten-Glykoprotein (MOG)
- Die **basischen Myelinproteine** (MBP) sind **zytosolische Proteine**. Sie stellen ca. $1/3$ des Myelinproteins.
- **Nogo-Protein** (s. Exkurs).

Das **Myelin des peripheren Nervensystems** enthält z. T. die gleichen Proteine (z. B. MBP) wie das des ZNS. Die Funktion des PLP wird vom Protein P_0 wahrgenommen.

▶ Exkurs.

Wichtige Proteine des ZNS-Myelins:

- Das **Proteolipid-Protein** (PLP) ist das bei weitem häufigste Protein der Myelinmembranen. Es ist mit vier α-Helices in den Membranen verankert und zum extrazellulären Raum exponiert. Die Proteolipid-Proteine einander gegenüberliegender Membranen bilden homophile Bindungen und tragen so zum Zusammenhalt der Myelinscheide bei.
- Das **Myelin-assoziierte Glykoprotein** (MAG) stellt demgegenüber nur einen kleinen Teil des Myelinproteins.
- Das **Myelin-Oligodendrozyten-Glykoprotein** (MOG) stellt ebenfalls nur einen kleinen Teil des Myelinproteins.
- Die **basischen Myelinproteine** (myelin basic proteins, MBP) sind die bekanntesten Proteine des Myelins. Im Gegensatz zu den zuvor genannten Proteinen sind sie **zytosolische Proteine** und somit an der Außenseite der Membranen *nicht* zugänglich. Sie stellen etwa $1/3$ des gesamten Myelinproteins.
- Das **Nogo-Protein** ist an der Regulation der Regeneration von Nervenzellen beteiligt (s. Exkurs).

Das **Myelin des peripheren Nervensystems** enthält ebenfalls die basischen Myelinproteine, ansonsten aber andere Proteine.

▶ **Exkurs.** Regeneration von Nervenzellen

Wenn im ZNS Axone durchtrennt werden, bilden sich zwar neue Axone, diese können ihre Zielorgane aber nicht erreichen, da ihr Wachstum bei Kontakt mit dem **Protein Nogo** unterdrückt wird. Nogo aktiviert in der Membran der Nervenzellen einen Nogo-Rezeptor, der das **Axon-Wachstum hemmt**.

Die Entdeckung des Nogo-Proteins wirft die Frage auf, ob bei einer Querschnittlähmung eine Regeneration der Bahnen des Rückenmarks durch Inaktivierung von Nogo induziert werden könnte. Tatsächlich lässt sich bei Versuchstieren durch Injektion von Antikörpern gegen Nogo eine Regeneration von Neuronen des Rückenmarks auslösen. Ersten klinische Tests mit spezifischen Anti-Nogo-Antikörpern wurden nach langen Vorbeiten 2014 an der Universität Zürich begonnen.

Die Schwann-Zellen des peripheren Nervensystems üben auf wachsende Neurone *keine* Hemmung aus. Nach einer Verwundung orientieren sich die vom Zellkörper neu auswachsenden Axone vielmehr an den Schwann-Zellen der Nerven. Wenn durch Schwann-Zellen eine kontinuierliche Verbindung vorgegeben ist, werden die Zielorgane nach einiger Zeit wieder innerviert.

2.4 Schrankensysteme des ZNS

2.4.1 Blut-Hirn-Schranke

▶ **Definition.** Als **Blut-Hirn-Schranke** (engl. blood-brain barrier, BBB) fasst man die Strukturen zusammen, die das neuronale Gewebe des Gehirns vom Blut trennen.

Die Blut-Hirn-Schranke wird im wesentlichen **von den Endothelzellen der Blutkapillaren gebildet** (Abb. **G-2.2**). Die Endothelien des Gehirns sind ungefenstert, und alle Endothelzellen sind untereinander durch **Tight Junctions** miteinander verbunden.

G-2.2 Blut-Hirn-Schranke

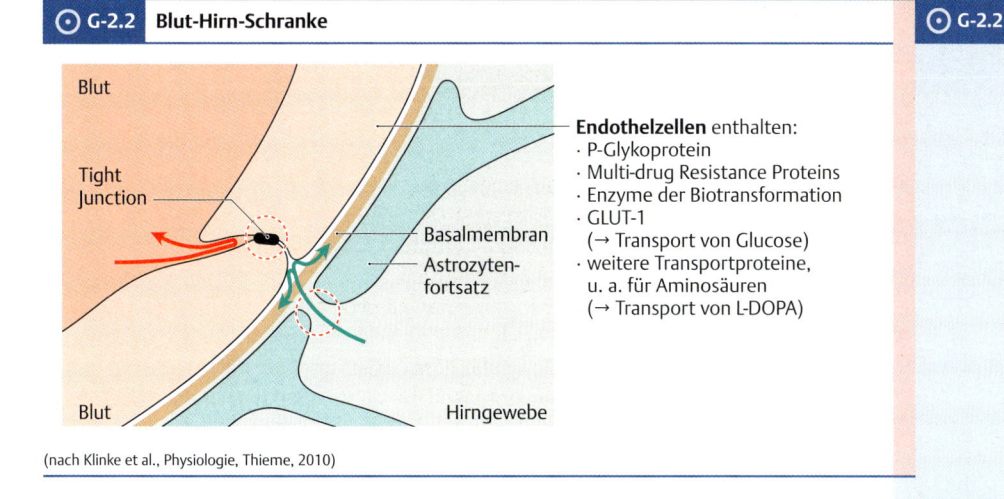

Endothelzellen enthalten:
- P-Glykoprotein
- Multi-drug Resistance Proteins
- Enzyme der Biotransformation
- GLUT-1 (→ Transport von Glucose)
- weitere Transportproteine, u. a. für Aminosäuren (→ Transport von L-DOPA)

(nach Klinke et al., Physiologie, Thieme, 2010)

▶ **Klinik.** In der Klinik ist es in vielen Situationen ein Problem, dass das Gehirn für viele Medikamente nicht in dem Maße zugänglich ist wie andere Gewebe des Körpers. Die Blut-Hirn-Schranke ist sehr dicht, sodass viele Medikamente aus dem Blut nicht in das neuronale Gewebe vordringen können. Bei den meisten Medikamenten, für die eine hinreichende Permeabilität gegeben ist, handelt es sich um lipidlösliche Stoffe von vergleichsweise geringer Masse. Eine wichtige Ausnahme ist das L-DOPA, ein ausgesprochen hydrophiler Stoff, der als Vorstufe des Dopamins zur Therapie der Parkinson-Krankheit (S. 831) eingesetzt wird. Der Transport des L-DOPA durch die Endothelzellen wird vom L-Typ Amino-Acid-Transporter (LAT 1) ermöglicht, der normalerweise den Transport ungeladener Aminosäuren vermittelt.

Auch einige **Transportproteine** (Multidrug Transporters) in der Plasmamembran der Endothelzellen spielen eine wichtige Rolle. Viele Stoffe, die von den Endothelzellen aufgenommen werden, gelangen nicht (!) ins Nervengewebe, da sie mithilfe dieser Transportproteine schnell wieder an das Blut abgegeben werden:

- **P-Glykoprotein (Pgp):** Das P-Glykoprotein ist ein vergleichsweise großes Protein (170 kDa). Es ist mit 12 membranspannenden α-Helices in die Plasmamembran eingebettet und enthält zudem zwei ATP-bindende Domänen. Das P-Glykoprotein nutzt die Energie des ATP, um Stoffe aktiv aus der Zelle herauszupumpen. Nachdem die Funktion des P-Glykoproteins erkannt worden war, erhielt das kodierende Gen den Namen MDR1 (Multidrug Resistance 1).
- **Multidrug Resistance Proteins (MRP):** Auch die Proteine der MRP-Familie sind am ATP-abhängigen Export von Medikamenten aus Endothelzellen beteiligt. In ihren Strukturen zeigen sie Ähnlichkeiten mit dem P-Glykoprotein. In der Primärstruktur sind allerdings nur 15 % der Aminosäuren identisch. Einige der Multidrug Resistance Proteins sind auch unter dem Namen „multispecific organic anion transporters" (MOAT) bekannt.

P-Glykoprotein und Multidrug Resistance Proteins werden auch in vielen anderen Geweben exprimiert. Viele Tumorzellen zeigen aufgrund einer erhöhten Expression derartiger Proteine eine verringerte Empfindlichkeit gegen Zytostatika.
Zum Transport von Glucose (S. 800).

2.4.2 Blut-Liquor-Schranke

▶ **Definition.** Als **Blut-Liquor-Schranke** fasst man die Strukturen zusammen, die die liquorgefüllten Hohlräume des Gehirns vom Blut trennen.

Der **Liquor cerebrospinalis** (Gesamtvolumen ca. 140 ml) ist eine klare Flüssigkeit, die alle Ventrikel und den Subarachnoidalraum ausfüllt sowie Gehirn und Rückenmark umgibt. Er wird in den **Plexus choroidei** produziert und täglich etwa 4-mal erneuert (Tagesproduktion ca. 600 ml). In der Zusammensetzung seiner Ionen ähnelt der Liquor dem Blutplasma. Die Konzentration von Proteinen beträgt hingegen weniger als 1 % des Plasmaproteingehaltes. Glucose ist im Liquor in einer Konzentration von ca. 3,3 mM gelöst (ca. 66 % des Blutglucosespiegels).

Die **Blut-Liquor-Schranke** wird nicht von den Endothelien gebildet (in den Plexus choroidei ist das Endothel der Blutgefäße gefenstert!), sondern von den **Ependymzellen** und ihren Tight Junctions.

▶ **Klinik.** Für diagnostische Untersuchungen gewinnt man Liquor im Rahmen einer **Lumbalpunktion**. Dazu wird zwischen den Lendenwirbeln 3 und 4 eine dünne Kanüle bis in den Subarachnoidalraum eingeführt. Liquor muss z. B. bei Verdacht auf eine Hirnhautentzündung untersucht werden. Der Liquor kann dann neutrophile Granulozyten (Eiter-Zellen), Bakterien oder Viren enthalten. Liquor kann auch maligne Zellen enthalten, die Hinweise auf einen Tumor geben.

Aus dem Liquor können Stoffe leichter in das Nervengewebe übertreten als aus dem Blut. Die Liquor-Hirn-Schranke ist also vergleichsweise durchlässig. Diesen Umstand nutzt man z. B. bei der Behandlung von Primärtumoren und Tumormetastasen des Gehirns aus, indem man die **Zytostatika** durch Lumbalpunktion **in den Liquorraum injiziert** („intrathekal").

2.5 Ruhemembranpotenzial und Aktionspotenzial

Die Rolle der anorganischen Ionen Na^+, K^+ und Cl^- bei der Reizleitung der Neurone wurde in wesentlichen Grundzügen bereits Mitte des 20. Jahrhunderts von den beiden britischen Physiologen **Alan L. Hodgkin** und **Andrew F. Huxley** an der Universität Cambridge aufgeklärt. Ausgehend von elektrophysiologischen Untersuchungen am Riesenaxon des Tintenfischs entwickelten sie die Konzepte des Ruhemembranpotenzials und des Aktionspotenzials. Über die Strukturen der Ionenkanäle der Neurone war bis zum Ende des Jahrhunderts allerdings kaum etwas bekannt. **Erst 1998** konnte von einer Arbeitsgruppe in New York erstmals die **Röntgenkristallstruktur eines Ionenkanals in atomarer Auflösung** bestimmt werden. Seitdem sind auch die Strukturen zahlreicher weiterer Ionenkanäle aufgeklärt worden. Für die molekulare Neurophysiologie hat damit ein neues Zeitalter begonnen.

2.5.1 Ruhemembranpotenzial

Konzentrationsverhältnisse der anorganischen Ionen: Die Zellen der Gewebe sind von einer Elektrolytlösung umgeben, die hohe Konzentrationen von Na^+ (ca. 140 mM) und Cl^- (ca. 120 mM) enthält. Andere Ionen sind nur in vergleichsweise geringen Konzentrationen vertreten, die K^+-Konzentration liegt bei 4,5 mM. Innerhalb der Zellen liegen die Ionen in vollkommen anderen Konzentrationsverhältnissen vor (Tab. **G-2.1**). Verantwortlich dafür ist primär ein bestimmtes Protein der Plasmamembran, die Na^+-K^+-ATPase. Diese nutzt die Energie des ATP, um aktiv Na^+-Ionen aus der Zelle herauszupumpen. Der Export von 3 Na^+ ist jeweils gekoppelt an den Import von 2 K^+. Dabei sinkt die intrazelluläre Na^+-Konzentration auf ca. 12 mM (Abnahme um das 20fache), die K^+-Konzentration erreicht ca. 150 mM (Anstieg um mehr als das 30fache).

≡ **G-2.1** Konzentrationsverhältnisse der anorganischen Ionen

	Extrazellulär	Intrazellulär
Na^+	140 mM	12 mM
Cl^-	120 mM	7 mM (4–10 mM)
K^+	4,5 mM	150 mM

Die Na^+-K^+-ATPase besteht aus einer großen α-Untereinheit und einer kleineren β-Untereinheit (Abb. **G-2.3**). Die **α-Untereinheit** ist über 10 Helices in der Membran verankert und vermittelt den **Transport der Ionen**. Wenn die α-Untereinheit an einem bestimmten Aspartatrest phosphoryliert wird, öffnet sich der Ionenkanal an der Außenseite und es können 3 Na^+ freigesetzt und 2 K^+ aufgenommen werden. Eine nachfolgende Dephosphoryliert führt zur Schließung des Ionenkanals an der Außenseite und ermöglicht die Öffnung an der Innenseite. Aufgrund der entscheidenden Rolle der ATP-abhängigen **P**hosphorylierung zählt die Na^+-K^+-ATPase zur Familie der **P**-Typ-ATPasen. Zu dieser Familie gehört auch die H^+-K^+-ATPase des Magens

G-2.3 Na⁺-K⁺-ATPase

Bindung von ATP
→ innen offen

Aspartatrest phosphoryliert
→ außen offen

geschlossen
(mit 2 gebundenen K⁺)

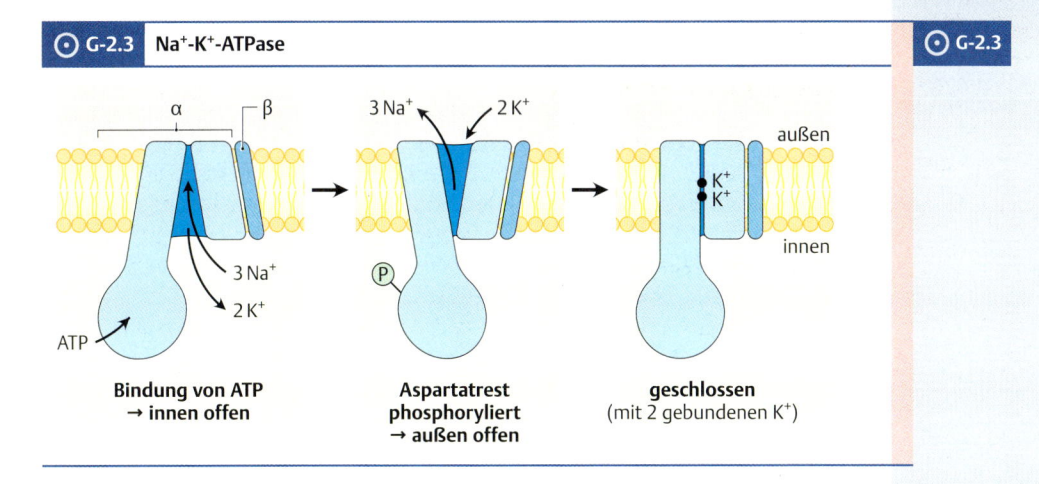

(S. 201). Der Reaktionszyklus zum Austausch der Ionen läuft sehr schnell ab, etwa 200-mal pro Sekunde. Entsprechend hoch ist der ATP-Umsatz. Etwa 2/3 der neuronalen ATP-Synthese sind für den Betrieb der Na⁺-K⁺-ATPase erforderlich.

Das **Ruhemembranpotezial** der Neurone ist in erster Linie die Konsequenz einer freien Diffusion der K⁺-Ionen über die Plasmamembran. Für alle anderen Ionen ist die Membran weitgehend undurchlässig. **Die in der Zelle hoch konzentrierten K⁺-Ionen folgen ihrem Konzentrationsgefälle und strömen aus der Zelle heraus.** Dabei nehmen sie ihre positive Ladung mit. Innerhalb der Zelle verschiebt sich dadurch das Gleichgewicht zwischen positiven und negativen Ladungen zugunsten der negativ geladenen Ionen: Es entsteht ein Membranpotential (**innen negativ, außen positiv**). Die K⁺-Ionen folgen zunächst weiterhin ihrem Konzentrationsgradienten, werden aber dabei zunehmend von den negativen Ladungen der Zelle zurückgehalten. Der Export der K⁺-Ionen kommt zum Stillstand sobald das Membranpotential eine hinreichende Stärke erreicht hat, um den Ausstrom weiterer K⁺-Ionen zu verhindern. Das dazu erforderliche Membranpotential E kann mit Hilfe der Nernst-Gleichung berechnet werden. Für die K⁺-Ionen gilt:

$$E = -61 \times \log \frac{[K^+]\text{außen}}{[K^+]\text{innen}}$$

Bei physiologischen Konzentrationen der K⁺-Ionen ergibt sich ein Wert von ca. -90 mV. Dieser Wert wird in den Neuronen nicht ganz erreicht. Tatsächlich findet man in der Regel Werte bei -70 mV. Offenbar spielen weitere Effekte, die im Folgenden erläutert werden, ebenfalls eine Rolle.

▶ **Merke.** Das Ruhemembranpotenzial der Neuron wird primär durch einen Ausstrom von K⁺-Ionen bestimmt und liegt bei ca. -70 mV.

Das **Ruhemembranpotenzial** der Neurone entsteht durch die freie Diffusion der K⁺-Ionen über die Plasmamembran. Für alle anderen Ionen ist die Membran weitgehend undurchlässig.
Die K⁺-Ionen folgen ihrem Konzentrationsgefälle und strömen aus der Zelle heraus. Dadurch entsteht ein Membranpotenzial (innen negativ, außen positiv) von ca. -70 mV.

▶ **Merke.**

Kaliumkanäle

Nachdem 2001 das **humane Genom** erstmals vollständig sequenziert worden war, konnten **sämtliche Kaliumkanal-kodierenden Gene** ermittelt werden. Identifiziert wurden schließlich nahezu 80 Gene. Diese ließen sich vier unterschiedlichen Kanaltypen zuordnen:
- 15 Kanäle Typ K2P (Kaliumkanäle mit zwei porenbildenden Domänen),
- 15 Kanäle Typ Kir (einwärts gleichrichtende-Kaliumkanäle, engl. **i**nwardly **r**ectifying potassium channels),
- 8 Ca²⁺-abhängige Kanäle sowie
- 41 spannungsabhängige Kanäle vom Typ KV (engl. **v**oltage-dependent).

Kaliumkanäle

Im humanen Genom sind ca. 80 Kaliumkanäle kodiert:
- 15 Kanäle Typ K2P
- 15 Kanäle Typ Kir
- 8 Ca²⁺-abhängige Kanäle
- 41 spannungsabhängige Kanäle vom Typ KV

▶ **Merke.** **Kaliumkanäle** spielen eine entscheidende Rolle bei der Bildung des **Ruhemembranpotenzials** der Neurone. Den wichtigsten Beitrag leisten dabei Kanäle vom Typ **K2P** und vom Typ **Kir**.

▶ **Merke.**

K2P-Kanäle

K2P-Kanäle sind Dimere zweier gleichartiger α-Untereinheiten. Jede Untereinheit ist mit 4 membranspannenden α-Helices (M1-M4) in der Membran verankert. Ein Kaliumkanal vom Typ K2P umfasst somit insgesamt 8 membranspannende α-Helices.

K2P-Kanäle

K2P-Kanäle sind Dimere zweier gleichartiger α-Untereinheiten (Abb. **G-2.4**). Diese sind jeweils mit 4 membranspannenden α-Helices (M1-M4) in der Membran verankert. Paarweise sind die Helices jeweils durch eine längere Schlaufe, einen sogenannten P-loop, miteinander verbunden. Als erste Röntgenkristallstruktur eines Kaliumkanals wurde 1998, von der Arbeitsgruppe der Rockefeller-Universität New York unter **Roderick MacKinnon**, die Struktur eines Kaliumkanals von *Streptomyces lividans* veröffentlicht (Abb. **G-2.5**). Die damals für diesen bakteriellen Kanal gefundenen strukturellen Prinzipien, sind seitdem für zahlreiche andere Ionenkanäle bestätigt worden, einschließlich der K2P-Kanäle des Menschen. Für seine Entdeckung erhielt Roderick MacKinnon 2003 den Nobelpreis für Chemie.

G-2.4 Struktur spannungsabhängiger Kaliumkanäle vom Typ K2P

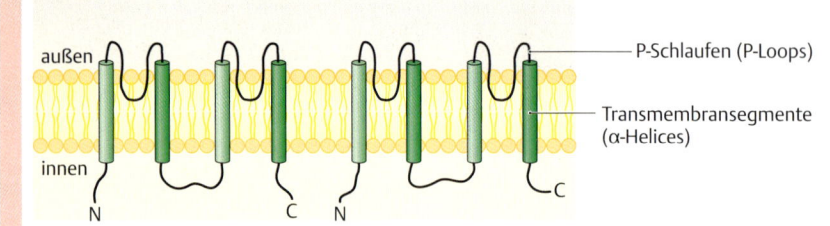

Spannungsabhängige Kaliumkanäle sind Dimere zweier homologer α-Untereinheiten. Jede α-Untereinheit enthält 4 Transmembransegmente. Die 4 dunkel gezeichneten Helices sind unmittelbar an der Bildung der Pore beteiligt(vgl. Abb. **G-2.5**). Die P-Schlaufen bilden den Selektivitätsfilter und bestimmen die Spezifität für Kaliumionen.

In vieler Hinsicht ähnlich aufgebaute Kaliumkanäle lassen sich auch bei Bakterien nachweisen. **Der Kaliumkanal von *Streptomyces lividans*** ist als Tetramer aufgebaut: Die zentral gelegene ionenleitende Pore ist kreuzförmig von 4 × 2 α-Helices umgeben. An einem Ende der Pore bilden 4 α-Helices eine Engstelle, das Tor des Ionenkanals (engl. **gate**), das sich ähnlich einer Irisblende öffnen und schließen kann („**gating**"). Am anderen Ende der Pore bilden **P-Schlaufen** (Pore-loops) einen **Selektivitätsfilter**. Sie bestimmen, welche Ionen durchgelassen werden.

Jede der beiden **Untereinheiten eines K2P-Kanals** enthält zwei Domänen, die sich an der Bildung einer Pore beteiligen: Die **Pore** ist unmittelbar **von 4 α-Helices umgeben**.

Der Kaliumkanal von *Streptomyces lividans* ist als **Tetramer** aufgebaut: Die zentral gelegene ionenleitende Pore ist kreuzförmig von 4 vergleichsweise kleinen Polypeptiden (den Untereinheiten des Kanals) umgeben. In Abb. **G-2.5**b sind die Untereinheiten in vier verschiedenen Farben dargestellt. Die Untereinheiten sind jeweils mit zwei α-Helices (= Segmente S1 und S2) in der Membran verankert. Im Querschnitt sieht man, wie sich dabei jeweils zwei Polypeptide einander gegenüber anordnen (Abb. **G-2.5**a). **Die C-terminalen S2-Segmente umgeben die Pore**, die N-terminalen S1-Segmente befinden sich seitlich weiter außen. Die C-terminalen Enden der S2-Segmente kommen sich sehr nahe und sind dabei leicht schräg gestellt. Sie bilden dadurch eine in sich verschraubte Struktur, die an die Irisblende des Objektivs eines Fotoapparates erinnert. Tatsächlich bilden die S2-Segmente an dieser Stelle das Tor des Ionenkanals (engl. gate). Das Tor kann durch geringfügige Bewegungen der S2-Segmente geöffnet und geschlossen werden („gating" des Kanals). Die **P-Schlaufen** (Pore-loops, **P-loops**) befinden sich am gegenüberliegenden Ende der ionenleitenden Pore. Sie bilden einen **Selektivitätsfilter**. Nur K$^+$-Ionen können diesen Selektivitätsfilter passieren. Der Durchmesser von Na$^+$-Ionen ist bereits zu groß, als dass eine Passage möglich wäre. Während der Passage durch den Selektivitätsfilter sind die K$^+$-Ionen dehydratisiert (Abb. **G-2.5**c). Sie sind dann nicht mehr von den Sauerstoffatomen der H$_2$O-Moleküle einer Hydrathülle umgeben, sondern von den Sauerstoffatomen der Peptidbindungen der umgebenden Aminosäuren.

Erst 2012 wurden dann auch die ersten **Röntgenkristallstrukturen humaner K2P-Kanäle** veröffentlicht. Die Daten zeigen, dass die beiden Untereinheiten eines K2P-Dimers letztlich eine Struktur bilden, die große Ähnlichkeit mit dem tetrameren Kaliumkanal von *Streptomyces lividans* hat. Eine K2P-Polypeptidkette entspricht zwei Untereinheiten des bakteriellen Proteins (Abb. **G-2.4**). Die Pore ist, wie im bakteriellen Kanal, unmittelbar von 4 α-Helices umgeben (in der Abbildung dunkel markiert).

Kir-Kanäle

Auch **Kir-Kanäle** (einwärts gleichrichtende Kaliumkanäle) haben eine tetramere Grundstruktur. Kir-Kanäle sind unter den Bedingungen eines **Ruhemembranpotenzials geöffnet**. Sie erleichtern damit das Ausströmen von K$^+$-Ionen aus den Neuronen (→ Stabilisierung des Ruhemembranpotenzials). Wenn ein **Aktionspotenzial** eintrifft, werden Kir-Kanäle vorübergehend durch **Einlagerung von Polyaminen** (Spermin oder Spermidin) **verschlossen**.

Kir-Kanäle

An der Bildung des Ruhemembranpotenzials sind neben den K2P-Kanälen auch **Kir-Kanäle** beteiligt (einwärts gleichrichtende Kaliumkanäle). Sie haben die gleiche charakteristische **tetramere Grundstruktur** wie die Kaliumkanäle von *Streptomyces lividans*. Jede der 4 Untereinheiten ist auch hier über 2 membranspannende Helices in der Membran verankert, P-loops bilden einen Selektivitätsfilter. Die Aktivität der Kir-Kanäle ist entscheidend **vom Membranpotenzial abhängig**: Unter den Bedingungen eines **Ruhemembranpotenzials** sind die Kir-Kanäle **geöffnet** und tragen damit zur Stabilisierung des potenzials bei -70 mV bei. Sie schließen sie sich aber vorübergehend, sobald ein **Aktionspotenzial** eintrifft, und ermöglichen damit dessen Weiterleitung. Die Pore wird dabei von positiv geladenen **Polyaminen verschlossen**,

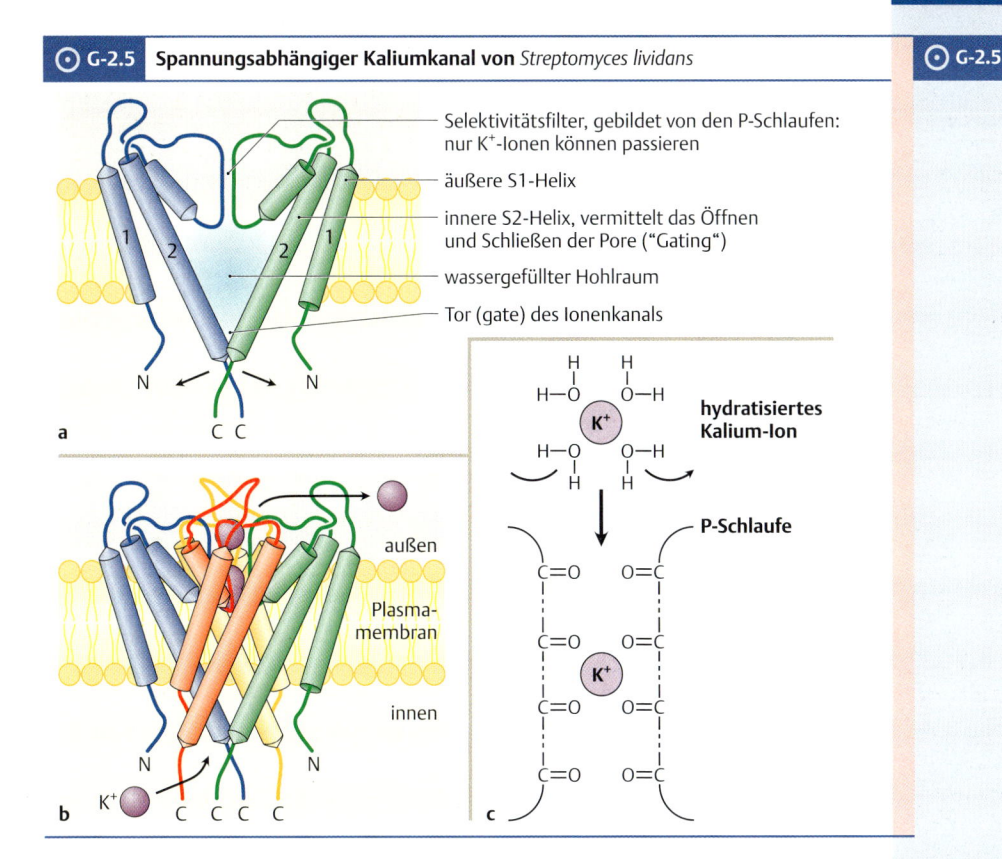

G-2.5 Spannungsabhängiger Kaliumkanal von *Streptomyces lividans*

- Selektivitätsfilter, gebildet von den P-Schlaufen: nur K⁺-Ionen können passieren
- äußere S1-Helix
- innere S2-Helix, vermittelt das Öffnen und Schließen der Pore ("Gating")
- wassergefüllter Hohlraum
- Tor (gate) des Ionenkanals
- hydratisiertes Kalium-Ion
- P-Schlaufe

die sich unter diesen Bedingungen in das Innere des Ionenkanals einlagern. Bei den Polyaminen handelt es sich um Spermidin und Spermin (Abb. **G-2.6**). Beide Verbindungen sind in allen Zellen in erheblichen Konzentrationen enthalten. Sie werden ausgehend von Ornithin synthetisiert, welches beim Abbau der Aminosäure Arginin anfällt.

G-2.6 Spermidin und Spermin

$^+H_3N-(CH_2)_4-\overset{+}{N}H_2-(CH_2)_3-NH_3^+$ **Spermidin**

$^+H_3N-(CH_2)_3-\overset{+}{N}H_2-(CH_2)_4-\overset{+}{N}H_2-(CH_2)_3-NH_3^+$ **Spermin**

Die Aktivität der **Kir-Kanäle** wird außerdem durch verschiedene weitere Mechanismen **reguliert**, u. a. unter Vermittlung G-Protein-gekoppelter Rezeptoren. **N- und C-Terminus** der Kir-Untereinheiten bilden im Zytosol große hydrophile Domänen, die **G-Proteine** oder andere Mediatoren **binden** können.
Die Röntgenkristallstruktur des Kir3.2-Kanals (GIRK2) hat gezeigt, dass die zytosolischen Domänen die Ionen-leitende Pore dieses Kanals erheblich verlängern und eine zweite Engstelle bilden. Sie geben den Eingang der Pore nur frei, wenn seitlich ein Komplex aus β- und γ-Untereinheit eines G_i-Proteins bindet. Die Aktivität derartiger Kir-Kanäle kann auf diese Weise unter Vermittlung G_i-Protein-gekoppelter Rezeptorproteine reguliert werden (Abb. **G-2.19**).

Viele Kir-Kanäle öffnen sich erst nach **Bindung eines G-Proteins**. Die Öffnung erfolgt also in Abhängigkeit von G-Protein-gekoppelten Rezeptorproteinen.

Chlorid-Transporter

Die Verteilung der Cl⁻-Ionen wird im zentralen Nervensystem (ZNS) von **Kationen-Chlorid-Cotransportern** vermittelt. Während der Embryogenese enthalten die Neurone des sich entwickelnden Nervensystems noch vergleichsweise hohe Konzentrationen von Cl⁻-Ionen (bis zu 50 mM). Erst in den Wochen vor der Geburt wird in den Neuronen die Expression des **K⁺-Cl⁻-Cotransporters KCC2** massiv gesteigert. Dieser vermittelt dann einen an den Konzentrationsgradienten der K⁺-Ionen gekoppelten **Export von Cl⁻-Ionen**. Teilweise wird auch der **Na⁺-K⁺-2 Cl⁻-Cotransporter NKCC1** exprimiert, der eine **Aufnahme von Cl⁻-Ionen** vermittelt. Über die kontrollierte Aktivität der beiden Transportproteine kann die intrazelluläre Cl⁻-Konzentration sehr effizient reguliert werden.

Chlorid-Transporter

Cl⁻-Ionen werden von Neuronen mit Hilfe bestimmter Transportproteine exportiert. Verantwortlich für die niedrigen Cl⁻-Konzentration in den Neuronen ist vor allem die Aktivität des K⁺-Cl⁻-Cotransporters **KCC2**. Der Export der Cl⁻-Ionen ist dabei an den Konzentrationsgradienten der K⁺-Ionen gekoppelt.

▶ **Merke.** Ursache der niedrigen Cl⁻-Konzentration in den Neuronen ist im Wesentlichen die Aktivität des K⁺-Cl⁻-Cotransporters **KCC2**.

Die Chloridkanäle **KCC2** und **NKCC1** gehören beide zu einer großen Familie ähnlicher Transportproteine, die sich bereits in Bakterien nachweisen lassen. KCC2 und NKCC1 sind jeweils über **12 α-Helices** in der **Plasmamembran** verankert. In ihren Strukturen haben sie mit den Kaliumkanälen keinerlei Ähnlichkeit (Abb. **G-2.7**). Sie zeigen eine eigentümliche Symmetrie. In ihrer Polypeptidkette lassen sich zwei Hälften unterscheiden, die sich strukturell ähneln, aber in umgekehrter Orientierung zueinander in die Membran eingebettet sind. Die **Cl⁻-Kanäle** bilden eine **Sanduhr-förmige Pore**. Die Cl⁻-Ionen können an einer etwa in der Mitte der Membran gelegenen Engstelle passieren. Diese wird durch zwei schräg gestellte aufeinander zulaufende Helices des Proteins gebildet. Jede der beiden Proteinhälften steuert dabei eine der beiden Helices bei. Die Engstelle ist von beiden Seiten der Membran leicht zugänglich (Abb. **G-2.7**a). Im Gegensatz dazu ist für **K⁺-Kanäle** ist eine wassergefüllte Pore charakteristisch, die zur einen Seite durch die Selektivitätsfilter (P-loops), zur anderen Seite durch die blendenartige Struktur (das Tor des Kanals; engl. gate) abgeschlossen ist (Abb. **G-2.7**b) – vgl. auch die Struktur der Na⁺-Kanäle (Abb. **G-2.5**). Ungeklärt ist bislang, wie der Transport der Cl⁻-Ionen an die Diffusion der K⁺- bzw. Na⁺-Ionen gekoppelt ist.

⊙ **G-2.7** Vergleich der Architektur der Chloridkanäle und der Kationenkanäle

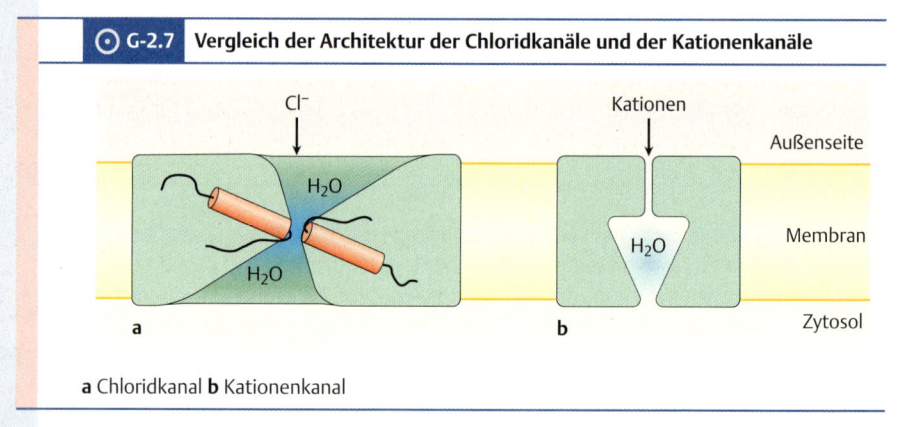

a Chloridkanal **b** Kationenkanal

2.5.2 Aktionspotenzial

Wenn das Membranpotenzial ausgehend von einem Ruhemembranpotenzial von etwa -70 mV aufgrund bestimmter Reize auf einen Schwellenwert von etwa -50 mV erniedrigt wird (**Depolarisation**), antwortet ein Neuron mit einem **Aktionspotenzial** (Abb. **G-2.8**). Meist wird dieses in einer Synapse durch einen Neurotransmitter ausgelöst, dabei wird über die Öffnung lokaler Ionenkanäle eine Depolarisation bis zum erforderlichen Schwellenwert verursacht.

⊙ **G-2.8** Aktionspotenzial

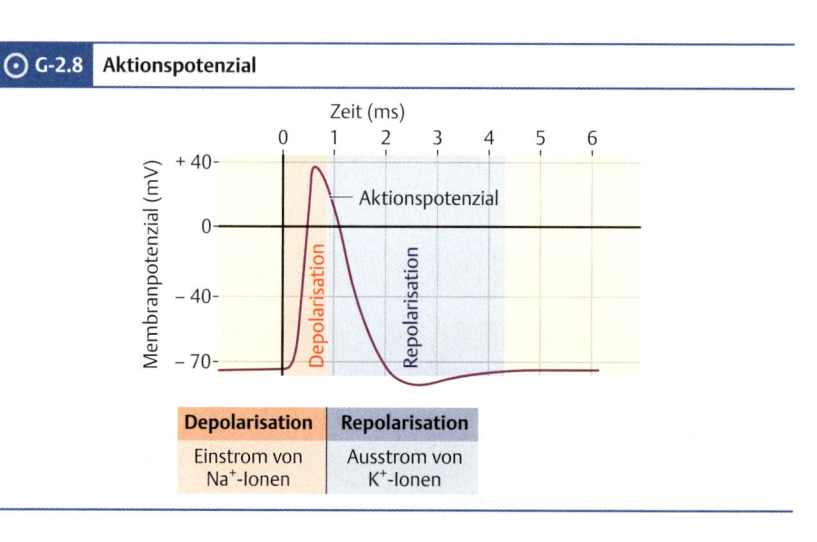

Depolarisation	Repolarisation
Einstrom von Na⁺-Ionen	Ausstrom von K⁺-Ionen

G 2.5 Ruhemembranpotenzial und Aktionspotenzial

Prinzip des Aktionspotenzials: Die Plasmamembran der Neurone enthält **spannungsabhängige Na⁺-Kanäle (spannungsgesteuerte Na⁺-Kanäle, Na$_V$)**, die sich bei Überschreiten des Schwellenwertes (engl. threshold) öffnen und dann kurzzeitig einen Einstrom von Na⁺-Ionen in das Zellinnere ermöglichen. Der Einstrom der positiven Ladungen führt dazu, dass sich das Membranpotenzial umkehrt und Werte von +30 mV erreicht (**Depolarisation**). Nach weniger als einer 1 ms (also weniger als 1/1000 Sekunde) schließen sich die Na⁺-Kanäle wieder und es öffnen sich **spannungsabhängige K⁺-Kanäle (K$_V$)**. Indem K⁺-Ionen aus der Zelle herausströmen setzt die **Repolarisation** ein und das Ruhemembranpotenzial wird wiederhergestellt. Innerhalb der nachfolgenden etwa 2 ms können die spannungsgesteuerten Na⁺-Kanäle nicht sofort wieder geöffnet werden (**Refraktärzeit**). Eine erneute Reizung ist erst nach dieser Zeit wieder möglich.

Nach diesem Prinzip entstehen die Aktionspotenziale auch in den Neuronen des Gehirns. In jedem einzelnen Neuron sind dabei allerdings mehr als nur zwei verschiedene Ionenkanäle beteiligt: In der Regel sind 2 oder 3 unterschiedliche spannungsabhängige Na⁺-Kanäle nachweisbar, 4 oder 5 spannungsabhängige Ca²⁺-Kanäle, 4 oder 5 spannungsabhängige K⁺-Kanäle und 2 oder 3 Calcium-abhängige K⁺-Kanäle. Im Genom des Menschen wurden insgesamt mehr als 140 Gene identifiziert, die für spannungsabhängige Ionenkanäle kodieren. Kürzlich ist es gelungen, auch die Röntgenkristallstrukturen einiger spannungsabhängiger Ionenkanäle zu bestimmen.

Spannungsabhängige Kationenkanäle

Spannungsabhängige Kationenkanäle lassen sich bereits bei Bakterien nachweisen. Sie sind aus **4 Modulen** aufgebaut, die in der Membran kreuzförmig angeordnet sind und dabei eine zentral gelegene Pore bilden. Der entscheidende Unterschied zu den spannungsunabhängigen Ionenkanälen besteht darin, dass jedes Modul statt 2 membranspannende α-Helices 6 α-Helices enthält (Abb. **G-2.9**). Alle Helices sind in der Membran in einem dichten Bündel miteinander assoziiert. In der Mitte des Bündels bilden die Helices 5 und 6 (**Segmente S5 und S6**) die **Pore** des Kanalproteins. Sie sind über einen P-loop miteinander verbunden, die **Helix 6** jedes Moduls ist unmittelbar am **Öffnen und Schließen** der Pore beteiligt. Die **Spannungsabhängigkeit** der Kanäle wird von den helikalen Segmenten **S1-S4** vermittelt, die in den äußeren Bereichen des Proteins lokalisiert sind. Sie bilden in jedem Modul eine funktionelle Einheit, die spannungssensitive Domäne (**Voltage-sensing domain - VSD**). Die Spannungssensitivität der Domäne kommt durch die positiv geladenen Aminosäuren im Segment S4 zustande. Abhängig vom Membranpotenzial kommt es in diesem Teil des Kanalproteins zu Verschiebungen der einzelnen Segmente, die dann auch Auswirkungen auf die Konfiguration der porenbildenden Segmente S5 und S6 haben. So bestimmt das Membranpotenzial das Öffnen und Schließen der Pore.

G-2.9 Spannungsabhängiger Natriumkanal

P-Schlaufen bestimmen in der Pore die Selektivität für Natrium-Ionen

außen
Membran
innen

Das Segment S4 jeder Domäne dient als Spannungssensor, die Segmente S5 und S6 sind unmittelbar an der Bildung der Pore beteiligt.

Die Schlaufe zwischen den Domänen III und IV blockiert die Pore während der Refraktärzeit von innen.

Spannungsabhängige Na⁺-Kanäle (NA$_V$)

Die spannungsabhängigen Na⁺- und Ca²⁺-Kanäle sind sich in ihren molekularen Strukturen sehr ähnlich. Die porenbildende α-Untereinheit besteht aus einer Polypeptidkette von ca. 2000 Aminosäuren, assoziiert sind kleinere Untereinheiten, die an der Porenbildung nicht beteiligt sind. **Die α-Untereinheit enthält alle 4 Module**, die für die Bildung der Pore benötigt werden.

Prinzip des Aktionspotenzials: Zunächst öffnen sich **spannungsabhängige Na⁺-Kanäle**. Der Einstrom von Na⁺-Ionen in das Zellinnere führt dazu, dass sich das Membranpotenzial umkehrt und Werte von **+30 mV** erreicht (**Depolarisation**). Nach weniger als einer 1 ms schließen sich die Na⁺-Kanäle und es öffnen sich **spannungsabhängige K⁺-Kanäle.** Indem K⁺-Ionen aus der Zelle herausströmen setzt die **Repolarisation** ein. Während der **Refraktärzeit** können die Na⁺-Kanäle nicht geöffnet werden und es ist kein erneutes Aktionspotenzial möglich.

In den Neuronen des Gehirns sind mehr als nur zwei verschiedene Ionenkanäle an der Entstehung eines Aktionspotenzials beteiligt. In der Regel ist in einem einzelnen Neuron eine Beteiligung von > 10 unterschiedlichen spannungsabhängigen Ionenkanälen nachweisbar. Insgesamt wurden 140 Gene identifiziert, die für spannungsabhängige Ionenkanäle kodieren.

Spannungsabhängige Kationenkanäle

Auch **spannungsabhängige Kationenkanäle** sind stets aus **4 Modulen** aufgebaut, die in der Membran kreuzförmig angeordnet sind und dabei eine zentral gelegene Pore bilden. Der entscheidende Unterschied zu den spannungsunabhängigen Ionenkanälen besteht darin, dass jedes Modul nicht nur 2, sondern 6 membranspannende α-Helices enthält. Die **Helices 5 und 6** bilden die **Pore**, die **Helices 1–4** vermitteln die **Spannungsabhängigkeit** der Kanäle (Abb. **G-2.9**).

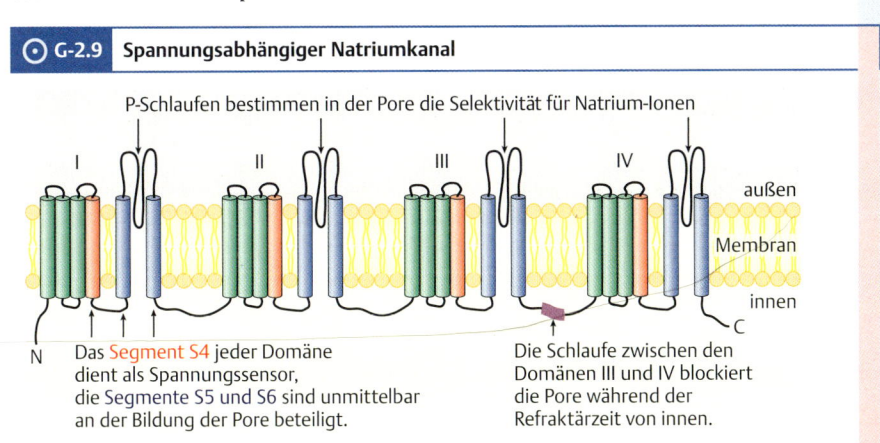

Spannungsabhängige Na⁺-Kanäle (NA$_V$)

In den Na$_V$-Kanälen ist die **Spannungsabhängigkeit der Porenöffnung** von mehrere **positiv geladene Arginin-Seitenketten** abhängig, die vom Segment-S4 exponiert werden. Aufgrund der positiven Ladung der Argininseitenketten ändert sich abhängig von der Stärke des Membranpotenzials die Lage des S4-Segments in der Membran. Die Bewegung überträgt sich auf die Segmente S5 und S6 und die Pore wird geöffnet bzw. geschlossen.

▶ Klink.

▶ Exkurs.

Auch in den Na$_V$-Kanälen bilden die Segmente **S5 und S6** die **Pore** des Kanals. Die **Spannungsabhängigkeit der Porenöffnung** ist primär von mehreren Arginin-Seitenketten abhängig, die vom **Segment S4** exponiert werden. Das Segment S4 ist der entscheidende **Spannungssensor** des Ionenkanals (Abb. **G-2.9**). Auf Grund der **positiven Ladung der Arginin-Seitenketten** wirkt auf das S4-Segment im elektrischen Feld des Membranpotenzials eine erhebliche Kraft. Abhängig von der Stärke des Membranpotenzials ändert sich deshalb die Lage des S4-Segments in der Membran. Sobald sich das S4-Segment verschiebt, überträgt sich die Bewegung (vermittelt von der S4-S5 Schlaufe) auf die Segmente S5 und S6 und die Pore wird geöffnet bzw. geschlossen. Im Gegensatz zum spannungsunabhängigen Kaliumkanal (Abb. **G-2.5**c) werden die Na$^+$-Ionen beim Durchtritt durch den Selektivitätsfilter nicht dehydratisiert. Sie werden also mitsamt einer Hülle von Wassermolekülen aufgenommen.

▶ **Klink.** Bei der Suche nach der genetischen Ursache einer bestimmten erblichen Form der **Epilepsie** wurde eine Mutation im Gen SCN1A gefunden, welches einen spannungsabhängigen Na$^+$-Kanal kodiert. Bei dieser Form der Epilepsie handelt es sich somit um eine angeborene **Ionenkanalkrankheit** (Channelopathy).

▶ **Exkurs.** Pharmakologie und Toxikologie der spannungsabhängigen Natriumkanäle
- **Lokalanästhetika** (S.827) verhindern die Bildung von Aktionspotenzialen durch **Blockade spannungsabhängiger Na$^+$-Kanäle**. Klassische Lokalanästhetika sind z. B. Procain und Lidocain (Abb. **G-2.10**). Die Entwicklung der Lokalanästhetika geht auf die Beobachtung zurück, dass Kokain zur lokalen Anästhesie verwendet werden kann. Procain wurde 1905 als erstes chemisches Derivat des Kokains (S.824) entwickelt, das zur Anästhesie geeignet war, ohne die vielfältigen Nebenwirkungen des Kokains zu haben.

⊙ **G-2.10** Hemmstoffe spannungsgesteuerter Natriumkanäle a Lokalanästhetika
b Die Angriffspunkte der Hemmstoffe

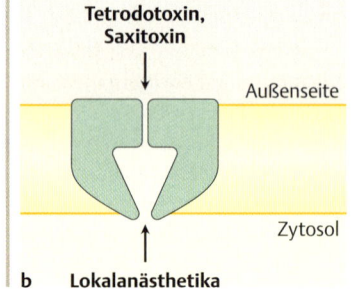

- Das **Tetrodotoxin (TTX) des Kugelfischs** ist ein berühmtes Gift, das **spannungsabhängige Na$^+$-Kanäle blockiert**. Es lagert sich mit hoher Affinität von außen an bestimmte Subtypen der spannungsabhängigen Na$^+$-Kanäle an und bindet dort im Bereich der P-loops. Tetrodotoxin zählt zu den stärksten bekannten Nicht-Protein-Toxinen. In Japan wird der Kugelfisch (japanisch Fugu) traditionell als Delikatesse gegessen. Nachdem es in Japan durch Kugelfischvergiftungen allein zwischen 1974 und 1983 zu 179 Todesfällen gekommen war, wurden die Bestimmungen verschärft, seitdem sind Vergiftungen nur noch selten aufgetreten. In den Kugelfischen wird das Tetrodotoxin von symbiontischen Bakterien der Art *Vibrio alginolyticus* produziert. Die Kugelfische enthalten das Toxin lediglich in bestimmten Organen. Die Fische sind gegen das Gift immun, da der relevante spannungsabhängige Na$^+$-Kanal in diesen Organen aufgrund einer Mutation kein Tetrodotoxin binden kann. Die Mutation bedingt einen Aminosäureaustausch in einem der P-loops des Kanals.
- **Saxitoxin**, ein Toxin verschiedener Meeresmuscheln (u. a. Austern und Miesmuscheln), **blockiert spannungsabhängige Na$^+$-Kanäle** an der gleichen Stelle wie Tetrodotoxin. Saxitoxin wird von symbiontischen Bakterien synthetisiert, die in Dinoflagellaten des Planktons enthalten sind.
- Viele **Skorpione** bilden **α-Neurotoxine**. Dabei handelt es sich um Peptide von 60–70 Aminosäuren, die von außen an die **spannungsabhängigen Na$^+$-Kanäle binden** und diese **geöffnet halten**. Die α-Neurotoxine binden an die äußere Seite des S4-Segments und damit unmittelbar an den Spannungssensor der Kanäle. Die Folge ist eine permanente Depolarisation der betroffenen Neurone.

- Auch das **Batrachotoxin der südamerikanischen Pfeilgiftfrösche** (Abb. **G-2.11**) arretiert spannungsabhängige Na⁺-Kanäle im geöffneten Zustand. Es wurde berechnet, dass ein Frosch der Art *Phyllobates terribilis* in seinen Sekreten eine Menge an Batrachotoxin enthält, die 10 Menschen töten könnte.
- Auch **DDT** (Dichlordiphenyltrichlorethan, vlg. Abb. **G-2.11**) bindet an **spannungsabhängige Na⁺-Kanäle** und hält diese in einem **geöffneten Zustand**. DDT wurde seit 1939 weltweit in großem Umfang als Insektizid eingesetzt, nicht zuletzt – mit großen Erfolgen – zur Bekämpfung der Malaria. DDT akkumuliert allerdings im Fettgewebe vieler Tiere und es kommt zu einer Anreicherung in der Nahrungskette. In Ackerböden wird DDT nur langsam abgebaut. Toxische Wirkungen durch Rückstände in der Nahrung wurden zwar beim Menschen nicht beobachtet, DDT wurde aber in steigenden Mengen in Muttermilch nachgewiesen. Der Einsatz von DDT wurde deshalb 1972 in der Bundesrepublik verboten. Die Konzentration von DDT und ähnlichen Verbindungen in der Muttermilch lag in Deutschland zu dieser Zeit bei 3,5 mg/kg Fett. Bis 2008 war die Konzentration auf Werte unter 0,2 mg/kg gesunken.

G-2.11 Toxine, die Na$_V$-Kanäle in einem geöffneten Zustand halten **a** Pfeilgiftfrosch. **b** DDT.

a Pfeilgiftfrosch (enthält Batrachotoxin)   **b** DDT

Spannungsabhängige Ca²⁺-Kanäle (Ca$_V$-Kanäle)

Bislang (2015) liegt noch keine Röntgenkristallstruktur eines spannungsabhängigen Ca²⁺-Kanals (Ca$_V$-Kanal) vor. Da sich die Primärstrukturen der porenbildenden Untereinheiten der Ca$_V$- und der Na$_V$-Kanäle sehr ähnlich sind, kann man aber davon ausgehen, dass die Kanäle auch sehr ähnlich räumliche Strukturen haben. Ca$_V$-Kanäle sind insbesondere in den Synapsen von fundamentaler Bedeutung: Wenn am Ende eines Neurons ein **Aktionspotenzial** eintrifft, öffnen sich dort spannungsabhängige Ca²⁺-Kanäle und vermitteln die kurzzeitige **Erhöhung der intrazellulären Ca²⁺-Konzentration**. Dies führt an der präsynaptischen Membran zur **Ausschüttung von Neurotransmittern** durch Exozytose (S. 368). Dabei binden die Ca²⁺-Ionen an das Protein **Synaptotagmin**, das in der Membran der Vesikel verankert ist, in denen Neurotransmitter gespeichert sind. Synaptotagmin ist der entscheidende Calciumsensor der Synapsen. Es aktiviert den Komplex der SNARE-Proteine (S. 370), die bei der Fusion der Vesikel mit der präsynaptischen Membran eine wesentliche Rolle spielen.

Spannungsabhängige Ca²⁺-Kanäle (Ca$_V$-Kanäle)

Die spannungsabhängigen Na⁺- und Ca²⁺-Kanäle sind sich in ihren molekularen Strukturen sehr ähnlich. In den Synapsen vermitteln Ca$_V$-Kanäle die kurzzeitige **Erhöhung der intrazellulären Ca²⁺-Konzentration**, die zur **Ausschüttung der Neurotransmitter** führt. Der entscheidende Calciumsensor ist dabei das Protein Synaptotagmin, das in der Membran der neurosekretorischen Vesikel verankert ist.

▶ **Klinik.** Eine bestimmte Form der **Migräne** (familial hemiplegic migraine type 1) hat ihre Ursache in **Mutationen** im Gen CACNA1A, welches die α-Untereinheit des **spannungsabhängigen Ca²⁺-Kanals Ca$_V$2.1** kodiert. Es handelt sich somit um ein weiteres Beispiel für eine Ionenkanalkrankheit (S. 810).
Ca$_V$2.1 vermittelt in den präsynaptischen Membranen vieler Synapsen bei Eintreffen eines **Aktionspotenzials** den **Einstrom der Ca²⁺-Ionen**, die dann die **Ausschüttung der Neurotransmitter** veranlassen. Die **Mutationen** im Gen CACNA1A führen dazu, dass sich die **Ca$_V$2.1-Kanäle leichter öffnen**. Die weiteren pathophysiologischen Mechanismen sind nicht befriedigend geklärt.
Generell ist an der Entstehung von **Migräneanfällen** eine Freisetzung des **Neuropeptids CGRP** (Calcitonin-gene related peptide) aus Neuronen des **Nervus trigeminus** beteiligt. CGRP löst in Gliazellen eine **Freisetzung von IL-1α und IL-6** aus (ähnlich wie bei einer **Entzündung**), die dann nozizeptive (schmerzleitende) Neurone reizen. Das Auslösen dieser Prozesse scheint erleichtert zu sein, wenn das Gleichgewicht der Neurotransmitter im ZNS aufgrund des defekten Ca$_V$2.1 gestört ist. Der Ca$_V$2.1-Kanal wird auch als P/Q-channel bezeichnet. Eine Autoimmunreaktion gegen den Kanal ist Ursache des Lambert-Eaton-Syndroms (Abb. **G-2.18**).

▶ **Klinik.**

Spannungsabhängige K⁺-Kanäle (K_V)

Die Poren der spannungsabhängigen Na⁺- und Ca²⁺-Kanäle (Na_V- und Ca_V-Kanäle) werden jeweils von einer α-Untereinheit gebildet, die alle 4 dazu benötigten Module in einer langen Polypeptidkette enthält. Die Poren der spannungsabhängigen K⁺-Kanäle entstehen hingegen durch Assoziation von **4 separaten Untereinheiten**, die jeweils nur ein Modul repräsentieren (Abb. G-2.12). Letztlich bildet sich dabei aber eine Struktur, die jener Na_V- und Ca_V-Kanälen sehr ähnlich ist. Jede Untereinheit enthält eine Anordnung von 6 Segmenten, von denen die Segmente **S1-S4** die **Spannungsabhängigkeit** vermitteln und die **Segmente S5 und S6** die **Pore** bilden. Auch in den K_V-Kanälen ist das Segment S4 der entscheidende Spannungssensor.

Auffällig ist, dass die **K⁺-Ionen** den von den P-loops gebildeten Selektivitätsfilter in allen K⁺-Kanälen stets in **dehydratisierter Form passieren**. In dieser Hinsicht unterscheiden sie sich die K_V-Kanäle von den Na_V-Kanälen. Zu den charakteristischen Strukturen der K_V-Kanäle gehört eine kleine globuläre Domäne im N-terminalen Bereich des Proteins, die in das Zytosol hineinragt. Nach Abschluss der Repolarisation wird die Pore von dieser Domäne verschlossen (**Ball-and-chain-Mechanismus**).

⊙ **G-2.12** Untereinheiten eines spannungsgesteuerten Kaliumkanals

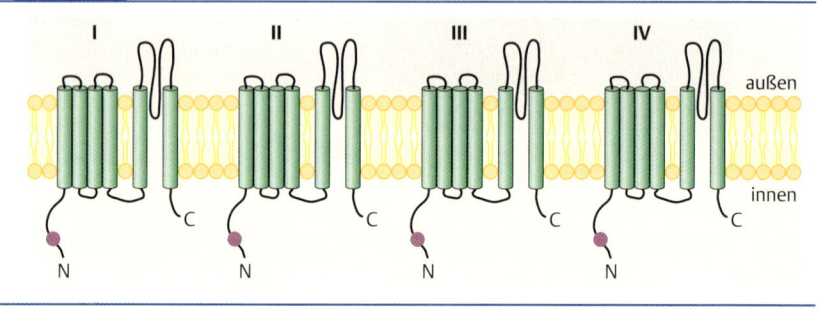

2.6 Neurotransmitter und ihre Rezeptoren

Chemische Synapsen sind für die Reizweiterleitung zwischen zwei benachbarten Neuronen von fundamentaler Bedeutung. Neurotransmitter, die in einer Synapse ausgeschüttet werden, binden an der postsynaptischen Membran an spezifische Rezeptorproteine und greifen in das Membranpotenzial der postsynaptischen Membran ein.

- **Exzitatorische (erregende) Neurotransmitter** lösen eine Öffnung von Kationenkanälen aus. Daraufhin kommt es vor allem zu einem Einstrom von Na⁺-Ionen, das Membranpotenzial verringert sich (Depolarisation), und sobald ein Schwellenwert von ca. 50 mV überschritten wird, kommt es zur **Auslösung eines Aktionspotenzials**. Das an der postsynaptischen Membran durch den Neurotransmitter ausgelöste potenzial wird als **exzitatorisches postsynaptisches potenzial**, EPSP, bezeichnet. Wichtige exzitatorische Neurotransmitter sind **Glutamat** und **Acetylcholin**.
- **Inhibitorische Neurotransmitter** erschweren die Bildung eines Aktionspotenzials. Die wichtigsten inhibitorischen Neurotransmitter sind γ-Aminobuttersäure (**GABA**) und **Glycin**. Beide Verbindungen bewirken eine **Öffnung bestimmter Cl⁻-Kanäle**.

▶ **Merke.** Über 100 unterschiedliche Neurotransmitter sind bekannt. Fast alle Neurotransmitter sind Aminosäuren, Produkte des Aminosäurestoffwechsels oder Peptide.

2.6.1 Glutamat

Synthese von Glutamat

Glutamat ist nicht nur eine proteinogene Aminosäure, es ist im Zentralen Nervensystem auch der weitaus **wichtigste exzitatorische (erregende) Neurotransmitter**. Es kann bei Bedarf ausgehend von α-Ketoglutarat neu synthetisiert werden. In Synapsen freigesetztes Glutamat wird teilweise von Neuronen aufgenommen und wiederverwertet. In erheblichem Umfang wird Glutamat aber auch von **Astrozyten** aufgenommen. Sie setzen das **Glutamat (Glu) in Glutamin (Gln)** um und stellen es dann den benachbarten Neuronen zur erneuten Bildung von Glutamat zur Verfügung. Die Synthese des Glutamats wird dann von der Glutaminase katalysiert (Abb. **G-2.13**).

G-2.13 Glutaminase und Glutamin-Synthase

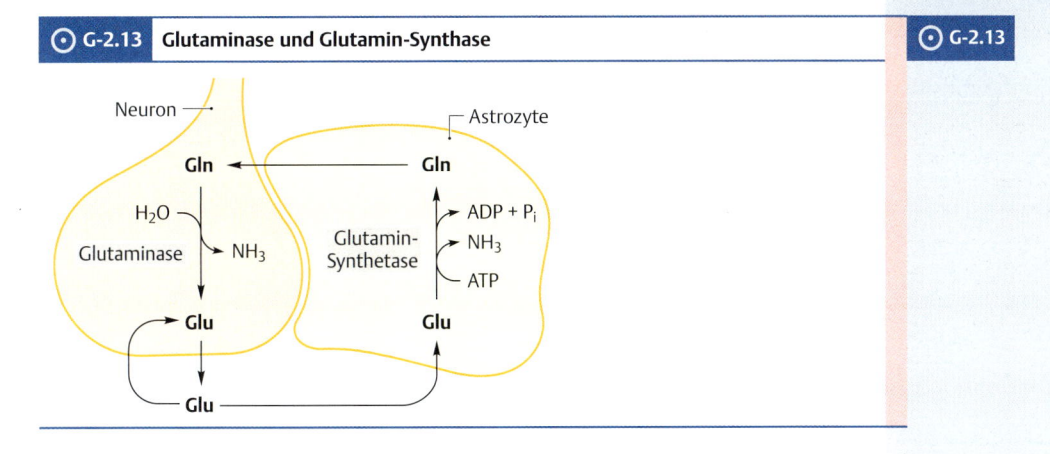

Glutamatrezeptoren

Glutamat bindet in den Synapsen an unterschiedliche **Glutamat-Rezeptoren**. Viele dieser Rezeptoren haben eine Funktion als Ionenkanäle, es sind somit **ionotrope** Glutamat-Rezeptoren (iGluR). Indem sie eine **Durchlässigkeit für Na$^+$-Ionen und andere Kationen** haben, können sie in einem Neuron ein Aktionspotenzial auslösen. Andere Rezeptoren haben **keine unmittelbare Funktion als Ionenkanäle**. Sie sind **metabotrope** Glutamat-Rezeptoren (mGluR), die ihr Signal über eine G-Protein-gekoppelte Signalkaskade weiterleiten (S. 561).

Ionotrope Glutamat-Rezeptoren

Man unterscheidet folgende ionotrope Glutamatrezeptoren:
- AMPA-Rezeptoren
- NMDA-Rezeptoren
- Kainat-Rezeptoren

▶ **Exkurs.** Bei der Erforschung der ionotropen Glutamat-Rezeptoren haben sich Derivate des Glutamats bewährt, die jeweils selektiv bestimmte Rezeptortypen aktivieren:
- AMPA-Rezeptoren können im Labor durch α-Amino-3-hydroxy-5-methyl-4-isoxazolproprionat (AMPA) aktiviert werden.
- NMDA-Rezeptoren lassen sich durch N-Methyl-D-Aspartat (NMDA) aktivieren.
- Kainat-Rezeptoren wurden in Studien mit Kainsäure (Kainat) identifiziert. Die Kainsäure war 1953 in Japan bei der Analyse der Inhaltsstoffe der Rotalge *Digenea simplex* gefunden worden, die als Anthelminthikum (gegen Wurminfektionen) verwendet wurde. Auch Kainsäure ähnelt in seiner molekularen Struktur dem Glutamat.

Struktur der ionotropen Glutamatrezeptoren: In ihren molekularen Strukturen sind sich die verschiedenen ionotropen Glutamat-Rezeptoren sehr ähnlich. Sie entstehen durch Assoziation von 4 Untereinheiten, die gemeinsam einen Y-förmige Proteinkomplex bilden (Abb. **G-2.14**a). Jede der Untereinheiten ist aus 3 Domänen aufgebaut. Eine **membranständige Domäne** bildet die **ionenleitende Pore**. Während an der Außenseite der Membran eine **aminoterminale Domäne (ATD)** und eine **Liganden-bindende Domäne (LBD)** exponiert sind. Von den 4 Untereinheiten sind immer 2 gleichartige Domänen miteinander assoziiert. Der vollständige Rezeptor ist dann ein Y-förmiges Dimer-Paar (Abb. **G-2.14**a).
Der **ionenleitende membranständige Teil** des Kanals ähnelt in seiner Struktur den K$^+$-Kanälen. Jede Untereinheit ist über **4 α-Helices** (M1–4) in der Membran verankert (Abb. **G-2.14**b). Das verbindende Segment zwischen den Helices M2 und M3 bildet jeweils einen P-loop. Das **Öffnen** (engl. gating) **und Schließen der Pore** wird von einer Struktur vermittelt an der die **Helix M3** jeder Untereinheit beteiligt ist. Diese ist mit der Liganden-bindenden Domäne (LBD) verbunden. Kommt es durch Bindung von Glutamat zu einer Konformationänderung der LBD, so überträgt sich diese Bewegung auf die M3-Helices. Dies führt zum Öffnen der Pore, und Kationen können in die Zelle einströmen.

Glutamatrezeptoren

Es gibt **ionotrope und metabotrope Glutamat-Rezeptoren**. Die ionotrope Glutamat-Rezeptoren haben eine Durchlässgkeit **für Na$^+$ und andere Kationen**. Metabotrope Rezeptoren leiten ihr Signal über eine **G-Protein-gekoppelte Signalkaskade** weiter.

Ionotrope Glutamat-Rezeptoren

Man unterscheidet folgende Glutamatrezeptoren:
- AMPA-Rezeptoren
- NMDA-Rezeptoren
- Kainat-Rezeptoren

▶ **Exkurs.**

Struktur der ionotropen Glutamatrezeptoren: Alle ionotropen Glutamat-Rezeptoren entstehen durch Assoziation von 4 Untereinheiten, die gemeinsam eine Y-förmige Grundstruktur bilden. Die **membranspannenden Domänen** der 4 Untereinheiten bilden gemeinsam die **ionenleitende Pore**. An der Außenseite der Membran exponiert jede Untereinheit eine **aminoterminale Domäne (ATD)** und eine **Liganden-bindende Domäne (LBD)**. Der **ionenleitende membranständige Teil** des Kanals (Pore) ist aus **vier α-Helices** (M1–4) aufgebaut. Durch **Bindung von Glutamat** an die Liganden-bindende Domäne (LBD) kommt es dort zu einer Konformationsänderung, diese Bewegung wird über die **M3-Helices** übertragen und führt zum **Öffnen der Pore**.

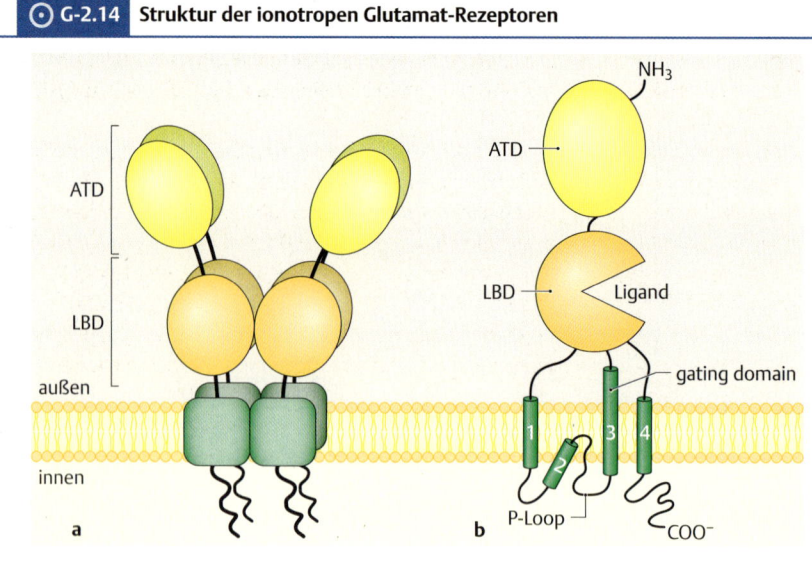

G-2.14 Struktur der ionotropen Glutamat-Rezeptoren

a Tetramere Struktur der Glutamat-Rezeptoren. **b** Struktur der einzelnen Untereinheiten

NMDA-Rezeptoren vermitteln u. a. einen Einstrom von Ca^{2+}-Ionen. Zwei Mechanismen regulieren die Aktivierung der NMDA-Rezeptoren:
- Unter den Bedingungen eines **Ruhemembranpotenzials** ist ihre Ionenpore **durch Mg^{2+}-Ionen blockiert**, die sich erst bei einer Depolarisation ablösen.
- **Glycin** ist ein **obligatorischer Cotransmitter** der NMDA-Rezeptoren.

Die **NMDA-Rezeptoren** haben u. a. eine ausgeprägte **Durchlässigkeit für Ca^{2+}-Ionen**. Unter pathologischen Bedingungen können Nervenzellen absterben, wenn Ca^{2+}-Ionen unter Vermittlung von NMDA-Rezeptoren im Übermaß einströmen (**Exzitotoxizität**). Die Aktivierung der NMDA-Rezeptoren ist vermutlich auch aus diesem Grund besonders komplex organisiert.

Zwei Mechanismen regulieren die Aktivierung der NMDA-Rezeptoren:
- Ein **Mg^{2+}-Ion** blockiert unter Ruhemembranpotenzial-Bedingungen die Ionenpore. Das Mg^{2+}-Ion löst sich erst ab, nachdem z. B. durch AMPA-Kanäle eine Depolarisation initiiert wurde.
- **Glycin** ist ein **obligatorischer Cotransmitter**. Eine Aktivierung der NMDA-Rezeptoren ist nur in Gegenwart von Glycin möglich.

Metabotrope Glutamat-Rezeptoren

Metabotrope Glutamat-Rezeptoren sind mit sieben hydrophoben α-Helices in der Plasmamembran verankert. Nach Bindung von Glutamat wird eine G-Protein gekoppelte Signalkaskade eingeleitet – G-Protein-gekoppelter Rezeptor (S. 561).

Metabotrope Glutamat-Rezeptoren haben eine grundsätzlich andere Struktur als die ionotropen Glutamat-Rezeptoren. Es wurden 8 unterschiedliche Vertreter dieser Gruppe identifiziert (mGluR 1–8). Sie zählen zur großen **Familie der heptahelikalen Rezeptoren**, d. h., sie sind über sieben hydrophobe α-Helices in der Plasmamembran verankert. Das Glutamat bindet bei diesen Rezeptoren an eine große aminoterminale Domäne, die an der Außenseite der Zellen exponiert wird. Abhängig vom jeweiligen Rezeptor wird daraufhin innerhalb der Zellen unter Vermittlung eines **G-Proteins** (S. 561) die Phospholipase C aktiviert oder die **Aktivität der Adenylatzyklase reguliert** (S. 564).

2.6.2 Acetylcholin (Ach)

Acetylcholin ist ein Neurotransmitter in verschiedenen Arealen des ZNS (u. a. im Putamen des Gehirns, Abb. **G-2.30**). Von großer Bedeutung ist es außerdem im vegetativen Nervensystem (als Neurotransmitter des 1. Neurons) sowie als Neurotransmitter der motorischen Endplatte.

▶ Definition.

▶ Definition. Neurone, die Acetylcholin als Signalstoff synthetisieren, werden als **cholinerge Neurone** bezeichnet.

Synthese, Freisetzung und Abbau von Acetylcholin

Synthese: Acetylcholin wird im Zytosol der Neurone ausgehend von Acetyl-CoA und Cholin synthetisiert. Die Reaktion wird von der Cholin-Acetyltransferase katalysiert (Abb. **G-2.15**).

- **Acetyl-CoA** entsteht bei der β-Oxidation der Fettsäuren (S. 133), beim Abbau der Ketonkörper (S. 141) und in der Reaktion der Pyruvat-Dehydrogenase (S. 110). Alle diese Reaktionen laufen jedoch in den Mitochondrien ab. Die Mitochondrien können allerdings Citrat exportieren, welches im Citratzyklus entsteht (S. 115). Im Zytosol kann das Citrat dann mit Hilfe der Citratlyase in einer ATP-abhängigen Reaktion unter Bildung von Oxalacetat in Acetyl-CoA gespalten werden. Im einfachsten Fall wird das Acetyl-CoA ausgehend von Acetat gebildet, das aus dem synaptischen Spalt aufgenommen wurde, nachdem dort Acetylcholin von der Acetylcholinesterase hydrolysiert wurde.
- **Cholin** wird ebenfalls in großem Umfang aus dem synaptischen Spalt aufgenommen, sobald es dort durch Hydrolyse von Acetylcholin anfällt. Eine Neusynthese von Cholin ist im Rahmen des Stoffwechsels der Membranlipide (S. 352) ausgehend von Phosphatidylethanolamin möglich (Abb. **B-3.7**).

Synthese, Freisetzung und Abbau von Acetylcholin

Synthese: Acetylcholin wird im Zytosol der Neurone ausgehend von Acetyl-CoA und Cholin synthetisiert.

- **Acetyl-CoA** kann im Zytosol mit Hilfe der Citratlyase ausgehend von Citrat gebildet werden. Im einfachsten Fall wird das Acetyl-CoA ausgehend von Acetat gebildet, das aus dem synaptischen Spalt aufgenommen wurde.
- **Cholin** wird ebenfalls in großem Umfang aus dem synaptischen Spalt aufgenommen. Eine Neusynthese ist im Rahmen des Stoffwechsels der Membranlipide möglich.

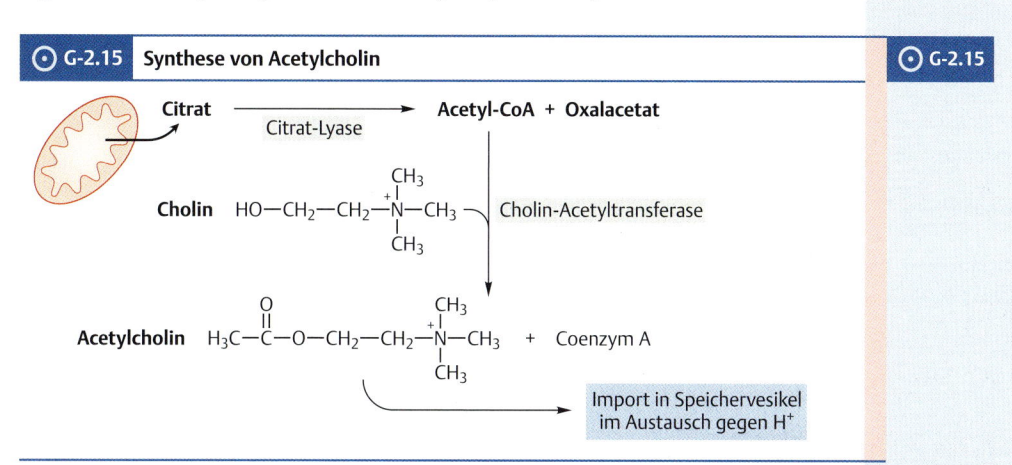

⊙ **G-2.15** Synthese von Acetylcholin

Freisetzung: Acetylcholin wird in den Synapsen in neurosekretorischen Vesikeln gespeichert. An der Freisetzung sind mehrere SNARE-Proteine (S. 368) beteiligt (Abb. **G-2.18**).

Freisetzung: Acetylcholin wird unter Beteiligung von SNARE-Proteinen freigesetzt (Abb. **G-2.18**).

▶ **Klinik.** Die **Botulinumtoxine A und B** sind hochspezifische **Proteasen**, die von Bakterien der Art *Clostridium botulinum* gebildet werden. Sie dringen in α-Motoneurone ein und **inaktivieren** an der präsynaptischen Membran der motorischen Endplatte die für die **Exozytose des Acetylcholins** essentiellen **SNARE-Proteine** (S. 368). Die Konsequenz ist eine **schlaffe Lähmung**. Eine Resorption der Toxine nach Verzehr mit *Clostridium botulinum* kontaminierter Fleischwaren (lat. *botulus* = „Wurst") kann bei hohen Toxindosen zum Tod durch Atemlähmung führen. Therapeutisch wird Botulinustoxin A (**Botox**) lokal in kleinen Dosen z. B. bei schmerzhaften spastischen Lähmungen eingesetzt.

▶ **Klinik.**

Abbau: Im synaptischen Spalt wird Acetylcholin durch das Enzym **Acetylcholin-Esterase** sehr schnell abgebaut (Abb. **G-2.16**). Das **Insektizid E605 (Parathion)** ist ein Nervengift, welches die Acetylcholin-Esterase inaktiviert.

Abbau: Im synaptischen Spalt wird Acetylcholin durch die **Acetylcholin-Esterase** hydrolysiert.

⊙ **G-2.16** Die Acetylcholin-Esterase

Acetylcholin-Rezeptoren

Ähnlich dem Glutamat bindet auch das Acetylcholin sowohl an **ionotrope**, als auch an **metabotrope** Rezeptoren. Die wichtigsten Rezeptoren sind der ionotrope **nicotinische Acetylcholin-Rezeptor (nAChR)** und der metabotrope **muscarinischen Acetylcholin-Rezeptor (M-Cholinozeptor, mAChR)**.

Nicotinische Acetylcholin-Rezeptorn (nAChR)

Nicotinische Acetylcholin-Rezeptoren (N-Cholinozeptoren, nAChR) sind **ionotrope Rezeptoren** es handelt sich also um **Ionenkanäle**. Sie können tatsächlich von dem Alkaloid **Nicotin** geöffnet werden, und sie sind auch für die Effekte des Nicotins des Tabakrauchs verantwortlich. Das Nicotin wirkt dabei vor allem auf die nAChR des ZNS. Wichtige Vertreter dieser Gruppe sind zudem die nAChR der motorischen Endplatte der α-Motoneurone.

Struktur: Alle nAChR sind aus 5 Untereinheiten aufgebaut und charakteristische Vertreter der Familie der pentameren Cys-loop-Rezeptoren (Cys ≙ Cystein), zu der auch der Serotonin 5-HT 3-Rezeptor sowie die GABA- und die Glycin-Rezeptoren gehören (Abb. **G-2.17**).

Derartige Rezeptoren können 5 identische Untereinheiten enthalten, in der Regel handelt es sich jedoch um unterschiedliche Untereinheiten, die aber alle die gleiche Grundstruktur aufweisen. Jede Untereinheit ist über **4 α-Helices** (M1-M4) in der Membran verankert. Die **Helix M2** jeder Untereinheit ist unmittelbar an der **Bildung der Pore** beteiligt. Der Aminoterminus bildet eine große extrazelluläre Domäne, die gemeinsam mit einer benachbarten Untereinheit an der Bindung des jeweiligen Liganden beteiligt ist. Die Domäne enthält eine Cystein-haltige Schlaufe, auf die sich der Name der Rezeptor-Familie bezieht. Zu den Strukturen der K$^+$-Kanäle besteht keinerlei Ähnlichkeit. Die fünf an der Porenbildung beteiligten M2-Helices ergeben auch keine blendenartige Struktur. Sie bilden etwa in der Mitte der Membran eine Engstelle, die sich weitet, wenn sich die Helices - ausgelöst durch die Bindung eines Liganden - leicht nach außen neigen.

G-2.17 Pentamere Cys-loop-Rezeptoren – Der nicotinische Acetylcholin-Rezeptor (nAChR)

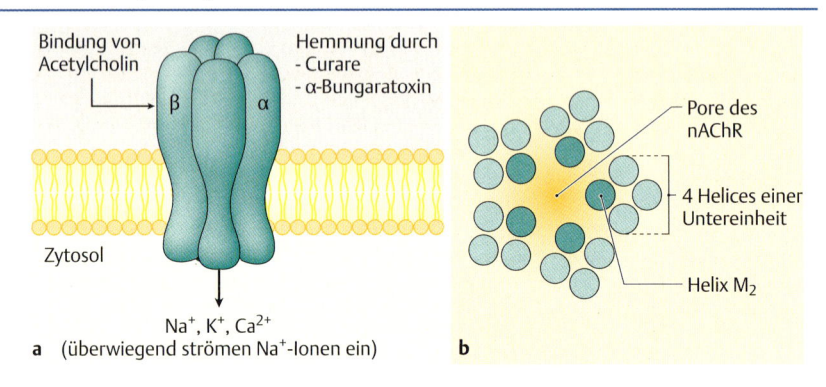

a Der nAChR **b** Querschnitt durch die membranspannende α-Helices

Nicotinische Acetylcholin-Rezeptoren (nAChR) der motorischen Endplatte: Die nAChR der motorischen Endplatte bestehen jeweils aus 5 Untereinheiten, zwei α-Untereinheiten sowie einer β-, γ- und ε-Untereinheit. Der Rezeptor enthält **zwei Bindestellen für Acetylcholin**, die nach Bindung von Acetylcholin eine **Öffnung der Pore** ermöglichen. Die Pore ist für **verschiedene Kationen** permeabel, eine ausgeprägte Selektivität ist nicht gegeben. Unter den gegebenen Konzentrationsverhältnissen der **Muskelzellen strömen primär Na$^+$-Ionen ein**. Dadurch kann in der Muskelzelle (S. 793) – ähnlich wie in einem Neuron – ein **Aktionspotenzial** ausgelöst werden.

▶ **Klinik.** **Myasthenia gravis** ist eine **Autoimmunkrankheit** mit Bildung von **Antikörpern gegen den N-Cholinozeptor** (Abb. **G-2.18**a). Die Prävalenz liegt bei 10 pro 100 000 Einwohner. Erstes Anzeichen der Erkrankung ist in den meisten Fällen eine **Ptosis**, also ein Herabhängen des Oberlids durch Lähmung des M. levator palpebrae superioris (Abb. **G-2.18**b). Die Symptome der Erkrankung können sich ausbreiten und dann auch andere Muskeln betreffen. Zur Therapie ist der **Acetylcholin-Esterase-Hemmer Pyridostigmin** geeignet. Längerfristig wirken sich Immunsuppressiva günstig auf den Krankheitsverlauf aus.

Eine Autoimmunkrankheit mit ähnlicher Symptomatik wie bei Myasthenia gravis ist das **Lambert-Eaton-Syndrom** (Abb. **G-2.18**a). Dabei richten sich die Antikörper nicht gegen die postsynaptischen Rezeptoren der motorischen Endplatte, sondern gegen **spannungsabhängige Ca^{2+}-Kanäle der präsynaptischen Membran** (P/Q-Kanäle, Ca_V 2.1). Die Folge ist eine reduzierte Freisetzung von Acetylcholin.

⊙ **G-2.18** Erkrankungen mit Angriffspunkt an der motorischen Endplatte
a Schematische Darstellung der Pathogenese von Botulismus, Myasthenia gravis und Lambert-Eaton-Syndrom b Okuläre Myasthenia mit ausgeprägter, linksseitig betonter Ptosis beidseits

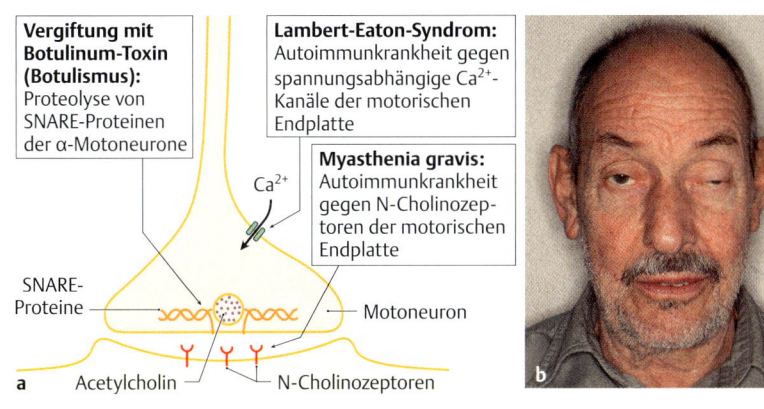

(aus Mattle H., Mumenthaler M., Kurzlehrbuch Neurologie, Thieme, 2015)

▶ **Exkurs.** **Gifte mit Wirkung auf nicotinische Acetylcholin-Rezeptoren (nAChR)**
- **Curare** ist der Name einer Gruppe giftiger Alkaloide, die von südamerikanischen Indianern aus bestimmten Pflanzen gewonnen und als **Pfeilgifte** verwendet werden. Curare hemmt kompetitiv die **Bindung von Acetylcholin an den nAChR**. Das von den Indianern erlegte Wild stirbt an der Lähmung der Atemmuskulatur. Es ist dann aber ohne Gefahr verzehrbar, da Curare aus dem Verdauungstrakt nicht resorbiert wird. Derivate des (+) Tubocurarins, des Hauptalkaloids des Curare, wurden in der Klinik lange Zeit in großem Umfang als Muskelrelaxanzien verwendet.
- **A-Bungarotoxin** ist ein Neurotoxin, das Giftnattern (Elapiden) der Gattung *Bungarus* in ihren Speicheldrüsen produzieren. Das basische Peptid von ca. 7 kDa **bindet irreversibel an den nAChR** und verhindert dadurch die Bindung des Acetylcholins. Mit den Bungarus-Arten ist auch die indische Kobra *Naja Naja* (eine Brillenschlange) verwandt. Sie produziert ein Toxin, das dem α-Bungarotoxin sehr ähnlich ist.

Muscarinische Acetylcholin-Rezeptoren (M-Cholinozeptoren, mAChR)

Muscarinische Acetylcholin-Rezeptoren (M-Cholinozeptoren, mAChR) sind **metabotrope Rezeptoren.** Sie wurden nach dem Muscarin des Fliegenpilzes *Amanita muscaria* benannt, einer toxischen Verbindung, die derartige Rezeptoren aktivieren kann. Der klassische **Antagonist** der mAChR ist das **Atropin**, ein Alkaloid der Tollkirsche *Atropa belladonna* und des Bilsenkrauts *Hyoscyamus niger*.

Die mAChR gehören zur Familie der heptahelikalen G-Protein-gekoppelten Rezeptorproteinen (S. 561). Es wurden bislang 5 Isoformen M_1–M_5 identifiziert. Für den M_2-**Rezeptor** liegt bereits eine Röntgenkristallstruktur vor. Diese Rezeptoren sind insbesondere in den Schrittmacherzellen des **Erregungsbildungs- und leitungssystems (EBLS) des Herzens** nachweisbar. Sie binden dort das von den parasympathischen Neuronen des N. vagus freigesetzte Acetylcholin. Dies führt zu einer Verlangsamung des Herzschlags.

► Merke.

M2-Rezeptoren: Wenn Acetylcholin an den M2-Rezeptor bindet, dissoziiert das Rezeptor-assoziierte trimere G-Protein in die GTP-bindende α-Untereinheit und den dimeren Gβγ-Komplex.
Für die Regulation der Erregungsbildung im Herzen sind Gβγ-Komplexe relevant, die daraufhin an G-Protein-aktivierte K⁺-Kanäle binden. Diese öffnen sich, was zu einem Ausstrom von K⁺-Ionen und somit zu einem verringerten Membranpotenzial führt (Hyperpolarisation). Dadurch wird das Auslösen eines erneuten Aktionspotenzials erschwert und der Herzschlag somit verlangsamt.
Parallel lösen M₂-Rezeptoren unter Vermittlung der G$_i$-Proteine (Tab. D-2.1) eine **Senkung der cAMP-Konzentration** aus, was ebenfall die Bildung eines Aktionspotenzials erschwert.

⊙ G-2.19

► Merke. **Adrenalin** aktiviert im Herzen **β₁-Adrenozeptoren**, **Acetylcholin** aktiviert **M₂-Rezeptoren**. Beide Rezeptoren sind **heptahelikale Rezeptorproteine**.

M2-Rezeptoren: Die Bindung des Acetylcholins an den M2-Rezeptor veranlasst eine Aktivierung des mit dem Rezeptor assoziierten trimeren G$_i$-Proteins (Tab. D-2.1). Dieses dissoziiert in die GTP-bindende α-Untereinheit und den dimeren Gβγ-Komplex. Daraufhin können unterschiedliche Prozesse ausgelöst werden. Für die Regulation der Erregungsbildung im Herzen sind die Gβγ-Komplexe relevant, die daraufhin an einen bestimmten Kaliumkanal binden, den GIRK2 – **G**-protein-activated **i**nwardly **r**ectifying **K**⁺ channel (Abb. **G-2.19**). Der Kaliumkanal öffnet sich, und K⁺-Ionen können aus der Zelle herausströmen. Das Membranpotenzial wird also negativer (Hyperpolarisation). Dadurch wird das Auslösen eines neuen Aktionspotenzials erschwert und die Abstände zwischen den Aktionspotenzialen werden größer. Der Herzschlag wird also verlangsamt.
Parallel lösen M₂-Rezeptoren in den Schrittmacherzellen unter Vermittlung der G$_i$-Proteine eine Hemmung der Adenylatzyklase und damit eine **Senkung der intrazellulären cAMP-Konzentration** aus. Der Effekt führt letztlich dazu, dass die Bildung der Aktionspotenziale zusätzlich erschwert wird. Verantwortlich für den Effekt des cAMP sind vor allem die cAMP-bindenden **HCN4-Kanäle** der Schrittmacherzellen.

⊙ G-2.19 **Kooperation des mAChRM₂ mit dem G-Protein-gekoppelten einwärts gleichgerichteten K⁺-Kanal GIRK2**

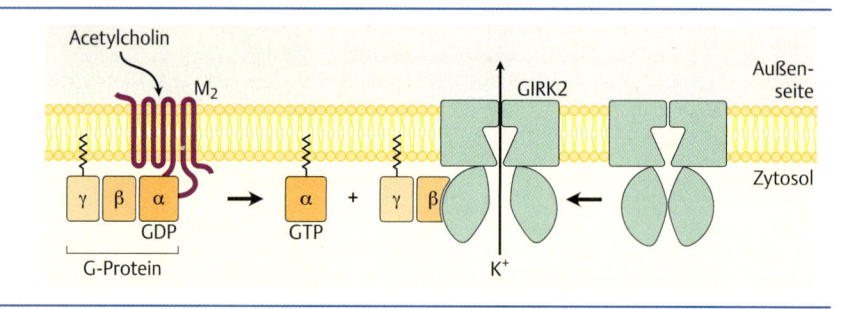

► Exkurs. **HCN-Kanäle**

Die Schrittmacherzellen des Erregungsbildungssystems des Herzens (**Sinusknoten** und **Atrioventrikularknoten/AV-Knoten**) sind besondere Myozyten, die in ihrer Plasmamembran **HCN-Kanäle** enthalten (**H**yperpolarization-activated **c**yclic **n**ucleotide gated channels), überwiegend vom Typ HCN4. Die HCN-Kanäle der Schrittmacherzellen sind die entscheidende Voraussetzung für die autonome Erregungsbildung und damit für die rhythmische Kontraktion des Herzens (Abb. **G-2.20**a).
Die **HCN4-Kanäle** des Herzens wurden nach ihrer Entdeckung zunächst unter dem Namen „funny channel" bekannt: Sie **öffnen** sich, sobald sich an der Membran ein **Ruhemembranpotenzial** einstellt. Die Kanäle haben eine Durchlässigkeit für verschiedene Kationen, unter physiologischen Bedingungen vermitteln sie vor allem einen **Einstrom von Na⁺-Ionen**. Das Ruhemembranpotenzial ist deshalb instabil und es ergibt sich eine **Depolarisation** während der Diastole. Sobald das Membranpotenzial etwa **-40 mV** erreicht hat, öffnen sich **spannungsabhängige Ca²⁺-Kanäle** und es entsteht ein **Aktionspotenzial**. Anders als in den Neuronen ist das Aktionspotenzial in den Schrittmacherzellen des Herzens also nicht mit einem Einstrom von Na⁺-Ionen verbunden, sondern mit einem Einstrom von Ca²⁺-Ionen. – Auch im Arbeitsmyokard ist ein Einstrom von Ca²⁺-Ionen essentiell, denn diese initiieren über eine Ca²⁺-induzierte Ca²⁺-Freisetzung die Kontraktion. – Eine Öffnung spannungsabhängiger K⁺-Kanäle vermittelt dann eine erneute Repolarisation bis ca. -70 mV.
Ein HCN-Kanal besteht aus **4 Untereinheiten**, die ähnlich wie bei anderen spannungsabhängigen Kationenkanälen mit jeweils **6 membranspannenden Helices** in der Membran verankert sind, die **Helix 4** dient als **Spannungssensor**, die **Helices 5 und 6** sind an der Bildung der **Pore** beteiligt (Abb. **G-2.20**b). Regulatorisch ist der **C-Terminus** der Untereinheiten von entscheidender Bedeutung, er enthält – verbunden mit der Helix 6 – eine **Bindestelle für cAMP**. Jede Änderung der intrazellulären cAMP-Konzentration hat deshalb unmittelbar einen Einfluss auf die Eigenschaften des Kanals. Das **Noradrenalin** des Sympathikus und das Hormon **Adrenalin** binden an G$_s$-Protein-gekoppelte β₁- und β₂-Rezeptoren und lösen über eine Aktivierung der Adenylatzyklase eine gesteigerte cAMP-Synthese aus, die Aktivität des HCN4-Kanals wird daraufhin gesteigert. Wenn die cAMP-Konzentration sinkt, etwa aufgrund einer **Acetylcholin-Ausschüttung** aus dem Parasympathikus, verringert sich die Aktivität des HCN-Kanals, und das Herz schlägt langsamer.

⊙ G-2.20 **Bildung von Aktionspotenzialen im Sinusknoten**

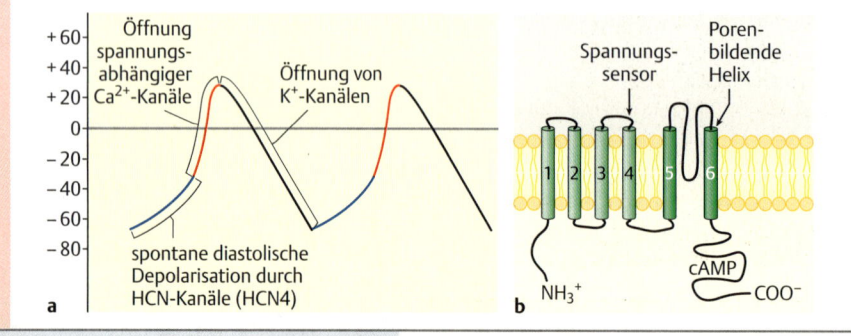

2.6.3 Serotonin

Serotonin (5-Hydroxytryptamin, 5-HT) ist ein Neurotransmitter des ZNS. 90 % des Serotonins, welches sich im Körper befindet, sind allerdings nicht in Neuronen, sondern in den endokrinen Zellen des Gastrointestinaltrakts enthalten. Auch Thrombozyten enthalten Serotonin (S. 724). Wenn es freigesetzt wird, löst es lokal eine Verengung der Blutgefäße aus und erleichtert damit die Blutstillung.

Synthese und Abbau von Serotonin

Synthese: Serotonin ist ein biogenes Amin (S. 662), das in zwei Schritten ausgehend von Tryptophan synthetisiert wird:
- **Hydroxylierung:** Das aromatische Ringsystem des Tryptophans wird zunächst in Position 5 hydroxyliert.
- **Decarboxylierung** des Reaktionsprodukts.

Nach Freisetzung in den synaptischen Spalt wird Serotonin an der präsynaptischen Membran unter Vermittlung des Serotonintransporters SERT wieder aufgenommen (Reuptake) und dann abgebaut oder erneut in Vesikeln gespeichert.

▶ **Klinik.** Spezifische **Inhibitoren des SERT** (Selektive Serotonin-Reuptake-Inhibitoren, SSRI, z. B. Citalopram) sind die am häufigsten eingesetzten **Antidepressiva**. Ihre stimmungsaufhellende Wirkung demonstriert die bedeutende **Rolle des Serotonins in der Regulation des affektiven Gleichgewichts**. Von großer Bedeutung sind die SSRI auch in der Therapie von Angststörungen und Zwangsstörungen.

Abbau: Serotonin wird ähnlich den Katecholaminen vor allem von **Monoaminoxidasen desaminiert** und dann durch die **Aldehyd-Dehydrogenase oxidiert** (S. 662). Es entsteht 5-Hydroxyindolessigsäure, die mit dem Urin ausgeschieden wird.

Serotoninrezeptoren

Die Wirkungen des Serotonins werden von unterschiedlichen Serotoninrezeptoren vermittelt, die sich insgesamt **7 Unterfamilien** zuordnen lassen (5-HT$_1$ - 5-HT$_7$). Abhängig vom Rezeptortyp können aktivierende oder hemmende Effekte ausgelöst werden. Fast alle Serotoninrezeptoren sind **metabotrope G-Protein-gekoppelte heptahelikale Rezeptoren** (S. 561). **Die Serotoninrezeptoren der 5-HT$_3$-Familie** sind aus 5 Untereinheiten aufgebaute Ionenkanäle aus der Gruppe der **Cys-loop-Rezeptoren**. Sie sind die einzigen Serotinrezeptoren, die keine heptahelikalen Membranproteine sind.
Ein Beispiel sind die metabotropen Serotoninrezeptoren vom Typ 5-HT$_1$, die im Zusammenhang mit der Migränetherapie (S. 664) von besonderem Interesse sind.

▶ **Exkurs.** **LSD als Ligand des 5-HT 2A-Rezeptors**
Lysergsäure sowie das Derivat LSD (Lysergsäurediethylamid) sind als Auslöser von Halluzinationen bekannt. Die **Wirkungen des LSD** sind weitgehend auf die **Ähnlichkeit** seiner molekularen Struktur mit dem **Serotonin** zurückzuführen. Im Gehirn bindet LSD an Serotoninrezeptoren vom Typ 5-HT 2A. Lysergsäure ist ein Alkaloid, das von dem Pilz *Claviceps purpurea* produziert wird. Mitunter sind Ähren des Roggens mit *Claviceps purpurea* infiziert. Infolge der Infektion bilden sich in der Ähre große dunkel gefärbte „Mutterkörner", in denen Sporen des Pilzes bis zur nächsten Vegetationsperiode überdauern (Abb. **G-2.21**).

⊙ **G-2.21** Mutterkörner (Peil) einer Roggen-Ähre

(© Andrea Tanja / Fotolia.com)

▶ Klinik.

▶ **Klinik.** **Serotonin** spielt eine wesentliche Rolle bei der **Auslösung von Brechreiz** durch **Zytostatika** oder durch **Bestrahlung**. Serotonin wird dabei aus enterendokrinen Zellen freigesetzt, gelangt mit dem Blutkreislauf zum Gehirn und wirkt in der Area postrema als Signal zur Auslösung von Übelkeit und Erbrechen. Als entscheidender Rezeptor wurde der **Serotoninrezeptor 5-HT 3** identifiziert. In der **Tumortherapie** werden **5-HT 3-Antagonisten** eingesetzt, die diese Effekte unterdrücken und somit als Antiemetika wirken. Gegen eine gewöhnliche Seekrankheit oder Reiseübelkeit kommen hingegen andere Antiemetika zum Einsatz, z. B. H1-Antihistaminika.

2.6.4 γ-Aminobutyrat, GABA

Synthese und Abbau von GABA

GABA (γ-Aminobutyrat, γ-Aminobuttersäure) ist ein biogenes Amin.
Es wird in den Neuronen durch **Decarboxylierung von Glutamat** gebildet. Die Reaktion ist Pyridoxalphosphat-abhängig und wird von einer Glutamat-Decarboxylase katalysiert. Das Glutamat kann mit Hilfe von Transaminasen ausgehend von α-Ketoglutarat bereitgestellt werden. Überschüssiges GABA wird über Succinat-Semialdehyd zu **Succinat** abgebaut. Sowohl α-Ketoglutarat als auch Succinat sind Produkte des Citratzyklus. Somit handelt es sich beim Stoffwechsel des GABA um einen Seitenweg des Citratzyklus (S. 115). Da eine Abzweigung im Englischen als „shunt" bezeichnet wird, ist der Stoffwechselweg als **GABA-shunt** bekannt (Abb. **G-2.22**).

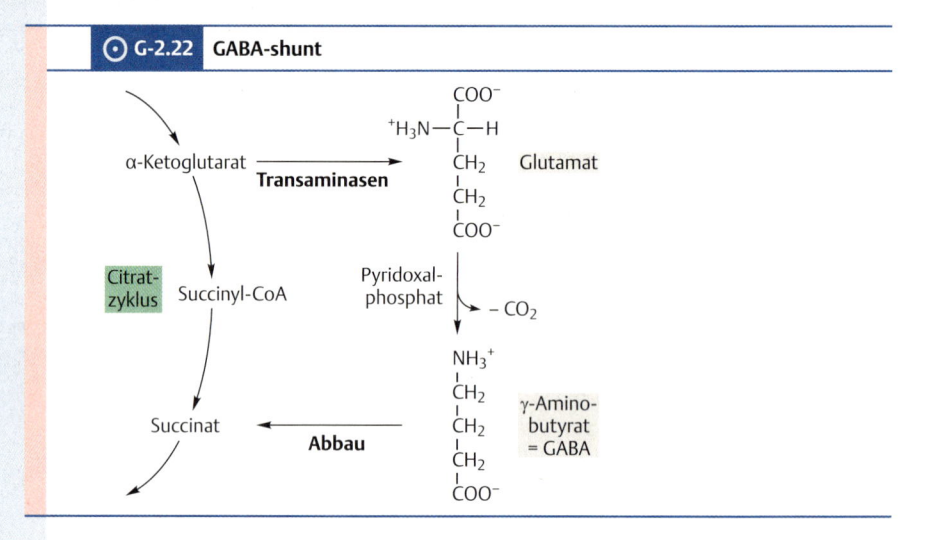

2.6.4 γ-Aminobutyrat, GABA

Synthese und Abbau von GABA

GABA wird ausgehend von **α-Ketoglutarat** durch **Decarboxylierung von Glutamat** synthetisiert und kann **zu Succinat abgebaut** werden. Synthese und Abbau des GABA sind ein Nebenweg des Citratzyklus (**GABA-shunt**).

⊙ G-2.22

⊙ **G-2.22** GABA-shunt

GABA-Rezeptoren

GABA bindet sowohl an ionotrope Cys-loop-Rezeptoren (GABA$_A$ und GABA$_C$) als auch an metabotrope Rezeptoren (GABA$_B$).

GABA$_A$-Rezeptoren

Struktur: GABA$_A$-Rezeptoren sind **pentamere ligandengesteuerte Anionenkanäle** aus der Gruppe der Cys-loop-Rezeptoren (Abb. **G-2.23**). Im Wesentlichen agieren sie als **Chloridkanäle**. Sie ähneln in ihrer Struktur den nicotinischen Acetylcholin-Rezeptoren der motorischen Endplatte (S. 816) sowie den Rezeptoren für Glycin (S. 822). GABA$_A$-Rezeptoren bestehen in der Regel aus 2 α- und 2 β-Untereinheiten sowie einer γ-Untereinheit, die in der **Reihenfolge β-α-β-α-γ** angeordnet sind. Die einzelnen Untereinheiten werden jeweils von mehreren alternativen Genen kodiert, sodass die einzelnen Rezeptorkomplexe im Detail eine erhebliche Variabilität zeigen. Jede Untereinheit ist über **4 membranspannende α-Helices** in der Membran verankert (M1-M2), die Helix M2 ist jeweils direkt an der **Porenbildung** beteiligt. GABA$_A$-Rezeptoren enthalten **zwei GABA-Bindestellen**, die sich jeweils **zwischen den extrazellulären Domänen einer α- und einer β-Untereinheit** befinden. Die Bindung von GABA erhöht die Wahrscheinlichkeit einer Öffnung des Kanals und bewirkt so

GABA-Rezeptoren

GABA$_A$-Rezeptoren

Struktur: GABA$_A$-Rezeptoren sind **pentamere Chloridkanäle** aus der Gruppe der Cys-loop-Rezeptoren. Sie bestehen aus 2 α- und 2 β-Untereinheiten sowie einer γ-Untereinheit (Anordnung: **β-α-β-α-γ**). Jede Untereinheit ist über 4 membranspannende α-Helices in der Membran verankert. Die **beiden GABA-Bindestellen** befinden sich jeweils **zwischen den extrazellulären Domänen einer α- und einer β-Untereinheit**. GABA erleichtert den Einstrom von Cl$^-$-Ionen in die Zellen indem es die Wahrscheinlichkeit einer Öffnung des Kanals erhöht.

G-2.23 GABA_A-Rezeptor

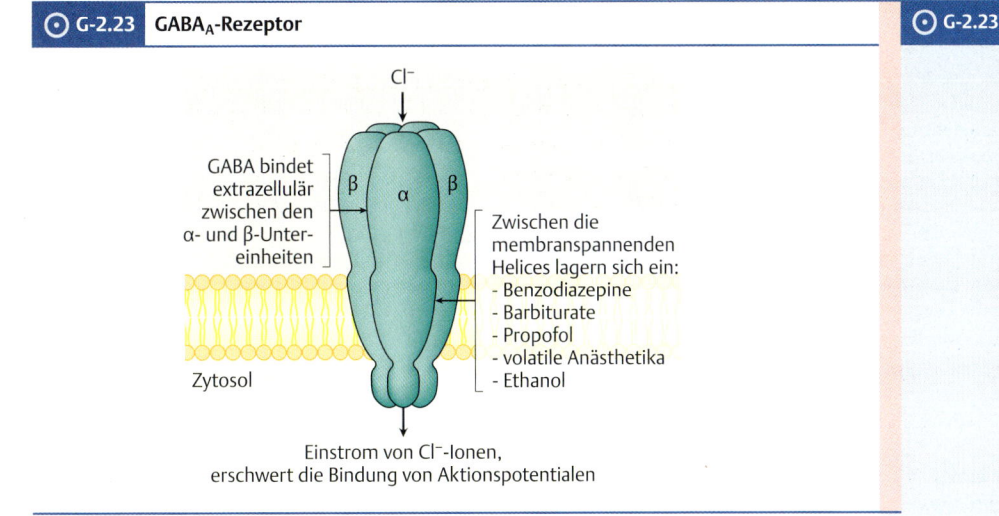

GABA bindet extrazellulär zwischen den α- und β-Untereinheiten

Zwischen die membranspannenden Helices lagern sich ein:
- Benzodiazepine
- Barbiturate
- Propofol
- volatile Anästhetika
- Ethanol

Zytosol

Einstrom von Cl^--Ionen, erschwert die Bindung von Aktionspotentialen

---

einen Einstrom von Cl^--Ionen. Die Folge ist eine Hyperpolarisation, die Entstehung von Aktionspotenzialen wird also erschwert.

Wirkungsweise: GABA_A-Rezeptoren sind pharmakologisch außerordentlich interessant. **Viele bedeutende Wirkstoffe**, die in der Anästhesie (S. 827) und in der Psychiatrie zum Einsatz kommen, **binden an GABA_A-Rezeptoren** und verstärken dabei die GABA-Wirkung. Das gilt insbesondere für Benzodiazepine (S. 821), Barbiturate (S. 740) sowie für Propofol (S. 827) und für volatile (gasförmigen) Anästhetika. Propofol-Moleküle lagern sich in den membranständigen Teil des Rezeptors ein. **Die Bindestelle konnte nahe der extrazellulären Domänen zwischen der M1-Helix einer α-Untereinheit und der M3-Helix einer β-Untereinheit** lokalisiert werden. In diesem Bereich scheinen auch andere Pharmaka zu binden. Die verschiedenen Pharmaka führen wie GABA zu einer **Öffnung des Ionenkanals** und damit zu einem **Einstrom von Cl^--Ionen**.

Auch die unmittelbaren **Wirkungen des Alkohols** (Ethanol) werden im Gehirn zu einem erheblichen Teil durch **Einlagerung zwischen die membranspannenden Helices** der GABA_A-Rezeptoren ausgelöst. Ethanol bindet allerdings an zahlreiche weitere Membranproteine, einschließlich mehrerer Neurotransmitterrezeptoren. Eine **Aktivierung von GABA_A-Rezeptoren** und eine **Hemmung von NMDA-Rezeptoren** gelten als die wichtigsten molekularen Effekte des Ethanols.

Wirkungsweise: Verschiedene **Pharmaka** können sich zwischen den Helices des **membranständigen Teils des GABA_A-Rezeptors** einlagern und dadurch eine Öffnung der Ionenkanals auslösen (Einstrom von Cl^--Ionen). Auf diese Weise wirken u. a. Benzodiazepine, Barbiturate sowie Propofol und volatile (gasförmige) Anästhetika.

Auch **Alkohol** (Ethanol) wirkt im Gehirn zu einem erheblichen Teil durch **Einlagerung zwischen die membranspannenden Helices** der GABA_A-Rezeptoren.

▶ **Klinik.** Benzodiazepine sind die wichtigsten und am häufigsten eingesetzten **Beruhigungsmittel**. Sie wirken angstlösend, entspannend und dämpfen Aggressionen. In höheren Konzentrationen wirken sie als **Schlafmittel**. Die bekanntesten Benzodiazepine sind vermutlich Diazepam (Valium) und Midazolam (Dormicum). Es wurden Derivate entwickelt, die kaum sedierend wirken, aber trotzdem eine angenehm angstlösende Wirkung entfalten. Ein Beispiel ist das Lorazepam (Tavor). Kurzfristig treten normalerweise keine gravierenden Nebenwirkungen auf. Problematisch ist allerdings das **große Abhängigkeitsrisiko** bei allen Benzodiazepinen.

GABA_B-Rezeptoren und GABA_C-Rezeptoren

GABA_B-Rezeptoren: Dabei handelt es sich um metabotrope Rezeptoren. In ihrer Struktur haben sie mit den GABA_A-Rezeptoren keinerlei Ähnlichkeit. Sie sind **G-Protein-gekoppelte heptahelikale Rezeptorproteine**. Indirekt können sie die **Öffnung bestimmter K^+-Kanäle** auslösen und auf diese Weise die Bildung exzitatorischer postsynaptischer potenziale – **EPSP** (S. 812) – **verhindern**. Auch GABA_B-Rezeptoren können somit einen inhibitorischen Effekt vermitteln.

GABA_C-Rezeptoren: Über diese Rezeptoren ist wenig bekannt. Ihrer Struktur nach handelt es sich um **Cys-loop-Rezeptoren**. Offenbar fungieren sie ebenfalls als **Chloridkanäle**.

GABA_B-Rezeptoren: Dabei handelt es sich um metabotrope Rezeptoren aus der Gruppe der **G-Protein-gekoppelten heptahelikalen Rezeptorproteine**.

GABA_C-Rezeptoren: Es handelt sich um Cys-loop-Rezeptoren mit einer Leitfähigkeit für Cl^--Ionen.

► Exkurs. **Aktivität, Rausch und Schlaf**
Im Hirnstamm haben Bahnsysteme ihren Ursprung, die sowohl zum Thalamus als auch in weite Bereiche des Vorderhirns ziehen und einen **Zustand der Wachheit** hervorrufen (**aufsteigendes Aktivierungssystem**). Die entsprechenden Neurone setzten vor allem verschiedene Monoamine frei (**Noradrenalin, Dopamin, Serotonin**), teilweise auch Acetylcholin. **Psychopharmaka und Rauschmittel** greifen primär in die Funktion dieser Neurone ein. **Gegenspieler** sind Neurone, die ihren Ursprung in der unmittelbaren Nähe des Chiasma opticum, im Nucleus praeopticus ventrolateralis (VLPO) des Hypothalamus, haben. Sie setzen den **Neurotransmitter GABA** sowie das **Neuropeptid Galanin** frei. Sie sind in der Lage, die Neurone des aufsteigenden Aktivierungssystems zu hemmen. Sie sind für die **Auslösung von Schlaf** von entscheidender Bedeutung und vor allem im Tiefschlaf (non-rapid eye movement sleep, NREM sleep) aktiv. In der Nähe des VLPO befindet sich der Nucleus suprachiasmaticus (SCN), der die **innere Uhr** des Menschen repräsentiert und an der Regulation der Aktivität des VLPO beteiligt ist. Sowohl im normalen Schlaf als auch in einer Narkose senden **Neurone des Thalamus** synchronisierte rhythmische Signale an die Großhirnrinde. Entsprechende Effekte sind mit Hilfe eines EEG (Elektroenzephalogramm) nachweisbar (Bildung von δ-Wellen). Der Zustand korreliert mit einem Verlust des Bewusstseins, sowie generell mit einer reduzierten Aktivität der meisten Neurone des Thalamus und der Großhirnrinde. Der Schlaf dient offensichtlich der Erholung des ZNS. Bislang ist allerdings weitgehend ungeklärt, was während des Schlafes regeneriert wird.

2.6.5 Glycin

Auch die Glycinrezeptoren sind **Cys-loop-Rezeptoren** mit einer **Leitfähigkeit für Chlorid-Ionen**.

2.6.5 Glycin

Auch Glycin ist ein Neurotransmitter **mit hemmender Wirkung**. Ähnlich den GABA$_A$-Rezeptoren sind auch die Glycinrezeptoren **Cys-loop-Rezeptoren** mit einer **Leitfähigkeit für Chlorid-Ionen**. Strukturell verwandt sind somit z. B. die nicotinischen Acetylcholin-Rezeptoren (nAChR) der motorischen Endplatte. Metabotrope Glycinrezeptoren sind bislang nicht bekannt.

► Klink.

► Klink. Bei **Wundstarrkrampf (Tetanus)** kommt es zu einer Blockade der Glycinfreisetzung aus den hemmenden Interneuronen des Rückenmarks. Die Ursache ist das **Tetanustoxin**, eine Zink-abhängige Protease, die von dem Bakterium *Clostridium tetani* produziert wird. Hat *Clostridium tetani* (das mit *Clostridium botulinum* verwandt ist) eine Wunde infiziert, wird das Tetanustoxin freigesetzt und zunächst von α-Motoneuronen aufgenommen. Durch retrograden Transport gelangt es in die Synapsen des Rückenmarks und schließlich in die dortigen Interneurone. An der präsynaptischen Membran der Interneurone spaltet und **inaktiviert** es **das für die Exozytose** (S. 368) **des Glycins essenzielle** SNARE-Protein **Synaptobrevin** (= v-SNARE, Abb. **G-2.24** a). Dadurch kann nicht mehr genügend Glycin ausgeschüttet werden und die Hemmung der α-Motoneurone entfällt. Die Folge ist eine spastische Lähmung (Abb. **G-2.24** b).

⊙ **G-2.24** **Hemmstoffe der Neurotransmitterwirkung des Glycins a** Wirkungsmechanismus **b** Wirkung des Tetanustoxins: Opisthotonus (Kontraktion der Streckmuskulatur des Rumpfes) und Risus sardonicus (Kontraktion der Gesichtsmuskulatur) bei einem Jugendlichen mit einer Hautverletzung in der Leistenregion.

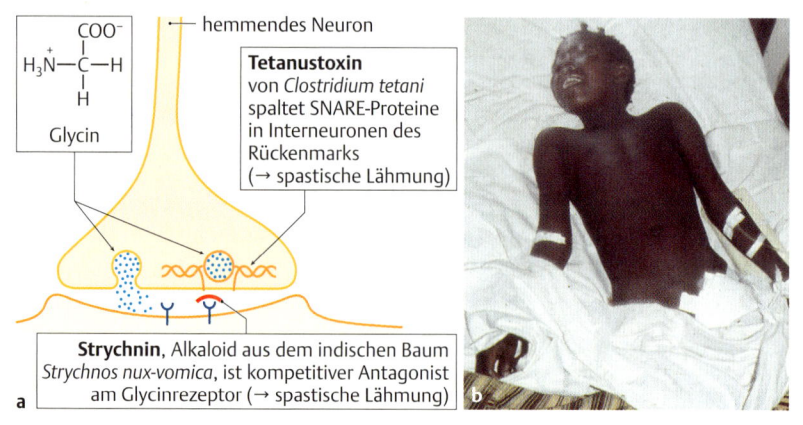

Glycin

Tetanustoxin von *Clostridium tetani* spaltet SNARE-Proteine in Interneuronen des Rückenmarks (→ spastische Lähmung)

Strychnin, Alkaloid aus dem indischen Baum *Strychnos nux-vomica*, ist kompetitiver Antagonist am Glycinrezeptor (→ spastische Lähmung)

(aus Hof H., Dörries R., Duale Reihe Medizinische Mikrobiologie, Thieme, 2014)

Strychnin, ein Alkaloid aus den Samen des indischen Baumes *Strychnos nux-vomica* („Brechnuss"), ist ein **kompetitiver Antagonist am Glycinrezeptor**, verhindert also die Wirkung des Glycins auf die Motoneurone des Rückenmarks. In Europa ist es in den vergangenen Jahren verschiedentlich im Rahmen von Cocainabusus zu Strychninvergiftungen gekommen, weil Cocain mit Strychnin gestreckt war. Ähnlich dem Tetanustoxin löst Strychnin **heftige Krämpfe** aus. Da Strychnin in der Leber schnell abgebaut wird und auch über den Urin leicht ausgeschieden werden kann, gilt die Prognose der Strychninvergiftung als vergleichsweise günstig.

2.6.6 Katecholamine

Zu den Katecholaminen zählen die Neurotransmitter **Dopamin**, **Noradrenalin** und **Adrenalin**. Die Katecholamine bilden unter den Neurotransmittern zusammen mit Serotonin und Histamin die Gruppe der **Monoamine**.

Dopamin

Synthese: Dopamin ist ein biogenes Amin, das wie Adrenalin und Noradrealin (S. 595) im Zytosol der Neurone, ausgehend von Tyrosin in zwei Schritten synthetisiert wird:
- **Hydroxylierung:** Zunächst wird der Phenylring des Tyrosins hydroxyliert (= Bildung einer Catechol-Gruppe). Das Reaktionsprodukt ist unter dem Namen L-DOPA bekannt (3,4-Dihydroxyphenylalanin, das „L" verweist darauf, dass es sich stereochemisch um eine L-Aminosäure handelt).
- **Decarboxylierung:** Dopamin entsteht dann durch Pyridoxalphosphat-abhängige Decarboxylierung des L-DOPA.

Abbau: An der Inaktivierung des Dopamins sind drei Enzyme beteiligt, die auch an der Inaktivierung und am Abbau aller anderen Katecholamine beteiligt sind:
- Die **Monoaminoxidase (MAO)** katalysiert eine **Desaminierung** ihrer Substrate. Als Reaktionsprodukte entstehen Aldehyde. Es lassen sich zwei Isoenzyme der Monoaminoxidase nachweisen, MAO-A und MAO-B. Pharmakologisch ist vor allem die MAO-B von Interesse, die im Gehirn weit verbreitet ist (Merkhilfe: „brain" – „MAO-B").
- Die **Aldehyd-Dehydrogenase (ALDH)** katalysiert eine **Oxidation** der in der Reaktion der Monoaminoxidase entstandenen Aldehyde zu Carbonsäuren.
- Die **Catechol-O-Methyltransferase (COMT)** katalysiert die **Übertragung einer Methylgruppe** von S-Adenosylmethionin (SAM) auf die OH-Gruppe der Position 3 der Phenylgruppe.

Spezifische Hemmstoffe der MAO-B und der COMT zählen zu den wichtigsten Wirkstoffen, die in der Therapie der Parkinson-Krankheit (S. 832) verwendet werden.

Dopaminrezeptoren: Es lassen sich fünf Dopaminrezeptoren (D_1-D_5) unterscheiden, die ausnahmslos zur Gruppe der **heptahelikalen Rezeptorproteine** gehören. Bei Bindung an die Rezeptoren kann Dopamin **aktivierend** wirken (D_1 und D_5), aber auch **hemmend** (D_2, D_3 D_4). Die verschiedenen Rezeptoren und der Stoffwechsel des Dopamins sind klinisch nicht nur mit Bezug auf die **Parkinson-Krankheit** (S. 831), sondern auch im Zusammenhang mit der **Schizophrenie** von großer Bedeutung.

2.6.6 Katecholamine

Zu den Katecholaminen zählen die Neurotransmitter **Dopamin**, **Noradrenalin** und **Adrenalin**.

Dopamin

Synthese: Diese erfolgt in zwei Schritten:
- **Hydroxylierung** des Tyrosins, dabei entsteht L-DOPA.
- **Decarboxylierung** von L-DOPA.

Abbau: Für den Abbau von Dopamin sowie aller anderen Katecholamine sind drei Enzyme von Bedeutung:
- **Monoaminoxidase (MAO):** Desaminierung und Bildung von Aldehyden.
- **Aldehyd-Dehydrogenase (ADH):** Oxidation der Aldehyde zu Carbonsäuren.
- **Catechol-O-Methyltransferase (COMT):** Übertragung einer Methylgruppe.

Dopaminrezeptoren: Alle Dopaminrezeptoren sind **heptahelikale Rezeptorproteine**. Es sind 5 Rezeptoren bekannt (D 1 - D 5). An einigen Rezeptoren wirkt Dopamin **aktivierend** (D 1 und D 5), an anderen **hemmend** (D 2, D 3 D 4).

▶ Klinik. Die Symptome der **Schizophrenie** können mit erstaunlicher Effizienz durch Pharmaka unterdrückt werden, die in bestimmten Regionen des Gehirns als **Antagonisten von Dopamin-D_2-Rezeptoren** wirken (Abb. G-2.25). Ein berühmtes Beispiel ist das **Haloperidol**, das bereits seit 1959 auf dem Markt ist und als **hochpotentes Neuroleptikum** zur Behandlung von Psychosen eingesetzt wird. Da Haloperidol erhebliche Nebenwirkungen hat, werden allerdings bevorzugt neuere sog. atypische Neuroleptika eingesetzt. Diese sind in der Lage, parallel die Rezeptoren unterschiedlicher Neurotransmitter zu blockieren. Für die pharmakologischen Wirkungen sind aber wiederum Dopamin-Rezeptoren von entscheidender Bedeutung. So scheint z. B. das **Clozapin** primär als **Antagonist von D_4-Rezeptoren** zu wirken.

⊙ G-2.25 Wirkungsmechanismus der Neuroleptika zur Behandlung der Symptome der Schizophrenie

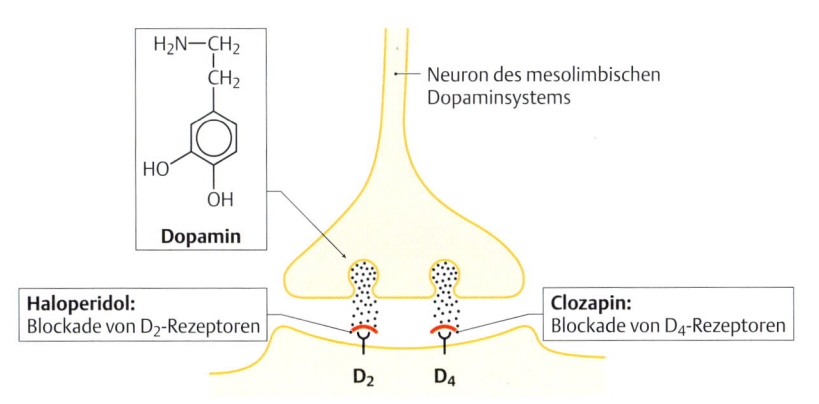

Reuptake: Die Wiederaufnahme des Dopamins aus dem synaptischen Spalt (Reuptake) wird von dem **Dopamintransporter DAT** vermittelt. Diese erfolgt sekundär, zusammen mit Dopamin werden noch 2 Na$^+$-Ionen und 1 Cl$^-$-Ion aufgenommen.

Kokain ist ein effizienter Hemmstoff des DAT. Auch Methylphenidat (Ritalin), ein Derivat des Amphetamins, ist ein Inhibitor des DAT.

Noradrenalin

Synthese: Ausgehend von Tyrosin wird zunächst Dopamin synthetisiert (S. 823), durch die Hydroxylierung des β-C-Atom des Dopamins entsteht schließlich Noradrenalin (Abb. **D-3.6**).

Abbau: Wie beim Abbau des Dopamins sind auch am Abbau des Noradrenalins die Enzyme **Monoaminoxidase (MAO)**, **Aldehyd-Dehydrogenase (ADH)** und **Catechol-O-Methyltransferase (COMT)** beteiligt (Abb. **G-2.26**).

Reuptake: Die Wiederaufnahme von Noradrenalin erfolgt durch den Norepinephrine Transporter (NET).

⊙ G-2.26

▶ Klinik.

Reuptake: Dopamin wird nach seiner Freisetzung in den synaptischen Spalt sehr schnell von Neuronen und benachbarten Astrozyten wieder aufgenommen. Die **Wiederaufnahme** (Reuptake) wird von dem **Dopamintransporter DAT** vermittelt. Ein **Dopamin-Molekül** wird sekundär aktiv, jeweils zusammen **mit 2 Na$^+$-Ionen und 1 Cl$^-$-Ion, aufgenommen.** Der Dopamintransporter hat in seiner Struktur große Ähnlichkeiten mit den Transportern für Serotonin (SERT) und Noradrenalin (NET).

Die **Wirkungen des Kokains**, eines Alkaloids aus dem Cocastrauch *Erythroxylum coca*, lassen sich auf eine Hemmung aller drei Monoamintransporter zurückführen. Die **Hemmung des Reuptake** hat eine **erhöhte Konzentration der betroffenen Neurotransmitter** im synaptischen Spalt zur Folge. Der Effekt äußert sich in einer **euphorischen Stimmung**. Den wichtigsten Beitrag leistet dabei das Dopamin. Ein effizienter Inhibitor des DAT ist auch Methylphenidat (Ritalin), ein Derivat des Amphetamins.

Noradrenalin

Synthese: Auch Noradrenalin wird in den Neuronen ausgehend von Tyrosin synthetisiert (S. 595). Dabei wird zunächst Dopamin synthetisiert (S. 823). Die Synthese des Noradrenalins erfordert dann nur noch einen weiteren Schritt: Das β-C-Atom des Dopamins wird hydroxyliert (Abb. **D-3.6**).

Abbau: Wie beim Abbau des Dopamins sind auch am Abbau des Noradrenalins die Enzyme **Monoaminoxidase (MAO)**, **Aldehyd-Dehydrogenase (ADH)** und **Catechol-O-Methyltransferase (COMT)** beteiligt (Abb. **G-2.26**). Das wichtigste Abbauprodukt ist die **Vanillinmandelsäure**. Bei der Behandlung der Depressionen werden neben trizyklischen Antidepressiva auch MAO-Hemmer eingesetzt (z. B. Moclobemid). Beide Wirkstoffgruppen haben letztlich einen ähnlichen Effekt, sie bewirken eine erhöhte Konzentration von Monoaminen im synaptischen Spalt.

Reuptake: In den synaptischen Spalt freigesetztes Noradrenalin wird an der präsynaptischen Membran wieder aufgenommen (Abb. **G-2.26**). Das für die Aufnahme verantwortliche Transportprotein ist der Norepinephrine Transporter (NET).

⊙ **G-2.26** Reuptake und Abbau von Noradrenalin

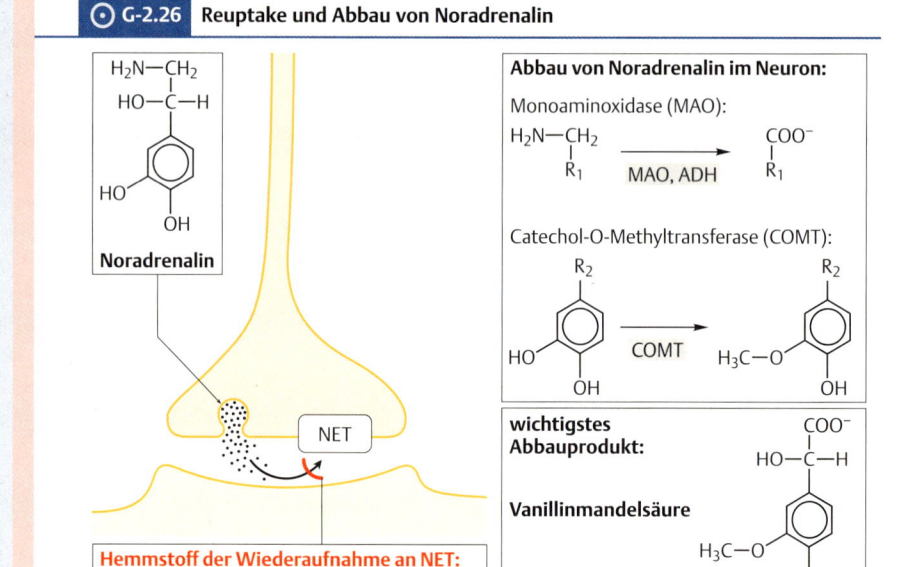

▶ Klinik. Der klassische Vertreter der **trizyklischen Antidepressiva** ist das **Imipramin**. Dieses hemmt sowohl den Serotonintransporter **SERT** als auch den – sehr ähnlich aufgebauten – Norepinephrine Transporter **NET**.

2.6.7 Neuropeptide

Peptide sind als Neurotransmitter im Nervensystem **weit verbreitet**. Mehr als 50 unterschiedliche Neuropeptide mit einer Funktion als Neurotransmitter wurden identifiziert. In der Regel werden sie zusammen mit niedermolekularen Neurotransmittern (z. B. GABA) ausgeschüttet. Sie binden dann an **metabotrope Rezeptoren**. Die Neuropeptide entstehen durch **proteolytische Spaltung** größerer Polypeptide mit Hilfe spezifischer **Endopeptidasen**. So entstehen aus dem Polypeptid Proopiomelanocortin (POMC) letztlich acht verschiedene Neuropeptide (Abb. **D-3.12**).

Als eines der ersten Neuropeptide wurde 1931 die **Substanz P** isoliert, ein Peptid von 11 Aminosäuren, das u. a. bei der **Nozizeption** (S. 653) eine wichtige Rolle spielt. Die Substanz P wird von nozizeptiven Neuronen (Aδ- und C-Fasern, 1. Neuron) synthetisiert und in den Synapsen der **Hinterwurzel des Rückenmarks** freigesetzt. Hier wirkt Substanz P **exzitatorisch** (anregend) auf das 2. Neuron, welches im Rückenmark auf der kontralateralen Seite zum Thalamus hinaufzieht (Tractus spinothalamicus). Als Rezeptor der Substanz P wurde der G-Protein-gekoppelte **heptahelikale Neurokinin-Rezeptor NK1** identifiziert.

Opioide

Als Opioide bezeichnet man eine Gruppe bestimmter **Neuropeptide**, die eine ähnliche Wirkung haben wie die Alkaloide, die im Opium enthalten sind. Die Opioide entstehen aus Vorstufen, die von drei unterschiedlichen Genen kodiert werden. Dem entsprechend unterscheidet man 3 Klassen von Opioiden:

- **Endorphine** sind die bekanntesten Opioide. Sie entstehen durch Spaltung des bereits genannten Proopiomelanocortins – POMC (Abb. **D-3.12**) –, aus dem auch andere Neuropeptide entstehen, z. B. das ACTH – adrenocorticotropes Hormon (S. 603).
- **Enkephaline** werden durch proteolytische Prozessierung des Vorläufers Proenkephalin gebildet. Sie sind im ZNS ubiquitär verbreitet.
- **Dynorphine** entstehen durch Prozessierung des Vorläufers Prodynorphin. Sie sind im ZNS ebenfalls weit verbreitet.

Opioidrezeptoren: Für Opioide existieren drei miteinander verwandte **heptahelikale Rezeptoren** (μ, δ und κ). Einzelne Opioide können an mehrere dieser Rezeptoren binden. So aktiviert β-Endorphin sowohl μ- als auch δ-Rezeptoren. Alle Opioid-Rezeptoren sind an **G-Proteine** (S. 562) **vom Typ $G_{i/o}$** gekoppelt. Bei Bindung von Opioiden wird in den Neuronen die Bildung neuer Aktionspotenziale deshalb generell gehemmt:

- **Öffnung G-Protein-gekoppelter einwärts gleichrichtender K^+-Kanäle** (GIRK, Kir3-Kanäle Abb. **G-2.19**): Die Öffnung der K^+-Kanäle führt dazu, dass in den Neuronen das Membranpotenzial stabilisiert wird, eine Depolarisation wird erschwert.
- **Hemmung der Aktivität spannungsabhängige Ca^{2+}-Kanäle**: Damit wird in den Synapsen die Ausschüttung der Neurotransmitter unterdrückt.

Die G-Proteine (S. 561) der Opioid-Rezeptoren wirken auch über die Adenylatzyklase (S. 564) und über die Phospholipase Cβ. Für die klinisch relevanten analgetischen Effekte scheinen aber vor allem die Wirkungen auf die Ionenkanäle verantwortlich zu sein.

Die unterschiedlichen Opioidrezeptoren wirken in verschiedenen Bereichen:

- **μ-Rezeptoren** lassen sich vor allem im **Gehirn** nachweisen, wo sie eine **Hemmung der Schmerzempfindung** vermitteln (supraspinale Analgesie), aber auch für die Entwicklung einer **euphorischen Stimmung** verantwortlich sein können.
- **δ-Rezeptoren** hemmen die Schmerzempfindung vorwiegend im **Rückenmark** (spinale Analgesie).
- **κ-Rezeptoren** zeigen eine ähnliche Wirkung wie die δ-Rezeptoren.

> ▶ Klinik. **Opium** wird durch Trocknen eines milchigen Safts hergestellt, der aus den unreifen Fruchtkapseln des **Schlafmohns** *(Papaver somniferum)* gewonnen wird. Etwa 10 % der Trockenmasse des Opiums besteht aus dem Alkaloid Morphin.
> **Morphin** wurde erstmals Anfang des 19. Jahrhunderts in Paderborn von dem Apotheker Adam Sertürner isoliert. Auch heute noch ist Morphin in der Klinik für die **Behandlung** außerordentlich **starker Schmerzen** von großer Bedeutung. Morphin und einige chemische Derivate des Morphins sind die **potentesten Analgetika** (Schmerzmittel).
> **Heroin** wird durch **Acetylierung des Morphins** gewonnen (Diacetylmorphin). Aufgrund seiner **erhöhten Lipidlöslichkeit** kann Heroin nach intravenöser Gabe **sehr schnell** in das **Gehirn** gelangen. Heroin ist als solches weitgehend unwirksam, im Gehirn wird es aber zu Morphin deacetyliert und entfaltet dann seine **euphorisierende Wirkung**. Die Verwendung von Heroin führt sehr schnell sowohl zu einer **psychischen** als auch zu einer **physischen Abhängigkeit**.
> **Codein** ist ebenfalls ein Derivat des Morphins. Es hat eine ausgeprägte **hustendämpfende Wirkung**. Da es aus dem Verdauungstrakt gut resorbiert wird und die Suchtgefahr gering ist, findet es als Bestandteil von Hustensaft Verwendung.

2.6.8 Endocannabinoide

Die Endocannabinoide sind keine Neuropeptide sondern **Derivate der Arachidonsäure** und somit **Lipide**. Sie binden an gleichen Rezeptor wie Δ^9-Tetrahydrocannabinol (THC), der Wirkstoff des Haschisch und des Marihuanas. Dieses wird aus dem indischen Hanf *(Cannabis sativa)* gewonnen. Als wichtigste Endocannabinoide gelten **2-Arachidonylglycerin** und **Arachidonylethanolamid**.

Cannabinoid-Rezeptoren: Die Effekte der Endocannabinoide werden von den **Cannabinoid-Rezeptoren CB1** und **CB2** vermittelt für die Effekte des THC ist der Rezeptor CB1 von entscheidender Bedeutung. CB1 und CB2 sind **heptahelikale Rezeptorproteine**, die an $G_{i/o}$-Proteine gekoppelt sind. Die Aktivierung der Rezeptoren führt zur **Öffnung einwärts gleichrichtender K$^+$-Kanäle** (Kir-Kanäle) und gleichzeitig zur **Hemmung spannungsabhängiger Ca^{2+}-Kanäle** (S. 811). Die Bildung von Aktionspotenzial und die Ausschüttung von Neurotransmittern wird dadurch erschwert. Die Cannabinoid-Rezeptoren sind im ZNS anders verteilt als die Opioid-Rezeptoren, in ihren molekularen Effekten sind sich die Rezeptoren jedoch sehr ähnlich.

Generell vermittelt der **Cannabinoid-Rezeptor CB1** im ZNS offenbar eine **retrograde** (rückwärts gerichtete) **Hemmung**: Die Endocannabinoide werden in bestimmten postsynaptischen Neuronen in Reaktion auf wiederholte Depolarisation synthetisiert und (retrograd) in den synaptischen Spalt freigesetzt. Durch Bindung an die CB1-Rezeptoren der präsynaptischen Membran wird dann die Ausschüttung weiterer Neurotransmitter unterdrückt.

2.6.9 Purine

Zusammen mit anderen Neurotransmittern wird in vielen Synapsen auch **ATP** (Adenosintriphosphat) ausgeschüttet. Im synaptischen Spalt wird ATP teilweise zu **ADP** oder zu **Adenosin** abgebaut. Sowohl das ATP als auch seine Abbauprodukte können für **vielfältige physiologische Effekte** verantwortlich sein.

Im ZNS wird **ATP** wird nicht nur als Neurotransmitter ausgeschüttet. Insbesondere bei **Entzündungsprozessen** kann ATP von unterschiedlichen Zellen freigesetzt werden. Es dient dann als **allgemeines Alarmsignal**. Unter physiologischen Bedingungen ist ATP kontinuierlich an der Kommunikation zwischen Neuronen und Gliazellen beteiligt.

Purin-Rezeptoren: Man unterscheidet Rezeptoren vom Typ-P1 und vom Typ-P2. **Adenosin** bindet an **metabotrope P1-Rezeptoren** und **ATP und ADP binden an P2-Rezeptoren**. Diese können sowohl **metabotrop** als auch **ionotrop** sein. ADP bindet an metabotrpe G-Protein-gekoppelte PY2-Rezeptoren. Die trimer aufgebauten ionotropen P2X-Rezeptoren öffnen sich bei Bindung von ATP und zeigen dann eine Durchlässigkeit für Kationen (Na$^+$, K$^+$ und Ca^{2+}).

▶ Klinik.

2.6.8 Endocannabinoide

Endocannabinoide sind **Derivate der Arachidonsäure** und somit **Lipide**. Als wichtigste Vertreter gelten **2-Arachidonylglycerin** und **Arachidonylethanolamid**.

Cannabinoid-Rezeptoren: Dabei handelt es sich um $G_{i/o}$-Protein gekoppelte **heptahelikale Rezeptorproteine**. Es sind zwei **Cannabinoid-Rezeptoren, CB1** und **CB2**, bekannt Die Aktivierung dieser Rezeptoren führt zur Öffnung einwärts gleichrichtender K$^+$-Kanäle (S. 806) und gleichzeitig zur Hemmung spannungsabhängiger Ca^{2+}-Kanäle (S. 811). Als Folge wird das **Auslösen eines Aktionspotenzials** und die **Ausschüttung von Neurotransmittern erschwert**.

Endocannabinoide werden retrograd in den synaptischen Spalt freigesetzt. Durch Bindung an die CB1-Rezeptoren der präsynaptischen Membran wird die Ausschüttung weiterer Neurotransmitter unterdrückt.

2.6.9 Purine

Zu den Neurotransmittern zählen auch die Purine **ATP, ADP und Adenosin**:

Bei **Entzündungsprozessen** kann ATP von unterschiedlichen Zellen freigesetzt werden. Es dient dann als **allgemeines Alarmsignal**.

Purin-Rezeptoren: Man unterscheidet Typ P1 und Typ P2-Rezeptoren wobei **Adenosin** an **metabotrope P1-Rezeptoren** bindet und **ATP und ADP an P2-Rezeptoren**. Diese können sowohl **metabotrop** als auch **ionotrop** sein.

G 2.6 Neurotransmitter und ihre Rezeptoren

▶ **Merke.** **Liganden-aktivierte Ionenkanäle** können eine **trimere** Grundstruktur haben (z. B. ATP-abhängige P2X-Rezeptoren), eine **tetramere** Grundstruktur (z. B. Glutamat-Rezeptoren vom Typ AMPA, NMDA und Kainat) oder eine **pentamere** Grundstruktur (Cys-loop-Rezeptoren: nicotinische Acetylcholin-Rezeptoren, die Serotonin 5-HT$_3$-Rezeptoren sowie die GABA- und die Glycin-Rezeptoren).

▶ **Merke.**

P1-Purinrezeptoren vermitteln im Gehirn auch die Wirkungen des Koffeins. Kaffee- und Teesträucher synthetisieren Koffein (1,3,7-Trimethylxanthin, Abb. **G-2.27**) im Rahmen ihres Purinstoffwechsels. Koffein ist in vielen Getränken enthalten. Eine Tasse Kaffee enthält ca. 100 mg Koffein, eine Tasse Tee ca. 50 mg, eine Tasse Kakao etwa 10 mg. Theophyllin und Theobromin sind Dimethylxanthine, die in den genannten Getränken in Spuren ebenfalls enthalten sind. Die wichtigsten Wirkungen der Getränke sind aber allein auf ihren Gehalt an Koffein zurückzuführen. Es wirkt im Gehirn als **kompetitiver Inhibitor der Bindung von Adenosin** an P1-Rezeptoren. In langen Phasen der Wachheit steigen in einigen Regionen des Gehirns die Konzentrationen von Adenosin. Das Adenosin aktiviert dann unter Vermittlung von P1-Rezeptoren die Neurone des VLPO und damit das Schlafbedürfnis (S. 822). In der Bundesrepublik Deutschland liegt der durchschnittliche Verbrauch an Kaffee bei 180 Liter/Kopf pro Jahr (Bier: 130 Liter/Kopf pro Jahr). Koffein ist damit das meistgebrauchte Pharmakon.

Purinrezeptoren vermitteln im Gehirn auch die Wirkungen des Koffeins (1,3,7-Trimethylxanthin). **Koffein** wirkt im Gehirn als **kompetitiver Inhibitor der Bindung von Adenosin an P1-Rezeptoren**.

⊙ **G-2.27** Koffein

⊙ **G-2.27**

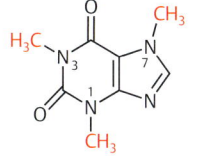

a Coffein (1,3,7-Trimethylxanthin)
   Xanthin
b

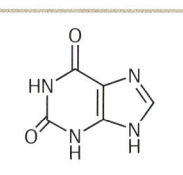

▶ **Exkurs.** **Anästhesie**

Prämedikation: In der Regel werden im Vorfeld einer Operation Medikamente eingesetzt, die den Patienten die Angst nehmen (anxiolytische Wirkung) und sedierend (beruhigend) wirken. Üblich sind **Benzodiazepine**, z. B. Midazolam (z. B. Dormicum). Zielstruktur der Benzodiazepine sind Subtypen der GABA$_A$-Rezeptoren.

Lokalanästhetika: Bei kleineren Eingriffen ist eine Narkose oft nicht erforderlich. Man beschränkt sich darauf, die Aktivität peripherer schmerzleitender Neurone (C-Fasern und Aδ-Fasern) zu blockieren. Alle dazu verwendeten Lokalanästhetika (etwa **Procain**, **Lidocain** oder das neuere **Bupivacain**) blockieren spannungsabhängige Na$^+$-Kanäle. Bei einer Spinalanästhesie wird ein Lokalanästhetikum in den Liquor des Rückenmarkkanals injiziert (unterhalb des Lendenwirbels L 3, im Bereich der Cauda equina). Durch Injektion in den Periduralraum ist mit den gleichen Lokalanästhetika eine Periduralanästhesie möglich.

Die Narkoseeinleitung wird über einen Venenzugang mit einem schnell wirksamen Hypnotikum durchgeführt, der Patient verliert dabei sein Bewusstsein (gr. Hypnos = Schlaf). Verwendung findet teilweise auch heute noch **Thiopental** (z. B. Trapanal), vielfach wird derzeit bevorzugt **Propofol** (z. B. Disoprivan) eingesetzt. Der Wirkmechanismus dieser Stoffe war lange Zeit unbekannt. Inzwischen hat sich gezeigt, dass Propofol – ähnlich den Benzodiazepinen – an GABA$_A$-Rezeptoren bindet. Die Bindestelle befindet sich in einem bestimmten Bereich zwischen den Transmembranhelices des Rezeptors.

Volatile Anästhetika sind gasförmige Narkotika, die dem Patienten über die Atemluft zugeführt werden. Häufig wird derzeit **Desfluran** verwendet, eine Etherverbindung, die mehrere Fluoratome enthält. Auch Desfluran bindet an eine Bindestelle zwischen den Transmembranhelices der GABA$_A$-Rezeptoren.

Opioide haben eine besonders ausgeprägte analgetische (Schmerzen hemmende) Wirkung. Sie werden oft zusammen mit volatilen Anästhetika eingesetzt. Während Lokalanästhetika die Reizleitung in der Peripherie blockieren, wirken Opioide in den Synapsen des Rückenmarks und im Gehirn. Für die Anästhesie ist entscheidend die Bindung der Opioide an die μ-Rezeptoren (μ1 und μ2) im Gehirn (u. a. im Thalamus). Das Standardopioid der Anästhesie ist das **Fentanyl**. Für bestimmte Zwecke, etwa in der Kardioanästhesie, wird als neueres Derivat mit verbesserten Eigenschaften das Remifentanil eingesetzt.

▶ **Exkurs.**

2.7 Erkrankungen des ZNS

2.7.1 Multiple Sklerose (MS)

Die MS ist eine **Autoimmunkrankheit**, bei der sich aus unbekannten Gründen eine Immunreaktion gegen mehrere **Proteine der Myelinscheiden des ZNS** entwickelt (Abb. G-2.28). In einigen Bereichen des Gehirns bilden sich **Entzündungsherde**, die nicht nur aktivierte Mikrogliazellen enthalten, sondern auch T- und B-Zellen, die aus den Gefäßen in das umgebende neuronale Gewebe einwandern. Im Liquor findet man erhöhte Immunglobulinkonzentrationen. Da bislang ein Transport von Immunglobulinen aus dem Blut über die Blut-Hirn-Schranke nicht sicher nachgewiesen werden konnte, ist zu vermuten, dass die Autoantikörper von B-Zellen im Gehirn produziert werden. In den Entzündungsherden kommt es zu einer **Schädigung der Myelinscheiden** und dabei auch zu einer Beeinträchtigung der neuronalen Funktionen. Die Krankheitsverläufe sind sehr uneinheitlich, auch die neurologischen Ausfälle (Lähmungen, Sensibilitätsstörungen) der einzelnen Patienten sind variabel. Charakteristisch ist ein schubförmiger Verlauf: In unterschiedlichen Abständen treten unvermittelt klinische Symptome auf, die nach einigen Tagen wieder abklingen. Für die Zerstörung der Myelinscheiden können bei MS unterschiedliche Mechanismen verantwortlich sein. Letztlich werden die lysierten Membranen von **Mikrogliazellen** phagozytiert. Diese werden von **T-Helferzellen** vom Typ T_H1 durch Ausschüttung von IFN-γ aktiviert (S. 696). An der Entzündungsreaktion können **zytotoxische T-Zellen**, **Antikörper** und das **Komplementsystem** beteiligt sein. Obwohl primär die Myelinscheiden zerstört werden, kann es auch zu einer axonalen Schädigung oder einem Axonverlust kommen.

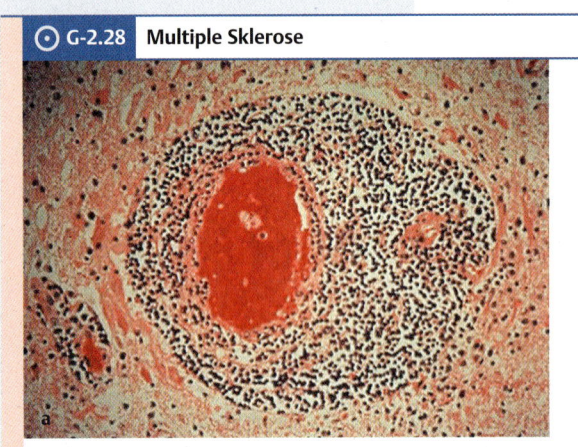

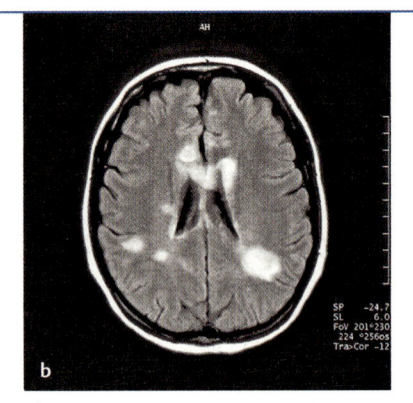

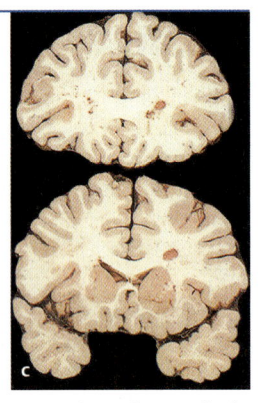

G-2.28 Multiple Sklerose

a Venöses Gefäß (rot gefärbt) mit perivaskulär eingewanderten Lymphozyten (kleine dunkel gefärbte Punkte)(aus Limmroth, Sindern, Multiple Sklerose, Taschenatlas spezial, Thieme, 2004). **b** Magnetresonanztomografie (aus Grehl, Checkliste Neurologie, Thieme, 2008). **c** Pathologischer Befund: Aufsicht von hinten auf stirnparallele temporale Schnitte. Lachsrote, bis erdnussgroße, frische Entmarkungsherde der weißen Substanz (aus Masuhr, Neumann; Duale Reihe Neurologie, Thieme, 2005)

▶ **Exkurs.** **Therapie der Multiplen Sklerose**

In der Klinik versucht man, den immunologischen Mechanismus möglichst genau zu bestimmen, der in einem gegebenen Fall für die Symptome verantwortlich ist, um dann eine **möglichst gezielte Therapie** durchführen zu können.

Basistherapie

Hierzu stehen drei Therapieoptionen zur Verfügung:

Hochdosierte Glucocorticoide werden auch heute noch in vielen Fällen eingesetzt, um bei einem Schub die Rückbildung der Symptome zu beschleunigen. Glucocorticoide wirken über eine vergleichsweise allgemeine Unterdrückung von Immunreaktionen.

Interferon-β (IFN-β) wird zur Dauertherapie eingesetzt, um die Zahl der Schübe zu vermindern. Die für die MS-Therapie relevanten Wirkungsmechanismen des IFN-β sind nicht befriedigend geklärt. Offenbar hat das IFN-β eine insgesamt immunsuppressive Wirkung.

Glatirameracetat ist der Name einer künstlich hergestellten Mischung unterschiedlicher Peptide, die in variabler Sequenz die Aminosäuren *G*lutaminsäure, *L*ysin, *A*lanin und *T*yrosin (GLAT) enthalten. Wenn die Peptidmischung den Patienten injiziert wird, lassen sich damit Immunreaktionen gegen das Myelin abschwächen. Der Effekt wurde bereits 1995 entdeckt, der immunologische Mechanismus ist bis heute ungeklärt.

Weitere Therapiemöglichkeiten

Eine **Plasmapherese** wird mitunter durchgeführt, wenn Glucocorticoide keine ausreichende Wirkung gezeigt haben. Bei diesem Verfahren wird dem Patienten Blut abgenommen, die Zellen des Blutes werden vom Blutplasma getrennt und dem Patienten zusammen mit einem Plasmaersatz zurückgegeben. Auf diese Weise können gegebenenfalls Antikörper abgetrennt werden, die für den Schub verantwortlich sind.

Fingolimod ist ein immunsuppressiv wirkendes kleines organisches Molekül mit einer strukturellen Ähnlichkeit zu Sphingosin-1-phosphat (Abb. **B-3.4**). Sphingosin-1-phosphat ist ein Signalmolekül, das im Stoffwechsel ausgehend von dem Membranlipid Sphingomyelin synthetisiert wird. Indem Sphingosin-1-phosphat an den Rezeptor S1P1 der T- und B-Lymphozyten bindet, veranlasst es deren Auswanderung aus den Lymphknoten. Fingolimod blockiert diesen Prozess und hemmt damit eine Einwanderung zusätzlicher Lymphozyten in das neuronale Gewebe.

Monoklonale Antikörper:

- **Natalizumab** ist ein monoklonaler Antikörper (die Silbe „mab" steht für *m*onoclonal *a*nti*b*ody), der zur Therapie aggressiver Formen der MS eingesetzt wird. Der Antikörper bindet an α_4-Integrin, ein Protein, das in der Plasmamembran vieler Leukozyten verankert ist (vgl. Abb. 687). Indem Natalizumab das α_4-Integrin blockiert, wird verhindert, dass Leukozyten im Gehirn die Blutgefäße verlassen und in das neuronale Gewebe einwandern.
- **Rituximab** ist ein monoklonaler Antikörper, der spezifisch gegen das Protein CD20 gerichtet ist. CD20 wird von B-Zellen exponiert. Durch die Bindung des Antikörpers wird eine Komplement-vermittelte Lyse und eine Zell-vermittelte Zytotoxizität vermittelt, sodass sämtliche B-Zellen des Blutes effizient eliminiert werden. Entsprechend effizient können antikörperabhängige Prozesse bei einem Schub unterdrückt werden.
- **Daclizumab** ist gegen die α-Kette des IL-2-Rezeptors gerichtet und hemmt die Aktivierung der T-Zellen.

In schweren Fällen kann es sinnvoll sein, die Aktivität des Immunsystems mithilfe von **Zytostatika** drastisch zu unterdrücken **(Eskalationstherapie)**. Angewendet werden u. a. die Zytostatika Mitoxantron und Cyclophosphamid.

2.7.2 Alzheimer-Krankheit

▶ **Synonym.** Morbus Alzheimer, Alzheimer Disease, AD.

Die Alzheimer-Krankheit zählt zur Gruppe der neurodegenerativen Erkrankungen, die auch die Prionen-Krankheiten (S.484), die Parkinson-Krankheit, die Chorea Huntington sowie die Amyotrophe Lateralsklerose (ALS) umfasst. Mitunter wird auch die MS zu den neurodegenerativen Erkrankungen gezählt. Typisch für diese Erkrankungen ist ein langsamer, aber unaufhaltsamer Untergang bestimmter Neurone. Die Alzheimer-Krankheit (AD) wurde erstmals 1907 von Alois Alzheimer (1864 – 1915) beschrieben, der zu dieser Zeit Mitarbeiter der Königlich Psychiatrischen Klinik in München war. AD beginnt mit einem Verlust des Kurzzeitgedächtnisses und führt im Verlauf mehrerer Jahre zu generalisierten Gedächtnis- und Wortfindungsstörungen und zunehmender Demenz. Allgemein sind Demenzen als sekundär erworbener, längere Zeit anhaltender Verlust der intellektuellen Fähigkeiten bei erhaltenem Bewusstsein definiert. Etwa ⅔ aller Demenzen alter Menschen sind vom Alzheimer-Typ. Für weitere 20 % der Demenzen wird eine Durchblutungsstörung des Gehirns aufgrund von Arteriosklerose verantwortlich gemacht. Vom 80. Lebensjahr an sind mehr als 10 % der Menschen von AD betroffen.

Im Gehirn der Patienten laufen dabei charakteristische Prozesse ab:

- **Zwischen den Zellen** bilden sich **β-Amyloid-haltige Plaques** (Abb. **G-2.29 a**), die einen Durchmesser von 10 bis mehreren 100 µm erreichen.
- **Innerhalb der Neurone** bilden sich **Fibrillen**, die aus dem Protein **tau** bestehen.
- Letztlich kommt es zu **Funktionsstörungen** und zum **Untergang vieler Neurone** und zu einer Atrophie des Großhirns (Abb. **G-2.29 b**).

Die weitaus meisten Fälle von AD treten sporadisch auf. Weder bestimmte Umweltfaktoren, noch bestimmte genetische Defekte lassen sich als Ursache der Erkrankung ausfindig machen. In manchen Familien tritt AD allerdings auffällig häufig auf. Es wurden inzwischen Mutationen in drei Genen identifiziert, die für eine derartige Familial Alzheimer Disease (FAD) verantwortlich sind. Diese Gene kodieren die Proteine **β-Amyloid-Vorstufe** (β-Amyloid Precursor, APP), **Presenilin 1** (PS 1) und **Presenilin 2** (PS 2).

β-Amyloid-Vorstufe (APP) ist das Protein, aus dem durch **proteolytische Spaltung** im Gehirn der Alzheimer-Patienten das **β-Amyloid** (Aβ) der Plaques entsteht (Abb. G-2.29). Die β-Amyloid-Vorstufe ist mit einem membranspannenden Segment in der Plasmamembran der Neurone verankert. Die N-terminale Domäne der β-Amyloid-Vorstufe ist an der Außenseite der Zellen exponiert. Ein bestimmtes Fragment von 42 Aminosäuren der **N-terminalen Domäne** bildet das **β-Amyloid der Plaques**.

β-Amyloid-haltige Plaques bilden sich auch bei **Trisomie 21 (Down-Syndrom)**.

Presenilin 1 und **Presenilin 2** sind homologe Untereinheiten der **γ-Secretase**, einer Protease, die in der Plasmamembran das Transmembransegment der β-Amyloid-Vorstufe spaltet (Abb. **G-2.29 c**).

Bislang ist ungeklärt, unter welchen Voraussetzungen es zu einer Aggregation von Aβ kommt. In vitro ließ sich zeigen, dass sich Aβ-Peptide in höheren Konzentrationen von alleine zu kleinen Komplexen (Oligomeren) und zu größeren Aggregaten zusammenlagern. Ähnlich den Prionenkrankheiten kann die AD als **Proteinfaltungskrankheit** verstanden werden.

Interessanterweise handelt es sich bei der **β-Amyloid-Vorstufe** um das Protein, aus dem durch **proteolytische Spaltung** im Gehirn der Alzheimer-Patienten das Peptid Aβ entsteht, das der Hauptbestandteil des **β-Amyloids** der Plaques ist (Abb. **G-2.29**). Die β-Amyloid-Vorstufe wird von einem **Gen des Chromosoms 21** kodiert. Es handelt sich um ein Protein von 695 Aminosäuren, das von Neuronen, in geringerem Umfang auch von Glia-Zellen, synthetisiert wird. Die physiologische Funktion des Proteins ist bislang unbekannt. Die β-Amyloid-Vorstufe ist mit einem membranspannenden Segment in der Plasmamembran der Neurone verankert. Der C-Terminus ist kurz und ragt in das Zytosol, die große **N-terminale Domäne** ist an der **Außenseite der Zellen** exponiert. Unter der Einwirkung bestimmter Proteasen wird die N-terminale Domäne an mehreren Stellen geschnitten, sodass sich kleine Peptide ablösen. Die meisten Peptide haben nur ein geringes pathologisches Potenzial. Ein bestimmtes **Peptid von 42 Aminosäuren**, das **Aβ$_{1-42}$**, bildet jedoch sehr leicht Aggregate, es bildet im Gehirn das **β-Amyloid der Plaques.**

β-Amyloid-haltige Plaques bilden sich häufig auch bei **Trisomie 21 (Down-Syndrom)**. Vermutlich kommt es aufgrund des überzähligen Chromosoms 21 zu einer Überexpression der β-Amyloid-Vorstufe und daraufhin zu einer vermehrten Bildung des Aβ. **Presenilin 1** und **Presenilin 2** sind homologe Proteine, die in der Plasmamembran der Neurone verankert sind. Beide Proteine sind Untereinheiten eines größeren Proteinkomplexes, der als **γ-Secretase** bezeichnet wird. Die γ-Secretase ist die **Protease**, die in der Plasmamembran das **Transmembransegment der β-Amyloid-Vorstufe spaltet** (Abb. **G-2.29 c**). Es hängt entscheidend von der Aktivität der γ-Secretase ab, ob β-Amyloid gebildet wird und welche Länge die β-Amyloid-Peptide haben.

Etwa 10 % der β-Amyloid-Vorstufe (APP) wird im Gehirn unter physiologischen Bedingungen täglich abgebaut und neu synthetisiert. Mehrere Proteasen wurden identifiziert, die am Abbau des APP beteiligt sind. Bislang ist ungeklärt, unter welchen Voraussetzungen es bei manchen Menschen irgendwann zu einer Aggregation von Aβ kommt. In vitro (im Reagenzglas) ließ sich zeigen, dass sich Aβ-Peptide in höheren Konzentrationen von alleine zu kleinen Komplexen (Oligomeren) und zu größeren fibrillären (fadenförmigen) Aggregaten zusammenlagern. Interessanterweise liegen die aggregierenden Aβ-Peptide weitgehend in **β-Faltblatt-Strukturen** vor, ähnlich dem PrP^{sc}, das für die Prionenkrankheiten (S. 484) verantwortlich ist. Ähnlich den Prionenkrankheiten kann auch die **AD als Proteinfaltungskrankheit** verstanden werden.

G-2.29 Alzheimer-Krankheit

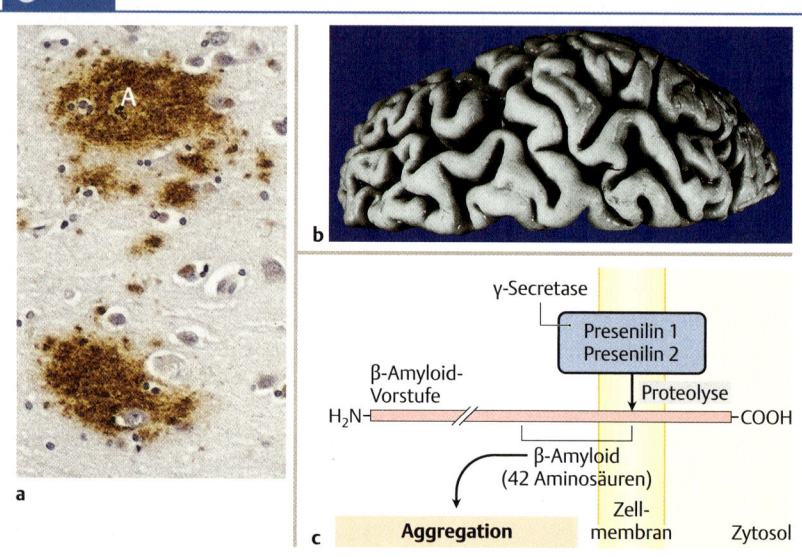

a Alzheimer-Plaque mit diffuser Ablagerung von β-Amyloid (A). Gallyas-Versilberung; Vergr. 1:200. **b** Kortikale Atrophie mit verschmälerten Gyri und entsprechend verbreiterten Sulci im gesamten Großhirnbereich (rechte Hemisphäre, nach Meningenentfernung) **c** Das β-Amyloid entsteht durch Aggregation des Peptids Aβ$_{1-42}$. Dieses entsteht, wenn die β-Amyloid-Vorstufe im Transmembransegment von der γ-Secretase und innerhalb der N-terminalen Domäne von der β-Secretase gespalten wird.

(a+b aus Riede, Werner, Schaefer; Allgemeine und spezielle Pathologie, Thieme, 2004)

Ungeklärt ist auch, welches der entscheidende Mechanismus ist, durch den die Aβ-Komplexe die Neurone schädigen. **Zwei Prozesse** scheinen beteiligt zu sein:
- Aβ-Oligomere können sich in Membranen einlagern und **Poren bilden**. Durch unkontrollierten Einstrom von Ca^{2+} können die zellulären Funktionen gestört werden. Zellen können auf diese Weise auch zugrunde gehen.
- Aβ-Komplexe lösen im Gehirn eine **Entzündung** (Neuroinflammation) aus. Die Aβ-Komplexe der Plaques können das Komplementprotein C1q binden und damit eine Antikörper-unabhängige Komplementreaktion auslösen. Zudem werden in der Umgebung des Amyloids die Mikrogliazellen aktiviert, vermutlich über eine Bindung von Aβ an Toll-like-Rezeptoren wie CD14/TLR4 (S. 678). Die von der Mikroglia ausgeschütteten Proteasen, Sauerstoffradikale u. a. Stoffe, die für eine Entzündung charakteristisch sind, könnten zum Untergang der Neurone beitragen.

Im Gegensatz zum extrazellulären β-Amyloid bildet das **Protein tau** bei AD **Fibrillen**, die **innerhalb der Neurone** akkumulieren. Das Protein tau (benannt mit dem griechischen Buchstaben τ) ist normalerweise mit den Mikrotubuli der Neurone assoziiert. Bei AD wird es unter Beteiligung mehrerer Enzyme vielfach phosphoryliert. Es dissoziiert daraufhin von den Mikrotubuli und bildet im Zytosol der Perikaryen und Dendriten fibrilläre Strukturen (engl. tangles), die dann zum Untergang der Neurone beitragen. Der pathophysiologische Zusammenhang zwischen der Aggregation des tau-Proteins und der Bildung des β-Amyloids ist bislang noch nicht geklärt.

2.7.3 Parkinson-Krankheit

▶ Synonym. Morbus Parkinson, Parkinson Disease, PD.

Die Parkinson-Krankheit (PD) ist nach dem englischen Arzt James Parkinson benannt, der die Symptome 1817 unter dem Titel „An Essay on the Shaking Palsy" erstmals beschrieb. Die Krankheit wird traditionell mit drei Begriffen charakterisiert:
- **Tremor:** In vielen Fällen, aber nicht immer, wird von den Patienten zunächst ein Zittern einer Hand beobachtet. Der Ruhetremor ist auch in fortgeschrittenen Stadien der Krankheit auf einer Körperseite besonders ausgeprägt („unilateral").
- **Rigor:** Bei der neurologischen Untersuchung fällt eine eigentümliche Steifigkeit der Extremitäten und des Rumpfes auf. Die Bewegungsabläufe sind verlangsamt, der Oberkörper ist nach vorne gebeugt, der Gang ist kleinschrittig.
- **Akinese:** Zu den Symptomen der PD gehört eine zunehmende Unbeholfenheit der Patienten im Beginnen von Bewegungsabläufen, etwa beim Gehen, die als Starthemmung charakterisiert wird.

Die Patienten sind nahezu ausschließlich ältere Menschen. Bis zum 85. Lebensjahr entwickelt sich eine Parkinson-Krankheit bei 4 – 5 % der Bevölkerung.

Die **Ursache** der Erkrankung ist in etwa 90 % der Fälle unbekannt („idiopathisch"). 1960 entdeckte der Pathologe Oleh Hornykiewicz in Wien, dass es sich bei der PD um eine Basalganglienerkrankung handelt. In der **Substantia nigra** des Mittelhirns befinden sich normalerweise ca. 450 000 **dopaminerge Neurone**, die überwiegend zum Striatum (genauer: zum Putamen) ziehen (Abb. G-2.30 a). Im Stoffwechsel dieser Zellen wird ausgehend von Tyrosin nicht nur Dopamin produziert, sondern auch Melanin, das die Zellkörper dunkel färbt. Im Alter nimmt die **Zahl dieser Neurone** aus unbekannten Gründen ab (Abb. G-2.30 b). Wenn weniger als ca. 150 000 Neurone übrig geblieben sind, ist die **dopaminerge Hemmung nachgeschalteter Neurone im Striatum ungenügend**.

Bei den nachgeschalteten Neuronen handelt es sich u. a. um **GABAerge Neurone**, die **zum Thalamus** ziehen (Abb. G-2.30 c und Abb. G-2.30 d). Dort greifen sie in die Regulation von Bewegungsabläufen ein, indem sie durch Ausschüttung von GABA eine hemmende Wirkung ausüben. Da sie normalerweise ihrerseits durch das **Dopamin** der nigrostriatalen Neurone **gehemmt** werden, ist ihre hemmende Wirkung im Thalamus normalerweise gering. Die Aktivität der GABAergen Neurone wird parallel auch von cholinergen Neuronen kontrolliert. Das **Acetylcholin** hat auf die GABAergen Neurone des Striatums eine **aktivierende** Wirkung. Sobald nun die Dopamin-vermittelte Hemmung unterbleibt, überwiegt im Striatum die cholinerge Aktivierung, und die GABAergen Neurone vermitteln über den Thalamus eine permanente und generelle Hemmung aller Körperbewegungen. So führt ein **Verlust der dopaminergen Neurone** der Substantia nigra letztlich zu einer allgemeinen **Hemmung der Willkürmotorik**.

G-2.30 Parkinson-Krankheit

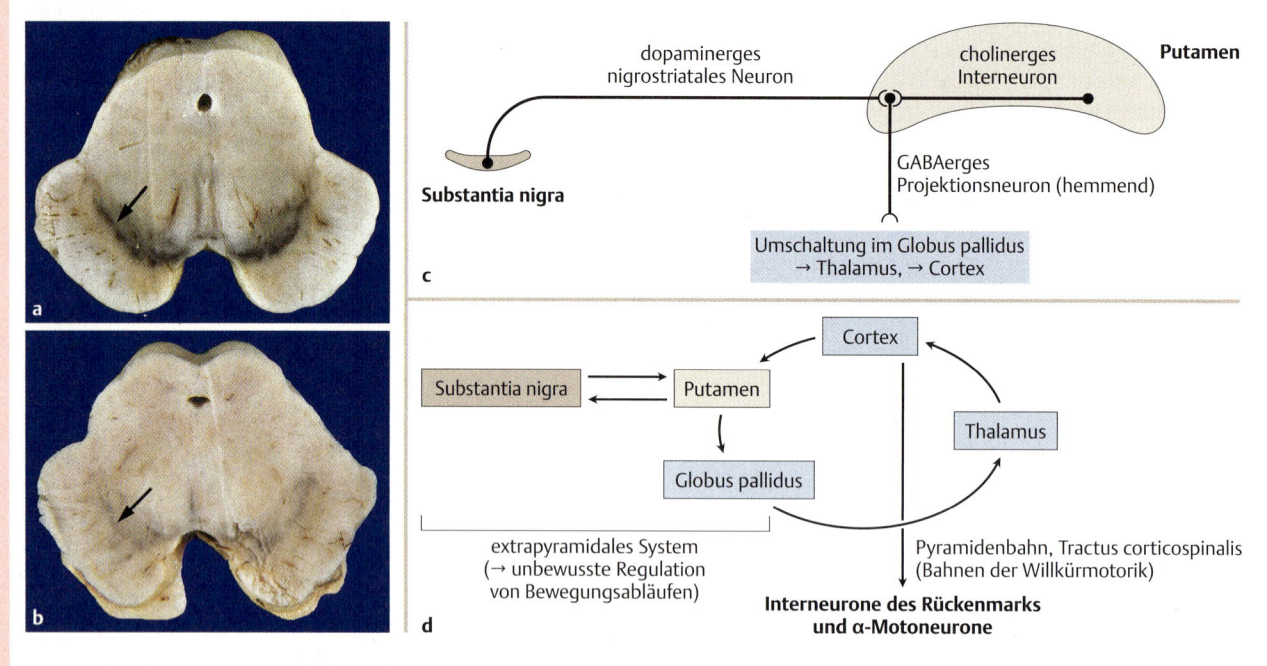

a Normale Substantia nigra mit halbmondförmiger bräunlicher Pigmentierung (Pfeil). **b** Ausgeprägte Depigmentierung der Substantia nigra bei einem Parkinson-Patienten. **c** Verschaltung dopaminerger Neurone. der Substantia nigra. **d** Die Substantia nigra im Kontext der subkortikalen Kerne.
(a+b aus Riede, Werner, Schaefer; Allgemeine und spezielle Pathologie, Thieme, 2004)

Therapie: Viele Symptome der Parkinson-Krankheit lassen sich durch **Behandlung mit L-DOPA** erheblich lindern. L-DOPA kann unter Vermittlung eines Aminosäuretransporters in das neuronale Gewebe vordringen, wo es **zu Dopamin decarboxyliert** wird. Um die Decarboxylierung des L-DOPA in der Peripherie zu verhindern, wird L-DOPA mit einem Decarboxylase-Hemmer kombiniert.

Alternative Medikamente:
- Dopaminrezeptor-Agonisten und
- MAO-B-Hemmer (Selegilin, Rasagilin) verstärken die Dopaminwirkungen,
- Entacapon als Hemmstoff der COMT,
- Amantadin (hemmt im Striatum die Freisetzung von Acetylcholin) und
- Anticholinergika hemmen die Wirkungen des Acetylcholins
  → Wiederherstellung des Gleichgewichts zwischen Dopamin und Acetylcholin.

Mögliche Ursachen: Untersuchungen zur **Ursache der Degeneration der dopaminergen Neurone** haben 11 **PARK-Gene** identifiziert, die an erblichen Formen der PD beteiligt sind. **Drei Genprodukte** sind von besonderem Interesse (Abb. **G-2.31**):

Therapie: Bereits in den 60er-Jahren wurde gezeigt, dass sich viele Symptome der PD durch **Behandlung mit L-DOPA** erheblich lindern lassen. L-DOPA wirkt insbesondere dem Rigor und der Akinese entgegen. Dopamin ist als Medikament ungeeignet, da es die Blut-Hirn-Schranke nicht überwinden kann und in der Peripherie erhebliche Nebenwirkungen auslöst. Die Vorstufe des Dopamins, das L-DOPA, kann hingegen unter Vermittlung eines Aminosäuretransporters in das neuronale Gewebe vordringen, wo es **zu Dopamin decarboxyliert** wird. Um eine unerwünschte Decarboxylierung des L-DOPA in der Peripherie zu verhindern, wird L-DOPA in den Tabletten mit einem Decarboxylase-Hemmer (Benserazid oder L-Carbidopa) kombiniert. Beide Komponenten werden im Verdauungstrakt schnell resorbiert.

Da die Wirksamkeit des L-DOPA im Laufe einiger Jahre abnimmt, hat man mehrere **alternative Medikamente** entwickelt: Zur initialen Monotherapie in frühen Stadien der Erkrankung:

- **Dopaminrezeptor-Agonisten** (z. B. Pramipexol) ersetzen fehlendes Dopamin im Striatum.
- **MAO-B-Hemmer** (Selegilin und Rasagilin) hemmen den Abbau des Dopamins, das von den übrig gebliebenen dopaminergen Neuronen ausgeschüttet wird.

Weitere Optionen, zusätzlich zum L-DOPA:

- **Entacapon** hemmt den Abbau der Katecholamine durch die Catechol-O-Methyl-Transferase, COMT (S. 823). L-DOPA wird deshalb in der Therapie immer häufiger nicht nur mit einem Decarboxylase-Hemmer, sondern auch mit Entacapon kombiniert.
- **Amantadin** hemmt an den GABAergen Neuronen des Striatums die Freisetzung von Acetylcholin. Auf diese Weise wirkt man dem Überwiegen der cholinergen Aktivierung entgegen, das sich bei fehlender Dopamin-Ausschüttung einstellt.
- **Anticholinergika** (z. B. Biperiden) wirken ebenfalls dem Überwiegen der cholinergen Aktivierung entgegen.

Mögliche Ursachen: Derzeit bemüht man sich intensiv, die **Ursache der Degeneration der dopaminergen Neurone** aufzuklären. Der Ausgangspunkt vieler aktueller Projekte bestand in der genetischen Untersuchung von Familien, in denen die PD gehäuft auftrat. Inzwischen wurden 11 **PARK-Gene** identifiziert, die an erblichen Formen der Krankheit beteiligt sind. Drei Produkte der PARK-Gene, **α-Synuclein, Parkin**

sowie das Produkt des Gens **PINK1**, haben in jüngster Zeit besondere Beachtung gefunden (Abb. **G-2.31**):

- **α-Synuclein** ist ein Protein von 140 Aminosäuren, das von dem Gen **PARK1** kodiert wird. α-Synuclein wurde in der Substantia nigra der PD-Patienten als Bestandteil der **Lewy-Körper** (Lewy Bodies) nachgewiesen. Lewy-Körper sind Protein-Aggregate, die in den dopaminergen Neuronen der Patienten akkumulieren. Sie können auch entstehen, wenn eine Mutation in PARK1 nicht vorhanden ist.
- **Parkin,** das Produkt von **PARK2**, ist ein Protein von 465 Aminosäuren. Seiner enzymatischen Funktion nach ist Parkin eine **Ubiquitin-Ligase**. Parkin ist also ein Enzym, das daran beteiligt ist, bestimmte Substratproteine mit Ubiquitin zu markieren und dem Abbau durch **Proteasomen** (S. 390) zuzuführen.
- Genprodukt von **PINK1** (= **PARK6**) ist eine **mitochondriale Serin/Threonin-Kinase**.

- **α-Synuclein**, kodiert von **PARK1**, ist Bestandteil der **Lewy-Körper**. Lewy-Körper sind Protein-Aggregate, die in defekten dopaminergen Neuronen der Substantia nigra akkumulieren.
- **Parkin**, kodiert von **PARK2**, ist eine **Ubiquitin-Ligase**. Parkin ist vermutlich daran beteiligt, Substratproteine dem Abbau durch **Proteasomen** zuzuführen.
- Genprodukt von **PINK1** (= PARK6) ist eine **mitochondriale Kinase**.

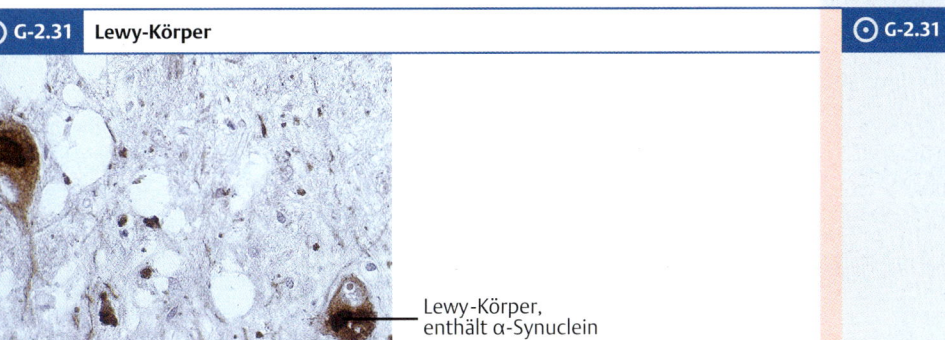

⊙ G-2.31 Lewy-Körper

Lewy-Körper, enthält α-Synuclein

(aus Riede, Werner, Schaefer; Allgemeine und spezielle Pathologie, Thieme, 2004)

⊙ G-2.31

Es ist auffällig, dass die verschiedenen PARK-Gene ausnahmslos Proteine kodieren, die weder für dopaminerge Neurone noch für das Nervensystem charakteristisch sind. Bislang kann nur spekuliert werden, warum von den genetischen Defekten primär die Substantia nigra betroffen ist. Offenbar reagieren die dopaminergen Neurone hier außerordentlich empfindlich auf die mit den Mutationen verbundenen Störungen. Die meisten **PARK-Gene** lassen sich **zwei Funktionskreisen** zuordnen:

- Viele PARK-Gene kodieren Proteine, die einen Bezug zur **Proteinfaltung** oder zum Abbau falsch gefalteter Proteine haben. Ein Beispiel ist mit dem Parkin gegeben, das an der Proteolyse in der Zelle beteiligt ist. Bemerkenswert ist, dass zu den typischen Kennzeichen der betroffenen Neurone bei den sporadischen Formen der PD die Lewy-Körper zählen, bei denen es sich um Aggregate von α-Synuclein u. a. aggregierten Proteinen im Zytosol handelt. Zumindest teilweise scheint auch die PD eine Proteinfaltungskrankheit zu sein.
- Zudem gibt es viele Hinweise, dass in der Pathogenese der PD die **Mitochondrien** eine wichtige Rolle spielen. So ist z. B. das Protein PINK1 eine mitochondriale Kinase. Vor einiger Zeit wurde entdeckt, dass sich **Parkin** an die Außenseite von Mitochondrien anlagert und dann eine **Autophagie** (= **Autophagozytose**) auslösen kann. Die Relevanz einer Parkin-vermittelten Autophagie für die Entwicklung der Parkinson-Krankheit ist bislang nicht befriedigend geklärt.

Es ist auffällig, dass die PARK-Gene Proteine kodieren, die weder für dopaminerge Neurone noch für das Nervensystem charakteristisch sind. Die **PARK-Gene** lassen sich **zwei Funktionskreisen** zuordnen:

- Viele PARK-Gene kodieren Proteine, die einen Bezug zur **Proteinfaltung** oder zum Abbau falsch gefalteter Proteine haben.
- Es gibt viele Hinweise, dass in der Pathogenese der PD die **Mitochondrien** eine wichtige Rolle spielen.

2.7.4 Chorea Huntington

Die Chorea Huntington zählt zu den **hyperkinetischen Basalganglienkrankheiten**. Ursache ist ein irreversibel fortschreitender **Untergang GABAerger striataler Neurone**. Der Verlust der Neurone führt zu einer **Enthemmung von Neuronen des Thalamus**. Die Krankheit äußert sich in plötzlichen, regellosen und unwillkürlichen Bewegungen, in fortgeschrittenem Stadium auch in Demenz. Das Krankheitsbild ist damit teilweise komplementär zum Erscheinungsbild der PD, bei der es sich um eine hypokinetische Basalganglienerkrankung handelt.

In allen Fällen von Chorea Huntington liegt dem Untergang der Neurone ein Defekt in einem bestimmten Gen zugrunde. Das betroffene Genprodukt hat den Namen **Huntingtin** bekommen. Es enthält ein Segment, in dem normalerweise 11 – 34 Glutaminreste unmittelbar nebeneinander vorkommen. Geht die Zahl der Glutaminreste darüber hinaus, kommt es zu den Symptomen der Chorea Huntington. Manche

2.7.4 Chorea Huntington

Chorea Huntington zählt zu den **hyperkinetischen Basalganglienkrankheiten**. Ursache ist ein irreversibel fortschreitender **Untergang GABAerger striataler Neurone**. Der Verlust der Neurone führt zu einer **Enthemmung von Neuronen des Thalamus**.

Ursache ist eine **Trinukleotidexpansion im Huntingtin-Gen** mit der Folge einer erhöhten Zahl von Glutaminresten im Protein Huntingtin.

2.8 Sinnesorgane und Sinneszellen

2.8.1 Riechsinneszellen

Anatomie: Die **Riechschleimhaut**, Regio olfactoria, befindet sich im Bereich der oberen Nasenmuscheln und des oberen Teils des Nasenseptums. Das Riechepithel enthält **Stützzellen, Basalzellen** sowie insgesamt **ca. 20 Millionen Riechsinneszellen** (Abb. **G-2.32 a**). Diese tragen an ihrer Oberfläche jeweils 6–8 modifizierte unbewegliche **Kinozilien** (Riechgeißeln), in denen die Chemorezeptoren lokalisiert sind. An ihrem basalen Ende bilden die Zellen ein **Axon**, das eine Verbindung zum **Bulbus olfactorius**, dem Riechkolben des Gehirns, herstellt. Die Riechsinneszellen werden deshalb auch als olfaktorische Neurone bezeichnet.

Das Genom des Menschen enthält ca. 350 Gene, die funktionsfähige **Riechrezeptoren** kodieren. In jeder Riechsinneszelle wird jeweils nur eines dieser Gene exprimiert. Zudem enthält das Genom weitere 700–800 ähnliche Rezeptor-Gene, die aber keine funktionsfähigen Proteine kodieren und somit Pseudogene sind. Gleichwohl ergibt sich bei einer Gesamtzahl von maximal 25 000 Genen, dass **im Genom des Menschen über 1 % der Gene Riechrezeptoren** kodieren. Da einzelne Geruchsstoffe an mehrere Rezeptorproteine binden können, ist die Zahl der unterscheidbaren Gerüche für den Menschen wesentlich größer. Es wird vermutet, dass Menschen etwa 10 000 Gerüche unterscheiden können.

Reaktionsmechanismus: Alle Riechrezeptoren sind miteinander verwandt und zeigen im Prinzip den gleichen Reaktionsmechanismus. Riechrezeptoren sind mit **sieben membranspannenden α-Helices** in der Membran der Kinozilien verankert. Sobald ein Geruchsstoff an einen Rezeptor bindet, wird ein **riechspezifisches G-Protein (G_{olf})** freigesetzt, das dann die **Adenylatzyklasen** der Zelle aktiviert. Die **steigende cAMP-Konzentration** löst einen **Einstrom von Na^+- und Ca^{2+}-Ionen** durch cAMP-kontrollierte Kationenkanäle und damit ein Aktionspotenzial aus.

Regeneration: Die Riechsinneszellen des Menschen werden etwa **alle 1–2 Monate vollständig ersetzt**. Als Stammzellen dienen dabei die **Basalzellen** des Riechepithels. Die täglich in großer Zahl neu entstehenden Sinneszellen bilden neue Axone aus. Die Axone aller Sinneszellen, die das **gleiche olfaktorische Rezeptor-Gen** exprimieren, steuern im Bulbus olfactorius **denselben Glomerulus** (Abb. **G-2.32 b**) an. Beachtlich ist zum einen die außerordentliche Regenerationsfähigkeit der olfaktorischen Neurone, zum anderen aber auch die Zielsicherheit, mit der die vielen neu gebildeten Axone die passenden Glomeruli erreichen. In den Glomeruli bilden die Axone Synapsen mit Mitralzellen, deren Axone dann gemeinsam als Tractus olfactorius bis zum primären olfaktorischen Cortex ziehen.

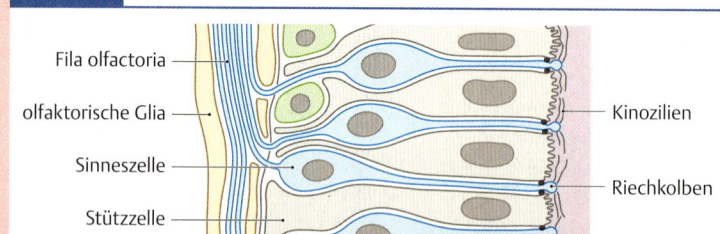

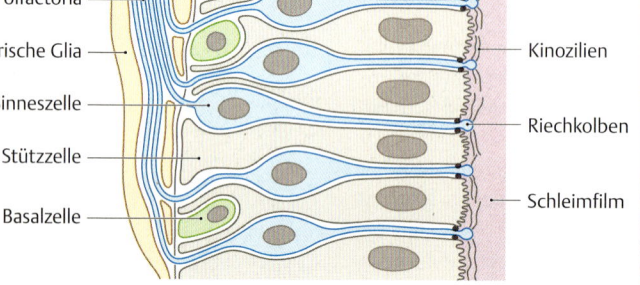

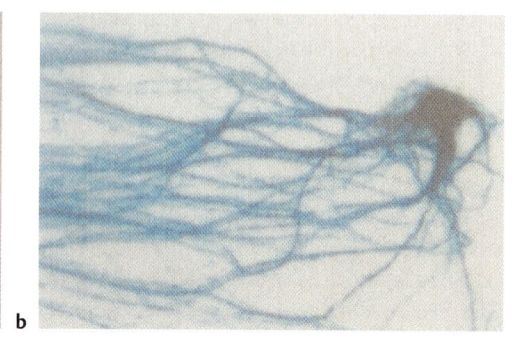

G-2.32 Riechepithel

a Zellen des Riechepithels (aus Lüllmann-Rauch, Histologie, Thieme, 2009). b Glomerulus im Bulbus olfactorius einer Maus (Foto: J. Strotmann, T. Feistel, H. Breer; Universität Hohenheim).

2.8.2 Geschmackssinneszellen

Geschmackssinneszellen sind chemosensible Schleimhautzellen, die in Gruppen von etwa 50 Zellen in den Geschmacksknospen der Zunge, teilweise auch im Gaumen und im Pharynx liegen. Im Gegensatz zu den Riechrezeptoren zeigen die Geschmacksrezeptoren mehrere unterschiedliche Systeme der Signaltransduktion. Sie bilden keine eigenen Axone aus, sondern werden becherartig von Nervenenden umgeben, die zu drei verschiedenen Hirnnerven gehören: N. facialis (VII), N. glossopharyngeus (IX), N. vagus (X).

2.8.3 Das Ohr: Hören und Gleichgewicht

Anatomie: Gehörorgan und Gleichgewichtsorgan des Menschen befinden sich im Innenohr. Dieses enthält ein Schlauchsystem, das mit **Endolymphe** gefüllt ist. Wegen seiner komplizierten Struktur wird das System als „häutiges Labyrinth" bezeichnet. Es liegt im knöchernen Labyrinth, einem System von Hohlräumen des Felsenbeins, und ist von **Perilymphe** umgeben. Die Perilymphe ähnelt in ihrer Zusammensetzung den extrazellulären Flüssigkeiten anderer Gewebe. Die **Endolymphe** hingegen enthält **Kalium-Ionen** in einer ungewöhnlich hohen Konzentration von ca. 140 mM und nur wenig Natriumionen. Die Ionenzusammensetzung ist somit ähnlich wie im Zytosol. Die Endolymphe umspült die Sinnesepithelien:
- Die **Cochlea** (Schnecke) enthält das Sinnesepithel des Gehörorgans (Abb. **G-2.33 a**).
- Das **vestibuläre Labyrinth** enthält die Sinnesepithelien des Gleichgewichtsorgans.

Reaktionsmechanismus: In beiden Systemen erfolgt die Reizwahrnehmung durch **Haarzellen**, die an ihrer apikalen Seite **Stereozilien** exponieren. Jede Zelle trägt ca. 80 Stereozilien unterschiedlicher Länge, die wie Orgelpfeifen angeordnet sind. Stereozilien sind ca. 200 nm dicke **Mikrovilli**, die mehrere Mikrometer lang sind. Sie sind von der Zellmembran umgeben und enthalten in ihrem Inneren einen Kern aus quervernetzten Aktinfilamenten. Der Ausdruck „Stereozilien" weist darauf hin, dass es sich um ungewöhnlich steife Mikrovilli handelt (griech. *stereos* = starr). Die Haarzellen des Innenohrs müssen im Gegensatz zu den Riechzellen das ganze Leben lang erhalten bleiben. Wenn Haarzellen bei Verletzungen oder durch Toxine untergehen, können sie nicht mehr ersetzt werden.

Bislang ist es rätselhaft, was bei der Reizung der Haarzellen genau passiert. Bei der **Schallwahrnehmung** werden die Luftschwingungen unter Vermittlung von Trommelfell und Gehörknöchelchen, ovalem Fenster und Perilymphe, häutigem Labyrinth und Sinnesepithel auf die Stereozilien übertragen. Die Auslenkungen, die letztlich auf die Stereozilien übertragen werden, liegen in der **Größenordnung von 10^{-10} m**; dies entspricht dem **Durchmesser eines Wasserstoffatoms**. Die Bewegung der Stereozilien führt zur **Öffnung mechanosensitiver Ionenkanäle** mit einer Spezifität für K$^+$-Ionen und zur Bildung eines Rezeptorpotenzials. Daraufhin öffnen sich an der basolateralen Seite Ca^{2+}-Kanäle und als Neurotransmitter wird **Glutamat** ausgeschüttet. Das Signal wird von bipolaren Nervenzellen aufgenommen. Diese bilden die Radix cochlearis und Radix vestibularis des **VIII. Hirnnervs**.

Die **Ionenkanäle**, die für die Bildung des Rezeptorpotenzials verantwortlich sind, liegen offenbar an der Basis feiner extrazellulärer Härchen, die einzeln jeweils die oberen Enden zweier benachbarter Stereozilien miteinander verbinden (Abb. **G-2.33 b**). Die Härchen werden als **Tip Links** bezeichnet (engl. tip = Endstück, Spitze; link = Verbindung). Tip Links sind ca. 5 nm dick und 200 nm lang und bestehen aus zwei sich helikal umwindenden Proteinfäden. Vermutlich öffnen sich die Ionenkanäle bei Kippbewegungen der Tip Links an der Plasmamembran. Obwohl die Ionenkanäle der Stereozilien elektrophysiologisch bereits vor vielen Jahren charakterisiert wurden, konnten die Proteine, welche die ionenleitenden Poren bilden und damit den Menschen die Welt der Töne und Geräusche öffnen, bislang (2015) noch nicht identifiziert werden.

G-2.33 Haarzellen des Innenohrs

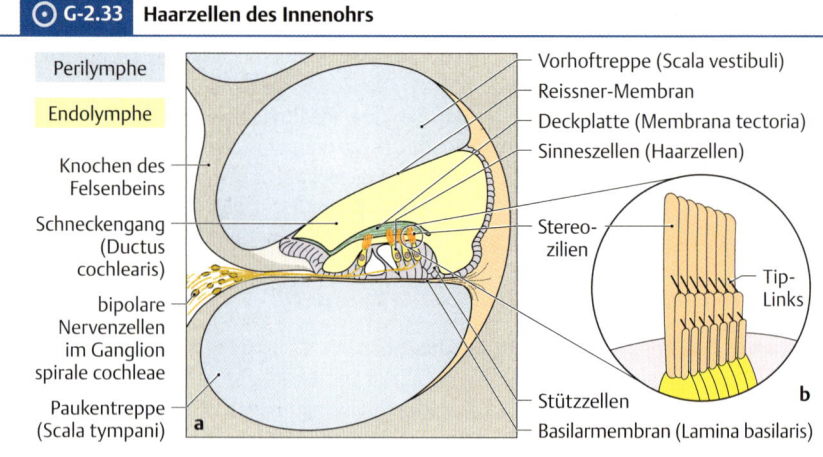

a Schnitt durch eine Schneckenwindung des Innenohrs (aus Faller, Schünke; Der Körper des Menschen, Thieme, 2008). b Tip Links an den Stereozilien der Haarzellen (nach Silbernagl, Despopoulos; Taschenatlas Physiologie, Thieme, 2007)

2.8.4 Das Auge

Grundlagen

Das Sehen wird von Fotorezeptoren in der Netzhaut des Auges vermittelt (Abb. **G-2.34 a**): das Hell-dunkel-Sehen von etwa **120 Millionen Stäbchen**, das Farbensehen von ca. **6 Millionen Zapfen**.

Stäbchen

Die Stäbchen enthalten in ihrem Außensegment einen Stapel von Scheibchenmembranen, in die das Fotopigment **Rhodopsin** eingelagert ist. Rhodopsin besteht aus zwei Komponenten:
- Das Protein **Opsin** ist mit sieben membranspannenden α-Helices in die Membranen eingelagert, zählt also zu den heptahelikalen Rezeptoren. Die molare Masse des Opsins liegt bei 40 kDa.
- **11-*cis*-Retinal**, ein Derivat des Vitamin A, ist **kovalent mit einem Lysin des Opsins verbunden**. Die chemische Verbindung, die durch die Reaktion der Aldehydgruppe des Retinals mit der ε-Aminogruppe des Lysins zustande kommt, entspricht einer Schiff-Base (Abb. **G-2.34 b**).

▶ **Merke.** Die **primäre photochemische Reaktion** besteht in der **Isomerisierung des 11-*cis*-Retinals zu all-*trans*-Retinal** durch Drehung um die Doppelbindung zwischen den C-Atomen 11 und 12 (Abb. **G-2.34 b**).

Zapfen

Zapfen zeigen grundsätzlich einen ähnlichen Aufbau. Sie enthalten ebenfalls **11-*cis*-Retinal**, das aber nicht an Opsin, sondern an **Zapfenopsine** gebunden ist. Es gibt drei Typen von Zapfenopsinen (und damit drei Zapfentypen), die sich in ihrer Primärstruktur geringfügig voneinander und von der Primärstruktur des Opsins unterscheiden. Da das Absorptionsmaximum des 11-*cis*-Retinals im Protein von seiner Umgebung beeinflusst wird, die je nach Zapfenopsin unterschiedlich ist, zeigen die drei Zapfentypen verschiedene, spezifische Absorptionsmaxima:
- 420 nm: Empfindlichkeit für blaues Licht
- 535 nm: Empfindlichkeit für grünes Licht
- 565 nm: Empfindlichkeit für rotes Licht

Die Membranen der Zapfen, in denen das Licht absorbiert wird, sind einfache Einstülpungen der Plasmamembran. Darin unterscheiden sie sich von den Scheibchenmembranen der Stäbchen, die sich von der Plasmamembran vollständig abgeschnürt haben.

G-2.34 Photorezeptorzellen

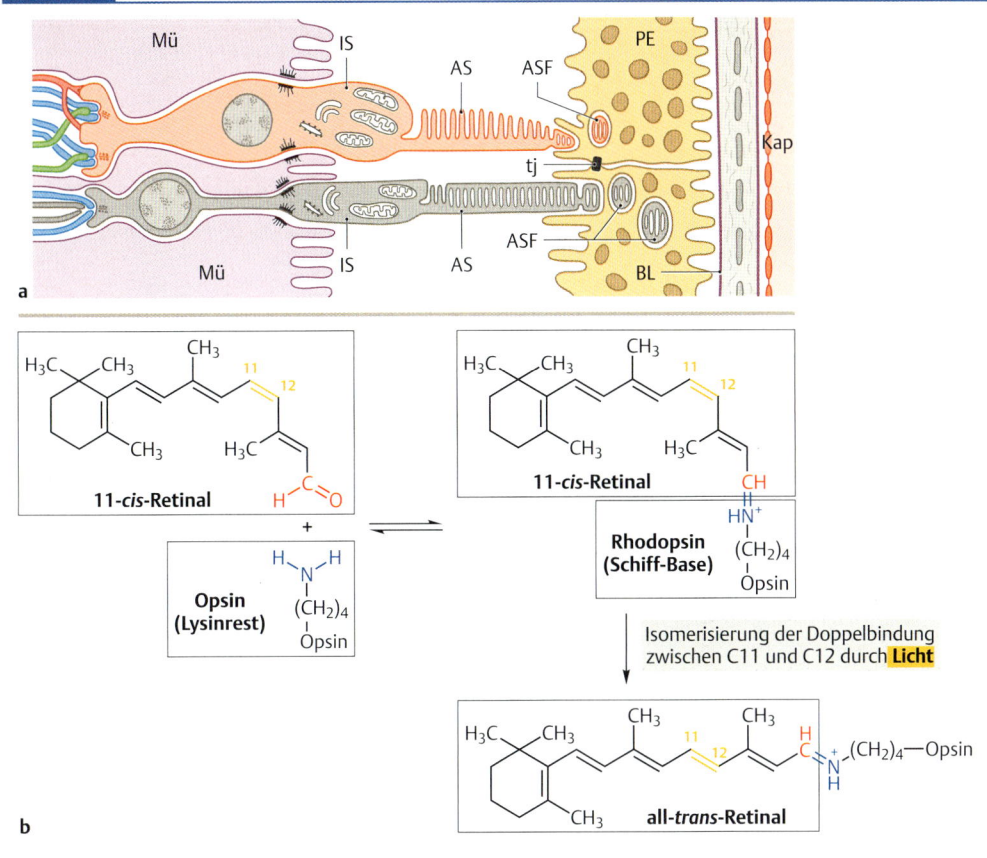

a Ultrastruktur der Photorezeptorzellen. Oben Zapfenzelle, unten Stäbchenzelle. AS: Außensegment, IS: Innensegment, Mü: äußere Fortsätze der Müller-Zellen, PE: Pigmentepithel mit Melaningranula (braun) und phagozytierten Außensegment-Fragmenten (ASF), BL: Basallamina, Kap: Kapillare (gefenstertes Endothel) der Choriokapillaris (aus Lüllmann-Rauch, Taschenlehrbuch Histologie, Thieme, 2009). **b** Isomerisierung von 11-*cis*-Retinal zu all-*trans*-Retinal an Opsin.

Genloci der Opsine

Die Gene der verschiedenen Opsine liegen auf unterschiedlichen Chromosomen: Das Gen des Stäbchen-Opsins liegt auf Chromosom 3, das des Blau-Opsins auf Chromosom 7.
Auf dem X-Chromosom liegen drei Gene für Grün-Opsin und ein Gen für Rot-Opsin eng nebeneinander. Dadurch kommt es auf dem X-Chromosom leicht zu Rekombinationsfehlern. Defekte der X-chromosomalen Gene können zur Folge haben, dass Rot und Grün nicht mehr unterschieden werden können. Die Prävalenz angeborener Farbsinnstörungen liegt bei Männern bei 8 %, bei Frauen bei 0,4 %. Am häufigsten ist eine Grünschwäche.

Genloci der Opsine

Die Gene der verschiedenen Opsine liegen auf unterschiedlichen Chromosomen. Auf dem X-Chromosom liegen drei Gene für Grün-Opsin und ein Gen für Rot-Opsin eng nebeneinander. Rekombinationsfehler können zur Folge haben, dass Rot und Grün nicht mehr unterschieden werden können.

Der Mechanismus der Photorezeption

Funktionsprinzip

Das Funktionsprinzip ist in Stäbchen und Zapfen grundsätzlich identisch. Beide Zelltypen zeigen eigenartigerweise bereits **in der Dunkelheit eine Depolarisation (− 30 mV)**, die von **Natriumkanälen** verursacht wird, die **in der Dunkelheit geöffnet** sind (Abb. **G-2.35**). Die Natriumkanäle **binden cGMP** (zyklisches Guanosinmonophosphat, 3',5'-cGMP), das die Kanäle offen hält. Die Kanäle sind auch für Ca^{2+}-Ionen permeabel, die die Zelle aber sofort wieder verlassen. Die Depolarisation hat allerdings eine **Öffnung von spannungsgesteuerten Calciumkanälen** zur Folge und damit auch eine **Ausschüttung des Neurotransmitters Glutamat**. Die nachgeschalteten Bipolarzellen geben daraufhin ein Signal weiter, das im Gehirn letztlich als **„Dunkel"-Signal** interpretiert wird.
Eine **Absorption von Licht** hat in der Zelle eine Hyperpolarisation (− 70 mV) zur Folge, verbunden mit einer **Hemmung der Glutamatfreisetzung**.

Der Mechanismus der Photorezeption

Funktionsprinzip

Stäbchen und Zapfen zeigen bereits in der **Dunkelheit eine Depolarisation (− 30 mV)**, die von **Natriumkanälen** verursacht wird, die **in der Dunkelheit geöffnet** sind (Abb. **G-2.35**), weil sie **cGMP binden**. Die Depolarisation löst die **Öffnung spannungsgesteuerter Ca^{2+}-Kanäle** aus → Ausschüttung von **Glutamat = Signal „dunkel"**.

Licht hemmt die **Glutamatausschüttung** → Signal „hell".

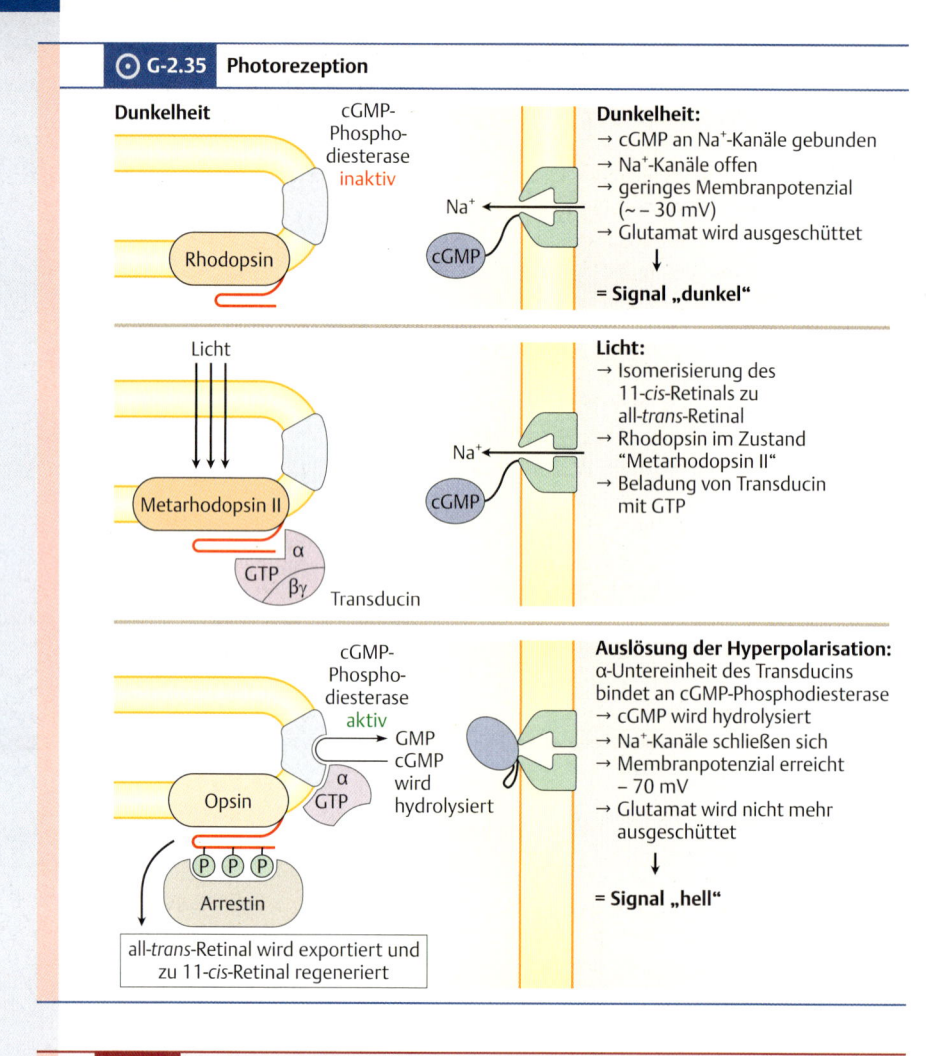

G-2.35 Photorezeption

Dunkelheit
- Rhodopsin; cGMP-Phosphodiesterase inaktiv
- cGMP an Na$^+$-Kanäle gebunden
- Na$^+$-Kanäle offen
- geringes Membranpotenzial (~ −30 mV)
- Glutamat wird ausgeschüttet

= Signal „dunkel"

Licht
- Metarhodopsin II; Transducin (α, βγ, GTP)
- Isomerisierung des 11-*cis*-Retinals zu all-*trans*-Retinal
- Rhodopsin im Zustand "Metarhodopsin II"
- Beladung von Transducin mit GTP

Auslösung der Hyperpolarisation:
α-Untereinheit des Transducins bindet an cGMP-Phosphodiesterase
- cGMP-Phosphodiesterase aktiv; α-GTP; Opsin; Arrestin (P P P)
- cGMP wird hydrolysiert zu GMP
- Na$^+$-Kanäle schließen sich
- Membranpotenzial erreicht −70 mV
- Glutamat wird nicht mehr ausgeschüttet

= Signal „hell"

all-*trans*-Retinal wird exportiert und zu 11-*cis*-Retinal regeneriert

▶ **Merke.** In diesem Reaktionszyklus produzieren weder Stäbchen noch Zapfen Aktionspotenziale. Vielmehr wird die Offenwahrscheinlichkeit der entscheidenden cGMP-bindenden Natriumkanäle über die intrazelluläre Konzentration an cGMP reguliert.

Absorbiert eine Zelle Licht, hat dies indirekt eine Hydrolyse von cGMP zu GMP zur Folge. Dabei löst sich das cGMP von den Natriumkanälen ab und die Kanäle schließen sich. Ein einziges Photon kann in einer Stäbchenzelle die Hydrolyse von nahezu 1 Million cGMP-Molekülen pro Sekunde auslösen. Die Amplifikation des Signals ist so stark, dass einige wenige Photonen ausreichend sind, um eine elektrische Antwort auszulösen. Zapfen sind demgegenüber deutlich unempfindlicher. Sie reagieren erst auf eine Anregung durch mehrere Hundert Photonen.

An der Signalübertragung beteiligte Proteine

Vorgänge nach Lichtreiz:
- Sobald in Rhodopsin (bzw. in einem Zapfenfotopigment) eine **Licht**-induzierte Umlagerung von 11-*cis*-Retinal zu all-*trans*-Retinal stattgefunden hat, kommt es im Opsin zu kleinen, aber signifikanten Veränderungen in der Lage der Polypeptidketten. Das Rhodopsin liegt dann als **Metarhodopsin II** vor.
- Metarhodopsin II bindet an ein trimeres G-Protein, das **Transducin (G$_T$)**.
- Metarhodopsin II löst an der α-Untereinheit des Transducins (Gα$_T$) den **Austausch von GDP gegen GTP** aus.
- GTP-Gα$_T$ löst sich von β/γ.
- Gα aktiviert eine **cGMP-Phosphodiesterase** der Scheibchenmembranen. Das Enzym spaltet nun sehr schnell das cGMP der Zelle.

Absorbiert eine Zelle Licht, hat dies indirekt eine Hydrolyse von cGMP und die Schließung der Na$^+$-Kanäle zur Folge.

An der Signalübertragung beteiligte Proteine

Vorgänge nach Lichtreiz (Abb. G-2.35):
- Umlagerung von 11-*cis*-Retinal zu all-*trans*-Retinal → Umlagerung im Opsin → **Metarhodopsin II**
- Metarhodopsin II **bindet** an das trimere G-Protein **Transducin (G$_T$)**.
- Metarhodopsin löst an der α-Untereinheit des Transducins (Gα$_T$) den **Austausch von GDP gegen GTP** aus.
- GTP-Gα$_T$ aktiviert eine **cGMP-spaltende Phosphodiesterase**.
- **cGMP löst sich von** den Na$^+$-Kanälen ab und diese schließen sich.

- Dabei **löst sich das cGMP von den Natriumkanälen ab** und diese **schließen** sich. Erst jetzt kann sich ein normales Kaliumgleichgewichtspotenzial einstellen. Es kommt zur **Hyperpolarisation** und das Membranpotenzial erreicht einen Wert von –70 mV.
- Unter diesen Bedingungen schließen sich auf der basolateralen Seite der Sinneszellen die spannungsgesteuerten Calciumkanäle.
- Dadurch wird eine weitere **Freisetzung von Glutamat blockiert.** Bei Belichtung wird also die Ausschüttung des Neurotransmitters Glutamat verringert.

- **Hyperpolarisation** ($\rightarrow$ –70 mV)
- Spannungsgesteuerte Ca^{2+}-Kanäle schließen sich.
- **Weniger Glutamat** wird ausgeschüttet.

Nach Beendigung des Lichtreizes: Die intrinsische GTPase-Aktivität der aktivierten Gα_T hydrolysiert das gebundene GTP zu GDP + Phosphat. GDP-Gα_T bildet daraufhin erneut einen Komplex mit β/γ und das regenerierte trimere G-Protein steht für einen neuen Reaktionszyklus zur Verfügung.

Das **Opsin bindet** während der Regeneration des Transducins das Protein **Rhodopsin-Kinase**. Dieses Enzym **phosphoryliert das C-terminale, im Zytosol gelegene Ende des Opsins** an bis zu drei Serinresten. An den phosphorylierten Teil des Opsins bindet dann das Protein **Arrestin**. Der Name des Proteins weist darauf hin, dass Arrestin die Aufgabe hat, das Rhodopsin zu arretieren (festzuhalten). Es verhindert nämlich einstweilen eine erneute Bindung von Transducin.

Während Opsin gleichzeitig mit Rhodopsin-Kinase und Arrestin einen Komplex bildet, kann sich **all-*trans*-Retinal aus Opsin herauslösen**. Um anzuzeigen, dass das durch die Lichtreaktion verbrauchte Retinal das Opsin verlassen hat, wird das **Opsin wieder dephosphoryliert**. Es ist nun bereit, neues 11-*cis*-Retinal aufzunehmen.

Nach Beendigung des Lichtreizes: Gα_T hydrolysiert das GTP und Transducin liegt wieder im inaktiven GDP-Zustand vor.

Während der Regeneration des Transducins wird das **Opsin** von **Rhodopsin-Kinase phosphoryliert**. An den phosphorylierten Teil des Opsins bindet das Protein **Arrestin**.

Während Opsin mit Rhodopsin-Kinase und Arrestin einen Komplex bildet, kann sich **all-*trans*-Retinal aus Opsin herauslösen**.

Regeneration von 11-cis-Retinal

Aus freigesetztem all-*trans*-Retinal wird in mehreren Schritten 11-*cis*-Retinal regeneriert:
- All-*trans*-Retin**al** wird zu all-*trans*-Retin**ol** reduziert.
- All-*trans*-Retinol wird von den Zellen abgegeben. Extrazellulär bindet es an das *i*nterstitielle *R*etinoid-*b*indende *P*rotein (IRBP).
- all-*trans*-Retinol wird von Zellen des Pigmentepithels aufgenommen und hier in 11-*cis*-Retinal umgewandelt.
- Mithilfe des IRBP gelangt das regenerierte 11-*cis*-Retinal wieder zu den Stäbchen und Zapfen.

Regeneration von 11-cis-Retinal

Aus freigesetztem all-*trans*-Retinal wird in mehreren Schritten 11-*cis*-Retinal regeneriert. Die Regeneration erfolgt weitgehend außerhalb der Stäbchen in Zellen des Pigmentepithels.

Anpassung an unterschiedliche Lichtverhältnisse

Die Empfindlichkeit der Stäbchen passt sich den jeweils gegebenen Lichtverhältnissen an. Dabei kann sich die Sensitivität der Stäbchen um das 100 000-Fache erhöhen bzw. erniedrigen. An dieser **Adaptation** sind unterschiedliche Prozesse beteiligt:
- Bei **hellem Licht** werden viele **Rhodopsinmoleküle phosphoryliert** und dadurch inaktiviert. Die Lichtempfindlichkeit nimmt ab.
  In der Dämmerung liegt Rhodopsin hingegen nahezu vollständig in der dephosphorylierten Form vor, die Lichtempfindlichkeit ist maximal.
- Bei hellem Licht wandert **über 80 % des Transducins** aus den äußeren Segmenten **in die inneren Bereiche** der Stäbchen. Die Sensitivität wird dadurch erheblich reduziert.

Anpassung an unterschiedliche Lichtverhältnisse

Die Empfindlichkeit der Stäbchen passt sich den jeweils gegebenen Lichtverhältnissen an (**Adaptation**):
- Bei hellem Licht werden viele **Rhodopsin-Moleküle phosphoryliert** und dadurch inaktiviert.
- Außerdem wandert **über 80 % des Transducins** aus den äußeren Segmenten **in die inneren Bereiche** der Stäbchen.

▶ **Klinik.** Bei **Vitamin-A-Mangel** kann 11-*cis*-Retinal nicht in ausreichender Menge regeneriert werden, sodass die Lichtempfindlichkeit der Stäbchen herabgesetzt ist. Dies führt zu **Nachtblindheit**, dem Erstsymptom des Vitamin-A-Mangels, s. weitere Symptome (S. 294).

▶ **Klinik.**

Klinischer Fall: Älterer Mann mit Bewegungsstörung

09:45 — Herr Hans Keller, 79 Jahre, kommt zu einem seiner regelmäßigen Hausarztbesuche.

10:15 — *H.K.*: Ich jammer ja nur ungern, aber langsam hab ich das Gefühl, ich werde echt alt. Wenn ich eine Weile in meinem Sessel saß, komme ich nur ganz schwer wieder hoch. Aber dann so, dass ich mein, ich kipp gleich vornüber. Außerdem zittern meine Hände in letzter Zeit öfter. Meine Schrift ist auch nicht mehr die Alte: früher war ich ein richtiger Schönschreiber, aber nun wird die Schrift am Ende der Zeile immer kleiner und so krakelig. Muss wohl auch bald auf e-Mails umsteigen...

Aus Herrn Kellers Vorgeschichte weiß ich, dass er bis auf einen kleinen Schlaganfall im Versorgungsgebiet der linken A. cerebri media vor einigen Jahren keine relevanten Erkrankungen hat. Die vom Patienten geschilderten Symptome sind typisch für ein Morbus Parkinson. Daher überweise ich Herrn Keller in die Neurologie.

2 Wochen später
Körperliche Untersuchung
Bei der körperlichen Untersuchung fallen der Ambulanzärztin mehrere typische Symptome des Morbus Parkinson auf: Die Mimik des Patienten wirkt gemindert. Herr Keller kann sich nur mühsam vom Stuhl erheben. Beim Gehen trippelt er zunächst einige Schritte, bis er richtig „in Schwung" kommt („Starthemmung"). An Armen und Beinen besteht ein sog. „Zahnradphänomen".

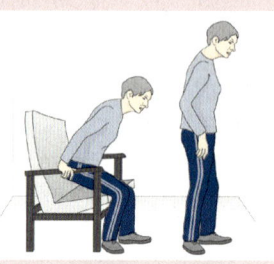

„Starthemmung". Für das Parkinson-Syndrom typisch ist außerdem die gebeugte Körperhaltung. (aus Masuhr, KF., Masuhr F., Neumann M. Duale Reihe Neurologie, 7. Auflage, Stuttgart, Thieme 2013)

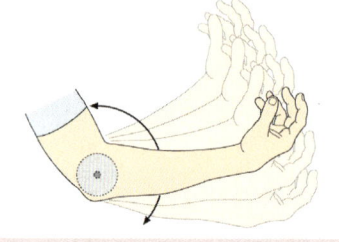

„Zahnradphänomen": Bei passiver Gelenkbewegung fällt eine rhythmische Unterbrechung des Dehnungswiderstandes auf. (aus Masuhr, KF., Masuhr F., Neumann M. Duale Reihe Neurologie, 7. Auflage, Stuttgart, Thieme 2013)

3 Tage später
Dopamin-Test
Um die Verdachtsdiagnose zu erhärten, führt die Ärztin einen L-Dopa-Test durch. Dabei erhält der Patient innerhalb von 24h Domperidon (3 x 20 mg) und dann 200 mg L-Dopa. Beim Morbus Parkinson bessern sich daraufhin typischerweise die Symptome – so auch bei Herrn Keller.

Beginn der Therapie
Anhand der klinischen Untersuchung und des positiven L-Dopa-Tests wird die Diagnose Morbus Parkinson endgültig gestellt. Herr Keller erhält als Therapie L-Dopa (Dopamin) und Benserazid oral. Seine Beschwerden bessern sich deutlich.

Nach 3 Jahren
Erhöhung der L-DOPA-Dosis
Nach 3 Jahren muss ich die Dosis des L-DOPA bei Verschlimmerung der Beschwerden verdoppeln. Herr K. benötigt nun bei schlechter Beweglichkeit immer mehr Hilfe im Alltag.

1 Jahr später
Nach einer Lungenentzündung verschlechtert sich der Allgemeinzustand von Herrn K. drastisch. Er erleidet kurz darauf einen großen Schlaganfall (Mediainfarkt links), an dem er stirbt.

Fragen mit biochemischem Schwerpunkt

1. Wozu dient das Domperidon im Dopamin-Test?
2. Welche Nebenwirkung kann durch Domperidon auftreten?
3. Warum gibt man bei der Therapie L-Dopa kombiniert mit Benserazid und nicht einfach Dopamin?
4. Warum muss die Dosis später erhöht werden?

! Antwortkommentare im Anhang

Ausblick

J. Rassow

H

Ausblick

1   Biochemie des langen Lebens   843

1 Biochemie des langen Lebens

1.1	Hat sich der Einzug der Wissenschaften in die Medizin gelohnt?	843
1.2	Gibt es Unsterblichkeit?	844
1.3	Was setzt dem Leben der Zellen höherer Eukaryonten ein Ende?	845
1.4	Was schädigt die Zellen?	845
1.5	Geht die Zellalterung von den Mitochondrien aus?	847
1.6	Überlebensstrategien	847
1.7	Überlebensmutanten	848
1.8	Was kann man tun?	850

1.1 Hat sich der Einzug der Wissenschaften in die Medizin gelohnt?

Heute mag es selbstverständlich sein, dass es medizinische Forschung und somit auch kontinuierlichen Fortschritt in der Medizin gibt. Dieses Konzept wurde allerdings erst in der Zeit um 1800 in Europa allgemein anerkannt.

Es ist weitgehend in Vergessenheit geraten, dass die Lebenserwartung der meisten Menschen in Europa noch um 1800 durch **Infektionskrankheiten** begrenzt war. Viele Menschen erlagen den Infektionskrankheiten bereits im Kindesalter. Nur wenige erreichten ein höheres Alter und auch dann starben sie in der Regel an einer Infektionskrankheit. Zu den wenigen Ausnahmen gehörte etwa Johann Wolfgang von Goethe, der 1832 im Alter von 82 Jahren vermutlich an einem Herzinfarkt starb (Abb. **H-1.1**). Bereits 1805 war sein berühmter Schriftsteller-Kollege Friedrich Schiller (Abb. **H-1.1**), der übrigens auch promovierter Arzt war, mit 45 Jahren an Tuberkulose gestorben. Derselben Krankheit erlag auch Novalis im Jahre 1801 im Alter von 29 Jahren. Der Arzt, Physiologe und Dichter Georg Büchner wurde nur 23 Jahre alt, ehe er 1837 an Typhus verstarb. Immerhin 51 Jahre alt wurde der Philosoph Johann Gottlieb Fichte, der 1814 wahrscheinlich ebenfalls an Typhus starb.

Georg Wilhelm Friedrich Hegel kam 1831 mit 61 Jahren bei einer großen Cholera-Epidemie in Berlin ums Leben, die in der Stadt innerhalb kurzer Zeit insgesamt 1462 Opfer forderte. Die Cholera war zuvor bereits in den großen Städten Russlands aufgetreten, woraufhin die preußischen Behörden durch massive Reisebeschränkungen vergeblich versucht hatten, die Ausbreitung der Krankheit nach Westen zu verhindern. Zu dieser Zeit war die Ätiologie der Cholera noch gänzlich ungeklärt. In der Tradition der antiken **Miasmentheorie** vermutete man nicht näher definierte Ausdünstungen als Ursache. Bakterien als Krankheitserreger waren um 1831 noch unbekannt. Im Laufe des 19. Jahrhunderts gelang es dann durch intensive Forschung, die Ursachen der verschiedenen Infektionskrankheiten zu ermitteln und Wege zu finden, um ihre Ausbreitung effektiv zu verhindern. Im 20. Jahrhundert gelang es

---

Seitenleiste:

1.1 Hat sich der Einzug der Wissenschaften in die Medizin gelohnt?

Bis weit ins 19. Jahrhundert war die Lebenszeit der allermeisten Menschen in Europa durch **Infektionskrankheiten** begrenzt.

Im Laufe des 19. Jahrhunderts gelang es, schrittweise die Ursachen der verschiedenen Infektionskrankheiten zu ermitteln und durch die Einführung geeigneter Präventionsmaßnahmen ihre Ausbreitung zu verhindern.

⊙ **H-1.1** Johann Wolfgang von Goethe und Friedrich Schiller

Goethe-Schiller-Denkmal auf dem Theaterplatz vor dem Deutschen Nationaltheater in Weimar
(© MEV)

⊙ **H-1.1**

H 1 Biochemie des langen Lebens

durch die Entdeckung der Antibiotika schließlich, bakterielle Infektionen wirksam zu bekämpfen. Darüber hinaus konnten virale Infektionen durch groß angelegte Impfprogramme zunehmend unterbunden werden.

In den Industrieländern sind die Infektionskrankheiten inzwischen als Todesursache nur noch von untergeordneter Bedeutung. Heute sind hier Herz-Kreislauf-Erkrankungen gefolgt von Krebserkrankungen die häufigsten Todesursachen und das durchschnittliche Lebensalter der Menschen hat drastisch zugenommen (Abb. **H-1.2**). Oft mögen sie dabei das angenehme Gefühl haben, lange Zeit auch ohne medizinische Hilfe gut durchs Leben gekommen zu sein. Tatsächlich wären die meisten Menschen aber längst an einer Infektionskrankheit gestorben, wenn die Medizin nicht durch umfassende Präventionsmaßnahmen dafür gesorgt hätte, dass man – zumindest in den Industrieländern – vor den gefährlichsten Erregern weitgehend geschützt ist.

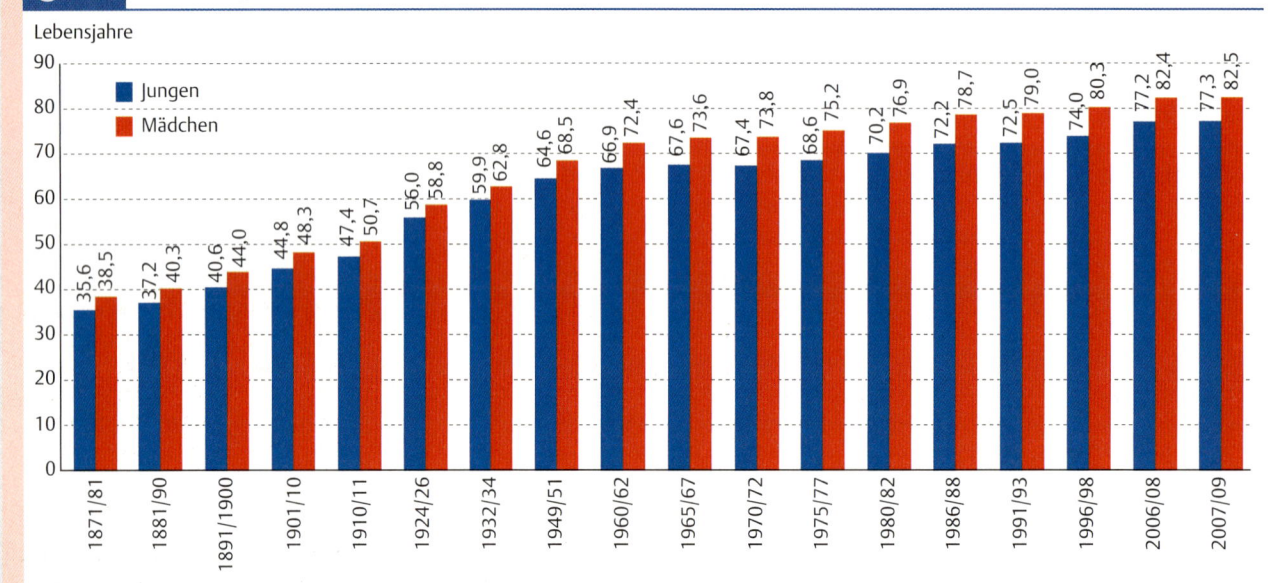

H-1.2 Entwicklung der Lebenserwartung Neugeborener seit 1871/81

Zeitraum	Jungen	Mädchen
1871/81	35,6	38,5
1881/90	37,2	40,3
1891/1900	40,6	44,0
1901/10	44,8	48,3
1910/11	47,4	50,7
1924/26	56,0	58,8
1932/34	59,9	62,8
1949/51	64,6	68,5
1960/62	66,9	72,4
1965/67	67,6	73,6
1970/72	67,4	73,8
1975/77	68,6	75,2
1980/82	70,2	76,9
1986/88	72,2	78,7
1991/93	72,5	79,0
1996/98	74,0	80,3
2006/08	77,2	82,4
2007/09	77,3	82,5

Seit 1871/81 ist die Lebenserwartung Neugeborener in Deutschland kontinuierlich gestiegen auf 77,3 Jahre (Jungen) bzw. 82,5 Jahre (Mädchen) im Jahre 2007/09

(© Statistisches Bundesamt, Wiesbaden 2011; aus Fachserie 1, Reihe 1.1)

1.2 Gibt es Unsterblichkeit?

Mitunter können Menschen ihren 100. Geburtstag feiern, aber man hat noch nie gehört, dass jemand z. B. 150 Jahre alt geworden wäre. Es scheint eine natürliche Altersgrenze unabhängig von allen Krankheiten zu geben.

- Kann man auf eine neue Revolution der Medizin hoffen, durch die sich diese natürliche Grenze überwinden ließe?
- Wäre es denkbar, dass Menschen irgendwann in der Zukunft zu einer irdischen Form von Unsterblichkeit gelangen?
- Ist die Sterblichkeit ein Naturgesetz?

Interessanterweise gibt es durchaus Organismen, die in gewisser Weise unsterblich sind. So können sich beispielsweise **Amöben** unter geeigneten Bedingungen immer wieder teilen, ohne dass eine innere natürliche Grenze erkennbar wäre. Sie scheinen vor hunderten Millionen von Jahren entstanden zu sein und seitdem in einer Art von Unsterblichkeit zu existieren.

Sollte es nicht möglich sein, den Amöben ihr Geheimnis zu entreißen? Wäre das nicht eine lohnende Aufgabe biochemischer Grundlagenforschung? Im Grunde sind unsere eigenen Zellen von diesem Geheimnis gar nicht so weit entfernt, denn viele **Krebszellen** scheinen auf eine ähnliche Weise unsterblich zu sein wie Amöben. Sie können theoretisch ebenfalls unbegrenzt wachsen und sich unendlich oft teilen. Die Voraussetzungen für ein unbegrenztes Leben scheinen also in den Zellen des Menschen immer schon bereit zu stehen. Paradoxerweise wird eine Zelle für das Leben eines Menschen aber eben in dem Moment zur Bedrohung, in dem dieses Programm der Unsterblichkeit in die Tat umgesetzt wird.

1.2 Gibt es Unsterblichkeit?

Interessanterweise gibt es Organismen, die in gewisser Weise unsterblich sind. So können sich **Amöben** unter geeigneten Bedingungen unbegrenzt vermehren.

Viele **Krebszellen** scheinen auf eine ähnliche Weise unsterblich zu sein wie Amöben.

1.3 Was setzt dem Leben der Zellen höherer Eukaryonten ein Ende?

Schon vor mehreren Jahrzehnten wurden Methoden entwickelt, die es ermöglichen, Zellen aus menschlichem Gewebe zu isolieren und dann in einem mehr oder weniger künstlichen Nährmedium wachsen zu lassen. In einer derartigen **Zellkultur** können viele Zellen lange Zeit überleben, wachsen und sich vermehren. Allerdings stellen die Zellen ihre Teilungsaktivität in der Regel nach einer gewissen Zeit ein. Anders als Krebszellen zeigen normale Zellen eine ähnliche innere Begrenzung ihrer Lebensspanne wie der menschliche Organismus als Ganzer.

Als limitierend für die Anzahl der Zellteilungen gilt dabei die **Aktivität der Telomerasen**, die im Zellzyklus für die Aufrechterhaltung der Struktur der Chromosomenenden verantwortlich sind (S. 449). In embryonalen Zellen ist die Aktivität der Telomerasen sehr hoch, sodass die Chromosomen bei jeder Zellteilung in ihrer vollen Länge erhalten bleiben. Mit zunehmendem Lebensalter nimmt die Aktivität der Telomerasen ab und die Enden der Chromosomen werden in jeder Runde des Zellzyklus etwas kürzer. Die eukaryontische Zelle kann sich nach dem Ausbleiben der Telomerase-Aktivität nur noch etwa 60-mal teilen, bis die Chromosomen schließlich derart verkürzt sind, dass wichtige Teile der Erbinformation fehlen und die Zellen nur noch eingeschränkt funktionsfähig sind. Es ist nicht geklärt, in welchem Umfang dieser Effekt tatsächlich für die Alterungsprozesse verantwortlich ist, aber die reduzierte Telomerase-Aktivität gilt als einer der plausibelsten Gründe für die begrenzte Teilungsfähigkeit normaler eukaryontischer Zellen.

Die reduzierte Aktivität der Telomerasen mit zunehmendem Lebensalter ist eine Konsequenz genereller Veränderungen in den Genaktivitäten der Zellen, wie sie für alternde Gewebe charakteristisch sind. Die Mechanismen dieser Veränderungen sind ein hochaktuelles Forschungsgebiet. Offenbar spielen dabei **Veränderungen im Methylierungsmuster der Chromosomen** (S. 466) eine bedeutende Rolle. Zudem dürften in diesem Zusammenhang auch kleine regulatorisch aktive RNA-Moleküle, sog. **miRNAs** (S. 455) involviert sein. Da es Tausende unterschiedlicher miRNAs gibt, sind ihre vielfältigen Funktionen bislang kaum überschaubar.

Krebszellen zeigen im Gegensatz zu gesunden Zellen nach der malignen Entartung ein erneutes Ansteigen der Telomerase-Aktivitäten und sind deshalb von einer Limitierung der Zellteilung nicht betroffen. Derzeit werden weltweit in zahlreichen Forschungseinrichtungen **komplette Genome vieler Krebszellen sequenziert**. Das Ziel ist es, zu ermitteln, welche **genetischen Veränderungen** sich in diesen entarteten Zellen gegenüber den gesunden Zellen des gleichen Individuums nachweisen lassen. Die inzwischen vorliegenden Ergebnisse zeigen, dass sich Krebszellen vom gesunden Gewebe oft durch viele Tausend Mutationen unterscheiden. Die meisten davon sind für die besonderen Eigenschaften der Krebszellen vermutlich irrelevant (z. B. weil sie in Abschnitten der Chromosomen lokalisiert sind, die weder eine RNA kodieren noch eine offensichtliche regulatorische Funktion haben). Nur wenige Mutationen scheinen unmittelbar für die maligne Entartung und für die unbegrenzte Teilungsfähigkeit von Krebszellen verantwortlich zu sein. Sowohl die Entartung als auch die Alterungsprozesse einer Zelle spielen sich auf mehreren Ebenen ab. Daran beteiligt sind zum einen Mutationen in der chromosomalen DNA, zum anderen Änderungen im Methylierungsmuster der Gene und der Histone und schließlich Änderungen in der Regulation der Translation der mRNAs, die u. a. von miRNAs vermittelt wird.

1.4 Was schädigt die Zellen?

Man könnte vermuten, dass die Zellen der Gewebe im Laufe der Zeit durch eine Akkumulation verschiedener Stoffe geschädigt werden, für die es keine effizienten Abbau- oder Eliminationsmechanismen gibt. Unbegrenzt wachsende Krebszellen zeigen allerdings, dass dies nicht zwingend der Fall sein muss. Unter optimalen Bedingungen scheinen sämtliche anfallenden Stoffwechselprodukte abbau- oder ausscheidbar zu sein. Denkbar wäre es allerdings, dass die **Entgiftungskapazitäten der Zellen auch überschritten werden können**, z. B. durch Industrieprodukte der modernen Welt. Tatsächlich wurden im Zuge der Industrialisierung viele chemische Verbindungen produziert und in die Umwelt freigesetzt, die sich nachträglich als hochgiftig erwiesen.

H 1 Biochemie des langen Lebens

Die Suche nach Gefahrenquellen in den Produkten und in den Produktionsprozessen der Industriegesellschaft ist bis heute nicht zum Abschluss gekommen. Es ist die Aufgabe der Arbeitsmedizin, der Epidemiologie und der Toxikologie, diese Arbeit fortzuführen. Man kann aber davon ausgehen, dass der weitaus größte Teil der wesentlichen Gefahrenquellen inzwischen identifiziert und eingedämmt wurde. Zumindest in den höher entwickelten Industrieländern spielen Umweltgifte in der Regel nur noch eine vergleichsweise untergeordnete Rolle. Das mit Abstand bedeutendste Umweltgift ist hier inzwischen der Tabakrauch.

Welche Prozesse spielen nun bei der Alterung der Zellen und Gewebe die größte Rolle? Streng genommen kann diese Frage derzeit nicht mit Sicherheit beantwortet werden. Möglicherweise sind Mechanismen entscheidend, die bisher noch gar nicht bekannt sind. Die meisten Forschungsprojekte zu diesem Thema konzentrieren sich bislang auf die Rolle der **reaktiven Sauerstoffspezies (reactive oxygen species, ROS)**, die in der deutschsprachigen Literatur oft nicht ganz präzise als „Sauerstoffradikale" (S. 847) bezeichnet werden. Konkret handelt es sich dabei um die Verbindungen O_2^-, d. h. Superoxidanion bzw. Superoxidradikal (S. 847), H_2O_2 (Wasserstoffperoxid, Wasserstoffsuperoxid), •OH (Hydroxylradikal) und •NO (Stickoxid, Stickstoffmonoxid) (Tab. **H-1.1**).

H-1.1 Reaktive Sauerstoffspezies (ROS)

Verbindung	Entstehung
Superoxidanion (O_2^-)	▪ Reaktion der NADPH-Oxidase ▪ Nebenreaktion der Atmungskette
Wasserstoffperoxid (H_2O_2, H-O-O-H)	$2\,O_2^- + 2\,H^+ \rightarrow H_2O_2 + O_2$
Hydroxylradikal (•OH)	Fenton-Reaktion: $Fe^{2+} + H_2O_2 \rightarrow Fe^{3+} + \,•OH + OH^-$
Stickoxid (•NO)	Oxidation von Arginin mithilfe der NO-Synthase
Peroxynitritanion (ONO_2^-, O=N-O-O$^-$)	$•O_2^- + •NO \rightarrow O=N-O-O^-$

Das **Superoxidanion** hat im Zusammenhang mit den Alterungsprozessen vermutlich die größte Bedeutung. Es ist ausgesprochen reaktiv, reagiert mit einer großen Zahl unterschiedlicher Moleküle und kann auf diese Weise unmittelbar viele verschiedene Schäden verursachen. So können Superoxidanionen zelluläre Proteine inaktivieren oder – vermutlich noch wichtiger – auch die Zellmembranen schädigen. Alle diese Effekte sollten allerdings weitgehend korrigierbar sein, solange die Zelle hinreichende Kapazitäten hat, die geschädigten Komponenten abzubauen und durch eine Neusynthese zu ersetzen. Darüber hinaus können Superoxidanionen allerdings auch mit der DNA reagieren. Besonders leicht kommt es zu einer Oxidation der Base Guanin in Position 8 (Abb. **H-1.3**). Wenn das gebildete 8-Oxo-Guanin nicht rechtzeitig durch ein geeignetes DNA-Reparatur-System erkannt wird, entsteht eine Mutation. Je mehr Mutationen in einer Zelle auftreten, desto größer ist die Wahrscheinlichkeit, dass irgendwann Gene betroffen sind, die für das Überleben der Zelle oder für die Regulation des Zellzyklus essenziell sind. Durch Sauerstoffradikale hervorgerufene Mutationen gehören möglicherweise zu den wichtigsten Gründen für die irreversiblen Alterungsprozesse der Zellen.

H-1.3 Entstehung von 8-Oxo-Guanin

Guanin → Oxidation durch reaktive Sauerstoffspezies → 8-Oxo-Guanin

Guanin: bildet bei der Replikation der DNA ein Basenpaar mit Cytosin

8-Oxo-Guanin: bildet bei der Replikation der DNA ein Basenpaar mit Adenin

1.5 Geht die Zellalterung von den Mitochondrien aus?

In den Mitochondrien entstehen in der Atmungskette Superoxidanionen, indem Sauerstoff (O_2) ein zusätzliches Elektron aufnimmt. Dabei handelt es sich interessanterweise nicht um unvollständig reduzierte O_2-Moleküle im aktiven Zentrum des Komplex IV (S. 185), vielmehr werden die einzelnen Elektronen von Ubisemichinon (einer reduzierten Form des Ubichinons) in Nebenreaktionen der Atmungskette auf Sauerstoff übertragen (Abb. **H-1.4**). In verschiedenen Untersuchungen wurde gefunden, dass 0,1 bis 1 % der Elektronen, die durch die Atmungskette fließen, in Nebenreaktionen zur Bildung von Superoxidanionen beitragen. Die Vermutung liegt nahe, dass **Superoxidanionen** im Laufe der Zeit für eine zunehmende Schädigung der mitochondrialen DNA und anderer Komponenten der Mitochondrien verantwortlich sind. Ob den Mitochondrien allerdings tatsächlich dadurch eine Schlüsselfunktion bei der Zellalterung zukommt, ist nicht geklärt. Möglicherweise üben die in den Mitochondrien gebildeten Superoxidanionen ihre entscheidenden Effekte überwiegend außerhalb der Mitochondrien aus.

Reaktive Sauerstoffspezies entstehen nicht nur in den Mitochondrien, sondern **auch im Zytosol und in den Peroxisomen**. Mithilfe der Superoxiddismutase und der Katalase werden sie innerhalb kurzer Zeit weitgehend inaktiviert. Es ist deshalb schwierig, ihren Anteil an den Zellalterungsprozessen abzuschätzen. Außerordentlich große Mengen an reaktiven Sauerstoffspezies werden bei **Entzündungsprozessen** gebildet. So geben neutrophile Granulozyten und Makrophagen erhebliche Mengen an Superoxidanionen ab, aus denen dann teilweise Wasserstoffperoxid entsteht. Zudem wird von diesen Zellen auch das sehr reaktive Stickoxid abgegeben. Die Aufgabe dieser reaktiven Moleküle besteht eigentlich darin, gefährliche Krankheitserreger abzutöten bzw. zu inaktivieren. Unvermeidlich werden dabei aber auch körpereigene Zellen geschädigt und es entstehen unter Umständen Mutationen. Vermutlich sind reaktive Sauerstoffspezies dafür verantwortlich, dass es bei einer chronischen Infektion der Magenschleimhaut mit dem Bakterium Helicobacter pylori nicht nur zu einer Entzündung, sondern mitunter auch zur Entstehung von Magentumoren kommt.

1.5 Geht die Zellalterung von den Mitochondrien aus?

In den Mitochondrien entstehen in der Atmungskette Superoxidanionen (O_2^-).

⊙ **H-1.4** Entstehung von Superoxidanionen in Mitochondrien

Ubichinon (Q) und Ubichinol (QH_2) im Q-Zyklus

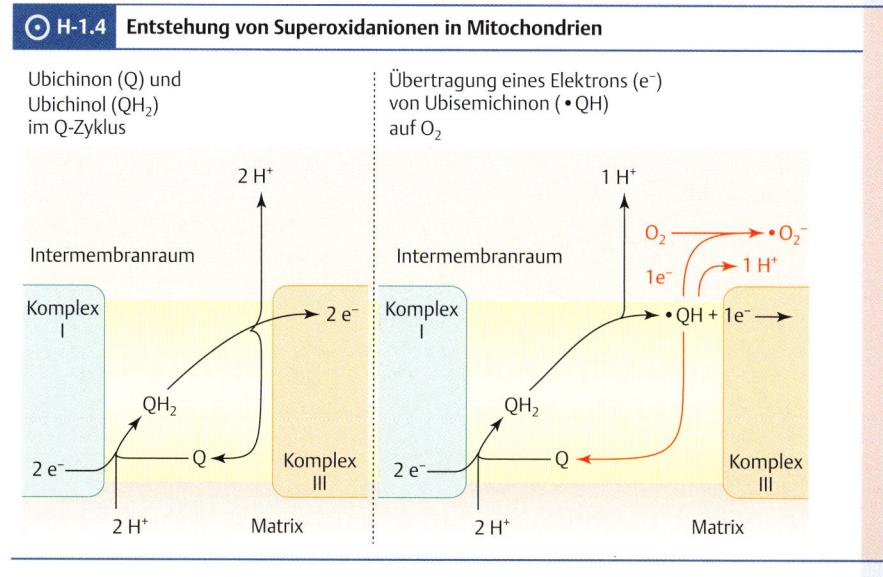

Übertragung eines Elektrons (e^-) von Ubisemichinon ($\cdot QH$) auf O_2

⊙ H-1.4

1.6 Überlebensstrategien

Die DNA der Zellen wird nicht erst durch Superoxidanionen, Umweltgifte oder die Strahlung radioaktiver Stoffe geschädigt. In jeder Zelle kommt es – auch unter physiologischen Bedingungen – täglich zu mehreren tausend Schädigungen der DNA. Die häufigste Veränderung der chromosomalen DNA entsteht durch einen spontanen Verlust einer Purinbase, der zweithäufigste Defekt ist die Folge einer spontanen Desaminierung von Cytosin zu Uracil (S. 521). Als spontane Prozesse sind diese Schädigungen von äußeren Faktoren gänzlich unabhängig. Die Zellen können nur

1.6 Überlebensstrategien

In jeder Zelle kommt es unter allen Lebensbedingungen täglich zu mehreren tausend Schädigungen der DNA, u. a. durch einen spontanen Verlust einer Purinbase.
Die Zellen können nur deshalb überleben, weil diese Defekte in der Regel sehr schnell durch **DNA-Reparatursysteme** rückgängig gemacht werden.

deshalb überleben, weil alle diese Defekte in der Regel sehr schnell durch die vielfältigen **DNA-Reparatursysteme** rückgängig gemacht werden. So wird z. B. der häufige Purinverlust mithilfe des Systems der Basen-Exzisionsreparatur (S. 523) korrigiert. Es zeichnet sich ab, dass Alterungsprozesse eher als unzureichende Kapazität eines Reparatursystems aufzufassen sind als als Folge bestimmter Schädigungen.

Bekanntlich reagieren Menschen auf bestimmte Toxine recht unterschiedlich. Aus dem Benzpyren des Tabakrauchs entsteht in den Zellen ein potentes Kanzerogen. Dennoch können auch starke und langjährige Raucher ein hohes Lebensalter erreichen. Teilweise spielt hier der **Zufall** eine wesentliche Rolle, da die vom Benzpyren ausgelösten Mutationen auch lange Zeit harmlos sein können, sofern sie nicht das System der Regulation des Zellzyklus betreffen. Wesentlicher scheint aber zu sein, dass es teilweise erhebliche **individuelle Unterschiede in der Aktivität zellulärer Enzyme** gibt. Zunächst ist das kanzerogene Potenzial des Benzpyrens nur gering. Zu einem hochpotenten Kanzerogen wird es erst durch eine Reaktion mit molekularem Sauerstoff, die von einem Cytochrom-P-450 katalysiert wird (S. 741). Die entstehende kanzerogene Verbindung ist ein außerordentlich reaktives Epoxid (S. 741), das durch Reaktion z. B. mit Glutathion (S. 743) inaktiviert werden kann. Geschieht dies nicht, kann es unter Ausbildung einer kovalenten Bindung mit der Base Guanin in der DNA reagieren.

Somit ist die Wahrscheinlichkeit, mit der Benzpyren eine Krebserkrankung auslöst, offenbar von folgenden Faktoren abhängig:
- Aktivität der Cytochrom-P450-Enzyme
- Effizienz der Inaktivierung des Epoxids
- Effizienz der DNA-Reparaturenzyme

Die Kanzerogenität des Benzpyrens ist also nicht nur eine Konsequenz seiner chemischen Eigenschaften, sondern in erheblichem Maße auch abhängig von individuellen Unterschieden in den Aktivitäten metabolisierender Enzyme.

1.7 Überlebensmutanten

Im Zeitalter der Molekularbiologie ist es nahe liegend, mit geeigneten **Modellorganismen** genetische Untersuchungen durchzuführen, um die Gene zu identifizieren, die für ein langes Leben von besonderer Bedeutung sind. Tatsächlich sind mehrere derartige Gene bereits identifiziert worden. Als Modellorganismen waren dabei insbesondere die Fruchtfliege Drosophila melanogaster, der kleine Fadenwurm Caenorhabditis elegans (C. elegans) und die Hausmaus Mus musculus von Bedeutung (Abb. **H-1.5**). Trotz der großen Heterogenität der Organismen und der eingesetzten genetischen Methoden zeichnet sich in diesem Forschungsgebiet bereits seit längerer Zeit **ein überraschendes Prinzip ab:**

Organismen, die aus genetischen Gründen wesentlich länger leben als ihre Artgenossen, zeichnen sich in der Regel durch eine vergleichsweise geringe Proteinsynthese oder durch eine reduzierte Stoffwechselaktivität aus. Außerdem findet man immer wieder auch Bezüge zum System der Bildung bzw. Inaktivierung von reaktiven Sauerstoffspezies.

H-1.5 Modellorganismen der Entwicklungsbiologie

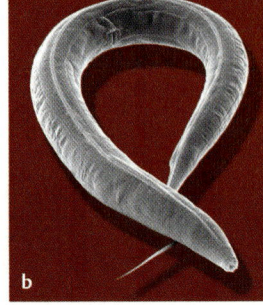

a Fruchtfliege (Drosophila melanogaster). **b** Kleiner Fadenwurm (Caenorhabditis elegans). **c** Hausmaus (Mus musculus).
(a + b: kolorierte elektronenmikroskopische Aufnahmen, mit freundlicher Genehmigung von J. Berger, MPI für Entwicklungsbiologie, Tübingen; c: © ccvision.com)

Zwei **Beispiele** verdeutlichen dieses Prinzip:
- **Rolle der Proteinsynthese:** Bestimmte Mutanten von C. elegans weisen in ihren Zellen eine reduzierte Menge des eukaryontischen Initiationsfaktors eIF4E auf. Das Protein eIF4E bindet an die Cap-Struktur der reifen mRNA und vermittelt dann zusammen mit weiteren Proteinen den Transport der mRNA zur kleinen Untereinheit der Ribosomen (S. 475). Mutanten von C. elegans, die weniger eIF4E enthalten, zeigen nicht nur eine verlangsamte Proteinsynthese, sondern erreichen dabei auch ein deutlich höheres Lebensalter als ihre Artgenossen.
- **Rolle der Stoffwechselaktivität:** Mäuse mit einer Mutation im Gen des Rezeptors für das Wachstumshormon, GH (S. 629), sind nicht nur ungewöhnlich klein, sie akkumulieren auch weniger Fett und leben deutlich länger als ihre Wildtyp-Artgenossen. Generell sind Störungen in den Signalwegen stoffwechselaktivierender Hormone oft mit einer Verlängerung der Lebenszeit verbunden. Große Beachtung fand auch die Entdeckung, dass Mäuse bei guter Gesundheit eine durchschnittlich um nahezu ein Drittel verlängerte Lebenszeit aufweisen, wenn ihnen das Protein p66^{shc} fehlt. Das Adaptorprotein p66^{shc} ist Bestandteil verschiedener Signalkaskaden, u. a. im Signalweg des Insulins, und hat offenbar eine Funktion im Energiestoffwechsel. Über p66^{shc} ist aber auch ein unmittelbarer Bezug zu den Mitochondrien und den reaktiven Sauerstoffspezies gegeben. Unter bestimmten Bedingungen wird p66^{shc} nämlich in Mitochondrien importiert, wo es Elektronen vom Cytochrom c der Atmungskette aufnimmt und auf Sauerstoff (O_2) überträgt, wodurch Superoxidanionen entstehen. Fehlt nun das Protein p66^{shc}, können auf diesem Weg keine Superoxidanionen mehr gebildet werden.

Das Phänomen, dass Organismen bei geringerem Energieumsatz länger leben, wird seit einiger Zeit unter dem Stichwort „**caloric restriction**" diskutiert. Für unterschiedliche Tierarten – von Drosophila und C. elegans bis hin zu Ratten und Mäusen – liegen gut dokumentierte Beobachtungen vor, dass die Tiere älter werden, wenn sie weniger Nahrung zu sich nehmen. Man geht davon aus, dass ein derartiger Zusammenhang auch für den Menschen gegeben ist.

Interessanterweise lassen sich wesentliche Effekte der reduzierten Nahrungsaufnahme bei Mäusen durch Verabreichen von **Resveratrol** (einem Polyphenol der Weintrauben und des Rotweins; Abb. **H-1.6**) reproduzieren. Als Zielstrukturen des Resveratrols wurden in den Geweben die regulatorisch wichtigen Sirtuine identifiziert. Die Sirtuine sind Deacetylasen, die an Proteinen eine Ablösung von Acetylgruppen katalysieren. Sie greifen damit direkt in die Aktivität bestimmter Schlüsselenzyme ein, die durch posttranslationale Acetylierung aktiviert bzw. gehemmt werden. Darüber hinaus deacetylieren sie aber auch Histone und beeinflussen damit die Regulation der Genaktivitäten. Leider hat sich bislang in keiner Studie ein positiver Effekt des Reveratrols für den Menschen nachweisen lassen.

Vermutlich hat man mit den **Sirtuinen** ein Regulationssystem des Stoffwechsels identifiziert, das auch im Hinblick auf die Länge der Lebenszeit von Bedeutung ist.

H-1.6 Rotwein und Resveratrol

In den vergangenen Jahren wurden viele Studien zu den Wirkungen des Resveratrols durchgeführt, einem im Rotwein enthaltenen Polyphenol. Die Konzentration des Resveratrols ist im Rotwein allerdings gering, physiochologische Effekte sind nicht zu erwarten und auch nicht nachweisbar.

(© PhotoDisc)

Aus biochemischer Sicht stellt sich die Frage, welche Mechanismen den **Zusammenhang zwischen der Aktivität des Energiestoffwechsels und der Lebenszeit** vermitteln. Bei Nagetieren stellen sich bei übermäßiger Nahrungsaufnahme nach einiger Zeit ähnliche Effekte ein wie beim Menschen: Es bildet sich eine **Adipositas**, die mit einem erheblich erhöhten Risiko für die Ausbildung von Bluthochdruck, Arteriosklerose, koronarer Herzkrankheit und Diabetes mellitus vom Typ II verbunden ist. Offensichtlich verhindert eine reduzierte Nahrungsaufnahme dieses sog. **metabolische Syndrom** (S. 586) mit allen seinen Folgen. Es scheint aber auch Mechanismen zu geben, die über diesen Zusammenhang hinausgehen.

1.8 Was kann man tun?

Welche Schlüsse lassen sich nun aus alledem ziehen? Zunächst sei daran erinnert, dass der wichtigste Ertrag der modernen Medizin, wie sie sich in den vergangenen 200 Jahren entwickelt hat, im Grunde nicht in der Entwicklung bestimmter Medikamente oder spektakulärer Operationsmethoden bestand. Die größte Errungenschaft der modernen Medizin sind vielmehr die auf den ersten Blick unscheinbaren **Präventionsmaßnahmen**, die dazu geführt haben, dass die Menschen heute vor den gefährlichsten Infektionskrankheiten weitgehend geschützt sind. Inzwischen ist in den Industrieländern die koronare Herzkrankheit, die meist mit dem metabolischen Syndrom assoziiert ist, die häufigste Todesursache. Wahrscheinlich könnte die Medizin auch hier am meisten bewirken, wenn es ihr gelingen würde, sinnvolle Maßnahmen der Prävention zu initiieren. Gleiches gilt für eine der wichtigsten Todesursachen unter den Krebserkrankungen, das Lungenkarzinom, das im Grunde durch eine einfache Präventionsmaßnahme sehr effizient zurückgedrängt werden könnte. Die Diskussion über die vor einigen Jahren von der Europäischen Union veranlassten Rauchverbote zeigt allerdings, dass in gesundheitspolitischen Fragen nicht nur die wissenschaftlichen Erkenntnisse maßgeblich sind, sondern auch die Freiheit des Individuums zu berücksichtigen ist.

Paradoxerweise zeichnet sich ab, dass die Lebenszeit der Menschen im Industriezeitalter eben durch Umstände begrenzt wird, die sich die Menschheit immer erträumt hatte: die unbegrenzte Verfügbarkeit von Nahrungsmitteln und die Möglichkeit, das Leben zu genießen. Vor diesem Hintergrund ist es erfreulich, dass zumindest das **Kaffeetrinken** (Abb. **H-1.7**) auch nach aktuellem Stand der Wissenschaft weiterhin befürwortet werden kann: Im Rahmen einer großen Studie wurden von 1986–2006 insgesamt 86 214 Frauen und 47 911 Männer nach ihrem Kaffeekonsum befragt und es wurde untersucht, wie sich dieser auf ihre Gesundheit auswirkte. Sowohl bei den Frauen als auch bei den Männern zeigte sich, dass ein geringer Kaffeekonsum keine signifikanten Folgen hatte und ein höherer Kaffeekonsum sogar mit einer Verringerung der Mortalität um 20 % verbunden war. Die genauere Auswertung der Daten ergab, dass Männer, die über viele Jahre täglich mehr als fünf Tassen Kaffee tranken, ein um 60 % reduziertes Risiko für die Entwicklung eines letalen Prostatakarzinoms aufwiesen. Der Effekt trat auch mit entkoffeiniertem Kaffee auf und könnte somit auf die Polyphenole des Kaffees zurückzuführen sein (Lopez-Garcia et al., Ann. Intern. Med. 148, 904–914, 2008; Wilson et al., J. Natl. Cancer Inst., May 17, 2011).

*In einer großen Studie von 1986 – 2006 zeigte sich, dass ein vergleichsweise **hoher Kaffeekonsum** mit einer um 20 % verringerten Mortalität verbunden war.*

H-1.7 Kaffeetrinken als lebensverlängernde Maßnahme

Kaffee ist bekannt für seinen Gehalt an Koffein, einem methylierten Purin, das mit bestimmten Purinrezeptoren in Wechselwirkung tritt. Im Kaffee sind aber auch **erhebliche Mengen an Polyphenolen** enthalten. Eine Tasse Kaffee enthält etwa 100 mg Koffein und etwa 200 mg Polyphenole

(© Stockbyte)

Antwortkommentare klinische Fälle

Antwortkommentare klinische Fälle

1 Antwortkommentare klinische Fälle   853

1 Antwortkommentare klinische Fälle

1.1	Myokardinfart	853
1.2	Schlaganfall	854
1.3	Ösophagusvarizenblutung bei Leberzirrhose	854
1.4	Diabetes mellitus	855
1.5	Hyperthyreose bei Struma	855
1.6	Morbus Cushing	856
1.7	Metastasierendes Karzinoid	856
1.8	Infektexazerbierte COPD	857
1.9	Lungenembolie	857
1.10	Akutes prärenales Nierenversagen	858
1.11	Muskeldystrophie Typ Duchenne	858
1.12	Morbus Parkinson-Syndrom	859

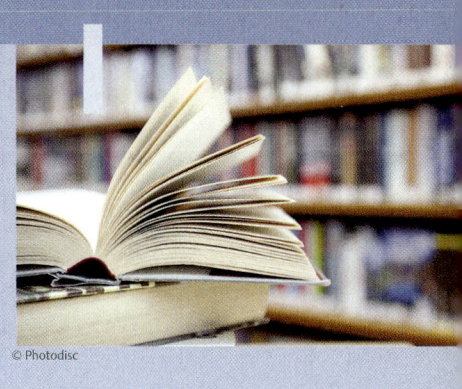

1.1 Myokardinfart

Fallbeschreibung siehe „Plötzliche Schmerzen auf der Brust" (S. 73)

Zu 1.: Am bekanntesten sind die im Serum gemessenen Aktivitäten der Enzyme CK (Creatinphosphokinase) und LDH (Lactatdehydrogenase). In aller Regel wird bei erhöhter Gesamt-CK auch die Aktivität oder Masse der CK-MB bestimmt. Von der LDH lässt sich eine bestimmte Isoenzym-Untergruppe (sog. α-HBDH) separat messen.
Bei einem Schaden der Herzmuskulatur wird ebenso wie bei einem Skelettmuskelschaden Myoglobin ins Blut freigesetzt. Der Herzmuskel enthält auch das Enzym Aspartataminotransferase (AST, GOT), jedoch kaum Alaninaminotransferase (ALT, GPT). Modernere Marker sind die myokardialen Proteine Troponin T und Troponin I.

Zu 2.: Üblicherweise unterscheidet man die CK-Isoenzyme CK-MM, CK-MB und CK-BB. Die CK-MM entstammt der quer gestreiften Skelettmuskulatur, die CK-MB dem Myokard und die CK-BB dem Gehirn. Eine häufige Variante ist die sog. Makro-CK, die Erhöhungen der CK-MB vortäuschen kann. Erhöhungen der Gesamt-CK sind sehr häufig und kommen außer beim Myokardinfarkt bei Skelettmuskelschäden, nach Krampfanfällen, bei Alkoholmissbrauch oder der Makro-CK-Variante vor.
Die CK-MB ist recht spezifisch für den Herzmuskel, die Aussagekraft der Untersuchung wird aber durch methodische Probleme eingeschränkt. Eine erhöhte Gesamt-CK mit einem CK-MB-Anteil zwischen 6 und 20 % spricht in der Regel für einen Herzmuskelschaden.
Daneben existiert noch die aus den Mitochondrien stammende Isoform CK-MiMi.

Zu 3.: Die myokardialen Troponine T und I sind äußerst sensitive und spezifische Marker für einen Myokardschaden. Dies bedeutet, dass bei nahezu allen Patienten mit einer Schädigung des Herzmuskels eine Erhöhung der kardialen Troponine nachgewiesen werden kann, fast niemals hingegen bei Gesunden.
Über die Ursache der Schädigung sagen sie jedoch nichts aus (Infarkte sind aber mit Abstand die häufigste). Im Gegensatz dazu sind alle anderen Marker entweder wenig sensitiv (z. B. CK-MB) oder wenig spezifisch (z. B. LDH, AST) oder beides (z. B. Gesamt-CK).

Zu 4.: Einige der Marker steigen nach einem Myokardinfarkt sehr schnell an (dazu gehören Myoglobin, CK-MB und die Troponine), bei anderen dauert es länger (z. B. AST, LDH). Einer der Gründe hierfür ist das höhere „Hintergrundrauschen" bei den unspezifischeren Messwerten AST und LDH, d. h. die relevante Nachweisbarkeit auch bei Gesunden. Auch die biologische Halbwertszeit der Marker im Blut unterscheidet sich erheblich. Myoglobin normalisiert sich innerhalb von 24 h, da seine Ausscheidung über die Nieren aufgrund seines geringeren Molekulargewichts relativ schnell erfolgt. Die CK-MB fällt innerhalb einiger weniger Tage wieder zurück in den Referenzbereich, bei AST und LDH dauert es etwas länger. Bis zu drei Wochen nach einem Herzinfarkt sind die Troponine und die α-HBDH noch erhöht.

1.2 Schlaganfall

Fallbeschreibung siehe „Akut aufgetretene Lähmung und Sprachstörung" (S. 108)

Zu 1.: Der Gefäßverschluss als Ursache des Schlaganfalls (in ca. 85 % der Fälle) führt zunächst zu einer Minderdurchblutung. Dadurch ist insbesondere die Versorgung des Nervengewebes mit Sauerstoff und Glucose gefährdet. Bei mangelnder Sauerstoffversorgung muss der Energiestoffwechsel durch anaerobe Glykolyse aufrechterhalten werden. Dies führt zu einer massiven Anhäufung saurer Stoffwechselprodukte (insbesondere Lactat). Folge ist ein Flüssigkeitseinstrom in die Umgebung des geschädigten Gewebes, auch im Zusammenhang mit einer Entzündungsreaktion durch abgestorbene Zellen, und damit zu einer Schwellung des Gewebes.

Zu 2.: Das Gehirn hat einen sehr hohen Energiebedarf, der fast ausschließlich durch Glucose aus dem Blut gedeckt werden muss. Weiterhin ist das Gehirn noch in der Lage, einige Aminosäuren und Ketonkörper zum Energiegewinn zu verstoffwechseln. Zuckerreserven in Form von Glykogen (wie z. B. in der Muskulatur) finden sich im Gehirn nicht.
Diese Faktoren führen dazu, dass das Gehirn besonders empfindlich auf verminderte Versorgung mit Glucose und/oder Sauerstoff reagiert (kurze Ischämietoleranz im Vergleich zu anderen Geweben).
Dies wird deutlich am schnellen Verlauf bei Ausfall der Blutversorgung des Gehirns, wie z. B. bei einem Herzstillstand: Bereits nach 10 Sekunden kommt es zur Bewusstlosigkeit, nach 3 Minuten beginnt das Absterben der Nervenzellen und führt nach 7 – 9 Minuten i. d. R. zum Hirntod.
Bei lokal herabgesetzter Durchblutung fallen in Abhängigkeit vom Ausmaß der Minderperfusion einzelne Zellfunktionen aus. Je nach Schwere des Infarkts kann eine innerhalb kurzer Zeit nach Symptombeginn durchgeführte Lysetherapie mit Wiederherstellung des Blutflusses den Untergang von Nervenzellen verringern.
Zu 3.
Siehe hierzu den Exkurs ω3-Fettsäuren (S.62)

1.3 Ösophagusvarizenblutung bei Leberzirrhose

Fallbeschreibung siehe „Kaffeesatzerbrechen" (S. 146)

Zu 1.: In der Leber werden nahezu alle in relevanter Menge im Blutplasma zirkulierenden Eiweiße produziert. Die große Ausnahme stellen die aus Plasmazellen im gesamten Körper stammenden Antikörper (Immunglobuline) dar, die bei der elektrophoretischen Auftrennung überwiegend im Bereich der γ-Globulin-Fraktion angesiedelt sind. Das mengenmäßig und auch funktionell wichtigste Eiweiß ist Albumin. Bei einer Leberzirrhose kann es zu einem schweren Mangel an Plasmaeiweißen (insbesondere Albumin) kommen. Kompensatorisch vermehrt sich dadurch (besonders relativ betrachtet) der Anteil der Immunglobuline, was sich in der Elektrophorese als „polyklonale Gammopathie" zeigt.

Zu 2. : Da neben anderen funktionell wichtigen Plasmaproteinen auch die Gerinnungsfaktoren in der Leber produziert werden, sind auch sie bei einer Leberzirrhose vermindert. Dies führt zu einer erhöhten Blutungsneigung (im Labor messbar durch erniedrigten Quick-Wert). Bei lebensbedrohlichen Blutungen kann dieser Mangel durch die Gabe von Frischplasma (FFP = fresh frozen plasma) behoben werden, das die Gerinnungsfaktoren von Plasmaspendern enthält.

Zu 3. : Neben dem erniedrigten Gesamteiweiß und der charakteristischen Plasmaelektrophorese ist im Blut von Herrn Gerber der Bilirubinwert erhöht. Dies ist Ausdruck des gestörten Galleabflusses durch die Vernarbung intrahepatischer Gallenwege sowie der eingeschränkten Fähigkeit der Leber, das anfallende Bilirubin an Glucuronsäure zu binden.
Die im Verhältnis zur ALT starke Erhöhung der AST (De-Ritis-Quotient = AST/ALT > 1) weist auf die toxische Schädigung der Leberzellen durch Alkohol hin. Dabei wird das zytoplasmatische Isoenzym der AST freigesetzt.

1.4 Diabetes mellitus

Fallbeschreibung siehe „Leistungsabfall und Polyurie" (S. 258)

Zu 1.: Der Typ-1-Diabetes zeichnet sich durch einen absoluten Insulinmangel aus, der Typ-2 jedoch durch eine Insulinresistenz. Die Ursache für den überwiegend bei jungen, schlanken Patienten auftretenden Typ-1 ist in den meisten Fällen eine Zerstörung der β-Zellen in den Langerhansschen Inseln des Pankreas durch Autoimmunprozesse. Beim Typ-2-Diabetes kommt es zunächst durch Übergewicht und genetische Faktoren zu einer verminderten Insulinwirkung, die dann in der Anfangsphase gegenregulatorisch mit einer erhöhten Insulinausschüttung einhergeht. Erst nach jahrelangem Krankheitsverlauf kommt es zu einer Art Erschöpfung der β-Zellen, sodass neben dem relativen auch ein absoluter Insulinmangel auftreten kann.

Zu 2.: Acetessigsäure, β-Hydroxybuttersäure und Aceton werden unter dem Begriff „Ketonkörper" zusammengefasst.

Zu 3.: Ketonkörper werden in den Mitochondrien der Leberzellen gebildet, im sog. HMG-CoA-Zyklus aus Acetyl-CoA. Auslöser ist die vermehrte Lipolyse im Fettgewebe. Ursache hierfür ist der Insulinmangel bei Diabetes mellitus, die vermehrte Glucose (Blutzucker erhöht) ist damit nicht verwertbar, sodass der Körper auf die Energiebereitstellung durch den Abbau von Fettreserven zurückgreift.

Zu 4.: Durch das Umtauschen zweier Aminosäuren (Lysin und Prolin, daher der Name Lispro) im Insulinmolekül wird ein schnellerer Wirkungseintritt erreicht, sodass kein Spritz-Ess-Abstand eingehalten werden muss, sondern direkt nach der Insulininjektion mit dem Essen begonnen werden kann.

Zu 5.: Bei der Umwandlung von Proinsulin in Insulin wird in den β-Zellen eine Aminosäuresequenz zwischen der A- und B-Kette des Insulins durch Peptidasen herausgeschnitten. Dabei entsteht das C-Peptid, das in äquimolarem Verhältnis zu Insulin ebenfalls ins Blut ausgeschüttet wird und gemessen werden kann.

1.5 Hyperthyreose bei Struma

Fallbeschreibung siehe „Gewichtsabnahme und Nervosität" (S. 612)

Zu 1.: T3- und T4-Wert geben die Gesamthöhe der Schilddrüsenhormone an – das an Transportproteine gebundene und das freie Triiodthyronin und Thyroxin. Da die Transportproteine, wie Thyroxin-bindendes Globulin oder Albumin, aber von verschiedenen Größen beeinflusst werden und schwanken – zum Beispiel in der Schwangerschaft oder unter Östrogengabe – können T3 und T4 falsch zu hoch oder falsch zu niedrig eingeschätzt werden. Aus diesem Grund werden oft die freien, ungebunden zirkulierenden Schilddrüsenhormone (fT3 und fT4) bestimmt.

Zu 2.: In der Regel schließt eine normale TSH-Konzentration eine Hyperthyreose aus. Nur in ganz seltenen Fällen gibt es Ausnahmen: beim TSH produzierenden Hypophysenadenom und bei Schilddrüsenhormonresistenz. Diese Fälle sind so rar, dass zur ersten Abklärung normalerweise nur die TSH-Konzentration bestimmt wird.

Zu 3.: Schwefelhaltige Thyreostatika wie Carbimazol hemmen die Übertragung von Iod auf Thyreoglobulin. Die Tyrosine werden im Thyreoglobulin nicht mehr iodiert und auch die schon iodierten Tyrosine werden nicht mehr zu T3 und T4 verbunden. Die Ausschüttung und die Wirkung von einmal sezernierten Schilddrüsenhormonen verhindern die Thyreostatika nicht. Weil T4 eine Halbwertszeit von einer Woche hat, setzt die Wirkung dieser Thyreostatika erst in dieser Zeit dann ein. Einen anderen Ansatz hat das Thyreostatikum Perchlorat: Es hemmt die Iodidaufnahme in die Schilddrüse. Wegen der Gefahr einer Agranulozytose wird Perchlorat aber kaum noch verwendet.

Zu 4.: In Deutschland ist die häufigste Ursache für eine Struma der Iodmangel. In vielen Gebieten Zentraleuropas kann der tägliche Iodbedarf nicht über die Nahrung gedeckt werden. Um diesen Mangel auszugleichen, wächst die Schilddrüse. In dem vergrößerten Organ können Areale entstehen, die funktionell autonom sind und unkontrolliert Schilddrüsenhormone sezernieren. Ist die Schilddrüse zwar vergrößert, die Funktion jedoch noch normal, kann eine Struma auch mit der Gabe von Iodid therapiert werden, besonders gut klappt das bei jungen Patienten. In Ländern ohne Iodmangel ist der M. Basedow der häufigste Grund für eine Struma.

1.6 Morbus Cushing

Fallbeschreibung siehe „Gewichtszunahme und Erschöpfung" (S. 621)

Zu 1.: Der Cortisolspiegel hängt stark von der Tageszeit ab. Im Hypothalamus wird das CRH nach einem zirkadianen Rhythmus ausgeschüttet und dementsprechend schwankt die Bildung von ACTH und Cortisol – zum Beispiel ist der Spiegel morgens deutlich höher als um Mitternacht. Deshalb ist eine 24-Stunden-Messung im Urin genauer als die einmalige Bestimmung im Serum.

Zu 2.: Mit einer Wirkung kann man nicht sofort, sondern erst nach Stunden rechnen, da der Wirkmechanismus des Cortisols Zeit braucht: Als lipophiles Molekül diffundiert es durch die Zellmembran in das Zytoplasma und bindet dort an Rezeptoren. Als Hormon-Rezeptor-Komplex gelangt es so in den Zellkern und dockt dort an spezifischen Gensequenzen an. Mit der Hemmung oder Steigerung der Expression dieser Gene wird die Entstehung bestimmter mRNAs gehemmt oder gesteigert und auf diesem Wege die Bildung bestimmter Proteine reguliert. Diese Vorgänge dauern, Cortisol ist kein Medikament, was innerhalb von Minuten wirkt!

Zu 3.: Wegen seiner immunsuppressiven und antiphlogistischen Wirkung. Bei vielen allergischen Krankheiten, Autoimmunerkrankungen oder nach Transplantationen ist Cortisol fast ein „Wundermittel". Diese positiven Wirkungen müssen die Patienten jedoch oft mit schweren Nebenwirkungen erkaufen.

Zu 4.: Mit Ketoconazol, eigentlich ein Antimykotikum, kann die Cortisolproduktion in der Nebennierenrinde medikamentös blockiert werden. Dazu gibt man das Somatostatin-Analogon Octreotid.

Zu 5.: Der Einfluss auf die Psyche: Bei Patienten, die mit Cortisol behandelt werden, kann es zu Gereiztheit, Verstimmungen, aber oft auch zur Euphorie kommen. Wenn das Cortisol abgesetzt werden soll, tritt manchmal eine solche Dysphorie auf, dass es schwer wird, die Cortisol-Dosis zu reduzieren.
Die psychischen Verstimmungen bei Patienten mit Cushing-Syndrom verschwinden normalerweise, wenn der Cortisolspiegel im Blut wieder normal ist. Während der Normalisierung kann sich das Psychosyndrom aber auch kurzzeitig verschlechtern.

1.7 Metastasierendes Karzinoid

Fallbeschreibung siehe „Bluthochdruck und flush" (S. 665)

Zu 1.: Das Karzinoid bildet den Botenstoff Serotonin und dieser löst die charakteristischen Symptome aus. Die Beschwerden der Patienten können dabei von wässrigen Durchfällen, Tachykardien, Flush, Hautveränderungen bis hin zu Asthmaanfällen reichen. Manchmal tritt sogar eine Endokardfibrose auf.

Zu 2.: Das Serotonin wird über die mitochondriale MAO-A abgebaut und als Abbauprodukt 5-Hydroxyindolessigsäure über die Nieren ausgeschieden. Deshalb ist der 24-Stunden-Wert im Urin ein Maß für die im Körper gebildete Serotonin-Menge.

Zu 3.: Ein Karzinoid tritt am häufigsten im Darm auf. Das Serotonin, was es sezerniert, gelangt über die V. portae in die Leber. Dort wird es durch Monoaminooxidasen abgebaut und wirkungslos. Eine systemische Wirkung kann also erst auftreten, wenn in der Leber selber Metastasen sitzen.

Zu 4.: Bei der Depression und bei der Migräne. Konzentrationsveränderungen des Neurotransmitters Serotonin spielen bei etlichen psychiatrischen Erkrankungen eine Rolle: Bei vielen depressiven Erkrankungen bessern sich die Symptome durch selektive Serotonin-Rückaufnahme-Inhibitoren, die die Konzentration des Serotonins im synaptischen Spalt erhöhen. Bei der Migräne kommt es zu einer Vasodilatation kranialer Gefäße. Über einen bestimmten Subtyp des Serotonin-Rezeptors (5-

HT$_1$-Rezeptor) wird die Konstriktion dieser Gefäße gesteuert. Agonisten an diesem Rezeptor wie Sumatriptan helfen deshalb im Migräneanfall und bei der Vorbeugung eines Anfalls.

1.8 Infektexazerbierte COPD

Fallbeschreibung siehe „Luftnot bei bekannter Lungenerkrankung" (S. 720)

Zu 1.: Das C-reaktive Protein (CRP) gehört wie IL-1, IL-6 und TNF-α ebenfalls zu den Akut-Phase-Proteinen. Es heißt so wegen seiner Fähigkeit, bei Pneumokokken an das C-Kapselprotein zu binden. Bei bakteriellen Infektionen ist es in der Regel erhöht, manchmal – zum Beispiel bei einer Lobärpneumonie – kann es auf Extremwerte ansteigen. Bei Infekten, die durch Viren ausgelöst werden, beobachtet man dagegen häufig keinen Anstieg. Deshalb kann man mit dem CRP-Wert oft virale von bakteriellen Infekten unterscheiden.

Zu 2.: Wie hoch die Blutsenkungsgeschwindigkeit (BSG) ist, wird – neben anderen Faktoren – auch von zwei Proteinen bestimmt, die in der Leber produziert werden: Fibrinogen und Albumin. Die Synthese von Albumin, dem Hauptprodukt der Leber, fällt in der Akut-Phase-Reaktion zu Gunsten der Akut-Phase-Proteine ab, das Fibrinogen wird dagegen vermehrt gebildet. Das Verhältnis von Fibrinogen zu Albumin verschiebt sich so zum Vorteil des Fibrinogens. Dadurch sinken die Blutzellen in der stehenden Blutprobe rascher und die BSG steigt an.

Zu 3.: Die Temperatur unseres Körpers wird über ein Zentrum gesteuert, dessen Zellen im Hypothalamus liegen. Hier setzen die Akut-Phase-Proteine IL-1, IL-6 und TNF-α an: Sie bewirken, dass hypothalamische Zellen vermehrt Prostaglandine produzieren und es so zu einer Temperatur-Sollwertverstellung kommt – die Körpertemperatur steigt an und es entsteht Fieber. IL-1, IL-6 und TNF-α bezeichnet man deshalb als endogene Pyrogene.

Zu 4.: Wenn eine Entzündung abklingt, zeigt der IL-6-Wert das Abklingen am schnellsten an. Andere Entzündungsparameter, wie die Leukozytenzahl oder CRP, können in dieser Phase noch steigen, während IL-6 schon wieder fällt. Auf Intensivstationen wird dieser Parameter deshalb zur Kontrolle von Entzündungsreaktionen bestimmt.

1.9 Lungenembolie

Fallbeschreibung siehe „Akute Atemnot" (S. 738)

Zu 1.: Unter „D-Dimeren" versteht man Fibrinspaltprodukte, die in dimerer Form vorliegen. Bei gesteigerter intravasaler Fibrinolyse (z. B. bei Thrombose/Embolie) sind diese in erhöhter Konzentration im Venenblut messbar. Für eine Erhöhung der D-Dimere gibt es eine Vielzahl von Gründen: neben thrombembolischen Erkrankungen gehören dazu u. a. maligne Tumoren, Entzündungen oder Schwangerschaft.

Zu 2.: Es handelt sich bei dieser Faktor-V-Mutation um eine Punktmutation (in Codon 506 des Faktor-V-Gens, durch die die Aminosäure Glutamin statt Arginin kodiert wird). Sie kann daher relativ leicht mit molekularbiologischen Methoden (Polymerasekettenreaktion, PCR) nachgewiesen werden. Die Mutation wurde zuerst in Leiden (Niederlande) beschrieben, daher die Bezeichnung „Faktor V Leiden". Sie ist klinisch insbesondere relevant, wenn sie auf beiden Allelen (homozygot) vorliegt.

Zu 3.: Die oralen Antikoagulanzien sind Vitamin-K-Antagonisten. Sie hemmen in der Leber kompetitiv die Vitamin-K-abhängige Synthese der Gerinnungsfaktoren II, VII, IX und X (auch von Protein C und Protein S, was ein diagnostisches Problem darstellt). So kommt es insbesondere zu einer Beeinträchtigung des extrinsischen Gerinnungswegs, der sich in der Verlängerung der Thromboplastinzeit bemerkbar macht (niedriger Quick-Wert, hoher INR-Wert).

1.10 Akutes prärenales Nierenversagen

Fallbeschreibung siehe „Akute Verwirrtheit" (S. 784)

Zu 1.: Einmal bei zuviel Kaliumzufuhr mit der Nahrung, wenn sie zum Beispiel sehr viel Obst – wie Kirschen aus dem Glas – oder Ähnliches isst. Auf keinen Fall darf sie mit ihrer vorgeschädigten Niere auch kaliumsparende Diuretika oder Aldosteronantagonisten bekommen. (Aldosteron erhöht die Kalium-Ausscheidung.) Schnell gefährlich kann es für sie auch werden, wenn bei einer katabolen Stoffwechsellage vermehrt Zellkalium freigesetzt wird oder viele Zellen zerfallen, etwa bei bösartigen Tumoren.

Zu 2.: Die Niere scheidet weniger Phosphat aus, deshalb steigt das Phosphat im Serum an und das Calcium sinkt. Außerdem bildet sie weniger Calcitriol (= aktives Vitamin D_3), was normalerweise dafür sorgt, dass Calcium aus dem Darm resorbiert wird. Das Calcitriol ist der Gegenspieler des Parathormons, das nun ansteigt und zusätzlich Calcium aus dem Knochen mobilisiert. All das führt zu einer Entmineralisierung der Knochen – zur so genannten renalen Osteopathie. Als Therapie substituiert man das Calcitriol und gibt Phosphatbinder.

Zu 3.: Das verbliebene, gesunde Restgewebe versucht, durch eine Steigerung des Druckes in den Glomeruli die Restfiltration möglichst hoch zu halten – das Renin-Angiotensin-System wird aktiviert: Über das mehr produzierte Renin der Niere entsteht mehr Angiotensin I. Das Angiotensin-Konvertierungsenzym hat also mehr zu tun, proteolysiert verstärkt Angiotensin I zu Angiotensin II und das bewirkt einmal über die direkte Wirkung an den Gefäßen und über die Freisetzung von Aldosteron den Blutdruckanstieg. Zwei Mittel gegen die Hypertonie greifen in diese Kaskade ein: die ACE-Hemmer und die Angiotensin-Rezeptor-Antagonisten (AT 1-Blocker). Wenn die Clearance-Funktion der Niere unter einen bestimmten Wert sinkt, sind ACE-Hemmer aber relativ kontraindiziert, da die Niere nur so ihre Restfunktion aufrechterhalten kann.

1.11 Muskeldystrophie Typ Duchenne

Fallbeschreibung siehe „Junge mit Muskelschwäche" (S. 799)

zu 1.: Bei der Muskeldystrophie Typ Duchenne ist das Dystrophin-Gen mutiert, die dazu führt, dass kein oder nur noch sehr wenig Dystrophin in den Muskelzellen gebildet wird. Davon zu unterscheiden ist die Muskeldystrophie Typ Becker, die durch einen wesentlich milderen Verlauf, einen späteren Erkrankungsbeginn und eine höhere Rest-Expression von Dystrophin in den Muskelzellen gekennzeichnet ist. Da beide Krankheiten durch Mutationen im Dystrophin-Gen verursacht sind, fasst man sie auch als Dystrophinopathien zusammen.

zu 2.: Das Dystrophin-Gen ist auf dem X-Chromosom lokalisiert. Zum Ausbruch der Krankheit kommt es nur, wenn kein intaktes Dystrophin-Allel mehr vorhanden ist. Dies ist bei Söhnen einer Konduktorin mit einer Wahrscheinlichkeit von etwa 50 % der Fall (X-chromosomal-rezessiver Erbgang).

zu 3.: Dies ist praktisch nahezu unmöglich. Es müssten dafür ein erkrankter männlicher Jugendlicher und eine Konduktorin eine Tochter zeugen, die dann mit einer Wahrscheinlichkeit von etwa 50 % erkrankt wäre. Aufgrund der geringen Lebenserwartung der betroffenen Jungen (Tod meist im 2. Lebensjahrzehnt) haben diese meist keine Nachkommen.

zu 4.: Einen wichtigen Hinweis gibt bereits die stark erhöhte CK-Aktivität. Diese kann durch einen Herzmuskelschaden wegen der geringen Masse nicht erzeugt werden. Zu erwarten ist bei Sebastian, dass fast die gesamte CK-Aktivität dem Isoenzym MM (für Muskel) zuzuordnen ist. Die LDH und GOT sind bei Skelettmuskelerkrankungen ebenfalls erhöht, jedoch typischerweise in geringerem Ausmaß als die CK. Besonders starke CK-Erhöhungen kommen neben der Muskeldystrophie bei anderen Erkrankungen mit starker Muskelfaserschädigung oder -untergang (Rhabdomyolyse, Krampfanfall, Polytrauma) sowie bei Muskelentzündungen (Myositiden) vor.

1.12 Parkinson-Syndrom

Fallbeschreibung siehe „älterer Mann mit Bewegunsstörungen" (S. 840)

Zu 1.: Das Domperidon blockiert die Dopamin-D 2-Rezeptoren in der Peripherie, nicht jedoch die zentralen Dopamin-Rezeptoren. Dadurch treten bei der Gabe von L-Dopa danach keine peripheren, sondern – wie gewünscht – nur zentrale Wirkungen ein.

Zu 2.: Durch die Blockade von peripheren Dopamin-D 2-Rezeptoren werden die Darmperistaltik und die Magenentleerung gesteigert, es kann eine Diarrhoe auftreten. Wegen dieser Wirkung wird das Domperidon aber auch zur Therapie von Übelkeit und diabetischer Gastroparese verwendet. Bei dieser Indikation wird besonders gern noch ein anderer Dopamin-Antagonist eingesetzt: das Metoclopramid. Metoclopramid wirkt auch auf die zentralen Dopamin-Rezeptoren und hat deshalb zusätzlich eine dämpfende Wirkung.

Zu 3.: Dopamin gelangt nicht durch die Blut-Hirn-Schranke, deshalb wird eine Vorstufe gegeben, die diese Hürde überwindet – das Levodopa (L-Dopa). Dieses wird zusätzlich mit einem Decarboxylasehemmstoff, wie Benserazid oder Carbidopa, kombiniert. Der Decarboxylasehemmer verhindert in der Peripherie die Metabolisierung des L-Dopa und verringert so die kardialen und gastrointestinalen Nebenwirkungen. Dopamin gibt man, wenn eine kardiale Wirkung gewünscht wird, zum Beispiel in der Intensivmedizin bei der kurzzeitigen Therapie einer Herzinsuffizienz nach einer Herzoperation.

Zu 4.: Die Degeneration der dopaminergen Neurone der Substantia nigra schreitet weiter fort und das vom Patienten selber noch gebildete Dopamin wird immer weniger. Neben L-Dopa und Decarboxylasehemmer gibt es als Alternativen aber noch eine Reihe anderer Parkinson-Medikamente, die an einem anderen Wirkmechanismus ansetzen, zum Beispiel COMT-Hemmer, Dopaminagonisten, MAO-B-Hemmer und Anticholinergika.

Sachverzeichnis

Fette Seitenzahlen: Bei mehreren Fundstellen kennzeichnet diese Angabe die Seite, auf der das Stichwort ausführlicher besprochen oder ein Überblick gegeben wird. Bei gleichwertigen Einträgen ist die Hervorhebung unterlassen.

A

A (Aminoacyl)-Stelle 476
A-Banden 788
A-Kette, Insulin 582
β-Kette 698
δ-Kette 691
κ-Kette 691
λ-Kette 691
μ-Kette 691
A-Konformation (Doppelhelix) 440
AB0-System 717
ABCA1 (ATP-binding cassette transporter A1) 256
ABCD 1 141
Abciximab 723
Abl 540
Abl-Tyrosinkinase 540-541
ACAT s. Acyl-CoA-Cholesterin-Acyltransferase 255
ACE (Angiotensin converting Enzyme 639
ACE-Hemmer 640
– Wirkung auf Kinine 660
Acetaldehyd
– aktivierter 112
– Ethanolabbau 143
Acetat-CoA-Ligase 143
Acetoacetat 127
– Abbau 142
– Synthese 251
Acetoacetyl-CoA
– Abbau Ketonkörper 142
– Cholesterinbiosynthese 354
– Ketonkörpersynthese 251
Aceton 127, 141
Acetyl-CoA 109
– Biotransformation 743
– Citratzyklus 118
– Fettsäuresynthese 235, 238
– Ketonkörpersynthese 251
– β-Oxidation 133
Acetyl-CoA-Carboxylase 236, 589
– Regulation 240, 276
– – durch Insulin 588
Acetylcholin (Ach) 814
– Regulation der Salzsäureproduktion 203
– Synthese, Freisetzung und Abbau 815
Acetylcholin-Esterase 815
Acetylcholin-Esterase-Hemmer 817
Acetylcholin-Rezeptoren (Cholinozeptoren) 816
– Gifte 817
– muscarinische (mAChR) 817
– nicotinische (nAChR) 816
Acetylierung, von Proteinen 489
Acetylsalicylsäure 37
– Hemmung der TXA2-Synthese 726
– Schädigung der Magenschleimhaut 203
– Wirkung als COX-Hemmstoff 654
– Wirkungsmechanismus 40
ACF (Kompetenzfaktor) 472
Achondroplasie 668
Aconitase 119
– zytosolische (Eisenstoffwechsel) 326
Aconitat 119
Aconitat-Hydratase 119
ACP (Acyl Carrier Protein) 237
Acquired Immunodeficiency Syndrome s. AIDS 511
Acrodermatitis enteropathica 331
Acroleyl-β-Aminofumarat 304
ACTH (adrenocorticotropes Hormon) 602
– Funktion 604
– Struktur 603

Actinomycin D 450, 467
Acyl-Adenylat 134
Acyl-AMP 134
Acyl-Carrier-Protein (ACP) 237
Acyl-CoA 134
– Triacylglycerinsynthese 248
Acyl-CoA-Cholesterin-Acyltransferase (ACAT) 255
Acyl-CoA-Dehydrogenase 136
Acyladenylat 248
Acylcarnitin
– Struktur 135
– Transport ins Mitochondrium 135
1-Acylglycerin-3-phosphat-Acyltransferase 350
Acylierung, von Proteinen 489
ADAMTS-I 628
Adaptation, Rezeptor, G-Protein-gekoppelter 563
Adaptation der Lichtempfindlichkeit 839
Adaptin 368, 387
ADAR (Adenosin-Desaminase an RNA) 472
Addison, Morbus 620
Addison-Krise 620
Adenin 419
Adenin-Phosphoribosyltransferase (APRT) 430
Adenohypophyse 603
– Hormone 603
Adenosin 420
Adenosin-Desaminase 428
– an RNA (ADAR) 472
– Mangel 434
Adenosinmonophosphat (AMP) 425
– Muskulatur 154
Adenosintriphosphat 20
Adenylat-Kinasen 267
Adenylatzyklase 564
– Hemmung durch G$_i$-Proteine 566
Adenylsuccinat-Synthase, Regulation Purinnukleotidsynthese 428
ADH = Alkohol-Dehydrogenasen 143
ADH = antidiuretisches Hormon 602, **637**
– Regulation der Nierenfunktion 780
– Sekretion) 637
– – Regulation 638
– Struktur 604
– Wirkungen 637
Adhäsin 504
Adhäsionsverbindung 371
Adipokin 131
Adiponektin 132
Adipose Triglyceride Lipase (ATGL) 130
Adipositas 132, 278
Adipozyten 128, 133
Adiuretin = ADH 780
ADP-Ribosylierung 305, 490, 567
ADP-Ribosyltransferase 305
ADP-Ribosylzyklase 305
ADP/ATP-Translokator 187, 380
– Rolle bei der Apoptose 536
Adrenalin
– Abbau 597
– Auslösung des Hungersignals 269
– Biosynthese 595
– Regulation der Fettsäuresynthese 240
– Regulation der Gluconeogenese 228
– Regulation der Lipolyse 130
– Regulation der PP-1 221
– Rezeptoren (Tabelle) 597
– Sekretion 596
– Wirkungen 597-598, 600
adrenogenitales Syndrom (AGS) 616
Adrenozeptor 598
– α$_1$-Adrenozeptor 598

– α$_2$-Adrenozeptor 598
– β-Adrenozeptor 598
Advanced Glycation End Products (AGE) 590
ÄG, verschiedener Verbindungen 422
Agarose-Gelelektrophorese 511
AGE (Advanced Glycation End Products) 590
Agglutination
– Blutgruppen 717
– IgM 690
Agglutinine 718
Aggrastat 723
Aggrecan 403, 412
Aggregation (Blut) 717
Ago2-RNase 484
Agouti-related Peptide = AgRP 279
AGS (adrenogenitales Syndrom) 616
Ahornsirup-Krankheit 164
AIDS-Aquired Immundeficiency Syndrom, Immunsystem 702
– Nachweis 511
Akinese (Parkinson) 831
Akkumulationsgift 335
Akt-Kinase 585
Aktin 393
– α-Aktin 394
– γ-Aktin 394
– in Thrombozyten 722
Aktinfasern 373
Aktinfilamente **393, 787**
α-Aktinin 787
Aktionspotenzial 808
Aktivator 43
Aktivierungsenergie 33
Aktivin 627, 667
Aktivität
– katalytische 39
– optische 46
Akute-Phase-Proteine 684, 770
δ-ALA (δ-Aminolävulinsäure) 760
Alanin 67, 169
– β-Alanin 432
– Abbau 163
– Gluconeogenese 227
– Stoffwechsel 148
Alanin-Aminotransferase (ALAT, ALT) 159, 344
Alaninzyklus 148
Alarmone 423
ALAT = Alanin-Aminotransferase 159
Albumin 766
Aldehyd-Dehydrogenase (ALDH) 742, 143
– Biotransformation 742
– Inaktivierung der Katecholamine 823
– Inaktivierung von Serotonin 663
Aldolase A, Glucoseabbau 86
Aldolase B, Fructoseabbau 105
Aldolspaltung 86
Aldosteron 640
– Regulation der Nierenfunktion 780
– Regulation des Kaliumhaushalts 643
– Wirkungen 641
Alkaloid 195
Alkalose 782
Alkohol-Dehydrogenasen (ADH) 143
– Biotransformation 742
Alkoholismus 143
Alkoholkonsum
– Folgen 143
Alkylanzien 548
Alkylierung, von Basen in der DNA 522
Alkylumlagerung 315
all-trans-Retinal 292, 836, 839

all-trans-Retinol 292, 839
all-trans-Retinsäure 293
Allergie (s. auch Überempfindlichkeitsreaktionen) 704
– Auslöser 707
– Desensibilisierung 707
– Entstehungsmechanismus 706
Allodynie 653
Allolactose 464
Allopurinol 429
Allosterie 43
– Hämoglobin 43, 753
Allosterischer Effekts. Allosterie 43
ALT = Alanin-Aminotransferase 159
Alzheimer, Alois 829
Alzheimer, Morbus 484, 537, 829, **831**
Alzheimer-Plaque 830
Amantadin 832
α-Amanitin 456
Amenorrhoe 633
Amethopterin 313
Amin, biogenes 168
Aminoacyl-tRNA 474
Aminoacyl-tRNA-Synthetase 474
γ-Aminobuttersäure (GABA 169
γ-Aminobutyrat 820
Aminoglykoside 481
Aminogruppe 64
– pK-Wert 65
β-Aminoisobutyrat 432
5-Aminolävulinat 760
δ-Aminolävulinsäure (δ-ALA) 760
– Regulation des Eisenstoffwechsels 326
δ-Aminolävulinsäure-Synthase 760
Aminopeptidasen 260
Aminopropanol 169
Aminosäure
– Abbau 162
– Aktivierung (Translation) 474
– Decarboxylierung 168
– essenzielle 71, 193
– glucogene 227
– im Primärharn 775
– ketogene 162
– L- und D-Isomere 66
– nicht essenzielle 71
– proteinogene 66
– Pufferkapazität 65
– Rückresorption in der Niere 776
– Struktur 64
– Titrationskurve 64
Aminosäuren 63

Aminosäuren 63

Strukturen der einzelnen Aminosäuren 67ff
pKs-Werte der Aminosäuren 65
Abbau der Aminosäuren 162
– Transaminasen und Desaminasen 158
– Pyridoxalphosphat (PALP) 158
– Harnstoffzyklus 158
– Methioninzyklus 170
– glukogene und ketogene Aminosäuren 161
Produkte des Aminosäurestoffwechsels 168
– Biogene Amine 168
– Coenzym A 308
– Glutathion 758, 823
– Häm-Synthese/Porphyrine 670
– Katecholamine 595
– Kreatin 266
– Membranlipide 345
– Neurotransmitter 812
– NO (Stickstoffmonoxid) 812
– Nukleotide 419
– Taurin 173

Sachverzeichnis

Ammoniak 149-150, **154**
– Entgiftung 155
– im Urin 783
– Pyrimidinnukleotidsynthese 430
– Schicksal in der Niere 783
AMP (Adenosinmonophosphat) 425
AMP-aktivierte Kinase (AMPK) 277
– Energieladung 267
AMP-Desaminase 154
AMP-Kinase 586
amphiphil 345
Amplifizierung von DNA (PCR) 510
α-Amylase
– im Pankreassekret 204, 210
– im Speichel 210
β-Amyloid Precursor 829
Amylo-1,4→1,6-Transglucosylase 218
Amylopektin 53
– in der Nahrung 210
Amylose 53
– in der Nahrung 210
β-Amyloid 829-830
– fibrilläres 830
Anämie
– hämolytische 298, 300
– hyperchrome 435
– megaloblastäre 313, 316, 435
– mikrozytäre, hypochrome 327
– perniziöse 316
– renale 760
Anämie, perniziöse 139
Anaphase 529
Anaphylatoxine 684
– als Entzündungmediator 717
Anaphylaxie 704
Androgene 620, **623**, **624**
– Biosynthese 623
– Wirkungen 623
Androgen bindendes Protein 624
Androstendion 620
Aneuploidie 519
Angeborenes Immunsystem 677
Angina pectoris 736
– Anfall 796
Angiogenese (Kanzerogenese) 547
Angiotensin converting Enzyme (ACE) 639
Angiotensin I 639
Angiotensin II 639
– Regulation der Aldosteronsynthese 641
– Wirkungen 640
Angiotensin-Rezeptor (AT) 640
– Rolle bei der Kanzerogenese 540
Angiotensinogen 639
– Leber 770
Anhydrid, gemischtes 88
Ankerproteine 372
Annealing, Polymerasekettenreaktion 510
Anomere 48
ANP (atriales natriuretisches Peptid) 642
– Regulation der Nierenfunktion 781
Anti-Müller-Hormon (AMH) 622
Anti-Onkogene 539
Antibiotikum 450, 467
– Hemmung der Proteinsynthese 480
– Resistenzplasmide 503
Anticholinergika 832
Anticodon-Schleife 454
Antidepressiva 819
Antigen-MHC-Protein-Komplex 700
Antigen-Shift 497
Antigenbindestelle 686
Antigendrift 498
Antigenpräsentation
– B-Zellen 695
– dendritische Zellen 693
– MHC-Klasse-I-Proteine 701
– MHC-Klasse-II-Proteine 700-701
– Rolle der Lysosomen 388
Antigenprozessierung 693
Antihistaminika (H$_1$-Blocker) 705
Antikörper **686-688**, 690, 693
– monoklonale, Immuntherapie 549
– primärer 559

– sekundärer 559
– gegen AB0-System 717
– Klassen (Isotypen) 686
– Klassenwechsel 692, 697
– lösliche 697
– polyklonale 693
– somatische Hypermutation 693
– somatische Rekombination 691
Antileukotriene 706
Antimycin A 184
Antioxidationsmittel 759
– Tocopherol 297
– Vitamin C 318
antiparallel 439
Antiphlogistika, nichtsteroidale (NSAP) 654
Antiport 365
Antithrombin 733
– Aktivierung durch Heparin 733
α$_1$-Antitrypsin-Mangel 264
Aortendissektion 409
Aortenektasie 409
Ap$_n$A (Diadenosinoligophosphate) 423
AP-Endonuklease 523
AP-Stelle 523
Apaf-1 (Apoptotic Protease activating Factor 1) 543, 536
APC (Tumorsuppressor) 543
Äpfelsäure (Malat) 123
APO-1 535
ApoA-I (Apoprotein A-I) 256
ApoB-48 (Apoprotein B-48) 253
– RNA-Editing 472
ApoB-100 (Apoprotein B-100) 254, 769
– RNA-Editing 472
ApoC-II (Apoprotein C-II) 253
Apocaeruloplasmin 329
ApoE (Apoprotein E) 253
Apolipoprotein 251
Apoptose 533
– Auslösung durch zytotoxische T-Zellen 701
– Beseitigung von Zellen 534
– Eliminierung von B-Zellen 696
– Fehlregulation 537
– Induktion 535
– Kanzerogenese 539
– Regulation 534
– Selektion von T-Zellen 699
– Signalweg
– – extrinsischer 535
– – intrinsischer 536
– – übermäßige 537
Apoptose-Mediatorproteine, mitochondriale 536
Apoptosekörper 533
Apoptosom 536
Apoptotic Protease activating Factor 1 (Apaf-1) 536
Apotransferrin 324
Apparat, juxtaglomerulärer 780
APRT (Adenin-Phosphoribosyltransferase) 430
aPTT (aktivierte partielle Thromboplastinzeit) 732
Aquaporin (AQP) 233, 637
– Aquaporin-1
– – in der Niere 777
– – Struktur 365
– Aquaporin-2 779
– – Induktion durch ADH 780
– Aquaporin-3 779
– Aquaporin-4 779
Äquivalent, kalorisches 198
Arachidonsäure 59
– bei allergischen Reaktionen 705
– Eikosanoidsynthese 649
– Synthese 60
2-Arachidonylglycerin 59
Arbeitsumsatz 197
Archaebakterien 341
Arf 385-387
Arginase 153
Arginin 70
– Abbau 164
– Harnstoffzyklus 153
– Synthese von NO 656
Argininosuccinat 153
Argininosuccinat-Lyase 153

Argininosuccinat-Synthetase 153
Aromatase 615
– Östrogenbildung 627
Arrestin 839
Arteria, hepatica 767
Arteriosklerose
– bei Adipositas 132
– Definition 62
– Pathogenese 735
Arthritis urica 429
ASAT = Aspartat-Aminotransferase 159
Ascorbinsäure = Vitamin C 195, 291, 297
Ascorbyl-Radikal 319
Asialoglykoproteinrezeptor 361
Asparagin 68
– Abbau 167
– hydrolytische Desaminierung 161
Asparaginsäure 70
Aspartat 70
– Abbau 165, 167
– Gluconeogenese 224
– Harnstoffzyklus 153
– Purinnukleotidsynthese 425
– Pyrimidinnukleotidsynthese 430
Aspartat-Aminotransferase (ASAT, AST) 154, 159, 344
– Malat-Aspartat-Shuttle 189
Aspartat-Carbamoyltransferase 431
Aspartat-Glutamat-Translokator 189
Aspirin = Acetylsalicylsäure 40
Asthma bronchiale 704
– Prophylaxe 655
– Anfall 705
Astral-Mikrotubulus 400
Astrozyten 801
– Glutaminsynthese 155
Aszites 144
AT (Angiotensinrezeptor) 640
AT$_1$-Rezeptorantagonist 640
Ataxia telangiectasia mutated (ATM) 542
ATGL (Adipose Triglyceride Lipase) 130
Atherom 736
Atherosklerose 736
– Schutz durch ω3-Fettsäuren 62
ATM (Ataxia telangiectasia mutated) 542
ATM- and Rad3-related (ATR) 542

Atmungskette und oxidative Phosphorylierung 174

Atmungskette 176
ATP-Synthase 174

Atmungskette 24, **176**
– angeborene Defekte 191
– bakterielle 191
– Einschleusung von FADH$_2$ 137
– Entkoppler 190
– Entkopplung 611
– – partielle 611
– Komplex I 179
– Komplex II 181
– Komplex III 183
– Komplex IV 185
– Redoxpotenziale 186
– Regulation 187
– Vergiftung durch Cyanid 186
Atmungskettenkomplex 177
Atorvastatin 255
ATP (Adenosintriphosphat) 20
– Struktur 420
– Weichmacherwirkung 791
– Regulation der Glykolyse 94
– Regulation des Citratzyklus 125
ATP-binding cassette transporter A1 (ABCA1) 256
ATP-Synthase 22, 174
– angeborene Defekte 191
ATPase
– F-Typ 367
– P-Typ 367
– V-Typ 367

ATR (ATM- and Rad3-related) 542
Atractylosid 187
Atriopeptin s. ANP 642
– Lipolyse 131
Atriumpeptid, natriuretisches s. ANP 642
Atrophie, kortikale 830
Atropin 195
Autophagie 370
Autophagosom 370
Autophagozytose 370
Autophosphorylierung
– JAK-Kinase 578
– Rezeptortyrosinkinase 575
Avery, Oswald 436
Avidität 690
Avitaminose, Definition 290
Axin 544
Axon-Wachstum 802
Axonverlust 828
Azidose 251
– metabolische 590
Azinuszellen 205

B

B-Kette, Insulin 582
B-Konformation (Doppelhelix) 439
B-Zell-Lymphom
– Entstehung 541
B-Zell-Rezeptor 696
B-Zelle 696-697
– Aktivierung 696
– Antikörperklassenwechsel 697
– naive 696
– Plasmazellen 697
– Reifung 696
– Selektion im Knochenmark 696
– Insulinausschüttung 94
B1-Rezeptor (Kinin-Rezeptor) 659
B2-Rezeptor (Kinin-Rezeptor) 659
Bak 536
Bakterien, kompetente 507
Bakterienzellwand 54
Bakteriophage 507
– als Klonierungsvektor 507
Ballaststoffe 194
Ballondilatation, Thrombozytenaggregationshemmer 723
Barbiturate, Abbau in der Biotransformation 740
β-Barrel-Proteine 78, 359
Basalkörper 398
Basallamina 403, 412
– Aufbau 414
– glomeruläre 774
Basedow, Morbus 611
Basen, komplementäre 438
Basen-Exzisionsreparatur 523
Basenanaloga 522
Basenstapelung 439
Basentriplett 473
Batrachotoxin 811
Bauchglatze 742
Bax-Protein 536, 543
BBB (Blood-brain barrier) 802
Bcl-2-Protein 534, 536
– Rolle bei der Kanzerogenese 540
bcr (breakpoint cluster region) 541
Bcr-Abl-Tyrosinkinase 541
Becker-Muskeldystrophie 797
Behring, Emil von 673
Belegzellen 200
Bence-Jones-Proteine 686
Benserazid 832
Benzbromaron 429
Benzodiazepine 821
Benzodihydropyran 296
Benzpyren 741
Beriberi-Krankheit 301
Bernsteinsäure (Succinat) 123
Bet v1 707
Betaglykan 412
Betula verrucosa 707
Bicarbonat
– Rückresorption 781
– Salzsäureproduktion 201
– Transportform von CO_2 755
– Puffer (Blut) 755
Bid-Protein 535-536

Sachverzeichnis

Bienengift 232
Bilayer 345
Bile Salt Export Pump (BSEP) 772
Bilirubin 762
– als Antioxidans 759
– direktes (konjugiertes) 763
– indirektes 763
– Konjugation in der Leber 771
Bilirubin-Diglucuronid 763
Biliverdin 763
Bindehautxerose 294
Bindung
– energiereiche 84
– – Acetyl-CoA 109
– glykosidische 50
– – im Nukleotid 420
– – in Glykosaminoglykanen 409
Biotin 291, **317**
– als Cofaktor der Pyruvat-carboxylase 222
– Mangel 318
– Hypervitaminose 318
– Propionyl-CoA-Carboxylase 138
– Pyruvat-Carboxylase 126
Biotinyllysin 291, 317
Biotransformation 739-742, 744
– Definition 739
– Funktionalisierungsreaktionen 740
– Konjugationsreaktionen 743
– Umwandlungsreaktionen 739
Biperiden 832
Birkenpollen-Allergie 707
1,3-Bisphosphoglycerat
– Glykolyse 86
– Phosphatgruppen-Übertragungspotenzial 422
2,3-Bisphosphoglycerat
– Regulation der O_2-Affinität (Hämoglobin) 754
Bitot-Fleck 294
Blasengalle 205, 772
Blastozyste 629
Blau-Opsin 837
Blaualgen 341
Blei 335
Bleivergiftung 335, 429
Blood-brain barrier (BBB) 802
Blotting, Definition 512
Blunt End 504
Blut 749
– Bicarbonat-Puffer 755
– Regulation des pH-Werts 755
– Sauerstoffsättigung 750
Blut-Harn-Schranke 774
Blut-Hirn-Schranke 802
Blut-Liquor-Schranke 803
Bluterguss 763
Bluterkrankheit, klassische 729
Blutgerinnung 726-728
– extrinsischer Weg 727
– Gerinnungsfaktoren (Tabelle) 731
– Hemmung 733-734
– intravasale 712
– intrinsischer Weg 727
– Rolle des Kallikrein 659
– Zusammenfassung 730
Blutglucosekonzentration
– Regulation durch Insulin 587
– Regulation über Glucoseaufnahme in Hepatozyten 96, 768
– Regulation über Glykogenabbau 103
Blutgruppen 717
– Tabelle 718
– Test vor Transfusion 718
Blutgruppenantigene 717-718
– AB0-System 717
– Rhesus-System 718
Bluthochdruck 640
Blutlipidspiegel, Senkung durch Fibrate 581
Blutplasma 749
– Zusammensetzung 766
Blutserum 749
– Proteinzusammensetzung 766
Blutstillung **721**, 724
Blutungsneigung, erhöhte 300
Blutvergiftung 712

Blutzuckerspiegel s. Blutglucosekonzentration 768
BMI = Body Mass Index 278
BMP (bone morphogenic protein) 578, 667
BNP (Brain natriuretic Peptide 643, 781
Body Mass Index (BMI) 278
Bohr, Christian 753
Bohr, Niels 753
Bohr-Effekt 753
Bone morphogenetic Protein (BMP) 578, 667
Bordetella pertussis 567
Botenstoff
– Hormone 555
– Second Messenger 563
Botulinumtoxin 370
Bowman-Kapsel 774
Bradykinin 658
Brain natriuretic Peptide (BNP) 643, 781
Branching Enzyme 218
braunes Fettgewebe 190
BRE (TFIIB Recognition Element) 459
breakpoint cluster region (bcr) 541
Brechreiz 664
Brennwert, pysikalischer 197
Brenztraubensäure (Pyruvat) 90
bridging 695
Bromuracil 522
Bronchialkarzinom 741
– kleinzelliges, Entstehung 541
– Metastasen 548
Bronchiektasen 399
Bronchokonstriktion 705
Brown'sche Molekularbewegung 375
Brunner-Drüsen 208
BSC 1 (Bumetanid-sensitive Cotransporter) 778
BSE (bovine spongiforme Enzephalopathie) 485
BSEP (Bile Salt Export Pump) 772
Bufadienolide 613
Bulbus olfactorius 834
Bumetanid-sensitiver Cotransporter (BSC 1) 778
Burkitt-Lymphom, Entstehung 541
Busulfan 548
Bürstensaum (der Enterozyten) 210
γ-Butyrobetain 319

C

C 1 682
C 1q 682
C 2 682
C 3 682
C 3a 684
C 3b 683
– Porenbildung im MAC 683
C 4 682
C 5 682
C 5a 682, 684
C 5b 682-683
C 6 682
C 7 682
C 8 682
C 9 682
C-Domäne (Antikörper) 686
c-fos 547
C-Gensegment 691
c-jun 547
C-Peptid, Insulin 582
C-reaktive Protein (CRP), Komplementaktivierung 682
C-Segment 691
C-Sequenz 691
Ca^{2+}-ATPase, Regulation durch Ca^{2+}/CaM 571
Ca^{2+}-Cycling, im Skelettmuskel 611
Ca^{2+}-Kanal, IP_3-gesteuerter 570
Ca^{2+}-Kanäle, spannungsabhängig 811
CAAT-Box 460
CAD (Caspase-aktiverte DNase) 537
CAD-Multienzymkomplex 430
Cadherin 371
– in Metastasen 547

Cadmium 335
Caeruloplasmin 325
– Kupferspeicher 329
CAK (CDK-activating kinase) 530
Calciferol 295, 646
Calcitonin 645
Calcitriol 291, 295
– Wirkungen als Hormon 647
Calcium
– Antagonisten 795
– als Second Messenger 570
– bei der Thrombozytenaktivierung 724
– bei der γ-Carboxylierung 731
– Inaktivierung als Second Messenger 571
Calciumhaushalt 644
Calciumhomöostase 644
Calciumkanal, spannungsgesteuerter
– Autoantikörper 817
– Photorezeption 837
Calciumphosphat-Kopräzipitationsmethode 508
Calciumphosphatsteine 776
Calciumsensorprotein 645
Calciumspeicher 381, 384
Calciumsteine 776
Caldesmon 793
Calmodulin (CaM) 570, 793
Calor 708
CaM-Kinasen, Regulation durch Ca^{2+}/CaM 571
cAMP
– Aktivierung der PKA 564
– Inaktivierung 566, 573
– Regulation der Lipolyse 131
– Synthese 564
– Wirkungen als Second Messenger 564
cAMP-responsive Element Binding Proteins = CREB 566
cAMP-responsive Elements = CRE 566
cAMP-Spiegel, Regulation durch Insulin 587
Camptothecin 450
Canaliculi, der Belegzellen 201
Cancer Immunoediting 713
Cannabinoidrezeptor 59, 826
Cap (Catabolite activating Protein) 462
– mRNA 452, 468
– Proteasom 390
Cap-bindendes Protein 476
19S-Capkomplex 390
Capping, Definition 468
CapZ 787
Carbamatgruppe 755
Carbaminsäure 430
Carbamoylaspartat 431
Carbamoylphosphat
– Harnstoffzyklus 152
– Pyrimidinsynthese 430
Carbamoylphosphat-Synthetase
– Regulation 276
– Harnstoffzyklus 152
– Pyrimidinsynthese 430
Carbanion, Thiaminpyrophosphat 112
Carboanhydrase
– in der Lunge 755
– in Erythrozyten 755
– in Tubuluszellen 781
– Salzsäureproduktion 201
– Wechselzahl 39
Carboplatin 548
Carboxy-Biotin 317
Carboxylgruppe 64
– pK-Wert 65
Carboxylierung 489
γ-Carboxylierung,
– Gerinnungsfaktoren 731
– Vitamin-K-abhängige 299
Carboxypeptidase 260
– im Pankreassekret 204
Carboxyphosphat 430
Carcinoma in situ (Portio) 546
Cardenolide 613
Cardiolipin 350, 379
– Biosynthese 352
– Struktur 347

Carnitin 134
Carnitin-Acylcarnitin-Translokase 135
Carnitin-Acyltransferase 1 134
– Regulation 276
– Regulation des Fettsäure-Stoffwechsels 240
Carnitin-Acyltransferase 2 135
β-Carotin 292
Carrier 187
Caspase 8 535
Caspase 9 536
Caspase-aktivierte DNase (CAD) 537
Caspasen 534
Catabolite activating Protein, (CAP) 462
Catechol 595
Catechol-O-Methyltransferase (COMT) 597
– Inaktivierung der Katecholamine 823
Catenin 371
β-Catenin, Rolle bei der Kanzerogenese 540, 544
CBF (Transkriptionsfaktor) 460
CD-Nomenklatur 683
CD4-Zellen 699, **700**
– Bindung an MHC-II 700
CD8-Zellen 699, **700**
– Bindung an MHC-I 701
CD14, Bindung von β-Amyloid 831
CD36 - Scavenger-Rezeptor 679
CD40 697
CD40L 697
CD95 (Fas, s. auch dort) 701
CD142 727
Cdc6 532
Cdc25-Phosphatase 530
CDK (cyclin-dependent kinase) 530
CDK-Inhibitor
CDK-Inhibitor-Proteine (CKI) 530
– p21^{Cip1} 543
Cdk7 (Transkriptionsfaktor) 460
cDNA 509
– Synthese bei der RT-PCR 511
cDNA-Bank 509
CDP-1,2-Diacylglycerin 352
CDP-Cholin 352
CDP-Diacylglycerin-Inositol-3-Phosphatidyltransferase 352
CDP-Ethanolamin 352
Cdt1 532
CD 36 253
CD 40 L 670
Celecoxib 654
Cellulose 53
Cephalosporin
– Resorption 261
– Wirkungsmechanismus 55
Ceramid 347
– Biosynthese 352
Cerebroside 350
– Biosynthese 353
– Struktur 348
Cetuximab 549
CF (Cleavage Faktor) 471
CFTR-Kanal
– Aktivierung durch PKA 565
– Mukoviszidose 676
– Salzkonzentration im Schleim der Bronchien 675
CFU (Colony forming Unit) 669
CGI-58 131
cGMP
– als Inhibitor von Phosphodiesterase Typ III 574
– Inaktivierung 573
– Synthese 572
– Wirkungen als Second Messenger 573
cGMP-Phosphodiesterase, in Scheibchenmembranen 838
Chaperone 486
– Definition 485
– mitochondriale 382
– Proteindisulfid-Isomerasen 487
Chargaff-Regel 438
Chelatbildner 745
Chemokine 670
– im Komplementsystem 684
Chemorezeptoren 834

Sachverzeichnis

Chemotaxis 709
Chenodesoxycholsäure 206
Chimäre 518
Chinin 195
Chinolat-Phosphoribosyl-Transferase 304
Chinolsäure 304
Chinon-Reduktase 299
Chiralität 46-47
Chlor, Rückresorption 778-779
Chloramphenicol 481
Chloramphenicol-Acetyltransferase 503
Chlorid-Transporter 807
Cholecalciferol 291, 295, 646
Cholecystokinin (CKK) 636
Cholecystokinin-Pankreozymin s. Cholecystokinin 636
Cholelithiasis 208
Cholera 567
Choleratoxin 305
– Wirkungsweise 567
Cholesterin 349-350
– Abbau 357
– Biosynthese 354
– – Energiebilanz 356
– – Regulation 356
– Einfluss auf die Membranfluidität 358
– im enterohepatischen Kreislauf 357
– im VLDL 254
– in der Leber 769
– Rolle bei der Arteriosklerose 257
– Steroidhormonbiosynthese 613
– Struktur 349
– Tagesbedarf 769
Cholesterin-Desmolase 614
Cholesterin-Esterase 614
– im Pankreassekret 204
– Verdauung von Lipiden 232
Cholesterinester-Hydrolase 614
Cholesterinsteine 208
Cholesterol 349
Cholestrinbiosynthese, Lokalisation in der Zelle 355
Cholin 350
Cholsäure 206
Chondrodysplasie 668
Chondroitinsulfat 56, 403, **410**, 412
Chondrozyten 415
Chorea Huntington 484, 537, **833**
Christmas-Faktor 728
Chrom 334
Chromanring 296
Chromasthma 334
Chromatin 378, **439**
– Regulation der Transkription 467
– Umstrukturierung während Zellzyklus 531
Chromekzem 334
Chrommangel 334
Chromosom, im Zellzyklus 528
Chromosomenmutation 519
Chylomikronen 233, **253**
Chymotrypsin 260
– im Pankreassekret 204
– Reaktionsmechanismus 262
Ciclosporin A 699
Cimetidin 203
CIN (zervikale interepitheliale Neoplasie) 546
Cineol 195
Cip/Kip-Familie 530
Ciprofloxacin 450
Δ^2-cis 138
Δ^3-cis 138
Cisplatin 548
11-cis-Retinal 293, 836
– Regeneration 839
9-cis-Retinsäure 293
Citrat 119
– Fettsäurebiosynthese 235
– Gluconeogenese 224
– Hemmung der Glykolyse 95
– Isomerisierung 119
– Regulation der Fettsäuresynthese 240
Citrat-Lyase
– Fettsäuresynthese 235
– Gluconeogenese 224

Citrat-Synthase 118
Citrat-Translokator 235
Citratzyklus 115
– anaplerotische Reaktionen 126
– Energiebilanz 125
– Funktion im Stoffwechsel 115
– Regulation 125, 276
Citrullin, Harnstoffzyklus 153
Cityl-CoA 119
CKI (CDK-Inhibitor-Proteine) 530
CKK (Cholecystokinin) 636
Clathrin 368, 385, 387
Claudin 371
Clearance-Rezeptor 631
Cleavage and Polyadenylation Specificity Factor (CPSF) 471
Cleavage Stimulation Factor (CstF) 471
Cleavage-Faktor (CF) 471
Clopidogrel 724
Clostridium tetani 822
Cluster of Differentiation (CD) 683
CMC (kritische Mizellenkonzentration 231
CNP 643
CO_2 755
CO_2-Partialdruck, Regulation der O_2-Affinität (Hämoglobin) 754
Co-Chaperone 486
CO-Vergiftung 751
Coated Pit 368
Coated Vesicle 368
Coating Protein I (COPI) 386
Coating Protein II (COPII) 383
Cobalamin 291, 314
– Mangel 316
– Methylmalonyl-CaA-Mutase 139
Cobalt 331
– Mangel 331
– im Cobalamin 314
Cocain 195
Cochlea 835
Cockayne-Syndrom 525
Code, genetischer 473
Codein 826
Codon, synonymes 473, 509
Coenzym 178
Coenzym A
– Citratzyklus 122
– Funktion 308
– Struktur 308
Coenzym Q 180
Coiled-Coil-Struktur 789
Colchicin 195, 396
Colipase 231
Colony forming Unit (CFU) 669
COMT (Catechol-O-Methyltransferase) 597
– Inaktivierung der Katecholamine 823
Conn-Syndrom 642
Connexin 373
Connexon 373
COPI (Coating Protein I) 386-387
COPII (Coating Protein II) 383, 387
Core
– Glycosid 360
– Proteasom 390
Cori-Krankheit 102
Cori-Zyklus 100
Corpus luteum (Gelbkörper) 628
Corrin 314
Corticoliberins. CRH 602
Cortisol 617
– beim Fasten 272
– Regulation der Gluconeogenese 229
– Struktur 616
– Wirkung 618
Cortison 617, 642
– als Antiallergikum 706
Cortocotropin-Releasing-Hormons. CRH 602
cos-Sequenz 508
Cosmid 508
COX = Zyklooxygenase 650
COX-2-Inhibitoren 654
CP1 (Transkriptionsfaktor) 460
CP2 (Transkriptionsfaktor) 460
CpG-Inseln 466

CPS 2 (Carbamoylphosphat-Synthetase 2) 430
CPSF (Cleavage and Polyadenylation Specificity Factor) 471
CREB (cAMP-responsive element-binding protein) 278
– Aktivierung durch PKA 566
Creutzfeld-Jakob-Krankheit 485
CRH (Corticotropin-Releasing Hormon, Corticoliberin) 602
Crick, Francis Harry 438
Cristae 379
Crohn, Morbus 680
Cromoglykat 705
CRP (C-reaktives Protein) 684
CstF (Cleavage Stimulation Factor) 471
CTD-Phosphatase (Fcp1) 460
CTF (Transkriptionsfaktor) 460
CTP (Cytidin-5'-triphosphat) 431
CTR1 (Cu^{2+}-ATPase) 329
Cu_A-Zentrum 185
Cu_B-Zentrum 185
Cu^{2+}-ATPase (CTR1) 329
Cumarin 196
– Derivate 299
Cushing-Syndrom 619-620
Cyanidvergiftung 186
Cyanobakterien 341
Cyanocobalamin 314-315
Cycle-Sequencing 516
cyclin-dependent kinase (CDK) 530
Cyclophosphamid 548
CYP s. Cytochrom-P-450-Enzyme 740
CYP3A4 740
Cysteamin 169
Cystein 69
– Abbau 163
– Bildung von Disulfidbrücken 81
– Stoffwechsel 171
Cysteinylleukotriene 651
– Wirkungen 655
Cystic Fibrosis Transmembran Conductance Regulator-Kanal (Chlorid-Kanal) 565
Cystinsteine 776
Cytidin 420
Cytidin-5'-triphosphat (CTP) 431
Cytidin-Desaminase Apobec-1 472
Cytidyltransferase 352
Cytochalasine 394
Cytochrom
– Typ a 185
– Typ a_3 185
– Typ b 183
– Typ b_5 242
– Typ c 184
– Apoptose 536
Cytochrom-bc_1-Komplex 183
Cytochrom-c-Oxidase 185
Cytochrom-P-450-Enzyme (CYP) 740
– bakterielle 742
– Reaktionsmechanismus 741
– Reduktasen 741, 742
– Steroidhormonbiosynthese 614
Cytosin 419
Cytosinarabinosid 450, 548

D

D-Antigen 719
D-Galaktose 49
D-Gensegment 691
α-D-Glucose 50
D-Glucose 49
D-Mannose 49
D-Ribose 419
D-Segment 691
D/L-Nomenklatur 46
Dactinomycin 548
DAG siehe Diacylglycerin 352
DAMPs (Danger-associated molecular patterns) 677
Dantrolen 796
dATP, Synthese 433
Daunorubicin 548
DBP (Vitamin-D-Bindeprotein) 647

DC (dendritische Zellen) s. Zellen, dendritische 693
dCTP, Synthese 433
ddNTP (Didesoxynukleotid) 516
DDT 811
Death-inducing signalling Complex (DISC) 535
Debranching Enzyme 102
Decarboxylierung
– oxidative 117
– PALP-abhängige, Mechanismus 307
Decorin 412-413
Defensine 675, 700
Dehydroalanin 607
Dehydroascorbinsäure 318
7-Dehydrocholesterin 646
Dehydroepiandrosteron (DHEA) 620
Dehydrogenase 116
– FAD-abhängige 117
– NAD^+-abhängige 117
Deiodase 608
Deiodase 2 599
Deletion 519-520, 541
Demenz 829
Denaturierung, Polymerasekettenreaktion 510
Dense Bodies 789
Deoxycarnitin 319
Depolarisation 808
Depurinierung, thermische 521
Der p1 707
Dermatansulfat 403
Dermatitis, atopische 704
Dermatophagoides pteronyssinus 707
Desaminierung 160
– eliminierende 161
– hydrolytische 160
– oxidative 160
– – von Basen in der DNA 521-522
Desaturase 60, 242
Desensibilisierung (Allergie) 707
Desmin 402
Desminfilamente 402
Desmocollin 372
Desmoglein 372
Desmosom 372
5'-Desoxyadenosylcobalamin 291, 314
Desoxycholsäure 207
2-Desoxy-D-Ribose 419
Desoxyribonuklease, im Pankreassekret 204
Desoxyribonukleinsäure (DNA, DNS) 436-437
– Basenpaarung 438
– Doppelhelix 437
– GC-Gehalt 438
– Konformation 439
– mitochondriale (mtDNA) **379**, 439
– superspiralisierte 446
– Synthese 446
– Syntheserate 446
Desoxyribonukleotidsynthese 433
– thyminhaltige 434
Desoxyribose 419
Dextrin 210
dGTP, Synthese 433
DHEA (Dehydroepiandrosteron) 620
Diabetes insipidus 638, 780
Diabetes mellitus 278, 585
– Behandlung 214
– Stoffwechsel 274
– Symptome 590
– Typen 274
Diacylglycerin (DAG) 249, 352
– Synthese aus PIP_2 568
– Wirkung als Second Messenger 568
1,2-Diacylglycerin-Cholin-Phosphotransferase 352
1,2-Diacylglycerin-Ethanolamin-Phosphotransferase 352
Diadenosinoligophosphate (Ap_nA) 423
Diapedese 708
Diastereomere 47

Diauxie 463
DIC (disseminierte intravasale Gerinnung) 735
Dicer 483
Dickdarmtumor 543
– erblicher nichtpolypöser 526
Diclofenac, Magenulcus 203
Didesoxymethode nach Sanger 516
Didesoxynukleotid (ddNTP) 516
Difarnesylnaphtochinon 291, 298
Diffusion 363
– erleichterte 363
– freie 363
Digitalisglykoside 796
Digoxin 613
Dihydrofolat (Dihydrofolat)-Reduktase 309
– dTMP-Synthese 434
– Hemmung, Tumortherapie 548
– Hemmer 313
Dihydrofolsäure
Dihydroliponamid-Acetyltransferase 111-112
Dihydroliponamid-Dehydrogenase 111, 113
Dihydroorotase 431
Dihydroorotat 431
Dihydroorotat-Dehydrogenase 431
Dihydropyridin-Rezeptor 794
Dihydrotestosteron 623
Dihydrouridin-Schleife 454
Dihydroxyaceton 46
Dihydroxyacetonphosphat
– Fructoseabbau 105
– Glycerin-3-phosphat-Shuttle 188
– Glycerinabbau 132
– Glykolyse 86
– Triacylglycerinsynthese 248
1,2-Dihydroxybenzol (Catechol) 595
1,25-Dihydroxycholecalciferol 291, 295
2,4-Dihydroxy-3,3-dimethylbutyrat 308
1,25-Dihydroxyergocalciferol 295
3,4-Dihydroxyphenylalanin (Dopa) 595
Diiodtyrosin (DIT) 607
Diktyosom 385
Dimercaptopropansulfonsäure (DMPS) 745
5-Dimethylallyldiphosphat 355
Dimethylbenzimidazolribosid 314
Dimethylquecksilber 335
2,4-Dinitrophenol 190
Dinukleotid 437
Dioxygenasen 166, 167
– Tumorstoffwechsel 287
Dipeptidasen 260
Diphosphatidylglycerin s. Cardiolipin 347
5-Diphosphomevalonat 355
Diphtherietoxin 305
Disaccharid 50
DISC (Death-inducing signalling Complex) 535
discrimination, self/non-self) 673
Dishevelled 544
Disse-Raum 767
Disulfidbrücke 81
– Proteinfaltung 487
DIT (Diodtyrosin) 607
DMPS (Dimercaptopropansulfonsäure) 745
DMT 1 324
DNA
– Abbau durch Restriktionsendonukleasen 504
– Amplifizierung (PCR) 510
– Auftrennung in Agarosegelen 511
– Klonierung 505
– Methylierung 504
– Kanzerogenese 548
– Nachweis im Southern-Blot 513
– Plasmid 502
– Quervernetzung 548
– Satelliten-DNA 514
DNA s. Desoxyribonukleinsäure 436
DNA-abhängige Proteinkinase (DNA-PK) 542

DNA-Doppelhelix 437, 439
– Entwindung 446
DNA-Glykosylase 523
DNA-Ligase, in der Gentechnik 505, 507
DNA-Looping 466
DNA-Methylierung 466
DNA-Methyltransferasen 466
DNA-Photolyase 523
DNA-PK (DNA-abhängige Proteinkinase 542
DNA-Polymerase
– Eukaryont 449
– in der Gentechnik 505
– Polymerasekettenreaktion 510
– Typ I 447
– Typ III 447
– Typ α 447
– – Primasefunktion 446
– Typ I β, DNA-Reparatur 523
– Typ I γ 449
– Typ I δ 447
– – DNA-Reparatur 524
– DNA-Polymerase ε 447
– – DNA-Reparatur 524
– Typ η 449
– RNA-abhängige 449
DNA-Profilanalyse 514
DNA-Reparatur 523, 525
– direkte 523
– Doppelstrangbruch 526
– transkriptionsgekoppelte (TCR) 525
DNA-Schadens-Kontrollpunkte 530
DNA-Sequenzierung 515
DNA-Synthese, Polymerasekettenreaktion 510
DNA-Transfer 507
DNA-Viren 499
DnaA (Initiationsprotein) 445
DnaB (Helikase) 445
DnaG (Primase) 446
DNS s. Desoxyribonukleinsäure 436
Docetaxel 548
Docosahexaensäure 62
Döderlein-Stäbchen 99
Dogma, zentrales 442
Dolicholphosphat 360
Dolor 708
Domäne
– konstante 686
– variable 686
Dopa 595
Dopa-Decarboxylase 596
Dopamin 169, 595
– Neurotransmitter 823
Dopaminrezeptoren, Agonisten 832
Dopamin–Hydroxylase 596
Doping 617
Doppelbindungscharakter, partieller 75
Doppelhelix s. DNA-Doppelhelix 437
Doppelstrangbruch 522
– DNA-Reparatur 526
DOTMA 508
Down-Syndrom 830
Downstream Promoter Element (DPE) 459
Doxorubicin 548
DPE (Downstream Promoter Element) 459
Drosha-RNase 483
Druck, kolloidosmotischer (onkotischer) 766
Drüsen, endokrine 555
dTMP, Synthese 434
Duchenne-Muskeldystrophie 797
Ductus thoracicus 234
Dünndarmsekret 208
– Zusammensetzung 200
Duplikation 519
dUTP, Synthese 434
dUTP-Diphosphohydrolase 434
Dynamin 368
Dynein 397, 399
Dynorphine 825
Dysplasie, primäre ziliäre 399
Dystrophin 797

E

E (Exit)-Stelle 476
E/Z-Nomenklatur 61
E1-Enzym (Ubiquitin aktivierendes Enzym) 391
E2-Enzym (Ubiquitin konjugierendes Enzym) 391
E3-Enzym (Substraterkennungsprotein) 391
EBK s. Eisenbindungskapazität 325
EBP (Transkriptionsfaktor) 460
EDTA (N,N-Ethylendiamintetraessigsäure) 264
eEF (Elongationsfaktoren 478
EF-Motiv (EF-Hand) 570
Effektor (Exekutor)-Caspasen 534, **535-537**
Effektor-T-Zelle 696
Effektorhormon 557, 602
EGF (Epidermal Growth Factor) 667
EGFR-ähnlicher Wachstumsfaktor-Rezeptor 540, 549
Ehrlich Paul 673, 682
Eicosapentaensäure 62
eIF (Initiationsfaktoren) 475-476
Eikosanoide 649
– Rolle bei Allergien 705
Eikosatetraensäure s. Arachidonsäure 649
Einnistung, Eizelle 628
Einzelstrangbindeprotein 445
Einzelstrangbruch 523
Eisen 323
– Speicherung 325
Eisen-Schwefel-Zentrum (Fe/S-Zentrum) 179
Eisenbindungskapazität (EBK)
– latente 325
– totale 325
Eisenhut 119
Eisenhydroxid 325
Eisenmangel 327
Eisenresorption 324
Elastase 260
– bei der Immunantwort 700
Elastin 408
Elektrolythaushalt 636
Elektronen-transferierenden Flavoprotein (ETF) 137, **182**
Elektrophorese 511
Elektrophorese, Blutserum 766
Elektroporation
– Bakterien 507
– Eukaryonten 508
ELISA (Enzyme-linked immunosorbent Assay) 559
– HIV-Nachweis 511
Elongation
– Fettsäuresynthese 236
– Transkription
– – Eukaryonten 460
– – Prokaryonten 458
– Translation 478
Elongationsfaktoren (eEF) 478
Embryonalentwicklung
– Steuerung durch Retinsäure 294
– Regulation durch Wachstumsfaktoren 666
– Rolle der Hyaluronidasen 411
– Rolle des Fibronektins 413
ENaC (epithelial Na+-Channel) 641, 779
Enantiomere 47
endergon, Definition 28
Endharn 775
2,3-Endiol-L-Glucosäurelacton (Vitamin C) 318
Endocannabinoid 59, **826**
Endolymphe 835
Endonuklease G 536
Endorphine 603, 825
Endosom 368
– frühes 368
– spätes 368
Endosymbiontentheorie 380
Endotoxin 678
Endozytose 368
– rezeptorvermittelte 368
Endplatte, motorische 787

energetische Kopplung 34
Energie, Freie
– Berechnung 29
– Definition 27
Energiebilanz
– Cholesterinbiosynthese 356
– Citratzyklus 125
– Fettsäuresynthese 239
– Fructoseabbau 106
– Glykolyse 90
– Harnstoffzyklus 153
– Purinnukleotidsynthese 426
– β-Oxidation 139
Energiediagramm 27
– mit Enzym 34
– Übergangszustand 33
Energieerhaltungssatz 31
Energiegehalt
– Kohlenhydrate 129
– Proteine 129
– TAG 129
Energieladung, Berechnung 267
Energiespeicher, in Zahlen 270
Energiestoffwechsel
– aerober 268
– bei Nahrungsmangel 270
– Regulation 266
– Schlüsselenzym 275
Energieumsatz 197
Enkephaline 603, 825
Enolase 89
Enoyl-CoA-Hydratase 137
Enterokinase 208
Enteropeptidase 259
– im Dünndarmsekret 208
Enthalpie
– Definition 31
– Freie 27
Enthalpie, Freie, Definition 27
Entkoppler, Atmungskette 190
Entkopplerprotein 599
Entropie 31
Entzündung 708
– Hemmung durch Glucocorticoide 619
– klassische Zeichen 708
– Rolle der Kinine 669
– Rolle der Prostaglandine 653
Entzündungsmediatoren 709, **711**
– Herzinfarkt 62
– im Komplementsystem 684
Enzephalomyopathie, mitochondriale 379
Enzephalopathie
– hepatische 156
– spongiforme bovine (BSE) 485
Enzym
– Affinität 37
– bifunktionelles
– – Debranching Enzyme 102
– – Fructose-2,6-bisphosphat-Interkonvertierung 95
– Gleichgewichtseinstellung 34
– isosterisches 44
– katalytische Aktivität 39
– Klassifizierung 35
– kompetitive Hemmung 41
– nicht kompetitive Hemmung 42
– reversible Hemmung 40
– unkompetitive Hemmung 42
– Wechselzahl 39
Enzyme, als Katalysatoren 33
Enzyme-linked immunosorbent Assay (ELISA) 511, **559**
Enzymhemmung 40
Enzymkinetik 35
EP-Rezeptoren 651
EPAC, Aktivierung 566
Ependymzellen 804
Epidermal Growth Factor (EGF) 667
Epidermolysis bullosa simplex 402
Epigenetik 467
Epimere 47, 49
Epimerisierung, von UDP-Galaktose 106
Epiphysenfuge 609, 619
– Schluss 624-625
Epitop 686
EPO (Erythropoetin) 668, **760**
Epoxid-Hydrolasen, Biotransformation 742

Epoxid-Reduktase 299
Epoxidierung 741
EPSP (exzitatorisches postsynaptisches potenzial) 812
Eptifibatide 723
ER s. Retikulum, endoplasmatisches 382
erbA 540
erbB 540
Erbitux 549
eRF (Terminationsfaktoren) 478
Ergocalciferol 295, 646
Erkältungskrankheit, Mittel 195
Erkrankung,
- mitochondriale 379
- neurodegenerative 829
Ernährung
- parenterale 197
- vegane 195
Erythroblastose, fetale 719
Erythropoese 760
Erythropoetin (EPO) 668, 760
Erythrose-4-phosphat 247
Erythrozyt
- Bildung 760
- Blutgruppenantigene 717
ES-BP (eisensensorisches Protein) 326
esiRNA 517
Essigsäure, aktivierte 109
Esterbindung
- in Nukleotiden 420
- tRNA 454
ETF (Elektronen-transferierendes Flavoprotein) 137
ETF-Ubichinon-Oxidoreduktase 137, 182
Ethanol
- Abbau 143
- alkoholische Gärung 98
- Bedeutung für den Enegiestoffwechsel 143
Ethanolamin 169, 350
Ethidiumbromid 512
Etoposid 548
Euchromatin 378
Eukaryontenzelle, Aufbau 342
Exekutor-Caspasen 534
exergon, Definition 28
Exon 452, 468
3′-5′-Exonuklease-Aktivität 526
Exophthalmus 611
Exozytose 368
Export, Zellkern 378
Exportrezeptor 377
Expression, monoallelische 466
Extrinsic Factor 315
Exzisionsreparatur 523-524
exzitatorisches postsynaptisches potenzial (EPSP) 812
EZM (extrazelluläre Matrix) 403

F

F-Teil, ATP-Synthase 175
F-Aktin 393
F-dUMP (Fluordesoxyuridylat) 435
F-Plasmid (Fertilitätsplasmid) 502
F-Typ-ATPase 367
Fab-Fragment 687
FABPpm 253
FAD (Flavinadenindinukleotid) 181, 291
- Mechanismus der Elektronenübertragung 117
FADD (Fas-associated Death Domain Protein) 535
FADH$_2$
- -Oxidation 136
- Citratzyklus 123
- - Ausbeute 125
- - Pyruvat-Dehydrogenase 113
- - β-Oxidation, Ausbeute 139
Faeces, Zusammensetzung 198
Faktor II 726
- Thrombin 729
Faktor III 727
Faktor IX 728
- Mangel 729
Faktor V 728

Faktor VII 727
Faktor VIII 728
- Mangel 729
- Thrombozytenaggregation 721
Faktor X (Stuart-Prower-Faktor) 726-728
- Hemmung durch Antithrombin 733
Faktor XI 727-728
- Mangel 729
Faktor XII (Hagemann-Faktor) 727
Faktoren (Blutgerinnung, Tabelle) 731
σ-Faktoren 456
β-Faltblatt 77
FAP (familiäre adenomatöse Polyposis coli) 543
Farbsinnstörungen 837
Farnesyldiphosphat 355
Farnesylierung 490
Fas -associated Death Domain Protein (FADD) 535
Fas-Liganden 535
- auf zytotoxischen T-Zellen 701
Fasern, elastische 408
Fasten 270-271
- GH-Wirkung 632
- Wirkung von Hormonen 272
FAT 253
FATP 253
FATP1 (Fatty Acid Transport Protein 1) 233
Favismus 245
FBP-2 s. Fructose-Bisphophatase-2 95
Fc-Fragment 687
Fc-Rezeptoren, in der Plazenta 688
Fc-Teil 687
Fcp1 (CTD-Phosphatase) 460
Fe/S-ZentrumSiehe Eisen-Schwefel-Zentrum 181
Feedback Inhibition s. Produkthemmung 95
Feedforward-Regulation 95
Fehlingprobe 52
Fehlpaarungs-Reparatur 526
Fel d1 707
Felis domesticus 707
FEN1 524
Ferrioxidase I 325
Ferrireduktase 324
Ferritin 324
Ferritin-Reduktase 325
Ferrochelatase 761
Fertilitätsplasmid (F-Plasmid) 502
Fes 540
Fett s. Lipid 192
Fettgewebe
- braunes 128
- Lipolyse 130
- weißes 128
Fettleber 128, 143, 234
Fettleberhepatitis 143
Fettreserve 127
Fettsäure
- Abbau (s. auch β-Oxidation) 133
- Aktivierung 134
- essenzielle 193
- Nomenklatur 59
- physiologische Funktion 239
- Transport ins Mitochondrium 134
- ungesättigte, Bildung 242
- ω3-Fettsäuren 62
Fettsäure-Hydroperoxid 297
Fettsäure-Synthase 589
- Aufbau 236
Fettsäure-Transportprotein 1 233
Fettsäuresynthese 234
- Energiebilanz 239
- in der Leber 769
- Regulation 240, 276
- durch Insulin 588
Fettspeicherkrankheiten 357
Fettstoffwechsel, GH-Wirkung 632
Fettstreifen 735
Fettsucht 278
Fettzellen 128
FGF (Fibroblast Growth Factor) 667
FGF (related growth factor) 540
FGF-Rezeptor 540

FGF23 648
Fibrate 581
Fibrillin 408
Fibrin
- Bildung 729
- Bindung an GP IIb/IIIa 723
- Umwandlung von Fibrinogen 726
Fibrin-Aggregat 730
Fibrinogen
- Struktur 729
- Umwandlung zu Fibrin 726
Fibrinolyse 732
Fibrinopeptide 730
Fibroblast Growth Factor (FGF) 667
Fibronektin 413
- lösliches 723
- RGD-Motiv 723
- Thrombozytenaggregation 723
Fibrose, zystische 363
Fieber, Rolle der Prostaglandine 654
Filamente
- dicke 788
- dünne 787
Filtrationsrate, glomeruläre (GFR) 774
- Bestimmung 783
Fingerabdruck, genetischer 514
Fingerhut, roter 796
First Pass Effect 616, **772**
Fischer-Projektion 50, 66
FK506 699
Flagellen 399
Flavinadenindinukleotid (FAD)
- Atmungskette 181
- Vitamin B_2 302
Flavinmononukleotid (FMN),
- Atmungskette 179
- Vitamin B_2 302
Flavoprotein 182
- Funktion 303
flg 540
Fließgleichgewicht 31
Flip-Flop
- Mechanismus, Lipidresorption 232
- Membranlipide 358
- Thrombozytenaktivierung 725
- Transportprotein 363
Flippasen 357
Floxazine 467
Flucloxacillin 503
Fluor 332
Fluorapatit 333
Fluordesoxyuridylat (F-dUMP) 435
Fluoruracil **435**, 548
FMN s. Flavinmononukleotid 179, 291
Fokaladhäsion 373
Folgestrang 446
Follikelphase 627
Follikelreifung 627
Folsäure 291, **309**
- Funktion 310
Folsäure(Folat)-Reduktase 309
Folsäure-Hypervitaminose 314
Folsäuremangel 313, 435
Forbes-Krankheit 102
Forkhead box P3 702
Formiminoglutamat 310, 314
Formylpeptidrezeptor 677
- auf Leukozyten 709
Fos 540
Fotorezeptoren 836-837
FoxP3 702
frame shift mutation 520
Frizzled-Rezeptor 544
Fructokinase 105
Fructose
- Abbau 104
- - Energiebilanz 106
- Aufnahme in die Enterozyten 212
- Aufnahme in die Leber 768
- Struktur 47
Fructose-1,6-bisphosphat, Glykolyse 85
Fructose-1,6-Bisphosphatase 589
- Regulation, allosterische 228
Fructose-1-phosphat, Fructoseabbau 105

Fructose-2,6-bisphosphat
- Regulation der Fructose-1,6-bisphosphatase 228
- Regulation der Gluconeogenese 271
- Regulation der Glykolyse 95
Fructose-6-phosphat
- Glykolyse 85
- Pentosephosphatweg 246
- Phosphorylierung 85
Fructose-Bisphosphatase 225
Fructose-Bisphosphatase-2 (FBP-2) 95
- Regulation 96
Fructose-Intoleranz 106
FSH (Follikel stimulierendes Hormon) 602, 604, 623
Fucose 359
- in Blutgruppenantigenen 717
Fumarat
- Citratzyklus 123
- Harnstoffzyklus 153
Fumarat-Hydratase 123
Functio laesa 708
Funktionalisierungsreaktionen 740
Furanose 48
Furche (DNA)
- große 439
- kleine 439
Furosemid 779
Furunkel 503
Fusionsprotein, bei der Kanzerogenese 541
F′-Plasmid 502

G

ΔG 27
G_i-Protein 566
G-Aktin 393
G-Protein
- heterotrimeres
- - Aktivierung 562
- - Aufbau 562
- - Effektormoleküle 563
- - Inaktivierung 562
- - inhibitorisches (G_i) 566
- - Transducin 838
- kleines 576
- riechspezifisches 834
G-Protein-Rezeptors. Rezeptor, G-Protein gekoppelter 561
g-Strophanthin 613
G-Zellen 202, 634
G0-Phase 528
G1-Phase 528
- Restriktionspunkt 531
G1/S-Übergang 531
G2-Phase 529
G2/M-Übergang 532
G418 518
GABA - Aminobuttersäure 169, 820
$GABA_A$-Rezeptoren 820
$GABA_B$-Rezeptoren 821
$GABA_C$-Rezeptoren 821
GAGs, Glykosaminoglykane 409
gain-of-function-Mutationen 286
gal-Operon 462
Galaktokinase 106
Galaktopoese 633
Galaktosämie 107
Galaktose
- Abbau 106
- Aufnahme in die Enterozyten 212
- Aufnahme in die Leber 768
- Epimere 49
- im Keratansulfat 410
- in Blutgruppenantigenen 717
- N-Glykosylierung 359
Galaktose-1-phosphat, Galaktoseabbau 106
Galaktose-1-phosphat-Uridyltransferase 106
β-Galaktosidase 211
- in pUC18 506
- lac-Operon 462
Galaktosylcerebrosid 348
Galle 205
Gallenblase 772
Gallenfarbstoffe 771

Gallengang 767
Gallenkanälchen 767
Gallensalze 205
Gallensäure 205, 771
- konjugierte 205
- primäre 206
- Sekretion 772
- sekundäre 206
- Synthese 205
- Zusammensetzung 200, **205, 771**
Gallensteine 208
Ganciclovir 518
Gangliosid GM2 388
Ganglioside 350
- Biosynthese 353
- Struktur 348
Gap Junction 373
GAP siehe GTPase-aktivierendes Protein 563
GAPDH s. Glycerinaldehyd-3-phosphat-Dehydrogenase 86
Gärung, alkoholische 98
Gasaustausch, Lunge 749
Gaskonstante 29
Gastrin 634
- Regulation der Salzsäureproduktion 202
- Sekretion, Regulation 635
- Wirkung 634
Gastrin-Cholecystokinin-B-Rezeptor 634
Gastrin-releasing Peptide (GRP) 635
Gastrinom 635
Gastritis 202
GC-Gehalt (DNA) 438
GCSF s. Granulozyte Colony Stimulating Factor 668
GDP-Man, Synthese des Core-Glykosids 360
Gedächtnis, Rolle des Histamins 661
Gedächtniszellen 685, 697
GEF s. Guaninnukleotid-Austauschfaktor (GEF) 576
Gehirn, Energiestoffwechsel 800
Gehörknöchelchen 835
Gehörorgan 835
Gelbkörper 628
Gelbsucht 144, 765
Gelelektrophorese 511
Gelenkregion 687
Gen, Definition 436
Genamplifikation 541
Genbank
- cDNA 509
- genomische 509
Genbibliothek s. Genbank 509
Genexpression 451
- Definition 442
- monoallelische 466
- Regulation 461
- - durch miRNA 483
- - posttranskriptionelle 483
- - translationale 483
Genmutation 520
Genom 441
- E. coli 444
- humanes 441
- menschliches 444
- mitochondriales 380
- prokaryontisches 341
- retrovirales 442
- virales 437
Genommutation 519
Genomreparatur, globale (GGR) 525
Gentechnik, Definition 501
Gentherapie, somatische 501
Gentransfer, horizontaler 503
Geranyldiphosphat 355
Gerbsäure 324
Gerinnung, disseminierte intravasale (DIC) 735
Gerinnungsfaktor,
- Hemmung (Cumarinderivate) 300
- Konzentrat 300
- Übersichtstabelle 731
Gerinnungsstörungen
- Diagnose 732
- Hämophilien 729
- von-Willebrand-Syndrom 722

Gesättigte Fettsäuren 58
Geschlechtsmerkmale, sekundäre 624
Geschlechtsorgane, Reifung 624
Geschmackssinneszellen 835
Geschwindigkeitskonstante 32, 36
Gestagene 624
Gewebe-Plasminogenaktivator 732
Gewebe-Thromboplastin 727
Gewebefaktor 727
Gewebshormone 555, 649
Gewebskallikrein 658
GFRs. Filtrationsrate, glomeruläre 774
GGR (globale Genomreparatur) 525
GH (Growth Hormone)s. Wachstumshormon 602
Ghrelin **280**, 630
GHRH (Growth-Hormone-Releasing-Hormon, Somatoliberin) 602, 630
Gibbs, Edward 27
Gicht 429
Gichtanfall, akuter 396, 400
Gichtknoten 429
Gichttophi 429
Gilbert-Meulengracht-Syndrom 765
GIP (gastroinhibitorisches Peptid) 635
Glanzmann, Morbus 723
GLDH (Glutamat-Dehydrogenase) 344
Gleevec 68
Gleichgewicht, chemisches 28
Gleichgewichtsorgan 835
Gleitfilamentmechanismus 791
Gliafaserproteine, saure 402
Gliazellen 801
Glisson-Trias 767
Glivec 68
Globulin
- Thyroxin bindendes (TBG) 608
- Typ α 766
- Typ β 766
Glomerulus 774
- im Bulbus olfactorius 834
GLP (Glucagon-like Peptide) 592
Glucagon-like Peptide (GLP) 592
Glucocorticoid-Rezeptor (GR) 618
Glucocorticoide 616-617
- als Immunsuppressiva 619
- Biosynthese, Regulation 616
- Hemmung der Phopspholipase A_2 650
- Hemmung der Prostaglandinsynthese 618
- Regulation der Katecholaminsbiosynthese 596
- Wirkungen 617
- - auf den Stoffwechsel 618
- - auf Organsysteme 619
Glucokinase 84, 94
- Regulation 275
Gluconeogenese 225
- im Hungerstoffwechsel 270
- in der Leber 768
- in der Niere 775
- Mechanismus 222
- Regulation 276
- Stimulation in der Leber 271
Glucosamin, im Heparansulfat 410
Glucose
- Abbau = Glykolyse 82
- Anomere 50
- Aufnahme, Regulation 275
- Aufnahme in die Enterozyten 212
- Aufnahme in Erythrozyten 214
- Aufnahme in extrahepatische Gewebe 213
- Aufnahmen ins ZNS 214
- Epimere 49
- Glykogensynthese 216
- im Gehirn 800
- im Primärharn 775
- N-Glykosylierung 359
- Phosphorylierung 20, 27, 83
- - Energiediagramm 27
- - G 28
- reduzierende Eigenschaften 51
- Rückresorption in der Niere 214, 776

- Stoffwechsel in Leber 768
- Struktur 47
- täglicher Bedarf 221
Glucose-1-phophat-UTP-Transferase 216
Glucose-1-phosphat
- Glykogenabbau 100
- Glykogensynthese 216
Glucose-6-phosphat 20, 27, 83
- Glykogensynthese 216
- Pentosephosphatweg 245
- Regulation der PP-1 221
Glucose-6-phosphat-Dehydrogenase 245
Glucose-6-phosphat-Dehydrogenase-Mangel 245, 759
Glucose-6-phosphat-Isomerase 85
Glucose-6-Phosphatase 225
- in den Hepatozyten 768
Glucose-Toleranz-Faktor (GTF) 334
Glucose-Transporter 212
Glucosehomöostase, Rolle der Niere 775
Glucosetransporter (GLUT) 366
Glucosurie 590
Glucosylcerebrosid 348
Glucuronide 743
Glucuronsäure 409
Glukagon 591
- Auslösung des Hungersignals 269
- beim Fasten 272
- Regulation der Fettsäuresynthese 240
- Regulation der Gluconeogenese 228
- Sekretion 591
- Wirkungen 592
GLUT (Glucosetransporter) 366
- Typ 1 214
- - im Gehirn 800
- Typ 2 213, 768
- - in der Niere 776
- Typ 3 214
- - in Nervenzellen 800
- Typ 4 213, 589
- - Regulation 93
- - Regulation durch Insulin 587
- Typ 5 212, 768
Glutamat 70, 812
- Abbau 164
- als Neurotransmitter 813
- - im Ohr 835
- - Photorezeption 837
- - Gluconeogenese 227
- - in der Folsäure 309
- oxidative Desaminierung 160
- Synthese 812
Glutamat-Dehydrogenase (GLDH) **155**, 160, 344
Glutamat-Oxalacetat-Transaminase (GOT) 159
Glutamat-Pyruvat-Transaminase (GPT) 159
Glutamat-Rezeptoren 813
- Ionotrope 813
- metabotrope 814
- NMDA-Rezeptoren 814
- RNA-Editing 472
Glutamin 68
- Abbau 164
- Gluconeogenese 227
- hydrolytische Desaminierung 160
- Produktion in der Leber 769
- Purinnukleotidsynthese 425
- Stoffwechsel 149
- Tumorentstehung 284
Glutamin-Phosphoribosyl-Amidotransferase 426
Glutamin-Synthetase 155, 160
Glutaminsäure 70
- Abbau 164
γ-Glutaryltransferase (γ-GT) 344
Glutathion (GSH) 758
- Biotransformation 743
Glutathion-Peroxidase 72
Glutathion-S-Transferase (GST) 743
Glutathionkonjugate 743
Gluten 261

Glyceral-3-phosphat s. Glycerinaldehyd-3-phosphat 86
Glycerin 350
- Abbau 132
- Gluconeogenese 227
- im Primärharn 775
- in Glycerophospholipiden 346
- Resorption 233
- Triacylglycerinsynthese 248
Glycerin-3-phosphat
- Glycerophospholipid-Biosynthese 350
- Lipolyse 132
Glycerin-3-phosphat-Acyltransferase 350
Glycerin-3-phosphat-Dehydrogenase 132
- Atmungskette 183
- mitochondriale 188
- zytosolische 188
Glycerin-3-phosphat-Shuttle 188
Glycerin-Kinase 227, 248
Glycerinaldehyd 46
- D/L-Form 46
- Fructoseabbau 105
Glycerinaldehyd-3-phosphat
- Glykolyse 86
- Mechanismus der Oxidation 87
- Pentosephosphatweg 246
Glycerinaldehyd-3-phosphat-Dehydrogenase 86
Glycerinaldehyd-Kinase 105
Glycerintrinitrat = Glyceroltrinitrat 796
Glycerokinase 248
Glyceroltrinitrat = Glycerintrinitrat 796
Glyceron-3-phosphat s. Dihydroxyacetonphosphat 86
Glycerophosphatid 346
Glycerophospholipide 346
- Abbau 356
- Biosynthese 350
Glycin 67, 822
- Abbau 163
- Biotransformation 744
- Hämbiosynthese 760
- Purinnukleotidsynthese 425
- Umwandlung in Serin 310
Glycinrezeptor-Antagonist 822
Glycocholsäure 206
Glykan 409
Glykierung 590

Glykogen 215

Struktur Abb.-11.5a, 215
Synthese 215
Regulation der Glykogensynthese 219
Abbau 100
Regulation des Glykogenabbaus 103
Glykogenosen 216, 217

Glykogen
- Abbau 100
- - Regulation 275
- Definition 215
- Speicherung 100
- - Vergleich mit TAG 129
- Stoffwechsel in der Leber 768
- Struktur 52
- Synthese, Regulation 275
Glykogen-Phosphorylase 100
- Aktivierung bei Ausdauerleistung 269
- hormonelle Regulation 104
- Regulation 275
Glykogen-Phosphorylase-Kinase, Regulation durch Ca2+/CaM 571
Glykogen-Synthase **216**, 218
- Typ 3 (GSK-3) 220
- - Regulation durch Insulin 585
- Typ 3β 544
- Regulation 219, 275
Glykogenabbau
- der Skelettmuskulatur 104
- Regulation 103
Glykogengranula 218

Sachverzeichnis

Glykogenin 215, 218
Glykogenosen auch Glykogenspeicherkrankheiten 101, 216, **217**, 226, 797
Glykogensynthese 215-216, 218
- Regulation 219-220
Glykokalix 359
Glykolipid, Definition 348
Glykolyse 82
- aerobe 91
- anaerobe, Regulation im Muskel 267
- Definition 82
- Energiebilanz 90
- Regulation 92, 275
- - durch Glukagon 592
- - durch Insulin 587
- Schlüsselenzyme 92
Glykoprotein
- Definition 54
- GP Ib 721
- GP IIb 722
- GP IIIa 722
- Myelin-assoziiertes (MAG) 802
Glykosaminoglykane (GAG) 55, **409**, 412
- Abbau 411
- Biosynthese 411
- Definition 409
- Funktion 411
Glykosylierung 489
- Definition 54
- von Kollagen 405
- von Membranlipiden 385
- von Proteinen **359**, 385
Glykosyltransferase 360, 411
GMCSF s. Granulocyte Macrophage Colony stimulating Factor 668
GMP (Guanosinmonophosphat) 425
GnRH (Gonadotropin-Releasing-Hormon, Gonadoliberin) 602, 623
- Ausschüttung, Rückkopplung 628
GnRH-Neurone 622
Golgi-Apparat 384
Gonadoliberin s. GnRH 602
Gonadotropin-Releasing-Hormon (GnRH) 602
Gonadotropine 604
GOT = Glutamat-Oxalacetat-Transaminase 159
GP IIb/IIIa (Glykoprotein IIb/IIIa) 722
- Bindung von Fibrin 723
GP-IIb/IIIa-Antagonist 723
GP-IIb/IIIa-Rezeptor-Antagonisten 723
GPI-Anker 490
GPR54 622
GPT s. Glutamat-Pyruvat-Transaminase 159
Gq-Protein 567
Graaf-Follikel 628
Granula, elektronendichte (δ-Granula) 724
α-Granula (Thrombozyten) 721
- Inhaltsstoffe 724
β-Granula 218
δ-Granula (Thrombozyten) 724
Granulocyte Colony stimulating Factor (GCSF) 668
Granulocyte Macrophage Colony stimulating Factor (GMCSF) 668
Granulom 700
Granulozyten, eosinophile 706
Granzyme 701
GRB2 576
Griffith, Frederick 436
Growth Hormone (GH) s. Wachstumshormon 602
Growth-Hormone-Releasing-Hormon, Somatoliberins. GHRH 602
GRP (Gastrin-releasing Peptide) 635
Grün-Opsin 837
Grundumsatz 197
Grünschwäche 837
Gruppe, prosthetische 182
Gruppenübertragungspotenzial, hohes 84
GSH s. Glutathion 758

GSK 3 (Glykogen-Synthase-Kinase 3) 220
GSK 3 s. Glykogen-Synthase-Kinase 3 585
GSSG 759
GST (Glutathion-S-Transferase) 743
γ-GT (γ-Glutaryltransferase) 344
GTF (Glucose-Toleranz-Faktor) 334
GTP Synthese 122
GTPase activating Factor (GAP) 576
GTPase-aktivierendes Protein (GAP) 563
Guanin 419
Guanin-7-methyltransferase 468
Guanine Nucleotide Exchange Factor (GEF) 576
Guaninnukleotid-Austauschfaktor (GEF) 576
Guanosin 420
- methyliertes (mRNA) 452, 468
Guanosinmonophosphat (GMP) 425
Guanylatzyklase 572
- lösliche (zytosolische) 572
- membrangebundene 572
- zytosolische, Aktivierung durch NO 656
Guanylyltransferase 468
Guldberg 29
Gyrase 450
Gyrasehemmer 450, 467

H

ΔH 31
H_1-Blocker (Antihistaminika) 705
H^+-ATPase, lysosomale 387
H^+-K^+-ATPase 201
H-Antigen 717
H-Kette 686-687
H-Kette (Immunglobulin), somatische Rekombination 691
H-Ras 540
Haarzellen 835
Haemophilus influenzae 689, 698
Hageman-Faktor (Faktor XII) 727
Halbacetal 48
Halbketal 48
Haldane-Effekt 755
Halothan, Abbau 742
Häm-a-Gruppe 185
Häm-a_3-Gruppe 185
Häm-Abbau 762
Häm-Oxygenase 762
Hämatokrit 749
Hämatom 763
Hämatopoese, Wirkung von Zytokinen 668-669
Hämatopoetine 666-667
Hämbiosynthese 760
Hämgruppe
- Abbau 762
- Hämoglobin 751
- Import ins Lysosom 390
- P-450-Enzyme 741
Hämochromatose 326
Hämoglobin
- Abbau 762
- Allosterie 43
- allosterische Effekte 753
- anomales 756
- Bohr-Effekt 753
- CO_2-Bindung 755
- fetales 756
- HbA_1 756
- - Affinität zu 2,3-BPG 756
- HbA_2 756
- HbA1, Struktur 750
- HbF 756
- HbH 756
- HbS 756
- Helix F 751
- Kooperativität 753
- Mechanismus der O_2-Bindung 752
- Methämoglobin 757
- neonatales 756
- Oxidationsschutz 758
- oxidiertes 757
- Oxygenierung 751, 753
- Quartärstruktur 79
- R-Zustand 752

- Röntgenkristallstruktur 751
- Sauerstoffbindungskurve 750
- Sichelzellanämie 756
- Struktur 750
- - O_2-Bindestelle 751
- Synthese 760
- T-Zustand 752
- - Stabilisierung 753-754
Hämolyse 718
Hämophilie, s. auch Gerinnungsstörungen 729
Hämosiderin 325
Hämosiderose 326
Hämostase 721
Hanf 59
Hapten 698
- Hib-Impfung 698
Haptoglobulin 762
Harn, hypotoner 638
Harnsäure 150, 428
- im Urin 783
- Rückresorption in der Niere 776
Harnsäure s. auch Urat 428
Harnsäuresteine 776
Harnstoff 150
- im Primärharn 775
- im Urin 783
- Rückresorption in der Niere 783
Harnstoff-Transporter 783
Harnstoffzyklus 150-151
- Energiebilanz 153
- Regulation 154, 276
Hartnup-Krankheit 261
Haschisch 59
Hauptzellen 201
Hausstaub 707
Haworth-Projektion 50
HbA_{1c} 756
Hb s. Hämoglobin 756
hCG (humanes Choriogonadotropin) 629
HCN-Kanäle 818
HCP 1 (heme carrier protein 1) 324
α-HDL 256
HDL s. high density lipoprotein 256
Heavy Chain (Antikörper) 686
Hedgehog-Protein 666
Heinz-Körper 245
Helicobacter pylori 202
Helikase 445
α-Helix 77
- Membrananker 80
Helix, amphiphile 382
Helix F (Hämoglobin) 751
Helminth-Paradox 707
Hemeralopie 294
Hemidesmosom 372
Hemmung
- irreversible 40
- isosterische 44
- kompetitive 41
- nicht kompetitiv 42
- reversible 40
- unkompetitive 42
Henle-Schleife 774
- Funktion 778
Henseleit, Kurt 116, 151
Heparanase 733
Heparansulfat 403, **410**, 412
- Hemmung der Blutgerinnung 734
Heparin 410
- Hemmung der Blutgerinnung 733
- Struktur 54
Hepatomegalie 226
Hepatozyt 767
Hephaestin 324
Her2 549
Herceptin 549
Hereditary nonpolyposis colorectal Carcinoma (HNPCC) 526
Heroin 826
Hers-Krankheit 101
Herz, HCN-Kanäle 818
Herzerkrankung, koronare 736
Herzglykosid 195
Herzglykoside 796
Herzinfarkt 62
- CK-MB 267
- GP-IIb/IIIa-Rezeptor-Antagonisten 723

- Marker 267
- Pathogenese 735
- Therapie 737
- Therapie mit Plasminogenaktivatoren 732
- Thrombozytenaggregationshemmer 724
- Troponin 792
Herzinsuffizienz, Diagnose über BNP 643
Herzmuskulatur, Aufbau 789
Herzzeitvolumen, Steigerung 609
Heterochromatin 378
Heterodimerisierung, intrazellulärer Rezeptor 579-581
Heteroglykane 54
Heuschnupfen 704
HEV (High endothelial Venules) 695
Hexokinase 83
- Regulation 93, 275
Hexokinase II 589
Hexosaminidase A 388
Hexose 47
Hexosemonophosphatweg s. Pentosephosphatweg 243
Hfr (High Frequency of Recombination) 502
HGF-Rezeptor 540
hGH (Human Growth Hormone), gentechnische Herstellung 509
HGPRT (Hypoxanthin-Guanin-Phosphoribosyltransferase) 430
Hib-Impfung 698
HIF-1 283
High density lipoprotein (HDL) 256
High endothelial Venules (HEV) 695
High Frequency of Recombination (Hfr) 502
Hinge Region 687
Hippursäure 744
Hirudin 734
Hirudo medicinalis 734
Histamin 169, **660**
- als Antiallergikum 661
- als Neurotransmitter 661
- Auslösung allergischer Reaktionen 704
- Auslösung von Allergien 705
- Biosynthese 660
- Regulation der Salzsäureproduktion 203
- Wirkungen 660-661
Histaminfreisetzung, durch C 3a uznd C 5a 684
Histaminrezeptoren 660-661
Histidin 70
- Abbau 164
- Decarboxylierung zu Histamin 660
- im Hämoglobin 751
- pK-Wert 65
Histidin E7 (Hämoglobin) 751
Histidin F8 (Hämoglobin) 751
Histidinbelastungstest 314
Histon-Deacetylase (HDAC), Rolle im Zellzyklus 531
Histon-Deacetylasen 467
Histon-Oktamer 440
Histone 439
- Modifikation 467
Hitzeschockprotein, Steroidhormonrezeptor 580
Hitzeschockproteine (Hsp) 486
HIV
- Infektion 496
- Nachweis 511
- Therapie 496
- Variabilität 496
HIV (Humanes Immundefiziensvirus) 495
HIV-Human Immunodeficiency Virus, Immunsystem 702
HLA-Proteine 694
HMG-CoA-Reduktase 354, 356
- Interkonvertierung 356
HMG-CoA-Reduktasehemmer 255
HMG-CoA Siehe β-Hydroxy-β-methylglutaryl-CoA 251
HMWK (hochmolekulares Kininogen) 658

HNPCC (Hereditary nonpolyposis Colorectal Carcinoma) 526
hnRNA 441
hnRNA (heteronukleäre RNA)
- Prozessierung 468
- RNA-Editing 472
- Struktur 452
Hodentumor 548
Homocystein 171
- Remethylierung 310, 315
Homodimerisierung
- intrazellulärer Rezeptor 579
- Steroidhormonrezeptor 580
Homogenisator 343
Homogentisat 166
Homogentisat-Dioxygenase 166
Homoglykane 54
Homöostase, Zellzahl 534

Hormone 582

Hormon-Substanzklassen 556
Hormone 555, **582**
- adrenocorticotropes. ACTH 602
- aglanduläre 555
- Aminosäurederivate, Eigenschaften 556
- antidiuretisches. ADH 604
- effektorische 557
- Einteilung 555
- Follikel-stimulierendes s. FSH 604
- gastrointestinale 633
- glandotrope
- - Funktion 604
- - Struktur 603
- glanduläre 555
- hydrophile 556
- hydrophobe 556
- lipophile 579
- Melanozyten stimulierendes 603
- Nachweismethoden 558
- Regelkreise 557
- Sekretion, pulsatile 603
- somatotropes (STH) s. Wachstumshormon 629
- Thyreoidea stimulierendes (TSH) 608
- Wasser-, Elektrolythaushalt 636
- Wirkprinzip 556
Hormone-responsive Element (HRE) 579
Hornissengift 232
Hornykiewicz, Oleh 831
HRE (Hormone-responsive Element) 579
HSL (hormonsensitive Lipase) 130
Hsp (Hitzeschockproteine) 486
- Hsp60 486
- Hsp70 382, 486
- Hsp90 487, 580
5-HT-Rezeptoren 662
- Klassifizierung 663
Human Growth Hormone s. hGH 509
human Leucocyte Antigen s. HLA 694
humanes Choriogonadotropin (hCG) 629
Humanes Immundefiziensvirus (HIV) 495
Hungergefühl, Regulation 278
Hungerstoffwechsel 270
Hunter-Glossitis 316
Huntingtin 833
Hyaluronat 403, **410**, 412
Hyaluronidase 504
Hyaluronidasen 411
Hyaluronsäure 56
Hyaluronsäure s. Hyaluronat 410
Hybridisierung
- Definition 512
- Polymerasekettenreaktion 510
- Southern-Blot 513
Hybridom 693
Hydrid-Ion, Reduktion von NAD$^+$ 88
Hydrochinon 291
Hydrolase, saure 387

Hydrophobizität
- Plot 80
- von Aminosäuren 80
3-Hydroxyacyl-CoA 137
3-Hydroxyacyl-CoA-Dehydrogenase 137
3-Hydroxyanthranilat 167
(3-) Hydroxybutyrat 127
- Abbau 142
- Synthese 251
3-Hydroxybutyrat-Dehydrogenase 142
β-Hydroxybutyrat-Dehydrogenase 251
4-Hydroxycumarin 299
Hydroxyethyl-Thiaminpyrophosphat 112
Hydroxyglutarat 286
Hydroxyharnstoff 434
5-Hydroxyindolacetat 662
Hydroxylapatit 415
1α-Hydroxylase 647
11β-Hydroxylase, Mangel 616
21α-Hydroxylase, Mangel 616
Hydroxylierung 741
- von Kollagen 405
Hydroxylradikal 297, 758
Hydroxylysin 404, 408
3-Hydroxy-3-methylglutaryl-CoA (β-Hydroxy-β-methylglutaryl-CoA) 251
- Cholesterinbiosynthese 354
- Ketonkörpersynthese 251
Hydroxyprolin 404, 408
3β-Hydroxysteroid-Dehydrogenase 615
11β-Hydroxysteroid-Dehydrogenase 642
5-Hydroxytryptamins. Serotonin 662
5-Hydroxytryptophan, Serotoninbiosynthese 662
Hyperaldosteronismus
- primärer 642
- Sekundärer 642
Hyperalgesie 653
Hyperammonämie 154
- Therapie 156
Hyperbilirubinämie 765
Hypercholesterinämie 255
- familiäe 257
Hyperglykämie, bei Diabetes mellitus 590
Hyperinsulinämie 585
- bei Insulinmangel 590
Hyperkalzämie 296
Hyperkalzurie 296
Hyperkoagulabilität 300
Hyperlipoproteinämie Typ II 257
Hypermutation, somatische 693
Hyperosmolarität 637
Hyperostose 295
Hyperplasie, kongenitale lipoide adrenale 614
Hyperprolaktinämie 633
Hypersensitivitätsreaktion (s. auch Allergie) 704
Hyperthermie, maligne 611
Hyperthyreose 611
Hypertonie
- arterielle 640
- hypokaliämische 642
Hypertriglyceridämie 581
Hyperurikämie
- primäre 429
- sekundäre 429
Hypervitaminose 292
- Definition 290
Hypoosmolarität 637
Hypophyse 603
Hypophysenhinterlappen 603
Hypophysenvorderlappen 603
Hypothalamisch-hypophysäres System 557, 558
Hypothalamus 602
Hypothyreose 611
Hypovitaminose, Definition 290
Hypoxanthin 420, 428
Hypoxanthin-Guanin-Phosphoribosyltransferase (HGPRT) 430

I

IAP (Inhibitor of Apoptosis Proteins) 535
I-Banden 788
Ibuprofen, Magenulcus 203
ICAD 537
ICAM-1 708
Iccosomen (Immune-complex-coated bodies) 695
Iduronsäure 409-410
IF Interferone 670, 701
- IFN-γ s. Interferon-γ 697
IgA 688
IgA-Dimere 688
IgA-Mangel, selektiver 689
IgA-Proteasen 689
IgA-Rezeptor 688
IgD 690
IgE 690
- bridging durch Antigen 704
IGF (Insulin-ähnlicher Wachstumsfaktor) 630, 667
IGF-1 (Insulin-like growth factor 1), Leber 770
IGF-Bindungsproteinen 631
IGF-I-Rezeptor 631
IGF-II-Rezeptor 631
IgG 686, 688
- Aktivierung des Komplementsystems 682
- Funktionen 688
- Subklassen 688
IgM 689
- Aktivierung des Komplementsystems 682
IgM-Pentamere 689
Ikterus 144, 765
ILs. Interleukine 668
Iminosäure 69
Imipramin 824
Immotile-Cilia-Syndrom 399
Immune surveillance 713
Immune-complex-coated Bodies (Iccosomen) 695
Immunglobulin (Ig) 686
- Aufbau 686
- IgA 688
- IgD 690
- IgE 690
- IgG 686, 688
- IgM 689
- Klassenwechsel 692, 697
- s. auch einzelne Igs 682
- somatische Hypermutation 693
- Übersichtstabelle 691
Immunisierung 685

Immunologie 673

Immunschwächekrankheit s. AIDS 511
Immunsystem
- adaptives **685-686**, 688, 693
- - Definition 674
- angeborenes 674-676, 682
- - Definition 674
- erworbenes s. Immunsystem, adaptives 674
- Mediatoren 715
- spezifisches s. Immunsystem, adaptives 674
- Überreaktion (Allergie) 704
- unspezifisches s. Immunsystem, angeborenes 674
- Wirkung von Glucocorticoiden 619
- Wirkung von Zytokinen 670
Immuntherapie, allergenspezifische (SIT) 707
Immuntoleranz, Apoptose 534
IMP (Inosinmonophosphat) 425
IMP-Dehydrogenase 428
Import, Zellkern 378
Importrezeptor 377
Impotenz 633
Imprinting 466
Inaktivator 40
Induktion, Transkription 461

Infektiologie

Bakterien, Prokaryonten 341
- Peptidoglykan/Murein 54
Bakterielle Toxine:
- Botulinum-Toxin 370, 815, 817
- Tetanus-Toxin 822
- Diphtherietoxin 305
- Choleratoxin 305
- Shigatoxin 482
Viren 491
- HIV 702, 495
- Hepatitis C Virus 545
Prionen 484
Immunität 673
- angeborene Immunität 674
- erworbene Immunität 685
- Immunabwehr von Parasiten 706
Antibiotika 480:
Hemmung der bakteriellen Zellwandsynthese:
- Penicilline 40, 503
- Cephalosporine 55, 261
- Carbapeneme 55
- Vancomycin 55
Hemmung der bakteriellen Proteinsynthese:
- Aminoglykoside 480
- Chloramphenicol 480
- Linezolid 480
- Makrolide 480
Sonstige Antibiotika:
- Rifampicin 740, 467
- Metronidazol 480
- Sulfonamide, Trimethoprim 313, 480

Infertilität 399
Inflammasomen 680
Influenza Viren 497
- Struktur 497
Influenza-Viren, Variabilität 497
Inhibin
- im Follikel 627
- im Hoden 623
Inhibitor 43
- kompetitiver 41
Inhibitor of Apoptosis Proteins (IAP) 535
Initiation
- Replikation, Prokaryonten 445
- Transkription
- - Eukaryonten 460
- - Prokaryonten 457
- Translation 475
Initiationsfaktoren (Translation) 475-476
Initiationskomplex 476
- 48S-Initiationskomplex 476
- offener 460
Initiator (Inr) 459
Initiator-Caspasen 534
Initiator-Methionyl-tRNA 475
Ink4-Familie 530
Inosin 420
Inosinmonophosphat (IMP) 154, 425
Inositol 350
- Struktur des Phosphatidylinositol 347
Inositol-1,4,5-trisphosphat siehe IP$_3$ 352
Inositoltriphosphat-Rezeptor = IP$_3$-Rezeptor 796
Inr (Initiator) 459
INR-Wert (International Normalized Ratio) 732
Insertion 519-520, 541
Instabilität, dynamische 396
Insulin **582**, 585, 587
- Abbau 584
- als Regulator der Genexpression (Tabelle) 589
- Biosynthese 582
- Regulation der Fettsäuresynthese 240
- Regulation der Gluconeogenese 229

Sachverzeichnis

- Regulation der Lipolyse 130
- Regulation der PP-1 220
- Regulation des Hungergefühls 280
- Regulation des Kaliumhaushalts 643
- Sekretion 583
- Signaltransduktion 584
- Speicherung 582
- Struktur 582
- während der Resorptionsphase 273
- Wirkungen
  - - molekulare 584
  - - zelluläre 587
Insulin-like Growth Factor s. IGF 667
Insulinmangel, Klinik 585
Insulinresistenz 132, 274, 585, 632
Insulinrezeptor 584
- Signaltransduktion 585
Insulinrezeptorsubstrat (IRS) 584
Insulinsensitizer 581
int-2 540
Integration, Plasmid 502
Integrilin 723
Integrin 372, 413
- Bindung an ICAM-1 (Diapedese) 708
- Glykoproteine GP I-III 722
Integrinphase 708
Interferone (IFN) 670, 716
- IFN-α 701, **716**
- IFN-β 701, **716**
- IFN-γ 697, **716**
- - Unterdrückung allergischer Reaktionen 706
Interkalierung 467, **522**
- Ethidiumbromid 512
Interkonversions. Interkonvertierung 97
Interkonvertierung 97
- Pyruvat-Dehydrogenase 114
Interleukine (IL) 668, 670
- Aktivierung von B-Zellen 697
- IL-1β 716
- IL-2 699, 716
- IL-4 716
- IL-5 716
- IL-6 716
- IL-8 670, 709, **716**
- IL-10 707, **716**
- IL-17 716
Intermediärfilamente 372, **400**
Intermediärtubulus 774
Intermembranraum, Mitochondrium 379
International Normalized Ratio (INR) 732
Intoxikation, Knollenblätterpilz 456
Intrinsic Factor 315
- im Magensaft 200
- Mangel, perniziöse Anämie 139
Intron 452, 468
Inversion 519
Invertzucker 104
Iod
- als Spurenelement 333
- Schilddrüsenhormone 606
Ionenkanal
- cAMP-regulierter 566
- ligandenaktivierter 571
- mechanosensitiver (Ohr) 835
Ionenkanal, in biologischen Membranen 365
Ionenpumpe 367
ionotropen Glutamatrezeptoren 813
IP_3 352
- Synthese aus PIP_2 568
- Wirkungen als Second Messenger 570
IP_3-Rezeptor 570, 572
Ipilimumab 715
IRBP (interstitielles Retinoid-bindendes Protein) 839
IRE (Iron Response Element) 326
Irinotecan 450, 549
Iron Response Element (IRE) 326
Irreversible Hemmung 40

IRS (Insulinrezeptorsubstrat) 584
Ischämie 735
Isoalloxanring 302
Isocitrat 119
Isocitrat-Dehydrogenase 120
- Tumorstoffwechsel 285
Isoelektrischer Punkt (IP) 65
- Beispielrechnung 65
Isoenzym
- Definition 37
- in der Diagnostik 99
- Lactat-Dehydrogenase 99
Isoleucin 67
- Abbau 164
Isomaltose 210
Isomere 47
- Aminosäuren 66
Isomerisierung
- 3-Phosphoglycerat 89
- Citrat 119
- Glucose 28
- von Glucose-6-phosphat 85
Isoniazid 743
5-Isopentenyldiphosphat 355
5-Isopentenylpyrophosphat 355
Isopreneinheit, aktivierte 355
Isoprenylierung 489
Isosorbidmononitrat 658
Isosterie 44
Isotyp (Antikörper) 686
Isoxazolylpenicillin 503
Ito-Zellen 293
I-Zellen 636

J

J-Gensegment 691
J-Kette
- IgA 688
- IgM 689
J-Segment 691
JAK (Janus-Kinase) 578
JAK-STAT-Proteine 578
JAK-STAT-Signaltransduktionsweg 578
Janus-Kinase 578
Jenner, Edward 673
Joining Chain 688
Juckreiz 705
Jumonji-C-Histon-Demethylasen
- Tumorstoffwechsel 288
Jun 540

K

K_m 37
K^+-Kanäle
- K2P-Kanäle 806
- spannungsabhängig 812
K-Ras 540
Kalium, Sekretion in der Niere 779
Kaliumhaushalt 643
Kaliumkanäle, Ruhemembranpotenzial 805
Kallidin 658
Kallikreine 658
Kamel, Wasserspeicherung 140
Kanalprotein 364
Kanzerogenese 538
- Molekulare Onkologie 538
- Tumorstoffwechsel 281
Kardiomyopathie
- hypertrophe 135
- dilatative 798
Karies 105
- Prophylaxe 333
Kartagener-Syndrom 399
Karzinome 281
Katabolit-Aktivator-Protein (CAP) 462
Katabolit-Repression, lac-Operon 463
Katal 39
Katalase 140, 389
- in Erythrozyten 759
Katalytische Aktivität 39
Katarakt, diabetischer 591

Katecholamine 595
- Abbau 597
- Biosynthese 595
- Inaktivierung 823
- Neurotransmitter 823
- Sekretion 596
- Wirkungen 598
Kationenkanal, mechanosensitiver 637
Katzen-Allergie 707
Kayser-Fleischer-Kornealring 329
KDEL-Rezeptor 386
Keimbahnmutation 519
Keratansulfat 410, 412
Keratin 401
Keratinfilamente 372, 401
Kernantigen proliferierender Zellen 447
Kerne, subkortikale 832
Kernexport 377
Kernexportrezeptor 377
Kernexportsignal (NES) 377
Kernhülle 377
Kernikterus 765
Kernimport 377
Kernimportrezeptor 377
Kernkörperchen 377
20S-Kernkomplex 390
Kernlamina 376, 402
Kernlokalisierungssequenz (NLS) 377
- Zykline 530
Kernmembran 376
Kernplasma 376
Kernpore 376
Kernporenkorb 376
Kernteilungsspindel 400
3-Ketoacyl-CoA 137
Keto-Enol-Tautomerie
- Fructose 52
- von Basen in der DNA 521
Ketogenese 250
α-Ketogluconolacton 318
α-Ketoglutarat
- Citratzyklus 120
- oxidative Decarboxylierung 120
α-Ketoglutarat-Dehydrogenase 120
Ketonkörper 129
- Abbau 141
- Definition 127, 250
- im Primärharn 775
- in der Leber 769
Ketonkörpersynthese 250
Ketonurie, bei Diabetes mellitus 590
17-Ketosteroide 616
3-Keto-Thiolase
- Ketonkörperabbau 142
- β-Oxidation 137
α-Kette 698
Kettenabbruchmethode 516
Kettenverlängerung, Fettsäuresynthese 238
Keuchhusten 567
kidney Na+-Bicarbonat Cotransporter (kNBC 1) 781
Kinase
- mitochondriale (PINK1-Genprodukt) 833
- Zyklin-abhängige 530
Kinesin 397
Kinetochor-Mikrotubulus 400
Kinin-Rezeptoren 659
Kininase II 660
Kinine 658
- Verbindung zum RAAS 659
- Wirkungen 659
Kininogen 658
- hochmolekulares (HMWK) 658
- - Blutgerinnung 727
- niedermolekulares (LMWK) 658
Kinozilien 399
- auf Riechsinneszellen 834
Kir-Kanäle 806
Kisspeptin 622
Klassenwechsel (Immunglobuline) 692
Kleeblattstruktur (tRNA) 454
Klonierung
- einzelne Schritte 508
- molekulare, Definition 505

Klonierungsvektor 506
- Bakteriophage 507
kNBC 1 (kidney Na+-Bicarbonat Cotransporter) 781
Knochen 403, 415
- Glucocorticoidwirkung 619
Knock-out
- Definition 517
- Knock-out-Maus 518
Knollenblätterpilz-Vergiftung 456
Knoop, Franz 134
Knorpel 403, 412, **415**
Kobalt 331
Koffein, als Hemmstoff der Phosphodiesterase 574
Kohlendioxid, Transport im Blut 755

Kohlenhydrate

Chemie der Kohlenhydrate 45
Stereochemie 46
Verdauung der Kohlenhydrate 210
Glucose-Transporter 212, 366, 776, 800
Abbau der Kohlenhydrate 82
Glykolyse 82
Gluconeogenese 221
Pentosephosphatweg 243
Pyruvatdehydrogenase 110
Citratzyklus 115
Glykogen 215
- Struktur Abb.-11.5a, 215
- Synthese 215
- Abbau 100
- Glykogenosen Ia; 216
Fructose-Abbau 104
Galaktose-Abbau 106
Glykoproteine und Proteoglykane 404, 411, 413,
- O-Glykosylierung 360
- N-Glykosylierung 359
- Glykierung 590
Glykolipide 348

Kohlenhydrat 45
- Abbau 82
- als Hapten 698
- als Membranbaustein 359
- als Nahrungsstoff 192
- Definition 45
- Funktion im Energiestoffwechsel 56
- Grundstruktur 45
- in der extrazellulären Matrix 403
- in der Nahrung 210
- komplexer Typ 359
- Nomenklatur 46
- Stoffwechsel, GH-Wirkung 632
Kohlenmonoxidvergiftung 751
Kohlenstoffatom
- anomeres 48
- assymetrisches 46
Köhler, Georges 693
Kokain 824
Kollagen 404
- Biosynthese 405
- fibrilläres 404
- Fibrillen-assoziiertes 404
- Rolle bei der Thrombozytenaggregation 721
- Schmelzpunkt 405
- Struktur 405
Kollagen-Helix 77
Kollagenase 414
Kollagenfaser 406
Kollagentypen 403
Kollateralkreislauf 144
Kolonkarzinom 489, 653
Kompartimentierung, Vorteile 343
Kompetenz, natürliche 507
Kompetenzfaktor ACF 472
Kompetitive Hemmung 41
Komplementaktivierung 682
- alternativer Weg 683
- durch CRP 684
- klassischer Weg 682
- Lektin-Weg 684

Komplementkaskade 682
Komplementrezeptoren 683
Komplementsystem 682
– Aktivierung
– – alternativer Weg 683
– – klassischer Weg 682
– Auslösung einer Entzündungsreaktion 708
– Proteinkomponenten 682
Komplex, ternärer 447
Komplex I, Atmungskette 179
Komplex II, Atmungskette 181
Komplex III, Atmungskette 183
Komplex IV, Atmungskette 185
Komponente, sekretorische 688
(α-) Konfiguration, Kohlenhydrat 48
Konformere 47
Konjugation 502
Konjugationsreaktionen 743
Kontakt-System 727
Kontrazeption, hormonelle 629
Konzentrationsverhältnis 29
Kooperativität 43
– Hämoglobin 753
– Sauerstoffbindung im Hämoglobin 750
Kopplung, elektromechanische 793
Kopplung, energetische 19
– in der Biotransformation 744
Kopplungstetrasaccharid 411
Koproporphyrinogen III 761
Koprosterin 357
Koronarintervention, perkutane = PCI 724
Koronarsyndrom, akutes 724
Korsakow-Syndrom 121
Kraft, protonenmotorische (PMF) 176
Kraniosynostosis 668
Kreatin-Kinase 266
Kreatinin 150
– im Primärharn 775
– im Urin 783
Kreatinphosphat 266
– Phosphatgruppen-Übertragungspotenzial 422
Krebs, Zahlen 538
Krebs, Hans 116, 151
Krebsentstehung s. Kanzerogenese 539
Krebserkrankung, bei Adipositas 132
Krebszelle 538
Kreislauf
– enterohepatischer 207
– portaler 767
– systemischer 767
Kreislaufversagen 712
Kretinismus 611
Kropf 611
Kugelfisch 810
Kupfer 328
Kupferverteilungsstörung, intrazelluläre 329
Kuru 485
Kwashiorkor 194
Kynurenin 167

L

L-Carbidopa 832
L-Carnitin 319
L-DOPA
– Überquerung der Blut-Hirn-Schranke 803
– zur Behandlung der Parkinson-Krankheit 832
L-Gluconolacton-Oxidase 318
L-Kette 686
– somatische Rekombination 691
L-Struktur (tRNA) 455
L/D-Nomenklatur 46
Labyrinth
– häutiges 835
– knöchernes 835
– vestibuläres 835
lac-Operon 462, 464
Lactase 106, 211
β-Lactamase 503

β-Lactamring 503
Lactat
– Abbau 100
– anaerobe Glykolyse 98
– Cori-Zyklus 100
– Gluconeogenese 227
– im Herzmuskel 268
– im Primärharn 775
– in der Leber 268
– in der Skelettmuskulatur 268
Lactat-Dehydrogenase 99
– in der Diagnostik 99
– Isoenzyme 99
Lactatgärung 98
Lactoferrin 676
Lactonase 245
Lactonring 318
Lactose 106
– lac-Operon 462
– Struktur 106
– Verdauung 211
Lactose-Intoleranz 211
lacZΔM15 506
Laktat, Tumorstoffwechsel 282
Laktogenese 633
Lambert-Eaton-Syndrom 817
Lamin 402
Laminfilamente 402
Laminin 414
Lanosterin 355
Lariat 470
LCAT s. Lecithin-Cholesterin-Acyltransferase 256
LDH s. Lactat-Dehydrogenase 99
LDL s. low density lipoprotein 254
LDL-Rezeptor (LDLR) 253
LDLR-related Protein (LRP1) 253
Leber 767-769
– Aminosäurestoffwechsel 769
– Aufbau 767
– Biotransformation 739
– Fettleber 128
– Kohlenhydratstoffwechsel 768
– Kreislauf
– – portaler 767
– – systemischer 767
– Produktion von Serumproteinen 770
– Regulation der Blutglucosekonzentration 96
– TAG-Bildung bei Alkoholabusus 129
Leber hereditary optic neuropathy (LHON) 180
Leber-Optikusatrophie (LHON) 180, 191
Lebergalle 205, 772
Leberläppchen 767
Leberzirrhose 143, 144, 742
Lecithin, im VLDL 256
Lecithin s. Phosphatidylcholin 347
Lecithin-Cholesterin-Acyltransferase (LCAT) 256
Leistungsumsatz 197
Leitenzym 343
Leitstrang 446
Lektin, Mannan-bindendes (MBL) 684
Lektin-Weg (Komplementsystem) 684
Lepra 700
Leptin 132, 279
– Wirkungen 279
Leptinrezeptor 279
Lernen
– Rolle des Histamins 661
– Rolle des Serotonins 663
Lesch-Nyhan-Syndrom 430
Leserasterverschiebung 520, 548
Leucin 67
– Abbau 163
Leukämie
– chronisch myeloische 541
– lymphatische 429
– myeloische 68, 429
Leukokorie 542
Leukotrien-Rezeptor-Antagonisten 655
Leukotriene (LT) 651, 705
– Rezeptoren 655
– Wirkungen 655

Leukotrienrezeptor-Antagonisten 706
Leukozyten
– Aktivierung 708
– Diapedese 708
– Entzündung 708
Lewy-Körper 833
Leydig-Zwischenzellen 604, 623
α-L-Fucose 706
LH (Luteotropin) 602, 604, 623
LH-surge 626
LHON s. Leber-Optikusatrophie 180
Lichtempfindlichkeit, Adaptation 839
α-L-Iduronidase-Mangel 388
Light Chain (Antikörper) 686
Lineweaver-Burk-Diagramm 39
Linezolid 481
Lingua franca 340
Linker-DNA 440
Linolensäure 60
Linolsäure 58
Lipase 179
– Adipose Triglyceride Lipase (ATGL) 130
– hormonsensitive 269
– hormonsensitive (HSL) 130
– Monoacylglycerin-Lipase 130

Lipide
Einführung 57
Fettsäuren 58
– Fettsäuresynthese 234
– β-Oxidation der Fettsäuren 133
– α-Oxidation der Fettsäuren 141
Verdauung und Resorption der Lipide 230
– Gallensäuren 205
Transport der Lipide im Blut 251
Triacylglycerine (TAG) 57, 127
– Fettgewebe, Adipozyten 251
– molekulare Struktur 57
– Synthese 248
– Abbau 129
Membranlipide 345
Lipidanker von Membranproteinen 345
Dolicholphosphat 361
Cholesterin 349
– Synthese 354
– Transport mit HDL 361
– Atherosklerose 735
– Scavenger-Rezeptoren 679
– Herzinfarkt 735, 267
Synthese der Steroidhormone 613
Arachidonsäurestoffwechsel 650
Fettlösliche Vitamine 292

Lipid
– als Nahrungsstoff 192
– in Membranen 345
– Resorption 232
Lipidanker 358
Lipiddoppelschicht 345
Lipidmediatoren 655
Lipidose 357
Lipidoxidationskette 297
Lipidtransferproteine 357
Lipidtröpfchen 128
Lipofektion 508
Lipogenese 248
Lipolyse 130
– Regulation 130, 276
– – durch Insulin 588
Liponamid 112
Lipoprotein 251
– Definition 251
– Klassifikation 252
Lipoproteinlipase 129, 253, 589
Lipotoxizität 585
β-Lipotropin s. β-LPH 603
5-Lipoxygenase, Leukotriensynthese 651
Lipoxygenasehemmer 655
Liquor cerebrospinalis 803

LMWK (niedermolekulares Kininogen) 658
Lokalanästhetika 827
Long Feedback-Loop 605
Long Patch Repair 524
low density lipoprotein (LDL) 254
β-LPH (β-Lipotropin) 603
LPS-bindende Protein (LBP) 678
LRP (LDLR related protein) 253
LRP-Korezeptor 544
LSD (Lysergsäurediethylamid) 819
LT s. Leukotriene 651
Lumbalpunktion 804
Lunge, Gasaustausch 749
Lutealphase 628
Luteotropins, LH 602
17,20-Lyase 615
Lymn-Taylor-Modell 791
Lynch Syndrom 526
Lynen, Feodor 109
Lyse pathogener Mikroorganismen 683
Lysergsäurediethylamid (LSD) 819
Lysetherapie 737
Lysin 70
– Abbau 163
– im Kollagen 404
– pK-Wert 65
– Titrationskurve 64
Lysolecithin 256
Lysophosphatidat 350
– Triacylglycerinsynthese 248
Lysophosphatidylcholin, Lipidabbau 232
Lysophospholipase 356
Lysophospholipid 356
Lysosom 387
– Biogenese 388
– primäres 368, 388
– sekundäres 368, 389
Lysozym 387, 676
Lysyl-Hydroxylase 405
Lysyl-Oxidase 406

M

M-Cholinozeptoren 817
M-Phase-stimulierender Faktor 532
M2-Rezeptoren 818
MAC (Membrane Attack Complex) 682
mAChR (Muscarinische Acetylcholin-Rezeptoren) 817
Macrophage Colony stimulating Factor (MCSF) 668
Macula densa 780
MAG (Myelin-assoziiertes Glykoprotein) 802
Magenkrebs, Risikofaktor Heliobacter pylorus 546
Magenlipase 230
Magensaft 200
– Zusammensetzung 200
Magnesium 327
Magnesiummangel 328
Magnesiumphosphatsteine 776
MAGs. Maltase-Gucoamylase 211
Maillard-Reaktionen 590
Major basic Protein 706
Major Histocompatibility Complex s. MHC 694
Makroangiopathie, bei Diabetes mellitus 591
α_2-Makroglobulin 766
Makrolide 481
Makrophagen 711
– Aktivierung durch T_H1-Zellen 700
– im Gehirn (Mikroglia) 801
Makrosatelliten 514
Malariaresistenz durch HbS 756
Malat
– Citratzyklus 123
– Gluconeogenese 224
Malat-Aspartat-Shuttle 188
Malat-Dehydrogenase 123
Malat-Enzym 243
Malat/α-Ketoglutarat-Translokator 189
Malonat, Hemmung der Atmungskette 182

Sachverzeichnis

Malonyl-CoA
- aktiviertes 235
- Fettsäuresynthese 235, 238
- Pyrimidinnukleotidabbau 432

Maltase-Glucoamylase (MAG) 211
Maltose 210
- reduzierende Eigenschaften 51
Maltotriose 210
Mammalian Target of Rapamycin (mTOR) 278
Mammogenese 633
Mangan 331
Manganmangel 331
Mannose
- Epimere 49
- N-Glykosylierung 359
Mannose-6-phosphat-Rezeptor 386
MAO (Monoaminoxidase) 597
- Inaktivierung der Katecholamine 823
MAO-B-Hemmer 832
MAP-Kinase 577
- Rolle bei der Kanzerogenese 540
MAP-Kinase-Kaskade 576
MAPK (Mitogen-activated Protein Kinase) 577
Marcumar 299
Marfan-Syndrom 409
Marginalisation 655
Marihuana 59
mas 540
Masse, wirksame 29
Massenwirkungsgesetz 29
Mastzelle 704
- Degranulation 704
- Funktion 706
Matrix
- extrazelluläre (EZM) 403
- – Abbau 414
- Knochen 415
- Knorpel 415
- mitochondriale 379, 381
Matrix-GLA-Protein 299, 415
Matrix-Metalloproteinase = Matrix-Metalloprotease (MMP) 414, 547, 628
- Angiogenese im Tumor 547
- MMP 7 544
Maturation promoting Factor (MPF) 532
MBL (Mannan-bindendes Lektin) 684
MBP (Myelin basic proteins) 802
MC-Rezeptoren 603
McArdle-Krankheit 101
McArdle-Syndrom 797
mcm2 – 7 532
MCSF s. Macrophage Colony stimulating Factor 668
MCSF-Rezeptor 540
Mdm2-Ubiquitin-Ligase 542
Mediator, Genexpression 466
Mediatoren
- Entzündung 711
- Immunsystem 715
Megakaryozyten 721
megaloblastische Anämie 171
Melanin 166
Melatonin 168
Membran, biologische 345
- Aufbau 345
- Biosynthese 357
- Funktion 363
- Transportmechanismen 365
Membrananker, α-Helix 80
Membrane Attack Complex (MAC) 682
Membranfluidität, Definition 358
Membranfluss 370
Membranlipide 345
- Glykosylierung 385
Membranpotenzial, ATP-Synthase 176
Membranproteine
- Einteilung 358
- hydrophobe Wechselwirkungen 80
- integrale 358, 385
- periphere 359
- β-barrel 359
Membranvesikel, Transport 367

Memory Cells 697
Menachinon 298
Menadion 298
Menkes-Krankheit 329
Menstruation 629
Menstruationszyklus 626, 629
- Regulation 626
Menthol 195
Mercaptopurin 548
Mercaptursäure 743
Mercaptursäurekonjugate 743
Mesangiumzellen 780
Messenger
- primärer 563
- retrograde 59
- sekundärer 563
Messenger-RNA (mRNA) 441
met 540
Met-Hb (Methämoglobin) 757
Metallothionein 330, 335, 745
Metaphase 529
Metarhodopsin II 838
Metastase 538
Metastasierung 547
Metformin 229
Methämoglobin (Met-Hb) 757
Methämoglobin-Reduktase 758
Methämoglobinämie 758
Methionin 69
- Abbau 164, 169
Methionin-Synthase 171, 310, **315**
Methioninzyklus 171
Methotrexat 313, 548
- Mechanismus der Hemmung 41
3-Methoxy-4-hydroxymandelsäure 597
Methylbindungsproteine 467
Methylcobalamin 291, 314
5-Methylcytosin 466
Methylierung, DNA 466
Methylmalonyl-CoA
- Pyrimidinnukleotidabbau 432
- β-Oxidation 138
Methylmalonyl-CoA-Mutase
- Mechanismus 315
2-Methyl-1,4,-naphtochinon 298
2'-O-Methyltransferasen 468
Metronidazol 480
Mevalonat 354
MHC-Gene 694
MHC-I-Komplex, Abbau im Proteasom 391
MHC-II-Komplex, Abbau im Lysosom 388
MHC-Klasse-I-Proteine 694
- Antigenpräsentation 701
- Bindung an CD8 701
- Erkennung durch zytotoxische Zellen 701
MHC-Klasse-II-Proteine 694
- Antigenpräsentation 701
- auf B-Zellen 696
- auf Makrophagen 700
- Bindung an CD4 700
Michaelis-Menten-Diagramm 36
Michaelis-Menten-Gleichung 38
Michaelis-Menten-Kinetik 36
Michaelis-Menten-Konstante 37
Micro RNA (miRNA) 441, 455
- Tumorentstehung 544
Mifepriston 629
mIgD 696
mIgM 696
Migräne 664
Mikroangiopathie, bei Diabetes mellitus 590
Mikrofibrillen, elastischen Fasern 408
Mikrofilamente 371, 393
Mikroglia 801
- aktivierte (Alzheimer-Krankheit) 831
β2-Mikroglobulin 694
Mikroprozessor 483
Mikrosatellit 514
Mikrosomen 741
Mikrotubuli **396**, 400
Mikrotubuli-Organisations-Zentrum (MTOC) 396
Mikrotubulidublett ((9 × 2 + 2) 399
Mikrotubulitriplett (9 × 3) 398

Mikrovilli, Struktur 395
Milchsäure, Tumorstoffwechsel 282
Milchzucker 211
Milstein, César 693
Mineralocorticoid-Rezeptor (MR) 618
Minisatellit 514
Minus-Ende
- Aktinfilament 393
- Mikrotubulus 396
miRNA (microRNA) 441, 455
- Funktion 483
- Regulation der Genexpression 483
- Tumorentstehung 544
Mismatch-Reparatur 526
Missense-Mutation 520
MIT, Monoiodtyrosin 607
Mitochondrienmembran 379
- innere 380
Mitochondrium 379
- Fettsäuretransport 134
- Rolle bei der Apoptose 536
Mitogen-activated Protein Kinase (MAPK) 577
Mitomycin C 450, 467, 548
Mitose 529
Mitoxantron 548
Mitralzellen 834
Mizelle 345
- gemischte 231
Mizellenkonzentration, kritische (CMC) 231
MLCK = Myosin light Chain Kinase 793
MOAT (Multispecific organic Anion Transporters) 803
mob-Gene 502
Mobilferrin 324
Modifikation von Proteinen 488
MOG (Myelin-Oligodendrozyten-Glykoprotein) 802
Molekularbewegung, Brown'sche 375
Mondscheinkinder 525
2-Monoacylglycerin 231, 352
- Lipidabbau 231
Monoacylglycerin-Lipase 130
Monoaminoxidase (MAO) 597
- Inaktivierung der Katecholamine 823
- Inaktivierung von Serotonin 662
Monoaminoxidases. MAO 742
Monocarboxylat-Transporter 142
monocistronisch (mRNA) 453
Monoiodtyrosin (MIT) 607
Monolayer 167, 345
Monooxygenase 166, 169
- Cytochrom-P-450-Enzyme 740
- FAD-haltige 742
- Reaktionsmechanismus 740
Monosaccharid 46
Montelukast 655
Monozyten 711
Morbus, Meulengracht 765
Morbus haemolyticus neonatorum 719
Morphin 826
Motorproteine 397
MPF (Maturation promoting Factor) 532
mRNA (messenger RNA) 441
- Capping 468
- RNA-Editing 472
- Struktur 452
MRP (Multidrug Resistance Protein) 803
MRSA (methicillinresistenter S. aureus) 503
MS (Multiple Sklerose) 828
α-MSH (Melanozyten-stimulierendes Hormon) 280, 603
mtDNA 379, 439
MTOC (Mikrotubuli-Organisations-Zentrum) 396
mTOR (Mammalian Target of Rapamycin) 278
MUC 2 (Mucin) 199
Mucine 198, 675
Mukopolysaccharide 409
Mukopolysaccharide, saure 55
Mukopolysaccharidosen 388, 411

Mukosablock 324
Mukoviszidose 676
Müller-Zellen 837
Multi-Drug-Resistenz 503
Multidrug Resistance Proteins (MRP) 803
- Tumore 281
Multidrug Transporter 803
Multiple Cloning Site 506
Multiple Sklerose (MS) 828
Multispecific organic Anion Transporters (MOAT) 803
Murein 54
Muscarinische Acetylcholin-Rezeptoren (M-Cholinozeptoren, mAChR) 817
Muskeldystrophie
- Typ Becker 797
- Typ Duchenne 797
Muskelgewebe, Arten 787
Muskelkontraktion 791
- molekulare Mechanismen 791
- pharmakologische Beeinflussbarkeit 795
Muskelkrankheiten = Myopathien 797
Muskelrelaxantien 795

Muskulatur 787

Sarkomere 787
Querbrückenzyklus und Muskelkontraktion 791
Energiestoffwechsel der Muskulatur 266
- Glykogen als Energiespeicher 215
- Glykogenabbau 100
- AMP-Desaminase 154
- Adenylatkinase 267
- Kreatinphosphat/Creatinphosphat 266
- Kreatinkinase (CK) 266
- Laktat 98
Myoglobin 757
Pharmakologie der Muskulatur 795
Myopathien 797

Muskulatur, glatte, Aufbau 789
Mutarotation 48
Mutation 519-520
- Definition 519
- durch chemische Reaktion 522
- durch physikalische Faktoren 521
- Entstehung 521
- Mechanismen der Entstehung 541
- somatische 519
- – Kanzerogenese 540
- – Retinoblastom 542
- stille (neutrale, synonyme) 520
Myasthenia gravis 797, 817
Myb 540
Myc, Rolle bei der Kanzerogenese 540-541
Mycobacterium tuberculosis 700
Myelin 801
Myelin basic proteins (MBP) 802
Myelin-Oligodendrozyten-Glykoprotein (MOG) 802
Myelinproteine, basische (MBP) 802
Myelinscheide
- Aufbau 801
- Multiple Sklerose 828
Myelogenese 801
Myelomzellen 693
Myelose, funikuläre 316
Mykobakterien 700
Myofibrillen 787
Myoglobin 757
- Sauerstoffbindungskurve 750
- Tertiärstruktur 79
Myopathien = Muskelkrankheiten 797
Myosin
- Aufbau 789
- Typen 788

Sachverzeichnis

Myosin II 788
Myosin light Chain Kinase = MLCK 793
Myosin light Chain Phosphatase = MLCP 796
Myosinfilamente 788
Myosinkopf 789
Myosinphosphatase = Myosin light Chain Phosphatase = MLCP 796
Myristoylierung 489
Myt1-Kinase 530
Myxothiazol 184

N

N^5,N^{10}-Methylen-THF 309
N^5- Methyl-Tetrahydrofolsäure 315
N^5-Formimino-THF 310
N^5-Hydroxymethyl-THF 310
N^5-Methyl-Tetrahydrofolat 170-171
N^5-Methyl-THF 310
N^{10}-Formyl-THF 310, 312
N,N-Ethylendiamintetraessigsäure (EDTA) 264
N-Acetylgalaktosamin
– im Chondroitinsulfat 410
– in Glykosaminoglykanen 409
N-Acetylglucosamin
– im Hyaluronat 410
– im Keratansulfat 410
– in Blutgruppenantigenen 717
– in Glykosaminoglykanen 409
– N-Glykosylierung 359
N-Acetylglutamat, Harnstoffzyklus 154
N-Acetylmuraminsäure 54
N-Acetylneuraminsäure (NANA) 361
– N-Glykosylierung 359
N-Arachidonylethanolamid 59
N-CAM (neurales Zelladhäsionsmolekül) 361
N-Cholinozeptor, Autoantikörper 817
N-Formylmethionin-tRNA 312
N-Glykosylierung 359
– Erkennungsmotiv 360
N-Methylierung 489
N-Ras 540
Na^+-Ca^{2+}-Antiporter 794
Na^+-Cl^--Symportcarriers (s. auch TSC) 779
Na^+-Glucose-Symporter, in der Niere 214
Na^+-H^+-Antiporter (NHE3) 781
Na^+-K^+-2 Cl^--Symportcarrier (s. auch BSC 1) 778
Na^+-K^+-ATPase 804
– Funktion 367
– in der Niere 776, 779
– Induktion duch Aldosteron 780
– Struktur 367
Na^+-Kanäle, spannungsabhängig 809
Na^+-Taurocholate cotransporting Polypeptide (NTCP) 772
Nachtblindheit 294
Nachweismethoden, Hormone 558
Nacktmaus 698
NAD, Niacin 291
NAD^+
– als Substrat für enzymatische Reaktionen 305
– Mechanismen der Hydrid-Ion-Aufnahme 88
– Struktur 88
– Synthese 304, 378
– Übertragung eines Hydridions 117
NADH
– Citratzyklus 115
– – Ausbeute 125
– Glykolyse 87, 90
– Lactatgärung 94
– Pyruvatdehydrogenase 113
– Redoxpotenzial 186
– Regulation des Citratzyklus 125
– β-Oxidation 137, 139
NADH-Ubichinon-Oxidoreduktase 179

NADP, Niacin 291
$NADP_+$, Synthese 304
Nahrung
– Energiegehalt 197
– Zusammensetzung 192-193
Nalidixinsäure 450
NANA siehe N-Acetylneuraminsäure 359
Narkoseeinleitung 827
Natrium, Rückresorption 778-779
Natriumhaushalt 638
– Angiotensin II-Wirkung 640
Natriumkanal
– epithelialer (ENaC) 779
– in der Niere 779
Natriumresorption
– Aldosteronwirkung 641
– Stimulation 641
NDP (Nukleosiddiphosphat) 422
Nebennierenrinde
– Hormone 613, 623
– Insuffizienz, primäre 620
Nebenschilddrüse, Parathormon 645
Nebenzellen 201
Nebulin 787
Nedd4 – 2 (Ubiquitin-Ligase) 641
Nekrose 533
neo^R-Gen 518
Neomycin-Phosphotransferase, Knock-out-Marker 518
Neoplasie 281
– zervikale interepitheliale (CIN) 546
Nephron 773
Nerve Growth Factor (NGF) 666-667
Nervensystem 800
– Energiestoffwechsel 800
– peripheres, Myelin 802
Nervenzelle s. Neuron 802
NES (nuclear export sequence) 377
NET (Norepinephrine Transporter) 824
neu (her2) 540
Neugeborenenikterus 765
Neuraminidase 361
Neuroblastom, Entstehung 541

Neurochemie 800

Neurodermitis 704
Neurofilamente (NF) 402
Neurohypophyse 603
– Hormone 604
Neuron
– cholinerges, Parkinson-Krankheit 831
– dopaminerges
– – Parkinson-Krankheit 831
– – Verschaltung in Substantia nigra 832
– GABAerges
– – Chorea Huntington 833
– – Parkinson-Krankheit 831
– olfaktorisches 834
– – Regeneration 834
– Regeneration 802
Neuropeptide 825
– Substanz P 825
– Typ 279
Neurotransmitter, Histamin 661
Neutrophile Granulozyten 709
Nexin 399
NF (Neurofilament) 402
NFκB-Transkriptionsfaktor, Toll-like-Rezeptor-Aktivierung 678
NGF s. Nerve Growth Factor 666
NGF-ähnlicher Wachstumsfaktor-Rezeptor 540
NHE3 (Na^+-H^+-Antiporter) 781
Niacin 304
Niacin-Hypervitaminose 306
Niacinmangel 306
nicht kompetitive Hemmung 42
Nicotinamid 304
Nicotinamidadenindinukleotids, NAD^+ bzw. NADH 88

Nicotinische Acetylcholin-Rezeptoren (nAChR) 816
– der motorischen Endplatte 816
Nicotinsäureamid 304
Nicotinsäuremononukleotid 304
Nidation 629
Niemann-Pick C 1 like 1 (NPC1L1) 233
Niemann-Pick, Morbus 357, 388
Niere 773-775
– Gluconeogenese 775
– Rückresorption von Ionen 783
– Sekretion, Proton 781
– Sekretion im proximalen Tubulus 777
Nierenkörperchen 773
Nierenschwelle (Glucose) 274
Nierensteine 776
Nierentubulus 774
Nikotin 195
Nitrate, 758
– Nitrat-Atmung 191
– organische 658
Nitrit 758
Nitrocellulose 513
Nitrolingual 658
Nitrotyrosin 657
Nitrovasodilatatoren = NO-Donatoren 796
NK-Zelle 702
NLS (nuclear localization sequence) 377
NMDA-Rezeptoren 814
NMN^+s. Nicotinsäuremononukleotid 378
NMP (Nukleotidmonophosphat) 422
NO s. Stickstoffmonoxid 169, 656
NO-Donatoren = Nitrovasodilatatoren 796
NO-Synthase 169, 656
NOD-like Rezeptoren (NLRs) 679
Nogo-Protein 802
Nogo-Rezeptor 802
Nomenklatur
– Aminosäure 67
– E/Z- 61
– Fettsäure 59
– Kohlenhydrate 46
Nonsense-Mutation 520
Noradrenalin
– Abbau 597
– Biosynthese 595
– Neurotransmitter 824
– Rezeptoren (Tabelle) 597
– Sekretion 596
– Thermogenese 599
– Wirkungen 600
Norepinephrine Transporter (NET) 824
Northern-Blot 513
NOS s. NO-Synthase 657
Notch-Protein 666
Novobiocin 450
NSAP (nichtsteroidale Antiphlogistika) 654
NSF 370
NTCP (Na^+-Taurocholate cotransporting Polypeptide 772
nuclear export sequence (NES) 377
nuclear localization sequence (NLS) 377
Nukleinsäure, Definition 436

Nukleinsäuren und Proteinbiosynthese

Nukleotidstoffwechsel 425
DNA und DNA-Replikation 437, 444
Mutationen 519
DNA-Reparatur 523
RNA und Transkription 452
Translation: Ribosomen und Proteinbiosynthese 473
Posttranslationale Modifikationen 488
Intrazellulärer Proteintransport 488, 382f, 385

Nukleolus 377
Nukleosid, Definition 420
Nukleosid-Phosphorylase 428
Nukleosidanaloga 450
Nukleosiddiphosphat-Kinase 422
Nukleosidmonophosphat-Kinase 422
Nukleosom 440
Nukleotid 419
– Definition 420
– Nomenklatur 421
– Verknüpfung 437
Nukleotid-Exzisionsreparatur 524
Nukleotid-Synthese, Tumorstoffwechsel 284
Nukleotidase 428

O

O-Beinen 295
O-Glykosylierung 360
OAT (Organic Anion Transporter) 777
ob-Gen 279
Occludin 371
1-Octadecyl-2-Acetyl-Phosphatidylcholin 725
Ödem 705
Okazaki-Fragmente 446
Oligodendrozyten 801
Oligomerisierung, von Proteinen 79
Oligonukleotid 437
Oligopeptid-Translokator Pept1 261
Oligosaccharylrest 360
Olivenöl 61
Ölsäure 58
– Bildung 242
Omeprazol 202
6-O-Methylguanin, Basenpaarung mit Thymin 522
OMP (Orotidin-5'-monophosphat) 431
Onkogen 540
– virales 545

Onkologie

Regulation des Zellzyklus 529
Onkogene und Tumorsuppressorgene 539
Mutationen 519
– Thymin-Dimere 522
– Philadelphia-Chromosom 541
Stoffwechsel in Tumorzellen 281
Metastasierung 547
Tumorimmunologie 712
Tumortherapie 548

Onkologie, molekulare 538
Onkometabolit 286
Onkoprotein 540
Operator 462
Operon 462
Opioide **825, 827**
Opioidrezeptoren 825
Opium 826
Opsin 836
– Genlokalisation 837
Opsoni(si)erung
– durch Antikörper 688
– durch Komplementsystem 683
Opsonin 683
ORC (Origin Recognition Complex) 532
Organic Anion Transporter (OAT) 777
Organum vasculosum laminae terminalis (OVLT) 654
Origin of Replication (ori) 444
– im Klonierungsvektor 506
– Rolle im Zellzyklus 532
Origin Recognition Complex (ORC) 532
oriT 502
Ornithin, Harnstoffzyklus 153
Ornithin-Carbamoyl-Transferase 153
Orotat 431
Orotidin-5'-monophosphat (OMP) 431

Sachverzeichnis

Orotidylat 431
Osmolarität, Regulation 637
Osteocalcin 299, 415
Osteogenesis imperfecta 407
Osteomalazie 295
Osteoporose 295, 619
– Schutz durch Östrogene 625
Östradiol 625
Östrogene **624-625**, 627
– Biosynthese 625
– Wirkungen 625
– – extragenitale 625
Östrogenrezeptoren 625
Ouabain 613
OVLT (Organum vasculosum laminae terminalis) 654
Ovulation 628
Oxalacetat
– Citratzyklus 118, 123
– Gluconeogenese 223
– Malat-Aspartat-Shuttle 188
– Transport über Mitochondrienmembran 224
Oxalsäure 324
Oxalsuccinat, Citratzyklus 120
Oxidase, peroxisomale 389
α-Oxidation 141
β-Oxidation 133
– Energiebilanz 139
– geradzahlige Fettsäuren 135
– gesättigte Fettsäuren 135
– peroxisomale 140, 389
– Regulation 140, 276
– – durch Insulin 588
– Schlüsselenzym 140
– ungeradzahlige Fettsäuren 138
– ungesättigte Fettsäuren 137
– Wassergewinnung 140
Oxidation, von Basen in der DNA 522
oxidativer Stress
– Apoptose 536
– Hämoglobin 757
– Superoxidanion 758
2-Oxoglutarat 120
2-Oxoglutarat-Dehydrogenase 121
8-Oxo-Guanin 522
OXPHOS s. Phosphorylierung, oxidative 174
Oxygenase, mischfunktionelle (s. auch Monooxygenase) 740
Oxygenierung, Hämoglobin 751, 753
Oxytocin 602
– Struktur 604

P

P (Peptidyl)-Stelle 476
p-Aminobenzoesäure 309
P-Glykoprotein (Pgp) 803
P-Typ-ATPase 367
p21^{Cip1} 543
p53 542
– Beeinflussung durch E6 (Papillomaviren) 545
– Funktion 542
– Wirkungen 542
PABP (poly(A)-Bindeprotein) 476
Paclitaxel 548
PAF s. Plättchen-aktivierender Faktor 722
Palindrom
– Bindung von Hormonrezeptoren 580
– Restriktionsendonuklease 504
– Termination der RNA-Synthese 458
Palmitinsäure 58, 236
– Energiebilanz β-Oxidation 139
PALP s. Pyridoxalphosphat 158
PAMP s. Pyridoxaminphosphat 158
PAMs (Pathogen-associated molecular patterns) 677
Pankreaslipase 129, 204, 231
Pankreassekret
– Inhaltsstoffe 204
– Produktion 205
– Zusammensetzung 200

Pankreatitis, akute 204
Panteheinphosphat 308
Pantoinsäure 308
Pantoprazol 202
Pantothensäure 291, **308**
Pantothensäure-Hypervitaminose 309
Pantothensäuremangel 309
Pantothensäurephosphat 308
Papain 687
Papillomaviren 545
PAPS (3'-Phosphoadenosin-5'-phosphosulfat) 744
Parasitenabwehr 706
– IgE 690
Parathormon (PTH) 644
Parathormon related Peptide (PTH-rP) 645
Paratop 686
Parietalzellen 200
PARK-Gene 832
Parkin 833
Parkinson, James 831
Parkinson, Morbus 484, 537
Parkinson-Krankheit 831-832
Pars convoluta 779
Pathogen-associated molecular patterns (PAMPs) 677
Pattern-Recognition Rezeptoren (PRRs) 677
Pavlov, Ivan Petrovic 208
PC (Prohormon-Konvertase) 603
PCI = perkutane Koronarintervention 724
PCNA (Proliferating Cell nuclear Antigen) 447, 524
PCR s. Polymerasekettenreaktion 510
PDE 573
PDE5-Hemmer 796
PDGF (Platelet-derived Growth Factor) 667
PDGF-B-Kette 540
PDH s. Pyruvat-Dehydrogenase 110
PDI (Proteindisulfid-Isomerase) 487
PDK (PIP3-dependent Kinase) 585
Pellagra 168, 306
Pendrin 606
Penicillin
– Resorption 261
– Sekretion in der Niere 778
– Wirkungsmechanismus 55
Penicillinase 503
Pentosephosphatweg 243
– nicht oxidativer Teil 246
– oxidativer Teil 245
– physiologische Funktion 243
– Regulation 248, 276
PEPCK (Phosphoenolpyruvat-Carboxykinase) 224
Pepsin 201
– Spaltung von IgG 687
Pepsinogen 201, **259**
– im Magensaft 201
– Typ A 201
PepT 1 777
PepT 2 777
Peptid
– atriales natriuretisches s. ANP 638
– Definition 74
– gastroinhibitorisches (GIP) 635
– Glukagon-ähnliches (GLP) 592
– intestinales natriuretisches 781
– vasoaktives intestinales (VIP) 635
Peptidbindung 74
– Bildung am Ribosom 478
Peptidhormone, Eigenschaften 556
Peptidyl-Prolyl-cis/trans-Isomerase 487
Peptidyl-tRNA 478
Peptidyltransferase-Reaktion 478
Perforin 701
Perhydroxylradikal 297
Perilipin 269
– Regulation der Lipolyse 131
Perilymphe 835
Peripherine 402
Periportalfeld 767
Perlecan 412-413

Permeabilitäts-Transitions-Poren 536
Permease, Mechanismus 364
Peroxidase, Prostaglandinsynthese 650
Peroxinitrit 657
Peroxisom 389
– β-Oxidation 140
Peroxylradikal 297
Pertussistoxin, Wirkungsweise 567
Perutz, Max 751
PEVK-Region 789
Pfaundler-Hurler, Morbus 388
Pfeilgiftfrosch 811
Pflanzenstoff, sekundärer 195
Pfortader 767
Pfortaderhochdruck 144
Pfu-Polymerase 510
PG (Prostaglandine) 650
PGH$_2$ (Prostaglandin H$_2$) 649
PGH-Synthase 650
Pgp (P-Glykoprotein) 803
Phage s. Bakteriophage 507
Phagosom 368, 710
Phagozytose 368, 395
– nach Opsonierung 683
Phalloidin 394
Phänotyp 519
Phase-I-Reaktion 740
Phase-II-Reaktion 743
– Reaktionsmechanismus 744
Phenol 196
Phenprocoumon 299
Phenylalanin 67
– Abbau 165
Phenylalanin-Hydroxylase 165
Phenylethanolamin-N-Methyltransferase 596
Phenylketonurie 166
Phenylmethylsulfonylfluorid (PMSF) 264
Phenylpyruvat 166
Philadelphia-Chromosom 541
Phorbolester als Tumorpromotor 569
Phosphat-Translokator 187, 380
Phosphatase,
– saure 387
– in der Gentechnik 505
Phosphatgruppenübertragungspotenzial 421
Phosphathaushalt 644
Phosphatidat 350
– Triacylglycerinsynthese 248
Phosphatidat-Phosphatase 249, 352
Phosphatidylcholin 350
– Biosynthese 352
– Struktur 347
Phosphatidylethanolamin 350
– Biosynthese 352
– Struktur 347
Phosphatidylinositol 350
– als Vorstufe von IP$_3$ und DAG 568
– Biosynthese 352
– Struktur 347
Phosphatidylinositol-4,5-bisphosphat (PIP$_2$) 352, 568
Phosphatidylinositol-4-phosphat (PIP) 352
Phosphatidylserin 350
– Biosynthese 352
– Struktur 347
Phosphatidylserin-Decarboxylase 352
Phosphatidylserin-Synthase 352
3'-Phosphoadenosin-5'-phosphosulfat (PAPS) 744
Phosphodiesterasen (PDE) 573
– cGMP-spezifische, Aktivierung 566
– Typ 3B 585
Phosphoenolpyruvat
– Gluconeogenese 224
– Glykolyse 89
– Phosphatgruppen-Übertragungspotenzial 422
Phosphoenolpyruvat-Carboxykinase 224

Phosphoenolpyruvat-Carboxykinase (PEP-Carboxykinase) 589
Phosphofructokinase-1(PFK-1) **85**, 589
– Regulation 94, 275
– Regulation, im Muskel 267
Phosphofructokinase-2 (PFK-2) 95
– Regulation 96
Phosphoglucomutase 216
6-Phosphogluconat 245
6-Phosphogluconolacton 245
2-Phosphoglycerat
– Glykolyse 89
3-Phosphoglycerat
– Glykolyse 89
– Isomerisierung 89
(3-)Phosphoglycerat-Kinase 89
Phosphoglycerat-Mutase 89
Phosphoglycerid 346
Phospholamban 571, 600
Phospholipase
– PLA$_1$ 356
– PLA$_2$ 356
– – Abbau von Lipiden 232
– – im Pankreassekret 204
– – Eikosanoidsynthese 650
– – Aktivierung durch Histamin 705
– PLC 576
– PLCβ
– – Aktivierung durch Gq-Protein 567
Phospholipid
– Aufbau 346
– Definition 346
5-Phosphomevalonat 355
Phosphopantethein 291
– Fettsäre-Synthase (ACP) 237
Phosphoprotein-Phosphatase 1 (PP-1) 220, 587
Phosphoribomutase 428
Phosphoribosylamin 426
Phosphoribosylpyrophosphat - α-5-Phosphoribosyl-1-pyrophosphat (PRPP) 425
– Pyrimidinnukleotidsynthese 431
Phosphoribosylpyrophosphat-Synthetase 425
Phosphorsäure-Carbonsäure-Anhydrid, gemischtes 88
Phosphorsäurediester, im Dinukleotid 437
Phosphorylase a 103
Phosphorylase b 103
Phosphorylase-Kinase 103
– Regulation der Glykogensynthese 219
– Signal bei Hunger 269
Phosphorylierung
– oxidative 89, 174
– Substratkette 174
Photoreaktivierung 523
Photorezeption, Mechanismus 837
Photorezeptoren 837
Phyllochinon 291, 298
Phytansäure, Abbau 141
Phytinsäure 324
PI3-Kinase 576, 585
Pichia pastoris 507
PIF 602
Pigmentzirrhose 327
PIH = Prolaktin-Release-Inhibiting Hormon 602
PIK (Präinitiationskomplex)
– Transkription 460
– Translation 475
Ping-Pong-Mechanismus, Transaminierung 159
PINK1 833
Pinozytose 368
– rezeptorvermittelte 368
Pioglitazon 581
PIP (Phosphatidylinositol-4-phosphat) 352
PIP$_2$ (Phosphatidylinositol-4,5-bisphosphat) 352, 568
PIP3-dependent Kinase (PDK) 585
pK$_s$-Wert, Aminosäuren 64
PKA = Proteinkinase A 131
PKB 576
PKC s. Proteinkinase C 568

PLA₂ s. Phospholipase A₂ 649
Plaques
- atherosklerotische 62, 736
- Alzheimer-Krankheit 829
Plasmakallikrein 658
Plasmalogene 389
Plasmazellen 697
Plasmid 341, **502-504**
- Definition 502
- Klonierungsvektor 506
- konjugatives 503
- metabolisches 504
- mobilisierbares 503
Plasmin 732
Plasminogen 732
Plasminogenaktivator 732
Platelet-activating Factor (PAF) s. Plättchen-aktivierender Faktor 725
Platelet-derived Growth Factor (PDGF) 667
Platinverbindungen 548
Plättchen-aktivierender Faktor (PAF) 722
- Freisetzung 724
- Funktionen 725
Plättchenaggregationshemmer 723
PLCs. Phospholipase C 567
Plexus choroidei 803
PLP (Proteolipid-Protein) 802
Plus-Ende
- Aktinfilament 393
- Mikrotubulus 396
PMCA 571
PMF s. Kraft, protonenmotorische 176
PMSF (Phenylmethylsulfonylfluorid) 264
Podozyten 774
Pol-Mikrotubulus 400
Polarität, Aktinfilament 393
Polkissen 780
poly(A)-Bindeprotein (PABP) 476
Poly(A)-Polymerase 471
poly(A)-Schwanz 452, **471**
Polyacrylamid-Gelelektrophorese 511
Polyadenylierung 471
- Definition 471
Polyadenylierungssignal 471
Polyadenylierungsstelle 471
polycistronisch (mRNA) 453
Polymerase Chain Reaction (PCR) s. Polymerasekettenreaktion 510
Polymerasehemmer 467
Polymerasekettenreaktion (PCR) 510
- RT-PCR 511
- STR-Typisierung 515
Polynukleotid 437
Polynukleotidkinase, in der Gentechnik 505
Polyolweg 48
Polypeptid, Definition 74
Polyploidie 519
Polyposis coli, familiäre adenomatöse (FAP) 543
Polysaccharid 50
- nichtreduzierendes Ende 52
- reduzierendes Ende 52
Polysom 479
Polyubiquitin 391
POMC = Proopiomelanocortin 280, 603
Pompe, Morbus 388
Pompe-Krankheit 102
Porin 365
- Rolle bei der Apoptose 536
- β-Barrel 78
Porphobilinogen 761
Porphyria cutanea tarda 762
Porphyrie 762
Porphyrinring, Hämoglobin 751
Portio, Carcinoma in situ 546
postprandial 273
Postresorptionsphase 56
posttranslationale Modifikationen 488
Potenz 624

PP-1 (Phosphoprotein-Phosphatase1) 220, 587
pp60src 540
PPAR-Rezeptoren
- Bindung von Prostaglandinen 652
- Stimulation durch Thiazolidindione 586
PPARγ (Peroxisome Proliferator-activated Receptor γ) 278
prä-miRNA 483
Prä-β-HDL 256
Präinitiationskomplex (PIK)
- Transkription 460
- Translation 475
Präkallikrein 658
- Blutgerinnung 727
Prämedikation 827
Pramipexol 832
Präproglukagon 591
Präproinsulin 582
Präreplikationskomplex 532
Prasugrel 724
Pregnenolon 614
Presenilin 1 (PS 1) 829
Presenilin 2 (PS 2) 829
pri-miRNA 483
Pribnow-Box 457
Primärgalle 772
Primärharn 774-775
- pH-Wert 782
Primärstruktur, Protein 76
Primase 446
Primer 446
- bei der PCR 510
Prion Protein, cellular (PrPc) 485
Prion Protein, Scrapie (PrPsc) 485
Prionenkrankheiten 484
Procaspasen 534
- Typ 8 535
- Typ 9 536
Proconvertin 727
Produkthemmung 95
- Hexokinase 93
Prodynorphin 825
Proenkephalin 825
Progesteron 624
- Biosynthese 625
- Wirkungen 625
Progesteronrezeptor-Antagonisten 629
Prohormon-Konvertase (PC) 582, 603
Proinsulin 582
Prokaryontenzelle, Aufbau 341
Prokollagen 405
Prolaktin 602, 632
- Regulation 632
- Wirkung 633
Prolaktin Inhibiting Faktor (PIF) 602
Prolaktin-Release-Inhibiting Hormon = PIH 602
Prolaktinom 633
Proliferating Cell nuclear Antigen, (PCNA) 447
Prolin 69
- Abbau 164
- Helixbrecher im Kollagen 77
- Proteinfaltung 487
Prolyl-Hydroxylase 405
- Tumorstoffwechsel 288
Promoter Clearance 460
Promotor, Struktur 459
Promotorelemente 459-460
- distales zur Hormonbindung 579
Promotorkomplex
- geschlossener 457
- offener 457
Proopiomelanocortin = POMC 280, 603
Propeptid, Kollagen 405
Prophase 529
Propionyl-CoA, β-Oxidation 138
Propionyl-CoA-Carboxylase 138
Propofol 827
Prorenin 639
Prostaglandin E₂
- Regulation der Salzsäureproduktion 203
- Schutz der Magenschleimhaut 203

Prostaglandin-D-Rezeptor 652
Prostaglandine (PG) 650
- PGH₂ 650
- Wirkungen 651, 653
Prostanoide 649
Prostazyklin
- Hemmung der Thrombozytenaggregation 725
- PGI₂ 650, **652**
prosthetische Gruppe 178
Protease 262
- Metall-abhängige 263
- metallabhängige 414
Proteaseinhibitor 264
Proteasom 390
- 26S-Proteasom 390
- Antigenfragmentierung 701
Protein
- als Nahrungsmittel 259
- als Nahrungsstoff 193
- Androgen bindendes (ABP) 624
- basisches (Major basic Protein) 706
- Bcl2-Familie 534
- Bence-Jones-Protein 686
- C-reaktivess. CRP 684
- Definition 74
- eisensensorisches (ES-BP) 326
- ER-residentes 386
- Glykosylierung 359, 385
- Hydrolyse 259
- im Primärharn 777
- in der extrazellulären Matrix 403
- interstitielles Retinoid-bindendes (IRBP) 839
- lysosomales 386
- mitochondriales 379
- Modifikation, co- und posttranslational 488
- Nachweis 513
- native Struktur, Definition 75
- peroxisomales 390
- Primärstruktur 76
- Quartärstruktur 79
- Resorption 260
- sekretorisches 383, 385
- Sekundärstruktur 76
- Sexualhormon bindendes (SHBG) 623
- Tertiärstruktur 79
- vimentinähnliches 402
- Vitamin-K-abhängiges 299
Protein C 734
Protein H 683
Protein Rho 458
Protein S 734
Protein Trafficking 385
Protein-Kinase, AMP-aktivierte 241
Proteinbiosynthese
- GH-Wirkung 632
- Regulation 278
Proteindisulfid-Isomerase (PDI) 487
Proteindomäne 75
Proteinfaltung, Definition 484
Proteinfaltungskrankheit, Alzheimer-Disease 830
Proteinkinase A (PKA)
- Aktivierung durch cAMP 564
- Aktivierung von Ionenkanälen 565
- Regulation der Glykogensynthese 219
- Regulation der Lipolyse 131
- Signal bei Hunger 269
Proteinkinase B (PKB) 278, 576, 585
- Regulation der Glykogensynthese 220
Proteinkinase C (PKC)
- Aktivierung durch DAG und Calcium 568
- Funktionen 569
- Isoformen 568
Proteinkinase G (PKG)
- Aktivierung durch cGMP 573
- Substrate 796
Proteinkinase K (PKA) 277
Proteinmodifikationen
- Acetylierung 489
- ADP-Ribosylierung 490
- Glykosylierung 489

- N-Methylierung 489
- Neddylierung 490
- Proteolytische Prozessierung 488
- SUMOylierung 490
- Ubiquitinylierung 490
Proteinsortierung 385
Proteintransport
- cotranslationaler ins ER 488
- in den Zellkern 377
- ins Mitochondrium 382
Proteoglykan 55
- Definition 54, 411
Proteolipid-Protein (PLP) 802
Proteolyse, limitierte 489
Prothrombin 726, 728
Prothrombinase 728
Protofilament
- Intermediärfilament 400
- Mikrotubulus 396
proton motive force 176
Protonen, Sekretion in der Niere 781-782
Protonengradient, ATP-Synthase 176
Protoonkogen 539
- Tabellenübersicht 540
- zelluläres 545
Provitamin A 292
Prozessierung, proteolytische 489
PrP (Prion-Protein) 484
PrP-Komplex 484
PRPP s. Phosphoribosylpyrophosphat 425
PS 1 (Presenilin 1) 829
PS 2 (Presenilin 2) 829
Pseudohypoaldosteronismus Typ II 641
Pseudomonas aeruginosa 676
Pseudosubstratstelle (der PKC) 568
Pseudouridin 454
Psoriasis 429
Pteridinringsystem 309
PTH (Parathormon) 644
PTH-rP (Parathoron related Peptide) 645
Ptosis 817
Ptyalin 200, 210
Pubertät 622
pUC 18 506
Pufferkapazität, Aminosäure 65
Punktmutation 520, 541
Purin 419
Purin-Rezeptor 724, 826
Purinanaloga 548
Purine 826
Purinnukleotid
- Abbau 430
- Salvage Pathway 430
- Synthese 425
- - Energiebilanz 426
- - Regulation 428
Pyranose 48
Pyridinring, Funktion im NADH 88
Pyridostigmin 817
Pyridoxal 306
Pyridoxal-Kinase 306
Pyridoxalphosphat 291, 306
Pyridoxamin 306
Pyridoxaminphosphat 307
- Transaminierung 158
Pyridoxin 291, 306
Pyridoxinsäure 306
Pyrimidin 419
Pyrimidinanaloga 548
Pyrimidinnukleotid
- Abbau 432
- Synthese 430
Pyrimidinring, im Thiamin 300
Pyrococcus furiosus 511
Pyrodoxol 306
Pyrosequenzierung 517
Pyruvat
- Carboxylierung zu Oxalacetat 126
- Gluconeogenese 222
- Glykolyse 90
- oxidativer Abbau 109
- Reduktion zu Lactat 98
Pyruvat-Carboxylase 126, **222**, 589
- Regulation, allosterische 228

Sachverzeichnis

Pyruvat-Dehydrogenase (PDH) 110, 589
- Coenzyme 111
- Produkthemmung 114
- Regulation 114, 276
- – durch Insulin 588
Pyruvat-Dehydrogenase = PDH 117, 589
Pyruvat-Kinase 90, 589
- Regulation 97
Pyruvat-Translokator 380

Q

Q-Zyklus, Definition 183
QH$_2$ (Ubichinon) 181
Qualitätskontrolle, im ER 384
Quartärstruktur, Protein 79
Quecksilber 335
Quecksilbervergiftung 335
Querbrückenzyklus 791
Querstreifung 787
Quick, Armand 732
Quick-Test 732

R

r-PA 732
R-Plasmid (Resistenzplasmid) 503
R-Smads (Receptor-regulated Smad-Proteine) 578
RAAS (Renin-Angiotensin-Aldosteron-System 638
- Verbindung zum Kininstoffwechsel 659
Rab 370, 387
Racemat 47
Rachitis 295, 648
Radikalfänger
- Tocopherol 296
- Vitamin C 319
Radioimmunoassay (RIA) 558
Raf 540
Ran-GAP 377
Ran-GEF 377
Ran-GTPase 377
Ranitidin 203, 661
Rapamycin 278
RAR (all-trans-Retinsäure-Rezeptor) 580
Ras-Protein 576
- Aktivierung durch Rezeptortyrosinkinasen 576
- MAP-Kinase-Kaskade 577
- Rolle bei der Kanzerogenese 541
- Rolle bei der Krebsentstehung 490
Rasterschubmutation 520
Raum, periplasmatischer 341
Rb (Retinoblastoma-Protein) 531, 542
- Beeinflussung durch E7 (Papillomaviren) 545
Reaktion
- anaplerotische 126
- erster Ordnung 32, 38
- photochemische, primäre 836
- pseudo-erster Ordnung 32
- zweiter Ordnung 32
Reaktionsgeschwindigkeit
- Definition 32
- v_{max} 36
Reaktionskinetik 32
Reaktionswärme 31
Receptor-regulated Smad-Proteine (R-Smads) 578
Reduktase
- Biotransformation 742
- β-Oxidation 138
Reduktionsäquivalent, Definition 188
Refraktärzeit 809
Refsum-Syndrom 141
Regelkreis
- biologischer 557
- hormoneller 557
- hypothalamisch-hypophysärer 557

Regio olfactoria 834
Region, untranslatierte (UTR) 452
Registerpeptid 405
Regulation
- allosterische 43
- Stoffwechsel allgemein 97
Reihe, elektrochemische 186
Reisediarrhö 572
Rekombination, somatische
- Immunglobuline 691
- T-Zell-Rezeptoren 698
Rel 540
Relaxasen 502
Release-Inhibiting-Hormone 602
Releasing-Hormone 602
Remethylierung (von Homocystein) 310, 315
Remnant 253
Renin 639
- Regulation der Nierenfunktion 781
Renin-Angiotensin-Aldosteron-System s. RAAS 638
Reninsekretion 639
ReoPro 723
Reperfusionstherapie 737
Replikation
- Ablauf 445
- bidirektionale 444
- Definition 444
- Fehlerrate 526
- Hemmstoffe 450
- Initiation, Prokaryonten 445
- Kontrolle der Genauigkeit 526
- Rolling Circle 502
- unidirektionale 444
Replikationsfaktor C (RFC) 447
Replikationsgabel 444-445
Replikon 444
Repolarisation 809
Repression, Transkription 461
Repressorprotein, lac-Operon 462
rER (raues endoplasmatisches Retikulum) 383
Resistenzplasmid (R-Plasmid) 503
Resorption, Niere 776
Resorptionsphase 56, 273
Respirasom 177
Respirationstrakt
- Oberfläche 674
- Schleimhaut 675
Respiratory Burst 700
Restriktions-Fragment-Längen-Polymorphismus (RFLP) 513
Restriktionsendonukleasen 504, 507
- Definition 504
Restriktionsfragment 504
Restriktionspunkte im Zellzyklus 529
- G1-Phase 531
Resveratrol 196
Reteplase 732
Retikulozyt 760
Retikulum, endoplasmatisches (ER) 382
- cotranslationaler Transport 488
- glattes (gER) 384
- raues (rER) 383
Retinal 291-293
Retinoblastom 542
- familiäres 542
- hereditäres 542
- sporadisches 542
Retinoblastomprotein (Rb) 531, **542**
Retinol 291-293
Retinolbindeprotein 292, 293
Retinsäure 291, 293
- Rezeptor 580
Retinylpalmitat 293
Retroviren 545
- Lebenszyklus 494
- Struktur 494
- Virusaufbau 494
Reversible Hemmung 41
Rezeptor
- α$_1$-Rezeptor 600
- β$_1$-Rezeptor-Antagonisten 601
- β$_2$-Rezeptor 600, 601

- γ,δ-Rezeptor-T-Zellen 699
- adrenerger 598
- enzymgekoppelter 572
- G-Protein-gekoppelter 561
- – Adaptation 563
- intrazellulärer 579
- – Struktur 579
- ionotroper 571
- membranständiger 561
- mit assoziierter Tyrosinkinase 576
- Retinsäure 580
- Schilddrüsenhormone 580
- Serin/Threoninkinase-Rezeptor 578
- Steroidhormone 580
- Tyrosinkinase-Rezeptor s. Rezeptortyrosinkinase 574
- Vitamin D 580
Rezeptor-Dimerisierung 575, 578
Rezeptor-Serin/Threoninkinasen 578
Rezeptortyrosinkinase 574-576
- Aktivierung 574-575
- Effektormoleküle 576
- Insulin 584
RFC (Replikationsfaktor C) 447
RFC 2 524
RFLP (Restriktions-Fragment-Längen-Polymorphismus) 513
RGD-Motiv
- Fibronektin 723
- Hemmung durch Medikamente 723
RGD-Regel 413
Rh-Erythroblastose 719
Rhesus-D-Gen 719
Rhesus-Prophylaxe 719
Rhesus-System 718
Rho-Protein 458
Rhodanase 186, 315
Rhodanid 186
Rhodopsin 839
Rhodopsin-Kinase 839
Rhythmik
- pulsatile 602
- zirkadiane, Cortisol 617
RIA (Radioimmunoassay) 558
Ribitol 302
Riboflavin 118, 302
Riboflavinmangel 303
Riboflavinphosphat 302
Ribonucleoprotein, small nuclear (snRNP) 469
Ribonuklease, im Pankreassekret 204
Ribonukleinsäure (RNA, RNS) 436, 440
- heterogene nukleäre (hnRNA) 441
- ribosomale (rRNA) 441
- short interfering (siRNA) 441
- small cytoplasmic (scRNA) 441
- small nuclear (snRNA) 441
- small nucleolar (snoRNA) 441
Ribonukleotid-Reduktase 433-434
Ribose 419
Ribose-5-phosphat
- Pentosephosphatweg 246
- Purinnukleotidsynthese 425
Ribosephosphat-Pyrophosphokinase 425
- Regulation 426
Ribosom
- mitochondriales 379
- Präinitiationskomplex 475
- rRNA-Zusammensetzung 453
- Synthese der Untereinheiten 379
Ribozym 33, 453
- 28S-rRNA 478
Ribulose-5-phosphat 246
Riechepithel 834
Riechgeißeln 834
Riechkolben 834
Riechrezeptoren 834
- Reaktionsmechanismus 834
Riechschleimhaut 834
Riechsinneszellen 834
Rieske-Eisen-Schwefel-Protein 183

Rifampicin 467
- Induktor von P-450-Enzymen 740
Rigor (Parkinson) 831
Rigor mortis = Totenstarre 792
Ring, kontraktiler 395
Ringschluss, Kohlenhydrate 49
RISC 483
Rituximab 715
RNA s. Ribonukleinsäure 436
- heterogene nukleäre (hnRNA) s. hnRNA 452
- messenger RNA (mRNA) s. mRNA 452
- Micro-RNA (miRNA) 455
- Nachweis durch RT-PCR 511
- Nachweis im Northern-Blot 513
- ribosomale (rRNA) s. rRNA 453
- short interfering (siRNA) 455
- small cytoplasmic (scRNA) 455
- small nuclear (snRNA) 454
- small nucleolar (snoRNA) 455
- Transfer-RNA (tRNA) s. tRNA 454
RNA-DNA-Hybrid, reverse Transkription 495
RNA-Editing 471
- A(denosin) zu I(nosin) 472
- C(ytosin) zu U(racil) 472
- Definition 471
RNA-Helikase 476
RNA-Helikasen (Splicing) 470
RNA-Interferenz 517
RNA-Interferenz (RNAi) 455
RNA-Polymerase
- eukaryontische 456
- mitochondriale 457
- prokaryontische 456
- σ-Faktoren 456
RNA-Polymerase I 457
RNA-Polymerase II 457
- Transkription von Strukturgenen 459
RNA-Polymerase III 457
RNA-Polymerasehemmer 467
RNA-Synthese 378
- Mechanismus 458
RNA-Viren 494
RNAi (RNA-Interferenz) 455
RNAse H 495
RNase P 453
RNS s. Ribonukleinsäure 436
Rofecoxib 654
Röhrensystem, transversales = T-System 794
Rohrzucker 210
Rohrzucker s. Saccharose 104
Rolling-Circle-Replikation 502
ROMK (= Renal outer medullary Potassium Channel) 641
Rosenkranz, rachitischer 295
Rosiglitazon 581
Rot-Grün-Blindheit 837
Rot-Opsin 837
Rotor, ATP-Synthase 175
rRNA (ribosomale RNA) 441, **453**
- zuständige RNA-Polymerasen 457
rRNA-Gene 377
rT3 608
RT-PCR 511
- HIV-Nachweis 511
RU 486 629
Rübenzucker 210
Rubor 708
Rückkopplung
- einfache 557
- negative, Hypophyse/Hypothalamus 605
Rückresorption, Niere 776
Ruhemembranpotenzial 804
- K2P-Kanäle 806
- Kaliumkanäle 805
RXR (9-cis-Retinsäure-Rezeptor) 580
Ryanodin 794
Ryanodinrezeptor, Aktivierung durch PKA 565

S

ΔS 32
S-Adenosylhomocystein, Capping (mRNA) 469
S-Adenosylmethionin (SAM) 169
– Biotransformation 744
– Capping (mRNA) 469
S-Phase 528
– Kontrolle 532
S-Zellen 636
Saccharase 104, 211
Saccharase-Isomaltase (SI) 211
Saccharomyces cerevisiae 507
Saccharose 104
– in der Nahrung 210
SAH s. S-Adenosylhomocystein 469
Salvage Pathway 430
Salzsäure
– Produktion 201
– – Hemmung durch Sekretin 636
– Regulation der Produktion **202**, 634
– Sekretion, Stimulation durch Histamin 661
SAM. S-Adenosylmethionin 169
Sammelrohr 774
– Funktion 779
Sanger, DNA-Sequenzierung 516
Sar1 383, 386-387
Sarkolemm 794
Sarkome 281
Sarkomer, Aufbau 787
Satelliten-DNA 514
Sauerstoff 25
– Radikale
– – Arteriosklerose 735
– – Hämoglobinoxidation 758
– – reaktive Sauerstoffspezies (ROS) 758
– Redoxpotenzial 186
– Transport im Blut 749
Sauerstoff., Radikale, bei der Immunantwort 700
Sauerstoffbindestelle (Hämoglobin) 752
Sauerstoffbindung (Hämoglobin) 752
– Regulation
– – durch 2,3-Bisphosphoglycerat 754
– – durch CO_2-Partialdruck 754
– – durch pH-Wert 753
Sauerstoffbindungskurve
– Hämoglobin 750
– Myoglobin 750
– Rechtsverschiebung 754
Sauerstoffmangel, durch Thrombusbildung 735
Sauerstoffpartialdruck
– Alveolarluft 749
– Blut 749

Sauerstoffradikale/Reaktive Sauerstoffspezies (ROS)

Tabellarische Zusammenstellung 846
Sauerstoffradikale in Mitochondrien 847
Sauerstoffradikale im Immunsystem 710
Mutationen 519
Biochemie des Alterns 843
Inaktivierung von Sauerstoffradikalen:
– in Erythrozyten 758
– Superoxiddismutase 710
– Katalase 760
– Glutathion 758
– Vitamin C 318
– Vitamin E 296
– Polyphenole 196

Sauerstoffsättigung, Blut 750
Säure-Basen-Haushalt, in der Niere 781
Säureanhydridbindung, in Nukleotiden 421

Scanning (Translationsstart) 476
SCAP 255
Scavenger Receptor Class B Type 1 (SR-B1) 256
Scavenger-Rezeptoren 679
SCF (Stem Cell Factor) 668
Schallwahrnehmung 835
Scharnierregion 687
Schaumzellen 257, 735
Scheibchenmembranen 836
Schienentransport 397
Schiff-Base
– Definition 158
– im Kollagen 406
– im Rhodopsin 836
– Transaminierung 158, 307
Schilddrüse, Unterfunktion 611
Schilddrüsenhormon, Thermogenese 599
Schilddrüsenhormone 556, **606**
– Abbau 608
– Anpassung von Organ- und Gewebefunktion 609
– Biosynthese 607
– Rezeptor 580
– Stoffwechselprozesse 609
– Thermogenese 610
– Transport 608
– Wachstumsprozesse 609
– Wirkungen 608
Schilddrüsenhormonrezeptor, Rolle bei der Kanzerogenese 540
Schlaf 822
Schlaganfall 62
– Pathogenese 735
β-Schleife 79
Schleifendiuretika 779
Schleim 675
Schleimhaut, Infektionsabwehr 675-676
Schleimhautverhornung 294
Schlüsselenzym, Eigenschaften 92
Schmelzpunkt, von Kollagen 405
Schmerz
– Hemmung durch Glucocorticoide 619
– Rolle der Kinine 660
– Rolle der Prostaglandine 653
Schnecke 835
Schock
– anaphylaktischer 705
– septischer 712
Schrödinger 31
Schwangerschaftsabbruch 629
Schwangerschaftsnachweis 629
Schwann-Zellen 801
Schwefel 332
Schwermetalle, Stoffwechsel 744
Schwermetallvergiftung 745
Schwesterchromatiden 528
Scrapie 485
γ-Secretase 830
scRNA (small cytoplasmic RNA) 441, **455**
Second Messenger
– Calcium 570
– cAMP
– – Synthese 564
– – Wirkungen 564
– cGMP
– – Synthese 572
– – Wirkungen 573
– DAG
– – Synthese 568
– – Wirkungen 568
– IP_3
– – Synthese 568
– – Wirkungen 570
Sedoheptulose-7-phosphat 246
Sekretin 636
– Wirkung 636
Sekretion
– autokrine 555
– endokrine 554
– parakrine 554
– pulsatile, GnRH 625
Sekundärharn 775
Sekundärstruktur
– tRNA 454
– Protein 76
Sekundärtumor 547

Selegilin 832
Selektine 362
– Bindung von Leukozyten 708
Selektinphase 708
Selektion
– negative 699
– positive 699
Selektionsmarker 507
Selen 333
Selenmangel 334
Selenocystein
– Deiodase 608
– Kodierung auf der mRNA 473
– Synthese 72
Semichinon 181, 303
semikonservativ 444
Sepsis 712
Sequenzen, repetitive 514
SERCA 571
Serin 69, 350
– Abbau 163
– eliminierende Desaminierung 161
– Umwandlung in Glycin 310
Serin-/Threoninkinasen, Proteinkinase C 568
Serin-Hydroxymethyltransferase 434
Serin-Protease 259
– katalytische Triade 263
– Komplementsystem 682
– Reaktionsmechanismus 262
Serinkinase, Rezeptor 578
Serotonin 169, **662**, 819
– Biosynthese 662
– Brechreiz 820
– Regulation der Darmmotilität 663
– Rolle bei der Blutstillung 724
– Synthese und Abbau 819
– Wirkungen 662-663
Serotoninmangel 663
Serotoninrezeptoren 662, 819
– Klassifizierung 663
– RNA-Editing 472
Serotoninrückaufnahme-Hemmer, selektive (SSRI) 663
SERT, Inhibitoren 819
Sertoli-Zellen 623
Serum- and Glucocorticoid-inducible Kinase (SGK) 641
Serumelektrophorese 766
Serumproteine 766
– Produktion in der Leber 770
Sesselform 49
Sexpilus 502
Sexualhormone 622
Sexualverhalten 624
SGK (Serum- and Glucocorticoid-inducible Kinase) 641
SGLT (Sodium glucose luminal transporter) 776
SGLT 1 (Sodium Glucose Tansporter 1 212
SGLT 2 214
SGLT 2-Hemmer, Diabetes mellitus-Behandlung 214
SH-Gruppe
– periphere (Fettsäure-Synthase) 237
– zentrale (Fettsäure-Synthase) 237
SH2-Domäne 575, 578
SHBG (Sexualhormon bindendes Protein) 623
Short Feedback- 605
Short Patch Repair 523
Short Tandem Repeats s. STR 514
shRNA 517
Shuttle-Vektor 506
Shuttleprotein 377
SI s. Saccharase-Isomaltase 211
Sialinsäures. N-Acetylneuraminsäure 361
Sichelkrise 756
Sichelzellanämie 756
– Nachweis über RFLP 514
Signal Recognition Particle (SRP) 383, 455, **488**
Signal Transducer and Activator of Transcription (STAT) 578

Signalerkennungspartikel (SRP) 488
Signalpeptidase 488
– mitochondriale 382
Signalsequenz
– cotranslationaler Proteintransport 488
– sekretorisches Protein 383

Signaltransduktion 553

Signaltransduktion
– Definition 560
– Mechanismen 560-561
Signalübertragung 553-554
– autokrine 555
– endokrine 554
– parakrine 554
Signalweg
– extrinsischer
– – Apoptose 535
– – Blutgerinnung 727
– intrinsischer
– – Apoptose 536
– – Blutgerinnung 727
Sildenafil (Viagra) 796
– Wirkmechanismus 574
Silent Mutation 520
Single Strand binding Protein (ssb) 445
Sinneszellen
– Auge 836
– Geschmack 835
– Gleichgewichtsorgan 835
– Nase 834
– Ohr 835
Sinusitis, chronische 399
Sinusoide 767
siRNA (short interfering RNA) 441, **455**
– endogene 484
Sirtuin 278
sis 540
SIT (allergenspezifische Immuntherapie) 707
Situs inversus 399
Skelettmuskulatur, Aufbau 787
Skorbut 319
7SL RNA 441, 455
Smac/Diablo 536
Smad 4 578
SNAP 370
SNARE-Proteine 370
snoRNA (small nucleolar RNA) 441, **455**
snRNA 441
snRNA (small nuclear RNA) 454
snRNPs, snurps (Small nuclear Ribonucleoproteins) 469
Sodium glucose luminal transporter (SGLT) 776
Sodium Glucose Transporter 1 (SGLT 1) 212
Sofortreaktion (Soforttyp-Allergie) 704
Solenoid 440
Somatoliberins. GHRH 602
Somatostatin, Regulation der Salzsäureproduktion 203
Somatotropins. Wachstumshormon 602
Sonde (Nukleinsäure) 513
Sorbit 48
– bei Fructose-Intoleranz 106
– Struktur 47
Sorbitol (Sorbit) 47, 48
SOS 576
Southern-Blot 513
SOX9 622
Sp1 (Transkriptionsfaktor) 460
Spaltung, thioklastische
– -Oxidation 137
– Ketonkörperabbau 142
Speichel, Zusammensetzung 200
Speichenproteine 399
Speicherkrankheiten, lysosomale 388
Spermatogenese 604, 624
Sphingolipide
– Abbau 356
– Biosynthese 352

Sachverzeichnis

Sphingolipidosen 388
Sphingomyelin 350
– Abbau 356
– Biosynthese 353
– Struktur 347
Sphingomyelinase 356
Sphingophospholipid, Struktur 347
Sphingosin 347
Spiegelbildlichkeit s. Chiralität 47
spinale Analgesie 825
Spindelpol 400
Spironolactone 640
Splanchnomegalie 631
Spleißen 468
Spleißosom 469
Splicing (Spleißen) 468, 470
– alternatives 470
– Definition 469
Spurenelemente 322
– täglicher Bedarf 323
Squalen 355
Squalenepoxid 355
SR-B1 (Scavenger Receptor Class B Type 1) 256
Src 489
– Rolle bei der Kanzerogenese 540
SREBP (Sterol Response Element Binding Protein) 356
SREBP-1 c (Sterol regulatory Element-binding Protein 1c) 278, 588
SREBP2 255
23 S RNA 454
28 S RNA 454
SRP (Signal Recognition Particle) 383, 455, **488**
SRP-Rezeptor 383, 488
SRY 622
ssb (Single Strand binding Protein) 445
Stäbchen 836
Stäbchen-Opsin 837
Stacking energy 439
Stammzellfaktor 668
Standardbedingungen 28
Staphylococcus aureus 503
– methicillinresistenter (MRSA) 503
– α-Toxin 79
Staphylokokkenpenicillin 503
StAR (Steroidogenic acute regulatory Protein) 614
StAR D 4 – 6 614
Stärke
– in der Nahrung 210
– Struktur 53
Startcodon 476
Starthemmung 831
STAT (Signal Transducer and Activater of Transcription) 578
STAT-Dimer 578
STAT-Proteine 578
Statine 62
Stator, ATP-Synthase 175
Steady State 31
Stearinsäure 58, 236
Stearoyl-CoA-Desaturase 242
Stem Cell Factor, SCFSiehe Stammzellfaktor 668
Stercobilin 764
Stercobilinogen 764
Stereoisomere 47
Stereozilien 395, 835
Steroid, cardiotones 613
Steroidhormone 613, 615-616
– Biosynthese 613
– Eigenschaften 556
Steroidhormonrezeptor 580
Steroidogenic acute regulatory Protein (StAR) 614
sterol carrier protein (SCP) 614
Sterol Response Element Binding Protein (SREBP) 356
Sterol Response Element Binding Protein1c (SREBP1c) 588
STH (Somatotropin, somatotropes Hormon) s. Wachstumshormon 629
Stickoxide 700
– Transport im Blut 147

Stickstoffmonoxid (NO) 656
– Induktion durch Kinine 659
– Wirkungen 657
Stickstoffmonoxid = NO 169
Sticky End 504
Stillen 632
Stoffwechselregulation, Mechanismen 97
Stoppcodon 473
– Leseraserverschiebung 520
STR (Short Tandem Reapeats) 514
STR-Typisierung 515
Strangbruch 450, 467, 548
Stress
– Cortisolwirkung 619
– genotoxischer 542
Stresshormone 616
Striatum 831
Strobilurine 184
Struktur, lassoähnliche 470
Struma 611
Strychnin 822
Stuart-Prower-Faktor s. Faktor X 726
Substantia nigra 831
Substanz P 825
Substitution 541
– bei Mutationen 520
Substratkettenphosphorylierung 89, 122, **174**
Succinat, Citratzyklus 122
Succinat-Dehydrogenase 123
– Atmungskette 181
Succinat-Thiokinase 122
Succinyl-CoA
– Citratzyklus 120, 122
– Hämbiosynthese 760
– β-Oxidation 138
Succinyl-CoA-Ligase 122
Succinyl-CoA-Synthetase 122
Suizid-Substrat 435
Sulfanilamid 313
Sulfat-Atmung 191
Sulfonamide 313
– Inaktivierung 743
Sulfonylharnstoffe 586
Superoxid-Dismutase
– in Erythrozyten 759
– Pathogenabbau 710
Superoxidradikal, Hämoglobinoxidation 757
supraspinale Analgesie 825
Svedberg-Einheit 453
sympathoadrenerges System 595
Symport 365
Synaptobrevin 822
Syndrom, adrenogenitales (AGS) 616
Syndrom, metabolisches 274, 278, 586
Synovia 403
α-Synuclein 833
Synzytium 375
– funktionelles, Herzmuskulatur 789
– Muskelfaser 787
System
– endogenes (Blutgerinnung) 727
– extrinsisches, Blutgerinnung 727
– hypophysäres-hypothalamisches Hormone 601
– – Regelkreis 557
– – Rückkopplungsmechanismen 605
– intravaskuläres (Blutgerinnung) 727
– intrinsisches, Blutgerinnung 727
– sympathoadrenerges 595
System, offenes 31

T

T 3 s. Thyronin 606
T 4 s. Thyroxin 606
T4-DNA-Ligase 507
T_H1-Zelle
– Aktivierung von Makrophagen 700
– Mediatoren 706
– Rolle bei Allergien 706

T_H2-Zelle
– Aktivierung von B-Zellen 700
– Mediatoren 706
– Rolle bei Allergien 706
T_H17-Zelle 702
T-B-Konjugat 696
T-Effektorzelle 700
T-Helferzelle s. T_H1- bzw. T_H2-Zelle 700
t-PA (Tissue Plasminogen Activator) 732
t-SNARE 370
T-System 794
T-Zell 698-700
– Aktivierung 695
– Aktivierung durch MHC-Klasse-II 699
– Bindung von MHC-Klasse-II 700
– reife, naive 699
– Reifung 698
– Selektion im Thymus 699
– Vorläufer 698;
– Wachstumsfaktor 716
– zytotoxische 700
T-Zell-Rezeptor 698
Tabakrauch 741
TAF (TBP-associated Factor) 460
TAG (Triacylglycerine) **57**, 127
Tamoxifen 549
Tandem Repeats, genetischer Fingerabdruck 514
Tangier-Krankheit 257
Taq-Polymerase 510
TATA-binding Protein (TBP) 460
TATA-Box 457, 459
tau-Protein 829
– Fibrillenbildung 831
Taurin 63
– Synthese 173
Taurocholsäure 206
Tautomerisierung 521
Taxane 548
Taxol 195, 396
Tay-Sachs, Morbus 388
TBG (Thyroxin bindendes Globulin) 608
tBid 535
TBP (TATA-biding Protein) 460
TBP-associated Factor (TAF) 460
TBPA (Präalbumin, Thyroxin bindendes) 608
TCR (transkriptionsgekoppelte Reparatur) 525
Telomerase 449
Telomere 449
Telopeptid 405-406
Telophase 529
Temperatur, absolute 29
Template 510
Teniposid 548
Termination
– intrinsische (ρ-unabhängige) 458
– Transkription
– – Eukaryonten 461
– – Prokaryonten 458
– Translation 478
– ρ-abhängige 458
Terminationsfaktoren (eRF) 478
Terminator
– lac-Operon 462
– RNA-Synthese 458
Terpenoid 195
Tertiärstruktur
– Protein 79
– tRNA 454
Testosteron 623
TET-Enzyme, Tumorstoffwechsel 287
Tetanus 822
Tetanustoxin 504, **822**
Tetracycline 481
Tetrahydrocannabinol 59
Tetrahydrofolat 291
Tetrahydrofolsäure (THF) 309
– Purinnukleotidsynthese 425
3,3',5,5'-Tetraiodthyronin 606
Tetrapyrrolringsystem, Cobalamin 314
Tetrazyklin-Resistenz 503
Tetrodotoxin (TTX) 810

TFIIB Recognition Element 459
TFIID (Transkriptionsfaktor IID) 460
TFIIH (Transkriptionsfaktor IIH) 460
TfR (Transferrinrezeptor) 325
TGF 578
TGF-Familie 667
TGF-Superfamilie 667
TGF-β (transforming growth factor beta) 717
TGN (Trans-Golgi-Netzwerk) 385
TH (Thyreoidea stimulierendes Hormon) 602
TH1-Zelle
– Aktivierung von B-Zellen 697
– Sekretion von Interferon-γ 697
TH2-Zelle
– Aktivierung von B-Zellen 696
– Interleukinproduktion 697
Thalassämien 756
THC (Δ^9-Tetrahydrocannabinols) 826
Thekazellen 627
Therapie, antibiotische 313
Thermodynamik 32
Thermodynamik, 2. Hauptsatz 31
Thermogenese
– im braunen Fettgewebe 599
– Schilddrüsenhormone 610
Thermogenin (UCP1) **190**, 599
Thermus aquaticus 510
THF s. Tetrahydrofolsäure 309
Thiamin 291, 300
– Wernicke-Enzephalopathie 121
Thiamin-Kinase 300
Thiamin-Mangel 301
Thiaminpyrophosphat (TPP) 291, **300**
– Carbanion 112
Thiazid-sensitiver Cotransporter (TSC) 779
Thiaziddiuretika 779
Thiazolidindione 581, 586
Thiazolring, im Thiamin 300
Thiocyanat 186, 315
Thioester 87
– Acetyl-CoA 109
Thioguanin 548
Thiohalbacetal 87
Thiol-Disulfid-Austauschreaktion 487
Thiolase 137, 251
Thioredoxin-Reduktase 433
Threonin 69
– Abbau 163-164
– eliminierende Desaminierung 161
Threoninkinase, Rezeptor 578
Thrombin (Faktor IIa) 728
– Funktion 728
– Hemmung durch Antithrombin 733
– Hemmung durch Hirudin 734
– Modifikation durch Thrombomodulin 734
Thrombomodulin 734
Thromboplastin 727
– Gewebe-Thromboplastin 727
– partielles 732
Thromboplastinzeit 732
– aktivierte partielle (aPTT) 732
Thrombopoetin (TPO) 668
Thrombose 300
Thromboxan A_2 (TXA$_2$) 650
– Aktivierung von Thrombozyten 722
– Freisetzung 724
– Wirkungen 652
Thrombozyten 721
– Aktivierung 721-722
– α-Granula 721
Thrombozytenadhäsion 721
Thrombozytenaggregation 722
– Einfluss von NO 657
– Hemmung 725
– Rolle des Serotonins 664
– Wirkung von Thromboxan 652
Thrombozytenaggregationshemmer 723
– Herzinfarkt 724
Thrombozytenaktivierung 725
Thrombus, weißer 723
THs. Somatotropin 602

Thymidin 420
Thymidinkinase, Knock-out-Marker 518
Thymidylat-Synthase 434
– Hemmung 435
– – Tumortherapie 548
Thymin 419
Thymindimer 522
Thymulin 330
Thymus 698
Thyreoglobulin 606
Thyreoliberins. TRH 602
Thyreoperoxidase 607
Thyreotropin-Releasing-Hormons. TRH 602
Thyronin 606
Thyroxin 606
Thyroxin bindendes Präalbumin (TBPA) 608
Ticlopidin 724
Tier
– chimäres 518
– transgenes 517
Tight Junction 371
TIM (Translocase of the inner Membrane) 382
Tip Links 835
Tirofiban 723
Tissue Factor 727
Tissue Plasminogen Activator (t-PA) 732
Tissue-Transglutaminase 261
Titin 789, 798
Titrationskurve, Aminosäuren 64
tk-Gen 518
7-TM-Rezeptor 561
TNF (Tumor Necrosis Factor)-Superfamilie 670
TNFR s. Tumornekrosefaktor 535
TNFα 670
α-Tocochinon 297
Tocopherol 291
α-Tocopherol 296
α-Tocopherol-Hydrochinon 297
α-Tocopheryl-Radikal 297
Todesrezeptoren 535
Toll-like-Rezeptoren (TLR) 678
– bei Entzündungsreaktionen 708
– Aktivierung durch β-Amyloid 831
TOM (Translocase of the outer Membrane) 382
Topoisomerase 458
– Hemmung, Tumortherapie 548
Topoisomerase Hemmung 467
Topoisomerase I 446
– Hemmstoffe 450
Topoisomerase II 446
Topotecan 450
Totenstarre 792
α-Toxin 79
TPO s. Thrombopoetin 668
TR (Schilddrüsenhormonrezeptor) 580
tra-Region 502
Traberkrankheit 485
Tractus olfactorius 834
TRAIL-Rezeptoren 535
trans-Enoyl-CoA 136
Trans-Golgi-Netzwerk (TGN) 385
Transaldolase 247
Transaminierung 71, 158
– Mechanismus 307
– Reaktionsmechanismus 158
Transcobalamin II 315
Transcortin
– Progesterontransport 625
– Steroidhormontransport 616
Transcuprein 329
Transducin 838
Transduktion 507
Transfektion 508
Transfer-RNA (tRNA) 441, 454
Transferrin 324
Transferrinrezeptor (TfR) 325
Transformation
– Kanzerogenese 539
– von Bakterienzellen 507
Transforming Growth Factor (TGF), Signalweg 578

transforming growth factor beta (TGF-β) 717
transgen, Definition 517
Transition 520
Transketolase 246
Transkriptase, reverse 494, **505**
– Definition 494, 505
– RT-PCR 511
– Telomerase 449
Transkription 457
– Definition 452
– Eukaryonten 459
– – Elongation 460
– – Initiation 460
– – Regulation 464
– – Termination 461
– Hemmstoffe 467
– Kontrollelement, distales 464
– Prokaryonten 457
– – Elongation 458
– – Initiation 457
– – Regulation 462
– – Termination 458
– Regulation 461
– – durch Hormon-Rezeptor-Komplex 579
– – Histon-Modifikation 467
– reverse 442
Transkriptionsblase 457
Transkriptionsfaktor
– E2F im Zellzyklus 531
– ligandenabhängiger 579
– MYC, Tumorstoffwechsel 285
– Struktur 465
Transkriptionskontrolle
– negative 462
– positive 462
Transläsions-Synthese 449
Translation 473
– Abbruch durch frame shift mutation 520
– Definition 473
– Elongation 478
– Initiation 475
– Rolle der Hitzeschockproteine 486
– Termination 478
Translocase of the inner Membrane (TIM) 382
Translocase of the outer Membrane (TOM) 382
Translokase 478
Translokation **519**, 541
Translokatorprotein 187
Transmembranhelix 358
Transpeptidase 54
Transport
– cotranslationaler ins ER 488
– entlang von Mikrotubuli 397
– in den Zellkern 377
– in Membranvesikeln 367
– ins Mitochondrium 382
– passiver 363
– primär-aktiver 363, **365**
– retrograder 383
– sekundär-aktiver 363, 365
– über Membranen 363
Transport-ATPase 367
Transporter, in biologischen Membranen 366
Transversion 520
Transzytose 370
Trastuzumab 549
Treg-Zelle 702
Tremor (Parkinson) 831
Tretmühlenmechanismus 393
TRH (Thyreotropin-Releasing-Hormon) 602, 607
Triacylglycerin 57
– Definition 127
– Funktion im Energiestoffwechsel 63
– physiologische Bedeutung 127
– Synthese 248
Triacylglycerine (TAG) 127
– Speicherung 128
– Synthese
– – Regulation 249
Triade 794
Trichothiodystrophie 525

3,3',5-Triiodthyronin 606
Trimethyllysin 319
Trimethyllysin-α-Ketoglutarat-Dioxygenase 319
Trimming (Glykoproteine) 360
Trinukleotidexpansion 834
Triokinase 105
Triose-Kinase 105
Triosephosphat-Isomerase 86
Tripelhelix (im Kollagen)
– Assemblierung 406
– Struktur 404
Triplett (genetischer Code) 473
Trisaccharid 50
Trisomie 21 (Down-Syndrom) 830
trk 540
tRNA (Transfer-RNA) 437, 441, **454**
– Aktivierung mit Aminosäure 474
– Struktur 454
Trommelfell 835
Tropoelastin 408
Tropokollagen 404, 406
Tropomodulin 787
Tropomyosin 792
Troponin 792
– Herzinfarkt 792
Truncus coeliacus 767
Trypsin 259
Trypsinogen, im Pankreassekret 204
Tryptophan 67
– Abbau 167
– Serotoninbiosynthese 662
Tryptophanmangel 168
TSC (Thiazid-sensitiver Cotransporter) 779
TSH (Thyreoidea stimulierendes Hormon) 608
TSPO (Translocator Protein) 614
Tuberkulose 700
(+)-Tubocurarin 195
Tubuli, Mitochindrienmembran 379
Tubulin 396
Tubulus
– distaler 774
– – Funktion 779
– proximaler 774
Tumor 538
– benigner 538
– Dickdarm 543
– Entstehung 538
– klassischen Zeichen einer Entzündung 708
– maligner 538
Tumor Necrosis Factor Superfamilie 670
Tumor-assoziierte Antigene 712
Tumor-spezifische Antigene 712
Tumorentstehung 538
– Glykolyse 282
Tumorentwicklung 547
Tumorimmunlogie 712
– Strategien des Immunsystems 714
Tumornekrosefaktor, als Entzündungsmediator 717
Tumornekrosefaktor-Rezeptor (TNFR)-Superfamilie 535
Tumorpromotoren 569
Tumorstoffwechsel
– Dioxygenasen 287
– Hydroxyglutarat 286
– Isocitrat-Dehydrogenase 285
– Jumonji-C-Histon-Demethylasen 288
– Nukleotid-Synthese 284
– Prolyl-Hydroxylase 288
– TET-Enzyme 287
– Transkriptionsfaktor HIF-1 283
Tumorsuppressor 541
– p53 542
Tumorsuppressorgen 539, **541**
Tumortherapie
– mit Antikörpern 715
– Zytostatika 548
Tumorviren 545
Tumorzellen, Stoffwechsel 281
β-turn 79
TXA$_2$ s. Thromboxan A$_2$ 650
Typ-1-Diabetes 585

Typ-2-Diabetes 585
– bei Adipositas 132
Tyrosin 67, 69
– Abbau 165
– pK-Wert 65
– Schilddrüsenhormone 606
Tyrosin-Hydroxylase 595
Tyrosinkinase 576
Tyrosinkinaserezeptor siehe Rezeptortyrosinkinase 574
Tyrosinmangel 166
TΨC-Schleife 454

U

Überempfindlichkeitsreaktion (s. auch Allergie) 704
– Typ I 704
– – Pharmakologie 705
Übergangszustand, Definition 33
Übergewicht 279
Ubichinol (QH$_2$) 181, 183
Ubichinol-Cytochrom-c-Oxidoreduktase 183
Ubichinon **180**, 183
Ubichinon-Oxidoreduktase 179
Ubiquitin 391
– Rolle bei Parkinson-Krankheit 833
Ubiquitinsystem 391
Ubiquitinylierung 490
UCP1 (Thermogenin) **190**, 599
UDP-Galaktose, Biosynthese der Cerebroside 353
UDP-Galaktose-4-Epimerase 106
UDP-GlcNAc, Synthese des Core-Glykosids 360
UDP-Glucose
– Biosynthese der Cerebroside 353
– Biosynthese der Ganglioside 353
– Glykogensynthese 218
UDP-Glucuronsäure, Biotransformation 743
UDP-Glucuronyltransferase 763
Ulkus 202
Ultrafiltration, Nierenkörperchen 774
Ultrazentrifugation 344
UMP (Uridin-5'-monophosphat) 431
Umwandlungsreaktionen 739
Uncoating 493
uncoupling protein 1 190
ungesättigte Fettsäuren 58
Uniport 365
unkompetitive Hemmung 42
Uracil 419
Uracil-DNA-Glykosylase 523
Urat 428
Uratnephropathie 429
Urats. auch Harnsäure 428
Urea Transporter 783
Uridin 420
Uridin-5'-monophosphat (UMP) 431
Uridindiphosphat-Galaktose (UDP-Galaktose), Galaktoseabbau 106
Urikosurika 429
Urin 783
– 24-Stunden-Urin 150, 783
– Zusammensetzung 150
Urobilin 764
Urobilinogen 764
Uroguanylin 781
Urokinase 732
Uronidase 411
Uronsäure 55, 409
Urtikaria 661, 704
Usher-Syndrom 395
Uterusschleimhaut
– Einnistung 628
– Proliferation 627
UTR (untranslantierte Region) 452

Sachverzeichnis

V

V₁-Rezeptoren 638
v_max 36
V-D-J-C-System 691, 693
V-Domäne (Antikörper) 686
V-Gensegment 691
V-J-C-System 691, 693
V-Segment 691
v-SNARE 370
V-Typ-ATPase 367, 782
Valin 67
– Abbau 164
Van-der-Waals-Kräfte 81
Vancomycin, Wirkungsmechanismus 55
Vanillinmandelsäure 597
Variable Number of Tandem Repeats s. VNTR 514
Varizenblutungen 145
Vascular endothelial Growth Factor (VEGF) 666-667
Vasodilatation 600
Vasokonstriktion 600
Vasopressin ADH 604
– Primärstruktur 76
VDAC (Voltage-dependent Anion Channel) 536
– Rolle bei der Apoptose 536
VDR (Vitamion-D-Rezeptor) 580
VEGF s. Vascular endothelial Growth Factor) 666
Vektor 506
– integrativer 506
Vena
– cava inferior 767
– centralis 767
Venole, hochendotheliale (HEV) 695
Verbindungstubulus 774
Verbrauchskoagulopathie 735
Verdauung 198, 200
Verdauungssekret 198
– Regulation der Produktion 634
Verdauungstrakt
– Oberfläche 674
– Regulation der Motilität 634
– Schleimhaut 675
Vergiftung, Knollenblätterpilz 456
Verhornung 401
very low density lipoprotein 769
very low density lipoprotein (VLDL) 253
Verzweigtkettenkrankheit 164
verzweigtkettige Fettsäuren, Abbau 141
Vesikel 345
Vesikelfluss 370
Vesikeltransport 367
Viagra 796
– Wirkmechanismus 574
Vibrio cholerae 567
Vimentin 402
Vimentinfilamente 402
Vinblastin 396, 548
Vinca-Alkaloide 548
Vincristin 396, 548
VIP (vasoaktives intestinales Peptid) 635
Viren 491
– Adsorption 493
– Aufbau 491
– Entmantelung (uncoating) 493
– Freisetzung 493
– Infektionszyklus 492
– Knospung 493
– Systematik 493
Virulenzplasmid 504

Vitamine und Coenzyme 290

Vitamin A 291-292
– Hypervitaminose 295
– Mangel 294
Vitamin B₁ 291, 300
– Hypervitaminose 301
– Wernicke-Enzephalopathie 121
Vitamin B₂ 291, 302
– Hypervitaminose 303
– Mangel 303
Vitamin B₆ 291, 306
– Hypervitaminose 303
– Mangel 307
Vitamin B₉ 309
Vitamin B₁₂ 170, 291, 314
– Hypervitaminose 316
– Mangel 314, 316
– Resorption 200
Vitamin C 195, 291, 318
– Funktion 319
– Hypervitaminose 320
– Mangel 319
– Regeneration von Tocopherol 297
Vitamin D 291
– Bindeprotein (DBP) 647
– Hypervitaminose 296
– Mangel 295
– Rezeptor 580
– Wirkung als Hormon 646
Vitamin D3 295
Vitamin D₂ 295
Vitamin E 291, 296
– Hypervitaminose 298
– Mangel 298
Vitamin H 317
Vitamin K 291
– Alkoxid 299
– Antagonisten 299
– Hypervitaminose 300
– Mangel 300
– Blutgerinnung 731
Vitamin K₁ 298
Vitamin K₂ 298-299
– Epoxid 299
– Hydrochinon 299
Vitaminbedarf 290
Vitamine 290
– Einteilung 292
– fettlösliche 292
– hydrophile 291
– lipophile 291
– wasserlösliche 300
Vitaminmangel 195
Vitaminose
– Definition 290
– Ursachen 290
VKD-Protein 299
VLDL s. very low density lipoprotein 253
VMAT 2 660
VNP 643
VNTR (Variable Number of Tandem Repeats) 514
– RFLP-Analyse 515
– Typisierung 515
Volatile Anästheika 827
von Gierke, Glykogenose Typ I 226
von-Willebrand-Faktor (vWF) 721
Von-Willebrand-Syndrom 722
vWF (Von-Willebrand-Faktor) 721

W

Waage 29
Wachstum, postnatales 631
Wachstumsfaktor, Insulin-ähnlicher (IGF) 630
Wachstumsfaktoren 666-667
– in der Embryonalentwicklung 666
– Tabellenübersicht 667
– Wirkungen 666-667
Wachstumshormon (GH) 629-630
– Biosynthese 630
– Struktur 629
– Wirkungen 630-631
– – metabolische 631
Wanderung, von Zellen 395
Warburg, Otto 116
Warburg-Effekt 282
Wärmebildung, zitterfreie 599
Wasser, Rückresorption in der Niere 778
Wasserhaushalt 636
Wasserstoffperoxid 140
– in Erythrozyten 758
Wasserstoffübertragung, Mechanismus 303
Watson, James Dewey 438
Wechselwirkungen
– hydrophobe 80
– – Membranproteine 80
– – ionische 81
Wechselzahl 39
Wee1-Kinase 530
Weg
– alternativer (Komplementsystem) 683
– extrinsischer, Blutgerinnung 727
– intrinsischer, Blutgerinnung 727
– klassischer (Komplementsystem) 682
Wernicke-Enzephalopathie 121
Wespengift 232
Western-Blot 513
Willebrand, Erik von 722
Wilson, Morbus 329
Winterschlaf, Wasserhaushalt 140
WNK-Kinase 642
Wnt-Protein 666
– Rolle bei der Kanzerogenese 544
Wobble-Theorie 473
Wöhler, Friedrich 150
Wundstarrkrampf 822
Wurminfektion, Abwehr 706

X

X-Beine 295
Xanthin 420
Xanthin-Dehydrogenase 429
Xanthin-Oxidase 428-429
– Biotransformation 742
– Hemmung durch Allopurinol 429
Xanthin-Oxidoreduktase 429
Xanthinsteine 776
Xanthosin 420
Xase
– extrinsische 727
– intrinsische 727-728
Xenophagie 684
Xeroderma pigmentosum 525
Xerophthalmie 294
Xylulose-5-phosphat 246

Z

Z-Scheibe 787
Zahnbelag 105
Zahnschmelzfluorose 333
Zapfen 836
Zapfenopsine 836
Zell-Zell-Kontakte 371
Zellaufschluss 343
Zellen
– antigenpräsentierende
– – B-Zelle 695
– – dendritische Zellen 693
– – dendritische (DC) 693
– – folliculäre 695
– – interdigitierende 693, 695, 699
– – Gastrin produzierende 634
Zellen, muköse 201
Zellfraktionierung 343
Zellkern 375
– Proteinexport 377
– Proteinimport 377
Zellorganellen 375
Zellproliferation, unkontrollierte 538
Zelltod, programmierter 533
Zellwachstum, Regulation 278
Zellwand, Bakterien 54
Zellweger-Syndrom 141, 390
Zellzyklus 528
– Ablauf 528
– Regulation 529
– Restriktionspunkte 529
Zentrifugation 343
Zentrifugationsgeschwindigkeit 343
Zentriol 398
Zentrosom 396
Zentrum
– chirales 46
– katalytisches 34
Zervixkarzinom 546
– Impfung 546
Zileuton 655
Zink 329
Zinkfingerproteine 330
– Steroidhormonrezeptor 580
Zinkmangel 331
Zisterne 384
Zitronensäure (Citrat) 119
ZNS (zentrales Nervensystem) 800
– Erkrankungen 828-829, 831
– Glucocorticoidwirkung 619
Zöliakie 261, 695
Zollinger-Ellison-Syndrom 635
Zonula
– adhaerens 371
– occludens 371
Zungengrundlipase 230
Zwitterionen 65
Zykline 530-531
zyklo-ADP-Ribose 305
Zyklooxygenase (COX) 650
Zyklooxygenase-Hemmer 654
Zymogene, im Magensaft 201
Zymogengranula 205
Zytokeratin 401
Zytokine 666
– Definition 558
– im Immunsystem 670
– in der Hämatopoese 669
Zytokinese 529
Zytokinrezeptor 576, 666
Zytoplasma 375
Zytoskelett 393
Zytosol 375
Zytostatikum 450, 467
– in der Tumortherapie 548
Zytotoxizität, Mechanismus 701

Stoffwechselweg-Animationen online – hier wird Biochemie lebendig!

Mit den Animationen erlebst du die Biochemie auf eine ganz neue und besonders anschauliche Weise an deinem PC, auf deinem Smartphone oder deinem Tablet-PC. Vier wichtige Stoffwechselwege wurden eindrucksvoll „zum Leben erweckt" – so kannst du dir die einzelnen Schritte spielerisch leicht einprägen und nachvollziehen, wie die Reaktionen im Detail ablaufen. Gleichzeitig erklärt dir ein Sprecher die dargestellten Prozesse ausführlich und fundiert. Ideal zum Lernen und zum Wiederholen vor Prüfungen – die perfekte Ergänzung zum Lehrbuch!

Mit dem vorne im Buch platzierten Code kannst du dir die Animationen zu den folgenden Themen online ansehen:

- Glykolyse
- Pyruvatdehydrogenase-Reaktion
- Citratzyklus
- Atmungskette

Auch im Buch wirst du an den entsprechenden Stellen in der Randspalte auf die Animationen hingewiesen.

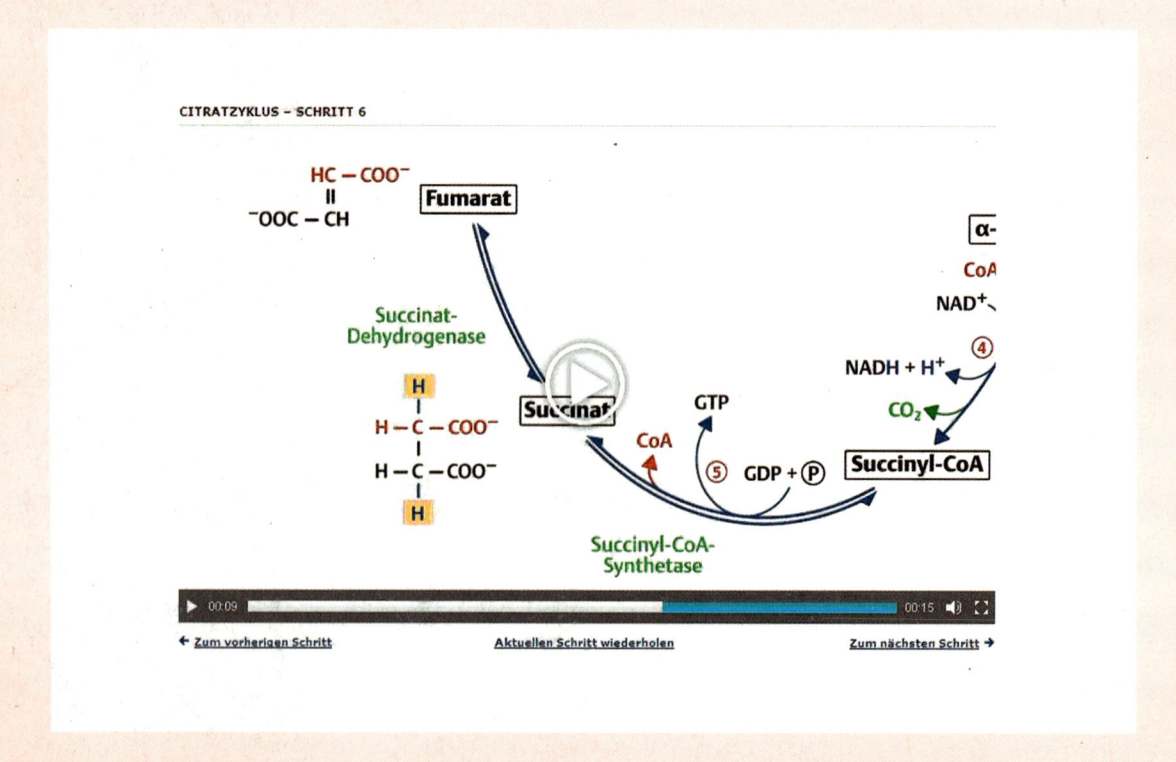